MAPL SYNERGY SERIES

마플시너지
내신문제집
공통수학2

MAPL
IT'S YOUR
MASTER
PLAN

KB213594

MAPL
IT'S YOUR
MASTER
PLAN

내신 일등급을 위한 최고의 교재
마플시너지
공 통 수 학 2

1895Q

최다 빈출 문제로 이루어진 내신연계기출
+ 0918Q

마플시너지 공통수학 2
ISBN : 979-11-93575-14-7 (53410)

발행일 : 2025년 1월 3일(1판 1쇄)
인쇄일 : 2024년 12월 24일
판/쇄 : 1판 1쇄

펴낸곳
희망에듀출판부 *(Heemang Institute, inc. Publishing dept.)*

펴낸이
임정선

주소 경기도 부천시 석천로 174 하성빌딩
[174, Seokcheon-ro, Bucheon-si, Gyeonggi-do, Republic of Korea]

교재 오류 및 문의
mapl@heemangedu.co.kr

희망에듀 홈페이지
http://www.heemangedu.co.kr

마플교재 인터넷 구입처
http://www.mapl.co.kr

교재 구입 문의
오성서적
Tel 032) 653-6653
Fax 032) 655-4761

YOUR MASTER PLAN

YOUR
MASTER
PLAN

Mapl Synergy

MAPL. IT'S YOUR MASTER PLAN!

내신대비문제집
마플시너지

공통수학 2

개념 유형 기본문제부터 고난도 모의고사형 문제까지 아우르는
유형별 내신대비문제집

IT'S YOUR MASTER PLAN   www.heemangedu.co.kr | www.mapl.co.kr

이 책의 목차
Contents

www.heemangedu.co.kr l www.mapl.co.kr **MAPL** Synergy Series

Ⅲ 함수와 그래프

내신 1등급
중간/기말고사 모의평가

Manual

마플시너지 사용설명서

마플시너지 시리즈는 모든 교과서의 내신문제를 총 망라하여
출제될 수 있는 문제를 유형별로 정리한 교재입니다.

SYNERGY'S

시너지의 흐름 을 따라가다 보면 어느새 1등급!

꼭 풀어야하는 핵심 기출유형과 서술형, 일등급 완성에 빠져서는 안될 최고난도 문제,
그리고 실전 모의평가로 이어지는 마플시너지 내신문제집의 흐름을 충실히 따라가다 보면
어느새 1등급!

최다빈출 왕중요
1895Q

– 내신정복 기출유형
– 서술형 기출유형
– 행복한 일등급 문제
출제율 100%우수 대표문제

내신연계 출제문항
0918Q

한 단계 UP된
실제 반복 출제되는 우수문항

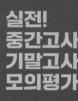

실전!
중간고사
기말고사
모의평가

새로운
교과과정에 맞춘
실전 모의고사

중간/기말
각 4회
총 8회

내신
1등급
완성

내신연계 출제문항 활용TIP ▶ **나에게 맞는 내신 문제집을 만들 수 있다.**

내신 단기완성 문제집	효율적인 내신대비	스스로 OK
교과서 핵심문제부터 시험 빈출유형, 서술형 문제까지 초 SPEED로 내신 완성	내신대비 시간에 부족한 학생을 위해 학교 시험에 꼭 나오는 문제 위주로 구성	학교 시험 범위를 스스로 출력하여 내신대비에 만전을 기한다.

해설에 있는 내신연계 출제문항은 별도의 PDF문서
를 희망에듀(www.heemangedu.co.kr)의
학습자료실 또는 마플북스(www.mapl.co.kr)의
자료실에서 다운로드하실 수 있습니다.

SYNERGY'S
Guide

시너지 사용법 ❶

단계별 구성

학교내신일등급만들기
마플시너지
단계별학습프로젝트

STEP1 내신정복 기출유형

각 학교 중간 / 기말고사에서 자주 출제되는 핵심
기출유형 수록
학교 내신 및 수능을 준비하는 학생을 위해 각 개념
별로 엄선한 출제율이 높은 우수 기출문제를 수록,
변별력을 갖춘 새로운 경향의 문제를 접할 수 있도
록 하였습니다.

STEP2 서술형 기출유형

교과서의 생각 넓히기를 단계별 서술형 문제로 구성
교과서 학습을 통해 습득한 수학의 개념과 원리를
적용하여 문제를 이해하고 해결하는 능력을 측정할
수 있는 문항 위주의 단계별 서술형 문제로 구성하
였습니다.

STEP3 행복한 일등급 기출유형

1등급을 위한 최고의 변별력 기출 유형
두 가지 이상의 수학 개념, 원리, 법칙을 종합적으로
적용하여야 해결할 수 있는 교과서 고난도문제, 교육
청/평가원의 오답률이 높은 문제를 수록하여 학교 내
신 고득점을 달성하도록 구성하였습니다.

FINAL STEP 중간기말 모의평가

실전연습을 통한 실수 예방 및 고득점 달성
학교 교과서에서 출제될 수 있는 문제를 바탕으로
실전적 연습을 통하여 제한시간(50분)에 맞게 중간
고사 및 기말고사를 미리 연습할 수 있도록 구성하
였습니다.

시너지 사용법 ❷
입체적 구성

학교내신일등급을
완성 完成 하는
마플시너지
입체적인구성

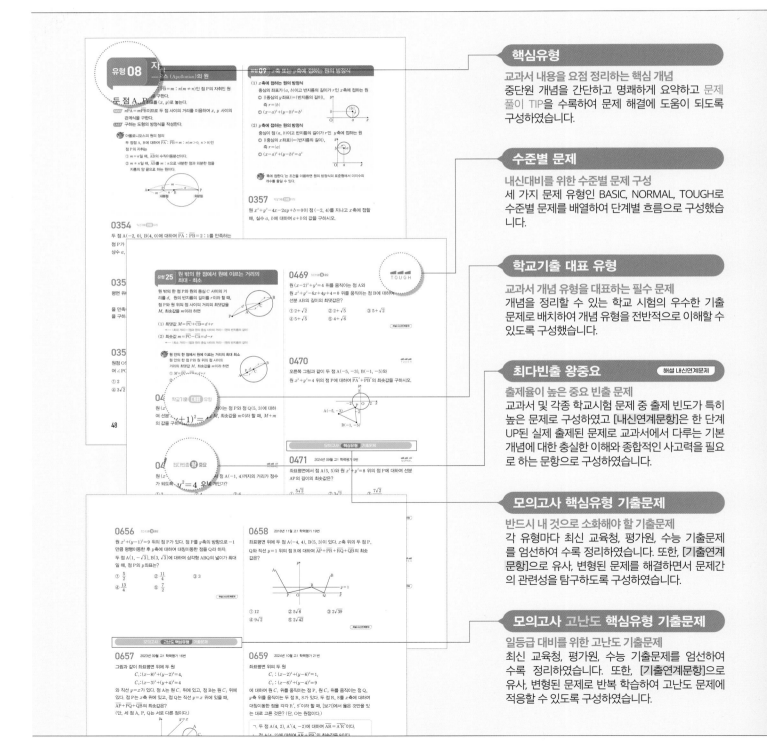

핵심유형

교과서 내용을 요점 정리하는 핵심 개념
중단원 개념을 간단하고 명쾌하게 요약하고 문제
풀이 TIP을 수록하여 문제 해결에 도움이 되도록
구성하였습니다.

수준별 문제

내신대비를 위한 수준별 문제 구성
세 가지 문제 유형인 BASIC, NORMAL, TOUGH로
수준별 문제를 배열하여 단계별 흐름으로 구성했습니다.

학교기출 대표 유형

교과서 개념 유형을 대표하는 필수 문제
개념을 정리할 수 있는 학교 시험의 우수한 기출
문제로 배치하여 개념 유형을 전반적으로 이해할 수
있도록 구성했습니다.

최다빈출 왕중요   해설 내신연계문제

출제율이 높은 중요 빈출 문제
교과서 및 각종 학교시험 문제 중 출제 빈도가 특히
높은 문제로 구성하였고 [내신연계문항]은 한 단계
UP된 실제 출제된 문제로 교과서에서 다루는 기본
개념에 대한 충실한 이해와 종합적인 사고력을 필요
로 하는 문항으로 구성하였습니다.

모의고사 핵심유형 기출문제

반드시 내 것으로 소화해야 할 기출문제
각 유형마다 최신 교육청, 평가원, 수능 기출문제
를 엄선하여 수록 정리하였습니다. 또한, [기출연계
문항]으로 유사, 변형된 문제를 해결하면서 문제간
의 관련성을 탐구하도록 구성하였습니다.

모의고사 고난도 핵심유형 기출문제

일등급 대비를 위한 고난도 기출문제
최신 교육청, 평가원, 수능 기출문제를 엄선하여
수록 정리하였습니다. 또한, [기출연계문항]으로
유사, 변형된 문제로 반복 학습하여 고난도 문제에
적응할 수 있도록 구성하였습니다.

시너지 사용법 ❸

정답과 해설

학 교 내 신 일 등 급 을
견 인 (牽引) 하 는
마 플 시 너 지
입 체 적 인 해 설

SYNERGY'S
Guide

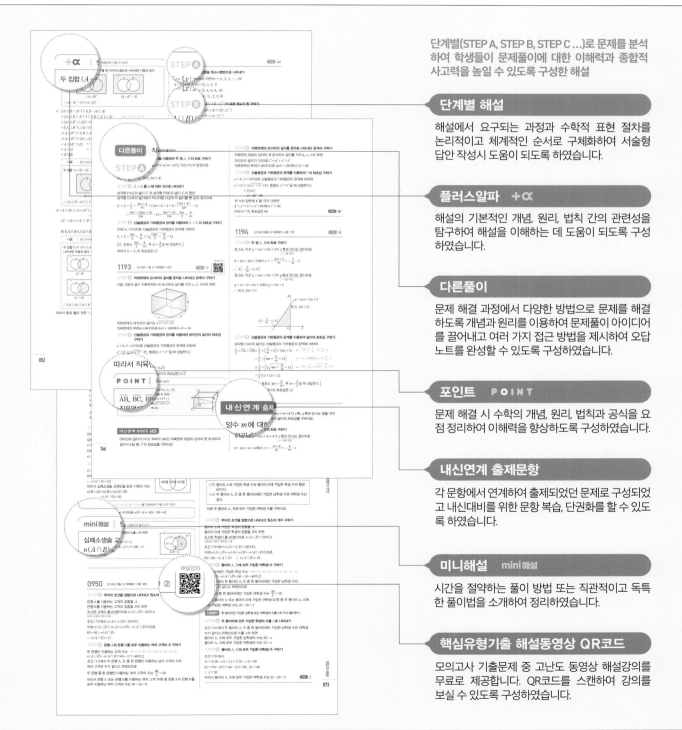

단계별(STEP A, STEP B, STEP C ...)로 문제를 분석하여 학생들이 문제풀이에 대한 이해력과 종합적 사고력을 높일 수 있도록 구성한 해설

단계별 해설

해설에서 요구되는 과정과 수학적 표현 절차를 논리적이고 체계적인 순서로 구체화하여 서술형 답안 작성시 도움이 되도록 하였습니다.

플러스알파 +α

해설의 기본적인 개념, 원리, 법칙 간의 관련성을 탐구하여 해설을 이해하는 데 도움이 되도록 구성하였습니다.

다른풀이

문제 해결 과정에서 다양한 방법으로 문제를 해결하도록 개념과 원리를 이용하여 문제풀이 아이디어를 끌어내고 여러 가지 접근 방법을 제시하여 오답노트를 완성할 수 있도록 구성하였습니다.

포인트 **POINT**

문제 해결 시 수학의 개념, 원리, 법칙과 공식을 요점 정리하여 이해력을 향상하도록 구성하였습니다.

내신연계 출제문항

각 문항에서 연계하여 출제되었던 문제로 구성되었고 내신대비를 위한 문항 복습, 단권화를 할 수 있도록 하였습니다.

미니해설 mini 해설

시간을 절약하는 풀이 방법 또는 직관적이고 독특한 풀이법을 소개하여 정리하였습니다.

핵심유형기출 해설동영상 QR코드

모의고사 기출문제 중 고난도 동영상 해설강의를 무료로 제공합니다. QR코드를 스캔하여 강의를 보실 수 있도록 구성하였습니다.

Mapl Synergy's Philosophy

예술작품, 건축물, 자동차...
하다 못해 우리가 매일 쓰는 밥숟가락까지
인간이 만드는 모든 물건에는
그것을 만든 이의 '철학'이 깃들어야 합니다.

당신의
일등급이
이교재의
철학입니다

I

도형의 방정식

MAPL
YOUR
MASTER
PLAN

MAPL SYNERGY SERIES

MAPL. IT'S YOUR MASTER PLAN!

개념 유형 기본문제부터 고난도 모의고사형 문제까지 아우르는 유형별 내신대비문제집

01 평면좌표

유형01 좌표평면 위의 두 점 사이의 거리

(1) **좌표평면 위의 두 점** $A(x_1, y_1)$, $B(x_2, y_2)$ **사이의 거리**

$$\overline{AB}=\sqrt{(x_2-x_1)^2+(y_2-y_1)^2}$$

(2) **원점** $O(0, 0)$**와 점** $A(x_1, y_1)$ **사이의 거리**

$$\overline{OA}=\sqrt{x_1^2+y_2^2}$$

🌐 ① 수직선 위의 두 점 $A(x_1)$, $B(x_2)$ 사이의 거리는 다음과 같다.

$$\overline{AB}=|x_2-x_1|=|x_1-x_2|$$

② 두 점 $A(x_1, y_1)$, $B(x_2, y_2)$ 사이의 거리는 좌표평면에서 $\overline{AB}$를 빗변으로 하는 직각삼각형을 그렸을 때, 피타고라스 정리를 적용한 것이다.

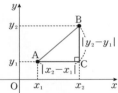

0001 학교기출 대표 유형

두 점 $A(3, 3)$, $B(a, -2)$ 사이의 거리가 $5\sqrt{2}$일 때, 이를 만족하는 모든 실수 a의 값의 합을 구하시오.

0002　　　　　　　　　NORMAL

두 점 $A(2, a)$, $B(a, 6)$ 사이의 거리가 4 이하가 되도록 하는 정수 a의 개수는?

① 1　　　　② 2　　　　③ 3
④ 4　　　　⑤ 5

0003 최다빈출 왕 중요　　　　NORMAL

세 점 $A(-5, a)$, $B(1, 2)$, $C(3, 6)$에 대하여 $\overline{AC}=2\overline{BC}$일 때, 모든 실수 a의 값의 합은?

① 10　　　　② 12　　　　③ 14
④ 16　　　　⑤ 18

해설 내신연계문제

0004　　　　　　　　　NORMAL

오른쪽 그림과 같이 정사각형 OABC에서 점 B의 좌표가 (6, 2)일 때, 정사각형 OABC 의 넓이는?

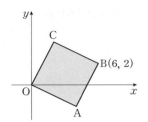

① $2\sqrt{5}$　　　　② $4\sqrt{5}$
③ 10　　　　④ 20
⑤ 40

0005 최다빈출 왕 중요　　　　NORMAL

오른쪽 그림과 같이 좌표평면 위에 세 개의 정사각형이 있다. $A(0, 2)$, $D(15, 8)$일 때, 두 점 B, C 사이의 거리는? (단, 세 정사각형의 한 변은 모두 x축 위에 있다.)

① $3\sqrt{6}$　　　　② $2\sqrt{14}$
③ $\sqrt{58}$　　　　④ $2\sqrt{15}$
⑤ $\sqrt{61}$

해설 내신연계문제

0006 2024년 09월 고1 학력평가 4번　　BASIC

좌표평면 위의 두 점 $A(1, 3)$, $B(2, a)$ 사이의 거리가 $\sqrt{17}$일 때, 양수 a의 값은?

① 5　　　　② 6　　　　③ 7
④ 8　　　　⑤ 9

해설 내신연계문제

0007 2022년 09월 고1 학력평가 25번　　NORMAL

좌표평면 위에 두 점 $A(2t, -3)$, $B(-1, 2t)$가 있다. 선분 AB의 길이를 l이라 할 때, 실수 t에 대하여 l^2의 최솟값을 구하시오.

해설 내신연계문제

유형 02 두 점으로부터 같은 거리에 있는 점

두 점 A, B에서 같은 거리에 있는 점 P의 좌표
➡ $\overline{AP}=\overline{BP}$, 즉 $\overline{AP}^2=\overline{BP}^2$임을 이용하여 점 P의 좌표를 구한다.

 좌표평면 위에서 점 P의 좌표를 정하는 방법
① 점 P가 x축 위의 점 ➡ P$(a, 0)$으로 놓는다.
② 점 P가 y축 위의 점 ➡ P$(0, b)$로 놓는다.
③ 점 P가 직선 $y=mx+n$ 위의 점 ➡ P$(a, am+n)$으로 놓는다.
④ $y=f(x)$의 그래프 위의 점 ➡ P$(a, f(a))$로 놓는다.

0008 학교기출 대표 유형

두 점 A$(-1, 2)$, B$(0, 1)$에서 같은 거리에 있는 x축 위에 점 P에 대하여 $\overline{OP}$의 값을 구하시오. (단, O는 원점이다.)

0009 최다빈출 상 중요 NORMAL

두 점 A$(3, 4)$, B$(5, 2)$에서 같은 거리에 있는 x축 위의 점을 P, y축 위의 점을 Q라 할 때, 선분 PQ의 길이는?

① $\sqrt{2}$ ② $\sqrt{3}$ ③ $2\sqrt{2}$
④ $2\sqrt{3}$ ⑤ $2\sqrt{5}$

해설 내신연계문제

0010 NORMAL

두 점 A$(0, 1)$, B$(0, 5)$에서 같은 거리에 있는 점 P(a, b)에 대하여 $\overline{OP}=7$일 때, a^2-b^2의 값은?

① 25 ② 31 ③ 37
④ 43 ⑤ 49

0011 최다빈출 상 중요 NORMAL

오른쪽 그림과 같이 직선 $y=2x+1$ 위의 점 P(a, b)에서 두 점 A$(2, 1)$, B$(6, 5)$에 이르는 거리가 같을 때, $a+b$의 값은?

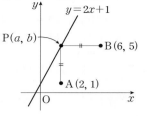

① 7 ② 8
③ 10 ④ 12
⑤ 14

해설 내신연계문제

0012 TOUGH

오른쪽 그림과 같이 $f(x)=x^2+4x-5$와 $g(x)=-x+1$의 그래프가 만나는 두 점을 각각 A, B라 하자. 함수 $y=f(x)$의 그래프 위의 점 P에 대하여 $\overline{AP}=\overline{BP}$일 때, 점 P의 x좌표는? (단, 점 P의 x좌표는 음수이다.)

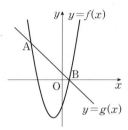

① $\dfrac{-3-\sqrt{51}}{2}$ ② $\dfrac{-3-2\sqrt{13}}{2}$ ③ $\dfrac{-3-\sqrt{53}}{2}$
④ $\dfrac{-3-3\sqrt{6}}{2}$ ⑤ $\dfrac{-3-\sqrt{55}}{2}$

모의고사 핵심유형 기출문제

0013 2022년 09월 고1 학력평가 4번 BASIC

좌표평면 위의 원점 O와 두 점 A$(5, -5)$, B$(1, a)$에 대하여 $\overline{OA}=\overline{OB}$를 만족시킬 때, 양수 a의 값은?

① 6 ② 7 ③ 8
④ 9 ⑤ 10

해설 내신연계문제

0014 2023년 11월 고1 학력평가 9번 NORMAL

좌표평면 위에 두 점 A$(2, 4)$, B$(5, 1)$이 있다. 직선 $y=-x$ 위의 점 P에 대하여 $\overline{AP}=\overline{BP}$일 때, 선분 OP의 길이는? (단, O는 원점이다.)

① $\dfrac{\sqrt{2}}{4}$ ② $\dfrac{\sqrt{2}}{2}$ ③ $\sqrt{2}$
④ $2\sqrt{2}$ ⑤ $4\sqrt{2}$

해설 내신연계문제

유형 03 두 점 사이의 거리의 활용 — 삼각형의 모양 결정

세 꼭짓점의 좌표가 주어진 삼각형의 모양을 결정할 때는

FIRST 두 점 사이의 거리를 이용하여 삼각형의 세 변의 길이를 각각 구한다.

LAST 세 변의 길이 사이의 관계를 통해 삼각형의 모양을 결정한다.

> 삼각형 ABC의 세 변의 길이를 각각 a, b, c라 할 때,
> ① $a=b=c$ ➡ 정삼각형
> ② $a=b$ 또는 $b=c$ 또는 $c=a$ ➡ 이등변삼각형
> ③ $a^2+b^2<c^2$ ➡ 둔각삼각형 (단, c가 가장 크다.)
> ④ $a^2+b^2>c^2$ ➡ 예각삼각형 (단, c가 가장 크다.)
> ⑤ $a^2+b^2=c^2$ ➡ 빗변의 길이가 c인 직각삼각형
> ⑥ $a^2+b^2=c^2$이고 $a=b$ ➡ $\angle C=90°$인 직각이등변삼각형

0015 학교기출 대비 유형

세 점 A$(1, 1)$, B$(3, 2)$, C$(a, 5)$를 꼭짓점으로 하는 삼각형 ABC가 $\angle A=90°$인 직각삼각형일 때, 상수 a의 값은?

① -3　　　　② -2　　　　③ -1
④ 1　　　　⑤ 2

해설 내신연계문제

0016 최다빈출 왕 중요　　　　BASIC

세 점 A$(0, 0)$, B$(1, 4)$, C$(5, 3)$을 꼭짓점으로 하는 삼각형은 어떤 삼각형인가?

① $\overline{AB}=\overline{CA}$인 이등변삼각형
② $\overline{BC}=\overline{CA}$인 이등변삼각형
③ 정삼각형
④ $\angle A=90°$인 직각삼각형
⑤ $\angle B=90°$인 직각이등변삼각형

해설 내신연계문제

0017 최다빈출 왕 중요　　　　NORMAL

좌표평면 위에 세 점 A$(0, 1)$, B$(1, 4)$, C$(a, 2)$가 있을 때, 삼각형 ABC가 이등변삼각형이 되도록 하는 모든 실수 a의 값의 곱은?

① 90　　　　② 85　　　　③ 80
④ 75　　　　⑤ 70

해설 내신연계문제

0018 NORMAL

두 점 A$(2, 1)$, B$(-2, -1)$을 꼭짓점으로 하는 정삼각형 ABC의 꼭짓점 C의 좌표를 (a, b)라고 할 때, 상수 a, b에 대하여 ab의 값은? (단, 점 C는 제2사분면의 점이다.)

① -2　　　　② -4　　　　③ -6
④ -8　　　　⑤ -10

0019 최다빈출 왕 중요　　　　NORMAL

세 점 A$(-1, 1)$, B$(1, 3)$, C$(5, -1)$을 꼭짓점으로 하는 삼각형 ABC의 넓이는?

① 6　　　　② 8　　　　③ 10
④ 12　　　　⑤ 14

해설 내신연계문제

0020 TOUGH

세 점 A$(0, 2a)$, B$(-a, 3)$, C$(3, -3)$을 꼭짓점으로 하는 삼각형 ABC가 $\angle B=90°$인 직각이등변삼각형일 때, a의 값을 구하시오.

유형 04 두 점 사이의 거리의 활용 – 삼각형의 외심

(1) **정의** : 삼각형의 외접원의 중심
(2) **작도법**
삼각형의 세 변에서 수직이등분선을 그어
만나는 교점이다. 즉 O(외심)에서 만난다.

(3) **성질**
삼각형의 외심에서 세 꼭짓점에 이르는
거리는 모두 같다. 즉 $\overline{OA}=\overline{OB}=\overline{OC}$

외심이 삼각형의 한 변 위에 있으면
그 삼각형은 직각삼각형이다.

0021

세 점 A$(-1, 0)$, B$(2, 6)$, C$(5, -3)$을 꼭짓점으로 하는 삼각형
ABC의 외심의 좌표를 P(x, y)라고 할 때, $x+y$의 값을 구하시오.

0022 최다빈출 상 중요

x축 위의 점 A와 y축 위의 점 B에 대하여 삼각형 PAB의 외심은
변 AB 위에 있고 외심의 좌표는 $(8, 6)$이다. 삼각형 PAB의 외심과
점 P 사이의 거리는?

① 5   ② 6   ③ 8
④ 9   ⑤ 10

해설 내신연계문제

0023 NORMAL

좌표평면 위의 한 점 A$(2, 1)$을 꼭짓점으로 하는 삼각형 ABC의
외심 P$(-1, -1)$이 변 BC 위에 있을 때, $\overline{AB}^2+\overline{AC}^2$의 값을
구하시오.

유형 05 두 점 사이의 거리의 활용 – 선분의 길이의 합의 최솟값

(1) **실수 x, y, a, b에 대하여 $\sqrt{(x-a)^2+(y-b)^2}$는**
➡ 두 점 A(x, y), B(a, b) 사이의 거리를 의미한다.

(2) **두 점 A, B와 임의의 점 P에 대하여**
$\overline{AP}+\overline{BP}$**의 값이 최소가 되는 점 P의 위치**
➡ 점 P가 선분 AB 위에 있을 때이다.
➡ $\overline{AP}+\overline{BP} \geq \overline{AB}$

두 점 A, B와 임의의 점 P에 대하여 점 P로부터 나머지 두 점까지의
거리의 합 $\overline{AP}+\overline{BP}$가 최소가 되는 경우
➡ 점 P가 두 점을 이은 선분 AB 위에 있어야 한다.

0024 학교기출 대표 유형

다음은 실수 x, y에 대하여 $\sqrt{x^2+16}+\sqrt{(x-3)^2+2^2}$의 최솟값을
구하는 과정이다. (단, $a>0$, $b>0$, $c<0$)

> 좌표평면 위에서 $\sqrt{x^2+16}$은 두 점 $(x, 0)$, $(0, a)$ 사이의 거리
> 이고 $\sqrt{(x-3)^2+2^2}$은 두 점 $(x, 0)$, (b, c) 사이의 거리이다.
> 세 점 $(x, 0)$, $(0, a)$, (b, c)를 각각 A, B, C라고 하면
> $\overline{AB}+\overline{AC} \geq \overline{BC}$이고 $\overline{BC}=d$이므로 구하는 최솟값은 d이다.

위의 과정에서 a, b, c, d의 합 $a+b+c+d$의 값은?

① $5+2\sqrt{2}$ ② $5+3\sqrt{2}$ ③ $5+3\sqrt{5}$
④ $7+2\sqrt{2}$ ⑤ $10+3\sqrt{2}$

0025 최다빈출 상 중요

두 점 A$(-1, 5)$, B$(5, -3)$과 임의의 점 P에 대하여 $\overline{AP}+\overline{PB}$의
최솟값은?

① 9   ② 10   ③ 11
④ 12   ⑤ 13

해설 내신연계문제

0026 NORMAL

좌표평면 위의 세 점 O$(0, 0)$, A(a, b), B$(2, -1)$에 대하여
$$\sqrt{a^2+b^2}+\sqrt{(a-2)^2+(b+1)^2}$$
의 최솟값은?

① $\sqrt{3}$ ② $\sqrt{5}$ ③ $\sqrt{10}$
④ $2\sqrt{3}$ ⑤ $2\sqrt{5}$

0027 최다빈출 왕중요 NORMAL

네 점 $O(0, 0)$, $A(3, 4)$, $B(6, -2)$, $C(1, -2)$와 한 점 P가 있을 때, $\overline{PO}+\overline{PA}+\overline{PB}+\overline{PC}$의 최솟값은?

① $\sqrt{3}$ ② $2\sqrt{3}$ ③ $2\sqrt{5}$

④ $4\sqrt{5}$ ⑤ $4\sqrt{10}$

해설 내신연계문제

0028 TOUGH

좌표평면에 두 점 $A(3, 6)$과 $B(5, 10)$이 있다. x축 위에 있는 점 P에 대하여 $|\overline{PB}-\overline{PA}|^2$의 최댓값은?

① 15   ② 16   ③ 18

④ 20   ⑤ 25

0029 TOUGH

그림과 같이 지점 O에서 수직으로 만나는 직선 모양의 두 도로가 있다. A학생은 지점 O로부터 서쪽 방향으로 10km만큼 떨어진 지점에서 출발하여 동쪽 방향으로 시속 3km의 속력으로 걸어가고, B학생은 지점 O로부터 남쪽 방향으로 5km만큼 떨어진 지점에서 출발하여 북쪽 방향으로 시속 4km의 속력으로 걸어가려고 한다. 두 학생 A, B가 동시에 출발할 때, A학생과 B학생 사이의 거리가 최소가 되는 시간을 a, 그때의 거리를 $b$km라 할 때, $a+b$의 값을 구하시오. (단, 도로의 폭과 학생의 크기는 무시한다.)

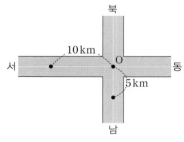

유형 06 두 점 사이의 거리의 활용 — 선분의 길이의 제곱의 합의 최솟값

두 점 A, B와 임의의 점 P에 대하여 두 점 사이의 거리의 합 $\overline{AP}^2+\overline{BP}^2$의 **최솟값**은 다음과 같은 순서로 구한다.

FIRST 점 P의 좌표를 x를 이용하여 나타낸다.

NEXT 두 점 사이의 거리를 이용하여 $\overline{AP}^2+\overline{BP}^2$을 x에 대한 **이차식**으로 나타낸다.

LAST 이차함수를 완전제곱꼴로 변형하여 $\overline{AP}^2+\overline{BP}^2$의 최솟값을 구한다.

★ 참고 $a>0$일 때, $y=a(x-p)^2+q$는 $x=p$에서 최솟값 q를 가진다.

🐮 길이의 제곱의 합의 최솟값의 의미

① 두 점 $A_1(x_1, y_1)$, $A_2(x_2, y_2)$에 대하여

$\overline{A_1P}^2+\overline{A_2P}^2$이 최소가 되는 점 P의 좌표 ➡ $P\left(\dfrac{x_1+x_2}{2}, \dfrac{y_1+y_2}{2}\right)$

② 세 점 $A_1(x_1, y_1)$, $A_2(x_2, y_2)$, $A_3(x_3, y_3)$에 대하여

$\overline{A_1P}^2+\overline{A_2P}^2+\overline{A_3P}^2$이 최소가 되는 점 P의 좌표

➡ $P\left(\dfrac{x_1+x_2+x_3}{3}, \dfrac{y_1+y_2+y_3}{3}\right)$ ◀ 삼각형의 무게중심

③ n개의 점 $A_1(x_1, y_1)$, $A_2(x_2, y_2)$, $\cdots$, $A_n(x_n, y_n)$에 대하여

$\overline{A_1P}^2+\overline{A_2P}^2+\cdots+\overline{A_nP}^2$이 최소가 되는 점 P의 좌표

➡ $P\left(\underset{x\text{좌푯값의 평균}}{\underline{\dfrac{x_1+x_2+\cdots+x_n}{n}}}, \underset{y\text{좌푯값의 평균}}{\underline{\dfrac{y_1+y_2+\cdots+y_n}{n}}}\right)$

0030 학교기출 대표 유형

두 점 $A(0, 1)$, $B(4, 3)$과 x축 위의 점 P에 대하여 $\overline{AP}^2+\overline{BP}^2$의 최솟값을 a, 그때의 점 P의 좌표를 $(b, 0)$이라 할 때, $a+b$의 값을 구하시오.

0031 NORMAL

두 점 $A(3, 1)$, $B(-1, 5)$에 대하여 $\overline{AP}^2+\overline{BP}^2$의 값이 최소일 때의 점 P와 원점 사이의 거리는?

① $\sqrt{5}$ ② $\sqrt{6}$ ③ $2\sqrt{2}$

④ $\sqrt{10}$ ⑤ $2\sqrt{3}$

0032 최다빈출 왕중요 NORMAL

두 점 $A(4, -2)$, $B(1, -5)$와 직선 $y=x+3$ 위의 점 $P(a, b)$에 대하여 $\overline{AP}^2+\overline{BP}^2$이 최솟값을 가질 때, a^2+b^2의 값은?

① 5   ② 13   ③ 17

④ 25   ⑤ 30

해설 내신연계문제

유형 07 좌표를 이용한 도형의 성질 − 중선정리

삼각형 ABC의 변 BC의 중점을 M이라 할 때,
다음 등식이 성립한다.

$$\overline{AB}^2+\overline{AC}^2=2(\overline{AM}^2+\overline{BM}^2)$$

위의 정리를 '중선정리' 또는
'파포스(Pappos) 정리'라 한다.

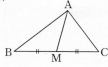

 ① 삼각형의 한 꼭짓점에서 삼각형의 넓이를 이등분하는 선은
삼각형의 한 중선이다.
② 도형의 성질을 증명할 때 도형을 좌표평면으로 옮겨서 도형의 한 변
을 x축 또는 y축으로 놓고 주어진 점을 원점 또는 좌표축 위의 점이
되도록 하여 변의 길이를 간단하게 나타내어 증명한다.

0033 학교기출 대표 유형

다음은 삼각형 ABC의 변 BC의 중점을 M이라 할 때,

$$\overline{AB}^2+\overline{AC}^2=2(\overline{AM}^2+\overline{BM}^2)$$

이 성립함을 보이는 과정이다. □ 안에 알맞은 식은?

그림과 같이 직선 BC를 x축으로 하고, 점 M을 지나고 직선 BC
에 수직인 직선을 y축으로 하는 좌표평면을 생각하면 점 M은 원
점이다. 이때 두 점 $A(a, b)$, $B(-c, 0)$이라 하면

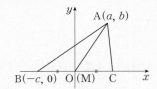

$$\overline{AB}^2+\overline{AC}^2=2(\boxed{})$$
$$\overline{AM}^2+\overline{BM}^2=\boxed{}$$
따라서 $\overline{AB}^2+\overline{AC}^2=2(\overline{AM}^2+\overline{BM}^2)$

① $\sqrt{a^2+b^2}$ ② $\sqrt{a^2+b^2+c^2}$ ③ $2(a^2+b^2+c^2)$
④ $a^2+b^2+c^2$ ⑤ $-a^2+b^2-c^2$

0034

오른쪽 그림과 같이 삼각형 ABC에서
$\overline{AB}=6$, $\overline{BC}=10$, $\overline{CA}=10$이고 변 BC
의 중점이 M일 때, 중선 AM의 길이는?

① $\sqrt{21}$ ② $2\sqrt{6}$
③ $2\sqrt{7}$ ④ $\sqrt{43}$
⑤ $3\sqrt{5}$

0035 최다빈출 강 중요

오른쪽 그림과 같이 삼각형 ABC에서
$\overline{AB}=9$, $\overline{BC}=10$, $\overline{AC}=7$이다.
$\overline{BC}$의 중점이 M이고 점 G가 삼각형
ABC의 무게중심일 때, 선분 GM의
길이는?

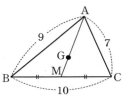

① $\dfrac{2\sqrt{10}}{3}$ ② $2\sqrt{10}$ ③ $\dfrac{\sqrt{10}}{3}$
④ $\dfrac{\sqrt{10}}{2}$ ⑤ $\sqrt{10}$

 해설 내신연계문제

0036

오른쪽 그림과 같이 평행사변형
ABCD에서 B(1, 3), D(7, 11)
이고 $\overline{AB}=5$, $\overline{BC}=7$일 때, 선분
AC의 길이는?

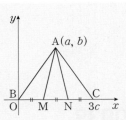

① $2\sqrt{2}$ ② $2\sqrt{3}$
③ $4\sqrt{2}$ ④ $4\sqrt{3}$
⑤ $6\sqrt{2}$

0037

다음은 삼각형 ABC에서 변 BC의 삼등분점 M, N에 대하여

$$\overline{AB}^2+\overline{AC}^2=\overline{AM}^2+\overline{AN}^2+4\overline{MN}^2$$

이 성립함을 보이는 과정이다. 빈칸의 (가), (나), (다), (라)에
알맞은 식은?

오른쪽 그림과 같이 점 B를 원점으로
하고 직선 BC를 x축으로 하는 좌표
평면을 정하고 세 점 A, B, C의 좌표
를 각각 $A(a, b)$, B(0, 0), $C(3c, 0)$
이라고 하면 두 점 M, N의 좌표는
각각 $M(c, 0)$, N((가) , 0)이다.
이때 $\overline{AB}^2=a^2+b^2$, $\overline{AC}^2=\boxed{(나)}$이고
$\overline{AM}^2=\boxed{(다)}$, $\overline{AN}^2=(2c-a)^2+b^2$, $4\overline{MN}^2=\boxed{(라)}$이므로
$\overline{AB}^2+\overline{AC}^2=\overline{AM}^2+\overline{AN}^2+4\overline{MN}^2$이 성립한다.

	(가)	(나)	(다)	(라)
①	$2c$	$(c-a)^2+b^2$	$(c-2a)^2+b^2$	$4c^2$
②	c	$(3c-a)^2+b^2$	$(c-a)^2+b^2$	$2c^2$
③	$2c$	$(3c-a)^2+b^2$	$(c-a)^2+b^2$	$4c^2$
④	c	$(c-a)^2+b^2$	$(c-2a)^2+b^2$	$4c^2$
⑤	$2c$	$(c-2a)^2+b^2$	$(c-a)^2+b^2$	$2c^2$

유형 08 수직선 위의 선분의 내분점

수직선 위의 두 점 $A(x_1)$, $B(x_2)$에 대하여

(1) **선분 AB를 $m:n(m>0,\ n>0)$으로 내분하는 점 P의 좌표**

$\Rightarrow P\left(\dfrac{mx_2+nx_1}{m+n}\right)$

(2) **선분 AB의 중점 M의 좌표**

$\Rightarrow M\left(\dfrac{x_1+x_2}{2}\right)$

🐾 수직선 위의 선분의 외분점
① 수직선 위의 두 점 $A(x_1)$, $B(x_2)$에 대하여

선분 AB를 $m:n(m>0,\ n>0,\ m\ne n)$으로 외분하는 점 Q의 좌표

$\Rightarrow Q\left(\dfrac{mx_2-nx_1}{m-n}\right)$

② 선분 AB를 $m:n$으로 외분하는 점 Q는

$m>n$일 때,	$m<n$일 때,

0038 학교기출 [대표] 유형

그림에 대한 설명 중 옳은 것만을 [보기]에서 있는 대로 고른 것은?
(단, $\overline{PQ}=\overline{QA}=\overline{AB}=\overline{BR}=\overline{RS}$)

```
   ●─┼┼─●─┼┼─●─┼┼─●──────●──────●──→
   P      Q      A      B      R      S    x
```

> ㄱ. 점 A는 선분 PR의 중점이다.
> ㄴ. 점 Q는 선분 PB를 $1:2$로 내분하는 점이다.
> ㄷ. 점 R은 선분 AS를 $2:1$로 내분하는 점이다.

① ㄱ ② ㄴ ③ ㄱ, ㄴ
④ ㄴ, ㄷ ⑤ ㄱ, ㄴ, ㄷ

0039 NORMAL

수직선 위의 5개의 점 A, B(1), C, D(5), E에 대하여 다음 조건을 만족시킬 때, 선분 CE의 길이는?

> (가) 점 B는 선분 AC의 중점이다.
> (나) 점 C는 선분 AD를 $2:1$로 내분한다.
> (다) 점 D는 선분 CE의 중점이다.

① 4 ② 5 ③ 6
④ 8 ⑤ 10

0040 최다빈출 🕐중요 NORMAL

수직선 위의 두 점 $A(2)$, $B(7)$에 대하여 선분 AB를 $3:2$로 내분하는 점을 P, 선분 AB를 $2:3$으로 내분하는 점을 Q라고 할 때, 선분 PQ의 중점 M의 좌표는?

① $M(3)$ ② $M\left(\dfrac{7}{2}\right)$ ③ $M(4)$

④ $M\left(\dfrac{9}{2}\right)$ ⑤ $M(5)$

 해설 내신연계문제

0041 최다빈출 🕐중요 NORMAL

수직선 위에 있는 두 점 $A(-4)$, $B(a)$에 대하여 선분 AB를 $3:1$로 내분하는 점을 P라 하고 선분 AB를 $1:3$으로 내분하는 점을 Q라고 하자. 두 점 P, Q 사이의 거리가 6일 때, 양수 a의 값은?

① 2 ② 4 ③ 6
④ 8 ⑤ 10

해설 내신연계문제

0042 TOUGH

수직선 위의 선분 AB를 $1:4$로 내분하는 점 P와 선분 AB를 $7:3$으로 내분하는 점 Q에 대하여 $\overline{PQ}=\dfrac{q}{p}\overline{AB}$일 때, $p+q$의 값을 구하시오. (단, p와 q는 서로소인 자연수이다.)

```
   ●────●──────────●─────●──→
   A    P          Q     B   x
```

모의고사 **핵심유형** 기출문제

0043 2023년 03월 고2 학력평가 4번 변형 BASIC

수직선 위의 두 점 $A(-5)$, $B(4)$에 대하여 선분 AB를 $2:1$로 내분하는 점의 좌표는?

① 1 ② $\dfrac{3}{2}$ ③ 2

④ $\dfrac{5}{2}$ ⑤ 3

해설 내신연계문제

유형 09 좌표평면 위의 선분의 내분점

좌표평면 위의 두 점 $A(x_1, y_1)$, $B(x_2, y_2)$에 대하여

(1) **선분 AB를 $m : n(m>0, n>0)$으로 내분하는 점 P의 좌표**

➡ $P\left(\dfrac{mx_2+nx_1}{m+n}, \dfrac{my_2+ny_1}{m+n}\right)$

(2) **선분 AB의 중점 M의 좌표**

➡ $M\left(\dfrac{x_1+x_2}{2}, \dfrac{y_1+y_2}{2}\right)$

 $\overline{AB}$의 내분점과 $\overline{BA}$의 내분점은 일반적으로 같지 않기 때문에 내분점을 구할 때, 구하는 공식에서 부호의 차이, 곱하는 순서에 주의하여 공식을 잘 숙지한다.

0044 학교기출 대표유형

좌표평면 위의 세 점 $A(5, 1)$, $B(-1, 4)$, $C(a, b)$에 대하여 선분 AB를 $2 : 1$로 내분하는 점의 좌표를 P, 선분 AP의 중점의 좌표를 점 C라 할 때 $a+b$의 값을 구하시오.

0045 NORMAL

두 점 $A(-3, -2)$, $B(7, 8)$에 대하여 선분 AB를 $2 : 3$으로 내분하는 점을 P, $1 : 2$로 내분하는 점을 Q라고 하자. 선분 PQ의 중점의 좌표를 (a, b)라 할 때, $b-a$의 값을 구하시오.

0046 NORMAL

두 점 $A(-3, 2)$, $B(6, 11)$에 대하여 선분 AB를 $2 : 1$로 내분하는 점을 P, 선분 PQ를 $3 : 1$로 내분하는 점을 B라 하자. 선분 PQ의 중점의 좌표를 (α, β)라 할 때, $\alpha+\beta$의 값은?

① 9   ② 11   ③ 13
④ 15   ⑤ 17

0047 최다빈출 왕중요   NORMAL

두 점 $A(1, 4)$, $B(a, -11)$에 대하여 선분 AB를 $1 : b$로 내분하는 점의 좌표가 $(2, -1)$이다. 선분 AP를 $3-b : b$로 내분하는 점의 좌표가 $(3, -2)$일 때, 점 $P(\alpha, \beta)$에 대하여 $\alpha+\beta$의 값은?

① -8 ② -7 ③ -6
④ -4 ⑤ -3

해설 내신연계문제

0048 NORMAL

두 점 $A(a, -1)$, $B(-4, b)$에 대하여 선분 AB를 $2 : 5$로 내분하는 점의 좌표가 $(1, 1)$, 선분 AB를 $2 : 1$로 내분하는 점의 좌표를 (α, β)라 할 때, $\alpha+\beta$의 값은?

① 2   ② 3   ③ 5
④ 6   ⑤ 8

0049 최다빈출 왕중요   NORMAL

세 점 $A(2, a+1)$, $B(b+1, -1)$, $C(a+2, b)$에 대하여 선분 AB를 $2 : 1$로 내분하는 점의 좌표가 $(0, 0)$이고 선분 BP를 $1 : 2$로 내분하는 점이 C이다. 점 P의 좌표를 (α, β)라 할 때, $\alpha+\beta$의 값을 구하시오.

해설 내신연계문제

모의고사 **핵심유형** 기출문제

0050 2020년 11월 고1 학력평가 25번   NORMAL

좌표평면 위의 두 점 A, B에 대하여 선분 AB의 중점의 좌표가 $(1, 2)$이고, 선분 AB를 $3 : 1$로 내분하는 점의 좌표가 $(4, 3)$일 때, $\overline{AB}^2$의 값을 구하시오.

해설 내신연계문제

좌표평면 위의 두 점 $A(x_1, y_1)$, $B(x_2, y_2)$에 대하여

(1) **선분 AB를 $m : n(m>0, n>0)$으로 내분하는 점 P의 좌표는**

➡ $P\left(\dfrac{mx_2+nx_1}{m+n}, \dfrac{my_2+ny_1}{m+n}\right)$

(2) **점 P(a, b)가 직선 $y=mx+n$ 위의 점인 경우**

➡ $x=a$, $y=b$를 $y=mx+n$에 대입한다.

🐾 선분의 내분점을 P(a, b)라 할 때, 사분면의 부호
  ① 점 P가 제1사분면 위의 점이면 ➡ $a>0$, $b>0$
  ② 점 P가 제2사분면 위의 점이면 ➡ $a<0$, $b>0$
  ③ 점 P가 제3사분면 위의 점이면 ➡ $a<0$, $b<0$
  ④ 점 P가 제4사분면 위의 점이면 ➡ $a>0$, $b<0$

0051 학교기출 대표 유형

좌표평면 위의 두 점 $A(-5, -1)$, $B(a, 1)$에 대하여 선분 AB를 $2:1$로 내분하는 점이 직선 $y=x$ 위에 있을 때, 상수 a의 값을 구하시오.

0052 최다빈출 왕 중요 NORMAL

좌표평면에서 두 점 $A(-1, 4)$, $B(5, -5)$를 이은 선분 AB를 $2:1$로 내분하는 점이 직선 $y=2x+k$ 위에 있을 때, 상수 k의 값은?

① -8 ② -7 ③ -6
④ -5 ⑤ -4

해설 내신연계문제

0053 최다빈출 왕 중요 NORMAL

두 점 $A(1, -2)$, $B(3, 4)$를 잇는 선분 AB를 $m:1(m>0)$로 내분하는 점이 직선 $x+y-5=0$ 위에 있을 때, 상수 m의 값은?

① $\dfrac{1}{3}$ ② $\dfrac{1}{2}$ ③ $\dfrac{3}{2}$
④ 2 ⑤ 3

해설 내신연계문제

0054 최다빈출 왕 중요 NORMAL

두 점 $A(2, 3)$, $B(3, -1)$을 이은 선분 AB를 $(1+t):(1-t)$로 내분하는 점이 제1사분면에 속하도록 하는 실수 t의 값의 범위가 $a<t<b$일 때, $2ab$의 값은? (단, a, b는 상수이고 $-1<t<1$)

① -3 ② -2 ③ -1
④ 2 ⑤ 3

해설 내신연계문제

0055 최다빈출 왕 중요 TOUGH

그림과 같이 좌표평면 위의 세 점 $A(-2, 3)$, $B(-4, -2)$, $C(5, 1)$을 꼭짓점으로 하는 삼각형 ABC의 변 BC 위의 점 P에 대하여 삼각형 APC의 넓이가 삼각형 ABP의 넓이의 2배일 때, 점 P의 좌표가 (a, b)이다. 상수 a, b에 대하여 $a+b$의 값은?

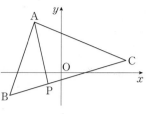

① -5 ② -4 ③ -3
④ -2 ⑤ -1

해설 내신연계문제

0056 2022년 03월 고2 학력평가 8번 BASIC

두 점 $A(a, 0)$, $B(2, -4)$에 대하여 선분 AB를 $3:1$로 내분하는 점이 y축 위에 있을 때, 선분 AB의 길이는?

① $2\sqrt{5}$ ② $3\sqrt{5}$ ③ $4\sqrt{5}$
④ $5\sqrt{5}$ ⑤ $6\sqrt{5}$

해설 내신연계문제

0057 2019년 09월 고1 학력평가 12번 TOUGH

직선 $y=\dfrac{1}{3}x$ 위의 두 점 $A(3, 1)$, $B(a, b)$가 있다. 제2사분면 위의 한 점 C에 대하여 삼각형 BOC와 삼각형 OAC의 넓이의 비가 $2:1$일 때, $a+b$의 값은? (단, $a<0$이고, O는 원점이다.)

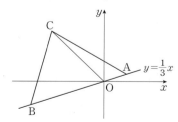

① -8 ② -7 ③ -6
④ -5 ⑤ -4

해설 내신연계문제

유형 11 선분의 내분점 − 이차함수와 직선의 위치 관계

이차함수 $y=f(x)$의 그래프와 직선 $y=g(x)$에 대하여
(1) **교점의 x좌표** ➪ 이차방정식 $f(x)=g(x)$의 실근이다.
(2) **교점의 x좌표를** α, β라 하면
  ➪ 이차방정식 $f(x)=g(x)$에서 근과 계수의 관계를 이용한다.

이차함수와 직선이 두 점 A, B에서 만나고 선분 AB의 내분점을
이용하여 선분의 길이 또는 미지수를 구한다.

0058

그림과 같이 이차함수 $y=(x-2)^2$의 그래프와 직선 $y=m$이 서로
다른 두 점 A, B에서 만난다. 선분 AB가 y축과 만나는 점이 선분
AB를 $1:2$로 내분할 때, m의 값을 구하시오. (단, $m>4$이고
점 A의 x좌표는 점 B의 x좌표보다 작다.)

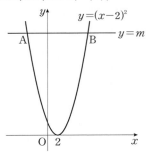

0059 최다빈출 상 중요

그림과 같이 이차함수 $y=x^2$의 그래프와 직선 $y=ax+12$가 서로
다른 두 점 A, B에서 만난다. 선분 AB가 y축과 만나는 점을 P라
할 때, 점 P는 선분 AB를 $1:3$으로 내분한다. 이때 상수 a의 값은?
(단, 점 A의 x좌표는 점 B의 x좌표보다 작다.)

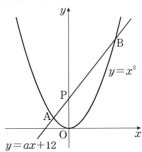

① $\frac{3}{2}$ ② 2   ③ $\frac{5}{2}$
④ 3   ⑤ 4

해설 내신연계문제

0060 NORMAL

오른쪽 그림과 같이 이차함수
$y=x^2-4x-6$의 그래프와 직선
$y=mx+n$이 서로 다른 두 점
A, B에서 만난다. 선분 AB의 중
점의 좌표가 $(3, 5)$일 때, mn의
값은? (단, m, n는 상수이다.)

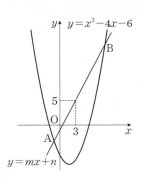

① -2 ② -1
③ 0   ④ 2
⑤ 3

모의고사 **핵심유형** 기출문제

0061 2021년 03월 고2 학력평가 27번   NORMAL

오른쪽 그림과 같이
곡선 $y=x^2-2x$와 직선
$y=3x+k(k>0)$이 두 점 P, Q
에서 만난다. 선분 PQ를 $1:2$로
내분하는 점의 x좌표가 1일 때,
상수 k의 값을 구하시오. (단, 점
P의 x좌표는 점 Q의 x좌표보다
작다.)

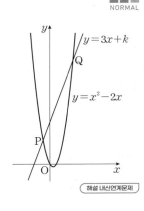

해설 내신연계문제

0062 2020년 09월 고1 학력평가 16번   TOUGH

그림과 같이 이차함수 $y=ax^2(a>0)$의 그래프와 직선 $y=\frac{1}{2}x+1$
이 서로 다른 두 점 P, Q에서 만난다. 선분 PQ의 중점 M에서 y축
에 내린 수선의 발을 H라 하자. 선분 MH의 길이가 1일 때, 선분
PQ의 길이는?

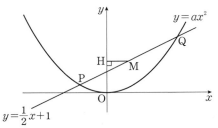

① 4   ② $\frac{9}{2}$ ③ 5
④ $\frac{11}{2}$ ⑤ 6

해설 내신연계문제

점 B는 선분 AC 위의 점일 때,
$m\overline{AB}=n\overline{BC}(m>0,\ n>0)$이면 $\overline{AB}:\overline{BC}=n:m(n>m)$이므로
점 B는 선분 AC를 $n:m$으로 내분하는 점이다.

> 🐷 **좌표평면 위의 선분의 외분점**
> (1) 좌표평면 위의 두 점 $A(x_1,\ y_1)$, $B(x_2,\ y_2)$에 대하여
>　　 선분 AB를 $m:n(m>0,\ n>0,\ m\neq n)$으로 외분하는 점 Q의
>　　 좌표
>　　 ➡ $Q\left(\dfrac{mx_2-nx_1}{m-n},\ \dfrac{my_2-ny_1}{m-n}\right)$
> (2) 점 B는 선분 AC 위의 점일 때,
>　　 $m\overline{AB}=n\overline{BC}\ (m>0,\ n>0)$이면 $\overline{AB}:\overline{BC}=n:m(n>m)$
>　　 이므로
>　　 점 C는 선분 AB를 $(m+n):m$으로 외분하는 점이고
>　　 점 A는 선분 BC를 $n:(m+n)$으로 외분하는 점이다.
>
>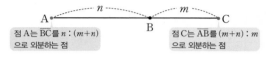
>
>　점 A는 $\overline{BC}$를 $n:(m+n)$　　　　점 C는 $\overline{AB}$를 $(m+n):m$
>　으로 외분하는 점　　　　　　　　　으로 외분하는 점

0063 　학교기출 대표 유형

두 점 $A(2,\ 2)$, $B(5,\ 8)$을 잇는 선분 AB의 연장선 위에 있고
$2\overline{AB}=3\overline{BC}$를 만족하는 점 C의 좌표를 $(a,\ b)$라 할 때, $a+b$의
값을 구하시오. (단, a, b는 상수이다.)

0064 　　　　　　　　　　　　　◀◀◀ NORMAL

두 점 $A(-1,\ 2)$, $B(3,\ 4)$에 대하여 선분 AB의 점 B방향으로의
연장선 위에 $2\overline{AB}=\overline{BC}$를 만족하는 점 C의 좌표를 $(a,\ b)$라 할 때,
$a+b$의 값은? (단, a, b는 상수이다.)

① 11　　　　　　② 13　　　　　　③ 15
④ 17　　　　　　⑤ 19

0065 　최다빈출 왕중요　　　　　　　◀◀◀ NORMAL

두 점 $A(-4,\ 2)$, $B(5,\ 8)$을 잇는 직선 AB 위에 있고 $\overline{AB}=3\overline{BC}$를
만족시키는 점 C의 x좌표의 합은?

① 2　　　　　　② 4　　　　　　③ 6
④ 8　　　　　　⑤ 10

　　　　　　　　　　　　　　　　　　　 해설 내신연계문제

0066 　　　　　　　　　　　　　◀◀◀ NORMAL

두 점 $A(1,\ 2)$, $B(3,\ 4)$를 잇는 직선 AB 위에 있고 $3\overline{AB}=2\overline{BC}$를
만족시키는 점 C는 두 개 존재한다. 이때 두 점 사이의 거리는?

① $4\sqrt{2}$　　　　　② $4\sqrt{3}$　　　　　③ $5\sqrt{2}$
④ $5\sqrt{3}$　　　　　⑤ $6\sqrt{2}$

0067 　최다빈출 왕중요　　　　　　　◀◀◀ TOUGH

두 점 $A(-5,\ 0)$, $B(1,\ 3)$과 직선 AB 위의 점 P에 대하여 삼각형
OAP의 넓이가 삼각형 OBP의 넓이의 2배가 되도록 하는 두 점을
P_1, P_2라 할 때, 두 점 P_1, P_2 사이의 거리는? (단, O는 원점이다.)

① $2\sqrt{2}$　　　　　② $4\sqrt{2}$　　　　　③ $4\sqrt{5}$
④ $5\sqrt{5}$　　　　　⑤ $6\sqrt{5}$

　　　　　　　　　　　　　　　　　　　 해설 내신연계문제

0068 　　　　　　　　　　　　　◀◀◀ TOUGH

두 점 $A(3,\ 3)$, $B(0,\ 6)$을 지나는 직선 AB 위의 점 $C(a,\ b)$에
대하여 삼각형 OAC의 넓이가 27일 때, $b-a$의 값을 구하시오.
(단, O는 원점이고, $a<0$)

유형 13 삼각형의 중점을 이용한 꼭짓점 구하기

좌표평면 위의 두 점 $A(x_1, y_1)$, $B(x_2, y_2)$에 대하여

선분 AB의 중점 $M\left(\dfrac{x_1+x_2}{2}, \dfrac{y_1+y_2}{2}\right)$

0069 학교기출 [대표] 유형

좌표평면 위의 세 점 $A(a, b)$, $B(2, 1)$, $C(4, -3)$을 꼭짓점으로 하는 삼각형 ABC에서 선분 BC의 중점을 M이라 하자. 선분 AM을 $2:1$로 내분하는 점의 좌표가 $(1, -1)$일 때, 상수 a, b에 대하여 $a+b$의 값은?

① -4 ② -1 ③ 0
④ 1 ⑤ 4

0070 NORMAL

삼각형 ABC의 세 변 AB, BC, CA의 중점의 좌표가 각각 $D(-1, 2)$, $E(2, -3)$, $F(3, 4)$일 때, 삼각형 ABC의 세 꼭짓점의 x좌표와 y좌표의 합은?

① 2 ② 3 ③ 6
④ 7 ⑤ 10

0071 최다빈출 왕 중요 NORMAL

점 $A(5, 3)$을 한 꼭짓점으로 하는 삼각형 ABC에서 두 변 AB, AC의 중점을 각각 $M(x_1, y_1)$, $N(x_2, y_2)$라 하자.
$x_1+x_2=-4$, $y_1+y_2=6$일 때, 삼각형 ABC의 세 꼭짓점의 x좌표와 y좌표의 합은? (단, 두 점 B, C의 y좌표는 3이 아니다.)

① -4 ② -8 ③ -12
④ -16 ⑤ -20

해설 내신연계문제

유형 14 삼각형의 무게중심

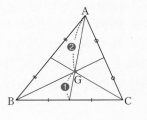

(1) **삼각형의 무게중심과 중선**
　① 삼각형의 중선
　　삼각형에서 한 꼭짓점과 그 대변의 중점을 이은 선분
　② 삼각형의 무게중심
　　삼각형의 세 중선의 교점
　③ 삼각형의 무게중심의 성질
　　세 중선의 길이를 각 꼭짓점으로부터 $2:1$로 내분한다.

(2) 세 점 $A(x_1, y_1)$, $B(x_2, y_2)$, $C(x_3, y_3)$를 꼭짓점으로 하는 **삼각형 ABC의 무게중심 G의 좌표는**

➡ $G\left(\dfrac{x_1+x_2+x_3}{3}, \dfrac{y_1+y_2+y_3}{3}\right)$

삼각형 ABC에 대하여
선분 AB의 중점 M의 좌표와 점 C의 좌표가 주어진 경우
➡ (삼각형 ABC의 무게중심)=(선분 CM을 $2:1$로 내분하는 점)

0072 학교기출 [대표] 유형

세 점 $A(a, 1)$, $B(2a, 5)$, $C(-3, b)$를 꼭짓점으로 하는 삼각형 ABC의 무게중심의 좌표가 $G(1, b)$일 때, ab의 값을 구하시오.

0073 BASIC

세 점 $A(5, a)$, $B(0, -2)$, $C(b, 6)$을 꼭짓점으로 하는 삼각형 ABC의 내부의 한 점 $P(3, 0)$에 대하여 다음이 성립할 때, 실수 a, b에 대하여 ab의 값은?

(삼각형 PAB의 넓이)=(삼각형 PBC의 넓이)
　　　　　　　 =(삼각형 PCA의 넓이)

① -16 ② -12 ③ -8
④ -4 ⑤ 16

0074 NORMAL

다음 조건을 만족하는 삼각형 ABC에서 선분 BC의 중점의 좌표를 (m, n)이라 할 때, $m+n$의 값은? (단, m, n은 상수이다.)

(가) 꼭짓점 A의 좌표는 $A(5, 4)$이다.
(나) 선분 AB의 중점 M의 좌표는 $M(-1, 3)$이다.
(다) 삼각형 ABC의 무게중심 G의 좌표는 $G(1, 2)$이다.

① -3 ② -2 ③ -1
④ 0 ⑤ 1

0075

NORMAL

오른쪽 그림과 같이 삼각형 ABC의 무게중심을 G라 하자. 삼각형 ABC와 같은 평면에 있는 직선 l에 대하여 세 점 A, B, C에서 직선 l까지의 거리를 각각 12, 20, 13이라 할 때, 점 G에서 직선 l 사이의 거리를 구하시오.

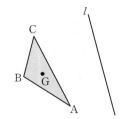

0076

최다빈출 🥇 중요   NORMAL

삼각형 ABC에서 꼭짓점 A의 좌표가 $(1, 3)$이고 변 BC의 중점의 좌표가 $(-2, 6)$일 때, 삼각형 ABC의 무게중심의 좌표는 (a, b)이다. 이때 ab의 값은?

① -5 ② -4 ③ -3
④ -2 ⑤ -1

해설 내신연계문제

0077

최다빈출 🥇 중요   TOUGH

정삼각형 ABC에서 꼭짓점 A의 좌표가 $(6, 6)$이고 무게중심이 원점일 때, 정삼각형 ABC의 한 변의 길이는?

① $\sqrt{6}$ ② $2\sqrt{3}$ ③ $2\sqrt{6}$
④ $4\sqrt{6}$ ⑤ $6\sqrt{6}$

해설 내신연계문제

0078

TOUGH

그림과 같이 직선 $y=-3x+k$가 두 직선 $y=\dfrac{1}{3}x$, $y=2x$와 만나는 점을 각각 A, B라 하자. 삼각형 OAB의 무게중심의 좌표가 $\left(\dfrac{10}{3}, \dfrac{10}{3}\right)$일 때, 상수 k의 값을 구하시오. (단, O는 원점이다.)

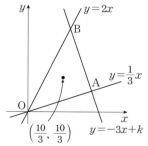

0079

2021년 11월 고1 학력평가 24번   BASIC

좌표평면 위의 세 점 A$(2, 6)$, B$(4, 1)$, C$(8, a)$에 대하여 삼각형 ABC의 무게중심이 직선 $y=x$ 위에 있을 때, 상수 a의 값을 구하시오. (단, 점 C는 제1사분면 위의 점이다.)

해설 내신연계문제

0080

2024년 10월 고1 학력평가 11번   NORMAL

좌표평면 위의 세 점 A$(1, 2)$, B, C를 꼭짓점으로 하는 삼각형 ABC가 있다. 선분 AB의 중점의 좌표가 $(6, 7)$, 선분 AC의 중점의 좌표가 $(a, 6)$이고 삼각형 ABC의 무게중심의 좌표는 $(5, b)$일 때, $a+b$의 값은?

① 8   ② 9   ③ 10
④ 11   ⑤ 12

해설 내신연계문제

0081

2021년 03월 고2 학력평가 12번   NORMAL

좌표평면에 세 점 A$(-2, 0)$, B$(0, 4)$, C(a, b)를 꼭짓점으로 하는 삼각형 ABC가 있다. $\overline{AC}=\overline{BC}$이고 삼각형 ABC의 무게중심이 y축 위에 있을 때, $a+b$의 값은?

① $\dfrac{1}{2}$ ② 1 ③ $\dfrac{3}{2}$
④ 2 ⑤ $\dfrac{5}{2}$

해설 내신연계문제

0082

2020년 11월 고1 학력평가 26번   NORMAL

좌표평면에서 이차함수 $y=x^2-8x+1$의 그래프와 직선 $y=2x+6$이 만나는 두 점을 각각 A, B라 하자. 삼각형 OAB의 무게중심의 좌표를 (a, b)라 할 때, $a+b$의 값을 구하시오. (단, O는 원점이다.)

해설 내신연계문제

유형 15 삼각형의 무게중심의 활용

(1) 원래 삼각형의 무게중심과 삼각형의 세 변을 일정 비율로 내분하여 만든 삼각형의 무게중심은 일치한다.

(2) 삼각형 ABC의 세 꼭짓점 $A(x_1, y_1)$, $B(x_2, y_2)$, $C(x_3, y_3)$에 대하여 $\overline{AP}^2 + \overline{BP}^2 + \overline{CP}^2$의 값이 최소가 되는 점 P의 좌표는 삼각형의 **무게중심**이다. ➡ $P\left(\dfrac{x_1+x_2+x_3}{3}, \dfrac{y_1+y_2+y_3}{3}\right)$

 삼각형 ABC에 대하여

세 변 AB, BC, CA를 $t : (1-t)$ $(0<t<1)$으로 내분하는 점을 각각 D, E, F라 하면

➡ (삼각형 ABC의 무게중심)=(삼각형 DEF의 무게중심)

0083 학교기출 대표유형

삼각형 ABC의 세 변 AB, BC, CA의 중점이 각각 $P(1, 3)$, $Q(0, 1)$, $R(2, 2)$일 때, 삼각형 ABC의 무게중심의 좌표를 (a, b)라 하자. $a+b$의 값을 구하시오. (단, a, b는 상수이다.)

0084 최다빈출 왕 중요 NORMAL

삼각형 ABC의 세 변 AB, BC, CA를 $2 : 1$로 내분하는 점이 각각 $P(0, 4)$, $Q(2, -3)$, $R(4, 5)$일 때, 삼각형 ABC의 무게중심의 좌표를 (a, b)라 하자. $a+b$의 값은? (단, a, b는 상수이다.)

① 4   ② 6   ③ 8
④ 10   ⑤ 12

해설 내신연계문제

0085 최다빈출 왕 중요 NORMAL

세 점 $A(-1, 2)$, $B(-3, 3)$, $C(a, b)$를 꼭짓점으로 하는 삼각형 ABC에서 세 변 AB, BC, CA를 $1 : 2$로 내분하는 점이 각각 D, E, F라고 할 때, 삼각형 DEF의 무게중심의 좌표는 $(2, 1)$이다. 상수 a, b에 대하여 $a+b$의 값은?

① 6   ② 8   ③ 10
④ 12   ⑤ 14

해설 내신연계문제

0086 최다빈출 왕 중요 TOUGH

그림과 같이 좌표평면 위의 세 점 $P(3, 7)$, $Q(1, 1)$, $R(9, 3)$으로부터 같은 거리에 있는 직선 l이 두 선분 PQ, PR과 만나는 점을 각각 A, B라 하자. 선분 QR의 중점을 C라 할 때, 삼각형 ABC의 무게중심의 좌표를 $G(x, y)$라 하면 $x+y$의 값은?

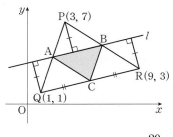

① $\dfrac{16}{3}$ ② 6   ③ $\dfrac{20}{3}$
④ $\dfrac{22}{3}$ ⑤ 8

해설 내신연계문제

0087 최다빈출 왕 중요 TOUGH

세 점 $A(1, 5)$, $B(5, 3)$, $C(9, 4)$에 대하여

$$\overline{AP}^2 + \overline{BP}^2 + \overline{CP}^2$$

의 값이 최소가 되도록 하는 점 P의 x좌표와 y좌표의 합을 구하시오.

해설 내신연계문제

모의고사 **핵심유형** 기출문제

0088 2018년 03월 고1 학력평가 29번 TOUGH

그림과 같이 모든 모서리의 길이가 같은 사각뿔 ABCDE가 있다. 삼각형 ACD의 무게중심을 G, 삼각형 ADE의 무게중심을 G′이라 하자. 모서리 CD 위의 점 P와 모서리 DE 위의 점 Q에 대하여 $\overline{GP}+\overline{PQ}+\overline{QG'}$의 최솟값이 $30(3\sqrt{2}+\sqrt{6})$일 때, 사각뿔 ABCDE의 한 모서리의 길이를 구하시오.

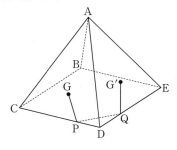

해설 내신연계문제

유형 16 선분의 중점의 활용
－ 마름모와 평행사변형의 성질

(1) **평행사변형의 대각선의 성질**
  ① 두 쌍의 대변의 길이가 각각 같다.
  ② 두 대각선은 서로 다른 것을 이등분한다.
  ➡ 두 대각선의 중점은 일치한다.
(2) **마름모의 대각선의 성질**
  ① 네 변의 길이가 모두 같다.
  ② 두 대각선은 서로 다른 것을 수직이등분
  한다. ➡ 두 대각선의 중점은 일치한다.

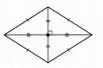

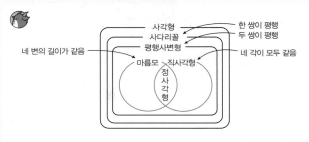

0089 학교기출 대표 유형

오른쪽 그림과 같이 평행사변형
ABCD의 네 꼭짓점의 좌표가
$A(5, a)$, $B(b, 3)$, $C(1, 5)$, $D(1, 2)$
일 때, 상수 a, b에 대하여 $a+b$의
값을 구하시오.

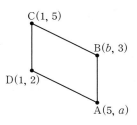

C(1, 5)
B(b, 3)
D(1, 2)
A(5, a)

0090 NORMAL

좌표평면 위에 평행사변형 ABCD가 있다. 두 점 A, B의 좌표는 각각
$(-3, 0)$, $(4, 2)$이고 삼각형 ABC의 무게중심의 좌표가 $(2, 2)$일 때,
점 D의 좌표를 (α, β)라 하면 상수 α, β에 대하여 $\alpha\beta$의 값은?

① -8 ② -4 ③ -2
④ -1 ⑤ 2

0091 최다빈출 상 중요 NORMAL

네 점 $A(-2, 3)$, $B(a, -1)$, $C(b, -3)$, $D(2, 1)$을 꼭짓점으로 하는
사각형 ABCD가 마름모일 때, $a+b$의 값은? (단, $a<0$)

① -5 ② -4 ③ -3
④ -2 ⑤ -1

해설 내신연계문제

0092 최다빈출 상 중요 NORMAL

좌표평면 위에 네 점 $A(-5, 0)$, $B(a, b)$, $C(7, 6)$, $D(0, c)$를
꼭짓점으로 하는 사각형 ABCD가 마름모일 때, 삼각형 BCD의
무게중심의 좌표를 $G(\alpha, \beta)$라 하자. 이때 $\alpha+\beta$의 값은?
(단, a, b, c는 상수이다.)

① 5   ② 6   ③ 7
④ 8   ⑤ 9

해설 내신연계문제

0093 NORMAL

평행사변형 ABCD의 세 꼭짓점이 $A(3, 5)$, $B(2, -2)$, $C(k, -5)$고
사각형 ABCD의 둘레의 길이가 $16\sqrt{2}$일 때, 모든 상수 k의 값의 합은?

① -5 ② -4 ③ -3
④ 3 ⑤ 4

모의고사 **핵심유형** 기출문제

0094 2021년 11월 고1 학력평가 25번 NORMAL

세 양수 a, b, c에 대하여 좌표평면 위에 서로 다른 네 점 $O(0, 0)$,
$A(a, 7)$, $B(b, c)$, $C(5, 5)$가 있다. 사각형 OABC가 선분 OB를
대각선으로 하는 마름모일 때, $a+b+c$의 값을 구하시오.
(단, 네 점 O, A, B, C 중 어느 세 점도 한 직선 위에 있지 않다.)

해설 내신연계문제

유형 17 삼각형의 각의 이등분선의 성질

(1) 삼각형 ABC에서 ∠A의 이등분선이 변 BC와 만나는 점을 D라 하면

➡ $\overline{AB} : \overline{AC} = \overline{BD} : \overline{DC}$

➡ 점 D는 선분 BC를 $\overline{AB} : \overline{AC}$로 내분하는 점

(2) 삼각형 ABC에서 ∠A의 외각의 이등분선이 변 BC의 연장선과 만나는 점을 D라 하면

➡ $\overline{AB} : \overline{AC} = \overline{BD} : \overline{DC}$

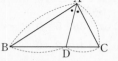

 삼각형의 내각의 이등분선 구하기
FIRST 두 점 사이의 거리를 구한다.
NEXT 삼각형의 각의 이등분선의 성질을 이용한다.
LAST 선분의 내분점 공식을 이용한다.

0095 학교기출 대표유형

그림과 같이 세 점 A(1, 5), B(−4, −7), C(5, 2)를 꼭짓점으로 하는 삼각형 ABC가 있다. ∠A의 이등분선이 변 BC와 만나는 점 D의 좌표를 (a, b)라 할 때, a+b의 값을 구하시오.
(단, a, b는 상수이다.)

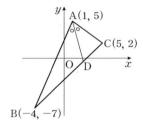

0096 최다빈출 왕 중요   NORMAL

그림과 같이 세 점 A(2, 4), B(−4, −4), C(5, 0)을 꼭짓점으로 하는 삼각형 ABC에서 ∠A의 이등분선이 변 BC와 만나는 점을 D라 할 때, 삼각형 ABD와 삼각형 ADC의 넓이의 비는 m : n이다. 이때 m+n의 값은? (단, m, n은 서로소인 자연수이다.)

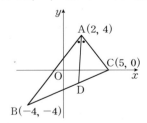

① 3   ② 4   ③ 5
④ 6   ⑤ 7

해설 내신연계문제

0097 최다빈출 왕 중요   NORMAL

그림과 같이 삼각형 ABC에서 $\overline{AB}=8$, $\overline{AC}=4$, $\overline{BC}=9$이고 ∠A의 이등분선이 $\overline{BC}$와 만나는 점을 D라 하자. $\overline{BD}=a$, $\overline{DC}=b$가 이차방정식 $x^2+px+q=0$의 두 근일 때, p+q의 값은?
(단, p, q는 상수이다.)

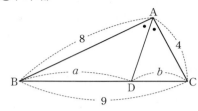

① −11   ② −9   ③ 0
④ 9   ⑤ 11

해설 내신연계문제

0098 최다빈출 왕 중요   TOUGH

오른쪽 그림과 같이 세 점 A(−1, 6), B(−4, 2), C(4, −6)을 꼭짓점으로 하는 삼각형 ABC의 내심을 I라 하자. 두 직선 AI와 BC가 만나는 점의 좌표가 D(a, b)일 때, a+b의 값은?

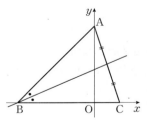

① −2   ② −4
③ −6   ④ −8
⑤ −10

해설 내신연계문제

모의고사 **핵심유형** 기출문제

0099 2020년 09월 고1 학력평가 12번   NORMAL

그림과 같이 좌표평면 위의 세 점 A(0, a), B(−3, 0), C(1, 0)을 꼭짓점으로 하는 삼각형 ABC가 있다. ∠ABC의 이등분선이 선분 AC의 중점을 지날 때, 양수 a의 값은?

① $\sqrt{5}$ ② $\sqrt{6}$ ③ $\sqrt{7}$
④ $2\sqrt{2}$ ⑤ 3

해설 내신연계문제

유형 18 점이 나타내는 도형의 방정식 — 점의 자취의 방정식

주어진 조건을 만족시키는 점이 나타내는 도형의 방정식은 다음과 같은 순서로 구한다.

FIRST 구하려고 하는 임의의 점의 좌표를 (x, y)로 놓는다.

NEXT 주어진 조건을 이용하여 x와 y 사이의 관계식을 세운다.

LAST x와 y 사이의 관계식을 정리하여 점이 나타내는 도형의 방정식을 구한다.

 점의 자취의 방정식

① 점 P가 등식이 있는 조건을 만족시키면
➡ $P(x, y)$로 놓고 등식에 대입하여 관계식을 구한다.

② 점 $P(a, b)$가 직선 $y = mx + n$ 위를 움직이면 $x = a$, $y = b$를 대입하면 ➡ $b = am + n$

0100 학교기출 대표 유형

두 점 $A(3, 6)$, $B(2, 3)$으로부터 같은 거리에 있는 점을 나타내는 도형의 방정식은?

① $x - 3y = 20$ ② $3x + y = 18$ ③ $x + 3y = 16$
④ $x + 6y = 18$ ⑤ $3x + 5y = 16$

0101 NORMAL

두 점 $A(2, -1)$, $B(3, 5)$에 대하여

$$\overline{PA}^2 - \overline{PB}^2 = 5$$

를 만족시키는 점 P가 나타내는 도형의 방정식은 $x + ay + b = 0$이다. 상수 a, b에 대하여 $a + b$의 값은?

① -12 ② -11 ③ -10
④ -9 ⑤ -8

0102 NORMAL

점 $P(a, b)$가 직선 $3x + y = 1$ 위를 움직일 때, 점 $Q(a+b, a-b)$가 나타내는 도형의 방정식이 $mx + y + n = 0$이다. 상수 m, n에 대하여 $m + n$의 값을 구하시오.

0103 최다빈출 왕중요 NORMAL

점 $A(2, 8)$과 직선 $y = 2x + 1$ 위를 움직이는 점 B에 대하여 선분 AB를 $2 : 1$로 내분하는 점이 나타내는 도형의 방정식은?

① $6x - 3y + 5 = 0$ ② $4x - 3y + 5 = 0$
③ $3x - 4y + 2 = 0$ ④ $2x - y + 2 = 0$
⑤ $x + 2y + 5 = 0$

해설 내신연계문제

0104 NORMAL

점 P가 직선 $x + 2y - 3 = 0$ 위를 움직일 때, 점 $A(4, 2)$와 점 P를 잇는 선분 AP의 중점이 나타내는 도형의 방정식은?

① $2x + 4y - 11 = 0$ ② $4x + 2y - 7 = 0$
③ $2x + y - 5 = 0$ ④ $2x + 4y - 5 = 0$
⑤ $4x + 2y - 5 = 0$

0105 최다빈출 왕중요 NORMAL

점 A가 직선 $y = 2x + 1$ 위를 움직일 때, 두 점 $B(3, -5)$, $C(-6, 7)$과 점 A를 꼭짓점으로 하는 삼각형 ABC의 무게중심 G가 나타내는 도형의 방정식이 $ax - y + b = 0$이다. 이때 상수 a, b에 대하여 $a + b$의 값은?

① 1 ② 2 ③ 3
④ 4 ⑤ 5

해설 내신연계문제

0106

두 점 $A(1, 2)$, $B(6, 3)$에서 같은 거리에 있는 x축 위의 점을 P, y축 위의 점을 Q라 할 때, 선분 PQ의 길이를 구하는 과정을 다음 단계로 서술하시오.

〔1단계〕 $\overline{AP} = \overline{BP}$임을 이용하여 점 P의 좌표를 구한다. [4점]
〔2단계〕 $\overline{AQ} = \overline{BQ}$임을 이용하여 점 Q의 좌표를 구한다. [4점]
〔3단계〕 선분 PQ의 길이를 구한다. [2점]

0107

두 점 $A(0, 1)$, $B(6, 4)$에 대하여 선분 AB를 $1:2$로 내분하는 점을 P, $2:1$로 내분하는 점을 Q라 할 때, 선분 PQ의 길이를 구하는 과정을 다음 단계로 서술하시오.

〔1단계〕 선분 AB를 $1:2$로 내분하는 점 P의 좌표를 구한다. [4점]
〔2단계〕 선분 AB를 $2:1$로 내분하는 점 Q의 좌표를 구한다. [4점]
〔3단계〕 선분 PQ의 길이를 구한다. [2점]

0108

세 점 $A(1, 0)$, $B(5, -2)$, $C(-3, 11)$에 대하여 선분 AB의 중점을 M, 삼각형 ABC의 무게중심을 G, 삼각형 AMG의 외심을 P라 할 때, 세 점 M, G, P의 좌표를 구하는 과정을 다음 단계로 서술하시오.

〔1단계〕 선분 AB의 중점 M의 좌표를 구한다. [3점]
〔2단계〕 삼각형 ABC의 무게중심 G의 좌표를 구한다. [3점]
〔3단계〕 삼각형 AMG의 외심 P의 좌표를 구한다. [4점]

0109 최다빈출⑨중요

삼각형 ABC의 꼭짓점 $A(6, 8)$이고, 선분 AB의 중점의 좌표는 $(4, 3)$, 삼각형 ABC의 무게중심의 좌표가 $(6, 4)$이다. 이때 선분 BC를 $3:1$로 내분하는 점의 좌표를 (p, q)라 할 때, $p+q$의 값을 구하는 과정을 다음 단계로 서술하시오.

〔1단계〕 점 B의 좌표를 구한다. [3점]
〔2단계〕 점 C의 좌표를 구한다. [3점]
〔3단계〕 선분 BC를 $3:1$로 내분하는 점의 좌표를 구한다. [4점]

〔 해설 내신연계문제 〕

0110

오른쪽 그림과 같이 지점 O에서 수직으로 만나는 두 직선 도로를 좌표평면 위에 나타낸 것이다. 사람 A는 지점 O로부터 동쪽으로 100m 떨어진 지점에서 출발하여 서쪽으로 2m/s의 속력으로 움직이고, 사람 B는 지점 O에서 출발하여 북쪽으로 1m/s의 속력으로 움직인다. 두 사람 A, B가 동시에 출발할 때, 두 사람 사이의 거리의 최솟값을 구하는 과정을 다음 단계로 서술하시오.

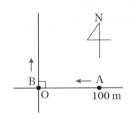

〔1단계〕 t초 후 두 사람 A, B의 위치를 각각 좌표로 나타낸다. [4점]
〔2단계〕 t초 후 두 사람 A, B 사이의 거리를 구한다. [3점]
〔3단계〕 두 사람 A, B 사이의 거리가 최소가 되는 시간과 그때의 최솟값을 구한다. [3점]

0111 최다빈출⑨중요

좌표평면 위의 세 점 $A(-1, 1)$, $B(1, 3)$, $C(3, -3)$을 꼭짓점으로 하는 삼각형 ABC에 대하여 $\angle BAC$의 이등분선이 $ax+by+1=0$일 때, 상수 a, b에 대하여 $a+b$의 값을 구하는 과정을 다음 단계로 서술하시오.

〔1단계〕 두 선분 AB, AC의 길이를 구한다. [3점]
〔2단계〕 $\angle BAC$의 이등분선이 선분 BC와 만나는 점을 D라 할 때, 점 D의 좌표를 구한다. [4점]
〔3단계〕 $\angle BAC$를 이등분하는 직선이 $ax+by+1=0$일 때, 상수 a, b의 값을 구한다. [3점]

〔 해설 내신연계문제 〕

STEP❸ 고 난 도 문 제

행복한 일등급문제
학교내신기출 고난도 핵심문제총정리

YOURMASTERPLAN;MAPL
SYNERGY
SERIES

0112

좌표평면 위의 두 점 $A(x_1, y_1)$, $B(x_2, y_2)$를 이은 선분 AB를 $2:1$로 내분하는 점을 $C(x_3, y_3)$, $3:1$로 내분하는 점을 $D(x_4, y_4)$라 할 때,

$$X\begin{pmatrix} x_1 & y_1 \\ x_2 & y_2 \end{pmatrix} = \begin{pmatrix} x_3 & y_3 \\ x_4 & y_4 \end{pmatrix}$$

가 되도록 하는 행렬 X의 $(1, 1)$ 성분과 $(2, 2)$ 성분의 곱을 상수 a라 한다. 이때 $8a$의 값을 구하시오.

0113 최다빈출 상 중요

그림과 같이 $\overline{AB} = \overline{BC} = 9$, $\angle B = 90°$인 직각이등변삼각형 ABC에서 변 AB를 $2:1$로 내분하는 점을 D라 하자. 변 BC 위의 점 E와 변 CA 위의 점 F에 대하여 삼각형 DEF의 무게중심과 삼각형 ABC의 무게중심이 일치할 때, 선분 EF의 길이를 구하시오.

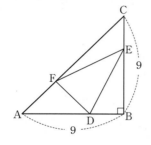

해설 내신연계문제

모의고사 **고난도 핵심유형** 기출문제

0114   2013년 09월 고1 학력평가 28번

그림과 같이 x축 위의 네 점 A_1, A_2, A_3, A_4에 대하여 $\overline{OA_1}$, $\overline{A_1A_2}$, $\overline{A_2A_3}$, $\overline{A_3A_4}$를 각각 한 변으로 하는 정사각형 $OA_1B_1C_1$, $A_1A_2B_2C_2$, $A_2A_3B_3C_3$, $A_3A_4B_4C_4$가 있다. 점 B_4의 좌표가 $(30, 18)$이고 정사각형 $OA_1B_1C_1$, $A_1A_2B_2C_2$, $A_2A_3B_3C_3$의 넓이의 비가 $1:4:9$일 때, $\overline{B_1B_3}^2$의 값을 구하시오. (단, O는 원점이다.)

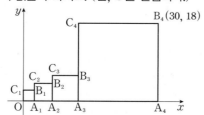

해설 내신연계문제

0115   2010년 03월 고2 학력평가 20번

세 지점 A, B, C에 대리점이 있는 회사가 세 지점에서 같은 거리에 있는 지점에 물류창고를 지으려고 한다. 그림과 같이 B지점은 A지점에서 서쪽으로 4km만큼 떨어진 위치에 있고, C지점은 A지점에서 동쪽으로 1km, 북쪽으로 1km만큼 떨어진 위치에 있을 때, 물류창고를 지으려는 지점에서 A지점에 이르는 거리는?

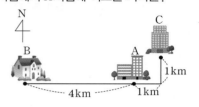

① $2\sqrt{2}$ km   ② $\sqrt{13}$ km   ③ $\sqrt{17}$ km

④ $2\sqrt{5}$ km   ⑤ $\sqrt{29}$ km

해설 내신연계문제

0116   2021년 09월 고1 학력평가 21번

실수 k에 대하여 이차함수 $y = (x-k)^2 - 2$의 그래프와 직선 $y = 2$는 서로 다른 두 점 A, B에서 만난다. 삼각형 AOB가 이등변삼각형이 되도록 하는 서로 다른 k의 개수를 n, k의 최댓값을 M이라 하자. $n + M$의 값은? (단, O는 원점이고, 점 A의 x좌표는 점 B의 x좌표보다 작다.)

① $7 + \sqrt{3}$ ② $7 + 2\sqrt{3}$ ③ $7 + 3\sqrt{3}$

④ $9 + 2\sqrt{3}$ ⑤ $9 + 3\sqrt{3}$

해설 내신연계문제

02 직선의 방정식

학교내신기출 객관식 핵심문제총정리

유형 01 한 점과 기울기가 주어진 직선의 방정식

(1) 기울기가 m이고 y절편이 n인 직선의 방정식은
   ➡ $y=mx+n$

(2) 한 점과 기울기가 주어진 직선의 방정식
   점 $A(x_1, y_1)$을 지나고 기울기가 m인 직선의 방정식은
   ➡ $y-y_1=m(x-x_1)$

 기울기의 4대 표현
   ① 직선이 x축의 양의 방향과 이루는 각의 크기가 θ일 때,
      ➡ 직선의 기울기 m은 $m=\tan\theta$
   ② 두 점 (x_1, y_1), (x_2, y_2)를 지나는 직선의 기울기
      ➡ $m=\dfrac{(y의\ 값의\ 증가량)}{(x의\ 값의\ 증가량)}=\dfrac{y_2-y_1}{x_2-x_1}=\tan\theta$
   ③ 두 직선이 평행하면 ➡ 기울기가 같다.
   ④ 두 직선이 수직이면 ➡ 두 직선의 기울기의 곱은 -1이다.

0117 학교기출 대표 유형

두 점 $(4, 3)$, $(6, -5)$를 잇는 선분의 중점을 지나고 기울기가 2인 직선의 방정식을 $ax+y+b=0$이라 할 때, 상수 a, b에 대하여 $a+b$의 값을 구하시오.

0118   BASIC

두 점 $A(1, 2)$, $B(-3, 4)$를 지나는 직선에 평행하고 y절편이 -1인 직선의 방정식을 $y=ax+b$라고 할 때, 두 상수 a, b에 대하여 $a+b$의 값은?

① -2 ② $-\dfrac{3}{2}$ ③ 0

④ $\dfrac{3}{2}$ ⑤ 2

0119   NORMAL

직선 $3x+ay-b=0$은 직선 $3x+2y-1=0$과 기울기가 같고 점 $(-1, 4)$를 지날 때, 상수 a, b에 대하여 ab의 값은?

① -10 ② -6 ③ 2

④ 6 ⑤ 10

0120  최다빈출 왕 중요   NORMAL

두 점 $A(-3, 2)$, $B(3, 5)$에 대하여 선분 AB를 $2:1$로 내분하는 점을 지나고 기울기가 -3인 직선의 방정식이 점 $(-2, k)$를 지날 때, 상수 k의 값은?

① -13 ② -7 ③ -1

④ 7 ⑤ 13

해설 내신연계문제

0121  최다빈출 왕 중요   NORMAL

두 점 $A(3\sqrt{3}, 6)$, $B(\sqrt{3}, 2)$에 대하여 선분 AB의 중점을 지나고 x축의 양의 방향과 이루는 각의 크기가 $60°$인 직선의 방정식이 $ax-y+b=0$일 때, 상수 a, b에 대하여 a^2+b^2의 값을 구하시오.

해설 내신연계문제

모의고사 핵심유형 기출문제

0122 2021년 11월 고1 학력평가 4번   BASIC

좌표평면 위의 점 $(3, 9)$를 지나고 기울기가 2인 직선의 y절편은?

① 3 ② 4 ③ 5

④ 6 ⑤ 7

해설 내신연계문제

유형 **02** 두 점을 지나는 직선의 방정식

(1) 서로 다른 두 점을 지나는 직선의 방정식

서로 다른 두 점 (x_1, y_1), (x_2, y_2)를
지나는 직선의 방정식은

① $x_1 \neq x_2$일 때, $y - y_1 = \dfrac{y_2 - y_1}{x_2 - x_1}(x - x_1)$

② $x_1 = x_2$일 때, $x = x_1$

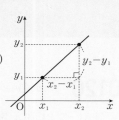

(2) x절편과 y절편이 주어진 직선의 방정식

x절편이 a, y절편이 b인 직선의 방정식은

● $\dfrac{x}{a} + \dfrac{y}{b} = 1$ (단, $a \neq 0$, $b \neq 0$)

 ① 점 $A(x_1, y_1)$을 지나고 기울기가 m인 직선의 방정식

$y - y_1 = m(x - x_1)$에서 m대신 $\dfrac{y_2 - y_1}{x_2 - x_1}$을 대입한 것이다.

② x절편이 a, y절편이 b인 직선의 방정식은 두 점 $(a, 0)$, $(0, b)$를
지나는 직선의 방정식과 같다.

0123 학교기출 대표 유형

좌표평면 위의 두 점 $(-1, 2)$, $(2, a)$를 지나는 직선이 y축과
점 $(0, 5)$에서 만날 때, 상수 a의 값을 구하시오.

0124 NORMAL

세 점 $A(-2, 0)$, $B(1, 6)$, $C(4, 2)$에 대하여 선분 AB를 $2:1$로
내분하는 점을 D라고 할 때, 두 점 C, D를 지나는 직선의 방정식을
$y = ax + b$라 하자. 이때 상수 a, b에 대하여 $2a + b$의 값은?

① -7 ② -4 ③ -3
④ 3 ⑤ 4

0125 NORMAL

세 점 $A(-1, -1)$, $B(5, -2)$, $C(2, 6)$을 꼭짓점으로 하는 삼각형
ABC의 무게중심을 G라 할 때, 두 점 A, G를 지나는 직선의 방정식
이 $y = ax + b$라 하자. 이때 상수 a, b에 대하여 $a - b$의 값은?

① -2 ② -1 ③ 0
④ 1 ⑤ 2

0126 최다빈출 강 중요 NORMAL

그림과 같이 좌표평면 위의 세 점 $A(4, 3)$, $B(-1, 1)$, $C(5, -1)$를
꼭짓점으로 하는 삼각형 ABC에서 삼각형 ABP와 삼각형 APC의
넓이의 비가 $2:1$이 되도록 점 P를 잡을 때, 두 점 A, P를 지나는
직선의 방정식이 $ax - 3y + b = 0$이라 하자. 이때 상수 a, b에 대하
여 $a - b$의 값을 구하시오.

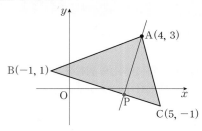

해설 내신연계문제

0127 최다빈출 강 중요 TOUGH

그림과 같이 네 점 $A(-3, 4)$, $B(-4, 0)$, $C(5, 0)$, $D(2, 6)$을
꼭짓점으로 하는 사각형 ABCD에서 두 대각선의 교점의 좌표를
(a, b)라 할 때, $a + b$의 값을 구하시오.

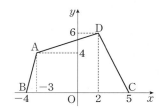

해설 내신연계문제

모의고사 **핵심유형** 기출문제

0128 2016년 09월 고1 학력평가 7번 NORMAL

좌표평면에서 두 직선 $x - 2y + 2 = 0$, $2x + y - 6 = 0$이 만나는 점과
점 $(4, 0)$을 지나는 직선의 y절편은?

① $\dfrac{5}{2}$ ② 3 ③ $\dfrac{7}{2}$
④ 4 ⑤ $\dfrac{9}{2}$

해설 내신연계문제

0129
2015년 09월 고1 학력평가 13번 NORMAL

0이 아닌 실수 p에 대하여 이차함수 $f(x)=x^2+px+p$의 그래프의 꼭짓점을 A, 이 이차함수의 그래프가 y축과 만나는 점을 B라 할 때, 두 점 A, B를 지나는 직선을 l이라 하자. 직선 l의 x절편은?

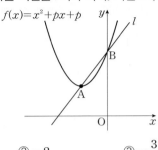

① $-\dfrac{5}{2}$ ② -2 ③ $-\dfrac{3}{2}$

④ -1 ⑤ $-\dfrac{1}{2}$

해설 내신연계문제

0130
2018년 09월 고1 학력평가 16번 TOUGH

그림과 같이 좌표평면 위의 세 점 A(3, 5), B(0, 1), C(6, −1)을 꼭짓점으로 하는 삼각형 ABC에 대하여 선분 AB 위의 한 점 D와 선분 AC 위의 한 점 E가 다음 조건을 만족시킨다.

　(가) 선분 DE와 선분 BC는 평행하다.
　(나) 삼각형 ADE와 삼각형 ABC의 넓이의 비는 1 : 9이다.

직선 BE의 방정식이 $y=kx+1$일 때, 상수 k의 값은?

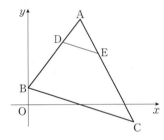

① $\dfrac{1}{8}$ ② $\dfrac{1}{4}$ ③ $\dfrac{3}{8}$

④ $\dfrac{1}{2}$ ⑤ $\dfrac{5}{8}$

해설 내신연계문제

0131
2023년 03월 고2 학력평가 26번 TOUGH

좌표평면 위의 네 점
$$A(0, 1), B(0, 4), C(\sqrt{2}, p), D(3\sqrt{2}, q)$$
가 다음 조건을 만족시킬 때, $p+q$의 값을 구하시오.

　(가) 직선 CD의 기울기는 음수이다.
　(나) $\overline{AB}=\overline{CD}$이고 $\overline{AD} \parallel \overline{BC}$이다.

해설 내신연계문제

유형 03 x절편과 y절편이 주어진 직선의 방정식

x**절편이 a, y절편이 b인 직선의 방정식은**

➡ $\dfrac{x}{a}+\dfrac{y}{b}=1$ (단, $a \ne 0$, $b \ne 0$)

　🐱 x절편이 a, y절편이 b인 직선의 방정식은 두 점 $(a, 0)$, $(0, b)$를 지나는 직선의 방정식과 같다.

0132
학교기출 유형

x절편이 2이고 y절편이 -5인 직선의 방정식이 $ax-2y+b=0$ 일 때, 상수 a, b에 대하여 $a+b$의 값을 구하시오.

0133
NORMAL

x절편과 y절편의 절댓값이 같고 부호가 반대인 직선이 점 $(4, -1)$을 지날 때, 이 직선의 y절편은? (단, x절편과 y절편은 0이 아니다.)

① -5 ② -4 ③ -3
④ -2 ⑤ -1

0134
NORMAL

다음을 만족하는 직선 l_1과 직선 l_2는 점 (a, b)에서 만난다. 이때 두 상수 a, b에 대하여 ab의 값을 구하시오.

　l_1 : 두 점 $(2, 1)$, $(0, -1)$을 지나는 직선
　l_2 : x절편과 y절편이 각각 4, 8인 직선

0135

NORMAL

직선 $3x+ay=3a$가 x축, y축에 의하여 잘린 선분의 길이가 5일 때, 양수 a의 값은?

① 2　　　　　② $2\sqrt{2}$　　　　③ 3

④ $2\sqrt{3}$　　　　⑤ 4

0136　최다빈출 양 중요

NORMAL

직선 $3x+ky=3k$와 x축 및 y축으로 둘러싸인 삼각형의 넓이가 12일 때, 양수 k의 값은?

① 3　　　　　② 5　　　　　③ 7

④ 8　　　　　⑤ 10

해설 내신연계문제

0137　최다빈출 양 중요

NORMAL

직선 $\dfrac{x}{2}+\dfrac{y}{3}=1$이 x축과 만나는 점을 P, 직선 $\dfrac{x}{5}+\dfrac{y}{4}=1$이 y축과 만나는 점을 Q라 할 때, 직선 PQ와 x축 및 y축으로 둘러싸인 부분의 넓이는?

① 2　　　　　② 3　　　　　③ 4

④ 5　　　　　⑤ 6

해설 내신연계문제

0138

NORMAL

그림과 같이 직선 $\dfrac{x}{2}+\dfrac{y}{4}=1$이 x축과 만나는 점을 A, y축과 만나는 점을 B라 할 때, 사각형 ABCD는 정사각형이다. 이때 직선 CD의 x절편을 구하시오. (단, 두 점 C, D는 제 1사분면 위의 점이다.)

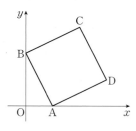

직선의 방정식 $ax+by+c=0(b\neq0)$의 계수의 부호에 따른 직선의 개형은 $y=-\dfrac{a}{b}x-\dfrac{c}{b}$ 꼴로 변형하여 알아본다.

(1) ab의 부호 ➡ 직선의 기울기 $-\dfrac{a}{b}$에 의해 결정한다.

(2) bc의 부호 ➡ 직선의 y절편 $-\dfrac{c}{b}$의 위치를 결정한다.

(3) ca의 부호 ➡ 직선의 x절편 $-\dfrac{c}{a}$의 위치를 결정한다.

 ① $ab>0$이면 a, b의 부호가 같다. 즉 $\dfrac{b}{a}>0$

② $ab=0$이면 $a=0$ 또는 $b=0$

③ $ab<0$이면 a, b의 부호가 다르다. 즉 $\dfrac{b}{a}<0$

0139　학교기출 대표 유형

직선 $ax+by+c=0$이 오른쪽 그림과 같을 때, 직선 $cx-by-a=0$의 개형은? (단, a, b, c는 상수이다.)

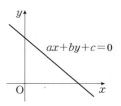

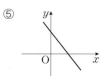

① ② ③ ④ ⑤

0140　최다빈출 양 중요

NORMAL

세 실수 a, b, c에 대하여 $ab>0$, $bc<0$일 때, 직선 $ax+by+c=0$의 그래프 개형은?

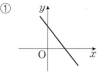

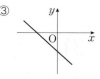

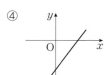

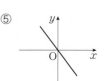

① ② ③ ④ ⑤

해설 내신연계문제

0141

NORMAL

직선 $ax+by+c=0$의 개형이 그림과 같을 때, 직선 $bx+cy+a=0$
이 지나지 않는 사분면은? (단, a, b, c는 상수이다.)

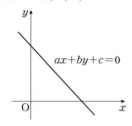

① 제 1사분면   ② 제 2사분면   ③ 제 3사분면
④ 제 4사분면   ⑤ 제 1, 3사분면

0142

최다빈출 왕 중요   NORMAL

이차함수 $y=ax^2+bx+c$의 그래프가 그림과 같을 때, 직선
$ax+by+c=0$이 지나지 않는 사분면은? (단, a, b, c는 상수이다.)

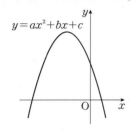

① 제 1사분면   ② 제 2사분면   ③ 제 3사분면
④ 제 4사분면   ⑤ 제 1, 3사분면

해설 내신연계문제

0143

TOUGH

직선 $ax+by+c=0$에 대하여 [보기]에서 옳은 것만을 있는 대로
고른 것은? (단, a, b, c는 상수이다.)

> ㄱ. $ac>0$, $bc<0$이면 제 1, 2, 3사분면을 지난다.
> ㄴ. $ab>0$, $bc<0$이면 제 3사분면을 지나지 않는다.
> ㄷ. $ab<0$, $ac<0$이면 제 2사분면을 지나지 않는다.

① ㄱ   ② ㄷ   ③ ㄱ, ㄴ
④ ㄴ, ㄷ   ⑤ ㄱ, ㄴ, ㄷ

유형 **05**   세 점이 한 직선 위에 있을 조건

서로 다른 세 점 A, B, C가 한 직선 위에 있는 경우
(1) **세 점 중 두 점을 지나는 직선의 기울기는 서로 같다.**
   ➡ (직선 AB의 기울기)＝(직선 BC의 기울기)
                       ＝(직선 AC의 기울기)
   ➡ 두 점을 지나는 직선 위에 나머지 한 점이 있다.
(2) **세 점 A, B, C를 꼭짓점으로 하는 삼각형을 이루지
않는다.**

🐱 ① 서로 다른 세 점 A, B, C가 한 직선 위에 있을 때, 세 점 A, B, C를
     꼭짓점으로 하는 삼각형이 만들어지지 않는다.
    ② 직선 AB의 기울기, 직선 BC의 기울기, 직선 CA의 기울기 중에서
     미지수 계산이 편리한 두 개를 골라 계산한다.

0144

학교기출 대표 유형

세 점 $A(0, 5)$, $B(3, -1)$, $C(a, 2a)$가 일직선 위에 있도록 하는
상수 a의 값은?

① $\dfrac{5}{4}$ ② $\dfrac{17}{8}$ ③ $\dfrac{23}{8}$
④ $\dfrac{31}{8}$ ⑤ 4

0145

최다빈출 왕 중요   NORMAL

세 점 $A(-1, -1)$, $B(1, a)$, $C(-a, -5)$가 한 직선 위에 있다.
이 직선의 방정식이 점 $(1, k)$을 지날 때, 상수 k의 값은?
(단, $a>0$)

① -3 ② -1 ③ 0
④ 1 ⑤ 3

해설 내신연계문제

0146

NORMAL

세 점 $A(-1, 4)$, $B(a, 2)$, $C(3, b)$가 x축의 양의 방향과 이루는
각이 $45°$인 직선 위에 있을 때, $a+b$의 값은?

① 3 ② 4 ③ 5
④ 6 ⑤ 7

0147

네 점 A(1, 4), B(a, −2), C(a+4, 10), D(b, a+8)이 한 직선 위에 있을 때, $a+b$의 값은?

① 1　　　　　② 2　　　　　③ 3
④ 4　　　　　⑤ 5

0148 최다빈출 왕중요

NORMAL

서로 다른 세 점 A(−2k−1, 5), B(1, k+3), C(−3, k−1)이 삼각형을 이루지 않도록 하는 상수 k의 값은?

① −6　　　　② −5　　　　③ −4
④ −3　　　　⑤ −2

해설 내신연계문제

모의고사 핵심유형 기출문제

0149 2020년 09월 고1 학력평가 11번

NORMAL

좌표평면 위의 서로 다른 세 점 A(−1, a), B(1, 1), C(a, −7)이 한 직선 위에 있도록 하는 양수 a의 값은?

① 5　　　　　② 6　　　　　③ 7
④ 8　　　　　⑤ 9

해설 내신연계문제

유형 06 　삼각형의 넓이를 이등분하는 직선의 방정식

삼각형의 한 꼭짓점을 지나고 넓이를 이등분하는 직선의 방정식은
➡ 점 A를 지나고 삼각형 ABC의 넓이를 이등분하는 직선은 점 A의 대변인 변 BC의 중점을 지난다.
즉 꼭짓점과 대변의 중점을 지난다.

🦊 ① 정사각형, 직사각형, 마름모, 평행사변형의 두 대각선의 교점을 지나는 직선은 이들 도형의 넓이를 이등분한다.
② 원의 중심을 지나는 직선은 이 원의 넓이를 이등분한다.

0150 학교기출 대표유형

직선 $\dfrac{x}{3} + \dfrac{y}{6} = 1$과 x축, y축이 만나는 점을 각각 A, B라 하자. 삼각형 AOB의 넓이는 S이고, 이 넓이를 직선 $y = mx$가 이등분할 때, Sm의 값을 구하시오. (단, O는 원점이고 m은 상수이다.)

0151 최다빈출 왕중요

NORMAL

세 점 A(−1, −2), B(3, a), C(4, 3)을 꼭짓점으로 하는 삼각형 ABC에 대하여 점 B를 지나고 삼각형 ABC의 넓이를 이등분하는 직선이 점 (1, −2)를 지날 때, 상수 a의 값은?

① 6　　　　　② 8　　　　　③ 10
④ 12　　　　⑤ 14

해설 내신연계문제

0152

TOUGH

세 점 A(3, 2), B(−1, 3), C(1, −1)을 꼭짓점으로 하는 삼각형 ABC가 있다. 직선 $y = mx − 3m + 2$가 삼각형 ABC의 넓이를 이등분할 때, 상수 m의 값은?

① $\dfrac{1}{4}$　　　② $\dfrac{1}{3}$　　　③ $\dfrac{1}{2}$
④ $\dfrac{3}{2}$　　　⑤ $\dfrac{5}{2}$

0153 최다빈출 왕중요

TOUGH

오른쪽 그림과 같이 세 점 A(3, 2), B(−1, 1), C(4, −4)를 꼭짓점으로 하는 삼각형 ABC에 대하여 두 삼각형 ABD와 ADC의 넓이의 비가 3 : 2일 때, 두 점 A, D를 지나는 직선의 x절편은?

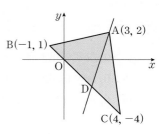

① 2　　　　　② $\dfrac{5}{2}$　　　③ 3
④ $\dfrac{7}{2}$　　　⑤ 4

해설 내신연계문제

0154
2016년 09월 고1 학력평가 14번
NORMAL

좌표평면에서 원점 O를 지나고 꼭짓점이 A$(2, -4)$인 이차함수 $y=f(x)$의 그래프가 x축과 만나는 점 중에서 원점이 아닌 점을 B라 하자. 직선 $y=mx$가 삼각형 OAB의 넓이를 이등분하도록 하는 실수 m의 값은?

① $-\dfrac{1}{6}$　　　② $-\dfrac{1}{3}$　　　③ $-\dfrac{1}{2}$

④ $-\dfrac{2}{3}$　　　⑤ $-\dfrac{5}{6}$

해설 내신연계문제

0155
2024년 09월 고1 학력평가 20번
TOUGH

그림과 같이 좌표평면 위에 세 점 A$(-8, a)$, B$(7, 3)$, C$(-6, 0)$이 있다. 선분 AB를 $2:1$로 내분하는 점을 P라 할 때, 직선 PC가 삼각형 AOB의 넓이를 이등분한다. 양수 a의 값은?
(단, O는 원점이다.)

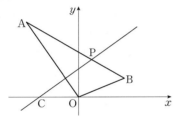

① $\dfrac{21}{2}$　　　② 11　　　③ $\dfrac{23}{2}$

④ 12　　　⑤ $\dfrac{25}{2}$

해설 내신연계문제

0156
2020년 11월 고1 학력평가 18번
TOUGH

좌표평면 위에 두 점 A$(2, 0)$, B$(0, 6)$이 있다. 다음 조건을 만족시키는 두 직선 l, m의 기울기의 합의 최댓값은? (단, O는 원점이다.)

(가) 직선 l은 점 O를 지난다.
(나) 두 직선 l과 m은 선분 AB 위의 점 P에서 만난다.
(다) 두 직선 l과 m은 삼각형 OAB의 넓이를 삼등분한다.

① $\dfrac{3}{4}$　　　② $\dfrac{4}{5}$　　　③ $\dfrac{5}{6}$

④ $\dfrac{6}{7}$　　　⑤ $\dfrac{7}{8}$

해설 내신연계문제

유형 07 도형의 넓이를 이등분하는 직선의 방정식

정사각형, 직사각형, 마름모, 평행사변형은 두 대각선의 교점을 지나는 직선에 의해 넓이를 이등분한다.

삼각형은 꼭짓점과 대변의 중점을 지난다.	정사각형, 직사각형, 마름모, 평행사변형은 두 대각선의 교점을 지난다.
정육각형은 중심을 지난다.	원은 원의 중심을 지난다.

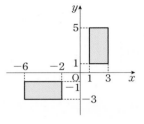

0157
학교기출 **대표** 유형

오른쪽 그림과 같이 좌표평면에 놓인 두 직사각형의 넓이를 동시에 이등분하는 직선의 방정식이 $ax-6y+b=0$라 할 때, 상수 a, b에 대하여 $a+b$의 값을 구하시오.

0158
최다빈출 **강** 중요
NORMAL

그림과 같이 좌표평면 위에 있는 직사각형 ABCD와 정사각형 EFGH의 넓이를 동시에 이등분하는 직선의 방정식이 $ax+by-2=0$일 때, 상수 a, b에 대하여 $a+b$의 값은?

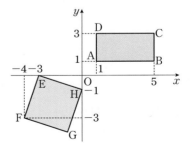

① -2　　　② -1　　　③ 1

④ 2　　　⑤ 3

해설 내신연계문제

0159

오른쪽 그림과 같이 네 점
O(0, 0), A(4, 0), B(4, 9), C(0, 9)를
꼭짓점으로 하는 직사각형 OABC가
있다. 두 직선 $y=x+a$, $y=x+b$가
직사각형 OABC의 넓이를 삼등분할
때, 실수 a, b에 대하여 $a+b$의 값은?

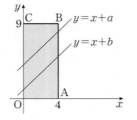

① 3 　　　　② 4 　　　　③ 5
④ 6 　　　　⑤ 7

0160

최다빈출 <상> 중요　　　　TOUGH

오른쪽 그림과 같이 꼭짓점의 좌표가
O(0, 0), A(8, 0), B(4, 5), C(0, 5)
인 사다리꼴 OABC가 있다. 원점을
지나는 직선이 사다리꼴 OABC의 넓이
를 이등분할 때, 이 직선의 기울기는?

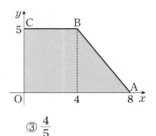

① $\dfrac{3}{5}$ 　　② $\dfrac{3}{4}$ 　　③ $\dfrac{4}{5}$

④ $\dfrac{5}{6}$ 　　⑤ $\dfrac{4}{3}$

해설 내신연계문제

모의고사 **핵심유형** 기출문제

0161

2013년 03월 고2 학력평가 A형 28번　　　TOUGH

그림과 같이 좌표평면 위에 모든 변이
x축 또는 y축에 평행한 두 직사각형
ABCD, EFGH가 있다. 기울기가 m인
한 직선이 두 직사각형 ABCD, EFGH
의 넓이를 각각 이등분할 때, $12m$의
값을 구하시오.

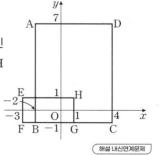

해설 내신연계문제

0162

2012년 03월 고2 학력평가 11번　　　TOUGH

오른쪽 그림과 같이 원점을 지나는 직선
l이 원점 O와 다섯 개의 점 A(5, 0),
B(5, 1), C(3, 1), D(3, 3), E(0, 3)을
선분으로 이은 도형 OABCDE의 넓이
를 이등분한다. 이때 직선 l의 기울기는
$\dfrac{q}{p}$이다. $p+q$의 값은? (단, p, q는 서로소인 자연수이다.)

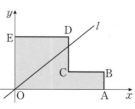

① 15 　　　　② 16 　　　　③ 17
④ 18 　　　　⑤ 19

해설 내신연계문제

유형 **08** 두 직선의 위치 관계

직선 관계	$y=mx+n$ $y=m'x+n'$	$ax+by+c=0$ $a'x+b'y+c'=0$	연립방정식의 해의 개수
한 점에서 만난다.	$m \neq m'$	$\dfrac{a}{a'} \neq \dfrac{b}{b'}$	1개
평행	$m=m'$ $n \neq n'$	$\dfrac{a}{a'}=\dfrac{b}{b'} \neq \dfrac{c}{c'}$	없다. (불능)
일치	$m=m'$ $n=n'$	$\dfrac{a}{a'}=\dfrac{b}{b'}=\dfrac{c}{c'}$	무수히 많다. (부정)
수직	$mm'=-1$	$aa'+bb'=0$	1개

 두 직선의 교점이 2개 이상일 때, 두 직선은 일치한다.

0163

학교기출 **대표** 유형

세 직선 $3x+5y-9=0$, $5x-3y-4=0$, $6x+10y-13=0$에 대한
다음 설명 중 옳은 것은?

① 세 직선은 서로 평행하다.
② 두 직선은 서로 평행하고 나머지 하나는 그중 하나와 일치한다.
③ 두 직선은 서로 수직이고 나머지 하나는 두 직선과 모두 만난다.
④ 두 직선은 서로 수직이고 나머지 하나는 그중 하나와 일치한다.
⑤ 두 직선은 서로 평행하고 나머지 하나는 두 직선에 수직이다.

0164

두 직선

$$x+ay+1=0, \quad ax+(2a+3)y+3=0$$

에 의하여 좌표평면이 세 부분으로 나누어질 때, 실수 a의 값은?

① -1 　　② $-\dfrac{1}{2}$ 　　③ $\dfrac{1}{2}$

④ 1 　　⑤ 2

0165

두 직선

$$ax-y+b=0, \quad x+by+a=0$$

이 두 개 이상의 교점을 가질 때, 직선 $ax+by+ab=0$의 y절편은?
(단, a, b는 0이 아닌 실수이다.)

① -1 　　② $-\dfrac{1}{2}$ 　　③ 1

④ $\dfrac{3}{2}$ 　　⑤ 2

0166

두 직선 $kx+2y+6=0$과 $x+(k+1)y-3=0$이 수직일 때와 평행할 때의 상수 k의 값을 각각 α, β라 하자. 이때 $\beta-\alpha$의 값은?

① $\dfrac{2}{3}$ ② $\dfrac{4}{3}$ ③ $\dfrac{5}{3}$

④ 2   ⑤ $\dfrac{7}{3}$

0167 최다빈출 🏆 중요

직선 $2x-3y+1=0$은 직선 $6x+ay-5=0$과 수직이고 직선 $ax-by+7=0$과 평행하다. 이때 직선 $\dfrac{x}{a}+\dfrac{y}{b}=1$과 x축, y축으로 둘러싸인 도형의 넓이를 구하시오. (단, a, b는 상수이다.)

해설 내신연계문제

0168 최다빈출 🏆 중요

직선 $x+ay+1=0$은 직선 $2x-by+1=0$과 수직이고 직선 $x-(b-3)y-1=0$과는 평행하다. 상수 a, b에 대하여 $\dfrac{a^3+b^3}{a+b}$의 값은?

① 2   ② 3   ③ 4

④ 5   ⑤ 8

해설 내신연계문제

모의고사 **핵심유형** 기출문제

0169 2019년 11월 고1 학력평가 5번

두 직선 $y=7x-1$과 $y=(3k-2)x+2$가 서로 평행할 때, 상수 k의 값은?

① 1   ② 2   ③ 3

④ 4   ⑤ 5

해설 내신연계문제

유형 09   세 직선의 위치 관계

서로 다른 세 직선이 삼각형을 이루지 않는 경우는 다음과 같다.

(1) **세 직선이 모두 평행할 때,**
  ➡ 세 직선의 기울기가 모두 같다.
  ➡ 세 직선이 좌표평면을 네 부분으로 나눈다.

(2) **서로 다른 두 직선이 평행할 때,**
  ➡ 두 직선의 기울기는 같고 다른 한 직선의 기울기는 다르다.
  ➡ 세 직선이 좌표평면을 여섯 부분으로 나눈다.

(3) **세 직선이 한 점에서 만날 때,**
  ➡ 두 직선의 교점을 다른 한 직선이 지난다.
  ➡ 세 직선이 좌표평면을 여섯 부분으로 나눈다.

0170 학교기출 대표 유형

서로 다른 세 직선 $ax+y+1=0$, $x+by+3=0$, $2x+y+5=0$에 의하여 좌표평면이 네 부분으로 나누어질 때, 상수 a, b에 대하여 ab의 값을 구하시오.

0171

세 직선 $3x+2y=4$, $x-2y=4$, $kx+3y=7$가 한 점에서 만날 때, 상수 k의 값은?

① 1   ② 2   ③ 3

④ 4   ⑤ 5

0172 최다빈출 🏆 중요

세 직선 $3x+y+3=0$, $4x-2y+1=0$, $ax+3y+4=0$에 의하여 생기는 교점이 2개가 되도록 하는 모든 상수 a의 값의 합은?

① -2 ② -1 ③ 1

④ 3   ⑤ 4

해설 내신연계문제

0173

NORMAL

세 직선 $y=-x+1$, $y=ax+3$, $y=x-1$이 만나는 교점을 연결하여 삼각형을 만들 수 없을 때, 모든 상수 a의 값의 합은?

① -5 ② -3 ③ 0
④ 3 ⑤ 5

0174

최다빈출 왕중요   NORMAL

세 직선 $x-y=0$, $x+y-2=0$, $5x-ky-15=0$이 삼각형을 이루지 않도록 하는 모든 실수 k의 값의 합은?

① -10 ② -5 ③ 0
④ 5 ⑤ 10

해설 내신연계문제

0175

최다빈출 왕중요   NORMAL

세 직선 $2x+y-1=0$, $4x-y-5=0$, $ax-y+2=0$이 좌표평면을 6개 부분으로 나눌 때, 모든 실수 a의 값의 합은?

① -3 ② -2 ③ -1
④ 4 ⑤ 6

해설 내신연계문제

0176

TOUGH

세 직선 $x+ay+2=0$, $2x+y-6=0$, $3x-y+2=0$으로 둘러싸인 삼각형이 직각삼각형일 때, 모든 실수 a의 값의 합을 구하시오.

유형 **10** 직선의 방정식의 활용
— 평행 조건과 수직 조건이 있을 때

(1) **평행한 두 직선 ➡** 기울기는 같고, y절편이 다르다.
(2) **수직인 두 직선 ➡** 기울기의 곱이 -1이다.

 ① 직선 $l : y=mx+n$과 상수 k에 대하여
    직선 l과 평행한 직선의 방정식 ➡ $y=mx+k$ (단, $n \neq k$)
    직선 l과 수직인 직선의 방정식 ➡ $y=-\dfrac{1}{m}x+k$ (단, $m \neq 0$)
② 직선 $l' : ax+by+c=0$과 상수 k에 대하여
    직선 l'과 평행한 직선의 방정식 ➡ $ax+by+k=0$ (단, $c \neq k$)
    직선 l'과 수직인 직선의 방정식 ➡ $bx-ay+k=0$

0177

학교기출 대표유형

점 $(3, 1)$을 지나고 직선 $3x-5y+10=0$에 평행한 직선의 방정식이 점 $(a, -2)$를 지날 때, 상수 a의 값을 구하시오.

0178

최다빈출 왕중요   NORMAL

두 점 A$(2, -2)$, B$(7, 8)$을 이은 선분 AB를 $3:2$로 내분하는 점 C를 지나고 직선 AB에 수직인 직선의 방정식을 $ax+by-13=0$이라고 하자. 이때 두 상수 a, b에 대하여 $a+b$의 값은?

① 3 ② 4 ③ 5
④ 6 ⑤ 7

해설 내신연계문제

0179

 NORMAL

두 점 A$(1, 2)$, B(a, b)를 지나는 직선 AB가 직선 $2x+y-3=0$과 점 C에서 수직으로 만난다. 점 C가 선분 AB를 $1:2$로 내분할 때, $a+b$의 값은?

① $\dfrac{2}{5}$ ② $\dfrac{4}{5}$ ③ $\dfrac{6}{5}$
④ $\dfrac{8}{5}$ ⑤ 2

0180

세 점 $A(3, 4)$, $B(-4, 2)$, $C(7, 3)$을 꼭짓점으로 하는 삼각형 ABC의 무게중심 G를 지나고 직선 AB에 수직인 직선의 방정식은 $7x+ay+b=0$이다. 상수 a, b에 대하여 $a-b$의 값은?

① 14 ② 16 ③ 18
④ 20 ⑤ 22

0181

두 직선 $ax-2y+2=0$, $x+by+c=0$이 점 $(2, 4)$에서 수직으로 만날 때, 세 상수 a, b, c에 대하여 abc의 값은?

① -36 ② -27 ③ -21
④ -16 ⑤ -9

해설 내신연계문제

모의고사 핵심유형 기출문제

0182

2024년 09월 고1 학력평가 10번

점 $(1, a)$를 지나고 직선 $2x+3y+1=0$에 수직인 직선의 y절편이 $\dfrac{5}{2}$일 때, 상수 a의 값은?

① 3 ② 4 ③ 5
④ 6 ⑤ 7

해설 내신연계문제

0183

2023년 03월 고2 학력평가 7번

점 $(6, a)$를 지나고 직선 $3x+2y-1=0$에 수직인 직선이 원점을 지날 때, a의 값은?

① 3 ② $\dfrac{7}{2}$ ③ 4
④ $\dfrac{9}{2}$ ⑤ 5

해설 내신연계문제

유형 11 선분의 수직이등분선의 방정식

(1) **선분 AB의 수직이등분하는 직선 l의 방정식**
① 직선 l은 선분 AB와 수직이므로
(직선 l의 기울기)×(직선 AB의 기울기)$=-1$
② 직선 l은 선분 AB의 중점 M을 지난다.

(2) **선분 AB의 수직이등분선 위의 점을 $P(x, y)$라 하면**
➡ $\overline{PA}=\overline{PB}$

(3) **삼각형의 외심의 좌표**
➡ 외심은 세 변의 수직이등분선의 교점이므로
두 변의 수직이등분선의 방정식을 구한 후 그 교점을 구한다.

직선 AB의 수직이고, 선분 AB의 중점을 지남을 이용하여
선분 AB의 수직이등분선을 다음 순서로 구한다.
FIRST 직선과 선분이 수직이므로 두 직선의 기울기의 곱이 -1임을
이용하여 기울기를 구한다.
NEXT 직선이 선분의 중점을 지남을 이용하여 직선이 지나는 한 점의
좌표를 구한다.
LAST 한 점과 기울기가 주어진 직선의 방정식을 구한다.

0184

학교기출 대표 유형

두 점 $A(2, -1)$, $B(6, a)$를 이은 선분 AB의 수직이등분선의 방정식이 $y=-x+b$일 때, 실수 a, b에 대하여 $a+b$의 값을 구하시오.

0185

두 점 $A(3, a)$, $B(1, b)$를 이은 선분 AB의 수직이등분선의 방정식이 $x-3y+10=0$일 때, 상수 a, b에 대하여 ab의 값은?

① 4 ② 5 ③ 6
④ 7 ⑤ 9

0186 최다빈출 왕 중요 NORMAL

직선 $2x-y+8=0$이 x축, y축과 만나는 점을 각각 A, B라 할 때, 선분 AB를 수직이등분하는 직선이 점 $\left(a, \dfrac{3}{2}\right)$를 지난다. 이때 상수 a의 값은?

① 3   ② 4   ③ 5
④ 5   ⑤ 6

해설 내신연계문제

0187 최다빈출 왕 중요 NORMAL

세 점 A$(0, 3)$, B$(k, 2)$, C$(8, 7)$이 한 직선 위에 있을 때, 선분 AB의 수직이등분선의 방정식이 $ax+by-1=0$이라 하자. 이때 상수 a, b에 대하여 ab의 값을 구하시오.

해설 내신연계문제

0188 최다빈출 왕 중요 NORMAL

두 점 A$(5, 1)$, B(a, b)를 이은 선분 AB가 직선 $2x-y+1=0$과 수직으로 만나는 점을 P라 할 때, $\overline{AP}:\overline{BP}=2:1$을 만족하는 실수 a, b에 대하여 ab의 값은?

① -5 ② -4 ③ -3
④ -2 ⑤ -1

해설 내신연계문제

0189 TOUGH

세 점 A$(-2, 3)$, B$(6, -1)$, C$(2, -5)$를 꼭짓점으로 하는 삼각형 ABC의 세 변의 수직이등분선의 교점의 좌표를 (a, b)라 할 때, $a+b$의 값을 구하시오.

유형 12   직선의 방정식과 삼각형의 넓이

(1) x절편이 a, y절편이 b인 직선의 방정식은
   ➡ $\dfrac{x}{a}+\dfrac{y}{b}=1$ (단, $ab\neq0$)

(2) 두 점을 지나는 직선, 수직이등분선의 x절편, y절편, 교점 등을 이용하여
   ➡ 삼각형의 밑변의 길이와 높이를 구한 후 삼각형의 넓이를 구한다.

0190 학교기출 대표 유형

두 점 A$(1, 5)$, B$(7, -3)$을 이은 선분 AB의 수직이등분선이 x축, y축과 만나는 점을 각각 P, Q라고 할 때, 삼각형 OPQ의 넓이는? (단, O는 원점이다.)

① 2   ② $\dfrac{8}{3}$ ③ 3
④ $\dfrac{9}{2}$ ⑤ 5

0191 최다빈출 왕 중요 TOUGH

제 3사분면을 지나지 않는 직선 $\dfrac{x}{a}+\dfrac{y}{b}=1$이 x축, y축과 만나는 점을 각각 A, B라 하자. $\overline{OA}+\overline{OB}=4\sqrt{2}$일 때, 삼각형 OAB의 넓이의 최댓값은? (단, O는 원점이고 a, b는 상수이다.)

① 5   ② 4   ③ 3
④ 2   ⑤ 1

해설 내신연계문제

0192 TOUGH

세 점 O$(0, 0)$, A$(9, 3)$, B$(8, 10)$과 y축 위를 움직이는 점 C에 대하여 삼각형 OAB의 넓이와 삼각형 OAC의 넓이가 같을 때, 선분 OC의 길이는? (단, 점 C의 y좌표는 양수이다.)

① 7   ② $\dfrac{22}{3}$ ③ $\dfrac{23}{3}$
④ 8   ⑤ $\dfrac{25}{3}$

0193

2023년 09월 고1 학력평가 17번

NORMAL

그림과 같이 $\angle A = \angle B = 90°$, $\overline{AB} = 4$, $\overline{BC} = 8$인 사다리꼴 ABCD에 대하여 선분 AD를 $2:1$로 내분하는 점을 P라 하자. 두 직선 AC, BP가 점 Q에서 서로 수직으로 만날 때, 삼각형 AQD의 넓이는?

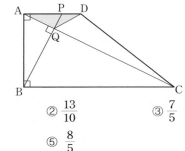

① $\dfrac{6}{5}$ ② $\dfrac{13}{10}$ ③ $\dfrac{7}{5}$

④ $\dfrac{3}{2}$ ⑤ $\dfrac{8}{5}$

해설 내신연계문제

0194

2019년 03월 고1 학력평가 16번

NORMAL

그림과 같이 좌표평면에서 두 점 A$(2, 6)$, B$(8, 0)$에 대하여 일차함수 $y = \dfrac{1}{2}x + \dfrac{1}{2}$의 그래프가 x축과 만나는 점을 C, 선분 AB와 만나는 점을 D라 할 때, 삼각형 CBD의 넓이는?

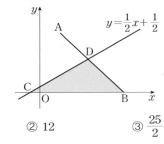

① $\dfrac{23}{2}$ ② 12 ③ $\dfrac{25}{2}$

④ 13 ⑤ $\dfrac{27}{2}$

해설 내신연계문제

0195

2018년 11월 고1 학력평가 17번

TOUGH

그림과 같이 좌표평면에서 직선 $y = -x + 10$과 y축과의 교점을 A, 직선 $y = 3x - 6$과 x축과의 교점을 B, 두 직선 $y = -x + 10$, $y = 3x - 6$의 교점을 C라 하자. x축 위의 점 D$(a, 0)$ $(a > 2)$에 대하여 삼각형 ABD의 넓이가 삼각형 ABC의 넓이와 같도록 하는 a의 값은?

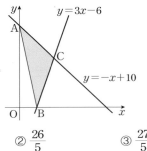

① 5 ② $\dfrac{26}{5}$ ③ $\dfrac{27}{5}$

④ $\dfrac{28}{5}$ ⑤ $\dfrac{29}{5}$

해설 내신연계문제

(1) 두 직선 $y = mx + n$, $y = m'x + n'$이 서로 수직이면
→ $mm' = -1$

(2) 두 직선 $ax + by + c = 0$, $a'x + b'y + c' = 0$이 서로 수직이면
→ $aa' + bb' = 0$

 ① 정삼각형, 이등변삼각형, 정사각형의 성질과 삼각형의 무게중심 등 도형에 관한 성질을 이용하여 구한다.
② 두 직선이 수직으로 만나는 경우 직각삼각형 또는 사각형에 대한 조건을 이용하여 미지수를 구한다.

0196

학교기출 대표 유형

좌표평면 위의 세 점 A, B, C를 꼭짓점으로 하는 정삼각형 ABC가 있다. 점 A가 직선 $y = 3x$ 위의 점 $(2, 6)$이고, 삼각형 ABC의 무게중심이 원점일 때, 점 B와 점 C를 지나는 직선의 방정식은?

① $x - 3y - 8 = 0$ ② $x + 3y - 3 = 0$ ③ $x + 3y + 10 = 0$

④ $3x + y + 5 = 0$ ⑤ $3x + y + 6 = 0$

0197

NORMAL

그림과 같이 좌표평면 위에 마름모 ABCD가 있다. 두 점 A, C의 좌표가 각각 $(1, 3)$, $(5, 1)$이고, 두 점 B, D를 지나는 직선 l의 방정식이 $2x + ay + b = 0$일 때, ab의 값을 구하시오. (단, a, b는 상수이다.)

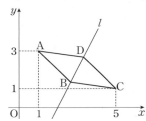

0198

최다빈출 왕 중요

TOUGH

오른쪽 그림과 같이 마름모 ABCD에 대하여 A$(1, 10)$, C$(n, 0)$이고, 대각선 AC의 길이가 $2\sqrt{41}$이다. 두 점 B, D를 지나는 직선 l의 방정식이 $4x + ay + b = 0$일 때, 상수 a, b에 대하여 $b - a$의 값을 구하시오. (단, $n > 0$)

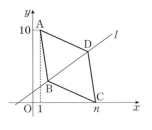

해설 내신연계문제

0199 2016년 03월 고2 학력평가 나형 12번

NORMAL

오른쪽 그림과 같이 좌표평면에서 점 A$(-2, 3)$과 직선 $y=m(x-2)$ 위의 서로 다른 두 점 B, C가 $\overline{AB}=\overline{AC}$를 만족시킨다. 선분 BC의 중점이 y축 위에 있을 때, 양수 m의 값은?

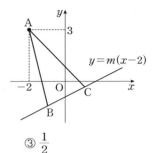

① $\dfrac{1}{3}$ ② $\dfrac{5}{12}$ ③ $\dfrac{1}{2}$

④ $\dfrac{7}{12}$ ⑤ $\dfrac{2}{3}$

해설 내신연계문제

0200 2016년 03월 고2 학력평가 가형 13번

NORMAL

오른쪽 그림과 같이 자연수 n에 대하여 좌표평면에서 점 A$(0, 2)$를 지나는 직선과 점 B$(n, 2)$를 지나는 직선이 서로 수직으로 만나는 점을 P라 하자. 점 P의 좌표가 $(4, 4)$일 때, 삼각형 ABP의 무게중심의 좌표를 (a, b)라 하자. $a+b$의 값은?

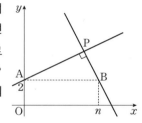

① 5 ② $\dfrac{17}{3}$ ③ $\dfrac{19}{3}$

④ 7 ⑤ $\dfrac{23}{3}$

해설 내신연계문제

0201 2018년 09월 고1 학력평가 28번

TOUGH

그림과 같이 좌표평면에서 이차함수 $y=x^2$의 그래프 위의 점 P$(1, 1)$에서의 접선을 l_1, 점 P를 지나고 직선 l_1과 수직인 직선을 l_2라 하자. 직선 l_1이 y축과 만나는 점을 Q, 직선 l_2가 이차함수 $y=x^2$의 그래프와 만나는 점 중 점 P가 아닌 점을 R라 하자. 삼각형 PRQ의 넓이를 S라 할 때, $40S$의 값을 구하시오.

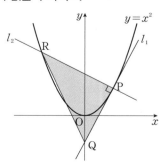

해설 내신연계문제

직선에 수선의 발을 구하는 순서는 다음과 같다.

FIRST 수선인 직선의 기울기를 구한다.
NEXT 수선인 직선의 방정식을 구한다.
LAST 수직인 두 직선의 교점을 구한다.

0202 학교기출 **대표** 유형

오른쪽 그림과 같이 점 A$(3, 2)$에서 직선 $y=x+1$에 내린 수선의 발 H의 좌표를 (a, b)라 할 때, $a+b$의 값을 구하시오.

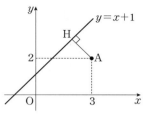

0203 최다빈출 왕중요

NORMAL

오른쪽 그림과 같이 점 A$(4, 7)$에서 직선 $x+2y-8=0$에 내린 수선의 발을 H라 할 때, 선분 OH의 길이는? (단, O는 원점이다.)

① $2\sqrt{2}$ ② $2\sqrt{3}$

③ $\sqrt{13}$ ④ 4

⑤ $3\sqrt{2}$

해설 내신연계문제

0204 최다빈출 왕중요

NORMAL

직선 $x+3y=10$ 위의 점 중에서 원점에 가장 가까운 점의 좌표를 (a, b)라 할 때, $a+b$의 값은?

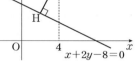

① $-\dfrac{1}{2}$ ② 2 ③ 3

④ 4 ⑤ 6

해설 내신연계문제

0205

TOUGH

두 직선 $3x+y-2=0$, $x-2y-3=0$의 교점과 점 $(2, 3)$을 지나는 직선 l에 대하여 원점에서 직선 l에 내린 수선의 발의 좌표를 (a, b)라 할 때, 상수 a, b에 대하여 $a+b$의 값은?

① $-\dfrac{5}{17}$ ② $\dfrac{15}{17}$ ③ $\dfrac{20}{17}$

④ $\dfrac{21}{17}$ ⑤ $\dfrac{24}{17}$

유형 15 삼각형의 수심

삼각형의 세 꼭짓점에서 각각의 대변에 그은 수선의 교점을 그 삼각형의 수심이라 한다.

FIRST 점 A에서 변 BC에 내린 수선의 방정식을 구한다.

NEXT 점 B에서 변 AC에 내린 수선의 방정식을 구한다.

LAST 두 직선의 방정식을 연립하여 교점의 좌표를 구한다.

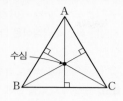

0206

세 점 A$(1, 3)$, B$(-1, 1)$, C$(3, -1)$을 꼭짓점으로 하는 삼각형 ABC에 대하여 각 꼭짓점에서 대변에 내린 수선이 한 점 H(a, b)에서 만날 때, $a+b$의 값을 구하시오.

0207
NORMAL

세 점 A$(1, 5)$, B$(-1, 3)$, C$(5, 0)$을 꼭짓점으로 하는 삼각형 ABC에 대하여 각 꼭짓점에서 대변에 내린 세 수선의 교점의 좌표는?

① $\left(\dfrac{2}{3}, \dfrac{1}{3}\right)$ ② $\left(\dfrac{2}{3}, \dfrac{4}{3}\right)$ ③ $\left(\dfrac{2}{3}, \dfrac{7}{3}\right)$

④ $\left(\dfrac{2}{3}, \dfrac{10}{3}\right)$ ⑤ $\left(\dfrac{2}{3}, \dfrac{13}{3}\right)$

0208 최다빈출 왕중요
TOUGH

세 직선

$$x-y+4=0, \ 2x+y-4=0, \ y=0$$

으로 둘러싸인 삼각형의 수심의 좌표를 (a, b)라 할 때, $a+b$의 값을 구하시오.

해설 내신연계문제

유형 16 정점을 지나는 직선의 방정식

직선 $(ax+by+c)+k(a'x+b'y+c')=0$이 실수 k의 값에 관계없이 항상 지나는 점의 좌표는   *k에 관한 항등식임을 이용*

❷ 두 직선 $ax+by+c=0$, $a'x+b'y+c'=0$의 교점을 지난다.

❷ 연립방정식 $\begin{cases} ax+by+c=0 \\ a'x+b'y+c'=0 \end{cases}$ 의 해가 두 직선의 교점이다.

① 직선 $y-b=k(x-a)$는 k의 값에 관계없이 점 (a, b)를 지난다.

② k의 값에 관계없이 항상 지나는 점을 구하려면 $(\ )+k(\ )=0$꼴로 정리한 후 항등식의 성질을 이용하면 된다.

0209 학교기출 대표 유형

직선 $(k-1)x-(k-2)y-2k+5=0$이 실수 k의 값에 관계없이 항상 지나는 점을 P라 할 때, 선분 OP의 길이는? (단, O는 원점이다.)

① 2 ② $2\sqrt{2}$ ③ $\sqrt{10}$

④ $3\sqrt{2}$ ⑤ 4

0210 최다빈출 왕중요
NORMAL

직선 $(k-2)x+(2k-3)y+4k-3=0$은 실수 k의 값에 관계없이 항상 일정한 점을 지날 때 이 점을 지나고 기울기가 1인 직선의 방정식은?

① $y=x-11$ ② $y=x-8$ ③ $y=x-6$

④ $y=x+10$ ⑤ $y=x+12$

해설 내신연계문제

0211 최다빈출 왕중요
NORMAL

직선 $2x-y-1=0$ 위의 점 (a, b)에 대하여 직선 $ax-3by=6$이 항상 지나는 점의 좌표를 (p, q)라 할 때, $p+q$의 값을 구하시오.

해설 내신연계문제

한 점에서 만나는 두 직선 $ax+by+c=0$, $a'x+b'y+c'=0$의 교점을
지나는 직선 중에서 $a'x+b'y+c'=0$을 제외한 직선의 방정식은
$(ax+by+c)+k(a'x+b'y+c')=0$ (단, k는 실수)꼴로 나타낼 수
있다.

 직선 $(ax+by+c)+k(a'x+b'y+c')=0$이 실수 k의 값에
관계없이 항상 지나는 점의 좌표

➡ 연립방정식 $\begin{cases} ax+by+c=0 \\ a'x+b'y+c'=0 \end{cases}$의 해

0212 학교기출 대표유형

직선 $l : (2k+1)x+(k+1)y+k+3=0$에 대하여 [보기]에서 옳은
것만을 있는 대로 고른 것은? (단, k는 실수이다.)

> ㄱ. 직선 l은 k의 값에 관계없이 항상 점 $(2, -5)$를 지난다.
> ㄴ. $k=-1$이면 직선 l은 y축에 평행하다.
> ㄷ. 직선 l은 기울기가 -2인 직선이 될 수 없다.

① ㄱ   ② ㄱ, ㄴ   ③ ㄱ, ㄷ
④ ㄴ, ㄷ   ⑤ ㄱ, ㄴ, ㄷ

0213   NORMAL

직선 l의 방정식이 $l : (1+2k)x+(2-k)y+5-k=0$일 때,
[보기]에서 옳은 것만을 있는 대로 고른 것은? (단, k는 실수이다.)

> ㄱ. $k=2$일 때, 직선 l은 y축과 평행하다.
> ㄴ. $k=3$일 때, 직선 l은 직선 $x+7y+4=0$과 서로 수직이다.
> ㄷ. $k=-1$일 때, 직선 l은 직선 $x-3y=0$과 한 점에서 만난다.

① ㄱ   ② ㄴ   ③ ㄱ, ㄴ
④ ㄴ, ㄷ   ⑤ ㄱ, ㄴ, ㄷ

 모의고사 핵심유형 기출문제

0214   2014년 09월 고1 학력평가 20번   TOUGH

두 직선 $l : ax-y+a+2=0$, $m : 4x+ay+3a+8=0$에 대하여
[보기]에서 옳은 것만을 있는 대로 고른 것은? (단, a는 실수이다.)

> ㄱ. $a=0$일 때 두 직선 l과 m은 서로 수직이다.
> ㄴ. 직선 l은 a의 값에 관계없이 항상 점 $(1, 2)$를 지난다.
> ㄷ. 두 직선 l과 m이 평행이 되기 위한 a의 값은 존재하지
> 않는다.

① ㄱ   ② ㄴ   ③ ㄱ, ㄷ
④ ㄴ, ㄷ   ⑤ ㄱ, ㄴ, ㄷ

해설 내신연계문제

두 직선 $ax+by+c=0$, $a'x+b'y+c'=0$의 교점과 점 (p, q)를
지나는 직선의 방정식은 다음 순서로 구한다. (단, k는 실수)

FIRST $ax+by+c+k(a'x+b'y+c')=0$ …… ㉠으로 놓는다.
NEXT   ㉠의 식에 $x=p$, $y=q$를 대입하여 실수 k의 값을 구한다.
LAST   구한 k의 값을 ㉠에 대입하여 직선의 방정식을 구한다.

 두 직선의 교점을 지나는 직선의 방정식은 다음 두 가지로 해결한다.
① $ax+by+c+k(a'x+b'y+c')=0$꼴로 만들어서 점 (p, q)의 값을
대입하여 풀 수도 있다.
② 두 직선의 방정식을 연립하여 교점을 구한 후 그 교점과 점 (p, q)를
지나는 직선의 방정식을 구해도 된다.

0215   학교기출 대표유형

두 직선 $2x+y-4=0$, $x-y+1=0$의 교점과 점 $(-1, 1)$을 지나는
직선의 방정식이 $ax-2y+b=0$일 때, 상수 a, b에 대하여 $a+b$의
값을 구하시오.

0216   NORMAL

두 직선 $x-2y-1=0$, $2x+3y-2=0$의 교점과 점 $(2, -1)$을
지나는 직선이 x축과 만나는 점을 A, y축과 만나는 점을 B라 할
때, 선분 AB의 길이는?

① $\sqrt{2}$ ② $2\sqrt{2}$ ③ 3
④ $2\sqrt{3}$ ⑤ 4

0217   최다빈출 상중요   NORMAL

두 직선 $x-2y+6=0$, $2x+3y+5=0$의 교점과 점 $(2, -5)$를
지나는 직선 l에 대하여 직선 l과 x축, y축으로 둘러싸인 부분의
넓이는?

① 3   ② $\dfrac{7}{2}$ ③ 4
④ $\dfrac{9}{2}$ ⑤ 5

해설 내신연계문제

0218 최다빈출 왕중요

두 직선 $3x+y=-5$, $x+2y=5$의 교점을 지나고 직선 $2x+y=1$에 평행한 직선의 방정식이 $y=ax+b$일 때, 상수 a, b에 대하여 $a+b$의 값은?

① -8 ② -6 ③ -4
④ -2 ⑤ 4

해설 내신연계문제

0219 최다빈출 왕중요 NORMAL

두 직선 $3x+2y+1=0$, $2x-y+10=0$의 교점을 지나고 직선 $x+3y-3=0$에 수직인 직선의 방정식을 $y=ax+b$라 할 때, 상수 a, b에 대하여 $a+b$의 값은?

① 11 ② 12 ③ 14
④ 16 ⑤ 17

해설 내신연계문제

0220 TOUGH

그림과 같이 두 직선 $x-3y+4=0$, $x+y-8=0$이 x축과 만나는 점을 각각 A, B라 하고 두 직선의 교점을 C라 하자. 점 C를 지나고 삼각형 ABC의 넓이를 이등분하는 직선의 방정식이 $ax-y+b=0$일 때, 상수 a, b에 대하여 ab의 값은?

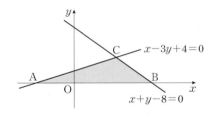

① -10 ② -8 ③ -6
④ -4 ⑤ -2

모의고사 핵심유형 기출문제

0221 2024년 03월 고2 학력평가 9번 NORMAL

두 직선 $x+3y+2=0$, $2x-3y-14=0$의 교점을 지나고 직선 $2x+y+1=0$과 평행한 직선의 x절편은?

① 1 ② 2 ③ 3
④ 4 ⑤ 5

해설 내신연계문제

 유형 19   정점을 지나는 직선의 활용

(1) 실수 m에 값에 관계없이 항상 지나는 점의 좌표를 구할 수 있으므로 **이 점의 좌표와 기울기를 이용하여 m의 값의 범위를 구한다.**

(2) 직선 $y-y_1+m(x-x_1)=0$은 실수 m에 값에 관계없이 항상 점 (x_1, y_1)을 지난다.

   ① 직선이 선분 AB와 한 점에서 만난다. ➡ 양 끝점 A, B를 지나도 된다.
   ② 직선이 두 점 A, B 사이를 지난다. ➡ 양 끝점 A, B는 제외된다.

0222 학교기출 대표유형

두 직선 $x-y+4=0$, $mx-y-2m+1=0$이 제 2사분면에서 만나도록 하는 실수 m의 값의 범위가 $\alpha<m<\beta$일 때, $\alpha\beta$의 값은?

① $-\frac{1}{2}$ ② $-\frac{1}{4}$ ③ $-\frac{2}{3}$
④ $\frac{1}{4}$ ⑤ $\frac{1}{2}$

0223 NORMAL

좌표평면 위의 두 점 A$(2, 4)$, B$(-1, -1)$에 대하여 직선 $mx+3y-5m-3=0$이 선분 AB와 만나도록 하는 실수 m의 값의 범위는?

① $-3 \le m \le \frac{1}{2}$ ② $-\frac{1}{3} \le m \le 1$

③ $-1 \le m \le 3$ ④ $m \le -\frac{1}{3}$ 또는 $m \ge 1$

⑤ $m \le -3$ 또는 $m \ge 1$

0224 최다빈출 왕중요 NORMAL

직선 $kx-y+2k-4=0$이 오른쪽 그림과 같이 세 점 A$(3, 6)$, B$(4, -2)$, C$(7, 3)$을 꼭짓점으로 하는 삼각형 ABC와 만나도록 하는 실수 k의 최댓값을 M, 최솟값을 m이라 할 때, Mm의 값은?

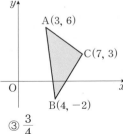

① $\frac{2}{3}$ ② 1 ③ $\frac{3}{4}$
④ $\frac{3}{2}$ ⑤ 2

해설 내신연계문제

0225

세 점 A$(2, 1)$, B$(-1, -3)$, C$(7, -1)$을 꼭짓점으로 하는 삼각형 ABC가 있다. 직선 $mx+y-2m-1=0$이 삼각형 ABC의 넓이를 이등분할 때, 상수 m의 값을 구하시오.

유형 20 점과 직선 사이의 거리

(1) 점 P(x_1, y_1)과 직선 $ax+by+c=0$ 사이의 거리 d는
$$d=\frac{|ax_1+by_1+c|}{\sqrt{a^2+b^2}}$$

(2) 원점 O와 직선 $ax+by+c=0$
사이의 거리 d는 $d=\frac{|c|}{\sqrt{a^2+b^2}}$

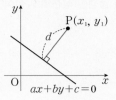

직선에 평행하고 수직인 직선에 대하여 직선 밖의 한 점과 거리가 주어진 직선의 방정식의 미지수를 구한다.

0226

직선 $mx-y-4m-6=0$이 실수 m의 값에 관계없이 항상 직사각형 ABCD의 넓이를 이등분한다. 꼭짓점 A의 좌표가 A$(-2, -5)$이고 꼭짓점 C의 좌표가 C(a, b)일 때, $a+b$의 값은?

① 1   ② 3   ③ 5
④ 7   ⑤ 9

0228 학교기출 대표 유형

두 점 A$(-4, -8)$, B$(2, 4)$에 대하여 원점과 선분 AB의 수직이등분선 사이의 거리는?

① $\sqrt{2}$ ② $\sqrt{3}$ ③ $\sqrt{5}$
④ $\sqrt{6}$ ⑤ $\sqrt{7}$

0229 최다빈출 왕 중요

오른쪽 그림과 같이 점 A$(2, -3)$에서 두 점 $(-2, 0)$, $(2, 2)$를 지나는 직선 l 위를 움직이는 점 P에 대하여 $\overline{\text{AP}}$ 의 최솟값은?

① $\sqrt{2}$ ② $\sqrt{5}$
③ $2\sqrt{2}$ ④ $2\sqrt{5}$
⑤ $3\sqrt{5}$

해설 내신연계문제

0227 최다빈출 왕 중요

두 직선 $l_1 : x-y+2=0$, $l_2 : mx-y-m+2=0$에 대하여 옳은 것만을 [보기]에서 있는 대로 고른 것은?

> ㄱ. 직선 l_2는 점 $(1, 2)$를 지난다.
> ㄴ. $m=-1$일 때, 두 직선 l_1과 l_2는 수직으로 만난다.
> ㄷ. 두 직선 l_1과 l_2가 제 2사분면에서 만나도록 하는 m의 값의 범위는 $0<m<\frac{2}{3}$이다.

① ㄱ   ② ㄷ   ③ ㄱ, ㄴ
④ ㄴ, ㄷ   ⑤ ㄱ, ㄴ, ㄷ

해설 내신연계문제

0230 최다빈출 왕 중요

세 점 A$(0, 3)$, B$(-3, 0)$, C$(3, 0)$을 꼭짓점으로 하는 삼각형 ABC의 무게중심을 지나고 직선 AB에 평행한 직선을 l이라 할 때, 점 $(4, 3)$에서 직선 l까지의 거리는?

① 1   ② $\sqrt{2}$ ③ $2\sqrt{2}$
④ 3   ⑤ $3\sqrt{5}$

해설 내신연계문제

유형 21 도형에서 점과 직선 사이의 거리의 활용

주어진 도형에서 점의 좌표나 직선의 방정식을 구하여 점 (x_1, y_1)과 직선 $ax+by+c=0$ 사이의 **거리 공식** $\dfrac{|ax_1+by_1+c|}{\sqrt{a^2+b^2}}$ 을 활용한다.

 ① 한 변의 길이가 a인 정삼각형의 높이는 $\dfrac{\sqrt{3}}{2}a$

② 한 변의 길이가 a인 정삼각형의 넓이는 $\dfrac{\sqrt{3}}{4}a^2$

0231 학교기출 대표 유형

오른쪽 그림과 같이 원점 O와 점 A$(2, 0)$에서 직선 $3x+4y-15=0$에 내린 수선의 발을 각각 P, Q라고 할 때, 선분 PQ의 길이는?

① $\dfrac{3}{2}$
② $\dfrac{7}{5}$
③ $\dfrac{8}{5}$
④ 2
⑤ $\dfrac{9}{2}$

0232 최다빈출 상 중요

 NORMAL

오른쪽 그림과 같이 좌표평면 위의 점 A$(-5, 0)$과 원점 O에서 직선 $2x+y-5=0$에 내린 수선의 발을 각각 B, C 라 할 때, 사다리꼴 OABC의 넓이는?

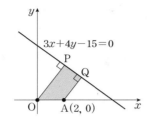

① $\sqrt{5}$
② 5
③ $5\sqrt{2}$
④ 10
⑤ 12

해설 내신연계문제

0233 NORMAL

점 A$(-1, 2)$에서 직선 $4x+3y+13=0$에 내린 수선의 발을 H라 하자. 직선 $4x+3y+13=0$ 위의 점 P가 $\overline{AP}=2\overline{AH}$를 만족시킬 때, 삼각형 AHP의 넓이는?

① $5\sqrt{3}$
② $\dfrac{9\sqrt{3}}{2}$
③ $4\sqrt{3}$
④ $\dfrac{7\sqrt{3}}{2}$
⑤ $3\sqrt{3}$

0234 최다빈출 상 중요 NORMAL

점 A$(1, 3)$과 직선 $y=x-1$ 위의 두 점 B, C를 꼭짓점으로 하는 정삼각형 ABC가 있다. 이 정삼각형의 한 변의 길이는?

① $\sqrt{2}$
② $\sqrt{3}$
③ 2
④ $\sqrt{5}$
⑤ $\sqrt{6}$

해설 내신연계문제

0235 NORMAL

오른쪽 그림과 같이 점 A$(-1, 3)$과 직선 $x-y-2=0$ 위의 두 점 B, C 를 꼭짓점으로 하는 정삼각형 ABC 가 있다. 이 정삼각형의 넓이는?

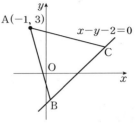

① $3\sqrt{2}$
② $3\sqrt{5}$
③ $2\sqrt{6}$
④ $3\sqrt{6}$
⑤ $6\sqrt{3}$

모의고사 핵심유형 기출문제

0236 2023년 09월 고1 학력평가 14번 NORMAL

오른쪽 그림과 같이 좌표평면 위에 점 A$(a, 6)(a>0)$과 두 점 $(6, 0)$, $(0, 3)$을 지나는 직선 l이 있다. 직선 l 위의 서로 다른 두 점 B, C와 제 1사분면 위의 점 D를 사각형 ABCD가 정사각형이 되도록 잡는다. 정사각형 ABCD의 넓이가 $\dfrac{81}{5}$일 때, a의 값은?

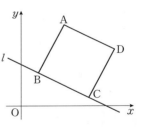

① 2
② $\dfrac{9}{4}$
③ $\dfrac{5}{2}$
④ $\dfrac{11}{4}$
⑤ 3

해설 내신연계문제

0237 2016년 03월 고2 학력평가 나형 18번 NORMAL

오른쪽 그림과 같이 좌표평면에 세 점 O$(0, 0)$, A$(8, 4)$, B$(7, a)$와 삼각형 OAB의 무게중심 G$(5, b)$가 있다. 점 G와 직선 OA 사이의 거리가 $\sqrt{5}$일 때, $a+b$의 값은? (단, a는 양수이다.)

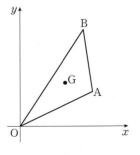

① 16
② 17
③ 18
④ 19
⑤ 20

해설 내신연계문제

유형 22 점과 직선 사이의 거리를 이용한 미정계수 결정

점 $P(x_1, y_1)$과 직선 $ax+by+c=0$ 사이의 거리 $\dfrac{|ax_1+by_1+c|}{\sqrt{a^2+b^2}}$ 를 이용하여 미지수를 구한다.

0238 학교기출 대표유형

점 $(2, -1)$과 직선 $4x+3y+k=0$ 사이의 거리가 2일 때, 실수 k의 값의 합은?

① -17 ② -15 ③ -10

④ -8 ⑤ -6

0239 최다빈출 상 중요 NORMAL

양수 a, b에 대하여 직선 $\dfrac{x}{a}+\dfrac{y}{b}=1$과 x축, y축으로 둘러싸인 부분의 넓이가 8이고 원점과 이 직선 사이의 거리가 4일 때, $a+b$의 값은?

① $3\sqrt{2}$ ② $3\sqrt{5}$ ③ $4\sqrt{3}$

④ $5\sqrt{2}$ ⑤ $4\sqrt{5}$

해설 내신연계문제

0240 최다빈출 상 중요 NORMAL

점 $(3, 2)$에서 두 직선 $x-y+1=0$, $x+3y+a=0$에 이르는 거리가 같도록 하는 모든 실수 a의 값의 곱은?

① 53   ② 59   ③ 61

④ 63   ⑤ 67

해설 내신연계문제

0241 최다빈출 상 중요 TOUGH

직선 $(k+1)x-(k-3)y+k-15=0$은 실수 k의 값에 관계없이 일정한 점 A를 지난다. 점 A와 직선 $2x-y+m=0$ 사이의 거리가 $\sqrt{5}$가 되도록 하는 모든 실수 m의 값의 합은?

① -4 ② -2 ③ 2

④ 3   ⑤ 4

해설 내신연계문제

모의고사 핵심유형 기출문제

0242 2024년 09월 고1 학력평가 13번 BASIC

점 $(1, 3)$을 지나고 기울기가 k인 직선 l이 있다.
원점과 직선 l 사이의 거리가 $\sqrt{5}$일 때, 양수 k의 값은?

① $\dfrac{1}{4}$ ② $\dfrac{3}{8}$ ③ $\dfrac{1}{2}$

④ $\dfrac{5}{8}$ ⑤ $\dfrac{3}{4}$

해설 내신연계문제

0243 2019년 03월 고2 학력평가 가형 17번 NORMAL

오른쪽 그림과 같이 좌표평면 위의 점 $A(8, 6)$에서 x축에 내린 수선의 발을 H라 하고, 선분 OH 위의 점 B에서 선분 OA에 내린 수선의 발을 I라 하자. $\overline{BH}=\overline{BI}$일 때, 직선 AB의 방정식은 $y=mx+n$이다. $m+n$의 값은? (단, O는 원점이고, m, n은 상수이다.)

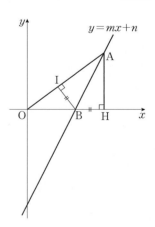

① -10 ② -9

③ -8 ④ -7

⑤ -6

해설 내신연계문제

유형 23 점과 직선 사이의 거리를 이용한 직선

직선에 평행, 수직임을 이용하여 다음 순서로 직선의 방정식을 구한다.

FIRST 주어진 조건을 만족하는 직선의 식을 세운다.
NEXT 점 P와 직선 사이의 거리를 이용하여 미지수를 구한다.
LAST 직선의 방정식을 구한다.

0244 학교기출 대표 유형

직선 $3x-4y=0$에 평행하고 점 $(2, 1)$에서의 거리가 1인 직선의 방정식의 y절편은? (단, y절편은 양수이다.)

① $\dfrac{1}{3}$ ② $\dfrac{1}{2}$ ③ $\dfrac{3}{4}$

④ 1 ⑤ $\dfrac{4}{3}$

0245 NORMAL

직선 $4x-3y-5=0$에 수직이고 점 $(1, -1)$에서 거리가 1인 직선의 방정식의 y절편은? (단, y절편은 양수이다.)

① $\dfrac{1}{2}$ ② $\dfrac{3}{4}$ ③ 1

④ $\dfrac{3}{2}$ ⑤ $\dfrac{4}{3}$

0246 최다빈출 왕중요 NORMAL

직선 $x+3y-2=0$에 수직이고 원점으로부터의 거리가 $\sqrt{2}$인 직선 중 제 4사분면을 지나지 않는 직선의 y절편은?

① $2\sqrt{2}$ ② 3 ③ $3\sqrt{2}$

④ $2\sqrt{5}$ ⑤ 5

해설 내신연계문제

0247 NORMAL

두 직선 $x-y+1=0$, $x-2y+6=0$의 교점을 지나고 직선 $3x-y+2=0$에 수직인 직선과 점 $(0, 3)$ 사이의 거리는?

① $\sqrt{5}$ ② $\sqrt{6}$ ③ $2\sqrt{2}$

④ $\sqrt{10}$ ⑤ $2\sqrt{3}$

0248 최다빈출 중요 TOUGH

두 직선 $x-2y+6=0$과 $x-y+2=0$의 교점을 지나고 점 $(1, 2)$에서의 거리가 1인 직선의 방정식이 $ax+by+10=0$일 때, ab의 값을 구하시오. (단, $ab \neq 0$)

해설 내신연계문제

모의고사 **핵심유형** 기출문제

0249 2021년 09월 고1 학력평가 19번 TOUGH

$-1<a<b$인 두 실수 a, b에 대하여 직선 $y=x-2$ 위에 세 점 $P(-1, -3)$, $Q(a, a-2)$, $R(b, b-2)$가 있다. 선분 PQ를 지름으로 하는 원을 C_1, 선분 QR을 지름으로 하는 원을 C_2라 하자. 삼각형 OPR와 두 원 C_1, C_2가 다음 조건을 만족시킬 때, $a+b$의 값은? (단, O는 원점이다.)

> (가) 삼각형 OPR의 넓이는 $3\sqrt{2}$이다.
> (나) 원 C_1과 원 C_2의 넓이의 비는 $1 : 4$이다.

① $4\sqrt{2}+2$ ② $4\sqrt{2}+1$ ③ $4\sqrt{2}$

④ $4\sqrt{2}-1$ ⑤ $4\sqrt{2}-2$

해설 내신연계문제

(1) 평행한 두 직선 l, l' 사이의 거리는 다음과 같은 순서로 구한다.

FIRST 직선 l 위의 임의의 한 점의 좌표 (x_1, y_1)을 구한다.

LAST 점 (x_1, y_1)과 직선 l' 사이의 거리를 구한다.

(2) 한 직선 위의 임의의 점을 택할 때, 좌표가 **간단한 정수인 점**이나 x**축 또는** y**축 위의 점**을 택하면 계산이 간편하다.

 평행한 두 직선 사이의 거리 공식

① 평행한 두 직선 $y=mx+n$, $y=mx+k$ 사이의 거리 d는

$$\Rightarrow d=\frac{|n-k|}{\sqrt{m^2+1}}$$

② 평행한 두 직선 $ax+by+c=0$, $ax+by+c'=0$ 사이의 거리 d는 (단, 점 (α, β)는 직선 $ax+by+c'=0$ 위의 점이다.)

$$\Rightarrow d=\frac{|c-c'|}{\sqrt{a^2+b^2}}=\frac{|a\alpha+b\beta+c|}{\sqrt{a^2+b^2}}$$

0250 학교기출 대표 유형

평행한 두 직선 $2x-y-2=0$, $2x-y+a=0$ 사이의 거리가 $\sqrt{5}$가 되도록 하는 모든 실수 a의 값의 합은?

① -4 ② -3 ③ 2
④ 3 ⑤ 4

0251 NORMAL

평행한 두 직선 $ax+by=4$, $ax+by=2$에 대하여 두 상수 a, b가 $a^2+b^2=16$을 만족할 때, 두 직선 사이의 거리는?

① $\frac{1}{2}$ ② 1 ③ $\frac{3}{2}$
④ 2 ⑤ $\frac{7}{2}$

0252 NORMAL

두 직선 $2x-y+2=0$, $mx-(m-2)y-6=0$이 평행할 때, 두 직선 사이의 거리는?

① $\sqrt{2}$ ② $\sqrt{3}$ ③ 2
④ $\sqrt{5}$ ⑤ 3

0253 최다빈출 상 중요 NORMAL

평행한 두 직선 $3x-(m-5)y-9=0$, $mx-12y-2m+4=0$ 사이의 거리는? (단, m은 상수이다.)

① $\frac{11}{15}$ ② $\frac{4}{5}$ ③ $\frac{13}{15}$
④ $\frac{14}{15}$ ⑤ $\frac{1}{5}$

해설 내신연계문제

0254 최다빈출 상 중요 NORMAL

직선 $x+y-10=0$ 위의 한 점 A와 직선 $x+y+6=0$ 위의 한 점 B에 대하여 선분 AB 길이의 최솟값은?

① $4\sqrt{2}$ ② $5\sqrt{2}$ ③ $6\sqrt{2}$
④ $7\sqrt{2}$ ⑤ $8\sqrt{2}$

해설 내신연계문제

0255 NORMAL

그림과 같이 좌표평면 위에 정사각형 ABCD가 있다.
두 점 A$(4, 0)$, B$(0, 3)$이고, 직선 CD의 방정식은 $y=ax+b$일 때, 상수 a, b에 대하여 $a+b$의 값은?

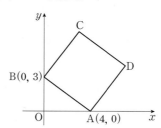

① $-\frac{17}{2}$ ② $-\frac{15}{2}$ ③ $\frac{5}{2}$
④ $\frac{15}{2}$ ⑤ $\frac{17}{2}$

0256 최다빈출 왕 중요
TOUGH

그림과 같이 원점 O를 꼭짓점으로 하고 평행한 두 직선
$y=2x+6$, $y=2x-4$와 각각 수직인 선분 PQ를 밑변으로 하는
삼각형 OPQ의 넓이가 20이다.
직선 PQ의 방정식을 $ax+by-20=0$일 때, 상수 a, b에 대하여
$a+b$의 값을 구하시오. (단, 두 점 P, Q는 제 1사분면 위의 점이다.)

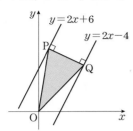

해설 내신연계문제

모의고사 **핵심유형** 기출문제

0257 2024년 09월 고1 학력평가 26번
TOUGH

그림과 같이 좌표평면 위에 직선 $l_1 : x-2y-2=0$과 평행하고
y절편이 양수인 직선 l_2가 있다. 직선 l_1이 x축, y축과 만나는 점을
각각 A, B라 하고 직선 l_2가 x축, y축과 만나는 점을 각각 C, D라
할 때, 사각형 ADCB의 넓이가 25이다. 두 직선 l_1과 l_2 사이의 거리
를 d라 할 때, d^2의 값을 구하시오.

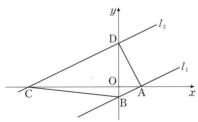

해설 내신연계문제

0258 2013년 11월 고1 학력평가 20번
TOUGH

좌표평면 위에 세 점 A(5, 3), B(2, 1), C(3, 0)을 꼭짓점으로 하는
삼각형 ABC가 있다. 선분 OC 위를 움직이는 점 D에 대하여
삼각형 ABC의 넓이와 삼각형 ADC의 넓이가 같을 때, 직선 AD의
기울기는? (단, O는 원점이다.)

① $\dfrac{5}{7}$ 　　　　② $\dfrac{3}{4}$ 　　　　③ $\dfrac{7}{9}$

④ $\dfrac{4}{5}$ 　　　　⑤ $\dfrac{9}{11}$

해설 내신연계문제

유형 25 점과 직선 사이의 거리의 최댓값

점 P와 직선 l 사이의 거리를 $f(k)$라 할 때,

(1) $f(k)=\dfrac{|a|}{g(k)}$ (단, a는 상수)꼴이면

　➡ $g(k)$가 최소일 때, $f(k)$는 최댓값을 갖는다.

(2) $f(k)=\dfrac{|h(k)|}{g(k)}$ (단, $h(k)$는 k에 관한 식)꼴이면

　➡ 직선 l이 항상 지나는 점 A에 대하여 직선 l이 직선 PA와
　수직일 때, 점 P와 직선 l 사이의 거리가 최대임을 이용한다.

　🦊 오른쪽 그림에서 $d_1<d$, $d_2<d$이므로
　점 P와 점 A를 지나는 임의의 직선 사이의
　거리의 최댓값은 점 P로부터 선분 PA와
　수직인 직선 l에 이르는 거리 d, 즉 점 P와
　점 A 사이의 거리와 같다.

0259 학교기출 대표 유형

원점과 직선 $x-y-2+k(x+y)=0$ 사이의 거리의 최댓값은?
(단, k는 실수이다.)

① 1 　　　② $\sqrt{2}$ 　　　③ $2\sqrt{2}$

④ $3\sqrt{2}$ 　　　⑤ $4\sqrt{2}$

0260 최다빈출 왕 중요
NORMAL

원점과 직선 $k(x+y)-x+3y+4=0$ 사이의 거리는 $k=a$일 때,
최댓값 b를 갖는다. 두 상수 a, b에 대하여 $a+b$의 값은?
(단, k는 실수이다.)

① $-2+\sqrt{2}$ 　　② $-1+\sqrt{2}$ 　　③ $1+\sqrt{2}$

④ $2+\sqrt{2}$ 　　⑤ $3+\sqrt{2}$

해설 내신연계문제

0261
NORMAL

점 A(4, 3)과 직선 $mx+y+2m=0$ 사이의 거리가 최대일 때, 실수
m의 값을 구하시오.

0262

두 직선 $x+y-3=0$, $x-y-1=0$의 교점을 지나는 직선 중에서 원점에서의 거리가 최대인 직선을 l이라 할 때, 원점과 직선 l 사이의 거리는?

① 1   ② $\sqrt{2}$ ③ $\sqrt{5}$

④ 4   ⑤ $4\sqrt{2}$

0263

NORMAL

두 직선 $x-y+6=0$, $2x+y=0$의 교점을 지나는 직선 중에서 원점으로부터의 거리가 최대인 직선의 방정식은?

① $x-2y+10=0$ ② $x-3y+8=0$

③ $2x-3y+10=0$ ④ $2x-y-5=0$

⑤ $x-3y+5=0$

0264

최다빈출 **상** 중요   TOUGH

두 직선 $2x-y-1=0$, $3x+y-4=0$의 교점을 지나는 직선과 점 $A(2, -2)$ 사이의 거리를 $f(k)$라 할 때, $f(k)$의 최댓값은?

① $\sqrt{5}$ ② $\sqrt{10}$ ③ $2\sqrt{5}$

④ $2\sqrt{10}$ ⑤ $3\sqrt{10}$

해설 내신연계문제

유형 26 직선과 곡선 사이의 최단 거리

(1) **직선과 곡선이 만나는 경우**
곡선 위의 점과 직선 사이의 거리의 최솟값은 0이다.

(2) **직선과 곡선이 만나지 않는 경우**
직선 l에 평행하고 곡선 위의 한 점 P에서 접하는 직선을 m이라 하면 곡선 위의 점과 직선 l 사이의 거리의 최솟값은 점 P와 직선 l 사이의 거리와 같다.
한편 두 직선 l, m이 평행하면 직선 m 위의 임의의 점과 직선 l 사이의 거리는 항상 같다.

곡선 $y=f(x)$ 위의 임의의 한 점과 고정된 두 점 A, B을 연결한 삼각형의 넓이의 최대 최소를 구할 때는
➡ 고정된 두 점을 잇는 직선과 움직이는 점 사이의 거리 공식을 이용하여 삼각형의 높이의 최대 최소를 구한다.

0265

학교기출 **대표** 유형

오른쪽 그림과 같이 점 A는 이차함수 $y=x^2$의 그래프 위에 있고 점 B는 직선 $y=2x-2$ 위에 있다. 두 점 A, B에 대하여 선분 AB의 길이가 최소일 때, 점 A의 좌표를 (a, b)라 하자. 두 상수 a, b에 대하여 $a+b$의 값을 구하시오.

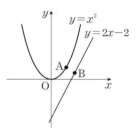

0266

최다빈출 **상** 중요   TOUGH

오른쪽 그림과 같이 곡선 $y=-x^2+5$ 위의 점과 직선 $y=4x+k$ 사이의 거리의 최솟값이 $\sqrt{17}$이 되도록 하는 상수 k의 값은?

① 20   ② 24

③ 26   ④ 29

⑤ 30

해설 내신연계문제

모의고사 **핵심유형** 기출문제

0267

2017년 11월 고1 학력평가 19번   TOUGH

좌표평면에서 $3<a<7$인 실수 a에 대하여 이차함수 $y=x^2-2ax-20$의 그래프 위의 점 P와 직선 $y=2x-12a$ 사이의 거리의 최솟값을 $f(a)$라 하자. $f(a)$의 최댓값은?

① $\dfrac{4\sqrt{5}}{5}$ ② $\sqrt{5}$ ③ $\dfrac{6\sqrt{5}}{5}$

④ $\dfrac{7\sqrt{5}}{5}$ ⑤ $\dfrac{8\sqrt{5}}{5}$

해설 내신연계문제

유형 27 세 꼭짓점의 좌표가 주어진 삼각형의 넓이

좌표평면 위의 세 점 A, B, C를 꼭짓점으로 하는
삼각형의 넓이는 밑면의 길이와 높이로 결정되므로
다음 순서로 구한다.

FIRST 밑변의 길이 $\overline{AB}$와 직선 AB의 방정식을 구한다.

NEXT 점 C와 직선 AB 사이의 거리 h를 구한다.

LAST (삼각형 ABC의 넓이)$=\dfrac{1}{2} \times \overline{AB} \times h$를 이용하여 구한다.

 세 직선으로 이루어진 삼각형의 넓이는 세 직선의 방정식을 연립하여
교점 세 개를 구하여 위의 단계로 삼각형의 넓이를 구한다.

0268 학교기출 대표 유형

오른쪽 그림과 같이 좌표평면 위의
세 점 A$(-4, 3)$, B$(2, -5)$, C$(1, 4)$
를 꼭짓점으로 하는 삼각형 ABC의
넓이를 구하시오.

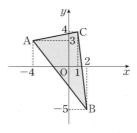

0269 NORMAL

오른쪽 그림과 같이
두 점 O$(0, 0)$, A$(5, 1)$과 직선
$x-5y+18=0$ 위의 한 점 P를
꼭짓점으로 하는 삼각형 OAP의
넓이는?

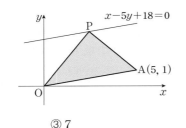

① 5 　　② 6 　　③ 7
④ 8 　　⑤ 9

0270 최다빈출 왕 중요 NORMAL

오른쪽 그림과 같이
두 점 O$(0, 0)$, A$(4, 2)$와 직선
$x-2y+k=0$ 위의 한 점 P를
꼭짓점으로 하는 삼각형 OAP의
넓이가 10일 때, 양수 k의 값은?

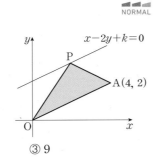

① 5 　　② 7 　　③ 9
④ 10 　　⑤ 12

해설 내신연계문제

0271 NORMAL

그림과 같이 세 직선 $y=\dfrac{5}{2}x$, $y=\dfrac{1}{6}x$, $y=-x+7$로 둘러싸인
삼각형 AOB의 넓이는? (단, O는 원점이다.)

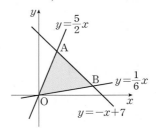

① 12 　　② 14 　　③ 16
④ 20 　　⑤ 22

0272 최다빈출 왕 중요 TOUGH

세 직선 $x-y+3=0$, $4x+y-23=0$, $3x+7y-11=0$으로
둘러싸인 삼각형의 넓이를 구하시오.

해설 내신연계문제

0273 최다빈출 왕 중요 TOUGH

세 점 A$(2, 3)$, B$(-2, -1)$, C$(a, -3)$을 꼭짓점으로 하는 삼각형
ABC의 넓이가 18이 되도록 하는 모든 실수 a의 값의 합은?

① -10 　　② -9 　　③ -8
④ -7 　　⑤ -6

해설 내신연계문제

(1) 좌표평면에서 두 직선으로부터 같은
거리에 있는 점의 자취
➡ 두 직선이 이루는 각의
이등분선이다.

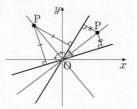

(2) 두 직선이 이루는 각의 이등분선의
방정식은 다음 순서로 구한다.
FIRST 두 직선이 이루는 각의 이등분선 위의 임의의 점을
$P(x, y)$로 놓는다.
NEXT 점 P에서 두 직선에 이르는 거리가 같음을 이용하여
x, y 사이의 관계식을 만든다.
LAST 위의 x와 y사이의 관계식을 정리하여 두 직선이 이루는
각의 이등분선의 방정식을 구한다.

 ① 두 직선이 한 점에서 만나면 두 쌍의 맞꼭지각이 생기므로 두 직선
으로부터 같은 거리에 있는 점의 자취도 두 개의 직선으로 나타낸다.
② 이등분선 위의 임의의 점 $P(x, y)$에서 두 직선에 이르는 거리가
같음을 이용하여 이등분선의 방정식을 구한다.

0274 학교기출 대표 유형

두 직선 $2x+y+1=0$, $x-2y+2=0$이 이루는 각을 이등분하는
직선의 방정식이 $ax+by-1=0$ 또는 $cx+dy+3=0$일 때,
$a+b+c+d$의 값을 구하시오. (단, a, b, c, d는 상수이다.)

0275
NORMAL

두 직선 $2x+3y+2=0$, $3x-2y+2=0$이 이루는 각을 이등분하는
직선의 방정식인 것만을 보기에서 있는 대로 고른 것은?

| ㄱ. $x-5y+1=0$ ㄴ. $x-5y=0$ |
| ㄷ. $5x+y+4=0$ ㄹ. $5x+y-2=0$ |

① ㄱ, ㄴ ② ㄱ, ㄷ ③ ㄴ, ㄷ
④ ㄴ, ㄹ ⑤ ㄷ, ㄹ

0276
NORMAL

두 직선 $x+2y-3=0$, $2x+y+5=0$이 이루는 각을 이등분하는
직선이 점 $(a, -1)$을 지날 때, 모든 상수 a의 값의 곱은?

① -4 ② -3 ③ 2
④ 3 ⑤ 4

0277 최다빈출 왕 중요
NORMAL

두 직선 $3x-4y+a=0$, $4x+3y+7=0$이 이루는 각을 이등분하는
직선이 점 $(2, 1)$을 지날 때, 모든 상수 a의 값의 합은?

① -8 ② -4 ③ -2
④ 4 ⑤ 8

해설 내신연계문제

0278
NORMAL

직선 $3x+y-5=0$이 두 직선 $ax-y=0$, $x+ay-5=0$이 이루는
각을 이등분할 때, 상수 a의 값을 구하시오.

0279
TOUGH

직선 $x-y+2+k(3x+y-6)=0$에 대한 설명 중 옳은 것만을
[보기]에서 고르면? (단, k는 상수이다.)

| ㄱ. 두 직선 $x-y+2=0$, $3x+y-6=0$의 교점을 지난다. |
| ㄴ. 직선의 기울기가 -1이 되는 k가 존재한다. |
| ㄷ. $k=-3$일 때, 두 직선 $3x-y=0$, $x+3y-10=0$이 이루는 각을 이등분한다. |

① ㄱ ② ㄴ ③ ㄱ, ㄷ
④ ㄴ, ㄷ ⑤ ㄱ, ㄴ, ㄷ

0280 최다빈출 왕 중요
TOUGH

세 점 $A(-1, 1)$, $B(3, -1)$, $C(5, 3)$을 꼭짓점으로 하는 삼각형
ABC가 있다. 이때 점 B와 삼각형 ABC의 내심을 지나는 직선의
방정식은?

① $x+2y-1=0$ ② $3x+y-8=0$ ③ $x-3y-6=0$
④ $2x-y-7=0$ ⑤ $3x+y-10=0$

해설 내신연계문제

유형 29 자취의 방정식
― 점이 나타내는 도형의 방정식

주어진 조건을 만족시키는 점이 나타내는 도형의 방정식은 다음과 같은 순서로 구한다.

FIRST 구하려고 하는 임의의 점의 좌표를 (x, y)라 한다.

NEXT 주어진 조건(내분점, 중점)을 이용하여 x와 y 사이의 관계식을 세운다.

LAST 위의 x와 y 사이의 관계식을 정리하여 점이 나타내는 도형의 방정식을 구한다.

 점 P가 직선 $y=ax+b$ 위를 움직인다.
➡ $P(t, at+b)$로 놓고 식을 세워 조건을 만족하는 도형을 구한다.

0281 학교기출 대표유형

두 직선 $3x+y+2=0$, $x+3y-2=0$으로 부터 같은 거리에 있는 점 P의 자취의 방정식인 것을 다음 [보기]에서 고른 것은?

> ㄱ. $x-y+2=0$
> ㄴ. $2x+y+3=0$
> ㄷ. $x+2y-1=0$
> ㄹ. $x+y=0$

① ㄱ, ㄷ   ② ㄴ, ㄷ   ③ ㄱ, ㄹ
④ ㄴ, ㄹ   ⑤ ㄷ, ㄹ

0282 최다빈출 왕중요 NORMAL

두 직선 $2x+y-3=0$, $x+2y-5=0$에 대하여 두 직선 위에 있지 않은 점 P에서 두 직선에 내린 수선의 발을 각각 R, S라 하자.
$\overline{PR}:\overline{PS}=2:1$을 만족시키는 점 P의 자취의 방정식이

$$ax+by-7=0 \text{ 또는 } cx+dy-13=0 \left(\text{단, } x\neq\frac{1}{3}, y\neq\frac{7}{3}\right)$$

일 때, $a+b+c+d$의 값은? (단, a, b, c, d는 상수이다.)

① 7   ② 8   ③ 10
④ 12   ⑤ 13

해설 내신연계문제

0283 TOUGH

두 점 A$(-1, 2)$, B$(2, 6)$과 직선 AB 위에 있지 않은 점 P에 대하여 삼각형 ABP의 넓이가 15일 때, 점 P의 자취의 방정식인 것을 다음 [보기]에서 고른 것은?

> ㄱ. $4x-3y-20=0$
> ㄴ. $3x+4y-30=0$
> ㄷ. $3x+4y-40=0$
> ㄹ. $4x-3y+40=0$

① ㄱ, ㄷ   ② ㄴ, ㄷ   ③ ㄱ, ㄹ
④ ㄴ, ㄹ   ⑤ ㄷ, ㄹ

유형 30 직선의 방정식의 빈칸 추론

직선의 여러 가지 성질을 이용하여 구하는 과정에서 주어진 풀이의 순서를 따라가며 빈칸의 앞뒤의 연관성을 파악하여 빈칸에 알맞은 것을 추론한다.

0284 학교기출 대표유형

다음은 점 P(x_1, y_1)과 직선 $l : ax+by+c=0$ 사이의 거리를 구하는 과정이다. (단, a, b, c는 실수이다.)

(ⅰ) $a\neq0$, $b\neq0$일 때,
직선 l의 기울기는 ① 이고,
점 P에서 직선 l에 내린 수선의 발을 H(x_2, y_2)라 하면
직선 PH와 직선 l이 수직이므로
① × ② $=-1$이다.
이 식을 정리하여
$$\frac{x_2-x_1}{a}=\frac{y_2-y_1}{b}=k \ (k\text{는 상수}) \quad \cdots\cdots \ \bigcirc$$
라 하면
$$\overline{PH}=\sqrt{(x_2-x_1)^2+(y_2-y_1)^2}$$
$$=|k|\times ③ \quad \cdots\cdots \ \bigcirc\!\!\bigcirc$$
한편, 점 H가 직선 l 위의 점이므로 $ax_2+by_2+c=0$이다.
$\bigcirc$에 의하여 $a(x_1+ak)+b(y_1+bk)+c=0$이므로
$$k= ④$$
이를 $\bigcirc\!\!\bigcirc$에 대입하여 정리하면
$$\overline{PH}= ⑤ \quad \cdots\cdots \ \bigcirc\!\!\bigcirc\!\!\bigcirc$$

(ⅱ) $a=0$, $b\neq0$ 또는 $a\neq0$, $b=0$일 때,
직선 $ax+by+c=0$은 x축 또는 y축에 평행하고
이때에도 $\bigcirc\!\!\bigcirc\!\!\bigcirc$이 성립한다.

위에서 ①~⑤에 들어갈 알맞은 식이 아닌 것은?

① $-\dfrac{a}{b}$ ② $\dfrac{y_2-y_1}{x_2-x_1}$ ③ a^2+b^2

④ $-\dfrac{ax_1+by_1+c}{a^2+b^2}$ ⑤ $\dfrac{|ax_1+by_1+c|}{\sqrt{a^2+b^2}}$

0285

다음 그림과 같이 삼각형 ABC의 세 꼭짓점 A(0, 9), B(−2, 0), C(6, 0)에서 각각의 대변에 내린 세 수선은 한 점에서 만남을 보이는 과정이다.

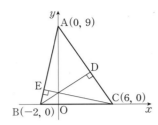

두 점 B, C에서 각각의 대변 AC, AB에 내린 수선의 발을 각각 D, E라고 하자.

직선 AC의 기울기는 [(가)] 이고

$\overline{AC} \perp \overline{BD}$ 이므로 직선 BD의 기울기는 $\dfrac{2}{3}$ 이다.

직선 BD의 방정식은 $y = \dfrac{2}{3}x +$ [(나)] ······ ㉠

또한 직선 AB의 기울기는 [(다)] 이고

$\overline{AB} \perp \overline{CE}$ 이므로 직선 CE의 기울기는 $-\dfrac{2}{9}$ 이다.

직선 CE의 방정식은 $y = -\dfrac{2}{9}x +$ [(나)] ······ ㉡

두 직선 ㉠, ㉡의 y절편이 [(나)] 로 같으므로 두 직선의 교점은 y축 위에 있다.

이때 y축은 선분 BC의의 수선이므로 삼각형 ABC의 세 꼭짓점에서 각각의 대변에 내린 수선은 한 점 (0, [(나)])이다.

위의 (가), (나), (다)에 알맞을 수를 각각 p, q, r이라 할 때, $(p+r) \times q$의 값은?

① −4　　　　　② −1　　　　　③ $-\dfrac{3}{4}$

④ $\dfrac{3}{4}$　　　　　⑤ 4

0286 2020년 03월 고2 학력평가 18번

좌표평면의 제 1사분면에 있는 두 점 A, B와 원점 O에 대하여 삼각형 OAB의 무게중심 G의 좌표는 (8, 4)이고, 점 B와 직선 OA 사이의 거리는 $6\sqrt{2}$이다. 다음은 직선 OB의 기울기가 직선 OA의 기울기보다 클 때, 직선 OA의 기울기를 구하는 과정이다.

선분 OA의 중점을 M이라 하자.

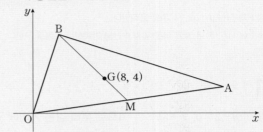

점 G가 삼각형 OAB의 무게중심이므로

$$\overline{BG} : \overline{GM} = 2 : 1$$

이고, 점 B와 직선 OA 사이의 거리가 $6\sqrt{2}$이므로

점 G와 직선 OA 사이의 거리는 [(가)] 이다.

직선 OA의 기울기를 m이라 하면

점 G와 직선 OA 사이의 거리는

$$\dfrac{\text{[(나)]}}{\sqrt{m^2 + (-1)^2}}$$

이고 [(가)] 와 같다. 즉

$$\text{[(나)]} = \text{[(가)]} \times \sqrt{m^2 + 1}$$

이다. 양변을 제곱하여 m의 값을 구하면

$$m = \boxed{} \quad \text{또는} \quad m = \boxed{}$$

이다.

이때 직선 OG의 기울기가 $\dfrac{1}{2}$이므로 직선 OA의 기울기는 [(다)] 이다.

위의 (가), (다)에 알맞은 수를 각각 p, q라 하고, (나)에 알맞은 식을 $f(m)$이라 할 때, $\dfrac{f(q)}{p^2}$의 값은?

① $\dfrac{2}{7}$　　　　　② $\dfrac{5}{14}$　　　　　③ $\dfrac{3}{7}$

④ $\dfrac{1}{2}$　　　　　⑤ $\dfrac{4}{7}$

해설 내신연계문제

서술형 기출유형

학교내신기출 서술형 핵심문제총정리

0287

점 A(7, −1)에서 직선 $y=3x-2$에 내린 수선의 발을 H(a, b)라 할 때, $a+b$의 값을 구하는 과정을 단계로 서술하시오.

1단계 직선 AH의 기울기를 구한다. [3점]
2단계 직선 AH의 방정식을 구한다. [3점]
3단계 $a+b$의 값을 구한다. [4점]

0288

세 점 A(2, 2), B(−1, 3), C(3, −1)을 꼭짓점으로 하는 삼각형 ABC의 넓이를 구하는 과정을 다음 단계로 서술하시오.

1단계 선분 BC의 길이를 구한다. [2점]
2단계 직선 BC의 방정식을 구한다. [3점]
3단계 점 A와 직선 BC 사이의 거리를 구한다. [3점]
4단계 삼각형 ABC의 넓이를 구한다. [2점]

0289

직선 $x-ay+1=0$은 직선 $x+(b-2)y-1=0$에 평행하고 직선 $(a+1)x-(b-1)y+1=0$에 수직일 때, 상수 a, b에 대하여 a^3+b^3의 값을 구하는 과정을 다음 단계로 서술하시오.

1단계 두 직선이 평행할 조건을 만족하는 a, b 사이의 관계식을 구한다. [4점]
2단계 두 직선이 수직일 조건을 만족하는 a, b 사이의 관계식을 구한다. [4점]
3단계 a^3+b^3의 값을 구한다. [2점]

0290

세 점 A(−1, 2), B(5, 2), C(1, 8)을 꼭짓점으로 하는 삼각형 ABC의 넓이를 직선 $l : mx-y+m+2=0$이 이등분할 때, 실수 m의 값을 구하는 과정을 다음 단계로 서술하시오.

1단계 직선 l이 항상 지나는 점의 좌표를 구한다. [3점]
2단계 직선 l이 삼각형 ABC와 만나는 점의 좌표를 구한다. [3점]
3단계 실수 m의 값을 구한다. [4점]

0291

세 직선 $x+2y-3=0$, $x-y+1=0$, $mx-y+3=0$이 삼각형을 이루지 않을 때, 모든 상수 m의 값의 합을 구하는 과정을 다음 단계로 서술하시오.

1단계 서로 다른 세 직선이 삼각형을 이루지 않을 조건을 구한다. [2점]
2단계 세 직선 중 두 직선이 서로 평행할 때, m의 값을 구한다. [3점]
3단계 세 직선이 한 점에서 만날 때, m의 값을 구한다. [3점]
4단계 모든 상수 m의 값의 합을 구한다. [2점]

0292

오른쪽 그림과 같이 마름모 ABCD에 대하여 A(−2, 6), C(n, 0)이고, 대각선 AC의 길이가 10일 때, 두 점 B, D를 지나는 직선 l의 방정식을 구하여 원점 O와 직선 l 사이의 거리를 구하는 과정을 다음 단계로 서술하시오. (단, $n>0$)

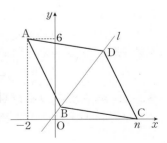

1단계 대각선 AC의 길이가 10임을 이용하여 점 C의 좌표를 구한다. [3점]
2단계 마름모의 성질을 이용하여 직선 l의 방정식을 구한다. [5점]
3단계 원점 O와 직선 l 사이의 거리를 구한다. [2점]

0293 최대빈출 🥇중요

서로 다른 세 직선 $x-y+2=0$, $3x+y-10=0$, $ax-y-6=0$이 좌표평면을 여섯 개 부분으로 나눌 때, 모든 상수 a의 값의 합을 구하는 과정을 다음 단계로 서술하시오.

1단계 서로 다른 세 직선에 의하여 6개의 영역으로 좌표평면이 나누어지기 위한 조건을 구한다. [2점]

2단계 세 직선 중 두 직선이 평행할 때, a의 값을 구한다. [3점]

3단계 세 직선이 한 점에서 만날 때, a의 값을 구한다. [3점]

4단계 모든 상수 a의 값의 합을 구한다. [2점]

해설 내신연계문제

0294

원점과 직선 $x+y-6+k(x-y)=0$ 사이의 거리는 $k=a$일 때, 최댓값 b를 가진다. 두 상수 a, b에 대하여 $a+b$의 값을 구하는 과정을 다음 단계로 서술하시오. (단, k는 실수이다.)

1단계 직선 $x+y-6+k(x-y)=0$을 정리하여 원점과 직선 사이의 거리를 구한다. [4점]

2단계 $k=a$일 때, 최댓값 b를 구한다. [4점]

3단계 $a+b$의 값을 구한다. [2점]

0295

오른쪽 그림과 같이 높이가 6인 벽에 길이가 10인 유리판을 덮어 온실을 만들었다. 유리의 중심을 수직으로 통과한 햇빛이 지면과 만나는 지점과 벽 사이의 거리를 a라고 할 때, $4a$의 값을 구하는 과정을 다음 단계로 서술하시오. (단, 유리를 통과하는 햇빛은 직선으로 생각한다.)

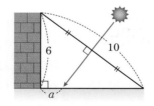

1단계 벽과 지면이 만나는 점을 원점으로 하는 좌표평면을 정하고 벽, 지면과 유리판이 만나는 점의 좌표를 구한다. [4점]

2단계 햇빛이 통과하는 직선의 방정식 구한다. [4점]

3단계 $4a$의 값을 구한다. [2점]

0296 최대빈출 🥇중요

세 점 A$(-1, 3)$, B$(3, 1)$, C$(a, -1)$이 한 직선 위에 있을 때, 선분 AC의 수직이등분선의 방정식 l이라고 하자. 이때 원점과 직선 l 사이의 거리를 구하는 과정을 다음 단계로 서술하시오.

1단계 세 점이 한 직선 위에 있기 위한 상수 a의 값을 구한다. [4점]

2단계 선분 AC의 수직이등분선의 방정식 l을 구한다. [4점]

3단계 원점 O와 직선 l 사이의 거리를 구한다. [2점]

해설 내신연계문제

0297

직선 $(2a+2)x+(a-1)y-4=0$은 실수 a의 값에 관계없이 정점 A를 지난다. 점 A와 직선 $x+y+k=0$ 사이의 거리가 $\sqrt{2}$일 때, 모든 상수 k의 값의 합을 구하는 과정을 다음 단계로 서술하시오.

1단계 직선 $(2a+2)x+(a-1)y-4=0$이 실수 a의 값에 관계 없이 항상 지나는 점 A의 좌표를 구한다. [4점]

2단계 점 A와 직선 $x+y+k=0$ 사이의 거리가 $\sqrt{2}$임을 이용하여 k의 값을 구한다. [4점]

3단계 모든 k의 값의 합을 구한다. [2점]

0298 최대빈출 🥇중요

평행한 두 직선 $(m+3)x+4y-8=0$, $mx+(2m-1)y+5=0$ 사이의 거리를 a라 할 때, $2a$의 값을 구하는 과정을 다음 단계로 서술하시오. (단, m은 정수이고 두 직선은 x축, y축에 평행하지 않는다.)

1단계 두 직선이 평행할 조건을 이용하여 정수 m의 값을 구한다. [4점]

2단계 두 직선 사이의 거리를 구한다. [5점]

3단계 $2a$의 값을 구한다. [1점]

해설 내신연계문제

행복한 일등급문제

학교내신기출 고난도 핵심문제총정리

0299

그림과 같이 직선 $2x-y+3=0$ 위의 한 점 A, 직선 $2x-y-2=0$ 위의 한 점 B, 이 두 직선 위에 있지 않은 한 점 C에 대하여 삼각형 ABC가 정삼각형일 때, 삼각형 ABC의 넓이의 최솟값을 S라 하자. 이때 $4S$의 값을 구하시오.

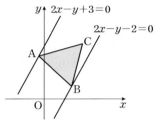

0300

좌표평면 위의 네 직선 $x=1$, $x=5$, $y=-1$, $y=6$으로 둘러싸인 도형의 넓이를 일차함수 $y=ax$의 그래프가 이등분할 때, 상수 a에 대하여 $6a$의 값을 구하시오.

0301

그림과 같이 좌표평면 위의 두 정사각형 OABC, CDEF에 대하여 A$(-2, 3)$, D$(9, 1)$일 때, $\overline{OE}^2$의 값을 구하시오.
(단, O는 원점이고 정사각형 CDEF는 제1사분면 위에 있다.)

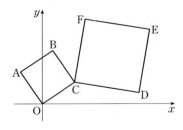

0302

그림과 같이 세 점 O$(0, 0)$, A$(4, 0)$, B$(3, 4)$를 꼭짓점으로 하는 삼각형 OAB의 넓이를 직선 $y=x+k$가 이등분할 때, 상수 k의 값을 구하시오.

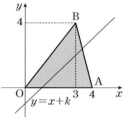

해설 내신연계문제

0303

세 직선 $y=0$, $3x-4y+6=0$, $4x+3y-12=0$으로 둘러싸인 삼각형의 내심의 좌표가 (a, b)일 때, $a+b$의 값을 구하시오.

0304

그림과 같이 한 변의 길이가 2인 정사각형 모양의 종이를 꼭짓점 A가 선분 MN 위에 놓이도록 접었을 때, 점 A가 선분 MN과 만나는 점을 A′이라 하자. 이때 점 A와 직선 A′B 사이의 거리를 구하시오.
(단, M은 선분 AB의 중점, N은 선분 CD의 중점이다.)

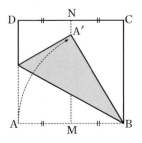

해설 내신연계문제

0305
2023년 11월 고1 학력평가 26번

좌표평면에서 점 (a, a)를 지나고 곡선 $y=x^2-4x+10$에 접하는 두 직선이 서로 수직일 때, 이 두 직선의 기울기의 합을 구하시오.

해설 내신연계문제

0306
2017년 03월 고2 학력평가 가형 19번

그림과 같이 좌표평면에서 두 점 $A(0, 6)$, $B(18, 0)$과 제1사분면 위의 점 $C(a, b)$가 $\overline{AC}=\overline{BC}$를 만족시킨다. 두 선분 AC, BC를 $1 : 3$으로 내분하는 점을 각각 P, Q라 할 때, 삼각형 CPQ의 무게중심을 G라 하자. 선분 CG의 길이가 $\sqrt{10}$일 때, $a+b$의 값은?

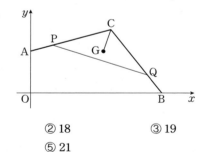

① 17　　　② 18　　　③ 19
④ 20　　　⑤ 21

해설 내신연계문제

0307
2024년 09월 고1 학력평가 28번

최고차항의 계수가 양수인 이차함수 $y=f(x)$의 그래프가 x축과 두 점 $A(2, 0)$, $B(a, 0)(a>2)$에서 만나고 y축과 점 C에서 만난다. 이차함수 $y=f(x)$의 그래프의 꼭짓점을 P, 두 점 A, P에서 직선 BC에 내린 수선의 발을 각각 Q, R이라 하자. 사각형 APRQ가 정사각형일 때, $f(12)$의 값을 구하시오.

해설 내신연계문제

0308
2021년 09월 고1 학력평가 18번

그림과 같이 좌표평면 위에 두 점 $A(0, 1)$, $B(1, 0)$이 있다. 양수 n과 원점 O에 대하여 선분 OA를 $1 : n$으로 내분하는 점을 P, 선분 OB를 $1 : n$으로 내분하는 점을 Q, 선분 AQ와 선분 BP가 만나는 점을 R라 하자. 다음은 사각형 POQR의 넓이가 $\frac{1}{42}$일 때, n의 값을 구하는 과정이다.

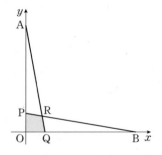

점 P의 좌표는 $\left(0, \frac{1}{n+1}\right)$, 점 Q의 좌표는 $\left(\frac{1}{n+1}, 0\right)$이다.
직선 AQ의 방정식은 $y=-(n+1)x+1$,
직선 BP의 방정식은 $y=\boxed{(가)}\times x+\frac{1}{n+1}$이다.
두 직선 AQ, BP가 만나는 점 R의 x좌표는 $\boxed{(나)}$이고
삼각형 POR의 넓이는 $\frac{1}{2}\times\frac{1}{n+1}\times\boxed{(나)}$이다.
두 삼각형 POR와 삼각형 QOR에서 선분 OR이 공통이고
$\overline{OP}=\overline{OQ}$, $\angle POR=\angle QOR$이므로 삼각형 POR와 삼각형 QOR은 합동이다.
따라서 사각형 POQR의 넓이는 삼각형 POR의 넓이의 2배이므로 $n=\boxed{(다)}$이다.

위의 (가), (나)에 알맞은 식을 각각 $f(n)$, $g(n)$이라 하고, (다)에 알맞은 수를 k라 할 때, $\frac{g(k)}{f(k)}$의 값은?

① $-\frac{5}{7}$　　　② $-\frac{6}{7}$　　　③ -1
④ $-\frac{8}{7}$　　　⑤ $-\frac{9}{7}$

해설 내신연계문제

03 원의 방정식

학교내신기출 객관식 핵심문제총정리

YOURMASTERPLAN;MAPL
SYNERGY
S E R I E S

유형 01 중심의 좌표가 주어진 원의 방정식

(1) **중심의 좌표가 (a, b)이고 반지름이 r인 원의 방정식**
   ➡ $(x-a)^2+(y-b)^2=r^2$
(2) **중심이 원점이고 반지름이 r인 원의 방정식**
   ➡ $x^2+y^2=r^2$

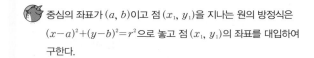

중심의 좌표가 (a, b)이고 점 (x_1, y_1)을 지나는 원의 방정식은
$(x-a)^2+(y-b)^2=r^2$으로 놓고 점 (x_1, y_1)의 좌표를 대입하여
구한다.

0309 학교기출 대표유형

원 $(x-4)^2+(y+5)^2=8$과 중심이 같고 원 $(x-2)^2+(y-3)^2=4$와 반지름의 길이가 같은 원이 점 $(2, a)$를 지날 때, 상수 a의 값을 구하시오.

0310 BASIC

원 $(x+5)^2+(y-4)^2=16$과 중심이 같고 점 $(-1, 1)$을 지나는 원의 둘레의 길이는?

① $3\sqrt{2}\pi$ ② $5\sqrt{2}\pi$ ③ $4\sqrt{2}\pi$
④ 8π ⑤ 10π

0311 최다빈출 왕중요 BASIC

원 $(x-2)^2+(y+1)^2=16$과 중심이 같고 점 $(4, -4)$를 지나는 원이 점 $(a, 1)$을 지날 때, 모든 실수 a의 값의 합을 구하시오.

해설 내신연계문제

0312 최다빈출 왕중요 NORMAL

두 점 A$(1, -4)$, B$(4, 5)$에 대하여 선분 AB를 $2 : 1$로 내분하는 점을 중심으로 하고 점 $(3, 6)$을 지나는 원의 둘레의 길이는?

① 2π ② 4π ③ 6π
④ 8π ⑤ 10π

해설 내신연계문제

0313 NORMAL

세 점 A$(-2, 0)$, B$(1, 4)$, C$(4, 5)$를 꼭짓점으로 하는 삼각형 ABC의 무게중심을 G라 할 때, 점 G를 중심으로 하고 선분 AG를 반지름으로 하는 원의 둘레의 길이는?

① $2\sqrt{2}\pi$ ② $3\sqrt{2}\pi$ ③ $2\sqrt{3}\pi$
④ $4\sqrt{2}\pi$ ⑤ $6\sqrt{2}\pi$

0314 NORMAL

두 점 A$(5, -3)$, B$(1, 9)$를 이은 선분 AB의 수직이등분선과 x축과의 교점을 중심으로 하고 점 $(5, 3)$을 지나는 원의 넓이를 $k\pi$라 할 때, 상수 k의 값을 구하시오.

두 점 $A(x_1, y_1)$, $B(x_2, y_2)$를 지름의 양 끝점으로 하는 원

(1) (원의 중심의 좌표)=($\overline{AB}$의 중점의 좌표)

(2) (원의 반지름의 길이)=$\frac{1}{2}\overline{AB}$

 두 점 $A(x_1, y_1)$, $B(x_2, y_2)$를 지름의 양 끝점으로 하는 원 위의 임의의
한 점을 $P(x, y)$라 하면 $\angle APB = 90°$이므로
(직선 AP의 기울기)×(기울기 BP의 기울기)$=-1$
즉 $\dfrac{y-y_1}{x-x_1} \times \dfrac{y-y_2}{x-x_2} = -1$
따라서 원의 방정식은 $(x-x_1)(x-x_2)+(y-y_1)(y-y_2)=0$

0315 학교기출 대표 유형

두 점 $A(-2, -4)$, $B(6, 2)$를 지름의 양 끝점으로 하는 원의 방정식
이 $(x-a)^2+(y-b)^2=r^2$일 때, 세 실수 a, b, r에 대하여 $a+b+r$
의 값을 구하시오. (단, $r>0$)

0316 BASIC

두 점 $A(a, b)$, $B(4, 2)$를 지름의 양 끝점으로 하는 원의 방정식이
$(x-1)^2+(y-3)^2=10$일 때, ab의 값은?

① -2 ② -4 ③ -6

④ -8 ⑤ -10

0317 최다빈출 왕 중요 BASIC

두 점 $A(1, 8)$, $B(5, 10)$을 지름의 양 끝점으로 하는 원이
점 $(k+3, 8)$을 지날 때, 양수 k의 값은?

① 2   ② 3   ③ 4

④ 5   ⑤ 6

해설 내신연계문제

0318 최다빈출 왕 중요 NORMAL

두 점 $(-2, 4)$, $(6, -2)$를 지름의 양 끝점으로 하는 원이 x축과
만나는 두 점 사이의 거리는?

① $2\sqrt{3}$ ② $3\sqrt{3}$ ③ $2\sqrt{6}$

④ $4\sqrt{6}$ ⑤ $5\sqrt{6}$

해설 내신연계문제

0319 NORMAL

직선 $4x+5y-40=0$이 x축, y축과 만나는 점을 각각 A, B라 할 때,
두 점 A, B를 지름의 양 끝점으로 하는 원에 대하여 옳은 것만을
[보기]에서 있는 대로 고른 것은?

> ㄱ. 중심의 좌표는 $(5, 4)$이다.
>
> ㄴ. 원의 둘레의 길이는 $2\sqrt{41}\pi$이다.
>
> ㄷ. 원의 방정식은 $x^2+y^2-10x-8y=0$이다.

① ㄱ   ② ㄴ   ③ ㄱ, ㄴ

④ ㄴ, ㄷ   ⑤ ㄱ, ㄴ, ㄷ

0320 NORMAL

좌표평면 위의 두 점 $A(3, -1)$, $B(-7, 4)$에 대하여 선분 AB를
3 : 2로 내분하는 점을 C라 하자. 선분 BC를 지름으로 하는 원의
방정식이 $(x-a)^2+(y-b)^2=r^2$일 때, 상수 a, b, r에 대하여
$a+b+r^2$의 값을 구하시오.

0321 최다빈출 왕 중요 TOUGH

세 점 $A(-1, 4)$, $B(-4, 0)$, $C(5, -4)$를 꼭짓점으로 하는 삼각형
ABC에서 $\angle A$의 이등분선이 변 BC와 만나는 점을 D라 할 때,
두 점 A와 D를 지름의 양 끝점으로 하는 원의 넓이는?

① $\dfrac{16}{9}\pi$ ② $\dfrac{25}{9}\pi$ ③ 4π

④ $\dfrac{49}{9}\pi$ ⑤ $\dfrac{64}{9}\pi$

해설 내신연계문제

유형 03 중심이 직선 위에 있는 원의 방정식

(1) **중심이 x축 위에 있고 반지름이 r인 원의 방정식**
   - ➡ 중심의 좌표는 $(a, 0)$
   - ➡ $(x-a)^2+y^2=r^2$

(2) **중심이 y축 위에 있고 반지름이 r인 원의 방정식**
   - ➡ 중심의 좌표는 $(0, b)$
   - ➡ $x^2+(y-b)^2=r^2$

(3) **중심이 직선 $y=x$ 위에 있고 반지름이 r인 원의 방정식**
   - ➡ 중심의 좌표는 (a, a)
   - ➡ $(x-a)^2+(y-a)^2=r^2$

 중심이 곡선 $y=f(x)$의 그래프 위에 있는 원의 방정식은
   - ➡ $(x-a)^2+\{y-f(a)\}^2=r^2$

0322 학교기출 대표 유형

중심이 y축 위에 있고 두 점 $(2, -1)$, $(3, 4)$를 지나는 원에 대하여 옳은 것만을 [보기]에서 있는 대로 고른 것은?

> ㄱ. 중심의 좌표는 $(0, 2)$이다.
> ㄴ. 점 $(2, 5)$를 지난다.
> ㄷ. 원의 둘레의 길이는 $2\sqrt{13}\pi$이다.

① ㄱ   ② ㄴ   ③ ㄱ, ㄴ
④ ㄱ, ㄷ   ⑤ ㄱ, ㄴ, ㄷ

해설 내신연계문제

0323 NORMAL

두 점 $A(-1, 1)$, $B(3, 3)$을 지나는 원의 중심 C가 x축 위에 있을 때, 삼각형 ABC의 넓이를 구하시오.

0324 NORMAL

중심이 직선 $y=-2x+1$ 위에 있고 두 점 $(1, -6)$, $(5, -2)$를 지나는 원의 넓이는?

① 2π ② 4π ③ 6π
④ 8π ⑤ 10π

0325 최다빈출 왕 중요 NORMAL

중심이 직선 $y=x+1$ 위에 있고 두 점 $(1, 6)$, $(-3, 2)$를 지나는 원에 대하여 다음 [보기] 중 옳은 것만을 있는 대로 고른 것은?

> ㄱ. 중심이 직선 $y=2x$ 위에 있다.
> ㄴ. 원의 넓이는 16π이다.
> ㄷ. 원의 방정식은 $x^2+y^2-2x-4y-11=0$이다.

① ㄱ   ② ㄴ   ③ ㄱ, ㄴ
④ ㄱ, ㄷ   ⑤ ㄱ, ㄴ, ㄷ

해설 내신연계문제

0326 최다빈출 왕 중요 TOUGH

중심이 두 점 $A(1, 5)$, $B(4, 2)$에 대하여 선분 AB를 $2:1$로 내분하는 점을 지나고 직선 AB에 수직인 직선의 방정식 위에 있다. 두 점 $(-1, 0)$, $(2, 3)$을 지나는 원의 넓이를 $k\pi$라 할 때 k의 값을 구하시오.

해설 내신연계문제

모의고사 핵심유형 기출문제

0327 2017년 09월 고1 학력평가 11번 NORMAL

좌표평면 위의 두 점 $A(1, 1)$, $B(3, a)$에 대하여 선분 AB의 수직이등분선이 원 $(x+2)^2+(y-5)^2=4$의 넓이를 이등분할 때, 상수 a의 값은?

① 5   ② 6   ③ 7
④ 8   ⑤ 9

해설 내신연계문제

0328 2023년 11월 고1 학력평가 14번 TOUGH

원 $C: x^2+y^2-2x-ay-b=0$에 대하여 좌표평면에서 원 C의 중심이 직선 $y=2x-1$ 위에 있다. 원 C와 직선 $y=2x-1$이 만나는 서로 다른 두 점을 A, B라 하자. 원 C 위의 점 P에 대하여 삼각형 ABP의 넓이의 최댓값이 4일 때, $a+b$의 값은? (단, a, b는 상수이고, 점 P는 점 A도 아니고 점 B도 아니다.)

① 1   ② 2   ③ 3
④ 4   ⑤ 5

해설 내신연계문제

(1) **원의 방정식의 일반형**

$x^2+y^2+Ax+By+C=0$ (단, $A^2+B^2-4C>0$)

를 완전제곱꼴로 변형하여 표준형으로 만든다.

$$\left(x+\frac{A}{2}\right)^2+\left(y+\frac{B}{2}\right)^2=\frac{A^2+B^2-4C}{4}$$

① 중심의 좌표 $\left(-\dfrac{A}{2},\ -\dfrac{B}{2}\right)$

② 반지름의 길이 $\dfrac{\sqrt{A^2+B^2-4C}}{2}$

(2) **세 점을 지나는 원의 방정식**

　　◉ 세 점의 좌표를 원의 방정식의 일반형

　　$x^2+y^2+ax+by+c=0$에 대입한 후 연립하여 a, b, c의 값을

　　구한다.

> 방정식 $x^2+y^2+Ax+By+C=0$을
>
> $\left(x+\dfrac{A}{2}\right)^2+\left(y+\dfrac{B}{2}\right)^2=\dfrac{A^2+B^2-4C}{4}$ 꼴로 나타내면
>
> $\dfrac{A^2+B^2-4C}{4}$ 가 0보다 커야 원의 반지름이 존재하므로
>
> 원의 방정식이 되기 위해서는 $A^2+B^2-4C>0$이어야 한다.

0329 학교기출 대표 유형

원 $x^2+y^2-4x+6y-7=0$과 중심이 같고 점 $(5,1)$을 지나는 원의
방정식이 $(x-a)^2+(y-b)^2=r^2$일 때, 상수 a, b, r에 대하여
$a+b+r^2$의 값을 구하시오.

0330 최다빈출 왕중요 NORMAL

원 $x^2+y^2-4x-6y+9=0$에 대한 설명 중 옳은 것만을 [보기]에서
있는 대로 고른 것은?

> ㄱ. 원의 중심은 $(2, 3)$이고 반지름은 2이다.
> ㄴ. y축에 접한다.
> ㄷ. 직선 $y=x+1$에 의하여 넓이가 이등분된다.

① ㄱ　　　　② ㄴ　　　　③ ㄷ
④ ㄴ, ㄷ　　⑤ ㄱ, ㄴ, ㄷ

해설 내신연계문제

0331 최다빈출 왕중요 BASIC

방정식 $x^2+y^2-2ax+4ay+3a^2+5a-3=0$이 나타내는 도형의
넓이가 45π인 원일 때, 모든 a의 값의 곱은?

① -21　　　② -22　　　③ -23
④ -24　　　⑤ -25

해설 내신연계문제

0332 NORMAL

방정식 $x^2+y^2-2x+a^2-6a+1=0$이 원을 나타낼 때, 이 원의
넓이가 최대가 되도록 하는 반지름의 길이는? (단, a는 실수이다.)

① 1　　　　② 2　　　　③ 3
④ 4　　　　⑤ 5

0333 NORMAL

원 $x^2+y^2-2x+6y+6=0$이 직선 $4x+3y+k=0$과 서로 다른
두 점 A, B에서 만날 때, 선분 AB의 길이가 최대가 되도록 하는
실수 k의 값을 구하시오.

0334 최다빈출 왕중요 NORMAL

직선 $7x+5y+a=0$이 두 원

$$x^2+y^2+4x-8y-16=0,\ x^2+y^2-2bx+6by+2=0$$

넓이를 이등분할 때, 상수 a, b에 대하여 ab의 값은?

① $\dfrac{3}{2}$　　　　② 2　　　　③ $\dfrac{5}{2}$
④ 3　　　　⑤ $\dfrac{9}{2}$

해설 내신연계문제

0335

TOUGH

직선 $y=x+4$가 원 $x^2+y^2+2ax-4y+2a^2-4=0$의 넓이를 이등분할 때, 이 직선이 원과 만나는 두 점 A, B와 원 위의 다른 한 점 C에 대하여 삼각형 ABC의 넓이의 최댓값을 구하시오. (단, a는 상수이다.)

0336

2020년 11월 고1 학력평가 8번

BASIC

좌표평면에서 직선 $y=2x+3$이 원 $x^2+y^2-4x-2ay-19=0$의 중심을 지날 때, 상수 a의 값은?

① 4   ② 5   ③ 6
④ 7   ⑤ 8

해설 내신연계문제

0337

2023년 09월 고1 학력평가 11번

NORMAL

두 상수 a, b에 대하여 이차함수 $y=x^2-4x+a$의 그래프의 꼭짓점을 A라 할 때, 점 A는 원 $x^2+y^2+bx+4y-17=0$의 중심과 일치한다. $a+b$의 값은?

① -1 ② -2 ③ -3
④ -4 ⑤ -5

해설 내신연계문제

유형 05 원의 방정식 구하기 — 세 점을 지나는 원의 방정식

세 점 A, B, C를 지나는 원의 방정식은 다음과 같은 순서로 구한다.

FIRST 원의 중심의 좌표를 P(a, b)로 놓는다.

NEXT $\overline{PA}=\overline{PB}=\overline{PC}$임을 이용하여 a, b에 대한 연립방정식을 세워 a, b의 값을 구한다.

LAST $\overline{PA}$가 원의 반지름의 길이임을 이용하여 원의 방정식을 구한다.

원의 방정식 $x^2+y^2+ax+by+c=0$에 세 점을 각각 대입하여 a, b, c의 값을 구할 수 있다.

0338

학교기출 대표 유형

세 점 A(-2, 0), B(-1, 3), C(0, -4)를 지나는 원의 중심의 좌표를 (a, b), 반지름의 길이를 r이라 할 때, 상수 a, b, r에 대하여 $a+b+r$의 값을 구하시오.

해설 내신연계문제

0339

최다빈출 상 중요

NORMAL

세 점 (0, 0), (2, 2), (-4, 2)를 지나는 원에 대한 [보기]의 설명 중 옳은 것을 모두 고른 것은?

ㄱ. 원의 넓이는 10π이다.
ㄴ. x축과 만나는 두 점 사이의 거리는 2이다.
ㄷ. 직선 $y=x+4$는 원을 이등분한다.

① ㄱ   ② ㄴ   ③ ㄱ, ㄴ
④ ㄱ, ㄷ   ⑤ ㄱ, ㄴ, ㄷ

해설 내신연계문제

0340

NORMAL

직선 $y=kx+9$가 세 점 (-3, 3), (4, 10), (7, 7)을 지나는 원의 넓이를 이등분할 때, 실수 k의 값은?

① -4 ② -3 ③ -2
④ 3   ⑤ 4

0341 최다빈출 왕 중요

네 점 $A(2, -1)$, $B(0, 3)$, $C(-3, 4)$, $D(k, 2)$가 한 원 위에 있을 때, 모든 k의 값의 합은?

① -6 ② -5 ③ -3

④ -2 ⑤ -1

해설 내신연계문제

모의고사 **핵심유형** 기출문제

0342   2020년 09월 고1 학력평가 25번

좌표평면 위의 세 점 $(0, 0)$, $(6, 0)$, $(-4, 4)$를 지나는 원의 중심의 좌표를 (p, q)라 할 때, $p+q$의 값을 구하시오.

해설 내신연계문제

0343   2021년 09월 고1 학력평가 28번   TOUGH

그림과 같이 원의 중심 $C(a, b)$가 제 1사분면 위에 있고, 반지름의 길이가 r이며 원점 O를 지나는 원이 있다. 원과 x축, y축이 만나는 점 중 O가 아닌 점을 각각 A, B라 하자. 네 점 O, A, B, C가 다음 조건을 만족시킬 때, $a+b+r^2$의 값을 구하시오.

(가) $\overline{OB} - \overline{OA} = 4$
(나) 두 점 O, C를 지나는 직선의 방정식은 $y = 3x$이다.

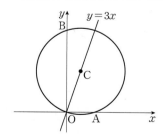

해설 내신연계문제

유형 **06** 원의 방정식이 되기 위한 조건

방정식 $x^2 + y^2 + Ax + By + C = 0$이 원이 되기 위한 조건

① $A^2 + B^2 - 4C > 0$ 원 (실원)
② $A^2 + B^2 - 4C = 0$ 원이 아니라 점원이라 한다.
③ $A^2 + B^2 - 4C < 0$ 원이 아니라 허원이라 한다.

 방정식 $x^2 + y^2 + Ax + By + C = 0$을

$$\left(x + \frac{A}{2}\right)^2 + \left(y + \frac{B}{2}\right)^2 = \frac{A^2 + B^2 - 4C}{4}$$ 꼴로 나타내면

$\dfrac{A^2 + B^2 - 4C}{4}$가 0보다 커야 원의 반지름이 존재하므로

원의 방정식이 되기 위해서는 $A^2 + B^2 - 4C > 0$이어야 한다.

0344   학교기출 대표 유형

방정식 $x^2 + y^2 + 4x - 6y + k = 0$이 원이 되도록 하는 정수 k의 최댓값은?

① 9   ② 10   ③ 11

④ 12   ⑤ 13

0345 최다빈출 왕 중요

방정식 $x^2 - \frac{1}{3}k(k-4)y^2 - 4x + 2ky + k = 0$이 나타내는 도형이 원이 되기 위한 상수 k는 2개일 때, k의 값에 따른 두 원의 중심 사이의 거리는?

① 1   ② $\sqrt{2}$ ③ $\sqrt{3}$

④ 2   ⑤ $\sqrt{5}$

해설 내신연계문제

0346 최다빈출 왕 중요

방정식 $x^2 + y^2 - 2kx - 8k^2 + 18k - 9 = 0$이 반지름의 길이가 3 이하인 원을 나타내도록 하는 정수 k의 값의 합을 구하시오.

해설 내신연계문제

0347

NORMAL

세 점 A$(-5, -1)$, B$(-3, 1)$, C$(-1, 1)$을 꼭짓점으로 하는 삼각형 ABC의 수직이등분선의 교점의 좌표를 (a, b)라 할 때, $a+b$의 값은?

① -6 ② -5 ③ -4
④ -3 ⑤ -2

0348 최다빈출 왕중요

NORMAL

세 직선 $y=2$, $x+2y+2=0$, $2x-y-6=0$으로 만들어지는 삼각형의 외접원의 방정식이 $(x-a)^2+(y-b)^2=r^2$일 때, 상수 a, b, r에 대하여 $a+b+r$의 값을 구하시오.

해설 내신연계문제

0349 최다빈출 왕중요

NORMAL

다음 [보기]의 설명 중 옳은 것을 모두 고른 것은?

ㄱ. 원 $x^2+y^2-2x+4y-3=0$과 중심이 같고,
점 $(-3, 1)$을 지나는 원의 반지름의 길이는 5이다.
ㄴ. 원 $x^2+y^2-4x-2y-2k+8=0$의 반지름의 길이가 3일 때,
상수 k의 값은 6이다.
ㄷ. 방정식 $x^2+y^2+4ax-4y+5a^2-2a-11=0$이 나타내는
도형이 원이 되기 위한 정수 a의 개수는 7개이다.

① ㄱ ② ㄴ ③ ㄱ, ㄴ
④ ㄱ, ㄷ ⑤ ㄱ, ㄴ, ㄷ

해설 내신연계문제

0350

NORMAL

다음 [보기]의 설명 중 옳은 것을 모두 고른 것은?

ㄱ. 원 $x^2+y^2+4x-10y+28=0$의 중심과 점 $(4, -1)$을 지름
의 양 끝점으로 하는 원의 방정식이 $(x-a)^2+(y-b)^2=c$
일 때, $a+b+c=21$이다.
ㄴ. 방정식 $x^2+y^2+2kx-4y+2k^2=0$이 나타내는 도형이
원일 때, 정수 k의 개수는 3개다.
ㄷ. 네 점 $(0, 0)$, $(2, k)$, $(4, -2)$, $(6, 2)$가 한 원 위에 있을 때,
양수 k의 값은 4이다.

① ㄱ ② ㄴ ③ ㄱ, ㄴ
④ ㄱ, ㄷ ⑤ ㄱ, ㄴ, ㄷ

유형 07 자취의 방정식
— 중점, 내분점, 무게중심이 그리는 원

조건을 만족시키는 점이 나타내는 도형의 방정식은 다음과 같은 순서로 구한다.

FIRST 구하는 점의 좌표를 (x, y)로 놓는다.
NEXT 주어진 조건 (중점, 무게중심)을 이용하여 x, y 사이의 관계식을 구한다.
LAST 구하는 도형의 방정식을 작성한다.

0351 학교기출 대표유형

점 A$(-4, 7)$과 원 $x^2+y^2-4x+2y-3=0$ 위의 임의의 점 P를 이은 선분 AP의 중점이 그리는 도형의 길이는?

① 2π ② $2\sqrt{2}\pi$ ③ $2\sqrt{3}\pi$
④ $2\sqrt{5}\pi$ ⑤ $2\sqrt{6}\pi$

0352

TOUGH

세 점 A(a, b), B$(2, 1)$, C$(3, 2)$를 꼭짓점으로 하는 삼각형 ABC가 있다. 점 A가 반지름의 길이가 6이고 중심의 좌표가 $(4, 6)$인 원 위를 움직일 때, 삼각형 ABC의 무게중심 G가 그리는 도형의 넓이는?

① π ② 2π ③ 3π
④ 4π ⑤ 5π

0353 최다빈출 왕중요

TOUGH

두 점 A$(2, -10)$, B$(7, -2)$와 원 $x^2+y^2=36$ 위의 점 P에 대하여 삼각형 ABP의 무게중심을 G라 할 때, 점 G가 나타내는 도형은 원이다. 이때 직선 $kx-y-5=0$이 점 G가 나타내는 원의 넓이를 이등분할 때, 상수 k의 값은?

① 1 ② $\frac{1}{2}$ ③ $\frac{1}{3}$
④ $\frac{1}{4}$ ⑤ $\frac{1}{5}$

해설 내신연계문제

유형 08 자취의 방정식
─아폴로니오스 (Apollonios)의 원

두 점 A, B에 대하여 $\overline{PA}:\overline{PB}=m:n(m\neq n)$인 점 P의 자취인 원의
방정식을 다음 순서로 구한다.

FIRST 구하는 점의 좌표를 (x, y)로 놓는다.

NEXT $n\overline{PA}=m\overline{PB}$이므로 두 점 사이의 거리를 이용하여 x, y 사이의
관계식을 구한다.

LAST 구하는 도형의 방정식을 작성한다.

> 🐴 아폴로니오스의 원의 정의
>
> 두 정점 A, B에 대하여 $\overline{PA}:\overline{PB}=m:n(m>0, n>0)$인
> 점 P의 자취는
>
> ① $m=n$일 때, $\overline{AB}$의 수직이등분선이다.
>
> ② $m\neq n$일 때, $\overline{AB}$를 $m:n$으로 내분한 점과 외분한 점을
> 지름의 양 끝으로 하는 원이다.

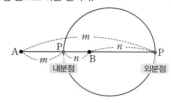

0354 학교기출 대표유형

두 점 A$(-2, 0)$, B$(4, 0)$에 대하여 $\overline{PA}:\overline{PB}=2:1$을 만족하는
점 P가 나타내는 도형의 방정식이 $(x-a)^2+(y-b)^2=c$일 때,
상수 a, b, c에 대하여 $a+b+c$의 값을 구하시오.

0355
TOUGH

평면 위에서 $\overline{AB}=5$인 두 점 A, B에 대하여 점 P가

$$\overline{AP}:\overline{BP}=2:3$$

을 만족하면서 평면 위를 움직일 때, 삼각형 ABP의 넓이의 최댓값
을 구하시오.

0356 최다빈출상중요
TOUGH

원점 O와 점 A$(3, 0)$으로부터의 거리의 비가 $2:1$인 점 P에 대하여
$\angle$POA의 크기가 최대일 때의 선분 OP의 길이는?

① 2 ② $2\sqrt{3}$ ③ 4

④ $3\sqrt{2}$ ⑤ $3\sqrt{3}$

[해설 내신연계문제]

유형 09 x축 또는 y축에 접하는 원의 방정식

(1) x축에 접하는 원의 방정식
중심의 좌표가 (a, b)이고 반지름의 길이가 r인 x축에 접하는 원

➡ |(중심의 y좌표)|=(반지름의 길이),
즉 $r=|b|$

➡ $(x-a)^2+(y-b)^2=b^2$

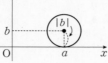

(2) y축에 접하는 원의 방정식
중심이 점 (a, b)이고 반지름의 길이가 r인 y축에 접하는 원

➡ |(중심의 x좌표)|=(반지름의 길이),
즉 $r=|a|$

➡ $(x-a)^2+(y-b)^2=a^2$

> 🐴 '축에 접한다.'는 조건을 이용하면 원의 방정식의 표준형에서 미지수의
> 개수를 줄일 수 있다.

0357 학교기출 대표유형

원 $x^2+y^2-4x-2ay+b=0$이 점 $(-2, 4)$를 지나고 x축에 접할 때,
실수 a, b에 대하여 $a+b$의 값을 구하시오.

0358 최다빈출상중요
NORMAL

y축에 접하는 원 $x^2+y^2+2x+2ky+4=0$의 중심이 제 3사분면에
있을 때, 상수 k의 값은?

① -3 ② -2 ③ -1

④ 1 ⑤ 2

[해설 내신연계문제]

0359
NORMAL

넓이가 16π인 원이 점 $(0, -3)$에서 y축에 접하고 원의 중심 (a, b)
가 제 4사분면 위에 있을 때, 상수 a, b에 대하여 $a+b$의 값은?

① 1 ② 2 ③ 3

④ 4 ⑤ 5

0360

NORMAL

중심이 직선 $x-y+4=0$ 위에 있고, 점 $(-1, 0)$에서 x축에 접하는 원의 방정식이 $(x-a)^2+(y-b)^2=r^2$일 때, 상수 a, b, r에 대하여 $a+b+r$의 값은?

① 2   ② 3   ③ 4

④ 5   ⑤ 6

0361

최다빈출 중요   NORMAL

중심이 직선 $y=x+1$ 위에 있고, 점 $C(3, 2)$를 지나는 원이 x축에 접할 때, 이러한 원들의 반지름의 합을 구하시오.

해설 내신연계문제

0362

TOUGH

세 점 $A(-6, 0)$, $B(6, 0)$, $C(0, 6\sqrt{3})$을 꼭짓점으로 하는 삼각형 ABC의 내접원의 방정식을 $(x-a)^2+(y-b)^2=r^2$이라 할 때, 상수 a, b, r에 대하여 $a+b+r^2$의 값은?

① $11+2\sqrt{2}$ ② $11+2\sqrt{3}$ ③ $12+2\sqrt{2}$

④ $12+2\sqrt{3}$ ⑤ $13+2\sqrt{2}$

모의고사 핵심유형 기출문제

0363

2019년 09월 고1 학력평가 21번   TOUGH

좌표평면 위의 세 점 $A(6, 0)$, $B(0, -3)$, $C(10, -8)$에 대하여 삼각형 ABC에 내접하는 원의 중심을 P라 할 때, 선분 OP의 길이는? (단, O는 원점이다.)

① $2\sqrt{7}$ ② $\sqrt{30}$ ③ $4\sqrt{2}$

④ $\sqrt{34}$ ⑤ 6

해설 내신연계문제

유형 10 x축, y축에 동시에 접하는 원의 방정식

x축, y축에 동시에 접하는 원의 방정식

(1) 반지름의 길이가 $r\,(r>0)$이고 x축, y축에 동시에 접하는 원
  ➡ | (중심의 x좌표)| = |(중심의 y좌표)| = (반지름의 길이)

(2) 중심의 위치에 따라 원의 방정식은 다음과 같다.
  ① 제1사분면 ➡ $(x-r)^2+(y-r)^2=r^2$
  ② 제2사분면 ➡ $(x+r)^2+(y-r)^2=r^2$
  ③ 제3사분면 ➡ $(x+r)^2+(y+r)^2=r^2$
  ④ 제4사분면 ➡ $(x-r)^2+(y+r)^2=r^2$

🐷 x축, y축에 동시에 접하고 반지름의 길이가 r인 원
  (반지름의 길이)=|(원의 중심의 x좌표)|=|(원의 중심의 x좌표)|

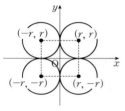

특히 제1, 3사분면에서 x축과 y축에 동시에 접하는 원의 중심은 직선 $y=x$ 위에 존재하고 제2, 4사분면에서 x축과 y축에 접하는 원의 중심은 직선 $y=-x$ 위에 존재한다.

0364

학교기출 대표 유형

오른쪽 그림과 같이 점 $(1, 2)$를 지나고 x축과 y축에 동시에 접하는 두 원의 중심 사이의 거리는?

① $2\sqrt{2}$ ② $4\sqrt{2}$

③ $3\sqrt{2}$ ④ 4

⑤ 5

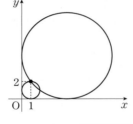

해설 내신연계문제

0365

NORMAL

원 $x^2+y^2-4x+2ay-5+b=0$이 x축과 y축에 동시에 접할 때, 상수 a, b에 대하여 $a+b$의 값을 구하시오. (단, $a>0$)

0366 최대빈출 왕 중요 NORMAL

중심이 직선 $2x+y=4$ 위에 있고, 제 4사분면에서 x축과 y축에 동시에 접하는 원의 방정식이 $x^2+y^2+ax+by+c=0$일 때, 상수 a, b, c에 대하여 $a+b+c$의 값은?

① 16   ② 20   ③ 24
④ 28   ⑤ 36

해설 내신연계문제

0367 NORMAL

중심이 직선 $2x+y-3=0$ 위에 있고 x축과 y축에 동시에 접하는 두 원의 둘레의 길이의 합은?

① 6π ② 8π ③ 10π
④ 12π ⑤ 14π

0368 최대빈출 왕 중요 TOUGH

중심이 곡선 $y=x^2-12$ 위에 있고 x축과 y축에 동시에 접하는 모든 원의 반지름의 합을 구하시오.

해설 내신연계문제

모의고사 핵심유형 기출문제

0369 2022년 03월 고2 학력평가 25번 NORMAL

곡선 $y=x^2-x-1$ 위의 점 중 제 2사분면에 있는 점을 중심으로 하고, x축과 y축에 동시에 접하는 원의 방정식은 $x^2+y^2+ax+by+c=0$이다. $a+b+c$의 값을 구하시오. (단, a, b, c는 상수이다.)

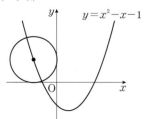

해설 내신연계문제

유형 11 두 원의 교점을 지나는 직선의 방정식

서로 다른 두 점에서 만나는 두 원
$$O: x^2+y^2+ax+by+c=0, \ O': x^2+y^2+a'x+b'y+c'=0$$
에 대하여 **두 원 O, O'의 교점을 지나는 직선의 방정식 (공통현의 방정식)**

➡ $x^2+y^2+ax+by+c-(x^2+y^2+a'x+b'y+c')=0$
즉 $(a-a')x+(b-b')y+c-c'=0$

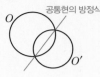
공통현의 방정식

 두 원의 교점을 지나는 직선의 방정식은 두 원의 방정식에서 이차항을 소거한 식이다.

0370 학교기출 대표 유형

두 원 $x^2+y^2+ax+2y-1=0$, $x^2+y^2-2x+ay-11=0$의 교점을 지나는 직선이 점 $(1, 2)$를 지날 때, 상수 a의 값은?

① 10   ② 12   ③ 14
④ 16   ⑤ 18

0371 BASIC

두 원 $x^2+y^2+3x+2y-1=0$, $x^2+y^2+ax-(2a-1)y+1=0$의 교점을 지나는 직선이 직선 $y=x+3$과 평행할 때, 상수 a의 값은?

① -6 ② -5 ③ -4
④ -3 ⑤ -2

0372 NORMAL

두 원 $(x+a)^2+y^2=9$, $x^2+(y-1)^2=25$의 교점을 지나는 직선이 직선 $x-3y=4$와 수직일 때, 상수 a의 값은?

① -4 ② -2 ③ 1
④ 3   ⑤ 4

0373

NORMAL

두 원 $C_1 : x^2+y^2+2ax-6y+5=0$, $C_2 : x^2+y^2+4x+6y+9=0$ 에 대하여 두 원 C_1, C_2의 교점을 지나는 직선이 원 C_2의 넓이를 이등분할 때, 상수 a의 값은?

① 9   ② 10   ③ 11
④ 12   ⑤ 13

0374 최다빈출 왕중요

NORMAL

원 $C_1 : x^2+y^2-4ax+8y-10=0$이
원 $C_2 : x^2+y^2+2x-4y-4=0$의 둘레의 길이를 이등분할 때, 상수 a의 값은?

① -7 ② -5 ③ -3
④ -2 ⑤ -1

해설 내신연계문제

0375 최다빈출 왕중요

TOUGH

그림과 같이 원 $x^2+y^2=9$를 선분 PQ를 접는 선으로 접어서 x축 위의 점 $(-1, 0)$에서 접하도록 하였다. 직선 PQ의 방정식을 $x+ay+b=0$이라 할 때, 상수 a, b에 대하여 $a+b$의 값을 구하시오.

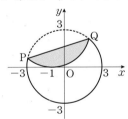

해설 내신연계문제

모의고사 **핵심유형** 기출문제

0376 2004년 03월 고2 학력평가 13번

NORMAL

원 $(x-2)^2+(y-4)^2=r^2$이 원 $(x-1)^2+(y-1)^2=4$의 둘레를 이등분할 때, 반지름 r의 값은?

① 3   ② $2\sqrt{3}$ ③ $\sqrt{14}$
④ 4   ⑤ $\sqrt{17}$

해설 내신연계문제

유형 12   두 원의 교점을 지나는 원의 방정식

서로 다른 두 점에서 만나는 두 원
$O : x^2+y^2+ax+by+c=0$, $O' : x^2+y^2+a'x+b'y+c'=0$
에 대하여 **두 원 O, O'의 교점을 지나는 원의 방정식**은
$x^2+y^2+ax+by+c+k(x^2+y^2+a'x+b'y+c')=0$ ······ ㉠
(단, $k \neq -1$인 실수)
으로 놓고 원이 지나는 점의 좌표를 대입하여 k의 값을 구한다.

🐷 두 원 O, O'의 교점을 지나는 직선 (공통현의 방정식)은
㉠에 $k=-1$을 대입하면
$x^2+y^2+ax+by+c-(x^2+y^2+a'x+b'y+c')=0$
$(a-a')x+(b-b')y+c-c'=0$

0377 학교기출 대표유형

두 원 $x^2+y^2-5=0$, $x^2+y^2+x+3y-4=0$의 교점과 점 $(1, 0)$을 지나는 원의 넓이는?

① 13π ② 18π ③ 20π
④ 22π ⑤ 25π

0378 최다빈출 왕중요

BASIC

두 원 $x^2+y^2=9$, $(x+3)^2+(y+3)^2=9$의 교점과 점 $(-3, -3)$을 지나는 원의 방정식을 $x^2+y^2+Ax+By+C=0$이라 할 때, 상수 A, B, C에 대하여 $A+B+C$의 값을 구하시오.

해설 내신연계문제

0379

NORMAL

두 원 $x^2+y^2-8x-4y+9=0$, $x^2+y^2-ay=0$의 교점과 점 $(1, 0)$을 지나는 원의 넓이가 25π일 때, 상수 a의 값은?

① 2   ② 4   ③ 6
④ 8   ⑤ 10

0380 최다빈출 왕중요

NORMAL

두 원 $x^2+y^2-3ax+ay+4a=0$, $x^2+y^2-4x=0$의 교점과 두 점 $(0, 4)$, $(4, 2)$를 지나는 원의 넓이가 $b\pi$일 때, ab의 값은? (단, a는 상수이다.)

① 12   ② 14   ③ 16
④ 18   ⑤ 20

해설 내신연계문제

두 원 O, O'의 교점을 A, B라 하고 $\overline{OO'}$ 과 $\overline{AB}$의 교점을 C라 할 때, $\overline{AB}$는 다음과 같은 순서로 구한다.

FIRST 두 원의 교점을 지나는 직선 AB의 방정식을 구한다.
◀ (첫 번째 원)−(두 번째 원)=0

NEXT 중심 O와 직선 AB 사이의 거리를 구하는 공식을 이용하여 $\overline{OC}$ 또는 $\overline{O'C}$를 구한다.

LAST 두 직각삼각형 OAC 또는 O'AC에서 피타고라스 정리를 이용하여 $\overline{AC}=\sqrt{\overline{OA}^2-\overline{OC}^2}$를 구한 후 현의 길이 $\overline{AB}=2\overline{AC}$를 구한다.

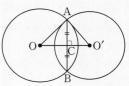

 ① 두 원의 공통현의 길이는
두 원의 교점을 지나는 직선의 방정식을 구한 후 직선과 두 원의 중심 사이의 거리를 구한 후 피타고라스 정리를 이용한다.

② 공통현
두 원 O, O'이 두 점 A, B에서 만날 때, 두 원의 교점을 연결한 선분 AB를 공통현이라고 한다.

③ 중심선과 공통현
두 원의 공통현은 중심선에 의하여 수직이등분 된다.

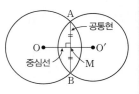

$$\overline{AB} \perp \overline{OO'}, \ \overline{AM}=\overline{BM}$$

0381 학교기출 대표 유형

두 원
$$x^2+y^2+2x-2y-5=0, \ x^2+y^2-4x-5y+7=0$$
이 만나는 두 점을 P, Q라 할 때, 선분 PQ의 길이는?

① $\sqrt{2}$ ② $\sqrt{3}$ ③ $\sqrt{5}$
④ $2\sqrt{2}$ ⑤ $3\sqrt{2}$

0382 NORMAL

두 원
$$x^2+y^2=16, \ (x-2)^2+(y+2)^2=8$$
의 두 교점을 A, B라 할 때, 선분 AB의 중점의 좌표를 (a, b)라 하자. 이때 $a-b$의 값은?

① 1 ② 2 ③ 3
④ 4 ⑤ 5

0383 최다빈출 왕 중요 NORMAL

두 원
$$C_1:x^2+y^2=9, \ C_2:(x+3)^2+(y-3)^2=15$$
의 공통인 현을 선분 AB라 할 때, 원 C_2의 중심 O'에 대하여 삼각형 O'AB의 넓이는?

① $2\sqrt{7}$ ② $2\sqrt{14}$ ③ $3\sqrt{7}$
④ $3\sqrt{14}$ ⑤ $4\sqrt{7}$

[해설 내신연계문제]

0384 최다빈출 왕 중요 NORMAL

두 원
$$x^2+y^2=20, \ (x-3)^2+(y-4)^2=25$$
의 두 교점을 지나는 원 중에서 넓이가 최소인 원의 넓이는?

① 9π ② $\dfrac{16}{5}\pi$ ③ 16π
④ 25π ⑤ 36π

[해설 내신연계문제]

0385 최다빈출 왕 중요 TOUGH

두 원
$$x^2+y^2-k=0, \ x^2+y^2-6x-6y=0$$
의 공통인 현의 길이가 $2\sqrt{10}$이 되도록 하는 모든 상수 k의 값의 합을 구하시오.

[해설 내신연계문제]

모의고사 **핵심유형** 기출문제

0386 2008년 11월 고1 학력평가 24번 NORMAL

좌표평면 위의 두 원 $x^2+y^2=20$과 $(x-a)^2+y^2=4$가 서로 다른 두 점에서 만날 때, 공통현의 길이가 최대가 되도록 하는 양수 a의 값을 구하시오.

[해설 내신연계문제]

유형 **14** 현의 길이

원이 직선과 만나서 생긴 현의 길이는 원의 중심에서 현에 내린 수선의
발 H가 현을 수직이등분함을 이용하여 다음 순서로 구한다.

FIRST 중심 O와 직선 l 사이의 거리 $\overline{OH}$를 구한다.

NEXT 직각삼각형 AOH에서 피타고라스 정리를
이용하여 $\overline{AH}=\sqrt{\overline{OA}^2-\overline{OH}^2}$를 구한다.

LAST 현의 길이 $\overline{AB}=2\overline{AH}$임을 이용하여
$\overline{AB}$를 구한다.

 직선의 방정식을 원의 방정식에 직접 대입하여 교점을 구할 수 있으나
계산이 복잡하므로 원의 중심에서 현 AB에 내린 수선은 선분 AB를
수직이등분하는 성질과 이때 생긴 직각삼각형에서 피타고라스 정리를
이용하여 구한다.

0387 학교기출 대표 유형

원 $x^2+y^2-4x+2y-4=0$과 직선 $4x+3y+5=0$이 서로 다른
두 점 A, B에서 만날 때, 현 AB의 길이는?

① $2\sqrt{2}$ ② $3\sqrt{2}$ ③ $4\sqrt{2}$

④ $2\sqrt{5}$ ⑤ $4\sqrt{5}$

0388 최다빈출 상 중요

원 $x^2+y^2+6x-8y+9=0$과 직선 $y=x+k$가 서로 다른 두 점
A, B에서 만난다. 현 AB의 길이가 $4\sqrt{2}$일 때, 상수 k의 값의 합을
구하시오.

해설 내신연계문제

0389

좌표평면에 원 $x^2+y^2-10x=0$이 있다. 이 원의 현 중에서
점 A(1, 0)을 지나고 그 길이가 자연수인 현의 개수는?

① 6   ② 7   ③ 8

④ 9   ⑤ 10

0390 최다빈출 상 중요

원 $(x-2)^2+(y-3)^2=25$와 직선 $3x+4y-3=0$이 만나는 두 점을
A, B라 하고 원의 중심을 C라 할 때, 삼각형 ABC의 넓이는?

① 6   ② 8   ③ 10

④ 12   ⑤ 16

해설 내신연계문제

0391

원 $x^2+y^2-4x-2y-k=0$과 직선 $x-y-3=0$의 두 교점을 각각
A, B라 하고, 원의 중심을 C라 하자. 삼각형 ABC의 넓이가 $3\sqrt{2}$일
때, 상수 k의 값은?

① 6   ② 7   ③ 8

④ 9   ⑤ 10

0392

원 $x^2+y^2=25$와 직선 $x+2y+5=0$의 교점을 지나는 원 중에서
그 넓이가 최소인 원의 넓이는?

① 15π ② 18π ③ 20π

④ 22π ⑤ 25π

0393 최다빈출 상 중요

원 $x^2+y^2-8y=0$과 직선 $y=mx-2$의 두 교점 P, Q와 원의 중심
C를 세 꼭짓점으로 하는 삼각형 CPQ가 정삼각형일 때, 양수 m의
값은?

① 1   ② $\sqrt{2}$ ③ $\sqrt{3}$

④ 2   ⑤ $\sqrt{5}$

해설 내신연계문제

0394 2024년 03월 고2 학력평가 13번

NORMAL

좌표평면에서 원 $(x-2)^2+(y-3)^2=r^2$과 직선 $y=x+5$가 서로 다른 두 점 A, B에서 만나고, $\overline{AB}=2\sqrt{2}$이다. 양수 r의 값은?

① 3   ② $\sqrt{10}$ ③ $\sqrt{11}$

④ $2\sqrt{3}$ ⑤ $\sqrt{13}$

해설 내신연계문제

0395 2018년 03월 고2 학력평가 나형 12번

NORMAL

그림과 같이 좌표평면에서 원 $x^2+y^2-2x-4y+k=0$과 직선 $2x-y+5=0$이 두 점 A, B에서 만난다. $\overline{AB}=4$일 때, 상수 k의 값은?

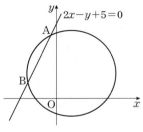

① -4 ② -3 ③ -2

④ -1 ⑤ 0

해설 내신연계문제

0396 2021년 09월 고1 학력평가 17번

TOUGH

그림과 같이 중심이 제1사분면 위에 있고 x축과 점 P에서 접하며 y축과 두 점 Q, R에서 만나는 원이 있다. 점 P를 지나고 기울기가 2인 직선이 원과 만나는 점 중 P가 아닌 점을 S라 할 때, $\overline{QR}=\overline{PS}=4$를 만족시킨다. 원점 O와 원의 중심 사이의 거리는?

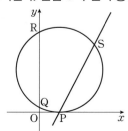

① $\sqrt{6}$ ② $\sqrt{7}$ ③ $2\sqrt{2}$

④ 3   ⑤ $\sqrt{10}$

해설 내신연계문제

0397 2020년 11월 고1 학력평가 17번

TOUGH

좌표평면 위에 원 $C : x^2+y^2=r^2(r>0)$과 직선 $l : 2x-2y+\sqrt{6}r=0$이 있다. 원 C와 직선 l이 만나는 두 점을 각각 A, B라 할 때, 호 AB와 선분 AB로 둘러싸인 부분 중에서 원점 O를 포함하지 않는 부분의 넓이를 $S(r)$이라 하자. 다음은 $S(r)$을 구하는 과정이다.

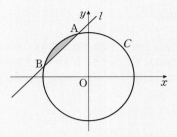

점 O에서 직선 l에 내린 수선의 발을 H라 하면 선분 OH의 길이는 점 O와 직선 l 사이의 거리이므로

$\overline{OH}=\boxed{\text{(가)}}$

삼각형 OAB에서 $\overline{OA}=r$이므로 삼각형 OAB의 넓이는 $\boxed{\text{(나)}}$ 이다.

$S(r)$는 부채꼴 OAB의 넓이와 삼각형 OAB의 넓이의 차이므로

$S(r)=\pi r^2\times\left(\boxed{\text{(다)}}\right)-\boxed{\text{(나)}}$

위의 (가), (나)에 알맞은 식을 각각 $f(r)$, $g(r)$이라 하고, (다)에 알맞은 수를 k라 할 때, $f\left(\dfrac{1}{k}\right)\times g\left(\dfrac{1}{k}\right)$의 값은?

① 57   ② 63   ③ 69

④ 75   ⑤ 81

해설 내신연계문제

유형 15 원에 그은 접선의 길이

원 $(x-a)^2+(y-b)^2=r^2$ 밖의 한 점
$P(x_1, y_1)$에서 원에 접선을 그었을 때의
접선의 길이 l은 오른쪽 그림과 같다.
이 원에 그은 접선의 접점을 T라고 하면
직각삼각형 PTC에서 피타고라스 정리에 의하여
$\overline{PT}=\sqrt{\overline{CP}^2-\overline{CT}^2}$

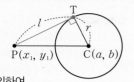

$$l=\sqrt{(x_1-a)^2+(y_1-b)^2-r^2}$$

 원 $x^2+y^2+ax+by+c=0$ 밖의 한 점 $A(x_1, y_1)$에서 원에 접선을
그었을 때의 접점을 P라고 하면 접선의 길이는
$$l=\sqrt{x_1^2+y_1^2+ax_1+by_1+c}$$

0398 학교기출 대표 유형

점 $A(3, 5)$에서 원 $x^2+y^2+2x-4y=0$에 그은 접선의 접점을 P라
할 때, 선분 AP의 길이는?

① $2\sqrt{2}$ ② $2\sqrt{3}$ ③ $2\sqrt{5}$

④ $2\sqrt{6}$ ⑤ $2\sqrt{7}$

해설 내신연계문제

0399 NORMAL

점 $P(1, 4)$에서 원 $x^2+y^2+4x=0$에 그은 두 접선의 접점을 각각
A, B라 하고 원의 중심을 C라 할 때, 사각형 PACB의 넓이는?

① $2\sqrt{3}$ ② $4\sqrt{3}$ ③ $4\sqrt{5}$

④ $2\sqrt{21}$ ⑤ $3\sqrt{21}$

0400 TOUGH

점 $P(-2, a)$에서 원 $x^2+y^2+6y+5=0$에 그은 접선의 접점을
Q라 할 때, 접선의 길이가 4가 되도록 하는 모든 상수 a에 대하여
최댓값은 M, 최솟값을 m이라 하자. $M-m$의 값을 구하시오.

0401 TOUGH

오른쪽 그림과 같이 반지름의 길이가 2인
원이 직선 $y=\dfrac{3}{4}x$에 접하면서 움직인다.
점 $P(4, 3)$에서 화살표 방향으로 원을
움직여 원이 점 Q에서 멈추었을 때의
원의 방정식은 $x^2+y^2+4x-2y+1=0$
이다. 이때 선분 PQ의 길이는?

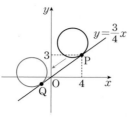

① 2   ② 3   ③ 4

④ 5   ⑤ 6

0402 최다빈출 양 중요 TOUGH

그림과 같이 원 밖의 점 $P(2, 3)$에서 원 $x^2+y^2+4x-2y+1=0$에
그은 두 접선의 접점을 각각 A, B라 할 때, 선분 AB의 길이는?

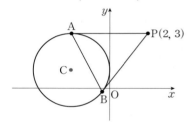

① $\dfrac{8\sqrt{3}}{3}$ ② 4   ③ $\dfrac{8\sqrt{5}}{5}$

④ $\dfrac{8\sqrt{6}}{6}$ ⑤ $\dfrac{8\sqrt{7}}{7}$

해설 내신연계문제

0403 TOUGH

그림과 같이 점 $P(5, 0)$에서 원 $x^2+y^2=9$에 그은 두 접선의 접점
을 각각 A, B라 할 때, 삼각형 PAB의 넓이가 $\dfrac{p}{q}$이다.
이때 $p+q$의 값을 구하시오. (단, p, q는 서로소인 자연수이다.)

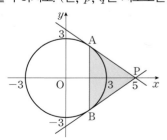

(1) 두 원 O_1, O_2의 반지름의 길이가
    각각 r, $r'(r>r')$이고
    $\overline{O_1O_2}=d$일 때,
    $\Rightarrow$ $\overline{AB}=\sqrt{d^2-(r-r')^2}$
    $\Rightarrow$ $\overline{AB}$는 공통외접선

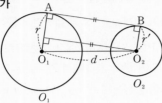

(2) 두 원 O_1, O_2의 반지름의 길이가
    각각 r, r'이고 $\overline{O_1O_2}=d$
    일 때,
    $\Rightarrow$ $\overline{AB}=\sqrt{d^2-(r+r')^2}$
    $\Rightarrow$ $\overline{AB}$는 공통내접선

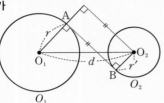

0404 학교기출 대표유형

그림과 같이 두 원 $x^2+y^2=1$, $(x-4)^2+y^2=4$에 동시에 접하는
접선을 그을 때, 두 접점 A, B 사이의 거리는?

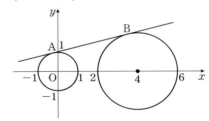

① $2\sqrt{2}$　　　② $2\sqrt{3}$　　　③ $\sqrt{15}$
④ $3\sqrt{2}$　　　⑤ 4

0405 NORMAL

그림과 같이 두 원 $x^2+y^2=1$, $(x-5)^2+y^2=r^2$에 동시에 접하는
접선을 긋고 그 접점을 각각 A, B라 할 때, 선분 AB의 길이는 3이
다. 이때 양수 r의 값을 구하시오.

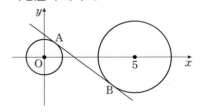

원과 직선이 한 점에서 만나기 위한 조건 (접할 때)
(1) 직선의 방정식을 원의 방정식에 대입하여 정리하기 쉬울 때
    $\Rightarrow$ 원의 방정식과 직선의 방정식을 연립하여 얻은
    이차방정식의 판별식을 D라 하면 $D=0$
(2) 원의 중심의 좌표와 반지름의 길이 알기 쉽게 정리될 때
    $\Rightarrow$ 원의 중심과 직선 사이의 거리 d와 반지름의 길이 r이라 하면
    $d=r$

 원과 직선의 위치 관계는 원의 방정식의 표현 형태에 따라 다음을 이용
한다.
① 직선의 방정식을 원의 방정식에 대입하여 정리하기 쉬울 때
$\Rightarrow$ 원의 방정식과 직선의 방정식을 연립한 이차방정식의 판별식을 이용
원 $x^2+y^2=r^2$과 직선 $y=mx+n$의 교점의 개수는
두 방정식을 연립한 이차방정식 $x^2+(mx+n)^2=r^2$,
즉 $(1+m^2)x^2+2mnx+n^2-r^2=0$의 실근의 개수와 같으므로
판별식 D의 부호에 따라 다음과 같이 구분할 수 있다.

D의 부호	원과 직선의 위치 관계	그림
$D>0$	서로 다른 두 점에서 만난다.	$D<0$ $D=0$ $D>0$
$D=0$	한 점에서 만난다. (접한다.)	
$D<0$	만나지 않는다.	

※참고 $D=0$인 경우 직선은 원에 접한다고 하며 그 교점을 접점,
    이 직선은 원의 접선이라고 한다.

② 원의 중심의 좌표와 반지름의 길이를 알기 쉽게 정리될 때,
$\Rightarrow$ 원의 중심과 직선 사이의 거리 이용
반지름의 길이가 r인 원의 중심에서 직선까지의 거리를 d라고 할 때,
원과 직선의 위치 관계는 d와 r의 대소 관계에 따라 다음과 같이
구분할 수 있다.

d와 r의 대소 관계	원과 직선의 위치 관계	그림
$d<r$	서로 다른 두 점에서 만난다.	$d>r$ $d=r$ $d<r$
$d=r$	한 점에서 만난다. (접한다.)	
$d>r$	만나지 않는다.	

※참고 원과 직선 사이의 위치 관계는 판별식을 이용하기보다
    원의 중심에서 직선 사이의 거리를 적극 활용한다.

0406 학교기출 대표유형

직선 $x-2y+1=0$과 원 $(x-8)^2+(y-2)^2=k$가 한 점에서 만나도
록 하는 양수 k의 값을 구하시오.

0407
NORMAL

원 $x^2+y^2=5$와 직선 $2x-y+k=0$이 한 점 (a, b)에서 만날 때, $k+a+b$의 값은? (단, $k>0$)

① 4   ② 5   ③ 6
④ 7   ⑤ 8

0408 최다빈출 왕중요
NORMAL

중심의 좌표가 $(2, 3)$이고 x축에 접하는 원이 직선 $2x-y+k=0$에 접할 때, 모든 상수 k의 값의 합은?

① $-6\sqrt{5}$ ② $-3\sqrt{5}$ ③ -2
④ 2   ⑤ $6\sqrt{5}$

해설 내신연계문제

0409
NORMAL

x축, y축, 직선 $4x-3y-4=0$에 동시에 접하고 중심이 제4사분면 위에 있는 두 원의 넓이의 합은?

① 4π ② $\frac{37}{9}\pi$ ③ $\frac{38}{9}\pi$
④ $\frac{39}{9}\pi$ ⑤ $\frac{40}{9}\pi$

0410
NORMAL

점 $(3, 0)$을 지나면서 x축과 직선 $4x-3y+12=0$에 동시에 접하는 원은 두 개 있다. 이 두 원의 중심 사이의 거리는?

① 3   ② 12   ③ 15
④ 17   ⑤ 19

0411 최다빈출 왕중요
TOUGH

중심이 직선 $y=3x$ 위에 있고 두 직선
$$x+2y-3=0, \quad x+2y-11=0$$
에 접하는 원의 방정식이 $(x-a)^2+(y-b)^2=c$일 때, 상수 a, b, c에 대하여 $a+b+c$의 값은?

① 2   ② $\frac{18}{5}$ ③ $\frac{24}{5}$
④ 5   ⑤ $\frac{36}{5}$

해설 내신연계문제

0412 최다빈출 왕중요
TOUGH

그림과 같이 원 $x^2+y^2=25$와 직선 $y=f(x)$가 제2사분면에 있는 원 위의 점 P에서 접할 때, $f(-5)f(5)$의 값을 구하시오.

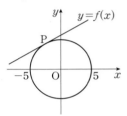

해설 내신연계문제

모의고사 **핵심유형** 기출문제

0413   2024년 10월 고1 학력평가 10번
NORMAL

중심이 원점이고 직선 $y=-2x+k$와 만나는 원 중에서 넓이가 최소인 원을 C라 하자. 원 C의 넓이가 45π일 때, 양의 상수 k의 값은?

① 15   ② 16   ③ 17
④ 18   ⑤ 19

해설 내신연계문제

0414
2024년 09월 고1 학력평가 16번

NORMAL

그림과 같이 좌표평면 위에 원 $C : (x-a)^2+(y-a)^2=10$이 있다. 원 C의 중심과 직선 $y=2x$ 사이의 거리가 $\sqrt{5}$이고 직선 $y=kx$가 원 C에 접할 때, 상수 k의 값은? (단, $a>0$, $0<k<1$)

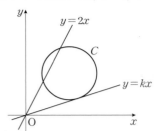

① $\dfrac{2}{9}$　　　② $\dfrac{5}{18}$　　　③ $\dfrac{1}{3}$

④ $\dfrac{7}{18}$　　　⑤ $\dfrac{4}{9}$

해설 내신연계문제

0415
2022년 11월 고1 학력평가 10번

NORMAL

좌표평면에서 두 점 $(-3, 0)$, $(1, 0)$을 지름의 양 끝 점으로 하는 원과 직선 $kx+y-2=0$이 오직 한 점에서 만나도록 하는 양수 k의 값은?

① $\dfrac{1}{3}$　　　② $\dfrac{2}{3}$　　　③ 1

④ $\dfrac{4}{3}$　　　⑤ $\dfrac{5}{3}$

해설 내신연계문제

0416
2019년 09월 고1 학력평가 27번

TOUGH

직선 $y=x$ 위의 점을 중심으로 하고, x축과 y축에 동시에 접하는 원 중에서 직선 $3x-4y+12=0$과 접하는 원의 개수는 2이다. 두 원의 중심을 각각 A, B라 할 때, $\overline{\mathrm{AB}}^2$의 값을 구하시오.

해설 내신연계문제

0417
2024년 10월 고1 학력평가 26번

TOUGH

좌표평면에서 두 직선 $y=2x+6$, $y=-2x+6$에 모두 접하고 점 $(2, 0)$을 지나는 서로 다른 두 원의 중심을 각각 O_1, O_2라 할 때, 선분 O_1O_2의 길이를 구하시오.

해설 내신연계문제

원과 직선이 서로 다른 두 점에서 만나기 위한 조건
(1) 직선의 방정식을 원의 방정식에 대입하여 정리하기 쉬울 때
　➡ 원의 방정식과 직선의 방정식을 연립하여 얻은 이차방정식의 판별식을 D라 하면 $D>0$
(2) 원의 중심의 좌표와 반지름의 길이를 알기 쉽게 정리될 때
　➡ 원의 중심과 직선 사이의 거리 d와 반지름의 길이 r이라 하면 $d<r$

🌀 **원과 직선의 위치 관계를 위의 두 가지 방법**
점과 직선 사이의 거리, 판별식을 적절하게 선택하여 사용한다.
그런데 원과 직선 사이의 위치 관계는 판별식을 이용하기보다 원의 중심에서 직선 사이의 거리를 적극 활용한다.

0418
학교기출 **대표** 유형

원 $x^2+y^2=10$과 직선 $y=-3x+k$가 서로 다른 두 점에서 만날 때, 정수 k의 개수를 구하시오.

0419

NORMAL

원 $(x-1)^2+(y-a)^2=20$과 직선 $2x+y+a=0$이 서로 다른 두 점에서 만나기 위한 정수 a의 개수는?

① 5　　　② 6　　　③ 7

④ 8　　　⑤ 9

0420

NORMAL

직선 $3x+4y+6=0$과 서로 다른 두 점에서 만나고 중심의 좌표가 $(2, k)$인 원의 넓이가 16π일 때, 정수 k의 개수는?

① 7　　　② 8　　　③ 9

④ 10　　　⑤ 11

0421 최다빈출 왕 중요 NORMAL

원 $x^2+(y-2)^2=1$과 직선 $y=mx+4$가 서로 다른 두 점에서 만날 때, 실수 m의 값의 범위는?

① $-\sqrt{3}<m<\sqrt{3}$ ② $-2\sqrt{3}<m<2\sqrt{3}$

③ $-6\sqrt{3}<m<6\sqrt{3}$ ④ $m<-\sqrt{3}$ 또는 $m>\sqrt{3}$

⑤ $m<-2\sqrt{3}$ 또는 $m>2\sqrt{3}$

해설 내신연계문제

0422 최다빈출 왕 중요 TOUGH

원점과 두 점 $(4, 0)$, $(0, 2)$를 지나는 원이 직선 $x-2y+k=0$과 서로 다른 두 점에서 만나도록 하는 자연수 k의 최댓값을 구하시오.

해설 내신연계문제

0423 최다빈출 왕 중요 TOUGH

직선 $x+2y-k=0$과 두 원
$$(x-2)^2+y^2=5, \quad (x+2)^2+(y+2)^2=5$$
의 교점의 개수를 각각 a, b라 할 때, $a+b=3$을 만족시키는 모든 실수 k의 값의 합은?

① -4 ② -2 ③ -1

④ 2 ⑤ 4

해설 내신연계문제

모의고사 **핵심유형** 기출문제

0424 2023년 11월 고1 학력평가 20번 TOUGH

실수 $t\,(t>0)$에 대하여 좌표평면 위에 네 점 A$(1, 4)$, B$(5, 4)$, C$(2t, 0)$, D$(0, t)$가 있다. 선분 CD 위에 $\angle$APB$=90°$인 점 P가 존재하도록 하는 t의 최댓값을 M, 최솟값을 m이라 할 때, $M-m$의 값은?

① $2\sqrt{5}$ ② $\dfrac{5\sqrt{5}}{2}$ ③ $3\sqrt{5}$

④ $\dfrac{7\sqrt{5}}{2}$ ⑤ $4\sqrt{5}$

해설 내신연계문제

유형 19 원과 직선의 위치 관계
— 원과 직선이 만나지 않은 경우

원과 직선이 서로 만나지 않기 위한 조건

(1) 직선의 방정식을 원의 방정식에 대입하여 정리하기 쉬울 때
➡ 원의 방정식과 직선의 방정식을 연립하여 얻은 이차방정식의 판별식을 D라 하면 $D<0$

(2) 원의 중심의 좌표와 반지름의 길이가 알기 쉽게 정리될 때
➡ 원의 중심과 직선 사이의 거리 d와 반지름의 길이 r이라 하면 $d>r$

원과 직선이 만나지 않는 경우의 직선의 기울기는 원의 중심과 직선 사이의 거리가 원의 반지름보다 커야 함을 이용하여 미지수의 범위를 구하는 것이 편리하다.

0425 학교기출 대표 유형

직선 $y=\sqrt{3}x+k$가 원 $x^2+y^2=4$와 만나지 않기 위한 실수 k의 값의 범위는?

① $-6<k<2$ ② $-4<k<4$

③ $-2<k<6$ ④ $k<-2$ 또는 $k>6$

⑤ $k<-4$ 또는 $k>4$

0426 최다빈출 왕 중요 NORMAL

제 3사분면 위의 점 $(2a, a)$를 중심으로 하고 넓이가 25π인 원이 직선 $3x-4y+5=0$과 만나지 않을 때, 정수 a의 최댓값은?

① -18 ② -17 ③ -16

④ -15 ⑤ -14

해설 내신연계문제

0427 최다빈출 왕 중요 NORMAL

두 점 $(-3, 3)$, $(1, 1)$을 지름의 양 끝점으로 하는 원이 직선 $2x+y-k=0$과 만나지 않도록 하는 자연수 k의 최솟값을 구하시오.

해설 내신연계문제

0428 TOUGH

직선 $kx+y+2=0$이 원 $(x+1)^2+(y-2)^2=1$과는 만나지 않고, 원 $(x+2)^2+(y-4)^2=4$와는 서로 다른 두 점에서 만나도록 하는 상수 k의 값의 범위를 $a<k<b$라 할 때, ab의 값은?

① $-\dfrac{7}{2}$ ② $-\dfrac{5}{2}$ ③ $-\dfrac{3}{2}$

④ $\dfrac{5}{2}$ ⑤ $\dfrac{7}{2}$

유형 20 원의 접선의 방정식
— 기울기가 주어진 경우

(1) 원 $x^2+y^2=r^2(r>0)$에 접하고 기울기가 m인 접선의 방정식
  ➡ $y=mx\pm r\sqrt{m^2+1}$

(2) 원 $(x-a)^2+(y-b)^2=r^2(r>0)$에 접하고 기울기가 m인 접선의 방정식
  ➡ 구하는 접선의 방정식을 $y=mx+k(k$는 상수$)$로 놓고 원의 중심 (a, b)와 이 직선 사이의 거리가 원의 반지름의 길이 r과 같음을 이용한다.
  ➡ $y-b=m(x-a)\pm r\sqrt{m^2+1}$

  🐄 $y-b=m(x-a)\pm r\sqrt{m^2+1}$은 $y=mx\pm r\sqrt{m^2+1}$을 x축의 방향으로 a만큼 y축의 방향으로 b만큼 평행이동한 것이다.

0429 학교기출 대표 유형

다음은 원 $x^2+y^2=r^2$에 접하고 기울기가 m인 직선의 방정식을 구하는 과정이다.

구하는 직선의 방정식을
$y=mx+n$
이라 하고, 이 식을 $x^2+y^2=r^2$에 대입하여 정리하면

$\boxed{(가)}\ x^2+2mnx+n^2-r^2=0$

이다. 이 이차방정식의 판별식을 D라 하면
$D=(2mn)^2-4\times\boxed{(가)}\times(n^2-r^2)$
$=4\{r^2(m^2+1)-n^2\}$이다.

원과 직선이 접하므로 판별식 $D=0$, 즉 $4\{r^2(m^2+1)-n^2\}=0$
이므로 $n^2=r^2(m^2+1)$, $n=\pm\boxed{(나)}$
이다. 따라서 구하는 직선의 방정식은 다음과 같다.

$y=mx\pm\boxed{(나)}$

위의 과정에서 (가), (나)에 알맞은 식을 $f(m)$, $g(m)$이라 할 때, $f(2\sqrt2)+g(2\sqrt2)$의 값은?

① $8r$ ② $3+9r$ ③ $9+3r$
④ $12+3r$ ⑤ $12+9r$

0430

NORMAL

원 $(x+2)^2+(y-5)^2=10$에 접하고 기울기가 3인 두 직선의 y절편의 곱을 구하시오.

0431 최다빈출 상 중요

NORMAL

원 $x^2+y^2=17$에 접하고 직선 $4x-y+20=0$과 평행인 두 직선이 y축과 만나는 점을 P, Q라 할 때, 선분 PQ의 길이는?

① $2\sqrt{17}$ ② 17 ③ $17\sqrt2$
④ 34 ⑤ $34\sqrt2$

해설 내신연계문제

0432

NORMAL

직선 $x-y-5=0$에 수직이고 원 $x^2+y^2=100$에 접하는 직선 l에 대하여 직선 l과 x축, y축과의 교점을 각각 A, B라 할 때, 선분 AB의 길이는?

① 10 ② 20 ③ 30
④ 40 ⑤ 50

0433 최다빈출 상 중요

NORMAL

원 $x^2+y^2-2x-6y-17=0$에 접하고 x축의 양의 방향과 이루는 각의 크기가 $60°$인 접선이 y축과 만나는 점을 각각 P, Q라 할 때, 선분 PQ의 길이는?

① $8\sqrt3$ ② $9\sqrt3$ ③ $10\sqrt3$
④ $11\sqrt3$ ⑤ $12\sqrt3$

해설 내신연계문제

0434

TOUGH

원 $(x+1)^2+y^2=1$에 접하고 원 $(x-1)^2+y^2=1$의 넓이를 이등분하는 직선의 방정식 중 기울기가 양수인 직선을 $y=ax+b$라 할 때, 상수 a, b에 대하여 a^2+b^2의 값은?

① $\dfrac{1}{3}$ ② $\dfrac{2}{3}$ ③ 1
④ $\dfrac{\sqrt3}{3}$ ⑤ 2

0435

TOUGH

그림과 같이 원 $x^2+y^2=4$와 제 1사분면에서 접하고 기울기가 -1인 직선이 있다. 이 직선을 y축의 방향으로 n만큼 평행이동하였더니 이 원과 제 3사분면에서 접하였다. 이때 n의 값은?

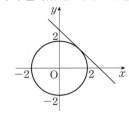

① $-2\sqrt{2}$ ② $2\sqrt{2}$ ③ $-4\sqrt{2}$

④ $4\sqrt{2}$ ⑤ -8

0436 최다빈출 왕 중요

TOUGH

원 $x^2+y^2=25$ 위의 두 점 A(4, 3), B(0, -5)와 원 위를 움직이는 점 P에 대하여 삼각형 ABP의 넓이의 최댓값이 $a+b\sqrt{5}$일 때, 자연수 a, b에 대하여 $a+b$의 값을 구하시오.

[해설 내신연계문제]

모의고사 **핵심유형** 기출문제

0437 2016년 11월 고1 학력평가 25번

BASIC

직선 $y=x+2$와 평행하고 원 $x^2+y^2=9$에 접하는 직선의 y절편을 k라 할 때, k^2의 값을 구하시오.

[해설 내신연계문제]

유형 21 원의 접선의 방정식
― 원 위의 한 점이 주어진 경우

원의 중심과 접점을 지나는 직선과 서로 수직인 것을 이용하여 접선의 방정식을 구한다.

(1) 원 $x^2+y^2=r^2$ **위의 점** (x_1, y_1)**에서의 접선의 방정식**

➡ $x_1x+y_1y=r^2$

(2) 원 $(x-a)^2+(y-b)^2=r^2$ **위의 점** (x_1, y_1)**에서의 접선의 방정식**

➡ 접선이 두 점 (a, b), (x_1, y_1)을 지나는 직선과 수직임을 이용한다.

➡ $(x_1-a)(x-a)+(y_1-b)(y-b)=r^2$

(3) 원 $x^2+y^2+ax+by+c=0$ **위의 점** (x_1, y_1)**에서의 접선의 방정식**

➡ $x_1x+y_1y+a\times\dfrac{x+x_1}{2}+b\times\dfrac{y+y_1}{2}+c=0$

➡ 중심이 원점이 아닌 원 위의 점에서의 접선의 방정식
원의 중심과 접점을 지나는 직선이 접선과 서로 수직임을 이용한다.

> 원 위의 점 (x_1, y_1)에서 접선의 방정식은 다음과 같이 대입하여 구한다.
> $x^2 \to x_1x$, $y^2 \to y_1y$, $(x-a)^2 \to (x_1-a)(x-a)$,
> $(y-b)^2 \to (y_1-b)(y-b)$, $x \to \dfrac{x+x_1}{2}$, $y \to \dfrac{y+y_1}{2}$
> 이때 상수항은 변하지 않는다.

0438 학교기출 대표유형

다음은 원 $x^2+y^2=r^2(r>0)$ 위의 점 P(x_1, y_1)에서의 접선의 방정식을 구하는 과정이다.

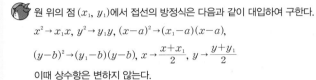

오른쪽 그림과 같이 원 $x^2+y^2=r^2$ 위의 점 P(x_1, y_1)에서의 접선을 l이라 하면

직선 OP와 접선 l은 서로 ☐(가)☐

이고 직선 OP의 기울기가 ☐(나)☐

이므로 접선 l의 기울기는 ☐(다)☐

이다. 따라서 접선의 방정식은

$y-y_1=$ ☐(다)☐ $(x-x_1)$이고 이것을 정리하면

$x_1x+y_1y=$ ☐(라)☐

그런데 점 P(x_1, y_1)은 원 $x^2+y^2=r^2$ 위의 점이므로

☐(라)☐ $=r^2$

따라서 구하는 접선의 방정식은 ☐(마)☐

위의 과정에서 (가)~(마)에 알맞은 것을 잘못 짝지은 것은?

① (가) : 수직   ② (나) : $\dfrac{y_1}{x_1}$ ③ (다) : $-\dfrac{y_1}{x_1}$

④ (라) : $x_1^2+y_1^2$ ⑤ (마) : $x_1x+y_1y=r^2$

[해설 내신연계문제]

0439

NORMAL

원 $x^2+y^2=20$ 위의 점 $(2, 4)$에서의 접선이 직선 $kx-3y+6=0$에 수직일 때, 상수 k의 값은?

① -6 ② -4 ③ 0
④ 4 ⑤ 6

0440

NORMAL

원 $x^2+y^2=5$ 위의 점 $(-2, 1)$에서의 접선을 l이라 할 때, 직선 l과 평행하고 원 $x^2+y^2=9$에 접하는 직선의 방정식은?

① $y=-2x\pm2\sqrt{5}$ ② $y=-x\pm3\sqrt{5}$
③ $y=-2x\pm3\sqrt{5}$ ④ $y=2x\pm3\sqrt{5}$
⑤ $y=2x\pm2\sqrt{5}$

0441

NORMAL

원 $x^2+y^2=10$ 위의 점 $P(-1, 3)$에서의 접선과 점 $Q(3, 1)$에서의 접선이 만나는 점을 R이라 할 때, 사각형 OPRQ의 넓이를 구하시오. (단, O는 원점이다.)

0442

최다빈출 상 중요 NORMAL

원 $(x-1)^2+(y-2)^2=25$ 위의 점 $(-2, 6)$에서의 접선과 x축, y축으로 둘러싸인 도형의 넓이는?

① $\dfrac{25}{2}$ ② 45 ③ $\dfrac{75}{2}$
④ 50 ⑤ 75

해설 내신연계문제

0443

최다빈출 상 중요 NORMAL

원 $x^2+y^2=5$ 위의 점 $(-1, 2)$에서의 접선이 원 $x^2+y^2-6x-4y+a=0$과 접할 때, 실수 a의 값은?

① 4 ② 5 ③ $\dfrac{27}{4}$
④ $\dfrac{49}{5}$ ⑤ 8

해설 내신연계문제

0444

TOUGH

오른쪽 그림과 같이 원 $x^2+y^2=4$ 위의 점 $P(a, b)$에서의 접선이 x축, y축과 만나는 점을 각각 Q, R이라 할 때, $\overline{QR}=4\sqrt{2}$이다. 이때 a^4+b^4의 값을 구하시오. (단, 점 P는 제 1사분면 위에 있다.)

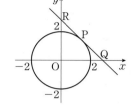

모의고사 핵심유형 기출문제

0445

2021년 11월 고1 학력평가 8번 BASIC

좌표평면에서 원 $x^2+y^2=10$ 위의 점 $(3, 1)$에서의 접선이 점 $(1, a)$를 지날 때, a의 값은?

① 3 ② 4 ③ 5
④ 6 ⑤ 7

해설 내신연계문제

0446

2023년 03월 고2 학력평가 9번 BASIC

원 $x^2+y^2=r^2$ 위의 점 $(a, 4\sqrt{3})$에서의 접선의 방정식이 $x-\sqrt{3}y+b=0$일 때, $a+b+r$의 값은? (단, r은 양수이고, a, b는 상수이다.)

① 17 ② 18 ③ 19
④ 20 ⑤ 21

해설 내신연계문제

0447
2020년 03월 고2 학력평가 11번
NORMAL

좌표평면에서 원 $x^2+y^2=1$ 위의 점 중 제1사분면에 있는 점 P에서의 접선이 점 $(0, 3)$을 지날 때, 점 P의 x좌표는?

① $\dfrac{2}{3}$ ② $\dfrac{\sqrt{5}}{3}$ ③ $\dfrac{\sqrt{6}}{3}$

④ $\dfrac{\sqrt{7}}{3}$ ⑤ $\dfrac{2\sqrt{2}}{3}$

해설 내신연계문제

0448
2023년 09월 고1 학력평가 26번
NORMAL

좌표평면에서 원 $x^2+y^2=25$ 위의 점 $(3, -4)$에서의 접선이 원 $(x-6)^2+(y-8)^2=r^2$과 만나도록 하는 자연수 r의 최솟값을 구하시오.

해설 내신연계문제

0449
2020년 11월 고1 학력평가 20번
TOUGH

그림과 같이 좌표평면에 원 $C : x^2+y^2=4$와 점 $A(-2, 0)$이 있다. 원 C 위의 제1사분면 위의 점 P에서의 접선이 x축과 만나는 점을 B, 점 P에서 x축에 내린 수선의 발을 H라 하자. $2\overline{AH}=\overline{HB}$일 때, 삼각형 PAB의 넓이는?

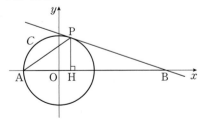

① $\dfrac{10\sqrt{2}}{3}$ ② $4\sqrt{2}$ ③ $\dfrac{14\sqrt{2}}{3}$

④ $\dfrac{16\sqrt{2}}{3}$ ⑤ $6\sqrt{2}$

해설 내신연계문제

유형 22 원의 접선의 방정식
— 원 밖의 한 점이 주어진 경우

원 밖의 점 (a, b)에서 원에 그은 접선의 방정식은 다음 세 가지 방법으로 구한다.

방법 1 원 위의 점에서의 접선의 방정식 이용
FIRST 원 위의 접점을 $P(x_1, y_1)$이라 놓는다.
NEXT 점 P에서의 접선의 방정식을 공식을 이용하여 구한다.
LAST 이 접선이 원 밖의 점을 지나기 때문에 접선의 방정식에 대입하고 접점 P가 원 위의 점임을 이용한다.

방법 2 원의 성질 이용
(원의 중심과 접선 사이의 거리)=(반지름의 길이)
접선의 기울기를 m이라 하고 점 (a, b)를 지나는 접선의 방정식
$y-b=m(x-a)$, $mx-y-ma+b=0$이므로
원의 중심과 접선 사이의 거리가 반지름의 길이와 같음을 이용한다.

방법 3 판별식 이용
원 밖의 한 점 (x_1, y_1)에서 그은 접선의 기울기를 m이라 하면 접선의 방정식은 $y-y_1=m(x-x_1)$
이것을 원의 방정식에 대입한 다음 판별식 D가 $D=0$을 이용하여 m의 값을 구한다.

① 원 밖의 한 점에서 원에 접하는 접선을 두 개 그을 수 있으므로 문제의 조건에 따라 방법을 선택한다.
② 접선이 y축에 평행할 때,
(원의 중심에서 접선까지의 거리)=(반지름의 길이)
임을 이용하여 접선의 방정식을 구하면 한 개만 구해지는 경우도 있으므로 **반드시 그래프를 그려서 나머지 한 접선의 방정식을 구한다.**

0450
학교기출 대표 유형

점 $A(3, 1)$에서 원 $x^2+y^2=1$에 그은 두 접선의 y절편을 각각 B, C 라 할 때, 삼각형 ABC의 넓이는?

① $\dfrac{9}{2}$ ② $\dfrac{27}{8}$ ③ $\dfrac{14}{3}$

④ $\dfrac{17}{2}$ ⑤ $\dfrac{50}{3}$

0451
최다빈출 왕 중요
NORMAL

점 $(3, 0)$에서 원 $x^2+y^2=6$에 그은 두 접선과 y축으로 둘러싸인 부분의 넓이는?

① $3\sqrt{2}$ ② $6\sqrt{2}$ ③ $9\sqrt{2}$

④ $12\sqrt{2}$ ⑤ $15\sqrt{2}$

해설 내신연계문제

0452

NORMAL

점 $(3, 4)$에서 원 $(x-1)^2+(y-1)^2=1$에 그은 접선의 기울기를 m이라 할 때, m의 모든 값의 합을 구하시오.

0453

NORMAL

점 $A(4, 0)$과 원 $x^2+y^2=12$ 위의 점 P를 지나는 직선 AP의 기울기의 최댓값은?

① $\sqrt{2}$ ② $\sqrt{3}$ ③ 2
④ $\sqrt{5}$ ⑤ $2\sqrt{2}$

0454

NORMAL

원 $(x-2)^2+(y+3)^2=1$의 넓이를 이등분하고 원 $x^2+y^2=1$에 접하는 직선의 기울기의 합은?

① -4 ② -3 ③ -2
④ 1 ⑤ 3

0455 최다빈출 왕 중요

TOUGH

두 원
$$O : x^2+y^2=4, \ O' : x^2+(y-4)^2=4$$
에 대하여 직선 l이 원 O에 접하고 원 O'의 넓이를 이등분할 때, 기울기가 양수인 직선 l의 방정식이 점 $(\sqrt{3}, a)$를 지난다. 이때 상수 a의 값을 구하시오.

해설 내신연계문제

0456

TOUGH

좌표평면 위의 점 $(3, 0)$에서 원 $(x-1)^2+(y+2)^2=3$에 그은 두 접선이 이루는 각을 이등분하는 직선의 방정식을 $y=ax+b$와 $y=cx+d$라 할 때, 상수 a, b, c, d에 대하여 $abcd$의 값을 구하시오.

모의고사 핵심유형 기출문제

0457   2019년 11월 고1 학력평가 14번

NORMAL

좌표평면 위의 점 $(2, -4)$에서 원 $x^2+y^2=2$에 그은 두 접선이 각각 y축과 만나는 점의 좌표를 $(0, a)$, $(0, b)$라 할 때, $a+b$의 값은?

① 4 ② 6 ③ 8
④ 10 ⑤ 12

해설 내신연계문제

0458   2018년 03월 고2 학력평가 가형 25번

NORMAL

점 $(0, 3)$에서 원 $x^2+y^2=1$에 그은 접선이 x축과 만나는 점의 x좌표를 k라 할 때, $16k^2$의 값을 구하시오.

해설 내신연계문제

유형 23 두 접점을 지나는 직선의 방정식

원 $x^2+y^2=r^2$ 밖의 점 $P(x_1, y_1)$에서 원에 그은 두 접선의 접점을 각각 A, B 라 할 때, 두 점 A, B를 연결한 직선을 극선이라 한다.

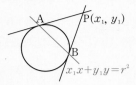

➡ 극선의 방정식은 $x_1x+y_1y=r^2$이다.

 원 $x^2+y^2=r^2$ 밖의 점 $P(x_1, y_1)$에서 극선의 방정식은 원 $x^2+y^2=r^2$ 위의 점 (x_1, y_1)에서의 접선의 방정식과 식의 형태가 같다.

➡ $x_1x+y_1y=r^2$

0459 학교기출 대표유형

오른쪽 그림과 같이 점 A(2, 3)에서 원 $x^2+y^2=1$에 그은 두 접선의 접점을 각각 P, Q라 할 때, 두 점 P, Q를 지나는 직선의 방정식은?

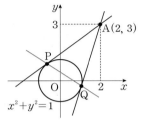

① $2x+3y=1$ ② $2x-3y=1$
③ $3x+2y=1$ ④ $3x-2y=1$
⑤ $4x+3y=1$

0460 최다빈출 양중요   TOUGH

그림과 같이 점 P(6, 8)에서 원 $x^2+y^2=25$에 그은 두 접선의 접점을 각각 A, B라고 할 때, 선분 AB의 길이는?

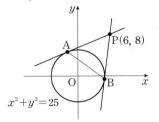

① $\dfrac{7\sqrt{3}}{2}$ ② $4\sqrt{3}$ ③ $\dfrac{9\sqrt{3}}{2}$

④ $5\sqrt{3}$ ⑤ $\dfrac{11\sqrt{3}}{2}$

해설 내신연계문제

0461   TOUGH

점 P(1, 3)에서 원 $x^2+y^2=5$에 그은 두 접선의 접점을 각각 A, B 라 할 때, 삼각형 PAB의 넓이는?

① $\dfrac{3}{2}$ ② 2 ③ $\dfrac{5}{2}$

④ 3 ⑤ $\dfrac{7}{2}$

유형 24 원 밖의 한 점에서 그은 접선이 서로 수직

원 밖의 한 점에서 두 접선이 서로 수직이면
➡ 정사각형의 대각선의 길이를 이용하여 미지수를 계산한다.

0462 학교기출 대표유형

점 A(0, a)에서 원 $x^2+y^2=8$에 그은 두 접선이 서로 수직일 때, 양수 a의 값을 구하시오.

0463 최다빈출 양중요   NORMAL

점 P(2, 0)에서 원 $(x-2)^2+(y-a)^2=4$에 그은 두 접선의 기울기의 곱이 -1일 때, 양수 a의 값은?

① $\dfrac{\sqrt{6}}{5}$ ② $\dfrac{3}{2}$ ③ $\sqrt{6}$

④ $2\sqrt{2}$ ⑤ $4\sqrt{2}$

해설 내신연계문제

0464 최다빈출 양중요   NORMAL

좌표평면에 원 $(x-1)^2+(y-2)^2=r^2$과 원 밖의 점 P(5, 4)가 있다. 점 P에서 원에 그은 두 접선이 서로 수직일 때, 반지름의 길이는?

① $\sqrt{3}$ ② 2 ③ $\sqrt{5}$

④ 3 ⑤ $\sqrt{10}$

해설 내신연계문제

0465   TOUGH

그림과 같이 좌표평면에서 중심이 (1, 1)이고 반지름의 길이가 1인 원과 직선 $y=mx(m>0)$가 두 점 A, B에서 만난다.
두 점 A, B에서 각각 이 원에 접하는 두 직선이 서로 수직이 되도록 하는 모든 실수 m의 값의 합을 구하시오.

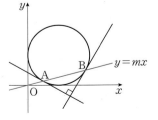

원 밖의 한 점 P와 원의 중심 C 사이의 거리를 d, 원의 반지름의 길이를 r이라 할 때, 점 P와 원 위의 점 사이의 거리의 최댓값을 M, 최솟값을 m이라 하면

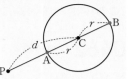

(1) **최댓값 $M=\overline{PC}+\overline{CB}=d+r$**

◀ (최대 거리)=(점과 원의 중심 사이의 거리)+(원의 반지름의 길이)

(2) **최솟값 $m=\overline{PC}-\overline{CA}=d-r$**

◀ (최소 거리)=(점과 원의 중심 사이의 거리)-(원의 반지름의 길이)

🐴 **원 안의 한 점에서 원에 이르는 거리의 최대 최소**

원 안의 한 점 P와 원 위의 점 사이의 거리의 최댓값 M, 최솟값을 m이라 하면

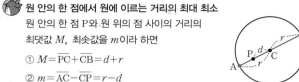

① $M=\overline{PC}+\overline{CB}=d+r$

② $m=\overline{AC}-\overline{CP}=r-d$

0466 학교기출 대표 유형

원 $(x-2)^2+(y+1)^2=4$ 위를 움직이는 점 P와 점 Q(5, 3)에 대하여 선분 PQ의 길이의 최댓값을 M, 최솟값을 m이라 할 때, $M+m$의 값을 구하시오.

0467 최다빈출 왕 중요 NORMAL

원 $(x-2)^2+y^2=4$ 위의 점 P에서 점 A(-1, 4)까지의 거리가 정수가 되도록 하는 점 P는 모두 몇 개인가?

① 2   ② 4   ③ 6
④ 8   ⑤ 10

해설 내신연계문제

0468 최다빈출 왕 중요 TOUGH

원 $(x+2)^2+(y+4)^2=9$ 위의 점 P(a, b)에 대하여 $\sqrt{(a-3)^2+(b-8)^2}$의 최댓값을 구하시오.

해설 내신연계문제

0469 최다빈출 왕 중요 TOUGH

원 $(x-2)^2+y^2=4$ 위를 움직이는 점 A와 원 $x^2+y^2-6x+4y+4=0$ 위를 움직이는 점 B에 대하여 선분 AB의 길이의 최댓값은?

① $2+\sqrt{2}$ ② $2+\sqrt{5}$ ③ $5+\sqrt{2}$
④ $5+\sqrt{5}$ ⑤ $4+\sqrt{6}$

해설 내신연계문제

0470 TOUGH

그림과 같이 두 점 A(-5, -3), B(-1, -5)와 원 $x^2+y^2=4$ 위의 점 P에 대하여 $\overline{PA}^2+\overline{PB}^2$의 최솟값을 구하시오.

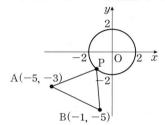

모의고사 **핵심유형** 기출문제

0471 2024년 09월 고1 학력평가 9번 NORMAL

좌표평면에서 점 A(5, 5)와 원 $x^2+y^2=8$ 위의 점 P에 대하여 선분 AP의 길이의 최솟값은?

① $\dfrac{5\sqrt{2}}{2}$ ② $3\sqrt{2}$ ③ $\dfrac{7\sqrt{2}}{2}$
④ $4\sqrt{2}$ ⑤ $\dfrac{9\sqrt{2}}{2}$

해설 내신연계문제

0472 2018년 11월 고1 학력평가 26번 TOUGH

좌표평면 위의 두 점 A(5, 12), B(a, b)에 대하여 선분 AB의 길이가 3일 때, a^2+b^2의 최댓값을 구하시오.

해설 내신연계문제

유형 26 원 위의 점과 직선 사이의 거리의 최대 · 최소

원의 중심 C와 직선 l 사이의 거리를 d,
원의 반지름의 길이를 r이라 할 때,
원 위의 점과 직선 사이의 거리의
최댓값을 M, 최솟값을 m이라 하면

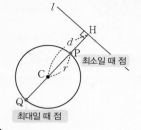

(1) **최댓값 $M = \overline{QH} = \overline{CH} + \overline{QC} = d + r$**
  ◀ (최대 거리)=(원과 원의 중심 사이의 거리)+(원의 반지름의 길이)

(2) **최솟값 $m = \overline{PH} = \overline{CH} - \overline{CP} = d - r$**
  ◀ (최소 거리)=(원의 중심과 직선 사이의 거리)−(원의 반지름의 길이)

 원의 중심을 지나는 직선 중에 원 밖의 직선과 수직으로 만나는 직선을
정하면 직선이 원과 만나는 두 점 중에서 원 밖의 직선과 가장 가까운
점까지가 최솟값이고, 원 밖의 직선과 가장 먼 점까지의 거리가 최댓값
이 된다.

0473 학교기출 대표유형

원 $(x-2)^2+(y+3)^2=k$ 위의 점 P와 직선 $x-2y+2=0$ 사이의
거리의 최댓값을 M, 최솟값을 m이라 하자. $M-m=8$일 때, 상수
k의 값을 구하시오. (단, $k<20$)

0474 NORMAL

원 $x^2+y^2=4$ 위의 점 P와 직선 $mx-y+4m+3=0$ 사이의 거리
의 최댓값은? (단, m은 상수이다.)

① 6 　　　　② 7 　　　　③ 8
④ 9 　　　　⑤ 10

0475 NORMAL

원 $(x-1)^2+(y+2)^2=8$ 위의 점 P와 직선 $x-y+3=0$ 사이의
거리가 정수인 점 P의 개수는?

① 6 　　　　② 8 　　　　③ 10
④ 12 　　　　⑤ 14

0476 최다빈출 왕중요 NORMAL

원 $(x-4)^2+(y-4)^2=25$ 위의 점에서 두 점 A(6, −4), B(10, 0)
을 지나는 직선에 이르는 거리의 최댓값 M과 최솟값 m일 때,
$M+m$의 값은?

① 8 　　　　② 10 　　　　③ $5\sqrt{2}$
④ $10\sqrt{2}$ 　　　　⑤ $10\sqrt{5}$

해설 내신연계문제

0477 TOUGH

좌표평면 위의 두 점 A(1, 0), B(−1, 2)를 지나는 직선 위의 임의의
점 P에서 원 $(x-4)^2+(y-3)^2=4$에 그은 접선의 접점을 T라 할 때,
선분 PT의 길이의 최솟값은?

① 3 　　　　② $\sqrt{10}$ 　　　　③ $2\sqrt{3}$
④ $\sqrt{14}$ 　　　　⑤ 4

0478 TOUGH

원 $(x-3)^2+(y-2)^2=16$ 위의 점 A(3, −2), B(7, 2)와 이 원 위를
움직이는 점 P에 대하여 삼각형 PAB의 넓이의 최댓값을 $a+b\sqrt{2}$라
할 때, 유리수 a, b에 대하여 $a+b$의 값은?

① 8 　　　　② 12 　　　　③ 16
④ 18 　　　　⑤ 22

0479 최다빈출 왕중요 TOUGH

두 점 B(7, 1), C(1, 7)과 원 $x^2+y^2=8$ 위의 점 A에 대하여
삼각형 ABC의 넓이의 최댓값 M과 최솟값 m일 때, $M+m$의 값을
구하시오.

해설 내신연계문제

0480 최대빈출 상 중요

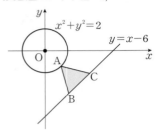

그림과 같이 좌표평면에서 원 $x^2+y^2=2$ 위를 움직이는 점 A와 직선 $y=x-6$ 위를 움직이는 서로 다른 두 점 B, C를 꼭짓점으로 하는 삼각형 ABC를 만든다. 정삼각형이 되는 삼각형 ABC의 넓이의 최댓값을 M, 최솟값을 m이라 할 때, $M-m$의 값은?

① $\dfrac{16\sqrt{3}}{3}$ ② $6\sqrt{3}$ ③ $\dfrac{32\sqrt{3}}{3}$

④ $8\sqrt{3}$ ⑤ $10\sqrt{3}$

해설 내신연계문제

0481

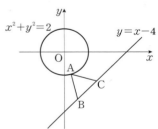

그림과 같이 좌표평면에서 원 $x^2+y^2=2$ 위를 움직이는 점 A와 직선 $y=x-4$ 위를 움직이는 두 점 B, C를 연결하여 삼각형 ABC를 만들 때, 정삼각형이 되는 삼각형 ABC의 넓이의 최솟값과 최댓값의 비는?

① $1:7$ ② $1:8$ ③ $1:9$

④ $1:10$ ⑤ $1:11$

0482 2016년 09월 고1 학력평가 26번

좌표평면 위의 점 $(3, 4)$를 지나는 직선 중에서 원점과의 거리가 최대인 직선을 l이라 하자. 원 $(x-7)^2+(y-5)^2=1$ 위의 점 P와 직선 l 사이의 거리의 최솟값을 m이라 할 때, $10m$의 값을 구하시오.

해설 내신연계문제

0483 2021년 11월 고1 학력평가 17번

좌표평면 위에 두 점 $A(0, \sqrt{3})$, $B(1, 0)$과 원 $C : (x-1)^2+(y-10)^2=9$가 있다. 원 C 위의 점 P에 대하여 삼각형 ABP의 넓이가 자연수가 되도록 하는 모든 점 P의 개수는?

① 9   ② 10   ③ 11

④ 12   ⑤ 13

해설 내신연계문제

0484 2020년 09월 고1 학력평가 27번

좌표평면 위에 두 원
$$C_1 : (x+6)^2+y^2=4, \quad C_2 : (x-5)^2+(y+3)^2=1$$
과 직선 $l : y=x-2$가 있다. 원 C_1 위의 점 P에서 직선 l에 내린 수선의 발을 H_1, 원 C_2 위의 점 Q에서 직선 l에 내린 수선의 발을 H_2라 하자. 선분 H_1H_2의 길이의 최댓값을 M, 최솟값을 m이라 할 때, 두 수 M, m의 곱 Mm의 값을 구하시오.

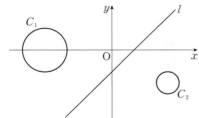

해설 내신연계문제

서술형 기출유형

학교내신기출 서술형 핵심문제총정리

YOURMASTERPLAN;MAPL
SYNERGY
SERIES

0485

중심이 곡선 $y=x^2-x-3$ 위에 있고, x축과 y축에 동시에 접하는 모든 원의 넓이의 합을 구하는 과정을 다음 단계로 서술하시오.

1단계 중심이 직선 $y=x$ 위에 있는 원의 반지름의 길이를 구한다. [4점]

2단계 중심이 직선 $y=-x$ 위에 있는 원의 반지름의 길이를 구한다. [4점]

3단계 모든 원의 넓이의 합을 구한다. [2점]

0486 최다빈출 상 중요

좌표평면 위의 두 점 $A(-\sqrt{5}, -1)$, $B(\sqrt{5}, 3)$과 직선 $y=x-2$ 위의 서로 다른 두 점 P, Q에 대하여 $\angle APB = \angle AQB = 90°$일 때, 선분 PQ의 길이를 l이라 하자. l^2의 값을 구하는 과정을 다음 단계로 서술하시오.

1단계 $\angle APB = \angle AQB = 90°$를 만족하는 도형의 방정식을 구한다. [4점]

2단계 도형의 방정식과 직선 $y=x-2$의 교점 P, Q의 좌표를 구한다. [4점]

3단계 l^2의 값을 구한다. [2점]

해설 내신연계문제

0487

오른쪽 그림과 같이 원 $x^2+y^2=36$을 선분 PQ를 접는 선으로 하여 접어서 x축 위의 점 $(2, 0)$에서 접하도록 하였다. 직선 PQ의 방정식을 $x+ay+b=0$이라고 할 때, 상수 a, b에 대하여 ab의 값을 구하는 과정을 다음 단계로 서술하시오.

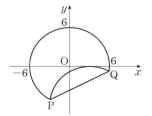

1단계 호 PQ를 포함한 원의 방정식을 구한다. [6점]

2단계 두 원의 공통현인 직선 PQ의 방정식을 구한다. [3점]

3단계 ab의 값을 구한다. [1점]

0488

원 $x^2+y^2=20$ 위의 점 $(2, -4)$에서의 접선이 원 $x^2+y^2-14x-2y+k=0$과 접할 때, 실수 k의 값을 구하는 과정을 다음 단계로 서술하시오.

1단계 원 $x^2+y^2=20$ 위의 점 $(2, -4)$에서의 접선의 방정식을 구한다. [4점]

2단계 원 $x^2+y^2-14x-2y+k=0$의 중심의 좌표와 반지름의 길이를 구한다. [4점]

3단계 원의 중심과 접선 사이의 거리는 원의 반지름의 길이와 같음을 이용하여 실수 k의 값을 구한다. [2점]

0489

점 $(3, -1)$에서 원 $x^2+y^2=1$에 그은 두 접선 중 기울기가 음수인 접선을 l이라 할 때, x축, y축 및 직선 l에 동시에 접하면서 중심이 제 1사분면 위에 있는 원은 두 개이다. 두 원의 반지름 길이의 합을 구하는 과정을 다음 단계로 서술하시오.

1단계 점 $(3, -1)$에서 원 $x^2+y^2=1$에 그은 기울기가 음수인 접선의 방정식을 구한다. [4점]

2단계 x축, y축에 동시에 접하는 원의 중심의 좌표를 정하여 접선까지 거리가 원의 반지름의 길이와 같음을 이용하여 반지름의 길이를 구한다. [5점]

3단계 두 원의 반지름의 길이의 합을 구한다. [1점]

0490 최다빈출 상 중요

오른쪽 그림과 같이 좌표평면 위에 x축과 y축에 동시에 접하고 중심이 제 1사분면에 속하며 반지름의 길이가 1인 원 C가 놓여 있다.
이때 원 밖의 한 점 $A(2, 3)$에서 원 C에 그은 두 접선과 x축으로 둘러싸인 삼각형 APQ의 넓이를 구하는 과정을 다음 단계로 서술하시오.

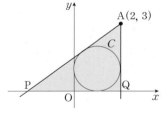

1단계 원 C의 방정식을 구한다. [2점]

2단계 점 $A(2, 3)$에서 원 C에 그은 두 접선의 방정식을 구한다. [4점]

3단계 두 접선의 x절편 P, Q의 좌표를 구한다. [2점]

4단계 점 A에서 원 C에 그은 두 접선과 x축으로 둘러싸인 삼각형 APQ의 넓이를 구한다. [2점]

해설 내신연계문제

0491

원 $x^2+y^2-2x+8y+13=0$의 넓이와 네 직선 $x=-1$, $x=5$, $y=3$, $y=7$로 둘러싸인 직사각형의 넓이를 모두 이등분하는 직선의 방정식을 $y=ax+b$라 할 때 상수 a, b에 대하여 $a+b$의 값을 구하는 과정을 다음 단계로 서술하시오.

1단계 원 $x^2+y^2-2x+8y+13=0$의 중심과 반지름의 길이를 구한다. [3점]

2단계 주어진 직사각형의 대각선의 교점의 좌표를 구한다. [2점]

3단계 원과 직사각형의 넓이를 모두 이등분하는 직선의 방정식을 구한다. [4점]

4단계 상수 a, b에 대하여 $a+b$의 값을 구한다. [1점]

0492

두 점 A$(-4, 0)$, B$(2, 0)$으로부터 거리의 비가 $2:1$인 점 P에 대하여 다음 단계로 서술하시오.

1단계 점 P가 그리는 도형의 방정식을 구한다. [2점]

2단계 삼각형 PAB의 넓이의 최댓값을 구한다. [4점]

3단계 ∠PAB의 크기가 최대일 때, 선분 AP의 길이를 구한다. [4점]

0493 최다빈출 ② 중요

그림과 같이 원 $x^2+y^2=36$ 위의 제 1사분면 위에 있는 점 P에서의 접선 l이 원 $x^2+(y-6)^2=16$과 두 점 A, B에서 만난다. $\overline{\text{AB}}=2\sqrt{7}$일 때, 직선 l의 기울기를 구하는 과정을 다음 단계로 서술하시오.

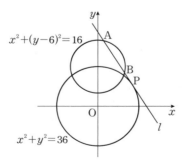

1단계 기울기를 m이라 하고 점 P에서의 접선 l의 방정식을 구한다. [2점]

2단계 원 $x^2+(y-6)^2=16$의 중심과 직선 l 사이의 거리를 구한다. [4점]

3단계 직선 l의 기울기를 구한다. [4점]

해설 내신연계문제

0494 최다빈출 ② 중요

오른쪽 그림과 같이 행렬 $A=\begin{pmatrix} x & y \\ y & -x \end{pmatrix}$

에 대하여 $A^2=9E$를 만족시키는 점 P(x, y)가 나타내는 도형을 C라 하자. 두 점 A$(0, 16)$, B$(12, 0)$에 대하여 사각형 APBQ가 평행사변형이 되도록 점 Q를 정한다. 선분 PQ의 길이의 최댓값을 M, 최솟값을 m이라 할 때, $M+m$의 값을 구하는 과정을 다음 단계로 서술하시오. (단, E는 단위행렬이다.)

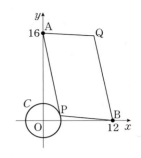

1단계 $A^2=9E$를 만족시키는 점 P(x, y)가 나타내는 도형 C의 방정식을 구한다. [4점]

2단계 선분 PQ의 길이의 최댓값 M, 최솟값 m을 구한다. [5점]

3단계 $M+m$의 값을 구한다. [1점]

해설 내신연계문제

0495

원 $(x-1)^2+(y+3)^2=4$ 위의 점 P와 두 점 A$(1, 2)$, B$(5, 5)$에 대하여 삼각형 PAB의 넓이의 최댓값과 최솟값의 합을 구하는 과정을 다음 단계로 서술하시오.

1단계 두 점 A$(1, 2)$, B$(5, 5)$를 지나는 직선의 방정식과 선분 AB의 길이를 구한다. [3점]

2단계 원 $(x-1)^2+(y+3)^2=4$ 위의 점에서 두 점을 지나는 직선 AB 사이의 거리의 최댓값과 최솟값을 구한다. [4점]

3단계 삼각형 PAB의 넓이의 최댓값과 최솟값의 합을 구한다. [3점]

0496

좌표평면에서 원 $(x+7)^2+y^2=8$ 위를 움직이는 점 P와 점 A$(6, 1)$에서 직선 $y=-x+3$에 내린 수선의 발을 H라 할 때, 삼각형 APH의 넓이의 최댓값과 최솟값의 합을 구하는 과정을 다음 단계로 서술하시오.

1단계 점 A$(6, 1)$에서 직선 $y=-x+3$에 내린 수선의 발 H의 좌표를 구한다. [3점]

2단계 직선 AH의 방정식과 선분 AH의 길이를 구한다. [2점]

3단계 삼각형 APH의 넓이의 최댓값과 최솟값의 합을 구한다. [5점]

0497 최다빈출 ❷ 중요

그림과 같이 한 변의 길이가 10인 정사각형 ABCD에 내접하는 원이
있다. 선분 BC를 1 : 2로 내분하는 점을 P라 하자.
선분 AP가 정사각형 ABCD에 내접하는 원과 만나는 두 점을 Q, R
이라 할 때, 선분 QR의 길이를 구하시오.

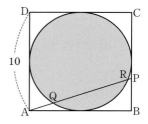

해설 내신연계문제

0498

원 $(x-2)^2+(y-1)^2=1$과 직선 $y=x$의 두 교점을 각각 P, Q라
하고 선분 PQ의 수직이등분선이 x축, y축과 만나는 점을 각각
A, B라고 하자. 이때 삼각형 OAB의 넓이를 $\dfrac{p}{q}$라 할 때, 서로소인
자연수 p, q에 대하여 $p+q$의 값을 구하시오. (단, O는 원점이다.)

0499

직선 $\dfrac{x}{5}+\dfrac{y}{12}=1$과 x축, y축으로 둘러싸인 삼각형의 내접원의 중심
을 C_1, 외접원의 중심을 C_2라 할 때, 선분 C_1C_2의 길이는?

① $\dfrac{\sqrt{61}}{2}$ ② $\dfrac{3\sqrt{7}}{2}$ ③ $\dfrac{\sqrt{65}}{2}$

④ $\dfrac{\sqrt{67}}{2}$ ⑤ $\dfrac{\sqrt{69}}{2}$

0500

두 점 A$(-2, 1)$, B$(3, 1)$에 대하여 $\overline{AP} : \overline{BP}=3 : 2$를 만족시키는
점 P가 그리는 원 O_1와 $\overline{AQ} : \overline{BQ}=2 : 3$을 만족시키는 점 Q가
그리는 원 O_2가 있다. 원 O_1 위의 임의의 점 C와 원 O_2 위의 임의의
점 D에 대하여 선분 CD의 길이의 최댓값을 구하시오.

0501

이차함수 $y=x^2+1$의 그래프 위의 점을 중심으로 하고 y축에
접하는 원 중에서 직선 $4x-3y-3=0$과 접하는 원은 2개 있다.
두 원의 반지름의 길이를 p, q라 할 때, $p+q$의 값을 구하시오.

0502

원 $(x-6)^2+y^2=7$의 넓이를 이등분하는 두 직선이 원 $x^2+y^2=9$에
접할 때, 두 직선과 y축으로 둘러싸인 삼각형의 넓이를 구하시오.

0503 최다빈출 왕 중요

좌표평면에 두 원
$$C_1 : x^2 + y^2 = 1, \ C_2 : x^2 + y^2 - 8x + 6y + 21 = 0$$
이 있다. 그림과 같이 x축 위의 점 P에서 원 C_1에 그은 한 접선의 접점을 Q, 점 P에서 원 C_2에 그은 한 접선의 접점을 R이라 하자. $\overline{PQ} = \overline{PR}$일 때, 점 P의 x좌표는?

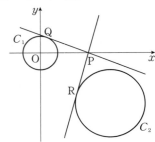

① $\dfrac{19}{8}$ ② $\dfrac{5}{2}$ ③ $\dfrac{21}{8}$

④ $\dfrac{11}{4}$ ⑤ $\dfrac{23}{8}$

해설 내신연계문제

0504

좌표평면 위에 원 $C : x^2 + y^2 = r^2 \ (0 < r < 2\sqrt{2})$와 점 $A(2, 2)$가 있다. 점 A에서 원 C에 그은 접선 l이 원 C와 만나는 접점을 P라 하고 점 P를 지나고 직선 l과 수직인 직선이 원 C와 만나는 다른 한 점을 Q라 하자. 삼각형 APQ가 이등변삼각형이 되도록 하는 점 P의 좌표를 (a, b)라 할 때, $50ab$의 값을 구하시오.

0505 최다빈출 왕 중요

세 점 $A(a, b)$, $B(4, 2)$, $C(-1, 4)$를 꼭짓점으로 하는 삼각형 ABC가 있다. 점 A가 반지름의 길이가 3이고 중심의 좌표가 $(3, 6)$인 원 위를 움직일 때, 삼각형 ABC의 무게중심 G가 나타내는 도형의 방정식 위의 점 P와 직선 $x + y - 2 = 0$사이의 거리의 최댓값 M, 최솟값을 m이라 하자. Mm의 값을 구하시오.

해설 내신연계문제

0506

다음 물음에 답하시오.
(1) 점 $A(-6, 0)$과 원 $x^2 + y^2 - 6x = 0$ 위의 점 B에 대하여 선분 AB를 $2 : 1$로 내분하는 점을 P라 할 때, 점 P가 나타내는 도형의 길이를 구하시오.
(2) 점 $A(1, -2)$와 원 $(x-1)^2 + y^2 = 64$ 위의 점 P를 이은 선분 AP의 중점이 나타내는 도형의 길이를 구하시오.

0507 2024년 03월 고2 학력평가 19번

좌표평면 위의 두 점 $A(0, 6)$, $B(9, 0)$에 대하여 선분 AB를 $2 : 1$로 내분하는 점을 P라 하자. 원 $x^2 + y^2 - 2ax - 2by = 0$과 직선 AB가 점 P에서만 만날 때, $a + b$의 값은? (단, a, b는 상수이다.)

① $\dfrac{16}{9}$ ② 2 ③ $\dfrac{20}{9}$

④ $\dfrac{22}{9}$ ⑤ $\dfrac{8}{3}$

해설 내신연계문제

0508 2019년 03월 고2 학력평가 나형 17번

좌표평면에서 원 $C : x^2 + y^2 - 4x - 2ay + a^2 - 9 = 0$이 다음 조건을 만족시킨다.

(가) 원 C는 원점을 지난다.
(나) 원 C는 직선 $y = -2$와 서로 다른 두 점에서 만난다.

원 C와 직선 $y = -2$가 만나는 두 점 사이의 거리는?
(단, a는 상수이다.)

① $4\sqrt{2}$ ② 6 ③ $2\sqrt{10}$

④ $2\sqrt{11}$ ⑤ $4\sqrt{3}$

해설 내신연계문제

0509 2020년 09월 고1 학력평가 18번

그림과 같이 원 $x^2+y^2=1$과 직선 $y=ax\,(a>0)$가 만나는 서로 다른 두 점을 각각 A, B라 하고, 점 A를 지나고 직선 $y=ax$에 수직인 직선이 x축과 만나는 점을 C라 하자.

다음은 점 D$(0, -1)$에 대하여 두 삼각형 DAB와 DCO의 넓이를 각각 S_1, S_2라 할 때, $\dfrac{S_2}{S_1}=2$를 만족시키는 상수 a의 값을 구하는 과정이다. (단, O는 원점이고, 점 A의 x좌표는 양수이다.)

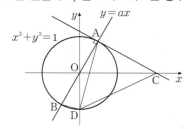

원 $x^2+y^2=1$과 직선 $y=ax$가 만나는 점 A의 좌표는

$$A\left(\boxed{\ (가)\ }, \ a\times\boxed{\ (가)\ }\right)$$

이다.

점 A를 지나고 직선 $y=ax$에 수직인 직선을 l이라 하자.

직선 l의 방정식은

$$y=-\frac{1}{a}x+\boxed{\ (나)\ }$$

이다.

점 C는 직선 l과 x축이 만나는 점이므로 점 C의 좌표는

$$C(\sqrt{a^2+1},\ 0)$$

이다.

점 D$(0, -1)$과 직선 AB 사이의 거리를 d라 하면

$$S_1=\frac{1}{2}\times\overline{AB}\times d, \ S_2=\frac{1}{2}\times\overline{OD}\times\overline{OC}$$

따라서 $\dfrac{S_2}{S_1}=2$를 만족시키는 양수 a의 값은

$$a=\boxed{\ (다)\ }$$

이다.

위의 (가), (나)에 알맞은 식을 각각 $f(a)$, $g(a)$라 하고, (다)에 알맞은 수를 k라 할 때, $f(k)\times g(k)$의 값은?

① $\dfrac{5\sqrt{3}}{6}$ ② $\dfrac{2\sqrt{3}}{3}$ ③ $\dfrac{\sqrt{3}}{2}$

④ $\dfrac{\sqrt{3}}{3}$ ⑤ $\dfrac{\sqrt{3}}{6}$

해설 내신연계문제

0510 2022년 09월 고1 학력평가 28번

그림과 같이 x축과 직선 $l:y=mx\,(m>0)$에 동시에 접하는 반지름의 길이가 2인 원이 있다. x축과 원이 만나는 점을 P, 직선 l과 원이 만나는 점을 Q, 두 점 P, Q를 지나는 직선이 y축과 만나는 점을 R라 하자. 삼각형 ROP의 넓이가 16일 때, $60m$의 값을 구하시오. (단, 원의 중심은 제 1사분면 위에 있고, O는 원점이다.)

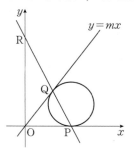

해설 내신연계문제

0511 2024년 03월 고2 학력평가 21번

그림과 같이 두 직선 $l_1:y=mx\,(m>1)$과 $l_2:y=\dfrac{1}{m}x$에 동시에 접하는 원의 중심을 A라 하자. 직선 l_1과 원의 접점을 P, 직선 l_2와 원의 접점을 Q, 직선 PQ가 x축과 만나는 점을 R이라 할 때, 세 점 P, Q, R이 다음 조건을 만족시킨다.

(가) $\overline{PQ}=\overline{QR}$

(나) 삼각형 OPQ의 넓이는 24이다.

직선 l_1과 직선 AQ의 교점을 B라 할 때, 선분 BQ의 길이는? (단, 원의 중심 A는 제 1사분면 위에 있고, O는 원점이다.)

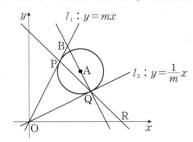

① $\dfrac{3}{2}\sqrt{5}$ ② $2\sqrt{5}$ ③ $\dfrac{5}{2}\sqrt{5}$

④ $3\sqrt{5}$ ⑤ $\dfrac{7}{2}\sqrt{5}$

해설 내신연계문제

0512

2019년 03월 고2 학력평가 나형 29번

좌표평면에 원 $C_1 : (x+7)^2 + (y-2)^2 = 20$이 있다. 그림과 같이 점 $P(a, 0)$에서 원 C_1에 그은 두 접선을 l_1, l_2라 하자. 두 직선 l_1, l_2가 원 $C_2 : x^2 + (y-b)^2 = 5$에 모두 접할 때, 두 직선 l_1, l_2의 기울기의 곱을 c라 하자. $11(a+b+c)$의 값을 구하시오. (단, a, b는 양의 상수이다.)

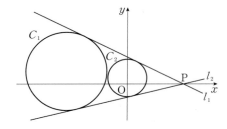

해설 내신연계문제

0513

2023년 09월 고1 학력평가 29번

좌표평면 위의 세 점 $A(-5, -1)$, B, C가 다음 조건을 만족시킨다.

(가) 삼각형 ABC의 무게중심의 좌표는 $(-1, 1)$이다.
(나) 세 점 A, B, C를 지나는 원의 중심은 원점이다.

삼각형 ABC의 넓이가 $\dfrac{q}{p}\sqrt{105}$일 때, $p+q$의 값을 구하시오. (단, p와 q는 서로소인 자연수이다.)

해설 내신연계문제

0514

2024년 09월 고1 학력평가 30번

두 실수 a, b에 대하여 이차함수 $f(x) = a(x-b)^2$이 있다. 중심이 함수 $y=f(x)$의 그래프 위에 있고 직선 $y = \dfrac{4}{3}x$와 x축에 동시에 접하는 서로 다른 원의 개수는 3이다. 이 세 원의 중심의 x좌표를 각각 x_1, x_2, x_3이라 할 때, 세 실수 x_1, x_2, x_3이 다음 조건을 만족시킨다.

(가) $x_1 \times x_2 \times x_3 > 0$
(나) 세 점 $(x_1, f(x_1))$, $(x_2, f(x_2))$, $(x_3, f(x_3))$을 꼭짓점으로 하는 삼각형의 무게중심의 y좌표는 $-\dfrac{7}{3}$이다.

$f(4) \times f(6)$의 값을 구하시오.

해설 내신연계문제

04

학교내신기출 객관식 핵심문제총정리

도형의 이동

유형 01 점의 평행이동

좌표평면 위의 점 P(x, y)를 x축의 방향으로 a만큼, y축의 방향으로 b만큼 평행이동할 때,

(1) **점의 평행이동**
- ➡ x대신 $x+a$, y대신 $y+b$를 대입한다.
- ➡ $(x, y) \longrightarrow (x+a, y+b)$
  ◀ 이동하는 만큼 더해서 대입

(2) **도형의 평행이동**
- ➡ x대신 $x-a$, y대신 $y-b$를 대입한다.
- ➡ $f(x, y)=0 \longrightarrow f(x-a, y-b)=0$
  ◀ 이동하는 만큼 빼서 대입

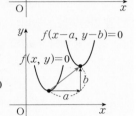

 x축의 방향으로 a만큼 평행이동이라는 것은
$a>0$일 때에는 양의 방향으로, $a<0$일 때에는 음의 방향으로 $|a|$만큼 평행이동함을 의미한다.

0515
학교기출 대표 유형

점 $(5, -3)$을 x축의 방향으로 a만큼, y축의 방향으로 -1만큼 평행이동한 점이 직선 $x+2y-1=0$ 위의 점일 때, 상수 a의 값은?

① -4 ② -2 ③ -1
④ 2 ⑤ 4

0516
최다빈출 왕 중요 NORMAL

두 점 A$(-1, a)$, B$(b, 4)$가 어떤 평행이동에 의하여 각각 A$'(1, 3)$, B$'(5, 7)$로 옮겨질 때, 이 평행이동에 의하여 점 (a, b)가 옮겨지는 점의 좌표를 (p, q)라 하자. 두 상수 p, q에 대하여 $p+q$의 값을 구하시오.

 해설 내신연계문제

0517
NORMAL

점 A$(3, -4)$를 x축의 방향으로 a만큼, y축의 방향으로 -2만큼 평행이동하였더니 원점 O로부터의 거리가 처음 거리의 2배가 될 때, 모든 상수 a의 값의 합은?

① -16 ② -12 ③ -10
④ -8 ⑤ -6

0518
NORMAL

점 A$(5, 3)$을 x축의 방향으로 a만큼, y축의 방향으로 b만큼 평행이동한 점 B로 옮겨질 때, $\overline{AB}=4$이고 점 B와 직선 $x+y-8=0$ 사이의 거리는 $\sqrt{2}$이다. 이때 두 상수 a, b에 대하여 ab의 값은?

① -2 ② -4 ③ -6
④ -8 ⑤ -10

0519
최다빈출 왕 중요 NORMAL

세 점 A$(2, 8)$, B$(-1, 3)$, C$(5, 4)$를 x축의 방향으로 a만큼, y축의 방향으로 b만큼 평행이동한 점을 각각 A$'$, B$'$, C$'$이라 하자. 삼각형 A$'$B$'$C$'$의 무게중심의 좌표가 $(4, 8)$일 때, $a+b$의 값은? (단, a, b는 상수이다.)

① -5 ② -3 ③ 1
④ 3 ⑤ 5

해설 내신연계문제

0520
NORMAL

그림의 삼각형 A$'$B$'$C$'$은 삼각형 ABC를 평행이동한 도형이다. 두 점 B$'$, C$'$을 지나는 직선의 방정식이 $ax+by=24$일 때, $a+b$의 값은? (단, a, b는 상수이다.)

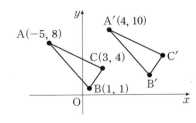

① 1 ② 2 ③ 3
④ 4 ⑤ 5

0521

NORMAL

두 평행이동

$$f : (x, y) \longrightarrow \left(x - \frac{4}{3}, y\right),$$

$$g : (x, y) \longrightarrow \left(x, y + \frac{3}{5}\right)$$

가 있다. 점 $(1, 2)$를 평행이동 f를 m번 시행하여 이동한 후, 다시 평행이동 g를 n번 시행하여 이동하면 점 $(-11, 5)$으로 옮겨진다고 한다. 이때 $m+n$의 값을 구하시오.

0522

TOUGH

두 양수 m, n에 대하여 좌표평면 위의 점 $A(-2, 1)$을 x축의 방향으로 m만큼 평행이동한 점을 B라 하고 점 B를 y축의 방향으로 n만큼 평행이동한 점을 C라 하자. 세 점 A, B, C를 지나는 원의 중심의 좌표가 $(3, 2)$일 때, mn의 값을 구하시오.

모의고사 핵심유형 기출문제

0523   <small>2020년 11월 고1 학력평가 23번</small>

BASIC

좌표평면 위의 점 $(-4, 3)$을 x축의 방향으로 a만큼, y축의 방향으로 b만큼 평행이동한 점의 좌표가 $(1, 5)$일 때, $a+b$의 값을 구하시오. (단, a, b는 상수이다.)

해설 내신연계문제

0524   <small>2019년 11월 고1 학력평가 12번</small>

NORMAL

좌표평면 위의 점 $P(a, a^2)$을 x축의 방향으로 $-\frac{1}{2}$만큼, y축의 방향으로 2만큼 평행이동한 점이 직선 $y = 4x$ 위에 있을 때, 상수 a의 값은?

① -2 ② -1 ③ 0
④ 1   ⑤ 2

해설 내신연계문제

유형 02   직선의 평행이동

직선 $y = mx + n$을 x축의 방향으로 a만큼, y축의 방향으로 b만큼 평행이동한 직선의 방정식은

➡ x대신 $x - a$, y대신 $y - b$를 대입한다.

➡ $y - b = m(x - a) + n$, 즉 $y = mx - ma + n + b$

 ① 도형의 평행이동은 점의 평행이동과는 달리 이동하는 만큼 빼서 대입한다.
② 직선을 평행이동하여도 직선의 기울기는 변하지 않는다.
즉 직선 l을 평행이동한 직선을 l'이라 하면
두 직선 l, l'은 서로 일치하거나 평행하다.

0525   <small>학교기출 대표유형</small>

직선 $x + ay + b = 0$을 x축의 방향으로 -1만큼, y축의 방향으로 3만큼 평행이동 하였더니 직선 $x - 2y + 6 = 0$이 되었다. 상수 a, b에 대하여 ab의 값을 구하시오.

0526

BASIC

직선 $4x - 3y + k = 0$을 x축의 방향으로 2만큼, y축의 방향으로 -2만큼 평행이동한 직선이 점 $(3, -1)$를 지날 때, 상수 k의 값은?

① -3 ② -2 ③ -1
④ 1   ⑤ 3

0527   <small>최다빈출 왕중요</small>

NORMAL

직선 $x - y - 1 = 0$을 x축의 방향으로 m만큼, y축의 방향으로 3만큼 평행이동한 직선과 x축 및 y축으로 둘러싸인 부분의 넓이가 18일 때, 상수 m의 값은? (단, $m > 2$)

① 6   ② 7   ③ 8
④ 9   ⑤ 10

해설 내신연계문제

0528 최다빈출 왕 중요 NORMAL

직선 $y=ax+b$를 x축의 방향으로 2만큼, y축의 방향으로 -1만큼 평행이동하면 직선 $y=-\dfrac{1}{2}x+3$과 y축 위의 한 점에서 수직으로 만날 때, 상수 a, b에 대하여 $a+b$의 값을 구하시오.

해설 내신연계문제

0529 최다빈출 왕 중요 NORMAL

직선 $y=ax+a^2$을 x축의 방향으로 3만큼, y축의 방향으로 -5만큼 평행이동한 직선이 원 $x^2+y^2-10x+4y=0$의 넓이를 이등분한다. 이때 모든 상수 a의 값의 합은?

① -5 ② -4 ③ -3
④ -2 ⑤ -1

해설 내신연계문제

0530 NORMAL

직선 $3x-y+4=0$을 x축의 방향으로 -2만큼, y축의 방향으로 m만큼 평행이동한 직선의 방정식이 $3x-y+6=0$일 때, 이 평행이동에 의하여 직선 $4x+y-3=0$으로 옮겨지는 직선의 방정식과 x축, y축으로 둘러싸인 도형의 넓이는?

① $\dfrac{225}{8}$ ② $\dfrac{144}{5}$ ③ $\dfrac{169}{5}$
④ $\dfrac{225}{4}$ ⑤ $\dfrac{121}{2}$

0531 NORMAL

직선 $y=-2x$를 x축의 방향으로 k만큼 평행이동하였더니 원 $x^2+y^2=4$에 접하였다. 이때 양수 k의 값은?

① $\sqrt{2}$ ② $\sqrt{3}$ ③ $\sqrt{5}$
④ $2\sqrt{2}$ ⑤ $3\sqrt{2}$

0532 최다빈출 왕 중요 NORMAL

직선 $x-2y+3=0$을 x축의 방향으로 1만큼, y축의 방향으로 b만큼 평행이동하였더니 두 직선 사이의 거리가 $\sqrt{5}$가 되었다. 이때 양수 b의 값은?

① 1 ② 3 ③ 5
④ 6 ⑤ 8

해설 내신연계문제

0533 최다빈출 왕 중요 TOUGH

직선 $x-2y=0$을 x축의 방향으로 a만큼 평행이동한 직선과 두 직선 $x+3y-4=0$, $3x+y-4=0$이 삼각형을 이루지 않도록 하는 상수 a의 값을 구하시오.

해설 내신연계문제

모의고사 핵심유형 기출문제

0534 2024년 09월 고1 학력평가 5번 BASIC

직선 $y=kx+1$을 x축의 방향으로 1만큼, y축의 방향으로 -2만큼 평행이동한 직선이 점 $(3, 1)$을 지날 때, 상수 k의 값은?

① 1 ② 2 ③ 3
④ 4 ⑤ 5

해설 내신연계문제

0535 2018년 09월 고1 학력평가 24번 NORMAL

직선 $y=2x+k$를 x축의 방향으로 2만큼, y축의 방향으로 -3만큼 평행이동한 직선이 원 $x^2+y^2=5$와 한 점에서 만날 때, 모든 상수 k의 값의 합을 구하시오.

해설 내신연계문제

(1) 원 $x^2+y^2=r^2$을 x축의 방향으로 m만큼, y축의 방향으로 n만큼 평행이동한 원의 방정식은
- x대신 $x-m$, y대신 $y-n$을 대입한다.
- $(x-m)^2+(y-n)^2=r^2$

(2) 원 $(x-a)^2+(y-b)^2=r^2$을 x축의 방향으로 m만큼, y축의 방향으로 n만큼 평행이동한 원의 방정식은
- x대신 $x-m$, y대신 $y-n$을 대입한다.
- $(x-m-a)^2+(y-n-b)^2=r^2$

 ① 일반형으로 주어진 원을 평행이동할 때에는 원의 방정식을 표준형으로 변형하여 생각하는 것이 편리하다.
② 원을 평행이동하여도 원의 반지름의 길이는 변하지 않으므로 원의 평행이동은 원의 중심을 평행이동하면 편리하다.

0536 학교기출 대표유형

평행이동에 의하여 원 $x^2+y^2-2x+2y-2=0$과 겹쳐질 수 있는 것만을 [보기]에서 있는 대로 고르면?

> ㄱ. $(x-1)^2+(y+1)^2=2$
> ㄴ. $x^2+(y-2)^2=4$
> ㄷ. $x^2+y^2-6x-4y+9=0$
> ㄹ. $x^2+y^2-8x+2y+15=0$

① ㄱ   ② ㄴ   ③ ㄹ
④ ㄴ, ㄷ   ⑤ ㄱ, ㄷ, ㄹ

0537 NORMAL

점 $(1, 5)$를 점 $(-1, a)$로 옮기는 평행이동에 의하여 원 $x^2+y^2=21$이 원 $x^2+y^2+bx-8y+c=0$으로 옮겨질 때, 실수 a, b, c에 대하여 $a+b+c$의 값은?

① 10   ② 11   ③ 12
④ 13   ⑤ 14

0538 최다빈출 중요 NORMAL

좌표평면에서 원 $(x+1)^2+(y+2)^2=16$을 x축의 방향으로 3만큼, y축의 방향으로 a만큼 평행이동한 원을 C라 하자. 원 C의 넓이가 직선 $3x+4y+6=0$에 의하여 이등분되도록 하는 상수 a의 값은?

① -3 ② -2 ③ -1
④ 1 ⑤ 3

 해설 내신연계문제

0539 최다빈출 중요 NORMAL

원 $(x-2)^2+(y+2)^2=4$를 x축의 방향으로 a만큼, y축의 방향으로 1만큼 평행이동하면 직선 $3x+4y-1=0$과 접할 때, 양수 a의 값을 구하시오.

해설 내신연계문제

0540 NORMAL

원 $C_1: x^2+y^2-2x+6y+6=0$을 x축의 방향으로 5만큼, y축의 방향으로 a만큼 평행이동한 원을 C_2라 하자. 두 원 C_1, C_2의 중심 사이의 거리가 $\sqrt{34}$일 때, 양수 a의 값을 구하시오.

0541 TOUGH

원 $x^2+y^2=25$를 x축의 방향으로 a만큼, y축의 방향으로 $2a$만큼 평행이동하였더니 원 $(x-2)^2+(y+1)^2=10$의 둘레의 길이를 이등분하였다. 이때 음수 a의 값은?

① $-\sqrt{5}$ ② -2 ③ $-\sqrt{3}$
④ $-\sqrt{2}$ ⑤ -1

0542 최다빈출 중요 TOUGH

원 $(x+1)^2+(y-2)^2=4$와 이 원을 x축의 방향으로 2만큼, y축의 방향으로 a만큼 평행이동한 원이 만나는 두 점을 각각 A, B라 하면 $\overline{AB}=2$이다. 이때 양수 a의 값은?

① $\sqrt{3}$ ② 2 ③ $\sqrt{5}$
④ $2\sqrt{2}$ ⑤ $3\sqrt{2}$

 해설 내신연계문제

0543 2023년 11월 고1 학력평가 5번

BASIC

좌표평면에서 원 $(x-a)^2+(y+4)^2=16$을 x축의 방향으로 2만큼, y축의 방향으로 5만큼 평행이동한 도형이 원 $(x-8)^2+(y-b)^2=16$일 때, $a+b$의 값은? (단, a, b는 상수이다.)

① 5   ② 6   ③ 7
④ 8   ⑤ 9

해설 내신연계문제

0544 2021년 11월 고1 학력평가 13번

NORMAL

좌표평면에서 두 양수 a, b에 대하여 원 $(x-a)^2+(y-b)^2=b^2$을 x축의 방향으로 3만큼, y축의 방향으로 -8만큼 평행이동한 원을 C라 하자. 원 C가 x축과 y축에 동시에 접할 때, $a+b$의 값은?

① 5   ② 6   ③ 7
④ 8   ⑤ 9

해설 내신연계문제

0545 2018년 09월 고1 학력평가 27번

TOUGH

원 $(x-a)^2+(y-a)^2=b^2$을 y축의 방향으로 -2만큼 평행이동한 도형이 직선 $y=x$와 x축에 동시에 접할 때, a^2-4b의 값을 구하시오. (단, $a>2$, $b>0$)

해설 내신연계문제

0546 2022년 03월 고2 학력평가 27번

TOUGH

두 양수 a, b에 대하여 원 $C:(x-1)^2+y^2=r^2$을 x축의 방향으로 a만큼, y축의 방향으로 b만큼 평행이동한 원을 C'이라 할 때, 두 원 C, C'이 다음 조건을 만족시킨다.

(가) 원 C'은 원 C의 중심을 지난다.
(나) 직선 $4x-3y+21=0$은 두 원 C, C'에 모두 접한다.

$a+b+r$의 값을 구하시오. (단, r는 양수이다.)

해설 내신연계문제

유형 04 포물선의 평행이동

포물선 $y=ax^2+bx+c$ $(a\neq0)$를 x축의 방향으로 m만큼, y축의 방향으로 n만큼 평행이동한 포물선의 방정식은
→ x대신 $x-m$, y대신 $y-n$을 대입한다.
→ $y-n=a(x-m)^2+b(x-m)+c$

원 또는 포물선의 평행이동은 점의 평행이동으로 생각할 수 있다.
① 원의 평행이동 → 원의 중심의 평행이동
② 포물선의 평행이동 → 포물선의 꼭짓점의 평행이동

0547 학교기출 대표유형

포물선 $y=x^2$을 x축의 방향으로 a만큼, y축의 방향으로 b만큼 평행이동하면 포물선 $y=x^2+8x+5$와 겹쳐진다고 할 때, $a+b$의 값을 구하시오.

0548

BASIC

원 $x^2+y^2=9$를 원 $x^2+y^2-6x+4y+4=0$으로 옮기는 평행이동에 의하여 포물선 $y=2x^2+3$가 옮겨지는 포물선의 꼭짓점의 좌표가 (a, b)일 때, $a+b$의 값을 구하시오.

0549

NORMAL

도형 $f(x, y)=0$을 도형 $f(x-a, y+a)=0$으로 옮기는 평행이동에 의하여 포물선 $y=2x^2+4x+1$을 평행이동한 포물선의 꼭짓점이 직선 $y=x+2$ 위에 있을 때, a의 값은?

① -3 ② -2 ③ -1
④ 1   ⑤ 2

0550 최다빈출 **상** 중요 · NORMAL

포물선 $y=-x^2+4x+1$을 x축의 방향으로 a만큼, y축의 방향으로 -2만큼 평행이동하였더니 직선 $y=x+1$에 접하였다.
이때 상수 a의 값은?

① $\dfrac{1}{8}$ ② $\dfrac{1}{6}$ ③ $\dfrac{1}{4}$

④ $\dfrac{1}{2}$ ⑤ 1

〔해설 내신연계문제〕

0551 최다빈출 **상** 중요 · TOUGH

이차함수 $y=x^2-2x$의 그래프를 x축의 방향으로 -2만큼, y축의 방향으로 -1만큼 평행이동시키면 직선 $y=mx$와 두 점 P, Q에서 만난다. 선분 PQ의 중점이 원점일 때, 상수 m의 값을 구하시오.

〔해설 내신연계문제〕

모의고사 **핵심유형** 기출문제

0552 · 2011년 03월 고2 학력평가 27번 · TOUGH

좌표평면에서 포물선 $y=x^2-2x$를 포물선 $y=x^2-12x+30$으로 옮기는 평행이동에 의하여 직선 $l:x-2y=0$이 직선 l'으로 옮겨진다. 두 직선 l, l' 사이의 거리를 d라 할 때, d^2의 값을 구하시오.

〔해설 내신연계문제〕

유형 05 점의 대칭이동

(1) **점 (x, y)의 대칭이동**
   ① x축에 대한 대칭이동
     ⮕ y좌표의 부호가 반대로 바뀌므로 $(x, -y)$
   ② y축에 대한 대칭이동
     ⮕ x좌표의 부호가 반대로 바뀌므로 $(-x, y)$
   ③ 원점에 대한 대칭이동
     ⮕ x좌표, y좌표의 부호가 반대로 바뀌므로 $(-x, -y)$
   ④ 직선 $y=x$에 대한 대칭이동
     ⮕ x좌표와 y좌표가 서로 바뀌므로 (y, x)
   ⑤ 직선 $y=-x$에 대한 대칭이동
     ⮕ x좌표와 y좌표를 서로 바꾼 후 x좌표, y좌표의 부호가 반대로 바뀌므로 $(-y, -x)$

(2) **도형 $f(x, y)=0$의 대칭이동**
   ① x축에 대한 대칭이동
     ⮕ y대신 $-y$를 대입하면 $f(x, -y)=0$
   ② y축에 대한 대칭이동
     ⮕ x대신 $-x$를 대입하면 $f(-x, y)=0$
   ③ 원점에 대한 대칭이동
     ⮕ x대신 $-x$를, y대신 $-y$를 대입하면 $f(-x, -y)=0$
   ④ 직선 $y=x$에 대한 대칭이동
     ⮕ x대신 y를, y대신 x를 대입하면 $f(y, x)=0$
   ⑤ 직선 $y=-x$에 대한 대칭이동
     ⮕ x대신 $-y$를, y대신 $-x$를 대입하면 $f(-y, -x)=0$

 원점에 대한 대칭이동은 x축에 대하여 대칭이동한 후 y축에 대하여 대칭이동한 것과 같다.

0553 학교기출 **대표** 유형

점 $A(3, a)$를 x축에 대하여 대칭이동한 점을 A'이라 하고, 점 $B(5, b)$를 직선 $y=x$에 대하여 대칭이동한 점을 B'이라 하자. 두 점 A', B'이 일치할 때, 두 상수 a, b에 대하여 $b-a$의 값을 구하시오.

0554 · BASIC

점 $A(2, 4)$를 x축에 대하여 대칭이동한 점을 P, 점 P를 원점에 대하여 대칭이동한 점을 Q라고 할 때, $\overline{PQ}$의 길이는?

① $3\sqrt{2}$ ② $2\sqrt{5}$ ③ $2\sqrt{10}$

④ 8   ⑤ $4\sqrt{5}$

0555 최다빈출 왕중요   NORMAL

좌표평면 위의 점 (a, b)를 x축에 대하여 대칭이동한 후 다시 직선 $y=x$에 대하여 대칭이동하였더니 제 2사분면 위의 점이 되었다. [보기]에서 옳은 것만을 있는 대로 고른 것은?

> ㄱ. a, b는 모두 음수이다.
> ㄴ. ab는 양수이다.
> ㄷ. 점 $\left(\dfrac{a}{b}, a+b\right)$는 제 1사분면 위의 점이다.

① ㄱ   ② ㄴ   ③ ㄷ
④ ㄱ, ㄴ   ⑤ ㄴ, ㄷ

해설 내신연계문제

0556   NORMAL

좌표평면에서 점 $A(-1, 3)$을 x축, y축에 대하여 대칭이동한 점을 각각 B, C라 하고, 점 $D(a, b)$를 x축에 대하여 대칭이동한 점을 E라 하자. 세 점 B, C, E가 한 직선 위에 있을 때, 직선 AD의 기울기는? (단, $a \neq \pm 1$)

① -3 ② -2 ③ 1
④ 2 ⑤ 3

0557 최다빈출 왕중요   TOUGH

직선 $y=x+8$ 위의 점 A를 직선 $y=x$에 대하여 대칭이동한 점을 B, 점 B를 원점에 대하여 대칭이동한 점을 C라 할 때, 삼각형 ABC의 넓이가 256이다. 이때 점 A의 좌표에 대하여 x좌표와 y좌표의 합을 구하시오. (단, 점 A는 제 1사분면 위의 점이다.)

해설 내신연계문제

모의고사 핵심유형 기출문제

0558   2021년 09월 고1 학력평가 9번   BASIC

좌표평면 위의 점 $(1, a)$를 직선 $y=x$에 대하여 대칭이동한 점을 A라 하자. 점 A를 x축에 대하여 대칭이동한 점의 좌표가 $(2, b)$일 때, $a+b$의 값은?

① 1 ② 2 ③ 3
④ 4 ⑤ 5

해설 내신연계문제

0559   2018년 09월 고1 학력평가 15번   NORMAL

직선 $3x+4y-12=0$이 x축, y축과 만나는 점을 각각 A, B라 하자. 선분 AB를 $2:1$로 내분하는 점을 P라 할 때, 점 P를 x축, y축에 대하여 대칭이동한 점을 각각 Q, R이라 하자. 삼각형 RQP의 무게중심의 좌표를 (a, b)라 할 때, $a+b$의 값은?

① $\dfrac{2}{9}$ ② $\dfrac{4}{9}$ ③ $\dfrac{2}{3}$
④ $\dfrac{8}{9}$ ⑤ $\dfrac{10}{9}$

해설 내신연계문제

0560   2021년 03월 고2 학력평가 15번   NORMAL

좌표평면에서 세 점 $A(1, 3)$, $B(a, 5)$, $C(b, c)$가 다음 조건을 만족시킨다.

> (가) 두 직선 OA, OB는 서로 수직이다.
> (나) 두 점 B, C는 직선 $y=x$에 대하여 서로 대칭이다.

직선 AC의 y절편은? (단, O는 원점이다.)

① $\dfrac{9}{2}$ ② $\dfrac{11}{2}$ ③ $\dfrac{13}{2}$
④ $\dfrac{15}{2}$ ⑤ $\dfrac{17}{2}$

해설 내신연계문제

0561   2022년 09월 고1 학력평가 26번   TOUGH

그림과 같이 원 $x^2+y^2=100$ 위에 x좌표가 각각 3, 7인 두 점 A_1, A_2가 있다. 점 $B(-10, 0)$을 지나고 두 직선 A_1B, A_2B에 각각 수직인 두 직선이 원과 만나는 점 중 점 B가 아닌 두 점을 각각 C_1, C_2라 하자. 점 C_1의 y좌표를 a, 점 C_2의 x좌표를 b라 할 때, a^2+b^2의 값을 구하시오. (단, 두 점 A_1, A_2는 제 1사분면 위에 있다.)

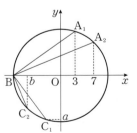

해설 내신연계문제

직선 $ax+by+c=0$을 대칭이동한 직선의 방정식

(1) x축에 대하여 대칭이동한 직선의 방정식
  ➡ $ax-by+c=0$ ◀ y대신 $-y$를 대입

(2) y축에 대하여 대칭이동한 직선의 방정식
  ➡ $-ax+by+c=0$ ◀ x대신 $-x$를 대입

(3) 원점에 대하여 대칭이동한 직선의 방정식
  ➡ $-ax-by+c=0$ ◀ x대신 $-x$, y대신 $-y$를 대입

(4) 직선 $y=x$에 대하여 대칭이동한 직선의 방정식
  ➡ $ay+bx+c=0$ ◀ x대신 y, y대신 x를 대입

(5) 직선 $y=-x$에 대하여 대칭이동한 직선의 방정식
  ➡ $-ay-bx+c=0$ ◀ x대신 $-y$, y대신 $-x$를 대입

직선의 대칭이동은 대칭이동한 기준과 부호에 주의하여 직선의 방정식을 구한다.

0562 학교기출 대표유형

직선 $y=-2x+6$을 직선 $y=x$에 대하여 대칭이동한 직선에 수직이고 점 $(2, 3)$을 지나는 직선의 방정식이 $y=ax+b$일 때, 상수 a, b에 대하여 $a+b$의 값은?

① 1　　　　② 2　　　　③ 3
④ 4　　　　⑤ 5

0563　NORMAL

점 $A(4, -3)$을 지나는 직선 l을 직선 $y=x$에 대하여 대칭이동한 후 x축에 대하여 대칭이동하였더니 다시 점 A를 지나는 직선이 되었다. 이때 직선 l의 기울기는?

① -7　　　② -5　　　③ -3
④ -1　　　⑤ 2

0564　NORMAL

두 직선 $ax+(b-1)y=2$, $(a+1)x+by=1$이 직선 $y=x$에 대하여 서로 대칭일 때, a^2+b^2의 값을 구하시오. (단, a, b는 상수이다.)

0565　NORMAL

점 $(2, 1)$을 지나는 직선 $y=ax+b$를 y축에 대하여 대칭이동 하였더니 직선 $2x-y+6=0$과 만나지 않았을 때 상수 a, b에 대하여 $a+b$의 값은?

① 1　　　　② 2　　　　③ 3
④ 4　　　　⑤ 5

0566　최다빈출 왕중요　NORMAL

직선 $x-2y=9$를 직선 $y=x$에 대하여 대칭이동한 직선이 원 $(x-3)^2+(y+5)^2=k$에 접할 때, 양수 k의 값은?

① 80　　　　② 83　　　　③ 85
④ 88　　　　⑤ 90

 해설 내신연계문제

0567　최다빈출 왕중요　NORMAL

직선 $x+3y=1$을 x축에 대하여 대칭이동한 후 직선 $y=x$에 대하여 대칭이동하였더니 원 $(x-1)^2+(y-a)^2=1$의 넓이를 이등분하였을 때, 상수 a의 값은?

① 2　　　　② 4　　　　③ 5
④ 6　　　　⑤ 8

해설 내신연계문제

0568

직선 $(3k+2)x+(2k+1)y-3=0$을 직선 $y=x$에 대칭이동한 직선이 실수 k의 값에 관계없이 항상 점 (a, b)를 지날 때, $a+b$의 값을 구하시오.

해설 내신연계문제

모의고사 **핵심유형** 기출문제

0569 2018년 09월 고1 학력평가 7번
BASIC

직선 $y=ax-6$을 x축에 대하여 대칭이동한 직선이 점 $(2, 4)$를 지날 때, 상수 a의 값은?

① 1   ② 2   ③ 3
④ 4   ⑤ 5

해설 내신연계문제

0570 2021년 11월 고1 학력평가 5번
BASIC

좌표평면에서 직선 $3x-2y+a=0$을 원점에 대하여 대칭이동한 직선이 점 $(3, 2)$를 지날 때, 상수 a의 값은?

① 1   ② 2   ③ 3
④ 4   ⑤ 5

해설 내신연계문제

0571 2020년 09월 고1 학력평가 8번
BASIC

직선 $2x+3y+6=0$을 직선 $y=x$에 대하여 대칭이동한 직선의 y절편은?

① -5 ② -4 ③ -3
④ -2 ⑤ -1

해설 내신연계문제

유형 07 원의 대칭이동

원의 대칭이동

➡ 원의 중심은 대칭이동한 원의 중심으로 옮겨지지만 원의 반지름의 길이는 변하지 않는다.

> 원의 대칭이동은 원의 중심을 대칭이동하여 그 좌표를 구하고 이때 반지름의 길이는 변하지 않으므로 그대로 쓴다.

0572 학교기출 **대표** 유형

원 $(x-m)^2+(y+3)^2=4$를 x축에 대하여 대칭이동한 도형이 원 $(x+n)^2+(y+2)^2=4$를 직선 $y=x$에 대하여 대칭이동한 도형과 일치할 때, 상수 m, n에 대하여 mn의 값을 구하시오.

0573
BASIC

원 $(x-1)^2+(y+5)^2=4$를 y축에 대하여 대칭이동한 원의 넓이를 직선 $y=3x+k$가 이등분할 때, 실수 k의 값은?

① -4 ② -3 ③ -2
④ -1 ⑤ 2

0574 중요
NORMAL

원 $x^2+y^2-4x+6y+8=0$을 직선 $y=x$에 대하여 대칭이동한 원이 직선 $2x-y+k=0$에 접할 때, 모든 상수 k의 값의 합은?

① 8   ② 10   ③ 12
④ 14   ⑤ 16

해설 내신연계문제

0575

NORMAL

직선 $y=x$에 대하여 대칭이동한 도형이 처음 도형과 일치하는 것만을 [보기]에서 있는 대로 고른 것은?

ㄱ. $x^2+y^2=9$ ㄴ. $y=4x+2$
ㄷ. $y=-x$ ㄹ. $(x+2)^2+(y+2)^2=4$

① ㄱ, ㄴ ② ㄱ, ㄹ ③ ㄴ, ㄷ
④ ㄱ, ㄷ, ㄹ ⑤ ㄴ, ㄷ, ㄹ

0576

최다빈출 중요

TOUGH

원 $C_1 : x^2+y^2-4x+2y+3=0$을 직선 $y=x$에 대하여 대칭이동한 원을 C_2라고 하자. 원 C_1 위의 임의의 점 P라 하고, 원 C_2 위의 임의의 점 Q라 할 때, 두 점 P, Q 사이의 거리의 최댓값은?

① $4\sqrt{2}$ ② 6 ③ $4\sqrt{3}$
④ $5\sqrt{2}$ ⑤ $6\sqrt{2}$

[해설 내신연계문제]

모의고사 **핵심유형** 기출문제

0577

2018년 03월 고2 학력평가 나형 24번

BASIC

좌표평면에서 원 $x^2+y^2+10x-12y+45=0$을 원점에 대하여 대칭이동한 원을 C_1이라 하고, 원 C_1을 x축에 대하여 대칭이동한 원을 C_2라 하자. 원 C_2의 중심의 좌표를 (a, b)라 할 때, $10a+b$의 값을 구하시오.

[해설 내신연계문제]

유형 08 포물선의 대칭이동

포물선의 대칭이동

➡ 포물선의 꼭짓점은 대칭이동한 포물선의 꼭짓점으로 옮겨지지만 포물선의 폭은 변하지 않는다.

 ① 포물선을 y축에 대하여 대칭이동하면 ➡ x^2의 계수가 같다.
② 포물선을 x축 또는 원점에 대하여 대칭이동하면
➡ x^2의 계수의 절댓값은 같고 부호는 반대이다.

0578

학교기출 **대표** 유형

포물선 $y=x^2-2ax+b$를 원점에 대하여 대칭이동한 후 다시 x축에 대하여 대칭이동한 포물선의 꼭짓점의 좌표가 $(2, -1)$일 때, 상수 a, b에 대하여 $a+b$의 값을 구하시오.

0579

최다빈출 중요

NORMAL

포물선 $y=x^2-4x+3$을 원점에 대하여 대칭이동한 후 다시 y축에 대하여 대칭이동한 포물선의 꼭짓점의 좌표가 직선 $y=ax+7$ 위에 있을 때, 상수 a의 값은?

① -6 ② -5 ③ -4
④ -3 ⑤ -2

[해설 내신연계문제]

0580

최다빈출 중요

NORMAL

포물선 $y=-x^2+3x-7$을 원점에 대하여 대칭이동하면 직선 $y=ax+2$과 접한다고 할 때, 모든 상수 a의 값의 합을 구하시오.

[해설 내신연계문제]

유형 09 점의 평행이동과 대칭이동

점의 평행이동과 대칭이동을 이어서 할 때, 이동하는 순서에 주의하여
점의 좌표를 구한다.

점 (a, b) $\xrightarrow[y\text{축의 방향으로 } n\text{만큼 평행이동}]{x\text{축의 방향으로 } m\text{만큼}}$ 점 $(a+m, b+n)$

$\xrightarrow[\text{대칭이동}]{x\text{축에 대하여}}$ 점 $(a+m, -b-n)$

 점의 평행이동과 대칭이동이 연달아 시행해야 할 때, 주어진 순서대로
이동을 진행한다. 이동하는 순서가 달라지면 서로 다른 값이 나오므로
순서에 주의한다.

0581 학교기출 대표 유형

점 $(-5, 4)$를 원점에 대하여 대칭이동한 다음 다시 x축의 방향으로
a만큼, y축의 방향으로 b만큼 평행이동하였더니 $(2, 7)$이 되었다.
상수 a, b에 대하여 $a+b$의 값을 구하시오.

0582 최다빈출 왕 중요 BASIC

점 P를 직선 $y=x$에 대하여 대칭이동한 후 x축의 방향으로 2만큼,
y축의 방향으로 -2만큼 평행이동하였더니 점 $(3, 1)$이 되었다.
이때 점 P의 좌표는?

① $(3, 1)$ ② $(3, 2)$ ③ $(-3, 1)$
④ $(3, -1)$ ⑤ $(1, 3)$

해설 내신연계문제

0583 최다빈출 왕 중요 NORMAL

점 $(-4, 2)$를 x축의 방향으로 a만큼, y축의 방향으로 a만큼 평행
이동한 후 직선 $y=x$에 대하여 대칭이동한 점이 직선 $2x-y+1=0$
위에 있을 때, 상수 a의 값은?

① -11 ② -9 ③ -7
④ -5 ⑤ -3

해설 내신연계문제

0584 NORMAL

점 $(-1, 0)$을 지나는 직선을 y축의 방향으로 3만큼 평행이동한
다음 x축에 대하여 대칭이동한 직선이 점 $(1, 1)$을 지난다고 한다.
이때 처음 직선의 기울기는?

① -3 ② -2 ③ -1
④ 1 ⑤ 2

0585 NORMAL

점 $P(5, 1)$을 x축의 방향으로 6만큼, y축의 방향으로 -4만큼 평행
이동한 점을 Q, 점 Q를 직선 $y=x$에 대하여 대칭이동한 점을 R이
라 하자. 삼각형 PQR의 무게중심을 $G(a, b)$라 할 때, ab의 값을
구하시오.

모의고사 핵심유형 기출문제

0586 2022년 09월 고1 학력평가 13번 NORMAL

좌표평면 위의 점 $A(-3, 4)$를 직선 $y=x$에 대하여 대칭이동한
점을 B라 하고, 점 B를 x축의 방향으로 2만큼, y축의 방향으로
k만큼 평행이동한 점을 C라 하자. 세 점 A, B, C가 한 직선 위에
있을 때, 실수 k의 값은?

① -5 ② -4 ③ -3
④ -2 ⑤ -1

해설 내신연계문제

0587 2019년 03월 고2 학력평가 나형 16번 TOUGH

좌표평면에 두 점 $A(-3, 1)$, $B(1, k)$가 있다. 점 A를 y축에 대하여
대칭이동한 점을 P라 하고, 점 B를 y축의 방향으로 -5만큼 평행
이동한 점을 Q라 하자. 직선 BP와 직선 PQ가 서로 수직이 되도록
하는 모든 실수 k의 값의 곱은?

① 8 ② 10 ③ 12
④ 14 ⑤ 16

해설 내신연계문제

직선의 평행이동과 대칭이동을 이어서 할 때, 이동하는 순서에 주의하여
직선의 방정식을 구한다.

도형 $f(x, y)=0$ $\xrightarrow[\begin{subarray}{c}x축의 방향으로 m만큼\\ y축의 방향으로 n만큼 평행이동\end{subarray}]{}$ $f(x-m, y-n)=0$

$\xrightarrow[\begin{subarray}{c}직선 y=x에 대하여\\ 대칭이동\end{subarray}]{}$ $f(y-m, x-n)=0$

 점을 평행이동 또는 대칭이동할 경우 좌표 전체의 부호와 위치가
바뀌지만 도형을 평행이동 또는 대칭이동할 경우
해당되는 문자만 부호와 위치가 바뀐다.
즉 방정식 $f(x-m, y-n)=0$이 나타내는 도형을
① x축에 대하여 대칭이동한 도형의 방정식은 $f(x-m, -y-n)=0$
② y축에 대하여 대칭이동한 도형의 방정식은 $f(-x-m, y-n)=0$
③ 원점에 대하여 대칭이동한 도형의 방정식은 $f(-x-m, -y-n)=0$
④ $y=x$에 대하여 대칭이동한 도형의 방정식은 $f(y-m, x-n)=0$

0588 학교기출 대표유형

다음의 평행이동과 대칭이동에 대하여 옳은 것을 모두 고른 것은?

ㄱ. 직선 $l : 2x-y+4=0$을 x축의 방향으로 -1만큼, y축의
방향으로 3만큼 평행이동한 직선 l'이라고 하면 두 직선 l과
l'의 기울기는 같다.
ㄴ. 직선 $m : 3x-y=0$을 x축에 대하여 대칭이동한 직선을 m'
이라고 하면 두 직선 m과 m'은 서로 수직이다.
ㄷ. 직선 $n : 3x-4y+7=0$을 원점에 대하여 대칭이동한 직선을
n'이라고 하면 두 직선 n과 n'은 서로 평행하다.

① ㄱ   ② ㄱ, ㄴ   ③ ㄱ, ㄷ
④ ㄴ, ㄷ   ⑤ ㄱ, ㄴ, ㄷ

0589 NORMAL

다음 중에서 직선 $x+2y-6=0$을 직선 $x+2y+4=0$으로 옮길 수
있는 것을 모두 찾으면?

ㄱ. x축의 방향으로 -10만큼 평행이동
ㄴ. y축의 방향으로 5만큼 평행이동
ㄷ. x축의 방향으로 -4만큼 y축의 방향으로 -3만큼 평행이동
ㄹ. x축의 방향으로 -2만큼 평행이동하고 원점에 대하여 대칭이동

① ㄱ, ㄴ   ② ㄱ, ㄴ, ㄷ   ③ ㄱ, ㄴ, ㄹ
④ ㄱ, ㄷ, ㄹ   ⑤ ㄴ, ㄷ, ㄹ

0590 NORMAL

점 $(2, 0)$을 지나는 직선 l을 y축의 방향으로 2만큼 평행이동한 후
x축에 대하여 대칭이동한 직선이 점 $(1, 2)$를 지날 때, 직선 l의
기울기를 구하시오.

0591 최다빈출 왕중요 NORMAL

직선 $-2x+y+3=0$을 직선 $y=x$에 대하여 대칭이동한 다음 x축
의 방향으로 2만큼 평행이동하면 원 $x^2+y^2=a$과 한 점에서 만날 때,
양수 a의 값에 대하여 $25a^2$의 값을 구하시오.

해설 내신연계문제

0592 최다빈출 왕중요 TOUGH

직선 $y=mx+m+2$를 직선 $y=x$에 대하여 대칭이동한 후
다시 x축으로 2만큼, y축으로 -1만큼 평행이동하면 두 원
$(x-1)^2+y^2=4$와 $x^2+(y-a)^2=8$의 넓이를 동시에 이등분한다.
상수 a, m에 대하여 $3a-2m$의 값을 구하시오.

해설 내신연계문제

0593 TOUGH

두 원 $(x-3)^2+(y-a)^2=9$와 $(x-b)^2+(y+2)^2=4$의 넓이를 모두
이등분하는 직선을 x축에 대하여 대칭이동한 후 x축의 방향으로
-1만큼, y축의 방향으로 2만큼 평행이동하였더니 직선 $y=-3x$와
일치하였다. 상수 a, b에 대하여 ab의 값을 구하시오.
(단, $a \neq -2$, $b \neq 3$)

0594 2017년 09월 고1 학력평가 15번 NORMAL

직선 $y=-\frac{1}{2}x-3$을 x축의 방향으로 a만큼 평행이동한 후
직선 $y=x$에 대하여 대칭이동한 직선을 l이라 하자.
직선 l이 원 $(x+1)^2+(y-3)^2=5$와 접하도록 하는 모든 상수 a의
값의 합은?

① 14   ② 15   ③ 16
④ 17   ⑤ 18

해설 내신연계문제

유형 11 원의 평행이동과 대칭이동

원의 평행이동과 대칭이동을 이어서 할 때, 이동하는 순서에 주의하여 직선의 방정식을 구한다.

도형 $f(x, y)=0$ $\xrightarrow[\text{y축의 방향으로 }n\text{만큼 평행이동}]{\text{x축의 방향으로 }m\text{만큼}}$ $f(x-m, y-n)=0$

$\xrightarrow[\text{대칭이동}]{\text{직선 }y=x\text{에 대하여}}$ $f(y-m, x-n)=0$

 점을 평행이동 또는 대칭이동할 경우 좌표 전체의 부호와 위치가 바뀌지만 도형을 평행이동 또는 대칭이동할 경우 해당되는 문자만 부호와 위치만 바뀐다.

즉 방정식 $f(x-m, y-n)=0$이 나타내는 도형을

① x축에 대하여 대칭이동한 도형의 방정식은 $f(x-m, -y-n)=0$

② y축에 대하여 대칭이동한 도형의 방정식은 $f(-x-m, y-n)=0$

③ 원점에 대하여 대칭이동한 도형의 방정식은 $f(-x-m, -y-n)=0$

④ $y=x$에 대하여 대칭이동한 도형의 방정식은 $f(y-m, x-n)=0$

0595 학교기출 대표 유형

원 $C : x^2+y^2-4x+6y=0$을 원점에 대하여 대칭이동한 원을 C_1, 원 C를 x축의 방향으로 a만큼, y축의 방향으로 b만큼 평행이동한 원을 C_2라고 할 때, 두 원 C_1, C_2는 직선 $y=x$에 대하여 대칭이다. 실수 a, b에 대하여 $a+b$의 값을 구하시오.

0596 NORMAL

원의 방정식 $(x+3)^2+(y-1)^2=1$을 x축의 방향으로 -2만큼, y축의 방향으로 1만큼 평행이동한 후 직선 $y=x$에 대하여 대칭이동한 도형의 중심이 $y=ax+1$ 위에 있을 때, 상수 a의 값은?

① -4 ② -3 ③ -2
④ 3 ⑤ 5

0597 NORMAL

원 $x^2+y^2=4$를 x축의 방향으로 1만큼, y축의 방향으로 a만큼 평행이동한 후 직선 $y=x$에 대하여 대칭이동한 도형이 직선 $4x-3y-3=0$에 접할 때, 양수 a의 값을 구하시오.

0598 최다빈출 양 중요   TOUGH

원 $x^2+y^2=9$를 x축의 방향으로 1만큼, y축의 방향으로 2만큼 평행이동한 원을 다시 직선 $y=x$에 대하여 대칭이동 하였더니 직선 $3x-4y-12=0$과 두 점 P, Q에서 만날 때, $\overline{PQ}$의 값은?

① $2\sqrt{2}$ ② $2\sqrt{3}$ ③ 4
④ $2\sqrt{5}$ ⑤ $2\sqrt{6}$

해설 내신연계문제

 모의고사 핵심유형 기출문제

0599 2024년 03월 고2 학력평가 6번   BASIC

원 $(x+5)^2+(y+11)^2=25$를 y축의 방향으로 1만큼 평행이동한 후 x축에 대하여 대칭이동한 원이 점 $(0, a)$를 지날 때, a의 값은?

① 8 ② 9 ③ 10
④ 11 ⑤ 12

해설 내신연계문제

0600 2014년 11월 고1 학력평가 19번   TOUGH

중심이 $(4, 2)$이고 반지름의 길이가 2인 원 O_1이 있다. 원 O_1을 직선 $y=x$에 대하여 대칭이동한 후 y축의 방향으로 a만큼 평행이동한 원을 O_2라 하자. 원 O_1과 원 O_2가 서로 다른 두 점 A, B에서 만나고 선분 AB의 길이가 $2\sqrt{3}$일 때, 상수 a의 값은?

① $-2\sqrt{2}$ ② -2 ③ $-\sqrt{2}$
④ -1 ⑤ $-\dfrac{\sqrt{2}}{2}$

해설 내신연계문제

포물선의 평행이동과 대칭이동을 이어서 할 때,
이동하는 순서에 주의하여 직선의 방정식을 구한다.

도형 $f(x,\ y)=0$ $\xrightarrow[\substack{x\text{축의 방향으로 }m\text{만큼}\\y\text{축의 방향으로 }n\text{만큼 평행이동}}]{}$ $f(x-m,\ y-n)=0$

$\xrightarrow[\substack{\text{직선 }y=x\text{에 대하여}\\\text{대칭이동}}]{}$ $f(y-m,\ x-n)=0$

 점을 평행이동 또는 대칭이동할 경우 좌표 전체의 부호와 위치가 바뀌지만 도형을 평행이동 또는 대칭이동할 경우 해당되는 문자만 부호와 위치만 바뀐다

즉 방정식 $f(x-m,\ y-n)=0$이 나타내는 도형을

① x축에 대하여 대칭이동한 도형의 방정식은 $f(x-m,\ -y-n)=0$
② y축에 대하여 대칭이동한 도형의 방정식은 $f(-x-m,\ y-n)=0$
③ 원점에 대하여 대칭이동한 도형의 방정식은 $f(-x-m,\ -y-n)=0$
④ $y=x$에 대하여 대칭이동한 도형의 방정식은 $f(y-m,\ x-n)=0$

0601 학교기출 대표유형

포물선 $y=-x^2+4x+k$를 x축의 방향으로 1만큼, y축의 방향으로 2만큼 평행이동한 후 y축에 대하여 대칭이동한 포물선의 방정식이 $y=-x^2-6x+5$일 때, 상수 k의 값을 구하시오.

0602 최다빈출 중요

포물선 $y=x^2-2x+a-8$을 원점에 대하여 대칭이동한 후 y축의 방향으로 -3만큼 평행이동한 포물선이 y축과 만나는 점의 y좌표가 2일 때, 상수 a의 값을 구하시오.

해설 내신연계문제

모의고사 **핵심유형** 기출문제

0603 2023년 09월 고1 학력평가 15번

NORMAL

이차함수 $y=-x^2$의 그래프를 x축에 대하여 대칭이동한 후 x축의 방향으로 4만큼, y축의 방향으로 m만큼 평행이동한 그래프가 직선 $y=2x+3$에 접할 때, 상수 m의 값은?

① 8   ② 9   ③ 10
④ 11   ⑤ 12

해설 내신연계문제

그래프로 주어진 도형을 평행이동하거나 대칭이동한 도형은 다음을 이용한다.

(1) 도형 $f(x,\ y)=0$이 $f(x-m,\ y-n)=0$으로 이동하면
   ❍ x축의 방향으로 m만큼, y축의 방향으로 n만큼 평행이동
(2) 도형 $f(x,\ y)=0$이 $f(x,\ -y)=0$으로 이동하면
   ❍ x축에 대하여 대칭
(3) 도형 $f(x,\ y)=0$이 $f(-x,\ y)=0$으로 이동하면
   ❍ y축에 대하여 대칭
(4) 도형 $f(x,\ y)=0$이 $f(-x,\ -y)=0$으로 이동하면
   ❍ 원점에 대하여 대칭
(5) 도형 $f(x,\ y)=0$이 $f(y,\ x)=0$으로 이동하면
   ❍ 직선 $y=x$에 대하여 대칭
(6) 도형 $f(x,\ y)=0$이 $f(-y,\ -x)=0$으로 이동하면
   ❍ 직선 $y=-x$에 대하여 대칭

 ① 방정식 $f(y-1,\ x+2)=0$이 나타내는 도형
   ➡ 방정식 $f(x,\ y)=0$이 나타내는 도형을 직선 $y=x$에 대하여 대칭이동한 후, x축의 방향으로 -2만큼, y축의 방향으로 1만큼 평행이동한 것이다.
② 방정식 $f(-x+1,\ y+1)=0$이 나타내는 도형
   ➡ 방정식 $f(x,\ y)=0$이 나타내는 도형을 y축에 대하여 대칭이동 한 후 x축의 방향으로 1만큼, y축의 방향으로 -1만큼 평행이동한 것이다.
③ 방정식 $f(x+1,\ 2-y)=0$이 나타내는 도형
   ➡ 방정식 $f(x,\ y)=0$이 나타내는 도형을 x축에 대하여 대칭이동한 후 x축의 방향으로 -1만큼, y축의 방향으로 2만큼 평행이동한 것이다.
도형을 평행이동 또는 대칭이동할 경우 해당되는 문자만 부호와 위치가 바뀐다.

0604 학교기출 대표유형

방정식 $f(x,\ y)=0$이 나타내는 도형이 오른쪽 그림과 같을 때, 다음 중 방정식 $f(-x+2,\ y+1)=0$이 나타내는 도형은?

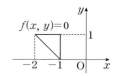

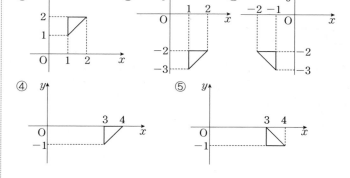

0605
NORMAL

$f(x, y)=0$의 그래프가 오른쪽 그림과 같을 때, $f(-x+1, -y+2)=0$의 그래프와 같은 것은? (단, 모든 원의 크기는 같다.)

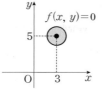

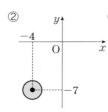
①   ②

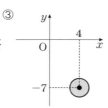
③

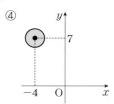
④

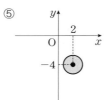
⑤

0606
최다빈출 ⑧ 중요
NORMAL

방정식 $f(x, y)=0$이 나타내는 도형이 [그림1]과 같을 때, 다음 [보기] 중 방정식이 나타내는 도형이 [그림2]와 같은 것을 모두 고르면?

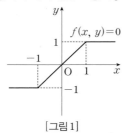
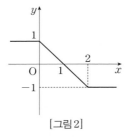

[그림1]   [그림2]

ㄱ. $f(x+1, -y)=0$ ㄴ. $f(x-1, -y)=0$ ㄷ. $f(1-x, y)=0$

① ㄱ   ② ㄴ   ③ ㄷ
④ ㄱ, ㄴ   ⑤ ㄴ, ㄷ

해설 내신연계문제

0607
NORMAL

오른쪽 그림과 같이 방정식 $f(x, y)=0$이 나타내는 도형이 세 점 A$(5, 7)$, B$(-3, 0)$, C$(1, -1)$를 꼭짓점으로 하는 삼각형 ABC일 때, 방정식 $f(-y+4, x+3)=0$이 나타내는 도형의 무게중심의 좌표는 (a, b)일 때, $b-a$의 값은?

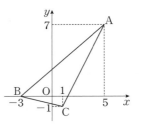

① 2   ② 3   ③ 4
④ 5   ⑤ 6

0608
최다빈출 ⑧ 중요
TOUGH

오른쪽 그림과 같이 도형 A를 나타내는 방정식이 $f(x, y)=0$일 때, 다음 [보기] 중 도형 B를 나타낼 수 있는 방정식을 모두 고르면?

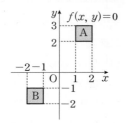

ㄱ. $f(x+3, y+4)=0$ ㄴ. $f(-x+3, y+4)=0$
ㄷ. $f(-x, -y+1)=0$ ㄹ. $f(y+3, x+4)=0$

① ㄱ, ㄹ   ② ㄴ, ㄷ   ③ ㄷ, ㄹ
④ ㄱ, ㄷ, ㄹ   ⑤ ㄴ, ㄷ, ㄹ

해설 내신연계문제

0609
최다빈출 ⑧ 중요
TOUGH

방정식 $f(x, y)=0$이 나타내는 도형이 오른쪽 그림과 같을 때, 방정식 $f(-x-1, -y-1)=0$이 나타내는 도형 위의 점과 원점 사이의 거리의 최댓값을 M, 최솟값을 m이라 할 때, M^2+m^2의 값을 구하시오.

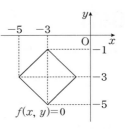

해설 내신연계문제

모의고사 핵심유형 기출문제

0610
2017년 09월 고1 학력평가 13번
NORMAL

좌표평면에서 방정식 $f(x, y)=0$이 나타내는 도형이 그림과 같은 모양일 때, 다음 중 방정식 $f(x+1, 2-y)=0$이 좌표평면에 나타내는 도형은?

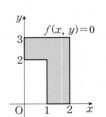

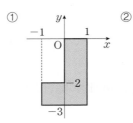
①

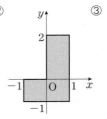
②

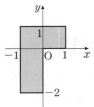
③

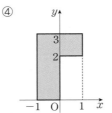
④

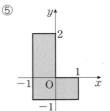
⑤

해설 내신연계문제

유형 14 점에 대한 대칭이동

평면 위의 점 또는 도형을 한 점 $A(a, b)$에 대하여 대칭인 점 또는 도형으로 옮기는 것을 점 $A(a, b)$에 대한 대칭이동이라 한다.

(1) 점 (x, y)를 점 $A(a, b)$에 대하여 대칭이동한 점의 좌표
   ➡ $(2a-x, 2b-y)$

(2) 도형 $f(x, y)=0$을 점 $A(a, b)$에 대하여 대칭이동한 도형의 방정식
   ➡ $f(2a-x, 2b-y)=0$

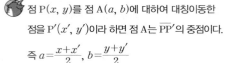

점 $P(x, y)$를 점 $A(a, b)$에 대하여 대칭이동한 점을 $P'(x', y')$이라 하면 점 A는 $\overline{PP'}$의 중점이다.

즉 $a=\dfrac{x+x'}{2}$, $b=\dfrac{y+y'}{2}$

$\therefore x'=2a-x$, $y'=2b-y$

① 직선 $x=a$에 대한 대칭이동 : $(x, y) \longrightarrow (2a-x, y)$

② 직선 $y=b$에 대한 대칭이동 : $(x, y) \longrightarrow (x, 2b-y)$

0611 학교기출 대표 유형

직선 $2x-3y+2=0$을 점 $(2, 1)$에 대하여 대칭이동한 직선이 점 $\left(-\dfrac{5}{2}, k\right)$를 지날 때, 상수 k의 값을 구하시오.

0612 NORMAL

직선 $y=2x+3$을 점 $(1, 2)$에 대하여 대칭이동한 직선을 x축의 방향으로 -3만큼, y축의 방향으로 2만큼 평행이동한 직선의 방정식이 점 $(a, -3)$을 지날 때, 상수 a의 값은?

① -6 ② -4 ③ -2

④ 2 ⑤ 4

0613 최다빈출 왕 중요 NORMAL

원 $(x+1)^2+(y-3)^2=4$를 점 $(1, -2)$에 대하여 대칭이동한 원의 중심을 직선 $y=x+a$가 지날 때, 상수 a의 값은?

① -17 ② -15 ③ -11

④ -10 ⑤ -6

해설 내신연계문제

0614 NORMAL

직선 $4x+3y-3=0$을 점 $(1, 0)$에 대하여 대칭이동한 직선이 원 $(x+2)^2+(y-1)^2=r^2$에 접할 때, 양수 r의 값을 구하시오.

0615 최다빈출 왕 중요 NORMAL

직선 $3x+4y+7=0$을 점 $(2, -3)$에 대하여 대칭이동한 직선과 원 $x^2+y^2=25$의 두 교점 사이의 거리는?

① $\sqrt{6}$ ② $2\sqrt{6}$ ③ $4\sqrt{6}$

④ $3\sqrt{3}$ ⑤ $2\sqrt{7}$

해설 내신연계문제

0616 NORMAL

두 이차함수 $y=x^2-2x+4$, $y=-x^2+6x+4$의 그래프가 점 (a, b)에 대하여 대칭일 때, 상수 a, b에 대하여 $a+b$의 값은?

① 6 ② 7 ③ 8

④ 9 ⑤ 10

0617 최다빈출 왕 중요 TOUGH

포물선 $y=x^2+kx$를 점 $(2, 3)$에 대하여 대칭이동한 포물선과 직선 $y=2x-5$가 만나는 두 점이 원점에 대하여 대칭일 때, 상수 k의 값은?

① -8 ② -7 ③ -6

④ -5 ⑤ -4

해설 내신연계문제

유형 15 직선에 대한 대칭이동

점 $P(x, y)$를 직선 $l : ax+by+c=0$에
대하여 대칭이동한 점을 $P'(x', y')$이라
하고 $\overline{PP'}$과 직선 l의 교점을 M이라 하면

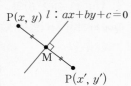

$$\overline{PM} = \overline{P'M}, \ \overline{PP'} \perp l$$

이므로

점 P'의 좌표는 다음 두 조건을 이용하여 구한다.

(1) **중점 조건** : 선분 PP'의 중점 $M\left(\dfrac{x+x'}{2}, \dfrac{y+y'}{2}\right)$은 직선 l 위에 있다.

$$\Rightarrow a \times \left(\dfrac{x+x'}{2}\right) + b \times \left(\dfrac{y+y'}{2}\right) + c = 0 \quad \blacktriangleleft \text{중점의 좌표를 직선 } l \text{의 방정식에 대입}$$

(2) **수직 조건** : 직선 PP'은 직선 l과 수직이다.

$$\Rightarrow \dfrac{y'-y}{x'-x} \times \left(-\dfrac{a}{b}\right) = -1 \quad \blacktriangleleft \overline{PP'} \perp l$$

 직선의 기울기가 ± 1인 대칭이동 경우 : 주어진 직선의 방정식에 대입
① 직선 $y=-x$에 대한 대칭이동
➡ x대신 $-y$, y대신 $-x$ 대입
② 직선 $y=x+n$에 대한 대칭이동
➡ x대신 $y-n$, y대신 $x+n$ 대입
③ 직선 $y=-x+n$에 대한 대칭이동
➡ x대신 $-y+n$, y대신 $-x+n$ 대입

도형을 직선에 대하여 대칭이동시키는 문제에서는 원의 중심 또는 포물선의
꼭짓점 등 도형의 임의의 한 점을 정하여 이 점을 대칭이동하여 구한다.

0618 학교기출 대표 유형

점 $A(3, 4)$를 직선 $x+y-2=0$에 대하여 대칭이동한 점의 좌표를
$B(a, b)$라고 할 때, 상수 a, b에 대하여 a^2+b^2의 값을 구하시오.

0619 NORMAL

두 점 $P(-3, 1)$, $Q(5, 5)$가 직선 l에 대하여 대칭일 때, 직선 l과
x축, y축으로 둘러싸인 삼각형의 넓이는?

① $\dfrac{23}{4}$ ② 6 ③ $\dfrac{25}{4}$

④ $\dfrac{13}{2}$ ⑤ $\dfrac{27}{4}$

0620 최다빈출 중요 NORMAL

원 $x^2+y^2=9$를 직선 $y=2x-4$에 대하여 대칭이동한 원의 중심이
직선 $5x+5y+a=0$ 위의 점일 때, 상수 a의 값은?

① -14 ② -12 ③ -10

④ -8 ⑤ -6

[해설 내신연계문제]

0621 NORMAL

두 원 $(x+2)^2+(y-1)^2=4$, $(x+4)^2+(y-3)^2=4$가
직선 $ax+by+5=0$에 대하여 대칭일 때, ab의 값은? (단, $ab \neq 0$)

① -3 ② -2 ③ -1

④ 1 ⑤ 2

0622 TOUGH

직선 $x+2y-4=0$을 직선 $x-y-2=0$에 대하여 대칭이동한
직선의 방정식을 $ax+by-6=0$이라 할 때, 상수 a, b에 대하여
$a+b$의 값은?

① 2 ② 3 ③ 4

④ 5 ⑤ 6

0623 최다빈출 중요 TOUGH

점 $P(1, 5)$을 직선 $x-3y+4=0$에 대하여 대칭이동한 점 Q에
대하여 삼각형 OPQ의 넓이는? (단, O는 원점이다.)

① $\dfrac{11}{2}$ ② 7 ③ $\dfrac{15}{2}$

④ 8 ⑤ $\dfrac{17}{2}$

[해설 내신연계문제]

주어진 조건을 좌표평면에 나타내어
점의 대칭이동을 이용하여 다음과 같은 거리의
최솟값을 구한다.
좌표평면 위의 두 점 A, B와 직선 l 위의 점 P에
대하여 $\overline{AP}+\overline{BP}$**의 최솟값은 다음 같은 순서로**
구한다.

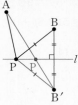

FIRST 점 B를 직선 l에 대하여 대칭이동한 점 B′을 구한다.

NEXT $\overline{AP}+\overline{PB}=\overline{AP}+\overline{PB'} \geq \overline{AB'}$임을 이용한다.

LAST $\overline{AP}+\overline{BP}$의 최솟값은 선분 AB′의 길이와 같다.

 선분의 길이의 합의 최솟값은 한 점을 대칭이동하여 두 선분을 이루는
점들이 모두 한 직선 위에 있도록 한다.

0624 학교기출 대표 유형

두 점 A$(1, 0)$, B$(3, 1)$과 직선 $x-y+1=0$ 위를 움직이는 점 P에
대하여 $\overline{AP}+\overline{PB}$의 최솟값은?

① $2\sqrt{2}$ ② 3 ③ 4
④ $\sqrt{17}$ ⑤ $3\sqrt{2}$

0625 NORMAL

두 점 A$(6, 2)$, B$(3, -1)$과 직선 $y=x$ 위를 움직이는 점 P에 대하
여 $\overline{AP}+\overline{BP}$가 최솟값을 갖는 점 P의 좌표를 (a, b)라 할 때, $a+b$
의 값은?

① 3 ② 4 ③ 5
④ 6 ⑤ 7

0626 NORMAL

그림과 같이 두 점 A$(3, 7)$, B$(6, 2)$와 x축 위의 점 P, y축 위의
점 Q에 대하여 $\overline{AQ}+\overline{QP}+\overline{PB}$가 최소가 될 때, $\overline{PQ}$의 값은?

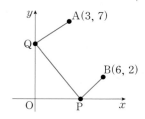

① $2\sqrt{2}$ ② $2\sqrt{3}$ ③ 4
④ $4\sqrt{2}$ ⑤ $4\sqrt{3}$

0627 최다빈출 왕 중요   NORMAL

두 점 A$(4, 1)$, B$(2, 5)$와 x축 위의 임의의 점 P, y축 위의 임의의
점 Q에 대하여 사각형 APQB의 둘레의 길이가 최소일 때, 직선 PQ
의 기울기는?

① $-\dfrac{5}{3}$ ② $-\dfrac{4}{3}$ ③ -1
④ $-\dfrac{2}{3}$ ⑤ $-\dfrac{1}{3}$

해설 내신연계문제

0628 최다빈출 왕 중요   NORMAL

그림과 같이 좌표평면 위의 점 A$(5, 0)$과
원 $C:(x-7)^2+(y-5)^2=9$가 있다. y축 위의 점 P와 원 C 위의
점 Q에 대하여 $\overline{AP}+\overline{PQ}$의 최솟값은?

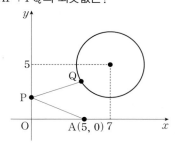

① 6 ② 8 ③ 10
④ 12 ⑤ 13

해설 내신연계문제

0629 최다빈출 왕 중요   NORMAL

오른쪽 그림과 같이 점 A$(3, 2)$와 직선
$y=x$ 위의 점 B, x축 위의 점 C를
꼭짓점으로 하는 삼각형 ABC가 있다.
이때 삼각형 ABC의 둘레의 길이의
최솟값은?

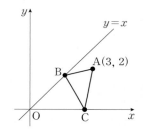

① $\sqrt{21}$ ② $2\sqrt{6}$
③ 5 ④ $\sqrt{26}$
⑤ $3\sqrt{3}$

해설 내신연계문제

0630 NORMAL

좌표평면에서 제1사분면 위의 점 A를 직선 $y=x$에 대하여 대칭이동
시킨 점을 B라 하자. x축 위의 점 P에 대하여 $\overline{AP}+\overline{PB}$의 최솟값이
$10\sqrt{2}$일 때, 선분 OA의 길이를 구하시오. (단, O는 원점이다.)

0631
2023년 11월 고1 학력평가 12번

NORMAL

좌표평면 위의 두 점 $A(1, 0)$, $B(6, 5)$와 직선 $y=x$ 위의 점 P에 대하여 $\overline{AP}+\overline{BP}$의 값이 최소가 되도록 하는 점 P를 P_0이라 하자. 직선 AP_0을 직선 $y=x$에 대하여 대칭이동한 직선이 점 $(9, a)$를 지날 때, a의 값은?

① 4   ② 5   ③ 6
④ 7   ⑤ 8

해설 내신연계문제

0632
2022년 09월 고1 학력평가 17번

NORMAL

그림과 같이 좌표평면 위에 두 점 $A(2, 3)$, $B(-3, 1)$이 있다. 서로 다른 두 점 C와 D가 각각 x축과 직선 $y=x$ 위에 있을 때, $\overline{AD}+\overline{CD}+\overline{BC}$의 최솟값은?

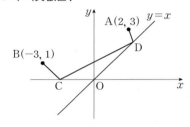

① $\sqrt{42}$ ② $\sqrt{43}$ ③ $2\sqrt{11}$
④ $3\sqrt{5}$ ⑤ $\sqrt{46}$

해설 내신연계문제

0633
2020년 09월 고1 학력평가 13번

NORMAL

원 $(x-6)^2+(y+3)^2=4$ 위의 점 P와 x축 위의 점 Q가 있다. 점 $A(0, -5)$에 대하여 $\overline{AQ}+\overline{QP}$의 최솟값은?

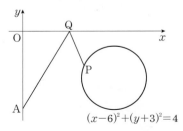

① 8   ② 9   ③ 10
④ 11   ⑤ 12

해설 내신연계문제

0634
2022년 11월 고1 학력평가 15번

NORMAL

좌표평면 위에 두 점 $A(-3, 2)$, $B(5, 4)$가 있다. $\overline{BP}=3$인 점 P와 x축 위의 점 Q에 대하여 $\overline{AQ}+\overline{QP}$의 최솟값은?

① 5   ② 6   ③ 7
④ 8   ⑤ 9

해설 내신연계문제

0635
2020년 11월 고1 학력평가 14번

TOUGH

좌표평면 위에 점 $A(0, 1)$과 직선 $l : y=-x+2$가 있다. 직선 l 위의 제1사분면 위의 점 $B(a, b)$와 x축 위의 점 C에 대하여 $\overline{AC}+\overline{BC}$의 값이 최소일 때, a^2+b^2의 값은?

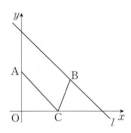

① $\dfrac{1}{2}$ ② 1
③ $\dfrac{3}{2}$ ④ 2
⑤ $\dfrac{5}{2}$

해설 내신연계문제

0636
2017년 11월 고1 학력평가 16번

TOUGH

좌표평면 위에 세 점 $A(0, 1)$, $B(0, 2)$, $C(0, 4)$와 직선 $y=x$ 위의 두 점 P, Q가 있다. $\overline{AP}+\overline{PB}+\overline{BQ}+\overline{QC}$의 값이 최소가 되도록 하는 두 점 P, Q에 대하여 선분 PQ의 길이는?

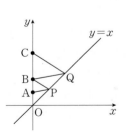

① $\dfrac{\sqrt{2}}{2}$ ② $\dfrac{2\sqrt{2}}{3}$ ③ $\dfrac{5\sqrt{2}}{6}$
④ $\sqrt{2}$ ⑤ $\dfrac{7\sqrt{2}}{6}$

해설 내신연계문제

주어진 조건을 좌표평면에 나타내어
점의 대칭이동을 이용하여 다음과 같은 거리의
최솟값을 구한다.
좌표평면 위의 두 점 A, B와 직선 l 위의 점 P에
대하여 $\overline{AP}+\overline{BP}$의 최솟값은 다음 같은 순서로
구한다.

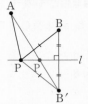

FIRST 점 B를 직선 l에 대하여 대칭이동한 점 B$'$을 구한다.
NEXT $\overline{AP}+\overline{PB}=\overline{AP}+\overline{PB'} \geq \overline{AB'}$임을 이용한다.
LAST $\overline{AP}+\overline{BP}$의 최솟값은 선분 AB$'$의 길이와 같다.

 선분의 길이의 합의 최솟값은 한 점을 대칭이동하여 두 선분을 이루는 점들이 모두 한 직선 위에 있도록 한다.

0637 학교기출 대표 유형

그림과 같이 시냇가 위의 두 점 P, Q에서 각각 40m, 80m 떨어져 있는 A지점과 B지점에 각각 소와 마을이 있고, 두 점 P, Q 사이의 거리는 90m이다. 농부가 A지점에 있는 소를 끌고 나와 시냇가에서 물을 먹이고 B지점의 마을로 가려고 할 때, 소가 움직이는 최단거리를 구하시오.

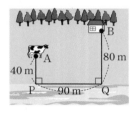

해설 내신연계문제

0638 NORMAL

그림과 같이 수직인 두 직선 도로에서 각각 12km, 7km 떨어진 지점에 S대가 있고, S대에서 13km 떨어진 도로 위에 전철역 A가 있다. S대에서 출발하여 두 전철역 A, B를 차례로 거친 후 다시 S대로 돌아오는 거리가 최소가 되도록 전철역 B를 도로 위에 세우려고 할 때, 전철역 A, B 사이의 거리는?
(단, S대의 크기와 도로의 폭은 무시하며 모든 지점과 도로는 같은 평면 위에 있고, 두 전철역 A, B는 서로 다른 도로 위에 있다.)

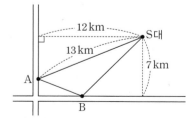

① $\dfrac{\sqrt{2}}{2}$ km   ② $\sqrt{2}$ km   ③ $\sqrt{3}$ km

④ $\dfrac{2\sqrt{13}}{3}$ km   ⑤ $\dfrac{10}{3}$ km

0639 최다빈출 왕 중요 TOUGH

오른쪽 그림과 같이 한 변의 길이가 20cm인 정사각형 ABCD에서 대각선 BD를 3:1로 내분하는 점을 E, 대각선 BD의 중점을 F라 한다. 변 BC, CD 위를 움직이는 점 P, Q에 대하여 $\overline{FP}+\overline{PQ}+\overline{QE}$의 최솟값은?

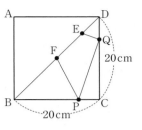

① 15cm   ② 34cm   ③ $2\sqrt{32}$ cm

④ $4\sqrt{32}$ cm   ⑤ $5\sqrt{34}$ cm

해설 내신연계문제

0640 최다빈출 왕 중요 TOUGH

오른쪽 그림과 같이 폭이 20m인 직선 도로를 사이에 두고 학교와 도서관이 위치하고 있다. 학교에서 정동쪽으로 800m, 다시 그 지점에서 정남쪽으로 620m 지점에 도서관이 위치한다. 학교에서 출발하여 횡단보도를 건너 도서관까지 가는 데 최단거리가 되도록 길이 20m인 횡단보도가 설치되었을 때, 이 최단거리를 구하시오.
(단, 고도와 횡단보도의 폭은 무시한다.)

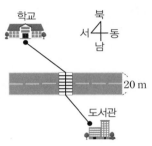

해설 내신연계문제

모의고사 **핵심유형** 기출문제

0641 2012년 11월 고1 학력평가 19번 TOUGH

그림과 같이 동서로 뻗어 있는 직선도로 l과 남서쪽에서 북동쪽으로 뻗어있는 직선도로 m이 이루는 각은 45°이다. 두 직선도로 l과 m이 만나는 지점 O로부터 동쪽으로 3km 떨어진 지점에서 북쪽으로 1km 떨어진 지점 에 정류소 A가 있다. 정류소 A를 출발해서 직선도로 l 위의 한 지점과 직선도로 m 위의 한 지점을 차례로 경유하여 정류소 A로 돌아오는 도로를 만들려고 한다. 만들려고 하는 도로의 길이가 최소가 되도록 직선도로 l 위의 한 지점에 정류소 B, 직선도로 m 위의 한 지점에 정류소 C를 만들 때, 두 정류소 B와 C 사이의 거리 (km)는? (단, 도로의 폭은 무시하며 모든 지점과 도로는 동일 평면 위에 있다.)

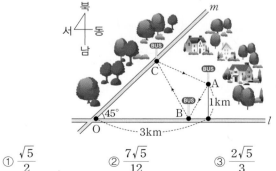

① $\dfrac{\sqrt{5}}{2}$ ② $\dfrac{7\sqrt{5}}{12}$ ③ $\dfrac{2\sqrt{5}}{3}$

④ $\dfrac{3\sqrt{5}}{4}$ ⑤ $\dfrac{5\sqrt{5}}{6}$

해설 내신연계문제

서술형 기출유형

학교내신기출 서술형 핵심문제총정리

0642

이차함수 $y=x^2-4x+a$의 그래프를 y축의 방향으로 -2만큼 평행이동시킨 다음 원점에 대하여 대칭이동시킨 그래프가 x축에 접할 때, 상수 a의 값을 구하는 과정을 다음 단계로 서술하시오.

1단계 y축의 방향으로 -2만큼 평행이동한 포물선의 방정식을 구한다. [3점]
2단계 포물선을 원점에 대하여 대칭이동한 포물선의 방정식을 구한다. [3점]
3단계 x축에 접할 때, 실수 a의 값을 구한다. [4점]

0644

원 $(x-2)^2+(y+2)^2=20$을 x축의 방향으로 a만큼, y축의 방향으로 b만큼 평행이동한 원이 점 $(2,\ -2)$를 지나고 직선 $y=2x-16$에 의하여 이등분될 때, 점 $(-1,\ 7)$를 x축의 방향으로 a만큼, y축의 방향으로 b만큼 평행이동한 점의 좌표를 구하는 과정을 다음 단계로 서술하시오. (단, a, b는 상수이다.)

1단계 원 $(x-2)^2+(y+2)^2=20$을 평행이동한 원의 방정식이 점 $(2,\ -2)$을 지나도록 하는 a, b의 관계식을 구한다. [3점]
2단계 평행이동한 원이 직선 $y=2x-16$에 의하여 이등분하도록 하는 a, b의 값을 구한다. [4점]
3단계 점 $(-1,\ 7)$를 x축의 방향으로 a만큼, y축의 방향으로 b만큼 평행이동 한 점의 좌표를 구한다. [3점]

0643 최다빈출 왕 중요

원 $(x-a)^2+(y-b)^2=36$을 x축에 대하여 대칭이동한 후 x축의 방향으로 -2만큼 평행이동한 원이 x축과 y축에 모두 접하고 포물선 $y=-x^2-6x-14$을 x축의 방향으로 a만큼, y축의 방향으로 b만큼 평행이동한 포물선의 꼭짓점의 좌표를 중심으로 하며 직선 $3x-4y-1=0$에 접하는 원의 반지름의 구하는 과정을 다음 단계로 서술하시오. (단, $a>0$, $b>0$)

1단계 원 $(x-a)^2+(y-b)^2=36$을 대칭이동과 평행이동한 원이 x축과 y축에 동시에 접하도록 하는 양수 a, b의 값을 구한다. [4점]
2단계 포물선 $y=-x^2-6x-14$를 평행이동하여 꼭짓점의 좌표를 구한다. [3점]
3단계 꼭짓점의 좌표를 중심으로 하고 직선 $3x-4y-1=0$에 접하는 원의 반지름의 길이를 구한다. [3점]

해설 내신연계문제

0645 최다빈출 왕 중요

포물선 $y=x^2-2x$를 포물선 $y=x^2+8x+10$으로 옮기는 평행이동에 의하여 직선 $l:x-2y+1=0$은 직선 l'으로 옮겨진다. 두 직선 l과 l' 사이의 거리를 구하는 과정을 다음 단계로 서술하시오.

1단계 포물선 $y=x^2-2x$를 포물선 $y=x^2+8x+10$으로 옮기는 평행이동을 구한다. [4점]
2단계 직선 $l:x-2y+1=0$을 평행이동에 의하여 직선 l'의 방정식을 구한다. [2점]
3단계 두 직선 l과 l' 사이의 거리를 구한다. [4점]

해설 내신연계문제

0646

원 $C_1 : (x+1)^2 + (y+2)^2 = 4$를 직선 $x+2y-5=0$에 대하여 대칭이동한 도형을 C_2라 하자. C_1 위의 점 P와 C_2 위의 점 Q에 대하여 두 점 P, Q 사이의 거리의 최댓값을 M, 최솟값을 m이라 할 때, Mm의 값을 구하는 과정을 다음 단계로 서술하시오.

[1단계] 중점과 수직조건을 이용하여 도형 C_2의 방정식을 구한다. [5점]
[2단계] 두 점 P, Q 사이의 거리의 최댓값 M, 최솟값 m을 구한다. [3점]
[3단계] Mm의 값을 구한다. [2점]

0647 최다빈출 왕중요

좌표평면에서 점 $(1, -1)$을 점 $(-1, -2)$로 옮기는 평행이동에 의하여 이차함수 $y=x^2-2x$가 옮겨진 이차함수를 l이라 하면 이차함수 l은 직선 $y=mx$와 두 점 P, Q에서 만난다. 선분 PQ의 중점 M이 원점일 때, 상수 m의 값을 구하는 과정을 다음 단계로 서술하시오.

[1단계] 점의 평행이동에 의하여 이차함수 $y=x^2-2x$가 옮겨진 이차함수 l의 식을 구한다. [4점]
[2단계] 두 점 P, Q의 중점이 원점임을 이용하여 두 점 P, Q의 x좌표를 α, β라 할 때, α, β의 관계식을 구한다. [3점]
[3단계] 이차방정식의 근과 계수의 관계를 이용하여 상수 m의 값을 구한다. [3점]

해설 내신연계문제

0648 최다빈출 왕중요

세 점 A$(3, 1)$, B(a, a), C$(b, 0)$을 꼭짓점으로 하는 삼각형 ABC의 둘레의 길이가 최소일 때, 상수 a, b의 값을 구하는 과정을 다음 단계로 서술하시오. (단, $a>0$, $b>0$)

[1단계] 점 A$(3, 1)$을 x축과 $y=x$에 대하여 대칭이동한 점의 좌표를 구한다. [2점]
[2단계] 삼각형 ABC의 둘레의 길이의 최솟값을 구한다. [4점]
[3단계] 삼각형 ABC의 둘레의 길이가 최소일 때, 상수 a, b의 값을 구한다. [4점]

해설 내신연계문제

0649 최다빈출 왕중요

그림과 같이 좌표평면 위에 두 점 A$(4, 10)$, B$(3, 7)$과 직선 $x-y+2=0$ 위의 점 P와 y축 위의 점 Q에 대하여 $\overline{AQ}+\overline{QP}+\overline{PB}$의 최솟값과 이때 점 P, Q의 좌표를 구하는 과정을 다음 단계로 서술하시오.

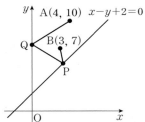

[1단계] 점 A$(4, 10)$을 y축에 대하여 대칭이동한 점의 좌표 A$'(a, b)$를 구한다. [1점]
[2단계] 점 B$(3, 7)$을 직선 $x-y+2=0$에 대하여 대칭이동한 점의 좌표 B$'(c, d)$를 구한다. [3점]
[3단계] $\overline{AQ}+\overline{QP}+\overline{PB}$의 최솟값을 구한다. [3점]
[4단계] $\overline{AQ}+\overline{QP}+\overline{PB}$가 최소가 되도록 하는 두 점 P, Q의 좌표를 구한다. [3점]

해설 내신연계문제

0650

그림과 같이 방정식 $f(x, y)=0$이 나타내는 도형이 네 점 A$(2, 3)$, B$(3, 2)$, C$(2, 1)$, D$(1, 2)$를 꼭짓점으로 하는 정사각형일 때, 도형 $f(x, y)=0$ 위의 임의의 점 P와 도형 $f(-y-3, x-1)=0$ 위의 임의의 점 Q에 대하여 선분 PQ의 길이의 최댓값을 구하는 과정을 다음 단계로 서술하시오.

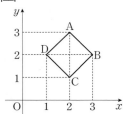

[1단계] 도형 $f(x, y)=0$을 도형 $f(-y-3, x-1)=0$으로 옮기는 이동을 구한다. [4점]
[2단계] 네 점 A$(2, 3)$, B$(3, 2)$, C$(2, 1)$, D$(1, 2)$이 옮겨지는 네 점 A$'$, B$'$, C$'$, D$'$의 좌표를 각각 구한다. [2점]
[3단계] 도형 $f(x, y)=0$ 위의 임의의 점 P와 도형 $f(-y-3, x-1)=0$ 위의 임의의 점 Q에 대하여 선분 PQ의 길이의 최댓값을 구한다. [4점]

행복한 일등급문제

학교내신기출 고난도 핵심문제총정리

YOURMASTERPLAN;**MAPL**
SYNERGY
S E R I E S

0651

직선 $ax-y+2=0$을 y축의 방향으로 -3만큼 평행이동한 직선과 두 직선 $2x-y-3=0$, $x+y-3=0$이 삼각형을 이루지 않도록 하는 상수 a의 값의 합을 구하시오.

0652 최다빈출❷중요

그림에서 직사각형 DEFG는 직사각형 OABC를 평행이동시킨 것이다. 네 점 A$(6, -3)$, C$(4, 8)$, G$(1, 6)$, F(a, b)라 할 때, 상수 a, b에 대하여 $a+b$의 값을 구하시오. (단, O는 원점이다.)

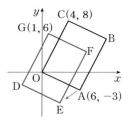

해설 내신연계문제

0653 최다빈출❷중요

직선 $3x+4y-1=0$을 x축의 방향으로 a만큼, y축의 방향으로 b만큼 평행이동한 직선이 $3x+4y+5=0$일 때, 두 상수 a, b에 대하여 $a^2+(b-1)^2$의 최솟값을 구하시오.

해설 내신연계문제

0654

그림과 같이 좌표평면에서 세 점 O$(0, 0)$, A$(4, 0)$, B$(0, 3)$을 꼭짓점으로 하는 삼각형 OAB를 평행이동한 도형을 삼각형 O′A′B′이라 하자. 점 A′의 좌표가 $(9, 2)$일 때, 삼각형 O′A′B′에 내접하는 원의 방정식은 $x^2+y^2+ax+by+c=0$이다. $a+b+c$의 값을 구하시오. (단, a, b, c는 상수이다.)

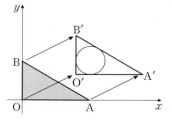

0655

그림과 같이 좌표평면이 그려진 종이를 한 번 접었더니 두 점 A$(2, -1)$과 B$(0, 5)$가 겹쳐졌다. 이와 같이 접을 때, 점 C$(-3, -6)$과 겹쳐지는 점의 좌표를 D(a, b)라 할 때, 상수 a, b에 대하여 $a+b$의 값을 구하시오.

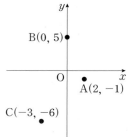

0656 최다빈출 ❷ 중요

원 $x^2+(y-1)^2=9$ 위의 점 P가 있다. 점 P를 y축의 방향으로 -1 만큼 평행이동한 후 y축에 대하여 대칭이동한 점을 Q라 하자. 두 점 $A(1, -\sqrt{3})$, $B(3, \sqrt{3})$에 대하여 삼각형 ABQ의 넓이가 최대일 때, 점 P의 y좌표는?

① $\dfrac{5}{2}$ 　② $\dfrac{11}{4}$ 　③ 3

④ $\dfrac{13}{4}$ 　⑤ $\dfrac{7}{2}$

해설 내신연계문제

모의고사 **고난도 핵심유형** 기출문제

0657
2023년 09월 고1 학력평가 16번

그림과 같이 좌표평면 위에 두 원
$$C_1:(x-8)^2+(y-2)^2=4,$$
$$C_2:(x-3)^2+(y+4)^2=4$$
와 직선 $y=x$가 있다. 점 A는 원 C_1 위에 있고, 점 B는 원 C_2 위에 있다. 점 P는 x축 위에 있고, 점 Q는 직선 $y=x$ 위에 있을 때, $\overline{AP}+\overline{PQ}+\overline{QB}$의 최솟값은? (단, 세 점 A, P, Q는 서로 다른 점이다.)

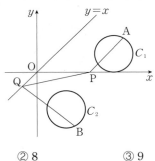

① 7 　② 8 　③ 9

④ 10 　⑤ 11

해설 내신연계문제

0658
2018년 11월 고1 학력평가 19번

좌표평면 위에 두 점 $A(-4, 4)$, $B(5, 3)$이 있다. x축 위의 두 점 P, Q와 직선 $y=1$ 위의 점 R에 대하여 $\overline{AP}+\overline{PR}+\overline{RQ}+\overline{QB}$의 최솟값은?

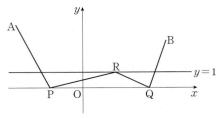

① 12 　② $5\sqrt{6}$ 　③ $2\sqrt{39}$

④ $9\sqrt{2}$ 　⑤ $2\sqrt{42}$

해설 내신연계문제

0659
2024년 10월 고1 학력평가 21번

좌표평면 위의 두 원
$$C_1 : (x-2)^2+(y-6)^2=1,$$
$$C_2 : (x-6)^2+(y-4)^2=9$$
에 대하여 원 C_1 위를 움직이는 점 P, 원 C_2 위를 움직이는 점 Q, y축 위를 움직이는 두 점 R, S가 있다. 두 점 R, S를 x축에 대하여 대칭이동한 점을 각각 R′, S′이라 할 때, [보기]에서 옳은 것만을 있는 대로 고른 것은? (단, O는 원점이다.)

> ㄱ. 두 점 $A(4, 2)$, $A'(4, -2)$에 대하여 $\overline{AR}=\overline{A'R'}$이다.
>
> ㄴ. 점 $A(4, 2)$에 대하여 $\overline{AR}+\overline{PR'}$의 최솟값은 9이다.
>
> ㄷ. 점 $B(a, 6a+1)$(a는 양의 상수)에 대하여
> $$(\overline{BR}+\overline{PR'}\text{의 최솟값})=(\overline{BS}+\overline{QS'}\text{의 최솟값})+2$$
> 일 때, $\overline{OB}$의 값은 $\dfrac{\sqrt{65}}{2}$이다.

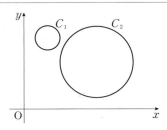

① ㄱ 　② ㄱ, ㄴ 　③ ㄱ, ㄷ

④ ㄴ, ㄷ 　⑤ ㄱ, ㄴ, ㄷ

해설 내신연계문제

0660
2019년 09월 고1 학력평가 16번

좌표평면 위에 두 점 A$(2, 4)$, B$(6, 6)$이 있다. 점 A를 직선 $y=x$에 대하여 대칭이동한 점을 A$'$이라 하자.
점 C$(0, k)$가 다음 조건을 만족시킬 때, k의 값은?

(가) $0 < k < 3$
(나) 삼각형 A$'$BC의 넓이는 삼각형 ACB의 넓이의 2배이다.

① $\dfrac{4}{5}$ ② 1 ③ $\dfrac{6}{5}$

④ $\dfrac{7}{5}$ ⑤ $\dfrac{8}{5}$

해설 내신연계문제

0661
2016년 03월 고2 학력평가 27번

그림과 같이 좌표평면에서 두 점 A$(2, 0)$, B$(1, 2)$를 직선 $y=x$에 대하여 대칭이동한 점을 각각 C, D라 하자. 삼각형 OAB 및 그 내부와 삼각형 ODC 및 그 내부의 공통부분의 넓이를 S라 할 때, $60S$의 값을 구하시오. (단, O는 원점이다.)

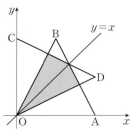

해설 내신연계문제

0662
2024년 10월 고1 학력평가 15번

원 $C : x^2+y^2=4$ 위에 서로 다른 두 점 A(a, b), B(b, a)가 있다. 원 C 위의 점 중 $\overline{\mathrm{AP}}=\overline{\mathrm{BP}}$, $\overline{\mathrm{AQ}}=\overline{\mathrm{BQ}}$를 만족시키는 서로 다른 두 점 P, Q에 대하여 사각형 APBQ의 넓이가 $2\sqrt{2}$일 때, $a \times b$의 값은?

① $\dfrac{1}{2}$ ② $\dfrac{3}{4}$ ③ 1

④ $\dfrac{5}{4}$ ⑤ $\dfrac{3}{2}$

해설 내신연계문제

0663
2019년 03월 고2 학력평가 가형 28번

두 자연수 m, n에 대하여 원 $C : (x-2)^2+(y-3)^2=9$를 x축의 방향으로 m만큼 평행이동한 원을 C_1, 원 C_1을 y축의 방향으로 n만큼 평행이동한 원을 C_2라 하자.
두 원 C_1, C_2와 직선 $l : 4x-3y=0$은 다음 조건을 만족시킨다.

(가) 원 C_1은 직선 l과 서로 다른 두 점에서 만난다.
(나) 원 C_2는 직선 l과 서로 다른 두 점에서 만난다.

$m+n$의 최댓값을 구하시오.

해설 내신연계문제

0664
2016년 09월 고1 학력평가 30번

그림과 같이 $\overline{AB}=3\sqrt{2}$, $\overline{BC}=4$, $\overline{CA}=\sqrt{10}$인 삼각형 ABC에 대하여 세 선분 AB, BC, CA 위의 점을 각각 D, E, F라 하자. 삼각형 DEF의 둘레의 길이의 최솟값이 $\dfrac{q}{p}\sqrt{5}$일 때, $p+q$의 값을 구하시오. (단, p와 q는 서로소인 자연수이다.)

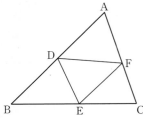

해설 내신연계문제

0665
2023년 09월 고1 학력평가 19번

그림과 같이 기울기가 2인 직선 l이 원 $x^2+y^2=10$과 제 2사분면 위의 점 A, 제 3사분면 위의 점 B에서 만나고 $\overline{AB}=2\sqrt{5}$이다. 직선 OA와 원이 만나는 점 중 A가 아닌 점을 C라 하자. 점 C를 지나고 x축과 평행한 직선이 직선 l과 만나는 점을 D(a, b)라 할 때, 두 상수 a, b에 대하여 $a+b$의 값은? (단, O는 원점이다.)

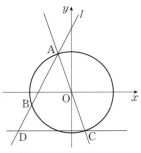

① -8 ② $-\dfrac{15}{2}$ ③ -7

④ $-\dfrac{13}{2}$ ⑤ -6

해설 내신연계문제

0666
2024년 09월 고1 학력평가 27번

그림과 같이 좌표평면 위의 점 A$(a, 2)(a>2)$를 직선 $y=x$에 대하여 대칭이동한 점을 B, 점 B를 x축에 대하여 대칭이동한 점을 C라 하자. 두 삼각형 ABC, AOC의 외접원의 반지름의 길이를 각각 r_1, r_2라 할 때, $r_1\times r_2=18\sqrt{2}$이다. 상수 a에 대하여 a^2의 값을 구하시오. (단, O는 원점이다.)

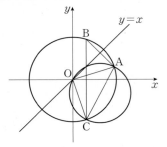

해설 내신연계문제

0667
2023년 03월 고2 학력평가 29번

원 $(x-6)^2+y^2=r^2$ 위를 움직이는 두 점 P, Q가 있다. 점 P를 직선 $y=x$에 대하여 대칭이동한 점의 좌표를 (x_1, y_1)이라 하고, 점 Q를 x축의 방향으로 k만큼 평행이동한 점의 좌표를 (x_2, y_2)라 하자. $\dfrac{y_2-y_1}{x_2-x_1}$의 최솟값이 0이고 최댓값이 $\dfrac{4}{3}$일 때, $|r+k|$의 값을 구하시오. (단, $x_1\ne x_2$이고, r는 양수이다.)

해설 내신연계문제

II

집합과 명제

MAPL
YOUR
MASTER
PLAN

MAPL SYNERGY SERIES

MAPL. IT'S YOUR MASTER PLAN!

개념 유형 기본문제부터 고난도 모의고사형 문제까지 아우르는 유형별 내신대비문제집

01 집합의 뜻

학교내신기출 객관식 핵심문제총정리

유형 01 집합의 뜻

(1) **집합**
어떤 조건에 의하여 그 대상을 분명히 정할 수 있을 때,
그 대상들의 모임
예 챗 GPT를 잘 다루는 학생의 모임 ➡ 집합이 아니다.
챗 GPT를 가장 잘 다루는 학생의 모임 ➡ 집합이다.

(2) **원소**
집합을 이루고 있는 대상 하나하나

 집합이 아닌 것 ➡ 그 대상이 명확하지 않은 표현들
'아름다운', '좋은', '잘하는', '유명한', '맛있는', '재미있는', '가까운',
'작은 (큰)' 등은 조건이 명확하지 않아 그 대상을 분명하게 정할 수
없으므로 집합이 아니다.

0668 학교기출 대표 유형

다음 중 집합인 것은?

① 맛있는 과일의 모임
② 아름다운 새들의 모임
③ 훌륭한 화가의 모임
④ 우리 반에서 사물함 번호가 짝수인 학생의 모임
⑤ 키가 큰 컬링선수의 모임

0669 최다빈출 강 중요 ◢◢◢ BASIC

다음 중 집합인 것은 모두 몇 개인가?

ㄱ. 유명한 농구 선수의 모임
ㄴ. 천연기념물의 모임
ㄷ. 1000에 가까운 자연수의 모임
ㄹ. 독도보다 넓이가 큰 우리나라 섬의 모임
ㅁ. 방정식 $3x-4=0$의 해의 모임
ㅂ. 제곱하여 -1이 되는 실수의 모임

① 2   ② 3   ③ 4
④ 5   ⑤ 6

해설 내신연계문제

유형 02 집합과 원소의 관계

(1) **집합과 원소 사이의 관계는 ∈(속하는 관계)를 사용하여 나타낸다.**
① a가 집합 A의 원소이다.
➡ 원소 a가 집합 A에 속한다.
➡ $a \in A$, 즉 (원소)∈(집합)
② b가 집합 A의 원소가 아니다.
➡ 원소 b가 집합 A에 속하지 않는다.
➡ $b \notin A$, 즉 (원소)∉(집합)

(2) **집합과 집합 사이의 관계는 ⊂(포함 관계)를 사용하여 나타낸다.**
➡ (집합)⊂(집합), (집합)⊄(집합)

 ① 집합 속의 집합은 하나의 원소로 생각한다.
즉 {1, {2}}와 같이 집합을 원소로 갖는 경우 집합 기호가 있다고
원소인 {2}를 집합이라고 하지 않도록 주의한다.
② {0}, {∅}는 공집합이 아니고 0, ∅을 각각 원소로 갖는 집합이다.

0670 학교기출 대표 유형

12의 양의 약수의 집합을 A라 할 때, 다음 중 옳은 것은?

① $1 \notin A$ ② $4 \notin A$ ③ $6 \notin A$
④ $8 \notin A$ ⑤ $12 \notin A$

0671 최다빈출 강 중요 ◢◢◢ BASIC

정수 전체의 집합을 Z, 유리수 전체의 집합을 Q, 실수 전체의 집합
을 R이라 할 때, 다음 중 옳지 않은 것은? (단, $i=\sqrt{-1}$)

① $\dfrac{1}{2-\sqrt{3}} \notin Q$ ② $\sqrt{49} \in Z$ ③ $1+\sqrt{12} \in R$

④ $\sqrt{-9} \in R$ ⑤ $\left(\dfrac{1+i}{1-i}\right)^{100} \in Z$

해설 내신연계문제

0672 ◢◢◢ BASIC

두 집합 A, B가 벤 다이어그램과 같을 때,
다음 중 옳지 않은 것은?

① $2 \in A$ ② $5 \notin A$
③ $\{2, 4\} \subset A$ ④ $\{2, 5\} \not\subset A$
⑤ $\{2, 4, 6\} \not\subset B$

0673 최다빈출왕 중요 ◢◢◢ NORMAL

집합 $A=\{0, \varnothing, \{\varnothing\}, \{0, \varnothing\}\}$에 대하여 다음 중 옳지 않은 것은?

① $\{\varnothing\} \in A$
② $\{\varnothing\} \subset A$
③ $\{0, \varnothing\} \subset A$

④ $\{\{0, \varnothing\}\} \subset A$
⑤ $\{\varnothing, \{\varnothing\}\} \in A$

해설 내신연계문제

0674 ◢◢◢ NORMAL

다음 [보기]에서 옳은 것만을 있는 대로 고른 것은?

> ㄱ. $0 \in \varnothing$
> ㄴ. $\{x | x$는 10보다 작은 소수$\} \subset \{1, 3, 5, 7, 11\}$
> ㄷ. $A=\{\varnothing, a, b, \{a, b\}\}$일 때, $\{a, b, \{a, b\}\} \subset A$

① ㄱ
② ㄴ
③ ㄷ

④ ㄱ, ㄴ
⑤ ㄱ, ㄴ, ㄷ

0675 ◢◢◢ NORMAL

집합 $A=\{\varnothing, 1, 2, \{1, 2\}\}$에 대하여 다음 [보기] 중 옳은 것의 개수는?

> ㄱ. $\varnothing \in A$ ㄴ. $\varnothing \subset A$
> ㄷ. $\{1, 2\} \subset A$ ㄹ. $\{\{1, 2\}\} \subset A$

① 0
② 1
③ 2

④ 3
⑤ 4

0676 최다빈출왕 중요 ◢◢◢ TOUGH

방정식 $A=\{x | x^3+ax^2-13x+5a=0$인 실수$\}$에 대하여 $2 \in A$일 때, 다음 중 옳지 않은 것은? (단, a는 상수이다.)

① $a=2$이다.
② 집합 A의 모든 원소의 합은 -2이다.
③ $-5 \in A$
④ $-1 \in A$
⑤ $3 \notin A$

해설 내신연계문제

(1) **원소나열법**
집합에 속하는 모든 원소를 { } 안에 나열하여 집합을 나타내는 방법
(2) **조건제시법**
집합에 속하는 원소들의 공통된 성질을 제시하여 집합을 나타내는 방법, 즉 $\{x | x$의 조건$\}$
(3) **벤 다이어그램** : 집합을 나타내는 그림
예 6의 양의 약수의 집합 A를 나타내면 다음과 같다.

원소나열법	조건제시법	벤 다이어그램
$A=\{1, 2, 3, 6\}$	$A=\{x | x$는 6의 양의 약수$\}$	

집합을 원소나열법으로 나타낼 때,
① 원소를 배열하는 순서는 생각하지 않는다.
② 같은 원소는 중복하여 쓰지 않는다.
③ 원소가 많고 원소 사이에 일정한 규칙이 있으면 그 원소 중 일부를 생략하고 '⋯' 를 사용한다.

0677 학교기출 대표유형

다음 중 오른쪽 그림과 같이 벤 다이어그램으로 표현된 집합 A를 조건제시법으로 바르게 나타낸 것은?

① $A=\{x | x$는 10 이하의 2의 양의 배수$\}$
② $A=\{x | x$는 7 이하의 소수$\}$
③ $A=\{x | x$는 $1 \le x \le 6$인 자연수$\}$
④ $A=\{x | x$는 6의 양의 약수$\}$
⑤ $A=\{x | x$는 12의 양의 약수$\}$

0678 ◢◢◢ BASIC

다음 중 집합 $A=\{x | x=2^a \times 3^b, a, b$는 자연수$\}$의 원소가 아닌 것은?

① 12
② 15
③ 18

④ 24
⑤ 54

0679 ◢◢◢ NORMAL

집합 $\{6, 12, 18, 24, 30, 36\}$을 조건제시법으로 나타내면
$$\{x | x$는 a보다 작은 6의 양의 배수$\}$$
일 때, 자연수 a의 개수는?

① 2
② 3
③ 4

④ 5
⑤ 6

0680 최대빈출 상 중요 | NORMAL

두 집합 $A=\{0, 1, 2\}$, $B=\{b|b=a^2+1, a\in A\}$에 대하여
$$C=\{x+y|x\in A, y\in B\}$$
라고 할 때, 집합 C의 원소의 합은?

① 26   ② 28   ③ 32
④ 34   ⑤ 36

해설 내신연계문제

0681 | NORMAL

두 집합 $A=\{-1, 2, a\}$, $B=\{1, 2, 4\}$에 대하여 집합
$$P=\{xy|x\in A, y\in B\}$$
라 하고 $P=\{-4, -2, -1, 2, 4, 8\}$일 때, 상수 a의 값의 합은?

① -2 ② -1 ③ 1
④ 2   ⑤ 3

0682 최대빈출 상 중요 | NORMAL

실수 전체의 집합의 두 부분집합
$$A=\{a, a+1\}, \quad B=\{x+y|x\in A, y\in A\}$$
에 대하여 집합 B의 모든 원소의 합이 15일 때, 집합 A의 모든 원소의 합을 구하시오.

해설 내신연계문제

모의고사 핵심유형 기출문제

0683 | 2015년 09월 고1 학력평가 24번 | NORMAL

집합 $A=\{z|z=i^n, n$은 자연수$\}$에 대하여
집합 $B=\{z_1^2+z_2^2|z_1\in A, z_2\in A\}$일 때,
집합 B의 원소의 개수를 구하시오. (단, $i=\sqrt{-1}$)

해설 내신연계문제

유형 04 집합의 구분

(1) **유한집합** : 원소가 유한개인 집합
(2) **무한집합** : 원소가 무수히 많은 집합
(3) **공집합** ($\varnothing$) : 원소가 하나도 없는 집합
  ➡ 공집합은 원소의 개수가 0이므로 유한집합이다.
(4) **유한집합의 원소의 개수**
  집합 A가 유한집합일 때, 집합 A의 원소의 개수를 기호로 $n(A)$와 같이 나타낸다.
  ① $n(\varnothing)=0$ ◀ 공집합 $\varnothing$의 원소는 존재하지 않으므로 $n(\varnothing)=0$이다.
  ② $n(\{\varnothing\})=1$ ◀ 집합 $\{\varnothing\}$의 원소는 $\varnothing$으로 1개이므로 $n(\{\varnothing\})=1$이다.
  ③ $n(\{0\})=1$ ◀ 집합 $\{0\}$의 원소는 0으로 1개이므로 $n(\{0\})=1$이다.

 ① 집합 A가 조건제시법으로 주어지면 집합 A를 원소나열법으로 나타낸 후 $n(A)$를 구한다.
② 무한집합은 셀 수 있는 무한집합(예 : 자연수의 집합)과 셀 수 없는 무한집합(예 : 실수의 집합)이 있다.

0684 학교기출 대표 유형

다음 중 유한집합인 것은?

① $\{2, 4, 6, 8, 10\cdots\}$
② $\{x|x$는 $x^2<1$인 실수$\}$
③ $\{x|x$는 3의 배수인 자연수$\}$
④ $\{x|x$는 $x^2<9$인 정수$\}$
⑤ $\{x|x=2n+1, n$은 자연수$\}$

0685 | BASIC

다음 중 무한집합인 것은?

① $\{x|x$는 1보다 작은 자연수$\}$
② $\{x|x$는 짝수인 두 자리 자연수$\}$
③ $\{x|2<x<3, x$는 자연수$\}$
④ $\{x|x$는 $x^2+2<0$인 실수$\}$
⑤ $\{x|x^2<1, x$는 유리수$\}$

0686 | BASIC

두 집합
$$A=\{x|x$는 15 이하의 소수$\},$$
$$B=\{x|x$는 100 이하의 5의 양의 배수$\}$$
에 대하여 $n(B)-n(A)$의 값을 구하시오.

0687 최다빈출 왕 중요   BASIC

자연수 전체의 집합의 두 부분집합

$$A=\{x\,|\,x는\ 36의\ 양의\ 약수\},\ B=\{x\,|\,x<k,\ k는\ 자연수\}$$

에 대하여 $n(A)=n(B)$일 때, k의 값은?

① 6   ② 7   ③ 8
④ 9   ⑤ 10

[해설 내신연계문제]

0688 최다빈출 왕 중요   NORMAL

다음 [보기]에서 옳은 것만을 있는 대로 고른 것은?

ㄱ. $A=\{0\}$이면 $n(A)=0$
ㄴ. $B=\varnothing$이면 $n(B)=0$
ㄷ. $n(\{\varnothing\})-n(\varnothing)=1$
ㄹ. $n(\{0\})+n(\{\varnothing\})=2$

① ㄷ   ② ㄴ, ㄷ   ③ ㄱ, ㄹ
④ ㄴ, ㄷ, ㄹ   ⑤ ㄱ, ㄴ, ㄷ, ㄹ

[해설 내신연계문제]

0689   NORMAL

두 집합 A, B에 대하여 옳은 것만을 [보기]에서 있는 대로 고른 것은?

ㄱ. $n(A)=n(\varnothing)$이면 $A=\varnothing$
ㄴ. $A\subset B$이면 $n(A)<n(B)$
ㄷ. $n(A)=n(B)$이면 $A=B$

① ㄱ   ② ㄱ, ㄴ   ③ ㄱ, ㄷ
④ ㄴ, ㄷ   ⑤ ㄱ, ㄴ, ㄷ

모의고사 핵심유형 기출문제

0690   2015년 11월 고2 학력평가 나형 26번   NORMAL

두 집합 $A=\{1,\,2,\,3,\,4,\,a\}$, $B=\{1,\,3,\,5\}$에 대하여 집합

$$X=\{x+y\,|\,x\in A,\ y\in B\}$$

라 할 때, $n(X)=10$이 되도록 하는 자연수 a의 최댓값을 구하시오.

[해설 내신연계문제]

유형 05   이차방정식·이차부등식과 집합

이차방정식 $ax^2+bx+c=0$의 판별식을 D라 할 때,

(1) **이차부등식 $ax^2+bx+c>0$이 해를 갖지 않는다.**
   ➡ 이차부등식 $ax^2+bx+c\leq0$의 해는 모든 실수이다.
   ➡ $a<0$, $D\leq0$

(2) **이차부등식 $ax^2+bx+c<0$이 해를 갖지 않는다.**
   ➡ 이차부등식 $ax^2+bx+c\geq0$의 해는 모든 실수이다.
   ➡ $a>0$, $D\leq0$

 이차방정식의 판별식

계수가 실수인 이차방정식 $ax^2+bx+c=0$의 판별식
$D=b^2-4ac$에 대하여
① $D>0$ ➡ 서로 다른 두 실근을 갖는다.
② $D=0$ ➡ 중근을 갖는다.
③ $D<0$ ➡ 서로 다른 두 허근을 갖는다.

  ① 이차부등식 $x^2+ax+b<0$이 해를 갖지 않는다.
   ➡ 이차부등식 $x^2+ax+b\geq0$의 해는 모든 실수이다.
   ➡ 이차방정식 $x^2+ax+b=0$의 판별식을 D라 할 때, $D\leq0$
 ② 이차부등식 $x^2+ax+b\leq0$이 해를 갖지 않는다.
   ➡ 이차부등식 $x^2+ax+b>0$의 해는 모든 실수이다.
   ➡ 이차방정식 $x^2+ax+b=0$의 판별식을 D라 할 때, $D<0$

0691   학교기출 대표 유형

실수 전체의 집합의 부분집합

$$A=\{x\,|\,x^2-2kx-3k+10=0\}$$

에 대하여 $A=\varnothing$이 되도록 하는 정수 k의 개수를 구하시오.

0692 최다빈출 왕 중요   NORMAL

실수 전체의 집합의 부분집합

$$A=\{x\,|\,x^2-2kx+2k+8<0\}$$

에 대하여 $A=\varnothing$이 되도록 하는 실수 k의 최댓값은 M, 최솟값은 m이라 할 때, $M-m$의 값은?

① 6   ② 7   ③ 8
④ 9   ⑤ 10

[해설 내신연계문제]

0693
NORMAL

실수 전체의 집합의 부분집합
$$A=\{x\,|\,x^2+2kx+2k+3\le 0\}$$
에 대하여 $n(A)=1$이 되도록 하는 모든 실수 k의 값의 합은?

① -2 ② -1 ③ 0

④ 1 ⑤ 2

0694
최다빈출 강 중요
NORMAL

두 집합
$$A=\{x\,|\,x^2+x+1=0,\ x\text{는 실수}\},$$
$$B=\{x\,|\,x^2-2kx+10k=0,\ x\text{는 실수}\}$$
에 대하여 $n(A)=n(B)$가 되도록 하는 정수 k의 개수는?

① 6 ② 7 ③ 8

④ 9 ⑤ 10

해설 내신연계문제

0695
TOUGH

자연수 k에 대하여 집합
$$A_k=\{x\,|\,x^2+4x-k+9=0,\ x\text{는 실수}\}$$
일 때, $n(A_1)+n(A_2)+n(A_3)+\cdots+n(A_{10})$의 값을 구하시오.

모의고사 **핵심유형** 기출문제

0696
2009년 11월 고1 학력평가 10번
NORMAL

집합
$$A=\{x\,|\,(k-1)x^2-8x+k=0,\ x\text{는 실수}\}$$
에 대하여 $n(A)=1$이 되게 하는 모든 상수 k의 합은?

① -1 ② 0 ③ 1

④ 2 ⑤ 3

해설 내신연계문제

유형 06   집합 사이의 포함 관계

두 집합 A, B에 대하여
집합 A의 모든 원소가 집합 B에 속하면 $A\subset B$
◐ 모든 $x\in A$에 대하여 $x\in B$이면 $A\subset B$

 집합 사이의 포함 관계는 주어진 집합을 원소나열법으로 나타낸 후 각각의 원소를 비교하여 구한다.

0697
학교기출 대표 유형

다음 중 세 집합
$$A=\{-1,\ 0,\ 1\},$$
$$B=\{x\,|\,x^2-1=0\},$$
$$C=\{x\,|\,-2<x<2,\ x\text{는 자연수}\}$$
사이의 포함 관계로 옳은 것은?

① $A\subset B\subset C$ ② $B\subset A\subset C$ ③ $B\subset C\subset A$

④ $C\subset B\subset A$ ⑤ $C\subset A\subset B$

0698
최다빈출 강 중요
NORMAL

다음 중 세 집합
$$A=\{0,\ 1,\ 2\},$$
$$B=\{2x+y\,|\,x\in A,\ y\in A\},$$
$$C=\{xy\,|\,x\in A,\ y\in A\}$$
사이의 포함 관계로 옳은 것은?

① $A\subset B\subset C$ ② $A\subset C\subset B$ ③ $B\subset A\subset C$

④ $B\subset C\subset A$ ⑤ $C\subset B\subset A$

해설 내신연계문제

0699
NORMAL

다음 두 집합 A, B 사이의 포함 관계가 오른쪽 벤 다이어그램과 같은 것은?

① $A=\{1,\ 2,\ 3\}$, $B=\{2,\ 3,\ 4\}$

② $A=\{x\,|\,x\text{는 10 이하의 소수}\}$, $B=\{1,\ 3,\ 5,\ 7\}$

③ $A=\{x\,|\,x\text{는 9의 양의 약수}\}$, $B=\{x\,|\,x\text{는 12의 양의 약수}\}$

④ $A=\{2n-1\,|\,n\text{은 4 이하의 자연수}\}$,
 $B=\{x\,|\,x\text{는 7 이하의 자연수}\}$

⑤ $A=\{x\,|\,x\text{는 3의 양의 배수}\}$, $B=\{x\,|\,x\text{는 6의 양의 배수}\}$

유형 **07** 서로 같은 집합의 미지수 구하기

두 집합 A, B에 대하여
$A \subset B$**이고** $B \subset A$**이면 기호로** $A = B$**이다.**
➡ 두 집합 A, B가 서로 같다.
➡ 두 집합 A, B의 모든 원소가 같다.

 두 집합 A, B가 서로 같은 집합이라 할 때,
두 집합 A, B의 모든 원소가 같음을 이용하여 미지수를 구한다.

0700 학교기출 대표 유형

두 집합
$$A = \{x \mid x \text{는 6의 양의 약수}\}, \quad B = \{1, 2, a+1, b\}$$
에 대하여 $A \subset B$이고 $B \subset A$일 때, $a+b$의 값을 구하시오.
(단, a, b는 상수이다.)

0701 최다빈출 왕 중요 BASIC

두 집합
$$A = \{2, a+1, a-2\}, \quad B = \{2, 3, a^2-4a+1\}$$
에 대하여 $A = B$일 때, 집합 A의 모든 원소의 합은?
(단, a는 실수이다.)

① 5   ② 7   ③ 9
④ 11   ⑤ 13

해설 내신연계문제

0702 BASIC

두 집합
$$A = \{a-1, a+5, 3\}, \quad B = \{a^2-2a, -2, 4\}$$
에 대하여 $A \subset B$이고 $B \subset A$일 때, 집합 A의 모든 원소의 합은?
(단, a는 실수이다.)

① 3   ② 4   ③ 5
④ 6   ⑤ 7

0703 최다빈출 왕 중요 NORMAL

두 집합
$$A = \{x \mid x^2 + 3x - a = 0\}, \quad B = \{1, b\}$$
에 대하여 $A \subset B$이고 $B \subset A$일 때, 상수 a, b에 대하여 $a - b$의 값은?

① 0   ② 2   ③ 4
④ 6   ⑤ 8

해설 내신연계문제

0704 NORMAL

실수 전체의 집합의 두 부분집합
$$A = \{x \mid x^2 + ax + b < 0\}, \quad B = \{x \mid |x-1| < 3\}$$
에 대하여 $A = B$일 때, 두 상수 a, b의 곱 ab의 값은?

① 6   ② 8   ③ 10
④ 12   ⑤ 16

0705 최다빈출 왕 중요 NORMAL

양의 실수 전체의 집합의 두 부분집합
$$A = \{a\}, \quad B = \{x \mid x^2 - 2bx + b + 6 \leq 0\}$$
에 대하여 $A = B$일 때, $a+b$의 값을 구하시오. (단, b는 상수이다.)

해설 내신연계문제

 모의고사 핵심유형 기출문제

0706 2015년 03월 고2 학력평가 가형 5번 BASIC

두 집합
$$A = \{a+2, a^2-2\}, \quad B = \{2, 6-a\}$$
에 대하여 $A = B$일 때, a의 값은?

① -2 ② -1 ③ 0
④ 1   ⑤ 2

해설 내신연계문제

유형 08 집합 사이의 포함 관계를 이용하여 미지수 구하기

두 집합 A, B에 대하여 $A \subset B$일 때,

(1) **집합 A의 모든 원소가 집합 B의 원소임을 이용하여 식을 세운다.**
　● 주어진 집합을 원소나열법으로 나타내어 각각의 원소를 비교한다.

(2) **수직선을 이용하여 포함 관계가 성립할 조건을 찾는다.**

　① 집합이 유한집합일 때,
　　➡ 집합을 원소나열법으로 나타낸 후 각 원소를 비교하여 미지수를 구한다.
　② 집합이 부등식일 때,
　　➡ 집합을 수직선에 나타낸 후 포함 관계가 성립하도록 하는 미지수를 구한다.

0707 학교기출 대표 유형

두 집합

$$A = \{1, 3\}, \ B = \{0, 1, a+2, 4a-5\}$$

에 대하여 $A \subset B$가 성립하도록 하는 모든 자연수 a의 값의 합을 구하시오.

0708 최다빈출 왕 중요 NORMAL

두 집합

$$A = \{a+2, 3\}, \ B = \{a-2, a^2-1, 7\}$$

에 대하여 $A \subset B$일 때, 집합 B의 모든 원소의 합을 b라 하자. 이때 $a+b$의 값은? (단, a, b는 실수이다.)

① 35　　　　② 36　　　　③ 37
④ 38　　　　⑤ 39

　　　　　　　　　　　　　　　[해설 내신연계문제]

0709 NORMAL

두 집합

$$A = \{x \mid x 는 \ 30의 \ 양의 \ 약수\},$$
$$B = \{x \mid x 는 \ k의 \ 양의 \ 약수\}$$

의 포함 관계가 오른쪽 벤 다이어그램과 같도록 하는 모든 두 자리 자연수 k의 값의 합을 구하시오.

0710 최다빈출 왕 중요 NORMAL

두 집합

$$A = \{x \mid x^2 + ax - 2a^2 \leq 0\}, \ B = \{x \mid x^2 + 4x - 60 < 0\}$$

에 대하여 $A \subset B$가 성립하도록 하는 자연수 a의 개수는?

① 3　　　　② 4　　　　③ 5
④ 6　　　　⑤ 7

　　　　　　　　　　　　　　　[해설 내신연계문제]

0711 최다빈출 왕 중요 TOUGH

세 집합

$$A = \{x \mid x^2 - 9 \leq 0\}, \ B = \{x \mid |x| < a\}, \ C = \{x \mid x \leq 9\}$$

에 대하여 $A \subset B \subset C$가 성립하도록 하는 모든 자연수 a의 값의 합은?

① 27　　　　② 30　　　　③ 33
④ 36　　　　⑤ 39

　　　　　　　　　　　　　　　[해설 내신연계문제]

0712 TOUGH

세 집합

$$A = \{-5, -3, -1, 1\},$$
$$B = \{x \mid x 는 \ x^2 - 3x - 4 \leq 0을 \ 만족시키는 \ 정수\},$$
$$C = \{x \mid x 는 \ |x-1| < k를 \ 만족시키는 \ 정수\}$$

에 대하여 $A \subset C$, $B \subset C$를 만족시키는 양의 정수 k의 최솟값을 구하시오.

0713

2019년 11월 고1 학력평가 24번

BASIC

두 집합

$$A=\{x|(x-5)(x-a)=0\},\ B=\{-3,\ 5\}$$

에 대하여 $A \subset B$를 만족시키는 양수 a의 값을 구하시오.

해설 내신연계문제

0714

2018년 09월 고2 학력평가 가형 23번

NORMAL

자연수 전체의 집합의 두 부분집합

$$A=\{1,\ 2a\},\ B=\{x|x는 8의 약수\}$$

에 대하여 $A \subset B$를 만족시키는 모든 자연수 a의 값의 합을 구하시오.

해설 내신연계문제

0715

2019년 03월 고2 학력평가 가형 25번

TOUGH

자연수 n에 대하여 자연수 전체집합의 부분집합 A_n을 다음과 같이 정의하자.

$$A_n=\{x|x는 \sqrt{n}\ 이하의\ 홀수\}$$

$A_n \subset A_{25}$를 만족시키는 n의 최댓값을 구하시오.

해설 내신연계문제

---

(1) **부분집합**

집합 A가 집합 B의 부분집합이다. $(A \subset B)$

◐ 집합 A의 모든 원소가 집합 B에 속한다.

◐ 모든 $x \in A$에 대하여 $x \in B$이다.

(2) **진부분집합**

① 집합 A의 진부분집합

◐ 집합 A의 부분집합 중에서 A를 제외한 모든 집합

② 집합 A가 집합 B의 진부분집합이다.

◐ $A \subset B$이고 $A \neq B$이다.

◐ $A \subset B$이고 $B \not\subset A$이다.

① 공집합은 모든 집합의 부분집합이고

모든 집합은 자기 자신의 부분집합이다.

② 진부분집합은 부분집합 중 자기 자신을 제외한 부분집합이다.

③ 조건제시법으로 주어진 집합의 부분집합을 구할 때는 집합을 원소나열법으로 구체적으로 나타낸 후 구하는 것이 편리하다.

0716

학교기출 **대표** 유형

집합 $A=\{\varnothing,\ 1,\ 2,\ \{1\}\}$에 대하여 옳은 것만을 [보기]에서 있는 대로 고른 것은?

> ㄱ. $\varnothing$은 집합 A의 진부분집합이다.
> ㄴ. $\{\varnothing,\ \{1\}\}$은 집합 A의 진부분집합이다.
> ㄷ. $\{\varnothing,\ 1,\ 2,\ \{1\}\}$은 집합 A의 부분집합이다.

① ㄱ   ② ㄴ   ③ ㄷ

④ ㄱ, ㄷ   ⑤ ㄱ, ㄴ, ㄷ

0717

최다빈출 **강** 중요

NORMAL

집합 $A=\{x|x(x-10)<0,\ x는 소수인 자연수\}$의 부분집합 X에 대하여 $n(X)=2$를 만족시키는 집합 X의 개수는?

① 4   ② 5   ③ 6

④ 7   ⑤ 8

해설 내신연계문제

0718

NORMAL

집합 $A=\{x|x는 15\ 이하의\ 소수인\ 자연수\}$의 진부분집합을 X라 하자. 집합 X의 모든 원소의 합을 $S(X)$라 할 때, $S(X)$의 최댓값은?

① 32   ② 35   ③ 37

④ 39   ⑤ 41

집합 $A=\{a_1, a_2, a_3, \cdots, a_n\}$에 대하여
원소가 n개

(1) 집합 A의 부분집합의 개수 ➡ 2^n
(2) 집합 A의 진부분집합의 개수 ➡ 2^n-1
(3) 원소의 개수가 k인 부분집합의 개수 ➡ $_nC_k(k \le n)$

 ① 집합 A의 부분집합의 개수가 2^n
➡ 집합 A의 원소의 개수는 n
② 집합 A의 진부분집합의 개수가 2^n-1
➡ 집합 A의 원소의 개수는 n

0719 학교기출 대표 유형

집합 $A=\{x\,|\,|x-2|<3,\ x는\ 정수\}$의 부분집합의 개수를 구하시오.

0720 BASIC

다음 집합 중 진부분집합의 개수가 31이 아닌 것은?

① $\{a, b, c, d, e\}$
② $\{x\,|\,x는\ 12\ 이하의\ 소수\}$
③ $\{x\,|\,x^2-8x+7<0,\ x는\ 정수\}$
④ $\{x\,|\,x는\ 16의\ 양의\ 약수\}$
⑤ $\{2n-1\,|\,n은\ 4\ 이하의\ 자연수\}$

0721 NORMAL

집합 $A=\{x\,|\,x^3-2x^2-x+2=0\}$에 대하여 집합
$$B=\{a+b\,|\,a\in A,\ b\in A\}$$
라 할 때, 집합 B의 부분집합의 개수는?

① 8   ② 16   ③ 32
④ 64   ⑤ 128

0722 최다빈출 상 중요 NORMAL

집합 $A=\{x\,|\,x는\ 9\ 이하의\ 자연수\}$의 공집합이 아닌 부분집합 중에서 원소가 모두 홀수인 부분집합의 개수를 a, 원소가 모두 짝수인 부분집합의 개수가 b일 때, $a+b$의 값은?

① 40   ② 42   ③ 44
④ 46   ⑤ 48

해설 내신연계문제

0723 NORMAL

집합 A의 부분집합의 개수가 16이고, 집합 B에 대하여
$$n(A)+n(B)=10$$
일 때, 집합 B의 진부분집합의 개수는?

① 7   ② 15   ③ 31
④ 63   ⑤ 127

0724 최다빈출 상 중요 TOUGH

집합 $A=\{x\,|\,x는\ 100보다\ 작은\ 홀수\}$의 부분집합 B가 다음 조건을 모두 만족시킨다.

(가) 집합 B의 진부분집합의 개수는 63이다.
(나) 집합 B의 원소 중 가장 작은 원소는 19이다.

이때 집합 B의 원소의 개수를 p, 집합 B의 원소의 합을 q라 할 때, $\dfrac{q}{p}$의 최솟값은?

① 24   ② 26   ③ 32
④ 40   ⑤ 48

해설 내신연계문제

유형 11 특정한 원소를 갖거나 갖지 않는 부분집합의 개수

원소의 개수가 n인 집합 A에 대하여

(1) A의 특정한 원소 k개를 반드시 포함하는 부분집합의 개수
  ➡ 2^{n-k} (단, $k \leq n$)

(2) A의 특정한 원소 k개를 반드시 포함하지 않는 부분집합의 개수
  ➡ 2^{n-k} (단, $k \leq n$)

(3) A의 원소 중 k개를 모두 포함하고 m개는 포함하지 않는 집합 A의 부분집합의 개수 ➡ 2^{n-k-m} (단, $k+m \leq n$)

 ① A의 특정한 원소 k개를 반드시 포함하는 부분집합의 개수
  ➡ 특정한 원소 k개를 포함하지 않는 부분집합의 개수 2^{n-k}와 같다.
② 특정한 원소를 반드시 포함하거나 포함하지 않는 집합의 개수
  ➡ 그 원소를 제외하고 만들 수 있는 집합의 개수와 같다.

0725 학교기출 대표 유형

집합 $A=\{x \mid x^2-10x+16<0, \ x$는 정수$\}$의 부분집합 중에서 3, 4를 반드시 원소로 갖고 5를 원소로 갖지 않는 부분집합의 개수를 구하시오.

0726 최다빈출 상 중요 · BASIC

집합 $A=\{x \mid x$는 k 이하의 자연수$\}$의 부분집합 중 2를 반드시 원소로 갖고 3, 5를 원소로 갖지 않는 부분집합의 개수가 64일 때, 자연수 k의 값은? (단, $k \geq 5$)

① 7   ② 8   ③ 9
④ 10   ⑤ 11

해설 내신연계문제

0727 · NORMAL

집합 $A=\{x \mid x^2-7x+10 \leq 0, \ x$는 정수$\}$에 대하여
$$X \subset A \text{이고 } X \neq A$$
인 집합 X 중에서 3, 4를 반드시 원소로 갖는 집합의 개수는?

① 3   ② 7   ③ 15
④ 31   ⑤ 63

0728 · NORMAL

집합 $A=\{1, 2, 3, 4, 5, 6, 7\}$에 대하여 다음 조건을 만족시키는 집합 B의 개수는?

(가) $B \neq \varnothing$
(나) $B \subset A$이다.
(나) $x \in B$이면 $x \geq 3$이다.

① 3   ② 7   ③ 15
④ 31   ⑤ 63

0729 · NORMAL

전체집합 $U=\{0, 1, 2, 3, 4, 5, 6, 7, 8\}$에 대하여 다음 조건을 만족시키는 U의 부분집합 X의 개수는?

(가) 집합 X의 원소의 최솟값은 3이다.
(나) 집합 X의 원소의 최댓값은 7이다.

① 2   ② 4   ③ 8
④ 16   ⑤ 32

0730 최다빈출 상 중요 · NORMAL

집합 $A=\{x \mid x^2-9x+14 \leq 0, \ x$는 정수$\}$의 부분집합 중 두 개의 홀수를 원소로 갖는 부분집합의 개수는?

① 24   ② 27   ③ 30
④ 33   ⑤ 36

해설 내신연계문제

0731 · TOUGH

다음 조건을 만족시키는 전체집합 $U=\{x \mid x$는 9 이하의 자연수$\}$의 부분집합 X의 개수는?

(가) $X \neq \varnothing$, $6 \notin X$
(나) 집합 X의 모든 원소의 곱은 6의 배수이다.

① 110   ② 122   ③ 134
④ 146   ⑤ 168

0732 최다빈출 상중요

집합 $A=\{1, 2, 3, 4, 5, 6, 7\}$에 대하여 다음 조건을 만족시키는 집합 A의 모든 부분집합 X의 개수를 구하시오.

> (가) $n(X) \geq 2$
> (나) 집합 X의 모든 원소의 합은 홀수이다.

해설 내신연계문제

모의고사 **핵심유형** 기출문제

0733 2016년 09월 고2 학력평가 가형 13번 TOUGH

집합 $A=\{3, 4, 5, 6, 7\}$에 대하여 다음 조건을 만족시키는 집합 A의 모든 부분집합 X의 개수는?

> (가) $n(X) \geq 2$
> (나) 집합 X의 모든 원소의 곱은 6의 배수이다.

① 18   ② 19   ③ 20
④ 21   ⑤ 22

해설 내신연계문제

0734 2015년 09월 고2 학력평가 나형 20번 TOUGH

집합 $X=\{x\,|\,x$는 10 이하의 자연수$\}$의 원소 n에 대하여 X의 부분집합 중 n을 최소의 원소로 갖는 모든 집합의 개수를 $f(n)$이라 하자. [보기]에서 옳은 것만을 있는 대로 고른 것은?

> ㄱ. $f(8)=4$
> ㄴ. $a \in X$, $b \in X$일 때, $a<b$이면 $f(a)<f(b)$
> ㄷ. $f(1)+f(3)+f(5)+f(7)+f(9)=682$

① ㄱ   ② ㄱ, ㄴ   ③ ㄱ, ㄷ
④ ㄴ, ㄷ   ⑤ ㄱ, ㄴ, ㄷ

해설 내신연계문제

유형 12 $A \subset X \subset B$를 만족하는 집합 X의 개수

$A \subset X \subset B$를 만족하는 집합 X의 개수
- 집합 B의 부분집합 중에서 A의 모든 원소를 반드시 원소로 갖는 집합의 개수를 구한다.
- $n(A)=a$, $n(B)=b$, $A \subset X \subset B$일 때, 집합 X의 개수는 2^{b-a}

 집합 X의 개수는 원소가 b개인 집합의 부분집합 중 특정한 원소 a개를 반드시 포함하고 있는 집합의 개수와 같다.

0735 학교기출 대표유형

자연수 전체의 집합의 두 부분집합
$$A=\{x\,|\,x^2-5x+6=0\}, B=\{x\,|\,x$는 18의 약수$\}$$
에 대하여 $A \subset X \subset B$를 만족시키는 집합 X의 개수를 구하시오.

0736 BASIC

두 집합 A, B의 포함 관계가 오른쪽 벤 다이어그램과 같을 때, $A \subset X \subset B$를 만족시키는 집합 X 중에서 5를 원소로 갖지 않는 집합의 개수는?

① 2   ② 4   ③ 8
④ 16   ⑤ 32

0737 최다빈출 상중요 NORMAL

두 집합
$$A=\{x\,|\,x^2-5x+6=0\}, B=\{x\,|\,x$는 15보다 작은 소수$\}$$
에 대하여 $A \subset X \subset B$, $X \neq A$, $X \neq B$를 만족시키는 집합 X의 개수는?

① 10   ② 12   ③ 14
④ 16   ⑤ 18

해설 내신연계문제

0738

두 집합

$$A=\{x|x\text{는 }n\text{ 이하의 자연수}\}, B=\left\{x\middle|x=\frac{8}{n}, x\text{와 }n\text{은 자연수}\right\}$$

에 대하여 $B\subset X\subset A$, $X\neq A$를 만족시키는 집합 X의 개수가 63일 때, 자연수 n의 값은?

① 8   ② 9   ③ 10
④ 11   ⑤ 12

0739

두 집합

$$A=\{x|(x^2-5x)^2+10(x^2-5x)+24=0\},$$
$$B=\{x|x\text{는 }36\text{의 약수}\}$$

에 대하여 $A\subset X\subset B$를 만족시키는 집합 X의 개수는?

① 16   ② 32   ③ 64
④ 128   ⑤ 256

0740

두 집합

$$A=\{x|x^2-4x+3=0\}, B=\left\{x\middle|x=\frac{12}{n}, x\text{와 }n\text{은 자연수}\right\}$$

에 대하여 다음 조건을 만족하는 집합 X의 개수를 구하시오.

(가) $A\subset X\subset B$
(나) $n(X)\geq 4$

모의고사 **핵심유형** 기출문제

0741

 2015년 09월 고2 학력평가 가형 23번   BASIC

전체집합 $U=\{x|x\text{는 자연수}\}$의 두 부분집합 A, B에 대하여

$$A=\{x|x\text{는 }4\text{의 약수}\}, B=\{x|x\text{는 }12\text{의 약수}\}$$

일 때, $A\subset X\subset B$를 만족시키는 집합 X의 개수를 구하시오.

해설 내신연계문제

유형 13   여러 가지 부분집합의 개수

(1) **특정한 원소 k개 중 적어도 한 개를 원소로 갖는 부분집합의 개수**
   ➡ (전체 부분집합의 개수)
       $-$(특정한 원소 k개를 제외한 집합의 부분집합의 개수)
(2) **a 또는 b를 원소로 갖는 부분집합의 개수**
   ➡ (전체 부분집합의 개수)
       $-$(a, b를 모두 원소로 갖지 않는 부분집합의 개수)

 원소의 개수가 n인 집합에서 a개를 반드시 원소로 갖고
      b개를 원소로 갖지 않는 부분집합의 개수 ➡ $2^{n-(a+b)}$

0742

학교기출 **대표** 유형

집합 $A=\{1, 2, 3, 4, 5\}$의 부분집합 중에서 모든 원소의 곱이 짝수인 부분집합의 개수를 구하시오.

0743

최다빈출 **양** 중요

집합

$$A=\{x|x^2-8x+7\leq 0, \ x\text{는 정수}\}$$

에 대하여 집합 A의 부분집합 중 적어도 한 개의 홀수를 원소로 갖는 부분집합의 개수는?

① 96   ② 112   ③ 120
④ 124   ⑤ 128

해설 내신연계문제

0744

집합 $A=\{3n-1|n\text{은 }6\text{ 이하의 자연수}\}$의 부분집합 중에서 2 또는 5를 원소로 갖는 집합의 개수는?

① 24   ② 30   ③ 36
④ 42   ⑤ 48

0745

NORMAL

집합 $A=\{x \mid x$는 7 이하의 자연수\}의 부분집합 중 홀수 또는 소수를 적어도 하나 포함하는 진부분집합의 개수는?

① 12   ② 32   ③ 59
④ 119   ⑤ 123

0746

NORMAL

집합 $A=\{1, 2, 3, 4, 5, 6, 7, 8\}$의 부분집합 X의 원소 중 가장 큰 원소를 $M(X)$라 할 때, $M(X) \geq 6$을 만족시키는 집합 X의 개수는?

① 112   ② 120   ③ 210
④ 224   ⑤ 240

0747 최다빈출 ⑨ 중요

TOUGH

두 집합

$$A=\{x \mid x \text{는 8 이하의 소수}\},$$
$$B=\left\{x \;\middle|\; x=\frac{6}{n},\; x,\; n\text{은 자연수}\right\}$$

에 대하여 $X \subset A$이고 $X \not\subset B$를 만족시키는 집합 X의 개수를 구하시오.

 해설 내신연계문제

모의고사 **핵심유형** 기출문제

0748   2013년 06월 고1 학력평가 7번

BASIC

집합 $A=\{1, 2, 3, 4, 5\}$의 부분집합 중에서 홀수인 원소가 한 개 이상 속해 있는 집합의 개수는?

① 16   ② 20   ③ 24
④ 28   ⑤ 32

해설 내신연계문제

유형 **14** 부분집합의 개수 − 조합의 수

집합 $A=\{a_1, a_2, a_3, \cdots, a_n\}$의 부분집합 중
원소의 개수가 k인 부분집합의 개수 ➡ $_n\mathrm{C}_k \; (n \geq k)$

 집합의 서로 다른 n개의 원소에서 원소 $r\,(n \geq r)$개를 택하는
집합의 개수 ➡ $_n\mathrm{C}_r = \dfrac{_n\mathrm{P}_r}{r!}$

0749   학교기출 대표 유형

집합 $\{1, 2, 3, 4, 5, 6, 7, 8, 9\}$의 부분집합 중 홀수 3개를 원소로 갖고, 짝수 2개 이상을 원소로 갖는 집합의 개수를 구하시오.

0750

NORMAL

집합 A가 $A=\{1, 2, 3, 4\}$일 때, 다음 조건을 모두 만족시키는 집합 B의 개수는?

(가) $n(A \cap B)=2$
(나) $B \subset \{1, 2, 3, 4, 5, 6, 7\}$

① 48   ② 58   ③ 64
④ 72   ⑤ 84

0751 최다빈출 ⑨ 중요

TOUGH

집합 $A=\{1, 2, 3, 4, 5, 6, 7, 8\}$의 부분집합 중 원소의 개수가 3이고 적어도 한 개의 짝수를 원소로 갖는 집합의 개수는?

① 48   ② 50   ③ 52
④ 54   ⑤ 56

해설 내신연계문제

0752 최다빈출 ⑨ 중요

TOUGH

집합 $A=\{x \mid x$는 10 이하의 자연수\}의 부분집합 중에서 다음 조건을 만족시키는 집합 B의 개수를 구하시오.

(가) $n(B)=5$
(나) 6의 약수를 적어도 2개 이상 포함한다.

해설 내신연계문제

유형 **15** 조건을 만족하는 집합

집합 A에 대하여 $a \in A$이면 $b \in A$이다.

○ a가 집합 A의 원소이면 b도 반드시 집합 A의 원소이다.

 ① 주어진 집합의 범위가 자연수, 정수, 유리수, 실수인지 확인한다.
② 구한 집합이 조건을 모두 만족하는지 확인한다.

0753 학교기출 대표유형

집합 $A = \{x \mid x 는 10$ 이하의 자연수$\}$의 부분집합 B가 다음 조건을 모두 만족시킨다.

(가) 집합 B의 진부분집합의 개수가 7이다.
(나) $k \in B$이면 $10 - k \in B$

이때 집합 B의 모든 원소의 합을 구하시오.

0754 최다빈출 상 중요 NORMAL

집합 A가 자연수를 원소로 가질 때, 조건
$$x \in A 이면 \ 8 - x \in A$$
를 만족하는 집합 A의 개수는? (단, $A \neq \varnothing$)

① 7   ② 15   ③ 31
④ 63   ⑤ 123

해설 내신연계문제

0755 최다빈출 상 중요 NORMAL

공집합이 아닌 집합 A가 자연수를 원소로 가질 때, 조건
$$x \in A 이면 \ \frac{16}{x} \in A$$
를 만족하는 집합 A의 개수는? (단, $A \neq \varnothing$)

① 3   ② 4   ③ 5
④ 6   ⑤ 7

해설 내신연계문제

0756 NORMAL

집합 A가 자연수를 원소로 가질 때,
$$x \in A 이면 \ \frac{20}{x} \in A 이고, \ n(A) = k$$
를 만족하는 집합 A의 개수를 a_k라 하자. 이때 $a_2 + a_4$의 값은?
(단, $A \neq \varnothing$)

① 4   ② 6   ③ 8
④ 10   ⑤ 12

0757 최다빈출 상 중요 TOUGH

자연수 전체의 집합의 부분집합 X가 다음 조건을 만족한다.

(가) $x \in X$이면 $\frac{36}{x} \in X$
(나) 집합 X의 원소의 개수는 홀수이다.

이때 집합 X의 개수는?

① 8   ② 12   ③ 16
④ 20   ⑤ 32

해설 내신연계문제

0758 TOUGH

집합 $N = \{x \mid x 는 자연수\}$의 부분집합 X가 다음 조건을 만족한다.

(가) $x \in X$이면 $\frac{18}{x} \in X$
(나) 집합 X는 2를 반드시 원소로 가진다.

이때 집합 X의 개수를 구하시오.

 모의고사 핵심유형 기출문제

0759 2019년 10월 고3 학력평가 나형 25번 NORMAL

전체집합 $U = \{x \mid x 는 9$ 이하의 자연수$\}$의 부분집합 A는 다음 조건을 만족시킨다.

m이 집합 A의 원소이면 m^2의 일의 자릿수와 n^2의 일의 자릿수가 같아지는 m이 아닌 자연수 n이 집합 A에 존재한다.

예를 들어 2가 집합 A의 원소이면 2^2의 일의 자릿수와 8^2의 일의 자릿수가 같으므로 8도 집합 A의 원소이다. 공집합이 아닌 집합 A의 개수를 구하시오.

해설 내신연계문제

유형 **16** 부분집합의 원소의 합과 곱

집합 $X=\{x_1,\ x_2,\ x_3,\ \cdots,\ x_n\}$의 부분집합의 개수를 N이라 할 때,

(1) 부분집합의 모든 원소의 합은 다음과 같다.
집합 X의 부분집합을 각각 $X_k(k=1,\ 2,\ 3,\ \cdots,\ N)$라 하고
집합 X_k의 모든 원소의 합을 p_k라 할 때,

$$❍\ p_1+p_2+p_3+\cdots+p_N=\frac{N}{2}(x_1+x_2+x_3+\cdots+x_n)$$

(2) 부분집합의 모든 원소의 곱은 다음과 같다.
집합 X의 공집합이 아닌 부분집합을 각각
$X_k(k=1,\ 2,\ 3,\ \cdots,\ N-1)$라 하고
집합 X_k의 모든 원소의 곱을 q_k라 할 때,

$$❍\ q_1\times q_2\times q_3\times\cdots\times q_{N-1}=(x_1\times x_2\times x_3\times\cdots\times x_n)^{\frac{N}{2}}$$

 집합 $X=\{1,\ 2,\ 3\}$의 부분집합은

$\varnothing,\ \{1\},\ \{2\},\ \{3\},\ \{1,\ 2\},\ \{1,\ 3\},\ \{2,\ 3\},\ \{1,\ 2,\ 3\}$

이므로 1, 2, 3을 각각 반드시 원소로 갖는 부분집합은
$2^{3-1}=2^2=4$개씩 있다.

① 부분집합의 모든 원소의 합은 다음과 같다.
집합 X의 부분집합을 각각 $X_k(k=1,\ 2,\ 3,\ \cdots,\ 8)$라 하고
집합 X_k의 모든 원소의 합을 p_k라 할 때,

$$➡\ p_1+p_2+p_3+\cdots+p_8=\frac{8}{2}\times(1+2+3)=24$$
모든 부분집합의 원소 중 1, 2, 3은 4개씩이다.

② 부분집합의 모든 원소의 곱은 다음과 같다.
집합 X의 공집합이 아닌 부분집합을 각각
$X_k(k=1,\ 2,\ 3,\ \cdots,\ 7)$라 하고
집합 X_k의 모든 원소의 곱을 q_k라 할 때,

$$➡\ q_1\times q_2\times q_3\times\cdots\times q_7=1^4\times2^4\times3^4$$
모든 부분집합의 원소 중 1, 2, 3은 4개씩이다.

0760 학교기출 대표 유형

집합 $S=\{1,\ 2,\ 4,\ 8\}$의 서로 다른 부분집합을 $A_1,\ A_2,\ A_3,\ \cdots,\ A_{16}$이라 하자. 집합 $A_1,\ A_2,\ A_3,\ \cdots,\ A_{16}$의 모든 원소의 합을 s_k라 할 때, $s_1+s_2+s_3+\cdots+s_{16}$의 값을 구하시오.

0761
NORMAL

집합 $A=\{1,\ 2,\ 3,\ 4,\ 5,\ 6\}$의 부분집합 X의 모든 원소의 합을 $S(X)$라 하자. $1\in X,\ 3\in X$이고 $5\notin X$인 X에 대하여 모든 $S(X)$의 합은?

① 76　　　　　② 78　　　　　③ 80
④ 82　　　　　⑤ 84

0762
NORMAL

집합 X의 모든 원소의 곱을 $f(X)$라 하고, 집합

$$A=\left\{x\,\middle|\,x=\frac{8}{n},\ x,\ n\text{은 자연수}\right\}$$

의 공집합이 아닌 모든 부분집합을 각각 $A_1,\ A_2,\ A_3,\ \cdots,\ A_{15}$라 하자. $f(A_1)\times f(A_2)\times f(A_3)\times\cdots\times f(A_{15})=2^k$을 만족시키는 자연수 k의 값은?

① 12　　　　　② 24　　　　　③ 36
④ 48　　　　　⑤ 60

0763 최다빈출 상 중요
TOUGH

집합 $A=\{1,\ 2,\ 3,\ 4,\ 5\}$의 부분집합 중 원소의 개수가 3인 모든 부분집합을 $A_1,\ A_2,\ A_3,\ \cdots,\ A_n$이라 하고, 각 집합 $A_k(k=1,\ 2,\ 3,\ \cdots,\ n)$의 모든 원소의 합을 S_k라 하자. $S_1+S_2+S_3+\cdots+S_n$의 값은?

① 90　　　　　② 95　　　　　③ 100
④ 105　　　　　⑤ 110

해설 내신연계문제

0764
TOUGH

두 집합 $A=\{1,\ 2\}$, $B=\left\{x\,\middle|\,x=\frac{8}{n},\ x,\ n\text{은 자연수}\right\}$에 대하여 $A\subset X\subset B$를 만족시키는 집합 X를 각각 $X_1,\ X_2,\ X_3,\ \cdots,\ X_n$이라 하고, 집합 $X_k(k=1,\ 2,\ 3,\ \cdots,\ n)$의 모든 원소의 합을 S_k라 할 때, $S_1+S_2+S_3+\cdots+S_n$의 값은?

① 16　　　　　② 20　　　　　③ 28
④ 32　　　　　⑤ 36

0765
TOUGH

집합 $A=\{1,\ 2,\ 3,\ a\}$의 공집합을 제외한 모든 진부분집합을 $A_1,\ A_2,\ A_3,\ \cdots,\ A_n$이라 하고, 집합 A_i의 모든 원소의 합을 $s_i(i=1,\ 2,\ 3,\ \cdots,\ n)$이라 하자. $s_1+s_2+s_3+\cdots s_n=91$일 때, $n+a$의 값을 구하시오. (단, $a>4$)

유형 17 부분집합에서 원소의 최대·최소의 활용

전체집합 U의 부분집합 A_n의 원소 중에서 최소(또는 최대)인
원소 a_n의 합은 다음 순서대로 구한다.

FIRST a_n을 최소(또는 최대)의 원소로 갖는 집합은 a_n보다 작은 수
(a_n보다 큰 수)는 원소로 갖지 않는 집합 U의 부분집합이다.

LAST 부분집합의 개수만큼 a_n이 존재함을 이용한다.

0766 학교기출 대표유형

집합 $S=\{1, 2, 4, 8, 16, 32, 64\}$의 공집합이 아닌 서로 다른
부분집합을 A_1, A_2, A_3, $\cdots$, A_n이라 하자.
각각의 집합 A_1, A_2, A_3, $\cdots$, A_n의 원소 중에서 최소인 원소를
$a_k(k=1, 2, 3, \cdots, n)$라 할 때, $a_1+a_2+a_3+\cdots+a_n$의 값을
구하시오.

0767 최다빈출 상중요 TOUGH

집합 $S=\left\{1, \dfrac{1}{2}, \dfrac{1}{2^2}, \dfrac{1}{2^3}, \dfrac{1}{2^4}\right\}$의 공집합이 아닌 서로 다른
부분집합을 A_1, A_2, A_3, $\cdots$, A_n이라 하자.
각각의 집합 A_1, A_2, A_3, $\cdots$, A_n의 원소 중에서 가장 작은 원소를
$a_k(k=1, 2, 3, \cdots, n)$라 할 때, $a_1+a_2+a_3+\cdots+a_n$의 값은?

① 5 　　　　② 10 　　　　③ 16
④ 21 　　　　⑤ 31

해설 내신연계문제

0768 최다빈출 상중요 TOUGH

집합 $A=\{1, 3, 5, 7, 9\}$의 부분집합 중에서 원소의 개수가 2 이상
인 모든 부분집합을 A_1, A_2, A_3, $\cdots$, A_n이라 하자.
각각의 집합 A_1, A_2, A_3, $\cdots$, A_n의 원소 중에서 가장 큰 원소를
$M_k(k=1, 2, 3, \cdots, n)$라 할 때, $M_1+M_2+M_3+\cdots+M_n$의 값은?

① 178 　　　　② 190 　　　　③ 202
④ 214 　　　　⑤ 226

해설 내신연계문제

유형 18 부분집합을 원소로 하는 집합 (멱집합)

(1) **정의** : 집합 A의 모든 부분집합을 원소로 갖는 집합을 A의 멱집합
　　 이라 한다.
(2) **표현** : $P(A)=2^A=\{X \mid X \subset A\}$
(3) **성질** : ① $n(A)=m$일 때, $n(2^A)=2^{n(A)}=2^m$개
　　 ② $\varnothing \in 2^A$, $\varnothing \subset 2^A$
　　 ③ $A \in 2^A$, $\{A\} \subset 2^A$
　　 ④ $X \in 2^A$, $Y \in 2^A$이면 $X \cup Y \in 2^A$, $X \cap Y \in 2^A$

0769 학교기출 대표유형

집합 $A=\left\{x \mid x=\dfrac{9}{n}, x, n$은 자연수$\right\}$에 대하여
$$P(A)=\{X \mid X \subset A\}$$
라고 할 때, 집합 $P(A)$의 부분집합의 개수를 구하시오.

0770 NORMAL

집합 $A=\{1, 2, 3\}$에 대하여 집합
$$P(A)=\{X \mid X \subset A\}$$
라 할 때, 다음 중 집합 $P(A)$의 원소가 아닌 것은?

① $\{1\}$ 　　　　② $\{3\}$ 　　　　③ $\{\varnothing\}$
④ $\{2, 3\}$ 　　　　⑤ $\{1, 2, 3\}$

0771 최다빈출 상중요 NORMAL

집합 $A=\{1, 2, \varnothing\}$에 대하여 집합 $P(A)$를
$$P(A)=\{X \mid X \subset A\}$$
와 같이 정의할 때, 다음 중 옳지 않은 것은?

① $\varnothing \in P(A)$ 　　　　② $\{2\} \subset P(A)$
③ $\{1, 2, \varnothing\} \in P(A)$ 　　　　④ $\{\varnothing, \{1\}\} \subset P(A)$
⑤ $\{\{1\}, \{2\}, \{\varnothing\}\} \subset P(A)$

해설 내신연계문제

서술형/ 기출유형

학교내신기출 서술형 핵심문제총정리

0772

두 집합

$$A=\{x\,|\,0\leq x+5\leq 3\},\ B=\{x\,|\,-1\leq x+a<6\}$$

에 대하여 $A\subset B$일 때, 정수 a의 값의 합을 구하는 과정을 다음 단계로 서술하시오.

1단계 두 집합 A, B를 간단히 나타낸다. [3점]
2단계 $A\subset B$를 만족하는 a의 값의 범위를 구한다. [4점]
3단계 정수 a의 값의 합을 구한다. [3점]

0773

두 집합 $A=\{-3,\ a+9,\ a^2\}$, $B=\{6,\ 9,\ a^2+4a\}$에 대하여 $A\subset B$이고 $B\subset A$일 때, 집합 A의 모든 원소의 합을 구하는 과정을 다음 단계로 서술하시오.

1단계 $A\subset B$이고 $B\subset A$를 만족하는 상수 a의 값을 구한다. [4점]
2단계 a의 값에 따른 두 집합 A, B 사이의 관계를 구한다. [3점]
3단계 a의 값을 구하여 집합 A의 모든 원소의 합을 구한다. [3점]

0774

최다빈출 ❸ 중요

두 집합 $A=\{x\,|\,x^3+ax^2-x-2=0\}$, $B=\{-2,\ b+1,\ b+3\}$에 대하여 $A\subset B$이고 $B\subset A$일 때, ab의 값을 구하는 과정을 다음 단계로 서술하시오. (단, a, b는 상수이다.)

1단계 상수 a의 값을 구한다. [4점]
2단계 상수 b의 값을 구한다. [4점]
3단계 ab의 값을 구한다. [2점]

해설 내신연계문제

0775

최다빈출 ❸ 중요

자연수 전체의 집합의 두 부분집합

$$A=\left\{x\,\middle|\,x=\frac{8}{n},\ n\text{은 자연수}\right\},\ B=\left\{x\,\middle|\,x=\frac{24}{n},\ n\text{은 자연수}\right\}$$

에 대하여 $A\subset X\subset B$이고 $X\neq A$, $X\neq B$를 만족시키는 집합 X의 개수를 구하는 과정을 다음 단계로 서술하시오.

1단계 두 집합을 원소나열법으로 나타낸다. [3점]
2단계 $A\subset X\subset B$를 만족시키는 집합 X의 개수를 구한다. [4점]
3단계 $A\subset X\subset B$이고 $X\neq A$, $X\neq B$를 만족시키는 집합 X의 개수를 구한다. [3점]

해설 내신연계문제

0776

집합

$$A=\{x\,|\,x^2-11x+10\leq 0,\ x\text{는 정수}\}$$

의 부분집합 중에서 적어도 한 개의 소수를 원소로 갖는 집합의 개수를 구하는 과정을 다음 단계로 서술하시오.

1단계 집합 A의 모든 부분집합의 개수를 구한다. [3점]
2단계 소수를 원소로 갖지 않는 부분집합의 개수를 구한다. [4점]
3단계 적어도 한 개의 소수를 원소로 갖는 집합의 개수를 구한다. [3점]

0777

집합 $A=\{-1,\ 0,\ 1,\ a\}$의 공집합을 제외한 모든 진부분집합을 A_1, A_2, A_3, $\cdots$, A_n이라 하고, 집합 A_i의 모든 원소의 합을 $s_i(i=1,\ 2,\ 3,\ \cdots,\ n)$이라 하자. $s_1+s_2+s_3+\cdots+s_n=42$일 때, $n+a$의 값을 구하는 과정을 다음 단계로 서술하시오. (단, $a>1$)

1단계 공집합을 제외한 집합 A의 진부분집합의 개수를 구한다. [3점]
2단계 $s_1+s_2+s_3+\cdots+s_n=42$를 만족하는 a의 값을 구한다. [5점]
3단계 $n+a$의 값을 구한다. [2점]

STEP❸ 고 난 도 문 제

행복한 일등급문제
학교내신기출 고난도 핵심문제총정리

YOURMASTERPLAN; MAPL
SYNERGY
SERIES

0778

세 자연수 a, b, $c(a<b<c)$에 대하여 집합 $A=\{a, b, c\}$이고 집합
$$B=\{x+y \mid x \in A,\, y \in A\}$$
의 모든 원소의 합이 50일 때, 집합 A의 개수를 구하시오.

0779 최다빈출⑧중요

집합 $A=\{1, 2, 3, 4, 5, 6, 7\}$에 대하여
$$X \subset A,\quad n(X) \geq 2$$
를 만족하는 집합 X의 최대인 원소와 최소인 원소의 합을 $S(X)$라
고 하자. 예를 들어 $X=\{1, 2, 3\}$일 때, $S(X)=1+3=4$이다.
이때 $S(X)=8$을 만족하는 집합 X의 개수를 구하시오.

해설 내신연계문제

0780

두 집합 A, B에 대하여 $A \subset X \subset B$를 만족하고, $n(B)=3$이 성립
하도록 하는 집합 B에 대하여 두 집합 A, X의 순서쌍 (A, X)의
개수를 구하시오.

0781   2009년 06월 고1 학력평가 14번

전체집합 $U=\{1, 2, 3, \cdots, 10\}$의 부분집합 S에 대하여 S의 원소 중
소수의 개수를 $N(S)$라 정의할 때, [보기]에서 옳은 것만을 있는 대로
고른 것은?

> ㄱ. $S=\{2, 3, 4\}$이면 $N(S)=2$이다.
> ㄴ. $N(S)$의 최댓값은 4이다.
> ㄷ. $N(S)=1$인 집합 S의 개수는 2^8개이다.

① ㄱ   ② ㄷ   ③ ㄱ, ㄴ
④ ㄴ, ㄷ   ⑤ ㄱ, ㄴ, ㄷ

해설 내신연계문제

0782   2009년 03월 고2 학력평가 17번

자연수를 원소로 가지는 집합 A에 대하여 다음 규칙에 따라 $m(A)$
의 값을 정한다.

> (가) 집합 A의 원소가 1개인 경우 집합 A의 원소를 $m(A)$의 값
> 으로 한다.
> (나) 집합 A의 원소가 2개 이상인 경우 집합 A의 원소를 큰 수
> 부터 차례로 나열하고, 나열한 수들 사이에 $-$, $+$를 이 순서
> 대로 번갈아 넣어 계산한 결과를 $m(A)$의 값으로 한다.

예를 들어, $A=\{5\}$이면 $m(A)=5$이다.
또, $B=\{1, 2, 4\}$, $C=\{1, 2, 4, 5\}$이면
$$m(B)=4-2+1=3,\quad m(C)=5-4+2-1=2$$
가 되어 $m(B)+m(C)=(4-2+1)+(5-4+2-1)=5$이다.
집합 $\{1, 2, 3, 4, 5\}$의 공집합이 아닌 서로 다른 부분집합을
X_1, X_2, $\cdots$, X_{31}이라 할 때, $m(X_1)+m(X_2)+\cdots+m(X_{31})$의
값은?

① 50   ② 60   ③ 64
④ 80   ⑤ 128

해설 내신연계문제

02 집합의 연산

학교내신기출 객관식 핵심문제총정리

YOURMASTERPLAN;MAPL
SYNERGY
SERIES

유형 01 합집합과 교집합

(1) **합집합** $A \cup B = \{x \mid x \in A$ **또는** $x \in B\}$
➡ 두 집합 A와 B의 모든 원소로 이루어진 집합

(2) **교집합** $A \cap B = \{x \mid x \in A$ **그리고** $x \in B\}$
➡ 두 집합 A와 B에 공통으로 속하는 원소로 이루어진 집합

두 집합의 합집합과 교집합을 구할 때, 조건제시법으로 주어진 집합을 원소나열법으로 나타낸 후 구한다.

0783 학교기출 대표 유형

세 집합

$$A = \{x \mid x는 10 이하의 짝수인 자연수\},$$
$$B = \left\{x \mid x = \frac{12}{n}, x와 n은 자연수\right\},$$
$$C = \{x \mid x는 12 이하의 3의 양의 배수\}$$

에 대하여 다음 중 옳지 않은 것은?

① $A \cap B = \{2, 4, 6\}$

② $B \cap C = \{3, 6, 12\}$

③ $(A \cap B) \cap C = \{6\}$

④ $(A \cap B) \cup C = \{2, 3, 4, 6, 9, 12\}$

⑤ $(A \cup B) \cap C = \{3, 6, 9, 12\}$

0784
BASIC

세 집합

$$A = \{1, 2, 3\}, \ B = \{2, 4, 5\}, \ C = \{3, 5, 6\}$$

에 대하여 집합 $(A \cup B) \cap (A \cup C)$의 모든 원소의 합은?

① 7 　　　② 8 　　　③ 9
④ 10 　　　⑤ 11

0785
NORMAL

자연수 전체의 집합의 두 부분집합

$$A = \left\{x \mid x = \frac{12}{n}, n은 자연수\right\},$$
$$B = \left\{x \mid x = \frac{18}{n}, n은 자연수\right\}$$

에 대하여 $A \cap B = \left\{x \mid x = \frac{k}{n}, n은 자연수\right\}$일 때, 자연수 k의 값을 구하시오.

0786 최다빈출 강 중요
NORMAL

세 집합

$$A = \{x \mid x는 x = 3n-1, n은 5 이하의 자연수\},$$
$$B = \{x \mid x는 16 이하의 2의 양의 배수\},$$
$$C = \left\{x \mid x = \frac{12}{n}, x와 n은 자연수\right\}$$

에 대하여 집합 $(A \cap B) \cup C$의 모든 원소의 합을 구하시오.

해설 내신연계문제

모의고사 **핵심유형** 기출문제

0787 2022년 03월 고2 학력평가 22번
BASIC

두 집합

$$A = \{6, 8\}, \ B = \{a, a+2\}$$

에 대하여 $A \cup B = \{6, 8, 10\}$일 때, 실수 a의 값을 구하시오.

해설 내신연계문제

0788 2021년 03월 고2 학력평가 3번
BASIC

두 집합

$$A = \{2, 3, 4, 5, 6\}, \ B = \{1, 3, a\}$$

에 대하여 집합 $A \cap B$의 모든 원소의 합이 8일 때, 자연수 a의 값은?

① 4 　　　② 5 　　　③ 6
④ 7 　　　⑤ 8

해설 내신연계문제

유형 02 서로소인 두 집합

(1) **두 집합 A, B가 서로소이면**
  ● $A \cap B = \varnothing$
  ● 두 집합의 공통된 원소가 하나도 없다.

(2) **두 집합이 서로소일 때, 미지수의 범위는 다음 순서로 구한다.**
  FIRST 두 집합의 부등식의 해를 각각 구한다.
  NEXT 두 부등식의 해의 공통부분이 없도록 수직선 위에 나타낸다.
  LAST 미지수의 범위를 구한다.

 ① 공집합은 모든 집합과 서로소이다.
② 두 집합 A, B가 서로소가 아니면 공통인 원소가 적어도 한 개 존재한다.
③ 두 수의 최대공약수가 1일 때, 두 수는 서로소이다.

0789 학교기출 대표유형

다음 중 두 집합 A, B가 서로소인 것은?

① $A=\{x \,|\, x$는 짝수인 자연수$\}$
  $B=\{x \,|\, x$는 양의 약수가 3개인 자연수$\}$
② $A=\{x \,|\, x$는 유리수$\}$, $B=\{x \,|\, x$는 실수$\}$
③ $A=\left\{x \,\middle|\, x=\dfrac{25}{n},\ x$와 n은 자연수$\right\}$
  $B=\left\{x \,\middle|\, x=\dfrac{49}{n},\ x$와 n은 자연수$\right\}$
④ $A=\{x \,|\, x$는 2의 양의 배수$\}$
  $B=\{x \,|\, x$는 3의 양의 배수$\}$
⑤ $A=\{x \,|\, x=3n+1,\ n$은 자연수$\}$
  $B=\{x \,|\, x^2-5x+6=0\}$

0790 최다빈출 왕 중요 BASIC

집합 $\{2, 4, 6, 8, 10\}$의 부분집합 중에서 집합 $\{2, 4\}$와 서로소인 집합의 개수는?

① 4 ② 6 ③ 8
④ 12 ⑤ 16

해설 내신연계문제

0791 최다빈출 왕 중요 NORMAL

두 집합
$$A=\{x \,|\, |x-2|<3\},\ B=\{x \,|\, a \le x \le 10\}$$
가 서로소일 때, 상수 a의 최솟값은?

① 2 ② 3 ③ 4
④ 5 ⑤ 6

해설 내신연계문제

0792 최다빈출 왕 중요 NORMAL

두 집합 A, B에 대하여
$$A=\left\{x \,\middle|\, x=\dfrac{12}{n},\ x$와 n은 자연수$\right\},$$
$$A \cup B=\left\{x \,\middle|\, x=\dfrac{36}{n},\ x$와 n은 자연수$\right\}$$
일 때, 집합 A와 서로소인 집합 B의 모든 원소의 합은?

① 62 ② 63 ③ 64
④ 65 ⑤ 66

해설 내신연계문제

0793 NORMAL

두 집합 A, B에 대하여 집합
$$A=\left\{x \,\middle|\, x=\dfrac{30}{n},\ x$와 n은 자연수$\right\}$$
의 부분집합 중에서 집합 B와 서로소인 집합의 개수가 32일 때, 집합 B의 원소의 개수는? (단, $B \subset A$)

① 1 ② 2 ③ 3
④ 4 ⑤ 5

전체집합 U의 두 부분집합 A, B에 대하여

(1) **여집합** $A^c=\{x\,|\,x\in U \text{ 그리고 } x\notin A\}$
- ➲ 전체집합 U에 속하지만 집합 A에는 속하지 않는다.
- ➲ 전체집합 U에서 집합 A의 원소를 제외한 집합
- ➲ $A^c=U-A$, $(A^c)^c=A$

(2) **차집합** $A-B=\{x\,|\,x\in A \text{ 그리고 } x\notin B\}$
- ➲ 집합 A에 속하지만 집합 B에 속하지 않는다.
- ➲ 집합 A에서 집합 B의 원소를 제외한 집합
- ➲ $A-B=A\cap B^c$

(3) **드모르간의 법칙**
- ① $(A\cap B)^c=A^c\cup B^c$
- ② $(A\cup B)^c=A^c\cap B^c$

> (1) 여집합의 성질
> ① $B^c\subset A^c$이면 $A\subset B$
> ② $\varnothing^c=U$, $U^c=\varnothing$
> ③ $A\cup A^c=U$, $A\cap A^c=\varnothing$
> (2) 차집합의 성질
> ① $A-B=A\cap B^c=A-(A\cap B)=(A\cup B)-B$
> ② $U-A=A^c$
> ③ $A-B=\varnothing$이면 $A\subset B$, $B-A=\varnothing$이면 $B\subset A$

0794

전체집합 $U=\{1,\ 2,\ 3,\ 4,\ 5,\ 6,\ 7\}$의 두 부분집합
$$A=\{1,\ 2,\ 4,\ 5\},\ B=\{4,\ 5,\ 7\}$$
에 대한 설명 중 옳지 않은 것은?

① $B-A=\{7\}$ ② $A^c=\{3,\ 6,\ 7\}$
③ $A\cap B=\{4,\ 5\}$ ④ $(A\cup B)^c=\{3,\ 6\}$
⑤ $A\cap B^c=\{1,\ 2,\ 4,\ 5\}$

0795
BASIC

전체집합 $U=\{x\,|\,x\text{는 }10\text{ 이하의 자연수}\}$의 두 부분집합
$$A=\{1,\ 2,\ 3,\ 6\},\ B=\{1,\ 3,\ 5,\ 7,\ 9\}$$
에 대하여 집합 B^c-A^c의 모든 원소의 합은?

① 8   ② 9   ③ 10
④ 11   ⑤ 12

0796
NORMAL

전체집합 $U=\{x\,|\,x\text{는 }10\text{ 이하의 자연수}\}$의 두 부분집합
$$A=\{x\,|\,x=2k,\ k\text{는 자연수}\},$$
$$B=\left\{x\,\middle|\,x=\frac{8}{n},\ n\text{은 자연수}\right\}$$
에 대하여 집합 $(A\cap B^c)^c$의 원소의 개수는?

① 4   ② 5   ③ 6
④ 7   ⑤ 8

0797
최다빈출 왕중요
NORMAL

전체집합 $U=\{1,\ 2,\ 3,\ 4,\ 5,\ 6,\ 7\}$의 두 부분집합 A, B에 대하여
$$A^c=\{2,\ 6\},\ A\cap B=\{1,\ 5\}$$
일 때, 집합 $A\cap B^c$의 모든 원소의 합은?

① 6   ② 9   ③ 11
④ 13   ⑤ 14

 해설 내신연계문제

0798
NORMAL

전체집합 $U=\{1,\ 2,\ 3,\ 4,\ 5,\ 6,\ 7,\ 8\}$의 두 부분집합 A, B에 대하여
$$A^c=\{3,\ 4,\ 5,\ 7\},\ B^c=\{1,\ 4,\ 5,\ 8\}$$
일 때, 옳은 것만을 [보기]에서 있는 대로 고른 것은?

> ㄱ. $A\cap(A^c\cup B)=\{2,\ 6\}$
> ㄴ. $(A\cup B)\cap(A\cup B^c)=\{1,\ 2,\ 6,\ 8\}$
> ㄷ. $(A\cap B^c)\cup(A^c\cap B)=\{1,\ 3,\ 4,\ 5,\ 7,\ 8\}$

① ㄱ   ② ㄱ, ㄴ   ③ ㄱ, ㄷ
④ ㄴ, ㄷ   ⑤ ㄱ, ㄴ, ㄷ

0799 최다빈출 왕 중요

전체집합 $U=\{x\,|\,x$는 12 이하의 자연수$\}$의 두 부분집합

$$A=\{x\,|\,x=2k+1,\ k\text{는 자연수}\},$$

$$B=\Big\{x\,\Big|\,x=\frac{12}{n},\ n\text{은 자연수}\Big\}$$

에 대하여 집합 $(A\cup B)-(A\cap B^c)^c$의 모든 원소의 합은?

① 30   ② 31   ③ 32
④ 33   ⑤ 34

해설 내신연계문제

0800

전체집합 $U=\{7,\ 11,\ 13,\ 17,\ 19\}$의 두 부분집합 A, B에 대하여

$$B-A=\{11,\ 17\},\quad A\cap B^c=\{19\}$$

이다. 집합 A의 원소의 개수가 최대일 때, 집합 A의 모든 원소의 합을 구하시오.

모의고사 핵심유형 기출문제

0801   2020년 03월 고2 학력평가 9번

집합 $A=\{1,\ 2,\ 3,\ 4\}$에 대하여 집합 B가

$$B-A=\{5,\ 6\}$$

을 만족시킨다. 집합 B의 모든 원소의 합이 12일 때, 집합 $A-B$의 모든 원소의 합은?

① 5   ② 6   ③ 7
④ 8   ⑤ 9

해설 내신연계문제

유형 04   드모르간의 법칙

전체집합 U의 두 부분집합 A, B에 대하여

(1) $(A\cap B)^c=A^c\cup B^c$

(2) $(A\cup B)^c=A^c\cap B^c$

 ① $(A\cap B^c)^c=A^c\cup B$
② $(A^c\cap B^c)^c=A\cup B$

0802   학교기출 대표 유형

전체집합 $U=\{x\,|\,x$는 9 이하의 자연수$\}$의 두 부분집합 A, B에 대하여

$$A-B=\{1,\ 4\},\quad A\cap B=\{3,\ 9\},\quad A^c\cap B^c=\{6,\ 8\}$$

일 때, 집합 B의 모든 원소의 합을 구하시오.

0803   최다빈출 왕 중요

전체집합 $U=\{x\,|\,x$는 10 이하의 자연수$\}$의 두 부분집합

$$A=\{x\,|\,x^3-7x^2+14x-8=0\},\quad B=\{x\,|\,x^2-8x+15=0\}$$

에 대하여 집합 $A^c\cap B^c$의 모든 원소의 합은?

① 38   ② 39   ③ 40
④ 41   ⑤ 42

해설 내신연계문제

0804

전체집합 $U=\{x\,|\,x$는 12 이하의 자연수$\}$의 세 부분집합

$$A=\{x\,|\,x\text{는 소수}\},$$

$$B=\Big\{x\,\Big|\,x=\frac{12}{n},\ n\text{은 자연수}\Big\},$$

$$C=\{x\,|\,x\text{는 3의 배수}\}$$

에 대하여 집합 $A\cup(B\cup C^c)^c$의 모든 원소의 합을 구하시오.

02
집합의 연산

0805 · 2024년 03월 고2 학력평가 11번 · NORMAL

전체집합 $U=\{1, 2, 4, 8, 16, 32\}$의 두 부분집합 A, B가 다음 조건을 만족시킨다.

(가) $A \cap B = \{2, 8\}$
(나) $A^c \cup B = \{1, 2, 8, 16\}$

집합 A의 모든 원소의 합은?

① 26   ② 31   ③ 36
④ 41   ⑤ 46

해설 내신연계문제

0806 · 2019년 03월 고2 학력평가 나형 26번 · NORMAL

전체집합 $U=\{x \mid x$는 20 이하의 자연수$\}$의 두 부분집합
$A = \{x \mid x$는 4의 배수$\}$,
$B = \{x \mid x$는 20의 약수$\}$
에 대하여 집합 $(A^c \cup B)^c$의 모든 원소의 합을 구하시오.

해설 내신연계문제

0807 · 2022년 03월 고2 학력평가 19번 · TOUGH

두 자연수 k, $m (k \geq m)$에 대하여 전체집합
$U = \{x \mid x$는 k 이하의 자연수$\}$
의 두 부분집합 $A = \{x \mid x$는 m의 약수$\}$, B가 다음 조건을 만족시킨다.

(가) $B - A = \{4, 7\}$, $n(A \cup B^c) = 7$
(나) 집합 A의 모든 원소의 합과 집합 B의 모든 원소의 합은
서로 같다.

집합 $A^c \cap B^c$의 모든 원소의 합은?

① 18   ② 19   ③ 20
④ 21   ⑤ 22

해설 내신연계문제

유형 05 벤 다이어그램을 이용한 집합의 연산

집합의 연산은 벤 다이어그램을 이용하여 다음 순서로 구한다.
FIRST 주어진 집합을 벤 다이어그램으로 나타낸다.
NEXT 벤 다이어그램을 통해 각 집합의 원소를 구한다.
LAST 구하고자 하는 집합의 연산을 구한다.

① 벤 다이어그램은 집합 사이의 관계를 알기 쉽게 나타낸 그림으로,
복잡한 집합 사이의 관계를 쉽게 파악할 수 있다.
② 벤 다이어그램에 나타낼 때, 전체집합의 원소 중 빠진 원소가 없는 지,
중복되는 원소가 없는지 확인한다.

0808 · 학교기출 대표 유형

전체집합 $U=\{x \mid x$는 10 이하의 자연수$\}$의 두 부분집합 A, B에 대하여
$$A^c \cap B^c = \{1, 2, 5\}, \quad A \cap B = \{4, 9\}, \quad A^c = \{1, 2, 5, 6, 7\}$$
일 때, 집합 B의 모든 원소의 합을 구하시오.

0809 · 최다빈출 상 중요 · BASIC

전체집합 $U=\{1, 3, 5, 7, 9\}$의 두 부분집합 A, B에 대하여
$$(A \cup B)^c = \{3\}, \quad A \cap B = \{5\}, \quad A - B = \{9\}$$
일 때, 집합 B의 부분집합의 개수는?

① 2   ② 4   ③ 8
④ 16   ⑤ 32

해설 내신연계문제

0810 · BASIC

전체집합 $U=\{x \mid x$는 10보다 작은 자연수$\}$의 두 부분집합 A, B에 대하여
$$A - B = \{5, 7, 8\}, \quad B - A = \{2, 6\}, \quad (A \cup B)^c = \{4, 9\}$$
일 때, $A \cap B$의 모든 원소의 합은?

① 4   ② 5   ③ 6
④ 7   ⑤ 15

0811 최다빈출 상중요

전체집합 $U=\{x \,|\, x$는 10 이하의 자연수$\}$의 두 부분집합 A, B에 대하여

$$A=\{1,\ 2,\ 4,\ 7\},\ A \cap B=\{4,\ 7\},\ A^c \cap B^c=\{5,\ 6,\ 10\}$$

일 때, 집합 $B-A$의 모든 원소의 합은?

① 16   ② 18   ③ 20
④ 22   ⑤ 24

해설 내신연계문제

0812

전체집합 $U=\{1,\ 2,\ 3,\ 4,\ 5,\ 6,\ 7,\ 8\}$의 두 부분집합 A, B에 대하여

$$A^c \cap B^c=\{2,\ 8\},\ A \cap B=\{4\},\ A \cap B^c=\{1,\ 3,\ 7\}$$

일 때, 집합 B의 모든 원소의 합은?

① 6   ② 7   ③ 10
④ 12   ⑤ 15

0813

전체집합 $U=\{x \,|\, x$는 10 이하의 자연수$\}$의 두 부분집합 A, B에 대하여

$$A \cap B=\{3,\ 5\},\ B-A=\{2,\ 4,\ 6\}$$

일 때, 집합 B^c의 모든 원소의 합을 구하시오.

모의고사 **핵심유형** 기출문제

0814   2011년 06월 고1 학력평가 8번

전체집합 U의 두 부분집합 A, B에 대하여

$$A \cup B^c=\{2,\ 4,\ 5,\ 8,\ 12\},\ (A \cap B)^c=\{1,\ 3,\ 5,\ 9\}$$

일 때, 옳은 것만을 [보기]에서 있는 대로 고른 것은?

ㄱ. $U=\{1,\ 2,\ 3,\ 4,\ 5,\ 8,\ 9,\ 12\}$
ㄴ. $A \cap B=\{8\}$
ㄷ. 집합 $A^c \cap B$의 원소의 개수는 3이다.

① ㄱ   ② ㄱ, ㄴ   ③ ㄱ, ㄷ
④ ㄴ, ㄷ   ⑤ ㄱ, ㄴ, ㄷ

해설 내신연계문제

유형 06   집합의 연산을 이용하여 미지수 구하기

두 집합 A, B에 대하여 집합의 연산을 이용하여 미지수를 구할 때, 다음 순서로 구한다.

FIRST 주어진 집합의 연산에 의해 집합 A에 포함되는 원소를 이용하여 미지수의 값을 구한다.

NEXT 구한 미지수의 값을 대입하여 집합 B의 원소를 구한다.

LAST 위에서 구한 집합이 주어진 조건을 만족시키는지 확인한다.

> ① $x \in (A \cap B)$이면 $x \in A$이고 $x \in B$임을 이용하여 방정식을 세우고 미지수의 값을 구한다.
> ② 드모르간의 법칙, 차집합 등을 이용하여 주어진 집합을 간단히 나타내고 미지수가 속해 있는 집합의 원소를 파악하여 미지수의 값을 구한다.

0815   학교기출 대표 유형

두 집합

$$A=\{a-3,\ a,\ a+2\},\ B=\{0,\ 1,\ a^2-2a\}$$

에 대하여 $A \cap B=\{0,\ 3\}$일 때, 집합 $A \cup B$의 모든 원소의 합을 구하시오. (단, a는 실수이다.)

0816

두 집합

$$A=\{k+1,\ k+3,\ k+5,\ k+7\},\ B=\{1,\ 2,\ k^2+3k\}$$

에 대하여 $A \cap B=\{2,\ 4\}$일 때, 집합 $A \cup B$의 모든 원소의 합은? (단, k는 실수이다.)

① 10   ② 12   ③ 15
④ 20   ⑤ 21

0817   최다빈출 상중요

두 집합

$$A=\{4,\ 5,\ 4-3a\},\ B=\{a^2+3,\ 6-a,\ 13\}$$

에 대하여 $A \cup B=\{1,\ 4,\ 5,\ 13\}$일 때, 집합 $A \cap B$의 모든 원소의 합은? (단, a는 실수이다.)

① 5   ② 6   ③ 7
④ 8   ⑤ 9

해설 내신연계문제

0818

NORMAL

실수 전체의 집합의 두 부분집합
$$A=\{x \mid x^2-3x+2=0\}, \ B=\{x \mid x^2-ax-a+1=0\}$$
에 대하여 $A-B=\{2\}$일 때, 상수 a의 값은?

① 1   ② 2   ③ 3
④ 4   ⑤ 5

0819 최다빈출⑲중요

NORMAL

실수 전체의 집합의 두 부분집합
$$A=\{5, a\}, \ B=\{4-a, a^2+1\}$$
에 대하여 $B-A=\{2\}$일 때, 집합 $A \cup B$의 모든 원소의 합은?

① 5   ② 6   ③ 7
④ 8   ⑤ 9

해설 내신연계문제

0820 최다빈출⑲중요

NORMAL

전체집합 $U=\{1, 2, 3, 4, 5, 6, 7, 8\}$의 두 부분집합
$$A=\{1, 3, a^2-2a\}, \ B=\{a+5, 3a^2+2a, 5\}$$
에 대하여 $A^C \cup B^C=\{1, 2, 4, 5, 6, 7\}$일 때, 집합 $A \cup B$의 모든 원소의 합을 구하시오. (단, a는 상수이다.)

해설 내신연계문제

모의고사 **핵심유형** 기출문제

0821   2017학년도 수능기출 나형 24번

NORMAL

전체집합 $U=\{x \mid x$는 9 이하의 자연수$\}$의 두 부분집합
$$A=\{3, 6, 7\}, \ B=\{a-4, 8, 9\}$$
에 대하여
$$A \cap B^C=\{6, 7\}$$
이다. 자연수 a의 값을 구하시오.

해설 내신연계문제

유형 07   집합의 연산의 성질

전체집합 U의 부분집합 A, B에 대하여
(1) $A \cup A=A, \ A \cap A=A$
(2) $A \cup \varnothing=A, \ A \cap \varnothing=\varnothing$
(3) $A \cup U=U, \ A \cap U=A$
(4) $A \cup A^C=U, \ A \cap A^C=\varnothing$
(5) $U^C=\varnothing, \ \varnothing^C=U, \ (A^C)^C=A$
(6) $A-B=A \cap B^C$

0822   학교기출 대표 유형

전체집합 U의 두 부분집합 A, B에 대하여 다음 중 옳지 않은 것은?

① $A^C=U-A$ ② $A \cup \varnothing=A$
③ $B \cup B^C=U$ ④ $A \cup (U \cap B)=A \cup B$
⑤ $A^C \cap B=A-B$

해설 내신연계문제

0823 최다빈출⑲중요

BASIC

전체집합 U의 공집합이 아닌 두 부분집합 A, B에 대하여 다음 중 나머지 넷과 다른 하나는?

① $A \cap (U \cap B^C)$ ② $A-B$ ③ $B-A^C$
④ $A \cap (U-B)$ ⑤ $A-(A \cap B)$

해설 내신연계문제

모의고사 **핵심유형** 기출문제

0824   2021년 03월 고2 학력평가 28번

TOUGH

전체집합 U의 두 부분집합 A, B가 다음 조건을 만족시킬 때, 집합 B의 모든 원소의 합을 구하시오.

(가) $A=\{3, 4, 5\}, \ A^C \cup B^C=\{1, 2, 4\}$
(나) $X \subset U$이고 $n(X)=1$인 모든 집합 X에 대하여 집합 $(A \cup X)-B$의 원소의 개수는 1이다.

해설 내신연계문제

유형 08 집합의 연산의 성질 − 포함 관계

전체집합 U의 두 부분집합 A, B에 대하여 $A \subset B$와 같은 표현

(1) $A \cap B = A$

(2) $A \cup B = B$

(3) $A - B = \varnothing$, $A \cap B^c = \varnothing$

(4) $A^c \cup B = U$

(5) $B^c \subset A^c$

(6) $B^c - A^c = \varnothing$

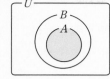

집합의 연산을 이용하여 포함 관계 구하기

➡ 집합의 연산을 이용하여 식을 간단히 한 후 $A \subset B$와 같은 표현을 이용하여 두 집합 사이의 포함 관계를 구한다.

0825 학교기출 대표 유형

전체집합 U의 두 부분집합 A, B에 대하여 $A \subset B$일 때, 다음 중 항상 성립하는 것이 아닌 것은?

① $A \cup B = B$ ② $A \cap B = A$ ③ $A - B = \varnothing$

④ $B^c \subset A^c$ ⑤ $A \cup B^c = U$

0826 BASIC

전체집합 U의 서로 다른 두 부분집합 A, B에 대하여 $B^c \subset A^c$일 때, 다음 중 나머지 넷과 다른 하나는?

① $A \cup B$ ② $B \cap (A \cup B)$ ③ $A \cup (A \cap B)$

④ $B \cup (A - B)$ ⑤ $(A - B^c) \cup B$

0827 BASIC

전체집합 U의 두 부분집합 A, B에 대하여 $A \cup B = A$일 때, 다음 중 항상 옳은 것은?

① $A = B$ ② $A^c \cup B = U$ ③ $A \cap B = \varnothing$

④ $A^c \subset B^c$ ⑤ $A - B = A$

0828 최다빈출 왕 중요 BASIC

전체집합 U의 서로 다른 두 부분집합 A, B에 대하여 $A \cap B^c = \varnothing$ 일 때, 다음 중 옳지 않은 것은?

① $A \subset B$ ② $A \cap B = A$ ③ $A \cup B = B$

④ $B^c \subset A^c$ ⑤ $A^c \cap B = \varnothing$

해설 내신연계문제

0829 최다빈출 왕 중요 NORMAL

전체집합 $U = \{1, 2, 3, 4, 5, 6\}$의 부분집합 $A = \{3, 5\}$에 대하여 $A \cap B^c = \varnothing$을 만족시키는 U의 부분집합 B의 개수는?

① 2 ② 4 ③ 8

④ 16 ⑤ 32

해설 내신연계문제

0830 최다빈출 왕 중요 NORMAL

전체집합 U의 세 부분집합 A, B, C에 대하여

$$(A - B) \cup (B - C) = \varnothing$$

일 때, 다음 중 $(A - C) \cup (B \cap C)$와 같은 집합은?

① U ② $\varnothing$ ③ A

④ B ⑤ C

해설 내신연계문제

0831 NORMAL

두 집합

$$A = \{2, 2a+3\}, \ B = \{5, 7, a^2 - 2\}$$

에 대하여 $A \cap B = A$를 만족시키는 실수 a의 값은?

① -4 ② -2 ③ 0

④ 2 ⑤ 4

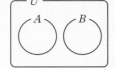

유형 09 서로소인 집합 – 포함 관계

전체집합 U의 부분집합 A, B에 대하여
$A \cap B = \varnothing$와 같은 표현 ◀ 두 집합 A와 B가 서로소
(1) $A-B=A$, $B-A=B$
(2) $A \subset B^c$, $B \subset A^c$
(3) $A^c - B^c = B$
(4) $A^c \cup B^c = U$

 집합의 연산을 파악하기 어려울 때는 벤 다이어그램을 이용하여
집합을 나타낸 후에 주어진 조건에 따라 해당하는 부분을 알아낸다.

0832 학교기출 대표 유형

전체집합 U의 공집합이 아닌 두 부분집합 A, B가 서로소일 때,
[보기]에서 옳은 것만을 있는 대로 고른 것은?

ㄱ. $A-B=\varnothing$ ㄴ. $(A \cap B)^c = U$
ㄷ. $B \cap A^c = B$ ㄹ. $A \cup B = A$

① ㄱ, ㄴ ② ㄱ, ㄷ ③ ㄱ, ㄹ
④ ㄴ, ㄷ ⑤ ㄴ, ㄹ

0833 최다빈출 왕중요 BASIC

전체집합 U의 두 부분집합 A, B에 대하여 $A-B=A$일 때, 다음
중 항상 옳은 것은?

① $A \cup B = B$ ② $A \cap B = A$ ③ $A^c \subset B$
④ $A \cap (A-B) = \varnothing$ ⑤ $A \subset B^c$

해설 내신연계문제

0834 최다빈출 왕중요 NORMAL

전체집합 U의 공집합이 아닌 두 부분집합 A, B^c이
서로소일 때, [보기]에서 옳은 것만을 있는 대로 고른 것은?

ㄱ. $A-B=\varnothing$
ㄴ. $(A \cap B)^c = A^c$
ㄷ. $(A^c \cup B) \cap A = A$

① ㄱ ② ㄷ ③ ㄱ, ㄴ
④ ㄴ, ㄷ ⑤ ㄱ, ㄴ, ㄷ

해설 내신연계문제

0835 NORMAL

전체집합 $U=\{1, 2, 3, 4, 5\}$의 두 부분집합 A, B에 대하여 다음
조건을 만족할 때, 집합 B의 모든 원소의 합은?

(가) $A=\{1, 4, 5\}$
(나) $A \cap (A-B)=A$, $A \cup B = U$

① 2 ② 3 ③ 5
④ 7 ⑤ 9

0836 NORMAL

자연수 n에 대하여 실수 전체의 집합의 부분집합 A_n을
$$A_n = \{x \mid n+1 \le x \le 2n+3\}$$
이라 하자. $A_1 \cap A_2 \cap \cdots \cap A_n = \varnothing$을 만족시키는 n의 최솟값은?

① 3 ② 4 ③ 5
④ 6 ⑤ 7

0837 최다빈출 왕중요 NORMAL

두 집합
$$A=\{x \mid x^2-n^2 \ge 0\}, B=\{x \mid |x-1| < 5\}$$
에 대하여 $A \cap B = \varnothing$이 되도록 하는 자연수 n의 최솟값은?

① 3 ② 4 ③ 5
④ 6 ⑤ 7

해설 내신연계문제

0838 NORMAL

두 집합
$$A=\{x \mid x^2-12x+11 \ge 0\},$$
$$B=\{x \mid x^2-(3k+1)x+k(2k+1) \le 0\}$$
에 대하여 $A \cap B = \varnothing$이 되도록 하는 모든 자연수 k의 값의 합을
구하시오.

유형 10 집합의 포함 관계에 의한 부분집합의 개수

주어진 조건을 만족시키는 집합 X의 개수는 다음 순서로 구한다.

FIRST 집합의 연산을 이용하여 두 집합의 포함 관계를 구한다.

NEXT 집합 X에 반드시 속하는 원소 또는 속하지 않는 원소를 구한다.

LAST 조건을 만족시키는 부분집합 X의 개수를 구한다.

① $A \cup X = X \Longleftrightarrow A \subset X$, $B \cup X = B \Longleftrightarrow X \subset B$
➡ $A \subset X \subset B$
② 두 집합 A, B에 대하여 $n(A) = p$, $n(B) = q$일 때,
$A \subset X \subset B$를 만족하는 집합 X의 개수
➡ 2^{q-p} (단, $p \leq q$)
③ 원소의 개수가 n인 집합에서 a개를 반드시 원소로 갖고
b개를 원소로 갖지 않는 부분집합의 개수 ➡ $2^{n-(a+b)}$

0839 학교기출 대표유형

두 집합

$$A = \left\{ x \,\middle|\, x = \frac{24}{n}, x와 n은 자연수 \right\},$$

$$B = \left\{ x \,\middle|\, x = \frac{6}{n}, x와 n은 자연수 \right\}$$

에 대하여 $A \cap X = X$, $(A \cap B) \cup X = X$를 만족시키는 집합 X의 개수를 구하시오.

0840 NORMAL

두 집합 $A = \{1, 3, 5, 7, 9\}$, $B = \{2, 3, 5, 7\}$에 대하여
$$A \cap X = X, \ (A-B) \cup X = X$$
를 만족하는 집합 X의 개수는?

① 2 ② 4 ③ 8
④ 16 ⑤ 32

0841 최다빈출 왕중요 NORMAL

두 집합 $A = \{1, 3, 5, 7, 9, 11\}$, $B = \{2, 3, 6, 8, 11\}$에 대하여
$$(B-A) \cup X = X, \ (A \cup B) \cap X = X$$
를 만족시키는 집합 X의 개수는?

① 4 ② 8 ③ 16
④ 32 ⑤ 64

해설 내신연계문제

0842 NORMAL

전체집합 $U = \{x \mid x는 10 \ 이하의 \ 자연수\}$의
두 부분집합 $A = \{1, 2\}$, $B = \{2, 3, 4, 5\}$에 대하여 다음 두 조건을 만족하는 집합 X의 개수는?

(가) $A \cup X = X$
(나) $(B-A) \cap X = \{3, 4\}$

① 8 ② 12 ③ 16
④ 32 ⑤ 64

0843 최다빈출 왕중요 TOUGH

전체집합 $U = \{1, 2, 3, 4, 5, 6, 7\}$의
두 부분집합 $A = \{1, 3, 5, 7\}$, $B = \{3, 6\}$에 대하여
$$A \cup C = B \cup C$$
를 만족시키는 U의 부분집합 C의 개수는?

① 2 ② 4 ③ 8
④ 16 ⑤ 32

해설 내신연계문제

0844 최다빈출 왕중요 TOUGH

전체집합 $U = \{1, 2, 3, 4, 5, 6, 7, 8, 9\}$의 세 부분집합 A, B, X에 대하여 $A = \{1, 3, 5, 7\}$, $B = \{2, 3, 5, 6, 8\}$일 때,
$$A-X = \varnothing, \ (B-A) \cap X = \{2, 6\}$$
을 만족하는 집합 X의 개수는?

① 4 ② 8 ③ 16
④ 32 ⑤ 64

해설 내신연계문제

0845 TOUGH

두 집합

$$A = \{1, 2, 3, 4, 5, 6\},$$
$$B = \{a+1, a+2, a+3, a+4, a+5, a+6\}$$

에 대하여 $A \cup X = A$, $(A \cap B) \cup X = X$를 만족시키는 집합 X의 개수가 16일 때, 자연수 a의 값을 구하시오.

0846

2024년 10월 고1 학력평가 13번

두 집합 $A=\{1, 3, 4\}$, $B=\left\{\dfrac{x+k}{2} \,\middle|\, x\in A\right\}$에 대하여

$(A\cap B)\subset X\subset A$를 만족시키는 집합 X의 개수가 2일 때,
상수 k의 값은?

① 1   ② 2   ③ 3
④ 4   ⑤ 5

해설 내신연계문제

0847

2017년 09월 고2 학력평가 가형 25번

전체집합 $U=\{x\,|\,x$는 10 이하의 자연수$\}$의 부분집합
$A=\{x\,|\,x$는 10의 약수$\}$에 대하여
$$(X-A)\subset(A-X)$$
를 만족시키는 U의 모든 부분집합 X의 개수를 구하시오.

해설 내신연계문제

0848

2020학년도 06월 고3 모의평가 나형 26번

자연수 전체의 집합 U의 두 부분집합
$$A=\{1, 2, 4, 8, 16\}, \ B=\{x\,|\,x^2-4x+3=0\}$$
에 대하여 $n(X)=2$, $X-(A-B)=\varnothing$을 만족시키는 U의 모든
부분집합 X의 개수를 구하시오.

해설 내신연계문제

0849

2020년 03월 고2 학력평가 28번

전체집합 $U=\{x\,|\,x$는 5 이하의 자연수$\}$의 두 부분집합
$A=\{1, 2\}$, $B=\{2, 3, 4\}$에 대하여
$$X\cap A \neq \varnothing, \ X\cap B \neq \varnothing$$
을 만족시키는 U의 부분집합 X의 개수를 구하시오.

해설 내신연계문제

유형 11   서로소인 관계에 의한 부분집합의 개수

집합 A와 서로소인 집합 X의 부분집합의 개수

➡ A의 원소를 포함하지 않은 집합 X의 부분집합의 개수를 구한다.

전체집합 U의 두 부분집합 A, B에 대하여 $A\cap B=\varnothing$과 같은 표현

① $A-B=A$, $B-A=B$
② $A\subset B^c$, $B\subset A^c$
③ $A^c-B^c=B$
④ $A^c\cup B^c=U$

0850

학교기출 **대표** 유형

전체집합 $U=\{x\,|\,x$는 10 이하의 자연수$\}$의 두 부분집합 A, B에
대하여 $A=\{x\,|\,x$는 10 이하의 소수$\}$일 때, $A\cap B=\varnothing$을 만족시키는
집합 B의 개수를 구하시오.

0851

BASIC

집합 $U=\{1, 2, 3, 4, 5, 6\}$의 두 부분집합 A, X에 대하여
$A=\{1, 2, 3\}$일 때, $A-X=A$를 만족시키는 집합 X의 개수는?

① 4   ② 5   ③ 6
④ 7   ⑤ 8

0852

최다빈출 **강**중요

NORMAL

자연수 전체의 집합의 두 부분집합
$$A=\left\{x\,\middle|\,x=\dfrac{10}{n}, \ n\text{은 자연수}\right\},$$
$$B=\left\{x\,\middle|\,x=\dfrac{30}{n}, \ n\text{은 자연수}\right\}$$
에 대하여 $A\cap X=\varnothing$, $B\cup X=B$를 만족시키는 집합 X의 개수는?

① 4   ② 8   ③ 16
④ 32   ⑤ 64

해설 내신연계문제

0853 최다빈출 상 중요

NORMAL

전체집합 $U=\{x \mid x$는 10 이하의 자연수$\}$의 세 부분집합 A, B, X에 대하여 $A=\{1, 3, 5\}$, $B=\{2, 7\}$일 때,

$$A-X=A, \ B \cup X=X$$

를 만족하는 집합 X의 개수는?

① 8   ② 16   ③ 32
④ 64   ⑤ 128

해설 내신연계문제

0854

NORMAL

전체집합 $U=\{x \mid x$는 10 이하의 자연수$\}$의 세 부분집합 A, B, X에 대하여 $A=\{1, 3, 5\}$, $B=\{2, 4\}$일 때,

$$A \cap X=\varnothing, \ B \cap X=\{2\}$$

를 만족시키는 집합 X의 개수를 구하시오.

모의고사 핵심유형 기출문제

0855 2022년 03월 고2 학력평가 13번

NORMAL

전체집합 $U=\{x \mid x$는 50 이하의 자연수$\}$의 두 부분집합

$$A=\{x \mid x$는 6의 배수$\}, \ B=\{x \mid x$는 4의 배수$\}$$

가 있다. $A \cup X=A$이고 $B \cap X=\varnothing$인 집합 X의 개수는?

① 8   ② 16   ③ 32
④ 64   ⑤ 128

해설 내신연계문제

0856 2016년 03월 고2 학력평가 가형 11번

NORMAL

전체집합 $U=\{x \mid x$는 10 이하의 자연수$\}$의 두 부분집합

$$A=\{x \mid x$는 6의 약수$\}, \ B=\{2, 3, 5, 7\}$$

에 대하여 [보기]에서 옳은 것만을 있는 대로 고른 것은?

ㄱ. $5 \notin A \cap B$
ㄴ. $n(B-A)=2$
ㄷ. U의 부분집합 중 집합 $A \cup B$와 서로소인 집합의 개수는 16이다.

① ㄱ   ② ㄷ   ③ ㄱ, ㄴ
④ ㄴ, ㄷ   ⑤ ㄱ, ㄴ, ㄷ

해설 내신연계문제

(1) 집합 $A=\{a_1, a_2, a_3, \cdots, a_n\}$에 대하여 원소 $a_1, a_2, a_3, \cdots, a_k$ 중 적어도 하나를 포함하는 부분집합의 개수
 ➡ 특정한 원소 k개 중 적어도 한 개를 원소로 갖는 부분집합의 개수
 ➡ (전체 부분집합의 개수)
     − (특정한 원소 k개를 제외한 집합의 부분집합의 개수)
 ➡ 2^n-2^{n-k}개

(2) 집합 $A=\{a, b, c, d, e\}$의 부분집합 중에서 a 또는 b를 포함하는 부분집합의 개수
 ➡ 집합 A의 부분집합의 개수에서 $\{c, d, e\}$의 부분집합의 개수를 뺀다.
 ➡ (전체 부분집합의 개수)
     − (a, b를 모두 원소로 갖지 않는 부분집합의 개수)

 ① $A \cap X \neq \varnothing$에서 집합 X의 개수는
 ➡ 집합 X는 집합 A의 원소 중 적어도 하나를 포함한다.
② 원소의 개수가 n인 집합에서 a개를 반드시 원소로 갖고 b개를 원소로 갖지 않는 부분집합의 개수 ➡ $2^{n-(a+b)}$

0857 학교기출 대표 유형

집합 $A=\{1, 2, 3, 4, 5\}$에 대하여 $\{3, 4\} \cap X \neq \varnothing$을 만족하는 집합 A의 부분집합 X의 개수를 구하시오.

0858

NORMAL

전체집합 $U=\{x \mid x$는 8 이하의 자연수$\}$의 두 부분집합 A, B에 대하여 $A=\left\{x \mid x=\dfrac{6}{n}, \ n$은 자연수$\right\}$일 때, $A \cap B \neq \varnothing$을 만족시키는 집합 B의 개수는?

① 210   ② 220   ③ 240
④ 260   ⑤ 280

0859

NORMAL

전체집합 $U=\{1, 2, 3, 4, 5\}$의 두 부분집합 A, B에 대하여 $A=\{4, 5\}$일 때, $n(A \cap B)=1$을 만족시키는 집합 B의 개수는?

① 1   ② 4   ③ 8
④ 16   ⑤ 32

0860 최다빈출 왕 중요 NORMAL

전체집합 $U=\{x\,|\,x$는 9 이하의 자연수$\}$의 부분집합
$A=\{1,\,3,\,5,\,7,\,9\}$에 대하여 $X\cap A^c=\{2,\,4\}$를 만족시키는 U의
모든 부분집합 X의 개수는?

① 2   ② 4   ③ 8
④ 16   ⑤ 32

[해설 내신연계문제]

0861 최다빈출 왕 중요 NORMAL

전체집합 $U=\{1,\,2,\,3,\,4,\,5,\,6,\,7\}$에 대하여 다음 조건을 만족시키는
U의 부분집합 A의 개수는?

(가) $\{1,\,2,\,3\}\cap A\neq\varnothing$
(나) $\{4,\,5\}\cap A=\varnothing$

① 8   ② 14   ③ 18
④ 24   ⑤ 28

[해설 내신연계문제]

0862 TOUGH

두 집합 $A=\{1,\,2,\,3,\,4,\,5,\,6,\,7,\,8\}$, $B=\{1,\,2,\,3\}$에 대하여
$$n(B\cap C)=2,\quad C-A=\varnothing$$
를 만족시키는 집합 C의 개수를 구하시오.

모의고사 핵심유형 기출문제

0863 2017년 11월 고1 학력평가 25번 NORMAL

두 집합 $A=\{1,\,2,\,3,\,4,\,5\}$, $B=\{1,\,3,\,5,\,9\}$에 대하여
$$(A-B)\cap C=\varnothing,\quad A\cap C=C$$
를 만족시키는 집합 C의 개수를 구하시오.

[해설 내신연계문제]

유형 13 집합의 연산법칙

전체집합 U의 두 부분집합 A, B에 대하여

(1) 교환법칙
    $A\cup B=B\cup A,\ A\cap B=B\cap A$

(2) 결합법칙 ◀ 집합의 연산 기호가 같을 때
    ① $(A\cup B)\cup C=A\cup(B\cup C)$
    ② $(A\cap B)\cap C=A\cap(B\cap C)$

(3) 분배법칙 ◀ 집합의 연산 기호가 다를 때
    ① $A\cup(B\cap C)=(A\cup B)\cap(A\cup C)$
    ② $A\cap(B\cup C)=(A\cap B)\cup(A\cap C)$

(4) 흡수법칙 ◀ 집합이 중복될 때, 결과는 중복되는 집합
    ① $A\cup(B\cap A)=A$ ② $A\cap(A\cup B)=A$

(5) 드모르간의 법칙
    ① $(A\cap B)^c=A^c\cup B^c$ ② $(A\cup B)^c=A^c\cap B^c$

 ① 여집합이 많은 경우 드모르간의 법칙을 이용하여 식을 간단히 한다.
② 집합의 연산 기호가 다를 때의 분배법칙에서 중복되는 집합이 나온다.

0864 학교기출 대표 유형

다음은 전체집합 U의 두 부분집합 A, B에 대하여 등식
$(A^c\cup B)^c\cup(A\cap B)=A$가 성립함을 보이는 과정이다.

$(A^c\cup B)^c\cup(A\cap B)$	
$=(\boxed{\ (가)\ })\cup(A\cap B)$	⋯⋯ 드모르간의 법칙
$=\boxed{(나)}\cap(B^c\cup B)$	⋯⋯ 분배법칙
$=\boxed{(다)}$	⋯⋯ 여집합의 성질
$=A$	

위 과정에서 (가), (나), (다)에 알맞은 것을 순서대로 적으면?

	(가)	(나)	(다)
①	$A\cap B^c$	A	$A\cap U$
②	$A\cap B^c$	A^c	$A^c\cap U$
③	$A^c\cap B$	A	$A^c\cap\varnothing$
④	$A^c\cup B$	A^c	$A^c\cap\varnothing$
⑤	$A^c\cup B^c$	A^c	$A^c\cap U$

0865 BASIC

전체집합 U의 두 부분집합 A, B에 대하여 다음 중 옳지 않은 것은?

① $A^c-B^c=B-A$
② $(B-A)^c=A\cup B^c$
③ $A\cap(A^c\cup B)=A\cap B$
④ $(A\cup B)\cap(A^c\cap B^c)=\varnothing$
⑤ $(A^c\cup B^c)\cap(A\cup B^c)=A^c$

유형 14 집합의 연산을 간단히 하기

집합의 연산이 복잡하게 주어지면 **집합의 연산법칙과 연산의 성질**을 이용하여 주어진 식을 간단히 한다.

 ① 차집합 꼴에서는 $A-B=A\cap B^c$임을 이용한다.
② 여집합이 많은 경우 드모르간의 법칙을 이용하여 식을 간단히 한다.
$(A\cap B)^c=A^c\cup B^c$, $(A\cup B)^c=A^c\cap B^c$

0866 학교기출 대표유형

전체집합 U의 두 부분집합 A, B에 대하여 항상 옳은 것만을 [보기]에서 있는대로 고른 것은?

ㄱ. $(A\cup B)^c\cup(A^c\cap B)=A^c$
ㄴ. $\{A\cup(A^c\cap B)\}\cap\{B\cap(B\cup C)\}=B$
ㄷ. $(A\cup B)\cap(A-B)^c=B$

① ㄱ   ② ㄷ   ③ ㄱ, ㄴ
④ ㄴ, ㄷ   ⑤ ㄱ, ㄴ, ㄷ

0867 최다빈출 왕중요 BASIC

전체집합 U의 세 부분집합 A, B, C에 대하여 다음 중 $(A-B)\cap(A-C)$와 항상 같은 집합은?

① $A-(B\cup C)$ ② $A\cap(B-C)$ ③ $(A\cap B)-C$
④ $(A\cup B)-C$ ⑤ $A-(B\cap C)$

해설 내신연계문제

0868 최다빈출 왕중요 NORMAL

전체집합 U의 공집합이 아닌 두 부분집합 A, B에 대하여 $B-A=\varnothing$일 때, 다음 중 집합 $(A^c\cup B)^c\cap(A\cup B^c)^c$과 항상 같은 집합은?

① A ② B ③ $\varnothing$
④ A^c ⑤ B^c

해설 내신연계문제

0869 NORMAL

전체집합 U의 세 부분집합 A, B, C에 대하여 항상 옳은 것만을 [보기]에서 있는 대로 고른 것은?

ㄱ. $(A\cap B)\cup(A^c\cap B)=B$
ㄴ. $(A-B)\cup(A\cap B)=A$
ㄷ. $\{(A\cup B)\cap(A^c\cup B)\}\cap\{(B^c\cap C)\cap(B\cup C)^c\}=\varnothing$

① ㄱ   ② ㄷ   ③ ㄱ, ㄴ
④ ㄴ, ㄷ   ⑤ ㄱ, ㄴ, ㄷ

0870 NORMAL

전체집합 U의 세 부분집합 A, B, C에 대하여 항상 옳은 것만을 [보기]에서 있는 대로 고른 것은?

ㄱ. $(A\cap B)\cup(A^c\cup B)^c=A$
ㄴ. $(A-B)-C=A-(B\cap C)$
ㄷ. $A-(B-C)=(A-B)\cup(A\cap C)$

① ㄱ   ② ㄴ   ③ ㄱ, ㄴ
④ ㄴ, ㄷ   ⑤ ㄱ, ㄴ, ㄷ

0871 TOUGH

전체집합 U의 두 부분집합 A, B에 대하여 항상 옳은 것만을 [보기]에서 있는 대로 고른 것은?

ㄱ. $(A\cap B)\cup(A-B)\cup(B-A)=A\cup B$
ㄴ. $(A-B)^c-B=(A\cup B)^c$
ㄷ. $\{A\cup(B-A)^c\}\cap\{(B-A)\cup A\}=A$
ㄹ. $\{(A\cap B)\cup(A\cap B^c)\}\cup\{(A^c\cap B)\cup(A^c\cap B^c)\}=U$

① ㄱ, ㄴ   ② ㄴ, ㄹ   ③ ㄱ, ㄴ, ㄷ
④ ㄱ, ㄷ, ㄹ   ⑤ ㄱ, ㄴ, ㄷ, ㄹ

주어진 집합의 원소를 구하려면

◉ 벤 다이어그램 또는 집합의 연산을 이용하여 집합의 원소를 구한다.

 ① 교환법칙

$A \cup B = B \cup A,\ A \cap B = B \cap A$

② 결합법칙

$(A \cup B) \cup C = A \cup (B \cup C),\ (A \cap B) \cap C = A \cap (B \cap C)$

③ 분배법칙

$A \cup (B \cap C) = (A \cup B) \cap (A \cup C)$

$A \cap (B \cup C) = (A \cap B) \cup (A \cap C)$

④ 드모르간의 법칙

$(A \cap B)^c = A^c \cup B^c,\ (A \cup B)^c = A^c \cap B^c$

0872 학교기출 대표 유형

전체집합 $U = \{x \mid x$는 10 이하의 자연수$\}$의 세 부분집합

$A = \{x \mid x$는 소수$\}$,

$B = \{x \mid x$는 짝수$\}$,

$C = \{x \mid x$는 6의 약수$\}$

에 대하여 집합 $(A \cup B) \cap (B \cup C^c)$의 모든 원소의 합을 구하시오.

0873 최다빈출 왕 중요 NORMAL

전체집합 $U = \{x \mid x$는 10 이하의 자연수$\}$의 세 부분집합

$A = \{x \mid x$는 소수$\}$,

$B = \{x \mid x$는 3의 배수$\}$,

$C = \left\{ x \mid x = \dfrac{10}{n},\ n$은 자연수$\right\}$

에 대하여 집합 $(A^c \cup B) \cap (B \cup C)$의 모든 원소의 합은?

① 21   ② 23   ③ 25

④ 27   ⑤ 29

해설 내신연계문제

0874 NORMAL

전체집합 $U = \{x \mid x$는 10 이하의 자연수$\}$의 세 부분집합

$A = \left\{ x \mid x = \dfrac{6}{n},\ n$은 자연수$\right\}$,

$B = \{x \mid x$는 소수$\}$,

$C = \{x \mid x$는 홀수$\}$

에 대하여 집합 $(A^c \cap B)^c - C^c$의 모든 원소의 합은?

① 11   ② 12   ③ 13

④ 14   ⑤ 15

0875 최다빈출 왕 중요 NORMAL

전체집합 $U = \{1, 2, 3, 4, 5, 6, 7, 8, 9\}$의 두 부분집합 A, B에 대하여

$$A^c \cap B^c = \{2, 4, 8\},$$

$$\{(A \cap B^c) \cup (B - A^c)\} \cap B^c = \{1, 3, 5\}$$

일 때, 집합 B의 모든 원소의 합은?

① 22   ② 20   ③ 18

④ 16   ⑤ 14

해설 내신연계문제

0876 TOUGH

전체집합 $U = \{x \mid x$는 10 이하의 자연수$\}$의 세 부분집합

$A = \{1, 2, 3, 4\}$, $B = \{2, 3, 5, 7\}$, $C = \{a, a+2\}$

에 대하여 집합 X를 $X = A \cup C$라 할 때, $n(X \cap B) = 3$을 만족시키는 모든 a의 값의 곱을 구하시오.

 모의고사 **핵심유형** 기출문제

0877 2016년 04월 고3 학력평가 나형 19번 NORMAL

전체집합 $U = \{x \mid x$는 7 이하의 자연수$\}$의 세 부분집합 A, B, C에 대하여 $B \subset A$이고 $A \cup C = \{1, 2, 3, 4, 5, 6\}$이다.

$$A - B = \{5\},\ B - C = \{2\},\ C - A = \{4, 6\}$$

일 때, 집합 $A \cap (B^c \cup C)$는?

① $\{5\}$ ② $\{1, 7\}$ ③ $\{3, 5\}$

④ $\{1, 3, 5\}$ ⑤ $\{1, 2, 3, 5, 7\}$

해설 내신연계문제

유형 16 벤 다이어그램의 색칠한 부분 나타내기

각 집합을 벤 다이어그램으로 나타낸 후 주어진 벤 다이어그램과 같은 것을 찾는다.

➡ 벤 다이어그램의 색칠한 부분을 집합으로 나타낼 때 집합 사이의 교집합에 주의해야 한다.
➡ 벤 다이어그램의 색칠한 부분을 포함하는 집합은 색칠한 부분에 해당하지 않는 부분을 집합으로 나타내어 뺀다.

 ① 교환법칙
$A \cup B = B \cup A$, $A \cap B = B \cap A$
② 결합법칙
$(A \cup B) \cup C = A \cup (B \cup C)$, $(A \cap B) \cap C = A \cap (B \cap C)$
③ 분배법칙
$A \cup (B \cap C) = (A \cup B) \cap (A \cup C)$
$A \cap (B \cup C) = (A \cap B) \cup (A \cap C)$
④ 드모르간의 법칙
$(A \cap B)^c = A^c \cup B^c$, $(A \cup B)^c = A^c \cap B^c$

0878 학교기출 대표유형

오른쪽 그림은 전체집합 U의 세 부분집합 A, B, C 사이의 관계를 벤 다이어그램으로 나타낸 것이다. 다음 [보기] 중 벤 다이어그램의 색칠된 부분을 나타낸 집합과 같은 것만을 있는 대로 고른 것은?

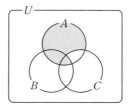

ㄱ. $(A-B) \cup (A \cap C)$
ㄴ. $A \cap (B \cup C)^c$
ㄷ. $A-(C-B)$

① ㄱ ② ㄴ ③ ㄷ
④ ㄱ, ㄷ ⑤ ㄴ, ㄷ

0879 BASIC

다음 [보기] 중 오른쪽 벤 다이어그램의 색칠된 부분을 나타낸 집합과 같은 것만을 있는 대로 고른 것은?

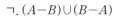

ㄱ. $(A-B) \cup (B-A)$
ㄴ. $(A \cup B) \cap (A \cap B)^c$
ㄷ. $(A^c-B^c) \cup (B^c-A^c)$

① ㄱ ② ㄴ ③ ㄱ, ㄴ
④ ㄴ, ㄷ ⑤ ㄱ, ㄴ, ㄷ

0880 최다빈출 왕 중요 NORMAL

다음 중 오른쪽 벤 다이어그램의 색칠된 부분을 나타낸 집합과 같은 것은?

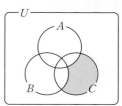

① $(A^c \cap B) \cup C^c$
② $(A^c \cap B^c) \cap C^c$
③ $(A^c \cap B^c) \cap C$
④ $(A \cup B) \cap C$
⑤ $A \cap (B \cap C)^c$

해설 내신연계문제

0881 NORMAL

다음 [보기] 중 오른쪽 벤 다이어그램의 색칠된 부분을 나타낸 집합과 같은 것만을 있는 대로 고른 것은?

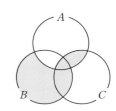

ㄱ. $(B \cap C) \cap A^c$
ㄴ. $(B \cap C)-(A \cap B \cap C)$
ㄷ. $(B-A) \cap (C-A)$

① ㄱ ② ㄴ ③ ㄱ, ㄴ
④ ㄴ, ㄷ ⑤ ㄱ, ㄴ, ㄷ

0882 NORMAL

다음 중 오른쪽 벤 다이어그램의 색칠된 부분을 나타낸 집합과 같은 것은?

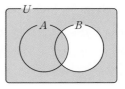

① $(A-B) \cup (A \cap C)$
② $A \cup (B-C)$
③ $(B \cup C)-A$
④ $(A \cap B) \cup (A \cap C)$
⑤ $(A \cup B)-(A-C)$

0883 2015년 03월 고2 학력평가 나형 11번 BASIC

오른쪽 그림은 전체집합 U의 서로 다른 두 부분집합 A, B 사이의 관계를 벤 다이어그램으로 나타낸 것이다. 다음 중 어두운 부분을 나타낸 집합과 같은 것은?

① $A \cap B^c$ ② $(A \cap B) \cup B^c$
③ $(A \cap B^c) \cup A^c$ ④ $(A \cup B) \cap (A \cap B)^c$
⑤ $(A-B) \cup (A^c \cap B^c)$

해설 내신연계문제

유형 **17** 집합의 연산의 성질을 이용한
― 집합의 포함 관계

집합의 연산 성질과 집합의 연산법칙, 드모르간의 법칙을 이용하여
집합의 포함 관계를 구한다.

🌀 $A \subset B$와 같은 표현
① $A \cap B = A$
② $A \cup B = B$
③ $A - B = \varnothing$, $A \cap B^c = \varnothing$
④ $A^c \cup B = U$
⑤ $B^c \subset A^c$
⑥ $B^c - A^c = \varnothing$

0884 학교기출 대표 유형

전체집합 U의 두 부분집합 A, B에 대하여

$$(A-B) \cup B = A$$

가 성립할 때, 다음 중 항상 옳은 것은?

① $A \cap B = A$ ② $B - A = \varnothing$ ③ $A \subset B$
④ $A \cap B = \varnothing$ ⑤ $A^c = B$

0885 최다빈출 강 중요   ◀◀◀ BASIC

전체집합 U의 두 부분집합 A, B에 대하여

$$\{(A \cap B) \cup (A - B)\} \cap B = B$$

가 성립할 때, 다음 중 항상 옳은 것은?

① $A \subset B$ ② $B \subset A$ ③ $A = B$
④ $A \cap B = \varnothing$ ⑤ $A \cup B = U$

해설 내신연계문제

0886   ◀◀◀ BASIC

전체집합 U의 두 부분집합 A, B에 대하여

$$\{(A^c \cup B^c) \cap (A \cup B^c)\} \cap A = \varnothing$$

가 성립할 때, 다음 중 항상 옳은 것은?

① $A \cap B = B$ ② $A - B = A$ ③ $B - A = B$
④ $A \cup B = B$ ⑤ $A \cap B = \varnothing$

0887   ◀◀◀ BASIC

전체집합 U의 두 부분집합 A, B에 대하여

$$A - (A - B) = B$$

가 성립할 때, 다음 중 항상 옳은 것은?

① $A \cup B^c = \varnothing$ ② $A - B = \varnothing$ ③ $B - A = \varnothing$
④ $A \subset B$ ⑤ $A \cup B = U$

0888 최다빈출 강 중요   ◀◀◀ NORMAL

전체집합 U의 두 부분집합 A, B에 대하여

$$(A-B) \cup (B-A) = \varnothing$$

가 성립할 때, 다음 중 항상 옳은 것은?

① $A \cup B = \varnothing$ ② $A \cap B = \varnothing$ ③ $A \cup B = U$
④ $A \cap B = U$ ⑤ $A \cap B = A \cup B$

해설 내신연계문제

0889   ◀◀◀ NORMAL

전체집합 U의 두 부분집합 A, B에 대하여

$$A - (A \cap B) = \varnothing$$

가 성립할 때, 다음 중 항상 옳은 것은?

① $A \cup B = A$ ② $A \cap B = \varnothing$ ③ $A \subset B$
④ $A \cup B = U$ ⑤ $B - A = \varnothing$

0890   ◀◀◀ NORMAL

전체집합 U의 두 부분집합 A, B에 대하여

$$\{(A \cap B) \cup (A - B)\} \cap B = B$$

가 성립할 때, 항상 옳은 것만을 [보기]에서 있는 대로 고른 것은?

> ㄱ. $B \subset A$
> ㄴ. $A - B = \varnothing$
> ㄷ. $A \cup B^c = U$

① ㄱ   ② ㄴ   ③ ㄱ, ㄷ
④ ㄴ, ㄷ   ⑤ ㄱ, ㄴ, ㄷ

유형 18 집합의 원소의 합을 이용한 활용

전체집합 U의 부분집합 A에 대하여

$f(A)$를 A에 속하는 모든 원소의 합이라 하면 다음이 성립한다.

(1) $f(A^c)=f(U)-f(A)$

(2) $A \subset B$이면 $f(A) \leq f(B)$ (단, U의 모든 원소가 0 이상이다.)

(3) $f(A \cup B)=f(A)+f(B)-f(A \cap B)$

 원소의 합의 곱의 최대, 최소 구하기

FIRST $f(A)+f(B)$의 값을 구한다.

NEXT $f(A)=x$ (단, $f(A \cap B) \leq x \leq f(A \cup B)$)라 둔다.

LAST $f(B)=\{f(A)+f(B)\}-x$임을 이용하여

x에 대한 이차함수 $f(A) \times f(B)$의 최대, 최소를 구한다.

0891 학교기출 대표 유형

전체집합 $U=\{1, 2, 3, 4, 5, 6\}$의 두 부분집합 A, B에 대하여

$$A \cup B=U, \quad A \cap B=\{2, 3\}$$

이다. 집합 A의 원소의 합을 $f(A)$, 집합 B의 원소의 합을 $f(B)$라 할 때, $f(A)+f(B)$의 값을 구하시오.

0892

전체집합 $U=\{1, 2, 3, 4, 5, 6\}$의 두 부분집합 A, B에 대하여

$$A \cup B=U, \quad A \cap B=\{3, 6\}$$

이다. 집합 A, B의 모든 원소의 합을 각각 $S(A)$, $S(B)$라 할 때, $S(A) \times S(B)$의 최댓값은?

① 169   ② 184   ③ 196

④ 216   ⑤ 225

0893 최다빈출 상 중요

정수를 원소로 하는 두 집합

$$A=\{a, b, c, d\}, \quad B=\{a+k, b+k, c+k, d+k\}$$

에 대하여 $A \cap B=\{2, 5\}$이고 집합 A의 모든 원소의 합이 6, 집합 $A \cup B$의 모든 원소의 합이 21일 때, 상수 k의 값은?

① 4   ② 5   ③ 6

④ 7   ⑤ 8

 해설 내신연계문제

유형 19 약수의 집합의 연산

두 자연수 m, n에 대하여

자연수 p의 양의 약수의 집합을 B_p라 하면

(1) $B_m \cap B_n=B_p$

➡ B_p는 m과 n의 공약수의 집합이다.

➡ p는 m과 n의 최대공약수이다.

 k의 양의 약수의 집합을 B_k라 하면 m이 n의 약수일 때,

① $B_m \subset B_n$ ② $B_m \cap B_n=B_m$ ③ $B_m \cup B_n=B_n$

예 2는 4의 약수이므로

$B_2 \subset B_4$, $B_2 \cap B_4=B_2$, $B_2 \cup B_4=B_4$가 성립한다.

(2) **약수의 개수**

① $n(B_p)=1$에서 양의 약수의 개수가 1인 자연수는 $p=1$

② $n(B_p)=2$에서 양의 약수의 개수가 2인 자연수는 $p=$소수

③ $n(B_p)=3$에서 양의 약수의 개수가 3인 자연수는 $p=(소수)^2$

0894 학교기출 대표 유형

집합 $B_m=\{x \mid x$는 자연수 m의 약수$\}$에 대하여

$$B_{12} \cap B_{16}=B_p$$

를 만족하는 집합 B_p의 진부분집합의 개수를 구하시오.

0895 최다빈출 상 중요

자연수 n의 양의 약수의 집합을 B_n이라 할 때, 집합 $B_{16} \cap B_{24} \cap B_{32}$의 모든 원소의 합은?

① 13   ② 14   ③ 15

④ 16   ⑤ 17

 해설 내신연계문제

0896

자연수 k에 대하여 k의 양의 약수 전체의 집합을 B_k라 하자.

[보기]에서 옳은 것만을 있는 대로 고른 것은?

> ㄱ. $B_2 \subset B_4$
>
> ㄴ. p가 소수일 때, $n(B_{p^2})=3$
>
> ㄷ. $B_4 \subset X \subset B_{12}$를 만족하는 집합 X의 개수는 16개이다.
>
> ㄹ. $B_n-B_6=\varnothing$인 자연수 n의 개수는 4이다.

① ㄴ   ② ㄱ, ㄷ   ③ ㄱ, ㄴ, ㄹ

④ ㄴ, ㄷ, ㄹ   ⑤ ㄱ, ㄴ, ㄷ, ㄹ

자연수 m, n에 대하여

자연수 p의 배수를 원소로 하는 집합을 A_p라 하면 $A_m \cap A_n = A_p$

➡ A_p는 m과 n의 공배수의 집합이다.

➡ p는 m과 n의 최소공배수이다.

> k의 양의 배수의 집합을 A_k라 하면 m이 n의 배수일 때,
>
> ① $A_m \subset A_n$ ② $A_m \cap A_n = A_m$ ③ $A_m \cup A_n = A_n$
>
> **예** 4는 2의 배수이므로
>
> $A_4 \subset A_2$, $A_4 \cap A_2 = A_4$, $A_4 \cup A_2 = A_2$가 성립한다.

0897 학교기출 대표 유형

자연수 n의 배수의 집합을 A_n, 약수의 집합을 B_n이라고 할 때, 다음 [보기] 중 옳은 것의 개수를 구하시오.

ㄱ. $A_4 \subset A_2$ ㄴ. $B_2 \subset B_8$
ㄷ. $(A_6 \cup A_4) \subset A_2$ ㄹ. $B_{12} \cap B_{18} = B_6$
ㅁ. $(A_6 \cap A_4) \subset A_{12}$ ㅂ. $(B_4 \cup B_8) \cap (B_3 \cup B_{12}) = B_4$

0898 `NORMAL`

자연수 k에 대하여 $A_k = \{x \mid x$는 k의 배수, x는 자연수$\}$라고 할 때, 다음 각 식에서 p, q에 대하여 $p+q$의 값은?

(가) $A_3 \cap A_6 = A_p$
(나) $(A_3 \cup A_4) \cap A_{12} = A_q$

① 6 ② 12 ③ 16

④ 18 ⑤ 20

0899 최다빈출 왕 중요 `NORMAL`

전체집합 $U = \{x \mid x$는 100 이하의 자연수$\}$의 부분집합 중 자연수 k의 양의 배수의 집합을 A_k라 할 때, 집합 $(A_2 \cap A_3) \cap (A_6 \cup A_{12})$의 원소의 개수는?

① 15 ② 16 ③ 17

④ 18 ⑤ 19

해설 내신연계문제

0900 최다빈출 왕 중요 `NORMAL`

전체집합 $U = \{x \mid x$는 50 이하의 자연수$\}$의 부분집합 $A_k = \{x \mid x$는 k의 배수, k는 자연수$\}$에 대하여

$$A_5 \cap X = X, \quad (A_2 \cap A_{10}) \cup X = X$$

를 만족시키는 집합 X의 개수는?

① 16 ② 32 ③ 64

④ 128 ⑤ 256

해설 내신연계문제

0901 `TOUGH`

집합 $A_k = \{x \mid x$는 k의 배수$\}$라고 할 때, $A_m \subset (A_6 \cap A_8)$을 만족시키는 자연수 m의 최솟값을 a, $(A_4 \cup A_6) \subset A_n$을 만족시키는 자연수 n의 최댓값을 b라 할 때, 상수 a, b에 대하여 $a+b$의 값은?

① 20 ② 22 ③ 24

④ 26 ⑤ 28

0902 최다빈출 왕 중요 `TOUGH`

자연수 전체의 집합의 두 부분집합

$$A_m = \{x \mid x$는 m의 배수, m은 자연수$\},$$
$$B_n = \{x \mid x$는 n의 약수, n은 자연수$\}$$

에 대하여 $(A_3 \cap A_4) \subset A_p$를 만족시키는 자연수 p의 최댓값과 $(B_{16} \cap B_{24}) \subset B_q$를 만족시키는 자연수 q의 최솟값의 합을 구하시오.

해설 내신연계문제

0903 2013년 06월 고1 학력평가 12번 `NORMAL`

자연수 n에 대하여

$$A_n = \{x \mid x$는 n 이하의 소수$\}, \quad B_n = \{x \mid x$는 n의 양의 약수$\}$$

일 때, 옳은 것만을 [보기]에서 있는 대로 고른 것은?

ㄱ. $A_3 \cap B_4 = \{2\}$
ㄴ. 모든 자연수 n에 대하여 $A_n \subset A_{n+1}$이다.
ㄷ. 두 자연수 m, n에 대하여 $B_m \subset B_n$이면 m은 n의 배수이다.

① ㄱ ② ㄱ, ㄴ ③ ㄱ, ㄷ

④ ㄴ, ㄷ ⑤ ㄱ, ㄴ, ㄷ

해설 내신연계문제

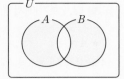 유형 21 대칭차집합

전체집합 U의 두 부분집합 A, B에 대하여

대칭차집합의 여러 가지 표현

$(A-B) \cup (B-A)$
$= (A \cap B^c) \cup (A^c \cap B)$
$= (A \cup B) - (A \cap B)$
$= (A \cup B) \cap (A \cap B)^c$
$= (A \cup B) \cap (A^c \cup B^c)$

 집합의 연산법칙을 이용하여 간단히 정리하거나 벤 다이어그램을 그려 해결한다.

0904 학교기출 대표 유형

전체집합 $U = \{x \,|\, x$는 10 이하의 자연수$\}$의 두 부분집합
$$A = \{2, 3, 5, 7\}, \quad B = \{1, 3, 5, 7, 9\}$$
에 대하여 집합 $(A \cup B) \cap (A^c \cup B^c)$의 모든 원소의 합을 구하시오.

0905 NORMAL

전체집합 $U = \{1, 2, 3, \cdots, 10\}$의 두 부분집합
$$A = \{x \,|\, x = 2k+1, \ k$는 자연수$\},$$
$$B = \{x \,|\, x = 3k-1, \ k$는 자연수$\}$$
에 대하여 집합 $(A \cup B) \cap (A \cap B)^c$의 모든 원소의 합은?

① 21   ② 23   ③ 25
④ 27   ⑤ 29

0906 NORMAL

전체집합 U의 두 부분집합 A, B에 대하여
$$A \cup B = \{1, 2, 3, 5, 7\}, \quad (A \cap B)^c = \{1, 3, 4, 6, 7\}$$
이다. 집합 U의 부분집합 X를
$$X = (A \cup B) - (A \cap B)$$
라 할 때, 집합 X^c의 모든 원소의 합은?

① 11   ② 13   ③ 15
④ 17   ⑤ 19

0907 최다빈출 상 중요   NORMAL

전체집합 U의 두 부분집합 A, B에 대하여
$$A = \{1, 2, 4, 5, 6\}, \quad (A \cup B) \cap (A^c \cup B^c) = \{1, 2, 3, 4, 7, 9\}$$
일 때, 집합 B의 모든 원소의 합은?

① 28   ② 30   ③ 32
④ 34   ⑤ 36

해설 내신연계문제

0908 최다빈출 상 중요   TOUGH

전체집합 $U = \{x \,|\, 1 \le x \le 10$인 자연수$\}$의 두 부분집합
$$A = \left\{ x \,\middle|\, x = \frac{6}{n}, \ n$은 자연수 \right\},$$
$$B = \left\{ x \,\middle|\, x = \frac{8}{n}, \ n$은 자연수 \right\}$$
에 대하여 집합 P를
$$P = (A \cup B) \cap (A^c \cup B^c)$$
이라 하자. $P \subset X \subset U$를 만족시키는 집합 X의 개수는?

① 4   ② 8   ③ 16
④ 32   ⑤ 64

해설 내신연계문제

0909 TOUGH

두 집합
$$A = \{1, 2, a+6\}, \quad B = \{a+3, a^2, -a+3, 6\}$$
에 대하여 $A \cap B = \{1, 4\}$일 때, $(A-B) \cup (B-A)$의 모든 원소의 합은?

① 11   ② 13   ③ 15
④ 16   ⑤ 17

0910 최다빈출 상 중요   TOUGH

두 집합
$$A = \{1, 5, a-7\}, \quad B = \{a^2-7a+5, a+3\}$$
에 대하여 $(A \cup B) \cap (A \cap B)^c = \{1, 5, b\}$일 때, $a+b$의 값은? (단, a, b는 상수이다.)

① 13   ② 14   ③ 15
④ 16   ⑤ 17

해설 내신연계문제

전체집합 U의 두 부분집합 A, B에 대하여

$A \triangle B = (A-B) \cup (B-A)$라 하면 다음이 성립한다.

① 교환법칙 : $A \triangle B = B \triangle A$

② 결합법칙 : $(A \triangle B) \triangle C = A \triangle (B \triangle C)$

③ $A \triangle \varnothing = \varnothing \triangle A = A$

④ $A \triangle A = \varnothing$

⑤ $A \triangle A^c = U$

⑥ $A \triangle U = A^c$

⑦ $A \triangle B = \varnothing$이면 $A = B$

⑧ $A \subset B$이면 $A \triangle B = A^c \cap B$

추가된 대칭차집합의 성질

① $\underbrace{A \triangle A \triangle A \triangle \cdots \triangle A}_{A가\ n개} = \begin{cases} \varnothing & (n\text{이 짝수}) \\ A & (n\text{이 홀수}) \end{cases}$

② $(A \triangle B) \triangle A = B$ ◀ 집합의 연산기호가 중복될 때, 중복되지 않는 것

새롭게 약속된 집합의 연산을 먼저 집합의 연산법칙과 연산의 성질을 이용하여 간단히 나타내어 이해한 후 구하고자 하는 것을 푸는 것이 도움이 된다.

0911
학교기출 **대표** 유형

전체집합 U의 두 부분집합 A, B에 대하여 연산 $\triangle$를

$$A \triangle B = (A-B) \cup (B-A)$$

로 정의할 때, 다음 중 옳지 않은 것은?

① $(A \triangle B) \triangle B = A$ ② $A \triangle A^c = U$

③ $A^c \triangle B^c = A \triangle B$ ④ $A \triangle (A-B) = A \cup B$

⑤ $(A \triangle A) \cap (B \triangle B^c) = \varnothing$

0912
BASIC

전체집합 U의 두 부분집합 A, B에 대하여 연산 $\triangle$를

$$A \triangle B = (A \cup B) \cap (A \cup B^c)$$

라 할 때, 다음 중 $(A \triangle B) \triangle (B \triangle A)$와 항상 같은 집합은?

① A ② B ③ $A \cup B$

④ $A \cap B$ ⑤ $A-B$

0913
NORMAL

전체집합 U의 부분집합 A, B에 대하여 연산 $\star$를

$$A \star B = (A \cup B) - (A \cap B)$$

로 정의할 때, [보기]에서 항상 옳은 것의 개수는?

ㄱ. $U \star A = A^c$

ㄴ. $A \star A^c = U$

ㄷ. $A \star B = B \star A$

ㄹ. $A \star B = \varnothing$일 때, $A = B$

ㅁ. $A \subset B$일 때, $A \star B = A \cap B^c$

① 1 ② 2 ③ 3

④ 4 ⑤ 5

0914
최다빈출 **상** 중요
NORMAL

전체집합 $U = \{x \mid x$는 30 이하의 자연수$\}$의 두 부분집합 A, B에 대하여 연산 $\triangle$를 $A \triangle B = (A \cup B) \cap (A \cap B)^c$라 하자.

$$A = \left\{ x \mid x = \frac{30}{n}, \ n \text{은 자연수} \right\},$$

$$B = \{x \mid x = 2n, \ n \text{은 자연수}\}$$

일 때, 집합 $A \triangle (A-B)$의 모든 원소의 개수는?

① 2 ② 4 ③ 6

④ 8 ⑤ 10

해설 내신연계문제

0915
NORMAL

두 집합 A, B에 대하여 연산 $\triangle$를

$$A \triangle B = (A \cup B) - (A \cap B)$$

로 약속할 때, 다음 중 벤 다이어그램의 색칠한 부분이 집합 $\{A \cap (B \cup C)\} \triangle (B \triangle C)$를 나타내는 것은?

① 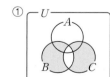 ②   ③

④ 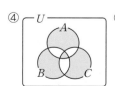 ⑤

유형 23 대칭차집합의 여집합

(1) **대칭차집합의 여집합의 여러 가지 표현**

$$A \odot B = (A \cap B) \cup (A \cup B)^c$$
$$= (A-B)^c \cap (B-A)^c$$

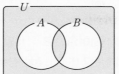

(2) **대칭차집합의 여집합 성질**

① 교환법칙 : $A \odot B = B \odot A$

② $A \odot A = U$

③ $A \odot U = A$

 추가된 대칭차집합의 성질

$A \triangle B = (A-B) \cup (B-A)$일 때

① $\underbrace{A \triangle A \triangle A \triangle \cdots \triangle A}_{A가\ n개} = \begin{cases} \varnothing & (n이\ 짝수) \\ A & (n이\ 홀수) \end{cases}$

② $(A \triangle B) \triangle A = B$ ◀ 집합의 연산기호가 중복될 때, 중복되지 않는 것

0916 학교기출 대표유형

전체집합 U의 두 부분집합 A, B에 대하여

$$A * B = (A \cap B) \cup (A \cup B)^c$$

라고 정의할 때, 항상 성립한다고 할 수 없는 것은? (단, $U \neq \varnothing$)

① $A * U = U$ ② $A * B = B * A$

③ $A * \varnothing = A^c$ ④ $A^c * B^c = A * B$

⑤ $A * A^c = \varnothing$

0917 NORMAL

전체집합 U의 두 부분집합 A, B에 대하여 연산 $\odot$를

$$A \odot B = (A \cup B)^c \cup (A \cap B)$$

로 정의할 때, 옳은 것만을 [보기]에서 있는 대로 고른 것은?

ㄱ. $A \odot B = B \odot A$

ㄴ. $A \odot A = U$

ㄷ. $\underbrace{A \odot A \odot A \odot \cdots \odot A}_{A가\ 2025개} = A$

① ㄱ   ② ㄱ, ㄴ   ③ ㄱ, ㄷ

④ ㄴ, ㄷ   ⑤ ㄱ, ㄴ, ㄷ

유형 24 방정식 또는 부등식의 해의 집합의 연산

(1) **방정식의 해의 집합이 주어진 경우**

➡ 방정식을 풀어 집합을 원소나열법으로 나타낸다.

➡ ∩는 공통되는 원소를, ∪는 속하는 모든 원소를 구한다.

(2) **부등식의 해의 집합이 주어진 경우**

➡ 부등식을 풀어 해를 수직선 위에 나타낸다.

➡ ∩는 공통범위를, ∪는 합친 범위를 구한다.

(3) **집합의 포함 관계를 이용하여 미지수를 구하는 경우**

➡ 집합을 원소나열법으로 나타내어 각 원소를 비교한다.

➡ $A \subset B$일 때, A의 원소는 모두 B의 원소임을 이용한다.

➡ 집합이 부등식으로 표현되어 있을 때는 수직선을 이용하여 나타내고 포함 관계가 성립할 조건을 찾는다.

① 이차방정식 $a(x-\alpha)(x-\beta)=0(a \neq 0)$의 해는

➡ $x=\alpha$ 또는 $x=\beta$

② 이차부등식 $a(x-\alpha)(x-\beta)<0(a>0,\ \alpha<\beta)$의 해는

➡ $\alpha<x<\beta$

③ 이차부등식 $a(x-\alpha)(x-\beta)>0(a>0,\ \alpha<\beta)$의 해는

➡ $x<\alpha$ 또는 $x>\beta$

0918 학교기출 대표유형

실수 전체의 집합의 두 부분집합

$$A = \{x \mid x+5 > 1-3x\}, \quad B = \{x \mid x^2 + ax + b \leq 0\}$$

에 대하여

$$A \cup B = \{x \mid x \geq -3\}, \quad A \cap B = \{x \mid -1 < x \leq 5\}$$

일 때, $a-b$의 값을 구하시오. (단, a, b는 상수이다.)

0919 최다빈출 왕중요 NORMAL

두 집합 $A = \{x \mid x^2 + x - 6 = 0\}$, $B = \{x \mid x^2 + ax - 15 = 0\}$에 대하여 $A - B = \{2\}$일 때, 집합 $A \cup B$의 원소의 합은? (단, a는 상수이다.)

① 2   ② 3   ③ 4

④ 5   ⑤ 6

해설 내신연계문제

0920 NORMAL

실수 전체의 집합의 두 부분집합

$$A = \{1, 2, 3\}, \quad B = \{x \mid x^2 + ax - a - 1 = 0\}$$

에 대하여 $A \cup B = A$가 되도록 하는 모든 실수 a의 값의 합은?

① -6 ② -7 ③ -8

④ -9 ⑤ -10

02 집합의 연산

0921

NORMAL

두 집합

$$A=\{x \mid |x-1| < a\},\ B=\{x \mid x^2+x-20 < 0\}$$

에 대하여 $A \cup B = B$일 때, 양수 a의 최댓값은?

① 1   ② 2   ③ 3

④ 4   ⑤ 5

0922

NORMAL

실수 전체의 집합의 두 부분집합

$$A=\{x \mid |x-a| < 1\},\ B=\{x \mid |x-b| > 5\}$$

에 대하여 $A \cup B = B$일 때, $|a-b|$의 최솟값은?

(단, a, b는 실수이다.)

① 2   ② 3   ③ 4

④ 5   ⑤ 6

0923

NORMAL

두 집합

$$A=\{x-5 \mid -3 \le x \le 1\},\ B=\{x-a \mid -2 \le x \le 6\}$$

에 대하여 $A \cap B = A$가 성립할 때, 정수 a의 개수는?

① 1   ② 2   ③ 3

④ 4   ⑤ 5

0924

최다빈출 왕 중요   NORMAL

두 집합

$$A=\{x \mid x^2-5x+4 \le 0\},\ B=\{x \mid x^2-4ax+4a^2-9 \le 0\}$$

에 대하여 $A \cap B^c = \varnothing$가 성립하도록 하는 모든 정수 a의 값의 합은?

① -3 ② -1 ③ 1

④ 3   ⑤ 5

해설 내신연계문제

0925

최다빈출 왕 중요   TOUGH

두 집합

$$A=\{x \mid x^2-2ax-a^2-1=0\},\ B=\{x \mid x^3-x^2-25x+b=0\}$$

에 대하여 $A \cap B = \{1\}$일 때, 집합 $(A-B) \cup (B-A)$의 모든 원소의 합은? (단, a, b는 상수이다.)

① -5 ② -1 ③ 0

④ 1   ⑤ 5

해설 내신연계문제

모의고사 **핵심유형** 기출문제

0926

2013년 09월 고1 학력평가 26번   NORMAL

실수 전체의 집합 R의 두 부분집합

$$A=\{x \mid x^2-x-6 > 0\},\ B=\{x \mid x^2+ax+b \le 0\}$$

가 다음 조건을 모두 만족시킬 때, 두 상수 a, b에 대하여 $a-b$의 값을 구하시오.

(가) $A \cup B = R$

(나) $A \cap B = \{x \mid -5 \le x < -2\}$

해설 내신연계문제

0927

2016년 03월 고3 학력평가 나형 25번   NORMAL

실수 전체의 집합 R의 두 부분집합

$$A=\{x \mid x^2-x-12 \le 0\},\ B=\{x \mid x < a \text{ 또는 } x > b\}$$

가 다음 조건을 만족시킨다.

(가) $A \cup B = R$

(나) $A - B = \{x \mid -3 \le x \le 1\}$

두 상수 a, b에 대하여 $b-a$의 값을 구하시오.

해설 내신연계문제

유형 **25** 유한집합의 원소의 개수

전체집합 U의 세 부분집합 A, B, C에 대하여

(1) $n(A \cup B) = n(A) + n(B) - n(A \cap B)$

(2) $n(A \cap B) = n(A) + n(B) - n(A \cup B)$

(3) $n(A^C) = n(U) - n(A)$

(4) $n(A^C \cup B^C) = n((A \cap B)^C) = n(U) - n(A \cap B)$ ◀ $(A^C \cup B^C) = (A \cap B)^C$

① $A \cap B = \varnothing$이면 $n(A \cup B) = n(A) + n(B)$

② $n(A \cup B \cup C) = n(A) + n(B) + n(C) - n(A \cap B) - n(B \cap C)$
$- n(C \cap A) + n(A \cap B \cap C)$

③ 벤 다이어그램을 이용하여 각 영역에 해당하는 원소의 개수를 써놓고 문제에 접근하면 쉽게 풀 수 있다.

0928 학교기출 대표유형

전체집합 U의 두 부분집합 A, B에 대하여

$$n(U) = 28, \ n(A) = 13, \ n(B) = 12, \ n(A^C \cup B^C) = 17$$

일 때, $n(A \cup B)$의 값을 구하시오.

0929 최다빈출왕중요

BASIC

전체집합 U의 두 부분집합 A, B에 대하여

$$A \cap B^C = A, \ n(A) = 12, \ n(B) = 18$$

일 때, $n(A \cup B)$의 값은?

① 6   ② 12   ③ 15

④ 18   ⑤ 30

해설 내신연계문제

0930 최다빈출왕중요

NORMAL

전체집합 U의 두 부분집합 A, B에 대하여 $n(U) = 30$, $n(A) = 10$, $n(B) = 12$, $n(A - B) = 6$일 때, 오른쪽 벤 다이어그램의 색칠된 부분이 나타내는 집합의 원소의 개수는?

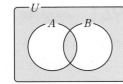

① 14   ② 16   ③ 18

④ 20   ⑤ 22

해설 내신연계문제

0931

NORMAL

전체집합 U의 두 부분집합 A, B에 대하여 $n(U) = 30$, $n(A \cap B) = 10$, $n(A^C \cap B^C) = 3$일 때, 오른쪽 벤 다이어그램의 색칠된 부분이 나타내는 집합의 원소의 개수는?

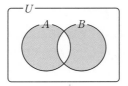

① 10   ② 17   ③ 24

④ 28   ⑤ 32

0932

NORMAL

전체집합 $U = \{x \mid x$는 100 이하의 자연수$\}$의 부분집합 A_k를

$$A_k = \{x \mid x$는 자연수 k의 배수$\}$$

라 할 때, 집합 $(A_2 \cup A_3) \cap (A_4 \cup A_6)$의 원소의 개수는?

① 27   ② 30   ③ 33

④ 36   ⑤ 39

0933 최다빈출왕중요

NORMAL

자연수 k에 대하여 집합 $\{x \mid x$는 200 이하의 자연수$\}$의 부분집합 A_k가

$$A_k = \{x \mid x$는 k의 배수$\}$$

일 때, 옳은 것만을 [보기]에서 있는 대로 고른 것은?

> ㄱ. $A_4 \subset A_2$
> ㄴ. $n(A_3 \cup A_4) = 100$
> ㄷ. $A_2 \cap (A_4 \cup A_6) = A_4 \cup A_{12}$

① ㄱ   ② ㄱ, ㄴ   ③ ㄱ, ㄷ

④ ㄴ, ㄷ   ⑤ ㄱ, ㄴ, ㄷ

해설 내신연계문제

모의고사 **핵심유형** 기출문제

0934 2024년 10월 고1 학력평가 12번

NORMAL

세 집합 A, B, C가 다음 조건을 만족시킨다.

> (가) $n(A \cup B) = n(A) + n(B)$
> (나) $n((A \cup C) \cap (B \cup C)) = 2 \times n(B - C)$

$n(B \cup C) = 12$일 때, $n(C)$의 값은?

① 6   ② 7   ③ 8

④ 9   ⑤ 10

해설 내신연계문제

전체집합 U의 두 부분집합 A, B에 대하여

(1) $n(A^c)=n(U)-n(A)$

(2) $n(A^c \cap B^c)=n((A \cup B)^c)=n(U)-n(A \cup B)$ ◀ $(A^c \cup B^c)=(A \cap B)^c$

(3) $n(A-B)=n(A \cap B^c)=n(A)-n(A \cap B)=n(A \cup B)-n(B)$

 벤 다이어그램을 이용하여 각 영역에 해당하는 원소의 개수를 써놓고 문제에 접근하면 쉽게 풀 수 있다.

0935 학교기출 대표 유형

전체집합 U의 두 부분집합 A, B에 대하여

$$n(U)=30, \ n(A)=17, \ n(B)=22, \ n(A^c \cap B^c)=6$$

일 때, $n(A-B)$의 값을 구하시오.

0936 최다빈출 왕 중요   BASIC

전체집합 U의 두 부분집합 A, B에 대하여

$$n(U)=20, \ n(A)=5, \ n(B)=8, \ n(A \cup B)=11$$

일 때, $n(A^c \cup B^c)$의 값은?

① 10   ② 12   ③ 14
④ 16   ⑤ 18

해설 내신연계문제

0937   NORMAL

전체집합 U의 두 부분집합 A, B에 대하여

$$n(U)=82, \ n(A)=50, \ n(B)=33, \ n(A-B)=29$$

일 때, $n(A^c \cap B^c)$의 값은?

① 16   ② 18   ③ 20
④ 22   ⑤ 24

0938 최다빈출 왕 중요   NORMAL

전체집합 U의 두 부분집합 A, B에 대하여

$$n(U)=50, \ n(A \cap B)=12, \ n(A^c \cap B^c)=5$$

일 때, $n((A-B) \cup (B-A))$의 값은?

① 30   ② 31   ③ 32
④ 33   ⑤ 34

해설 내신연계문제

0939   TOUGH

두 집합 A, B에 대하여

$$n(A)=28, \ n(B)=37, \ n((A-B) \cup (B-A))=35$$

일 때, $n(A \cup B)$의 값은?

① 30   ② 40   ③ 50
④ 60   ⑤ 70

0940 최다빈출 왕 중요   TOUGH

두 집합 $A=\{1, 2, 4, 6\}$, $B=\{1, 6\}$에 대하여

$$n(A \cup X)=4, \ n(B-X)=1$$

을 만족시키는 모든 집합 X의 개수를 구하시오.

해설 내신연계문제

모의고사   핵심유형   기출문제

0941   2023년 03월 고2 학력평가 11번   NORMAL

전체집합 $U=\{x \mid x$는 50 이하의 자연수$\}$의 두 부분집합

$$A=\{x \mid x$는 30의 약수$\}, \ B=\{x \mid x$는 3의 배수$\}$$

에 대하여 $n(A^c \cup B)$의 값은?

① 40   ② 42   ③ 44
④ 46   ⑤ 48

해설 내신연계문제

유형 27 유한집합의 원소의 개수의 활용

다음과 같은 순서로 집합의 원소의 개수를 구한다.

FIRST 실생활 문제에서 주어진 문제상황을 집합으로 나타낸다.

NEXT 주어진 모임을 전체집합 U와 두 부분집합 A, B의 원소의 개수로 나타낸다.

LAST 주어진 모임에 해당하는 집합의 원소의 개수를 집합의 연산법칙 또는 벤 다이어그램을 이용하여 구한다.

 실생활 용어를 집합으로 표현하는 방법
① '또는', '이거나', '적어도 ~' ➡ $A \cup B$
② '이고', '와', '그리고', '모두', '둘 다 ~하는' ➡ $A \cap B$
③ '~만 ~하는', '~뿐 ~하는' ➡ $A-B$ 또는 $B-A$
④ '둘 다 ~하지 않는' ➡ $A^c \cap B^c = (A \cup B)^c$
⑤ '둘 중 하나만 ~하는' ➡ $(A-B) \cup (B-A)$

0942 학교기출 대표 유형

36명의 학생에게 수학과 영어 두 가지 숙제를 내주었다. 수학 숙제를 한 학생이 28명, 영어 숙제를 한 학생이 32명이고 둘 중 어느 것도 하지 않은 학생이 3명일 때, 두 가지 숙제를 모두 한 학생 수를 구하시오.

0943 NORMAL

어느 고등학교 동아리 학생 15명을 대상으로 축구동아리와 농구동아리에 가입여부를 조사하였더니 축구동아리에 가입한 학생이 9명, 농구동아리에 가입한 학생이 8명, 축구동아리와 농구동아리 둘 다 가입하지 않은 학생이 3명이었다. 축구동아리와 농구동아리에 둘 다 가입한 학생 수는?

① 4 　　　② 5 　　　③ 6
④ 7 　　　⑤ 8

0944 최다빈출 왕중요 NORMAL

어느 AI 기업에서 음성 인식 기술을 개발하는 팀원은 10명이고 자율 주행 기술을 개발하는 팀원은 14명이다.
음석 인식 또는 자율 주행 기술을 개발하는 팀원 수는 음석 인식과 자율 주행 기술을 모두 개발하는 팀원 수의 5배일 때, 음성 인식과 자율 주행 기술을 모두 개발하는 팀원 수는?

① 4 　　　② 6 　　　③ 7
④ 8 　　　⑤ 9

해설 내신연계문제

유형 28 여집합과 차집합의 원소의 개수의 활용

주어진 모임을 전체집합 U와 두 부분집합 A, B의 원소의 개수로 나타내고
여집합과 차집합의 연산법칙 또는 벤 다이어그램을 이용하여 구한다.
(1) $n(A^c) = n(U) - n(A)$
(2) $n(A^c \cap B^c) = n((A \cup B)^c) = n(U) - n(A \cup B)$
(3) $n(A-B) = n(A \cap B^c) = n(A) - n(A \cap B) = n(A \cup B) - n(B)$

 실생활 용어를 집합으로 표현하는 방법
① '~만 ~하는', '~뿐 ~하는' ➡ $A-B$ 또는 $B-A$
② '둘 다 ~하지 않는' ➡ $A^c \cap B^c = (A \cup B)^c$
③ '둘 중 하나만 ~하는' ➡ $(A-B) \cup (B-A)$

0945 학교기출 대표 유형

어떤 반 학생 40명을 대상으로 배구동아리와 농구동아리 중 어떤 동아리를 선택할 지 조사하였더니 배구동아리를 선택한 학생이 17명, 농구동아리를 선택한 학생이 15명, 두 동아리를 모두 선택한 학생이 5명이었다. 두 동아리를 모두 선택하지 않은 학생 수를 구하시오.

0946 최다빈출 왕중요 NORMAL

어느 반 학생 35명을 대상으로 영어, 수학 과목에 대한 방과 후 수업 신청자를 조사하였더니 영어를 신청한 학생은 19명, 수학을 신청한 학생은 17명, 영어와 수학 중에서 어느 것도 신청하지 않은 학생은 7명이었다. 수학만 신청한 학생 수는?

① 7 　　　② 9 　　　③ 11
④ 19 　　　⑤ 28

해설 내신연계문제

0947 최다빈출 왕중요 NORMAL

어느 반 학생을 대상으로 두 영화 A, B를 관람한 학생수를 조사하였더니 영화 A와 B를 관람한 학생은 각각 16명, 18명이고, 두 영화 중 어느 것도 관람하지 않은 학생이 12명이었다. 두 영화 A, B 중 한 영화만 관람한 학생이 8명이었을 때, 이 반 전체 학생 수를 구하시오.

해설 내신연계문제

0948 2018년 03월 고3 학력평가 나형 27번 NORMAL

어느 학급에서 진로 체험 활동으로 직업 체험과 대학 탐방을 실시하기로 하였다. 이 학급 학생 31명을 대상으로 신청을 받은 결과 직업 체험과 대학 탐방을 모두 신청한 학생은 5명, 직업 체험과 대학 탐방 중 어느 것도 신청하지 않은 학생은 3명이다. 또, 직업 체험을 신청한 학생 수는 대학 탐방을 신청한 학생 수의 2배이다. 직업 체험을 신청한 학생 수를 구하시오.

해설 내신연계문제

0949 2016년 06월 고2 학력평가 나형 25번 NORMAL

어느 학교 56명의 학생들을 대상으로 두 동아리 A, B의 가입 여부를 조사한 결과 다음과 같은 사실을 알게 되었다.

> (가) 학생들은 두 동아리 A, B 중 적어도 한 곳에 가입하였다.
> (나) 두 동아리 A, B에 가입한 학생의 수는 각각 35명, 27명 이었다.

동아리 A에만 가입한 학생의 수를 구하시오.

해설 내신연계문제

0950 2019년 03월 고2 학력평가 가형 18번 TOUGH

은행 A 또는 은행 B를 이용하는 고객 중 남자 35명과 여자 30명을 대상으로 두 은행 A, B의 이용 실태를 조사한 결과가 다음과 같다.

> (가) 은행 A를 이용하는 고객의 수와 은행 B를 이용하는 고객의 수의 합은 82이다.
> (나) 두 은행 A, B 중 한 은행만 이용하는 남자 고객의 수와 두 은행 A, B 중 한 은행만 이용하는 여자 고객의 수는 같다.

이 고객 중 은행 A와 은행 B를 모두 이용하는 여자 고객의 수는?

① 5   ② 6   ③ 7
④ 8   ⑤ 9

해설 내신연계문제

유형 29 집합의 원소의 개수의 최댓값과 최솟값 (1)

전체집합 U의 두 부분집합 A, B에 대하여

$$n(A \cup B) = n(A) + n(B) - n(A \cap B)$$

를 이용하여 집합의 원소의 개수의 최댓값과 최솟값을 구한다.

> ① $n(A \cap B)$의 최댓값
> $n(A \cap B) \leq \{n(A)$와 $n(B)$ 중 원소의 개수가 작은 쪽$\}$
> ② $n(A \cap B)$의 최솟값
> $n(A \cup B) = n(A) + n(B) - n(A \cap B) \leq n(U)$에서
> $n(A) + n(B) - n(U) \leq n(A \cap B)$

0951 학교기출 대표 유형

전체집합 U의 두 부분집합 A, B에 대하여

$$n(U) = 36, \ n(A) = 22, \ n(B) = 18$$

일 때, $n(A \cap B)$의 최댓값을 M, 최솟값을 m이라 할 때, $M + m$의 값을 구하시오.

0952 NORMAL

전체집합 U의 두 부분집합 A, B에 대하여

$$n(U) = 45, \ n(A) = 20, \ n(B) = 28$$

이다. $n(B-A)$의 최댓값과 최솟값을 각각 M, m이라 할 때, $M - m$의 값은?

① 17   ② 19   ③ 21
④ 23   ⑤ 25

0953 최다빈출 양 중요 NORMAL

두 집합 A, B에 대하여

$$n(A) = 8, \ n(B) = 12, \ n(A \cap B) \geq 3$$

이다. $n(A \cup B)$의 최댓값과 최솟값을 각각 M, m이라 할 때, $M + m$의 값을 구하시오.

해설 내신연계문제

0954 2019학년도 06월 고3 모의평가 나형 27번 TOUGH

다음 조건을 만족시키는 전체집합 U의 두 부분집합 A, B에 대하여 $n(B-A)$의 최댓값을 구하시오.

> (가) $n(U) = 25$
> (나) $A \cap (A^c \cup B) \neq \varnothing$
> (다) $n(A-B) = 11$

해설 내신연계문제

유형 30 집합의 원소의 개수의 최댓값과 최솟값 (2)

전체집합 U의 두 부분집합 A, B에 대하여

(1) $n(A \cap B)$가 **최대**인 경우
- ➡ $n(A \cup B)$가 최소
- ➡ $A \subset B$ 또는 $B \subset A$

(2) $n(A \cap B)$가 **최소**인 경우
- ➡ $n(A \cup B)$가 최대
- ➡ $A \cup B = U$

 집합의 원소의 개수가 최대 또는 최소가 되는 경우
➡ 집합의 관계가 특수할 때가 대부분이다.
즉 $n(A \cup B) = n(A \cap B)$이거나 $n(A \cap B) = n(A)$

0955

어느 학급 학생 30명을 대상으로 두 소설가 A와 B의 작품을 읽은 적이 있는지 조사하였더니 소설가 A의 작품을 읽은 학생이 17명, 소설가 B의 작품을 읽은 학생이 15명이었다. 두 소설가의 작품을 모두 읽은 학생 수의 최댓값을 M, 최솟값을 m이라고 할 때, $M+m$의 값을 구하시오.

0956 최대빈출 ④중요

어느 학급의 학생 36명 중에서 집에서 강아지를 키우는 학생이 12명, 고양이를 키우는 학생이 6명이라고 한다. 강아지도 고양이도 키우지 않는 학생 수의 최댓값을 M, 최솟값을 m이라고 할 때, $M+m$의 값을 구하면?

① 24 　　　　② 30 　　　　③ 36
④ 42 　　　　⑤ 48

해설 내신연계문제

0957

어느 산악 동호회 회원 50명 중에서 지리산을 종주한 회원은 35명, 한라산을 종주한 회원은 25명일 때, 지리산만 종주한 회원 수의 최솟값은?

① 10 　　　　② 12 　　　　③ 14
④ 16 　　　　⑤ 18

0958

어느 반 학생 33명을 대상으로 A, B 두 문제를 풀게 하였다. 문제 A를 풀지 못하고 문제 B만 푼 학생이 15명일 때, 문제 A, B를 모두 푼 학생 수의 최댓값을 구하시오.

모의고사 **핵심유형** 기출문제

0959 2017년 04월 고3 학력평가 나형 15번

어느 고등학교 학생 50명을 대상으로 헌혈과 환경보호활동에 대한 참가 희망 조사를 한 결과에 대하여 두 사람이 다음과 같이 말하였다.

두 사람의 말이 모두 참일 때, 헌혈과 환경보호활동을 모두 희망한 학생 수의 최댓값을 M, 최솟값을 m이라 하자. $M+m$의 값은?

① 42 　　　　② 44 　　　　③ 46
④ 48 　　　　⑤ 50

해설 내신연계문제

0960 2018년 06월 고2 학력평가 나형 27번

어느 학급 전체 학생 30명 중 지역 A를 방문한 학생이 17명, 지역 B를 방문한 학생이 15명이라 하자. 이 학급 학생 중에서 지역 A와 지역 B 중 어느 한 지역만 방문한 학생 수의 최댓값을 M, 최솟값을 m이라 할 때, Mm의 값을 구하시오.

해설 내신연계문제

유형 31 세 집합의 원소의 개수의 활용

$$n(A\cup B\cup C)=n(A)+n(B)+n(C)-n(A\cap B)-n(B\cap C)$$
$$-n(C\cap A)+n(A\cap B\cap C)$$

0961 학교기출 대표 유형

전체집합 U의 세 부분집합 A, B, C에 대하여

$$n(A)=10,\ n(B)=21,\ n(C)=7,$$
$$n(A\cup B)=27,\ n(A\cup C)=15,\ B\cap C=\varnothing$$

일 때, $n(A\cup B\cup C)$의 값을 구하시오.

0962 BASIC

전체집합 U의 세 부분집합 A, B, C에 대하여

$$n(A)=7,\ n(B)=9,\ n(C)=14,$$
$$n(A\cup B)=15,\ n(A\cup C)=17,\ n(B\cup C)=23$$

일 때, $n(A\cup B\cup C)$의 값은?

① 23   ② 25   ③ 26
④ 28   ⑤ 30

0963 최다빈출 왕 중요 NORMAL

송이네 반 학생을 대상으로 교내 체육 대회에서 축구, 배구, 농구 경기에 참여한 학생 수를 조사하였더니 각각 15명, 14명, 15명이었다. 축구 또는 농구 경기에 참여한 학생 수는 26명, 배구 또는 농구 경기에 참여한 학생 수는 24명이었고 축구와 배구 경기는 동시에 참여할 수 없다고 할 때, 송이네 반 학생 수는?
(단, 어느 경기에도 참여하지 않은 학생은 없다.)

① 31   ② 32   ③ 33
④ 34   ⑤ 35

해설 내신연계문제

0964 최다빈출 왕 출요 TOUGH

어느 학교에서는 지진 문제와 관련하여 영상 부문, 표어 부문, 포스터 부문의 홍보대회를 개최하였다. 지진 문제 홍보대회에 참가한 60명의 학생 중에서 영상 부문에 참가한 학생이 23명, 표어 부문에 참가한 학생이 29명, 포스터 부문에 참가한 학생이 28명, 모든 부문에 참가한 학생이 4명일 때, 두 가지 부문에만 참가한 학생 수는?

① 10명   ② 11명   ③ 12명
④ 13명   ⑤ 14명

해설 내신연계문제

0965 최다빈출 왕 중요 TOUGH

어느 고등학교의 2학년 학생 30명을 대상으로 대수, 미적분I, 확률과 통계의 일반선택과목을 수강한 학생 수를 조사한 결과가 다음과 같았다.

(가) 대수를 수강한 학생은 14명, 미적분I을 수강한 학생은 9명, 확률과 통계를 수강한 학생은 12명이다.

(나) 대수와 미적분I을 모두 수강한 학생은 3명이다.

(다) 대수와 확률과 통계 중 적어도 한 과목을 수강한 학생은 22명이다.

(라) 미적분I과 확률과 통계를 모두 수강한 학생은 없다.

대수, 미적분I, 확률과 통계 중 한 과목도 수강하지 않은 학생 수를 구하시오.

해설 내신연계문제

모의고사 핵심유형 기출문제

0966 2017년 06월 고2 학력평가 가형 12번 TOUGH

수강생이 35명인 어느 학원에서 모든 수강생을 대상으로 세 종류의 자격증 A, B, C의 취득 여부를 조사하였다. 자격증 A, B, C를 취득한 수강생이 각각 21명, 18명, 15명이고, 어느 자격증도 취득하지 못한 수강생이 3명이다. 이 학원의 수강생 중에서 세 자격증 A, B, C를 모두 취득한 수강생이 없을 때, 자격증 A, B, C 중에서 두 종류의 자격증만 취득한 수강생의 수는?

① 21   ② 22   ③ 23
④ 24   ⑤ 25

해설 내신연계문제

서술형 기출유형
학교내신기출 서술형 핵심문제총정리

0967
두 집합
$$A=\{1, 3, a, 2a-1\}, \quad B=\{3, a+2, a-2\}$$
에 대하여 $A-B=\{1, 4, 7\}$일 때, 집합 B의 모든 원소의 합을 구하는 과정을 다음 단계로 서술하시오.

[1단계] 집합 A의 원소 중 집합 B에 포함되는 원소를 구한다. [3점]
[2단계] a의 값을 구한다. [4점]
[3단계] 집합 B의 모든 원소의 합을 구한다. [3점]

0968 최다빈출 왕 중요
두 집합
$$A=\{4, a-4, a^2-4a+3\}, \quad B=\{-5, a+1, a^2-7a+12\}$$
에 대하여 $A\cap B=\{0, 4\}$일 때, 집합 $(A\cup B)\cap(A^c\cup B^c)$의 모든 원소의 합을 구하는 과정을 다음 단계로 서술하시오.

[1단계] $A\cap B=\{0, 4\}$를 만족하는 상수 a의 값을 구한다. [5점]
[2단계] 집합 $A\cup B$를 구한다. [2점]
[3단계] 집합 $(A\cup B)\cap(A^c\cup B^c)$의 모든 원소의 합을 구한다. [3점]

(해설 내신연계문제)

0969
세 집합 $A=\{1, 2, 3, 4\}$, $B=\{3, 4\}$, C에 대하여
$$B\cap C\neq\varnothing, \quad C\subset A$$
을 만족시키는 집합 C의 개수를 구하는 과정을 다음 단계로 서술하시오.

[1단계] 집합 A의 부분집합의 개수를 구한다. [3점]
[2단계] 집합 A의 부분집합 중 3, 4를 모두 원소로 갖지 않는 부분집합의 개수를 구한다. [3점]
[3단계] $B\cap C\neq\varnothing$을 만족시키는 A의 부분집합 C의 개수를 구한다. [4점]

0970
전체집합 $U=\{1, 2, 3, 4, 5, 6, 7, 8, 9\}$의 두 부분집합 $A=\{1, 2, 3\}$, $B=\{3, 4, 5, 8\}$에 대하여
$$A\cup X=X, \quad (B-A)\cap X=\varnothing$$
을 만족시키는 U의 부분집합 X의 개수를 구하는 과정을 다음 단계로 서술하시오.

[1단계] 집합 X에 반드시 포함되는 원소를 구한다. [3점]
[2단계] 집합 X에 포함되지 않는 원소를 구한다. [4점]
[3단계] 집합 X의 개수를 구한다. [3점]

0971 최다빈출 왕 중요
자연수를 원소로 하는 두 집합
$$M=\{a_1, a_2, a_3, a_4, a_5, a_6\},$$
$$N=\{a_i+k|a_i\in M, \ k는 상수\}$$
에 대하여 M의 모든 원소의 합은 32, $M\cup N$의 모든 원소의 합은 62이고, $M\cap N=\{4, 7, 9\}$일 때, 집합 M을 구하는 과정을 다음 단계로 서술하시오. (단, $n(M)=n(N)=6$)

[1단계] 집합 M의 모든 원소의 합과 집합 $M\cup N$의 모든 원소의 합을 이용하여 k의 값을 구한다. [4점]
[2단계] $M\cap N=\{4, 7, 9\}$임을 이용하여 집합 M의 원소를 구한다. [5점]
[3단계] 집합 M을 원소나열법으로 나타낸다. [1점]

(해설 내신연계문제)

0972
다음 물음에 답하고 그 과정을 서술하시오.

[1단계] 전체집합 $U=\{x|x는 100 이하의 자연수\}$의 부분집합 A_n을 $A_n=\{x|x는 자연수 n의 배수\}$로 정의할 때, 집합 $A_4\cup(A_6\cap A_8)$의 원소의 개수를 구한다. [5점]
[2단계] 자연수 n에 대하여 집합 B_n을 $B_n=\{x|x는 n의 양의 약수\}$로 정의할 때, 집합 $B_{36}\cap(B_8\cup B_{12})$의 모든 원소의 합을 구한다. [5점]

0973

실수 전체의 집합 U의 두 부분집합

$$A = \{x \mid x^2 + 8x + 12 \leq 0\},$$
$$B = \{x \mid x^2 - 2ax + a^2 - 25 \leq 0\}$$

에 대하여 $\{(A \cap B) \cup (A - B)\} \cap B = A$가 성립한다.
실수 a의 최댓값을 M, 최솟값을 m이라 할 때, $M - m$의 값을
구하는 과정을 다음 단계로 서술하시오.

1단계 두 집합 A, B의 이차부등식의 해를 구한다. [4점]
2단계 집합의 연산법칙을 이용하여 A, B의 포함 관계를 구한다.
[3점]
3단계 $M - m$의 값을 구한다. [3점]

해설 내신연계문제

0974

어느 반에서 2학기 방과 후 학교 수업을 희망하는 학생 수를 조사하
였더니 수학 과목, 영어 과목을 신청한 학생이 각각 18명, 20명이고,
두 과목 중 어느 한 과목도 신청하지 않은 학생이 13명, 두 과목 중
한 과목만 신청한 학생이 6명이었다. 이 반 전체 학생 수를 x라 할 때,
x의 값을 구하는 과정을 다음 단계로 서술하시오.

1단계 수학 과목 또는 영어 과목을 신청한 학생 수를 x에 대하여
나타낸다. [3점]
2단계 수학 과목과 영어 과목을 모두 신청한 학생 수를 x에 대하여
나타낸다. [3점]
3단계 두 과목 중 한 과목만 신청한 학생이 6명임을 이용하여
x의 값을 구한다. [4점]

0975

오지 탐험대 회원 30명 중에서 남극과 에베레스트산에 모두 다녀온
회원은 5명, 남극과 에베레스트산 중에서 어느 곳도 다녀오지 않은
회원은 회원은 6명이다. 남극에 다녀온 회원이 에베레스트산에 다녀
온 회원보다 3명이 더 많을 때, 남극만 다녀온 회원 수를 구하는 과정
을 다음 단계로 서술하시오.

1단계 남극 또는 에베레스트산에 다녀온 회원 수를 구한다. [4점]
2단계 남극에 다녀온 회원 수를 구한다. [4점]
3단계 남극만 다녀온 회원 수를 구한다. [2점]

해설 내신연계문제

0976

전체 학생이 30명인 어느 반에서 소설 A를 읽은 학생은 28명,
소설 B를 읽은 학생은 22명이었다. 다음 물음에 답하고 그 과정을
서술하시오.

1단계 두 소설 A, B를 모두 읽은 학생 수의 최댓값을 M,
최솟값을 m이라 할 때, $M - m$의 값을 구한다. [6점]
2단계 소설 A만 읽은 학생 수의 최댓값과 최솟값의 합을 구한다.
[4점]

0977

수지네 반 학생 35명을 대상으로 두 회사 A, S의 스마트폰 사용 경험
을 조사하였더니, A사 스마트폰을 사용해 본 경험이 있는 학생이
12명, S사 스마트폰을 사용해 본 경험이 있는 학생이 18명이었다.
두 회사의 스마트폰을 모두 사용해 본 경험이 없는 학생 수를 k라
할 때, k의 최댓값과 최솟값의 합을 구하는 과정을 다음 단계로
서술하시오.

1단계 전체 학생의 집합을 U,
A사 스마트폰을 사용해 본 경험이 있는 학생의 집합을 A,
S사 스마트폰을 사용해 본 경험이 있는 학생의 집합을 B라
하고 $n(U)$, $n(A)$, $n(B)$의 값을 구한다. [2점]
2단계 $n(A^c \cap B^c)$의 최댓값을 구한다. [3점]
3단계 $n(A^c \cap B^c)$의 최솟값을 구한다. [3점]
4단계 최댓값과 최솟값의 합을 구한다. [2점]

0978

어느 고등학교의 2학년 학생 200명을 대상으로 대수, 미적분I, 확률
과 통계의 일반선택과목을 선택한 학생 수를 조사한 결과가 다음과
같았다.

(가) 대수를 선택한 학생은 110명, 미적분I을 선택한 학생은
100명이다.
(나) 대수와 미적분I을 모두 선택한 학생은 60명이다.
(다) 세 일반선택과목 중 어느 것도 선택하지 않은 학생은 15명이다.

확률과 통계만 신청한 학생 수를 구하는 과정을 다음 단계로 서술
하시오.

1단계 전체 학생의 집합을 U, 대수, 미적분I, 확률과 통계를 선택
한 학생의 집합을 각각 A, B, C라 하고 주어진 조건을 집합
의 원소의 개수로 나타낸다. [2점]
2단계 $n(A \cup B \cup C)$, $n(A \cup B)$의 값을 구한다. [4점]
3단계 확률과 통계만 신청한 학생 수를 구한다. [4점]

행복한 일등급문제
학교내신기출 고난도 핵심문제총정리

0979

두 집합

$$A=\{1, 1+2i\}, \quad B=\{x\,|\,x^3+ax^2+bx+c=0\}$$

에 대하여 $A-B=\varnothing$일 때, abc의 값을 구하시오.
(단, a, b, c는 실수이고 $i=\sqrt{-1}$)

0980

전체집합 $U=\{1, 2, 3, 4, 5, 6, 7, 8\}$의 두 부분집합
$A=\{1, 2\}$, $B=\{3, 5, 8\}$에 대하여

$$X\cup A=X-B$$

를 만족시키는 집합 U의 부분집합 X의 개수를 구하시오.

0981

실수 전체의 집합 U의 두 부분집합

$$A=\{x\,|\,x^2-3x+2<0\}, \quad B=\{x\,|\,ax^2+6x+b\leq 0\}$$

에 대하여 $(A\cup B)\cap(A^C\cup B^C)=U$가 성립할 때, ab의 값을 구하시오. (단, a, b는 실수이다.)

0982

자연수를 원소로 갖는 두 집합

$$A=\{a, b, c, d\}, \quad B=\{a^2, b^2, c^2, d^2\}$$

이 다음 조건을 만족시킨다.

(가) $A\cap B=\{a, d\}$
(나) $a+d=10$
(다) $A\cup B$의 원소의 합은 114이다.

집합 A의 모든 원소의 합을 구하시오.

0983 최다빈출 암 중요

전체집합 $U=\{x\,|\,x$는 자연수$\}$의 부분집합 A는 원소의 개수가 4이고 모든 원소의 합이 21이다. 상수 k에 대하여 $B=\{x+k\,|\,x\in A\}$라 하면 두 집합 A, B는 다음 조건을 만족시킨다.

(가) $A\cap B=\{4, 6\}$
(나) $A\cup B$의 모든 원소의 합이 40이다.

집합 A의 모든 원소의 곱을 구하시오.

해설 내신연계문제

0984

전체집합 $U=\{x\,|\,x$는 10 이하의 자연수$\}$의 두 부분집합 A, B가 다음 조건을 만족시킬 때, 집합 $B-A$의 모든 원소의 곱을 구하시오.

(가) 세 집합 A, B, $A\cap B$의 모든 원소의 합은 각각 25, 31, 12 이다.
(나) $n(A^C\cap B^C)=4$

0985
최다빈출 상 중요

실수 전체의 집합의 두 부분집합
$$A=\{x\,|\,x^2+2ax+a^2-a-3<0\},$$
$$B=\{x\,|\,x^2-2ax+2a^2+a-2<0\}$$
에 대하여 옳은 것만을 [보기]에서 있는 대로 고른 것은?
(단, a는 실수이다.)

> ㄱ. $A=\varnothing$, $B\neq\varnothing$인 a가 존재한다.
> ㄴ. $A\neq\varnothing$, $B=\varnothing$인 a가 존재한다.
> ㄷ. $A\neq\varnothing$, $B\neq\varnothing$인 a가 존재한다.

① ㄱ   ② ㄴ   ③ ㄷ
④ ㄴ, ㄷ   ⑤ ㄱ, ㄴ, ㄷ

해설 내신연계문제

0986
2004학년도 수능기출 인문 28번

세 집합 A, B, C에 대하여
$$n(A)=14,\ n(B)=16,\ n(C)=19,$$
$$n(A\cap B)=10,\ n(A\cap B\cap C)=5$$
일 때, $n(C-(A\cup B))$의 최솟값을 구하시오.
(단, $n(X)$는 집합 X의 원소의 개수이다.)

모의고사   **고난도 핵심유형**   기출문제

0987
2024년 10월 고1 학력평가 27번

두 자연수 a, $b\,(b\leq 20)$에 대하여
전체집합 $U=\{x\,|\,x$는 20 이하의 자연수$\}$의 두 부분집합
$$A=\{x\,|\,x$는 a의 배수, $x\in U\},$$
$$B=\{x\,|\,x$는 b의 약수, $x\in U\}$$
가 다음 조건을 만족시킨다.

> (가) $\{3,\,6\}\subset A\cap B$
> (나) $n(B-A)=2$

집합 $A-B$의 모든 원소의 합의 최솟값을 구하시오.

해설 내신연계문제

0988
2024년 03월 고2 학력평가 28번

1보다 큰 자연수 k에 대하여 전체집합
$$U=\{x\,|\,x$는 k 이하의 자연수$\}$$
의 두 부분집합
$$A=\{x\,|\,x$는 k 이하의 짝수$\},\ B=\{x\,|\,x$는 k의 약수$\}$$
가 $n(A)\times n((A\cup B)^c)=15$를 만족시킨다. 집합 $(A\cup B)^c$의 모든
원소의 곱을 구하시오.

해설 내신연계문제

0989
2022년 11월 고1 학력평가 28번

전체집합 $U=\{1,\,2,\,4,\,8,\,16,\,32\}$의 두 부분집합 A, B가 다음 조건
을 만족시킨다.

> (가) 집합 $A\cup B^c$의 모든 원소의 합은 집합 $B-A$의 모든 원소
> 의 합의 6배이다.
> (나) $n(A\cup B)=5$

집합 A의 모든 원소의 합의 최솟값을 구하시오.
(단, $2\leq n(B-A)\leq 4$)

해설 내신연계문제

0990
2018년 03월 고2 학력평가 가형 18번

다항식 $f(x)=(x^2-7x+11)(x^2+3x+3)$에 대하여
두 집합 A, B를
$$A=\{f(n)\,|\,n$은 20 이하의 자연수$\},$$
$$B=\{m\,|\,m$은 100 이하의 소수$\}$$
라 할 때, $n(A\cap B)$의 값은?

① 1   ② 2   ③ 3
④ 4   ⑤ 5

해설 내신연계문제

03 명제

학교내신기출 객관식 핵심문제총정리

유형01 명제

(1) **명제** : 참 또는 거짓을 명확하게 판별할 수 있는 문장이나 식
  ➡ 문자이나 식이 참이면 참인 명제, 거짓이면 거짓인 명제이다.
(2) **조건** : 문자 x를 포함하는 식 중에서 x의 값에 따라 참, 거짓을 판별할 수 있는 것

① 참인 문장이나 식 ➡ 명제이다.
② 거짓인 문장이나 식 ➡ 명제이다.
③ 참, 거짓을 판별할 수 없는 문장 또는 식 ➡ 명제가 아니다.
  주로 값이 주어지지 않거나 값의 범위가 주어지지 않아서 알 수 없는 것들이다.

0991 학교기출 대표유형

다음 중 명제와 조건을 바르게 구별한 것은?

① $x=1$이면 $2x+1=3$이다. [조건]
② $10x-1>3x+13$ [조건]
③ $2x+1$는 짝수이다. [명제]
④ $x^2-y^2=(x+y)(x-y)$ [조건]
⑤ x는 16의 약수이다. [명제]

0992 최다빈출 왕중요 BASIC

다음은 편지 내용의 일부분이다.

> 안녕하세요? 저는 호주에 사는 샘이라고 해요.
> ㄱ. 호주는 대륙이에요.
>   제가 자랑하고 싶은 곳은 시드니 해안가예요.
> ㄴ. 시드니 해안가에는 멋진 해변이 많아요.
> ㄷ. 시드니 해안가는 세계에서 가장 아름다운 해안선을 자랑해요.
>   파도가 잔잔한 날에는 해변을 따라 산책하는 것이 좋답니다.
> ㄹ. 오늘은 날씨가 정말 좋네요.

밑줄 친 문장 중에서 명제인 것을 모두 고른 것은?

① ㄱ   ② ㄱ, ㄴ   ③ ㄴ, ㄹ
④ ㄱ, ㄷ, ㄹ   ⑤ ㄱ, ㄴ, ㄷ, ㄹ

해설 내신연계문제

0993 BASIC

[보기]에서 명제인 것만을 있는 대로 고른 것은?

> ㄱ. $3x-1>x+5$
> ㄴ. $x+2=x-3$
> ㄷ. $2x+3x=5x$
> ㄹ. $2(x-1)=2$

① ㄱ, ㄴ   ② ㄴ, ㄷ   ③ ㄱ, ㄷ, ㄹ
④ ㄱ, ㄷ   ⑤ ㄴ, ㄷ, ㄹ

0994 BASIC

다음 중 명제가 아닌 것은?

① $x=2$이면 $5x=15$이다.
② 12의 양의 약수는 6의 약수이다.
③ $3x-8>2-2x$
④ 삼각형의 세 내각의 크기의 합은 $180°$이다.
⑤ π는 유리수이다.

0995 BASIC

다음 중 참인 명제는?

① $3x=2(x-2)$
② 꿀벌은 귀엽다.
③ 고추잠자리는 조류이다.
④ 어떤 실수 x에 대하여 $x^2-2x+1=0$이다.
⑤ 집합 A, B에 대하여 $A \subset B$이면 $n(A)<n(B)$이다.

0996 BASIC

다음 중 거짓인 명제는?

① π는 무리수이다.
② 모든 실수 x에 대하여 $x^2+3 \geq 3$이다.
③ 119는 소수이다.
④ 0.00000001은 작은 수이다.
⑤ x는 18의 양의 약수이다.

유형 02 조건의 진리집합

(1) **진리집합** : 전체집합 U의 원소 중에서 조건이 참이 되게 하는
    모든 원소의 집합
(2) **조건과 진리집합의 관계** :
    두 조건 p, q의 진리집합을 각각 P, Q라 할 때,

조건	진리집합
$\sim p$	P^c
p 또는 q	$P \cup Q$
p 그리고 q	$P \cap Q$

주어진 조건의 진리집합을 파악하고 부등식의 경우 수직선을 그려서 포함 관계를 비교한다. 이때 등호가 포함되는지 주의한다.

0997

전체집합 $U=\{x \mid x$는 10 이하의 자연수$\}$에 대하여 조건 p의 진리집합을 P라 할 때, 다음 중 옳은 것은?

① $p : 4 < x < 9$ $P^c=\{1, 2, 3, 4, 10\}$
② $p : x^2-2x-3=0$ $P=\{1, 3\}$
③ $p : x$는 소수이다. $P=\{2, 3, 5, 7, 9\}$
④ $p : x$는 3의 배수이다. $P^c=\{1, 2, 4, 5, 7, 8, 10\}$
⑤ $p : x$는 12의 약수이다. $P^c=\{1, 2, 3, 4, 6\}$

0998

전체집합 U가 실수 전체의 집합이라고 할 때, 조건 $p : x+|x|=0$ 의 진리집합은?

① $\varnothing$ ② $\{x \mid x \le 0\}$ ③ $\{x \mid x < 0\}$
④ $\{x \mid x \ge 0\}$ ⑤ $\{x \mid x > 0\}$

0999 중요   NORMAL

전체집합 $U=\{1, 2, 3, \cdots, 30\}$에 대하여 두 조건 p, q가
$\qquad p : x$는 3의 배수, $q : x$는 24의 약수
일 때, 조건 'p 그리고 q'의 진리집합은?

① $\{24\}$ ② $\{3, 6, 24\}$ ③ $\{3, 6, 12\}$
④ $\{3, 6, 12, 24\}$ ⑤ $\{3, 6, 15, 24\}$

 해설 내신연계문제

 유형 03 명제와 조건의 부정

(1) 명제 (또는 조건) p에 대하여 'p가 아니다' 라는
    명제 (또는 조건)를 p의 부정이라 하고 $\sim p$(not p)로 나타낸다.
(2) **명제와 조건의 부정**

p (조건)	$\sim p$ (부정)
그리고 (이고)	또는 (이거나)
같다 (=)	같지 않다 ($\neq$)
$x < a$ (미만)	$x \ge a$ (이상)
$x > a$ (초과)	$x \le a$ (이하)
짝수	홀수
음수	음수가 아니다. (0을 포함한 양수이다.)
$a=b=c$ ($a=b$이고 $b=c$이고 $c=a$)	$a \neq b$ 또는 $b \neq c$ 또는 $c \neq a$
$a < x < b$	$x \le a$ 또는 $x \ge b$
모든(임의의)	어떤
적어도 하나는 $\sim$이다.	모두 $\sim$이 아니다.

명제 p가 참이면 $\sim p$는 거짓이고 명제 p가 거짓이면 $\sim p$는 참이다.

1000

두 실수 a, b에 대하여 다음 중 조건 '$ab \neq 0$'의 부정으로 옳은 것은?

① $ab > 0$이다.
② a, b는 모두 0이다.
③ a, b 중 적어도 하나는 0이다.
④ a, b는 모두 0이 아니다.
⑤ a, b 중 적어도 하나는 0이 아니다.

1001 중요   BASIC

세 실수 a, b, c에 대하여 다음 중 조건
$$ '(a-b)^2+(b-c)^2+(c-a)^2=0' $$
의 부정으로 옳은 것은?

① $a \neq b$이고 $b \neq c$이고 $c \neq a$
② a, b, c는 서로 다르다.
③ $(a-b)(b-c)(c-a)=0$
④ $(a-b)(b-c)(c-a) \neq 0$
⑤ a, b, c 중에서 서로 다른 것이 적어도 하나 있다.

 해설 내신연계문제

1002

NORMAL

전체집합 $U=\{x\,|\,x$는 12의 양의 약수$\}$에 대하여 조건 p가
$$p : x^3-7x^2+14x-8=0$$
일 때, 조건 $\sim p$의 진리집합의 모든 원소의 합은?

① 17   ② 18   ③ 19
④ 20   ⑤ 21

1003

최다빈출 왕중요   NORMAL

자연수 전체의 집합에서 두 조건 p, q가
$$p : 1\le x\le 6,\ q : x^2-6x+8=0$$
일 때, 조건 '$\sim p$ 또는 q'의 부정의 진리집합의 모든 원소의 합은?

① 13   ② 14   ③ 15
④ 16   ⑤ 17

해설 내신연계문제

1004

최다빈출 왕중요   NORMAL

실수 전체의 집합에서 두 조건
$$p : x\ge 5,\ q : x<-2$$
의 진리집합을 각각 P, Q라 할 때, 다음 중 조건 '$-2\le x<5$'의 진리집합은?

① $P\cap Q^C$ ② $P^C\cap Q$ ③ $(P\cup Q)^C$
④ $P^C\cup Q^C$ ⑤ $P^C\cup Q$

해설 내신연계문제

1005

NORMAL

실수 전체의 집합에서 두 조건
$$p : -3<x<k+1,\ q : |3x-2|<k$$
의 진리집합을 각각 P, Q라 할 때, $5\in P\cap Q^C$이 되도록 하는 정수 k의 개수를 구하시오.

1006

2022년 03월 고2 학력평가 2번   BASIC

실수 x에 대한 조건
    'x는 1보다 크다.'
의 부정은?

① $x<1$ ② $x\le 1$ ③ $x=1$
④ $x\ge 1$ ⑤ $x>1$

해설 내신연계문제

1007

2017학년도 09월 고3 모의평가 나형 12번   NORMAL

정수 x에 대한 조건
$$p : x(x-11)\ge 0$$
에 대하여 조건 $\sim p$의 진리집합의 원소의 개수는?

① 6   ② 7   ③ 8
④ 9   ⑤ 10

해설 내신연계문제

1008

2017년 09월 고1 학력평가 6번   NORMAL

전체집합 $U=\{1,\ 2,\ 3,\ 4,\ 5,\ 6,\ 7,\ 8\}$에 대하여 조건 p가
$$p : x\text{는 짝수 또는 6의 약수이다.}$$
일 때, 조건 $\sim p$의 진리집합의 모든 원소의 합은?

① 11   ② 12   ③ 13
④ 14   ⑤ 15

해설 내신연계문제

두 조건 p, q의 진리집합을 각각 P, Q라 할 때,
(1) 명제 $p \longrightarrow q$가 **참이면**　　　❖ $P \subset Q$
(2) 명제 $p \longrightarrow q$가 **거짓이면**　　❖ $P \not\subset Q$

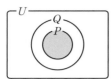

명제의 참, 거짓과 진리집합의 포함 관계
$p \longrightarrow q$가 참이면 $P \subset Q$이므로
오른쪽 그림에서 다음이 성립한다.
① $P \cup Q = Q$　　② $Q^C \subset P^C$
③ $P - Q = \varnothing$　　④ $P \cap Q = P$
⑤ $P^C \cup Q = U$

1009 학교기출 대표유형

전체집합 U에 대하여 두 조건 p, q의 진리집합을 각각 P, Q라 하자.
명제 $p \longrightarrow q$가 참일 때, 다음 중 항상 옳은 것은?

① $P \cup Q = P$　　② $P \cap Q = Q$　　③ $P^C \cap Q = Q$
④ $P^C \cap Q^C = \varnothing$　　⑤ $P^C \cup Q = U$

1010
BASIC

전체집합 U에 대하여 두 조건 p, q의 진리집합을 각각 P, Q라 하자.
명제 $p \longrightarrow \sim q$가 참일 때, 다음 중 항상 옳은 것은?

① $P \cup Q = U$　　② $P - Q = P$　　③ $Q - P = \varnothing$
④ $P \cap Q = P$　　⑤ $P \cup Q = P$

1011 최다빈출 🐸 중요
NORMAL

전체집합 U에 대하여 두 조건 p, q의 진리집합을 각각 P, Q라 하자.
명제 $q \longrightarrow \sim p$가 참일 때, 다음 중 항상 옳은 것은?

① $P \cup Q = U$　　② $P \cap Q = \varnothing$　　③ $P \cup Q^C = P$
④ $P^C \cup Q = U$　　⑤ $P^C \cap Q = P^C$

해설 내신연계문제

두 조건 p, q의 진리집합을 각각 P, Q라 할 때,
$p \longrightarrow q$가 **참이면** $P \subset Q$이다.

 부분집합의 개수 원소의 개수가 n인 집합 A에 대하여
① A의 부분집합의 개수　➡ 2^n개
② A의 진부분집합의 개수 ➡ $2^n - 1$
③ A의 특정한 원소 k개를 반드시 포함하는 부분집합의 개수
　➡ 2^{n-k}(단, $k \leq n$)
④ A의 특정한 원소 k개를 반드시 포함하지 않는 부분집합의 개수
　➡ 2^{n-k}(단, $k \leq n$)
⑤ A의 원소 중 k개를 모두 포함하고 m개는 포함하지 않는
　집합 A의 부분집합의 개수 ➡ 2^{n-k-m} (단, $k+m \leq n$)

1012 학교기출 대표유형

전체집합 $U = \{x \,|\, x$는 6 이하의 자연수$\}$에 대하여 두 조건 p, q의 진리집합을 각각 P, Q라 하자. 조건 p가
　　$p : x$는 6의 약수이다.
일 때, 명제 $q \longrightarrow \sim p$가 참이 되도록 하는 집합 Q의 개수를 구하시오.

1013 최다빈출 🐸 중요
NORMAL

전체집합 $U = \{x \,|\, x$는 10 이하의 자연수$\}$에 대하여 두 조건 p, q의 진리집합을 각각 P, Q라 하자. 조건 p가
　　$p : x$는 8의 약수
일 때, 명제 $p \longrightarrow \sim q$가 참이 되도록 하는 집합 Q의 개수는?

① 4　　　② 8　　　③ 16
④ 32　　　⑤ 64

해설 내신연계문제

1014
NORMAL

전체집합 $U = \{x \,|\, x$는 8 이하의 자연수$\}$에 대하여 두 조건 p, q의 진리집합을 각각 P, Q라 하자. 조건 p가
　　$p : x$는 소수이다.
일 때, 명제 $\sim p \longrightarrow q$가 참이 되도록 하는 집합 Q의 개수는?

① 4　　　② 8　　　③ 16
④ 32　　　⑤ 64

유형 06 진리집합의 포함 관계가 주어질 때, — 명제의 참, 거짓

두 조건 p, q의 진리집합을 각각 P, Q라 할 때,
(1) $P \subset Q$이면 명제 $p \longrightarrow q$가 **참**이다. ◀ 명제 $p \longrightarrow q$가 참이면 $P \subset Q$
(2) $P \not\subset Q$이면 명제 $p \longrightarrow q$가 **거짓**이다. ◀ 명제 $p \longrightarrow q$가 거짓이면 $P \not\subset Q$

 주어진 조건에 따라 집합 간의 포함 관계를 벤 다이어그램으로
나타낸 후 명제의 참, 거짓을 판단하면 쉽게 풀 수 있다.

1015 학교기출 대표 유형

전체집합 U에 대하여 세 조건 p, q, r의
진리집합을 각각 P, Q, R이라 하자.
세 집합 P, Q, R 사이의 포함 관계가
오른쪽 벤 다이어그램과 같을 때, 다음
[보기] 중 항상 참인 명제를 있는 대로 고른 것은?

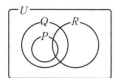

ㄱ. $p \longrightarrow q$	ㄴ. $q \longrightarrow r$
ㄷ. (p 이고 r) $\longrightarrow q$	ㄹ. $q \longrightarrow$ (p 또는 r)

① ㄱ ② ㄴ ③ ㄱ, ㄷ
④ ㄱ, ㄷ, ㄹ ⑤ ㄱ, ㄴ, ㄷ, ㄹ

1016 최다빈출 왕중요 BASIC

전체집합 U에 대하여 세 조건 p, q, r
의 진리집합을 각각 P, Q, R이라 하자.
세 집합 P, Q, R 사이의 포함 관계가
오른쪽 벤 다이어그램과 같을 때, 다음
중 항상 참인 명제는?

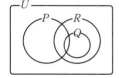

① $p \longrightarrow q$ ② $\sim r \longrightarrow p$ ③ $q \longrightarrow p$
④ $\sim q \longrightarrow \sim r$ ⑤ $\sim r \longrightarrow \sim p$

해설 내신연계문제

1017 최다빈출 왕중요 NORMAL

전체집합 U에서 세 조건 p, q, r의 진리집합을 각각 P, Q, R이라
할 때,
$$P \cap R = R, \quad Q^c \cap R^c = R^c$$
이 성립한다. 다음 중 거짓인 명제는?

① $p \longrightarrow q$ ② $q \longrightarrow r$ ③ $r \longrightarrow p$
④ $\sim p \longrightarrow \sim q$ ⑤ $\sim p \longrightarrow \sim r$

해설 내신연계문제

유형 07 거짓인 명제의 반례

전체집합 U의 두 조건 p, q의 진리집합을 각각 P, Q라 할 때,
명제 $p \longrightarrow q$가 거짓임을 보이는 반례
➡ p이지만 q는 아닌 예
➡ 오른쪽 벤 다이어그램에서 색칠한 부분
즉 $P - Q = P \cap Q^c$의 원소
집합 P에 속하지만 집합 Q에 속하지 않는 원소

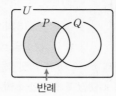

 ① 명제 p이면 q가 거짓임을 보이려면
➡ 가정 p를 만족하는 것 중에서 결론 q를 만족하지 않는 예가
하나라도 있으면 된다. 이와 같은 예를 **반례**라고 한다.
② 반례가 생각나지 않을 경우 명제가 참임을 증명할 수 있는지
확인한다.

1018 학교기출 대표 유형

전체집합 U에 대하여 두 조건 p, q의
진리집합을 각각 P, Q라 하자.
두 집합 P, Q가 오른쪽 그림과 같을 때,
명제 $p \longrightarrow q$가 거짓임을 보이는 모든
원소의 합을 구하시오.

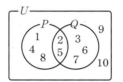

1019 BASIC

전체집합 U에 대하여 두 조건 p, q의
진리집합을 각각 P, Q라 하자.
두 집합 P, Q가 오른쪽 그림과 같을 때,
명제 '$\sim p$이면 $\sim q$이다.'가 거짓임을
보이는 모든 원소는?

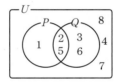

① 1 ② 2, 5 ③ 3, 6
④ 4, 7, 8 ⑤ 2, 3, 5, 6

1020 최다빈출 왕중요 BASIC

전체집합 U에 대하여 두 조건 p, q의 진리집합을 각각 P, Q라 하자.
이때 명제 $p \longrightarrow \sim q$가 거짓임을 보이는 원소가 속하는 집합은?

① $P - Q$ ② $Q - P$ ③ $P \cap Q$
④ $P^c \cup Q^c$ ⑤ $P^c \cap Q^c$

해설 내신연계문제

1021

전체집합 $U=\{x\,|\,x$는 20 이하의 자연수$\}$에서 두 조건 p, q가 다음과 같다.

p : x는 18의 양의 약수이다.

q : x는 2의 배수이다.

명제 $p \longrightarrow q$가 거짓임을 보이는 반례가 될 수 있는 집합 U의 원소의 최댓값과 최솟값의 합은?

① 8   ② 10   ③ 12

④ 14   ⑤ 16

1022

두 조건

$$p : |x-1| \le 10,\ q : x > -5$$

에 대하여 명제 'q이면 $\sim p$이다.' 가 거짓임을 보이는 반례가 될 수 있는 정수 x의 개수는?

① 12   ② 14   ③ 16

④ 18   ⑤ 20

1023 최다빈출 상 중요

두 조건

$$p : x \le 2 \text{ 또는 } x \ge 6,\ q : -5 \le x \le a$$

에 대하여 명제 $\sim q \longrightarrow p$가 거짓임을 보이는 양의 정수인 반례가 $x=5$뿐일 때, 실수 a의 값의 범위는?

① $a < 5$ ② $a \ge 5$ ③ $2 \le a < 3$

④ $3 \le a < 4$ ⑤ $4 \le a < 5$

[해설 내신연계문제]

모의고사 **핵심유형** 기출문제

1024   2019년 03월 고3 학력평가 나형 8번

자연수 x에 대하여 명제

'$5 \le x \le 9$이면 $x \le 8$이다.'

가 거짓임을 보여 주는 x의 값은?

① 6   ② 7   ③ 8

④ 9   ⑤ 10

[해설 내신연계문제]

유형 08   명제 $p \longrightarrow q$의 참, 거짓의 판별

두 조건 p, q의 진리집합을 각각 P, Q라 할 때,

(1) $P \subset Q$이면 명제 $p \longrightarrow q$는 **참**이다.

(2) $P \not\subset Q$이면 명제 $p \longrightarrow q$는 **거짓**이다.

 ① 어떤 명제가 참임을 보이기 위해서는 진리집합의 포함 관계를 이용한다.

② 조건 p는 만족하지만 조건 q는 만족하지 않을 때, 즉 반례를 하나라도 찾을 수 있으면 명제 $p \longrightarrow q$는 거짓이다.

1025   학교기출 대표 유형

다음 중 참인 명제는?

① 평행사변형이면 마름모이다.

② $2x-1=3$이면 $x^2+x-6=0$이다.

③ 자연수 n이 소수이면 n^2은 홀수이다.

④ 실수 a, b에 대하여 $a^2=b^2$이면 $a=b$이다.

⑤ 실수 x, y에 대하여 $xy=0$이면 $x^2+y^2=0$이다.

1026

x, y가 실수일 때, 다음 중 참인 명제는?

① $x^2 > 1$이면 $x < 1$이다.

② $x > y > z$이면 $xy > yz$이다.

③ x가 9의 배수이면 x는 3의 배수이다.

④ $x+y \ge 2$이면 $x \ge 1$이고 $y \ge 1$이다.

⑤ 두 자연수 x, y에 대하여 $x+y$가 짝수이면 x, y는 모두 짝수이다.

1027   최다빈출 상 중요

두 실수 a, b에 대하여 참인 명제인 것만을 [보기]에서 있는 대로 고른 것은?

> ㄱ. $a < b < 0$이면 $a^2 > b^2$이다.
>
> ㄴ. $|a|+|b| \ge |a+b|$ 이면 $ab \le 0$이다.
>
> ㄷ. $a^3 = 8$이면 $a = 2$이다.
>
> ㄹ. $\sqrt{(a-b)^2} = (\sqrt{a-b})^2$

① ㄱ   ② ㄱ, ㄷ   ③ ㄴ, ㄹ

④ ㄱ, ㄷ, ㄹ   ⑤ ㄱ, ㄴ, ㄷ, ㄹ

[해설 내신연계문제]

유형 09 명제가 참이 되도록 하는 미지수 구하기 - 등식 / 부등식

두 조건 p, q의 진리집합을 각각 P, Q라 할 때, 다음 조건을 만족하는 미지수의 값을 구하려면
(1) 명제 $p \longrightarrow q$가 참이 될 때,
　➡ $P \subset Q$가 되도록 부등식을 수직선 위에 나타낸다.
(2) 명제 $\sim p \longrightarrow q$가 참이 될 때,
　➡ $P^c \subset Q$가 되도록 부등식을 수직선 위에 나타낸다.
(3) 명제 $\sim q \longrightarrow p$가 참이 될 때,
　➡ $Q^c \subset P$가 되도록 부등식을 수직선 위에 나타낸다.

 주어진 명제가 부등식일 때는 포함 관계를 만족시키도록 수직선을 그리고 등호가 포함되는지 주의 깊게 살핀다.

1028 학교기출 대표 유형

실수 x에 대하여 두 조건 p, q가
$$p : k+2 < x < k+5, \quad q : -4 < x < 6$$
일 때, 명제 $p \longrightarrow q$가 참이 되도록 하는 정수 k의 개수를 구하시오.

1029 BASIC

명제
　　'$x=a$이면 $x^2+6x-7=0$이다.'
가 참이 되도록 하는 양수 a의 값은?

① 1　　　　② 2　　　　③ 3
④ 4　　　　⑤ 5

1030 최다빈출 왕 중요 NORMAL

두 조건 p, q가
$$p : x^2-5x-24 > 0,$$
$$q : x^2-(a+b)x+ab \leq 0 \ (단, a < b)$$
일 때, 명제 $\sim p \longrightarrow q$가 참이 되도록 하는 실수 a의 최댓값과 실수 b의 최솟값의 합은?

① 5　　　　② 6　　　　③ 7
④ 8　　　　⑤ 9

해설 내신연계문제

1031 NORMAL

두 조건 p, q가
$$p : x < 0 \ 또는 \ x \geq 6, \quad q : a-7 < x \leq 3a$$
일 때, 명제 $\sim q \longrightarrow p$가 참이 되도록 하는 정수 a의 값의 합은?

① 16　　　　② 18　　　　③ 20
④ 22　　　　⑤ 24

1032 최다빈출 왕 중요 NORMAL

세 조건 p, q, r이
$$p : 0 < x \leq 5, \quad q : -3 \leq x \leq a, \quad r : x \leq b$$
일 때, 명제 $p \longrightarrow q$와 명제 $q \longrightarrow \sim r$이 모두 참이 되도록 하는 정수 a의 최솟값과 정수 b의 최댓값의 합은?

① 0　　　　② 1　　　　③ 2
④ 3　　　　⑤ 4

해설 내신연계문제

1033 TOUGH

전체집합 $U=\{-1, 0, 1, 2, 3, 4, 5\}$에 대하여 세 조건 p, q, r의 진리집합을 각각 P, Q, R이라 할 때,
$$P=\{-1, 0, 1\}, \quad Q=\{a+3\}, \quad R=\{2, 4, 2a+7\}$$
이다. 명제 $q \longrightarrow p$와 명제 $p \longrightarrow \sim r$이 모두 참이 되도록 하는 실수 a에 대하여 a^2의 값을 구하시오.

모의고사 핵심유형 기출문제

1034 2014년 03월 고2 학력평가 B형 11번 NORMAL

세 조건 p, q, r이
$$p : x > 4,$$
$$q : x > 5-a,$$
$$r : (x-a)(x+a) > 0$$
일 때, 명제 $p \longrightarrow q$와 명제 $q \longrightarrow r$이 모두 참이 되도록 하는 실수 a의 최댓값과 최솟값의 합은?

① 3　　　　② $\dfrac{7}{2}$　　　　③ 4
④ $\dfrac{9}{2}$　　　　⑤ 5

해설 내신연계문제

명제가 참이 되도록 하는 상수 구하기
— 절댓값 등식 / 부등식

두 조건 p, q의 진리집합을 각각 P, Q라 할 때,
다음 조건을 만족하는 미지수의 값을 구하려면
(1) **명제 $p \longrightarrow q$가 참이 될 때,**
   ➡ $P \subset Q$가 되도록 부등식을 수직선 위에 나타낸다.
(2) **명제 $\sim p \longrightarrow q$가 참이 될 때,**
   ➡ $P^C \subset Q$가 되도록 부등식을 수직선 위에 나타낸다.
(3) **명제 $\sim q \longrightarrow p$가 참이 될 때,**
   ➡ $Q^C \subset P$가 되도록 부등식을 수직선 위에 나타낸다.

 a, b가 양수일 때,
   ① $|x| < a$ ➡ $-a < x < a$
   ② $|x| > a$ ➡ $x > a$ 또는 $x < -a$
   ③ $a < |x| < b$ ➡ $-b < x < -a$ 또는 $a < x < b$

1035 학교기출 대표유형

실수 x에 대한 두 조건 p, q가
$$p : -4 \leq x \leq 6, \ q : |x-2| \leq a$$
일 때, 명제 $p \longrightarrow q$가 참이 되도록 하는 자연수 a의 최솟값을 구하시오.

1036 최다빈출 상 중요 NORMAL

실수 x에 대한 두 조건 p, q가
$$p : |x-a| \leq 1, \ q : |x-2| \leq 3$$
일 때, 명제 $p \longrightarrow q$가 참이 되도록 하는 상수 a의 최댓값은?

① 2   ② 4   ③ 6
④ 8   ⑤ 10

해설 내신연계문제

1037 최다빈출 상 중요 NORMAL

두 조건
$$p : |x+2| > 9, \ q : |x-3| > n$$
에 대하여 명제 $p \longrightarrow q$가 참이 되도록 하는 자연수 n의 개수는?

① 1   ② 2   ③ 3
④ 4   ⑤ 5

해설 내신연계문제

1038 NORMAL

실수 x에 대한 두 조건
$$p : x < 3 \text{ 또는 } x \geq 4, \ q : |x-a| \leq 2$$
에 대하여 명제 $\sim p \longrightarrow q$가 참이 되도록 하는 자연수 a의 개수는?

① 0   ② 1   ③ 2
④ 3   ⑤ 4

1039 TOUGH

실수 x에 대한 두 조건
$$p : x^3 - (a-3)x^2 + ax - 4 = 0, \ q : |2x-3| = b$$
에 대하여 명제 $p \longrightarrow q$가 참이 되도록 하는 모든 정수 a의 값의 합을 구하시오. (단, b는 상수이다.)

모의고사 **핵심유형** 기출문제

1040 2018년 03월 고2 학력평가 나형 11번 NORMAL

실수 x에 대한 두 조건
$$p : |x-a| \leq 1, \ q : x^2 - 2x - 8 > 0$$
에 대하여 $p \longrightarrow \sim q$가 참이 되도록 하는 실수 a의 최댓값은?

① 1   ② 2   ③ 3
④ 4   ⑤ 5

해설 내신연계문제

유형 11 '모든'이나 '어떤'을 포함한 명제의 참, 거짓

전체집합 U에서의 조건 p의 진리집합을 P라 할 때,

(1) '모든 $x \in U$에 대하여 p이다.'

  ➡ $P = U$이면 참이고, $P \neq U$이면 거짓이다.

  ➡ p가 아닌 x가 하나라도 있으면 거짓

    즉 모든 x에 대하여 p가 참이면, 전체집합의 원소 중 한 개도 빠짐없이 p를 만족시킨다.

(2) '어떤 $x \in U$에 대하여 p이다.'

  ➡ $P \neq \varnothing$이면 참이고, $P = \varnothing$이면 거짓이다.

  ➡ p인 x가 하나만 있어도 참

    즉 어떤 x에 대하여 p가 참이면, 전체집합의 원소 중 한 개 이상이 p를 만족시킨다.

 ① '모든' 을 포함하는 명제는 성립하지 않는 예가 하나라도 있으면 거짓인 명제

  '어떤' 을 포함하는 명제는 성립하는 예가 하나만 있더라도 참인 명제이다.

  ② '모든 $x \in U$에 대하여 p이다' 의 부정

    ➡ '어떤 $x \in U$에 대하여 $\sim p$이다'

  '어떤 $x \in U$에 대하여 p이다' 의 부정

    ➡ '모든 $x \in U$에 대하여 $\sim p$이다'

1041 학교기출 대표유형

공집합이 아닌 전체집합 U에서의 두 조건 p, q의 진리집합을 각각 P, Q라 할 때, [보기]에서 옳은 것만을 있는 대로 고른 것은?

ㄱ. $P \subset Q$이면 명제 $p \longrightarrow q$는 참이다.
ㄴ. $P = U$이면 '모든 x에 대하여 p이다.'는 참이다.
ㄷ. $P \neq \varnothing$이면 '어떤 x에 대하여 p이다.'는 참이다.
ㄹ. $P = \varnothing$이면 '어떤 x에 대하여 p이다.'는 거짓이다.

① ㄱ, ㄴ   ② ㄱ, ㄷ   ③ ㄴ, ㄹ
④ ㄱ, ㄴ, ㄷ   ⑤ ㄱ, ㄴ, ㄷ, ㄹ

1042 BASIC

전체집합 $U = \{1, 2, 3, 4, 5\}$의 두 원소 x, y에 대하여 다음 중 거짓인 명제는?

① 모든 x에 대하여 $x + 4 < 10$이다.
② 어떤 x에 대하여 $x^2 - 1 \leq 0$이다.
③ 모든 x, y에 대하여 $x^2 + y^2 < 45$이다.
④ 어떤 x, y에 대하여 $x^2 - 2y > 10$이다.
⑤ 어떤 x, y에 대하여 $x^2 + y^2 = 10$이다.

1043 최다빈출 상중요 NORMAL

다음 [보기]에서 옳은 것만을 있는 대로 고른 것은?

ㄱ. 명제 '어떤 실수 x에 대하여 $x^2 - 6x + 2 < 0$이다.'의 부정은 '모든 실수 x에 대하여 $x^2 - 6x + 2 \geq 0$이다.'이다.
ㄴ. 명제 '모든 학생은 스마트폰을 가지고 있다.'의 부정은 '스마트폰을 갖지 않은 학생도 있다.'이다.
ㄷ. 명제 '$x \geq 4$인 모든 x에 대하여 $x^2 \geq 16$'의 부정은 '$x \geq 4$인 어떤 x에 대하여 $x^2 < 16$'이다.

① ㄱ   ② ㄴ   ③ ㄱ, ㄴ
④ ㄱ, ㄷ   ⑤ ㄱ, ㄴ, ㄷ

해설 내신연계문제

1044 NORMAL

다음 중 명제

  '모든 실수 x에 대하여 $x^2 - x + 1 > 3$이다.'

의 부정과 부정의 참, 거짓을 바르게 나타낸 것은?

① 어떤 실수 x에 대하여 $x^2 - x + 1 > 3$이다. [참]
② 어떤 실수 x에 대하여 $x^2 - x + 1 \leq 3$이다. [참]
③ 모든 실수 x에 대하여 $x^2 - x + 1 < 3$이다. [참]
④ 모든 실수 x에 대하여 $x^2 - x + 1 < 3$이다. [거짓]
⑤ 어떤 실수 x에 대하여 $x^2 - x + 1 \leq 3$이다. [거짓]

1045 최다빈출 상중요 NORMAL

전체집합 $U = \{1, 2, 3, 4, 5, 6\}$의 공집합이 아닌 부분집합 X에 대하여 명제

  '집합 X의 모든 원소 x에 대하여 $x^2 - 7x + 12 = 0$이다.'

의 부정이 참이 되도록 하는 집합 X의 개수는?

① 48   ② 52   ③ 56
④ 60   ⑤ 64

해설 내신연계문제

1046

NORMAL

전체집합 $U=\{x\,|\,x$는 10 이하의 자연수$\}$의 공집합이 아닌 부분집합 A에 대하여 명제

　'집합 $\{1,\ 2,\ 3,\ 4,\ 5\}$의 어떤 원소 x에 대하여 $x\in A$이다.'

가 거짓이 되도록 하는 집합 A의 개수는?

① 15　　　　　② 16　　　　　③ 31

④ 32　　　　　⑤ 64

1047　최다빈출 왕 중요

NORMAL

전체집합 U의 공집합이 아닌 세 부분집합 A, B, C에 대하여 다음
두 명제가 항상 참일 때, 세 집합 A, B, C 사이의 포함 관계를
벤 다이어그램으로 나타낸 것으로 가장 적절한 것은?

> (가) 어떤 $x\in C$에 대하여 $x\notin A$이다.
> (나) 모든 $x\in A$에 대하여 $x\notin B$이다.

① 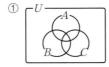　② 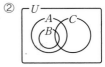　③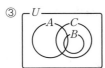

④ 　⑤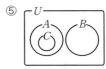

[해설 내신연계문제]

모의고사 **핵심유형** 기출문제

1048　2015년 09월 고1 학력평가 25번

NORMAL

집합 $U=\{1,\ 2,\ 3,\ 6\}$의 공집합이 아닌 부분집합 P에 대하여 명제

　'집합 P의 어떤 원소 x에 대하여 x는 3의 배수이다.'

가 참이 되도록 하는 집합 P의 개수를 구하시오.

[해설 내신연계문제]

유형 **12** '모든'이나 '어떤'을 포함한 명제의 미지수 구하기

(1) **모든** x에 대하여 p가 **참이다.**

　❏ 전체집합의 모든 원소 x가 한 개도 빠짐없이 p를 만족시킨다.

　❏ p를 만족시키지 않는 x가 하나라도 존재하면 거짓이다.

(2) **어떤** x에 대하여 p가 **참이다.**

　❏ 전체집합의 원소 중 한 개 이상이 p를 만족시킨다.

　❏ p를 만족시키는 x가 하나라도 존재하면 참이다.

 ① '모든' 을 포함하는 명제는 성립하지 않는 예가 하나라도 있으면
　　 거짓인 명제
　② '어떤' 을 포함하는 명제는 성립하는 예가 하나만 있더라도 참인 명제

1049　학교기출 대표 유형

명제

　'$|x+a|\leq 1$인 모든 실수 x에 대하여 $-5<x\leq 6$이다.'

가 참이 되도록 하는 정수 a의 개수를 구하시오.

1050　최다빈출 왕 중요

BASIC

명제

　'모든 양수 x에 대하여 $x-k+7>0$이다.'

가 참이 되도록 하는 자연수 k의 최댓값은?

① 1　　　　　② 3　　　　　③ 5

④ 7　　　　　⑤ 9

[해설 내신연계문제]

1051

NORMAL

명제

　'모든 실수 x에 대하여 $x^2-2kx+7k-6\geq 0$이다.'

가 참이 되도록 하는 실수 k의 최댓값은?

① 2　　　　　② 3　　　　　③ 4

④ 5　　　　　⑤ 6

1052 최다빈출 왕 중요   NORMAL

명제

    '어떤 실수 x에 대하여 $x^2-2kx+k+6<0$이다.'

의 부정이 참이 되도록 하는 정수 k의 개수는?

① 3   ② 4   ③ 5
④ 6   ⑤ 7

해설 내신연계문제

1053   NORMAL

명제

    '모든 실수 x에 대하여 $x^2-2kx+3k>0$이다.'

가 거짓이 되도록 하는 자연수 k의 최솟값은?

① 3   ② 4   ③ 5
④ 6   ⑤ 8

1054   NORMAL

명제

    '어떤 실수 x에 대하여 $x^2-2kx+7k\le0$이다.'

의 부정이 거짓이 되도록 하는 자연수 k의 최솟값은?

① 1   ② 3   ③ 5
④ 7   ⑤ 9

1055 최다빈출 왕 중요   NORMAL

명제

    '$a\le x<a+3$인 어떤 실수 x에 대하여 $-7<x\le5$이다.'

가 참이 되도록 하는 정수 a의 개수는?

① 9   ② 10   ③ 12
④ 13   ⑤ 15

해설 내신연계문제

1056   TOUGH

다음 조건을 만족하는 상수 p, q, r, s에 대하여 $p+q+r+s$의 값을 구하시오.

(가) $0<x<1$인 모든 실수 x에 대하여 $|x-a|<1$이 성립
    하도록 하는 실수 a의 값의 범위가 $p\le a\le q$이다.

(나) $0<x<1$인 어떤 실수 x에 대하여 $|x-a|<1$이 성립
    하도록 하는 실수 a의 값의 범위가 $r<a<s$이다.

 모의고사 핵심유형 기출문제

1057   2023년 11월 고1 학력평가 25번   NORMAL

정수 k에 대한 두 조건 p, q가 모두 참인 명제가 되도록 하는 모든 k의 값의 합을 구하시오.

p : 모든 실수 x에 대하여 $x^2+2kx+4k+5>0$이다.
q : 어떤 실수 x에 대하여 $x^2=k-2$이다.

해설 내신연계문제

1058   2020년 03월 고2 학력평가 27번   NORMAL

명제

    '어떤 실수 x에 대하여 $x^2+8x+2k-1\le0$이다.'

가 거짓이 되도록 하는 정수 k의 최솟값을 구하시오.

해설 내신연계문제

1059   2017년 03월 고3 학력평가 나형 12번   NORMAL

실수 x에 대한 조건

    '모든 실수 x에 대하여 $x^2+4kx+3k^2\ge2k-3$이다.'

가 참인 명제가 되도록 하는 상수 k의 최댓값을 M, 최솟값을 m이라 하자. $M-m$의 값은?

① 2   ② 4   ③ 6
④ 8   ⑤ 10

해설 내신연계문제

(1) **명제의 역과 대우**

명제 $p \longrightarrow q$에 대하여

① 역 : $q \longrightarrow p$ ◀ 가정과 결론의 위치를 바꾼 명제

② 대우 : $\sim q \longrightarrow \sim p$ ◀ 가정과 결론을 각각 부정하고 위치를 바꾼 명제

(2) **명제와 그 대우는 참, 거짓은 일치한다.**

① 명제 $p \longrightarrow q$가 참이면 그 대우 $\sim q \longrightarrow \sim p$도 참이다.

② 명제 $p \longrightarrow q$가 거짓이면 그 대우 $\sim q \longrightarrow \sim p$도 거짓이다.

③ 조건 p, q의 진리집합을 각각 P, Q라 할 때,

명제 $p \longrightarrow q$에 대하여 참이면 $P \subset Q$

❍ 그 대우 $\sim q \longrightarrow \sim p$도 참이므로 $Q^c \subset P^c$

 명제의 역, 대우 사이의 관계

명제 $p \longrightarrow q$와 그 역, 대우 사이의 관계를 그림으로 나타내면 다음과 같다.

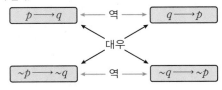

 ① 명제와 그 대우는 참, 거짓이 항상 일치하므로

참, 거짓을 판단하기 어려울 때 대우를 구하여 참, 거짓을 판단한다.

② 명제가 참이라 해도 그 역이 반드시 참인 것은 아니다.

1060 학교기출 대표 유형

두 조건 p, q에 대하여 명제 $\sim p \longrightarrow q$의 역이 참일 때, 다음 중 반드시 참인 명제는?

① $p \longrightarrow q$ ② $p \longrightarrow \sim q$ ③ $q \longrightarrow p$

④ $\sim p \longrightarrow \sim q$ ⑤ $\sim q \longrightarrow p$

1061 BASIC

다음 명제

'a와 b가 모두 유리수이면 $a+b$도 유리수이다.'

의 대우는?

① a와 b가 모두 무리수이면 $a+b$도 무리수이다.

② $a+b$가 유리수이면 a와 b도 모두 유리수이다.

③ $a+b$가 유리수이면 a와 b 중 적어도 하나는 유리수이다.

④ $a+b$가 무리수이면 a와 b 중 적어도 하나는 무리수이다.

⑤ a와 b가 무리수이면 $a+b$는 무리수이다.

1062 최다빈출 상 중요 BASIC

삼각형 ABC에 대하여 조건 p, q를

p : $\angle \text{A} = 60°$이다. q : 삼각형 ABC는 정삼각형이다.

라고 할 때, 다음 [보기]의 명제 중 참인 것을 모두 고른 것은?

> ㄱ. $p \longrightarrow q$ ㄴ. $q \longrightarrow p$
>
> ㄷ. $\sim p \longrightarrow \sim q$ ㄹ. $\sim q \longrightarrow \sim p$

① ㄱ, ㄴ   ② ㄱ, ㄷ   ③ ㄱ, ㄹ

④ ㄴ, ㄷ   ⑤ ㄷ, ㄹ

해설 내신연계문제

1063 BASIC

전체집합 $U = \{1, 2, 3, 4, 5, 6, 7, 8\}$에 대하여 두 조건 p, q가

p : x는 12의 약수, q : x는 3의 배수

일 때, 다음 명제 중 참인 것은?

① $p \longrightarrow \sim q$ ② $\sim p \longrightarrow q$ ③ $\sim q \longrightarrow p$

④ $\sim p \longrightarrow \sim q$ ⑤ $\sim q \longrightarrow \sim p$

1064 NORMAL

다음 명제 중 그 역이 참인 것은?

① $a+b > 0$이면 $a > 0$ 또는 $b > 0$이다.

② a, b가 모두 유리수이면 ab는 유리수이다.

③ $x+y$가 무리수이면 x, y는 모두 무리수이다.

④ 삼각형 ABC에서 $\overline{\text{AB}} = \overline{\text{AC}}$이면 $\angle \text{B} = \angle \text{C}$이다.

⑤ x, y가 모두 정수이면 $x+y$, xy는 모두 정수이다.

1065

다음 [보기]의 명제 중 그 역이 참인 것을 모두 고른 것은?
(단, x, y는 실수이다.)

> ㄱ. $x^2y>xy^2$이면 $x>y>0$이다.
>
> ㄴ. $-1\le x\le 3$이면 $x^2-2x-3<0$이다.
>
> ㄷ. 두 실수 x, y에 대하여 $|x|+y^2=0$이면 $x=0$이고 $y=0$이다.
>
> ㄹ. 세 집합 A, B, C에 대하여 $(A\cup B)\subset C$이면 $(A\cap B)\subset C$이다.

① ㄱ, ㄴ　　　　② ㄱ, ㄷ　　　　③ ㄷ, ㄹ
④ ㄱ, ㄴ, ㄷ　　⑤ ㄱ, ㄴ, ㄷ, ㄹ

1066 최다빈출 중요

다음 [보기]의 명제 중 그 역과 대우가 참인 것을 모두 고른 것은?
(단, x, y는 실수이다.)

> ㄱ. $x=1$이면 $x^2=1$이다.
>
> ㄴ. $x\le 5$이면 $x^2\le 25$이다.
>
> ㄷ. $x^2+y^2=0$이면 $x=y=0$이다.
>
> ㄹ. $xy=|xy|$이면 $x>0$이고 $y>0$이다.

① ㄱ　　　② ㄷ　　　③ ㄱ, ㄴ
④ ㄷ, ㄹ　⑤ ㄴ, ㄷ, ㄹ

해설 내신연계문제

1067 최다빈출 중요

그림과 같이 한쪽 면에는 숫자가 적혀 있고, 다른 쪽 면에는 강아지 또는 고양이 그림이 있는 카드 4장이 있다.
명제 '짝수가 적힌 카드의 다른 쪽 면에는 강아지 그림이 있다.'가 참인지 확인하기 위하여 뒤집어 보아야 할 최소한의 카드를 고르면?

① 3, 4　　　② 3, 고양이　　③ 4, 고양이
④ 3, 강아지　⑤ 4, 강아지

해설 내신연계문제

명제 $p\longrightarrow q$가 참이면 그 대우 $\sim q\longrightarrow\sim p$도 반드시 참이므로 명제 $p\longrightarrow q$가 참이 되도록 하는 미지수의 값을 구할 때,

➡ 두 조건 p, q의 진리집합을 구하는 것보다 $\sim p$, $\sim q$의 진리집합을 구하기 쉬운 경우 대우 $\sim q\longrightarrow\sim p$가 참이 되도록 하는 미지수의 값을 구한다.

 명제의 조건의 부정

명제 (또는 조건)	부정
그리고 (이고)	또는 (이거나)
같다 (=)	같지 않다 (≠)
모든(임의의)	어떤
적어도 하나는 ~이다.	모두 ~이 아니다.

① '또는'이 있는 명제에서 대우를 이용하여 '그리고'로 바꾸면 미지수를 쉽게 구할 수 있다.
② 명제가 참이 되도록 하는 미지수를 구하기 어려울 때에는 그 대우가 참이 되도록 하는 미지수를 구한다.

1068 학교기출 대표 유형

명제

'$x^2-3x+2\ne 0$이면 $x-a\ne 0$이다.'

가 참이 되도록 하는 모든 실수 a의 값의 합을 구하시오.

1069

두 실수 a, b에 대한 명제

'$a+b>5$이면 $a>k$ 또는 $b>-2$이다.'

가 참이 되도록 하는 실수 k의 최댓값은?

① -7　　② -5　　③ 1
④ 5　　　⑤ 7

1070 최다빈출 중요

실수 x에 대한 두 조건 p, q가 다음과 같다.

$$p: x^2+ax+b=0, \quad q: |x|=2$$

명제 $p\longrightarrow q$의 역이 참이 되도록 하는 두 상수 a, b에 대하여 $a-b$의 값은?

① 1　　② 2　　③ 3
④ 4　　⑤ 5

해설 내신연계문제

1071

NORMAL

명제

'$|x-a| \geq 5$이면 $|x-2| > 3$이다.'

가 참이 되도록 하는 정수 a의 개수는?

① 1   ② 2   ③ 3

④ 4   ⑤ 5

1072 최다빈출 왕 중요

NORMAL

두 조건

$p : |x-a| < 3, \; q : |x+2| > 6$

에 대하여 명제 $q \longrightarrow \sim p$가 참이 되도록 하는 정수 a의 개수를 구하시오.

해설 내신연계문제

모의고사 **핵심유형** 기출문제

1073   2024년 03월 고2 학력평가 26번

NORMAL

실수 x에 대한 두 조건

$p : 2x-a=0, \; q : x^2-bx+9 > 0$

이 있다. 명제 $p \longrightarrow \sim q$와 명제 $\sim p \longrightarrow q$가 모두 참이 되도록 하는 두 양수 a, b의 값의 합을 구하시오.

해설 내신연계문제

1074   2018년 03월 고3 학력평가 나형 13번

NORMAL

두 조건 p, q의 진리집합이 각각

$P = \{2, 3, a^2\}, \; Q = \{4, a+1\}$

이다. 명제 $p \longrightarrow q$의 역이 참일 때, 실수 a의 값은?

① -2 ② -1 ③ 0

④ 1   ⑤ 2

해설 내신연계문제

유형 15   명제의 대우와 삼단논법

(1) **삼단논법**

세 조건 p, q, r에 대하여 두 명제 $p \longrightarrow q$, $q \longrightarrow r$이 모두 참이면 명제 $p \longrightarrow r$도 참이다.

(2) 전체집합 U에 대하여 세 조건 p, q, r의 진리집합을 각각 P, Q, R이라 할 때, $p \longrightarrow q$, $q \longrightarrow r$이 모두 **참이면** $P \subset Q$, $Q \subset R$이므로 $P \subset R$이다.

 즉 명제 $p \longrightarrow r$도 참이다.

대우와 삼단논법이 뭉치면 새로운 명제가 탄생한다.

두 명제 $p \longrightarrow q$, $\sim p \longrightarrow \sim s$가 모두 참이면

명제 $\sim p \longrightarrow \sim s$의 대우인 $s \longrightarrow p$도 참이다

두 명제 $s \longrightarrow p$, $p \longrightarrow q$가 모두 참이므로 삼단논법에 의하여

명제 $s \longrightarrow q$도 참이다.

1075   학교기출 대표 유형

세 조건 p, q, r에 대하여 명제 $p \longrightarrow q$와 $q \longrightarrow \sim r$이 참일 때, 다음 중 반드시 참이라고 할 수 없는 것은?

① $p \longrightarrow \sim r$ ② $\sim q \longrightarrow \sim p$ ③ $r \longrightarrow \sim q$

④ $\sim p \longrightarrow r$ ⑤ $r \longrightarrow \sim p$

1076 최다빈출 왕 중요

BASIC

세 조건 p, q, r에 대하여 두 명제 $p \longrightarrow \sim q$, $r \longrightarrow q$가 모두 참일 때, 다음 [보기]의 명제 중 항상 참인 것을 모두 고른 것은?

ㄱ. $\sim q \longrightarrow p$	ㄴ. $q \longrightarrow \sim p$
ㄷ. $\sim q \longrightarrow r$	ㄹ. $p \longrightarrow \sim r$

① ㄱ, ㄴ   ② ㄱ, ㄷ   ③ ㄱ, ㄹ

④ ㄴ, ㄷ   ⑤ ㄴ, ㄹ

해설 내신연계문제

1077 최다빈출 왕 중요

NORMAL

두 명제 $r \longrightarrow p$, $\sim q \longrightarrow s$가 모두 참이라고 할 때, 이들로부터 명제 $r \longrightarrow q$가 참이라는 결론을 얻기 위해서는 참인 명제가 하나 더 필요하다. 다음 명제가 모두 참이라고 할 때, 이 중에서 필요한 명제는?

① $s \longrightarrow \sim p$ ② $q \longrightarrow \sim s$ ③ $p \longrightarrow \sim q$

④ $\sim r \longrightarrow \sim s$ ⑤ $\sim p \longrightarrow s$

해설 내신연계문제

1078 최다빈출 상 중요

전체집합 U에 대하여 세 조건 p, q, r의 진리집합을 각각 P, Q, R이라 하자. 두 명제 $q \longrightarrow \sim p$, $r \longrightarrow q$가 모두 참일 때, 항상 옳은 것만을 [보기]에서 있는 대로 고른 것은?

ㄱ. $p \longrightarrow \sim r$
ㄴ. $R \subset P^C$
ㄷ. $P \subset Q^C$

① ㄱ ② ㄱ, ㄴ ③ ㄱ, ㄷ
④ ㄴ, ㄷ ⑤ ㄱ, ㄴ, ㄷ

해설 내신연계문제

1079

전체집합 U에 대하여 세 조건 p, q, r의 진리집합을 각각 P, Q, R이라 하자. 두 명제 $q \longrightarrow \sim p$, $\sim r \longrightarrow p$가 모두 참일 때, 다음 중 옳지 않은 것은? (단, $R \neq U$)

① $Q \subset R$
② $P \cap Q = \varnothing$
③ 어떤 $x \in P$에 대하여 $x \notin R$이다.
④ 모든 $x \in Q$에 대하여 $x \in R$이다.
⑤ 모든 $x \in P$에 대하여 $x \in R$이다.

모의고사 핵심유형 기출문제

1080 2015년 11월 고1 학력평가 17번

전체집합 U의 공집합이 아닌 세 부분집합 P, Q, R이 각각 세 조건 p, q, r의 진리집합이라 하자. 세 명제

$$\sim p \longrightarrow r, \quad r \longrightarrow \sim q, \quad \sim r \longrightarrow q$$

가 모두 참일 때, [보기]에서 옳은 것만을 있는 대로 고른 것은?

ㄱ. $P^C \subset R$
ㄴ. $P \subset Q$
ㄷ. $P \cap Q = R^C$

① ㄱ ② ㄴ ③ ㄱ, ㄷ
④ ㄴ, ㄷ ⑤ ㄱ, ㄴ, ㄷ

해설 내신연계문제

유형 16 대우를 이용한 명제의 증명

명제 $p \longrightarrow q$가 참임을 직접 증명하기 어려울 때,
◐ 그 명제의 대우인 $\sim q \longrightarrow \sim p$가 참임을 증명하여
원래 명제 $p \longrightarrow q$가 참임을 증명하는 방법을 대우법이라 한다.

① 대우를 이용한 증명
➡ 명제 $p \longrightarrow q$가 참임을 직접 증명할 수 없을 때,
그 명제의 대우 $\sim q \longrightarrow \sim p$가 참임을 증명한다.
② 귀류법
➡ 명제를 직접 증명하기 어려울 때, 결론을 부정하여 가정에 모순이 됨을 보인다.

1081 학교기출 대표 유형

다음은 명제 '자연수 n에 대하여 n^2이 홀수이면 n도 홀수이다.'를 증명한 것이다.

주어진 명제의 대우는
'자연수 n에 대하여 n이 짝수이면 n^2은 [(가)]이다.'이다.
n이 짝수이면 $n = 2k$ (k는 자연수)로 나타낼 수 있으므로
$n^2 = (2k)^2 = 4k^2 = 2 \times 2k^2$이다.
여기서 $2k^2$은 자연수이므로 $2 \times 2k^2$은 [(나)]이고
n^2은 [(다)]이다.
따라서 주어진 명제의 대우가 참이므로 주어진 명제도 참이다.

위의 증명에서 (가), (나), (다)에 알맞은 것을 순서대로 적은 것은?

① 홀수, 홀수, 홀수 ② 홀수, 짝수, 홀수
③ 짝수, 짝수, 홀수 ④ 짝수, 홀수, 짝수
⑤ 짝수, 짝수, 짝수

1082 최다빈출 상 중요

다음은 명제 '자연수 n에 대하여 n^2이 짝수이면 n도 짝수이다.'를 증명한 것이다.

주어진 명제의 대우는
'자연수 n에 대하여 n이 홀수이면 n^2도 홀수이다.'이다.
n이 홀수이면 $n = $ [(가)] (k는 자연수)로 나타낼 수 있으므로
$n^2 = ($ [(가)] $)^2 = 4k^2 - 4k + 1 = 2($ [(나)] $) + 1$
여기서 [(나)]는 0 또는 짝수이므로 n^2은 홀수이다.
따라서 주어진 명제의 대우가 참이므로 주어진 명제도 참이다.

위의 (가), (나)에 알맞은 식을 각각 $f(k)$, $g(k)$라 할 때,
$f(2)g(2)$의 값은?

① 6 ② 8 ③ 12
④ 16 ⑤ 20

해설 내신연계문제

1083

NORMAL

다음은 명제 '자연수 n에 대하여 n^2이 3의 배수이면 n도 3의 배수이다.'를 증명한 것이다.

주어진 명제의 대우는

'자연수 n이 3의 배수가 아니면 n^2도 [(가)]'이다.

n이 3의 배수가 아니므로

$n=3k-1$ 또는 [(나)] (k는 자연수)이다.

이때 $n^2=3(3k^2-2k)+1$ 또는 $n^2=3(3k^2-4k+1)+1$이고

$3k^2-2k$와 $3k^2-4k+1$은 0 또는 [(다)]이므로

n^2은 [(라)]

따라서 주어진 명제의 대우가 [(마)]이므로 주어진 명제도

[(마)]이다.

위의 증명에서 빈칸에 들어갈 수나 식으로 옳지 않은 것은?

① (가) : 3의 배수가 아니다.
② (나) : $n=3k-2$
③ (다) : 자연수
④ (라) : 3의 배수이다.
⑤ (마) : 참

1084

NORMAL

다음은 명제 '자연수 n에 대하여 n^2+2가 3의 배수가 아니면 n은 3의 배수이다.'를 증명한 것이다.

주어진 명제의 대우는

'자연수 n이 3의 배수가 아니면 n^2+2는 3의 배수이다.'이다.

$n=3k+1$ 또는 $n=$[(가)] (k는 0 이상의 정수)라 하면

(i) $n=3k+1$일 때,

$n^2+2=(3k+1)^2+2=3($ [(나)] $)$

그러므로 n^2+2는 3의 배수이다.

(ii) $n=$ [(가)] 일 때,

$n^2+2=3(3k^2+4k+2)$

그러므로 n^2+2는 3의 배수이다.

(i), (ii)에 의하여 주어진 명제의 대우가 참이므로

주어진 명제도 참이다.

위의 (가), (나)에 알맞은 식을 각각 $f(k)$, $g(k)$라 할 때,

$f(0)+g(1)$의 값은?

① 6   ② 8   ③ 10
④ 12   ⑤ 14

유형 17   귀류법 (모순법)

명제가 참임을 직접 증명하기 어려울 때,

❍ 명제 또는 명제의 결론을 부정하여 모순임을 보인다.

즉 명제의 결론을 부정하여 가정이나 이미 알고 있는 정리 등에 모순임을 보여줌으로써 주어진 명제가 참임을 증명하는 방법을 귀류법이라 한다.

 대우법과 귀류법의 비교

비교	대우를 이용한 증명	귀류법
의미	대우 명제가 참임을 증명하여 본래의 명제가 참임을 증명하는 방법	명제 또는 명제의 결론을 부정한 명제를 참이라 가정할 때, 증명 과정에서 모순을 이끌어 내어 본래의 명제가 참임을 증명하는 방법

1085

학교기출 대표 유형

다음은 명제 '$\sqrt{2}$는 무리수이다.'를 증명한 것이다.

$\sqrt{2}$가 [(가)]라고 가정하면

$\sqrt{2}=\dfrac{n}{m}$ (단, m, n은 [(나)]인 자연수)

으로 나타낼 수 있다. 위 식의 양변을 제곱하면 $2=\dfrac{n^2}{m^2}$

$\therefore n^2=2m^2$ ······ ㉠

이때 n^2이 [(다)]이므로 n도 [(다)]이다.

여기서 $n=2k$ (k는 자연수)라 하고 ㉠에 대입하면

$(2k)^2=2m^2$

$\therefore m^2=2k^2$

이때 m^2이 [(다)]이므로 m도 [(다)]이다.

이것은 m, n이 모두 짝수이므로 m, n이 [(나)]인 자연수라는 가정에 모순이다.

따라서 $\sqrt{2}$는 유리수가 아니다.

위의 증명에서 (가), (나), (다)에 알맞은 것을 고르면?

	(가)	(나)	(다)
①	유리수	서로소	짝수
②	유리수	서로소	홀수
③	유리수	서로 다른	홀수
④	무리수	서로 다른	홀수
⑤	무리수	서로 다른	3의 배수

1086 최다빈출 양 중요

NORMAL

다음은 명제 'n이 자연수일 때, $\sqrt{3n(3n+2)}$는 무리수이다.'를 증명한 것이다.

$\sqrt{3n(3n+2)}$가 유리수라고 가정하면

$\sqrt{3n(3n+2)}=\dfrac{b}{a}$ (a, b는 서로소인 자연수)

즉 $3n(3n+2)=\dfrac{b^2}{a^2}$ ...... ㉠

㉠의 좌변이 자연수이고 a와 b는 서로소인 자연수이므로

$a^2=$ (가) ...... ㉡

㉡을 ㉠에 대입하여 변형하면

$\left(\boxed{\text{(나)}}+b\right)\left(\boxed{\text{(나)}}-b\right)=1$

따라서 $\boxed{\text{(나)}}+b$, $\boxed{\text{(나)}}-b$는 모두 1이거나 모두 -1이다.

이때 어느 경우에나 n, b가 모두 자연수라는 사실에 모순이므로

$\sqrt{3n(3n+2)}$는 무리수이다.

위의 증명에서 (가)에 알맞은 값을 k, (나)에 알맞은 식을 $f(n)$이라 할 때, $k+f(2)$의 값은?

① 7   ② 8   ③ 11
④ 13   ⑤ 15

해설 내신연계문제

1087

NORMAL

다음은 두 유리수 a, b에 대하여 명제

'$a+b\sqrt{3}=0$이면 $a=0$이고 $b=0$이다.'

를 증명한 것이다.

$b\ne0$이라고 가정하면 $b\sqrt{3}=-a$, $\sqrt{3}=-\dfrac{a}{b}$

이때 a, b는 유리수이고 $-\dfrac{a}{b}$도 $\boxed{\text{(가)}}$가 되어 $\sqrt{3}$이 $\boxed{\text{(가)}}$가 된다.

이것은 $\sqrt{3}$이 $\boxed{\text{(나)}}$라는 사실에 모순되므로 $b=0$이다.

$b=0$을 $a+b\sqrt{3}=0$에 대입하여 정리하면

$a=$ (다) 이 성립한다.

위의 증명에서 (가), (나), (다)에 알맞은 것을 고르면?

	(가)	(나)	(다)
①	유리수	유리수	0
②	유리수	무리수	0
③	무리수	무리수	0
④	무리수	유리수	1
⑤	무리수	무리수	1

1088

TOUGH

다음은 세 정수 a, b, c에 대하여 명제

'$a^2+b^2=c^2$이면 a, b 중에서 적어도 하나는 3의 배수이다.'

를 증명한 것이다.

---

a, b가 모두 3의 배수가 아니라고 하면

$a=3l\pm1$, $b=3m\pm1$ (단, l, m은 정수)

로 나타낼 수 있다.

이때 $a^2+b^2=3(\boxed{})+\boxed{\text{(가)}}$ ...... ㉠

즉 a^2+b^2을 3으로 나눈 나머지는 $\boxed{\text{(가)}}$ 이다.

그런데 $c=3k$인 경우 $c^2=9k^2$이고 $c=3k\pm1$인 경우

$c^2=3(3k^2\pm2k)+\boxed{\text{(나)}}$ (k는 정수) ...... ㉡

㉠, ㉡에서 $a^2+b^2\ne c^2$이다.

이것은 $a^2+b^2=c^2$이라는 가정에 모순이므로

a, b 중에서 적어도 하나는 3의 배수이어야 한다.

(가), (나)에 알맞은 값을 각각 p, q라 할 때, $p+q$의 값을 구하시오.

모의고사 핵심유형 기출문제

1089 2013년 06월 고1 학력평가 19번

TOUGH

다음은 $n\ge2$인 자연수 n에 대하여 $\sqrt{n^2-1}$이 무리수임을 증명한 것이다.

$\sqrt{n^2-1}$이 유리수라고 가정하면

$\sqrt{n^2-1}=\dfrac{q}{p}$ (p, q는 서로소인 자연수)로 놓을 수 있다.

이 식의 양변을 제곱하여 정리하면 $p^2(n^2-1)=q^2$이다.

p는 q^2의 약수이고 p, q는 서로소인 자연수이므로

$n^2=$ (가) 이다.

자연수 k에 대하여

(i) $q=2k$일 때,

    $(2k)^2<n^2<\boxed{\text{(나)}}$인 자연수 n이 존재하지 않는다.

(ii) $q=2k+1$일 때,

    $\boxed{\text{(나)}}<n^2<(2k+2)^2$인 자연수 n이 존재하지 않는다.

(i)과 (ii)에 의하여 $\sqrt{n^2-1}=\dfrac{q}{p}$ (p, q는 서로소인 자연수)를

만족하는 자연수 n은 존재하지 않는다.

따라서 $\sqrt{n^2-1}$은 무리수이다.

위의 (가), (나)에 알맞은 식을 각각 $f(q)$, $g(k)$라 할 때, $f(2)+g(3)$의 값은?

① 50   ② 52   ③ 54
④ 56   ⑤ 58

해설 내신연계문제

유형 18 충분조건, 필요조건, 필요충분조건

(1) $p \Longrightarrow q$ ◀ 명제 $p \longrightarrow q$가 참일 때,
- p는 q이기 위한 충분조건
- q는 p이기 위한 필요조건

(2) $p \Longleftrightarrow q$
- p는 q이기 위한 필요충분조건
- q는 p이기 위한 필요충분조건

 충분조건과 필요조건의 판정법은
집합을 이용하는 판정법과 명제를 이용하는 판정법이 있다.

① 집합을 이용하는 충분조건, 필요조건 판정법

두 명제 p, q의 진리집합 P, Q에 대하여

$P \subset Q$일 때, $\begin{cases} p\text{는 } q\text{이기 위한 충분조건} \\ q\text{는 } p\text{이기 위한 필요조건} \end{cases}$

② 명제를 이용하는 충분조건, 필요조건 판정법
- $p \longrightarrow q$가 참이면 p는 q에게 주는 쪽이므로 p는 q이기 위한 충분조건이다.
- $p \longleftarrow q$가 참이면 p는 q에게 받는 쪽이므로 p는 q이기 위한 필요조건이다.

 중요한 충분조건, 필요조건 (a, b는 실수)

p	q	p는 q이기 위한 조건
$a=0$이고 $b=0$	$ab=0$	충분조건
$a=b$	$ac=bc$	충분조건
$x \geq 1$이고 $y \geq 1$	$x+y \geq 2$	충분조건
$A \cup B = B$	$A \subset B$	필요충분조건
$|x|=|a|$	$x^2=a^2$	필요충분조건
$a^2+b^2=0$	$a=0, b=0$	필요충분조건
$|a|=|b|$	$a^2=b^2$	필요충분조건
$a^2 \pm ab+b^2=0$	$a=0, b=0$	필요충분조건
$|a-b|=|a+b|$	$ab=0$	필요충분조건
$|a+b|=|a|+|b|$	$ab \geq 0$	필요충분조건
$|a|>a$	$a<0$	필요충분조건

1090 학교기출 대표 유형

세 조건 p, q, r이

$$p : |x|=1, \ q : x^2=1, \ r : (x-1)(x+1)(x+2)=0$$

일 때, (가), (나), (다)에 알맞은 것을 고르면?

p는 q이기 위한 ⬚(가) 조건이다.

r는 p이기 위한 ⬚(나) 조건이다.

q는 r이기 위한 ⬚(다) 조건이다.

	(가)	(나)	(다)
①	충분	필요	필요충분
②	필요충분	필요	충분
③	필요	필요충분	충분
④	필요	충분	필요충분
⑤	충분	필요충분	필요

1091 최다빈출 상 중요 NORMAL

세 실수 a, b, c에 대하여 다음 중 옳지 않은 것은?

① $a^3-b^3=0$은 $a^4-b^4=0$이기 위한 필요조건이다.

② $ab=|ab|$은 $|a|+|b|=0$이기 위한 필요조건이다.

③ $a-b=0$은 $a^3-b^3=0$이기 위한 필요충분조건이다.

④ $ab<0$은 $|a|+|b|>|a+b|$이기 위한 필요충분조건이다.

⑤ $a=b=c=0$은 $(a-b)^2+(b-c)^2+(c-a)^2=0$이기 위한 충분조건이다.

해설 내신연계문제

1092 NORMAL

두 조건 p, q에 대하여 p는 q이기 위한 충분조건이지만 필요조건이 아닌 것은? (단, x, y, z는 실수이다.)

① $p : xz=yz$ $\qquad$ $q : x=y$

② $p : x^2=y^2$ $\qquad$ $q : |x|=|y|$

③ $p : |x| \leq 2$ $\qquad$ $q : 0 \leq x \leq 2$

④ $p : x, y$는 유리수 $\qquad$ $q : xy$는 유리수

⑤ $p : x$는 12의 양의 약수 $\qquad$ $q : x$는 6의 양의 양수

1093 최다빈출 상 중요 NORMAL

두 조건 p, q에 대하여 p가 q이기 위한 필요조건이지만 충분조건이 아닌 것은? (단, x, y는 실수이다.)

① $p : |x|=2$ $\qquad$ $q : x^2=4$

② $p : x>1$ $\qquad$ $q : x>-1$

③ $p : x=y$ $\qquad$ $q : x^2=y^2$

④ $p : x<0$이고 $y>0$ $\qquad$ $q : xy<0$

⑤ $p : |x+y|=|x|+|y|$ $\qquad$ $q : xy>0$

해설 내신연계문제

1094 NORMAL

두 조건 p, q에 대하여 p가 q이기 위한 충분조건이지만 필요조건은 아닌 것은? (단, a, b, c는 실수이다.)

① $p : a+b>2$ $\qquad$ $q : a>1$ 또는 $b>1$

② $p : ab=0$ $\qquad$ $q : |a-b|=|a+b|$

③ $p : ab<0$ $\qquad$ $q : |a-b|>|a+b|$

④ $p : ab=0$ $\qquad$ $q : |a|+|b|=0$

⑤ $p : a^2+b^2+c^2-ab-bc-ca=0$ $\qquad$ $q : a^2+b^2+c^2=0$

유형 19 등식에서 충분조건과 필요조건의 판단

(1) a, b가 실수일 때, $a=b=0$이기 위한 필요충분조건

 ① $a^2+b^2=0$ $\Longleftrightarrow$ $a=b=0$

 ② $|a|+|b|=0$ $\Longleftrightarrow$ $a=b=0$

 ③ $a+bi=0$ $\Longleftrightarrow$ $a=b=0$ (단, $i=\sqrt{-1}$)

 ④ $a^2+ab+b^2=0$ $\Longleftrightarrow$ $a=b=0$

 ⑤ $a^2-2ab+2b^2=0$ $\Longleftrightarrow$ $a=b=0$

(2) $|a+b|=|a-b|$의 필요충분조건은 $ab=0$이다.

 설명 $|a+b|=|a-b|$의 양변을 제곱하면

    $a^2+2ab+b^2=a^2-2ab+b^2$ ∴ $ab=0$

(3) $|a|+|b|=|a+b|$의 필요충분조건은 $ab \geq 0$이다.

 설명 $|a|+|b|=|a+b|$의 양변을 제곱하면

    $|a|^2+2|a||b|+|b|^2=a^2+2ab+b^2$

    $|ab|=ab$이므로 $ab \geq 0$

(4) $a=b=0$은 $ab=0$이기 위한 충분조건이다.

(5) a, b가 유리수일 때,

 $a+b\sqrt{m}=0$의 필요충분조건은 $a=b=0$ (단, $\sqrt{m}$은 무리수이다.)

 p가 q이기 위한 필요충분조건임을 보이기 위해서는 명제 $p \longrightarrow q$와
그 역인 $q \longrightarrow p$가 모두 참임을 보이면 된다.

1095

다음 [보기]에서 $a=0$이고 $b=0$이기 위한 필요충분조건인 것의 개수
를 구하시오. (단, a, b는 실수이다.)

ㄱ. $a^2+b^2=0$	ㄴ. $a+b\sqrt{2}=0$
ㄷ. $|a|+|b|=0$	ㄹ. $|a+b|=0$
ㅁ. $\sqrt{a}+\sqrt{b}=0$	ㅂ. $a^2-2ab+2b^2=0$

1096 최다빈출 왕중요   NORMAL

두 조건 p, q에 대하여 p가 q이기 위한 충분조건이지만 필요조건이
아닌 것은? (단, $i=\sqrt{-1}$이고 a, b는 실수이다.)

① $p : ab=0$ $q : a^2+b^2=0$

② $p : a=b$ $q : a^2-b^2=0$

③ $p : a^2-b^2=0$ $q : |a|+|b|=0$

④ $p : ab=0$ $q : a+bi=0$

⑤ $p : \sqrt{a}+\sqrt{b}=0$ $q : a^2+b^2=0$

해설 내신연계문제

1097   NORMAL

두 조건 p, q에 대하여 [보기]에서 p가 q이기 위한 필요충분조건인
것을 모두 고르면? (단, a, b는 실수이다.)

ㄱ. $p : |a-b|=|a+b|$	$q : a=0$ 또는 $b=0$
ㄴ. $p : |a|+|b|=|a+b|$	$q : a \geq 0$이고 $b \geq 0$
ㄷ. $p : |a-b|<|a|+|b|$	$q : ab \leq 0$

① ㄱ   ② ㄷ   ③ ㄱ, ㄴ

④ ㄱ, ㄷ   ⑤ ㄱ, ㄴ, ㄷ

1098 TOUGH

세 실수 a, b, c에 대하여 세 조건 p, q, r은

    $p : a^2+b^2+c^2=0$,

    $q : a^2+b^2+c^2+ab+bc+ca=0$,

    $r : a^2+b^2+c^2-ab-bc-ca=0$

이다. 옳은 것만을 [보기]에서 있는 대로 고른 것은?

ㄱ. p는 q이기 위한 필요충분조건이다.
ㄴ. p는 r이기 위한 충분조건이다.
ㄷ. q는 r이기 위한 충분조건이다.

① ㄱ   ② ㄱ, ㄴ   ③ ㄱ, ㄷ

④ ㄴ, ㄷ   ⑤ ㄱ, ㄴ, ㄷ

모의고사 핵심유형 기출문제

1099 2013년 09월 고1 학력평가 13번   NORMAL

두 실수 a, b에 대하여 세 조건 p, q, r은

    $p : |a|+|b|=0$,

    $q : a^2-2ab+b^2=0$,

    $r : |a+b|=|a-b|$

이다. 옳은 것만을 [보기]에서 있는 대로 고른 것은?

ㄱ. p는 q이기 위한 충분조건이다.
ㄴ. $\sim p$는 $\sim r$이기 위한 필요조건이다.
ㄷ. (q이고 r)은 p이기 위한 필요충분조건이다.

① ㄱ   ② ㄷ   ③ ㄱ, ㄴ

④ ㄴ, ㄷ   ⑤ ㄱ, ㄴ, ㄷ

해설 내신연계문제

(1) $p \Longrightarrow q$ ◀ 명제 $p \longrightarrow q$가 참일 때,
 ❏ p는 q이기 위한 충분조건
 ❏ q는 p이기 위한 필요조건
(2) $p \Longleftrightarrow q$
 ❏ p는 q이기 위한 필요충분조건
 ❏ q는 p이기 위한 필요충분조건

① 교환법칙
$A \cup B = B \cup A$, $A \cap B = B \cap A$
② 결합법칙
$(A \cup B) \cup C = A \cup (B \cup C)$, $(A \cap B) \cap C = A \cap (B \cap C)$
③ 분배법칙
$A \cup (B \cap C) = (A \cup B) \cap (A \cup C)$
$A \cap (B \cup C) = (A \cap B) \cup (A \cap C)$
④ 드모르간의 법칙
$(A \cap B)^c = A^c \cup B^c$, $(A \cup B)^c = A^c \cap B^c$

1100 학교기출 대표유형

세 집합 A, B, C와 두 조건 p, q에 대하여 [보기]에서 p가 q이기 위한 충분조건이지만 필요조건이 아닌 것을 모두 고르면?

ㄱ. $p : A = B$ $q : A \cap C = B \cap C$
ㄴ. $p : A = B$ $q : A \cup C = B \cup C$
ㄷ. $p : A = B$ $q : A - C = B - C$

① ㄱ   ② ㄴ   ③ ㄱ, ㄴ
④ ㄴ, ㄷ   ⑤ ㄱ, ㄴ, ㄷ

1101 BASIC

전체집합 U의 두 부분집합 A, B에 대하여 다음 중
$$A \cup \{(A \cap B) \cup (B - A)\} = A$$
이기 위한 필요충분조건인 것은?

① $A \subset B$ ② $A^c \subset B^c$ ③ $A \cap B = \varnothing$
④ $A \cup B = U$ ⑤ $A \cap B = A$

1102 최다빈출양 중요 BASIC

전체집합 U의 두 부분집합 A, B에 대하여 다음 중
$$(A \cap B) \cap (A \cup B^c) = A$$
이기 위한 필요충분조건인 것은?

① $A - B = \varnothing$ ② $B \subset A$ ③ $A = B$
④ $A \cap B = \varnothing$ ⑤ $A \cup B = \varnothing$

두 조건 p, q의 진리집합을 각각 P, Q라 할 때,
(1) p는 q이기 위한 충분조건 ❏ $P \subset Q$
(2) p는 q이기 위한 필요조건 ❏ $Q \subset P$
(3) p는 q이기 위한 필요충분조건 ❏ $Q = P$

진리집합 사이의 포함 관계
p가 q이기 위한 충분조건이므로 $P \subset Q$
오른쪽 그림에서 다음이 성립한다.
① $P \cup Q = Q$ ② $Q^c \subset P^c$
③ $P - Q = \varnothing$ ④ $P \cap Q = P$
⑤ $P^c \cup Q = U$

1103 학교기출 대표유형

전체집합 U에 대하여 두 조건 p, q의 진리집합을 각각 P, Q라고 하자. p가 q이기 위한 충분조건일 때, [보기]에서 항상 옳은 것을 모두 고른 것은?

ㄱ. $P \subset Q$ ㄴ. $P^c \subset Q^c$
ㄷ. $P \cap Q^c = \varnothing$ ㄹ. $P \cup Q^c = U$

① ㄱ, ㄴ   ② ㄱ, ㄷ   ③ ㄴ, ㄷ
④ ㄴ, ㄹ   ⑤ ㄷ, ㄹ

1104 BASIC

전체집합 U에서의 두 조건 p, q의 진리집합을 각각 P, Q라고 하자. p가 $\sim q$이기 위한 충분조건일 때, 다음 중 항상 옳은 것은?

① $P \cap Q = \varnothing$ ② $P \subset Q$ ③ $Q \subset P$
④ $P = Q$ ⑤ $P \cup Q = U$

1105 최다빈출양 중요 NORMAL

전체집합 U에 대하여 세 조건 p, q, r의 진리집합을 각각 P, Q, R이라고 하자. p는 q이기 위한 필요조건이고 q는 r이기 위한 필요조건일 때, 다음 중 항상 옳은 것은?

① $(P \cap Q) \subset R$ ② $R \subset (P \cup Q)$ ③ $P \subset (Q \cup R)$
④ $Q - R = P$ ⑤ $R^c \subset (P \cap Q^c)$

해설 내신연계문제

 해설 내신연계문제

1106

전체집합 U에 대하여 세 조건 p, q, r의 진리집합을 각각 P, Q, R이라고 하자. p는 $\sim q$이기 위한 충분조건이고 $\sim r$는 $\sim q$이기 위한 필요조건일 때, 다음 중 항상 옳은 것은?

① $P \subset Q$
② $Q \subset R^C$
③ $R \subset (P \cap Q)$
④ $P \cap R = \varnothing$
⑤ $Q \cup R = R$

1107

전체집합 U에 대하여 두 조건 p, q의 진리집합을 각각 P, Q라 할 때,
$$Q \cup (P-Q)^c = U$$
이 성립한다. 다음 중 항상 옳은 것은?

① p는 q이기 위한 필요충분조건이다.
② p는 q이기 위한 충분조건이다.
③ p는 q이기 위한 필요조건이다.
④ p는 $\sim q$이기 위한 필요조건이다.
⑤ p는 $\sim q$이기 위한 충분조건이다.

1108 최다빈출 왕 중요

전체집합 U에 대하여 세 조건 p, q, r의 진리집합을 각각 P, Q, R이라 할 때,
$$(R-P^C) \cup (Q-P) = \varnothing$$
이 성립한다. [보기]에서 항상 옳은 것만을 있는 대로 고른 것은?
(단, P, Q, R은 공집합이 아니다.)

ㄱ. q는 p이기 위한 충분조건이다.
ㄴ. $\sim r$은 p이기 위한 필요조건이다.
ㄷ. $\sim q$는 r이기 위한 필요조건이다.

① ㄱ
② ㄱ, ㄴ
③ ㄱ, ㄷ
④ ㄴ, ㄷ
⑤ ㄱ, ㄴ, ㄷ

[해설 내신연계문제]

유형22 충분조건, 필요조건, 필요충분조건과 진리집합의 포함 관계가 주어진 경우

두 조건 p, q의 진리집합을 각각 P, Q라 할 때,
(1) p는 q이기 위한 **충분조건** ➡ $P \subset Q$
(2) p는 q이기 위한 **필요조건** ➡ $Q \subset P$
(3) p는 q이기 위한 **필요충분조건** ➡ $Q = P$

1109 학교기출 대표 유형

전체집합 U에 대하여 두 조건 p, q의 진리집합을 각각 P, Q라고 하자. 두 집합 P, Q 사이의 포함 관계가 오른쪽 벤 다이어그램과 같을 때, 다음 중 항상 옳은 것은?

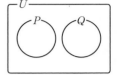

① p는 q이기 위한 충분조건이다.
② p는 q이기 위한 필요조건이다.
③ p는 $\sim q$이기 위한 충분조건이다.
④ p는 $\sim q$이기 위한 필요조건이다.
⑤ p는 $\sim q$이기 위한 필요충분조건이다.

1110 최다빈출 왕 중요

전체집합 U에 대하여 세 조건 p, q, r의 진리집합을 각각 P, Q, R이라고 하자. 세 집합 P, Q, R 사이의 포함 관계가 오른쪽 벤 다이어그램과 같을 때, [보기] 중 항상 옳은 것을 모두 고른 것은?

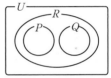

ㄱ. r은 p이기 위한 필요조건이다.
ㄴ. $\sim p$는 q이기 위한 충분조건이다.
ㄷ. $\sim r$은 $\sim p$이기 위한 충분조건이다.

① ㄱ
② ㄴ
③ ㄱ, ㄷ
④ ㄴ, ㄷ
⑤ ㄱ, ㄴ, ㄷ

[해설 내신연계문제]

1111 최다빈출 왕 중요

전체집합 U에 대하여 세 조건 p, q, r의 진리집합을 각각 P, Q, R이라고 하자. 세 집합 P, Q, R 사이의 포함 관계가 오른쪽 벤 다이어그램과 같을 때, [보기] 중 항상 옳은 것을 모두 고른 것은?

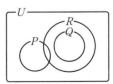

ㄱ. p는 $\sim q$이기 위한 충분조건이다.
ㄴ. $\sim p$는 q이기 위한 충분조건이다.
ㄷ. $\sim r$은 $\sim q$이기 위한 필요조건이다.
ㄹ. p는 $\sim r$이기 위한 충분조건이다.

① ㄱ
② ㄱ, ㄴ
③ ㄱ, ㄷ
④ ㄱ, ㄹ
⑤ ㄴ, ㄷ, ㄹ

[해설 내신연계문제]

(1) **조건이 방정식으로 주어진 경우**
진리집합 사이의 포함 관계를 만족시키는 미지수의 값을 구한다.
(2) **조건에 ≠를 포함한 식이 주어진 경우**
대우를 이용하여 방정식으로 고친다.

 ① 두 조건 p, q의 진리집합을 각각 P, Q라 할 때,
p가 q이기 위한 충분조건이면 ➡ $P \subset Q$
② p가 q이기 위한 충분조건이면
➡ 명제 $p \longrightarrow q$가 참이므로 대우 $\sim q \longrightarrow \sim p$도 참이다.

1112 학교기출 대표 유형

실수 x에 대한 두 조건

$$p : x^2+2x-a=0, \quad q : x-3=0$$

에 대하여 p가 q이기 위한 필요조건일 때, 상수 a의 값을 구하시오.

1113 BASIC

실수 x에 대한 두 조건

$$p : x^2+ax+9 \neq 0, \quad q : x+3 \neq 0$$

에 대하여 p가 q이기 위한 충분조건일 때, 상수 a의 값은?

① -7 ② -6 ③ -5
④ 6 ⑤ 7

1114 최다빈출 왕 중요 BASIC

실수 x에 대한 두 조건

$$p : 3x+a \neq 0, \quad q : x^2-2x-3 \neq 0$$

에 대하여 p가 q이기 위한 필요조건일 때, 모든 상수 a의 값의 합은?

① -7 ② -6 ③ -5
④ 6 ⑤ 7

해설 내신연계문제

1115 최다빈출 왕 중요 NORMAL

실수 x에 대한 세 조건

$$p : x=3,$$
$$q : x^2-(a+1)x+a=0,$$
$$r : x^2+bx+c=0$$

에 대하여 p는 q이기 위한 충분조건이고 q는 r이기 위한 필요충분조건일 때, 상수 a, b, c에 대하여 $a+b+c$의 값을 구하시오.

해설 내신연계문제

1116 2020학년도 고3 수능기출 나형 6번 NORMAL

실수 x에 대한 두 조건

$$p : x=a, \quad q : 3x^2-ax-32=0$$

에 대하여 p가 q이기 위한 충분조건이 되도록 하는 양수 a의 값은?

① 1   ② 2   ③ 3
④ 4   ⑤ 5

해설 내신연계문제

1117 2023년 11월 고1 학력평가 13번 NORMAL

실수 x에 대한 두 조건

$$p : (x+1)(x+2)(x-3)=0,$$
$$q : x^2+kx+k-1=0$$

에 대하여 p가 q이기 위한 필요조건이 되도록 하는 모든 정수 k의 값의 곱은?

① -18 ② -16 ③ -14
④ -12 ⑤ -10

해설 내신연계문제

1118 2016년 03월 고2 학력평가 가형 16번 TOUGH

세 조건 p, q, r의 진리집합을 각각

$$P=\{3\}, \quad Q=\{a^2-1, b\}, \quad R=\{a, ab\}$$

라 하자. p는 q이기 위한 충분조건이고, r는 p이기 위한 필요조건일 때, $a+b$의 최솟값은? (단, a, b는 실수이다.)

① $-\dfrac{3}{2}$ ② -2 ③ $-\dfrac{5}{2}$
④ -3 ⑤ $-\dfrac{7}{2}$

해설 내신연계문제

유형 24 충분조건, 필요조건과 부등식

조건이 부등식으로 주어진 경우

● 두 조건 p, q에 대하여 p가 q이기 위한 충분조건(또는 필요조건)일 때, **진리집합 사이의 포함 관계에 맞게 부등식을 수직선 위에 나타내고 미지수의 값의 범위를 구한다.**

두 조건 p, q의 진리집합을 각각 P, Q라 할 때,

① p가 q이기 위한 충분조건 ➡ $P \subset Q$

   $\sim p$가 q이기 위한 충분조건 ➡ $P^c \subset Q$

② p가 q이기 위한 필요조건 ➡ $Q \subset P$

   $\sim p$가 q이기 위한 필요조건 ➡ $Q \subset P^c$

1119   학교기출 대표 유형

실수 x에 대한 두 조건

$$p : \left| \frac{x}{2} - a \right| \leq 1, \quad q : x^2 - 10x + 9 \leq 0$$

에 대하여 p가 q이기 위한 충분조건이 되도록 하는 실수 a의 최댓값과 최솟값을 각각 M, m이라 할 때, $M+m$의 값을 구하시오.

1120   최다빈출 왕 중요   NORMAL

실수 x에 대한 두 조건

$$p : x^2 + x - 20 \leq 0, \quad q : |x-1| < k$$

에 대하여 p가 q이기 위한 필요조건이 되도록 하는 모든 자연수 k의 값의 합은?

① 4   ② 5   ③ 6

④ 7   ⑤ 8

해설 내신연계문제

1121   NORMAL

실수 x에 대한 두 조건

$$p : x^2 - 7x + 10 \leq 0, \quad q : (x+a)(x-a-1) < 0$$

에 대하여 $\sim q$가 $\sim p$이기 위한 충분조건이 되도록 하는 자연수 a의 최솟값은?

① 1   ② 2   ③ 3

④ 4   ⑤ 5

1122   NORMAL

실수 x에 대한 두 조건

$$p : x^2 - (a+b)x + ab < 0, \quad q : x^2 - 2x - 3 < 0$$

에 대하여 p가 q이기 위한 충분조건이 되도록 하는 서로 다른 두 정수 a, b의 순서쌍 (a, b)의 개수는? (단, $a < b$)

① 2   ② 4   ③ 6

④ 8   ⑤ 10

1123   최다빈출 왕 중요   NORMAL

실수 x에 대하여 세 조건 p, q, r이 다음과 같다.

$$p : -1 \leq x \leq 3 \text{ 또는 } x \geq 5,$$
$$q : x \geq a,$$
$$r : x \geq b$$

q는 p이기 위한 충분조건이고 r은 p이기 위한 필요조건이다.
실수 a의 최솟값을 m, b의 최댓값을 M이라 할 때, $m+M$의 값을 구하시오.

해설 내신연계문제

모의고사 **핵심유형** 기출문제

1124   2019학년도 고3 수능기출 나형 11번   NORMAL

실수 x에 대한 두 조건 p, q가 다음과 같다.

$$p : x^2 - 4x + 3 > 0, \quad q : x \leq a$$

$\sim p$가 q이기 위한 충분조건이 되도록 하는 실수 a의 최솟값은?

① 5   ② 4   ③ 3

④ 2   ⑤ 1

해설 내신연계문제

1125   2021년 03월 고2 학력평가 14번   NORMAL

실수 x에 대한 두 조건 p, q가 다음과 같다.

$$p : x^2 - 4x - 12 = 0, \quad q : |x-3| > k$$

p가 $\sim q$이기 위한 충분조건이 되도록 하는 자연수 k의 최솟값은?

① 3   ② 4   ③ 5

④ 6   ⑤ 7

해설 내신연계문제

유형 25 필요충분조건이 되도록 하는 미지수 구하기

두 조건 p, q의 진리집합을 각각 P, Q라 할 때,
(1) p는 q이기 위한 충분조건, q는 p이기 위한 필요조건 ➡ $P \subset Q$
(2) p는 q이기 위한 필요충분조건 ➡ $P = Q$

1126 학교기출 대표 유형

실수 x에 대한 두 조건
$$p : 2x+5 = x+2, \quad p : x^2 + ax + b = 0$$
에 대하여 p가 q이기 위한 필요충분조건일 때, 상수 a, b에 대하여 $a+b$의 값을 구하시오.

1127
NORMAL

다음 실수 x에 대한 두 조건 p, q에 대하여 p가 q이기 위한 필요충분조건일 때, 두 상수 a, b의 합 $a+b$의 값은?

$$p : (x+2)^2 = a$$
$$q : x = -1 \text{ 또는 } x = b$$

① -2　　　　② -1　　　　③ 0
④ 1　　　　⑤ 2

1128 최다빈출 왕 중요
NORMAL

자연수 x에 대한 두 조건 p, q가 다음과 같다.
$$p : x^2 - 3x + 2 > 0, \quad q : x^2 + ax + b = 0$$
$\sim p$가 q이기 위한 필요충분조건이 되도록 하는 두 상수 a, b에 대하여 ab의 값은?

① -2　　　　② -4　　　　③ -6
④ -8　　　　⑤ -10

해설 내신연계문제

유형 26 충분조건, 필요조건과 삼단논법

두 조건 p, q에 대하여
(1) p가 q이기 위한 충분조건이면 $p \Longrightarrow q$
(2) p가 q이기 위한 필요조건이면 $q \Longrightarrow p$
(3) p가 q이기 위한 필요충분조건이면 $p \Longleftrightarrow q$

 세 조건 p, q, r에 대하여
① $p \Longrightarrow q$, $q \Longrightarrow r$이면 $p \Longrightarrow r$
② $p \Longrightarrow q$, $q \Longrightarrow r$이고 $q \Longrightarrow p$, $r \Longrightarrow q$이면 $p \Longleftrightarrow q \Longleftrightarrow r$
③ $p \Longrightarrow q$이면 $\sim q \Longrightarrow \sim p$

1129 학교기출 대표 유형

세 조건 p, q, r에 대하여 p는 $\sim r$이기 위한 필요조건이고 r은 q이기 위한 충분조건일 때, 다음 중 항상 참인 명제는?

① $p \longrightarrow r$　　　② $q \longrightarrow r$　　　③ $p \longrightarrow \sim r$
④ $r \longrightarrow \sim q$　　　⑤ $\sim q \longrightarrow p$

1130
NORMAL

세 조건 p, q, r에 대하여 두 명제 $p \longrightarrow q$, $\sim p \longrightarrow r$이 모두 참일 때, [보기]에서 항상 옳은 것만을 있는 대로 고른 것은?

ㄱ. $\sim r$은 p이기 위한 충분조건이다.
ㄴ. q는 $\sim r$이기 위한 필요조건이다.
ㄷ. r은 $\sim q$이기 위한 필요조건이다.

① ㄱ　　　　② ㄴ　　　　③ ㄷ
④ ㄱ, ㄴ　　　⑤ ㄱ, ㄴ, ㄷ

1131 최다빈출 왕 중요
NORMAL

네 조건 p, q, r, s에 대하여
$$p \longrightarrow \sim q, \quad \sim s \longrightarrow q, \quad \sim p \longrightarrow r$$
이 모두 참일 때, 항상 옳은 것만을 [보기]에서 있는 대로 고른 것은?

ㄱ. p는 s이기 위한 필요조건이다.
ㄴ. q는 r이기 위한 충분조건이다.
ㄷ. s는 $\sim r$이기 위한 필요조건이다.

① ㄱ　　　　② ㄴ　　　　③ ㄷ
④ ㄱ, ㄴ　　　⑤ ㄱ, ㄴ, ㄷ

해설 내신연계문제

유형 27 삼단논법과 명제의 추론

주어진 상황을 참인 명제로 재구성한 후 삼단논법을 이용하여 새로운 참인 명제를 이끌어 낸다.

➡ 각 명제들의 대우를 이용하면 더 편리하게 삼단논법을 이용할 수 있는 상황을 만들 수도 있다.

> 주어진 문장을 조건 p, q꼴로 나타낸 후 명제가 참이면 그 대우도 참임과 삼단논법을 이용하여 참인 명제를 찾는다.

1132 학교기출 대표유형

다음 두 명제가 모두 참이라고 할 때, 항상 참인 명제는?

(가) 게임을 잘하는 사람은 자율주행의 차량을 좋아한다.
(나) 자율주행의 차량을 좋아하는 사람은 운전을 잘한다.

① 운전을 잘하는 사람은 게임을 잘한다.
② 게임을 잘하는 사람은 운전을 잘한다.
③ 게임을 잘하는 사람은 자율주행의 차량을 좋아하지 않는다.
④ 운전을 못하는 사람은 자율주행의 차량을 좋아한다.
⑤ 자율주행의 차량을 좋아하지 않는 사람은 운전을 못하는 사람이다.

1133 NORMAL

어느 학교 학생들을 대상으로 수면시간, 등교시간, 자습시간, 성적에 관한 조사를 하였더니 다음과 같은 결과가 나왔다.

(가) 수면시간이 많으면 자습시간이 적다.
(나) 등교시간이 이르면 수면시간이 많지 않다.
(다) 성적이 좋으면 자습시간이 적지 않다.

다음 [보기]의 세 학생 A, B, C 중 올바른 추론을 한 학생을 있는 대로 고른 것은?

A : 등교시간이 이르면 자습시간이 적지 않아.
B : 성적이 좋으면 수면시간이 많지 않아.
C : 등교시간과 성적 사이의 관련성은 알 수 없어.

① A ② B ③ A, C
④ B, C ⑤ A, B, C

1134 최다빈출 상 중요 NORMAL

수지, 송이, 민준은 서울, 부산, 광주 중 각각 서로 다른 도시에 살고 있다. 세 사람은 다음과 같이 말하였다.

수지 : 나는 서울에서 살고 있다.
송이 : 나는 서울에서 살고 있지 않다.
민준 : 나는 광주에서 살고 있지 않다.

세 사람 중에서 한 사람만 진실을 말하였다고 할 때, 서울, 부산, 광주에 살고 있는 사람을 차례로 나열하면?

	서울	부산	광주
①	수지	민준	송이
②	송이	민준	수지
③	송이	수지	민준
④	수지	송이	민준
⑤	민준	수지	송이

해설 내신연계문제

모의고사 핵심유형 기출문제

1135 2011년 06월 고1 학력평가 13번 NORMAL

어느 휴대폰 제조 회사에서 휴대폰 판매량과 사용자 선호도에 대한 시장 조사를 하여 다음과 같은 결과를 얻었다.

(가) 10대, 20대에게 선호가 높은 제품은 판매량이 많다.
(나) 가격이 싼 제품은 판매량이 많다.
(다) 기능이 많은 제품은 10대, 20대에게 선호도가 높다.

위의 결과로부터 추론한 내용으로 항상 옳은 것은?

① 기능이 많은 제품은 가격이 싸지 않다.
② 가격이 싸지 않은 제품은 판매량이 많지 않다.
③ 판매량이 많지 않은 제품은 기능이 많지 않다.
④ 10대, 20대에게 선호도가 높은 제품은 기능이 많다.
⑤ 10대, 20대에게 선호도가 높은 제품은 가격이 싸지 않다.

해설 내신연계문제

서술형 기출유형
학교내신기출 서술형 핵심문제총정리

1136

실수 전체의 집합에서 두 조건 p, q가

$$p : |x-2| \leq 3, \ q : x^2 - x \leq 0$$

일 때, 조건 'p이고 $\sim q$'의 진리집합에 속하는 정수 x의 개수를 구하는 과정을 다음 단계로 서술하시오.

1단계 두 조건 p, q의 진리집합을 P, Q라 할 때, 진리집합 P, Q를 구한다. [4점]

2단계 조건 'p이고 $\sim q$'의 진리집합을 구한다. [4점]

3단계 정수 x의 개수를 구한다. [2점]

1137 최다빈출 왕중요

실수 x에 대하여 두 조건 p, q가

$$p : |x-2| < 2, \ q : 5-k < x < k$$

일 때, 명제 $p \longrightarrow q$가 참이 되도록 하는 실수 k의 최솟값을 구하는 과정을 다음 단계로 서술하시오.

1단계 두 조건 p, q의 진리집합을 P, Q라 할 때, 진리집합 P, Q를 구한다. [3점]

2단계 명제 $p \longrightarrow q$가 참이 되려면 $P \subset Q$가 성립함을 이용하여 실수 k의 범위를 구한다. [5점]

3단계 실수 k의 최솟값을 구한다. [2점]

해설 내신연계문제

1138

실수 x에 대하여 세 조건 p, q, r이

$$p : x^2 - 9x \leq -8, \ q : x > a-2, \ r : x < b+3$$

일 때, 다음 단계로 서술하시오. (단, a, b는 정수이다.)

1단계 세 조건 p, q, r의 진리집합을 P, Q, R이라 할 때, 진리집합 P, Q, R을 구한다. [2점]

2단계 명제 $p \longrightarrow q$가 참일 때, 정수 a의 최댓값을 구한다. [4점]

3단계 명제 $p \longrightarrow r$이 거짓일 때, 정수 b의 최댓값을 구한다. [4점]

1139 최다빈출 왕중요

두 명제

'모든 실수 x에 대하여 $x^2 - 2ax + 9 > 0$이다.'

'어떤 실수 x에 대하여 $x^2 - ax + 2a \leq 0$이다.'

가 모두 거짓이 되도록 하는 모든 정수 a의 값의 합을 구하는 과정을 다음 단계로 서술하시오.

1단계 '모든 실수 x에 대하여 $x^2 - 2ax + 9 > 0$이다.'를 부정하여 a의 범위를 구한다. [4점]

2단계 '어떤 실수 x에 대하여 $x^2 - ax + 2a \leq 0$이다.'를 부정하여 a의 범위를 구한다. [4점]

3단계 모든 정수 a의 값의 합을 구한다. [2점]

해설 내신연계문제

1140

두 조건

$$p : x^2 + ax + 16 \neq 0, \ q : x - 4 \neq 0$$

에 대하여 p는 q이기 위한 충분조건일 때, 실수 a의 값을 구하는 과정을 다음 단계로 서술하시오.

1단계 두 조건 p, q의 진리집합을 P, Q라 할 때, 진리집합 P, Q의 포함 관계를 구한다. [3점]

2단계 명제가 참이므로 그 대우를 구한다. [4점]

3단계 실수 a의 값을 구한다. [3점]

1141

실수 x에 대한 두 조건

$$p : |x-1| \leq 5, \ q : |x-a| \leq 3$$

에 대하여 p가 q이기 위한 필요조건이 되도록 하는 모든 정수 a의 개수를 구하는 과정을 다음 단계로 서술하시오.

1단계 두 조건 p, q의 진리집합을 각각 P, Q라 할 때, 진리집합을 각각 구한다. [4점]

2단계 p가 q이기 위한 필요조건일 때 집합의 포함 관계를 이용하여 a의 범위를 구한다. [4점]

3단계 모든 정수 a의 개수를 구한다. [2점]

1142

전체집합 $U=\{x|x$는 실수$\}$에 대하여 두 조건 p, q는

$$p : x^2-3ax+2a^2>0, \quad q : -8<x\le18$$

이다. $\sim p$는 q이기 위한 충분조건일 때, 정수 a의 개수를 구하는 과정을 다음 단계로 서술하시오.

1단계 두 조건 p, q의 진리집합을 각각 P, Q라 할 때, 진리집합 P^c, Q를 각각 구한다. [4점]

2단계 $a\ge0$일 때와 $a<0$일 때로 경우를 나누어 각각의 정수 a의 개수를 구한다. [4점]

3단계 모든 정수 a의 개수를 구한다. [2점]

1143 최다빈출 왕 중요

전체집합 $U=\{x|x$는 12 이하의 자연수$\}$에 대하여 두 조건 p, q의 진리집합을 각각 P, Q라고 하자. 조건 p가 다음과 같을 때, 명제 $\sim q \longrightarrow p$의 대우가 참이 되게 하는 집합 Q의 개수를 구하는 과정을 다음 단계로 서술하시오.

$$p : x는 12의 약수이다.$$

1단계 p의 진리집합을 이용하여 $\sim p$의 진리집합을 구한다. [3점]

2단계 명제 $\sim q \longrightarrow p$의 대우가 참이 되게 하는 진리집합 Q의 조건을 구한다. [3점]

3단계 집합 Q의 개수를 구한다. [4점]

해설 내신연계문제

1144

양수 a, b에 대한 세 조건

$$p : x^2<a, \quad q : x^2-2x<3, \quad r : x<b$$

가 있다. p는 q이기 위한 충분조건이고 r은 q이기 위한 필요조건일 때, a의 최댓값과 b의 최솟값의 합을 구하는 과정을 다음 단계로 서술하시오.

1단계 세 조건 p, q, r의 진리집합을 각각 P, Q, R이라 하고 세 집합을 구한다. [3점]

2단계 p가 q이기 위한 충분조건일 때, a의 범위를 구한다. [3점]

3단계 r이 q이기 위한 필요조건일 때, b의 범위를 구한다. [3점]

4단계 a의 최댓값과 b의 최솟값의 합을 구한다. [1점]

1145

명제 'a, b가 실수일 때, $a^2+b^2=0$이면 $a=0$이고 $b=0$이다.'
가 참임을 귀류법을 이용하여 다음 단계로 증명하시오.

1단계 명제의 결론을 부정한다. [2점]

2단계 1단계 를 이용하여 주어진 명제가 참임을 증명한다. [8점]

1146

명제 'a, b, c가 자연수일 때, $a^2+b^2=c^2$이면 a, b, c 중 적어도 하나는 짝수이다.'가 참임을 귀류법을 이용하여 다음 단계로 증명하시오.

1단계 명제의 결론을 부정한다. [3점]

2단계 1단계 의 a, b, c를 $a^2+b^2=c^2$에 대입하여 식을 정리한다. [4점]

3단계 모순임을 밝혀 주어진 명제가 참임을 증명한다. [3점]

1147

다음 세 학생이 수업이 끝난 후, 학원, 서점, 독서실 중 각각 서로 다른 장소에 갔다 와서 다음과 같이 말하였다.

지선 : 나는 학원에 갔다.
수진 : 나는 학원에 가지 않았다.
준호 : 나는 서점에 가지 않았다.

위의 세 학생의 말 중 하나만 참일 때, 학원, 서점, 독서실에 간 학생을 구하는 과정을 다음 단계로 서술하시오.

1단계 지선의 말이 참일 경우 모순인지 구한다. [2.5점]

2단계 수진의 말이 참일 경우 모순인지 구한다. [2.5점]

3단계 준호의 말이 참일 경우 모순인지 구한다. [2.5점]

4단계 학원, 서점, 독서실에 간 학생을 각각 구한다. [2.5점]

STEP❸ 고난도문제

학교내신기출 고난도 핵심문제총정리

행복한 일등급문제

YOURMASTERPLAN;MAPL
SYNERGY
S E R I E S

1148

집합 $P=\{x|k-3<x<k+6\}$에 대하여 명제

'$x\in P$인 어떤 실수 x에 대하여 $-2\le x\le 3$이다.'

가 참이 되도록 하는 정수 k의 개수를 구하시오.

1149 최다빈출 상 중요

실수 x에 대한 두 조건 p, q가

$$p:x^2-x-6\ge 0,\ q:x^2-6x-a<0$$

일 때, $\sim p$가 q이기 위한 충분조건이 되도록 하는 실수 a의 최솟값을 구하시오.

해설 내신연계문제

1150

전체집합 U에서 세 조건 p, q, r을 만족하는 집합을 각각 P, Q, R이라 할 때, [보기]에서 항상 옳은 것을 모두 고른 것은?

> ㄱ. $P\cup(Q-P)=P$가 성립할 때, p는 q이기 위한
>   필요조건이다. (단, $P\ne Q$)
> ㄴ. $P\cup(Q-P)^C=U$이 성립할 때, p는 q이기 위한
>   충분조건이다. (단, $P\ne Q$)
> ㄷ. $(P\cup Q)-(P\cap Q)=\varnothing$이 성립할 때, p는 q이기 위한
>   필요충분조건이다.
> ㄹ. $(R-P)\cup(P-Q)=\varnothing$이 성립할 때, r는 q이기 위한
>   충분조건이다. (단, $P\ne Q\ne R$)

① ㄱ, ㄹ   ② ㄴ, ㄷ   ③ ㄱ, ㄴ, ㄷ
④ ㄱ, ㄷ, ㄹ   ⑤ ㄱ, ㄴ, ㄷ, ㄹ

1151

두 조건 a, b에 대하여 $f(a,b)$를

$$f(a,b)=\begin{cases} 1\ (a가\ b이기\ 위한\ 충분조건이지만\ 필요조건이\ 아닐\ 때)\\ 0\ (a가\ b이기\ 위한\ 필요충분조건일\ 때)\\ -1\ (a가\ b이기\ 위한\ 필요조건이지만\ 충분조건이\ 아닐\ 때)\end{cases}$$

로 정의한다.

세 집합 X, A, B에 대하여 조건 p, q, r이 다음과 같을 때,

> $p:X\subset(A\cap B)$
>
> $q:X\subset(A\cup B)$
>
> $r:X\subset A$ 또는 $X\subset B$

$f(p,q)+2f(q,r)+3f(r,p)$의 값을 구하시오.

1152

실수 x에 대하여 세 조건 p, q, r가 다음과 같다.

> $p:x$는 24의 양의 약수이다.
>
> $q:x^3-9x^2+26x-24=0$
>
> $r:(x-a)(x-b)(x-c)(x-d)=0$
>   (단, a, b, c는 서로 다른 자연수이다.)

r은 p이기 위한 충분조건이고, q이기 위한 필요조건이다. 조건 r의 진리집합을 R이라 할 때, 집합 R의 모든 원소의 합의 최댓값을 M, 최솟값을 m이라 하자. Mm의 값을 구하시오.

1153

2024년 10월 고1 학력평가 16번

두 자연수 a, b에 대하여 실수 x에 대한 두 조건

$$p : x^2-4x+a+2 \leq 0,$$
$$q : 0 < |x-b| \leq 4$$

의 진리집합을 각각 P, Q라 하자.

$$P \neq \varnothing, \ P \subset Q$$

가 되도록 하는 a, b의 모든 순서쌍 (a, b)의 개수는?

① 5   ② 6   ③ 7
④ 8   ⑤ 9

해설 내신연계문제

1154

2023년 03월 고2 학력평가 18번

실수 x에 대한 두 조건

$$p : |x-k| \leq 2, \quad q : x^2-4x-5 \leq 0$$

이 있다. 명제 $p \longrightarrow q$와 명제 $p \longrightarrow \sim q$가 모두 거짓이 되도록 하는 모든 정수 k의 값의 합은?

① 14   ② 16   ③ 18
④ 20   ⑤ 22

해설 내신연계문제

1155

2023년 03월 고2 학력평가 19번

다음 조건을 만족시키는 집합 A의 개수는?

(가) $\{0\} \subset A \subset \{x \,|\, x는\ 실수\}$
(나) $a^2-2 \notin A$이면 $a \notin A$이다.
(다) $n(A)=4$

① 3   ② 4   ③ 5
④ 6   ⑤ 7

해설 내신연계문제

1156

2022년 03월 고2 학력평가 17번

실수 x에 대한 두 조건

$$p : x^2+2ax+1 \geq 0, \quad q : x^2+2bx+9 \leq 0$$

이 있다. 다음 두 문장이 모두 참인 명제가 되도록 하는 정수 a, b의 순서쌍 (a, b)의 개수는?

(가) 모든 실수 x에 대하여 p이다.
(나) p는 $\sim q$이기 위한 충분조건이다.

① 15   ② 18   ③ 21
④ 24   ⑤ 27

해설 내신연계문제

1157

2018년 03월 고3 학력평가 나형 29번

전체집합 $U=\{1, 2, 3, 4\}$의 공집합이 아닌 두 부분집합 A, B에 대하여 두 명제

'집합 A의 모든 원소 x에 대하여 $x^2-3x<0$이다.'
'집합 B의 어떤 원소 x에 대하여 $x \in A$이다.'

가 있다. 두 명제가 모두 참이 되도록 하는 두 집합 A, B의 모든 순서쌍 (A, B)의 개수를 구하시오.

해설 내신연계문제

04 절대부등식

학교내신기출 객관식 핵심문제총정리

유형 01 실수의 성질을 이용한 절대부등식

(1) **절대부등식**

$(x+1)^2 \geq 0$과 같이 모든 실수 x에 대하여 항상 성립하는 부등식

(2) **두 수 또는 두 식의 대소 비교**

A, B가 실수일 때, 다음을 이용하여 절대부등식을 증명할 수 있다.

① $A \geq B \Longleftrightarrow A - B \geq 0$

② $A \geq 0$, $B \geq 0$일 때, $A^2 \geq B^2 \Longleftrightarrow A \geq B \Longleftrightarrow \sqrt{A} \geq \sqrt{B}$

③ $A > 0$, $B > 0$일 때, $\dfrac{A}{B} > 1 \Longleftrightarrow A > B$

 기본적인 절대부등식

a, b, c가 실수일 때,

① $a^2 \pm ab + b^2 \geq 0$ (단, 등호는 $a = b = 0$일 때 성립한다.)

② $a^2 + b^2 + c^2 - ab - bc - ca \geq 0$
   (단, 등호는 $a = b = c$일 때 성립한다.)

③ $|a+b| \leq |a| + |b|$ (단, 등호는 $ab \geq 0$일 때 성립한다.)

④ $|a-b| \leq |a| + |b|$ (단, 등호는 $ab \leq 0$일 때 성립한다.)

⑤ $|a| - |b| \leq |a+b|$ (단, 등호는 $ab \leq 0$, $|a| \geq |b|$일 때 성립한다.)

⑥ $|a| - |b| \leq |a-b|$ (단, 등호는 $ab \geq 0$, $|a| \geq |b|$일 때 성립한다.)

⑦ $|a-b| \leq |a+b|$ 또는 $|a-b| \geq |a+b|$
   (단, 등호는 $ab = 0$일 때 성립한다.)

⑧ $\sqrt{a-b} > \sqrt{a} - \sqrt{b}$ (단, $a > b > 0$)

⑨ $\sqrt{a} + \sqrt{b} > \sqrt{a+b}$ (단, $a > 0$, $b > 0$)

1158 학교기출 대표 유형

a, b가 실수일 때, 다음 중 절대부등식이 아닌 것은?

① $a + \dfrac{1}{a} \geq 2$

② $a^2 + a + 1 > 0$

③ $(a+b)^2 \geq 4ab$

④ $a^2 + b^2 \geq 2(a+b-1)$

⑤ $|a| + 1 \geq |a+1|$

1159 최대빈출 왕중요 NORMAL

음이 아닌 실수 a, b, c에 대하여 다음 [보기] 중 항상 성립하는 부등식만을 있는 대로 고른 것은?

> ㄱ. $a^2 - ab + b^2 \geq 0$
>
> ㄴ. $\sqrt{a} + \sqrt{b} \geq \sqrt{a+b}$
>
> ㄷ. $a + b + c \geq \sqrt{ab} + \sqrt{bc} + \sqrt{ca}$

① ㄱ　　　　② ㄴ　　　　③ ㄱ, ㄴ

④ ㄴ, ㄷ　　　　⑤ ㄱ, ㄴ, ㄷ

해설 내신연계문제

1160 NORMAL

$a > 0$, $b > 0$일 때, 다음 [보기] 중 항상 성립하는 부등식만을 있는 대로 고른 것은?

> ㄱ. $\dfrac{b}{a^2} + \dfrac{a^2}{b} \geq 3$
>
> ㄴ. $1 + \dfrac{a}{2} > \sqrt{1+a}$
>
> ㄷ. $\sqrt{\dfrac{a+b}{2}} \geq \dfrac{\sqrt{a} + \sqrt{b}}{2}$

① ㄱ　　　　② ㄴ　　　　③ ㄱ, ㄴ

④ ㄱ, ㄷ　　　　⑤ ㄴ, ㄷ

1161 NORMAL

두 양수 a, b에 대하여 다음 [보기] 중 항상 성립하는 부등식만을 있는 대로 고른 것은?

> ㄱ. $1 + a > \sqrt{1+2a}$
>
> ㄴ. $\sqrt{\dfrac{a^2+b^2}{2}} \geq \dfrac{a+b}{2}$
>
> ㄷ. $\sqrt{2a} + \sqrt{b} \geq 2\sqrt{ab}$

① ㄱ　　　　② ㄴ　　　　③ ㄱ, ㄴ

④ ㄴ, ㄷ　　　　⑤ ㄱ, ㄴ, ㄷ

1162

NORMAL

다음은 $a>b>0$일 때, 부등식 $\sqrt{a-b}>\sqrt{a}-\sqrt{b}$가 성립함을 보이는 과정이다.

$\sqrt{a-b}>0$, $\sqrt{a}-\sqrt{b}>0$이므로

$(\boxed{(가)})^2>(\sqrt{a}-\sqrt{b})^2$임을 보이면 된다.

$$(\boxed{(가)})^2-(\sqrt{a}-\sqrt{b})^2=a-b-(a+b-2\sqrt{ab})$$
$$=2(\sqrt{ab}-b)$$
$$=2(\boxed{(나)})$$

이때 $ab>b^2$이므로 $2(\boxed{(나)})>0$

따라서 $\sqrt{a-b}>\sqrt{a}-\sqrt{b}$

(가), (나)에 알맞은 것을 차례대로 나열한 것은?

	(가)	(나)
①	$\sqrt{a-b}$	$\sqrt{ab}-\sqrt{b^2}$
②	$\sqrt{a-b}$	$\sqrt{ab}+\sqrt{b^2}$
③	$\sqrt{a}-\sqrt{b}$	$\sqrt{ab}-\sqrt{b^2}$
④	$\sqrt{a}-\sqrt{b}$	$\sqrt{ab}+\sqrt{b^2}$
⑤	$\sqrt{a}+\sqrt{b}$	$\sqrt{ab}+\sqrt{b^2}$

1163

NORMAL

다음은 세 양수 a, b, c에 대하여 부등식

$$\frac{bc}{a}+\frac{ca}{b}+\frac{ab}{c}\geq a+b+c$$

가 성립함을 증명한 것이다. (가), (나), (다)에 들어갈 알맞은 것은?

a, b, c가 양수이므로

$\sqrt{\dfrac{bc}{a}}=x$, $\sqrt{\dfrac{ca}{b}}=y$, $\boxed{(가)}=z$라고 하면

$xy=c$, $yz=\boxed{(나)}$, $zx=b$이다.

$$2(x^2+y^2+z^2-xy-yz-zx)$$
$$=x^2-2xy+y^2+y^2-2yz+z^2+z^2-2zx+x^2=\boxed{(다)}$$

이므로 $x^2+y^2+z^2-xy-yz-zx=\dfrac{1}{2}\{\boxed{(다)}\}\geq 0$

따라서 $x^2+y^2+z^2\geq xy+yz+zx$이다.

그러므로 세 양수 a, b, c에 대하여 부등식

$\dfrac{bc}{a}+\dfrac{ca}{b}+\dfrac{ab}{c}\geq a+b+c$가 성립한다.

	(가)	(나)	(다)
①	$\sqrt{\dfrac{ab}{c}}$	a	$(x-y)^2+(y-z)^2+(z-x)^2$
②	$\sqrt{\dfrac{ab}{c}}$	ab	$(x-y)^2+(y-z)^2+(z-x)^2$
③	$\sqrt{\dfrac{ab}{c}}$	ab	$(x+y)^2+(y+z)^2+(z+x)^2$
④	$\sqrt{\dfrac{ac}{b}}$	a	$(x+y)^2+(y+z)^2+(z+x)^2$
⑤	$\sqrt{\dfrac{ac}{b}}$	a	$(x+y)^2+(y+z)^2+(z+x)^2$

유형 02 절댓값 기호를 포함한 절대부등식

A, B, C가 실수일 때, 다음을 이용하여 절대부등식을 증명할 수 있다.

➡ 절댓값이나 근호를 포함한 두 수 또는 두 식의 대소를 비교하기 위해서는 각각을 제곱하여 차의 부호를 확인한다.

(1) $|A|\geq 0$, $|B|\geq 0$이므로

$$|A|\geq|B|\Longleftrightarrow|A|^2\geq|B|^2\Longleftrightarrow|A|^2-|B|^2\geq 0$$

(2) $|A|+|B|\geq 0$, $|C|\geq 0$이므로

$$|A|+|B|\geq|C|\Longleftrightarrow(|A|+|B|)^2\geq|C|^2$$
$$\Longleftrightarrow(|A|+|B|)^2-|C|^2\geq 0$$

🐱 $A>0$, $B>0$일 때,

① $A^2>B^2\Longleftrightarrow A>B$

② $\sqrt{A}>\sqrt{B}\Longleftrightarrow A>B$

③ $|A|>|B|\Longleftrightarrow A>B$

1164

학교기출 대표 유형

두 실수 a, b에 대하여 다음 [보기] 중 항상 성립하는 부등식만을 있는 대로 고른 것은?

ㄱ. $|a+b|\leq|a|+|b|$

ㄴ. $|a-b|\geq||a|-|b||$

ㄷ. $|a-b|\leq|a|+|b|$

ㄹ. $|a-b|\geq|a|-|b|$

① ㄱ, ㄷ ② ㄴ, ㄷ ③ ㄴ, ㄹ

④ ㄴ, ㄷ, ㄹ ⑤ ㄱ, ㄴ, ㄷ, ㄹ

1165

최다빈출 상 중요

BASIC

두 실수 a, b에 대하여 다음 [보기] 중 항상 성립하는 부등식의 개수는?

ㄱ. $a^2+ab+b^2\geq 0$

ㄴ. $a^2+b^2\geq 2a+2b-2$

ㄷ. $|a+b|\geq|a-b|$

ㄹ. $|a+b|<|a|+|b|$

ㅁ. $13(a^2+b^2)\geq(2a+3b)^2$

① 1 ② 2 ③ 3

④ 4 ⑤ 5

해설 내신연계문제

04 절대부등식

1166

다음은 임의의 실수 a, b에 대하여 부등식 $|a+b| \leq |a|+|b|$ 를 증명하는 과정이다.

$$(|a|+|b|)^2 - |a+b|^2 = |a|^2 + 2|a||b| + |b|^2 - (a+b)^2$$
$$= a^2 + 2|ab| + b^2 - a^2 - 2ab - b^2$$
$$= 2(\boxed{\text{(가)}})$$

$|ab| \geq ab$ 이므로 $2(\boxed{\text{(가)}}) \geq 0$

그런데 $|a+b| \geq 0$, $|a|+|b| \geq 0$ 이므로

$|a+b| \leq |a|+|b|$ 이다.

여기서 등호가 성립하는 경우는 $|ab| = ab$

즉 $\boxed{\text{(나)}}$ 일 때이다.

(가), (나)에 알맞은 것을 차례대로 나열한 것은?

① $|ab| + ab$, $ab \leq 0$ ② $|ab| + ab$, $ab \geq 0$

③ $|ab| - ab$, $ab \leq 0$ ④ $|ab| - ab$, $ab \geq 0$

⑤ $|ab| - ab$, $ab = 0$

1167

다음은 임의의 실수 a, b에 대하여 부등식 $|a|-|b| \leq |a-b|$ 를 증명하는 과정이다.

(i) $|a| \geq |b|$ 일 때,

$$(|a|-|b|)^2 - |a-b|^2 = a^2 - 2|ab| + b^2 - a^2 + 2ab - b^2$$
$$= 2(\boxed{\text{(가)}}) \leq 0$$

즉 $|a|-|b| \leq |a-b|$ 이다.

(ii) $|a| < |b|$ 일 때,

$|a-b| > 0$, $|a|-|b| < 0$ 이므로 $|a|-|b| < |a-b|$

(i), (ii)에서 $|a|-|b| \leq |a-b|$ 이다.

여기서 등호가 성립하는 경우는 $|ab| = ab$ 이고 $|a| \geq |b|$

즉 $\boxed{\text{(나)}}$, $|a| \geq |b|$ 일 때이다.

(가), (나)에 알맞은 것을 차례대로 나열한 것은?

① $ab - |ab|$, $ab \leq 0$ ② $ab - |ab|$, $ab \geq 0$

③ $ab + |ab|$, $ab \leq 0$ ④ $ab + |ab|$, $ab \geq 0$

⑤ $ab + |ab|$, $ab = 0$

유형 03   산술평균과 기하평균의 관계 − 합 또는 곱이 일정할 때

$a > 0$, $b > 0$일 때, $\dfrac{a+b}{2} \geq \sqrt{ab}$ (단, 등호는 $a=b$일 때 성립한다.)

(1) **합 $a+b$가 일정한 경우** ($a+b=p$, p는 상수)

    ◗ $\dfrac{p}{2} \geq \sqrt{ab}$에서 $\left(\dfrac{p}{2}\right)^2 \geq ab$이므로

    곱 ab는 $a=b$일 때, 최댓값 $\left(\dfrac{p}{2}\right)^2$ 을 갖는다.

(2) **곱 ab가 일정한 경우** ($ab=q$, q는 상수)

    ◗ $\dfrac{a+b}{2} \geq \sqrt{q}$에서 $a+b \geq 2\sqrt{q}$이므로

    합 $a+b$는 $a=b$일 때, 최솟값 $2\sqrt{q}$를 갖는다.

> ① 양수 조건인지 확인한 후에 산술평균과 기하평균의 관계를 이용한다.
>
> ② 식을 전개하여 $p(x) \times \dfrac{k}{p(x)}$ (단, k는 상수)와 같이 곱하면 약분할 수 있는 꼴을 찾아서 산술평균과 기하평균의 관계를 이용한다.

1168   학교기출 대표 유형

두 양수 x, y에 대하여 다음 조건을 만족하는 실수 a, b의 합 $a+b$ 를 구하시오.

(가) $x+y=4$일 때, xy의 최댓값은 a이다.

(나) $xy=3$일 때, $3x+4y$의 최솟값은 b이다.

1169   최다빈출 양 중요

다음은 $a > 0$, $b > 0$일 때, 부등식 $\dfrac{a+b}{2} \geq \sqrt{ab}$ 가 성립함을 증명하는 과정이다. (가), (나)에 알맞은 것을 순서대로 나열한 것은?

$$\dfrac{a+b}{2} - \sqrt{ab} = \boxed{\text{(가)}}$$

$\boxed{\text{(가)}} \geq 0$이므로 $\dfrac{a+b}{2} \geq \sqrt{ab}$

여기서 등호가 성립하는 경우는 $\boxed{\text{(나)}}$ 일 때이다.

① $\dfrac{(\sqrt{a}+\sqrt{b})^2}{2}$, $a=b$ ② $\dfrac{(\sqrt{a}+\sqrt{b})^2}{2}$, $a=-b$

③ $\dfrac{(\sqrt{a}-\sqrt{b})^2}{2}$, $a=b$ ④ $\dfrac{(\sqrt{a}-\sqrt{b})^2}{2}$, $a=-b$

⑤ $(\sqrt{a}-\sqrt{b})^2$, $a=b$

해설 내신연계문제

1170

NORMAL

직선 $\dfrac{x}{a}+\dfrac{y}{b}=1$이 점 $(4,\,9)$를 지날 때, 양수 a, b에 대하여 ab의 최솟값은?

① 36 　　　② 49 　　　③ 100
④ 144 　　　⑤ 169

1171 최다빈출 왕 중요

NORMAL

$a>0$, $b>0$이고 $3a+2b=1$일 때, $\dfrac{2}{a}+\dfrac{3}{b}$의 최솟값은?

① 12 　　　② 24 　　　③ 36
④ 38 　　　⑤ 42

[해설 내신연계문제]

1172 최다빈출 왕 중요

NORMAL

세 양수 a, b, c에 대하여 $\dfrac{b+c}{a}+\dfrac{c+a}{b}+\dfrac{a+b}{c}$의 최솟값을 구하시오.

[해설 내신연계문제]

모의고사 **핵심유형** 기출문제

1173 2018년 11월 고2 학력평가 나형 9번

NORMAL

$x>0$인 실수 x에 대하여 $4x+\dfrac{a}{x}\,(a>0)$의 최솟값이 2일 때, 상수 a의 값은?

① $\dfrac{1}{4}$ 　　　② $\dfrac{1}{2}$ 　　　③ $\dfrac{3}{4}$
④ 1 　　　⑤ $\dfrac{5}{4}$

[해설 내신연계문제]

$a>0$, $b>0$일 때, 곱으로 주어진 식을 전개한 다음 산술평균과 기하평균의 관계를 이용하여

$$a+b+(상수)\geq 2\sqrt{ab}+(상수)$$

의 꼴로 만든다.

 산술평균과 기하평균의 관계에서 곱의 최솟값을 구하려면
➡ 주어진 식의 곱을 전개하여 $p(x)+\dfrac{1}{p(x)}$ 또는 $\dfrac{a}{b}+\dfrac{b}{a}$ 꼴을
유도하고 산술평균과 기하평균의 관계를 이용한다.

1174 학교기출 대표 유형

$a>0$, $b>0$일 때, $(3a+2b)\left(\dfrac{3}{a}+\dfrac{2}{b}\right)$의 최솟값을 구하시오.

1175

NORMAL

두 양수 a, b에 대하여 $\left(\dfrac{1}{a}+\dfrac{4}{b}\right)(a+b)$의 값이 최소가 될 때의 a, b의 관계를 그래프로 바르게 나타낸 것은?

① 　② 　③

④ 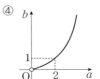　⑤

1176 최다빈출 왕 중요

NORMAL

$a>0$일 때, $\left(a-\dfrac{1}{a}\right)\left(a-\dfrac{16}{a}\right)$의 최솟값을 m, 그때의 a의 값을 k라 하자. 이때 $k-m$의 값은?

① 7 　　　② 9 　　　③ 11
④ 13 　　　⑤ 15

[해설 내신연계문제]

1177

$x>0$, $y>0$일 때,

$$A=(x+y)\left(\frac{1}{x}+\frac{1}{y}\right),$$

$$B=(x+4y)\left(\frac{1}{x}+\frac{4}{y}\right),$$

$$C=(2x+4y)\left(\frac{2}{x}+\frac{1}{4y}\right)$$

의 최솟값을 각각 a, b, c라 하자. a, b, c의 대소 관계는?

① $a<b<c$ ② $a<c<b$ ③ $b<a<c$
④ $b<c<a$ ⑤ $c<b<a$

해설 내신연계문제

1178

NORMAL

다음은 두 실수 a, b에 대하여 $a>0$, $b>0$일 때, $\left(a+\dfrac{4}{b}\right)\left(b+\dfrac{16}{a}\right)$ 의 최솟값을 구하는 과정으로, 어떤 학생의 오답노트의 내용의 일부 이다.

[학생풀이]   2025년 ○○월 ○○일

산술평균과 기하평균의 대소 관계를 적용하면

$a+\dfrac{4}{b}\geq 2\sqrt{\dfrac{4a}{b}}$ ……㉠ $b+\dfrac{16}{a}\geq 2\sqrt{\dfrac{16b}{a}}$ ……㉡

㉠, ㉡의 양변을 각각 곱하면

$\left(a+\dfrac{4}{b}\right)\left(b+\dfrac{16}{a}\right)\geq 4\sqrt{\dfrac{4a}{b}\times\dfrac{16b}{a}}=32$ ……㉢

그러므로 구하는 최솟값은 32이다.

[오답정리]   2025년 ○○월 ○○일

㉠의 등호가 성립할 때는 [(가)]이고

㉡의 등호가 성립할 때는 [(나)]이다.

따라서 (가)와 (나)를 동시에 만족하는 양수 a, b는 존재하지 않으므로 최솟값은 32가 될 수 없다.

(가), (나)에 알맞은 것과 최솟값을 바르게 구한 것은?

	(가)	(나)	최솟값
①	$ab=2$	$ab=8$	36
②	$ab=4$	$ab=8$	36
③	$ab=4$	$ab=16$	36
④	$ab=8$	$ab=16$	42
⑤	$ab=8$	$ab=12$	42

1179

TOUGH

다음 조건을 만족하는 p, q, r에 대하여 $p+q+r$의 값은?
(단, $a>0$, $b>0$, $c>0$)

(가) $ab=9$일 때, $a+b$의 최솟값은 p이다.

(나) $(a+4b)\left(\dfrac{1}{a}+\dfrac{1}{b}\right)$의 최솟값은 q이다.

(다) $(a+b+c)\left(\dfrac{1}{a}+\dfrac{1}{b}+\dfrac{1}{c}\right)$의 최솟값은 r이다.

① 18   ② 21   ③ 24
④ 27   ⑤ 30

1180

2015년 09월 고2 학력평가 나형 16번

BASIC

$x>0$, $y>0$일 때, $\left(4x+\dfrac{1}{y}\right)\left(\dfrac{1}{x}+16y\right)$의 최솟값은?

① 34   ② 36   ③ 38
④ 40   ⑤ 42

해설 내신연계문제

1181

2022년 11월 고1 학력평가 25번

NORMAL

두 양의 실수 a, b에 대하여 두 일차함수

$$f(x)=\frac{a}{2}x-\frac{1}{2},\ g(x)=\frac{1}{b}x+1$$

이 있다. 직선 $y=f(x)$와 직선 $y=g(x)$가 서로 평행할 때, $(a+1)(b+2)$의 최솟값을 구하시오.

해설 내신연계문제

유형 05 산술평균과 기하평균의 관계
— 식의 변형을 이용할 때

주어진 식을

$$f(x)+\frac{1}{f(x)} \text{ (주어진 범위에서 } f(x)>0)$$

의 꼴로 표현되도록 적절히 변형한 후 산술평균과 기하평균의 관계를 이용한다.

 산술평균과 기하평균의 관계에서 곱의 최솟값을 구하려면

➡ 주어진 식의 곱을 전개하여 $p(x)+\frac{1}{p(x)}$ 또는 $\frac{a}{b}+\frac{b}{a}$ 꼴을

유도하고 산술평균과 기하평균의 관계를 이용한다.

1182 학교기출 대표 유형

$x>5$인 실수 x에 대하여 $x+\dfrac{1}{x-5}$의 최솟값을 m, 그때의 x의 값을 n이라고 할 때, 상수 m, n에 대하여 $m+n$의 값을 구하시오.

1183 NORMAL

$x>1$인 실수 x에 대하여

$$A=x^2+\frac{1}{x^2},\ B=x-\frac{1}{x}$$

이라 할 때, $\dfrac{A}{B}$의 최솟값은?

① $\sqrt{2}$ ② 2 ③ $2\sqrt{2}$

④ 4 ⑤ $3\sqrt{2}$

1184 NORMAL

실수 x에 대하여 $x^2-x+\dfrac{9}{x^2-x+1}$는 $x=\alpha$ 또는 $x=\beta$일 때, 최솟값 m을 갖는다. 이때 $\alpha^2+\beta^2+m$의 값은?

① 5 ② 6 ③ 9

④ 10 ⑤ 12

1185 최다빈출 왕 중요 NORMAL

x에 대한 이차방정식 $x^2-2x+a=0$이 허근을 가질 때, $a-1+\dfrac{4}{a-1}$의 최솟값은? (단, a는 실수이다.)

① 3 ② 4 ③ 6

④ 8 ⑤ 10

해설 내신연계문제

1186 최다빈출 왕 중요 NORMAL

$x>1$인 실수 x에 대하여 $\dfrac{x^2-2x+5}{x-1}$가 $x=a$에서 최솟값 m을 가질 때, $a+m$의 값은?

① 6 ② 7 ③ 8

④ 9 ⑤ 10

해설 내신연계문제

1187 TOUGH

$x>-1$인 실수 x에 대하여 $\dfrac{x+1}{x^2+2x+10}$이 $x=a$에서 최댓값 b를 가질 때, $a+b$의 값은?

① $\dfrac{5}{6}$ ② 1 ③ $\dfrac{7}{6}$

④ 2 ⑤ $\dfrac{13}{6}$

1188 최다빈출 왕 중요 TOUGH

두 양수 x, y에 대하여 $x^2-4x+\dfrac{4y}{x}+\dfrac{9x}{y}$는 $x=\alpha$, $y=\beta$일 때, 최솟값 m을 갖는다. 이때 $\alpha+\beta+m$의 값을 구하시오.

해설 내신연계문제

주어진 도형에서 산술평균과 기하평균의 관계를 활용하기 위해 다음 순서로 구한다.

FIRST 양수 조건이 있는지 확인한다.

NEXT 문자의 합이 일정한 경우 곱의 최댓값을, 문자의 곱이 일정한 경우 합의 최솟값을 구한다.

LAST 등호가 성립하기 위한 조건을 확인한다.

 ① 주어진 조건에서 변하는 두 값을 x, y로 놓고 주어진 값과 구하는 값을 x와 y의 합 또는 곱으로 나타내어 산술평균과 기하평균의 관계를 이용한다.

② $x>0$, $y>0$이면 $x^2>0$, $y^2>0$이므로 $x^2+y^2 \geq 2\sqrt{x^2y^2}=2xy$

1189 학교기출 대표 유형

길이가 $60\,\mathrm{m}$인 철망으로 오른쪽 그림과 같이 네 개의 작은 직사각형으로 이루어진 직사각형 모양의 우리를 만들려고 한다. 이때 우리 전체의 넓이의 최댓값을 구하시오.

1190 ▸ NORMAL

두 양수 a, b에 대하여 오른쪽 그림과 같이 좌표평면 위의 점 $\mathrm{P}(\sqrt{a}, \sqrt{b})$에서 x축에 내린 수선의 발을 H라 하자. $\overline{\mathrm{OP}}=6$일 때, 직각삼각형 OHP의 넓이의 최댓값을 구하시오. (단, O는 원점이다.)

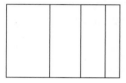

1191 최다빈출 왕 중요 ▸ NORMAL

오른쪽 그림과 같이 기울기가 음수이고 점 $\mathrm{P}(2, 3)$을 지나는 직선이 x축, y축과 만나는 점을 각각 A, B라 할 때, 삼각형 OAB의 넓이의 최솟값은? (단, O는 원점이다.)

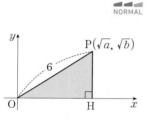

① 12　　　② 16

③ 24　　　④ 32

⑤ 36

해설 내신연계문제

1192 ▸ TOUGH

그림과 같이 점 $\mathrm{P}(-3, 4)$를 지나고 기울기가 $m(m>0)$인 직선이 x축, y축과 만나는 점을 각각 A, B라 하고, 점 P에서 x축, y축에 내린 수선의 발을 각각 Q, R이라 하자. 삼각형 PAQ와 삼각형 PBR의 넓이를 각각 S_1, S_2라 할 때, S_1+S_2의 최솟값을 구하시오.

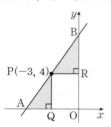

모의고사 **핵심유형** 기출문제

1193 2019년 11월 고1 학력평가 16번 ▸ NORMAL

한 모서리의 길이가 6이고 부피가 108인 직육면체를 만들려고 한다. 이때 만들 수 있는 직육면체의 대각선의 길이의 최솟값은?

① $6\sqrt{2}$　　　② 9　　　③ $7\sqrt{2}$

④ 11　　　⑤ $8\sqrt{2}$

해설 내신연계문제

1194 2018년 06월 고2 학력평가 나형 17번 ▸ NORMAL

양수 m에 대하여 직선 $y=mx+2m+3$이 x축, y축과 만나는 점을 각각 A, B라 하자. 삼각형 OAB의 넓이의 최솟값은? (단, O는 원점이다.)

① 8　　　② 9　　　③ 10

④ 11　　　⑤ 12

해설 내신연계문제

유형07 코시 – 슈바르츠의 부등식

a, b, x, y가 실수일 때, x^2+y^2, $ax+by$의 최대, 최소

(1) $(a^2+b^2)(x^2+y^2) \geq (ax+by)^2$ (단, 등호는 $\dfrac{x}{a}=\dfrac{y}{b}$일 때 성립한다.)

(2) $(a^2+b^2+c^2)(x^2+y^2+z^2) \geq (ax+by+cz)^2$

(단, 등호는 $\dfrac{x}{a}=\dfrac{y}{b}=\dfrac{z}{c}$일 때 성립한다.)

➡ 코시 – 슈바르츠의 부등식을 이용하여 부등식을 세우고 반드시 등호가 성립할 조건을 확인한다.

 코시 – 슈바르츠의 부등식을 사용하는 유형
① a^2+b^2과 x^2+y^2의 값이 주어질 때, $ax+by$의 최댓값과 최솟값을 구할 수 있다.
② a^2+b^2과 $ax+by$의 값이 주어질 때, x^2+y^2의 최솟값을 구할 수 있다.

1195 학교기출 대표 유형

실수 x, y에 대하여 $x^2+y^2=5$일 때, $x+2y$의 최댓값은 M이고 최솟값은 m이다. $M-m$의 값을 구하시오.

1196 최다빈출 왕 중요 NORMAL

다음은 실수 a, b, x, y에 대하여 부등식
$$(a^2+b^2)(x^2+y^2) \geq (ax+by)^2$$
이 성립함을 증명하는 과정이다.

$(a^2+b^2)(x^2+y^2)-(ax+by)^2$
$=(a^2x^2+a^2y^2+b^2x^2+b^2y^2)-(a^2x^2+2abxy+b^2y^2)$
$=$ (가)

이때 a, b, x, y는 실수이므로

(가) ≥ 0

$\therefore (a^2+b^2)(x^2+y^2) \geq (ax+by)^2$

(단, 등호는 (나) 일 때 성립한다.)

위의 증명에서 (가), (나)에 알맞은 것은?

① $(ax-by)^2$, $ax=by$
② $(ax-by)^2$, $ay=bx$
③ $(ay-bx)^2$, $ay=bx$
④ $(ay+bx)^2$, $ax=by$
⑤ $(ax+by)^2$, $ay=bx$

해설 내신연계문제

1197 NORMAL

실수 x, y에 대하여 $x^2+y^2=a$이고 $2x+4y$의 최댓값이 20일 때, 양수 a의 값은?

① 18 ② 20 ③ 22
④ 25 ⑤ 28

1198 최다빈출 왕 중요 NORMAL

두 양수 a, b에 대하여 $2a+4b=1$일 때, $\dfrac{4}{a}+\dfrac{2}{b}$의 최솟값은?

① 20 ② 24 ③ 28
④ 32 ⑤ 36

해설 내신연계문제

1199 최다빈출 왕 중요 NORMAL

실수 x, y, z에 대하여 $x^2+y^2+z^2=4$일 때, $x+2y-2z$의 최댓값은 M이고 최솟값은 m이다. $M-m$의 값은?

① 6 ② 8 ③ 10
④ 12 ⑤ 16

해설 내신연계문제

1200 NORMAL

실수 x, y, z에 대하여
$$x+y+z=4, \quad x^2+y^2+z^2=16$$
일 때, x의 최댓값은?

① 3 ② 4 ③ 5
④ 6 ⑤ 7

a, b, x, y가 실수일 때, x^2+y^2, $ax+by$의 최대, 최소

(1) $(a^2+b^2)(x^2+y^2) \geq (ax+by)^2$ (단, 등호는 $\dfrac{x}{a}=\dfrac{y}{b}$일 때 성립한다.)

(2) $(a^2+b^2+c^2)(x^2+y^2+z^2) \geq (ax+by+cz)^2$

(단, 등호는 $\dfrac{x}{a}=\dfrac{y}{b}=\dfrac{z}{c}$일 때 성립한다.)

 다음과 같이 최댓값 또는 최솟값을 구할 때는
코시 - 슈바르츠의 부등식을 활용한다.
① 일차식의 최댓값이나 제곱의 합의 최솟값을 구하는 경우
② 제곱의 합이 일정한 경우 또는 여러 값의 합이 주어진 경우

1201   학교기출 대표유형

오른쪽 그림과 같이 지름의 길이가 5인 원에 내접하는 직사각형의 둘레의 길이의 최댓값은?

① $4\sqrt{2}$ ② $6\sqrt{2}$

③ $8\sqrt{2}$ ④ $10\sqrt{2}$

⑤ $12\sqrt{2}$

1202   NORMAL

오른쪽 그림과 같이 두 밑면이 정사각형인 직육면체의 전개도에서 직육면체의 네 옆면을 이루는 직사각형의 대각선의 길이가 $3\sqrt{5}$일 때, 직육면체의 모든 모서리의 길이의 합의 최댓값은?

① 15   ② 20

③ 25   ④ 30

⑤ 35

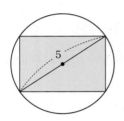

1203   최다빈출 왕중요

오른쪽 그림과 같이 한 변의 길이가 2인 정삼각형 ABC의 내부의 점 P에서 각 변까지의 거리가 각각 $a, b, 2a$일 때, a^2+b^2의 최솟값은?

① $\dfrac{1}{5}$ ② $\dfrac{3}{10}$

③ $\dfrac{2}{5}$ ④ 1

⑤ 2

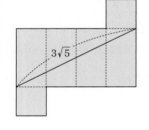

해설 내신연계문제

1204   NORMAL

오른쪽 그림과 같이 둘레의 길이가 9인 삼각형 ABC의 각 변을 한 변으로 하는 정사각형의 넓이를 각각 S_1, S_2, S_3이라 하자. $S_1+S_2+S_3$의 값이 최소일 때, 삼각형 ABC의 넓이는?

① $\dfrac{3\sqrt{3}}{2}$ ② $2\sqrt{3}$

③ $\dfrac{9\sqrt{3}}{4}$ ④ $3\sqrt{3}$

⑤ $4\sqrt{3}$

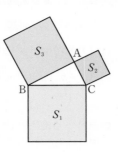

1205   최다빈출 왕중요   TOUGH

중심이 원점이고 반지름의 길이가 2인 원 위의 임의의 점 (a, b)와 중심이 원점이고 반지름의 길이가 3인 원 위의 임의의 점 (x, y)에 대하여 $ax+by$의 최댓값을 M, 최솟값이 m이라 할 때, $M-m$의 값을 구하시오.

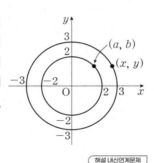

해설 내신연계문제

1206   2014년 03월 고2 학력평가 A형 30번   TOUGH

그림과 같이 $\overline{AB}=2$, $\overline{AC}=3$, $A=30°$인 삼각형 ABC의 변 BC 위의 점 P에서 두 직선 AB, AC 위에 내린 수선의 발을 각각 M, N이라 하자. $\dfrac{\overline{AB}}{\overline{PM}}+\dfrac{\overline{AC}}{\overline{PN}}$의 최솟값이 $\dfrac{q}{p}$일 때, $p+q$의 값을 구하시오. (단, p와 q는 서로소인 자연수이다.)

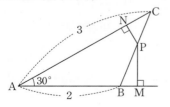

해설 내신연계문제

서술형 기출유형

학교내신기출 서술형 핵심문제총정리

1207 최다빈출 왕 중요

$x>0$, $y>0$일 때, $(2x+y)\left(\dfrac{2}{x}+\dfrac{1}{y}\right)$의 최솟값을 다음과 같은 방법으로 구하였다. 다음 단계로 서술하시오.

$x>0$, $y>0$이므로 산술평균과 기하평균의 관계에 의하여

$2x+y \geq 2\sqrt{2x \times y}=2\sqrt{2}\sqrt{xy}$ ...... ㉠

(단, 등호는 $2x=y$일 때 성립한다.)

$\dfrac{2}{x}+\dfrac{1}{y} \geq 2\sqrt{\dfrac{2}{x} \times \dfrac{1}{y}}=\dfrac{2\sqrt{2}}{\sqrt{xy}}$ ...... ㉡

$\left(단, 등호는 \dfrac{2}{x}=\dfrac{1}{y}일 때 성립한다.\right)$

가 성립한다.

따라서 $(2x+y)\left(\dfrac{2}{x}+\dfrac{1}{y}\right) \geq 2\sqrt{2}\sqrt{xy} \times \dfrac{2\sqrt{2}}{\sqrt{xy}}=8$ ...... ㉢

이므로 $(2x+y)\left(\dfrac{2}{x}+\dfrac{1}{y}\right)$의 최솟값은 8이다. ...... ㉣

1단계 처음으로 잘못된 부분을 찾고 그 이유를 서술한다. [4점]
2단계 올바른 최솟값과 그 값을 구하는 과정을 서술한다. [4점]
3단계 등호가 성립하기 위한 조건을 서술한다. [2점]

해설 내신연계문제

1208

좌표평면 위의 점 $(3, 5)$를 지나는 직선 $\dfrac{x}{a}+\dfrac{y}{b}=1$과 x축, y축으로 둘러싸인 삼각형의 넓이의 최솟값을 구하는 과정을 다음 단계로 서술하시오. (단, $a>0$, $b>0$)

1단계 직선 $\dfrac{x}{a}+\dfrac{y}{b}=1$과 x축, y축으로 둘러싸인 삼각형의 넓이를 구한다. [3점]
2단계 직선 $\dfrac{x}{a}+\dfrac{y}{b}=1$이 점 $(3, 5)$를 지나는 것과 산술평균과 기하평균을 이용하여 ab의 최솟값을 구한다. [5점]
3단계 삼각형의 넓이의 최솟값을 구한다. [2점]

1209

$x>-1$일 때, $x+\dfrac{4}{x+1}$의 최솟값을 a, 그때의 x의 값을 b라 할 때, ab의 값을 구하는 과정을 다음 단계로 서술하시오.

1단계 $x>-1$일 때, 산술평균과 기하평균의 관계를 이용하여 $x+\dfrac{4}{x+1}$의 최솟값을 구한다. [4점]
2단계 $x+\dfrac{4}{x+1}$가 최솟값을 가질 때, x의 값을 구한다. [4점]
3단계 ab의 값을 구한다. [2점]

1210

이차방정식 $x^2-2\sqrt{3}x+k=0$이 허근을 가질 때, $k+\dfrac{4}{k-3}+3$은 $k=a$에서 최솟값 b를 가진다. 상수 a, b에 대하여 $b-a$의 값을 구하는 과정을 다음 단계로 서술하시오. (단, k는 실수이다.)

1단계 이차방정식 $x^2-2\sqrt{3}x+k=0$(k는 실수)이 허근을 가질 때, k의 범위를 구한다. [2점]
2단계 **1단계**에서 구한 k의 범위를 이용하여 $k+\dfrac{4}{k-3}+3$의 최솟값을 구한다. [3점]
3단계 $k+\dfrac{4}{k-3}+3$이 최솟값을 가질 때, a의 값을 구한다. [3점]
4단계 $b-a$의 값을 구한다. [2점]

1211

$x^2+y^2=k$를 만족시키는 두 실수 x, y에 대하여 $x+2y$의 최솟값과 최댓값의 곱이 -25일 때, 양수 k의 값을 구하는 과정을 다음 단계로 서술하시오.

1단계 코시 ─ 슈바르츠의 부등식을 이용하여 부등식을 세운다. [3점]
2단계 $x+2y$의 값의 범위를 구한다. [3점]
3단계 양수 k의 값을 구한다. [4점]

1212

높이가 5cm인 직육면체 모양의 소포를 길이가 100cm인 끈으로 아래 그림과 같이 묶으려고 한다. 이때, 끈으로 묶을 수 있는 소포의 최대 부피를 구하는 과정을 다음 단계로 서술하시오. (단, 매듭의 길이는 생각하지 않는다.)

5 cm

[1단계] 소포의 가로와 세로의 길이를 각각 $x$cm, $y$cm라 하고 끈의 길이가 100cm임을 이용하여 x, y 사이의 관계식을 구한다. [4점]

[2단계] 산술평균과 기하평균의 관계를 이용하여 x, y에 대한 부등식을 세운다. [4점]

[3단계] 소포의 최대 부피를 구한다. [2점]

1213

그림과 같이 높이가 3cm인 직육면체를 길이가 36cm인 끈으로 포장하려 한다. 끈으로 포장할 수 있는 직육면체의 대각선의 길이의 최솟값을 구하는 과정을 다음 단계로 서술하시오.
(단, 매듭의 길이는 생각하지 않는다.)

3 cm

[1단계] 직육면체의 가로와 세로의 길이를 각각 $x$cm, $y$cm라 하고 끈의 길이가 36cm임을 이용하여 x, y 사이의 관계식을 구한다. [4점]

[2단계] 코시 − 슈바르츠의 부등식을 이용하여 x, y에 대한 부등식을 세운다. [4점]

[3단계] 직육면체의 대각선의 길이의 최솟값을 구한다. [2점]

1214 최다빈출 왕중요

그림과 같이 좌표평면에 x절편이 4, y절편이 8인 직선 l이 있다. 직선 위의 점 $P(a, b)$와 x축 위의 두 점 $A(2, 0)$, $B(6, 0)$ 및 y축 위의 두 점 $C(0, 4)$, $D(0, 12)$를 꼭짓점으로 하는 두 삼각형 APB, CPD의 넓이를 각각 S_1, S_2라 할 때, $S_1 \times S_2$의 최댓값을 구하는 과정을 다음 단계로 서술하시오. (단, $a > 0$, $b > 0$)

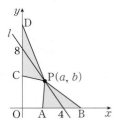

[1단계] a, b 사이의 관계식을 구한다. [3점]

[2단계] $S_1 \times S_2$를 a, b에 대하여 나타낸다. [3점]

[3단계] $S_1 \times S_2$의 최댓값을 구한다. [4점]

해설 내신연계문제

1215

다음 그림과 같이 대각선의 길이가 $2\sqrt{5}$이고 가로의 길이와 세로의 길이가 각각 a, b인 직사각형 모양의 종이를 4등분하여 눈금에 맞게 접어서 직육면체 모양의 기둥을 만들려고 한다. 기둥의 모든 모서리의 길이의 합의 최댓값을 구하는 과정을 다음 단계로 서술하시오.

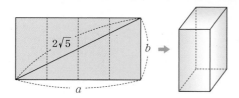

[1단계] 피타고라스 정리를 이용하여 a, b 사이의 관계식을 구한다. [2점]

[2단계] 기둥의 모든 모서리의 길이의 합을 a, b에 대하여 나타낸다. [2점]

[3단계] 코시 − 슈바르츠의 부등식을 이용하여 모든 모서리의 길이의 합의 범위를 구한다. [4점]

[4단계] 모든 모서리의 길이의 합의 최댓값을 구한다. [2점]

STEP❸ 고난도문제

행복한 일등급문제
학교내신기출 고난도 핵심문제총정리

YOURMASTERPLAN;MAPL
SYNERGY
SERIES

1216

두 양수 a, b가
$$2ab+a+9b=20$$
을 만족시키고 ab는 $a=p$, $b=q$일 때, 최댓값 k를 갖는다.
이때 pqk의 값을 구하시오.

1217

지름의 길이가 10인 반원 위의 두 점 A, B에 대하여 선분 AB는
반원의 중심 O를 지난다. 이 반원의 둘레 위에 한 점 P를 택할 때,
$3\overline{AP}+4\overline{BP}$의 최댓값을 구하시오.
(단, 점 P는 A, B가 아닌 원 위의 점이다.)

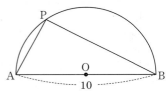

1218 최다빈출 왕 중요

점 A$(-1, 0)$과 함수 $f(x)=x^2+x+4(x \geq 0)$가 있다.
함수 $y=f(x)$의 그래프 위의 점 P에서 x축에 내린 수선의 발을 H라
할 때, $\dfrac{\overline{PH}}{\overline{AH}}$는 $x=a$에서 최솟값 b를 갖는다. $a+b$의 값을 구하시오.

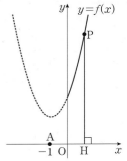

해설 내신연계문제

1219 2020년 11월 고1 학력평가 16번

두 양수 a, b에 대하여 좌표평면 위의 점 P(a, b)를 지나고 직선
OP에 수직인 직선이 y축과 만나는 점을 Q라 하자. 점 R$\left(-\dfrac{1}{a}, 0\right)$
에 대하여 삼각형 OQR의 넓이의 최솟값은? (단, O는 원점이다.)

① $\dfrac{1}{2}$ ② 1   ③ $\dfrac{3}{2}$

④ 2   ⑤ $\dfrac{5}{2}$

해설 내신연계문제

1220 2015년 11월 고1 학력평가 14번

그림과 같이 양수 a에 대하여 이차함수 $f(x)=x^2-2ax$의 그래프와
직선 $g(x)=\dfrac{1}{a}x$가 두 점 O, A에서 만난다. (단, O는 원점이다.)

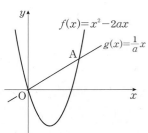

이차함수 $y=f(x)$의 그래프의 꼭짓점을 B라 하고 선분 AB의 중점
을 C라 하자. 점 C에서 y축에 내린 수선의 발을 H라 할 때, 선분
CH의 길이의 최솟값은?

① $\sqrt{3}$ ② 2   ③ $\sqrt{5}$

④ $\sqrt{6}$ ⑤ $\sqrt{7}$

해설 내신연계문제

Powered by **MAPL SYNERGY.**

PAUSE.

쉬는 시간,

악의 평범성(BANALITY OF EVIL)

악의 평범성(Banality of evil)은 독일계 미국인 정치철학자 한나 아렌트가 1963년 저서 [예루살렘의 아이히만]에서 제시한 개념이다. 아렌트는 나치 전범 아돌프 아이히만의 재판을 통해, 악이 반드시 잔인하거나 병적인 사람들에 의해 발생하지 않는다는 점을 강조했다. 아이히만은 특별히 사악한 사람이 아니라, 명령을 따르고 체제에 충실히 복종했던 평범한 관료였다. 성실하고 오히려 가정적이기까지 한 그의 성품은 여러 사람들에게 충격을 주기도 했다. 그는 자신의 행위를 깊이 고민하지 않고 단지 상부의 지시를 효율적으로 수행했을 뿐이었다. 아렌트는 이를 통해 악이 개별적인 악의적 의도보다는, 비판적 사고의 결여와 체제 순응에서 비롯된다고 본 것이다.

스탠리 밀그램의 복종 실험은 이러한 통찰을 심리학적 맥락에서 증명한 대표적 사례이다. 이 실험의 참가자들은 권위자(실험 관리자)의 명령에 따라 타인에게 15볼트에서 450볼트까지 전기 충격을 가할 수 있었으며, 실험 참가자의 65%가 죽음에 이를 수도 있는 심각한 결과를 알면서도 450볼트까지 전압을 올렸다. 이 과정에서 참가자들은 명령을 따를 뿐이라는 이유로 자신의 행동을 정당화했으며, '모든 책임을 지겠다'라고 말하는 권위자의 존재가 그들의 도덕적 판단을 무력화했다. 이는 비판적 사고를 포기한 채 외부의 권위에 의존하는 인간 심리를 단적으로 보여준다.

이 두 사례는 개인이 악행을 저지르는 이유를 단순히 본성이나 의도의 문제로 환원할 수 없음을 시사한다. 악행은 오히려 체제와 권위 속에서 발생하는 구조적 문제로, 개인이 자신에게 주어진 역할을 맹목적으로 수행하면서 윤리적 책임을 방기할 때 나타난다. 아이히만이 "나는 명령을 따랐을 뿐이다"라고 주장했던 것처럼, 밀그램 실험의 참가자들 또한 "나는 지시에 따랐을 뿐이다"라는 심리적 면죄부를 얻으려 했다.

결국 아렌트와 밀그램은 평범한 사람들이 체제 속에서 악의 도구가 되지 않기 위해서는 비판적 사고를 유지하고, 권위나 명령에 맹목적으로 따르지 않는 태도가 필수적임을 강조한다. 이는 단지 개인의 문제가 아니라, 사회적 구조와 교육의 역할을 재고할 필요성을 제기하기도 한다. 악의 평범성과 복종 실험이 주는 가장 큰 교훈은 우리가 윤리적 책임을 스스로 인식하고, 체제의 요구를 무조건적으로 수용하지 않는 태도를 가져야 한다는 것이다.

© Photo by Racim Amr on Unsplash

III
함수와 그래프

MAPL
YOUR
MASTER
PLAN

MAPL SYNERGY SERIES

MAPL. IT'S YOUR MASTER PLAN!

개념 유형 기본문제부터 고난도 모의고사형 문제까지 아우르는 유형별 내신대비문제집

01 함수

학교내신기출 객관식 핵심문제총정리

YOURMASTERPLAN;MAPL
SYNERGY
S E R I E S

(1) **집합 X에서 집합 Y로의 함수**
　❯ X의 각 원소에 Y의 원소가 오직 하나씩 대응해야 한다.
　　즉 X의 원소 중 Y의 원소와 대응하지 않는 원소가 없어야 한다.
(2) **함수의 그래프인지 아닌지를 판단**
　❯ y축에 평행하게 직선을 그어 판단한다.
　　즉 직선 $x=a$(a는 정의역 내의 상수)를 그어 교점이 1개이면
　　함수의 그래프이고 2개 이상이면 함수의 그래프가 아니다.

 함수가 성립되지 않는 경우는 다음과 같다.
　① 집합 X의 원소 중 Y에 대응하지 않고 남아 있는 원소가 있을 때,
　　X의 원소는 모두 대응에 참가해야 한다.
　② X의 한 원소에 Y의 원소가 두 개 이상 대응할 때,
　　Y의 원소는 대응에서 빠진 것이 있어도 좋다.

1221
학교기출 **대표** 유형

집합 $X=\{1,\ 2,\ 3\}$에서 $Y=\{0,\ 1,\ 2,\ 3\}$로의 대응 f가 다음 그림과 같을 때, 이 대응에 관한 설명 중 옳지 않은 것은?

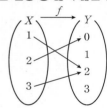

① $f(1)=2$
② 함수 f의 정의역은 X이다.
③ 함수 f의 공역은 Y이다.
④ 함수 f의 치역은 $\{1,\ 2,\ 3\}$
⑤ 이 대응은 집합 X에서 집합 Y로의 함수이다.

1222
BASIC

두 집합 $X=\{-1,\ 0,\ 1\}$, $Y=\{0,\ 1,\ 2,\ 3\}$에 대하여 X에서 Y로의 함수가 아닌 것은?

① $y=x+2$　　　② $y=-|x|+1$　　③ $y=(x-1)^2$
④ $y=x^2+x$　　　⑤ $y=2$

1223
최다빈출 **왕**중요

BASIC

다음 중에서 함수의 그래프인 것은?

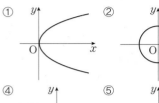

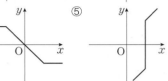

해설 내신연계문제

1224
TOUGH

두 집합 $X=\{x\,|-1 \le x \le 1\}$, $Y=\{y\,|\,0 \le y \le 2\}$에 대하여 다음 [보기] 중 X에서 Y로의 함수인 것을 모두 고른 것은?

ㄱ. $f(x)=-x+1$
ㄴ. $g(x)=x^2-1$
ㄷ. $h(x)=|x+1|$

① ㄱ　　　　　　② ㄱ, ㄴ　　　　　③ ㄱ, ㄷ
④ ㄴ, ㄷ　　　　　⑤ ㄱ, ㄴ, ㄷ

1225
최다빈출 **왕**중요

TOUGH

두 집합 $X=\{x\,|\,0 \le x \le 3\}$, $Y=\{y\,|\,1 \le y \le 13\}$에 대하여 X에서 Y로의 함수 $f(x)$가 $f(x)=x^2-2x+a$일 때, 이 대응이 함수가 되도록 하는 모든 정수 a의 개수는?

① 5　　　　　　② 6　　　　　　③ 7
④ 8　　　　　　⑤ 9

해설 내신연계문제

유형 02 함숫값 구하기

(1) 함수 $f(x)$에서 함숫값 $f(k)$의 값 구하기

➡ $x=k$일 때의 함숫값은 $f(k)$

(2) 주어진 함수가 범위에 따라 달라지거나, 주기성을 가지는 함수이면

➡ 주어진 범위와 주기성을 이용하여 구한다.

 ① 함숫값 $f(k)$의 값 ➡ x대신 k를 대입한다.

② 함수 $f(ax+b)$에서 $f(k)$의 값

➡ $ax+b=k$를 만족시키는 x의 값을 구한 후 그 수를 x대신 대입한다.

1226 학교기출 대표유형

함수 f가 실수 전체의 집합에서

$$f(x)=\begin{cases} 2x+1 & (x \le 1) \\ -x^2+4 & (x>1) \end{cases}$$

로 정의될 때, $f(-2)+f(2)$의 값을 구하시오

1227 BASIC

음이 아닌 정수 전체의 집합에서 정의된 함수

$$f(x)=\begin{cases} x-2 & (0 \le x \le 3) \\ f(x-3) & (x>3) \end{cases}$$

으로 정의될 때, $f(1)-f(21)$의 값은?

① -3 ② -2 ③ -1

④ 0 ⑤ 1

1228 BASIC

함수 f가 실수 전체의 집합에서 정의된 함수

$$f(x)=\begin{cases} 1-x & (x\text{는 유리수}) \\ 1+x & (x\text{는 무리수}) \end{cases}$$

에 대하여 $f(3)+f(1-\sqrt{2})$의 값은?

① $-\sqrt{2}$ ② $1-\sqrt{2}$ ③ $\sqrt{2}$

④ $2\sqrt{2}$ ⑤ 2

1229 최다빈출 왕 중요 BASIC

함수 f가 실수 전체의 집합에서

$$f(x)=\begin{cases} x+1 & (x \le 2) \\ 2x-a & (x \ge 2) \end{cases}$$

으로 정의될 때, $f(3-\sqrt{5})+f(2\sqrt{5})$의 값은?

① $\sqrt{5}$ ② $1+\sqrt{5}$ ③ 4

④ $3+3\sqrt{5}$ ⑤ $3-2\sqrt{5}$

해설 내신연계문제

1230 NORMAL

실수 전체의 집합 R에서 R로의 함수 f가 다음 조건을 만족시킬 때, $f(15)$의 값은?

(가) $-2 \le x \le 2$에서 $f(x)=1-x^2$

(나) 모든 실수 x에 대하여 $f(x+4)=f(x)$

① -3 ② -1 ③ 0

④ 1 ⑤ 3

1231 최다빈출 왕 중요 TOUGH

자연수 전체의 집합에서 정의된 함수 f가 다음 조건을 만족시킨다.

(가) p가 소수이면 $f(p)=p$

(나) 임의의 두 자연수 a, b에 대하여 $f(ab)=f(a)+f(b)$

$f(100)$의 값을 구하시오.

해설 내신연계문제

모의고사 핵심유형 기출문제

1232 2018년 03월 고2 학력평가 나형 13번 NORMAL

집합 $X=\{1, 2, 3, 4, 5\}$에서 집합 $Y=\{0, 2, 4, 6, 8\}$로의 함수 f를

$$f(x)=(2x^2\text{의 일의 자리의 숫자})$$

로 정의하자. $f(a)=2$, $f(b)=8$을 만족시키는 X의 원소 a, b에 대하여 $a+b$의 최댓값은?

① 5 ② 6 ③ 7

④ 8 ⑤ 9

해설 내신연계문제

함수 $f(ax+b)$에서 $f(k)$의 값 구하기
● $ax+b=k$를 만족시키는 x의 값을 구한 후
  $f(ax+b)$의 x대신 그 수를 대입한다.

1233 학교기출 대표 유형

함수 $f(x)$에 대하여 $f(3x+1)=x^2+k$이고 $f(10)=16$일 때, $f(k)$의 값을 구하시오. (단, k는 상수이다.)

1234 최다빈출 왕중요 BASIC

실수 전체의 집합에서 정의된 함수 f가
$$f\left(\frac{x-1}{4}\right)=2x-1$$
을 만족시킬 때, $f(2)$의 값은?

① 19   ② 17   ③ 15
④ 13   ⑤ 11

[해설 내신연계문제]

1235 NORMAL

두 함수 $f(x)=x^2-5x-8$, $g(x)$가
$$g(2x+1)=f(x-5)$$
를 만족시킬 때, $g(7)$의 값은?

① 4   ② 6   ③ 8
④ 10   ⑤ 12

1236 NORMAL

함수 $f(x)=\dfrac{x+|x|}{2}$에 대하여
$$g(2x-1)=f(x+2)$$
를 만족하는 함수 $g(x)$가 있다. 이때 $g(1)+g(-1)$의 값을 구하시오.

집합 X에서 집합 Y로의 함수 f에 대하여 $f:X\longrightarrow Y$일 때,
(1) **정의역** ● 집합 X
(2) **공역** ● 집합 Y
(3) **치역** ● 함숫값 전체의 집합, 즉 $\{f(x)|x\in X\}$

 함수 $y=f(x)$에서 정의역과 공역을 생략하는 경우
① 정의역이 함수 $f(x)$의 실수 전체의 집합일 때, 생략한다.
② 공역이 실수 전체의 집합일 때, 생략한다.

1237 학교기출 대표 유형

자연수 전체의 집합에서 정의된 함수 $f(x)$에 대하여
$$f(x)=(7^x\text{의 일의 자리수})$$
일 때, 함수 f의 치역의 모든 원소의 합을 구하시오.

1238 최다빈출 왕중요 BASIC

집합 $X=\{2, 3, 4, 5, 6\}$에서 자연수 전체의 집합으로의 함수 f가
$$f(x)=(x\text{의 양의 약수의 개수})$$
일 때, 함수 f의 치역의 모든 원소의 합은?

① 1   ② 3   ③ 5
④ 7   ⑤ 9

[해설 내신연계문제]

1239 NORMAL

집합 $X=\{1, 2, 3, 4\}$에서 실수 전체의 집합으로의 함수 f가 다음 조건을 만족시킨다.

(가) $f(1)=a$
(나) $f(x+1)=3-2f(x)$ (단, $x=1, 2, 3$)

함수 f의 치역의 모든 원소의 합이 -21일 때, 상수 a의 값은?

① 2   ② 3   ③ 4
④ 5   ⑤ 6

1240 최다빈출 왕 중요 · NORMAL

집합 $X=\{x|-2\leq x\leq 3\}$에 대하여 X에서 X로의 함수
$f(x)=ax+b$의 공역과 치역이 서로 같을 때, 상수 a, b에 대하여
$b-a$의 값은? (단, $ab<0$)

① -3　　　② -2　　　③ -1
④ 1　　　⑤ 2

해설 내신연계문제

1241 · NORMAL

함수 $f(x)=x^2-5x+a$의 정의역이 $\{x|0\leq x\leq 6\}$이고 치역이
$\left\{y\left|-\dfrac{1}{4}\leq y\leq b\right.\right\}$일 때, 상수 a, b에 대하여 $a+b$의 값은?
$\left(단, b>-\dfrac{1}{4}\right)$

① 6　　　② 10　　　③ 14
④ 18　　　⑤ 22

1242 최다빈출 왕 중요 · TOUGH

집합 $X=\{-2, 1, a\}$에서 실수 전체의 집합으로의
함수 $f(x)=bx^2-2bx+3$의 치역이 $\{-5, 4\}$일 때, 두 실수 a, b에
대하여 $a+b$의 값을 구하시오. (단, $a\neq-2$, $a\neq1$)

해설 내신연계문제

모의고사 핵심유형 기출문제

1243 2018년 11월 고1 학력평가 28번 · TOUGH

집합 $X=\{1, 2, 3, 4, 5, 6, 7, 8\}$에 대하여 함수 $f:X\longrightarrow X$가
다음 조건을 만족시킨다.

(가) 함수 f의 치역의 원소의 개수는 7이다.
(나) $f(1)+f(2)+f(3)+f(4)+f(5)+f(6)+f(7)+f(8)=42$
(다) 함수 f의 치역의 원소 중 최댓값과 최솟값의 차는 6이다.

집합 X의 어떤 두 원소 a, b에 대하여 $f(a)=f(b)=n$을 만족시키는
자연수 n의 값을 구하시오. (단, $a\neq b$)

해설 내신연계문제

유형 05 서로 같은 함수

두 함수 f, g가 서로 같은 함수가 되기 위한 조건은 다음과 같다.
조건1 두 함수 f, g의 정의역과 공역이 서로 같다.
조건2 정의역의 모든 원소 x에 대하여 함숫값이 같을 때,
즉 $f(x)=g(x)$이다.

 ① 정의역의 모든 각 원소에 대하여 두 함수 f, g의 함숫값이 모두
같은지 확인한다.
② 두 함수 f와 g가 서로 같지 않을 때, $f\neq g$로 나타낸다.

1244 학교기출 대표 유형

집합 $X=\{-1, 0, 1\}$을 정의역으로 하는 두 함수 f, g에 대하여
다음 중 $f=g$인 것이 성립하지 않는 것은?
(단, 공역은 실수 전체의 집합이다.)

① $f(x)=3x^2+3$, $g(x)=3\left|2x^2-\dfrac{1}{2}\right|+\dfrac{3}{2}$
② $f(x)=|x|+1$, $g(x)=x^2+1$
③ $f(x)=\dfrac{x+|x|}{2}$, $g(x)=\begin{cases}1(x>0)\\0(x\leq0)\end{cases}$
④ $f(x)=-|x|-1$, $g(x)=x^3-1$
⑤ $f(x)=x-2$, $g(x)=\dfrac{x^2-4}{x+2}$

1245 · BASIC

정의역이 $\{-1, 2\}$에서 실수 전체의 집합으로의 두 함수
$$f(x)=x^2+ax, \quad g(x)=x+b$$
에 대하여 $f=g$일 때, 상수 a, b에 대하여 $a+b$의 값은?

① -3　　　② -2　　　③ 2
④ 3　　　⑤ 5

1246 최다빈출 왕 중요 · BASIC

집합 $X=\{-1, 0, 1\}$에서 실수 전체의 집합 R로의 함수 f와 g를
각각 다음과 같이 정의하자.
$$f(x)=x^3+2a, \quad g(x)=ax+b$$
이때 두 함수 f, g가 서로 같도록 하는 상수 a, b에 대하여
ab의 값은?

① -2　　　② -1　　　③ 2
④ 4　　　⑤ 6

해설 내신연계문제

1247

NORMAL

집합 $X=\{a, 1\}$을 정의역으로 하는 두 함수 f, g가

$$f(x)=x^2+3x+b, \quad g(x)=x+1$$

일 때, $f=g$가 성립하도록 하는 두 상수 a, b에 대하여 $a+b$의 값은? (단, $a \neq 1$)

① -5 ② -3 ③ 0

④ 2 ⑤ 4

1248 최다빈출 왕 중요

TOUGH

공집합이 아닌 집합 X에서 정의된 두 함수

$$f(x)=x^3+2, \quad g(x)=2x^2+x$$

이 $f=g$일 때, 집합 X의 개수를 구하시오.

해설 내신연계문제

모의고사 **핵심유형** 기출문제

1249   2013년 11월 고1 학력평가 10번

NORMAL

두 집합 $X=\{0, 1, 2\}$, $Y=\{1, 2, 3, 4\}$에 대하여 두 함수 $f : X \longrightarrow Y$, $g : X \longrightarrow Y$를

$$f(x)=2x^2-4x+3, \quad g(x)=a|x-1|+b$$

라 하자. 두 함수 f와 g가 서로 같도록 하는 상수 a, b에 대하여 $2a-b$의 값은?

① 1 ② 2 ③ 3

④ 4 ⑤ 5

해설 내신연계문제

유형 **06** 일대일함수와 일대일대응

해설 내신연계문제

(1) 함수 $f : X \longrightarrow Y$가 **일대일함수이다.**
정의역 X의 임의의 두 원소 x_1, x_2에 대하여
  ◐ $x_1 \neq x_2$이면 $f(x_1) \neq f(x_2)$
  ◐ $f(x_1)=f(x_2)$이면 $x_1=x_2$ ◀ 명제가 참이면 그 대우도 참이다.

(2) 함수 $f : X \longrightarrow Y$가 **일대일대응이다.**
일대일함수이고 (치역)=(공역)인 함수이다.
$$\{f(x)|x \in X\}=Y$$

① 일대일함수의 그래프
치역의 임의의 원소 k에 대하여 x축에 평행한 직선 $y=k$와 주어진 함수의 그래프의 교점이 1개다.

② 일대일대응의 그래프
직선 $y=k$와 함수 $y=f(x)$의 그래프의 교점의 개수가 1개이며 (치역)=(공역)인 함수의 그래프

1250   학교기출 대표 유형

실수 전체의 집합에서 정의된 [보기]의 함수 중 정의역의 임의의 두 원소 x_1, x_2에 대하여 $f(x_1)=f(x_2)$이면 $x_1=x_2$인 조건을 만족하는 것은?

ㄱ. $f(x)=2x$ ㄴ. $f(x)=|x|$ ㄷ. $f(x)=x^3$

① ㄱ   ② ㄱ, ㄴ   ③ ㄱ, ㄷ

④ ㄴ, ㄷ   ⑤ ㄱ, ㄴ, ㄷ

1251 최다빈출 왕 중요

NORMAL

[보기]는 실수 전체의 집합 R에서 R로의 함수의 그래프를 나타낸 것이다. 이 중 일대일함수의 개수를 a, 일대일대응의 개수를 b라 할 때, $a+b$의 값을 구하시오.

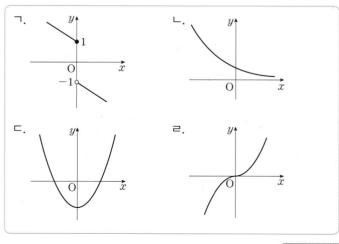

해설 내신연계문제

1252

NORMAL

다음 조건을 만족하는 함수 f가 아닌 것은?

(가) 정의역의 임의의 두 원소 x_1, x_2에 대하여
$x_1 \neq x_2$이면 $f(x_1) \neq f(x_2)$
(나) 치역과 공역이 같다.

① $f(x) = x + 1$

② $f(x) = \begin{cases} x-3 & (x \geq 3) \\ 2x-6 & (x < 3) \end{cases}$

③ $f(x) = \begin{cases} x^2 & (x \geq 0) \\ -x^2 & (x < 0) \end{cases}$

④ $f(x) = \begin{cases} 2x+3 & (x \geq 0) \\ x+3 & (x < 0) \end{cases}$

⑤ $f(x) = x + |x|$

1253 최다빈출 왕 중요

NORMAL

집합 $X = \{-1, 0, 1\}$에 대하여 [보기] 중 집합 X에서 X로의 함수인 것의 개수를 a, 일대일대응인 것의 개수를 b라고 할 때, $a+b$의 값은?

ㄱ. $f(x) = |x|$ ㄴ. $f(x) = x + 1$
ㄷ. $f(x) = x^2 - 1$ ㄹ. $f(x) = x^3$
ㅁ. $f(x) = |-x+1| - 1$

① 3   ② 4   ③ 5
④ 6   ⑤ 7

해설 내신연계문제

1254

NORMAL

집합 $X = \{-1, 0, 1\}$에 대하여 X에서 X로의 두 함수 f, g에 대한 설명으로 옳은 것만을 [보기]에서 있는 대로 고른 것은?

ㄱ. $f(x) = x^3$은 일대일대응이다.
ㄴ. $f(x) = -x^3 + x$의 치역은 $\{0\}$이다.
ㄷ. $f(x) = x^2$, $g(x) = |x|$이면 $f(x) = g(x)$이다.

① ㄱ   ② ㄴ   ③ ㄱ, ㄷ
④ ㄴ, ㄷ   ⑤ ㄱ, ㄴ, ㄷ

1255 최다빈출 왕 중요

NORMAL

집합 $X = \{-1, 0, 1\}$에 대하여 X에서 X로의 함수
$$f(x) = ax^2 + bx + 1$$
이 일대일대응일 때, 두 실수 a, b에 대하여 $b-a$의 최댓값을 구하시오.

해설 내신연계문제

모의고사 핵심유형 기출문제

1256 2015년 03월 고2 학력평가 A형 10번

NORMAL

두 집합 $X = \{1, 2, 3, 4\}$, $Y = \{5, 6, 7, 8\}$에 대하여 함수 f는 X에서 Y로의 일대일대응이다.
$$f(1) = 7, \quad f(2) - f(3) = 3$$
일 때, $f(3) + f(4)$의 값은?

① 11   ② 12   ③ 13
④ 14   ⑤ 15

해설 내신연계문제

1257 2018년 03월 고2 학력평가 가형 27번

TOUGH

집합 $X = \{3, 4, 5, 6, 7\}$에 대하여 함수 $f : X \longrightarrow X$는 일대일대응이다. $3 \leq n \leq 5$인 모든 자연수 n에 대하여
$$f(n)f(n+2)$$
의 값이 짝수일 때, $f(3) + f(7)$의 최댓값을 구하시오.

해설 내신연계문제

1258 2017년 03월 고3 학력평가 나형 13번

TOUGH

집합 $X = \{1, 2, 3, 4, 5\}$에 대하여 일대일대응인 함수 $f : X \longrightarrow X$가 다음 조건을 만족시킨다.

(가) $f(2) - f(3) = f(4) - f(1) = f(5)$
(나) $f(1) < f(2) < f(4)$

$f(2) + f(5)$의 값은?

① 4   ② 5   ③ 6
④ 7   ⑤ 8

해설 내신연계문제

두 범위로 구별된 함수 $f(x)$가 일대일대응(역함수가 존재)이 되려면

(1) 정의역의 서로 다른 임의의 두 원소 x_1, x_2가

　　$x_1 < x_2$이면 항상 $f(x_1) < f(x_2)$이거나 항상 $f(x_1) > f(x_2)$이다.

　　_{x의 값이 커지면 함수 $f(x)$의 값이 항상 커지거나 항상 작아진다.}

(2) **정의역이 $\{x \mid a \leq x \leq b\}$이면 치역의 양 끝값이 $f(a)$, $f(b)$이다.**

> 함수 $f(x)$가 일대일대응이 되려면 x의 값이 증가할 때, $f(x)$의 값은 증가하거나 감소해야 한다.
>
> ➡ $f(x) = \begin{cases} ax+b & (x \geq k) \\ cx+d & (x < k) \end{cases}$ 이면 $x = k$에서 함숫값이 같고, 기울기인 a, c의 부호가 같아야 한다.
>
> 즉 $ac > 0$, $ak+b = ck+d$

1259 학교기출 대표유형

실수 전체의 집합 R에서 R로의 함수

$$f(x) = \begin{cases} (a^2-1)x+2 & (x \geq 0) \\ -x+2 & (x < 0) \end{cases}$$

가 일대일대응일 때, 실수 a의 값의 범위는?

① $a > 1$　　　　② $a < 1$　　　　③ $a > -1$
④ $-1 < a < 1$　　⑤ $a < -1$ 또는 $a > 1$

1260 최다빈출 상 중요

실수 전체의 집합에서 정의된 함수

$$f(x) = \begin{cases} a(x-1)+2x-1 & (x < 1) \\ -a(x-1)+3x-2 & (x \geq 1) \end{cases}$$

이 일대일대응이 되도록 하는 정수 a의 개수를 구하시오.

해설 내신연계문제

1261 NORMAL

실수 전체의 집합에서 정의된 함수 $f(x)$가

$$f(x) = \begin{cases} -3x+2 & (x \geq 2) \\ ax+b & (x < 2) \end{cases}$$

가 일대일대응이 되도록 하는 상수 a, b의 조건은?

① $2a+b = 1$, $a > 0$　　　② $2a+b = -4$, $a > 0$
③ $2a+b = -4$, $a < 0$　　④ $2a+b = -3$, $a < 0$
⑤ $2a+b = 6$, $a > 0$

1262 NORMAL

실수 전체의 집합 R에서 R로의 함수

$$f(x) = \begin{cases} (2a-1)x-b+1 & (x \geq 2) \\ -x^2+4x+3b & (x < 2) \end{cases}$$

이 일대일대응이 되도록 하는 정수 b의 최솟값은?
(단, a는 상수이다.)

① -2　　　　② -1　　　　③ 0
④ 1　　　　⑤ 2

1263 최다빈출 상 중요 TOUGH

실수 전체의 집합에서 정의된 함수

$$f(x) = a|x-1|+x-2$$

가 일대일대응이 되도록 하는 실수 a의 값의 범위는?

① $a < 0$　　　　② $a > 0$　　　　③ $a > -1$
④ $-1 < a < 1$　　⑤ $a < -1$ 또는 $a > 1$

해설 내신연계문제

 모의고사 **핵심유형** 기출문제

1264 2023년 03월 고2 학력평가 16번 TOUGH

집합 $X = \{x \mid 0 \leq x \leq 4\}$에 대하여 X에서 X로의 함수

$$f(x) = \begin{cases} ax^2+b & (0 \leq x < 3) \\ x-3 & (3 \leq x \leq 4) \end{cases}$$

가 일대일대응일 때, $f(1)$의 값은? (단, a, b는 상수이다.)

① $\dfrac{7}{3}$　　　　② $\dfrac{8}{3}$　　　　③ 3
④ $\dfrac{10}{3}$　　　⑤ $\dfrac{11}{3}$

해설 내신연계문제

유형 08 일대일대응이 되기 위한 조건 (2)

일차함수 $f(x)$가 일대일대응이 되려면

(1) 함수 f의 그래프가 증가 또는 감소이어야 하고 치역과 공역이
같아야 하므로 **정의역의 양 끝값의 함숫값이 공역의 양 끝값과
일치하면 된다.**

(2) $X=\{x|x_1 \le x \le x_2\}$에서 $Y=\{y|y_1 \le y \le y_2\}$로의
함수 $f(x)=ax+b$가 일대일대응이려면

① $a>0$이면 $f(x_1)=y_1$, $f(x_2)=y_2$

② $a<0$이면 $f(x_1)=y_2$, $f(x_2)=y_1$

 ① 일차함수의 경우 치역과 공역이 같기만 하면 일대일대응이다.
② (치역)=(공역)이어야 하므로 정의역과 공역의 양 끝값을 기준으로
함수의 그래프를 그려 본다.

1265 학교기출 대표 유형

집합 $X=\{x|-1 \le x \le 3\}$에서 집합 $Y=\{y|0 \le y \le 2\}$로의
일차함수 $f(x)=ax+b$가 일대일대응이 되도록 하는 상수 a, b에
대하여 $4ab$의 값을 구하시오. (단, $a>0$)

1266 NORMAL

두 집합 $X=\{x|-2 \le x \le 3\}$, $Y=\{y|-7 \le y \le 3\}$을 각각 정의역
과 공역으로 하는 함수 $f(x)=ax+b(a>0)$가 일대일대응일 때,
상수 a, b에 대하여 ab의 값은?

① -6 ② -4 ③ -2
④ 2 ⑤ 6

1267 NORMAL

두 집합 $X=\{x|-2 \le x \le a\}$, $Y=\{y|0 \le y \le 7\}$에 대하여 X에서
Y로의 함수 $f(x)=x-b$가 일대일대응일 때, ab의 값은?
(단, a, b는 상수이다.)

① -12 ② -10 ③ -8
④ -6 ⑤ -4

1268 최다빈출 함 중요   TOUGH

두 집합
$$X=\{x|1 \le x \le 2\}, Y=\{y|-2 \le y \le 3\}$$
에 대하여 함수 $f(x)=ax^2+2ax+b$가 집합 X에서 Y로의
일대일대응일 때, 두 상수 a, b에 대하여 $a+b$의 값은? (단, $a>0$)

① -4 ② -3 ③ -2
④ 2 ⑤ 4

해설 내신연계문제

1269 TOUGH

두 집합 $X=\{x|1 \le x \le 2\}$과 $Y=\{y|-1 \le y \le 4\}$에 대하여 X에서
Y로의 함수 $f(x)=ax+b$가 일대일대응일 때, 상수 a와 b의 순서쌍
(a, b)일 때, 모든 a, b의 값의 합을 구하시오.

모의고사 **핵심유형** 기출문제

1270 2017년 09월 고2 학력평가 가형 11번   TOUGH

두 집합
$$X=\{x|-3 \le x \le 5\}, Y=\{y||y| \le a, a>0\}$$
에 대하여 X에서 Y로의 함수 $f(x)=2x+b$가 일대일대응이다.
두 상수 a, b에 대하여 a^2+b^2의 값은?

① 66 ② 68 ③ 70
④ 72 ⑤ 74

해설 내신연계문제

주어진 범위에서 이차함수 $f(x)$가 일대일대응이 되려면 다음 순서로 미지수를 구한다.

FIRST 주어진 함수의 그래프를 그린다.

NEXT 그래프에서 x의 값이 증가할 때, $f(x)$의 값이 증가 또는 감소하는 부분을 찾아 범위를 결정한다.

LAST (치역)=(공역)을 만족하는 범위를 구한다.

 이차함수의 경우 x의 값의 범위에 따라 일대일대응이 결정된다.

1271 학교기출 대표유형

집합 $X=\{x|x \geq a\}$에 대하여 X에서 X로의 함수
$$f(x)=x^2-6x+10$$
이 일대일대응이 되도록 하는 상수 a의 값을 구하시오.

1272 최다빈출 상중요 NORMAL

집합 $X=\{x|x \geq a\}$에 대하여 X에서 X로의 함수
$$f(x)=x^2+ax-6$$
가 일대일대응일 때, $f(5)$의 값을 구하시오. (단, a는 실수이다.)

해설 내신연계문제

1273 최다빈출 상중요 NORMAL

정의역이 $\{x|x \geq k\}$이고 공역이 $\{y|y \geq k+3\}$인 함수
$$f(x)=x^2-x$$
가 일대일대응이 되도록 상수 k의 값은?

① -1 ② 0 ③ 1
④ 2 ⑤ 3

해설 내신연계문제

1274 TOUGH

정의역이 집합 $X=\{x|x \geq k\}$인 함수
$$f(x)=x^2+2x-6$$
가 일대일함수가 되도록 하는 k의 최솟값을 a, 함수 $f(x)$가 X에서 X로의 일대일대응이 되도록 하는 k의 값을 b라 할 때, $b-a$의 값은?

① -2 ② -1 ③ 1
④ 2 ⑤ 3

1275 TOUGH

실수 전체의 집합의 두 부분집합
$$X=\{x|x^2-7x+6 \leq 0\}, \quad Y=\{x|x^2+ax+24 \leq 0\}$$
과 함수 $f:X \longrightarrow Y$가 다음 조건을 만족시킨다.

(가) $X \cap Y=\{x|3 \leq x \leq b\}$

(나) 함수 f는 일대일대응이다.

(다) 집합 X의 임의의 두 원소 x_1, x_2에 대하여
  $x_1<x_2$이면 $f(x_1)<f(x_2)$

$a+b+f(1)+f(6)$의 값을 구하시오. (단, a, b는 상수이다.)

1276 2022년 03월 고2 학력평가 26번 TOUGH

집합 $X=\{x|x \geq a\}$에서 집합 $Y=\{y|y \geq b\}$로의 함수
$$f(x)=x^2-4x+3$$
이 일대일대응이 되도록 하는 두 실수 a, b에 대하여 $a-b$의 최댓값은 $\dfrac{q}{p}$이다. $p+q$의 값을 구하시오. (단, p와 q는 서로소인 자연수이다.)

해설 내신연계문제

유형 10 항등함수와 상수함수

(1) **항등함수**
- 정의역의 모든 원소 x에 대하여 $f(x)=x$
- 항등함수는 일대일대응이다.

(2) **상수함수**
- 정의역의 모든 원소 x에 대하여 $f(x)=c$ (단, c는 상수이다.)
- 상수함수는 X의 어떤 값이든 Y의 한 원소에만 대응한다.

 ① 항등함수

함수 $f:X\longrightarrow X$, $f(x)=x(x\in X)$

즉 정의역, 치역과 공역이 모두 같고 정의역의 임의의 원소에
그 자신과 같은 값을 대응시키는 함수를 항등함수라고 하고
I_x 또는 I로 나타낸다.

② 상수함수

함수 $f:X\longrightarrow Y$, $f(x)=c(x\in X, c\in Y)$

즉 함수 f의 치역이 하나의 원소만으로 되어 있을 경우
이러한 함수를 상수함수라 한다.

1277 학교기출 대표 유형

함수 $f:X\longrightarrow Y$에 대한 다음 설명 중 옳지 않은 것은?

① 함수 f가 상수함수이면 집합 $\{f(x)|x\in X\}$의 원소의 개수는 1이다.

② 함수 f가 항등함수이면 함수 f의 치역은 정의역과 같다.

③ 함수 f가 일대일함수이고 공역과 치역이 같으면 함수 f는 일대일대응이다.

④ 유한집합 X, Y에 대하여 $n(X)=n(Y)$이고, 공역과 치역이 같으면 함수 f는 일대일대응이다.

⑤ 정의역 X의 임의의 두 원소 x_1, x_2에 대하여 $f(x_1)=f(x_2)$일 때, $x_1=x_2$이면 함수 f는 일대일대응이다.

1278 NORMAL

집합 $X=\{-3, -1, 5\}$에 대하여 함수 $f:X\longrightarrow X$가

$$f(x)=\begin{cases} ax^2+bx+3 & (x<0) \\ 5 & (x\geq 0) \end{cases}$$

이다. 함수 $f(x)$가 항등함수가 되도록 하는 두 상수 a, b에 대하여 $a+b$의 값은?

① 4   ② 6   ③ 8
④ 10   ⑤ 12

1279 최다빈출 왕 중요 NORMAL

집합 X를 정의역으로 하는 함수

$$f(x)=x^2-2x-4$$

이 항등함수가 되도록 하는 집합 X의 개수는? (단, $X\neq\varnothing$)

① 3   ② 4   ③ 7
④ 8   ⑤ 15

해설 내신연계문제

1280 최다빈출 왕 중요 NORMAL

실수 전체의 집합에서 정의된 두 함수 f, g가 다음 조건을 만족시킬 때, $f(2)g(2)$의 값은?

(가) $f(x)$는 항등함수, $g(x)$는 상수함수
(나) 두 함수 $y=f(x)$와 $y=g(x)$의 그래프의 교점의 x좌표는 3이다.

① 3   ② 4   ③ 5
④ 6   ⑤ 7

해설 내신연계문제

1281 NORMAL

실수 전체의 집합에서 정의된 함수 f는 항등함수이고 g는 상수함수이고 $g(100)=2$일 때,

$$f(1)+f(2)+f(3)+f(4)+f(5)$$
$$+g(6)+g(7)+g(8)+g(9)+g(10)$$

의 값은?

① 20   ② 23   ③ 25
④ 27   ⑤ 29

1282 NORMAL

집합 $X=\{1, 2, 3\}$에 대하여 세 함수 f, g, h는 각각 X에서 X로의 일대일대응, 상수함수, 항등함수이고 다음 조건을 만족시킨다.

(가) $f(1)=g(2)=h(3)$
(나) $f(2)g(1)=f(1)$

$f(3)+g(3)+h(3)$의 값은?

① 5   ② 6   ③ 7
④ 8   ⑤ 9

1283 최다빈출 왕중요

집합 $X=\{0,\ 1,\ 2\}$에 대하여 세 함수 $f,\ g,\ h$는 각각 X에서 X로의 일대일대응, 상수함수, 항등함수이고 다음 조건을 만족시킨다.

(가) $f(0)=g(1)=h(2)$
(나) $2f(1)+f(2)=f(0)$

$f(2)+g(2)+h(2)$의 값은?

① 2   ② 3   ③ 4
④ 5   ⑤ 6

해설 내신연계문제

1284

NORMAL

집합 $X=\{1,\ 2,\ 3\}$에 대하여 X에서 X로의 일대일대응을 f, 항등함수를 g, 상수함수를 h라고 할 때,
$$f(3)=g(2)=h(1),\ f(1)-f(2)=f(3)$$
을 만족한다. $2f(1)+3g(2)+4h(3)$의 값은?

① 6   ② 7   ③ 10
④ 15   ⑤ 20

1285

TOUGH

집합 $X=\{2,\ 3,\ 5,\ 7\}$에 대하여 [보기] 중 X에서 X로의 함수인 것의 개수를 a, 항등함수인 것의 개수를 b, 상수함수인 것의 개수를 c라 할 때, $a-b+2c$의 값은?

ㄱ. $f(x)=|x|$
ㄴ. $g(x)=(x$를 10으로 나누었을 때의 나머지)
ㄷ. $h(x)=(x$의 양의 약수의 개수)
ㄹ. $i(x)=9$

① 6   ② 7   ③ 10
④ 15   ⑤ 20

1286 최다빈출 왕중요

TOUGH

집합 $X=\{a,\ b,\ c\}$에 대하여 X에서 X로의 함수
$$f(x)=\begin{cases}-3 & (x<0) \\ 4x-3 & (0\le x<2) \\ 5 & (x\ge 2)\end{cases}$$
이 항등함수일 때, $f(a)+f(b)+f(c)$의 값을 구하시오.
(단, $a,\ b,\ c$는 서로 다른 상수이다.)

해설 내신연계문제

1287   2023년 03월 고2 학력평가 13번

NORMAL

집합 $X=\{1,\ 2,\ 3,\ 4,\ 5\}$에 대하여 X에서 X로의 세 함수 $f,\ g,\ h$가 다음 조건을 만족시킨다.

(가) f는 항등함수이고 g는 상수함수이다.
(나) 집합 X의 모든 원소 x에 대하여
　　$f(x)+g(x)+h(x)=7$이다.

$g(3)+h(1)$의 값은?

① 2   ② 3   ③ 4
④ 5   ⑤ 6

해설 내신연계문제

1288   2019년 11월 고1 학력평가 11번

NORMAL

집합 $X=\{-3,\ 1\}$에 대하여 X에서 X로의 함수
$$f(x)=\begin{cases}2x+a & (x<0) \\ x^2-2x+b & (x\ge 0)\end{cases}$$
이 항등함수일 때, $a\times b$의 값은? (단, $a,\ b$는 상수이다.)

① 4   ② 6   ③ 8
④ 10   ⑤ 12

해설 내신연계문제

1289   2022년 11월 고1 학력평가 8번

NORMAL

집합 $X=\{0,\ 2,\ 4\}$에 대하여 X에서 X로의 함수
$$f(x)=\begin{cases}3x+2 & (x<2) \\ x^2+ax+b & (x\ge 2)\end{cases}$$
가 상수함수일 때, $a+b$의 값은? (단, $a,\ b$는 상수이다.)

① 1   ② 2   ③ 3
④ 4   ⑤ 5

해설 내신연계문제

유형 11 함수방정식에서 함숫값 구하기

조건에 따른 함수방정식 $f(x+y)=f(x)f(y)$ 또는
$f(x+y)=f(x)+f(y)$이 주어질 때, $f(k)$의 값 구하기

➡ 일단, 주어진 함수방정식에 $x=0$, $y=0$을 대입하여 함숫값을 구한
후 특정한 함숫값을 구하기 위해 **적당한 수**를 x, y에 대입하여
함숫값을 구한다.

 함수방정식 $f(x+y)=f(x)f(y)$ 또는 $f(x+y)=f(x)+f(y)$,
$f(x+y)=f(x)+f(y)+xy$, ⋯
의 조건이 주어졌을 때 특정한 함숫값을 구하기 위해서는 x, y에
적당한 값을 대입하여 함숫값을 구한다.

1290 학교기출 대표 유형

임의의 실수 x, y에 대하여 함수 $f(x)$가
$$f(x+y)=f(x)+f(y)$$
를 만족하고 $f(3)=2$일 때, $f(-3)$의 값은?

① -3 ② -2 ③ -1
④ 0 ⑤ 1

1291 최다빈출 왕 중요 NORMAL

임의의 실수 x, y에 대하여 함수 $f(x)$가
$$f(x+y)=f(x)+f(y)$$
를 만족하고 $f(2)=6$일 때, 옳은 것만을 [보기]에서 있는 대로 고른
것은?

> ㄱ. $f(0)=0$
> ㄴ. $f(-1)=-2$
> ㄷ. 임의의 자연수 n에 대하여 $f(nx)=nf(x)$

① ㄱ   ② ㄷ   ③ ㄱ, ㄷ
④ ㄴ, ㄷ   ⑤ ㄱ, ㄴ, ㄷ

해설 내신연계문제

1292 최다빈출 왕 중요 NORMAL

함수 $f(x)$가 다음 조건을 만족시킬 때, $\dfrac{f(2)}{f(-2)}$의 값을 구하시오.

> (가) $f(1)=3$
> (나) 모든 실수 x에 대하여 $f(x)>0$이다.
> (다) 임의의 두 실수 x, y에 대하여 $f(x+y)=f(x)f(y)$이다.

해설 내신연계문제

1293 NORMAL

음이 아닌 정수 n에 대하여 함수 f가
$$f(10n+k)=f(n)+k(k=0, 1, 2, \cdots, 9)$$
를 만족하고 $f(0)=0$일 때, $f(99)$의 값은?

① 18   ② 19   ③ 20
④ 21   ⑤ 22

1294 최다빈출 왕 중요 NORMAL

자연수 전체의 집합에서 정의된 함수 f가 다음 두 조건을 모두 만족
할 때, $f(400)$의 값은? (단, n은 자연수이다.)

> (가) $f(2n)=f(n)$
> (나) $f(2n-1)=n$

① 13   ② 25   ③ 23
④ 27   ⑤ 31

해설 내신연계문제

1295 TOUGH

정수 전체의 집합에서 정의된 함수 $f(x)$가 다음 두 조건을 만족할
때, $f(4)$의 값은?

> (가) $f(1)=1$
> (나) $f(x+y)=f(x)+f(y)+xy$

① 7   ② 8   ③ 9
④ 10   ⑤ 11

1296 TOUGH

실수 전체의 집합에서 정의된 함수 f가 모든 실수 x, y에 대하여
$$f(x+y)=f(x)+f(y)+2$$
를 만족시킬 때, [보기]에서 옳은 것만을 있는 대로 고른 것은?

> ㄱ. $f(0)=-2$
> ㄴ. 모든 실수 x에 대하여 $f(x)+f(-x)=-4$이다.
> ㄷ. $f(1)=2$이면 $f(8)=30$이다.

① ㄱ   ② ㄱ, ㄴ   ③ ㄱ, ㄷ
④ ㄴ, ㄷ   ⑤ ㄱ, ㄴ, ㄷ

집합 X의 원소의 개수가 m, 집합 Y의 원소의 개수가 n일 때,
(1) **X에서 Y로의 함수의 개수** $\circ$ n^m $\leftarrow$ $\underset{m\text{개}}{\underline{n \times n \times n \times \cdots \times n}}$
(2) **일대일함수의 개수** (단, $m \leq n$)
　　$\circ$ $_nP_m = n(n-1)(n-2)\cdots(n-m+1)$
(3) **일대일대응의 개수** (단, $n=m$)
　　$\circ$ $_nP_n = n(n-1)(n-2) \times \cdots \times 2 \times 1 = n!$
(4) **상수함수의 개수**
　　$\circ$ n개 (공역의 원소의 개수)

 ① 항등함수의 개수 ➡ 1개
② 상수함수의 개수 ➡ 공역의 원소의 개수

1297 학교기출 대표 유형

집합 $X=\{1, 2, 3\}$에 대하여 X에서 X로의 함수의 개수를 a, 일대일대응의 개수를 b, 항등함수의 개수를 c, 상수함수의 개수를 d라 할 때, $a+b+c+d$의 값을 구하시오.

1298 　　　　　NORMAL

두 집합
$$X=\{1, 2, 3\}, \ Y=\{1, 2, 3, 4, 5, 6\}$$
에 대하여 다음 두 조건을 모두 만족하는 함수 $f : X \longrightarrow Y$의 개수는?

(가) $f(2)=3$
(나) X의 임의의 두 원소 x_1, x_2에 대하여
　　$f(x_1)=f(x_2)$이면 $x_1=x_2$이다.

① 12　　　　② 18　　　　③ 20
④ 30　　　　⑤ 42

1299 최다빈출 왕중요　　　　　NORMAL

두 집합 $X=\{1, 3, 5, 7, 9\}$, $Y=\{2, 4, 6, 8, 10\}$에 대하여 X에서 Y로의 함수 f가 다음 조건을 만족시킬 때, 함수 f의 개수는?

(가) X의 임의의 두 원소 x_1, x_2에 대하여
　　$x_1 \neq x_2$이면 $f(x_1) \neq f(x_2)$이다.
(나) $f(1)=4$이고 $f(3)=8$

① 4　　　　② 6　　　　③ 8
④ 10　　　　⑤ 12

해설 내신연계문제

1300 　　　　　NORMAL

집합 $X=\{1, 2, 3\}$에서 집합 Y로의 일대일함수의 개수가 24일 때, 상수함수의 개수는?

① 1　　　　② 2　　　　③ 3
④ 4　　　　⑤ 5

1301 　　　　　NORMAL

두 집합
$$X=\{1, 3, 5, 7\}, \ Y=\{2, 4, 6\}$$
에 대하여 X에서 Y로의 함수 중 치역과 공역이 같은 함수의 개수는?

① 12　　　　② 24　　　　③ 36
④ 48　　　　⑤ 60

1302 　　　　　NORMAL

두 집합 $X=\{1, 2\}$, $Y=\{3, 4, 5\}$에 대하여 X에서 Y로의 함수의 개수를 a, X에서 Y로의 일대일함수의 개수를 b, X에서 Y로의 상수함수의 개수를 c, Y에서 X로의 함수 중 치역과 공역이 같은 함수의 개수를 d라고 할 때, $a+b+c+d$의 값은?

① 20　　　　② 22　　　　③ 24
④ 26　　　　⑤ 28

1303 　　　　　NORMAL

두 집합 $X=\{1, 2, 3\}$, $Y=\{1, 2, 3, 4, 5\}$에 대하여 X에서 Y로의 함수 중 다음 두 조건을 동시에 만족시키는 함수 f의 개수는?

(가) $x_1 \in X$, $x_2 \in X$일 때, $x_1 \neq x_2$이면 $f(x_1) \neq f(x_2)$이다.
(나) $f(1)+f(2)+f(3)=8$

① 6　　　　② 12　　　　③ 14
④ 18　　　　⑤ 24

1304 최다빈출 왕 중요

NORMAL

집합 $X=\{1, 2, 3, 4, 5\}$에 대하여 함수 $f : X \longrightarrow X$로 정의할 때, $f(1)\neq 1$, $f(5)\neq 5$이고 일대일대응인 함수 f의 개수는?

① 24 ② 48 ③ 78
④ 120 ⑤ 720

해설 내신연계문제

1305

NORMAL

집합 $X=\{1, 2, 3, 4\}$에 대하여 X에서 X로의 함수 f가

$$\{f(1)-2\}\{f(2)-3\}\neq 0$$

을 만족시킬 때, 함수 f의 개수는?

① 72 ② 81 ③ 108
④ 144 ⑤ 256

1306 최다빈출 왕 중요

NORMAL

두 집합 $X=\{1, 2, 3, 4\}$, $Y=\{-2, -1, 0, 1, 2\}$에 대하여 다음 조건을 만족시키는 함수 $f : X \longrightarrow Y$의 개수는?

(가) X의 임의의 두 원소 x_1, x_2에 대하여
   $f(x_1)=f(x_2)$이면 $x_1=x_2$이다.
(나) $f(1)=-1$, $f(2)\neq 2$

① 16 ② 18 ③ 20
④ 24 ⑤ 26

해설 내신연계문제

1307

TOUGH

집합 $X=\{-2, -1, 0, 1, 2\}$에 대하여 함수 $f : X \longrightarrow X$ 중에서 모든 $x\in X$에 대하여

$$f(-x)=f(x)$$

를 만족시키는 함수의 개수를 구하시오.

1308

TOUGH

두 집합 $X=\{-1, 0, 1\}$, $Y=\{-3, -2, -1, 0, 1, 2, 3\}$에 대하여 X에서 Y로의 함수 중 다음 조건을 만족시키는 함수 f의 개수는?

(가) 집합 X의 임의의 서로 다른 두 원소 x_1, x_2에 대하여
   $f(x_1+x_2)=f(x_1)+f(x_2)$이다.
(나) 집합 X의 임의의 두 원소 x_1, x_2에 대하여
   $f(x_1)=f(x_2)$이면 $x_1=x_2$이다.

① 2 ② 3 ③ 4
④ 5 ⑤ 6

1309

TOUGH

두 집합

$$X=\{1, 2, 3, 4\}, \quad Y=\{1, 2, 3, 4, 5, 6\}$$

에 대하여 X에서 Y로의 함수 중 다음 조건을 만족시키는 함수 f의 개수를 구하시오.

(가) 집합 X의 임의의 두 원소 x_1, x_2에 대하여
   $f(x_1)=f(x_2)$이면 $x_1=x_2$이다.
(나) 집합 X의 임의의 원소 a에 대하여 $a+f(a)$의 값은 짝수이다.

 모의고사 핵심유형 기출문제

1310 2011년 03월 고2 학력평가 26번

NORMAL

집합 $A=\{-2, -1, 0, 1, 2\}$에 대하여 다음 두 조건을 만족하는 함수 f의 개수를 구하시오.

(가) 함수 f는 A에서 A로의 함수이다.
(나) A의 모든 원소 x에 대하여 $f(x)=-f(-x)$이다.

해설 내신연계문제

두 집합 X, Y의 원소의 개수가 각각 m, $n(m \leq n)$이고
$a \in X$, $b \in X$일 때,

(1) $a \neq b$이면 $f(a) \neq f(b)$를 만족시키는 함수 f의 개수
   일대일함수 (순열)

   ➡ $_n P_m = n(n-1)(n-2)\cdots(n-m+1)$

(2) $a < b$이면 $f(a) < f(b)$를 만족시키는 함수 f의 개수
   대소가 정해져 있다. (조합)

   ➡ $_n C_m = \dfrac{n!}{m!(n-m)!}$

 $x_i < x_j$이면 $f(x_i) > f(x_j)$인 함수의 개수도 $_n C_m$이다.

1311 학교기출 대표유형

두 집합 $X = \{1, 2, 3\}$, $Y = \{4, 5, 6, 7, 8, 9\}$에 대하여 함수
$f : X \longrightarrow Y$가 다음 조건을 만족시킬 때, 함수 f의 개수를
구하시오.

> $x_1 \in X$, $x_2 \in X$일 때, $x_1 < x_2$이면 $f(x_1) < f(x_2)$이다.

1312 NORMAL

집합 $X = \{1, 2, 3, 4\}$에 대하여 다음 조건을 만족시키는 X에서 X로
의 함수 f의 개수는?

> (가) $f(1) \neq 1$
> (나) $f(2) < f(3)$

① 42   ② 54   ③ 64
④ 72   ⑤ 81

1313 최다빈출 왕중요 NORMAL

두 집합 $X = \{1, 2, 3, 4, 5\}$, $Y = \{1, 2, 3, 4, 5, 6, 7\}$에 대하여
다음 조건을 모두 만족하는 함수 $f : X \longrightarrow Y$의 개수는?

> (가) $f(4) = 5$
> (나) 집합 X의 임의의 두 원소 x_1, x_2에 대하여
> $x_1 < x_2$이면 $f(x_1) < f(x_2)$이다.

① 6   ② 8   ③ 10
④ 12   ⑤ 14

해설 내신연계문제

1314 최다빈출 왕중요 NORMAL

두 집합
$$X = \{1, 2, 3, 4\}, \quad Y = \{1, 2, 3, 4, 5, 6, 7, 8\}$$
에 대하여 다음 두 조건을 모두 만족하는 함수 $f : X \longrightarrow Y$의
개수는?

> (가) $f(2)$는 홀수이다.
> (나) $a \in X$, $b \in X$일 때, $a < b$이면 $f(a) < f(b)$이다.

① 30   ② 32   ③ 34
④ 36   ⑤ 38

해설 내신연계문제

1315 TOUGH

두 집합
$$X = \{1, 2, 3, 4, 5, 6\}, \quad Y = \{1, 2, 3, 4, 5, 6, 7, 8, 9\}$$
에 대하여 함수 $f : X \longrightarrow Y$로 정의할 때, 다음 조건을 만족하는
함수 f의 개수는?

> (가) $f(3) \geq 5$
> (나) 집합 X의 임의의 두 원소 x_1, x_2에 대하여 $x_1 < x_2$이면
> $f(x_1) < f(x_2)$이다.

① 21   ② 24   ③ 27
④ 34   ⑤ 45

1316 최다빈출 왕중요 TOUGH

집합 $X = \{1, 2, 3, 4, 5\}$에 대하여 함수 $f : X \longrightarrow X$가 다음 조건
을 만족하는 함수 f의 개수를 구하시오.

> (가) 함수 f는 일대일대응이다.
> (나) $f(2) < f(3) < f(4)$

해설 내신연계문제

1317 2019년 03월 고2 학력평가 가형 24번 NORMAL

집합 $X = \{1, 2, 3, 4\}$일 때 함수 $f : X \longrightarrow X$ 중에서 집합 X의
모든 원소 x에 대하여 $x + f(x) \geq 4$를 만족시키는 함수 f의 개수를
구하시오.

해설 내신연계문제

서술형 기출유형
학교내신기출 서술형 핵심문제총정리

YOURMASTERPLAN; **MAPL**
SYNERGY
S E R I E S

1318

함수 $f(x)$에 대하여 $f(2x-1)=3x+k$이고 $f(3)=9$일 때, 다음 단계로 그 과정을 서술하시오. (단, k는 상수이다.)

1단계 k의 값을 구한다. [3점]

2단계 함수 $f(x)$를 구하여 $f(5)-f(1)$의 값을 구한다. [4점]

3단계 $f\left(\dfrac{x-1}{3}\right)$의 값을 구한다. [3점]

1319

공집합이 아닌 집합 X를 정의역으로 하는 두 함수
$$f(x)=x^2+2x-1, \quad g(x)=|x+1|$$
에 대하여 $f=g$가 성립하도록 하는 집합 X를 모두 구하는 과정을 다음 단계로 서술하시오.

1단계 두 함수 f와 g가 서로 같을 조건을 구한다. [3점]

2단계 $f(x)=g(x)$인 x의 값을 구한다. [4점]

3단계 공집합이 아닌 집합 X를 구한다. [3점]

1320

집합 $X=\{-2, 0, 2\}$에 대하여 X에서 X로의 세 함수 f, g, h는 각각 일대일대응, 항등함수, 상수함수이고
$$f(-2)=g(2)=h(0), \quad f(-2)+f(2)=f(0)$$
을 만족시킬 때, $f(2)g(-2)h(0)$의 값을 구하는 과정을 다음 단계로 서술하시오.

1단계 함수 $g(x)$가 항등함수임을 이용하여 $g(-2)$의 값을 구한다. [2점]

2단계 함수 $f(x)$가 일대일대응임을 이용하여 $f(2)$의 값을 구한다. [4점]

3단계 함수 $h(x)$가 상수함수임을 이용하여 $h(0)$의 값을 구한다. [2점]

4단계 $f(2)g(-2)h(0)$의 값을 구한다. [2점]

1321

두 집합 $X=\{1, 2, 3\}$, $Y=\{1, 2, 3, 4\}$에 대하여 다음 함수의 개수를 구하는 과정을 다음 단계로 서술하시오.

1단계 X에서 Y로의 함수의 개수를 구한다. [2점]

2단계 X에서 Y로의 일대일함수의 개수를 구한다. [2점]

3단계 X에서 Y로의 상수함수의 개수를 구한다. [1점]

4단계 X에서 X로의 항등함수의 개수를 구한다. [1점]

5단계 X에서 X로의 일대일대응의 개수를 구한다. [2점]

6단계 X에서 Y로의 함수 중 집합 X의 두 원소 x_1, x_2에 대하여 $x_1<x_2$일 때, $f(x_1)<f(x_2)$를 만족하는 함수의 개수를 구한다. [2점]

1322

실수 전체의 집합 R에 대하여 함수 $f : R \longrightarrow R$이
$$f(x)=a|x+2|-4x$$
로 정의될 때, 이 함수가 일대일대응이 되도록 하는 정수 a의 개수를 구하는 과정을 다음 단계로 서술하시오.

1단계 x의 범위에 따른 함수 $f(x)$를 구한다. [4점]

2단계 함수 $f(x)$가 일대일대응일 조건을 구한다. [4점]

3단계 정수 a의 개수를 구한다. [2점]

1323

두 집합 $X=\{1, 2, 3, 4\}$, $Y=\{1, 2, 3, 4, 5, 6\}$에 대하여 함수 $f : X \longrightarrow X$가 존재할 때, 다음 조건을 만족하는 각각의 개수가 p, q일 때, $p+q$의 값을 구하는 과정을 다음 단계로 서술하시오.

(가) 집합 X의 두 원소 x_1, x_2에 대하여 $x_1<x_2$일 때, $f(x_1)<f(x_2)$를 만족하는 함수 $f(x)$의 개수 p

(나) 집합 X의 두 원소 x_1, x_2에 대하여 $x_1<x_2$일 때, $f(x_1)<f(x_2)$이고 $f(2)=3$을 만족하는 함수 $f(x)$의 개수 q

1단계 조합을 이용하여 조건 (가)를 만족하는 함수의 개수를 구한다. [4점]

2단계 조합을 이용하여 조건 (나)를 만족하는 함수의 개수를 구한다. [4점]

3단계 $p+q$의 값을 구한다. [2점]

1324

양의 실수 전체의 집합에서 정의된 함수 $f(x)$가 다음 조건을
만족시킬 때, $f(2025)$의 값을 구하시오.

(가) 모든 양의 실수 x에 대하여 $3f(x)=f(3x)$이다.
(나) $f(x)=1-|x-2| \ (1 \le x \le 3)$

1325

실수 전체의 집합에서 정의된 함수

$$f(x)=\begin{cases} 2x+4 & (x \le -3) \\ x+a & (-3 < x \le 3) \\ x^2+bx+c & (x \ge 3) \end{cases}$$

는 일대일대응이다. b의 값이 최소일 때, $a+b+c$의 값을 구하시오.
(단, a, b, c는 상수이다.)

1326 최다빈출⑱중요

두 집합 $A=\{1, 2, 3, 4, 5\}$, $B=\{2, 3, 4, 5, 6, 7, 8\}$에 대하여 다음
조건을 만족시키는 일대일함수 $f : A \longrightarrow B$의 개수를 구하시오.

(가) $a \in A$이고 a가 짝수일 때, $f(a)$는 소수이다.
(나) $a \in A$이고 a가 홀수일 때, $f(a)$는 짝수이다.

해설 내신연계문제

1327 2014년 11월 고1 학력평가 28번

집합 $X=\{1, 2, 3, 4\}$에 대하여 두 함수
$$f : X \longrightarrow X, \ g : X \longrightarrow X$$
가 있다. 함수 $y=f(x)$는 $f(4)=2$를 만족시키고 함수 $y=g(x)$의
그래프는 그림과 같다.

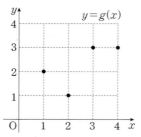

두 함수 $y=f(x)$, $y=g(x)$에 대하여 함수 $h : X \longrightarrow X$를
$$h(x)=\begin{cases} f(x) & (f(x) \ge g(x)) \\ g(x) & (g(x) > f(x)) \end{cases}$$
라 정의하자. 함수 $y=h(x)$가 일대일대응일 때, $f(2)+h(3)$의
값을 구하시오.

해설 내신연계문제

1328 2019년 07월 고3 학력평가 나형 28번

집합 $X=\{1, 2, 3, 4, 5, 6, 7, 8\}$에 대하여 일대일대응인 함수
$f : X \longrightarrow X$가 다음 조건을 만족시킬 때, 함수 f의 개수를
구하시오.

(가) p가 소수일 때, $f(p) \le p$이다.
(나) $a < b$이고 a가 b의 약수이면 $f(a) < f(b)$이다.

해설 내신연계문제

학교내신기출 객관식 핵심문제총정리

02 합성함수와 역함수

유형 01 합성함수의 함숫값

두 함수 f, g에 대하여 $(f \circ g)(a)$의 값은 다음과 같이 구한다.

방법1 $(f \circ g)(a) = f(g(a))$이므로 $f(x)$에서 x대신 $g(a)$의 값을 대입하여 구한다.

방법2 합성함수 $(f \circ g)(x)$를 직접 구한 후 $x = a$를 대입하여 구한다.

① $(g \circ f)(x) = g(f(x))$
➡ $g(x)$의 x자리에 $f(x)$를 대입한다.
② $(f \circ g)(x) = f(g(x))$
➡ $f(x)$의 x자리에 $g(x)$를 대입한다.

1329 학교기출 대표 유형

그림은 두 함수 $f : X \longrightarrow X$, $g : X \longrightarrow X$를 나타낸 것이다.

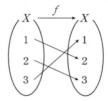
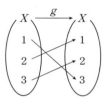

$(g \circ f)(3) + (f \circ g)(3)$의 값을 구하시오.

1330 BASIC

두 함수 $f : X \longrightarrow X$가 그림과 같을 때, $(f \circ f \circ f)(3)$의 값은?

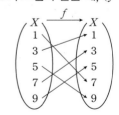

① 1 　　　　② 3 　　　　③ 5
④ 7 　　　　⑤ 9

1331 BASIC

두 함수 $f(x) = 2x - 3$, $g(x) = 4x + 1$에 대하여
$(f \circ g)(3) + (g \circ f)(3)$의 값은?

① 13 　　　　② 23 　　　　③ 26
④ 36 　　　　⑤ 42

1332 BASIC

두 함수
$$f(x) = 2x - 1, \quad g(x) = x^2 - 1$$
에 대하여 $(f \circ g)(a) = 5$를 만족시키는 양수 a의 값은?

① 1 　　　　② 2 　　　　③ 3
④ 4 　　　　⑤ 5

1333 NORMAL

일차함수 $y = f(x)$의 그래프가 그림과 같이 두 점 $(4, 0)$, $(0, 2)$를 지난다. $f(f(x)) = 3$을 만족시키는 실수 x의 값은?

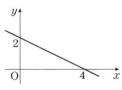

① -8 　　　　② -4 　　　　③ 0
④ 4 　　　　⑤ 8

1334 최다빈출 왕 중요

두 함수

$$f(x)=\begin{cases}-3x+11 & (x\geq 3) \\ 2 & (x<3)\end{cases}, \quad g(x)=\frac{1}{2}x^2-2$$

에 대하여 $(f\circ g)(4)+(g\circ f)(2)$의 값은?

① -10 ② -7 ③ -4
④ 2 ⑤ 6

해설 내신연계문제

1335

실수 전체의 집합에서 정의된 함수 $f(x)=3x-5$에 대하여

$$(f\circ f\circ f)(x)=-11$$

이 되도록 하는 x의 값은?

① 2 ② 4 ③ 6
④ 8 ⑤ 9

1336

그림과 같이 집합 $X=\{1, 2, 3, 4, 5\}$에서 X로의 두 함수 f, g가 있다.

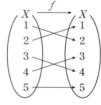 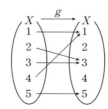

함수 h가 $g(x)=(h\circ f)(x)$를 만족할 때, $h(1)+h(3)+h(5)$의 값은?

① 5 ② 6 ③ 7
④ 8 ⑤ 9

1337

그림은 집합 $X=\{1, 2, 3, 4\}$에서 X로의 함수 f를 나타낸 것이다.
함수 $g:X\longrightarrow X$가

$$(f\circ g)(3)=3, \quad (g\circ f)(2)=1$$

을 만족시킬 때, $(f\circ g)(1)+(g\circ f)(4)$의 값은?

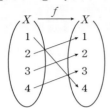

① 4 ② 5 ③ 6
④ 7 ⑤ 8

1338

집합 $X=\{1, 2, 3, 4\}$에서 X로의 세 함수 f, g, h가 있다.
함수 f는 다음 그림과 같고,

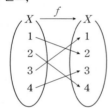

두 함수 g, h는 각각 항등함수, 상수함수이다.
$f(2)=g(1)+h(2)$일 때, $(f\circ h)(3)+g(2)$의 값을 구하시오.

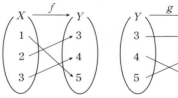

1339   2021년 03월 고2 학력평가 7번

그림은 두 함수 $f:X\longrightarrow Y$, $g:Y\longrightarrow X$를 나타낸 것이다.

$(g\circ f)(3)-(f\circ g)(3)$의 값은?

① -4 ② -3 ③ -2
④ -1 ⑤ 0

해설 내신연계문제

유형 02 $f \circ g$에 대한 조건이 주어진 경우

함수 $f \circ g$에 대한 조건이 주어지고 두 함수 $f(x)$, $g(x)$가 미지수를 포함한 식으로 주어질 때,

◐ $f(g(x))$를 미지수를 포함한 식으로 나타낸 후 주어진 조건을 만족시키는 미지수의 값 또는 범위를 구한다.

 합성함수에서 합성하는 순서
① $(f \circ g)(x) = f(g(x))$
② $(g \circ f)(x) = g(f(x))$

1340 학교기출 대표유형

두 함수
$$f(x) = x+3, \ g(x) = 2x+a$$
에 대하여 $(f \circ g)(2) = 10$일 때, $(g \circ f)(a)$의 값을 구하시오.
(단, a는 상수이다.)

1341 최다빈출 상 중요 NORMAL

두 함수
$$f(x) = 2x+a, \ g(x) = bx-3$$
에 대하여 $(f \circ g)(x) = -6x-4$일 때, $(g \circ f)(-3)$의 값은?
(단, a, b는 상수이다.)

① 6 ② 7 ③ 8
④ 9 ⑤ 10

해설 내신연계문제

1342 NORMAL

두 함수
$$f(x) = ax+1, \ g(x) = \begin{cases} x+2 & (x<1) \\ 2x+1 & (x \geq 1) \end{cases}$$
에 대하여 $(g \circ f)(1) = 9$일 때, 상수 a의 값을 구하시오.

모의고사 핵심유형 기출문제

1343 2019년 11월 고1 학력평가 28번 TOUGH

두 함수
$$f(x) = x+a, \ g(x) = \begin{cases} 2x-6 & (x<a) \\ x^2 & (x \geq a) \end{cases}$$
에 대하여 $(g \circ f)(1) + (f \circ g)(4) = 57$을 만족시키는 모든 실수 a의 값의 합을 S라 할 때, $10S^2$의 값을 구하시오.

해설 내신연계문제

유형 03 $f \circ f$에 대한 조건이 주어진 경우

함수 $(f \circ f)(x)$에 대한 조건이 주어지고 함수 $f(x)$가 미지수를 포함한 식으로 주어질 때,

◐ $f(x) = ax+b$일 때,
$$(f \circ f)(x) = f(f(x)) = f(ax+b)$$
$$= a(ax+b)+b = a^2x+ab+b$$

1344 학교기출 대표유형

함수 $f(x) = ax+b$에 대하여 $(f \circ f)(x) = x+4$일 때, $f(5)$의 값을 구하시오. (단, a, b는 상수이다.)

1345 최다빈출 상 중요 NORMAL

함수 $f(x) = x^2 + a$에 대하여 $(f \circ f)(x)$가 $x-2$로 나누어떨어질 때, 모든 상수 a의 값의 합은?

① -16 ② -9 ③ -4
④ 9 ⑤ 16

해설 내신연계문제

1346 NORMAL

함수 $f(x) = ax+b$에 대하여
$$f(2) = 2f(1)+2, \ (f \circ f)(1) = f(2)-4$$
일 때, $(f \circ f \circ f)(1)$의 값을 구하시오. (단, a, b는 상수이다.)

모의고사 핵심유형 기출문제

1347 2020년 03월 고2 학력평가 14번 TOUGH

함수 $f(x) = x^2 - 2x + a$가
$$(f \circ f)(2) = (f \circ f)(4)$$
를 만족시킬 때, $f(6)$의 값은? (단, a는 상수이다.)

① 21 ② 22 ③ 23
④ 24 ⑤ 25

해설 내신연계문제

두 함수 f, g에 대하여 합성함수 $g \circ f$를 정의하려면
⊃ **함수 f의 치역이 함수 g의 정의역의 부분집합이어야 한다.**
즉 (함수 f의 치역)$\subset$(함수 g의 정의역)

> 두 함수 f, g에 대하여 $f \circ g$가 정의되기 위한 조건은
> (함수 g의 치역)$\subset$(함수 f의 정의역)

1348 학교기출 대표유형

집합 $X = \{1, 2, 3\}$에 대하여 X에서 X로의 함수 f, g가 각각
$$f(x) = ax + 3, \quad g(x) = -x + 4$$
일 때, 합성함수 $g \circ f$가 정의되도록 하는 실수 a의 값을 구하시오.

1349 NORMAL

집합 $X = \{0, 1\}$에서 정의된 함수
$$f(x) = 3x + 8, \quad g(x) = ax^2 - bx - 2a + b$$
에 대하여 합성함수 $(f \circ g)(x)$가 정의될 때, 집합 $\{k \mid k = a + b\}$의
모든 원소의 합은? (단, a, b는 실수이다.)

① -4 ② -2 ③ 0
④ 2 ⑤ 4

1350 최다빈출 왕중요 TOUGH

세 함수
$$f(x) = x - 1 \,(0 \le x \le 3),$$
$$g(x) = \frac{1}{2}x^2 \,(-1 \le x \le 2),$$
$$h(x) = |x + 1| \,(-2 \le x \le 3)$$
에 대하여 다음 중 합성함수가 정의되지 않는 것은?

① $f \circ g$ ② $h \circ g$ ③ $g \circ f$
④ $g \circ h$ ⑤ $h \circ f$

해설 내신연계문제

$f \circ h = g$를 만족시키는 두 함수 f, h를 구하는 방법
(1) $f(x)$, $g(x)$가 주어진 경우
⊃ $f(h(x)) = g(x)$임을 이용하여 $h(x)$를 구한다.
(2) $g(x)$, $h(x)$가 주어진 경우
⊃ $f(h(x)) = g(x)$이므로 $h(x) = t$로 치환하여 $f(t)$를 구한다.

> $f \circ g = h$를 만족시키는 두 함수 f, g를 구하는 방법
> ① 두 함수 f, h가 주어진 경우
> $f(g(x)) = h(x)$임을 이용하여 $g(x)$를 구한다.
> ② 두 함수 g, h가 주어진 경우
> $f(g(x)) = h(x)$이므로 $g(x) = t$로 치환하여 $f(t)$를 구한다.

1351 학교기출 대표유형

두 함수 $f(x) = 2x - 3$, $g(x) = x - 1$에 대하여
$$(f \circ h)(x) = g(x)$$
를 만족할 때, $h(2)$의 값을 구하시오.

1352 최다빈출 왕중요 NORMAL

세 함수 $f(x) = 2x - 3$, $g(x) = 4x + k$, $h(x)$에 대하여
$$(f \circ h)(x) = g(x)$$이고, $h(1) = g(1)$
일 때, $h(k)$의 값은? (단, k는 상수이다.)

① -5 ② -4 ③ -3
④ -2 ⑤ -1

해설 내신연계문제

1353 최다빈출 왕중요 NORMAL

두 함수 $f(x) = x - 3$, $g(x) = -2x + 3$일 때,
$$(h \circ f)(x) = g(x)$$
를 만족하는 함수 $h(x)$에 대하여 $h(-5)$의 값은?

① 5 ② 6 ③ 7
④ 8 ⑤ 9

해설 내신연계문제

1354 최다빈출 왕 중요

NORMAL

두 함수 f, g에 대하여
$$g(x)=\frac{x+1}{2},\ (f \circ g)(x)=3x+2$$
일 때, $f(2)$의 값은?

① 7   ② 9   ③ 11
④ 13   ⑤ 15

해설 내신연계문제

1355

NORMAL

두 함수 $f(x)=-3x+7$, $g(x)=2x-1$일 때, 모든 실수 x에 대하여
$$(h \circ (g \circ f))(x)=f(x)$$
를 만족시킬 때, 함수 $h(3)$의 값은?

① 1   ② 2   ③ 3
④ 4   ⑤ 6

1356

TOUGH

두 함수 $f(x)=3x+3$, $g(x)=x^2+6$이 있다.
함수 $h(x)$가 모든 실수 x에 대하여
$$(f \circ h)(x)=g(x)$$
를 만족시킬 때, $(f \circ g)(2)+(h \circ f)(2)$의 값은?

① 28   ② 33   ③ 46
④ 61   ⑤ 87

1357 최다빈출 왕 중요

TOUGH

두 함수 $f(x)=\begin{cases} 3x & (x<0) \\ x^2 & (x \geq 0) \end{cases}$, $g(x)=4x+3$에 대하여
함수 $(h \circ g)(x)=f(x)$를 만족시킬 때, $h(-5)+h(11)$의 값은?

① −4   ② −2   ③ 1
④ 2   ⑤ 4

해설 내신연계문제

유형 06 합성함수의 성질

세 함수 f, g, h에 대하여
(1) 일반적으로 교환법칙은 성립하지 않는다.
   ➡ $f \circ g \neq g \circ f$
(2) 결합법칙은 성립한다.
   ➡ $f \circ g \circ h=(f \circ g) \circ h=f \circ (g \circ h)$
(3) $f \circ I_x=f$, $I_x \circ f=f$ (단, I_x는 항등함수)

1358 학교기출 대표 유형

세 함수 f, g, h에 대하여
$$(f \circ g)(x)=-3x+2,\ h(x)=x^2-1$$
일 때, $(f \circ (g \circ h))(4)$의 값을 구하시오.

1359

NORMAL

세 함수 f, g, h에 대하여
$$f(x)=x+2,\ (g \circ h)(x)=3x+8$$
일 때, $((f \circ g) \circ h)(a)=4$를 만족하는 a의 값은?

① −6   ② −4   ③ −2
④ 2   ⑤ 4

1360 최다빈출 왕 중요

NORMAL

세 함수 f, g, h에 대하여
$$f(x)=2x+a,\ (h \circ g)(x)=x^2-3a$$
일 때, $(h \circ (g \circ f))(-1)=-6$을 만족시키는 실수 a의 값의 합은?

① 3   ② 4   ③ 5
④ 6   ⑤ 7

해설 내신연계문제

모의고사 핵심유형 기출문제

1361 2023년 11월 고1 학력평가 6번

BASIC

실수 전체의 집합에서 정의된 두 함수 $f(x)=2x+1$, $g(x)$가 있다.
모든 실수 x에 대하여
$$(g \circ g)(x)=3x-1$$
일 때, $((f \circ g) \circ g)(a)=a$를 만족시키는 실수 a의 값은?

① $\frac{1}{5}$ ② $\frac{3}{5}$ ③ 1
④ $\frac{7}{5}$ ⑤ $\frac{9}{5}$

해설 내신연계문제

$f \circ g = g \circ f$를 만족하는 함수의 미지수는 다음 방법으로 구한다.

방법 1 $f(g(x)) = g(f(x))$에 주어진 함숫값에 대입하여 미지수를
구하거나 함숫값을 구한다.

방법 2 두 합성함수 $f \circ g = g \circ f$를 직접 구한 후, 동류항의 계수를
비교하여 미지수를 구한다.

항등식의 미정계수법
① **수치대입법** : 곱의 인수를 0으로 하는 값을 대입하여 미지수 구하기
② **계수비교법** : 식을 전개하면서 내림차순으로 정리한 후 양변의
계수를 비교한다.

1362 학교기출 (대표)유형

두 함수 $f(x) = ax + 2$, $g(x) = -x + b$에 대하여

$$f(1) = 5, \quad g \circ f = f \circ g$$

가 항상 성립할 때, $(f \circ g)(-3)$의 값을 구하시오.
(단, a, b는 상수이다.)

해설 내신연계문제

1363 NORMAL

두 함수 $f(x) = 4x + a$, $g(x) = ax + 2$에 대하여

$$f \circ g = g \circ f$$

가 항상 성립할 때, $f(-2) \times g(2)$의 값은? (단, $a > 0$)

① -40 ② -25 ③ -20
④ 20 ⑤ 40

1364 NORMAL

두 함수 $f(x) = 4x - 3$, $g(x) = ax + b$가

$$f \circ g = g \circ f$$

를 만족할 때, 함수 $y = g(x)$의 그래프는 a의 값에 관계없이
일정한 점 (p, q)를 지난다고 할 때, $p + q$의 값은?

① 0 ② 1 ③ 2
④ 3 ⑤ 4

1365 최다빈출 (왕)중요 NORMAL

집합 $X = \{1, 2, 3, 4, 5\}$에 대하여 함수 $f : X \longrightarrow X$의
대응 관계가 그림과 같다. 함수 $g : X \longrightarrow X$가

$$f \circ g = g \circ f, \quad g(1) = 4$$

를 만족시킬 때, $g(2) + g(5)$의 값은?

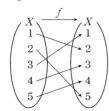

① 4 ② 5 ③ 6
④ 7 ⑤ 8

해설 내신연계문제

1366 최다빈출 (왕)중요 TOUGH

집합 $X = \{1, 2, 3, 4, 5\}$에 대하여 함수 $f : X \longrightarrow X$가

$$f(x) = \begin{cases} x+2 & (x \le 3) \\ 1 & (x=4) \\ 2 & (x=5) \end{cases}$$

이다. 함수 $g : X \longrightarrow X$가 $f \circ g = g \circ f$를 만족시키고
$(g \circ f)(4) = 2$일 때, $(f \circ g)(2)$의 값을 구하시오.

해설 내신연계문제

1367 2016년 04월 고3 학력평가 나형 17번 NORMAL

집합 $X = \{0, 1, 2, 3, 4\}$의 모든 원소 x에 대하여 X에서 X로의
함수 $f(x)$는

$$f(x) = (2x를 \ 5로 \ 나눈 \ 나머지)$$

로 정의하고, X에서 X로의 함수 $g(x)$는
$(f \circ g)(x) = (g \circ f)(x)$를 만족시킨다. $g(1) = 3$일 때,
$g(0) + g(3)$의 값은?

① 1 ② 2 ③ 3
④ 4 ⑤ 5

해설 내신연계문제

유형 08 합성함수와 일대일대응

함수 $f : X \longrightarrow Y$ 가

(1) **일대일함수** ◯ 정의역 X의 임의의 두 원소 x_1, x_2에 대하여

$x_1 \neq x_2$ 이면 $f(x_1) \neq f(x_2)$

(2) **일대일대응** ◯ 일대일함수이고 $\underset{\text{(치역)=(공역)}}{\{f(x) \,|\, x \in X\} = Y}$

1368 학교기출 대표유형

집합 $A = \{1, 2, 3, 4, 5\}$에 대하여 그림은 A에서 A로의 일대일함수 f의 그래프의 일부를 나타낸 것이다. $(f \circ f)(5) = 2$일 때, $(f \circ f)(4)$의 값을 구하시오.

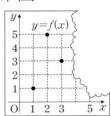

1369　BASIC

집합 $X = \{1, 2, 3\}$에 대하여 X에서 X로의 두 함수 f, g가 모두 일대일대응이고

$$f(1) = 3, \ f(2) = 1, \ (g \circ f)(3) = 3, \ (f \circ g)(3) = 3$$

을 만족할 때, $(g \circ f)(2)$의 값은?

① 1　　　　② 2　　　　③ 3
④ 4　　　　⑤ 5

1370　NORMAL

집합 $X = \{1, 2, 3\}$에 대하여 X에서 X로의 두 함수 f, g가 모두 일대일대응이고 다음 조건을 만족할 때, $f(2) + g(1) + g(f(2))$의 값은?

(가) $f(1) = g(2) = 3$
(나) $(g \circ f)(1) = (f \circ g)(2) = 2$

① 1　　　　② 2　　　　③ 3
④ 4　　　　⑤ 5

1371 최다빈출 왕 중요　BASIC

집합 $X = \{1, 2, 3, 4\}$에 대하여 X에서 X로의 두 함수 f, g가 일대일대응이고

$$f(2) = 4, \ g(1) = 2, \ g(3) = 4, \ (g \circ f)(3) = 2, \ (g \circ f)(4) = 1$$

을 만족할 때, $f(1) + (g \circ f)(2)$의 값은?

① 2　　　　② 4　　　　③ 6
④ 8　　　　⑤ 9

해설 내신연계문제

1372　NORMAL

집합 $X = \{1, 2, 3, 4\}$에서 X로의 함수 f가 오른쪽 그림과 같다. 함수 $g : X \longrightarrow X$가 다음 조건을 만족시킬 때, $(f \circ g)(4) - (g \circ f)(1)$의 값은?

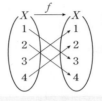

(가) 함수 g는 일대일대응이다.
(나) $(f \circ g)(2) = 3$, $(g \circ f)(3) = 4$
(다) $g(3) > g(4)$

① -2　　　② -1　　　③ 0
④ 1　　　　⑤ 2

1373 최다빈출 왕 중요　NORMAL

집합 $X = \{1, 2, 3\}$에 대하여 X에서 X로의 세 함수 f, g, h가 있다. 다음 조건을 만족시킬 때, $g(2) + (g \circ h)(1) + h(2)$의 값은?

(가) 두 함수 f, g는 모두 일대일대응이고 h는 상수함수이다.
(나) $f(1) = 3$, $f(3) = 2$, $h(1) = 3$
(다) $(g \circ f)(2) = 3$, $(f \circ g)(3) = 1$

① 4　　　　② 6　　　　③ 8
④ 10　　　　⑤ 12

해설 내신연계문제

모의고사 핵심유형 기출문제

1374 2000학년도 수능기출 나형 14번　NORMAL

세 집합 $X = \{1, 2, 3\}$, $Y = \{a, b, c\}$, $Z = \{4, 5, 6\}$에 대하여 일대일대응인 두 함수 $f : X \longrightarrow Y$, $g : Y \longrightarrow Z$가 $f(1) = a$, $g(c) = 6$, $(g \circ f)(2) = 4$를 만족시킬 때, $f(3)$의 값은?

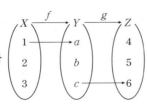

① a　　　　② b　　　　③ c
④ 4　　　　⑤ 5

해설 내신연계문제

함수 f에 대하여 $f^1=f$, $f^{n+1}=f\circ f^n$(n은 자연수)으로 정의할 때, $f^n(a)$의 값 구하는 방법은 다음과 같다.

방법 1 $f^2(x)$, $f^3(x)$, $f^4(x)$, … 를 직접 구하여 $f^n(x)$를 추정한 다음 x대신 a를 대입한다.

방법 2 $f(a)$, $f^2(a)$, $f^3(a)$, … 에서 규칙을 찾아 $f^n(a)$의 값을 추정한다.

① $f(x)=x+k$ (단, k는 상수)이면 ➡ $f^n(x)=x+kn$
② $f(x)=ax$ (단, $a\neq0$인 실수)이면 ➡ $f^n(x)=a^nx$

1375 학교기출 대표 유형

함수 $f(x)=x-1$에 대하여
$$f^1=f,\ f^{n+1}=f\circ f^n\ (n=1,\ 2,\ 3,\ \cdots)$$
로 정의할 때 $f^{50}(k)=20$을 만족시키는 상수 k의 값을 구하시오.

1376 최다빈출 왕 중요 BASIC

함수 $f(x)=1-x$에 대하여 $f^{2025}(4)+f^{2026}(8)$의 값은?
(단, $f^1=f$, $f^{n+1}=f\circ f^n$이고, n은 자연수이다.)

① 2 　　② 3 　　③ 4
④ 5 　　⑤ 6

해설 내신연계문제

1377 BASIC

집합 $X=\{1,\ 2,\ 3\}$에 대하여 함수 $f:X\longrightarrow X$를
$$f(x)=\begin{cases}x+1 & (x\le2)\\x-2 & (x>2)\end{cases}$$
에 대하여 $f^1=f$, $f^{n+1}=f\circ f^n$ ($n=1,\ 2,\ 3,\ \cdots$)로 정의할 때, $f^{100}(1)$의 값은?

① 1 　　② 2 　　③ 3
④ 4 　　⑤ 5

1378 최다빈출 왕 중요 NORMAL

집합 $A=\{0,\ 1,\ 2,\ 3\}$에 대하여 함수 $f:A\longrightarrow A$를
$$f(x)=\begin{cases}x+1 & (x\le2)\\0 & (x=3)\end{cases}$$
로 정의하자. $f^1=f$, $f^{n+1}=f\circ f^n$ ($n=1,\ 2,\ 3,\ \cdots$)이라 할 때, $f^{2025}(1)+f^{2026}(3)$의 값은?

① 3 　　② 4 　　③ 5
④ 6 　　⑤ 7

해설 내신연계문제

1379 NORMAL

집합 $\{1,\ 3,\ 5,\ 7\}$에서 정의된 함수 $f(x)$가
$$f(x)=\begin{cases}x+2 & (x\le5)\\1 & (x>5)\end{cases}$$
로 정의하자.
$$f^1(x)=f(x),\ f^{n+1}(x)=f(f^n(x))\ (n=1,\ 2,\ 3,\ \cdots)$$
라 할 때, $f^{2026}(1)+f^{2027}(5)$의 값은?

① 8 　　② 9 　　③ 10
④ 11 　　⑤ 12

1380 최다빈출 왕 중요 NORMAL

$0\le x\le1$에서 정의된 함수
$$f(x)=\begin{cases}2x & \left(0\le x\le\dfrac{1}{2}\right)\\-2x+2 & \left(\dfrac{1}{2}<x\le1\right)\end{cases}$$
에 대하여 $f^1=f$, $f^{n+1}=f\circ f^n$ ($n=1,\ 2,\ 3,\ \cdots$)이라 할 때, $f^{100}\left(\dfrac{1}{7}\right)$의 값은?

① $\dfrac{2}{7}$ 　　② $\dfrac{3}{7}$ 　　③ $\dfrac{4}{7}$
④ $\dfrac{5}{7}$ 　　⑤ $\dfrac{6}{7}$

해설 내신연계문제

유형 10 그래프가 주어진 합성함수의 함숫값 구하기

함수 $y=f(x)$의 그래프가 두 점 (a, b), (b, c)를 지나면

$f(a)=b$, $f(b)=c$

➡ $(f \circ f)(a)=f(f(a))=f(b)=c$

 그래프가 주어진 합성함수의 함숫값은 직선 $y=x$ 위의 x, y좌표가 같음을 이용하여 $f^n(a)$의 값을 구한다.

1381 학교기출 대표 유형

그림은 함수 $y=f(x)$의 그래프와 직선 $y=x$를 나타낸 것이다.

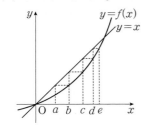

$(f \circ f \circ f)(d)$의 값은?

(단, 모든 점선은 x축 또는 y축과 서로 평행하다.)

① a ② b ③ c

④ d ⑤ d

1382 NORMAL

그림은 두 함수 $y=f(x)$의 그래프를 나타낸 것이다.

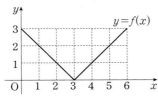

$0 \leq x \leq 6$에서 정의된 함수 $y=f(x)$의 그래프가 그림과 같을 때, $(f \circ f \circ f)(5)+(f \circ f)(4)$의 값은?

① 2   ② 3   ③ 4

④ 5   ⑤ 6

1383 최다빈출 왕 중요 NORMAL

그림은 두 함수 $y=f(x)$, $y=g(x)$의 그래프와 직선 $y=x$를 나타낸 것이다.

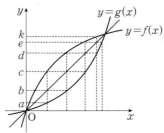

$(g \circ f \circ g)(c)=x_1$, $(f \circ g \circ f)(x_2)=c$일 때, 상수 x_1, x_2에 대하여 x_1+x_2의 값은? (단, 모든 점선은 x축 또는 y축과 서로 평행하다.)

① $b+e$ ② $c+e$ ③ $2b$

④ $2c$ ⑤ $c+e$

해설 내신연계문제

1384 최다빈출 왕 중요 TOUGH

집합 $A=\{x|0 \leq x \leq 1\}$에 대하여 A에서 A로의 함수 $y=f(x)$의 그래프가 그림과 같다.

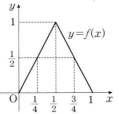

$f^1=f$, $f^{n+1}=f \circ f^n$ $(n=1, 2, 3, \cdots)$라고 할 때, $f\left(\dfrac{1}{4}\right)+f^2\left(\dfrac{1}{4}\right)+f^3\left(\dfrac{1}{4}\right)+\cdots+f^{10}\left(\dfrac{1}{4}\right)$의 값은?

① 0   ② 1   ③ $\dfrac{3}{2}$

④ 2   ⑤ $\dfrac{5}{2}$

해설 내신연계문제

1385 TOUGH

$0 \leq x \leq 2$에서 함수 $y=f(x)$의 그래프가 그림과 같다.

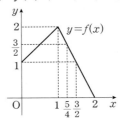

$f^1=f$, $f^{n+1}=f \circ f^n$ $(n=1, 2, 3, \cdots)$라고 할 때, $f^{2026}\left(\dfrac{5}{4}\right)$의 값을 구하시오.

함수 f에 대하여 $f^1=f$, $f^{n+1}=f \circ f^n$으로 정의할 때,
$f^n(a)$의 값을 구하는 방법은 다음과 같다. (단, n은 자연수)

방법 1 $f^2(x)$, $f^3(x)$, $f^4(x)$, $\cdots$ 를 직접 구하여 $f^n(x)$를 추정한 다음 x대신 a를 대입한다.

방법 2 $f(a)$, $f^2(a)$, $f^3(a)$, $\cdots$ 에서 규칙을 찾아 $f^n(a)$의 값을 추정한다.

🐄 함수 f에 대하여 f^2, f^3, f^4, $\cdots$을 차례로 함숫값을 구한 후에 나열하여 규칙을 찾아 일반화를 시켜야 한다.

1386 학교기출 대표 유형

집합 $X=\{1, 2, 3, 4\}$에 대하여 함수
$f : X \longrightarrow X$를 오른쪽 그림과 같이
정의한다.
$$f^1=f, \quad f^{n+1}=f \circ f^n$$
($n=1, 2, 3, \cdots$)이라 할 때,
$f^{2024}(1)-f^{2025}(1)$의 값을 구하시오.

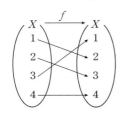

1387 최다빈출 왕 중요

집합 $X=\{1, 2, 3, 4\}$에 대하여 함수
$f : X \longrightarrow X$가 오른쪽 그림과 같다.
$$f^1=f, \quad f^{n+1}=f \circ f^n (n은 자연수)$$
라 할 때, $f^{101}(1)+f^{102}(2)+f^{103}(3)$의
값은?

① 5 ② 6 ③ 7
④ 8 ⑤ 9

해설 내신연계문제

1388

집합 $X=\{1, 2, 3\}$에 대하여 함수
$f : X \longrightarrow X$의 그래프가 오른쪽 그림과
같고
$$f^1(x)=f(x), \quad f^{n+1}(x)=f(f^n(x))$$
로 정의할 때, $f^{100}(1)+f^{101}(2)+f^{102}(3)$의
값을 구하시오. (단, n은 자연수이다.)

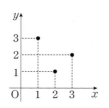

두 함수 $y=f(x)$, $y=g(x)$의 그래프가 주어질 때,
함수 $y=(f \circ g)(x)$의 그래프는 다음과 같은 순서로 그린다.

FIRST 주어진 그래프로부터 $f(x)$, $g(x)$의 함수식을 구한다.

NEXT $(f \circ g)(x)$를 $g(x)$에 대한 식으로 나타낸다.

➡ $y=f(g(x))=\begin{cases} h(x) & (x_1 \le g(x) < x_2) \\ k(x) & (x_2 \le g(x) \le x_3) \end{cases}$

LAST $g(x)$의 값의 범위에 따른 x의 값의 범위를 구하여
$y=f(g(x))$의 그래프를 그린다.

🐄 $y=(f \circ f)(x)$ 그리기
① 먼저 함수 $f(x)$의 함수식을 구하고
② $f(f(x))$의 함수식을 구한 후 그래프를 그린다.

1389 학교기출 대표 유형

함수 $y=f(x)$의 그래프가 오른쪽
그림과 같을 때,
함수 $y=(f \circ f)(x)$의 그래프의
개형은?

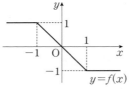

① 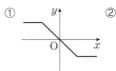 ② ③

④  ⑤

1390

함수 $y=f(x)$의 그래프가 그림과 같이 $0 \le x \le 4$에서 정의될 때,
함수 $y=(f \circ f)(x)$의 그래프와 x축으로 둘러싸인 부분의 넓이는?

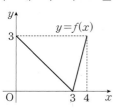

① 4 ② 5 ③ 6
④ 7 ⑤ 8

1391
NORMAL

두 함수 $y=f(x)$, $y=g(x)$의 그래프가 각각 그림과 같다.

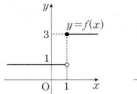 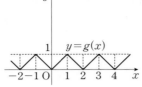

다음 중 $y=(g \circ f)(x)$의 그래프의 개형은?

① 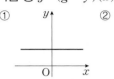　② 　③

④ 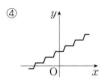　⑤

1392
TOUGH

집합 $X=\{x \mid 0 \leq x \leq 2\}$에 대하여 X에서 X로의 두 함수 $y=f(x)$, $y=g(x)$의 그래프가 그림과 같다.

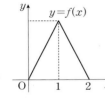 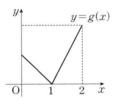

그림과 같을 때, 함수 $y=(f \circ g)(x)$의 그래프의 개형은?

① 　② 　③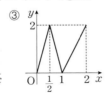

④ 　⑤

1393
최다빈출 왕 중요　TOUGH

$0 \leq x \leq 2$에서 정의된 두 함수 $y=f(x)$, $y=g(x)$의 그래프가 각각 그림과 같다.

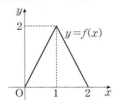 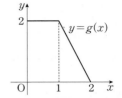

함수 $y=(g \circ f)(x)$에 대하여 [보기]에서 옳은 것만을 있는 대로 고른 것은?

> ㄱ. 함수 $y=(g \circ f)(x)$의 치역은 $\{y \mid 0 \leq y \leq 2\}$이다.
>
> ㄴ. 함수 $y=(g \circ f)(x)$의 그래프와 x축, y축 및 직선 $x=2$로 둘러싸인 부분의 넓이는 3이다.
>
> ㄷ. 방정식 $(g \circ f)(x)=1$의 모든 실근의 합은 2이다.

① ㄱ　　　　② ㄴ　　　　③ ㄱ, ㄴ

④ ㄱ, ㄷ　　　⑤ ㄱ, ㄴ, ㄷ

해설 내신연계문제

1394
최다빈출 왕 중요　TOUGH

두 함수 $y=f(x)$, $y=g(x)$의 그래프가 각각 그림과 같다.

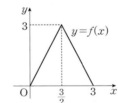 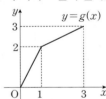

함수 $y=(g \circ f)(x)$에 대하여 [보기]에서 옳은 것만을 있는 대로 고른 것은?

> ㄱ. 함수 $y=(g \circ f)(x)$의 최댓값은 3이다.
>
> ㄴ. 함수 $y=(g \circ f)(x)$의 그래프와 x축으로 둘러싸인 부분의 넓이는 6이다.
>
> ㄷ. 방정식 $(g \circ f)(x)=1$의 모든 실근의 합은 3이다.

① ㄱ　　　　② ㄴ　　　　③ ㄱ, ㄴ

④ ㄱ, ㄷ　　　⑤ ㄱ, ㄴ, ㄷ

해설 내신연계문제

02
합성함수와 역함수

방정식 $f(f(x))=a$의 실근의 값은 다음 순서로 구한다.

FIRST $y=f(x)$의 그래프에서 구간에 따른 $f(x)$의 식을 작성한다.

NEXT $f(x)=a$를 만족하는 x의 값 α, β를 구한다.

LAST $f(x)=\alpha$, $f(x)=\beta$를 만족하는 x의 값을 구한다.

즉 $y=f(x)$와 직선 $y=\alpha$, $y=\beta$의 교점의 x값을 구한다.

1395 학교기출 대표 유형

$0 \le x \le 1$에서 함수 $y=f(x)$의 그래프가 그림과 같을 때, 방정식 $f(f(x))=\dfrac{1}{2}$의 실근의 개수를 구하시오.

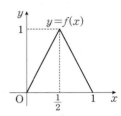

1396 NORMAL

$1 \le x \le 5$에서 정의된 함수 $y=f(x)$의 그래프가 그림과 같을 때, $(f \circ f)(a)=2$를 만족시키는 모든 상수 a의 값의 합은?

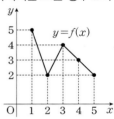

① 5   ② 6   ③ 7
④ 8   ⑤ 9

1397 NORMAL

그림은 집합 $X=\{x \mid -2 \le x \le 2\}$에서 X로의 함수 $y=f(x)$의 그래프를 나타낸 것이다. $(f \circ f)(a)=2$를 만족시키는 실수 a의 최댓값을 M, 최솟값을 m이라 할 때, Mm의 값은? (단, $a \in X$)

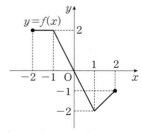

① $\dfrac{1}{2}$ ② 1   ③ $\dfrac{3}{2}$
④ 2   ⑤ $\dfrac{5}{2}$

1398 TOUGH

이차함수 $y=f(x)$의 그래프는 그림과 같고 $f(-2)=0$, $f(4)=0$이다. 방정식 $(f \circ f)(x)=0$의 서로 다른 실근의 개수가 3이고 이 세 실근을 α, β, γ라 할 때, $\alpha\beta\gamma$의 값은?

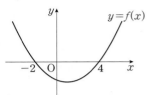

① -27 ② -26 ③ -24
④ -20 ⑤ -18

1399 최다빈출 왕중요 TOUGH

이차함수 $y=f(x)$의 그래프는 다음 그림과 같이 점 $(2, -6)$을 꼭짓점으로 하고 점 $(0, -2)$를 지난다.

이때 방정식 $f(f(x))=-2$의 서로 다른 모든 실근의 합은?

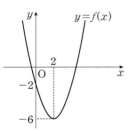

① 6   ② 8   ③ 10
④ 12   ⑤ 18

해설 내신연계문제

1400 TOUGH

이차함수 $y=f(x)$의 그래프는 직선 $x=2$에 대하여 대칭이고 $x>0$일 때, x축과 서로 다른 두 점에서 만난다. 방정식 $(f \circ f)(2x-1)=0$의 서로 다른 모든 실근의 합은?

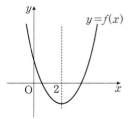

① 2   ② 4   ③ 6
④ 8   ⑤ 10

1401
⟨TOUGH⟩

함수 $f(x)=\begin{cases} 1 & (x \le -1) \\ -x & (-1 < x < 1) \\ -1 & (x \ge 1) \end{cases}$ 의 그래프가 그림과 같다.

방정식 $(f \circ f)(x)=\dfrac{1}{3}x$의 서로 다른 실근의 개수를 구하시오.

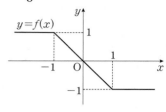

모의고사 **핵심유형** 기출문제

1402
2008년 03월 고2 학력평가 26번   ⟨NORMAL⟩

두 함수

$$f(x)=|x|-4, \quad g(x)=\begin{cases} -x^2+4 & (x \ge 0) \\ x^2+4 & (x < 0) \end{cases}$$

에 대하여 $g(f(k))=3$을 만족하는 실수 k의 값을 α, $\beta(\alpha > \beta)$라 하자. 이때 $\alpha-\beta$의 값을 구하시오.

⟨해설 내신연계문제⟩

1403
2018년 07월 고3 학력평가 나형 16번   ⟨NORMAL⟩

닫힌구간 $[0, 2]$에서 정의된 함수

$$f(x)=\begin{cases} 2x & (0 \le x < 1) \\ -x+3 & (1 \le x \le 2) \end{cases}$$

에 대하여 합성함수 $y=(f \circ f)(x)$의 그래프와 직선 $y=\dfrac{1}{2}x+1$의 교점의 개수는?

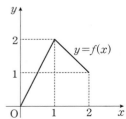

① 1   ② 2   ③ 3
④ 4   ⑤ 5

⟨해설 내신연계문제⟩

유형 14 $f(f(x))=f(x)$의 실근 구하기

방정식 $f(f(x))=f(x)$의 실근의 값은 다음 순서로 구한다.

FIRST $y=f(x)$의 그래프에서 구간에 따른 $f(x)$의 식을 작성한다.

NEXT $(f \circ f)(x)=f(f(x))=f(x)$에서 $f(x)=t$로 놓으면
$f(t)=t$에서 두 함수 $y=f(x)$, $y=x$의 교점의 x좌표를 α, β를 구한다.

LAST $f(x)=\alpha$, $f(x)=\beta$를 만족하는 x의 값을 구한다.
즉 $y=f(x)$와 직선 $y=\alpha$, $y=\beta$의 교점의 x값을 구한다.

1404
학교기출 **대표** 유형

두 함수 $y=f(x)$, $y=x$의 그래프가 그림과 같다. 집합 X를
$X=\{x|(f \circ f)(x)=f(x),\ x$는 실수$\}$로 정의할 때, 집합 X의 원소의 개수를 구하시오.

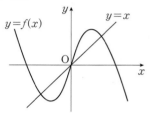

1405
⟨NORMAL⟩

$0 \le x \le 6$에서 정의된 함수

$$f(x)=|2x-6|$$

에 대하여 방정식 $f(f(x))=f(x)$의 모든 실근의 합은?

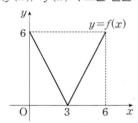

① 8   ② 10   ③ 12
④ 14   ⑤ 16

1406
⟨NORMAL⟩

실수 전체의 집합에서 정의된 함수

$$f(x)=\begin{cases} -x^2-8x & (x < 0) \\ x^2-8x & (x \ge 0) \end{cases}$$

에 대하여 방정식 $(f \circ f)(x)=8f(x)$의 서로 다른 실근의 개수는?

① 5   ② 6   ③ 7
④ 8   ⑤ 9

1407
NORMAL

$0 \leq x \leq 3$에서 정의된 함수

$$f(x)=\begin{cases} -3x+4 & (0 \leq x < 1) \\ 3x-2 & (1 \leq x < 2) \\ -4x+12 & (2 \leq x \leq 3) \end{cases}$$

에 대하여 $0 < x < 3$에서 방정식 $f(f(x))=f(x)$의 모든 실근의

합이 $\dfrac{q}{p}$일 때, $p+q$의 값은? (단, p, q는 서로소인 자연수이다.)

① 103　　　　② 123　　　　③ 143
④ 163　　　　⑤ 183

1408 최다빈출 왕 중요

TOUGH

오른쪽 그림과 같이 집합
$X=\{x \mid 0 \leq x \leq 5\}$에서 X로의 함수
$y=f(x)$의 그래프는 $0 \leq x \leq 2$에서
$x=1$에 대칭, $2 \leq x \leq 5$에서 $x=\dfrac{7}{2}$
에 대칭이고 점 $(0, 0)$, $(1, 5)$, $(2, 0)$,
$(3, 2)$, $(4, 2)$, $(5, 0)$을 지나는
두 이차함수꼴 그래프이다. 방정식
$f(x)+(f \circ f)(x)=5$의 서로 다른 모든 실근의 합을 구하시오.

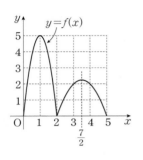

해설 내신연계문제

모의고사 **핵심유형** 기출문제

1409 2014년 03월 고2 학력평가 B형 20번

TOUGH

오른쪽 그림은 $0 \leq x \leq 3$에서 정의
된 함수 $y=f(x)$의 그래프를 나타낸
것이다. 방정식 $f(f(x))=2-f(x)$의
서로 다른 실근의 개수는?

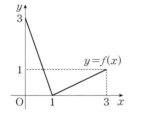

① 1　　　　② 2
③ 3　　　　④ 4
⑤ 5

해설 내신연계문제

1410 2021년 11월 고1 학력평가 28번

TOUGH

실수 전체의 집합에서 정의된 함수

$$f(x)=\begin{cases} 2x+2 & (x<2) \\ x^2-7x+16 & (x \geq 2) \end{cases}$$

에 대하여 $(f \circ f)(a)=f(a)$를 만족시키는 모든 실수 a의 값의
합을 구하시오.

해설 내신연계문제

유형 15 역함수의 함숫값

함수 f의 역함수가 f^{-1}일 때,

○ $f^{-1}(a)=b$이면 $f(b)=a$

　함수 f의 역함수가 f^{-1}일 때,
　➡ $f(a)=b$이면 $f^{-1}(b)=a$

1411 학교기출 대표 유형

집합 $X=\{1, 2, 3, 4, 5\}$에 대하여 집합 X에서 집합 X로의
함수 f가 그림과 같이 정의될 때, $f(4)+f^{-1}(5)$의 값을 구하시오.
(단, f^{-1}는 f의 역함수이다.)

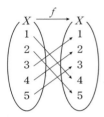

1412 최다빈출 왕 중요

BASIC

일차함수 $f(x)=ax+b$라 할 때 $f(x)$의 역함수 $f^{-1}(x)$에 대하여

$$f(2)=15, \quad f^{-1}(3)=1$$

이 성립할 때, 상수 a, b에 대하여 $a-b$의 값은?

① 17　　　　② 18　　　　③ 19
④ 20　　　　⑤ 21

해설 내신연계문제

1413 최다빈출 왕 중요

BASIC

일차함수 $f(x)=ax+b$라 할 때 $f(x)$의 역함수 $f^{-1}(x)$에 대하여

$$f^{-1}(2)=0, \quad f(f(0))=6$$

이 성립할 때, 상수 a, b에 대하여 $a+b$의 값은?

① 2　　　　② 4　　　　③ 6
④ 8　　　　⑤ 10

해설 내신연계문제

1414

함수 $f\left(\dfrac{x-2}{3}\right)=3x+5$에 대하여 $f^{-1}(2)$의 값은?

(단, f^{-1}는 f의 역함수이다.)

① -2 ② -1 ③ 1
④ 2 ⑤ 3

1415

일차함수 $f(x)=ax+b$의 역함수를 $f^{-1}(x)$라고 하자.
두 함수 $y=f(x)$, $y=f^{-1}(x)$의 그래프가 모두 점 $(2,\,3)$을 지날 때,
상수 a, b에 대하여 $a+b$의 값은?

① 3 ② 4 ③ 5
④ 6 ⑤ 7

1416

그림과 같이 좌표평면에서 일차함수 $y=f(x)$의 그래프가 점 $(2,\,4)$
를 지나고, 그 역함수 $y=f^{-1}(x)$의 그래프가 점 $(7,\,8)$을 지난다.
두 함수 $y=f(x)$와 $y=f^{-1}(x)$의 그래프가 만나는 점의 좌표는?

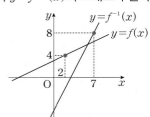

① $\left(\dfrac{19}{5},\,\dfrac{19}{5}\right)$ ② $(4,\,4)$ ③ $\left(\dfrac{21}{5},\,\dfrac{21}{5}\right)$
④ $\left(\dfrac{22}{5},\,\dfrac{22}{5}\right)$ ⑤ $(6,\,6)$

1417

실수 전체의 집합 R에서 R로의 함수 f의 역함수 f^{-1}가 존재하고
$f^{-1}(0)=9$이다. 모든 실수 x에 대하여 함수 h가 $h(x)=f(2x-1)$
일 때, $h^{-1}(0)$의 값은? (단, h^{-1}는 h의 역함수이다.)

① 1 ② 2 ③ 3
④ 4 ⑤ 5

1418

집합 $X=\{1,\,2,\,3,\,4\}$에 대하여 함수 $f:X\longrightarrow X$가 다음 조건을
만족시킨다.

(가) 함수 f는 일대일대응이다.
(나) 집합 X의 모든 원소 a에 대하여 $f(a)\neq a$이다.

$f(1)+f(4)=7$일 때, $f(1)+f^{-1}(1)$의 값은?
(단, f^{-1}는 f의 역함수이다.)

① 4 ② 5 ③ 6
④ 7 ⑤ 8

해설 내신연계문제

1419

그림은 집합 $X=\{1,\,2,\,3,\,4,\,5\}$에서 집합 $Y=\{2,\,4,\,6,\,8,\,10\}$으로
의 함수 f를 나타낸 것이다.
f의 역함수 f^{-1}에 대하여 $f(a)+f^{-1}(b)=9$를 만족시키는 두 자연
수 a, b의 모든 순서쌍 $(a,\,b)$에 대하여 $a+b$의 최댓값을 구하시오.

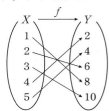

모의고사 핵심유형 기출문제

1420 2022년 03월 고2 학력평가 14번

집합 $X=\{1,\,2,\,3,\,4,\,5\}$에 대하여 X에서 X로의 함수에서
f의 역함수 f^{-1}가 존재하고
$$f(1)+2f(3)=12,\quad f^{-1}(1)-f^{-1}(3)=2$$
일 때, $f(4)+f^{-1}(4)$의 값은?

① 5 ② 6 ③ 7
④ 8 ⑤ 9

해설 내신연계문제

유형 **16** 역함수가 존재하기 위한 조건

함수 $f(x)$의 역함수 $f^{-1}(x)$가 존재한다.

⟺ 함수 $f(x)$가 일대일대응이다.

⟺ x의 값이 증가할 때, $f(x)$의 값이 증가하거나 감소해야 한다.

 함수 f가 일대일대응이기 위해서는 다음 조건을 만족시켜야 한다.
① 정의역의 임의의 두 원소 x_1, x_2에 대하여
$x_1 \neq x_2$이면 $f(x_1) \neq f(x_2)$
② 치역과 공역이 서로 같다. $\underbrace{\{f(x)|x\in X\}}_{치역}=\underbrace{Y}_{공역}$

1421 학교기출 대표 유형

다음 [보기]의 함수 중 역함수가 존재하는 것만을 있는 대로 고른 것은? (단, 각 함수의 공역은 치역과 같다.)

ㄱ. $y=-2x+1$
ㄴ. $y=|x+1|-2$
ㄷ. $y=x^2-2(x\geq-1)$
ㄹ. $y=\begin{cases}x^2-1 & (x\geq 1)\\2x-2 & (x<1)\end{cases}$

① ㄱ, ㄴ
② ㄴ, ㄷ
③ ㄱ, ㄹ
④ ㄱ, ㄴ, ㄷ
⑤ ㄱ, ㄴ, ㄹ

1422 최다빈출 상 중요

실수 전체의 집합에서 정의된 함수
$$f(x)=\begin{cases}-2x-a+10 & (x\geq 2)\\ax+a^2-4 & (x<2)\end{cases}$$
의 역함수가 존재할 때, 상수 a의 값을 구하시오.

해설 내신연계문제

1423 NORMAL

실수 전체의 집합 R에서 R로의 함수
$$f(x)=\begin{cases}x-2 & (x<2)\\x^2-ax+b & (x\geq 2)\end{cases}$$
의 역함수가 존재하도록 하는 음이 아닌 실수 a, b에 대하여 좌표평면에서 점 (a, b)가 나타내는 도형의 길이는?

① 4
② $2\sqrt{5}$
③ 6
④ $4\sqrt{5}$
⑤ $5\sqrt{5}$

1424 최다빈출 상 중요 NORMAL

실수 전체 집합에서 정의된 함수 $f(x)$가
$$f(x)=a|x-4|+3x-1$$
일 때, $f(x)$의 역함수가 존재하도록 하는 정수 a의 개수는?

① 3
② 4
③ 5
④ 6
⑤ 7

해설 내신연계문제

1425 최다빈출 상 중요 NORMAL

함수 $f(x)=2|x-1|+ax+3$의 역함수가 존재하지 않게 되는 정수 a의 개수는?

① 1
② 2
③ 3
④ 4
⑤ 5

해설 내신연계문제

1426 NORMAL

두 집합 $X=\{x|-1\leq x\leq 3\}$, $Y=\{y|a\leq y\leq b\}$에 대하여 X에서 Y로의 함수 $f(x)=3x+2$가 역함수가 존재할 때, 상수 a, b에 대하여 $b-a$의 값은?

① 9
② 10
③ 11
④ 12
⑤ 13

1427 TOUGH

집합 $X=\{x|a\leq x\leq 1\}$에서 집합 $Y=\{y|-4\leq y\leq 4\}$로의 함수 $f(x)=-x^2-4x+b$의 역함수가 존재할 때, 두 실수 a, b에 대하여 $a+b$의 값을 구하시오.

1428

2024년 03월 고2 학력평가 12번

NORMAL

실수 전체의 집합에서 정의된 함수

$$f(x)=\begin{cases}(a+7)x-1 & (x<1)\\(-a+5)x+2a+1 & (x\geq1)\end{cases}$$

의 역함수가 존재하도록 하는 모든 정수 a의 개수는?

① 10　　　　　② 11　　　　　③ 12

④ 13　　　　　⑤ 14

해설 내신연계문제

1429

2018년 06월 고2 학력평가 나형 14번

NORMAL

두 정수 a, b에 대하여 함수

$$f(x)=\begin{cases}a(x-2)^2+b & (x<2)\\-2x+10 & (x\geq2)\end{cases}$$

는 실수 전체의 집합에서 정의된 역함수를 갖는다.
$a+b$의 최솟값은?

① 1　　　　　② 3　　　　　③ 5

④ 7　　　　　⑤ 9

해설 내신연계문제

1430

2016년 11월 고1 학력평가 29번

TOUGH

집합 $S=\{n\,|\,1\leq n\leq100,\ n$은 9의 배수$\}$의 공집합이 아닌 부분집합
X와 집합 $Y=\{0,1,2,3,4,5,6\}$에 대하여 함수 $f:X\longrightarrow Y$를

$$f(n)은\ 'n을\ 7로\ 나눈\ 나머지'$$

로 정의하자. 함수 $f(n)$의 역함수가 존재하도록 하는 집합 X의
개수를 구하시오.

해설 내신연계문제

유형 17 합성함수의 역함수

두 함수 f, g의 역함수가 각각 f^{-1}, g^{-1}일 때,

(1) $(f^{-1}\circ g)(a)$**의 값을 구하기**

　① $g(a)$의 값을 구한다.

　② $f^{-1}(g(a))=k$로 놓으면 $f(k)=g(a)$임을 이용하여 k를 구한다.

(2) $(f\circ g^{-1})(a)$**의 값을 구하기**

　① $g^{-1}(a)=k$로 놓고 $g(k)=a$임을 이용하여 k를 구한다.

　② $f(x)$에 x대신 k의 값을 대입한다.

1431

학교기출 **대표** 유형

집합 $X=\{1,2,3\}$에 대하여 X에서 X로의 두 함수 f, g를 다음과
같이 정의하자.

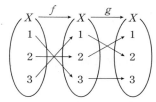

이때 $(g\circ f^{-1})(3)+(f\circ g^{-1})(3)$의 값을 구하시오.
(단, f^{-1}와 g^{-1}는 각각 f와 g의 역함수이다.)

1432

BASIC

집합 $X=\{1,2,3\}$에 대하여 X에서 X로의 두 함수 f, g를 다음과
같이 정의하자.

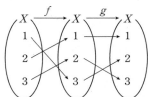

이때 $(g\circ f)^{-1}(2)+(f^{-1}\circ g^{-1}\circ f)(1)$의 값은?
(단, f^{-1}와 g^{-1}는 각각 f와 g의 역함수이다.)

① 3　　　　　② 4　　　　　③ 5

④ 6　　　　　⑤ 7

1433 최대빈출 왕중요

집합 $X=\{1, 2, 3, 4\}$에 대하여 함수
$f : X \longrightarrow X$가 오른쪽 그림과 같다.
함수 $g : X \longrightarrow X$의 역함수가 존재
하고
$g(2)=3,\ g^{-1}(1)=3,\ (g \circ f)(2)=2$
일 때, $g^{-1}(4)+(f \circ g)(2)$의 값은?
(단, g^{-1}는 g의 역함수이다.)

① 6   ② 7   ③ 8
④ 9   ⑤ 10

해설 내신연계문제

1434

BASIC

집합 $X=\{1, 3, 5\}$에 대하여 X에서 X로의 함수 f, g가 다음 조건
을 만족한다.

> (가) $f(1)=5,\ f(3)=3,\ f(5)=1$
> (나) $g(1)=3,\ g(3)=1,\ g(5)=5$

$(g \circ f^{-1})(5)+(f \circ g^{-1})(5)$의 값은?
(단, f^{-1}와 g^{-1}는 각각 f와 g의 역함수이다.)

① 3   ② 4   ③ 6
④ 8   ⑤ 9

1435 최대빈출 왕중요

NORMAL

함수 $f(x)=ax+b$와 역함수 f^{-1}에 대하여
$$f^{-1}(1)=2,\ (f \circ f)(2)=-3$$
일 때, $f^{-1}(9)$의 값은? (단, a, b는 실수이다.)

① 1   ② 2   ③ 3
④ 4   ⑤ 5

해설 내신연계문제

1436 최대빈출 왕중요

NORMAL

집합 $X=\{1, 2, 3, 4, 5\}$에 대하여 함수 $f : X \longrightarrow X$는 일대일대응
이다.
$$f(1)=2,\ f(2)=3,\ f^{-1}(1)=4,\ (f \circ f)(2)=5$$
일 때, $(f^{-1} \circ f^{-1})(4)$의 값은? (단, f^{-1}는 f의 역함수이다.)

① 1   ② 2   ③ 3
④ 4   ⑤ 5

해설 내신연계문제

1437

TOUGH

집합 $X=\{1, 2, 3, 4, 5\}$에서 X로의 함수 f의 역함수가 존재하고
그 역함수를 f^{-1}라 할 때,
$$f(5)-f(3)=4,\ (f^{-1} \circ f^{-1})(3)=2$$
이다. $f(3)+f^{-1}(5)$의 값은?

① 3   ② 4   ③ 5
④ 6   ⑤ 7

1438

TOUGH

집합 $X=\{1, 2, 3, 4\}$일 때, X에서 X로의 두 함수 f, g가 있다.
함수 f는 그림과 같고,
$$f^{-1} \circ g=g \circ f^{-1},\ g(2)=1$$
일 때, $g(1)+g(3)$의 값은? (단, f^{-1}는 f의 역함수이다.)

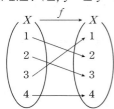

① 2   ② 3   ③ 4
④ 5   ⑤ 6

1439 최대빈출 왕중요

TOUGH

함수 f에 대하여
$$f^2(x)=f(f(x)),\ f^3(x)=f(f^2(x)),\ \cdots$$
로 정의하자. 집합 $X=\{1, 2, 3\}$에 대하여 함수 $f : X \longrightarrow X$가
두 조건
$$f(1)=3,\ f^3=I\ (I는 항등함수)$$
를 만족시킨다. 함수 f의 역함수를 g라 할 때, $g^{10}(1)+g^{11}(2)$의
값을 구하시오.

해설 내신연계문제

1440
TOUGH

두 함수 $f(x)=3x+1$, $g(x)=x-2$에 대하여
$$(f \circ g^{-1})(x)=ax+b$$
라 할 때, 두 상수 a, b에 대하여 $b-a$의 값은?

① 0   ② 1   ③ 2
④ 3   ⑤ 4

모의고사 **핵심유형** 기출문제

1441
2018년 09월 고2 학력평가 가형 12번
NORMAL

두 함수 $f(x)=4x-5$, $g(x)=3x+1$에 대하여
$$(f \circ g^{-1})(k)=7$$
을 만족시키는 실수 k의 값은?

① 4   ② 7   ③ 10
④ 13   ⑤ 16

해설 내신연계문제

1442
2015년 11월 고2 학력평가 나형 19번
TOUGH

집합 $X=\{1, 2, 3, 4\}$에 대하여 X에서 X로의 함수 f가
$$f(x)=\begin{cases} x^2 & (x=1, 2) \\ x+a & (x=3, 4) \end{cases} \text{(단, } a\text{는 상수)}$$
이고 함수 f의 역함수 g가 존재한다.
$g^1(x)=g(x)$, $g^{n+1}(x)=g(g^n(x))(n=1, 2, 3, \cdots)$라 할 때,
$a+g^{10}(2)+g^{11}(2)$의 값은?

① 4   ② 5   ③ 6
④ 7   ⑤ 8

해설 내신연계문제

유형 18 구간에 따른 역함수의 함숫값

$f(x)=\begin{cases} g_1(x) & (x \geq a) \\ g_2(x) & (x < a) \end{cases}$ 에서 $f^{-1}(b)$의 값을 다음 순서로 구한다.

FIRST $f^{-1}(b)=k$에서 $f(k)=b$로 놓는다.

NEXT $k \geq a$일 때, $g_1(k)=b$를 만족하는 k를 구한다.

LAST $k < a$일 때, $g_2(k)=b$를 만족하는 k를 구한다.

 함수 $y=f(x)$의 그래프를 직접 구하여 역함수의 함숫값을 구하는 것이 편리할 수 있다.

1443
학교기출 **대표**유형

실수 전체의 집합에서 정의된 함수
$$f(x)=\begin{cases} x+5 & (x \geq 1) \\ 2x+4 & (x < 1) \end{cases}$$
에 대하여 $f(-1)+f^{-1}(8)$의 값을 구하시오.
(단, f^{-1}는 f의 역함수이다.)

1444
최다빈출 **왕**중요
NORMAL

함수 $f(x)=x|x|+k(k$는 상수)의 역함수를 f^{-1}라고 하자.
$f^{-1}(1)=2$일 때, $(f^{-1} \circ f^{-1})(1)$의 값은?

① 1   ② 2   ③ $\sqrt{5}$
④ $\sqrt{6}$ ⑤ 3

해설 내신연계문제

1445
NORMAL

함수 $f(x)$가
$$f(x)=\begin{cases} -2x+7 & (x < 2) \\ -\dfrac{1}{2}(x-2)^2+3 & (x \geq 2) \end{cases}$$
일 때, 임의의 실수 x에 대하여 $(f \circ g)(x)=x$를 만족시키는
함수 $g(x)$에 대하여 $(g \circ g)(5)$의 값은?

① 1   ② $\dfrac{3}{2}$ ③ 2
④ $\dfrac{5}{2}$ ⑤ 4

1446

NORMAL

실수 전체의 집합에서 정의된 두 함수

$$f(x)=3x-4, \quad g(x)=\begin{cases}2x & (x \geq 3)\\ x+3 & (x<3)\end{cases}$$

에 대하여 $(f \circ g)(2)+g^{-1}(-2)$의 값은?
(단, g^{-1}는 g의 역함수이다.)

① 4   ② 5   ③ 6
④ 7   ⑤ 8

1447

NORMAL

집합 $X=\{1,\ 2,\ 3,\ 4\}$에서 집합 $Y=\{1,\ 3,\ 7,\ 9\}$로의 두 함수 f, g를 각각

$$f(n)=(3^n \text{의 일의 자릿수}),$$
$$g(n)=(7^n \text{의 일의 자릿수})$$

로 정의할 때, $(f \circ g^{-1})(1)+(g \circ f^{-1})(7)$의 값은?

① 4   ② 8   ③ 10
④ 12   ⑤ 16

1448 최다빈출 왕 중요

TOUGH

정의역과 공역이 실수 전체의 집합이고 역함수가 존재하는 함수

$$f(x)=\begin{cases}-x+1 & (x<1)\\ -\dfrac{1}{3}x+a & (x \geq 1)\end{cases}$$

의 역함수를 g라고 하자. $g(g(7))=b$일 때, 실수 a, b에 대하여 ab의 값은?

① 5   ② $\dfrac{17}{3}$ ③ $\dfrac{19}{3}$
④ 7   ⑤ $\dfrac{23}{3}$

해설 내신연계문제

모의고사 핵심유형 기출문제

1449   2007년 03월 고2 학력평가 25번

NORMAL

실수 전체의 집합에서 정의된 두 함수

$$f(x)=5x+20, \quad g(x)=\begin{cases}2x & (x<25)\\ x+25 & (x \geq 25)\end{cases}$$

에 대하여 $f(g^{-1}(40))+f^{-1}(g(40))$의 값은?

① 50   ② 59   ③ 120
④ 129   ⑤ 139

해설 내신연계문제

유형 19   역함수 구하기

함수 $y=f(x)$의 역함수 $y=f^{-1}(x)$는 다음과 같은 순서로 구한다.

FIRST 주어진 함수가 일대일대응인지를 확인한다.

NEXT $y=f(x)$를 x에 관하여 정리 후 $x=f^{-1}(y)$꼴로 고친다.

LAST $x=f^{-1}(y)$에서 x와 y를 바꾸어 대입하여 $y=f^{-1}(x)$꼴로 만든다.
함수 $y=f(x)$의 정의역은 치역으로, 치역은 정의역으로 바꾼다.

> 🐴 일차함수 $y=ax+b$의 역함수 $y=\dfrac{1}{a}x-\dfrac{b}{a}$
>
> 해설 $y=ax+b$를 x를 y에 대한 식으로 나타내면 $x=\dfrac{1}{a}y-\dfrac{b}{a}$
>
> x와 y를 바꾸면 $y=\dfrac{1}{a}x-\dfrac{b}{a}$

1450   학교기출 대표 유형

함수 $f(x)=3x+a$의 역함수가 $f^{-1}(x)=bx-2$일 때, 상수 a, b에 대하여 ab의 값을 구하시오.

1451

BASIC

함수 $y=f(x)$의 역함수 $y=f^{-1}(x)$의 그래프는 그림과 같이 두 점 $(2, 1)$, $(0, -2)$를 지나는 직선이다.

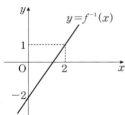

$(f \circ f)(1)$의 값은?

① $\dfrac{5}{3}$ ② 2   ③ $\dfrac{7}{3}$
④ $\dfrac{8}{3}$ ⑤ 3

1452

BASIC

실수 전체의 집합에서 정의된 함수 f에 대하여 $f(3x+1)=6x-4$일 때, $f(x)$의 역함수 $g(x)$는?

① $g(x)=\dfrac{1}{2}x-5$ ② $g(x)=\dfrac{1}{2}x-3$
③ $g(x)=\dfrac{1}{2}x+1$ ④ $g(x)=\dfrac{1}{2}x+3$
⑤ $g(x)=\dfrac{1}{2}x+5$

1453 최다빈출 왕 중요 ◀◀◀ BASIC

함수 $y=f(x)$의 역함수를 $y=g(x)$라 할 때, 함수 $f(3x+5)$의 역함수를 $g(x)$에 대한 식으로 나타낸 것으로 옳은 것은?

① $y=\dfrac{g(x)-5}{3}$ 　　② $y=\dfrac{g(x)+5}{3}$

③ $y=\dfrac{-g(x)+5}{3}$ 　　④ $y=\dfrac{-g(x)+4}{3}$

⑤ $y=\dfrac{-g(x)-5}{3}$

해설 내신연계문제

1454 ◀◀◀ BASIC

함수 f가 일대일대응이고 모든 실수 x에 대하여
$$f(2x+1)=4x-3$$
을 만족시킬 때, $f(1)+f^{-1}(1)$의 값은?
(단, f^{-1}는 f의 역함수이다.)

① -3 　　② -2 　　③ 0
④ 2 　　⑤ 3

1455 ◀◀◀ NORMAL

일대일대응인 함수 f가 $f\left(\dfrac{x+1}{3}\right)=-2x-3$을 만족시킬 때, $f^{-1}(3)$의 값은? (단, f^{-1}는 f의 역함수이다.)

① $-\dfrac{1}{2}$ 　　② $-\dfrac{2}{3}$ 　　③ 0
④ 2 　　⑤ 3

1456 최다빈출 왕 중요 ◀◀◀ NORMAL

두 함수 f, g가
$$f(x)=-\dfrac{1}{2}x+4, \quad f^{-1}(x)=g(3x-4)$$
를 만족시킬 때, 함수 $y=g(x)$의 그래프와 x축 및 y축으로 둘러싸인 부분의 넓이는? (단, f^{-1}는 f의 역함수이다.)

① $\dfrac{61}{3}$ 　　② $\dfrac{62}{3}$ 　　③ $\dfrac{64}{3}$
④ $\dfrac{65}{3}$ 　　⑤ $\dfrac{71}{3}$

해설 내신연계문제

1457 ◀◀◀ NORMAL

음수가 아닌 실수 전체의 집합 X에 대하여 두 함수 $f:X\longrightarrow X$, $g:X\longrightarrow X$가 다음과 같다.
$$f(x)=x^2+2x, \quad g(x)=f(x+1)-3$$
f의 역함수를 h라 할 때, $g(h(8))$의 값은?

① 9 　　② 10 　　③ 11
④ 12 　　⑤ 13

1458 ◀◀◀ TOUGH

함수 $f(x)=\begin{cases}-x & (x<0)\\ -\dfrac{1}{2}x & (x\ge 0)\end{cases}$에 대하여 방정식
$$f(x)\times f^{-1}(x)=18$$
의 서로 다른 모든 실근의 합을 구하시오.

모의고사 핵심유형 기출문제

1459 2016년 06월 고2 학력평가 나형 10번 ◀◀◀ NORMAL

두 함수 $f(x)=2x+1$, $g(x)=x-3$에 대하여
$$(f\circ g^{-1})(x)=ax+b$$
라 할 때, 두 상수 a, b의 곱 ab의 값은?

① 6 　　② 8 　　③ 10
④ 12 　　⑤ 14

해설 내신연계문제

(1) 함수 $f : X \longrightarrow Y$ 가 일대일대응이고 I는 항등함수,
    역함수 $f^{-1} : Y \longrightarrow X$ 가 존재할 때,

    ① $(f^{-1})^{-1} = f$ ◀ 역함수의 역함수는 자기자신이 된다.

    ② $(f^{-1} \circ f)(x) = x(x \in X)$, $(f \circ f^{-1})(y) = y(y \in Y)$
         ◀ 함수와 그 역함수를 합성하면 항등함수가 된다.

    ③ $f(a) = b$이면 $f^{-1}(b) = a$

(2) 두 함수 $f : X \longrightarrow Y$, $g : Y \longrightarrow X$ 가 일대일대응이고
    I는 항등함수일 때

    ① $(g \circ f)(x) = x$이면 $g = f^{-1}$ (또는 $f = g^{-1}$)

    ② $(f \circ g)(x) = x$이면 $g = f^{-1}$ (또는 $f = g^{-1}$)
         ◀ 합성함수가 항등함수이면 두 함수는 서로 역함수 관계이다.

(3) 함수 $f : X \longrightarrow Y$, $g : Y \longrightarrow Z$ 가 일대일대응이고
    그 역함수가 f^{-1}, g^{-1}일 때,

    $(g \circ f)^{-1} = f^{-1} \circ g^{-1}$ ◀ 순서가 바뀜에 주의한다.

🐷 일반적으로 합성함수는 다음과 같은 성질을 갖는다.
    ① $f \circ g \neq g \circ f$ ◀ 교환법칙은 성립하지 않는다.
    ② $h \circ (g \circ f) = (h \circ g) \circ f = h \circ g \circ f$ ◀ 결합법칙은 성립한다.
    ③ $f : X \longrightarrow X$일 때,
        $f \circ I = I \circ f = f$ (단, I는 항등함수)
        ◀ 합성 과정 중에 항등함수가 포함되어 있다면 무시한다.
    ④ $(h \circ g \circ f)^{-1} = f^{-1} \circ g^{-1} \circ h^{-1}$
    ⑤ $f \circ g = h$일 때, $f = h \circ g^{-1}$, $g = f^{-1} \circ h$ ◀ 합성하는 위치에 주의한다.

1460   학교기출 (대표) 유형

두 함수 $f : X \longrightarrow Y$, $g : Y \longrightarrow Z$에 대하여 보기에서 옳은 것만을 있는 대로 고른 것은?

> ㄱ. 두 함수 f, g가 일대일대응이면 $(g \circ f)^{-1} = f^{-1} \circ g^{-1}$이다.
> ㄴ. 함수 f가 일대일대응인 것은 함수 f의 역함수가 존재하기 위한 필요충분조건이다.
> ㄷ. $(g \circ f)(x) = x$이면 f는 g의 역함수이다.
> ㄹ. 함수 f의 역함수 f^{-1}가 존재할 때, 두 함수 $f \circ f^{-1}$와 $f^{-1} \circ f$는 서로 같은 함수이다.

① ㄱ   ② ㄴ, ㄷ   ③ ㄱ, ㄴ
④ ㄷ, ㄹ   ⑤ ㄱ, ㄴ, ㄷ, ㄹ

1461   최다빈출 왕 중요   ◀◀◀ BASIC

두 함수 f, g에 대하여 다음 설명 중에서 옳은 것은?

① 함수 f가 일대일함수인 것은 함수 f가 일대일대응이기 위한 충분조건이다.
② 함수 f의 역함수가 존재할 때, 두 함수 $f \circ f^{-1}$와 $f^{-1} \circ f$는 항상 같다.
③ 두 함수 $f : X \longrightarrow Y$, $g : Y \longrightarrow Z$에 대하여 함수 $f \circ g : Y \longrightarrow Y$가 정의되기 위한 필요충분조건은 $X = Z$이다.
④ 합성함수 $g \circ f$가 정의될 때, 이 합성함수의 정의역은 함수 f의 치역과 같다.
⑤ 두 함수 $f : X \longrightarrow Y$, $g : Y \longrightarrow Z$의 역함수가 모두 존재할 때, 합성함수 $g \circ f$의 역함수가 존재한다.

`해설 내신연계문제`

1462   ◀◀◀ BASIC

두 함수 $f(x) = 2x+1$, $g(x) = 6x-9$에 대하여 $(f^{-1} \circ g^{-1})(a) = 1$을 만족하는 실수 a의 값은?

① 1   ② 3   ③ 6
④ 9   ⑤ 12

1463   ◀◀◀ NORMAL

두 함수 $f(x) = x+2$, $g(x) = 2x-1$에 대하여 $(g^{-1} \circ f)^{-1}(2) + (f \circ g)^{-1}(3)$의 값은?

① -3 ② -2 ③ 0
④ 2   ⑤ 3

1464   최다빈출 왕 중요   ◀◀◀ NORMAL

두 함수 $f(x) = x+k$, $g(x) = 2x+3$에 대하여
$$(g \circ f)^{-1} = g^{-1} \circ f^{-1}$$
가 성립할 때, 실수 k의 값은?

① -3 ② -2 ③ 0
④ 2   ⑤ 3

`해설 내신연계문제`

1465 최다빈출왕중요

두 함수 $f(x)=2x-3$, $g(x)=-x+1$에 대하여
$(f \circ (g \circ f)^{-1} \circ f)(1)$의 값은?

① -2 ② -1 ③ 0
④ 1 ⑤ 2

해설 내신연계문제

1466

함수 $f(x)=4x$와 함수 $g(x)=2x-1$에 대하여
$$(f \circ (f \circ g)^{-1} \circ f)(k)=12$$
를 만족시키는 상수 k의 값을 구하시오.

모의고사 **핵심유형** 기출문제

1467 2023년 11월 고1 학력평가 15번

실수 전체의 집합에서 정의된 함수 $f(x)$가 역함수를 갖는다.
모든 실수 x에 대하여
$$f(x)=f^{-1}(x), \quad f(x^2+1)=-2x^2+1$$
일 때, $f(-2)$의 값은?

① $\dfrac{3}{2}$ ② 2 ③ $\dfrac{5}{2}$
④ 3 ⑤ $\dfrac{7}{2}$

해설 내신연계문제

1468 2018년 10월 고3 학력평가 나형 28번

두 집합 $X=\{1, 2, 3, 4\}$, $Y=\{2, 4, 6, 8\}$에 대하여 함수
$f : X \longrightarrow Y$가 다음 조건을 만족시킨다.

(가) 함수 f는 일대일대응이다.
(나) $f(1) \neq 2$
(다) 등식 $\dfrac{1}{2}f(a)=(f \circ f^{-1})(a)$를 만족시키는 a의 개수는 2이다.

$f(2) \times f^{-1}(2)$의 값을 구하시오.

해설 내신연계문제

유형 21 그래프에서 합성함수와 역함수 계산

두 함수 f, g의 **역함수가 각각** f^{-1}, g^{-1}일 때,
(1) $(f^{-1})^{-1}=f$ (역함수의 역함수는 원함수)
(2) $(f \circ g)^{-1}=g^{-1} \circ f^{-1}$
    $(g \circ f)^{-1}=f^{-1} \circ g^{-1}$

1469 학교기출 대표 유형

집합 $X=\{1, 2, 3\}$, $Y=\{-2, -1, 1\}$, $Z=\{2, 4, 6\}$에 대하여
두 함수 $f : X \longrightarrow Y$, $g : Y \longrightarrow Z$가 그림과 같다.

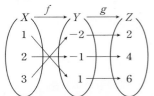

이때 $(g \circ (g \circ f)^{-1})(6)$의 값을 구하시오.

1470

역함수가 존재하는 두 함수 $y=f(x)$, $y=g(x)$에 대하여
$f^{-1}(-1)+(f \circ g^{-1})^{-1}(2)$의 값은?
(단, f^{-1}와 g^{-1}는 각각 f와 g의 역함수이다.)

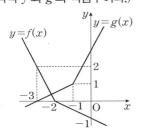

① -2 ② -1 ③ 0
④ 1 ⑤ 2

1471 최다빈출왕중요

집합 $A=\{1, 2, 3, 4\}$에 대하여 집합 A에서 A로의 두 함수
$y=f(x)$, $y=g(x)$의 그래프가 각각 그래프와 같을 때,
$(g \circ f)(1)+(f \circ g)^{-1}(3)$의 값은?

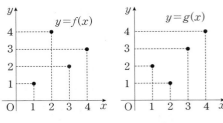

① 4 ② 5 ③ 6
④ 7 ⑤ 8

해설 내신연계문제

1472

집합 $A=\{1, 2, 3, 4, 5\}$에 대하여 A에서 A로의 두 함수 f, g가 있다. (가)는 함수 f의 그래프이고 (나)는 함수 g의 대응을 나타낸 것이다. $(f \circ g^{-1})^{-1}(5)$의 값을 구하시오.

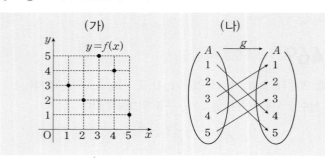

모의고사 **핵심유형** 기출문제

1473
2015년 09월 고2 학력평가 가형 16번

집합 $A=\{1, 2, 3, 4, 5\}$에 대하여 집합 A에서 집합 A로의 두 함수 $f(x)$, $g(x)$가 있다.

두 함수 $y=f(x)$, $y=(f \circ g)(x)$의 그래프가 각각 그림과 같을 때, $g(2)+(g \circ f)^{-1}(1)$의 값은?

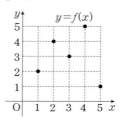 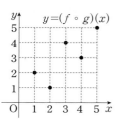

① 6   ② 7   ③ 8
④ 9   ⑤ 10

해설 내신연계문제

1474
2017년 06월 고2 학력평가 가형 15번

세 집합 $A=\{1, 2, 3\}$, $B=\{4, 5, 6\}$, $C=\{7, 8, 9\}$에 대하여 두 함수 $f : A \longrightarrow B$, $g : B \longrightarrow C$가 일대일대응이다.

함수 $(g \circ f)^{-1} : C \longrightarrow A$가 그림과 같고 $f(1)=4$, $g(6)=9$일 때, $f(2)+g(5)$의 값은?

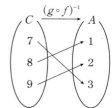

① 11   ② 12   ③ 13
④ 14   ⑤ 15

해설 내신연계문제

유형 22 $f=f^{-1}$인 함수

다항함수 $f(x)$에 대하여 $f(f(x))=x$의 의미
➡ 서로 역함수 관계, 즉 $f(x)=f^{-1}(x)$
➡ $y=f(x)$의 그래프와 그 역함수 $y=f^{-1}(x)$의 그래프가 같다.
➡ $y=f(x)$의 그래프 자신이 $y=x$에 대칭 모양인 그래프

> 대표적인 $f=f^{-1}$인 함수
> ① 다항함수 ➡ $y=x$, $y=-x+k$ (단, k는 상수)
> ② 유리함수 ➡ 대칭점이 $y=x$ 위에 있는 직각 쌍곡선
> $$f(x)=\frac{ax+b}{x-a} \text{꼴인 함수}$$

1475
학교기출 **대표** 유형

다음 [보기]에서 $f=f^{-1}$를 만족하는 함수 f를 모두 고르면? (단, f^{-1}는 f의 역함수이다.)

ㄱ. $f(x)=x$ ㄴ. $f(x)=x+2$
ㄷ. $f(x)=-x$ ㄹ. $f(x)=-x+2$

① ㄱ, ㄴ   ② ㄱ, ㄷ   ③ ㄴ, ㄹ
④ ㄱ, ㄷ, ㄹ   ⑤ ㄱ, ㄴ, ㄷ, ㄹ

1476

다음 함수의 그래프 중 정의역의 모든 원소 x에 대하여 $f(f(x))=x$를 만족시키는 함수 $f(x)$의 그래프는?

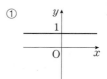

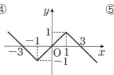 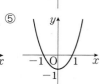

1477
최다빈출 **양** 중요

함수 $f(x)=ax+3$과 그 역함수 $f^{-1}(x)$가 서로 같을 때, $f(1)$의 값은?

① 2   ② 3   ③ 4
④ 5   ⑤ 6

해설 내신연계문제

1478

NORMAL

함수 $f(x)=ax+b(a>0)$에 대하여
$$f(-1)=-3, \quad f(1)=f^{-1}(1)$$
일 때, 두 상수 a, b에 대하여 $a+b$의 값은?

① -5 ② -3 ③ -1

④ 1 ⑤ 3

1479

NORMAL

다항함수 $f(x)$가 모든 실수 x에 대하여 $f(f(x))=x$이고 $f(0)=3$일 때, $f(5)$의 값은?

① -2 ② -1 ③ 0

④ 1 ⑤ 2

1480

TOUGH

집합 $X=\{1, 2, 3\}$에 대하여 X에서 X로의 함수 중에서
$$f=f^{-1}$$
를 만족하는 함수 f의 개수는?

① 1 ② 2 ③ 3

④ 4 ⑤ 5

1481

TOUGH

[보기]의 함수 $f(x)$ 중 $(f \circ f \circ f)(x)=f(x)$가 성립하는 것을 모두 고른 것은?

> ㄱ. $f(x)=x+1$
> ㄴ. $f(x)=-x$
> ㄷ. $f(x)=-x+1$

① ㄱ   ② ㄴ   ③ ㄷ

④ ㄱ, ㄷ   ⑤ ㄴ, ㄷ

유형 23 함수와 그 역함수의 교점

함수 f의 역함수가 f^{-1}일 때,
(1) $y=f(x)$의 그래프가 점 (a, b)를 지나면 $y=f^{-1}(x)$의 그래프는 점 (b, a)를 지난다.
(2) 함수 $y=f(x)$와 그 역함수 $y=f^{-1}(x)$의 그래프는 직선 $y=x$에 관하여 서로 대칭이다.
(3) 함수 $y=f(x)$ (또는 역함수 $y=f^{-1}(x)$)의 그래프와 직선 $y=x$의 교점이 존재하면
  ⊙ 그 교점은 두 함수 $y=f(x)$, $y=f^{-1}(x)$의 그래프의 교점이다.
(4) 역함수 그래프의 성질
  ① $x_1<x_2$이면 $f(x_1)<f(x_2)$인 함수 $f(x)$에 대하여
    ⊙ 두 함수 $y=f(x)$, $y=f^{-1}(x)$의 그래프의 교점은 반드시 직선 $y=x$ 위에 존재한다.
  ② $x_1<x_2$이면 $f(x_1)>f(x_2)$인 함수 $f(x)$에 대하여
    ⊙ 함수 $y=f(x)$의 그래프와 직선 $y=x$의 교점은 반드시 두 함수 $y=f(x)$, $y=f^{-1}(x)$의 그래프의 교점이고 두 함수 $y=f(x)$, $y=f^{-1}(x)$의 그래프의 교점 중에서 직선 $y=x$ 위에 있지 않은 점이 존재할 수도 있다.

 (3)의 역은 항상 성립하는 것은 아님을 주의한다.
두 함수 $y=f(x)$, $y=f^{-1}(x)$의 그래프의 교점이 반드시 함수 $y=f(x)$의 그래프와 직선 $y=x$의 교점만 되는 것은 아니다.

반례
감소하는 함수 $f(x)=(x-1)^2(x \le 1)$과 그 역함수 $y=f^{-1}(x)$의 그래프의 교점은 오른쪽 그림과 같이 직선 $y=x$ 위의 점이 아닌 $(0, 1)$, $(1, 0)$것도 존재한다.

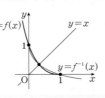

1482 학교기출 대표 유형

함수 $f(x)=x^2-2x(x \ge 1)$의 그래프와 그 역함수 $f^{-1}(x)$의 그래프의 한 점 P에서 만날 때, 원점 O와 점 P 사이의 거리는?

① 3 ② $3\sqrt{2}$ ③ 5

④ $4\sqrt{2}$ ⑤ 6

1483

NORMAL

함수 $f(x)=x^2-6x+12(x \ge 3)$의 그래프와 그 역함수 $y=g(x)$의 그래프가 두 점 A, B에서 만날 때, 다음 [보기] 중 옳은 것만을 있는 대로 고른 것은?

> ㄱ. 두 교점 사이의 거리는 $\sqrt{2}$이다.
> ㄴ. 두 점 A, B의 x좌표를 α, β라 하면 $\alpha^2+\beta^2=25$이다.
> ㄷ. $y=g(x)$의 그래프와 직선 $y=x$의 교점의 x좌표의 합은 7이다.

① ㄱ   ② ㄴ   ③ ㄱ, ㄴ

④ ㄷ, ㄷ   ⑤ ㄱ, ㄴ, ㄷ

1484 최다빈출 왕중요
NORMAL

함수 $f(x)=x^2-4x+6(x \geq 2)$의 역함수를 $f^{-1}(x)$라 할 때, 두 함수 $y=f(x)$, $y=f^{-1}(x)$의 그래프의 두 교점 사이의 거리는?

① $\sqrt{2}$ ② $\sqrt{3}$ ③ 2

④ $2\sqrt{2}$ ⑤ 4

해설 내신연계문제

1485
TOUGH

함수 $f(x)=a(x-2)^2+2(x \geq 2)$의 그래프와 그 역함수 $y=g(x)$의 그래프와 두 교점 사이의 거리가 $3\sqrt{2}$일 때, 양수 a의 값은?

① $\dfrac{1}{4}$ ② $\dfrac{1}{3}$ ③ $\dfrac{1}{2}$

④ 1   ⑤ $\dfrac{3}{2}$

1486 최다빈출 왕중요
TOUGH

함수

$$f(x)=\begin{cases}2x+4 & (x<1) \\ \dfrac{1}{2}x+\dfrac{11}{2} & (x \geq 1)\end{cases}$$

에 대하여 $\{f(x)\}^2=f(x)f^{-1}(x)$의 모든 실근의 합은?

① 1   ② 3   ③ 5

④ 7   ⑤ 9

해설 내신연계문제

모의고사 **핵심유형** 기출문제

1487   2016년 09월 고2 학력평가 나형 17번
TOUGH

정의역이 $\{x \mid x$는 $x \geq k$인 모든 실수$\}$이고 공역이 $\{y \mid y$는 $y \geq 1$인 모든 실수$\}$인 함수 $f(x)=x^2-2kx+k^2+1$에 대하여 함수 $f(x)$의 역함수를 $g(x)$라 하자. 두 함수 $y=f(x)$와 $y=g(x)$의 그래프가 서로 다른 두 점에서 만나도록 하는 실수 k의 최댓값은?

① $\dfrac{7}{8}$ ② 1   ③ $\dfrac{9}{8}$

④ $\dfrac{5}{4}$ ⑤ $\dfrac{11}{8}$

해설 내신연계문제

유형 24 역함수로 둘러싸인 부분의 넓이

함수 $y=f(x)$의 그래프와 그 역함수 $y=f^{-1}(x)$의 그래프는 직선 $y=x$에 대하여 서로 대칭이므로 함수 $y=f(x)$의 그래프와 **직선 $y=x$의 교점은 $y=f(x)$와 $y=f^{-1}(x)$의 그래프의 교점이다.**

 직선 $y=x$를 이용하여 주어진 함수의 그래프와 그 역함수의 그래프의 교점을 구할 때는 직접 그래프를 그려서 교점이 주어진 함수의 그래프와 직선 $y=x$의 교점이 일치하는지 확인한다.

1488   학교기출 대표 유형

함수 $f(x)=\begin{cases}\dfrac{1}{4}x+3 & (x \geq 0) \\ \dfrac{5}{2}x+3 & (x<0)\end{cases}$의 역함수를 $g(x)$라 할 때,

함수 $y=f(x)$와 $y=g(x)$의 그래프로 둘러싸인 부분의 넓이는?

① 4   ② 9   ③ 10

④ 18   ⑤ 20

1489
TOUGH

함수 $f(x)=x+1-\left|\dfrac{1}{2}x-1\right|$의 역함수를 $g(x)$라고 할 때, 두 함수 $y=f(x)$, $y=g(x)$의 그래프로 둘러싸인 부분의 넓이는?

① 2   ② 4   ③ 8

④ 9   ⑤ 18

1490 최다빈출 왕중요
TOUGH

함수 $f(x)=\begin{cases}3x+a & (x<0) \\ \dfrac{1}{3}x+a & (x \geq 0)\end{cases}$의 역함수를 $g(x)$라 할 때, 두 함수

$y=f(x)$와 $y=g(x)$의 그래프로 둘러싸인 도형의 넓이는 32이다. 이때 양수 a의 값을 구하시오.

해설 내신연계문제

모의고사 **핵심유형** 기출문제

1491   2018년 06월 고2 학력평가 가형 13번
TOUGH

$k<0$인 실수 k에 대하여 함수 $f(x)=x^2-2x+k(x \geq 1)$의 그래프와 그 역함수 $y=f^{-1}(x)$의 그래프가 만나는 점을 P라 하고 점 P에서 x축에 내린 수선의 발을 H라 하자. 삼각형 POH의 넓이가 8일 때, k의 값은? (단, O는 원점이다.)

① -6 ② -5 ③ -4

④ -3 ⑤ -2

해설 내신연계문제

유형 25 역함수와 교점의 부호 결정

$y=f(x)$와 그 역함수와의 교점을 구할 때는
직선 $y=x$에 대하여 대칭임을 이용하면 실근의 부호를 결정할 수 있다.

> 계수가 실수인 이차방정식 $ax^2+bx+c=0$의 판별식을
> $D=b^2-4ac$ 라 하면 다음이 성립한다.
> ① $D=b^2-4ac>0$이면 서로 다른 두 실근
> ② $D=b^2-4ac=0$이면 중근 (같은 두 실근)
> ③ $D=b^2-4ac<0$이면 서로 다른 두 허근 (켤레인 허근)

1492 학교기출 대표유형

함수 $f(x)=x^2+a(x \geq 0)$의 역함수를 $g(x)$라 하자. 두 함수
$y=f(x)$와 $y=g(x)$의 그래프가 서로 다른 두 점에서 만날 때,
실수 a의 값의 범위는?

① $a<\dfrac{1}{4}$ ② $0<a \leq \dfrac{1}{4}$ ③ $0 \leq a < \dfrac{1}{4}$

④ $0<a<2$ ⑤ $a \leq 2$

1493 TOUGH

함수 $f(x)=x^2+2x+a(x \geq -1)$와 그 역함수 $g(x)$에 대하여
두 함수 $y=f(x)$, $y=g(x)$의 그래프가 서로 만난다고 할 때,
실수 a의 최댓값은?

① $\dfrac{1}{4}$ ② $\dfrac{1}{2}$ ③ $\dfrac{3}{4}$

④ 1 ⑤ $\dfrac{9}{4}$

모의고사 **핵심유형** 기출문제

1494 1996학년도 수능기출 인문계 23번 변형 TOUGH

이차함수 $f(x)=\dfrac{x^2}{4}+a(x \geq 0)$의 역함수를 $g(x)$라 하자. 두 함수
$y=f(x)$와 $y=g(x)$의 그래프가 서로 다른 두 점에서 만날 때,
실수 a의 값의 범위는?

① $0 \leq a \leq 1$ ② $0 \leq a < 1$ ③ $a<1$

④ $0<a<2$ ⑤ $a \leq 2$

해설 내신연계문제

 유형 26 그래프를 이용한 역함수의 함숫값

(1) 함수 $f(x)$와 $y=x$의 그래프가 주어지면
직선 $y=x$ 위의 점은 x의 값과 y의 값이 같다.
(2) 오른쪽 그림에서
$f(a)=b$, $f(b)=c$

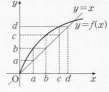

➡ $f^{-1}(b)=a$, $f^{-1}(c)=b$
➡ $(f \circ f)(a)=f(f(a))=f(b)=c$
➡ $(f \circ f)^{-1}(c)=f^{-1}(f^{-1}(c))=f^{-1}(b)=a$

> 역함수가 존재하는 두 함수 f, g에 대하여
> 함수 $y=f(x)$의 그래프가 점 (a, b)를 지나고, 즉 $f(a)=b$
> 함수 $y=g(x)$의 그래프가 점 (b, c)를 지나면, 즉 $g(b)=c$
> $(g \circ f)^{-1}(c)=(f^{-1} \circ g^{-1})(c)=f^{-1}(g^{-1}(c))=f^{-1}(b)=a$

1495 학교기출 대표유형

함수 $y=f(x)$의 그래프와 직선 $y=x$가 그림과 같을 때,
$(f \circ f)^{-1}(5)$의 값을 구하시오.
(단, O는 원점, 모든 점선은 x축 또는 y축에 평행하다.)

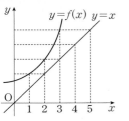

1496 BASIC

두 함수 $y=f(x)$와 $y=x$의 그래프가 그림과 같고 함수 f의 역함수
f^{-1}가 존재할 때, [보기]에서 옳은 것만을 있는 대로 고른 것은?
(단, 모든 점선은 x축 또는 y축에 평행하다.)

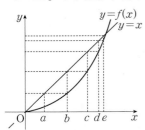

ㄱ. $f(f(d))=b$ ㄴ. $f^{-1}(c)=d$
ㄷ. $f(f^{-1}(b))=b$ ㄹ. $(f \circ f \circ f)^{-1}(b)=e$

① ㄱ   ② ㄱ, ㄹ   ③ ㄴ, ㄹ

④ ㄱ, ㄴ, ㄷ   ⑤ ㄱ, ㄴ, ㄷ, ㄹ

1497 최다빈출 왕 중요 BASIC

오른쪽 그림은 $x \geq 0$에서 정의된 두 함수 $y=f(x)$, $y=g(x)$의 그래프와 직선 $y=x$를 나타낸 것이다. $f^{-1}(g(a))$의 값은? (단, f^{-1}는 f의 역함수이다.)

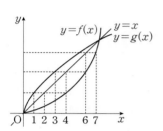

① 0   ② a
③ b ④ c
⑤ d

해설 내신연계문제

1498 TOUGH

오른쪽 그림은 역함수가 존재하는 두 함수 $y=f(x)$, $y=g(x)$의 그래프와 직선 $y=x$를 나타낸 것이다. $g(7)+f^{-1}(4)+(f^{-1} \circ g)^{-1}(3)$의 값은?

① 8   ② 10
③ 15   ④ 18
⑤ 21

1499 TOUGH

집합 $X=\{x \mid x \geq 0\}$에 대하여 두 함수 $f : X \longrightarrow X$, $g : X \longrightarrow X$는 일대일대응이다. 오른쪽 그림은 두 함수 $y=f(x)$, $y=g(x)$의 그래프와 직선 $y=x$를 나타낸 것이다. $(f \circ f)^{-1}(5)+(f \circ g^{-1})(2)$의 값은?

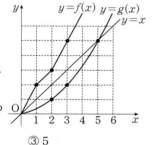

① 3   ② 4   ③ 5
④ 6   ⑤ 7

1500 최다빈출 왕 중요 TOUGH

두 함수 $y=f(x)$, $y=g(x)$의 그래프와 직선 $y=x$가 오른쪽 그림과 같을 때, $(g \circ f^{-1} \circ f^{-1})(b)$의 값은? (단, 모든 점선은 x축 또는 y축에 평행하고 f^{-1}는 f의 역함수이다.)

① a ② b
③ c ④ d
⑤ e

해설 내신연계문제

유형 27 절댓값 기호를 포함한 식의 그래프

(1) $y=|f(x)|$의 그래프
→ $y=f(x)$의 그래프에서 $y \geq 0$인 부분만 그대로 두고 $y<0$인 부분을 x축에 대하여 대칭이동한다.

(2) $y=f(|x|)$의 그래프
→ $y=f(x)$의 그래프에서 $x \geq 0$인 부분만 그린 후 $x \geq 0$인 부분을 y축에 대하여 대칭이동한다.

(3) $|y|=f(x)$의 그래프
→ $y=f(x)$의 그래프에서 $y \geq 0$인 부분만 그린 후 $y \geq 0$인 부분을 x축에 대하여 대칭이동한다.

(4) $|y|=f(|x|)$의 그래프
→ $y=f(x)$의 그래프에서 $x \geq 0$, $y \geq 0$인 부분만 그린후 그 부분을 x축, y축, 원점에 대하여 대칭이동한다.

> 절댓값 기호를 포함한 식의 그래프는 다음과 같은 순서로 그린다.
> **FIRST** 절댓값 기호 안의 식의 값이 0이 되는 x의 값을 구한다.
> **NEXT** 구한 값을 경계로 범위를 나누어 함수식을 세운다.
> **LAST** 세운 식을 이용하여 범위에 맞게 그래프를 그린다.

1501 학교기출 대표 유형

다음 중 함수 $y=|x-2|$의 그래프와 직선 $y=m(x+1)-2$이 만나도록 하는 실수 m의 범위는?

① $-1 \leq m \leq \dfrac{2}{3}$ ② $m<-1$ 또는 $m \geq \dfrac{2}{3}$
③ $-2 \leq m \leq 3$ ④ $m<-1$ 또는 $m \geq \dfrac{2}{3}$
⑤ m 또는 $m \geq 1$

1502 NORMAL

함수 $y=-f(x)$의 그래프가 오른쪽 그림과 같을 때, 다음 중 함수 $y=f(|x|)$의 그래프로 옳은 것은?

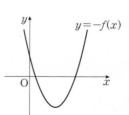

① 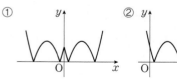   ② 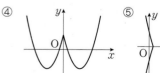   ③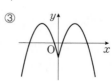

④   ⑤

1503 최다빈출 왕 중요

NORMAL

$0 \leq x \leq 5$에서 함수 $y = -|x-2| + 1$의 최댓값을 M, 최솟값을 m이라고 할 때, $M-m$의 값은?

① 1   ② 2   ③ 3
④ 4   ⑤ 5

해설 내신연계문제

1504

NORMAL

x에 대한 방정식 $|x^2 - 9| = a$가 서로 다른 네 실근을 가질 때, 실수 a의 값의 범위는?

① $-3 \leq a < 3$ ② $0 < a < 9$ ③ $0 \leq a < 6$
④ $a \leq 0$ ⑤ $a \leq 0$ 또는 $a > 9$

1505

NORMAL

함수 $f(x) = |x-3|$일 때, 방정식 $(f \circ f)(x) = \frac{1}{2}|x|$의 서로 다른 실근의 개수를 구하시오.

1506

NORMAL

$a|x| + |y| = 6$의 그래프가 나타내는 도형의 넓이가 72일 때, 양수 a의 값은?

① 1   ② 2   ③ 3
④ 4   ⑤ 5

유형 28 절댓값이 두 개 이상 포함된 함수

(1) 함수 $y = |x-a| + |x-b| \, (a < b)$
➡ $x < a$, $a \leq x < b$, $x \geq b$인 경우로 나누어 그린다.

(2) 함수 $y = |x-a| + |x-b| + |x-c| \, (a < b < c)$
➡ $x < a$, $a \leq x < b$, $b \leq x < c$, $x \geq c$인 경우로 나누어 그린다.

🐎 절댓값 기호를 포함한 식의 그래프는 절댓값이 0이 되는 좌우에서 그래프가 꺾어진다.
함수 $f(x) = |x-1| + |x-2| + \cdots + |x-n|$ (n은 자연수)에 대하여 $y = f(x)$의 그래프의 개형은 그림과 같다.

① n이 짝수일 때	② n이 홀수일 때
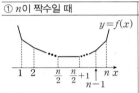	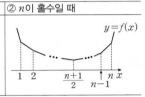

1507 학교기출 대표 유형

함수 $y = |x+1| + |x-2|$의 최솟값을 구하시오.

1508 최다빈출 왕 중요

TOUGH

함수 $y = |x+3| + |x-2| + |x-5|$는 $x = a$에서 최솟값 b를 갖는다. 이때 $a+b$의 값은?

① 6   ② 8   ③ 10
④ 12   ⑤ 14

해설 내신연계문제

1509

TOUGH

함수
$$f(x) = |x-1| + |x-2| + \cdots + |x-11|$$
는 $x = a$일 때, 최솟값 b를 갖는다. 상수 a, b에 대하여 $a+b$의 값을 구하시오.

1510

함수 $f(x)=x^2-ax$에 대하여 함수 $(f \circ f)(x)$가 $x-2$로 나누어 떨어지도록 하는 모든 실수 a의 값의 합을 구하는 과정을 다음 단계로 서술하시오.

1단계 함수 $(f \circ f)(x)$의 식을 인수분해하여 식을 정리한다. [4점]

2단계 함수 $(f \circ f)(x)$가 $x-2$로 나누어 떨어지도록 하는 모든 실수 a의 값을 구한다. [4점]

3단계 모든 실수 a의 값의 합을 구한다. [2점]

1511 최다빈출 상 중요

실수 전체의 집합에서 정의된 함수 f에 대하여

$$f(4x-3)=2x-5$$

가 성립할 때, $f(5)+f^{-1}(3)$의 값을 구하는 과정을 다음 단계로 서술하시오.

1단계 $f(x)$를 구하여 $f(5)$의 값을 구한다. [3점]

2단계 $f^{-1}(x)$를 구한다. [5점]

3단계 $f(5)+f^{-1}(3)$의 값을 구한다. [2점]

해설 내신연계문제

1512 최다빈출 상 중요

두 함수 $f(x)=3x+6$, $g(x)=-2x+k$에 대하여

$$f \circ g=g \circ f$$

이 성립할 때, $(g^{-1} \circ f)(-1)$의 값을 구하는 과정을 다음 단계로 서술하시오. (단, k는 상수이다.)

1단계 $(f \circ g)(x)$와 $(g \circ f)(x)$를 구한다. [4점]

2단계 $f \circ g=g \circ f$가 성립하는 상수 k의 값 구한다. [2점]

3단계 $g(x)$의 역함수 $g^{-1}(x)$를 구한다. [2점]

4단계 $(g^{-1} \circ f)(-1)$의 값을 구한다. [2점]

해설 내신연계문제

1513

두 함수 $f(x)=\frac{1}{2}x+3$, $g(x)=x-2$에 대하여

$$(f \circ g)^{-1}=g^{-1} \circ f^{-1}$$

임을 보이는 과정을 다음 단계로 서술하시오.

1단계 $(f \circ g)(x)$를 구한다. [2점]

2단계 $(f \circ g)^{-1}(x)$를 구한다. [3점]

3단계 $f^{-1}(x)$, $g^{-1}(x)$를 구한다. [2점]

4단계 $(g^{-1} \circ f^{-1})(x)$를 구하여 $(f \circ g)^{-1}=g^{-1} \circ f^{-1}$이 성립함을 보인다. [3점]

1514

집합 $X=\{x|x \geq a\}$에 대하여 X에서 X로의 함수

$$f(x)=x^2+2x-2$$

의 역함수가 존재하도록 하는 실수 a를 구하는 과정을 다음 단계로 서술하시오.

1단계 역함수가 존재하기 위한 조건을 구한다. [2점]

2단계 함수 f가 일대일함수가 되도록 하는 실수 a의 값의 범위를 구한다. [3점]

3단계 함수 f의 공역과 치역이 같도록 하는 실수 a의 값을 구한다. [3점]

4단계 함수 f가 역함수가 존재하도록 하는 실수 a의 값을 구한다. [2점]

1515

실수 전체의 집합에서 정의된 두 함수

$$f(x)=-x+a, \ g(x)=ax-b$$

에 대하여 $(g \circ f)(x)=3x+2$일 때, $g^{-1}(-1)$의 값을 구하는 과정을 다음 단계로 서술하시오. (단, a, b는 상수이다.)

1단계 $(g \circ f)(x)$를 정리한다. [3점]

2단계 $(g \circ f)(x)=3x+2$를 만족하는 상수 a, b의 값을 구한다. [4점]

3단계 $g^{-1}(-1)$의 값을 구한다. [3점]

1516

두 함수 $f(x)=\begin{cases}3x & (x \geq 1) \\ x+2 & (x<1)\end{cases}$, $g(x)=\dfrac{1}{3}x+1$에 대하여

$$f \circ h = g^{-1}$$

를 만족시키는 함수 $h(x)$를 구하는 과정을 다음 단계로 서술하시오.

1단계 함수 $h(x)$를 식으로 표현한다. [2점]

2단계 $x \geq 1$일 때, $(g \circ f)^{-1}(x)$를 구한다. [3점]

3단계 $x < 1$일 때, $(g \circ f)^{-1}(x)$를 구한다. [3점]

4단계 함수 $h(x)$를 구한다. [2점]

1517

함수 $f(x)=-\dfrac{1}{2}x^2+4x-3(x \geq 4)$의 역함수 $y=f^{-1}(x)$를 구하는 과정을 다음 단계로 서술하시오.

1단계 함수 $y=f(x)$를 $y=a(x-p)^2+q$의 꼴로 변형한다. [3점]

2단계 1단계 를 이용하여 함수 $y=f(x)$의 역함수 $y=f^{-1}(x)$를 구한다. [4점]

3단계 함수 $y=f^{-1}(x)$의 정의역과 치역을 구한다. [3점]

1518 최다빈출 왕 중요

실수 전체의 집합 R에서 R로의 함수

$$f(x)=\begin{cases}\dfrac{1}{4}x^2+2 & (x \geq 0) \\ 2-\dfrac{1}{2}x^2 & (x<0)\end{cases}$$

에 대하여 $f^{-1}(0)+f^{-1}(a)=4$를 만족하는 a의 값을 구하는 과정을 다음 단계로 서술하시오.

1단계 $f^{-1}(0)$을 구한다. [5점]

2단계 $f^{-1}(0)+f^{-1}(a)=4$를 이용하여 a의 값을 구한다. [5점]

해설 내신연계문제

1519

실수 전체의 집합에서 정의된 두 함수

$$f(x)=3x-4,\ g(x)=x+6$$에 대하여 합성함수

$$h(x)=(f \circ (g \circ f)^{-1} \circ f)(x)$$

일 때, $h(3)+h^{-1}(2)$의 값을 구하는 과정을 다음 단계로 서술하시오.

1단계 합성함수 $h(x)$를 간단히 한다. [3점]

2단계 함수 $g(x)$의 역함수를 구하여 함수 $h(x)$를 구한다. [3점]

3단계 함수 $h^{-1}(2)=a$로 놓고 a의 값을 구한다. [2점]

4단계 $h(3)+h^{-1}(2)$의 값을 구한다. [2점]

1520

두 함수 $f(x)=\dfrac{1}{2}x-\dfrac{3}{2}$, $g(x)=-\dfrac{1}{3}x+\dfrac{4}{3}$에 대하여

$$(f \circ (g \circ f)^{-1})(2)+(g \circ (f \circ g)^{-1})(2)$$

의 값을 구하는 과정을 다음 단계로 서술하시오.

1단계 $(f \circ (g \circ f)^{-1})(2)$의 값을 구한다. [4점]

2단계 $(g \circ (f \circ g)^{-1})(2)$의 값을 구한다. [4점]

3단계 $(f \circ (g \circ f)^{-1})(2)+(g \circ (f \circ g)^{-1})(2)$의 값을 구한다. [2점]

1521

함수 $f(x)=x+1-\left|\dfrac{x}{3}-1\right|$의 역함수를 $g(x)$라 할 때, 두 함수 $y=f(x)$, $y=g(x)$의 그래프로 둘러싸인 부분의 넓이를 구하는 과정을 다음 단계로 서술하시오.

1단계 함수 $y=f(x)$의 그래프와 역함수 $y=g(x)$의 그래프의 개형을 그린다. [4점]

2단계 두 함수 $y=f(x)$, $y=g(x)$의 그래프의 교점의 좌표를 구한다. [2점]

3단계 $y=f(x)$, $y=g(x)$의 그래프로 둘러싸인 부분의 넓이를 구한다. [4점]

행복한 일등급문제

학교내신기출 고난도 핵심문제총정리

1522

실수 전체의 집합에서 정의된 함수 f가

$$f(x)=\begin{cases} x^2-2x+3 & (1\le x<3) \\ -2x+12 & (3\le x<5) \end{cases}$$

이고 임의의 실수 x에 대하여 $f(x)=f(x+4)$를 만족시킬 때, $(f \circ f)(18)$의 값을 구하시오.

1523

두 함수

$$f(x)=x^2-x-6, \quad g(x)=x^2-ax+4$$

일 때, 모든 실수 x에 대하여 $(f \circ g)(x)\ge 0$를 만족하는 정수 a의 개수를 구하시오.

1524 최다빈출 ❷ 중요

두 함수 f, g가

$$f(x)=\begin{cases} -x-2 & (x<0) \\ 3x-2 & (x\ge 0) \end{cases}, \quad g(x)=ax^2+ax-4$$

일 때, 모든 실수 x에 대하여 $(f \circ g)(x)\ge 0$이 되도록 하는 정수 a의 개수를 구하시오.

해설 내신연계문제

1525

그림과 같은 함수 $f : X \longrightarrow X$에 대하여 함수 $f \circ g$가 상수함수가 되도록 하는 함수 $g : X \longrightarrow X$의 개수를 구하시오.

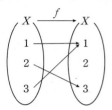

1526

함수 $f(x)=x^2+4(x\ge 0)$의 그래프와 그 역함수 $y=f^{-1}(x)$의 그래프가 직선 $y=-x+k$와 만나는 두 점을 각각 P, Q라 할 때, 선분 PQ의 길이의 최솟값을 $\dfrac{p}{q}\sqrt{2}$라 할 때, $p+q$의 값을 구하시오. (단, k는 상수이고 p, q는 서로소인 자연수이다.)

1527 최다빈출 ❷ 중요

정의역과 치역이 모두 실수 전체의 집합이고 역함수가 존재하는 함수

$$f(x)=\begin{cases} (a^2-1)(x-4)+2 & (x\ge 4) \\ \dfrac{1}{2}x & (x<4) \end{cases}$$

에 대하여 a의 값이 최소의 양의 정수일 때, 함수 $f(x)$의 역함수를 $y=g(x)$라고 하자. 두 함수 $y=f(x)$, $y=g(x)$의 그래프로 둘러싸인 부분의 넓이를 구하시오.

해설 내신연계문제

1528 최다빈출 왕 중요

실수 전체의 집합에서 정의된 두 함수 f, g가

$$f(x)=\begin{cases} 2 & (x>2) \\ x & (|x|\le 2), \ g(x)=x^2-2 \\ -2 & (x<-2) \end{cases}$$

일 때, 다음 [보기] 중 옳은 것만을 있는 대로 고르면?

ㄱ. $(f \circ g)(2)=2$
ㄴ. $(g \circ f)(x)=(g \circ f)(-x)$
ㄷ. $(f \circ g)(x)=(g \circ f)(x)$

① ㄱ   ② ㄴ   ③ ㄱ, ㄴ
④ ㄴ, ㄷ   ⑤ ㄱ, ㄴ, ㄷ

[해설 내신연계문제]

1529   2015년 03월 고2 학력평가 나형 19번

정의역이 $\{x|0 \le x \le 6\}$인 두 함수 $y=f(x)$, $y=g(x)$는 일대일대응이고 그래프는 그림과 같다.

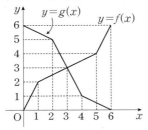

등식 $f^{-1}(a)=g(b)$를 만족시키는 두 자연수 a, b의 순서쌍 (a, b)의 개수는? (단, 두 함수의 그래프는 각각 세 선분으로 되어 있다.)

① 1   ② 2   ③ 3
④ 4   ⑤ 5

1530 최다빈출 왕 중요

그림과 같이 함수 $y=f(x)$의 그래프 위의 점 $A(3, 1)$을 지나는 x축과 평행한 직선이 함수 $y=f^{-1}(x)$의 그래프와 만나는 점을 B라 하자. 함수 $y=f^{-1}(x)$의 그래프 위의 점 C와 함수 $y=f(x)$의 그래프 위의 점 D에 대하여 두 선분 AC, BD가 직선 $y=x$에 수직이다. $2f^{-1}(1)+f(1)=1$일 때, 사각형 ACBD의 넓이를 구하시오.

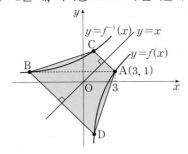

[해설 내신연계문제]

1531 최다빈출 왕 중요

집합 $X=\{x|x \le 0\}$에 대하여 함수 $f:X \longrightarrow X$가
$$f(x)=2x^2$$
이다. 함수 $y=f(x)$의 그래프와 직선 $y=8$ 및 y축으로 둘러싸인 부분의 넓이를 A라 하고, 함수 $y=f^{-1}(x)$의 그래프와 직선 $y=-2$ 및 y축으로 둘러싸인 부분의 넓이를 B라 할 때, $A+B$의 값을 구하시오.

[해설 내신연계문제]

모의고사   고난도 핵심유형   기출문제

1532   2016년 03월 고3 학력평가 나형 28번

두 함수

$$f(x)=\begin{cases} x^2+2ax+6 & (x<0) \\ x+6 & (x \ge 0) \end{cases}, \ g(x)=x+10$$

에 대하여 합성함수 $(g \circ f)(x)$의 치역이 $\{y|y \ge 0\}$일 때, 상수 a의 값을 구하시오.

[해설 내신연계문제]

1533 2016년 03월 고3 학력평가 나형 19번

이차함수 $f(x)$가 다음 조건을 만족시킨다.

(가) $f(0)=f(2)=0$
(나) 이차방정식 $f(x)-6(x-2)=0$의 실근의 개수는 1이다.

방정식 $(f \circ f)(x)=-3$의 서로 다른 실근을 모두 곱한 값을 구하시오.

① $-\dfrac{1}{3}$ 　　② $-\dfrac{2}{3}$ 　　③ -1

④ $-\dfrac{4}{3}$ 　　⑤ $-\dfrac{5}{3}$

해설 내신연계문제

1535 2024년 03월 고2 학력평가 27번

집합 $X=\{1,\ 2,\ 3,\ 4,\ 5,\ 6\}$에 대하여 다음 조건을 만족시키는 함수 $f : X \longrightarrow X$의 개수를 구하시오.

(가) $x_1 \in X$, $x_2 \in X$인 임의의 x_1, x_2에 대하여
　　$1 \leq x_1 < x_2 \leq 4$이면 $f(x_1) > f(x_2)$이다.
(나) 함수 f의 역함수가 존재하지 않는다.

해설 내신연계문제

1534 2024년 03월 고2 학력평가 20번

집합 $X=\{1,\ 2,\ 3,\ 4\}$에 대하여 함수 $f : X \longrightarrow X$가 다음 조건을 만족시킨다.

(가) 집합 X의 모든 원소 x에 대하여 $x+f(f(x)) \leq 5$이다.
(나) 함수 f의 치역은 $\{1,\ 2,\ 4\}$이다.

[보기]에서 옳은 것만을 있는 대로 고른 것은?

ㄱ. $f(f(4))=1$
ㄴ. $f(3)=4$
ㄷ. 가능한 함수 f의 개수는 4이다.

① ㄱ 　　② ㄱ, ㄴ 　　③ ㄱ, ㄷ
④ ㄴ, ㄷ 　　⑤ ㄱ, ㄴ, ㄷ

해설 내신연계문제

1536 2016년 03월 고2 학력평가 나형 20번

집합 $X=\{1,\ 2,\ 3,\ 4\}$에 대하여 X에서 X로의 일대일대응인 함수 f가 다음 조건을 만족시킨다.

(가) 집합 X의 모든 원소 x에 대하여 $(f \circ f)(x)=x$이다.
(나) 집합 X의 어떤 원소 x에 대하여 $f(x)=2x$이다.

[보기]에서 옳은 것만을 있는 대로 고른 것은?

ㄱ. $f(3)=f^{-1}(3)$
ㄴ. $f(1)=3$이면 $f(2)=4$이다.
ㄷ. 가능한 함수 f의 개수는 4이다.

① ㄱ 　　② ㄴ 　　③ ㄱ, ㄴ
④ ㄱ, ㄷ 　　⑤ ㄱ, ㄴ, ㄷ

해설 내신연계문제

STEP❶ 내신정복 기출유형

03 학교내신기출 객관식 핵심문제총정리
유리함수

YOURMASTERPLAN;MAPL
SYNERGY
SERIES

유형 01 유리식의 덧셈과 뺄셈

유리식의 덧셈과 뺄셈은 **분모를 통분하여 분자끼리 계산**한다.

다항식 $A, B, C, D(C \neq 0, D \neq 0)$에 대하여

$$\frac{A}{C} + \frac{B}{D} = \frac{AD+BC}{CD}, \; \frac{A}{C} - \frac{B}{D} = \frac{AD-BC}{CD}$$

 유리식의 덧셈과 뺄셈은 분모를 인수분해한 후 통분하여 분자끼리 계산한다.

1537 학교기출 대표유형

$\dfrac{1}{x-1} + \dfrac{2x^2+x}{x^3-1} - \dfrac{x+1}{x^2+x+1}$ 을 계산하면?

① $\dfrac{2}{x-1}$ ② $\dfrac{2}{x+1}$ ③ $\dfrac{2}{x^2+x+1}$

④ $\dfrac{2}{x+1}$ ⑤ $\dfrac{2}{x^3-1}$

1538 최다빈출 왕 중요 BASIC

$\dfrac{a^2}{(a-b)(a-c)} + \dfrac{b^2}{(b-c)(b-a)} + \dfrac{c^2}{(c-a)(c-b)}$의 값은?

(단, a, b, c는 서로 다른 세 실수이다.)

① -2 ② -1 ③ 0

④ 1 ⑤ 2

해설 내신연계문제

1539 BASIC

세 실수 a, b, c에 대하여 $a+b+c=0$일 때,

$$\frac{a^2+1}{bc} + \frac{b^2+1}{ca} + \frac{c^2+1}{ab}$$

의 값은? (단, $abc \neq 0$)

① -3 ② -2 ③ -1

④ 2 ⑤ 3

1540 NORMAL

분모를 0으로 만들지 않는 모든 실수 x에 대하여

$$\frac{1}{x-1} - \frac{1}{x+1} - \frac{2}{x^2+1} - \frac{4}{x^4+1} = \frac{a}{x^b-1}$$

가 성립할 때, 상수 a, b에 대하여 $a+b$의 값을 구하시오.

1541 최다빈출 왕 중요 NORMAL

분모를 0으로 만들지 않는 모든 x에 대하여

$$\frac{1}{x-2} + \frac{1}{x} - \frac{1}{x+1} - \frac{1}{x+3}$$ 을 계산한 결과가

$$\frac{f(x)}{x(x+a)(x+b)(x+c)}$$ 일 때, $f(abc)$의 값을 구하시오.

(단, a, b, c는 상수이다.)

해설 내신연계문제

모의고사 핵심유형 기출문제

1542 2013년 06월 고1 학력평가 23번 NORMAL

서로 다른 두 실수 a, b에 대하여

$$\frac{(a-5)^2}{a-b} + \frac{(b-5)^2}{b-a} = 0$$

일 때, $a+b$의 값을 구하시오.

해설 내신연계문제

유리식의 곱셈과 나눗셈은 각 유리식의 분자, 분모를 인수분해하여 곱셈, 나눗셈을 한 후 약분하여 간단히 한다. (단, $C \neq 0$, $D \neq 0$)

(1) 유리식의 곱셈

$$\frac{A}{C} \times \frac{B}{D} = \frac{AB}{CD}$$ ◀ 분모는 분모끼리, 분자는 분자끼리 곱하여 계산한다.

(2) 유리식의 나눗셈

$$\frac{A}{C} \div \frac{B}{D} = \frac{A}{C} \times \frac{D}{B} = \frac{AD}{CB}$$ (단, $B \neq 0$)

◀ 나누는 식의 분모와 분자를 바꾼 식을 곱하여 계산한다.

 유리식의 계산은 다음 순서로 한다.

FIRST 각 유리식의 분자, 분모를 인수분해한다.

NEXT 분자와 분모에 공통인 인수가 있을 때는 분자, 분모를 약분하여 간단히 한다.

LAST 유리식의 곱셈과 나눗셈을 한다.

1543 학교기출 대표 유형

$A \times \dfrac{x^2-3x+2}{x^2-9} \div \dfrac{x-2}{x^2-x-6} = x+2$일 때,

유리식 A로 알맞은 것은?

① $\dfrac{x}{x+1}$ ② $\dfrac{x+1}{x}$ ③ $x(x-1)$

④ $\dfrac{x+1}{x-3}$ ⑤ $\dfrac{x+3}{x-1}$

1544 최다빈출 강 중요   NORMAL

$a^2+b^2=6$, $ab=2$일 때, $\dfrac{a^3+b^3}{a-b} \div \dfrac{a^2-ab+b^2}{a^2-b^2}$의 값은?

① 6 ② 8 ③ 10

④ 12 ⑤ 14

해설 내신연계문제

1545   NORMAL

두 다항식 A, B에 대하여 $A \odot B$를

$$A \odot B = \frac{A+B}{A-B}$$ (단, $A-B \neq 0$)

로 정의할 때, $(x^2 \odot x) + \{(x^2+x) \odot (x+1)\}$을 간단히 하면?

① $\dfrac{x}{x-1}$ ② $\dfrac{x+1}{x-1}$ ③ $\dfrac{x+3}{x+1}$

④ $\dfrac{2x+2}{x-1}$ ⑤ $\dfrac{x^2}{x+1}$

유리식으로 이루어진 항등식에서 미정계수는 다음 순서로 구한다.

FIRST 분모를 통분하여 유리식을 간단히 정리한다.

NEXT 분자의 다항식을 정리한다.

양변에 적당한 다항식을 곱하여 다항식을 만든다.

LAST 항등식의 성질에서 계수비교법을 이용하여 미지수를 구한다.

 항등식에 포함된 계수를 결정하는 방법은 다음과 같다.

(1) 계수비교법 : 항등식의 성질을 이용

다음의 항등식의 성질을 이용하여 양변의 계수를 비교하여 계산한다.

① $ax^2+bx+c = a'x^2+b'x+c'$이 x에 대한 항등식이면

$a=a'$, $b=b'$, $c=c'$이다.

② $ax+by+c = a'x+b'y+c'$이 x, y에 대한 항등식이면

$a=a'$, $b=b'$, $c=c'$이다.

(2) 수치대입법 : 항등식의 정의를 이용

적당한 수를 대입하고 연립방정식을 풀어 계산한다.

1546 학교기출 대표 유형

분모를 0으로 하지 않는 모든 실수 x에 대하여 등식

$$\frac{a}{x-1} + \frac{b}{x-2} = \frac{2x+5}{x^2-3x+2}$$

가 성립할 때, 상수 a, b에 대하여 $b-a$의 값을 구하시오.

1547   NORMAL

분모를 0으로 하지 않는 모든 실수 x에 대하여 등식

$$\frac{3x+2}{x(x-1)(x-2)} = \frac{a}{x} + \frac{b}{x-1} + \frac{c}{x-2}$$

가 성립할 때, 상수 a, b, c에 대하여 abc의 값은?

① -30 ② -20 ③ -16

④ 20 ⑤ 30

1548 최다빈출 강 중요   NORMAL

$x \neq 1$인 모든 실수 x에 대하여

$$\frac{x^9+8}{(x-1)^{10}} = \frac{a_1}{x-1} + \frac{a_2}{(x-1)^2} + \cdots + \frac{a_9}{(x-1)^9}$$

가 성립할 때, $a_1+a_2+\cdots+a_9$의 값은?

(단, a_1, a_2, $\cdots$, a_9는 상수이다.)

① 512 ② 514 ③ 516

④ 518 ⑤ 520

해설 내신연계문제

유형 04 여러 가지 유리식의 계산

(1) (분자의 차수)≥(분모의 차수)인 유리식
　❱ 분자를 분모로 나누어 다항식과 (분자의 차수)<(분모의 차수)
　인 유리식의 합으로 변형하여 계산한다.

　🐲 분자의 차수가 분모의 차수보다 크거나 같은 유리식은 분자를 분모로
　나누어 다항식과 분수식의 합으로 변형한다.

(2) **부분분수로의 변형** (단, $A \neq 0$, $B \neq 0$)
　분모가 두 인수의 곱이면 부분분수로 변형하여 계산한다.

　❱ $\dfrac{1}{AB} = \dfrac{1}{B-A}\left(\dfrac{1}{A} - \dfrac{1}{B}\right)$ (단, $A \neq B$)

　🐲 분모를 두 다항식의 곱의 꼴로 인수분해하여 부분분수의 변형을
　이용한다.

(3) **번분수식**
　번분수식은 분모 또는 분자가 분수식인 유리식은 분자에 분모의
　역수를 곱하여 계산한다.

　❱ $\dfrac{\frac{A}{B}}{\frac{C}{D}} = \dfrac{A}{B} \div \dfrac{C}{D} = \dfrac{A}{B} \times \dfrac{D}{C} = \dfrac{AD}{BC}$ (단, $BCD \neq 0$)

　🐲 분모의 제일 아래에서부터 차례로 계산하거나 분모, 분자를 분리하여
　계산한다.

　$A + \dfrac{1}{B + \dfrac{1}{1 + \frac{1}{C}}} = A + \dfrac{1}{B + \frac{C}{C+1}} = A + \dfrac{C+1}{BC+B+C}$

1549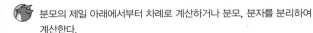

분모를 0으로 만들지 않는 모든 실수 x에 대하여

$\dfrac{x+2}{x+1} - \dfrac{x+3}{x+2} + \dfrac{x-3}{x-2} - \dfrac{x-2}{x-1} = \dfrac{ax+b}{(x+1)(x-1)(x+2)(x-2)}$

일 때, $a+b$의 값을 구하시오. (단, a, b는 상수이다.)

1550
BASIC

분모를 0으로 만들지 않는 모든 실수 x에 대하여 등식

$\dfrac{1}{x(x+1)} + \dfrac{2}{(x+1)(x+3)} + \dfrac{4}{(x+3)(x+7)} = \dfrac{a}{x(x+b)}$

가 성립할 때, 상수 a, b에 대하여 $a+b$의 값은?

① 6　　　　② 8　　　　③ 10
④ 12　　　⑤ 14

1551
BASIC

다음 식의 분모를 0으로 만들지 않는 모든 실수 x에 대하여

$\dfrac{2}{x^2+4x+3} + \dfrac{1}{x^2+7x+12} + \dfrac{1}{x^2+9x+20} = \dfrac{4}{f(x)}$

이 성립할 때, $f(4)$의 값은?

① 30　　　　② 35　　　　③ 40
④ 45　　　　⑤ 50

1552 최다빈출 ⑭ 중요
NORMAL

$f(n) = 4n^2 - 1$ (n은 자연수)일 때,

$\dfrac{1}{f(1)} + \dfrac{1}{f(2)} + \dfrac{1}{f(3)} + \cdots + \dfrac{1}{f(10)}$의 값은?

① $\dfrac{10}{11}$　　　② $\dfrac{11}{20}$　　　③ $\dfrac{19}{20}$

④ $\dfrac{10}{21}$　　　⑤ $\dfrac{21}{20}$

해설 내신연계문제

1553
NORMAL

다음 식의 분모를 0으로 만들지 않는 모든 실수 x에 대하여

$1 + \dfrac{1}{1 + \dfrac{1}{1 + \frac{1}{x+1}}} = \dfrac{ax+5}{bx+3}$

가 성립할 때, 상수 a, b에 대하여 $a-b$의 값은?

① -2　　　② -1　　　③ 0
④ 1　　　⑤ 2

1554 최다빈출 ⑭ 중요
NORMAL

분모를 0으로 만들지 않는 모든 실수 x에 대하여 등식

$\dfrac{1 + \frac{x}{1-x}}{1 - \frac{1}{1 + \frac{1}{x}}} = \dfrac{ax+b}{x-1}$

가 성립할 때, $a+b$의 값은? (단, a, b는 상수이다.)

① -3　　　② -2　　　③ -1
④ 2　　　⑤ 3

해설 내신연계문제

03
유리함수

1555

NORMAL

$x=\dfrac{\sqrt{3}-1}{2}$일 때, $\dfrac{1}{1-\dfrac{1}{1-\dfrac{1}{1-\dfrac{1}{x}}}}$의 값은?

① $\sqrt{3}-1$ ② $\sqrt{3}+1$ ③ $\dfrac{\sqrt{3}-1}{2}$

④ $\dfrac{\sqrt{3}+3}{3}$ ⑤ $3+\sqrt{3}$

1556

NORMAL

$\dfrac{27}{10}=a+\dfrac{1}{b+\dfrac{1}{c+\dfrac{1}{d}}}$이 성립할 때, 자연수 a, b, c, d에 대하여

$a+b+c+d$의 값은?

① 6   ② 7   ③ 8
④ 9   ⑤ 10

1557

TOUGH

$\dfrac{\dfrac{1}{n}-\dfrac{1}{n+3}}{\dfrac{1}{n+3}-\dfrac{1}{n+6}}$의 값이 자연수가 되도록 하는 모든 자연수 n의 값의

합을 구하시오.

모의고사 **핵심유형** 기출문제

1558

2010년 09월 고1 학력평가 17번

NORMAL

두 다항식 A, B에 대하여 $<A,\ B>=\dfrac{A-B}{AB}(AB\neq0)$로 정의할 때,

$<x+2,\ x>+<x+4,\ x+2>+<x+6,\ x+4>=<x+\alpha,\ x>$

가 성립하도록 하는 상수 α의 값은?

① -2 ② 0   ③ 2
④ 4   ⑤ 6

해설 내신연계문제

유형**05** 유리식의 값 $-$ $x^n+\dfrac{1}{x^n}$의 값 이용

$x\pm\dfrac{1}{x}$을 이용한 유리식의 값은 주어진 식을 변형하여

➡ $x+\dfrac{1}{x}$, $x-\dfrac{1}{x}$의 값을 구한 후 곱셈공식의 변형을 이용한다.

$x^n+\dfrac{1}{x^n}$ 꼴의 유리식의 값은 다음을 이용하여 구한다.

① $x^2+\dfrac{1}{x^2}=\left(x+\dfrac{1}{x}\right)^2-2=\left(x-\dfrac{1}{x}\right)^2+2$ ◀ $a^2+b^2=(a+b)^2-2ab$

② $x^3+\dfrac{1}{x^3}=\left(x+\dfrac{1}{x}\right)^3-3\left(x+\dfrac{1}{x}\right)$ ◀ $a^3+b^3=(a+b)^3-3ab(a+b)$

③ $x^3-\dfrac{1}{x^3}=\left(x-\dfrac{1}{x}\right)^3+3\left(x-\dfrac{1}{x}\right)$ ◀ $a^3-b^3=(a-b)^3+3ab(a-b)$

1559

학교기출 **대표**유형

실수 x에 대하여 $x^2-3x+1=0$일 때, $x^3+\dfrac{1}{x^3}$의 값을 구하시오.

1560

최다빈출 **양**중요

NORMAL

실수 x에 대하여 $x^2-4x+1=0$일 때,

$$3x^2+2x-5+\dfrac{2}{x}+\dfrac{3}{x^2}$$

의 값은?

① 25   ② 30   ③ 35
④ 40   ⑤ 45

해설 내신연계문제

1561

TOUGH

양수 x에 대하여 $x^2+\dfrac{1}{x^2}=7$일 때, $x^5+\dfrac{1}{x^5}$의 값을 구하시오.

유형 06 유리식의 값 − $a+b+c=0$의 값 이용

$a+b+c=0$이 주어진 유리식의 값은 다음과 같은 방법으로 구한다.

● $a+b=-c$ 또는 $b+c=-a$ 또는 $a+c=-b$를 대입하여
   구하는 식을 간단히 한다.

● $a^3+b^3+c^3-3abc=(a+b+c)(a^2+b^2+c^2-ab-bc-ca)$에
   $a+b+c=0$을 대입하면 $a^3+b^3+c^3=3abc$

● $\dfrac{1}{a}+\dfrac{1}{b}+\dfrac{1}{c}=0$과 같이 변형된 식이 조건으로 주어지면 이 조건을
   정리하여 분자가 0이 되는 조건을 찾은 후 구하는 식을 간단히 한다.

1562 학교기출 대표 유형

0이 아닌 세 실수 a, b, c에 대하여 $a+b+c=0$일 때,

$$a\left(\frac{1}{b}+\frac{1}{c}\right)+b\left(\frac{1}{c}+\frac{1}{a}\right)+c\left(\frac{1}{a}+\frac{1}{b}\right)$$

의 값을 구하시오.

1563 최대빈출 왕 중요

NORMAL

세 실수 a, b, c가 $\dfrac{1}{a}+\dfrac{1}{b}+\dfrac{1}{c}=0$을 만족시킬 때,

$$\frac{a}{(a+b)(c+a)}+\frac{b}{(b+c)(a+b)}+\frac{c}{(c+a)(b+c)}$$

의 값은? (단, $abc \neq 0$)

① -3 ② -2 ③ 0
④ 1 ⑤ 2

해설 내신연계문제

모의고사 핵심유형 기출문제

1564 2012년 03월 고2 학력평가 4번

NORMAL

$abc \neq 0$인 세 실수 a, b, c에 대하여 $a+b+c=0$일 때,

$\dfrac{b+c}{a}+\dfrac{c+a}{b}+\dfrac{a+b}{c}$의 값은?

① -5 ② -4 ③ -3
④ -2 ⑤ -1

해설 내신연계문제

유형 07 유리식의 값 − 비례식이 주어질 때

(1) $a:b=c:d$ 또는 $\dfrac{a}{b}=\dfrac{c}{d}$이 주어질 때,

   ● $\dfrac{a}{b}=\dfrac{c}{d}=k(k \neq 0)$로 놓고 $a=bk$, $c=dk$로 나타내어 계산한다.

(2) $a:b:c=d:e:f$ 또는 $\dfrac{a}{d}=\dfrac{b}{e}=\dfrac{c}{f}$이 주어질 때, (가비의 리)

   ● $\dfrac{a}{d}=\dfrac{b}{e}=\dfrac{c}{f}=k(k \neq 0)$로 놓고 $a=dk$, $b=ek$, $c=fk$로 나타
      내어 계산한다.

   ● $\dfrac{a}{d}=\dfrac{b}{e}=\dfrac{c}{f}=\dfrac{a+b+c}{d+e+f}=\dfrac{pa+qb+rc}{pd+qe+rf}$로 변형하여 계산한다.
      (단, $d+e+f \neq 0$, $pd+qe+rf \neq 0$)

(3) 유리식의 값이 방정식으로 주어지는 경우
   주어진 방정식을 이용하여 각 문자를 한 문자에 대한 식으로
   나타낸 후 구하는 유리식에 대입하여 계산한다.

 비례식을 어느 한 문자 k에 대한 식으로 놓고 주어진 조건에 대입하여
풀어야 한다.

1565 학교기출 대표 유형

0이 아닌 세 실수 x, y, z에 대하여

$$2x=3y, \quad 2y=3z$$

가 성립할 때, $\dfrac{x+2y-3z}{2x+y-3z}$의 값은?

① $\dfrac{3}{4}$ ② $\dfrac{4}{5}$ ③ 1
④ $\dfrac{3}{2}$ ⑤ $\dfrac{5}{3}$

1566 최대빈출 왕 중요

NORMAL

0이 아닌 세 실수 x, y, z에 대하여

$$(x+y):(y+z):(z+x)=3:4:5$$

일 때, $\dfrac{x^2+y^2+z^2}{xy+yz+zx}$의 값은?

① $\dfrac{13}{10}$ ② $\dfrac{14}{11}$ ③ $\dfrac{15}{11}$
④ $\dfrac{16}{11}$ ⑤ $\dfrac{17}{13}$

해설 내신연계문제

1567

NORMAL

0이 아닌 세 실수 x, y, z에 대하여

$$x+2y-z=0, \quad 2x-y-z=0$$

을 만족시킬 때, $\dfrac{xy+yz+zx}{x^2+y^2+z^2}$의 값은?

① $\dfrac{23}{35}$ ② $\dfrac{5}{7}$ ③ $\dfrac{27}{35}$
④ $\dfrac{29}{35}$ ⑤ $\dfrac{31}{35}$

바례식의 활용에서 주어진 **수량 사이의 비의 관계를 이용**하여 수량을 미지수로 나타낼 때, 표를 이용하면 그 관계를 파악하기 쉽다.

➡ $x : y = a : b \Longleftrightarrow x = ak,\ y = bk\,(k \neq 0)$

 농도 $(\%) = \dfrac{\text{소금의 양}}{\text{소금물의 양}} \times 100$

➡ 소금의 양 $= \dfrac{\text{농도}}{100} \times$ 소금물의 양

1568 학교기출 대표유형

어느 고등학교의 전교 학생회장 후보에 A, B 두 사람만 출마하였다. 1학년에서 A와 B의 득표수의 비는 3 : 2이었고, 2학년에서 A와 B의 득표수의 비는 2 : 3이었다. 투표한 1학년의 학생 수와 2학년의 학생 수의 비가 3 : 5일 때, 1학년과 2학년에서 얻은 A의 전체 득표수를 p, B의 전체 득표수를 q라 하자. $\dfrac{q}{p}$의 값은?

① $\dfrac{9}{19}$ ② $\dfrac{12}{19}$ ③ $\dfrac{15}{19}$

④ $\dfrac{18}{19}$ ⑤ $\dfrac{21}{19}$

1569 최다빈출 왕중요 TOUGH

한 국가의 인구 구조와 인구 변화를 이해하는 데 이용되는 지표로 출산율이 주로 사용되며, 출산율을 산출하는 식은 다음과 같다.

$$(\text{출산율}) = \frac{(\text{해당 연도의 총 출생아수})}{(15\text{세 이상 }49\text{세 이하의 여성 인구})} \times 1000$$

어느 국가의 2004년과 2024년의 15세 이상 49세 이하의 여성 인구의 비는 13 : 12이고, 출생아 수의 비는 2 : 3이다. 2004년과 2024년을 통합하여 산출한 출산율이 1일 때, 2024년의 출산율은 x이다. x의 값은?

① 0.75 ② 1 ③ 1.25
④ 1.5 ⑤ 1.75

해설 내신연계문제

1570 TOUGH

영희는 매월 용돈의 80%를 소비하고 난 나머지의 금액을 모두 저축하고 있다. 영희의 이달 용돈은 지난달 용돈보다 50%만큼 증가하였고, 이달 저축액은 지난달 저축액보다 1만 원 증가하였다. 다음 중 영희의 지난달 용돈은? (단, 단위는 만 원이다.)

① 5 ② 10 ③ 15
④ 20 ⑤ 25

1571 2016년 06월 고1 학력평가 18번 TOUGH

행성의 인력에 의하여 주위를 공전하는 천체를 위성이라고 한다. 행성과 위성 사이의 거리를 $r(\text{km})$, 위성의 공전 속력을 $v(\text{km}/\text{sec})$, 행성의 질량을 $M(\text{kg})$이라고 할 때, 다음과 같은 관계식이 성립한다고 한다.

$$M = \frac{rv^2}{G} \quad (\text{단, } G\text{는 만유인력상수이다.})$$

행성 A와 A의 위성 사이의 거리가 행성 B와 B의 위성 사이의 거리의 45배일 때, 행성 A의 위성의 공전 속력이 행성 B의 위성의 공전 속력의 $\dfrac{2}{3}$배이다. 행성 A와 행성 B의 질량을 각각 M_A, M_B라 할 때, $\dfrac{M_A}{M_B}$의 값은?

① 4 ② 8 ③ 12
④ 16 ⑤ 20

해설 내신연계문제

1572 2015년 06월 고1 학력평가 16번 TOUGH

단면의 반지름의 길이가 R이고 길이가 l인 원기둥 모양의 혈관이 있다. 단면의 중심에서 혈관의 벽면 방향으로 r만큼 떨어진 지점에서의 혈액의 속력을 v라 하면, 다음 관계식이 성립한다고 한다.

$$v = \frac{P}{4\eta l}(R^2 - r^2)$$

(단, P는 혈관 양 끝의 압력차, η는 혈액의 점도이고 속력의 단위는 cm/초, 길이의 단위는 cm이다.)
R, l, P, η가 모두 일정할 때, 단면의 중심에서 혈관의 벽면 방향으로 $\dfrac{R}{3}$, $\dfrac{R}{2}$만큼씩 떨어진 두 지점에서의 혈액의 속력을 각각 v_1, v_2라 하자. $\dfrac{v_1}{v_2}$의 값은?

① $\dfrac{28}{27}$ ② $\dfrac{10}{9}$ ③ $\dfrac{32}{27}$

④ $\dfrac{34}{27}$ ⑤ $\dfrac{4}{3}$

해설 내신연계문제

유형 09 유리함수 $y = \dfrac{k}{x}(k \neq 0)$의 그래프

유리함수 $y = \dfrac{k}{x}(k \neq 0)$의 그래프

(1) 점근선은 x축, y축이다.

(2) $y = \pm x$에 대하여 대칭인 함수이다.

(3) 원점에 관하여 대칭인 직각쌍곡선이다.

(4) $k > 0$이면 제 1, 3사분면의 그래프이다.

　　$k < 0$이면 제 2, 4사분면의 그래프이다.

(5) $|k|$가 클수록 곡선은 원점에서 멀어진다.

(6) 정의역과 치역은 모두 0이 아닌 실수 전체의 집합이다.

 중학교에서 학습한 반비례 관계 $y = \dfrac{k}{x}(k \neq 0)$의 그래프

	$k > 0$	$k < 0$
그래프	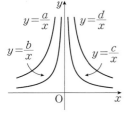	
지나는 사분면	제 1사분면과 제 3사분면	제 2사분면과 제 4사분면
증가와 감소	x의 값이 커지면 y의 값은 작아진다.	x의 값이 커지면 y의 값도 커진다.
그래프 모양	원점과 $y = \pm x$에 대하여 대칭이고 x축과 y축을 점근선으로 하는 곡선	

1573 학교기출 대표 유형

유리함수 $y = \dfrac{k}{x}(k \neq 0)$의 그래프에 대한 설명으로 옳은 것은?

① 정의역과 치역은 모든 실수이다.

② $k < 0$이면 그래프가 제 2, 4사분면에 있다.

③ 그래프는 모두 x축에 대하여 대칭이다.

④ $|k|$의 값이 클수록 그래프는 원점에 가까워진다.

⑤ 그래프 위의 점이 원점에서 멀어질수록 x축과 y축에 한없이 멀어진다.

1574 최다빈출 왕 중요   BASIC

그림은 함수 $y = \dfrac{a}{x}$, $y = \dfrac{b}{x}$, $y = \dfrac{c}{x}$, $y = \dfrac{d}{x}$의 그래프의 일부이다. 이때 실수 a, b, c, d 사이의 대소 관계를 옳게 나타낸 것은?

① $a < b < c < d$　　② $a < b < d < c$

③ $a < c < b < d$　　④ $a < d < c < b$

⑤ $d < c < b < a$

해설 내신연계문제

1575   NORMAL

두 함수 $f(x) = \dfrac{1}{x}$, $g(x) = -\dfrac{3}{x}$에 대하여 점 A$(a, f(a))$를 지나고 x축에 평행한 직선이 곡선 $y = g(x)$와 만나는 점을 B라 하자. 두 점 A, B에서 x축에 내린 수선의 발을 각각 C, D라 할 때, 직사각형 ABDC의 넓이는? (단, $a > 0$)

① 2　　　　　② $\dfrac{5}{2}$　　　　　③ 3

④ $\dfrac{7}{2}$　　　　　⑤ 4

1576 최다빈출 왕 중요   NORMAL

좌표평면 위의 네 점 A$(3, 3)$, B$(-3, 3)$, C$(-3, -3)$, D$(3, -3)$를 꼭짓점으로 하는 정사각형 ABCD가 있다. 함수 $y = \dfrac{k}{x}(k \neq 0)$의 그래프가 정사각형 ABCD와 네 점에서 만나도록 하는 정수 k의 개수는?

① 12　　　　　② 14　　　　　③ 16

④ 18　　　　　⑤ 20

해설 내신연계문제

1577   NORMAL

함수 $y = \dfrac{k}{x}(k < 0)$의 그래프와 직선 $y = -x + 2$의 두 교점을 A, B라 하면 $\overline{AB} = 6\sqrt{2}$일 때, 상수 k의 값은?

① -10　　　　② -8　　　　③ -6

④ -4　　　　　⑤ -2

모의고사 핵심유형 기출문제

1578 2016년 10월 고3 학력평가 나형 26번   TOUGH

유리함수 $y = \dfrac{4}{x}(x > 0)$의 그래프 위의 점 P(a, b)와 직선 $y = -x$ 사이의 거리가 5일 때, $a^2 + b^2$의 값을 구하시오.

해설 내신연계문제

03 유리함수

유리함수 $y=\dfrac{k}{x-m}+n(k\neq0)$의 그래프

(1) 함수 $y=\dfrac{k}{x}$의 그래프를 x축 방향으로 m, y축 방향으로 n만큼 평행이동한 것이다.

(2) 점근선이 $x=m$, $y=n$인 직각쌍곡선이다.

(3) 점 $(m,\ n)$에 관하여 대칭이다.

(4) 두 직선 $y=\pm(x-m)+n$에 대하여 대칭이다.

(5) 정의역은 $\{x|x\neq m$인 실수$\}$이고 치역은 $\{y|y\neq n$인 실수$\}$이다.

 $|k|$가 서로 같은 유리함수는 m, n의 값에 관계없이 평행이동이나 대칭이동에 의해 서로 겹칠 수 있다.

1579 학교기출 대표유형

함수 $y=\dfrac{1}{x+3}+8$의 그래프의 점근선의 방정식이 $x=a$, $y=b$일 때, 상수 a, b에 대하여 $a+b$의 값을 구하시오.

1580   BASIC

함수 $y=\dfrac{b}{x-a}+c$의 그래프가 점 $(4,\ 2)$를 지나고 점근선의 방정식이 $x=3$, $y=-2$일 때, 상수 a, b, c에 대하여 $a+b+c$의 값을 구하시오.

모의고사 **핵심유형** 기출문제

1581   2024년 03월 고2 학력평가 8번   BASIC

함수 $y=\dfrac{b}{x-a}$의 그래프가 점 $(2,\ 4)$를 지나고 한 점근선의 방정식이 $x=4$일 때, $a-b$의 값은? (단, a, b는 상수이다.)

① 6   ② 8   ③ 10
④ 12   ⑤ 14

해설 내신연계문제

1582   2019년 10월 고3 학력평가 나형 5번   NORMAL

함수 $f(x)=\dfrac{4}{2x-7}+a$의 정의역과 치역이 서로 같을 때, 상수 a의 값은?

① $\dfrac{3}{2}$ ② 2   ③ $\dfrac{5}{2}$
④ 3   ⑤ $\dfrac{7}{2}$

해설 내신연계문제

1583   2020학년도 09월 모의평가 나형 11번   NORMAL

0이 아닌 실수 k에 대하여 함수 $y=\dfrac{k}{x-1}+5$의 그래프가 점 $(5,\ 3a)$를 지나고 두 점근선의 교점의 좌표가 $(1,\ 2a+1)$일 때, k의 값은?

① 1   ② 2   ③ 3
④ 4   ⑤ 5

해설 내신연계문제

1584   2021년 03월 고2 학력평가 16번   TOUGH

좌표평면에서 곡선 $y=\dfrac{k}{x-2}+1(k<0)$이 x축, y축과 만나는 점을 각각 A, B라 하고, 이 곡선의 두 점근선의 교점을 C라 하자.
세 점 A, B, C가 한 직선 위에 있도록 하는 상수 k의 값은?

① -5 ② -4 ③ -3
④ -2 ⑤ -1

해설 내신연계문제

1585   2023년 11월 고1 학력평가 16번   TOUGH

유리함수 $f(x)=\dfrac{4}{x-a}-4(a>1)$에 대하여 좌표평면에서 함수 $y=f(x)$의 그래프가 x축, y축과 만나는 점을 각각 A, B라 하고 함수 $y=f(x)$의 그래프의 두 점근선이 만나는 점을 C라 하자.
사각형 OBCA의 넓이가 24일 때, 상수 a의 값은?
(단, O는 원점이다.)

① 3   ② $\dfrac{7}{2}$ ③ 4
④ $\dfrac{9}{2}$ ⑤ 5

해설 내신연계문제

유형 11 유리함수 $y=\dfrac{ax+b}{cx+d}$ 의 그래프

함수 $y=\dfrac{ax+b}{cx+d}\,(c\neq0,\ ad-bc\neq0)$의 그래프는 다음과 같은 순서로 그린다.

FIRST $y=\dfrac{ax+b}{cx+d}$ 를 $y=\dfrac{k}{x-m}+n$의 꼴로 변형한다.

NEXT 함수 $y=\dfrac{k}{x}$의 그래프를 x축 방향으로 m, y축 방향으로 n만큼 평행이동한 것이다.

LAST 다음과 같은 그래프의 성질을 가진다.

① 점근선 $x=-\dfrac{d}{c}$ ◀ 분모를 0으로 하는 x의 값

$\quad\quad y=\dfrac{a}{c}$ ◀ 분모, 분자의 일차항 x의 계수의 비

② 점 $\left(-\dfrac{d}{c},\ \dfrac{a}{c}\right)$에 대하여 대칭이고

두 직선 $y=\pm\left(x+\dfrac{d}{c}\right)+\dfrac{a}{c}$에 대하여도 대칭이다.

③ x절편 $x=-\dfrac{b}{a}$, y절편 $y=\dfrac{b}{d}$이다.

◀ 점근선을 기준으로 했을 때, 몇 사분면을 지나는지 모르기 때문에 절편이 필요하다.

 유리함수 $y=\dfrac{ax+b}{cx+d}$가 다항함수가 아닌 유리함수가 되기 위한 필요충분조건은 $c\neq0,\ ad-bc\neq0$이다.

해설 $c=0$이면 $y=\dfrac{ax+b}{cx+d}=\dfrac{ax+b}{d}=\dfrac{a}{d}x+\dfrac{b}{d}$이므로 다항함수이다.

$\therefore c\neq0$ …… ㉠

$ad-bc=0$이면 $ad=bc$, 즉 $a:b=c:d$이므로

$y=\dfrac{ax+b}{cx+d}=\dfrac{a}{c}\left(\text{단},\ x\neq-\dfrac{d}{c}\right)$인 상수함수가 된다.

$\therefore ad\neq bc$ …… ㉡

따라서 ㉠, ㉡에 의해 유리함수이기 위한 조건은 $c\neq0,\ ad\neq bc$

1586 학교기출 대표 유형

함수 $y=\dfrac{ax+b}{cx+d}$가 다항함수가 아닌 유리함수가 되기 위한 상수 $a,\ b,\ c,\ d$의 조건을 구하면?

① $c\neq0,\ ad\neq bc$ ② $c=0,\ ad\neq bc$

③ $c\neq0,\ ad=bc$ ④ $c=0,\ ad=bc$

⑤ $d=0,\ ad\neq bc$

1587 BASIC

함수 $f(x)=\dfrac{ax+1}{bx+1}$의 그래프의 두 점근선의 방정식이 $x=-2$, $y=3$일 때, $a+b$의 값은?

(단, $a,\ b$는 상수이고, $a\neq b,\ b\neq0$)

① 2 ② 3 ③ 4

④ 5 ⑤ 6

1588 최다빈출 왕 중요 BASIC

함수 $y=\dfrac{ax+b}{x+c}$의 그래프가 다음 두 조건을 만족할 때, 상수 $a,\ b,\ c$에 대하여 $a+b+c$의 값은? (단, $b\neq ac$)

(가) 점 $(1,\ 2)$를 지난다.
(나) 점근선의 방정식은 $x=2$, $y=-3$이다.

① -4 ② -2 ③ 0

④ 2 ⑤ 4

해설 내신연계문제

1589 BASIC

두 유리함수

$$f(x)=\frac{3x-5}{x+a},\quad g(x)=\frac{bx+1}{x+c}$$

의 그래프의 점근선의 방정식이 같고 $f(-1)=2$일 때, 상수 $a,\ b,\ c$에 대하여 $a+b+c$의 값은?

① -9 ② -7 ③ -5

④ -3 ⑤ -1

1590 최다빈출 왕 중요 BASIC

유리함수 $f(x)=\dfrac{ax+b}{x+c}$의 그래프가 점 $(2,\ -2)$에 대하여 대칭이고 $f(b)=b$일 때, 상수 $a,\ b,\ c$에 대하여 abc의 값은? (단, $b\neq0$)

① -2 ② 2 ③ 3

④ 4 ⑤ 6

해설 내신연계문제

1591

두 유리함수
$$y=\frac{-x+3}{x+a},\ y=\frac{ax-1}{x-2}$$
의 그래프의 점근선으로 둘러싸인 도형의 넓이가 30일 때,
양수 a의 값은?

① 4   ② 5   ③ 6
④ 7   ⑤ 8

해설 내신연계문제

1592

두 유리함수
$$y=\frac{6x-2}{x-k},\ y=\frac{-kx+3}{x-1}$$
의 그래프의 점근선으로 둘러싸인 도형의 넓이가 30일 때,
양수 k의 값을 구하시오. (단, $k\neq 1$)

모의고사 **핵심유형** 기출문제

1593

2018년 11월 고2 학력평가 나형 13번

유리함수 $f(x)=\dfrac{3x+1}{x-k}$의 그래프의 두 점근선의 교점이 직선

$y=x$ 위에 있을 때, 상수 k의 값은? $\left(\text{단, } k\neq -\dfrac{1}{3}\right)$

① 1   ② 2   ③ 3
④ 4   ⑤ 5

해설 내신연계문제

유형 12   유리함수의 평행이동과 대칭이동

(1) 유리함수 $y=\dfrac{k}{x-p}+q\,(k\neq 0)$의 그래프는 $y=\dfrac{k}{x}$의 그래프를
x축의 방향으로 p만큼, y축의 방향으로 q만큼 평행이동한 것이다.

(2) 두 유리함수 $y=\dfrac{k}{x},\ y=\dfrac{l}{x-m}+n$의 그래프가 **평행이동**하여
겹치려면 ➡ $k=l$이어야 한다.

① x축의 방향으로 p만큼 평행이동 ➡ x대신 $x-p$를 대입
② y축의 방향으로 q만큼 평행이동 ➡ y대신 $y-q$를 대입

1594

함수 $y=\dfrac{3x+4}{x+2}$의 그래프를 x축의 방향으로 a만큼, y축의 방향으로
b만큼 평행이동하였더니 함수 $y=\dfrac{c}{x}$의 그래프와 일치하였다.
세 실수 a, b, c에 대하여 $a+b+c$의 값을 구하시오.

1595

원 $(x-1)^2+(y-2)^2=1$가 원 $x^2+(y-4)^2=1$로 옮겨지는 평행이동
에 의하여 유리함수 $y=\dfrac{2}{x}$의 그래프를 평행이동하면 점 $(-2,\ k)$를
지날 때, 상수 k의 값은?

① -2 ② -1 ③ 0
④ 1   ⑤ 2

해설 내신연계문제

1596

함수 $y=\dfrac{x+1}{x-1}$의 그래프를 x축의 방향으로 p만큼, y축의 방향으로
q만큼 평행이동하면 $y=\dfrac{7x+9}{x+1}$의 그래프와 일치한다.
상수 p, q에 대하여 $p+q$의 값은?

① 1   ② 2   ③ 3
④ 4   ⑤ 5

1597

NORMAL

함수 $y=\dfrac{2x+b}{x+a}$ 의 그래프를 x축의 방향으로 1만큼, y축의 방향으로

c만큼 평행이동하였더니 함수 $y=\dfrac{3}{x}$ 의 그래프와 일치하였다.

이때 상수 a, b, c에 대하여 $a+b+c$의 값은? (단, $2a-b\neq0$)

① 1   ② 2   ③ 3

④ 4   ⑤ 5

1598 최다빈출 왕 중요

NORMAL

함수 $y=\dfrac{bx+c}{x+a}$ 의 그래프는 두 직선 $x=2$, $y=3$과 만나지 않고,

평행이동에 의하여 함수 $y=\dfrac{1}{x}$ 의 그래프와 일치할 때, $a+b+c$의

값을 구하시오. (단, a, b, c는 $ab-c\neq0$인 상수이다.)

해설 내신연계문제

모의고사 **핵심유형** 기출문제

1599   2017년 03월 고3 학력평가 나형 6번

NORMAL

함수 $y=\dfrac{3}{x-2}+2$의 그래프는 함수 $y=\dfrac{a}{x}$ 의 그래프를 x축의 방향

으로 m만큼, y축의 방향으로 n만큼 평행이동한 그래프와 일치한다.

$a+m+n$의 값은? (단, a, m, n은 상수이다.)

① 1   ② 3   ③ 5

④ 7   ⑤ 9

해설 내신연계문제

1600   2015년 03월 고2 학력평가 가형 16번

TOUGH

유리함수 $f(x)=\dfrac{3x+k}{x+4}$ 의 그래프를 x축의 방향으로 -2만큼,

y축의 방향으로 3만큼 평행이동한 곡선을 $y=g(x)$라 하자.

곡선 $y=g(x)$의 두 점근선의 교점이 곡선 $y=f(x)$ 위의 점일 때,

상수 k의 값은?

① -6 ② -3 ③ 0

④ 3   ⑤ 6

해설 내신연계문제

두 유리함수 $y=\dfrac{k}{x}$ 와 $y=\dfrac{l}{x-m}+n$의 그래프가 서로 겹치기 위한 조건

(1) $k=l$이면

  ➡ 평행이동하여 두 그래프를 겹칠 수 있다.

(2) $|k|=|l|$ 이면

  ➡ 평행이동과 대칭이동하여 두 그래프를 겹칠 수 있다.

  평행이동하여 두 유리함수 $y=\dfrac{l}{x-m}+n$, $y=\dfrac{k}{x-p}+q$가

  겹칠 수 있는 조건 ➡ $l=k$

1601   학교기출 대표유형

함수 $y=\dfrac{1}{x}$ 의 그래프를 평행이동하여 일치시킬 수 있는 그래프를

나타내는 함수만을 [보기]에서 있는 대로 고른 것은?

> ㄱ. $y=\dfrac{-2x+3}{x-1}$ ㄴ. $y=\dfrac{4x-3}{x-1}$
>
> ㄷ. $y=\dfrac{2x+3}{x+1}$ ㄹ. $y=\dfrac{-3x+7}{x-2}$

① ㄱ, ㄷ   ② ㄷ, ㄹ   ③ ㄱ, ㄴ, ㄷ

④ ㄴ, ㄷ, ㄹ   ⑤ ㄱ, ㄴ, ㄷ, ㄹ

1602 최다빈출 왕 중요

NORMAL

다음 [보기]의 함수 중 그 그래프가 평행이동에 의하여

함수 $y=\dfrac{2}{x}$ 의 그래프와 겹쳐지는 것만을 있는 대로 고른 것은?

> ㄱ. $y=\dfrac{-5x-3}{x+1}$ ㄴ. $y=\dfrac{4x-3}{x-1}$
>
> ㄷ. $y=\dfrac{x+1}{2x-6}$ ㄹ. $y=\dfrac{x}{x+2}$

① ㄱ   ② ㄱ, ㄷ   ③ ㄱ, ㄹ

④ ㄴ, ㄷ   ⑤ ㄱ, ㄴ, ㄷ

해설 내신연계문제

1603

NORMAL

다음 [보기]의 함수 중 그 그래프가 평행이동에 의하여 함수

$y=-\dfrac{1}{2x}$ 의 그래프와 겹쳐지는 것만을 있는 대로 고른 것은?

> ㄱ. $y=\dfrac{1}{2x-4}$ ㄴ. $y=\dfrac{2x+1}{2x+2}$
>
> ㄷ. $y=\dfrac{4x-3}{2x-1}$ ㄹ. $y=\dfrac{-2x}{2x+1}$

① ㄱ   ② ㄷ   ③ ㄱ, ㄹ

④ ㄴ, ㄷ   ⑤ ㄴ, ㄷ, ㄹ

유리함수 $y=\dfrac{k}{x-p}+q(k\neq 0)$의 그래프에서

① **정의역 ◉** $\{x\,|\,x$는 p가 아닌 실수$\}$ ◀ 점근선 $x=p$를 제외한 실수

② **치역은 ◉** $\{y\,|\,y$는 q가 아닌 실수$\}$ ◀ 점근선 $y=q$를 제외한 실수

> 🐱 유리함수 $y=\dfrac{ax+b}{cx+d}(c\neq 0,\ ad-bc\neq 0)$는 식을
> $y=\dfrac{k}{x-p}+q(k\neq 0)$꼴로 변형한 후 정의역과 치역을 구한다.

1604 학교기출 대표 유형

유리함수 $y=\dfrac{ax+b}{x+c}$의 정의역이 $\{x\,|\,x\neq -3$인 실수$\}$,
치역이 $\{y\,|\,y\neq 1$인 실수$\}$이고 점 $(-2,\ -1)$을 지날 때,
상수 a, b, c에 대하여 $a+b+c$의 값을 구하시오. (단, $ac-b\neq 0$)

1605 NORMAL

집합 $X=\{x\,|\,x$는 $x\neq 5$인 실수$\}$에 대하여 함수 $f(x)=\dfrac{bx+2}{x+a}$가
X에서 X로의 함수일 때, ab의 값은? (단, a, b는 $ab\neq 2$인 상수
이다.)

① -10 ② -15 ③ -20
④ -25 ⑤ -30

1606 NORMAL

함수 $f(x)=\dfrac{bx+a^2b}{x+a}$의 정의역이 $\{x\,|\,x$는 $x\neq -2$인 실수$\}$이고
치역이 $\{y\,|\,y\neq 3$인 실수$\}$일 때, $f(1)$의 값은?
(단, $ab\neq 0$, $a\neq 1$)

① 3 ② 4 ③ 5
④ 6 ⑤ 7

1607 최다빈출 왕 중요 NORMAL

함수 $f(x)=\dfrac{6x}{x+a}$의 치역이 $\{y\,|\,y$는 $3a$가 아닌 실수$\}$일 때, 함수
$y=f(x)$의 그래프는 함수 $y=\dfrac{b}{x}$의 그래프를 x축의 방향으로 c만큼,
y축의 방향으로 d만큼 평행이동한 것과 같다.
상수 a, b, c, d에 대하여 $a+b+c+d$의 값은? (단, $a\neq 0$)

① -8 ② -6 ③ -4
④ -2 ⑤ 0

[해설 내신연계문제]

1608 TOUGH

함수 $y=f(x)$의 그래프는 곡선 $y=-\dfrac{2}{x}$의 그래프를 x축의 방향으로
m만큼, y축의 방향으로 n만큼 평행이동한 것이고 직선 $y=x$에
대하여 대칭이다. 함수 $f(x)$의 정의역이 $\{x\,|\,x\neq -2$인 모든 실수$\}$
일 때, $f(-1)$의 값은?

① -5 ② -4 ③ -3
④ -2 ⑤ -1

1609 최다빈출 왕 중요 TOUGH

함수 $f(x)=\dfrac{ax+b}{x+c}$의 정의역을 A, 치역을 B라 하자.
$$A-B=\{2\},\quad B-A=\{-3\}$$
이고, 함수 $y=f(x)$의 그래프가 점 $(-2,\ -5)$를 지날 때,
상수 a, b, c에 대하여 $a+b+c$의 값을 구하시오. (단, $b\neq ac$)

[해설 내신연계문제]

모의고사 **핵심유형** 기출문제

1610 2017년 10월 고3 학력평가 나형 14번 NORMAL

함수 $f(x)=\dfrac{bx}{ax+1}$의 정의역과 치역이 같다. 곡선 $y=f(x)$의
두 점근선의 교점이 직선 $y=2x+3$ 위에 있을 때, $a+b$의 값은?
(단, a와 b는 0이 아닌 상수이다.)

① $-\dfrac{2}{3}$ ② $-\dfrac{1}{3}$ ③ 0
④ $\dfrac{1}{3}$ ⑤ $\dfrac{2}{3}$

[해설 내신연계문제]

유형 15 유리함수의 그래프의 대칭성

(1) 유리함수 $y=\dfrac{k}{x}$는 두 직선 $y=x$, $y=-x$에 대하여 **선대칭**이고 점 $(0, 0)$에 대하여 **점대칭**이다.

(2) 유리함수 $y=\dfrac{k}{x-p}+q$는

두 직선 $y=(x-p)+q$와 $y=-(x-p)+q$에 대하여 **선대칭**이고 점 (p, q)에 대하여 **점대칭**이다.

(3) 유리함수 $y=\dfrac{cx+d}{ax+b}=\dfrac{k}{x-p}+q(k \neq 0)$의 그래프는

① 두 점근선 $x=p$, $y=q$의 교점인 점 (p, q)에 대하여 대칭이다.

② 두 점근선의 교점 (p, q)을 지나고 기울기가 1 또는 -1인 직선 $y=\pm(x-p)+q$에 대하여 각각 대칭이다.

 ① 유리함수의 그래프가 직선 $y=\pm x+k$에 대하여 대칭인 도형이 되려면 두 점근선의 교점이 직선 $y=\pm x+k$ 위에 존재해야 한다.

② 함수 $f(x)=\dfrac{ax+b}{cx+d}$의 역함수 ➡ $f^{-1}(x)=\dfrac{-dx+b}{cx-a}$

1611 학교기출 [대표] 유형

유리함수 $y=\dfrac{3x-11}{x-4}$의 그래프가 직선 $y=x+k$에 대하여 대칭일 때, 상수 k의 값은?

① -1 　 ② -2 　 ③ -3

④ -4 　 ⑤ -5

1612 　BASIC

함수 $y=\dfrac{3x-1}{-x+2}$의 그래프는 점 (a, b)에 대하여 대칭이고 동시에 $y=x+c$에 대하여 대칭일 때, abc의 값은?

(단, a, b, c는 상수이다.)

① -5 　 ② -2 　 ③ -6

④ 10 　 ⑤ 30

1613 　NORMAL

함수 $f(x)=\dfrac{ax+b}{x+c}$의 그래프가 y축과 만나는 점의 좌표가 1이고 점 $(3, -2)$에 대하여 대칭일 때, $f(a+b+c)$의 값은?

(단, a, b, c는 상수이고 $b \neq ac$)

① 1 　 ② $-\dfrac{13}{11}$ 　 ③ $-\dfrac{15}{11}$

④ -1 　 ⑤ $-\dfrac{9}{13}$

1614 　BASIC

함수 $y=\dfrac{bx+7}{x+a}$의 그래프가 두 점 $(-3, 2)$, $(-1, 4)$를 지나고 직선 $y=x+k$에 대하여 대칭일 때, 상수 k의 값은? (단, a, b는 $ab \neq 7$인 상수이다.)

① 2 　 ② 3 　 ③ 4

④ 5 　 ⑤ 6

1615 　NORMAL

유리함수 $y=\dfrac{ax+b}{x+c}$의 그래프가 다음 조건을 만족시킬 때, 세 상수 a, b, c에 대하여 $a+b+c$의 값은?

(가) 점 $(1, 3)$을 지난다.

(나) 두 직선 $y=x+10$, $y=-x+2$에 대하여 대칭이다.

① 13 　 ② 15 　 ③ 17

④ 19 　 ⑤ 21

1616 　NORMAL

함수 $y=\dfrac{-3x+4}{x-3}$의 그래프가 서로 다른 두 직선

$$y=ax+b, \quad y=cx+d$$

에 대하여 대칭일 때, $a+b+c+d$의 값은?

(단, a, b, c, d는 상수이다.)

① -8 　 ② -6 　 ③ 0

④ 6 　 ⑤ 8

1617 최다빈출 [왕]중요 　NORMAL

함수 $y=\dfrac{1}{x-1}$의 그래프를 x축의 방향으로 a만큼, y축의 방향으로 b만큼 평행이동하였더니 두 직선 $y=x+4$, $y=-x+2$에 대하여 각각 대칭일 때, 상수 a, b에 대하여 ab의 값을 구하시오.

해설 내신연계문제

1618
2017년 03월 고2 학력평가 가형 8번

NORMAL

유리함수 $y=\dfrac{3x+b}{x+a}$ 의 그래프가 점 $(2,1)$을 지나고, 점 $(-2, c)$에 대하여 대칭일 때, $a+b+c$의 값은? (단, a, b는 상수이다.)

① 1   ② 2   ③ 3
④ 4   ⑤ 5

해설 내신연계문제

1619
2018년 03월 고2 학력평가 가형 8번

NORMAL

함수 $y=f(x)$의 그래프는 곡선 $y=-\dfrac{2}{x}$를 평행이동한 것이고 직선 $y=x$에 대하여 대칭이다. 함수 $f(x)$의 정의역이 $\{x|x\neq -2$인 모든 실수$\}$일 때, $f(4)$의 값은?

① -3 ② $-\dfrac{7}{3}$ ③ $-\dfrac{5}{3}$

④ -1 ⑤ $-\dfrac{1}{3}$

해설 내신연계문제

1620
2020년 03월 고2 학력평가 19번

TOUGH

함수 $f(x)=\dfrac{a}{x-6}+b$에 대하여 함수 $y=\left|f(x+a)+\dfrac{a}{2}\right|$의 그래프가 y축에 대하여 대칭일 때, $f(b)$의 값은? (단, a, b는 상수이고 $a\neq 0$이다.)

① $-\dfrac{25}{6}$ ② -4 ③ $-\dfrac{23}{6}$

④ $-\dfrac{11}{3}$ ⑤ $-\dfrac{7}{2}$

해설 내신연계문제

유형 16 유리함수의 그래프와 격자점

(1) k, p, q가 정수일 때, 유리함수 $y=\dfrac{k}{x-p}+q(k\neq 0)$의 그래프 위의 점 중에서 x좌표와 y좌표가 모두 정수인 점의 좌표
➡ $x-p$가 k의 약수임을 이용한다.

(2) 유리함수 $y=\dfrac{k}{x-p}+q$의 그래프와 x축, y축으로 둘러싸인 영역의 내부에 포함되고 x좌표와 y좌표가 모두 정수인 점
➡ 그래프를 그려 조건을 만족시키는 **정수 x좌표를 기준으로 정수 y좌표를 구한다.**

🐱 **유리함수의 특징**
① 유리함수의 그래프는 점근선의 교점에 대하여 점대칭이다.
② 유리함수의 그래프는 점근선의 교점을 지나면서 기울기가 1 또는 -1인 직선에 대하여 선대칭이다.

1621
학교기출 **대표** 유형

좌표평면에서 곡선 $y=\dfrac{1}{x-4}+4$와 x축, y축으로 둘러싸인 영역의 내부에 포함되고 x좌표와 y좌표가 모두 자연수인 점의 개수를 구하시오.

1622
최다빈출 **왕** 중요

TOUGH

함수 $f(x)=\dfrac{ax+b}{x+c}$의 그래프가 다음 조건을 만족시킨다.

(가) 함수 $y=f(x)$의 그래프는 점 $(2,2)$에 대하여 대칭이다.
(나) 함수 $y=f(x)$는 점 $(1,-6)$을 지난다.

함수 $y=f(x)$의 그래프 위의 점 중에서 x좌표, y좌표가 모두 정수인 점의 개수를 구하시오. (단, a, b, c는 상수이고 $b-ac\neq 0$이다.)

해설 내신연계문제

1623
2018학년도 수능기출 나형 11번

NORMAL

좌표평면에서 곡선 $y=\dfrac{1}{2x-8}+3$과 x축, y축으로 둘러싸인 영역의 내부에 포함되고 x좌표와 y좌표가 모두 자연수인 점의 개수는?

① 3   ② 4   ③ 5
④ 6   ⑤ 7

해설 내신연계문제

유형 17 유리함수의 그래프가 지나는 사분면

유리함수 $y=\dfrac{ax+b}{cx+d}$ 의 그래프는 $y=\dfrac{k}{x-p}+q(k\neq 0)$꼴로

변형하면 함수 $y=\dfrac{k}{x}$ 의 그래프를 x축의 방향으로 p만큼, y축의 방향

으로 q만큼 평행이동한 것임을 이용하여 그래프를 그려서 사분면을

결정한다.

> 유리함수 $y=\dfrac{k}{x}(k\neq 0)$의 그래프는
>
> ① $k>0$일 때, 제 1, 3사분면을 지난다.
>
> ② $k<0$일 때, 제 2, 4사분면을 지난다.

1624 학교기출 대표 유형

유리함수 $y=\dfrac{k}{x}(k\neq 0)$의 그래프를 평행이동한 그래프가 점 $(0,\,-6)$

을 지나고, 점근선의 방정식은 $x=2$, $y=-3$이다. 이 유리함수의

그래프가 제 n사분면을 지나지 않을 때, $n+k$의 값을 구하시오.

1625 최다빈출 왕 중요 NORMAL

유리함수 $y=\dfrac{x+2a-5}{x-4}$의 그래프가 제 3사분면을 지나지 않도록

하는 자연수 a의 개수는?

① 1 ② 2 ③ 3

④ 4 ⑤ 5

해설 내신연계문제

1626 NORMAL

함수 $y=\dfrac{3x-k}{x+1}$의 그래프가 모든 사분면을 지날 때, 실수 k의 범위는?

① $k>-3$ ② $k>-1$ ③ $k<-3$

④ $k<-1$ ⑤ $k>0$

1627 최다빈출 왕 중요 NORMAL

유리함수 $y=\dfrac{-2x-k+4}{x-1}$의 그래프가 모든 사분면을 지나도록 하는

실수 k의 범위는?

① $k<2$ ② $k>2$ ③ $k>3$

④ $k>4$ ⑤ $0<k<3$

해설 내신연계문제

모의고사 **핵심유형** 기출문제

1628 2016년 03월 고3 학력평가 나형 9번 NORMAL

유리함수 $y=\dfrac{5}{x-p}+2$의 그래프가 제3사분면을 지나지 않도록 하는

정수 p의 최솟값은?

① 3 ② 4 ③ 5

④ 6 ⑤ 7

해설 내신연계문제

1629 2017년 06월 고2 학력평가 나형 15번 NORMAL

함수 $y=\dfrac{3x+k-10}{x+1}$의 그래프가 제 4사분면을 지나도록 하는 모든

자연수 k의 개수는?

① 5 ② 7 ③ 9

④ 11 ⑤ 13

해설 내신연계문제

점근선의 방정식이 $x=p$, $y=q$인 유리함수의 그래프의 식은 다음과
같은 순서로 구한다.
FIRST 유리함수의 그래프에서 점근선을 가장 먼저 구한다.
NEXT 유리함수의 식을 $y=\dfrac{k}{x-p}+q(k\neq0)$로 놓는다.

LAST 그래프가 점 (a, b)를 지나는 유리함수에 $x=a$, $y=b$를
대입하여 상수 k의 값을 구한다.

 유리함수의 미정계수 구하기 ➡ 점근선과 지나는 한 점을 이용한다.
점근선의 방정식이 $x=p$, $y=q$이고 점 (a, b)를 지나는 유리함수는
$y=\dfrac{k}{x-p}+q(k\neq0)$로 놓고 $x=a$, $y=b$를 대입하여 상수 k의 값을
구한다.

1630

함수 $y=\dfrac{b}{x+a}+c\,(b\neq0)$의 그래프가
오른쪽 그림과 같을 때, 상수 a, b, c에
대하여 $a+b+c$의 값을 구하시오.
(단, 점선은 점근선이다.)

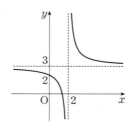

1631

유리함수 $y=\dfrac{bx-c}{x+a}$의 그래프가 오른쪽
그림과 같을 때, 실수 a, b, c에 대하여
$a+b+c$의 값은?
(단, 점선은 점근선이다.)

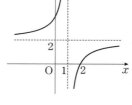

① 2 　　　　 ② 3
③ 4 　　　　 ④ 5
⑤ 6

1632

함수 $f(x)=\dfrac{k}{x-p}+q(k\neq0)$의 그래프
가 오른쪽 그림과 같을 때, 상수 p, q, k
에 대하여 $f(p+q+k)$의 값은?
(단, 점선은 점근선이다.)

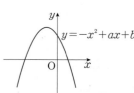

① -2 　　　　 ② -1
③ $-\dfrac{1}{2}$ 　　　 ④ $\dfrac{1}{2}$
⑤ 1

1633

오른쪽 그림과 같이 함수
$f(x)=\dfrac{bx+c}{x+a}$의 그래프는 점 $(1, 0)$
을 지나고 두 직선 $x=-2$, $y=-1$
을 점근선으로 갖는다. $f(a+b+c)$
의 값은? (단, a, b, c는 상수이다.)

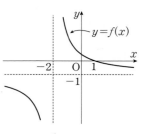

① $-\dfrac{3}{4}$ 　　　 ② $-\dfrac{2}{3}$ 　　　 ③ $-\dfrac{1}{2}$
④ $-\dfrac{1}{3}$ 　　　 ⑤ $-\dfrac{1}{4}$

해설 내신연계문제

1634

원점을 지나는 함수 $y=\dfrac{b}{x+a}+c$의
그래프가 오른쪽 그림과 같을 때, 세
상수 a, b, c에 대하여 [보기]에서 옳
은 것만을 있는 대로 고른 것은?

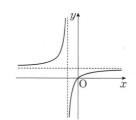

ㄱ. $abc<0$
ㄴ. $b+ac=0$
ㄷ. $a+b+c<0$

① ㄱ 　　　　 ② ㄴ 　　　　 ③ ㄷ
④ ㄱ, ㄴ 　　　 ⑤ ㄴ, ㄷ

해설 내신연계문제

1635

이차함수 $y=-x^2+ax+b$의 그래프가
오른쪽 그림과 같을 때, 다음 중 함수
$y=\dfrac{ax+1}{x+b}$의 그래프로 알맞은 것은?
(단, a, b는 상수이다.)

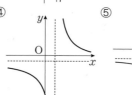

① 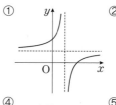 　② 　③

④ 　⑤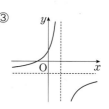

유형 19 유리함수의 최대 · 최소

(1) **유리함수의 정의역과 치역**

유리함수 $y=f(x)$의 정의역이 주어졌을 때,

❏ $y=f(x)$의 그래프를 그리고 y의 값의 범위를 구한다.

(2) **제한된 범위에서 유리함수의 최댓값과 최솟값**

❏ 함수 $y=\dfrac{k}{x-p}+q(k\ne 0)$의 꼴로 변형하여 그래프를 그려

주어진 x값의 범위에서 y의 최댓값과 최솟값을 구한다.

 ① 점근선 x절편, y절편, 지나는 점에 유의하여 유리함수의 그래프를 그린다.

② 주어진 정의역의 범위에 따라 유리함수의 최댓값과 최솟값을 구한다.

1636
학교기출 대표 유형

함수 $y=\dfrac{2x+2}{x+2}$의 치역이 $\left\{y\,\middle|\,y\le\dfrac{3}{2}\text{ 또는 } y\ge 4\right\}$일 때,

정의역에 속하는 모든 정수의 개수를 구하시오.

1637
BASIC

함수 $y=\dfrac{3x+2}{x+2}$의 정의역이 $\{x\,|\,-1\le x\le 1\}$일 때,

최댓값을 M, 최솟값을 m이라 할 때, $M+m$의 값은?

① $\dfrac{1}{3}$ ② $\dfrac{2}{3}$ ③ 1

④ $\dfrac{5}{3}$ ⑤ 2

1638
BASIC

정의역이 $\{x\,|\,2\le x\le a\}$인 함수 $y=\dfrac{3x+1}{x-1}$의 치역이

$\{y\,|\,4\le y\le b\}$일 때, 상수 a, b에 대하여 $a+b$의 값은?

① 10 ② 12 ③ 14

④ 16 ⑤ 18

1639
최다빈출 왕 중요   BASIC

정의역이 $\{x\,|\,-1\le x\le 2\}$인 함수 $f(x)=\dfrac{2}{3-x}+k$의 최솟값이

2일 때, 함수 $f(x)$의 최댓값은? (단, k는 상수이다.)

① 3 ② $\dfrac{7}{2}$ ③ 4

④ $\dfrac{9}{2}$ ⑤ 5

해설 내신연계문제

1640
최다빈출 왕 중요   NORMAL

정의역이 $\{x\,|\,0\le x\le a\}$인 함수 $y=\dfrac{k}{x+1}+3(k>0)$의 최댓값이

9, 최솟값이 5일 때, 상수 a, k에 대하여 $k+a$의 값은? (단, $a>0$)

① 3 ② 4 ③ 5

④ 7 ⑤ 8

해설 내신연계문제

1641
NORMAL

정의역이 $\{x\,|\,3\le x\le a\}$인 함수 $f(x)=\dfrac{3x+k}{x-2}$의 최댓값이 11,

최솟값이 4일 때, 상수 a, k에 대하여 $k+a$의 값은? (단, $k\ne -6$)

① 4 ② 6 ③ 10

④ 12 ⑤ 14

1642
NORMAL

$a\le x\le a+2$에서 함수 $f(x)=\dfrac{4x-5}{2x-3}$의 최솟값이 $\dfrac{11}{5}$일 때,

$f(x)$의 최댓값은? (단, a는 상수이다.)

① $\dfrac{5}{2}$ ② 3 ③ $\dfrac{9}{2}$

④ 5 ⑤ $\dfrac{11}{2}$

1643 최다빈출 왕 중요

NORMAL

정의역이 $\{x|0 \leq x \leq 2\}$인 함수 $f(x)=\dfrac{2x+k}{x-3}$의 최솟값이 -10일 때, 상수 k의 값은?

① 2   ② 4   ③ 6

④ 8   ⑤ 10

해설 내신연계문제

1644 최다빈출 왕 중요

TOUGH

함수 $f(x)=\dfrac{ax+b}{x+c}$의 그래프는 다음 조건을 만족시킨다.

> (가) 함수 $y=f(x)$의 그래프는 점 $(2, 1)$에 대하여 대칭이다.
> (나) 함수 $y=f(x)$의 그래프는 점 $(1, 2)$를 지난다.

$-1 \leq x \leq 1$에서 $y=f(x)$의 최댓값을 M, 최솟값을 m이라 할 때, $3Mm$의 값을 구하시오. (단, a, b, c는 상수이고, $b-ac \neq 0$이다.)

해설 내신연계문제

모의고사 핵심유형 기출문제

1645 2018년 09월 고2 학력평가 가형 8번

NORMAL

두 상수 a, b에 대하여 정의역이 $\{x|2 \leq x \leq a\}$인 함수 $y=\dfrac{3}{x-1}-2$의 치역이 $\{y|-1 \leq y \leq b\}$일 때, $a+b$의 값은? (단, $a>2$, $b>-1$)

① 5   ② 6   ③ 7

④ 8   ⑤ 9

해설 내신연계문제

유형 20   유리함수의 그래프의 성질

유리함수 $y=\dfrac{k}{x-p}+q$의 그래프

(1) 함수 $y=\dfrac{k}{x}$의 그래프를 x축의 방향으로 p만큼, y축의 방향으로 q만큼 평행이동한 것이다.

(2) 정의역은 p를 제외한 실수 전체의 집합이고 치역은 q를 제외한 실수 전체의 집합이다.

(3) 점근선은 직선 $x=p$, $y=q$이고 교점 (p, q)에 대하여 대칭이다.

(4) 직선 $y=x-p+q$, $y=-x+p+q$에 대하여 각각 대칭이다.

(5) 함수 $f(x)=\dfrac{ax+b}{cx+d}$의 역함수 ● $f^{-1}(x)=\dfrac{-dx+b}{cx-a}$

 직선 $y=x-p+q$ 또는 $y=-x+p+q$와 함수 $y=\dfrac{k}{x-p}+q(k \neq 0)$

의 그래프와 두 교점 사이의 거리의 최솟값은
➡ 유리함수의 대칭인 두 그래프의 거리의 최솟값이다.

1646 학교기출 대표 유형

다음 중 유리함수 $f(x)=\dfrac{2x}{x-2}$에 대한 설명으로 옳지 않은 것은?

① 정의역은 $\{x|x \neq 2$인 실수$\}$이고 치역은 $\{y|y \neq 2$인 실수$\}$이다.

② 함수 $y=f(x)$의 그래프를 평행이동하면 $y=\dfrac{4}{x}$의 그래프와 일치할 수 있다.

③ $3 \leq x \leq 6$에서 최댓값은 6, 최솟값은 3이다.

④ 함수 $y=f(x)$의 그래프는 제3사분면을 지나지 않는다.

⑤ 점 $(1, 2)$에 대하여 대칭이다.

1647 최다빈출 왕 중요

NORMAL

함수 $y=\dfrac{3x-5}{x-2}$와 그 그래프에 대한 설명 중 옳지 않은 것은?

① 정의역은 $\{x|x \neq 2$인 실수$\}$이고 치역은 $\{y|y \neq 3$인 실수$\}$이다.

② 직선 $y=x+1$, $y=-x+5$에 대하여 대칭이다.

③ $3 \leq x \leq 5$에서 함수 $f(x)$의 최댓값은 4, 최솟값은 $\dfrac{10}{3}$이다.

④ x축의 방향과 y축의 방향으로 평행이동하면 유리함수 $y=\dfrac{3}{x}$의 그래프와 겹쳐진다.

⑤ 그래프는 제3사분면을 지나지 않는다.

해설 내신연계문제

1648

NORMAL

유리함수 $y=\dfrac{x+k}{x-2}$ 의 그래프에 대한 [보기]의 설명 중 옳은 것은?
(단, $k \neq -2$)

> ㄱ. 정의역은 $\{x \,|\, x \neq 2$인 실수$\}$이고 치역은 $\{y \,|\, y \neq 1$인 실수$\}$
>   이다.
> ㄴ. 직선 $y=x-1$, $y=-x+3$에 대하여 대칭이다.
> ㄷ. $k>-2$일 때, 제 3사분면을 지난다.

① ㄱ   ② ㄴ   ③ ㄱ, ㄴ
④ ㄱ, ㄷ   ⑤ ㄱ, ㄴ, ㄷ

1649

TOUGH

함수 $f(x)=\dfrac{bx-3}{x-a}$ 의 그래프의 점근선의 방정식이 $x=2$, $y=2$
일 때, 다음 [보기] 중에서 옳은 것만을 있는 대로 고른 것은?

> ㄱ. $x>a$일 때, x의 값이 커지면 y의 값은 작아진다.
> ㄴ. 함수 $y=f(x)$의 그래프는 직선 $y=-x+2$에 대하여
>   대칭이다.
> ㄷ. 함수 $y=f(x)$의 그래프는 제 1, 2, 4사분면을 지난다.

① ㄱ   ② ㄴ   ③ ㄱ, ㄷ
④ ㄴ, ㄷ   ⑤ ㄱ, ㄴ, ㄷ

모의고사 **핵심유형** 기출문제

1650

2016년 10월 고3 학력평가 나형 10번

NORMAL

유리함수 $f(x)=\dfrac{x}{1-x}$ 에 대하여 보기에서 옳은 것만을 있는 대로
고른 것은?

> ㄱ. 함수 $f(x)$의 정의역과 치역이 서로 같다.
> ㄴ. 함수 $y=f(x)$의 그래프는 $y=-\dfrac{1}{x}$의 그래프를 평행이동한
>   것이다.
> ㄷ. 함수 $y=f(x)$의 그래프는 제 2사분면을 지나지 않는다.

① ㄴ   ② ㄷ   ③ ㄱ, ㄷ
④ ㄴ, ㄷ   ⑤ ㄱ, ㄴ, ㄷ

해설 내신연계문제

유형 **21** 유리함수의 그래프와 직선의 위치 관계

(1) **유리함수 $y=f(x)$의 그래프와 직선 $y=mx+n$의 위치 관계는**
  - 유리함수의 점근선을 이용하여 그린 후 직선 $y=mx+n$을
    움직여서 위치 관계를 찾는다.
  - 유리함수와 직선이 한 점에서 만나면(접하면) 방정식
    $f(x)=mx+n$이 이차방정식일 때, 판별식을 D라 하면
    $D=0$임을 이용한다.
(2) **함수 $f(x)$가 제한된 범위에서 정의된 경우에는 $y=f(x)$의**
   그래프를 그려 직선 $y=g(x)$가 반드시 지나는 점을 이용한다.

 유리함수 $y=f(x)$의 그래프와 직선 $y=g(x)$에 대하여
  이차방정식 $f(x)=g(x)$의 판별식 D라 할 때,
  ① 서로 다른 두 점에서 만나면 $D>0$
  ② 한 점에서 만나면 $D=0$
  ③ 만나지 않으면 $D<0$

1651

학교기출 빈출 유형

두 집합

$$A=\left\{(x, y)\,\middle|\, y=\frac{2x-4}{x}\right\}, \quad B=\{(x, y)\,|\,y=ax+2\}$$

에 대하여 $A \cap B = \varnothing$일 때, 실수 a의 값의 범위는?

① $a \leq 0$ ② $a \geq 0$ ③ $a \geq 1$
④ $a \geq 2$ ⑤ $a \geq 3$

1652

NORMAL

함수 $y=\dfrac{2x+6}{x+1}$ 의 그래프와 직선 $y=-x+k$가 한 점에서 만날 때,
모든 실수 k의 값의 합은?

① 1   ② 2   ③ 3
④ 4   ⑤ 5

1653

NORMAL

함수 $y=\dfrac{2x+3}{x-1}$ 의 그래프와 직선 $y=kx+2$가 만나지 않도록 하는
정수 k의 개수는?

① 14   ② 16   ③ 18
④ 20   ⑤ 22

03
우리함수

1654

NORMAL

두 함수 $y=\dfrac{-x+5}{x-1}$, $y=|x|+k$의 그래프가 서로 다른 두 점에서 만나도록 하는 상수 k의 값은?

① -5 ② -4 ③ -3
④ -2 ⑤ -1

1655

최다빈출 양 중요

NORMAL

함수 $y=\dfrac{ax+b}{x+2}$의 그래프가 세 직선 $x=c$, $y=3$, $y=x+5$와 모두 만나지 않도록 하는 $a+b+c$의 최댓값은?
(단, a, b, c은 정수이고 $b \neq 2a$)

① 6 ② 7 ③ 8
④ 9 ⑤ 10

해설 내신연계문제

1656

NORMAL

$3 \leq x \leq 4$에서 유리함수 $f(x)=\dfrac{3x}{x-2}$의 그래프와 직선 $g(x)=ax+2$가 한 점에서 만나도록 하는 실수 a의 값의 범위는?

① $1 \leq a \leq \dfrac{7}{3}$ ② $\dfrac{1}{2} \leq a \leq 2$ ③ $1 \leq a \leq \dfrac{5}{2}$
④ $1 \leq a \leq 2$ ⑤ $1 \leq a \leq 4$

1657

최다빈출 양 중요

TOUGH

$2 \leq x \leq 3$인 임의의 실수 x에 대하여
$$ax+1 \leq \frac{x}{x-1} \leq bx+1$$
이 항상 성립할 때, 상수 a, b에 대하여 $a-b$의 최댓값은?

① $-\dfrac{1}{3}$ ② $-\dfrac{1}{2}$ ③ $\dfrac{1}{6}$
④ $\dfrac{1}{3}$ ⑤ $\dfrac{1}{2}$

해설 내신연계문제

1658

2024년 03월 고2 학력평가 17번

TOUGH

두 양수 a, k에 대하여 함수 $f(x)=\dfrac{k}{x}$의 그래프 위의 두 점 $P(a, f(a))$, $Q(a+2, f(a+2))$가 다음 조건을 만족시킬 때, k의 값은?

(가) 직선 PQ의 기울기는 -1이다.
(나) 두 점 P, Q를 원점에 대하여 대칭이동한 점을 각각 R, S라 할 때, 사각형 PQRS의 넓이는 $8\sqrt{5}$이다.

① $\dfrac{5}{2}$ ② 3 ③ $\dfrac{7}{2}$
④ 4 ⑤ $\dfrac{9}{2}$

해설 내신연계문제

1659

2017년 09월 고2 학력평가 가형 27번

TOUGH

곡선 $y=\dfrac{2}{x}$와 직선 $y=-x+k$가 제 1사분면에서 만나는 서로 다른 두 점을 각각 A, B라 하자. $\angle ABC=90°$인 점 C가 곡선 $y=\dfrac{2}{x}$ 위에 있다. $\overline{AC}=2\sqrt{5}$가 되도록 하는 상수 k에 대하여 k^2의 값을 구하시오. (단, $k>2\sqrt{2}$)

해설 내신연계문제

유형 22 유리함수의 역함수

(1) $y=\dfrac{ax+b}{cx+d}(c\neq 0,\ ad-bc\neq 0)$의 **역함수 구하기**

  ① x를 y에 대한 식으로 나타낸다 ➡ $x=\dfrac{dy-b}{-cy+a}$

  ② x와 y를 서로 바꾼다. ➡ $y=\dfrac{dx-b}{-cx+a}$

(2) **공식을 이용하면 간편하게 구할 수 있다.**

$$f(x)=\dfrac{ax+b}{cx+d}\ \Rightarrow\ f^{-1}(x)=\dfrac{-dx+b}{cx-a}$$

a, d의 부호와 자리만 바꾼다.

즉 유리함수 $y=\dfrac{ax+b}{cx+d}$의 역함수는 원래 함수식에서 분자의 x의 계수인 a와 분모의 상수항인 d의 위치가 서로 바뀌고 그 부호가 각각 바뀐 것과 같다.

🐴 특히 점근선의 교점인 점 $\left(-\dfrac{d}{c},\ \dfrac{a}{c}\right)$가 직선 $y=x$ 위에 있으면

즉 $-\dfrac{d}{c}=\dfrac{a}{c}$일 때, $f(x)=\dfrac{ax+b}{cx+d}$는 역함수 $f^{-1}(x)$와 일치한다.

1660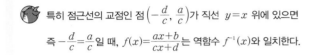

두 유리함수 $y=\dfrac{ax+1}{2x-6}$, $y=\dfrac{bx+1}{2x+6}$의 그래프가

직선 $y=x$에 대하여 대칭일 때, 상수 a, b의 곱 ab의 값은?

① -36 ② -24 ③ -12
④ -8 ⑤ -6

1661 BASIC

함수 $y=\dfrac{4x-11}{x-3}$의 역함수의 그래프의 두 점근선과 함수

$y=\dfrac{ax+3}{x+b}$의 그래프의 두 점근선이 서로 일치할 때, ab의 값은?

(단, a, b는 상수이고 $ab\neq 3$)

① -20 ② -18 ③ -16
④ -12 ⑤ -8

1662 최다빈출 양 중요 BASIC

유리함수 $f(x)=\dfrac{3x+2}{x+5}$의 역함수 $y=f^{-1}(x)$의 그래프는 점 $(p,\ q)$

에 대하여 대칭이다. $p-q$의 값은?

① 4 ② 5 ③ 6
④ 7 ⑤ 8

해설 내신연계문제

1663 최다빈출 양 중요 NORMAL

유리함수 $f(x)=\dfrac{ax+1}{bx+3}$의 그래프와 그 역함수의 그래프가 모두

점 $(-1,\ 2)$를 지날 때, 상수 a, b에 대하여 $b-a$의 값은?

① 2 ② 4 ③ 6
④ 8 ⑤ 10

해설 내신연계문제

1664 NORMAL

유리함수 $f(x)=\dfrac{ax+b}{x+c}$의 그래프는 점근선의 방정식이

$x=-1$, $y=2$이고 점 $(0,\ 4)$를 지날 때, $f^{-1}(3)$의 값은?

① -1 ② 0 ③ 1
④ 2 ⑤ 3

1665 NORMAL

유리함수 $f(x)=\dfrac{2x-a}{x-b}$의 역함수를 $g(x)$라 할 때, 두 함수

$f(x)$, $g(x)$가 다음 조건을 만족시킨다.

> (가) $g(-1)=1$
> (나) 두 함수 $f(x)$, $g(x)$의 정의역에 속하는 모든 실수 x에 대하여 $f(x)=g(x)$

ab의 값은? (단, a, b는 상수이고, $a\neq 2b$)

① 2 ② 4 ③ 6
④ 8 ⑤ 10

1666 최다빈출 양 중요 NORMAL

함수 $f(x)=\dfrac{2ax+2}{x-a}$의 그래프를 x축의 방향으로 m만큼, y축의

방향으로 $m-4$만큼 평행이동하면 역함수 $y=f^{-1}(x)$의 그래프와

일치한다. 곡선 $y=f^{-1}(x)$의 두 점근선의 교점의 좌표를 $(p,\ q)$라

할 때, pq의 값은? (단, a는 상수이다.)

① 4 ② 6 ③ 8
④ 10 ⑤ 12

해설 내신연계문제

1667 최다빈출 왕 중요 ◀◀◀ TOUGH

함수 $f(x)=\dfrac{3x+1}{x-a}$ 의 역함수를 $g(x)$ 라 하자. 함수 $y=g(x)$ 의 그래프가 직선 $y=-x+b$ 에 대하여 대칭일 때, $b-a$ 의 값을 구하시오. $\left(\text{단, } a, b \text{는 실수이고, } a \neq -\dfrac{1}{3} \text{이다.}\right)$

해설 내신연계문제

모의고사 **핵심유형** 기출문제

1668 2018년 03월 고2 학력평가 나형 25번 ◀◀◀ NORMAL

함수 $f(x)=\dfrac{4x+9}{x-1}$ 의 그래프의 점근선이 두 직선 $x=a$, $y=b$ 일 때, $f^{-1}(a+b)$ 의 값을 구하시오.

해설 내신연계문제

1669 2017년 03월 고2 학력평가 나형 19번 ◀◀◀ TOUGH

유리함수 $f(x)=\dfrac{2x+b}{x-a}$ 가 다음 조건을 만족시킨다.

(가) 2가 아닌 모든 실수 x 에 대하여 $f^{-1}(x)=f(x-4)-4$ 이다.

(나) 함수 $y=f(x)$ 의 그래프를 평행이동하면 함수 $y=\dfrac{3}{x}$ 의 그래프와 일치한다.

$a+b$ 의 값은? (단, a, b 는 상수이다.)

① 1   ② 2   ③ 3
④ 4   ⑤ 5

해설 내신연계문제

유형 23 $f=f^{-1}$ 인 유리함수

유리함수 $f(x)$ 에 대하여 $f=f^{-1}$ 이면 다음이 성립함을 이용하여 미지수를 구한다.

(1) 역함수 $y=f^{-1}(x)$ 를 구하여 $f=f^{-1}$ 임을 이용한다.

(2) $f=f^{-1}$ 이면 $(f \circ f)(x)=x$ 임을 이용한다.

(3) 유리함수 $f(x)$ 의 그래프가 직선 $y=x$ 에 대하여 대칭이면 $f=f^{-1}$ 을 만족한다.

즉 $y=f(x)$ 의 그래프의 두 점근선의 교점이 직선 $y=x$ 위에 있음을 이용한다.

① 유리함수 $f(x)=\dfrac{ax+b}{cx+d}(c \neq 0)$ 의 그래프가 직선 $y=x$ 에 대하여 대칭이기 위한 필요충분조건은 $f(x)=f^{-1}(x)$ 이므로 $a+d=0$ 이어야 한다. ◀ $\dfrac{ax+b}{cx+d}=\dfrac{-dx+b}{cx-a}$ 이므로 $a=-d$

② 함수 $f(x)=\dfrac{ax+b}{cx+d}$ 의 역함수 ◀ $f^{-1}(x)=\dfrac{-dx+b}{cx-a}$

1670 학교기출 대표 유형

유리함수 $f(x)=\dfrac{3x-1}{x+a}$ 과 그 역함수 $f^{-1}(x)$ 에 대하여 $f=f^{-1}$ 일 때, $f(a)$ 의 값은? (단, a 는 상수이다.)

① $\dfrac{1}{5}$ ② $\dfrac{1}{2}$ ③ $\dfrac{3}{4}$
④ $\dfrac{5}{3}$ ⑤ $\dfrac{5}{4}$

1671 최다빈출 왕 중요 ◀◀◀ NORMAL

함수 $f(x)=\dfrac{ax+b}{x+3}$ 의 그래프가 점 $(1, 2)$ 를 지나고 $x \neq -3$ 인 모든 실수 x 에 대하여 $(f \circ f)(x)=x$ 일 때, 상수 a, b 에 대하여 ab 의 값은? (단, $b \neq 3a$)

① -88 ② -33 ③ -11
④ 8   ⑤ 88

해설 내신연계문제

1672 ◀◀◀ NORMAL

유리함수 $f(x)=\dfrac{bx+3}{ax-1}$ 의 그래프의 한 점근선의 방정식이 $x=3$ 이다. $x \neq 3$ 인 임의의 실수 x 에 대하여 $(f \circ f)(x)=x$ 가 성립하도록 하는 상수 a, b 에 대하여 $a+b$ 의 값은?

① -1 ② 0   ③ 1
④ $\dfrac{4}{3}$ ⑤ $\dfrac{5}{2}$

1673

TOUGH

유리함수 $f(x)=\dfrac{(2a+1)x+2}{x-a}$ 의 그래프를 x축의 방향으로 m만큼,

y축의 방향으로 -2만큼 평행이동한 함수를 g라고 하자.

$g=g^{-1}$를 만족시키는 상수 a, m에 대하여 $a-m$의 값은?

(단, g^{-1}는 g의 역함수이다.)

① -2 ② -1 ③ 1

④ 2 ⑤ 3

1674

TOUGH

유리함수 $f(x)=\dfrac{ax+2}{bx-4}$ 의 그래프가 점 $(4, c)$에 대하여 대칭이고

두 함수 $y=f(x)$, $y=f^{-1}(x)$의 그래프가 일치할 때, 상수 a, b, c에

대하여 $a+b+c$의 값은?

① 6 ② 7 ③ 8

④ 9 ⑤ 10

1675

최다빈출 왕 중요

TOUGH

유리함수 $f(x)=\dfrac{bx+c}{x-a}$ 의 그래프가 두 점 $A(3, 11)$, $B(1, -7)$을

지나고, $(f \circ f)(x)=x$가 성립할 때 함수 $y=f(x)$의 그래프는

점 (p, q)에 대하여 대칭이다. 이때 $p+q+f(0)$의 값은?

(단. a, b, c는 상수이고, $c \neq ab$이다.)

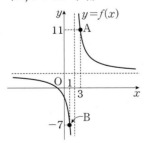

① $\dfrac{1}{2}$ ② 1 ③ $\dfrac{3}{2}$

④ 2 ⑤ $\dfrac{5}{2}$

해설 내신연계문제

 유형 24   유리함수의 합성함수와 역함수

역함수가 존재하는 두 함수 $f(x)$, $g(x)$에 대하여

(1) $(f \circ g)^{-1}(x)=(g^{-1} \circ f^{-1})(x)=g^{-1}(f^{-1}(x))$

(2) $g^{-1}(f(a))=b$이면 $g(b)=f(a)$

> 유리함수와 역함수와 합성함수의 성질
> ① $(f \circ f^{-1})(x)=x$
> ② $(f \circ g)^{-1}(x)=(g^{-1} \circ f^{-1})(x)$
> ③ $(f^{-1})^{-1}(x)=f(x)$
> ④ $f^{-1}(a)=b$이면 $f(b)=a$

1676

학교기출 대표 유형

유리함수 $f(x)=\dfrac{ax-1}{bx+1}$ 과 그 역함수 $f^{-1}(x)$에 대하여

$$f^{-1}(1)=2, \ (f \circ f)(2)=\dfrac{1}{2}$$

인 관계가 성립할 때, $f(-2)$의 값을 구하시오.

1677

NORMAL

두 함수 $f(x)=\dfrac{x-1}{x+1}$, $g(x)=\dfrac{x}{x-2}$ 의 합성함수 $y=(g \circ f)(x)$의

그래프의 점근선의 방정식은 $x=a$, $y=b$이다. 이때 $10ab$의 값은?

① -4 ② 7 ③ 8

④ 10 ⑤ 30

1678

NORMAL

두 함수 $f(x)=\dfrac{5}{x+2}$ $(x \neq 3)$, $g(f(x))=\dfrac{3-x}{1-x}$ 일 때,

$g^{-1}(2)$의 값은?

① 2 ② 3 ③ 4

④ 5 ⑤ 6

1679 최다빈출 왕중요 NORMAL

함수 $f(x)=\dfrac{4x-3}{x+1}$일 때, $(f \circ g)(x)=x$를 만족시키는 함수 $g(x)$에 대하여 $(g \circ g)(3)$의 값은?

① -5 ② $-\dfrac{9}{2}$ ③ $-\dfrac{7}{2}$

④ -3 ⑤ $-\dfrac{1}{4}$

해설 내신연계문제

1680 NORMAL

두 함수 $f(x)=ax+2$, $g(x)=\dfrac{b}{x}$에 대하여

$$(g \circ f)(1)=3, \quad (f \circ g)(1)=-1$$

일 때, $a+b$의 값은? (단, a, b는 상수이고, $a \neq -2$)

① 1 ② 2 ③ 3

④ 4 ⑤ 5

1681 NORMAL

두 함수 $f(x)=x+2$, $g(x)=\dfrac{x-1}{2x-3}$과 $x \neq \dfrac{3}{2}$인 실수 x에 대하여 함수 h를 $h=g^{-1} \circ f^{-1}$라 할 때, $h(3)$의 값은?

① $\dfrac{2}{3}$ ② 1 ③ $\dfrac{4}{3}$

④ 2 ⑤ $\dfrac{5}{3}$

1682 최다빈출 왕중요 TOUGH

두 함수 $f(x)=\dfrac{3x+2}{2x-1}$, $g(x)=\dfrac{-x+7}{2x-3}$에 대하여 $h=f \circ (g \circ f)^{-1} \circ f$라 할 때, $h(1)$의 값은?

① 1 ② $\dfrac{5}{3}$ ③ 2

④ $\dfrac{7}{3}$ ⑤ 4

해설 내신연계문제

유형 25 유리함수의 합성

함수 f에 대하여 $f^1=f$, $f^{n+1}=f \circ f^n$(n은 자연수)일 때, $f^n(a)$의 값을 다음과 같은 방법으로 구한다.

방법 1 $f^2(x)$, $f^3(x)$, $f^4(x)$, $\cdots$, 를 직접 구하여 규칙을 찾아 $f^n(x)$를 구한 후 x대신 a를 대입한다.

방법 2 $f(a)$, $f^2(a)$, $f^3(a)$, $\cdots$의 값에서 규칙을 찾아 $f^n(a)$의 값을 구한다.

🦄 점근선의 방정식이 $x=a$, $y=a$인 유리함수 $f(x)$는 점 (a, a)에 대하여 대칭이므로 $y=x$에 대하여 대칭인 함수 $f^{-1}=f$을 이용하여 쉽게 풀 수 있다. ➡ $(f \circ f)(x)=x$

1683 학교기출 대표유형

자연수 n에 대하여 함수 $f^n(x)$를 다음과 같이 정의하자.

> (가) $f(x)=\dfrac{x+1}{x-1}$
>
> (나) $f^1=f$, $f^{n+1}=f \circ f^n$ ($n=1, 2, 3, \cdots$)

$f^{2025}(x)=\dfrac{ax+b}{x+c}$일 때, 상수 a, b, c에 대하여 $a+b+c$의 값을 구하시오.

1684 NORMAL

함수 $f(x)=\dfrac{x}{x-1}$에 대하여

$$f^1=f, \quad f^{n+1}=f \circ f^n \ (n=1, 2, 3, \cdots)$$

으로 정의할 때, $f^{2026}(3)$의 값은?

① 1 ② 2 ③ 3

④ 4 ⑤ 5

1685 최다빈출 왕중요 NORMAL

함수 $f(x)=\dfrac{1}{1-x}(x \neq 0)$에 대하여

$$f=f^1, \ f \circ f=f^2, \ f \circ f^2=f^3, \cdots, f \circ f^n=f^{n+1}$$

로 정의할 때, $f^{1001}(2)$의 값은? (단, n은 자연수이다.)

① -1 ② $\dfrac{1}{2}$ ③ 1

④ $\dfrac{3}{2}$ ⑤ 2

해설 내신연계문제

1686 최다빈출 왕중요

NORMAL

함수 $y=f(x)$의 그래프가 그림과 같다.
$$f^1=f, \quad f^n=f \circ f^{n-1} \, (n=2, 3, 4, \cdots)$$
로 정의할 때, $f^{2026}(-5)$의 값은?

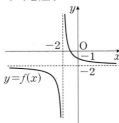

① -5 ② -3 ③ -1
④ 3 ⑤ 5

해설 내신연계문제

1687

TOUGH

유리함수 $y=f(x)$의 그래프가 그림과 같다.
$$f^1(x)=f(x), \quad f^{n+1}(x)=f(f^n(x)) \, (n은 \, 자연수이다.)$$
로 정의할 때, $f^{10}(1)$의 값은?

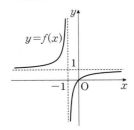

① $\dfrac{1}{11}$ ② $\dfrac{1}{10}$ ③ $\dfrac{1}{9}$
④ 10 ⑤ 11

1688 최다빈출 왕중요

TOUGH

함수 $f(x)=\dfrac{x+1}{x-1}$에 대하여
$$f^1=f, \quad f^{n+1}=f \circ f^n \, (n=1, 2, 3, \cdots)$$
일 때, $f^{2024}(2)+(f^{-1})^{2024}(2)$의 값은?
(단, f^{-1}은 f의 역함수이다.)

① 2 ② 4 ③ 6
④ 8 ⑤ 10

해설 내신연계문제

유형 26 유리함수에서 삼각형의 넓이 구하기

유리함수의 그래프와 직선의 교점으로 이루어진 삼각형의 넓이는
다음과 같은 순서로 구한다.
FIRST 유리함수의 그래프 위의 점의 좌표를 구한다.
NEXT 직각삼각형의 밑변, 높이를 구한다.
LAST 삼각형의 넓이를 구한다.

1689 학교기출 대표유형

그림과 같이 함수 $y=\dfrac{1}{x}$의 그래프 위의 제1사분면에 있는 점 A에서
x축과 y축에 평행한 직선을 그어 함수 $y=\dfrac{k}{x}(k>1)$의 그래프와
만나는 점을 각각 B, C라 하자. 삼각형 ABC의 넓이가 32일 때,
상수 k의 값을 구하시오.

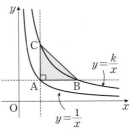

1690 최다빈출 왕중요

NORMAL

함수 $f(x)=\dfrac{4}{x}(x>0)$에 대하여 곡선 $y=f(x)$를 x축의 방향으로
a만큼, y축의 방향으로 a만큼 평행이동한 곡선을 $y=g(x)$라 하자.
점 A$(2, 2)$를 지나고 x축에 평행한 직선이 곡선 $y=g(x)$와 만나는
점을 B, 점 A를 지나고 y축에 평행한 직선이 곡선 $y=g(x)$와
만나는 점을 C라 하자. 삼각형 ABC의 넓이가 $\dfrac{9}{2}$일 때, $g(3)$의
값을 구하시오. (단, $0<a<2$)

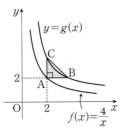

해설 내신연계문제

1691

NORMAL

양수 a에 대하여 함수 $f(x)=\dfrac{ax}{x+1}$의 그래프의 점근선인 두 직선과
직선 $y=x$로 둘러싸인 부분의 넓이가 18일 때, a의 값은?

① 5 ② 6 ③ 7
④ 8 ⑤ 9

1692 최다빈출 양 중요

NORMAL

두 함수 $y=\dfrac{1}{x}$, $y=\dfrac{1}{x-2}$ 의 그래프와 두 직선 $y=\dfrac{1}{5}$, $y=2$로 둘러싸인 도형의 넓이는?

① $\dfrac{12}{5}$ ② $\dfrac{14}{5}$ ③ $\dfrac{16}{5}$

④ $\dfrac{18}{5}$ ⑤ 4

해설 내신연계문제

모의고사 **핵심유형** 기출문제

1693 2017년 11월 고1 학력평가 13번

NORMAL

그림과 같이 원점을 지나는 직선 l과 함수 $y=\dfrac{2}{x}$의 그래프가 두 점 P, Q에서 만난다. 점 P를 지나고 x축에 수직인 직선과 점 Q를 지나고 y축에 수직인 직선이 만나는 점을 R라 할 때, 삼각형 PQR의 넓이는?

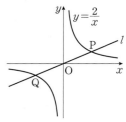

① 4 ② $\dfrac{9}{2}$ ③ 5

④ $\dfrac{11}{2}$ ⑤ 6

해설 내신연계문제

1694 2016년 03월 고2 학력평가 가형 18번

TOUGH

오른쪽 그림과 같이 유리함수 $y=\dfrac{k}{x}(k>0)$의 그래프가 직선 $y=-x+6$과 두 점 P, Q에서 만난다. 삼각형 OPQ의 넓이가 14일 때, 상수 k의 값은? (단, O는 원점이다.)

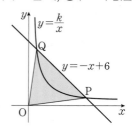

① $\dfrac{32}{9}$ ② $\dfrac{34}{9}$ ③ 4

④ $\dfrac{38}{9}$ ⑤ $\dfrac{40}{9}$

해설 내신연계문제

유형 27 유리함수에서 산술평균과 기하평균

유리함수의 그래프에서 선분의 길이, 넓이의 최솟값을 다음과 같은 순서로 구한다.
FIRST 유리함수의 그래프 위의 한 점의 좌표를 한 문자로 나타낸다.
NEXT 도형의 길이 또는 넓이를 그 문자에 대한 식으로 나타낸다.
LAST 산술평균과 기하평균의 관계를 이용한다.

> 🐱 **산술평균과 기하평균의 관계**
> $a>0$, $b>0$일 때,
> $a+b \geq 2\sqrt{ab}$ (단, 등호는 $a=b$일 때, 성립)

1695 학교기출 대표 유형

오른쪽 그림과 같이 함수 $y=\dfrac{16}{x-2}(x>2)$의 그래프 위의 점 $P\left(t, \dfrac{16}{t-2}\right)$에서 x축, y축에 내린 수선의 발을 각각 Q, R이라 할 때, $\overline{PQ}+\overline{PR}$은 $t=a$에서 최솟값 b를 갖는다. $a+b$의 값을 구하시오. (단, a, b는 상수이다.)

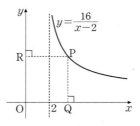

1696

NORMAL

오른쪽 그림과 같이 함수 $y=\dfrac{16}{x-1}+2(x>1)$의 그래프 위의 점 P에서 두 점근선에 내린 수선의 발을 각각 Q, R이라 하자. 이때 $\overline{PQ}+\overline{PR}$의 최솟값은?

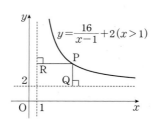

① 4 ② 6 ③ 8

④ 10 ⑤ 12

1697 최다빈출 양 중요

TOUGH

오른쪽 그림과 같이 함수 $y=\dfrac{1}{x-1}(x>1)$의 그래프 위의 한 점 P와 점 P에서 x축, y축에 내린 수선의 발을 각각 A, B라 하자. 사각형 OAPB의 둘레의 길이가 최소일 때, 이 사각형의 넓이는?

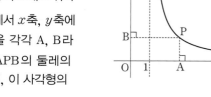

① 2 ② 3 ③ 4

④ 6 ⑤ 8

해설 내신연계문제

1698

TOUGH

그림과 같이 함수 $y=\dfrac{9}{x}$ 의 그래프 위의 점 중 제 1사분면에 있는

한 점을 $A\left(a,\ \dfrac{9}{a}\right)$ 라 하고 점 A를 x축, y축, 원점에 대하여 대칭이동

한 점을 각각 B, C, D라 하자. 직사각형 ACDB의 둘레의 길이의
최솟값은?

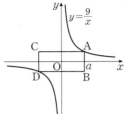

① 15   ② 18   ③ 21
④ 24   ⑤ 27

1699

TOUGH

함수 $y=\dfrac{k}{x-2}+1\ (x>2)$ 의 그래프 위의 한 점 P에서 두 점근선에

내린 수선의 발을 각각 A, B라 하자. $\overline{PA}+\overline{PB}$ 의 최솟값이 10이
되도록 하는 양수 k의 값은?

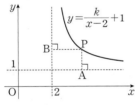

① 6   ② 9   ③ 12
④ 16   ⑤ 25

1700

최다빈출 ⚡중요

TOUGH

$x>0$ 에서 정의된 함수 $y=\dfrac{3}{x}$ 의 그래프를 x축의 방향으로 3만큼,

y축의 방향으로 1만큼 평행이동한 그래프 위의 점 P에서 x축, y축
에 내린 수선의 발을 각각 Q, R이라 할 때, 사각형 OQPR의 넓이의
최솟값은? (단, O는 원점이다.)

① 12   ② 15   ③ 18
④ 21   ⑤ 24

해설 내신연계문제

1701

TOUGH

그림과 같이 함수 $f(x)=\dfrac{4x-8}{x-3}$ 의 그래프 위의 두 점 A$(a,\ f(a))$,

C$(b,\ f(b))$ 에 대하여 두 점 A, B를 대각선의 양 끝점으로 하고,
각 변이 x축, y축과 평행한 직사각형 ABCD의 넓이의 최솟값을
구하시오. (단, $a>3$, $b<3$)

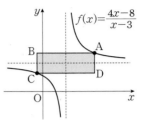

모의고사   **핵심유형**   기출문제

1702

2013년 11월 고1 학력평가 16번

TOUGH

다음 그림과 같이 함수 $y=\dfrac{2}{x-1}+2$ 의 그래프 위의 한 점 P에서

이 함수의 그래프의 두 점근선에 내린 수선의 발을 각각 Q, R이라
하고 두 점근선의 교점을 S라 하자. 사각형 PRSQ의 둘레의 길이의
최솟값은? (단, 점 P는 제 1사분면 위의 점이다.)

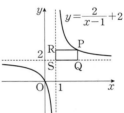

① $2\sqrt{2}$ ② 4   ③ $4\sqrt{2}$
④ 8   ⑤ $8\sqrt{2}$

해설 내신연계문제

1703

2016년 04월 고3 학력평가 나형 27번

TOUGH

좌표평면 위에 함수 $f(x)=\begin{cases}\dfrac{3}{x} & (x>0)\\[2mm]\dfrac{12}{x} & (x<0)\end{cases}$ 의 그래프와 직선 $y=-x$

가 있다. 함수 $y=f(x)$ 의 그래프 위의 점 P를 지나고 x축에 수직인
직선이 직선 $y=-x$ 와 만나는 점을 Q, 점 Q를 지나고 y축에 수직
인 직선이 $y=f(x)$ 와 만나는 점을 R이라 할 때, 선분 PQ와 선분
QR의 길이의 곱 $\overline{PQ}\times\overline{QR}$ 의 최솟값을 구하시오.

해설 내신연계문제

유리함수 $y=\dfrac{ax+b}{cx+d}$ 위의 점에서 점 $A\left(-\dfrac{d}{a},\ \dfrac{a}{c}\right)$까지 거리의 최솟값을 구하는 순서는 다음과 같다.

FIRST 두 점근선의 교점 $A\left(-\dfrac{d}{a},\ \dfrac{a}{c}\right)$를 지나고 기울기가 ±1인 직선의 방정식을 구한다.

NEXT 이 직선과 유리함수의 교점 P 사이의 거리를 구한다.

LAST 산술평균과 기하평균을 이용하여 거리의 최솟값을 구한다.

 점근선의 교점에서 유리함수 위의 점까지의 거리의 최솟값
➡ 점근선의 교점을 지나고 기울기가 ±1인 직선이 유리함수와 만나는 점까지의 거리

1704 학교기출 대표유형

유리함수 $f(x)=\dfrac{x}{x-1}$의 그래프 위를 움직이는 점 P와 직선 $y=-x+2$ 사이의 거리의 최솟값은?

① 1　　　　② $\sqrt{2}$　　　　③ $\sqrt{3}$
④ 2　　　　⑤ $\sqrt{5}$

1705 최다빈출 상 중요 TOUGH

좌표평면 위의 점 $A(-1,\ 1)$과 함수 $y=\dfrac{x-3}{x+1}$의 그래프 위의 점 P에 대하여 두 점 A와 P 사이의 거리의 최솟값은?

① 2　　　　② $\sqrt{6}$　　　　③ $2\sqrt{2}$
④ 3　　　　⑤ $\sqrt{10}$

해설 내신연계문제

1706 최다빈출 상 중요 TOUGH

함수 $f(x)=\dfrac{x-1}{x+1}$의 그래프의 점근선의 교점을 A, 그래프 위의 점을 P라 할 때, 점 A를 중심으로 하고 점 P를 지나는 원의 넓이의 최솟값은?

① $\dfrac{\pi}{2}$　　　　② 2π　　　　③ 4π
④ 8π　　　　⑤ 10π

해설 내신연계문제

1707 최다빈출 상 중요 TOUGH

함수 $y=\dfrac{-2x+4}{x-3}$의 그래프는 점 A에 대하여 대칭이다.

직선 $y=mx+m+2$와 $y=\dfrac{-2x+4}{x-3}$의 그래프의 두 점근선과의 교점을 각각 B, C라고 하자. 삼각형 ABC의 넓이의 최솟값은? (단, $m>0$)

① 10　　　　② 18　　　　③ 24
④ 32　　　　⑤ 40

해설 내신연계문제

1708 TOUGH

두 점 $A(-1,\ 1)$, $B(3,\ -5)$와 함수 $y=\dfrac{-2x+6}{x-1}$의 그래프 위의 한 점 P에 대하여 $\overline{AP}^2+\overline{BP}^2$의 최솟값을 구하시오.

모의고사 **핵심유형** 기출문제

1709 2018년 06월 고2 학력평가 가형 16번 TOUGH

1보다 큰 실수 a에 대하여 직선 $x=a$가 두 함수 $y=\dfrac{1}{x-1}$, $y=-4x$의 그래프와 만나는 점을 각각 P, Q라 하자. 선분 PQ의 길이의 최솟값은?

① 2　　　　② 4　　　　③ 6
④ 8　　　　⑤ 10

해설 내신연계문제

1710 2016년 06월 고2 학력평가 가형 17번 TOUGH

곡선 $y=\dfrac{1}{x}$ 위의 두 점 $A(-1,\ -1)$, $B\left(a,\ \dfrac{1}{a}\right)(a>1)$를 지나는 직선이 x축, y축과 만나는 점을 각각 P, Q라 하자. 점 B에서 x축에 내린 수선의 발을 B'이라 할 때, 두 삼각형 POQ, PB'B의 넓이를 각각 S_1, S_2라 하자. S_1+S_2의 최솟값은? (단, O는 원점이다.)

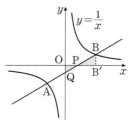

① $\dfrac{2-\sqrt{3}}{2}$　　　　② $\dfrac{\sqrt{2}-1}{2}$　　　　③ $2-\sqrt{3}$
④ $\dfrac{\sqrt{3}-1}{2}$　　　　⑤ $\sqrt{2}-1$

해설 내신연계문제

서술형 기출유형

학교내신기출 서술형 핵심문제총정리

1711

두 함수 $y=\dfrac{6x-1}{x-a}$, $y=\dfrac{-ax+1}{x-1}$의 그래프의 점근선으로 둘러싸인 도형의 넓이가 8일 때, 양수 k의 값을 구하는 과정을 다음 단계로 서술하시오. (단, $a>1$)

1단계 함수 $y=\dfrac{6x-1}{x-a}$의 그래프의 점근선의 방정식을 구한다. [3점]

2단계 함수 $y=\dfrac{-ax+1}{x-1}$의 그래프의 점근선의 방정식을 구한다. [3점]

3단계 점근선으로 둘러싸인 도형의 넓이를 이용하여 a의 값을 구한다. [4점]

1712 최다빈출 양 중요

유리함수 $f(x)=\dfrac{3x+2}{x-1}$의 그래프가 점 (p, q)에 대하여 대칭이면서 직선 $y=x+r$에 대하여 대칭일 때, $f(p+q+r)$의 값을 구하는 과정을 다음 단계로 서술하시오. (단, p, q, r은 상수이다.)

1단계 대칭인 점 (p, q)의 좌표를 구한다. [4점]

2단계 대칭인 직선 $y=x+r$에 대하여 상수 r의 값을 구한다. [3점]

3단계 $f(p+q+r)$의 값을 구한다. [3점]

해설 내신연계문제

1713

함수 $f(x)=\dfrac{ax+b}{x+c}$의 정의역을 집합 A, 치역을 집합 B라 하자.
$$A-B=\{2\}, \quad B-A=\{5\}$$
를 만족하고 함수 $y=f(x)$의 그래프가 점 $(4, 6)$을 지날 때, 함수 $f(x)$의 역함수 $f^{-1}(x)$를 구하는 과정을 다음 단계로 서술하시오. (단, a, b, c는 상수이고, $b \neq ac$)

1단계 $A-B=\{2\}$, $B-A=\{5\}$의 의미를 파악하여 상수 a, c의 값을 구한다. [4점]

2단계 함수 $y=f(x)$의 그래프가 점 $(4, 6)$을 지날 때, 상수 b의 값을 구한다. [3점]

3단계 함수 $f(x)$의 역함수 $f^{-1}(x)$를 구한다. [3점]

1714

다음 조건을 만족시키는 함수 $f(x)=\dfrac{ax+b}{x+c}$에 대하여 다음 단계의 값을 구하고 그 과정을 서술하시오.
(단, a, b, c는 상수이고 $b-ac \neq 0$이다.)

(가) 함수 $y=f(x)$의 그래프의 점근선의 방정식이 $x=3$, $y=2$이다.

(나) 함수 $y=f(x)$의 그래프는 점 $(1, -6)$을 지난다.

1단계 함수 $f(x)$를 구하고 $a+b+c$의 값을 구한다. [3점]

2단계 함수 $f(x)$의 역함수를 구한다. [3점]

3단계 함수 $y=f(x)$의 그래프 위의 점 중에서 x좌표, y좌표가 모두 정수인 점의 개수를 구한다. [4점]

1715

-1과 -2가 아닌 모든 실수 x에 대하여 함수 $f(x)$가
$$f\left(\dfrac{x-1}{3}\right)=\dfrac{2x-5}{x+2}$$
를 만족시킬 때, $f(x)$의 역함수를 $g(x)$라 하자. 함수 $y=g(x)$의 그래프의 두 점근선의 교점의 좌표가 (a, b)일 때, $a+b$의 값을 구하는 과정을 다음 단계로 서술하시오.

1단계 $\dfrac{x-1}{3}=t$로 놓고 함수 $f(x)$의 식을 구한다. [3점]

2단계 $f(x)$의 역함수 $g(x)$의 식을 구한다. [4점]

3단계 $g(x)$의 점근선의 방정식을 구하여 $a+b$의 값을 구한다. [3점]

1716 최다빈출 양 중요

함수 $y=\dfrac{2x+k-1}{x-3}$ $(k \neq 5)$의 그래프가 제1, 2, 3, 4사분면을 모두 지나도록 하는 실수 k의 값의 범위를 구하는 과정을 다음 단계로 서술하시오.

1단계 함수 $y=\dfrac{2x+k-1}{x-3}$의 그래프의 점근선의 방정식을 구한다. [3점]

2단계 k의 값에 따른 그래프를 그린다. [6점]

3단계 조건을 만족시키는 실수 k의 값의 범위를 구한다. [1점]

해설 내신연계문제

1717

유리함수 $f(x)=\dfrac{ax+b}{x+c}$의 그래프는 점 $(1, 4)$를 지나고

$x=-1$, $y=3$을 점근선으로 가진다. $1 \le x \le 3$에 대하여 $f(x)$의
최댓값을 M, 최솟값을 m이라 할 때, Mm의 값을 구하는 과정을
다음 단계로 서술하시오.

1단계 유리함수 $y=f(x)$의 그래프가 지나는 점과 점근선의
방정식을 이용하여 함수 $f(x)$를 구한다. [4점]

2단계 $1 \le x \le 3$에서 유리함수 $y=f(x)$의 최댓값 M,
최솟값 m을 구한다. [4점]

3단계 Mm의 값을 구한다. [2점]

1718

$-3 \le x \le 0$인 모든 x에 대하여 부등식

$$a(x-1)+2 \le \dfrac{2x-6}{x-1} \le b(x-1)+2 \text{ (단, } a, b\text{는 상수이다.)}$$

이 항상 성립할 때, 실수 a, b의 범위를 구하는 과정을 다음 단계로
서술하시오.

1단계 함수 $f(x)=\dfrac{2x-6}{x-1}$의 그래프를 그린다. [3점]

2단계 조건의 부등식을 만족하는 두 함수
$g(x)=a(x-1)+2$, $h(x)=b(x-1)+2$의 그래프를
1단계 의 좌표평면 위에 나타낸다. [3점]

3단계 $-3 \le x \le 0$에서 주어진 부등식을 만족하는 실수 a, b의
값의 범위를 각각 구한다. [4점]

1719 최다빈출 왕 중요

유리함수 $f(x)=\dfrac{x-1}{x+1}$에 대하여

$$f^1=f, \; f^{n+1}=f \circ f^n \, (n=1, 2, 3, \cdots)$$

으로 정의할 때, 다음 단계의 값을 구하고 그 과정을 서술하시오.

1단계 함수 $f(x)$의 그래프가 점 (p, q)에 대하여 대칭이고 동시에
직선 $y=x+r$에 대하여 대칭일 때, $p+q+r$의 값을 구한다.
(단, p, q, r은 상수이다.) [3점]

2단계 $f^{2026}(x)=\dfrac{ax+b}{x+c}$일 때, $a+b+c$의 값을 구한다.
(단, a, b, c는 상수이다. [4점]

3단계 $f^{2027}(3)+f^{2028}(5)$의 값을 구한다. [3점]

해설 내신연계문제

1720

오른쪽 그림과 같이 유리함수

$f(x)=\dfrac{ax+b}{x+c}$의 그래프 위의 점

$P(t, f(t))(t>2)$에서 두 점근선에
내린 수선의 발을 각각 Q, R라 할 때,
$\overline{PQ}+\overline{PR}$는 $t=p$에서 최솟값 q를
갖는다. 이때 $p+q$의 값을 구하는
과정을 다음 단계로 서술하시오.

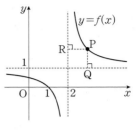

1단계 점근선과 지나는 점을 이용하여 함수식 $f(x)$를 구한다.
[3점]

2단계 t를 이용하여 $\overline{PQ}+\overline{PR}$을 나타낸다. [3점]

3단계 산술평균과 기하평균의 관계를 이용하여 $\overline{PQ}+\overline{PR}$의
최솟값과 그때의 t의 값을 구한다. [3점]

4단계 $p+q$의 값을 구한다. [1점]

1721 최다빈출 왕 중요

일차함수 $f(x)$에 대하여 $f(1)=3$이고, 모든 실수 x에 대하여
$f(3x)=3f(x)$를 만족시킨다.

$g(x)=\dfrac{f(x)-9}{f(x)+9}$일 때, 함수 $y=g(x)$의 그래프 위의 점 P와

점 $A(-3, 1)$ 사이의 거리의 최솟값을 구하는 과정을 다음 단계로
서술하시오.

1단계 $f(3x)=3f(x)$와 $f(1)=3$을 만족하는 일차함수 $f(x)$를
구한다. [3점]

2단계 $g(x)$의 식을 $y=\dfrac{k}{x-p}+q \, (k \ne 0)$꼴로 변형하고 점 P의
좌표를 임의로 놓는다. [3점]

3단계 점 P와 점 $A(-3, 1)$ 사이의 거리의 최솟값을 구한다. [4점]

해설 내신연계문제

1722 최다빈출 왕 중요

유리함수 $f(x)=\dfrac{2}{x-a}+3a-1$에 대하여 다음 단계의 값을 구하고
그 과정을 서술하시오.(단, a는 상수이다.)

1단계 직선 $y=x$가 곡선 $y=f(x)$의 두 점근선의 교점을 지날 때,
상수 a의 값을 구하시오. [5점]

2단계 $a=1$일 때, 유리함수 $y=f(x)$의 그래프 위를 움직이는
점 P와 직선 $y=-x+3$ 사이의 거리의 최솟값을 구하시오.
[5점]

해설 내신연계문제

행복한 일등급문제

학교내신기출 고난도 핵심문제총정리

YOURMASTERPLAN;MAPL
SYNERGY
SERIES

1723 최다빈출 왕 중요

정의역이 $\{x | x < 1\}$인 함수 $f(x) = \dfrac{5x+k}{x-3}$의 치역의 원소 중 정수의
개수가 5가 되도록 하는 모든 정수 k의 개수를 구하시오.
(단, $k \neq -15$)

해설 내신연계문제

1724

함수 $y = \dfrac{-4x+k^2+k-6}{x+1}$의 그래프가 모든 사분면을 지나도록
하는 실수 k의 범위는?

① $-2 < k < 1$ ② $-3 < k < 1$
③ $k < -2$ 또는 $k > 1$ ④ $k < -3$ 또는 $k > 1$
⑤ $k < -3$ 또는 $k > 2$

1725

그림과 같이 함수 $y = \dfrac{1}{x}$의 그래프와 중심이 원점 O이고 반지름의
길이가 r인 원이 제 1사분면에서 만나는 서로 다른 두 점을 A, B라
하자. 두 점 A, B사이의 거리가 $6\sqrt{2}$일 때, r^2의 값을 구하시오.
(단, $r > \sqrt{2}$)

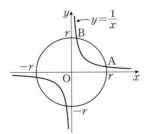

1726

함수 $f(x) = \dfrac{ax-7}{x+b}$의 그래프와 역함수 $y = f^{-1}(x)$의 그래프가
모두 점 $(1, -3)$을 지난다. 함수 $y = f(x)$의 그래프와 직선
$y = -x+k$가 만나는 두 점을 각각 A, B라 할 때, 선분 AB의 길이
의 최솟값을 구하시오. (단, a, b, k는 상수이다.)

1727

함수 $f(x)$는 다음 조건을 만족시킨다.

(가) $-2 \leq x \leq 2$에서 $f(x) = x^2 + 2$이다.
(나) 모든 실수 x에 대하여 $f(x) = f(x+4)$이다.

두 함수 $y = f(x)$, $y = \dfrac{ax}{x+2}$의 그래프가 무수히 많은 점에서
만나도록 하는 정수 a의 값의 합을 구하시오.

1728

그림과 같이 함수 $y = \dfrac{2x+7}{x-1}$ $(x > 1)$의 그래프 위의 점 P에서
이 함수의 그래프의 두 점근선에 내린 수선의 발을 각각 Q, R이라
하자. 삼각형 PRQ의 둘레의 길이가 최소가 될 때, 점 P의 좌표를
(a, b)라 하고 둘레의 길이를 l이라 하자. $a+b+l$의 값이 $p+q\sqrt{2}$
일 때, $p+q$의 값을 구하시오. (단, p, q는 유리함수이다.)

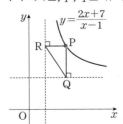

03
유리함수

1729

함수 $y=\dfrac{3x-2}{x-1}$ 의 그래프를 x축의 방향으로 -1만큼, y축의 방향으로 -3만큼 평행이동한 그래프의 식을 $f(x)$라 하자.

제1사분면의 함수 $y=f(x)$의 그래프 위를 움직이는 점 P와 두 점 $Q(-1, 0)$, $R(0, -4)$를 꼭짓점으로 하는 삼각형 PQR의 넓이의 최솟값을 구하시오.

1730

곡선 $f(x)=-\dfrac{2}{x-1}+1$와 직선 $y=-x+k$가 만나는 서로 다른 두 점을 A, B라 하자.

이때 A의 x좌표를 $\alpha\,(\alpha<1)$라 하고 $\angle\mathrm{ABC}=90°$인 점 C가 곡선 $y=-\dfrac{2}{x-1}+1$ 위에 있다.

$\overline{\mathrm{AC}}=2\sqrt{5}$가 되도록 하는 상수 k에 대하여 k^2의 값을 구하시오. (단, $k\geq 3$)

1731

2020학년도 사관기출 나형 17번

집합 $X=\{x\,|\,x>0\}$에 대하여 함수 $f : X \longrightarrow X$가

$$f(x)=\begin{cases} \dfrac{1}{x}+1 & (0<x\leq 3) \\[2mm] -\dfrac{1}{x-a}+b & (x>3) \end{cases}$$

이다. 함수 $f(x)$가 일대일대응일 때, $a+b$의 값은? (단, a, b는 상수이다.)

① $\dfrac{13}{4}$ ② $\dfrac{10}{3}$ ③ $\dfrac{41}{12}$

④ $\dfrac{7}{2}$ ⑤ $\dfrac{43}{12}$

해설 내신연계문제

1732

2022년 03월 고2 학력평가 18번

함수 $f(x)=\dfrac{a}{x}+b\,(a\neq 0)$이 다음 조건을 만족시킨다.

> (가) 곡선 $y=|f(x)|$는 직선 $y=2$와 한 점에서만 만난다.
> (나) $f^{-1}(2)=f(2)-1$

$f(8)$의 값은? (단, a, b는 상수이다.)

① $-\dfrac{1}{2}$ ② $-\dfrac{1}{4}$ ③ 0

④ $\dfrac{1}{4}$ ⑤ $\dfrac{1}{2}$

해설 내신연계문제

04 무리함수

학교내신기출 객관식 핵심문제총정리

유형 01 무리식의 값이 실수가 되기 위한 조건

(1) **무리식**

근호 안에 문자가 포함된 식 중에서 유리식으로 나타낼 수 없는 식

(2) **무리식의 값이 실수가 되기 위한 조건**

무리식의 값이 실수가 되려면 근호 안의 식의 값이 0 이상이어야 하고, 분모는 0이 아니어야 한다.

① $\sqrt{f(x)}$의 값이 실수 $f(x) \geq 0$

② $\dfrac{1}{\sqrt{f(x)}}$의 값이 실수 $f(x) > 0$

(근호 안의 식의 값)≥ 0, (분모)$\neq 0$

🐴 **제곱근의 성질**

a가 실수일 때, $\sqrt{a^2} = |a| = \begin{cases} a & (a \geq 0) \\ -a & (a < 0) \end{cases}$

1733

$\sqrt{x+1} - \dfrac{1}{\sqrt{5-x}}$의 값이 실수가 되도록 하는 실수 x에 대하여

$\sqrt{x^2-10x+25} + \sqrt{x^2+14x+49}$의 값을 구하시오.

1734 최다빈출 🖐 중요 NORMAL

$\sqrt{x+2} - \dfrac{1}{\sqrt{3-x}}$의 값이 실수가 되도록 하는 모든 정수 x에 대하여

$|2x-6| + \sqrt{x^2+6x+9}$의 최댓값과 최솟값의 합은?

① 14   ② 15   ③ 16
④ 17   ⑤ 18

해설 내신연계문제

1735 NORMAL

$\dfrac{\sqrt{x+5} - \sqrt{8-2x}}{x^2+6x+9}$의 값이 실수가 되도록 하는 모든 정수 x의 개수는?

① 6   ② 7   ③ 8
④ 9   ⑤ 10

1736 NORMAL

$\sqrt{\dfrac{15+2x-x^2}{x^2-x+1}}$의 값이 실수가 되도록 하는 모든 정수 x의 개수는?

① 7   ② 8   ③ 9
④ 10   ⑤ 11

1737 TOUGH

$\dfrac{\sqrt{6-x} - \sqrt{x^2-2x+3}}{\sqrt{x+2}}$의 값이 실수가 되도록 하는 정수 x의 최댓값과 최솟값의 합을 구하시오.

모의고사 핵심유형 기출문제

1738 2014년 03월 고2 학력평가 B형 6번 NORMAL

모든 실수 x에 대하여 $\sqrt{kx^2-kx+3}$의 값이 실수가 되도록 하는 정수 k의 개수는?

① 13   ② 14   ③ 15
④ 16   ⑤ 17

해설 내신연계문제

두 실수 a, b에 대하여

(1) $\sqrt{a}\sqrt{b}=-\sqrt{ab}$ 이면
　➡ $a<0$, $b<0$ 또는 $a=0$ 또는 $b=0$

(2) $\dfrac{\sqrt{a}}{\sqrt{b}}=-\sqrt{\dfrac{a}{b}}$ 이면
　➡ $a>0$, $b<0$ 또는 $a=0$, $b\ne 0$

1739 학교기출 대표 유형

$\sqrt{x-5}\sqrt{1-x}=-\sqrt{(x-5)(1-x)}$ 를 만족시키는 실수 x에 대하여 $\sqrt{(x-5)^2}-\sqrt{(1-x)^2}$ 을 간단히 하면?

① $-2x+6$ 　　② $2x+4$ 　　③ $2x+6$
④ -4 　　⑤ 4

1740 최다빈출 강 중요 　NORMAL

$\dfrac{\sqrt{x+2}}{\sqrt{x^2-9}}=-\sqrt{\dfrac{x+2}{x^2-9}}$ 를 만족시키는 실수 x에 대하여 $\sqrt{(x-3)^2}+\sqrt{(x+3)^2}$ 을 간단히 하시오.

해설 내신연계문제

1741 　NORMAL

$\dfrac{\sqrt{x-3}}{\sqrt{y+1}}=-\sqrt{\dfrac{x-3}{y+1}}$ 을 만족시키는 두 실수 x, y에 대하여 $\sqrt{(x+3)^2}+\sqrt{(y-x)^2}+\sqrt{(y-2)^2}$ 을 간단히 하면?

① $2x+1$ 　　② $2y+1$ 　　③ 5
④ $2x-2y-5$ 　　⑤ $2x-2y+5$

$a>0$, $b>0$일 때,

(1) $\dfrac{b}{\sqrt{a}}=\dfrac{b\sqrt{a}}{\sqrt{a}\sqrt{a}}=\dfrac{b\sqrt{a}}{a}$

(2) $\dfrac{c}{\sqrt{a}+\sqrt{b}}=\dfrac{c(\sqrt{a}-\sqrt{b})}{(\sqrt{a}+\sqrt{b})(\sqrt{a}-\sqrt{b})}=\dfrac{c(\sqrt{a}-\sqrt{b})}{a-b}$ (단, $a\ne b$)

$\dfrac{c}{\sqrt{a}-\sqrt{b}}=\dfrac{c(\sqrt{a}+\sqrt{b})}{(\sqrt{a}-\sqrt{b})(\sqrt{a}+\sqrt{b})}=\dfrac{c(\sqrt{a}+\sqrt{b})}{a-b}$ (단, $a\ne b$)

(3) $\dfrac{1}{a-\sqrt{b}}=\dfrac{a+\sqrt{b}}{(a-\sqrt{b})(a+\sqrt{b})}=\dfrac{a+\sqrt{b}}{a^2-b}$ (단, $a^2\ne b$)

🦔 제곱근의 성질 $a>0$, $b>0$일 때,

① $\sqrt{a}\sqrt{b}=\sqrt{ab}$ 　② $\dfrac{\sqrt{a}}{\sqrt{b}}=\sqrt{\dfrac{a}{b}}$ 　③ $\sqrt{a^2 b}=a\sqrt{b}$ 　④ $\sqrt{\dfrac{a}{b^2}}=\dfrac{\sqrt{a}}{b}$

1742 학교기출 대표 유형

$\dfrac{\sqrt{x+1}-\sqrt{x-1}}{\sqrt{x+1}+\sqrt{x-1}}+\dfrac{\sqrt{x+1}+\sqrt{x-1}}{\sqrt{x+1}-\sqrt{x-1}}$ 을 간단히 하면?

① 1 　　② $2x$ 　　③ x^2
④ $\sqrt{x+1}-2$ 　　⑤ $\sqrt{x+1}-\sqrt{x-1}$

1743 　BASIC

$\dfrac{1}{\sqrt{x+2}-\sqrt{x}}-\dfrac{1}{\sqrt{x+2}+\sqrt{x}}$ 을 간단히 하면?

① $-\sqrt{x}$ 　　② $\sqrt{x}$ 　　③ $2\sqrt{x}$
④ $2\sqrt{x+2}$ 　　⑤ $\sqrt{x+2}$

1744 　NORMAL

$\dfrac{\sqrt{2}+\sqrt{3}-\sqrt{5}}{\sqrt{2}-\sqrt{3}-\sqrt{5}}$ 를 간단히 하면?

① $\sqrt{6}-\sqrt{10}$ 　　② $\sqrt{6}+\sqrt{10}$ 　　③ $\sqrt{10}-\sqrt{6}$
④ $\dfrac{\sqrt{6}-\sqrt{10}}{2}$ 　　⑤ $\dfrac{\sqrt{6}+\sqrt{10}}{2}$

1745

NORMAL

$\sqrt{3}=1+\dfrac{1}{1+a_1}=1+\dfrac{1}{1+\dfrac{1}{a_2}}$ 을 만족시키는 a_1, a_2에 대하여

$\dfrac{a_2}{a_1}$의 값은?

① $\sqrt{3}$ ② $\dfrac{2\sqrt{3}}{3}$ ③ 2

④ $2\sqrt{3}$ ⑤ 4

1746

NORMAL

$f(x)=\dfrac{1}{\sqrt{x+1}+\sqrt{x}}$ 일 때,

$f(1)+f(2)+f(3)+\cdots+f(99)$의 값은?

① 6   ② 8   ③ 9

④ 12   ⑤ 14

1747

최다빈출 왕 중요

NORMAL

$f(n)=\sqrt{2n+1}+\sqrt{2n-1}$ 일 때,

$\dfrac{1}{f(1)}+\dfrac{1}{f(2)}+\dfrac{1}{f(3)}+\cdots+\dfrac{1}{f(12)}$ 의 값을 구하시오.

해설 내신연계문제

모의고사 **핵심유형** 기출문제

1748

2012년 06월 고1 학력평가 11번

NORMAL

$2+\dfrac{1}{2+\dfrac{1}{2+\dfrac{1}{2+(\sqrt{2}-1)}}}$ 을 간단히 하면?

① $2\sqrt{2}+1$ ② $\sqrt{2}+2$ ③ $\sqrt{2}+1$

④ $2\sqrt{2}-1$ ⑤ $\sqrt{2}-1$

해설 내신연계문제

유형 04 무리식의 값 구하기

(1) $x=a+\sqrt{b}$꼴의 조건이 주어진 경우
무리식을 간단하게 정리한 후
정리한 식에 주어진 값을 대입하여 계산한다.

(2) $x=\sqrt{a}+\sqrt{b}$, $y=\sqrt{a}-\sqrt{b}$꼴의 조건이 주어진 경우
$x+y=2\sqrt{a}$, $x-y=2\sqrt{b}$, $xy=(\sqrt{a}+\sqrt{b})(\sqrt{a}-\sqrt{b})=a-b$
를 이용할 수 있도록 식을 변형한 후 계산한다.

🐮 $x=a\pm\sqrt{b}(b>0)$꼴의 조건이 주어진 경우
➡ $(x-a)^2=b$에서 x^2-2ax의 값을 구한 후 주어진 식에 대입한다.

1749

학교기출 **대표** 유형

$x=1-\sqrt{2}$일 때, $\dfrac{1}{\sqrt{x}+1}-\dfrac{1}{\sqrt{x}-1}$의 값은?

① 1   ② $\sqrt{2}$ ③ 2

④ $2\sqrt{2}$ ⑤ 4

1750

최다빈출 왕 중요

BASIC

$x=\sqrt{6}$일 때, $\dfrac{1}{\sqrt{x+6}-\sqrt{6}}-\dfrac{1}{\sqrt{x+6}+\sqrt{6}}$의 값은?

① 1   ② $\sqrt{2}$ ③ 2

④ $2\sqrt{2}$ ⑤ 4

해설 내신연계문제

1751

NORMAL

$x=\dfrac{1}{\sqrt{2}-1}$일 때, $\dfrac{\sqrt{x}+1}{\sqrt{x}-1}+\dfrac{\sqrt{x}-1}{\sqrt{x}+1}=a+b\sqrt{2}$를 만족하는

상수 a, b에 대하여 $a+b$의 값은?

① -4 ② -2 ③ 0

④ 2   ⑤ 4

04
무리함수

1752 최다빈출 왕 중요

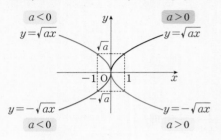

$x=\sqrt{2}+1$, $y=\sqrt{2}-1$일 때, $\dfrac{\sqrt{x}+\sqrt{y}}{\sqrt{x}-\sqrt{y}}$의 값은?

① $\dfrac{\sqrt{2}-1}{2}$ ② $\dfrac{\sqrt{2}}{2}$ ③ $\sqrt{2}-1$

④ $\sqrt{2}+1$ ⑤ $2\sqrt{2}$

해설 내신연계문제

1753

$x=\dfrac{\sqrt{5}+\sqrt{3}}{\sqrt{5}-\sqrt{3}}$, $y=\dfrac{\sqrt{5}-\sqrt{3}}{\sqrt{5}+\sqrt{3}}$일 때, $\dfrac{\sqrt{x}-\sqrt{y}}{\sqrt{x}+\sqrt{y}}+\dfrac{\sqrt{x}+\sqrt{y}}{\sqrt{x}-\sqrt{y}}$의 값은?

① $\dfrac{\sqrt{15}}{15}$ ② $\sqrt{15}$ ③ $\dfrac{8\sqrt{5}}{5}$

④ $\dfrac{8\sqrt{10}}{10}$ ⑤ $\dfrac{8\sqrt{15}}{15}$

1754

$x=\dfrac{\sqrt{2}-1}{\sqrt{2}+1}$, $y=\dfrac{\sqrt{2}+1}{\sqrt{2}-1}$일 때, $x^3+x^2y-xy^2-y^3$의 값은?

① $-144\sqrt{2}$ ② $-121\sqrt{2}$ ③ $-100\sqrt{2}$

④ $-81\sqrt{2}$ ⑤ $-36\sqrt{2}$

1755

$x=\sqrt{3}-2$일 때, $\dfrac{2}{x^3+4x^2+2x+1}$의 값은?

① $\sqrt{3}-2$ ② $\sqrt{3}-1$ ③ -1

④ $\sqrt{3}+1$ ⑤ $2\sqrt{3}$

유형 05   무리함수 $y=\sqrt{ax}$의 그래프

(1) 함수 $y=\sqrt{ax}$의 그래프의 정의역과 치역

    ① $a>0$일 때, 정의역 : $\{x\,|\,x\geq 0\}$, 치역 : $\{y\,|\,y\geq 0\}$

    ② $a<0$일 때, 정의역 : $\{x\,|\,x\leq 0\}$, 치역 : $\{y\,|\,y\geq 0\}$

(2) 함수 $y=-\sqrt{ax}$의 그래프의 정의역과 치역

    ① $a>0$일 때, 정의역 : $\{x\,|\,x\geq 0\}$, 치역 : $\{y\,|\,y\leq 0\}$

    ② $a<0$일 때, 정의역 : $\{x\,|\,x\leq 0\}$, 치역 : $\{y\,|\,y\leq 0\}$

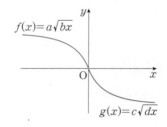

> 🐴 $y=\sqrt{ax}$의 그래프는 함수 $y=\dfrac{x^2}{a}\,(x\geq 0)$의 그래프와 직선 $y=x$에 대하여 대칭이다.

1756 학교기출 대표 유형

두 무리함수 $f(x)=a\sqrt{bx}$, $g(x)=c\sqrt{dx}$의 그래프가 오른쪽 그림과 같을 때, 상수 a, b, c, d의 부호를 바르게 짝지은 것은?

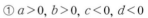

① $a>0$, $b>0$, $c<0$, $d<0$

② $a>0$, $b<0$, $c>0$, $d<0$

③ $a>0$, $b<0$, $c<0$, $d>0$

④ $a<0$, $b>0$, $c<0$, $d>0$

⑤ $a<0$, $b<0$, $c>0$, $d>0$

1757 최다빈출 왕 중요

다음 중 함수 $y=\sqrt{ax}\,(a\neq 0)$에 대한 설명으로 옳은 것은?

① 정의역은 $\{x\,|\,x\geq 0\}$이고 치역은 $\{y\,|\,y\leq 0\}$이다.

② $|a|$의 값이 커질수록 그래프는 x축에 가까워진다.

③ 그래프는 $y=\sqrt{-ax}$의 그래프와 x축에 대하여 대칭이다.

④ 함수 $y=\sqrt{ax}$의 그래프는 직선 $y=1$과 서로 만난다.

⑤ 함수 $y=\sqrt{ax}$의 그래프는 제 1사분면을 지난다.

해설 내신연계문제

유형 06 무리함수 $y=\sqrt{a(x-p)}+q$의 그래프

(1) **무리함수 $y=\sqrt{a(x-p)}+q(a\neq0)$의 정의역과 치역**

① $a>0$일 때, 정의역 : $\{x|x\geq p\}$, 치역 : $\{y|y\geq q\}$

② $a<0$일 때, 정의역 : $\{x|x\leq p\}$, 치역 : $\{y|y\geq q\}$

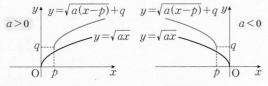

(2) **무리함수 $y=\sqrt{ax+b}+c(a\neq0)$의 정의역과 치역**

① $a>0$일 때, 정의역 : $\left\{x\middle|x\geq-\dfrac{b}{a}\right\}$, 치역 : $\{y|y\geq c\}$

② $a<0$일 때, 정의역 : $\left\{x\middle|x\leq-\dfrac{b}{a}\right\}$, 치역 : $\{y|y\geq c\}$

 무리함수 $y=\sqrt{a(x-p)}+q$의 그래프

① 시작점 (p, q)의 위치를 파악하고 그래프가 지나는 사분면을 판단한다.

② a의 값의 부호와 근호 앞의 부호 따라 그래프를 그린다.

1758 학교기출 대표 유형

함수 $y=-\sqrt{2x-6}+2$의 정의역과 치역은?

① 정의역 : $\{x|x\leq3\}$, 치역 : $\{y|y\geq2\}$

② 정의역 : $\{x|x\geq3\}$, 치역 : $\{y|y\leq2\}$

③ 정의역 : $\{x|x\leq-3\}$, 치역 : $\{y|y\geq2\}$

④ 정의역 : $\{x|x\geq-3\}$, 치역 : $\{y|y\leq-2\}$

⑤ 정의역 : $\left\{x\middle|x\geq\dfrac{1}{3}\right\}$, 치역 : $\{y|y\geq2\}$

1759 최다빈출 왕 중요 · BASIC

무리함수 $f(x)=-\sqrt{ax+2}+3$의 정의역이 $\{x|x\leq2\}$이고 치역이 $\{y|y\leq b\}$일 때, $f(a+b)$의 값은? (단, a, b는 상수이다.)

① 1 　　② 2 　　③ 3

④ 4 　　⑤ 5

해설 내신연계문제

1760 · BASIC

함수 $f(x)=-\sqrt{ax+b}+c$의 정의역이 $\{x|x\leq3\}$, 치역이 $\{y|y\leq2\}$이고 $f(1)=0$일 때, 상수 a, b, c에 대하여 $a+b+c$의 값은?

① 2 　　② 4 　　③ 6

④ 8 　　⑤ 10

1761 · NORMAL

함수 $y=\dfrac{-6x+5}{x+2}$의 그래프의 점근선의 방정식이 $x=a$, $y=b$일 때, 함수 $y=\sqrt{ax+b}$의 정의역은?

① $\{x|x\leq-3\}$ 　　② $\{x|x\leq-2\}$ 　　③ $\{x|x\leq-1\}$

④ $\{x|x\geq-3\}$ 　　⑤ $\{x|x\geq3\}$

1762 최다빈출 왕 중요 · NORMAL

함수 $y=\dfrac{6x+10}{x+2}$의 그래프의 점근선의 방정식이 $x=a$, $y=b$이고, 함수 $f(x)=\sqrt{ax+b}+c$에 대하여 $f(1)=-3$일 때, 함수 $f(x)$의 정의역과 치역은? (단, a, b, c는 상수이다.)

① 정의역 : $\{x|x\geq2\}$, 치역 : $\{y|y\leq5\}$

② 정의역 : $\{x|x\geq3\}$, 치역 : $\{y|y\leq-5\}$

③ 정의역 : $\{x|x\leq3\}$, 치역 : $\{y|y\geq-5\}$

④ 정의역 : $\{x|x\leq3\}$, 치역 : $\{y|y\leq-2\}$

⑤ 정의역 : $\left\{x\middle|x\geq\dfrac{1}{3}\right\}$, 치역 : $\{y|y\geq-2\}$

해설 내신연계문제

1763 최다빈출 왕 중요 · NORMAL

무리함수 $y=\sqrt{3x-2}-1$의 정의역과 치역이 각각 $\{x|x\geq a\}$, $\{y|y\geq b\}$이고, 무리함수 $y=-\sqrt{3-x}+5$의 정의역과 치역이 각각 $\{x|x\leq c\}$, $\{y|y\leq d\}$일 때, 네 직선 $x=a$, $y=b$, $x=c$, $y=d$로 둘러싸인 부분의 넓이를 구하시오.

해설 내신연계문제

 모의고사 **핵심유형** 기출문제

1764 2022년 03월 고2 학력평가 11번 · NORMAL

함수 $y=-\sqrt{x-a}+a+2$의 그래프가 점 $(a, -a)$를 지날 때, 이 함수의 치역은? (단, a는 상수이다.)

① $\{y|y\leq1\}$ 　　② $\{y|y\geq1\}$ 　　③ $\{y|y\leq0\}$

④ $\{y|y\leq-1\}$ 　　⑤ $\{y|y\geq-1\}$

해설 내신연계문제

(1) **무리함수 $y=\sqrt{a(x-p)}+q(a\neq0)$의 그래프**

함수 $y=\sqrt{ax}$의 그래프를 x축의 방향으로 p만큼, y축의 방향으로 q만큼 평행이동한 것이다.

(2) **무리함수의 대칭이동**

무리함수 $y=\sqrt{a(x-p)}+q(a\neq0)$의 그래프를

① x축에 대하여 대칭이동 ➡ $y=-\sqrt{a(x-p)}-q$

② y축에 대하여 대칭이동 ➡ $y=\sqrt{-a(x+p)}+q$

③ 원점에 대하여 대칭이동 ➡ $y=-\sqrt{-a(x+p)}-q$

> 무리함수 $y=\sqrt{ax+b}+c(a\neq0)$의 그래프
>
> $y=\sqrt{a\left(x+\dfrac{b}{a}\right)}+c$의 꼴로 변형하면
>
> $y=\sqrt{ax}$의 그래프를 x축의 방향으로 $-\dfrac{b}{a}$만큼, y축의 방향으로 c만큼 평행이동한 것이다.

1765 학교기출 대표 유형

함수 $y=a\sqrt{x}+6$의 그래프를 x축의 방향으로 m만큼, y축의 방향으로 n만큼 평행이동하였더니 함수 $y=\sqrt{9x-18}$의 그래프와 일치하였다. $a+m+n$의 값을 구하시오. (단, a, m, n은 상수이다.)

1766   BASIC

함수 $y=\sqrt{ax}(a\neq0)$의 그래프를 x축의 방향으로 -2만큼, y축의 방향으로 -4만큼 평행이동한 그래프가 점 $(1, -1)$을 지날 때, 상수 a의 값은?

① 1   ② 2   ③ 3

④ 4   ⑤ 5

1767   NORMAL

함수 $f(x)=\sqrt{2x-a}-2$의 그래프를 x축의 방향으로 -5만큼, y축의 방향으로 3만큼 평행이동한 다음, y축에 대하여 대칭이동하였더니 함수 $y=\sqrt{bx+4}+c$의 그래프와 일치하였다. 상수 a, b, c에 대하여 $a+b+c$의 값은?

① 5   ② 6   ③ 7

④ 8   ⑤ 9

1768 최다빈출 왕 중요   NORMAL

함수 $y=\sqrt{ax}$ $(a\neq0)$의 그래프를 x축의 방향으로 -2만큼, y축의 방향으로 3만큼 평행이동한 다음, y축에 대하여 대칭이동한 그래프가 점 $(1, 7)$을 지날 때, 상수 a의 값은?

① 6   ② 8   ③ 9

④ 16   ⑤ 25

해설 내신연계문제

1769 최다빈출 왕 중요   NORMAL

함수 $y=\sqrt{ax}$ $(a\neq0)$의 그래프를 x축의 방향으로 2만큼, y축의 방향으로 -6만큼 평행이동한 다음, x축에 대하여 대칭이동한 그래프가 함수 $y=\dfrac{3x+2}{x+1}$의 그래프의 두 점근선의 교점을 지날 때, 상수 a의 값은?

① -4 ② -3 ③ -2

④ 3   ⑤ 4

해설 내신연계문제

모의고사 **핵심유형** 기출문제

1770   2019년 07월 고3 학력평가 나형 10번   NORMAL

함수 $y=\sqrt{x-1}+a$의 그래프를 x축의 방향으로 b만큼, y축의 방향으로 -1만큼 평행이동하면 함수 $y=\sqrt{x-4}$의 그래프와 일치한다. $a+b$의 값은? (단, a, b는 상수이다.)

① 1   ② 2   ③ 3

④ 4   ⑤ 5

해설 내신연계문제

유형08 무리함수가 겹치기 위한 조건

두 무리함수 $y=\sqrt{ax}$, $y=\sqrt{b(x-m)}+n$의 그래프가 서로 겹치기 위한 조건
(1) $a=b$일 때,
　평행이동을 하여 두 그래프를 포갤 수 있다.
(2) $|a|=|b|$일 때,
　평행이동과 대칭이동을 하여 두 그래프를 포갤 수 있다.

 함수 $y=\sqrt{ax+b}+c$의 대칭이동
　① x축에 대하여 대칭이동 ➡ $y=-\sqrt{ax+b}-c$
　② y축에 대하여 대칭이동 ➡ $y=\sqrt{-ax+b}+c$
　③ 원점에 대하여 대칭이동 ➡ $y=-\sqrt{-ax+b}-c$

1771 학교기출 대표유형

다음 [보기]에서 그 그래프가 무리함수 $y=\sqrt{x}$의 그래프를 평행이동하거나 대칭이동하여 겹쳐질 수 있는 함수를 모두 고르면?

ㄱ. $y=-\sqrt{x}$　　　ㄴ. $y=\sqrt{x-1}+2$
ㄷ. $y=-\sqrt{-(x-1)}$　　ㄹ. $y=3\sqrt{x-2}+1$

① ㄱ, ㄴ　　② ㄱ, ㄴ, ㄷ　　③ ㄱ, ㄴ, ㄹ
④ ㄴ, ㄹ　　⑤ ㄴ, ㄷ, ㄹ

1772 최다빈출 왕중요 NORMAL

다음 함수의 그래프에서 무리함수 $y=-\sqrt{x}$의 그래프를 평행이동하거나 대칭이동하여 겹쳐질 수 있는 함수가 아닌 것은?

① $y=\sqrt{-x}$　　　② $y=\frac{1}{3}\sqrt{9x}+5$
③ $y=-\sqrt{2x-4}+1$　④ $y=\frac{1}{2}\sqrt{4x-8}-1$
⑤ $y=-\sqrt{-x+3}-2$

해설 내신연계문제

1773 NORMAL

다음 [보기]의 함수 중 그 그래프를 평행이동하거나 대칭이동하여 겹쳐질 수 있는 함수끼리 서로 짝지은 것은?

ㄱ. $y=-\sqrt{2-x}-3$　　ㄴ. $y=\frac{1}{2}\sqrt{4x+2}+1$
ㄷ. $y=\sqrt{6-3x}+1$　　ㄹ. $y=\frac{1}{3}\sqrt{3x+6}$

① ㄱ, ㄴ　　② ㄱ, ㄷ　　③ ㄱ, ㄹ
④ ㄴ, ㄷ　　⑤ ㄴ, ㄹ

유형09 무리함수의 그래프의 성질

함수 $y=\sqrt{ax+b}+c\ (a\neq0)$의 그래프의 성질
➡ $y=\sqrt{a\left(x+\frac{b}{a}\right)}+c$꼴로 변형하여 다음 그래프의 성질을 이용한다.
(1) 함수 $y=\sqrt{ax}$의 그래프를 x축의 방향으로 $-\frac{b}{a}$만큼, y축의 방향으로 c만큼 평행이동한 것이다.
(2) $a>0$일 때, 정의역 : $\left\{x\,\middle|\,x\geq-\frac{b}{a}\right\}$, 치역 : $\{x|y\geq c\}$
　$a<0$일 때, 정의역 : $\left\{x\,\middle|\,x\leq-\frac{b}{a}\right\}$, 치역 : $\{x|y\geq c\}$

 $y=\sqrt{ax+b}+c$의 그래프는 시작점이 $\left(-\frac{b}{a},\,c\right)$이고 a의 부호에 따라 그래프가 왼쪽 또는 오른쪽으로 향하게 된다.

1774 학교기출 대표유형

함수 $y=1-\sqrt{4-2x}$의 그래프에 대한 설명 중 옳지 않은 것은?

① 정의역은 $\{x|x\leq2\}$이다.
② 치역은 $\{y|y\leq1\}$이다.
③ $y=-\sqrt{-2x}$의 그래프를 평행이동한 것이다.
④ 점 $(1,-1)$을 지난다.
⑤ 제2사분면을 지나지 않는다.

1775 BASIC

함수 $f(x)=\sqrt{2x-4}+1$과 그 그래프에 대하여 보기에서 옳은 것만을 있는 대로 고른 것은?

ㄱ. 함수 $y=f(x)$의 정의역은 $\{x|x\geq2\}$, 치역은 $\{y|y\geq1\}$이다.
ㄴ. 함수 $y=f(x)$의 그래프를 x축과 y축의 방향으로 적절히 평행이동하면 함수 $y=\frac{1}{2}\sqrt{8x+1}+3$의 그래프와 일치한다.
ㄷ. 함수 $y=f(x)$의 그래프는 제1사분면만을 지난다.

① ㄱ　　② ㄱ, ㄴ　　③ ㄱ, ㄷ
④ ㄴ, ㄷ　　⑤ ㄱ, ㄴ, ㄷ

1776 최다빈출 왕중요 NORMAL

함수 $y=-\sqrt{-2x+6}+1$의 그래프에 대한 설명 중 옳은 것은?

① 정의역은 $\{x|x\leq3\}$이고, 치역은 $\{y|y\geq1\}$이다.
② 함수 $y=\sqrt{2x}$의 그래프를 평행이동 또는 대칭이동하여 나타낼 수 있다.
③ 제3사분면을 지나지 않는다.
④ 점 $(-5,-1)$을 지난다.
⑤ x축의 방향으로 -3만큼, y축의 방향으로 -1만큼 평행이동하면 함수 $y=\sqrt{-2x}$의 그래프와 일치한다.

해설 내신연계문제

1777

함수 $y = a\sqrt{x+b} + c$에 대하여 [보기]에서 옳은 것만을 있는 대로 고른 것은? (단, a, b, c는 상수이고, $a \neq 0$)

> ㄱ. 그래프는 함수 $y = a\sqrt{x}$의 그래프를 평행이동한 것이다.
> ㄴ. $a > 0$이면 정의역은 $\{x \mid x \geq -b\}$, 치역은 $\{y \mid y \leq c\}$이다.
> ㄷ. $a < 0$, $b < 0$, $c > 0$이면 그래프는 제 3사분면을 지난다.

① ㄱ   ② ㄱ, ㄴ   ③ ㄱ, ㄷ
④ ㄴ, ㄷ   ⑤ ㄱ, ㄴ, ㄷ

모의고사 **핵심유형** 기출문제

1778   2019학년도 수능기출 나형 26번

함수 $y = \sqrt{x+3}$의 그래프와 함수 $y = \sqrt{1-x} + k$의 그래프가 만나도록 하는 실수 k의 최댓값을 구하시오.

해설 내신연계문제

1779   2018년 03월 고2 학력평가 가형 20번

좌표평면 위의 두 곡선
$$y = -\sqrt{kx + 2k} + 4, \quad y = \sqrt{-kx + 2k} - 4$$
에 대하여 [보기]에서 옳은 것만을 있는 대로 고른 것은?
(단, k는 0이 아닌 실수이다.)

> ㄱ. 두 곡선은 서로 원점에 대하여 대칭이다.
> ㄴ. $k < 0$이면 두 곡선은 한 점에서 만난다.
> ㄷ. 두 곡선이 서로 다른 두 점에서 만나도록 하는 k의 최댓값은 16이다.

① ㄱ   ② ㄴ   ③ ㄱ, ㄴ
④ ㄱ, ㄷ   ⑤ ㄱ, ㄴ, ㄷ

해설 내신연계문제

유형 **10**   무리함수 그래프가 지나는 사분면

함수 $y = \sqrt{ax+b} + c \ (a \neq 0)$의 그래프가 지나는 사분면은 다음과 같은 순서로 구한다.

FIRST $y = \sqrt{ax+b} + c$를 $y = \sqrt{a\left(x + \dfrac{b}{a}\right)} + c$꼴로 변형한다.

NEXT 함수 $y = \sqrt{ax}$의 그래프를 x축의 방향으로 $-\dfrac{b}{a}$만큼, y축의 방향으로 c만큼 평행이동하여 그래프를 그린다.

LAST 그래프가 지나는 사분면을 구한다.

1780   학교기출 대표 유형

다음 [보기]의 무리함수 중 그 그래프가 제 2사분면을 지나는 것은?

> ㄱ. $y = \sqrt{x} + 2$
> ㄴ. $y = \sqrt{3-x} + 5$
> ㄷ. $y = -\sqrt{-x+6} + 3$

① ㄱ   ② ㄴ   ③ ㄱ, ㄴ
④ ㄴ, ㄷ   ⑤ ㄱ, ㄴ, ㄷ

1781

다음 [보기]의 함수 중 그 그래프가 제 4사분면을 지나지 않는 것만을 있는 대로 고른 것은?

> ㄱ. $y = -\sqrt{-x} + 1$
> ㄴ. $y = \sqrt{-x+1} + 2$
> ㄷ. $y = -\sqrt{x+2} + 2$
> ㄹ. $y = \sqrt{x+2} - 3$

① ㄱ, ㄴ   ② ㄱ, ㄹ   ③ ㄴ, ㄹ
④ ㄱ, ㄷ, ㄹ   ⑤ ㄴ, ㄷ, ㄹ

1782

함수 $y = \dfrac{3x+7}{x+2}$의 그래프와 함수 $y = -\sqrt{-2x+4} + 1$의 그래프가 공통으로 지나는 사분면만을 있는 대로 고른 것은?

① 제 2사분면   ② 제 3사분면   ③ 제 1, 3사분면
④ 제 2, 3사분면   ⑤ 제 1, 3, 4사분면

1783

함수 $y=-\sqrt{-x+4}+a$의 그래프가 제1, 2, 3사분면을 지나도록
하는 정수 a의 최솟값은?

① 2   ② 3   ③ 4
④ 5   ⑤ 6

유형 11 그래프를 이용하여 무리함수의 식 작성하기

그래프가 주어진 무리함수 $y=\sqrt{ax+b}+c$의 a, b, c를 구하는 순서

FIRST 그래프에서 시작하는 점의 좌표 (p, q)를 구한다.
NEXT 구하는 그래프의 식을 $y=\sqrt{a(x-p)}+q \ (a\neq0)$로 놓는다.
LAST 그래프가 지나는 점을 대입하여 a의 값을 구한 후 b, c의 값을 구한다.

무리함수의 그래프가 점 (p, q)에서 시작할 때,
➡ 함수의 식을 $y=\sqrt{a(x-p)}+q \ (a\neq0)$로 놓고 그래프가 지나는 점의 좌표를 대입하여 미지수를 구한다.

1784

함수 $y=-\sqrt{2x+16}+k$의 그래프가 제3사분면을 지나도록 하는
정수 k의 최댓값은?

① 2   ② 3   ③ 4
④ 5   ⑤ 6

1787

함수 $y=\sqrt{ax+b}+c$의 그래프가
오른쪽 그림과 같을 때, abc의
값은? (단, a, b, c는 상수이다.)

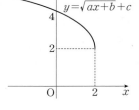

① -16 ② -12
③ -8 ④ -6
⑤ -4

1785

함수 $y=\sqrt{ax}(a>0)$의 그래프를 x축의 방향으로 -2만큼, y축의
방향으로 -1만큼 평행이동한 그래프가 함수 $y=\dfrac{-x+9}{x+3}$의 그래프
와 제2사분면에서 만날 때, 자연수 a의 최솟값을 구하시오.

1788

함수 $y=-\sqrt{ax+b}+c$의
그래프가 오른쪽 그림과 같을 때,
$a+b+c$의 값은?
(단, a, b, c는 상수이다.)

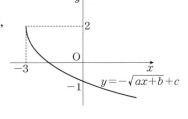

① 11   ② 12
③ 13   ④ 14
⑤ 15

1786

2020학년도 09월 고3 모의평가 나형 9번

정의역이 $\{x|x>a\}$인 함수 $y=\sqrt{2x-2a}-a^2+4$의 그래프가 오직
하나의 사분면을 지나도록 하는 실수 a의 최댓값은?

① 2   ② 4   ③ 6
④ 8   ⑤ 10

1789

무리함수 $y=f(x)$의 그래프가
오른쪽 그림과 같다. 함수 $y=f(x)$
의 그래프가 점 $(5, k)$를 지날 때,
상수 k의 값은?

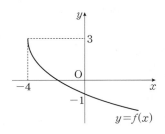

① -5 ② -4
③ -3 ④ -2
⑤ -1

1790 최다빈출 양 중요

함수 $f(x)=a\sqrt{x+b}+c$의
그래프를 y축에 대하여 대칭이동한
$y=g(x)$의 그래프가 오른쪽 그림과
같다. 이때 상수 a, b, c에 대하여
$a+b+c$의 값은?

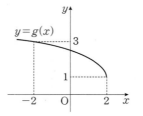

① 1   ② 2
③ 3   ④ 4
⑤ 5

해설 내신연계문제

1791

NORMAL

함수 $y=\sqrt{ax+b}+c$의 그래프가
오른쪽 그림과 같을 때, 다음 중 함수
$y=\sqrt{bx+c}+a$의 그래프의 개형은?
(단, a, b, c는 상수이다.)

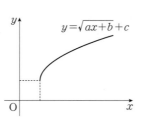

① 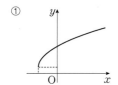   ② 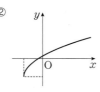   ③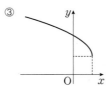

④ 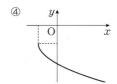   ⑤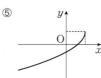

모의고사 **핵심유형** 기출문제

1792   2017년 09월 고2 학력평가 가형 10번

NORMAL

정의역이 $\{x\,|\,x\geq -2\}$인 무리함수
$f(x)=-\sqrt{ax+b}+3$의 그래프가
오른쪽 그림과 같다.
함수 $y=f(x)$의 그래프가 점 $(1,\,0)$
을 지날 때, 두 상수 a, b의 곱 ab의
값은?

① 10   ② 12
③ 14   ④ 16
⑤ 18

해설 내신연계문제

유형 **12** 무리함수와 이차함수의 그래프

이차함수 $y=ax^2+bx+c$의 그래프에서 계수의 부호 판정
(1) a의 값의 부호 : 그래프의 모양 결정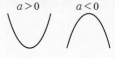
   ① $a>0$ ➡ 아래로 볼록 (∪)
   ② $a<0$ ➡ 위로 볼록 (∩)

(2) b의 값의 부호 : (대칭)축의 위치 결정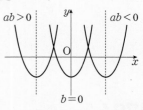
   ① 대칭축이 y축의 왼쪽
     ➡ $ab>0$ (a, b는 같은 부호)
   ② 대칭축이 y축과 일치
     ➡ $b=0$
   ③ 대칭축이 y축의 오른쪽
     ➡ $ab<0$ (a, b는 다른 부호)

(3) c의 값의 부호 :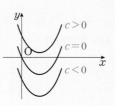
   그래프의 y축과의 교점의 위치 결정
   ① $c>0$ ➡ $y>0$인 점을 지난다.
   ② $c<0$ ➡ $y<0$인 점을 지난다.
   ③ $c=0$ ➡ 원점을 지난다.

1793   학교기출 대표 유형

이차함수 $y=ax^2+bx+c$의 그래프가
오른쪽 그림과 같을 때,
함수 $f(x)=a\sqrt{-x+b}-c$의 그래프의
개형은? (단, a, b, c는 상수이다.)

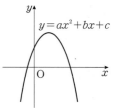

① 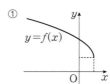   ②   ③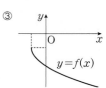

④ 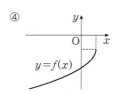   ⑤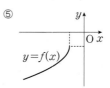

308   III. 함수와 그래프

1794

NORMAL

이차함수 $y=ax^2+bx+c$의 그래프
가 오른쪽 그림과 같을 때, 함수
$y=a\sqrt{x-b}+c$의 그래프가 지나는
사분면을 모두 고른 것은?
(단, a, b, c는 상수이다.)

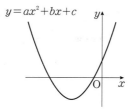

① 제 1사분면
② 제 2사분면
③ 제 3사분면
④ 제 1, 4사분면
⑤ 제 1, 3사분면

1795

NORMAL

무리함수 $f(x)=a\sqrt{-x+b}+c$의
그래프가 오른쪽 그림과 같을 때,
이차함수 $y=ax^2+bx+c$의 그래프
의 개형은? (단, a, b, c는 상수이다.)

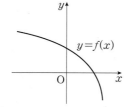

①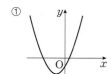
②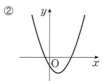
③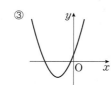
④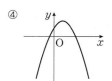
⑤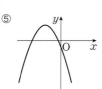

1796

최다빈출 왕중요

NORMAL

오른쪽 그림은 두 함수 $y=ax^2$과
$y=bx+c$의 그래프이다. 이때 함수
$y=a\sqrt{b(x-1)}-c$의 그래프의
개형은? (단, a, b, c는 상수이다.)

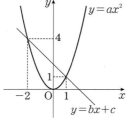

①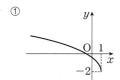
②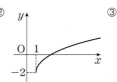
③
④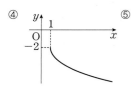
⑤

해설 내신연계문제

---

(1) **유리함수의 그래프가 주어지면**
➡ 점근선의 방정식, 좌표축과 만나는 점의 좌표를 구한다.
(2) **무리함수의 그래프가 주어지면**
➡ 그래프의 시작점, 좌표축과 만나는 점의 좌표를 구한다.

 ① $y=\dfrac{k}{x-p}+q$ $(k\ne0)$의 그래프는 함수 $y=\dfrac{k}{x}$의 그래프를
x축의 방향으로 p만큼, y축의 방향으로 q만큼 평행이동한 것이다.
➡ 점근선의 방정식은 $x=p$, $y=q$이다.
② $y=\sqrt{a(x-p)}+q$ $(a\ne0)$의 그래프는 함수 $y=\sqrt{ax}$의 그래프를
x축의 방향으로 p만큼, y축의 방향으로 q만큼 평행이동한 것이다.
➡ 그래프의 시작점은 $(p,\ q)$이다.

1797

학교기출 대표 유형

함수 $y=-\sqrt{ax+b}+c$의 그래프가 그림과 같다. 함수 $y=\dfrac{bx+c}{x+a}$
의 그래프의 두 점근선의 교점의 좌표가 $(p,\ q)$일 때, pq의 값은?
(단, a, b, c, p, q는 상수이다.)

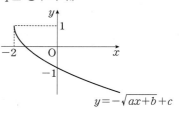

① -10
② -8
③ -6
④ -4
⑤ -2

1798

최다빈출 왕중요

NORMAL

함수 $y=\dfrac{a}{x+b}+c$의 그래프가 그림과 같을 때, 함수
$y=\sqrt{ax+b}+c$의 그래프가 지나는 사분면을 모두 고른 것은?
(단, a, b, c는 상수이다.)

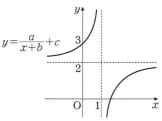

① 제 1사분면
② 제 2사분면
③ 제 3사분면
④ 제 1, 2사분면
⑤ 제 2, 3, 4사분면

해설 내신연계문제

1799

NORMAL

함수 $y=\dfrac{bx+c}{ax-1}$ 의 그래프가 그림과 같을 때, 함수 $y=\sqrt{ax+b}+c$ 의 그래프가 지나는 사분면을 모두 고른 것은? (단, a, b, c는 상수 이다.)

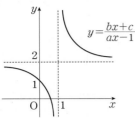

$$y=\dfrac{bx+c}{ax-1}$$

① 제 1, 2사분면   ② 제 3, 4사분면

③ 제 1, 2, 3사분면   ④ 제 1, 2, 4사분면

⑤ 제 2, 3, 4사분면

1800 최다빈출 강 중요

NORMAL

함수 $y=\sqrt{ax+b}+c\,(a\neq0)$ 의 그래프가 그림과 같을 때, 함수 $y=\dfrac{a}{x+b}+c$ 가 지나는 사분면을 모두 고른 것은? (단, 함수는 원점을 지나고 a, b, c는 상수이다.)

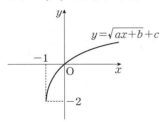

$$y=\sqrt{ax+b}+c$$

① 제 1, 2사분면   ② 제 3, 4사분면

③ 제 1, 2, 3사분면   ④ 제 1, 2, 4사분면

⑤ 제 2, 3, 4사분면

해설 내신연계문제

1801

NORMAL

함수 $f(x)=\dfrac{ax+b}{x+c}$ 의 역함수가 $f^{-1}(x)=\dfrac{-2x+1}{x-1}$ 이다.

이때 함수 $g(x)=\sqrt{ax+b}+c$ 의 그래프의 개형은? (단, a, b, c는 상수이다.)

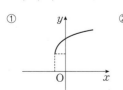
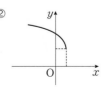
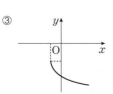
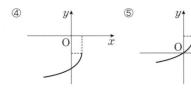

1802

TOUGH

함수 $y=\dfrac{-2x+3}{x-1}$ 의 그래프가 두 직선 $y=x+a$와 $y=-x+b$에 대하여 대칭일 때, 함수 $y=\sqrt{-x-a}+b$에 대한 [보기]의 설명 중 옳은 것만을 있는 대로 고른 것은? (단, a, b는 상수이다.)

> ㄱ. 정의역은 $\{x\,|\,x\le-3\}$이다.
> ㄴ. 치역은 $\{y\,|\,y\ge-1\}$이다.
> ㄷ. 그래프는 제 3사분면을 지나지 않는다.

① ㄱ   ② ㄴ   ③ ㄱ, ㄴ

④ ㄴ, ㄷ   ⑤ ㄱ, ㄴ, ㄷ

모의고사 핵심유형 기출문제

1803   2018년 08월 고3 학력평가 (전북) 나형 14번

NORMAL

오른쪽 유리함수 $y=\dfrac{k}{x+m}+n$의 그래프가 그림과 같다.

다음 중 무리함수 $y=k\sqrt{mx+n}$의 그래프의 개형으로 옳은 것은? (단, 점선은 점근선이고 m, n, k는 모두 0이 아닌 상수이다.)

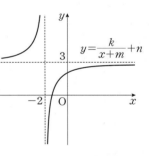

$$y=\dfrac{k}{x+m}+n$$

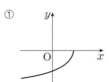
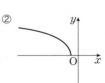

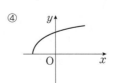
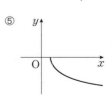

해설 내신연계문제

유형 **14** 유리함수와 무리함수의 그래프 (2)

(1) 유리함수의 그래프가 주어지면
　➡ 점근선의 방정식, 좌표축과 만나는 점의 좌표를 구한다.
(2) 무리함수의 그래프가 주어지면
　➡ 그래프의 시작점, 좌표축과 만나는 점의 좌표를 구한다.

 ① $y=\dfrac{k}{x-p}+q(k\neq0)$의 그래프는 함수 $y=\dfrac{k}{x}$의 그래프를
x축의 방향으로 p만큼, y축의 방향으로 q만큼 평행이동한 것이다.
➡ 점근선의 방정식은 $x=p$, $y=q$이다.
② $y=\sqrt{a(x-p)}+q(a\neq0)$의 그래프는 함수 $y=\sqrt{ax}$의 그래프를
x축의 방향으로 p만큼, y축의 방향으로 q만큼 평행이동한 것이다.
➡ 그래프의 시작점은 (p, q)이다.

1804 학교기출 대표유형

함수 $f(x)=\dfrac{-2x+8}{x+3}$의 그래프와 곡선 $y=\sqrt{x-k}$가 제 1사분면에서 만나도록 하는 정수 k의 개수를 구하시오.

1805 최다빈출 왕중요 　NORMAL

함수 $y=\dfrac{3x-6}{x}$의 그래프와 함수 $y=\sqrt{3a-x}+a$의 그래프가 서로 다른 두 점에서 만날 때, 실수 a의 값을 M, 최솟값을 m이라 하자. $M+m$의 값을 구하시오.

[해설 내신연계문제]

모의고사 핵심유형 기출문제

1806 2020학년도 06월 고3 모의평가 나형 12번 　NORMAL

두 곡선
$$y=\dfrac{6}{x-5}+3,\ y=\sqrt{x-k}$$
가 서로 다른 두 점에서 만나도록 하는 실수 k의 최댓값은?

① 3　　② 4　　③ 5
④ 6　　⑤ 7

[해설 내신연계문제]

1807 2013년 11월 고1 학력평가 27번 　TOUGH

$3\leq x\leq 5$에서 정의된 두 함수 $y=\dfrac{-2x+4}{x-1}$와 $y=\sqrt{3x}+k$의 그래프가 한 점에서 만나도록 하는 실수 k의 최댓값을 M이라 할 때, M^2의 값을 구하시오.

[해설 내신연계문제]

유형 **15** 무리함수의 최대·최소

정의역이 $\{x\,|\,p\leq x\leq q\}$인 무리함수 $f(x)=\sqrt{ax+b}+c$의 최댓값과 최솟값은 다음과 같다.
(1) $a>0$일 때,
　➡ 최솟값은 $f(p)$, 최댓값은 $f(q)$
(2) $a<0$일 때,
　➡ 최솟값은 $f(q)$, 최댓값은 $f(p)$

 무리함수의 최대·최소
➡ 주어진 정의역에서 그래프를 그려서 구한다.

1808 학교기출 대표유형

$-1\leq x\leq 2$에서 함수 $y=-\sqrt{3-x}+2$의 최댓값을 M, 최솟값을 m이라 할 때, $M+m$의 값을 구하시오.

1809 　NORMAL

$0\leq x\leq 3$에서 함수 $y=2\sqrt{x+1}+k$의 최댓값을 M, 최솟값을 m이라 하자. $M+m=40$일 때, 상수 k의 값은?

① 15　　② 16　　③ 17
④ 18　　⑤ 19

1810 최다빈출 왕중요 　NORMAL

$-1\leq x\leq 4$에서 함수 $f(x)=\sqrt{a-x}+2$의 최댓값이 5, 최솟값이 m일 때, $a+m$의 값은? (단, a는 $a\geq4$인 상수이다.)

① 6　　② 8　　③ 10
④ 12　　⑤ 14

[해설 내신연계문제]

1811 최다빈출 왕 중요

함수 $f(x)=5-\sqrt{3x-6}$의 정의역이 $\{x\,|\,x\geq a\}$, 치역이 $\{y\,|\,y\leq b\}$일 때, 함수 $g(x)=3-\sqrt{6-x}\,(a\leq x\leq b)$의 최댓값은?
(단, a, b는 상수이다.)

① 1   ② 2   ③ 3
④ 4   ⑤ 5

해설 내신연계문제

1812 NORMAL

함수 $y=\dfrac{ax+4}{x-b}$의 그래프의 두 점근선의 교점의 좌표가 $(5,\,-1)$이다.

$-4\leq x\leq 1$에서 함수 $y=a\sqrt{-x+b}+c$의 최댓값이 3일 때, 최솟값은? (단, a, b, c는 상수이고, $a\neq 0$)

① 2   ② 3   ③ 4
④ 5   ⑤ 6

1813 최다빈출 왕 중요 TOUGH

그림과 같이 유리함수 $y=\dfrac{bx+c}{x+a}$의 그래프가 원점을 지난다.

$-3\leq x\leq 1$에서 함수 $y=\sqrt{ax+b}+c$의 최댓값을 M, 최솟값을 m이라 할 때, $M+m$의 값을 구하시오. (단, a, b, c는 실수이다.)

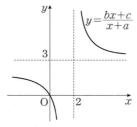

해설 내신연계문제

모의고사 핵심유형 기출문제

1814   2023년 03월 고2 학력평가 25번   NORMAL

$-5\leq x\leq -1$에서 함수 $f(x)=\sqrt{-ax+1}\,(a>0)$의 최댓값이 4가 되도록 하는 상수 a의 값을 구하시오.

해설 내신연계문제

유형 16   무리함수의 역함수

함수 $y=\sqrt{ax+b}+c$의 **역함수**는 다음과 같은 순서로 구한다.

FIRST $\sqrt{ax+b}=y-c$의 양변을 제곱하여 x에 대하여 정리한다.

$$x=\frac{1}{a}(y-c)^2-\frac{b}{a}$$

NEXT x와 y를 서로 바꾸어 역함수를 구한다.

$$f^{-1}(x)=\frac{1}{a}(x-c)^2-\frac{b}{a}$$

LAST 함수의 정의역은 역함수의 치역이다.

즉 함수 $y=\sqrt{ax+b}+c$의 치역이 $\{y\,|\,y\geq c\}$이므로 **역함수의 정의역은** $\{x\,|\,x\geq c\}$이다.

 ① 함수 $y=\sqrt{ax}$의 그래프는 역함수 $y=\dfrac{x^2}{a}\,(x\geq 0)$의 그래프와 직선 $y=x$에 대하여 대칭이다.

② 무리함수 $f(x)=\sqrt{ax+b}+c\,(a\neq 0)$의 역함수는
$$f^{-1}(x)=\frac{1}{a}(x-c)^2-\frac{b}{a}\ (\text{단},\ x\geq c)\text{이다.}$$

1815   학교기출 대표 유형

함수 $y=\sqrt{x-1}+2$의 역함수가 $y=x^2+ax+b\ (x\geq c)$일 때, 상수 a, b, c에 대하여 abc의 값을 구하시오.

1816 NORMAL

함수 $f(x)=\dfrac{1}{16}(x+1)^2-1\,(x\geq -1)$의 역함수가 $f^{-1}(x)=a\sqrt{x+1}+b\,(x\geq -1)$일 때, $f^{-1}(a+b)$의 값은?
(단, a, b는 상수이다.)

① 3   ② 5   ③ 7
④ 9   ⑤ 11

1817

NORMAL

두 함수

$$y=\sqrt{x+a}+b\,(x \geq c),\ y=x^2-4x+1\,(x \geq 2)$$

의 그래프가 직선 $y=x$에 대하여 대칭일 때, 상수 a, b, c에 대하여 $a+b+c$의 값은?

① 2   ② 3   ③ 5
④ 6   ⑤ 8

1818 최다빈출 상 중요

NORMAL

함수 $f(x)=\sqrt{ax+b}$의 역함수를 $g(x)$라 하자.

$$f(2)=3,\ g(5)=10$$

일 때, $f(ab)$의 값은? (단, a, b는 상수이고 $a \neq 0$)

① 3   ② 5   ③ 7
④ 9   ⑤ 11

해설 내신연계문제

1819

NORMAL

무리함수 $f(x)=\sqrt{ax+b}\,(a \neq 0)$에 대하여 함수 $y=f(x)$의 그래프와 그 역함수 $y=f^{-1}(x)$의 그래프가 모두 원 $x^2+y^2-4x-6y+4=0$의 중심을 지날 때, 상수 a, b에 대하여 $a+b$의 값은?

① 14   ② 15   ③ 16
④ 17   ⑤ 18

1820 최다빈출 상 중요

NORMAL

함수 $y=-\sqrt{ax-b}+c$의 역함수의 그래프가 오른쪽 그림과 같을 때, 상수 a, b, c에 대하여 abc의 값은?

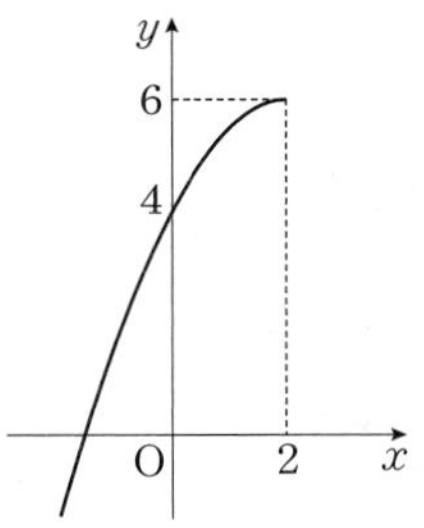

① 24   ② 36
③ 48   ④ 52
⑤ 64

해설 내신연계문제

1821

NORMAL

함수 $y=-\sqrt{-2x+1}+2$에 대한 다음 설명 중 옳지 않은 것은?

① 정의역은 $\left\{x \,\middle|\, x \leq \dfrac{1}{2}\right\}$이다.

② 치역은 $\{y \,|\, y \leq 2\}$이다.

③ 그래프는 제 4사분면을 지나지 않는다.

④ 그래프는 무리함수 $y=\sqrt{-2x+1}-2$의 그래프와 x축에 대하여 대칭이다.

⑤ 역함수는 $y=-\dfrac{1}{2}(x-2)^2-1\ \left(x \leq \dfrac{1}{2}\right)$이다.

1822 최다빈출 상 중요

NORMAL

함수 $y=-\sqrt{2x+4}+3$에 대한 설명으로 옳은 것은?

① 정의역은 $\{x \,|\, x \geq 0\}$이다.

② 치역은 $\{y \,|\, y \geq 3\}$이다.

③ 그래프는 제 1, 2, 4사분면을 지난다.

④ 그래프는 함수 $y=\dfrac{1}{2}(x-3)^2-2\ (x \geq 3)$의 그래프와 직선 $y=x$에 대하여 대칭이다.

⑤ 그래프는 함수 $y=-\sqrt{2x}$의 그래프를 x축 방향으로 2만큼, y축 방향으로 3만큼 평행이동한 것이다.

해설 내신연계문제

모의고사 핵심유형 기출문제

1823 2018년 03월 고3 학력평가 나형 17번

NORMAL

무리함수 $f(x)=\sqrt{ax+b}+1$의 역함수를 $g(x)$라 하자. 곡선 $y=f(x)$와 곡선 $y=g(x)$가 점 $(1, 3)$에서 만날 때, $g(5)$의 값은? (단, a, b는 상수이다.)

① -5 ② -4 ③ -3
④ -2 ⑤ -1

해설 내신연계문제

(1) $y=\dfrac{ax+b}{cx+d}$ 를 $y=\dfrac{k}{x-m}+n$ 꼴로 변형하여 유리함수의 그래프를 그린다.

(2) $y=\sqrt{ax+b}+c$ 를 $y=\sqrt{a(x+p)}+q$ 꼴로 변형하여 무리함수의 그래프를 그린다.

(3) 함수 $y=f(x)$ 의 그래프와 그 역함수 $y=f^{-1}(x)$ 의 그래프는 직선 $y=x$ 에 대하여 대칭이다.

1824 학교기출 대표유형

함수 $y=\dfrac{bx+c}{ax-1}$ 의 그래프가 오른쪽 그림과 같을 때, 다음 중 함수 $f(x)=-\sqrt{cx+b}+a$ 의 그래프에 대하여 옳은 것만을 [보기]에서 있는 대로 고른 것은? (단, a, b, c는 상수이다.)

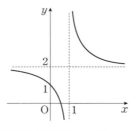

ㄱ. $a+b+c=2$
ㄴ. 정의역은 $\{x|x\geq 2\}$ 이고 치역은 $\{y|y\leq 1\}$ 이다.
ㄷ. $f^{-1}(-2)=-7$
ㄹ. $y=f(x)$ 의 그래프는 제 2사분면을 지나지 않는다.

① ㄱ　　　　② ㄴ　　　　③ ㄱ, ㄴ, ㄷ
④ ㄱ, ㄷ, ㄹ　　⑤ ㄱ, ㄴ, ㄷ, ㄹ

1825 NORMAL

유리함수 $f(x)=\dfrac{bx+c}{x+a}$ 의 그래프가 오른쪽 그림과 같을 때, 무리함수 $g(x)=\sqrt{ax+b}+c$ 의 그래프에 대하여 옳은 것만을 [보기]에서 있는 대로 고른 것은? (단, a, b, c는 상수이다.)

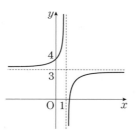

ㄱ. 함수 $g(x)$ 의 정의역은 $\{x|x\leq 3\}$ 이고 치역은 $\{y|y\geq -4\}$ 이다.
ㄴ. 함수 $g(x)$ 의 그래프는 제 2, 3, 4사분면을 지난다.
ㄷ. 함수 $g(x)$ 의 역함수를 $h(x)$ 라 할 때, $h(-1)$의 값은 -6이다.

① ㄱ　　　　② ㄴ　　　　③ ㄱ, ㄴ
④ ㄴ, ㄷ　　　⑤ ㄱ, ㄴ, ㄷ

1826 최다빈출 왕 중요 TOUGH

함수 $y=\dfrac{-2x+5}{x-3}$ 의 그래프는 함수 $y=\dfrac{a}{x}$ 의 그래프를 평행이동한 것이고, 점근선은 $x=b$, $y=c$ 이다. 함수 $f(x)=\sqrt{ax+b}+c$ 에 대하여 [보기]에서 옳은 것만을 있는 대로 고른 것은? (단, a, b, c는 상수, $a\neq 0$)

ㄱ. 함수 $y=f(x)$ 의 그래프는 함수 $y=\sqrt{-x}$ 의 그래프를 평행이동하여 일치시킬 수 있다.
ㄴ. 정의역은 $\{x|x\leq 3\}$, 치역은 $\{y|y\geq -2\}$ 이다.
ㄷ. 함수 $y=f(x)$ 의 그래프는 함수 $y=f^{-1}(x)$ 의 그래프와 오직 한 점에서 만난다.

① ㄱ　　　　② ㄱ, ㄴ　　　③ ㄱ, ㄷ
④ ㄴ, ㄷ　　　⑤ ㄱ, ㄴ, ㄷ

해설 내신연계문제

1827 TOUGH

함수 $f(x)=a\sqrt{x-b}+c$ 에 대하여 함수 $y=f(x)$ 의 그래프가 오른쪽 그림과 같이 두 점 (b, c), $(2, 0)$을 지나고 $f^{-1}(x)=\dfrac{1}{4}(x-2)^2+b\,(x\leq 2)$

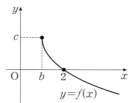

일 때, 함수 $g(x)=-\dfrac{bx-c}{x-a}$ 에 대하여 [보기]에서 옳은 것만을 있는 대로 고른 것은? (단, a, b, c는 상수, $a\neq 0$, $b<2$)

ㄱ. 함수 $y=g(x)$ 의 그래프는 제 2사분면을 지나지 않는다.
ㄴ. 함수 $y=g(x)$ 의 그래프는 직선 $y=x+1$, $y=-x-3$에 대하여 대칭이다.
ㄷ. 점 $(-2, -1)$에서 함수 $y=g(x)$ 의 그래프와 한 점에서 만나는 직선을 그을 수 있다.

① ㄱ　　　　② ㄴ　　　　③ ㄱ, ㄴ
④ ㄱ, ㄷ　　　⑤ ㄱ, ㄴ, ㄷ

유형 18 무리함수의 합성함수와 역함수

두 함수 f, g와 그 역함수 f^{-1}, g^{-1}에 대하여

(1) $f \circ f^{-1} = I$, $f^{-1} \circ f = I$ (I는 항등함수)

(2) $(f \circ g)^{-1} = g^{-1} \circ f^{-1}$

(3) $f^{-1}(a) = b$이면 $f(b) = a$

 무리함수의 역함수를 구해서 합성하는 것보다 구하려는 역함수의
함숫값을 미지수로 놓고 $f^{-1}(a) = b$이면 $f(b) = a$임을 이용하여
접근한다.

1828 학교기출 대표 유형

정의역이 $\{x \mid x > 1\}$인 두 함수
$$f(x) = \frac{x+1}{x-1}, \quad g(x) = \sqrt{2x+1}$$
에 대하여 $(g \circ f)^{-1}(2)$의 값을 구하시오.

1829 BASIC

정의역이 $\{x \mid x \geq 3\}$인 두 함수
$$f(x) = \sqrt{x+1} - 2, \quad g(x) = \sqrt{x+6} - 2$$
대하여 $(f^{-1} \circ g)^{-1}(8)$의 값은?

① 3   ② 10   ③ 19
④ 30   ⑤ 43

1830 NORMAL

정의역이 $\{x \mid x > 1\}$인 두 함수
$$f(x) = \frac{x+2}{x-1}, \quad g(x) = \sqrt{2x+1}$$
에 대하여 $(g \circ f^{-1})^{-1}(3) + (f \circ g^{-1})^{-1}(2)$의 값은?

① 3   ② 4   ③ 5
④ 6   ⑤ 7

1831 최다빈출 황 중요 NORMAL

함수 $f(x) = \frac{1}{2}\sqrt{x-3} + 1$과 함수 $g(x)$가 1 이상의 모든 실수 x에
대하여 $(f \circ g)(x) = x$일 때, $g(2) + g^{-1}(19)$의 값은?

① 2   ② 4   ③ 6
④ 8   ⑤ 10

해설 내신연계문제

1832 NORMAL

1보다 큰 실수 전체의 집합 A에서 A로의 함수
$$f(x) = \frac{x+1}{x-1}, \quad g(x) = \sqrt{2x-1}$$
에 대하여 $(f \circ (g \circ f)^{-1} \circ f)(2)$의 값은?

① 2   ② 3   ③ 4
④ 5   ⑤ 6

1833 NORMAL

집합 $A = \{x \mid x > 1\}$에서 정의된 두 함수
$$f(x) = \frac{5}{x-1} - 1, \quad g(x) = \sqrt{2x+1}$$
에 대하여 $((f \circ g)^{-1} \circ f)(2) = f(a)$라 할 때, 상수 a의 값을
구하시오.

모의고사 핵심유형 기출문제

1834 2020년 03월 고2 학력평가 16번 NORMAL

함수 $f(x) = \sqrt{3x - 12}$가 있다. 함수 $g(x)$가 2 이상의 모든 실수 x에
대하여 $f^{-1}(g(x)) = 2x$를 만족시킬 때, $g(3)$의 값은?

① 2   ② $\sqrt{5}$ ③ $\sqrt{6}$
④ $\sqrt{7}$ ⑤ $2\sqrt{2}$

해설 내신연계문제

04
무리함수

무리함수 $y=f(x)$의 그래프와 그 역함수 $y=f^{-1}(x)$의 그래프는
직선 $y=x$에 대하여 대칭이다.

➡ 함수 $y=f(x)$의 그래프와 직선 $y=x$의 교점이 존재하면 그 교점은

두 함수 $y=f(x)$, $y=y=f^{-1}(x)$의
그래프의 교점과 같다.
$y=\sqrt{ax+b}+c$ $(a>0)$의 그래프와
그 역함수의 그래프의 교점은
직선 $y=x$ 위에 존재한다.

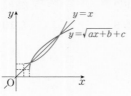

 함수 $y=f(x)$의 그래프와 그 역함수 $y=f^{-1}(x)$의 그래프의 교점의
좌표를 구할 때는 두 함수의 그래프를 그려 두 함수의 그래프의 교점이
모두 $y=x$ 위에 있는지 확인한 후 방정식 $f(x)=x$를 푼다.
함수 $y=f(x)$의 그래프와 직선 $y=x$의 교점이 존재하면 그 교점은
함수 $y=f(x)$의 그래프와 그 역함수 $y=f^{-1}(x)$의 그래프의 교점이지만
함수 $y=f(x)$의 그래프와 그 역함수 $y=f^{-1}(x)$의 그래프의 교점이
반드시 함수 $y=f(x)$의 그래프와 직선 $y=x$의 교점만 되는 것은 아니다.
[해설 $+\alpha$ 참고]

1835 학교기출 대표 유형

함수 $y=\sqrt{x-1}+1$의 그래프와 그 역함수의 그래프가 만나는
두 점을 P, Q라고 할 때, 선분 PQ의 길이를 구하시오.

1836 NORMAL

함수 $y=f(x)$의 그래프는 함수 $y=\sqrt{2x}$의 그래프를 x축의 방향으로
3만큼, y축의 방향으로 a만큼 평행이동한 것이다.
함수 $y=f(x)$와 그 역함수 $y=f^{-1}(x)$의 그래프가 접할 때,
상수 a의 값은?

① $\dfrac{7}{2}$ ② 3 ③ $\dfrac{5}{2}$

④ 2 ⑤ $\dfrac{3}{2}$

1837 최다빈출 왕 중요 NORMAL

함수 $f(x)=\sqrt{2x+k}-5$의 역함수를 $f^{-1}(x)$라 할 때, 두 함수
$y=f(x)$, $y=f^{-1}(x)$의 그래프가 서로 다른 두 점에서 만나도록
하는 실수 k의 값의 범위는?

① $8<k\leq 10$ ② $8<k\leq 9$ ③ $9<k\leq 11$

④ $9<k\leq 10$ ⑤ $7\leq k<11$

 해설 내신연계문제

1838 최다빈출 왕 중요 NORMAL

$x\geq -2$에서 정의된 두 함수
$$f(x)=\sqrt{x+2}-2, \quad g(x)=x^2+4x+2$$
의 그래프가 서로 다른 두 점에서 만난다. 두 교점 사이의 거리는?

① 1 ② $\sqrt{2}$ ③ $\sqrt{3}$

④ 2 ⑤ $\sqrt{5}$

 해설 내신연계문제

1839 NORMAL

함수 $f(x)=\dfrac{1}{2}(x-k)^2+2$ $(x\geq k)$의 그래프와 $g(x)=\sqrt{2x-4}+k$
의 그래프가 서로 다른 두 점 A, B에서 만날 때, 선분 AB의 길이의
최댓값은? (단, k는 실수이다.)

① $2\sqrt{2}$ ② $3\sqrt{2}$ ③ $4\sqrt{2}$

④ $5\sqrt{2}$ ⑤ $6\sqrt{2}$

1840 NORMAL

$x\geq 0$에서 정의된 두 함수
$$y=\sqrt{4x-1}, \quad y=\dfrac{1}{4}(x^2+1)$$
의 그래프의 교점의 x좌표를 α, β라 하자. 실수 α, β에 대하여
$\alpha^2+\beta^2$의 값은?

① 13 ② 14 ③ 15

④ 16 ⑤ 17

1841 TOUGH

$x\geq -1$인 모든 실수 x에 대하여 정의된 함수 $f(x)$가
$f(x)=3\sqrt{x+1}-2$이다. 정의역의 모든 원소 x에 대하여
함수 $g(x)$가 $(f\circ g)(x)=x$를 만족시키고 $y=f(x)$의 그래프와
$y=g(x)$의 그래프의 두 교점을 P, Q라 할 때, 선분 PQ의 길이는?

① $6\sqrt{2}$ ② 9 ③ $3\sqrt{10}$

④ $3\sqrt{11}$ ⑤ $6\sqrt{3}$

1842
최다빈출 상 중요   TOUGH

함수 $y=\sqrt{4x-3}+k$ 의 그래프와 이 함수의 역함수의 그래프가 두 점에서 만날 때, 교점 사이의 거리가 $2\sqrt{6}$ 이 되도록 하는 상수 k 의 값은?

① $\dfrac{1}{8}$ ② $\dfrac{1}{4}$ ③ $\dfrac{3}{8}$

④ $\dfrac{1}{2}$ ⑤ $\dfrac{5}{8}$

해설 내신연계문제

모의고사 **핵심유형** 기출문제

1843
2020학년도 수능기출 나형 10번   NORMAL

함수 $y=\sqrt{4-2x}+3$ 의 역함수의 그래프와 직선 $y=-x+k$ 가 서로 다른 두 점에서 만나도록 하는 실수 k 의 최솟값은?

① 1   ② 3   ③ 5

④ 7   ⑤ 9

해설 내신연계문제

1844
2015년 09월 고2 학력평가 나형 19번   TOUGH

두 함수 $f(x)=\dfrac{1}{5}x^2+\dfrac{1}{5}k\,(x\geq 0)$, $g(x)=\sqrt{5x-k}$ 에 대하여 $y=f(x)$, $y=g(x)$ 의 그래프가 서로 다른 두 점에서 만나도록 하는 모든 정수 k 의 개수는?

① 5   ② 7   ③ 9

④ 11   ⑤ 13

해설 내신연계문제

유형 **20**   무리함수와 직선의 위치 관계

(1) **무리함수 $y=f(x)$ 의 그래프와 직선 $y=g(x)$ 의 위치 관계**

   FIRST 무리함수의 평행이동과 대칭이동을 이용하여 그래프를 그린다.

   NEXT 주어진 직선의 y 절편 또는 기울기를 변화시켜서 그래프를 움직인 후 교점의 개수를 파악한다.

   LAST 주어진 조건을 만족시키는 위치 관계를 찾는다.

(2) **무리함수 $y=f(x)$ 의 그래프와 직선 $y=g(x)$ 가 한 점에서 만날 때,**

   ➡ 즉 접할 때, 방정식 $f(x)=g(x)$ 의 양변을 제곱하여 이차방정식 $\{f(x)\}^2=\{g(x)\}^2$ 의 판별식을 D 라 하면 $D=0$ 이어야 한다.

1845
학교기출 대표 유형

두 함수 $y=\sqrt{2x+1}$, $y=x+k$ 의 그래프가 서로 다른 두 점에서 만날 때, 실수 k 의 값의 범위는?

① $k\geq 1$ ② $k<1$ ③ $k>\dfrac{1}{2}$

④ $\dfrac{1}{2}<k\leq 1$ ⑤ $\dfrac{1}{2}\leq k<1$

1846
최다빈출 상 중요   NORMAL

두 집합
$$A=\{(x,\,y)\,|\,y=-\sqrt{2x+4}+1\},\ B=\{(x,\,y)\,|\,y=-x+k\}$$
에 대하여 $n(A\cap B)=2$ 를 만족하는 실수 k 의 값의 범위는?

① $-\dfrac{3}{2}<k\leq -1$ ② $-\dfrac{3}{2}\leq k<-1$

③ $-\dfrac{3}{2}\leq k\leq -1$ ④ $-1\leq k\leq \dfrac{3}{2}$

⑤ $-1\leq k<\dfrac{3}{2}$

해설 내신연계문제

1847
NORMAL

두 집합 A, B 에 대하여
$$A=\{(x,\,y)\,|\,y=\sqrt{x-1}\},\ B=\{(x,\,y)\,|\,y=x+k\}$$
일 때, $n(A\cap B)=1$ 을 만족하는 실수 k 의 최댓값을 M, $n(A\cap B)=2$ 를 만족하는 실수 k 의 최솟값을 m 이라 하자. 이때 $M-m$ 의 값은?

① $\dfrac{5}{16}$ ② $\dfrac{7}{16}$ ③ $\dfrac{3}{8}$

④ $\dfrac{1}{4}$ ⑤ $\dfrac{1}{2}$

1848

함수 $y=\sqrt{x+2}$의 그래프와 직선 $y=\frac{1}{2}x+k$의 교점의 개수를

$f(k)$라 할 때, $f\left(\frac{3}{2}\right)+f(1)+f\left(\frac{4}{3}\right)+f(3)$의 값은?

(단, k는 상수이다.)

① 3   ② 4   ③ 5
④ 6   ⑤ 7

1849

두 집합

$$A=\{(x,\ y)\ |\ y=\sqrt{-2x-3}\},$$
$$B=\{(x,\ y)\ |\ y=kx+1\}$$

에 대하여 $A\cap B\neq\varnothing$을 만족하는 상수 m의 값의 범위가
$\alpha\leq k\leq\beta$일 때, $\beta-\alpha$의 값은? (단, α, β는 상수이다.)

① -3 ② -2 ③ 1
④ 2 ⑤ 3

1850

무리함수 $y=\sqrt{x-1}+2$의 그래프와 직선 $y=ax-2a+1$이 만나기
위한 실수 a의 값의 범위는?

① $a\leq-1$ 또는 $a>0$ ② $-1\leq a<0$
③ $0<a\leq1$ ④ $a\leq0$ 또는 $a>1$
⑤ $a<-1$ 또는 $a\geq2$

1851

함수 $y=\sqrt{4-2x}+2$의 역함수의 그래프와 직선 $y=-2x+k$가
두 점에서 만나도록 하는 모든 자연수 k의 합은?

① 8   ② 10   ③ 12
④ 13   ⑤ 14

> 해설 내신연계문제

1852

함수 $f(x)=\begin{cases}\sqrt{x-1} & (x\geq1) \\ \sqrt{1-x} & (x<1)\end{cases}$의 그래프와 직선 $y=mx$가

서로 다른 세 점에서 만나도록 하는 실수 m의 값의 범위가
$a<m<b$일 때, 실수 a, b에 대하여 $2(a+b)$의 값을 구하시오.

모의고사 **핵심유형** 기출문제

1853   2019년 03월 고2 학력평가 가형 15번

함수 $y=5-2\sqrt{1-x}$의 그래프와 직선 $y=-x+k$가
제 1사분면에서 만나도록 하는 모든 정수 k의 값의 합은?

① 11   ② 13   ③ 15
④ 17   ⑤ 19

> 해설 내신연계문제

유형 21 무리함수의 활용

무리함수의 그래프의 활용 문제는 다음 순서로 해결한다.

FIRST 무리함수의 평행이동과 대칭이동을 이용하여 그래프를 그린다.

NEXT 주어진 조건을 만족하는 함수의 성질을 파악한다.

LAST 구하고자 하는 값을 구한다.

1854 학교기출 대표유형

오른쪽 그림과 같이 함수 $y=\sqrt{x}$의 그래프 위의 두 점 $P(a, b)$, $Q(c, d)$에 대하여 $\dfrac{b+d}{2}=3$일 때, 직선 PQ의 기울기는? (단, $0<a<c$)

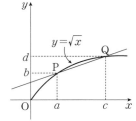

① 1   ② $\dfrac{1}{2}$

③ $\dfrac{1}{4}$ ④ $\dfrac{1}{5}$

⑤ $\dfrac{1}{6}$

1855 최다빈출 상 중요   NORMAL

두 함수 $y=\sqrt{2x}$와 $y=\sqrt{8x}$의 그래프가 오른쪽 그림과 같다.
점 $A(a, 0)$에서 x축에 수직인 직선을 그어 곡선 $y=\sqrt{8x}$와 만나는 점을 D라 하자. $\overline{AD}$를 한 변으로 하는 정사각형 ABCD를 만들면 점 C가 곡선 $y=\sqrt{2x}$ 위에 존재할 때, 양수 a의 값은?

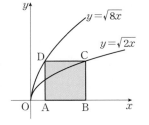

① $\dfrac{2}{3}$ ② $\dfrac{4}{3}$ ③ $\dfrac{8}{3}$

④ $\dfrac{8}{9}$ ⑤ $\dfrac{9}{4}$

해설 내신연계문제

1856   NORMAL

오른쪽 그림과 같이 함수 $y=\sqrt{3x}$의 그래프 위의 점 A와 함수 $y=3\sqrt{x}$의 그래프 위의 점 B, x축 위의 두 점 C, D에 대하여 직사각형 ABCD의 넓이가 48이다. $C(a, 0)$일 때, a의 값은?

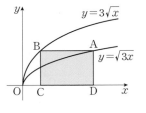

① 2   ② 3   ③ 4

④ 6   ⑤ 8

1857   NORMAL

그림과 같이 두 무리함수 $y=\sqrt{2x}$, $y=\sqrt{-2x+8}$의 그래프와 직선 $y=k$ $(0<k<2)$가 만나는 점을 각각 A, B라 하고, 두 점 A, B에서 x축에 내린 수선의 발을 각각 C, D라 하자.

직사각형 ACDB의 둘레의 길이의 최댓값이 $\dfrac{q}{p}$일 때, $p+q$의 값을 구하시오. (단, p와 q는 서로소인 자연수이다.)

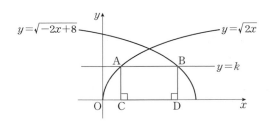

1858   NORMAL

실수 전체의 집합 R에서 R로의 함수

$$f(x)=\begin{cases} a(x-1)^2+3 & (x<1) \\ \sqrt{x-1}+b & (x\geq 1) \end{cases}$$

의 역함수가 존재하기 위한 두 실수 a, b에 대하여 좌표평면에서 함수 $y=\dfrac{a}{x+b}$의 그래프가 지나는 모든 사분면을 나열한 것은?

① 제 1, 2사분면   ② 제 1, 4사분면

③ 제 1, 2, 3사분면   ④ 제 1, 2, 4사분면

⑤ 제 2, 3, 4사분면

1859 최다빈출 상 중요   TOUGH

실수 전체의 집합에서 정의된 함수 f가

$$f(x)=\begin{cases} \dfrac{2x+3}{x-2} & (x>3) \\ \sqrt{3-x}+a & (x\leq 3) \end{cases}$$

일 때, 함수 f는 다음 조건을 만족시킨다.

> (가) 함수 f의 치역은 $\{y\,|\,y>2\}$이다.
> (나) 임의의 두 실수 x_1, x_2에 대하여 $x_1\neq x_2$이면 $f(x_1)\neq f(x_2)$이다.

$f(2)f(k)=40$일 때, 상수 k의 값은? (단, a는 상수이다.)

① $\dfrac{3}{2}$ ② $\dfrac{5}{2}$ ③ $\dfrac{7}{2}$

④ $\dfrac{9}{2}$ ⑤ $\dfrac{11}{2}$

해설 내신연계문제

1860 2018년 10월 고3 학력평가 나형 11번 NORMAL

좌표평면에 네 점 A(1, 1), B(6, 1), C(6, 7), D(1, 7)을 꼭짓점으로
하는 직사각형 ABCD가 있다. 함수 $y=\sqrt{x+3}+a$의 그래프가
직사각형 ABCD와 만나도록 하는 정수 a의 개수는?

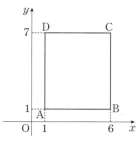

① 8   ② 9   ③ 10
④ 11   ⑤ 12

해설 내신연계문제

1861 2017년 04월 고3 학력평가 나형 26번 NORMAL

실수 전체의 집합 R에서 R로의 함수

$$f(x)=\begin{cases}\sqrt{4-x}+3 & (x<4)\\-(x-a)^2+4 & (x\geq4)\end{cases}$$

가 일대일대응이 되도록 하는 상수 a의 값을 구하시오.

해설 내신연계문제

1862 2016년 11월 고2 학력평가 나형 27번 TOUGH

그림과 같이 양수 a에 대하여 직선 $x=a$와 두 곡선
$y=\sqrt{x}$, $y=\sqrt{3x}$가 만나는 점을 각각 A, B라 하자. 점 B를 지나고
x축과 평행한 직선이 곡선 $y=\sqrt{x}$와 만나는 점을 C라 하고, 점 C를
지나고 y축과 평행한 직선이 곡선 $y=\sqrt{3x}$와 만나는 점을 D라 하자.
두 점 A, D를 지나는 직선의 기울기가 $\frac{1}{4}$일 때, a의 값을 구하시오.

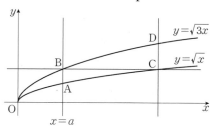

해설 내신연계문제

무리함수의 그래프에서 삼각형의 넓이는 다음 순서로 구한다.

FIRST 무리함수의 평행이동과 대칭이동을 이용하여 그래프를 그린다.
NEXT 함수의 성질을 이용하여 삼각형의 밑변과 높이를 구한다.
LAST 삼각형의 넓이를 구한다.

1863 학교기출 **대표**유형

함수 $y=\begin{cases}\sqrt{x+25} & (-25\leq x\leq0)\\\sqrt{-x+25} & (0<x\leq25)\end{cases}$의 그래프 위의 점 중 y좌표가
최대인 점을 A라 하자. 이 함수의 그래프와 직선 $y=1$의 두 교점을
각각 B, C라 할 때, 삼각형 ABC의 넓이를 구하시오.

해설 내신연계문제

1864 NORMAL

무리함수 $f(x)=\sqrt{ax}$ $(a>0)$의 그래프를 x축의 방향으로 3만큼
평행이동한 그래프와 곡선 $y=\frac{12}{x}$ $(x>0)$이 만나는 점 A의 좌표가
4이다. 점 B(3, $f(3)$)에 대하여 삼각형 OAB의 넓이는?
(단, O는 원점이다.)

① $-6+3\sqrt{6}$ ② $-\frac{5}{2}+4\sqrt{6}$ ③ $-\frac{9}{2}+3\sqrt{3}$

④ $-\frac{9}{2}+6\sqrt{3}$ ⑤ $-\frac{7}{2}+8\sqrt{3}$

1865 TOUGH

그림과 같이 무리함수 $y=\sqrt{2x}$ $(0<x<8)$의 그래프 위의 점 P가
원점 O와 점 A(8, 4) 사이를 움직일 때, 삼각형 OAP의 넓이의
최댓값을 구하시오.

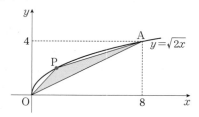

1866

2024년 03월 고2 학력평가 14번

그림과 같이 $k>1$인 상수 k에 대하여 점 A$(k, 0)$을 지나고 y축에 평행한 직선이 두 곡선 $y=\sqrt{x}$, $y=\sqrt{kx}$와 만나는 점을 각각 B, C 라 하자. 삼각형 OBC의 넓이가 삼각형 OAB의 넓이의 2배일 때, 삼각형 OBC의 넓이는? (단, O는 원점이다.)

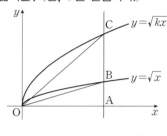

① 15   ② 18   ③ 21

④ 24   ⑤ 27

해설 내신연계문제

1867

2017년 03월 고2 학력평가 가형 11번

함수 $y=\sqrt{a(6-x)}\,(a>0)$의 그래프와 함수 $y=\sqrt{x}$의 그래프가 만나는 점을 A라 하자. 원점 O와 점 B$(6, 0)$에 대하여 삼각형 AOB 의 넓이가 6일 때, 상수 a의 값은?

① 1   ② 2   ③ 3

④ 4   ⑤ 5

해설 내신연계문제

1868

2018년 03월 고2 학력평가 나형 17번

함수 $y=2\sqrt{x}$의 그래프 위의 점 A를 지나고 x축, y축에 각각 평행 한 직선이 함수 $y=\sqrt{x}$의 그래프와 만나는 점을 각각 B, C라 하자. 삼각형 ACB가 직각이등변삼각형일 때, 삼각형 ACB의 넓이는? (단, 점 A는 제 1사분면에 있다.)

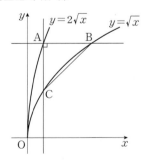

① $\dfrac{1}{18}$ ② $\dfrac{1}{15}$ ③ $\dfrac{1}{12}$

④ $\dfrac{1}{9}$ ⑤ $\dfrac{1}{6}$

해설 내신연계문제

함수의 그래프 모양을 보고 넓이가 같은 영역을 찾아 도형의 넓이를 구하는 문제는 다음 순서로 해결한다.

FIRST 무리함수의 평행이동과 대칭이동을 이용하여 그래프를 그린다.
NEXT 함수의 성질을 이용하여 넓이가 같은 영역을 찾는다.
LAST 직사각형 또는 삼각형의 넓이를 구한다.

🐎 두 함수의 평행이동과 대칭이동, 역함수와의 관계를 찾아 주어진 도형의 넓이를 쉽게 구할 수 있도록 변형한다.

1869

학교기출 **대표** 유형

함수 $f(x)=\sqrt{x-4}$에 대하여 $y=f(x)$의 그래프와 x축 및 직선 $x=8$로 둘러싸인 부분의 넓이를 S_1, 함수 $g(x)=\sqrt{-x}$에 대하여 $y=g(x)$의 그래프와 y축 및 직선 $y=2$로 둘러싸인 부분의 넓이를 S_2라 할 때, S_1+S_2의 값을 구하시오.

1870

최다빈출 **왕** 중요   NORMAL

좌표평면에 두 함수 $f(x)=\sqrt{-x+3}+4$과 $g(x)=-\sqrt{x}-1$의 그래프가 있다. 함수 $y=f(x)$의 그래프와 직선 $x=3$ 및 x축, y축 으로 둘러싸인 부분의 넓이를 A, 함수 $y=g(x)$의 그래프와 직선 $x=3$ 및 x축, y축으로 둘러싸인 부분의 넓이를 B라 할 때, $A-B$의 값은?

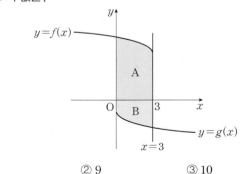

① 8   ② 9   ③ 10

④ 11   ⑤ 12

해설 내신연계문제

04
무리함수

1871

$\blacktriangleleft\blacktriangleleft\blacktriangleleft$ NORMAL

함수 $f(x)=\sqrt{x-4}$에 대하여 $y=f(x)$의 그래프와 x축, 직선 $x=20$으로 둘러싸인 부분을 A, $y=f(x)$의 역함수 $y=f^{-1}(x)$의 그래프와 x축, y축, 직선 $x=4$로 둘러싸인 부분을 B라 하자. 이때 두 도형 A, B의 넓이의 합은?

① 40   ② 50   ③ 60

④ 70   ⑤ 80

1872

$\blacktriangleleft\blacktriangleleft\blacktriangleleft$ TOUGH

네 무리함수

$$y=\sqrt{x},\ y=\sqrt{-x},\ y=\sqrt{x+4}+2,\ y=\sqrt{4-x}+2$$

의 그래프로 둘러싸인 부분의 넓이는?

① 4   ② 8   ③ 12

④ 16   ⑤ 20

1873

최다빈출 **강** 중요 $\blacktriangleleft\blacktriangleleft\blacktriangleleft$ TOUGH

다음 그림과 같이 두 함수 $f(x)=\sqrt{x-2}-1$, $g(x)=\sqrt{x+2}+1$의 그래프와 두 직선 $y=-\dfrac{1}{2}x$, $y=-\dfrac{1}{2}x+4$로 둘러싸인 도형의 넓이를 구하시오.

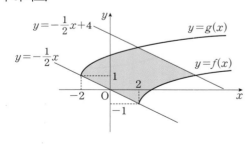

해설 내신연계문제

1874

2009년 03월 고2 학력평가 29번 $\blacktriangleleft\blacktriangleleft\blacktriangleleft$ NORMAL

두 함수

$$f(x)=\sqrt{x+4}-3,\ g(x)=\sqrt{-x+4}+3$$

의 그래프와 두 직선 $x=-4$, $x=4$로 둘러싸인 도형의 넓이를 구하시오.

해설 내신연계문제

1875

2015년 06월 고2 학력평가 나형 26번 $\blacktriangleleft\blacktriangleleft\blacktriangleleft$ NORMAL

함수 $f(x)=\begin{cases}\sqrt{x} & (x\geq0)\\ x^2 & (x<0)\end{cases}$의 그래프와 직선 $x+3y-10=0$이 두 점 $A(-2,4)$, $B(4,2)$에서 만난다. 그림과 같이 주어진 함수 $f(x)$의 그래프와 직선으로 둘러싸인 부분의 넓이를 구하시오. (단, O는 원점이다.)

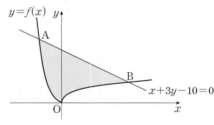

해설 내신연계문제

서술형 기출유형
학교내신기출 서술형 핵심문제총정리

1876

세 함수 f, g, h가 다음 조건을 만족할 때, $(h \circ (g \circ h)^{-1} \circ h)(-2)$의 값을 구하는 과정을 단계로 서술하시오. (단, a, b는 상수이다.)

> (가) 함수 $f(x)=\sqrt{-2x+a}+b$의 정의역이 $\{x|x \leq 4\}$, 치역이 $\{y|y \geq -3\}$이다.
> (나) $g(x)=ax-16$, $h(x)=bx^3$이다.

1단계 정의역이 $\{x|x \leq 4\}$, 치역이 $\{y|y \geq -3\}$이 되도록 하는 상수 a, b의 값을 구한다. [5점]

2단계 함수 $g(x)=ax-16$, $h(x)=bx^3$에 대하여 $(h \circ (g \circ h)^{-1} \circ h)(-2)$의 값을 구한다. [5점]

1877

함수 $y=\sqrt{3-x}-2$의 역함수의 그래프와 직선 $y=-2x+k$가 두 점에서 만나도록 하는 실수 k의 값의 범위를 구하는 과정을 다음 단계로 서술하시오.

1단계 함수 $y=\sqrt{3-x}-2$의 역함수를 구한다. [4점]

2단계 함수의 역함수와 직선 $y=-2x+k$가 두 점에서 만나도록 하는 실수 k의 값의 범위를 구한다. [6점]

1878

함수 $y=\dfrac{x+3}{x+1}$의 그래프는 점 (a, b)에 대하여 대칭이고 동시에 직선 $y=x+c$에 대하여 대칭일 때, 무리함수 $y=-\sqrt{ax+b}+c$의 정의역과 치역 그리고 지나지 않는 사분면을 구하는 과정을 다음 단계로 서술하시오.

1단계 유리함수의 그래프는 점근선의 교점에 대칭임을 이용하여 a, b의 값을 구한다. [3점]

2단계 유리함수의 그래프는 점근선의 교점을 지나며 기울기가 1 또는 -1인 직선에 대칭임을 이용하여 c의 값을 구한다. [3점]

3단계 무리함수 $y=-\sqrt{ax+b}+c$의 정의역과 치역을 구하고 지나지 않는 사분면을 구한다. [4점]

1879 최다빈출 상 중요

함수 $y=\dfrac{bx+3}{x-a}$의 그래프의 두 점근선의 교점의 좌표가 $(3, -2)$이다. $2 \leq x \leq 9$에서 함수 $y=\sqrt{ax+b}+c$의 최솟값이 -3일 때, 최댓값을 구하는 과정을 다음 단계로 서술하시오. (단, a, b, c는 상수이고, $a \neq 0$)

1단계 유리함수의 그래프의 두 점근선의 교점의 좌표가 $(3, -2)$임을 이용하여 상수 a, b의 값을 구한다. [4점]

2단계 $2 \leq x \leq 9$에서 함수 $y=\sqrt{ax+b}+c$의 최솟값이 -3이 되도록 하는 상수 c의 값을 구한다. [3점]

3단계 $2 \leq x \leq 9$에서 함수 $y=\sqrt{ax+b}+c$의 최댓값을 구한다. [3점]

해설 내신연계문제

1880

두 집합
$$A=\{(x, y)|y=\sqrt{-2x+3}\}, \ B=\{(x, y)|y=-x+k\}$$
에 대하여 $n(A \cap B)=2$일 때, 실수 k의 값의 범위를 구하는 과정을 다음 단계로 서술하시오.

1단계 $n(A \cap B)=2$일 때, 무리함수의 그래프와 직선의 위치 관계를 파악한다. [2점]

2단계 직선이 점 $\left(\dfrac{3}{2}, 0\right)$을 지날 때의 k의 값을 구한다. [3점]

3단계 직선이 무리함수의 그래프와 접할 때의 k의 값을 구한다. [3점]

4단계 실수 k의 값의 범위를 구한다. [2점]

1881 최다빈출 상 중요

무리함수 $f(x)=-\sqrt{ax+b}+c$의 그래프가 오른쪽 그림과 같다. 다음 단계의 물음에 답하고 그 과정을 서술하시오.

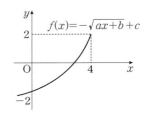

1단계 상수 a, b, c의 값을 구한다. [4점]

2단계 주어진 함수 $f(x)$의 역함수를 $g(x)$라 할 때, $g(1)$의 값을 구한다. [3점]

3단계 함수 $y=f(x)$의 그래프와 그 역함수 $y=g(x)$의 그래프의 교점이 (p, q)일 때, $p+q$의 값을 구한다. [3점]

해설 내신연계문제

04

무리함수

1882 최다빈출 상중요

다음은 무리함수와 그 역함수에 관한 문제이다.
다음 단계의 물음에 답하고 그 과정을 서술하시오.

1단계 무리함수 $y=\sqrt{2x+8}$의 그래프와 그 역함수 $y=g(x)$의
그래프의 교점의 좌표가 $(a,\ b)$일 때, 상수 $a,\ b$에 대하여
ab의 값을 구한다. [3점]

2단계 무리함수 $f(x)=\sqrt{x+k}$의 역함수를 $g(x)$라고 할 때,
$g(2)=3$이다. 이때 $g(3)$의 값을 구한다. [3점]

3단계 무리함수 $f(x)=\sqrt{ax+b}$와 그 역함수 $y=f^{-1}(x)$의
그래프가 점 $(1,\ 2)$에서 만날 때, $f(-3)$의 값을 구한다.
[4점]

해설 내신연계문제

1883

두 함수 $f(x),\ g(x)$가

$$f(x)=\frac{1}{2}x^2+x+\frac{1}{2}\ (x\le -1),\ g(x)=\frac{a}{x+1}+b$$

이다. 두 집합

$$A=\{f^{-1}(x)\,|\,2\le x\le 8\},\ B=\{g(x)\,|\,1\le x\le 3\}$$

이 서로 같을 때, 두 상수 $a,\ b$에 대하여 $a+b$의 값을 구하는 과정을
다음 단계로 서술하시오. (단, $a<0,\ b<0$)

1단계 $2\le x\le 8$에서 $f^{-1}(x)$의 범위를 구하여 집합 A를 구한다.
[4점]

2단계 $1\le x\le 3$에서 $g(x)$의 범위를 구하여 집합 B를 구한다.
[4점]

3단계 두 집합 $A,\ B$가 서로 같을 때, 두 상수 $a,\ b$에 대하여
$a+b$의 값을 구한다. [2점]

1884

실수 전체의 집합에서 정의된 함수 f가

$$f(x)=\begin{cases}\dfrac{2x+3}{x-2}&(x>3)\\2\sqrt{3-x}+a&(x\le 3)\end{cases}$$

일 때, 함수 f는 다음 조건을 만족시킨다.

(가) 함수 f는 일대일함수이다.
(나) 함수 f의 치역은 $\{y\,|\,y>2\}$이다.

$f(2)f(k)=\dfrac{55}{2}$일 때, 상수 $a,\ k$에 대하여 ka의 값을 구하는 과정을
다음 단계로 서술하시오.

1단계 함수 $f(x)$의 그래프의 개형을 그린다. [3점]

2단계 함수 $f(x)$의 그래프를 이용하여 상수 a의 값을 구한다.
[3점]

3단계 $f(2)f(k)=\dfrac{55}{2}$를 만족하는 상수 k의 값을 구한다. [3점]

4단계 ka의 값을 구한다. [1점]

1885 최다빈출 상중요

그림과 같이 무리함수 $f(x)=2\sqrt{x-1}+1\,(1<x<5)$의 그래프 위의
점 P가 점 A$(1,\ 1)$과 점 B$(5,\ 5)$ 사이를 움직일 때, 삼각형 ABP의
넓이의 최댓값을 구하는 과정을 다음 단계로 서술하시오.

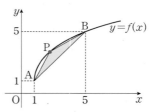

1단계 삼각형 ABP의 넓이의 최댓값이 되는 점 P의 위치를
구한다. [2점]

2단계 직선 AB에 평행하고 곡선 $y=f(x)$에 접하는 접선의
방정식을 구한다. [4점]

3단계 삼각형 ABP의 넓이의 최댓값을 구한다. [4점]

해설 내신연계문제

행복한 일등급문제

학교내신기출 고난도 핵심문제총정리

YOURMASTERPLAN;**MAPL**
SYNERGY
S E R I E S

1886 최다빈출 왕중요

두 함수

$$f(x)=\frac{-2x+8}{x-3},\ g(x)=\sqrt{7-3x}+1$$

에 대하여 $-3 \le x \le -\dfrac{2}{3}$ 에서 정의된 함수 $(f \circ g)(x)$의 최댓값과 최솟값의 합을 구하시오.

해설 내신연계문제

1887

두 집합

$$A=\left\{(x,\ y)\ \middle|\ y=\frac{3x-8}{x-2}\right\},$$

$$B=\{(x,\ y)\,|\,y=-\sqrt{x+a}-a+5\}$$

에 대하여 $n(A \cap B)=2$를 만족시키는 실수 a의 값의 범위가 $p \le a \le q$일 때, 상수 p, q에 대하여 pq의 값을 구하시오.

1888

두 집합

$$A=\{(x,\ y)\,|\,y=\sqrt{3-x}\ \text{또는}\ y=\sqrt{3+x}\},$$

$$B=\{(x,\ y)\,|\,y=2x+a\}$$

에 대하여 $n(A \cap B)=3$이 되도록 하는 실수 a의 값의 범위가 $\alpha \le a < \beta$일 때, $\beta-\alpha$의 값을 구하시오.

1889 최다빈출 왕중요

두 함수 $f(x)=\sqrt{12-3x}$, $g(x)=\sqrt{21-3x}+3$의 그래프와 두 직선 $y=x-4$, $y=x+2$로 둘러싸인 영역의 내부 또는 그 경계에 포함되고 x좌표와 y좌표가 모두 정수인 점의 개수를 구하시오.

해설 내신연계문제

1890　2016년 03월 고3 학력평가 나형 15번

무리함수 $f(x)=\sqrt{x-k}$ 에 대하여 좌표평면에 곡선 $y=f(x)$ 와
세 점 A$(1, 6)$, B$(7, 1)$, C$(8, 9)$ 를 꼭짓점으로 하는 삼각형 ABC가
있다. 곡선 $y=f(x)$ 와 함수 $f(x)$ 의 역함수의 그래프가 삼각형
ABC와 만나도록 하는 실수 k 의 최댓값은?

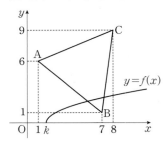

① 6　　　　② 5　　　　③ 4
④ 3　　　　⑤ 2

해설 내신연계문제

1891　2014년 11월 고1 학력평가 20번

그림과 같이 함수 $f(x)=\sqrt{2x+3}$ 의 그래프와
함수 $g(x)=\frac{1}{2}(x^2-3)\ (x \geq 0)$ 의 그래프와 만나는 점을 A라 하자.
함수 $y=f(x)$ 위의 점 B$\left(\frac{1}{2}, 2\right)$ 를 지나고 기울기가 -1인 직선 l이
함수 $y=g(x)$ 의 그래프와 만나는 점을 C라 할 때, 삼각형 ABC의
넓이는?

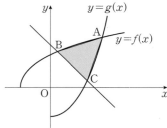

① $\frac{9}{4}$　　　　② $\frac{19}{8}$　　　　③ $\frac{5}{2}$
④ $\frac{21}{8}$　　　　⑤ $\frac{11}{4}$

해설 내신연계문제

1892　2018년 03월 고3 학력평가 나형 16번

좌표평면에서 두 점 A$(1, 4)$, B$(3, 3)$을 이은 선분 AB와
함수 $y=a\sqrt{x}+b$ 의 그래프가 만나도록 하는 두 자연수 a, b의
모든 순서쌍 (a, b)의 개수는?

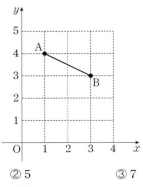

① 3　　　　② 5　　　　③ 7
④ 9　　　　⑤ 11

해설 내신연계문제

1893　2020년 03월 고2 학력평가 30번

함수 $f(x)=\sqrt{ax-3}+2\ \left(a \geq \frac{3}{2}\right)$ 에 대하여 집합 $\{x \mid x \geq 2\}$ 에서
정의된 함수

$$g(x)=\begin{cases} f(x) & (f(x) < f^{-1}(x)\text{인 경우}) \\ f^{-1}(x) & (f(x) \geq f^{-1}(x)\text{인 경우}) \end{cases}$$

가 있다. 자연수 n에 대하여 함수 $y=g(x)$ 의 그래프와 직선
$y=x-n$이 만나는 서로 다른 점의 개수를 $h(n)$이라 하자.

$$h(1)=h(3) < h(2)$$

일 때, $g(4)=\frac{q}{p}$ 이다. $p+q$ 의 값을 구하시오.
(단, a는 상수이고, p와 q는 서로소인 자연수이다.)

해설 내신연계문제

1894

2024년 03월 고2 학력평가 30번

두 상수 a, b에 대하여 함수 $f(x)=\sqrt{-x+a}-b$라 하자. 함수

$$g(x)=\begin{cases} |f(x)|+b & (x \le a) \\ -f(-x+2a)+|b| & (x > a) \end{cases}$$

와 두 실수 α, $\beta(\alpha<\beta)$는 다음 조건을 만족시킨다.

(가) 실수 t에 대하여 함수 $y=g(x)$의 그래프와 직선 $y=t$의
교점의 개수를 $h(t)$라 하면 $h(\alpha) \times h(\beta)=4$이다.

(나) 방정식 $\{g(x)-\alpha\}\{g(x)-\beta\}=0$을 만족시키는 실수 x의
최솟값은 -30, 최댓값은 15이다.

$\{g(150)\}^2$의 값을 구하시오.

해설 내신연계문제

1895

2023년 11월 고1 학력평가 19번

그림과 같이 함수 $f(x)=\sqrt{x-2}$와 그 역함수 $f^{-1}(x)$에 대하여
기울기가 -1인 직선 l이 곡선 $y=f(x)$와 점 P에서 만나고
직선 l이 곡선 $y=f^{-1}(x)$와 점 Q에서 만난다.

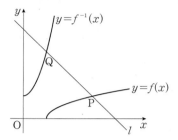

다음은 삼각형 OPQ의 외접원의 넓이가 $\dfrac{25}{2}\pi$일 때, 점 P의 y좌표
를 구하는 과정이다. (단, O는 원점이다.)

점 P의 y좌표를 a $(a \ge 0)$이라 하면
점 P의 좌표는 $(\boxed{\text{(가)}}, a)$이다.
두 곡선 $y=f(x)$와 $y=f^{-1}(x)$는 직선 $y=x$에 대하여
서로 대칭이고 두 직선 l과 $y=x$는 서로 수직이므로
두 점 P와 Q는 직선 $y=x$에 대하여 서로 대칭이다.
그러므로 삼각형 OPQ의 외접원의 중심을 C라 하면
점 C는 직선 $y=x$ 위에 있다.
삼각형 OPQ의 외접원의 넓이가 $\dfrac{25}{2}\pi$일 때,
점 C의 좌표는 $(\boxed{\text{(나)}}, \boxed{\text{(나)}})$이고,
$\overline{CP}=\overline{CO}$에서 $a=\boxed{\text{(다)}}$
따라서 점 P의 y좌표는 $\boxed{\text{(다)}}$이다.

위의 (가)에 알맞은 식을 $g(a)$라 하고, (나), (다)에 알맞은 수를
각각 m, n이라 할 때, $m+g(n)$의 값은?

① 8
② $\dfrac{33}{4}$
③ $\dfrac{17}{2}$
④ $\dfrac{35}{4}$
⑤ 9

해설 내신연계문제

04
무리함수

Powered by **MAPL SYNERGY.**

PAUSE ⏸

황금 티켓 증후군(GOLDEN TICKET SYNDROME)

황금 티켓 증후군은 좁은 분야에서 극소수만이 성공할 수 있는 치열한 경쟁에 대다수가 몰입하며, 개인의 모든 역량과 자원을 쏟아붓는 현상을 말한다. 이 용어는 2022년 OECD가 발표한 [한국경제보고서]에서 처음 등장했으며, 로알드 달(Roald Dahl. 1916 - 1990)의 소설 [찰리와 초콜릿 공장]에서 황금 티켓이 상징하는 "한 번에 인생을 바꾸는 기회"를 빗대어 만들어졌다. 대한민국에서는 명문대 입학, 대기업 취업, 의사·고위 공무원 같은 직업이 황금 티켓으로 여겨지며, 이를 획득한 사람은 성공한 인생으로 평가받고 그렇지 못한 사람은 실패한 인생으로 간주되는 경향이 강하다.

이런 사회 풍토는 교육과 고용을 왜곡시키고 있다. 입시 위주의 교육은 학생의 행복을 저하시켰고, 청년들은 황금 티켓을 얻기 위해 결혼과 출산을 미루며 스펙 쌓기에 집중하고 있다. 결과적으로 중소기업은 구인난에 시달리고, 출산율 감소와 청년실업 문제까지 심화되고 있다. 특히 금전적 여유가 있는 부유층이나 이미 황금 티켓을 가진 사람들에게 더 유리한 사회구조는 부익부 빈익빈을 심화시키며, 부정행위와 공정성 문제도 발생시킨다.

이 문제를 해결하려면 대기업과 중소기업, 정규직과 비정규직 간의 격차를 줄이고, 학벌과 직업에 대한 지나친 선입견을 바꾸는 노력이 필요하다. OECD는 정규직 보호를 완화하고 비정규직의 사회보험 적용을 강화하며, 혁신기업의 성장을 촉진하는 규제 개혁을 제안했다. 또한, 수도권에 집중된 자원을 분산시키고 지방 대학 및 공공기관의 경쟁력을 강화해야 한다.

가장 중요한 것은 다양한 성공의 길을 열어주는 것이다. 학벌 중심의 사회에서 벗어나 개인의 능력과 잠재력을 평가하는 시스템을 만들고, 창업과 같은 다른 경로를 통해 사회적 성공을 추구할 수 있어야 한다. 더불어, 모든 직업을 존중하는 분위기를 조성해야 상대적 박탈감과 사회적 스트레스를 줄일 수 있다. 각자가 자기 자리에서 가치를 인정받는 사회야말로 건강한 발전을 이루는 길이다.

© Illust by Nora Gazzar on Unsplash

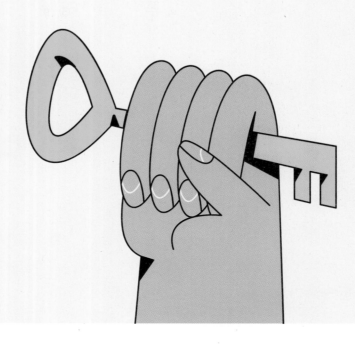

FINAL TEST

내신 1등급

2학기
중간고사
모의평가

총 4회 / 100문제

Ⅰ. 도형의 방정식 (1) 평면좌표 부터
Ⅱ. 집합과 명제 (2) 집합의 연산 까지

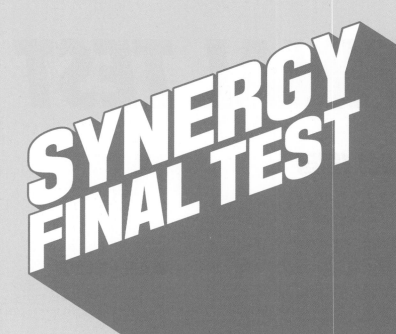

SYNERGY
FINAL TEST

FINAL STEP 내신 일등급 모의고사
2학기 중간고사 모의평가 01 회

[시험 범위]
Ⅰ. 도형의 방정식
 (1) 평면좌표 부터
Ⅱ. 집합과 명제
 (2) 집합의 연산 까지

시험시간 : 50분

01
5지선다형 3점

세 점 A$(-2, 1)$, B$(1, 0)$, C$(3, 6)$을 꼭짓점으로 하는 삼각형 ABC는 어떤 삼각형인가?

① 정삼각형
② $\overline{AB}=\overline{BC}$인 이등변삼각형
③ $\angle B=90°$인 직각삼각형
④ $\angle C=90°$인 직각이등변삼각형
⑤ $\angle A=90°$인 직각이등변삼각형

02
5지선다형 3점

전체집합 $U=\{x\,|\,x$는 100 이하의 자연수$\}$의 부분집합 A_k를
$$A_k=\{x\,|\,x는\ 자연수\ k의\ 배수\}$$
라 할 때, 집합 $(A_2 \cup A_3)\cap A_8$의 원소의 개수는?

① 12
② 14
③ 16
④ 18
⑤ 20

03
5지선다형 3점

두 점 A$(a, 5)$, B$(-4, a-3)$ 사이의 거리가 12 이하가 되도록 하는 정수 a의 개수는?

① 9
② 10
③ 11
④ 12
⑤ 13

04
5지선다형 3점

평행한 두 직선 $3x-4y-3a=0$, $3x-4y+a+2=0$ 사이의 거리가 4가 되도록 하는 모든 실수 a의 값의 합은?

① -2
② -1
③ 0
④ 1
⑤ 2

05
5지선다형 4점

두 점 $(-1, 1)$, $(0, -2)$를 지나고 중심이 x축 위에 있는 원의 방정식이 $x^2+y^2+ax+by+c=0$일 때, 상수 a, b, c에 대하여 $a+b+c$의 값은?

① -6
② -4
③ -2
④ 2
⑤ 4

06
5지선다형 4점

두 집합 A, B에 대하여
$$n(A \cup B)=52,\ n(A)=35,\ n(B)=32$$
일 때, $n((A-B)\cup(B-A))$의 값은?

① 12
② 15
③ 16
④ 27
⑤ 37

두 점 $A(a, b)$, $B(2, -4)$에 대하여 선분 AB를 $3 : 2$로 내분하는 점이 y축 위에 있고, $1 : 4$로 내분하는 점은 x축 위에 있을 때, $a+b$의 값은?

① -3 ② -2 ③ -1
④ 1 ⑤ 2

방정식 $x^2+y^2+2x+6y+k=0$이 원을 나타내도록 하는 자연수 k의 개수는?

① 11 ② 10 ③ 9
④ 8 ⑤ 7

두 점 $A(-2, 1)$, $B(6, -3)$에 대하여 점 $(2, 3)$과 선분 AB의 수직이등분선 사이의 거리는?

① $\dfrac{4\sqrt{5}}{5}$ ② $\sqrt{5}$ ③ $\dfrac{6\sqrt{5}}{5}$
④ $\dfrac{7\sqrt{5}}{5}$ ⑤ $\dfrac{8\sqrt{5}}{5}$

직선 $3x-y+1=0$을 직선 $y=x$에 대하여 대칭이동한 다음 다시 x축의 방향으로 -1만큼, y축의 방향으로 2만큼 평행이동하였더니 원 $x^2+(y-a)^2=4$의 넓이를 이등분할 때, 실수 a의 값은?

① $\dfrac{1}{2}$ ② 1 ③ $\dfrac{3}{2}$
④ 2 ⑤ $\dfrac{5}{2}$

두 점 $A(-4, 6)$, $B(2, -3)$에 대하여 선분 AB를 $1 : 2$로 내분하는 점을 지나고 x축의 양의 방향과 이루는 각의 크기가 $60°$인 직선의 방정식이 $ax-y+b=0$일 때, 상수 a, b에 대하여 $b-a$의 값은?

① $-2\sqrt{3}-2$ ② $-\sqrt{3}+3$ ③ $\sqrt{3}$
④ $\sqrt{3}+3$ ⑤ $2\sqrt{3}+1$

원 $x^2+y^2+4x-8y+16=0$을 y축에 대하여 대칭이동하였더니 직선 $y=ax$에 접하였다. 상수 a의 값은?

① $\dfrac{2}{3}$ ② $\dfrac{3}{4}$ ③ 1
④ $\dfrac{4}{3}$ ⑤ 2

13

5지선다형 4점

세 점 A$(0, -4)$, B$(-1, 3)$, C$(-2, 0)$을 지나는 원에 대하여 다음 [보기] 중 옳은 것만을 있는 대로 고른 것은?

> ㄱ. 원의 중심의 좌표는 $(3, 0)$이다.
> ㄴ. 원의 넓이는 25π이다.
> ㄷ. 원의 방정식은 $x^2+y^2-6y-16=0$이다.

① ㄱ ② ㄴ ③ ㄱ, ㄴ
④ ㄱ, ㄷ ⑤ ㄱ, ㄴ, ㄷ

14

5지선다형 4점

점 $(-3, 1)$을 점 $(1, a)$로 옮기는 평행이동에 의하여 원 $x^2+y^2+2x-6y+1=0$이 원 $x^2+y^2-bx+6y+c=0$으로 옮겨질 때, 상수 a, b, c에 대하여 $a+b+c$의 값은?

① 8 ② 9 ③ 10
④ 11 ⑤ 12

15

5지선다형 4점

네 점 A$(1, 5)$, B$(a, 1)$, C$(a+2, -3)$, D$(b, a+10)$이 한 직선 위에 있을 때, $a+b$의 값은?

① −6 ② −3 ③ 0
④ 3 ⑤ 6

16

5지선다형 4점

점 A$(-1, 2)$를 꼭짓점으로 하는 삼각형 ABC의 외심은 변 BC 위에 있고 그 좌표가 $(2, 0)$일 때, $\overline{AB}^2+\overline{AC}^2$의 값은?

① 46 ② 48 ③ 50
④ 52 ⑤ 54

17

5지선다형 4점

세 점 A$(-3, 2)$, B$(-1, -2)$, C$(5, 4)$를 꼭짓점으로 하는 삼각형 ABC가 있다. 직선 $mx-y+3m+2=0$이 삼각형 ABC의 넓이를 이등분할 때, 상수 m의 값은?

① $-\dfrac{1}{5}$ ② $-\dfrac{2}{5}$ ③ $-\dfrac{3}{5}$
④ $-\dfrac{4}{5}$ ⑤ -1

18

5지선다형 4점

두 원 $x^2+y^2=36$, $x^2+y^2-4x-2y-16=0$의 두 교점을 A, B라 할 때, 선분 AB의 중점의 좌표를 (a, b)라 할 때, $a+b$의 값은?

① −6 ② −3 ③ 0
④ 3 ⑤ 6

19

직선 $ax-y+2=0$이 직선 $bx-3y-3=0$과 수직이고
직선 $(b-2)x+y-4=0$과 평행할 때, 상수 a, b에 대하여
a^3+b^3의 값은?

① 20   ② 22   ③ 24
④ 26   ⑤ 28

20

두 점 $\mathrm{A}(-3, 0)$, $\mathrm{B}(0, 3)$에 대하여

$$\overline{\mathrm{AP}} : \overline{\mathrm{BP}} = 2 : 1$$

을 만족하는 점 P가 있다. 이때 삼각형 ABP의 넓이의 최댓값은?

① $4\sqrt{2}$ ② 6   ③ $2\sqrt{10}$
④ $3\sqrt{5}$ ⑤ 7

21

실수 a, b에 대하여

$$\sqrt{a^2+b^2} + \sqrt{(a-12)^2+(b-5)^2}$$

의 최솟값을 구하시오.

22

집합 $A=\{x \mid x$는 20 이하의 자연수$\}$에 대하여

$$B=\{x \mid x\text{의 양의 약수의 개수는 짝수이고 } x \in A\},$$
$$C=\{x \mid x\text{의 양의 약수의 개수는 2이고 } x \in A\}$$

일 때, $C \subset X \subset B$를 만족시키는 집합 X의 개수를 구하시오.

23

세 점

$$\mathrm{A}(-2, 3),\ \mathrm{B}(-1, k-1),\ \mathrm{C}(2, 1-3k)$$

가 삼각형을 이루지 않도록 하는 상수 k의 값을 구하시오.

24

서술형 4점

두 점 $A(-2, 1)$, $B(5, 8)$에 대하여 선분 AB를 $4:3$으로 내분하는 점을 P, 선분 AQ를 $1:3$으로 내분하는 점을 B라 할 때, 선분 PQ의 중점의 좌표가 (α, β)이다. 이때 $\beta - \alpha$의 값을 구하는 과정을 다음 단계로 서술하시오.

1단계 선분 AB를 $4:3$으로 내분하는 점 P의 좌표를 구한다. [1.5점]
2단계 내분점 공식을 이용하여 점 Q의 좌표를 구한다. [1.5점]
3단계 선분 PQ의 중점의 좌표를 구한다. [1점]

25

서술형 5점

좌표평면 위의 두 점 $A(2, 0)$, $B(-1, 3)$를 지나는 직선 위의 임의의 점 P에서 원 $(x-3)^2+(y-5)^2=1$에 그은 접선의 접점을 T라 할 때, 선분 PT의 길이의 최솟값을 구하는 과정을 다음 단계로 서술하시오.

1단계 두 점 A, B를 지나는 직선의 방정식을 구한다. [1점]
2단계 원의 중심과 점 P 사이의 최솟값을 구한다. [2점]
3단계 선분 PT의 최솟값을 구한다. [2점]

MAPL SYNERGY SERIES

FINAL STEP 내신 일등급 모의고사

2학기 중간고사 모의평가 02 회

[시험 범위]
I. 도형의 방정식
　(1) 평면좌표 부터
II. 집합과 명제
　(2)집합의 연산 까지

시험시간 : 50분

01
5지선다형 3점

두 집합

$$A=\{0,\ 1,\ 2,\ 4,\ 5,\ 6,\ 7\},$$

$$B=\{a+2,\ a+3,\ a+4,\ a+5\}$$

에 대하여 $A \cap X=X$, $(A \cap B) \cup X=X$를 만족시키는 집합 X의 개수가 8일 때, 자연수 a의 값은?

① 1 　　　② 2 　　　③ 3
④ 4 　　　⑤ 5

02
5지선다형 3점

삼각형 ABC에서 꼭짓점 A의 좌표가 $(1,\ 7)$이고 변 BC의 중점의 좌표가 $(-2,\ -2)$일 때, 무게중심의 좌표는 $(m,\ n)$이다. 이때 $m+n$의 값은?

① -3 　　　② -1 　　　③ 0
④ 　3 　　　⑤ 　5

03
5지선다형 3점

방정식 $x^2+y^2-8x-6y+5k=0$이 반지름의 길이가 3 이하인 원을 나타내도록 하는 자연수 k의 값은?

① 1 　　　② 2 　　　③ 3
④ 4 　　　⑤ 5

04
5지선다형 3점

두 직선 $3x-4y+8=0$, $4x+3y+7=0$이 이루는 각을 이등분하는 직선이 점 $(a,\ 1)$을 지날 때, 모든 a의 값의 합은?

① -8 　　　② -4 　　　③ 0
④ 4 　　　⑤ 8

05
5지선다형 4점

세 집합 A, B, X가 전체집합 $U=\{x \mid x$는 10 미만의 자연수$\}$의 부분집합이고 $A=\{2,\ 3,\ 5,\ 7\}$, $B=\{1,\ 3,\ 5,\ 7,\ 9\}$일 때, $A \cup X=B \cup X$를 만족시키는 집합 X의 개수는?

① 4 　　　② 8 　　　③ 16
④ 32 　　　⑤ 64

06
5지선다형 4점

세 점 $A(-3a,\ 0)$, $B(4,\ a)$, $C(6,\ -4)$를 꼭짓점으로 하는 삼각형 ABC가 $\angle B=90°$인 직각이등변삼각형일 때, a의 값은?

① -4 　　　② -2 　　　③ 2
④ 4 　　　⑤ 6

07
5지선다형 4점

점 A$(4, 1)$에서 직선 $3x-4y+12=0$에 내린 수선의 발을 H라 하자. 직선 $3x-4y+12=0$ 위의 점 P가 $\overline{AP}=2\overline{AH}$를 만족시킬 때, 삼각형 AHP의 넓이는?

① $8\sqrt{3}$ ② $\dfrac{17\sqrt{3}}{2}$ ③ $9\sqrt{3}$

④ $\dfrac{19\sqrt{3}}{2}$ ⑤ $10\sqrt{3}$

08
5지선다형 4점

원 $x^2+y^2=16$과 직선 $3x+4y-10=0$의 교점을 지나는 원 중에서 그 넓이가 최소인 원의 넓이는?

① 3π ② 6π ③ 9π

④ 12π ⑤ 15π

09
5지선다형 4점

전체집합 $U=\{x\,|\,x$는 100 이하의 자연수$\}$의 세 부분집합

$$A=\{x\,|\,x는\ 짝수\},$$
$$B=\left\{x\,\middle|\,x=\dfrac{50}{n},\ n은\ 자연수\right\},$$
$$C=\left\{x\,\middle|\,x=\dfrac{100}{n},\ n은\ 자연수\right\}$$

에 대하여 집합 $(B-A)\cap(C-A)$의 원소의 개수는?

① 2   ② 3   ③ 6

④ 8   ⑤ 9

10
5지선다형 4점

포물선 $y=x^2-2x-1$을 포물선 $y=x^2+1$로 옮기는 평행이동에 의하여 직선 $l : 4x+3y-8=0$이 직선 l'으로 옮겨질 때, 두 직선 l과 l' 사이의 거리는?

① 1   ② 2   ③ 3

④ 4   ⑤ 5

11
5지선다형 4점

그림과 같이 좌표평면 위에 있는 두 직사각형의 넓이를 동시에 이등분하는 직선의 방정식이 $ax+by+1=0$라 할 때, 상수 a, b에 대하여 $a+b$의 값은?

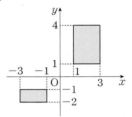

① -3 ② -2 ③ 0

④ 2   ⑤ 3

12
5지선다형 4점

중심이 직선 $x-2y+9=0$ 위에 있고 제 2사분면에서 x축과 y축에 동시에 접하는 원의 방정식이 $x^2+y^2+ax+by+c=0$일 때, 상수 a, b, c에 대하여 $a+b+c$의 값은?

① -9 ② -6 ③ 3

④ 6   ⑤ 9

13

5지선다형 4점

두 직선 $4x+y-7=0$, $x-3y-5=0$의 교점과 점 $(4, 5)$를 지나는 직선 l에 대하여 원점에서 직선 l에 내린 수선의 발의 좌표를 (a, b)라 할 때, 상수 a, b에 대하여 $a+b$의 값은?

① $-\dfrac{7}{5}$　　　② $-\dfrac{7}{10}$　　　③ $\dfrac{7}{10}$

④ $\dfrac{7}{5}$　　　⑤ $\dfrac{21}{10}$

14

5지선다형 4점

원 $x^2+y^2=10$ 위의 점 $(1, 3)$에서의 접선이 원 $x^2+y^2-4x-2y+a=0$과 접할 때, 실수 a의 값은?

① 2　　　② $\dfrac{5}{2}$　　　③ 3

④ $\dfrac{7}{2}$　　　⑤ 4

15

5지선다형 4점

직선 $y=x-2$ 위의 점 P를 x축, y축에 대하여 대칭이동한 점을 각각 P_1, P_2라고 하자. 삼각형 PP_1P_2의 넓이가 48일 때, 점 P의 좌표를 (a, b)라 하자. 이때 $a+b$의 값은? (단, $a>0$, $b>0$)

① 4　　　② 6　　　③ 10
④ 12　　　⑤ 14

16

5지선다형 4점

세 직선 $2x-y-3=0$, $x+y-6=0$, $ax-y-1=0$이 삼각형을 이루지 않도록 하는 상수 a의 값의 합은?

① -2　　　② -1　　　③ $\dfrac{1}{3}$

④ 2　　　⑤ $\dfrac{7}{3}$

17

5지선다형 4점

좌표평면 위의 두 점 $A(a, b)$, $B(c, d)$에 대하여 $\overline{OA}=12$, $\overline{OB}=2\sqrt{6}$이고 $\overline{OA}$, $\overline{OB}$를 이웃하는 두 변으로 하는 평행사변형의 두 대각선의 교점의 좌표가 $(-3, -3)$일 때, 상수 a, b에 대하여 $a+b$의 값은? (단, O는 원점이다.)

① -16　　　② -12　　　③ -8
④ -4　　　⑤ 4

18

5지선다형 4점

그림과 같이 좌표평면 위의 세 점 $A(-5, 4)$, $B(5, -6)$, $C(3, 7)$를 꼭짓점으로 하는 삼각형 ABC의 넓이는?

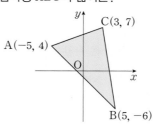

① 51　　　② 53　　　③ 55
④ 57　　　⑤ 59

19

두 점 A$(-7, 0)$, B$(8, 9)$를 지나는 직선 AB 위에 있고
$2\overline{AB}=3\overline{BC}$를 만족시키는 점 C의 y좌표의 합은?

① 15   ② 16   ③ 17
④ 18   ⑤ 19

20

점 A$(-2, 1)$를 원점에 대하여 대칭이동한 점을 B라고 할 때,
원 $x^2+y^2-6x-8y+24=0$ 위의 점 P에 대하여 $\overline{PA}^2+\overline{PB}^2$의
최솟값은?

① 24   ② 30   ③ 36
④ 38   ⑤ 42

주관식 및 서술형

21

100 미만의 자연수 중에서 7의 배수이거나 5로 나누었을 때의
나머지가 3인 자연수의 개수를 구하시오.

22

두 직선 $5x+2y+1=0$, $2x-y+4=0$의 교점을 지나고
직선 $x-4y+3=0$에 수직인 직선의 방정식을 $ax+y+b=0$일 때,
상수 a, b에 대하여 $a+b$의 값을 구하시오.

23

좌표평면 위의 네 점 A$(0, 1)$, B$(0, 5)$, C$(\sqrt{3}, p)$, D$(3\sqrt{3}, q)$가
다음 조건을 만족시킬 때, $p+q$의 값을 구하시오.

(가) 직선 CD의 기울기는 음수이다.
(나) $\overline{AB}=\overline{CD}$이고 $\overline{AD} \parallel \overline{BC}$다.

24

두 점 $A(7, -6)$, $B(2, 4)$를 지나는 직선 AB에 수직이고 선분 AB를 $2:1$로 내분하는 점 C를 지나는 직선의 방정식이 $3x+ay+b=0$일 때, 두 상수 a, b에 대하여 $a+b$의 값을 구하는 과정을 다음 단계로 서술하시오.

1단계 직선 AB에 수직인 직선의 기울기를 구한다. [1점]
2단계 선분 AB를 $2:1$로 내분하는 점 C의 좌표를 구한다. [1점]
3단계 한 점과 기울기가 주어진 직선의 방정식을 구한다. [2점]

25

세 점 $A(3, 2)$, $B(-1, 0)$, $C(11, -2)$를 꼭짓점으로 하는 삼각형 ABC에서 각 A의 이등분선이 변 BC와 만나는 점을 D라 할 때, 두 점 A와 D를 지름의 양 끝으로 하는 원의 넓이를 구하는 과정을 다음 단계로 서술하시오.

1단계 두 선분 AB, AC의 길이를 구한다. [1점]
2단계 각의 이등분선의 성질을 이용하여 점 D의 좌표를 구한다. [2점]
3단계 두 점 A, D를 지름의 양 끝으로 하는 원의 넓이를 구한다. [2점]

FINAL STEP 내신 일등급 모의고사

2학기 중간고사 모의평가 03 회

[시험 범위]
I. 도형의 방정식
　(1) 평면좌표 부터
II. 집합과 명제
　(2)집합의 연산 까지

시험시간 : 50분

01
5지선다형 3점

세 점 A$(6, -1)$, B$(3, -4)$, C$(-3, 2)$를 꼭짓점으로 하는 삼각형 ABC에서 세 변 AB, BC, CA를 각각 $2 : 1$로 내분하는 점을 차례대로 D, E, F라 할 때, 삼각형 DEF의 무게중심의 좌표를 (a, b)라고 하자. 이때 상수 a, b에 대하여 $a+b$의 값은?

① -2 ② -1 ③ 0
④ 1 ⑤ 2

02
5지선다형 3점

두 집합

$$A=\{x|a-7<x<2a-5\},\ B=\{x|a-2<x<2a+3\}$$

에 대하여 A, B가 서로소일 때, 양수 a의 최댓값은?

① 2 ② 3 ③ 4
④ 5 ⑤ 6

03
5지선다형 3점

평행한 두 직선 $2x+my-1=0$, $mx+(m+4)y+1=0$ 사이의 거리는? (단, m은 상수이다.)

① $\dfrac{\sqrt{5}}{20}$ ② $\dfrac{\sqrt{5}}{10}$ ③ $\dfrac{3\sqrt{5}}{20}$
④ $\dfrac{\sqrt{5}}{5}$ ⑤ $\dfrac{\sqrt{5}}{4}$

04
5지선다형 3점

두 점 A$(-1, 4)$, B$(6, 0)$에 대하여 선분 AB를 $(3+k) : (3-k)$로 내분하는 점 P가 제 1사분면에 있을 때, 정수 k의 개수는?

① 5 ② 4 ③ 3
④ 2 ⑤ 1

05
5지선다형 4점

세 직선 $x+y-7=0$, $3x-y-5=0$, $ax-y-8=0$이 좌표평면을 여섯 개 부분으로 나눌 때, 실수 a의 값의 합은?

① -6 ② -3 ③ 0
④ 3 ⑤ 6

06
5지선다형 4점

원 $x^2+y^2=20$에 접하고 직선 $2x-y+5=0$과 수직인 직선이 점 $(2, a)$를 지난다. 양수 a의 값은?

① 2 ② 3 ③ 4
④ 5 ⑤ 6

07

세 점 A$(-1, 0)$, B$(0, 2)$, C$(4, -14)$와 임의의 점 P에 대하여 $\overline{AP}^2 + \overline{BP}^2 + \overline{CP}^2$의 값이 최소가 되도록 하는 점 P의 좌표는?

① $(-1, -2)$ ② $(-1, 2)$ ③ $(-1, 4)$

④ $(1, -2)$ ⑤ $(1, -4)$

08

그림과 같이 원점을 지나는 직선 l이 원점 O와 다섯 개의 점 A$(4, 0)$, B$(4, 1)$, C$(2, 1)$, D$(2, 4)$, E$(0, 4)$을 선분으로 이은 도형 OABCDE의 넓이를 이등분할 때, 직선 l의 기울기는 $\dfrac{q}{p}$이다. $p+q$의 값은? (단, p, q는 서로소인 자연수이다.)

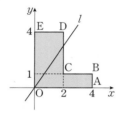

① 5   ② 6   ③ 7

④ 8   ⑤ 9

09

두 원 $x^2 + y^2 = 16$, $x^2 + (y-3)^2 = 7$의 두 교점을 A, B라 할 때, 삼각형 OAB의 넓이는? (단, O는 원점이다.)

① $3\sqrt{2}$ ② $3\sqrt{3}$ ③ $3\sqrt{5}$

④ $3\sqrt{6}$ ⑤ $3\sqrt{7}$

10

원 $x^2 + (y-2)^2 = k$ 위의 점 P와 직선 $2x+y+3=0$ 사이의 거리의 최댓값을 M, 최솟값을 m이라 하자. $M-m=8$일 때, 상수 k의 값은?

① 12   ② 16   ③ 20

④ 24   ⑤ 28

11

직선 $(3m+1)x + (4m-1)y + 7 = 0$은 실수 m의 값에 관계없이 항상 점 A를 지난다. 점 A와 직선 $3x+y+b=0$ 사이의 거리가 $\sqrt{10}$일 때, 모든 실수 b의 값의 합은?

① -19 ② -18 ③ 0

④ 18   ⑤ 19

12

그림과 같이 두 점 A$(0, 3)$, B$(9, 0)$를 잇는 직선 AB와 직선 $y = ax + 1$이 점 P에서 만난다. 삼각형 OBP의 넓이가 삼각형 OPA의 넓이의 2배가 되도록 실수 a의 값은? (단, $a > 0$)

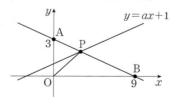

① $\dfrac{1}{2}$ ② $\dfrac{1}{3}$ ③ $\dfrac{1}{4}$

④ $\dfrac{1}{5}$ ⑤ $\dfrac{1}{6}$

13
5지선다형 4점

전체집합 $U=\{1, 2, 3, 4, 5, 6\}$의 두 부분집합
$$A=\{1, 3, a^2-3a\},\ B=\{a+7, 2a^2-a, 4\}$$
에 대하여 $A^C \cup B^C=\{1, 2, 5, 6\}$일 때, 집합 $A \cup B$의 모든 원소의 합은? (단, a는 상수이다.)

① 11　　　　　② 12　　　　　③ 13
④ 14　　　　　⑤ 15

14
5지선다형 4점

좌표평면에 원 $(x+1)^2+(y-1)^2=1$과 직선 $y=mx\,(m<0)$가 두 점 A, B에서 만난다. 두 점 A, B에서 각각 이 원에 접하는 두 직선이 서로 수직이 되도록 하는 모든 실수 m의 값의 합은?

① -4　　　　② -2　　　　③ -1
④ 2　　　　　⑤ 4

15
5지선다형 4점

두 직선 $x+y+5=0$, $mx-y-3m+1=0$이 제 4사분면에서 만나도록 하는 실수 m의 값의 범위가 $m<a$ 또는 $m>b$일 때, $a+b$의 값은?

① -2　　　　② -1　　　　③ 1
④ 2　　　　　⑤ 3

16
5지선다형 4점

점 A$(4, -2)$에서 원 $x^2+y^2=4$에 그은 두 접선이 원과 만나는 접점을 각각 B, C라 할 때, 삼각형 ABC의 넓이는?

① $\dfrac{12}{5}$　　　　② 3　　　　③ $\dfrac{18}{5}$
④ 5　　　　　⑤ $\dfrac{32}{5}$

17
5지선다형 4점

좌표평면에 두 점 A$(3, 6)$과 B$(1, 2)$가 있다. 직선 $y=x-1$의 임의의 한 점 P에 대하여 $|\overline{PA}-\overline{PB}|$의 값이 최대가 되는 점 P의 좌표를 (a, b)라 할 때, 상수 a, b에 대하여 ab의 값은?

① -4　　　　② -2　　　　③ 2
④ 4　　　　　⑤ 6

18
5지선다형 4점

어느 동아리 30명의 학생 중에서 가수 A의 팬클럽에 가입한 학생은 19명, 가수 B의 팬클럽에 가입한 학생은 15명이다. 두 가수 A, B의 팬클럽에 모두 가입하지 않는 학생이 5명일 때, 가수 A의 팬클럽에만 가입한 학생 수는?

① 9　　　　　② 10　　　　③ 11
④ 12　　　　　⑤ 13

19

그림과 같이 좌표평면 위에 두 점 A(4, 7), B(−3, 1)이 있다.
서로 다른 두 점 C와 D가 각각 x축과 직선 $y=x$ 위에 있을 때,
$\overline{AD}+\overline{CD}+\overline{BC}$의 최솟값은?

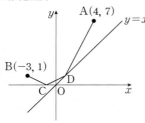

① $5\sqrt{5}$ ② $4\sqrt{5}$ ③ $3\sqrt{5}$

④ $4\sqrt{3}$ ⑤ $3\sqrt{3}$

20

다음 [보기]의 설명 중 옳은 것을 모두 고른 것은?

> ㄱ. 방정식 $x^2+y^2-2x+6y+k^2-k+8=0$이 원을 나타내도록
>   하는 상수 k의 값의 범위는 $-1<k<2$이다.
> ㄴ. 원 $x^2+y^2+2(m-1)x-2my+3m^2-2=0$의 넓이가
>   최대일 때, 원의 중심은 $(-2, 1)$이다.
> ㄷ. 네 점 $(0, 0)$, $(-6, -2)$, $(-2, 6)$, $(-8, k)$가 한 원 위에
>   있을 때, 양수 k의 값은 4이다.

① ㄱ   ② ㄴ   ③ ㄱ, ㄴ

④ ㄱ, ㄷ   ⑤ ㄱ, ㄴ, ㄷ

21

직선 $y=-\dfrac{1}{3}x+2$를 x축의 방향으로 a만큼 평행이동한 후
직선 $y=x$에 대하여 대칭이동한 직선을 l이라 하자.
직선 l이 원 $(x-3)^2+(y-5)^2=10$과 접하도록 하는 모든 상수 a의
값의 합을 구하시오.

22

세 점 A(3, 2), B(7, 10), C(−2, 7)에 대하여 삼각형 ABC의
세 변의 수직이등분선의 교점의 좌표를 (a, b)라 할 때, $a+b$의
값을 구하시오.

23

전체집합 U의 세 부분집합 A, B, C에 대하여
$$n(A)=17,\ n(B)=20,\ n(C)=23,$$
$$n(A\cap B)=13,\ n(A\cap B\cap C)=9$$
일 때, $n(C-(A\cup B))$의 최솟값을 구하시오.

24

서술형 4점

원 $C_1 : (x-6)^2+(y+3)^2=8$을 직선 $y=x$에 대하여 대칭이동한 원을 C_2라 하자. 원 C_1 위의 임의의 한 점 P_1과 원 C_2 위의 임의의 한 점 P_2에 대하여 선분 P_1P_2의 길이의 최솟값을 m, 최댓값을 M 이라 할 때, $m+M$의 값을 구하는 과정을 다음 단계로 서술하시오.

1단계 원 C_2의 방정식을 구한다. [2점]
2단계 선분 P_1P_2의 길이의 최솟값 m과 최댓값 M을 구한다. [2점]

25

서술형 5점

세 직선 $2x-y-8=0$, $x-2y-1=0$, $x+y-10=0$으로 둘러싸인 도형의 넓이를 구하는 과정을 다음 단계로 서술하시오.

1단계 세 직선을 연립하여 교점의 좌표를 구한다. [2점]
2단계 삼각형의 밑변과 높이를 구한다. [2점]
3단계 삼각형의 넓이를 구한다. [1점]

MAPL SYNERGY SERIES

FINAL STEP 내신 일등급 모의고사
2학기 중간고사 모의평가 **04** 회

[시험 범위]
Ⅰ. 도형의 방정식 부터
　(1) 평면좌표 부터
Ⅱ. 집합과 명제
　(2) 집합의 연산 까지

시험시간 : 50분

01

5지선다형 3점

두 직선 $4x+3y-12=0$, $x+2y-8=0$의 교점을 지나는 직선 중
직선 $5x+y+9=0$과 만나지 않는 직선의 방정식이
$ax+y+b=0$일 때, 상수 a, b에 대하여 $a-b$의 값은?

① -10　　　② -9　　　③ 1
④ 9　　　⑤ 10

02

5지선다형 3점

두 원 $x^2+y^2-x+2y-k=0$, $x^2+y^2-4x+6y-5=0$의 공통인
현의 길이가 $2\sqrt{2}$가 되도록 하는 모든 상수 k의 값의 합은?

① 44　　　② 46　　　③ 48
④ 50　　　⑤ 52

03

5지선다형 3점

그림과 같이 세 점 $A(0, 3)$, $B(-8, -3)$, $C(4, 0)$을 꼭짓점으로
하는 삼각형 ABC에서 $\angle A$의 외각의 이등분선이 변 BC의 연장선과
만나는 점을 $D(a, b)$라 할 때, $a+b$의 값은?

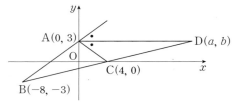

① 17　　　② 18　　　③ 19
④ 20　　　⑤ 21

04

5지선다형 3점

두 직선 $x-2y+3=0$, $x-y+1=0$ 교점을 지나고 원점으로부터
거리가 1인 직선의 방정식이 $ax+by+5=0$일 때, 상수 a, b에
대하여 $a+b$의 값은? (단, $ab \neq 0$)

① -5　　　② -4　　　③ -3
④ -2　　　⑤ -1

05

5지선다형 4점

좌표평면 위의 점 $(4, 0)$에서 원 $(x-1)^2+(y+3)^2=4$에 그은
두 접선이 이루는 각을 이등분하는 직선의 방정식을 $y=ax+b$와
$y=cx+d$라 할 때, 상수 a, b, c, d에 대하여 $abcd$의 값은?

① 4　　　② 8　　　③ 12
④ 16　　　⑤ 20

06

5지선다형 4점

실수 전체의 집합의 두 부분집합
$$A=\{x|x^2-(a^2-1)x+a(a-1)^2 \leq 0\},$$
$$B=\{x|x^2+2(a-3)x+(a-1)(a-5)<0\}$$
에 대하여 $A \cap B = \varnothing$이 되도록 하는 10 이하의 정수 a의 개수는?

① 11　　　② 12　　　③ 13
④ 14　　　⑤ 15

07
5지선다형 4점

원 $x^2+y^2=4$ 위의 점 P에서의 접선이 원 $x^2+y^2=(r+2)^2$와 만나는 두 점을 각각 A, B라고 하자. 삼각형 OAB의 넓이가 $2\sqrt{21}$일 때, 원 $x^2+y^2=r^2$에 접하고 기울기가 2인 직선의 방정식이 $y=2x+a$와 $y=2x+b$일 때, 상수 a, b에 대하여 ab의 값은? (단, O는 원점이고 $r>0$이다.)

① -180 ② -45 ③ 45
④ 90 ⑤ 180

08
5지선다형 4점

점 P에서 두 직선 $3x+y-3=0$, $x-3y-3=0$에 내린 수선의 발을 각각 Q, R이라 하자. 선분 PQ와 선분 PR의 길이가 같을 때, 점 P가 나타내는 도형의 방정식이

$$ax+by=0 \text{ 또는 } cx+dy-3=0$$

이다. 상수 a, b, c, d에 대하여 $a+b+c+d$의 값은?

① 2 ② 4 ③ 6
④ 8 ⑤ 10

09
5지선다형 4점

네 점 A$(a, 3)$, B$(b, 0)$, C$(7, 3)$, D$(3, 6)$을 꼭짓점으로 하는 사각형 ABCD가 마름모일 때, $a+b$의 값은?

① -2 ② -1 ③ 1
④ 2 ⑤ 3

10
5지선다형 4점

두 직선 $x+y-2=0$, $mx-y-4m+6=0$이 제1사분면에서 만나도록 하는 실수 m의 값의 범위가 $\alpha<m<\beta$일 때, $\alpha+\beta$의 값은?

① 2 ② 3 ③ 4
④ 5 ⑤ 6

11
5지선다형 4점

그림과 같이 이차함수 $y=x^2-x-5$의 그래프와 직선 $y=mx+n$가 서로 다른 두 점 A, B에서 만난다. 선분 AB의 중점의 좌표가 $(1, 5)$일 때, $m-n$의 값은 (단, m, n는 상수이다.)

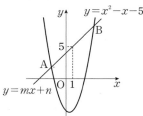

① -3 ② -2 ③ 0
④ 2 ⑤ 3

12
5지선다형 4점

그림과 같이 원 밖의 점 P$(1, 3)$에서 원 $x^2+y^2-2x+4y-4=0$에 그은 두 접선의 접점을 각각 A, B라 할 때, 선분 AB의 길이는?

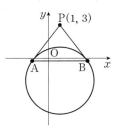

① $\dfrac{8}{5}$ ② $\dfrac{12}{5}$ ③ $\dfrac{16}{5}$
④ 4 ⑤ $\dfrac{24}{5}$

13

포물선 $y=x^2$을 포물선 $y=x^2-2ax+a^2-a$로 옮기는 평행이동에 의하여 원 $C_1 : (x-1)^2+(y-5)^2=9$를 평행이동한 원을 C_2라 하면 두 원 C_1, C_2가 서로 다른 두 점 A, B에서 만나고 $\overline{\text{AB}}=2$일 때, 양수 a의 값은?

① 4   ② 5   ③ 6
④ 7   ⑤ 8

14

전체집합 $U=\{x \mid x$는 9 이하의 자연수$\}$의 공집합이 아닌 두 부분집합 A, B에 대하여 집합 A의 원소들의 합을 $S(A)$, 집합 B의 원소들의 합을 $S(B)$라 하자.
$$A \cup B = U, \ A \cap B = \{3, 4\}$$
일 때, $S(A)$, $S(B)$의 곱 $S(A)S(B)$의 최댓값은?

① 625   ② 665   ③ 676
④ 696   ⑤ 720

15

곡선 $y=-2x^2+3$ 위의 점과 직선 $y=4x+k$ 사이의 거리의 최솟값이 $\dfrac{\sqrt{17}}{2}$이 되도록 하는 상수 k의 값은?

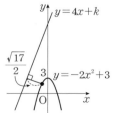

① 12   ② $\dfrac{25}{2}$ ③ 13
④ $\dfrac{27}{2}$ ⑤ 14

16

그림과 같이 직선 $y=-2x+k$가 두 직선 $y=\dfrac{1}{2}x$, $y=3x$와 만나는 점을 각각 A, B라 하자. 삼각형 OAB의 무게중심의 좌표가 $\left(2, \dfrac{8}{3}\right)$일 때, 상수 k의 값은? (단, O는 원점이다.)

① 2   ② 4   ③ 6
④ 8   ⑤ 10

17

직선 $x+y-4=0$과 x축, y축으로 둘러싸인 삼각형의 넓이를 직선 $(k-1)x+ky-k+1=0$이 이등분할 때, 실수 k의 값은?

① 1   ② $\dfrac{7}{9}$ ③ $\dfrac{5}{9}$
④ $\dfrac{1}{3}$ ⑤ $\dfrac{1}{9}$

18

그림과 같이 원 $x^2+y^2=4$ 위를 움직이는 점 A와 직선 $y=x-4\sqrt{2}$ 위를 움직이는 서로 다른 두 점 B, C를 꼭짓점으로 하는 삼각형 ABC를 만든다. 정삼각형이 되는 삼각형 ABC의 넓이의 최댓값을 M, 최솟값을 m이라 할 때, Mm의 값은?

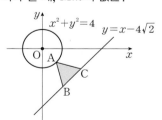

① 96   ② 48   ③ 32
④ 16   ⑤ 12

19

5지선다형 5점

그림과 같이 좌표평면 위에 두 원
$$C_1 : (x-5)^2+(y-1)^2=1,$$
$$C_2 : (x-5)^2+(y+3)^2=1$$
과 직선 $y=x$가 있다. 점 A는 원 C_1 위에 있고, 점 B는 원 C_2 위에 있다. 점 P는 x축 위에 있고, 점 Q는 직선 $y=x$ 위에 있을 때, $\overline{AP}+\overline{PQ}+\overline{QB}$의 최솟값은?
(단, 세 점 A, P, Q는 서로 다른 점이다.)

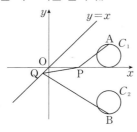

① 8   ② 9   ③ 10
④ 11   ⑤ 12

20

5지선다형 6점

두 직선
$$l : 2x+(2k+1)y+3=0,$$
$$m : 2kx+y+k+2=0$$
에 대하여 다음 보기 중 옳은 것만을 있는 대로 고른 것은?
(단, k는 실수이다.)

ㄱ. 직선 m은 k의 값에 관계없이 항상 점 $\left(-\dfrac{1}{2},\ -2\right)$를 지난다.

ㄴ. $k=1$일 때, 두 직선 l과 m은 서로 평행하다.

ㄷ. $k=-\dfrac{1}{6}$일 때, 두 직선 l과 m은 서로 수직이다.

① ㄱ   ② ㄴ   ③ ㄱ, ㄷ
④ ㄴ, ㄷ   ⑤ ㄱ, ㄴ, ㄷ

주관식 및 서술형

21번 ~ 25번

21

단답형 3점

두 점 A$(-5,\ 0)$, B$(-1,\ 4)$를 지나는 직선 AB 위의 점 C$(a,\ b)$에 대하여 삼각형 OAC의 넓이가 40일 때, $b-a$의 값을 구하시오.
(단, O는 원점이고, $a>0$)

22

단답형 4점

두 점 A$(-2,\ 0)$, B$(3,\ 0)$에 대하여 $\overline{AP}:\overline{BP}=3:2$를 만족시키는 점 P가 그리는 원 O_1와 $\overline{AQ}:\overline{BQ}=2:3$을 만족시키는 점 Q가 그리는 원 O_2가 있다. 원 O_1 위의 임의의 점 C와 원 O_2 위의 임의의 점 D에 대하여 선분 CD의 길이의 최댓값을 구하시오.

23

단답형 5점

원 $x^2+y^2=25$ 위의 두 점 A$(0,\ 5)$, B$(4,\ 3)$과 원 위의 점 C에 대하여 삼각형 ABC의 넓이의 최댓값을 $a+b\sqrt{5}$라 할 때, 상수 a, b에 대하여 $a+b$의 값을 구하시오.

24

어느 고등학교 학생 200명을 대상으로 성수 카페거리와 홍대 카페거리를 방문한 적이 있는 학생 수를 조사하였다. 성수 카페거리를 방문한 적이 있는 학생은 128명이었고, 성수 카페거리와 홍대 카페거리를 모두 방문한 적이 없는 학생은 36명이었다. 홍대 카페거리를 방문한 적이 있는 학생 수의 최댓값을 M, 최솟값을 m이라 할 때, $M+m$의 값을 구하는 과정을 다음 단계로 서술하시오.

1단계 주어진 조건을 집합으로 나타내고 원소의 개수를 구한다. [1점]

2단계 홍대 카페거리를 방문한 적이 있는 학생 수의 최댓값 M, 최솟값을 m을 구한다. [2점]

3단계 $M+m$의 값을 구한다. [1점]

25

그림과 같이 두 직선 $y=x+5$, $y=x-1$과 수직인 선분 AB를 밑변으로 하는 삼각형 OBA의 넓이가 6이다. 직선 AB의 방정식이 $ax+y+b=0$일 때, 상수 a, b에 대하여 $a+b$의 값을 구하는 과정을 다음 단계로 서술하시오.
(단, O는 원점이고, 두 점 A, B는 제1사분면 위의 점이다.)

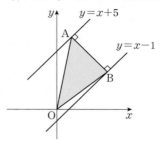

1단계 두 직선 사이의 거리를 이용하여 선분 AB의 길이를 구한다. [2점]

2단계 삼각형 OBA의 넓이를 이용하여 선분 OH의 길이를 구한다. [1점]

3단계 직선 AB의 방정식을 구한다. [2점]

FINAL TEST

내신 1등급

2학기
기말고사
모의평가

총 4회 / 100문제

II. 집합과 명제 (3) 명제 부터
III. 함수와 그래프 (4) 무리함수 까지

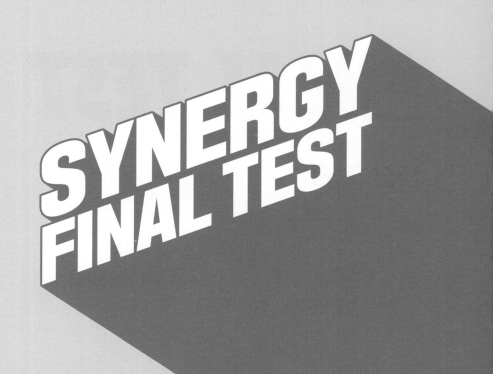

SYNERGY
FINAL TEST

FINAL STEP 내신 일등급 모의고사

2학기 기말고사 모의평가 **01** 회

[시험 범위]
Ⅱ. 집합과 명제
 (3) 명제 부터
Ⅲ. 함수와 그래프
 (4) 무리함수 까지

시험시간 : 50분

01
5지선다형 3점

전체집합 U에 대하여 두 조건 p, q의 진리집합을 각각 P, Q라고 하자. $\sim p \longrightarrow q$가 참일 때, 다음 중 항상 옳은 것은?

① $P \subset Q$
② $Q^c \subset P^c$
③ $P \cap Q^c = \varnothing$
④ $P^c \cup Q = Q$
⑤ $P^c - Q = P$

02
5지선다형 3점

다음 중 실수 전체의 집합 R에 대하여 R에서 R로의 함수의 그래프가 아닌 것은?

①
②
③
④
⑤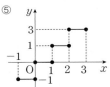

03
5지선다형 3점

유리함수 $y = \dfrac{ax+b}{x-1}$의 그래프와 그 역함수의 그래프가 모두 점 $(-1, 2)$를 지날 때, 상수 a, b에 대하여 $a+b$의 값은?

① -2
② -1
③ 0
④ 2
⑤ 4

04
5지선다형 3점

그림은 함수 $f : X \longrightarrow X$를 나타낸 것이다.

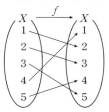

$f(2) + f^{-1}(4)$의 값은? (단, f^{-1}는 f의 역함수이다.)

① 7
② 8
③ 9
④ 10
⑤ 11

05
5지선다형 4점

명제

　　'모든 실수 x에 대하여 $2x^2 - 2kx + 3k > 0$이다.'

가 거짓이 되도록 하는 자연수 k의 최솟값은?

① 3
② 4
③ 5
④ 6
⑤ 8

06
5지선다형 4점

무리함수 $f(x) = -\sqrt{ax-4} + 2$의 정의역이 $\{x \mid x \le -2\}$이고 치역이 $\{y \mid y \le b\}$일 때, $f(a-b)$의 값은? (단 a, b는 상수이다.)

① 2
② 1
③ 0
④ -1
⑤ -2

07

정의역이 자연수 전체의 집합이고 공역이 실수 전체의 집합인 함수 f가 다음 조건을 만족시킨다.

(가) p가 소수이면 $f(p)=2p$
(나) 임의의 두 자연수 a, b에 대하여 $f(ab)=f(a)+f(b)$

$f(216)$의 값은? (단, $f(1)=0$)

① 20　　　　② 24　　　　③ 28
④ 30　　　　⑤ 32

08

유리함수 $y=\dfrac{4x+a}{x-1}$의 그래프가 모든 사분면을 지나도록 하는 정수 a의 최솟값은? (단, $a \neq -4$)

① -2　　　② -1　　　③ 0
④ 　1　　　⑤ 　2

09

집합 $X=\{a,\ b,\ c\}$를 정의역으로 하는 함수 $f(x)=x^2-4x+6$의 치역이 $\{2,\ 11\}$일 때, $a-b+c$의 값은? (단, $a<b<c$)

① -3　　　② -2　　　③ -1
④ 　1　　　⑤ 　2

10

실수 x에 대하여 두 조건 p, q가
$$p: x \geq a,$$
$$q: 1 \leq x \leq 3 \text{ 또는 } x \geq 7$$
이다. 명제 $p \longrightarrow q$가 참이 되도록 하는 상수 a의 최솟값은?

① 1　　　　② 3　　　　③ 5
④ 7　　　　⑤ 9

11

집합 $X=\{1,\ 2,\ 3,\ 4\}$에서 집합 $Y=\{1,\ 2,\ 4,\ 8\}$로의 함수 f가 다음 조건을 만족시킨다. $f(4)+f^{-1}(1)$의 값은?
(단, f^{-1}는 f의 역함수이다.)

(가) $f(1)=4$
(나) 함수 f는 일대일대응이다.
(다) x가 짝수이면 $f(x)=ax^2$ (a는 상수)이다.

① 7　　　　② 9　　　　③ 10
④ 11　　　　⑤ 12

12

유리함수 $f(x)=\dfrac{2x+k}{x+3}$의 그래프를 x축의 방향으로 -1만큼, y축의 방향으로 2만큼 평행이동한 곡선을 $y=g(x)$라 하자. 곡선 $y=g(x)$의 두 점근선의 교점이 곡선 $y=f(x)$ 위의 점일 때, 상수 k의 값은?

① -6　　　② -4　　　③ -2
④ 　2　　　⑤ 　4

13

5지선다형 4점

두 실수 a, b에 대해 [보기] 중 p가 q이기 위한 필요조건이지만 충분조건이 아닌 것을 있는 대로 고른 것은?

ㄱ. p : $|a| \leq 3$ q : $0 \leq a \leq 2$
ㄴ. p : $a > 1$이고 $b > 1$ q : $a + b > 1$
ㄷ. p : $a^2 + b^2 = 0$ q : $|a| + |b| = 0$
ㄹ. p : $|a| + |b| = |a + b|$ q : $a \geq 0$이고 $b \geq 0$

① ㄱ, ㄴ   ② ㄱ, ㄷ   ③ ㄱ, ㄹ
④ ㄴ, ㄷ   ⑤ ㄴ, ㄹ

14

5지선다형 4점

집합 $X = \{1, 2, 3, 4\}$에 대하여 X에서 X로의 두 함수 f, g가 모두 일대일대응이고, 다음 조건을 만족시킬 때, $(g \circ f)(2) + (f \circ g)(2)$의 값은?

(가) $f(1) = 2$, $g(3) = 4$, $g(4) = 2$
(나) $(g \circ f)(3) = 2$, $(g \circ f)(2) = 3$

① 3   ② 4   ③ 5
④ 6   ⑤ 7

15

5지선다형 4점

함수 $f(x) = \sqrt{2x+1} + a$에 대하여 함수 $g(x)$가 $(f \circ g)(x) = x$를 만족시키고 $g(2) = 4$일 때, $(g \circ g)(2)$의 값은? (단, a는 상수이다.)

① 10   ② 12   ③ 14
④ 16   ⑤ 18

16

5지선다형 4점

실수 전체의 집합에서 정의된 함수

$$f(x) = \begin{cases} (a+4)x + 1 & (x < 0) \\ (3-a)x + b & (x \geq 0) \end{cases}$$

이 일대일대응이 되도록 하는 모든 정수 a의 값의 합을 S라 할 때, $b - S$의 값은?

① 1   ② 2   ③ 3
④ 4   ⑤ 5

17

5지선다형 4점

유리함수 $y = \dfrac{bx+c}{x+a}$의 그래프가 오른쪽 그림과 같을 때, 무리함수 $y = \sqrt{ax+b} + c$의 그래프는? (단, a, b, c는 상수이다.)

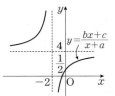

① 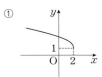   ②   ③

④ 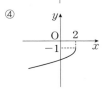   ⑤

18

5지선다형 4점

실수 전체의 집합에서 정의된 두 함수

$$f(x) = |x|, \quad g(x) = -2x + 1$$

에 대하여 합성함수 $y = (g \circ f)(x)$의 그래프는?

① 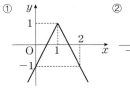   ②   ③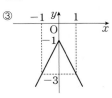

④ 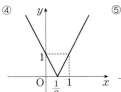   ⑤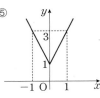

19

정의역과 공역이 실수 전체의 집합이고 역함수가 존재하는 함수

$$f(x)=\begin{cases}x+2 & (x<3)\\ x^2-6x+a & (x\geq 3)\end{cases}$$

의 역함수를 g라 하자. $(g\circ g)(6)=b$일 때, 실수 a, b에 대하여 ab의 값은?

① 12   ② 18   ③ 24
④ 28   ⑤ 32

20

이차함수 $y=f(x)$의 그래프는 그림과 같고 $f(-1)=0$, $f(5)=0$ 이다. 방정식 $(f\circ f)(x)=0$의 서로 다른 실근의 개수가 3일 때, 이 서로 다른 세 실근의 곱의 값은?

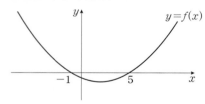

① -100 ② -98 ③ -90
④ -72 ⑤ -64

주관식 및 서술형

21

정의역이 $\{x|0\leq x\leq a\}$인 함수 $y=\dfrac{k}{x+1}+3\,(k>0)$의 최댓값이 9, 최솟값이 5일 때, 상수 a, k에 대하여 $k+a$의 값을 구하시오. (단, $a>0$)

22

집합 $X=\{x|0\leq x\leq 2\}$에 대하여 함수 $f:X\longrightarrow X$를

$$f(x)=\begin{cases}x+1 & (0\leq x<1)\\ x-1 & (1\leq x\leq 2)\end{cases}$$

에 대하여 $f^1=f$, $f^{n+1}=f\circ f^n\,(n=1,2,3,\cdots)$ 로 정의할 때, $f\left(\dfrac{1}{2}\right)+f^2\left(\dfrac{1}{2}\right)+f^3\left(\dfrac{1}{2}\right)+\cdots+f^{100}\left(\dfrac{1}{2}\right)$의 값을 구하시오.

23

함수 $f(x)=\begin{cases}\dfrac{1}{2}x+4 & (x\geq 2)\\ 2x+1 & (x<2)\end{cases}$의 역함수를 $g(x)$라 할 때, 두 함수 $y=f(x)$와 $y=g(x)$의 그래프로 둘러싸인 부분의 넓이를 구하시오.

24

$x>0$, $y>0$일 때, $(2x+3y)\left(\dfrac{2}{x}+\dfrac{3}{y}\right)$의 최솟값을 다음과 같은 방법으로 구하였다. 다음 단계로 서술하시오.

$x>0$, $y>0$이므로 산술평균과 기하평균의 관계에 의하여

$2x+3y \geq 2\sqrt{2x \times 3y} = 2\sqrt{6}\sqrt{xy}$ $\quad$ ⋯⋯ ㉠

(등호는 $2x=3y$일 때 성립)

$\dfrac{2}{x}+\dfrac{3}{y} \geq 2\sqrt{\dfrac{2}{x} \times \dfrac{3}{y}} = \dfrac{2\sqrt{6}}{\sqrt{xy}}$ $\quad$ ⋯⋯ ㉡

$\left(\text{등호는 } \dfrac{2}{x}=\dfrac{3}{y}\text{일 때 성립}\right)$이다.

따라서 $(2x+3y)\left(\dfrac{2}{x}+\dfrac{3}{y}\right) \geq 2\sqrt{6}\sqrt{xy} \times \dfrac{2\sqrt{6}}{\sqrt{xy}} = 24$ ⋯⋯ ㉢

이므로 $(2x+3y)\left(\dfrac{2}{x}+\dfrac{3}{y}\right)$의 최솟값은 24이다. $\quad$ ⋯⋯ ㉣

1단계 처음으로 잘못된 부분을 찾고 그 이유를 서술한다. [1점]

2단계 올바른 최솟값과 그 값을 구하는 과정을 서술한다. [2점]

3단계 등호가 성립하는 경우도 서술한다. [1점]

25

두 집합

$$A=\{(x, y)|y=\sqrt{4x+1}\},$$
$$B=\{(x, y)|y=x+k\}$$

에 대하여 $A \cap B = \varnothing$일 때, 실수 k의 값의 범위를 구하는 과정을 다음 단계로 서술하시오.

1단계 $A \cap B = \varnothing$일 때, 무리함수의 그래프와 직선의 위치 관계를 구한다. [1점]

2단계 직선이 무리함수의 그래프와 접할 때의 k의 값을 구한다. [2점]

3단계 k의 값의 범위를 구한다. [2점]

FINAL STEP 내신 일등급 모의고사

2학기 기말고사 모의평가 **02** 회

[시험 범위]
Ⅱ. 집합과 명제
(3) 명제 부터
Ⅲ. 함수와 그래프
(4) 무리함수 까지

시험시간 : 50분

01
5지선다형 3점

함수 $f(x)=ax+b$와 그 역함수 $f^{-1}(x)$에 대하여
$f^{-1}(2)=1$, $f(f(1))=3$일 때, $a-b$의 값은?
(단, a, b는 상수이고 $a \neq 0$이다.)

① -2 ② -1 ③ 0
④ 1 ⑤ 2

02
5지선다형 3점

실수 x에 대하여 다음 중 (가), (나), (다)에 알맞은 내용을 차례대로
나열한 것은?

> (가) $x^2+2x-3=0$은 $x=1$이기 위한 ◻◻이다.
> (나) $x=1$는 $x^3=1$이기 위한 ◻◻이다.
> (다) $x>1$은 $x^2+3x-4>0$이기 위한 ◻◻이다.

① 충분조건, 필요조건, 필요충분조건
② 필요조건, 충분조건, 필요조건
③ 필요조건, 필요충분조건, 충분조건
④ 필요조건, 필요충분조건, 필요조건
⑤ 충분조건, 충분조건, 필요조건

03
5지선다형 3점

두 집합 $X=\{-1, 0, 1\}$, $Y=\{3, 5, 7\}$에 대하여 X에서 Y로의
함수 $f(x)$가 $f(x)=ax^2+(a-2)x+3$일 때, 함수가 되도록 하는
모든 상수 a의 값의 합은?

① 4 ② $\dfrac{9}{2}$ ③ 5
④ 6 ⑤ 7

04
5지선다형 3점

두 함수 $f : X \longrightarrow Y$, $g : Y \longrightarrow X$가 그림과 같을 때,
$(g \circ f)(3)+(f \circ g)(2)$의 값은?

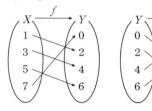

① 1 ② 2 ③ 3
④ 4 ⑤ 5

05
5지선다형 4점

명제

'$k-2 \leq x \leq k+1$인 어떤 실수 x에 대하여 $2 \leq x \leq 4$이다.'

가 참이 되도록 하는 정수 k의 개수는?

① 2 ② 4 ③ 6
④ 8 ⑤ 10

06
5지선다형 4점

함수 $y=\dfrac{ax+b}{x+c}$의 그래프가 다음 두 조건을 만족할 때,
상수 a, b, c에 대하여 $a+b+c$의 값은?

> (가) 점 $(2, 4)$를 지난다.
> (나) 점근선의 교점의 좌표는 $(-1, 3)$이다.

① 8 ② 10 ③ 12
④ 14 ⑤ 16

07

5지선다형 4점

공집합이 아닌 집합 X를 정의역으로 하는 함수
$$f(x)=2x^3-2x^2-3x$$
가 항등함수가 되도록 하는 집합 X의 개수는?

① 3   ② 4   ③ 7
④ 8   ⑤ 16

08

5지선다형 4점

전체집합 U에 대하여 세 조건 p, q, r의 진리집합을 각각 P, Q, R이라 하자. 명제 $p \longrightarrow q$가 참이고 명제 $r \longrightarrow \sim p$의 역이 참일 때, [보기]에서 항상 옳은 것만을 있는 대로 고른 것은?

ㄱ. $R \subset P^c$
ㄴ. $(P-Q) \subset R$
ㄷ. 명제 $\sim r \longrightarrow q$의 대우는 참이다.

① ㄱ   ② ㄴ   ③ ㄷ
④ ㄱ, ㄴ   ⑤ ㄴ, ㄷ

09

5지선다형 4점

실수 전체의 집합에서 정의된 두 함수
$$f(x)=\begin{cases} -x^2+1 & (x \geq 1) \\ 1-x & (x < 1) \end{cases}, \; g(x)=2x-1$$
에 대하여 $(g \circ f^{-1})(-3)$의 값은? (단, f^{-1}는 f의 역함수이다.)

① -3 ② -1 ③ 0
④ 1 ⑤ 3

10

5지선다형 4점

다음 [보기]의 함수 중 그 그래프가 평행이동에 의하여 함수 $y=-\dfrac{2}{x}$의 그래프와 겹쳐지는 것만을 있는 대로 고른 것은?

ㄱ. $y=\dfrac{2x-4}{x-1}$ ㄴ. $y=\dfrac{x-1}{x+1}$
ㄴ. $y=\dfrac{2x+7}{x+3}$ ㄹ. $y=\dfrac{-x-4}{x+2}$

① ㄱ, ㄴ   ② ㄴ, ㄷ   ③ ㄱ, ㄴ, ㄹ
④ ㄴ, ㄷ, ㄹ   ⑤ ㄱ, ㄴ, ㄷ, ㄹ

11

5지선다형 4점

두 집합 $X=\{1, 2, 3, 4\}$, $Y=\{5, 6, 7, 8\}$에 대하여 다음 두 조건을 모두 만족하는 함수 $f : X \longrightarrow Y$의 개수는?

(가) X의 임의의 두 원소 x_1, x_2에 대하여
    $x_1 \neq x_2$이면 $f(x_1) \neq f(x_2)$
(나) $f(3) < f(4)$

① 6   ② 8   ③ 12
④ 14   ⑤ 16

12

5지선다형 4점

집합 $X=\{0, 1, 2, 3, 4\}$의 원소 x에 대하여

함수 $f : X \longrightarrow X$를 $f(x)=\begin{cases} x-1 & (x \geq 1) \\ 4 & (x=0) \end{cases}$로 정의하자.

$f^1(x)=f(x)$, $f^{n+1}(x)=(f \circ f^n)(x)$ ($n=1, 2, 3, \cdots$인 자연수)

라 할 때, $f^{2026}(2)+f^{2027}(3)$의 값은?

① 1   ② 2   ③ 3
④ 4   ⑤ 5

13

함수 $y=\sqrt{4-4x}+1$의 그래프에 대한 다음 설명 중 옳지 않은 것은?

① 정의역은 $\{x|x\leq 1\}$, 치역은 $\{y|y\geq 1\}$이다.
② 함수 $y=2\sqrt{x}$의 그래프를 평행이동 또는 대칭이동하여 겹쳐질 수 있다.
③ 그래프는 제1, 2사분면을 지난다.
④ 점 $(-3, 5)$를 지난다.
⑤ $-8\leq x\leq -3$에서 최솟값은 5, 최댓값은 6이다.

14

함수 $f(x)=a(x+2)^2-2(x\geq -2)$의 역함수를 $y=g(x)$라 하자. 두 함수 $y=f(x)$, $y=g(x)$의 그래프가 서로 다른 두 점 A, B에서 만나고 선분 AB의 길이가 $4\sqrt{2}$라 할 때, 양수 a의 값은?

① $\dfrac{1}{8}$
② $\dfrac{1}{6}$
③ $\dfrac{1}{4}$
④ $\dfrac{1}{2}$
⑤ 1

15

함수 $y=\dfrac{2x+k-6}{x+1}$의 그래프가 제4사분면을 지나도록 하는 모든 자연수 k의 값의 합은?

① 12
② 13
③ 14
④ 15
⑤ 16

16

다음 그림은 이차함수 $y=ax^2+b$와 직선 $y=cx-5$의 그래프이다. 이때 상수 a, b, c에 대하여 함수 $y=b\sqrt{ax+3a}+c$의 그래프의 개형으로 옳은 것은? (단, 두 함수는 $x=-1$에서 접한다.)

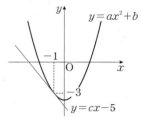

①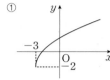
②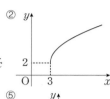
③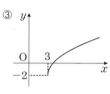
④
⑤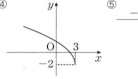

17

다음 명제를 증명한 것이다.
두 자연수 a, b에 대하여 a^2+b^2이 홀수이면 ab는 짝수이다.

> 주어진 명제의 대우는
> '두 자연수 a, b에 대하여 ab가 ⌐(가)⌐이면 a^2+b^2이 ⌐(나)⌐이다.'
> ab가 ⌐(가)⌐이면 a, b는 모두 ⌐(가)⌐이므로
> $a=2m+1$, $b=2n+1$(m, n은 0 또는 자연수)로 놓으면
> $a^2+b^2=(2m+1)^2+(2n+1)^2$
> $\qquad\quad =2(2m^2+2n^2+2m+2n+1)$
> $2m^2+2n^2+2m+2n+1$은 자연수이므로
> a^2+b^2은 ⌐(나)⌐이다.
> 따라서 주어진 명제의 대우가 참이므로 주어진 명제도 참이다.

위의 증명에서 (가), (나)에 알맞은 것을 순서대로 적은 것은?

① 홀수, 홀수
② 홀수, 짝수
③ 짝수, 짝수
④ 소수, 홀수
⑤ 소수, 짝수

18

5지선다형 4점

집합 $X=\{1, 3, 5, 7, 9\}$에 대하여 X에서 X로의 일대일대응 f가 다음 조건을 만족시킨다.

(가) $f(1)=3$
(나) $(f \circ f)(3)=3$

[보기]에서 옳은 것만을 있는 대로 고른 것은?

ㄱ. $f(3)=1$
ㄴ. $f(5)=7$이면 $f(9)=7$이다.
ㄷ. $(f \circ f)(5)=5$이면 $f(x)=x$인 x가 존재한다.

① ㄱ   ② ㄱ, ㄴ   ③ ㄱ, ㄷ
④ ㄴ, ㄷ   ⑤ ㄱ, ㄴ, ㄷ

19

5지선다형 5점

무리함수 $y=\sqrt{|x|}-1$의 그래프와 직선 $y=mx+m-1$이 서로 다른 세 점에서 만날 때, 실수 m의 값의 범위가 $\alpha < a < \beta$일 때, $\beta - \alpha$의 값은?

① $\dfrac{1}{4}$ ② $\dfrac{1}{3}$ ③ $\dfrac{1}{2}$
④ 1 ⑤ 2

20

5지선다형 6점

함수 $f(x)=\begin{cases} 2x+a & (x \geq 0) \\ \dfrac{1}{2}x+a & (x<0) \end{cases}$ 의 역함수를 $g(x)$라 할 때,

두 함수 $y=f(x)$와 $y=g(x)$가 서로 다른 두 점에서 만나고 두 함수의 그래프로 둘러싸인 부분의 넓이가 27이다. 이때 상수 a의 값은?

① -5 ② -3 ③ -1
④ 1 ⑤ 3

주관식 및 서술형

21번 ~ 25번

21

단답형 3점

$-1 \leq x \leq 1$에서 함수 $f(x)=\dfrac{4x+5}{x+2}$의 최댓값을 M, 최솟값을 m이라 할 때, $M+m$의 값을 구하시오.

22

단답형 4점

두 함수 $f(x)=\dfrac{-2x+10}{x-4}$, $g(x)=\sqrt{-x-1}+1$에 대하여

$-5 \leq x \leq -2$에서 정의된 함수 $(f \circ g)(x)$의 최댓값과 최솟값의 곱을 구하시오.

23

단답형 5점

두 실수 x, y에 대하여 $2x^2+y^2-6x+\dfrac{100}{x^2+y^2+1}$의 최솟값을 구하시오.

24

두 집합 $X=\{x|-2 \leq x \leq 1\}$, $Y=\{y|1 \leq y \leq 4\}$에 대하여 X에서 Y로의 함수 $f(x)=ax+b$가 일대일대응이 되도록 하는 상수 a, b에 대하여 $b-a$의 값을 구하는 과정을 다음 단계로 서술하시오. (단, $a>0$)

1단계 일대일대응이 되기 위한 조건을 구한다. [2점]

2단계 a, b의 값을 구한다. [1점]

3단계 $b-a$의 값을 구한다. [1점]

25

함수 $f(x)=\sqrt{x-2}+3$의 그래프 위의 임의의 점 P가 점 A$(2, 3)$과 B$(6, 5)$ 사이를 움직일 때 삼각형 ABP의 넓이의 최댓값을 구하는 과정을 다음 단계로 서술하시오.

1단계 삼각형 ABP의 넓이가 최대가 되는 점 P의 위치를 구한다. [1점]

2단계 직선 AB에 평행하고 함수 $y=f(x)$에 접하는 직선의 방정식을 이용하여 점 P의 좌표를 구한다. [2점]

3단계 삼각형의 넓이가 최대일 때 점 P에서 직선 AB까지의 거리를 구한다. [1점]

4단계 삼각형 ABP의 넓이의 최댓값을 구한다. [1점]

FINAL STEP 내신 일등급 모의고사
2학기 기말고사 모의평가 03 회

[시험 범위]
II. 집합과 명제
　(3) 명제 부터
III. 함수와 그래프
　(4) 무리함수 까지

시험시간 : 50분

01

5지선다형 3점

전체집합 U에 대하여 두 조건 p, q의 진리집합을 각각 P, Q라 할 때, 다음 중에서 옳지 않은 것은?

① $\sim p$의 진리집합은 P^C이다.

② 명제 $p \longrightarrow q$가 참이면 $Q^C \subset P^C$이다.

③ $P \neq \varnothing$이면 '어떤 x에 대하여 p이다.'는 참이다.

④ $Q \subset P$이면 명제 $p \longrightarrow q$는 참이다.

⑤ $P \neq U$이면 '모든 x에 대하여 p이다.'는 거짓이다.

04

5지선다형 3점

두 함수 $f(x)=2x+1$, $g(x)=x-3$에 대하여 함수
$$(f \circ (g \circ f)^{-1} \circ f)(a)=10$$
를 만족시키는 상수 a의 값은?

① 2　　　　② 3　　　　③ 4
④ 5　　　　⑤ 6

02

5지선다형 3점

두 함수 $f(x)=3x+1$, $g(x)=2x-3$에 대하여
$$(g \circ h)(x)=f(x)$$
를 만족하는 함수 $h(x)$가 있다. 이때 $h(2)$의 값은?

① 1　　　　② 2　　　　③ 3
④ 4　　　　⑤ 5

05

5지선다형 4점

이차방정식 $x^2-2\sqrt{5}x+a=0$이 허근을 가질 때, $a+5+\dfrac{16}{a-5}$은 $a=k$일 때, 최솟값 p를 갖는다. 이때 두 상수 k, p에 대하여 $k+p$의 값은?

① 15　　　　② 18　　　　③ 21
④ 24　　　　⑤ 27

03

5지선다형 3점

함수 f가 실수 전체의 집합에서
$$f(x)=\begin{cases} 3x-a & (x \leq 2) \\ -x+1 & (x \geq 2) \end{cases}$$
로 정의될 때, $f(2-\sqrt{5})-f(\sqrt{5})$의 값이 $p+q\sqrt{5}$일 때, $p+q$의 값은? (단, a, p, q는 유리수이다.)

① -8　　　　② -6　　　　③ -4
④ -2　　　　⑤ 0

06

5지선다형 4점

두 조건 $p : x \leq 3$ 또는 $x>7$, $q : -1<x \leq k$에 대하여 명제 $\sim p \longrightarrow q$가 거짓임을 보이는 반례 중 정수는 7뿐일 때, 실수 k의 값의 범위로 옳은 것은? (단, $k>-1$)

① $3<k \leq 6$　　　② $4 \leq k<7$　　　③ $5<k<7$
④ $5<k \leq 7$　　　⑤ $6 \leq k<7$

07

공집합이 아닌 집합 X에서 정의된 두 함수

$$f(x)=x^3-8x^2+20x-20, \quad g(x)=x^2-6x+4$$

이다. 두 함수에 대하여 $f=g$일 때, 집합 X의 개수는?

① 3
② 4
③ 7
④ 8
⑤ 16

08

집합 $X=\{1, 2, 3, 4, 5\}$에 대하여
함수 $f : X \longrightarrow X$의 대응관계는
오른쪽 그림과 같다.
함수 $g : X \longrightarrow X$가

$$f \circ g = g \circ f, \quad g(2)=3$$

을 만족시킬 때, $g(4)+g(1)$의 값은?

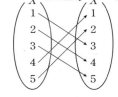

① 3
② 4
③ 5
④ 6
⑤ 7

09

유리함수 $y=\dfrac{2x+1}{x+1}$의 그래프에 대한 다음 [보기]의 설명 중 옳은
것을 모두 고른 것은?

> ㄱ. 함수 $y=\dfrac{2}{x}$의 그래프를 x축의 방향으로 -1만큼,
> y축의 방향으로 2만큼 평행이동한 것이다.
> ㄴ. 좌표평면의 제 1, 2, 3사분면을 지난다.
> ㄷ. 직선 $y=-x+1$에 대하여 대칭이다.

① ㄱ
② ㄴ
③ ㄷ
④ ㄴ, ㄷ
⑤ ㄱ, ㄴ, ㄷ

10

다음은 $\sqrt{3}$이 유리수가 아님을 증명한 것이다.

> $\sqrt{3}$을 유리수라고 가정하면
> $\sqrt{3}=\dfrac{n}{m}$ (m, n은 서로소인 자연수)
> $\sqrt{3}=\dfrac{n}{m}$의 양변을 제곱하여 정리하면
> $\therefore 3m^2=n^2$ ...... ㉠
> 이때 [(가)]은 3의 배수이므로 n도 3의 배수이다.
> $n=$ [(나)] (k는 자연수)로 놓고 ㉠에 대입하여 정리하면
> $\therefore m^2=$ [(다)]
> 이때 m^2은 3의 배수이므로 m도 3의 배수이다.
> 즉, m, n이 모두 3의 배수가 되어 이는 m, n이 서로소인
> 자연수라는 가정에 모순이다.
> 따라서 $\sqrt{3}$이 유리수가 아니다.

위의 과정에서 (가)에 알맞은 식을 $f(n)$, (나)에 알맞은 식을 $g(k)$,
(다)에 알맞은 식을 $h(k)$라 할 때, $f(2)+g(2)+h(3)$의 값은?

① 15
② 22
③ 34
④ 37
⑤ 47

11

실수 전체의 집합에서 정의된 함수

$$f(x)=|2x-1|+ax+1$$

이 역함수가 존재하지 않도록 하는 모든 정수 a의 개수는?

① 4
② 5
③ 6
④ 7
⑤ 8

12

5지선다형 4점

두 집합 $X=\{0,\ 1,\ 2\}$, $Y=\{1,\ 2,\ 3,\ 4\}$에 대하여 두 함수
$f:X\longrightarrow R$, $g:Y\longrightarrow R$를

$$f(x)=ax+1,\ g(x)=x^2-1$$

이라 할 때, 합성함수 $g\circ f$가 정의되도록 하는 모든 상수 a의
값의 합은? (단, R는 실수 전체의 집합이다.)

① -2 ② -1 ③ 0
④ 1 ⑤ 2

13

5지선다형 4점

함수 $f(x)=2x-6$의 역함수를 $f^{-1}(x)$라 할 때,

$$\{f(x)\}^2=f(x)f^{-1}(x)$$

를 만족시키는 모든 실수 x의 값의 합은?

① $\dfrac{11}{2}$ ② 7 ③ $\dfrac{15}{2}$
④ 8 ⑤ 9

14

5지선다형 4점

유리함수 $y=f(x)$가 다음 조건을 모두 만족시킨다.

(가) 점 $(3,\ 2)$에 대하여 대칭이다.

(나) 그래프는 점 $\left(0,\ \dfrac{4}{3}\right)$를 지난다.

$-2\leq x\leq 1$에서 함수 $y=f(x)$의 최댓값을 M, 최솟값을 m이라
할 때, $M-m$값은?

① $\dfrac{3}{5}$ ② $\dfrac{6}{5}$ ③ 2
④ $\dfrac{11}{5}$ ⑤ 3

15

5지선다형 4점

함수 $y=\dfrac{-2x+1}{x-3}$의 그래프가 두 직선 $y=x+a$와 $y=bx+c$에

대하여 대칭일 때 무리함수 $y=-b\sqrt{x+a}+c$에 대한 설명으로
[보기] 중 옳은 것만을 고른 것은? (단, a, b, c는 상수이다.)

> ㄱ. 정의역은 $\{x\,|\,x\geq 5\}$, 치역은 $\{y\,|\,y\geq -1\}$
>
> ㄴ. 그래프는 제 1사분면을 지난다.
>
> ㄷ. 점 $(9,\ 3)$을 지난다.
>
> ㄹ. $6\leq x\leq 21$에서 최솟값과 최댓값의 합은 7이다.

① ㄱ, ㄴ   ② ㄴ, ㄷ   ③ ㄱ, ㄴ, ㄹ
④ ㄴ, ㄷ, ㄹ   ⑤ ㄱ, ㄴ, ㄷ, ㄹ

16

5지선다형 4점

집합 $X=\{x\,|\,0\leq x\leq 5\}$에 대하여 X에서 X로의 함수

$$f(x)=\begin{cases} ax^2+b & (0\leq x<3) \\ x-3 & (3\leq x\leq 5) \end{cases}$$

가 일대일대응일 때, $f(2)$의 값은? (단, a, b는 상수이다.)

① 3 ② $\dfrac{28}{9}$ ③ $\dfrac{10}{3}$
④ $\dfrac{11}{3}$ ⑤ $\dfrac{46}{9}$

17

5지선다형 4점

두 실수 x, y에 대하여 $4x^2+25y^2=8$일 때, $3x+10y$의 최댓값은?

① 5 ② $\sqrt{30}$ ③ $4\sqrt{3}$
④ $5\sqrt{2}$ ⑤ $2\sqrt{13}$

18

집합 $X=\{1, 2, 3, 4, 5, 6\}$에 대하여 함수 $f : X \longrightarrow X$로 정의할 때, $f(2)\neq 1$, $f(3)\neq 4$이고 일대일대응인 함수 f의 개수는?

① 120   ② 216   ③ 360

④ 504   ⑤ 720

19

$1 \leq x \leq 3$인 임의의 실수 x에 대하여

$$ax+3 \leq \frac{3x+5}{x+1} \leq bx+3$$

가 항상 성립할 때, $b-a$의 최솟값은? (단, a, b는 상수이다.)

① $\frac{1}{6}$ ② $\frac{1}{3}$ ③ $\frac{1}{2}$

④ $\frac{2}{3}$ ⑤ $\frac{5}{6}$

20

실수 전체의 집합에서 정의된 함수

$$f(x)=\begin{cases} \dfrac{x+1}{x-3} & (x>4) \\ \sqrt{4-x}+a & (a \leq 4) \end{cases}$$

가 다음 조건을 모두 만족시킨다.

> (가) 치역은 $\{y \mid y > 1\}$이다.
> (나) 임의의 두 실수 x_1, x_2에 대하여
> $f(x_1)=f(x_2)$이면 $x_1=x_2$이다.

$f(3)f(k)=24$일 때, 상수 k의 값은? (단, a는 상수이다.)

① $\frac{11}{3}$ ② $\frac{13}{3}$ ③ $\frac{11}{2}$

④ $\frac{17}{3}$ ⑤ $\frac{15}{2}$

21

$3 \leq x \leq a$에서 함수 $y=\sqrt{2x-2}-4$의 최댓값이 2, 최솟값이 m일 때, $a+m$의 값을 구하시오. (단, $a>3$)

22

함수 f에 대하여 $f^1=f$, $f^{n+1}=f^n \circ f$ (n은 자연수)로 정의하자. 집합 $X=\{1, 2, 3\}$에 대하여 함수 $f : X \longrightarrow X$가 $f(1)=3$, $f^3=I$를 만족시키고 함수 f의 역함수를 g라 할 때, $g^{2025}(2)+g^{2030}(1)$의 값을 구하시오. (단, I는 항등함수이다.)

23

함수 $y=\dfrac{2x-4}{x}$의 그래프와 함수 $y=\sqrt{4a-x}+a$의 그래프가 서로 다른 두 점에서 만날 때 상수 a의 값을 구하시오.

24

함수 $f(x)=\dfrac{6}{x-1}+2$와 그 역함수 $g(x)$에 대하여 두 함수 $y=f(x)$, $y=g(x)$의 그래프가 만나는 두 점을 각각 A, B라 할 때, 선분 AB의 길이를 구하는 과정을 다음 단계로 서술하시오.

1단계 함수 $y=f(x)$의 그래프와 그 역함수 $y=g(x)$의 그래프의 관계를 구한다. [1.5점]

2단계 두 함수 $y=f(x)$, $y=g(x)$의 그래프가 만나는 두 점 A, B 의 좌표를 구한다. [1.5점]

3단계 선분 AB의 길이를 구한다. [1점]

25

실수 전체의 집합에서 세 조건
$$p : -1 < x < 5 \text{ 또는 } x > 7, \ q : x > a, \ r : x > b$$
에 대하여 q는 p이기 위한 필요조건이고, r은 p이기 위한 충분조건이다. 이때 $b-a$의 최솟값을 구하는 과정을 다음 단계로 서술하시오. (단, a, b는 실수이다.)

1단계 두 조건 p, q, r의 진리집합을 P, Q, R이라 할 때, 진리집합 P, Q, R을 구한다. [1점]

2단계 q는 p이기 위한 필요조건이 되려면 $P \subset Q$가 성립함을 이용하여 a의 최댓값을 구한다. [1.5점]

3단계 r는 p이기 위한 충분조건이 되려면 $R \subset P$가 성립함을 이용하여 b의 최솟값을 구한다. [1.5점]

4단계 $b-a$의 최솟값을 구한다. [1점]

MAPL SYNERGY SERIES

FINAL STEP 내신 일등급 모의고사

2학기 기말고사 모의평가 **04** 회

[시험 범위]
II. 집합과 명제
　(3) 명제 부터
III. 함수와 그래프
　(4) 무리함수 까지

시험시간 : 50분

01
5지선다형 3점

두 조건

$$p : 3x^2 - 2x - 1 = 0, \quad q : 3x - a = 0$$

에 대하여 p는 q이기 위한 필요조건이 되도록 하는 모든 상수 a의 값의 합은?

① -2　　　② -1　　　③ 0

④ 1　　　⑤ 2

02
5지선다형 3점

두 실수 x, y에 대하여 $xy > 0$, $x + y = 3$일 때, $\dfrac{1}{x} + \dfrac{1}{y}$의 최솟값은?

① 1　　　② $\dfrac{4}{3}$　　　③ $\dfrac{5}{3}$

④ 2　　　⑤ $\dfrac{7}{3}$

03
5지선다형 3점

유리함수 $f(x) = \dfrac{ax+1}{x+b}$의 그래프의 점근선의 방정식이 $x = 2$, $y = 3$일 때, $a + b + f(4)$의 값은? (단, a, b는 상수이고 $ab + 1 \neq 0$)

① 7　　　② $\dfrac{15}{2}$　　　③ 8

④ $\dfrac{17}{2}$　　　⑤ 9

04
5지선다형 3점

함수 f, g, h가 $f(x) = x + a$, $(h \circ g)(x) = 3x - 2$

$$(h \circ (g \circ f))(x) = bx + 4$$

를 만족시킬 때, 상수 a, b에 대하여 $a + b$의 값은?

① 3　　　② 4　　　③ 5

④ 6　　　⑤ 7

05
5지선다형 4점

함수 $f(x) = \dfrac{ax+b}{x+3}$의 그래프가 점 $(-2, 1)$을 지나고 $x \neq -3$인 모든 실수 x에 대하여 $(f \circ f)(x) = x$일 때, $f^{-1}(2)$의 값은? (단, a, b는 상수이다.)

① $-\dfrac{12}{5}$　　　② $-\dfrac{11}{5}$　　　③ -3

④ $-\dfrac{7}{3}$　　　⑤ $-\dfrac{5}{3}$

06
5지선다형 4점

$x \geq 0$에서 정의된 두 함수 $y = f(x)$, $y = g(x)$의 그래프와 직선 $y = x$가 다음 그림과 같을 때, $g^{-1}(f^{-1}(b))$의 값은? (단, 모든 점선은 x축 또는 y축에 평행하고 f^{-1}, g^{-1}는 각각 f, g의 역함수이다.)

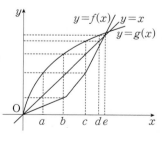

① a　　　② b　　　③ c

④ d　　　⑤ e

07

5지선다형 4점

함수 $f(x)=x^2-6x+12\,(x\geq3)$의 역함수를 $g(x)$라 할 때,
두 함수 $y=f(x)$, $y=g(x)$의 그래프의 두 교점 사이의 거리는?

① $\sqrt{2}$ ② 2   ③ $2\sqrt{2}$

④ 4   ⑤ $4\sqrt{2}$

08

5지선다형 4점

전체집합 U에 대하여 세 조건 p, q, r의 진리집합 P, Q, R의
포함 관계가 그림과 같을 때, 다음 명제 중 항상 참인 것은?

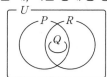

① $p \longrightarrow q$ ② $r \longrightarrow q$ ③ $\sim p \longrightarrow \sim q$

④ $\sim p \longrightarrow \sim r$ ⑤ $\sim q \longrightarrow \sim r$

09

5지선다형 4점

두 집합

$X=\{1, 2, 3, 4, 5\}$, $Y=\{y\,|\,1\leq y\leq 10,\ y$는 자연수$\}$

에 대하여 $f(3)=5$일 때, 집합 X의 임의의 두 원소 x_1, x_2에
대하여 $x_1<x_2$이면 $f(x_1)<f(x_2)$를 만족하는 함수 f의 개수는?

① 40   ② 50   ③ 60

④ 72   ⑤ 76

10

5지선다형 4점

집합 $X=\{1, 2, 3\}$에 대하여 X에서 X로의 두 함수 f, g의
역함수를 f^{-1}, g^{-1}라 하고

$f(3)=1$, $g(2)=3$, $(g\circ f^{-1})(1)=1$, $(g\circ f^{-1})^{-1}(3)=2$

일 때, $f(1)-g^{-1}(2)$의 값은?

① -2 ② -1 ③ 0

④ 1   ⑤ 2

11

5지선다형 4점

실수 x에 대하여 두 조건

$p : k-1\leq x\leq k+3,\ q : 0\leq x\leq 2$

이 있다. 명제 '조건 p를 만족하는 어떤 실수 x에 대하여 조건 q를
만족한다.' 가 참이 되도록 하는 정수 k의 개수는?

① 4   ② 5   ③ 6

④ 7   ⑤ 8

12

5지선다형 4점

그림은 무리함수 $f(x)=\sqrt{ax+b}+c$의 그래프이다.
함수 $y=f(x)$의 그래프와 함수 $y=x-5$와 교점이 (p, q)일 때,
$a+b+c+p-q$의 값은? (단, a, b, c는 상수이다.)

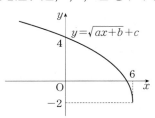

① 27   ② 30   ③ 33

④ 36   ⑤ 39

13

두 함수 $y=\sqrt{2x+4}$, $y=\sqrt{2x-4}$의 그래프와 x축 및 직선 $y=2$로 둘러싸인 도형의 넓이는?

① 4 　　　　② 6 　　　　③ 8

④ 10 　　　　⑤ 12

16

집합 $X=\{1, 2, 3, 4\}$에서 함수 $f : X \longrightarrow X$가 오른쪽 그림과 같다. 함수 $g : X \longrightarrow X$가 다음 조건을 만족시킬 때, $(f \circ g)(2)+(g \circ f)(4)$의 값은?

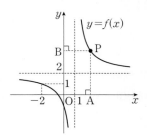

> (가) 함수 g는 일대일대응이다.
> (나) $(f \circ g)(1)=2$, $(g \circ f)(1)=3$
> (다) $g(2)>g(3)$

① 8 　　　　② 7 　　　　③ 6

④ 5 　　　　⑤ 4

14

다음은 이차함수 $y=f(x)$의 그래프이다.

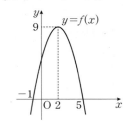

방정식 $(f \circ f)(x)=5$의 모든 실근의 곱은?

① -1 　　　　② -2 　　　　③ -3

④ -4 　　　　⑤ -5

17

두 함수

$$f(x)=\frac{1}{5}x^2+\frac{1}{5}k\,(x \geq 0), \quad g(x)=\sqrt{5x-k}$$

에 대하여 $y=f(x)$, $y=g(x)$의 그래프가 서로 다른 두 점에서 만나도록 하는 모든 정수 k의 개수는?

① 5 　　　　② 7 　　　　③ 9

④ 11 　　　　⑤ 13

15

집합 $X=\{1, 2, 3, 4\}$에 대하여 함수 $f : X \longrightarrow X$를 다음과 같이 정의한다.

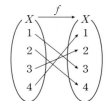

$f^1(x)=f(x)$, $f^{n+1}(x)=f(f^n(x))(n=1, 2, 3, \cdots)$이라 할 때, $f^{101}(a)+f^{103}(b)$의 값이 최대가 되도록 하는 두 상수 a, b에 대하여 $a-b$의 값은?

① -2 　　　　② -1 　　　　③ 0

④ 　1 　　　　⑤ 　2

18

유리함수 $f(x)=\dfrac{bx+c}{x+a}$에 대하여 오른쪽 그림과 같이 함수 $y=f(x)$의 그래프는 두 직선 $x=1$, $y=2$를 점근선으로 하고 점 $(-2, 1)$을 지난다. 이 그래프 위의 제 1사분면의 점 P에서 x축, y축에 내린 수선의 발을 각각 A, B라 할 때, $\overline{\text{AP}}+\overline{\text{BP}}$의 최솟값은? (단, a, b, c는 상수이다.)

① $2+2\sqrt{2}$ 　　　　② $3+2\sqrt{2}$ 　　　　③ $3+2\sqrt{3}$

④ $2+4\sqrt{2}$ 　　　　⑤ $5+3\sqrt{2}$

19

5지선다형 5점

그림과 같이 유리함수 $y=\dfrac{1}{x}$의 그래프의 제 1사분면 위의 점 A에서 x축과 y축에 각각 평행한 직선을 그어, 유리함수 $y=\dfrac{k}{x}(k>1)$의 그래프와 만나는 점을 각각 B, C라고 하자. 삼각형 ABC의 넓이가 8일 때, 상수 k의 값은?

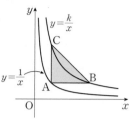

① 3   ② 5   ③ 6
④ 7   ⑤ 8

20

5지선다형 6점

$0 \leq x \leq 8$에서 정의된 두 함수 $y=f(x)$와 $y=g(x)$의 그래프가 다음과 같을 때 함수 $y=(g \circ f)(x)$의 그래프와 x축으로 둘러싸인 부분의 넓이는?

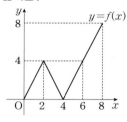

① 26   ② 28   ③ 30
④ 32   ⑤ 34

주관식 및 서술형   21번 ~ 25번

21

단답형 3점

두 함수 $f(x)=ax-1(a \neq 0)$, $g(x)=2x+b$에 대하여 $g^{-1}(5)=1$, $(f \circ g)^{-1}=f^{-1} \circ g^{-1}$를 만족시킬 때 두 상수 a, b에 대하여 $ab+f(6)+g(-1)$의 값을 구하시오.
(단, f^{-1}, g^{-1}은 각각 f, g의 역함수이다.)

22

단답형 4점

정의역이 집합 $X=\{x|x \geq k\}$인 함수 $f(x)=x^2+4x-4$가 일대일함수가 되도록 하는 k의 최솟값을 a, 함수 $f(x)$가 X에서 X로의 일대일대응이 되도록 하는 k의 값을 b라 할 때, $b-a$의 값을 구하시오.

23

단답형 5점

실수 전체의 집합 R에서 R로의 함수 f가 다음 조건을 모두 만족시킨다.

(가) $-3 \leq x \leq 3$, $f(x)=\sqrt{9-x^2}+1$
(나) $f(x+6)=f(x)$

두 함수 $y=f(x)$, $y=\dfrac{ax}{x-3}$의 그래프가 무수히 많은 점에서 만나도록 하는 자연수 a의 값의 합을 구하시오.

24

두 집합

$$A=\{(x, y)|y=-\sqrt{2x+8}\},\ B=\{(x, y)|y=-x+k\}$$ 에
대하여 $n(A \cap B)=2$일 때, 실수 k의 값의 범위를 구하는 과정을
다음 단계로 서술하시오.

1단계 $n(A \cap B)=2$일 때, 무리함수의 그래프와 직선의 위치
관계를 구한다. [1점]

2단계 직선이 점 $(-4, 0)$을 지날 때의 k의 값을 구한다. [1점]

3단계 직선이 무리함수의 그래프와 접할 때 k의 값을 구한다. [2점]

4단계 k의 값의 범위를 구한다. [1점]

25

그림과 같이 $\overline{AB}=8$, $\overline{BC}=10$이고 $\angle A=90°$인 직각삼각형 ABC
에 내접하는 직사각형 PQRS를 만들려고 한다.
이 직사각형의 한 변 QR은 선분 BC 위에 존재하고 점 P는 선분
AB 위에, 점 S는 선분 AC 위에 하나씩 존재할 때, 이 직사각형의
넓이의 최댓값을 S, 그때의 직사각형의 둘레 l을 구하는 과정을 다음
단계로 서술하시오.

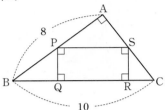

1단계 $\overline{PQ}=x$, $\overline{QR}=y$라 하고 닮음을 이용하여 x, y의 관계식을
구한다. [2점]

2단계 산술평균과 기하평균의 관계를 이용하여 넓이의 최솟값 S의
값을 구하고 그때의 x, y의 관계식을 구한다. [3점]

3단계 직사각형 PQRS의 둘레의 길이를 구한다. [1점]

MAPL
YOUR
MASTER
PLAN

MAPL SYNERGY SERIES

MAPL. IT'S YOUR MASTER PLAN!

개념 유형 기본문제부터
고난도 모의고사형 문제까지 아우르는
유형별 내신대비문제집

공통수학 2

바로
보는
정답

바로 보는 정답

Since 1996. Heemang Institute, Inc.
www.heemangedu.co.kr
www.mapl.co.kr

 도형의 방정식

01 평면좌표

0001 6	0002 ⑤	0003 ②	0004 ④
0005 ⑤	0006 ③	0007 2	0008 2
0009 ①	0010 ②	0011 ①	0012 ③
0013 ②	0014 ②	0015 ③	0016 ⑤
0017 ①	0018 ②	0019 ②	0020 6
0021 5	0022 ⑤	0023 52	0024 ③
0025 ②	0026 ②	0027 ⑤	0028 ④
0029 7	0030 20	0031 ④	0032 ①
0033 ④	0034 ④	0035 ①	0036 ④
0037 ③	0038 ⑤	0039 ①	0040 ④
0041 ④	0042 3	0043 ①	0044 5
0045 1	0046 ④	0047 ②	0048 ①
0049 7	0050 160	0051 3	0052 ①
0053 ⑤	0054 ③	0055 ④	0056 ③
0057 ①	0058 36	0059 ⑤	0060 ①
0061 14	0062 ③	0063 19	0064 ⑤
0065 ⑤	0066 ⑤	0067 ③	0068 18
0069 ①	0070 ②	0071 ①	0072 6
0073 ①	0074 ④	0075 15	0076 ①
0077 ⑤	0078 20	0079 7	0080 ③
0081 ⑤	0082 14	0083 3	0084 ①
0085 ②	0086 ⑤	0087 9	0088 180
0089 5	0090 ②	0091 ②	0092 ③
0093 ⑤	0094 19	0095 2	0096 ①
0097 ④	0098 ①	0099 ③	0100 ③
0101 ②	0102 1	0103 ④	0104 ①
0105 ⑤		0106 해설참조	
0107 해설참조		0108 해설참조	
0109 해설참조		0110 해설참조	
0111 해설참조		0112 2	
0113 $3\sqrt{5}$	0114 116	0115 ②	0116 ②

02 직선의 방정식

0117 9	0118 ②	0119 ⑤	0120 ⑤
0121 7	0122 ①	0123 11	0124 ④
0125 ④	0126 41	0127 2	0128 ④
0129 ②	0130 ④	0131 9	0132 −5
0133 ①	0134 6	0135 ⑤	0136 ④
0137 ③	0138 7	0139 ③	0140 ①
0141 ④	0142 ③	0143 ⑤	0144 ①
0145 ⑤	0146 ③	0147 ①	0148 ②
0149 ①	0150 18	0151 ②	0152 ②
0153 ②	0154 ④	0155 ⑤	0156 ①
0157 13	0158 ②	0159 ③	0160 ②
0161 18	0162 ②	0163 ⑤	0164 ①
0165 ③	0166 ②	0167 12	0168 ②
0169 ③	0170 1	0171 ⑤	0172 ④
0173 ②	0174 ①	0175 ③	0176 1
0177 −2	0178 ①	0179 ③	0180 ⑤
0181 ①	0182 ②	0183 ③	0184 8
0185 ④	0186 ①	0187 8	0188 ②
0189 1	0190 ②	0191 ②	0192 ③
0193 ①	0194 ⑤	0195 ②	0196 ③
0197 4	0198 10	0199 ③	0200 ②
0201 125	0202 5	0203 ③	0204 ④
0205 ②	0206 2	0207 ⑤	0208 2
0209 ③	0210 ①	0211 14	0212 ⑤
0213 ③	0214 ②	0215 4	0216 ①
0217 ④	0218 ②	0219 ④	0220 ⑤
0221 ③	0222 ②	0223 ②	0224 ①
0225 3	0226 ②	0227 ⑤	0228 ③
0229 ④	0230 ②	0231 ③	0232 ④
0233 ②	0234 ⑤	0235 ⑤	0236 ⑤
0237 ①	0238 ③	0239 ③	0240 ③
0241 ①	0242 ③	0243 ③	0244 ③
0245 ③	0246 ④	0247 ④	0248 −12
0249 ⑤	0250 ①	0251 ①	0252 ④
0253 ③	0254 ②	0255 ⑤	0256 3
0257 20	0258 ⑤	0259 ②	0260 ②
0261 2	0262 ③	0263 ①	0264 ②

0265	2	0266	③	0267	①	0268	23
0269	⑤	0270	④	0271	②	0272	25
0273	③	0274	6	0275	③	0276	②
0277	②	0278	2	0279	⑤	0280	②
0281	③	0282	④	0283	③	0284	③
0285	⑤	0286	②	0287	해설참조		
0288	해설참조			0289	해설참조		
0290	해설참조			0291	해설참조		
0292	해설참조			0293	해설참조		
0294	해설참조			0295	해설참조		
0296	해설참조			0297	해설참조		
0298	해설참조			0299	$5\sqrt{3}$	0300	5
0301	149	0302	$-4+\sqrt{10}$			0303	2
0304	$\sqrt{3}$	0305	15	0306	④	0307	30
0308	②						

03 원의 방정식

0309	−5	0310	⑤	0311	4	0312	④
0313	⑤	0314	130	0315	6	0316	④
0317	①	0318	④	0319	⑤	0320	3
0321	⑤	0322	⑤	0323	5	0324	⑤
0325	⑤	0326	5	0327	①	0328	④
0329	24	0330	④	0331	①	0332	③
0333	5	0334	⑤	0335	4	0336	④
0337	②	0338	8	0339	⑤	0340	③
0341	①	0342	10	0343	14	0344	④
0345	④	0346	2	0347	③	0348	6
0349	⑤	0350	⑤	0351	②	0352	①
0353	③	0354	22	0355	15	0356	②
0357	8	0358	⑤	0359	①	0360	④
0361	12	0362	④	0363	④	0364	②
0365	11	0366	①	0367	②	0368	14
0369	1	0370	④	0371	③	0372	④
0373	②	0374	②	0375	2	0376	③
0377	①	0378	6	0379	①	0380	⑤
0381	④	0382	④	0383	②	0384	③
0385	72	0386	4	0387	④	0388	14
0389	③	0390	④	0391	①	0392	③
0393	②	0394	②	0395	①	0396	①
0397	⑤	0398	③	0399	④	0400	8
0401	⑤	0402	③	0403	217	0404	③
0405	3	0406	5	0407	①	0408	③
0409	②	0410	③	0411	⑤	0412	25
0413	①	0414	④	0415	④	0416	50
0417	5	0418	19	0419	⑤	0420	③

0421	④	0422	4	0423	①	0424	①
0425	⑤	0426	③	0427	6	0428	④
0429	③	0430	21	0431	④	0432	②
0433	⑤	0434	②	0435	④	0436	20
0437	18	0438	③	0439	⑤	0440	④
0441	10	0442	③	0443	④	0444	12
0445	⑤	0446	④	0447	⑤	0448	8
0449	④	0450	②	0451	③	0452	4
0453	②	0454	①	0455	7	0456	9
0457	③	0458	18	0459	①	0460	④
0461	③	0462	4	0463	④	0464	⑤
0465	4	0466	10	0467	④	0468	16
0469	④	0470	28	0471	②	0472	256
0473	16	0474	②	0475	④	0476	④
0477	④	0478	③	0479	48	0480	④
0481	③	0482	22	0483	④	0484	23
0485	해설참조			0486	해설참조		
0487	해설참조			0488	해설참조		
0489	해설참조			0490	해설참조		
0491	해설참조			0492	해설참조		
0493	해설참조			0494	해설참조		
0495	해설참조			0496	해설참조		
0497	$2\sqrt{15}$	0498	11	0499	③	0500	25
0501	3	0502	$12\sqrt{3}$	0503	④	0504	$-\dfrac{12}{25}$
0505	7	0506	(1) 4π (2) 8π			0507	④
0508	⑤	0509	④	0510	80	0511	④
0512	87	0513	17	0514	144		

04 도형의 이동

0515	⑤	0516	8	0517	⑤	0518	③
0519	⑤	0520	①	0521	14	0522	20
0523	7	0524	⑤	0525	2	0526	③
0527	③	0528	10	0529	④	0530	①
0531	③	0532	②	0533	1	0534	①
0535	14	0536	④	0537	③	0538	③
0539	3	0540	3	0541	④	0542	④
0543	③	0544	①	0545	6	0546	12
0547	−15	0548	4	0549	③	0550	③
0551	2	0552	45	0553	8	0554	⑤
0555	⑤	0556	①	0557	32	0558	①
0559	⑤	0560	④	0561	140	0562	①
0563	①	0564	5	0565	③	0566	①
0567	②	0568	−3	0569	①	0570	⑤
0571	③	0572	6	0573	③	0574	⑤
0575	④	0576	④	0577	56	0578	1

0579	④	0580	6	0581	8	0582	①
0583	②	0584	②	0585	13	0586	④
0587	②	0588	③	0589	④	0590	4
0591	1	0592	5	0593	$-\dfrac{8}{3}$	0594	①
0595	2	0596	②	0597	4	0598	④
0599	③	0600	②	0601	8	0602	3
0603	⑤	0604	④	0605	①	0606	⑤
0607	③	0608	④	0609	22	0610	②
0611	−3	0612	②	0613	④	0614	2
0615	③	0616	⑤	0617	③	0618	5
0619	③	0620	④	0621	③	0622	②
0623	④	0624	④	0625	③	0626	④
0627	④	0628	③	0629	④	0630	10
0631	④	0632	④	0633	①	0634	③
0635	⑤	0636	②	0637	150m	0638	⑤
0639	⑤	0640	1020m	0641	⑤		
0642	해설참조			0643	해설참조		
0644	해설참조			0645	해설참조		
0646	해설참조			0647	해설참조		
0648	해설참조			0649	해설참조		
0650	해설참조						
0651	2	0652	10	0653	4	0654	26
0655	−1	0656	①	0657	③	0658	④
0659	⑤	0660	③	0661	64	0662	⑤
0663	11	0664	17	0665	③	0666	32
0667	15						

II 집합과 명제

01 집합의 뜻

0668	④	0669	③	0670	④	0671	④
0672	⑤	0673	⑤	0674	③	0675	⑤
0676	④	0677	④	0678	②	0679	⑤
0680	②	0681	③	0682	5	0683	3
0684	④	0685	⑤	0686	14	0687	⑤
0688	②	0689	①	0690	8	0691	6
0692	①	0693	⑤	0694	④	0695	11
0696	④	0697	④	0698	②	0699	④
0700	8	0701	④	0702	③	0703	⑤
0704	⑤	0705	6	0706	⑤	0707	3
0708	⑤	0709	55	0710	②	0711	②
0712	7	0713	5	0714	7	0715	48
0716	⑤	0717	③	0718	④	0719	32
0720	⑤	0721	④	0722	④	0723	④
0724	①	0725	4	0726	③	0727	①
0728	④	0729	③	0730	①	0731	⑤
0732	60	0733	②	0734	③	0735	16
0736	②	0737	③	0738	③	0739	②
0740	11	0741	8	0742	24	0743	③
0744	⑤	0745	⑤	0746	④	0747	12
0748	④	0749	110	0750	①	0751	③
0752	186	0753	15	0754	②	0755	⑤
0756	②	0757	③	0758	4	0759	15
0760	120	0761	③	0762	④	0763	①
0764	⑤	0765	21	0766	448	0767	①
0768	③	0769	256	0770	③	0771	②
0772	해설참조			0773	해설참조		
0774	해설참조			0775	해설참조		
0776	해설참조			0777	해설참조		
0778	4	0779	42	0780	27	0781	⑤
0782	④						

02 집합의 연산

0783	⑤	0784	⑤	0785	6	0786	50
0787	8	0788	②	0789	⑤	0790	③
0791	④	0792	②	0793	③	0794	⑤
0795	①	0796	⑤	0797	⑤	0798	②
0799	③	0800	39	0801	⑤	0802	26
0803	③	0804	37	0805	⑤	0806	36
0807	⑤	0808	26	0809	③	0810	①
0811	③	0812	⑤	0813	35	0814	③

0815	9	0816	⑤	0817	⑤	0818	①
0819	②	0820	17	0821	7	0822	⑤
0823	③	0824	11	0825	⑤	0826	③
0827	④	0828	⑤	0829	④	0830	④
0831	④	0832	④	0833	⑤	0834	⑤
0835	③	0836	③	0837	④	0838	9
0839	16	0840	③	0841	⑤	0842	④
0843	③	0844	①	0845	4	0846	⑤
0847	16	0848	6	0849	22	0850	64
0851	⑤	0852	③	0853	③	0854	32
0855	②	0856	⑤	0857	24	0858	③
0859	④	0860	⑤	0861	⑤	0862	96
0863	8	0864	①	0865	⑤	0866	⑤
0867	①	0868	③	0869	⑤	0870	⑤
0871	⑤	0872	42	0873	⑤	0874	③
0875	①	0876	21	0877	④	0878	③
0879	⑤	0880	③	0881	⑤	0882	⑤
0883	②	0884	②	0885	②	0886	④
0887	③	0888	⑤	0889	③	0890	③
0891	26	0892	⑤	0893	①	0894	7
0895	③	0896	③	0897	6	0898	④
0899	②	0900	②	0901	④	0902	20
0903	②	0904	12	0905	⑤	0906	④
0907	②	0908	⑤	0909	②	0910	③
0911	④	0912	①	0913	④	0914	②
0915	②	0916	①	0917	⑤	0918	13
0919	③	0920	④	0921	③	0922	⑤
0923	⑤	0924	④	0925	②	0926	17
0927	4	0928	14	0929	⑤	0930	②
0931	②	0932	③	0933	②	0934	③
0935	2	0936	⑤	0937	③	0938	④
0939	③	0940	8	0941	④	0942	27
0943	②	0944	①	0945	13	0946	②
0947	33	0948	22	0949	29	0950	②
0951	22	0952	①	0953	29	0954	13
0955	17	0956	④	0957	①	0958	18
0959	③	0960	56	0961	32	0962	②
0963	⑤	0964	③	0965	2	0966	②
0967	해설참조			0968	해설참조		
0969	해설참조			0970	해설참조		
0971	해설참조			0972	해설참조		
0973	해설참조			0974	해설참조		
0975	해설참조			0976	해설참조		
0977	해설참조			0978	해설참조		
0979	105	0980	8	0981	8	0982	17

0983	432	0984	90	0985	④	0986	4
0987	27	0988	189	0989	22	0990	②

03 명제

0991	②	0992	①	0993	②	0994	③
0995	④	0996	③	0997	④	0998	②
0999	④	1000	③	1001	⑤	1002	⑤
1003	③	1004	③	1005	9	1006	②
1007	⑤	1008	②	1009	⑤	1010	②
1011	②	1012	4	1013	⑤	1014	③
1015	③	1016	④	1017	①	1018	13
1019	④	1020	③	1021	②	1022	③
1023	⑤	1024	④	1025	②	1026	③
1027	②	1028	8	1029	①	1030	①
1031	③	1032	②	1033	4	1034	②
1035	6	1036	②	1037	④	1038	⑤
1039	36	1040	③	1041	⑤	1042	③
1043	⑤	1044	②	1045	④	1046	③
1047	④	1048	12	1049	9	1050	④
1051	⑤	1052	④	1053	①	1054	④
1055	⑤	1056	2	1057	9	1058	9
1059	②	1060	②	1061	④	1062	④
1063	④	1064	④	1065	④	1066	②
1067	③	1068	3	1069	⑤	1070	④
1071	③	1072	7	1073	12	1074	⑤
1075	④	1076	⑤	1077	①	1078	⑤
1079	⑤	1080	③	1081	⑤	1082	③
1083	④	1084	②	1085	①	1086	②
1087	②	1088	3	1089	③	1090	②
1091	①	1092	④	1093	⑤	1094	①
1095	4	1096	②	1097	④	1098	⑤
1099	⑤	1100	⑤	1101	②	1102	①
1103	②	1104	①	1105	②	1106	④
1107	②	1108	⑤	1109	③	1110	③
1111	①	1112	15	1113	④	1114	②
1115	2	1116	④	1117	④	1118	⑤
1119	5	1120	③	1121	⑤	1122	⑤
1123	4	1124	③	1125	③	1126	15
1127	①	1128	③	1129	⑤	1130	⑤
1131	②	1132	②	1133	④	1134	②
1135	③			1136	해설참조		
1137	해설참조			1138	해설참조		
1139	해설참조			1140	해설참조		
1141	해설참조			1142	해설참조		
1143	해설참조			1144	해설참조		

1145	해설참조			1146	해설참조		
1147	해설참조						
1148	13	1149	16	1150	④	1151	−4
1152	330	1153	③	1154	②	1155	①
1156	①	1157	28				

04 절대부등식

1158	①	1159	⑤	1160	⑤	1161	③
1162	①	1163	①	1164	⑤	1165	③
1166	④	1167	②	1168	16	1169	③
1170	④	1171	②	1172	6	1173	①
1174	25	1175	②	1176	③	1177	②
1178	③	1179	③	1180	②	1181	8
1182	13	1183	③	1184	④	1185	②
1186	②	1187	⑤	1188	13	1189	90
1190	9	1191	①	1192	12	1193	①
1194	⑤	1195	10	1196	③	1197	②
1198	④	1199	④	1200	②	1201	④
1202	④	1203	②	1204	③	1205	12
1206	28			1207	해설참조		
1208	해설참조			1209	해설참조		
1210	해설참조			1211	해설참조		
1212	해설참조			1213	해설참조		
1214	해설참조			1215	해설참조		
1216	16	1217	50	1218	4	1219	②
1220	①						

(III) **함수와 그래프**

01 함수

1221	④	1222	③	1223	④	1224	③
1225	⑤	1226	−3	1227	②	1228	①
1229	④	1230	③	1231	14	1232	③
1233	11	1234	②	1235	②	1236	5
1237	20	1238	⑤	1239	⑤	1240	⑤
1241	④	1242	3	1243	7	1244	④
1245	③	1246	③	1247	①	1248	7
1249	③	1250	③	1251	4	1252	⑤
1253	④	1254	⑤	1255	2	1256	①
1257	12	1258	④	1259	④	1260	4
1261	③	1262	③	1263	④	1264	⑤
1265	1	1266	①	1267	②	1268	①
1269	3	1270	②	1271	5	1272	29
1273	⑤	1274	⑤	1275	6	1276	17
1277	⑤	1278	②	1279	①	1280	④
1281	③	1282	④	1283	③	1284	⑤
1285	①	1286	3	1287	⑤	1288	②
1289	④	1290	②	1291	③	1292	81
1293	①	1294	①	1295	④	1296	⑤
1297	37	1298	③	1299	②	1300	④
1301	③	1302	③	1303	②	1304	③
1305	④	1306	②	1307	125	1308	⑤
1309	36	1310	25	1311	20	1312	④
1313	②	1314	②	1315	④	1316	20
1317	96			1318	해설참조		
1319	해설참조			1320	해설참조		
1321	해설참조			1322	해설참조		
1323	해설참조			1324	162	1325	8
1326	180	1327	5	1328	18		

02 합성함수와 역함수

1329	6	1330	②	1331	④	1332	②
1333	⑤	1334	②	1335	①	1336	⑤
1337	⑤	1338	3	1339	③	1340	15
1341	④	1342	3	1343	40	1344	7
1345	②	1346	−6	1347	①	1348	0
1349	①	1350	④	1351	2	1352	⑤
1353	③	1354	③	1355	②	1356	④
1357	②	1358	−43	1359	③	1360	⑤
1361	①	1362	5	1363	①	1364	③

1365	①	1366	5	1367	④	1368	5
1369	②	1370	③	1371	③	1372	④
1373	②	1374	③	1375	70	1376	④
1377	②	1378	①	1379	①	1380	①
1381	①	1382	③	1383	③	1384	③
1385	0	1386	2	1387	④	1388	9
1389	②	1390	③	1391	①	1392	②
1393	⑤	1394	⑤	1395	4	1396	④
1397	②	1398	②	1399	②	1400	③
1401	3	1402	10	1403	③	1404	9
1405	③	1406	③	1407	⑤	1408	21
1409	③	1410	6	1411	4	1412	⑤
1413	②	1414	②	1415	②	1416	⑤
1417	⑤	1418	③	1419	12	1420	②
1421	③	1422	−5	1423	②	1424	③
1425	⑤	1426	④	1427	0	1428	②
1429	④	1430	16	1431	3	1432	②
1433	②	1434	②	1435	④	1436	③
1437	④	1438	④	1439	3	1440	⑤
1441	③	1442	③	1443	5	1444	③
1445	⑤	1446	③	1447	①	1448	③
1449	④	1450	2	1451	④	1452	④
1453	①	1454	③	1455	②	1456	③
1457	④	1458	3	1459	⑤	1460	③
1461	⑤	1462	④	1463	④	1464	③
1465	⑤	1466	5	1467	③	1468	12
1469	6	1470	③	1471	③	1472	1
1473	⑤	1474	③	1475	④	1476	③
1477	①	1478	④	1479	①	1480	④
1481	⑤	1482	②	1483	⑤	1484	①
1485	②	1486	③	1487	②	1488	④
1489	②	1490	4	1491	③	1492	③
1493	①	1494	②	1495	2	1496	⑤
1497	④	1498	③	1499	⑤	1500	④
1501	②	1502	③	1503	③	1504	②
1505	3	1506	①	1507	3	1508	③
1509	36			1510	해설참조		
1511	해설참조			1512	해설참조		
1513	해설참조			1514	해설참조		
1515	해설참조			1516	해설참조		
1517	해설참조			1518	해설참조		
1519	해설참조			1520	해설참조		
1521	해설참조						
1522	6	1523	5	1524	9	1525	9
1526	19	1527	10	1528	⑤	1529	⑤

1530	32	1531	16	1532	4	1533	①
1534	②	1535	510	1536	⑤		

03 유리함수

1537	①	1538	②	1539	⑤	1540	16
1541	174	1542	10	1543	⑤	1544	③
1545	④	1546	16	1547	②	1548	⑤
1549	−6	1550	⑤	1551	④	1552	④
1553	④	1554	②	1555	②	1556	③
1557	12	1558	⑤	1559	18	1560	⑤
1561	123	1562	−3	1563	③	1564	③
1565	①	1566	②	1567	①	1568	⑤
1569	③	1570	②	1571	⑤	1572	③
1573	②	1574	①	1575	⑤	1576	③
1577	②	1578	42	1579	5	1580	5
1581	④	1582	⑤	1583	④	1584	④
1585	⑤	1586	①	1587	①	1588	①
1589	④	1590	④	1591	①	1592	4
1593	③	1594	−3	1595	③	1596	④
1597	④	1598	−4	1599	④	1600	⑤
1601	⑤	1602	②	1603	④	1604	5
1605	④	1606	③	1607	②	1608	②
1609	4	1610	①	1611	①	1612	⑤
1613	②	1614	④	1615	④	1616	②
1617	−6	1618	③	1619	②	1620	④
1621	8	1622	8	1623	④	1624	8
1625	②	1626	⑤	1627	④	1628	①
1629	③	1630	3	1631	④	1632	③
1633	⑤	1634	④	1635	⑤	1636	5
1637	②	1638	②	1639	②	1640	⑤
1641	④	1642	②	1643	③	1644	8
1645	①	1646	⑤	1647	④	1648	③
1649	③	1650	④	1651	②	1652	②
1653	④	1654	②	1655	①	1656	①
1657	①	1658	④	1659	9	1660	①
1661	④	1662	⑤	1663	②	1664	③
1665	①	1666	③	1667	3	1668	14
1669	⑤	1670	④	1671	②	1672	④
1673	③	1674	④	1675	③	1676	5
1677	⑤	1678	④	1679	②	1680	②
1681	④	1682	③	1683	1	1684	③
1685	②	1686	①	1687	①	1688	②
1689	9	1690	3	1691	①	1692	④
1693	①	1694	①	1695	16	1696	③
1697	①	1698	④	1699	⑤	1700	①

1701	16	1702	③	1703	27	1704	②
1705	③	1706	③	1707	④	1708	42
1709	④	1710	⑤	1711	해설참조		
1712	해설참조			1713	해설참조		
1714	해설참조			1715	해설참조		
1716	해설참조			1717	해설참조		
1718	해설참조			1719	해설참조		
1720	해설참조			1721	해설참조		
1722	해설참조						
1723	4	1724	⑤	1725	38	1726	$2\sqrt{6}$
1727	20	1728	18	1729	4	1730	⑤
1731	9	1732	①				

04 무리함수

1733	12	1734	⑤	1735	④	1736	③
1737	5	1738	①	1739	①	1740	6
1741	⑤	1742	②	1743	②	1744	④
1745	③	1746	③	1747	2	1748	③
1749	②	1750	③	1751	⑤	1752	④
1753	⑤	1754	①	1755	④	1756	③
1757	④	1758	②	1759	③	1760	③
1761	①	1762	③	1763	14	1764	①
1765	−1	1766	③	1767	①	1768	④
1769	②	1770	④	1771	②	1772	③
1773	①	1774	④	1775	⑤	1776	②
1777	①	1778	2	1779	④	1780	④
1781	①	1782	③	1783	②	1784	②
1785	9	1786	①	1787	①	1788	④
1789	③	1790	④	1791	③	1792	⑤
1793	④	1794	①	1795	①	1796	①
1797	②	1798	②	1799	③	1800	⑤
1801	①	1802	④	1803	③	1804	11
1805	3	1806	①	1807	16	1808	1
1809	③	1810	④	1811	②	1812	①
1813	4	1814	3	1815	−40	1816	③
1817	①	1818	②	1819	①	1820	③
1821	⑤	1822	③	1823	①	1824	④
1825	⑤	1826	⑤	1827	②	1828	5
1829	①	1830	③	1831	⑤	1832	④
1833	3	1834	③	1835	$\sqrt{2}$	1836	③
1837	④	1838	②	1839	①	1840	②
1841	③	1842	④	1843	③	1844	②
1845	⑤	1846	①	1847	④	1848	③
1849	③	1850	①	1851	④	1852	1
1853	③	1854	⑤	1855	④	1856	③

1857	19	1858	⑤	1859	⑤	1860	①
1861	3	1862	16	1863	96	1864	④
1865	4	1866	⑤	1867	②	1868	①
1869	8	1870	②	1871	⑤	1872	④
1873	16	1874	48	1875	10		
1876	해설참조			1877	해설참조		
1878	해설참조			1879	해설참조		
1880	해설참조			1881	해설참조		
1882	해설참조			1883	해설참조		
1884	해설참조			1885	해설참조		
1886	−1	1887	−2	1888	$\frac{1}{8}$	1889	23
1890	②	1891	④	1892	②	1893	13
1894	36	1895	③				

MAPL SYNERGY SERIES
2학기 중간고사 모의평가

중간고사 모의평가 01회

01 ③	02 ①	03 ⑤	04 ②	05 ①
06 ⑤	07 ②	08 ③	09 ①	10 ④
11 ④	12 ②	13 ③	14 ③	15 ③
16 ④	17 ①	18 ⑤	19 ④	20 ②

주관식 및 서술형		
21 13	22 256	23 2
24 해설참조	25 해설참조	

중간고사 모의평가 02회

01 ②	02 ③	03 ④	04 ①	05 ⑤
06 ②	07 ①	08 ④	09 ②	10 ①
11 ③	12 ⑤	13 ④	14 ②	15 ③
16 ⑤	17 ①	18 ③	19 ④	20 ⑤

주관식 및 서술형		
21 31	22 6	23 10
24 해설참조	25 해설참조	

중간고사 모의평가 03회

01 ④	02 ②	03 ③	04 ①	05 ⑤
06 ③	07 ⑤	08 ①	09 ⑤	10 ②
11 ④	12 ②	13 ④	14 ①	15 ③
16 ⑤	17 ③	18 ②	19 ①	20 ④

주관식 및 서술형		
21 16	22 10	23 3
24 해설참조	25 해설참조	

중간고사 모의평가 04회

01 ④	02 ②	03 ③	04 ⑤	05 ④
06 ①	07 ②	08 ②	09 ④	10 ③
11 ①	12 ⑤	13 ①	14 ③	15 ④
16 ⑤	17 ⑤	18 ④	19 ①	20 ③

주관식 및 서술형		
21 5	22 25	23 15
24 해설참조	25 해설참조	

MAPL SYNERGY SERIES
2학기 기말고사 모의평가

기말고사 모의평가 01회

01 ④	02 ⑤	03 ①	04 ②	05 ④
06 ③	07 ④	08 ④	09 ⑤	10 ④
11 ④	12 ⑤	13 ③	14 ③	15 ②
16 ④	17 ③	18 ②	19 ④	20 ①

주관식 및 서술형		
21 8	22 100	23 27
24 해설참조	25 해설참조	

기말고사 모의평가 02회

01 ③	02 ③	03 ④	04 ①	05 ③
06 ②	07 ③	08 ⑤	09 ⑤	10 ③
11 ③	12 ②	13 ⑤	14 ③	15 ④
16 ⑤	17 ②	18 ③	19 ③	20 ②

주관식 및 서술형		
21 4	22 12	23 10
24 해설참조	25 해설참조	

기말고사 모의평가 03회

01 ④	02 ⑤	03 ③	04 ②	05 ⑤
06 ⑤	07 ③	08 ⑤	09 ④	10 ④
11 ②	12 ④	13 ⑤	14 ①	15 ④
16 ④	17 ④	18 ④	19 ⑤	20 ②

주관식 및 서술형		
21 17	22 5	23 1
24 해설참조	25 해설참조	

기말고사 모의평가 04회

01 ⑤	02 ②	03 ②	04 ③	05 ②
06 ②	07 ①	08 ③	09 ③	10 ⑤
11 ④	12 ③	13 ④	14 ⑤	15 ④
16 ④	17 ②	18 ③	19 ②	20 ④

주관식 및 서술형		
21 6	22 3	23 10
24 해설참조	25 해설참조	

Master Plan

Take a simple idea and take it seriously.

Charles T. Munger

MAPL
IT'S YOUR
MASTER
PLAN

내신 일등급을 위한 최고의 교재
마플시너지
공 통 수 학 2

18950
➕ 09180

최다 빈출 문제로 이루어진 내신연계기출

마플시너지 공통수학 2

ISBN : 979-11-93575-14-7 (53410)

발행일 : 2025년 1월 3일(1판 1쇄)
인쇄일 : 2024년 12월 24일
판/쇄 : 1판 1쇄

펴낸곳
희망에듀출판부 *(Heemang Institute, inc. Publishing dept.)*

펴낸이
임정선

주소 경기도 부천시 석천로 174 하성빌딩
[174, Seokcheon-ro, Bucheon-si, Gyeonggi-do, Republic of Korea]

교재 오류 및 문의
mapl@heemangedu.co.kr

희망에듀 홈페이지
http://www.heemangedu.co.kr

마플교재 인터넷 구입처
http://www.mapl.co.kr

교재 구입 문의
오성서적
Tel 032) 653-6653
Fax 032) 655-4761

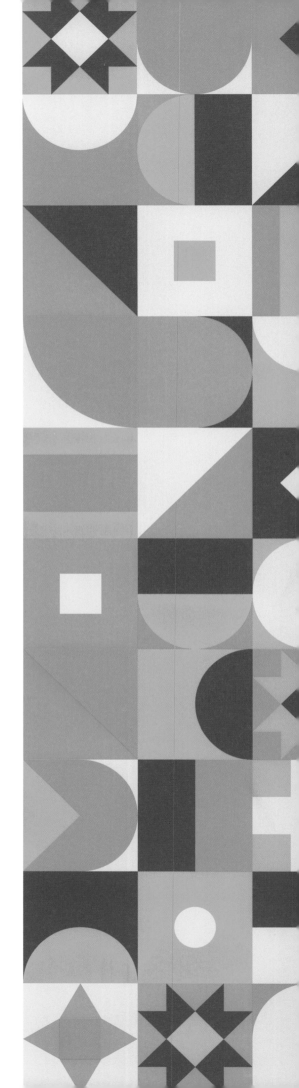

Your master plan.

mapl

마플시너지
공통수학 2

마플 내신대비 문제집

정답과
해설

개념 유형 기본문제부터 고난도 모의고사형 문제까지 아우르는
유형별 내신대비문제집

MAPL SYNERGY SERIES   www.heemangedu.co.kr | www.mapl.co.kr

SINCE 1996. HEEMANG INSTITUTE, INC.
www.heemangedu.co.kr I www.mapl.co.kr

내신 일등급을 위한 최고의 교재

마플시너지
공통수학 2

내신과 수능, 당신의 일등급이 우리의 철학. 마플!

마플교과서로 강력한 개념을 끝내면 이제 문제풀이다!
학교 교과서를 유형별 단원별로 정리한 학교 내신의 완벽한 대비서
내신1등급의 필독서, 마플시너지 시리즈!

내신 일등급을 위한 최고의 교재

마플시너지
공 통 수 학 2

18950

최다 빈출 문제로 이루어진 내신연계기출

+ 0918Q

마플시너지 공통수학 2

ISBN : 979-11-93575-14-7 (53410)

발행일 : 2025년 1월 3일(1판 1쇄)
인쇄일 : 2024년 12월 24일
판/쇄 : 1판 1쇄

펴낸곳
희망에듀출판부 *(Heemang Institute, inc. Publishing dept.)*

펴낸이
임정선

주소 경기도 부천시 석천로 174 하성빌딩
[174, Seokcheon-ro, Bucheon-si, Gyeonggi-do, Republic of Korea]

교재 오류 및 문의
mapl@heemangedu.co.kr

희망에듀 홈페이지
http://www.heemangedu.co.kr

마플교재 인터넷 구입처
http://www.mapl.co.kr

교재 구입 문의
오성서적
Tel 032) 653-6653
Fax 032) 655-4761

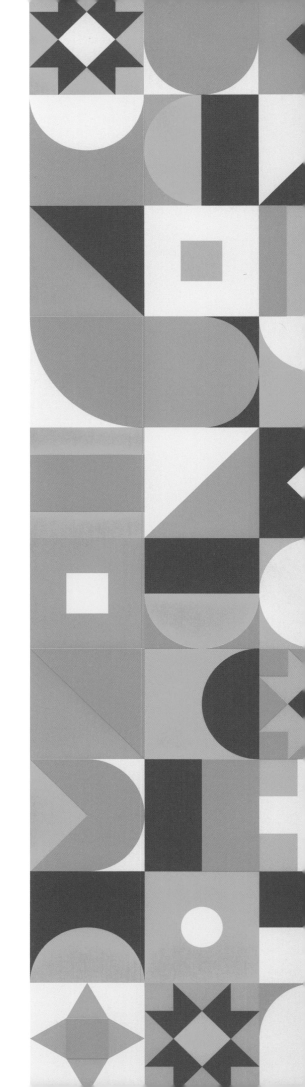

YOUR
MASTER
PLAN

정답과 해설

MAPL YOUR MASTER PLAN

MAPL SYNERGY SERIES

MAPL. IT'S YOUR MASTER PLAN!

개념 유형 기본문제부터
고난도 모의고사형 문제까지 아우르는
유형별 내신대비문제집

CONTENTS

I

도형의 방정식

01 평면좌표

0001

정답 6

STEP Ⓐ 두 점 A, B 사이의 거리를 이용하여 식 세우기

두 점 $A(3, 3)$, $B(a, -2)$ 사이의 거리가 $\overline{AB}=5\sqrt{2}$이므로

$$\sqrt{(a-3)^2+(-2-3)^2}=5\sqrt{2}$$

STEP Ⓑ 이차방정식을 풀어 a의 값 구하기

양변을 제곱하여 정리하면

$a^2-6a-16=0$, $(a+2)(a-8)=0$

$\therefore a=-2$ 또는 $a=8$

따라서 모든 실수 a의 값들의 합은 $-2+8=6$

> **+α** | 이차방정식의 근과 계수의 관계에 의하여 풀 수도 있어!
>
> 이차방정식 $a^2-6a-16=0$의 근과 계수의 관계에 의하여 두 근의 합은 6

0002

정답 ⑤

STEP Ⓐ 두 점 사이의 거리를 이용하여 a의 개수 구하기

$\overline{AB}\le 4$에서 $\overline{AB}^2\le 16$이므로

$(a-2)^2+(6-a)^2\le 16$

즉 $a^2-8a+12\le 0$, $(a-2)(a-6)\le 0$

$\therefore 2\le a\le 6$

따라서 정수 a는 2, 3, 4, 5, 6이므로 개수는 5

0003

정답 ②

STEP Ⓐ 두 점 사이의 거리를 이용하여 $\overline{AC}$, $\overline{BC}$의 값 구하기

세 점 $A(-5, a)$, $B(1, 2)$, $C(3, 6)$에 대하여

$\overline{AC}=\sqrt{\{3-(-5)\}^2+(6-a)^2}=\sqrt{a^2-12a+100}$

$\overline{BC}=\sqrt{(3-1)^2+(6-2)^2}=\sqrt{4+16}=2\sqrt{5}$

STEP Ⓑ $\overline{AC}=2\overline{BC}$를 만족하는 모든 a의 값 구하기

$\overline{AC}=2\overline{BC}$에서 $\overline{AC}^2=4\overline{BC}^2$이므로

$a^2-12a+100=80$, $a^2-12a+20=0$, $(a-2)(a-10)=0$

$\therefore a=2$ 또는 $a=10$

따라서 모든 a의 값의 합은 $2+10=12$

> **+α** | 이차방정식의 근과 계수의 관계에 의하여 풀 수도 있어!
>
> 이차방정식 $a^2-12a+20=0$의 근과 계수의 관계에 의하여 두 근의 합은 12

세 점 $A(4, -1)$, $B(0, 1)$, $C(1, a)$가 $\overline{AB}=2\overline{BC}$를 만족할 때, 모든 실수 a의 값의 합은?

① 2 　　② 4 　　③ 5
④ 6 　　⑤ 8

STEP Ⓐ 두 점 사이의 거리를 이용하여 $\overline{AB}$, $\overline{BC}$의 값 구하기

세 점 $A(4, -1)$, $B(0, 1)$, $C(1, a)$에 대하여

$\overline{AB}=\sqrt{(0-4)^2+\{1-(-1)\}^2}=\sqrt{16+4}=2\sqrt{5}$

$\overline{BC}=\sqrt{(1-0)^2+(a-1)^2}=\sqrt{a^2-2a+2}$

STEP Ⓑ $\overline{AB}=2\overline{BC}$를 만족하는 모든 실수 a의 값 구하기

$\overline{AB}=2\overline{BC}$에서 $\overline{AB}^2=4\overline{BC}^2$이므로

$20=4(a^2-2a+2)$, $a^2-2a-3=0$, $(a-3)(a+1)=0$

$\therefore a=3$ 또는 $a=-1$

따라서 모든 a의 값의 합은 $3+(-1)=2$

> **+α** | 이차방정식의 근과 계수의 관계에 의하여 풀 수도 있어!
>
> 이차방정식 $a^2-2a-3=0$의 근과 계수의 관계에 의하여 두 근의 합은 2

정답 ①

0004

정답 ④

STEP Ⓐ 정사각형의 대각선의 길이를 이용하여 넓이 구하기

다음 그림과 같이 정사각형 OABC의 대각선의 길이는

$\overline{OB}=\sqrt{6^2+2^2}=\sqrt{40}$

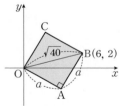

이때 정사각형의 한 변의 길이를 a라 하면

$a^2+a^2=(\sqrt{40})^2$ $\therefore a^2=20$

따라서 사각형 OABC의 넓이는 $a^2=20$

0005

정답 ⑤

STEP Ⓐ 정사각형의 한 변의 길이를 이용하여 점 C의 좌표 구하기

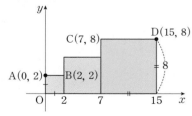

$A(0, 2)$이므로 $B(2, 2)$

가장 큰 정사각형의 한 변의 길이가 8이므로 점 C의 좌표는

$C(7, 8)$ ← $15-8=7$

STEP Ⓑ 두 점 사이의 거리 공식을 이용하여 $\overline{BC}$의 값 구하기

따라서 두 점 $B(2, 2)$, $C(7, 8)$에 대하여 $\overline{BC}=\sqrt{(7-2)^2+(8-2)^2}=\sqrt{61}$

내/신/연/계/ 출제문항 002

오른쪽 그림과 같이 좌표평면 위에 세 개의 정사각형이 서로 겹치지 않게 놓여 있다.
A(0, 4), D(21, 12)일 때, 두 점 B, C 사이의 거리는?
(단, 세 정사각형의 한 변은 모두 x축 위에 있다.)

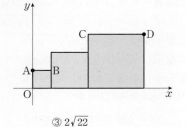

① $\sqrt{86}$ ② $\sqrt{87}$ ③ $2\sqrt{22}$
④ $\sqrt{89}$ ⑤ $3\sqrt{10}$

STEP Ⓐ 정사각형의 한 변의 길이를 이용하여 점 C의 좌표 구하기

A(0, 4)이므로 B(4, 4)
가장 큰 정사각형의 한 변의 길이가 12이므로 점 C의 좌표는
C(9, 12) ← $21-12=9$

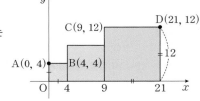

STEP Ⓑ 두 점 사이의 거리 공식을 이용하여 $\overline{BC}$의 값 구하기

따라서 두 점 B(4, 4), C(9, 12)에 대하여 $\overline{BC}=\sqrt{(9-4)^2+(12-4)^2}=\sqrt{89}$

정답 ④

0006 2024년 09월 고1 학력평가 4번 · 정답 ③

STEP Ⓐ 두 점 A, B 사이의 거리를 이용하여 식 세우기

두 점 A(1, 3), B(2, a) 사이의 거리가 $\overline{AB}=\sqrt{17}$이므로
$\sqrt{(2-1)^2+(a-3)^2}=\sqrt{17}$

STEP Ⓑ 이차방정식을 풀어 a의 값 구하기

양변을 제곱하여 정리하면 $a^2-6a-7=0$, $(a+1)(a-7)=0$
∴ $a=-1$ 또는 $a=7$
따라서 $a>0$이므로 $a=7$

내/신/연/계/ 출제문항 003

두 점 A(3, a), B(6, -4) 사이의 거리가 $3\sqrt{5}$일 때, 모든 a의 값의 합은?

① -10 ② -9 ③ -8
④ -7 ⑤ -6

STEP Ⓐ 두 점 A, B 사이의 거리를 이용하여 식 세우기

두 점 A(3, a), B(6, -4) 사이의 거리가 $\overline{AB}=3\sqrt{5}$이므로
$\sqrt{(6-3)^2+(-4-a)^2}=3\sqrt{5}$

STEP Ⓑ 이차방정식을 풀어 a의 값 구하기

양변을 제곱하여 정리하면 $a^2+8a-20=0$, $(a+10)(a-2)=0$
∴ $a=-10$ 또는 $a=2$
따라서 모든 실수 a의 값들의 합은 $-10+2=-8$

> **+α** 이차방정식의 근과 계수의 관계에 의하여 풀 수도 있어!
>
> 이차방정식 $a^2+8a-20=0$의 근과 계수의 관계에 의하여 두 근의 합은 -8

정답 ③

0007 2022년 09월 고1 학력평가 25번 · 정답 2

STEP Ⓐ 두 점 사이의 거리를 이용하여 l의 값 구하기

두 점 A($2t$, -3), B(-1, $2t$)에 대하여 선분 AB의 길이 l은
$l=\sqrt{(-1-2t)^2+\{2t-(-3)\}^2}$
$=\sqrt{4t^2+4t+1+4t^2+12t+9}$
$=\sqrt{8t^2+16t+10}$ ← 이차방정식 $8t^2+16t+10=0$에서 판별식을 D라 하면
$\dfrac{D}{4}=8^2-8\times10<0$
즉 모든 실수 t에 대하여 이차부등식 $8t^2+16t+10>0$이 성립

STEP Ⓑ l^2의 최솟값 구하기

$l^2=(\sqrt{8t^2+16t+10})^2$
$=8t^2+16t+10$
$=8(t^2+2t+1)+10-8$
$=8(t+1)^2+2$ ← 꼭짓점의 좌표 $(-1, 2)$
따라서 $t=-1$일 때, l^2의 최솟값은 2

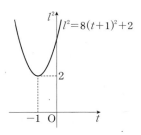

내/신/연/계/ 출제문항 004

좌표평면 위에 두 점 A(-2, t), B($t-1$, 3)이 있다. 선분 AB의 길이를 l이라 하자. 실수 t에 대하여 l^2이 $t=a$에서 최솟값 b를 가질 때, $a+b$의 값을 구하시오.

STEP Ⓐ 두 점 사이의 거리를 이용하여 l의 값 구하기

두 점 A(-2, t), B($t-1$, 3)에 대하여 선분 AB의 길이 l은
$l=\sqrt{\{(t-1)-(-2)\}^2+(3-t)^2}$
$=\sqrt{t^2+2t+1+t^2-6t+9}$
$=\sqrt{2t^2-4t+10}$ ← 이차방정식 $2t^2-4t+10=0$에서 판별식을 D라 하면
$\dfrac{D}{4}=(-2)^2-2\times10<0$
즉 모든 실수 t에 대하여 이차부등식 $2t^2-4t+10>0$이 성립

STEP Ⓑ l^2의 최솟값 구하기

$l^2=(\sqrt{2t^2-4t+10})^2$
$=2t^2-4t+10$
$=2(t^2-2t+1)+10-2$
$=2(t-1)^2+8$ ← 꼭짓점의 좌표 $(1, 8)$
즉 $t=1$일 때, l^2의 최솟값은 8
따라서 $a=1$, $b=8$이므로 $a+b=9$

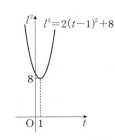

정답 9

01

평면좌표

정답과 해설

003

0008

정답 2

STEP Ⓐ $\overline{AP}=\overline{BP}$임을 이용하여 점 P의 좌표 구하기

점 P는 x축 위의 점이므로 P$(a, 0)$이라 하면

점 P가 두 점 A, B에서 같은 거리에 있으므로 $\overline{AP}=\overline{BP}$

두 점 A$(-1, 2)$, B$(0, 1)$에 대하여

$\overline{AP}=\sqrt{\{a-(-1)\}^2+(0-2)^2}=\sqrt{a^2+2a+5}$

$\overline{BP}=\sqrt{(a-0)^2+(0-1)^2}=\sqrt{a^2+1}$

이때 $\overline{AP}=\overline{BP}$에서 $\overline{AP}^2=\overline{BP}^2$이므로

$a^2+2a+5=a^2+1, 2a=-4$ ∴ $a=-2$ ← P$(-2, 0)$

STEP Ⓑ $\overline{OP}$의 값 구하기

따라서 $\overline{OP}=|a|=2$

0009

정답 ①

STEP Ⓐ $\overline{AP}=\overline{BP}$임을 이용하여 점 P의 좌표 구하기

두 점 P, Q는 각각 x축 위의 점, y축 위의 점이므로

이들 좌표를 각각 P$(x, 0)$, Q$(0, y)$로 나타낼 수 있다.

점 P가 두 점 A, B에서 같은 거리에 있으므로 $\overline{AP}=\overline{BP}$

$\overline{AP}=\sqrt{(x-3)^2+(0-4)^2}=\sqrt{x^2-6x+25}$

$\overline{BP}=\sqrt{(x-5)^2+(0-2)^2}=\sqrt{x^2-10x+29}$

이때 $\overline{AP}=\overline{BP}$에서 $\overline{AP}^2=\overline{BP}^2$이므로

$x^2-6x+25=x^2-10x+29, 4x=4$ ∴ $x=1$

즉 점 P의 좌표는 P$(1, 0)$

STEP Ⓑ $\overline{AQ}=\overline{BQ}$임을 이용하여 점 Q의 좌표 구하기

점 Q가 두 점 A, B에서 같은 거리에 있으므로 $\overline{AQ}=\overline{BQ}$

$\overline{AQ}=\sqrt{(0-3)^2+(y-4)^2}=\sqrt{y^2-8y+25}$

$\overline{BQ}=\sqrt{(0-5)^2+(y-2)^2}=\sqrt{y^2-4y+29}$

이때 $\overline{AQ}=\overline{BQ}$에서 $\overline{AQ}^2=\overline{BQ}^2$이므로

$y^2-8y+25=y^2-4y+29, -4y=4$ ∴ $y=-1$

즉 점 Q의 좌표는 Q$(0, -1)$

STEP Ⓒ 선분 PQ의 길이 구하기

따라서 P$(1, 0)$, Q$(0, -1)$이므로 $\overline{PQ}=\sqrt{(0-1)^2+(-1-0)^2}=\sqrt{2}$

내신연계 출제문항 005

두 점 A$(-3, 3)$, B$(2, 2)$에서 같은 거리에 있는 x축 위의 점을 P, y축 위의 점을 Q라 할 때, 선분 PQ의 길이는?

① $3\sqrt{2}$ ② $2\sqrt{6}$ ③ 5

④ $\sqrt{26}$ ⑤ $3\sqrt{3}$

STEP Ⓐ $\overline{AP}=\overline{BP}$임을 이용하여 점 P의 좌표 구하기

두 점 P, Q는 각각 x축 위의 점, y축 위의 점이므로

이들 좌표를 각각 P$(x, 0)$, Q$(0, y)$로 나타낼 수 있다.

점 P가 두 점 A, B에서 같은 거리에 있으므로 $\overline{AP}=\overline{BP}$

$\overline{AP}=\sqrt{\{x-(-3)\}^2+(0-3)^2}=\sqrt{x^2+6x+18}$

$\overline{BP}=\sqrt{(x-2)^2+(0-2)^2}=\sqrt{x^2-4x+8}$

이때 $\overline{AP}=\overline{BP}$에서 $\overline{AP}^2=\overline{BP}^2$이므로

$x^2+6x+18=x^2-4x+8, 10x=-10$ ∴ $x=-1$

즉 점 P의 좌표는 P$(-1, 0)$

STEP Ⓑ $\overline{AQ}=\overline{BQ}$임을 이용하여 점 Q의 좌표 구하기

점 Q가 두 점 A, B에서 같은 거리에 있으므로 $\overline{AQ}=\overline{BQ}$

$\overline{AQ}=\sqrt{\{0-(-3)\}^2+(y-3)^2}=\sqrt{y^2-6y+18}$

$\overline{BQ}=\sqrt{(0-2)^2+(y-2)^2}=\sqrt{y^2-4y+8}$

이때 $\overline{AQ}=\overline{BQ}$에서 $\overline{AQ}^2=\overline{BQ}^2$이므로

$y^2-6y+18=y^2-4y+8, -2y=-10$ ∴ $y=5$

즉 점 Q의 좌표는 Q$(0, 5)$

STEP Ⓒ 선분 PQ의 길이 구하기

따라서 P$(-1, 0)$, Q$(0, 5)$이므로

$\overline{PQ}=\sqrt{\{0-(-1)\}^2+(5-0)^2}=\sqrt{1+25}=\sqrt{26}$

정답 ④

0010

정답 ②

STEP Ⓐ $\overline{AP}=\overline{BP}$임을 이용하여 b의 값 구하기

점 P가 두 점 A, B에서 같은 거리에 있으므로 $\overline{AP}=\overline{BP}$

$\overline{AP}=\sqrt{(a-0)^2+(b-1)^2}=\sqrt{a^2+b^2-2b+1}$

$\overline{BP}=\sqrt{(a-0)^2+(b-5)^2}=\sqrt{a^2+b^2-10b+25}$

이때 $\overline{AP}=\overline{BP}$에서 $\overline{AP}^2=\overline{BP}^2$이므로

$a^2+b^2-2b+1=a^2+b^2-10b+25, 8b=24$ ∴ $b=3$

STEP Ⓑ $\overline{OP}=7$임을 이용하여 a^2의 값 구하기

$\overline{OP}=7$에서 $\overline{OP}^2=49$이므로 $a^2+b^2=49$

$b=3$을 위 식에 대입하면 $a^2+9=49, a^2=40$

따라서 $a^2-b^2=40-3^2=31$

0011

정답 ①

STEP Ⓐ 점 P의 좌표를 직선 $y=2x+1$에 대입하여 a, b 사이의 관계식 구하기

점 P(a, b)가 직선 $y=2x+1$ 위에 있으므로

$b=2a+1$ ……… ㉠

STEP Ⓑ $\overline{AP}=\overline{BP}$임을 이용하여 a, b의 값 구하기

점 P에서 두 점 A, B에 이르는 거리가 같으므로 $\overline{AP}=\overline{BP}$

$\overline{AP}=\sqrt{(a-2)^2+(2a+1-1)^2}=\sqrt{5a^2-4a+4}$

$\overline{BP}=\sqrt{(a-6)^2+(2a+1-5)^2}=\sqrt{5a^2-28a+52}$

이때 $\overline{AP}=\overline{BP}$에서 $\overline{AP}^2=\overline{BP}^2$이므로

$5a^2-4a+4=5a^2-28a+52, 24a=48$ ∴ $a=2$

$a=2$를 ㉠에 대입하면 $b=5$

따라서 $a=2, b=5$이므로 $a+b=7$

내신연계 출제문항 006

오른쪽 그림과 같이 직선 $y=-x+3$과 두 점 A$(2, 0)$, B$(0, 1)$이 있다. $\overline{AP}=\overline{BP}$가 되도록 직선 위의 점 P$(a, b)$라고 할 때, ab의 값은?

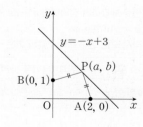

① $\dfrac{8}{3}$ ② $\dfrac{9}{8}$

③ $\dfrac{9}{4}$ ④ $\dfrac{3}{2}$

⑤ 4

STEP Ⓐ **점 P의 좌표를 직선 $y=-x+3$에 대입하여 a, b 사이의 관계식 구하기**

점 $P(a, b)$가 직선 $y=-x+3$ 위에 있으므로

$b=-a+3$ ·······㉠

STEP Ⓑ **$\overline{AP}=\overline{BP}$임을 이용하여 a, b의 값 구하기**

점 P에서 두 점 A, B에 이르는 거리가 같으므로 $\overline{AP}=\overline{BP}$

$\overline{AP}=\sqrt{(a-2)^2+(-a+3-0)^2}=\sqrt{2a^2-10a+13}$

$\overline{BP}=\sqrt{(a-0)^2+(-a+3-1)^2}=\sqrt{2a^2-4a+4}$

이때 $\overline{AP}=\overline{BP}$에서 $\overline{AP}^2=\overline{BP}^2$이므로

$2a^2-10a+13=2a^2-4a+4$, $-6a=-9$ $\therefore a=\dfrac{3}{2}$

$a=\dfrac{3}{2}$을 ㉠에 대입하면 $b=\dfrac{3}{2}$

따라서 $ab=\dfrac{3}{2}\times\dfrac{3}{2}=\dfrac{9}{4}$

정답 ③

0012

정답 ③

STEP Ⓐ **두 그래프의 교점 A, B의 좌표 구하기**

방정식 $f(x)=g(x)$에 대하여

$x^2+4x-5=-x+1$, $x^2+5x-6=0$, $(x+6)(x-1)=0$

$\therefore x=-6$ 또는 $x=1$

$x=-6$를 $y=-x+1$에 대입하면 $y=7$

$\therefore A(-6, 7)$

$x=1$을 $y=-x+1$에 대입하면 $y=0$

$\therefore B(1, 0)$

STEP Ⓑ **$\overline{AP}=\overline{BP}$임을 이용하여 점 P의 x좌표 구하기**

함수 $y=f(x)$의 그래프 위의 점 P의 좌표를 $P(a, a^2+4a-5)$라 하자.

$\overline{AP}=\sqrt{\{a-(-6)\}^2+(a^2+4a-5-7)^2}$

$\overline{BP}=\sqrt{(a-1)^2+(a^2+4a-5-0)^2}$

이때 $\overline{AP}=\overline{BP}$에서 $\overline{AP}^2=\overline{BP}^2$이므로

$(a+6)^2+(a^2+4a-12)^2=(a-1)^2+(a^2+4a-5)^2$,

$(a+6)^2-(a-1)^2=(a^2+4a-5)^2-(a^2+4a-12)^2$,

즉 $(a+6+a-1)(a+6-a+1)$

$\quad =(a^2+4a-5+a^2+4a-12)(a^2+4a-5-a^2-4a+12)$,

$7(2a+5)=7(2a^2+8a-17)$, $2a^2+6a-22=0$, $a^2+3a-11=0$

$\therefore a=\dfrac{-3\pm\sqrt{53}}{2}$ ← 근의 공식

따라서 점 P의 x좌표는 음수이므로 구하는 점 P의 x좌표는 $\dfrac{-3-\sqrt{53}}{2}$

0013

2022년 09월 고1 학력평가 4번

정답 ②

STEP Ⓐ **$\overline{OA}=\overline{OB}$를 이용하여 양수 a의 값 구하기**

좌표평면 위의 원점 O와 두 점 $A(5, -5)$, $B(1, a)$에서 두 점 사이의 거리에 의하여

$\overline{OA}=\sqrt{5^2+(-5)^2}=5\sqrt{2}$

$\overline{OB}=\sqrt{1^2+a^2}$

이때 $\overline{OA}=\overline{OB}$이므로 $\overline{OA}^2=\overline{OB}^2$

$50=a^2+1$, $a^2=49$

$\therefore a=7$ 또는 $a=-7$

따라서 $a>0$이므로 $a=7$ ← 점 B의 좌표는 $B(1, 7)$

내/신/연/계/ 출제문항 **007**

좌표평면 위의 원점 O와 두 점 $A(6, -2)$, $B(2, a)$에 대하여 $\overline{OA}=\overline{OB}$를 만족시킬 때, 양수 a의 값은?

① 6 ② 7 ③ 8
④ 9 ⑤ 10

STEP Ⓐ **$\overline{OA}=\overline{OB}$를 이용하여 양수 a의 값 구하기**

좌표평면 위의 원점 O와 두 점 $A(6, -2)$, $B(2, a)$에서 두 점 사이의 거리에 의하여

$\overline{OA}=\sqrt{6^2+(-2)^2}=2\sqrt{10}$

$\overline{OB}=\sqrt{2^2+a^2}$

이때 $\overline{OA}=\overline{OB}$이므로 $\overline{OA}^2=\overline{OB}^2$

$40=a^2+4$, $a^2=36$ $\therefore a=6$ 또는 $a=-6$

따라서 $a>0$이므로 $a=6$ ← 점 B의 좌표는 $B(2, 6)$

정답 ①

0014

2023년 11월 고1 학력평가 9번

정답 ②

STEP Ⓐ **$\overline{AP}=\overline{BP}$를 이용하여 점 P의 좌표 구하기**

점 P는 직선 $y=-x$ 위의 점이므로

점 P의 좌표를 $(a, -a)$ (단, a는 상수)라 하자.

$\overline{AP}=\sqrt{(a-2)^2+(-a-4)^2}=\sqrt{2a^2+4a+20}$

$\overline{BP}=\sqrt{(a-5)^2+(-a-1)^2}=\sqrt{2a^2-8a+26}$

이때 $\overline{AP}=\overline{BP}$에서 $\overline{AP}^2=\overline{BP}^2$이므로

$2a^2+4a+20=2a^2-8a+26$, $12a=6$ $\therefore a=\dfrac{1}{2}$

즉 점 P의 좌표는 $P\left(\dfrac{1}{2}, -\dfrac{1}{2}\right)$

STEP Ⓑ **선분 OP의 길이 구하기**

따라서 $\overline{OP}=\sqrt{\left(\dfrac{1}{2}\right)^2+\left(-\dfrac{1}{2}\right)^2}=\dfrac{\sqrt{2}}{2}$

내/신/연/계/ 출제문항 **008**

좌표평면 위에 두 점 $A(1, 7)$, $B(8, 2)$가 있다. 직선 $y=-x$ 위의 점 P에 대하여 $\overline{AP}=\overline{BP}$일 때, 선분 OP의 길이는? (단, O는 원점이다.)

① $\dfrac{\sqrt{2}}{4}$ ② $\dfrac{\sqrt{2}}{2}$ ③ $\dfrac{3\sqrt{2}}{4}$
④ $\sqrt{2}$ ⑤ $\dfrac{5\sqrt{2}}{4}$

STEP Ⓐ **$\overline{AP}=\overline{BP}$를 이용하여 점 P의 좌표 구하기**

점 P는 직선 $y=-x$ 위의 점이므로

점 P의 좌표를 $(a, -a)$ (단, a는 상수)라 하자.

$\overline{AP}=\sqrt{(a-1)^2+(-a-7)^2}=\sqrt{2a^2+12a+50}$

$\overline{BP}=\sqrt{(a-8)^2+(-a-2)^2}=\sqrt{2a^2-12a+68}$

이때 $\overline{AP}=\overline{BP}$에서 $\overline{AP}^2=\overline{BP}^2$이므로

$2a^2+12a+50=2a^2-12a+68$, $24a=18$ $\therefore a=\dfrac{3}{4}$

즉 점 P의 좌표는 $P\left(\dfrac{3}{4}, -\dfrac{3}{4}\right)$

STEP Ⓑ **선분 OP의 길이 구하기**

따라서 $\overline{OP}=\sqrt{\left(\dfrac{3}{4}\right)^2+\left(-\dfrac{3}{4}\right)^2}=\dfrac{3\sqrt{2}}{4}$

정답 ③

0015

정답 ③

STEP A 삼각형 ABC의 세 변의 길이 구하기

세 점 $A(1, 1)$, $B(3, 2)$, $C(a, 5)$에 대하여 두 점 사이의 거리에 의하여

$\overline{AB}=\sqrt{(3-1)^2+(2-1)^2}=\sqrt{5}$

$\overline{AC}=\sqrt{(a-1)^2+(5-1)^2}=\sqrt{a^2-2a+17}$

$\overline{BC}=\sqrt{(a-3)^2+(5-2)^2}=\sqrt{a^2-6a+18}$

STEP B $\angle A=90°$임을 이용하여 a의 값 구하기

$\angle A=90°$이므로 $\overline{BC}^2=\overline{AB}^2+\overline{AC}^2$

즉 $a^2-6a+18=a^2-2a+17+5$,

$-4a=4$

따라서 $a=-1$

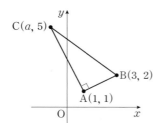

내/신/연/계/ 출제문항 **009**

세 점 $A(-4, 5)$, $B(-2, -3)$, $C(1, a)$를 꼭짓점으로 하는 삼각형 ABC가 $\angle C=90°$인 직각삼각형이 되도록 하는 실수 a의 값의 합은?

① 1   ② 2   ③ 3

④ 4   ⑤ 5

STEP A 삼각형 ABC의 세 변의 길이 구하기

세 점 $A(-4, 5)$, $B(-2, -3)$, $C(1, a)$에 대하여 두 점 사이의 거리에 의하여

$\overline{AB}=\sqrt{\{-2-(-4)\}^2+(-3-5)^2}=2\sqrt{17}$

$\overline{AC}=\sqrt{\{1-(-4)\}^2+(a-5)^2}=\sqrt{a^2-10a+50}$

$\overline{BC}=\sqrt{\{1-(-2)\}^2+\{a-(-3)\}^2}=\sqrt{a^2+6a+18}$

STEP B $\angle C=90°$임을 이용하여 a의 값 구하기

$\angle C=90°$이므로 $\overline{AB}^2=\overline{AC}^2+\overline{BC}^2$

즉 $68=(a^2-10a+50)+(a^2+6a+18)$, $2a(a-2)=0$

$\therefore a=0$ 또는 $a=2$

따라서 a의 값의 합은 $0+2=2$

정답 ②

0016

정답 ⑤

STEP A 삼각형 ABC의 세 변의 길이 구하기

세 점 $A(0, 0)$, $B(1, 4)$, $C(5, 3)$에 대하여 두 점 사이의 거리에 의하여

$\overline{AB}=\sqrt{1^2+4^2}=\sqrt{17}$

$\overline{BC}=\sqrt{(5-1)^2+(3-4)^2}=\sqrt{17}$

$\overline{CA}=\sqrt{(-5)^2+(-3)^2}=\sqrt{34}$

STEP B 각 변의 길이 사이의 관계를 이용하여 삼각형의 모양 판단하기

따라서 $\overline{AB}=\overline{BC}=\sqrt{17}$이고

$\overline{AB}^2+\overline{BC}^2=\overline{CA}^2$이므로

삼각형 ABC는 $\angle B=90°$인

직각이등변삼각형이다.

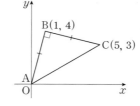

내/신/연/계/ 출제문항 **010**

세 점 $A(-2, 9)$, $B(6, 7)$, $C(5, 3)$을 꼭짓점으로 하는 삼각형 ABC는 어떤 삼각형인가?

① 정삼각형

② $\overline{AB}=\overline{BC}$인 이등변삼각형

③ $\angle B=90°$인 직각삼각형

④ $\angle C=90°$인 직각이등변삼각형

⑤ $\angle A=90°$인 직각이등변삼각형

STEP A 삼각형 ABC의 세 변의 길이 구하기

세 점 $A(-2, 9)$, $B(6, 7)$, $C(5, 3)$에 대하여 두 점 사이의 거리에 의하여

$\overline{AB}=\sqrt{\{6-(-2)\}^2+(7-9)^2}=\sqrt{64+4}=2\sqrt{17}$

$\overline{BC}=\sqrt{(5-6)^2+(3-7)^2}=\sqrt{1+16}=\sqrt{17}$

$\overline{CA}=\sqrt{(-2-5)^2+(9-3)^2}=\sqrt{49+36}=\sqrt{85}$

STEP B 각 변의 길이 사이의 관계를 이용하여 삼각형의 모양 판단하기

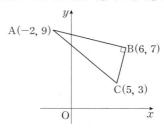

따라서 $\overline{AB}^2+\overline{BC}^2=\overline{CA}^2$이므로 삼각형 ABC는 $\angle B=90°$인 직각삼각형이다.

정답 ③

0017

정답 ①

STEP A 삼각형 ABC의 세 변의 길이 구하기

세 점 $A(0, 1)$, $B(1, 4)$, $C(a, 2)$에 대하여 두 점 사이의 거리에 의하여

$\overline{AB}=\sqrt{(1-0)^2+(4-1)^2}=\sqrt{10}$

$\overline{BC}=\sqrt{(a-1)^2+(2-4)^2}=\sqrt{a^2-2a+5}$

$\overline{CA}=\sqrt{(0-a)^2+(1-2)^2}=\sqrt{a^2+1}$

STEP B 삼각형 ABC의 두 변의 길이가 같은 경우로 나누어 실수 a의 값 구하기

(i) $\overline{AB}=\overline{BC}$인 경우

$\overline{AB}^2=\overline{BC}^2$이므로 $10=a^2-2a+5$, $a^2-2a-5=0$

$\therefore a=1-\sqrt{6}$ 또는 $a=1+\sqrt{6}$

(ii) $\overline{BC}=\overline{CA}$인 경우

$\overline{BC}^2=\overline{CA}^2$이므로 $a^2-2a+5=a^2+1$, $2a=4$

$\therefore a=2$

(iii) $\overline{AB}=\overline{CA}$인 경우

$\overline{AB}^2=\overline{CA}^2$이므로 $10=a^2+1$, $a^2=9$

$\therefore a=-3$ 또는 $a=3$

(i)~(iii)에서 실수 a의 값의 곱은 $(1-\sqrt{6})\times(1+\sqrt{6})\times2\times(-3)\times3=90$

세 점 $A(a, 0)$, $B(2, 1)$, $C(4, 3)$을 꼭짓점으로 하는 삼각형 ABC가 이등변삼각형일 때, 정수 a의 값을 구하시오.

STEP Ⓐ **삼각형 ABC의 세 변의 길이 구하기**

세 점 $A(a, 0)$, $B(2, 1)$, $C(4, 3)$에 대하여 두 점 사이의 거리에 의하여

$\overline{AB} = \sqrt{(2-a)^2 + (1-0)^2} = \sqrt{a^2 - 4a + 5}$

$\overline{BC} = \sqrt{(4-2)^2 + (3-1)^2} = 2\sqrt{2}$

$\overline{CA} = \sqrt{(a-4)^2 + (0-3)^2} = \sqrt{a^2 - 8a + 25}$

STEP Ⓑ **삼각형 ABC의 두 변의 길이가 같은 경우로 나누어 정수 a의 값 구하기**

(i) $\overline{AB} = \overline{BC}$인 경우

$\overline{AB}^2 = \overline{BC}^2$이므로 $a^2 - 4a + 5 = 8$, $a^2 - 4a - 3 = 0$

∴ $a = 2 - \sqrt{7}$ 또는 $a = 2 + \sqrt{7}$

그런데 a는 정수가 아니므로 주어진 조건을 만족하지 않는다.

(ii) $\overline{BC} = \overline{CA}$인 경우

$\overline{BC}^2 = \overline{CA}^2$이므로 $8 = a^2 - 8a + 25$, $a^2 - 8a + 17 = 0$

이때 이차방정식 $a^2 - 8a + 17 = 0$의 판별식을 D라 하면

$\dfrac{D}{4} = (-4)^2 - 17 < 0$이므로 a는 실근을 갖지 않는다.

(iii) $\overline{CA} = \overline{AB}$인 경우

$\overline{CA}^2 = \overline{AB}^2$이므로 $a^2 - 8a + 25 = a^2 - 4a + 5$, $4a = 20$

∴ $a = 5$

(i)~(iii)에서 삼각형 ABC가 이등변삼각형이 되는 정수 a의 값은 5

정답 5

0018

정답 ③

STEP Ⓐ **삼각형 ABC의 세 변의 길이 구하기**

점 C의 좌표를 (a, b)라고 하고 두 점 $A(2, 1)$, $B(-2, -1)$에 대하여

$\overline{AB} = \sqrt{(-2-2)^2 + (-1-1)^2} = 2\sqrt{5}$

$\overline{BC} = \sqrt{\{a-(-2)\}^2 + \{b-(-1)\}^2} = \sqrt{a^2 + 4a + b^2 + 2b + 5}$

$\overline{CA} = \sqrt{(2-a)^2 + (1-b)^2} = \sqrt{a^2 - 4a + b^2 - 2b + 5}$

STEP Ⓑ **삼각형 ABC가 정삼각형임을 이용하여 a, b 사이의 관계식 구하기**

삼각형 ABC가 정삼각형이므로

$\overline{AB} = \overline{BC} = \overline{CA}$

이때 $\overline{AB}^2 = \overline{BC}^2$이므로

$20 = a^2 + 4a + b^2 + 2b + 5$

∴ $a^2 + 4a + b^2 + 2b = 15$ ······ ㉠

또한, $\overline{AB}^2 = \overline{CA}^2$이므로

$20 = a^2 - 4a + b^2 - 2b + 5$

∴ $a^2 - 4a + b^2 - 2b = 15$ ······ ㉡

STEP Ⓒ **연립방정식을 풀어 a, b의 값 구하기**

㉠-㉡을 하면 $8a + 4b = 0$

∴ $b = -2a$ ······ ㉢

㉢을 ㉠에 대입하면 $a^2 + 4a + 4a^2 - 4a = 15$, $a^2 = 3$

∴ $a = \pm\sqrt{3}$

그런데 점 C가 제2사분면의 점이므로 $a = -\sqrt{3}$ ← $a < 0$, $b > 0$

이를 ㉢에 대입하면 $b = 2\sqrt{3}$

따라서 $ab = -\sqrt{3} \times 2\sqrt{3} = -6$

0019

정답 ②

STEP Ⓐ **삼각형 ABC의 세 변의 길이 구하기**

세 점 $A(-1, 1)$, $B(1, 3)$, $C(5, -1)$에 대하여

$\overline{AB} = \sqrt{\{1-(-1)\}^2 + (3-1)^2} = \sqrt{8} = 2\sqrt{2}$

$\overline{BC} = \sqrt{(5-1)^2 + (-1-3)^2} = \sqrt{32} = 4\sqrt{2}$

$\overline{CA} = \sqrt{(-1-5)^2 + \{1-(-1)\}^2} = \sqrt{40} = 2\sqrt{10}$

STEP Ⓑ **삼각형 ABC의 넓이 구하기**

이때 $\overline{AB}^2 + \overline{BC}^2 = \overline{CA}^2$이므로 삼각형 ABC는 $\angle B = 90°$인 직각삼각형이다.

따라서 삼각형 ABC의 넓이는 $\dfrac{1}{2} \times \overline{AB} \times \overline{BC} = \dfrac{1}{2} \times 2\sqrt{2} \times 4\sqrt{2} = 8$

세 점 $A(3, 8)$, $B(1, 0)$, $C(-1, 9)$를 꼭짓점으로 하는 삼각형 ABC의 넓이는?

① 9   ② 11   ③ 13

④ 15   ⑤ 17

STEP Ⓐ **삼각형 ABC의 세 변의 길이 구하기**

세 점 $A(3, 8)$, $B(1, 0)$, $C(-1, 9)$에 대하여

$\overline{AB} = \sqrt{(1-3)^2 + (0-8)^2} = \sqrt{68} = 2\sqrt{17}$

$\overline{BC} = \sqrt{(-1-1)^2 + (9-0)^2} = \sqrt{85}$

$\overline{CA} = \sqrt{\{3-(-1)\}^2 + (8-9)^2} = \sqrt{17}$

STEP Ⓑ **삼각형 ABC의 넓이 구하기**

이때 $\overline{AB}^2 + \overline{CA}^2 = \overline{BC}^2$이므로 삼각형 ABC는 $\angle A = 90°$인 직각삼각형이다.

따라서 삼각형 ABC의 넓이는 $\dfrac{1}{2} \times \overline{AB} \times \overline{CA} = \dfrac{1}{2} \times 2\sqrt{17} \times \sqrt{17} = 17$

정답 ⑤

0020

정답 6

STEP Ⓐ **삼각형 ABC의 세 변의 길이 구하기**

세 점 $A(0, 2a)$, $B(-a, 3)$, $C(3, -3)$에 대하여

$\overline{AB} = \sqrt{(-a-0)^2 + (3-2a)^2} = \sqrt{5a^2 - 12a + 9}$

$\overline{BC} = \sqrt{\{3-(-a)\}^2 + (-3-3)^2} = \sqrt{a^2 + 6a + 45}$

$\overline{CA} = \sqrt{(0-3)^2 + \{2a-(-3)\}^2} = \sqrt{4a^2 + 12a + 18}$

STEP Ⓑ **삼각형 ABC가 직각이등변삼각형일 때, a의 값 구하기**

삼각형 ABC가 $\angle B = 90°$인 직각삼각형이므로

$\overline{CA}^2 = \overline{AB}^2 + \overline{BC}^2$이고 이등변삼각형이므로 $\overline{AB} = \overline{BC}$

(i) $\overline{CA}^2 = \overline{AB}^2 + \overline{BC}^2$

$4a^2 + 12a + 18 = (5a^2 - 12a + 9) + (a^2 + 6a + 45)$

$a^2 - 9a + 18 = 0$, $(a-3)(a-6) = 0$

∴ $a = 3$ 또는 $a = 6$

(ii) $\overline{AB} = \overline{BC}$

즉 $\overline{AB}^2 = \overline{BC}^2$이므로 $5a^2 - 12a + 9 = a^2 + 6a + 45$

$2a^2 - 9a - 18 = 0$, $(2a+3)(a-6) = 0$

∴ $a = -\dfrac{3}{2}$ 또는 $a = 6$

(i), (ii)에 의하여 삼각형 ABC가 직각이등변삼각형일 때, a의 값은 6

0021

STEP A 세 변 AP, BP, CP의 길이 구하기

삼각형 ABC의 외심 P(x, y)라 하고
세 점 A$(-1, 0)$, B$(2, 6)$, C$(5, -3)$에 대하여

$\overline{AP}=\sqrt{\{x-(-1)\}^2+(y-0)^2}=\sqrt{x^2+2x+y^2+1}$

$\overline{BP}=\sqrt{(x-2)^2+(y-6)^2}=\sqrt{x^2-4x+y^2-12y+40}$

$\overline{CP}=\sqrt{(x-5)^2+\{y-(-3)\}^2}=\sqrt{x^2-10x+y^2+6y+34}$

STEP B 외심의 성질을 이용하여 x, y의 값 구하기

이때 외심으로부터 세 꼭짓점에서 이르는 거리는 같으므로 $\overline{AP}=\overline{BP}=\overline{CP}$

(i) $\overline{AP}=\overline{BP}$

즉 $\overline{AP}^2=\overline{BP}^2$이므로 $x^2+2x+y^2+1=x^2-4x+y^2-12y+40$

∴ $2x+4y-13=0$　　······ ㉠

(ii) $\overline{AP}=\overline{CP}$

즉 $\overline{AP}^2=\overline{CP}^2$이므로 $x^2+2x+y^2+1=x^2-10x+y^2+6y+34$

∴ $4x-2y-11=0$　　······ ㉡

㉠, ㉡을 연립하여 풀면 $x=\dfrac{7}{2}$, $y=\dfrac{3}{2}$ ← P$\left(\dfrac{7}{2}, \dfrac{3}{2}\right)$

따라서 $x+y=5$

다른풀이 직각삼각형의 외심은 빗변의 중점임을 이용하여 풀이하기

STEP A 삼각형 ABC의 세 변의 길이 구하기

세 점 A$(-1, 0)$, B$(2, 6)$, C$(5, -3)$에 대하여

$\overline{AB}=\sqrt{\{2-(-1)\}^2+(6-0)^2}=\sqrt{45}=3\sqrt{5}$

$\overline{BC}=\sqrt{(5-2)^2+(-3-6)^2}=\sqrt{90}=3\sqrt{10}$

$\overline{CA}=\sqrt{(-1-5)^2+\{0-(-3)\}^2}=\sqrt{45}=3\sqrt{5}$

STEP B 각 변의 길이 사이의 관계를 이용하여 삼각형의 모양 판단하기

이때 $\overline{AB}^2+\overline{CA}^2=\overline{BC}^2$이므로
삼각형 ABC는 ∠A=90°인
직각삼각형이다.

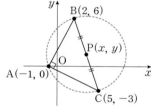

STEP C 직각삼각형의 외심은 빗변의 중점임을 이용하여 x, y의 값 구하기

이때 삼각형 ABC의 외심은 선분 BC의 중점이므로

점 P의 좌표는 $\left(\dfrac{2+5}{2}, \dfrac{6+(-3)}{2}\right)$, 즉 P$\left(\dfrac{7}{2}, \dfrac{3}{2}\right)$

따라서 $x=\dfrac{7}{2}$, $y=\dfrac{3}{2}$이므로 $x+y=5$

0022

STEP A 외심의 성질을 이용하기

삼각형 PAB의 외심이 변 AB 위에 있으므로 삼각형 PAB는 선분 AB를
빗변으로 하는 직각삼각형이고 선분 AB의 중점이 삼각형 PAB의 외심이다.

STEP B 외심과 점 P 사이의 거리 구하기

원점 O에 대하여 삼각형 OAB는
직각삼각형이므로 오른쪽 그림과 같이
점 O는 삼각형 PAB의 외접원 위에 있다.
지름에 대한 원주각은 90°

즉 삼각형 PAB의 외심과 점 P 사이의
거리는 삼각형 PAB의 외심과 원점 사이의
거리와 같으므로 $\sqrt{8^2+6^2}=10$

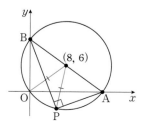

내/신/연/계 출제문항 013

x축 위의 점 A와 y축 위의 점 B에 대하여 삼각형 PAB의 외심은 변 AB
위에 있고 외심의 좌표는 $(5, 4)$이다. 삼각형 PAB의 외심과 점 P 사이의
거리는?

① $\sqrt{41}$　　　② $\sqrt{42}$　　　③ $\sqrt{43}$

④ $2\sqrt{11}$　　　⑤ $3\sqrt{5}$

STEP A 외심의 성질을 이용하기

삼각형 PAB의 외심이 변 AB 위에 있으므로 삼각형 PAB는 선분 AB를
빗변으로 하는 직각삼각형이고 선분 AB의 중점이 삼각형 PAB의 외심이다.

STEP B 외심과 점 P 사이의 거리 구하기

원점 O에 대하여 삼각형 OAB는
직각삼각형이므로 오른쪽 그림과 같이
점 O는 삼각형 PAB의 외접원 위에 있다.
지름에 대한 원주각은 90°

즉 삼각형 PAB의 외심과 점 P 사이의
거리는 삼각형 PAB의 외심과 원점 사이의
거리와 같으므로 $\sqrt{5^2+4^2}=\sqrt{41}$

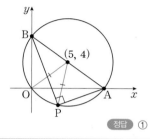

0023

STEP A 외심의 성질을 이용하기

삼각형 ABC의 외심이 변 BC 위에 있으므로 삼각형 ABC는 선분 BC를
빗변으로 하는 직각삼각형이고 선분 BC의 중점이 삼각형 ABC의 외심이다.
즉 외심으로부터 세 꼭짓점에 이르는 거리가 같으므로 $\overline{PA}=\overline{PB}=\overline{PC}$

STEP B 직각삼각형의 피타고라스 정리를 이용하여 $\overline{AB}^2+\overline{AC}^2$의 값 구하기

직각삼각형 ABC에서 피타고라스 정리에 의하여

$\overline{AB}^2+\overline{AC}^2=\overline{BC}^2$　　······ ㉠

점 P는 선분 BC의 중점이므로

$\overline{BC}=2\overline{PA}$　　······ ㉡

㉡의 양변을 제곱하면 $\overline{BC}^2=4\overline{PA}^2$

이를 ㉠에 대입하면

$\overline{AB}^2+\overline{AC}^2=4\overline{PA}^2$

$=4\times\left(\sqrt{\{2-(-1)\}^2+\{1-(-1)\}^2}\right)^2$

$=4\times 13=52$

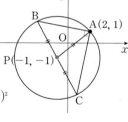

따라서 $\overline{AB}^2+\overline{AC}^2$의 값은 52

0024

STEP A 두 점 사이의 거리 공식을 이용하여 a, b, c, d의 값 구하기

$\sqrt{x^2+16}$은 두 점 A$(x, 0)$, B$(0, 4)$
사이의 거리이므로 $a=4$ $(∵ a>0)$

$\sqrt{(x-3)^2+2^2}$은 두 점 A$(x, 0)$, C$(3, -2)$
사이의 거리이므로

$b=3$, $c=-2$ $(∵ b>0, c<0)$

이때 최솟값 d는 두 점 B$(0, 4)$, C$(3, -2)$
사이의 거리이므로

$d=\sqrt{(3-0)^2+(-2-4)^2}=3\sqrt{5}$

따라서 $a+b+c+d=4+3+(-2)+3\sqrt{5}=5+3\sqrt{5}$

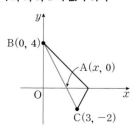

0025

정답 ②

STEP Ⓐ **조건을 만족시키는 점 P의 위치 구하기**

$\overline{AP}+\overline{PB}$의 값이 최소인 경우는 점 P가 $\overline{AB}$ 위에 있을 때이다.

STEP Ⓑ **$\overline{AP}+\overline{PB}$의 최솟값 구하기**

$\overline{AP}+\overline{PB}$
$\geq \overline{AB}=\sqrt{\{5-(-1)\}^2+(-3-5)^2}=10$
따라서 $\overline{AP}+\overline{PB}$의 최솟값은 10

내/신/연/계/ 출제문항 **014**

두 점 A$(-3, 2)$, B$(9, -3)$이 있다. 두 점 P, Q가 각각 x축과 y축 위를 움직일 때, $\overline{AQ}+\overline{QP}+\overline{PB}$의 최솟값은?

① 4   ② 6   ③ 9
④ 13   ⑤ 16

STEP Ⓐ **조건을 만족시키는 점 P, Q의 위치 구하기**

$\overline{AQ}+\overline{QP}+\overline{PB}$의 값이 최소인 경우는
두 점 P, Q가 선분 AB 위에 있을 때이다.

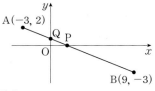

STEP Ⓑ **$\overline{AQ}+\overline{QP}+\overline{PB}$의 최솟값 구하기**

$\overline{AQ}+\overline{QP}+\overline{PB} \geq \overline{AB}=\sqrt{\{9-(-3)\}^2+(-3-2)^2}=13$
따라서 $\overline{AQ}+\overline{QP}+\overline{PB}$의 최솟값은 13

정답 ④

0026

정답 ②

STEP Ⓐ **점 A가 선분 OB 위에 있음을 이용하기**

세 점 O$(0, 0)$, A(a, b), B$(2, -1)$에 대하여
$\overline{OA}=\sqrt{a^2+b^2}$
$\overline{AB}=\sqrt{(a-2)^2+\{b-(-1)\}^2}$
즉
$\sqrt{a^2+b^2}+\sqrt{(a-2)^2+(b+1)^2}$
$=\overline{OA}+\overline{AB}$
이므로 점 A가 선분 OB 위에 있을 때,
$\overline{OA}+\overline{AB}$가 최소가 된다.
따라서 $\overline{OA}+\overline{AB}$가 최솟값은 선분 OB의 길이이므로
$\overline{OB}=\sqrt{2^2+(-1)^2}=\sqrt{5}$

0027

정답 ⑤

STEP Ⓐ **조건을 만족시키는 점 P의 위치 구하기**

네 점 O, A, B, C를 좌표평면 위에 나타내면
오른쪽 그림과 같다.
$\overline{PA}+\overline{PC} \geq \overline{AC}$, $\overline{PO}+\overline{PB} \geq \overline{OB}$이므로
$\overline{PO}+\overline{PA}+\overline{PB}+\overline{PC}$
$=(\overline{PA}+\overline{PC})+(\overline{PO}+\overline{PB}) \geq \overline{AC}+\overline{OB}$
즉 점 P가 두 선분 AC와 OB의 교점일 때,
$\overline{PO}+\overline{PA}+\overline{PB}+\overline{PC}$의 값이 최소가 된다.

STEP Ⓑ **$\overline{PO}+\overline{PA}+\overline{PB}+\overline{PC}$의 최솟값 구하기**

네 점 O$(0, 0)$, A$(3, 4)$, B$(6, -2)$, C$(1, -2)$에 대하여
$\overline{AC}=\sqrt{(1-3)^2+(-2-4)^2}=2\sqrt{10}$, $\overline{OB}=\sqrt{6^2+(-2)^2}=2\sqrt{10}$
따라서 $\overline{PO}+\overline{PA}+\overline{PB}+\overline{PC}$의 최솟값은 $2\sqrt{10}+2\sqrt{10}=4\sqrt{10}$

내/신/연/계/ 출제문항 **015**

네 점 O$(0, 0)$, A$(5, 0)$, B$(3, 4)$, C$(0, 2\sqrt{6})$과 임의의 점 P에 대하여 $\overline{PO}+\overline{PA}+\overline{PB}+\overline{PC}$의 최솟값은?

① 12   ② 13   ③ 14
④ 15   ⑤ 16

STEP Ⓐ **조건을 만족시키는 점 P의 위치 구하기**

네 점 O, A, B, C를 좌표평면 위에 나타내면
오른쪽 그림과 같다.
$\overline{PA}+\overline{PC} \geq \overline{AC}$, $\overline{PO}+\overline{PB} \geq \overline{OB}$이므로
$\overline{PO}+\overline{PA}+\overline{PB}+\overline{PC}$
$=(\overline{PA}+\overline{PC})+(\overline{PO}+\overline{PB})$
$\geq \overline{AC}+\overline{OB}$
즉 점 P가 두 선분 AC, OB의 교점일 때,
$\overline{PO}+\overline{PA}+\overline{PB}+\overline{PC}$의 값이 최소가 된다.

STEP Ⓑ **$\overline{PO}+\overline{PA}+\overline{PB}+\overline{PC}$의 최솟값 구하기**

네 점 O$(0, 0)$, A$(5, 0)$, B$(3, 4)$, C$(0, 2\sqrt{6})$에 대하여
$\overline{AC}=\sqrt{(0-5)^2+(2\sqrt{6}-0)^2}=7$, $\overline{OB}=\sqrt{3^2+4^2}=5$
따라서 $\overline{PO}+\overline{PA}+\overline{PB}+\overline{PC}$의 최솟값은 $7+5=12$

정답 ①

0028

정답 ④

STEP Ⓐ **점 P의 위치에 따라 $|\overline{PB}-\overline{PA}|$의 범위 구하기**

(i) 세 점 A, B, P가 한 직선 위에 있지 않을 때,
삼각형의 세 변의 길이 사이의 관계에 의하여
$\overline{PB}<\overline{PA}+\overline{AB}$이므로
$\overline{PB}-\overline{PA}<\overline{AB}$ ······ ㉠
$\overline{PA}<\overline{PB}+\overline{AB}$이므로
$-\overline{AB}<\overline{PB}-\overline{PA}$ ······ ㉡
㉠, ㉡에 의하여 $-\overline{AB}<\overline{PB}-\overline{PA}<\overline{AB}$
$\therefore |\overline{PB}-\overline{PA}|<\overline{AB}$

(ii) 세 점 A, B, P가 한 직선 위에 있을 때,
$|\overline{PB}-\overline{PA}|=\overline{AB}$
(i), (ii)에 의하여 $|\overline{PB}-\overline{PA}| \leq \overline{AB}$

STEP Ⓑ **$|\overline{PB}-\overline{PA}|^2$의 최댓값 구하기**

두 점 A$(3, 6)$, B$(5, 10)$에 대하여
$\overline{AB}=\sqrt{(5-3)^2+(10-6)^2}=\sqrt{20}=2\sqrt{5}$
따라서 $|\overline{PB}-\overline{PA}|^2 \leq \overline{AB}^2$이므로 $|\overline{PB}-\overline{PA}|^2$의 최댓값은 20

0029

정답 7

STEP Ⓐ t시간 후의 두 학생의 좌표 구하기

오른쪽 그림과 같이 서쪽, 동쪽 방향을
x축, 남쪽, 북쪽 방향을 y축으로 하는
좌표평면을 잡으면 점 O는 원점이 된다.
두 학생 A, B의 출발점의 위치를 각각
$(-10, 0)$, $(0, -5)$로 놓고 t시간 후의
두 학생 A, B의 위치를 각각 P, Q라 하면
$P(-10+3t, 0)$, $Q(0, -5+4t)$

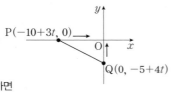

STEP Ⓑ 두 학생 A와 B 사이의 거리가 최소가 되는 시간과 그때의 거리 구하기

$$\overline{PQ}=\sqrt{\{0-(-10+3t)\}^2+(-5+4t-0)^2}$$
$$=\sqrt{25t^2-100t+125}$$
$$=\sqrt{25(t^2-4t+4-4)+125}$$
$$=\sqrt{25(t-2)^2+25}$$

이므로 $\overline{PQ}$는 $t=2$일 때, 최솟값 $\sqrt{25}=5$를 갖는다.
즉 학생 A와 B 사이의 거리가 최소가 되는 것은 2시간 후이고
그때의 거리는 5km이므로 $a=2$, $b=5$
따라서 $a+b=7$

0030

정답 20

STEP Ⓐ 점 P의 좌표를 $(b, 0)$으로 놓고 주어진 식에 대입하기

점 P가 x축 위의 점이므로 점 P의 좌표를 $P(b, 0)$이라 하고
두 점 A$(0, 1)$, B$(4, 3)$에 대하여
$$\overline{AP}=\sqrt{(b-0)^2+(0-1)^2}=\sqrt{b^2+1}$$
$$\overline{BP}=\sqrt{(b-4)^2+(0-3)^2}=\sqrt{b^2-8b+25}$$
$$\overline{AP}^2+\overline{BP}^2=(b^2+1)+(b^2-8b+25)$$
$$=2b^2-8b+26$$
$$=2(b^2-4b+4-4)+26$$
$$=2(b-2)^2+18$$

STEP Ⓑ $a+b$의 값 구하기

즉 $\overline{AP}^2+\overline{BP}^2$의 최솟값은 $b=2$일 때, 18을 가진다.
점 P의 좌표는 $P(2, 0)$이고 최솟값은 18
따라서 $a=18$, $b=2$이므로 $a+b=20$

0031

정답 ④

STEP Ⓐ 점 P의 좌표를 (a, b)로 놓고 주어진 식에 대입하기

점 P의 좌표를 $P(a, b)$라 하고 두 점 A$(3, 1)$, B$(-1, 5)$에 대하여
$$\overline{AP}=\sqrt{(a-3)^2+(b-1)^2}=\sqrt{a^2-6a+b^2-2b+10}$$
$$\overline{BP}=\sqrt{\{a-(-1)\}^2+(b-5)^2}=\sqrt{a^2+2a+b^2-10b+26}$$
$$\overline{AP}^2+\overline{BP}^2=(a^2-6a+b^2-2b+10)+(a^2+2a+b^2-10b+26)$$
$$=2a^2-4a+2b^2-12b+36$$
$$=2(a^2-2a+1-1)+2(b^2-6b+9-9)+36$$
$$=2(a-1)^2+2(b-3)^2+16$$
(실수)$^2 \geq 0$이므로 최소가 되려면 (실수)$^2=0$이어야 한다.

STEP Ⓑ 점 P와 원점 사이의 거리 구하기

즉 $\overline{AP}^2+\overline{BP}^2$의 최솟값은 $a=1$, $b=3$일 때, 16을 가진다.
따라서 점 P의 좌표는 $P(1, 3)$이므로 점 P와 원점 사이의 거리는
$\sqrt{1^2+3^2}=\sqrt{10}$

0032

정답 ①

STEP Ⓐ 점 P가 직선 $y=x+3$ 위의 점임을 이용하기

점 $P(a, b)$가 직선 $y=x+3$ 위의 점이므로
점 P의 좌표를 $P(a, a+3)$이라 하자.

STEP Ⓑ 세 점 A, B, P를 주어진 식에 대입하기

세 점 A$(4, -2)$, B$(1, -5)$, P$(a, a+3)$에 대하여
$$\overline{AP}=\sqrt{(a-4)^2+\{a+3-(-2)\}^2}=\sqrt{2a^2+2a+41}$$
$$\overline{BP}=\sqrt{(a-1)^2+\{a+3-(-5)\}^2}=\sqrt{2a^2+14a+65}$$
$$\overline{AP}^2+\overline{BP}^2=(2a^2+2a+41)+(2a^2+14a+65)$$
$$=4a^2+16a+106$$
$$=4(a^2+4a+4-4)+106$$
$$=4(a+2)^2+90$$

즉 $\overline{AP}^2+\overline{BP}^2$의 최솟값은 $a=-2$일 때, 90을 가진다.
이때 점 P의 좌표는 $P(-2, 1)$이므로 $a=-2$, $b=1$
따라서 $a^2+b^2=(-2)^2+1^2=5$

내/신/연/계/ 출제문항 016

두 점 A$(8, -7)$, B$(12, 5)$와 직선 $y=x-1$ 위의 점 $P(a, b)$에 대하여
$\overline{AP}^2+\overline{BP}^2$의 최솟값을 가질 때, $a+b$의 값은?

① 5   ② 6   ③ 7
④ 8   ⑤ 9

STEP Ⓐ 점 P가 직선 $y=x-1$ 위의 점임을 이용하기

점 $P(a, b)$가 직선 $y=x-1$ 위의 점이므로
점 P의 좌표를 $P(a, \underset{b=a-1}{a-1})$이라 하자.

STEP Ⓑ 세 점 A, B, P를 주어진 식에 대입하기

세 점 A$(8, -7)$, B$(12, 5)$, P$(a, a-1)$에 대하여
$$\overline{AP}=\sqrt{(a-8)^2+\{a-1-(-7)\}^2}=\sqrt{2a^2-4a+100}$$
$$\overline{BP}=\sqrt{(a-12)^2+(a-1-5)^2}=\sqrt{2a^2-36a+180}$$
$$\overline{AP}^2+\overline{BP}^2=(2a^2-4a+100)+(2a^2-36a+180)$$
$$=4a^2-40a+280$$
$$=4(a^2-10a+25-25)+280$$
$$=4(a-5)^2+180$$

즉 $\overline{AP}^2+\overline{BP}^2$의 최솟값은 $a=5$일 때, 180을 가진다.
이때 점 P의 좌표는 $P(5, 4)$이므로 $a=5$, $b=4$
따라서 $a+b=9$ 정답 ⑤

0033

정답 ④

STEP Ⓐ 삼각형의 세 꼭짓점을 좌표평면으로 옮겨서 두 점 사이의 거리를 이용하여 중선정리 구하기

그림과 같이 선분 BC를 x축으로 하고 점 M을 지나고 직선 BC에 수직인
직선을 y축으로 하는 좌표평면을 생각하면 점 M은 원점이다.

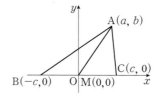

이때 세 점 A, B, C의 좌표를 각각 A(a, b), B($-c$, 0), C(c, 0)이라 하면
두 점 사이의 거리에 의하여

$\overline{AB}=\sqrt{(-c-a)^2+(0-b)^2}=\sqrt{a^2+2ac+c^2+b^2}$

$\overline{AC}=\sqrt{(c-a)^2+(0-b)^2}=\sqrt{a^2-2ac+c^2+b^2}$

$\overline{AB}^2+\overline{AC}^2=(a^2+2ac+c^2+b^2)+(a^2-2ac+c^2+b^2)$

$\qquad\qquad\quad =2(\boxed{a^2+b^2+c^2})$ ...... ㉠

세 점 M(0, 0), A(a, b), B($-c$, 0)에 대하여

$\overline{AM}=\sqrt{a^2+b^2}$, $\overline{BM}=\sqrt{(-c)^2}=c$

$\overline{AM}^2+\overline{BM}^2=(a^2+b^2)+c^2$

$\qquad\qquad\quad =\boxed{a^2+b^2+c^2}$ ...... ㉡

㉠, ㉡에 의하여 $\overline{AB}^2+\overline{AC}^2=2(\overline{AM}^2+\overline{BM}^2)$

따라서 □ 안에 알맞은 식은 $a^2+b^2+c^2$

0034 〔정답〕 ④

STEP Ⓐ **중선정리를 이용하여 중선 AM의 길이 구하기**

점 M은 선분 BC의 중점이므로

$\overline{BM}=\overline{MC}=\dfrac{1}{2}\times10=5$

삼각형 ABC에서 중선정리에 의하여

$\overline{AB}^2+\overline{AC}^2=2(\overline{AM}^2+\overline{BM}^2)$

즉 $6^2+10^2=2(\overline{AM}^2+5^2)$, $2\overline{AM}^2=86$

$\therefore\ \overline{AM}^2=43$

따라서 $\overline{AM}=\sqrt{43}$

〔다른풀이〕 좌표평면 위에 점을 나타내어 풀이하기

STEP Ⓐ **$\overline{AB}=6$, $\overline{BC}=10$임을 이용하여 a, b 사이의 관계식 구하기**

오른쪽 그림과 같이 직선 BC를 x축,
점 M을 원점으로 하는 좌표평면에서
세 점 A, B, C의 좌표를 각각
A(a, b), B(-5, 0), C(5, 0)으로 놓자.
두 점 사이의 거리에 의하여

$\overline{AB}=\sqrt{\{a-(-5)\}^2+(b-0)^2}$

$\qquad =\sqrt{a^2+10a+b^2+25}$

$\overline{AC}=\sqrt{(a-5)^2+(b-0)^2}$

$\qquad =\sqrt{a^2-10a+b^2+25}$

이때 $\overline{AB}=6$에서 $\overline{AB}^2=36$이므로

$a^2+10a+b^2+25=36$ ...... ㉠

또한, $\overline{AC}=10$에서 $\overline{AC}^2=100$이므로

$a^2-10a+b^2+25=100$ ...... ㉡

STEP Ⓑ **두 식을 연립하여 선분 AM의 길이 구하기**

㉠+㉡을 하면 $2(a^2+b^2)+50=136$, $2(a^2+b^2)=86$ $\therefore\ a^2+b^2=43$

따라서 $\overline{AM}=\sqrt{a^2+b^2}=\sqrt{43}$

0035 〔정답〕 ①

STEP Ⓐ **중선정리를 이용하여 선분 AM의 길이 구하기**

점 M은 선분 BC의 중점이므로 $\overline{BM}=\overline{MC}=\dfrac{1}{2}\times10=5$

삼각형 ABC에서 중선정리에 의하여 $\overline{AB}^2+\overline{AC}^2=2(\overline{AM}^2+\overline{BM}^2)$

즉 $9^2+7^2=2(\overline{AM}^2+5^2)$, $2\overline{AM}^2=80$, $\overline{AM}^2=40$

$\therefore\ \overline{AM}=2\sqrt{10}$

STEP Ⓑ **점 G가 삼각형 ABC의 무게중심임을 이용하여 선분 GM의 길이 구하기**

점 G가 삼각형 ABC의 무게중심이므로 $\overline{GM}=\dfrac{1}{3}\overline{AM}$

┗━ 삼각형의 무게중심은 중선을 꼭짓점으로부터 2 : 1로 내분하는 점이다.

따라서 $\overline{GM}=\dfrac{1}{3}\times2\sqrt{10}=\dfrac{2\sqrt{10}}{3}$

내/신/연/계/ 출제문항 017

오른쪽 그림과 같이 삼각형 ABC에서
무게중심을 G, 변 BC의 중점을 M이라
하자. $\overline{AB}=6$, $\overline{BC}=8$, $\overline{AG}=2\sqrt{3}$이라
할 때, 선분 AC의 길이는?

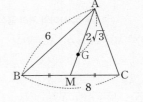

① $2\sqrt{3}$ ② 5

③ $5\sqrt{2}$ ④ $5\sqrt{3}$

⑤ $6\sqrt{3}$

STEP Ⓐ **삼각형의 무게중심의 성질을 이용하여 선분 AM의 길이 구하기**

삼각형의 무게중심은 중선을 꼭짓점으로부터 2 : 1로 내분하는 점이다.
점 G가 삼각형 ABC의 무게중심이므로 $\overline{AG}:\overline{GM}=2:1$
즉 $\overline{AG}=2\overline{GM}=2\sqrt{3}$이므로 $\overline{GM}=\sqrt{3}$

$\overline{AM}=\overline{AG}+\overline{GM}=2\sqrt{3}+\sqrt{3}=3\sqrt{3}$

STEP Ⓑ **중선정리를 이용하여 선분 AC의 길이 구하기**

점 M은 선분 BC의 중점이므로 $\overline{BM}=\overline{MC}=\dfrac{1}{2}\times8=4$

삼각형 ABC에서 중선정리에 의하여 $\overline{AB}^2+\overline{AC}^2=2(\overline{AM}^2+\overline{BM}^2)$

$6^2+\overline{AC}^2=2\{(3\sqrt{3})^2+4^2\}$, $\overline{AC}^2=50$

따라서 $\overline{AC}=5\sqrt{2}$ 〔정답〕 ③

0036 〔정답〕 ④

STEP Ⓐ **평행사변형의 성질을 이용하여 선분 BM의 길이 구하기**

두 점 B(1, 3), D(7, 11)에 대하여

$\overline{BD}=\sqrt{(7-1)^2+(11-3)^2}=10$

오른쪽 그림과 같이 $\overline{BD}$의 중점을 M이라
하면 평행사변형의 성질에 의하여 점 M은

(1) 두 쌍의 대변의 길이는 각각 같다.

(2) 두 쌍의 대각의 크기는 각각 같다.

(3) 두 대각선은 서로 다른 것을 이등분한다.

두 선분 AC와 BD의 중점이므로

$\overline{BM}=\dfrac{1}{2}\overline{BD}=\dfrac{1}{2}\times10=5$

STEP Ⓑ **중선정리를 이용하여 선분 AC의 길이 구하기**

삼각형 ABC에서 중선정리에 의하여 $\overline{BA}^2+\overline{BC}^2=2(\overline{BM}^2+\overline{AM}^2)$

$5^2+7^2=2(5^2+\overline{AM}^2)$, $2\overline{AM}^2=24$, $\overline{AM}^2=12$

$\therefore\ \overline{AM}=2\sqrt{3}$

따라서 $\overline{AC}=2\overline{AM}=2\times2\sqrt{3}=4\sqrt{3}$

0037 　　정답 ③

STEP A 좌표평면 위에 점 A, B, C, M, N의 좌표 정하기

오른쪽 그림과 같이 점 B를 원점으로 하고
직선 BC를 x축으로 하는 좌표평면을
정하고 세 점 A, B, C의 좌표를 각각
A(a, b), B$(0, 0)$, C$(3c, 0)$이라고 하면
두 점 M, N의 좌표는

각각 M$(c, 0)$, N$(\boxed{2c}, 0)$이다.

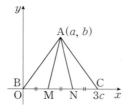

STEP B 두 점 사이의 거리 공식을 이용하여 빈칸 추론하기

이때 $\overline{\text{AB}}=\sqrt{a^2+b^2}$, $\overline{\text{AC}}=\sqrt{(3c-a)^2+(0-b)^2}$이므로

$\overline{\text{AB}}^2=a^2+b^2$, $\overline{\text{AC}}^2=\boxed{(3c-a)^2+b^2}=a^2-6ac+b^2+9c^2$

$\therefore \overline{\text{AB}}^2+\overline{\text{AC}}^2=2a^2-6ac+2b^2+9c^2$ 　　…… ㉠

$\overline{\text{AM}}=\sqrt{(c-a)^2+(0-b)^2}$, $\overline{\text{AN}}=\sqrt{(2c-a)^2+(0-b)^2}$, $\overline{\text{MN}}=2c-c=c$

이므로 $\overline{\text{AM}}^2=\boxed{(c-a)^2+b^2}=a^2-2ac+b^2+c^2$,

$\overline{\text{AN}}^2=(2c-a)^2+b^2=a^2-4ac+b^2+4c^2$, $4\overline{\text{MN}}^2=\boxed{4c^2}$

$\therefore \overline{\text{AM}}^2+\overline{\text{AN}}^2+4\overline{\text{MN}}^2=2a^2-6ac+2b^2+9c^2$ 　…… ㉡

㉠, ㉡에 의하여

$\overline{\text{AB}}^2+\overline{\text{AC}}^2=\overline{\text{AM}}^2+\overline{\text{AN}}^2+4\overline{\text{MN}}^2$

따라서 (가) : $2c$, (나) : $(3c-a)^2+b^2$, (다) : $(c-a)^2+b^2$, (라) : $4c^2$

0038 　　정답 ⑤

STEP A 각 점 사이의 거리를 비교하여 중점, 내분점으로 표현하기

ㄱ. 점 A는 선분 PR의 중점이다. [참]

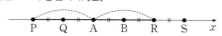

ㄴ. 점 Q는 선분 PB를 1 : 2로 내분하는 점이다. [참]

ㄷ. 점 R은 선분 AS를 2 : 1로 내분하는 점이다. [참]

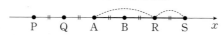

따라서 옳은 것은 ㄱ, ㄴ, ㄷ이다.

0039 　　정답 ①

STEP A 세 조건을 이용하여 중점, 내분점으로 표현하기

세 점 A, C, E의 좌표를 A(a), C(c), E(e)라 하자.

조건 (가)에서 $1=\dfrac{a+c}{2}$

$\therefore a+c=2$ 　　…… ㉠

조건 (나)에서 $c=\dfrac{2\times5+1\times a}{2+1}=\dfrac{10+a}{3}$

$\therefore a-3c=-10$ 　　…… ㉡

조건 (다)에서 $5=\dfrac{c+e}{2}$

$\therefore c+e=10$ 　　…… ㉢

STEP B 연립하여 a, c, e의 값 구하기

㉠, ㉡을 연립하여 풀면 $a=-1$, $c=3$

$c=3$을 ㉢에 대입하면 $3+e=10$ $\therefore e=7$

따라서 A(-1), C(3), E(7)이므로 $\overline{\text{CE}}=7-3=4$

0040 　　정답 ④

STEP A 내분점 공식을 이용하여 두 점 P, Q의 좌표 구하기

두 점 A(2), B(7)에 대하여

선분 AB를 3 : 2로 내분하는 점 P의 좌표는 $\left(\dfrac{3\times7+2\times2}{3+2}\right)$, 즉 P$(5)$

선분 AB를 2 : 3으로 내분하는 점 Q의 좌표는 $\left(\dfrac{2\times7+3\times2}{2+3}\right)$, 즉 Q$(4)$

STEP B 선분 PQ의 중점 M의 좌표 구하기

따라서 점 M이 선분 PQ의 중점이므로 $\left(\dfrac{5+4}{2}\right)$, 즉 M$\left(\dfrac{9}{2}\right)$

내/신/연/계/ 출제문항 018

수직선 위의 두 점 A(3), B(9)를 이은 선분 AB를 1 : 2로 내분하는 점을
P라 하고 선분 AB를 2 : 1로 내분하는 점을 Q라고 할 때, 두 점 P, Q
사이의 거리를 구하시오.

STEP A 내분점 공식을 이용하여 두 점 P, Q의 좌표 구하기

두 점 A(3), B(9)에 대하여

선분 AB를 1 : 2로 내분하는 점 P의 좌표는 $\left(\dfrac{1\times9+2\times3}{1+2}\right)$, 즉 P$(5)$

선분 AB를 2 : 1로 내분하는 점 Q의 좌표는 $\left(\dfrac{2\times9+1\times3}{2+1}\right)$, 즉 Q$(7)$

STEP B 두 점 P, Q 사이의 거리 구하기

따라서 두 점 P, Q 사이의 거리는 $|7-5|=2$ 　　정답 2

0041 　　정답 ④

STEP A 내분점 공식을 이용하여 두 점 P, Q의 좌표 구하기

두 점 A(-4), B(a)에 대하여

선분 AB를 3 : 1로 내분하는 점 P의 좌표는 P$\left(\dfrac{3a-4}{4}\right)$

선분 AB를 1 : 3으로 내분하는 점 Q의 좌표는 Q$\left(\dfrac{a-12}{4}\right)$

STEP B 두 점 P, Q 사이의 거리가 6임을 이용하여 양수 a의 값 구하기

두 점 P, Q 사이의 거리가 6이므로

$\overline{\text{PQ}}=\left|\dfrac{a-12}{4}-\dfrac{3a-4}{4}\right|=\left|-\dfrac{1}{2}a-2\right|=6$, $-\dfrac{1}{2}a-2=\pm6$

$\therefore a=-16$ 또는 $a=8$

따라서 양수 a는 8

내/신/연/계/ 출제문항 019

수직선 위에 있는 두 점 A(-2), B(a)에 대하여 선분 AB를 2 : 1로 내분
하는 점을 P, 선분 AB를 1 : 2로 내분하는 점을 Q라고 하자.
두 점 P, Q 사이의 거리가 8일 때, 양수 a의 값은?

① 18 　　　② 20 　　　③ 22
④ 24 　　　⑤ 26

STEP A 내분점 공식을 이용하여 두 점 P, Q의 좌표 구하기

두 점 A(-2), B(a)에 대하여

선분 AB를 2 : 1로 내분하는 점 P의 좌표는 P$\left(\dfrac{2a-2}{3}\right)$

선분 AB를 1 : 2로 내분하는 점 Q의 좌표는 Q$\left(\dfrac{a-4}{3}\right)$

STEP B 두 점 P, Q 사이의 거리가 8임을 이용하여 양수 a의 값 구하기

두 점 P, Q 사이의 거리가 8이므로

$$\overline{PQ} = \left| \frac{2a-2}{3} - \frac{a-4}{3} \right| = \left| \frac{a+2}{3} \right| = 8, \ \frac{a+2}{3} = \pm 8$$

$\therefore a = 22$ 또는 $a = -26$

따라서 양수 a는 22

정답 ③

0042

정답 3

STEP A 선분 AB의 내분점을 이용하여 p, q의 값 구하기

점 P는 선분 AB를 1 : 4로 내분하는 점이므로 $\overline{AP} : \overline{PB} = 1 : 4$

$\therefore \overline{AP} = \frac{1}{5}\overline{AB}, \ \overline{PB} = \frac{4}{5}\overline{AB}$

점 Q는 선분 AB를 7 : 3으로 내분하는 점이므로 $\overline{AQ} : \overline{QB} = 7 : 3$

$\therefore \overline{AQ} = \frac{7}{10}\overline{AB}, \ \overline{QB} = \frac{3}{10}\overline{AB}$

이때 $\overline{PQ} = \overline{AB} - (\overline{AP} + \overline{QB}) = \left(1 - \frac{1}{5} - \frac{3}{10}\right)\overline{AB} = \frac{1}{2}\overline{AB}$

따라서 $p = 2$, $q = 1$이므로 $p + q = 3$

> **mini해설** | 수직선을 이용하여 풀이하기
>
> 수직선 위에 네 점 A, B, P, Q를 나타내면 그림과 같다.
>
>
>
> $\overline{AP} = 2a \ (a > 0)$라 하자.
> 점 P는 선분 AB를 1 : 4로 내분하는 점이므로 $\overline{AP} : \overline{PB} = 1 : 4$
> $\therefore \overline{PB} = 8a, \ \overline{AB} = 10a$
> 점 Q는 선분 AB를 7 : 3으로 내분하는 점이므로 $\overline{AQ} : \overline{QB} = 7 : 3$
> $\therefore \overline{AQ} = 7a, \ \overline{QB} = 3a$
> 이때 $\overline{PQ} = \overline{AB} - (\overline{AP} + \overline{QB}) = 10a - (2a + 3a) = 5a$
> 즉 $\overline{PQ} = \frac{q}{p}\overline{AB}$에서 $5a = \frac{q}{p} \times 10a$ $\therefore \frac{q}{p} = \frac{1}{2} \ (\because a \neq 0)$
> 따라서 $p = 2$, $q = 1$이므로 $p + q = 3$

0043

2023년 03월 고2 학력평가 4번 변형

정답 ①

STEP A 내분점 공식을 이용하여 좌표 구하기

두 점 A(-5), B(4)에 대하여 선분 AB를 2 : 1로 내분하는 점의 좌표는

$$\frac{2 \times 4 + 1 \times (-5)}{2+1} = \frac{8-5}{3} = 1$$

내/신/연/계/ 출제문항 020

수직선 위의 두 점 A(3), B(11)에 대하여 선분 AB를 3 : 1로 내분하는 점의 좌표는?

① $\frac{15}{2}$ ② 8   ③ $\frac{17}{2}$

④ 9   ⑤ $\frac{19}{2}$

STEP A 내분점 공식을 이용하여 좌표 구하기

두 점 A(3), B(11)에 대하여 선분 AB를 3 : 1로 내분하는 점의 좌표는

$$\frac{3 \times 11 + 1 \times 3}{3+1} = \frac{33+3}{4} = 9$$

정답 ④

0044

정답 5

STEP A 선분 AB를 2 : 1로 내분하는 점 P의 좌표 구하기

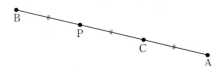

두 점 A(5, 1), B(-1, 4)에 대하여
선분 AB를 2 : 1로 내분하는 점 P의 좌표는

$$\left(\frac{2 \times (-1) + 1 \times 5}{2+1}, \ \frac{2 \times 4 + 1 \times 1}{2+1} \right), 즉 P(1, 3)$$

STEP B 선분 AP의 중점이 C임을 이용하여 a, b의 값 구하기

두 점 A(5, 1), P(1, 3)에 대하여 선분 AP의 중점 C의 좌표는

$$\left(\frac{5+1}{2}, \ \frac{1+3}{2} \right), 즉 C(3, 2)$$

따라서 $a = 3$, $b = 2$이므로 $a + b = 5$

0045

정답 1

STEP A 내분점 공식을 이용하여 두 점 P, Q의 좌표 구하기

두 점 A(-3, -2), B(7, 8)에 대하여
선분 AB를 2 : 3으로 내분하는 점 P의 좌표는

$$\left(\frac{2 \times 7 + 3 \times (-3)}{2+3}, \ \frac{2 \times 8 + 3 \times (-2)}{2+3} \right), 즉 P(1, 2)$$

선분 AB를 1 : 2로 내분하는 점 Q의 좌표는

$$\left(\frac{1 \times 7 + 2 \times (-3)}{1+2}, \ \frac{1 \times 8 + 2 \times (-2)}{1+2} \right), 즉 Q\left(\frac{1}{3}, \frac{4}{3}\right)$$

STEP B 선분 PQ의 중점의 좌표 구하기

두 점 P(1, 2), Q$\left(\frac{1}{3}, \frac{4}{3}\right)$에 대하여 선분 PQ의 중점의 좌표는

$$\left(\frac{1+\frac{1}{3}}{2}, \ \frac{2+\frac{4}{3}}{2} \right), 즉 \left(\frac{2}{3}, \frac{5}{3}\right)$$

따라서 $a = \frac{2}{3}$, $b = \frac{5}{3}$이므로 $b - a = \frac{5}{3} - \frac{2}{3} = 1$

0046

정답 ④

STEP A 내분점 공식을 이용하여 두 점 P, Q의 좌표 구하기

두 점 A(-3, 2), B(6, 11)에 대하여
선분 AB를 2 : 1로 내분하는 점 P의 좌표는

$$\left(\frac{2 \times 6 + 1 \times (-3)}{2+1}, \ \frac{2 \times 11 + 1 \times 2}{2+1} \right), 즉 P(3, 8)$$

점 Q의 좌표를 (a, b)라 하면 선분 PQ를 3 : 1로 내분하는 점의 좌표는

$$\left(\frac{3 \times a + 1 \times 3}{3+1}, \ \frac{3 \times b + 1 \times 8}{3+1} \right), 즉 \left(\frac{3a+3}{4}, \frac{3b+8}{4}\right)$$

이 점은 B(6, 11)과 일치하므로

$$\frac{3a+3}{4} = 6, \ 3a = 21에서 \ a = 7$$

$$\frac{3b+8}{4} = 11, \ 3b = 36에서 \ b = 12$$

즉 점 Q의 좌표는 Q(7, 12)

STEP B 선분 PQ의 중점의 좌표 구하기

두 점 P(3, 8), Q(7, 12)에 대하여 선분 PQ의 중점의 좌표는

$$\left(\frac{3+7}{2}, \ \frac{8+12}{2} \right), 즉 (5, 10)$$

따라서 $\alpha = 5$, $\beta = 10$이므로 $\alpha + \beta = 15$

0047

STEP A 선분 AB를 $1:b$로 내분하는 점의 좌표가 $(2, -1)$임을 이용하여 a, b의 값 구하기

두 점 $A(1, 4)$, $B(a, -11)$에 대하여

선분 AB를 $1:b$로 내분하는 점의 좌표는

$\left(\dfrac{1 \times a + b \times 1}{1+b}, \dfrac{1 \times (-11) + b \times 4}{1+b}\right)$, 즉 $\left(\dfrac{a+b}{1+b}, \dfrac{4b-11}{1+b}\right)$

이 점은 $(2, -1)$과 일치하므로

$\dfrac{a+b}{1+b} = 2$, $a+b = 2+2b$ $\therefore a = b+2$ ······ ㉠

$\dfrac{4b-11}{1+b} = -1$, $4b-11 = -1-b$, $5b = 10$ $\therefore b = 2$

$b = 2$를 ㉠에 대입하면 $a = 4$

STEP B 선분 AP를 $1:2$로 내분하는 점의 좌표가 $(3, -2)$임을 이용하여 α, β의 값 구하기

두 점 $A(1, 4)$, $P(\alpha, \beta)$에 대하여 선분 AP를 $1:2$로 내분하는 점의 좌표는

$\left(\dfrac{1 \times \alpha + 2 \times 1}{1+2}, \dfrac{1 \times \beta + 2 \times 4}{1+2}\right)$, 즉 $\left(\dfrac{\alpha+2}{3}, \dfrac{\beta+8}{3}\right)$

이 점은 $(3, -2)$와 일치하므로

$\dfrac{\alpha+2}{3} = 3$, $\alpha+2 = 9$에서 $\alpha = 7$

$\dfrac{\beta+8}{3} = -2$, $\beta+8 = -6$에서 $\beta = -14$

따라서 $\alpha+\beta = 7+(-14) = -7$

내/신/연/계/ 출제문항 021

두 점 $A(1, 2)$, $B(a, -10)$에 대하여 선분 AB를 $1:b$로 내분하는 점의 좌표가 $(3, -2)$이다. 선분 AC를 $b:3-b$로 내분하는 점의 좌표가 $(-7, 6)$일 때, 점 $C(\alpha, \beta)$에 대하여 $\alpha+\beta$의 값은?

① -1 ② -2 ③ -3
④ -4 ⑤ -5

STEP A 선분 AB를 $1:b$로 내분하는 점의 좌표가 $(3, -2)$임을 이용하여 a, b의 값 구하기

두 점 $A(1, 2)$, $B(a, -10)$에 대하여

선분 AB를 $1:b$로 내분하는 점의 좌표는

$\left(\dfrac{1 \times a + b \times 1}{1+b}, \dfrac{1 \times (-10) + b \times 2}{1+b}\right)$, 즉 $\left(\dfrac{a+b}{1+b}, \dfrac{2b-10}{1+b}\right)$

이 점은 $(3, -2)$와 일치하므로

$\dfrac{a+b}{1+b} = 3$, $a+b = 3+3b$ $\therefore a = 2b+3$ ······ ㉠

$\dfrac{2b-10}{1+b} = -2$, $2b-10 = -2-2b$, $4b = 8$ $\therefore b = 2$

$b = 2$를 ㉠에 대입하면 $a = 7$

STEP B 선분 AC를 $2:1$로 내분하는 점의 좌표가 $(-7, 6)$임을 이용하여 α, β의 값 구하기

두 점 $A(1, 2)$, $C(\alpha, \beta)$에 대하여 선분 AC를 $2:1$로 내분하는 점의 좌표는

$\left(\dfrac{2 \times \alpha + 1 \times 1}{2+1}, \dfrac{2 \times \beta + 1 \times 2}{2+1}\right)$, 즉 $\left(\dfrac{2\alpha+1}{3}, \dfrac{2\beta+2}{3}\right)$

이 점은 $(-7, 6)$과 일치하므로

$\dfrac{2\alpha+1}{3} = -7$, $2\alpha+1 = -21$에서 $\alpha = -11$

$\dfrac{2\beta+2}{3} = 6$, $2\beta+2 = 18$에서 $\beta = 8$

따라서 $\alpha+\beta = -11+8 = -3$

0048

STEP A 선분 AB를 $2:5$로 내분하는 점의 좌표가 $(1, 1)$임을 이용하여 a, b의 값 구하기

두 점 $A(a, -1)$, $B(-4, b)$에 대하여

선분 AB를 $2:5$로 내분하는 점의 좌표는

$\left(\dfrac{2 \times (-4) + 5 \times a}{2+5}, \dfrac{2 \times b + 5 \times (-1)}{2+5}\right)$, 즉 $\left(\dfrac{5a-8}{7}, \dfrac{2b-5}{7}\right)$

이 점은 $(1, 1)$과 일치하므로

$\dfrac{5a-8}{7} = 1$, $5a-8 = 7$에서 $a = 3$

$\dfrac{2b-5}{7} = 1$, $2b-5 = 7$에서 $b = 6$

STEP B 선분 AB를 $2:1$로 내분하는 점의 좌표 구하기

두 점 $A(3, -1)$, $B(-4, 6)$에 대하여

선분 AB를 $2:1$로 내분하는 점의 좌표는

$\left(\dfrac{2 \times (-4) + 1 \times 3}{2+1}, \dfrac{2 \times 6 + 1 \times (-1)}{2+1}\right)$, 즉 $\left(-\dfrac{5}{3}, \dfrac{11}{3}\right)$

따라서 $\alpha = -\dfrac{5}{3}$, $\beta = \dfrac{11}{3}$이므로 $\alpha+\beta = 2$

0049

STEP A 선분 AB를 $2:1$로 내분하는 점의 좌표가 $(0, 0)$임을 이용하여 a, b의 값 구하기

두 점 $A(2, a+1)$, $B(b+1, -1)$에 대하여

선분 AB를 $2:1$로 내분하는 점의 좌표는

$\left(\dfrac{2 \times (b+1) + 1 \times 2}{2+1}, \dfrac{2 \times (-1) + 1 \times (a+1)}{2+1}\right)$, 즉 $\left(\dfrac{2b+4}{3}, \dfrac{a-1}{3}\right)$

이 점은 $(0, 0)$과 일치하므로

$\dfrac{2b+4}{3} = 0$, $2b+4 = 0$에서 $b = -2$

$\dfrac{a-1}{3} = 0$, $a-1 = 0$에서 $a = 1$

STEP B 선분 BP를 $1:2$로 내분하는 점이 C임을 이용하여 α, β의 값 구하기

두 점 $B(-1, -1)$, $P(\alpha, \beta)$에 대하여

선분 BP를 $1:2$로 내분하는 점의 좌표는

$\left(\dfrac{1 \times \alpha + 2 \times (-1)}{1+2}, \dfrac{1 \times \beta + 2 \times (-1)}{1+2}\right)$, 즉 $\left(\dfrac{\alpha-2}{3}, \dfrac{\beta-2}{3}\right)$

이 점은 $C(3, -2)$와 일치하므로

$\dfrac{\alpha-2}{3} = 3$, $\alpha-2 = 9$에서 $\alpha = 11$

$\dfrac{\beta-2}{3} = -2$, $\beta-2 = -6$에서 $\beta = -4$

따라서 $\alpha+\beta = 11+(-4) = 7$

내/신/연/계/ 출제문항 022

세 점 $A(-1, a+1)$, $B(b+1, 2)$, $C(a+2, b)$에 대하여 선분 AB를 $1:2$로 내분하는 점의 좌표가 $(0, 0)$일 때, 선분 BC를 $2:3$으로 내분하는 점의 좌표를 (α, β)라 하자. 이때 $\alpha+\beta$의 값은?

① $\dfrac{11}{5}$ ② $\dfrac{12}{5}$ ③ $\dfrac{14}{5}$
④ 3 ⑤ $\dfrac{17}{5}$

STEP A 선분 AB를 $1:2$로 내분하는 점의 좌표가 $(0, 0)$임을 이용하여 a, b의 값 구하기

두 점 $A(-1, a+1)$, $B(b+1, 2)$에 대하여

선분 AB를 $1:2$로 내분하는 점의 좌표는

$\left(\dfrac{1\times(b+1)+2\times(-1)}{1+2}, \dfrac{1\times 2+2\times(a+1)}{1+2}\right)$, 즉 $\left(\dfrac{b-1}{3}, \dfrac{2a+4}{3}\right)$

이 점은 $(0, 0)$과 일치하므로

$\dfrac{b-1}{3}=0$, $b-1=0$에서 $b=1$

$\dfrac{2a+4}{3}=0$, $2a+4=0$에서 $a=-2$

STEP B 선분 BC를 $2:3$으로 내분하는 점의 좌표 구하기

두 점 $B(2, 2)$, $C(0, 1)$에 대하여

선분 BC를 $2:3$으로 내분하는 점의 좌표는

$\left(\dfrac{2\times 0+3\times 2}{2+3}, \dfrac{2\times 1+3\times 2}{2+3}\right)$, 즉 $\left(\dfrac{6}{5}, \dfrac{8}{5}\right)$

따라서 $\alpha=\dfrac{6}{5}$, $\beta=\dfrac{8}{5}$이므로 $\alpha+\beta=\dfrac{14}{5}$　　　　**정답** ③

0050 　2020년 11월 고1 학력평가 25번　　**정답** 160　해설강의

STEP A 선분 AB의 중점과 내분점의 위치 구하기

선분 AB의 중점을 P, 선분 AB를 $3:1$로 내분하는 점을 Q라 하면
점 Q는 선분 PB의 중점이다.

그림과 같이 선분 AB의 사등분점 중 두 점 P, Q의 좌표는 $P(1, 2)$, $Q(4, 3)$

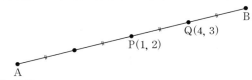

STEP B $\overline{AB}^2$의 값 구하기

두 점 $P(1, 2)$, $Q(4, 3)$에 대하여

$\overline{PQ}=\sqrt{(4-1)^2+(3-2)^2}=\sqrt{9+1}=\sqrt{10}$

이때 $\overline{AB}=2\overline{PB}=2\times 2\overline{PQ}=4\sqrt{10}$

따라서 $\overline{AB}^2=(4\sqrt{10})^2=160$ ← $(\sqrt{a})^2=a$ (단, $a\geq 0$)

다른풀이 두 점 A, B의 좌표를 구하여 풀이하기

STEP A 선분 AB의 중점의 좌표와 내분점의 좌표를 이용하여 두 점 A, B의 좌표 구하기

두 점 A, B의 좌표를 각각 $A(x_1, y_1)$, $B(x_2, y_2)$라 하면

선분 AB의 중점 P의 좌표는 $P\left(\dfrac{x_1+x_2}{2}, \dfrac{y_1+y_2}{2}\right)$

이 점은 $(1, 2)$와 일치하므로

$\dfrac{x_1+x_2}{2}=1$에서 $x_1+x_2=2$　　　…… ㉠

$\dfrac{y_1+y_2}{2}=2$에서 $y_1+y_2=4$　　　…… ㉡

또한, 선분 AB를 $3:1$로 내분하는 점을 Q라 하면

$\left(\dfrac{3\times x_2+1\times x_1}{3+1}, \dfrac{3\times y_2+1\times y_1}{3+1}\right)$, 즉 $Q\left(\dfrac{x_1+3x_2}{4}, \dfrac{y_1+3y_2}{4}\right)$

이 점은 $(4, 3)$과 일치하므로

$\dfrac{x_1+3x_2}{4}=4$에서 $x_1+3x_2=16$　　…… ㉢

$\dfrac{y_1+3y_2}{4}=3$에서 $y_1+3y_2=12$　　…… ㉣

㉠, ㉢을 연립하여 풀면 $x_1=-5$, $x_2=7$

㉡, ㉣을 연립하여 풀면 $y_1=0$, $y_2=4$

$\therefore$ $A(-5, 0)$, $B(7, 4)$

STEP B 두 점 사이의 거리를 이용하여 선분 AB의 길이 구하기

두 점 $A(-5, 0)$, $B(7, 4)$에 대하여

$\overline{AB}=\sqrt{\{7-(-5)\}^2+(4-0)^2}=\sqrt{144+16}=\sqrt{160}$

따라서 $\overline{AB}^2=(\sqrt{160})^2=160$ ← $(\sqrt{a})^2=a$ (단, $a\geq 0$)

내/신/연/계/ 출제문항 023

좌표평면 위의 두 점 A, B에 대하여 선분 AB의 중점의 좌표가 $(3, 4)$이고 선분 AB를 $1:3$으로 내분하는 점의 좌표가 $(-1, 7)$일 때, 선분 AB의 길이는?

① 21　　　　② 20　　　　③ 19
④ 18　　　　⑤ 17

STEP A 선분 AB의 중점과 내분점의 위치 구하기

선분 AB의 중점을 P, 선분 AB를 $1:3$으로 내분하는 점을 Q라 하면
점 Q는 선분 AP의 중점이다.

그림과 같이 선분 AB의 사등분점 중 두 점 P, Q의 좌표는
$P(3, 4)$, $Q(-1, 7)$

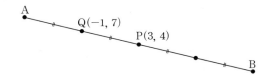

STEP B 선분 AB의 길이 구하기

두 점 $P(3, 4)$, $Q(-1, 7)$에 대하여

$\overline{PQ}=\sqrt{(-1-3)^2+(7-4)^2}=\sqrt{16+9}=5$

따라서 $\overline{AB}=2\overline{AP}=2\times 2\overline{PQ}=20$

다른풀이 두 점 A, B의 좌표를 구하여 풀이하기

STEP A 선분 AB의 중점의 좌표와 내분점의 좌표를 이용하여 두 점 A, B의 좌표 구하기

두 점 A, B의 좌표를 각각 $A(x_1, y_1)$, $B(x_2, y_2)$라 하면

선분 AB의 중점 P의 좌표는 $P\left(\dfrac{x_1+x_2}{2}, \dfrac{y_1+y_2}{2}\right)$

이 점은 $(3, 4)$와 일치하므로

$\dfrac{x_1+x_2}{2}=3$에서 $x_1+x_2=6$　　　…… ㉠

$\dfrac{y_1+y_2}{2}=4$에서 $y_1+y_2=8$　　　…… ㉡

또한, 선분 AB를 $1:3$으로 내분하는 점을 Q라 하면

$\left(\dfrac{1\times x_2+3\times x_1}{1+3}, \dfrac{1\times y_2+3\times y_1}{1+3}\right)$, 즉 $Q\left(\dfrac{3x_1+x_2}{4}, \dfrac{3y_1+y_2}{4}\right)$

이 점은 $(-1, 7)$과 일치하므로

$\dfrac{3x_1+x_2}{4}=-1$에서 $3x_1+x_2=-4$　　…… ㉢

$\dfrac{3y_1+y_2}{4}=7$에서 $3y_1+y_2=28$　　…… ㉣

㉠, ㉢을 연립하여 풀면 $x_1=-5$, $x_2=11$

㉡, ㉣을 연립하여 풀면 $y_1=10$, $y_2=-2$

$\therefore$ $A(-5, 10)$, $B(11, -2)$

STEP B 두 점 사이의 거리를 이용하여 선분 AB의 길이 구하기

따라서 두 점 $A(-5, 10)$, $B(11, -2)$에 대하여

$\overline{AB}=\sqrt{\{11-(-5)\}^2+(-2-10)^2}=\sqrt{256+144}=20$　　　　**정답** ②

0051

STEP A 선분 AB를 2 : 1로 내분하는 점의 좌표 구하기

두 점 $A(-5, -1)$, $B(a, 1)$에 대하여
선분 AB를 2 : 1로 내분하는 점의 좌표는
$\left(\dfrac{2 \times a + 1 \times (-5)}{2+1}, \dfrac{2 \times 1 + 1 \times (-1)}{2+1}\right)$, 즉 $\left(\dfrac{2a-5}{3}, \dfrac{1}{3}\right)$

STEP B 내분점이 직선 $y=x$ 위에 있음을 이용하여 a의 값 구하기

점 $\left(\dfrac{2a-5}{3}, \dfrac{1}{3}\right)$이 직선 $y=x$ 위에 있으므로 $\dfrac{1}{3} = \dfrac{2a-5}{3}$, $2a-5=1$
따라서 $a=3$

0052

STEP A 선분 AB를 2 : 1로 내분하는 점의 좌표 구하기

두 점 $A(-1, 4)$, $B(5, -5)$에 대하여
선분 AB를 2 : 1로 내분하는 점의 좌표는
$\left(\dfrac{2 \times 5 + 1 \times (-1)}{2+1}, \dfrac{2 \times (-5) + 1 \times 4}{2+1}\right)$, 즉 $(3, -2)$

STEP B 내분점이 직선 $y=2x+k$ 위에 있음을 이용하여 k의 값 구하기

점 $(3, -2)$가 직선 $y=2x+k$ 위에
있으므로 $-2 = 2 \times 3 + k$
따라서 $k=-8$

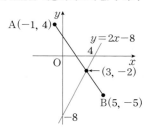

내/신/연/계 출제문항 024

좌표평면에서 두 점 $A(2, -3)$, $B(5, 6)$을 이은 선분 AB를 2 : 3으로 내분하는 점이 직선 $y=\dfrac{1}{2}x+k$ 위에 있을 때, 상수 k의 값은?

① -1 ② -3 ③ -5
④ -7 ⑤ -9

STEP A 선분 AB를 2 : 3으로 내분하는 점의 좌표 구하기

두 점 $A(2, -3)$, $B(5, 6)$에 대하여
선분 AB를 2 : 3으로 내분하는 점의 좌표는
$\left(\dfrac{2 \times 5 + 3 \times 2}{2+3}, \dfrac{2 \times 6 + 3 \times (-3)}{2+3}\right)$, 즉 $\left(\dfrac{16}{5}, \dfrac{3}{5}\right)$

STEP B 내분점이 직선 $y=\dfrac{1}{2}x+k$ 위에 있음을 이용하여 k의 값 구하기

점 $\left(\dfrac{16}{5}, \dfrac{3}{5}\right)$이 직선 $y=\dfrac{1}{2}x+k$ 위에 있으므로 $\dfrac{3}{5} = \dfrac{1}{2} \times \dfrac{16}{5} + k$
따라서 $k=-1$ 정답 ①

0053

STEP A 선분 AB를 m : 1로 내분하는 점의 좌표 구하기

두 점 $A(1, -2)$, $B(3, 4)$에 대하여
선분 AB를 m : 1로 내분하는 점의 좌표는
$\left(\dfrac{m \times 3 + 1 \times 1}{m+1}, \dfrac{m \times 4 + 1 \times (-2)}{m+1}\right)$, 즉 $\left(\dfrac{3m+1}{m+1}, \dfrac{4m-2}{m+1}\right)$

STEP B 내분점이 직선 $x+y-5=0$ 위에 있음을 이용하여 m의 값 구하기

점 $\left(\dfrac{3m+1}{m+1}, \dfrac{4m-2}{m+1}\right)$이 직선 $x+y-5=0$ 위에 있으므로
$\dfrac{3m+1}{m+1} + \dfrac{4m-2}{m+1} - 5 = 0$, $7m-1-5(m+1)=0$, $2m=6$
따라서 $m=3$

내/신/연/계 출제문항 025

두 점 $P(0, -4)$, $Q(6, 0)$에 대하여 선분 PQ를 k : 1로 내분하는 점이 직선 $x+y-2=0$ 위에 있을 때, 양수 k의 값은?

① $\dfrac{1}{4}$ ② $\dfrac{1}{2}$ ③ $\dfrac{3}{2}$
④ 4 ⑤ 5

STEP A 선분 PQ를 k : 1로 내분하는 점의 좌표 구하기

두 점 $P(0, -4)$, $Q(6, 0)$에 대하여
선분 PQ를 k : 1로 내분하는 점의 좌표는
$\left(\dfrac{k \times 6 + 1 \times 0}{k+1}, \dfrac{k \times 0 + 1 \times (-4)}{k+1}\right)$, 즉 $\left(\dfrac{6k}{k+1}, \dfrac{-4}{k+1}\right)$

STEP B 내분점이 직선 $x+y-2=0$ 위에 있음을 이용하여 k의 값 구하기

점 $\left(\dfrac{6k}{k+1}, \dfrac{-4}{k+1}\right)$가 직선 $x+y-2=0$ 위에 있으므로

$\dfrac{6k}{k+1} + \dfrac{-4}{k+1} - 2 = 0$, $6k-4-2(k+1)=0$, $4k=6$

따라서 $k=\dfrac{3}{2}$ 정답 ③

0054

STEP A 선분 AB를 $(1+t)$: $(1-t)$로 내분하는 점의 좌표 구하기

두 점 $A(2, 3)$, $B(3, -1)$에 대하여
선분 AB를 $(1+t)$: $(1-t)$로 내분하는 점의 좌표는
$\left(\dfrac{(1+t) \times 3 + (1-t) \times 2}{(1+t)+(1-t)}, \dfrac{(1+t) \times (-1) + (1-t) \times 3}{(1+t)+(1-t)}\right)$, 즉 $\left(\dfrac{t+5}{2}, -2t+1\right)$

STEP B 내분점이 제 1사분면 위에 있음을 이용하여 a, b의 값 구하기

점 $\left(\dfrac{t+5}{2}, -2t+1\right)$이 제 1사분면 위의 점이므로 $\dfrac{5+t}{2} > 0$, $-2t+1 > 0$
$\therefore -5 < t < \dfrac{1}{2}$

이때 $-1 < t < 1$이므로 t의 값의 범위는 $-1 < t < \dfrac{1}{2}$

따라서 $a=-1$, $b=\dfrac{1}{2}$이므로 $2ab = 2 \times (-1) \times \dfrac{1}{2} = -1$

내/신/연/계 출제문항 026

두 점 $A(-2, 4)$, $B(5, -2)$를 이은 선분 AB를 t : $(1-t)$로 내분하는 점이 제 1사분면에 속하도록 하는 실수 t의 값의 범위가 $a < t < b$일 때, $7a+3b$의 값은? (단, a, b는 상수이고 $0 < t < 1$)

① 2 ② 4 ③ 6
④ 8 ⑤ 10

STEP A 선분 AB를 t : $(1-t)$로 내분하는 점의 좌표 구하기

두 점 $A(-2, 4)$, $B(5, -2)$에 대하여
선분 AB를 t : $(1-t)$로 내분하는 점의 좌표는
$\left(\dfrac{t \times 5 + (1-t) \times (-2)}{t+(1-t)}, \dfrac{t \times (-2) + (1-t) \times 4}{t+(1-t)}\right)$, 즉 $(7t-2, -6t+4)$

STEP **B** 내분점이 제 1사분면 위에 있음을 이용하여 a, b의 값 구하기

점 $(7t-2, -6t+4)$는 제 1사분면에 속해야 하므로 $7t-2>0$, $-6t+4>0$

$\therefore \dfrac{2}{7}<t<\dfrac{2}{3}$

이때 $0<t<1$이므로 t의 값의 범위는 $\dfrac{2}{7}<t<\dfrac{2}{3}$

따라서 $a=\dfrac{2}{7}$, $b=\dfrac{2}{3}$이므로 $7a+3b=2+2=4$

정답 ②

0055

정답 ④

STEP **A** 두 삼각형의 넓이의 비를 이용하여 점 P의 위치 구하기

변 BC 위의 점 P에 대하여 삼각형 APC의 넓이가 삼각형 ABP의 넓이의 2배이기 위해서는 점 P가 선분 BC를 $1:2$로 내분하는 점이어야 한다.

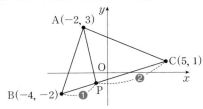

STEP **B** 선분 BC를 $1:2$로 내분하는 점 P의 좌표 구하기

두 점 B$(-4, -2)$, C$(5, 1)$에 대하여
선분 BC를 $1:2$로 내분하는 점 P의 좌표는

$\left(\dfrac{1\times5+2\times(-4)}{1+2}, \dfrac{1\times1+2\times(-2)}{1+2}\right)$, 즉 P$(-1, -1)$

따라서 $a=-1$, $b=-1$이므로 $a+b=-2$

> **POINT** | 높이가 같은 두 삼각형의 넓이의 비
>
> 높이가 같은 두 삼각형의 넓이의 비는
> 두 삼각형의 밑변의 길이의 비와 같다.
> $\Rightarrow$ $\overline{BD} : \overline{DC}=m : n$이면
> $\triangle ABD : \triangle ADC=m : n$
>
>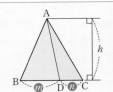

내/신/연/계 출제문항 **027**

오른쪽 그림과 같이 좌표평면 위의 세 점 A$(-3, 8)$, B$(-5, -6)$, C$(7, 6)$을 꼭짓점으로 하는 삼각형 ABC의 변 BC 위의 점 P에 대하여 삼각형 APC의 넓이가 삼각형 ABP의 넓이의 3배일 때, 점 P의 좌표가 (a, b)이다.

상수 a, b에 대하여 $a+b$의 값은?

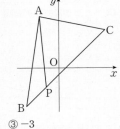

① -5 ② -4 ③ -3
④ -2 ⑤ -1

STEP **A** 두 삼각형의 넓이의 비를 이용하여 점 P의 위치 구하기

변 BC 위의 점 P에 대하여 삼각형 APC의 넓이가 삼각형 ABP의 넓이의 3배이기 위해서는 점 P가 선분 BC를 $1:3$으로 내분하는 점이어야 한다.

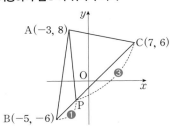

STEP **B** 선분 BC를 $1:3$으로 내분하는 점 P의 좌표 구하기

두 점 B$(-5, -6)$, C$(7, 6)$에 대하여
선분 BC를 $1:3$으로 내분하는 점 P의 좌표는

$\left(\dfrac{1\times7+3\times(-5)}{1+3}, \dfrac{1\times6+3\times(-6)}{1+3}\right)$, 즉 P$(-2, -3)$

따라서 $a=-2$, $b=-3$이므로 $a+b=-5$

정답 ①

0056

2022년 03월 고2 학력평가 8번

정답 ③

STEP **A** 선분 AB를 $3:1$로 내분하는 점의 좌표 구하기

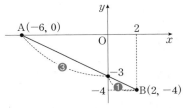

두 점 A$(a, 0)$, B$(2, -4)$에 대하여

선분 AB를 $3:1$로 내분하는 점의 좌표는

$\left(\dfrac{3\times2+1\times a}{3+1}, \dfrac{3\times(-4)+1\times0}{3+1}\right)$, 즉 $\left(\dfrac{6+a}{4}, -3\right)$

이 점이 y축 위에 있으므로 x좌표가 0이어야 한다.

즉 $\dfrac{6+a}{4}=0$ $\therefore a=-6$

STEP **B** 두 점 사이의 거리를 이용하여 선분 AB의 길이 구하기

따라서 두 점 A$(-6, 0)$, B$(2, -4)$에 대하여

$\overline{AB}=\sqrt{\{2-(-6)\}^2+(-4-0)^2}=\sqrt{64+16}=4\sqrt{5}$

내/신/연/계 출제문항 **028**

두 점 A$(-1, 4)$와 B(a, b)에 대하여 선분 AB를 $4:1$로 내분하는 점은 x축 위에 있고 $1:3$으로 내분하는 점은 y축 위에 있을 때, $a+b$의 값은?

① -4 ② -2 ③ 0
④ 2 ⑤ 4

STEP **A** 선분 AB를 $4:1$로 내분하는 점의 좌표 구하기

두 점 A$(-1, 4)$, B(a, b)에 대하여

선분 AB를 $4:1$로 내분하는 점의 좌표는

$\left(\dfrac{4\times a+1\times(-1)}{4+1}, \dfrac{4\times b+1\times4}{4+1}\right)$, 즉 $\left(\dfrac{4a-1}{5}, \dfrac{4b+4}{5}\right)$

이 점이 x축 위에 있으므로 y좌표가 0이어야 한다.

즉 $\dfrac{4b+4}{5}=0$ $\therefore b=-1$

STEP **B** 선분 AB를 $1:3$으로 내분하는 점의 좌표 구하기

두 점 A$(-1, 4)$, B$(a, -1)$에 대하여

선분 AB를 $1:3$으로 내분하는 점의 좌표는

$\left(\dfrac{1\times a+3\times(-1)}{1+3}, \dfrac{1\times(-1)+3\times4}{1+3}\right)$, 즉 $\left(\dfrac{a-3}{4}, \dfrac{11}{4}\right)$

이 점이 y축 위에 있으므로 x좌표가 0이어야 한다.

즉 $\dfrac{a-3}{4}=0$ $\therefore a=3$

따라서 $a=3$, $b=-1$이므로 $a+b=2$

정답 ④

STEP **A** 두 삼각형 BOC, OAC의 넓이의 비를 이용하여 두 선분 BO, OA 의 길이의 비 구하기

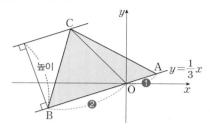

두 삼각형 BOC와 OAC의 높이는 점 C에서 선분 AB까지의 거리로 동일하므로 넓이의 비는 밑변의 길이의 비와 같다.
즉 두 삼각형 BOC와 OAC의 넓이의 비는 2 : 1이므로 $\overline{BO} : \overline{OA} = 2 : 1$
즉 원점 O는 선분 BA를 2 : 1로 내분하는 점이다.

STEP **B** 선분 BA를 2 : 1로 내분하는 점의 좌표가 원점임을 이용하여 a, b 의 값 구하기

두 점 B(a, b), A$(3, 1)$에 대하여

선분 BA를 2 : 1로 내분하는 점의 좌표는

$\left(\dfrac{2 \times 3 + 1 \times a}{2+1}, \dfrac{2 \times 1 + 1 \times b}{2+1} \right)$, 즉 $\left(\dfrac{6+a}{3}, \dfrac{2+b}{3} \right)$

이 점이 O$(0, 0)$과 일치하므로

$\dfrac{6+a}{3} = 0$에서 $a = -6$

$\dfrac{2+b}{3} = 0$에서 $b = -2$

따라서 $a+b = (-6)+(-2) = -8$

┌─ **+α** │ 두 삼각형의 닮음비를 이용하여 구할 수 있어!

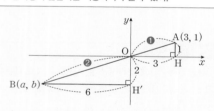

점 A$(3, 1)$에서 x축에 내린 수선의 발을 H라 하면 $\overline{AH} = 1$, $\overline{OH} = 3$
마찬가지로 점 B(a, b) $(a<0, b<0)$에서 y축에 내린 수선의 발을 H′라 하자.
이때 삼각형 AOH와 삼각형 OBH′은 닮음이다.
∠AOH = ∠OBH′, ∠OAH = ∠BOH′이므로 △AOH ∽ △OBH′(AA닮음)
원점 O는 선분 BA를 2 : 1로 내분하는 점이므로
삼각형 AOH와 삼각형 OBH′의 닮음비는 $\overline{AO} : \overline{OB} = 1 : 2$
$\overline{AH} : \overline{OH′} = 1 : 2$이므로 $\overline{OH′} = 2$
$\overline{OH} : \overline{BH′} = 1 : 2$이므로 $\overline{BH′} = 2 \times \overline{OH} = 6$
즉 제 3사분면에 있는 점 B의 좌표는 B$(-6, -2)$
따라서 $a = -6$, $b = -2$이므로 $a+b = -8$
└─────────────────

내/신/연/계/ 출제문항 029

직선 $y = \dfrac{1}{4} x$ 위의 두 점 A$(4, 1)$, B(a, b)가 있다. 제 2사분면 위의 한 점 C에 대하여 삼각형 BOC와 삼각형 OAC의 넓이의 비가 3 : 1일 때, $a+b$ 의 값은? (단, $a<0$이고, O는 원점이다.)

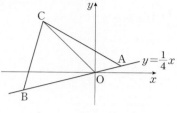

① -15 ② -14 ③ -13
④ -12 ⑤ -11

STEP **A** 두 삼각형 BOC, OAC의 넓이의 비를 이용하여 두 선분 BO, OA 의 길이의 비 구하기

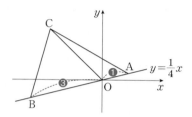

두 삼각형 BOC와 OAC의 높이는 점 C에서 선분 AB까지의 거리로 동일하므로 넓이의 비는 밑변의 길이의 비와 같다.
즉 두 삼각형 BOC와 OAC의 넓이의 비는 3 : 1이므로 $\overline{BO} : \overline{OA} = 3 : 1$
즉 원점 O는 선분 BA를 3 : 1로 내분하는 점이다.

STEP **B** 선분 BA를 3 : 1로 내분하는 점의 좌표가 원점임을 이용하여 a, b 의 값 구하기

두 점 B(a, b), A$(4, 1)$에 대하여

선분 BA를 3 : 1로 내분하는 점의 좌표는

$\left(\dfrac{3 \times 4 + 1 \times a}{3+1}, \dfrac{3 \times 1 + 1 \times b}{3+1} \right)$, 즉 $\left(\dfrac{a+12}{4}, \dfrac{b+3}{4} \right)$

이 점이 O$(0, 0)$과 일치하므로

$\dfrac{a+12}{4} = 0$에서 $a = -12$

$\dfrac{b+3}{4} = 0$에서 $b = -3$

따라서 $a+b = -12+(-3) = -15$

┌─ **+α** │ 두 삼각형의 닮음비를 이용하여 구할 수 있어!

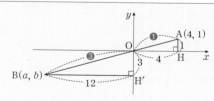

점 A$(4, 1)$에서 x축에 내린 수선의 발을 H라 하면 $\overline{AH} = 1$, $\overline{OH} = 4$
마찬가지로 점 B(a, b) $(a<0, b<0)$에서 y축에 내린 수선의 발을 H′라 하자.
이때 삼각형 AOH와 삼각형 OBH′은 닮음이다.
∠AOH = ∠OBH′, ∠OAH = ∠BOH′이므로 △AOH ∽ △OBH′(AA닮음)
원점 O는 선분 BA를 3 : 1로 내분하는 점이므로
삼각형 AOH와 삼각형 OBH′의 닮음비는 $\overline{AO} : \overline{OB} = 1 : 3$
$\overline{AH} : \overline{OH′} = 1 : 3$이므로 $\overline{OH′} = 3$
$\overline{OH} : \overline{BH′} = 1 : 3$이므로 $\overline{BH′} = 3 \times \overline{OH} = 12$
즉 제 3사분면에 있는 점 B의 좌표는 B$(-12, -3)$
따라서 $a = -12$, $b = -3$이므로 $a+b = -15$
└─────────────────

0058

정답 36

STEP Ⓐ **이차함수 $y=(x-2)^2$ 위의 두 점 A, B의 좌표 구하기**

이차함수 $y=(x-2)^2$ 위의 두 점 A, B의 x좌표를 각각 α, β라 하면
A$(\alpha,\,(\alpha-2)^2)$, B$(\beta,\,(\beta-2)^2)$

STEP Ⓑ **이차방정식의 근과 계수의 관계를 이용하여 두 점 A, B의 x좌표 구하기**

이차방정식 $(x-2)^2=m$, 즉 $x^2-4x+4-m=0$의 두 근이 α, β이므로
이차방정식의 근과 계수의 관계에 의하여
$\alpha+\beta=4$ ...... ㉠
$\alpha\beta=4-m$ ...... ㉡
이때 선분 AB를 $1:2$로 내분하는 점의 좌표는 y축 위에 있으므로
내분점의 x좌표는 0이다.
즉 $\dfrac{1\times\beta+2\times\alpha}{1+2}=0$ ∴ $2\alpha+\beta=0$ ...... ㉢
㉠, ㉢을 연립하여 풀면 $\alpha=-4$, $\beta=8$

STEP Ⓒ **m의 값 구하기**

$\alpha=-4$, $\beta=8$를 ㉡에 대입하면 $-32=4-m$
따라서 $m=36$

0059

정답 ⑤

STEP Ⓐ **선분 AB를 $1:3$으로 내분하는 점이 y축 위의 점임을 이용하여 구하기**

두 점 A, B의 x좌표를 각각 α, β라 하자.
이때 선분 AB를 $1:3$으로 내분하는 점 P의 좌표가 y축 위에 있으므로
내분점의 x좌표는 0이다.
즉 $\dfrac{1\times\beta+3\times\alpha}{1+3}=0$ ∴ $\beta=-3\alpha$ ...... ㉠
또한, 두 점 A, B가 이차함수 $y=x^2$ 위의 점이므로 A$(\alpha,\,\alpha^2)$, B$(-3\alpha,\,9\alpha^2)$

STEP Ⓑ **이차방정식의 근과 계수의 관계를 이용하여 두 점 A, B의 x좌표 구하기**

이차방정식 $x^2=ax+12$, 즉 $x^2-ax-12=0$의 두 근이 α, β이므로
이차방정식의 근과 계수의 관계에 의하여 $\alpha\beta=-12$
㉠을 위의 식에 대입하면 $-3\alpha^2=-12$, $\alpha^2=4$
∴ $\alpha=-2\,(\because\,\alpha<0)$
이를 ㉠에 대입하면 $\beta=6$

STEP Ⓒ **a의 값 구하기**

따라서 두 점 A, B의 좌표가 A$(-2,\,4)$, B$(6,\,36)$이므로 직선 AB의 기울기는
$a=\dfrac{36-4}{6-(-2)}=4$

---

mini해설 | 내분점 공식을 이용하여 풀이하기

이차함수 $y=x^2$ 위의 두 점 A, B의 x좌표를 각각 α, β라 하면 A$(\alpha,\,\alpha^2)$, B$(\beta,\,\beta^2)$
점 P는 직선 $y=ax+12$가 y축과 만나는 점이므로 점 P의 좌표는 P$(0,\,12)$
선분 AB를 $1:3$으로 내분하는 점의 좌표는
$\left(\dfrac{1\times\beta+3\times\alpha}{1+3},\,\dfrac{1\times\beta^2+3\times\alpha^2}{1+3}\right)$, 즉 $\left(\dfrac{3\alpha+\beta}{4},\,\dfrac{3\alpha^2+\beta^2}{4}\right)$
이 점이 P$(0,\,12)$와 일치하므로
$\dfrac{3\alpha+\beta}{4}=0$에서 $\beta=-3\alpha$ ...... ㉠
$\dfrac{3\alpha^2+\beta^2}{4}=12$에서 $3\alpha^2+\beta^2=48$ ...... ㉡
㉠을 ㉡에 대입하면 $12\alpha^2=48$ ∴ $\alpha=-2\,(\because\,\alpha<0)$
이를 ㉠에 대입하면 $\beta=6$
점 A$(-2,\,4)$가 직선 $y=ax+12$ 위의 점이므로 $4=-2a+12$, $2a=8$
따라서 $a=4$

오른쪽 그림과 같이 이차함수 $y=3x^2$의 그래프와 직선 $y=ax+24$가 서로 다른 두 점 A, B에서 만난다. 선분 AB가 y축과 만나는 점을 P라 할 때, 점 P는 선분 AB를 $1:2$로 내분한다.
이때 상수 a의 값은?
(단, 점 A의 x좌표는 점 B의 x좌표보다 작다.)

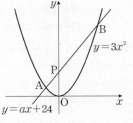

① 4 ② $\dfrac{9}{2}$ ③ 5
④ $\dfrac{11}{2}$ ⑤ 6

STEP Ⓐ **선분 AB를 $1:2$로 내분하는 점이 y축 위의 점임을 이용하여 구하기**

두 점 A, B의 x좌표를 각각 α, β라 하자.
이때 선분 AB를 $1:2$로 내분하는 점 P의 좌표가 y축 위에 있으므로
내분점의 x좌표는 0이다.
즉 $\dfrac{1\times\beta+2\times\alpha}{1+2}=0$ ∴ $\beta=-2\alpha$ ...... ㉠
또한, 두 점 A, B가 $y=3x^2$ 위의 점이므로 A$(\alpha,\,3\alpha^2)$, B$(-2\alpha,\,12\alpha^2)$

STEP Ⓑ **이차방정식의 근과 계수의 관계를 이용하여 두 점 A, B의 x좌표 구하기**

이차방정식 $3x^2=ax+24$, 즉 $3x^2-ax-24=0$의 두 근이 α, β이므로
이차방정식의 근과 계수의 관계에 의하여 $\alpha\beta=-8$
㉠을 위의 식에 대입하면 $-2\alpha^2=-8$, $\alpha^2=4$
∴ $\alpha=-2\,(\because\,\alpha<0)$
이를 ㉠에 대입하면 $\beta=4$

STEP Ⓒ **a의 값 구하기**

따라서 두 점 A, B의 좌표가 A$(-2,\,12)$, B$(4,\,48)$이므로 직선 AB의
기울기는 $a=\dfrac{48-12}{4-(-2)}=6$

---

mini해설 | 내분점 공식을 이용하여 풀이하기

이차함수 $y=3x^2$ 위의 두 점 A, B의 x좌표를 각각 α, β라 하면
A$(\alpha,\,3\alpha^2)$, B$(\beta,\,3\beta^2)$
점 P는 직선 $y=ax+24$가 y축과 만나는 점이므로 점 P의 좌표는 P$(0,\,24)$
선분 AB를 $1:2$로 내분하는 점의 좌표는
$\left(\dfrac{1\times\beta+2\times\alpha}{1+2},\,\dfrac{1\times3\beta^2+2\times3\alpha^2}{1+2}\right)$, 즉 $\left(\dfrac{2\alpha+\beta}{3},\,\dfrac{6\alpha^2+3\beta^2}{3}\right)$
이 점이 P$(0,\,24)$와 일치하므로
$\dfrac{2\alpha+\beta}{3}=0$에서 $\beta=-2\alpha$ ...... ㉠
$\dfrac{6\alpha^2+3\beta^2}{3}=24$에서 $2\alpha^2+\beta^2=24$ ...... ㉡
㉠을 ㉡에 대입하면 $6\alpha^2=24$ ∴ $\alpha=-2\,(\because\,\alpha<0)$
이를 ㉠에 대입하면 $\beta=4$
이때 점 A$(-2,\,12)$가 직선 $y=ax+24$ 위의 점이므로
$12=-2a+24$, $2a=12$
따라서 $a=6$

정답 ⑤

0060 정답 ①

STEP A 이차방정식의 근과 계수의 관계를 이용하여 두 점 A, B의 x좌표에 대한 관계식 구하기

직선 $y=mx+n$ 위의 두 점 A, B의 x좌표를 각각 α, β라 하면
$A(\alpha,\ m\alpha+n)$, $B(\beta,\ m\beta+n)$
이차방정식 $x^2-4x-6=mx+n$, 즉 $x^2-(m+4)x-6-n=0$의 두 근이
α, β이므로 이차방정식의 근과 계수의 관계에 의하여 $\alpha+\beta=m+4$

STEP B 선분 AB의 중점의 좌표가 $(3, 5)$임을 이용하여 m, n의 값 구하기

두 점 $A(\alpha,\ m\alpha+n)$, $B(\beta,\ m\beta+n)$에 대하여 선분 AB의 중점의 좌표는
$\left(\dfrac{\alpha+\beta}{2},\ \dfrac{m\alpha+n+m\beta+n}{2}\right)$

이 점이 $(3, 5)$와 일치하므로 $\dfrac{\alpha+\beta}{2}=3$, $\dfrac{m(\alpha+\beta)+2n}{2}=5$

$\dfrac{\alpha+\beta}{2}=3$에서 $\alpha+\beta=6$이므로 $m+4=6$ $\quad\therefore m=2$

$\dfrac{m(\alpha+\beta)+2n}{2}=\dfrac{2\times6+2n}{2}=5$, $12+2n=10$ $\quad\therefore n=-1$

따라서 $mn=2\times(-1)=-2$

0061 2021년 03월 고2 학력평가 27번 정답 14

해설강의

STEP A 이차방정식의 근과 계수의 관계를 이용하여 두 점 P, Q의 x좌표에 대한 관계식 구하기

곡선 $y=x^2-2x$와 직선 $y=3x+k$가 만나는 두 점 P, Q의 x좌표를 각각 α, $\beta(\alpha<\beta)$라 하자.
이차방정식 $x^2-2x=3x+k$, 즉 $x^2-5x-k=0$의 두 실근이 α, β이다.
이차방정식의 근과 계수의 관계에 의하여
$\alpha+\beta=5$ $\qquad\cdots\cdots$ ㉠
$\alpha\beta=-k$ $\qquad\cdots\cdots$ ㉡

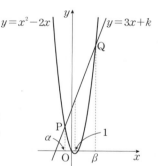

STEP B 선분 PQ를 $1:2$로 내분하는 점의 x좌표를 이용하여 상수 k의 값 구하기

선분 PQ를 $1:2$로 내분하는 점의 x좌표가 1이므로
$\dfrac{1\times\beta+2\times\alpha}{1+2}=1$
$\therefore 2\alpha+\beta=3$ $\qquad\cdots\cdots$ ㉢
㉠, ㉢을 연립하여 풀면 $\alpha=-2$, $\beta=7$
이를 ㉡에 대입하면 $-14=-k$
따라서 $k=14$

내신연계 / 출제문항 031

오른쪽 그림과 같이
곡선 $y=x^2-5x$와 직선 $y=4x+k(k>0)$
가 두 점 P, Q에서 만난다.
선분 PQ를 $1:2$로 내분하는 점의 x좌표가
2일 때, 상수 k의 값을 구하시오.
(단, 점 P의 x좌표는 점 Q의 x좌표보다
작다.)

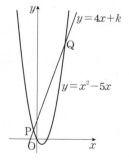

STEP A 이차방정식의 근과 계수의 관계를 이용하여 두 점 P, Q의 x좌표에 대한 관계식 구하기

곡선 $y=x^2-5x$와 직선 $y=4x+k$가 만나는 두 점 P, Q의 x좌표를 각각 α, $\beta(\alpha<\beta)$라 하자.
이차방정식 $x^2-5x=4x+k$, 즉 $x^2-9x-k=0$의 두 실근이 α, β이다.
이차방정식의 근과 계수의 관계에 의하여
$\alpha+\beta=9$ $\qquad\cdots\cdots$ ㉠
$\alpha\beta=-k$ $\qquad\cdots\cdots$ ㉡

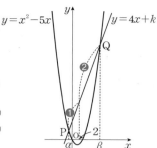

STEP B 선분 PQ를 $1:2$로 내분하는 점의 x좌표를 이용하여 상수 k의 값 구하기

선분 PQ를 $1:2$로 내분하는 점의 x좌표가 2이므로
$\dfrac{1\times\beta+2\times\alpha}{1+2}=2$
$\therefore 2\alpha+\beta=6$ $\qquad\cdots\cdots$ ㉢
㉠, ㉢을 연립하여 풀면 $\alpha=-3$, $\beta=12$
이를 ㉡에 대입하면 $-36=-k$
따라서 $k=36$ 정답 36

0062 2020년 09월 고1 학력평가 16번 정답 ③

해설강의

STEP A 이차방정식의 근과 계수의 관계를 이용하여 두 점 P, Q의 x좌표에 대한 관계식 구하기

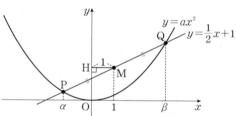

이차함수 $y=ax^2$과 직선 $y=\dfrac{1}{2}x+1$이 만나는 두 점 P, Q의 x좌표를 각각 α, $\beta(\alpha<\beta)$라 하자.
이차방정식 $ax^2=\dfrac{1}{2}x+1$, 즉 $2ax^2-x-2=0$의 두 근이 α, β이다.
이차방정식의 근과 계수의 관계에 의하여
$\alpha+\beta=\dfrac{1}{2a}$ $\qquad\cdots\cdots$ ㉠
$\alpha\beta=-\dfrac{1}{a}$ $\qquad\cdots\cdots$ ㉡

STEP B 선분 PQ의 중점의 x좌표를 이용하여 a의 값 구하기

선분 PQ의 중점 M에서 y축에 내린 수선의 발 H에 대하여
$\overline{\text{MH}}=1$이므로 점 M의 x좌표는 1
즉 선분 PQ의 중점 M의 x좌표가 1이므로
$\dfrac{\alpha+\beta}{2}=1$
$\therefore \alpha+\beta=2$ $\qquad\cdots\cdots$ ㉢
㉠, ㉢에 의하여 $\dfrac{1}{2a}=2$, $4a=1$ $\quad\therefore a=\dfrac{1}{4}$
이를 ㉠, ㉡에 각각 대입하면 $\alpha+\beta=2$, $\alpha\beta=-4$

STEP C 두 점 사이의 거리를 이용하여 선분 PQ의 길이 구하기

직선 $y=\dfrac{1}{2}x+1$ 위의 두 점 P, Q의 좌표는
$P\left(\alpha,\ \dfrac{1}{2}\alpha+1\right)$, $Q\left(\beta,\ \dfrac{1}{2}\beta+1\right)$

이때 선분 PQ의 길이는

$$\overline{PQ} = \sqrt{(\beta-\alpha)^2 + \left\{\left(\frac{1}{2}\beta+1\right)-\left(\frac{1}{2}\alpha+1\right)\right\}^2}$$
$$= \sqrt{(\beta-\alpha)^2 + \frac{1}{4}(\beta-\alpha)^2}$$
$$= \frac{\sqrt{5}}{2}\sqrt{(\beta-\alpha)^2}$$
$$= \frac{\sqrt{5}}{2}\sqrt{(\alpha+\beta)^2 - 4\alpha\beta}$$
$$= \frac{\sqrt{5}}{2} \times \sqrt{2^2 - 4\times(-4)}$$
$$= \frac{\sqrt{5}}{2} \times 2\sqrt{5} = 5$$

따라서 선분 PQ의 길이는 5

＋α | 곱셈 공식의 변형을 이용하여 구할 수 있어!

직선 $y=\frac{1}{2}x+1$ 위의 두 점 P, Q의 좌표는 $P\left(\alpha, \frac{1}{2}\alpha+1\right)$, $Q\left(\beta, \frac{1}{2}\beta+1\right)$

$$\overline{PQ} = \sqrt{(\beta-\alpha)^2 + \left\{\left(\frac{1}{2}\beta+1\right)-\left(\frac{1}{2}\alpha+1\right)\right\}^2}$$
$$= \sqrt{\alpha^2 - 2\alpha\beta + \beta^2 + \frac{1}{4}\alpha^2 - \frac{1}{2}\alpha\beta + \frac{1}{4}\beta^2}$$
$$= \sqrt{\frac{5}{4}(\alpha^2+\beta^2) - \frac{5}{2}\alpha\beta} \quad \leftarrow \alpha^2+\beta^2=(\alpha+\beta)^2-2\alpha\beta$$
$$= \sqrt{\frac{5}{4}(\alpha+\beta)^2 - 5\alpha\beta}$$
$$= \sqrt{\frac{5}{4}\times 2^2 - 5\times(-4)}$$
$$= 5$$

다른풀이 두 점 P, Q의 좌표를 직접 구하여 풀이하기

STEP Ⓐ 점 M이 선분 PQ의 중점임을 이용하여 두 점 P, Q의 x좌표 구하기

$\overline{MH}=1$이므로 점 M의 x좌표는 1이고
점 M이 선분 PQ의 중점이므로
두 점 P, Q의 x좌표를 각각 $1-m$, $1+m$ (단, $m>0$)이라 하자.

STEP Ⓑ 이차함수와 직선의 교점 P, Q의 좌표 구하기

직선 $y=\frac{1}{2}x+1$ 위의 두 점 P, Q의 좌표는

$$P\left(1-m, \frac{3}{2}-\frac{1}{2}m\right), \ Q\left(1+m, \frac{3}{2}+\frac{1}{2}m\right) \quad \cdots\cdots \ \bigcirc$$

또한, 두 점 P, Q가 곡선 $y=ax^2$ 위의 점이므로

$$\frac{3}{2}-\frac{1}{2}m = a(1-m)^2 에서 \frac{3}{2}=\frac{1}{2}m+a(1-m)^2 \quad \cdots\cdots \ \bigcirc$$
$$\frac{3}{2}+\frac{1}{2}m = a(1+m)^2 에서 \frac{3}{2}=-\frac{1}{2}m+a(1+m)^2 \quad \cdots\cdots \ \bigcirc$$

$\bigcirc$, $\bigcirc$을 연립하면

$$\frac{1}{2}m+a(1-m)^2 = -\frac{1}{2}m+a(1+m)^2, \ m=a\{(1+m)^2-(1-m)^2\}$$

$$m=4am \quad \therefore \ a=\frac{1}{4}(\because m>0)$$

이를 $\bigcirc$에 대입하면

$$\frac{3}{2}=\frac{1}{2}m+\frac{1}{4}(1-m)^2, \ m^2=5 \quad \therefore \ m=\sqrt{5}(\because m>0)$$

이를 $\bigcirc$에 대입하면 $P\left(1-\sqrt{5}, \frac{3-\sqrt{5}}{2}\right)$, $Q\left(1+\sqrt{5}, \frac{3+\sqrt{5}}{2}\right)$

STEP Ⓒ 두 점 사이의 거리를 이용하여 선분 PQ의 길이 구하기

따라서 두 점 $P\left(1-\sqrt{5}, \frac{3-\sqrt{5}}{2}\right)$, $Q\left(1+\sqrt{5}, \frac{3+\sqrt{5}}{2}\right)$에 대하여
선분 PQ의 길이는

$$\overline{PQ}=\sqrt{\{(1+\sqrt{5})-(1-\sqrt{5})\}^2 + \left(\frac{3+\sqrt{5}}{2}-\frac{3-\sqrt{5}}{2}\right)^2}=\sqrt{20+5}=5$$

내신연계 출제문항 032

오른쪽 그림과 같이
이차함수 $y=ax^2(a>0)$의 그래프와
직선 $y=2x+1$이 서로 다른 두 점
P, Q에서 만난다. 선분 PQ의 중점 M
에서 y축에 내린 수선의 발을 H라 하자.
선분 MH의 길이가 2일 때, 선분 PQ의
길이는?

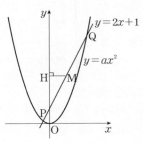

① $2\sqrt{10}$ ② $3\sqrt{10}$
③ $2\sqrt{30}$ ④ $4\sqrt{10}$
⑤ $5\sqrt{10}$

STEP Ⓐ 이차방정식의 근과 계수의 관계를 이용하여 두 점 P, Q의 x좌표에 대한 관계식 구하기

이차함수 $y=ax^2$과 직선 $y=2x+1$이 만나는 두 점 P, Q의 x좌표를 각각
$\alpha, \beta(\alpha<\beta)$라 하자.
이차방정식 $ax^2=2x+1$, 즉 $ax^2-2x-1=0$의 두 근이 α, β이다.
이차방정식의 근과 계수의 관계에 의하여

$$\alpha+\beta=\frac{2}{a} \quad \cdots\cdots \ \bigcirc$$
$$\alpha\beta=-\frac{1}{a} \quad \cdots\cdots \ \bigcirc$$

STEP Ⓑ 선분 PQ의 중점의 x좌표를 이용하여 a의 값 구하기

선분 PQ의 중점 M에서 y축에 내린 수선의 발 H에 대하여
$\overline{MH}=2$이므로 점 M의 x좌표는 2

즉 선분 PQ의 중점 M의 x좌표가 2이므로 $\frac{\alpha+\beta}{2}=2$

$$\therefore \ \alpha+\beta=4 \quad \cdots\cdots \ \bigcirc$$

$\bigcirc$, $\bigcirc$에 의하여 $\frac{2}{a}=4$, $4a=2$ $\therefore \ a=\frac{1}{2}$

이를 $\bigcirc$, $\bigcirc$에 대입하면 $\alpha+\beta=4$, $\alpha\beta=-2$

STEP Ⓒ 두 점 사이의 거리를 이용하여 선분 PQ의 길이 구하기

직선 $y=2x+1$ 위의 두 점 P, Q의 좌표는 $P(\alpha, 2\alpha+1)$, $Q(\beta, 2\beta+1)$
이때 선분 PQ의 길이는

$$\overline{PQ}=\sqrt{(\beta-\alpha)^2+\{(2\beta+1)-(2\alpha+1)\}^2}$$
$$=\sqrt{(\beta-\alpha)^2+4(\beta-\alpha)^2}$$
$$=\sqrt{5(\beta-\alpha)^2}$$
$$=\sqrt{5\{(\alpha+\beta)^2-4\alpha\beta\}}$$
$$=\sqrt{5\{4^2-4\times(-2)\}}$$
$$=\sqrt{120}=2\sqrt{30}$$

따라서 선분 PQ의 길이는 $2\sqrt{30}$

＋α | 곱셈 공식의 변형을 이용하여 구할 수 있어!

직선 $y=2x+1$ 위의 두 점 P, Q의 좌표는 $P(\alpha, 2\alpha+1)$, $Q(\beta, 2\beta+1)$
$$\overline{PQ}=\sqrt{(\beta-\alpha)^2+\{(2\beta+1)-(2\alpha+1)\}^2}$$
$$=\sqrt{\alpha^2-2\alpha\beta+\beta^2+4\alpha^2-8\alpha\beta+4\beta^2}$$
$$=\sqrt{5(\alpha^2+\beta^2)-10\alpha\beta} \quad \leftarrow \alpha^2+\beta^2=(\alpha+\beta)^2-2\alpha\beta$$
$$=\sqrt{5(\alpha+\beta)^2-20\alpha\beta}$$
$$=\sqrt{5\times 4^2-20\times(-2)}$$
$$=2\sqrt{30}$$

다른풀이 두 점 P, Q의 좌표를 직접 구하여 풀이하기

STEP Ⓐ 점 M이 선분 PQ의 중점임을 이용하여 두 점 P, Q의 x좌표 구하기

$\overline{MH}=2$이므로 점 M의 x좌표는 2이고
점 M이 선분 PQ의 중점이므로
두 점 P, Q의 x좌표를 각각 $2-m$, $2+m$ (단, $m>0$)이라 하자.

STEP **B** 이차함수와 직선의 교점 P, Q의 좌표 구하기

직선 $y=2x+1$ 위의 두 점 P, Q의 좌표는

P$(2-m, 5-2m)$, Q$(2+m, 5+2m)$ ...... ㉠

또한, 두 점 P, Q가 곡선 $y=ax^2$ 위의 점이므로

$5-2m=a(2-m)^2$에서 $5=2m+a(2-m)^2$ ...... ㉡

$5+2m=a(2+m)^2$에서 $5=-2m+a(2+m)^2$ ...... ㉢

㉡, ㉢을 연립하면

$2m+a(2-m)^2=-2m+a(2+m)^2$,

$4m=a\{(2+m)^2-(2-m)^2\}$, $4m=8am$ ∴ $a=\dfrac{1}{2}(∵ m>0)$

이를 ㉡에 대입하면

$5=2m+\dfrac{1}{2}(2-m)^2$, $m^2=6$

∴ $m=\sqrt{6}(∵ m>0)$

이를 ㉠에 대입하면

P$(2-\sqrt{6}, 5-2\sqrt{6})$, Q$(2+\sqrt{6}, 5+2\sqrt{6})$

STEP **C** 두 점 사이의 거리를 이용하여 선분 PQ의 길이 구하기

따라서 두 점 P$(2-\sqrt{6}, 5-2\sqrt{6})$, Q$(2+\sqrt{6}, 5+2\sqrt{6})$에 대하여

선분 PQ의 길이는

$\overline{PQ}=\sqrt{\{(2+\sqrt{6})-(2-\sqrt{6})\}^2+\{(5+2\sqrt{6})-(5-2\sqrt{6})\}^2}$

$=\sqrt{24+96}=2\sqrt{30}$

정답 ③

0063

정답 19

STEP **A** $2\overline{AB}=3\overline{BC}$를 이용하여 점 B의 위치 이해하기

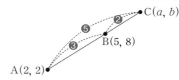

$2\overline{AB}=3\overline{BC}$에서 $\overline{AB}:\overline{BC}=3:2$이므로

점 B는 선분 AC를 3 : 2로 내분하는 점이다.

STEP **B** 선분 AC를 3 : 2로 내분하는 점이 B임을 이용하여 a, b의 값
구하기

점 C의 좌표를 C(a, b)라고 하면 두 점 A$(2, 2)$, C(a, b)에 대하여

선분 AC를 3 : 2로 내분하는 점의 좌표는

$\left(\dfrac{3\times a+2\times 2}{3+2}, \dfrac{3\times b+2\times 2}{3+2}\right)$, 즉 $\left(\dfrac{3a+4}{5}, \dfrac{3b+4}{5}\right)$

이 점은 B$(5, 8)$과 일치하므로

$\dfrac{3a+4}{5}=5$, $3a+4=25$에서 $a=7$

$\dfrac{3b+4}{5}=8$, $3b+4=40$에서 $b=12$

따라서 $a+b=7+12=19$

+α | 외분점을 이용하여 구할 수 있어!

$\overline{AB}:\overline{BC}=3:2$이므로 점 C는 선분 AB를 5 : 2로 외분하는 점이다.

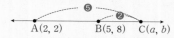

즉 두 점 A$(2, 2)$, B$(5, 8)$에 대하여 선분 AB를 5 : 2로 외분하는 점 C의 좌표는

$\left(\dfrac{5\times 5-2\times 2}{5-2}, \dfrac{5\times 8-2\times 2}{5-2}\right)$, 즉 C$(7, 12)$

따라서 $a=7$, $b=12$이므로 $a+b=19$

0064

정답 ⑤

STEP **A** $2\overline{AB}=\overline{BC}$를 이용하여 점 B의 위치 이해하기

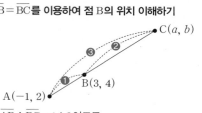

$2\overline{AB}=\overline{BC}$에서 $\overline{AB}:\overline{BC}=1:2$이므로

점 B는 선분 AC를 1 : 2로 내분하는 점이다.

STEP **B** 선분 AC를 1 : 2로 내분하는 점이 B임을 이용하여 a, b의 값 구하기

점 C의 좌표를 C(a, b)라고 하면 두 점 A$(-1, 2)$, C(a, b)에 대하여

선분 AC를 1 : 2로 내분하는 점의 좌표는

$\left(\dfrac{1\times a+2\times(-1)}{1+2}, \dfrac{1\times b+2\times 2}{1+2}\right)$, 즉 $\left(\dfrac{a-2}{3}, \dfrac{b+4}{3}\right)$

이 점은 B$(3, 4)$와 일치하므로

$\dfrac{a-2}{3}=3$, $a-2=9$에서 $a=11$

$\dfrac{b+4}{3}=4$, $b+4=12$에서 $b=8$

따라서 $a+b=11+8=19$

+α | 외분점을 이용하여 구할 수 있어!

$\overline{AB}:\overline{BC}=1:2$이므로 점 C는 선분 AB를 3 : 2로 외분하는 점이다.

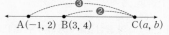

즉 두 점 A$(-1, 2)$, B$(3, 4)$에 대하여 선분 AB를 3 : 2로 외분하는 점 C의 좌표는

$\left(\dfrac{3\times 3-2\times(-1)}{3-2}, \dfrac{3\times 4-2\times 2}{3-2}\right)$, 즉 C$(11, 8)$

따라서 $a=11$, $b=8$이므로 $a+b=19$

0065

정답 ⑤

STEP **A** $\overline{AB}=3\overline{BC}$를 이용하여 점 C의 위치 구하기

$\overline{AB}=3\overline{BC}$에서 $\overline{AB}:\overline{BC}=3:1$, 즉 점 C가 직선 AB 위에 있으므로

점 C는 선분 AB를 2 : 1로 내분하는 점이거나

점 B는 선분 AC를 3 : 1로 내분하는 점이다.

STEP **B** 내분점 공식을 이용하여 각각의 경우에서의 점 C의 좌표 구하기

두 점 A$(-4, 2)$, B$(5, 8)$에 대하여

(i) 점 C가 선분 AB를 2 : 1로 내분하는 점인 경우

$\left(\dfrac{2\times 5+1\times(-4)}{2+1}, \dfrac{2\times 8+1\times 2}{2+1}\right)$, 즉 C$(2, 6)$

(ii) 점 B가 선분 AC를 3 : 1로 내분하는 점인 경우

점 C의 좌표를 (a, b)라 하면

$\left(\dfrac{3\times a+1\times(-4)}{3+1}, \dfrac{3\times b+1\times 2}{3+1}\right)$, 즉 $\left(\dfrac{3a-4}{4}, \dfrac{3b+2}{4}\right)$

이 점은 B$(5, 8)$과 일치하므로

$\dfrac{3a-4}{4}=5$, $3a-4=20$에서 $a=8$

$\dfrac{3b+2}{4}=8$, $3b+2=32$에서 $b=10$

∴ C$(8, 10)$

+α 외분점 공식을 이용하여 풀 수도 있어!

(ii) 점 C가 선분 AB를 4 : 1로 외분하는 점인 경우

$\left(\dfrac{4\times5-1\times(-4)}{4-1},\ \dfrac{4\times8-1\times2}{4-1}\right)$, 즉 C(8, 10)

(i), (ii)에서 점 C의 좌표는 (2, 6), (8, 10)이므로 x좌표의 합은 2+8=10

내/신/연/계/ 출제문항 033

두 점 A$(-15, 14)$, B$(1, -2)$를 지나는 직선 AB 위에 있고 $\overline{AB}=4\overline{BC}$를 만족시키는 점 C의 x좌표의 합은?

① 1   ② 2   ③ 3
④ 4   ⑤ 5

STEP A $\overline{AB}=4\overline{BC}$를 이용하여 점 C의 위치 구하기

$\overline{AB}=4\overline{BC}$에서 $\overline{AB}:\overline{BC}=4:1$,
즉 점 C가 직선 AB 위에 있으므로
점 C는 선분 AB를 3 : 1로 내분하는 점이거나
점 B는 선분 AC를 4 : 1로 내분하는 점이다.

STEP B 내분점 공식을 이용하여 각각의 경우에서의 점 C의 좌표 구하기

두 점 A$(-15, 14)$, B$(1, -2)$에 대하여
(i) 점 C가 선분 AB를 3 : 1로 내분하는 점인 경우

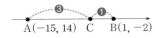

$\left(\dfrac{3\times1+1\times(-15)}{3+1},\ \dfrac{3\times(-2)+1\times14}{3+1}\right)$, 즉 C$(-3, 2)$

(ii) 점 B가 선분 AC를 4 : 1로 내분하는 점인 경우
점 C의 좌표를 (a, b)라 하면

$\left(\dfrac{4\times a+1\times(-15)}{4+1},\ \dfrac{4\times b+1\times14}{4+1}\right)$, 즉 $\left(\dfrac{4a-15}{5},\ \dfrac{4b+14}{5}\right)$

이 점은 B$(1, -2)$와 일치하므로
$\dfrac{4a-15}{5}=1$, $4a-15=5$에서 $a=5$
$\dfrac{4b+14}{5}=-2$, $4b+14=-10$에서 $b=-6$
∴ C$(5, -6)$

+α 외분점 공식을 이용하여 풀 수도 있어!

(ii) 점 C가 선분 AB를 5 : 1로 외분하는 점인 경우

$\left(\dfrac{5\times1-1\times(-15)}{5-1},\ \dfrac{5\times(-2)-1\times14}{5-1}\right)$, 즉 C$(5, -6)$

(i), (ii)에서 점 C의 좌표는 $(-3, 2)$, $(5, -6)$이므로 x좌표의 합은
$-3+5=2$ 정답 ②

0066

STEP A $3\overline{AB}=2\overline{BC}$를 이용하여 점 C의 위치 구하기

$3\overline{AB}=2\overline{BC}$에서 $\overline{AB}:\overline{BC}=2:3$, 즉 점 C가 직선 AB 위에 있으므로
점 B는 선분 AC를 2 : 3으로 내분하는 점이거나
점 A는 선분 CB를 1 : 2로 내분하는 점이다.

STEP B 내분점 공식을 이용하여 각각의 경우에서의 점 C의 좌표 구하기

점 C의 좌표를 (a, b)라 하고 두 점 A$(1, 2)$, B$(3, 4)$에 대하여
(i) 점 B가 선분 AC를 2 : 3으로 내분하는 점인 경우

$\left(\dfrac{2\times a+3\times1}{2+3},\ \dfrac{2\times b+3\times2}{2+3}\right)$, 즉 $\left(\dfrac{2a+3}{5},\ \dfrac{2b+6}{5}\right)$

이 점은 B$(3, 4)$와 일치하므로
$\dfrac{2a+3}{5}=3$, $2a+3=15$에서 $a=6$
$\dfrac{2b+6}{5}=4$, $2b+6=20$에서 $b=7$
∴ C$(6, 7)$

(ii) 점 A가 선분 CB를 1 : 2로 내분하는 점인 경우

$\left(\dfrac{1\times3+2\times a}{1+2},\ \dfrac{1\times4+2\times b}{1+2}\right)$, 즉 $\left(\dfrac{3+2a}{3},\ \dfrac{4+2b}{3}\right)$

이 점은 A$(1, 2)$와 일치하므로
$\dfrac{3+2a}{3}=1$, $3+2a=3$에서 $a=0$
$\dfrac{4+2b}{3}=2$, $4+2b=6$에서 $b=1$
∴ C$(0, 1)$

STEP C 두 점 사이의 거리 구하기

(i), (ii)에서 점 C의 좌표는 $(6, 7)$, $(0, 1)$이므로 두 점 사이의 거리는
$\sqrt{(6-0)^2+(7-1)^2}=6\sqrt{2}$

0067

STEP A 두 삼각형의 넓이를 이용하여 점 P의 위치 구하기

두 삼각형 OAP와 OBP의 높이는 점 O에서 선분 AB까지의 거리로 동일하므로 넓이의 비는 밑변의 길이의 비와 같다.
즉 삼각형 OAP의 넓이가 삼각형 OBP의 넓이의 2배이므로
$\overline{AP}:\overline{BP}=2:1$
즉 점 P는 선분 AB를 2 : 1로 내분하는 점이거나
점 B는 선분 AP를 1 : 1로 내분하는 점이다. ← 점 B가 선분 AP의 중점

STEP B 내분점 공식을 이용하여 각각의 경우에서의 점 P의 좌표 구하기

점 P의 좌표를 (a, b)라 하고 두 점 A$(-5, 0)$, B$(1, 3)$에 대하여
(i) 점 P가 선분 AB를 2 : 1로 내분하는 점인 경우

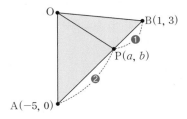

$\left(\dfrac{2\times1+1\times(-5)}{2+1},\ \dfrac{2\times3+1\times0}{2+1}\right)$ ∴ P$(-1, 2)$

(ⅱ) 점 B가 선분 AP를 1 : 1로 내분하는 점인 경우

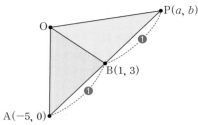

즉 점 B가 선분 AP의 중점이므로 $\left(\dfrac{-5+a}{2},\ \dfrac{0+b}{2}\right)$, 즉 $\left(\dfrac{-5+a}{2},\ \dfrac{b}{2}\right)$

이 점은 B(1, 3)과 일치하므로

$\dfrac{-5+a}{2}=1$, $-5+a=2$에서 $a=7$

$\dfrac{b}{2}=3$에서 $b=6$

$\therefore$ P(7, 6)

STEP ⓒ 두 점 P_1, P_2 사이의 거리 구하기

(ⅰ), (ⅱ)에 의하여 $P_1(-1, 2)$, $P_2(7, 6)$ 또는 $P_1(7, 6)$, $P_2(-1, 2)$이므로

$\overline{P_1P_2}=\sqrt{\{7-(-1)\}^2+(6-2)^2}=4\sqrt{5}$

내/신/연/계 출제문항 034

두 점 A$(-8, 6)$, B$(4, -6)$과 직선 AB 위의 점에 대하여 삼각형 OAP의 넓이가 삼각형 OBP의 넓이의 5배가 되도록 하는 두 점을 P_1, P_2라 할 때, 두 점 P_1, P_2 사이의 거리는? (단, O는 원점이다.)

① $4\sqrt{2}$ ② $5\sqrt{2}$ ③ $6\sqrt{2}$

④ $7\sqrt{2}$ ⑤ $8\sqrt{2}$

STEP Ⓐ 두 삼각형의 넓이를 이용하여 점 P의 위치 구하기

두 삼각형 OAP와 OBP의 높이는 점 O에서 선분 AB까지의 거리로 동일하므로 넓이의 비는 밑변의 길이의 비와 같다.

즉 삼각형 OAP의 넓이가 삼각형 OBP의 넓이의 5배이므로

$\overline{AP} : \overline{BP}=5 : 1$

즉 점 P는 선분 AB를 5 : 1로 내분하는 점이거나

점 B는 선분 AP를 4 : 1로 내분하는 점이다.

STEP Ⓑ 내분점 공식을 이용하여 각각의 경우에서의 점 P의 좌표 구하기

점 P의 좌표를 (a, b)라 하고 두 점 A$(-8, 6)$, B$(4, -6)$에 대하여

(ⅰ) 점 P가 선분 AB를 5 : 1로 내분하는 점인 경우

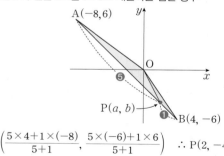

$\left(\dfrac{5\times4+1\times(-8)}{5+1},\ \dfrac{5\times(-6)+1\times6}{5+1}\right)$ $\therefore$ P(2, −4)

(ⅱ) 점 B가 선분 AP를 4 : 1로 내분하는 점인 경우

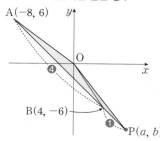

$\left(\dfrac{4\times a+1\times(-8)}{4+1},\ \dfrac{4\times b+1\times6}{4+1}\right)$, 즉 $\left(\dfrac{4a-8}{5},\ \dfrac{4b+6}{5}\right)$

이 점은 B$(4, -6)$과 일치하므로

$\dfrac{4a-8}{5}=4$, $4a-8=20$에서 $a=7$

$\dfrac{4b+6}{5}=-6$, $4b+6=-30$에서 $b=-9$

$\therefore$ P$(7, -9)$

+α ｜ 외분점 공식을 이용하여 풀 수도 있어!

(ⅱ) 점 P가 선분 AB를 5 : 1로 외분하는 점인 경우

$\left(\dfrac{5\times4-1\times(-8)}{5-1},\ \dfrac{5\times(-6)-1\times6}{5-1}\right)$, 즉 P$(7, -9)$

STEP ⓒ 두 점 P_1, P_2 사이의 거리 구하기

(ⅰ), (ⅱ)에 의하여 $P_1(2, -4)$, $P_2(7, -9)$ 또는 $P_1(7, -9)$, $P_2(2, -4)$이므로

$\overline{P_1P_2}=\sqrt{(7-2)^2+\{-9-(-4)\}^2}=5\sqrt{2}$ 정답 ②

0068   정답 18

STEP Ⓐ 삼각형 OAC의 넓이를 이용하여 점 C의 위치 구하기

(삼각형 OAB의 넓이)$=\dfrac{1}{2}\times\overline{OB}\times$(점 A의 x좌표)$=\dfrac{1}{2}\times6\times3=9$이고

삼각형 OAC의 넓이가 27이므로

(삼각형 OAB의 넓이) : (삼각형 OAC의 넓이)$=9 : 27=1 : 3$

$\therefore$ $\overline{AB} : \overline{AC}=1 : 3$

즉 점 B는 선분 AC를 1 : 2로 내분하는 점이거나

점 A는 선분 BC를 1 : 3으로 내분하는 점이다.

STEP Ⓑ 내분점 공식을 이용하여 점 C의 좌표 구하기

점 C의 좌표를 $(a, b)(a<0)$라 하고 두 점 A$(3, 3)$, B$(0, 6)$에 대하여

점 B가 선분 AC를 1 : 2로 내분하는 점인 경우

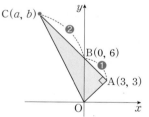

$\left(\dfrac{1\times a+2\times3}{1+2},\ \dfrac{1\times b+2\times3}{1+2}\right)$, 즉 $\left(\dfrac{a+6}{3},\ \dfrac{b+6}{3}\right)$

이 점이 B$(0, 6)$과 일치하므로 $\dfrac{a+6}{3}=0$에서 $a=-6$

$\dfrac{b+6}{3}=6$, $b+6=18$에서 $b=12$

$\therefore$ C$(-6, 12)$

+α ｜ $a>0$인 경우 점 C의 좌표를 구할 수 있어!

점 C의 좌표를 $(a, b)(a>0)$라 하고 두 점 A$(3, 3)$, B$(0, 6)$에 대하여
점 A가 선분 BC를 1 : 3으로 내분하는 점인 경우
$\left(\dfrac{1\times a+3\times0}{1+3},\ \dfrac{1\times b+3\times6}{1+3}\right)$, 즉 $\left(\dfrac{a}{4},\ \dfrac{b+18}{4}\right)$

이 점이 A$(3, 3)$과 일치하므로

$\dfrac{a}{4}=3$에서 $a=12$

$\dfrac{b+18}{4}=3$, $b+18=12$에서 $b=-6$

$\therefore$ C$(12, -6)$

그런데 $a>0$이므로 주어진 조건을 만족시키지 않는다.

STEP C $b-a$의 값 구하기

따라서 $a=-6$, $b=12$이므로 $b-a=12-(-6)=18$

---

mini 해설 | 직선의 방정식을 이용하여 풀이하기

두 점 A(3, 3), B(0, 6)을 지나는 직선 AB의 방정식은

$y-6=\dfrac{6-3}{0-3}(x-0)$, 즉 $y=-x+6$

삼각형 OAC의 넓이가 27이고 $a<0$이므로

(삼각형 OAC의 넓이)=(삼각형 OAB의 넓이)+(삼각형 OBC의 넓이)

$\qquad\qquad\qquad =\dfrac{1}{2}\times6\times3+\dfrac{1}{2}\times6\times(-a)$

$\qquad\qquad\qquad =9-3a=27$

$\therefore a=-6$

이때 점 C(-6, b)는 직선 $y=-x+6$ 위의 점이므로 $b=-(-6)+6=12$

따라서 $b-a=12-(-6)=18$

0069

 정답 ①

STEP A 선분 BC의 중점 M의 좌표 구하기

두 점 B(2, 1), C(4, -3)에 대하여 선분 BC의 중점 M의 좌표는

$\left(\dfrac{2+4}{2}, \dfrac{1+(-3)}{2}\right)$, 즉 M(3, -1)

STEP B 선분 AM을 2 : 1로 내분하는 점의 좌표를 이용하여 a, b의 값 구하기

두 점 A(a, b), M(3, -1)에 대하여

선분 AM을 2 : 1로 내분하는 점의 좌표는

$\left(\dfrac{2\times3+1\times a}{2+1}, \dfrac{2\times(-1)+1\times b}{2+1}\right)$, 즉 $\left(\dfrac{a+6}{3}, \dfrac{b-2}{3}\right)$

이 점은 (1, -1)과 일치하므로

$\dfrac{a+6}{3}=1$, $a+6=3$에서 $a=-3$

$\dfrac{b-2}{3}=-1$, $b-2=-3$에서 $b=-1$

따라서 $a+b=-3+(-1)=-4$

다른풀이 점 (1, -1)이 삼각형 ABC의 무게중심임을 이용하여 풀이하기

STEP A 점 (1, -1)이 삼각형 ABC의 무게중심임을 이해하기

점 M은 선분 BC의 중점이므로 선분 AM은 삼각형 ABC의 한 중선이다.

즉 중선 AM을 2 : 1을 내분하는 점 (1, -1)은 삼각형 ABC의 무게중심이 된다.

STEP B 삼각형 ABC의 무게중심의 좌표를 이용하여 a, b의 값 구하기

세 점 A(a, b), B(2, 1), C(4, -3)을 꼭짓점으로 하는

삼각형 ABC의 무게중심의 좌표는

$\left(\dfrac{a+2+4}{3}, \dfrac{b+1+(-3)}{3}\right)$, 즉 $\left(\dfrac{a+6}{3}, \dfrac{b-2}{3}\right)$

이 점은 (1, -1)과 일치하므로

$\dfrac{a+6}{3}=1$, $a+6=3$에서 $a=-3$

$\dfrac{b-2}{3}=-1$, $b-2=-3$에서 $b=-1$

따라서 $a+b=-3+(-1)=-4$

0070

 정답 ④

STEP A 세 변의 중점의 좌표를 이용하여 관계식 구하기

세 점 A(x_1, y_1), B(x_2, y_2), C(x_3, y_3)에 대하여

선분 AB의 중점의 좌표는 $\left(\dfrac{x_1+x_2}{2}, \dfrac{y_1+y_2}{2}\right)$

이 점은 D(-1, 2)와 일치하므로

$x_1+x_2=-2$, $y_1+y_2=4$ $\qquad\qquad$ ······ ㉠

선분 BC의 중점의 좌표는 $\left(\dfrac{x_2+x_3}{2}, \dfrac{y_2+y_3}{2}\right)$

이 점은 E(2, -3)과 일치하므로

$x_2+x_3=4$, $y_2+y_3=-6$ $\qquad\qquad$ ······ ㉡

선분 CA의 중점의 좌표는 $\left(\dfrac{x_3+x_1}{2}, \dfrac{y_3+y_1}{2}\right)$

이 점은 F(3, 4)와 일치하므로

$x_3+x_1=6$, $y_3+y_1=8$ $\qquad\qquad$ ······ ㉢

STEP B 연립하여 세 꼭짓점의 좌표 구하기

㉠, ㉡, ㉢을 연립하여 풀면 ← $x_1+x_2+x_3=4$, $y_1+y_2+y_3=3$

$x_1=0$, $x_2=-2$, $x_3=6$, $y_1=9$, $y_2=-5$, $y_3=-1$

$\therefore$ A(0, 9), B(-2, -5), C(6, -1)

따라서 세 꼭짓점의 x좌표와 y좌표의 합은 $0+(-2)+6+9+(-5)+(-1)=7$

+α | 삼각형의 무게중심을 이용하여 풀 수도 있어!

삼각형 ABC의 무게중심과 $\overline{AB}$, $\overline{BC}$, $\overline{CA}$에 중점 D, E, F로 이루어진 삼각형 DEF의 무게중심은 서로 같다.

세 점 A(x_1, y_1), B(x_2, y_2), C(x_3, y_3)로 이루어진 삼각형 ABC의 무게중심은

$\left(\dfrac{x_1+x_2+x_3}{3}, \dfrac{y_1+y_2+y_3}{3}\right)$

세 점 D(-1, 2), E(2, -3), F(3, 4)로 이루어진 삼각형 DEF의 무게중심은

$\left(\dfrac{-1+2+3}{3}, \dfrac{2+(-3)+4}{3}\right)$, 즉 $\left(\dfrac{4}{3}, 1\right)$

이때 $\dfrac{x_1+x_2+x_3}{3}=\dfrac{4}{3}$에서 $x_1+x_2+x_3=4$이고

$\dfrac{y_1+y_2+y_3}{3}=1$에서 $y_1+y_2+y_3=3$

따라서 세 꼭짓점의 x좌표와 y좌표의 합은 $4+3=7$

0071

 정답 ①

STEP A 두 변 AB, AC의 중점의 좌표를 이용하여 관계식 구하기

두 점 B, C의 좌표를 각각 B(a_1, b_1), C(a_2, b_2)라 하고

점 A(5, 3)에 대하여 선분 AB의 중점의 좌표는 $\left(\dfrac{5+a_1}{2}, \dfrac{3+b_1}{2}\right)$

이 점이 M(x_1, y_1)과 일치하므로 $\dfrac{5+a_1}{2}=x_1$, $\dfrac{3+b_1}{2}=y_1$

선분 AC의 중점의 좌표는 $\left(\dfrac{5+a_2}{2}, \dfrac{3+b_2}{2}\right)$

이 점이 N(x_2, y_2)과 일치하므로 $\dfrac{5+a_2}{2}=x_2$, $\dfrac{3+b_2}{2}=y_2$

STEP B 삼각형 ABC의 세 꼭짓점의 x좌표와 y좌표의 합 구하기

$\dfrac{5+a_1}{2}=x_1$, $\dfrac{5+a_2}{2}=x_2$을 $x_1+x_2=-4$에 대입하면

$\dfrac{5+a_1}{2}+\dfrac{5+a_2}{2}=-4$, $\dfrac{10+(a_1+a_2)}{2}=-4$ $\quad\therefore a_1+a_2=-18$

$\dfrac{3+b_1}{2}=y_1$, $\dfrac{3+b_2}{2}=y_2$을 $y_1+y_2=6$에 대입하면

$\dfrac{3+b_1}{2}+\dfrac{3+b_2}{2}=6$, $\dfrac{6+(b_1+b_2)}{2}=6$ $\quad\therefore b_1+b_2=6$

이때 삼각형 ABC의 세 꼭짓점의

x좌표의 합은 $5+a_1+a_2=5+(-18)=-13$이고

y좌표의 합은 $3+b_1+b_2=3+6=9$

따라서 x좌표와 y좌표의 합은 $-13+9=-4$

점 A(2, 8)을 한 꼭짓점으로 하는 삼각형 ABC에서 두 변 AB, AC의 중점을 각각 M(x_1, y_1), N(x_2, y_2)라 하자. $x_1+x_2=3$, $y_1+y_2=7$일 때, 삼각형 ABC의 세 꼭짓점의 x좌표와 y좌표의 합은? (단, 세 점 A, B, C는 한 직선 위에 존재하지 않는다.)

① 2　　　　② 4　　　　③ 6
④ 8　　　　⑤ 10

STEP ❹ 두 변 AB, AC의 중점의 좌표를 이용하여 관계식 구하기

두 점 B, C의 좌표를 각각 B(a_1, b_1), C(a_2, b_2)라 하고

점 A(2, 8)에 대하여 선분 AB의 중점의 좌표는 $\left(\dfrac{2+a_1}{2}, \dfrac{8+b_1}{2}\right)$

이 점이 M(x_1, y_1)과 일치하므로 $\dfrac{2+a_1}{2}=x_1$, $\dfrac{8+b_1}{2}=y_1$

선분 AC의 중점의 좌표는 $\left(\dfrac{2+a_2}{2}, \dfrac{8+b_2}{2}\right)$

이 점이 N(x_2, y_2)와 일치하므로 $\dfrac{2+a_2}{2}=x_2$, $\dfrac{8+b_2}{2}=y_2$

STEP ❸ 삼각형 ABC의 세 꼭짓점의 x좌표와 y좌표의 합 구하기

$\dfrac{2+a_1}{2}=x_1$, $\dfrac{2+a_2}{2}=x_2$을 $x_1+x_2=3$에 대입하면

$\dfrac{2+a_1}{2}+\dfrac{2+a_2}{2}=3$, $\dfrac{4+(a_1+a_2)}{2}=3$　∴ $a_1+a_2=2$

$\dfrac{8+b_1}{2}=y_1$, $\dfrac{8+b_2}{2}=y_2$을 $y_1+y_2=7$에 대입하면

$\dfrac{8+b_1}{2}+\dfrac{8+b_2}{2}=7$, $\dfrac{16+(b_1+b_2)}{2}=7$　∴ $b_1+b_2=-2$

이때 삼각형 ABC의 세 꼭짓점의 x좌표의 합은 $2+a_1+a_2=2+2=4$이고
y좌표의 합은 $8+b_1+b_2=8+(-2)=6$
따라서 x좌표와 y좌표의 합은 $4+6=10$　　　정답 ⑤

0072

정답 6

STEP ❹ 삼각형 ABC의 무게중심의 좌표를 이용하여 a, b의 값 구하기

세 점 A(a, 1), B($2a$, 5), C(-3, b)를 꼭짓점으로 하는
삼각형 ABC의 무게중심의 좌표는

$\left(\dfrac{a+2a+(-3)}{3}, \dfrac{1+5+b}{3}\right)$, 즉 $\left(\dfrac{3a-3}{3}, \dfrac{6+b}{3}\right)$

이 점은 G(1, b)와 일치하므로

$\dfrac{3a-3}{3}=1$, $3a-3=3$에서 $a=2$

$\dfrac{6+b}{3}=b$, $6+b=3b$에서 $b=3$

따라서 $ab=2\times3=6$

0073

정답 ①

STEP ❹ 점 P가 삼각형 ABC의 무게중심임을 이해하기

삼각형 ABC의 내부의 한 점 P(3, 0)에 대하여
(삼각형 PAB의 넓이)=(삼각형 PBC의 넓이)=(삼각형 PCA의 넓이)
가 성립하므로 점 P는 삼각형 ABC의 무게중심이다.

STEP ❸ 삼각형 ABC의 무게중심의 좌표를 이용하여 a, b의 값 구하기

세 점 A(5, a), B(0, -2), C(b, 6)을 꼭짓점으로 하는
삼각형 ABC의 무게중심의 좌표는

$\left(\dfrac{5+0+b}{3}, \dfrac{a+(-2)+6}{3}\right)$, 즉 $\left(\dfrac{b+5}{3}, \dfrac{a+4}{3}\right)$

이 점은 P(3, 0)과 일치하므로

$\dfrac{b+5}{3}=3$, $b+5=9$에서 $b=4$

$\dfrac{a+4}{3}=0$에서 $a=-4$

따라서 $ab=-4\times4=-16$

0074

정답 ④

STEP ❹ 선분 AB의 중점의 좌표를 이용하여 점 B의 좌표 구하기

삼각형 ABC에서 꼭짓점 B, C의 좌표를 각각 B(a, b), C(c, d)라 하자.

두 점 A(5, 4), B(a, b)에 대하여 선분 AB의 중점의 좌표는 $\left(\dfrac{a+5}{2}, \dfrac{b+4}{2}\right)$

조건 (나)에서 이 점은 M(-1, 3)과 일치하므로

$\dfrac{a+5}{2}=-1$, $a+5=-2$에서 $a=-7$

$\dfrac{b+4}{2}=3$, $b+4=6$에서 $b=2$

∴ B(-7, 2)

STEP ❸ 삼각형 ABC의 무게중심의 좌표를 이용하여 점 C의 좌표 구하기

세 점 A(5, 4), B(-7, 2), C(c, d)을 꼭짓점으로 하는
삼각형 ABC의 무게중심의 좌표는

$\left(\dfrac{5+(-7)+c}{3}, \dfrac{4+2+d}{3}\right)$, 즉 $\left(\dfrac{c-2}{3}, \dfrac{d+6}{3}\right)$

조건 (다)에서 이 점은 G(1, 2)와 일치하므로

$\dfrac{c-2}{3}=1$, $c-2=3$에서 $c=5$

$\dfrac{d+6}{3}=2$, $d+6=6$에서 $d=0$

∴ C(5, 0)

STEP ⓒ 선분 BC의 중점의 좌표를 구하여 m, n의 값 구하기

두 점 B(-7, 2), C(5, 0)에 대하여 선분 BC의 중점의 좌표는

$\left(\dfrac{-7+5}{2}, \dfrac{2+0}{2}\right)$, 즉 ($-1$, 1)

따라서 $m=-1$, $n=1$이므로 $m+n=0$

0075

정답 15

STEP ❹ 직선 l을 x축이라 생각하고 세 점 A, B, C의 y좌표 구하기

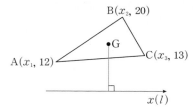

직선 l을 x축이라 생각하면
세 점 A, B, C에서 l까지의 거리가 y좌표가 됨을 알 수 있다.
세 점 A, B, C의 y좌표를 각각 y_1, y_2, y_3이라 하면 $y_1=12$, $y_2=20$, $y_3=13$

STEP ❸ 무게중심의 정의를 이용하여 점 G의 y좌표 구하기

무게중심 G의 y좌표는 $\dfrac{1}{3}(y_1+y_2+y_3)=\dfrac{1}{3}(12+20+13)=\dfrac{1}{3}\times45=15$
따라서 점 G에서 직선 l까지의 거리는 점 G의 y좌표와 같으므로
점 G에서 직선 l까지의 거리는 15

╋α 　 점 G에서 직선 l까지의 거리가 y좌표인 이유!

삼각형과 만나지 않는 직선 l을 x축이라 생각하고 세 꼭짓점으로부터 직선 l까지의 거리를 각 점의 y좌표로 두어 접근한다.

0076

STEP Ⓐ 삼각형의 무게중심의 성질을 이용하여 a, b의 값 구하기

변 BC의 중점을 M이라고 하면
점 M의 좌표는 M$(-2, 6)$
이때 선분 AM은 삼각형 ABC의 중선
이다.
즉 두 점 A$(1, 3)$, M$(-2, 6)$에 대하여
중선 AM을 $2:1$로 내분하는 점이
삼각형 ABC의 무게중심이 된다.

$\left(\dfrac{2\times(-2)+1\times 1}{2+1}, \dfrac{2\times 6+1\times 3}{2+1}\right)$, 즉 $(-1, 5)$

따라서 $a=-1$, $b=5$이므로 $ab=-5$

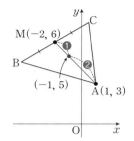

---

mini 해설 | 변 BC의 중점의 좌표를 이용하여 풀이하기

두 점 B, C의 좌표를 각각 B(c, d), C(e, f)라 하면
선분 BC의 중점의 좌표가 $(-2, 6)$이므로
$\dfrac{c+e}{2}=-2$에서 $c+e=-4$이고 $\dfrac{d+f}{2}=6$에서 $d+f=12$
세 점 A$(1, 3)$, B(c, d), C(e, f)를 꼭짓점으로 하는
삼각형 ABC의 무게중심의 좌표는 $\left(\dfrac{1+c+e}{3}, \dfrac{3+d+f}{3}\right)$, 즉 $(-1, 5)$
따라서 $a=-1$, $b=5$이므로 $ab=-5$

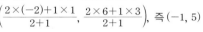

내/신/연/계/ 출제문항 036

좌표평면 위의 세 점 A, B, C를 꼭짓점으로 하는 삼각형 ABC에서 점 A의
좌표가 $(-2, -4)$, 변 BC의 중점의 좌표가 $(10, 8)$이다.
삼각형 ABC의 무게중심의 좌표가 (a, b)일 때, $a+b$의 값은?

① 4   ② 6   ③ 8
④ 10   ⑤ 12

STEP Ⓐ 삼각형의 무게중심의 성질을 이용하여 a, b의 값 구하기

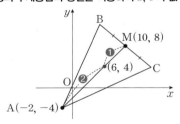

변 BC의 중점을 M이라고 하면 점 M의 좌표는 M$(10, 8)$
이때 선분 AM은 삼각형 ABC의 중선이다.
즉 두 점 A$(-2, -4)$, M$(10, 8)$에 대하여
중선 AM을 $2:1$로 내분하는 점이 삼각형 ABC의 무게중심이 된다.

$\left(\dfrac{2\times 10+1\times(-2)}{2+1}, \dfrac{2\times 8+1\times(-4)}{2+1}\right)$, 즉 $(6, 4)$

따라서 $a=6$, $b=4$이므로 $a+b=10$

---

mini 해설 | 변 BC의 중점의 좌표를 이용하여 풀이하기

두 점 B, C의 좌표를 각각 B(c, d), C(e, f)라 하면
선분 BC의 중점의 좌표가 $(10, 8)$이므로
$\dfrac{c+e}{2}=10$에서 $c+e=20$이고 $\dfrac{d+f}{2}=8$에서 $d+f=16$
세 점 A$(-2, -4)$, B(c, d), C(e, f)를 꼭짓점으로 하는
삼각형 ABC의 무게중심의 좌표는 $\left(\dfrac{-2+c+e}{3}, \dfrac{-4+d+f}{3}\right)$, 즉 $(6, 4)$
따라서 $a=6$, $b=4$이므로 $a+b=10$

0077

STEP Ⓐ 삼각형의 무게중심의 성질을 이용하여 선분 BC의 중점의 좌표 구하기

정삼각형 ABC에서 변 BC의 중점을
M(a, b)라 하면
선분 AM은 삼각형 ABC의 중선이다.
즉 두 점 A$(6, 6)$, M(a, b)에 대하여
중선 AM을 $2:1$로 내분하는 점이
삼각형 ABC의 무게중심이 된다.

$\left(\dfrac{2\times a+1\times 6}{2+1}, \dfrac{2\times b+1\times 6}{2+1}\right)$,

즉 $\left(\dfrac{2a+6}{3}, \dfrac{2b+6}{3}\right)$

이 점은 $(0, 0)$과 일치하므로

$\dfrac{2a+6}{3}=0$에서 $a=-3$, $\dfrac{2b+6}{3}=0$에서 $b=-3$

$\therefore$ M$(-3, -3)$

+α | 삼각형 ABC의 무게중심의 좌표를 이용하여 점 M의 좌표를 구할 수 있어!

두 점 B, C의 좌표를 각각 B(c, d), C(e, f)라 하고
선분 BC의 중점의 좌표가 (a, b)라 하면
$\dfrac{c+e}{2}=a$에서 $c+e=2a$이고 $\dfrac{d+f}{2}=b$에서 $d+f=2b$
세 점 A$(6, 6)$, B(c, d), C(e, f)를 꼭짓점으로 하는
삼각형 ABC의 무게중심의 좌표는 $\left(\dfrac{6+c+e}{3}, \dfrac{6+d+f}{3}\right)$, 즉 $\left(\dfrac{2a+6}{3}, \dfrac{2b+6}{3}\right)$
이 점은 $(0, 0)$과 일치하므로 $a=-3$, $b=-3$
$\therefore$ M$(-3, -3)$

STEP Ⓑ 정삼각형 ABC의 한 변의 길이 구하기

두 점 A$(6, 6)$, M$(-3, -3)$에 대하여 선분 AM의 길이는
$\overline{AM}=\sqrt{(-3-6)^2+(-3-6)^2}=9\sqrt{2}$
정삼각형의 한 내각의 이등분선은 밑변을 수직이등분하므로
$\angle AMB=\angle AMC=90°$, $\overline{BM}=\overline{CM}$
이때 삼각형 ABM은 $\angle ABM=60°$인 직각삼각형이므로
$\overline{AB}:\overline{AM}=2:\sqrt{3}$
즉 $\overline{AB}:9\sqrt{2}=2:\sqrt{3}$, $\sqrt{3}\times\overline{AB}=18\sqrt{2}$
$\therefore \overline{AB}=6\sqrt{6}$
따라서 정삼각형 ABC의 한 변의 길이는 $6\sqrt{6}$

평면좌표

정답과 해설

027

오른쪽 그림과 같은 정삼각형 ABC에서
꼭짓점 A의 좌표가 $(6, 3\sqrt{2})$,
무게중심 G의 좌표가 $(4, \sqrt{2})$일 때,
정삼각형 ABC의 넓이는?

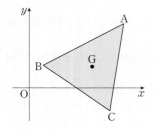

① $3\sqrt{3}$ ② $\dfrac{5\sqrt{3}}{2}$

③ $6\sqrt{3}$ ④ $5\sqrt{3}$

⑤ $9\sqrt{3}$

STEP Ⓐ **삼각형의 무게중심의 성질을 이용하여 선분 BC의 중점의 좌표 구하기**

정삼각형 ABC에서 변 BC의 중점을 $M(a, b)$라 하면
선분 AM은 삼각형 ABC의 중선이다.
즉 두 점 $A(6, 3\sqrt{2})$, $M(a, b)$에 대하여
중선 AM을 $2 : 1$로 내분하는 점이 삼각형 ABC의 무게중심이 된다.

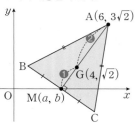

$\left(\dfrac{2 \times a + 1 \times 6}{2+1}, \dfrac{2 \times b + 1 \times 3\sqrt{2}}{2+1} \right)$,

즉 $\left(\dfrac{2a+6}{3}, \dfrac{2b+3\sqrt{2}}{3} \right)$

이 점은 $G(4, \sqrt{2})$와 일치하므로

$\dfrac{2a+6}{3}=4$, $2a+6=12$에서 $a=3$

$\dfrac{2b+3\sqrt{2}}{3}=\sqrt{2}$, $2b+3\sqrt{2}=3\sqrt{2}$에서 $b=0$

$\therefore M(3, 0)$

 ＋α │ 삼각형 ABC의 무게중심의 좌표를 이용하여 점 M의 좌표를 구할 수 있어!

두 점 B, C의 좌표를 각각 $B(c, d)$, $C(e, f)$라 하고
선분 BC의 중점의 좌표가 (a, b)라 하면
$\dfrac{c+e}{2}=a$에서 $c+e=2a$이고 $\dfrac{d+f}{2}=b$에서 $d+f=2b$
세 점 $A(6, 3\sqrt{2})$, $B(c, d)$, $C(e, f)$를 꼭짓점으로 하는
삼각형 ABC의 무게중심의 좌표는
$\left(\dfrac{6+c+e}{3}, \dfrac{3\sqrt{2}+d+f}{3} \right)$, 즉 $\left(\dfrac{2a+6}{3}, \dfrac{2b+3\sqrt{2}}{3} \right)$
이 점은 $G(4, \sqrt{2})$와 일치하므로 $a=3$, $b=0$
$\therefore M(3, 0)$

STEP Ⓑ **정삼각형 ABC의 넓이 구하기**

두 점 $A(6, 3\sqrt{2})$, $M(3, 0)$에 대하여 선분 AM의 길이는
$\overline{AM}=\sqrt{(3-6)^2+(0-3\sqrt{2})^2}=3\sqrt{3}$
정삼각형의 한 내각의 이등분선은 밑변을 수직이등분하므로
$\angle AMB = \angle AMC = 90°$, $\overline{BM}=\overline{CM}$

이때 정삼각형 ABC의 한 변의 길이를 l이라 하면 $\overline{AM}=\dfrac{\sqrt{3}}{2}l$이므로

$\dfrac{\sqrt{3}}{2}l=3\sqrt{3}$ $\therefore l=6$

따라서 정삼각형 ABC의 넓이는 $\dfrac{\sqrt{3}}{4}l^2=\dfrac{\sqrt{3}}{4} \times 6^2=9\sqrt{3}$ 정답 ⑤

0078 정답 20

STEP Ⓐ **삼각형의 무게중심 좌표를 이용하여 두 점 A, B의 좌표 구하기**

두 점 A, B는 각각 두 직선 $y=\dfrac{1}{3}x$, $y=2x$ 위의 점이므로

$A\left(a, \dfrac{1}{3}a\right)$, $B(b, 2b)$라 하자.

삼각형 OAB의 무게중심의 좌표는

$\left(\dfrac{0+a+b}{3}, \dfrac{0+\dfrac{1}{3}a+2b}{3} \right)$, 즉 $\left(\dfrac{a+b}{3}, \dfrac{\dfrac{1}{3}a+2b}{3} \right)$

이 점은 $\left(\dfrac{10}{3}, \dfrac{10}{3} \right)$과 일치하므로

$\dfrac{a+b}{3}=\dfrac{10}{3}$에서 $a+b=10$ ······ ㉠

$\dfrac{\dfrac{1}{3}a+2b}{3}=\dfrac{10}{3}$에서 $\dfrac{1}{3}a+2b=10$ ······ ㉡

㉠, ㉡을 연립하여 풀면 $a=6$, $b=4$

$\therefore A(6, 2)$, $B(4, 8)$

STEP Ⓑ **점 A가 직선 $y=-3x+k$ 위의 점임을 이용하여 k의 값 구하기**

점 $A(6, 2)$가 직선 $y=-3x+k$ 위의 점이므로 $2=-3 \times 6+k$
따라서 $k=20$

mini해설 │ 두 직선의 교점의 좌표를 구하여 풀이하기

두 직선 $y=\dfrac{1}{3}x$와 $y=-3x+k$의 교점 A의 좌표를 구하기 위하여

두 식을 연립하면 $\dfrac{1}{3}x=-3x+k$ $\therefore x=\dfrac{3}{10}k$

$x=\dfrac{3}{10}k$를 $y=\dfrac{1}{3}x$에 대입하면 $y=\dfrac{1}{10}k$ $\therefore A\left(\dfrac{3}{10}k, \dfrac{1}{10}k\right)$

두 직선 $y=2x$와 $y=-3x+k$의 교점 B의 좌표를 구하기 위하여

두 식을 연립하면 $2x=-3x+k$ $\therefore x=\dfrac{1}{5}k$

$x=\dfrac{1}{5}k$를 $y=2x$에 대입하면 $y=\dfrac{2}{5}k$ $\therefore B\left(\dfrac{1}{5}k, \dfrac{2}{5}k\right)$

이때 삼각형 OAB의 무게중심의 y좌표가 $\dfrac{10}{3}$이므로 $\dfrac{0+\dfrac{1}{10}k+\dfrac{2}{5}k}{3}=\dfrac{10}{3}$

따라서 $\dfrac{1}{2}k=10$이므로 $k=20$

0079 2021년 11월 고1 학력평가 24번 정답 7

STEP Ⓐ **삼각형 ABC의 무게중심의 좌표를 이용하여 상수 a의 값 구하기**

세 점 $A(2, 6)$, $B(4, 1)$, $C(8, a)$를
꼭짓점으로 하는 삼각형 ABC의
무게중심의 좌표는
$\left(\dfrac{2+4+8}{3}, \dfrac{6+1+a}{3} \right)$, 즉 $\left(\dfrac{14}{3}, \dfrac{7+a}{3} \right)$
점 $\left(\dfrac{14}{3}, \dfrac{7+a}{3} \right)$이 직선 $y=x$ 위에
있으므로 x좌표와 y좌표가 동일하다.

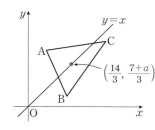

$\dfrac{7+a}{3}=\dfrac{14}{3}$에서 $7+a=14$
따라서 $a=7$

내/신/연/계/ 출제문항 038

좌표평면 위의 세 점 A(a, 7), B(-6, 1), C(-1, 4)에 대하여
삼각형 ABC의 무게중심이 직선 $y=-x$ 위에 있을 때, 상수 a의 값은?
(단, 점 A는 제 2사분면 위의 점이다.)

① -6　　　② -5　　　③ -4
④ -3　　　⑤ -2

STEP A　삼각형 ABC의 무게중심의 좌표를 이용하여 상수 a의 값 구하기

세 점 A(a, 7), B(-6, 1), C(-1, 4)를
꼭짓점으로 하는 삼각형 ABC의
무게중심의 좌표는

$\left(\dfrac{a+(-6)+(-1)}{3}, \dfrac{7+1+4}{3}\right)$,

즉 $\left(\dfrac{a-7}{3}, 4\right)$

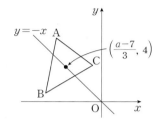

점 $\left(\dfrac{a-7}{3}, 4\right)$이 직선 $y=-x$ 위에

있으므로 $4=-\dfrac{a-7}{3}$, $a-7=-12$

따라서 $a=-5$

정답 ②

0080　2024년 10월 고1 학력평가 11번　　　정답 ③

STEP A　선분 AB의 중점의 좌표를 이용하여 점 B의 좌표 구하기

점 B의 좌표를 B(p, q)라 하면

두 점 A(1, 2), B(p, q)에 대하여 선분 AB의 중점의 좌표는

$\left(\dfrac{1+p}{2}, \dfrac{2+q}{2}\right)$

이 점은 (6, 7)과 일치하므로

$\dfrac{1+p}{2}=6$, $1+p=12$에서 $p=11$

$\dfrac{2+q}{2}=7$, $2+q=14$에서 $q=12$

∴ B(11, 12)

STEP B　삼각형의 무게중심의 성질을 이용하여 a, b의 값 구하기

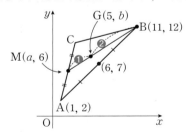

선분 AC의 중점을 M이라 하고
삼각형 ABC의 무게중심을 G라고 하면
무게중심 G(5, b)는 중선 BM을 2 : 1로 내분하는 점이다.
두 점 B(11, 12), M(a, 6)에 대하여
선분 BM을 2 : 1로 내분하는 점의 좌표는

$\left(\dfrac{2\times a+1\times 11}{2+1}, \dfrac{2\times 6+1\times 12}{2+1}\right)$, 즉 $\left(\dfrac{2a+11}{3}, 8\right)$

이 점은 G(5, b)와 일치하므로

$\dfrac{2a+11}{3}=5$, $2a+11=15$에서 $a=2$

∴ $a=2$, $b=8$　　← M(2, 6), G(5, 8)

따라서 $a+b=10$

+α　세 점의 좌표를 이용하여 구할 수 있어!

점 B(x_1, y_1)이라 할 때, 선분 AB의 중점은 $\left(\dfrac{1+x_1}{2}, \dfrac{2+y_1}{2}\right)$

이 점은 (6, 7)과 일치하므로 $x_1=11$, $y_1=12$

∴ B(11, 12)

점 C(x_2, y_2)라 할 때, 선분 AC의 중점은 $\left(\dfrac{1+x_2}{2}, \dfrac{2+y_2}{2}\right)$

이 점은 (a, 6)과 일치하므로 $x_2=2a-1$, $y_2=10$

∴ C($2a-1$, 10)

세 점 A(1, 2), B(11, 12), C($2a-1$, 10)를 꼭짓점으로 하는

삼각형 ABC의 무게중심은 $\left(\dfrac{1+11+2a-1}{3}, \dfrac{2+12+10}{3}\right)$, 즉 $\left(\dfrac{2a+11}{3}, 8\right)$

이 점은 (5, b)와 일치하므로 $a=2$, $b=8$

내/신/연/계/ 출제문항 039

좌표평면 위의 세 점 A(1, 3), B, C를 꼭짓점으로 하는 삼각형 ABC가 있다.
선분 AB의 중점의 좌표가 (2, 8), 선분 AC의 중점의 좌표가 (6, a)이고
삼각형 ABC의 무게중심의 좌표는 (b, 9)일 때, $a+b$의 값은?

① 8　　　② 9　　　③ 10
④ 11　　　⑤ 12

STEP A　선분 AB의 중점의 좌표를 이용하여 점 B의 좌표 구하기

점 B의 좌표를 B(p, q)라 하면

두 점 A(1, 3), B(p, q)에 대하여 선분 AB의 중점의 좌표는

$\left(\dfrac{1+p}{2}, \dfrac{3+q}{2}\right)$

이 점은 (2, 8)과 일치하므로

$\dfrac{1+p}{2}=2$, $1+p=4$에서 $p=3$

$\dfrac{3+q}{2}=8$, $3+q=16$에서 $q=13$

∴ B(3, 13)

STEP B　삼각형의 무게중심의 성질을 이용하여 a, b의 값 구하기

선분 AC의 중점을 M이라 하고
삼각형 ABC의 무게중심을 G라고 하면
무게중심 G(b, 9)는 중선 BM을 2 : 1로 내분하는 점이다.
두 점 B(3, 13), M(6, a)에 대하여
선분 BM을 2 : 1로 내분하는 점의 좌표는

$\left(\dfrac{2\times 6+1\times 3}{2+1}, \dfrac{2\times a+1\times 13}{2+1}\right)$, 즉 $\left(5, \dfrac{2a+13}{3}\right)$

이 점은 G(b, 9)와 일치하므로

$\dfrac{2a+13}{3}=9$, $2a+13=27$에서 $a=7$

∴ $a=7$, $b=5$　　← M(6, 7), G(5, 9)

따라서 $a+b=12$

+α　세 점의 좌표를 이용하여 구할 수 있어!

점 B(x_1, y_1)이라 할 때, 선분 AB의 중점은 $\left(\dfrac{1+x_1}{2}, \dfrac{3+y_1}{2}\right)$

이 점은 (2, 8)과 일치하므로 $x_1=3$, $y_1=13$　∴ B(3, 13)

점 C(x_2, y_2)라 할 때, 선분 AC의 중점은 $\left(\dfrac{1+x_2}{2}, \dfrac{3+y_2}{2}\right)$

이 점은 (6, a)와 일치하므로 $x_2=11$, $y_2=2a-3$　∴ C(11, $2a-3$)

세 점 A(1, 3), B(3, 13), C(11, $2a-3$)을 꼭짓점으로 하는

삼각형 ABC의 무게중심은 $\left(\dfrac{1+3+11}{3}, \dfrac{3+13+2a-3}{3}\right)$, 즉 $\left(5, \dfrac{2a+13}{3}\right)$

이 점은 (b, 9)와 일치하므로 $a=7$, $b=5$

정답 ⑤

STEP A **두 점 사이의 거리를 이용하여 a, b 사이의 관계식 구하기**

세 점 A$(-2, 0)$, B$(0, 4)$, C(a, b)에 대하여

$\overline{AC}=\sqrt{\{a-(-2)\}^2+(b-0)^2}=\sqrt{a^2+4a+b^2+4}$

$\overline{BC}=\sqrt{(a-0)^2+(b-4)^2}=\sqrt{a^2+b^2-8b+16}$

이때 $\overline{AC}=\overline{BC}$에서 $\overline{AC}^2=\overline{BC}^2$이므로

$a^2+4a+b^2+4=a^2+b^2-8b+16$, $4a+8b=12$

$\therefore a+2b=3$ ......㉠

STEP B **삼각형 ABC의 무게중심의 좌표를 이용하여 a, b의 값 구하기**

세 점 A$(-2, 0)$, B$(0, 4)$, C(a, b)를 꼭짓점으로 하는
삼각형 ABC의 무게중심의 좌표는

$\left(\dfrac{-2+0+a}{3}, \dfrac{0+4+b}{3}\right)$, 즉 $\left(\dfrac{-2+a}{3}, \dfrac{4+b}{3}\right)$

이 점이 y축 위에 있으므로 x좌표가 0이어야 한다.

즉 $\dfrac{-2+a}{3}=0$ $\therefore a=2$

이를 ㉠에 대입하면 $2+2b=3$, $2b=1$ $\therefore b=\dfrac{1}{2}$

따라서 $a+b=2+\dfrac{1}{2}=\dfrac{5}{2}$ ← C$\left(2, \dfrac{1}{2}\right)$

〔다른풀이〕 **이등변삼각형의 수직이등분선의 성질을 이용하여 풀이하기**

STEP A **선분 AB의 수직이등분선의 방정식 구하기**

삼각형 ABC가 $\overline{AC}=\overline{BC}$인 이등변삼각형이므로
점 C는 선분 AB의 수직이등분선 위에 있다.

두 점 A$(-2, 0)$, B$(0, 4)$를 지나는 직선 AB의 기울기는 $\dfrac{4-0}{0-(-2)}=2$

두 점 (x_1, y_1), (x_2, y_2)를 지나는 직선의 기울기는 $\dfrac{y_2-y_1}{x_2-x_1}$ 또는 $\dfrac{y_1-y_2}{x_1-x_2}$

직선 AB의 수직이등분선의 기울기를 m이라 하면

수직인 두 직선의 기울기의 곱은 -1

$2m=-1$ $\therefore m=-\dfrac{1}{2}$

두 점 A$(-2, 0)$, B$(0, 4)$에 대하여 선분 AB의 중점을 M이라 하면

점 M의 좌표는 $\left(\dfrac{-2+0}{2}, \dfrac{0+4}{2}\right)$, 즉 M$(-1, 2)$

이때 기울기가 $-\dfrac{1}{2}$이고 점 M$(-1, 2)$을 지나는 직선의 방정식은

기울기가 m이고 점 (x_1, y_1)을 지나는 직선의 방정식은 $y=m(x-x_1)+y_1$

$y=-\dfrac{1}{2}\{x-(-1)\}+2$ $\therefore y=-\dfrac{1}{2}x+\dfrac{3}{2}$

STEP B **이등변삼각형의 무게중심의 성질을 이용하여 점 C의 좌표 구하기**

이등변삼각형 ABC의 무게중심을 G라 하면

점 G는 직선 $y=-\dfrac{1}{2}x+\dfrac{3}{2}$ 위에 있고 y축 위에 있으므로

이등변삼각형의 무게중심은 밑변의 수직이등분선 위에 있다.

x좌표가 0이어야 한다.

$\therefore$ G$\left(0, \dfrac{3}{2}\right)$

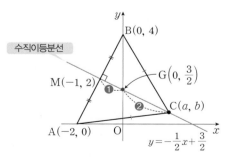

이때 선분 CM은 삼각형 ABC의 중선이다.

즉 두 점 C(a, b), M$(-1, 2)$에 대하여

중선 CM을 2 : 1로 내분하는 점이 삼각형 ABC의 무게중심이 된다.

$\left(\dfrac{2\times(-1)+1\times a}{2+1}, \dfrac{2\times 2+1\times b}{2+1}\right)$, 즉 $\left(\dfrac{-2+a}{3}, \dfrac{4+b}{3}\right)$

이 점은 G$\left(0, \dfrac{3}{2}\right)$과 일치하므로

$\dfrac{-2+a}{3}=0$에서 $a=2$이고 $\dfrac{4+b}{3}=\dfrac{3}{2}$, $8+2b=9$에서 $b=\dfrac{1}{2}$

따라서 $a+b=\dfrac{5}{2}$

내/신/연/계 출제문항 040

좌표평면 위의 세 점 A$(1, 7)$, B$(4, 2)$, C(a, b)를 꼭짓점으로 하는 삼각형 ABC가 있다. $\overline{AC}=\overline{BC}$이고 삼각형 ABC의 무게중심이 y축 위에 있을 때, $a+b$의 값은?

① -5 ② -4 ③ -3
④ -2 ⑤ -1

STEP A **두 점 사이의 거리를 이용하여 a, b 사이의 관계식 구하기**

세 점 A$(1, 7)$, B$(4, 2)$, C(a, b)에 대하여

$\overline{AC}=\sqrt{(a-1)^2+(b-7)^2}=\sqrt{a^2-2a+b^2-14b+50}$

$\overline{BC}=\sqrt{(a-4)^2+(b-2)^2}=\sqrt{a^2-8a+b^2-4b+20}$

이때 $\overline{AC}=\overline{BC}$에서 $\overline{AC}^2=\overline{BC}^2$이므로

$a^2-2a+b^2-14b+50=a^2-8a+b^2-4b+20$, $6a-10b=-30$

$\therefore 3a-5b=-15$ ......㉠

STEP B **삼각형 ABC의 무게중심의 좌표를 이용하여 a, b의 값 구하기**

세 점 A$(1, 7)$, B$(4, 2)$, C(a, b)를 꼭짓점으로 하는
삼각형 ABC의 무게중심의 좌표는

$\left(\dfrac{1+4+a}{3}, \dfrac{7+2+b}{3}\right)$, 즉 $\left(\dfrac{5+a}{3}, \dfrac{9+b}{3}\right)$

이 점이 y축 위에 있으므로 x좌표가 0이어야 한다.

즉 $\dfrac{5+a}{3}=0$ $\therefore a=-5$

이를 ㉠에 대입하면 $-15-5b=-15$ $\therefore b=0$

따라서 $a+b=-5+0=-5$ ← C$(-5, 0)$

〔다른풀이〕 **이등변삼각형의 수직이등분선의 성질을 이용하여 풀이하기**

STEP A **선분 AB의 수직이등분선의 방정식 구하기**

삼각형 ABC가 $\overline{AC}=\overline{BC}$인 이등변삼각형이므로
점 C는 선분 AB의 수직이등분선 위에 있다.

두 점 A$(1, 7)$, B$(4, 2)$를 지나는 직선 AB의 기울기는 $\dfrac{2-7}{4-1}=-\dfrac{5}{3}$

두 점 (x_1, y_1), (x_2, y_2)를 지나는 직선의 기울기는 $\dfrac{y_2-y_1}{x_2-x_1}$ 또는 $\dfrac{y_1-y_2}{x_1-x_2}$

직선 AB의 수직이등분선의 기울기를 m이라 하면

수직인 두 직선의 기울기의 곱은 -1

$-\dfrac{5}{3}m=-1$ $\therefore m=\dfrac{3}{5}$

두 점 A$(1, 7)$, B$(4, 2)$에 대하여 선분 AB의 중점을 M이라 하면

점 M의 좌표는 $\left(\dfrac{1+4}{2}, \dfrac{7+2}{2}\right)$, 즉 M$\left(\dfrac{5}{2}, \dfrac{9}{2}\right)$

이때 기울기가 $\dfrac{3}{5}$이고 점 M$\left(\dfrac{5}{2}, \dfrac{9}{2}\right)$를 지나는 직선의 방정식은

기울기가 m이고 점 (x_1, y_1)을 지나는 직선의 방정식은 $y=m(x-x_1)+y_1$

$y=\dfrac{3}{5}\left(x-\dfrac{5}{2}\right)+\dfrac{9}{2}$ $\therefore y=\dfrac{3}{5}x+3$

STEP B **이등변삼각형의 무게중심의 성질을 이용하여 점 C의 좌표 구하기**

이등변삼각형 ABC의 무게중심을 G라 하면

점 G는 직선 $y=\dfrac{3}{5}x+3$ 위에 있고 y축 위에 있으므로 x좌표가 0이어야 한다.

이등변삼각형의 무게중심은 밑변의 수직이등분선 위에 있다.

$\therefore$ G$(0, 3)$

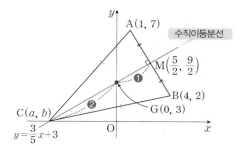

이때 선분 CM은 삼각형 ABC의 중선이다.

즉 두 점 $C(a, b)$, $M\left(\dfrac{5}{2}, \dfrac{9}{2}\right)$에 대하여

중선 CM을 $2:1$로 내분하는 점이 삼각형 ABC의 무게중심이 된다.

$\left(\dfrac{2\times\frac{5}{2}+1\times a}{2+1}, \dfrac{2\times\frac{9}{2}+1\times b}{2+1}\right)$, 즉 $\left(\dfrac{5+a}{3}, \dfrac{9+b}{3}\right)$

이 점은 $G(0, 3)$과 일치하므로

$\dfrac{5+a}{3}=0$에서 $a=-5$

$\dfrac{9+b}{3}=3$, $9+b=9$에서 $b=0$

따라서 $a+b=-5$

정답 ①

0082
2020년 11월 고1 학력평가 26번   정답 14

해설강의

STEP Ⓐ **이차방정식의 근과 계수의 관계를 이용하여 두 점 A, B의 x좌표에 대한 관계식 구하기**

이차함수 $y=x^2-8x+1$의 그래프와 직선 $y=2x+6$이 만나는 두 점 A, B의 x좌표를 각각 α, β라 하자.

이차방정식 $x^2-8x+1=2x+6$, 즉 $x^2-10x-5=0$의 두 근이 α, β이다.

이차방정식의 근과 계수의 관계에 의하여 $\alpha+\beta=10$, $\alpha\beta=-5$

STEP Ⓑ **두 교점이 직선 $y=2x+6$ 위에 점임을 이용하여 삼각형 OAB의 무게중심의 좌표 구하기**

직선 $y=2x+6$ 위의 두 점 A, B의 좌표는 각각 $(\alpha, 2\alpha+6)$, $(\beta, 2\beta+6)$

삼각형 OAB의 무게중심의 좌표는

$\left(\dfrac{0+\alpha+\beta}{3}, \dfrac{0+(2\alpha+6)+(2\beta+6)}{3}\right)$, 즉 $\left(\dfrac{10}{3}, \dfrac{32}{3}\right)$ ← $2(\alpha+\beta)+12=32$

따라서 $a=\dfrac{10}{3}$, $b=\dfrac{32}{3}$이므로 $a+b=\dfrac{42}{3}=14$

$a+b=\dfrac{3(\alpha+\beta)+12}{3}=\alpha+\beta+4=14$

+α **두 교점이 이차함수 위의 점임을 이용하여 구할 수 있어!**

이차함수 $y=x^2-8x+1$ 위의 두 점 A, B의 좌표는 각각

$(\alpha, \alpha^2-8\alpha+1)$, $(\beta, \beta^2-8\beta+1)$

이때 삼각형 OAB의 무게중심의 좌표는

$\left(\dfrac{0+\alpha+\beta}{3}, \dfrac{0+(\alpha^2-8\alpha+1)+(\beta^2-8\beta+1)}{3}\right)$, 즉 $\left(\dfrac{10}{3}, \dfrac{32}{3}\right)$

$\alpha^2+\beta^2-8(\alpha+\beta)+2=(\alpha+\beta)^2-2\alpha\beta-8(\alpha+\beta)+2$

$=10^2-2\times(-5)-8\times10+2=32$

다른풀이 **두 교점 A, B의 좌표를 직접 구하여 풀이하기**

STEP Ⓐ **이차함수와 직선의 방정식을 연립하여 두 교점 A, B의 좌표 구하기**

이차함수 $y=x^2-8x+1$의 그래프와 직선 $y=2x+6$이 만나는 두 점 A, B의 x좌표를 구하기 위하여 두 식을 연립하면 이차방정식 $x^2-8x+1=2x+6$,

즉 $x^2-10x-5=0$ $\therefore x=5\pm\sqrt{30}$

이를 직선 $y=2x+6$에 대입하면 $y=16\pm2\sqrt{30}$

두 점 A, B의 좌표는 각각 $(5+\sqrt{30}, 16+2\sqrt{30})$, $(5-\sqrt{30}, 16-2\sqrt{30})$

STEP Ⓑ **삼각형 OAB의 무게중심의 좌표 구하기**

삼각형 OAB의 무게중심의 좌표는

$\left(\dfrac{0+(5+\sqrt{30})+(5-\sqrt{30})}{3}, \dfrac{0+(16+2\sqrt{30})+(16-2\sqrt{30})}{3}\right)$, 즉 $\left(\dfrac{10}{3}, \dfrac{32}{3}\right)$

따라서 $a=\dfrac{10}{3}$, $b=\dfrac{32}{3}$이므로 $a+b=14$

내/신/연/계/ 출제문항 041

좌표평면에서 이차함수 $y=x^2-7x+1$의 그래프와 직선 $y=2x+3$이 만나는 두 점을 각각 A, B라 하자. 삼각형 OAB의 무게중심의 좌표를 (a, b)라 할 때, $a+b$의 값을 구하시오. (단, O는 원점이다.)

STEP Ⓐ **이차방정식의 근과 계수의 관계를 이용하여 두 점 A, B의 x좌표에 대한 관계식 구하기**

이차함수 $y=x^2-7x+1$의 그래프와 직선 $y=2x+3$이 만나는 두 점 A, B의 x좌표를 각각 α, β라 하자.

이차방정식 $x^2-7x+1=2x+3$, 즉 $x^2-9x-2=0$의 두 근이 α, β이다.

이차방정식의 근과 계수의 관계에 의하여 $\alpha+\beta=9$, $\alpha\beta=-2$

STEP Ⓑ **두 교점이 직선 $y=2x+3$ 위에 점임을 이용하여 삼각형 OAB의 무게중심의 좌표 구하기**

직선 $y=2x+3$ 위의 두 점 A, B의 좌표는 각각 $(\alpha, 2\alpha+3)$, $(\beta, 2\beta+3)$

삼각형 OAB의 무게중심의 좌표는

$\left(\dfrac{0+\alpha+\beta}{3}, \dfrac{0+(2\alpha+3)+(2\beta+3)}{3}\right)$, 즉 $(3, 8)$ ← $2(\alpha+\beta)+6=24$

따라서 $a=3$, $b=8$이므로 $a+b=11$ ← $a+b=\dfrac{3(\alpha+\beta)+6}{3}=\alpha+\beta+2=11$

+α **두 교점이 이차함수 위의 점임을 이용하여 구할 수 있어!**

이차함수 $y=x^2-7x+1$ 위의 두 점 A, B의 좌표는 각각

$(\alpha, \alpha^2-7\alpha+1)$, $(\beta, \beta^2-7\beta+1)$

이때 삼각형 OAB의 무게중심의 좌표는

$\left(\dfrac{0+\alpha+\beta}{3}, \dfrac{0+(\alpha^2-7\alpha+1)+(\beta^2-7\beta+1)}{3}\right)$, 즉 $(3, 8)$

$\alpha^2+\beta^2-7(\alpha+\beta)+2=(\alpha+\beta)^2-2\alpha\beta-7(\alpha+\beta)+2$

$=9^2-2\times(-2)-7\times9+2=24$

정답 11

0083
정답 3

STEP Ⓐ **세 변의 중점의 좌표를 이용하여 세 점의 x, y좌표의 합 구하기**

세 점 $A(x_1, y_1)$, $B(x_2, y_2)$, $C(x_3, y_3)$에 대하여

선분 AB의 중점의 좌표는 $\left(\dfrac{x_1+x_2}{2}, \dfrac{y_1+y_2}{2}\right)$

이 점은 $P(1, 3)$과 일치하므로 $x_1+x_2=2$, $y_1+y_2=6$ …… ㉠

선분 BC의 중점의 좌표는 $\left(\dfrac{x_2+x_3}{2}, \dfrac{y_2+y_3}{2}\right)$

이 점은 $Q(0, 1)$과 일치하므로 $x_2+x_3=0$, $y_2+y_3=2$ …… ㉡

선분 CA의 중점의 좌표는 $\left(\dfrac{x_3+x_1}{2}, \dfrac{y_3+y_1}{2}\right)$

이 점은 $R(2, 2)$와 일치하므로 $x_3+x_1=4$, $y_3+y_1=4$ …… ㉢

㉠, ㉡, ㉢에서 $2(x_1+x_2+x_3)=6$, $2(y_1+y_2+y_3)=12$

$\therefore x_1+x_2+x_3=3$, $y_1+y_2+y_3=6$

STEP Ⓑ **삼각형 ABC의 무게중심의 좌표 구하기**

삼각형 ABC의 무게중심의 좌표는 $\left(\dfrac{x_1+x_2+x_3}{3}, \dfrac{y_1+y_2+y_3}{3}\right)$, 즉 $(1, 2)$

따라서 $a=1$, $b=2$이므로 $a+b=3$

POINT | 삼각형의 무게중심의 활용

🐺 원래 삼각형의 무게중심과 삼각형의 세 변을 동일한 비율로 내분점을 각각 설정하여 만든 삼각형의 무게중심은 일치한다.

설명 다음 그림과 같이 삼각형 ABC의 세 꼭짓점 A, B, C의 x좌표를 각각 x_1, x_2, x_3라 하자.

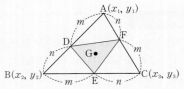

이때 변 AB, BC, CA를 각각 $m:n(m>0,\ n>0)$으로 내분하는 점을 각각 D, E, F라 하고 이 세 점의 x좌표를 각각 구하면

$$\frac{mx_2+nx_1}{m+n},\ \frac{mx_3+nx_2}{m+n},\ \frac{mx_1+nx_3}{m+n}\ \cdots\cdots\ \text{㉠}$$

㉠을 이용하여 삼각형 DEF의 무게중심의 x좌표를 구하면

$$\frac{1}{3}\left(\frac{mx_2+nx_1}{m+n}+\frac{mx_3+nx_2}{m+n}+\frac{mx_1+nx_3}{m+n}\right)=\frac{x_1+x_2+x_3}{3}$$

같은 방법으로 삼각형 DEF의 무게중심의 y좌표를 구하면 삼각형 ABC의 무게중심의 y좌표와 일치한다.

따라서 삼각형 DEF의 무게중심은 삼각형 ABC의 무게중심과 일치하므로 원래의 삼각형의 무게중심과 삼각형의 세 변을 일정 비율로 내분하여 만든 삼각형의 무게중심은 일치한다.

---

mini해설 | 두 삼각형의 무게중심이 같음을 이용하여 풀이하기

삼각형 ABC의 세 변 AB, BC, CA의 중점 P, Q, R에 대하여 삼각형 PQR의 무게중심은 삼각형 ABC의 무게중심과 일치한다.

즉 세 점 P(1, 3), Q(0, 1), R(2, 2)를 꼭짓점으로 하는 삼각형 PQR의 무게중심의 좌표는 $\left(\dfrac{1+0+2}{3},\ \dfrac{3+1+2}{3}\right)$, 즉 (1, 2)

따라서 $a=1$, $b=2$이므로 $a+b=3$

0084

정답 ①

STEP Ⓐ 세 변의 내분점의 좌표를 이용하여 세 점의 x, y좌표의 합 구하기

세 점 $A(x_1,\ y_1)$, $B(x_2,\ y_2)$, $C(x_3,\ y_3)$에 대하여

선분 AB를 $2:1$로 내분하는 점의 좌표는

$$\left(\frac{2\times x_2+1\times x_1}{2+1},\ \frac{2\times y_2+1\times y_1}{2+1}\right),\ \text{즉}\ \left(\frac{x_1+2x_2}{3},\ \frac{y_1+2y_2}{3}\right)$$

이 점은 P(0, 4)와 일치하므로

$x_1+2x_2=0$, $y_1+2y_2=12$ $\cdots\cdots$ ㉠

선분 BC를 $2:1$로 내분하는 점의 좌표는

$$\left(\frac{2\times x_3+1\times x_2}{2+1},\ \frac{2\times y_3+1\times y_2}{2+1}\right),\ \text{즉}\ \left(\frac{x_2+2x_3}{3},\ \frac{y_2+2y_3}{3}\right)$$

이 점은 Q(2, −3)과 일치하므로

$x_2+2x_3=6$, $y_2+2y_3=-9$ $\cdots\cdots$ ㉡

선분 CA를 $2:1$로 내분하는 점의 좌표는

$$\left(\frac{2\times x_1+1\times x_3}{2+1},\ \frac{2\times y_1+1\times y_3}{2+1}\right),\ \text{즉}\ \left(\frac{2x_1+x_3}{3},\ \frac{2y_1+y_3}{3}\right)$$

이 점은 R(4, 5)와 일치하므로

$2x_1+x_3=12$, $2y_1+y_3=15$ $\cdots\cdots$ ㉢

㉠, ㉡, ㉢에서 $3(x_1+x_2+x_3)=18$, $3(y_1+y_2+y_3)=18$

$\therefore\ x_1+x_2+x_3=6$, $y_1+y_2+y_3=6$

STEP Ⓑ 삼각형 ABC의 무게중심의 좌표 구하기

삼각형 ABC의 무게중심의 좌표는

$$\left(\frac{x_1+x_2+x_3}{3},\ \frac{y_1+y_2+y_3}{3}\right),\ \text{즉}\ (2,\ 2)$$

따라서 $a=2$, $b=2$이므로 $a+b=4$

---

mini해설 | 두 삼각형의 무게중심이 같음을 이용하여 풀이하기

삼각형 ABC의 세 변 AB, BC, CA를 2 : 1로 내분하는 점 P, Q, R에 대하여 삼각형 PQR의 무게중심은 삼각형 ABC의 무게중심과 일치한다.

즉 세 점 P(0, 4), Q(2, −3), R(4, 5)를 꼭짓점으로 하는 삼각형 PQR의 무게중심의 좌표는 $\left(\dfrac{0+2+4}{3},\ \dfrac{4+(-3)+5}{3}\right)$, 즉 (2, 2)

따라서 $a=2$, $b=2$이므로 $a+b=4$

내/신/연/계/ 출제문항 042

세 점 A(6, 2), B(1, −2), C(−4, 3)을 꼭짓점으로 하는 삼각형 ABC가 있다. 세 변 AB, BC, CA를 각각 3 : 1로 내분하는 점을 각각 P, Q, R이라 할 때, 삼각형 PQR의 무게중심의 좌표는 $(a,\ b)$이다. $a+b$의 값은?

① $\dfrac{5}{3}$ ② 2   ③ $\dfrac{7}{3}$

④ $\dfrac{8}{3}$ ⑤ 3

STEP Ⓐ 삼각형 ABC에서 세 변의 내분점 P, Q, R의 좌표 구하기

세 점 A(6, 2), B(1, −2), C(−4, 3)에 대하여

선분 AB를 3 : 1로 내분하는 점 P의 좌표는

$$\left(\frac{3\times1+1\times6}{3+1},\ \frac{3\times(-2)+1\times2}{3+1}\right),\ \text{즉}\ \text{P}\left(\frac{9}{4},\ -1\right)$$

선분 BC를 3 : 1로 내분하는 점 Q의 좌표는

$$\left(\frac{3\times(-4)+1\times1}{3+1},\ \frac{3\times3+1\times(-2)}{3+1}\right),\ \text{즉}\ \text{Q}\left(-\frac{11}{4},\ \frac{7}{4}\right)$$

선분 CA를 3 : 1로 내분하는 점 R의 좌표는

$$\left(\frac{3\times6+1\times(-4)}{3+1},\ \frac{3\times2+1\times3}{3+1}\right),\ \text{즉}\ \text{R}\left(\frac{14}{4},\ \frac{9}{4}\right)$$

STEP Ⓑ 삼각형 PQR의 무게중심의 좌표 구하기

세 점 $\text{P}\left(\dfrac{9}{4},\ -1\right)$, $\text{Q}\left(-\dfrac{11}{4},\ \dfrac{7}{4}\right)$, $\text{R}\left(\dfrac{14}{4},\ \dfrac{9}{4}\right)$를 꼭짓점으로 하는 삼각형 PQR의 무게중심의 좌표는

$$\left(\frac{\frac{9}{4}+\left(-\frac{11}{4}\right)+\frac{14}{4}}{3},\ \frac{-1+\frac{7}{4}+\frac{9}{4}}{3}\right),\ \text{즉}\ (1,\ 1)$$

따라서 $a=1$, $b=1$이므로 $a+b=2$

---

mini해설 | 두 삼각형의 무게중심이 같음을 이용하여 풀이하기

삼각형 ABC의 세 변 AB, BC, CA를 3 : 1로 내분하는 점 P, Q, R에 대하여 삼각형 PQR의 무게중심은 삼각형 ABC의 무게중심과 일치한다.

즉 세 점 A(6, 2), B(1, −2), C(−4, 3)를 꼭짓점으로 하는 삼각형 ABC의 무게중심의 좌표는 $\left(\dfrac{6+1+(-4)}{3},\ \dfrac{2+(-2)+3}{3}\right)$, 즉 (1, 1)

따라서 $a=1$, $b=1$이므로 $a+b=2$

정답 ②

0085

STEP Ⓐ 삼각형 ABC에서 세 변의 내분점 D, E, F의 좌표 구하기

세 점 A$(-1, 2)$, B$(-3, 3)$, C(a, b)에 대하여

선분 AB를 $1 : 2$로 내분하는 점 D의 좌표는

$\left(\dfrac{1\times(-3)+2\times(-1)}{1+2}, \dfrac{1\times3+2\times2}{1+2}\right)$, 즉 D$\left(-\dfrac{5}{3}, \dfrac{7}{3}\right)$

선분 BC를 $1 : 2$로 내분하는 점 E의 좌표는

$\left(\dfrac{1\times a+2\times(-3)}{1+2}, \dfrac{1\times b+2\times3}{1+2}\right)$, 즉 E$\left(\dfrac{a-6}{3}, \dfrac{b+6}{3}\right)$

선분 CA를 $1 : 2$로 내분하는 점 F의 좌표는

$\left(\dfrac{1\times(-1)+2\times a}{1+2}, \dfrac{1\times2+2\times b}{1+2}\right)$, 즉 F$\left(\dfrac{2a-1}{3}, \dfrac{2b+2}{3}\right)$

STEP Ⓑ 삼각형 DEF의 무게중심의 좌표를 이용하여 a, b의 값 구하기

세 점 D$\left(-\dfrac{5}{3}, \dfrac{7}{3}\right)$, E$\left(\dfrac{a-6}{3}, \dfrac{b+6}{3}\right)$, F$\left(\dfrac{2a-1}{3}, \dfrac{2b+2}{3}\right)$를 꼭짓점으로 하는

삼각형 DEF의 무게중심의 좌표는

$\left(\dfrac{-\dfrac{5}{3}+\dfrac{a-6}{3}+\dfrac{2a-1}{3}}{3}, \dfrac{\dfrac{7}{3}+\dfrac{b+6}{3}+\dfrac{2b+2}{3}}{3}\right)$, 즉 $\left(\dfrac{a-4}{3}, \dfrac{b+5}{3}\right)$

이 점은 $(2, 1)$과 일치하므로

$\dfrac{a-4}{3}=2$, $a-4=6$에서 $a=10$

$\dfrac{b+5}{3}=1$, $b+5=3$에서 $b=-2$

따라서 $a=10$, $b=-2$이므로 $a+b=8$

---

mini 해설 | 두 삼각형의 무게중심이 같음을 이용하여 풀이하기

삼각형 ABC의 세 변 AB, BC, CA를 $1 : 2$로 내분하는 점 D, E, F에 대하여
삼각형 DEF의 무게중심은 삼각형 ABC의 무게중심과 일치한다.
즉 세 점 A$(-1, 2)$, B$(-3, 3)$, C(a, b)를 꼭짓점으로 하는

삼각형 ABC의 무게중심의 좌표는 $\left(\dfrac{-1+(-3)+a}{3}, \dfrac{2+3+b}{3}\right)$, 즉 $\left(\dfrac{a-4}{3}, \dfrac{b+5}{3}\right)$

이 점은 $(2, 1)$과 일치하므로 $a=10$, $b=-2$ ∴ $a+b=10+(-2)=8$

내/신/연/계 출제문항 043

세 점 A$(a, 1)$, B$(7, 2)$, C$(2, b)$를 꼭짓점으로 하는 삼각형 ABC에서
세 변 AB, BC, CA를 $2 : 3$으로 내분하는 점이 각각 P, Q, R이라고 할 때,
삼각형 PQR의 무게중심의 좌표는 $(4, 3)$이다. 상수 a, b에 대하여 $a+b$의
값은?

① 7 　　　　② 8 　　　　③ 9
④ 10 　　　　⑤ 11

STEP Ⓐ 삼각형 ABC에서 세 변의 내분점 P, Q, R의 좌표 구하기

세 점 A$(a, 1)$, B$(7, 2)$, C$(2, b)$에 대하여

선분 AB를 $2 : 3$으로 내분하는 점 P의 좌표는

$\left(\dfrac{2\times7+3\times a}{2+3}, \dfrac{2\times2+3\times1}{2+3}\right)$, 즉 P$\left(\dfrac{3a+14}{5}, \dfrac{7}{5}\right)$

선분 BC를 $2 : 3$으로 내분하는 점 Q의 좌표는

$\left(\dfrac{2\times2+3\times7}{2+3}, \dfrac{2\times b+3\times2}{2+3}\right)$, 즉 Q$\left(5, \dfrac{2b+6}{5}\right)$

선분 CA를 $2 : 3$으로 내분하는 점 R의 좌표는

$\left(\dfrac{2\times a+3\times2}{2+3}, \dfrac{2\times1+3\times b}{2+3}\right)$, 즉 R$\left(\dfrac{2a+6}{5}, \dfrac{3b+2}{5}\right)$

STEP Ⓑ 삼각형 PQR의 무게중심의 좌표를 이용하여 a, b의 값 구하기

세 점 P$\left(\dfrac{3a+14}{5}, \dfrac{7}{5}\right)$, Q$\left(5, \dfrac{2b+6}{5}\right)$, R$\left(\dfrac{2a+6}{5}, \dfrac{3b+2}{5}\right)$을 꼭짓점으로 하는

삼각형 PQR의 무게중심의 좌표는

$\left(\dfrac{\dfrac{3a+14}{5}+5+\dfrac{2a+6}{5}}{3}, \dfrac{\dfrac{7}{5}+\dfrac{2b+6}{5}+\dfrac{3b+2}{5}}{3}\right)$, 즉 $\left(\dfrac{a+9}{3}, \dfrac{b+3}{3}\right)$

이 점은 $(4, 3)$과 일치하므로

$\dfrac{a+9}{3}=4$, $a+9=12$에서 $a=3$

$\dfrac{b+3}{3}=3$, $b+3=9$에서 $b=6$

따라서 $a=3$, $b=6$이므로 $a+b=9$

mini 해설 | 두 삼각형의 무게중심이 같음을 이용하여 풀이하기

삼각형 ABC의 세 변 AB, BC, CA를 $2 : 3$으로 내분하는 점 P, Q, R에 대하여
삼각형 PQR의 무게중심은 삼각형 ABC의 무게중심과 일치한다.
즉 세 점 A$(a, 1)$, B$(7, 2)$, C$(2, b)$를 꼭짓점으로 하는

삼각형 ABC의 무게중심의 좌표는 $\left(\dfrac{a+7+2}{3}, \dfrac{1+2+b}{3}\right)$, 즉 $\left(\dfrac{a+9}{3}, \dfrac{b+3}{3}\right)$

이 점은 $(4, 3)$과 일치하므로 $a=3$, $b=6$ ∴ $a+b=9$

0086

STEP Ⓐ 두 삼각형이 합동임을 이용하여 두 점 A, B의 위치 구하기

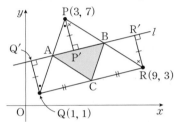

세 점 P, Q, R에서 직선 l에 내린 수선의 발을 각각 P′, Q′, R′이라 하자.

두 삼각형 PAP′, QAQ′에서

$\overline{PP'}=\overline{QQ'}$, $\angle APP'=\angle AQQ'$(엇각), $\angle AP'P=\angle AQ'Q=90°$

∴ $\triangle PAP' \equiv \triangle QAQ'$ (ASA 합동)

이때 점 A는 선분 PQ의 중점이다. ◀—— $\overline{PA}=\overline{QA}$

두 삼각형 PP′B, RR′B에서

$\overline{PP'}=\overline{RR'}$, $\angle BPP'=\angle BRR'$(엇각), $\angle BP'P=\angle BR'R=90°$

∴ $\triangle PP'B \equiv \triangle RR'B$ (ASA 합동)

이때 점 B는 선분 PR의 중점이다. ◀—— $\overline{PB}=\overline{RB}$

STEP Ⓑ 삼각형 PQR에서 세 변의 중점 A, B, C의 좌표 구하기

세 점 P$(3, 7)$, Q$(1, 1)$, R$(9, 3)$에 대하여

선분 PQ의 중점 A의 좌표는 $\left(\dfrac{3+1}{2}, \dfrac{7+1}{2}\right)$, 즉 A$(2, 4)$

선분 PR의 중점 B의 좌표는 $\left(\dfrac{3+9}{2}, \dfrac{7+3}{2}\right)$, 즉 B$(6, 5)$

선분 QR의 중점 C의 좌표는 $\left(\dfrac{1+9}{2}, \dfrac{1+3}{2}\right)$, 즉 C$(5, 2)$

STEP Ⓒ 삼각형 ABC의 무게중심의 좌표 구하기

세 점 A$(2, 4)$, B$(6, 5)$, C$(5, 2)$를 꼭짓점으로 하는 삼각형 ABC의

무게중심 G의 좌표는 $\left(\dfrac{2+6+5}{3}, \dfrac{4+5+2}{3}\right)$, 즉 G$\left(\dfrac{13}{3}, \dfrac{11}{3}\right)$

따라서 $x=\dfrac{13}{3}$, $y=\dfrac{11}{3}$이므로 $x+y=8$

+α | 두 삼각형의 무게중심이 같음을 이용하여 구할 수 있어!

삼각형 PQR의 세 변 PQ, PR, QR의 중점 A, B, C에 대하여
삼각형 ABC의 무게중심은 삼각형 PQR의 무게중심과 일치한다.
즉 세 점 P$(3, 7)$, Q$(1, 1)$, R$(9, 3)$을 꼭짓점으로 하는 삼각형 PQR의 무게중심 G의

좌표는 $\left(\dfrac{3+1+9}{3}, \dfrac{7+1+3}{3}\right)$, 즉 G$\left(\dfrac{13}{3}, \dfrac{11}{3}\right)$

그림과 같이 좌표평면 위의 세 점 P(−5, 10), Q(−8, 4), R(−1, 6)으로 부터 같은 거리에 있는 직선 l이 두 선분 PQ, PR과 만나는 점을 각각 A, B라 하자. 선분 QR의 중점을 C라 할 때, 삼각형 ABC의 무게중심의 좌표를 G(x, y)라 하면 $x+y$의 값은?

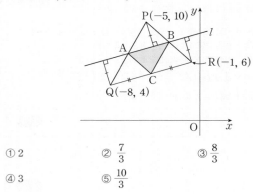

① 2   ② $\dfrac{7}{3}$ ③ $\dfrac{8}{3}$

④ 3   ⑤ $\dfrac{10}{3}$

STEP A 두 삼각형이 합동임을 이용하여 두 점 A, B의 위치 구하기

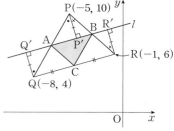

세 점 P, Q, R에서 직선 l에 내린 수선의 발을 각각 P′, Q′, R′이라 하자.
두 삼각형 PAP′, QAQ′에서 $\overline{PP'}=\overline{QQ'}$, ∠APP′=∠AQQ′(엇각)
∠AP′P=∠AQ′Q=90° ∴ △PAP′≡△QAQ′(ASA 합동)
이때 점 A는 선분 PQ의 중점이다. ← $\overline{PA}=\overline{QA}$
두 삼각형 PP′B, RR′B에서 $\overline{PP'}=\overline{RR'}$, ∠BPP′=∠BRR′(엇각)
∠BP′P=∠BR′R=90° ∴ △PP′B≡△RR′B(ASA 합동)
이때 점 B는 선분 PR의 중점이다. ← $\overline{PB}=\overline{RB}$

STEP B 삼각형 PQR에서 세 변의 중점 A, B, C의 좌표 구하기

세 점 P(−5, 10), Q(−8, 4), R(−1, 6)에 대하여

선분 PQ의 중점 A의 좌표는 $\left(\dfrac{-5+(-8)}{2}, \dfrac{10+4}{2}\right)$, 즉 A$\left(-\dfrac{13}{2}, 7\right)$

선분 PR의 중점 B의 좌표는 $\left(\dfrac{-5+(-1)}{2}, \dfrac{10+6}{2}\right)$, 즉 B(−3, 8)

선분 QR의 중점 C의 좌표는 $\left(\dfrac{-8+(-1)}{2}, \dfrac{4+6}{2}\right)$, 즉 C$\left(-\dfrac{9}{2}, 5\right)$

STEP C 삼각형 ABC의 무게중심의 좌표 구하기

세 점 A$\left(-\dfrac{13}{2}, 7\right)$, B(−3, 8), C$\left(-\dfrac{9}{2}, 5\right)$를 꼭짓점으로 하는 삼각형 ABC의

무게중심 G의 좌표는 $\left(\dfrac{-\frac{13}{2}+(-3)+\left(-\frac{9}{2}\right)}{3}, \dfrac{7+8+5}{3}\right)$, 즉 G$\left(-\dfrac{14}{3}, \dfrac{20}{3}\right)$

따라서 $x=-\dfrac{14}{3}$, $y=\dfrac{20}{3}$이므로 $x+y=2$

+α 두 삼각형의 무게중심이 같음을 이용하여 구할 수 있어!

삼각형 PQR의 세 변 PQ, PR, QR의 중점 A, B, C에 대하여
삼각형 ABC의 무게중심은 삼각형 PQR의 무게중심과 일치한다.
즉 세 점 P(−5, 10), Q(−8, 4), R(−1, 6)을 꼭짓점으로 하는 삼각형 PQR의
무게중심 G의 좌표는 $\left(\dfrac{-5+(-8)+(-1)}{3}, \dfrac{10+4+6}{3}\right)$, 즉 G$\left(-\dfrac{14}{3}, \dfrac{20}{3}\right)$

정답 ①

0087

정답 9

STEP A 점 P의 좌표를 (x, y)라 두고 주어진 식에 대입하기

점 P의 좌표를 (x, y)라고 하면
세 점 A(1, 5), B(5, 3), C(9, 4)에 대하여
$\overline{AP}=\sqrt{(x-1)^2+(y-5)^2}=\sqrt{x^2-2x+y^2-10y+26}$
$\overline{BP}=\sqrt{(x-5)^2+(y-3)^2}=\sqrt{x^2-10x+y^2-6y+34}$
$\overline{CP}=\sqrt{(x-9)^2+(y-4)^2}=\sqrt{x^2-18x+y^2-8y+97}$
이때 $\overline{AP}^2+\overline{BP}^2+\overline{CP}^2=(x^2-2x+y^2-10y+26)+(x^2-10x+y^2-6y+34)$
$\qquad\qquad\qquad\qquad +(x^2-18x+y^2-8y+97)$
$\qquad\qquad =3x^2-30x+3y^2-24y+157$
$\qquad\qquad =3(x^2-10x+25-25)+3(y^2-8y+16-16)+157$
$\qquad\qquad =3(x-5)^2+3(y-4)^2+34$

STEP B $\overline{AP}^2+\overline{BP}^2+\overline{CP}^2$의 값이 최소가 될 때의 점 P의 좌표 구하기

$\overline{AP}^2+\overline{BP}^2+\overline{CP}^2$의 최솟값은 점 P의 좌표가 (5, 4)일 때, 34를 갖는다.
따라서 $x=5$, $y=4$이므로 $x+y=9$

+α 점 P가 삼각형의 무게중심임을 이용하여 a, b의 값을 구할 수도 있어!

$\overline{AP}^2+\overline{BP}^2+\overline{CP}^2$의 값이 최소가 되도록 하는 점 P는 삼각형 ABC의 무게중심이다.
이때 세 점 A(1, 5), B(5, 3), C(9, 4)를 꼭짓점으로 하는
삼각형 ABC의 무게중심 P의 좌표는 $\left(\dfrac{1+5+9}{3}, \dfrac{5+3+4}{3}\right)$, 즉 P(5, 4)
따라서 $x=5$, $y=4$이므로 $x+y=9$

POINT 삼각형의 무게중심의 성질

 삼각형 ABC와 이 삼각형 내부의 임의의 점 P에 대하여 $\overline{AP}^2+\overline{BP}^2+\overline{CP}^2$
의 값이 최소가 되도록 하는 점 P는 삼각형 ABC의 무게중심과 일치한다.

설명 삼각형 ABC의 세 꼭짓점을 A(x_1, y_1), B(x_2, y_2), C(x_3, y_3)라 하고
점 P의 좌표를 P(x, y)라 하면
$\overline{AP}^2+\overline{BP}^2+\overline{CP}^2$
$=(x-x_1)^2+(y-y_1)^2+(x-x_2)^2+(y-y_2)^2+(x-x_3)^2+(y-y_3)^2$
$=3x^2-2(x_1+x_2+x_3)x+x_1^2+x_2^2+x_3^2$
$\quad +3y^2-2(y_1+y_2+y_3)y+y_1^2+y_2^2+y_3^2$
$=3\left(x-\dfrac{x_1+x_2+x_3}{3}\right)^2+3\left(y-\dfrac{y_1+y_2+y_3}{3}\right)^2+x_1^2+x_2^2+x_3^2$
$\quad +y_1^2+y_2^2+y_3^2-\dfrac{(x_1+x_2+x_3)^2}{3}-\dfrac{(y_1+y_2+y_3)^2}{3}$
$\overline{AP}^2+\overline{BP}^2+\overline{CP}^2$은 $x=\dfrac{x_1+x_2+x_3}{3}$, $y=\dfrac{y_1+y_2+y_3}{3}$에서 최솟값을 갖고
이때 점 P의 좌표는 P$\left(\dfrac{x_1+x_2+x_3}{3}, \dfrac{y_1+y_2+y_3}{3}\right)$
따라서 점 P는 삼각형 ABC의 무게중심이다.

세 점 A(15, 2), B(2, 5), C(−2, −1)에 대하여
$$\overline{AP}^2+\overline{BP}^2+\overline{CP}^2$$
의 값이 최소가 되는 점 P의 좌표가 (x, y)일 때, 상수 x, y에 대하여
$x+y$의 값은?

① 1   ② 3   ③ 5
④ 7   ⑤ 9

STEP A 점 P의 좌표를 (x, y)라 두고 주어진 식에 대입하기

점 P의 좌표를 (x, y)라고 하면
세 점 A(15, 2), B(2, 5), C(−2, −1)에 대하여
$\overline{AP}=\sqrt{(x-15)^2+(y-2)^2}=\sqrt{x^2-30x+y^2-4y+229}$

$$\overline{BP}=\sqrt{(x-2)^2+(y-5)^2}=\sqrt{x^2-4x+y^2-10y+29}$$

$$\overline{CP}=\sqrt{\{x-(-2)\}^2+\{y-(-1)\}^2}=\sqrt{x^2+4x+y^2+2y+5}$$

이때 $\overline{AP}^2+\overline{BP}^2+\overline{CP}^2=(x^2-30x+y^2-4y+229)+(x^2-4x+y^2-10y+29)$

$$\qquad\qquad +(x^2+4x+y^2+2y+5)$$

$$=3x^2-30x+3y^2-12y+263$$

$$=3(x^2-10x+25-25)+3(y^2-4y+4-4)+263$$

$$=3(x-5)^2+3(y-2)^2+176$$

STEP B $\overline{AP}^2+\overline{BP}^2+\overline{CP}^2$**의 값이 최소가 될 때의 점 P의 좌표 구하기**

$\overline{AP}^2+\overline{BP}^2+\overline{CP}^2$의 최솟값은 점 P의 좌표가 (5, 2)일 때, 176을 갖는다.

따라서 $x=5$, $y=2$이므로 $x+y=7$

+α 점 P가 삼각형의 무게중심임을 이용하여 a, b의 값을 구할 수도 있어!

$\overline{AP}^2+\overline{BP}^2+\overline{CP}^2$의 값이 최소가 되도록 하는 점 P는 삼각형 ABC의 무게중심이다.

이때 세 점 A(15, 2), B(2, 5), C(-2, -1)을 꼭짓점으로 하는

삼각형 ABC의 무게중심 P의 좌표는 $\left(\dfrac{15+2+(-2)}{3},\ \dfrac{2+5+(-1)}{3}\right)$, 즉 P(5, 2)

따라서 $x=5$, $y=2$이므로 $x+y=7$

정답 ④

0088 2018년 03월 고1 학력평가 29번   정답 180

해설강의

STEP A 사각뿔 ABCDE의 전개도를 이용하여 선분 GG'의 길이 구하기

사각뿔 ABCDE의 한 모서리의 길이를 a라 하고

정사각형 BCDE의 두 대각선 BD와 CE의 교점을 O라 하자.

이때 사각뿔 ABCDE의 전개도를 그리면 다음과 같다.

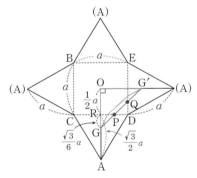

사각뿔 ABCDE의 전개도에서 두 선분 CD와 OA의 교점을 R이라 하자.

한 변의 길이가 a인 정삼각형 ACD의 높이는 $\overline{AR}=\dfrac{\sqrt{3}}{2}a$

삼각형 ACD에서 무게중심 G는 중선 AR을 2 : 1로 내분하는 점이므로

$$\overline{GR}=\dfrac{1}{3}\overline{AR}=\dfrac{\sqrt{3}}{6}a$$

이때 $\overline{OG}=\overline{OR}+\overline{GR}=\dfrac{1}{2}a+\dfrac{\sqrt{3}}{6}a=\dfrac{1}{6}(3+\sqrt{3})a$

또한, 삼각형 GOG'은 $\overline{OG}=\overline{OG'}=\dfrac{1}{6}(3+\sqrt{3})a$인 직각이등변삼각형이므로

$$\overline{GG'}=\sqrt{2}\times\overline{OG}=\dfrac{\sqrt{2}}{6}(3+\sqrt{3})a$$

STEP B $\overline{GP}+\overline{PQ}+\overline{QG'}$**의 값이 최소가 될 때 사각뿔 ABCDE의 한 모서리**
의 길이 구하기

$\overline{GP}+\overline{PQ}+\overline{QG'}$의 값이 최소가 되는 경우는

네 점 G, P, Q, G'이 한 직선 위에 있을 때이므로

$\overline{GP}+\overline{PQ}+\overline{QG'}$의 최솟값은 선분 GG'의 길이이다.

즉 $\overline{GG'}=\dfrac{\sqrt{2}}{6}(3+\sqrt{3})a=30(3\sqrt{2}+\sqrt{6})$에서

$\dfrac{3\sqrt{2}+\sqrt{6}}{6}a=30(3\sqrt{2}+\sqrt{6})$, $\dfrac{1}{6}a=30$ ∴ $a=180$

따라서 사각뿔 ABCDE의 한 모서리의 길이는 180

내/신/연/계/ 출제문항 **046**

그림과 같이 모든 모서리의 길이가 같은 사각뿔 ABCDE가 있다. 삼각형 ACD의 무게중심을 G, 삼각형 ADE의 무게중심을 G'이라 하자. 모서리 CD 위의 점 P와 모서리 DE 위의 점 Q에 대하여 $\overline{GP}+\overline{PQ}+\overline{QG'}$의 최솟값이 $60\sqrt{2}+20\sqrt{6}$일 때, 사각뿔 ABCDE의 한 모서리의 길이를 구하시오.

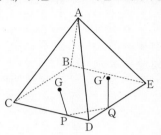

STEP A 사각뿔 ABCDE의 전개도를 이용하여 선분 GG'의 길이 구하기

사각뿔 ABCDE의 한 모서리의 길이를 a라 하고

정사각형 BCDE의 두 대각선 BD와 CE의 교점을 O라 하자.

이때 사각뿔 ABCDE의 전개도를 그리면 다음과 같다.

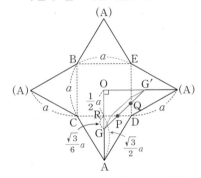

사각뿔 ABCDE의 전개도에서 두 선분 CD와 OA의 교점을 R이라 하자.

한 변의 길이가 a인 정삼각형 ACD의 높이는 $\overline{AR}=\dfrac{\sqrt{3}}{2}a$

삼각형 ACD에서 무게중심 G는 중선 AR을 2 : 1로 내분하는 점이므로

$$\overline{GR}=\dfrac{1}{3}\overline{AR}=\dfrac{\sqrt{3}}{6}a$$

이때 $\overline{OG}=\overline{OR}+\overline{GR}=\dfrac{1}{2}a+\dfrac{\sqrt{3}}{6}a=\dfrac{1}{6}(3+\sqrt{3})a$

또한, 삼각형 GOG'은 $\overline{OG}=\overline{OG'}=\dfrac{1}{6}(3+\sqrt{3})a$인 직각이등변삼각형이므로

$$\overline{GG'}=\sqrt{2}\times\overline{OG}=\dfrac{\sqrt{2}}{6}(3+\sqrt{3})a$$

STEP B $\overline{GP}+\overline{PQ}+\overline{QG'}$**의 값이 최소가 될 때 사각뿔 ABCDE의 한 모서리**
의 길이 구하기

$\overline{GP}+\overline{PQ}+\overline{QG'}$의 값이 최소가 되는 경우는

네 점 G, P, Q, G'이 한 직선 위에 있을 때이므로

$\overline{GP}+\overline{PQ}+\overline{QG'}$의 최솟값은 선분 GG'의 길이이다.

즉 $\overline{GG'}=\dfrac{\sqrt{2}}{6}(3+\sqrt{3})a=60\sqrt{2}+20\sqrt{6}$에서

$\dfrac{3\sqrt{2}+\sqrt{6}}{6}a=20(3\sqrt{2}+\sqrt{6})$, $\dfrac{1}{6}a=20$ ∴ $a=120$

따라서 사각뿔 ABCDE의 한 모서리의 길이는 120   정답 120

0089

5

STEP A 평행사변형의 두 대각선의 중점이 일치함을 이용하여 a, b의 값 구하기

두 점 $A(5, a)$, $C(1, 5)$에 대하여 선분 AC의 중점의 좌표는

$\left(\dfrac{5+1}{2}, \dfrac{a+5}{2}\right)$, 즉 $\left(3, \dfrac{a+5}{2}\right)$

두 점 $B(b, 3)$, $D(1, 2)$에 대하여 선분 BD의 중점의 좌표는

$\left(\dfrac{b+1}{2}, \dfrac{3+2}{2}\right)$, 즉 $\left(\dfrac{b+1}{2}, \dfrac{5}{2}\right)$

이때 평행사변형 ABCD에서 두 대각선의 중점이 일치하므로

$3 = \dfrac{1+b}{2}$, $6 = 1+b$에서 $b = 5$

$\dfrac{a+5}{2} = \dfrac{5}{2}$, $a+5 = 5$에서 $a = 0$

따라서 $a = 0$, $b = 5$이므로 $a+b = 5$

0090

②

STEP A 삼각형 ABC의 무게중심의 좌표를 이용하여 점 C의 좌표 구하기

점 C의 좌표를 $C(a, b)$라 하고 두 점 $A(-3, 0)$, $B(4, 2)$에 대하여
삼각형 ABC의 무게중심의 좌표는

$\left(\dfrac{-3+4+a}{3}, \dfrac{0+2+b}{3}\right)$, 즉 $\left(\dfrac{1+a}{3}, \dfrac{2+b}{3}\right)$

이 점이 $(2, 2)$와 일치하므로

$\dfrac{1+a}{3} = 2$, $1+a = 6$에서 $a = 5$

$\dfrac{2+b}{3} = 2$, $2+b = 6$에서 $b = 4$

$\therefore C(5, 4)$

STEP B 평행사변형의 두 대각선의 중점이 일치함을 이용하여 점 D의 좌표 구하기

두 점 $A(-3, 0)$, $C(5, 4)$에 대하여 선분 AC의 중점의 좌표는

$\left(\dfrac{-3+5}{2}, \dfrac{0+4}{2}\right)$, 즉 $(1, 2)$

두 점 $B(4, 2)$, $D(\alpha, \beta)$에 대하여 선분 BD의 중점의 좌표는

$\left(\dfrac{4+\alpha}{2}, \dfrac{2+\beta}{2}\right)$

이때 평행사변형 ABCD에서 두 대각선의 중점이 일치하므로

$1 = \dfrac{4+\alpha}{2}$, $2 = 4+\alpha$에서 $\alpha = -2$

$2 = \dfrac{2+\beta}{2}$, $4 = 2+\beta$에서 $\beta = 2$

따라서 $\alpha = -2$, $\beta = 2$이므로 $\alpha\beta = -4$ ◄─ $D(-2, 2)$

0091

②

STEP A 마름모의 두 대각선의 중점이 일치함을 이용하여 a, b 사이의 관계식 구하기

두 점 $A(-2, 3)$, $C(b, -3)$에 대하여 선분 AC의 중점의 좌표는

$\left(\dfrac{-2+b}{2}, \dfrac{3+(-3)}{2}\right)$, 즉 $\left(\dfrac{b-2}{2}, 0\right)$

두 점 $B(a, -1)$, $D(2, 1)$에 대하여 선분 BD의 중점의 좌표는

$\left(\dfrac{a+2}{2}, \dfrac{-1+1}{2}\right)$, 즉 $\left(\dfrac{a+2}{2}, 0\right)$

이때 마름모 ABCD에서 두 대각선의 중점이 일치하므로

$\dfrac{b-2}{2} = \dfrac{a+2}{2}$

$\therefore b = a+4$ ...... ㉠

036

STEP B 마름모는 네 변의 길이가 모두 같음을 이용하여 a, b의 값 구하기

네 점 $A(-2, 3)$, $B(a, -1)$, $C(b, -3)$, $D(2, 1)$에 대하여

$\overline{AB} = \sqrt{\{a-(-2)\}^2+(-1-3)^2} = \sqrt{a^2+4a+20}$

$\overline{AD} = \sqrt{\{2-(-2)\}^2+(1-3)^2} = 2\sqrt{5}$

이때 마름모 ABCD는 네 변의 길이가 모두 같으므로

$\overline{AB} = \overline{AD}$에서 $\overline{AB}^2 = \overline{AD}^2$

즉 $a^2+4a+20 = (2\sqrt{5})^2$, $a^2+4a = 0$, $a(a+4) = 0$ $\therefore a = 0$ 또는 $a = -4$

그런데 $a < 0$이므로 $a = -4$

이를 ㉠에 대입하면 $b = 0$

따라서 $a+b = -4+0 = -4$

> **+α** | 마름모의 두 대각선은 서로를 수직이등분함을 이용하여 구할 수 있어!
>
> 마름모 ABCD의 성질에 의하여 두 대각선 AC, BD는 서로를 수직이등분한다.
>
>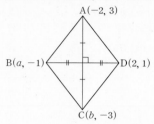
>
> 두 점 $A(-2, 3)$, $C(b, -3)$을 지나는 직선 AC의 기울기는 $\dfrac{-3-3}{b-(-2)} = \dfrac{-6}{b+2}$
>
> 두 점 $B(a, -1)$, $D(2, 1)$을 지나는 직선 BD의 기울기는 $\dfrac{1-(-1)}{2-a} = \dfrac{2}{2-a}$
>
> 이때 두 직선 AC, BD는 서로 수직이므로 두 직선의 기울기의 곱은 -1
>
> 즉 $\dfrac{-6}{b+2} \times \dfrac{2}{2-a} = -1$ $\therefore (b+2)(2-a) = 12$ ...... ㉡
>
> ㉠을 ㉡에 대입하면 $(a+4+2)(2-a) = 12$, $a^2+4a = 0$, $a(a+4) = 0$
>
> $\therefore a = -4 (\because a < 0)$

내/신/연/계/ 출제문항 047

네 점 $A(a, 1)$, $B(b, -1)$, $C(7, 3)$, $D(3, 5)$를 꼭짓점으로 하는 사각형 ABCD가 마름모일 때, $a+b$의 값은? (단, $a > 1$)

① 10   ② 11   ③ 12
④ 13   ⑤ 14

STEP A 마름모의 두 대각선의 중점이 일치함을 이용하여 a, b 사이의 관계식 구하기

두 점 $A(a, 1)$, $C(7, 3)$에 대하여 선분 AC의 중점의 좌표는

$\left(\dfrac{a+7}{2}, \dfrac{1+3}{2}\right)$, 즉 $\left(\dfrac{a+7}{2}, 2\right)$

두 점 $B(b, -1)$, $D(3, 5)$에 대하여 선분 BD의 중점의 좌표는

$\left(\dfrac{3+b}{2}, \dfrac{5+(-1)}{2}\right)$, 즉 $\left(\dfrac{b+3}{2}, 2\right)$

이때 마름모 ABCD에서 두 대각선의 중점이 일치하므로

$\dfrac{a+7}{2} = \dfrac{b+3}{2}$ $\therefore b = a+4$ ...... ㉠

STEP B 마름모는 네 변의 길이가 모두 같음을 이용하여 a, b의 값 구하기

네 점 $A(a, 1)$, $B(b, -1)$, $C(7, 3)$, $D(3, 5)$에 대하여

$\overline{AD} = \sqrt{(a-3)^2+(1-5)^2} = \sqrt{a^2-6a+25}$

$\overline{CD} = \sqrt{(7-3)^2+(3-5)^2} = 2\sqrt{5}$

이때 마름모 ABCD는 네 변의 길이가 모두 같으므로

$\overline{AD} = \overline{CD}$에서 $\overline{AD}^2 = \overline{CD}^2$

즉 $a^2-6a+25 = 20$, $a^2-6a+5 = 0$, $(a-1)(a-5) = 0$

$\therefore a = 5 (\because a > 1)$

㉠의 식에 대입하면 $b = 5+4 = 9$

따라서 $a+b = 5+9 = 14$

+α　마름모의 두 대각선은 서로를 수직이등분함을 이용하여 구할 수 있어!

마름모 ABCD의 성질에 의하여 두 대각선 AC, BD는 서로를 수직이등분한다.

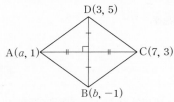

두 점 A(a, 1), C(7, 3)를 지나는 직선 AC의 기울기는 $\frac{3-1}{7-a}=\frac{2}{7-a}$

두 점 B(b, −1), D(3, 5)를 지나는 직선 BD의 기울기는 $\frac{-1-5}{b-3}=\frac{-6}{b-3}$

이때 두 직선 AC, BD는 서로 수직이므로 두 직선의 기울기의 곱은 −1

즉 $\frac{2}{7-a}\times\frac{-6}{b-3}=-1$　∴ $(7-a)(b-3)=12$ …… ㉡

㉠을 ㉡에 대입하면 $(7-a)(a+4-3)=12$, $a^2-6a+5=0$, $(a-1)(a-5)=0$

∴ $a=5$ $(∵ a>1)$

정답 ⑤

0092
정답 ③

STEP Ⓐ　마름모의 두 대각선의 중점이 일치함을 이용하여 a의 값과 b, c 사이의 관계식 구하기

두 점 A(−5, 0), C(7, 6)에 대하여 선분 AC의 중점의 좌표는

$\left(\frac{-5+7}{2}, \frac{0+6}{2}\right)$, 즉 (1, 3)

두 점 B(a, b), D(0, c)에 대하여 선분 BD의 중점의 좌표는

$\left(\frac{a+0}{2}, \frac{b+c}{2}\right)$, 즉 $\left(\frac{a}{2}, \frac{b+c}{2}\right)$

이때 마름모 ABCD에서 두 대각선의 중점이 일치하므로

$\frac{a}{2}=1$에서 $a=2$

$\frac{b+c}{2}=3$에서 $b+c=6$ …… ㉠

STEP Ⓑ　마름모는 네 변의 길이가 모두 같음을 이용하여 b, c의 값 구하기

세 점 A(−5, 0), B(2, b), C(7, 6)에 대하여

$\overline{AB}=\sqrt{\{2-(-5)\}^2+(b-0)^2}=\sqrt{b^2+49}$

$\overline{BC}=\sqrt{(7-2)^2+(6-b)^2}=\sqrt{b^2-12b+61}$

이때 마름모 ABCD에서 네 변의 길이가 모두 같으므로

$\overline{AB}=\overline{BC}$에서 $\overline{AB}^2=\overline{BC}^2$

즉 $b^2+49=b^2-12b+61$, $12b=12$　∴ $b=1$

이를 ㉠에 대입하면 $c=5$

+α　마름모의 두 대각선은 서로를 수직이등분함을 이용하여 구할 수 있어!

마름모 ABCD에서 두 대각선 AC, BD는 서로를 수직이등분한다.

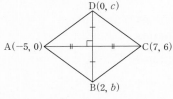

두 점 A(−5, 0), C(7, 6)을 지나는 직선 AC의 기울기는 $\frac{6-0}{7-(-5)}=\frac{1}{2}$

두 점 B(2, b), D(0, c)를 지나는 직선 BD의 기울기는 $\frac{c-b}{0-2}=\frac{b-c}{2}$

이때 두 직선 AC, BD는 서로 수직이므로 두 직선의 기울기의 곱은 −1

즉 $\frac{1}{2}\times\frac{b-c}{2}=-1$　∴ $b-c=-4$ …… ㉡

㉠, ㉡을 연립하면 $b=1$, $c=5$

STEP Ⓒ　삼각형 BCD의 무게중심 G의 좌표 구하기

세 점 B(2, 1), C(7, 6), D(0, 5)를 꼭짓점으로 하는 삼각형 BCD의 무게중심 G의 좌표는

$\left(\frac{2+7+0}{3}, \frac{1+6+5}{3}\right)$, 즉 G(3, 4)

따라서 $\alpha=3$, $\beta=4$이므로 $\alpha+\beta=7$

+α　삼각형의 무게중심의 정의를 이용하여 풀 수도 있어!

두 대각선 AC와 BD의 중점이 일치하므로 중점을 M(1, 3)이라 하자.
이때 선분 CM은 삼각형 BCD의 중선이다.
즉 두 점 C(7, 6), M(1, 3)에 대하여 중선 CM을 2 : 1로 내분하는 점이
삼각형 BCD의 무게중심이 되므로 $\left(\frac{2\times1+1\times7}{2+1}, \frac{2\times3+1\times6}{2+1}\right)$, 즉 G(3, 4)
따라서 $\alpha=3$, $\beta=4$이므로 $\alpha+\beta=7$

내/신/연/계/ 출제문항 048

좌표평면 위에 네 점 A(−2, 1), B(a, b), C(10, 9), D(0, c)를 꼭짓점으로 하는 사각형 ABCD가 마름모일 때, 삼각형 BCD의 무게중심의 좌표를 G(α, β)라 하자. 이때 $\alpha\times\beta$의 값은? (단, a, b, c는 상수이다.)

① 35　　　　② 36　　　　③ 37
④ 38　　　　⑤ 39

STEP Ⓐ　마름모의 두 대각선의 중점이 일치함을 이용하여 a의 값과 b, c 사이의 관계식 구하기

두 점 A(−2, 1), C(10, 9)에 대하여 선분 AC의 중점의 좌표는

$\left(\frac{-2+10}{2}, \frac{1+9}{2}\right)$, 즉 (4, 5)

두 점 B(a, b), D(0, c)에 대하여 선분 BD의 중점의 좌표는

$\left(\frac{a+0}{2}, \frac{b+c}{2}\right)$, 즉 $\left(\frac{a}{2}, \frac{b+c}{2}\right)$

이때 마름모 ABCD에서 두 대각선의 중점이 일치하므로

$\frac{a}{2}=4$에서 $a=8$

$\frac{b+c}{2}=5$에서 $b+c=10$ …… ㉠

STEP Ⓑ　마름모는 네 변의 길이가 모두 같음을 이용하여 b, c의 값 구하기

세 점 A(−2, 1), B(8, b), C(10, 9)에 대하여

$\overline{AB}=\sqrt{\{8-(-2)\}^2+(b-1)^2}=\sqrt{b^2-2b+101}$

$\overline{BC}=\sqrt{(10-8)^2+(9-b)^2}=\sqrt{b^2-18b+85}$

이때 마름모 ABCD에서 네 변의 길이가 모두 같으므로

$\overline{AB}=\overline{BC}$에서 $\overline{AB}^2=\overline{BC}^2$

즉 $b^2-2b+101=b^2-18b+85$, $16b=-16$　∴ $b=-1$

이를 ㉠에 대입하면 $c=11$

+α　마름모의 두 대각선은 서로를 수직이등분함을 이용하여 구할 수 있어!

마름모 ABCD에서 두 대각선 AC, BD는 서로를 수직이등분한다.

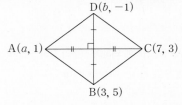

두 점 A(−2, 1), C(10, 9)를 지나는 직선 AC의 기울기는 $\frac{9-1}{10-(-2)}=\frac{2}{3}$

두 점 B(8, b), D(0, c)를 지나는 직선 BD의 기울기는 $\frac{c-b}{0-8}=\frac{b-c}{8}$

이때 두 직선 AC, BD는 서로 수직이므로 두 직선의 기울기의 곱은 −1

즉 $\frac{2}{3}\times\frac{b-c}{8}=-1$, $2(b-c)=-24$　∴ $b-c=-12$ …… ㉡

㉠, ㉡을 연립하면 $b=-1$, $c=11$

STEP C 삼각형 BCD의 무게중심 G의 좌표 구하기

세 점 B(8, -1), C(10, 9), D(0, 11)을 꼭짓점으로 하는
삼각형 BCD의 무게중심 G의 좌표는

$\left(\dfrac{8+10+0}{3}, \dfrac{-1+9+11}{3}\right)$, 즉 G$\left(6, \dfrac{19}{3}\right)$

따라서 $\alpha=6$, $\beta=\dfrac{19}{3}$이므로 $\alpha \times \beta = 38$

+α | 삼각형의 무게중심의 정의를 이용하여 풀 수도 있어!

두 대각선 AC와 BD의 중점이 일치하므로 중점을 M(4, 5)라 하자.
이때 선분 CM은 삼각형 BCD의 중선이다.
즉 두 점 C(10, 9), M(4, 5)에 대하여 중선 CM을 2 : 1로 내분하는 점이
삼각형 BCD의 무게중심이 되므로 $\left(\dfrac{2 \times 4 + 1 \times 10}{2+1}, \dfrac{2 \times 5 + 1 \times 9}{2+1}\right)$, 즉 $\left(6, \dfrac{19}{3}\right)$
따라서 $\alpha=6$, $\beta=\dfrac{19}{3}$이므로 $\alpha \times \beta = 38$

정답 ④

0093

정답 ⑤

STEP A 평행사변형의 두 대각선의 중점이 일치함을 이용하여 k의 관계식 구하기

점 D의 좌표를 (a, b)라 하자.
두 점 A(3, 5), C(k, -5)에 대하여 선분 AC의 중점의 좌표는

$\left(\dfrac{3+k}{2}, \dfrac{5+(-5)}{2}\right)$, 즉 $\left(\dfrac{k+3}{2}, 0\right)$

두 점 B(2, -2), D(a, b)에 대하여 선분 BD의 중점의 좌표는

$\left(\dfrac{2+a}{2}, \dfrac{-2+b}{2}\right)$

이때 평행사변형 ABCD에서 두 대각선의 중점이 일치하므로

$\dfrac{k+3}{2} = \dfrac{a+2}{2}$에서 $k = a-1$ ...... ㉠

$0 = \dfrac{b-2}{2}$에서 $b = 2$

STEP B 평행사변형의 둘레의 길이를 이용하여 k의 값 구하기

세 점 A(3, 5), B(2, -2), D(a, 2)에 대하여

$\overline{AB} = \sqrt{(2-3)^2 + (-2-5)^2} = 5\sqrt{2}$

$\overline{AD} = \sqrt{(a-3)^2 + (2-5)^2} = \sqrt{a^2 - 6a + 18}$

평행사변형 ABCD의 둘레의 길이는 $16\sqrt{2}$이고
두 쌍의 대변의 길이가 같으므로

$\overline{AB} + \overline{AD} = \dfrac{1}{2} \times 16\sqrt{2} = 8\sqrt{2}$

즉 $5\sqrt{2} + \sqrt{a^2 - 6a + 18} = 8\sqrt{2}$, $\sqrt{a^2 - 6a + 18} = 3\sqrt{2}$

양변을 제곱하면 $a^2 - 6a + 18 = 18$, $a(a-6) = 0$

∴ $a=0$ 또는 $a=6$

이를 ㉠에 대입하면 $k=-1$ 또는 $k=5$
따라서 모든 상수 k의 값의 합은 $-1+5 = 4$

다른풀이 $\overline{AB} + \overline{BC} = 8\sqrt{2}$임을 이용하여 풀이하기

STEP A 두 점 사이의 거리에 의하여 선분의 길이 구하기

세 점 A(3, 5), B(2, -2), C(k, -5)에 대하여

$\overline{AB} = \sqrt{(2-3)^2 + (-2-5)^2} = 5\sqrt{2}$

$\overline{BC} = \sqrt{(k-2)^2 + \{-5-(-2)\}^2} = \sqrt{k^2 - 4k + 13}$

STEP B 평행사변형의 둘레의 길이를 이용하여 k의 값 구하기

평행사변형 ABCD의 둘레의 길이는 $16\sqrt{2}$이고
두 쌍의 대변의 길이가 같으므로

$\overline{AB} + \overline{BC} = \dfrac{1}{2} \times 16\sqrt{2} = 8\sqrt{2}$

즉 $5\sqrt{2} + \sqrt{k^2 - 4k + 13} = 8\sqrt{2}$, $\sqrt{k^2 - 4k + 13} = 3\sqrt{2}$

양변을 제곱하면 $k^2 - 4k + 13 = 18$, $k^2 - 4k - 5 = 0$, $(k-5)(k+1) = 0$

∴ $k=5$ 또는 $k=-1$
따라서 모든 상수 k의 값의 합은 $5+(-1) = 4$

0094

2021년 11월 고1 학력평가 25번   정답 19

해설강의

STEP A 마름모는 네 변의 길이가 모두 같음을 이용하여 a의 값 구하기

세 점 O(0, 0), A(a, 7), C(5, 5)에 대하여

$\overline{OA} = \sqrt{a^2 + 7^2}$

$\overline{OC} = \sqrt{5^2 + 5^2} = \sqrt{50}$

이때 마름모 OABC는 네 변의 길이가 모두 같으므로
$\overline{OA} = \overline{OC}$에서 $\overline{OA}^2 = \overline{OC}^2$
즉 $a^2 + 49 = 50$, $a^2 = 1$
∴ $a = 1 (∵ a > 0)$ ← A(1, 7)

STEP B 마름모는 두 대각선이 서로 다른 것을 수직이등분함을 이용하여 b, c의 값 구하기

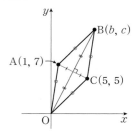

두 점 A(1, 7), C(5, 5)에 대하여 선분 AC의 중점의 좌표는

$\left(\dfrac{1+5}{2}, \dfrac{7+5}{2}\right)$, 즉 (3, 6)

두 점 O(0, 0), B(b, c)에 대하여 선분 OB의 중점의 좌표는

$\left(\dfrac{0+b}{2}, \dfrac{0+c}{2}\right)$, 즉 $\left(\dfrac{b}{2}, \dfrac{c}{2}\right)$

이때 마름모 OABC에서 두 대각선의 중점이 일치하므로

$3 = \dfrac{b}{2}$에서 $b = 6$

$6 = \dfrac{c}{2}$에서 $c = 12$

따라서 $a+b+c = 1+6+12 = 19$

mini 해설 | 마름모의 두 대각선은 서로 수직이등분임을 이용하여 풀이하기

마름모 OABC에서 두 대각선 AC, OB는 서로를 수직이등분한다.
네 점 O(0, 0), A(a, 7), B(b, c), C(5, 5)에 대하여
(i) 두 직선 AC와 OB는 서로 수직

직선 AC의 기울기는 $\dfrac{5-7}{5-a} = \dfrac{-2}{5-a}$

직선 OB의 기울기는 $\dfrac{c}{b}$

이때 두 직선 AC, OB는 서로 수직이므로 두 직선의 기울기의 곱은 -1

$\dfrac{-2}{5-a} \times \dfrac{c}{b} = -1$ ...... ㉠

(ii) 두 선분 AC와 OB의 중점의 좌표가 일치

선분 AC의 중점의 좌표는 $\left(\dfrac{a+5}{2}, \dfrac{7+5}{2}\right)$

선분 OB의 중점의 좌표는 $\left(\dfrac{0+b}{2}, \dfrac{0+c}{2}\right)$

$\dfrac{a+5}{2} = \dfrac{b}{2}$에서 $b = a+5$ ...... ㉡

$\dfrac{12}{2} = \dfrac{c}{2}$에서 $c = 12$ ...... ㉢

㉡, ㉢을 ㉠에 대입하면

$\dfrac{-2}{5-a} \times \dfrac{12}{a+5} = -1$, $(5-a)(5+a) = 24$, $a^2 = 1$ ∴ $a = 1 (∵ a > 0)$

이를 ㉡에 대입하면 $b = 6$
따라서 $a+b+c = 1+6+12 = 19$

세 양수 a, b, c에 대하여 좌표평면 위에 서로 다른 네 점 O$(0, 0)$, A$(2, a)$, B(b, c), C$(8, 6)$이 있다. 사각형 OABC가 선분 OB를 대각선으로 하는 마름모일 때, $a+b-c$의 값을 구하시오.
(단, 네 점 O, A, B, C 중 어느 세 점도 한 직선 위에 있지 않다.)

STEP Ⓐ 마름모는 네 변의 길이가 모두 같음을 이용하여 a의 값 구하기

세 점 O$(0, 0)$, A$(2, a)$, C$(8, 6)$에 대하여

$\overline{OA} = \sqrt{2^2 + a^2}$

$\overline{OC} = \sqrt{8^2 + 6^2} = 10$

이때 마름모 OABC는 네 변의 길이가 모두 같으므로

$\overline{OA} = \overline{OC}$이므로 $\overline{OA}^2 = \overline{OC}^2$

즉 $a^2 + 4 = 100$, $a^2 = 96$ $\therefore a = 4\sqrt{6}$ ($\because a > 0$)

STEP Ⓑ 마름모는 두 대각선이 서로 다른 것을 수직이등분함을 이용하여 b, c의 값 구하기

두 점 A$(2, 4\sqrt{6})$, C$(8, 6)$에 대하여 선분 AC의 중점의 좌표는

$\left(\dfrac{2+8}{2}, \dfrac{4\sqrt{6}+6}{2}\right)$, 즉 $(5, 2\sqrt{6}+3)$

두 점 O$(0, 0)$, B(b, c)에 대하여 선분 OB의 중점의 좌표는

$\left(\dfrac{0+b}{2}, \dfrac{0+c}{2}\right)$, 즉 $\left(\dfrac{b}{2}, \dfrac{c}{2}\right)$

이때 마름모 OABC에서 두 대각선의 중점이 일치하므로

$5 = \dfrac{b}{2}$에서 $b = 10$

$2\sqrt{6} + 3 = \dfrac{c}{2}$에서 $c = 4\sqrt{6} + 6$

따라서 $a + b - c = 4\sqrt{6} + 10 - (4\sqrt{6} + 6) = 4$

---

mini해설 | 마름모의 두 대각선은 서로 수직이등분임을 이용하여 풀이하기

마름모 OABC에서 두 대각선 AC, OB는 서로 수직이등분한다.
네 점 O$(0, 0)$, A$(2, a)$, B(b, c), C$(8, 6)$에 대하여

(i) 두 직선 AC와 OB는 서로 수직

직선 AC의 기울기는 $\dfrac{6-a}{8-2} = \dfrac{6-a}{6}$

직선 OB의 기울기는 $\dfrac{c}{b}$

이때 두 직선 AC, OB는 서로 수직이므로 두 직선의 기울기의 곱은 -1

$\dfrac{6-a}{6} \times \dfrac{c}{b} = -1$ ······· ㉠

(ii) 두 선분 AC와 OB의 중점의 좌표가 일치

선분 AC의 중점의 좌표는 $\left(\dfrac{2+8}{2}, \dfrac{a+6}{2}\right)$

선분 OB의 중점의 좌표는 $\left(\dfrac{0+b}{2}, \dfrac{0+c}{2}\right)$

$\dfrac{2+8}{2} = \dfrac{b}{2}$에서 $b = 10$ ······· ㉡

$\dfrac{a+6}{2} = \dfrac{c}{2}$에서 $c = a + 6$ ······· ㉢

㉡, ㉢을 ㉠에 대입하면

$\dfrac{6-a}{6} \times \dfrac{a+6}{10} = -1$, $(6-a)(a+6) = -60$, $a^2 = 96$ $\therefore a = 4\sqrt{6}$ ($\because a > 0$)

이를 ㉢에 대입하면 $c = 4\sqrt{6} + 6$

따라서 $a + b - c = 4\sqrt{6} + 10 - (4\sqrt{6} + 6) = 4$

정답 4

0095

 정답 2

STEP Ⓐ 삼각형의 각의 이등분선의 성질을 이용하여 비 구하기

∠A의 이등분선이 변 BC와 만나는 점이 D이므로

$\overline{AD}$는 ∠A의 이등분선이고 $\overline{AB} : \overline{AC} = \overline{BD} : \overline{DC}$가 성립한다.

세 점 A$(1, 5)$, B$(-4, -7)$, C$(5, 2)$에 대하여

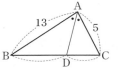

$\overline{AB} = \sqrt{(-4-1)^2 + (-7-5)^2} = \sqrt{25+144} = 13$

$\overline{AC} = \sqrt{(5-1)^2 + (2-5)^2} = \sqrt{16+9} = 5$

즉 $\overline{AB} : \overline{AC} = \overline{BD} : \overline{DC} = 13 : 5$

STEP Ⓑ 선분 BC를 $13 : 5$로 내분하는 점 D의 좌표 구하기

두 점 B$(-4, -7)$, C$(5, 2)$에 대하여

선분 BC를 $13 : 5$로 내분하는 점 D의 좌표는

$\left(\dfrac{13 \times 5 + 5 \times (-4)}{13+5}, \dfrac{13 \times 2 + 5 \times (-7)}{13+5}\right)$, 즉 D$\left(\dfrac{5}{2}, -\dfrac{1}{2}\right)$

따라서 $a = \dfrac{5}{2}$, $b = -\dfrac{1}{2}$이므로 $a + b = \dfrac{4}{2} = 2$

POINT | 삼각형의 각의 이등분선

 삼각형 ABC의 ∠A의 이등분선이 BC와 만나는 점을 D라 하면
$$\overline{AB} : \overline{AC} = \overline{BD} : \overline{DC}$$

증명 선분 AD에 평행하고 점 C를 지나는
선분을 그으면 선분 AB의 연장선과
선분 AD와 평행하고 점 C를 지나는
직선이 만나는 점을 E라고 하면
$\triangle$ABD ∞ $\triangle$EBC이므로
$\overline{AB} : \overline{AE} = \overline{BD} : \overline{CD}$
삼각형 ACE는 이등변삼각형이므로
$\overline{AC} = \overline{AE}$
그러므로 $\overline{AB} : \overline{AC} = \overline{BD} : \overline{DC}$

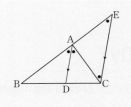

0096

 정답 ①

STEP Ⓐ 삼각형의 각의 이등분선의 성질을 이용하여 비 구하기

삼각형 ABC에서 ∠A의 이등분선이 변 BC와 만나는 점이 D이므로

$\overline{AD}$는 ∠A의 이등분선이고 $\overline{AB} : \overline{AC} = \overline{BD} : \overline{CD}$가 성립한다.

세 점 A$(2, 4)$, B$(-4, -4)$, C$(5, 0)$에 대하여

$\overline{AB} = \sqrt{(-4-2)^2 + (-4-4)^2} = \sqrt{36+64} = 10$

$\overline{AC} = \sqrt{(5-2)^2 + (0-4)^2} = \sqrt{9+16} = 5$

즉 $\overline{AB} : \overline{AC} = \overline{BD} : \overline{CD} = 10 : 5 = 2 : 1$

STEP Ⓑ 두 삼각형 ABD와 ADC의 넓이의 비 구하기

두 삼각형 ABD와 ADC의 높이가 같으므로

넓이의 비는 밑변의 길이의 비 $\overline{BD} : \overline{DC}$와 같다.

즉 (삼각형 ABD의 넓이) : (삼각형 ADC의 넓이) $= \overline{BD} : \overline{DC} = 2 : 1$

따라서 $m = 2$, $n = 1$이므로 $m + n = 3$

세 점 A(−1, 4), B(−4, 0), C(5, −4)를 꼭짓점으로 하는 삼각형 ABC가 있다. ∠A의 이등분선이 변 BC와 만나는 점을 D라 할 때, 삼각형 ABD와 삼각형 ADC의 넓이의 비는?

① 1:2 ② $\sqrt{2}$: 1 ③ $\sqrt{3}$: 1
④ 2:1 ⑤ $\sqrt{5}$: 1

STEP Ⓐ 삼각형의 각의 이등분선의 성질을 이용하여 비 구하기

∠A의 이등분선이 변 BC와 만나는 점은 D이므로
$\overline{AD}$는 ∠A의 이등분선이고 $\overline{AB}:\overline{AC}=\overline{BD}:\overline{DC}$가 성립한다.
세 점 A(−1, 4), B(−4, 0), C(5, −4)에 대하여
$\overline{AB}=\sqrt{\{-4-(-1)\}^2+(0-4)^2}=\sqrt{9+16}=5$
$\overline{AC}=\sqrt{\{5-(-1)\}^2+(-4-4)^2}=\sqrt{36+64}=10$
즉 $\overline{AB}:\overline{AC}=\overline{BD}:\overline{DC}=5:10=1:2$

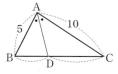

STEP Ⓑ 두 삼각형 ABD와 ADC의 넓이의 비 구하기

두 삼각형 ABD와 ADC의 높이가 같으므로
넓이의 비는 밑변의 길이의 비 $\overline{BD}:\overline{DC}$와 같다.
따라서 (삼각형 ABD의 넓이) : (삼각형 ADC의 넓이)$=\overline{BD}:\overline{DC}=1:2$

정답 ①

0097

정답 ④

STEP Ⓐ 삼각형의 각의 이등분선의 성질을 이용하여 a, b의 값 구하기

∠A의 이등분선이 변 BC와 만나는 점이 D이므로
$\overline{AD}$는 ∠A의 이등분선이고 $\overline{AB}:\overline{AC}=\overline{BD}:\overline{DC}$가 성립한다.
즉 $a:b=8:4=2:1$이므로
점 D는 선분 BC를 2:1로 내분하는 점이다.
$a=\dfrac{2}{3}\times\overline{BC}=\dfrac{2}{3}\times9=6$
$b=\dfrac{1}{3}\times\overline{BC}=\dfrac{1}{3}\times9=3$

STEP Ⓑ a, b를 두 근으로 하고 이차항의 계수가 1인 이차방정식 구하기

6, 3을 두 근으로 하고 이차항의 계수가 1인 이차방정식은

이차항의 계수가 a이고 두 근이 α, β인 이차방정식은
$a(x-\alpha)(x-\beta)=0$, 즉 $a\{x^2-(\alpha+\beta)x+\alpha\beta\}=0$
$(x-6)(x-3)=0$, $x^2-9x+18=0$
따라서 $p=-9$, $q=18$이므로 $p+q=9$

+α 이차방정식의 근과 계수의 관계를 이용하여 p, q의 값을 구할 수 있어!

이차방정식 $x^2+px+q=0$의 두 근이 6, 3이므로 ← 두 근의 합 $-p$, 두 근의 곱 q
근과 계수의 관계에 의하여 $p=-9$, $q=18$
따라서 $p+q=9$

그림과 같이 삼각형 ABC에서 $\overline{AB}=9$, $\overline{AC}=3$, $\overline{BC}=16$이고 ∠A의 이등분선이 $\overline{BC}$와 만나는 점을 D라 하자. $\overline{BD}=a$, $\overline{DC}=b$가 이차방정식 $x^2+px+q=0$의 두 근일 때, $p+q$의 값을 구하시오. (단, p, q는 상수이다.)

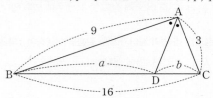

STEP Ⓐ 삼각형의 각의 이등분선의 성질을 이용하여 a, b의 값 구하기

∠A의 이등분선이 변 BC와 만나는 점이 D이므로
$\overline{AD}$는 ∠A의 이등분선이고 $\overline{AB}:\overline{AC}=\overline{BD}:\overline{DC}$가 성립한다.
즉 $a:b=9:3=3:1$이므로
점 D는 선분 BC를 3:1로 내분하는 점이다.
$a=\dfrac{3}{4}\times\overline{BC}=\dfrac{3}{4}\times16=12$
$b=\dfrac{1}{4}\times\overline{BC}=\dfrac{1}{4}\times16=4$

STEP Ⓑ a, b를 두 근으로 하고 이차항의 계수가 1인 이차방정식 구하기

12, 4를 두 근으로 하고 이차항의 계수가 1인 이차방정식은

이차항의 계수가 a이고 두 근이 α, β인 이차방정식은
$a(x-\alpha)(x-\beta)=0$, 즉 $a\{x^2-(\alpha+\beta)x+\alpha\beta\}=0$
$(x-12)(x-4)=0$, $x^2-16x+48=0$
따라서 $p=-16$, $q=48$이므로 $p+q=32$

+α 이차방정식의 근과 계수의 관계를 이용하여 p, q의 값을 구할 수 있어!

이차방정식 $x^2+px+q=0$의 두 근이 12, 4이므로
근과 계수의 관계에 의하여 $p=-16$, $q=48$
따라서 $p+q=32$

정답 32

0098

정답 ①

STEP Ⓐ 삼각형의 각의 이등분선의 성질을 이용하여 비 구하기

점 I가 삼각형 ABC의 내심이므로 삼각형 ABC에서 ← 내심 : 각의 이등분선의 교점
$\overline{AD}$는 ∠BAC의 이등분선이고 $\overline{AB}:\overline{AC}=\overline{BD}:\overline{CD}$가 성립한다.
세 점 A(−1, 6), B(−4, 2), C(4, −6)에 대하여
$\overline{AB}=\sqrt{\{-4-(-1)\}^2+(2-6)^2}=\sqrt{9+16}=5$
$\overline{AC}=\sqrt{\{4-(-1)\}^2+(-6-6)^2}=\sqrt{25+144}=13$
즉 $\overline{AB}:\overline{AC}=\overline{BD}:\overline{CD}=5:13$

STEP Ⓑ 선분 BC를 5:13으로 내분하는 점 D의 좌표 구하기

두 점 B(−4, 2), C(4, −6)에 대하여
선분 BC를 5:13으로 내분하는 점 D의 좌표는
$\left(\dfrac{5\times4+13\times(-4)}{5+13},\dfrac{5\times(-6)+13\times2}{5+13}\right)$, 즉 D$\left(-\dfrac{16}{9},-\dfrac{2}{9}\right)$
따라서 $a=-\dfrac{16}{9}$, $b=-\dfrac{2}{9}$이므로 $a+b=-2$

세 점 A$(2, 4)$, B$(-2, -4)$, C$(6, 2)$를 꼭짓점으로 하는 삼각형 ABC의 내심을 I라 하자. 두 직선 AI와 BC가 만나는 점 D의 x좌표를 $\dfrac{b}{a}$라 할 때, $a+b$의 값은? (단, a와 b는 서로소인 자연수이다.)

① 9   ② 10   ③ 11
④ 12   ⑤ 13

STEP Ⓐ   삼각형의 각의 이등분선의 성질을 이용하여 비 구하기

점 I가 삼각형 ABC의 내심이므로
삼각형 ABC에서 $\overline{\mathrm{AD}}$는 $\angle$BAC의
이등분선이고 $\overline{\mathrm{AB}} : \overline{\mathrm{AC}} = \overline{\mathrm{BD}} : \overline{\mathrm{CD}}$가
성립한다.
세 점 A$(2, 4)$, B$(-2, -4)$, C$(6, 2)$에
대하여

$\overline{\mathrm{AB}} = \sqrt{(-2-2)^2 + (-4-4)^2}$
$\quad\quad = \sqrt{16+64} = 4\sqrt{5}$
$\overline{\mathrm{AC}} = \sqrt{(6-2)^2 + (2-4)^2} = \sqrt{16+4} = 2\sqrt{5}$
즉 $\overline{\mathrm{AB}} : \overline{\mathrm{AC}} = \overline{\mathrm{BD}} : \overline{\mathrm{CD}} = 4\sqrt{5} : 2\sqrt{5} = 2 : 1$

STEP Ⓑ   선분 BC를 $2 : 1$로 내분하는 점 D의 좌표 구하기

두 점 B$(-2, -4)$, C$(6, 2)$에 대하여
선분 BC를 $2 : 1$로 내분하는 점 D의 좌표는
$\left(\dfrac{2 \times 6 + 1 \times (-2)}{2+1}, \dfrac{2 \times 2 + 1 \times (-4)}{2+1} \right)$, 즉 D$\left(\dfrac{10}{3}, 0 \right)$
이때 점 D의 x좌표는 $\dfrac{10}{3}$이므로 $a = 3$, $b = 10$
따라서 $a + b = 13$

정답 ⑤

0099   2020년 09월 고1 학력평가 12번   정답 ③

STEP Ⓐ   삼각형의 각의 이등분선의 성질을 이용하여 비 구하기

$\angle$ABC의 이등분선이 변 AC와 만나는 점을 M이라 하면 ← $\overline{\mathrm{AM}} = \overline{\mathrm{CM}}$
$\overline{\mathrm{BM}}$는 $\angle$B의 이등분선이고 $\overline{\mathrm{BA}} : \overline{\mathrm{BC}} = \overline{\mathrm{AM}} : \overline{\mathrm{CM}} = 1 : 1$이 성립한다.
즉 삼각형 ABC는 $\overline{\mathrm{BA}} = \overline{\mathrm{BC}}$인 이등변삼각형이다.

STEP Ⓑ   두 점 사이의 거리를 이용하여 양수 a의 값 구하기

세 점 A$(0, a)$, B$(-3, 0)$, C$(1, 0)$에 대하여
$\overline{\mathrm{BA}} = \sqrt{(-3-0)^2 + (0-a)^2} = \sqrt{9+a^2}$
$\overline{\mathrm{BC}} = |1 - (-3)| = 4$
이때 $\overline{\mathrm{BA}} = \overline{\mathrm{BC}}$에서 $\overline{\mathrm{BA}}^2 = \overline{\mathrm{BC}}^2$이므로 $9 + a^2 = 16$, $a^2 = 7$
따라서 $a = \sqrt{7} (\because a > 0)$ ← A$(0, \sqrt{7})$

오른쪽 그림과 같이 좌표평면 위의
세 점 A$(0, a)$, B$(-4, 0)$, C$(2, 0)$을
꼭짓점으로 하는 삼각형 ABC가 있다.
$\angle$ABC의 이등분선이 선분 AC의 중점
을 지날 때, 양수 a의 값은?

① $3\sqrt{2}$ ② $2\sqrt{5}$
③ $\sqrt{22}$ ④ $2\sqrt{6}$
⑤ $\sqrt{26}$

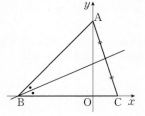

STEP Ⓐ   삼각형의 각의 이등분선의 성질을 이용하여 비 구하기

$\angle$ABC의 이등분선이 변 AC와 만나는 점을 M이라 하면 ← $\overline{\mathrm{AM}} = \overline{\mathrm{CM}}$
$\overline{\mathrm{BM}}$는 $\angle$B의 이등분선이고 $\overline{\mathrm{BA}} : \overline{\mathrm{BC}} = \overline{\mathrm{AM}} : \overline{\mathrm{CM}} = 1 : 1$이 성립한다.
즉 삼각형 ABC는 $\overline{\mathrm{BA}} = \overline{\mathrm{BC}}$인 이등변삼각형이다.

STEP Ⓑ   두 점 사이의 거리를 이용하여 양수 a의 값 구하기

세 점 A$(0, a)$, B$(-4, 0)$, C$(2, 0)$에 대하여
$\overline{\mathrm{BA}} = \sqrt{(-4-0)^2 + (0-a)^2} = \sqrt{16+a^2}$
$\overline{\mathrm{BC}} = |2 - (-4)| = 6$
이때 $\overline{\mathrm{BA}} = \overline{\mathrm{BC}}$에서 $\overline{\mathrm{BA}}^2 = \overline{\mathrm{BC}}^2$이므로 $16 + a^2 = 36$, $a^2 = 20$
따라서 $a = 2\sqrt{5} (\because a > 0)$ ← A$(0, 2\sqrt{5})$

정답 ②

0100   정답 ③

STEP Ⓐ   두 점 사이의 거리 공식을 이용하여 도형의 방정식 구하기

두 점 A$(3, 6)$, B$(2, 3)$으로부터 같은 거리에 있는 점을 P(x, y)라 하자.
$\overline{\mathrm{AP}} = \sqrt{(x-3)^2 + (y-6)^2} = \sqrt{x^2 - 6x + y^2 - 12y + 45}$
$\overline{\mathrm{BP}} = \sqrt{(x-2)^2 + (y-3)^2} = \sqrt{x^2 - 4x + y^2 - 6y + 13}$
이때 $\overline{\mathrm{AP}} = \overline{\mathrm{BP}}$에서 $\overline{\mathrm{AP}}^2 = \overline{\mathrm{BP}}^2$이므로
$x^2 - 6x + y^2 - 12y + 45 = x^2 - 4x + y^2 - 6y + 13$, $2x + 6y - 32 = 0$
따라서 구하는 도형의 방정식은 $x + 3y = 16$

0101   정답 ②

STEP Ⓐ   두 점 사이의 거리 공식을 이용하여 도형의 방정식 구하기

점 P의 좌표는 P(x, y)라 하면 두 점 A$(2, -1)$, B$(3, 5)$에 대하여
$\overline{\mathrm{PA}} = \sqrt{(x-2)^2 + \{y-(-1)\}^2} = \sqrt{x^2 - 4x + y^2 + 2y + 5}$
$\overline{\mathrm{PB}} = \sqrt{(x-3)^2 + (y-5)^2} = \sqrt{x^2 - 6x + y^2 - 10y + 34}$
이때 $\overline{\mathrm{PA}}^2 - \overline{\mathrm{PB}}^2 = 5$이므로
$(x^2 - 4x + y^2 + 2y + 5) - (x^2 - 6x + y^2 - 10y + 34) = 5$, $2x + 12y - 34 = 0$
$\therefore x + 6y - 17 = 0$
따라서 $a = 6$, $b = -17$이므로 $a + b = -11$

0102   정답 1

STEP Ⓐ   점 P를 직선 $3x + y = 1$에 대입하기

점 P(a, b)가 직선 $3x + y = 1$ 위의 점이므로
$3a + b = 1$ $\cdots\cdots$ ㉠

STEP Ⓑ   점 Q가 나타내는 도형의 방정식 구하기

점 Q$(a+b, a-b)$에서 $a+b = x$, $a-b = y$라 하고
두 식을 연립하여 풀면
$a = \dfrac{x+y}{2}$, $b = \dfrac{x-y}{2}$ $\cdots\cdots$ ㉡
㉡을 ㉠에 대입하면 $3 \times \dfrac{x+y}{2} + \dfrac{x-y}{2} = 1$, $2x + y - 1 = 0$
따라서 $m = 2$, $n = -1$이므로 $m + n = 1$

0103

정답 ④

STEP A 점 B의 좌표를 (a, b)로 놓고 직선 $y=2x+1$ 위에 대입하기

점 B의 좌표를 (a, b)라 하면 점 B는 직선 $y=2x+1$ 위의 점이므로

$b=2a+1$ ...... ㉠

STEP B 선분 AB를 $2:1$로 내분하는 점의 좌표 구하기

두 점 A$(2, 8)$, B(a, b)에 대하여

선분 AB를 $2:1$로 내분하는 점의 좌표를 (x, y)라 하면

$x=\dfrac{2\times a+1\times 2}{2+1}=\dfrac{2a+2}{3}$, $y=\dfrac{2\times b+1\times 8}{2+1}=\dfrac{2b+8}{3}$

$\therefore a=\dfrac{3x-2}{2}$, $b=\dfrac{3y-8}{2}$ ...... ㉡

STEP C 내분점이 나타내는 도형의 방정식 구하기

㉡을 ㉠에 대입하면

$\dfrac{3y-8}{2}=2\times \dfrac{3x-2}{2}+1,$

$6x-3y+6=0$

따라서 구하는 도형의 방정식은

$2x-y+2=0$

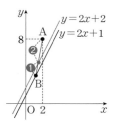

내/신/연/계/ 출제문항 054

점 P가 직선 $x-2y+1=0$ 위를 움직일 때, 점 A$(3, -2)$와 점 P를 이은 선분 AP를 $1:2$로 내분하는 점이 나타내는 도형의 방정식은?

① $3x-6y-13=0$ ② $x-2y+13=0$

③ $3x-y-13=0$ ④ $3x+y+3=0$

⑤ $3x+6y+5=0$

STEP A 점 P의 좌표를 (a, b)로 놓고 직선 $x-2y+1=0$에 대입하기

점 P의 좌표를 (a, b)라 하면 점 P는 직선 $x-2y+1=0$ 위의 점이므로

$a-2b+1=0$ ...... ㉠

STEP B 선분 AP를 $1:2$로 내분하는 점의 좌표 구하기

두 점 A$(3, -2)$, P(a, b)에 대하여

선분 AP를 $1:2$로 내분하는 점의 좌표를 (x, y)라 하면

$x=\dfrac{1\times a+2\times 3}{1+2}=\dfrac{a+6}{3}$, $y=\dfrac{1\times b+2\times(-2)}{1+2}=\dfrac{b-4}{3}$

$\therefore a=3x-6$, $b=3y+4$ ...... ㉡

STEP C 내분점이 나타내는 도형의 방정식 구하기

㉡을 ㉠에 대입하면 $(3x-6)-2(3y+4)+1=0$

따라서 구하는 도형의 방정식은 $3x-6y-13=0$

정답 ①

0104

정답 ①

STEP A 점 P의 좌표를 (a, b)로 놓고 직선 $x+2y-3=0$ 위에 대입하기

점 P의 좌표를 (a, b)라 하면 점 P는 직선 $x+2y-3=0$ 위의 점이므로

$a+2b-3=0$ ...... ㉠

STEP B 선분 AP의 중점의 좌표 구하기

두 점 A$(4, 2)$, P(a, b)에 대하여 선분 AP의 중점의 좌표를 (x, y)라 하면

$x=\dfrac{4+a}{2}$, $y=\dfrac{2+b}{2}$

$\therefore a=2x-4$, $b=2y-2$ ...... ㉡

STEP C 중점이 나타내는 도형의 방정식 구하기

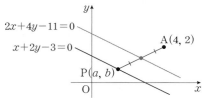

㉡을 ㉠에 대입하면 $(2x-4)+2(2y-2)-3=0$

따라서 구하는 도형의 방정식은 $2x+4y-11=0$

0105

정답 ⑤

STEP A 점 A의 좌표를 (p, q)로 놓고 직선 $y=2x+1$에 대입하기

점 A의 좌표를 (p, q)라 하면 점 A는 직선 $y=2x+1$ 위의 점이므로

$q=2p+1$ ...... ㉠

STEP B 삼각형 ABC의 무게중심의 좌표 구하기

세 점 A(p, q), B$(3, -5)$, C$(-6, 7)$을 꼭짓점으로 하는 삼각형 ABC의 무게중심의 좌표를 G(x, y)라 하면

$x=\dfrac{p+3+(-6)}{3}=\dfrac{p-3}{3}$, $y=\dfrac{q+(-5)+7}{3}=\dfrac{q+2}{3}$

$\therefore p=3x+3$, $q=3y-2$ ...... ㉡

STEP C 점 G가 나타내는 도형의 방정식 구하기

㉡을 ㉠에 대입하면 $3y-2=2\times(3x+3)+1$, $3y=6x+9$

$\therefore 2x-y+3=0$

따라서 $a=2$, $b=3$이므로 $a+b=5$

내/신/연/계/ 출제문항 055

점 A가 직선 $y=-3x+4$ 위를 움직일 때, 두 점 B$(1, 9)$, C$(5, 2)$와 점 A를 꼭짓점으로 하는 삼각형 ABC의 무게중심 G가 나타내는 도형의 방정식이 $ax+y+b=0$이다. 이때 상수 a, b에 대하여 $a+b$의 값은?

① -5 ② -6 ③ -7

④ -8 ⑤ -9

STEP A 점 A의 좌표를 (p, q)로 놓고 직선 $y=-3x+4$에 대입하기

점 A의 좌표를 (p, q)라 하면 점 A는 직선 $y=-3x+4$ 위의 점이므로

$q=-3p+4$ ...... ㉠

STEP B 삼각형 ABC의 무게중심의 좌표 구하기

세 점 A(p, q), B$(1, 9)$, C$(5, 2)$를 꼭짓점으로 하는 삼각형 ABC의 무게중심의 좌표를 G(x, y)라 하면

$x=\dfrac{p+1+5}{3}=\dfrac{p+6}{3}$, $y=\dfrac{q+9+2}{3}=\dfrac{q+11}{3}$

$\therefore p=3x-6$, $q=3y-11$ ...... ㉡

STEP C 점 G가 나타내는 도형의 방정식 구하기

㉡을 ㉠에 대입하면 $3y-11=-3\times(3x-6)+4$, $3y=-9x+33$

$\therefore 3x+y-11=0$

따라서 $a=3$, $b=-11$이므로 $a+b=-8$

정답 ④

STEP 2 — 서술형문제

0106
정답 해설참조

| 1단계 | $\overline{AP}=\overline{BP}$임을 이용하여 점 P의 좌표를 구한다. | 4점 |

점 P가 x축 위의 점이므로 점 P의 좌표를 P$(a, 0)$이라 하면
두 점 A$(1, 2)$, B$(6, 3)$에 대하여
$\overline{AP}=\sqrt{(a-1)^2+(0-2)^2}=\sqrt{a^2-2a+5}$
$\overline{BP}=\sqrt{(a-6)^2+(0-3)^2}=\sqrt{a^2-12a+45}$
이때 $\overline{AP}=\overline{BP}$에서 $\overline{AP}^2=\overline{BP}^2$이므로
$a^2-2a+5=a^2-12a+45$, $10a=40$ ∴ $a=4$
∴ P$(4, 0)$

| 2단계 | $\overline{AQ}=\overline{BQ}$임을 이용하여 점 Q의 좌표를 구한다. | 4점 |

점 Q가 y축 위의 점이므로 점 Q의 좌표를 Q$(0, b)$라 하면
두 점 A$(1, 2)$, B$(6, 3)$에 대하여
$\overline{AQ}=\sqrt{(0-1)^2+(b-2)^2}=\sqrt{b^2-4b+5}$
$\overline{BQ}=\sqrt{(0-6)^2+(b-3)^2}=\sqrt{b^2-6b+45}$
이때 $\overline{AQ}=\overline{BQ}$에서 $\overline{AQ}^2=\overline{BQ}^2$이므로
$b^2-4b+5=b^2-6b+45$, $2b=40$ ∴ $b=20$
∴ Q$(0, 20)$

| 3단계 | 선분 PQ의 길이를 구한다. | 2점 |

따라서 두 점 P$(4, 0)$, Q$(0, 20)$ 사이의 거리는
$\overline{PQ}=\sqrt{(0-4)^2+(20-0)^2}=\sqrt{16+400}=4\sqrt{26}$

0107
정답 해설참조

| 1단계 | 선분 AB를 1 : 2로 내분하는 점 P의 좌표를 구한다. | 4점 |

두 점 A$(0, 1)$, B$(6, 4)$에 대하여
선분 AB를 1 : 2로 내분하는 점 P의 좌표는
$\left(\dfrac{1\times6+2\times0}{1+2}, \dfrac{1\times4+2\times1}{1+2}\right)$, 즉 P$(2, 2)$

| 2단계 | 선분 AB를 2 : 1로 내분하는 점 Q의 좌표를 구한다. | 4점 |

두 점 A$(0, 1)$, B$(6, 4)$에 대하여
선분 AB를 2 : 1로 내분하는 점 Q의 좌표는
$\left(\dfrac{2\times6+1\times0}{2+1}, \dfrac{2\times4+1\times1}{2+1}\right)$, 즉 Q$(4, 3)$

| 3단계 | 선분 PQ의 길이를 구한다. | 2점 |

따라서 두 점 P$(2, 2)$, Q$(4, 3)$ 사이의 거리는
$\overline{PQ}=\sqrt{(4-2)^2+(3-2)^2}=\sqrt{4+1}=\sqrt{5}$

0108
정답 해설참조

| 1단계 | 선분 AB의 중점 M의 좌표를 구한다. | 3점 |

두 점 A$(1, 0)$, B$(5, -2)$에 대하여 선분 AB의 중점 M의 좌표는
$\left(\dfrac{1+5}{2}, \dfrac{0+(-2)}{2}\right)$, 즉 M$(3, -1)$

| 2단계 | 삼각형 ABC의 무게중심 G의 좌표를 구한다. | 3점 |

세 점 A$(1, 0)$, B$(5, -2)$, C$(-3, 11)$을 꼭짓점으로 하는 삼각형 ABC의
무게중심 G의 좌표는 $\left(\dfrac{1+5+(-3)}{3}, \dfrac{0+(-2)+11}{3}\right)$, 즉 G$(1, 3)$

| 3단계 | 삼각형 AMG의 외심 P의 좌표를 구한다. | 4점 |

삼각형 AMG의 외심을 P(x, y)라고 하면
세 점 A$(1, 0)$, M$(3, -1)$, G$(1, 3)$에 대하여
$\overline{PA}=\sqrt{(x-1)^2+(y-0)^2}=\sqrt{x^2-2x+y^2+1}$
$\overline{PG}=\sqrt{(x-1)^2+(y-3)^2}=\sqrt{x^2-2x+y^2-6y+10}$
$\overline{PM}=\sqrt{(x-3)^2+\{y-(-1)\}^2}=\sqrt{x^2-6x+y^2+2y+10}$
삼각형의 외심에서 세 꼭짓점에 이르는 거리가 같으므로 $\overline{PA}=\overline{PG}=\overline{PM}$
(ⅰ) $\overline{PA}=\overline{PG}$에서 $\overline{PA}^2=\overline{PG}^2$
  $x^2-2x+y^2+1=x^2-2x+y^2-6y+10$, $6y=9$
  ∴ $y=\dfrac{3}{2}$
(ⅱ) $\overline{PA}=\overline{PM}$에서 $\overline{PA}^2=\overline{PM}^2$
  $x^2-2x+y^2+1=x^2-6x+y^2+2y+10$, $4x-2y-9=0$
  위 식에 $y=\dfrac{3}{2}$를 대입하면 $4x-3-9=0$, $4x=12$
  ∴ $x=3$
(ⅰ), (ⅱ)에 의하여 삼각형 AMG의 외심 P의 좌표는 P$\left(3, \dfrac{3}{2}\right)$

0109
정답 해설참조

| 1단계 | 점 B의 좌표를 구한다. | 3점 |

점 B의 좌표를 (a, b)라 하면 두 점 A$(6, 8)$, B(a, b)에 대하여
선분 AB의 중점의 좌표는 $\left(\dfrac{6+a}{2}, \dfrac{8+b}{2}\right)$
이 점은 $(4, 3)$과 일치하므로
$\dfrac{6+a}{2}=4$, $6+a=8$에서 $a=2$
$\dfrac{8+b}{2}=3$, $8+b=6$에서 $b=-2$
∴ B$(2, -2)$

| 2단계 | 점 C의 좌표를 구한다. | 3점 |

점 C의 좌표를 (c, d)라 하면 세 점 A$(6, 8)$, B$(2, -2)$, C(c, d)를
꼭짓점으로 하는 삼각형 ABC의 무게중심의 좌표는
$\left(\dfrac{6+2+c}{3}, \dfrac{8+(-2)+d}{3}\right)$, 즉 $\left(\dfrac{8+c}{3}, \dfrac{6+d}{3}\right)$
이 점은 $(6, 4)$와 일치하므로
$\dfrac{8+c}{3}=6$, $8+c=18$에서 $c=10$
$\dfrac{6+d}{3}=4$, $6+d=12$에서 $d=6$
∴ C$(10, 6)$

| 3단계 | 선분 BC를 3 : 1로 내분하는 점의 좌표를 구한다. | 4점 |

두 점 B$(2, -2)$, C$(10, 6)$에 대하여 선분 BC를 3 : 1로 내분하는 점의 좌표는
$\left(\dfrac{3\times10+1\times2}{3+1}, \dfrac{3\times6+1\times(-2)}{3+1}\right)$, 즉 $(8, 4)$
따라서 $p=8$, $q=4$이므로 $p+q=12$

삼각형 ABC의 꼭짓점 A(5, 3)이고, 선분 AB의 중점의 좌표는 (0, 1),
삼각형 ABC의 무게중심의 좌표가 (1, 3)이다. 이때 선분 BC를 3 : 1로 내분
하는 점의 좌표를 (p, q)라 할 때, $p+q$의 값을 구하는 과정을 다음 단계로
서술하시오.

[1단계] 점 B의 좌표를 구한다. [3점]
[2단계] 점 C의 좌표를 구한다. [3점]
[3단계] 선분 BC를 3 : 1로 내분하는 점의 좌표를 구한다. [4점]

1단계	점 B의 좌표를 구한다.	3점

점 B의 좌표를 (a, b)라 하면 두 점 A(5, 3), B(a, b)에 대하여

선분 AB의 중점의 좌표는 $\left(\dfrac{5+a}{2}, \dfrac{3+b}{2}\right)$

이 점은 (0, 1)과 일치하므로

$\dfrac{5+a}{2}=0$에서 $a=-5$

$\dfrac{3+b}{2}=1$, $3+b=2$에서 $b=-1$ ∴ B$(-5, -1)$

2단계	점 C의 좌표를 구한다.	3점

점 C의 좌표를 (c, d)라 하면 세 점 A(5, 3), B(−5, −1), C(c, d)를
꼭짓점으로 하는 삼각형 ABC의 무게중심의 좌표는

$\left(\dfrac{5+(-5)+c}{3}, \dfrac{3+(-1)+d}{3}\right)$, 즉 $\left(\dfrac{c}{3}, \dfrac{2+d}{3}\right)$

이 점은 (1, 3)과 일치하므로

$\dfrac{c}{3}=1$에서 $c=3$

$\dfrac{2+d}{3}=3$, $2+d=9$에서 $d=7$ ∴ C$(3, 7)$

3단계	선분 BC를 3 : 1로 내분하는 점의 좌표를 구한다.	4점

두 점 B(−5, −1), C(3, 7)에 대하여 선분 BC를 3 : 1로 내분하는 점의 좌표는

$\left(\dfrac{3\times3+1\times(-5)}{3+1}, \dfrac{3\times7+1\times(-1)}{3+1}\right)$, 즉 (1, 5)

따라서 $p=1$, $q=5$이므로 $p+q=6$ 정답 해설참조

0110   정답 해설참조

1단계	t초 후 두 사람 A, B의 위치를 각각 좌표로 나타낸다.	4점

지점 O를 원점으로 생각하면 출발한 지 t초 후 A, B 두 사람의 위치를 A, B라
하면 A$(100-2t, 0)$, B$(0, t)$로 나타낼 수 있다.

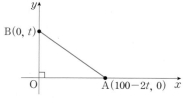

2단계	t초 후 두 사람 A, B 사이의 거리를 구한다.	3점

두 점 A$(100-2t, 0)$, B$(0, t)$에 대하여

$\overline{AB}=\sqrt{(100-2t-0)^2+(0-t)^2}$
$=\sqrt{5t^2-400t+10000}$
$=\sqrt{5(t^2-80t+1600-1600)+10000}$
$=\sqrt{5(t-40)^2+2000}$

3단계	두 사람 A, B 사이의 거리가 최소가 되는 시간과 그때의 최솟값을 구한다.	3점

따라서 선분 AB의 최솟값은 $t=40$(초)일 때, $\sqrt{2000}=20\sqrt{5}$

0111   정답 해설참조

1단계	두 선분 AB, AC의 길이를 구한다.	3점

세 점 A(−1, 1), B(1, 3), C(3, −3)에 대하여

$\overline{AB}=\sqrt{\{1-(-1)\}^2+(3-1)^2}=\sqrt{4+4}=2\sqrt{2}$
$\overline{AC}=\sqrt{\{3-(-1)\}^2+(-3-1)^2}=\sqrt{16+16}=4\sqrt{2}$

2단계	∠BAC의 이등분선이 선분 BC와 만나는 점을 D라 할 때, 점 D의 좌표를 구한다.	4점

∠BAC의 이등분선이 변 BC와 만나는 점을 D라 하면
$\overline{AD}$는 ∠BAC의 이등분선이고 $\overline{AB} : \overline{AC}=\overline{BD} : \overline{DC}$가 성립한다.
즉 $\overline{AB} : \overline{AC}$
$=2\sqrt{2} : 4\sqrt{2}=1 : 2$
이때 선분 BC를 1 : 2로 내분하는
점 D의 좌표는

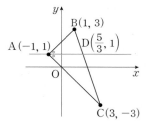

$\left(\dfrac{1\times3+2\times1}{1+2}, \dfrac{1\times(-3)+2\times3}{1+2}\right)$,

즉 D$\left(\dfrac{5}{3}, 1\right)$

3단계	∠BAC를 이등분하는 직선이 $ax+by+1=0$일 때, 상수 a, b의 값을 구한다.	3점

두 점 A(−1, 1), D$\left(\dfrac{5}{3}, 1\right)$을 지나는 직선의 방정식은

$y=\dfrac{1-1}{\dfrac{5}{3}-(-1)}\left(x-\dfrac{5}{3}\right)+1$, 즉 $-y+1=0$

따라서 $a=0$, $b=-1$이므로 $a+b=-1$

그림과 같이 세 점 A(1, 2), B(−3, 0), C(4, −4)를 꼭짓점으로 하는
삼각형 ABC에서 ∠A의 이등분선이 변 BC와 만나는 점을 D(a, b)라
할 때, $a-b$의 값을 구하는 과정을 다음 단계로 서술하시오.

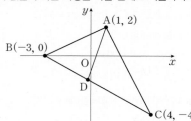

[1단계] 삼각형의 각의 이등분선의 성질을 이용하여 비를 구한다. [5점]
[2단계] 선분 BC를 2 : 3으로 내분하는 점 D의 좌표를 구한다. [5점]

1단계	삼각형의 각의 이등분선의 성질을 이용하여 비를 구한다.	5점

∠A의 이등분선이 변 BC와 만나는 점이 D이므로
$\overline{AD}$는 ∠A의 이등분선이고 $\overline{AB} : \overline{AC}=\overline{BD} : \overline{DC}$가 성립한다.
세 점 A(1, 2), B(−3, 0), C(4, −4)에 대하여

$\overline{AB}=\sqrt{(-3-1)^2+(0-2)^2}=\sqrt{16+4}=2\sqrt{5}$
$\overline{AC}=\sqrt{(4-1)^2+(-4-2)^2}=\sqrt{9+36}=3\sqrt{5}$

즉 $\overline{AB} : \overline{AC}=\overline{BD} : \overline{DC}=2\sqrt{5} : 3\sqrt{5}=2 : 3$

2단계	선분 BC를 2 : 3으로 내분하는 점 D의 좌표를 구한다.	5점

두 점 B(−3, 0), C(4, −4)에 대하여
선분 BC를 2 : 3으로 내분하는 점 D의 좌표는

$\left(\dfrac{2\times4+3\times(-3)}{2+3}, \dfrac{2\times(-4)+3\times0}{2+3}\right)$, 즉 $\left(-\dfrac{1}{5}, -\dfrac{8}{5}\right)$

따라서 $a=-\dfrac{1}{5}$, $b=-\dfrac{8}{5}$이므로 $a-b=\dfrac{7}{5}$ 정답 해설참조

0112

정답 2

STEP Ⓐ 선분 AB를 내분하는 두 점 C, D의 좌표 구하기

두 점 $A(x_1, y_1)$, $B(x_2, y_2)$에 대하여

선분 AB를 2 : 1로 내분하는 점 C의 좌표는

$\left(\dfrac{2 \times x_2 + 1 \times x_1}{2+1}, \dfrac{2 \times y_2 + 1 \times y_1}{2+1}\right)$, 즉 $C\left(\dfrac{1}{3}x_1 + \dfrac{2}{3}x_2, \dfrac{1}{3}y_1 + \dfrac{2}{3}y_2\right)$

선분 AB를 3 : 1로 내분하는 점 D의 좌표는

$\left(\dfrac{3 \times x_2 + 1 \times x_1}{3+1}, \dfrac{3 \times y_2 + 1 \times y_1}{3+1}\right)$, 즉 $D\left(\dfrac{1}{4}x_1 + \dfrac{3}{4}x_2, \dfrac{1}{4}y_1 + \dfrac{3}{4}y_2\right)$

STEP Ⓑ 주어진 식을 이용하여 행렬 X 구하기

두 점 C, D의 좌표는 각각 (x_3, y_3), (x_4, y_4)이므로 이를 행렬로 나타내면

$\begin{pmatrix} x_3 & y_3 \\ x_4 & y_4 \end{pmatrix} = \begin{pmatrix} \frac{1}{3}x_1 + \frac{2}{3}x_2 & \frac{1}{3}y_1 + \frac{2}{3}y_2 \\ \frac{1}{4}x_1 + \frac{3}{4}x_2 & \frac{1}{4}y_1 + \frac{3}{4}y_2 \end{pmatrix} = \begin{pmatrix} \frac{1}{3} & \frac{2}{3} \\ \frac{1}{4} & \frac{3}{4} \end{pmatrix} \begin{pmatrix} x_1 & y_1 \\ x_2 & y_2 \end{pmatrix}$

즉 $X\begin{pmatrix} x_1 & y_1 \\ x_2 & y_2 \end{pmatrix} = \begin{pmatrix} x_3 & y_3 \\ x_4 & y_4 \end{pmatrix}$이므로 $X = \begin{pmatrix} \frac{1}{3} & \frac{2}{3} \\ \frac{1}{4} & \frac{3}{4} \end{pmatrix}$

STEP Ⓒ 행렬 X의 $(1, 1)$ 성분과 $(2, 2)$ 성분의 곱 구하기

행렬 X의 $(1, 1)$ 성분은 $\dfrac{1}{3}$, $(2, 2)$ 성분은 $\dfrac{3}{4}$이므로 그 곱은 $\dfrac{1}{3} \times \dfrac{3}{4} = \dfrac{1}{4}$

따라서 $a = \dfrac{1}{4}$이므로 $8a = 8 \times \dfrac{1}{4} = 2$

0113

정답 $3\sqrt{5}$

STEP Ⓐ 삼각형 ABC를 좌표평면 위에 놓고 삼각형 ABC의 무게중심의 좌표 구하기

그림과 같이 변 AB를 x축으로 하고 꼭짓점 A가 원점이 되도록 삼각형 ABC를 좌표평면 위에 놓자.

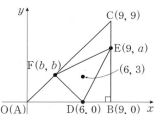

세 점 $A(0, 0)$, $B(9, 0)$, $C(9, 9)$를 꼭짓점으로 하는 삼각형 ABC의

무게중심의 좌표는 $\left(\dfrac{0+9+9}{3}, \dfrac{0+0+9}{3}\right)$, 즉 $(6, 3)$

STEP Ⓑ 삼각형 DEF의 무게중심의 좌표 구하기

두 점 $A(0, 0)$, $B(9, 0)$에 대하여 선분 AB를 2 : 1로 내분하는 점 D의 좌표는

$\left(\dfrac{2 \times 9 + 1 \times 0}{2+1}, \dfrac{2 \times 0 + 1 \times 0}{2+1}\right)$, 즉 $D(6, 0)$

두 점 $B(9, 0)$, $C(9, 9)$를 지나는 직선 BC의 방정식이 $x = 9$이므로 점 E의 좌표를 $E(9, a)$라 하자.

두 점 $A(0, 0)$, $C(9, 9)$를 지나는 직선 AC의 방정식이 $y = x$이므로 점 F의 좌표를 $F(b, b)$라 하자.

이때 세 점 $D(6, 0)$, $E(9, a)$, $F(b, b)$를 꼭짓점으로 하는 삼각형 DEF의 무게중심의 좌표는

$\left(\dfrac{6+9+b}{3}, \dfrac{0+a+b}{3}\right)$, 즉 $\left(\dfrac{b+15}{3}, \dfrac{a+b}{3}\right)$

STEP Ⓒ 선분 EF의 길이 구하기

이때 두 삼각형 ABC와 DEF의 무게중심의 좌표가 일치하므로

$\dfrac{b+15}{3} = 6$, $b+15 = 18$에서 $b = 3$

$\dfrac{a+b}{3} = 3$, $\dfrac{a+3}{3} = 3$, $a+3 = 9$에서 $a = 6$

따라서 두 점 $E(9, 6)$, $F(3, 3)$에 대하여

$\overline{EF} = \sqrt{(3-9)^2 + (3-6)^2} = \sqrt{36+9} = 3\sqrt{5}$

내/신/연/계/ 출제문항 058

오른쪽 그림과 같이 $\overline{AB} = 6$, $\overline{BC} = 9$, $\angle B = 90°$인 직각삼각형 ABC가 있다. 변 AB를 5 : 1로 내분하는 점 D와 변 BC 위의 점 E, 변 CA 위의 점 F에 대하여 삼각형 DEF의 무게중심과 삼각형 ABC의 무게중심이 일치할 때, 선분 EF의 길이를 구하시오.

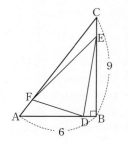

STEP Ⓐ 삼각형 ABC를 좌표평면 위에 놓고 삼각형 ABC의 무게중심의 좌표 구하기

그림과 같이 변 AB를 x축, 변 CB를 y축으로 하고 꼭짓점 B를 원점이 되도록 삼각형 ABC를 좌표평면 위에 놓자.

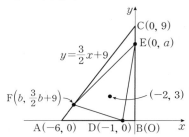

세 점 $A(-6, 0)$, $B(0, 0)$, $C(0, 9)$를 꼭짓점으로 하는 삼각형 ABC의

무게중심의 좌표는 $\left(\dfrac{-6+0+0}{3}, \dfrac{0+0+9}{3}\right)$, 즉 $(-2, 3)$

STEP Ⓑ 삼각형 DEF의 무게중심의 좌표 구하기

두 점 $A(-6, 0)$, $B(0, 0)$에 대하여 선분 AB를 5 : 1로 내분하는 점 D의 좌표는

$\left(\dfrac{5 \times 0 + 1 \times (-6)}{5+1}, \dfrac{5 \times 0 + 1 \times 0}{5+1}\right)$, 즉 $D(-1, 0)$

두 점 $B(0, 0)$, $C(0, 9)$를 지나는 직선 BC의 방정식이 $x = 0$이므로 점 E의 좌표를 $E(0, a)$라 하자.

두 점 $A(-6, 0)$, $C(0, 9)$를 지나는 직선 AC의 방정식은

$y = \dfrac{9-0}{0-(-6)}(x-0) + 9$, 즉 $y = \dfrac{3}{2}x + 9$이므로

점 F의 좌표를 $F\left(b, \dfrac{3}{2}b + 9\right)$라 하자.

이때 세 점 $D(-1, 0)$, $E(0, a)$, $F\left(b, \dfrac{3}{2}b + 9\right)$를 꼭짓점으로 하는 삼각형 DEF의 무게중심의 좌표는

$\left(\dfrac{-1+0+b}{3}, \dfrac{0+a+\frac{3}{2}b+9}{3}\right)$, 즉 $\left(\dfrac{b-1}{3}, \dfrac{2a+3b+18}{6}\right)$

STEP Ⓒ 선분 EF의 길이 구하기

이때 두 삼각형 ABC와 DEF의 무게중심의 좌표가 일치하므로

$\dfrac{b-1}{3} = -2$, $b-1 = -6$에서 $b = -5$

$\dfrac{2a+3b+18}{6} = 3$, $\dfrac{2a-15+18}{6} = 3$, $2a+3 = 18$에서 $a = \dfrac{15}{2}$

따라서 $E\left(0, \dfrac{15}{2}\right)$, $F\left(-5, \dfrac{3}{2}\right)$에 대하여

$\overline{EF} = \sqrt{(-5-0)^2 + \left(\dfrac{3}{2} - \dfrac{15}{2}\right)^2} = \sqrt{25+36} = \sqrt{61}$

정답 $\sqrt{61}$

0114
2013년 09월 고1 학력평가 28번 　정답 116

STEP Ⓐ 정사각형의 넓이의 비를 이용하여 점 A_1의 좌표 구하기

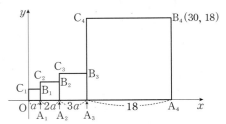

정사각형 $A_3A_4B_4C_4$는 한 변의 길이가 18이므로　← 점 B_4의 y좌표가 18

점 A_3의 좌표는 $A_3(12, 0)$　← $A_4(30, 0)$이므로 $30-18=12$

세 정사각형 $OA_1B_1C_1$, $A_1A_2B_2C_2$, $A_2A_3B_3C_3$의 넓이의 비가

$1 : 4 : 9 = 1^2 : 2^2 : 3^2$

세 정사각형 $OA_1B_1C_1$, $A_1A_2B_2C_2$, $A_2A_3B_3C_3$의 한 변의 길이의 비는

$\overline{OA_1} : \overline{A_1A_2} : \overline{A_2A_3} = 1 : 2 : 3$　← 닮음비가 $a : b$일 때, 넓이의 비는 $a^2 : b^2$

위의 그림과 같이 $x > 0$에서의 점 A_1의 x좌표를 a라 하면

$\overline{OA_1} = a$, $\overline{A_1A_2} = 2a$, $\overline{A_2A_3} = 3a$ (단, $a > 0$)

즉 $\overline{OA_3} = \overline{OA_1} + \overline{A_1A_2} + \overline{A_2A_3} = 12$, $a+2a+3a = 6a = 12$이므로

$a = 2$　← $A_1(2, 0)$

STEP Ⓑ 두 점 사이의 거리를 이용하여 선분 B_1B_3의 길이 구하기

$\overline{OA_1} = 2$, $\overline{A_1A_2} = 4$, $\overline{A_2A_3} = 6$이므로

$B_1(2, 2)$, $B_2(6, 4)$, $B_3(12, 6)$

$\overline{B_1B_3} = \sqrt{(12-2)^2 + (6-2)^2} = \sqrt{100+16} = \sqrt{116}$

따라서 $\overline{B_1B_3}^2 = (\sqrt{116})^2 = 116$　← $(\sqrt{a})^2 = a$ (단, $a \geq 0$)

내/신/연/계/ 출제문항 059

그림과 같이 x축 위의 네 점 A_1, A_2, A_3, A_4에 대하여 $\overline{OA_1}$, $\overline{A_1A_2}$, $\overline{A_2A_3}$, $\overline{A_3A_4}$를 각각 한 변으로 하는 정사각형 $OA_1B_1C_1$, $A_1A_2B_2C_2$, $A_2A_3B_3C_3$, $A_3A_4B_4C_4$가 있다. 점 B_4의 좌표가 $(38, 20)$이고 정사각형 $OA_1B_1C_1$, $A_1A_2B_2C_2$, $A_2A_3B_3C_3$의 넓이의 비가 $1 : 4 : 9$일 때, $\overline{B_1B_3}^2$의 값을 구하시오. (단, O는 원점이다.)

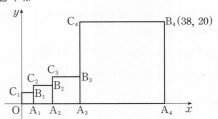

STEP Ⓐ 정사각형의 넓이의 비를 이용하여 점 A_1의 좌표 구하기

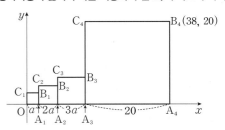

정사각형 $A_3A_4B_4C_4$는 한 변의 길이가 20이므로　← 점 B_4의 y좌표가 20

점 A_3의 좌표는 $A_3(18, 0)$　← $A_4(38, 0)$이므로 $38-20=18$

세 정사각형 $OA_1B_1C_1$, $A_1A_2B_2C_2$, $A_2A_3B_3C_3$의 넓이의 비가

$1 : 4 : 9 = 1^2 : 2^2 : 3^2$

세 정사각형 $OA_1B_1C_1$, $A_1A_2B_2C_2$, $A_2A_3B_3C_3$의 한 변의 길이의 비는

$\overline{OA_1} : \overline{A_1A_2} : \overline{A_2A_3} = 1 : 2 : 3$　← 닮음비가 $a : b$일 때, 넓이의 비는 $a^2 : b^2$

위의 그림과 같이 $x > 0$에서의 점 A_1의 x좌표를 a라 하면

$\overline{OA_1} = a$, $\overline{A_1A_2} = 2a$, $\overline{A_2A_3} = 3a$ (단, $a > 0$)

즉 $\overline{OA_3} = \overline{OA_1} + \overline{A_1A_2} + \overline{A_2A_3} = 18$, $a+2a+3a = 6a = 18$이므로

$a = 3$　← $A_1(3, 0)$

STEP Ⓑ 두 점 사이의 거리를 이용하여 선분 B_1B_3의 길이 구하기

$\overline{OA_1} = 3$, $\overline{A_1A_2} = 6$, $\overline{A_2A_3} = 9$이므로 $B_1(3, 3)$, $B_2(9, 6)$, $B_3(18, 9)$

$\overline{B_1B_3} = \sqrt{(18-3)^2 + (9-3)^2} = \sqrt{225+36} = \sqrt{261}$

따라서 $\overline{B_1B_3}^2 = (\sqrt{261})^2 = 261$　정답 261

0115
2010년 03월 고2 학력평가 20번　정답 ②

STEP Ⓐ 세 지점 A, B, C를 좌표평면 위에 나타내기

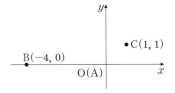

위의 그림과 같이 세 지점 A, B, C를 점 A를 원점으로 하는 좌표평면 위에 나타내면 두 점 C, D의 좌표는 $B(-4, 0)$, $C(1, 1)$

STEP Ⓑ 물류창고를 지으려는 지점의 좌표를 $P(x, y)$라 하고 주어진 조건을 이용하여 선분 AP의 길이 구하기

물류창고를 지으려는 지점의 좌표를 $P(x, y)$라 하면

세 점 $A(0, 0)$, $B(-4, 0)$, $C(1, 1)$에 대하여

$\overline{AP} = \sqrt{x^2 + y^2}$

$\overline{BP} = \sqrt{\{x-(-4)\}^2 + (y-0)^2} = \sqrt{x^2 + 8x + y^2 + 16}$

$\overline{CP} = \sqrt{(x-1)^2 + (y-1)^2} = \sqrt{x^2 - 2x + y^2 - 2y + 2}$

이때 물류창고는 세 점 A, B, C와 같은 거리에 있어야 하므로

$\overline{AP} = \overline{BP} = \overline{CP}$

(ⅰ) $\overline{AP} = \overline{BP}$에서 $\overline{AP}^2 = \overline{BP}^2$

$x^2 + y^2 = x^2 + 8x + y^2 + 16$, $8x + 16 = 0$　∴ $x = -2$

(ⅱ) $\overline{AP} = \overline{CP}$에서 $\overline{AP}^2 = \overline{CP}^2$

$x^2 + y^2 = x^2 - 2x + y^2 - 2y + 2$, $x + y - 1 = 0$

위 식에 $x = -2$를 대입하면 $-2 + y - 1 = 0$　∴ $y = 3$

(ⅰ), (ⅱ)에 의하여 $\overline{AP} = \sqrt{x^2 + y^2} = \sqrt{(-2)^2 + 3^2} = \sqrt{13}$

따라서 물류창고를 지으려는 지점에서 A지점에 이르는 거리는 $\sqrt{13}\,\text{km}$

＋α │ 원의 방정식을 이용하여 구할 수 있어!

세 점 A, B, C에서 같은 거리에 있는 점을 점 P라 하면 점 P는 세 점 A, B, C를 지나는 원의 중심이다.

원 위에 있는 점들은 항상 원의 중심으로부터 같은 거리에 있다.

이때 원의 방정식을 $x^2 + y^2 + ax + by + c = 0$라 하면

점 $A(0, 0)$을 지나므로 $c = 0$

점 $B(-4, 0)$을 지나고 $c = 0$이므로

$16 - 4a = 0$　∴ $a = 4$

점 $C(1, 1)$을 지나고 $a = 4$, $c = 0$이므로

$1 + 1 + 4 + b = 0$　∴ $b = -6$

즉 원의 방정식은 $x^2 + y^2 + 4x - 6y = 0$,

$(x^2 + 4x + 4) - 4 + (y^2 - 6y + 9) - 9 = 0$

∴ $(x+2)^2 + (y-3)^2 = 13$

원의 중심 $P(-2, 3)$, 반지름의 길이는 $\sqrt{13}$

따라서 구하는 거리는 이 원의 반지름의 길이이므로 $\sqrt{13}\,\text{km}$

세 지점 A, B, C에 대리점이 있는 회사가 세 지점에서 같은 거리에 있는 지점에 물류창고를 지으려고 한다. 그림과 같이 B지점은 A지점에서 동쪽으로 6km만큼 떨어진 위치에 있고, C지점은 A지점에서 서쪽으로 2km, 북쪽으로 4km만큼 떨어진 위치에 있을 때, 물류창고를 지으려는 지점에서 A지점에 이르는 거리는?

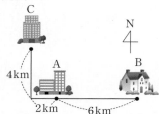

① $2\sqrt{5}$ km   ② 5km   ③ $\sqrt{30}$ km
④ $\sqrt{35}$ km   ⑤ $2\sqrt{10}$ km

STEP A 세 지점 A, B, C를 좌표평면 위에 나타내기

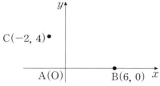

위의 그림과 같이 세 지점 A, B, C를 점 A를 원점으로 하는 좌표평면 위에 나타내면 두 점 B, C의 좌표는 B(6, 0), C(-2, 4)

STEP B 물류창고를 지으려는 지점의 좌표를 $P(x, y)$라 하고 주어진 조건을 이용하여 선분 AP의 길이 구하기

물류창고를 지으려는 지점의 좌표를 $P(x, y)$라 하면
세 점 A(0, 0), B(6, 0), C(-2, 4)에 대하여
$\overline{AP} = \sqrt{x^2 + y^2}$
$\overline{BP} = \sqrt{(x-6)^2 + (y-0)^2} = \sqrt{x^2 - 12x + y^2 + 36}$
$\overline{CP} = \sqrt{\{x-(-2)\}^2 + (y-4)^2} = \sqrt{x^2 + 4x + y^2 - 8y + 20}$
이때 물류창고는 세 점 A, B, C와 같은 거리에 있어야 하므로 $\overline{AP} = \overline{BP} = \overline{CP}$
(ⅰ) $\overline{AP} = \overline{BP}$에서 $\overline{AP}^2 = \overline{BP}^2$
$\quad x^2 + y^2 = x^2 - 12x + y^2 + 36, \ -12x + 36 = 0 \quad \therefore x = 3$
(ⅱ) $\overline{AP} = \overline{CP}$에서 $\overline{AP}^2 = \overline{CP}^2$
$\quad x^2 + y^2 = x^2 + 4x + y^2 - 8y + 20, \ x - 2y + 5 = 0$
$\quad$ 위 식에 $x = 3$을 대입하면 $3 - 2y + 5 = 0, \ 2y = 8 \quad \therefore y = 4$
(ⅰ), (ⅱ)에 의하여 $\overline{AP} = \sqrt{x^2 + y^2} = \sqrt{3^2 + 4^2} = 5$
따라서 물류창고를 지으려는 지점에서 A지점에 이르는 거리는 5km

+α | 원의 방정식을 이용하여 구할 수 있어!

세 점 A, B, C에서 같은 거리에 있는 점을 점 P라 하면
점 P는 세 점 A, B, C를 지나는 원의 중심이다.
원 위에 있는 점들은 항상 원의 중심으로부터 같은 거리에 있다.
이때 원의 방정식을 $x^2 + y^2 + ax + by + c = 0$이라 하면
점 A(0, 0)을 지나므로 $c = 0$
점 B(6, 0)을 지나고 $c = 0$이므로
$36 + 6a = 0 \quad \therefore a = -6$
점 C(-2, 4)를 지나고 $a = -6, \ c = 0$
이므로 $4 + 16 + 12 + 4b = 0 \quad \therefore b = -8$
즉 원의 방정식은 $x^2 + y^2 - 6x - 8y = 0$
$(x^2 - 6x + 9) - 9 + (y^2 - 8y + 16) - 16 = 0$
$\therefore (x-3)^2 + (y-4)^2 = 25$

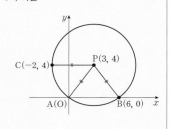

원의 중심 P(3, 4), 반지름의 길이는 5
따라서 구하는 거리는 이 원의 반지름의 길이이므로 5km

정답 ②

0116

STEP A 두 점 A, B의 좌표를 실수 k에 대하여 구하기

이차함수 $y = (x-k)^2 - 2$의 그래프와 직선 $y = 2$가 서로 다른 두 점 A, B에서 만나므로 이차방정식 $(x-k)^2 - 2 = 2, \ (x-k)^2 = 4$
$\therefore x = k-2$ 또는 $x = k+2$
즉 두 점 A, B의 좌표는 A(k-2, 2), B(k+2, 2)

STEP B 두 점 사이의 거리를 이용하여 이등변삼각형이 되도록 하는 실수 k의 값 구하기

세 점 A(k-2, 2), B(k+2, 2), O(0, 0)에서 두 점 사이의 거리에 의하여
$\overline{AB} = |(k+2) - (k-2)| = 4$
$\overline{OA} = \sqrt{(k-2)^2 + 2^2} = \sqrt{k^2 - 4k + 8}$
$\overline{OB} = \sqrt{(k+2)^2 + 2^2} = \sqrt{k^2 + 4k + 8}$
삼각형 AOB가 이등변삼각형이 되는 경우는 다음과 같다.
(ⅰ) $\overline{OA} = \overline{OB}$인 경우
$\quad \overline{OA} = \overline{OB}$에서 $\overline{OA}^2 = \overline{OB}^2$
$\quad$ 즉 $k^2 - 4k + 8 = k^2 + 4k + 8, \ 8k = 0 \quad \therefore k = 0$

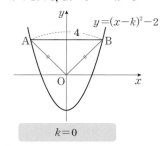

$k = 0$

(ⅱ) $\overline{OA} = \overline{AB}$인 경우
$\quad \overline{OA} = \overline{AB}$에서 $\overline{OA}^2 = \overline{AB}^2$
$\quad$ 즉 $k^2 - 4k + 8 = 16, \ k^2 - 4k - 8 = 0$
$\quad \therefore k = 2 - 2\sqrt{3}$ 또는 $k = 2 + 2\sqrt{3}$

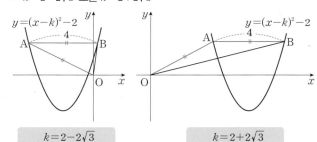

$k = 2 - 2\sqrt{3}$ $k = 2 + 2\sqrt{3}$

(ⅲ) $\overline{OB} = \overline{AB}$인 경우
$\quad \overline{OB} = \overline{AB}$에서 $\overline{OB}^2 = \overline{AB}^2$
$\quad$ 즉 $k^2 + 4k + 8 = 16, \ k^2 + 4k - 8 = 0$
$\quad \therefore k = -2 - 2\sqrt{3}$ 또는 $k = -2 + 2\sqrt{3}$

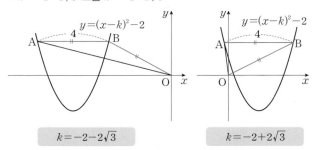

$k = -2 - 2\sqrt{3}$ $k = -2 + 2\sqrt{3}$

(ⅰ)~(ⅲ)에서 주어진 조건을 만족하는 모든 k의 값은
$0, \ 2 - 2\sqrt{3}, \ 2 + 2\sqrt{3}, \ -2 - 2\sqrt{3}, \ -2 + 2\sqrt{3}$

서로 다른 실수 k의 개수는 5이므로 $n=5$

실수 k의 최댓값은 $2+2\sqrt{3}$이므로 $M=2+2\sqrt{3}$

따라서 $n+M=5+(2+2\sqrt{3})=7+2\sqrt{3}$

내/신/연/계/ 출제문항 061

실수 k에 대하여 이차함수 $y=-(x-k)^2+10$의 그래프와 직선 $y=-6$은 서로 다른 두 점 A, B에서 만난다. 삼각형 AOB가 이등변삼각형이 되도록 하는 서로 다른 k의 개수를 n, k의 최댓값을 M이라 하자. $n+M$의 값은? (단, O는 원점이고, 점 A의 x좌표는 점 B의 x좌표보다 작다.)

① $9+\sqrt{7}$ ② $9+2\sqrt{7}$ ③ $9+3\sqrt{7}$
④ $11+2\sqrt{7}$ ⑤ $11+3\sqrt{7}$

STEP A **두 점 A, B의 좌표를 실수 k에 대하여 구하기**

이차함수 $y=-(x-k)^2+10$의 그래프와 직선 $y=-6$이 서로 다른 두 점 A, B에서 만나므로 이차방정식 $-(x-k)^2+10=-6$, $(x-k)^2=16$

$\therefore x=k+4$ 또는 $x=k-4$

즉 두 점 A, B의 좌표는 $\mathrm{A}(k-4, -6)$, $\mathrm{B}(k+4, -6)$

STEP B **두 점 사이의 거리를 이용하여 이등변삼각형이 되도록 하는 실수 k의 값 구하기**

세 점 $\mathrm{A}(k-4, -6)$, $\mathrm{B}(k+4, -6)$, $\mathrm{O}(0, 0)$에서 두 점 사이의 거리에 의하여

$\overline{\mathrm{AB}}=|(k+4)-(k-4)|=8$

$\overline{\mathrm{OA}}=\sqrt{(k-4)^2+(-6)^2}=\sqrt{k^2-8k+52}$

$\overline{\mathrm{OB}}=\sqrt{(k+4)^2+(-6)^2}=\sqrt{k^2+8k+52}$

삼각형 AOB가 이등변삼각형이 되는 경우는 다음과 같다.

(i) $\overline{\mathrm{OA}}=\overline{\mathrm{OB}}$인 경우

$\overline{\mathrm{OA}}=\overline{\mathrm{OB}}$에서 $\overline{\mathrm{OA}}^2=\overline{\mathrm{OB}}^2$, 즉 $k^2-8k+52=k^2+8k+52$, $16k=0$

$\therefore k=0$

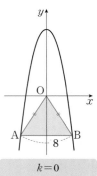

$k=0$

(ii) $\overline{\mathrm{OA}}=\overline{\mathrm{AB}}$인 경우

$\overline{\mathrm{OA}}=\overline{\mathrm{AB}}$에서 $\overline{\mathrm{OA}}^2=\overline{\mathrm{AB}}^2$, 즉 $k^2-8k+52=64$, $k^2-8k-12=0$

$\therefore k=4+2\sqrt{7}$ 또는 $k=4-2\sqrt{7}$

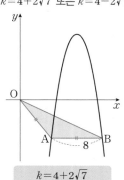

$k=4+2\sqrt{7}$ $k=4-2\sqrt{7}$

(iii) $\overline{\mathrm{OB}}=\overline{\mathrm{AB}}$인 경우

$\overline{\mathrm{OB}}=\overline{\mathrm{AB}}$에서 $\overline{\mathrm{OB}}^2=\overline{\mathrm{AB}}^2$, 즉 $k^2+8k+52=64$, $k^2+8k-12=0$

$\therefore k=-4+2\sqrt{7}$ 또는 $k=-4-2\sqrt{7}$

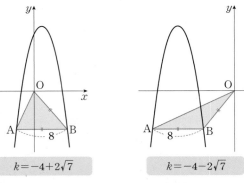

$k=-4+2\sqrt{7}$ $k=-4-2\sqrt{7}$

(i)~(iii)에서 주어진 조건을 만족하는 모든 k의 값은

0, $4+2\sqrt{7}$, $4-2\sqrt{7}$, $-4+2\sqrt{7}$, $-4-2\sqrt{7}$

STEP C **$n+M$의 값 구하기**

서로 다른 실수 k의 개수는 5이므로 $n=5$

실수 k의 최댓값은 $M=4+2\sqrt{7}$

따라서 $n+M=5+(4+2\sqrt{7})=9+2\sqrt{7}$

 정답 ②

02 직선의 방정식

0117
정답 9

STEP A **두 점 $(4, 3)$, $(6, -5)$의 중점의 좌표 구하기**

두 점 $(4, 3)$, $(6, -5)$를 잇는 선분의 중점의 좌표는

$\left(\dfrac{4+6}{2}, \dfrac{3+(-5)}{2}\right)$, 즉 $(5, -1)$

STEP B **한 점과 기울기가 주어진 직선의 방정식 구하기**

점 $(5, -1)$을 지나고 기울기가 2인 직선의 방정식은

$y-(-1)=2(x-5)$ $\therefore -2x+y+11=0$

따라서 $a=-2$, $b=11$이므로 $a+b=9$

0118
정답 ②

STEP A **두 점 $A(1, 2)$, $B(-3, 4)$를 지나는 직선의 기울기 구하기**

두 점 $A(1, 2)$, $B(-3, 4)$를 지나는 직선의 기울기는

$\dfrac{4-2}{-3-1}=-\dfrac{1}{2}$

이 직선과 평행한 직선의 기울기는 $a=-\dfrac{1}{2}$ ← 평행한 두 직선의 기울기는 같다.

STEP B **직선 $y=ax+b$의 y절편이 -1임을 이용하여 b의 값 구하기**

직선 $y=ax+b$의 y절편이 -1이므로 $b=-1$

따라서 $a+b=-\dfrac{1}{2}+(-1)=-\dfrac{3}{2}$

0119
정답 ⑤

STEP A **한 점과 기울기가 주어진 직선의 방정식 구하기**

직선 $3x+2y-1=0$에서 $y=-\dfrac{3}{2}x+\dfrac{1}{2}$의 기울기는 $-\dfrac{3}{2}$

이때 점 $(-1, 4)$를 지나고 기울기가 $-\dfrac{3}{2}$인 직선의 방정식은

$y-4=-\dfrac{3}{2}\{x-(-1)\}$ $\therefore 3x+2y-5=0$

따라서 $a=2$, $b=5$이므로 $ab=2\times5=10$

0120
정답 ⑤

STEP A **선분 AB를 $2:1$로 내분하는 점의 좌표 구하기**

두 점 $A(-3, 2)$, $B(3, 5)$에 대하여

선분 AB를 $2:1$로 내분하는 점의 좌표는

$\left(\dfrac{2\times3+1\times(-3)}{2+1}, \dfrac{2\times5+1\times2}{2+1}\right)$, 즉 $(1, 4)$

STEP B **한 점과 기울기가 주어진 직선의 방정식 구하기**

점 $(1, 4)$를 지나고 기울기가 -3인 직선의 방정식은

$y-4=-3(x-1)$ $\therefore y=-3x+7$

따라서 직선 $y=-3x+7$이 점 $(-2, k)$를 지나므로 $k=-3\times(-2)+7=13$

내/신/연/계 출제문항 062

두 점 $A(-1, 4)$, $B(2, 10)$에 대하여 선분 AB를 $1:2$로 내분하는 점을 지나고 기울기가 3인 직선의 방정식이 점 $(-1, k)$를 지날 때, 상수 k의 값은?

① -3 ② -2 ③ 0
④ 3 ⑤ 5

STEP A **선분 AB를 $1:2$로 내분하는 점의 좌표 구하기**

두 점 $A(-1, 4)$, $B(2, 10)$에 대하여

선분 AB를 $1:2$로 내분하는 점의 좌표는

$\left(\dfrac{1\times2+2\times(-1)}{1+2}, \dfrac{1\times10+2\times4}{1+2}\right)$, 즉 $(0, 6)$

STEP B **한 점과 기울기가 주어진 직선의 방정식 구하기**

점 $(0, 6)$을 지나고 기울기가 3인 직선의 방정식은

$y-6=3(x-0)$ $\therefore y=3x+6$

따라서 직선 $y=3x+6$이 점 $(-1, k)$를 지나므로 $k=3\times(-1)+6=3$

정답 ④

0121
정답 7

STEP A **선분 AB의 중점의 좌표 구하기**

두 점 $A(3\sqrt{3}, 6)$, $B(\sqrt{3}, 2)$에 대하여 선분 AB의 중점의 좌표는

$\left(\dfrac{3\sqrt{3}+\sqrt{3}}{2}, \dfrac{6+2}{2}\right)$, 즉 $(2\sqrt{3}, 4)$

STEP B **한 점과 기울기가 주어진 직선의 방정식 구하기**

점 $(2\sqrt{3}, 4)$를 지나고 기울기가 $\tan 60°=\sqrt{3}$인 직선의 방정식은

<small>직선이 x축의 양의 방향과 이루는 각의 크기가 θ이면 직선의 기울기는 $\tan\theta$</small>

$y-4=\sqrt{3}(x-2\sqrt{3})$ $\therefore \sqrt{3}x-y-2=0$

따라서 $a=\sqrt{3}$, $b=-2$이므로 $a^2+b^2=(\sqrt{3})^2+(-2)^2=3+4=7$

내/신/연/계 출제문항 063

두 점 $A(-3, 1)$, $B(7, 6)$에 대하여 선분 AB를 $3:2$로 내분하는 점을 지나고 x축의 양의 방향과 이루는 각의 크기가 $30°$인 직선의 방정식이 $x+ay+b=0$일 때, 상수 a, b에 대하여 $a+b$의 값은?

① $-\sqrt{3}-3$ ② $3\sqrt{3}-3$ ③ $3\sqrt{3}-1$
④ $2\sqrt{3}+1$ ⑤ $3\sqrt{3}+3$

STEP A **선분 AB를 $3:2$로 내분하는 점의 좌표 구하기**

두 점 $A(-3, 1)$, $B(7, 6)$에 대하여

선분 AB를 $3:2$로 내분하는 점의 좌표는

$\left(\dfrac{3\times7+2\times(-3)}{3+2}, \dfrac{3\times6+2\times1}{3+2}\right)$, 즉 $(3, 4)$

STEP B **한 점과 기울기가 주어진 직선의 방정식 구하기**

점 $(3, 4)$를 지나고 기울기가 $\tan 30°=\dfrac{1}{\sqrt{3}}$인 직선의 방정식은

<small>직선이 x축의 양의 방향과 이루는 각의 크기가 θ이면 직선의 기울기는 $\tan\theta$</small>

$y-4=\dfrac{1}{\sqrt{3}}(x-3)$ $\therefore x-\sqrt{3}y+4\sqrt{3}-3=0$

따라서 $a=-\sqrt{3}$, $b=4\sqrt{3}-3$이므로 $a+b=3\sqrt{3}-3$

정답 ②

0122
2021년 11월 고1 학력평가 4번

STEP Ⓐ 한 점을 지나고 기울기가 주어진 직선의 방정식 구하기

점 $(3, 9)$를 지나고 기울기가 2인 직선의 방정식은
$y-9=2(x-3)$ ∴ $y=2x+3$
따라서 직선 $y=2x+3$의 y절편은 3

mini해설 | 기울기가 2인 직선의 방정식을 이용하여 풀이하기

기울기가 2인 직선의 방정식을 $y=2x+k$ (k는 상수)라 하자.
이 직선이 점 $(3, 9)$를 지나므로 $9=2\times3+k$ ∴ $k=3$
따라서 직선 $y=2x+3$에 y절편은 3

내신연계 출제문항 064

좌표평면 위의 점 $(-1, 4)$를 지나고 기울기가 3인 직선의 y절편은?

① 1 　　② 3 　　③ 5
④ 7 　　⑤ 9

STEP Ⓐ 한 점을 지나고 기울기가 주어진 직선의 방정식 구하기

점 $(-1, 4)$를 지나고 기울기가 3인 직선의 방정식은
$y-4=3\{x-(-1)\}$ ∴ $y=3x+7$
따라서 직선 $y=3x+7$의 y절편은 7

mini해설 | 기울기가 3인 직선의 방정식을 이용하여 풀이하기

기울기가 3인 직선의 방정식을 $y=3x+k$ (k는 상수)라 하자.
이 직선이 점 $(-1, 4)$를 지나므로 $4=3\times(-1)+k$ ∴ $k=7$
따라서 직선 $y=3x+7$에 y절편은 7

정답 ④

0123

정답 11

STEP Ⓐ 두 점 $(-1, 2)$, $(2, a)$를 지나는 직선의 방정식 구하기

두 점 $(-1, 2)$, $(2, a)$를 지나는 직선의 방정식은
$y-2=\dfrac{a-2}{2-(-1)}\{x-(-1)\}$ ∴ $y=\dfrac{a-2}{3}x+\dfrac{a+4}{3}$

STEP Ⓑ 직선이 y축과 만나는 점의 좌표를 이용하여 a의 값 구하기

직선 $y=\dfrac{a-2}{3}x+\dfrac{a+4}{3}$와 y축과 만나는 점의 좌표가 $(0, 5)$이므로
$5=\dfrac{a+4}{3}$, $a+4=15$
따라서 $a=11$

mini해설 | y절편을 이용하여 풀이하기

두 점 $(-1, 2)$, $(2, a)$를 지나는 직선의 y절편이 $(0, 5)$이므로
두 점 $(-1, 2)$, $(0, 5)$를 지나는 직선이라 할 수 있다.
$y-5=\dfrac{5-2}{0-(-1)}(x-0)$ ∴ $y=3x+5$
이때 점 $(2, a)$를 지나므로 대입하면 $a=3\times2+5$ ∴ $a=11$

0124

정답 ④

STEP Ⓐ 선분 AB를 2 : 1로 내분하는 점 D의 좌표 구하기

두 점 $A(-2, 0)$, $B(1, 6)$에 대하여
선분 AB를 2 : 1로 내분하는 점 D의 좌표는
$\left(\dfrac{2\times1+1\times(-2)}{2+1}, \dfrac{2\times6+1\times0}{2+1}\right)$, 즉 $D(0, 4)$

STEP Ⓑ 두 점 C, D를 지나는 직선의 방정식 구하기

두 점 $C(4, 2)$, $D(0, 4)$를 지나는 직선의 방정식은
$y-2=\dfrac{4-2}{0-4}(x-4)$ ∴ $y=-\dfrac{1}{2}x+4$

따라서 $a=-\dfrac{1}{2}$, $b=4$이므로 $2a+b=-1+4=3$

0125

정답 ④

STEP Ⓐ 삼각형 ABC의 무게중심 G의 좌표 구하기

세 점 $A(-1, -1)$, $B(5, -2)$, $C(2, 6)$을 꼭짓점으로 하는
삼각형 ABC의 무게중심 G의 좌표는
$\left(\dfrac{-1+5+2}{3}, \dfrac{-1+(-2)+6}{3}\right)$, 즉 $G(2, 1)$

STEP Ⓑ 두 점 A, G를 지나는 직선의 방정식 구하기

두 점 $A(-1, -1)$, $G(2, 1)$을 지나는 직선의 방정식은
$y-1=\dfrac{1-(-1)}{2-(-1)}(x-2)$ ∴ $y=\dfrac{2}{3}x-\dfrac{1}{3}$

따라서 $a=\dfrac{2}{3}$, $b=-\dfrac{1}{3}$이므로 $a-b=\dfrac{2}{3}-\left(-\dfrac{1}{3}\right)=1$

0126

정답 41

STEP Ⓐ 두 삼각형 ABP와 APC의 넓이의 비를 이용하여 점 P의 좌표 구하기

두 삼각형 ABP와 APC의 높이가 같으므로
넓이의 비는 밑변의 길이의 비 $\overline{BP}$: $\overline{CP}$와 같다.
즉 (삼각형 ABP의 넓이) : (삼각형 APC의 넓이)$=\overline{BP}$: $\overline{CP}=2$: 1

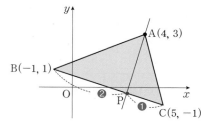

이때 두 점 $B(-1, 1)$, $C(5, -1)$에 대하여
선분 BC를 2 : 1로 내분하는 점 P의 좌표는
$\left(\dfrac{2\times5+1\times(-1)}{2+1}, \dfrac{2\times(-1)+1\times1}{2+1}\right)$, 즉 $P\left(3, -\dfrac{1}{3}\right)$

STEP Ⓑ 두 점 A, P를 지나는 직선의 방정식 구하기

두 점 $A(4, 3)$, $P\left(3, -\dfrac{1}{3}\right)$을 지나는 직선의 방정식은
$y-3=\dfrac{-\dfrac{1}{3}-3}{3-4}(x-4)$, $y=\dfrac{10}{3}x-\dfrac{31}{3}$ ∴ $10x-3y-31=0$
따라서 $a=10$, $b=-31$이므로 $a-b=10-(-31)=41$

출제문항 065

직선 $3x+2y-6=0$이 x축, y축,
직선 $y=ax$ $(a>0)$와 만나는 점을
각각 A, B, C라 하자.
삼각형 OAC의 넓이와 삼각형 OCB
의 넓이의 비가 $2:1$일 때, a의 값은?

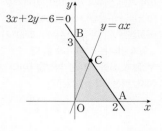

① 2　　　　② 3
③ 4　　　　④ 5
⑤ 6

STEP A 두 삼각형 OAC와 OCB의 넓이의 비를 이용하여 점 C의 좌표
구하기

직선 $3x+2y-6=0$이 x축, y축과
만나는 점은 각각 A$(2, 0)$, B$(0, 3)$
이므로 오른쪽 그림과 같다.
두 삼각형 OAC와 OCB의 높이가
같으므로
넓이의 비는 밑변의 길이의 비
$\overline{AC}:\overline{CB}$와 같다.

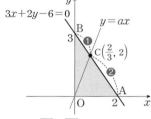

즉
(삼각형 OAC의 넓이) : (삼각형 OCB의 넓이)$=\overline{AC}:\overline{CB}=2:1$
이때 두 점 A$(2, 0)$, B$(0, 3)$에 대하여
선분 AB를 $2:1$로 내분하는 점 C의 좌표는
$\left(\dfrac{2\times0+1\times2}{2+1}, \dfrac{2\times3+1\times0}{2+1}\right)$, 즉 C$\left(\dfrac{2}{3}, 2\right)$

STEP B a의 값 구하기

직선 $y=ax$가 점 C$\left(\dfrac{2}{3}, 2\right)$를 지나므로 $2=\dfrac{2}{3}a$
따라서 $a=3$

정답 ②

0127

정답 2

STEP A 두 점을 지나는 직선의 방정식 구하기

사각형 ABCD의 두 대각선의 교점은 직선 AC와 직선 BD의 교점이다.
두 점 A$(-3, 4)$, C$(5, 0)$를 지나는 직선 AC의 방정식은
$y-0=\dfrac{0-4}{5-(-3)}(x-5)$　∴ $y=-\dfrac{1}{2}x+\dfrac{5}{2}$ …… ㉠
두 점 B$(-4, 0)$, D$(2, 6)$를 지나는 직선 BD의 방정식은
$y-6=\dfrac{6-0}{2-(-4)}(x-2)$　∴ $y=x+4$ …… ㉡

STEP B 두 직선을 연립하여 교점의 좌표 구하기

㉠, ㉡을 연립하여 풀면 $x=-1$, $y=3$ ← $(-1, 3)$
따라서 $a=-1$, $b=3$이므로 $a+b=2$

 출제문항 066

오른쪽 그림과 같이 네 점 A$(0, 4)$,
B$(-1, -1)$, C$(4, 0)$, D$(2, 5)$를
꼭짓점으로 하는 사각형 ABCD가
있다. 사각형 ABCD의 두 대각선의
교점의 좌표를 (a, b)라 할 때,
$a+b$의 값은?

① 3　　　　② 4
③ 5　　　　④ 6
⑤ 7

STEP A 두 점을 지나는 직선의 방정식 구하기

사각형 ABCD의 두 대각선의 교점은 직선 AC와 직선 BD의 교점이다.
두 점 A$(0, 4)$, C$(4, 0)$을 지나는 직선 AC의 방정식은
$y-4=\dfrac{0-4}{4-0}(x-0)$　∴ $y=-x+4$ …… ㉠
두 점 B$(-1, -1)$, D$(2, 5)$를 지나는 직선 BD의 방정식은
$y-5=\dfrac{5-(-1)}{2-(-1)}(x-2)$　∴ $y=2x+1$ …… ㉡

STEP B 두 직선을 연립하여 교점의 좌표 구하기

㉠, ㉡을 연립하여 풀면 $x=1$, $y=3$ ← $(1, 3)$
따라서 $a=1$, $b=3$이므로 $a+b=4$

정답 ②

0128

2016년 09월 고1 학력평가 7번

정답 ④

STEP A 두 직선을 연립하여 교점의 좌표 구하기

두 직선 $x-2y+2=0$, $2x+y-6=0$을
연립하여 풀면 $x=2$, $y=2$이므로
두 직선의 교점의 좌표는 $(2, 2)$

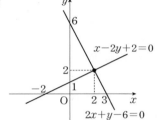

STEP B 두 점 $(2, 2)$, $(4, 0)$을 지나는 직선의 방정식 구하기

두 점 $(2, 2)$, $(4, 0)$을 지나는 직선의 방정식은
$y-0=\dfrac{0-2}{4-2}(x-4)$　∴ $y=-x+4$
따라서 직선 $y=-x+4$의 y절편은 4

다른풀이 두 직선의 교점을 지나는 직선을 이용하여 풀이하기

STEP A 두 직선의 교점을 지나는 직선의 방정식 구하기

두 직선 $x-2y+2=0$, $2x+y-6=0$의 교점을 지나는 직선의 방정식은
실수 k에 대하여
$(x-2y+2)+k(2x+y-6)=0$ …… ㉠

STEP B 직선에 점 $(4, 0)$을 대입하여 직선의 y절편 구하기

직선 ㉠이 점 $(4, 0)$을 지나므로
$(4-0+2)+k(8+0-6)=0$, $2k+6=0$
∴ $k=-3$
이를 ㉠에 대입하면 $(x-2y+2)-3(2x+y-6)=0$, $-5x-5y+20=0$
∴ $y=-x+4$
따라서 직선 $y=-x+4$의 y절편은 4

P O I N T | 두 직선의 교점을 지나는 직선의 방정식

한 점에서 만나는 두 직선 $ax+by+c=0$, $a'x+b'y+c'=0$의 교점을 지나는
직선 중에서 $a'x+b'y+c'=0$을 제외한 직선의 방정식은
$(ax+by+c)+k(a'x+b'y+c')=0$ (단, k는 실수)꼴로 나타낼 수 있다.

좌표평면에서 두 직선 $2x-y-2=0$, $x+3y-8=0$이 만나는 점과
점 $(1, 5)$를 지나는 직선의 x절편을 k라 할 때, $3k$의 값은?

① 6
② 7
③ 8

④ 9
⑤ 10

STEP A 두 직선을 연립하여 교점의 좌표 구하기

두 직선 $2x-y-2=0$, $x+3y-8=0$을 연립하여 풀면 $x=2$, $y=2$이므로
두 직선의 교점의 좌표는 $(2, 2)$

STEP B 두 점 $(2, 2)$, $(1, 5)$를 지나는 직선의 방정식 구하기

두 점 $(2, 2)$, $(1, 5)$를 지나는 직선의 방정식은

$y-2=\dfrac{5-2}{1-2}(x-2)$ $\therefore y=-3x+8$

이때 직선 $y=-3x+8$의 x절편은 $\dfrac{8}{3}$이므로 $k=\dfrac{8}{3}$ ← $y=0$ 대입

따라서 $3k=3\times\dfrac{8}{3}=8$

다른풀이 두 직선의 교점을 지나는 직선을 이용하여 풀이하기

STEP A 두 직선의 교점을 지나는 직선의 방정식 구하기

두 직선 $2x-y-2=0$, $x+3y-8=0$의 교점을 지나는 직선의 방정식은
실수 m에 대하여
$(2x-y-2)+m(x+3y-8)=0$ …… ㉠

STEP B 직선에 점 $(1, 5)$를 대입하여 직선의 x절편 구하기

직선 ㉠이 점 $(1, 5)$를 지나므로
$(2-5-2)+m(1+15-8)=0$, $8m-5=0$

$\therefore m=\dfrac{5}{8}$

이를 ㉠에 대입하면 $(2x-y-2)+\dfrac{5}{8}(x+3y-8)=0$, $\dfrac{21}{8}x+\dfrac{7}{8}y-7=0$

$\therefore y=-3x+8$

이때 직선 $y=-3x+8$의 x절편은 $\dfrac{8}{3}$이므로 $k=\dfrac{8}{3}$

따라서 $3k=3\times\dfrac{8}{3}=8$ **정답** ③

0129 **정답** ②

STEP A 이차함수의 꼭짓점 A의 좌표와 y축과 만나는 점 B의 좌표 구하기

$f(x)=x^2+px+p$

$=\left(x^2+px+\dfrac{p^2}{4}\right)-\dfrac{p^2}{4}+p$

$=\left(x+\dfrac{p}{2}\right)^2+p-\dfrac{p^2}{4}$

이차함수의 그래프의 꼭짓점 A의 좌표는 $A\left(-\dfrac{p}{2}, p-\dfrac{p^2}{4}\right)$

y축과 만나는 점 B의 좌표는 $B(0, p)$

STEP B 두 점 A, B를 지나는 직선 l의 방정식 구하기

두 점 $A\left(-\dfrac{p}{2}, p-\dfrac{p^2}{4}\right)$, $B(0, p)$를 지나는 직선 l의 방정식은

$y-p=\dfrac{p-\left(p-\dfrac{p^2}{4}\right)}{0-\left(-\dfrac{p}{2}\right)}(x-0)$ $\therefore y=\dfrac{p}{2}x+p$

따라서 $p\neq0$이므로 직선 $y=\dfrac{p}{2}x+p$의 x절편은 -2 ← $y=0$ 대입

0이 아닌 실수 a에 대하여 이차함수
$f(x)=x^2+2ax+a$의 그래프의
꼭짓점을 A, 이 이차함수의 그래프가
y축과 만나는 점을 B라 할 때,
두 점 A, B를 지나는 직선을 l이라
하자. 직선 l의 x절편은?

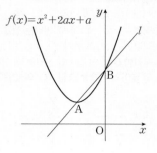

① $-\dfrac{5}{2}$
② -2

③ $-\dfrac{3}{2}$
④ -1
⑤ $-\dfrac{1}{2}$

STEP A 이차함수의 꼭짓점 A의 좌표와 y축과 만나는 점 B의 좌표 구하기

$f(x)=x^2+2ax+a=(x+a)^2+a-a^2$

이차함수의 그래프의 꼭짓점 A의 좌표는 $A(-a, a-a^2)$

y축과 만나는 점 B의 좌표는 $B(0, a)$

STEP B 두 점 A, B를 지나는 직선 l의 방정식 구하기

두 점 $A(-a, a-a^2)$, $B(0, a)$를 지나는 직선 l의 방정식은

$y-a=\dfrac{a-(a-a^2)}{0-(-a)}(x-0)$ $\therefore y=ax+a$

따라서 $a\neq0$이므로 직선 $y=ax+a$의 x절편은 -1 ← $y=0$ 대입 **정답** ④

0130 **정답** ④

STEP A 두 삼각형의 닮음비를 이용하여 점 E의 좌표 구하기

조건 (가)에서 선분 DE와 선분 BC는 평행하므로
$\triangle ADE \backsim \triangle ABC$
조건 (나)에서 삼각형 ADE와 삼각형 ABC의 넓이의 비가
$1:9=1^2:3^2$이므로
두 삼각형의 닮음비는 $1:3$ ← 닮음비가 $a:b$이면 넓이의 비는 $a^2:b^2$

$\therefore \overline{AE}:\overline{EC}=1:2$

즉 두 점 $A(3, 5)$, $C(6, -1)$에 대하여 선분 AC를 $1:2$로 내분하는

점 E의 좌표는 $\left(\dfrac{1\times6+2\times3}{1+2}, \dfrac{1\times(-1)+2\times5}{1+2}\right)$, 즉 $E(4, 3)$

STEP B 두 점 B, E를 지나는 직선의 방정식 구하기

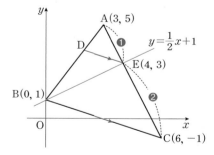

두 점 $B(0, 1)$, $E(4, 3)$을 지나는 직선의 방정식은

$y-1=\dfrac{3-1}{4-0}(x-0)$ $\therefore y=\dfrac{1}{2}x+1$

따라서 $k=\dfrac{1}{2}$

+α │ 직선 BE의 방정식이 점 E를 지남을 이용하여 구할 수 있어!

직선 BE의 방정식 $y=kx+1$이 점 $E(4, 3)$을 지나므로 $3=4k+1$, $4k=2$
따라서 $k=\dfrac{1}{2}$

오른쪽 그림과 같이 좌표평면 위의 세 점 A(4, 6), B(1, 2), C(7, 0)을 꼭짓점으로 하는 삼각형 ABC에 대하여 선분 AB 위의 한 점 D와 선분 AC 위의 한 점 E가 다음 조건을 만족시킨다.

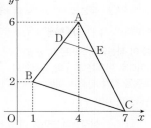

(가) 선분 DE와 선분 BC는 평행하다.
(나) 삼각형 ADE와 삼각형 ABC의 넓이의 비는 1 : 9이다.

직선 BE의 방정식이 $x+ay+b=0$일 때, 상수 a, b에 대하여 $a+b$의 값을 구하시오.

STEP A 두 삼각형의 닮음비를 이용하여 점 E의 좌표 구하기

조건 (가)에서 선분 DE와 선분 BC는 평행하므로 △ADE ∽ △ABC
조건 (나)에서 삼각형 ADE와 삼각형 ABC의 넓이의 비가 $1 : 9 = 1^2 : 3^2$
이므로 두 삼각형의 닮음비는 $1 : 3$ ← 닮음비가 $a:b$이면 넓이의 비는 $a^2:b^2$
∴ $\overline{AE} : \overline{EC} = 1 : 2$

즉 두 점 A(4, 6), C(7, 0)에 대하여 선분 AC를 $1 : 2$로 내분하는

점 E의 좌표는 $\left(\dfrac{1\times7+2\times4}{1+2}, \dfrac{1\times0+2\times6}{1+2}\right)$, 즉 E(5, 4)

STEP B 두 점 B, E를 지나는 직선의 방정식 구하기

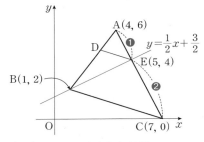

두 점 B(1, 2), E(5, 4)를 지나는 직선의 방정식은
$y-2=\dfrac{4-2}{5-1}(x-1)$, $y=\dfrac{1}{2}x+\dfrac{3}{2}$ ∴ $x-2y+3=0$
따라서 $a=-2$, $b=3$이므로 $a+b=1$

+α │ 직선 BE의 방정식이 두 점 B, E를 지남을 이용하여 구할 수 있어!

직선 BE의 방정식 $x+ay+b=0$이 두 점 B(1, 2), E(5, 4)를 지나므로
$1+2a+b=0$, $5+4a+b=0$
위의 두 식을 연립하여 풀면 $a=-2$, $b=3$
따라서 $a+b=-2+3=1$

정답 1

0131 2023년 03월 고2 학력평가 26번 정답 9

STEP A 두 조건 (가), (나)를 만족시키는 p, q 사이의 관계식 구하기

두 점 C($\sqrt{2}$, p), D($3\sqrt{2}$, q)를 지나는 직선의 기울기는 $\dfrac{q-p}{3\sqrt{2}-\sqrt{2}}=\dfrac{q-p}{2\sqrt{2}}$

조건 (가)에 의하여 $\dfrac{q-p}{2\sqrt{2}}<0$이므로 $q-p<0$

네 점 A(0, 1), B(0, 4), C($\sqrt{2}$, p), D($3\sqrt{2}$, q)에 대하여
$\overline{AB}=4-1=3$
$\overline{CD}=\sqrt{(3\sqrt{2}-\sqrt{2})^2+(q-p)^2}=\sqrt{(q-p)^2+8}$

조건 (나)에 의하여 $\overline{AB}=\overline{CD}$에서 $\overline{AB}^2=\overline{CD}^2$
즉 $9=(q-p)^2+8$, $(q-p)^2=1$
∴ $q-p=-1$ (∵ $q-p<0$) ······ ㉠

STEP B 조건 (나)를 만족시키는 p, q 사이의 관계식 구하기

두 점 A(0, 1), D($3\sqrt{2}$, q)를 지나는
직선 AD의 기울기는 $\dfrac{q-1}{3\sqrt{2}-0}=\dfrac{q-1}{3\sqrt{2}}$
두 점 B(0, 4), C($\sqrt{2}$, p)를 지나는
직선 BC의 기울기는 $\dfrac{p-4}{\sqrt{2}-0}=\dfrac{p-4}{\sqrt{2}}$
조건 (나)에 의하여 직선 AD의 기울기와
직선 BC의 기울기가 서로 같으므로
$\dfrac{q-1}{3\sqrt{2}}=\dfrac{p-4}{\sqrt{2}}$, $3p-12=q-1$
∴ $q-3p=-11$ ······ ㉡

STEP C $p+q$의 값 구하기

㉠, ㉡을 연립하여 풀면 $p=5$, $q=4$
따라서 $p+q=5+4=9$

좌표평면 위의 네 점
$$A(0, 2), B(0, 6), C(\sqrt{3}, p), D(3\sqrt{3}, q)$$
가 다음 조건을 만족시킬 때, $p+q$의 값을 구하시오.

(가) 직선 CD의 기울기는 음수이다.
(나) $\overline{AB}=\overline{CD}$이고 $\overline{AD} \parallel \overline{BC}$이다.

STEP A 두 조건 (가), (나)를 만족시키는 p, q 사이의 관계식 구하기

두 점 C($\sqrt{3}$, p), D($3\sqrt{3}$, q)를 지나는 직선의 기울기는 $\dfrac{q-p}{3\sqrt{3}-\sqrt{3}}=\dfrac{q-p}{2\sqrt{3}}$

조건 (가)에 의하여 $\dfrac{q-p}{2\sqrt{3}}<0$이므로 $q-p<0$

네 점 A(0, 2), B(0, 6), C($\sqrt{3}$, p), D($3\sqrt{3}$, q)에 대하여
$\overline{AB}=6-2=4$
$\overline{CD}=\sqrt{(3\sqrt{3}-\sqrt{3})^2+(q-p)^2}=\sqrt{12+(q-p)^2}$
조건 (나)에 의하여 $\overline{AB}=\overline{CD}$에서 $\overline{AB}^2=\overline{CD}^2$
즉 $16=12+(q-p)^2$, $(q-p)^2=4$
∴ $q-p=-2$ (∵ $q-p<0$) ······ ㉠

STEP B 조건 (나)를 만족시키는 p, q 사이의 관계식 구하기

두 점 A(0, 2), D($3\sqrt{3}$; q)를 지나는
직선 AD의 기울기는 $\dfrac{q-2}{3\sqrt{3}-0}=\dfrac{q-2}{3\sqrt{3}}$
두 점 B(0, 6), C($\sqrt{3}$, p)를 지나는
직선 BC의 기울기는 $\dfrac{p-6}{\sqrt{3}-0}=\dfrac{p-6}{\sqrt{3}}$
조건 (나)에 의하여 직선 AD의 기울기와
직선 BC의 기울기가 서로 같으므로
$\dfrac{q-2}{3\sqrt{3}}=\dfrac{p-6}{\sqrt{3}}$, $q-2=3p-18$
∴ $q-3p=-16$ ······ ㉡

STEP C $p+q$의 값 구하기

㉠, ㉡을 연립하여 풀면 $p=7$, $q=5$
따라서 $p+q=7+5=12$

정답 12

0132

정답 -5

STEP A x절편, y절편이 주어진 직선의 방정식 구하기

x절편이 2이고 y절편이 -5인 직선의 방정식은

$\dfrac{x}{2}-\dfrac{y}{5}=1$ ∴ $5x-2y-10=0$

따라서 $a=5$, $b=-10$이므로 $a+b=-5$

0133

정답 ①

STEP A x절편, y절편이 주어진 직선의 방정식 구하기

x절편과 y절편의 절댓값이 같고 부호가 반대이므로

x절편을 $a(a\neq0)$라 하면 y절편은 $-a$이다.

주어진 직선의 방정식은 $\dfrac{x}{a}+\dfrac{y}{-a}=1$ ∴ $y=x-a$

STEP B 점 $(4, -1)$을 지나는 직선의 y절편 구하기

이 직선이 점 $(4, -1)$을 지나므로 $-1=4-a$ ∴ $a=5$

따라서 직선 $y=x-5$의 y절편은 -5

0134

정답 6

STEP A 두 점 $(2, 1)$, $(0, -1)$을 지나는 직선 l_1의 방정식 구하기

두 점 $(2, 1)$, $(0, -1)$을 지나는 직선 l_1의 방정식은

$y-1=\dfrac{-1-1}{0-2}(x-2)$ ∴ $y=x-1$ ……… ㉠

STEP B x절편, y절편이 주어진 직선 l_2의 방정식 구하기

x절편과 y절편이 각각 4, 8인 직선 l_2의 방정식은

$\dfrac{x}{4}+\dfrac{y}{8}=1$ ∴ $y=-2x+8$ ……… ㉡

STEP C ab의 값 구하기

㉠, ㉡을 연립하여 풀면 $x=3$, $y=2$

따라서 $a=3$, $b=2$이므로 $ab=3\times2=6$

0135

정답 ⑤

STEP A 직선 $3x+ay=3a$의 x절편, y절편 구하기

직선 $3x+ay=3a$에서 $\dfrac{x}{a}+\dfrac{y}{3}=1$

즉 이 직선의 x절편은 a, y절편은
3이므로 이 직선과 x축, y축과의
교점을 각각 A, B라 하면
A$(a, 0)$, B$(0, 3)$

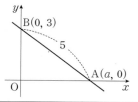

> **+α** $x=0$, $y=0$을 대입하여 구할 수 있어!
>
> 직선 $3x+ay=3a$에서 x절편은 $y=0$을 대입하면 되므로
> $3x+a\times0=3a$, $x=a$ ∴ $(a, 0)$
> y절편은 $x=0$을 대입하면 되므로 $3\times0+ay=3a$, $y=3$ ∴ $(0, 3)$

STEP B 두 점 사이의 거리를 이용하여 양수 a의 값 구하기

두 점 A$(a, 0)$, B$(0, 3)$ 사이의 거리가 $\overline{AB}=5$이므로

$\sqrt{(0-a)^2+(3-0)^2}=5$

양변을 제곱하면 $a^2+9=25$, $a^2=16$

∴ $a=-4$ 또는 $a=4$

따라서 양수 a의 값은 4

0136

정답 ④

STEP A 직선 $3x+ky=3k$의 x절편, y절편 구하기

직선 $3x+ky=3k$에서 $\dfrac{x}{k}+\dfrac{y}{3}=1$

즉 이 직선의 x절편은 k, y절편은
3이므로 이 직선과 x축, y축과의
교점을 각각 A, B라 하면
A$(k, 0)$, B$(0, 3)$

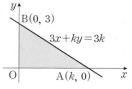

STEP B 삼각형의 넓이를 이용하여 양수 k의 값 구하기

직선 $3x+ky=3k$와 x축 및 y축으로 둘러싸인 삼각형의 넓이가 12이므로

$\dfrac{1}{2}\times\overline{OA}\times\overline{OB}=12$, $\dfrac{1}{2}\times k\times3=12$

따라서 $k=8$

내/신/연/계/ 출제문항 071

두 직선 $y=mx$, $y=nx$ $(m>n)$가 직선 $\dfrac{x}{6}+\dfrac{y}{9}=1$과 x축 및 y축으로 둘러싸인 부분의 넓이를 삼등분할 때, $4mn$의 값을 구하시오.

STEP A 직선 $\dfrac{x}{6}+\dfrac{y}{9}=1$의 x절편, y절편 구하기

직선 $\dfrac{x}{6}+\dfrac{y}{9}=1$의 x절편은 6,
y절편은 9이므로 이 직선과 x축,
y축과의 교점을 각각 A, B라 하면
A$(6, 0)$, B$(0, 9)$

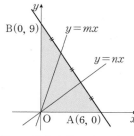

STEP B 두 직선 $y=mx$, $y=nx$가 선분 AB 위에 지나는 점을 이용하여 m, n의 값 구하기

두 직선 $y=mx$, $y=nx$가 삼각형 OAB의 넓이를 삼등분해야 하므로
직선 $y=mx$는 선분 AB를 2 : 1로 내분하는 점을 지나야 하고
직선 $y=nx$는 선분 AB를 1 : 2로 내분하는 점을 지나야 한다.

두 점 A$(6, 0)$, B$(0, 9)$에 대하여 선분 AB를 2 : 1로 내분하는 점의 좌표는

$\left(\dfrac{2\times0+1\times6}{2+1}, \dfrac{2\times9+1\times0}{2+1}\right)$, 즉 $(2, 6)$

이때 직선 $y=mx$가 점 $(2, 6)$을 지나므로

$2m=6$ ∴ $m=3$

또한, 두 점 A$(6, 0)$, B$(0, 9)$에 대하여
선분 AB를 1 : 2로 내분하는 점의 좌표는

$\left(\dfrac{1\times0+2\times6}{1+2}, \dfrac{1\times9+2\times0}{1+2}\right)$, 즉 $(4, 3)$

이때 직선 $y=nx$가 점 $(4, 3)$을 지나므로

$4n=3$ ∴ $n=\dfrac{3}{4}$

따라서 $4mn=4\times3\times\dfrac{3}{4}=9$

정답 9

0137

정답 ③

STEP A 두 점 P, Q의 좌표 각각 구하기

직선 $\dfrac{x}{2}+\dfrac{y}{3}=1$의 x절편이 2이므로 P$(2, 0)$

직선 $\dfrac{x}{5}+\dfrac{y}{4}=1$의 y절편이 4이므로 Q$(0, 4)$

STEP **B** x절편, y절편이 주어진 직선의 방정식 구하기

x절편이 2, y절편이 4인

직선 PQ의 방정식은 $\dfrac{x}{2}+\dfrac{y}{4}=1$

따라서 직선 PQ와 x축, y축으로

둘러싸인 삼각형의 넓이는

$\dfrac{1}{2}\times2\times4=4$

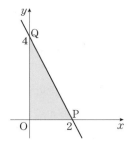

내/신/연/계/ 출제문항 072

직선 $x+\dfrac{y}{2}=1$이 x축과 만나는 점을 P, 직선 $\dfrac{x}{3}+\dfrac{y}{4}=1$이 y축과 만나는

점을 Q라 할 때, 다음 중 두 점 P, Q를 지나는 직선의 방정식은?

① $x+\dfrac{y}{3}=1$ ② $x+\dfrac{y}{4}=1$ ③ $\dfrac{x}{3}+\dfrac{y}{2}=1$

④ $\dfrac{x}{4}+\dfrac{y}{2}=1$ ⑤ $\dfrac{x}{5}+\dfrac{y}{2}=1$

STEP **A** 두 점 P, Q의 좌표 각각 구하기

직선 $x+\dfrac{y}{2}=1$의 x절편이 1이므로 P(1, 0)

직선 $\dfrac{x}{3}+\dfrac{y}{4}=1$의 y절편이 4이므로 Q(0, 4)

STEP **B** x절편, y절편이 주어진 직선의 방정식 구하기

따라서 x절편이 1, y절편이 4인

직선 PQ의 방정식은 $x+\dfrac{y}{4}=1$

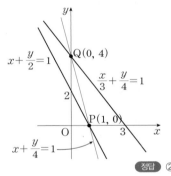

정답 ②

0138

정답 7

STEP **A** 삼각형의 합동을 이용하여 두 점 C, D의 좌표 구하기

직선 $\dfrac{x}{2}+\dfrac{y}{4}=1$의 x절편 2,

y절편이 4이므로

이 직선이 x축, y축과의 교점은 각각

A(2, 0), B(0, 4)

점 C에서 y축에 내린 수선의 발을 F,

점 D에서 x축에 내린 수선의 발을 E

라 하면

$\triangle\mathrm{AOB}\equiv\triangle\mathrm{BFC}\equiv\triangle\mathrm{DEA}$ (RHA합동)

이때 $\overline{\mathrm{BO}}=\overline{\mathrm{CF}}=\overline{\mathrm{AE}}=4$, $\overline{\mathrm{AO}}=\overline{\mathrm{BF}}=\overline{\mathrm{DE}}=2$

이므로 두 점 C, D의 좌표는 C(4, 6), D(6, 2)

STEP **B** 두 점 C, D를 지나는 직선의 방정식 구하기

두 점 C(4, 6), D(6, 2)를 지나는 직선의 방정식은

$y-6=\dfrac{2-6}{6-4}(x-4)$ ∴ $y=-2x+14$

따라서 직선 CD의 x절편은 7

0139

정답 ③

STEP **A** 주어진 그림에서 직선 $ax+by+c=0$의 기울기와 y절편 구하기

$b\ne0$이므로 직선 $ax+by+c=0$에서

$y=-\dfrac{a}{b}x-\dfrac{c}{b}$의 기울기는 $-\dfrac{a}{b}$, y절편은 $-\dfrac{c}{b}$

주어진 그림에서 $-\dfrac{a}{b}<0$, $-\dfrac{c}{b}>0$

STEP **B** 직선 $cx-by-a=0$의 그래프의 개형 구하기

$b\ne0$이므로

직선 $cx-by-a=0$에서 $y=\dfrac{c}{b}x-\dfrac{a}{b}$

이때 $\dfrac{c}{b}<0$, $-\dfrac{a}{b}<0$이므로 직선

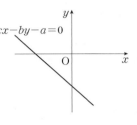

$cx-by-a=0$의 기울기와 y절편은

모두 음수이다.

따라서 직선 $cx-by-a=0$의 그래프의

개형은 ③이다.

0140

정답 ①

STEP **A** 직선 $ax+by+c=0$의 기울기와 y절편 구하기

$b\ne0$이므로 직선 $ax+by+c=0$에서

$y=-\dfrac{a}{b}x-\dfrac{c}{b}$의 기울기는 $-\dfrac{a}{b}$, y절편은 $-\dfrac{c}{b}$

STEP **B** $ab>0$, $bc<0$임을 이용하여 부호 판별하기

$ab>0$이므로 $\dfrac{a}{b}>0$

$bc<0$이므로 $\dfrac{c}{b}<0$

∴ $-\dfrac{a}{b}<0$, $-\dfrac{c}{b}>0$

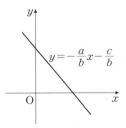

따라서 기울기가 음수, y절편이 양수이므로

주어진 직선의 그래프의 개형은 ①이다.

내/신/연/계/ 출제문항 073

세 실수 a, b, c에 대하여 $ab<0$, $bc<0$일 때, 직선 $ax+by+c=0$이

지나지 않는 사분면은?

① 제 1사분면 ② 제 2사분면 ③ 제 3사분면

④ 제 4사분면 ⑤ 제 1, 2사분면

STEP **A** 직선 $ax+by+c=0$의 기울기와 y절편 구하기

$b\ne0$이므로 직선 $ax+by+c=0$에서

$y=-\dfrac{a}{b}x-\dfrac{c}{b}$의 기울기는 $-\dfrac{a}{b}$, y절편은 $-\dfrac{c}{b}$

STEP **B** $ab<0$, $bc<0$임을 이용하여 부호 판별하기

$ab<0$이므로 $\dfrac{a}{b}<0$

$bc<0$이므로 $\dfrac{c}{b}<0$

∴ $-\dfrac{a}{b}>0$, $-\dfrac{c}{b}>0$

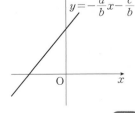

따라서 기울기와 y절편이 양수이므로

주어진 직선이 지나지 않는 사분면은

제 4사분면이다.

정답 ④

0141

STEP Ⓐ **직선 $ax+by+c=0$의 기울기와 x, y절편 구하기**

$b \neq 0$이므로 직선 $ax+by+c=0$에서 $y=-\dfrac{a}{b}x-\dfrac{c}{b}$의 기울기는 $-\dfrac{a}{b}$,

y절편은 $-\dfrac{c}{b}$, x절편은 $-\dfrac{c}{a}$

주어진 그림에서 $-\dfrac{a}{b}<0$, $-\dfrac{c}{b}>0$, $-\dfrac{c}{a}>0$이므로 $ab>0$, $bc<0$, $ac<0$

STEP Ⓑ **직선 $bx+cy+a=0$이 지나지 않는 사분면 구하기**

$c \neq 0$이므로 직선 $bx+cy+a=0$에서

$y=-\dfrac{b}{c}x-\dfrac{a}{c}$의

기울기는 $-\dfrac{b}{c}>0$, y절편이 $-\dfrac{a}{c}>0$

따라서 기울기와 y절편이 양수이므로
주어진 직선이 지나지 않는 사분면은
제 4사분면이다.

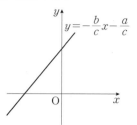

0142

STEP Ⓐ **이차함수 $y=ax^2+bx+c$의 계수의 부호 결정하기**

이차함수 $y=ax^2+bx+c$의 그래프가 위로 볼록하므로 $a<0$
대칭축이 y축의 왼쪽에 있으므로 $ab>0$ $\therefore b<0$
y절편이 양수이므로 $c>0$

STEP Ⓑ **직선 $ax+by+c=0$이 지나지 않는 사분면 구하기**

$b \neq 0$이므로 직선 $ax+by+c=0$에서

$y=-\dfrac{a}{b}x-\dfrac{c}{b}$의

기울기는 $-\dfrac{a}{b}$, y절편이 $-\dfrac{c}{b}$

$\therefore -\dfrac{a}{b}<0$, $-\dfrac{c}{b}>0$

따라서 기울기는 음수이고 y절편이 양수이므로
주어진 직선이 지나지 않는 사분면은 제3사분면이다.

> **POINT | 이차함수 $y=ax^2+bx+c$의 그래프에서 a, b, c의 부호**
>
> 이차함수 $y=ax^2+bx+c$의 그래프에서
> (1) 그래프의 모양
>   ① 아래로 볼록 ➡ $a>0$
>   ② 위로 볼록 ➡ $a<0$
> (2) 대칭축의 위치
>   ① y축의 왼쪽 ➡ $ab>0$
>   ② y축과 일치 ➡ $b=0$
>   ③ y축의 오른쪽 ➡ $ab<0$
> (3) y축과 만나는 점의 y좌표
>   ① 양수 ➡ $c>0$
>   ② 원점 ➡ $c=0$
>   ③ 음수 ➡ $c<0$

내/신/연/계 출제문항 074

이차함수 $y=ax^2+bx+c$의 그래프가
오른쪽 그림과 같을 때, 직선 $ax+by+c=0$
이 지나지 않는 사분면은?
(단, a, b, c는 상수이다.)

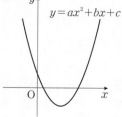

① 제1사분면   ② 제2사분면
③ 제3사분면   ④ 제4사분면
⑤ 제1, 3사분면

STEP Ⓐ **이차함수의 계수의 부호 결정하기**

이차함수 $y=ax^2+bx+c$의 그래프가 아래로 볼록하므로 $a>0$

대칭축이 y축의 오른쪽에 있으므로 $ab<0$ $\therefore b<0$
y절편이 양수이므로 $c>0$

STEP Ⓑ **직선 $ax+by+c=0$이 지나지 않는 사분면 구하기**

$b \neq 0$이므로 직선 $ax+by+c=0$에서

$y=-\dfrac{a}{b}x-\dfrac{c}{b}$의

기울기는 $-\dfrac{a}{b}$, y절편이 $-\dfrac{c}{b}$

$\therefore -\dfrac{a}{b}>0$, $-\dfrac{c}{b}>0$

따라서 기울기와 y절편이 양수이므로
주어진 직선이 지나지 않은 사분면은
제 4사분면이다.

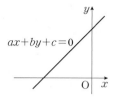

0143

STEP Ⓐ **a, b, c의 부호를 판별하여 직선 $ax+by+c=0$의 개형 구하기**

$b \neq 0$이므로 직선 $ax+by+c=0$에서

$y=-\dfrac{a}{b}x-\dfrac{c}{b}$의 기울기는 $-\dfrac{a}{b}$, y절편이 $-\dfrac{c}{b}$

ㄱ. $ac>0$, $bc<0$에서 $ab<0$이므로

  $-\dfrac{a}{b}>0$, $-\dfrac{c}{b}>0$

  즉 기울기와 y절편이 양수이므로
  제 1, 2, 3사분면을 지난다. [참]

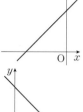

ㄴ. $ab>0$, $bc<0$이므로

  $-\dfrac{a}{b}<0$, $-\dfrac{c}{b}>0$

  즉 기울기가 음수이고 y절편이 양수
  이므로 제 3사분면을 지나지 않는다. [참]

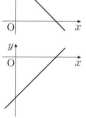

ㄷ. $ab<0$, $ac<0$에서 $bc>0$이므로

  $-\dfrac{a}{b}>0$, $-\dfrac{c}{b}<0$

  즉 기울기가 양수이고 y절편이 음수
  이므로 제 2사분면을 지나지 않는다. [참]

따라서 옳은 것은 ㄱ, ㄴ, ㄷ이다.

0144

STEP Ⓐ **세 점이 한 직선 위에 있기 위한 a의 값 구하기**

두 점 $A(0, 5)$, $B(3, -1)$를 지나는 직선 AB의 기울기는 $\dfrac{-1-5}{3-0}=-2$

두 점 $B(3, -1)$, $C(a, 2a)$를 지나는 직선 BC의 기울기는

$\dfrac{2a-(-1)}{a-3}=\dfrac{2a+1}{a-3}$

이때 세 점 A, B, C가 일직선 위에 있기 위해서는
직선 AB의 기울기와 직선 BC의 기울기가 같아야 한다.

따라서 $-2=\dfrac{2a+1}{a-3}$, $2a+1=-2a+6$, $4a=5$ $\therefore a=\dfrac{5}{4}$

다른풀이 두 점을 지나는 직선 위에 나머지 한 점이 있음을 이용하여 풀이하기

STEP Ⓐ **두 점 A, B를 지나는 직선의 방정식 구하기**

두 점 $A(0, 5)$, $B(3, -1)$을 지나는 직선의 방정식은

$y-5=\dfrac{-1-5}{3-0}(x-0)$, 즉 $y=-2x+5$

STEP Ⓑ **직선에 점 $C(a, 2a)$를 대입하여 a의 값 구하기**

점 $C(a, 2a)$이 직선 $y=-2x+5$ 위의 점이므로 $2a=-2a+5$, $4a=5$

따라서 $a=\dfrac{5}{4}$

0145

STEP A 세 점이 한 직선 위에 있기 위한 a의 값 구하기

두 점 A$(-1, -1)$, B$(1, a)$를 지나는 직선 AB의 기울기는 $\dfrac{a-(-1)}{1-(-1)}=\dfrac{a+1}{2}$

두 점 A$(-1, -1)$, C$(-a, -5)$를 지나는 직선 AC의 기울기는

$\dfrac{-5-(-1)}{-a-(-1)}=\dfrac{-4}{-a+1}$

이때 세 점 A, B, C가 한 직선 위에 있기 위해서는
직선 AB의 기울기와 직선 AC의 기울기가 같아야 한다.

즉 $\dfrac{a+1}{2}=\dfrac{-4}{-a+1}$, $a^2=9$ ∴ $a=3$ $(\because a>0)$

+α | 두 점을 지나는 직선 위에 나머지 한 점이 있음을 이용하여 구할 수 있어!

> 두 점 A$(-1, -1)$, B$(1, a)$를 지나는 직선의 방정식은
> $y-a=\dfrac{a-(-1)}{1-(-1)}(x-1)$, 즉 $y=\dfrac{a+1}{2}x+\dfrac{a-1}{2}$
> 이때 점 C$(-a, -5)$가 직선 $y=\dfrac{a+1}{2}x+\dfrac{a-1}{2}$ 위의 점이므로
> $-5=\dfrac{a+1}{2}\times(-a)+\dfrac{a-1}{2}$, $a^2=9$ ∴ $a=3$ $(\because a>0)$

STEP B 직선에 점 $(1, k)$를 대입하여 k의 값 구하기

두 점 A$(-1, -1)$, B$(1, 3)$을 지나는 직선의 방정식은

$y-3=\dfrac{3-(-1)}{1-(-1)}(x-1)$, 즉 $y=2x+1$

따라서 점 $(1, k)$가 직선 $y=2x+1$ 위의 점이므로 $k=2\times1+1=3$

내/신/연/계/ 출제문항 075

세 점 A$(-1, 5)$, B$(a, -11)$, C$(1, -a)$가 한 직선 위에 있다.
이 직선이 점 $(k, 9)$를 지날 때, 상수 k의 값은? (단, $a>0$)

① -2 ② -1 ③ 0
④ 1 ⑤ 2

STEP A 세 점이 한 직선 위에 있기 위한 a의 값 구하기

두 점 A$(-1, 5)$, B$(a, -11)$를 지나는 직선 AB의 기울기는 $\dfrac{-11-5}{a-(-1)}=\dfrac{-16}{a+1}$

두 점 A$(-1, 5)$, C$(1, -a)$를 지나는 직선 AC의 기울기는

$\dfrac{-a-5}{1-(-1)}=\dfrac{-a-5}{2}$

이때 세 점 A, B, C가 한 직선 위에 있기 위해서는
직선 AB의 기울기와 직선 AC의 기울기가 같아야 한다.

즉 $\dfrac{-16}{a+1}=\dfrac{-a-5}{2}$, $(a+1)(a+5)=32$, $a^2+6a-27=0$, $(a+9)(a-3)=0$

∴ $a=3$ $(\because a>0)$

+α | 두 점을 지나는 직선 위에 나머지 한 점이 있음을 이용하여 구할 수 있어!

> 두 점 A$(-1, 5)$, C$(1, -a)$를 지나는 직선의 방정식은
> $y-5=\dfrac{-a-5}{1-(-1)}\{x-(-1)\}$, 즉 $y=-\dfrac{a+5}{2}x+\dfrac{5-a}{2}$
> 이때 점 B$(a, -11)$이 직선 $y=-\dfrac{a+5}{2}x+\dfrac{5-a}{2}$ 위의 점이므로
> $-11=-\dfrac{a^2+5a}{2}+\dfrac{5-a}{2}$, $a^2+6a-5=22$, $a^2+6a-27=0$, $(a+9)(a-3)=0$
> ∴ $a=3$ $(\because a>0)$

STEP B 직선에 점 $(k, 9)$를 대입하여 k의 값 구하기

두 점 A$(-1, 5)$, B$(3, -11)$을 지나는 직선의 방정식은

$y-5=\dfrac{-11-5}{3-(-1)}\{x-(-1)\}$, 즉 $y=-4x+1$

이때 점 $(k, 9)$가 직선 $y=-4x+1$ 위의 점이므로 $9=-4\times k+1$, $4k=-8$
따라서 $k=-2$

0146

STEP A x축의 양의 방향과 이루는 각을 이용하여 직선의 기울기 구하기

x축의 양의 방향과 이루는 각이 $45°$이므로 직선의 기울기는 $\tan 45°=1$

STEP B 세 점이 한 직선 위에 있기 위한 a, b의 값 구하기

두 점 A$(-1, 4)$, B$(a, 2)$를 지나는 직선 AB의 기울기는 $\dfrac{2-4}{a-(-1)}=-\dfrac{2}{a+1}$

두 점 A$(-1, 4)$, C$(3, b)$를 지나는 직선 AC의 기울기는 $\dfrac{b-4}{3-(-1)}=\dfrac{b-4}{4}$

이때 세 점 A, B, C가 한 직선 위에 있으므로
두 직선 AB, AC의 기울기도 1이어야 한다.

즉 $-\dfrac{2}{a+1}=1$, $a+1=-2$에서 $a=-3$이고 $\dfrac{b-4}{4}=1$, $b-4=4$에서 $b=8$

따라서 $a+b=-3+8=5$

mini해설 | 직선의 방정식을 직접 구하여 풀이하기

> x축의 양의 방향과 이루는 각의 크기가 $45°$이므로 직선의 기울기는 $\tan 45°=1$
> 점 A$(-1, 4)$를 지나고 직선의 기울기가 1인 직선의 방정식은 $y-4=1\{x-(-1)\}$
> ∴ $y=x+5$
> 점 B$(a, 2)$가 직선 $y=x+5$ 위의 점이므로 $2=a+5$ ∴ $a=-3$
> 점 C$(3, b)$가 직선 $y=x+5$ 위의 점이므로 $b=3+5=8$
> 따라서 $a+b=5$

0147

STEP A 네 점이 한 직선 위에 있기 위한 a, b의 값 구하기

두 점 A$(1, 4)$, B$(a, -2)$를 지나는 직선 AB의 기울기는 $\dfrac{-2-4}{a-1}=\dfrac{-6}{a-1}$

두 점 B$(a, -2)$, C$(a+4, 10)$을 지나는 직선 BC의 기울기는

$\dfrac{10-(-2)}{(a+4)-a}=\dfrac{12}{4}=3$

두 점 A$(1, 4)$, D$(b, a+8)$을 지나는 직선 AD의 기울기는 $\dfrac{(a+8)-4}{b-1}=\dfrac{a+4}{b-1}$

이때 네 점 A, B, C, D가 한 직선 위에 있기 위해서는
세 직선 AB, BC, AD의 기울기가 모두 같아야 한다.

즉 $\dfrac{-6}{a-1}=3$, $a-1=-2$에서 $a=-1$이고

$\dfrac{a+4}{b-1}=\dfrac{3}{b-1}=3$, $b-1=1$에서 $b=2$

따라서 $a+b=-1+2=1$

다른풀이 두 점을 지나는 직선 위에 나머지 두 점이 있음을 이용하여 풀이하기

STEP A 두 점 B, C를 지나는 직선의 방정식 구하기

두 점 B$(a, -2)$, C$(a+4, 10)$을 지나는 직선의 방정식은

$y-(-2)=\dfrac{10-(-2)}{a+4-a}(x-a)$, 즉 $y=3x-3a-2$ $\quad\cdots\cdots$ ㉠

점 A$(1, 4)$가 직선 $y=3x-3a-2$ 위의 점이므로

$4=3\times1-3a-2$, $3a=-3$ ∴ $a=-1$

이를 ㉠에 대입하면 $y=3x+1$

STEP B 직선에 점 D$(b, a+8)$을 대입하여 b의 값 구하기

$a=-1$이므로 점 D의 좌표는 $(b, 7)$

점 D$(b, 7)$이 직선 $y=3x+1$ 위의 점이므로

$7=3b+1$, $3b=6$ ∴ $b=2$

따라서 $a+b=-1+2=1$

0148

정답 ③

STEP Ⓐ 세 점이 삼각형을 이루지 않을 조건 구하기

서로 다른 세 점으로 삼각형을 이루지 않도록 하기 위해서는 세 점이 한 직선 위에 존재해야 하므로 직선 AB의 기울기와 직선 BC의 기울기가 같다.

STEP Ⓑ 세 점 중 두 점을 지나는 직선의 기울기는 서로 같음을 이용하여 k의 값 구하기

두 점 $A(-2k-1, 5)$, $B(1, k+3)$을 지나는 직선 AB의 기울기는

$$\frac{(k+3)-5}{1-(-2k-1)}=\frac{k-2}{2k+2}$$

두 점 $B(1, k+3)$, $C(-3, k-1)$을 지나는 직선 BC의 기울기는

$$\frac{(k-1)-(k+3)}{-3-1}=1$$

따라서 $\frac{k-2}{2k+2}=1$, $k-2=2k+2$이므로 $k=-4$

다른풀이 두 점을 지나는 직선 위에 나머지 한 점이 있음을 이용하여 풀이하기

STEP Ⓐ 두 점 B, C를 지나는 직선의 방정식 구하기

두 점 $B(1, k+3)$, $C(-3, k-1)$을 지나는 직선의 방정식은

$$y-(k+3)=\frac{k-1-(k+3)}{-3-1}(x-1), \text{ 즉 } y=x+k+2$$

STEP Ⓑ 직선에 점 $A(-2k-1, 5)$를 대입하여 k의 값 구하기

점 $A(-2k-1, 5)$가 직선 $y=x+k+2$ 위의 점이므로 $5=-2k-1+k+2$

따라서 $k=-4$

내/신/연/계/ 출제문항 076

서로 다른 세 점 $A(a, -2)$, $B(-4, -a)$, $C(2, -5)$가 삼각형을 이루지 않도록 하는 모든 a의 값의 합은?

① -9 ② -8 ③ -7
④ 7 ⑤ 8

STEP Ⓐ 세 점이 삼각형을 이루지 않을 조건 구하기

서로 다른 세 점으로 삼각형을 이루지 않도록 하기 위해서는 세 점이 한 직선 위에 존재해야 하므로 직선 AB의 기울기와 직선 AC의 기울기가 같다.

STEP Ⓑ 세 점 중 두 점을 지나는 직선의 기울기는 서로 같음을 이용하여 a의 값 구하기

두 점 $A(a, -2)$, $B(-4, -a)$를 지나는 직선 AB의 기울기는

$$\frac{-a-(-2)}{-4-a}=\frac{a-2}{a+4}$$

두 점 $A(a, -2)$, $C(2, -5)$를 지나는 직선 AC의 기울기는

$$\frac{-5-(-2)}{2-a}=\frac{3}{a-2}$$

즉 $\frac{a-2}{a+4}=\frac{3}{a-2}$, $a^2-7a-8=0$, $(a+1)(a-8)=0$

∴ $a=-1$ 또는 $a=8$

따라서 모든 a의 값의 합은 $-1+8=7$

다른풀이 두 점을 지나는 직선 위에 나머지 한 점이 있음을 이용하여 풀이하기

STEP Ⓐ 두 점 A, C를 지나는 직선의 방정식 구하기

두 점 $A(a, -2)$, $C(2, -5)$를 지나는 직선의 방정식은

$$y-(-5)=\frac{-5-(-2)}{2-a}(x-2), \text{ 즉 } y=\frac{3}{a-2}x+\frac{4-5a}{a-2}$$

STEP Ⓑ 직선이 점 $B(-4, -a)$를 지남을 이용하여 a의 값의 합 구하기

점 $B(-4, -a)$가 직선 $y=\frac{3}{a-2}x+\frac{4-5a}{a-2}$ 위의 점이므로

$$-a=\frac{-12}{a-2}+\frac{4-5a}{a-2}, -a^2+2a=-8-5a, a^2-7a-8=0$$

따라서 이차방정식 $a^2-7a-8=0$에서 근과 계수의 관계에 의하여
두 근의 합은 7

정답 ④

0149 2020년 09월 고1 학력평가 11번

정답 ①

STEP Ⓐ 세 점이 한 직선 위에 있기 위한 a의 값 구하기

두 점 $A(-1, a)$, $B(1, 1)$를 지나는 직선 AB의 기울기는 $\frac{1-a}{1-(-1)}=\frac{1-a}{2}$

두 점 $B(1, 1)$, $C(a, -7)$를 지나는 직선 BC의 기울기는 $\frac{-7-1}{a-1}=\frac{-8}{a-1}$

이때 세 점 A, B, C가 한 직선 위에 있기 위해서는
직선 AB의 기울기와 직선 BC의 기울기가 같아야 한다.

즉 $\frac{1-a}{2}=\frac{-8}{a-1}$, $a^2-2a-15=0$, $(a-5)(a+3)=0$

따라서 $a=5$ ($∵ a>0$)

다른풀이 두 점을 지나는 직선 위에 나머지 한 점이 있음을 이용하여 풀이하기

STEP Ⓐ 두 점 A, B를 지나는 직선의 방정식 구하기

두 점 $A(-1, a)$, $B(1, 1)$을 지나는 직선의 방정식은

$$y-1=\frac{1-a}{1-(-1)}(x-1), \text{ 즉 } y=\frac{1-a}{2}x+\frac{a+1}{2}$$

STEP Ⓑ 직선에 점 $C(a, -7)$을 대입하여 a의 값 구하기

점 $C(a, -7)$이 직선
$y=\frac{1-a}{2}x+\frac{a+1}{2}$ 위의 점이므로

$$-7=\frac{1-a}{2}\times a+\frac{a+1}{2},$$

$a^2-2a-15=0$,
$(a-5)(a+3)=0$

따라서 $a=5$ ($∵ a>0$)

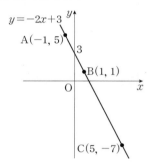

내/신/연/계/ 출제문항 077

세 점 $A(1, 1)$, $B(-1, 5)$, $C(-k+2, k-1)$이 한 직선 위에 있도록 하는
상수 k의 값은?

① -2 ② -1 ③ 0
④ 1 ⑤ 2

STEP Ⓐ 세 점이 한 직선 위에 있기 위한 k의 값 구하기

두 점 $A(1, 1)$, $B(-1, 5)$를 지나는 직선 AB의 기울기는 $\frac{5-1}{-1-1}=-2$

두 점 $A(1, 1)$, $C(-k+2, k-1)$을 지나는 직선 AC의 기울기는

$$\frac{(k-1)-1}{(-k+2)-1}=\frac{k-2}{1-k}$$

이때 세 점 A, B, C가 한 직선 위에 있기 위해서는
직선 AB의 기울기와 직선 AC의 기울기가 같아야 한다.

즉 $-2=\frac{k-2}{1-k}$, $-2+2k=k-2$

따라서 $k=0$

다른풀이 두 점을 지나는 직선 위에 나머지 한 점이 있음을 이용하여 풀이하기

STEP Ⓐ 두 점 A, B를 지나는 직선의 방정식 구하기

두 점 $A(1, 1)$, $B(-1, 5)$를 지나는 직선의 방정식은

$$y-1=\frac{5-1}{-1-1}(x-1), \text{ 즉 } y=-2x+3$$

STEP **B** 직선에 점 $C(-k+2, k-1)$을 대입하여 k의 값 구하기

점 $C(-k+2, k-1)$이 직선 $y=-2x+3$ 위의 점이므로

$k-1=-2(-k+2)+3$, $k-1=2k-1$

따라서 $k=0$ 정답 ③

0150   정답 18

STEP **A** 삼각형 AOB의 넓이 구하기

오른쪽 그림과 같이 직선 $\dfrac{x}{3}+\dfrac{y}{6}=1$이

x축과 만나는 점을 A,

y축과 만나는 점을 B라 하면

$A(3, 0)$, $B(0, 6)$

삼각형 AOB의 넓이를 S라 하면

$S=\dfrac{1}{2}\times\overline{OA}\times\overline{OB}=\dfrac{1}{2}\times3\times6=9$

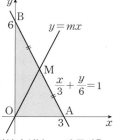

STEP **B** 삼각형 AOB의 넓이를 이등분하는 직선이 선분 AB의 중점을 지남을 이해하기

직선 $y=mx$는 원점 $O(0, 0)$을 지나고

삼각형 AOB의 넓이를 이등분하므로 선분 AB의 중점을 지난다.

두 점 $A(3, 0)$, $B(0, 6)$에 대하여 선분 AB의 중점 M의 좌표는

$\left(\dfrac{3+0}{2}, \dfrac{0+6}{2}\right)$, 즉 $M\left(\dfrac{3}{2}, 3\right)$

즉 직선 $y=mx$이 점 $M\left(\dfrac{3}{2}, 3\right)$을 지나므로 $3=\dfrac{3}{2}m$ $\therefore m=2$

따라서 $Sm=9\times2=18$

0151   정답 ②

STEP **A** 삼각형 ABC의 넓이를 이등분하는 직선이 선분 AC의 중점을 지남을 이해하기

선분 AC의 중점을 M이라 하자.

꼭짓점 B를 지나면서 삼각형 ABC의 넓이를 이등분하는 직선은 선분 AC의 중점 M을 지난다.

이때 두 점 $A(-1, -2)$, $C(4, 3)$에 대하여 선분 AC의 중점 M의 좌표는

$\left(\dfrac{-1+4}{2}, \dfrac{-2+3}{2}\right)$, 즉 $M\left(\dfrac{3}{2}, \dfrac{1}{2}\right)$

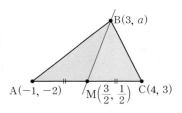

STEP **B** 두 점을 지나는 직선의 방정식 구하기

두 점 $(1, -2)$, $M\left(\dfrac{3}{2}, \dfrac{1}{2}\right)$을 지나는 직선의 방정식은

$y-(-2)=\dfrac{\dfrac{1}{2}-(-2)}{\dfrac{3}{2}-1}(x-1)$, 즉 $y=5x-7$

따라서 직선 $y=5x-7$이 점 $B(3, a)$를 지나므로 $a=5\times3-7=8$

내/신/연/계 출제문항 **078**

세 점 $A(3, 5)$, $B(1, 1)$, $C(5, -1)$을 꼭짓점으로 하는 삼각형 ABC가 있다.
삼각형 ABC의 넓이를 이등분하고 점 B를 지나는 직선이 점 $(4, a)$를 지날 때,
상수 a의 값은?

① -3 ② -1 ③ 2
④ 3 ⑤ 4

STEP **A** 삼각형 ABC의 넓이를 이등분하는 직선이 선분 AC의 중점을 지남을 이해하기

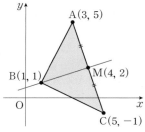

선분 AC의 중점을 M이라 하자.

꼭짓점 B를 지나면서 삼각형 ABC의 넓이를 이등분하는 직선은 선분 AC의 중점 M을 지난다.

이때 두 점 $A(3, 5)$, $C(5, -1)$에 대하여 선분 AC의 중점 M의 좌표는

$\left(\dfrac{3+5}{2}, \dfrac{5+(-1)}{2}\right)$, 즉 $M(4, 2)$

STEP **B** 두 점 B, M을 지나는 직선의 방정식 구하기

두 점 $B(1, 1)$, $M(4, 2)$를 지나는 직선의 방정식은

$y-1=\dfrac{2-1}{4-1}(x-1)$, 즉 $y=\dfrac{1}{3}x+\dfrac{2}{3}$

따라서 직선 $y=\dfrac{1}{3}x+\dfrac{2}{3}$가 점 $(4, a)$를 지나므로 $a=\dfrac{1}{3}\times4+\dfrac{2}{3}=2$ 정답 ③

0152   정답 ②

STEP **A** 삼각형 ABC의 넓이를 이등분하는 직선이 선분 BC의 중점을 지남을 이해하기

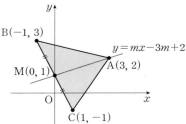

직선 $y=mx-3m+2$를 m에 대하여 정리하면 $(x-3)m-y+2=0$

이때 이 직선은 m의 값에 관계없이 항상 점 $(3, 2)$, 즉 꼭짓점 A를 지난다.

선분 BC의 중점을 M이라 하자.

꼭짓점 A를 지나면서 삼각형 ABC의 넓이를 이등분하는 직선은 선분 BC의 중점 M을 지난다.

즉 두 점 $B(-1, 3)$, $C(1, -1)$에 대하여 선분 BC의 중점 M의 좌표는

$\left(\dfrac{-1+1}{2}, \dfrac{3+(-1)}{2}\right)$, 즉 $M(0, 1)$

STEP **B** 직선에 점 $M(0, 1)$을 대입하여 m의 값 구하기

직선 $y=mx-3m+2$가 점 $M(0, 1)$을 지나므로

$1=m\times0-3m+2$, $3m=1$

따라서 $m=\dfrac{1}{3}$

+α 두 점을 지나는 직선의 방정식을 구할 수 있어!

두 점 $A(3, 2)$, $M(0, 1)$을 지나는 직선의 방정식은

$y-1=\dfrac{1-2}{0-3}(x-0)$, 즉 $y=\dfrac{1}{3}x+1$

따라서 직선 $y=\dfrac{1}{3}x+1$과 $y=mx-3m+2$가 일치하므로 $m=\dfrac{1}{3}$

0153

정답 ②

STEP Ⓐ 두 삼각형 ABD와 ADC의 넓이의 비를 이용하여 점 D의 좌표 구하기

두 삼각형 ABD와 ADC의 높이가 같으므로

넓이의 비는 밑변의 길이의 비 $\overline{BD} : \overline{CD}$와 같다.

즉 (삼각형 ABD의 넓이) : (삼각형 ADC의 넓이)

$$= \overline{BD} : \overline{CD} = 3 : 2$$

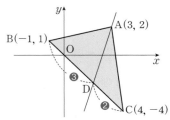

이때 두 점 B$(-1, 1)$, C$(4, -4)$에 대하여

선분 BC를 3 : 2로 내분하는 점 D의 좌표는

$$\left(\frac{3 \times 4 + 2 \times (-1)}{3+2}, \ \frac{3 \times (-4) + 2 \times 1}{3+2} \right), \ 즉 \ D(2, -2)$$

STEP Ⓑ 두 점 A, D를 지나는 직선의 방정식 구하기

두 점 A$(3, 2)$, D$(2, -2)$를 지나는 직선의 방정식은

$$y - 2 = \frac{-2-2}{2-3}(x-3), \ 즉 \ y = 4x - 10$$

따라서 직선 $y = 4x - 10$의 x절편은 $\frac{5}{2}$

내/신/연/계/ 출제문항 079

오른쪽 그림과 같이 세 점 A$(2, 3)$, B$(-3, -1)$, C$(6, -4)$를 꼭짓점으로 하는 삼각형 ABC에 대하여 두 삼각형 ABD와 ADC의 넓이의 비가 2 : 1일 때, 두 점 A, D를 지나는 직선의 방정식을 $ax+y+b=0$이라 하자. 이때 상수 a, b에 대하여 $a+b$의 값은?

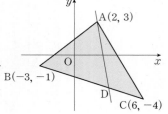

① -15 ② -9 ③ -3
④ 6 ⑤ 12

STEP Ⓐ 두 삼각형 ABD와 ADC의 넓이의 비를 이용하여 점 D의 좌표 구하기

두 삼각형 ABD와 ADC의 높이가 같으므로

넓이의 비는 밑변의 길이의 비 $\overline{BD} : \overline{CD}$와 같다.

즉 (삼각형 ABD의 넓이) : (삼각형 ADC의 넓이)

$$= \overline{BD} : \overline{CD} = 2 : 1$$

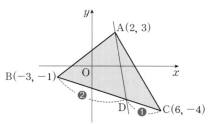

이때 두 점 B$(-3, -1)$, C$(6, -4)$에 대하여

선분 BC를 2 : 1로 내분하는 점 D의 좌표는

$$\left(\frac{2 \times 6 + 1 \times (-3)}{2+1}, \ \frac{2 \times (-4) + 1 \times (-1)}{2+1} \right), \ 즉 \ D(3, -3)$$

060

STEP Ⓑ 두 점 A, D를 지나는 직선의 방정식 구하기

두 점 A$(2, 3)$, D$(3, -3)$를 지나는 직선의 방정식은

$$y - 3 = \frac{-3-3}{3-2}(x-2), \ 즉 \ 6x + y - 15 = 0$$

따라서 $a = 6$, $b = -15$이므로 $a+b = -9$

정답 ②

0154

2016년 09월 고1 학력평가 14번   정답 ④

STEP Ⓐ 이차함수 $y=f(x)$의 대칭축을 이용하여 점 B의 좌표 구하기

이차함수 $y=f(x)$의 그래프가 x축과 만나는 점 중 원점이 아닌 점이 B이므로 점 B의 좌표를 B$(a, 0)$이라 하자.

이차함수 $y=f(x)$의 그래프의 대칭축이 $x=2$이므로 ← (점 A의 x좌표)

$$2 = \frac{0+a}{2} \quad \therefore a = 4$$

즉 점 B의 좌표는 B$(4, 0)$

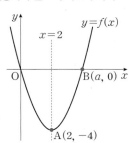

+α $f(x) = k(x-2)^2 - 4$임을 이용하여 점 B의 좌표를 구할 수 있어!

꼭짓점이 A$(2, -4)$인 이차함수 $f(x) = k(x-2)^2 - 4$ (k는 상수)라 하면 이 이차함수의 그래프가 원점 O$(0, 0)$을 지나므로

$0 = 4k - 4 \quad \therefore k = 1$

즉 $f(x) = (x-2)^2 - 4$에서 x절편은 $(x-2)^2 - 4 = 0$, $x^2 - 4x = 0$, $x(x-4) = 0$

$\therefore$ B$(4, 0)$

STEP Ⓑ 삼각형 OAB의 넓이를 이등분하는 직선이 선분 AB의 중점을 지남을 이용하여 직선의 방정식 구하기

오른쪽 그림과 같이 직선 $y = mx$ $(m < 0)$는 원점 O$(0, 0)$을 지나고 삼각형 OAB의 넓이를 이등분하므로 선분 AB의 중점을 지나야 한다.

두 점 A$(2, -4)$, B$(4, 0)$에 대하여 선분 AB의 중점의 좌표는

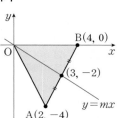

$$\left(\frac{2+4}{2}, \ \frac{-4+0}{2} \right), \ 즉 \ (3, -2)$$

즉 직선 $y = mx$가 점 $(3, -2)$를 지나야 하므로 $3m = -2$

따라서 $m = -\frac{2}{3}$ ← $y = -\frac{2}{3}x$

좌표평면에서 원점 O를 지나고 꼭짓점이 $A(2, -6)$인 이차함수 $y=f(x)$
의 그래프가 x축과 만나는 점 중에서 원점이 아닌 점을 B라 하자.
직선 $y=mx$가 삼각형 OAB의 넓이를 이등분하도록 하는 실수 m의 값은?

① -3 ② -3 ③ -2

④ -1 ⑤ $-\dfrac{1}{2}$

STEP A 이차함수 $y=f(x)$의 대칭축을 이용하여 점 B의 좌표 구하기

이차함수 $y=f(x)$의 그래프가 x축과
만나는 점 중 원점이 아닌 점이 B이므로
점 B의 좌표를 B$(a, 0)$이라 하면
이차함수 $y=f(x)$의 그래프의 대칭축이
$x=2$이므로 ← (점 A의 x좌표)
$2=\dfrac{0+a}{2}$ ∴ $a=4$
즉 점 B의 좌표는 B$(4, 0)$

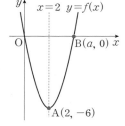

+α | $f(x)=a(x-2)^2-6$임을 이용하여 점 B의 좌표를 구할 수 있어!

꼭짓점이 A$(2, -6)$인 이차함수 $f(x)=a(x-2)^2-6$(a는 상수)라 하면
이 이차함수의 그래프가 원점 O$(0, 0)$을 지나므로
$0=4a-6$ ∴ $a=\dfrac{3}{2}$
즉 $f(x)=\dfrac{3}{2}(x-2)^2-6=\dfrac{3}{2}(x^2-4x)=\dfrac{3}{2}x(x-4)$이므로 $\dfrac{3}{2}x(x-4)=0$
∴ B$(4, 0)$

STEP B 삼각형 OAB의 넓이를 이등분하는 직선이 선분 AB의 중점을
지남을 이용하여 직선의 방정식 구하기

오른쪽 그림과 같이 직선 $y=mx$ $(m<0)$
는 원점 O$(0, 0)$을 지나고
삼각형 OAB의 넓이를 이등분하므로
선분 AB의 중점을 지나야 한다.
두 점 A$(2, -6)$, B$(4, 0)$에 대하여
선분 AB의 중점의 좌표는
$\left(\dfrac{2+4}{2}, \dfrac{-6+0}{2}\right)$, 즉 $(3, -3)$

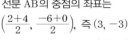

즉 직선 $y=mx$가 점 $(3, -3)$을 지나야 하므로
$-3=3m$
따라서 $m=-1$ ← $y=-x$

정답 ④

0155 2024년 09월 고1 학력평가 20번   정답 ④

해설강의

STEP A 삼각형 AOB의 넓이를 S라 하고 삼각형 QOP의 넓이를 S에
대하여 나타내기

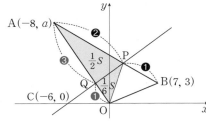

직선 PC와 선분 AO가 만나는 점을 Q라 하고
삼각형 AOB의 넓이를 S라 하자.
점 P가 선분 AB를 2 : 1로 내분하는 점이므로 삼각형 AOP의 넓이는 $\dfrac{2}{3}S$
직선 PC가 삼각형 AOB의 넓이를 이등분하므로 삼각형 AQP의 넓이는 $\dfrac{1}{2}S$

이때 (삼각형 QOP의 넓이)=(삼각형 AOP의 넓이)−(삼각형 AQP의 넓이)
$$=\dfrac{2}{3}S-\dfrac{1}{2}S=\dfrac{1}{6}S$$

STEP B 두 삼각형 AQP와 QOP의 넓이의 비가 3 : 1임을 이용하여
직선 PC의 방정식 구하기

두 삼각형 AQP와 QOP의 넓이의 비는 선분 AQ와 선분 QO의 길이의 비와 같다.
이때 두 삼각형 AQP와 QOP의 넓이의 비가 $\dfrac{1}{2}S : \dfrac{1}{6}S$,
즉 3 : 1이므로 $\overline{AQ} : \overline{QO}=3 : 1$
점 Q는 선분 AO를 3 : 1로 내분하는 점이므로
$\left(\dfrac{3\times 0+1\times(-8)}{3+1}, \dfrac{3\times 0+1\times a}{3+1}\right)$, 즉 Q$\left(-2, \dfrac{a}{4}\right)$
점 P는 선분 AB를 2 : 1로 내분하는 점이므로
$\left(\dfrac{2\times 7+1\times(-8)}{2+1}, \dfrac{2\times 3+1\times a}{2+1}\right)$, 즉 P$\left(2, \dfrac{a+6}{3}\right)$
두 점 P$\left(2, \dfrac{a+6}{3}\right)$, C$(-6, 0)$을 지나는 직선 PC의 방정식은
$$y-0=\dfrac{\dfrac{a+6}{3}-0}{2-(-6)}\{x-(-6)\},$$ 즉 $y=\dfrac{a+6}{24}(x+6)$

STEP C 점 Q는 직선 PC 위의 점임을 이용하여 a의 값 구하기

점 Q$\left(-2, \dfrac{a}{4}\right)$가 직선 PC 위의 점이므로
$\dfrac{a}{4}=\dfrac{a+6}{24}\times(-2+6)$, $\dfrac{a}{4}=\dfrac{a+6}{6}$, $6a=4(a+6)$, $2a=24$
따라서 $a=12$

그림과 같이 좌표평면 위에 세 점 A$(-5, a)$, B$(4, 2)$, C$(-4, 0)$이 있다.
선분 AB를 2 : 1로 내분하는 점을 P라 할 때, 직선 PC가 삼각형 AOB의
넓이를 이등분한다. 양수 a의 값은? (단, O는 원점이다.)

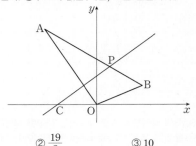

① 9   ② $\dfrac{19}{2}$ ③ 10

④ $\dfrac{21}{2}$ ⑤ 11

STEP A 삼각형 AOB의 넓이를 S라 하고 삼각형 QOP의 넓이를 S에
대하여 나타내기

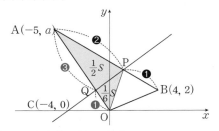

직선 PC와 선분 AO가 만나는 점을 Q라 하고
삼각형 AOB의 넓이를 S라 하자.
점 P가 선분 AB를 2 : 1로 내분하는 점이므로 삼각형 AOP의 넓이는 $\dfrac{2}{3}S$
직선 PC가 삼각형 AOB의 넓이를 이등분하므로 AQP의 넓이는 $\dfrac{1}{2}S$
이때 (삼각형 QOP의 넓이)=(삼각형 AOP의 넓이)−(삼각형 AQP의 넓이)
$$=\dfrac{2}{3}S-\dfrac{1}{2}S=\dfrac{1}{6}S$$

STEP B 두 삼각형 PAQ와 PQO의 넓이의 비가 3 : 1임을 이용하여 직선 PC의 방정식 구하기

두 삼각형 PAQ와 PQO의 넓이의 비는 선분 AQ와 선분 QO의 길이의 비와 같다.

이때 두 삼각형 PAQ와 PQO의 넓이의 비가 $\frac{1}{2}S : \frac{1}{6}S$,

즉 3 : 1이므로 $\overline{AQ} : \overline{QO} = 3 : 1$

점 Q는 선분 AO를 3 : 1로 내분하는 점이므로

$\left(\dfrac{3 \times 0 + 1 \times (-5)}{3+1}, \dfrac{3 \times 0 + 1 \times a}{3+1}\right)$, 즉 $Q\left(-\dfrac{5}{4}, \dfrac{a}{4}\right)$

점 P는 선분 AB를 2 : 1로 내분하는 점이므로

$\left(\dfrac{2 \times 4 + 1 \times (-5)}{2+1}, \dfrac{2 \times 2 + 1 \times a}{2+1}\right)$, 즉 $P\left(1, \dfrac{a+4}{3}\right)$

두 점 $P\left(1, \dfrac{a+4}{3}\right)$, C(−4, 0)을 지나는 직선 PC의 방정식은

$y - 0 = \dfrac{0 - \frac{a+4}{3}}{-4-1}\{x-(-4)\}$, 즉 $y = \dfrac{a+4}{15}(x+4)$

STEP C 점 Q는 직선 PC 위의 점임을 이용하여 a의 값 구하기

점 $Q\left(-\dfrac{5}{4}, \dfrac{a}{4}\right)$가 직선 PC 위의 점이므로

$\dfrac{a}{4} = \dfrac{a+4}{15} \times \left(-\dfrac{5}{4}+4\right)$, $\dfrac{a}{4} = \dfrac{a+4}{15} \times \dfrac{11}{4}$, $15a = 11a+44$, $4a = 44$

따라서 $a = 11$

정답 ⑤

0156 2020년 11월 고1 학력평가 18번 정답 ①

해설강의

STEP A 조건을 만족하는 점 P의 위치 구하기

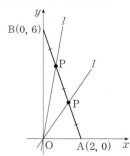

직선 l은 삼각형 OAB의 넓이를 1 : 2로 내분하는 점 P를 지난다.
즉 점 P는 선분 AB를 2 : 1 또는 1 : 2로 내분하는 점이어야 한다.

STEP B 점 P의 위치에 따라 두 직선 l, m의 기울기의 합 구하기

(i) 점 P가 선분 AB를 2 : 1로 내분하는 점일 때,
두 점 A(2, 0), B(0, 6)에 대하여
선분 AB를 2 : 1로 내분하는
점 P의 좌표는
$\left(\dfrac{2 \times 0 + 1 \times 2}{2+1}, \dfrac{2 \times 6 + 1 \times 0}{2+1}\right)$,
즉 $P\left(\dfrac{2}{3}, 4\right)$

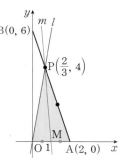

이때 원점 O와 점 $P\left(\dfrac{2}{3}, 4\right)$를 지나는

직선 l의 기울기는 $\dfrac{4-0}{\frac{2}{3}-0} = \dfrac{12}{2} = 6$

(삼각형 OPB의 넓이)$= \dfrac{1}{3} \times$(삼각형 OAB의 넓이)이고

두 직선 l, m이 삼각형 OAB의 넓이를 삼등분하므로
직선 m이 삼각형 OAP의 넓이를 이등분한다.
즉 직선 m은 점 P를 지나므로 선분 OA의 중점을 지나야 한다.
두 점 O(0, 0), A(2, 0)에 대하여 선분 OA의 중점을 M이라고 하면
점 M의 좌표는 $\left(\dfrac{0+2}{2}, \dfrac{0+0}{2}\right)$, 즉 M(1, 0)

이때 두 점 M(1, 0), $P\left(\dfrac{2}{3}, 4\right)$를 지나는 직선 m의 기울기는

$\dfrac{4-0}{\frac{2}{3}-1} = \dfrac{4}{-\frac{1}{3}} = -12$

그러므로 두 직선 l, m의 기울기의 합은 $6 + (-12) = -6$

(ii) 점 P가 선분 AB를 1 : 2로 내분하는 점일 때,
두 점 A(2, 0), B(0, 6)에 대하여
선분 AB를 1 : 2로 내분하는
점 P의 좌표는
$\left(\dfrac{1 \times 0 + 2 \times 2}{1+2}, \dfrac{1 \times 6 + 2 \times 0}{1+2}\right)$,
즉 $P\left(\dfrac{4}{3}, 2\right)$

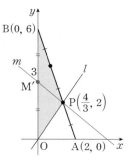

이때 원점 O와 점 $P\left(\dfrac{4}{3}, 2\right)$를 지나는

직선 l의 기울기는 $\dfrac{2-0}{\frac{4}{3}-0} = \dfrac{6}{4} = \dfrac{3}{2}$

(삼각형 OAP의 넓이)$= \dfrac{1}{3} \times$(삼각형 OAB의 넓이)이고

두 직선 l, m이 삼각형 OAB의 넓이를 삼등분하므로
직선 m이 삼각형 OBP의 넓이를 이등분한다.
즉 직선 m은 점 P를 지나므로 선분 OB의 중점을 지나야 한다.
두 점 O(0, 0), B(0, 6)에 대하여 선분 OB의 중점을 M′이라고 하면
점 M′의 좌표는 $\left(\dfrac{0+0}{2}, \dfrac{0+6}{2}\right)$, 즉 M′(0, 3)

이때 두 점 M′(0, 3), $P\left(\dfrac{4}{3}, 2\right)$를 지나는 직선 m의 기울기는

$\dfrac{2-3}{\frac{4}{3}-0} = \dfrac{-1}{\frac{4}{3}} = -\dfrac{3}{4}$

그러므로 두 직선 l, m의 기울기의 합은 $\dfrac{3}{2} + \left(-\dfrac{3}{4}\right) = \dfrac{3}{4}$

(i), (ii)에 의하여 두 직선 l, m의 기울기의 합의 최댓값은 $\dfrac{3}{4}$

내/신/연/계/ 출제문항 082

좌표평면 위에 두 점 A(2, 0), B(0, 10)이 있다. 다음 조건을 만족시키는 두 직선 l, m의 기울기의 합의 최댓값은? (단, O는 원점이다.)

(가) 직선 l은 점 O를 지난다.
(나) 두 직선 l과 m은 선분 AB 위의 점 P에서 만난다.
(다) 두 직선 l과 m은 삼각형 OAB의 넓이를 삼등분한다.

① $\dfrac{3}{4}$ ② 1 ③ $\dfrac{5}{4}$

④ $\dfrac{3}{2}$ ⑤ $\dfrac{7}{4}$

STEP A 조건을 만족하는 점 P의 위치 구하기

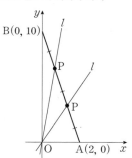

직선 l은 삼각형 OAB의 넓이를 1 : 2로 내분하는 점 P를 지난다.
즉 점 P는 선분 AB를 2 : 1 또는 1 : 2로 내분하는 점이어야 한다.

STEP B 점 P의 위치에 따라 두 직선 l, m의 기울기의 합 구하기

(ⅰ) 점 P가 선분 AB를 2 : 1로 내분하는 점일 때,

두 점 A(2, 0), B(0, 10)에 대하여
선분 AB를 2 : 1로 내분하는
점 P의 좌표는
$\left(\dfrac{2\times0+1\times2}{2+1}, \dfrac{2\times10+1\times0}{2+1}\right)$,
즉 $P\left(\dfrac{2}{3}, \dfrac{20}{3}\right)$

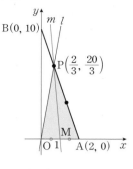

이때 원점 O와 점 $P\left(\dfrac{2}{3}, \dfrac{20}{3}\right)$을 지나는

직선 l의 기울기는 $\dfrac{\dfrac{20}{3}-0}{\dfrac{2}{3}-0}=\dfrac{20}{2}=10$

(삼각형 OPB의 넓이)$=\dfrac{1}{3}\times$(삼각형 OAB의 넓이)이고

두 직선 l, m이 삼각형 OAB의 넓이를 삼등분하므로
직선 m이 삼각형 OAP의 넓이를 이등분한다.
즉 직선 m은 점 P를 지나므로 선분 OA의 중점을 지나야 한다.
두 점 O(0, 0), A(2, 0)에 대하여 선분 OA의 중점을 M이라고 하면

점 M의 좌표는 $\left(\dfrac{0+2}{2}, \dfrac{0+0}{2}\right)$, 즉 M(1, 0)

이때 두 점 M(1, 0), $P\left(\dfrac{2}{3}, \dfrac{20}{3}\right)$을 지나는 직선 m의 기울기는

$\dfrac{\dfrac{20}{3}-0}{\dfrac{2}{3}-1}=\dfrac{\dfrac{20}{3}}{-\dfrac{1}{3}}=-20$

그러므로 두 직선 l, m의 기울기의 합은 $10+(-20)=-10$

(ⅱ) 점 P가 선분 AB를 1 : 2로 내분하는 점일 때,

두 점 A(2, 0), B(0, 10)에 대하여
선분 AB를 1 : 2로 내분하는
점 P의 좌표는
$\left(\dfrac{1\times0+2\times2}{1+2}, \dfrac{1\times10+2\times0}{1+2}\right)$,
즉 $P\left(\dfrac{4}{3}, \dfrac{10}{3}\right)$

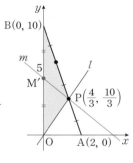

이때 원점 O와 점 $P\left(\dfrac{4}{3}, \dfrac{10}{3}\right)$을 지나는

직선 l의 기울기는 $\dfrac{\dfrac{10}{3}-0}{\dfrac{4}{3}-0}=\dfrac{10}{4}=\dfrac{5}{2}$

(삼각형 OAP의 넓이)$=\dfrac{1}{3}\times$(삼각형 OAB의 넓이)이고

두 직선 l, m이 삼각형 OAB의 넓이를 삼등분하므로
직선 m이 삼각형 OBP의 넓이를 이등분한다.
즉 직선 m은 점 P를 지나므로 선분 OB의 중점을 지나야 한다.
두 점 O(0, 0), B(0, 10)에 대하여 선분 OB의 중점을 M′이라고 하면

점 M′의 좌표는 $\left(\dfrac{0+0}{2}, \dfrac{0+10}{2}\right)$, 즉 M′(0, 5)

이때 두 점 M′(0, 5), $P\left(\dfrac{4}{3}, \dfrac{10}{3}\right)$를 지나는 직선 m의 기울기는

$\dfrac{\dfrac{10}{3}-5}{\dfrac{4}{3}-0}=\dfrac{-\dfrac{5}{3}}{\dfrac{4}{3}}=-\dfrac{5}{4}$

그러므로 두 직선 l, m의 기울기의 합은 $\dfrac{5}{2}+\left(-\dfrac{5}{4}\right)=\dfrac{5}{4}$

(ⅰ), (ⅱ)에 의하여 두 직선 l, m의 기울기의 합의 최댓값은 $\dfrac{5}{4}$ ③

0157

정답 13

STEP A 두 직사각형의 넓이를 동시에 이등분하는 직선이 두 직사각형의
대각선의 교점을 지남을 이해하기

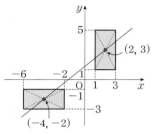

직사각형의 두 대각선의 교점을 지나는 직선이 두 직사각형의 넓이를 동시에
이등분한다.
세로 모양의 직사각형의 두 대각선의 교점은
두 점 (1, 5), (3, 1)의 중점이므로
$\left(\dfrac{1+3}{2}, \dfrac{5+1}{2}\right)$, 즉 (2, 3)
가로 모양의 직사각형의 두 대각선의 교점은
두 점 (−2, −1), (−6, −3)의 중점이므로
$\left(\dfrac{-2+(-6)}{2}, \dfrac{-1+(-3)}{2}\right)$, 즉 (−4, −2)

STEP B 두 점을 지나는 직선의 방정식 구하기

두 점 (2, 3), (−4, −2)를 지나는 직선의 방정식은
$y-3=\dfrac{-2-3}{-4-2}(x-2)$, $y=\dfrac{5}{6}x+\dfrac{4}{3}$ $\therefore 5x-6y+8=0$
따라서 $a=5$, $b=8$이므로 $a+b=13$

0158

정답 ②

STEP A 두 사각형의 넓이를 동시에 이등분하는 직선이 두 사각형의 대각선
의 교점을 지남을 이해하기

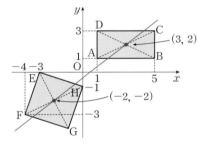

그림과 같이 직사각형 ABCD와 정사각형 EFGH의 넓이를 동시에 이등분하는
직선은 직사각형의 두 대각선의 교점과 정사각형의 두 대각선의 교점을 지난다.
직사각형 ABCD의 대각선의 교점은 두 점 B(5, 1), D(1, 3)의 중점이므로
$\left(\dfrac{5+1}{2}, \dfrac{1+3}{2}\right)$, 즉 (3, 2)
정사각형 EFGH의 대각선의 교점은 두 점 F(−4, −3), H(0, −1)의 중점이므로
$\left(\dfrac{-4+0}{2}, \dfrac{-3+(-1)}{2}\right)$, 즉 (−2, −2)

STEP B 두 점을 지나는 직선의 방정식 구하기

두 점 (3, 2), (−2, −2)를 지나는 직선의 방정식은
$y-2=\dfrac{-2-2}{-2-3}(x-3)$, $y=\dfrac{4}{5}x-\dfrac{2}{5}$ $\therefore 4x-5y-2=0$
따라서 $a=4$, $b=-5$이므로 $a+b=-1$

오른쪽 그림과 같이 마름모와 직사각형의
넓이를 동시에 이등분하는 직선의
방정식이 $ax+by-3=0$일 때,
상수 a, b에 대하여 $a+b$의 값은?

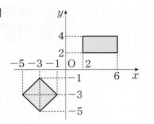

① -3 ② -2
③ -1 ④ 1
⑤ 2

STEP Ⓐ 두 사각형의 넓이를 동시에 이등분하는 직선이 두 사각형의 대각선의 교점을 지남을 이해하기

마름모와 직사각형의 넓이를 동시에 이등분하는 직선은 마름모의 두 대각선의 교점과 직사각형의 두 대각선의 교점을 지나는 직선이다.
마름모의 두 대각선의 교점은
두 점 $(-5, -3)$, $(-1, -3)$의
중점이므로

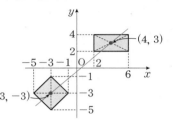

$\left(\dfrac{-5+(-1)}{2}, \dfrac{-3+(-3)}{2}\right)$,
즉 $(-3, -3)$
직사각형의 두 대각선의 교점은
두 점 $(2, 4)$, $(6, 2)$의 중점이므로
$\left(\dfrac{2+6}{2}, \dfrac{4+2}{2}\right)$, 즉 $(4, 3)$

STEP Ⓑ 두 점을 지나는 직선의 방정식 구하기

두 점 $(-3, -3)$, $(4, 3)$을 지나는 직선의 방정식은

$y-3=\dfrac{3-(-3)}{4-(-3)}(x-4)$, $y=\dfrac{6}{7}x-\dfrac{3}{7}$ $\therefore 6x-7y-3=0$

따라서 $a=6$, $b=-7$이므로 $a+b=-1$ 정답 ③

0159

정답 ③

STEP Ⓐ 직사각형의 넓이를 삼등분하는 도형의 넓이 구하기

직사각형 OABC의 넓이가 $4\times 9=36$이므로
삼등분하는 각 도형의 넓이는 12

STEP Ⓑ 직사각형 OABC에서 직선 $y=x+b$에 의하여 나누어진 사다리꼴 부분의 넓이가 12인 부분의 b의 값 구하기

직선 $y=x+b$와 직선 $x=0$, $x=4$와
만나는 점을 각각 D, E라 하면
D$(0, b)$, E$(4, 4+b)$이고
$\overline{OD}=b$, $\overline{AE}=4+b$
이때 직선 $y=x+b$의 그래프가
직사각형 OABC의 넓이를 삼등분하므로
사다리꼴 OAED의 넓이는 12

$\dfrac{1}{2}\times(\overline{OD}+\overline{AE})\times\overline{OA}=\dfrac{1}{2}\times\{b+(4+b)\}\times 4=4b+8=12$

즉 $4b=4$이므로 $b=1$

STEP Ⓒ 직사각형 OABC에서 직선 $y=x+a$에 의하여 나누어진 사다리꼴 부분의 넓이가 24인 부분의 a의 값 구하기

직선 $y=x+a$와 직선 $x=0$, $x=4$과
만나는 점을 각각 F, G라 하면
F$(0, a)$, G$(4, 4+a)$이고
$\overline{OF}=a$, $\overline{AG}=4+a$
이때 직선 $y=x+a$의 그래프가
직사각형 OABC의 넓이를 삼등분하므로
사다리꼴 OAGF의 넓이는 24

$\dfrac{1}{2}\times(\overline{OF}+\overline{AG})\times\overline{OA}=\dfrac{1}{2}\times\{a+(4+a)\}\times 4=4a+8=24$

즉 $4a=16$이므로 $a=4$
따라서 $a=4$, $b=1$이므로 $a+b=5$

mini해설 | 직선의 기울기가 1인 직선과 넓이를 이용하여 풀이하기

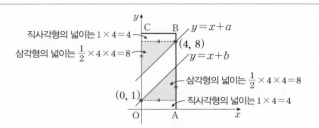

사각형 OABC의 넓이가 $4\times 9=36$이므로 삼등분하는 각 도형의 넓이는 12
직사각형 OABC에서 직선 $y=x+b$에 의하여 나누어진 사다리꼴 부분의 넓이가 12
직선 $y=x+b$의 기울기가 1이므로 해당 부분을 직각이등변삼각형과 직사각형으로
나눌 수 있고 각각의 넓이는 8, 4
즉 직선 $y=x+b$는 점$(0, 1)$을 지나므로 $b=1$
마찬가지로
직사각형 OABC에서 직선 $y=x+a$에 의하여 나누어진 사다리꼴 부분의 넓이가 12
직선 $y=x+a$의 기울기가 1이므로 해당 부분을 직각이등변삼각형과 직사각형으로
나눌 수 있고 각각의 넓이는 8, 4
즉 직선 $y=x+a$는 점$(4, 8)$를 지나므로 $8=4+a$ $\therefore a=4$
따라서 $a+b=5$

0160

정답 ②

STEP Ⓐ 사다리꼴 OABC의 넓이를 이등분하는 직선이 변 AB와 만나야 함을 이해하기

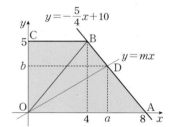

그림과 같이 원점을 지나고 사다리꼴 OABC의 넓이를 이등분하는 직선을
$y=mx$ (m은 상수)라 하자.
사다리꼴 OABC의 넓이는 $\dfrac{1}{2}\times(\overline{BC}+\overline{OA})\times\overline{OC}=\dfrac{1}{2}\times(4+8)\times 5=30$
이므로 이등분하는 각 도형의 넓이는 15
이때 삼각형 OBC의 넓이는 $\dfrac{1}{2}\times\overline{OC}\times\overline{BC}=\dfrac{1}{2}\times 5\times 4=10$
삼각형 OAB의 넓이는 $\dfrac{1}{2}\times\overline{OA}\times 5=\dfrac{1}{2}\times 8\times 5=20$이므로
직선 $y=mx$는 변 AB와 만나야 한다.

STEP Ⓑ 변 AB와 직선 $y=mx$가 만나는 점의 좌표 구하기

이때 직선 $y=mx$는 변 AB와 만나야 하므로 만나는 점을 D(a, b)라 하자.
삼각형 OAD의 넓이는 15이므로
$\dfrac{1}{2}\times\overline{OA}\times b=15$, $\dfrac{1}{2}\times 8\times b=15$, $4b=15$ $\therefore b=\dfrac{15}{4}$
두 점 A$(8, 0)$, B$(4, 5)$를 지나는 직선의 방정식
$y-0=\dfrac{5-0}{4-8}(x-8)$, 즉 $y=-\dfrac{5}{4}x+10$
점 D$\left(a, \dfrac{15}{4}\right)$은 직선 $y=-\dfrac{5}{4}x+10$ 위에 있으므로 $\dfrac{15}{4}=-\dfrac{5}{4}a+10$, $5a=25$
$\therefore a=5$

STEP Ⓒ 사다리꼴의 넓이를 이등분하는 직선의 기울기 구하기

점 D$\left(5, \dfrac{15}{4}\right)$가 직선 $y=mx$ 위에 있으므로 $\dfrac{15}{4}=5m$

따라서 $m=\dfrac{3}{4}$

그림과 같이 꼭짓점의 좌표가 O(0, 0), A(12, 0), B(6, 8), C(0, 8)인 사다리꼴 OABC가 있다. 원점을 지나는 직선이 사다리꼴 OABC의 넓이를 이등분할 때, 이 직선의 기울기는?

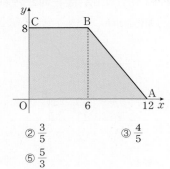

① $\dfrac{3}{4}$ ② $\dfrac{3}{5}$ ③ $\dfrac{4}{5}$

④ $\dfrac{4}{3}$ ⑤ $\dfrac{5}{3}$

STEP A **사다리꼴 OABC의 넓이를 이등분하는 직선이 변 AB와 만나야 함을 이해하기**

그림과 같이 원점을 지나고 사다리꼴 OABC의 넓이를 이등분하는 직선을 $y=mx$ (m은 상수)라 하자.

사다리꼴 OABC의 넓이는

$\dfrac{1}{2}\times(\overline{BC}+\overline{OA})\times\overline{OC}=\dfrac{1}{2}\times(6+12)\times8=72$이므로

이등분하는 각 도형의 넓이는 36

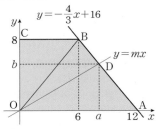

이때 삼각형 OBC의 넓이는 $\dfrac{1}{2}\times\overline{OC}\times\overline{BC}=\dfrac{1}{2}\times8\times6=24$

삼각형 OBA의 넓이는 $\dfrac{1}{2}\times\overline{OA}\times8=\dfrac{1}{2}\times12\times8=48$이므로

직선 $y=mx$는 변 AB와 만나야 한다.

STEP B **변 AB와 직선 $y=mx$가 만나는 점의 좌표 구하기**

이때 직선 $y=mx$는 변 AB와 만나야 하므로 만나는 점을 D(a, b)라 하자.

삼각형 OAD의 넓이는 36이므로

$\dfrac{1}{2}\times\overline{OA}\times b=36$, $\dfrac{1}{2}\times12\times b=36$, $6b=36$ ∴ $b=6$

두 점 A(12, 0), B(6, 8)을 지나는 직선의 방정식은

$y-0=\dfrac{8-0}{6-12}(x-12)$, 즉 $y=-\dfrac{4}{3}x+16$

점 D$(a, 6)$은 직선 $y=-\dfrac{4}{3}x+16$ 위에 있으므로

$6=-\dfrac{4}{3}a+16$, $4a=30$ ∴ $a=\dfrac{15}{2}$

STEP C **사다리꼴의 넓이를 이등분하는 직선의 기울기 구하기**

점 D$\left(\dfrac{15}{2}, 6\right)$이 직선 $y=mx$ 위에 있으므로 $6=\dfrac{15}{2}m$, $15m=12$

따라서 $m=\dfrac{4}{5}$

정답 ③

0161 2013년 03월 고2 학력평가 A형 28번 정답 18

해설강의

STEP A **두 직사각형 ABCD, EFGH의 넓이를 이등분하는 직선이 두 직사각형의 대각선의 교점을 지남을 이해하기**

기울기가 m인 직선이 두 직사각형 ABCD, EFGH의 넓이를 이등분 하려면 두 직사각형 두 대각선의 교점을 모두 지나야 한다.

직사각형 ABCD의 두 대각선의 교점은 두 점 A$(-2, 7)$, C$(4, -1)$의 중점이므로

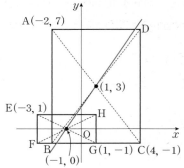

$\left(\dfrac{-2+4}{2}, \dfrac{7+(-1)}{2}\right)$, 즉 $(1, 3)$

직사각형 EFGH의 두 대각선의 교점은 두 점 E$(-3, 1)$, G$(1, -1)$

의 중점이므로 $\left(\dfrac{-3+1}{2}, \dfrac{1+(-1)}{2}\right)$, 즉 $(-1, 0)$

STEP B **두 점을 지나는 직선의 기울기 m의 값 구하기**

두 점 $(1, 3)$, $(-1, 0)$을 지나는 직선의 기울기는 $\dfrac{3-0}{1-(-1)}=\dfrac{3}{2}$

따라서 $m=\dfrac{3}{2}$이므로 $12m=12\times\dfrac{3}{2}=18$

POINT | **사각형의 대각선의 성질**

정사각형, 직사각형, 마름모, 평행사변형은 두 대각선은 서로 다른 것을 이등분한다.
즉 두 대각선의 교점을 지나는 직선으로 나누어지는 두 도형은 합동이다.

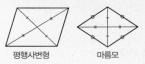

평행사변형   마름모   직사각형   정사각형

오른쪽 그림과 같이 좌표평면 위에 두 직사각형 OABC, OFED가 있다. 두 직사각형의 넓이를 동시에 이등분 하는 직선의 방정식을 $x+ay+b=0$ 이라 할 때, $a+b$의 값을 구하시오. (단, a, b는 상수이다.)

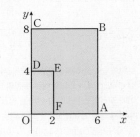

STEP A **두 직사각형 OABC, OFED의 넓이를 이등분하는 직선이 두 직사각형의 대각선의 교점을 지남을 이해하기**

직선이 두 직사각형의 넓이를 동시에 이등분하려면 두 직사각형의 대각선의 교점을 모두 지나야 한다.

직사각형 OABC의 두 대각선의 교점은 두 점 O(0, 0), B(6, 8)의 중점이므로

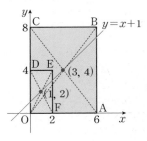

$\left(\dfrac{0+6}{2}, \dfrac{0+8}{2}\right)$, 즉 $(3, 4)$

직사각형 OFED의 두 대각선의 교점은 두 점 O(0, 0), E(2, 4)의 중점이므로

$\left(\dfrac{0+2}{2}, \dfrac{0+4}{2}\right)$, 즉 $(1, 2)$

STEP B **두 점을 지나는 직선의 방정식 구하기**

두 점 $(3, 4)$, $(1, 2)$를 지나는 직선의 방정식은

$y-4=\dfrac{2-4}{1-3}(x-3)$, $y=x+1$ ∴ $x-y+1=0$

따라서 $a=-1$, $b=1$이므로 $a+b=0$

정답 0

0162
2012년 03월 고2 학력평가 11번 정답 ②

STEP A 직선 l이 도형 OABCDE의 넓이를 이등분할 때, 직선 l이 선분 CD와 만나는 점의 좌표 구하기

다음 그림과 같이 직선 l과 선분 CD가 만나는 점을 P라 하고
점 P에서 x축, y축에 내린 수선의 발을 각각 Q, R이라 하자. ← Q(3, 0)

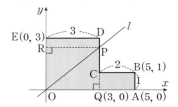

이때 직사각형 OQPR에서 직선 l이 대각선 OP를 지나므로
두 삼각형 OQP와 OPR의 넓이가 서로 같다.
또한, 직선 l이 도형 OABCDE의 넓이를 이등분하므로
두 사각형 ABCQ와 DERP의 넓이도 서로 같아야 한다.
즉 $\overline{DE} \times \overline{ER} = \overline{AB} \times \overline{BC}$, $3\overline{ER} = 2$ ← $\overline{DE}=3$, $\overline{AB}=1$, $\overline{BC}=2$

$\therefore \overline{ER} = \dfrac{2}{3}$

이때 $\overline{DP} = \overline{ER} = \dfrac{2}{3}$이므로 $\overline{PQ} = \overline{DQ} - \overline{DP} = 3 - \dfrac{2}{3} = \dfrac{7}{3}$

즉 점 P의 좌표는 $P\left(3, \dfrac{7}{3}\right)$

STEP B 두 점을 지나는 직선 l의 기울기 구하기

두 점 $O(0, 0)$, $P\left(3, \dfrac{7}{3}\right)$을 지나는 직선 l의 기울기는 $\dfrac{\frac{7}{3}-0}{3-0} = \dfrac{7}{9}$

따라서 $p=9$, $q=7$이므로 $p+q=16$

---

mini해설 | 직선의 방정식을 이용하여 풀이하기

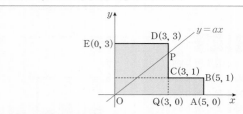

도형의 넓이를 이등분하고 원점을 지나는 직선을 $y=ax$ (a는 상수)라 하고
점 C(3, 1)에서 x축에 내린 수선의 발을 Q라 하면 Q(3, 0)
이때 직선과 선분 CD가 만나는 점을 P라 하면 P(3, 3a)
도형의 전체 넓이는 (사각형 OQDE의 넓이)+(사각형 QABC의 넓이)$=11$
즉 사다리꼴 OPDE의 넓이는 $\dfrac{11}{2}$이므로

$\dfrac{1}{2} \times (\overline{OE} + \overline{DP}) \times \overline{DE} = \dfrac{1}{2} \times (3+3-3a) \times 3 = \dfrac{18-9a}{2}$, $\dfrac{18-9a}{2} = \dfrac{11}{2}$,

$18-9a=11$ $\therefore a=\dfrac{7}{9}$
따라서 $p=9$, $q=7$이므로 $p+q=16$

내/신/연/계 출제문항 086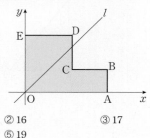

그림과 같이 원점을 지나는 직선 l이 원점 O와 다섯 개의 점 A(7, 0),
B(7, 2), C(4, 2), D(4, 5), E(0, 5)를 선분으로 이은 도형 OABCDE의
넓이를 이등분한다. 이때 직선 l의 기울기는 $\dfrac{q}{p}$이다. $p+q$의 값은?

(단, p, q는 서로소인 자연수이다.)

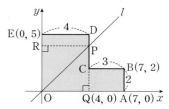

① 15　　　　② 16　　　　③ 17
④ 18　　　　⑤ 19

STEP A 직선 l이 도형 OABCDE의 넓이를 이등분할 때, 직선 l이 선분 CD와 만나는 점의 좌표 구하기

다음 그림과 같이 직선 l과 선분 CD가 만나는 점을 P라 하고
점 P에서 x축, y축에 내린 수선의 발을 각각 Q, R이라 하자. ← Q(4, 0)

이때 직사각형 OQPR에서 직선 l이 대각선 OP를 지나므로
두 삼각형 OQP와 OPR의 넓이가 서로 같다.
또한, 직선 l이 도형 OABCDE의 넓이를 이등분하므로
두 사각형 ABCQ와 DERP의 넓이도 서로 같아야 한다.
즉 $\overline{DE} \times \overline{ER} = \overline{AB} \times \overline{BC}$, $4\overline{ER} = 6$ ← $\overline{DE}=4$, $\overline{AB}=2$, $\overline{BC}=3$

$\therefore \overline{ER} = \dfrac{3}{2}$

이때 $\overline{DP} = \overline{ER} = \dfrac{3}{2}$이므로 $\overline{PQ} = \overline{DQ} - \overline{DP} = 5 - \dfrac{3}{2} = \dfrac{7}{2}$

즉 점 P의 좌표는 $P\left(4, \dfrac{7}{2}\right)$

STEP B 두 점을 지나는 직선 l의 기울기 구하기

두 점 $O(0, 0)$, $P\left(4, \dfrac{7}{2}\right)$을 지나는 직선 l의 기울기는 $\dfrac{\frac{7}{2}-0}{4-0} = \dfrac{7}{8}$

따라서 $p=8$, $q=7$이므로 $p+q=15$

---

mini해설 | 직선의 방정식을 이용하여 풀이하기

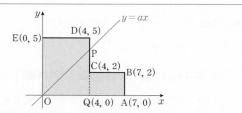

도형의 넓이를 이등분하고 원점을 지나는 직선을 $y=ax$ (a는 상수)라 하고
점 C(4, 2)에서 x축에 내린 수선의 발을 Q라 하면 Q(4, 0)
이때 직선과 선분 CD가 만나는 점을 P라 하면 P(4, 4a)
도형의 전체 넓이는 (사각형 OQDE의 넓이)+(사각형 QABC의 넓이)$=26$
즉 사다리꼴 OPDE의 넓이는 13이므로
$\dfrac{1}{2} \times (\overline{OE} + \overline{DP}) \times \overline{DE} = \dfrac{1}{2} \times (5+5-4a) \times 4 = 20-8a$, $20-8a=13$ $\therefore a=\dfrac{7}{8}$
따라서 $p=8$, $q=7$이므로 $p+q=15$

정답 ①

0163

STEP A 세 직선의 기울기를 구하여 위치 관계 파악하기

직선 $3x+5y-9=0$에서 $y=-\dfrac{3}{5}x+\dfrac{9}{5}$ ...... ㉠

직선 $5x-3y-4=0$에서 $y=\dfrac{5}{3}x-\dfrac{4}{3}$ ...... ㉡

직선 $6x+10y-13=0$에서 $y=-\dfrac{3}{5}x+\dfrac{13}{10}$ ...... ㉢

㉠과 ㉢은 기울기가 같고 y절편은 다르므로 ㉠, ㉢은 평행하다.
㉡은 ㉠, ㉢과 기울기의 곱이 -1이므로 ㉡은 ㉠, ㉢과 수직이다.
따라서 두 직선은 서로 평행하고 나머지 한 직선은 두 직선에 수직이다.

0164

STEP A 두 직선이 평행해야 함을 이해하기

두 직선 $x+ay+1=0$, $ax+(2a+3)y+3=0$에 의하여
좌표평면이 세 부분으로 나누어지는 것은 두 직선이 서로 평행할 때이므로
$$\dfrac{1}{a}=\dfrac{a}{2a+3}\neq\dfrac{1}{3}$$

STEP B 두 직선이 평행할 조건을 만족하는 a의 값 구하기

(i) $\dfrac{1}{a}=\dfrac{a}{2a+3}$
  $a^2=2a+3$, $a^2-2a-3=0$, $(a+1)(a-3)=0$
  $\therefore a=-1$ 또는 $a=3$

(ii) $\dfrac{a}{2a+3}\neq\dfrac{1}{3}$
  $\therefore a\neq 3$

(i), (ii)에 의하여 조건을 만족시키는 a의 값은 -1

0165

STEP A 두 직선이 일치할 조건을 만족하는 a, b의 값 구하기

두 직선 $ax-y+b=0$, $x+by+a=0$이 일치하므로 $\dfrac{a}{1}=\dfrac{-1}{b}=\dfrac{b}{a}$
교점이 2개 이상이므로 두 직선은 일치한다.

$\dfrac{a}{1}=\dfrac{-1}{b}$에서 $ab=-1$ ...... ㉠

$\dfrac{-1}{b}=\dfrac{b}{a}$에서 $a=-b^2$ ...... ㉡

㉡을 ㉠에 대입하면 $-b^3=-1$, $b^3-1=0$, $(b-1)(b^2+b+1)=0$
이때 b는 실수이므로 $b=1$ ← 이차방정식 $b^2+b+1=0$의 판별식을 D라 하면
$D=1-4<0$이므로 허근을 가진다.
이를 ㉡에 대입하면 $a=-1$

STEP B 직선 $ax+by+ab=0$의 y절편 구하기

따라서 직선 $ax+by+ab=0$, 즉 $-x+y-1=0$의 y절편은 1 ← $x=0$ 대입

0166

STEP A 두 직선이 수직일 조건을 만족하는 α의 값 구하기

두 직선 $kx+2y+6=0$과 $x+(k+1)y-3=0$이 수직이므로
$k\times 1+2\times(k+1)=0$, $3k+2=0$ $\therefore \alpha=-\dfrac{2}{3}$

STEP B 두 직선이 평행할 조건을 만족하는 β의 값 구하기

두 직선 $kx+2y+6=0$과 $x+(k+1)y-3=0$이 평행하므로
$\dfrac{k}{1}=\dfrac{2}{k+1}\neq\dfrac{6}{-3}$이므로 $k(k+1)=2$, $k^2+k-2=0$, $(k+2)(k-1)=0$
$\therefore k=-2$ 또는 $k=1$ ← 기울기가 같을 때, k의 값
그런데 $k=-2$이면 두 직선은 일치하므로 $\beta=1$

STEP C $\beta-\alpha$의 값 구하기

따라서 $\alpha=-\dfrac{2}{3}$, $\beta=1$이므로 $\beta-\alpha=1-\left(-\dfrac{2}{3}\right)=\dfrac{5}{3}$

0167

STEP A 두 직선이 수직일 조건을 만족하는 a의 값 구하기

직선 $2x-3y+1=0$이 직선 $6x+ay-5=0$과 수직이므로
$2\times 6+(-3)\times a=0$, $12-3a=0$
$\therefore a=4$

STEP B 두 직선이 평행할 조건을 만족하는 b의 값 구하기

직선 $2x-3y+1=0$이 직선 $4x-by+7=0$과 평행하므로
$\dfrac{2}{4}=\dfrac{-3}{-b}\neq\dfrac{1}{7}$이므로 $2b=12$
$\therefore b=6$

STEP C 직선 $\dfrac{x}{a}+\dfrac{y}{b}=1$과 x축, y축으로 둘러싸인 도형의 넓이 구하기

직선 $\dfrac{x}{4}+\dfrac{y}{6}=1$의 x절편이 4, y절편이 6
따라서 구하는 도형의 넓이는
$\dfrac{1}{2}\times 4\times 6=12$

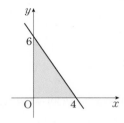

내/신/연/계/ 출제문항 087

직선 $5x+2y+8=0$은 직선 $6x-ay-1=0$과 수직이고
직선 $ax+by+4=0$과 평행하다. 이때 직선 $\dfrac{x}{a}+\dfrac{y}{b}=1$과 x축, y축으로
둘러싸인 도형의 넓이는? (단, a, b는 상수이다.)

① 41   ② 42   ③ 43
④ 44   ⑤ 45

STEP A 두 직선이 수직일 조건을 만족하는 a의 값 구하기

직선 $5x+2y+8=0$이 직선 $6x-ay-1=0$과 수직이므로
$5\times 6+2\times(-a)=0$, $30-2a=0$
$\therefore a=15$

STEP B 두 직선이 평행할 조건을 만족하는 b의 값 구하기

직선 $5x+2y+8=0$이 직선 $15x+by+4=0$과 평행하므로
$\dfrac{5}{15}=\dfrac{2}{b}\neq\dfrac{8}{4}$이므로 $5b=30$
$\therefore b=6$

STEP C 직선 $\dfrac{x}{a}+\dfrac{y}{b}=1$과 x축, y축으로 둘러싸인 도형의 넓이 구하기

직선 $\dfrac{x}{15}+\dfrac{y}{6}=1$의
x절편이 15, y절편이 6
따라서 구하는 도형의 넓이는
$\dfrac{1}{2}\times 15\times 6=45$

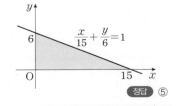

0168

정답 ②

STEP ④ 두 직선이 수직일 조건을 만족하는 a, b 사이의 관계식 구하기

직선 $x+ay+1=0$은 직선 $2x-by+1=0$과 수직이므로

$1\times2+a\times(-b)=0$ $\therefore ab=2$ $\cdots\cdots$ ㉠

STEP ⑧ 두 직선이 평행할 조건을 만족하는 a, b 사이의 관계식 구하기

직선 $x+ay+1=0$은 직선 $x-(b-3)y-1=0$과 평행하므로

$\dfrac{1}{1}=\dfrac{a}{-(b-3)}\neq\dfrac{1}{-1}$ $\therefore a+b=3$ $\cdots\cdots$ ㉡

STEP ⓒ a^3+b^3의 값 구하기

㉠, ㉡에 의하여 $a^3+b^3=(a+b)^3-3ab(a+b)=3^3-3\times2\times3=9$

따라서 $\dfrac{a^3+b^3}{a+b}=\dfrac{9}{3}=3$

내/신/연/계/ 출제문항 088

직선 $2x+ay+3=0$이 직선 $x+by-1=0$에는 수직이고 직선

$2x-(b+4)y-3=0$에는 평행할 때, 상수 a, b에 대하여 $\dfrac{a^2}{b}+\dfrac{b^2}{a}$의 값은?

① -88 ② -66 ③ -44

④ 44 ⑤ 66

STEP ④ 두 직선이 수직일 조건을 만족하는 a, b 사이의 관계식 구하기

직선 $2x+ay+3=0$은 직선 $x+by-1=0$과 수직이므로

$2\times1+a\times b=0$ $\therefore ab=-2$ $\cdots\cdots$ ㉠

STEP ⑧ 두 직선이 평행할 조건을 만족하는 a, b 사이의 관계식 구하기

직선 $2x+ay+3=0$과 직선 $2x-(b+4)y-3=0$과 평행하므로

$\dfrac{2}{2}=\dfrac{a}{-(b+4)}\neq\dfrac{3}{-3}$ $\therefore a+b=-4$ $\cdots\cdots$ ㉡

STEP ⓒ $\dfrac{a^2}{b}+\dfrac{b^2}{a}$의 값 구하기

㉠, ㉡에 의하여

$\dfrac{a^2}{b}+\dfrac{b^2}{a}=\dfrac{a^3+b^3}{ab}=\dfrac{(a+b)^3-3ab(a+b)}{ab}=\dfrac{(-4)^3-3\times(-2)\times(-4)}{-2}$

$\qquad\qquad=\dfrac{-88}{-2}=44$

정답 ④

0169   2019년 11월 고1 학력평가 5번

정답 ③

STEP ④ 두 직선의 기울기가 같음을 이용하여 k의 값 구하기

직선 $y=7x-1$과 직선 $y=(3k-2)x+2$가 서로 평행하므로

기울기는 서로 같고 y절편은 서로 달라야 한다.

즉 $7=3k-2$이고 $-1\neq2$

따라서 $3k=9$이므로 $k=3$

> **mini해설** | 두 직선이 평행할 조건을 이용하여 풀이하기
>
> 직선 $y=7x-1$에서 $7x-y-1=0$
> 직선 $y=(3k-2)x+2$에서 $(3k-2)x-y+2=0$
> 이때 두 직선 $7x-y-1=0$, $(3k-2)x-y+2=0$이 평행하려면
> $\dfrac{7}{3k-2}=\dfrac{-1}{-1}\neq\dfrac{-1}{2}$이므로 $3k-2=7$, $3k=9$
> 따라서 $k=3$

내/신/연/계/ 출제문항 089

두 직선 $x+y+2=0$, $(a+2)x-3y+1=0$이 서로 수직일 때, 상수 a의

값은?

① $\dfrac{1}{2}$ ② 1 ③ $\dfrac{3}{2}$

④ 2 ⑤ $\dfrac{5}{2}$

STEP ④ 두 직선이 수직일 조건을 만족하는 a의 값 구하기

직선 $x+y+2=0$이 직선 $(a+2)x-3y+1=0$과 수직이므로

$1\times(a+2)+1\times(-3)=0$, $a-1=0$

따라서 $a=1$

> **mini해설** | 두 직선의 기울기의 곱이 -1임을 이용하여 풀이하기
>
> 직선 $x+y+2=0$,
> 즉 $y=-x-2$의 기울기는 -1
> 직선 $(a+2)x-3y+1=0$,
> 즉 $y=\dfrac{a+2}{3}x+\dfrac{1}{3}$의 기울기는 $\dfrac{a+2}{3}$
> 이때 두 직선이 서로 수직이므로
> 두 직선의 기울기의 곱은 -1이어야 한다.
> $-1\times\dfrac{a+2}{3}=-1$, $a+2=3$
> 따라서 $a=1$
>
>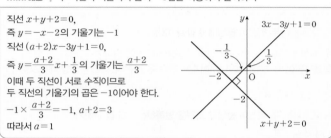

정답 ②

0170

정답 1

STEP ④ 세 직선이 좌표평면을 네 부분으로 나누는 경우 구하기

서로 다른 세 직선이 좌표평면을 네 부분으로 나누려면 다음 그림과 같이
세 직선이 서로 평행해야 한다.

STEP ⑧ 세 직선이 평행할 조건을 만족하는 a, b의 값 구하기

직선 $ax+y+1=0$과 직선 $2x+y+5=0$이 평행할 때,

$\dfrac{a}{2}=\dfrac{1}{1}\neq\dfrac{1}{5}$ $\therefore a=2$

직선 $x+by+3=0$과 직선 $2x+y+5=0$이 평행할 때,

$\dfrac{1}{2}=\dfrac{b}{1}\neq\dfrac{3}{5}$ $\therefore b=\dfrac{1}{2}$

따라서 $a=2$, $b=\dfrac{1}{2}$이므로 $ab=2\times\dfrac{1}{2}=1$

0171

정답 ⑤

STEP ④ 세 직선이 만나는 한 점의 좌표 구하기

세 직선 $3x+2y=4$, $x-2y=4$, $kx+3y=7$이 한 점에서 만나므로

직선 $kx+3y=7$은 두 직선 $3x+2y=4$, $x-2y=4$의 교점을 지난다.

즉 두 직선 $3x+2y=4$와 $x-2y=4$를 연립하여 풀면

$x=2$, $y=-1$

STEP ⑧ 상수 k의 값 구하기

이때 직선 $kx+3y=7$은 점 $(2,-1)$을 지나므로 $2k-3=7$, $2k=10$

따라서 $k=5$

0172

STEP Ⓐ **세 직선이 두 점에서 만나는 경우 이해하기**

두 직선 $3x+y+3=0$, $4x-2y+1=0$이 한 점에서 만나므로 ← 기울기가 다르다.
직선 $ax+3y+4=0$이 두 직선 $3x+y+3=0$, $4x-2y+1=0$ 중 하나와
평행해야 한다.

STEP Ⓑ **두 직선이 평행할 조건을 만족하는 a의 값 구하기**

(i) 직선 $ax+3y+4=0$이 직선 $3x+y+3=0$과 평행할 때,
$\dfrac{3}{a}=\dfrac{1}{3}\neq\dfrac{3}{4}$이므로 $a=9$

(ii) 직선 $ax+3y+4=0$이 직선 $4x-2y+1=0$과 평행할 때,
$\dfrac{4}{a}=\dfrac{-2}{3}\neq\dfrac{1}{4}$, $-2a=12$이므로 $a=-6$

(i), (ii)에 의하여 모든 상수 a의 값의 합은 $9+(-6)=3$

내/신/연/계/ 출제문항 090

서로 다른 세 직선 $x-2y-1=0$, $2x+y-2=0$, $ax+4y-1=0$에 의하여
생기는 교점이 2개가 되도록 하는 모든 상수 a의 값의 곱은?

① -16 ② -14 ③ -12
④ 12 ⑤ 16

STEP Ⓐ **세 직선이 두 점에서 만나는 경우 이해하기**

두 직선 $x-2y-1=0$, $2x+y-2=0$이 한 점에서 만나므로 ← 기울기가 다르다.
직선 $ax+4y-1=0$이 두 직선 $x-2y-1=0$, $2x+y-2=0$ 중 하나와
평행해야 한다.

STEP Ⓑ **두 직선이 평행할 조건을 만족하는 a의 값 구하기**

(i) 직선 $ax+4y-1=0$이 직선 $x-2y-1=0$과 평행할 때,
$\dfrac{1}{a}=\dfrac{-2}{4}\neq\dfrac{1}{-1}$, $-2a=4$이므로 $a=-2$

(ii) 직선 $ax+4y-1=0$이 직선 $2x+y-2=0$과 평행할 때,
$\dfrac{2}{a}=\dfrac{1}{4}\neq\dfrac{-2}{-1}$이므로 $a=8$

(i), (ii)에 의하여 모든 상수 a의 값의 곱은 $-2\times 8=-16$

0173

STEP Ⓐ **세 교점으로 삼각형을 만들 수 없는 조건 이해하기**

두 직선 $y=-x+1$, $y=x-1$이 한 점 $(1, 0)$에서 만나므로
세 직선이 모두 평행한 경우는 없다.
즉 주어진 세 직선이 삼각형을 이루지 않으려면
세 직선 중 두 직선이 평행하거나 세 직선이 한 점에서 만나야 한다.

STEP Ⓑ **두 직선이 평행한 경우와 세 직선이 한 점에서 만나는 경우로
나누어 a의 값 구하기**

(i) 세 직선 중 두 직선이 서로 평행한 경우
직선 $y=-x+1$과 직선 $y=ax+3$이 평행할 때, $a=-1$
직선 $y=ax+3$과 직선 $y=x-1$이 평행할 때, $a=1$

(ii) 세 직선이 한 점에서 만나는 경우
직선 $y=ax+3$이 두 직선 $y=-x+1$, $y=x-1$의 교점 $(1, 0)$을
지나야 한다.
즉 $0=a+3$ $\therefore a=-3$

STEP Ⓒ **모든 상수 a의 값의 합 구하기**

(i), (ii)에 의하여 모든 상수 a의 값의 합은 $-1+1+(-3)=-3$

0174

STEP Ⓐ **세 직선이 삼각형을 이루지 않도록 하는 조건 이해하기**

두 직선 $x-y=0$, $x+y-2=0$이 한 점 $(1, 1)$에서 만나므로
세 직선이 모두 평행한 경우는 없다.
즉 주어진 세 직선이 삼각형을 이루지 않으려면
세 직선 중 두 직선이 평행하거나 세 직선이 한 점에서 만나야 한다.

STEP Ⓑ **두 직선이 평행한 경우와 세 직선이 한 점에서 만나는 경우로
나누어 k의 값 구하기**

(i) 세 직선 중 두 직선이 서로 평행한 경우
직선 $x-y=0$과 직선 $5x-ky-15=0$이 평행할 때,
$\dfrac{1}{5}=\dfrac{-1}{-k}\neq\dfrac{0}{-15}$ $\therefore k=5$
직선 $x+y-2=0$과 직선 $5x-ky-15=0$이 평행할 때,
$\dfrac{1}{5}=\dfrac{1}{-k}\neq\dfrac{-2}{-15}$ $\therefore k=-5$

(ii) 세 직선이 한 점에서 만나는 경우
직선 $5x-ky-15=0$이 두 직선 $x-y=0$, $x+y-2=0$의 교점 $(1, 1)$을
지나야 한다.
즉 $5-k-15=0$ $\therefore k=-10$

STEP Ⓒ **모든 실수 k의 값의 합 구하기**

(i), (ii)에 의하여 구하는 모든 실수 k의 값의 합은 $5+(-5)+(-10)=-10$

내/신/연/계/ 출제문항 091

세 직선 $x+3y=0$, $x-y-4=0$, $mx+2y+1=0$이 삼각형을 이루지
않도록 하는 모든 상수 m의 값의 합은?

① -3 ② -2 ③ -1
④ 2 ⑤ 3

STEP Ⓐ **세 직선이 삼각형을 이루지 않도록 하는 조건 이해하기**

두 직선 $x+3y=0$, $x-y-4=0$이 한 점 $(3, -1)$에서 만나므로
세 직선이 모두 평행한 경우는 없다.
즉 주어진 세 직선이 삼각형을 이루지 않으려면
세 직선 중 두 직선이 평행하거나 세 직선이 한 점에서 만나야 한다.

STEP Ⓑ **두 직선이 평행한 경우와 세 직선이 한 점에서 만나는 경우로
나누어 m의 값 구하기**

(i) 세 직선 중 두 직선이 서로 평행한 경우
직선 $x+3y=0$과 직선 $mx+2y+1=0$이 평행할 때,
$\dfrac{1}{m}=\dfrac{3}{2}\neq\dfrac{0}{1}$ $\therefore m=\dfrac{2}{3}$
직선 $x-y-4=0$과 직선 $mx+2y+1=0$이 평행할 때,
$\dfrac{1}{m}=\dfrac{-1}{2}\neq\dfrac{-4}{1}$ $\therefore m=-2$

(ii) 세 직선이 한 점에서 만나는 경우
직선 $mx+2y+1=0$이 두 직선 $x+3y=0$, $x-y-4=0$의
교점 $(3, -1)$을 지나야 한다.
즉 $3m-2+1=0$ $\therefore m=\dfrac{1}{3}$

STEP Ⓒ **모든 상수 m의 값의 합 구하기**

(i), (ii)에 의하여 구하는 모든 상수 m의 값의 합은 $\dfrac{2}{3}+(-2)+\dfrac{1}{3}=-1$

0175

③

STEP Ⓐ 직선이 좌표평면을 여섯 부분으로 나누는 경우 구하기

세 직선 $2x+y-1=0$, $4x-y-5=0$, $ax-y+2=0$이 좌표평면을 6개의 부분으로 나누는 경우는 다음 그림과 같이 세 직선 중 두 직선이 평행할 때와 세 직선이 한 점에서 만나는 2가지 경우가 있다.

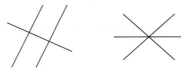

STEP Ⓑ 두 직선이 평행한 경우와 세 직선이 한 점에서 만나는 경우로 나누어 a의 값 구하기

(i) 세 직선 중 두 직선이 평행한 경우
직선 $2x+y-1=0$과 직선 $ax-y+2=0$이 평행할 때,
$\dfrac{2}{a}=\dfrac{1}{-1}\neq\dfrac{-1}{2}$ $\therefore a=-2$
직선 $4x-y-5=0$과 직선 $ax-y+2=0$이 평행할 때,
$\dfrac{4}{a}=\dfrac{-1}{-1}\neq\dfrac{-5}{2}$ $\therefore a=4$

(ii) 세 직선이 한 점에서 만나는 경우
직선 $ax-y+2=0$는 두 직선 $2x+y-1=0$, $4x-y-5=0$의 교점을 지난다.
두 직선 $2x+y-1=0$과 $4x-y-5=0$을 연립하여 풀면 $x=1$, $y=-1$
이때 직선 $ax-y+2=0$이 점 $(1,-1)$을 지나므로 $a-(-1)+2=0$
$\therefore a=-3$

STEP Ⓒ 모든 실수 a의 값의 합 구하기

(i), (ii)에 의하여 모든 실수 a의 값의 합은 $-2+4+(-3)=-1$

내/신/연/계 출제문항 092

세 직선 $x-y-1=0$, $x+y-3=0$, $x+ay-4=0$이 좌표평면을 6개 부분으로 나눌 때, 모든 실수 a의 값의 합을 구하시오.

STEP Ⓐ 직선이 좌표평면을 여섯 부분으로 나누는 경우 구하기

세 직선 $x-y-1=0$, $x+y-3=0$, $x+ay-4=0$이 좌표평면을 6개의 부분으로 나누는 경우는 다음 그림과 같이 세 직선 중 두 직선이 평행할 때와 세 직선이 한 점에서 만나는 2가지 경우가 있다.

STEP Ⓑ 두 직선이 평행한 경우와 세 직선이 한 점에서 만나는 경우로 나누어 a의 값 구하기

(i) 세 직선 중 두 직선이 평행한 경우
직선 $x-y-1=0$과 직선 $x+ay-4=0$이 평행할 때,
$\dfrac{1}{1}=\dfrac{-1}{a}\neq\dfrac{-1}{-4}$ $\therefore a=-1$
직선 $x+y-3=0$과 직선 $x+ay-4=0$이 평행할 때,
$\dfrac{1}{1}=\dfrac{1}{a}\neq\dfrac{-3}{-4}$ $\therefore a=1$

(ii) 세 직선이 한 점에서 만나는 경우
직선 $x+ay-4=0$는 두 직선 $x-y-1=0$, $x+y-3=0$의 교점을 지난다.
두 직선 $x-y-1=0$과 $x+y-3=0$을 연립하여 풀면 $x=2$, $y=1$
이때 직선 $x+ay-4=0$이 점 $(2,1)$을 지나므로 $2+a-4=0$
$\therefore a=2$

STEP Ⓒ 모든 실수 a의 값의 합 구하기

(i), (ii)에 의하여 모든 실수 a의 값의 합은 $-1+1+2=2$

 정답 2

0176

1

STEP Ⓐ 세 직선으로 둘러싸인 삼각형이 직각삼각형이 되는 조건 이해하기

세 직선 $x+ay+2=0$, $2x+y-6=0$, $3x-y+2=0$으로 둘러싸인 삼각형이 직각삼각형이려면 두 직선이 서로 수직이고 다른 한 직선은 두 직선과 평행하지 않아야 한다.
이때 두 직선 $2x+y-6=0$, $3x-y+2=0$의 기울기는 각각 -2, 3이므로 두 직선은 서로 수직이 아니다. ◀— 한 점에서 만난다.

STEP Ⓑ 두 직선이 수직일 조건을 만족하는 a의 값 구하기

(i) 직선 $x+ay+2=0$이 직선 $2x+y-6=0$과 수직일 때,
$1\times2+a\times1=0$이므로 $a=-2$
(ii) 직선 $x+ay+2=0$이 직선 $3x-y+2=0$과 수직일 때,
$1\times3+a\times(-1)=0$이므로 $a=3$
(i), (ii)에 의하여 모든 실수 a의 값의 합은 $-2+3=1$

0177

-2

STEP Ⓐ 평행 조건을 이용하여 직선의 방정식 구하기

직선 $3x-5y+10=0$, 즉 $y=\dfrac{3}{5}x+2$에서 기울기는 $\dfrac{3}{5}$
이 직선과 평행한 직선의 기울기는 $\dfrac{3}{5}$
점 $(3,1)$을 지나고 기울기가 $\dfrac{3}{5}$인 직선의 방정식은
$y-1=\dfrac{3}{5}(x-3)$, 즉 $3x-5y-4=0$

STEP Ⓑ 직선에 점 $(a,-2)$를 대입하여 a의 값 구하기

직선 $3x-5y-4=0$이 점 $(a,-2)$를 지나므로 $3a+10-4=0$, $3a+6=0$
따라서 $a=-2$

> **mini 해설** | 두 직선이 평행함을 이용하여 풀이하기
>
> 직선 $3x-5y+10=0$의 기울기가 $\dfrac{3}{5}$이므로
> 이 직선과 평행한 직선이 두 점 $(3,1)$, $(a,-2)$를 지나는 것이다.
> 즉 두 점 $(3,1)$, $(a,-2)$를 지나는 직선의 기울기 또한 $\dfrac{3}{5}$이 되어야 한다.
> 따라서 $\dfrac{-2-1}{a-3}=\dfrac{3}{5}$, $3a-9=-15$이므로 $a=-2$

0178

①

STEP Ⓐ 선분 AB를 3 : 2로 내분하는 점 C의 좌표 구하기

두 점 $A(2,-2)$, $B(7,8)$에 대하여
선분 AB를 3 : 2로 내분하는 점 C의 좌표는
$\left(\dfrac{3\times7+2\times2}{3+2}, \dfrac{3\times8+2\times(-2)}{3+2}\right)$, 즉 $C(5,4)$

STEP Ⓑ 직선 AB에 수직인 직선의 기울기 구하기

두 점 $A(2,-2)$, $B(7,8)$을 지나는 직선 AB의 기울기는
$\dfrac{8-(-2)}{7-2}=2$
이 직선과 수직인 직선의 기울기는 $-\dfrac{1}{2}$

STEP Ⓒ 한 점과 기울기가 주어진 직선의 방정식 구하기

점 $C(5,4)$를 지나고 기울기가 $-\dfrac{1}{2}$인 직선의 방정식은
$y-4=-\dfrac{1}{2}(x-5)$, 즉 $x+2y-13=0$
따라서 $a=1$, $b=2$이므로 $a+b=3$

+α 두 직선이 수직일 조건을 이용하여 a, b의 값을 구할 수 있어!

두 점 A$(2, -2)$, B$(7, 8)$을 지나는 직선의 방정식은

$y-(-2)=\dfrac{8-(-2)}{7-2}(x-2)$, 즉 $2x-y-6=0$

이때 두 직선 $2x-y-6=0$, $ax+by-13=0$이 서로 수직이므로

$2 \times a+(-1) \times b=0$ ∴ $b=2a$ ...... ㉠

또한, 직선 $ax+by-13=0$이 점 C$(5, 4)$를 지나므로

∴ $5a+4b-13=0$ ...... ㉡

㉠, ㉡를 연립하여 풀면 $a=1$, $b=2$ ∴ $a+b=3$

내/신/연/계 출제문항 093

두 점 A$(-1, 6)$, B$(5, 3)$에 대하여 선분 AB를 $1:2$로 내분하는 점 C를 지나고 직선 AB에 수직인 직선의 방정식을 $ax-y+b=0$이라고 하자. 상수 a, b에 대하여 $a+b$의 값은?

① 5 ② 10 ③ 16
④ 20 ⑤ 25

STEP A 선분 AB를 $1:2$로 내분하는 점 C의 좌표 구하기

두 점 A$(-1, 6)$, B$(5, 3)$에 대하여 선분 AB를 $1:2$로 내분하는

점 C의 좌표는 $\left(\dfrac{1 \times 5+2 \times (-1)}{1+2}, \dfrac{1 \times 3+2 \times 6}{1+2}\right)$, 즉 C$(1, 5)$

STEP B 직선 AB에 수직인 직선의 기울기 구하기

두 점 A$(-1, 6)$, B$(5, 3)$을 지나는 직선 AB의 기울기는 $\dfrac{3-6}{5-(-1)}=-\dfrac{1}{2}$

이 직선과 수직인 직선의 기울기는 2

STEP C 한 점과 기울기가 주어진 직선의 방정식 구하기

점 C$(1, 5)$를 지나고 기울기가 2인 직선의 방정식은

$y-5=2(x-1)$, 즉 $2x-y+3=0$

따라서 $a=2$, $b=3$이므로 $a+b=5$

+α 두 직선이 수직일 조건을 이용하여 a, b의 값을 구할 수 있어!

두 점 A$(-1, 6)$, B$(5, 3)$을 지나는 직선의 방정식은

$y-6=\dfrac{3-6}{5-(-1)}\{x-(-1)\}$, 즉 $x+2y-11=0$

이때 두 직선 $x+2y-11=0$, $ax-y+b=0$이 서로 수직이므로

$1 \times a+2 \times (-1)=0$ ∴ $a=2$

또한, 직선 $2x-y+b=0$이 점 C$(1, 5)$를 지나므로 $2-5+b=0$ ∴ $b=3$

따라서 $a=2$, $b=3$이므로 $a+b=5$

정답 ①

0179

정답 ③

STEP A 직선 $2x+y-3=0$에 수직인 직선의 기울기를 이용하여 a, b 사이의 관계식 구하기

직선 $2x+y-3=0$, 즉 $y=-2x+3$에서 기울기는 -2

이 직선과 수직인 직선의 기울기는 $\dfrac{1}{2}$

두 점 A$(1, 2)$, B(a, b)를 지나는 직선 AB의 기울기는 $\dfrac{b-2}{a-1}=\dfrac{1}{2}$

∴ $a-2b=-3$ ...... ㉠

STEP B 선분 AB를 $1:2$로 내분하는 점 C의 좌표 구하기

두 점 A$(1, 2)$, B(a, b)에 대하여 선분 AB를 $1:2$로 내분하는 점 C의 좌표는

$\left(\dfrac{1 \times a+2 \times 1}{1+2}, \dfrac{1 \times b+2 \times 2}{1+2}\right)$, 즉 C$\left(\dfrac{a+2}{3}, \dfrac{b+4}{3}\right)$

STEP C 직선 $2x+y-3=0$에 점 C를 대입하여 a, b의 값 구하기

점 C$\left(\dfrac{a+2}{3}, \dfrac{b+4}{3}\right)$가 직선 $2x+y-3=0$ 위의 점이므로

$\dfrac{2a+4}{3}+\dfrac{b+4}{3}-3=0$ ∴ $2a+b=1$ ...... ㉡

㉠, ㉡을 연립하여 풀면 $a=-\dfrac{1}{5}$, $b=\dfrac{7}{5}$ ∴ $a+b=\dfrac{6}{5}$

0180

정답 ⑤

STEP A 삼각형 ABC의 무게중심 G의 좌표 구하기

세 점 A$(3, 4)$, B$(-4, 2)$, C$(7, 3)$을 꼭짓점으로 하는 삼각형 ABC의

무게중심 G의 좌표는 $\left(\dfrac{3+(-4)+7}{3}, \dfrac{4+2+3}{3}\right)$, 즉 G$(2, 3)$

STEP B 직선 AB에 수직인 직선의 기울기 구하기

두 점 A$(3, 4)$, B$(-4, 2)$를 지나는 직선 AB의 기울기는 $\dfrac{4-2}{3-(-4)}=\dfrac{2}{7}$

이 직선과 수직인 직선의 기울기는 $-\dfrac{7}{2}$

STEP C 한 점과 기울기가 주어진 직선의 방정식 구하기

점 G$(2, 3)$을 지나고 기울기가 $-\dfrac{7}{2}$인 직선의 방정식은

$y-3=-\dfrac{7}{2}(x-2)$, 즉 $7x+2y-20=0$

따라서 $a=2$, $b=-20$이므로 $a-b=22$

0181

정답 ①

STEP A 두 직선의 방정식에 점 $(2, 4)$를 대입하여 a의 값과 b, c 사이의 관계식 구하기

직선 $ax-2y+2=0$이 점 $(2, 4)$를 지나므로 $2a-8+2=0$, $2a-6=0$

∴ $a=3$

직선 $x+by+c=0$이 점 $(2, 4)$를 지나므로 $2+4b+c=0$ ...... ㉠

STEP B 두 직선이 수직일 조건을 만족하는 b, c의 값 구하기

두 직선 $3x-2y+2=0$, $x+by+c=0$이 서로 수직이므로

$3 \times 1+(-2) \times b=0$, $2b=3$ ∴ $b=\dfrac{3}{2}$ ...... ㉡

㉡을 ㉠에 대입하면 $2+4 \times \dfrac{3}{2}+c=0$ ∴ $c=-8$

STEP C abc의 값 구하기

따라서 $a=3$, $b=\dfrac{3}{2}$, $c=-8$이므로 $abc=3 \times \dfrac{3}{2} \times (-8)=-36$

내/신/연/계 출제문항 094

두 직선 $x+ay+1=0$, $ax+(a+3)y+b=0$은 서로 수직이고, 두 직선의 교점의 좌표는 $(c, 2)$일 때, 상수 a, b, c에 대하여 $a+b+c$의 값은? (단, $a<0$)

① 30 ② 33 ③ 36
④ 39 ⑤ 42

STEP A 두 직선이 수직일 조건을 만족하는 a의 값 구하기

두 직선 $x+ay+1=0$, $ax+(a+3)y+b=0$이 서로 수직이므로

$1 \times a+a(a+3)=0$, $a^2+4a=0$, $a(a+4)=0$ ∴ $a=-4$ ($∵ a<0$)

STEP B 두 직선의 방정식에 점 $(c, 2)$를 대입하여 b, c의 값 구하기

직선 $x-4y+1=0$이 점 $(c, 2)$를 지나므로 $c-8+1=0$ ∴ $c=7$

직선 $-4x-y+b=0$이 점 $(7, 2)$를 지나므로 $-28-2+b=0$ ∴ $b=30$

따라서 $a=-4$, $b=30$, $c=7$이므로 $a+b+c=33$ 정답 ②

0182
2024년 09월 고1 학력평가 10번 정답 ②

STEP A 두 직선의 수직일 조건을 이용하여 직선의 방정식 구하기

직선 $2x+3y+1=0$, 즉 $y=-\dfrac{2}{3}x-\dfrac{1}{3}$에서 기울기는 $-\dfrac{2}{3}$

이 직선과 수직인 직선의 기울기는 $\dfrac{3}{2}$

점 $(1, a)$를 지나고 기울기가 $\dfrac{3}{2}$인 직선의 방정식은 $y-a=\dfrac{3}{2}(x-1)$,

즉 $y=\dfrac{3}{2}x+a-\dfrac{3}{2}$

STEP B 직선의 y절편이 $\dfrac{5}{2}$임을 이용하여 a의 값 구하기

직선 $y=\dfrac{3}{2}x+a-\dfrac{3}{2}$의 y절편이 $a-\dfrac{3}{2}$이므로 $a-\dfrac{3}{2}=\dfrac{5}{2}$

따라서 $a=4$

내/신/연/계/ 출제문항 095

점 $(-1, a)$를 지나고 직선 $4x-3y+1=0$에 수직인 직선의 y절편이 $\dfrac{5}{4}$
일 때, 상수 a의 값은?

① 2   ② 3   ③ 4
④ 5   ⑤ 6

STEP A 두 직선의 수직일 조건을 이용하여 직선의 방정식 구하기

직선 $4x-3y+1=0$, 즉 $y=\dfrac{4}{3}x+\dfrac{1}{3}$에서 기울기는 $\dfrac{4}{3}$

이 직선과 수직인 직선의 기울기는 $-\dfrac{3}{4}$

점 $(-1, a)$를 지나고 기울기가 $-\dfrac{3}{4}$인 직선의 방정식은

$y-a=-\dfrac{3}{4}\{x-(-1)\}$, 즉 $y=-\dfrac{3}{4}x+a-\dfrac{3}{4}$

STEP B 직선의 y절편이 $\dfrac{5}{4}$임을 이용하여 a의 값 구하기

직선 $y=-\dfrac{3}{4}x+a-\dfrac{3}{4}$의 y절편이 $a-\dfrac{3}{4}$이므로 $a-\dfrac{3}{4}=\dfrac{5}{4}$

따라서 $a=2$ 정답 ①

0183
2023년 03월 고2 학력평가 7번 정답 ③

STEP A 두 직선의 수직일 조건을 이용하여 직선의 방정식 구하기

직선 $3x+2y-1=0$, 즉 $y=-\dfrac{3}{2}x+\dfrac{1}{2}$에서 기울기는 $-\dfrac{3}{2}$

이 직선과 수직인 직선의 기울기는 $\dfrac{2}{3}$

점 $(6, a)$를 지나고 기울기가 $\dfrac{2}{3}$인 직선의 방정식은 $y-a=\dfrac{2}{3}(x-6)$,

즉 $y=\dfrac{2}{3}x-4+a$

STEP B 직선에 원점을 대입하여 a의 값 구하기

직선 $y=\dfrac{2}{3}x-4+a$가 원점 $O(0, 0)$을 지나므로 $0=\dfrac{2}{3}\times 0-4+a$

따라서 $a=4$

내/신/연/계/ 출제문항 096

점 $(4, a)$를 지나고 직선 $2x+y-1=0$에 수직인 직선이 점 $(2, 5)$를
지날 때, a의 값은?

① 2   ② 3   ③ 4
④ 5   ⑤ 6

STEP A 두 직선이 수직일 조건을 이용하여 직선의 방정식 구하기

직선 $2x+y-1=0$, 즉 $y=-2x+1$에서 기울기는 -2

이 직선과 수직인 직선의 기울기는 $\dfrac{1}{2}$

점 $(4, a)$를 지나고 기울기가 $\dfrac{1}{2}$인 직선의 방정식은

$y-a=\dfrac{1}{2}(x-4)$, 즉 $y=\dfrac{1}{2}x-2+a$

STEP B 직선에 점 $(2, 5)$를 대입하여 a의 값 구하기

직선 $y=\dfrac{1}{2}x-2+a$이 점 $(2, 5)$를 지나므로 $5=\dfrac{1}{2}\times 2-2+a$, $5=-1+a$

따라서 $a=6$ 정답 ⑤

0184
정답 8

STEP A 두 직선이 수직일 조건을 이용하여 a의 값 구하기

두 점 $A(2, -1)$, $B(6, a)$를 지나는 직선 AB의 기울기는 $\dfrac{a-(-1)}{6-2}=\dfrac{a+1}{4}$

이 직선과 수직인 직선의 기울기는 $-\dfrac{4}{a+1}$

선분 AB의 수직이등분선의 방정식은 $y=-x+b$에서 기울기는 -1

즉 $-\dfrac{4}{a+1}=-1$, $a+1=4$ $\therefore a=3$

STEP B 선분 AB의 중점이 직선 $y=-x+b$ 위에 있음을 이용하여 b의 값 구하기

두 점 $A(2, -1)$, $B(6, 3)$에 대하여 선분 AB의 중점의 좌표는

$\left(\dfrac{2+6}{2}, \dfrac{-1+3}{2}\right)$, 즉 $(4, 1)$

점 $(4, 1)$이 직선 $y=-x+b$ 위에 있으므로 $1=-4+b$ $\therefore b=5$

따라서 $a=3$, $b=5$이므로 $a+b=8$

0185
정답 ④

STEP A 두 직선이 수직일 조건을 이용하여 a, b 사이의 관계식 구하기

두 점 $A(3, a)$, $B(1, b)$를 지나는 직선 AB의 기울기는 $\dfrac{b-a}{1-3}=\dfrac{a-b}{2}$

이 직선과 수직인 직선의 기울기는 $-\dfrac{2}{a-b}$

선분 AB의 수직이등분선의 방정식은 $x-3y+10=0$,

즉 $y=\dfrac{1}{3}x+\dfrac{10}{3}$에서 기울기는 $\dfrac{1}{3}$

이때 $-\dfrac{2}{a-b}=\dfrac{1}{3}$ $\therefore b-a=6$ $\qquad$ …… ㉠

STEP B 선분 AB의 중점이 직선 $x-3y+10=0$ 위에 있음을 이용하여 a, b 사이의 관계식 구하기

두 점 $A(3, a)$, $B(1, b)$에 대하여 선분 AB의 중점의 좌표는 $\left(2, \dfrac{a+b}{2}\right)$

점 $\left(2, \dfrac{a+b}{2}\right)$이 직선 $x-3y+10=0$ 위에 있으므로

$2-3\times\dfrac{a+b}{2}+10=0$, $\dfrac{a+b}{2}=4$ $\therefore a+b=8$ $\qquad$ …… ㉡

㉠, ㉡을 연립하여 풀면 $a=1$, $b=7$

따라서 $ab=7$

0186

STEP A 선분 AB의 중점의 좌표와 직선 AB의 기울기

직선 $2x-y+8=0$의 x절편은 -4, y절편은 8이므로

두 점 A, B의 좌표는 A$(-4, 0)$, B$(0, 8)$

선분 AB의 중점의 좌표는 $\left(\dfrac{-4+0}{2}, \dfrac{0+8}{2}\right)$, 즉 $(-2, 4)$

직선 $2x-y+8=0$, 즉 $y=2x+8$에서 기울기는 2

선분 AB의 수직이등분선의 기울기는 $-\dfrac{1}{2}$

STEP B 선분 AB의 수직이등분선의 방정식 구하기

점 $(-2, 4)$를 지나고 기울기가 $-\dfrac{1}{2}$인 선분 AB의 수직이등분선의 방정식은

$y-4=-\dfrac{1}{2}\{x-(-2)\}$, 즉 $x+2y-6=0$

STEP C 직선에 점 $\left(a, \dfrac{3}{2}\right)$을 대입하여 상수 a의 값 구하기

직선 $x+2y-6=0$이 점 $\left(a, \dfrac{3}{2}\right)$를 지나므로 $a+2\times\dfrac{3}{2}-6=0$

따라서 $a=3$

내/신/연/계 출제문항 097

직선 $3x+2y-12=0$이 x축, y축과 만나는 점을 각각 A, B라 할 때, 선분 AB를 수직이등분하는 직선이 점 $(5, a)$를 지난다. 이때 상수 a의 값은?

① 2   ② 3   ③ 4
④ 5   ⑤ 6

STEP A 선분 AB의 중점의 좌표와 직선 AB의 기울기 구하기

직선 $3x+2y-12=0$의 x절편은 4, y절편은 6이므로

두 점 A, B의 좌표는 A$(4, 0)$, B$(0, 6)$

선분 AB의 중점의 좌표는 $\left(\dfrac{4+0}{2}, \dfrac{0+6}{2}\right)$, 즉 $(2, 3)$

직선 $3x+2y-12=0$, 즉 $y=-\dfrac{3}{2}x+6$에서 기울기는 $-\dfrac{3}{2}$

선분 AB의 수직이등분선은 기울기가 $\dfrac{2}{3}$

STEP B 선분 AB의 수직이등분선의 방정식 구하기

점 $(2, 3)$를 지나고 기울기가 $\dfrac{2}{3}$인 선분 AB의 수직이등분선의 방정식은

$y-3=\dfrac{2}{3}(x-2)$, 즉 $2x-3y+5=0$

STEP C 직선에 점 $(5, a)$을 대입하여 상수 a의 값 구하기

직선 $2x-3y+5=0$이 점 $(5, a)$를 지나므로 $10-3a+5=0$, $3a=15$

따라서 $a=5$

정답 ④

0187

정답 8

STEP A 세 점이 한 직선 위에 있기 위한 k의 값 구하기

두 점 A$(0, 3)$, B$(k, 2)$를 지나는 직선 AB의 기울기는 $\dfrac{2-3}{k-0}=-\dfrac{1}{k}$

두 점 B$(k, 2)$, C$(8, 7)$을 지나는 직선 BC의 기울기는 $\dfrac{7-2}{8-k}=\dfrac{5}{8-k}$

이때 세 점 A, B, C가 일직선 위에 있기 위해서는

직선 AB의 기울기와 직선 BC의 기울기가 같아야 한다.

즉 $-\dfrac{1}{k}=\dfrac{5}{8-k}$, $4k=-8$ $\therefore k=-2$

+α | 직선의 방정식을 이용하여 구할 수 있어!

점 A$(0, 3)$, C$(8, 7)$을 지나는 직선에 점 B$(k, 2)$가 존재한다.

두 점 A$(0, 3)$, C$(8, 7)$을 지나는 직선의 방정식은

$y-3=\dfrac{7-3}{8-0}(x-0)$ $\therefore y=\dfrac{1}{2}x+3$

이때 점 B$(k, 2)$를 지나므로 대입하면 $2=\dfrac{1}{2}k+3$ $\therefore k=-2$

STEP B 직선 AB의 기울기와 선분 AB의 중점의 좌표 구하기

직선 AB의 기울기는 $\dfrac{1}{2}$이므로 선분 AB의 수직이등분선의 기울기는 -2

두 점 A$(0, 3)$, B$(-2, 2)$에 대하여 선분 AB의 중점의 좌표는

$\left(\dfrac{0+(-2)}{2}, \dfrac{3+2}{2}\right)$, 즉 $\left(-1, \dfrac{5}{2}\right)$

STEP C 선분 AB의 수직이등분선의 방정식 구하기

점 $\left(-1, \dfrac{5}{2}\right)$를 지나고 기울기가 -2인 선분 AB의 수직이등분선의 방정식은

$y-\dfrac{5}{2}=-2\{x-(-1)\}$, 즉 $4x+2y-1=0$

따라서 $a=4$, $b=2$이므로 $ab=8$

내/신/연/계 출제문항 098

세 점 A$(-1, 1)$, B$(2, k)$, C$(-k, -11)$이 한 직선 위에 있을 때, 선분 AC의 수직이등분선의 방정식이 $x+ay+b=0$이라 하자. 이때 상수 a, b에 대하여 ab의 값을 구하시오. (단, $k>0$)

STEP A 세 점이 한 직선 위에 있기 위한 k의 값 구하기

두 점 A$(-1, 1)$, B$(2, k)$를 지나는 직선 AB의 기울기는 $\dfrac{k-1}{2-(-1)}=\dfrac{k-1}{3}$

두 점 A$(-1, 1)$, C$(-k, -11)$를 지나는 직선 AC의 기울기는

$\dfrac{-11-1}{-k-(-1)}=\dfrac{12}{k-1}$

이때 세 점 A, B, C가 일직선 위에 있기 위해서는

직선 AB의 기울기와 직선 AC의 기울기가 같아야 한다.

즉 $\dfrac{k-1}{3}=\dfrac{12}{k-1}$, $k^2-2k-35=0$, $(k-7)(k+5)=0$

$\therefore k=7$ $(k>0)$

STEP B 직선 AC의 기울기와 선분 AC의 중점의 좌표 구하기

직선 AC의 기울기는 2이므로 선분 AC의 수직이등분선의 기울기는 $-\dfrac{1}{2}$

두 점 A$(-1, 1)$, C$(-7, -11)$에 대하여 선분 AC의 중점의 좌표는

$\left(\dfrac{-1+(-7)}{2}, \dfrac{1+(-11)}{2}\right)$, 즉 $(-4, -5)$

STEP C 선분 AC의 수직이등분선의 방정식 구하기

점 $(-4, -5)$를 지나고 기울기가 $-\dfrac{1}{2}$인 선분 AC의 수직이등분선의 방정식은

$y-(-5)=-\dfrac{1}{2}\{x-(-4)\}$, 즉 $x+2y+14=0$

따라서 $a=2$, $b=14$이므로 $ab=2\times14=28$

정답 28

0188

정답 ②

STEP A 직선 $2x-y+1=0$에 수직인 직선 AP의 방정식 구하기

선분 AB와 직선 $2x-y+1=0$이
수직으로 만나는 점이 P이므로
점 A에서 직선 $2x-y+1=0$에
내린 수선의 발이 점 P이다.
직선 $2x-y+1=0$에서 기울기는 2,
이 직선과 수직인 직선 AP의
기울기는 $-\frac{1}{2}$

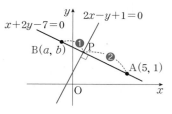

점 A$(5, 1)$을 지나고 기울기가 $-\frac{1}{2}$인 직선의 방정식은

$y-1=-\frac{1}{2}(x-5)$, 즉 $x+2y-7=0$

STEP B $\overline{AP}:\overline{BP}=2:1$임을 이용하여 a, b의 값 구하기

두 직선 $x+2y-7=0$, $2x-y+1=0$을 연립하여 풀면 $x=1$, $y=3$
즉 교점 P의 좌표는 P$(1, 3)$
이때 $\overline{AP}:\overline{BP}=2:1$이므로 점 P는 두 점 A$(5, 1)$, B$(a, b)$에 대하여
선분 AB를 $2:1$로 내분하는 점이다.
$\left(\frac{2\times a+1\times 5}{2+1}, \frac{2\times b+1\times 1}{2+1}\right)$, 즉 $\left(\frac{2a+5}{3}, \frac{2b+1}{3}\right)$
이 점이 P$(1, 3)$과 일치하므로
$\frac{2a+5}{3}=1$, $2a+5=3$에서 $a=-1$이고 $\frac{2b+1}{3}=3$, $2b+1=9$에서 $b=4$
따라서 $a=-1$, $b=4$이므로 $ab=-4$

내/신/연/계/ 출제문항 099

두 점 A$(10, 2)$, B(a, b)에 대하여 선분 AB가 직선 $y=2x+2$와 수직으로
만나는 점을 P라 하자. $\overline{AP}:\overline{BP}=1:2$를 만족하는 실수 a, b에 대하여
$a+b$의 값은?

① -14 ② -7 ③ 0
④ 7 ⑤ 14

STEP A 직선 $y=2x+2$에 수직인 직선 AP의 방정식 구하기

선분 AB와 직선 $y=2x+2$가
수직으로 만나는 점이 P이므로
점 A에서 직선 $y=2x+2$에
내린 수선의 발이 점 P이다.
직선 $y=2x+2$에서 기울기는 2,
이 직선과 수직인 직선 AP의
기울기는 $-\frac{1}{2}$

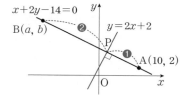

점 A$(10, 2)$를 지나고 기울기가 $-\frac{1}{2}$인 직선의 방정식은

$y-2=-\frac{1}{2}(x-10)$, 즉 $x+2y-14=0$

STEP B $\overline{AP}:\overline{BP}=1:2$임을 이용하여 a, b의 값 구하기

두 직선 $y=2x+2$, $x+2y-14=0$을 연립하여 풀면 $x=2$, $y=6$
즉 교점 P의 좌표는 P$(2, 6)$
이때 $\overline{AP}:\overline{BP}=1:2$이므로 점 P는 두 점 A$(10, 2)$, B$(a, b)$에 대하여
선분 AB를 $1:2$로 내분하는 점이다.
$\left(\frac{1\times a+2\times 10}{1+2}, \frac{1\times b+2\times 2}{1+2}\right)$, 즉 $\left(\frac{a+20}{3}, \frac{b+4}{3}\right)$
이 점이 P$(2, 6)$과 일치하므로
$\frac{a+20}{3}=2$, $a+20=6$에서 $a=-14$이고 $\frac{b+4}{3}=6$, $b+4=18$에서 $b=14$
따라서 $a=-14$, $b=14$이므로 $a+b=0$

정답 ③

0189

정답 1

STEP A 두 선분 AC, BC의 수직이등분선의 방정식 구하기

(i) 선분 AC의 수직이등분선의 방정식
　두 점 A$(-2, 3)$, C$(2, -5)$에 대하여 선분 AC의 중점의 좌표는
　$\left(\frac{-2+2}{2}, \frac{3+(-5)}{2}\right)$, 즉 $(0, -1)$
　직선 AC의 기울기는 $\frac{-5-3}{2-(-2)}=-2$
　이 직선과 수직인 직선의 기울기는 $\frac{1}{2}$
　이때 점 $(0, -1)$를 지나고 기울기가 $\frac{1}{2}$인 선분 AC의 수직이등분선의
　방정식은 $y-(-1)=\frac{1}{2}(x-0)$, 즉 $x-2y-2=0$

(ii) 선분 BC의 수직이등분선의 방정식
　두 점 B$(6, -1)$, C$(2, -5)$에 대하여 선분 BC의 중점의 좌표는
　$\left(\frac{6+2}{2}, \frac{-1+(-5)}{2}\right)$, 즉 $(4, -3)$
　직선 BC의 기울기는 $\frac{-5-(-1)}{2-6}=1$
　이 직선과 수직인 직선의 기울기는 -1
　이때 점 $(4, -3)$을 지나고 기울기가 -1인 선분 BC의 수직이등분선의
　방정식은 $y-(-3)=-(x-4)$, 즉 $x+y-1=0$

STEP B $a+b$의 값 구하기

(i), (ii)에서 구한 식을 연립하여 풀면 $x=\frac{4}{3}$, $y=-\frac{1}{3}$
따라서 $a=\frac{4}{3}$, $b=-\frac{1}{3}$이므로 $a+b=\frac{4}{3}+\left(-\frac{1}{3}\right)=1$

---

mini 해설 | $\overline{AP}=\overline{BP}=\overline{CP}$임을 이용하여 풀이하기

삼각형 ABC의 세 변의 수직이등분선의 교점, 즉 외심을 P(a, b)라 하면
$\overline{AP}=\overline{BP}=\overline{CP}$가 성립한다.
네 점 A$(-2, 3)$, B$(6, -1)$, C$(2, -5)$, P(a, b)에 대하여
$\overline{AP}=\sqrt{\{a-(-2)\}^2+(b-3)^2}=\sqrt{a^2+4a+b^2-6b+13}$
$\overline{BP}=\sqrt{(a-6)^2+\{b-(-1)\}^2}=\sqrt{a^2-12a+b^2+2b+37}$
$\overline{CP}=\sqrt{(a-2)^2+\{b-(-5)\}^2}=\sqrt{a^2-4a+b^2+10b+29}$
(i) $\overline{AP}=\overline{BP}$에서 $\overline{AP}^2=\overline{BP}^2$
　　$a^2+4a+b^2-6b+13=a^2-12a+b^2+2b+37$, $16a-8b=24$
　　$\therefore 2a-b=3$
(ii) $\overline{BP}=\overline{CP}$에서 $\overline{BP}^2=\overline{CP}^2$
　　$a^2-12a+b^2+2b+37=a^2-4a+b^2+10b+29$, $8a+8b=8$
　　$\therefore a+b=1$
(i), (ii)에서 구한 식을 연립하여 풀면 $a=\frac{4}{3}$, $b=-\frac{1}{3}$
따라서 $a+b=\frac{4}{3}+\left(-\frac{1}{3}\right)=1$

P O I N T | 외심의 좌표

① 삼각형의 세 변의 수직이등분선은 한 점 (외심)에서 만나므로
　두 변의 수직이등분선의 교점을 구하면 된다.
② 삼각형 ABC의 외심 P(a, b)에 대하여 $\overline{PA}=\overline{PB}=\overline{PC}$이다.

0190

정답 ②

STEP A 직선 AB의 기울기와 선분 AB의 중점의 좌표 구하기

두 점 A$(1, 5)$, B$(7, -3)$을 지나는 직선 AB의 기울기는 $\frac{-3-5}{7-1}=-\frac{4}{3}$
선분 AB의 수직이등분선의 기울기는 $\frac{3}{4}$ ← 수직인 두 직선의 기울기의 곱 -1
두 점 A$(1, 5)$, B$(7, -3)$에 대하여 선분 AB의 중점의 좌표는
$\left(\frac{1+7}{2}, \frac{5+(-3)}{2}\right)$, 즉 $(4, 1)$

STEP B 선분 AB의 수직이등분선의 방정식 구하기

점 $(4, 1)$을 지나고 기울기가 $\dfrac{3}{4}$인 선분 AB의 수직이등분선의 방정식은

$y-1=\dfrac{3}{4}(x-4)$, 즉 $y=\dfrac{3}{4}x-2$

STEP C 두 점 P, Q의 좌표를 이용하여 삼각형 OPQ의 넓이 구하기

직선 $y=\dfrac{3}{4}x-2$가 x축과 만나는

점 P의 좌표는 P$\left(\dfrac{8}{3}, 0\right)$,

y축과 만나는 점 Q의 좌표는

Q$(0, -2)$

따라서 삼각형 OPQ의 넓이는

$\dfrac{1}{2}\times\dfrac{8}{3}\times2=\dfrac{8}{3}$

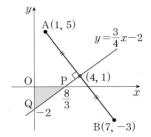

0191

정답 ②

STEP A 주어진 조건을 이용하여 a, b의 범위 구하기

직선 $\dfrac{x}{a}+\dfrac{y}{b}=1$의 x절편과 y절편은

각각 a, b이고 제 3사분면을 지나지

않으므로 $a>0, b>0$

$\overline{OA}+\overline{OB}=4\sqrt{2}$에서 $a+b=4\sqrt{2}$

$\therefore b=4\sqrt{2}-a$

이때 $a>0, b>0$이므로 $0<a<4\sqrt{2}$

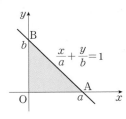

STEP B 삼각형 OAB의 넓이의 최댓값 구하기

삼각형 OAB의 넓이는

$\dfrac{1}{2}\times\overline{OA}\times\overline{OB}=\dfrac{1}{2}ab$

$=\dfrac{1}{2}a(4\sqrt{2}-a)$

$=-\dfrac{1}{2}a^2+2\sqrt{2}a$

$=-\dfrac{1}{2}(a-2\sqrt{2})^2+4$

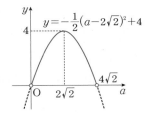

따라서 삼각형 OAB의 넓이의 최댓값은

$a=2\sqrt{2}$일 때, 4이다.

┌─ **+α** │ 산술평균과 기하평균을 이용하여 구할 수 있어!

삼각형 OAB의 넓이는 $\dfrac{1}{2}ab$이므로 산술평균과 기하평균에 의하여

$\dfrac{a+b}{2}\geq\sqrt{ab}$ (단, 등호는 $a=b$일 때이다.)

$\dfrac{4\sqrt{2}}{2}\geq\sqrt{ab}$ $\therefore 8\geq ab$

따라서 $\dfrac{1}{2}ab\leq\dfrac{1}{2}\times8=4$이므로 삼각형 OAB의 넓이의 최댓값은 4이다.

내/신/연/계/ 출제문항 100

제3사분면을 지나지 않는 직선 $\dfrac{x}{a}+\dfrac{y}{b}=1$이 x축, y축과 만나는 점을 각각

A, B라 하자. $\overline{OA}+\overline{OB}=6\sqrt{2}$일 때, 삼각형 OAB의 넓이의 최댓값은?

(단, O는 원점이고 a, b는 상수이다.)

① 6
② 7
③ 8
④ 9
⑤ 10

STEP A 주어진 조건을 이용하여 a, b의 범위 구하기

직선 $\dfrac{x}{a}+\dfrac{y}{b}=1$의 x절편과 y절편은

각각 a, b이고 제3사분면을 지나지

않으므로 $a>0, b>0$

$\overline{OA}+\overline{OB}=6\sqrt{2}$에서 $a+b=6\sqrt{2}$

$\therefore b=6\sqrt{2}-a$

이때 $a>0, b>0$이므로 $0<a<6\sqrt{2}$

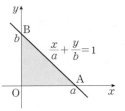

STEP B 삼각형 OAB의 넓이의 최댓값 구하기

삼각형 OAB의 넓이는

$\dfrac{1}{2}\times\overline{OA}\times\overline{OB}=\dfrac{1}{2}ab$

$=\dfrac{1}{2}a(6\sqrt{2}-a)$

$=-\dfrac{1}{2}a^2+3\sqrt{2}a$

$=-\dfrac{1}{2}(a-3\sqrt{2})^2+9$

따라서 삼각형 OAB의 넓이의 최댓값은

$a=3\sqrt{2}$일 때, 9이다.

┌─ **+α** │ 산술평균과 기하평균을 이용하여 구할 수 있어!

삼각형 OAB의 넓이는 $\dfrac{1}{2}ab$이므로 산술평균과 기하평균에 의하여

$\dfrac{a+b}{2}\geq\sqrt{ab}$ (단, 등호는 $a=b$일 때이다.)

$\dfrac{6\sqrt{2}}{2}\geq\sqrt{ab}$ $\therefore 18\geq ab$

따라서 $\dfrac{1}{2}ab\leq\dfrac{1}{2}\times18=9$이므로 삼각형 OAB의 넓이의 최댓값은 9이다.

정답 ④

0192

정답 ②

STEP A 두 삼각형 OAB와 OAC의 넓이가 같을 경우 두 직선 OA와 BC가 평행함을 이해하기

y축 위를 움직이는 점 C의 좌표를 C$(0, k)(k>0)$라 하자.

두 삼각형 OAB와 OAC의 밑변은 $\overline{OA}$로 공통이므로

두 삼각형의 넓이가 같을 때는 높이가 같아야 한다.

즉 두 직선 OA와 BC가 평행하여야 한다.

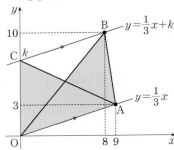

STEP B 선분 OC의 길이 구하기

직선 OA의 기울기가 $\dfrac{3-0}{9-0}=\dfrac{1}{3}$이므로 직선 BC의 기울기도 $\dfrac{1}{3}$

즉 $\dfrac{k-10}{0-8}=\dfrac{1}{3}$, $3k=22$ $\therefore k=\dfrac{22}{3}$

따라서 점 C$\left(0, \dfrac{22}{3}\right)$이므로 선분 OC의 길이는 $\dfrac{22}{3}$

STEP Ⓐ **두 점을 지나는 직선의 방정식 구하기**

좌표평면에서 점 B를 원점으로 하면 $\overline{AB}=4$이므로

점 A의 좌표는 A(0, 4), $\overline{BC}=8$이므로 점 C의 좌표는 C(8, 0)

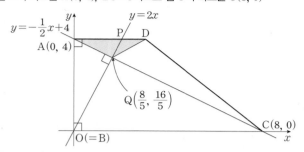

두 점 A(0, 4), C(8, 0)을 지나는 직선 AC의 방정식은

$\dfrac{x}{8}+\dfrac{y}{4}=1$, 즉 $y=-\dfrac{1}{2}x+4$

점 B(0, 0)을 지나고 직선 AC에 수직인 직선 BP의 방정식은 $y=2x$

이때 두 직선 AC, BP의 교점 Q의 좌표는 Q$\left(\dfrac{8}{5},\ \dfrac{16}{5}\right)$

STEP Ⓑ **선분 AD를 2 : 1로 내분하는 점 P의 좌표 구하기**

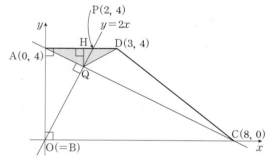

점 D의 좌표를 D(t, 4) (t는 실수)라 하자. ← 점 A와 y좌표가 동일

두 점 A(0, 4), D(t, 4)에 대하여

선분 AD를 2 : 1로 내분하는 점 P의 좌표는

$\left(\dfrac{2\times t+1\times 0}{2+1},\ \dfrac{2\times 4+1\times 4}{2+1}\right)$, 즉 P$\left(\dfrac{2}{3}t,\ 4\right)$

점 P$\left(\dfrac{2}{3}t,\ 4\right)$는 $y=2x$ 위의 점이므로 $4=2\times\dfrac{2}{3}t$ ∴ $t=3$

이때 점 P의 좌표는 P(2, 4), 점 D의 좌표는 D(3, 4) ← $\overline{AD}=3$

STEP Ⓒ **삼각형 AQD의 넓이 구하기**

점 Q에서 선분 AD에 내린 수선의 발을 H라 하면

$\overline{QH}=4-\dfrac{16}{5}=\dfrac{4}{5}$

따라서 삼각형 AQD의 넓이는 $\dfrac{1}{2}\times\overline{AD}\times\overline{QH}=\dfrac{1}{2}\times 3\times\dfrac{4}{5}=\dfrac{6}{5}$

내/신/연/계/ 출제문항 101

그림과 같이 $\angle A=\angle B=90°$, $\overline{AB}=6$, $\overline{BC}=12$인 사다리꼴 ABCD에 대하여 선분 AD를 2 : 1로 내분하는 점을 P라 하자. 두 직선 AC, BP가 점 Q에서 서로 수직으로 만날 때, 삼각형 AQD의 넓이는?

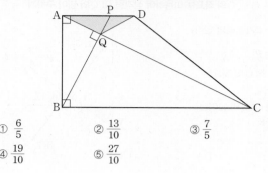

① $\dfrac{6}{5}$ ② $\dfrac{13}{10}$ ③ $\dfrac{7}{5}$

④ $\dfrac{19}{10}$ ⑤ $\dfrac{27}{10}$

STEP Ⓐ **두 점을 지나는 직선의 방정식 구하기**

좌표평면에서 점 B를 원점으로 하면 $\overline{AB}=6$이므로

점 A의 좌표는 A(0, 6), $\overline{BC}=12$이므로 점 C의 좌표는 C(12, 0)

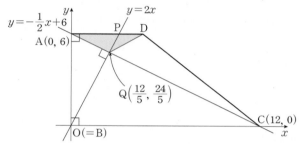

두 점 A(0, 6), C(12, 0)을 지나는 직선 AC의 방정식은

$\dfrac{x}{12}+\dfrac{y}{6}=1$, 즉 $y=-\dfrac{1}{2}x+6$

점 B(0, 0)을 지나고 직선 AC에 수직인 직선 BP의 방정식은 $y=2x$

이때 두 직선 AC, BP의 교점 Q의 좌표는 Q$\left(\dfrac{12}{5},\ \dfrac{24}{5}\right)$

STEP Ⓑ **선분 AD를 2 : 1로 내분하는 점 P의 좌표 구하기**

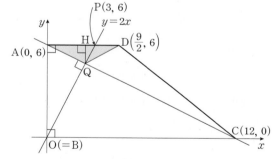

점 D의 좌표를 D(t, 6) (t는 실수)라 하자. ← 점 A와 y좌표가 동일

두 점 A(0, 6), D(t, 6)을 이은 선분 AD를 2 : 1로 내분하는 점 P의 좌표는

$\left(\dfrac{2\times t+1\times 0}{2+1},\ \dfrac{2\times 6+1\times 6}{2+1}\right)$, 즉 P$\left(\dfrac{2}{3}t,\ 6\right)$

점 P$\left(\dfrac{2}{3}t,\ 6\right)$은 직선 $y=2x$ 위의 점이므로 $6=2\times\dfrac{2}{3}t$ ∴ $t=\dfrac{9}{2}$

이때 점 P의 좌표는 P(3, 6), 점 D의 좌표는 D$\left(\dfrac{9}{2},\ 6\right)$ ← $\overline{AD}=\dfrac{9}{2}$

STEP Ⓒ **삼각형 AQD의 넓이 구하기**

점 Q에서 선분 AD에 내린 수선의 발을 H라 하면

$\overline{QH}=6-\dfrac{24}{5}=\dfrac{6}{5}$

따라서 삼각형 AQD의 넓이는 $\dfrac{1}{2}\times\overline{AD}\times\overline{QH}=\dfrac{1}{2}\times\dfrac{9}{2}\times\dfrac{6}{5}=\dfrac{27}{10}$ 정답 ⑤

0194

정답 ⑤

STEP Ⓐ **일차함수의 그래프가 x축과 만나는 점 C의 좌표 구하기**

일차함수 $y=\frac{1}{2}x+\frac{1}{2}$의 x절편이 -1이므로 ← $y=0$ 대입

점 C의 좌표는 C$(-1, 0)$

STEP Ⓑ **두 점 A, B를 지나는 직선의 방정식 구하기**

두 점 A$(2, 6)$, B$(8, 0)$을 지나는 직선의 방정식은

$y-0=\frac{0-6}{8-2}(x-8)$, 즉 $y=-x+8$

STEP Ⓒ **삼각형 CBD의 넓이 구하기**

일차함수 $y=\frac{1}{2}x+\frac{1}{2}$의 그래프와 직선 $y=-x+8$의 교점 D의 좌표는

D$(5, 3)$

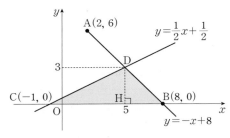

점 D에서 변 BC에 내린 수선의 발을 H라 하면

$\overline{DH}=3$

따라서 삼각형 CBD의 넓이는 $\frac{1}{2}\times\overline{BC}\times\overline{DH}=\frac{1}{2}\times 9\times 3=\frac{27}{2}$

그림과 같이 좌표평면에서 두 점 A$(2, 9)$, B$(11, 0)$에 대하여 일차함수 $y=\frac{1}{3}x+\frac{1}{3}$의 그래프가 x축과 만나는 점을 C, 선분 AB와 만나는 점을 D라 할 때, 삼각형 CBD의 넓이는?

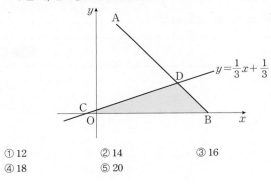

① 12   ② 14   ③ 16
④ 18   ⑤ 20

STEP Ⓐ **일차함수의 그래프가 x축과 만나는 점 C의 좌표 구하기**

일차함수 $y=\frac{1}{3}x+\frac{1}{3}$의 x절편이 -1이므로 ← $y=0$ 대입

점 C의 좌표는 C$(-1, 0)$

STEP Ⓑ **두 점 A, B를 지나는 직선의 방정식 구하기**

두 점 A$(2, 9)$, B$(11, 0)$을 지나는 직선의 방정식은

$y-0=\frac{0-9}{11-2}(x-11)$, 즉 $y=-x+11$

STEP Ⓒ **삼각형 CBD의 넓이 구하기**

일차함수 $y=\frac{1}{3}x+\frac{1}{3}$의 그래프와 직선 $y=-x+11$의 교점 D의 좌표는

D$(8, 3)$

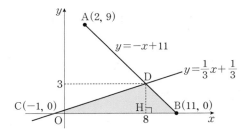

점 D에서 변 BC에 내린 수선의 발을 H라 하면 $\overline{DH}=3$

따라서 삼각형 CBD의 넓이는 $\frac{1}{2}\times\overline{BC}\times\overline{DH}=\frac{1}{2}\times 12\times 3=18$ 정답 ④

0195

정답 ②

STEP Ⓐ **두 삼각형 ABD와 ABC의 넓이가 같음을 이용하여 점 D의 위치 구하기**

x축 위의 점 D$(a, 0)$ $(a>2)$에 대하여 삼각형 ABC의 넓이와 삼각형 ABD의 넓이가 같기 위해서는 밑변이 선분 AB로 동일하고 두 삼각형의 높이인 직선 AB와 점 C 사이의 거리와 직선 AB와 점 D 사이의 거리가 서로 같아야 한다. 즉 점 C를 지나고 직선 AB에 평행한 직선 위에 점 D가 있어야 한다.

STEP Ⓑ **세 점 A, B, C의 좌표 구하기**

직선 $y=-x+10$의 y절편이 10이므로 점 A의 좌표는 A$(0, 10)$

직선 $y=3x-6$의 x절편이 2이므로 점 B의 좌표는 B$(2, 0)$

두 점 A$(0, 10)$, B$(2, 0)$을 지나는 직선 AB의 기울기는 $\frac{0-10}{2-0}=-5$

직선 AB에 평행한 직선의 기울기도 -5

두 직선 $y=-x+10$, $y=3x-6$의 교점 C의 좌표는 C$(4, 6)$

STEP Ⓒ **한 점과 기울기가 주어진 직선의 방정식 구하기**

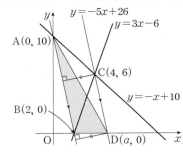

점 C$(4, 6)$를 지나고 기울기가 -5인 직선 CD의 방정식은

$y-6=-5(x-4)$, 즉 $y=-5x+26$

이때 점 D$(a, 0)$이 직선 $y=-5x+26$ 위의 점이므로 $0=-5a+26$

따라서 $a=\frac{26}{5}$

+α | **두 삼각형의 넓이의 관계를 이용하여 점 D의 좌표를 구할 수 있어!**

점 B에서 x축과 수직인 직선 $x=2$와 직선 $y=-x+10$과 만나는 점을 M이라 하면 M$(2, 8)$ ← $\overline{BM}=8$

두 삼각형 ABM과 BCM은 밑변으로 선분 BM을 공유하고 높이의 합은 점 A와 점 C의 x좌표의 차인 $4-0=4$가 된다.

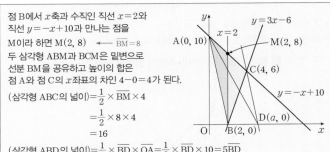

(삼각형 ABC의 넓이)$=\frac{1}{2}\times\overline{BM}\times 4$
$=\frac{1}{2}\times 8\times 4$
$=16$

(삼각형 ABD의 넓이)$=\frac{1}{2}\times\overline{BD}\times\overline{OA}=\frac{1}{2}\times\overline{BD}\times 10=5\overline{BD}$

이때 두 삼각형 ABD와 ABC의 넓이가 동일하므로 $16=5\overline{BD}$ ∴ $\overline{BD}=\frac{16}{5}$

따라서 점 B의 x좌표는 2이므로 점 D의 x좌표 $a=2+\frac{16}{5}=\frac{26}{5}$

+α | 두 삼각형 ABC와 ABD의 넓이를 이용하여 구할 수 있어!

점 C(4, 6)에서 x축에 내린
수선의 발을 H(4, 0)이라 하자.
$\overline{\mathrm{CH}}=6$, $\overline{\mathrm{OH}}=4$
삼각형 ABC의 넓이는
사각형 AOHC에서 두 삼각형 AOB와
CBH의 넓이를 뺀 값과 같다.
즉 삼각형 ABC의 넓이는

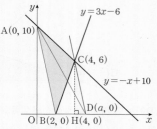

$\dfrac{1}{2}\times(\overline{\mathrm{OA}}+\overline{\mathrm{CH}})\times\overline{\mathrm{OH}}-\dfrac{1}{2}\times\overline{\mathrm{OB}}\times\overline{\mathrm{OA}}-\dfrac{1}{2}\times\overline{\mathrm{BH}}\times\overline{\mathrm{CH}}$

$=\dfrac{1}{2}\times(10+6)\times4-\dfrac{1}{2}\times2\times10-\dfrac{1}{2}\times(4-2)\times6$

$=32-10-6=16$

이때 두 삼각형 ABC와 ABD의 넓이가 동일하므로 삼각형 ABD의 넓이는 16

(삼각형 ABD의 넓이)$=\dfrac{1}{2}\times\overline{\mathrm{BD}}\times\overline{\mathrm{OA}}=\dfrac{1}{2}\times(a-2)\times10=16$

따라서 $5a-10=16$, $5a=26$이므로 $a=\dfrac{26}{5}$

내신연계 출제문항 103

그림과 같이 좌표평면에서 직선 $y=-x+12$와 y축과의 교점을 A, 직선 $y=2x-6$과 x축과의 교점을 B, 두 직선 $y=-x+12$, $y=2x-6$의 교점을 C라 하자. x축 위의 점 D$(a, 0)$ $(a>3)$에 대하여 삼각형 ABD의 넓이가 삼각형 ABC의 넓이와 같도록 하는 a의 값은?

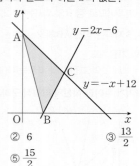

① $\dfrac{11}{2}$ ② 6 ③ $\dfrac{13}{2}$

④ 7 ⑤ $\dfrac{15}{2}$

STEP Ⓐ 두 삼각형 ABD와 ABC의 넓이가 같음을 이용하여 점 D의 위치 구하기

x축 위의 점 D$(a, 0)$ $(a>3)$에 대하여 삼각형 ABC의 넓이와 삼각형 ABD의 넓이가 같기 위해서는 밑변이 선분 AB로 동일하고 두 삼각형의 높이인 직선 AB와 점 C 사이의 거리와 직선 AB와 점 D 사이의 거리가 서로 같아야 한다.
즉 점 C를 지나고 직선 AB에 평행한 직선 위에 점 D가 있어야 한다.

STEP Ⓑ 세 점 A, B, C의 좌표 구하기

직선 $y=-x+12$에 y절편이 12이므로 점 A의 좌표는 A(0, 12)

직선 $y=2x-6$의 x절편이 3이므로 점 B의 좌표는 B(3, 0)

두 점 A(0, 12), B(3, 0)을 지나는 직선 AB의 기울기는 $\dfrac{0-12}{3-0}=-4$

직선 AB에 평행한 직선의 기울기도 -4
두 직선 $y=-x+12$, $y=2x-6$의 교점 C의 좌표는 C(6, 6)

STEP Ⓒ 한 점과 기울기가 주어진 직선의 방정식 구하기

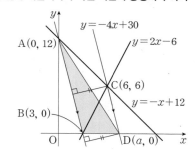

점 C(6, 6)을 지나고 기울기가 -4인 직선 CD의 방정식은
$y-6=-4(x-6)$, 즉 $y=-4x+30$
이때 점 D$(a, 0)$이 직선 $y=-4x+30$ 위의 점이므로 $0=-4a+30$
따라서 $a=\dfrac{15}{2}$

+α | 두 삼각형의 넓이의 관계를 이용하여 점 D의 좌표를 구할 수 있어!

점 B에서 x축과 수직인 직선 $x=3$과
직선 $y=-x+12$과 만나는 점을
M이라 하면 M(3, 9) ← $\overline{\mathrm{BM}}=9$
두 삼각형 ABM과 BCM은 밑변으로
선분 BM을 공유하고 높이의 합은
점 A와 점 C의 x좌표의 차인
$6-0=6$이 된다.

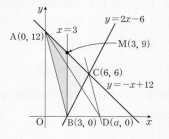

(삼각형 ABC의 넓이)$=\dfrac{1}{2}\times\overline{\mathrm{BM}}\times6$
$=\dfrac{1}{2}\times9\times6$
$=27$

(삼각형 ABD의 넓이)$=\dfrac{1}{2}\times\overline{\mathrm{BD}}\times\overline{\mathrm{OA}}=\dfrac{1}{2}\times\overline{\mathrm{BD}}\times12=6\overline{\mathrm{BD}}$

이때 두 삼각형 ABD와 ABC의 넓이가 동일하므로 $27=6\overline{\mathrm{BD}}$ ∴ $\overline{\mathrm{BD}}=\dfrac{9}{2}$

따라서 점 B의 x좌표는 3이므로 점 D의 x좌표 $a=3+\dfrac{9}{2}=\dfrac{15}{2}$

+α | 두 삼각형 ABC와 ABD의 넓이를 이용하여 구할 수 있어!

점 C(6, 6)에서 x축에 내린
수선의 발을 H(6, 0)이라 하자.
$\overline{\mathrm{CH}}=6$, $\overline{\mathrm{OH}}=6$
삼각형 ABC의 넓이는
사각형 AOHC에서 두 삼각형 AOB와
CBH의 넓이를 뺀 값과 같다.
즉 삼각형 ABC의 넓이는

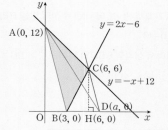

$\dfrac{1}{2}\times(\overline{\mathrm{OA}}+\overline{\mathrm{CH}})\times\overline{\mathrm{OH}}-\dfrac{1}{2}\times\overline{\mathrm{OB}}\times\overline{\mathrm{OA}}-\dfrac{1}{2}\times\overline{\mathrm{BH}}\times\overline{\mathrm{CH}}$

$=\dfrac{1}{2}\times(12+6)\times6-\dfrac{1}{2}\times3\times12-\dfrac{1}{2}\times(6-3)\times6$

$=54-18-9=27$

이때 두 삼각형 ABC와 ABD의 넓이가 동일하므로 삼각형 ABD의 넓이는 27

(삼각형 ABD의 넓이)$=\dfrac{1}{2}\times\overline{\mathrm{BD}}\times\overline{\mathrm{OA}}=\dfrac{1}{2}\times(a-3)\times12=27$

따라서 $6a-18=27$, $6a=45$이므로 $a=\dfrac{15}{2}$

정답 ⑤

0196

STEP Ⓐ 점 A에서 선분 BC에 내린 수선의 발을 D라 할 때, 선분 AD를 2 : 1로 내분하는 점이 원점임을 이용하여 D의 좌표 구하기

점 A에서 선분 BC에 내린 수선의 발을 D라 하면 정삼각형 ABC의 무게중심이 원점이므로 점 D는 직선 $y=3x$ 위에 있다.

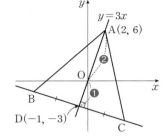

즉 점 D의 좌표를 D$(a, 3a)$라 하자.

두 점 A$(2, 6)$, D$(a, 3a)$에 대하여 선분 AD를 2 : 1로 내분하는 점의 좌표는 $\left(\dfrac{2a+2}{3}, \dfrac{6a+6}{3}\right)$

이 점이 원점 O$(0, 0)$과 일치하므로

$\dfrac{2a+2}{3}=0$에서 $a=-1$ ∴ D$(-1, -3)$

STEP Ⓑ 한 점과 기울기가 주어진 직선 BC의 방정식 구하기

직선 $y=3x$의 기울기는 3이므로 이 직선과 수직인 직선의 기울기는 $-\dfrac{1}{3}$

점 D$(-1, -3)$을 지나고 기울기가 $-\dfrac{1}{3}$인 직선 BC의 방정식은

$y-(-3)=-\dfrac{1}{3}\{x-(-1)\}$

따라서 $x+3y+10=0$

0197

STEP Ⓐ 마름모의 성질을 이용하여 직선 l이 선분 AC의 수직이등분선임을 이용하기

마름모 ABCD의 성질에 의하여 두 대각선은 서로 다른 것을 수직이등분한다.
즉 직선 l은 선분 AC의 수직이등분선이다.

두 점 A$(1, 3)$, C$(5, 1)$을 지나는 직선 AC의 기울기는 $\dfrac{1-3}{5-1}=-\dfrac{1}{2}$

직선 AC와 수직인 직선 l의 기울기는 2,

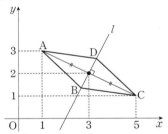

두 점 A$(1, 3)$, C$(5, 1)$에 대하여 선분 AC의 중점의 좌표는 $\left(\dfrac{1+5}{2}, \dfrac{3+1}{2}\right)$, 즉 $(3, 2)$

STEP Ⓑ 한 점과 기울기가 지나는 한 점이 주어진 직선의 방정식 구하기

점 $(3, 2)$를 지나고 기울기가 2인 직선 l의 방정식은

$y-2=2(x-3)$, 즉 $2x-y-4=0$

따라서 $a=-1$, $b=-4$이므로 $ab=4$

---

mini 해설 | 두 직선이 수직일 조건을 이용하여 풀이하기

마름모 ABCD에서 두 대각선 AC, BD는 서로를 수직이등분한다.
두 점 A$(1, 3)$, C$(5, 1)$에 대하여 직선 AC의 방정식은
$y-3=\dfrac{1-3}{5-1}(x-1)$, 즉 $x+2y-7=0$
이때 두 직선 $x+2y-7=0$, $2x+ay+b=0$이 서로 수직이므로
$1\times2+2\times a=0$, $2a+2=0$ ∴ $a=-1$
또한, 직선 $2x-y+b=0$이 점 $(3, 2)$를 지나므로 $6-2+b=0$ ∴ $b=-4$
따라서 $ab=-1\times(-4)=4$

P O I N T | 사각형의 대각선의 성질

(1) 평행사변형에서 두 대각선은 서로 다른 것을 이등분한다.
(2) 직사각형의 두 대각선은 길이가 같고, 서로 다른 것을 이등분한다.
(3) 마름모의 두 대각선은 서로 다른 것을 수직이등분한다.
(4) 정사각형의 두 대각선은 길이가 같고 서로 다른 것을 수직이등분한다.

0198

STEP Ⓐ 대각선 AC의 길이가 $2\sqrt{41}$임을 이용하여 n의 값 구하기

두 점 A$(1, 10)$, C$(n, 0)$에 대하여

$\overline{AC}=\sqrt{(n-1)^2+(0-10)^2}=\sqrt{n^2-2n+101}$

주어진 조건에서 대각선 AC의 길이가 $2\sqrt{41}$이므로 $\sqrt{n^2-2n+101}=2\sqrt{41}$

양변을 제곱하면 $n^2-2n+101=164$, $n^2-2n-63=0$, $(n-9)(n+7)=0$

∴ $n=9$ $(∵ n>0)$

즉 점 C의 좌표는 C$(9, 0)$

STEP Ⓑ 마름모의 성질을 이용하여 직선 l이 선분 AC의 수직이등분선임을 이용하기

마름모 ABCD의 성질에 의하여 두 대각선은 서로 다른 것을 수직이등분한다.
즉 직선 l은 선분 AC의 수직이등분선이다.

두 점 A$(1, 10)$, C$(9, 0)$을 지나는 직선 AC의 기울기는 $\dfrac{0-10}{9-1}=-\dfrac{5}{4}$

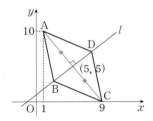

직선 AC와 수직인 직선 l의 기울기는 $\dfrac{4}{5}$,

두 점 A$(1, 10)$, C$(9, 0)$에 대하여 선분 AC의 중점의 좌표는 $\left(\dfrac{1+9}{2}, \dfrac{10+0}{2}\right)$, 즉 $(5, 5)$

STEP Ⓒ 한 점과 기울기가 주어진 직선의 방정식 구하기

점 $(5, 5)$를 지나고 기울기가 $\dfrac{4}{5}$인 직선 l의 방정식은

$y-5=\dfrac{4}{5}(x-5)$, 즉 $4x-5y+5=0$

따라서 $a=-5$, $b=5$이므로 $b-a=10$

내/신/연/계/ 출제문항 104

오른쪽 그림과 같이 마름모 ABCD에 대하여 A$(-1, 6)$, C$(n, 0)$이고, 대각선 AC의 길이가 10이다.
두 점 B, D를 지나는 직선 l의 방정식이 $ax-3y+b=0$일 때, 상수 a, b에 대하여 ab의 값은? (단, $n>0$)

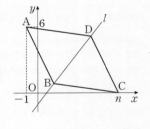

① -14　　　　② -12
③ -10　　　　④ -8
⑤ -6

STEP Ⓐ 대각선 AC의 길이가 10임을 이용하여 n의 값 구하기

두 점 A$(-1, 6)$, C$(n, 0)$에 대하여

$\overline{AC}=\sqrt{\{n-(-1)\}^2+(0-6)^2}=\sqrt{n^2+2n+37}$

주어진 조건에서 대각선 AC의 길이가 10이므로 $\sqrt{n^2+2n+37}=10$

양변을 제곱하면 $n^2+2n+37=100$, $n^2+2n-63=0$, $(n+9)(n-7)=0$

∴ $n=7$ $(∵ n>0)$

즉 점 C의 좌표는 C$(7, 0)$

STEP Ⓑ 마름모의 성질을 이용하여 직선 l이 선분 AC의 수직이등분선임을 이용하기

마름모 ABCD의 성질에 의하여 두 대각선은 서로 다른 것을 수직이등분한다.
즉 직선 l은 선분 AC의 수직이등분선이다.

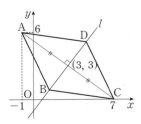

두 점 A$(-1, 6)$, C$(7, 0)$을 지나는 직선 AC의 기울기는 $\dfrac{0-6}{7-(-1)}=-\dfrac{3}{4}$

직선 AC와 수직인 직선 l의 기울기는 $\dfrac{4}{3}$

두 점 A$(-1, 6)$, C$(7, 0)$에 대하여 선분 AC의 중점의 좌표는

$\left(\dfrac{-1+7}{2},\ \dfrac{6+0}{2}\right)$, 즉 $(3, 3)$

STEP C 한 점과 기울기가 주어진 직선의 방정식 구하기

점 $(3, 3)$을 지나고 기울기가 $\dfrac{4}{3}$인 직선 l의 방정식은 $y-3=\dfrac{4}{3}(x-3)$,

즉 $4x-3y-3=0$

따라서 $a=4$, $b=-3$이므로 $ab=-12$ 정답 ②

0199   2016년 03월 고2 학력평가 나형 12번   정답 ③

STEP A 선분 BC의 중점의 좌표 구하기

선분 BC의 중점을 M이라 하자.

직선 $y=m(x-2)$가 y축과 만나는 점 M의 좌표는 M$(0, -2m)$

STEP B 두 직선이 수직일 조건을 이용하여 m의 값 구하기

삼각형 ABC는 $\overline{AB}=\overline{AC}$인
이등변삼각형이고 밑변 BC의
중점이 M이므로
두 직선 AM과 BC는 서로 수직
이다.
두 점 A$(-2, 3)$, M$(0, -2m)$을
지나는 직선 AM의 기울기는
$\dfrac{-2m-3}{0-(-2)}=\dfrac{-2m-3}{2}$이므로

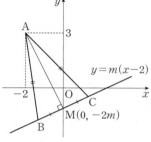

직선 BC의 기울기는 $\dfrac{2}{2m+3}$

즉 $m=\dfrac{2}{2m+3}$, $2m^2+3m-2=0$, $(m+2)(2m-1)=0$

따라서 $m>0$이므로 $m=\dfrac{1}{2}$

mini 해설 │ 두 직선의 교점의 좌표를 이용하여 풀이하기

선분 BC의 중점을 M이라 하고 $\overline{AB}=\overline{AC}$이므로
선분 AM은 선분 BC의 수직이등분선이다.

직선 BC의 기울기가 m이므로 직선 AM의 기울기는 $-\dfrac{1}{m}$

이때 점 A$(-2, 3)$을 지나고 기울기가 $-\dfrac{1}{m}$인 직선의 방정식은
$y-3=-\dfrac{1}{m}\{x-(-2)\}$, 즉 $y=-\dfrac{1}{m}(x+2)+3$

두 직선 $y=-\dfrac{1}{m}(x+2)+3$, $y=m(x-2)$가 y축 위의 점 M에서 만나므로
두 직선의 교점의 x좌표는 0이 된다.

두 직선을 연립하면 $-\dfrac{1}{m}(x+2)+3=m(x-2)$에서 $x=0$을 대입하면

$2m^2+3m-2=0$, $(2m-1)(m+2)=0$ ∴ $m=\dfrac{1}{2}$ 또는 $m=-2$

따라서 $m>0$이므로 $m=\dfrac{1}{2}$

내/신/연/계/ 출제문항 105

오른쪽 그림과 같이 좌표평면에서
점 A$(-2, 5)$과 직선 $y=m(x-3)$
위의 서로 다른 두 점 B, C가 $\overline{AB}=\overline{AC}$
를 만족시킨다. 선분 BC의 중점이 y축
위에 있을 때, 양수 m의 값은?

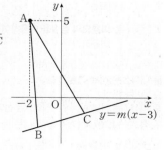

① $\dfrac{1}{3}$ ② $\dfrac{1}{2}$

③ $\dfrac{2}{3}$ ④ $\dfrac{3}{4}$

⑤ $\dfrac{4}{5}$

STEP A 선분 BC의 중점의 좌표 구하기

선분 BC의 중점을 M이라 하자.

직선 $y=m(x-3)$과 y축이 만나는 점 M의 좌표는 M$(0, -3m)$

STEP B 두 직선이 수직일 조건을 이용하여 m의 값 구하기

삼각형 ABC는 $\overline{AB}=\overline{AC}$인
이등변삼각형이고 밑변 BC의
중점이 M이므로
두 직선 AM과 BC는 서로 수직
이다.
두 점 A$(-2, 5)$, M$(0, -3m)$을
지나는 직선 AM의 기울기는
$\dfrac{-3m-5}{0-(-2)}=\dfrac{-3m-5}{2}$이므로

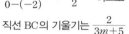

직선 BC의 기울기는 $\dfrac{2}{3m+5}$

즉 $\dfrac{2}{3m+5}=m$, $3m^2+5m-2=0$, $(m+2)(3m-1)=0$

따라서 $m>0$이므로 $m=\dfrac{1}{3}$

mini 해설 │ 두 직선의 교점의 좌표를 이용하여 풀이하기

선분 BC의 중점을 M이라 하고 $\overline{AB}=\overline{AC}$이므로
선분 AM은 선분 BC의 수직이등분선이다.

직선 BC의 기울기가 m이므로 직선 AM의 기울기는 $-\dfrac{1}{m}$

이때 점 A$(-2, 5)$를 지나고 기울기가 $-\dfrac{1}{m}$인 직선의 방정식은
$y-5=-\dfrac{1}{m}\{x-(-2)\}$, 즉 $y=-\dfrac{1}{m}(x+2)+5$

두 직선 $y=-\dfrac{1}{m}(x+2)+5$, $y=m(x-3)$이 y축 위의 점 M에서 만나므로
두 직선의 교점의 x좌표는 0이 된다.

두 직선을 연립하면 $-\dfrac{1}{m}(x+2)+5=m(x-3)$에서 $x=0$을 대입하면

$3m^2+5m-2=0$, $(3m-1)(m+2)=0$ ∴ $m=\dfrac{1}{3}$ 또는 $m=-2$

따라서 $m>0$이므로 $m=\dfrac{1}{3}$

정답 ①

0200   2016년 03월 고2 학력평가 가형 13번   정답 ②

STEP A 두 직선이 수직일 조건을 이용하여 n의 값 구하기

두 점 A$(0, 2)$, P$(4, 4)$를 지나는
직선 AP의 기울기는 $\dfrac{4-2}{4-0}=\dfrac{1}{2}$

두 점 B$(n, 2)$, P$(4, 4)$를 지나는
직선 BP의 기울기는
$\dfrac{4-2}{4-n}=\dfrac{2}{4-n}$

이때 두 직선 AP와 BP가
서로 수직이므로

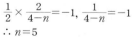

$\dfrac{1}{2}\times\dfrac{2}{4-n}=-1$, $\dfrac{1}{4-n}=-1$

∴ $n=5$

STEP B 삼각형 ABP의 무게중심의 좌표 구하기

세 점 A$(0, 2)$, B$(5, 2)$, P$(4, 4)$를 꼭짓점으로 하는
삼각형 ABP의 무게중심의 좌표는
$\left(\dfrac{0+5+4}{3},\ \dfrac{2+2+4}{3}\right)$, 즉 $\left(3,\ \dfrac{8}{3}\right)$

따라서 $a=3$, $b=\dfrac{8}{3}$이므로 $a+b=\dfrac{17}{3}$

내/신/연/계/ 출제문항 106

오른쪽 그림과 같이 자연수 n에 대하여 좌표평면에서 점 $A(0, 3)$을 지나는 직선과 점 $B(n, 3)$을 지나는 직선이 서로 수직으로 만나는 점을 $P(4, 5)$라 할 때, 삼각형 ABP의 무게중심의 좌표를 (a, b)라 하자. $a+b$의 값은?

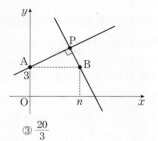

① $\dfrac{10}{3}$ ② 6 ③ $\dfrac{20}{3}$

④ 7 ⑤ $\dfrac{25}{3}$

STEP Ⓐ 두 직선이 수직일 조건을 이용하여 n의 값 구하기

두 점 $A(0, 3)$, $P(4, 5)$를 지나는 직선 AP의 기울기는 $\dfrac{5-3}{4-0}=\dfrac{1}{2}$

두 점 $B(n, 3)$, $P(4, 5)$를 지나는 직선 BP의 기울기는 $\dfrac{5-3}{4-n}=\dfrac{2}{4-n}$

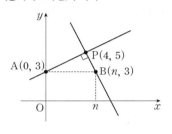

이때 두 직선 AP와 BP가 서로 수직이므로 $\dfrac{1}{2}\times\dfrac{2}{5-n}=-1$, $\dfrac{1}{5-n}=-1$

$\therefore n=6$

STEP Ⓑ 삼각형 ABP의 무게중심의 좌표 구하기

세 점 $A(0, 3)$, $B(6, 3)$, $P(4, 5)$를 꼭짓점으로 하는 삼각형 ABP의 무게중심의 좌표는 $\left(\dfrac{0+6+4}{3}, \dfrac{3+3+5}{3}\right)$, 즉 $\left(\dfrac{10}{3}, \dfrac{11}{3}\right)$

따라서 $a=\dfrac{10}{3}$, $b=\dfrac{11}{3}$이므로 $a+b=7$

정답 ④

0201 2018년 09월 고1 학력평가 28번 정답 125

해설강의

STEP Ⓐ 직선 l_1의 방정식을 이용하여 점 Q의 좌표 구하기

점 $P(1, 1)$을 지나는 직선 l_1의 기울기를 m이라 하면 직선 l_1의 방정식은 $y-1=m(x-1)$

$\therefore y=mx-m+1$ ······ ㉠

직선 l_1이 이차함수 $y=x^2$의 그래프와 접하므로 두 식을 연립하면 $x^2=mx-m+1$, $x^2-mx+m-1=0$

이차방정식 $x^2-mx+m-1=0$의 중근을 가지므로 판별식을 D라 하면 $D=0$이어야 한다.

$D=(-m)^2-4(m-1)=0$, $m^2-4m+4=0$, $(m-2)^2=0$

$\therefore m=2$

이를 ㉠에 대입하면 직선 l_1의 방정식은 $y=2x-1$

이 직선이 y축과 만나는 점 Q의 좌표는 $Q(0, -1)$

STEP Ⓑ 직선 l_2의 방정식을 이용하여 점 R의 좌표 구하기

직선 l_1의 기울기는 2이므로 직선 l_2의 기울기는 $-\dfrac{1}{2}$

점 $P(1, 1)$을 지나고 기울기가 $-\dfrac{1}{2}$인 직선 l_2의 방정식은

$y-1=-\dfrac{1}{2}(x-1)$ $\therefore y=-\dfrac{1}{2}x+\dfrac{3}{2}$

이차함수 $y=x^2$과 직선 $y=-\dfrac{1}{2}x+\dfrac{3}{2}$의 교점의 x좌표를 구하기 위하여

두 식을 연립하면 $x^2=-\dfrac{1}{2}x+\dfrac{3}{2}$, $2x^2+x-3=0$, $(x-1)(2x+3)=0$

$\therefore x=1$ 또는 $x=-\dfrac{3}{2}$

그런데 점 P의 x좌표가 1이므로 점 R의 x좌표는 $-\dfrac{3}{2}$

이때 점 R은 이차함수 $y=x^2$ 위의 점이므로 $y=\left(-\dfrac{3}{2}\right)^2=\dfrac{9}{4}$

$\therefore R\left(-\dfrac{3}{2}, \dfrac{9}{4}\right)$

STEP Ⓒ 삼각형 PRQ의 넓이 구하기

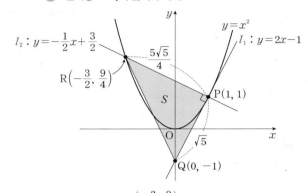

세 점 $P(1, 1)$, $Q(0, -1)$, $R\left(-\dfrac{3}{2}, \dfrac{9}{4}\right)$에서

$\overline{PQ}=\sqrt{(0-1)^2+(-1-1)^2}=\sqrt{5}$

$\overline{PR}=\sqrt{\left(-\dfrac{3}{2}-1\right)^2+\left(\dfrac{9}{4}-1\right)^2}=\dfrac{5\sqrt{5}}{4}$

삼각형 PRQ의 넓이를 S라 하면

$S=\dfrac{1}{2}\times\overline{PQ}\times\overline{PR}=\dfrac{1}{2}\times\sqrt{5}\times\dfrac{5\sqrt{5}}{4}=\dfrac{25}{8}$

따라서 $40S=40\times\dfrac{25}{8}=125$

내/신/연/계/ 출제문항 107

그림과 같이 좌표평면에서 이차함수 $y=\dfrac{1}{4}x^2$의 그래프 위의 점 $P(4, 4)$에서의 접선을 l_1, 점 P를 지나고 직선 l_1과 수직인 직선을 l_2라 하자. 직선 l_1이 y축과 만나는 점을 Q, 직선 l_2가 이차함수 $y=\dfrac{1}{4}x^2$의 그래프와 만나는 점 중 점 P가 아닌 점을 R이라 하자. 삼각형 PRQ의 넓이를 구하시오.

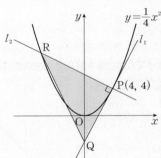

STEP Ⓐ 직선 l_1의 방정식을 이용하여 점 Q의 좌표 구하기

점 $P(4, 4)$를 지나는 직선 l_1의 기울기를 m이라 하면 직선 l_1의 방정식은 $y-4=m(x-4)$

$\therefore y=mx-4m+4$ ······ ㉠

직선 l_1이 이차함수 $y=\dfrac{1}{4}x^2$의 그래프와 접하므로

두 식을 연립하면 $\dfrac{1}{4}x^2=mx-4m+4$, $x^2-4mx+16m-16=0$

이차방정식 $x^2-4mx+16m-16=0$의 중근을 가지므로 판별식을 D라 하면 $D=0$이어야 한다.

$\dfrac{D}{4}=(-2m)^2-(16m-16)=0$, $m^2-4m+4=0$, $(m-2)^2=0$

$\therefore m=2$

이를 ㉠에 대입하면 직선 l_1의 방정식은 $y=2x-4$

이 직선이 y축과 만나는 점 Q의 좌표는 $Q(0, -4)$

STEP **B** 직선 l_2의 방정식을 이용하여 점 R의 좌표 구하기

직선 l_1의 기울기는 2이므로 직선 l_2의 기울기는 $-\frac{1}{2}$

점 P(4, 4)를 지나고 기울기가 $-\frac{1}{2}$인 직선 l_2의 방정식은

$y-4=-\frac{1}{2}(x-4)$ ∴ $y=-\frac{1}{2}x+6$

이차함수 $y=\frac{1}{4}x^2$과 직선 $y=-\frac{1}{2}x+6$의 교점의 x좌표를 구하기 위하여

두 식을 연립하면 $\frac{1}{4}x^2=-\frac{1}{2}x+6$, $x^2+2x-24=0$, $(x-4)(x+6)=0$

∴ $x=4$ 또는 $x=-6$

그런데 점 P의 x좌표가 4이므로 점 R의 x좌표는 -6

이때 점 R은 이차함수 $y=\frac{1}{4}x^2$ 위의 점이므로 $y=\frac{1}{4}\times(-6)^2=9$

∴ R$(-6, 9)$

STEP **C** 삼각형 PRQ의 넓이 구하기

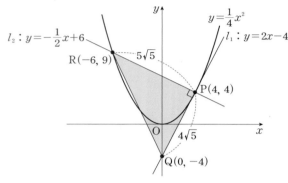

세 점 P(4, 4), Q(0, -4), R(-6, 9)에서

$\overline{PQ}=\sqrt{(0-4)^2+(-4-4)^2}=4\sqrt{5}$

$\overline{PR}=\sqrt{(-6-4)^2+(9-4)^2}=5\sqrt{5}$

따라서 삼각형 PRQ의 넓이는 $\frac{1}{2}\times\overline{PQ}\times\overline{PR}=\frac{1}{2}\times4\sqrt{5}\times5\sqrt{5}=50$

정답 50

0202

정답 5

STEP **A** 두 직선이 수직일 조건을 이용하여 직선의 방정식 구하기

점 A(3, 2)에서 직선 $y=x+1$에 내린
수선의 발을 H라 하면
두 직선 AH와 $y=x+1$은 서로 수직이다.
즉 직선 AH의 기울기는 -1
이때 점 A(3, 2)를 지나고 기울기가 -1인
직선의 방정식은
$y-2=-1(x-3)$, 즉 $y=-x+5$

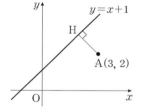

STEP **B** 두 직선을 연립하여 점 H의 좌표 구하기

두 직선 $y=x+1$과 $y=-x+5$를 연립하여 풀면 $x=2$, $y=3$ ← H(2, 3)

따라서 $a=2$, $b=3$이므로 $a+b=5$

0203

정답 ③

STEP **A** 두 직선이 수직일 조건을 이용하여 직선의 방정식 구하기

직선 $x+2y-8=0$, 즉 $y=-\frac{1}{2}x+4$에서 기울기는 $-\frac{1}{2}$이므로

직선 AH의 기울기는 2이다.

이때 점 A(4, 7)를 지나고 기울기가 2인 직선의 방정식은

$y-7=2(x-4)$, 즉 $y=2x-1$

STEP **B** 두 직선을 연립하여 선분 OH의 길이 구하기

두 직선 $y=-\frac{1}{2}x+4$, $y=2x-1$을 연립하여 풀면 $x=2$, $y=3$

따라서 점 H의 좌표는 H(2, 3)이므로 $\overline{OH}=\sqrt{2^2+3^2}=\sqrt{13}$

내/신/연/계/ 출제문항 108

오른쪽 그림과 같이 점 A(3, 5)에서
직선 $x+2y-2=0$에 내린 수선의 발을
H라 할 때, 선분 OH의 길이는?
(단, O는 원점이다.)

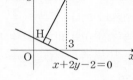

① $\frac{4}{5}$ ② $\frac{3\sqrt{2}}{5}$

③ $\frac{2\sqrt{5}}{5}$ ④ $\frac{2\sqrt{6}}{5}$

⑤ 1

STEP **A** 두 직선이 수직일 조건을 이용하여 직선의 방정식 구하기

직선 $x+2y-2=0$, 즉 $y=-\frac{1}{2}x+1$에서 기울기는 $-\frac{1}{2}$이므로

직선 AH의 기울기는 2이다.

이때 점 A(3, 5)를 지나고 기울기가 2인 직선의 방정식은

$y-5=2(x-3)$, 즉 $y=2x-1$

STEP **B** 두 직선을 연립하여 선분 OH의 길이 구하기

두 직선 $x+2y-2=0$, $2x-y-1=0$을 연립하여 풀면 $x=\frac{4}{5}$, $y=\frac{3}{5}$

따라서 점 H의 좌표는 H$\left(\frac{4}{5}, \frac{3}{5}\right)$이므로 $\overline{OH}=\sqrt{\left(\frac{4}{5}\right)^2+\left(\frac{3}{5}\right)^2}=1$ 정답 ⑤

0204

정답 ④

STEP **A** 구하고자 하는 점을 P(a, b)로 두고 직선 OP의 방정식 구하기

오른쪽 그림과 같이 직선 $x+3y=10$
위의 점 중에서 원점에서 가장 가까운
점을 P(a, b)라 하자. ← 수선의 발
직선 OP는 원점을 지나므로
직선 OP의 방정식은 $y=\frac{b}{a}x$

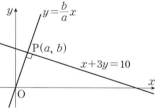

STEP **B** 두 직선이 수직일 조건을 이용하여 직선의 방정식 구하기

직선 $x+3y=10$, 즉 $y=-\frac{1}{3}x+\frac{10}{3}$에서 기울기가 $-\frac{1}{3}$

이 직선과 수직인 직선의 기울기는 3

즉 $\frac{b}{a}=3$이므로 직선 OP의 방정식은 $y=3x$

STEP **C** 두 직선을 연립하여 점 P의 좌표 구하기

두 직선 $y=3x$, $x+3y=10$을 연립하여 풀면 $x=1$, $y=3$ ← P(1, 3)

따라서 $a=1$, $b=3$이므로 $a+b=4$

직선 $x+2y=10$ 위의 점 중에서 원점에 가장 가까운 점의 좌표를 (a, b)라 할 때, $a+b$의 값은?

① 2   ② 4   ③ 5
④ 6   ⑤ 7

STEP Ⓐ 구하고자 하는 점을 $P(a, b)$로 두고 직선 OP의 방정식 구하기

오른쪽 그림과 같이 직선 $x+2y=10$
위의 점 중에서 원점에서 가장 가까운
점을 $P(a, b)$라 하자. ← 수선의 발
직선 OP는 원점을 지나므로
직선 OP의 방정식은 $y=\dfrac{b}{a}x$

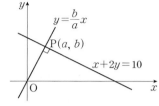

STEP Ⓑ 두 직선이 수직일 조건을 이용하여 직선의 방정식 구하기

직선 $x+2y=10$, 즉 $y=-\dfrac{1}{2}x+5$에서 기울기가 $-\dfrac{1}{2}$
이 직선과 수직인 직선의 기울기는 2
즉 $\dfrac{b}{a}=2$이므로 직선 OP의 방정식은 $y=2x$

STEP Ⓒ 두 직선을 연립하여 점 P의 좌표 구하기

두 직선 $y=2x$, $x+2y=10$을 연립하여 풀면 $x=2$, $y=4$ ← P(2, 4)
따라서 $a=2$, $b=4$이므로 $a+b=6$ 정답 ④

0205

정답 ②

STEP Ⓐ 두 직선의 교점과 점 $(2, 3)$을 지나는 직선 l의 방정식 구하기

두 직선 $3x+y-2=0$, $x-2y-3=0$을
연립하여 풀면 $x=1$, $y=-1$이므로
교점의 좌표는 $(1, -1)$
두 점 $(1, -1)$, $(2, 3)$을 지나는
직선 l의 방정식은
$y-3=\dfrac{3-(-1)}{2-1}(x-2)$, 즉 $y=4x-5$

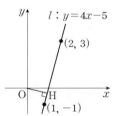

┌─ **+α** | 두 직선의 교점을 지나는 직선의 식을 이용하여 구할 수 있어!

두 직선 $3x+y-2=0$, $x-2y-3=0$의 교점을 지나는 직선은 실수 k에 대하여
$3x+y-2+k(x-2y-3)=0$이다.
이때 점 $(2, 3)$을 지나므로 대입하면 $3\times2+3-2+k(2-2\times3-3)=0$, $7-7k=0$
∴ $k=1$
$k=1$을 대입하면 $3x+y-2+(x-2y-3)=0$ ∴ $4x-y-5=0$

STEP Ⓑ 원점에서 직선 l에 내린 수선의 발의 좌표 구하기

원점에서 직선 l에 내린 수선의 발은 원점을 지나면서
직선 l에 수직인 직선과 직선 l의 교점이다.
직선 $y=4x-5$의 기울기는 4이므로 이 직선과 수직인 직선의 기울기는 $-\dfrac{1}{4}$
즉 원점 $O(0, 0)$을 지나고 기울기가 $-\dfrac{1}{4}$인 직선의 방정식은
$y=-\dfrac{1}{4}x$
이때 두 직선 $y=4x-5$, $y=-\dfrac{1}{4}x$의 교점의 좌표는 $x=\dfrac{20}{17}$, $y=-\dfrac{5}{17}$
따라서 $a=\dfrac{20}{17}$, $b=-\dfrac{5}{17}$이므로 $a+b=\dfrac{15}{17}$

0206

STEP Ⓐ 두 선분 BC와 AB에 수직인 직선의 방정식 구하기

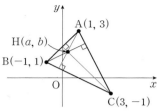

(ⅰ) 선분 BC에 수직인 직선의 방정식
두 점 $B(-1, 1)$, $C(3, -1)$을 지나는 직선 BC의 기울기는
$\dfrac{-1-1}{3-(-1)}=-\dfrac{1}{2}$
이 직선과 수직인 직선의 기울기는 2
이때 점 $A(1, 3)$을 지나고 기울기가 2인 직선의 방정식은
$y-3=2(x-1)$, 즉 $y=2x+1$
(ⅱ) 선분 AB에 수직인 직선의 방정식
두 점 $A(1, 3)$, $B(-1, 1)$을 지나는 직선 AB의 기울기는
$\dfrac{1-3}{-1-1}=1$
이 직선과 수직인 직선의 기울기는 -1
이때 점 $C(3, -1)$을 지나고 기울기가 -1인 직선의 방정식은
$y-(-1)=-(x-3)$, 즉 $y=-x+2$

STEP Ⓑ 두 직선을 연립하여 점 H의 좌표 구하기

(ⅰ), (ⅱ)에서 구한 두 직선을 연립하여 풀면 $x=\dfrac{1}{3}$, $y=\dfrac{5}{3}$ ← H$\left(\dfrac{1}{3}, \dfrac{5}{3}\right)$
따라서 $a=\dfrac{1}{3}$, $b=\dfrac{5}{3}$이므로 $a+b=2$

0207

정답 ⑤

STEP Ⓐ 두 선분 BC와 AB에 수직인 직선의 방정식 구하기

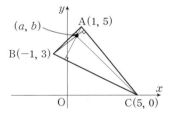

(ⅰ) 선분 BC에 수직인 직선의 방정식
두 점 $B(-1, 3)$, $C(5, 0)$을 지나는 직선 BC의 기울기는
$\dfrac{0-3}{5-(-1)}=-\dfrac{1}{2}$
이 직선과 수직인 직선의 기울기는 2
이때 점 $A(1, 5)$를 지나고 기울기가 2인 직선의 방정식은
$y-5=2(x-1)$, 즉 $y=2x+3$
(ⅱ) 선분 AB에 수직인 직선의 방정식
두 점 $A(1, 5)$, $B(-1, 3)$을 지나는 선분 AB의 기울기는
$\dfrac{3-5}{-1-1}=1$
이 직선과 수직인 직선의 기울기는 -1
이때 점 $C(5, 0)$을 지나고 기울기가 -1인 직선의 방정식은
$y-0=-(x-5)$, 즉 $y=-x+5$

STEP Ⓑ 두 직선을 연립하여 교점의 좌표 구하기

(ⅰ), (ⅱ)에서 구한 두 직선을 연립하여 풀면 $x=\dfrac{2}{3}$, $y=\dfrac{13}{3}$
따라서 $\left(\dfrac{2}{3}, \dfrac{13}{3}\right)$

0208

STEP A 세 직선의 교점의 좌표 구하기

세 직선의 교점을 각각 A, B, C라 하자.
두 직선 $x-y+4=0$, $2x+y-4=0$을 연립하여 풀면 $x=0$, $y=4$이므로
점 A의 좌표는 A$(0, 4)$
이때 직선 $y=0$, 즉 x축이므로
직선 $x-y+4=0$의 x절편은 -4, 즉 점 B의 좌표는 B$(-4, 0)$
직선 $2x+y-4=0$의 x절편이 2, 즉 점 C의 좌표는 C$(2, 0)$

STEP B 두 수선의 방정식을 이용하여 삼각형 ABC의 수심의 좌표 구하기

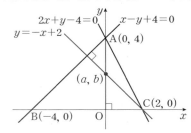

직선 $x-y+4=0$, 즉 $y=x+4$의 기울기는 1
이 직선과 수직인 직선의 기울기는 -1
이때 점 C$(2, 0)$을 지나고 기울기가 -1인 직선의 방정식은
$y-0=-1(x-2)$, 즉 $y=-x+2$
또한, 점 A$(0, 4)$에서 직선 $y=0$에 내린 수선의 방정식이 $x=0$, 즉 y축
이때 직선 $y=-x+2$와 y축이 삼각형 ABC의 두 수선이므로
직선 $y=-x+2$가 y축과 만나는 점 $(0, 2)$가 삼각형 ABC의 수심이 된다.
따라서 $a=0$, $b=2$이므로 $a+b=2$

내/신/연/계/ 출제문항 110

세 직선
$$x-y+5=0,\ 5x+3y-15=0,\ y=0$$
으로 둘러싸인 삼각형의 수심의 좌표를 (a, b)라 할 때, $a+b$의 값은?

① 1   ② 2   ③ 3
④ 4   ⑤ 5

STEP A 세 직선의 교점의 좌표 구하기

세 직선의 교점을 각각 A, B, C라 하자.
두 직선 $x-y+5=0$, $5x+3y-15=0$을 연립하여 풀면 $x=0$, $y=5$이므로
점 A의 좌표는 A$(0, 5)$
이때 직선 $y=0$, 즉 x축이므로
직선 $x-y+5=0$의 x절편은 -5, 즉 점 B의 좌표는 B$(-5, 0)$
직선 $5x+3y-15=0$의 x절편이 3, 즉 점 C의 좌표는 C$(3, 0)$

STEP B 두 수선의 방정식을 구하여 삼각형 ABC의 수심의 좌표 구하기

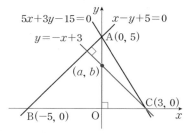

직선 $x-y+5=0$, 즉 $y=x+5$의 기울기는 1
이 직선과 수직인 직선의 기울기는 -1
이때 점 C$(3, 0)$를 지나고 기울기가 -1인 직선의 방정식은
$y-0=-1(x-3)$, 즉 $y=-x+3$

또한, 점 A$(0, 5)$에서 직선 $y=0$에 내린 수선의 방정식이 $x=0$, 즉 y축
이때 직선 $y=-x+3$과 y축이 삼각형 ABC의 두 수선이므로
직선 $y=-x+3$이 y축과 만나는 점 $(0, 3)$이 삼각형 ABC의 수심이 된다.
따라서 $a=0$, $b=3$이므로 $a+b=3$

0209

STEP A 주어진 직선의 방정식 k에 대하여 정리하기

주어진 직선의 방정식을 k에 대하여 정리하면 $(x-y-2)k+(-x+2y+5)=0$

STEP B 항등식의 성질을 이용하여 직선이 항상 지나는 점 구하기

이 등식이 k의 값에 관계없이 항상 성립하므로 k에 대한 항등식이다.
항등식의 성질에 의하여 $x-y-2=0$, $-x+2y+5=0$
위의 두 식을 연립하여 풀면 $x=-1$, $y=-3$
즉 주어진 직선은 실수 k의 값에 관계없이 항상 점 P$(-1, -3)$을 지난다.
따라서 $\overline{OP}=\sqrt{(-1)^2+(-3)^2}=\sqrt{10}$

0210

STEP A 주어진 직선의 방정식 k에 대하여 정리하기

주어진 직선의 방정식을 k에 대하여 정리하면 $(x+2y+4)k-(2x+3y+3)=0$

STEP B 항등식의 성질을 이용하여 직선이 항상 지나는 점 구하기

이 등식이 k의 값에 관계없이 항상 성립하므로 k에 대한 항등식이다.
항등식의 성질에 의하여 $x+2y+4=0$, $2x+3y+3=0$
위의 두 식을 연립하여 풀면 $x=6$, $y=-5$
즉 주어진 직선은 실수 k의 값에 관계없이 항상 점 $(6, -5)$를 지난다.

STEP C 한 점과 기울기가 주어진 직선의 방정식 구하기

점 $(6, -5)$를 지나고 기울기가 1인 직선의 방정식은 $y-(-5)=1(x-6)$
따라서 $y=x-11$

내/신/연/계/ 출제문항 111

직선 $(k-1)x+(2k+1)y+k-5=0$이 실수 k의 값에 관계없이 항상
점 P를 지날 때, 기울기가 -2이고 점 P를 지나는 직선의 방정식이
$ax+y+b=0$이다. 이때, 상수 a, b에 대하여 $a+b$의 값은?

① 6   ② 8   ③ 10
④ 12   ⑤ 14

STEP A 주어진 직선의 방정식 k에 대하여 정리하기

주어진 직선의 방정식을 k에 대하여 정리하면 $(x+2y+1)k+(-x+y-5)=0$

STEP B 항등식의 성질을 이용하여 직선이 항상 지나는 점 구하기

이 등식이 k의 값에 관계없이 항상 성립해야 하므로 k에 대한 항등식이다.
항등식의 성질에 의하여 $x+2y+1=0$, $-x+y-5=0$
위의 두 식을 연립하여 풀면 $x=-\dfrac{11}{3}$, $y=\dfrac{4}{3}$
즉 주어진 직선은 실수 k의 관계없이 항상 점 P$\left(-\dfrac{11}{3}, \dfrac{4}{3}\right)$를 지난다.

STEP C 한 점과 기울기가 주어진 직선의 방정식 구하기

점 P$\left(-\dfrac{11}{3}, \dfrac{4}{3}\right)$를 지나고 기울기가 -2인 직선의 방정식은
$y-\dfrac{4}{3}=-2\left\{x-\left(-\dfrac{11}{3}\right)\right\}$, $y=-2x-6$, 즉 $2x+y+6=0$
따라서 $a=2$, $b=6$이므로 $a+b=8$

0211

STEP A 직선 $2x-y-1=0$에 (a, b)를 대입하여 a, b 사이의 관계식 구하기

점 (a, b)가 직선 $2x-y-1=0$ 위에 있으므로

$2a-b-1=0$ $\therefore b=2a-1$

STEP B 항등식의 성질을 이용하여 직선이 항상 지나는 점 구하기

$b=2a-1$을 직선 $ax-3by=6$에 대입하면 $ax-3(2a-1)y=6$

이 식을 a에 대하여 정리하면 $(x-6y)a+3y-6=0$

이 식이 a의 값에 관계없이 항상 성립해야 하므로 a에 대한 항등식이다.

항등식의 성질에 의하여 $x-6y=0$, $3y-6=0$

위의 두 식을 연립하여 풀면 $x=12$, $y=2$

따라서 $p=12$, $q=2$이므로 $p+q=12+2=14$

내/신/연/계/ 출제문항 112

직선 $x+2y=1$ 위의 모든 점 (a, b)에 대하여 직선 $ax+by=3$이 항상 지나는 점의 좌표를 (p, q)라 할 때, $p+q$의 값은?

① 8　　　　② 9　　　　③ 10
④ 11　　　　⑤ 12

STEP A 직선 $x+2y=1$에 (a, b)를 대입하여 a, b 사이의 관계식 구하기

점 (a, b)가 직선 $x+2y=1$ 위에 있으므로

$a+2b=1$ $\therefore a=1-2b$

STEP B 항등식의 성질을 이용하여 직선이 항상 지나는 점 구하기

$a=1-2b$를 직선 $ax+by=3$에 대입하면 $(1-2b)x+by=3$

이 식을 b에 대하여 정리하면 $(y-2x)b+x-3=0$

이 식이 b의 값에 관계없이 항상 성립해야 하므로 b에 대한 항등식이다.

항등식의 성질에 의하여 $y-2x=0$, $x-3=0$

위의 두 식을 연립하여 풀면 $x=3$, $y=6$

따라서 $p=3$, $q=6$이므로 $p+q=3+6=9$

0212

STEP A 항등식의 성질을 이용하여 참, 거짓 판단하기

ㄱ. 직선 l을 k에 대하여 정리하면 $(2x+y+1)k+(x+y+3)=0$

이 등식이 k의 값에 관계없이 항상 성립하므로 k에 대한 항등식이다.

항등식의 성질에 의하여 $2x+y+1=0$, $x+y+3=0$

위의 두 식을 연립하여 풀면 $x=2$, $y=-5$

즉 직선 l은 실수 k의 값에 관계없이 항상 점 $(2, -5)$를 지난다. [참]

STEP B 직선의 방정식에 $k=-1$을 대입하여 참, 거짓 판단하기

ㄴ. $k=-1$을 직선 l에 대입하면 $-x+2=0$, 즉 $x=2$이므로

y축에 평행하다. [참]

STEP C 직선 l의 기울기가 -2가 되도록 하는 k의 값 구하기

ㄷ. 직선 $l : (2k+1)x+(k+1)y+k+3=0$에서 $k \neq -1$라 하면

$y=-\dfrac{2k+1}{k+1}x-\dfrac{k+3}{k+1}$

직선 l의 기울기를 -2라 하면 $-\dfrac{2k+1}{k+1}=-2$, $2k+1=2k+2$

그런데 이를 만족시키는 k의 값은 존재하지 않으므로

직선 l은 기울기가 -2인 직선이 될 수 없다. [참]

따라서 옳은 것은 ㄱ, ㄴ, ㄷ이다.

0213

STEP A 직선의 방정식에 $k=2, 3, -1$을 각각 대입하여 참, 거짓 판단하기

ㄱ. $k=2$를 직선 l에 대입하면 $5x+3=0$, 즉 $x=-\dfrac{3}{5}$이므로

y축과 평행하다. [참]

ㄴ. $k=3$을 직선 l에 대입하면 $7x-y+2=0$

두 직선 $7x-y+2=0$, $x+7y+4=0$에 대하여

$7 \times 1+(-1) \times 7=0$이므로 두 직선은 서로 수직이다. [참]

ㄷ. $k=-1$을 직선 l에 대입하면 $-x+3y+6=0$

두 직선 $-x+3y+6=0$, $x-3y=0$에 대하여

$\dfrac{1}{-1}=\dfrac{-3}{3}\neq\dfrac{0}{6}$이므로 두 직선은 평행하다.

즉 두 직선은 만나지 않는다. [거짓]

따라서 옳은 것은 ㄱ, ㄴ이다.

0214

2014년 09월 고1 학력평가 20번

STEP A $a=0$일 때, 두 직선 l과 m은 서로 수직임을 보이기

ㄱ. $a=0$을 두 직선 l, m에 대입하면

$l : -y+2=0$에서 $y=2$이므로 x축과 평행하다.

$m : 4x+8=0$에서 $x=-2$이므로 y축과 평행하다.

즉 두 직선 l과 m은 서로 수직이다. [참]

STEP B 항등식의 성질을 이용하여 참, 거짓 판단하기

ㄴ. 직선 l을 a에 대하여 정리하면 $(x+1)a-y+2=0$

이 등식이 a의 값에 관계없이 항상 성립하므로 a에 대한 항등식이다.

항등식의 성질에 의하여 $x+1=0$, $-y+2=0$

$\therefore x=-1$, $y=2$

즉 직선 l은 실수 a의 값에 관계없이 항상 점 $(-1, 2)$를 지난다. [거짓]

> **+α** 직선 l의 방정식에 점 $(1, 2)$를 대입하여 진위 판별할 수 있어!
>
> 직선 l에 $x=1$, $y=2$를 대입하면 $a-2+a+2=0$ $\therefore a=0$
> 즉 직선 l은 $a=0$일 때만 점 $(1, 2)$를 지난다. [거짓]

STEP C $a=0$일 때, $a \neq 0$일 때로 나누어 참, 거짓 판단하기

ㄷ. (ⅰ) $a=0$일 때, ㄱ에 의해 두 직선 l과 m은 서로 수직이다.

(ⅱ) $a \neq 0$일 때,

직선 $l : y=ax+a+2$에서 기울기는 a

직선 $m : y=-\dfrac{4}{a}x-3-\dfrac{8}{a}$에서 기울기는 $-\dfrac{4}{a}$

이때 두 직선 l과 m이 평행하려면 $a=-\dfrac{4}{a}$

즉 $a^2=-4$를 만족하는 실수 a의 값은 존재하지 않는다.

$a^2 \geq 0$이므로 $a^2+4>0$

(ⅰ), (ⅱ)에 의해 두 직선 l과 m이 평행이 되기 위한 실수 a의 값은 존재하지 않는다. [참]

> **+α** 두 직선이 평행할 조건을 이용하여 진위 판별할 수 있어!
>
> 두 직선 $l : ax-y+a+2=0$, $m : 4x+ay+3a+8=0$이 평행하려면
> $\dfrac{a}{4}=\dfrac{-1}{a}\neq\dfrac{a+2}{3a+8}$에서 $a^2=-4$
> 그런데 a는 실수이므로 위의 식을 만족하는 a의 값은 존재하지 않는다. [참]

따라서 옳은 것은 ㄱ, ㄷ이다.

두 직선 $l : x-ky+2=0$, $m : (k-1)x-2y+k=0$에 대하여 다음 [보기] 중 옳은 것만을 있는 대로 고른 것은? (단, k는 실수이다.)

> ㄱ. 직선 m은 k의 값에 관계없이 항상 점 $\left(1, \dfrac{1}{2}\right)$을 지난다.
> ㄴ. $k=-1$일 때, 두 직선 l과 m은 서로 평행하다.
> ㄷ. $k=\dfrac{1}{3}$일 때, 두 직선 l과 m은 서로 수직이다.

① ㄱ   ② ㄴ   ③ ㄱ, ㄷ
④ ㄴ, ㄷ   ⑤ ㄱ, ㄴ, ㄷ

STEP A 항등식의 성질을 이용하여 참, 거짓 판단하기

ㄱ. 직선 m을 k에 대하여 정리하면 $(x+1)k-x-2y=0$
이 등식이 k의 값에 관계없이 항상 성립하므로 k에 대한 항등식이다.
항등식의 성질에 의하여 $x+1=0$, $-x-2y=0$
위의 등식을 연립하여 풀면 $x=-1$, $y=\dfrac{1}{2}$
즉 직선 m은 실수 k의 값에 관계없이 항상 점 $\left(-1, \dfrac{1}{2}\right)$을 지난다. [거짓]

> **+α** 직선 m의 방정식에 점 $\left(1, \dfrac{1}{2}\right)$을 대입하여 진위 판별할 수 있어!
>
> 직선 m에 $x=1$, $y=\dfrac{1}{2}$을 대입하면 $k-1-1+k=0$, $2k=2$ ∴ $k=1$
> 즉 직선 m은 $k=1$일 때만 점 $\left(1, \dfrac{1}{2}\right)$을 지난다. [거짓]

STEP B 두 직선의 기울기를 이용하여 참, 거짓 판단하기

ㄴ. $k=-1$을 두 직선 l, m에 대입하면
$l : x+y+2=0$에서 기울기는 -1
$m : -2x-2y-1=0$에서 기울기는 -1
즉 두 직선 l과 m은 기울기가 동일하므로 평행하다. [참]

> **+α** 두 직선이 평행할 조건을 이용하여 진위 판별할 수 있어!
>
> 두 직선 $l : x-ky+2=0$, $m : (k-1)x-2y+k=0$이 평행하려면
> $\dfrac{1}{k-1}=\dfrac{-k}{-2}\neq\dfrac{2}{k}$
> (i) $\dfrac{1}{k-1}=\dfrac{-k}{-2}$인 경우
> $k(k-1)=2$, $k^2-k-2=0$, $(k+1)(k-2)=0$ ∴ $k=-1$ 또는 $k=2$
> (ii) $\dfrac{-k}{-2}\neq\dfrac{2}{k}$인 경우
> $k^2\neq4$ ∴ $k\neq-2$이고 $k\neq2$
> (i), (ii)에 의하여 $k=-1$일 때, 두 직선 l과 m은 평행하다. [참]

ㄷ. $k=\dfrac{1}{3}$을 두 직선 l, m에 대입하면
$l : x-\dfrac{1}{3}y+2=0$에서 기울기는 3
$m : -\dfrac{2}{3}x-2y+\dfrac{1}{3}=0$에서 기울기는 $-\dfrac{1}{3}$
즉 두 직선 l과 m은 기울기의 곱이 $3\times\left(-\dfrac{1}{3}\right)=-1$이므로 수직이다. [참]

> **+α** 두 직선이 수직일 조건을 이용하여 진위 판별할 수 있어!
>
> 두 직선 $l : x-ky+2=0$, $m : (k-1)x-2y+k=0$이 수직이려면
> $1\times(k-1)-k\times(-2)=0$, $3k=1$ ∴ $k=\dfrac{1}{3}$
> 즉 $k=\dfrac{1}{3}$일 때, 두 직선 l과 m은 서로 수직이다. [참]

따라서 옳은 것은 ㄴ, ㄷ이다.   정답 ④

0215   정답 4

STEP A 두 직선의 방정식을 연립하여 교점의 좌표 구하기

두 직선 $2x+y-4=0$, $x-y+1=0$을 연립하여 풀면 $x=1$, $y=2$이므로 교점의 좌표는 $(1, 2)$

STEP B 두 점을 지나는 직선의 방정식 구하기

두 점 $(1, 2)$, $(-1, 1)$을 지나는 직선의 방정식은
$y-2=\dfrac{1-2}{-1-1}(x-1)$, 즉 $x-2y+3=0$
따라서 $a=1$, $b=3$이므로 $a+b=4$

다른풀이 두 직선의 교점을 지나는 직선을 이용하여 풀이하기

STEP A 두 직선의 교점을 지나는 직선의 방정식 구하기

두 직선 $2x+y-4=0$, $x-y+1=0$의 교점을 지나는 직선의 방정식은
$2x+y-4+k(x-y+1)=0$ (단, k는 실수) …… ㉠

STEP B 직선에 점 $(-1, 1)$을 대입하여 k의 값 구하기

직선 ㉠이 점 $(-1, 1)$을 지나므로
$(-2+1-4)+k(-1-1+1)=0$, $-5-k=0$ ∴ $k=-5$
이를 ㉠에 대입하면 $2x+y-4-5(x-y+1)=0$ ∴ $x-2y+3=0$
따라서 $a=1$, $b=3$이므로 $a+b=4$

0216   정답 ①

STEP A 두 직선의 방정식을 연립하여 교점의 좌표 구하기

두 직선 $x-2y-1=0$, $2x+3y-2=0$을 연립하여 풀면 $x=1$, $y=0$이므로 교점의 좌표는 $(1, 0)$

STEP B 두 점을 지나는 직선의 방정식 구하기

두 점 $(1, 0)$, $(2, -1)$을 지나는 직선의 방정식은
$y-0=\dfrac{-1-0}{2-1}(x-1)$, 즉 $x+y-1=0$

> **+α** 두 직선의 교점을 구하여 직선의 방정식을 구할 수 있어!
>
> 두 직선 $x-2y-1=0$, $2x+3y-2=0$의 교점을 지나는 직선의 방정식은
> $x-2y-1+k(2x+3y-2)=0$ (단, k는 실수) …… ㉠
> 직선 ㉠이 점 $(2, -1)$을 지나므로 $2+2-1+k(4-3-2)=0$, $3-k=0$ ∴ $k=3$
> 이를 ㉠에 대입하면 $x-2y-1+3(2x+3y-2)=0$ ∴ $x+y-1=0$

STEP C 선분 AB의 길이 구하기

직선 $x+y-1=0$이 x절편이 1이므로
점 A의 좌표는 $A(1, 0)$
직선 $x+y-1=0$이 y절편이 1이므로
점 B의 좌표는 $B(0, 1)$
따라서 $\overline{AB}=\sqrt{(0-1)^2+(1-0)^2}=\sqrt{2}$

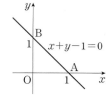

0217   정답 ④

STEP A 두 직선의 방정식을 연립하여 교점의 좌표 구하기

두 직선 $x-2y+6=0$, $2x+3y+5=0$을 연립하여 풀면 $x=-4$, $y=1$이므로 교점의 좌표는 $(-4, 1)$

STEP B 두 점을 지나는 직선의 방정식 구하기

두 점 $(-4, 1)$, $(2, -5)$를 지나는 직선의 방정식은
$y-1=\dfrac{-5-1}{2-(-4)}\{x-(-4)\}$, 즉 $x+y+3=0$

+α | 두 직선의 교점을 구하여 직선의 방정식을 구할 수 있어!

두 직선 $x-2y+6=0$, $2x+3y+5=0$의 교점을 지나는 직선의 방정식은
$x-2y+6+k(2x+3y+5)=0$ (단, k는 실수) …… ㉠
직선 ㉠이 점 $(2, -5)$를 지나므로 $2+10+6+k(4-15+5)=0$, $18-6k=0$
∴ $k=3$
이를 ㉠에 대입하면 $x-2y+6+3(2x+3y+5)=0$ ∴ $x+y+3=0$

STEP C 직선 l과 x축, y축으로 둘러싸인 부분의 넓이 구하기

직선 l : $x+y+3=0$의 x절편이 -3,
y절편이 -3
따라서 직선 $x+y+3=0$과 x축, y축으로
둘러싸인 부분의 넓이는
$\dfrac{1}{2}\times3\times3=\dfrac{9}{2}$

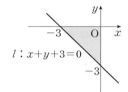

내/신/연/계/ 출제문항 114

두 직선 $3x+y+1=0$, $x+y-3=0$의 교점과 점 $(1, -1)$을 지나는 직선 l에 대하여 직선 l과 x축, y축으로 둘러싸인 부분의 넓이는?

① $\dfrac{1}{4}$　　② $\dfrac{1}{2}$　　③ 1

④ $\dfrac{3}{2}$　　⑤ 3

STEP A 두 직선의 방정식을 연립하여 교점의 좌표 구하기

두 직선 $3x+y+1=0$, $x+y-3=0$을 연립하여 풀면 $x=-2$, $y=5$이므로
교점의 좌표는 $(-2, 5)$

STEP B 두 점을 지나는 직선의 방정식 구하기

두 점 $(-2, 5)$, $(1, -1)$을 지나는 직선의 방정식은
$y-(-1)=\dfrac{-1-5}{1-(-2)}(x-1)$, 즉 $2x+y-1=0$

+α | 두 직선의 교점을 구하여 직선의 방정식을 구할 수 있어!

두 직선 $3x+y+1=0$, $x+y-3=0$의 교점을 지나는 직선의 방정식은
$3x+y+1+k(x+y-3)=0$ (단, k는 실수) …… ㉠
직선 ㉠이 점 $(1, -1)$를 지나므로 $3-1+1+k(1-1-3)=0$, $3-3k=0$
∴ $k=1$
이를 ㉠에 대입하면 $3x+y+1+(x+y-3)=0$ ∴ $2x+y-1=0$

STEP C 직선 l과 x축, y축으로 둘러싸인 부분의 넓이 구하기

직선 l : $2x+y-1=0$의 x절편이 $\dfrac{1}{2}$,
y절편이 1
따라서 직선 $2x+y-1=0$과 x축, y축으로
둘러싸인 부분의 넓이는 $\dfrac{1}{2}\times\dfrac{1}{2}\times1=\dfrac{1}{4}$

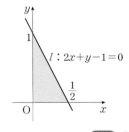

정답 ①

0218

정답 ③

STEP A 두 직선의 방정식을 연립하여 교점의 좌표 구하기

두 직선 $3x+y=-5$, $x+2y=5$를 연립하여 풀면 $x=-3$, $y=4$이므로
교점의 좌표는 $(-3, 4)$

STEP B 점 $(-3, 4)$를 지나고 직선 $2x+y=1$에 평행한 직선의 방정식 구하기

직선 $2x+y=1$, 즉 $y=-2x+1$의 기울기가 -2
이 직선과 평행한 직선의 기울기는 -2
점 $(-3, 4)$를 지나고 기울기가 -2인 직선의 방정식은
$y-4=-2\{x-(-3)\}$, 즉 $y=-2x-2$
따라서 $a=-2$, $b=-2$이므로 $a+b=-4$

다른풀이 두 직선의 교점을 지나는 직선을 이용하여 풀이하기

STEP A 두 직선의 교점을 지나는 직선의 방정식 구하기

두 직선 $3x+y=-5$, $x+2y=5$의 교점을 지나는 직선의 방정식은
$3x+y+5+k(x+2y-5)=0$ (단, k는 실수)
∴ $(3+k)x+(1+2k)y+5-5k=0$ …… ㉠

STEP B 두 직선이 평행할 조건을 이용하여 k의 값 구하기

직선 ㉠이 직선 $2x+y-1=0$과 평행하므로 $\dfrac{3+k}{2}=\dfrac{1+2k}{1}\neq\dfrac{5-5k}{-1}$
즉 $3+k=2+4k$, $3k=1$ ∴ $k=\dfrac{1}{3}$
이를 ㉠에 대입하면 $\dfrac{10}{3}x+\dfrac{5}{3}y+\dfrac{10}{3}=0$ ∴ $y=-2x-2$
따라서 $a=-2$, $b=-2$이므로 $a+b=-4$

내/신/연/계/ 출제문항 115

두 직선 $2x-3y+4=0$, $3x+y-5=0$의 교점을 지나고 직선 $6x+3y+1=0$에 평행한 직선의 방정식이 $ax+y+b=0$일 때, 상수 a, b에 대하여 $a+b$의 값은?

① -4　　② -2　　③ 2
④ 4　　⑤ 6

STEP A 두 직선의 방정식을 연립하여 교점의 좌표 구하기

두 직선 $2x-3y+4=0$, $3x+y-5=0$을 연립하여 풀면 $x=1$, $y=2$이므로
교점의 좌표는 $(1, 2)$

STEP B 점 $(1, 2)$를 지나고 직선 $6x+3y+1=0$에 평행한 직선의 방정식 구하기

직선 $6x+3y+1=0$, 즉 $y=-2x-\dfrac{1}{3}$의 기울기가 -2
이 직선과 평행한 직선의 기울기는 -2
점 $(1, 2)$를 지나고 기울기가 -2인 직선의 방정식은
$y-2=-2(x-1)$, 즉 $2x+y-4=0$
따라서 $a=2$, $b=-4$이므로 $a+b=-2$

다른풀이 두 직선의 교점을 지나는 직선을 이용하여 풀이하기

STEP A 두 직선의 교점을 지나는 직선의 방정식 구하기

두 직선 $2x-3y+4=0$, $3x+y-5=0$의 교점을 지나는 직선의 방정식은
$2x-3y+4+k(3x+y-5)=0$ (단, k는 실수)
∴ $(2+3k)x+(-3+k)y+4-5k=0$ …… ㉠

STEP B 두 직선이 평행할 조건을 이용하여 k의 값 구하기

직선 ㉠이 직선 $6x+3y+1=0$과 평행하므로 $\dfrac{2+3k}{6}=\dfrac{-3+k}{3}\neq\dfrac{4-5k}{1}$
즉 $6+9k=-18+6k$, $3k=-24$ ∴ $k=-8$
이를 ㉠에 대입하면 $-22x-11y+44=0$ ∴ $2x+y-4=0$
따라서 $a=2$, $b=-4$이므로 $a+b=-2$

정답 ②

0219

STEP Ⓐ 두 직선의 방정식을 연립하여 교점의 좌표 구하기

두 직선 $3x+2y+1=0$, $2x-y+10=0$을 연립하여 풀면 $x=-3$, $y=4$이므로 교점의 좌표는 $(-3, 4)$

STEP Ⓑ 점 $(-3, 4)$를 지나고 직선 $x+3y-3=0$에 수직인 직선의 방정식 구하기

직선 $x+3y-3=0$, 즉 $y=-\dfrac{1}{3}x+1$의 기울기가 $-\dfrac{1}{3}$

이 직선과 수직인 직선의 기울기는 3

점 $(-3, 4)$를 지나고 기울기가 3인 직선의 방정식은

$y-4=3\{x-(-3)\}$, 즉 $y=3x+13$

따라서 $a=3$, $b=13$이므로 $a+b=16$

> **다른풀이** 두 직선의 교점을 지나는 직선을 이용하여 풀이하기

STEP Ⓐ 두 직선의 교점을 지나는 직선의 방정식 구하기

두 직선 $3x+2y+1=0$, $2x-y+10=0$의 교점을 지나는 직선의 방정식은

$3x+2y+1+k(2x-y+10)=0$ (단, k는 실수)

$\therefore (2k+3)x+(-k+2)y+10k+1=0$ ...... ㉠

STEP Ⓑ 두 직선이 수직일 조건을 이용하여 k의 값 구하기

직선 ㉠이 직선 $x+3y-3=0$과 수직이므로

$(2k+3)\times1+(-k+2)\times3=0$, $-k+9=0$

$\therefore k=9$

이를 ㉠에 대입하면 $21x-7y+91=0$

$\therefore y=3x+13$

따라서 $a=3$, $b=13$이므로 $a+b=16$

내신연계 출제문항 116

직선 $3x-3y-8=0$과 수직이고 두 직선 $x-2y+1=0$, $2x-y+1=0$의 교점을 지나는 직선의 방정식은?

① $y=-2x$　　　② $y=-x$　　　③ $y=x$
④ $y=2x$　　　⑤ $y=3x$

STEP Ⓐ 두 직선의 방정식을 연립하여 교점의 좌표 구하기

두 직선 $x-2y+1=0$, $2x-y+1=0$을 연립하여 풀면

$x=-\dfrac{1}{3}$, $y=\dfrac{1}{3}$이므로 교점의 좌표는 $\left(-\dfrac{1}{3}, \dfrac{1}{3}\right)$

STEP Ⓑ 점 $\left(-\dfrac{1}{3}, \dfrac{1}{3}\right)$을 지나고 직선 $3x-3y-8=0$에 수직인 직선의 방정식 구하기

직선 $3x-3y-8=0$, 즉 $y=x-\dfrac{8}{3}$의 기울기가 1

이 직선의 수직인 직선의 기울기는 -1

점 $\left(-\dfrac{1}{3}, \dfrac{1}{3}\right)$을 지나고 기울기가 -1인 직선의 방정식은

$y-\dfrac{1}{3}=-\left\{x-\left(-\dfrac{1}{3}\right)\right\}$

따라서 $y=-x$

> **다른풀이** 두 직선의 교점을 지나는 직선을 이용하여 풀이하기

STEP Ⓐ 두 직선의 교점을 지나는 직선의 방정식 구하기

두 직선 $x-2y+1=0$, $2x-y+1=0$의 교점을 지나는 직선의 방정식은

$x-2y+1+k(2x-y+1)=0$ (단, k는 실수)

$\therefore (1+2k)x-(2+k)y+1+k=0$ ...... ㉠

STEP Ⓑ 두 직선이 수직일 조건을 이용하여 k의 값 구하기

직선 ㉠이 직선 $3x-3y-8=0$과 수직이므로

$(1+2k)\times3+(-2-k)\times(-3)=0$, $9k+9=0$ $\therefore k=-1$

이를 ㉠에 대입하면 $-x-y=0$

따라서 $y=-x$

0220

STEP Ⓐ 두 점 A, B의 중점의 좌표 구하기

직선 $x-3y+4=0$의 x절편은 -4이므로 A$(-4, 0)$

직선 $x+y-8=0$의 x절편은 8이므로 B$(8, 0)$

선분 AB의 중점의 좌표는 $\left(\dfrac{-4+8}{2}, 0\right)$, 즉 $(2, 0)$

STEP Ⓑ 삼각형 ABC의 넓이를 이등분하는 직선의 방정식 구하기

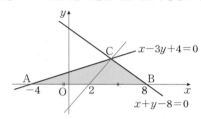

이때 점 C를 지나는 직선의 방정식은 ← 두 직선의 교점을 지나는 직선의 방정식

$x-3y+4+k(x+y-8)=0$ (단, k는 실수) ...... ㉠

직선 ㉠이 점 $(2, 0)$을 지날 때, 삼각형 ABC의 넓이를 이등분하므로

$2-0+4+k(2-0-8)=0$, $6-6k=0$ $\therefore k=1$

이를 ㉠에 대입하면 $x-3y+4+x+y-8=0$ $\therefore x-y-2=0$

따라서 $a=1$, $b=-2$이므로 $ab=-2$

> **+α** | 두 직선의 교점을 이용하여 직선의 방정식을 구할 수 있어!
>
> 두 직선 $x-3y+4=0$, $x+y-8=0$을 연립하여 풀면 $x=5$, $y=3$이므로
> 교점 C의 좌표는 C$(5, 3)$
> 점 C를 지나면서 선분 AB의 중점을 지나면 삼각형 ABC의 넓이를 이등분한다.
> 이때 두 점 $(5, 3)$, $(2, 0)$을 지나는 직선의 방정식은
> $y-0=\dfrac{0-3}{2-5}(x-2)$, 즉 $x-y-2=0$

0221
2024년 03월 고2 학력평가 9번

STEP Ⓐ 두 직선의 방정식을 연립하여 교점의 좌표 구하기

두 직선 $x+3y+2=0$, $2x-3y-14=0$을 연립하여 풀면 $x=4$, $y=-2$이므로 교점의 좌표는 $(4, -2)$

STEP Ⓑ 점 $(4, -2)$를 지나고 직선 $2x+y+1=0$에 평행한 직선의 방정식 구하기

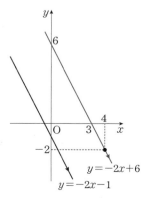

직선 $2x+y+1=0$, 즉 $y=-2x-1$의 기울기가 -2
이 직선과 평행한 직선의 기울기는 -2
점 $(4, -2)$를 지나고 기울기가 -2인 직선의 방정식은
$y-(-2)=-2(x-4)$, 즉 $y=-2x+6$
따라서 직선 $y=-2x+6$의 x절편은 3

+α | 두 직선이 평행할 조건을 이용하여 직선의 방정식을 구할 수 있어!

> 직선 $2x+y+1=0$과 평행한 직선의 방정식은
> $2x+y+a=0$ (단, $a\neq 1$, a는 상수)로 놓을 수 있다.
> 이 직선이 점 $(4, -2)$를 지나므로 $8-2+a=0$, $a=-6$
> 따라서 직선 $2x+y-6=0$의 x절편은 3

다른풀이 두 직선의 교점을 지나는 직선을 이용하여 풀이하기

STEP Ⓐ 두 직선의 교점을 지나는 직선의 방정식 구하기

두 직선 $x+3y+2=0$, $2x-3y-14=0$의 교점을 지나는 직선의 방정식은
$x+3y+2+k(2x-3y-14)=0$ (단, k는 실수)
$\therefore (1+2k)x+(3-3k)y+2-14k=0$ …… ㉠

STEP Ⓑ 두 직선이 평행할 조건을 이용하여 k의 값 구하기

직선 ㉠이 직선 $2x+y+1=0$과 평행하므로 $\dfrac{1+2k}{2}=\dfrac{3-3k}{1}\neq\dfrac{2-14k}{1}$
즉 $1+2k=6-6k$, $8k=5$
$\therefore k=\dfrac{5}{8}$
이를 ㉠에 대입하면 $\dfrac{18}{8}x+\dfrac{9}{8}y-\dfrac{54}{8}=0$
$\therefore 2x+y-6=0$
따라서 직선 $2x+y-6=0$의 x절편은 3

내/신/연/계/ 출제문항 117

두 직선 $3x+2y-5=0$, $3x+y-1=0$의 교점을 지나고
직선 $2x-y+4=0$에 평행한 직선의 y절편은?

① 2 　　　　　② 3 　　　　　③ 4
④ 5 　　　　　⑤ 6

STEP Ⓐ 두 직선의 방정식을 연립하여 교점의 좌표 구하기

두 직선 $3x+2y-5=0$, $3x+y-1=0$을 연립하여 풀면
$x=-1$, $y=4$이므로 교점의 좌표는 $(-1, 4)$

STEP Ⓑ 점 $(-1, 4)$를 지나고 직선 $2x-y+4=0$에 평행한 직선의 방정식 구하기

직선 $2x-y+4=0$, 즉 $y=2x+4$의
기울기가 2
이 직선과 평행한 직선의 기울기는 2
점 $(-1, 4)$를 지나고 기울기가 2인
직선의 방정식은 $y-4=2\{x-(-1)\}$,
즉 $y=2x+6$
따라서 직선 $y=2x+6$의 y절편은 6

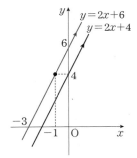

+α | 두 직선이 평행할 조건을 이용하여 직선의 방정식을 구할 수 있어!

> 직선 $2x-y+4=0$과 평행한 직선의 방정식은
> $2x-y+a=0$ (단, $a\neq 4$, a는 상수)로 놓을 수 있다.
> 이 직선이 점 $(-1, 4)$를 지나므로 $-2-4+a=0$, $a=6$
> 따라서 직선 $2x-y+6=0$의 y절편은 6

다른풀이 두 직선의 교점을 지나는 직선을 이용하여 풀이하기

STEP Ⓐ 두 직선의 교점을 지나는 직선의 방정식 구하기

두 직선 $3x+2y-5=0$, $3x+y-1=0$의 교점을 지나는 직선의 방정식은
$3x+2y-5+k(3x+y-1)=0$ (단, k는 실수)
$\therefore (3+3k)x+(2+k)y-5-k=0$ …… ㉠

STEP Ⓑ 두 직선이 평행할 조건을 이용하여 k의 값 구하기

직선 ㉠이 직선 $2x-y+4=0$과 평행하므로 $\dfrac{3+3k}{2}=\dfrac{2+k}{-1}\neq\dfrac{-5-k}{4}$
즉 $-3-3k=4+2k$, $5k=-7$ $\therefore k=-\dfrac{7}{5}$
이를 ㉠에 대입하면 $-\dfrac{6}{5}x+\dfrac{3}{5}y-\dfrac{18}{5}=0$ $\therefore 2x-y+6=0$
따라서 직선 $2x-y+6=0$의 y절편은 6　　　**정답** ⑤

0222

STEP Ⓐ 직선 $mx-y-2m+1=0$이 항상 지나는 점 구하기

직선 $mx-y-2m+1=0$에서 m에 대하여 정리하면
$(x-2)m-(y-1)=0$ …… ㉠
등식 ㉠이 m의 값에 관계없이 항상 성립하므로 m에 대한 항등식이다.
항등식의 성질에 의하여 $x-2=0$, $y-1=0$
$\therefore x=2$, $y=1$
즉 직선 ㉠은 실수 m의 값에 관계없이 항상 점 $(2, 1)$을 지난다.

STEP Ⓑ 두 직선이 제 2사분면에서 만나기 위한 조건 구하기

직선 ㉠이 직선 $x-y+4=0$과 제 2사분면에서 만나기 위해서는
직선 ㉠의 기울기 m이 점 $(0, 4)$를 지나는 직선의 기울기보다 크고
점 $(-4, 0)$을 지나는 직선의 기울기보다 작아야 한다.

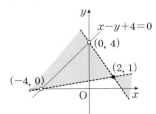

(i) 직선 ㉠이 점 $(0, 4)$를 지날 때,
$-2m-3=0$ $\therefore m=-\dfrac{3}{2}$
(ii) 직선 ㉠이 점 $(-4, 0)$을 지날 때,
$-6m+1=0$ $\therefore m=\dfrac{1}{6}$
(i), (ii)에서 구하는 m의 값의 범위는 $-\dfrac{3}{2}<m<\dfrac{1}{6}$
따라서 $\alpha=-\dfrac{3}{2}$, $\beta=\dfrac{1}{6}$이므로 $\alpha\beta=-\dfrac{3}{2}\times\dfrac{1}{6}=-\dfrac{1}{4}$

0223

STEP A 직선 $mx+3y-5m-3=0$이 항상 지나는 점 구하기

직선 $mx+3y-5m-3=0$을 m에 대하여 정리하면

$(x-5)m+3(y-1)=0$ ...... ㉠

등식 ㉠이 m의 값에 관계없이 항상 성립하므로 m에 대한 항등식이다.

항등식의 성질에 의하여 $x-5=0$, $y-1=0$ $\therefore x=5$, $y=1$

즉 직선 ㉠은 실수 m의 값에 관계없이 항상 점 $(5, 1)$을 지난다.

STEP B 직선이 선분 AB와 만나기 위한 조건 구하기

직선 ㉠이 선분 AB와 만나기 위해서는 직선 ㉠의 기울기 $-\dfrac{m}{3}$이 점 A를 지나는 직선의 기울기보다 크거나 같고, 점 B를 지나는 직선의 기울기보다 작거나 같아야 한다.

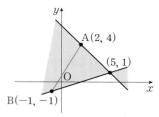

(i) 두 점 $A(2, 4)$, $(5, 1)$를 지나는 직선의 기울기는 $\dfrac{1-4}{5-2}=-1$

(ii) 두 점 $B(-1, -1)$, $(5, 1)$를 지나는 직선의 기울기는 $\dfrac{1-(-1)}{5-(-1)}=\dfrac{1}{3}$

(i), (ii)에서 $-1 \leq -\dfrac{m}{3} \leq \dfrac{1}{3}$

따라서 구하는 m의 값의 범위는 $-1 \leq m \leq 3$

0224

STEP A 직선 $kx-y+2k-4=0$이 항상 지나는 점 구하기

직선 $kx-y+2k-4=0$을 k에 대하여 정리하면

$(x+2)k-(y+4)=0$ ...... ㉠

등식 ㉠이 k의 값에 관계없이 항상 성립하므로 k에 대한 항등식이다.

항등식의 성질에 의하여 $x+2=0$, $y+4=0$

$\therefore x=-2$, $y=-4$

즉 직선 ㉠은 실수 k의 값에 관계없이 항상 점 $(-2, -4)$를 지난다.

STEP B 직선이 삼각형 ABC와 만나기 위한 조건 구하기

다음 그림과 같이 직선 ㉠이 삼각형 ABC와 만나기 위해서는 직선 ㉠의 기울기 k가 점 $A(3, 6)$을 지나는 직선의 기울기보다 작거나 같고 점 $B(4, -2)$를 지나는 직선의 기울기보다 크거나 같아야 한다.

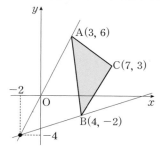

(i) 직선 ㉠이 점 $A(3, 6)$을 지날 때, $5k-10=0$ $\therefore k=2$

(ii) 직선 ㉠이 점 $B(4, -2)$를 지날 때, $6k-2=0$ $\therefore k=\dfrac{1}{3}$

(i), (ii)에서 구하는 k의 값의 범위는 $\dfrac{1}{3} \leq k \leq 2$

따라서 $M=2$, $m=\dfrac{1}{3}$이므로 $Mm=2 \times \dfrac{1}{3}=\dfrac{2}{3}$

내/신/연/계/ 출제문항 118

직선 $mx-y-3m+1=0$이 세 점 $A(-5, 0)$, $B(1, -5)$, $C(0, 4)$를 꼭짓점으로 하는 삼각형 ABC와 만나도록 하는 실수 m의 값의 범위가 $a \leq m \leq b$일 때, 실수 a, b에 대하여 ab의 값은?

① -1 ② -2 ③ -3
④ -4 ⑤ -5

STEP A 직선 $mx-y-3m+1=0$이 항상 지나는 점 구하기

직선 $mx-y-3m+1=0$을 m에 대하여 정리하면

$(x-3)m-(y-1)=0$ ...... ㉠

등식 ㉠이 m의 값에 관계없이 항상 성립하므로 m에 대한 항등식이다.

항등식의 성질에 의하여 $x-3=0$, $y-1=0$

$\therefore x=3$, $y=1$

즉 직선 ㉠은 실수 m의 값에 관계없이 항상 점 $(3, 1)$을 지난다.

STEP B 직선이 삼각형 ABC와 만나기 위한 조건 구하기

오른쪽 그림과 같이 직선 ㉠이 삼각형 ABC와 만나기 위해서는 직선 ㉠의 기울기 m이 점 $B(1, -5)$를 지나는 직선의 기울기보다 작거나 같고 점 $C(0, 4)$를 지나는 직선의 기울기보다 크거나 같아야 한다.

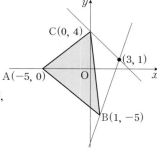

(i) 직선 ㉠이 점 $B(1, -5)$를 지날 때,

$-2m+6=0$ $\therefore m=3$

(ii) 직선 ㉠이 점 $C(0, 4)$를 지날 때,

$-3m-3=0$ $\therefore m=-1$

(i), (ii)에서 실수 m의 값의 범위는 $-1 \leq m \leq 3$

따라서 $a=-1$, $b=3$이므로 $ab=-3$

0225

STEP A 직선 $mx+y-2m-1=0$이 항상 지나는 점 구하기

직선 $mx+y-2m-1=0$을 m에 대하여 정리하면

$(x-2)m+y-1=0$ ...... ㉠

등식 ㉠이 m의 값에 관계없이 항상 성립하므로 m에 대한 항등식이다.

항등식의 성질에 의하여 $x-2=0$, $y-1=0$

$\therefore x=2$, $y=1$

즉 직선 ㉠은 실수 m의 값에 관계없이 항상 점 $A(2, 1)$을 지난다.

STEP B 점 A를 지나는 직선이 삼각형 ABC의 넓이를 이등분하려면 선분 BC의 중점을 지남을 이용하여 m의 값 구하기

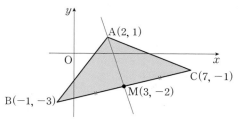

직선 ㉠이 삼각형 ABC의 넓이를 이등분하려면 점 $A(2, 1)$과 선분 BC의 중점 M을 지나야 한다.

두 점 $B(-1, -3)$, $C(7, -1)$에 대하여 선분 BC의 중점 M의 좌표는

$\left(\dfrac{-1+7}{2}, \dfrac{-3+(-1)}{2}\right)$, 즉 $M(3, -2)$

직선 ㉠이 점 $M(3, -2)$를 지나므로 $m-3=0$

따라서 $m=3$

0226

STEP A 직선 $mx-y-4m-6=0$이 항상 지나는 점 구하기

직선 $mx-y-4m-6=0$을 m에 대하여 정리하면

$(x-4)m-(y+6)=0$ ······ ㉠

등식 ㉠이 m의 값에 관계없이 항상 성립하므로 m에 대한 항등식이다.

항등식의 성질에 의하여 $x-4=0,\ y+6=0$ ∴ $x=4,\ y=-6$

즉 직선 ㉠은 실수 m의 값에 관계없이 항상 점 $(4,-6)$을 지난다.

STEP B 직선 $mx-y-4m-6=0$이 직사각형 ABCD의 넓이를 이등분
하려면 두 대각선의 교점을 지남을 이용하여 a, b의 값 구하기

직선 ㉠이 직사각형 ABCD의 넓이를 이등분하려면
점 $(4,-6)$가 직사각형 ABCD의 두 대각선의 교점이어야 한다.

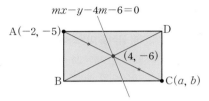

이때 직사각형의 두 대각선은 길이가 서로 같고 서로 다른 것을 이등분하므로
선분 AC의 중점이 두 대각선의 교점과 일치해야 한다.
두 점 $A(-2,-5),\ C(a, b)$에 대하여 선분 AC의 중점의 좌표는

$\left(\dfrac{-2+a}{2},\ \dfrac{-5+b}{2}\right)$

이 점이 $(4,-6)$과 일치하므로

즉 $\dfrac{-2+a}{2}=4,\ -2+a=8$에서 $a=10$

$\dfrac{-5+b}{2}=-6,\ -5+b=-12$에서 $b=-7$

따라서 $a+b=10+(-7)=3$

---

mini해설 | 직선 $mx-y-4m-6=0$이 대각선 AC의 중점을 지남을 이용하여
풀이하기

직선 $mx-y-4m-6=0$이 직사각형 ABCD의 넓이를 이등분하므로
대각선 AC의 중점을 지나야 한다.
두 점 $A(-2,-5),\ C(a, b)$에 대하여 선분 AC의 중점의 좌표는

$\left(\dfrac{-2+a}{2},\ \dfrac{-5+b}{2}\right)$

이때 직선 $mx-y-4m-6=0$이 점 $\left(\dfrac{-2+a}{2},\ \dfrac{-5+b}{2}\right)$를 지나므로

$m\times\left(\dfrac{-2+a}{2}\right)-\left(\dfrac{-5+b}{2}\right)-4m-6=0$

∴ $(-10+a)m-(7+b)=0$

이 식이 m의 값에 관계없이 항상 성립하므로 m에 대한 항등식이다.
항등식의 성질에 의하여 $-10+a=0,\ 7+b=0$ ∴ $a=10,\ b=-7$
따라서 $a+b=10+(-7)=3$

0227

STEP A 직선 l_2가 항상 지나는 점 구하기

ㄱ. 직선 $l_2 : mx-y-m+2=0$에서 m에 대하여 정리하면

$(x-1)m-y+2=0$ ······ ㉠

등식 ㉠이 m의 값에 관계없이 항상 성립하므로 m에 대한 항등식이다.
항등식의 성질에 의하여 $x-1=0,\ -y+2=0$

∴ $x=1,\ y=2$

즉 직선 ㉠은 실수 m의 값에 관계없이 항상 점 $(1, 2)$를 지난다. [참]

STEP B $m=-1$일 때, 두 직선의 기울기 구하기

ㄴ. 직선 $l_1 : x-y+2=0$에서 기울기는 1

$m=-1$을 직선 l_2에 대입하면 $l_2 : -x-y+3=0$

즉 직선 l_2의 기울기는 -1

두 직선 l_1과 l_2은 기울기의 곱이 $1\times(-1)=-1$이므로 수직이다. [참]

+α | 두 직선이 수직일 조건을 이용하여 진위 판별할 수 있어!

두 직선 $l_1 : x-y+2=0,\ l_2 : mx-y-m+2=0$이 수직이려면
$1\times m-1\times(-1)=0,\ m+1=0$ ∴ $m=-1$
즉 $m=-1$일 때, 두 직선 l_1과 l_2는 수직으로 만난다. [참]

STEP C 두 직선이 제2사분면에서 만나기 위한 조건 구하기

ㄷ. ㉠에서
직선 ㉠이 직선 $l_1 : x-y+2=0$과 제2사분면에서 만나기 위해서는
직선 ㉠의 기울기 m이 점 $(-2, 0)$을 지나는 직선의 기울기보다 작고
점 $(0, 2)$를 지나는 직선의 기울기보다 커야 한다.
(ⅰ) 직선 ㉠이 점 $(-2, 0)$을 지날 때,

$-3m+2=0$ ∴ $m=\dfrac{2}{3}$

(ⅱ) 직선 ㉠이 점 $(0, 2)$를 지날 때,

$-m=0$ ∴ $m=0$

(ⅰ), (ⅱ)에서 구하는 m의 값의

범위는 $0<m<\dfrac{2}{3}$ [참]

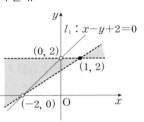

따라서 옳은 것은 ㄱ, ㄴ, ㄷ이다.

내/신/연/계 출제문항 119

두 직선 $l_1 : 2x+y-2=0,\ l_2 : mx-y-3m+5=0$에 대하여 [보기]의
각 명제에 대하여 다음 규칙에 따라 $A,\ B,\ C$의 값을 정할 때, $A+B+C$의
값을 구하시오. (단, $A+B+C\neq 0$)

- 명제 ㄱ이 참이면 $A=100$, 거짓이면 $A=0$이다.
- 명제 ㄴ이 참이면 $B=10$, 거짓이면 $B=0$이다.
- 명제 ㄷ이 참이면 $C=1$, 거짓이면 $C=0$이다.

ㄱ. 직선 l_2는 점 $(3, 5)$를 지난다.

ㄴ. $m=\dfrac{1}{2}$일 때, 두 직선 l_1과 l_2는 수직으로 만난다.

ㄷ. 두 직선 l_1과 l_2가 제1사분면에서 만나도록 하는 m의 값의 범위는

$1<m<\dfrac{5}{2}$이다.

STEP A 직선 l_2가 항상 지나는 점 구하기

ㄱ. 직선 $l_2 : mx-y-3m+5=0$에서 m에 대하여 정리하면

$(x-3)m-(y-5)=0$ ······ ㉠

등식 ㉠이 m의 값에 관계없이 항상 성립하므로 m에 대한 항등식이다.
항등식의 성질에 의하여 $x-3=0,\ y-5=0$

∴ $x=3,\ y=5$

즉 직선 ㉠은 실수 m의 값에 관계없이 항상 점 $(3, 5)$를 지난다. [참]

STEP B $m=\dfrac{1}{2}$일 때, 두 직선의 기울기 구하기

ㄴ. 직선 $l_1 : 2x+y-2=0$에서 기울기는 -2

$m=\dfrac{1}{2}$을 직선 l_2에 대입하면 $l_2 : \dfrac{1}{2}x-y+\dfrac{7}{2}=0$

즉 직선 l_2의 기울기는 $\dfrac{1}{2}$

두 직선 l_1과 l_2은 기울기의 곱이 $-2\times\dfrac{1}{2}=-1$이므로 수직이다. [참]

+α | 두 직선이 수직일 조건을 이용하여 진위 판별할 수 있어!

두 직선 $l_1 : 2x+y-2=0,\ l_2 : mx-y-3m+5=0$이 수직이려면
$2\times m+1\times(-1)=0,\ 2m-1=0$ ∴ $m=\dfrac{1}{2}$
즉 $m=\dfrac{1}{2}$일 때, 두 직선 l_1과 l_2는 수직으로 만난다. [참]

STEP ⓒ **두 직선이 제 1사분면에서 만나기 위한 조건 구하기**

ㄷ. ㄱ에서 직선 ㉠이 직선 $l_1 : 2x+y-2=0$과 제1사분면에서 만나기 위해서는 직선 ㉠의 기울기 m이 점 $(0, 2)$를 지나는 직선의 기울기보다 크고 점 $(1, 0)$을 지나는 직선의 기울기보다 작아야 한다.

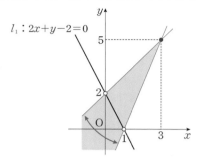

(ⅰ) 직선 ㉠이 점 $(0, 2)$를 지날 때,
$-3m+3=0$ ∴ $m=1$
(ⅱ) 직선 ㉠이 점 $(1, 0)$을 지날 때,
$-2m+5=0$ ∴ $m=\dfrac{5}{2}$

(ⅰ), (ⅱ)에서 구하는 m의 값의 범위는 $1<m<\dfrac{5}{2}$ [참]

따라서 $A=100$, $B=10$, $C=1$이므로 $A+B+C=100+10+1=111$

정답 111

0228
정답 ③

STEP Ⓐ **선분 AB의 수직이등분선의 방정식 구하기**

두 점 $A(-4, -8)$, $B(2, 4)$를 지나는 직선 AB의 기울기는 $\dfrac{4-(-8)}{2-(-4)}=2$

선분 AB의 수직이등분선의 기울기는 $-\dfrac{1}{2}$

두 점 $A(-4, -8)$, $B(2, 4)$에 대하여 선분 AB의 중점의 좌표는 $\left(\dfrac{-4+2}{2}, \dfrac{-8+4}{2}\right)$, 즉 $(-1, -2)$

점 $(-1, -2)$를 지나고 기울기가 $-\dfrac{1}{2}$인 선분 AB의 수직이등분선의 방정식은
$y-(-2)=-\dfrac{1}{2}\{x-(-1)\}$, 즉 $x+2y+5=0$

STEP Ⓑ **점과 직선 사이의 거리 공식을 이용하여 거리 구하기**

따라서 원점 $O(0, 0)$과 직선 $x+2y+5=0$ 사이의 거리는
$\dfrac{|5|}{\sqrt{1^2+2^2}}=\dfrac{5}{\sqrt{5}}=\sqrt{5}$

0229
정답 ④

STEP Ⓐ **두 점을 지나는 직선 l의 방정식 구하기**

두 점 $(-2, 0)$, $(2, 2)$를 지나는 직선 l의 방정식은
$y-0=\dfrac{2-0}{2-(-2)}\{x-(-2)\}$, 즉 $x-2y+2=0$

STEP Ⓑ **점과 직선 사이의 거리 공식을 이용하여 거리 구하기**

직선 $l : x-2y+2=0$ 위를 움직이는 점 P에 대하여 $\overline{AP}$의 최솟값은 점 $A(2, -3)$과 직선 $x-2y+2=0$ 사이의 거리와 같다.

따라서 $\dfrac{|2-2\times(-3)+2|}{\sqrt{1^2+(-2)^2}}=\dfrac{10}{\sqrt{5}}=2\sqrt{5}$

내/신/연/계/ 출제문항 120

오른쪽 그림과 같이 점 $A(2, -4)$에서 두 점 $(-2, 0)$, $(2, 4)$를 지나는 직선 l 위를 움직이는 점 P에 대하여 $\overline{AP}$의 최솟값은?

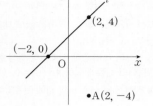

① $\sqrt{2}$　　② $\sqrt{3}$
③ $\sqrt{5}$　　④ $4\sqrt{2}$
⑤ $4\sqrt{3}$

STEP Ⓐ **두 점을 지나는 직선 l의 방정식 구하기**

두 점 $(-2, 0)$, $(2, 4)$를 지나는 직선 l의 방정식은
$y-0=\dfrac{4-0}{2-(-2)}\{x-(-2)\}$, 즉 $x-y+2=0$

STEP Ⓑ **점과 직선 사이의 거리 공식을 이용하여 거리 구하기**

직선 $l : x-y+2=0$ 위를 움직이는 점 P에 대하여 $\overline{AP}$의 최솟값은 점 $A(2, -4)$와 직선 $x-y+2=0$ 사이의 거리와 같다.

따라서 $\dfrac{|2-(-4)+2|}{\sqrt{1^2+(-1)^2}}=\dfrac{8}{\sqrt{2}}=4\sqrt{2}$

정답 ④

0230
정답 ②

STEP Ⓐ **삼각형 ABC의 무게중심의 좌표 구하기**

세 점 $A(0, 3)$, $B(-3, 0)$, $C(3, 0)$을 꼭짓점으로 하는 삼각형 ABC의 무게중심의 좌표는 $\left(\dfrac{0+(-3)+3}{3}, \dfrac{3+0+0}{3}\right)$, 즉 $(0, 1)$

STEP Ⓑ **한 점과 기울기가 주어진 직선의 방정식 구하기**

두 점 $A(0, 3)$, $B(-3, 0)$을 지나는 직선 AB의 기울기는 $\dfrac{0-3}{-3-0}=1$
이 직선과 평행한 직선의 기울기는 1
이때 점 $(0, 1)$을 지나고 기울기가 1인 직선 l의 방정식은
$y-1=1\times(x-0)$, 즉 $x-y+1=0$

STEP Ⓒ **점과 직선 사이의 거리 공식을 이용하여 거리 구하기**

따라서 점 $(4, 3)$에서 직선 $x-y+1=0$까지의 거리는
$\dfrac{|4-3+1|}{\sqrt{1^2+(-1)^2}}=\dfrac{2}{\sqrt{2}}=\sqrt{2}$

내/신/연/계/ 출제문항 121

세 점 $A(2, 7)$, $B(2, 1)$, $C(5, 4)$를 꼭짓점으로 하는 삼각형 ABC의 무게중심을 지나고 직선 AC에 평행한 직선을 l이라 할 때, 점 C에서 직선 l까지의 거리는?

① $\sqrt{2}$　　② $2\sqrt{2}$　　③ $3\sqrt{2}$
④ $4\sqrt{2}$　　⑤ $5\sqrt{2}$

STEP Ⓐ **삼각형 ABC의 무게중심의 좌표 구하기**

세 점 $A(2, 7)$, $B(2, 1)$, $C(5, 4)$를 꼭짓점으로 하는 삼각형 ABC의 무게중심의 좌표는 $\left(\dfrac{2+2+5}{3}, \dfrac{7+1+4}{3}\right)$, 즉 $(3, 4)$

STEP Ⓑ **한 점과 기울기가 주어진 직선의 방정식 구하기**

두 점 $A(2, 7)$, $C(5, 4)$를 지나는 직선 AC의 기울기는 $\dfrac{4-7}{5-2}=-1$
이 직선과 평행한 직선의 기울기는 -1
이때 점 $(3, 4)$를 지나고 기울기가 -1인 직선 l의 방정식은
$y-4=-1(x-3)$, 즉 $x+y-7=0$

STEP **C** 점과 직선 사이의 거리 공식을 이용하여 거리 구하기

따라서 점 C(5, 4)와 직선 $x+y-7=0$ 사이의 거리는

$$\frac{|5+4-7|}{\sqrt{1^2+1^2}}=\frac{2}{\sqrt{2}}=\sqrt{2}$$ 정답 ①

0231 정답 ③

STEP **A** 직선 OP의 방정식 구하기

직선 $3x+4y-15=0$,

즉 $y=-\dfrac{3}{4}x+\dfrac{15}{4}$ 의 기울기는 $-\dfrac{3}{4}$

이 직선과 수직인 직선의 기울기는 $\dfrac{4}{3}$

이때 원점 O(0, 0)을 지나고 기울기가

$\dfrac{4}{3}$ 인 직선 OP의 방정식은 $y=\dfrac{4}{3}x$

∴ $4x-3y=0$ …… ㉠

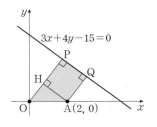

STEP **B** 직사각형의 성질을 이용하여 $\overline{AH}=\overline{PQ}$임을 알아내기

점 A에서 직선 ㉠에 내린 수선의 발을 H라고 하면
사각형 AQPH는 직사각형이므로 $\overline{AH}=\overline{PQ}$

STEP **C** 점과 직선 사이의 거리 공식을 이용하여 거리 구하기

점 A(2, 0)에서 직선 ㉠까지의 거리, 즉 선분 AH의 길이는

$$\overline{AH}=\frac{|4\times2-3\times0|}{\sqrt{4^2+(-3)^2}}=\frac{8}{5}$$

따라서 선분 PQ의 길이는 $\overline{PQ}=\overline{AH}=\dfrac{8}{5}$

0232 정답 ④

STEP **A** 직선 AB의 방정식 구하기

직선 $2x+y-5=0$,

즉 $y=-2x+5$ 의 기울기가 -2

이 직선과 수직인 직선의 기울기는 $\dfrac{1}{2}$

이때 점 A(−5, 0)을 지나고

기울기가 $\dfrac{1}{2}$ 인 직선 AB의 방정식은

$y-0=\dfrac{1}{2}\{x-(-5)\}$, 즉 $x-2y+5=0$

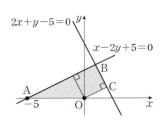

STEP **B** 점과 직선 사이의 거리 공식을 이용하여 거리 구하기

원점 O(0, 0)과 직선 $x-2y+5=0$ 사이의 거리는
선분 BC의 길이와 같으므로

$$\overline{BC}=\frac{|5|}{\sqrt{1^2+(-2)^2}}=\frac{5}{\sqrt{5}}=\sqrt{5}$$

원점 O(0, 0)과 직선 $2x+y-5=0$ 사이의 거리, 즉 선분 OC의 길이는

$$\overline{OC}=\frac{|-5|}{\sqrt{2^2+1^2}}=\frac{5}{\sqrt{5}}=\sqrt{5}$$

점 A(−5, 0)과 직선 $2x+y-5=0$ 사이의 거리, 즉 선분 AB의 길이는

$$\overline{AB}=\frac{|2\times(-5)+0-5|}{\sqrt{2^2+1^2}}=\frac{15}{\sqrt{5}}=3\sqrt{5}$$

STEP **C** 사다리꼴 OABC의 넓이 구하기

따라서 사다리꼴 OABC의 넓이는

$$\frac{1}{2}\times(\overline{AB}+\overline{OC})\times\overline{BC}=\frac{1}{2}\times(3\sqrt{5}+\sqrt{5})\times\sqrt{5}=10$$

내/신/연/계 출제문항 122

오른쪽 그림과 같이 좌표평면 위의
점 A(−8, 0)과 원점 O에서
직선 $3x+y-6=0$에 내린 수선의
발을 각각 B, C라 할 때, 사다리꼴
OABC의 넓이는?

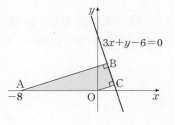

① $\dfrac{72}{5}$ ② $\dfrac{73}{5}$

③ $\dfrac{74}{5}$ ④ 15

⑤ $\dfrac{76}{5}$

STEP **A** 직선 AB의 방정식 구하기

직선 $3x+y-6=0$,

즉 $y=-3x+6$ 의 기울기가 -3

이 직선과 수직인 직선의 기울기는 $\dfrac{1}{3}$

이때 점 A(−8, 0)을 지나고

기울기가 $\dfrac{1}{3}$ 인 직선 AB의 방정식은

$y-0=\dfrac{1}{3}\{x-(-8)\}$, 즉 $x-3y+8=0$

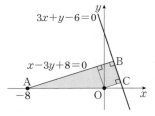

STEP **B** 점과 직선 사이의 거리 공식을 이용하여 거리 구하기

원점 O(0, 0)과 직선 $x-3y+8=0$ 사이의 거리는
선분 BC의 길이와 같으므로

$$\overline{BC}=\frac{|8|}{\sqrt{1^2+(-3)^2}}=\frac{8}{\sqrt{10}}=\frac{4\sqrt{10}}{5}$$

원점 O(0, 0)과 직선 $3x+y-6=0$ 사이의 거리, 즉 선분 OC의 길이는

$$\overline{OC}=\frac{|-6|}{\sqrt{3^2+1^2}}=\frac{6}{\sqrt{10}}=\frac{3\sqrt{10}}{5}$$

점 A(−8, 0)과 직선 $3x+y-6=0$ 사이의 거리, 즉 선분 AB의 길이는

$$\overline{AB}=\frac{|3\times(-8)+0-6|}{\sqrt{3^2+1^2}}=\frac{30}{\sqrt{10}}=3\sqrt{10}$$

STEP **C** 사다리꼴 OABC의 넓이 구하기

따라서 사다리꼴 OABC의 넓이는

$$\frac{1}{2}\times(\overline{AB}+\overline{OC})\times\overline{BC}=\frac{1}{2}\times\left(3\sqrt{10}+\frac{3\sqrt{10}}{5}\right)\times\frac{4\sqrt{10}}{5}=\frac{72}{5}$$ 정답 ①

0233 정답 ②

STEP **A** 점과 직선 사이의 거리 공식을 이용하여 선분 AH의 길이 구하기

점 A(−1, 2)와 직선 $4x+3y+13=0$ 사이의 거리는
선분 AH의 길이와 같으므로

$$\overline{AH}=\frac{|4\times(-1)+3\times2+13|}{\sqrt{4^2+3^2}}=\frac{15}{5}=3$$

STEP **B** $\overline{AP}=2\overline{AH}$임을 이용하여 삼각형 AHP의 넓이 구하기

삼각형 AHP는 선분 AP를 빗변으로 하는
직각삼각형이고 $\overline{AP}=2\overline{AH}=2\times3=6$
직각삼각형 AHP에서
피타고라스 정리에 의하여

$$\overline{PH}=\sqrt{\overline{AP}^2-\overline{AH}^2}=\sqrt{6^2-3^2}=3\sqrt{3}$$

따라서 삼각형 AHP의 넓이는

$$\frac{1}{2}\times\overline{AH}\times\overline{PH}=\frac{1}{2}\times3\times3\sqrt{3}=\frac{9\sqrt{3}}{2}$$

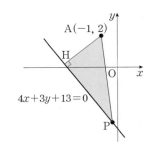

0234

정답 ⑤

STEP Ⓐ **정삼각형의 한 변의 길이를 a라 할 때, 높이를 a로 나타내기**

정삼각형 ABC의 한 변의 길이를 a라 하자.

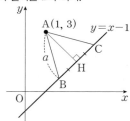

점 A(1, 3)에서 직선 $y=x-1$에 내린 수선의 발을 H라고 하면

$\overline{\mathrm{AH}}$는 정삼각형 ABC의 높이이므로 $\overline{\mathrm{AH}}=\dfrac{\sqrt{3}}{2}a$ ⋯⋯ ㉠

$\overline{\mathrm{BH}}=\overline{\mathrm{CH}}=\dfrac{1}{2}\overline{\mathrm{BC}}=\dfrac{1}{2}a$이므로 직각삼각형 ABH에서 피타고라스 정리에 의하여

$\overline{\mathrm{AH}}=\sqrt{\overline{\mathrm{AB}}^2-\overline{\mathrm{BH}}^2}=\sqrt{a^2-\left(\dfrac{1}{2}a\right)^2}=\dfrac{\sqrt{3}}{2}a$

STEP Ⓑ **점과 직선 사이의 거리 공식을 이용하여 a의 값 구하기**

점 A(1, 3)과 직선 $x-y-1=0$ 사이의 거리가 선분 AH의 길이와 같으므로

$\overline{\mathrm{AH}}=\dfrac{|1-3-1|}{\sqrt{1^2+(-1)^2}}=\dfrac{3}{\sqrt{2}}=\dfrac{3\sqrt{2}}{2}$ ⋯⋯ ㉡

㉠, ㉡에 의하여 $\dfrac{\sqrt{3}}{2}a=\dfrac{3\sqrt{2}}{2}$, $\sqrt{3}a=3\sqrt{2}$ ∴ $a=\sqrt{6}$

따라서 정삼각형 ABC의 한 변의 길이는 $\sqrt{6}$

내/신/연/계/ 출제문항 123

점 A(−3, 3)과 직선 $y=2x-1$ 위의 두 점 B, C를 꼭짓점으로 하는 삼각형 ABC가 정삼각형일 때, 이 정삼각형의 한 변의 길이는?

① $\dfrac{3\sqrt{15}}{5}$ ② $\dfrac{4\sqrt{15}}{3}$ ③ $\dfrac{5\sqrt{15}}{3}$

④ $2\sqrt{15}$ ⑤ $3\sqrt{15}$

STEP Ⓐ **정삼각형의 한 변의 길이를 a라 할 때, 높이를 a로 나타내기**

정삼각형 ABC의 한 변의 길이를 a라 하자.

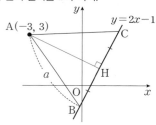

점 A(−3, 3)에서 직선 $y=2x-1$에 내린 수선의 발을 H라고 하면

$\overline{\mathrm{AH}}$는 정삼각형 ABC의 높이이므로 $\overline{\mathrm{AH}}=\dfrac{\sqrt{3}}{2}a$ ⋯⋯ ㉠

$\overline{\mathrm{BH}}=\overline{\mathrm{CH}}=\dfrac{1}{2}\overline{\mathrm{BC}}=\dfrac{1}{2}a$이므로 직각삼각형 ABH에서 피타고라스 정리에 의하여

$\overline{\mathrm{AH}}=\sqrt{\overline{\mathrm{AB}}^2-\overline{\mathrm{BH}}^2}=\sqrt{a^2-\left(\dfrac{1}{2}a\right)^2}=\dfrac{\sqrt{3}}{2}a$

STEP Ⓑ **점과 직선 사이의 거리 공식을 이용하여 a의 값 구하기**

점 A(−3, 3)과 직선 $2x-y-1=0$ 사이의 거리가 선분 AH의 길이와 같으므로

$\overline{\mathrm{AH}}=\dfrac{|2\times(-3)-3-1|}{\sqrt{2^2+(-1)^2}}=\dfrac{10}{\sqrt{5}}=2\sqrt{5}$ ⋯⋯ ㉡

㉠, ㉡에 의하여 $\dfrac{\sqrt{3}}{2}a=2\sqrt{5}$, $\sqrt{3}a=4\sqrt{5}$ ∴ $a=\dfrac{4\sqrt{15}}{3}$

따라서 정삼각형 ABC의 한 변의 길이는 $\dfrac{4\sqrt{15}}{3}$

정답 ②

0235

정답 ⑤

STEP Ⓐ **정삼각형의 한 변의 길이를 a라 할 때, 높이를 a로 나타내기**

정삼각형 ABC의 한 변의 길이를 a라 하자.

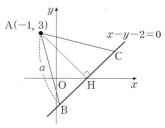

점 A(−1, 3)에서 직선 $x-y-2=0$에 내린 수선의 발을 H라고 하면

$\overline{\mathrm{AH}}$는 정삼각형 ABC의 높이이므로 $\overline{\mathrm{AH}}=\dfrac{\sqrt{3}}{2}a$ ⋯⋯ ㉠

$\overline{\mathrm{BH}}=\overline{\mathrm{CH}}=\dfrac{1}{2}\overline{\mathrm{BC}}=\dfrac{1}{2}a$이므로 직각삼각형 ABH에서 피타고라스 정리에 의하여

$\overline{\mathrm{AH}}=\sqrt{\overline{\mathrm{AB}}^2-\overline{\mathrm{BH}}^2}=\sqrt{a^2-\left(\dfrac{1}{2}a\right)^2}=\dfrac{\sqrt{3}}{2}a$

STEP Ⓑ **점과 직선 사이의 거리 공식을 이용하여 a의 값 구하기**

점 A(−1, 3)과 직선 $x-y-2=0$ 사이의 거리가 선분 AH의 길이와 같으므로

$\overline{\mathrm{AH}}=\dfrac{|-1-3-2|}{\sqrt{1^2+(-1)^2}}=\dfrac{6}{\sqrt{2}}=3\sqrt{2}$ ⋯⋯ ㉡

㉠, ㉡에 의하여 $\dfrac{\sqrt{3}}{2}a=3\sqrt{2}$, $\sqrt{3}a=6\sqrt{2}$ ∴ $a=2\sqrt{6}$

따라서 정삼각형 ABC의 넓이는 $\dfrac{\sqrt{3}}{4}a^2=\dfrac{\sqrt{3}}{4}\times(2\sqrt{6})^2=6\sqrt{3}$

0236 2023년 09월 고1 학력평가 14번

정답 ⑤

STEP Ⓐ **두 점을 지나는 직선 l의 방정식 구하기**

두 점 (6, 0), (0, 3)을 지나는 직선 l의 방정식은

$\dfrac{x}{6}+\dfrac{y}{3}=1$, 즉 $l : x+2y-6=0$

STEP Ⓑ **점과 직선 사이의 거리 공식을 이용하여 양수 a의 값 구하기**

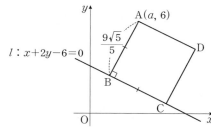

정사각형 ABCD의 넓이가 $\dfrac{81}{5}$이므로 한 변의 길이 $\overline{\mathrm{AB}}=\dfrac{9\sqrt{5}}{5}$

점 A(a, 6)과 직선 $l : x+2y-6=0$ 사이의 거리는

선분 AB의 길이와 같으므로

$\dfrac{|a+2\times 6-6|}{\sqrt{1^2+2^2}}=\dfrac{|a+6|}{\sqrt{5}}=\dfrac{9\sqrt{5}}{5}$

즉 $|a+6|=9$이므로 $a+6=\pm 9$ ← $|x|=a\ (a>0)$에서 $x=\pm a$

∴ $a=3$ 또는 $a=-15$

따라서 $a>0$이므로 $a=3$

내/신/연/계 출제문항 124

오른쪽 그림과 같이 좌표평면 위에 점 $A(a, 5)$ $(a>0)$과 두 점 $(4, 0), (0, 2)$를 지나는 직선 l이 있다. 직선 l 위의 서로 다른 두 점 B, C와 제1사분면 위의 점 D를 사각형 ABCD가 정사각형이 되도록 잡는다. 정사각형 ABCD의 넓이가 $\dfrac{64}{5}$일 때, a의 값은?

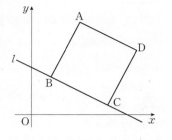

① 2   ② $\dfrac{5}{2}$ ③ 3

④ $\dfrac{7}{2}$ ⑤ 4

STEP Ⓐ 두 점을 지나는 직선 l의 방정식 구하기

두 점 $(4, 0), (0, 2)$를 지나는 직선 l의 방정식은

$\dfrac{x}{4}+\dfrac{y}{2}=1$, 즉 $l : x+2y-4=0$

STEP Ⓑ 점과 직선 사이의 거리 공식을 이용하여 양수 a의 값 구하기

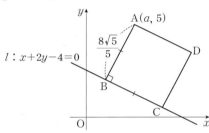

정사각형 ABCD의 넓이가 $\dfrac{64}{5}$이므로 한 변의 길이 $\overline{AB}=\dfrac{8\sqrt{5}}{5}$

점 $A(a, 5)$과 직선 $l : x+2y-4=0$ 사이의 거리는
선분 AB의 길이와 같으므로

$\dfrac{|a+2\times 5-4|}{\sqrt{1^2+2^2}}=\dfrac{|a+6|}{\sqrt{5}}=\dfrac{8\sqrt{5}}{5}$

즉 $|a+6|=8$이므로 $a+6=\pm 8$ ← $|x|=a\,(a>0)$에서 $x=\pm a$

∴ $a=2$ 또는 $a=-14$

따라서 $a>0$이므로 $a=2$ 정답 ①

0237   2016년 03월 고2 학력평가 나형 18번   정답 ①

해설강의

STEP Ⓐ 삼각형 OAB의 무게중심 G의 좌표를 이용하여 a, b 사이의 관계식 구하기

세 점 $O(0, 0), A(8, 4), B(7, a)$를 꼭짓점으로 하는 삼각형 OAB의

무게중심 G의 좌표는 $\left(\dfrac{0+8+7}{3}, \dfrac{0+4+a}{3}\right)$, 즉 $G\left(5, \dfrac{4+a}{3}\right)$

이 점은 $G(5, b)$와 일치하므로 $b=\dfrac{4+a}{3}$ ...... ㉠

STEP Ⓑ 점 G와 직선 OA 사이의 거리를 이용하여 a, b의 값 구하기

두 점 $O(0, 0), A(8, 4)$를 지나는
직선 OA의 방정식은

$y-0=\dfrac{4-0}{8-0}(x-0)$, 즉 $x-2y=0$

이때 점 $G(5, b)$와 직선 $x-2y=0$
사이의 거리가 $\sqrt{5}$이므로

$\dfrac{|5-2\times b|}{\sqrt{1^2+(-2)^2}}=\sqrt{5}$,

$\dfrac{|5-2b|}{\sqrt{5}}=\sqrt{5}$, $|5-2b|=5$ ← $|x|=a\,(a>0)$에서 $x=\pm a$

B(7, 11)

G(5, 5)

$\sqrt{5}$

A(8, 4)

$x-2y=0$

$5-2b=5$ 또는 $5-2b=-5$

∴ $b=0$ 또는 $b=5$

그런데 $a>0$이므로 ㉠에서 $b>\dfrac{4}{3}$ ← $\dfrac{4+a}{3}>\dfrac{4+0}{3}, b>\dfrac{4}{3}$

즉 $b=5$를 ㉠에 대입하면 $5=\dfrac{4+a}{3}$, $a+4=15$이므로 $a=11$

따라서 $a+b=11+5=16$

내/신/연/계 출제문항 125

오른쪽 그림과 같이 좌표평면에 세 점 $O(0, 0), A(6, 3), B(9, a)$와 삼각형 OAB의 무게중심 $G(5, b)$가 있다. 점 G와 직선 OA 사이의 거리가 $\sqrt{5}$일 때, $a+b$의 값은? (단, a는 양수이다.)

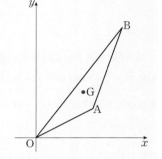

① 16   ② 17

③ 18   ④ 19

⑤ 20

STEP Ⓐ 삼각형 OAB의 무게중심 G의 좌표를 이용하여 a, b 사이의 관계식 구하기

세 점 $O(0, 0), A(6, 3), B(9, a)$를 꼭짓점으로 하는 삼각형 OAB의

무게중심 G의 좌표는 $\left(\dfrac{0+6+9}{3}, \dfrac{0+3+a}{3}\right)$, 즉 $G\left(5, \dfrac{3+a}{3}\right)$

이 점은 $G(5, b)$와 일치하므로 $b=\dfrac{3+a}{3}$ ...... ㉠

STEP Ⓑ 점 G와 직선 OA 사이의 거리를 이용하여 a, b의 값 구하기

두 점 $O(0, 0), A(6, 3)$을 지나는 직선 OA의 방정식은

$y-0=\dfrac{3-0}{6-0}(x-0)$, 즉 $x-2y=0$

이때 점 $G(5, b)$와 직선 $x-2y=0$ 사이의 거리가 $\sqrt{5}$이므로

$\dfrac{|5-2\times b|}{\sqrt{1^2+(-2)^2}}=\sqrt{5}$, $\dfrac{|5-2b|}{\sqrt{5}}=\sqrt{5}$, $|5-2b|=5$

$5-2b=5$ 또는 $5-2b=-5$

∴ $b=0$ 또는 $b=5$

그런데 $a>0$이므로 ㉠에서 $b>1$ ← $\dfrac{3+a}{3}>\dfrac{3+0}{3}, b>1$

즉 $b=5$를 ㉠에 대입하면 $5=\dfrac{3+a}{3}$, $3+a=15$이므로 $a=12$

따라서 $a+b=12+5=17$ 정답 ②

0238   정답 ③

STEP Ⓐ 점과 직선 사이의 거리 공식을 이용하여 k의 값 구하기

점 $(2, -1)$과 직선 $4x+3y+k=0$ 사이의 거리가 2이므로

$\dfrac{|4\times 2+3\times (-1)+k|}{\sqrt{4^2+3^2}}=\dfrac{|k+5|}{5}=2$

즉 $|k+5|=10$이므로 $k+5=\pm 10$

∴ $k=-15$ 또는 $k=5$

따라서 구하는 k의 값의 합은 $-15+5=-10$

0239

STEP Ⓐ **삼각형의 넓이를 이용하여 a, b 사이의 관계식 구하기**

양수 a, b에 대하여 직선 $\dfrac{x}{a}+\dfrac{y}{b}=1$과 ← x절편이 a, y절편이 b

x축, y축으로 둘러싸인 부분의 넓이가

8이므로 $\dfrac{1}{2}ab=8$

$\therefore ab=16$ ⋯⋯ ㉠

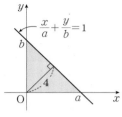

STEP Ⓑ **점과 직선 사이의 거리 공식을 이용하여 $a+b$의 값 구하기**

직선 $\dfrac{x}{a}+\dfrac{y}{b}=1$에서 $bx+ay-ab=0$

원점 $O(0, 0)$과 직선 $bx+ay-ab=0$ 사이의 거리가 4이므로

$\dfrac{|-ab|}{\sqrt{b^2+a^2}}=4$

㉠을 대입하면 $\dfrac{16}{\sqrt{a^2+b^2}}=4$, $\sqrt{a^2+b^2}=4$

$\therefore a^2+b^2=16$ ⋯⋯ ㉡

㉠, ㉡에서 $(a+b)^2=a^2+b^2+2ab=16+2\times16=48$

따라서 $a>0$, $b>0$이므로 $a+b=4\sqrt{3}$

 내/신/연/계 출제문항 **126**

오른쪽 그림과 같이 직선 $\dfrac{x}{a}+\dfrac{y}{b}=1$과

x축, y축으로 둘러싸인 넓이가 10이다.

원점과 직선 사이의 거리가 5가 되도록

두 양수 a, b에 대하여 $a+b$의 값은?

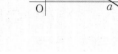

① $4\sqrt{3}$ ② $2\sqrt{13}$

③ $2\sqrt{14}$ ④ $2\sqrt{15}$

⑤ 8

STEP Ⓐ **삼각형의 넓이를 이용하여 a, b 사이의 관계식 구하기**

양수 a, b에 대하여 직선 $\dfrac{x}{a}+\dfrac{y}{b}=1$과 x축, y축으로 둘러싸인 넓이가 10이므로

$\dfrac{1}{2}ab=10$ $\therefore ab=20$ ⋯⋯ ㉠

STEP Ⓑ **점과 직선 사이의 거리 공식을 이용하여 $a+b$의 값 구하기**

직선 $\dfrac{x}{a}+\dfrac{y}{b}=1$에서 $bx+ay-ab=0$

원점 $O(0, 0)$과 직선 $bx+ay-ab=0$ 사이의 거리가 5이므로

$\dfrac{|-ab|}{\sqrt{b^2+a^2}}=5$

㉠을 대입하면 $\dfrac{20}{\sqrt{a^2+b^2}}=5$, $\sqrt{a^2+b^2}=4$

$\therefore a^2+b^2=16$ ⋯⋯ ㉡

㉠, ㉡에 의하여

$(a+b)^2=a^2+b^2+2ab=16+2\times20=56$

따라서 $a>0$, $b>0$이므로 $a+b=2\sqrt{14}$ 정답 ③

0240

STEP Ⓐ **점과 직선 사이의 거리 공식을 이용하여 a의 값 구하기**

점 $(3, 2)$에서 두 직선 $x-y+1=0$, $x+3y+a=0$에 이르는 거리가 같으므로

$\dfrac{|3-2+1|}{\sqrt{1^2+(-1)^2}}=\dfrac{|3+3\times2+a|}{\sqrt{1^2+3^2}}$

즉 $\dfrac{2}{\sqrt{2}}=\dfrac{|9+a|}{\sqrt{10}}$, $2\sqrt{5}=|a+9|$이므로 $a+9=\pm2\sqrt{5}$

$\therefore a=-9\pm2\sqrt{5}$

따라서 구하는 a의 값의 곱은 $(-9+2\sqrt{5})(-9-2\sqrt{5})=(-9)^2-(2\sqrt{5})^2=61$

 내/신/연/계 출제문항 **127**

점 $(0, k)$에서 두 직선 $x+2y-5=0$, $2x-y-2=0$에 이르는 거리가 같도록 하는 모든 실수 k의 값의 합은?

① 4 ② 5 ③ 6

④ 7 ⑤ 8

STEP Ⓐ **점과 직선 사이의 거리 공식을 이용하여 k의 값 구하기**

점 $(0, k)$에서 두 직선 $x+2y-5=0$, $2x-y-2=0$에 이르는 거리가 같으므로

$\dfrac{|0+2\times k-5|}{\sqrt{1^2+2^2}}=\dfrac{|2\times0-k-2|}{\sqrt{2^2+(-1)^2}}$

즉 $|2k-5|=|-k-2|$이므로 $2k-5=\pm(-k-2)$

$\therefore k=1$ 또는 $k=7$

따라서 실수 k의 값의 합은 $1+7=8$ 정답 ⑤

0241

STEP Ⓐ **직선 $(k+1)x-(k-3)y+k-15=0$이 항상 지나는 점 구하기**

직선 $(k+1)x-(k-3)y+k-15=0$을 k에 대하여 정리하면

$(x-y+1)k+x+3y-15=0$ ⋯⋯ ㉠

등식 ㉠이 k의 값에 관계없이 항상 성립하므로 k에 대한 항등식이다.

항등식의 성질에 의하여 $x-y+1=0$, $x+3y-15=0$

위의 두 식을 연립하여 풀면 $x=3$, $y=4$

즉 직선 ㉠은 실수 m의 값에 관계없이 항상 점 $A(3, 4)$를 지난다.

STEP Ⓑ **점과 직선 사이의 거리를 이용하여 m의 값 구하기**

점 $A(3, 4)$와 직선 $2x-y+m=0$ 사이의 거리가 $\sqrt{5}$이므로

$\dfrac{|2\times3-1\times4+m|}{\sqrt{2^2+(-1)^2}}=\dfrac{|m+2|}{\sqrt{5}}=\sqrt{5}$

즉 $|m+2|=5$이므로 $m+2=\pm5$ $\therefore m=-7$ 또는 $m=3$

따라서 m의 값의 합은 $-7+3=-4$

내/신/연/계 출제문항 **128**

직선 $(1+2k)x-(2+3k)y+6+8k=0$은 실수 k의 값에 관계없이 항상 점 A를 지난다. 점 A를 지나고 점 $(1, 2)$와의 거리가 1인 직선의 방정식이 $ax+by+10=0$일 때, 상수 a, b에 대하여 $a-b$의 값은?

① 6 ② 7 ③ 8

④ 9 ⑤ 10

STEP Ⓐ **직선 $(1+2k)x-(2+3k)y+6+8k=0$이 항상 지나는 점 구하기**

직선 $(1+2k)x-(2+3k)y+6+8k=0$을 k에 대하여 정리하면

$(2x-3y+8)k+x-2y+6=0$ ⋯⋯ ㉠

등식 ㉠이 k의 값에 관계없이 항상 성립하므로 k에 대한 항등식이다.
항등식의 성질에 의하여 $2x-3y+8=0$, $x-2y+6=0$
위의 두 식을 연립하여 풀면 $x=2$, $y=4$
즉 직선 ㉠은 실수 k의 값에 관계없이 항상 점 $A(2, 4)$를 지난다.

STEP **B** **점과 직선 사이의 거리를 구하는 공식을 이용하여 식 세우기**

점 $A(2, 4)$를 지나고 기울기가 m인 직선의 방정식은
$y-4=m(x-2)$, 즉 $mx-y-2m+4=0$
점 $(1, 2)$와 직선 $mx-y-2m+4=0$ 사이의 거리가 1이므로
$$\frac{|m\times 1-2-2m+4|}{\sqrt{m^2+(-1)^2}}=1, \ |-m+2|=\sqrt{m^2+1}$$
양변을 제곱하면 $m^2-4m+4=m^2+1$, $4m=3$ $\therefore m=\dfrac{3}{4}$

$m=\dfrac{3}{4}$을 $mx-y-2m+4=0$에 대입하면 $\dfrac{3}{4}x-y-\dfrac{3}{2}+4=0$
$\therefore 3x-4y+10=0$

STEP **C** **$a-b$의 값 구하기**

따라서 $a=3$, $b=-4$이므로 $a-b=3-(-4)=7$
정답 ②

0242
2024년 09월 고1 학력평가 13번
정답 ③

STEP **A** **한 점과 기울기가 주어진 직선의 방정식 구하기**

점 $(1, 3)$을 지나고 기울기가 k인 직선 l의 방정식은 $y-3=k(x-1)$
$l : y=kx-k+3$

STEP **B** **점과 직선 사이의 거리를 이용하여 k의 값 구하기**

원점 $(0, 0)$과 직선 $kx-y-k+3=0$ 사이의 거리가 $\sqrt{5}$이므로
$$\frac{|-k+3|}{\sqrt{k^2+(-1)^2}}=\sqrt{5}, \ |-k+3|=\sqrt{5k^2+5}$$
양변을 제곱하여 정리하면 $2k^2+3k-2=0$, $(k+2)(2k-1)=0$
$\therefore k=-2$ 또는 $k=\dfrac{1}{2}$

따라서 $k>0$이므로 $k=\dfrac{1}{2}$

내/신/연/계/ 출제문항 129

점 $(-5, 2)$를 지나고 기울기가 k인 직선 l이 있다. 원점과 직선 l 사이의
거리가 $\sqrt{5}$일 때, 모든 실수 k의 값의 합은?

① -1 ② -2 ③ -3
④ -4 ⑤ -5

STEP **A** **한 점과 기울기가 주어진 직선의 방정식 구하기**

점 $(-5, 2)$를 지나고 기울기가 k인 직선 l의 방정식은 $y-2=k\{x-(-5)\}$
$l : y=kx+5k+2$

STEP **B** **점과 직선 사이의 거리를 이용하여 k의 값 구하기**

원점 $(0, 0)$과 직선 $kx-y+5k+2=0$ 사이의 거리가 $\sqrt{5}$이므로
$$\frac{|5k+2|}{\sqrt{k^2+(-1)^2}}=\sqrt{5}, \ |5k+2|=\sqrt{5k^2+5}$$
양변을 제곱하여 정리하면 $20k^2+20k-1=0$
따라서 이차방정식 $20k^2+20k-1=0$의 근과 계수의 관계에 의하여
두 근의 합은 $-\dfrac{20}{20}=-1$
정답 ①

0243
2019년 03월 고2 학력평가 가형 17번
정답 ③

STEP **A** **점과 직선 사이의 거리와 $\overline{BH}=\overline{BI}$임을 이용하여 점 B의 좌표 구하기**

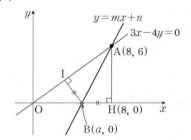

두 점 $O(0, 0)$, $A(8, 6)$을 지나는 직선 OA의 방정식은
$y-0=\dfrac{6-0}{8-0}(x-0)$, 즉 $3x-4y=0$
점 $A(8, 6)$에서 x축에 내린 수선의 발을 $H(8, 0)$
점 B의 좌표를 $(a, 0)$ $(0<a<8)$이라 하면
$\overline{BH}=8-a$
점 $B(a, 0)$과 직선 $3x-4y=0$ 사이의 거리, 즉 선분 BI의 길이는
$$\overline{BI}=\frac{|3\times a-4\times 0|}{\sqrt{3^2+(-4)^2}}=\frac{3a}{5}$$
이때 $\overline{BH}=\overline{BI}$이므로 $8-a=\dfrac{3a}{5}$, $8a=40$
$\therefore a=5$
즉 점 B의 좌표는 $B(5, 0)$

+α | **두 삼각형이 서로 닮음임을 이용하여 구할 수 있어!**

점 $A(8, 6)$에서 x축에 내린 수선의 발을 $H(8, 0)$
직각삼각형 OHA에서 피타고라스 정리에 의하여
$\overline{OA}=\sqrt{\overline{AH}^2+\overline{OH}^2}=\sqrt{6^2+8^2}=10$ ← $\overline{AH}=6$, $\overline{OH}=8$
$\overline{BH}=\overline{BI}=x$라 하면 $\overline{OB}=\overline{OH}-\overline{BH}=8-x$ ← $B(8-x, 0)$
두 삼각형 OBI와 OAH가 서로 닮음이고
$\angle BIO=\angle AHO=90°$이고 $\angle AOH$는 공통이므로 $\triangle OBI \backsim \triangle OAH(AA닮음)$
닮음비는 $\overline{OB}:\overline{BI}=\overline{OA}:\overline{AH}$
즉 $(8-x):x=10:6$, $10x=48-6x$, $16x=48$ $\therefore x=3$
이때 $\overline{OB}=8-3=5$이므로 점 B의 좌표는 $B(5, 0)$

+α | **각의 이등분선의 성질을 이용하여 구할 수 있어!**

점 $A(8, 6)$에서 x축에 내린 수선의
발을 $H(8, 0)$
직각삼각형 OAH에서
피타고라스 정리에 의하여
$\overline{OA}=\sqrt{\overline{AH}^2+\overline{OH}^2}=\sqrt{6^2+8^2}=10$
$\overline{BH}=\overline{BI}=a$라 하면
$\overline{OB}=\overline{OH}-\overline{BH}=8-a$
두 삼각형 AIB와 AHB가 합동이므로
$\overline{BI}=\overline{BH}$, $\angle AIB=\angle AHB=90°$이고
$\overline{AB}$가 공통이므로 $\triangle AIB \equiv \triangle AHB(RHS합동)$
$\angle BAI=\angle BAH$
이때 각의 이등분선의 성질에 의하여 $\overline{AO}:\overline{AH}=\overline{OB}:\overline{BH}$
　삼각형 ABC에서 $\angle A$의 이등분선이 변 BC와 만나는 점을 점 D라 하면
　➡ $\overline{AB}:\overline{AC}=\overline{BD}:\overline{DC}$
즉 $10:6=(8-a):a$, $10a=48-6a$, $16a=48$ $\therefore a=3$
이때 $\overline{OB}=8-3=5$이므로 점 B의 좌표는 $B(5, 0)$

STEP **B** **직선 AB의 방정식 구하기**

두 점 $A(8, 6)$, $B(5, 0)$을 지나는 직선 AB의 방정식은
$y-0=\dfrac{6-0}{8-5}(x-5)$, 즉 $y=2x-10$
따라서 $m=2$, $n=-10$이므로 $m+n=-8$

다른풀이 이등변삼각형 AOC에서 점 C의 좌표를 이용하여 풀이하기

STEP A 이등변삼각형 AOC에서 점 C의 좌표 구하기

점 A(8, 6)에서 x축에 내린 수선의
발을 H(8, 0)
점 B의 좌표를 $(a, 0)$ $(0<a<8)$
이라 하고 직선 $y=mx+n$과
y축과의 교점을 C라 하자.
두 직선 OC, AH가 서로 평행하므로
$\angle BCO = \angle BAH$ (엇각)
두 직각삼각형 AIB와 AHB는
서로 합동이므로 $\angle BAI = \angle BAH$
이때 삼각형 AOC에서
$\angle OAC = \angle OCA$이므로
$\overline{OC} = \overline{OA} = \sqrt{8^2+6^2} = 10$
즉 점 C의 좌표는 C(0, −10)

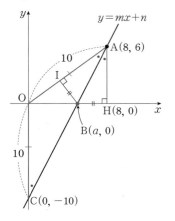

STEP B 직선 AC의 방정식 구하기

두 점 A(8, 6), C(0, −10)을 지나는 직선 AC의 방정식은
$y-(-10) = \dfrac{-10-6}{0-8}(x-0)$, 즉 $y=2x-10$
따라서 $m=2$, $n=-10$이므로 $m+n=-8$

내신연계 출제문항 130

오른쪽 그림과 같이 좌표평면 위의 점
A(9, 12)에서 x축에 내린 수선의 발을
H라 하고 선분 OH 위의 점 B에서 선분
OA에 내린 수선의 발을 I라 하자.
$\overline{BH} = \overline{BI}$일 때, 직선 AB의 방정식은
$y=mx+n$이다. $m+n$의 값은?
(단, O는 원점이고, m, n은 상수이다.)

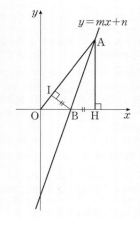

① −11   ② −12
③ −13   ④ −14
⑤ −15

STEP A 점과 직선 사이의 거리와 $\overline{BH}=\overline{BI}$임을 이용하여 점 B의 좌표 구하기

두 점 O(0, 0), A(9, 12)를 지나는
직선 OA의 방정식은
$y-0 = \dfrac{12-0}{9-0}(x-0)$,
즉 $4x-3y=0$
점 A(9, 12)에서 x축에 내린
수선의 발을 점 H(9, 0)
점 B의 좌표를 $(a, 0)$ $(0<a<9)$
이라 하면 $\overline{BH}=9-a$
점 B$(a, 0)$과 직선 $4x-3y=0$
사이의 거리, 즉 선분 BI의 길이는

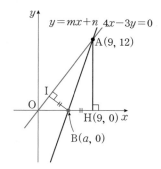

$\overline{BI} = \dfrac{|4\times a - 3\times 0 + 0|}{\sqrt{4^2+(-3)^2}} = \dfrac{4a}{5}$

이때 $\overline{BH}=\overline{BI}$이므로 $9-a = \dfrac{4a}{5}$, $9a=45$

$\therefore a=5$

즉 점 B의 좌표는 B(5, 0)

+α 두 삼각형이 서로 닮음임을 이용하여 구할 수 있어!

점 A(9, 12)에서 x축에 내린 수선의 발을 점 H(9, 0)
직각삼각형 OAH에서 피타고라스 정리에 의하여
즉 $\overline{OA} = \sqrt{\overline{AH}^2 + \overline{OH}^2} = \sqrt{12^2+9^2} = 15$ ← $\overline{AH}=12$, $\overline{OH}=9$
$\overline{BH}=\overline{BI}=x$라 하면 $\overline{OB}=\overline{OH}-\overline{BH}=9-x$ ← B$(9-x, 0)$
두 삼각형 OBI와 OAH가 서로 닮음이고 닮음비는 $\overline{OB} : \overline{BI} = \overline{OA} : \overline{AH}$
$\angle BIO = \angle AHO = 90°$이고 $\angle AOH$는 공통이므로 $\triangle OBI \backsim \triangle OAH$(AA닮음)
즉 $(9-x) : x = 15 : 12$, $15x = 108-12x$, $27x=108$ ∴ $x=4$
이때 $\overline{OB}=9-4=5$이므로 점 B의 좌표는 B(5, 0)

+α 각의 이등분선의 성질을 이용하여 구할 수 있어!

점 A(9, 12)에서 x축에 내린 수선의 발을
점 H(9, 0)
직각삼각형 OAH에서 피타고라스 정리에 의하여
$\overline{OA} = \sqrt{\overline{AH}^2+\overline{OH}^2} = \sqrt{12^2+9^2} = 15$
$\overline{BH}=\overline{BI}=a$라 하면
$\overline{OB}=\overline{OH}-\overline{BH}=9-a$
두 삼각형 AIB와 AHB가 합동이므로
$\overline{BI}=\overline{BH}$, $\angle AIB = \angle AHB = 90°$이고
$\overline{AB}$가 공통이므로 $\triangle AIB \equiv \triangle AHB$ (RHS합동)
$\angle BAI = \angle BAH$
이때 각의 이등분선의 성질에 의하여 $\overline{AO} : \overline{AH} = \overline{OB} : \overline{BH}$
삼각형 ABC에서 $\angle A$의 이등분선이 변 BC와 만나는 점을 점 D라 하면
$\overline{AB} : \overline{AC} = \overline{BD} : \overline{DC}$
즉 $15 : 12 = (9-a) : a$, $108-12a=15a$, $27a=108$ ∴ $a=4$
이때 $\overline{OB}=9-4=5$이므로 점 B의 좌표는 B(5, 0)

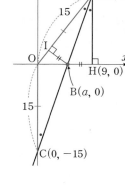

STEP B 직선 AB의 방정식 구하기

두 점 A(9, 12), B(5, 0)을 지나는 직선 AB의 방정식은
$y-0 = \dfrac{0-12}{5-9}(x-5)$, 즉 $y=3x-15$
따라서 $m=3$, $n=-15$이므로 $m+n=-12$

다른풀이 이등변삼각형 AOC에서 점 C의 좌표를 이용하여 풀이하기

STEP A 이등변삼각형 AOC에서 점 C의 좌표 구하기

점 A(9, 12)에서 x축에 내린 수선의
발은 H(9, 0)
점 B의 좌표를 $(a, 0)$ $(0<a<9)$이라
하고 직선 $y=mx+n$과 y축의 교점을
C라 하자.
두 직선 OC, AH가 서로 평행하므로
$\angle BCO = \angle BAH$ (엇각)
두 직각삼각형 AIB와 AHB는
서로 합동이므로 $\angle BAI = \angle BAH$
이때 삼각형 AOC에서
$\angle OAC = \angle OCA$이므로
$\overline{OC} = \overline{OA} = \sqrt{9^2+12^2} = 15$
즉 점 C의 좌표는 C(0, −15)

STEP B 직선 AC의 방정식 구하기

두 점 A(9, 12), C(0, −15)를 지나는 직선 AC의 방정식은
$y-(-15) = \dfrac{-15-12}{0-9}(x-0)$, 즉 $y=3x-15$
따라서 $m=3$, $n=-15$이므로 $m+n=-12$

정답 ②

0244

정답 ③

STEP Ⓐ **직선 $3x-4y=0$과 평행한 직선의 방정식 구하기**

직선 $3x-4y=0$, 즉 $y=\dfrac{3}{4}x$의 기울기가 $\dfrac{3}{4}$

이 직선과 평행한 직선의 기울기도 $\dfrac{3}{4}$

이때 기울기가 $\dfrac{3}{4}$이고 y절편을 k라 하면 직선의 방정식은

$y=\dfrac{3}{4}x+k$, 즉 $3x-4y+4k=0$

STEP Ⓑ **점과 직선 사이의 거리를 이용하여 k의 값 구하기**

점 $(2, 1)$과 직선 $3x-4y+4k=0$ 사이의 거리가 1이므로

$\dfrac{|3\times2-4\times1+4k|}{\sqrt{3^2+(-4)^2}}=1$, $\dfrac{|4k+2|}{5}=1$

즉 $|2+4k|=5$이므로 $2+4k=\pm5$

$\therefore k=\dfrac{3}{4}$ 또는 $k=-\dfrac{7}{4}$

따라서 이 직선의 y절편 중 양수인 것은 $\dfrac{3}{4}$

0245

정답 ③

STEP Ⓐ **직선 $4x-3y-5=0$과 수직인 직선의 방정식 구하기**

직선 $4x-3y-5=0$, 즉 $y=\dfrac{4}{3}x-\dfrac{5}{3}$의 기울기는 $\dfrac{4}{3}$

이 직선과 수직인 직선의 기울기는 $-\dfrac{3}{4}$

이때 기울기가 $-\dfrac{3}{4}$이고 y절편을 k라 하면 직선의 방정식은

$y=-\dfrac{3}{4}x+k$, 즉 $3x+4y-4k=0$

STEP Ⓑ **점과 직선 사이의 거리를 이용하여 k의 값 구하기**

점 $(1, -1)$과 직선 $3x+4y-4k=0$ 사이의 거리가 1이므로

$\dfrac{|3\times1+4\times(-1)-4k|}{\sqrt{3^2+4^2}}=1$, $\dfrac{|-4k-1|}{5}=1$

즉 $|-4k-1|=5$이므로 $-4k-1=\pm5$

$\therefore k=1$ 또는 $k=-\dfrac{3}{2}$

따라서 이 직선의 y절편 중 양수인 것은 1

0246

정답 ④

STEP Ⓐ **직선 $x+3y-2=0$과 수직인 직선의 방정식 세우기**

직선 $x+3y-2=0$, 즉 $y=-\dfrac{1}{3}x+\dfrac{2}{3}$의 기울기는 $-\dfrac{1}{3}$

이 직선과 수직인 직선의 기울기는 3

이때 기울기가 3이고 y절편을 a라 하면 직선의 방정식은

$y=3x+a$, 즉 $3x-y+a=0$ (a는 상수)

STEP Ⓑ **점과 직선 사이의 거리를 이용하여 a의 값 구하기**

원점 $O(0, 0)$과 직선 $3x-y+a=0$ 사이의 거리가 $\sqrt{2}$이므로

$\dfrac{|a|}{\sqrt{3^2+(-1)^2}}=\sqrt{2}$, $\dfrac{|a|}{\sqrt{10}}=\sqrt{2}$, $|a|=2\sqrt{5}$

$\therefore a=\pm2\sqrt{5}$

STEP Ⓒ **제 4사분면을 지나지 않는 직선의 y절편 구하기**

이때 직선이 제 4사분면을 지나지 않으려면 y절편이 양수이어야 하므로
구하는 직선의 방정식은 $y=3x+2\sqrt{5}$

따라서 직선 $y=3x+2\sqrt{5}$의 y절편은 $2\sqrt{5}$

내/신/연/계/ 출제문항 131

직선 $x-2y+6=0$에 수직이고 원점으로부터의 거리가 $\sqrt{3}$인 직선 중
제1사분면을 지나지 않는 직선의 y절편은?

① $-\sqrt{15}$ ② $-\sqrt{10}$ ③ $-\sqrt{5}$

④ $\sqrt{10}$ ⑤ $\sqrt{15}$

STEP Ⓐ **직선 $x-2y+6=0$과 수직인 직선의 방정식 세우기**

직선 $x-2y+6=0$, 즉 $y=\dfrac{1}{2}x+3$의 기울기는 $\dfrac{1}{2}$

이 직선과 수직인 직선의 기울기는 -2

이때 기울기가 -2이고 y절편을 a라 하면 직선의 방정식은

$y=-2x+a$, 즉 $2x+y-a=0$ (a는 상수)

STEP Ⓑ **점과 직선 사이의 거리를 이용하여 a의 값 구하기**

원점 $O(0, 0)$과 직선 $2x+y-a=0$ 사이의 거리가 $\sqrt{3}$이므로

$\dfrac{|-a|}{\sqrt{2^2+1^2}}=\sqrt{3}$, $\dfrac{|-a|}{\sqrt{5}}=\sqrt{3}$, $|-a|=\sqrt{15}$

$\therefore a=\pm\sqrt{15}$

STEP Ⓒ **제 1사분면을 지나지 않는 직선의 y절편 구하기**

이때 직선이 제 1사분면을 지나지 않으려면 y절편이 음수이어야 하므로
구하는 직선의 방정식은 $y=-2x-\sqrt{15}$

따라서 직선 $y=-2x-\sqrt{15}$의 y절편은 $-\sqrt{15}$

정답 ①

0247

정답 ④

STEP Ⓐ **두 직선의 교점을 지나고 직선 $3x-y+2=0$에 수직인 직선의 방정식 구하기**

두 직선 $x-y+1=0$, $x-2y+6=0$을 연립하여 풀면 $x=4$, $y=5$이므로
교점의 좌표는 $(4, 5)$

직선 $3x-y+2=0$, 즉 $y=3x+2$의 기울기는 3이므로

이 직선과 수직인 직선의 기울기는 $-\dfrac{1}{3}$

이때 점 $(4, 5)$를 지나고 기울기가 $-\dfrac{1}{3}$인 직선의 방정식은

$y-5=-\dfrac{1}{3}(x-4)$, 즉 $x+3y-19=0$

+α | 두 직선의 교점을 지나는 직선의 식을 이용하여 구할 수 있어!

두 직선 $x-y+1=0$, $x-2y+6=0$의 교점을 지나는 직선은 실수 k에 대하여
$x-y+1+k(x-2y+6)=0$ (k는 실수)라 하면
$(1+k)x-(1+2k)y+1+6k=0$ ...... ㉠
㉠의 직선이 직선 $3x-y+2=0$과 수직이므로
$3\times(1+k)+(-1)\times(-1-2k)=0$, $5k+4=0$
$\therefore k=-\dfrac{4}{5}$

$k=-\dfrac{4}{5}$를 ㉠의 식에 대입하면 $\dfrac{1}{5}x+\dfrac{3}{5}y-\dfrac{19}{5}=0$
$\therefore x+3y-19=0$

STEP Ⓑ **점과 직선 사이의 거리 공식을 이용하여 거리 구하기**

따라서 직선 $x+3y-19=0$과 점 $(0, 3)$까지의 거리는

$\dfrac{|0+3\times3-19|}{\sqrt{1^2+3^2}}=\dfrac{|-10|}{\sqrt{10}}=\sqrt{10}$

0248

정답 −12

STEP A 두 직선의 교점을 지나는 직선의 방정식 구하기

두 직선 $x-2y+6=0$, $x-y+2=0$을 연립하여 풀면 $x=2$, $y=4$이므로
교점의 좌표는 $(2, 4)$

점 $(2, 4)$를 지나고 기울기를 m이라 하면 직선의 방정식은
$y-4=m(x-2)$, 즉 $mx-y-2m+4=0$ (m은 상수) ······ ㉠

STEP B 점과 직선 사이의 거리를 이용하여 m의 값 구하기

점 $(1, 2)$와 직선 $mx-y-2m+4=0$ 사이의 거리가 1이므로
$$\frac{|m\times 1-2-2m+4|}{\sqrt{m^2+(-1)^2}}=1, \ |-m+2|=\sqrt{m^2+1}$$
양변을 제곱하면 $m^2-4m+4=m^2+1$, $4m=3$ ∴ $m=\dfrac{3}{4}$

STEP C a, b의 값 구하기

$m=\dfrac{3}{4}$을 ㉠에 대입하면 $\dfrac{3}{4}x-y-\dfrac{3}{2}+4=0$, 즉 $3x-4y+10=0$
따라서 $a=3$, $b=-4$이므로 $ab=3\times(-4)=-12$

다른풀이 두 직선의 교점을 지나는 직선을 이용하여 풀이하기

STEP A 두 직선의 교점을 지나는 직선의 방정식 구하기

두 직선 $x-2y+6=0$, $x-y+2=0$의 교점을 지나는 직선의 방정식은
$x-2y+6+k(x-y+2)=0$ (k는 실수)
∴ $(1+k)x-(2+k)y+6+2k=0$ ······ ㉠

STEP B 점과 직선 사이의 거리를 이용하여 k의 값 구하기

점 $(1, 2)$와 직선 ㉠ 사이의 거리가 1이므로
$$\frac{|(1+k)\times 1-(2+k)\times 2+6+2k|}{\sqrt{(1+k)^2+(2+k)^2}}=1, \ |k+3|=\sqrt{2k^2+6k+5}$$
양변을 제곱하면 $k^2+6k+9=2k^2+6k+5$, $k^2=4$
∴ $k=-2$ 또는 $k=2$ ······ ㉡

STEP C ab의 값 구하기

㉡을 ㉠에 대입하여 정리하면 $-x+2=0$ 또는 $3x-4y+10=0$
따라서 $a=3$, $b=-4$이므로 $ab=3\times(-4)=-12$

내신연계 출제문항 132

두 직선 $x-y+1=0$, $x-2y+3=0$의 교점을 지나고 원점으로부터 거리가 1인 직선의 방정식을 $ax+by+5=0$이라 할 때, 상수 a, b에 대하여 $a+b$의 값은? (단, $ab\ne 0$)

① -5 ② -4 ③ -3
④ -2 ⑤ -1

STEP A 두 직선의 교점을 지나는 직선의 방정식 구하기

두 직선 $x-y+1=0$, $x-2y+3=0$을 연립하여 풀면 $x=1$, $y=2$이므로
교점의 좌표는 $(1, 2)$

점 $(1, 2)$를 지나고 기울기를 m이라 하면 직선의 방정식은
$y-2=m(x-1)$, 즉 $mx-y-m+2=0$ ······ ㉠

STEP B 점과 직선 사이의 거리를 이용하여 m의 값 구하기

원점 $O(0, 0)$과 직선 $mx-y-m+2=0$ 사이의 거리가 1이므로
$$\frac{|-m+2|}{\sqrt{m^2+(-1)^2}}=1, \ |-m+2|=\sqrt{m^2+1}$$
양변을 제곱하면 $m^2-4m+4=m^2+1$, $4m=3$ ∴ $m=\dfrac{3}{4}$

STEP C a, b의 값 구하기

$m=\dfrac{3}{4}$을 ㉠에 대입하면 $\dfrac{3}{4}x-y-\dfrac{3}{4}+2=0$, 즉 $3x-4y+5=0$

따라서 $a=3$, $b=-4$이므로 $a+b=3+(-4)=-1$

다른풀이 두 직선의 교점을 지나는 직선을 이용하여 풀이하기

STEP A 두 직선의 교점을 지나는 직선의 방정식을 세우기

두 직선 $x-y+1=0$, $x-2y+3=0$의 교점을 지나는 직선의 방정식은
$x-y+1+k(x-2y+3)=0$ (k는 실수)
∴ $(1+k)x-(1+2k)y+1+3k=0$ ······ ㉠

STEP B 점과 직선 사이의 거리를 이용하여 k의 값 구하기

원점 $O(0, 0)$과 직선 ㉠ 사이의 거리가 1이므로
$$\frac{|1+3k|}{\sqrt{(1+k)^2+(1+2k)^2}}=1, \ |1+3k|=\sqrt{5k^2+6k+2}$$
양변을 제곱하면 $9k^2+6k+1=5k^2+6k+2$, $4k^2=1$, $k^2=\dfrac{1}{4}$
∴ $k=-\dfrac{1}{2}$ 또는 $k=\dfrac{1}{2}$ ······ ㉡

STEP C $a+b$의 값 구하기

㉡을 ㉠에 대입하여 정리하면 $x=1$ 또는 $3x-4y+5=0$
따라서 $a=3$, $b=-4$이므로 $a+b=3+(-4)=-1$ 정답 ⑤

0249

2021년 09월 고1 학력평가 19번 · 정답 ⑤

STEP A 조건 (가)를 이용하여 점 R의 좌표 구하기

두 점 $P(-1, -3)$, $R(b, b-2)$에 대하여
$\overline{PR}=\sqrt{\{b-(-1)\}^2+\{(b-2)-(-3)\}^2}=\sqrt{2(b+1)^2}$
원점 $O(0, 0)$과 직선 $y=x-2$, 즉 $x-y-2=0$ 사이의 거리를 d라 하면
$$d=\frac{|-2|}{\sqrt{1^2+(-1)^2}}=\frac{2}{\sqrt{2}}=\sqrt{2}$$

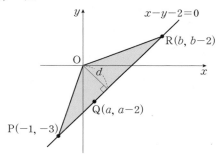

조건 (가)에 의하여
삼각형 OPR의 넓이는 $\dfrac{1}{2}\times\overline{PR}\times d=\dfrac{1}{2}\times\sqrt{2(b+1)^2}\times\sqrt{2}=3\sqrt{2}$
즉 $\sqrt{2(b+1)^2}=6$
양변을 제곱하면 $2(b+1)^2=36$, $(b+1)^2=18$, $b+1=\pm 3\sqrt{2}$
∴ $b=3\sqrt{2}-1$ 또는 $b=-3\sqrt{2}-1$
그런데 $b>-1$이므로 $b=3\sqrt{2}-1$
즉 점 R의 좌표는 $R(3\sqrt{2}-1, 3\sqrt{2}-3)$

STEP B 조건 (나)를 이용하여 점 Q의 좌표 구하기

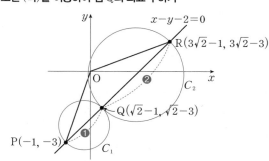

선분 PQ를 지름으로 하는 원이 C_1, 선분 QR을 지름으로 하는 원이 C_2이므로
조건 (나)에 의하여 $\overline{PQ}:\overline{QR}=1:2$

> 서로 닮음인 두 도형의 닮음비가 $m:n$이면 두 도형의 넓이의 비는 $m^2:n^2$

즉 두 점 $P(-1,-3)$, $R(3\sqrt{2}-1,\ 3\sqrt{2}-3)$에 대하여
선분 PR을 $1:2$로 내분하는 점 Q의 좌표는
$$\left(\frac{1\times(3\sqrt{2}-1)+2\times(-1)}{1+2},\ \frac{1\times(3\sqrt{2}-3)+2\times(-3)}{1+2}\right),$$
즉 $Q(\sqrt{2}-1,\ \sqrt{2}-3)$　$\therefore a=\sqrt{2}-1$
따라서 $a+b=(\sqrt{2}-1)+(3\sqrt{2}-1)=4\sqrt{2}-2$

┌─ **+α** │ 내분점과 두 점 사이의 거리 공식을 이용하여 a의 값을 구할 수 있어!

$b=3\sqrt{2}-1$을 $\overline{PR}=\sqrt{2(b+1)^2}$에 대입하면 $\overline{PR}=\sqrt{2\times(3\sqrt{2})^2}=6$
조건 (나)에 의하여 점 Q는 선분 PR을 $1:2$로 내분하는 점이므로
$\overline{PQ}=\frac{1}{3}\times\overline{PR}=\frac{1}{3}\times6=2$
두 점 $P(-1,-3)$, $Q(a,a-2)$에 대하여
$\overline{PQ}=\sqrt{\{a-(-1)\}^2+\{(a-2)-(-3)\}^2}=\sqrt{2(a+1)^2}$, 즉 $\sqrt{2(a+1)^2}=2$
양변을 제곱하여 정리하면 $2(a+1)^2=4$, $(a+1)^2=2$, $a+1=\pm\sqrt{2}$
$\therefore a=\sqrt{2}-1$ 또는 $a=-\sqrt{2}-1$
그런데 $a>-1$이므로 $a=\sqrt{2}-1$

다른풀이 직각이등변삼각형을 이용하여 풀이하기

STEP A **직각이등변삼각형 PSR을 이용하여 b의 값 구하기**

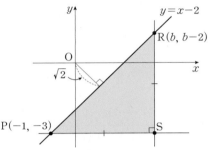

점 P를 지나면서 x축에 평행한 직선과 점 R을 지나면서 y축에 평행한 직선의
교점을 점 S라 하자.
직선 $y=x-2$의 기울기가 1이고 이 직선 위에 두 점 P, R이 존재하므로

직각삼각형 PSR에서 $\tan(\angle RPS)=\dfrac{\overline{SR}}{\overline{PS}}=1$　← 기울기가 1이므로 $\tan(\angle RPS)=1$ 즉 $\angle RPS$는 45°

즉 삼각형 PSR은 $\overline{PS}=\overline{SR}$인 직각이등변삼각형이므로
$\overline{PS}:\overline{PR}=1:\sqrt{2}$　……㉠
원점 $O(0,0)$과 직선 $y=x-2$, 즉 $x-y-2=0$ 사이의 거리를 d라 하면
$d=\dfrac{|-2|}{\sqrt{1^2+(-1)^2}}=\dfrac{2}{\sqrt{2}}=\sqrt{2}$
조건 (가)에 의하여 삼각형 OPR의 넓이는 $\dfrac{1}{2}\times\overline{PR}\times d=\dfrac{\sqrt{2}}{2}\times\overline{PR}=3\sqrt{2}$
$\therefore \overline{PR}=6$
이를 ㉠에 대입하면 $\overline{PS}:6=1:\sqrt{2}$, $\sqrt{2}\times\overline{PS}=6$　$\therefore \overline{PS}=3\sqrt{2}$
이때 두 점 S, R의 x좌표가 b로 동일하므로 선분 PS의 길이는
$\overline{PS}=b-(-1)=3\sqrt{2}$　$\therefore b=3\sqrt{2}-1$

STEP B **직각이등변삼각형 PTQ를 이용하여 a의 값 구하기**

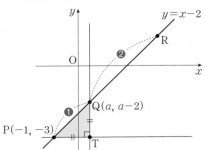

점 P를 지나면서 x축에 평행한 직선과 점 Q를 지나면서 y축에 평행한 직선의
교점을 점 T라 하자.
직선 $y=x-2$의 기울기가 1이고 이 직선 위에 두 점 P, Q가 존재하므로

직각삼각형 PTQ에서 $\tan(\angle QPT)=\dfrac{\overline{TQ}}{\overline{PT}}=1$

즉 삼각형 PTQ은 $\overline{PT}=\overline{TQ}$인 직각이등변삼각형이므로
$\overline{PT}:\overline{PQ}=1:\sqrt{2}$　……㉡
조건 (나)에 의하여 점 Q는 선분 PR을 $1:2$로 내분하는 점이므로
$\overline{PQ}=\frac{1}{3}\times\overline{PR}=\frac{1}{3}\times6=2$
이를 ㉡에 대입하면 $\overline{PT}:2=1:\sqrt{2}$, $\sqrt{2}\times\overline{PT}=2$　$\therefore \overline{PT}=\sqrt{2}$
이때 두 점 T, Q의 x좌표가 a로 동일하므로 선분 PT의 길이는
$\overline{PT}=a-(-1)=\sqrt{2}$　$\therefore a=\sqrt{2}-1$
따라서 $a+b=(\sqrt{2}-1)+(3\sqrt{2}-1)=4\sqrt{2}-2$

내/신/연/계 출제문항 133

$-2<a<b$인 두 실수 a, b에 대하여 직선 $y=x-4$ 위에 세 점
$P(-2,-6)$, $Q(a,a-4)$, $R(b,b-4)$가 있다. 선분 PQ를 지름으로 하는
원을 C_1, 선분 QR을 지름으로 하는 원을 C_2라 하자. 삼각형 OPR과 두 원
C_1, C_2가 다음 조건을 만족시킬 때, $a\times b$의 값은? (단, O는 원점이다.)

> (가) 삼각형 OPR의 넓이는 20이다.
> (나) 원 C_1과 원 C_2의 넓이의 비는 $1:9$이다.

① $\sqrt{2}$　　　　② 2　　　　③ $2\sqrt{2}$
④ 4　　　　⑤ $4\sqrt{2}$

STEP A **조건 (가)를 이용하여 점 R의 좌표 구하기**

두 점 $P(-2,-6)$, $R(b,b-4)$에 대하여
$\overline{PR}=\sqrt{\{b-(-2)\}^2+\{(b-4)-(-6)\}^2}=\sqrt{2(b+2)^2}$
원점 $O(0,0)$와 직선 $y=x-4$, 즉 $x-y-4=0$ 사이의 거리를 d라 하면
$d=\dfrac{|-4|}{\sqrt{1^2+(-1)^2}}=\dfrac{4}{\sqrt{2}}=2\sqrt{2}$

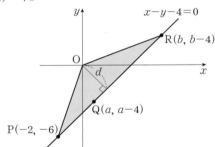

조건 (가)에 의하여 삼각형 OPR의 넓이는
$\dfrac{1}{2}\times\overline{PR}\times d=\dfrac{1}{2}\times\sqrt{2(b+2)^2}\times2\sqrt{2}=20$, 즉 $\sqrt{2(b+2)^2}=10\sqrt{2}$
양변을 제곱하여 정리하면 $2(b+2)^2=200$, $(b+2)^2=100$, $b+2=\pm10$
$\therefore b=8$ 또는 $b=-12$
이때 $b>-2$이므로 $b=8$, 즉 점 R의 좌표는 $R(8,4)$

STEP B **조건 (나)를 이용하여 점 Q의 좌표 구하기**

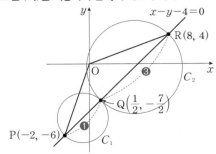

선분 PQ를 지름으로 하는 원이 C_1, 선분 QR을 지름으로 하는 원이 C_2이므로
조건 (나)에 의하여 $\overline{PQ}:\overline{QR}=1:3$

서로 닮음인 두 도형의 닮음비가 $m:n$이면 두 도형의 넓이의 비는 $m^2:n^2$

즉 두 점 $P(-2, -6)$, $R(8, 4)$에 대하여
선분 PR을 $1:3$으로 내분하는 점 Q의 좌표는
$$\left(\frac{1\times 8+3\times(-2)}{1+3}, \frac{1\times 4+3\times(-6)}{1+3}\right), \text{ 즉 } Q\left(\frac{1}{2}, -\frac{7}{2}\right) \quad \therefore a=\frac{1}{2}$$
따라서 $a\times b=\frac{1}{2}\times 8=4$

+α | 내분점과 두 점 사이의 거리 공식을 이용하여 a의 값을 구할 수 있어!

$b=8$을 $\overline{PR}=\sqrt{2(b+2)^2}$에 대입하면 $\overline{PR}=\sqrt{2\times 10^2}=10\sqrt{2}$
조건 (나)에 의하여 점 Q는 선분 PR을 $1:3$으로 내분하는 점이므로
$$\overline{PQ}=\frac{1}{4}\times\overline{PR}=\frac{1}{4}\times 10\sqrt{2}=\frac{5\sqrt{2}}{2}$$
두 점 $P(-2, -6)$, $Q(a, a-4)$에 대하여
$$\overline{PQ}=\sqrt{\{a-(-2)\}^2+\{(a-4)-(-6)\}^2}=\sqrt{2(a+2)^2}, \text{ 즉 } \sqrt{2(a+2)^2}=\frac{5\sqrt{2}}{2}$$
양변을 제곱하여 정리하면 $2(a+2)^2=\frac{25}{2}$, $(a+2)^2=\frac{25}{4}$, $a+2=\pm\frac{5}{2}$
$$\therefore a=\frac{1}{2} \text{ 또는 } a=-\frac{5}{2}$$
그런데 $a>-2$이므로 $a=\frac{1}{2}$

다른풀이 | 직각이등변삼각형을 이용하여 풀이하기

STEP A 직각이등변삼각형 PSR을 이용하여 b의 값 구하기

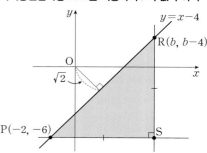

점 P를 지나면서 x축에 평행한 직선과 점 R을 지나면서 y축에 평행한 직선의
교점을 점 S라 하자.
직선 $y=x-4$의 기울기가 1이고 이 직선 위에 두 점 P, R이 존재하므로
직각삼각형 PSR에서 $\tan(\angle RPS)=\dfrac{\overline{SR}}{\overline{PS}}=1$
즉 삼각형 PSR은 $\overline{PS}=\overline{SR}$인 직각이등변삼각형이므로
$\overline{PS}:\overline{PR}=1:\sqrt{2}$ ······ ㉠
원점 $O(0, 0)$과 직선 $y=x-4$, 즉 $x-y-4=0$ 사이의 거리를 d라 하면
$$d=\frac{|-4|}{\sqrt{1^2+(-1)^2}}=\frac{4}{\sqrt{2}}=2\sqrt{2}$$
조건 (가)에 의하여 삼각형 OPR의 넓이는 $\dfrac{1}{2}\times\overline{PR}\times d=\sqrt{2}\times\overline{PR}=20$
$$\therefore \overline{PR}=10\sqrt{2}$$
이를 ㉠에 대입하면 $\overline{PS}:10\sqrt{2}=1:\sqrt{2}$, $\sqrt{2}\times\overline{PS}=10\sqrt{2}$ $\therefore \overline{PS}=10$
이때 두 점 S, R의 x좌표가 b로 동일하므로 선분 PS의 길이는
$\overline{PS}=b-(-2)=10$ $\therefore b=8$

STEP B 직각이등변삼각형 PTQ를 이용하여 a의 값 구하기

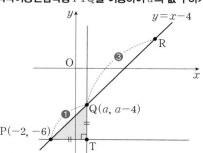

점 P를 지나면서 x축에 평행한 직선과 점 Q를 지나면서 y축에 평행한 직선의
교점을 점 T라 하자.
직선 $y=x-4$의 기울기가 1이고 이 직선 위에 두 점 P, Q가 존재하므로
직각삼각형 PTQ에서 $\tan(\angle QPT)=\dfrac{\overline{TQ}}{\overline{PT}}=1$
즉 삼각형 PTQ은 $\overline{PT}=\overline{TQ}$인 직각이등변삼각형이므로
$\overline{PT}:\overline{PQ}=1:\sqrt{2}$ ······ ㉡
조건 (나)에 의하여 점 Q는 선분 PR을 $1:3$으로 내분하는 점이므로
$$\overline{PQ}=\frac{1}{4}\times\overline{PR}=\frac{1}{4}\times 10\sqrt{2}=\frac{5\sqrt{2}}{2}$$
이를 ㉡에 대입하면 $\overline{PT}:\dfrac{5\sqrt{2}}{2}=1:\sqrt{2}$, $\sqrt{2}\times\overline{PT}=\dfrac{5\sqrt{2}}{2}$ $\therefore \overline{PT}=\dfrac{5}{2}$
이때 두 점 T, Q의 x좌표가 a로 동일하므로 선분 PT의 길이는
$\overline{PT}=a-(-2)=\dfrac{5}{2}$ $\therefore a=\dfrac{1}{2}$
따라서 $a\times b=\dfrac{1}{2}\times 8=4$ **정답** ④

0250 **정답** ①

STEP A 평행한 두 직선 사이의 거리는 한 직선 위의 임의의 한 점과 다른
직선 사이의 거리와 같음을 이용하여 a의 값 구하기

평행한 두 직선 $2x-y-2=0$, $2x-y+a=0$ 사이의 거리는
직선 $2x-y-2=0$ 위의 한 점 $(1, 0)$과 직선 $2x-y+a=0$ 사이의 거리가
$\sqrt{5}$로 같으므로
$$\frac{|2\times 1-0+a|}{\sqrt{2^2+(-1)^2}}=\sqrt{5}, |a+2|=5, a+2=\pm 5$$
$\therefore a=3$ 또는 $a=-7$
따라서 구하는 a의 값의 합은 $3+(-7)=-4$

mini해설 | 평행한 두 직선 사이의 거리 공식을 이용하여 풀이하기

평행한 두 직선 $2x-y-2=0$, $2x-y+a=0$ 사이의 거리는 $\sqrt{5}$이므로
$$\frac{|-2-a|}{\sqrt{2^2+(-1)^2}}=\sqrt{5}, |-2-a|=5$$
양변을 제곱하면 $a^2+4a+4=25$, $a^2+4a-21=0$
따라서 이차방정식 $a^2+4a-21=0$에서 근과 계수의 관계에 의하여 두 근의 합은 -4

0251 **정답** ①

STEP A 평행한 두 직선 사이의 거리를 a, b에 관한 식으로 표현하기

평행한 두 직선 $ax+by=4$, $ax+by=2$ 사이의 거리는
직선 $ax+by=4$ 위의 한 점 (x_1, y_1)과 직선 $ax+by=2$,
즉 $ax+by-2=0$ 사이의 거리와 같다.
$$\frac{|ax_1+by_1-2|}{\sqrt{a^2+b^2}} \quad ······ ㉠$$

STEP B 점 (x_1, y_1)이 직선 $ax+by=4$ 위에 있음을 이용하여 두 직선
사이의 거리 구하기

점 (x_1, y_1)은 직선 $ax+by=4$ 위에 있으므로 $ax_1+by_1=4$
주어진 조건에서 $a^2+b^2=16$
㉠에서 $\dfrac{|4-2|}{\sqrt{16}}=\dfrac{1}{2}$

mini해설 | 평행한 두 직선 사이의 거리 공식을 이용하여 풀이하기

평행한 두 직선 $ax+by=4$, $ax+by=2$ 사이의 거리는 $\dfrac{|-4-(-2)|}{\sqrt{a^2+b^2}}=\dfrac{2}{\sqrt{16}}=\dfrac{1}{2}$

0252

STEP Ⓐ **두 직선이 평행할 조건을 이용하여 m의 값 구하기**

두 직선 $2x-y+2=0$, $mx-(m-2)y-6=0$이 평행하므로

$\dfrac{2}{m}=\dfrac{-1}{-(m-2)}\neq\dfrac{2}{-6}$에서 $-m=-2m+4$ $\therefore m=4$

STEP Ⓑ **평행한 두 직선 사이의 거리는 한 직선 위의 임의의 한 점과 다른 직선 사이의 거리와 같음을 이용하기**

$m=4$를 $mx-(m-2)y-6=0$에 대입하면

$4x-2y-6=0$, 즉 $2x-y-3=0$

두 직선 $2x-y+2=0$, $2x-y-3=0$ 사이의 거리는 직선 $2x-y+2=0$ 위의 한 점 $(0,\ 2)$와 직선 $2x-y-3=0$ 사이의 거리와 같다.

따라서 구하는 거리는 $\dfrac{|2\times0-2-3|}{\sqrt{2^2+(-1)^2}}=\dfrac{|-5|}{\sqrt{5}}=\sqrt{5}$

> **mini해설** | 평행한 두 직선 사이의 거리 공식을 이용하여 풀이하기
>
> 직선 $2x-y+2=0$에서 기울기는 2
> 직선 $mx-(m-2)y-6=0$에서 기울기는 $\dfrac{m}{m-2}$
> 이때 두 직선이 평행할 때, 기울기가 같으므로 $2=\dfrac{m}{m-2}$ $\therefore m=4$
> $m=4$를 $mx-(m-2)y-6=0$에 대입하여 정리하면 $2x-y-3=0$
> 따라서 평행한 두 직선 $2x-y+2=0$, $2x-y-3=0$ 사이의 거리는
> $\dfrac{|2-(-3)|}{\sqrt{2^2+(-1)^2}}=\dfrac{5}{\sqrt{5}}=\sqrt{5}$

> **mini해설** | 정점을 지나는 직선을 이용하여 풀이하기
>
> 직선 $mx-(m-2)y-6=0$을 m에 대하여 정리하면 $m(x-y)+2y-6=0$
> 이 등식이 m의 값에 관계없이 항상 성립하므로 m에 대한 항등식이다.
> 항등식의 성질에 의하여 $x-y=0$, $2y-6=0$
> 위의 두 식을 연립하여 풀면 $x=3$, $y=3$
> 즉 직선 $mx-(m-2)y-6=0$은 실수 m의 값에 관계없이 항상 점 $(3,\ 3)$을 지난다.
> 따라서 두 직선 사이의 거리는 점 $(3,\ 3)$과 직선 $2x-y+2=0$ 사이의 거리와 같으므로
> $\dfrac{|2\times3-3+2|}{\sqrt{2^2+(-1)^2}}=\dfrac{|5|}{\sqrt{5}}=\sqrt{5}$

0253

STEP Ⓐ **두 직선이 평행할 조건을 이용하여 m의 값 구하기**

두 직선 $3x-(m-5)y-9=0$, $mx-12y-2m+4=0$이 평행하므로

$\dfrac{3}{m}=\dfrac{-(m-5)}{-12}\neq\dfrac{-9}{-2m+4}$

(ⅰ) $\dfrac{3}{m}=\dfrac{-m+5}{-12}$일 때,

$m(-m+5)=-36$, $m^2-5m-36=0$, $(m+4)(m-9)=0$

$\therefore m=-4$ 또는 $m=9$

(ⅱ) $\dfrac{-m+5}{-12}\neq\dfrac{-9}{-2m+4}$일 때,

$(-m+5)(-2m+4)\neq108$, $m^2-7m-44\neq0$, $(m-11)(m+4)\neq0$

$\therefore m\neq11$이고 $m\neq-4$

(ⅰ), (ⅱ)에 의하여 $m=9$

STEP Ⓑ **평행한 두 직선 사이의 거리는 한 직선 위의 임의의 한 점과 다른 직선 사이의 거리와 같음을 이용하기**

$m=9$를 두 직선 $3x-(m-5)y-9=0$, $mx-12y-2m+4=0$에 각각 대입하면 $3x-4y-9=0$, $9x-12y-14=0$

두 직선 $3x-4y-9=0$, $9x-12y-14=0$ 사이의 거리는

직선 $3x-4y-9=0$ 위의 점 $(3,\ 0)$과 직선 $9x-12y-14=0$ 사이의 거리와 같다.

따라서 구하는 거리는 $\dfrac{|9\times3-12\times0-14|}{\sqrt{9^2+(-12)^2}}=\dfrac{13}{15}$

> **내/신/연/계/ 출제문항 134**
>
> 평행한 두 직선 $ax-2y+3=0$, $3x+(a+5)y-3=0$ 사이의 거리는?
> (단, a는 상수이다.)
>
> ① $\dfrac{\sqrt{2}}{6}$　　② $\dfrac{\sqrt{2}}{5}$　　③ $\dfrac{\sqrt{2}}{4}$
>
> ④ $\dfrac{\sqrt{2}}{3}$　　⑤ $\dfrac{5\sqrt{2}}{12}$

STEP Ⓐ **두 직선이 평행할 조건을 이용하여 a의 값 구하기**

두 직선 $ax-2y+3=0$, $3x+(a+5)y-3=0$이 평행하므로

$\dfrac{a}{3}=\dfrac{-2}{a+5}\neq\dfrac{3}{-3}$

(ⅰ) $\dfrac{a}{3}=\dfrac{-2}{a+5}$일 때, $a(a+5)=-6$, $a^2+5a+6=0$, $(a+3)(a+2)=0$

$\therefore a=-3$ 또는 $a=-2$

(ⅱ) $\dfrac{-2}{a+5}\neq\dfrac{3}{-3}$일 때, $3(a+5)\neq6$, $3a\neq-9$ $\therefore a\neq-3$

(ⅰ), (ⅱ)에 의하여 $a=-2$

STEP Ⓑ **평행한 두 직선 사이의 거리는 한 직선 위의 임의의 한 점과 다른 직선 사이의 거리와 같음을 이용하기**

$a=-2$를 두 직선 $ax-2y+3=0$, $3x+(a+5)y-3=0$에 각각 대입하면

$-2x-2y+3=0$, $x+y-1=0$

두 직선 $-2x-2y+3=0$, $x+y-1=0$ 사이의 거리는

직선 $-2x-2y+3=0$ 위의 점 $\left(0,\ \dfrac{3}{2}\right)$과 직선 $x+y-1=0$ 사이의 거리와 같다.

따라서 구하는 거리는 $\dfrac{\left|0+\dfrac{3}{2}-1\right|}{\sqrt{1^2+1^2}}=\dfrac{\left|\dfrac{1}{2}\right|}{\sqrt{2}}=\dfrac{\sqrt{2}}{4}$

0254

STEP Ⓐ **두 직선이 평행함을 이용하여 선분 AB의 길이의 최솟값 구하기**

두 직선 $x+y-10=0$, $x+y+6=0$이 $\dfrac{1}{1}=\dfrac{1}{1}\neq\dfrac{-10}{6}$이므로 평행하다.

이때 선분 AB의 길이의 최솟값은

두 직선 $x+y-10=0$, $x+y+6=0$ 사이의 거리와 같다.

두 직선 $x+y-10=0$, $x+y+6=0$ 사이의 거리는

직선 $x+y-10=0$ 위의 한 점 $(0,\ 10)$과 직선 $x+y+6=0$ 사이의 거리와 같다.

따라서 선분 AB의 길이의 최솟값은 $\dfrac{|0+10+6|}{\sqrt{1^2+1^2}}=\dfrac{|16|}{\sqrt{2}}=8\sqrt{2}$

> **mini해설** | 평행한 두 직선 사이의 거리 공식을 이용하여 풀이하기
>
> 두 직선 $x+y-10=0$, $x+y+6=0$의 기울기가 -1로 동일하므로 평행하다.
> 이때 선분 AB의 길이의 최솟값은 두 직선 $x+y-10=0$, $x+y+6=0$ 사이의 거리와 같다.
> 따라서 평행한 두 직선 $x+y-10=0$, $x+y+6=0$ 사이의 거리는
> $\dfrac{|-10-6|}{\sqrt{1^2+1^2}}=\dfrac{16}{\sqrt{2}}=8\sqrt{2}$

두 직선 $l : 3x-y+6=0$, $l' : 3x-y-4=0$이 있다. 직선 l 위의 한 점 A와 직선 l' 위의 한 점 B에 대하여 선분 AB의 길이의 최솟값은?

① $2\sqrt{2}$ ② 3 ③ $\sqrt{10}$
④ $\sqrt{11}$ ⑤ $2\sqrt{3}$

STEP A 두 직선이 평행함을 이용하여 선분 AB의 길이의 최솟값 구하기

두 직선 $l : 3x-y+6=0$, $l' : 3x-y-4=0$이 $\dfrac{3}{3}=\dfrac{-1}{-1}\neq\dfrac{6}{-4}$이므로
평행하다.
이때 선분 AB의 길이의 최솟값은 두 직선 l, l' 사이의 거리와 같다.
두 직선 l, l' 사이의 거리는 직선 $l : 3x-y+6=0$ 위의 한 점 $(-2, 0)$과
직선 $l' : 3x-y-4=0$ 사이의 거리와 같다.
따라서 선분 AB의 길이의 최솟값은 $\dfrac{|3\times(-2)-0-4|}{\sqrt{3^2+(-1)^2}}=\dfrac{|-10|}{\sqrt{10}}=\sqrt{10}$

> **mini해설** | 평행한 두 직선 사이의 거리 공식을 이용하여 풀이하기
>
> 두 직선 $l : 3x-y+6=0$, $l' : 3x-y-4=0$의 기울기가 3으로 동일하므로 평행하다.
> 이때 선분 AB의 길이의 최솟값은 두 직선 l, l' 사이의 거리와 같다.
> 따라서 평행한 두 직선 $3x-y+6=0$, $3x-y-4=0$ 사이의 거리는
> $\dfrac{|6-(-4)|}{\sqrt{3^2+(-1)^2}}=\dfrac{10}{\sqrt{10}}=\sqrt{10}$

정답 ③

0255

정답 ⑤

STEP A 두 직선이 평행할 조건을 이용하여 a의 값 구하기

두 점 A$(4, 0)$, B$(0, 3)$을 지나는 직선 AB의 기울기는 $\dfrac{3-0}{0-4}=-\dfrac{3}{4}$
두 직선 AB, CD가 평행하므로 $a=-\dfrac{3}{4}$

STEP B 점 B와 직선 $y=ax+b$ 사이의 거리는 선분 AB의 길이와 같음을 이용하여 b의 값 구하기

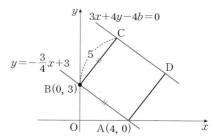

두 점 A$(4, 0)$, B$(0, 3)$에 대하여
$\overline{AB}=\sqrt{(0-4)^2+(3-0)^2}=5$
이때 정사각형 ABCD에서 $\overline{AB}=\overline{BC}=5$이므로
점 B$(0, 3)$에서 직선 $y=-\dfrac{3}{4}x+b$,
즉 $3x+4y-4b=0$까지의 거리는 5와 같다.
$\dfrac{|3\times0+4\times3-4b|}{\sqrt{3^2+4^2}}=\dfrac{|12-4b|}{5}=5$, $|12-4b|=25$, $12-4b=\pm25$
$\therefore b=-\dfrac{13}{4}$ 또는 $b=\dfrac{37}{4}$
이때 두 점 C, D를 지나는 직선의 y절편이 양수이므로 $b=\dfrac{37}{4}$
따라서 $a+b=-\dfrac{3}{4}+\dfrac{37}{4}=\dfrac{17}{2}$

0256

정답 3

STEP A 평행한 두 직선 사이의 거리는 한 직선 위의 임의의 한 점과 다른 직선 사이의 거리와 같음을 이용하여 선분 PQ의 길이 구하기

선분 PQ의 길이는 두 직선 $y=2x+6$, $y=2x-4$ 사이의 거리와 같다.
즉 직선 $y=2x+6$ 위의 한 점 $(0, 6)$과 직선 $2x-y-4=0$ 사이의 거리와 같으므로

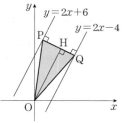

$\overline{PQ}=\dfrac{|2\times0-6-4|}{\sqrt{2^2+(-1)^2}}=\dfrac{10}{\sqrt{5}}=2\sqrt{5}$

> **+α** | 평행한 두 직선 사이의 거리 공식을 이용하여 구할 수 있어!
>
> 평행한 두 직선 $2x-y+6=0$, $2x-y-4=0$ 사이의 거리는 선분 PQ의 길이와
> 같으므로 $\overline{PQ}=\dfrac{|6-(-4)|}{\sqrt{2^2+(-1)^2}}=\dfrac{10}{\sqrt{5}}=2\sqrt{5}$

STEP B 삼각형 OPQ의 넓이를 이용하여 선분 OH의 길이 구하기

원점 O$(0, 0)$에서 선분 PQ에 내린 수선의 발을 H라고 하자.
삼각형 OPQ의 넓이가 20이므로
$\dfrac{1}{2}\times\overline{PQ}\times\overline{OH}=20$, $\dfrac{1}{2}\times2\sqrt{5}\times\overline{OH}=20$
$\therefore \overline{OH}=4\sqrt{5}$ ...... ㉠

STEP C 점과 직선 사이의 거리 공식을 이용하여 직선 PQ의 방정식 구하기

직선 $y=2x+6$의 기울기는 2이므로 이 직선과 수직인 직선 PQ의 기울기는
$-\dfrac{1}{2}$, 즉 직선 PQ의 방정식을 $y=-\dfrac{1}{2}x+k$ (k는 상수)로 놓을 수 있다.
이때 원점 O$(0, 0)$과 직선 $y=-\dfrac{1}{2}x+k$, 즉 $x+2y-2k=0$ 사이의 거리는
선분 OH의 길이와 같으므로 ㉠에 의하여 $\dfrac{|-2k|}{\sqrt{1^2+2^2}}=4\sqrt{5}$, $2|k|=20$, $|k|=10$
그런데 두 점 P, Q는 제1사분면 위의 점이므로 $k>0$이므로 $k=10$
즉 직선 PQ의 방정식은 $x+2y-20=0$
따라서 $a=1$, $b=2$이므로 $a+b=3$

오른쪽 그림과 같이 원점 O를 꼭짓점으로 하고, 평행한 두 직선 $y=2x+3$, $y=2x-2$와 수직인 선분 PQ를 밑변으로 하는 삼각형 OPQ의 넓이가 $\sqrt{5}$일 때, 직선 PQ의 방정식의 x절편은?
(단, 두 점 P, Q는 제1사분면 위의 점이다.)

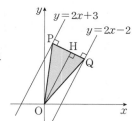

① $\sqrt{5}$ ② $2\sqrt{2}$
③ $2\sqrt{3}$ ④ $2\sqrt{5}$
⑤ $4\sqrt{5}$

STEP A 평행한 두 직선 사이의 거리는 한 직선 위의 임의의 한 점과 다른 직선 사이의 거리와 같음을 이용하여 선분 PQ의 길이 구하기

선분 PQ의 길이는 두 직선 $y=2x+3$, $y=2x-2$ 사이의 거리와 같다.
즉 직선 $y=2x+3$ 위의 한 점 $(0, 3)$과 직선 $2x-y-2=0$ 사이의 거리와 같으므로

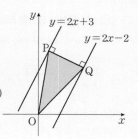

$\overline{PQ}=\dfrac{|2\times0-3-2|}{\sqrt{2^2+(-1)^2}}=\dfrac{5}{\sqrt{5}}=\sqrt{5}$

+α | 평행한 두 직선 사이의 거리 공식을 이용하여 구할 수 있어!

평행한 두 직선 $2x-y+3=0$, $2x-y-2=0$ 사이의 거리는
선분 PQ의 길이와 같으므로 $\overline{PQ}=\dfrac{|3-(-2)|}{\sqrt{2^2+(-1)^2}}=\dfrac{5}{\sqrt{5}}=\sqrt{5}$

STEP B 삼각형 OPQ의 넓이를 이용하여 선분 OH의 길이 구하기

원점 O(0, 0)에서 선분 PQ에 내린 수선의 발을 H라고 하자.
삼각형 OPQ의 넓이가 $\sqrt{5}$이므로
$\dfrac{1}{2}\times\overline{PQ}\times\overline{OH}=\sqrt{5}$, $\dfrac{1}{2}\times\sqrt{5}\times\overline{OH}=\sqrt{5}$
$\therefore \overline{OH}=2$ ...... ㉠

STEP C 점과 직선 사이의 거리 공식을 이용하여 직선 PQ의 방정식 구하기

직선 $y=2x+3$의 기울기는 2이므로 이 직선과 수직인 직선 PQ의 기울기는
$-\dfrac{1}{2}$, 즉 직선 PQ의 방정식을 $y=-\dfrac{1}{2}x+k(k$는 상수)로 놓을 수 있다.

이때 원점 O(0, 0)과 직선 $y=-\dfrac{1}{2}x+k$, 즉 $x+2y-2k=0$ 사이의 거리는

선분 OH의 길이와 같으므로 ㉠에 의하여 $\dfrac{|-2k|}{\sqrt{1^2+2^2}}=2$, $2|k|=2\sqrt{5}$, $|k|=\sqrt{5}$

그런데 두 점 P, Q는 제1사분면 위의 점이므로 $k>0$이므로 $k=\sqrt{5}$
즉 직선 PQ의 방정식은 $x+2y-2\sqrt{5}=0$
따라서 직선 PQ의 x절편은 $2\sqrt{5}$

정답 ④

0257 2024년 09월 고1 학력평가 26번 정답 20

STEP A 두 직선 l_1, l_2가 평행함을 이용하여 네 점 A, B, C, D의 좌표 구하기

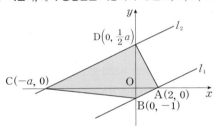

직선 $l_1: x-2y-2=0$, 즉 $y=\dfrac{1}{2}x-1$
이때 직선 l_1이 x축, y축과 만나는 두 점 A, B의 좌표는 각각
A(2, 0), B(0, -1)
두 직선 l_1, l_2가 서로 평행하므로 직선 l_2의 방정식은
$l_2: x-2y+a=0(a>0)$, 즉 $y=\dfrac{1}{2}x+\dfrac{1}{2}a$
이때 직선 l_2가 x축, y축과 만나는 두 점 C, D의 좌표는 각각
C(-a, 0), D$\left(0, \dfrac{1}{2}a\right)$

STEP B 사각형 ADCB의 넓이가 25임을 이용하여 a의 값 구하기

(사각형 ADCB의 넓이)=(삼각형 ADC의 넓이)+(삼각형 ACB의 넓이)
$$=\dfrac{1}{2}\times(a+2)\times\dfrac{1}{2}a+\dfrac{1}{2}\times(a+2)\times1$$
$$=\dfrac{1}{2}(a+2)\left(\dfrac{1}{2}a+1\right)=\dfrac{1}{4}a^2+a+1$$
주어진 조건에서 사각형 ADCB의 넓이가 25이므로
$\dfrac{1}{4}a^2+a+1=25$, $a^2+4a-96=0$, $(a+12)(a-8)=0$
$\therefore a=-12$ 또는 $a=8$
그런데 $a>0$이므로 $a=8$

STEP C 평행한 두 직선 l_1, l_2 사이의 거리 구하기

평행한 두 직선 l_1, l_2 사이의 거리는 직선 l_1 위의 점 A(2, 0)과
직선 $l_2: x-2y+8=0$ 사이의 거리와 같다.

$d=\dfrac{|2-2\times0+8|}{\sqrt{1^2+(-2)^2}}=\dfrac{10}{\sqrt{5}}=2\sqrt{5}$
따라서 $d^2=20$

내신연계 출제문항 137

그림과 같이 좌표평면 위에 직선 $l_1: x-3y-3=0$과 평행하고 y절편이 양수인 직선 l_2가 있다. 직선 l_1이 x축, y축과 만나는 점을 각각 A, B라 하고 직선 l_2가 x축, y축과 만나는 점을 각각 C, D라 할 때, 사각형 ADCB의 넓이가 24이다. 두 직선 l_1과 l_2 사이의 거리를 d라 할 때, $5d^2$의 값을 구하시오.

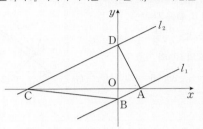

STEP A 두 직선 l_1, l_2가 평행함을 이용하여 네 점 A, B, C, D의 좌표 구하기

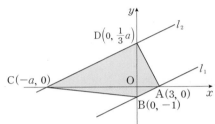

직선 $l_1: x-3y-3=0$이므로 $y=\dfrac{1}{3}x-1$

이때 직선 l_1이 x축, y축과 만나는 두 점 A, B의 좌표는 각각
A(3, 0), B(0, -1)
두 직선 l_1, l_2가 서로 평행하므로 직선 l_2의 방정식은
$l_2: x-3y+a=0(a>0)$, 즉 $y=\dfrac{1}{3}x+\dfrac{1}{3}a$
이때 직선 l_2가 x축, y축과 만나는 두 점 C, D의 좌표는 각각
C(-a, 0), D$\left(0, \dfrac{1}{3}a\right)$

STEP B 사각형 ADCB의 넓이가 24임을 이용하여 a의 값 구하기

(사각형 ADCB의 넓이)=(삼각형 ADC의 넓이)+(삼각형 ACB의 넓이)
$$=\dfrac{1}{2}\times(a+3)\times\dfrac{1}{3}a+\dfrac{1}{2}\times(a+3)\times1$$
$$=\dfrac{1}{2}(a+3)\left(\dfrac{1}{3}a+1\right)$$
$$=\dfrac{1}{6}a^2+a+\dfrac{3}{2}$$
주어진 조건에서 사각형 ADCB의 넓이가 24이므로
$\dfrac{1}{6}a^2+a+\dfrac{3}{2}=24$, $a^2+6a-135=0$, $(a+15)(a-9)=0$
$\therefore a=-15$ 또는 $a=9$
그런데 $a>0$이므로 $a=9$

STEP C 평행한 두 직선 l_1, l_2 사이의 거리 구하기

평행한 두 직선 l_1, l_2 사이의 거리는 직선 l_1 위의 점 A(3, 0)과
직선 $l_2: x-3y+9=0$ 사이의 거리와 같다.

$d=\dfrac{|3-3\times0+9|}{\sqrt{1^2+(-3)^2}}=\dfrac{12}{\sqrt{10}}=\dfrac{6\sqrt{10}}{5}$

따라서 $5d^2=5\times\dfrac{360}{25}=72$

정답 72

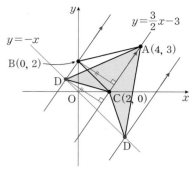

STEP A 삼각형 ABC와 삼각형 ADC의 넓이가 같을 조건 구하기

두 삼각형 ABC와 ADC의 밑변이 $\overline{AC}$로 동일하고 넓이가 같으므로
두 점 B, D에서 직선 AC에 이르는 거리는 같다.

STEP B 두 직선 AC, BD의 기울기가 같음을 이용하여 점 D의 좌표 구하기

두 점 A(5, 3), C(3, 0)을 지나는

직선 AC의 기울기는 $\dfrac{0-3}{3-5}=\dfrac{3}{2}$

점 D의 좌표를 D(a, 0) ($0 \le a < 3$)

이라 하면 두 점 B, D를 지나는

직선 BD의 기울기는 $\dfrac{0-1}{a-2}=\dfrac{-1}{a-2}$

이때 두 직선 AC와 BD의 기울기가

같으므로 $\dfrac{3}{2}=\dfrac{-1}{a-2}$, $3a-6=-2$

$\therefore a=\dfrac{4}{3}$

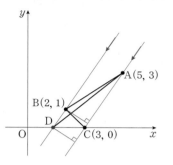

+α | 점과 직선 사이의 거리를 이용하여 a의 값을 구할 수 있어!

두 점 A(5, 3), C(3, 0)을 지나는 직선 AC의 방정식은
$y-0=\dfrac{0-3}{3-5}(x-3)$, $y=\dfrac{3}{2}x-\dfrac{9}{2}$ $\therefore 3x-2y-9=0$
점 D는 x축 위의 점이므로 점 D의 좌표를 D(a, 0)이라 하자.
두 점 B(2, 1), D(a, 0)에서 직선 $3x-2y-9=0$ 사이의 거리가 같으므로
$\dfrac{|3\times 2-2\times 1-9|}{\sqrt{3^2+(-2)^2}}=\dfrac{|3\times a-2\times 0-9|}{\sqrt{3^2+(-2)^2}}$, $|-5|=|3a-9|$
양변을 제곱하면
$9a^2-54a+81=25$, $9a^2-54a+56=0$, $(3a-4)(3a-14)=0$
$\therefore a=\dfrac{4}{3}$ 또는 $a=\dfrac{14}{3}$
그런데 점 D는 선분 OC 위를 움직이므로 $0<a\le 3$
$\therefore a=\dfrac{4}{3}$

STEP C 직선 AD의 기울기 구하기

따라서 두 점 A(5, 3), D($\dfrac{4}{3}$, 0)를 지나는 직선 AD의 기울기는

$\dfrac{0-3}{\dfrac{4}{3}-5}=\dfrac{-3}{-\dfrac{11}{3}}=\dfrac{9}{11}$

내/신/연/계 출제문항 138

세 점 A(4, 3), B(0, 2), C(2, 0)과 점 D가 다음 조건을 만족시킨다.
점 D의 x좌표를 a라 할 때, 모든 실수 a의 값의 합은?

> (가) 점 D는 직선 $y=-x$ 위에 있다.
> (나) 삼각형 ABC의 넓이와 삼각형 ADC의 넓이가 같다.

① $\dfrac{6}{5}$ ② $\dfrac{8}{5}$ ③ 2
④ $\dfrac{12}{5}$ ⑤ $\dfrac{14}{5}$

STEP A 두 조건 (가), (나)를 이용하여 점 D의 위치 구하기

조건 (가)에서
점 D는 직선 $y=-x$ 위의 점이므로 점 D의 좌표를 D(a, $-a$)라 하자.
조건 (나)에서
두 삼각형 ABC와 ADC의 밑변이 $\overline{AC}$로 동일하고 넓이가 같으므로
두 점 B, D에서 직선 AC에 이르는 거리는 같다.

STEP B 점과 직선 사이의 거리를 이용하여 a의 값 구하기

그림과 같이 조건을 만족시키는 점 D는 2개이다.

두 점 A(4, 3), C(2, 0)을 지나는 직선 AC의 방정식은
$y-0=\dfrac{0-3}{2-4}(x-2)$, $y=\dfrac{3}{2}x-3$ $\therefore 3x-2y-6=0$
두 점 B(0, 2), D(a, $-a$)에서 직선 $3x-2y-6=0$ 사이의 거리가 같으므로
$\dfrac{|3\times 0-2\times 2-6|}{\sqrt{3^2+(-2)^2}}=\dfrac{|3\times a-2\times(-a)-6|}{\sqrt{3^2+(-2)^2}}$
즉 $|5a-6|=10$에서 $5a-6=\pm 10$
$\therefore a=\dfrac{16}{5}$ 또는 $a=-\dfrac{4}{5}$

따라서 모든 a의 값의 합은 $\dfrac{16}{5}+\left(-\dfrac{4}{5}\right)=\dfrac{12}{5}$ 정답 ④

0259   정답 ②

STEP A 원점에서 직선 사이의 거리 구하기

직선 $x-y-2+k(x+y)=0$에서 $(1+k)x+(k-1)y-2=0$
원점 O(0, 0)과 직선 $(1+k)x+(k-1)y-2=0$ 사이의 거리는

$\dfrac{|-2|}{\sqrt{(1+k)^2+(k-1)^2}}=\dfrac{2}{\sqrt{2(k^2+1)}}$ …… ㉠

STEP B 원점에서 직선 사이의 거리의 최댓값 구하기

㉠의 값이 최대가 되려면 분모가 최소가 되어야 한다.
즉 $2(k^2+1)$은 $k=0$일 때, 최솟값 2를 가지므로
㉠의 최댓값은 $\dfrac{2}{\sqrt{2}}=\sqrt{2}$

따라서 구하는 거리의 최댓값은 $\sqrt{2}$

다른풀이 주어진 직선이 반드시 지나는 점을 이용하여 풀이하기

STEP A 직선 $x-y-2+k(x+y)=0$이 항상 지나는 점 구하기

직선 $x-y-2+k(x+y)=0$이 k의 값에 관계없이 항상 성립하므로
k에 대한 항등식이다.
항등식의 성질에 의하여 $x-y-2=0$, $x+y=0$
위의 두 식을 연립하여 풀면 $x=1$, $y=-1$
즉 직선 $x-y-2+k(x+y)=0$은 실수 k의 관계없이 점 (1, -1)을 지난다.

STEP B 원점에서 직선 사이의 거리의 최댓값 구하기

점 (1, -1)을 점 P라 하고
점 P(1, -1)을 지나는 직선을 l이라
하자.
두 직선 l과 OP가 수직일 때,
원점 O(0, 0)와 직선 l 사이의 거리가
최대이고 이때의 최댓값은 선분 OP의
길이와 같다.
따라서 $\overline{OP}=\sqrt{1^2+(-1)^2}=\sqrt{2}$

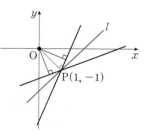

0260

정답 ②

STEP Ⓐ **원점에서 직선 사이의 거리 구하기**

직선 $k(x+y)-x+3y+4=0$에서 $(k-1)x+(k+3)y+4=0$

원점 $(0, 0)$과 직선 $(k-1)x+(k+3)y+4=0$ 사이의 거리는

$$\frac{|4|}{\sqrt{(k-1)^2+(k+3)^2}}=\frac{4}{\sqrt{2(k^2+2k+5)}} \quad \cdots\cdots \ ㉠$$

STEP Ⓑ **원점에서 직선 사이의 거리의 최댓값 구하기**

㉠의 값이 최대가 되려면 분모가 최소가 되어야 한다.

즉 $2(k^2+2k+5)=2(k+1)^2+8$은 $k=-1$일 때 최솟값 8를 가지므로

㉠의 최댓값은 $\dfrac{4}{\sqrt{8}}=\dfrac{2}{\sqrt{2}}=\sqrt{2}$

따라서 $a=-1$, $b=\sqrt{2}$이므로 $a+b=-1+\sqrt{2}$

다른풀이 주어진 직선이 반드시 지나는 점을 이용하여 풀이하기

STEP Ⓐ **직선 $k(x+y)-x+3y+4=0$이 항상 지나는 점 구하기**

직선 $k(x+y)-x+3y+4=0$이 k의 값에 관계없이 항상 성립하므로 k에 대한 항등식이다.

항등식의 성질에 의하여 $x+y=0$, $-x+3y+4=0$

위의 두 식을 연립하여 풀면 $x=1$, $y=-1$

즉 직선 $k(x+y)-x+3y+4=0$은 실수 k의 값에 관계없이 점 $(1, -1)$을 지난다.

STEP Ⓑ **원점에서 직선 사이의 거리의 최댓값 구하기**

점 $(1, -1)$을 점 P라 하고 점 P$(1, -1)$을 지나는 직선을 l이라 하자. 두 직선 l과 OP가 수직일 때, 원점 O$(0, 0)$와 직선 l 사이의 거리가 최대이고 이때의 최댓값은 선분 OP의 길이와 같다.

즉 $\overline{OP}=\sqrt{1^2+(-1)^2}=\sqrt{2}$

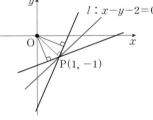

STEP Ⓒ **한 점과 기울기가 주어진 직선의 방정식 구하기**

두 점 O$(0, 0)$, P$(1, -1)$을 지나는 직선 OP의 기울기가 $\dfrac{-1-0}{1-0}=-1$

이 직선과 수직인 직선 l의 기울기는 1

이때 점 P$(1, -1)$을 지나고 기울기가 1인 직선의 방정식은

$y-(-1)=1(x-1)$, 즉 $x-y-2=0$

직선 $k(x+y)-x+3y+4=0$에서 $(k-1)x+(k+3)y+4=0$

즉 두 직선 $(k-1)x+(k+3)y+4=0$과 $x-y-2=0$이 일치해야 하므로

$\dfrac{k-1}{1}=\dfrac{k+3}{-1}=\dfrac{4}{-2}$에서 $k=-1$

따라서 $a=-1$, $b=\sqrt{2}$이므로 $a+b=-1+\sqrt{2}$

내/신/연/계/ 출제문항 139

원점과 직선 $k(x+y)+4x-8=0$ 사이의 거리는 $k=a$일 때 최댓값 b를 가진다고 한다. 두 상수 a, b에 대하여 b^2-a^2의 값은? (단, k는 실수이다.)

① 2   ② 4   ③ 6
④ 8   ⑤ 10

STEP Ⓐ **원점에서 직선 사이의 거리 구하기**

직선 $k(x+y)+4x-8=0$에서 $(k+4)x+ky-8=0$

원점 $(0, 0)$과 직선 $(k+4)x+ky-8=0$ 사이의 거리는

$$\frac{|-8|}{\sqrt{(k+4)^2+k^2}}=\frac{8}{\sqrt{2(k^2+4k+8)}} \quad \cdots\cdots \ ㉠$$

STEP Ⓑ **원점에서 직선 사이의 거리의 최댓값 구하기**

㉠의 값이 최대가 되려면 분모가 최소가 되어야 한다.

즉 $2(k^2+4k+8)=2(k+2)^2+8$은 $k=-2$일 때, 최솟값 8을 가지므로

㉠의 최댓값은 $\dfrac{8}{\sqrt{8}}=\dfrac{4}{\sqrt{2}}=2\sqrt{2}$

따라서 $a=-2$, $b=2\sqrt{2}$이므로 $b^2-a^2=(2\sqrt{2})^2-(-2)^2=8-4=4$

다른풀이 주어진 직선이 반드시 지나는 점을 이용하여 풀이하기

STEP Ⓐ **직선 $k(x+y)+4x-8=0$이 항상 지나는 점 구하기**

직선 $k(x+y)+4x-8=0$이 k의 값에 관계없이 항상 성립하므로 k에 대한 항등식이다. 항등식의 성질에 의하여 $x+y=0$, $4x-8=0$

위의 두 식을 연립하여 풀면 $x=2$, $y=-2$

즉 직선 $k(x+y)+4x-8=0$은 실수 k의 값에 관계없이 점 $(2, -2)$를 지난다.

STEP Ⓑ **원점에서 직선 사이의 거리의 최댓값 구하기**

점 $(2, -2)$를 점 P라 하고 점 P$(2, -2)$를 지나는 직선을 l이라 하자. 두 직선 l과 OP가 수직일 때, 원점 O$(0, 0)$와 직선 l 사이의 거리가 최대이고 이때의 최댓값은 선분 OP의 길이와 같다.

즉 $\overline{OP}=\sqrt{2^2+(-2)^2}=2\sqrt{2}$

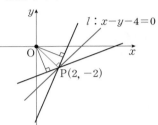

STEP Ⓒ **한 점과 기울기가 주어진 직선의 방정식 구하기**

두 점 O$(0, 0)$, P$(2, -2)$를 지나는 직선 OP의 기울기가 $\dfrac{-2-0}{2-0}=-1$

이 직선과 수직인 직선 l의 기울기는 1

이때 점 P$(2, -2)$를 지나고 기울기가 1인 직선의 방정식은

$y-(-2)=1(x-2)$, 즉 $x-y-4=0$

직선 $k(x+y)+4x-8=0$에서 $(k+4)x+ky-8=0$

즉 두 직선 $(k+4)x+ky-8=0$과 $x-y-4=0$이 일치해야 하므로

$\dfrac{k+4}{1}=\dfrac{k}{-1}=\dfrac{-8}{-4}$에서 $k=-2$

따라서 $a=-2$, $b=2\sqrt{2}$이므로 $b^2-a^2=(2\sqrt{2})^2-(-2)^2=8-4=4$ 정답 ②

0261

정답 2

STEP Ⓐ **직선 $mx+y+2m=0$이 항상 지나는 점 구하기**

직선 $mx+y+2m=0$에서 m에 대하여 정리하면 $m(x+2)+y=0$

이 등식이 m의 값에 관계없이 항상 성립하므로 m에 대한 항등식이다.

항등식의 성질에 의하여 $x+2=0$, $y=0$ $\therefore x=-2$, $y=0$

즉 직선 $m(x+2)+y=0$은 실수 m의 값에 관계없이 항상 점 $(-2, 0)$을 지난다.

STEP Ⓑ **직선 $mx+y+2m=0$과 점 A$(4, 3)$ 사이의 거리가 최대가 되는 경우는 직선 PA와 수직일 때임을 이해하기**

점 $(-2, 0)$을 점 P라 하자. 점 A$(4, 3)$에서 거리가 최대인 직선 l은 직선 PA와 수직인 경우이다. 두 점 A$(4, 3)$, P$(-2, 0)$을 지나는 직선 PA의 기울기가 $\dfrac{3-0}{4-(-2)}=\dfrac{1}{2}$ 이므로 이 직선과 수직인 직선 l의 기울기는 -2

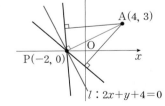

점 P$(-2, 0)$을 지나고 기울기가 -2인 직선의 방정식은

$y-0=-2\{x-(-2)\}$, 즉 $2x+y+4=0$

이때 두 직선 $mx+y+2m=0$과 $2x+y+4=0$이 일치해야 하므로

$\dfrac{m}{2}=\dfrac{1}{1}=\dfrac{2m}{4}$

따라서 $m=2$

0262

STEP A 두 직선의 방정식을 연립하여 교점의 좌표 구하기

두 직선 $x+y-3=0$, $x-y-1=0$을 연립하여 풀면 $x=2$, $y=1$이므로
교점의 좌표는 $(2, 1)$

STEP B 원점에서 직선 사이의 거리의 최댓값 구하기

점 $(2, 1)$을 점 P라 하고 점 P$(2, 1)$을 지나는 직선을 l이라 하자.
두 직선 l과 OP가 수직일 때, 원점 O$(0, 0)$에서 거리가 최대이고
이때의 최댓값은 선분 OP의 길이와 같다.
따라서 $\overline{\text{OP}}=\sqrt{2^2+1^2}=\sqrt{5}$

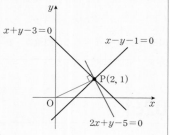
0263

STEP A 두 직선의 교점을 지나는 직선의 방정식 구하기

두 직선 $x-y+6=0$, $2x+y=0$의 교점을 지나는 직선의 방정식은
$x-y+6+k(2x+y)=0$ (단, k는 실수)
∴ $(2k+1)x+(k-1)y+6=0$ ...... ㉠

STEP B 직선과 원점 $(0, 0)$ 사이의 거리 구하기

직선 $(2k+1)x+(k-1)y+6=0$이 원점 $(0, 0)$ 사이의 거리는

$$\dfrac{|6|}{\sqrt{(2k+1)^2+(k-1)^2}}=\dfrac{6}{\sqrt{5k^2+2k+2}} \quad \cdots\cdots ㉡$$

STEP C 직선과 원점 $(0, 0)$ 사이의 거리가 최대인 직선의 방정식 구하기

㉡의 값이 최대가 되려면 분모가 최소가 되어야 한다.
즉 $5k^2+2k+2=5\left(k+\dfrac{1}{5}\right)^2+\dfrac{9}{5}$이므로
$k=-\dfrac{1}{5}$일 때, 최솟값 $\dfrac{9}{5}$를 가진다.
따라서 $k=-\dfrac{1}{5}$을 ㉠에 대입하면 $\dfrac{3}{5}x-\dfrac{6}{5}y+6=0$, 즉 $x-2y+10=0$

다른풀이 두 직선의 교점을 직접 구하여 풀이하기

STEP A 두 직선의 방정식을 연립하여 교점의 좌표 구하기

두 직선 $x-y+6=0$, $2x+y=0$을 연립하여 풀면 $x=-2$, $y=4$이므로
교점의 좌표는 $(-2, 4)$

STEP B 원점에서 점 P까지의 거리가 최대인 직선의 방정식 구하기

점 $(-2, 4)$를 점 P라 하자.
원점 O$(0, 0)$에서 거리가 최대인
직선은 직선 OP에 수직인 경우이다.
두 점 O$(0, 0)$, P$(-2, 4)$를 지나는
직선 OP의 기울기는 $\dfrac{4-0}{-2-0}=-2$
이므로 이 직선과 수직인 직선의
기울기는 $\dfrac{1}{2}$

따라서 점 P$(-2, 4)$를 지나고 기울기가 $\dfrac{1}{2}$인 직선의 방정식은
$y-4=\dfrac{1}{2}\{x-(-2)\}$, 즉 $x-2y+10=0$

0264

STEP A 두 직선의 교점을 지나는 직선의 방정식 구하기

두 직선 $2x-y-1=0$, $3x+y-4=0$의 교점을 지나는 직선의 방정식은
$(2x-y-1)+k(3x+y-4)=0$ (단, k는 실수)
∴ $(3k+2)x+(k-1)y-4k-1=0$

STEP B 직선과 점 A$(2, -2)$ 사이의 거리 구하기

직선 $(3k+2)x+(k-1)y-4k-1=0$이 점 A$(2, -2)$ 사이의 거리
$$f(k)=\dfrac{|(3k+2)\times 2+(k-1)\times(-2)-4k-1|}{\sqrt{(3k+2)^2+(k-1)^2}}$$
$$=\dfrac{5}{\sqrt{10k^2+10k+5}}$$

STEP C $f(k)$의 최댓값 구하기

$f(k)$의 값이 최대가 되려면 분모가 최소가 되어야 한다.
즉 $10k^2+10k+5=10\left(k+\dfrac{1}{2}\right)^2+\dfrac{5}{2}$이므로
$k=-\dfrac{1}{2}$일 때, 최솟값 $\dfrac{5}{2}$를 가진다.
따라서 구하는 최댓값은 $f\left(-\dfrac{1}{2}\right)=\dfrac{5}{\sqrt{\dfrac{5}{2}}}=\sqrt{10}$

다른풀이 두 직선의 교점을 직접 구하여 풀이하기

STEP A 두 직선의 방정식을 연립하여 교점의 좌표 구하기

두 직선 $2x-y-1=0$, $3x+y-4=0$을 연립하여 풀면 $x=1$, $y=1$이므로
교점의 좌표는 $(1, 1)$

STEP **B** A$(2, -2)$에서 거리가 최대가 되는 직선은 직선 AP와 수직일 때임을 이용하여 직선의 방정식 구하기

점 $(1, 1)$을 점 P라 하자.

점 A$(2, -2)$에서 거리가 최대인 직선은 직선 AP에 수직인 경우이다.

두 점 A$(2, -2)$, P$(1, 1)$를 지나는 직선 AP의 기울기는

$\dfrac{1-(-2)}{1-2}=-3$이므로 이 직선과 수직인 직선의 기울기는 $\dfrac{1}{3}$

이때 점 P$(1, 1)$을 지나고 기울기가 $\dfrac{1}{3}$인 직선의 방정식은

$y-1=\dfrac{1}{3}(x-1)$, 즉 $x-3y+2=0$

STEP **C** 직선과 점 A$(2, -2)$ 사이의 거리의 최댓값 구하기

따라서 점 A$(2, -2)$와 직선 $x-3y+2=0$ 사이의 거리는

$\dfrac{|2-3\times(-2)+2|}{\sqrt{1^2+(-3)^2}}=\dfrac{10}{\sqrt{10}}=\sqrt{10}$

내/신/연/계 출제문항 140

두 직선 $x-3y-2=0$, $x+2y+3=0$의 교점을 지나는 직선과 점 A$(3, -3)$ 사이의 거리를 $f(k)$라 할 때, $f(k)$의 최댓값은?

① $\sqrt{5}$ ② $\sqrt{10}$ ③ $2\sqrt{5}$
④ $2\sqrt{10}$ ⑤ $3\sqrt{5}$

STEP **A** 두 직선의 교점을 지나는 직선의 방정식 구하기

두 직선 $x-3y-2=0$, $x+2y+3=0$의 교점을 지나는 직선의 방정식은

$(x-3y-2)+k(x+2y+3)=0$ (단, k는 실수)

$\therefore (k+1)x+(2k-3)y+3k-2=0$

STEP **B** 직선과 점 A$(3, -3)$ 사이의 거리의 최댓값 구하기

직선 $(k+1)x+(2k-3)y+3k-2=0$이 점 A$(3, -3)$ 사이의 거리

$f(k)=\dfrac{|(k+1)\times 3+(2k-3)\times(-3)+3k-2|}{\sqrt{(k+1)^2+(2k-3)^2}}=\dfrac{10}{\sqrt{5k^2-10k+10}}$

STEP **C** $f(k)$의 최댓값 구하기

$f(k)$의 값이 최대가 되려면 분모가 최소가 되어야 한다.

즉 $5k^2-10k+10=5(k-1)^2+5$이므로 $k=1$일 때, 최솟값 5를 가진다.

따라서 구하는 최댓값은 $f(1)=\dfrac{10}{\sqrt{5}}=2\sqrt{5}$

다른풀이 두 직선의 교점을 직접 구하여 풀이하기

STEP **A** 두 직선의 방정식을 연립하여 교점의 좌표 구하기

두 직선 $x-3y-2=0$, $x+2y+3=0$을 연립하여 풀면 $x=-1$, $y=-1$이므로 교점의 좌표는 $(-1, -1)$

STEP **B** A$(3, -3)$에서 거리가 최대가 되는 직선은 직선 AP와 수직일 때임을 이용하여 직선의 방정식 구하기

점 $(-1, -1)$을 점 P라 하자.

점 A$(3, -3)$에서 거리가 최대인 직선은 직선 AP에 수직인 경우이다.

두 점 A$(3, -3)$, P$(-1, -1)$을 지나는 직선 AP의 기울기는

$\dfrac{-1-(-3)}{-1-3}=-\dfrac{1}{2}$이므로 이 직선과 수직인 직선의 기울기는 2

이때 점 P$(-1, -1)$을 지나고 기울기가 2인 직선의 방정식은

$y-(-1)=2\{x-(-1)\}$, 즉 $2x-y+1=0$

STEP **C** 직선과 점 A$(3, -3)$ 사이의 거리의 최댓값 구하기

따라서 점 A$(3, -3)$와 직선 $2x-y+1=0$ 사이의 거리는

$\dfrac{|2\times 3-1\times(-3)+1|}{\sqrt{2^2+(-1)^2}}=\dfrac{10}{\sqrt{5}}=2\sqrt{5}$

정답 ③

0265

정답 2

STEP **A** 선분 AB의 길이가 최소가 되는 점 A의 위치 이해하기

직선 $y=2x-2$가 평행이동하여 이차함수 $y=x^2$의 그래프와 최초로 만날 때의 접점이 선분 AB의 길이를 최소가 되도록 하는 점 A이다.

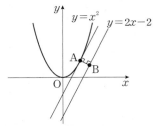

STEP **B** 점 A를 지나고 이차함수에 접하는 직선의 방정식 구하기

직선 $y=2x-2$의 기울기는 2이므로 이 직선과 평행한 직선의 기울기는 2

이때 기울기가 2이고 이차함수 $y=x^2$에 접하는 직선의 방정식을 $y=2x+k$ (k는 상수)라 하자.

두 식 $y=2x+k$, $y=x^2$을 연립하여 얻은 이차방정식 $x^2=2x+k$, 즉 $x^2-2x-k=0$이 중근을 가지므로 판별식을 D라 하면 $D=0$이어야 한다.

$\dfrac{D}{4}=(-1)^2-1\times(-k)=0$, $k+1=0$ $\therefore k=-1$

즉 점 A를 지나고 이차함수 $y=x^2$에 접하는 직선의 방정식은 $y=2x-1$

STEP **C** 이차함수와 직선의 방정식을 연립하여 교점 A의 좌표 구하기

이차함수 $y=x^2$과 직선 $y=2x-1$을 연립하여 풀면 $x=1$, $y=1$

즉 선분 AB의 길이를 최소가 되도록 하는 점 A의 좌표는 A$(1, 1)$

따라서 $a=1$, $b=1$이므로 $a+b=2$

0266

정답 ③

STEP **A** 곡선과 직선 사이의 거리가 최소가 되는 상황 이해하기

곡선 $y=-x^2+5$ 위의 점과 직선 $y=4x+k$ 사이의 거리가 최소이기 위해서는 기울기가 4인 직선이 곡선에 접할 때, 두 직선 사이의 거리이다.

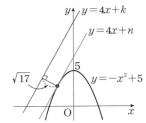

STEP **B** 기울기가 4이고 곡선에 접하는 직선 구하기

기울기가 4이고 곡선 $y=-x^2+5$에 접하는 직선의 방정식을 $y=4x+n$ ($n<k$)이라 하자.

두 식 $y=-x^2+5$, $y=4x+n$을 연립하여 얻은 이차방정식 $-x^2+5=4x+n$, 즉 $x^2+4x-5+n=0$이 중근을 가지므로 판별식을 D라 하면 $D=0$이어야 한다.

$\dfrac{D}{4}=4-(-5+n)=0$, $9-n=0$ $\therefore n=9$

즉 곡선 $y=-x^2+5$에 접하는 직선의 방정식은 $y=4x+9$

STEP **C** 평행한 두 직선 사이의 거리는 한 직선 위의 임의의 한 점과 다른 직선 사이의 거리와 같음을 이용하여 k의 값 구하기

평행한 두 직선 $4x-y+9=0$, $4x-y+k=0$ 사이의 거리는 직선 $4x-y+9=0$ 위의 한 점 $(0, 9)$와 직선 $4x-y+k=0$ 사이의 거리가 $\sqrt{17}$로 같으므로 $\dfrac{|4\times 0-1\times 9+k|}{\sqrt{4^2+(-1)^2}}=\sqrt{17}$, $|k-9|=17$, $k-9=\pm 17$

$\therefore k=-8$ 또는 $k=26$

따라서 $k>9$이므로 $k=26$

+α 평행한 두 직선 사이의 거리 공식을 이용하여 구할 수 있어!

평행한 두 직선 $4x-y+9=0$, $4x-y+k=0$ 사이의 거리가 $\sqrt{17}$이므로

$\dfrac{|9-k|}{\sqrt{4^2+(-1)^2}}=\dfrac{|9-k|}{\sqrt{17}}=\sqrt{17}$, $|9-k|=17$, $9-k=\pm 17$ $\therefore k=26$ ($\because k>9$)

곡선 $y=-2x^2+3$ 위의 점과 직선 $y=2x+k$ 사이의 거리의 최솟값이 $\dfrac{\sqrt{5}}{2}$일 때, 상수 k의 값을 구하시오.

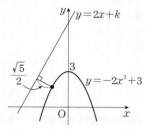

STEP A 곡선과 직선 사이의 거리가 최소가 되는 상황 이해하기

곡선 $y=-2x^2+3$ 위의 점과
직선 $y=2x+k$ 사이의 거리가
최소이기 위해서는 기울기가
2인 직선이 곡선에 접할 때,
두 직선 사이의 거리이다.

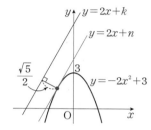

STEP B 기울기가 2이고 곡선에 접하는 직선 구하기

기울기가 2이고 곡선 $y=-2x^2+3$에 접하는 직선의 방정식을
$y=2x+n$ $(n<k)$라 하자.
두 식 $y=-2x^2+3$, $y=2x+n$을 연립하여 얻은 이차방정식
$-2x^2+3=2x+n$, 즉 $2x^2+2x-3+n=0$이 중근을 가지므로
판별식을 D라 하면 $D=0$이어야 한다.
$\dfrac{D}{4}=1-2(-3+n)=0$, $7-2n=0$ $\therefore n=\dfrac{7}{2}$

즉 곡선 $y=-2x^2+3$에 접하는 직선의 방정식은 $y=2x+\dfrac{7}{2}$

STEP C 평행한 두 직선 사이의 거리는 한 직선 위의 임의의 한 점과 다른 직선 사이의 거리와 같음을 이용하여 k의 값 구하기

평행한 두 직선 $2x-y+\dfrac{7}{2}=0$, $2x-y+k=0$ 사이의 거리는

직선 $2x-y+\dfrac{7}{2}=0$ 위의 한 점 $\left(0, \dfrac{7}{2}\right)$과 직선 $2x-y+k=0$ 사이의 거리가

$\dfrac{\sqrt{5}}{2}$로 같으므로 $\dfrac{\left|2\times0-\dfrac{7}{2}+k\right|}{\sqrt{2^2+(-1)^2}}=\dfrac{\sqrt{5}}{2}$, $\left|k-\dfrac{7}{2}\right|=\dfrac{5}{2}$, $k-\dfrac{7}{2}=\pm\dfrac{5}{2}$

$\therefore k=1$ 또는 $k=6$

따라서 $k>\dfrac{7}{2}$이므로 $k=6$

+α 평행한 두 직선 사이의 거리 공식을 이용하여 구할 수 있어!

평행한 두 직선 $2x-y+\dfrac{7}{2}=0$, $2x-y+k=0$ 사이의 거리가 $\dfrac{\sqrt{5}}{2}$이므로

$\dfrac{\left|\dfrac{7}{2}-k\right|}{\sqrt{2^2+(-1)^2}}=\dfrac{\left|\dfrac{7}{2}-k\right|}{\sqrt{5}}=\dfrac{\sqrt{5}}{2}$, $\left|\dfrac{7}{2}-k\right|=\dfrac{5}{2}$, $\dfrac{7}{2}-k=\pm\dfrac{5}{2}$

따라서 $k=6$ $\left(\because k>\dfrac{7}{2}\right)$

정답 **6**

STEP A 곡선과 직선 사이의 거리가 최소가 되는 상황 이해하기

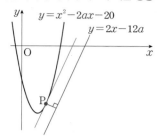

이차함수 $y=x^2-2ax-20$과 직선 $y=2x-12a$를 연립하여 얻은
이차방정식 $x^2-2ax-20=2x-12a$, 즉 $x^2-2(a+1)x-20+12a=0$의
판별식을 D_1이라 하자.
$\dfrac{D_1}{4}=\{-(a+1)\}^2-(-20+12a)$
$\quad=a^2-10a+21$
그런데 $3<a<7$에서
$a^2-10a+21=(a-5)^2-4<0$, 즉 $\dfrac{D_1}{4}<0$이므로
이차함수 $y=x^2-2ax-20$과 직선 $y=2x-12a$는 만나지 않는다.
즉 직선 $y=2x-12a$가 평행이동하여
이차함수 $y=x^2-2ax-20$의 그래프와 최초로 만날 때의 접점이 $f(a)$가
최소가 되도록 하는 점 P이다.

STEP B 점 P를 지나고 이차함수에 접하는 직선의 방정식 구하기

직선 $y=2x-12a$의 기울기는 2이므로
이 직선과 평행한 직선의 기울기는 2
이때 기울기가 2이고 이차함수 $y=x^2-2ax-20$에 접하는 직선의 방정식을
$y=2x+b$ (b는 상수)라 하자.
두 식 $y=x^2-2ax-20$, $y=2x+b$를 연립하여 얻은
이차방정식 $x^2-2ax-20=2x+b$, 즉 $x^2-2(a+1)x-20-b=0$이
중근을 가지므로 판별식을 D_2라 하면 $D_2=0$이어야 한다.
$\dfrac{D_2}{4}=\{-(a+1)\}^2-(-20-b)=0$, $a^2+2a+b+21=0$
$\therefore b=-a^2-2a-21$
즉 점 P를 지나고 이차함수 $y=x^2-2ax-20$에 접하는 직선의 방정식은
$y=2x-a^2-2a-21$

STEP C 점과 직선 사이의 거리를 이용하여 $f(a)$의 최댓값 구하기

$f(a)$는 평행한 두 직선 $y=2x-12a$, $y=2x-a^2-2a-21$ 사이의 거리이므로
직선 $y=2x-12a$ 위의 점 $(6a, 0)$과 직선 $2x-y-a^2-2a-21=0$ 사이의
거리와 같다.
즉 $f(a)=\dfrac{|2\times6a-0-a^2-2a-21|}{\sqrt{2^2+(-1)^2}}=\dfrac{|-a^2+10a-21|}{\sqrt{5}}$

← $3<a<7$에서 $-a^2+10a-21>0$

이때 $f(a)$의 값이 최대가 되려면 분자가 최대가 되어야 한다.
즉 $-a^2+10a-21=-(a-5)^2+4$이므로
$3<a<7$에서 $a=5$일 때, 최댓값 4를 가진다.
따라서 $f(a)$의 최댓값은 $f(5)=\dfrac{4}{\sqrt{5}}=\dfrac{4\sqrt{5}}{5}$

+α 평행한 두 직선 사이의 거리 공식을 이용하여 구할 수 있어!

평행한 두 직선 $2x-y-12a=0$, $2x-y-a^2-2a-21=0$ 사이의 거리는
$f(a)=\dfrac{|-12a+a^2+2a+21|}{\sqrt{2^2+(-1)^2}}=\dfrac{|a^2-10a+21|}{\sqrt{5}}$

좌표평면에서 $-5<a<-1$인 실수 a에 대하여 이차함수 $y=x^2-2x-10a$의 그래프 위의 점 P와 직선 $y=2x-6a$ 사이의 거리의 최솟값을 $f(a)$라 하자. $f(a)=\sqrt{5}$일 때, a의 값은?

① $-\dfrac{5}{2}$ ② $-\dfrac{9}{4}$ ③ -2

④ $-\dfrac{7}{4}$ ⑤ $-\dfrac{3}{2}$

STEP A 곡선과 직선 사이의 거리가 최소가 되는 상황 이해하기

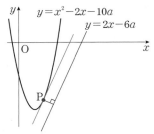

이차함수 $y=x^2-2x-10a$와 직선 $y=2x-6a$를 연립하여 얻은 이차방정식 $x^2-2x-10a=2x-6a$, 즉 $x^2-4x-4a=0$의 판별식을 D_1이라 하자.

$$\frac{D_1}{4}=(-2)^2-(-4a)=4+4a$$

그런데 $-5<a<-1$에서 $-16<4+4a<0$, 즉 $\dfrac{D_1}{4}<0$이므로

이차함수 $y=x^2-2x-10a$와 직선 $y=2x-6a$는 만나지 않는다.

즉 직선 $y=2x-6a$가 평행이동하여 이차함수 $y=x^2-2x-10a$의 그래프와 최초로 만날 때의 접점이 $f(a)$가 최소가 되도록 하는 점 P이다.

STEP B 점 P를 지나고 이차함수에 접하는 직선의 방정식 구하기

직선 $y=2x-6a$의 기울기는 2이므로 이 직선과 평행한 직선의 기울기는 2

이때 기울기가 2이고 이차함수 $y=x^2-2x-10a$에 접하는 직선의 방정식을 $y=2x+b$라 하자.

두 식 $y=x^2-2x-10a$, $y=2x+b$를 연립하여 얻은 이차방정식 $x^2-2x-10a=2x+b$, 즉 $x^2-4x-10a-b=0$이 중근을 가지므로 판별식을 D_2라 하면 $D_2=0$이어야 한다.

$$\frac{D_2}{4}=(-2)^2-(-10a-b)=0, \; 10a+b+4=0 \; \therefore b=-10a-4$$

즉 점 P를 지나고 이차함수 $y=x^2-2x-10a$에 접하는 직선의 방정식은 $y=2x-10a-4$

STEP C 점과 직선 사이의 거리를 이용하여 a의 값 구하기

$f(a)$는 평행한 두 직선 $y=2x-6a$, $y=2x-10a-4$ 사이의 거리이므로 직선 $y=2x-6a$ 위의 점 $(3a, 0)$과 직선 $2x-y-10a-4=0$ 사이의 거리와 같다.

즉 $f(a)=\dfrac{|2\times3a-0-10a-4|}{\sqrt{2^2+(-1)^2}}=\dfrac{|-4a-4|}{\sqrt{5}}$ ← $-5<a<-1$일 때, $-4a-4>0$

주어진 조건에 의하여 $f(a)=\sqrt{5}$일 때,

$$\frac{|-4a-4|}{\sqrt{5}}=\sqrt{5}, \; -4a-4=5, \; -4a=9$$

따라서 $a=-\dfrac{9}{4}$

+α 평행한 두 직선 사이의 거리 공식을 이용하여 구할 수 있어!

평행한 두 직선 $2x-y-6a=0$, $2x-y-10a-4=0$ 사이의 거리가 $\sqrt{5}$이므로

$$f(a)=\frac{|-6a+10a+4|}{\sqrt{2^2+(-1)^2}}=\frac{|4a+4|}{\sqrt{5}}=\sqrt{5}, \; |4a+4|=5, \; 4a+4=\pm5$$

따라서 $a=-\dfrac{9}{4}$ $(\because -5<a<-1)$

정답 ②

0268

STEP A 두 점 사이의 거리 공식을 이용하여 선분 AB의 길이 구하기

두 점 A$(-4, 3)$, B$(2, -5)$에 대하여

$$\overline{AB}=\sqrt{\{2-(-4)\}^2+(-5-3)^2}=10$$

STEP B 삼각형 ABC의 높이 구하기

두 점 A$(-4, 3)$, B$(2, -5)$를 지나는 직선 AB의 방정식은

$y-3=\dfrac{-5-3}{2-(-4)}\{x-(-4)\}$, 즉 $4x+3y+7=0$

점 C$(1, 4)$와 직선 $4x+3y+7=0$ 사이의 거리, 즉 삼각형 ABC의 높이 h는

$$h=\frac{|4\times1+3\times4+7|}{\sqrt{4^2+3^2}}=\frac{23}{5}$$

STEP C 삼각형 ABC의 넓이 구하기

따라서 삼각형 ABC의 넓이는 $\dfrac{1}{2}\times\overline{AB}\times h=\dfrac{1}{2}\times10\times\dfrac{23}{5}=23$

POINT 신발끈 공식 (사선 공식 (斜線 公式))

좌표평면 상에서 꼭짓점의 좌표를 알 때, 다각형의 넓이를 구할 수 있는 방법

서로 다른 세 점 A(x_1, y_1), B(x_2, y_2), C(x_3, y_3)를 꼭짓점으로 하는 삼각형 ABC의 넓이 S

첫 번째 꼭짓점을 반복하여 쓴다.

$$S=\frac{1}{2}\begin{vmatrix} x_1 & x_2 & x_3 & x_1 \\ y_1 & y_2 & y_3 & y_1 \end{vmatrix}=\frac{1}{2}|(x_1y_2+x_2y_3+x_3y_1)-(x_2y_1+x_3y_2+x_1y_3)|$$

꼭짓점들을 반시계 방향으로 차례로 번호를 매긴 다음 사선 방향으로 각각을 곱하여 더하여 뺀다. 이 공식은 꼭짓점의 좌표를 알 때 다각형의 넓이에서도 적용된다.

0269

STEP A 두 직선의 위치 관계를 이해하기

직선 $x-5y+18=0$, 즉 $y=\dfrac{1}{5}x+\dfrac{18}{5}$에서 기울기는 $\dfrac{1}{5}$

두 점 O$(0, 0)$, A$(5, 1)$을 지나는 직선 OA의 기울기는 $\dfrac{1-0}{5-0}=\dfrac{1}{5}$

즉 두 직선 $x-5y+18=0$와 OA는 기울기가 일치하므로 평행하다.

이때 삼각형 OAP에서 선분 OA를 밑변으로 하면

원점 O$(0, 0)$에서 직선 $x-5y+18=0$까지의 거리가 높이가 된다.

STEP B 두 점 사이의 거리와 점과 직선 사이의 거리 공식을 이용하여 삼각형 OAP의 밑변과 높이 구하기

두 점 O$(0, 0)$, A$(5, 1)$에 대하여 $\overline{OA}=\sqrt{5^2+1^2}=\sqrt{26}$

원점 O$(0, 0)$과 직선 $x-5y+18=0$ 사이의 거리, 즉 삼각형 OAP의 높이 h는

$$h=\frac{|18|}{\sqrt{1^2+(-5)^2}}=\frac{18}{\sqrt{26}}$$

STEP C 삼각형 OAP의 넓이 구하기

따라서 삼각형 OAP의 넓이는 $\dfrac{1}{2}\times\overline{OA}\times h=\dfrac{1}{2}\times\sqrt{26}\times\dfrac{18}{\sqrt{26}}=9$

0270

STEP A 두 직선의 위치 관계를 이해하기

직선 $x-2y+k=0$, 즉 $y=\frac{1}{2}x+\frac{k}{2}$의 기울기는 $\frac{1}{2}$

두 점 $O(0, 0)$, $A(4, 2)$를 지나는 직선 OA의 기울기는 $\frac{2-0}{4-0}=\frac{1}{2}$

즉 두 직선 $x-2y+k=0$와 직선 OA는 기울기가 일치하므로 평행하다.
이때 삼각형 OAP에서 선분 OA를 밑변으로 하면
원점 $O(0, 0)$에서 직선 $x-2y+k=0$까지의 거리가 높이가 된다.

STEP B 두 점 사이의 거리와 점과 직선 사이의 거리 공식을 이용하여 삼각형 OAP의 밑변과 높이 구하기

두 점 $O(0, 0)$, $A(4, 2)$에 대하여 $\overline{OA}=\sqrt{4^2+2^2}=2\sqrt{5}$

원점 $O(0, 0)$과 직선 $x-2y+k=0$의 사이의 거리, 즉 삼각형 OAP의 높이 h는

$$h=\frac{|k|}{\sqrt{1^2+(-2)^2}}=\frac{|k|}{\sqrt{5}}$$

STEP C 삼각형 OAP의 넓이를 이용하여 양수 k의 값 구하기

주어진 조건에서 삼각형 OAP의 넓이가 10이므로

$\frac{1}{2}\times\overline{OA}\times h=\frac{1}{2}\times 2\sqrt{5}\times\frac{|k|}{\sqrt{5}}=10$, $|k|=10$

$\therefore k=-10$ 또는 $k=10$

따라서 양수 k의 값은 10

내/신/연/계 출제문항 **143**

오른쪽 그림과 같이 두 점 $A(3, 5)$, $B(0, 1)$과 직선 $4x-3y+k=0$ 위의 한 점 P를 꼭짓점으로 하는 삼각형 ABP의 넓이가 3일 때, 음수 k의 값은?

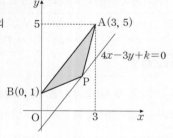

① -1 ② -2
③ -3 ④ -4
⑤ -5

STEP A 두 직선의 위치 관계를 이해하기

직선 $4x-3y+k=0$, 즉 $y=\frac{4}{3}x+\frac{k}{3}$의 기울기는 $\frac{4}{3}$

두 점 $A(3, 5)$, $B(0, 1)$을 지나는 직선 AB의 기울기는 $\frac{1-5}{0-3}=\frac{4}{3}$

즉 두 직선 $4x-3y+k=0$와 직선 AB는 기울기가 일치하므로 평행하다.
이때 삼각형 ABP에서 선분 AB를 밑변으로 하면
점 $B(0, 1)$에서 직선 $4x-3y+k=0$까지의 거리가 높이가 된다.

STEP B 두 점 사이의 거리와 점과 직선 사이의 거리 공식을 이용하여 삼각형 ABP의 밑변과 높이 구하기

두 점 $A(3, 5)$, $B(0, 1)$에 대하여
$\overline{AB}=\sqrt{(0-3)^2+(1-5)^2}=\sqrt{9+16}=5$

점 $B(0, 1)$과 직선 $4x-3y+k=0$의 사이의 거리, 즉 삼각형 ABP의 높이 h는

$$h=\frac{|4\times 0-3\times 1+k|}{\sqrt{4^2+(-3)^2}}=\frac{|k-3|}{5}$$

STEP C 삼각형 ABP의 넓이를 이용하여 음수 k의 값 구하기

주어진 조건에서 삼각형 ABP의 넓이가 3이므로

$\frac{1}{2}\times\overline{AB}\times h=\frac{1}{2}\times 5\times\frac{|k-3|}{5}=3$, $|k-3|=6$, $k-3=\pm6$

$\therefore k=-3$ 또는 $k=9$

따라서 음수 k의 값은 -3

0271

STEP A 직선 $y=-x+7$과 두 직선을 연립하여 교점 A, B의 좌표 구하기

두 직선 $y=-x+7$, $y=\frac{5}{2}x$를 연립하여 풀면 $x=2$, $y=5$이므로

점 A의 좌표는 $A(2, 5)$

두 직선 $y=-x+7$, $y=\frac{1}{6}x$를 연립하여 풀면 $x=6$, $y=1$이므로

점 B의 좌표는 $B(6, 1)$

STEP B 두 점 사이의 거리 공식과 점과 직선 사이의 거리 공식을 이용하여 거리 구하기

두 점 $A(2, 5)$, $B(6, 1)$에 대하여
$\overline{AB}=\sqrt{(6-2)^2+(1-5)^2}=\sqrt{16+16}=4\sqrt{2}$

원점 $(0, 0)$과 직선 $x+y-7=0$ 사이의 거리, 즉 삼각형 AOB의 높이 h는

$$h=\frac{|-7|}{\sqrt{1^2+1^2}}=\frac{7}{\sqrt{2}}=\frac{7\sqrt{2}}{2}$$

STEP C 삼각형 AOB의 넓이 구하기

따라서 삼각형 AOB의 넓이는 $\frac{1}{2}\times\overline{AB}\times h=\frac{1}{2}\times 4\sqrt{2}\times\frac{7\sqrt{2}}{2}=14$

0272

STEP A 세 직선을 연립하여 교점의 좌표 구하기

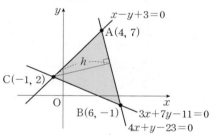

두 직선 $x-y+3=0$, $4x+y-23=0$을 연립하여 풀면 $x=4$, $y=7$
두 직선 $4x+y-23=0$, $3x+7y-11=0$을 연립하여 풀면 $x=6$, $y=-1$
두 직선 $x-y+3=0$, $3x+7y-11=0$을 연립하여 풀면 $x=-1$, $y=2$
세 직선의 교점 A, B, C라 하면
$A(4, 7)$, $B(6, -1)$, $C(-1, 2)$

STEP B 두 점 사이의 거리와 점과 직선 사이의 거리 공식을 이용하여 거리 구하기

두 점 $A(4, 7)$, $B(6, -1)$에 대하여
$\overline{AB}=\sqrt{(6-4)^2+(-1-7)^2}=\sqrt{4+64}=2\sqrt{17}$

점 $C(-1, 2)$와 직선 $4x+y-23=0$ 사이의 거리, 즉 삼각형 ABC의 높이 h는

$$h=\frac{|4\times(-1)+2-23|}{\sqrt{4^2+1^2}}=\frac{25}{\sqrt{17}}$$

STEP C 삼각형 ABC의 넓이 구하기

따라서 삼각형 ABC의 넓이는 $\frac{1}{2}\times\overline{AB}\times h=\frac{1}{2}\times 2\sqrt{17}\times\frac{25}{\sqrt{17}}=25$

내/신/연/계 출제문항 **144**

세 직선 $x+2y-6=0$, $2x-y-2=0$, $3x+y-3=0$으로 둘러싸인 삼각형의 넓이는?

① $\frac{3}{2}$ ② 2 ③ $\frac{5}{2}$
④ 3 ⑤ $\frac{7}{2}$

STEP Ⓐ 세 직선을 연립하여 교점의 좌표 구하기

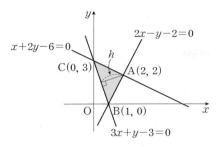

두 직선 $x+2y-6=0$, $2x-y-2=0$을 연립하여 풀면 $x=2$, $y=2$
두 직선 $2x-y-2=0$, $3x+y-3=0$을 연립하여 풀면 $x=1$, $y=0$
두 직선 $x+2y-6=0$, $3x+y-3=0$을 연립하여 풀면 $x=0$, $y=3$
세 직선의 교점 A, B, C라 하면
A(2, 2), B(1, 0), C(0, 3)

STEP Ⓑ 두 점 사이의 거리와 점과 직선 사이의 거리 공식을 이용하여
거리 구하기

두 점 B(1, 0), C(0, 3)에 대하여
$\overline{BC}=\sqrt{(0-1)^2+(3-0)^2}=\sqrt{10}$
점 A(2, 2)와 직선 $3x+y-3=0$ 사이의 거리, 즉 삼각형 ABC의 높이 h는
$h=\dfrac{|3\times2+2-3|}{\sqrt{3^2+1^2}}=\dfrac{5}{\sqrt{10}}$

STEP Ⓒ 삼각형 ABC의 넓이 구하기

따라서 삼각형 ABC의 넓이는 $\dfrac{1}{2}\times\overline{BC}\times h=\dfrac{1}{2}\times\sqrt{10}\times\dfrac{5}{\sqrt{10}}=\dfrac{5}{2}$ 정답 ③

0273
정답 ③

STEP Ⓐ 두 점 사이의 거리 공식과 점과 직선 사이의 거리 공식을 이용하여
거리 구하기

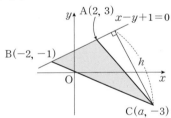

두 점 A(2, 3), B(-2, -1)에 대하여
$\overline{AB}=\sqrt{(-2-2)^2+(-1-3)^2}=4\sqrt{2}$
직선 AB의 방정식은 $y-3=\dfrac{-1-3}{-2-2}(x-2)$, 즉 $x-y+1=0$
점 C(a, -3)과 직선 $x-y+1=0$ 사이의 거리, 즉 삼각형 ABC의 높이 h는
$h=\dfrac{|a-(-3)+1|}{\sqrt{1^2+(-1)^2}}=\dfrac{|a+4|}{\sqrt{2}}$

STEP Ⓑ 삼각형 ABC의 넓이가 18이 되도록 하는 a의 값 구하기

삼각형 ABC의 넓이가 18이므로
$\dfrac{1}{2}\times\overline{AB}\times h=\dfrac{1}{2}\times4\sqrt{2}\times\dfrac{|a+4|}{\sqrt{2}}=18$, $|a+4|=9$, $a+4=\pm9$

$\therefore a=5$ 또는 $a=-13$
따라서 모든 실수 a의 값의 합은 $5+(-13)=-8$

오른쪽 그림과 같이 세 점 A(2, 1),
B(4, 5), C(a, 2)를 꼭짓점으로 하는
삼각형 ABC의 넓이가 7이 되도록
하는 모든 실수 a의 값의 합은?

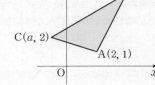

① 3   ② 4
③ 5   ④ 6
⑤ 7

STEP Ⓐ 두 점 사이의 거리 공식과 점과 직선 사이의 거리 공식을 이용하여
거리 구하기

두 점 A(2, 1), B(4, 5)에 대하여
$\overline{AB}=\sqrt{(4-2)^2+(5-1)^2}=2\sqrt{5}$
직선 AB의 방정식은
$y-1=\dfrac{5-1}{4-2}(x-2)$,
즉 $2x-y-3=0$
점 C(a, 2)와 직선 $2x-y-3=0$
사이의 거리, 즉 삼각형 ABC의 높이 h는
$h=\dfrac{|2\times a-2-3|}{\sqrt{2^2+(-1)^2}}=\dfrac{|2a-5|}{\sqrt{5}}$

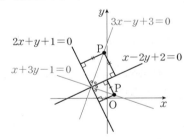

STEP Ⓑ 삼각형 ABC의 넓이가 7이 되도록 하는 a의 값 구하기

삼각형 ABC의 넓이가 7이므로
$\dfrac{1}{2}\times\overline{AB}\times h=\dfrac{1}{2}\times2\sqrt{5}\times\dfrac{|2a-5|}{\sqrt{5}}=7$, $|2a-5|=7$, $2a-5=\pm7$

$\therefore a=6$ 또는 $a=-1$
따라서 모든 실수 a의 값의 합은 $6+(-1)=5$ 정답 ③

0274
정답 6

STEP Ⓐ 각의 이등분선은 두 직선에 이르는 거리가 같음을 이용하기

두 직선 $2x+y+1=0$, $x-2y+2=0$이 이루는 각의 이등분선 위의 점을
P(x, y)라고 하면 점 P에서 두 직선에 이루는 거리는 같다.
즉 $\dfrac{|2x+y+1|}{\sqrt{2^2+1^2}}=\dfrac{|x-2y+2|}{\sqrt{1^2+(-2)^2}}$

STEP Ⓑ 이등분하는 두 직선의 방정식 구하기

$|2x+y+1|=|x-2y+2|$, $2x+y+1=\pm(x-2y+2)$
(i) $2x+y+1=x-2y+2$인 경우
각의 이등분선의 방정식은 $x+3y-1=0$
(ii) $2x+y+1=-(x-2y+2)$
각의 이등분선의 방정식은 $3x-y+3=0$
(i), (ii)에서 구하는 방정식은 $x+3y-1=0$ 또는 $3x-y+3=0$
따라서 $a=1$, $b=3$, $c=3$, $d=-1$이므로 $a+b+c+d=6$

0275

정답 ③

STEP A 각의 이등분선은 두 직선에 이르는 거리가 같음을 이용하기

두 직선 $2x+3y+2=0$, $3x-2y+2=0$이 이루는 각의 이등분선 위의 점을 P(x, y)라 하면 점 P에서 두 직선에 이르는 거리가 같다.

즉 $\dfrac{|2x+3y+2|}{\sqrt{2^2+3^2}}=\dfrac{|3x-2y+2|}{\sqrt{3^2+(-2)^2}}$

STEP B 이등분하는 두 직선의 방정식 구하기

$|2x+3y+2|=|3x-2y+2|$, $2x+3y+2=\pm(3x-2y+2)$

(i) $2x+3y+2=3x-2y+2$인 경우
   각의 이등분선의 방정식은 $x-5y=0$
(ii) $2x+3y+2=-(3x-2y+2)$인 경우
   각의 이등분선의 방정식은 $5x+y+4=0$

(i), (ii)에서 구하는 방정식은 $x-5y=0$ 또는 $5x+y+4=0$
따라서 두 직선이 이루는 각을 이등분하는 직선의 방정식은 ㄴ, ㄷ이다.

0276

정답 ②

STEP A 각의 이등분선은 두 직선에 이르는 거리가 같음을 이용하기

두 직선 $x+2y-3=0$, $2x+y+5=0$이 이루는 각의 이등분선 위의 점을 P(x, y)라고 하면 점 P에서 두 직선에 이루는 거리는 같다.

즉 $\dfrac{|x+2y-3|}{\sqrt{1^2+2^2}}=\dfrac{|2x+y+5|}{\sqrt{2^2+1^2}}$

STEP B 이등분하는 두 직선의 방정식이 점 $(a, -1)$을 지남을 이용하여 a의 값 구하기

$|x+2y-3|=|2x+y+5|$, $x+2y-3=\pm(2x+y+5)$

(i) $x+2y-3=2x+y+5$인 경우
   각의 이등분선의 방정식은 $x-y+8=0$
   이 직선이 점 $(a, -1)$을 지나므로 $a+1+8=0$ $\therefore a=-9$
(ii) $x+2y-3=-(2x+y+5)$인 경우
   각의 이등분선의 방정식은 $3x+3y+2=0$
   이 직선이 점 $(a, -1)$을 지나므로 $3a-3+2=0$ $\therefore a=\dfrac{1}{3}$

(i), (ii)에서 모든 a의 값의 곱은 $-9\times\dfrac{1}{3}=-3$

0277

정답 ②

STEP A 각의 이등분선은 두 직선에 이르는 거리가 같음을 이용하기

두 직선 $3x-4y+a=0$, $4x+3y+7=0$이 이루는 각의 이등분선 위의 점을 P(x, y)라고 하면 점 P에서 두 직선에 이르는 거리는 같다.

즉 $\dfrac{|3x-4y+a|}{\sqrt{3^2+(-4)^2}}=\dfrac{|4x+3y+7|}{\sqrt{4^2+3^2}}$

STEP B 이등분하는 두 직선의 방정식이 점 $(2, 1)$을 지남을 이용하여 a의 값 구하기

$|3x-4y+a|=|4x+3y+7|$, $3x-4y+a=\pm(4x+3y+7)$

(i) $3x-4y+a=4x+3y+7$인 경우
   각의 이등분선의 방정식은 $x+7y+7-a=0$
   이 직선이 점 $(2, 1)$을 지나므로 $2+7+7-a=0$ $\therefore a=16$
(ii) $3x-4y+a=-(4x+3y+7)$인 경우
   각의 이등분선의 방정식은 $7x-y+a+7=0$
   이 직선이 점 $(2, 1)$을 지나므로 $14-1+a+7=0$ $\therefore a=-20$

(i), (ii)에서 모든 상수 a의 값의 합은 $16+(-20)=-4$

두 직선 $3x-4y+7=0$, $4x+3y+a=0$이 이루는 각을 이등분하는 직선이 점 $(1, 2)$를 지날 때, 모든 상수 a의 값의 합은?

① -20 ② -18 ③ -16
④ -14 ⑤ -12

STEP A 각의 이등분선은 두 직선에 이르는 거리가 같음을 이용하기

두 직선 $3x-4y+7=0$, $4x+3y+a=0$이 이루는 각의 이등분선 위의 점을 P(x, y)라고 하면 점 P에서 두 직선에 이르는 거리는 같다.

즉 $\dfrac{|3x-4y+7|}{\sqrt{3^2+(-4)^2}}=\dfrac{|4x+3y+a|}{\sqrt{4^2+3^2}}$

STEP B 이등분하는 두 직선의 방정식이 점 $(1, 2)$를 지남을 이용하여 a의 값 구하기

$|3x-4y+7|=|4x+3y+a|$, $3x-4y+7=\pm(4x+3y+a)$

(i) $3x-4y+7=4x+3y+a$인 경우
   각의 이등분선의 방정식은 $x+7y+a-7=0$
   이 직선이 점 $(1, 2)$를 지나므로 $1+14+a-7=0$ $\therefore a=-8$
(ii) $3x-4y+7=-(4x+3y+a)$인 경우
   각의 이등분선의 방정식은 $7x-y+7+a=0$
   이 직선이 점 $(1, 2)$를 지나므로 $7-2+7+a=0$ $\therefore a=-12$

(i), (ii)에서 모든 상수 a의 값의 합은 $-8+(-12)=-20$ 정답 ①

0278

정답 2

STEP A 각의 이등분선은 두 직선에 이르는 거리가 같음을 이용하기

두 직선 $ax-y=0$, $x+ay-5=0$이 이루는 각의 이등분선 위의 점을 P(x, y)라 하면 점 P에서 두 직선에 이르는 거리는 같다.

즉 $\dfrac{|ax-y|}{\sqrt{a^2+(-1)^2}}=\dfrac{|x+ay-5|}{\sqrt{1^2+a^2}}$

STEP B 이등분하는 두 직선의 방정식이 직선 $3x+y-5=0$과 일치함을 이용하여 a의 값 구하기

$|ax-y|=|x+ay-5|$, $ax-y=\pm(x+ay-5)$

(i) $ax-y=x+ay-5$인 경우
   각의 이등분선의 방정식은 $(a-1)x-(a+1)y+5=0$
   이 직선이 직선 $3x+y-5=0$과 일치해야 하므로
   $\dfrac{a-1}{3}=\dfrac{-(a+1)}{1}=\dfrac{5}{-5}$
   이를 만족시키는 a의 값은 없다.
(ii) $ax-y=-(x+ay-5)$인 경우
   각의 이등분선의 방정식은 $(a+1)x+(a-1)y-5=0$
   이 직선이 직선 $3x+y-5=0$과 일치해야 하므로
   $\dfrac{a+1}{3}=\dfrac{a-1}{1}=\dfrac{-5}{-5}$ $\therefore a=2$

(i), (ii)에 의하여 $a=2$

0279

정답 ⑤

STEP A 직선 $x-y+2+k(3x+y-6)=0$이 항상 지나는 점 구하기

ㄱ. 직선 $x-y+2+k(3x+y-6)=0$은 k의 값에 관계없이 항상 성립해야 하므로 k에 대한 항등식이다.
   항등식의 성질에 의하여 $x-y+2=0$, $3x+y-6=0$
   위의 두 식을 연립하여 풀면 $x=1$, $y=3$
   즉 주어진 직선은 실수 k의 값에 관계없이 항상 점 $(1, 3)$을 지난다. [참]

STEP Ⓑ **직선의 기울기가 −1이 되는 k의 값 구하기**

ㄴ. 직선 $x-y+2+k(3x+y-6)=0$에서

$(1+3k)x+(-1+k)y+2-6k=0$

이때 직선의 기울기가 −1이므로

$\dfrac{1+3k}{1-k}=-1$, $1+3k=-1+k$, $2k=-2$

$\therefore k=-1$ [참]

STEP Ⓒ **각의 이등분선은 두 직선에 이르는 거리가 같음을 이용하기**

ㄷ. $k=-3$을 직선 $x-y+2+k(3x+y-6)=0$에 대입하면

$2x+y-5=0$

두 직선 $3x-y=0$, $x+3y-10=0$이 이루는 각의 이등분선 위의 점을

$P(x, y)$라 하면 점 P에서 두 직선에 이르는 거리가 같다.

즉 $\dfrac{|3x-y|}{\sqrt{3^2+(-1)^2}}=\dfrac{|x+3y-10|}{\sqrt{1^2+3^2}}$, $|3x-y|=|x+3y-10|$

$3x-y=\pm(x+3y-10)$

$\therefore x-2y+5=0$ 또는 $2x+y-5=0$

$k=-3$일 때, 두 직선이 이루는 각을 이등분한다. [참]

따라서 옳은 것은 ㄱ, ㄴ, ㄷ이다.

0280

정답 ②

STEP Ⓐ **삼각형의 내심의 성질을 이용하여 직선의 방정식 이해하기**

삼각형의 내심은 삼각형의 세 내각의 이등분선의 교점이므로 점 B와 삼각형 ABC의 내심을 지나는 직선은 다음 그림과 같이 ∠B의 이등분선과 같다.

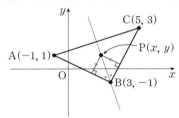

STEP Ⓑ **두 직선 AB, BC의 방정식 구하기**

두 점 A$(-1, 1)$, B$(3, -1)$을 지나는 직선 AB의 방정식은

$y-1=\dfrac{-1-1}{3-(-1)}\{x-(-1)\}$, 즉 $x+2y-1=0$

두 점 B$(3, -1)$, C$(5, 3)$을 지나는 직선 BC의 방정식은

$y-3=\dfrac{3-(-1)}{5-3}(x-5)$, 즉 $2x-y-7=0$

STEP Ⓒ **각의 이등분선은 두 직선에 이르는 거리가 같음을 이용하기**

두 직선 $x+2y-1=0$, $2x-y-7=0$이 이루는 각의 이등분선 위의 점을

$P(x, y)$라 하면 점 P에서 두 직선에 이르는 거리가 같다.

즉 $\dfrac{|x+2y-1|}{\sqrt{1^2+2^2}}=\dfrac{|2x-y-7|}{\sqrt{2^2+(-1)^2}}$, $|x+2y-1|=|2x-y-7|$

$x+2y-1=\pm(2x-y-7)$

$\therefore x-3y-6=0$ 또는 $3x+y-8=0$

따라서 ∠B의 이등분선의 y절편은 양수이어야 하므로 구하는 직선의 방정식은

$3x+y-8=0$

내신연계 출제문항 147

세 점 A$(-2, 0)$, B$(4, -2)$, C$(6, 4)$를 꼭짓점으로 하는 삼각형 ABC가 있다. 이때 점 B와 삼각형 ABC의 내심을 지나는 직선의 방정식이 $ax+y+b=0$일 때, $a+b$의 값은?

① −1   ② −2   ③ −3

④ −4   ⑤ −5

STEP Ⓐ **삼각형의 내심의 성질을 이용하여 직선의 방정식 이해하기**

삼각형의 내심은 삼각형의 세 내각의 이등분선의 교점이므로 점 B와 삼각형 ABC의 내심을 지나는 직선은 다음 그림과 같이 ∠B의 이등분선과 같다.

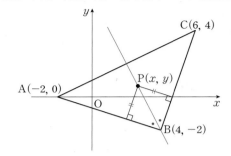

STEP Ⓑ **두 직선 AB, BC의 방정식 구하기**

두 점 A$(-2, 0)$, B$(4, -2)$를 지나는 직선 AB의 방정식은

$y-0=\dfrac{-2-0}{4-(-2)}\{x-(-2)\}$, 즉 $x+3y+2=0$

두 점 B$(4, -2)$, C$(6, 4)$를 지나는 직선 BC의 방정식은

$y-4=\dfrac{4-(-2)}{6-4}(x-6)$, 즉 $3x-y-14=0$

STEP Ⓒ **각의 이등분선은 두 직선에 이르는 거리가 같음을 이용하기**

두 직선 $x+3y+2=0$, $3x-y-14=0$이 이루는 각의 이등분선 위의 점을

$P(x, y)$라 하면 점 P에서 두 직선에 이르는 거리가 같다.

즉 $\dfrac{|x+3y+2|}{\sqrt{1^2+3^2}}=\dfrac{|3x-y-14|}{\sqrt{3^2+(-1)^2}}$, $|x+3y+2|=|3x-y-14|$

$x+3y+2=\pm(3x-y-14)$

$\therefore x-2y-8=0$ 또는 $2x+y-6=0$

이때 ∠B의 이등분선의 y절편은 양수이어야 하므로

구하는 직선의 방정식은 $2x+y-6=0$

따라서 $a=2$, $b=-6$이므로 $a+b=-4$

정답 ④

0281

정답 ③

STEP Ⓐ **점 P에서 두 직선에 이르는 거리가 같음을 이용하기**

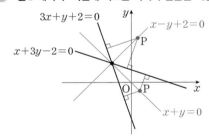

두 직선 $3x+y+2=0$, $x+3y-2=0$에서 같은 거리에 있는 점 P의 좌표를

(x, y)라 하면 점 P에서 두 직선에 이르는 거리는 같다.

즉 $\dfrac{|3x+y+2|}{\sqrt{3^2+1^2}}=\dfrac{|x+3y-2|}{\sqrt{1^2+3^2}}$

STEP Ⓑ **거리가 같은 두 직선의 방정식 구하기**

$|3x+y+2|=|x+3y-2|$, $3x+y+2=\pm(x+3y-2)$

(i) $3x+y+2=x+3y-2$인 경우

점 P의 자취의 방정식은 $2x-2y+4=0$ $\therefore x-y+2=0$

(ii) $3x+y+2=-(x+3y-2)$인 경우

점 P의 자취의 방정식은 $4x+4y=0$ $\therefore x+y=0$

(i), (ii)에 의하여 구하는 방정식은 ㄱ, ㄹ이다.

0282

STEP A 두 선분 PR, PS가 나타내는 위치 이해하기

점 P의 좌표를 $P(x, y)$라 하자.

점 P에서 두 직선 $2x+y-3=0$, $x+2y-5=0$에 내린 수선의 발이 각각 R, S이므로 점 $P(x, y)$와 두 직선 $2x+y-3=0$, $x+2y-5=0$ 사이의 거리는 각각 선분 PR과 선분 PS의 길이와 같다.

즉 $\overline{PR}=\dfrac{|2x+y-3|}{\sqrt{2^2+1^2}}$, $\overline{PS}=\dfrac{|x+2y-5|}{\sqrt{1^2+2^2}}$

STEP B $\overline{PR} : \overline{PS} = 2 : 1$을 만족하는 두 직선의 방정식 구하기

$\overline{PR} : \overline{PS} = 2 : 1$에서 $\overline{PR} = 2\overline{PS}$이므로

$\dfrac{|2x+y-3|}{\sqrt{2^2+1^2}} = 2 \times \dfrac{|x+2y-5|}{\sqrt{1^2+2^2}}$, $|2x+y-3| = 2|x+2y-5|$

$2x+y-3 = \pm 2(x+2y-5)$

$\therefore 3y-7=0$ 또는 $4x+5y-13=0 \left(단, x \neq \dfrac{1}{3}, y \neq \dfrac{7}{3}\right)$

따라서 $a=0$, $b=3$, $c=4$, $d=5$이므로 $a+b+c+d=12$

내/신/연/계 출제문항 148

두 직선 $x+3y-2=0$, $3x-y-2=0$에 대하여 두 직선 위에 있지 않는 점 P에서 두 직선에 내린 수선의 발을 각각 R, S라 하자.

$\overline{PR} : \overline{PS} = 1 : 3$을 만족시키는 점 P의 자취의 방정식이

$$ax+by-2=0 \text{ 또는 } cx+dy-4=0 \left(단, x \neq \dfrac{4}{5}, y \neq \dfrac{2}{5}\right)$$

일 때, $a+b+c+d$의 값은? (단, a, b, c, d는 상수이다.)

① 7 ② 8 ③ 10
④ 12 ⑤ 13

STEP A 두 선분 PR, PS가 나타내는 위치 이해하기

점 P의 좌표를 $P(x, y)$라 하자.

점 P에서 두 직선 $x+3y-2=0$, $3x-y-2=0$에 내린 수선의 발이 각각 R, S이므로

점 $P(x, y)$와 두 직선 $x+3y-2=0$, $3x-y-2=0$ 사이의 거리는 각각 선분 PR과 선분 PS의 길이와 같다.

즉 $\overline{PR}=\dfrac{|x+3y-2|}{\sqrt{1^2+3^2}}$, $\overline{PS}=\dfrac{|3x-y-2|}{\sqrt{3^2+(-1)^2}}$

STEP B $\overline{PR} : \overline{PS} = 1 : 3$을 만족하는 두 직선의 방정식 구하기

$\overline{PR} : \overline{PS} = 1 : 3$에서 $3\overline{PR} = \overline{PS}$이므로

$3 \times \dfrac{|x+3y-2|}{\sqrt{1^2+3^2}} = \dfrac{|3x-y-2|}{\sqrt{3^2+(-1)^2}}$, $3|x+3y-2| = |3x-y-2|$

$3(x+3y-2) = \pm(3x-y-2)$

$\therefore 5y-2=0$ 또는 $3x+4y-4=0 \left(단, x \neq \dfrac{4}{5}, y \neq \dfrac{2}{5}\right)$

따라서 $a=0$, $b=5$, $c=3$, $d=4$이므로 $a+b+c+d=12$

0283

STEP A 삼각형 ABP의 넓이가 15가 되는 점 P의 위치 파악하기

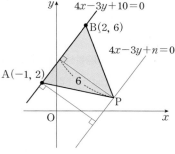

두 점 $A(-1, 2)$, $B(2, 6)$에 대하여

$\overline{AB} = \sqrt{\{2-(-1)\}^2+(6-2)^2}=5$

점 $P(x, y)$와 직선 AB 사이의 거리를 h라 하면 삼각형 ABP의 높이와 같다.

이때 삼각형 ABP의 넓이가 15 이므로 $\dfrac{1}{2} \times \overline{AB} \times h = \dfrac{5}{2}h = 15$

$\therefore h=6$

즉 점 P와 직선 AB 사이의 거리가 6이므로 점 P의 자취는 직선 AB와 평행하고 직선 AB와의 거리가 6인 직선이다.

STEP B 점 P의 자취의 방정식 구하기

두 점 $A(-1, 2)$, $B(2, 6)$을 지나는 직선 AB의 방정식은

$y-6 = \dfrac{6-2}{2-(-1)}(x-2)$, 즉 $4x-3y+10=0$

이 직선과 평행한 점 P의 자취의 방정식을 $4x-3y+n=0$ $(n \neq 10)$이라 하자.

직선 $4x-3y+n=0$과 점 $A(-1, 2)$ 사이의 거리가 6이므로

$\dfrac{|4 \times (-1) - 3 \times 2 + n|}{\sqrt{4^2+(-3)^2}} = \dfrac{|n-10|}{5} = 6$, $|n-10|=30$, $n-10 = \pm 30$

$\therefore n=-20$ 또는 $n=40$

따라서 점 P의 자취의 방정식은 $4x-3y-20=0$ 또는 $4x-3y+40=0$이므로 ㄱ, ㄹ이다.

0284

STEP A 점과 직선 사이의 거리를 구하는 빈칸 추론하기

(i) $a \neq 0$, $b \neq 0$일 때,

직선 $l : ax+by+c=0$의 기울기는 $\boxed{-\dfrac{a}{b}}$이고

점 P에서 직선 l에 내린 수선의 발을 $H(x_2, y_2)$라 하면

직선 PH와 직선 l이 수직이므로 $\boxed{-\dfrac{a}{b}} \times \boxed{\dfrac{y_2-y_1}{x_2-x_1}} = -1$

이 식을 정리하여 $\dfrac{x_2-x_1}{a} = \dfrac{y_2-y_1}{b} = k$ (k는 상수) $\cdots\cdots$ ㉠

라 하면

$\overline{PH} = \sqrt{(x_2-x_1)^2+(y_2-y_1)^2}$
$= \sqrt{(ak)^2+(bk)^2}$
$= |k| \times \boxed{\sqrt{a^2+b^2}}$ $\cdots\cdots$ ㉡

한편 점 H가 직선 l 위의 점이므로 $ax_2+by_2+c=0$이다.

㉠에 의하여 $a(x_1+ak)+b(y_1+bk)+c=0$이므로

$k = \boxed{\dfrac{-ax_1+by_1+c}{a^2+b^2}}$

이를 ㉡에 대입하여 정리하면

$\overline{PH} = \boxed{\dfrac{|ax_1+by_1+c|}{\sqrt{a^2+b^2}}}$ $\cdots\cdots$ ㉢

(ii) $a=0$, $b \neq 0$ 또는 $a \neq 0$, $b=0$일 때,

직선 $ax+by+c=0$은 x축 또는 y축에 평행하고 이때에도 ㉢이 성립한다.

따라서

① $-\dfrac{a}{b}$, ② $\dfrac{y_2-y_1}{x_2-x_1}$, ③ $\sqrt{a^2+b^2}$, ④ $-\dfrac{ax_1+by_1+c}{a^2+b^2}$, ⑤ $\dfrac{|ax_1+by_1+c|}{\sqrt{a^2+b^2}}$

이므로 알맞은 식이 아닌 것은 ③이다.

0285

STEP A 삼각형 ABC에서 두 수선의 방정식 구하기

두 점 B, C에서 각각의 대변 AC, AB에 내린 수선의 발을 각각 D, E라고 하자.

두 점 A(0, 9), C(6, 0)를 지나는 직선 AC의 기울기는

$\dfrac{0-9}{6-0} = \boxed{-\dfrac{3}{2}}$이고 $\overline{AC} \perp \overline{BD}$이므로 직선 BD의 기울기는 $\dfrac{2}{3}$이다.

점 B(-2, 0)을 지나고 기울기가 $\dfrac{2}{3}$인 직선 BD의 방정식은

$y - 0 = \dfrac{2}{3}\{x-(-2)\}$, 즉 $y = \dfrac{2}{3}x + \boxed{\dfrac{4}{3}}$ ...... ㉠

또한, 두 점 A(0, 9), B(-2, 0)을 지나는 직선 AB의 기울기는

$\dfrac{0-9}{-2-0} = \boxed{\dfrac{9}{2}}$이고 $\overline{AB} \perp \overline{CE}$이므로 직선 CE의 기울기는 $-\dfrac{2}{9}$이다.

점 C(6, 0)을 지나고 기울기가 $-\dfrac{2}{9}$인 직선 CE의 방정식은

$y - 0 = -\dfrac{2}{9}(x-6)$, 즉 $y = -\dfrac{2}{9}x + \boxed{\dfrac{4}{3}}$ ...... ㉡

STEP B 삼각형 ABC의 수심의 좌표 구하기

두 직선 ㉠, ㉡의 y절편이 $\boxed{\dfrac{4}{3}}$로 같으므로 두 직선의 교점은 y축 위에 있다.

이때 y축은 선분 BC의 수선이므로 삼각형 ABC의 세 꼭짓점에서 각각의 대변에 내린 수선은 점 $\left(0, \boxed{\dfrac{4}{3}}\right)$이다.

STEP C $(p+r) \times q$의 값 구하기

따라서 $p = -\dfrac{3}{2}$, $q = \dfrac{4}{3}$, $r = \dfrac{9}{2}$이므로 $(p+r) \times q = \left(-\dfrac{3}{2} + \dfrac{9}{2}\right) \times \dfrac{4}{3} = 4$

0286

2020년 03월 고2 학력평가 18번

해설강의

STEP A 삼각형의 닮음을 이용하여 점 G와 직선 OA 사이의 거리 구하기

선분 OA의 중점을 M, 두 점 B, G에서 선분 OA에 내린 수선의 발을 각각 D, E라 하자.

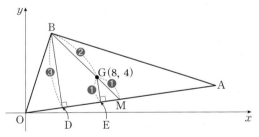

점 G가 삼각형 OAB의 무게중심이므로 $\overline{BG} : \overline{GM} = 2 : 1$
두 삼각형 MBD와 MGE는 서로 닮음이므로
∠BDM = ∠GEM = 90°, ∠BMO는 공통이므로 △MBD ∽ △MGE(AA닮음)
닮음비는 $\overline{BD} : \overline{GE} = \overline{BM} : \overline{GM} = 3 : 1$
점 B와 직선 OA 사이의 거리, 즉 선분 BD의 길이가 $6\sqrt{2}$이므로
점 G와 직선 OA 사이의 거리, 즉 선분 GE의 길이는

$\overline{GE} = \dfrac{1}{3} \times \overline{BD} = \dfrac{1}{3} \times 6\sqrt{2} = \boxed{2\sqrt{2}}$이다.

STEP B 점과 직선 사이의 거리를 이용하여 직선 OA의 기울기 구하기

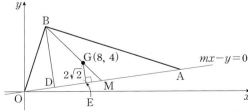

직선 OA의 기울기를 m이라 하면 직선 OA의 방정식은
$y = mx$, 즉 $mx - y = 0$

점 G(8, 4)와 직선 $mx - y = 0$ 사이의 거리는

$\dfrac{|m \times 8 + 4 \times (-1)|}{\sqrt{m^2 + (-1)^2}} = \dfrac{\boxed{|8m-4|}}{\sqrt{m^2 + (-1)^2}}$이고 $2\sqrt{2}$와 같다.

즉 $\dfrac{|8m-4|}{\sqrt{m^2 + (-1)^2}} = 2\sqrt{2}$에서 $\boxed{|8m-4|} = \boxed{2\sqrt{2}} \times \sqrt{m^2 + 1}$이다.

양변을 제곱하여 m의 값을 구하면

$64m^2 - 64m + 16 = 8m^2 + 8$, $7m^2 - 8m + 1 = 0$, $(7m-1)(m-1) = 0$

$\therefore m = \boxed{\dfrac{1}{7}}$ 또는 $m = \boxed{1}$

이때 두 점 O(0, 0), G(8, 4)를 지나는 직선 OG의 기울기가 $\dfrac{4-0}{8-0} = \dfrac{1}{2}$이고 제1사분면 있는 두 점 A, B에 대하여

(직선 OA의 기울기)<(직선 OG의 기울기)<(직선 OB의 기울기),

즉 $m < \dfrac{1}{2}$을 만족시키는 직선 OA의 기울기는 $\boxed{\dfrac{1}{7}}$이다.

STEP C $\dfrac{f(q)}{p^2}$의 값 구하기

따라서 $p = 2\sqrt{2}$, $q = \dfrac{1}{7}$, $f(m) = |8m-4|$이므로

$\dfrac{f(q)}{p^2} = \dfrac{f\left(\dfrac{1}{7}\right)}{(2\sqrt{2})^2} = \dfrac{\left|8 \times \dfrac{1}{7} - 4\right|}{8} = \dfrac{\dfrac{20}{7}}{8} = \dfrac{5}{14}$

내/신/연/계 출제문항 149

좌표평면의 제 1사분면에 있는 두 점 A, B와 원점 O에 대하여 삼각형 OAB의 무게중심 G의 좌표는 (6, 4)이고, 점 B와 직선 OA 사이의 거리는 $3\sqrt{2}$이다. 다음은 직선 OB의 기울기가 직선 OA의 기울기보다 클 때, 직선 OA의 기울기를 구하는 과정이다.

선분 OA의 중점을 M이라 하자.

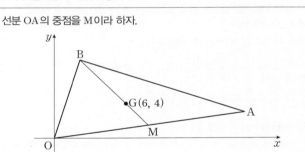

점 G가 삼각형 OAB의 무게중심이므로
$$\overline{BG} : \overline{GM} = 2 : 1$$
이고, 점 B와 직선 OA 사이의 거리가 $3\sqrt{2}$이므로
점 G와 직선 OA 사이의 거리는 (가) 이다.
직선 OA의 기울기를 m이라 하면 점 G와 직선 OA 사이의 거리는
$$\dfrac{(나)}{\sqrt{m^2 + (-1)^2}}$$
이고 (가) 와 같다. 즉 (나) = (가) $\times \sqrt{m^2 + 1}$
이다. 양변을 제곱하여 m의 값을 구하면
$$m = \boxed{} \text{ 또는 } m = \boxed{}$$
이다. 이때 직선 OG의 기울기가 $\dfrac{2}{3}$이므로 직선 OA의 기울기는
(다) 이다.

위의 (가), (다)에 알맞은 수를 각각 p, q라 하고, (나)에 알맞은 식을 $f(m)$이라 할 때, $\dfrac{f(q)}{p^2}$의 값은?

① $\dfrac{11}{17}$ ② $\dfrac{13}{17}$ ③ $\dfrac{15}{17}$

④ 1 ⑤ $\dfrac{19}{17}$

STEP A 삼각형의 닮음을 이용하여 점 G와 직선 OA 사이의 거리 구하기

선분 OA의 중점을 M, 두 점 B, G에서 선분 OA에 내린 수선의 발을 각각 D, E라 하자.

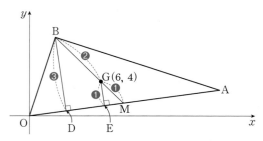

점 G가 삼각형 OAB의 무게중심이므로 $\overline{BG} : \overline{GM} = 2 : 1$

두 삼각형 MBD와 MGE는 서로 닮음이므로

∠BDM = ∠GEM = 90°, ∠BMO는 공통이므로 △MBD ∽ △MGE(AA닮음)

닮음비는 $\overline{BD} : \overline{GE} = \overline{BM} : \overline{GM} = 3 : 1$

점 B와 직선 OA 사이의 거리, 즉 선분 BD의 길이가 $3\sqrt{2}$이므로

점 G와 직선 OA 사이의 거리, 즉 선분 GE의 길이는

$\overline{GE} = \dfrac{1}{3} \times \overline{BD} = \dfrac{1}{3} \times 3\sqrt{2} = \boxed{\sqrt{2}}$ 이다.

STEP B 점과 직선 사이의 거리를 이용하여 직선 OA의 기울기 구하기

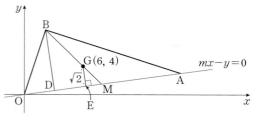

직선 OA의 기울기를 m이라 하고 원점을 지나는 직선 OA의 방정식은
$y = mx$, 즉 $mx - y = 0$

점 G(6, 4)와 직선 $mx - y = 0$ 사이의 거리는

$\dfrac{|m \times 6 - 1 \times 4|}{\sqrt{m^2 + (-1)^2}} = \dfrac{\boxed{|6m-4|}}{\sqrt{m^2 + (-1)^2}}$ 이고 $\sqrt{2}$와 같다.

즉 $\dfrac{\boxed{|6m-4|}}{\sqrt{m^2 + 1^2}} = \sqrt{2}$에서 $\boxed{|6m-4|} = \boxed{\sqrt{2}} \times \sqrt{m^2 + 1}$ 이다.

양변을 제곱하여 m의 값을 구하면

$36m^2 - 48m + 16 = 2m^2 + 2$, $17m^2 - 24m + 7 = 0$, $(17m - 7)(m - 1) = 0$

$\therefore m = \boxed{\dfrac{7}{17}}$ 또는 $m = \boxed{1}$

이때 두 점 O(0, 0), G(6, 4)을 지나는 직선 OG의 기울기가 $\dfrac{4-0}{6-0} = \dfrac{2}{3}$이고

제1사분면에 있는 두 점 A, B에 대하여

(직선 OA의 기울기) < (직선 OG의 기울기) < (직선 OB의 기울기),

즉 $m < \dfrac{2}{3}$을 만족시키는 직선 OA의 기울기는 $\boxed{\dfrac{7}{17}}$ 이다.

STEP C $\dfrac{f(q)}{p^2}$의 값 구하기

따라서 $p = \sqrt{2}$, $q = \dfrac{7}{17}$, $f(m) = |6m - 4|$ 이므로

$\dfrac{f(q)}{p^2} = \dfrac{f\left(\frac{7}{17}\right)}{(\sqrt{2})^2} = \dfrac{\left|6 \times \frac{7}{17} - 4\right|}{2} = \dfrac{\frac{26}{17}}{2} = \dfrac{13}{17}$

정답 ②

STEP 2   서술형문제

0287
 정답 해설참조

1단계 직선 AH의 기울기를 구한다.   3점

점 A(7, −1)에서 직선 $y = 3x - 2$에 내린 수선의 발을 H라 하면
직선 $y = 3x - 2$의 기울기는 3이므로
이 직선과 수직인 직선 AH의 기울기는
$-\dfrac{1}{3}$

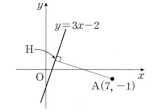

2단계 직선 AH의 방정식을 구한다.   3점

점 A(7, −1)을 지나고 기울기가 $-\dfrac{1}{3}$인 직선의 방정식은

$y - (-1) = -\dfrac{1}{3}(x - 7)$, 즉 $y = -\dfrac{1}{3}x + \dfrac{4}{3}$

3단계 $a + b$의 값을 구한다.   4점

두 직선 $y = 3x - 2$, $y = -\dfrac{1}{3}x + \dfrac{4}{3}$를 연립하여 풀면 $x = 1$, $y = 1$이므로

점 H의 좌표는 H(1, 1)
따라서 $a = 1$, $b = 1$이므로 $a + b = 2$

0288
정답 해설참조

1단계 선분 BC의 길이를 구한다.   2점

두 점 B(−1, 3), C(3, −1)에 대하여
$\overline{BC} = \sqrt{\{3 - (-1)\}^2 + (-1 - 3)^2} = 4\sqrt{2}$

2단계 직선 BC의 방정식을 구한다.   3점

두 점 B(−1, 3), C(3, −1)을 지나는 직선 BC의 방정식은

$y - 3 = \dfrac{-1 - 3}{3 - (-1)}\{x - (-1)\}$, 즉 $x + y - 2 = 0$

3단계 점 A와 직선 BC 사이의 거리를 구한다.   3점

점 A에서 직선 BC에 내린 수선의 발을 H라고 하자.
점 A(2, 2)와 직선 $x + y - 2 = 0$ 사이의 거리, 즉 선분 AH의 길이는

$\overline{AH} = \dfrac{|2 + 2 - 2|}{\sqrt{1^2 + 1^2}} = \dfrac{2}{\sqrt{2}} = \sqrt{2}$

4단계 삼각형 ABC의 넓이를 구한다.   2점

따라서 삼각형 ABC의 넓이는
$\dfrac{1}{2} \times \overline{BC} \times \overline{AH} = \dfrac{1}{2} \times 4\sqrt{2} \times \sqrt{2} = 4$

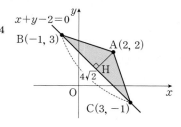

0289
정답 해설참조

1단계 두 직선이 평행할 조건을 만족하는 a, b 사이의 관계식을 구한다.   4점

직선 $x - ay + 1 = 0$은 직선 $x + (b - 2)y - 1 = 0$과 평행하므로

$\dfrac{1}{1} = \dfrac{-a}{b - 2} \neq \dfrac{1}{-1}$ $\therefore a + b = 2$ ······ ㉠

| 2단계 | 두 직선이 수직일 조건을 만족하는 a, b 사이의 관계식을 구한다. | 4점 |

직선 $x-ay+1=0$은 직선 $(a+1)x-(b-1)y+1=0$과 수직이므로
$1\times(a+1)-a\times(-b+1)=0$ $\therefore ab=-1$ ······ ⓛ

| 3단계 | a^3+b^3의 값을 구한다. | 2점 |

㉠, ㉡에 의하여 $a^3+b^3=(a+b)^3-3ab(a+b)=2^3-3\times(-1)\times2=14$

0290

정답 해설참조

| 1단계 | 직선 l이 항상 지나는 점의 좌표를 구한다. | 3점 |

직선 l : $mx-y+m+2=0$을 m에 대하여 정리하면
$m(x+1)-(y-2)=0$ ······ ㉠
등식 ㉠이 m의 값에 관계없이 항상 성립하므로 m에 대한 항등식이다.
항등식의 성질에 의하여 $x+1=0$, $y-2=0$
$\therefore x=-1$, $y=2$
즉 직선 ㉠은 실수 m의 값에 관계없이 항상 지나는 점의 좌표는 $A(-1,2)$

| 2단계 | 직선 l이 삼각형 ABC와 만나는 점의 좌표를 구한다. | 3점 |

직선 l이 삼각형 ABC의 넓이를
이등분하려면 점 $A(-1,2)$가
선분 BC의 중점을 지나야 한다.
두 점 $B(5,2)$, $C(1,8)$에 대하여
선분 BC의 중점의 좌표는
$\left(\dfrac{5+1}{2}, \dfrac{2+8}{2}\right)$, 즉 $(3,5)$

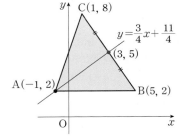

| 3단계 | 실수 m의 값을 구한다. | 4점 |

직선 l이 점 $(3,5)$를 지나므로 $3m-5+m+2=0$, $4m-3=0$
따라서 $m=\dfrac{3}{4}$

0291

정답 해설참조

| 1단계 | 서로 다른 세 직선이 삼각형을 이루지 않을 조건을 구한다. | 2점 |

두 직선 $x+2y-3=0$, $x-y+1=0$이 한 점 $\left(\dfrac{1}{3}, \dfrac{4}{3}\right)$에서 만나므로
세 직선이 모두 평행한 경우는 없다.
즉 주어진 세 직선이 삼각형을 이루지 않으려면
세 직선 중 두 직선이 평행하거나 세 직선이 한 점에서 만나야 한다.

| 2단계 | 세 직선 중 두 직선이 서로 평행할 때, m의 값을 구한다. | 3점 |

(i) 직선 $x+2y-3=0$과 직선 $mx-y+3=0$이 평행할 때,
$\dfrac{1}{m}=\dfrac{2}{-1}\neq\dfrac{-3}{3}$ $\therefore m=-\dfrac{1}{2}$
(ii) 직선 $x-y+1=0$과 직선 $mx-y+3=0$이 평행할 때,
$\dfrac{1}{m}=\dfrac{-1}{-1}\neq\dfrac{1}{3}$ $\therefore m=1$

| 3단계 | 세 직선이 한 점에서 만날 때, m의 값을 구한다. | 3점 |

세 직선이 한 점에서 만날 때,
직선 $mx-y+3=0$은 두 직선 $x+2y-3=0$, $x-y+1=0$의 교점 $\left(\dfrac{1}{3}, \dfrac{4}{3}\right)$를
지나야 한다.
즉 $\dfrac{1}{3}m-\dfrac{4}{3}+3=0$, $\dfrac{1}{3}m+\dfrac{5}{3}=0$ $\therefore m=-5$

| 4단계 | 모든 상수 m의 값의 합 구한다. | 2점 |

따라서 모든 상수 m의 값의 합은 $-\dfrac{1}{2}+1+(-5)=-\dfrac{9}{2}$

0292

정답 해설참조

| 1단계 | 대각선 AC의 길이가 10임을 이용하여 점 C의 좌표를 구한다. | 3점 |

두 점 $A(-2,6)$, $C(n,0)$에 대하여
$\overline{AC}=\sqrt{\{n-(-2)\}^2+(0-6)^2}=\sqrt{n^2+4n+40}$
주어진 조건에서 대각선 AC의 길이가 10이므로 $\sqrt{n^2+4n+40}=10$
양변을 제곱하면 $n^2+4n+40=100$, $n^2+4n-60=0$, $(n+10)(n-6)=0$
$\therefore n=6$ ($\because n>0$)
즉 점 C의 좌표는 $C(6,0)$

| 2단계 | 마름모의 성질을 이용하여 직선 l의 방정식을 구한다. | 5점 |

마름모 ABCD의 성질에 의하여 두 대각선은 서로 다른 것을 수직이등분한다.
즉 직선 l은 선분 AC의 수직이등분선이다.
두 점 $A(-2,6)$, $C(6,0)$을 지나는
직선 AC의 기울기는
$\dfrac{0-6}{6-(-2)}=-\dfrac{3}{4}$이므로 이 직선과
수직인 직선 l의 기울기는 $\dfrac{4}{3}$
선분 AC의 중점의 좌표는
$\left(\dfrac{-2+6}{2}, \dfrac{6+0}{2}\right)$, 즉 $(2,3)$

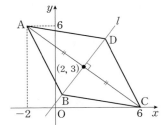

이때 점 $(2,3)$을 지나고 기울기가 $\dfrac{4}{3}$인
직선 l의 방정식은 $y-3=\dfrac{4}{3}(x-2)$, 즉 $4x-3y+1=0$

| 3단계 | 원점 O와 직선 l 사이의 거리를 구한다. | 2점 |

따라서 원점 $O(0,0)$과 직선 $4x-3y+1=0$ 사이의 거리는 $\dfrac{|1|}{\sqrt{4^2+(-3)^2}}=\dfrac{1}{5}$

0293

정답 해설참조

| 1단계 | 서로 다른 세 직선에 의하여 좌표평면이 6개의 영역으로 나누어지기 위한 조건을 구한다. | 2점 |

세 직선 $x-y+2=0$, $3x+y-10=0$, $ax-y-6=0$이 좌표평면을 여섯 개
부분으로 나누는 경우는 다음 그림과 같이 세 직선 중 두 직선이 평행할 때와
세 직선이 한 점에서 만나는 2가지 경우가 있다.

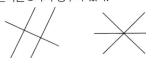

| 2단계 | 세 직선 중 두 직선이 평행할 때, a의 값을 구한다. | 3점 |

직선 $x-y+2=0$에서 기울기는 1이고 직선 $3x+y-10=0$에서 기울기는 -3
즉 두 직선 $x-y+2=0$, $3x+y-10=0$의 기울기가 같지 않으므로 평행하지
않다.
(i) 직선 $x-y+2=0$과 직선 $ax-y-6=0$이 평행할 때,
$\dfrac{1}{a}=\dfrac{-1}{-1}\neq\dfrac{2}{-6}$ $\therefore a=1$
(ii) 직선 $3x+y-10=0$과 직선 $ax-y-6=0$이 평행할 때,
$\dfrac{3}{a}=\dfrac{1}{-1}\neq\dfrac{-10}{-6}$ $\therefore a=-3$

| 3단계 | 세 직선이 한 점에서 만날 때, a의 값을 구한다. | 3점 |

세 직선이 한 점에서 만날 때, 직선 $ax-y-6=0$은 두 직선
$x-y+2=0$, $3x+y-10=0$의 교점을 지나야 한다.
두 직선 $x-y+2=0$, $3x+y-10=0$을 연립하여 풀면 $x=2$, $y=4$
이때 직선 $ax-y-6=0$이 점 $(2,4)$를 지나므로 $2a-4-6=0$, $2a=10$
$\therefore a=5$

| 4단계 | 모든 상수 a의 값의 합을 구한다. | 2점 |

따라서 모든 상수 a의 값의 합은 $1+(-3)+5=3$

서로 다른 세 직선 $x-2y-7=0$, $ax+6y+1=0$, $2x+by-3=0$에 의하여 좌표평면이 4개의 영역으로 나누어질 때, 상수 a, b에 대하여 $a+b$의 값을 구하는 과정을 다음 단계로 서술하시오.

[1단계] 서로 다른 세 직선에 의하여 좌표평면이 4개의 영역으로 나누어지기 위한 조건을 구한다. [3점]
[2단계] 세 직선 중 두 직선이 평행할 때, a, b의 값을 구한다. [5점]
[3단계] $a+b$의 값을 구한다. [2점]

| 1단계 | 서로 다른 세 직선에 의하여 좌표평면이 4개의 영역으로 나누어지기 위한 조건을 구한다. | 3점 |

서로 다른 세 직선 $x-2y-7=0$, $ax+6y+1=0$, $2x+by-3=0$이 좌표평면을 4개의 영역으로 나누려면 세 직선이 서로 평행해야 한다.
즉 세 직선의 기울기가 같고 y절편은 달라야 한다.

| 2단계 | 세 직선 중 두 직선이 평행할 때, a, b의 값을 구한다. | 5점 |

직선 $x-2y-7=0$과 직선 $ax+6y+1=0$이 평행할 때,
$$\frac{1}{a}=\frac{-2}{6}\neq\frac{-7}{1} \quad \therefore a=-3$$
직선 $x-2y-7=0$과 직선 $2x+by-3=0$이 평행할 때,
$$\frac{1}{2}=\frac{-2}{b}\neq\frac{-7}{-3} \quad \therefore b=-4$$

| 3단계 | $a+b$의 값을 구한다. | 2점 |

따라서 $a=-3$, $b=-4$이므로 $a+b=-7$ **정답** 해설참조

0294

정답 해설참조

| 1단계 | 직선 $x+y-6+k(x-y)=0$을 정리하여 원점과 직선 사이의 거리를 구한다. | 4점 |

직선 $x+y-6+k(x-y)=0$에서 $(1+k)x+(1-k)y-6=0$
원점 $(0, 0)$과 직선 $(1+k)x+(1-k)y-6=0$ 사이의 거리는
$$\frac{|-6|}{\sqrt{(1+k)^2+(1-k)^2}}=\frac{6}{\sqrt{2k^2+2}} \quad\quad \cdots\cdots \ \bigcirc$$

| 2단계 | $k=a$일 때, 최댓값 b를 구한다. | 4점 |

$\bigcirc$의 값이 최대가 되려면 분모가 최소가 되어야 한다.
즉 $2k^2+2$은 $k=0$일 때, 최솟값 2를 가지므로 $\bigcirc$의 최댓값은 $\frac{6}{\sqrt{2}}=3\sqrt{2}$

| 3단계 | $a+b$의 값을 구한다. | 2점 |

따라서 $a=0$, $b=3\sqrt{2}$이므로 $a+b=3\sqrt{2}$

0295

정답 해설참조

| 1단계 | 벽과 지면이 만나는 점을 원점으로 하는 좌표평면을 정하고 벽, 지면과 유리판이 만나는 점의 좌표를 구한다. | 4점 |

주어진 그림과 같이 지면이 x축, 벽이 y축이 되도록 좌표평면에 놓으면 x축과 만나는 점을 A, y축과 만나는 점을 B, 유리의 중심을 M이라 하면 직각삼각형 OAB에서 피타고라스 정리에 의하여
$$\overline{OA}=\sqrt{\overline{AB}^2-\overline{OB}^2}=\sqrt{10^2-6^2}=8$$
즉 두 점 A, B의 좌표는 $A(8, 0)$, $B(0, 6)$

| 2단계 | 햇빛이 통과하는 직선의 방정식을 구한다. | 4점 |

두 점 $A(8, 0)$, $B(0, 6)$에 대하여 선분 AB의 중점 M의 좌표는
$\left(\frac{8+0}{2}, \frac{0+6}{2}\right)$, 즉 $M(4, 3)$

직선 AB의 기울기는 $\frac{6-0}{0-8}=-\frac{3}{4}$이므로
이 직선과 수직인 직선의 기울기가 $\frac{4}{3}$
이때 점 $(4, 3)$을 지나고 기울기가 $\frac{4}{3}$인
햇빛이 통과하는 직선의 방정식은
$y-3=\frac{4}{3}(x-4)$, 즉 $y=\frac{4}{3}x-\frac{7}{3}$

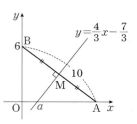

| 3단계 | $4a$의 값을 구한다. | 2점 |

직선 $y=\frac{4}{3}x-\frac{7}{3}$의 x절편은 $\frac{7}{4}$이므로 $a=\frac{7}{4}$
따라서 $4a=4\times\frac{7}{4}=7$

0296

정답 해설참조

| 1단계 | 세 점이 한 직선 위에 있기 위한 상수 a의 값을 구한다. | 4점 |

두 점 $A(-1, 3)$, $B(3, 1)$을 지나는 직선 AB의 기울기는 $\frac{1-3}{3-(-1)}=-\frac{1}{2}$
두 점 $A(-1, 3)$, $C(a, -1)$을 지나는 직선 AC의 기울기는
$\frac{-1-3}{a-(-1)}=-\frac{4}{a+1}$
이때 세 점 $A(-1, 3)$, $B(3, 1)$, $C(a, -1)$이 한 직선 위에 있기 위해서는
직선 AB의 기울기와 직선 AC의 기울기가 같아야 한다.
즉 $-\frac{1}{2}=-\frac{4}{a+1}$, $a+1=8$ $\therefore a=7$

+α | 두 점을 지나는 직선 위에 나머지 한 점이 있음을 이용하여 구할 수 있어!

> 두 점 $A(-1, 3)$, $B(3, 1)$을 지나는 직선의 방정식은
> $y-1=\frac{1-3}{3-(-1)}(x-3)$, 즉 $y=-\frac{1}{2}x+\frac{5}{2}$
> 이때 점 $C(a, -1)$이 직선 $y=-\frac{1}{2}x+\frac{5}{2}$ 위의 점이므로 $-1=-\frac{a}{2}+\frac{5}{2}$ $\therefore a=7$

| 2단계 | 선분 AC의 수직이등분선의 방정식 l을 구한다. | 4점 |

두 점 $A(-1, 3)$, $C(7, -1)$을 지나는 직선 AC의 기울기는
$-\frac{4}{7+1}=-\frac{1}{2}$이므로 이 직선과 수직인 직선의 기울기는 2
선분 AC의 중점의 좌표는 $\left(\frac{-1+7}{2}, \frac{3+(-1)}{2}\right)$, 즉 $(3, 1)$
이때 점 $(3, 1)$을 지나고 기울기가 2인 직선 l의 방정식은
$y-1=2(x-3)$, 즉 $2x-y-5=0$

| 3단계 | 원점 O와 직선 l 사이의 거리를 구한다. | 2점 |

따라서 원점 $O(0, 0)$와 직선 $2x-y-5=0$ 사이의 거리는
$$\frac{|-5|}{\sqrt{2^2+(-1)^2}}=\frac{5}{\sqrt{5}}=\sqrt{5}$$

세 점 $A(-2, 3)$, $B(2, a)$, $C(4, 6)$이 한 직선 위에 있을 때, 선분 AB의 수직이등분선의 방정식 l이라고 하자. 이때 원점과 직선 l 사이의 거리를 구하는 과정을 다음 단계로 서술하시오.

[1단계] 세 점이 한 직선 위에 있기 위한 상수 a의 값을 구한다. [4점]
[2단계] 선분 AB의 수직이등분선의 방정식 l을 구한다. [4점]
[3단계] 원점 O와 직선 l 사이의 거리를 구한다. [2점]

| 1단계 | 세 점이 한 직선 위에 있기 위한 상수 a의 값을 구한다. | 4점 |

두 점 $A(-2, 3)$, $B(2, a)$를 지나는 직선 AB의 기울기는 $\frac{a-3}{2-(-2)}=\frac{a-3}{4}$
두 점 $A(-2, 3)$, $C(4, 6)$을 지나는 직선 AC의 기울기는 $\frac{6-3}{4-(-2)}=\frac{1}{2}$

이때 세 점 A$(-2, 3)$, B$(2, a)$, C$(4, 6)$이 한 직선 위에 있기 위해서는 직선 AB의 기울기와 직선 AC의 기울기가 같아야 한다.

즉 $\dfrac{a-3}{4}=\dfrac{1}{2}$, $a-3=2$ $\therefore a=5$

+α | 두 점을 지나는 직선 위에 나머지 한 점이 있음을 이용하여 구할 수 있어!

두 점 A$(-2, 3)$, C$(4, 6)$을 지나는 직선의 방정식은
$y-6=\dfrac{6-3}{4-(-2)}(x-4)$, 즉 $y=\dfrac{1}{2}x+4$

이때 점 B$(2, a)$가 직선 $y=\dfrac{1}{2}x+4$ 위의 점이므로 $a=1+4=5$

2단계 선분 AB의 수직이등분선의 방정식 l을 구한다. 4점

두 점 A$(-2, 3)$, B$(2, 5)$를 지나는 직선 AB의 기울기는 $\dfrac{5-3}{4}=\dfrac{1}{2}$이므로
이 직선과 수직인 직선의 기울기는 -2
선분 AB의 중점의 좌표는 $\left(\dfrac{-2+2}{2}, \dfrac{3+5}{2}\right)$, 즉 $(0, 4)$
이때 점 $(0, 4)$를 지나고 기울기가 -2인 직선 l의 방정식은
$y-4=-2(x-0)$, 즉 $2x+y-4=0$

3단계 원점 O와 직선 l 사이의 거리를 구한다. 2점

따라서 원점 O$(0, 0)$와 직선 $2x+y-4=0$ 사이의 거리는
$$\dfrac{|-4|}{\sqrt{2^2+1^2}}=\dfrac{4}{\sqrt{5}}=\dfrac{4\sqrt{5}}{5}$$
정답 해설참조

0297
정답 해설참조

1단계 직선 $(2a+2)x+(a-1)y-4=0$이 실수 a의 값에 관계없이 항상 지나는 점 A의 좌표를 구한다. 4점

직선 $(2a+2)x+(a-1)y-4=0$에서 a에 대하여 정리하면
$(2x+y)a+2x-y-4=0$ …… ㉠
등식 ㉠은 a의 값에 관계없이 항상 성립하므로 a에 대한 항등식이다.
항등식의 성질에 의하여 $2x+y=0$, $2x-y-4=0$
위의 두 식을 연립하여 풀면 $x=1$, $y=-2$
즉 직선 ㉠은 실수 m의 값에 관계없이 항상 점 A$(1, -2)$를 지난다.

2단계 점 A와 직선 $x+y+k=0$ 사이의 거리가 $\sqrt{2}$임을 이용하여 k의 값을 구한다. 4점

점 A$(1, -2)$와 직선 $x+y+k=0$ 사이의 거리가 $\sqrt{2}$이므로
$\dfrac{|1+(-2)+k|}{\sqrt{1^2+1^2}}=\dfrac{|-1+k|}{\sqrt{2}}=\sqrt{2}$, $|-1+k|=2$, $-1+k=\pm2$
$\therefore k=-1$ 또는 $k=3$

3단계 모든 k의 값의 합을 구한다. 2점

따라서 모든 k의 값의 합은 $-1+3=2$

0298
정답 해설참조

1단계 두 직선이 평행할 조건을 이용하여 정수 m의 값을 구한다. 4점

두 직선 $(m+3)x+4y-8=0$, $mx+(2m-1)y+5=0$이 평행하므로
$m\neq-3$, $m\neq0$, $m\neq\dfrac{1}{2}$이고 $\dfrac{m+3}{m}=\dfrac{4}{2m-1}\neq\dfrac{-8}{5}$
(i) $\dfrac{m+3}{m}=\dfrac{4}{2m-1}$일 때,
$(m+3)(2m-1)=4m$, $2m^2+m-3=0$, $(2m+3)(m-1)=0$
$\therefore m=-\dfrac{3}{2}$ 또는 $m=1$
(ii) $\dfrac{4}{2m-1}\neq\dfrac{-8}{5}$일 때, $-16m+8\neq20$, $4m\neq-3$ $\therefore m\neq-\dfrac{3}{4}$
(i), (ii)에 의하여 정수 m의 값은 1

2단계 두 직선 사이의 거리를 구한다. 5점

$m=1$을 두 직선 $(m+3)x+4y-8=0$, $mx+(2m-1)y+5=0$에 각각 대입하면 $x+y-2=0$, $x+y+5=0$
두 직선 $x+y-2=0$, $x+y+5=0$ 사이의 거리는
직선 $x+y-2=0$ 위의 한 점 $(0, 2)$와 직선 $x+y+5=0$ 사이의 거리와 같다.
$$a=\dfrac{|0+2+5|}{\sqrt{1^2+1^2}}=\dfrac{7}{\sqrt{2}}=\dfrac{7\sqrt{2}}{2}$$

+α | 평행한 두 직선 사이의 거리 공식을 이용하여 구할 수 있어!

$m=1$을 두 직선 $(m+3)x+4y-8=0$, $mx+(2m-1)y+5=0$에 각각 대입하면 $x+y-2=0$, $x+y+5=0$
$a=\dfrac{|-2-5|}{\sqrt{1^2+1^2}}=\dfrac{7}{\sqrt{2}}=\dfrac{7\sqrt{2}}{2}$

3단계 $2a$의 값을 구한다. 1점

따라서 $a=\dfrac{7\sqrt{2}}{2}$이므로 $2a=2\times\dfrac{7\sqrt{2}}{2}=7\sqrt{2}$

내/신/연/계/ 출제문항 152

평행한 두 직선 $(3m+2)x-7my-14=0$, $3x+(m-6)y+12=0$ 사이의 거리를 a라 할 때, $5a$의 값을 구하는 과정을 다음 단계로 서술하시오.
(단, m은 정수이고 두 직선은 x축, y축에 평행하지 않는다.)

[1단계] 두 직선이 평행할 조건을 이용하여 정수 m의 값을 구한다. [4점]
[2단계] 두 직선 사이의 거리를 구한다. [5점]
[3단계] $5a$의 값을 구한다. [1점]

1단계 두 직선이 평행할 조건을 이용하여 정수 m의 값을 구한다. 4점

두 직선 $(3m+2)x-7my-14=0$, $3x+(m-6)y+12=0$이 평행하므로
$m\neq-\dfrac{2}{3}$, $m\neq6$, $m\neq0$이고 $\dfrac{3m+2}{3}=\dfrac{-7m}{m-6}\neq\dfrac{-14}{12}$
(i) $\dfrac{3m+2}{3}=\dfrac{-7m}{m-6}$일 때,
$(3m+2)(m-6)=-21m$, $3m^2+5m-12=0$, $(m+3)(3m-4)=0$
$\therefore m=-3$ 또는 $m=\dfrac{4}{3}$
(ii) $\dfrac{-7m}{m-6}\neq\dfrac{-14}{12}$일 때, $-14m+84\neq-84m$, $5m\neq-6$ $\therefore m\neq-\dfrac{6}{5}$
(i), (ii)에 의하여 정수 m의 값은 -3

2단계 두 직선 사이의 거리를 구한다. 5점

$m=-3$을 두 직선 $(3m+2)x-7my-14=0$, $3x+(m-6)y+12=0$에 각각 대입하면 $x-3y+2=0$, $x-3y+4=0$
두 직선 $x-3y+2=0$, $x-3y+4=0$ 사이의 거리는 직선 $x-3y+4=0$ 위의 한 점 $(-4, 0)$과 직선 $x-3y+2=0$ 사이의 거리와 같다.
$$a=\dfrac{|-4-3\times0+2|}{\sqrt{1^2+(-3)^2}}=\dfrac{2}{\sqrt{10}}=\dfrac{\sqrt{10}}{5}$$

+α | 평행한 두 직선 사이의 거리 공식을 이용하여 구할 수 있어!

$m=-3$을 두 직선 $(3m+2)x-7my-14=0$, $3x+(m-6)y+12=0$에 각각 대입하면 $x-3y+2=0$, $x-3y+4=0$
$a=\dfrac{|2-4|}{\sqrt{1^2+(-3)^2}}=\dfrac{2}{\sqrt{10}}=\dfrac{\sqrt{10}}{5}$

3단계 $5a$의 값을 구한다. 1점

따라서 $a=\dfrac{\sqrt{10}}{5}$이므로 $5a=5\times\dfrac{\sqrt{10}}{5}=\sqrt{10}$
정답 해설참조

0299

STEP A 변 AB의 길이의 최솟값 구하기

삼각형 ABC가 정삼각형이므로 삼각형 ABC의 넓이가 최소일 때는
삼각형 ABC의 한 변 AB의 길이가 최소일 때이다.
두 직선 $2x-y+3=0$, $2x-y-2=0$의 기울기가 2로 동일하므로 평행하다.
이때 변 AB의 길이의 최솟값은 평행한
두 직선 $2x-y+3=0$, $2x-y-2=0$
사이의 거리와 같다.
평행한 두 직선 $2x-y+3=0$,
$2x-y-2=0$ 사이의 거리는
직선 $2x-y+3=0$ 위의 점 $(0, 3)$과
직선 $2x-y-2=0$ 사이의 거리와

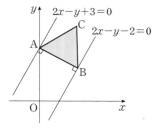

같으므로 $\dfrac{|2\times 0-3-2|}{\sqrt{2^2+(-1)^2}}=\dfrac{5}{\sqrt{5}}=\sqrt{5}$

+α | 평행한 두 직선 사이의 거리 공식을 이용하여 구할 수 있어!

평행한 두 직선 $2x-y+3=0$, $2x-y-2=0$ 사이의 거리는 $\dfrac{|3-(-2)|}{\sqrt{2^2+(-1)^2}}=\dfrac{5}{\sqrt{5}}=\sqrt{5}$

STEP B 삼각형 ABC의 넓이의 최솟값 구하기

정삼각형 ABC의 넓이는 한 변의 길이가 $\sqrt{5}$일 때, 최소이므로
$S=\dfrac{\sqrt{3}}{4}\times(\sqrt{5})^2=\dfrac{5\sqrt{3}}{4}$ ◀ 한 변의 길이가 a인 정삼각형의 넓이 $\dfrac{\sqrt{3}}{4}a^2$

따라서 $4S=4\times\dfrac{5\sqrt{3}}{4}=5\sqrt{3}$

0300

STEP A 네 직선 $x=1$, $x=5$, $y=-1$, $y=6$으로 둘러싸인 도형의 넓이 구하기

오른쪽 그림과 같이 네 직선
$x=1$, $x=5$, $y=-1$, $y=6$으로
둘러싸인 도형의 각 꼭짓점을
A, B, C, D라 하면
사각형 ABCD는 직사각형이고
그 넓이는 $4\times7=28$

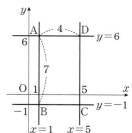

STEP B 일차함수 $y=ax$의 그래프가 직사각형 ABCD의 넓이를 이등분함을 이용하여 a의 값 구하기

일차함수 $y=ax$의 그래프가
직선 $x=1$, $x=5$와 만나는 점을
각각 E, F라 하면 두 점 E, F의
좌표는 E$(1, a)$, F$(5, 5a)$
$\overline{AE}=6-a$, $\overline{DF}=6-5a$
이때 일차함수 $y=ax$의 그래프가
직사각형 ABCD의 넓이를 이등분하므로
사다리꼴 AEFD의 넓이는 14이다.
즉 사다리꼴 AEFD의 넓이는
$\dfrac{1}{2}\times(\overline{AE}+\overline{DF})\times\overline{AD}=\dfrac{1}{2}\times\{(6-a)+(6-5a)\}\times4$
$=24-12a=14$

따라서 $a=\dfrac{5}{6}$이므로 $6a=6\times\dfrac{5}{6}=5$

STEP A 네 직선 $x=1$, $x=5$, $y=-1$, $y=6$으로 둘러싸인 도형의 각 꼭짓점의 좌표 구하기

오른쪽 그림과 같이 네 직선
$x=1$, $x=5$, $y=-1$, $y=6$으로
둘러싸인 도형의 각 꼭짓점을
A, B, C, D라 하면
사각형 ABCD는 직사각형이다.
이때 네 점 A, B, C, D의 좌표는
A$(1, 6)$, B$(1, -1)$, C$(5, -1)$,
D$(5, 6)$

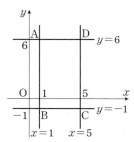

STEP B 직사각형 ABCD의 넓이를 이등분하는 직선이 직사각형의 두 대각선의 교점을 지남을 이용하여 a의 값 구하기

직선 $y=ax$가 직사각형 ABCD의
넓이를 이등분하려면
직사각형의 두 대각선의 교점을 지나야
한다.
직사각형의 두 대각선의 교점은
두 점 A$(1, 6)$, C$(5, -1)$의 중점이므로
$\left(\dfrac{1+5}{2}, \dfrac{6+(-1)}{2}\right)$, 즉 $\left(3, \dfrac{5}{2}\right)$

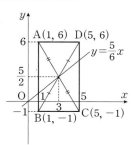

이때 직선 $y=ax$가 점 $\left(3, \dfrac{5}{2}\right)$를 지나므로
$\dfrac{5}{2}=3a$ ∴ $a=\dfrac{5}{6}$ ◀ $y=\dfrac{5}{6}x$
따라서 $6a=6\times\dfrac{5}{6}=5$

0301

STEP A 두 삼각형이 합동임을 이용하여 점 C의 좌표 구하기

점 A에서 x축에 내린 수선의 발을 점 P,
점 C에서 x축에 내린 수선의 발을 점 Q라 하면
두 삼각형 APO와 OQC는 서로 합동이다.
즉 $\overline{AP}=\overline{OQ}=3$, $\overline{PO}=\overline{CQ}=2$이므로
점 C의 좌표는 C$(3, 2)$

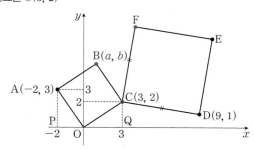

STEP B 정사각형 OABC에서 점 B의 좌표 구하기

점 B의 좌표를 B(a, b)라 하자.
두 점 A$(-2, 3)$, C$(3, 2)$에 대하여 선분 AC의 중점의 좌표는
$\left(\dfrac{-2+3}{2}, \dfrac{3+2}{2}\right)$, 즉 $\left(\dfrac{1}{2}, \dfrac{5}{2}\right)$
두 점 B(a, b), O$(0, 0)$에 대하여
선분 BO의 중점의 좌표는 $\left(\dfrac{a}{2}, \dfrac{b}{2}\right)$
이때 정사각형 OABC에서 두 대각선이 서로 다른 것을 수직이등분하므로
두 선분 AC와 BO의 중점이 같다.
즉 $\dfrac{a}{2}=\dfrac{1}{2}$에서 $a=1$, $\dfrac{b}{2}=\dfrac{5}{2}$에서 $b=5$
∴ B$(1, 5)$

STEP **C** 사각형 CDEF가 정사각형임을 이용하여 점 F의 좌표 구하기

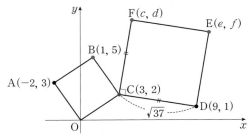

두 점 C(3, 2), D(9, 1)을 지나는 직선 CD의 기울기는 $\dfrac{1-2}{9-3}=-\dfrac{1}{6}$이므로

이 직선과 수직인 직선 CF의 기울기는 6

이때 점 F의 좌표를 F(c, d)라 하자.

두 점 C(3, 2), F(c, d)를 지나는 직선 CF의 기울기는 $\dfrac{d-2}{c-3}=6$

$\therefore d-2=6c-18$ ...... ㉠

선분 CD의 길이는 $\overline{CD}=\sqrt{(9-3)^2+(1-2)^2}=\sqrt{37}$

선분 CF의 길이는 $\overline{CF}=\sqrt{(c-3)^2+(d-2)^2}$

이때 $\overline{CD}=\overline{CF}$에서 $\overline{CD}^2=\overline{CF}^2$이므로 $(c-3)^2+(d-2)^2=37$

위의 식에 ㉠을 대입하면 ← $d=6c-16$

$(c-3)^2+(6c-18)^2=37$, $37(c-3)^2=37$ $\therefore (c-3)^2=1$

이때 $c>3$이므로 $c-3=1$ $\therefore c=4$ ← $c=2$일 때, $d=-4$이므로 점 F는 제 4분면의 점이 된다.

$c=4$를 ㉠에 대입하면 $d=8$

즉 점 F의 좌표는 F(4, 8)

STEP **D** 정사각형 CDEF에서 점 E의 좌표 구하기

점 E의 좌표를 E(e, f)라 하자.

두 점 D(9, 1), F(4, 8)에 대하여 선분 DF의 중점의 좌표는

$\left(\dfrac{9+4}{2}, \dfrac{1+8}{2}\right)$, 즉 $\left(\dfrac{13}{2}, \dfrac{9}{2}\right)$

두 점 E(e, f), C(3, 2)에 대하여 선분 EC의 중점의 좌표는 $\left(\dfrac{e+3}{2}, \dfrac{f+2}{2}\right)$

이때 정사각형 CDEF의 두 대각선이 서로 다른 것을 수직이등분하므로

두 선분 DF와 EC의 중점이 같다.

즉 $\dfrac{13}{2}=\dfrac{e+3}{2}$에서 $e=10$, $\dfrac{9}{2}=\dfrac{f+2}{2}$에서 $f=7$ $\therefore$ E(10, 7)

따라서 $\overline{OE}=\sqrt{10^2+7^2}=\sqrt{149}$이므로 $\overline{OE}^2=149$

0302

정답 $-4+\sqrt{10}$

STEP **A** 삼각형 PAQ의 넓이를 k에 관한 식으로 나타내기

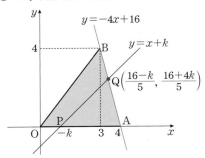

직선 $y=x+k$가 x축과 만나는 점을 P라 하면 P($-k$, 0)

두 점 A(4, 0), B(3, 4)를 지나는 직선의 방정식은

$y-0=\dfrac{4-0}{3-4}(x-4)$, 즉 $4x+y-16=0$

두 직선 $4x+y-16=0$, $x-y+k=0$을 연립하면 $x=\dfrac{16-k}{5}$, $y=\dfrac{16+4k}{5}$

두 직선의 교점을 Q라 하면 Q$\left(\dfrac{16-k}{5}, \dfrac{16+4k}{5}\right)$

삼각형 PAQ의 넓이는

$\dfrac{1}{2}\times\overline{AP}\times$(점 Q의 y좌표)$=\dfrac{1}{2}\times\{4-(-k)\}\times\dfrac{16+4k}{5}=\dfrac{2}{5}(k+4)^2$

STEP **B** k의 값 구하기

삼각형 OAB의 넓이는 $\dfrac{1}{2}\times 4\times 4=8$이므로 삼각형 PAQ의 넓이는 4

즉 $\dfrac{2}{5}(k+4)^2=4$, $(k+4)^2=10$ $\therefore k=-4\pm\sqrt{10}$

그런데 직선 $y=x+k$가 두 점 A, B 사이를 지나야 하므로 $-4<k<1$

따라서 $k=-4+\sqrt{10}$

내/신/연/계 출제문항 153

그림과 같이 세 점 A(1, 6), B(3, 2), C(-2, 0)을 꼭짓점으로 하는 삼각형 ABC가 있다. 변 AC가 y축과 만나는 점 D를 지나고 삼각형 ABC의 넓이를 이등분하는 직선 l이 변 BC와 만나는 점을 E라 할 때, 원점에서 직선 l 사이의 거리를 $\dfrac{a\sqrt{149}}{149}$라 하자. 이때 상수 a의 값을 구하시오.

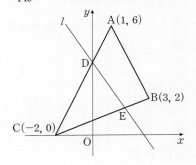

STEP **A** 삼각형 ABC의 넓이 구하기

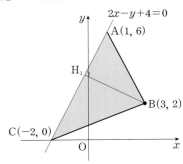

두 점 A(1, 6), C(-2, 0)에 대하여

$\overline{AC}=\sqrt{(-2-1)^2+(0-6)^2}=3\sqrt{5}$

직선 AC의 방정식은 $y-6=\dfrac{0-6}{-2-1}(x-1)$, 즉 $2x-y+4=0$

점 B(3, 2)에서 직선 AC에 내린 수선의 발을 H_1이라 하면

선분 BH_1의 길이는 점 B(3, 2)와 직선 $2x-y+4=0$ 사이의 거리와 같다.

$\overline{BH_1}=\dfrac{|2\times 3-2+4|}{\sqrt{2^2+(-1)^2}}=\dfrac{8}{\sqrt{5}}$

삼각형 ABC의 넓이는

$\dfrac{1}{2}\times\overline{AC}\times\overline{BH_1}=\dfrac{1}{2}\times 3\sqrt{5}\times\dfrac{8}{\sqrt{5}}=12$

STEP **B** 삼각형 CDE의 넓이를 이용하여 점 E의 좌표 구하기

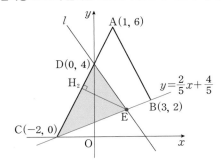

직선 $2x-y+4=0$의 y절편이 4이므로 점 D의 좌표는 D$(0, 4)$

두 점 C$(-2, 0)$, D$(0, 4)$에 대하여

$\overline{CD}=\sqrt{\{0-(-2)\}^2+(4-0)^2}=2\sqrt{5}$

점 E에서 직선 AC에 내린 수선의 발을 H_2라 하자.

삼각형 CDE의 넓이는 $\frac{1}{2}\times\overline{CD}\times\overline{EH_2}=\sqrt{5}\times\overline{EH_2}$

이때 직선 DE가 삼각형 ABC의 넓이를 이등분하므로

삼각형 CDE의 넓이는 $\frac{1}{2}\times12=6$

즉 $\sqrt{5}\times\overline{EH_2}=6$ $\therefore \overline{EH_2}=\frac{6}{\sqrt{5}}$ ...... ㉠

두 점 B$(3, 2)$, C$(-2, 0)$을 지나는 직선 BC의 방정식은

$y-0=\frac{2-0}{3-(-2)}\{x-(-2)\}$, 즉 $2x-5y+4=0$

점 E가 직선 $2x-5y+4=0$ 위의 점이므로

점 E의 좌표를 $\left(k, \frac{2}{5}k+\frac{4}{5}\right)$ $(-2<k<3)$라 하자.

점 E$\left(k, \frac{2}{5}k+\frac{4}{5}\right)$와 직선 $2x-y+4=0$ 사이의 거리, 즉 선분 $\overline{EH_2}$의 길이는

$\overline{EH_2}=\frac{\left|2\times k-\left(\frac{2}{5}k+\frac{4}{5}\right)+4\right|}{\sqrt{2^2+(-1)^2}}=\frac{\left|\frac{8}{5}k+\frac{16}{5}\right|}{\sqrt{5}}$ ...... ㉡

㉠, ㉡에서 $\frac{6}{\sqrt{5}}=\frac{\left|\frac{8}{5}k+\frac{16}{5}\right|}{\sqrt{5}}$, $|k+2|=\frac{15}{4}$, $k+2=\pm\frac{15}{4}$

$\therefore k=\frac{7}{4}$ 또는 $k=-\frac{23}{4}$

이때 $-2<k<3$이므로 $k=\frac{7}{4}$

즉 점 E의 좌표는 E$\left(\frac{7}{4}, \frac{3}{2}\right)$

STEP C 직선 l의 방정식 구하기

두 점 D$(0, 4)$, E$\left(\frac{7}{4}, \frac{3}{2}\right)$을 지나는 직선의 방정식은

$y-4=\frac{\frac{3}{2}-4}{\frac{7}{4}-0}(x-0)$, 즉 $10x+7y-28=0$

+α │ 기울기와 한 점을 지나는 직선으로 구할 수 있어!

직선 DE의 기울기를 m이라 하면 직선 DE의 방정식은 $y=mx+4$

점 E$\left(\frac{7}{4}, \frac{3}{2}\right)$가 직선 DE 위의 점이므로

$\frac{3}{2}=\frac{7}{4}m+4$ $\therefore m=-\frac{10}{7}$

이때 직선 DE의 방정식은 $y=-\frac{10}{7}x+4$, 즉 $10x+7y-28=0$

STEP D 원점에서 직선 l 사이의 거리 구하기

점 O$(0, 0)$에서 직선 $l : 10x+7y-28=0$ 사이의 거리는

$\frac{|-28|}{\sqrt{10^2+7^2}}=\frac{28}{\sqrt{149}}=\frac{28\sqrt{149}}{149}$

따라서 $a=28$

정답 28

0303

정답 2

STEP A 삼각형의 내심의 성질을 이용하기

삼각형의 내심은 삼각형의 세 내각의 이등분선의 교점이고

세 내각의 이등분선은 항상 한 점에서 만나므로 세 내각 중 두 내각의

이등분선을 각각 구하여 두 직선의 교점의 좌표를 구하면 된다.

STEP B 각의 이등분선은 두 직선에 이르는 거리가 같음을 이용하여 직선의 방정식 구하기

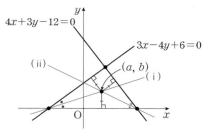

(i) 두 직선 $y=0$, $3x-4y+6=0$에 이르는 거리가 같은 직선의 방정식

점 (x, y)의 자취의 방정식은 $|y|=\frac{|3x-4y+6|}{\sqrt{3^2+(-4)^2}}$이므로

$x-3y+2=0$ 또는 $3x+y+6=0$

이 중 내심 (a, b)를 지나는 직선의 기울기는 양수이므로 $x-3y+2=0$

(ii) 두 직선 $y=0$, $4x+3y-12=0$에 이르는 거리가 같은 직선의 방정식

점 (x, y)의 자취의 방정식은 $|y|=\frac{|4x+3y-12|}{\sqrt{4^2+3^2}}$이므로

$x+2y-3=0$ 또는 $2x-y-6=0$

이 중 내심 (a, b)를 지나는 직선의 기울기는 음수이므로 $x+2y-3=0$

STEP C 세 내각의 이등분선의 교점의 좌표 구하기

(i), (ii)에서 두 내각의 이등분선 $x-3y+2=0$과 $x+2y-3=0$의

방정식을 연립하여 풀면 $x=1$, $y=1$ ← 내심의 좌표는 $(1, 1)$

따라서 $a=1$, $b=1$이므로 $a+b=2$

0304

정답 $\sqrt{3}$

STEP A 주어진 그림을 좌표평면 위에 나타내고 점 A′의 좌표 구하기

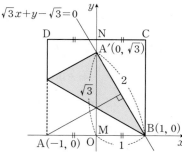

점 M을 원점으로 하고 직선 AB를 x축 직선 MN을 y축 위에 오도록

정사각형 ABCD를 좌표평면 위에 두자.

이때 $\overline{AM}=\overline{MB}=1$이므로 A$(-1, 0)$, B$(1, 0)$이고 $\overline{A'B}=\overline{AB}=2$

직각삼각형 A′MB에서 피타고라스 정리에 의하여

$\overline{A'M}=\sqrt{\overline{A'B}^2-\overline{MB}^2}=\sqrt{2^2-1^2}=\sqrt{3}$, 즉 점 A′의 좌표는 A′$(0, \sqrt{3})$

STEP B 점 A와 직선 A′B 사이의 거리 구하기

두 점 A′$(0, \sqrt{3})$, B$(1, 0)$을 지나는 직선의 방정식은

$y-0=\frac{0-\sqrt{3}}{1-0}(x-1)$, 즉 $\sqrt{3}x+y-\sqrt{3}=0$

따라서 점 A$(-1, 0)$에서 직선 $\sqrt{3}x+y-\sqrt{3}=0$ 사이의 거리는

$\frac{|\sqrt{3}\times(-1)+0-\sqrt{3}|}{\sqrt{(\sqrt{3})^2+1^2}}=\frac{2\sqrt{3}}{2}=\sqrt{3}$

mini해설 | 삼각형 A′AB가 정삼각형임을 이용하여 풀이하기

점 A′은 정사각형 모양의 종이를 접었을 때,
점 A가 이동하여 생긴 점이므로
$\overline{AB}=\overline{A'B}=2$ ...... ㉠
선분 A′M은 선분 AB의 수직이등분선이므로
이등변삼각형의 성질에 의하여
$\overline{A'A}=\overline{A'B}$ ...... ㉡
㉠, ㉡에서 삼각형 A′AB는 한 변의 길이가 2인
정삼각형이다.
점 A와 직선 A′B 사이의 거리는 정삼각형 A′AB의
높이이므로 $\dfrac{\sqrt{3}}{2}\times2=\sqrt{3}$
이때 점 A와 직선 A′B 사이의 거리는 정삼각형 A′AB의 높이와 같다.
따라서 구하는 거리는 $\dfrac{\sqrt{3}}{2}\times2=\sqrt{3}$

내/신/연/계/ 출제문항 154

그림과 같이 $\overline{AB}=6$, $\overline{AD}=4$인 직사각형 ABCD가 있다. 변 AB의 중점을 M, 변 BC의 중점을 N이라 하고, 직사각형 ABCD를 직선 MN을 접는 선으로 하여 접었을 때, 점 B가 접힌 점을 E라 하자. 점 D와 직선 EM 사이의 거리를 $\dfrac{q}{p}$라 할 때, $q-p$의 값을 구하시오. (단, 점 E는 직사각형 ABCD의 내부에 있다.)

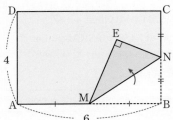

STEP A 사각형 MBNE의 넓이를 이용하여 a, b 사이의 관계식 구하기

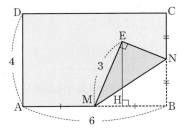

삼각형 MBN의 넓이는 $\dfrac{1}{2}\times\overline{MB}\times\overline{BN}=\dfrac{1}{2}\times3\times2=3$이므로
사각형 MBNE의 넓이는 $2\times3=6$
점 E에서 직선 AB에 내린 수선의 발을 H라 하고 $\overline{MH}=a$, $\overline{EH}=b$라 하자.
(사각형 MBNE의 넓이)=(삼각형 MHE의 넓이)+(사각형 HBNE의 넓이)
즉 $6=\dfrac{1}{2}ab+\dfrac{1}{2}(b+2)(3-a)$, $3b-2a=6$
$\therefore a=\dfrac{3}{2}b-3$ ...... ㉠

STEP B 직각삼각형 MHE에서 피타고라스 정리를 이용하여 a, b의 값 구하기

직각삼각형 MEN에서 $\overline{ME}=\overline{MB}=3$이므로
직각삼각형 MHE에서 피티고라스 정리에 의하여
$\overline{MH}^2+\overline{EH}^2=\overline{ME}^2$
즉 $a^2+b^2=9$ ...... ㉡
㉠을 ㉡에 대입하면 $\left(\dfrac{3}{2}b-3\right)^2+b^2=9$, $\dfrac{13}{4}b^2-9b=0$
$\therefore b=\dfrac{36}{13}$ $(\because b>0)$
이를 ㉠에 대입하면 $a=\dfrac{15}{13}$

STEP C 직사각형 ABCD를 좌표평면 위에 나타내어 직선 EM의 방정식 구하기

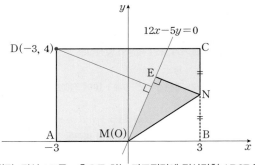

점 M을 원점, 직선 AB를 x축으로 하는 좌표평면에 직사각형 ABCD를 나타내면 M(0, 0), D(−3, 4)이고 E$\left(\dfrac{15}{13}, \dfrac{36}{13}\right)$
직선 EM의 방정식은 $y=\dfrac{12}{5}x$, 즉 $12x-5y=0$
점 D(−3, 4)와 직선 $12x-5y=0$ 사이의 거리는 $\dfrac{|12\times(-3)-5\times4|}{\sqrt{12^2+(-5)^2}}=\dfrac{56}{13}$
따라서 $p=13$, $q=56$이므로 $q-p=43$

다른풀이 직선에 대한 대칭이동의 성질을 이용해서 풀이하기

STEP A 직선 BE와 직선 MN은 수직임을 이용하여 a, b 사이의 관계식 구하기

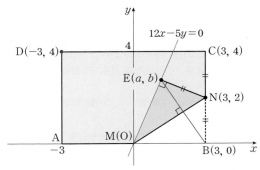

점 M을 원점, 직선 AB를 x축으로 하는 좌표평면에 직사각형 ABCD를 나타내면 M(0, 0), A(−3, 0), B(3, 0), C(3, 4), D(−3, 4), N(3, 2)
직선 MN의 방정식은 $y=\dfrac{2}{3}x$
점 E의 좌표를 E(a, b)라 하면 $\overline{BN}=\overline{EN}$이므로
두 점 B와 E는 직선 MN에 대하여 대칭이다.
두 점 B(3, 0), E(a, b)를 지나는 직선 BE의 기울기는 $\dfrac{b}{a-3}$
직선 BE와 직선 MN은 수직이므로 $\dfrac{b}{a-3}\times\dfrac{2}{3}=-1$, $3a-9=-2b$
$\therefore 3a+2b=9$ ...... ㉠

STEP B 직선 EM의 방정식 구하기

두 점 B(3, 0), E(a, b)에 대하여 선분 BE의 중점의 좌표는 $\left(\dfrac{a+3}{2}, \dfrac{b}{2}\right)$
점 $\left(\dfrac{a+3}{2}, \dfrac{b}{2}\right)$가 직선 $y=\dfrac{2}{3}x$ 위의 점이므로 $\dfrac{b}{2}=\dfrac{2}{3}\times\dfrac{a+3}{2}$, $3b=2a+6$
$\therefore 2a-3b=-6$ ...... ㉡
㉠, ㉡를 연립하여 풀면 $a=\dfrac{15}{13}$, $b=\dfrac{36}{13}$ 즉 점 E의 좌표는 E$\left(\dfrac{15}{13}, \dfrac{36}{13}\right)$
두 점 E$\left(\dfrac{15}{13}, \dfrac{36}{13}\right)$, M(0, 0)을 지나는 직선의 방정식은
$y=\dfrac{12}{5}x$, 즉 $12x-5y=0$

STEP C 점 D와 직선 EM 사이의 거리 구하기

점 D(−3, 4)와 직선 $12x-5y=0$ 사이의 거리는 $\dfrac{|12\times(-3)-5\times4|}{\sqrt{12^2+(-5)^2}}=\dfrac{56}{13}$
따라서 $p=13$, $q=56$이므로 $q-p=43$

정답 43

0305

2023년 11월 고1 학력평가 26번   정답 15

STEP A 곡선 $y=x^2-4x+10$과 점 (a,a)를 지나는 직선의 위치 관계 이해하기

점 (a,a)를 지나고 기울기가 m인 직선의 방정식은

$y-a=m(x-a)$, 즉 $y=mx-am+a$

직선 $y=mx-am+a$가 곡선 $y=x^2-4x+10$에 접하므로

두 식을 연립하면

$x^2-4x+10=mx-am+a$, $x^2-(m+4)x+am-a+10=0$

이차방정식 $x^2-(m+4)x+am-a+10=0$이 중근을 가지므로

판별식을 D라 하면 $D=0$이어야 한다.

$D=(m+4)^2-4(am-a+10)=0$

$\therefore m^2+(8-4a)m+4a-24=0$

STEP B 두 직선이 서로 수직임을 이용하여 두 직선의 기울기의 합 구하기

이차방정식 $m^2+(8-4a)m+4a-24=0$은 서로 다른 두 실근을 가지므로

두 근을 m_1, m_2라 하면 두 접선의 기울기는 각각 m_1, m_2

두 접선이 서로 수직이므로 $m_1m_2=-1$

이차방정식의 근과 계수의 관계에 의하여

$m_1+m_2=4a-8$, $m_1m_2=4a-24$

즉 $4a-24=-1$, $4a=23$이므로 $m_1+m_2=4a-8=15$

따라서 두 접선의 기울기의 합은 15

내/신/연/계/ 출제문항 155

좌표평면에서 점 $(-a, 2a)$를 지나고 곡선 $y=x^2+3x-3$에 접하는
두 직선이 서로 수직일 때, 이 두 직선의 기울기의 합을 구하시오.

STEP A 곡선 $y=x^2+3x-3$과 점 $(-a, 2a)$를 지나는 직선의 위치 관계 이해하기

점 $(-a, 2a)$를 지나고 기울기가 m인 직선의 방정식은

$y-2a=m(x+a)$, 즉 $y=mx+am+2a$

직선 $y=mx+am+2a$와 곡선 $y=x^2+3x-3$이 접하므로

두 식을 연립하면

$x^2+3x-3=mx+am+2a$, $x^2+(3-m)x-am-2a-3=0$

이차방정식 $x^2+(3-m)x-am-2a-3=0$이 중근을 가지므로

판별식을 D라 하면 $D=0$이어야 한다.

$D=(3-m)^2-4(-am-2a-3)=0$

$\therefore m^2-(6-4a)m+8a+21=0$

STEP B 두 직선이 서로 수직임을 이용하여 두 직선의 기울기의 합 구하기

이차방정식 $m^2-(6-4a)m+8a+21=0$은 서로 다른 두 실근을 가지므로

두 근을 m_1, m_2라 하면 두 접선의 기울기는 각각 m_1, m_2

두 접선이 서로 수직이므로 $m_1m_2=-1$

이차방정식의 근과 계수의 관계에 의하여

$m_1+m_2=6-4a$, $m_1m_2=8a+21$

즉 $8a+21=-1$, $4a=-11$이므로 $m_1+m_2=6-4a=17$

따라서 두 접선의 기울기의 합은 17   정답 17

0306

2017년 03월 고2 학력평가 가형 19번   정답 ④

STEP A 이등변삼각형의 성질과 직선의 위치 관계를 이용하여 a, b 사이의 관계식 구하기

두 점 $A(0, 6)$, $B(18, 0)$에 대하여

선분 AB의 중점을 M의 좌표는

$\left(\dfrac{0+18}{2}, \dfrac{6+0}{2}\right)$, 즉 $M(9, 3)$

이때 삼각형 ABC가 $\overline{AC}=\overline{BC}$인

이등변삼각형이므로 $\overline{AB}\perp\overline{CM}$

직선 AB의 기울기는 $\dfrac{0-6}{18-0}=-\dfrac{1}{3}$이므로

이 직선과 수직인 직선 CM의 기울기는 3

점 $M(9, 3)$을 지나고 기울기가 3인 직선 CM의 방정식은

$y-3=3(x-9)$, 즉 $y=3x-24$

이때 점 $C(a, b)$는 직선 $y=3x-24$ 위의 점이므로

$b=3a-24$ ...... ㉠

STEP B 삼각형의 무게중심의 성질을 이용하여 선분 CM의 길이 구하기

두 선분 CM과 PQ의 교점을 R이라 하고

점 G는 삼각형 CPQ의 무게중심이므로

$\overline{CG}=\dfrac{2}{3}\overline{CR}$

$\therefore \overline{CR}=\dfrac{3}{2}\overline{CG}=\dfrac{3}{2}\sqrt{10}$

직각삼각형 CAM에서 $\overline{AM}\,/\!/\,\overline{PR}$이므로

$\overline{CR}:\overline{CM}=\overline{CP}:\overline{CA}=3:4$, $\dfrac{3}{2}\sqrt{10}:\overline{CM}=3:4$

점 P는 선분 AC를 $1:3$으로 내분하는 점이므로 $\overline{AP}:\overline{PC}=1:3$에서 $\overline{CP}:\overline{CA}=3:4$

$\therefore \overline{CM}=\dfrac{4}{3}\times\dfrac{3}{2}\sqrt{10}=2\sqrt{10}$

＋α | 두 삼각형의 닮음비를 이용하여 구할 수 있어!

삼각형 CAB의 무게중심을 G'이라고 하자. 점 G'은 중선 CM을 $2:1$로 내분하는
점이므로 $\overline{CG'}=\dfrac{2}{3}\overline{CM}$, 즉 $\overline{CM}=\dfrac{3}{2}\overline{CG'}$ ...... ㉢

두 삼각형 CAB와 CPQ가 닮음이므로 $\overline{CA}:\overline{CP}=4:3$, 즉 $\overline{CG'}:\overline{CG}=4:3$

$\overline{CG}=\dfrac{3}{4}\overline{CG'}=\sqrt{10}$이므로 $\overline{CG'}=\dfrac{4\sqrt{10}}{3}$ ...... ㉣

㉢에 ㉣을 대입하면 $\overline{CM}=\dfrac{3}{2}\times\dfrac{4\sqrt{10}}{3}=2\sqrt{10}$

STEP C 선분 CM의 길이를 이용하여 점 C의 좌표 구하기

두 점 $C(a, b)$, $M(9, 3)$에 대하여

$\overline{CM}=\sqrt{(a-9)^2+(b-3)^2}=2\sqrt{10}$ ...... ㉡

㉠을 ㉡에 대입하면 $\sqrt{(a-9)^2+(3a-27)^2}=2\sqrt{10}$

양변을 제곱하면 $10(a-9)^2=40$, $(a-9)^2=4$, $a-9=\pm2$

$\therefore a=7$ 또는 $a=11$

이를 ㉠에 각각 대입하면 $b=-3$ 또는 $b=9$ ◀ 점 C의 좌표는 $(7, -3)$ 또는 $(11, 9)$

그런데 점 C는 제 1사분면 위의 점이므로 $C(11, 9)$

제1사분면 위의 점이므로 x좌표와 y좌표가 모두 양수이다.

따라서 $a=11$, $b=9$이므로 $a+b=20$

＋α | 점과 직선 사이의 거리를 이용하여 구할 수 있어!

직선 AB에서 x절편이 18이고 y절편이 6이므로 직선 AB의 방정식은
$\dfrac{x}{18}+\dfrac{y}{6}=1$, 즉 $x+3y=18$

점 $C(a, b)$와 직선 $x+3y-18=0$ 사이의 거리가 선분 CM과 같으므로

$\overline{CM}=\dfrac{|a+3b-18|}{\sqrt{1^2+3^2}}=2\sqrt{10}$, 즉 $|a+3b-18|=20$, $a+3b-18=\pm20$

$\therefore a+3b=38$ 또는 $a+3b=-2$ ...... ㉤

㉠을 ㉤에 대입하여 정리하면 $a=11$ 또는 $a=7$

이를 ㉠에 대입하면 각각 $b=9$ 또는 $b=-3$

이때 점 $C(a, b)$는 제 1사분면 위의 점이므로 $a>0$, $b>0$

따라서 $a=11$, $b=9$이므로 $a+b=20$

오른쪽 그림과 같이 좌표평면에서 두 점 A$(0, 3)$, B$(6, 0)$과 제 1사분면 위의 점 C(a, b)가 $\overline{AC}=\overline{BC}$를 만족시킨다. 두 선분 AC, BC를 $1:3$으로 내분하는 점을 각각 P, Q라 할 때, 삼각형 CPQ의 무게중심을 G라 하자. 선분 CG의 길이가 $2\sqrt{5}$일 때, $a+b$의 값은?

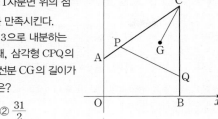

① 15   ② $\dfrac{31}{2}$

③ 16   ④ $\dfrac{33}{2}$

⑤ 17

STEP Ⓐ 무게중심과 이등변삼각형의 성질을 이용하여 선분 CM의 길이 구하기

오른쪽 그림과 같이 선분 CG의 연장선이 두 선분 PQ, AB와 만나는 점을 각각 H, M이라 하면 점 G가 삼각형 CPQ의 무게중심이므로 $\overline{CG}:\overline{GH}=2:1$

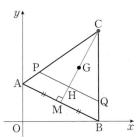

$\therefore \overline{CH}=\dfrac{3}{2}\overline{CG}=\dfrac{3}{2}\times 2\sqrt{5}=3\sqrt{5}$

또한, 두 점 P, Q가 각각 두 선분 AC, BC를 $1:3$으로 내분하는 점이므로

$\overline{CH}:\overline{HM}=3:1$

$\therefore \overline{CM}=\dfrac{4}{3}\overline{CH}=\dfrac{4}{3}\times 3\sqrt{5}=4\sqrt{5}$

STEP Ⓑ 직선 CM의 방정식 구하기

주어진 조건에서 $\overline{AC}=\overline{BC}$이므로 직선 CM은 선분 AB의 수직이등분선이다.

두 점 A$(0, 3)$, B$(6, 0)$에 대하여 AB의 중점 M의 좌표는

$\left(\dfrac{0+6}{2}, \dfrac{3+0}{2}\right)$, 즉 M$\left(3, \dfrac{3}{2}\right)$

직선 AB의 방정식 $\dfrac{x}{6}+\dfrac{y}{3}=1$, $x+2y-6=0$

$\therefore y=-\dfrac{1}{2}x+3$

이때 직선 AB와 직선 CM은 수직이므로 직선 CM의 기울기는 2이다.

점 M$\left(3, \dfrac{3}{2}\right)$을 지나고 기울기가 2인 직선 CM의 방정식은

$y-\dfrac{3}{2}=2(x-3)$, 즉 $y=2x-\dfrac{9}{2}$

STEP Ⓒ 점 C에서 직선 AB 사이의 거리를 이용하여 점 C의 좌표 구하기

점 C(a, b)는 직선 $y=2x-\dfrac{9}{2}$ 위의 점이므로

$b=2a-\dfrac{9}{2}$ ······ ㉠

점 C$\left(a, 2a-\dfrac{9}{2}\right)$와

직선 $x+2y-6=0$ 사이의 거리는 선분 CM의 길이와 같으므로

$\overline{CM}=\dfrac{\left|a+2\times\left(2a-\dfrac{9}{2}\right)-6\right|}{\sqrt{1^2+2^2}}=4\sqrt{5}$

$|5a-15|=20$, $5a-15=\pm 20$

$\therefore a=7$ 또는 $a=-1$

이때 점 C가 제 1사분면 위의 점이므로 $a=7$

㉠에 $a=7$을 대입하면 $b=\dfrac{19}{2}$

따라서 $a+b=7+\dfrac{19}{2}=\dfrac{33}{2}$

정답 ④

STEP Ⓐ 이차함수 $y=f(x)$의 꼭짓점인 P의 좌표 구하기

최고차항의 계수를 k라 하고 x축과 만나는 두 점의 x좌표가 2, a이므로

$f(x)=k(x-2)(x-a)(k>0)$

점 C는 이차함수 $f(x)$가 y축과 만나는 점이므로 C$(0, 2ak)$

$f(x)=k\left(x-\dfrac{a+2}{2}\right)^2-\dfrac{k(a-2)^2}{4}$이므로 꼭짓점 P의 좌표는

P$\left(\dfrac{a+2}{2}, -\dfrac{k(a-2)^2}{4}\right)$

STEP Ⓑ 두 직선 AP, BC가 평행함을 이용하여 a의 값 구하기

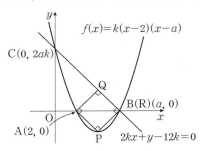

두 점 A$(2, 0)$, P$\left(\dfrac{a+2}{2}, -\dfrac{k(a-2)^2}{4}\right)$를 지나는 직선 AP의 기울기는

$\dfrac{-\dfrac{k(a-2)^2}{4}-0}{\dfrac{a+2}{2}-2}=\dfrac{-k(a-2)}{2}$

두 점 B$(a, 0)$, C$(0, 2ak)$를 지나는 직선 BC의 기울기는

$\dfrac{2ak-0}{0-a}=-2k$

이때 사각형 APRQ가 정사각형이므로 두 직선 AP, BC가 서로 평행하다.

즉 $\dfrac{-k(a-2)}{2}=-2k$, $4=a-2$ $\therefore a=6$

STEP Ⓒ 정사각형 APRQ에서 이차함수 $f(x)$의 최고차항의 계수 구하기

두 점 B$(6, 0)$, C$(0, 12k)$를 지나는 직선의 방정식은

$y-12k=\dfrac{12k-0}{0-6}(x-0)$, 즉 $2kx+y-12k=0$

점 A$(2, 0)$과 직선 $2kx+y-12k=0$ 사이의 거리는

선분 AQ의 길이와 같으므로

$\overline{AQ}=\dfrac{|2k\times 2+0-12k|}{\sqrt{(2k)^2+1^2}}=\dfrac{|-8k|}{\sqrt{4k^2+1}}$

두 점 A$(2, 0)$, P$(4, -k)$에 대하여

$\overline{AP}=\sqrt{(4-2)^2+(-4k-0)^2}=\sqrt{16k^2+4}$

이때 사각형 APRQ가 정사각형이므로 $\overline{AP}=\overline{AQ}$에서 $\overline{AP}^2=\overline{AQ}^2$

즉 $16k^2+4=\dfrac{64k^2}{4k^2+1}$, $(4k^2+1)^2=16k^2$, $(4k^2-1)^2=0$, $k^2=\dfrac{1}{4}$

그런데 $k>0$이므로 $k=\dfrac{1}{2}$

STEP Ⓓ $f(12)$의 값 구하기

따라서 $f(x)=\dfrac{1}{2}(x-2)(x-6)$이므로 $f(12)=\dfrac{1}{2}\times 10\times 6=30$

최고차항의 계수가 음수인 이차함수 $y=f(x)$의 그래프가 x축과 두 점 $A(-3, 0)$, $B(-a, 0)$ $(a>3)$에서 만나고 y축과 점 C에서 만난다. 이차함수 $y=f(x)$의 그래프의 꼭짓점을 P, 두 점 A, P에서 직선 BC에 내린 수선의 발을 각각 Q, R이라 하자. 사각형 APRQ가 정사각형일 때, $3f(-4)$의 값을 구하시오.

STEP A 이차함수 $y=f(x)$의 꼭짓점인 P의 좌표 구하기

최고차항의 계수를 k라 하고 x축과 만나는 두 점의 x좌표가 -3, $-a$이므로
$f(x)=k(x+3)(x+a)$ $(k<0)$
점 C는 이차함수 $f(x)$가 y축과 만나는 점이므로 $C(0, 3ak)$
$f(x)=k\left(x+\dfrac{a+3}{2}\right)^2-\dfrac{k(a-3)^2}{4}$ 이므로 꼭짓점 P의 좌표는
$P\left(-\dfrac{a+3}{2}, -\dfrac{k(a-3)^2}{4}\right)$

STEP B 두 직선 AP, BC가 평행함을 이용하여 a의 값 구하기

두 점 $A(-3, 0)$, $P\left(-\dfrac{a+3}{2}, -\dfrac{k(a-3)^2}{4}\right)$를 지나는 직선 AP의 기울기는
$\dfrac{-\dfrac{k(a-3)^2}{4}-0}{-\dfrac{a+3}{2}-(-3)}=\dfrac{k(a-3)}{2}$

두 점 $B(-a, 0)$, $C(0, 3ak)$를 지나는 직선 BC의 기울기는 $\dfrac{3ak-0}{0-(-a)}=3k$

이때 사각형 APRQ가 정사각형이므로 두 직선 AP, BC가 서로 평행하다.

즉 $\dfrac{k(a-3)}{2}=3k$, $a-3=6$ ∴ $a=9$

STEP C 정사각형 APRQ에서 이차함수 $f(x)$의 최고차항의 계수 구하기

두 점 $B(-9, 0)$, $C(0, 27k)$를 지나는 직선의 방정식은
$y-27k=\dfrac{27k-0}{0-(-9)}(x-0)$, 즉 $3kx-y+27k=0$

점 $A(-3, 0)$과 직선 $3kx-y+27k=0$ 사이의 거리는 선분 AQ의 길이와 같으므로 $\overline{AQ}=\dfrac{|3k\times(-3)-1\times0+27k|}{\sqrt{(3k)^2+(-1)^2}}=\dfrac{|18k|}{\sqrt{9k^2+1}}$

두 점 $A(-3, 0)$, $P(-6, -9k)$에 대하여
$\overline{AP}=\sqrt{\{-6-(-3)\}^2+(-9k-0)^2}=\sqrt{81k^2+9}$

이때 사각형 APRQ가 정사각형이므로 $\overline{AP}=\overline{AQ}$에서 $\overline{AP}^2=\overline{AQ}^2$

즉 $81k^2+9=\dfrac{324k^2}{9k^2+1}$, $(9k^2+1)^2=36k^2$, $(9k^2-1)^2=0$, $k^2=\dfrac{1}{9}$

그런데 $k<0$이므로 $k=-\dfrac{1}{3}$

STEP D $3f(-4)$의 값 구하기

따라서 $f(x)=-\dfrac{1}{3}(x+3)(x+9)$이므로 $3f(-4)=3\times\left(-\dfrac{1}{3}\right)\times(-1)\times5=5$

정답 5

0308

2021년 09월 고1 학력평가 18번　　정답 ②

STEP A 두 직선 AQ와 BP의 방정식 구하기

점 P는 선분 OA를 $1:n$으로 내분하는 점이므로
점 P의 좌표는 $\left(\dfrac{1\times0+n\times0}{1+n}, \dfrac{1\times1+n\times0}{1+n}\right)$, 즉 $P\left(0, \dfrac{1}{n+1}\right)$,
점 Q는 선분 OB를 $1:n$으로 내분하는 점이므로
점 Q의 좌표는 $\left(\dfrac{1\times1+n\times0}{1+n}, \dfrac{1\times0+n\times0}{1+n}\right)$, 즉 $Q\left(\dfrac{1}{n+1}, 0\right)$이다.
두 점 $A(0, 1)$, $Q\left(\dfrac{1}{n+1}, 0\right)$을 지나는 직선 AQ의 방정식은

$y-1=\dfrac{0-1}{\dfrac{1}{n+1}-0}(x-0)$, 즉 $y=-(n+1)x+1$　　……㉠

두 점 $B(1, 0)$, $P\left(0, \dfrac{1}{n+1}\right)$를 지나는 직선 BP의 방정식은

$y-0=\dfrac{\dfrac{1}{n+1}-0}{0-1}(x-1)$, 즉 $y=\boxed{-\dfrac{1}{n+1}}\times x+\dfrac{1}{n+1}$　　……㉡

+α | 직선의 x절편과 y절편을 이용하여 직선의 방정식을 구할 수 있어!

두 점 P, Q는 각각 선분 OA와 선분 OB를 $1:n$으로 내분하는 점이므로
$P\left(0, \dfrac{1}{n+1}\right)$, $Q\left(\dfrac{1}{n+1}, 0\right)$
직선 AQ에서 x절편이 $\dfrac{1}{n+1}$이고 y절편이 1이므로 직선 AQ의 방정식은
$\dfrac{x}{\dfrac{1}{n+1}}+\dfrac{y}{1}=1$, 즉 $y=-(n+1)x+1$
직선 BP에서 x절편이 1이고 y절편이 $\dfrac{1}{n+1}$이므로 직선 BP의 방정식은
$\dfrac{x}{1}+\dfrac{y}{\dfrac{1}{n+1}}=1$, 즉 $y=\boxed{-\dfrac{1}{n+1}}\times x+\dfrac{1}{n+1}$

STEP B 삼각형의 합동을 이용하여 양수 n의 값 구하기

두 직선 AQ와 BP가 만나는 점 R의 x좌표를 구하기 위하여
㉠, ㉡을 연립하면 $-(n+1)x+1=-\dfrac{1}{n+1}x+\dfrac{1}{n+1}$
양변에 $n+1$을 곱하면
$-(n+1)^2x+n+1=-x+1$, $\{(n+1)^2-1\}x=n$, $\{n(n+2)\}x=n$
∴ $x=\dfrac{1}{n+2}$ ($∵ n>0$)

즉 두 직선 AQ, BP가 만나는 점 R의 x좌표는 $\boxed{\dfrac{1}{n+2}}$이고
삼각형 POR의 넓이는 $\dfrac{1}{2}\times\overline{OP}\times$(점 R의 x좌표)$=\dfrac{1}{2}\times\dfrac{1}{n+1}\times\boxed{\dfrac{1}{n+2}}$이다.

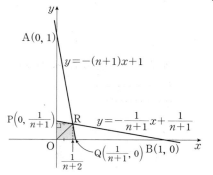

두 삼각형 POR과 삼각형 QOR에서
선분 OR이 공통이고 $\overline{OP}=\overline{OQ}$, $\angle POR=\angle QOR$이므로
점 R은 직선 AQ 위의 점이므로 점 R의 x좌표 $\dfrac{1}{n+2}$를 직선 AQ의 방정식에 대입하면
$y=-\dfrac{n+1}{n+2}+1=\dfrac{1}{n+2}$, 즉 점 R의 x좌표와 y좌표가 동일하므로 직선 OR의 방정식은 $y=x$
그러므로 $\angle POR=\angle QOR=45°$

삼각형 POR과 삼각형 QOR은 합동이다. ← △POR ≡ △QOR (SAS합동)
사각형 POQR의 넓이는 삼각형 POR의 넓이의 2배이므로
(사각형 POQR의 넓이)$=2\times\left(\dfrac{1}{2}\times\dfrac{1}{n+1}\times\dfrac{1}{n+2}\right)=\dfrac{1}{(n+1)(n+2)}$

주어진 조건에서 사각형 POQR의 넓이는 $\dfrac{1}{42}$이므로

$\dfrac{1}{(n+1)(n+2)}=\dfrac{1}{42}$ [$\frac{1}{(n+1)(n+2)}=\frac{1}{42}=\frac{1}{6\times7}$이므로 $n+1=6$, $n+2=7$]
$n^2+3n-40=0$, $(n-5)(n+8)=0$ ∴ $n=\boxed{5}$ ($∵ n>0$)

STEP C $\dfrac{g(k)}{f(k)}$의 값 구하기

따라서 $f(n)=-\dfrac{1}{n+1}$, $g(n)=\dfrac{1}{n+2}$, $k=5$이므로

$\dfrac{g(k)}{f(k)}=\dfrac{g(5)}{f(5)}=\dfrac{\dfrac{1}{7}}{-\dfrac{1}{6}}=-\dfrac{6}{7}$

오른쪽 그림과 같이 좌표평면 위에 두
점 A(0, 2), B(2, 0)이 있다. 양수 n과
원점 O에 대하여 선분 OA를 $1:n$으로
내분하는 점을 P, 선분 OB를 $1:n$으로
내분하는 점을 Q, 선분 AQ와 선분 BP
가 만나는 점을 R이라 하자.
다음은 사각형 POQR의 넓이가 $\dfrac{1}{14}$일
때, n의 값을 구하는 과정이다.

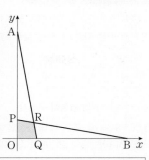

점 P의 좌표는 $\left(0, \dfrac{2}{n+1}\right)$, 점 Q의 좌표는 $\left(\dfrac{2}{n+1}, 0\right)$이다.
직선 AQ의 방정식은 $y=-(n+1)x+2$,
직선 BP의 방정식은 $y=\boxed{(가)}\times x+\dfrac{2}{n+1}$이다.
두 직선 AQ, BP가 만나는 점 R의 x좌표는 $\boxed{(나)}$이고
삼각형 POR의 넓이는 $\dfrac{1}{2}\times\dfrac{2}{n+1}\times\boxed{(나)}$이다.
삼각형 POR과 삼각형 QOR에서
선분 OR이 공통이고 $\overline{\text{OP}}=\overline{\text{OQ}}$, $\angle\text{POR}=\angle\text{QOR}$이므로
삼각형 POR과 삼각형 QOR은 합동이다.
따라서 사각형 POQR의 넓이는 삼각형 POR의 넓이의 2배이므로
$n=\boxed{(다)}$이다.

위의 (가), (나)에 알맞은 식을 각각 $f(n)$, $g(n)$이라 하고, (다)에 알맞은

수를 k라 할 때, $\dfrac{g(k)}{f(k)}$의 값은?

① $-\dfrac{3}{4}$ ② -1 ③ $-\dfrac{5}{4}$

④ $-\dfrac{3}{2}$ ⑤ $-\dfrac{7}{4}$

STEP Ⓐ 두 직선 AQ와 BP의 방정식 구하기

두 점 O(0, 0), A(0, 2)를 이은 선분 OA를 $1:n$으로 내분하는 점 P의 좌표는
$\left(\dfrac{1\times0+n\times0}{1+n}, \dfrac{1\times2+n\times0}{1+n}\right)$, 즉 $\text{P}\left(0, \dfrac{2}{n+1}\right)$
두 점 O(0, 0), B(2, 0)을 이은 선분 OB를 $1:n$으로 내분하는 점 Q의 좌표는
$\left(\dfrac{1\times2+n\times0}{1+n}, \dfrac{1\times0+n\times0}{1+n}\right)$, 즉 $\text{Q}\left(\dfrac{2}{n+1}, 0\right)$
두 점 A(0, 2), $\text{Q}\left(\dfrac{2}{n+1}, 0\right)$을 지나는 직선 AQ의 방정식은
$y-2=\dfrac{0-2}{\dfrac{2}{n+1}-0}(x-0)$, 즉 $y=-(n+1)x+2$ ······ ㉠

두 점 B(2, 0), $\text{P}\left(0, \dfrac{2}{n+1}\right)$를 지나는 직선 BP의 방정식은
$y-0=\dfrac{\dfrac{2}{n+1}-0}{0-2}(x-2)$, 즉 $y=\boxed{-\dfrac{1}{n+1}}\times x+\dfrac{2}{n+1}$ ······ ㉡

+α | 직선의 x절편과 y절편을 이용하여 직선의 방정식을 구할 수 있어!

두 점 P, Q는 각각 선분 OA와 선분 OB를 $1:n$으로 내분하는 점이므로
$\text{P}\left(0, \dfrac{2}{n+1}\right)$, $\text{Q}\left(\dfrac{2}{n+1}, 0\right)$
직선 AQ에서 x절편이 $\dfrac{2}{n+1}$이고 y절편이 2이므로 직선 AQ의 방정식은
$\dfrac{x}{\frac{2}{n+1}}+\dfrac{y}{2}=1$, 즉 $y=-(n+1)x+2$
직선 BP에서 x절편이 2이고 y절편이 $\dfrac{2}{n+1}$이므로 직선 BP의 방정식은
$\dfrac{x}{2}+\dfrac{y}{\frac{2}{n+1}}=1$, 즉 $y=\boxed{-\dfrac{1}{n+1}}\times x+\dfrac{2}{n+1}$

STEP Ⓑ 두 삼각형의 합동을 이용하여 양수 n의 값 구하기

두 직선 AQ와 BP가 만나는 점 R의 x좌표를 구하기 위하여
㉠, ㉡에서 두 식을 연립하면 $-(n+1)x+2=-\dfrac{1}{n+1}x+\dfrac{2}{n+1}$
양변에 $n+1$을 곱하면
$-(n+1)^2x+2n+2=-x+2$, $\{(n+1)^2-1\}x=2n$, $\{n(n+2)\}x=2n$
$\therefore x=\dfrac{2}{n+2}\ (\because n>0)$
즉 두 직선 AQ, BP가 만나는 점 R의 x좌표는 $\boxed{\dfrac{2}{n+2}}$이고
삼각형 POR의 넓이는
$\dfrac{1}{2}\times\overline{\text{OP}}\times(\text{점 R의 }x\text{좌표})=\dfrac{1}{2}\times\dfrac{2}{n+1}\times\boxed{\dfrac{2}{n+2}}$이다.

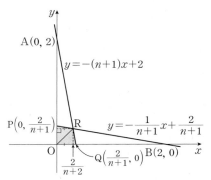

삼각형 POR과 삼각형 QOR에서
선분 OR이 공통이고 $\overline{\text{OP}}=\overline{\text{OQ}}$, $\angle\text{POR}=\angle\text{QOR}$이므로
삼각형 POR과 삼각형 QOR은 합동이다.
사각형 POQR의 넓이는 삼각형 POR의 넓이의 2배이므로
$(\text{사각형 POQR의 넓이})=2\times\left(\dfrac{1}{2}\times\dfrac{2}{n+1}\times\dfrac{2}{n+2}\right)=\dfrac{4}{(n+1)(n+2)}$

주어진 조건에서 사각형 POQR의 넓이는 $\dfrac{1}{14}$이므로
$\dfrac{4}{(n+1)(n+2)}=\dfrac{1}{14}$, $n^2+3n-54=0$, $(n-6)(n+9)=0$
$\therefore n=\boxed{6}\ (\because n>0)$

STEP Ⓒ $\dfrac{g(k)}{f(k)}$의 값 구하기

따라서 $f(n)=-\dfrac{1}{n+1}$, $g(n)=\dfrac{2}{n+2}$, $k=6$이므로

$\dfrac{g(k)}{f(k)}=\dfrac{g(6)}{f(6)}=\dfrac{\frac{2}{8}}{-\frac{1}{7}}=-\dfrac{7}{4}$

 정답 ⑤

0309

정답 −5

STEP Ⓐ **원의 방정식 구하기**

원 $(x-4)^2+(y+5)^2=8$의 중심의 좌표는 $(4, -5)$
원 $(x-2)^2+(y-3)^2=4$의 반지름의 길이는 2
조건을 만족시키는 원의 방정식은 중심이 $(4, -5)$이고 반지름의 길이는 2
∴ $(x-4)^2+(y+5)^2=4$

STEP Ⓑ **원에 점 $(2, a)$를 대입하여 a의 값 구하기**

이 원이 점 $(2, a)$를 지나므로 식에 대입하면
$(2-4)^2+(a+5)^2=4$, $(a+5)^2=0$
따라서 $a=-5$

0310

정답 ⑤

STEP Ⓐ **원의 방정식 구하기**

원 $(x+5)^2+(y-4)^2=16$의 중심의 좌표는 $(-5, 4)$
구하고자 하는 원의 방정식의 반지름의 길이를 $r(r>0)$이라 하면
원의 방정식은 $(x+5)^2+(y-4)^2=r^2$

STEP Ⓑ **원의 둘레의 길이 구하기**

원 $(x+5)^2+(y-4)^2=r^2$이 점 $(-1, 1)$을 지나므로 식에 대입하면
$(-1+5)^2+(1-4)^2=r^2$, $r^2=25$ ∴ $r=5$ 또는 $r=-5$
즉 $r>0$이므로 $r=5$
따라서 구하는 원의 둘레의 길이는 $2\pi \times 5=10\pi$

0311

정답 4

STEP Ⓐ **원의 방정식 구하기**

원 $(x-2)^2+(y+1)^2=16$의 중심의 좌표는 $(2, -1)$
구하고자 하는 원의 방정식의 반지름의 길이를 r이라 하면
원의 방정식은 $(x-2)^2+(y+1)^2=r^2$
이 원이 점 $(4, -4)$를 지나므로 $(4-2)^2+(-4+1)^2=r^2$, $r^2=13$
∴ $(x-2)^2+(y+1)^2=13$

+α 두 점 사이의 거리로 반지름의 길이를 구할 수 있어!

> 원의 중심의 좌표는 $(2, -1)$이고 점 $(4, -4)$를 지나므로
> 원의 반지름의 길이는 중심 $(2, -1)$에서 점 $(4, -4)$까지의 거리와 같다.
> 즉 $r=\sqrt{(2-4)^2+\{-1-(-4)\}^2}=\sqrt{13}$

STEP Ⓑ **원의 방정식에 점 $(a, 1)$을 대입하여 a의 값 구하기**

원 $(x-2)^2+(y+1)^2=13$이 점 $(a, 1)$을 지나므로 식에 대입하면
$(a-2)^2+(1+1)^2=13$, $(a-2)^2=9$
$a-2=3$ 또는 $a-2=-3$ ∴ $a=5$ 또는 $a=-1$
따라서 모든 실수 a의 값의 합은 $5+(-1)=4$

mini해설 중심에서 원 위의 점을 이용하여 풀이하기

> 원 $(x-2)^2+(y+1)^2=16$의 중심의 좌표는 $(2, -1)$
> 중심이 같고 두 점 $(4, -4)$, $(a, 1)$을 지나므로 중심에서 각 점까지의 거리는
> 반지름의 길이로 같다.
> 즉 $\sqrt{(4-2)^2+(-4+1)^2}=\sqrt{(2-a)^2+(-1-1)^2}$이고 양변을 제곱하면
> $13=(2-a)^2+4$, $a^2-4a-5=0$
> 이차방정식의 근과 계수의 관계에 의하여 a의 값의 합은 4

원 $(x+3)^2+(y-5)^2=4$와 중심이 같고 점 $(-7, 6)$을 지나는 원이
점 $(a, 9)$를 지날 때, 모든 실수 a의 값의 곱은?

① −8 　　　② −4 　　　③ −2
④ 4 　　　⑤ 8

STEP Ⓐ **원의 방정식 구하기**

원 $(x+3)^2+(y-5)^2=4$의 중심의 좌표는 $(-3, 5)$
구하고자 하는 원의 반지름의 길이를 r이라 하면
원의 방정식은 $(x+3)^2+(y-5)^2=r^2$
이 원이 점 $(-7, 6)$을 지나므로 $(-7+3)^2+(6-5)^2=r^2$, $r^2=17$
∴ $(x+3)^2+(y-5)^2=17$

+α 두 점 사이의 거리로 반지름의 길이를 구할 수 있어!

> 원의 중심이 $(-3, 5)$이고 점 $(-7, 6)$을 지나므로
> 원의 반지름의 길이는 중심 $(-3, 5)$에서 점 $(-7, 6)$까지의 거리와 같다.
> 즉 $r=\sqrt{\{-3-(-7)\}^2+(5-6)^2}=\sqrt{17}$

STEP Ⓑ **원의 방정식에 점 $(a, 9)$를 대입하여 a의 값 구하기**

원 $(x+3)^2+(y-5)^2=17$이 점 $(a, 9)$를 지나므로
$(a+3)^2+(9-5)^2=17$, $(a+3)^2=1$
$a+3=-1$ 또는 $a+3=1$ ∴ $a=-4$ 또는 $a=-2$
따라서 모든 실수 a의 값의 곱은 $(-4) \times (-2)=8$

정답 ⑤

0312

정답 ④

STEP Ⓐ **선분 AB를 $2:1$로 내분하는 점의 좌표 구하기**

두 점 A$(1, -4)$, B$(4, 5)$에 대하여
선분 AB를 $2:1$로 내분하는 점의 좌표는
$\left(\dfrac{2\times 4+1\times 1}{2+1}, \dfrac{2\times 5+1\times (-4)}{2+1}\right)$
즉 원의 중심은 $(3, 2)$

STEP Ⓑ **원의 둘레의 길이 구하기**

중심이 $(3, 2)$이고 원의 반지름의 길이를 $r(r>0)$이라 하면
원의 방정식은 $(x-3)^2+(y-2)^2=r^2$
이때 원이 점 $(3, 6)$을 지나므로 식에 대입하면
$(3-3)^2+(6-2)^2=r^2$, $r^2=16$
∴ $r=4$
따라서 원의 둘레의 길이는 $2\pi \times 4=8\pi$

+α 두 점 사이의 거리를 이용하여 반지름의 길이를 구할 수 있어!

> 원의 중심이 $(3, 2)$이고 점 $(3, 6)$을 지나므로
> 반지름의 길이는 중심 $(3, 2)$에서 점 $(3, 6)$까지의 거리와 같다.
> 즉 $r=\sqrt{(3-3)^2+(6-2)^2}=4$

두 점 $A(1, 6)$, $B(7, -3)$을 이은 선분 AB를 $1 : 2$로 내분하는 점을 중심으로 하고 점 A를 지나는 원의 방정식이 점 $(1, a)$를 지날 때, 모든 실수 a의 값의 합은?

① 4   ② 6   ③ 8
④ 10   ⑤ 12

STEP Ⓐ 선분 AB를 $1 : 2$로 내분하는 점의 좌표 구하기

두 점 $A(1, 6)$, $B(7, -3)$에 대하여

선분 AB를 $1 : 2$로 내분하는 점의 좌표는

$\left(\dfrac{1 \times 7 + 2 \times 1}{1+2}, \dfrac{1 \times (-3) + 2 \times 6}{1+2} \right)$

즉 원의 중심은 $(3, 3)$

STEP Ⓑ 원이 두 점 $A(1, 6)$, $(1, a)$를 지남을 이용하여 a의 값 구하기

중심이 $(3, 3)$이고 원의 반지름의 길이를 r이라 하면

원의 방정식은 $(x-3)^2 + (y-3)^2 = r^2$

이때 원이 점 $A(1, 6)$을 지나므로 식에 대입하면

$(1-3)^2 + (6-3)^2 = r^2$, $r^2 = 13$

원의 방정식은 $(x-3)^2 + (y-3)^2 = 13$이 점 $(1, a)$를 지나므로

$(1-3)^2 + (a-3)^2 = 13$, $(a-3)^2 = 9$, $a^2 - 6a = 0$, $a(a-6) = 0$

$\therefore a = 6$ 또는 $a = 0$

따라서 실수 a의 값의 합은 $6 + 0 = 6$

＋α 두 점 사이의 거리를 이용하여 구할 수 있어!

원의 중심은 $(3, 3)$이고 점 $A(1, 6)$을 지나므로 원의 반지름의 길이는
$r = \sqrt{(1-3)^2 + (6-3)^2} = \sqrt{13}$
이때 원의 중심 $(3, 3)$과 점 $(1, a)$ 사이의 거리도 반지름이므로
$\sqrt{(3-1)^2 + (3-a)^2} = \sqrt{13}$
양변을 제곱하여 정리하면 $a^2 - 6a + 13 = 13$, $a^2 - 6a = 0$, $a(a-6) = 0$
따라서 $a = 0$ 또는 $a = 6$이므로 모든 실수 a의 값의 합은 6

정답 ②

0313

정답 ⑤

STEP Ⓐ 원의 중심의 좌표와 반지름의 길이 구하기

세 점 $A(-2, 0)$, $B(1, 4)$, $C(4, 5)$를 꼭짓점으로 하는 삼각형 ABC의 무게중심 G의 좌표는 $\left(\dfrac{-2+1+4}{3}, \dfrac{0+4+5}{3} \right)$

즉 원의 중심은 $G(1, 3)$

$\overline{AG} = \sqrt{(1+2)^2 + (3-0)^2} = 3\sqrt{2}$

STEP Ⓑ 원의 둘레의 길이 구하기

따라서 반지름의 길이가 $3\sqrt{2}$인 원의 둘레의 길이는 $2\pi \times 3\sqrt{2} = 6\sqrt{2}\pi$

0314

정답 130

STEP Ⓐ 선분 AB의 수직이등분선의 방정식 구하기

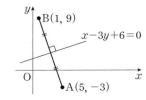

두 점 $A(5, -3)$, $B(1, 9)$를 지나는 직선의 기울기는 $\dfrac{9-(-3)}{1-5} = -3$이므로

선분 AB의 수직이등분선의 기울기는 $\dfrac{1}{3}$

또한, 선분 AB의 중점의 좌표는 $\left(\dfrac{5+1}{2}, \dfrac{-3+9}{2} \right)$ $\therefore (3, 3)$

선분 AB의 수직이등분선은 기울기가 $\dfrac{1}{3}$이고 점 $(3, 3)$을 지나는 직선이므로

$y - 3 = \dfrac{1}{3}(x-3)$ $\therefore x - 3y + 6 = 0$

STEP Ⓑ 원의 방정식을 구하고 상수 k의 값 구하기

직선 $x - 3y + 6 = 0$과 x축과의 교점이므로 $y = 0$을 대입하면

$x + 6 = 0$ $\therefore x = -6$

즉 원의 중심은 $(-6, 0)$이고 반지름의 길이를 r이라 하면

원의 방정식은 $(x+6)^2 + y^2 = r^2$

이 원이 점 $(5, 3)$을 지나므로 대입하면 $r^2 = 130$

$\therefore (x+6)^2 + y^2 = 130$

즉 반지름의 길이가 $\sqrt{130}$이므로 원의 넓이는 $\pi r^2 = 130\pi$

따라서 $k = 130$

＋α 두 점 사이의 거리를 이용하여 구할 수 있어!

원의 중심은 $(-6, 0)$이고 점 $(5, 3)$을 지나므로 원의 반지름의 길이는
중심 $(-6, 0)$에서 점 $(5, 3)$까지의 거리와 같다.
즉 $r = \sqrt{(-6-5)^2 + (0-3)^2} = \sqrt{130}$

0315

정답 6

STEP Ⓐ 원의 방정식의 중심과 반지름의 길이 구하기

원의 중심은 선분 AB의 중점과 같으므로

$\left(\dfrac{-2+6}{2}, \dfrac{-4+2}{2} \right)$ $\therefore (2, -1)$

원의 반지름의 길이는 $\dfrac{1}{2}\overline{AB}$이므로

$\overline{AB}$는 지름이다.

$\dfrac{1}{2}\sqrt{\{6-(-2)\}^2 + \{2-(-4)\}^2} = 5$

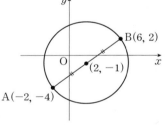

STEP Ⓑ 원의 방정식을 이용하여 $a+b+r$의 값 구하기

원의 중심이 $(2, -1)$이고 반지름의 길이가 5이므로

$(x-2)^2 + (y+1)^2 = 5^2$

따라서 $a = 2$, $b = -1$, $r = 5$이므로 $a+b+r = 2 + (-1) + 5 = 6$

0316

정답 ④

STEP Ⓐ 두 점 A, B의 중점을 이용하여 a, b의 값 구하기

원 $(x-1)^2 + (y-3)^2 = 10$의 중심의 좌표는 $(1, 3)$

두 점 $A(a, b)$, $B(4, 2)$가 지름의 양 끝점이므로 중심은 선분 AB의 중점과 같다.

선분 AB의 중점의 좌표는 $\left(\dfrac{a+4}{2}, \dfrac{b+2}{2} \right)$이므로

$\dfrac{a+4}{2} = 1$, $\dfrac{b+2}{2} = 3$ $\therefore a = -2$, $b = 4$

따라서 $ab = -2 \times 4 = -8$

0317

정답 ①

STEP Ⓐ 두 점 A$(1, 8)$, B$(5, 10)$을 지름의 양 끝점으로 하는 원의 방정식 구하기

두 점 A$(1, 8)$, B$(5, 10)$이 지름의 양 끝점이므로
원의 중심은 선분 AB의 중점과 같다.

즉 $\left(\dfrac{1+5}{2}, \dfrac{8+10}{2}\right)$이므로 원의 중심은 $(3, 9)$

또한, 원의 반지름은 $\dfrac{1}{2}\overline{AB} = \dfrac{1}{2}\sqrt{(5-1)^2+(10-8)^2} = \dfrac{1}{2}\times 2\sqrt{5} = \sqrt{5}$

$\therefore (x-3)^2+(y-9)^2=5$

STEP Ⓑ 원이 점 $(k+3, 8)$을 지날 때, 양수 k의 값 구하기

원 $(x-3)^2+(y-9)^2=5$가 점 $(k+3, 8)$을 지나므로 식에 대입하면
$(k+3-3)^2+(8-9)^2=5$, $k^2+1=5$
$\therefore k=2$ 또는 $k=-2$
따라서 양수 k의 값은 2

> **+α** │ 원의 반지름의 길이를 이용하여 구할 수 있어!
>
> 원의 중심 $(3, 9)$에서 점 $(k+3, 8)$까지의 거리도 반지름의 길이가 $\sqrt{5}$이므로
> $\sqrt{\{(k+3)-3\}^2+(8-9)^2}=\sqrt{k^2+1}=\sqrt{5}$이고
> 양변을 제곱하면 $k^2+1=5$, $k^2=4$ $\therefore k=2$ 또는 $k=-2$
> 따라서 양수 k의 값은 2

내/신/연/계/ 출제문항 161

두 점 A$(-4, 5)$, B$(2, -3)$을 지름의 양 끝점으로 하는 원이 점 $(k-2, 4)$를 지날 때, 양수 k의 값은?

① 2 　　　② 3 　　　③ 4
④ 5 　　　⑤ 6

STEP Ⓐ 두 점 A$(-4, 5)$, B$(2, -3)$을 지름의 양 끝점으로 하는 원의 방정식 구하기

두 점 A$(-4, 5)$, B$(2, -3)$이 지름의 양 끝점이므로
원의 중심은 선분 AB의 중점과 같다.

즉 $\left(\dfrac{-4+2}{2}, \dfrac{5+(-3)}{2}\right)$이므로 원의 중심은 $(-1, 1)$

또한, 원의 반지름은 $\dfrac{1}{2}\overline{AB} = \dfrac{1}{2}\sqrt{\{2-(-4)\}^2+(-3-5)^2} = \dfrac{1}{2}\times 10 = 5$

$\therefore (x+1)^2+(y-1)^2=25$

STEP Ⓑ 원이 점 $(k-2, 4)$를 지날 때, 양수 k의 값 구하기

원 $(x+1)^2+(y-1)^2=25$가 점 $(k-2, 4)$를 지나므로 식에 대입하면
$(k-2+1)^2+(4-1)^2=25$, $k^2-2k-15=0$, $(k+3)(k-5)=0$
$\therefore k=-3$ 또는 $k=5$
따라서 양수 k의 값은 5

> **+α** │ 원의 반지름의 길이를 이용하여 구할 수 있어!
>
> 원의 중심 $(-1, 1)$에서 점 $(k-2, 4)$까지의 거리도 반지름의 길이가 5이므로
> $\sqrt{\{(k-2)-(-1)\}^2+(4-1)^2}=\sqrt{(k-1)^2+9}=5$이고
> 양변을 제곱하면 $(k-1)^2+9=25$, $k^2-2k-15=0$, $(k-5)(k+3)=0$
> $\therefore k=5$ 또는 $k=-3$
> 따라서 양수 k의 값은 5

정답 ④

0318

정답 ④

STEP Ⓐ 두 점의 중점과 두 점 사이의 거리를 이용하여 원의 방정식 구하기

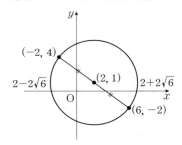

원의 중심은 두 점 $(-2, 4)$, $(6, -2)$의 중점과 같으므로
$\left(\dfrac{-2+6}{2}, \dfrac{4+(-2)}{2}\right)$ $\therefore (2, 1)$

원의 반지름의 길이는 $\dfrac{1}{2}\sqrt{\{6-(-2)\}^2+(-2-4)^2}=5$

$\therefore (x-2)^2+(y-1)^2=25$

STEP Ⓑ $y=0$을 대입하여 원과 x축이 만나는 두 점의 좌표 구하기

원의 방정식 $(x-2)^2+(y-1)^2=25$와 x축이 만나는 점은 $y=0$을 대입하면
$(x-2)^2=24$이므로 $x-2=2\sqrt{6}$ 또는 $x-2=-2\sqrt{6}$
$\therefore x=2+2\sqrt{6}$ 또는 $x=2-2\sqrt{6}$
따라서 원이 x축과 만나는 두 점 사이의 거리는 $2+2\sqrt{6}-(2-2\sqrt{6})=4\sqrt{6}$

> **+α** │ 현의 길이를 이용하여 구할 수 있어!
>
>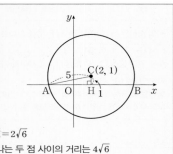
>
> 원 $(x-2)^2+(y-1)^2=25$에서 중심은
> C$(2, 1)$, 반지름의 길이는 5
> 이때 x축과 만나는 두 점을 A, B라 하고
> 원의 중심에서 선분 AB에 내린 수선의
> 발을 H라고 하면 $\dfrac{1}{2}\overline{AB}=\overline{AH}=\overline{BH}$
> 이때 $\overline{CH}=1$이고 $\overline{AC}=5$
> 직각삼각형 CAH에서
> 피타고라스 정리를 이용하면
> $\overline{AH}^2=\overline{AC}^2-\overline{CH}^2=25-1=24$ $\therefore \overline{AH}=2\sqrt{6}$
> 따라서 $\overline{AB}=4\sqrt{6}$이므로 원과 x축이 만나는 두 점 사이의 거리는 $4\sqrt{6}$

내/신/연/계/ 출제문항 162

두 점 $(4, -3)$, $(2, 1)$을 지름의 양 끝점으로 하는 원이 x축과 만나는 두 점 사이의 거리는?

① 2 　　　② 3 　　　③ 4
④ 5 　　　⑤ 6

STEP Ⓐ 두 점의 중점과 두 점 사이의 거리를 이용하여 원의 방정식 구하기

주어진 두 점을 각각 A, B라 하면
원의 중심은 두 점 A$(4, -3)$, B$(2, 1)$의 중점과 같으므로
$\left(\dfrac{4+2}{2}, \dfrac{-3+1}{2}\right)$ $\therefore (3, -1)$

원의 반지름의 길이는 $\dfrac{1}{2}\overline{AB}=\dfrac{1}{2}\sqrt{(2-4)^2+(1+3)^2}=\sqrt{5}$

즉 원의 방정식은 $(x-3)^2+(y+1)^2=5$

STEP Ⓑ $y=0$을 대입하여 원과 x축이 만나는 두 점의 좌표 구하기

원 $(x-3)^2+(y+1)^2=5$가 x축과 만나는 점은 $y=0$을 대입하면
$(x-3)^2=4$이므로 $x-3=2$ 또는 $x-3=-2$
$\therefore x=1$ 또는 $x=5$
따라서 원이 x축과 만나는 두 점 사이의 거리는 $5-1=4$

정답 ③

0319

STEP A 두 점 A, B를 지름의 양 끝 점으로 하는 원의 방정식 구하기

직선 $4x+5y-40=0$에서

x축과 만나는 점은 A(10, 0), y축과 만나는 점은 B(0, 8)

원의 중심은 두 점 A, B의 중점이므로 $\left(\dfrac{10+0}{2}, \dfrac{0+8}{2}\right)$ ∴ (5, 4)

원의 반지름은 $\dfrac{1}{2}\overline{AB}=\dfrac{1}{2}\times\sqrt{(10-0)^2+(0-8)^2}=\dfrac{1}{2}\times 2\sqrt{41}=\sqrt{41}$

중심이 (5, 4)이고 반지름의 길이가 $\sqrt{41}$이므로 원의 방정식은

$(x-5)^2+(y-4)^2=41$

STEP B [보기]의 참, 거짓 판단하기

ㄱ. 중심의 좌표는 (5, 4) [참]

ㄴ. 원의 둘레의 길이는 $2\pi r=2\sqrt{41}\pi$ [참]

ㄷ. 원의 방정식 $(x-5)^2+(y-4)^2=41$에서 전개하여 정리하면

$\quad x^2+y^2-10x-8y=0$ [참]

따라서 옳은 것은 ㄱ, ㄴ, ㄷ이다.

0320

STEP A 선분 AB를 3 : 2로 내분하는 점 C의 좌표 구하기

두 점 A(3, -1), B(-7, 4)에 대하여

선분 AB를 3 : 2로 내분하는 점 C의 좌표는

$\left(\dfrac{3\times(-7)+2\times 3}{3+2}, \dfrac{3\times 4+2\times(-1)}{3+2}\right)$ ∴ C(-3, 2)

STEP B 선분 BC를 지름으로 하는 원의 방정식 구하기

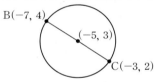

선분 BC가 원의 지름이므로 중심은 선분 BC의 중점이다.

즉 원의 중심은 $\left(\dfrac{-7-3}{2}, \dfrac{4+2}{2}\right)$ ∴ (-5, 3)

원의 반지름은 $\dfrac{1}{2}\overline{BC}=\dfrac{1}{2}\times\sqrt{(-3+7)^2+(2-4)^2}=\dfrac{1}{2}\times 2\sqrt{5}=\sqrt{5}$

중심이 (-5, 3)이고 반지름의 길이가 $\sqrt{5}$이므로 원의 방정식은

$(x+5)^2+(y-3)^2=5$

따라서 $a=-5$, $b=3$, $r^2=5$이므로 $a+b+r^2=-5+3+5=3$

0321

STEP A 삼각형의 각의 이등분선의 성질을 이용하여 점 D의 좌표 구하기

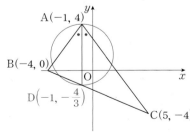

세 점 A(-1, 4), B(-4, 0), C(5, -4)에서 두 점 사이의 거리에 의하여

$\overline{AB}=\sqrt{(-4+1)^2+(0-4)^2}=5$, $\overline{AC}=\sqrt{(5+1)^2+(-4-4)^2}=10$

이때 $\overline{AD}$는 ∠A의 이등분선이므로 **각의 이등분선의 정리**에 의하여

$\overline{AB} : \overline{AC}=\overline{BD} : \overline{CD}=1 : 2$

즉 점 D는 $\overline{BC}$를 1 : 2로 내분하는 점이므로

$\left(\dfrac{1\times 5+2\times(-4)}{1+2}, \dfrac{1\times(-4)+2\times 0}{1+2}\right)$ ∴ $D\left(-1, -\dfrac{4}{3}\right)$

STEP B 점 A와 점 D를 지름의 양 끝점으로 하는 원의 넓이 구하기

점 A와 점 D를 지름의 양 끝점으로 하는 원의 반지름의 길이는

$\dfrac{1}{2}\overline{AD}=\dfrac{1}{2}\sqrt{0^2+\left(4+\dfrac{4}{3}\right)^2}=\dfrac{1}{2}\times\dfrac{16}{3}=\dfrac{8}{3}$

따라서 구하는 원의 넓이는 $\pi\times\left(\dfrac{8}{3}\right)^2=\dfrac{64}{9}\pi$

POINT | 각의 이등분선의 정리

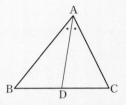

삼각형의 내각의 이등분선과 변의 길이 사이의 관계로 삼각형 ABC의 ∠A의
이등분선이 선분 BC와 만나는 점을 D라 하면 $\overline{AB} : \overline{AC}=\overline{BD} : \overline{DC}$
삼각형의 각의 이등분선의 정리를 이용하면 선분 BC를 $\overline{AB} : \overline{AC}$로 내분하는
점 D의 좌표를 구할 수 있다.

내/신/연/계/ 출제문항 163

세 점 A(2, 3), B(-1, -1), C(8, -5)를 꼭짓점으로 하는 삼각형 ABC
에서 각 A의 이등분선이 변 BC와 만나는 점을 D라 할 때, 두 점 A와 D를
지름의 양 끝점으로 하는 원의 넓이는?

① $\dfrac{16}{9}\pi$ ② $\dfrac{25}{9}\pi$ ③ 4π

④ $\dfrac{49}{9}\pi$ ⑤ $\dfrac{64}{9}\pi$

STEP A 삼각형에서 각의 이등분선의 성질을 이용하여 점 D의 좌표 구하기

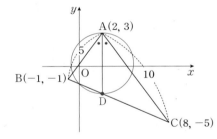

세 점 A(2, 3), B(-1, -1), C(8, -5)에서 두 점 사이의 거리에 의하여

$\overline{AB}=\sqrt{(-1-2)^2+(-1-3)^2}=5$, $\overline{AC}=\sqrt{(8-2)^2+(-5-3)^2}=10$

이때 $\overline{AD}$는 ∠A의 이등분선이므로 각의 이등분선의 정리에 의하여

$\overline{AB} : \overline{AC}=\overline{BD} : \overline{CD}=1 : 2$

즉 점 D는 $\overline{BC}$를 1 : 2로 내분하는 점이므로

$\left(\dfrac{1\times 8+2\times(-1)}{1+2}, \dfrac{1\times(-5)+2\times(-1)}{1+2}\right)$ ∴ $D\left(2, -\dfrac{7}{3}\right)$

STEP B 두 점 A와 D를 지름의 양 끝점으로 하는 원의 넓이 구하기

두 점 A(2, 3), $D\left(2, -\dfrac{7}{3}\right)$을 지름의 양 끝점으로 하는 원의 반지름의 길이는

$\dfrac{1}{2}\overline{AD}=\dfrac{1}{2}\sqrt{(2-2)^2+\left\{3-\left(-\dfrac{7}{3}\right)\right\}^2}=\dfrac{1}{2}\times\dfrac{16}{3}=\dfrac{8}{3}$

따라서 구하는 원의 넓이는 $\pi\times\left(\dfrac{8}{3}\right)^2=\dfrac{64}{9}\pi$

0322

STEP A 주어진 조건을 이용하여 원의 방정식 구하기

원의 중심이 y축 위에 있으므로 중심의 좌표를 $(0, a)$,
반지름의 길이를 r이라 하면 원의 방정식은 $x^2+(y-a)^2=r^2$
두 점 $(2, -1)$, $(3, 4)$를 지나므로 각각 대입하면
$$4+(-1-a)^2=r^2 \qquad \cdots\cdots \ \boxed{\mathbb{\ominus}}$$
$$9+(4-a)^2=r^2 \qquad \cdots\cdots \ \boxed{\mathbb{\ominus}}$$
$\boxed{\mathbb{\ominus}}$, $\boxed{\mathbb{\ominus}}$을 연립하면 $a=2$, $r^2=13$
$\boxed{\mathbb{\ominus}}-\boxed{\mathbb{\ominus}}$을 하면 $\{4+(-1-a)^2\}-\{9+(a-4)^2\}=0$, $10a-20=0$이므로 $a=2$
$$\therefore \ x^2+(y-2)^2=13$$

> **+α** 원의 중심에서 두 점 사이의 거리가 같음을 이용하여 구할 수 있어!
>
> 원의 중심의 좌표를 $(0, a)$라 하면
> 이 점과 두 점 $(2, -1)$, $(3, 4)$ 사이의 거리가 반지름의 길이로 서로 같으므로
> $$\sqrt{2^2+(-1-a)^2}=\sqrt{3^2+(4-a)^2}$$
> 양변을 제곱하여 풀면 $a=2$
> 즉 원의 중심의 좌표는 $(0, 2)$
> 원의 반지름의 길이는 두 점 $(0, 2)$, $(2, -1)$ 사이의 거리와 같으므로
> $$\sqrt{2^2+(-1-2)^2}=\sqrt{13} \quad \therefore \ x^2+(y-2)^2=13$$

STEP B [보기]의 참, 거짓 판단하기

ㄱ. 중심의 좌표는 $(0, 2)$이다. [참]
ㄴ. 점 $(2, 5)$를 원 $x^2+(y-2)^2=13$에 대입하면 $4+(5-2)^2=13$이므로
　　점 $(2, 5)$를 지난다. [참]
ㄷ. 반지름의 길이는 $\sqrt{13}$이므로 원의 둘레의 길이는 $2\sqrt{13}\pi$이다. [참]
따라서 옳은 것은 ㄱ, ㄴ, ㄷ이다.

내/신/연/계/ 출제문항 **164**

두 점 $(4, 5)$, $(-2, -1)$을 지나고 중심이 y축 위에 있는 원의 방정식에 대하여 [보기]에서 옳은 것만 고른 것은?

> ㄱ. 중심의 좌표는 $(0, 3)$이다.
> ㄴ. 점 $(4, 1)$을 지난다.
> ㄷ. 원의 넓이는 20π이다.

① ㄱ　　　　　② ㄴ　　　　　③ ㄱ, ㄴ
④ ㄱ, ㄷ　　　　⑤ ㄱ, ㄴ, ㄷ

STEP A 주어진 조건을 이용하여 원의 방정식 구하기

원의 중심이 y축 위에 있으므로 중심의 좌표를 $(0, a)$,
반지름의 길이를 r이라 하면 원의 방정식은 $x^2+(y-a)^2=r^2$
두 점 $(4, 5)$, $(-2, -1)$을 지나므로 각각 대입하면
$$16+(5-a)^2=r^2 \qquad \cdots\cdots \ \boxed{\mathbb{\ominus}}$$
$$4+(-1-a)^2=r^2 \qquad \cdots\cdots \ \boxed{\mathbb{\ominus}}$$
$\boxed{\mathbb{\ominus}}$, $\boxed{\mathbb{\ominus}}$을 연립하면 $a=3$, $r^2=20$
$\boxed{\mathbb{\ominus}}-\boxed{\mathbb{\ominus}}$을 하면 $\{16+(5-a)^2\}-\{4+(-1-a)^2\}=0$, $36-12a=0$이므로 $a=3$
$$\therefore \ x^2+(y-3)^2=20$$

> **+α** 원의 중심에서 두 점 사이의 거리가 같음을 이용하여 구할 수 있어!
>
> 원의 중심의 좌표를 $(0, a)$라 하면
> 이 점과 두 점 $(4, 5)$, $(-2, -1)$ 사이의 거리가 반지름의 길이로 서로 같으므로
> $$\sqrt{16+(5-a)^2}=\sqrt{4+(-1-a)^2}$$
> 양변을 제곱하여 풀면 $a=3$, 즉 원의 중심의 좌표는 $(0, 3)$
> 원의 반지름의 길이는 두 점 $(0, 3)$, $(4, 5)$ 사이의 거리와 같으므로
> $$\sqrt{16+(5-3)^2}=\sqrt{20} \quad \therefore \ x^2+(y-3)^2=20$$

STEP B [보기]의 참, 거짓 판단하기

ㄱ. 중심의 좌표는 $(0, 3)$이다. [참]
ㄴ. 점 $(4, 1)$을 원의 방정식에 대입하면 $16+(1-3)^2=16+4=20$이므로
　　점 $(4, 1)$은 원 위의 점이다. [참]
ㄷ. 반지름의 길이가 $\sqrt{20}$이므로 넓이는 20π이다. [참]
따라서 옳은 것은 ㄱ, ㄴ, ㄷ이다.

0323

STEP A 주어진 조건을 이용하여 점 C의 좌표 구하기

원의 중심이 x축 위에 있으므로 점 $C(a, 0)$, 반지름의 길이를 r이라 하면
원의 방정식은 $(x-a)^2+y^2=r^2$
두 점 $A(-1, 1)$, $B(3, 3)$을 지나므로 각각 대입하면
$$(-1-a)^2+1=r^2 \qquad \cdots\cdots \ \boxed{\mathbb{\ominus}}$$
$$(3-a)^2+9=r^2 \qquad \cdots\cdots \ \boxed{\mathbb{\ominus}}$$
$\boxed{\mathbb{\ominus}}$, $\boxed{\mathbb{\ominus}}$을 연립하여 풀면 $a=2$, $r^2=10$
$\boxed{\mathbb{\ominus}}-\boxed{\mathbb{\ominus}}$을 하면 $\{(-1-a)^2+1\}-\{(3-a)^2+9\}=0$, $8a-16=0$이므로 $a=2$
즉 원의 중심의 좌표는 $C(2, 0)$

> **+α** 원의 중심에서 두 점 사이의 거리가 같음을 이용하여 구할 수 있어!
>
> 원의 중심의 좌표를 $C(a, 0)$이라 하면
> 이 점과 두 점 $A(-1, 1)$, $B(3, 3)$ 사이의 거리가 반지름의 길이로 서로 같으므로
> $$\sqrt{(a+1)^2+1}=\sqrt{(a-3)^2+9}$$
> 양변을 제곱하여 풀면 $a=2$
> 즉 원의 중심의 좌표는 $C(2, 0)$

STEP B 삼각형 ABC의 넓이 구하기

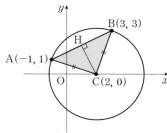

두 점 $A(-1, 1)$, $B(3, 3)$에 대하여
$$\overline{AB}=\sqrt{\{3-(-1)\}^2+(3-1)^2}=2\sqrt{5}$$
두 점 $A(-1, 1)$, $B(3, 3)$을 지나는 직선 AB의 방정식은
$$y-1=\frac{3-1}{3-(-1)}\{x-(-1)\} \quad \therefore \ x-2y+3=0$$
이때 점 $C(2, 0)$에서 선분 AB에 내린 수선의 발을 H라 하면
점 $C(2, 0)$과 직선 $x-2y+3=0$ 사이의 거리는 선분 CH의 길이와 같다.
$$\overline{CH}=\frac{|2-2\times 0+3|}{\sqrt{1^2+(-2)^2}}=\sqrt{5}$$
따라서 삼각형 ABC의 넓이는 $\frac{1}{2}\times\overline{AB}\times\overline{CH}=\frac{1}{2}\times 2\sqrt{5}\times\sqrt{5}=5$

> **+α** 직각삼각형에서 피타고라스 정리를 이용하여 구할 수 있어!
>
> 세 점 $A(-1, 1)$, $B(3, 3)$, $C(2, 0)$에서 두 점 사이의 거리에 의하여
> $$\overline{BC}=\sqrt{(2-3)^2+(0-3)^2}=\sqrt{10}$$
> $$\overline{AB}=\sqrt{\{3-(-1)\}^2+(3-1)^2}=2\sqrt{5}$$
> 점 $C(2, 0)$에서 선분 AB에 내린 수선의 발을 H라 하자.
> 이때 삼각형 CBA는 $\overline{CA}=\overline{CB}$인 이등변삼각형이므로 $\overline{BH}=\overline{AH}=\frac{1}{2}\overline{AB}=\sqrt{5}$
> 직각삼각형 BHC에서 피타고라스 정리에 의하여
> $$\overline{CH}=\sqrt{\overline{BC}^2-\overline{BH}^2}=\sqrt{(\sqrt{10})^2-(\sqrt{5})^2}=\sqrt{5}$$
> 따라서 삼각형 ABC의 넓이는 $\frac{1}{2}\times\overline{AB}\times\overline{CH}=\frac{1}{2}\times 2\sqrt{5}\times\sqrt{5}=5$

+α | 직각이등변삼각형임을 이용하여 구할 수 있어!

직선 AC의 기울기는 $\dfrac{0-1}{2-(-1)}=-\dfrac{1}{3}$,

직선 BC의 기울기는 $\dfrac{3-0}{3-2}=3$

즉 두 직선 AC, BC의 기울기의 곱이 -1이므로

삼각형 ABC는 $\overline{AC}=\overline{BC}=\sqrt{10}$이고 $\angle ACB=90°$인 직각이등변삼각형이다.

이때 삼각형 ABC의 넓이는 $\dfrac{1}{2}\times\overline{AC}\times\overline{BC}=\dfrac{1}{2}\times\sqrt{10}\times\sqrt{10}=5$

0324

정답 ⑤

STEP Ⓐ 원의 중심을 $(k, -2k+1)$이라 하고 주어진 두 점을 이용하여 원의 방정식 구하기

원의 중심이 직선 $y=-2x+1$ 위의 점이므로 $(k, -2k+1)$이라 하고 반지름의 길이를 r이라 하면

원의 방정식은 $(x-k)^2+(y+2k-1)^2=r^2$

두 점 $(1, -6)$, $(5, -2)$를 지나므로 각각 대입하면

$(1-k)^2+(-7+2k)^2=r^2$ ······ ㉠

$(5-k)^2+(-3+2k)^2=r^2$ ······ ㉡

㉠, ㉡을 연립하면 $k=2$, $r^2=10$

㉠−㉡을 하면 $\{(1-k)^2+(-7+2k)^2\}-\{(5-k)^2+(-3+2k)^2\}=0$,
$(5k^2-30k+50)-(5k^2-22k+34)=0$, $-8k+16=0$이므로 $k=2$

즉 원의 방정식은 $(x-2)^2+(y+3)^2=10$

+α | 중심에서 두 점까지의 거리가 같음을 이용하여 구할 수 있어!

원의 중심이 직선 $y=-2x+1$ 위의 점이므로 $(k, -2k+1)$이라 하면

두 점 $(k, -2k+1)$, $(1, -6)$과 $(k, -2k+1)$, $(5, -2)$까지의 거리는 반지름의 길이로 같다.

$\sqrt{(k-1)^2+(-2k+7)^2}=\sqrt{(k-5)^2+(-2k+3)^2}$

양변을 제곱하면 $(k-1)^2+(-2k+7)^2=(k-5)^2+(-2k+3)^2$

$-30k+50=-22k+34$, $8k=16$

$\therefore k=2$

즉 원의 중심은 $(2, -3)$

이때 반지름의 길이는 두 점 $(2, -3)$, $(1, -6)$까지의 거리이므로

$r=\sqrt{(2-1)^2+(-3+6)^2}=\sqrt{10}$

$\therefore (x-2)^2+(y+3)^2=10$

STEP Ⓑ 원의 넓이 구하기

원의 방정식 $(x-2)^2+(y+3)^2=10$에서 반지름의 길이가 $\sqrt{10}$

따라서 원의 넓이는 $\pi r^2=10\pi$

0325

정답 ⑤

STEP Ⓐ 원의 중심을 $(a, a+1)$이라 하고 주어진 두 점을 이용하여 원의 방정식 구하기

원의 중심이 직선 $y=x+1$ 위의 점이므로 $(a, a+1)$이라 하고

반지름의 길이를 r이라 하면 원의 방정식은 $(x-a)^2+(y-a-1)^2=r^2$

두 점 $(1, 6)$, $(-3, 2)$를 지나므로 각각 대입하면

$(1-a)^2+(5-a)^2=r^2$ ······ ㉠

$(-3-a)^2+(1-a)^2=r^2$ ······ ㉡

㉠, ㉡을 연립하면 $a=1$, $r^2=16$

㉠−㉡을 하면 $\{(1-a)^2+(5-a)^2\}-\{(-3-a)^2+(1-a)^2\}=0$,
$(2a^2-12a+26)-(2a^2+4a+10)=0$, $-16a+16=0$이므로 $a=1$

즉 원의 방정식은 $(x-1)^2+(y-2)^2=16$

+α | 중심에서 두 점까지의 거리가 같음을 이용하여 구할 수 있어!

원의 중심이 직선 $y=x+1$ 위의 점이므로 $(a, a+1)$이라 하면

두 점 $(a, a+1)$, $(1, 6)$과 $(a, a+1)$, $(-3, 2)$까지의 거리는 반지름의 길이로 같다.

$\sqrt{(a-1)^2+(a-5)^2}=\sqrt{(a+3)^2+(a-1)^2}$

양변을 제곱하면 $(a-1)^2+(a-5)^2=(a+3)^2+(a-1)^2$

$-10a+25=6a+9$, $16a=16$ $\therefore a=1$

즉 원의 중심은 $(1, 2)$

이때 반지름의 길이는 두 점 $(1, 2)$, $(1, 6)$까지의 거리이므로 $r=4$

$\therefore (x-1)^2+(y-2)^2=16$

STEP Ⓑ [보기]의 참, 거짓 판단하기

ㄱ. 중심이 $(1, 2)$이므로 직선 $y=2x$ 위에 있다. [참]

ㄴ. 반지름이 길이가 4이므로 원의 넓이는 16π이다. [참]

ㄷ. 원의 방정식 $(x-1)^2+(y-2)^2=16$을 전개하여 정리하면
$x^2+y^2-2x-4y-11=0$이다. [참]

따라서 옳은 것은 ㄱ, ㄴ, ㄷ이다.

 출제문항 **165**

중심이 직선 $y=x+2$ 위에 있고 두 점 $(-3, 2)$, $(1, 6)$을 지나는 원에 대하여 다음 [보기] 중 옳은 것만을 있는 대로 고른 것은?

> ㄱ. 중심이 직선 $y=5x$ 위에 있다.
> ㄴ. 원의 둘레의 길이는 $5\sqrt{2}\pi$이다.
> ㄷ. 원의 방정식은 $x^2+y^2-x-5y-6=0$이다.

① ㄱ ② ㄴ ③ ㄱ, ㄴ
④ ㄱ, ㄷ ⑤ ㄱ, ㄴ, ㄷ

STEP Ⓐ 원의 중심을 $(a, a+2)$라 하고 주어진 두 점을 이용하여 원의 방정식 구하기

원의 중심이 직선 $y=x+2$ 위의 점이므로 $(a, a+2)$라 하고

반지름의 길이를 r이라 하면 원의 방정식은 $(x-a)^2+(y-a-2)^2=r^2$

두 점 $(-3, 2)$, $(1, 6)$을 지나므로 각각 대입하면

$(-3-a)^2+(-a)^2=r^2$ ······ ㉠

$(1-a)^2+(4-a)^2=r^2$ ······ ㉡

㉠, ㉡을 연립하면 $a=\dfrac{1}{2}$, $r^2=\dfrac{25}{2}$

㉠−㉡을 하면 $\{(-3-a)^2+a^2\}-\{(1-a)^2+(4-a)^2\}=0$,
$(2a^2+6a+9)-(2a^2-10a+17)=0$, $16a-8=0$이므로 $a=\dfrac{1}{2}$

즉 원의 방정식은 $\left(x-\dfrac{1}{2}\right)^2+\left(y-\dfrac{5}{2}\right)^2=\dfrac{25}{2}$

+α | 중심에서 두 점까지의 거리가 같음을 이용하여 구할 수 있어!

원의 중심이 직선 $y=x+2$ 위의 점이므로 $(a, a+2)$라 하면

두 점 $(a, a+2)$, $(-3, 2)$와 $(a, a+2)$, $(1, 6)$까지의 거리는 반지름의 길이로 같다.

$\sqrt{(a+3)^2+a^2}=\sqrt{(a-1)^2+(a-4)^2}$

양변을 제곱하면 $(a+3)^2+a^2=(a-1)^2+(a-4)^2$

$6a+9=-10a+17$, $16a=8$ $\therefore a=\dfrac{1}{2}$

즉 원의 중심은 $\left(\dfrac{1}{2}, \dfrac{5}{2}\right)$

이때 반지름의 길이는 두 점 $\left(\dfrac{1}{2}, \dfrac{5}{2}\right)$, $(-3, 2)$까지의 거리이므로

$r=\sqrt{\left(\dfrac{1}{2}+3\right)^2+\left(\dfrac{5}{2}-2\right)^2}=\sqrt{\dfrac{49}{4}+\dfrac{1}{4}}=\sqrt{\dfrac{50}{4}}=\dfrac{5\sqrt{2}}{2}$ $\therefore \left(x-\dfrac{1}{2}\right)^2+\left(y-\dfrac{5}{2}\right)^2=\dfrac{25}{2}$

STEP Ⓑ [보기]의 참, 거짓 판단하기

ㄱ. 중심이 $\left(\dfrac{1}{2}, \dfrac{5}{2}\right)$이므로 직선 $y=5x$ 위에 있다. [참]

ㄴ. 반지름이 길이가 $\dfrac{5\sqrt{2}}{2}$이므로 원의 둘레의 길이는 $2\pi\times\dfrac{5\sqrt{2}}{2}=5\sqrt{2}\pi$이다. [참]

ㄷ. 원의 방정식 $\left(x-\dfrac{1}{2}\right)^2+\left(y-\dfrac{5}{2}\right)^2=\dfrac{25}{2}$ 를 전개하여 정리하면

$x^2+y^2-x-5y-6=0$이다. [참]

따라서 옳은 것은 ㄱ, ㄴ, ㄷ이다.   정답 ⑤

0326   정답 5

STEP Ⓐ 선분 AB를 2 : 1로 내분하는 점의 좌표 구하기

두 점 $A(1, 5)$, $B(4, 2)$에 대하여 선분 AB를 2 : 1로 내분하는 점을 P라 하면

점 P의 좌표는 $\left(\dfrac{2\times4+1\times1}{2+1}, \dfrac{2\times2+1\times5}{2+1}\right)$ $\therefore$ P(3, 3)

STEP Ⓑ 직선 AB에 수직이고 점 P를 지나는 직선의 방정식 구하기

두 점 $A(1, 5)$, $B(4, 2)$에 대하여 직선 AB의 기울기는 $\dfrac{2-5}{4-1}=-1$이므로

이 직선과 수직인 직선의 기울기는 1

이때 기울기가 1이고 점 P(3, 3)을 지나는 직선의 방정식은

$y=(x-3)+3$ $\therefore y=x$

STEP Ⓒ 원의 중심을 (a, a)라 하고 두 점을 이용하여 원의 방정식 구하기

원의 중심이 직선 $y=x$ 위에 있으므로 원의 중심을 (a, a)라 하고

원의 반지름의 길이를 r이라 하면

원의 방정식은 $(x-a)^2+(y-a)^2=r^2$

두 점 $(-1, 0)$, $(2, 3)$을 지나므로 각각 대입하면

$(-1-a)^2+(-a)^2=r^2$ …… ㉠

$(2-a)^2+(3-a)^2=r^2$ …… ㉡

㉠, ㉡을 연립하여 풀면 $a=1$, $r^2=5$

㉠-㉡을 하면 $\{(-1-a)^2+a^2\}-\{(2-a)^2+(3-a)^2\}=0$,

$(2a^2+2a+1)-(2a^2-10a+13)=0$, $12a-12=0$이므로 $a=1$

즉 원의 방정식은 $(x-1)^2+(y-1)^2=5$

> **+α** 중심에서 두 점까지의 거리가 같음을 이용하여 구할 수 있어!
>
> 원의 중심이 직선 $y=x$ 위의 점이므로 (a, a)라 하면
> 두 점 (a, a), $(-1, 0)$과 (a, a), $(2, 3)$까지의 거리는 반지름의 길이로 같다.
> $\sqrt{(a+1)^2+a^2}=\sqrt{(a-2)^2+(a-3)^2}$
> 양변을 제곱하면 $(a+1)^2+a^2=(a-2)^2+(a-3)^2$, $2a+1=-10a+13$, $12a=12$
> $\therefore a=1$
> 즉 원의 중심은 $(1, 1)$
> 이때 반지름의 길이는 두 점 $(1, 1)$, $(-1, 0)$까지의 거리이므로
> $r=\sqrt{(1+1)^2+1^2}=\sqrt{5}$ $\therefore (x-1)^2+(y-1)^2=5$

STEP Ⓓ 원의 넓이 구하기

원의 반지름의 길이가 $\sqrt{5}$이므로 원의 넓이는 $\pi\times(\sqrt{5})^2=5\pi$

따라서 k의 값은 5

내/신/연/계 출제문항 166

중심이 두 점 $A(-1, 1)$, $B(2, 4)$에 대하여 선분 AB를 1 : 2로 내분하는 점을 지나고 직선 AB에 수직인 직선의 방정식에 있다. 이때 두 점 $(0, 6)$, $(2, 2)$를 지나는 원의 넓이는?

① 6π ② 7π ③ 8π
④ 9π ⑤ 10π

STEP Ⓐ 선분 AB를 1 : 2로 내분하는 점의 좌표 구하기

두 점 $A(-1, 1)$, $B(2, 4)$에 대하여

선분 AB를 1 : 2로 내분하는 점을 P라 하면 점 P의 좌표는

$\left(\dfrac{1\times2+2\times(-1)}{1+2}, \dfrac{1\times4+2\times1}{1+2}\right)$ $\therefore$ P(0, 2)

STEP Ⓑ 직선 AB에 수직인 직선의 방정식 구하기

두 점 $A(-1, 1)$, $B(2, 4)$에 대하여 직선 AB의 기울기는 $\dfrac{4-1}{2-(-1)}=1$이므로

이 직선과 수직인 직선의 기울기는 -1

즉 기울기가 -1이고 점 P(0, 2)를 지나는 직선의 방정식은 $y=-x+2$

STEP Ⓒ 원의 중심을 $(a, -a+2)$라 하고 두 점을 이용하여 원의 방정식 구하기

원의 중심이 직선 $y=-x+2$ 위에 있으므로

원의 중심을 $(a, -a+2)$라 하고 원의 반지름의 길이를 r이라 하면

원의 방정식은 $(x-a)^2+(y+a-2)^2=r^2$

두 점 $(0, 6)$, $(2, 2)$를 지나므로 각각 대입하면

$a^2+(4+a)^2=r^2$ …… ㉠

$(2-a)^2+a^2=r^2$ …… ㉡

㉠, ㉡을 연립하면 $a=-1$, $r^2=10$

㉠-㉡을 하면 $\{a^2+(4+a)^2\}-\{(2-a)^2+a^2\}=0$,

$(2a^2+8a+16)-(2a^2-4a+4)=0$, $12a+12=0$이므로 $a=-1$

즉 원의 방정식은 $(x+1)^2+(y-3)^2=10$

따라서 원의 반지름이 $\sqrt{10}$이므로 구하는 원의 넓이는 $\pi\times(\sqrt{10})^2=10\pi$

> **+α** 중심에서 두 점까지의 거리가 같음을 이용하여 구할 수 있어!
>
> 원의 중심이 직선 $y=-x+2$ 위의 점이므로 $(a, -a+2)$라 하면
> 두 점 $(a, -a+2)$, $(0, 6)$과 $(a, -a+2)$, $(2, 2)$까지의 거리는 반지름의 길이로 같다.
> $\sqrt{a^2+(-a-4)^2}=\sqrt{(a-2)^2+a^2}$
> 양변을 제곱하면 $a^2+(-a-4)^2=(a-2)^2+a^2$, $8a+16=-4a+4$, $12a=-12$
> $\therefore a=-1$
> 즉 원의 중심은 $(-1, 3)$
> 이때 반지름의 길이는 두 점 $(-1, 3)$, $(0, 6)$까지의 거리이므로
> $r=\sqrt{1^2+(6-3)^2}=\sqrt{10}$ $\therefore (x+1)^2+(y-3)^2=10$

정답 ⑤

0327   2017년 09월 고1 학력평가 11번   정답 ①

STEP Ⓐ 선분 AB의 수직이등분선의 방정식 구하기

두 점 $A(1, 1)$, $B(3, a)$의 중점을 M이라 하면 점 M의 좌표는

$\left(\dfrac{1+3}{2}, \dfrac{1+a}{2}\right)$ $\therefore$ M$\left(2, \dfrac{1+a}{2}\right)$

두 점 $A(1, 1)$, $B(3, a)$의 기울기는 $\dfrac{a-1}{3-1}=\dfrac{a-1}{2}$이므로

수직인 직선의 기울기는 $-\dfrac{2}{a-1}$

선분 AB의 수직이등분선은 기울기가 $-\dfrac{2}{a-1}$이고

점 M$\left(2, \dfrac{1+a}{2}\right)$를 지나는 직선의 방정식이므로

$y=-\dfrac{2}{a-1}(x-2)+\dfrac{1+a}{2}$

$\therefore y=-\dfrac{2}{a-1}x+\dfrac{4}{a-1}+\dfrac{1+a}{2}$

STEP Ⓑ 수직이등분선이 원의 중심을 지남을 이용하여 a의 값 구하기

선분 AB의 수직이등분선 $y=-\dfrac{2}{a-1}x+\dfrac{4}{a-1}+\dfrac{1+a}{2}$가

원 $(x+2)^2+(y-5)^2=4$의 넓이를 이등분하므로

원의 중심 $(-2, 5)$를 지나야 한다.

$5=\dfrac{4}{a-1}+\dfrac{4}{a-1}+\dfrac{1+a}{2}$

양변에 $2(a-1)$을 곱하면 $10(a-1)=16+(1+a)(a-1)$

$10a-10=16+a^2-1$, $a^2-10a+25=0$, $(a-5)^2=0$

따라서 상수 a의 값은 5

mini해설 | 두 직선이 수직임을 이용하여 풀이하기

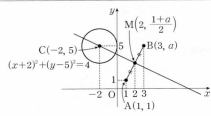

선분 AB의 중점의 좌표를 M이라 하면 $\left(\dfrac{1+3}{2}, \dfrac{1+a}{2}\right)$ ∴ $M\left(2, \dfrac{1+a}{2}\right)$

선분 AB의 수직이등분선이 원의 넓이를 이등분하므로 원의 중심을 지나야 한다.

원의 중심을 C라 하면 C(-2, 5)

이때 직선 AB와 직선 CM이 수직이므로 기울기의 곱은 -1

직선 AB의 기울기는 $\dfrac{a-1}{3-1}=\dfrac{a-1}{2}$이고 직선 CM의 기울기는 $\dfrac{5-\frac{1+a}{2}}{-2-2}=\dfrac{9-a}{-8}$

즉 $\dfrac{a-1}{2}\times\dfrac{9-a}{-8}=-1$, $(a-1)(9-a)=16$,

$-a^2+10a-9=16$, $a^2-10a+25=0$, $(a-5)^2=0$

따라서 상수 a의 값은 5

내/신/연/계/ 출제문항 167

좌표평면 위의 두 점 A(-6, 2), B(2, a)에 대하여 선분 AB의 수직이등분선이 원 $(x-3)^2+(y-3)^2=16$의 넓이를 이등분할 때, 양수 a의 값을 구하시오.

STEP A 선분 AB의 수직이등분선의 방정식 구하기

두 점 A(-6, 2), B(2, a)의 중점을 M이라 하면 점 M의 좌표는

$\left(\dfrac{-6+2}{2}, \dfrac{2+a}{2}\right)$ ∴ $M\left(-2, \dfrac{2+a}{2}\right)$

두 점 A(-6, 2), B(2, a)의 기울기는 $\dfrac{a-2}{2-(-6)}=\dfrac{a-2}{8}$이므로

수직인 직선의 기울기는 $-\dfrac{8}{a-2}$

선분 AB의 수직이등분선은 기울기가 $-\dfrac{8}{a-2}$이고

점 $M\left(-2, \dfrac{2+a}{2}\right)$를 지나는 직선의 방정식이므로

$y=-\dfrac{8}{a-2}(x+2)+\dfrac{2+a}{2}$ ∴ $y=-\dfrac{8}{a-2}x-\dfrac{16}{a-2}+\dfrac{2+a}{2}$

STEP B 수직이등분선이 원의 중심을 지남을 이용하여 a의 값 구하기

선분 AB의 수직이등분선 $y=-\dfrac{8}{a-2}x-\dfrac{16}{a-2}+\dfrac{2+a}{2}$가 원

$(x-3)^2+(y-3)^2=16$의 넓이를 이등분하므로 원의 중심 $(3, 3)$을 지나야 한다.

$3=-\dfrac{24}{a-2}-\dfrac{16}{a-2}+\dfrac{2+a}{2}$

양변에 $2(a-2)$를 곱하면 $6a-12=-80+(2+a)(a-2)$

$6a-12=a^2-84$, $a^2-6a-72=0$, $(a-12)(a+6)=0$

∴ $a=12$ 또는 $a=-6$

따라서 양수 a의 값은 12

---

mini해설 | 두 직선이 수직임을 이용하여 풀이하기

선분 AB의 중점을 M이라 하면 $\left(\dfrac{-6+2}{2}, \dfrac{2+a}{2}\right)$, 즉 $M\left(-2, \dfrac{2+a}{2}\right)$

선분 AB의 수직이등분선을 l이라 하면 직선 l은 점 M을 지나고

주어진 원의 넓이를 이등분하므로 원의 중심 $(3, 3)$을 지난다.

직선 l의 기울기는 $\dfrac{3-\frac{2+a}{2}}{3-(-2)}=\dfrac{4-a}{10}$이고 직선 AB의 기울기는 $\dfrac{a-2}{2-(-6)}=\dfrac{a-2}{8}$

두 직선이 서로 수직이므로

$\dfrac{4-a}{10}\times\dfrac{a-2}{8}=-1$, $(4-a)(a-2)=-80$, $a^2-6a-72=0$, $(a+6)(a-12)=0$

∴ $a=-6$ 또는 $a=12$

따라서 양수 a의 값은 12

정답 12

0328 2023년 11월 고1 학력평가 14번 정답 ④

STEP A 직선 $y=2x-1$이 원 C의 중심을 지남을 이용하여 a의 값 구하기

$x^2+y^2-2x-ay-b=0$에서 $(x^2-2x+1)+\left(y^2-ay+\dfrac{a^2}{4}\right)-1-\dfrac{a^2}{4}-b=0$

∴ $(x-1)^2+\left(y-\dfrac{a}{2}\right)^2=\dfrac{a^2}{4}+b+1$

즉 원 C의 중심의 좌표는 $\left(1, \dfrac{a}{2}\right)$, 반지름의 길이는 $\sqrt{\dfrac{a^2}{4}+b+1}$

이때 원의 중심 $\left(1, \dfrac{a}{2}\right)$가 직선 $y=2x-1$ 위에 있으므로 대입하면

$\dfrac{a}{2}=2\times1-1$ ∴ $a=2$

즉 원 C의 중심의 좌표는 $(1, 1)$이고 반지름의 길이는 $\sqrt{b+2}$

STEP B 삼각형 ABP의 넓이의 최댓값이 4임을 이용하여 b의 값 구하기

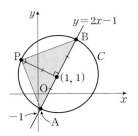

삼각형 ABP의 밑변을 선분 AB라 하면 선분 AB는 원 C의 지름이므로

삼각형 ABP의 높이의 최댓값은 원 C의 반지름의 길이와 같다.

이때 삼각형 ABP의 넓이의 최댓값이 4이므로

$\dfrac{1}{2}\times\overline{AB}\times(\text{원 }C\text{의 반지름의 길이})=\dfrac{1}{2}\times2\sqrt{b+2}\times\sqrt{b+2}=b+2=4$

∴ $b=2$

따라서 $a+b=2+2=4$

내/신/연/계/ 출제문항 168

원 C : $x^2+y^2-ax-4y-b=0$에 대하여 좌표평면에서 원 C의 중심이 직선 $y=2x-2$ 위에 있다. 원 C와 직선 $y=2x-2$가 만나는 서로 다른 두 점을 A, B라 하자. 원 C 위의 점 P에 대하여 삼각형 ABP의 넓이의 최댓값이 4일 때, $a-b$의 값은? (단, a, b는 상수이고, 점 P는 점 A도 아니고 점 B도 아니다.)

① 7   ② 8   ③ 9

④ 10   ⑤ 11

STEP A 직선 $y=2x-2$가 원 C의 중심을 지남을 이용하여 a의 값 구하기

$x^2+y^2-ax-4y-b=0$에서 $\left(x-\dfrac{a}{2}\right)^2+(y-2)^2=\dfrac{a^2}{4}+b+4$

원 C의 중심의 좌표는 $\left(\dfrac{a}{2}, 2\right)$, 반지름의 길이는 $\sqrt{\dfrac{a^2}{4}+b+4}$

원 C의 중심 $\left(\dfrac{a}{2}, 2\right)$가 직선 $y=2x-2$ 위의 점이므로 대입하면

$2=2\times\dfrac{a}{2}-2$, $2=a-2$ ∴ $a=4$

즉 원 C의 중심의 좌표는 $(2, 2)$이고 반지름의 길이는 $\sqrt{b+8}$

STEP B 삼각형 ABP의 넓이의 최댓값이 4임을 이용하여 b의 값 구하기

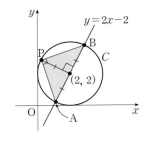

삼각형 ABP의 밑변을 선분 AB라 하면 선분 AB는 원 C의 지름이므로
삼각형 ABP의 높이의 최댓값은 원 C의 반지름의 길이와 같다.
삼각형 ABP의 넓이의 최댓값이 4이므로
$$\frac{1}{2} \times \overline{\text{AB}} \times (\text{원 } C\text{의 반지름의 길이}) = \frac{1}{2} \times 2\sqrt{b+8} \times \sqrt{b+8} = b+8 = 4$$
$\therefore b = -4$
따라서 $a-b = 4-(-4) = 8$

정답 ②

0329

정답 24

STEP Ⓐ **원의 방정식을 변형하여 중심의 좌표 구하기**

원 $x^2+y^2-4x+6y-7=0$에서 $(x-2)^2+(y+3)^2=20$
즉 원의 중심의 좌표는 $(2, -3)$
원의 방정식 $(x-a)^2+(y-b)^2=r^2$의 중심 (a, b)와 일치하므로
$a=2$, $b=-3$

STEP Ⓑ **점 $(5, 1)$을 이용하여 원의 방정식 구하기**

점 $(5, 1)$이 원 $(x-2)^2+(y+3)^2=r^2$ 위의 점이므로 대입하면
$(5-2)^2+(1+3)^2=r^2$ $\therefore r^2=25$
즉 원의 방정식은 $(x-2)^2+(y+3)^2=25$
따라서 $a=2$, $b=-3$, $r^2=25$이므로 $a+b+r^2=2+(-3)+25=24$

> $+\alpha$ │ 좌표를 이용하여 반지름의 길이를 구할 수 있어!
>
> 원의 중심의 좌표가 $(2, -3)$이고 점 $(5, 1)$을 지나므로
> 두 점 $(2, -3)$, $(5, 1)$ 사이의 거리가 반지름과 같다.
> $r = \sqrt{(5-2)^2+(1+3)^2} = \sqrt{25} = 5$ $\therefore r^2 = 25$

0330

정답 ④

STEP Ⓐ **원의 방정식을 변형하여 중심의 좌표와 반지름의 길이 구하기**

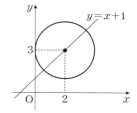

원 $x^2+y^2-4x-6y+9=0$에서 $(x-2)^2+(y-3)^2=4$
ㄱ. 원의 중심은 $(2, 3)$이고 반지름은 2이다. [거짓]
ㄴ. 원의 중심의 좌표가 $(2, 3)$이고 반지름의 길이가 2이므로
  |중심의 x좌표|=(반지름의 길이)일 때, 원은 y축에 접한다.
  원은 y축에 접한다. [참]
ㄷ. 직선 $y=x+1$이 원의 중심 $(2, 3)$을 지나므로 넓이를 이등분한다. [참]
따라서 옳은 것은 ㄴ, ㄷ이다.

원 $x^2+y^2-2ax+6y+a^2-27=0$에 대하여 [보기]에서 옳은 것만을 있는 대로 고른 것은? (단, a는 상수이다.)

> ㄱ. 원의 넓이는 36π이다.
> ㄴ. $a=4$일 때 점 $(4, 3)$을 지난다.
> ㄷ. $a=-3$일 때, 직선 $y=2x+3$에 의하여 원의 넓이가 이등분된다.

① ㄱ ② ㄴ ③ ㄱ, ㄷ
④ ㄴ, ㄷ ⑤ ㄱ, ㄴ, ㄷ

STEP Ⓐ **원의 방정식을 변형하여 중심의 좌표와 반지름의 길이 구하기**

원 $x^2+y^2-2ax+6y+a^2-27=0$에서 $(x-a)^2+(y+3)^2=36$
ㄱ. 원의 반지름의 길이가 6이므로 원의 넓이는 $\pi \times 6^2 = 36\pi$ [참]
ㄴ. $a=4$이면 $(x-4)^2+(y+3)^2=36$
  이 식에 점 $(4, 3)$을 대입하면 $0+6^2=36$이므로
  $a=4$일 때 주어진 원은 점 $(4, 3)$을 지난다. [참]
ㄷ. $a=-3$이면 $(x+3)^2+(y+3)^2=36$
  이때 직선 $y=2x+3$이 원의 중심 $(-3, -3)$을 지나므로
  넓이를 이등분한다. [참]
따라서 옳은 것은 ㄱ, ㄴ, ㄷ이다.

정답 ⑤

0331

정답 ①

STEP Ⓐ **주어진 방정식을 변형하여 중심의 좌표와 반지름의 길이 구하기**

방정식 $x^2+y^2-2ax+4ay+3a^2+5a-3=0$에서
$(x-a)^2+(y+2a)^2=2a^2-5a+3$
원의 중심이 $(a, -2a)$이고 반지름의 길이는 $\sqrt{2a^2-5a+3}$

> $+\alpha$ │ 반지름의 공식을 이용하여 구할 수 있어!
>
> 원의 방정식 $x^2+y^2+Ax+By+C=0$에서 반지름의 길이는
> $$\frac{\sqrt{A^2+B^2-4C}}{2}$$
> $x^2+y^2-2ax+4ay+3a^2+5a-3=0$에서 반지름의 길이는
> $$\frac{\sqrt{4a^2+16a^2-12a^2-20a+12}}{2} = \frac{\sqrt{8a^2-20a+12}}{2} = \sqrt{2a^2-5a+3}$$

STEP Ⓑ **도형의 넓이가 45π가 되는 모든 a의 값의 곱 구하기**

원의 넓이가 45π이므로 $(2a^2-5a+3)\pi = 45\pi$
$2a^2-5a+3=45$, $2a^2-5a-42=0$, $(2a+7)(a-6)=0$
$\therefore a=-\frac{7}{2}$ 또는 $a=6$
따라서 모든 a의 값의 곱은 $-\frac{7}{2} \times 6 = -21$
  └─ 이차방정식 $2a^2-5a-42=0$에서 두 근의 곱 $\frac{-42}{2}=-21$

방정식 $x^2+y^2+2kx-4y+k+1=0$이 반지름의 길이가 $\sqrt{5}$인 원의
방정식이 되도록 하는 모든 k의 값의 합은?

① -2 ② -1 ③ 0
④ 1 ⑤ 2

STEP Ⓐ **주어진 방정식을 변형하여 중심의 좌표와 반지름의 길이 구하기**

방정식 $x^2+y^2+2kx-4y+k+1=0$에서
$(x+k)^2+(y-2)^2=k^2-k+3$
원의 중심이 $(-k, 2)$이고 반지름의 길이는 $\sqrt{k^2-k+3}$

╭─── +α │ 반지름의 공식을 이용하여 구할 수 있어!

원의 방정식 $x^2+y^2+Ax+By+C=0$에서 반지름의 길이는
$\dfrac{\sqrt{A^2+B^2-4C}}{2}$
$x^2+y^2+2kx-4y+k+1=0$에서 반지름의 길이는
$\dfrac{\sqrt{4k^2+16-4(k+1)}}{2}=\dfrac{\sqrt{4k^2-4k+12}}{2}=\sqrt{k^2-k+3}$
╰───────

STEP Ⓑ **원의 반지름의 길이가 $\sqrt{5}$임을 이용하여 모든 k의 값의 합 구하기**

원의 반지름의 길이가 $\sqrt{5}$이므로 $\sqrt{k^2-k+3}=\sqrt{5}$
양변을 제곱하면 $k^2-k+3=5$, $k^2-k-2=0$, $(k+1)(k-2)=0$
∴ $k=-1$ 또는 $k=2$
따라서 모든 k의 값의 합은 $-1+2=1$
　　　　이차방정식 $k^2-k-2=0$에서 두 근의 합 $-\dfrac{-1}{1}=1$

정답 ④

0332

정답 ③

STEP Ⓐ **원의 방정식이 되기 위한 a의 범위 구하기**

방정식 $x^2+y^2-2x+a^2-6a+1=0$에서
$(x-1)^2+y^2=-a^2+6a$
이 방정식이 원을 나타내므로
반지름의 길이가 0보다 커야 한다.
즉 $-a^2+6a>0$, $a^2-6a<0$, $a(a-6)<0$
∴ $0<a<6$

╭─── +α │ 원이 정의되기 위한 조건을 이용하여 구할 수 있어!

원 $x^2+y^2+Ax+By+C=0$에서 원이 존재하기 위해서는 $A^2+B^2-4C>0$
$x^2+y^2-2x+a^2-6a+1=0$에서 $4+0-4(a^2-6a+1)>0$,
$-4a^2+24a>0$, $a^2-6a<0$, $a(a-6)<0$ ∴ $0<a<6$
╰───────

STEP Ⓑ **원의 넓이가 최대일 때 반지름의 길이 구하기**

원의 넓이가 최대이기 위해서는 반지름의 길이가 최대이어야 한다.
$\sqrt{-a^2+6a}=\sqrt{-(a-3)^2+9}$이므로
$0<a<6$에서 $a=3$일 때, 반지름의 길이는 최대이다.
따라서 원의 넓이가 최대일 때, 반지름의 길이는 $\sqrt{9}=3$

0333

정답 5

STEP Ⓐ **원의 방정식을 변형하여 중심의 좌표 구하기**

$x^2+y^2-2x+6y+6=0$에서 $(x-1)^2+(y+3)^2=4$
원의 중심의 좌표는 $(1, -3)$

STEP Ⓑ **직선의 방정식에 점 $(1, -3)$을 대입하여 k의 값 구하기**

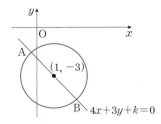

직선 $4x+3y+k=0$이 원과 만나는 두 점 A, B에 대하여
현 AB의 길이가 최대가 되려면 현 AB가 지름일 때이다.
즉 직선 $4x+3y+k=0$이 원의 중심 $(1, -3)$을 지나면 된다.
따라서 $4-9+k=0$이므로 $k=5$

0334

정답 ⑤

STEP Ⓐ **두 원의 방정식을 변형하여 중심의 좌표 구하기**

원 $x^2+y^2+4x-8y-16=0$에서 $(x+2)^2+(y-4)^2=36$이므로
중심의 좌표는 $(-2, 4)$
원 $x^2+y^2-2bx+6by+2=0$에서 $(x-b)^2+(y+3b)^2=10b^2-2$이므로
중심의 좌표는 $(b, -3b)$

STEP Ⓑ **직선이 두 원의 중심을 지남을 이용하여 ab의 값 구하기**

직선 $7x+5y+a=0$이 두 원의 넓이를 이등분하므로
두 원의 중심 $(-2, 4)$, $(b, -3b)$를 지나면 된다.
두 점을 직선에 대입하면
$-14+20+a=0$ ∴ $a=-6$
$7b-15b-6=0$ ∴ $b=-\dfrac{3}{4}$
따라서 $a=-6$, $b=-\dfrac{3}{4}$이므로 $ab=(-6)\times\left(-\dfrac{3}{4}\right)=\dfrac{9}{2}$

직선 $y=mx-1$이 두 원 $x^2+y^2+ky=0$, $x^2-6x+y^2-4y=0$의 넓이를
이등분할 때, 상수 m, k에 대하여 $m+k$의 값은?

① 2 ② 3 ③ 4
④ 5 ⑤ 6

STEP Ⓐ **두 원의 방정식을 변형하여 중심의 좌표 구하기**

$x^2+y^2+ky=0$에서 $x^2+\left(y+\dfrac{k}{2}\right)^2=\dfrac{k^2}{4}$이므로
중심의 좌표는 $\left(0, -\dfrac{k}{2}\right)$
$x^2-6x+y^2-4y=0$에서 $(x-3)^2+(y-2)^2=13$이므로
중심의 좌표는 $(3, 2)$

STEP Ⓑ **직선이 두 원의 중심을 지남을 이용하여 $m+k$의 값 구하기**

직선 $y=mx-1$이 두 원의 넓이를 이등분하므로
두 원의 중심 $\left(0, -\dfrac{k}{2}\right)$, $(3, 2)$를 지나면 된다.
두 점을 직선에 대입하면
$-\dfrac{k}{2}=-1$ ∴ $k=2$
$2=3m-1$ ∴ $m=1$
따라서 $m=1$, $k=2$이므로 $m+k=3$

정답 ②

0335

STEP A 원의 방정식을 변형하여 원의 중심의 좌표 구하기

원 $x^2+y^2+2ax-4y+2a^2-4=0$에서 $(x+a)^2+(y-2)^2=8-a^2$

원의 중심은 $(-a, 2)$이고 반지름의 길이가 $\sqrt{8-a^2}$

STEP B 직선이 원의 중심을 지남을 이용하여 a의 값 구하기

직선이 원의 넓이를 이등분할 때, 직선은 원의 중심을 지난다.

직선 $y=x+4$가 원의 중심 $(-a, 2)$를 지나므로

$2=-a+4$ $\therefore a=2$

STEP C 삼각형 ABC의 넓이의 최댓값 구하기

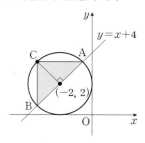

원의 방정식은 $(x+2)^2+(y-2)^2=4$이고 삼각형 ABC의 넓이는

$\dfrac{1}{2}\times\overline{AB}\times$(점 C에서 선분 AB에 내린 수선의 발 길이)

_{선분 AB의 길이는 원의 지름이므로 4}

이때 점 C에서 선분 AB에 내린 수선의 발의 길이가 최대일 때, 넓이가 최대이므로 반지름의 길이일 때가 최대이다.

따라서 삼각형 ABC의 넓이의 최댓값은 $\dfrac{1}{2}\times4\times2=4$

0336
2020년 11월 고1 학력평가 8번

STEP A 주어진 방정식을 변형하여 원의 중심의 좌표 구하기

원 $x^2+y^2-4x-2ay-19=0$에서 $(x-2)^2+(y-a)^2=a^2+23$

중심의 좌표는 $(2, a)$

STEP B 직선이 원의 중심을 지남을 이용하여 a의 값 구하기

직선 $y=2x+3$이 원의 중심 $(2, a)$를 지나므로 대입하면

$a=2\times2+3$

따라서 상수 a의 값은 7

내/신/연/계/ 출제문항 172

좌표평면에서 직선 $y=3x-5$가 원 $x^2+y^2-6x+4ay+13=0$의 중심을 지날 때, 상수 a의 값은?

① -1 ② -2 ③ -3

④ -4 ⑤ -5

STEP A 주어진 방정식을 변형하여 원의 중심의 좌표 구하기

원 $x^2+y^2-6x+4ay+13=0$에서 $(x-3)^2+(y+2a)^2=4a^2-4$이므로 원의 중심의 좌표는 $(3, -2a)$

STEP B 직선이 원의 중심을 지남을 이용하여 a의 값 구하기

직선 $y=3x-5$이 원의 중심 $(3, -2a)$를 지나므로 대입하면

$-2a=3\times3-5$, $-2a=4$

따라서 상수 a의 값은 -2

0337
2023년 09월 고1 학력평가 11번

STEP A 이차함수의 꼭짓점의 좌표와 원의 중심의 좌표 구하기

이차함수 $y=x^2-4x+a=(x-2)^2+a-4$

이차함수의 그래프의 꼭짓점 A의 좌표는 $A(2, a-4)$

원 $x^2+y^2+bx+4y-17=0$에서 $\left(x+\dfrac{b}{2}\right)^2+(y+2)^2=21+\dfrac{b^2}{4}$

원의 중심의 좌표는 $\left(-\dfrac{b}{2}, -2\right)$

> **+α** | 원의 중심의 공식을 이용하여 구할 수 있어!
>
> 원 $x^2+y^2+Ax+By+C=0$에서 원의 중심은 $\left(-\dfrac{A}{2}, -\dfrac{B}{2}\right)$
>
> 즉 원 $x^2+y^2+bx+4y-17=0$에서 원의 중심은 $\left(-\dfrac{b}{2}, -2\right)$

STEP B 이차함수의 꼭짓점과 원의 중심이 일치함을 이용하여 $a+b$의 값 구하기

이차함수의 그래프의 꼭짓점 $A(2, a-4)$와 원의 중심 $\left(-\dfrac{b}{2}, -2\right)$가

일치하므로 $2=-\dfrac{b}{2}$, $a-4=-2$

따라서 $a=2$, $b=-4$이므로 $a+b=-2$

내/신/연/계/ 출제문항 173

두 상수 a, b에 대하여 이차함수 $y=x^2-2x+a$의 그래프의 꼭짓점을 A라 할 때, 점 A는 원 $x^2+y^2+bx-2y-7=0$의 중심과 일치한다. 이때 $a+b$의 값은?

① -2 ② -1 ③ 0

④ 1 ⑤ 2

STEP A 이차함수의 꼭짓점의 좌표와 원의 중심의 좌표 구하기

이차함수 $y=x^2-2x+a=(x-1)^2+a-1$

이차함수의 그래프의 꼭짓점 A의 좌표는 $A(1, a-1)$

원 $x^2+y^2+bx-2y-7=0$에서 $\left(x+\dfrac{b}{2}\right)^2+(y-1)^2=8+\dfrac{b^2}{4}$

원의 중심의 좌표는 $\left(-\dfrac{b}{2}, 1\right)$

STEP B 이차함수의 꼭짓점과 원의 중심이 일치함을 이용하여 $a+b$의 값 구하기

이차함수의 그래프의 꼭짓점 $A(1, a-1)$과 원의 중심 $\left(-\dfrac{b}{2}, 1\right)$이

일치하므로 $1=-\dfrac{b}{2}$, $a-1=1$

따라서 $a=2$, $b=-2$이므로 $a+b=0$

0338

 정답 8

STEP A 원의 중심에서 각 점에 이르는 거리가 같음을 이용하여 a, b의 값 구하기

원의 중심을 $P(a, b)$라 하면
원 위의 세 점 $A(-2, 0)$, $B(-1, 3)$, $C(0, -4)$에 이르는 거리는
원의 반지름과 같으므로 $\overline{PA} = \overline{PB} = \overline{PC}$
$\overline{PA} = \overline{PB}$에서 $\overline{PA}^2 = \overline{PB}^2$이므로
$(a+2)^2 + b^2 = (a+1)^2 + (b-3)^2$, $4a+4 = 2a - 6b + 10$
$\therefore a + 3b - 3 = 0$ ...... ㉠
$\overline{PA} = \overline{PC}$에서 $\overline{PA}^2 = \overline{PC}^2$이므로
$(a+2)^2 + b^2 = a^2 + (b+4)^2$, $4a + 4 = 8b + 16$
$\therefore a - 2b - 3 = 0$ ...... ㉡
㉠, ㉡을 연립하여 풀면 $a = 3$, $b = 0$
즉 원의 중심은 $P(3, 0)$

STEP B 반지름의 길이를 구하고 원의 방정식 구하기

반지름의 길이는 $\overline{PA} = |3 - (-2)| = 5$이므로
원의 방정식은 $(x-3)^2 + y^2 = 25$
따라서 $a = 3$, $b = 0$, $r = 5$이므로 $a + b + r = 3 + 0 + 5 = 8$

다른풀이 원의 일반형을 이용하여 원의 방정식 구하기

STEP A 원의 일반형에 대입하여 원의 방정식 구하기

원의 방정식 $x^2 + y^2 + px + qy + r = 0$ (단 p, q, r은 상수)이라 하고
세 점 $A(-2, 0)$, $B(-1, 3)$, $C(0, -4)$를 지나므로 대입하면
$4 - 2p + r = 0$ ...... ㉠
$1 + 9 - p + 3q + r = 0$ ...... ㉡
$16 - 4q + r = 0$ ...... ㉢
㉠, ㉡, ㉢을 연립하여 $p = -6$, $q = 0$, $r = -16$
$\therefore x^2 + y^2 - 6x - 16 = 0$

STEP B 원의 중심과 반지름의 길이 구하기

원 $x^2 + y^2 - 6x - 16 = 0$에서 $(x-3)^2 + y^2 = 25$이므로
원의 중심은 $(3, 0)$, 반지름의 길이는 5
따라서 $a = 3$, $b = 0$, $r = 5$이므로 $a + b + r = 3 + 0 + 5 = 8$

내/신/연/계/ 출제문항 174

세 점 $A(0, 0)$, $B(4, 0)$, $C(-2, 6)$을 지나는 원의 중심의 좌표를 (p, q)라 할 때, $p + q$의 값을 구하시오.

STEP A 원의 중심에서 각 점에 이르는 거리가 같음을 이용하여 p, q의 값 구하기

원의 중심을 P라 하면 $P(p, q)$에 대하여
세 점 $A(0, 0)$, $B(4, 0)$, $C(-2, 6)$까지의 거리는 원의 반지름과 같으므로
$\overline{PA} = \overline{PB} = \overline{PC}$
$\overline{PA} = \overline{PB}$에서 $\overline{PA}^2 = \overline{PB}^2$이므로
$p^2 + q^2 = (p-4)^2 + q^2$, $0 = -8p + 16$
$\therefore p = 2$
$\overline{PA} = \overline{PC}$에서 $\overline{PA}^2 = \overline{PC}^2$이므로
$p^2 + q^2 = (p+2)^2 + (q-6)^2$, $0 = 4p - 12q + 40$
$p = 2$를 대입하면 $8 - 12q + 40 = 0$
$\therefore q = 4$
따라서 $p = 2$, $q = 4$이므로 $p + q = 2 + 4 = 6$

다른풀이 원의 일반형을 이용하여 원의 방정식 구하기

STEP A 원의 일반형에 대입하여 원의 방정식 구하기

원의 방정식 $x^2 + y^2 + ax + by + c = 0$ (a, b, c는 상수)이라 하고
세 점 $A(0, 0)$, $B(4, 0)$, $C(-2, 6)$을 지나므로 대입하면
$c = 0$ ...... ㉠
$16 + 4a + c = 0$ ...... ㉡
$4 + 36 - 2a + 6b + c = 0$ ...... ㉢
㉠, ㉡, ㉢을 연립하여 $a = -4$, $b = -8$, $c = 0$
$\therefore x^2 + y^2 - 4x - 8y = 0$

STEP B 원의 중심의 좌표 구하기

원 $x^2 + y^2 - 4x - 8y = 0$에서 $(x-2)^2 + (y-4)^2 = 20$
중심의 좌표가 $(2, 4)$이므로 $p = 2$, $q = 4$
따라서 $p + q = 2 + 4 = 6$ 정답 6

0339

정답 ⑤

STEP A 원의 중심을 $P(a, b)$라 하고 $\overline{PA} = \overline{PB} = \overline{PC}$임을 이용하여 원의 방정식 구하기

원의 중심을 $P(a, b)$라 하고
세 점의 좌표를 $A(0, 0)$, $B(2, 2)$, $C(-4, 2)$라 하면
원의 중심에서 원 위의 점까지 거리는 반지름으로 같으므로
$\overline{PA} = \overline{PB} = \overline{PC}$
$\overline{PA} = \overline{PB}$에서 $\overline{PA}^2 = \overline{PB}^2$
$a^2 + b^2 = (a-2)^2 + (b-2)^2$, $-4a - 4b + 8 = 0$
$\therefore a + b = 2$ ...... ㉠
$\overline{PA} = \overline{PC}$에서 $\overline{PA}^2 = \overline{PC}^2$
$a^2 + b^2 = (a+4)^2 + (b-2)^2$, $8a - 4b + 20 = 0$
$\therefore 2a - b = -5$ ...... ㉡
㉠, ㉡을 연립하면 $a = -1$, $b = 3$이므로 원의 중심은 $P(-1, 3)$
원의 반지름의 길이는 $\overline{PA} = \sqrt{a^2 + b^2} = \sqrt{10}$
$\therefore (x+1)^2 + (y-3)^2 = 10$

STEP B [보기]의 참, 거짓 판단하기

ㄱ. 원 $(x+1)^2 + (y-3)^2 = 10$에서 반지름의 길이는 $\sqrt{10}$이므로
　 원의 넓이는 10π [참]
ㄴ. 원이 x축과 만나는 점은 $y = 0$을 대입하면 되므로
　 $(x+1)^2 = 1$, $x + 1 = \pm 1$이므로 $x = 0$ 또는 $x = -2$
　 즉 x축과 만나는 두 점 사이의 거리는 $0 - (-2) = 2$ [참]
ㄷ. 직선 $y = x + 4$는 원의 중심 $(-1, 3)$을 지나므로 원을 이등분한다. [참]
따라서 옳은 것은 ㄱ, ㄴ, ㄷ이다.

다른풀이 원의 일반형을 이용하여 원의 방정식 구하기

STEP A 원의 일반형 $x^2 + y^2 + Ax + By + C = 0$에 세 점을 대입하여 원의 방정식 구하기

원의 방정식 $x^2 + y^2 + Ax + By + C = 0$ (단 A, B, C는 상수)
세 점 $(0, 0)$, $(2, 2)$, $(-4, 2)$를 지나므로 대입하면
$C = 0$ ...... ㉠
$4 + 4 + 2A + 2B + C = 0$ ...... ㉡
$16 + 4 - 4A + 2B + C = 0$ ...... ㉢
㉠, ㉡, ㉢을 연립하여 풀면 $A = 2$, $B = -6$, $C = 0$
즉 원의 방정식은 $x^2 + y^2 + 2x - 6y = 0$

STEP B [보기]의 참, 거짓 판단하기

원 $x^2 + y^2 + 2x - 6y = 0$에서 $(x+1)^2 + (y-3)^2 = 10$이므로
중심은 $(-1, 3)$, 반지름의 길이는 $\sqrt{10}$

ㄱ. 원 $(x+1)^2+(y-3)^2=10$에서 반지름의 길이는 $\sqrt{10}$이므로
원의 넓이는 10π [참]

ㄴ. 원이 x축과 만나는 점은 $y=0$을 대입하면 되므로
$(x+1)^2=1$, $x+1=\pm1$이므로 $x=0$ 또는 $x=-2$
즉 x축과 만나는 두 점 사이의 거리는 $0-(-2)=2$ [참]

ㄷ. 직선 $y=x+4$는 원의 중심 $(-1, 3)$을 지나므로 원을 이등분한다. [참]
따라서 옳은 것은 ㄱ, ㄴ, ㄷ이다.

내/신/연/계/ 출제문항 175

세 점 $(-3, 2)$, $(0, -2)$, $(1, 0)$을 지나는 원에 대한 [보기]의 설명 중 옳은 것을 모두 고른 것은?

> ㄱ. x축에 대하여 대칭이다.
> ㄴ. y축과 만나지 않는다.
> ㄷ. 직선 $y=2x+3$은 원을 이등분한다.

① ㄱ   ② ㄴ   ③ ㄱ, ㄴ
④ ㄱ, ㄷ   ⑤ ㄴ, ㄷ

STEP A 원의 중심을 $P(a, b)$라 하고 $\overline{PA}=\overline{PB}=\overline{PC}$임을 이용하여 중심의 좌표와 반지름의 길이 구하기

원의 중심을 $P(a, b)$라 하고
세 점의 좌표를 각각 $A(-3, 2)$, $B(0, -2)$, $C(1, 0)$이라 하면
원의 중심에서 원 위의 점까지 거리는 반지름으로 같으므로
$\overline{PA}=\overline{PB}=\overline{PC}$
$\overline{PA}=\overline{PB}$에서 $\overline{PA}^2=\overline{PB}^2$
$(a+3)^2+(b-2)^2=a^2+(b+2)^2$, $6a-4b+13=4b+4$
$\therefore 6a-8b=-9$ ······ ㉠
$\overline{PB}=\overline{PC}$에서 $\overline{PB}^2=\overline{PC}^2$
$a^2+(b+2)^2=(a-1)^2+b^2$, $4b+4=-2a+1$
$\therefore 2a+4b=-3$ ······ ㉡
㉠, ㉡을 연립하면 $a=-\dfrac{3}{2}$, $b=0$이므로 원의 중심은 $\left(-\dfrac{3}{2}, 0\right)$
원의 반지름의 길이는 $\overline{PA}=\sqrt{(a+3)^2+(b-2)^2}=\sqrt{\dfrac{25}{4}}=\dfrac{5}{2}$
$\therefore \left(x+\dfrac{3}{2}\right)^2+y^2=\dfrac{25}{4}$

STEP B [보기]의 참, 거짓 판단하기

ㄱ. 중심이 $\left(-\dfrac{3}{2}, 0\right)$으로 x축 위에 존재하므로 원은 x축에 대하여 대칭이다. [참]

ㄴ. 원의 방정식 $\left(x+\dfrac{3}{2}\right)^2+y^2=\dfrac{25}{4}$에서 $x=0$을 대입하면 $y^2=\dfrac{16}{4}=4$
즉 y축과 만나는 점은 $(0, 2)$, $(0, -2)$이므로 두 점에서 만난다. [거짓]

ㄷ. 직선 $y=2x+3$은 원의 중심 $\left(-\dfrac{3}{2}, 0\right)$을 지나므로 원을 이등분한다. [참]
따라서 옳은 것은 ㄱ, ㄷ이다.

다른풀이 원의 일반형을 이용하여 원의 방정식 구하기

STEP A 원을 $x^2+y^2+Ax+By+C=0$으로 놓고 세 점을 대입하여 원의 방정식 구하기

원의 방정식을 $x^2+y^2+Ax+By+C=0$ (단 A, B, C는 상수)라 하고
세 점 $(-3, 2)$, $(0, -2)$, $(1, 0)$이라 하고 대입하면
$3A-2B-C=13$ ······ ㉠
$2B-C=4$ ······ ㉡
$A+C=-1$ ······ ㉢
㉠, ㉡, ㉢을 연립하여 풀면 $A=3$, $B=0$, $C=-4$
즉 원의 방정식은 $x^2+y^2+3x-4=0$

STEP B [보기]의 참, 거짓 판단하기

원의 방정식 $x^2+y^2+3x-4=0$에서
$\left(x+\dfrac{3}{2}\right)^2+y^2=\dfrac{25}{4}$이므로
원의 중심은 $\left(-\dfrac{3}{2}, 0\right)$,
반지름의 길이는 $\dfrac{5}{2}$

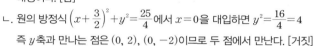

ㄱ. 중심이 $\left(-\dfrac{3}{2}, 0\right)$으로 x축 위에 존재하므로 원은 x축에 대하여 대칭이다. [참]

ㄴ. 원의 방정식 $\left(x+\dfrac{3}{2}\right)^2+y^2=\dfrac{25}{4}$에서 $x=0$을 대입하면 $y^2=\dfrac{16}{4}=4$
즉 y축과 만나는 점은 $(0, 2)$, $(0, -2)$이므로 두 점에서 만난다. [거짓]

ㄷ. 직선 $y=2x+3$은 원의 중심 $\left(-\dfrac{3}{2}, 0\right)$을 지나므로 원을 이등분한다. [참]
따라서 옳은 것은 ㄱ, ㄷ이다.   정답 ④

0340   정답 ③

STEP A 세 점을 지나는 원의 중심 구하기

주어진 세 점을 $A(-3, 3)$, $B(4, 10)$, $C(7, 7)$이라 하고
원의 중심을 $P(a, b)$라 하면
중심에서 원 위의 점까지 거리는 반지름의 길이와 같으므로
$\overline{AP}=\overline{BP}=\overline{CP}$
$\overline{AP}=\overline{BP}$에서 $\overline{AP}^2=\overline{BP}^2$이므로 $(a+3)^2+(b-3)^2=(a-4)^2+(b-10)^2$
$6a-6b+18=-8a-20b+116$
$\therefore a+b=7$ ······ ㉠
$\overline{AP}=\overline{CP}$에서 $\overline{AP}^2=\overline{CP}^2$이므로
$(a+3)^2+(b-3)^2=(a-7)^2+(b-7)^2$
$6a-6b+18=-14a-14b+98$
$\therefore 5a+2b=20$ ······ ㉡
㉠, ㉡을 연립하여 풀면 $a=2$, $b=5$
즉 원의 중심은 $P(2, 5)$

STEP B 원의 중심의 좌표를 직선에 대입하여 k의 값 구하기

직선 $y=kx+9$가 원의 넓이를 이등분하므로 원의 중심을 지나면 된다.
따라서 원의 중심 $P(2, 5)$를 직선의 방정식 $y=kx+9$에 대입하면
$5=2k+9$이므로 $k=-2$

다른풀이 원의 방정식 일반형을 이용하여 풀이하기

STEP A 원의 방정식 일반형에 세 점을 대입하여 중심의 좌표 구하기

원의 방정식 $x^2+y^2+Ax+By+C=0$ (단, A, B, C는 상수)라 하고
세 점 $(-3, 3)$, $(4, 10)$, $(7, 7)$의 좌표를 대입하면
$9+9-3A+3B+C=0$ ······ ㉠
$16+100+4A+10B+C=0$ ······ ㉡
$49+49+7A+7B+C=0$ ······ ㉢
㉠, ㉡, ㉢을 연립하여 풀면 $A=-4$, $B=-10$, $C=0$
$\therefore x^2+y^2-4x-10y=0$

STEP B 직선이 원의 중심을 지남을 이용하여 k의 값 구하기

원 $x^2+y^2-4x-10y=0$에서 $(x-2)^2+(y-5)^2=29$이므로
원의 중심은 $(2, 5)$
이때 직선 $y=kx+9$가 원의 넓이를 이등분하므로 원의 중심을 지난다.
따라서 $5=2k+9$이므로 $k=-2$

0341

정답 ①

STEP A 원의 중심을 P(a, b)라 하고 $\overline{PA}=\overline{PB}=\overline{PC}$임을 이용하여 중심의 좌표와 반지름의 길이 구하기

세 점 A$(2, -1)$, B$(0, 3)$, C$(-3, 4)$에 대하여 원의 중심을 P(a, b)라 하면 원의 중심에서 원 위의 점까지 거리는 반지름과 같으므로

$\overline{PA}=\overline{PB}=\overline{PC}$

$\overline{PA}=\overline{PB}$에서 $\overline{PA}^2=\overline{PB}^2$이므로

$(a-2)^2+(b+1)^2=a^2+(b-3)^2$, $-4a+2b+5=-6b+9$

$\therefore a-2b+1=0$ ...... ㉠

$\overline{PB}=\overline{PC}$에서 $\overline{PB}^2=\overline{PC}^2$이므로

$a^2+(b-3)^2=(a+3)^2+(b-4)^2$, $-6b+9=6a-8b+25$

$\therefore 3a-b+8=0$ ...... ㉡

㉠, ㉡을 연립하여 풀면 $a=-3$, $b=-1$

즉 원의 중심은 P$(-3, -1)$이고 반지름의 길이는

$\overline{PA}=\sqrt{(-3-2)^2+(-1+1)^2}=5$

STEP B 주어진 점을 원의 방정식에 대입하여 k의 값 구하기

중심이 $(-3, -1)$이고 반지름의 길이가 5이므로 원의 방정식은

$(x+3)^2+(y+1)^2=25$

점 D$(k, 2)$가 원 위의 점이므로 대입하면 $(k+3)^2+9=25$

$(k+3)^2=16$, $k+3=\pm4$ $\therefore k=1$ 또는 $k=-7$

따라서 모든 실수 k의 값의 합은 $1+(-7)=-6$

다른풀이 원의 일반형을 이용하여 풀이하기

STEP A 원을 $x^2+y^2+ax+by+c=0$으로 놓고 세 점을 대입하기

원의 방정식을 $x^2+y^2+ax+by+c=0$ (단, a, b, c는 상수)으로 놓으면 세 점 A$(2, -1)$, B$(0, 3)$, C$(-3, 4)$가 원 위의 점이므로 대입하면

$5+2a-b+c=0$ ...... ㉠
$9+3b+c=0$ ...... ㉡
$25-3a+4b+c=0$ ...... ㉢

㉠, ㉡, ㉢을 연립하여 풀면 $a=6$, $b=2$, $c=-15$

즉 원의 방정식은 $x^2+y^2+6x+2y-15=0$

STEP B 주어진 점을 원의 방정식에 대입하여 k의 값 구하기

점 D$(k, 2)$가 원 위의 점이므로 원의 방정식에 대입하면

$k^2+4+6k+4-15=0$, $k^2+6k-7=0$, $(k-1)(k+7)=0$

$\therefore k=1$ 또는 $k=-7$

따라서 모든 실수 k의 값의 합은 $1+(-7)=-6$

내/신/연/계/ 출제문항 176

네 점 A$(3, 2)$, B$(-3, 0)$, C$(-1, 4)$, D$(1, k)$가 한 원 위에 있을 때, 음수 k의 값은?

① $-2\sqrt{2}$ ② -3 ③ -2
④ $-\sqrt{2}$ ⑤ -1

STEP A 원의 중심을 P(a, b)라 하고 $\overline{PA}=\overline{PB}=\overline{PC}$임을 이용하여 중심의 좌표와 반지름의 길이 구하기

세 점 A$(3, 2)$, B$(-3, 0)$, C$(-1, 4)$에 대하여 원의 중심을 P(a, b)라 하면 원의 중심에서 원 위의 점까지의 거리는 반지름의 길이로 같으므로

$\overline{PA}=\overline{PB}=\overline{PC}$

$\overline{PA}=\overline{PB}$에서 $\overline{PA}^2=\overline{PB}^2$이므로

$(a-3)^2+(b-2)^2=(a+3)^2+b^2$, $-6a-4b+13=6a+9$

$\therefore 3a+b=1$ ...... ㉠

$\overline{PB}=\overline{PC}$에서 $\overline{PB}^2=\overline{PC}^2$이므로

$(a+3)^2+b^2=(a+1)^2+(b-4)^2$, $6a+9=2a-8b+17$

$\therefore a+2b=2$ ...... ㉡

㉠, ㉡을 연립하여 풀면 $a=0$, $b=1$이므로 원의 중심은 P$(0, 1)$

반지름의 길이는 $\overline{PA}=\sqrt{(0-3)^2+(1-2)^2}=\sqrt{10}$

STEP B 주어진 점을 원의 방정식에 대입하여 k의 값 구하기

원의 중심이 P$(0, 1)$이고 반지름의 길이가 $\sqrt{10}$이므로 원의 방정식은

$x^2+(y-1)^2=10$

점 D$(1, k)$가 원 $x^2+(y-1)^2=10$ 위의 점이므로 대입하면

$1+(k-1)^2=10$, $(k-1)^2=9$, $k-1=\pm3$

$\therefore k=4$ 또는 $k=-2$

따라서 음수 k의 값은 -2

정답 ③

0342

2020년 09월 고1 학력평가 25번

정답 10

해설강의

STEP A 원의 중심을 P(a, b)라 하고 $\overline{PA}=\overline{PB}=\overline{PC}$임을 이용하여 중심의 좌표와 반지름의 길이 구하기

세 점 A$(0, 0)$, B$(6, 0)$, C$(-4, 4)$라 하고 원의 중심을 P(a, b)라 하면 원의 중심에서 원 위의 점까지의 거리가 반지름의 길이로 같으므로

$\overline{PA}=\overline{PB}=\overline{PC}$

$\overline{PA}=\overline{PB}$에서 $\overline{PA}^2=\overline{PB}^2$이므로

$a^2+b^2=(a-6)^2+b^2$, $-12a+36=0$ $\therefore a=3$

$\overline{PA}=\overline{PC}$에서 $\overline{PA}^2=\overline{PC}^2$이므로

$a^2+b^2=(a+4)^2+(b-4)^2$, $8a-8b+32=0$ $\therefore b=7$

따라서 원의 중심의 좌표는 P$(3, 7)$이고 $p=3$, $q=7$이므로 $p+q=10$

다른풀이 원의 일반형을 이용하여 풀이하기

STEP A 원을 $x^2+y^2+ax+by+c=0$로 놓고 세 점을 대입하기

원의 방정식을 $x^2+y^2+ax+by+c=0$ (단, a, b, c는 상수)라 하면 세 점 $(0, 0)$, $(6, 0)$, $(-4, 4)$를 지나므로 대입하면

$c=0$ ...... ㉠
$36+6a+c=0$ ...... ㉡
$32-4a+4b+c=0$ ...... ㉢

㉠, ㉡, ㉢을 연립하여 풀면 $a=-6$, $b=-14$, $c=0$

즉 원의 방정식은 $x^2+y^2-6x-14y=0$

STEP B 원의 중심의 좌표 구하기

원 $x^2+y^2-6x-14y=0$에서 $(x-3)^2+(y-7)^2=58$

즉 원의 중심은 $(3, 7)$

따라서 $p=3$, $q=7$이므로 $p+q=10$

내/신/연/계/ 출제문항 177

좌표평면 위의 세 점 $(0, 0)$, $(0, 12)$, $(-8, 8)$을 지나는 원의 중심의 좌표를 (p, q)라 할 때, $p+q$의 값을 구하시오.

STEP A 원의 중심을 P(p, q)라 하고 $\overline{PA}=\overline{PB}=\overline{PC}$임을 이용하여 중심의 좌표와 반지름의 길이 구하기

세 점 A$(0, 0)$, B$(0, 12)$, C$(-8, 8)$이라 하고 원의 중심을 P(p, q)라 하면 원의 중심에서 원 위의 점까지의 거리는 반지름의 길이로 같으므로

$\overline{PA}=\overline{PB}=\overline{PC}$

$\overline{PA}=\overline{PB}$에서 $\overline{PA}^2=\overline{PB}^2$이므로

$p^2+q^2=p^2+(q-12)^2$, $-24q+144=0$ $\therefore q=6$

$\overline{PA}=\overline{PC}$에서 $\overline{PA}^2=\overline{PC}^2$이므로

$p^2+q^2=(p+8)^2+(q-8)^2$, $16p-16q+128=0$ $\quad\therefore p=-2$

즉 원의 중심은 $P(-2,6)$

따라서 $p=-2$, $q=6$이므로 $p+q=-2+6=4$

다른풀이 원의 일반형을 이용하여 풀이하기

STEP Ⓐ 원을 $x^2+y^2+ax+by+c=0$으로 놓고 세 점을 대입하기

원의 방정식을 $x^2+y^2+ax+by+c=0$으로 놓으면

이 원이 원점 $(0,0)$을 지나므로 $c=0$

$\therefore x^2+y^2+ax+by=0$ $\qquad\cdots\cdots$ ㉠

원 ㉠이 점 $(0,12)$를 지나므로 $144+12b=0$

$\therefore b=-12$

원 ㉠이 점 $(-8,8)$을 지나므로 $64+64-8a+8b=0$, $-8a+32=0$

$\therefore a=4$

즉 구하는 원의 방정식은 $x^2+y^2+4x-12y=0$

STEP Ⓑ 원의 방정식을 변형하여 원의 중심의 좌표 구하기

원 $x^2+y^2+4x-12y=0$에서 $(x+2)^2+(y-6)^2=40$

즉 원의 중심의 좌표는 $(-2,6)$

따라서 $p=-2$, $q=6$이므로 $p+q=4$ **정답** 4

0343

2021년 09월 고1 학력평가 28번 **정답** 14 해설강의

STEP Ⓐ 조건 (가)를 이용하여 세 점 A, B, C의 좌표를 한 문자에 대하여 나타내기

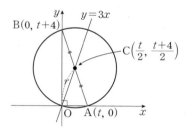

원에 내접하는 삼각형 AOB는 $\angle AOB=90°$인 직각삼각형이므로

원의 지름의 양 끝점과 원 위의 또 다른 한 점을 세 꼭짓점으로 하는 삼각형은 지름을 빗변으로 하는 직각삼각형이다.

선분 AB는 원의 지름과 같다.

지름에 대한 원주각은 90°

x축 위의 점 A의 좌표를 $A(t,0)$ $(t>0)$이라 하면

조건 (가)에 의하여 $\overline{OB}=\overline{OA}+4=t+4$이므로

점 B의 좌표는 $B(0,t+4)$

이때 원의 중심은 선분 AB의 중점이므로

점 C의 좌표는 $C\left(\dfrac{t}{2},\dfrac{t+4}{2}\right)$

STEP Ⓑ 조건 (나)를 이용하여 세 점 A, B, C의 좌표 구하기

점 $C\left(\dfrac{t}{2},\dfrac{t+4}{2}\right)$가 직선 $y=3x$ 위의 점이므로 대입하면

$\dfrac{t+4}{2}=3\times\dfrac{t}{2}$, $t+4=3t$, $2t=4$ $\quad\therefore t=2$

즉 세 점 A, B, C의 좌표는 $A(2,0)$, $B(0,6)$, $C(1,3)$이므로

원의 반지름의 길이는 $\overline{OC}=\sqrt{1^2+3^2}=\sqrt{10}$

STEP Ⓒ $a+b+r^2$의 값 구하기

따라서 $a=1$, $b=3$, $r=\sqrt{10}$이므로 $a+b+r^2=1+3+10=14$

다른풀이 현의 수직이등분선이 원의 중심을 지남을 이용하여 풀이하기

STEP Ⓐ 두 조건 (가), (나)를 만족하는 상수 a, b의 값 구하기

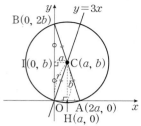

원의 중심 $C(a,b)$에서 x축, y축에 내린 수선의 발을 각각 H, I라 하면

두 점 H, I의 좌표는 $H(a,0)$, $I(0,b)$

$\overline{CA}=\overline{CO}=\overline{CB}=$(원의 반지름의 길이)이므로

두 삼각형 COA와 CBO는 각각 이등변삼각형이다.

이때 원의 중심에서 현에 내린 수선은 그 현을 수직이등분하므로

점 $H(a,0)$은 OA의 중점이므로 점 A의 좌표는 $A(2a,0)$

점 $I(0,b)$는 선분 OB의 중점이므로 점 B의 좌표는 $B(0,2b)$

조건 (가)에서 $\overline{OB}-\overline{OA}=2b-2a=4$이므로

$b-a=2$ $\qquad\cdots\cdots$ ㉠

조건 (나)에서 점 $C(a,b)$가 직선 $y=3x$ 위의 점이므로

$b=3a$ $\qquad\cdots\cdots$ ㉡

㉠, ㉡을 연립하여 풀면 $a=1$, $b=3$

STEP Ⓑ 직각삼각형의 피타고라스 정리를 이용하여 r의 값 구하기

직각삼각형 OCH에서 피타고라스 정리에 의하여

$\overline{OC}^2=\overline{OH}^2+\overline{CH}^2$

$r^2=a^2+b^2$, $r^2=1^2+3^2=10$

따라서 $a+b+r^2=1+3+10=14$

내/신/연/계 출제문항 **178**

그림과 같이 원의 중심 $C(a,b)$가 제1사분면 위에 있고, 반지름의 길이가 r이며 원점 O를 지나는 원이 있다. 원과 x축, y축이 만나는 점 중 O가 아닌 점을 각각 A, B라 하자. 네 점 O, A, B, C가 다음 조건을 만족시킬 때, $a+b+r^2$의 값을 구하시오.

(가) $\overline{OB}-\overline{OA}=6$

(나) 두 점 O, C를 지나는 직선의 방정식은 $y=4x$이다.

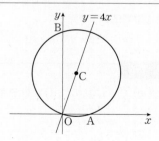

STEP Ⓐ 조건 (가)를 이용하여 세 점 A, B, C의 좌표를 한 문자에 대하여 나타내기

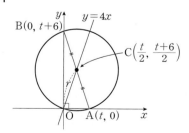

원에 내접하는 삼각형 AOB는 $\angle AOB = 90°$인 직각삼각형이므로
선분 AB는 원의 지름과 같다.
x축 위의 점 A의 좌표를 A$(t, 0)$ $(t > 0)$라 하면
$\overline{OA} = t$
조건 (가)에 의하여 $\overline{OB} = \overline{OA} + 6 = t + 6$이므로
점 B의 좌표는 B$(0, t+6)$
선분 AB의 중점이 원의 중심이므로
점 C의 좌표는 C$\left(\dfrac{t}{2}, \dfrac{t+6}{2} \right)$

STEP **B** 조건 (나)를 이용하여 세 점 A, B, C의 좌표 구하기

점 C$\left(\dfrac{t}{2}, \dfrac{t+6}{2} \right)$이 직선 $y = 4x$ 위의 점이므로 대입하면

$\dfrac{t+6}{2} = 4 \times \dfrac{t}{2}$, $t+6 = 4t$, $3t = 6$ $\therefore t = 2$

즉 세 점 A, B, C의 좌표는 A$(2, 0)$, B$(0, 8)$, C$(1, 4)$이므로
원의 반지름의 길이는 $\overline{OC} = \sqrt{1^2 + 4^2} = \sqrt{17}$

STEP **C** $a+b+r^2$의 값 구하기

따라서 $a = 1$, $b = 4$, $r = \sqrt{17}$이므로 $a + b + r^2 = 1 + 4 + 17 = 22$

다른풀이 현의 수직이등분선이 원의 중심을 지남을 이용하여 풀이하기

STEP **A** 두 조건 (가), (나)를 만족하는 상수 a, b의 값 구하기

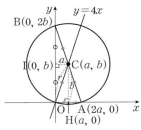

원의 중심 C(a, b)에서 x축, y축에 내린 수선의 발을 각각 H, I라 하면
두 점 H, I의 좌표는 H$(a, 0)$, I$(0, b)$
$\overline{CA} = \overline{CO} = \overline{CB} = ($원의 반지름의 길이$)$이므로
두 삼각형 COA와 CBO는 각각 이등변삼각형이다.
이때 원의 중심에서 현에 내린 수선은 그 현을 수직이등분하므로
점 H$(a, 0)$은 선분 OA의 중점이므로 점 A의 좌표는 A$(2a, 0)$
점 I$(0, b)$는 선분 OB의 중점이므로 점 B의 좌표는 B$(0, 2b)$
조건 (가)에서 $\overline{OB} - \overline{OA} = 2b - 2a = 6$
$\therefore b - a = 3$ ...... ㉠
조건 (나)에서 점 C(a, b)가 직선 $y = 4x$ 위의 점이므로
$b = 4a$ ...... ㉡
㉠, ㉡을 연립하여 풀면 $a = 1$, $b = 4$

STEP **B** 직각삼각형의 피타고라스 정리를 이용하여 r의 값 구하기

직각삼각형 OCH에서 피타고라스 정리에 의하여
$\overline{OC}^2 = \overline{OH}^2 + \overline{CH}^2$
$r^2 = a^2 + b^2$, $r^2 = 1^2 + 4^2 = 17$
따라서 $a + b + r^2 = 1 + 4 + 17 = 22$ 정답 22

0344
 정답 ④

STEP **A** 주어진 방정식을 변형하여 반지름의 길이를 k로 표현하기

방정식 $x^2 + y^2 + 4x - 6y + k = 0$을 변형하면 $(x+2)^2 + (y-3)^2 = 13 - k$
즉 반지름의 길이는 $\sqrt{13-k}$

STEP **B** $\sqrt{13-k} > 0$임을 이용하여 k의 최댓값 구하기

원의 방정식이 되려면 반지름의 길이 $\sqrt{13-k} > 0$, $13 - k > 0$
$\therefore k < 13$
따라서 정수 k의 최댓값은 12

mini해설 | 원의 방정식이 되기 위한 조건을 이용하여 풀이하기

원의 방정식 $x^2 + y^2 + Ax + By + C = 0$에서 원이 되기 위해서
$A^2 + B^2 - 4C > 0$이어야 한다.
원의 방정식 $x^2 + y^2 + 4x - 6y + k = 0$에서 $16 + 36 - 4k > 0$
따라서 $k < 13$이므로 정수 k의 최댓값은 12

0345
 정답 ④

STEP **A** 원이 되기 위한 상수 k의 값 구하기

원의 방정식이 되기 위해서 x^2의 계수와 y^2의 계수가 같아야 하므로
$-\dfrac{1}{3}k(k-4) = 1$, $k^2 - 4k + 3 = 0$, $(k-1)(k-3) = 0$
$\therefore k = 1$ 또는 $k = 3$

STEP **B** k의 값에 따른 두 원의 중심 사이의 거리 구하기

$k = 1$일 때, $x^2 + y^2 - 4x + 2y + 1 = 0$에서 $(x-2)^2 + (y+1)^2 = 4$이므로
중심의 좌표는 $(2, -1)$
$k = 3$일 때, $x^2 + y^2 - 4x + 6y + 3 = 0$에서 $(x-2)^2 + (y+3)^2 = 10$이므로
중심의 좌표는 $(2, -3)$
따라서 두 원의 중심 사이의 거리는 $\sqrt{(2-2)^2 + (-3+1)^2} = 2$

내/신/연/계 출제문항 **179**

방정식 $x^2 + \dfrac{1}{10}k(k+3)y^2 - 6x + 2ky - 2k = 0$이 나타내는 도형이 원이

되기 위한 상수 k는 2개일 때, k의 값에 따른 두 원의 중심 사이의 거리는?

① 3 ② 4 ③ 5
④ 6 ⑤ 7

STEP **A** 주어진 방정식이 원이 되도록 하는 k의 값 구하기

원의 방정식이 되기 위해서 x^2의 계수와 y^2의 계수가 같아야 하므로
$\dfrac{1}{10}k(k+3) = 1$, $k^2 + 3k - 10 = 0$, $(k+5)(k-2) = 0$
$\therefore k = -5$ 또는 $k = 2$

STEP **B** k의 값에 따른 두 원의 중심 사이의 거리 구하기

$k = -5$일 때, $x^2 + y^2 - 6x - 10y + 10 = 0$에서 $(x-3)^2 + (y-5)^2 = 24$이므로
중심의 좌표는 $(3, 5)$
$k = 2$일 때, $x^2 + y^2 - 6x + 4y - 4 = 0$에서 $(x-3)^2 + (y+2)^2 = 17$이므로
중심의 좌표는 $(3, -2)$
따라서 두 원의 중심 사이의 거리는 $\sqrt{(3-3)^2 + (-2-5)^2} = 7$ 정답 ⑤

0346

STEP Ⓐ 주어진 원의 방정식에서 반지름의 길이 구하기

방정식 $x^2+y^2-2kx-8k^2+18k-9=0$에서 $(x-k)^2+y^2=9k^2-18k+9$

이 방정식의 반지름의 길이는 $\sqrt{9k^2-18k+9}$

+α | 반지름 구하는 공식을 이용하여 구할 수 있어!

원의 방정식 $x^2+y^2+Ax+By+C=0$에서 반지름의 길이는
$$\frac{\sqrt{A^2+B^2-4C}}{2}$$
방정식 $x^2+y^2-2kx-8k^2+18k-9=0$에서 반지름의 길이는
$$\frac{\sqrt{4k^2-4(-8k^2+18k-9)}}{2}=\frac{\sqrt{36k^2-72k+36}}{2}=\sqrt{9k^2-18k+9}$$
즉 반지름의 길이는 $\sqrt{9k^2-18k+9}$

STEP Ⓑ 반지름의 길이가 3 이하인 원이 되도록 하는 정수 k의 값의 합 구하기

반지름의 길이가 3 이하인 원이 되려면 $0<\sqrt{9k^2-18k+9}\le 3$

양변을 제곱하면 $0<9k^2-18k+9\le 9$

$9k^2-18k+9>0$일 때,

$9(k^2-2k+1)>0$, $9(k-1)^2>0$

$\therefore k\ne 1$인 정수 ⋯⋯ ㉠

$9k^2-18k+9\le 9$일 때,

$9k^2-18k\le 0$, $9k(k-2)\le 0$

$\therefore 0\le k\le 2$ ⋯⋯ ㉡

㉠, ㉡에 의하여 정수 k는 $k=0$ 또는 $k=2$이므로 정수 k의 값의 합은 2

내신연계 출제문항 180

방정식 $x^2+y^2-4x+2y+k=0$이 나타내는 도형의 둘레의 길이가 $2\sqrt{2}\pi$ 이상인 원이 되도록 하는 자연수 k의 개수를 구하시오.

STEP Ⓐ 원의 방정식을 변형하여 반지름의 길이 구하기

방정식 $x^2+y^2-4x+2y+k=0$에서 $(x-2)^2+(y+1)^2=5-k$

중심은 $(2, -1)$이고 반지름의 길이는 $\sqrt{5-k}$

STEP Ⓑ 원의 둘레의 길이를 이용하여 자연수 k의 개수 구하기

원의 방정식에서 둘레의 길이가 $2\sqrt{2}\pi$ 이상이므로 반지름의 길이는 $\sqrt{2}$ 이상이다.

즉 원의 반지름의 길이가 $\sqrt{5-k}\ge\sqrt{2}$

양변을 제곱하면 $5-k\ge 2$

따라서 $k\le 3$이므로 자연수 k는 1, 2, 3이므로 그 개수는 3

0347

STEP Ⓐ 원의 중심과 두 점 사이의 거리가 같음을 이용하기

삼각형 ABC의 수직이등분선의 교점의 좌표는 삼각형의 외심이다.

원의 중심을 $P(a, b)$라 하면 $\overline{PA}=\overline{PB}=\overline{PC}$

$\overline{PA}=\overline{PB}$에서 $\overline{PA}^2=\overline{PB}^2$이므로

$(a+5)^2+(b+1)^2=(a+3)^2+(b-1)^2$

$\therefore a+b=-4$ ⋯⋯ ㉠

$\overline{PB}=\overline{PC}$에서 $\overline{PB}^2=\overline{PC}^2$이므로

$(a+3)^2+(b-1)^2=(a+1)^2+(b-1)^2$, $4a=-8$

$\therefore a=-2$

$a=-2$를 ㉠에 대입하면 $-2+b=-4$

$\therefore b=-2$

STEP Ⓑ 외심의 좌표 $P(a, b)$ 구하기

따라서 외심은 $P(-2, -2)$이므로 $a+b=-2+(-2)=-4$

---

mini 해설 | 원의 일반형을 이용하여 풀이하기

삼각형 ABC의 수직이등분선의 교점의 좌표는 삼각형의 외심이다.
즉 세 점 $A(-5, -1)$, $B(-3, 1)$, $C(-1, 1)$을 지나는 원이다.
이때 원의 방정식을 $x^2+y^2+px+qy+r=0$ (p, q, r은 상수)라 하자.
세 점의 좌표를 대입하면
$25+1-5p-q+r=0$ ⋯⋯ ㉠
$9+1-3p+q+r=0$ ⋯⋯ ㉡
$1+1-p+q+r=0$ ⋯⋯ ㉢
㉠, ㉡, ㉢을 연립하여 풀면 $p=4$, $q=4$, $r=-2$
즉 원의 방정식은 $x^2+y^2+4x+4y-2=0$
중심의 좌표는 $(-2, -2)$
따라서 $a=-2$, $b=-2$이므로 $a+b=-4$

POINT | 삼각형 외접원의 정의와 성질

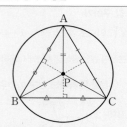

(1) 외심 : 삼각형 ABC의 외접원의 중심
(2) 외심을 구하는 방법 : 삼각형 ABC에서 각 변의 수직이등분선의 교점
(3) 외심의 성질 :
삼각형 ABC의 외심을 점 P라 하면 각 꼭짓점에 이르는 거리는
반지름의 길이로 같다. 즉 $\overline{PA}=\overline{PB}=\overline{PC}$

0348

STEP Ⓐ 세 직선 중 두 직선끼리의 교점을 구하고 삼각형이 직각삼각형임을 구하기

두 직선 $y=2$, $2x-y-6=0$의 교점은 $A(4, 2)$

두 직선 $y=2$, $x+2y+2=0$의 교점은 $B(-6, 2)$

두 직선 $x+2y+2=0$, $2x-y-6=0$의 교점은 $C(2, -2)$라 하면

두 직선 $x+2y+2=0$, $2x-y-6=0$은 서로 수직이므로

두 직선 $ax+by+c=0$, $a'x+b'y+c'=0$이
서로 수직이면 $aa'+bb'=0$

삼각형 ACB는 $\angle C=90°$인 직각삼각형이다.

STEP Ⓑ 외접원의 중심과 반지름의 길이 구하기

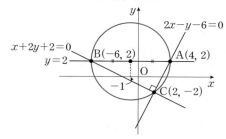

외접원의 중심은 선분 AB의 중점 $\left(\dfrac{4-6}{2}, \dfrac{2+2}{2}\right)$이므로 $(-1, 2)$

직각삼각형의 외심은 빗변의 중점

반지름의 길이는 $\dfrac{1}{2}\overline{AB}=\dfrac{1}{2}\sqrt{(-6-4)^2+(2-2)^2}=5$

따라서 외접원의 방정식은 $(x+1)^2+(y-2)^2=25$이므로

$a=-1$, $b=2$, $r=5$이므로 $a+b+r=6$

+α 외심의 성질을 이용하여 원의 방정식을 구할 수 있어!

이때 외심의 좌표를 $P(a, b)$라 하면 외심에서 각 꼭짓점에 이르는 거리는
반지름의 길이로 같으므로 $\overline{PA} = \overline{PB} = \overline{PC}$
$\overline{PA} = \overline{PB}$에서 $\overline{PA}^2 = \overline{PB}^2$
$(a-4)^2+(b-2)^2=(a+6)^2+(b-2)^2$, $a^2-8a+16=a^2+12a+36$, $20a=-20$
$\therefore a=-1$
$\overline{PA} = \overline{PC}$에서 $\overline{PA}^2 = \overline{PC}^2$
$(a-4)^2+(b-2)^2=(a-2)^2+(b+2)^2$, $-8a-4b+20=-4a+4b+8$, $8b=16$
$\therefore b=2$
즉 외심의 좌표 $P(-1, 2)$
반지름의 길이는 $\overline{PA}=\sqrt{(a-4)^2+(b-2)^2}=5$ $\therefore (x+1)^2+(y-2)^2=25$

+α 원의 방정식 일반형을 이용하여 구할 수 있어!

구하고자 하는 원의 방정식을 $x^2+y^2+ax+by+c=0$ (a, b, c는 실수)라 하고
세 점 A, B, C를 대입하면
$16+4+4a+2b+c=0$ ┄┄┄ ㉠
$36+4-6a+2b+c=0$ ┄┄┄ ㉡
$4+4+2a-2b+c=0$ ┄┄┄ ㉢
㉠, ㉡, ㉢을 연립하여 풀면 $a=2$, $b=-4$, $c=-20$
즉 원의 방정식은 $x^2+y^2+2x-4y-20=0$ $\therefore (x+1)^2+(y-2)^2=25$

내/신/연/계/ 출제문항 181

세 직선 $x-y-1=0$, $x+3y-9=0$, $2x-y+3=0$으로 만들어지는
삼각형의 외접원의 중심의 좌표를 $P(a, b)$라 하고 반지름의 길이를 r이라
할 때, 상수 a, b, r에 대하여 $a+b+r^2$의 값을 구하시오.

STEP A 세 직선 중 두 직선끼리의 교점을 구하기

두 직선 $x-y-1=0$, $x+3y-9=0$의 교점의 좌표는 $A(3, 2)$
두 직선 $x+3y-9=0$, $2x-y+3=0$의 교점의 좌표는 $B(0, 3)$
두 직선 $x-y-1=0$, $2x-y+3=0$의 교점의 좌표는 $C(-4, -5)$

STEP B 원의 중심을 $P(a, b)$라 하고 $\overline{PA} = \overline{PB} = \overline{PC}$임을 이용하여 중심의 좌표와 반지름의 길이 구하기

세 점 $A(3, 2)$, $B(0, 3)$, $C(-4, -5)$에 대하여
삼각형 ABC의 외접원의 중심을 $P(a, b)$라 하면
중심에서 각 꼭짓점까지의 거리가 같으므로
$\overline{PA} = \overline{PB} = \overline{PC}$
$\overline{PA} = \overline{PB}$에서 $\overline{PA}^2 = \overline{PB}^2$이므로
$(a-3)^2+(b-2)^2=a^2+(b-3)^2$, $-6a-4b+13=-6b+9$
$\therefore 3a-b=2$ ┄┄┄ ㉠
$\overline{PB} = \overline{PC}$에서 $\overline{PB}^2 = \overline{PC}^2$이므로
$a^2+(b-3)^2=(a+4)^2+(b+5)^2$, $-6b+9=8a+10b+41$
$\therefore a+2b=-4$ ┄┄┄ ㉡
㉠, ㉡을 연립하여 풀면 $a=0$, $b=-2$

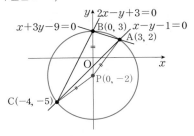

즉 원의 중심은 $P(0, -2)$이고 반지름의 길이는 $\overline{PA}$이므로
$\overline{PA} = \sqrt{25} = 5$

STEP C $a+b+r^2$의 값 구하기

원의 중심은 $P(0, -2)$이고 반지름의 길이는 5이므로 원의 방정식은
$x^2+(y+2)^2=25$
따라서 $a=0$, $b=-2$, $r^2=25$이므로 $a+b+r^2=0+(-2)+25=23$ **정답** 23

0349   정답 ⑤

STEP A 원의 방정식을 변형하여 [보기]의 참, 거짓 판단하기

ㄱ. 원 $x^2+y^2-2x+4y-3=0$에서 $(x-1)^2+(y+2)^2=8$이므로
   원의 중심은 $(1, -2)$
   점 $(-3, 1)$을 지나는 원의 반지름의 길이는 두 점 $(1, -2)$, $(-3, 1)$ 사이의
   거리와 같으므로 $\sqrt{(-3-1)^2+\{1-(-2)\}^2}=5$ [참]
   원의 방정식은 $(x-1)^2+(y+2)^2=25$

ㄴ. 원 $x^2+y^2-4x-2y-2k+8=0$에서 $(x-2)^2+(y-1)^2=2k-3$
   원의 반지름의 길이가 3이므로 $2k-3=3^2$ $\therefore k=6$ [참]

ㄷ. $x^2+y^2+4ax-4y+5a^2-2a-11=0$에서
   $(x+2a)^2+(y-2)^2=-a^2+2a+15$
   이 방정식이 원이 되려면 $-a^2+2a+15>0$, $-(a-5)(a+3)>0$,
   $(a-5)(a+3)<0$에서 $-3<a<5$이므로 정수 a의 개수는
   $\{5-(-3)\}-1=7$ [참]
따라서 옳은 것은 ㄱ, ㄴ, ㄷ이다.

내/신/연/계/ 출제문항 182

다음 [보기]의 설명 중 옳은 것을 모두 고른 것은?

> ㄱ. 직선 $y=2x+a$가 원 $x^2+y^2-2x+4y-4=0$의 넓이를 이등분
>   할 때, 상수 a의 값은 -4이다.
> ㄴ. 중심이 직선 $y=x-2$ 위에 있는 원이 y축에 접하고 점 $(3, -2)$를
>   지날 때, 이 원의 반지름의 길이는 3이다.
> ㄷ. 원 $x^2+y^2+2ax-4ay+8a^2+6a-9=0$의 넓이가 최대가 되도록
>   하는 이 원의 중심의 좌표는 $(1, -2)$이다. (단, a는 실수이다.)

① ㄱ   ② ㄴ   ③ ㄱ, ㄴ
④ ㄱ, ㄷ   ⑤ ㄱ, ㄴ, ㄷ

STEP A 원의 방정식을 변형하여 [보기]의 참, 거짓 판단하기

ㄱ. 원 $x^2+y^2-2x+4y-4=0$에서 $(x-1)^2+(y+2)^2=9$이므로
   원의 중심은 $(1, -2)$이고 반지름의 길이는 3
   직선 $y=2x+a$가 원의 넓이를 이등분하므로 원의 중심 $(1, -2)$를 지난다.
   대입하면 $-2=2+a$ $\therefore a=-4$ [참]

ㄴ. 중심이 직선 $y=x-2$ 위에 있으므로 원의 중심을 $(a, a-2)$라 하면
   y축에 접하므로 |중심의 x좌표| = (반지름의 길이) = $|a|$
   즉, 원의 방정식은 $(x-a)^2+(y-a+2)^2=a^2$ ┄┄┄ ㉠
   ㉠이 점 $(3, -2)$를 지나므로 대입하면 $(3-a)^2+(-2-a+2)^2=a^2$,
   $(3-a)^2=0$ $\therefore a=3$
   즉 원의 반지름의 길이는 3 [참]

ㄷ. 원 $x^2+y^2+2ax-4ay+8a^2+6a-9=0$에서
   $(x+a)^2+(y-2a)^2=-3a^2-6a+9$이므로 원의 중심이 $(-a, 2a)$이고
   반지름이 $\sqrt{-3a^2-6a+9}$
   이때 넓이가 최대가 되려면 반지름이 최대가 되어야 한다.
   $\sqrt{-3a^2-6a+9}=\sqrt{-3(a+1)^2+12}$
   즉 $a=-1$일 때, 반지름의 길이의 최대이므로 원의 중심이 $(1, -2)$이다.
   [참]
따라서 옳은 것은 ㄱ, ㄴ, ㄷ이다.   정답 ⑤

0350

 정답 ⑤

STEP A 주어진 방정식을 변형하여 [보기]의 참, 거짓 판단하기

ㄱ. 원 $x^2+y^2+4x-10y+28=0$에서 $(x+2)^2+(y-5)^2=1$이므로
　원의 중심의 좌표는 $(-2, 5)$
　구하는 원은 두 점 $(-2, 5)$, $(4, -1)$을 지름의 양 끝점으로 하는 원이다.
　구하는 원의 중심은 두 점 $(-2, 5)$, $(4, -1)$을 이은 선분의 중점과
　같으므로 원의 중심의 좌표는 $\left(\dfrac{-2+4}{2}, \dfrac{5-1}{2}\right)$ ∴ $(1, 2)$
　원의 반지름의 길이는 두 점 $(1, 2)$, $(4, -1)$ 사이의 거리와 같으므로
　$\sqrt{(4-1)^2+(-1-2)^2}=3\sqrt{2}$
　즉, 구하는 원의 방정식은 $(x-1)^2+(y-2)^2=18$이므로
　$a=1$, $b=2$, $c=18$ ∴ $a+b+c=1+2+18=21$ [참]

ㄴ. $x^2+y^2+2kx-4y+2k^2=0$을 변형하면 $(x+k)^2+(y-2)^2=-k^2+4$
　이 방정식이 원을 나타내려면 $-k^2+4>0$, $k^2-4<0$, $(k+2)(k-2)<0$
　∴ $-2<k<2$
　즉, 정수 k는 -1, 0, 1이므로 개수는 3 [참]

ㄷ. 구하는 원의 방정식을 $x^2+y^2+Ax+By+C=0$ (단, A, B, C는 상수)
　으로 놓으면 이 원이 점 $(0, 0)$을 지나므로 $C=0$
　원 $x^2+y^2+Ax+By=0$에서 점 $(4, -2)$를 대입하면
　$20+4A-2B=0$ ∴ $2A-B=-10$ ...... ㉠
　점 $(6, 2)$를 대입하면
　$40+6A+2B=0$ ∴ $3A+B=-20$ ...... ㉡
　㉠, ㉡을 연립하면 $A=-6$, $B=-2$
　즉 원의 방정식은 $x^2+y^2-6x-2y=0$이고 점 $(2, k)$를 지나므로
　대입하면 $4+k^2-12-2k=0$, $k^2-2k-8=0$, $(k-4)(k+2)=0$
　즉 양수 k의 값은 $k=4$ [참]

> **+α** | 외심의 성질을 이용해서 구할 수 있어!
>
> 원의 중심 P(a, b)라고 하면 원 위의 세 점 A$(0, 0)$, B$(4, -2)$, C$(6, 2)$까지
> 거리는 원의 반지름과 같으므로 $\overline{PA}=\overline{PB}=\overline{PC}$
> $\overline{PA}=\overline{PB}$에서 $\overline{PA}^2=\overline{PB}^2$이므로 $a^2+b^2=(a-4)^2+(b+2)^2$
> $0=-8a+4b+20$ ∴ $2a-b=5$ ...... ㉠
> $\overline{PA}=\overline{PC}$에서 $\overline{PA}^2=\overline{PC}^2$이므로 $a^2+b^2=(a-6)^2+(b-2)^2$
> $0=-12a-4b+40$ ∴ $3a+b=10$ ...... ㉡
> ㉠, ㉡을 연립하면 $a=3$, $b=1$이므로 원의 중심은 P$(3, 1)$
> 반지름의 길이는 $\overline{PA}=\sqrt{a^2+b^2}=\sqrt{10}$
> ∴ $(x-3)^2+(y-1)^2=10$

따라서 옳은 것은 ㄱ, ㄴ, ㄷ이다.

0351

 정답 ②

STEP A 원 위의 점 P(a, b), 선분 AP의 중점을 Q(x, y)로 놓고 a, b의 식 구하기

원 $x^2+y^2-4x+2y-3=0$에서 $(x-2)^2+(y+1)^2=8$
이 원 위의 점 P의 좌표를 (a, b)라 하면
$(a-2)^2+(b+1)^2=8$ ...... ㉠
선분 AP의 중점의 좌표를 Q(x, y)라 하면
$x=\dfrac{a-4}{2}$, $y=\dfrac{b+7}{2}$
∴ $a=2x+4$, $b=2y-7$ ...... ㉡

STEP B 중점 Q가 그리는 도형의 길이 구하기

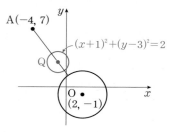

㉡을 ㉠에 대입하면 $(2x+4-2)^2+(2y-7+1)^2=8$,
$4(x+1)^2+4(y-3)^2=8$
∴ $(x+1)^2+(y-3)^2=2$
즉 점 Q가 그리는 도형은 중심의 좌표가 $(-1, 3)$이고
반지름의 길이가 $\sqrt{2}$인 원이다.
따라서 구하는 도형의 길이는 원의 둘레의 길이와 같으므로 $2\pi \times \sqrt{2}=2\sqrt{2}\pi$

0352

 정답 ④

STEP A 점 A가 움직이는 원의 방정식 구하기

반지름의 길이가 6이고 중심의 좌표가 $(4, 6)$인 원의 방정식은
$(x-4)^2+(y-6)^2=36$
점 A(a, b)가 이 원 위의 점이므로
$(a-4)^2+(b-6)^2=36$ ...... ㉠

STEP B 삼각형 ABC의 무게중심의 좌표를 G(x, y)라 하고 a, b의 식 구하기

삼각형 ABC의 무게중심 G의 좌표를 (x, y)라 하면
$x=\dfrac{a+2+3}{3}$, $y=\dfrac{b+1+2}{3}$
∴ $a=3x-5$, $b=3y-3$ ...... ㉡
㉡을 ㉠에 대입하면
$(3x-5-4)^2+(3y-3-6)^2=36$, $9(x-3)^2+9(y-3)^2=36$
∴ $(x-3)^2+(y-3)^2=4$
즉 점 G가 그리는 도형은 중심이 $(3, 3)$이고 반지름의 길이가 2인 원이다.

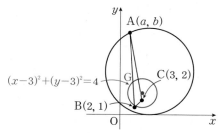

따라서 점 G가 그리는 도형이 반지름의 길이가 2인 원이 되므로
원의 넓이는 4π

0353

STEP Ⓐ **점 $P(a, b)$라 하고 a, b의 관계식 구하기**

원의 방정식 $x^2+y^2=36$ 위의 점 P의 좌표를 (a, b)라 하면
$a^2+b^2=36$ ⋯⋯ ㉠

STEP Ⓑ **삼각형 ABP의 무게중심의 좌표를 $G(x, y)$라 하고 a, b의 식 구하기**

삼각형 ABP의 무게중심 G의 좌표를 (x, y)라 하면
$x=\dfrac{2+7+a}{3}$, $y=\dfrac{-10-2+b}{3}$
$\therefore a=3(x-3)$, $b=3(y+4)$ ⋯⋯ ㉡

㉡을 ㉠에 대입하면 $9(x-3)^2+9(y+4)^2=36$
$\therefore (x-3)^2+(y+4)^2=4$

즉 점 G가 나타내는 도형은 중심의 좌표가 $(3, -4)$이고
반지름의 길이가 2인 원이다.

STEP Ⓒ **원의 넓이를 이등분하는 상수 k의 값 구하기**

직선 $kx-y-5=0$이 원 $(x-3)^2+(y+4)^2=4$의 넓이를 이등분하면
원의 중심 $(3, -4)$를 지나면 된다.

따라서 $3k+4-5=0$이므로 $k=\dfrac{1}{3}$

내/신/연/계 출제문항 183

두 점 $A(4, -5)$, $B(2, -7)$과 원 $x^2+y^2=27$ 위의 점 P를 꼭짓점으로 하는 삼각형 ABP의 무게중심 G가 그리는 도형의 둘레의 길이는?

① $2\sqrt{2}\pi$ ② $2\sqrt{3}\pi$ ③ $3\sqrt{2}\pi$
④ $4\sqrt{2}\pi$ ⑤ $6\sqrt{2}\pi$

STEP Ⓐ **점 $P(a, b)$라 하고 a, b의 관계식 구하기**

원의 방정식 $x^2+y^2=27$ 위의 점 P의 좌표를 (a, b)라 하면
$a^2+b^2=27$ ⋯⋯ ㉠

STEP Ⓑ **삼각형 ABP의 무게중심의 좌표를 $G(x, y)$라 하고 a, b의 식 구하기**

삼각형 ABP의 무게중심 G의 좌표를 (x, y)라 하면
$x=\dfrac{4+2+a}{3}$, $y=\dfrac{-5-7+b}{3}$
$\therefore a=3(x-2)$, $b=3(y+4)$ ⋯⋯ ㉡

㉡을 ㉠에 대입하면 $9(x-2)^2+9(y+4)^2=27$
$\therefore (x-2)^2+(y+4)^2=3$

즉 점 G가 나타내는 도형은 중심의 좌표가 $(2, -4)$이고
반지름의 길이가 $\sqrt{3}$인 원이다.

따라서 원의 둘레의 길이는 $2\pi \times \sqrt{3}=2\sqrt{3}\pi$

0354

STEP Ⓐ **$P(x, y)$로 놓고 조건을 만족하는 x, y의 관계식 세우기**

두 점 $A(-2, 0)$, $B(4, 0)$에 대하여 점 $P(x, y)$라 하면
$\overline{PA} : \overline{PB}=2 : 1$에서 $\overline{PA}=2\overline{PB}$이고 양변을 제곱하면
$\overline{PA}^2=4\overline{PB}^2$

$\overline{PA}^2=(x+2)^2+y^2$, $\overline{PB}^2=(x-4)^2+y^2$이므로 주어진 식에 대입하면
$(x+2)^2+y^2=4\{(x-4)^2+y^2\}$
$x^2+4x+4+y^2=4x^2-32x+64+4y^2$
$3x^2-36x+3y^2+60=0$
$\therefore x^2-12x+y^2+20=0$

STEP Ⓑ **$a+b+c$의 값 구하기**

원 $x^2+y^2-12x+20=0$에서 $(x-6)^2+y^2=16$
따라서 $a=6$, $b=0$, $c=16$이므로 $a+b+c=6+0+16=22$

0355

STEP Ⓐ **점 $P(x, y)$라 놓고 x, y의 관계식 구하기**

평면 위에서 $\overline{AB}=5$이므로 두 점 $A(0, 0)$, $B(5, 0)$이라 할 수 있다.
점 P의 좌표를 $P(x, y)$로 놓으면
$\overline{AP} : \overline{BP}=2 : 3$에서 $3\overline{AP}=2\overline{BP}$
양변을 제곱하면 $9\overline{AP}^2=4\overline{BP}^2$
$\overline{AP}^2=x^2+y^2$, $\overline{BP}^2=(x-5)^2+y^2$이므로 주어진 식에 대입하면
$9(x^2+y^2)=4\{(x-5)^2+y^2\}$
$5x^2+5y^2+40x-100=0$
$\therefore x^2+y^2+8x-20=0$

STEP Ⓑ **삼각형 ABP의 넓이의 최댓값 구하기**

원 $x^2+y^2+8x-20=0$에서 $(x+4)^2+y^2=36$
즉 중심이 $(-4, 0)$이고 반지름의 길이가 6인 원이다.
이때 삼각형 ABP는 그림과 같이 넓이가 최대가 되려면 높이가 최대일 때이다.

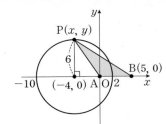

$\overline{AB}=5$이고 높이의 최댓값은 반지름의 길이이므로 $h=6$
따라서 삼각형 ABP의 최댓값은 $\dfrac{1}{2} \times 5 \times 6=15$

0356

정답 ②

STEP A 점 $P(x, y)$라 놓고 x, y의 관계식 구하기

원점 $O(0, 0)$, $A(3, 0)$에 대하여 점 $P(x, y)$라 하면

$\overline{OP} : \overline{AP} = 2 : 1$이므로 $2\overline{AP} = \overline{OP}$

양변을 제곱하면 $4\overline{AP}^2 = \overline{OP}^2$

$\overline{OP}^2 = x^2 + y^2$, $\overline{AP}^2 = (x-3)^2 + y^2$이므로 주어진 식에 대입하면

$4\{(x-3)^2 + y^2\} = x^2 + y^2$

$\therefore x^2 + y^2 - 8x + 12 = 0$

STEP B $\angle POA$의 크기가 최대일 때의 선분 OP의 길이 구하기

원 $x^2 + y^2 - 8x + 12 = 0$에서 $(x-4)^2 + y^2 = 4$

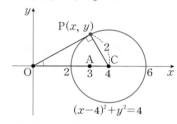

즉 중심이 $(4, 0)$이고 반지름의 길이가 2

그림과 같이 $\overline{OP}$가 원에 접할 때, $\angle POA$의 크기는 최대가 된다.

이때 원의 중심을 C라 하면 삼각형 OCP가 직각삼각형이므로

피타고라스 정리에 의하여 $\overline{OP} = \sqrt{\overline{OC}^2 - \overline{PC}^2} = \sqrt{4^2 - 2^2} = 2\sqrt{3}$

따라서 $\angle POA$의 크기가 최대일 때, 선분 OP의 길이는 $2\sqrt{3}$

내/신/연/계 출제문항 184

두 점 $A(1, -2)$, $B(1, 1)$으로부터의 거리의 비가 $1 : 2$인 점 P에 대하여 $\angle PBA$의 크기가 최대일 때, 선분 BP의 길이는?

① $2\sqrt{2}$ ② $2\sqrt{3}$ ③ 4

④ $3\sqrt{2}$ ⑤ $3\sqrt{3}$

STEP A 점 P의 좌표를 (x, y)로 놓고 x, y의 관계식 구하기

두 점 $A(1, -2)$, $B(1, 1)$에 대하여 점 $P(x, y)$라 하면

$\overline{AP} : \overline{BP} = 1 : 2$이므로 $2\overline{AP} = \overline{BP}$

양변을 제곱하면 $4\overline{AP}^2 = \overline{BP}^2$

$\overline{AP}^2 = (x-1)^2 + (y+2)^2$, $\overline{BP}^2 = (x-1)^2 + (y-1)^2$이므로

주어진 식에 대입하면

$4\{(x-1)^2 + (y+2)^2\} = (x-1)^2 + (y-1)^2$

$\therefore x^2 + y^2 - 2x + 6y + 6 = 0$

STEP B $\angle PBA$의 크기가 최대일 때의 선분 BP의 길이 구하기

원 $x^2 + y^2 - 2x + 6y + 6 = 0$에서

$(x-1)^2 + (y+3)^2 = 4$이므로

중심이 $(1, -3)$이고 반지름의 길이는 2

오른쪽 그림과 같이 $\overline{BP}$가 원에 접할 때,

$\angle PBA$의 크기는 최대가 된다.

이때 원의 중심을 C라 하면

삼각형 PBC는 직각삼각형이 되므로

피타고라스 정리에 의하여

$\overline{BP} = \sqrt{\overline{BC}^2 - \overline{CP}^2} = \sqrt{4^2 - 2^2} = 2\sqrt{3}$

따라서 $\angle PBA$의 크기가 최대일 때,

선분 BP의 길이는 $2\sqrt{3}$

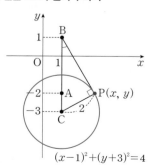

정답 ②

0357

정답 8

STEP A x축에 접하는 원의 성질을 이용하여 b의 값 구하기

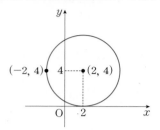

원 $x^2 + y^2 - 4x - 2ay + b = 0$에서 $(x-2)^2 + (y-a)^2 = a^2 + 4 - b$이므로

중심은 $(2, a)$, 반지름의 길이는 $\sqrt{a^2 + 4 - b}$

원이 x축에 접하므로

|중심의 y좌표| = (반지름의 길이)

즉 $|a| = \sqrt{a^2 + 4 - b}$이고 양변을 제곱하면

$a^2 = a^2 + 4 - b$ $\therefore b = 4$

STEP B 원의 방정식에 점 $(-2, 4)$를 대입하여 a의 값 구하기

$b = 4$를 대입하면 원 $(x-2)^2 + (y-a)^2 = a^2$이고 점 $(-2, 4)$를 지나므로

$(-2-2)^2 + (4-a)^2 = a^2$, $16 + 16 - 8a + a^2 = a^2$ $\therefore a = 4$

따라서 $a = 4$, $b = 4$이므로 $a + b = 4 + 4 = 8$

0358

정답 ⑤

STEP A 원의 방정식을 변형하여 중심과 반지름의 길이 구하기

원 $x^2 + y^2 + 2x + 2ky + 4 = 0$에서 $(x+1)^2 + (y+k)^2 = -3 + k^2$

즉 원의 중심은 $(-1, -k)$이고 반지름은 $\sqrt{-3 + k^2}$

STEP B y축에 접하는 원의 중심이 제 3사분면에 있도록 하는 상수 k의 값 구하기

원이 y축에 접하므로

|중심의 x좌표| = (반지름의 길이)

$|-1| = \sqrt{-3 + k^2}$

양변을 제곱하면 $1 = -3 + k^2$, $k^2 = 4$

$\therefore k = 2$ 또는 $k = -2$

중심이 제 3사분면 위의 점이므로 $k > 0$

따라서 $k = 2$

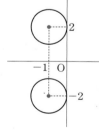

---

mini 해설 | 원의 방정식을 이용하여 풀이하기

원이 제 3사분면에서 y축에 접하므로 원의 중심을 $(a, b)(a < 0, b < 0)$라 하면

원의 방정식은 $(x-a)^2 + (y-b)^2 = a^2$

주어진 원의 방정식 $x^2 + y^2 + 2x + 2ky + 4 = 0$에서

$(x+1)^2 + (y+k)^2 = -3 + k^2$이므로 $a = -1$, $b = -k$, $a^2 = -3 + k^2$

$a^2 = -3 + k^2$에서 $a = -1$을 대입하면 $k^2 = 4$

$\therefore k = 2$ 또는 $k = -2$

$k = 2$일 때, $b = -2$이므로 중심이 $(-1, -2)$로 제 3사분면에 존재한다.

따라서 k의 값은 2

y축에 접하는 원 $x^2+y^2+2x+4ky+16=0$의 중심이 제3사분면에 있을 때, 상수 k의 값은?

① -3 ② -2 ③ -1
④ 1 ⑤ 2

STEP Ⓐ **원의 방정식을 변형하여 중심과 반지름의 길이 구하기**

원 $x^2+y^2+2x+4ky+16=0$에서 $(x+1)^2+(y+2k)^2=-15+4k^2$

원의 중심은 $(-1, -2k)$이고 반지름은 $\sqrt{-15+4k^2}$

STEP Ⓑ **y축에 접하면서 원의 중심이 제3사분면에 있기 위한 k의 값 구하기**

이때, y축에 접하는 원이므로

|중심의 x좌표|=(반지름의 길이)

즉 $|-1|=\sqrt{-15+4k^2}$

양변을 제곱하면 $1=-15+4k^2$, $k^2=4$

$\therefore k=2$ 또는 $k=-2$

중심이 제3사분면 위의 점이므로 $k>0$

따라서 k의 값은 2

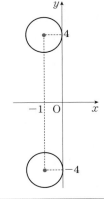

mini**해설** | 원의 방정식을 이용하여 풀이하기

원이 제3사분면에서 y축에 접하므로 원의 중심을 (a, b) $(a<0, b<0)$라 하면
원의 방정식은 $(x-a)^2+(y-b)^2=a^2$
주어진 원의 방정식 $x^2+y^2+2x+4ky+16=0$에서
$(x+1)^2+(y+2k)^2=-15+4k^2$이므로 $a=-1$, $b=-2k$, $a^2=-15+4k^2$
$a^2=-15+4k^2$에서 $a=-1$을 대입하면 $4k^2=16$, $k^2=4$
$\therefore k=2$ 또는 $k=-2$
$k=2$일 때, $b=-4$이므로 중심이 $(-1, -4)$로 제3사분면에 존재한다.
따라서 k의 값은 2

정답 ⑤

0359

정답 ①

STEP Ⓐ **원의 넓이를 이용하여 반지름의 길이 구하기**

원의 반지름의 길이를 $r(r>0)$이라 하면

원의 넓이가 16π이므로 $\pi r^2=16\pi$

$\therefore r=4$

STEP Ⓑ **y축에 접하면서 제4사분면 위에 있는 원의 중심의 좌표 구하기**

원의 중심이 (a, b)이고 y축에 접하므로

원의 방정식은 $(x-a)^2+(y-b)^2=a^2$

이때 반지름의 길이가 4이므로

$|a|=4$ $\therefore a=4$ 또는 $a=-4$

중심이 제4사분면 위의 점이므로 $a=4$

또한, 원의 방정식 $(x-4)^2+(y-b)^2=16$이

점 $(0, -3)$을 지나므로 대입하면

$16+(-3-b)^2=16$, $(-3-b)^2=0$

$\therefore b=-3$

원이 $(0, -3)$에서 y축에 접하므로 중심에서 수선의 발을 내리면 중심의 y좌표가 -3임을 알 수 있다.

따라서 $a=4$, $b=-3$이므로 $a+b=4+(-3)=1$

0360

정답 ④

STEP Ⓐ **중심의 좌표를 이용하여 x축에 접하는 원의 방정식 세우기**

점 $(-1, 0)$에서 x축에 접하는 원의 중심의 x좌표는 -1이므로

원의 중심을 $(-1, k)$라 하면

|중심의 y좌표|=(반지름의 길이)

즉 $|k|$가 반지름의 길이이므로 원의 방정식은

$(x+1)^2+(y-k)^2=k^2$ ······ ㉠

STEP Ⓑ **원의 중심이 직선 $x-y+4=0$ 위에 있음을 이용하여 k의 값 구하기**

원의 중심 $(-1, k)$가 직선 $x-y+4=0$

위의 점이므로 대입하면

$-1-k+4=0$ $\therefore k=3$

$k=3$을 ㉠의 식에 대입하면

$(x+1)^2+(y-3)^2=9$

따라서 $a=-1$, $b=3$, $r=3$이므로

$a+b+r=(-1)+3+3=5$

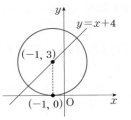

mini**해설** | 중심이 직선 위의 점임을 이용하여 풀이하기

중심의 좌표를 $P(p, q)$라 하면 직선 $x-y+4=0$ 위의 점이므로 대입하면
$p-q+4=0$ ······ ㉠
또한, 원이 점 $(-1, 0)$에서 x축에 접하는 원이므로 원의 방정식은
$(x-p)^2+(y-q)^2=q^2$이고 점 $(-1, 0)$을 대입하면
$(-1-p)^2+q^2=q^2$, $(-1-p)^2=0$ $\therefore p=-1$
$p=-1$을 ㉠의 식에 대입하면 $-1-q+4=0$ $\therefore q=3$
즉 원의 방정식은 $(x+1)^2+(y-3)^2=9$
따라서 $a=-1$, $b=3$, $r=3$이므로 $a+b+r=(-1)+3+3=5$

0361

정답 12

STEP Ⓐ **원의 중심을 $(a, a+1)$로 놓고 x축에 접하는 원의 방정식 구하기**

원의 중심이 직선 $y=x+1$ 위에 있으므로 $(a, a+1)$이라 하면

x축에 접하는 원의 방정식이므로 반지름의 길이는 $|a+1|$

|중심의 y좌표|=(반지름의 길이)

즉 원의 방정식은 $(x-a)^2+(y-a-1)^2=(a+1)^2$ ······ ㉠

STEP Ⓑ **점 $C(3, 2)$가 원 위의 점임을 이용하여 반지름의 길이 구하기**

이때, ㉠이 점 $C(3, 2)$를 지나므로 $x=3$, $y=2$를 대입하면

$(3-a)^2+(2-a-1)^2=(a+1)^2$, $a^2-6a+9+a^2-2a+1=a^2+2a+1$

$a^2-10a+9=0$, $(a-1)(a-9)=0$

$\therefore a=1$ 또는 $a=9$

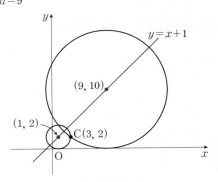

STEP Ⓒ **두 원의 반지름의 길이의 합 구하기**

$a=1$일 때, 원은 $(x-1)^2+(y-2)^2=4$이므로 반지름의 길이는 2

$a=9$일 때, 원은 $(x-9)^2+(y-10)^2=100$이므로 반지름의 길이는 10

따라서 두 원의 반지름의 길이의 합은 $2+10=12$

중심이 직선 $y=-x+1$ 위에 있고 점 $(1, -1)$을 지나며 y축에 접하는 두 원의 반지름의 길이의 합은?

① 3   ② 4   ③ 5
④ 6   ⑤ 7

STEP Ⓐ 원의 중심을 $(a, -a+1)$로 놓고 y축에 접하는 원의 방정식 구하기

원의 중심이 직선 $y=-x+1$ 위에 있으므로
중심의 좌표를 $(a, -a+1)$이라 하면
y축에 접하는 원의 방정식이므로 반지름의 길이는 $|a|$
즉 원의 방정식은 $(x-a)^2+(y+a-1)^2=a^2$

STEP Ⓑ 점 $(1, -1)$이 원 위의 점임을 이용하여 반지름의 길이 구하기

이 원이 점 $(1, -1)$을 지나므로
$(1-a)^2+(a-2)^2=a^2$, $a^2-6a+5=0$, $(a-1)(a-5)=0$
$\therefore a=1$ 또는 $a=5$

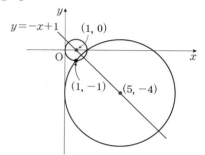

STEP Ⓒ 두 원의 반지름의 길이의 합 구하기

$a=1$일 때, 원은 $(x-1)^2+y^2=1$이므로 반지름의 길이는 1
$a=5$일 때, 원은 $(x-5)^2+(y+4)^2=25$이므로 반지름의 길이는 5
따라서 두 원의 반지름의 길이의 합은 $1+5=6$

정답 ④

0362

정답 ④

STEP Ⓐ 두 점 사이의 거리를 이용하여 삼각형의 모양 결정하기

세 점 $A(-6, 0)$, $B(6, 0)$, $C(0, 6\sqrt{3})$에 대하여
$\overline{AB}=|6-(-6)|=12$
$\overline{BC}=\sqrt{(0-6)^2+(6\sqrt{3}-0)^2}=12$
$\overline{CA}=\sqrt{(-6-0)^2+(0-6\sqrt{3})^2}=12$
이므로 삼각형 ABC는 정삼각형이다.

STEP Ⓑ 정삼각형의 내심은 무게중심과 일치함을 이용하여 원의 방정식 구하기

정삼각형의 내심은 무게중심과 일치하므로
삼각형 ABC의 내심의 좌표는
$\left(\dfrac{-6+6+0}{3}, \dfrac{0+0+6\sqrt{3}}{3}\right)$, 즉 $(0, 2\sqrt{3})$
오른쪽 그림과 같이 원이 x축에 접하므로
구하는 원의 방정식의 반지름은 $2\sqrt{3}$

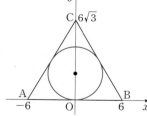

x축에 접할 때, 원의 반지름은
$|$중심의 y좌표$|=($반지름의 길이$)$

$\therefore x^2+(y-2\sqrt{3})^2=(2\sqrt{3})^2$
따라서 $a=0$, $b=2\sqrt{3}$, $r^2=12$이므로 $a+b+r^2=12+2\sqrt{3}$

0363

정답 ④

STEP Ⓐ 세 직선 AB, BC, CA의 방정식 구하기

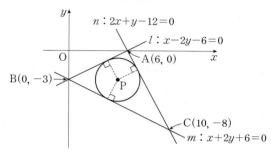

두 점 $A(6, 0)$, $B(0, -3)$을 지나는 직선 AB의 방정식을 l이라 하면
$y-(-3)=\dfrac{0-(-3)}{6-0}(x-0)$, $y=\dfrac{1}{2}x-3$
$\therefore l : x-2y-6=0$
두 점 $B(0, -3)$, $C(10, -8)$을 지나는 직선 BC의 방정식을 m이라 하면
$y-(-3)=\dfrac{-8-(-3)}{10-0}(x-0)$, $y=-\dfrac{1}{2}x-3$
$\therefore m : x+2y+6=0$
두 점 $C(10, -8)$, $A(6, 0)$을 지나는 직선 CA의 방정식을 n이라 하면
$y-0=\dfrac{0-(-8)}{6-10}(x-6)$, $y=-2x+12$
$\therefore n : 2x+y-12=0$

STEP Ⓑ 원의 중심과 두 직선 사이의 거리가 원의 반지름과 같음을 이용하여 점 P의 y좌표 구하기

삼각형 ABC에 내접하는 원의 중심 P의 좌표를 $P(a, b)$라 하자.
(단, $0<a<10$)
원의 중심이 P인 원이 두 직선 l, m과 접하므로
원의 중심 $P(a, b)$와 직선 $l : x-2y-6=0$ 사이의 거리와
원의 중심 $P(a, b)$와 직선 $m : x+2y+6=0$ 사이의 거리와 같다.

$\dfrac{|a-2b-6|}{\sqrt{1^2+(-2)^2}}=\dfrac{|a+2b+6|}{\sqrt{1^2+2^2}}$

즉 $|a-2b-6|=|a+2b+6|$ ← $|A|=|B|$이면 $A=B$ 또는 $A=-B$

(i) $a-2b-6=a+2b+6$일 때,
$4b=-12$ $\therefore b=-3$

(ii) $a-2b-6=-(a+2b+6)$일 때,
$2a=0$ $\therefore a=0$
삼각형 외부의 점이다.

(i), (ii)에서 $0<a<10$이므로 $b=-3$

STEP Ⓒ 원의 중심과 두 직선 사이의 거리가 원의 반지름과 같음을 이용하여 점 P의 x좌표 구하기

원의 중심이 P인 원이 두 직선 m, n과 접하므로
원의 중심 $P(a, -3)$과 직선 $m : x+2y+6=0$ 사이의 거리와
원의 중심 $P(a, -3)$과 직선 $n : 2x+y-12=0$ 사이의 거리와 같다.

$\dfrac{|a+2\times(-3)+6|}{\sqrt{1^2+2^2}}=\dfrac{|2a+(-3)-12|}{\sqrt{2^2+1^2}}$

즉 $|a|=|2a-15|$
(iii) $a=2a-15$일 때, $a=15$
삼각형 외부의 좌표이다.

(iv) $a=-(2a-15)$일 때,
$3a=15$ $\therefore a=5$
(iii), (iv)에서 $0<a<10$이므로 $a=5$

STEP Ⓓ 선분 OP의 길이 구하기

따라서 점 P의 좌표는 $P(5, -3)$이므로 선분 OP의 길이는
$\overline{OP}=\sqrt{5^2+(-3)^2}=\sqrt{34}$

STEP A ∠B의 이등분선의 자취 방정식 구하기

두 점 $A(6, 0)$, $B(0, -3)$을 지나는 직선 AB의 방정식은

$y-(-3)=\dfrac{0-(-3)}{6-0}(x-0)$, $y=\dfrac{1}{2}x-3$

$\therefore x-2y-6=0$

두 점 $B(0, -3)$, $C(10, -8)$을 지나는 직선 BC의 방정식은

$y-(-3)=\dfrac{-8-(-3)}{10-0}(x-0)$, $y=-\dfrac{1}{2}x-3$

$\therefore x+2y+6=0$

이때 ∠B의 이등분선 위의 점을 $Q(x, y)$라 하면
점 Q에서 두 직선 AB, BC에 이르는 거리는 같다.

즉 $\dfrac{|x-2y-6|}{\sqrt{5}}=\dfrac{|x+2y+6|}{\sqrt{5}}$

$|x-2y-6|=|x+2y+6|$이므로

$x-2y-6=x+2y+6$ 또는 $x-2y-6=-x-2y-6$

$\therefore y=-3$ 또는 $x=0$

이때 삼각형 ABC의 내부를 지나는 직선이어야 하므로

$y=-3$ …… ㉠

STEP B ∠C의 이등분선의 자취 방정식 구하기

두 점 $A(6, 0)$, $C(10, -8)$을 지나는 직선의 방정식은

$y-0=\dfrac{0-(-8)}{6-10}(x-6)$, $y=-2x+12$

$\therefore 2x+y-12=0$

두 점 $B(0, -3)$, $C(10, -8)$을 지나는 직선의 방정식은 $x+2y+6=0$

이때 ∠C의 이등분선 위의 점을 $R(x, y)$라 하면
점 R에서 두 직선 CA, BC에 이르는 거리는 같다.

즉 $\dfrac{|2x+y-12|}{\sqrt{5}}=\dfrac{|x+2y+6|}{\sqrt{5}}$

$|2x+y-12|=|x+2y+6|$이므로

$2x+y-12=x+2y+6$ 또는 $2x+y-12=-x-2y-6$

$\therefore x-y-18=0$ 또는 $x+y-2=0$

이때 삼각형 ABC의 내부를 지나는 직선으로 기울기가 음수이므로

$x+y-2=0$ …… ㉡

STEP C 두 직선의 교점을 이용하여 점 P의 좌표 구하기

삼각형 ABC에서 내접하는 원의 중심은 각의 이등분선의 교점이므로
두 직선 ㉠, ㉡의 교점이 된다.

즉 $y=-3$과 $x+y-2=0$의 교점을 구하면 $P(5, -3)$

따라서 $\overline{OP}$의 길이는 $\sqrt{34}$

P O I N T | 삼각형의 내심의 정의와 성질

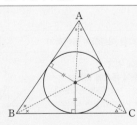

(1) 내심 : 삼각형 ABC의 내접원의 중심
(2) 내심을 구하는 방법 : 삼각형 ABC에서 각의 이등분선의 교점
(3) 내심의 성질 : 삼각형 ABC의 내심을 점 I라 하면 각 변에 이르는 거리는
     반지름의 길이로 같다.

좌표평면 위의 세 직선 $x-3y-6=0$, $x+3y+6=0$, $3x+y-18=0$의
교점으로 하는 삼각형 ABC에 접하는 원의 중심을 P라 할 때, 선분 OP
의 길이는? (단, O는 원점이다.)

① $2\sqrt{7}$ ② $\sqrt{29}$ ③ $\sqrt{30}$
④ $\sqrt{31}$ ⑤ $4\sqrt{2}$

STEP A 세 직선의 교점을 구하기

세 직선 $x-3y-6=0$, $x+3y+6=0$, $3x+y-18=0$을
각각 l, m, n이라 하자.

두 직선 l, m의 교점은 $A(0, -2)$

두 직선 m, n의 교점은 $B\left(\dfrac{15}{2}, -\dfrac{9}{2}\right)$

두 직선 n, l의 교점은 $C(6, 0)$

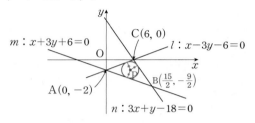

이때 삼각형 ABC에 내접하는 원의 중심 P의 좌표를 $P(a, b)$라 하자.

$\left(단, 0<a<\dfrac{15}{2}\right)$

**STEP B 원의 중심과 두 직선 사이의 거리가 원의 반지름과 같음을 이용하여
점 P의 y좌표 구하기**

원의 중심이 P인 원이 두 직선 l, m과 접하므로

원의 중심 $P(a, b)$와 직선 $l : x-3y-6=0$ 사이의 거리와

원의 중심 $P(a, b)$와 직선 $m : x+3y+6=0$ 사이의 거리와 같다.

$\dfrac{|a-3b-6|}{\sqrt{1^2+(-3)^2}}=\dfrac{|a+3b+6|}{\sqrt{1^2+3^2}}$

즉 $|a-3b-6|=|a+3b+6|$

(i) $a-3b-6=a+3b+6$일 때,
     $-6b=12$ $\therefore b=-2$

(ii) $a-3b-6=-(a+3b+6)$일 때,
     $2a=0$ $\therefore a=0$ ← 삼각형 외부의 점이다.

(i), (ii)에서 $0<a<\dfrac{15}{2}$이므로 $b=-2$

**STEP C 원의 중심과 두 직선 사이의 거리가 원의 반지름과 같음을 이용하여
점 P의 x좌표 구하기**

원의 중심 P인 원이 두 직선 m, n과 접하므로

원의 중심 $P(a, -2)$와 직선 $m : x+3y+6=0$ 사이의 거리와

원의 중심 $P(a, -2)$와 직선 $n : 3x+y-18=0$ 사이의 거리와 같다.

$\dfrac{|a+3\times(-2)+6|}{\sqrt{1^2+3^2}}=\dfrac{|3\times a+(-2)-18|}{\sqrt{3^2+1^2}}$

즉 $|a|=|3a-20|$

(iii) $a=3a-20$일 때,
     $2a=20$ $\therefore a=10$

(iv) $a=-(3a-20)$일 때,
     $a=-3a+20$, $4a=20$ $\therefore a=5$

(iii), (iv)에서 $0<a<\dfrac{15}{2}$이므로 $a=5$

STEP D 선분 OP의 길이 구하기

따라서 점 P의 좌표는 $P(5, -2)$이므로 선분 OP의 길이는

$\overline{OP}=\sqrt{5^2+(-2)^2}=\sqrt{29}$

STEP Ⓐ ∠A의 이등분선의 자취 방정식 구하기

세 직선 $x-3y-6=0$, $x+3y+6=0$, $3x+y-18=0$의 교점을 각각
A, B, C라 하면 A$(0, -2)$, B$\left(\dfrac{15}{2}, -\dfrac{9}{2}\right)$, C$(6, 0)$

∠A의 이등분선 위의 점을 Q(x, y)라 하면
점 Q에서 두 직선 $x+3y+6=0$, $x-3y-6=0$에 이르는 거리는 같다.

즉 $\dfrac{|x+3y+6|}{\sqrt{10}}=\dfrac{|x-3y-6|}{\sqrt{10}}$

$|x+3y+6|=|x-3y-6|$이므로

$x+3y+6=x-3y-6$ 또는 $x+3y+6=-x+3y+6$

∴ $y=-2$ 또는 $x=0$

이때 삼각형 ABC의 내부를 지나는 직선이어야 하므로

$y=-2$ …… ㉠

STEP Ⓑ ∠B의 이등분선의 자취 방정식 구하기

∠B의 이등분선 위의 점을 R(x, y)라 하면
점 R에서 두 직선 $x+3y+6=0$, $3x+y-18=0$에 이르는 거리는 같다.

즉 $\dfrac{|x+3y+6|}{\sqrt{10}}=\dfrac{|3x+y-18|}{\sqrt{10}}$

$|x+3y+6|=|3x+y-18|$이므로

$x+3y+6=3x+y-18$ 또는 $x+3y+6=-3x-y+18$

∴ $x-y-12=0$ 또는 $x+y-3=0$

이때 삼각형 ABC의 내부를 지나는 직선으로 기울기가 음수이므로

$x+y-3=0$ …… ㉡

STEP Ⓒ 점 P의 좌표를 구하고 $\overline{OP}$의 길이 구하기

삼각형 ABC에서 내접하는 원의 중심은 각의 이등분선의 교점이므로
두 직선 ㉠, ㉡의 교점이 된다.

즉 $y=-2$와 $x+y-3=0$의 교점을 구하면 P$(5, -2)$

따라서 $\overline{OP}$의 길이는 $\sqrt{29}$

정답 ②

0364

정답 ②

STEP Ⓐ x축, y축에 동시에 접하는 원의 방정식 세우기

점 $(1, 2)$를 지나고 x축, y축에 동시에 접하는 원이므로
제1사분면 위의 원이다.
원의 방정식은 $(x-r)^2+(y-r)^2=r^2$$(r>0)$이라 하면
점 $(1, 2)$를 지나므로 대입하면 $(1-r)^2+(2-r)^2=r^2$

$2r^2-6r+5=r^2$, $r^2-6r+5=0$, $(r-1)(r-5)=0$

∴ $r=1$ 또는 $r=5$

STEP Ⓑ 두 원이 중심 사이의 거리 구하기

$r=1$일 때, $(x-1)^2+(y-1)^2=1$
이므로 중심의 좌표는 $(1, 1)$
$r=5$일 때, $(x-5)^2+(y-5)^2=25$
이므로 중심의 좌표는 $(5, 5)$
따라서 두 원의 중심 사이의 거리는
$\sqrt{(5-1)^2+(5-1)^2}=4\sqrt{2}$

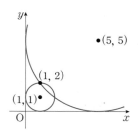

내/신/연/계/ 출제문항 **188**

x축과 y축에 동시에 접하고 점 $(2, 1)$을 지나는 두 원의 넓이의 합이 $a\pi$
일 때, 상수 a의 값을 구하시오.

154

STEP Ⓐ x축, y축에 동시에 접하는 원의 방정식 구하기

---

x축과 y축에 동시에 접하고 점 $(2, 1)$을 지나는 원이므로
제1사분면 위의 원이다.
즉 원의 방정식을 $(x-r)^2+(y-r)^2=r^2$$(r>0)$라 하면
점 $(2, 1)$을 지나므로 대입하면 $(2-r)^2+(1-r)^2=r^2$

$2r^2-6r+5=r^2$, $r^2-6r+5=0$, $(r-1)(r-5)=0$

∴ $r=1$ 또는 $r=5$

STEP Ⓑ 두 원의 넓이의 합 구하기

$r=1$일 때, $(x-1)^2+(y-1)^2=1$에서 반지름의 길이는 1이므로 넓이는 π

$r=5$일 때, $(x-5)^2+(y-5)^2=25$에서 반지름의 길이는 5이므로 넓이는 25π

따라서 두 원의 넓이의 합은 26π이므로 상수 a의 값은 26

정답 26

0365

정답 11

STEP Ⓐ 원의 방정식을 변형하여 중심과 반지름의 길이 구하기

원 $x^2+y^2-4x+2ay-5+b=0$에서 $(x-2)^2+(y+a)^2=a^2-b+9$

즉 원의 중심의 좌표는 $(2, -a)$, 반지름의 길이는 $\sqrt{a^2-b+9}$

STEP Ⓑ x축, y축에 동시에 접하는 원의 조건을 만족하는 a, b의 값 구하기

이 원이 x축, y축에 동시에 접하므로 $2=|-a|=\sqrt{a^2-b+9}$

$2=|-a|$에서 $a=2 (\because a>0)$

$\sqrt{a^2-b+9}=2$에서 $4-b+9=4$ ∴ $b=9$

따라서 $a+b=2+9=11$

0366

정답 ①

STEP Ⓐ 제4사분면에서 x축, y축에 동시에 접하는 원의 방정식 세우기

제4사분면에서 x축, y축에 모두 접하는 원이므로
원의 중심을 $(r, -r)$, 반지름의 길이는 r (단, $r>0$)이라 하면
원의 방정식은 $(x-r)^2+(y+r)^2=r^2$

STEP Ⓑ 원의 중심 $(r, -r)$이 직선 $2x+y=4$ 위에 있음을 이용하여 원의 방정식 구하기

원의 중심 $(r, -r)$이 직선 $2x+y=4$
위에 있으므로 $2r-r=4$ ∴ $r=4$
즉, 구하는 원의 방정식은
$(x-4)^2+(y+4)^2=16$
∴ $x^2+y^2-8x+8y+16=0$
따라서 $a=-8$, $b=8$, $c=16$이므로
$a+b+c=-8+8+16=16$

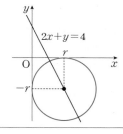

---

mini해설 | 직선의 방정식을 이용하여 풀이하기

중심이 직선 $2x+y=4$ 위에 있고
제4사분면에서 x축과 y축에 동시에 접하는
원의 중심은 동시에 직선 $y=-x$ 위에 존재한다.
즉 원의 중심은 두 직선 $2x+y=4$, $y=-x$의
교점이 된다.
원의 중심은 $(4, -4)$이고
원의 반지름의 길이는 4이므로
원의 방정식은 $(x-4)^2+(y+4)^2=16$
$x^2+y^2-8x+8y+16=0$
따라서 $a=-8$, $b=8$, $c=16$이므로 $a+b+c=-8+8+16=16$

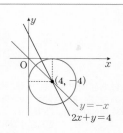

중심이 직선 $2x+y-9=0$ 위에 있고 제1사분면에서 x축과 y축에 동시에 접하는 원의 방정식은 $x^2+y^2+ax+by+c=0$이다. 상수 a, b, c에 대하여 $a+b+c$의 값을 구하시오.

STEP Ⓐ **제1사분면에서 x축, y축에 동시에 접하는 원의 방정식 세우기**

제1사분면에서 x축과 y축에 동시에 접하므로

원의 중심을 (r, r), 반지름의 길이를 r $(r>0)$라 하면

원의 방정식은 $(x-r)^2+(x-r)^2=r^2$

STEP Ⓑ **이 원의 중심을 직선 $2x+y-9=0$에 대입하며 원의 방정식 구하기**

이때, 원의 중심 (r, r)이 직선

$2x+y-9=0$ 위에 있으므로

$2r+r-9=0$, $3r=9$ ∴ $r=3$

즉 구하는 원의 방정식은

$(x-3)^2+(y-3)^2=3^2$에서

$x^2+y^2-6x-6y+9=0$이므로

$a=-6$, $b=-6$, $c=9$

따라서 $a+b+c=-3$

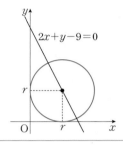

mini**해설** │ 직선의 방정식을 이용하여 풀이하기

중심이 직선 $2x+y-9=0$ 위에 있고
제1사분면에서 x축과 y축에 동시에 접하는
원의 중심은 동시에 직선 $y=x$ 위에 존재한다.
즉 원의 중심은 두 직선 $2x+y-9=0$, $y=x$의
교점이 된다.
원의 중심은 $(3, 3)$이고
원의 반지름의 길이는 3이므로
원의 방정식은 $(x-3)^2+(y-3)^2=9$
$x^2+y^2-6x-6y+9=0$
따라서 $a=-6$, $b=-6$, $c=9$이므로 $a+b+c=-3$

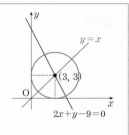

정답 -3

0367

정답 ②

STEP Ⓐ **중심을 $(a, -2a+3)$이라 하고 x축, y축에 동시에 접하는 원의 방정식 구하기**

중심이 직선 $y=-2x+3$ 위에 있으므로

중심의 좌표를 $(a, -2a+3)$

x축과 y축에 동시에 접하므로 $|a|=|-2a+3|$

(ⅰ) $a=-2a+3$인 경우

$a=1$이므로 중심의 좌표는 $(1, 1)$이고 반지름의 길이는 1

∴ $(x-1)^2+(y-1)^2=1$

(ⅱ) $a=2a-3$인 경우

$a=3$이므로 중심의 좌표는 $(3, -3)$이고 반지름의 길이는 3

∴ $(x-3)^2+(y+3)^2=9$

STEP Ⓑ **두 원의 둘레의 길이의 합 구하기**

$(x-1)^2+(y-1)^2=1$에서 반지름의 길이가 1이므로 둘레의 길이는 2π

$(x-3)^2+(y+3)^2=9$에서 반지름의 길이가 3이므로 둘레의 길이는 6π

따라서 두 원의 둘레의 길이의 합은 8π

다른풀이 │ 직선의 방정식의 교점을 이용하여 풀이하기

STEP Ⓐ **원의 중심이 직선 $2x+y-3=0$과 두 직선 $y=x$ 또는 $y=-x$의 교점임을 이용하여 반지름의 길이 구하기**

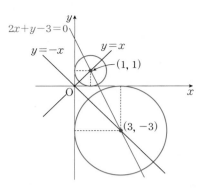

x축과 y축에 동시에 접하는 원의 중심은 두 직선 $y=x$ 또는 $y=-x$ 위에 있다.

즉 원의 중심은 직선 $2x+y-3=0$과 두 직선 $y=x$ 또는 $y=-x$의 교점이다.

(ⅰ) 두 직선 $2x+y-3=0$, $y=x$의 교점

직선 $y=x$를 직선 $2x+y-3=0$에 대입하면

$2x+x-3=0$, $3x-3=0$

∴ $x=1$, $y=1$

즉 중심은 $(1, 1)$, 반지름의 길이는 1

(ⅱ) 두 직선 $2x+y-3=0$, $y=-x$의 교점

직선 $y=-x$를 직선 $2x+y-3=0$에 대입하면

$2x-x-3=0$

∴ $x=3$, $y=-3$

즉 원의 중심은 $(3, -3)$, 반지름의 길이는 3

(ⅰ), (ⅱ)에 의하여 두 원의 둘레의 길이의 합은 $2\pi \times 1+2\pi \times 3=8\pi$

0368

정답 14

STEP Ⓐ **중심을 (a, a^2-12)라 하고 x축과 y축에 동시에 접하는 원의 방정식 구하기**

중심이 곡선 $y=x^2-12$ 위에 있으므로 (a, a^2-12)

x축과 y축에 동시에 접하므로 $|a|=|a^2-12|$

(ⅰ) $a=a^2-12$인 경우

$a^2-a-12=0$, $(a-4)(a+3)=0$이므로

$a=4$ 또는 $a=-3$

즉 원의 중심은 $(4, 4)$, 반지름의 길이는 4 또는

원의 중심은 $(-3, -3)$, 반지름의 길이는 3

∴ $(x-4)^2+(y-4)^2=16$ 또는 $(x+3)^2+(y+3)^2=9$

(ⅱ) $a=-a^2+12$인 경우

$a^2+a-12=0$, $(a+4)(a-3)=0$이므로

$a=-4$ 또는 $a=3$

즉 원의 중심은 $(-4, 4)$, 반지름의 길이는 4 또는

원의 중심은 $(3, -3)$, 반지름의 길이는 3

∴ $(x+4)^2+(y-4)^2=16$ 또는 $(x-3)^2+(y+3)^2=9$

STEP Ⓑ **모든 원의 반지름의 합 구하기**

$(x-4)^2+(y-4)^2=16$에서 반지름의 길이는 4

$(x+3)^2+(y+3)^2=9$에서 반지름의 길이는 3

$(x+4)^2+(y-4)^2=16$에서 반지름의 길이는 4

$(x-3)^2+(y+3)^2=9$에서 반지름의 길이는 3

따라서 모든 원의 반지름의 길이의 합은 $4+3+4+3=14$

다른풀이 │ 직선과 곡선의 교점을 이용하여 풀이하기

STEP Ⓐ **원이 x축과 y축에 동시에 접하도록 하는 원의 반지름의 길이 구하기**

x축과 y축에 동시에 접하는 원의 중심은 직선 $y=x$ 또는 직선 $y=-x$ 위에 있으므로 곡선 $y=x^2-12$와 직선 $y=x$ 또는 직선 $y=-x$의 교점이다.

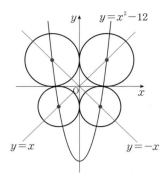

(i) $x^2-12=x$일 때,

$x^2-x-12=0$, $(x+3)(x-4)=0$ $\therefore x=-3$ 또는 $x=4$

$x=-3$일 때, 중심은 $(-3, -3)$, 반지름의 길이는 3

$x=4$일 때, 중심은 $(4, 4)$, 반지름의 길이는 4

(ii) $x^2-12=-x$일 때,

$x^2+x-12=0$, $(x+4)(x-3)=0$ $\therefore x=-4$ 또는 $x=3$

$x=-4$일 때, 중심은 $(-4, 4)$, 반지름의 길이는 4

$x=3$일 때, 중심은 $(3, -3)$, 반지름의 길이는 3

(i), (ii)에 의하여 네 원의 반지름의 길이의 합은 $3+3+4+4=14$

내/신/연/계/ 출제문항 190

중심이 곡선 $y=x^2-6$ 위에 있고 x축과 y축에 동시에 접하는 모든 원의 넓이의 합은?

① 20π ② 22π ③ 24π
④ 26π ⑤ 28π

STEP Ⓐ 중심을 (a, a^2-6)이라 하고 x축과 y축에 동시에 접하는 원의 방정식 구하기

중심이 곡선 $y=x^2-6$ 위에 있으므로 (a, a^2-6)

x축과 y축에 동시에 접하므로 $|a|=|a^2-6|$

(i) $a=a^2-6$인 경우

$a^2-a-6=0$, $(a+2)(a-3)=0$이므로

$a=-2$ 또는 $a=3$

즉 원의 중심은 $(-2, -2)$, 반지름의 길이는 2 또는

원의 중심은 $(3, 3)$, 반지름의 길이는 3

$\therefore (x+2)^2+(y+2)^2=4$ 또는 $(x-3)^2+(y-3)^2=9$

(ii) $a=-a^2+6$인 경우

$a^2+a-6=0$, $(a-2)(a+3)=0$이므로

$a=2$ 또는 $a=-3$

즉 원의 중심은 $(2, -2)$, 반지름의 길이는 2 또는

원의 중심은 $(-3, 3)$, 반지름의 길이는 3

$\therefore (x-2)^2+(y+2)^2=4$ 또는 $(x+3)^2+(y-3)^2=9$

STEP Ⓑ 모든 원의 넓이의 합 구하기

$(x+2)^2+(y+2)^2=4$에서 반지름의 길이는 2이므로 넓이는 4π

$(x-3)^2+(y-3)^2=9$에서 반지름의 길이는 3이므로 넓이는 9π

$(x-2)^2+(y+2)^2=4$에서 반지름의 길이는 2이므로 넓이는 4π

$(x+3)^2+(y-3)^2=9$에서 반지름의 길이는 3이므로 넓이는 9π

따라서 모든 원의 넓이의 합은 $4\pi+9\pi+4\pi+9\pi=26\pi$

다른풀이 직선과 곡선의 교점을 이용하여 풀이하기

STEP Ⓐ 원이 x축과 y축에 동시에 접하도록 하는 원의 반지름의 길이 구하기

x축과 y축에 동시에 접하는 원의 중심은 직선 $y=x$ 또는 직선 $y=-x$ 위에 있으므로 곡선 $y=x^2-6$과 직선 $y=x$ 또는 직선 $y=-x$의 교점이다.

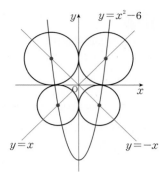

(i) $x^2-6=x$일 때,

$x^2-x-6=0$, $(x+2)(x-3)=0$ $\therefore x=-2$ 또는 $x=3$

$x=-2$일 때, 원의 중심은 $(-2, -2)$, 반지름의 길이는 2

$x=3$일 때, 원의 중심은 $(3, 3)$, 반지름의 길이는 3

(ii) $x^2-6=-x$일 때,

$x^2+x-6=0$, $(x+3)(x-2)=0$ $\therefore x=-3$ 또는 $x=2$

$x=-3$일 때, 원의 중심은 $(-3, 3)$, 반지름의 길이는 3

$x=2$일 때, 원의 중심은 $(2, -2)$, 반지름의 길이는 2

(i), (ii)에 의하여 네 원의 넓이의 합은 $4\pi+9\pi+9\pi+4\pi=26\pi$ 정답 ④

0369 2022년 03월 고2 학력평가 25번   정답 1

STEP Ⓐ 원이 x축과 y축에 동시에 접하도록 하는 원의 반지름의 길이 구하기

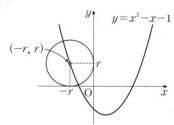

제 2사분면에서 x축과 y축에 동시에 접하므로 중심을 $(-r, r)$, 반지름의 길이를 $r(r>0)$이라 하면

원의 방정식은 $(x+r)^2+(y-r)^2=r^2$

이때 중심 $(-r, r)$이 곡선 $y=x^2-x-1$ 위에 있으므로 대입하면

$r=(-r)^2-(-r)-1$, $r^2=1$ $\therefore r=1 (\because r>0)$

STEP Ⓑ 원의 방정식 구하기

원의 중심이 $(-1, 1)$이고 반지름의 길이가 1인 원의 방정식은

$(x+1)^2+(y-1)^2=1$, $x^2+y^2+2x-2y+1=0$

따라서 $a=2$, $b=-2$, $c=1$이므로 $a+b+c=1$

다른풀이 원의 중심이 직선 $y=-x$ 위에 있음을 이용하여 풀이하기

STEP Ⓐ 이차함수와 직선을 연립하여 원의 중심의 좌표 구하기

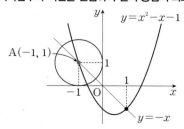

원 $x^2+y^2+ax+by+c=0$의 중심을 A라 하면 점 A는 제 2사분면에 있고

점 A의 x좌표는 음수이다.

원이 x축과 y축에 동시에 접하므로 점 A는 직선 $y=-x$ 위에 있다.

곡선 $y=x^2-x-1$과 직선 $y=-x$의 교점 A의 좌표를 구하기 위하여
두 식을 연립하면 $x^2-x-1=-x$, $x^2-1=0$, $(x-1)(x+1)=0$
$\therefore x=1$ 또는 $x=-1$
점 A의 x좌표는 음수이므로 $x=-1$　　$\therefore$ A$(-1, 1)$

STEP Ⓑ　a, b, c의 값 구하기

구하는 원의 방정식은 $(x+1)^2+(y-1)^2=1$, $x^2+y^2+2x-2y+1=0$
따라서 $a=2$, $b=-2$, $c=1$이므로 $a+b+c=1$

내/신/연/계/ 출제문항 191

그림과 같이 곡선 $y=-x^2-x+4$ 위의 점 중 제 4사분면에 있는 점을 중심으로 하고 x축과 y축에 동시에 접하는 원의 방정식은 $x^2+y^2+ax+by+c=0$일 때, 상수 a, b, c에 대하여 $a+b+c$의 값을 구하시오.

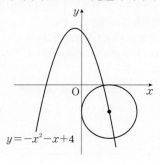

STEP Ⓐ　원이 x축과 y축에 동시에 접하도록 하는 원의 반지름의 길이 구하기

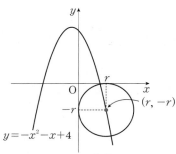

제 4사분면에서 x축과 y축에 동시에 접하므로 중심을 $(r, -r)$,
반지름의 길이를 $r(r>0)$이라 하면
원의 방정식은 $(x-r)^2+(y+r)^2=r^2$
이때 중심 $(r, -r)$이 곡선 $y=-x^2-x+4$ 위에 있으므로 대입하면
$-r=-r^2-r+4$, $r^2=4$　$\therefore r=2(\because r>0)$

STEP Ⓑ　원의 방정식 구하기

중심이 $(2, -2)$이고 반지름의 길이가 2인 원의 방정식은
$(x-2)^2+(y+2)^2=4$이므로 $x^2+y^2-4x+4y+4=0$
따라서 $a=-4$, $b=4$, $c=4$이므로 $a+b+c=-4+4+4=4$

다른풀이 | 원의 중심이 직선 $y=-x$ 위에 있음을 이용하여 풀이하기

STEP Ⓐ　이차함수와 직선을 연립하여 원의 중심의 좌표 구하기

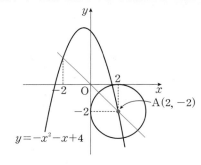

원 $x^2+y^2+ax+by+c=0$의 중심을 A라 하면
점 A는 제 4사분면에 있고 원이 x축과 y축에 동시에 접하므로
점 A는 직선 $y=-x$ 위에 있다.
또 점 A는 곡선 $y=-x^2-x+4$ 위에 있으므로
$-x^2-x+4=-x$에서 $x^2-4=0$, $(x+2)(x-2)=0$
$\therefore x=2$ 또는 $x=-2$
점 A의 x좌표는 양수이므로 A$(2, -2)$이다.

STEP Ⓑ　a, b, c의 값 구하기

주어진 원의 방정식은 $(x-2)^2+(y+2)^2=4$이므로 $x^2+y^2-4x+4y+4=0$
따라서 $a=-4$, $b=4$, $c=4$이므로 $a+b+c=-4+4+4=4$　　**정답** 4

0370
정답 ④

STEP Ⓐ　두 원의 교점을 지나는 직선의 방정식 구하기

두 원의 교점을 지나는 직선의 방정식은
$x^2+y^2+ax+2y-1-(x^2+y^2-2x+ay-11)=0$
$\therefore (a+2)x+(2-a)y+10=0$

STEP Ⓑ　직선이 점 $(1, 2)$를 지날 때 상수 a의 값 구하기

직선 $(a+2)x+(2-a)y+10=0$이 점 $(1, 2)$를 지나므로 대입하면
$a+2+4-2a+10=0$, $-a+16=0$
따라서 상수 a의 값은 16

0371
정답 ③

STEP Ⓐ　두 원의 교점을 지나는 직선의 방정식 구하기

두 원의 교점을 지나는 원의 방정식은
$(x^2+y^2+3x+2y-1)-\{x^2+y^2+ax-(2a-1)y+1\}=0$
$\therefore (3-a)x+(2a+1)y-2=0$

STEP Ⓑ　두 직선이 평행하기 위한 조건을 이용하여 a의 값 구하기

직선 $(3-a)x+(2a+1)y-2=0$과 직선 $x-y+3=0$이 평행하므로
$\dfrac{3-a}{1}=\dfrac{2a+1}{-1}\neq\dfrac{-2}{3}$, $-3+a=2a+1$
따라서 $a=-4$

+α | 두 직선의 기울기가 같음을 이용하여 풀 수 있어!

직선 $x-y+3=0$에서 $y=x+3$이므로 기울기는 1
직선 $(3-a)x+(2a+1)y-2=0$에서 $y=\dfrac{a-3}{2a+1}x+\dfrac{2}{2a+1}$이므로 기울기는 $\dfrac{a-3}{2a+1}$
두 직선이 평행이므로 $\dfrac{a-3}{2a+1}=1$, $a-3=2a+1$
따라서 $a=-4$

0372

 정답 ④

STEP A 두 원의 교점을 지나는 직선의 방정식 구하기

원 $(x+a)^2+y^2=9$에서 $x^2+y^2+2ax+a^2-9=0$

원 $x^2+(y-1)^2=25$에서 $x^2+y^2-2y-24=0$

두 원의 교점을 지나는 직선의 방정식은

$x^2+y^2+2ax+a^2-9-(x^2+y^2-2y-24)=0$

$\therefore 2ax+2y+a^2+15=0$

STEP B 두 직선이 수직임을 이용하여 a의 값 구하기

두 직선 $2ax+2y+a^2+15=0$과 $x-3y-4=0$가 수직이므로

$2a\times1+2\times(-3)=0$, $2a-6=0$

따라서 $a=3$

0373

 정답 ②

STEP A 두 원의 교점을 지나는 직선의 방정식 구하기

두 원 C_1, C_2의 교점을 지나는 직선의 방정식은

$x^2+y^2+2ax-6y+5-(x^2+y^2+4x+6y+9)=0$

$2(a-2)x-12y-4=0$

$\therefore (a-2)x-6y-2=0$

STEP B 직선이 원 C_2의 중심을 지남을 이용하여 상수 a의 값 구하기

C_2 : $x^2+y^2+4x+6y+9=0$에서 $(x+2)^2+(y+3)^2=4$

이때 직선 $(a-2)x-6y-2=0$이 원 C_2의 넓이를 이등분하려면

원 C_2의 중심 $(-2, -3)$을 지나야 하므로 대입하면

$(a-2)\times(-2)-6\times(-3)-2=0$, $-2a+20=0$

따라서 $a=10$

0374

 정답 ②

STEP A 두 원의 둘레의 길이를 이등분하는 조건을 이해하기

원 C_1 : $x^2+y^2-4ax+8y-10=0$이

원 C_2 : $x^2+y^2+2x-4y-4=0$의 둘레의 길이를 이등분하려면

두 원의 교점을 지나는 직선의 방정식이 원 C_2의 중심을 지나야 한다.

STEP B 두 원의 교점을 지나는 직선이 원 $x^2+y^2+2x-4y-4=0$의 중심을 지남을 이용하여 a의 값 구하기

원 C_2 : $x^2+y^2+2x-4y-4=0$에서 $(x+1)^2+(y-2)^2=9$

즉 중심의 좌표는 $(-1, 2)$이고 반지름의 길이는 3

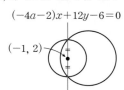

두 원 C_1, C_2의 교점을 지나는 직선의 방정식은

$x^2+y^2-4ax+8y-10-(x^2+y^2+2x-4y-4)=0$

$\therefore (-4a-2)x+12y-6=0$

이 직선이 원 C_2의 중심 $(-1, 2)$를 지나야 하므로 대입하면

$4a+2+24-6=0$, $4a+20=0$

따라서 $a=-5$

내/신/연/계 출제문항 192

원 C_1 : $x^2+y^2+2ax+2y-6=0$이 원 C_2 : $x^2+y^2+2x-2ay-2=0$의 둘레의 길이를 이등분할 때, 양수 a의 값은?

① 1   ② 2   ③ 3
④ 4   ⑤ 5

STEP A 두 원의 둘레의 길이를 이등분하는 조건을 이해하기

원 C_1 : $x^2+y^2+2ax+2y-6=0$이

원 C_2 : $x^2+y^2+2x-2ay-2=0$의 둘레의 길이를 이등분하려면

두 원의 교점을 지나는 직선의 방정식인 원 C_2의 중심을 지나야 한다.

STEP B 두 원의 교점을 지나는 직선이 원 $x^2+y^2+2x-2ay-2=0$의 중심을 지남을 이용하여 a의 값 구하기

원 C_2 : $x^2+y^2+2x-2ay-2=0$에서 $(x+1)^2+(y-a)^2=a^2+3$

중심은 $(-1, a)$이고 반지름의 길이는 $\sqrt{a^2+3}$

또한, 주어진 두 원의 교점을 지나는 직선의 방정식은

$x^2+y^2+2ax+2y-6-(x^2+y^2+2x-2ay-2)=0$

$\therefore (a-1)x+(a+1)y-2=0$

이 직선이 원 C_2의 중심 $(-1, a)$를 지나므로 대입하면

$-(a-1)+a(a+1)-2=0$, $a^2-1=0$

$\therefore a=1$ 또는 $a=-1$

따라서 양수 a의 값은 1   정답 ①

0375

 정답 2

STEP A 두 점 P, Q를 지나고 점 $(-1, 0)$에서 x축에 접하는 원의 방정식 구하기

오른쪽 그림과 같이 호 PQ를 일부분으로 하는 원을 그리면 원은 $x^2+y^2=9$와 반지름의 길이가 같으므로 반지름의 길이가 3이고 x축과 점 $(-1, 0)$에서 접하므로 중심의 좌표는 $(-1, 3)$

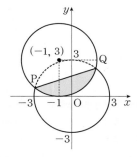

이때 호 PQ를 일부분으로 하는 원의 방정식은 $(x+1)^2+(y-3)^2=9$

$\therefore x^2+y^2+2x-6y+1=0$

STEP B 두 원의 교점을 지나는 직선의 방정식 구하기

직선 PQ는 두 원 $x^2+y^2-9=0$, $x^2+y^2+2x-6y+1=0$의 교점을 지나는 직선이다.

즉 $x^2+y^2+2x-6y+1-(x^2+y^2-9)=0$, $2x-6y+10=0$

$\therefore x-3y+5=0$

따라서 $a=-3$, $b=5$이므로 $a+b=-3+5=2$

내/신/연/계 출제문항 193

오른쪽 그림과 같이 원 $x^2+y^2=36$을 선분 PQ를 접는 선으로 접어서 x축 위의 점 $(2, 0)$에서 접하도록 하였다. 직선 PQ의 방정식을 $x+ay+b=0$이라 할 때, 상수 a, b에 대하여 ab의 값을 구하시오.

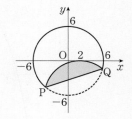

158

STEP Ⓐ **두 점 P, Q를 지나고 점 $(2, 0)$에서 x축에 접하는 원의 방정식 구하기**

오른쪽 그림과 같이 호 PQ를 일부분으로
하는 원을 그리면 원은 $x^2+y^2=36$과
반지름의 길이가 같으므로 반지름의 길이
가 6이고 x축과 점 $(2, 0)$에서 접하므로
중심의 좌표는 $(2, -6)$
이때 호 PQ를 일부분으로 하는 원의
방정식은 $(x-2)^2+(y+6)^2=36$
$\therefore x^2+y^2-4x+12y+4=0$

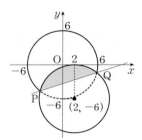

STEP Ⓑ **두 원의 교점을 지나는 직선의 방정식 구하기**

직선 PQ의 방정식은 두 원 $x^2+y^2=36$, $x^2+y^2-4x+12y+4=0$의 교점을
지나는 직선이다.
직선의 방정식은 $(x^2+y^2-36)-(x^2+y^2-4x+12y+4)=0$
$4x-12y-40=0 \quad \therefore x-3y-10=0$
따라서 $a=-3$, $b=-10$이므로 $ab=30$

정답 30

0376

2004년 03월 고2 학력평가 13번

정답 ③

STEP Ⓐ **원의 둘레를 이등분하는 조건 구하기**

$(x-2)^2+(y-4)^2=r^2$ ...... ㉠
$(x-1)^2+(y-1)^2=4$ ...... ㉡

원 ㉠이 원 ㉡의 둘레를 이등분하려면 두 원의 교점을 지나는 직선이 원 ㉡의
중심 $(1, 1)$을 지나야 한다.

STEP Ⓑ **원의 중심에서 현에 내린 수선은 현을 이등분함을 이용하여 반지름 r의 값 구하기**

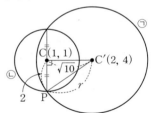

원 ㉡의 중심을 C$(1, 1)$, 원 ㉠의 중심을 C′$(2, 4)$라 하고
두 원의 교점 중 한 점을 P라 하자.
두 점 사이의 거리에 의하여 선분 CC′의 길이는
$\overline{CC'}=\sqrt{(2-1)^2+(4-1)^2}=\sqrt{10}$
원 ㉠의 중심 C′에서 공통인 현에 내린 수선의 발이 C이고
원의 중심에서 현에 내린 수선은 그 현을 수직이등분하므로
$\overline{CP}=2$ (∵ 원 ㉡의 반지름의 길이)
직각삼각형 CPC′에서 피타고라스 정리에 의하여
$\overline{C'P}^2=\overline{CC'}^2+\overline{CP}^2$
따라서 $r=\overline{C'P}=\sqrt{(\sqrt{10})^2+2^2}=\sqrt{14}$

다른풀이 **두 원의 교점을 지나는 직선의 방정식을 이용하여 풀이하기**

STEP Ⓐ **두 원의 교점을 지나는 직선의 방정식 구하기**

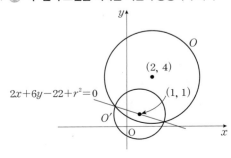

두 원 $O : (x-2)^2+(y-4)^2=r^2$, $O' : (x-1)^2+(y-1)^2=4$라 하자.
이때 원 O가 원 O'의 둘레의 길이를 이등분하려면
두 원의 교점을 지나는 직선이 원 O'의 중점을 지나야 한다.
두 원 $(x-2)^2+(y-4)^2=r^2$, $(x-1)^2+(y-1)^2=4$의 교점을 지나는
직선의 방정식은 $x^2+y^2-4x-8y+20-r^2-(x^2+y^2-2x-2y-2)=0$
$\therefore 2x+6y-22+r^2=0$

STEP Ⓑ **두 원의 교점을 지나는 직선이 원 O의 중심을 지남을 이용하여 반지름의 길이 구하기**

직선 $2x+6y-22+r^2=0$이 원 O의 중심 $(1, 1)$을 지나므로
$2x+6y-22+r^2=0$에 $x=1$, $y=1$을 대입하면 $2+6-22+r^2=0$
$\therefore r^2=14$
따라서 $r>0$이므로 $r=\sqrt{14}$

내/신/연/계/ 출제문항 194

원 $(x-2)^2+(y-5)^2=r^2$이 원 $(x+1)^2+(y-3)^2=4$의 둘레를 이등분
할 때, 반지름 r의 값은?

① $\sqrt{13}$ ② $\sqrt{14}$ ③ $\sqrt{15}$
④ 4   ⑤ $\sqrt{17}$

STEP Ⓐ **원의 둘레를 이등분하는 조건 구하기**

$(x-2)^2+(y-5)^2=r^2$ ...... ㉠
$(x+1)^2+(y-3)^2=4$ ...... ㉡

원 ㉠이 원 ㉡의 둘레를 이등분하려면
두 원의 공통인 현이 원 ㉡의 중심 $(-1, 3)$을 지나야 한다.

STEP Ⓑ **원의 중심에서 현에 내린 수선은 현을 이등분함을 이용하여 반지름 r의 값 구하기**

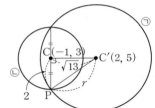

원 ㉡의 중심을 C$(-1, 3)$, 원 ㉠의 중심을 C′$(2, 5)$라 하고
두 원의 교점 중 한 점을 P라 하자.
두 점 사이의 거리에 의하여 선분 CC′의 길이는
$\overline{CC'}=\sqrt{\{2-(-1)\}^2+(5-3)^2}=\sqrt{13}$
원 ㉠의 중심 C′에서 공통인 현에 내린 수선의 발이 C이고
원의 중심에서 현에 내린 수선은 그 현을 수직이등분하므로
$\overline{CP}=2$ (∵ 원 ㉡의 반지름의 길이)
직각삼각형 C′CP에서 피타고라스 정리에 의하여
$\overline{C'P}=\sqrt{\overline{CC'}^2+\overline{CP}^2}=\sqrt{(\sqrt{13})^2+2^2}=\sqrt{17}$
따라서 $r=\sqrt{17}$

다른풀이 **두 원의 교점을 지나는 직선의 방정식을 이용하여 풀이하기**

STEP Ⓐ **두 원의 교점을 지나는 직선의 방정식 구하기**

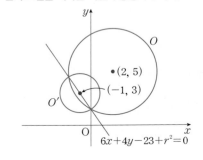

159

두 원 $O: (x-2)^2+(y-5)^2=r^2$, $O': (x+1)^2+(y-3)^2=4$라 하자.
이때 원 O가 원 O'의 둘레의 길이를 이등분하려면
두 원의 교점을 지나는 직선이 원 O'의 중점을 지나야 한다.
두 원 $(x-2)^2+(y-5)^2-r^2=0$, $(x+1)^2+(y-3)^2-4=0$의 교점을 지나는
직선의 방정식은 $x^2+y^2-4x-10y+29-r^2-(x^2+y^2+2x-6y+6)=0$
$\therefore 6x+4y-23+r^2=0$

STEP B 두 원의 교점을 지나는 직선이 원 O'의 중심을 지남을 이용하여 반지름의 길이 구하기

직선 $6x+4y-23+r^2=0$이 원 O'의 중심 $(-1, 3)$을 지나므로
$6x+4y-23+r^2=0$에 $x=-1$, $y=3$을 대입하면 $-6+12-23+r^2=0$
$\therefore r^2=17$
따라서 $r>0$이므로 $r=\sqrt{17}$　　　　　정답 ⑤

0377　　　　정답 ①

STEP A 두 원의 교점을 지나는 원의 방정식 구하기

두 원의 교점을 지나는 원의 방정식은
$(x^2+y^2-5)+k(x^2+y^2+x+3y-4)=0$ (단, $k\neq-1$) …… ㉠

STEP B 원이 점 $(1, 0)$을 지남을 이용하여 원의 방정식 구하기

㉠의 원이 점 $(1, 0)$을 지나므로 대입하면
$(1+0-5)+k(1+0+1+0-4)=0$, $-4-2k=0$
$\therefore k=-2$
$k=-2$를 ㉠에 대입하면 $(x^2+y^2-5)-2(x^2+y^2+x+3y-4)=0$
$x^2+y^2+2x+6y-3=0$ $\therefore (x+1)^2+(y+3)^2=13$
따라서 이 원의 반지름의 길이는 $\sqrt{13}$이므로 원의 넓이는 13π

0378　　　　정답 6

STEP A 두 원의 교점을 지나는 원의 방정식 구하기

$(x+3)^2+(y+3)^2=9$에서 $x^2+y^2+6x+6y+9=0$
두 원의 교점을 지나는 원의 방정식은
$(x^2+y^2-9)+k(x^2+y^2+6x+6y+9)=0$ (단, $k\neq-1$) …… ㉠

STEP B 원이 점 $(-3, -3)$을 지남을 이용하여 원의 방정식 구하기

㉠의 원이 점 $(-3, -3)$을 지나므로 대입하면
$(9+9-9)+k(9+9-18-18+9)=0$, $9-9k=0$
$\therefore k=1$
$k=1$을 ㉠에 대입하면 $(x^2+y^2-9)+(x^2+y^2+6x+6y+9)=0$
$2x^2+2y^2+6x+6y=0$ $\therefore x^2+y^2+3x+3y=0$
따라서 $A=3$, $B=3$, $C=0$이므로 $A+B+C=6$

내/신/연/계/ 출제문항 195

두 원 $x^2+y^2=16$, $(x+4)^2+(y+4)^2=16$의 교점과 점 $(-8, 0)$을 지나는
원의 방정식을 $x^2+y^2+Ax+By+C=0$이라 할 때, 상수 A, B, C에
대하여 $A+B+C$의 값을 구하시오.

STEP A 두 원의 교점을 지나는 원의 방정식 구하기

$(x+4)^2+(y+4)^2=16$에서 $x^2+y^2+8x+8y+16=0$
두 원의 교점을 지나는 원의 방정식은
$(x^2+y^2-16)+k(x^2+y^2+8x+8y+16)=0$ (단, $k\neq-1$) …… ㉠

STEP B 원이 점 $(-8, 0)$을 지남을 이용하여 원의 방정식 구하기

㉠의 원이 점 $(-8, 0)$을 지나므로
$(64+0-16)+k(64+0-64+0+16)=0$, $48+16k=0$ $\therefore k=-3$
$k=-3$을 ㉠에 대입하면 $(x^2+y^2-16)-3(x^2+y^2+8x+8y+16)=0$
$-2x^2-2y^2-24x-24y-64=0$ $\therefore x^2+y^2+12x+12y+32=0$
따라서 $A=12$, $B=12$, $C=32$이므로 $A+B+C=56$　　　　정답 56

0379　　　　정답 ①

STEP A 두 원의 교점을 지나는 원의 방정식 세우기

두 원의 교점을 지나는 원의 방정식은
$(x^2+y^2-8x-4y+9)+k(x^2+y^2-ay)=0$ (단, $k\neq-1$) …… ㉠

STEP B 두 원의 교점과 점 $(1, 0)$을 지나는 원의 방정식 구하기

원 ㉠이 점 $(1, 0)$을 지나므로 대입하면
$2+k=0$ $\therefore k=-2$
$k=-2$를 ㉠에 대입하면 $(x^2+y^2-8x-4y+9)-2(x^2+y^2-ay)=0$
$-x^2-y^2-8x+(2a-4)y+9=0$, $x^2+y^2+8x+(4-2a)y-9=0$
$\therefore (x+4)^2+\{y+(2-a)\}^2=a^2-4a+29$

STEP C 원의 넓이를 이용하여 a의 값 구하기

이 원의 넓이가 25π이므로
$a^2-4a+29=25$, $a^2-4a+4=0$, $(a-2)^2=0$
따라서 $a=2$

+α | 원의 반지름 공식을 이용하여 구할 수 있어!

원의 방정식 $x^2+y^2+Ax+By+C=0$에서 반지름의 길이는
$$\frac{\sqrt{A^2+B^2-4C}}{2}$$
원의 방정식 $x^2+y^2+8x+(4-2a)y-9=0$의 넓이가 25π이므로
반지름의 길이는 5
이때 반지름을 구하는 공식에 의하여 반지름의 길이는 $\dfrac{\sqrt{64+(4-2a)^2+36}}{2}$
즉 $\dfrac{\sqrt{100+(4-2a)^2}}{2}=5$, $\sqrt{100+(4-2a)^2}=10$
양변을 제곱하면 $100+(4-2a)^2=100$, $(4-2a)^2=0$ $\therefore a=2$

0380　　　　정답 ⑤

STEP A 두 원의 교점을 지나는 원의 방정식 구하기

두 원의 교점을 지나는 원의 방정식은
$(x^2+y^2-3ax+ay+4a)+k(x^2+y^2-4x)=0$ (단, $k\neq-1$) …… ㉠

STEP B 원이 두 점 $(0, 4)$, $(4, 2)$를 지남을 이용하여 원의 방정식 구하기

원 ㉠이 점 $(0, 4)$를 지나므로 대입하면
$(0+16-0+4a+4a)+k(0+16-0)=0$ $\therefore a+2k=-2$ …… ㉡
원 ㉠이 점 $(4, 2)$를 지나므로 대입하면
$(16+4-12a+2a+4a)+k(16+4-16)=0$ $\therefore 3a-2k=10$ …… ㉢
㉡, ㉢을 연립하여 풀면 $a=2$, $k=-2$
이를 ㉠에 대입하면 $(x^2+y^2-6x+2y+8)-2(x^2+y^2-4x)=0$
$x^2+y^2-2x-2y-8=0$ $\therefore (x-1)^2+(y-1)^2=10$

STEP C 원의 넓이를 구한 후 ab의 값 구하기

원 $(x-1)^2+(y-1)^2=10$의 반지름의 길이가 $\sqrt{10}$이므로
원의 넓이는 $(\sqrt{10})^2\pi=10\pi$
따라서 $a=2$, $b=10$이므로 $ab=20$

두 원 $x^2+y^2-2ax-ay+10=0$, $x^2+y^2-10x=0$의 교점과 두 점 $(0, 5)$, $(4, 3)$을 지나는 원의 넓이가 $b\pi$일 때, ab의 값은? (단, a는 상수이다.)

① 21 ② 25 ③ 29
④ 33 ⑤ 37

STEP Ⓐ **두 원의 교점을 지나는 원의 방정식 구하기**

두 원의 교점을 지나는 원의 방정식은
$(x^2+y^2-2ax-ay+10)+k(x^2+y^2-10x)=0$ (단, $k \neq -1$) ······ ㉠

STEP Ⓑ **원이 두 점 $(0, 5)$, $(4, 3)$을 지남을 이용하여 원의 방정식 구하기**

원 ㉠이 점 $(0, 5)$를 지나므로 대입하면
$(0+25-0-5a+10)+k(0+25-0)=0$ ∴ $a-5k=7$ ······ ㉡
원 ㉠이 점 $(4, 3)$을 지나므로 대입하면
$(16+9-8a-3a+10)+k(16+9-40)=0$ ∴ $11a+15k=35$ ······ ㉢
㉡, ㉢을 연립하여 풀면 $a=4$, $k=-\dfrac{3}{5}$

이를 ㉠에 대입하면 $(x^2+y^2-8x-4y+10)-\dfrac{3}{5}(x^2+y^2-10x)=0$
$\dfrac{2}{5}x^2+\dfrac{2}{5}y^2-2x-4y+10=0$
∴ $\left(x-\dfrac{5}{2}\right)^2+(y-5)^2=\dfrac{25}{4}$

STEP Ⓒ **원의 넓이를 구한 후 ab의 값 구하기**

원 $\left(x-\dfrac{5}{2}\right)^2+(y-5)^2=\dfrac{25}{4}$의 반지름의 길이가 $\dfrac{5}{2}$이므로

원의 넓이는 $\left(\dfrac{5}{2}\right)^2\pi=\dfrac{25}{4}\pi$

따라서 $a=4$, $b=\dfrac{25}{4}$이므로 $ab=25$ 정답 ②

0381

정답 ④

STEP Ⓐ **두 원의 교점을 지나는 직선의 방정식 구하기**

두 원의 교점을 지나는 직선의 방정식은
$x^2+y^2+2x-2y-5-(x^2+y^2-4x-5y+7)=0$, $6x+3y-12=0$
∴ $2x+y-4=0$

STEP Ⓑ **원 $x^2+y^2+2x-2y-5=0$의 중심에서 직선 $2x+y-4=0$까지의 거리 구하기**

원 $x^2+y^2+2x-2y-5=0$에서 $(x+1)^2+(y-1)^2=7$
원의 중심의 좌표는 $C(-1, 1)$이고 반지름의 길이는 $\sqrt{7}$
이때 원의 중심 $C(-1, 1)$에서 직선 $2x+y-4=0$까지의 거리를 구하면
$\dfrac{|-2+1-4|}{\sqrt{5}}=\sqrt{5}$

STEP Ⓒ **피타고라스 정리를 이용하여 선분 PQ의 길이 구하기**

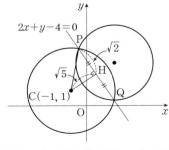

중심 $C(-1, 1)$에서 현 PQ에 내린 수선의 발을 H라고 하면

삼각형 PCH는 직각삼각형이다.
$\overline{PC}=\sqrt{7}$이므로
피타고라스 정리에 의하여 $\overline{PH}=\sqrt{\overline{PC}^2-\overline{CH}^2}=\sqrt{7-5}=\sqrt{2}$
따라서 $\overline{PQ}=2\overline{PH}=2\sqrt{2}$

0382

정답 ④

STEP Ⓐ **두 원의 교점을 지나는 직선의 방정식 구하기**

$(x-2)^2+(y+2)^2=8$에서 $x^2+y^2-4x+4y=0$
즉 두 원의 교점을 지나는 직선 AB의 방정식은
$x^2+y^2-16-(x^2+y^2-4x+4y)=0$, $4x-4y-16=0$
∴ $x-y-4=0$ ······ ㉠

STEP Ⓑ **선분 AB의 중점의 좌표 구하기**

선분 AB의 중점은 직선 AB와 두 원의 중심을 연결하는 직선의 교점이다.

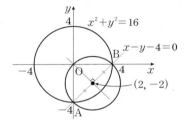

두 원의 중심 $(0, 0)$과 $(2, -2)$를 지나는 직선의 방정식은
$y=-x$ ······ ㉡
㉠, ㉡을 연립하면 $x=2$, $y=-2$이므로
선분 AB의 중점의 좌표는 $(2, -2)$
따라서 $a=2$, $b=-2$이므로 $a-b=2-(-2)=4$

0383

정답 ②

STEP Ⓐ **두 원의 교점을 지나는 직선의 방정식 구하기**

$C_1 : x^2+y^2=9$에서 $x^2+y^2-9=0$
$C_2 : (x+3)^2+(y-3)^2=15$에서 $x^2+y^2+6x-6y+3=0$
두 원의 교점을 지나는 직선은 $(x^2+y^2-9)-(x^2+y^2+6x-6y+3)=0$
$-6x+6y-12=0$
∴ $x-y+2=0$

STEP Ⓑ **중심 O'에서 직선 $x-y+2=0$까지의 거리 구하기**

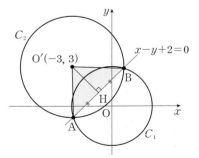

두 원 $x^2+y^2=9$, $(x+3)^2+(y-3)^2=15$과
직선 $x-y+2=0$의 교점을 각각 A, B라 하고
원 $C_2 : (x+3)^2+(y-3)^2=15$의 중심 $O'(-3, 3)$에서
직선 AB에 내린 수선의 발을 H라 하자.
점 $O'(-3, 3)$과 직선 $x-y+2=0$ 사이의 거리는
$\overline{O'H}=\dfrac{|-3-1\times3+2|}{\sqrt{1^2+(-1)^2}}=2\sqrt{2}$

STEP C **삼각형 O′AB의 넓이 구하기**

이때 원 $(x+3)^2+(y-3)^2=15$의 반지름의 길이는 $\sqrt{15}$이므로 $\overline{O'A}=\sqrt{15}$

직각삼각형 O′AH에서 피타고라스 정리에 의하여

$\overline{AH}=\sqrt{\overline{O'A}^2-\overline{O'H}^2}=\sqrt{(\sqrt{15})^2-(2\sqrt{2})^2}=\sqrt{7}$

$\therefore \overline{AB}=2\overline{AH}=2\sqrt{7}$

따라서 삼각형 O′AB의 넓이는 $\frac{1}{2}\times\overline{AB}\times\overline{O'H}=\frac{1}{2}\times2\sqrt{7}\times2\sqrt{2}=2\sqrt{14}$

내신연계 출제문항 197

두 원 $x^2+y^2=9$, $x^2+(y+2)^2=5$의 두 교점을 A, B 라 할 때, 삼각형 OAB의 넓이는? (단, O는 원점이다.)

① $2\sqrt{5}$　　　② $3\sqrt{2}$　　　③ 4

④ $\sqrt{14}$　　　⑤ $2\sqrt{3}$

STEP A **두 원의 교점을 지나는 직선의 방정식 구하기**

$x^2+y^2=9$에서 $x^2+y^2-9=0$

$x^2+(y+2)^2=5$에서 $x^2+y^2+4y-1=0$

두 원의 공통인 현의 방정식은 $(x^2+y^2-9)-(x^2+y^2+4y-1)=0$

$\therefore y=-2$

STEP B **원 $x^2+y^2=9$의 중심에서 직선 $y=-2$까지의 거리 구하기**

두 원 $x^2+y^2=9$, $x^2+(y+2)^2=5$의 중심을 각각 O, O′이라 하고

두 원의 교점을 A, B 라 하자.

두 선분 OO′과 AB의 교점을 C 라 하자.

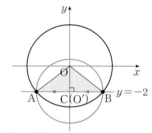

원 $x^2+y^2=9$이므로 $\overline{OA}=\overline{OB}=3$이고

점 C는 직선 $y=-2$ 위에 있으므로 $\overline{OC}=2$

STEP C **삼각형 OAB의 넓이 구하기**

직각삼각형 OAC에서 피타고라스의 정리에 의하여

$\overline{AC}=\sqrt{\overline{OA}^2-\overline{OC}^2}=\sqrt{3^2-2^2}=\sqrt{5}$　$\therefore \overline{AB}=2\overline{AC}=2\sqrt{5}$

따라서 삼각형 OAB의 넓이는 $\frac{1}{2}\times\overline{AB}\times\overline{OC}=\frac{1}{2}\times2\sqrt{5}\times2=2\sqrt{5}$

정답 ①

0384
정답 ③

STEP A **두 원의 교점을 지나는 직선의 방정식 구하기**

$(x-3)^2+(y-4)^2=25$에서 $x^2+y^2-6x-8y=0$

이때 두 원의 교점을 지나는 직선의 방정식은

$(x^2+y^2-20)-(x^2+y^2-6x-8y)=0$, $6x+8y-20=0$

$\therefore 3x+4y-10=0$

STEP B **교점을 지나는 원 중에서 넓이가 최소가 되기 위한 조건 구하기**

원 $x^2+y^2=20$과 직선 $3x+4y-10=0$의 교점을 A, B 라 하면

두 점 A, B를 지나는 원 중에서 넓이가 최소인 원은 선분 AB를 지름으로 하는 원이다.

STEP C **지름이 $\overline{AB}$인 원의 넓이 구하기**

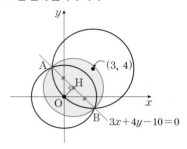

원 $x^2+y^2=20$의 중심 O(0, 0)에서

직선 $3x+4y-10=0$에 내린 수선의 발을 H라 하면

$\overline{OH}$는 점 O(0, 0)에서 직선 $3x+4y-10=0$ 사이의 거리와 같으므로

$\overline{OH}=\dfrac{|-10|}{\sqrt{3^2+4^2}}=2$

직각삼각형 OBH에서 $\overline{OH}=2$, $\overline{OB}=\sqrt{20}$ 이므로 피타고라스 정리에 의하여

$\overline{BH}=\sqrt{\overline{OB}^2-\overline{OH}^2}=\sqrt{(\sqrt{20})^2-2^2}=4$

따라서 넓이가 최소인 것은 <u>선분 AB를 지름으로 하는 원</u>이므로 넓이는

$\pi\times4^2=16\pi$　　　공통현 AB의 길이는 $\overline{AB}=2\overline{BH}=2\times4=8$

내신연계 출제문항 198

두 원

$$x^2+y^2=6,\ (x+2)^2+(y-2)^2=10$$

의 두 교점을 지나는 원 중에서 넓이가 최소인 원의 넓이는?

① 5π　　　② $\dfrac{11}{2}\pi$　　　③ 6π

④ $\dfrac{13}{2}\pi$　　　⑤ 7π

STEP A **두 원의 교점을 지나는 직선의 방정식 구하기**

원 $x^2+y^2=6$에서 $x^2+y^2-6=0$

$(x+2)^2+(y-2)^2=10$에서 $x^2+y^2+4x-4y-2=0$

두 원의 공통인 현의 방정식은 $(x^2+y^2-6)-(x^2+y^2+4x-4y-2)=0$

$\therefore x-y+1=0$

STEP B **교점을 지나는 원 중에서 넓이가 최소가 되기 위한 조건 구하기**

원 $x^2+y^2=6$과 직선 $x-y+1=0$의 교점을 A, B 라 하면

두 점 A, B를 지나는 원 중에서 넓이가 최소인 원은 선분 AB를 지름으로 하는 원이다.

STEP C **지름이 $\overline{AB}$인 원의 넓이 구하기**

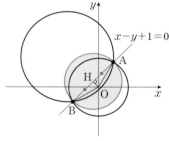

두 원 $x^2+y^2=6$의 중심 O(0, 0)에서

직선 $x-y+1=0$에 내린 수선의 발을 H라 하면

$\overline{OH}$는 점 O(0, 0)에서 직선 $x-y+1=0$까지의 거리와 같으므로

$\overline{OH}=\dfrac{|1|}{\sqrt{1^2+(-1)^2}}=\dfrac{\sqrt{2}}{2}$

직각삼각형 OAH에서 피타고라스 정리에 의하여

$\overline{AH}=\sqrt{\overline{OA}^2-\overline{OH}^2}=\sqrt{(\sqrt{6})^2-\left(\dfrac{\sqrt{2}}{2}\right)^2}=\dfrac{\sqrt{22}}{2}$

$$\therefore \overline{AB}=2\overline{AH}=\sqrt{22}$$

따라서 넓이가 최소인 원은 선분 AB를 지름으로 하는 원이므로 원의 넓이는

$$\pi \times \left(\frac{\sqrt{22}}{2}\right)^2 = \frac{11}{2}\pi \qquad \text{정답 ②}$$

0385
 정답 72

STEP A 직각삼각형 O′AC에서 피타고라스 정리를 이용하여 $\overline{O'C}$ 구하기

다음 그림과 같이 두 원 $x^2+y^2-k=0$, $x^2+y^2-6x-6y=0$의 중심을 각각 O, O′이라 하고 두 원의 교점을 A, B, 직선 OO′과 선분 AB의 교점을 C라 하자.

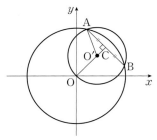

$x^2+y^2-6x-6y=0$에서 $(x-3)^2+(y-3)^2=18$이므로

점 O′의 좌표는 $(3, 3)$이고 $\overline{O'A}=3\sqrt{2}$

$\overline{AB}=2\sqrt{10}$이므로 $\overline{AC}=\frac{1}{2}\overline{AB}=\sqrt{10}$

직각삼각형 O′AC에서 피타고라스 정리에 의하여

$$\overline{O'C}=\sqrt{\overline{O'A}^2-\overline{AC}^2}=\sqrt{(3\sqrt{2})^2-(\sqrt{10})^2}=2\sqrt{2} \quad \cdots\cdots ㉠$$

STEP B 두 원의 교점을 지나는 직선의 방정식과 점과 직선 사이의 거리를 이용하여 상수 k의 값 구하기

한편 두 원의 공통인 현의 방정식은 $x^2+y^2-k-(x^2+y^2-6x-6y)=0$

$\therefore 6x+6y-k=0$

점 O′$(3, 3)$과 직선 $6x+6y-k=0$ 사이의 거리는

$$\overline{O'C}=\frac{|18+18-k|}{\sqrt{6^2+6^2}}=\frac{|36-k|}{6\sqrt{2}} \quad \cdots\cdots ㉡$$

㉠, ㉡에서 $\frac{|36-k|}{6\sqrt{2}}=2\sqrt{2}$, $|36-k|=24$

$36-k=24$ 또는 $36-k=-24$ $\therefore k=12$ 또는 $k=60$

따라서 모든 상수 k의 값의 합은 $12+60=72$

+α 중심 $(0, 0)$에서 공통현까지 거리를 이용해서 구할 수 있어!

두 원의 공통현 방정식이 $6x+6y-k=0$이고 $\overline{AC}=\frac{1}{2}\overline{AB}=\sqrt{10}$

또한, 선분 OA는 원 $x^2+y^2-k=0$에서 반지름과 같으므로

$\overline{OA}=\sqrt{k}$

중심 $(0, 0)$에서 직선 $6x+6y-k=0$까지의 거리는

$$\overline{OC}=\frac{|-k|}{\sqrt{6^2+6^2}}=\frac{|-k|}{6\sqrt{2}}$$

직각삼각형 AOC에서 피타고라스 정리에 의하여

$\overline{OA}^2=\overline{AC}^2+\overline{OC}^2$, $k=10+\frac{k^2}{72}$, $k^2-72k+720=0$

따라서 이차방정식의 근과 계수의 관계에 의하여 두 근의 합은 72

내신연계 출제문항 199

두 원

$$x^2+y^2=k, \quad x^2+y^2+8x-6y+6=0$$

의 공통인 현의 길이가 $2\sqrt{3}$이 되도록 하는 모든 상수 k의 값의 합은?

① 82   ② 84   ③ 86

④ 88   ⑤ 90

STEP A 직각삼각형 O′AC에서 피타고라스 정리를 이용하여 $\overline{O'C}$ 구하기

다음 그림과 같이 두 원 $x^2+y^2-k=0$, $x^2+y^2+8x-6y+6=0$의 중심을 각각 O, O′이라 하고 두 원의 교점을 A, B, 직선 OO′과 선분 AB의 교점을 C라 하자.

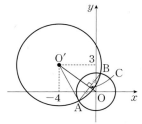

$x^2+y^2+8x-6y+6=0$에서 $(x+4)^2+(y-3)^2=19$이므로

점 O′의 좌표는 $(-4, 3)$이고 $\overline{O'A}=\sqrt{19}$

$\overline{AB}=2\sqrt{3}$이므로 $\overline{AC}=\frac{1}{2}\overline{AB}=\sqrt{3}$

직각삼각형 O′AC에서

$$\overline{O'C}=\sqrt{\overline{O'A}^2-\overline{AC}^2}=\sqrt{(\sqrt{19})^2-(\sqrt{3})^2}=4 \quad \cdots\cdots ㉠$$

STEP B 두 원의 교점을 지나는 직선의 방정식과 점과 직선 사이의 거리를 이용하여 상수 k의 값 구하기

이때 두 원의 공통인 현의 방정식은

$x^2+y^2-k-(x^2+y^2+8x-6y+6)=0$

$\therefore 8x-6y+k+6=0$

점 O′$(-4, 3)$과 직선 $8x-6y+k+6=0$ 사이의 거리는

$$\overline{O'C}=\frac{|-32-18+k+6|}{\sqrt{8^2+(-6)^2}}=\frac{|-44+k|}{10} \quad \cdots\cdots ㉡$$

㉠, ㉡에서 $\frac{|-44+k|}{10}=4$, $|-44+k|=40$,

$-44+k=40$ 또는 $-44+k=-40$ $\therefore k=84$ 또는 $k=4$

따라서 모든 상수 k의 값의 합은 $84+4=88$ 정답 ④

0386
2008년 11월 고1 학력평가 24번 정답 4

 해설강의

STEP A 공통현의 길이가 최대가 되기 위해서는 그 현이 작은 원의 지름이 되어야 함을 이용하기

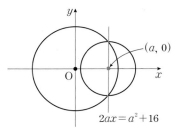

두 원 $x^2+y^2=20$과 $(x-a)^2+y^2=4$의 교점을 지나는 직선의 방정식은

$x^2+y^2-20-(x^2-2ax+a^2+y^2-4)=0$, $2ax=a^2+16$

$$\therefore x=\frac{a^2+16}{2a}$$

직선 $x=\frac{a^2+16}{2a}$이 원 $(x-a)^2+y^2=4$의 중심 $(a, 0)$을 지날 때,

공통인 현이 작은 원의 지름이 되려면 작은 원의 중심을 지나면 된다.

공통인 현의 길이가 최대가 된다. ← 현의 길이의 최대는 지름

즉 $\frac{a^2+16}{2a}=a$, $a^2+16=2a^2$, $a^2=16$

$\therefore a=4$ 또는 $a=-4$

따라서 양수 a의 값은 4

좌표평면 위의 두 원 $x^2+y^2=16$과 $(x-a)^2+y^2=7$이 서로 다른 두 점에서 만날 때, 공통현의 길이가 최대가 되도록 하는 양수 a의 값을 구하시오.

STEP Ⓐ **공통현의 길이가 최대가 되기 위해서는 그 현이 작은 원의 지름이 되어야 함을 이용하기**

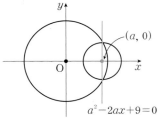

두 원 $x^2+y^2=16$과 $(x-a)^2+y^2=7$의 교점을 지나는 직선의 방정식은
$(x^2+y^2-16)-(x^2+y^2-2ax+a^2-7)=0$, $2ax-a^2-9=0$

$\therefore x=\dfrac{a^2+9}{2a}$

직선 $x=\dfrac{a^2+9}{2a}$이 원 $(x-a)^2+y^2=7$의 중심 $(a, 0)$을 지날 때,
공통인 현의 길이가 최대가 된다.

즉 $\dfrac{a^2+9}{2a}=a$, $a^2+9=2a^2$, $a^2=9$ $\therefore a=3$ 또는 $a=-3$

따라서 양수 a의 값은 3

---

mini 해설 **두 원의 교점의 좌표를 이용하여 풀이하기**

오른쪽 그림과 같이 두 원
$x^2+y^2=16$, $(x-a)^2+y^2=7$의
두 교점을 각각 A, B라 하면
선분 AB가 원 $(x-a)^2+y^2=7$의 지름일 때,
공통인 현의 길이가 최대가 된다.
이때 점 A의 좌표는 $A(a, \sqrt{7})$이라 하면
점 A는 원 $x^2+y^2=16$ 위의 점이므로
$a^2+(\sqrt{7})^2=16$, $a^2=9$ $\therefore a=3 (\because a>0)$

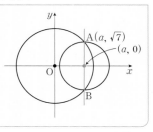

정답 3

0387

정답 ④

STEP Ⓐ **점과 직선 사이의 거리 공식을 이용하여 선분 CH의 길이 구하기**

원 $x^2+y^2-4x+2y-4=0$에서 $(x-2)^2+(y+1)^2=9$
원의 중심이 $(2, -1)$이고 반지름의 길이가 3이다.

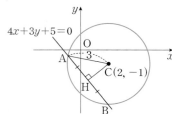

원의 중심을 C라 하고 그림과 같이 현 AB에 내린 수선의 발을 H라고 하면
선분 CH의 길이는 점 $C(2, -1)$과 직선 $4x+3y+5=0$ 사이의 거리이므로

$\overline{CH}=\dfrac{|4\times2+3\times(-1)+5|}{\sqrt{4^2+3^2}}=\dfrac{10}{5}=2$

STEP Ⓑ **직각삼각형 CAH에서 피타고라스 정리를 이용하여 현 AB의 길이 구하기**

직각삼각형 CAH에서 $\overline{AC}=3$이므로 피타고라스 정리에 의하여

$\overline{AH}=\sqrt{\overline{AC}^2-\overline{CH}^2}=\sqrt{3^2-2^2}=\sqrt{5}$

따라서 $\overline{AB}=2\overline{AH}=2\sqrt{5}$

0388

 정답 14

STEP Ⓐ **직각삼각형 AHC에서 피타고라스 정리를 이용하여 선분 CH의 길이 구하기**

원 $x^2+y^2+6x-8y+9=0$에서
$(x+3)^2+(y-4)^2=16$
원의 중심이 $(-3, 4)$이고 반지름의
길이가 4이다.
원의 중심을 C라 하고 오른쪽 그림과
같이 현 AB에 내린 수선의 발을 H라고
하면 현 AB의 길이가 $4\sqrt{2}$이므로
$\overline{AH}=\dfrac{1}{2}\overline{AB}=2\sqrt{2}$

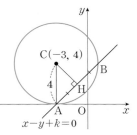

직각삼각형 AHC에서 $\overline{AC}=4$이므로 피타고라스 정리에 의하여
$\overline{CH}=\sqrt{\overline{AC}^2-\overline{AH}^2}=\sqrt{4^2-(2\sqrt{2})^2}=2\sqrt{2}$

STEP Ⓑ **점과 직선 사이의 거리 공식을 이용하여 k의 값 구하기**

원의 중심 $C(-3, 4)$와 직선 $x-y+k=0$ 사이의 거리가 $2\sqrt{2}$이므로
$\dfrac{|-3-4+k|}{\sqrt{1^2+(-1)^2}}=2\sqrt{2}$, $|-7+k|=4$

$-7+k=4$ 또는 $-7+k=-4$ $\therefore k=11$ 또는 $k=3$
따라서 상수 k의 값의 합은 $11+3=14$

직선 $y=2x+k$가 원 $x^2+y^2-8x-4y+11=0$에 의하여 잘린 현의 길이가 4일 때, 상수 k의 값의 합은?

① -17 ② -15 ③ -13
④ -12 ⑤ -11

STEP Ⓐ **원의 방정식을 변형하여 중심의 좌표와 반지름의 길이 구하기**

원 $x^2+y^2-8x-4y+11=0$에서
$(x-4)^2+(y-2)^2=9$는 원의 중심이
$(4, 2)$이고 반지름의 길이가 3
원의 중심을 C라 하고 오른쪽 그림과
같이 현 AB에 내린 수선의 발을 H라고
하면 현 AB의 길이가 4이므로
$\overline{AH}=\dfrac{1}{2}\overline{AB}=2$

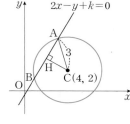

직각삼각형 AHC에서 $\overline{AC}=3$이므로
피타고라스 정리에 의하여
$\overline{CH}=\sqrt{\overline{AC}^2-\overline{AH}^2}=\sqrt{3^2-2^2}=\sqrt{5}$ ...... ㉠

STEP Ⓑ **점과 직선 사이의 거리 공식을 이용하여 k의 값 구하기**

원의 중심 $C(4, 2)$에서 직선 $2x-y+k=0$까지의 거리는 $\sqrt{5}$이므로

$\overline{CH}=\dfrac{|2\times4-2+k|}{\sqrt{2^2+(-1)^2}}=\dfrac{|k+6|}{\sqrt{5}}$ ...... ㉡

㉠, ㉡에서 $\dfrac{|k+6|}{\sqrt{5}}=\sqrt{5}$, $|k+6|=5$, $k+6=\pm5$

따라서 $k=-1$ 또는 $k=-11$이므로 합은 -12

 정답 ④

0389

정답 ③

STEP Ⓐ 원의 성질을 이용하여 조건을 만족시키는 현의 범위 구하기

원 $x^2+y^2-10x=0$에서 $(x-5)^2+y^2=25$

원의 중심을 C라 하면 C(5, 0)이고 반지름의 길이는 5

점 A(1, 0)은 원의 내부에 있고 점 A를 지나는 현을 구해보면

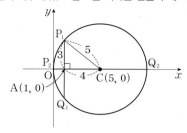

현의 길이가 최소일 때는 위의 그림과 같이 현과 선분 AC가 수직일 때이고

현의 길이는 $\overline{P_1Q_1}=6$이다.

또한, 현의 길이가 최대일 때는 현과 지름이 같을 때이고

이때의 현의 길이는 $\overline{P_2Q_2}=10$이다.

즉 $6 \leq$ (현의 길이) ≤ 10

STEP Ⓑ 현의 길이가 자연수인 개수 구하기

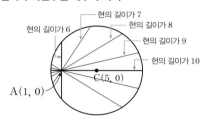

현의 길이가 자연수인 경우는 6, 7, 8, 9, 10이고 길이가 7, 8, 9인 현은

각각 2개씩 존재하고 길이가 6, 10인 현은 각각 1개씩 존재한다.

　　점 (1, 0)에 대하여 대칭이 되므로 2개씩 존재한다.　　최솟값과 최댓값은 1개씩 존재한다.

따라서 구하는 현의 개수는 $3 \times 2 + 2 \times 1 = 8$

0390

정답 ④

STEP Ⓐ 점과 직선 사이의 거리 공식을 이용하여 선분 CH의 길이 구하기

원 $(x-2)^2+(y-3)^2=25$의 중심이 C(2, 3)이고 반지름의 길이가 5

점 C(2, 3)에서 현 AB에 내린 수선의 발을 H라고 하면 선분 CH의 길이는

원의 중심 C(2, 3)과 직선 $3x+4y-3=0$ 사이의 거리이므로

$$\overline{CH}=\frac{|3\times2+4\times3-3|}{\sqrt{3^2+4^2}}=\frac{15}{5}=3$$

STEP Ⓑ 직각삼각형 CAH에서 현 AB의 길이 구하기

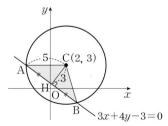

직각삼각형 CAH에서 $\overline{AC}=5$이므로 피타고라스 정리에 의하여

$$\overline{AH}=\sqrt{\overline{AC}^2-\overline{CH}^2}=\sqrt{5^2-3^2}=4$$

즉 $\overline{AB}=2\overline{AH}=2\times4=8$

STEP Ⓒ 삼각형 ABC의 넓이 구하기

따라서 삼각형 ABC의 넓이는 $\frac{1}{2}\times\overline{AB}\times\overline{CH}=\frac{1}{2}\times8\times3=12$

원 $(x-4)^2+(y-4)^2=36$과 직선 $4x-3y+11=0$이 만나는 두 점을 A, B라 하고 원의 중심을 C라 할 때, 삼각형 ABC의 넓이는?

① $3\sqrt{3}$ 　② $6\sqrt{2}$ 　③ $6\sqrt{3}$

④ $9\sqrt{2}$ 　⑤ $9\sqrt{3}$

STEP Ⓐ 점과 직선 사이의 거리 공식을 이용하여 선분 CH의 길이 구하기

원 $(x-4)^2+(y-4)^2=36$의 중심이 C(4, 4)이고 반지름의 길이 $\overline{AC}=6$

점 C(4, 4)에서 현 AB에 내린 수선의 발을 H라고 하자.

선분 CH의 길이는 점 C(4, 4)와 직선 $4x-3y+11=0$ 사이의 거리이므로

$$\overline{CH}=\frac{|4\times4-3\times4+11|}{\sqrt{4^2+(-3)^2}}=\frac{15}{5}=3$$

STEP Ⓑ 직각삼각형 CHA에서 현 AB의 길이 구하기

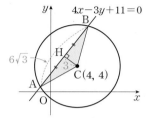

직각삼각형 CHA에서 피타고라스 정리에 의하여

$$\overline{AH}=\sqrt{\overline{AC}^2-\overline{CH}^2}=\sqrt{6^2-3^2}=3\sqrt{3}$$

$$\therefore \overline{AB}=2\overline{AH}=2\times3\sqrt{3}=6\sqrt{3}$$

STEP Ⓒ 삼각형 ABC의 넓이 구하기

따라서 삼각형 ABC의 넓이는 $\frac{1}{2}\times\overline{AB}\times\overline{CH}=\frac{1}{2}\times6\sqrt{3}\times3=9\sqrt{3}$

정답 ⑤

0391

정답 ①

STEP Ⓐ 원의 중심의 좌표에서 직선 $x-y-3=0$까지의 거리 구하기

원 $x^2+y^2-4x-2y-k=0$에서 $(x-2)^2+(y-1)^2=5+k$

원의 중심의 좌표는 C(2, 1)이고 반지름의 길이는 $\sqrt{5+k}$

이때 중심 C(2, 1)에서 직선 $x-y-3=0$에 내린 수선의 발을 H라 하면

$$\overline{CH}=\frac{|2-1-3|}{\sqrt{2}}=\sqrt{2}$$

STEP Ⓑ 삼각형의 넓이를 이용하여 선분 AH의 길이 구하기

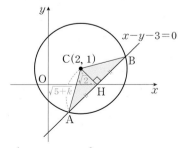

삼각형 ABC의 넓이는 $\frac{1}{2}\times\overline{AB}\times\overline{CH}=\frac{1}{2}\times\overline{AB}\times\sqrt{2}=3\sqrt{2}$에서 $\overline{AB}=6$

$$\therefore \overline{AH}=\frac{1}{2}\overline{AB}=3$$

STEP Ⓒ 삼각형 CAH에서 피타고라스 정리를 이용하여 k의 값 구하기

직각삼각형 CAH에서 피타고라스 정리에 의하여

$\overline{CA}^2=\overline{AH}^2+\overline{CH}^2$, $5+k=9+2$

따라서 상수 k의 값은 6

0392

정답 ③

STEP Ⓐ 원과 직선의 두 교점을 지나는 원의 넓이가 최소가 되기 위한 조건 구하기

원 $x^2+y^2=25$와 직선 $x+2y+5=0$의 교점을 A, B라 하면
두 점 A, B를 지나는 원 중에서 넓이가 최소인 원은
두 교점을 지름의 양 끝점으로 하는 원이다.

STEP Ⓑ 점과 직선 사이의 거리 공식을 이용하여 원의 넓이 구하기

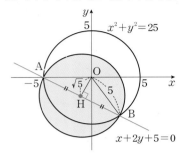

원 $x^2+y^2=25$의 중심 O(0, 0)에서
직선 $x+2y+5=0$에 내린 수선의 발을 H라 하면
선분 OH의 길이는 점 O(0, 0)에서 직선 $x+2y+5=0$ 사이의 거리와 같으므로

$$\frac{|5|}{\sqrt{1^2+2^2}}=\sqrt{5}$$

직각삼각형 OHB에서 $\overline{OH}=\sqrt{5}$, $\overline{OB}=5$이므로 피타고라스 정리에 의하여
$\overline{BH}=\sqrt{\overline{OB}^2-\overline{OH}^2}=\sqrt{5^2-(\sqrt{5})^2}=2\sqrt{5}$
따라서 넓이가 최소인 것은 선분 AB를 지름으로 하는 원이므로 넓이는
$\pi(2\sqrt{5})^2=20\pi$

0393

정답 ②

STEP Ⓐ 정삼각형 한 변의 길이를 이용하여 높이 구하기

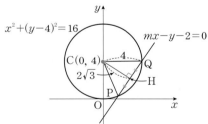

원 $x^2+y^2-8y=0$에서 $x^2+(y-4)^2=16$
원의 중심 C(0, 4), 반지름의 길이는 4
정삼각형 CPQ에서 $\overline{CP}$, $\overline{CQ}$는 원의 반지름이므로 $\overline{CP}=\overline{CQ}=4$
원의 중심 C에서 $\overline{PQ}$에 내린 수선의 발을 H라 하면 $\overline{PH}=\frac{1}{2}\overline{PQ}=2$
삼각형 CPH는 직각삼각형이므로 피타고라스 정리에 의하여
$\overline{CH}=\sqrt{\overline{CP}^2-\overline{PH}^2}=\sqrt{4^2-2^2}=2\sqrt{3}$ ...... ㉠

STEP Ⓑ 점과 직선 사이의 거리를 이용하여 양수 m의 값 구하기

한편 $\overline{CH}$는 원의 중심 C(0, 4)와 직선 $mx-y-2=0$ 사이의 거리이므로

$$\overline{CH}=\frac{|-4-2|}{\sqrt{m^2+(-1)^2}}=\frac{6}{\sqrt{m^2+1}}$$ ...... ㉡

㉠, ㉡에서 $2\sqrt{3}=\frac{6}{\sqrt{m^2+1}}$

$\sqrt{3m^2+3}=3$, $3m^2+3=9$, $m^2=2$ ∴ $m=\sqrt{2}$ 또는 $m=-\sqrt{2}$
따라서 양수 m은 $m=\sqrt{2}$

내신연계 출제문항 203

원 $x^2+y^2-4y=0$과 직선 $y=mx-4$의 두 교점 P, Q와 원의 중심 C를 세 꼭짓점으로 하는 삼각형 CPQ가 정삼각형일 때, 양수 m의 값은?

① $\sqrt{11}$ ② $2\sqrt{3}$ ③ $\sqrt{13}$
④ $\sqrt{14}$ ⑤ $\sqrt{15}$

STEP Ⓐ 정삼각형 한 변의 길이를 이용하여 높이 구하기

$x^2+y^2-4y=0$에서 $x^2+(y-2)^2=4$
오른쪽 그림과 같이 원과 직선
$y=mx-4$의 두 교점 P, Q와
원의 중심 C(0, 2)를 세 꼭짓점으로
하는 정삼각형 CPQ에서 $\overline{CP}$, $\overline{CQ}$는
원의 반지름이므로 $\overline{CP}=\overline{CQ}=2$
원의 중심 C에서 $\overline{PQ}$에 내린 수선의
발을 H라 하면 $\overline{PH}=\frac{1}{2}\overline{PQ}=1$
삼각형 CPH는 직각삼각형이므로 피타고라스 정리에 의하여
$\overline{CH}=\sqrt{\overline{CP}^2-\overline{PH}^2}=\sqrt{2^2-1^2}=\sqrt{3}$

STEP Ⓑ 점과 직선 사이의 거리를 이용하여 양수 m의 값 구하기

한편 $\overline{CH}$는 원의 중심 C(0, 2)와 직선 $mx-y-4=0$ 사이의 거리이므로
$$\overline{CH}=\frac{|-2-4|}{\sqrt{m^2+(-1)^2}}=\frac{6}{\sqrt{m^2+1}}=\sqrt{3}$$
$\sqrt{3m^2+3}=6$, $3m^2+3=36$, $m^2=11$ ∴ $m=\sqrt{11}$ 또는 $m=-\sqrt{11}$
따라서 양수 m은 $m=\sqrt{11}$

정답 ①

0394

2024년 03월 고2 학력평가 13번   정답 ②

STEP Ⓐ 원의 중심에서 선분 AB에 내린 수선의 발의 길이 구하기

원 $(x-2)^2+(y-3)^2=r^2$의 중심을 C(2, 3)이라 하자.
원의 중심 C(2, 3)에서 선분 AB에 내린 수선의 발을 H라 하면
$\overline{AH}=\overline{BH}$이고 $\overline{AB}=2\sqrt{2}$이므로 $\overline{AH}=\sqrt{2}$
점 C(2, 3)과 직선 $x-y+5=0$ 사이의 거리를 구하면
$$\overline{CH}=\frac{|2-3+5|}{\sqrt{1^2+(-1)^2}}=\frac{4}{\sqrt{2}}=2\sqrt{2}$$

STEP Ⓑ 피타고라스 정리를 이용하여 양수 r의 값 구하기

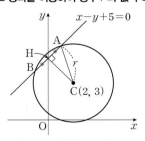

직각삼각형 ACH에서 피타고라스 정리에 의하여
$r^2=\overline{AH}^2+\overline{CH}^2$ ← $\overline{AC}=r$
$=(\sqrt{2})^2+(2\sqrt{2})^2$
$=10$
따라서 $r=\sqrt{10}$ ($\because r>0$)

좌표평면에서 원 $(x-2)^2+(y-3)^2=r^2$과 직선 $3x-4y+11=0$이 서로 다른 두 점 A, B에서 만나고, $\overline{AB}=2\sqrt{3}$이다. 양수 r의 값은?

① 1   ② $\sqrt{3}$ ③ 2

④ $\sqrt{5}$ ⑤ 3

STEP A 원의 중심에서 선분 AB에 내린 수선의 발의 길이 구하기

원 $(x-2)^2+(y-3)^2=r^2$의 중심을 C(2, 3)이라 하자.

원의 중심 C(2, 3)에서 선분 AB에 내린 수선의 발을 H라 하면

$\overline{AH}=\overline{BH}$이고 $\overline{AB}=2\sqrt{3}$이므로 $\overline{AH}=\sqrt{3}$

점 C(2, 3)과 직선 $3x-4y+11=0$ 사이의 거리를 구하면

$\overline{CH}=\dfrac{|6-12+11|}{\sqrt{3^2+(-4)^2}}=\dfrac{5}{5}=1$

STEP B 피타고라스 정리를 이용하여 양수 r의 값 구하기

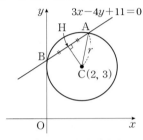

직각삼각형 ACH에서 피타고라스 정리에 의하여

$r^2=\overline{AH}^2+\overline{CH}^2$ ← $\overline{AC}=r$

$=(\sqrt{3})^2+1^2=4$

따라서 $r=2$ ($\because r>0$)   정답 ③

0395   2018년 03월 고2 학력평가 나형 12번   정답 ①

STEP A 원의 방정식을 변형하여 중심과 반지름의 길이 구하기

원 $x^2+y^2-2x-4y+k=0$에서 $(x-1)^2+(y-2)^2=5-k$

원의 중심을 C라 하면 C(1, 2), 반지름의 길이는 $\sqrt{5-k}$

STEP B 원의 중심과 직선 사이의 거리 구하기

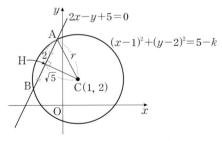

원의 중심 C(1, 2)에서 선분 AB에 내린 수선의 발을 H라 하면

$\overline{AB}=4$이므로 $\overline{AH}=\overline{BH}=2$

점 C(1, 2)와 직선 $2x-y+5=0$ 사이의 거리, 즉 선분 CH의 길이는

$\overline{CH}=\dfrac{|2\times1-2+5|}{\sqrt{2^2+(-1)^2}}=\dfrac{5}{\sqrt{5}}=\sqrt{5}$

STEP C 직각삼각형의 피타고라스 정리를 이용하여 상수 k의 값 구하기

직각삼각형 CAH에서 피타고라스 정리에 의하여 $\overline{AC}^2=\overline{CH}^2+\overline{AH}^2$

$r^2=(\sqrt{5})^2+2^2$, $r^2=9$

따라서 $9=5-k$이므로 $k=-4$

반지름의 길이가 $\sqrt{5-k}$이므로 $r^2=5-k$

오른쪽 그림과 같이 좌표평면에서 원 $x^2+y^2-4x-6y+k=0$과 직선 $3x-y+7=0$이 두 점 A, B 에서 만난다. $\overline{AB}=6$일 때, 상수 k의 값은?

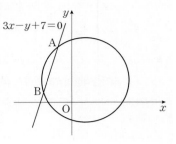

① -8 ② -7

③ -6 ④ -5

⑤ -4

STEP A 원의 방정식을 변형하여 중심과 반지름의 길이 구하기

원 $x^2+y^2-4x-6y+k=0$에서 $(x-2)^2+(y-3)^2=13-k$

원의 중심을 C라 하면 C(2, 3), 반지름의 길이는 $\sqrt{13-k}$

STEP B 원의 중심과 직선 사이의 거리 구하기

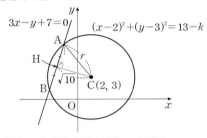

원의 중심 C에서 선분 AB에 내린 수선의 발을 H라 하면

$\overline{AB}=6$이므로 $\overline{AH}=\overline{BH}=3$

점 C(2, 3)와 직선 $3x-y+7=0$ 사이의 거리는

$\overline{CH}=\dfrac{|3\times2-3+7|}{\sqrt{3^2+(-1)^2}}=\dfrac{10}{\sqrt{10}}=\sqrt{10}$

STEP C 직각삼각형의 피타고라스 정리를 이용하여 상수 k의 값 구하기

직각삼각형 CAH에서 피타고라스 정리에 의하여 $\overline{AC}^2=\overline{CH}^2+\overline{AH}^2$

$r^2=(\sqrt{10})^2+3^2$, $r^2=19$

따라서 $13-k=19$이므로 $k=-6$ 정답 ③

0396   2021년 09월 고1 학력평가 17번   정답 ①

STEP A 원의 중심에서 현에 내린 수선은 현을 이등분함을 이용하기

원의 중심을 C(a, b) $(a>0, b>0)$라 하면 원이 x축과 점 P에서 접하므로

P$(a, 0)$이고 원의 반지름의 길이는 b이다.

원의 중심 C에서 y축과 직선 PS에 내린 수선의 발을 각각 H, M이라 하면

원의 중심에서 현에 내린 수선의 발을 현을 이등분하므로

$\overline{QR}=\overline{PS}=4$에서 $\overline{PM}=\dfrac{1}{2}\times4=2$ ← 점 M이 선분 PS의 중점

이때 $\overline{CH}=\overline{CM}=a$ ← 원의 중심에서 길이가 같은 두 현까지의 거리는 서로 같다.

STEP B 점과 직선 사이의 거리를 이용하여 a, b의 관계식 구하기

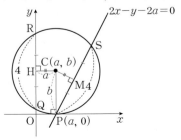

점 P$(a, 0)$를 지나고 기울기가 2인 직선 PS의 방정식은 $y-0=2(x-a)$

$\therefore 2x-y-2a=0$

선분 CM의 길이는 원의 중심 $C(a, b)$로부터

직선 $2x-y-2a=0$까지의 거리와 같으므로

$$\frac{|2 \times a - b - 2a|}{\sqrt{2^2+(-1)^2}} = \frac{b}{\sqrt{5}} = a \ (\because b > 0)$$

$$\therefore b = \sqrt{5}a \qquad \cdots\cdots \text{㉠}$$

STEP C **직각삼각형의 피타고라스 정리를 이용하여 a, b의 값 구하기**

직각삼각형 CPM에서 피타고라스 정리에 의하여 $\overline{CP}^2 = \overline{CM}^2 + \overline{PM}^2$

$$b^2 = a^2 + 4 \qquad \cdots\cdots \text{㉡}$$

㉠을 ㉡에 대입하면 $(\sqrt{5}a)^2 = a^2 + 4$, $4a^2 = 4$, $a^2 = 1$

$$\therefore a = 1 \ (\because a > 0)$$

이를 ㉠에 대입하면 $b = \sqrt{5} \times 1 = \sqrt{5}$

따라서 원점 $O(0, 0)$와 원의 중심 $C(1, \sqrt{5})$ 사이의 거리는

$$\overline{OC} = \sqrt{1^2 + (\sqrt{5})^2} = \sqrt{6}$$

내/신/연/계 출제문항 206

오른쪽 그림과 같이 중심이 제2사분면 위에 있고 x축과 점 P에서 접하며 y축과 두 점 Q, R에서 만나는 원이 있다. 점 P를 지나고 기울기가 -3인 직선이 원과 만나는 점 중 P가 아닌 점을 S라 할 때, $\overline{QR} = \overline{PS} = 6$을 만족시킨다. 원점 O와 원의 중심 사이의 거리는?

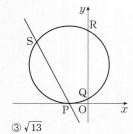

① $\sqrt{11}$ ② $2\sqrt{3}$ ③ $\sqrt{13}$

④ $\sqrt{14}$ ⑤ $\sqrt{15}$

STEP A **원의 중심에서 현에 내린 수선은 현을 이등분함을 이용하기**

원의 중심을 $C(a, b) \ (a < 0, b > 0)$라 하면 원이 x축과 점 P에서 접하므로

$P(a, 0)$이고 원의 반지름의 길이는 b

원의 중심 C에서 직선 PS와 y축에 내린 수선의 발을 각각 H_1, H_2라 하면

원의 중심에서 현에 내린 수선의 발을 현을 이등분하므로

$\overline{QR} = \overline{PS} = 6$에서 $\overline{PH_1} = \frac{1}{2} \times 6 = 3$

이때 $\overline{CH_1} = \overline{CH_2} = |a| = -a$

STEP B **점과 직선 사이의 거리를 이용하여 a, b의 관계식 구하기**

점 $P(a, 0)$를 지나고 기울기가 -3인

직선 PS의 방정식은 $y - 0 = -3(x - a)$

$$\therefore 3x + y - 3a = 0$$

원의 중심 $C(a, b)$로부터

직선 $3x + y - 3a = 0$까지의 거리는

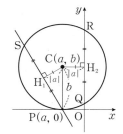

$$\overline{CH_1} = \frac{|3 \times a + b - 3a|}{\sqrt{3^2 + 1^2}} = \frac{b}{\sqrt{10}} = -a$$

$$\therefore b = -\sqrt{10}a \qquad \cdots\cdots \text{㉠}$$

STEP C **직각삼각형의 피타고라스 정리를 이용하여 a, b의 값 구하기**

직각삼각형 CH_1P에서 피타고라스 정리에 의하여 $\overline{CP}^2 = \overline{CH_1}^2 + \overline{PH_1}^2$

$$b^2 = a^2 + 9 \qquad \cdots\cdots \text{㉡}$$

㉠을 ㉡에 대입하면 $(-\sqrt{10}a)^2 = a^2 + 9$, $a^2 = 1$

$$\therefore a = -1 \ (\because a < 0)$$

이를 ㉠에 대입하면 $b = -\sqrt{10} \times (-1) = \sqrt{10}$

따라서 원점 $O(0, 0)$와 원의 중심 $C(-1, \sqrt{10})$ 사이의 거리는

$$\overline{OC} = \sqrt{(-1)^2 + (\sqrt{10})^2} = \sqrt{11}$$

 정답 ①

STEP A **점과 직선 사이의 거리를 이용하여 $\overline{OH}$를 r로 나타내기**

점 O에서 직선 l에 내린 수선의 발을 H라 하면

선분 OH의 길이는 점 O와 직선 l 사이의 거리이므로

$$\overline{OH} = \frac{|\sqrt{6}r|}{\sqrt{2^2+(-2)^2}} = \frac{\sqrt{6}r}{\sqrt{8}} = \boxed{\frac{\sqrt{3}}{2}r}$$

STEP B **삼각형 OAB는 정삼각형임을 이용하여 넓이 구하기**

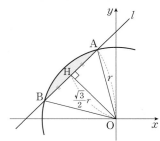

두 선분 OA, OB는 원 C의 반지름이므로

$$\overline{OA} = \overline{OB} = r$$

직각삼각형 AHO에서 피타고라스 정리에 의하여

$$\overline{AH}^2 = \overline{OA}^2 - \overline{OH}^2$$

즉 $\overline{AH} = \sqrt{r^2 - \left(\frac{\sqrt{3}}{2}r\right)^2} = \frac{1}{2}r$

이때 이등변삼각형 OAB에서 $\overline{BH} = \overline{AH} = \frac{1}{2}r$,

$\overline{AB} = 2\overline{AH} = 2 \times \frac{1}{2}r = r$이므로

삼각형 OAB는 한 변의 길이가 $\overline{OA} = r$인 정삼각형이다.

즉 삼각형 OAB의 넓이는 $\boxed{\dfrac{\sqrt{3}}{4}r^2}$이다.

> **[한 변의 길이가 a인 정삼각형]**
> (1) 정삼각형의 높이는 $\frac{\sqrt{3}}{2}a$
> (2) 정삼각형의 넓이는 $\frac{\sqrt{3}}{4}a^2$

> **+α** **이등변삼각형 OAB의 넓이를 다음과 같이 구할 수 있어!**
>
> 삼각형 OAB는 $\overline{OA} = \overline{OB}$인 이등변삼각형이므로
>
> $\overline{BH} = \overline{AH} = \frac{1}{2}r$ $\therefore \overline{AB} = \overline{AH} + \overline{BH} = r$
>
> 즉 삼각형 OAB의 넓이는 $\frac{1}{2} \times \overline{AB} \times \overline{OH} = \frac{1}{2} \times r \times \frac{\sqrt{3}}{2}r = \frac{\sqrt{3}}{4}r^2$

STEP C **부채꼴의 넓이 공식을 이용하여 $S(r)$ 구하기**

삼각형 OAB가 정삼각형이므로 $\angle AOB = 60°$

$S(r)$는 부채꼴 OAB의 넓이와 삼각형 OAB의 넓이의 차이므로

$$S(r) = \pi r^2 \times \frac{60°}{360°} - \frac{\sqrt{3}}{4}r^2$$

> **[부채꼴의 넓이]**
> 반지름의 길이가 r이고 중심각의 크기가 $a°$인
> 부채꼴의 넓이는 $\pi r^2 \times \frac{a}{360}$

$$= \pi r^2 \times \left(\boxed{\frac{1}{6}}\right) - \boxed{\frac{\sqrt{3}}{4}r^2}$$

STEP D **$f\left(\dfrac{1}{k}\right) \times g\left(\dfrac{1}{k}\right)$의 값 구하기**

따라서 $f(r) = \frac{\sqrt{3}}{2}r$, $g(r) = \frac{\sqrt{3}}{4}r^2$, $k = \frac{1}{6}$이므로

$$f\left(\frac{1}{k}\right) \times g\left(\frac{1}{k}\right) = f(6) \times g(6)$$

$$= \left(\frac{\sqrt{3}}{2} \times 6\right) \times \left(\frac{\sqrt{3}}{4} \times 6^2\right)$$

$$= 3\sqrt{3} \times 9\sqrt{3} = 81$$

좌표평면 위에 원 $C : x^2+y^2=16$과 직선 $l : 2x-2y+4\sqrt{6}=0$이 있다.
원 C와 직선 l이 만나는 두 점을 각각 A, B라 할 때, 호 AB와 선분 AB로
둘러싸인 부분 중에서 원점 O를 포함하지 않는 부분의 넓이를 S라 하자.
S의 값은?

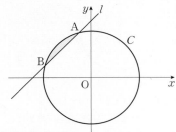

① $2\pi-2\sqrt{3}$　　② $\dfrac{7}{3}\pi-3\sqrt{3}$　　③ $\dfrac{8}{3}\pi-4\sqrt{3}$

④ $3\pi-3\sqrt{3}$　　⑤ $\dfrac{10}{3}\pi-2\sqrt{3}$

STEP Ⓐ **점과 직선 사이의 거리를 이용하여 $\overline{OH}$를 r로 나타내기**

원 C의 중심 원점 O$(0, 0)$에서 직선 l에 내린 수선의 발을 H라 하면
점 O$(0, 0)$와 직선 $l : 2x-2y+4\sqrt{6}=0$ 사이의 거리는

$$\overline{OH}=\frac{|4\sqrt{6}|}{\sqrt{2^2+(-2)^2}}=\frac{4\sqrt{6}}{\sqrt{8}}=2\sqrt{3}$$

STEP Ⓑ **삼각형 OAB는 정삼각형임을 이용하여 넓이 구하기**

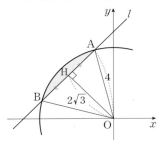

두 선분 OA, OB는 원 C의 반지름이므로 $\overline{OA}=\overline{OB}=4$
직각삼각형 AHO에서 피타고라스 정리에 의하여

$$\overline{AH}=\sqrt{\overline{OA}^2-\overline{OH}^2}=\sqrt{4^2-(2\sqrt{3})^2}=2$$

이때 이등변삼각형 OAB에서 $\overline{AB}=2\overline{AH}=2\times2=4$이므로
삼각형 OAB는 한 변의 길이가 4인 정삼각형이다.

즉 정삼각형 OAB의 넓이는 $\dfrac{\sqrt{3}}{4}\times4^2=4\sqrt{3}$

+α | 이등변삼각형 OAB의 넓이를 다음과 같이 구할 수 있어!

삼각형 OAB는 $\overline{OA}=\overline{OB}$인 이등변삼각형이므로
$\overline{BH}=\overline{AH}=2$ ∴ $\overline{AB}=\overline{AH}+\overline{BH}=4$
즉 삼각형 OAB의 넓이는 $\dfrac{1}{2}\times\overline{AB}\times\overline{OH}=\dfrac{1}{2}\times4\times2\sqrt{3}=4\sqrt{3}$

STEP Ⓒ **부채꼴의 넓이 공식을 이용하여 S 구하기**

삼각형 OAB가 정삼각형이므로 $\angle AOB=60°$
$S=$(부채꼴 OAB의 넓이)$-$(삼각형 OAB의 넓이)

따라서 $S=16\pi\times\dfrac{60°}{360°}-4\sqrt{3}=\dfrac{8}{3}\pi-4\sqrt{3}$　　정답 ③

0398　　 정답 ③

STEP Ⓐ **원의 중심과 반지름을 구하고 중심에서 점 A까지의 거리 구하기**

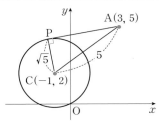

원 $x^2+y^2+2x-4y=0$에서 $(x+1)^2+(y-2)^2=5$이므로
원의 중심은 C$(-1, 2)$이고 반지름의 길이가 $\sqrt{5}$
이때 중심에서 접점 P까지의 거리는 반지름과 같으므로
$\overline{CP}=\sqrt{5}$

두 점 A$(3, 5)$, C$(-1, 2)$ 사이의 거리는 $\overline{AC}=\sqrt{(-1-3)^2+(2-5)^2}=5$

STEP Ⓑ **피타고라스 정리를 이용하여 선분 AP의 길이 구하기**

원의 중심과 접점을 이은 선분은 접선과 서로 수직이므로
피타고라스 정리에 의하여 $\overline{AP}=\sqrt{\overline{AC}^2-\overline{PC}^2}=\sqrt{5^2-(\sqrt{5})^2}=2\sqrt{5}$
따라서 선분 AP의 길이는 $2\sqrt{5}$

점 P$(6, 8)$에서 원 $x^2+y^2-6x-8y+16=0$에 그은 접선의 접점을 T라
할 때, 선분 PT의 길이는?

① $\sqrt{6}$　　② $2\sqrt{2}$　　③ $\sqrt{10}$

④ $2\sqrt{3}$　　⑤ 4

STEP Ⓐ **원의 중심과 반지름을 구하고 중심에서 점 P까지 거리 구하기**

$x^2+y^2-6x-8y+16=0$에서
$(x-3)^2+(y-4)^2=9$
오른쪽 그림과 같이 원의 중심을 C라
하면 C$(3, 4)$이고 반지름의 길이가 3
중심에서 접점까지 거리는 반지름과
같으므로 $\overline{CT}=3$
두 점 P$(6, 8)$, C$(3, 4)$ 사이의 거리는
$\overline{CP}=\sqrt{(6-3)^2+(8-4)^2}=5$

STEP Ⓑ **피타고라스 정리를 이용하여 선분 PT의 길이 구하기**

따라서 원의 중심과 접점을 이은 선분은 접선과 서로 수직이므로
직각삼각형 CPT에서 피타고라스 정리에 의해

$$\overline{PT}=\sqrt{\overline{CP}^2-\overline{CT}^2}=\sqrt{5^2-3^2}=4$$　　정답 ⑤

0399　　 정답 ④

STEP Ⓐ **원의 중심과 반지름 구하고 중심에서 점 P까지의 거리 구하기**

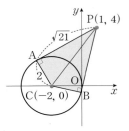

$x^2+y^2+4x=0$에서 $(x+2)^2+y^2=4$
오른쪽 그림과 같이 원의 중심은
C$(-2, 0)$이고 반지름의 길이가 2
원의 중심에서 접점까지의 거리는
반지름의 길이와 같으므로 $\overline{AC}=2$
두 점 P$(1, 4)$, C$(-2, 0)$ 사이의 거리는
$\overline{CP}=\sqrt{(1+2)^2+4^2}=5$

STEP **B** **직각삼각형을 이용하여 접선의 길이 구하기**

원의 중심과 접점을 이은 선분은 접선과 서로 수직이므로
직각삼각형 CPA에서 피타고라스 정리에 의하여
$$\overline{PA}=\sqrt{\overline{CP}^2-\overline{AC}^2}=\sqrt{5^2-2^2}=\sqrt{21}$$

STEP **C** **사각형 PACB의 넓이 구하기**

사각형 PACB의 넓이는
(삼각형 PAC의 넓이)+(삼각형 PCB의 넓이)
이때 삼각형 PAC와 삼각형 PCB는 합동이다.

<small>두 삼각형은 $\overline{PC}$를 공유하고 $\overline{AC}=\overline{BC}$인 직각삼각형이므로 RHS합동</small>

즉 사각형 PACB의 넓이는 $2\times$(삼각형 PAC의 넓이)

따라서 $2\times\left(\dfrac{1}{2}\times\overline{AC}\times\overline{PA}\right)=\overline{AC}\times\overline{PA}=2\times\sqrt{21}=2\sqrt{21}$

0400

정답 8

STEP **A** **원의 중심과 반지름을 구하고 중심에서 점 P까지의 길이 구하기**

$x^2+y^2+6y+5=0$에서 $x^2+(y+3)^2=4$
중심의 좌표를 C라 하면 C$(0, -3)$
반지름의 길이는 2
중심에서 접점까지의 거리는 반지름의
길이와 같으므로 $\overline{CQ}=2$
두 점 P$(-2, a)$, C$(0, -3)$ 사이의 거리는
$\overline{CP}=\sqrt{(-2)^2+(a+3)^2}$
$=\sqrt{a^2+6a+13}$ ······ ㉠

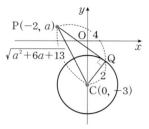

STEP **B** **피타고라스 정리를 이용하여 모든 상수 a의 값의 합 구하기**

원의 중심과 접점을 이은 선분은 접선과 서로 수직이므로
직각삼각형 CQP에서 피타고라스 정리에 의해
$\overline{CP}^2=\overline{CQ}^2+\overline{PQ}^2$
$a^2+6a+13=4+16$, $a^2+6a-7=0$, $(a+7)(a-1)=0$
$\therefore a=-7$ 또는 $a=1$
따라서 $M=1$, $m=-7$이므로 $M-m=1-(-7)=8$

0401

정답 ⑤

STEP **A** **원의 방정식을 변형하여 중심과 반지름의 길이 구하기**

원 $x^2+y^2+4x-2y+1=0$에서 $(x+2)^2+(y-1)^2=4$

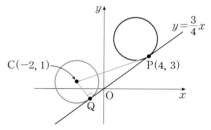

원의 중심을 C라 하면 C$(-2, 1)$이고
반지름의 길이가 2이므로 $\overline{CQ}=2$
두 점 C$(-2, 1)$, P$(4, 3)$ 사이의 거리는
$\overline{CP}=\sqrt{(4+2)^2+(3-1)^2}=2\sqrt{10}$

STEP **B** **피타고라스 정리를 이용하여 선분 PQ의 길이 구하기**

삼각형 CQP가 직각삼각형이므로 피타고라스 정리에 의하여
$\overline{PQ}^2=\overline{CP}^2-\overline{CQ}^2=40-4=36$
따라서 선분 PQ의 길이는 6

0402

정답 ③

STEP **A** **원의 방정식을 변형하여 중심의 좌표와 반지름의 길이 구하기**

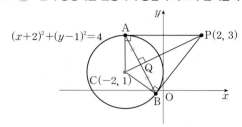

$x^2+y^2+4x-2y+1=0$에서 $(x+2)^2+(y-1)^2=4$
이 원의 중심을 C$(-2, 1)$이라 하면 반지름의 길이는 2
중심에서 접점에 내린 수선의 발의 길이는 반지름과 같으므로
$\overline{AC}=2$
두 점 P$(2, 3)$, C$(-2, 1)$ 사이의 거리는 $\overline{CP}=\sqrt{(2+2)^2+(3-1)^2}=2\sqrt{5}$

STEP **B** **피타고라스 정리를 이용하여 선분 AP의 길이 구하기**

원과 접선의 성질에 의해 원의 중심과 접점을 이은 직선은 접선과 서로
수직이므로 직각삼각형 CAP에서 피타고라스 정리에 의하여
$\overline{AP}=\sqrt{\overline{CP}^2-\overline{AC}^2}=\sqrt{(2\sqrt{5})^2-2^2}=4$

STEP **C** **직각삼각형 PAC의 넓이를 이용하여 선분 AB의 길이 구하기**

직각삼각형 PAC에서 $\overline{CP}$와 $\overline{AB}$의 교점을 Q라 하면
$\overline{CP}$와 $\overline{AB}$는 수직으로 만나므로 직각삼각형 PAC의 넓이에서
$\dfrac{1}{2}\times\overline{AP}\times\overline{AC}=\dfrac{1}{2}\times\overline{CP}\times\overline{AQ}$, $\dfrac{1}{2}\times4\times2=\dfrac{1}{2}\times2\sqrt{5}\times\overline{AQ}$ $\therefore \overline{AQ}=\dfrac{4\sqrt{5}}{5}$
따라서 $\overline{AB}=2\overline{AQ}=\dfrac{8\sqrt{5}}{5}$

내신연계 출제문항 209

점 P$(2, 4)$에서 원 $x^2+y^2+4x-2y-4=0$에 그은 두 접선의 접점 사이의
거리는?

① $\dfrac{12}{5}$ ② $\dfrac{18}{5}$ ③ $\dfrac{24}{5}$

④ 5   ⑤ $\dfrac{26}{5}$

STEP **A** **원의 방정식을 변형하여 중심의 좌표와 반지름의 길이 구하기**

원 $x^2+y^2+4x-2y-4=0$에서 $(x+2)^2+(y-1)^2=9$이므로
원의 중심의 좌표는 C$(-2, 1)$, 반지름의 길이가 3이므로 $\overline{CQ}=3$
두 점 P$(2, 4)$, C$(-2, 1)$ 사이의 거리는 $\overline{CP}=\sqrt{(2+2)^2+(4-1)^2}=5$

STEP **B** **피타고라스 정리를 이용하여 선분 PQ의 길이 구하기**

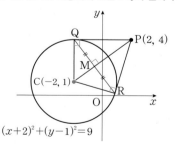

위의 그림과 같이 점 P에서 원에 그은 접선의 접점을 Q, R이라 하고
$\overline{QR}$의 중점을 M이라 하면 $\overline{CP}\perp\overline{QM}$이다.
삼각형 CPQ는 직각삼각형이므로 피타고라스 정리에 의하여
$\overline{PQ}=\sqrt{\overline{CP}^2-\overline{CQ}^2}=\sqrt{5^2-3^2}=4$

STEP **C** **직각삼각형 CPQ의 넓이를 이용하여 두 접점 사이의 거리 구하기**

직각삼각형 CPQ에서 $\overline{QR}$과 $\overline{PC}$의 교점은 M이고

$\overline{QR}$과 $\overline{PC}$는 수직으로 만나므로 직각삼각형 CPQ의 넓이에서

$\frac{1}{2} \times \overline{PQ} \times \overline{CQ} = \frac{1}{2} \times \overline{CP} \times \overline{QM}$, $\frac{1}{2} \times 4 \times 3 = \frac{1}{2} \times 5 \times \overline{QM}$ $\therefore \overline{QM} = \frac{12}{5}$

따라서 구하는 두 접점 사이의 거리는 $\overline{QR} = 2\overline{QM} = \frac{24}{5}$ 정답 ③

0403

 정답 217

STEP **A** **삼각형 OAP의 넓이를 이용하여 선분 AQ의 길이 구하기**

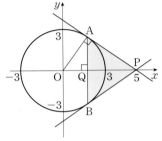

원 $x^2 + y^2 = 9$의 중심은 O(0, 0)이고 반지름의 길이가 3이므로 $\overline{OA} = 3$

$\overline{OP} = 5$이므로 직각삼각형 OAP에서 $\overline{AP} = \sqrt{\overline{OP}^2 - \overline{OA}^2} = \sqrt{5^2 - 3^2} = 4$

선분 AB와 x축의 교점을 Q라 하면 삼각형 OAP의 넓이에서

$\frac{1}{2} \times \overline{AP} \times \overline{OA} = \frac{1}{2} \times \overline{OP} \times \overline{AQ}$, $\frac{1}{2} \times 4 \times 3 = \frac{1}{2} \times 5 \times \overline{AQ}$

$\therefore \overline{AQ} = \frac{12}{5}$

STEP **B** **삼각형 PAB의 넓이 구하기**

즉 $\overline{AB} = 2\overline{AQ} = \frac{24}{5}$이고 직각삼각형 PAQ에서

$\overline{PQ} = \sqrt{\overline{AP}^2 - \overline{AQ}^2} = \sqrt{4^2 - \left(\frac{12}{5}\right)^2} = \frac{16}{5}$

삼각형 PAB의 넓이는 $\frac{1}{2} \times \overline{AB} \times \overline{PQ} = \frac{1}{2} \times \frac{24}{5} \times \frac{16}{5} = \frac{192}{25}$

따라서 $p = 192$, $q = 25$이므로 $p + q = 217$

0404

 정답 ③

STEP **A** **두 원의 중심 거리와 피타고라스 정리를 이용하여 선분 AB의 길이 구하기**

원 $O : x^2 + y^2 = 1$의 중심은 O(0, 0), 반지름의 길이는 1

원 $O' : (x-4)^2 + y^2 = 4$의 중심을 O'(4, 0), 반지름의 길이는 2

이때 두 원의 중심 사이의 거리는 $\overline{OO'} = 4$

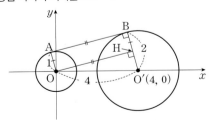

위의 그림과 같이 중심 O에서 $\overline{O'B}$에 내린 수선의 발을 H라 하면

$\overline{O'H} = 2 - 1 = 1$

따라서 삼각형 OO'H는 직각삼각형이므로 피타고라스 정리에 의하여

$\overline{AB} = \overline{OH} = \sqrt{\overline{OO'}^2 - \overline{O'H}^2} = \sqrt{4^2 - 1^2} = \sqrt{15}$

0405

정답 3

STEP **A** **피타고라스 정리와 선분 AB의 길이를 이용하여 r의 값 구하기**

원 $x^2 + y^2 = 1$에서 중심 O(0, 0), 반지름의 길이는 1

원 $(x-5)^2 + y^2 = r^2$에서 중심 O'(5, 0), 반지름의 길이는 r

이때 두 원의 중심 O(0, 0), O'(5, 0)의 거리는 $\overline{OO'} = 5$

점 O에서 선분 O'B의 연장선에 내린 수선의 발을 H라 하면

$\overline{O'H} = r + 1$

$\overline{OH} = \overline{AB} = 3$이므로 직각삼각형 OHO'에서 피타고라스 정리에 의하여

$\overline{O'H} = \sqrt{5^2 - 3^2} = 4$

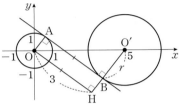

따라서 $r + 1 = 4$이므로 $r = 3$

0406

 정답 5

STEP **A** **원의 중심에서 직선까지의 거리가 반지름임을 이용하여 양수 k의 값 구하기**

원 $(x-8)^2 + (y-2)^2 = k$의 중심이 (8, 2)이고 반지름의 길이가 $\sqrt{k}$

원이 직선 $x - 2y + 1 = 0$와 한 점에서 만나려면 원의 중심 (8, 2)와

직선 $x - 2y + 1 = 0$ 사이의 거리가 원의 반지름의 길이 $\sqrt{k}$와 같다.

즉 $\frac{|8 - 2 \times 2 + 1|}{\sqrt{1^2 + (-2)^2}} = \sqrt{k}$, $\sqrt{k} = \sqrt{5}$

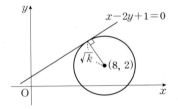

따라서 $k = 5$

---

mini해설 | **판별식을 이용하여 풀이하기**

$(x-8)^2 + (y-2)^2 = k$에 $x = 2y - 1$을 대입하면

$(2y-9)^2 + (y-2)^2 = k$ $\therefore 5y^2 - 40y + 85 - k = 0$ ...... ㉠

원과 직선이 한 점에서 만나려면 ㉠이 중근이므로 판별식을 D라 하면 $D = 0$이어야 한다.

$\frac{D}{4} = 400 - 5(85 - k) = 0$, $-25 + 5k = 0$ $\therefore k = 5$

0407

 정답 ①

STEP **A** **원의 중심과 직선 사이의 거리가 원의 반지름과 같음을 이용하여 구하기**

원의 중심 (0, 0)과 직선 $2x - y + k = 0$

사이의 거리가 반지름의 길이 $\sqrt{5}$와

같아야 하므로

$\frac{|k|}{\sqrt{2^2 + (-1)^2}} = \sqrt{5}$, $|k| = 5$

$\therefore k = 5 (\because k > 0)$

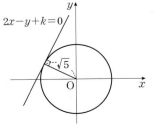

STEP Ⓑ 직선과 원이 접하는 점의 좌표 구하기

직선 $y=2x+5$를 원 $x^2+y^2=5$에 대입하면
$x^2+(2x+5)^2=5$, $x^2+4x+4=0$, $(x+2)^2=0$
$\therefore x=-2$
$x=-2$를 직선 $y=2x+5$에 대입하면 $y=-4+5=1$
즉 교점의 좌표는 $(-2, 1)$이므로 $a=-2$, $b=1$
따라서 $k+a+b=5+(-2)+1=4$

0408

정답 ③

STEP Ⓐ x축에 접하는 원의 반지름 구하기

중심의 좌표가 $(2, 3)$이고 x축에 접하는 원이므로 반지름의 길이는
│중심의 y좌표│$=3$
즉 원의 방정식은 $(x-2)^2+(y-3)^2=9$

STEP Ⓑ 점과 직선 사이의 거리를 이용하여 k의 값 구하기

직선 $2x-y+k=0$이 원의 접선이므로
중심 $(2, 3)$에서 직선까지의 거리는 반지름의 길이와 같다.
즉 $\frac{|2\times2-3+k|}{\sqrt{2^2+1^2}}=\frac{|1+k|}{\sqrt{5}}=3$, $|1+k|=3\sqrt{5}$
$1+k=3\sqrt{5}$ 또는 $1+k=-3\sqrt{5}$
$\therefore k=-1+3\sqrt{5}$ 또는 $k=-1-3\sqrt{5}$
따라서 모든 상수 k의 값의 합은 -2

중심의 좌표가 $(-2, -4)$이고 y축에 접하는 원이 직선 $3x-y+k=0$에 접할 때, 모든 상수 k의 값의 합은?

① $-4\sqrt{10}$ ② $-2\sqrt{10}$ ③ -4
④ 4 ⑤ $4\sqrt{10}$

STEP Ⓐ y축에 접하는 원의 반지름 구하기

중심이 $(-2, -4)$이고 y축에 접하는 원이므로 원의 반지름의 길이는
│중심의 x좌표│$=|-2|=2$
즉 원의 방정식은 $(x+2)^2+(y+4)^2=4$

STEP Ⓑ 원의 중점과 직선 사이의 거리 공식을 이용하여 k의 값 구하기

원과 직선이 접하려면 원의 중심 $(-2, -4)$와
직선 $3x-y+k=0$ 사이의 거리는 원의 반지름의 길이 2와 같아야 한다.
$\frac{|3\times(-2)-1\times(-4)+k|}{\sqrt{3^2+(-1)^2}}=\frac{|-2+k|}{\sqrt{10}}=2$, $|-2+k|=2\sqrt{10}$
$-2+k=2\sqrt{10}$ 또는 $-2+k=-2\sqrt{10}$
$\therefore k=2+2\sqrt{10}$ 또는 $k=2-2\sqrt{10}$
따라서 모든 상수 k의 값의 합은 $(2+2\sqrt{10})+(2-2\sqrt{10})=4$

정답 ④

0409

정답 ②

STEP Ⓐ x축, y축에 동시에 접하는 원의 방정식 구하기

x축, y축에 동시에 접하고 원의 중심이 제 4사분면 위에 있으므로
원의 반지름의 길이를 $r(r>0)$이라 하면
원의 방정식은 $(x-r)^2+(y+r)^2=r^2$

STEP Ⓑ 원의 중점과 직선 사이의 거리 공식을 이용하여 반지름 구하기

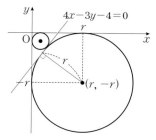

원과 직선이 접하려면 원의 중심 $(r, -r)$과 직선 $4x-3y-4=0$ 사이의 거리는
반지름의 길이 r과 같아야 한다.
$\frac{|4\times r-3\times(-r)-4|}{\sqrt{4^2+(-3)^2}}=\frac{|7r-4|}{5}=r$, $|7r-4|=5r$
$7r-4=5r$ 또는 $7r-4=-5r$
$\therefore r=2$ 또는 $r=\frac{1}{3}$
따라서 두 원의 넓이의 합은 $\pi\times2^2+\pi\times\left(\frac{1}{3}\right)^2=\frac{37}{9}\pi$

0410

정답 ③

STEP A 원의 중심을 (a, b)라 하고 x축에 접하는 원의 방정식 작성하기

원의 중심을 (a, b)라 하면
x축에 접하므로 반지름의 길이는
|중심의 y좌표|$=|b|$
즉 원의 방정식은 $(x-a)^2+(y-b)^2=b^2$
이때 원의 방정식이 $(3, 0)$을 지나므로
대입하면
$(3-a)^2+b^2=b^2$, $(3-a)^2=0$
$\therefore a=3$
즉 원의 방정식은 $(x-3)^2+(y-b)^2=b^2$

> $+\alpha$ 원의 방정식을 다음과 같이 구할 수 있어!
>
> 원의 방정식이 x축에 접하고 있고 점 $(3, 0)$을 지나고 있다.
> 이때 $(3, 0)$이 x축 위의 점이므로 원의 방정식은 $(3, 0)$에서 x축과 접하고 있다.
> 즉 원의 중심의 x좌표가 3이므로 원의 방정식은 $(x-3)^2+(y-b)^2=b^2$

STEP B 점과 직선 사이의 거리가 반지름임을 이용하여 두 원의 중심 구하기

중심 $(3, b)$와 직선 $4x-3y+12=0$ 사이의 거리가 원의 반지름의 길이와
같아야 한다.

즉 $\dfrac{|4\times3-3\times b+12|}{\sqrt{4^2+(-3)^2}}=|b|$, $|24-3b|=5|b|$

$24-3b=5b$ 또는 $24-3b=-5b$
$\therefore b=3$ 또는 $b=-12$
두 원의 중심의 좌표는 $(3, 3)$과 $(3, -12)$
따라서 중심 사이의 거리는 $|-12-3|=15$

0411

정답 ⑤

STEP A 중심을 $(k, 3k)$, 반지름의 길이를 r이라 하고 원의 방정식 구하기

원의 중심이 직선 $y=3x$ 위에 있으므로
원의 중심의 좌표를 $(k, 3k)$ (k는 상수)라 하고
반지름의 길이를 r ($r>0$)이라 하면
원의 방정식은 $(x-k)^2+(y-3k)^2=r^2$

STEP B 원의 중심에서 직선까지의 거리가 반지름임을 이용하여 k의 값 구하기

두 직선 $x+2y-3=0$, $x+2y-11=0$이 원의 접선이므로
중심에서 직선 사이의 거리는 모두 원의 반지름의 길이 r과 같다.

$\dfrac{|k+2\times3k-3|}{\sqrt{1^2+2^2}}=\dfrac{|k+2\times3k-11|}{\sqrt{1^2+2^2}}=r$ …… ㉠

즉 $|7k-3|=|7k-11|$
(i) $7k-3=7k-11$일 때,
　　이를 만족시키는 k의 값은 존재하지 않는다.
(ii) $7k-3=-(7k-11)$일 때,
　　$7k-3=-7k+11$, $14k=14$　$\therefore k=1$
(i), (ii)에서 $k=1$

STEP C $a+b+c$의 값 구하기

$k=1$을 ㉠에 대입하면 $r=\dfrac{4}{\sqrt5}$이고 원의 중심의 좌표는 $(1, 3)$이므로

$(x-1)^2+(y-3)^2=\dfrac{16}{5}$

따라서 $a=1$, $b=3$, $c=\dfrac{16}{5}$이므로 $a+b+c=1+3+\dfrac{16}{5}=\dfrac{36}{5}$

중심이 직선 $y=2x$ 위에 있고 두 직선 $3x+y-5=0$, $3x+y-15=0$에
접하는 원의 방정식이 $(x-a)^2+(y-b)^2=c$일 때, 상수 a, b, c에 대하여
$a+b+c$의 값은?

① 10　　　　② $\dfrac{19}{2}$　　　　③ 9

④ $\dfrac{17}{2}$　　　　⑤ 8

STEP A 원의 중심을 $(k, 2k)$, 반지름의 길이를 r이라 하고 원의 방정식 구하기

원의 중심이 직선 $y=2x$ 위에 있으므로 원의 중심의 좌표를
$(k, 2k)$ (k는 상수)라 하고 원의 반지름의 길이를 r ($r>0$)이라 하면
원의 방정식은 $(x-k)^2+(y-2k)^2=r^2$

STEP B 원의 중심에서 직선까지의 거리가 반지름임을 이용하여 k의 값 구하기

두 직선 $3x+y-5=0$, $3x+y-15=0$이 원의 접선이므로
원의 중심 $(k, 2k)$에서 직선까지의 거리는 반지름의 길이 r과 같다.

$\dfrac{|3\times k+2k-5|}{\sqrt{3^2+1^2}}=\dfrac{|3\times k+2k-15|}{\sqrt{3^2+1^2}}=r$ …… ㉠

즉 $|5k-5|=|5k-15|$
(i) $5k-5=5k-15$일 때, 이를 만족시키는 k의 값은 존재하지 않는다.
(ii) $5k-5=-(5k-15)$일 때, $5k-5=-5k+15$, $10k=20$　$\therefore k=2$
(i), (ii)에서 $k=2$

STEP C $a+b+c$의 값 구하기

$k=2$를 ㉠에 대입하면 $r=\dfrac{5}{\sqrt{10}}$이고 원의 중심의 좌표는 $(2, 4)$이므로

$(x-2)^2+(y-4)^2=\dfrac{5}{2}$

따라서 $a=2$, $b=4$, $c=\dfrac{5}{2}$이므로 $a+b+c=\dfrac{17}{2}$

정답 ④

0412

정답 25

STEP A 원의 중심과 직선 사이의 거리가 원의 반지름과 같음을 이용하기

직선 $f(x)=ax+b$ (a, b는 상수)라 하자.
원 $x^2+y^2=25$의 중심은 $(0, 0)$이고 반지름의 길이는 5
원의 중심 $(0, 0)$과 직선 $y=ax+b$, 즉 $ax-y+b=0$까지의 거리는
반지름의 길이와 같다.

즉 $\dfrac{|b|}{\sqrt{a^2+1}}=5$이므로 $|b|=5\sqrt{a^2+1}$

양변을 제곱하면 $b^2=25a^2+25$　$\therefore b^2-25a^2=25$

> $+\alpha$ 이차방정식의 판별식을 이용하여 구할 수 있어!
>
> $f(x)=ax+b$ (a, b는 상수)라 하자.
> 원 $x^2+y^2=25$와 직선 $y=ax+b$의 교점의 x좌표를 구하기 위하여 $y=ax+b$를
> $x^2+y^2=25$에 대입하면 $x^2+(ax+b)^2=25$　$\therefore (a^2+1)x^2+2abx+b^2-25=0$
> 이때 원과 직선이 접하려면 이차방정식 $(a^2+1)x^2+2abx+b^2-25=0$은 중근을
> 가져야 하고 판별식을 D라 하면 $D=0$이어야 한다.
> $\dfrac{D}{4}=(ab)^2-(a^2+1)(b^2-25)=0$, $25a^2-b^2+25=0$　$\therefore b^2-25a^2=25$

> $+\alpha$ 원에 접하고 기울기가 m인 접선의 방정식을 이용하여 구할 수 있어!
>
> 두 상수 a, b에 대하여 $y=ax+b$라 하자.
> 원 $x^2+y^2=25$에 접하고 기울기가 a, 반지름의 길이가 5인 접선의 방정식은
> 원 $x^2+y^2=r^2$에 접하고 기울기가 m인 접선의 방정식은 $y=mx\pm r\sqrt{m^2+1}$
> $y=ax\pm5\sqrt{a^2+1}$이고 이 직선은 $y=ax+b$와 일치하므로 $5\sqrt{a^2+1}=b$
> 양변을 제곱하면 $b^2-25a^2=25$

STEP **B** $f(-5)f(5)$**의 값 구하기**

$f(x)=ax+b$ (a, b는 상수)이므로 $f(-5)=-5a+b$, $f(5)=5a+b$

따라서 $f(-5)f(5)=(-5a+b)(5a+b)=b^2-25a^2=25$

다른풀이   원 밖의 한 점에서 접점까지의 거리를 이용하여 풀이하기

STEP **A** **원 밖의 한 점에서 원에 그은 두 접점까지의 거리는 서로 같음을**
이용하기

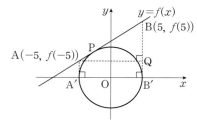

두 점 $(-5, 0)$, $(5, 0)$을 각각 A′, B′이라 하고

두 직선 $x=-5$, $x=5$와 직선 $y=f(x)$의 교점을 각각 A, B라 하면

두 점 A, B의 좌표는 각각 A$(-5, f(-5))$, B$(5, f(5))$

원 밖의 한 점에서 원에 그은 두 접점까지의 거리는 같으므로

$\overline{AA'}=\overline{AP}=f(-5)$, $\overline{BB'}=\overline{BP}=f(5)$

STEP **B** **직각삼각형의 피타고라스 정리를 이용하여** $f(-5)f(5)$**의 값 구하기**

점 A를 지나고 x축에 평행한 직선이 선분 BB′과 만나는 점을 Q라 하면

$\overline{AB}=\overline{AP}+\overline{BP}=f(-5)+f(5)$

$\overline{BQ}=\overline{BB'}-\overline{QB'}=f(5)-f(-5)$ ← $\overline{QB'}=\overline{AA'}=f(-5)$

$\overline{AQ}=\overline{A'B'}=10$

직각삼각형 AQB에서 피타고라스 정리에 의하여 $\overline{AB}^2=\overline{BQ}^2+\overline{AQ}^2$

$\{f(-5)+f(5)\}^2=\{f(5)-f(-5)\}^2+10^2$

$2f(-5)f(5)=-2f(-5)f(5)+100$, $4f(-5)f(5)=100$

따라서 $f(-5)f(5)=25$

내신연계 출제문항 212

그림과 같이 원 $x^2+y^2=16$과 직선 $y=f(x)$가 제2사분면에 있는 원 위의
점 P에서 접할 때, $f(-4)f(4)$의 값을 구하시오.

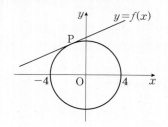

STEP **A** **원의 중심과 직선 사이의 거리가 원의 반지름과 같음을 이용하기**

직선 $f(x)=ax+b$ (a, b는 상수)라 하자.

원 $x^2+y^2=16$의 중심은 $(0, 0)$이고 반지름의 길이는 4

원의 중심 $(0, 0)$과 직선 $y=ax+b$, 즉 $ax-y+b=0$까지의 거리는
반지름의 길이와 같다.

즉 $\dfrac{|b|}{\sqrt{a^2+1}}=4$이므로 $|b|=4\sqrt{a^2+1}$

양변을 제곱하면 $b^2=16a^2+16$ ∴ $b^2-16a^2=16$

STEP **B** $f(-4)f(4)$**의 값 구하기**

$f(4)=4a+b$, $f(-4)=-4a+b$

따라서 $f(-4)f(4)=(-4a+b)(4a+b)=b^2-16a^2=16$

다른풀이   원 밖의 한 점에서 접점까지의 거리를 이용한 풀이

STEP **A** **원 밖의 한 점에서 원에 그은 두 접점까지의 거리는 서로 같음을**
이용하기

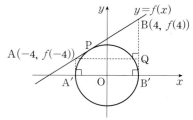

두 점 $(-4, 0)$, $(4, 0)$을 각각 A′, B′이라 하고

두 직선 $x=-4$, $x=4$와 직선 $y=f(x)$의 교점을 각각 A, B라 하면

두 점 A, B의 좌표는 각각 A$(-4, f(-4))$, B$(4, f(4))$이다.

원 밖의 한 점에서 원에 그은 두 접점까지의 거리는 같으므로

$\overline{AA'}=\overline{AP}=f(-4)$, $\overline{BB'}=\overline{BP}=f(4)$

STEP **B** **직각삼각형 AQB에서 피타고라스 정리를 이용하여 구하기**

점 A를 지나고 x축에 평행한 직선이 선분 BB′과 만나는 점을 Q라 하면

$\overline{AB}=\overline{AP}+\overline{BP}=f(-4)+f(4)$, $\overline{BQ}=f(4)-f(-4)$, $\overline{AQ}=8$이므로

직각삼각형 AQB에서 피타고라스 정리에 의하여

$\overline{AB}^2=\overline{BQ}^2+\overline{AQ}^2$

$\{f(-4)+f(4)\}^2=\{f(4)-f(-4)\}^2+8^2$

$2f(-4)f(4)=-2f(4)f(-4)+64$

따라서 $4f(-4)f(4)=64$이므로 $f(-4)f(4)=16$ 정답 16

0413   2024년 10월 고1 학력평가 10번   정답 ①

STEP **A** **원점과 직선 사이의 거리 구하기**

중심이 원점이고 직선 $y=-2x+k$와 만나는 원의 넓이가 최소가 되려면

원점에서 직선 위의 점까지 거리가
최소일 때, 원의 넓이가 최소가 되므로
원점에서 직선까지 거리의 최솟값일 때이다.

원점과 직선 $2x+y-k=0$ 사이의 거리가 반지름의 길이와 같아야 한다.

원점 O$(0, 0)$과 직선 $2x+y-k=0$ 사이의 거리는

$\dfrac{|-k|}{\sqrt{2^2+1^2}}=\dfrac{\sqrt{5}}{5}k$

STEP **B** **원 C의 넓이를 이용하여 반지름의 길이 구하기**

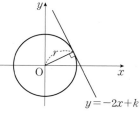

원 C의 반지름의 길이를 r이라 하면 원 C의 넓이가 45π이므로

$r^2\pi=45\pi$, $r^2=45$ ∴ $r=3\sqrt{5}$

따라서 $\dfrac{\sqrt{5}}{5}k=3\sqrt{5}$이므로 $k=15$

중심이 원점이고 직선 $y=3x+k$와 만나는 원 중에서 넓이가 최소인 원을 C라 하자. 원 C의 넓이가 40π일 때, 양의 상수 k의 값은?

① 16　　　　② 17　　　　③ 18
④ 19　　　　⑤ 20

STEP ⓐ **원점과 직선 사이의 거리 구하기**

중심이 원점이고 직선 $y=3x+k$와 만나는 원의 넓이가 최소가 되려면

원점에서 직선 위의 점까지 거리가 최소일 때,
원의 넓이가 최소가 되므로 원점에서 직선까지 거리의 최솟값일 때이다.

원점과 직선 $3x-y+k=0$ 사이의 거리가 반지름의 길이와 같아야 한다.

원점 $O(0, 0)$과 직선 $3x-y+k=0$ 사이의 거리는

$$\frac{|k|}{\sqrt{3^2+(-1)^2}}=\frac{\sqrt{10}}{10}k$$

STEP ⓑ **원 C의 넓이를 이용하여 반지름의 길이 구하기**

원 C의 반지름의 길이를 r이라 하면 원 C의 넓이가 40π이므로

$$r^2\pi=40\pi,\ r^2=40 \quad \therefore r=2\sqrt{10}$$

따라서 $\frac{\sqrt{10}}{10}k=2\sqrt{10}$이므로 $k=20$ 　　　정답 ⑤

0414　2024년 09월 고1 학력평가 16번　　정답 ③

STEP ⓐ **원 C의 중심과 직선 $2x-y=0$ 사이의 거리가 $\sqrt{5}$임을 이용하여 a의 값 구하기**

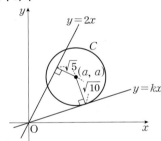

원 C의 중심 (a, a)와 직선 $2x-y=0$ 사이의 거리가 $\sqrt{5}$이므로

$$\frac{|2a-a|}{\sqrt{2^2+(-1)^2}}=\sqrt{5}$$

$$\therefore a=5 (\because a>0)$$

STEP ⓑ **직선 $y=kx$와 원 C가 접하도록 하는 k의 값 구하기**

직선 $y=kx$가 원 C에 접하므로 원 C의 중심 $(5, 5)$와

직선 $kx-y=0$ 사이의 거리가 반지름의 길이인 $\sqrt{10}$과 같다.

즉 $\frac{|5k-5|}{\sqrt{k^2+(-1)^2}}=\sqrt{10}$, $|5k-5|=\sqrt{10k^2+10}$

양변을 제곱하면 $25k^2-50k+25=10k^2+10$, $3k^2-10k+3=0$

$(3k-1)(k-3)=0$

$\therefore k=\frac{1}{3}$ 또는 $k=3$

따라서 $0<k<1$이므로 $k=\frac{1}{3}$

그림과 같이 좌표평면 위에 원 $C:(x-a)^2+(y-a)^2=18$이 있다.

원 C의 중심과 직선 $y=3x$ 사이의 거리가 $\sqrt{10}$이고 직선 $y=kx$가 원 C에 접할 때, 상수 k의 값은? (단, $a>0$, $0<k<1$)

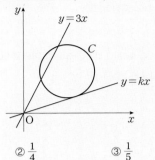

① $\frac{1}{3}$　　　② $\frac{1}{4}$　　　③ $\frac{1}{5}$
④ $\frac{1}{6}$　　　⑤ $\frac{1}{7}$

STEP ⓐ **원 C의 중심과 직선 $3x-y=0$ 사이의 거리가 $\sqrt{10}$임을 이용하여 a의 값 구하기**

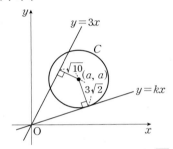

원 C의 중심 (a, a)와 직선 $3x-y=0$ 사이의 거리가 $\sqrt{10}$이므로

$$\frac{|3a-a|}{\sqrt{3^2+(-1)^2}}=\frac{2a}{\sqrt{10}}=\sqrt{10},\ 2a=10$$

$$\therefore a=5$$

STEP ⓑ **직선 $y=kx$와 원 C가 접하도록 하는 k의 값 구하기**

직선 $y=kx$가 원 C에 접하므로 원 C의 중심 $(5, 5)$와

직선 $kx-y=0$ 사이의 거리가 원의 반지름의 길이 $3\sqrt{2}$와 같다.

즉 $\frac{|5k-5|}{\sqrt{k^2+(-1)^2}}=3\sqrt{2}$, $|5k-5|=\sqrt{18k^2+18}$

양변을 제곱하면 $25k^2-50k+25=18k^2+18$, $7k^2-50k+7=0$

$(7k-1)(k-7)=0$

$\therefore k=\frac{1}{7}$ 또는 $k=7$

따라서 $0<k<1$이므로 $k=\frac{1}{7}$ 　　　정답 ⑤

STEP A **두 점 $(-3, 0)$, $(1, 0)$이 지름의 양 끝점이 되는 원의 방정식 구하기**

두 점을 A$(-3, 0)$, B$(1, 0)$이라 하면

원의 중심은 두 점 A, B의 중점이므로

$\left(\dfrac{-3+1}{2}, \dfrac{0+0}{2}\right)$ $\therefore (-1, 0)$

또한, 반지름의 길이는 $\dfrac{1}{2}\overline{AB}=\dfrac{1}{2}\{1-(-3)\}=2$이므로 반지름의 길이는 2

즉 구하는 원의 방정식은 $C : (x+1)^2+y^2=4$

+α 두 점을 지름의 양 끝점으로 하는 원의 방정식을 구할 수 있어!

두 점 $(-3, 0)$, $(1, 0)$을 지름의 양 끝점으로 하는 원의 방정식은

서로 다른 두 점 A(a_1, b_1), B(a_2, b_2)를 지름의 양 끝점으로 하는 원의 방정식은
$(x-a_1)(x-a_2)+(y-b_1)(y-b_2)=0$

$(x+3)(x-1)+(y-0)(y-0)=0$, $x^2+2x-3+y^2=0$, $(x^2+2x+1)+y^2-1-3=0$

$\therefore (x+1)^2+y^2=4$

STEP B **원의 중심과 직선 사이의 거리가 원의 반지름과 같음을 이용하여 양수 k의 값 구하기**

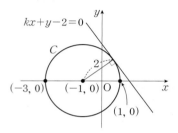

원 $C : (x+1)^2+y^2=4$와 직선 $kx+y-2=0$이 오직 한 점에서 만나려면

원 C의 중심인 점 $(-1, 0)$과 직선 $kx+y-2=0$ 사이의 거리는 원의 반지름의 길이 2와 같다.

즉 $\dfrac{|k\times(-1)+0-2|}{\sqrt{k^2+1^2}}=\dfrac{|-k-2|}{\sqrt{k^2+1}}=2$, $|-k-2|=2\sqrt{k^2+1}$

양변을 제곱하면 $k^2+4k+4=4(k^2+1)$, $3k^2-4k=0$, $k(3k-4)=0$

$\therefore k=0$ 또는 $k=\dfrac{4}{3}$

따라서 양수 k의 값은 $\dfrac{4}{3}$

+α 이차방정식의 판별식을 이용하여 구할 수 있어!

원 $(x+1)^2+y^2=4$와 직선 $kx+y-2=0$의 교점의 x좌표를 구하기 위하여
$kx+y-2=0$에서 $y=-kx+2$를 $(x+1)^2+y^2=4$에 대입하면
$(x+1)^2+(-kx+2)^2=4$
$\therefore (k^2+1)x^2+2(1-2k)x+1=0$
이때 원과 직선이 접하려면 이차방정식 $(k^2+1)x^2+2(1-2k)x+1=0$은 중근을 가져야 하고 판별식을 D라 하면 $D=0$이어야 한다.
$\dfrac{D}{4}=(1-2k)^2-(k^2+1)=0$, $3k^2-4k=0$, $k(3k-4)=0$
$\therefore k=0$ 또는 $k=\dfrac{4}{3}$
따라서 양수 k의 값은 $\dfrac{4}{3}$

내신연계 출제문항 215

좌표평면에서 두 점 $(0, -2)$, $(0, 4)$를 지름의 양 끝점으로 하는 원과 직선 $x+ky+3=0$이 오직 한 점에서 만나도록 하는 양수 k의 값은?

① $\dfrac{1}{4}$ ② $\dfrac{1}{2}$ ③ $\dfrac{3}{4}$

④ 1 ⑤ $\dfrac{5}{4}$

STEP A **두 점을 지름의 양 끝점으로 하는 원의 중심과 반지름의 길이 구하기**

두 점을 A$(0, -2)$, B$(0, 4)$라 하면 원의 중심은 두 점 A, B의 중점이므로

$\left(\dfrac{0+0}{2}, \dfrac{-2+4}{2}\right)$ $\therefore (0, 1)$

반지름의 길이는 $\dfrac{1}{2}\overline{AB}=\dfrac{1}{2}\{4-(-2)\}=3$

즉 구하는 원의 방정식은 $C : x^2+(y-1)^2=9$

+α 두 점을 지름의 양 끝점으로 하는 원의 방정식을 구할 수 있어!

두 점 $(0, -2)$, $(0, 4)$를 지름의 양 끝점으로 하는 원의 방정식은

서로 다른 두 점 A(a_1, b_1), B(a_2, b_2)를 지름의 양 끝점으로 하는 원의 방정식은
$(x-a_1)(x-a_2)+(y-b_1)(y-b_2)=0$

$(x-0)(x-0)+(y+2)(y-4)=0$,
$x^2+y^2-2y-8=0$, $x^2+(y^2-2y+1)-1-8=0$

$\therefore x^2+(y-1)^2=9$

STEP B **원의 중심과 직선 사이의 거리가 원의 반지름과 같음을 이용하여 양수 k의 값 구하기**

원 $C : x^2+(y-1)^2=9$와 직선 $x+ky+3=0$이 오직 한 점에서 만나려면

원 C의 중심인 점 $(0, 1)$과 직선 $x+ky+3=0$ 사이의 거리는 원의 반지름의 길이 3과 같다.

즉 $\dfrac{|0+k\times1+3|}{\sqrt{1^2+k^2}}=\dfrac{|k+3|}{\sqrt{k^2+1}}=3$, $|k+3|=3\sqrt{k^2+1}$

양변을 제곱하면 $k^2+6k+9=9(k^2+1)$, $8k^2-6k=0$, $2k(4k-3)=0$

$\therefore k=0$ 또는 $k=\dfrac{3}{4}$

따라서 양수 k의 값은 $\dfrac{3}{4}$

+α 이차방정식의 판별식을 이용하여 구할 수 있어!

원 $x^2+(y-1)^2=9$와 직선 $x+ky+3=0$의 교점의 x좌표를 구하기 위하여
$x+ky+3=0$에서 $x=-ky-3$을 $x^2+(y-1)^2=9$에 대입하면
$(-ky-3)^2+(y-1)^2=9$, $(k^2+1)y^2-2(1-3k)y+1=0$
이때 원과 직선이 접하려면 이차방정식 $(k^2+1)y^2-2(1-3k)y+1=0$은 중근을 가져야 하고 판별식을 D라 하면 $D=0$이어야 한다.
$\dfrac{D}{4}=\{-(1-3k)\}^2-(k^2+1)=0$, $8k^2-6k=0$, $k(8k-6)=0$
$\therefore k=0$ 또는 $k=\dfrac{3}{4}$
따라서 양수 k의 값은 $\dfrac{3}{4}$

정답 ③

0416

2019년 09월 고1 학력평가 27번 정답 50

STEP A 원의 중심과 직선 사이의 거리가 원의 반지름과 같음을 이용하여 a의 값 구하기

원의 중심이 직선 $y=x$ 위에 있으므로 원의 중심을 (a, a)라 하고
x축과 y축에 동시에 접하므로 원의 반지름의 길이는 $|a|$
$\therefore (x-a)^2+(y-a)^2=a^2$
원의 중심 (a, a)와 직선 $3x-4y+12=0$까지의 거리는 반지름의 길이와 같다.
$$\frac{|3\times a-4\times a+12|}{\sqrt{3^2+(-4)^2}}=\frac{|-a+12|}{5}=|a|$$
$|-a+12|=5|a|$이므로 $-a+12=5a$ 또는 $-a+12=-5a$
$\therefore a=2$ 또는 $a=-3$

STEP B $\overline{AB}^2$의 값 구하기

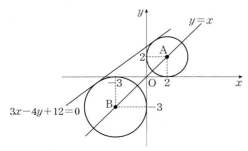

$a=2$일 때, 원의 방정식은 $(x-2)^2+(y-2)^2=4$이므로 원의 중심 A$(2, 2)$
$a=-3$일 때, 원의 방정식은 $(x+3)^2+(y+3)^2=9$이므로 원의 중심 B$(-3, -3)$
따라서 $\overline{AB}^2=\{2-(-3)\}^2+\{2-(-3)\}^2=50$

내/신/연/계 출제문항 216

직선 $y=-x$ 위의 점을 중심으로 하고, x축과 y축에 동시에 접하는
원 중에서 직선 $3x+4y-12=0$과 접하는 원의 개수는 2이다.
두 원의 중심을 각각 A, B라 할 때, $\overline{AB}^2$의 값을 구하시오.

STEP A 점과 직선 사이의 거리를 이용하여 원의 중심의 좌표 구하기

원의 중심이 직선 $y=-x$ 위의 점이므로 $(k, -k)$라 하면
점 $(k, -k)$와 직선 $3x+4y-12=0$ 사이의 거리는
반지름의 길이 $|k|$와 같으므로
$$\frac{|3k-4k-12|}{\sqrt{3^2+4^2}}=|k|, \frac{|-k-12|}{5}=|k|, |-k-12|=5|k|$$
$-k-12=5k$ 또는 $-k-12=-5k$
$\therefore k=-2$ 또는 $k=3$

STEP B $\overline{AB}^2$의 값 구하기

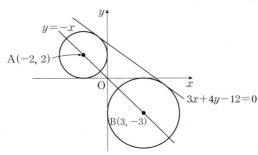

$k=-2$일 때, $(x+2)^2+(y-2)^2=4$이므로 원의 중심 A$(-2, 2)$
$k=3$일 때, $(x-3)^2+(y+3)^2=9$이므로 원의 중심 B$(3, -3)$
따라서 $\overline{AB}^2=\{(-2)-3\}^2+\{2-(-3)\}^2=50$

정답 50

0417

2024년 10월 고1 학력평가 26번 정답 5

STEP A 두 직선 $y=2x+6$, $y=-2x+6$에 모두 접하는 원의 중심의 x좌표 구하기

두 직선 $y=2x+6$, $y=-2x+6$에 모두 접하는 원의 중심을 C(a, b),
반지름의 길이를 r이라 하자.
이때 점 C(a, b)와 두 직선 $2x-y+6=0$, $2x+y-6=0$ 사이의 거리는
원의 반지름의 길이 r과 같으므로 ← 원이 두 직선과 모두 접한다.
$$r=\frac{|2a-b+6|}{\sqrt{2^2+(-1)^2}}=\frac{|2a+b-6|}{\sqrt{2^2+1^2}} \quad \cdots\cdots ㉠$$
$|2a-b+6|=|2a+b-6|$, 즉 $2a-b+6=\pm(2a+b-6)$
(i) $2a-b+6=2a+b-6$에서 $b=6$
(ii) $2a-b+6=-(2a+b-6)$에서 $a=0$
(i), (ii)에 의하여 $a=0$ 또는 $b=6$
그런데 중심이 C$(a, 6)$이고 두 직선 $y=2x+6$, $y=-2x+6$에 모두 접하는
원은 점 $(2, 0)$을 지날 수 없으므로 $b\neq 6$
이때 $a=0$이므로 원의 중심 C의 좌표는 C$(0, b)$

STEP B 원의 중심에서 점 $(2, 0)$까지의 거리와 원의 반지름의 길이와 같음을 이용하여 두 원의 중심의 좌표 구하기

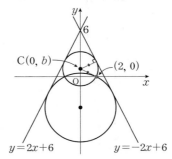

점 C$(0, b)$에서 점 $(2, 0)$까지의 거리가 r이므로
$$r=\sqrt{(2-0)^2+(0-b)^2}=\sqrt{b^2+4} \quad \cdots\cdots ㉡$$
㉠, ㉡에 의하여 $\dfrac{|b-6|}{\sqrt{5}}=\sqrt{b^2+4}$, $|b-6|=\sqrt{5b^2+20}$
양변을 제곱하면 $b^2+3b-4=0$, $(b+4)(b-1)=0$
$\therefore b=-4$ 또는 $b=1$

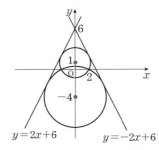

따라서 두 직선 $y=2x+6$, $y=-2x+6$에 모두 접하는 두 원의 중심 O$_1$, O$_2$의
좌표는 $(0, -4)$, $(0, 1)$이므로 선분 O$_1$O$_2$의 길이는 $1-(-4)=5$

좌표평면에서 두 직선 $y=2x-9$, $y=-2x-9$에 모두 접하고 점 $(-3, 0)$
을 지나는 서로 다른 두 원의 중심을 각각 O_1, O_2라 할 때, 선분 O_1O_2의
길이를 l이라 하자. 이때 $4l$의 값을 구하시오.

STEP A 두 직선 $y=2x-9$, $y=-2x-9$에 모두 접하는 원의 중심의
x좌표 구하기

두 직선 $y=2x-9$, $y=-2x-9$에 모두 접하는 원의 중심을 $C(a, b)$,
반지름의 길이를 r이라 하자.
이때 점 $C(a, b)$와 두 직선 $2x-y-9=0$, $2x+y+9=0$ 사이의 거리는
원의 반지름의 길이 r과 같으므로 ← 원이 두 직선과 모두 접한다.

$r=\dfrac{|2a-b-9|}{\sqrt{2^2+(-1)^2}}=\dfrac{|2a+b+9|}{\sqrt{2^2+1^2}}$ …… ㉠

$|2a-b-9|=|2a+b+9|$, 즉 $2a-b-9=\pm(2a+b+9)$

(i) $2a-b-9=2a+b+9$에서 $b=-9$

(ii) $2a-b-9=-(2a+b+9)$에서 $a=0$

(i), (ii)에 의하여 $a=0$ 또는 $b=-9$

그런데 중심이 $C(a, -9)$이고 두 직선 $y=2x-9$, $y=-2x-9$에 모두 접하는
원은 점 $(-3, 0)$을 지날 수 없으므로 $b\neq-9$
이때 $a=0$이므로 원의 중심 C의 좌표는 $C(0, b)$

STEP B 원의 중심에서 점 $(-3, 0)$까지의 거리와 원의 반지름의 길이와 같
음을 이용하여 두 원의 중심의 좌표 구하기

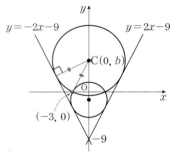

점 $C(0, b)$에서 점 $(-3, 0)$까지의 거리가 r이므로
$r=\sqrt{(-3-0)^2+(0-b)^2}=\sqrt{b^2+9}$ …… ㉡
㉠, ㉡에 의하여 $\dfrac{|b+9|}{\sqrt{5}}=\sqrt{b^2+9}$, $|b+9|=\sqrt{5b^2+45}$
양변을 제곱하면 $2b^2-9b-18=0$, $(2b+3)(b-6)=0$
$\therefore b=-\dfrac{3}{2}$ 또는 $b=6$

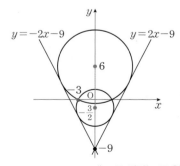

이때 두 직선 $y=2x-9$, $y=-2x-9$에 모두 접하는 두 원의 중심 O_1, O_2의
좌표는 $\left(0, -\dfrac{3}{2}\right)$, $(0, 6)$이므로 선분 O_1O_2의 길이는 $6-\left(-\dfrac{3}{2}\right)=\dfrac{15}{2}$
따라서 $l=\dfrac{15}{2}$이므로 $4l=30$ 정답 **30**

0418   정답 19

STEP A 원의 방정식에 $y=-3x+k$를 대입하여 이차방정식 구하기

원의 방정식 $x^2+y^2=10$에 $y=-3x+k$를 대입하면
$x^2+(-3x+k)^2=10$
$\therefore 10x^2-6kx+k^2-10=0$ …… ㉠

STEP B 판별식을 이용하여 정수 k의 개수 구하기

원과 직선이 서로 다른 두 점에서 만나면 ㉠이 서로 다른 두 실근을 가지므로
판별식 $D>0$이어야 한다.
$\dfrac{D}{4}=(-3k)^2-10(k^2-10)>0$, $-k^2+100>0$, $(k+10)(k-10)<0$
$\therefore -10<k<10$
따라서 정수 k의 개수는 $10-(-10)-1=19$
정수 a, b에 대하여 $a<x<b$에서 정수 x의 개수는 $(b-a)-1$이다.

---

mini 해설 | 점과 직선 사이의 거리를 이용하여 풀이하기

원의 중심 $(0, 0)$에서 직선 $3x+y-k=0$
사이의 거리가 반지름의
길이 $\sqrt{10}$보다 작아야 하므로
$\dfrac{|-k|}{\sqrt{3^2+1^2}}<\sqrt{10}$
즉 $|-k|<10$
따라서 $-10<k<10$이므로
정수 k의 개수는 $10-(-10)-1=19$

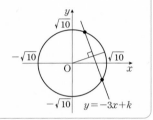

0419   정답 ⑤

STEP A 원과 직선이 서로 다른 두 점에서 만나기 위한 조건 구하기

원 $(x-1)^2+(y-a)^2=20$에서 중심은 $(1, a)$, 반지름의 길이는 $2\sqrt{5}$
이때 직선 $2x+y+a=0$과 원이 서로 다른 두 점에서 만나기 위해서는
(원의 중심에서 직선까지의 거리)<(반지름의 길이)이어야 한다.

STEP B 원의 중심에서 직선까지의 거리와 반지름의 길이를 이용하여
정수 a의 개수 구하기

원의 중심 $(1, a)$와 직선 $2x+y+a=0$ 사이의 거리가
원의 반지름의 길이인 $2\sqrt{5}$보다 작아야 하므로
$\dfrac{|2+a+a|}{\sqrt{1^2+2^2}}<2\sqrt{5}$
$|2a+2|<10$, $-10<2a+2<10$ $\therefore -6<a<4$
따라서 정수 a는 -5, -4, $\cdots$, 1, 2, 3이므로 그 개수는 $4-(-6)-1=9$
정수 a, b에 대하여 $a<x<b$에서 정수 x의 개수는 $(b-a)-1$이다.

0420

정답 ③

STEP A 원의 중심과 직선 사이의 거리가 원의 반지름보다 작아야 함을 이용하여 k의 범위 구하기

원의 반지름의 길이를 r $(r>0)$이라 할 때,

넓이는 $\pi r^2 = 16\pi$, $r^2 = 16$

$\therefore r = 4$

원이 직선 $3x+4y+6=0$과 두 점에서 만나므로

원의 중심에서 직선까지의 거리가 반지름의 길이보다 작으면 된다.

즉 $\dfrac{|6+4k+6|}{\sqrt{3^2+4^2}} < 4$, $|4k+12| < 20$

$-20 < 4k+12 < 20$

$\therefore -8 < k < 2$

따라서 정수 k의 개수는 $2-(-8)-1=9$

정수 a, b에 대하여 $a<x<b$에서 정수 x의 개수는 $(b-a)-1$이다.

0421

정답 ④

STEP A 원과 직선이 서로 다른 두 점에서 만나기 위한 조건 구하기

원 $x^2+(y-2)^2=1$에서 중심은 $(0, 2)$, 반지름의 길이는 1

이때 직선 $y=mx+4$와 원이 서로 다른 두 점에서 만나기 위해서는

(중심에서 직선까지의 거리)<(반지름의 길이)이어야 한다.

STEP B 중심과 직선까지의 거리와 반지름의 길이를 이용하여 m의 값의 범위 구하기

원의 중심 $(0, 2)$와 직선 $y=mx+4$, 즉 $mx-y+4=0$ 사이의 거리는

$\dfrac{|-2+4|}{\sqrt{m^2+(-1)^2}} = \dfrac{2}{\sqrt{m^2+1}}$

중심에서 직선까지의 거리가 반지름의 길이보다 작으므로

$\dfrac{2}{\sqrt{m^2+1}} < 1$, $\sqrt{m^2+1} > 2$이고

양변을 제곱하면 $m^2+1 > 4$, $m^2 > 3$

따라서 $m < -\sqrt{3}$ 또는 $m > \sqrt{3}$

> **mini해설** | 이차방정식의 판별식을 이용하여 풀이하기
>
> $y=mx+4$를 $x^2+(y-2)^2=1$에 대입하면
> $x^2+(mx+2)^2=1$, $(m^2+1)x^2+4mx+3=0$
> 이 이차방정식의 판별식을 D라 하면
> 원과 직선이 서로 다른 두 점에서 만나야 하므로 $D>0$
> $\dfrac{D}{4}=(2m)^2-3(m^2+1)>0$, $m^2-3>0$
> 따라서 $m<-\sqrt{3}$ 또는 $m>\sqrt{3}$

내신연계 출제문항 218

원 $x^2+y^2-10y+21=0$과 직선 $mx-y-5=0$이 서로 다른 두 점에서 만날 때, 실수 m의 값의 범위는?

① $-\sqrt{6}<m<\sqrt{6}$ ② $-2\sqrt{3}<m<2\sqrt{3}$

③ $-2\sqrt{6}<m<2\sqrt{6}$ ④ $m<-3\sqrt{2}$ 또는 $m>3\sqrt{2}$

⑤ $m<-2\sqrt{6}$ 또는 $m>2\sqrt{6}$

STEP A 원과 직선이 서로 다른 두 점에서 만나기 위한 조건 구하기

$x^2+y^2-10y+21=0$에서 $x^2+(y-5)^2=4$이므로

원의 중심은 $(0, 5)$, 반지름의 길이는 2

이때 원과 직선이 서로 다른 두 점에서 만나므로

(중심에서 직선까지의 거리)<(반지름의 길이)이어야 한다.

STEP B 중심에서 직선까지의 거리와 반지름의 길이를 이용하여 m의 값의 범위 구하기

원의 중심 $(0, 5)$와 직선 $mx-y-5=0$ 사이의 거리는

$\dfrac{|-5-5|}{\sqrt{m^2+(-1)^2}} = \dfrac{10}{\sqrt{m^2+1}}$

중심에서 직선까지의 거리가 반지름의 길이보다 작으므로

$\dfrac{10}{\sqrt{m^2+1}} < 2$, $\sqrt{m^2+1} > 5$이고 양변을 제곱하면

$m^2+1 > 25$, $m^2-24 > 0$, $(m+2\sqrt{6})(m-2\sqrt{6}) > 0$

따라서 $m < -2\sqrt{6}$ 또는 $m > 2\sqrt{6}$

> **mini해설** | 이차방정식의 판별식을 이용하여 풀이하기
>
> $x^2+y^2-10y+21=0$에서 $x^2+(y-5)^2=4$, $mx-y-5=0$
> 즉 $y=mx-5$를 $x^2+(y-5)^2=4$에 대입하면
> $x^2+(mx-10)^2=4$
> $\therefore (1+m^2)x^2-20mx+96=0$
> 이 이차방정식의 판별식을 D라 하면
> 원과 직선이 서로 다른 두 점에서 만나므로 $D>0$
> $\dfrac{D}{4}=(-10m)^2-96(1+m^2)>0$, $4m^2-96>0$, $m^2>24$
> 따라서 $m<-2\sqrt{6}$ 또는 $m>2\sqrt{6}$

정답 ⑤

0422

정답 4

STEP A 세 점을 지나는 원의 방정식 구하기

원의 방정식을 $x^2+y^2+Ax+By+C=0$으로 놓으면

이 원이 원점 $(0, 0)$을 지나므로 $C=0$

$\therefore x^2+y^2+Ax+By=0$ ...... ㉠

원 ㉠이 점 $(4, 0)$을 지나므로 $A=-4$

원 ㉠이 점 $(0, 2)$를 지나므로 $B=-2$

즉 $x^2+y^2-4x-2y=0$에서 $(x-2)^2+(y-1)^2=5$

> **+α** | 외심의 성질을 이용하여 중심과 반지름 구할 수 있어!
>
> 원의 중심을 $P(a, b)$라 하면 세 점 $A(0, 0)$, $B(4, 0)$, $C(0, 2)$까지의 거리는 반지름의 길이로 같다.
> 즉 $\overline{AP}=\overline{BP}=\overline{CP}$, $\overline{AP}^2=\overline{BP}^2=\overline{CP}^2$
> $\overline{AP}^2=a^2+b^2$ ...... ㉠
> $\overline{BP}^2=(a-4)^2+b^2$ ...... ㉡
> $\overline{CP}^2=a^2+(b-2)^2$ ...... ㉢
> ㉠, ㉡에서 $a^2+b^2=(a-4)^2+b^2$, $0=-8a+16$
> $\therefore a=2$
> ㉠, ㉢에서 $a^2+b^2=a^2+(b-2)^2$, $0=-4b+4$
> $\therefore b=1$
> 즉 중심의 좌표는 $(2, 1)$
> 반지름의 길이는 $\overline{AP}=\sqrt{a^2+b^2}=\sqrt{5}$
> $\therefore (x-2)^2+(y-1)^2=5$

> **+α** | 직각삼각형임을 알고 원의 방정식을 구할 수 있어!
>
> 직각삼각형의 외접원의 중심은 빗변의 중점이 된다.
> 세 점 $(0, 0)$, $(4, 0)$, $(0, 2)$를 지나는 삼각형은 직각삼각형이다.
> 즉 원의 중심은 두 점 $(0, 2)$, $(4, 0)$의
> 중점이므로 $\left(\dfrac{0+4}{2}, \dfrac{2+0}{2}\right)$
> 원의 중심은 $(2, 1)$
> 반지름의 길이는 원의 중심 $(2, 1)$에서
> 원 위의 점 $(4, 0)$까지의 거리이므로
> $r=\sqrt{(2-4)^2+(1-0)^2}=\sqrt{5}$
> $\therefore (x-2)^2+(y-1)^2=5$
>
>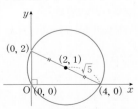

STEP B **점과 직선 사이의 거리를 이용하여 실수 k의 범위 구하기**

원의 중심 $(2,\,1)$과 직선 $x-2y+k=0$ 사이의 거리는

$$\frac{|2-2\times1+k|}{\sqrt{1^2+(-2)^2}}=\frac{|k|}{\sqrt5}$$

원의 반지름의 길이가 $\sqrt5$이므로 원과 직선이 서로 다른 두 점에서 만나려면

$$\frac{|k|}{\sqrt5}<\sqrt5,\ |k|<5\quad\therefore\ -5<k<5$$

따라서 자연수 k의 최댓값은 4

내/신/연/계/ 출제문항 219

세 점 $\mathrm A(-3,\,-2)$, $\mathrm B(-2,\,1)$, $\mathrm C(0,\,1)$을 지나는 원이 직선 $2x-y+k=0$과 서로 다른 두 점에서 만나도록 하는 자연수 k의 최댓값을 구하시오.

STEP A **세 점을 지나는 원의 방정식 구하기**

원의 중심을 $\mathrm P(a,\,b)$라 하면

$\overline{\mathrm{AP}}=\overline{\mathrm{BP}}=\overline{\mathrm{CP}},\ \overline{\mathrm{AP}}^2=\overline{\mathrm{BP}}^2=\overline{\mathrm{CP}}^2$

$\overline{\mathrm{AP}}^2=(a+3)^2+(b+2)^2$ $\cdots\cdots$ ㉠

$\overline{\mathrm{BP}}^2=(a+2)^2+(b-1)^2$ $\cdots\cdots$ ㉡

$\overline{\mathrm{CP}}^2=a^2+(b-1)^2$ $\cdots\cdots$ ㉢

㉠, ㉡에서 $(a+3)^2+(b+2)^2=(a+2)^2+(b-1)^2$

$6a+4b+13=4a-2b+5$

$\therefore\ a+3b+4=0$ $\cdots\cdots$ ㉣

㉡, ㉢에서 $(a+2)^2+(b-1)^2=a^2+(b-1)^2$

$4a+4=0\quad\therefore\ a=-1$

㉣의 식에 $a=-1$을 대입하면 $b=-1$

즉 원의 중심은 $(-1,\,-1)$이고 반지름의 길이는 $\overline{\mathrm{AP}}=\sqrt{(a+3)^2+(b+2)^2}=\sqrt5$

$\therefore\ (x+1)^2+(y+1)^2=5$

STEP B **점과 직선 사이의 거리를 이용하여 실수 k의 범위 구하기**

원의 중심 $(-1,\,-1)$과 직선 $2x-y+k=0$ 사이의 거리는

$$\frac{|-2+1+k|}{\sqrt{2^2+(-1)^2}}=\frac{|k-1|}{\sqrt5}$$

원의 반지름의 길이가 $\sqrt5$이므로 원과 직선이 서로 다른 두 점에서 만나려면

$$\frac{|k-1|}{\sqrt5}<\sqrt5,\ |k-1|<5,\ -5<k-1<5\quad\therefore\ -4<k<6$$

따라서 자연수 k의 최댓값은 5

정답 5

0423

정답 ①

STEP A **$a+b=3$을 만족하는 두 가지 경우로 나누어 모든 실수 k의 값의 합 구하기**

직선과 원의 교점의 개수는 0 또는 1 또는 2이다.

(반지름의 길이)<(중심에서 직선까지의 거리)일 때, 교점의 개수는 0
(반지름의 길이)=(중심에서 직선까지의 거리)일 때, 교점의 개수는 1
(반지름의 길이)>(중심에서 직선까지의 거리)일 때, 교점의 개수는 2

즉 $a+b=3$을 만족하는 음이 아닌 정수 $a,\,b$에 대하여

$a=1,\,b=2$ 또는 $a=2,\,b=1$

(i) $a=1,\,b=2$일 때,

직선 $x+2y-k=0$이 원 $(x-2)^2+y^2=5$에 접해야 하므로

$$\frac{|2-k|}{\sqrt{1^2+2^2}}=\sqrt5,\ |2-k|=5,\ 2-k=5\ 또는\ 2-k=-5$$

$\therefore\ k=-3$ 또는 $k=7$ $\cdots\cdots$ ㉠

또한, 직선 $x+2y-k=0$이 원 $(x+2)^2+(y+2)^2=5$와 서로 다른 두 점에서 만나야 하므로

$$\frac{|-2-4-k|}{\sqrt{1^2+2^2}}<\sqrt5,\ |-6-k|<5,\ -5<-6-k<5$$

$\therefore\ -11<k<-1$ $\cdots\cdots$ ㉡

㉠, ㉡을 동시에 만족하는 k의 값은 $k=-3$

(ii) $a=2,\,b=1$일 때,

직선 $x+2y-k=0$이 원 $(x-2)^2+y^2=5$와 서로 다른 두 점에서

만나야 하므로 $\dfrac{|2-k|}{\sqrt{1^2+2^2}}<\sqrt5,\ |2-k|<5,\ -5<2-k<5$

$\therefore\ -3<k<7$ $\cdots\cdots$ ㉢

또한, 직선 $x+2y-k=0$이 원 $(x+2)^2+(y+2)^2=5$에 접해야 하므로

$$\frac{|-2-4-k|}{\sqrt{1^2+2^2}}=\sqrt5,\ |-6-k|=5,\ -6-k=5\ 또는\ -6-k=-5$$

$\therefore\ k=-11$ 또는 $k=-1$ $\cdots\cdots$ ㉣

㉢, ㉣을 동시에 만족하는 k의 값은 $k=-1$

(i), (ii)에서 모든 실수 k의 값의 합은 $-3+(-1)=-4$

내/신/연/계/ 출제문항 220

직선 $x-3y+k=0$과 두 원

$$(x+1)^2+y^2=10,\ (x+1)^2+(y+1)^2=10$$

의 교점의 개수를 각각 a, b라 할 때, $a+b=3$을 만족시키는 모든 상수 k의 값의 합은?

① -4　　② -2　　③ -1

④ 2　　⑤ 4

STEP A **$a+b=3$을 만족하는 두 가지 경우로 나누어 모든 실수 k의 값의 합 구하기**

원과 직선의 교점의 개수는 0 또는 1 또는 2이다.

즉 $a+b=3$을 만족시키는 경우는 $a=1,\,b=2$ 또는 $a=2,\,b=1$이다.

(i) $a=1,\,b=2$인 경우

원 $(x+1)^2+y^2=10$과 직선 $x-3y+k=0$이 한 점에서 만나야 하므로

$$\frac{|-1+k|}{\sqrt{1^2+(-3)^2}}=\frac{|-1+k|}{\sqrt{10}}=\sqrt{10},\ |-1+k|=10,\ -1+k=\pm10$$

$\therefore\ k=-9$ 또는 $k=11$ $\cdots\cdots$ ㉠

또한, 직선 $x-3y+k=0$이 원 $(x+1)^2+(y+1)^2=10$과 서로 다른 두 점에서 만나야 하므로

$$\frac{|-1+3+k|}{\sqrt{1^2+(-3)^2}}<\sqrt{10},\ |2+k|<10,\ -10<2+k<10$$

$\therefore\ -12<k<8$ $\cdots\cdots$ ㉡

㉠, ㉡을 동시에 만족하는 k의 값은 $k=-9$

(ii) $a=2,\,b=1$인 경우

원 $(x+1)^2+y^2=10$과 직선 $x-3y+k=0$이 서로 다른 두 점에서 만나야 하므로

$$\frac{|-1+k|}{\sqrt{1^2+(-3)^2}}=\frac{|-1+k|}{\sqrt{10}}<\sqrt{10},\ |-1+k|<10,\ -10<-1+k<10$$

$\therefore\ -9<k<11$ $\cdots\cdots$ ㉢

또, 원 $(x+1)^2+(y+1)^2=10$과 직선 $x-3y+k=0$이 한 점에서 만나야 하므로

$$\frac{|-1+3+k|}{\sqrt{1^2+(-3)^2}}=\sqrt{10},\ |2+k|=10,\ 2+k=\pm10$$

$\therefore\ k=-12$ 또는 $k=8$ $\cdots\cdots$ ㉣

㉢, ㉣을 동시에 만족하는 k의 값은 $k=8$

(i), (ii)에서 모든 상수 k의 값의 합은 $-9+8=-1$

정답 ③

0424
2023년 11월 고1 학력평가 20번 정답 ①

STEP A ∠APB＝90°임을 이용하여 점 P의 위치 구하기

∠APB＝90°인 점 P는 두 점 A(1, 4), B(5, 4)를 지름의 양 끝점으로 하는
원 C 위의 점이다. ← 지름에 대한 원주각의 크기는 90°

원 C의 중심은 두 점 A, B의 중점이므로 $\left(\dfrac{1+5}{2}, \dfrac{4+4}{2}\right)$, 즉 (3, 4)

반지름의 길이는 $\dfrac{1}{2}\times(5-1)=\dfrac{1}{2}\times 4=2$

∴ $(x-3)^2+(y-4)^2=4$ ← ∠APB＝90°인 점 P의 자취방정식

＋α 두 점을 지름의 양 끝점으로 하는 원의 방정식을 구할 수 있어!

> 두 점 A(1, 4), B(5, 4)를 지름의 양 끝점으로 하는 원의 방정식은
> 서로 다른 두 점 $A(a_1, b_1)$, $B(a_2, b_2)$를 지름의 양 끝점으로 하는 원의 방정식은
> $(x-a_1)(x-a_2)+(y-b_1)(y-b_2)=0$
> $(x-1)(x-5)+(y-4)(y-4)=0$, $x^2-6x+5+(y-4)^2=0$
> $(x^2-6x+9)+(y-4)^2-9+5=0$ ∴ $(x-3)^2+(y-4)^2=4$

STEP B 원의 중심과 직선 사이의 거리가 원의 반지름의 길이보다 작거나
같음을 이용하여 t의 값의 범위 구하기

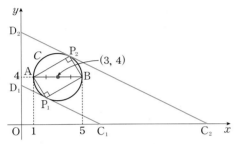

또한, 점 P는 원 C 위의 점이면서 선분 CD 위의 점이다.
두 점 C(2t, 0), D(0, t)를 지나는 직선 CD의 방정식은

$y-t=\dfrac{0-t}{2t-0}(x-0)$, 즉 $y=-\dfrac{1}{2}x+t$

원의 중심 (3, 4)와 직선 $y=-\dfrac{1}{2}x+t$, 즉 $x+2y-2t=0$ 사이의 거리 d는

$d=\dfrac{|3+2\times 4-2t|}{\sqrt{1^2+2^2}}=\dfrac{|11-2t|}{\sqrt{5}}$

직선과 원 C가 만나려면 거리 d는 원의 반지름의 길이인 2보다 작거나
같아야 한다.

즉 $\dfrac{|11-2t|}{\sqrt{5}}\le 2$, $|11-2t|\le 2\sqrt{5}$ ← $|x|\le a(a>0)$이면 $-a\le x\le a$

$-2\sqrt{5}\le 11-2t\le 2\sqrt{5}$, $-11-2\sqrt{5}\le -2t\le -11+2\sqrt{5}$

∴ $\dfrac{11}{2}-\sqrt{5}\le t\le \dfrac{11}{2}+\sqrt{5}$

따라서 $M=\dfrac{11}{2}+\sqrt{5}$, $m=\dfrac{11}{2}-\sqrt{5}$이므로 $M-m=2\sqrt{5}$

내/신/연/계 출제문항 221

실수 $t(t>0)$에 대하여 좌표평면 위에 네 점 A(1, 5), B(7, 5), C(3t, 0),
D(0, t)가 있다. 선분 CD 위에 ∠APB＝90°인 점 P가 존재하도록 하는
t의 최댓값을 M, 최솟값을 m이라 할 때, $M-m$의 값은?

① $\dfrac{2\sqrt{10}}{3}$ 　　② $\sqrt{10}$ 　　③ $\dfrac{4\sqrt{10}}{3}$

④ $\dfrac{5\sqrt{10}}{3}$ 　　⑤ $2\sqrt{10}$

STEP A ∠APB＝90°임을 이용하여 점 P의 위치 구하기

∠APB＝90°인 점 P는 두 점 A(1, 5), B(7, 5)를 지름의 양 끝점으로 하는
원 C 위의 점이다.

원 C의 중심은 두 점 A, B의 중점이므로 $\left(\dfrac{1+7}{2}, \dfrac{5+5}{2}\right)$, 즉 (4, 5)

반지름의 길이는 $\dfrac{1}{2}\times(7-1)=\dfrac{1}{2}\times 6=3$

∴ $(x-4)^2+(y-5)^2=9$ ← ∠APB＝90°인 점 P의 자취방정식

＋α 두 점을 지름의 양 끝점으로 하는 원의 방정식을 구할 수 있어!

> 두 점 A(1, 5), B(7, 5)를 지름의 양 끝점으로 하는 원의 방정식은
> 서로 다른 두 점 $A(a_1, b_1)$, $B(a_2, b_2)$를 지름의 양 끝점으로 하는 원의 방정식은
> $(x-a_1)(x-a_2)+(y-b_1)(y-b_2)=0$
> $(x-1)(x-7)+(y-5)(y-5)=0$, $x^2-8x+7+(y-5)^2=0$
> $(x^2-8x+16)+(y-5)^2-16+7=0$ ∴ $(x-4)^2+(y-5)^2=9$

STEP B 원의 중심과 직선 사이의 거리가 원의 반지름의 길이보다 작거나
같음을 이용하여 t의 값의 범위 구하기

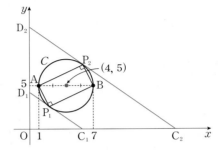

또한, 점 P는 원 C 위의 점이면서 선분 CD 위의 점이다.
두 점 C(3t, 0), D(0, t)를 지나는 직선 CD의 방정식은

$y-t=\dfrac{0-t}{3t-0}(x-0)$, 즉 $y=-\dfrac{1}{3}x+t$

원의 중심 (4, 5)와 직선 $y=-\dfrac{1}{3}x+t$, 즉 $x+3y-3t=0$ 사이의 거리 d는

$d=\dfrac{|4+3\times 5-3t|}{\sqrt{1^2+3^2}}=\dfrac{|19-3t|}{\sqrt{10}}$

직선과 원 C가 만나려면 거리 d는 원의 반지름의 길이인 3보다 작거나 같아야
한다.

즉 $\dfrac{|19-3t|}{\sqrt{10}}\le 3$, $|19-3t|\le 3\sqrt{10}$, $-3\sqrt{10}\le 19-3t\le 3\sqrt{10}$

$-19-3\sqrt{10}\le -3t\le -19+3\sqrt{10}$

∴ $\dfrac{19}{3}-\sqrt{10}\le t\le \dfrac{19}{3}+\sqrt{10}$

따라서 $M=\dfrac{19}{3}+\sqrt{10}$, $m=\dfrac{19}{3}-\sqrt{10}$이므로 $M-m=2\sqrt{10}$ 정답 ⑤

0425
정답 ⑤

STEP A 원의 방정식에 $y=\sqrt{3}x+k$를 대입하여 이차방정식 구하기

$y=\sqrt{3}x+k$를 $x^2+y^2=4$에 대입하면 $x^2+(\sqrt{3}x+k)^2=4$

∴ $4x^2+2\sqrt{3}kx+k^2-4=0$

STEP B 판별식이 0보다 작음을 이용하여 k값의 범위 구하기

이 이차방정식의 판별식을 D라고 하면 실근을 갖지 않으므로 $D<0$

즉 $\dfrac{D}{4}=(\sqrt{3}k)^2-4(k^2-4)<0$, $k^2-16>0$, $(k+4)(k-4)>0$

따라서 $k<-4$ 또는 $k>4$

mini 해설 점과 직선 사이의 거리를 이용하여 풀이하기

> 원 $x^2+y^2=4$의 중심은 (0, 0)이고 반지름의 길이는 2이다.
> 원과 직선이 $y=\sqrt{3}x+k$, 즉 $\sqrt{3}x-y+k=0$과 만나지 않으려면 원의 중심 (0, 0)과
> 직선 사이의 거리가 반지름의 길이 2보다 커야 하므로 $\dfrac{|k|}{\sqrt{(\sqrt{3})^2+(-1)^2}}>2$
> 따라서 $|k|>4$이므로 $k<-4$ 또는 $k>4$

0426

정답 ③

STEP A 원의 넓이를 이용하여 반지름의 길이 구하고 원의 방정식 세우기

원의 중심이 $(2a,\ a)$이고 제3사분면의 점이므로 $a<0$

원의 반지름의 길이를 r이라 하면 넓이가 25π이므로 $\pi r^2=25\pi$, $r^2=25$

$\therefore r=5$ $\quad \therefore (x-2a)^2+(y-a)^2=25$

STEP B 원과 직선 $3x-4y+5=0$이 만나지 않기 위한 정수 a의 최댓값 구하기

원의 반지름의 길이가 5이고 직선 $3x-4y+5=0$이 만나지 않기 위해서는 중심에서 직선까지의 거리가 반지름의 길이 5보다 크다.

즉 $\dfrac{|6a-4a+5|}{\sqrt{3^2+(-4)^2}}>5$, $\dfrac{|2a+5|}{5}>5$, $|2a+5|>25$

$2a+5<-25$ 또는 $2a+5>25$ $\quad \therefore a<-15$ 또는 $a>10$

따라서 $a<0$이므로 $a<-15$이고 정수 a의 최댓값은 -16

내/신/연/계 출제문항 222

중심의 좌표가 $(a,\ 0)$이고 넓이가 32π인 원이 직선 $x-y+1=0$과 만나지 않도록 하는 양의 정수 a의 최솟값은?

① 6   ② 7   ③ 8
④ 9   ⑤ 10

STEP A 원의 넓이를 이용하여 반지름의 길이 구하기

원의 반지름의 길이를 r이라 하면 넓이가 32π이므로
$\pi r^2=32\pi$, $r^2=32$ $\quad \therefore r=4\sqrt{2}$

STEP B 원과 직선 $x-y+1=0$이 만나지 않기 위한 양의 정수 a의 최솟값 구하기

원의 반지름의 길이가 $4\sqrt{2}$이고 직선 $x-y+1=0$이 만나지 않기 위해서는 중심에서 직선까지의 거리가 반지름의 길이가 $4\sqrt{2}$보다 크다.

즉 $\dfrac{|a-0+1|}{\sqrt{1^2+(-1)^2}}>4\sqrt{2}$, $\dfrac{|a+1|}{\sqrt{2}}>4\sqrt{2}$, $|a+1|>8$

$a+1<-8$ 또는 $a+1>8$

$\therefore a<-9$ 또는 $a>7$

따라서 양의 정수 a의 최솟값은 8

정답 ③

0427

정답 6

STEP A 두 점 $(-3,\ 3)$, $(1,\ 1)$을 지름의 양 끝점으로 하는 원의 방정식 구하기

두 점 $\mathrm{A}(-3,\ 3)$, $\mathrm{B}(1,\ 1)$이라 하자.

두 점 A, B를 지름의 양 끝점으로 하는 원의 중심의 좌표는

두 점 A, B의 중점과 같으므로 $\left(\dfrac{-3+1}{2},\ \dfrac{3+1}{2}\right)$, 즉 $(-1,\ 2)$

반지름의 길이는 $\dfrac{1}{2}\overline{\mathrm{AB}}=\dfrac{1}{2}\sqrt{(1+3)^2+(1-3)^2}=\sqrt{5}$

$\therefore (x+1)^2+(y-2)^2=5$

STEP B 원과 직선 $2x+y-k=0$이 만나지 않기 위한 자연수 k의 최솟값 구하기

원의 반지름의 길이는 $\sqrt{5}$이고 직선 $2x+y-k=0$이 만나지 않기 위해서는 원의 중심에서 직선까지의 거리가 반지름의 길이보다 크다.

즉 $\dfrac{|-2+2-k|}{\sqrt{2^2+(-1)^2}}>\sqrt{5}$, $\dfrac{|-k|}{\sqrt{5}}>\sqrt{5}$, $|k|>5$

$\therefore k<-5$ 또는 $k>5$

따라서 자연수 k의 최솟값은 6

+α 이차방정식의 판별식을 이용하여 구할 수 있어!

$y=-2x+k$를 $(x+1)^2+(y-2)^2=5$에 대입하면

$(x+1)^2+(-2x+k-2)^2=5$, $5x^2+2(-2k+5)x+k^2-4k=0$

이 이차방정식의 판별식을 D라 하면 원과 직선이 만나지 않으므로 이차방정식은 허근을 가진다. 즉 $D<0$

$\dfrac{D}{4}=(-2k+5)^2-5(k^2-4k)<0$, $-k^2+25<0$, $k^2-25>0$ $\quad \therefore k<-5$ 또는 $k>5$

따라서 자연수 k의 최솟값은 6

내/신/연/계 출제문항 223

두 점 $(1,\ -1)$, $(-3,\ -3)$을 지름의 양 끝점으로 하는 원이 직선 $2x-y+m=0$와 만나지 않을 때, 자연수 m의 최솟값은?

① 5   ② 6   ③ 7
④ 8   ⑤ 9

STEP A 두 점 $(1,\ -1)$, $(-3,\ -3)$을 지름의 양 끝점으로 하는 원의 방정식 구하기

두 점 $\mathrm{A}(1,\ -1)$, $\mathrm{B}(-3,\ -3)$이라 하자.

두 점 A, B를 지름의 양 끝점으로 하는 원의 중심의 좌표는

두 점 A, B의 중점과 같으므로 $\left(\dfrac{1-3}{2},\ \dfrac{-1-3}{2}\right)$, 즉 $(-1,\ -2)$

원의 반지름의 길이는 $\dfrac{1}{2}\overline{\mathrm{AB}}=\dfrac{1}{2}\sqrt{(-3-1)^2+(-3+1)^2}=\sqrt{5}$

$\therefore (x+1)^2+(y+2)^2=5$

STEP B 원과 직선 $2x-y+m=0$이 만나지 않기 위한 자연수 m의 최솟값 구하기

원의 반지름의 길이는 $\sqrt{5}$이고 직선 $2x-y+m=0$이 만나지 않기 위해서는 원의 중심에서 직선까지의 거리가 반지름의 길이보다 크다.

즉 $\dfrac{|-2+2+m|}{\sqrt{2^2+(-1)^2}}>\sqrt{5}$, $\dfrac{|m|}{\sqrt{5}}>\sqrt{5}$, $|m|>5$ $\quad \therefore m<-5$ 또는 $m>5$

따라서 자연수 m의 최솟값은 6

정답 ②

0428

정답 ④

STEP A 직선 $kx+y+2=0$과 원 $(x+1)^2+(y-2)^2=1$이 만나지 않기 위한 k의 값의 범위 구하기

직선 $kx+y+2=0$과 원 $(x+1)^2+(y-2)^2=1$이 만나지 않기 위해서는 원의 중심 $(-1,\ 2)$에서 직선까지의 거리가 원의 반지름 1보다 커야 한다.

즉 $\dfrac{|-k+2+2|}{\sqrt{k^2+1}}>1$, $\dfrac{|4-k|}{\sqrt{k^2+1}}>1$, $|4-k|>\sqrt{k^2+1}$

양변을 제곱하면 $k^2-8k+16>k^2+1$ $\quad \therefore k<\dfrac{15}{8}$ $\quad\cdots\cdots$ ㉠

STEP B 직선 $kx+y+2=0$과 원 $(x+2)^2+(y-4)^2=4$이 서로 다른 두 점에서 만나기 위한 k의 값의 범위 구하기

직선 $kx+y+2=0$과 원 $(x+2)^2+(y-4)^2=4$이 서로 다른 두 점에서 만나기 위해서는 원의 중심 $(-2,\ 4)$에서 직선까지의 거리가 원의 반지름 2보다 작아야 한다.

즉 $\dfrac{|-2k+4+2|}{\sqrt{k^2+1}}<2$, $\dfrac{|-2k+6|}{\sqrt{k^2+1}}<2$, $|-2k+6|<2\sqrt{k^2+1}$

양변을 제곱하면 $4k^2-24k+36<4k^2+4$ $\quad \therefore k>\dfrac{4}{3}$ $\quad\cdots\cdots$ ㉡

STEP C 조건을 만족시키는 k의 범위를 이용하여 ab의 값 구하기

㉠, ㉡을 동시에 만족하는 범위는 $\dfrac{4}{3}<k<\dfrac{15}{8}$

따라서 $a=\dfrac{4}{3}$, $b=\dfrac{15}{8}$이므로 $ab=\dfrac{4}{3}\times\dfrac{15}{8}=\dfrac{5}{2}$

0429

STEP A 판별식을 이용하여 원에 접하는 접선의 방정식 구하기

기울기가 m인 접선의 방정식을
$y=mx+n$
이라 하고, 이 식을
원 $x^2+y^2=r^2$에 대입하여 정리하면
$x^2+(mx+n)^2=r^2$,
$\boxed{(m^2+1)}\,x^2+2mnx+(n^2-r^2)=0$
이 이차방정식의 판별식을 D라고 하면
$D=(2mn)^2-4\boxed{(m^2+1)}(n^2-r^2)=4\{r^2(m^2+1)-n^2\}$
원과 직선이 접하므로 $D=0$, 즉 $4\{r^2(m^2+1)-n^2\}=0$이므로 $n^2=r^2(m^2+1)$
$\therefore n=\pm\boxed{r\sqrt{m^2+1}}$
따라서 구하는 접선의 방정식은 $y=mx\pm\boxed{r\sqrt{m^2+1}}$

STEP B $f(2\sqrt2)+g(2\sqrt2)$의 값 구하기

따라서 $f(m)=m^2+1$, $g(m)=r\sqrt{m^2+1}$ 이므로
$f(2\sqrt2)+g(2\sqrt2)=(8+1)+r\sqrt{8+1}=9+3r$

0430

STEP A 기울기가 3인 원의 접선의 방정식 구하기

원 $(x+2)^2+(y-5)^2=10$의 중심은 $(-2, 5)$이고
반지름의 길이는 $\sqrt{10}$ 이므로 기울기가 3인 접선의 방정식은
$y-5=3(x+2)\pm\sqrt{10}\times\sqrt{3^2+1}$
$\therefore y=3x+21$ 또는 $y=3x+1$
따라서 두 직선의 y절편은 각각 21, 1이므로 곱은 $21\times1=21$

mini해설 | 이차방정식의 판별식을 이용하여 풀이하기

구하는 접선의 방정식이 기울기가 3이므로 $y=3x+k$ (k는 상수)라 놓을 수 있다.
$(x+2)^2+(y-5)^2=10$에 대입하면
$(x+2)^2+(3x+k-5)^2=10$, $10x^2+2(3k-13)x+k^2-10k+19=0$
원과 직선이 접하므로 이차방정식 $10x^2+2(3k-13)x+k^2-10k+19=0$의 판별식을
D라 하면 중근을 가지므로 $D=0$
$\dfrac{D}{4}=(3k-13)^2-10(k^2-10k+19)=0$, $-k^2+22k-21=0$
이차방정식 $k^2-22k+21=0$에서 근과 계수의 관계에 의하여 두 근의 곱은 21

mini해설 | 점과 직선 사이의 거리를 이용하여 풀이하기

구하는 접선의 방정식을 $y=3x+k$, 즉 $3x-y+k=0$ (k는 상수)로 놓자.
원과 직선이 접하려면 원 $(x+2)^2+(y-5)^2=10$의 중심 $(-2, 5)$와
접선 $3x-y+k=0$ 사이의 거리가 원의 반지름의 길이인 $\sqrt{10}$과 같으므로
$\dfrac{|3\times(-2)-1\times5+k|}{\sqrt{3^2+(-1)^2}}=\dfrac{|k-11|}{\sqrt{10}}=\sqrt{10}$, $|k-11|=10$
즉 $k-11=10$ 또는 $k-11=-10$
$\therefore k=21$ 또는 $k=1$
따라서 두 직선의 y절편의 곱은 $21\times1=21$

0431

STEP A 원의 접선의 방정식 구하기

원 $x^2+y^2=17$에 접하는 접선이 직선 $4x-y+20=0$과 평행하므로
접선의 기울기는 4
원의 중심은 $(0, 0)$이고 반지름의 길이가 $\sqrt{17}$이므로
기울기가 4인 접선의 방정식은 $y=4x\pm\sqrt{17}\sqrt{4^2+1}$

$\therefore y=4x\pm17$
따라서 두 직선이 y축과 만나는 점 P, Q좌표가 각각 $(0, -17)$, $(0, 17)$이므로
선분 PQ의 길이는 $|17-(-17)|=34$

+α 이차방정식의 판별식을 이용하여 구할 수 있어!

구하는 접선의 방정식을 $y=4x+k$로 놓고 원의 방정식 $x^2+y^2=17$에 대입하면
$x^2+(4x+k)^2=17$ $\therefore 17x^2+8kx+k^2-17=0$
이 이차방정식의 판별식을 D라 하면 이차방정식은 중근을 가지므로 $D=0$
$\dfrac{D}{4}=16k^2-17\times(k^2-17)=0$, $k^2=17^2$ $\therefore k=\pm17$
구하는 접선의 방정식은 $y=4x\pm17$

+α 점과 직선 사이의 거리를 이용하여 구할 수 있어!

구하는 접선의 방정식을 $y=4x+k$, 즉 $4x-y+k=0$로 놓으면
원의 중심 $(0, 0)$과 접선 사이의 거리가 원의 반지름의 길이인 $\sqrt{17}$과 같으므로
$\dfrac{|k|}{\sqrt{4^2+(-1)^2}}=\sqrt{17}$, $|k|=17$ $\therefore k=\pm17$
구하는 접선의 방정식은 $y=4x\pm17$

내/신/연/계 출제문항 **224**

직선 $2x+y-3=0$에 평행하고 원 $x^2+y^2=25$에 접하는 직선이
점 $(-\sqrt5, a)$를 지날 때 모든 상수 a의 값의 합을 구하시오.

STEP A 원의 접선의 방정식 구하기

원 $x^2+y^2=25$의 접선이 직선 $2x+y-3=0$에 평행하므로 기울기는 -2
원의 중심은 $(0, 0)$이고 반지름의 길이는 5이므로
기울기가 -2인 접선의 방정식은 $y=-2x\pm5\sqrt{(-2)^2+1}$
$\therefore y=-2x\pm5\sqrt5$

+α 이차방정식의 판별식을 이용하여 구할 수 있어!

직선 $2x+y-3=0$에 평행하므로 접선의 기울기는 -2
접선의 방정식을 $y=-2x+k$ (k는 상수)라 하고
원의 방정식 $x^2+y^2=25$에 대입하면 $x^2+(-2x+k)^2=25$, $5x^2-4kx+k^2-25=0$
이때 이차방정식 $5x^2-4kx+k^2-25=0$의 판별식을 D라 하면 중근을 가지므로
$D=0$
즉 $\dfrac{D}{4}=4k^2-5(k^2-25)=0$, $-k^2+125=0$
$\therefore k=5\sqrt5$ 또는 $k=-5\sqrt5$
접선의 방정식은 $y=-2x+5\sqrt5$ 또는 $y=-2x-5\sqrt5$

+α 점과 직선 사이의 거리를 이용하여 구할 수 있어!

직선 $2x+y-3=0$에 평행하므로 접선의 기울기는 -2
접선의 방정식을 $y=-2x+k$ (k는 상수)라 하면 원 $x^2+y^2=25$의
중심 $(0, 0)$에서 직선까지의 거리는 반지름의 길이 5와 같다.
즉 $(0, 0)$에서 직선 $2x+y-k=0$까지의 거리는
$\dfrac{|-k|}{\sqrt{2^2+1^2}}=5$, $|-k|=5\sqrt5$
$\therefore k=5\sqrt5$ 또는 $k=-5\sqrt5$
접선의 방정식은 $y=-2x+5\sqrt5$ 또는 $y=-2x-5\sqrt5$

STEP B 상수 a의 값의 합 구하기

점 $(-\sqrt5, a)$가 접선 위의 점이므로 대입하면
$y=-2x+5\sqrt5$에서 $a=2\sqrt5+5\sqrt5$ $\therefore a=7\sqrt5$
$y=-2x-5\sqrt5$에서 $a=2\sqrt5-5\sqrt5$ $\therefore a=-3\sqrt5$
따라서 상수 a의 값의 합은 $4\sqrt5$

0432

STEP A 원의 접선의 방정식 구하기

원의 접선이 $x-y-5=0$에 수직이므로 접선의 기울기는 -1

원 $x^2+y^2=100$의 반지름의 길이는 10이므로 기울기가 1인 접선의 방정식은

$y=-x\pm10\times\sqrt{(-1)^2+1}$

$\therefore y=-x+10\sqrt{2}$ 또는 $y=-x-10\sqrt{2}$

STEP B 접선의 x, y절편을 이용하여 선분 AB의 길이 구하기

(i) $y=-x+10\sqrt{2}$일 때,

접선과 x축과의 교점 A의 좌표는 $A(10\sqrt{2},\,0)$

접선과 y축과의 교점 B의 좌표는 $B(0,\,10\sqrt{2})$

이때 선분 AB의 길이는

$\overline{AB}=\sqrt{(10\sqrt{2}-0)^2+(0-10\sqrt{2})^2}=\sqrt{400}=20$

(ii) $y=-x-10\sqrt{2}$일 때,

접선과 x축과의 교점 A의 좌표는 $A(-10\sqrt{2},\,0)$

접선과 y축과의 교점 B의 좌표는 $B(0,\,-10\sqrt{2})$

이때 선분 AB의 길이는

$\overline{AB}=\sqrt{(-10\sqrt{2}-0)^2+(0+10\sqrt{2})^2}=\sqrt{400}=20$

(i), (ii)에 의하여 선분 AB의 길이는 20

0433

STEP A x축의 양의 방향과 이루는 각의 크기를 이용하여 접선의 방정식 세우기

원의 접선이 x축의 양의 방향과 이루는 각의 크기가 $60°$이므로

접선의 기울기는 $\tan 60°=\sqrt{3}$

즉 접선의 방정식을 $y=\sqrt{3}x+k$ (k는 상수)라 놓을 수 있다.

STEP B 원의 중심과 직선 사이의 거리가 원의 반지름의 길이와 같음을 이용하여 k의 값 구하기

원 $x^2+y^2-2x-6y-17=0$에서

$(x-1)^2+(y-3)^2=27$

원의 중심은 $(1,\,3)$,

반지름의 길이는 $3\sqrt{3}$

접선의 방정식이

$y=\sqrt{3}x+k$ (k는 상수)이므로

원의 중심 $(1,\,3)$에서의 거리가

반지름의 길이 $3\sqrt{3}$과 같다.

$\dfrac{|\sqrt{3}-3+k|}{\sqrt{(\sqrt{3})^2+(-1)^2}}=3\sqrt{3},\ \dfrac{|\sqrt{3}-3+k|}{2}=3\sqrt{3}$

$|\sqrt{3}-3+k|=6\sqrt{3},\ \sqrt{3}-3+k=6\sqrt{3}$ 또는 $\sqrt{3}-3+k=-6\sqrt{3}$

$\therefore k=3-7\sqrt{3}$ 또는 $k=3+5\sqrt{3}$

즉 접선의 방정식은 $y=\sqrt{3}x+3-7\sqrt{3}$ 또는 $y=\sqrt{3}x+3+5\sqrt{3}$

따라서 $P(0,\,3-7\sqrt{3})$, $Q(0,\,3+5\sqrt{3})$ 또는 $P(0,\,3+5\sqrt{3})$, $Q(0,\,3-7\sqrt{3})$

이므로 $\overline{PQ}=|(3+5\sqrt{3})-(3-7\sqrt{3})|=12\sqrt{3}$

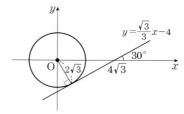

내/신/연/계 출제문항 **225**

중심이 원점인 원에 접하고 x축의 양의 방향과 이루는 각의 크기가 $30°$인 직선이 점 $(4\sqrt{3},\,0)$을 지날 때, 이 원의 넓이는?

① 6π ② 8π ③ 10π

④ 12π ⑤ 14π

STEP A x축의 양의 방향과 이루는 각의 크기를 이용하여 접선의 방정식 구하기

원의 접선이 x축의 양의 방향과 이루는 각의 크기가 $30°$이므로

접선의 기울기는 $\tan 30°=\dfrac{\sqrt{3}}{3}$

즉 접선의 방정식을 $y=\dfrac{\sqrt{3}}{3}x+k$ (k는 상수)

이때 점 $(4\sqrt{3},\,0)$을 지나므로 대입하면 $0=\dfrac{\sqrt{3}}{3}\times4\sqrt{3}+k$

$\therefore k=-4$

접선의 방정식은 $y=\dfrac{\sqrt{3}}{3}x-4$

STEP B 원의 중심과 직선 사이의 거리가 원의 반지름의 길이와 같음을 이용하여 원의 반지름의 길이 구하기

원의 중심 $(0,\,0)$에서 접선 $y=\dfrac{\sqrt{3}}{3}x-4$, $\sqrt{3}x-3y-12=0$까지의 거리가

반지름과 같으므로

$r=\dfrac{|-12|}{\sqrt{3+9}},\ r=\dfrac{12}{2\sqrt{3}}\quad\therefore r=2\sqrt{3}$

따라서 원의 넓이는 $\pi r^2=12\pi$

0434

STEP A 원 $(x+1)^2+y^2=1$의 접선을 $y=ax+b$라 하고 a, b의 관계식 구하기

원 $(x+1)^2+y^2=1$의 접선을 $y=ax+b$ (a, b는 상수이고 $a>0$)라 하자.

이때 접선이 원 $(x-1)^2+y^2=1$의 넓이를 이등분하므로 원의 중심 $(1,\,0)$을 지난다.

즉 $y=ax+b$에 점 $(1,\,0)$을 대입하면 $0=a+b$, $b=-a$

접선의 방정식은 $y=ax-a$ …… ㉠

STEP B 원의 중심에서 직선까지의 거리가 반지름임을 이용하여 양수 a의 값 구하기

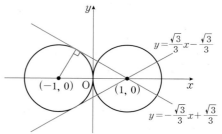

㉠이 원 $(x+1)^2+y^2=1$의 접선이므로

원의 중심 $(-1,\,0)$에서 $ax-y-a=0$까지의 거리는 반지름의 길이 1과 같다.

즉 $\dfrac{|-2a|}{\sqrt{a^2+1}}=1$, $|-2a|=\sqrt{a^2+1}$

양변을 제곱하면 $4a^2=a^2+1$, $3a^2=1\quad\therefore a=\dfrac{\sqrt{3}}{3}$ 또는 $a=-\dfrac{\sqrt{3}}{3}$

이때 a는 양수이므로 $a=\dfrac{\sqrt{3}}{3}$, $b=-\dfrac{\sqrt{3}}{3}$

따라서 $a^2+b^2=\dfrac{2}{3}$

0435

STEP ⒜ 기울기가 −1이고 제 1사분면에서 원 $x^2+y^2=4$에 접하는 접선의 방정식 구하기

원 $x^2+y^2=4$에서 원의 중심은 $(0, 0)$이고 반지름의 길이는 2이다.

기울기가 −1인 직선을 $y=-x+k$ (k는 상수)라 하면

원의 중심에서 이 직선 사이의 거리가 원의 반지름의 길이 2와 같으므로

$$\frac{|-k|}{\sqrt{1+1}}=\frac{|-k|}{\sqrt{2}}=2,\ |-k|=2\sqrt{2}\quad\therefore k=2\sqrt{2}\ \text{또는}\ k=-2\sqrt{2}$$

이때 제 1사분면에서 원에 접하는 직선의 방정식은 $y=-x+2\sqrt{2}$

+α 기울기가 주어진 접선의 방정식 공식을 이용하여 풀 수 있어!

> 접선의 기울기가 −1이고 원 $x^2+y^2=4$의 반지름의 길이는 2이므로
> 접선의 방정식은 $y=-x\pm2\sqrt{(-1)^2+1}$
> 이때 y절편은 양수이어야 하므로 $y=-x\pm2\sqrt{2}$

STEP ⒝ 평행이동을 이용하여 제 3사분면에서 접할 때, n의 값 구하기

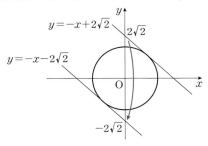

직선 $y=-x+2\sqrt{2}$를 y축의 방향으로 n만큼 평행이동한 직선은

$y=-x+2\sqrt{2}+n$ ...... ㉠

이때 원 $x^2+y^2=4$에서 기울기가 −1이고 제 3사분면에서 접하는

원의 방정식은 $y=-x-2\sqrt{2}$ ...... ㉡

㉠, ㉡의 식이 같으므로 $2\sqrt{2}+n=-2\sqrt{2}$

따라서 $n=-4\sqrt{2}$

0436

STEP ⒜ 직선 AB에 평행한 접선의 방정식 구하기

삼각형 ABP의 넓이가 최대일 때는 다음 그림과 같이 점 P에서의 접선이 직선 AB와 평행하고 x절편이 음수일 때이다.

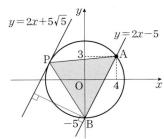

직선 AB의 기울기는 $\dfrac{3-(-5)}{4-0}=2$

즉 기울기가 2이고 원 $x^2+y^2=25$의 반지름의 길이가 5이므로

접선의 방정식은 $y=2x\pm5\sqrt{2^2+1}\quad\therefore y=2x\pm5\sqrt{5}$

STEP ⒝ 삼각형 ABP의 넓이의 최댓값 구하기

이때 x절편이 음수인 접선의 방정식은 $y=2x+5\sqrt{5}$

점 B$(0, -5)$와 직선 $y=2x+5\sqrt{5}$, 즉 $2x-y+5\sqrt{5}=0$ 사이의 거리는

$$\frac{|5+5\sqrt{5}|}{\sqrt{2^2+(-1)^2}}=\frac{5+5\sqrt{5}}{\sqrt{5}}=\sqrt{5}+5$$

$\overline{AB}=\sqrt{(0-4)^2+(-5-3)^2}=\sqrt{80}=4\sqrt{5}$이므로

삼각형 ABP의 넓이의 최댓값은 $\dfrac{1}{2}\times4\sqrt{5}\times\sqrt{5}+5=10+10\sqrt{5}$

선분 AB의 길이는 고정되어 있으므로 넓이가 최대가 되기 위해서는 삼각형의 높이가 최대가
되면 된다. 이때 높이의 최댓값은 점 P가 직선 AB와 평행한 접선의 접점일 때이다.

따라서 $a=10$, $b=10$이므로 $a+b=20$

+α 원 위의 점과 직선 사이의 거리의 최댓값을 이용하여 구할 수 있어!

> 두 점 A$(4, 3)$, B$(0, -5)$를 지나는 직선 AB의 방정식은
> $y-(-5)=\dfrac{-5-3}{0-4}(x-0)$, 즉 $2x-y-5=0$
> 원의 중심 $(0, 0)$에서 직선 $2x-y-5=0$ 사이의 거리는 $\dfrac{|-5|}{\sqrt{2^2+(-1)^2}}=\sqrt{5}$
> 이때 삼각형 ABC의 높이의 최댓값은
> (중심에서 직선 AB까지의 거리)+(반지름의 길이)$=\sqrt{5}+5$

내/신/연/계 출제문항 226

원 $x^2+y^2=100$ 위의 두 점 A$(6, 8)$, B$(0, -10)$과 원 위를 움직이는 점 P
에 대하여 삼각형 ABP의 넓이의 최댓값이 $a+b\sqrt{10}$일 때, 자연수 a, b에
대하여 $a+b$의 값을 구하시오.

STEP ⒜ 직선 AB에 평행한 접선의 방정식 구하기

점 P와 직선 AB 사이의 거리가 최대일 때, 삼각형 ABP의 넓이가 최대이고
다음 그림과 같이 점 P에서의 접선이 직선 AB와 평행하고 x절편이 음수일
때이다.

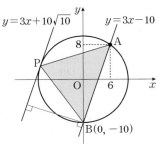

직선 AB의 기울기는 $\dfrac{8-(-10)}{6-0}=3$이므로 기울기가 3인 접선의 방정식은

$y=3x\pm10\sqrt{3^2+1}\quad\therefore y=3x\pm10\sqrt{10}$

STEP ⒝ 삼각형 ABP의 넓이의 최댓값 구하기

이때 x절편이 음수인 접선의 방정식은 $y=3x+10\sqrt{10}$

점 B$(0, -10)$과 직선 $y=3x+10\sqrt{10}$, 즉 $3x-y+10\sqrt{10}=0$ 사이의 거리는

$$\frac{|10+10\sqrt{10}|}{\sqrt{3^2+(-1)^2}}=\frac{|10+10\sqrt{10}|}{\sqrt{10}}=\sqrt{10}+10$$

이때 $\overline{AB}=\sqrt{(6-0)^2+\{8-(-10)\}^2}=\sqrt{360}=6\sqrt{10}$이므로

삼각형 ABP의 넓이의 최댓값은 $\dfrac{1}{2}\times6\sqrt{10}\times(\sqrt{10}+10)=30+30\sqrt{10}$

따라서 $a=30$, $b=30$이므로 $a+b=30+30=60$

+α 원 위의 점과 직선 사이의 거리의 최댓값을 이용하여 구할 수 있어!

> 두 점 A$(6, 8)$, B$(0, -10)$를 지나는 직선 AB의 방정식은
> $y-(-10)=\dfrac{-10-8}{0-6}(x-0)$, 즉 $3x-y-10=0$
> 원의 중심 $(0, 0)$에서 직선 $3x-y-10=0$ 사이의 거리는 $\dfrac{|-10|}{\sqrt{3^2+(-1)^2}}=\sqrt{10}$
> 이때 삼각형 ABC의 높이의 최댓값은
> (중심에서 직선 AB까지의 거리)+(반지름의 길이)$=\sqrt{10}+10$

0437

0437 2016년 11월 고1 학력평가 25번   정답 18

STEP A 원의 중심과 직선 사이의 거리가 원의 반지름과 같음을 이용하여 k의 값 구하기

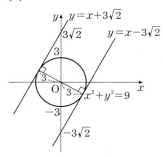

직선 $y=x+2$와 평행한 직선의 기울기는 1이고
평행한 두 직선은 기울기가 서로 같고 y절편은 다르다.

y절편이 k인 직선의 방정식은 $y=x+k$ (k는 상수)

원 $x^2+y^2=9$의 중심은 $(0, 0)$이고 반지름의 길이는 3

원의 중심 $(0, 0)$과 직선 $y=x+k$, 즉 $x-y+k=0$까지의 거리 d는

$$d=\frac{|k|}{\sqrt{1^2+(-1)^2}}=\frac{|k|}{\sqrt{2}}$$

직선이 원에 접하므로 거리 d는 원의 반지름의 길이와 같다.

즉 $\dfrac{|k|}{\sqrt{2}}=3$, $|k|=3\sqrt{2}$

따라서 $k^2=18$

---

mini해설 | 이차방정식의 판별식을 이용하여 풀이하기

직선 $y=x+2$와 평행한 직선의 기울기는 1이고
y절편이 k인 직선의 방정식은 $y=x+k$
원 $x^2+y^2=9$와 직선 $y=x+k$의 교점의 x좌표를 구하기 위하여
$y=x+k$를 $x^2+y^2=9$에 대입하면 $x^2+(x+k)^2=9$
∴ $2x^2+2kx+k^2-9=0$
이때 원과 직선이 접하려면 이차방정식 $2x^2+2kx+k^2-9=0$은 중근을 가져야 하고
판별식을 D라 하면 $D=0$이어야 한다.
$\dfrac{D}{4}=k^2-2(k^2-9)=0$, $-k^2+18=0$
따라서 $k^2=18$

---

mini해설 | 기울기가 주어진 접선의 방정식 공식을 이용하여 풀이하기

직선 $y=x+2$와 평행한 직선의 기울기는 1
원 $x^2+y^2=9$에 접하고 기울기가 1, 반지름의 길이가 3인 접선의 방정식은
원 $x^2+y^2=r^2$에 접하고 기울기가 m인 접선의 방정식은 $y=mx\pm r\sqrt{m^2+1}$
$y=x\pm 3\sqrt{1^2+1}$
∴ $y=x\pm 3\sqrt{2}$
따라서 $k=\pm 3\sqrt{2}$이므로 $k^2=(\pm 3\sqrt{2})^2=18$

내신연계 출제문항 **227**

직선 $y=3x+1$와 평행하고 원 $x^2+y^2=4$에 접하는 직선의 y절편을 k라 할 때, k^2의 값을 구하시오.

STEP A 원에 접하고 직선 $y=3x+1$에 평행한 접선의 방정식 구하기

직선 $y=3x+1$에 평행하므로 접선의 기울기는 3
원 $x^2+y^2=4$에 접하고 기울기가 3, 반지름의 길이가 2인 접선의 방정식은
$y=3x\pm 2\sqrt{3^2+1}$ ∴ $y=3x\pm 2\sqrt{10}$
따라서 $k=\pm 2\sqrt{10}$이므로 $k^2=(\pm 2\sqrt{10})^2=40$

186

---

mini해설 | 이차방정식의 판별식을 이용하여 풀이하기

직선 $y=3x+1$에 평행하므로 접선의 기울기는 3
즉 구하는 접선의 방정식을 $y=3x+k$로 놓고 원 $x^2+y^2=4$에 대입하면
$x^2+(3x+k)^2=4$, $10x^2+6kx+k^2-4=0$
원과 직선이 접하므로 이차방정식 $10x^2+6kx+k^2-4=0$의 판별식을 D라 하면
$D=0$이어야 한다.
$\dfrac{D}{4}=(3k)^2-10(k^2-4)=0$, $-k^2+40=0$
따라서 $k^2=40$

---

mini해설 | 점과 직선 사이의 거리를 이용하여 풀이하기

직선 $y=3x+1$에 평행하므로 접선의 기울기는 3
즉 구하는 접선의 방정식을 $y=3x+k$, 즉 $3x-y+k=0$으로 놓자.
원과 직선이 접하려면 원 $x^2+y^2=4$의 중심 $(0, 0)$과 접선 $3x-y+k=0$ 사이의
거리가 원의 반지름의 길이인 2와 같으므로
$\dfrac{|k|}{\sqrt{3^2+(-1)^2}}=2$, $|k|=2\sqrt{10}$ ∴ $k=\pm 2\sqrt{10}$
따라서 $k^2=(\pm 2\sqrt{10})^2=40$

정답 40

0438

0438   정답 ③

STEP A 두 직선이 서로 수직이면 기울기의 곱이 -1임을 이용하여 접선의 방정식 유도하기

원 $x^2+y^2=r^2$ 위의 점 $P(x_1, y_1)$에서의 접선을 l이라 하면

직선 OP와 접선 l은 서로 [수직]이고 직선 OP의 기울기가 $\boxed{\dfrac{y_1}{x_1}}$이므로
두 직선의 기울기의 곱은 -1

접선 l의 기울기는 $\boxed{-\dfrac{x_1}{y_1}}$이다.

따라서 접선의 방정식은 $y-y_1=\boxed{-\dfrac{x_1}{y_1}}(x-x_1)$

∴ $x_1x+y_1y=\boxed{x_1^2+y_1^2}$

그런데 점 $P(x_1, y_1)$이 원 $x^2+y^2=r^2$ 위의 점이므로 $\boxed{x_1^2+y_1^2}=r^2$

∴ $\boxed{x_1x+y_1y=r^2}$

따라서 (가) : 수직, (나) : $\dfrac{y_1}{x_1}$, (다) : $-\dfrac{x_1}{y_1}$, (라) : $x_1^2+y_1^2$,

(마) : $x_1x+y_1y=r^2$

내신연계 출제문항 **228**

원 $x^2+y^2=r^2$ 위의 점 $(a, 4)$에서의 접선의 방정식이 $x-\dfrac{4}{3}y+b=0$일 때, 상수 a, b, r에 대하여 $a+3b+r$의 값을 구하시오. (단, $r>0$)

STEP A 원 위의 점임을 이용하여 a, r의 관계식 구하기

점 $(a, 4)$가 원 $x^2+y^2=r^2$ 위의 점이므로 대입하면 $a^2+16=r^2$

∴ $r^2=a^2+16$ ······ ㉠

STEP B 원 위의 점 $(a, 4)$에서 접선의 방정식 구하기

원 위의 점 $(a, 4)$에서 접선의 방정식은 $ax+4y=r^2$

∴ $-ax-4y+r^2=0$ ······ ㉡

이때 접선의 방정식 $x-\dfrac{4}{3}y+b=0$과 일치하므로 양변에 3을 곱하면

$3x-4y+3b=0$이고 ㉡의 식과 계수를 비교하면

$-a=3$에서 $a=-3$이고 ㉠의 식에 대입하면 $r^2=25$ ∴ $r=5$ ($\because r>0$)

$r^2=3b$이므로 $b=\dfrac{25}{3}$ ∴ $a=-3$, $b=\dfrac{25}{3}$, $r=5$

따라서 $a+3b+r=-3+25+5=27$ 정답 27

0439

정답 ⑤

STEP Ⓐ **원 위의 점에서의 접선의 방정식을 이용하여 k의 값 구하기**

원 $x^2+y^2=20$ 위의 점 $(2, 4)$에서의 접선의 방정식은

$2x+4y=20$

이 직선이 $kx-3y+6=0$과 서로 수직이므로

$2\times k+4\times(-3)=0$

따라서 상수 k의 값은 6

0440

정답 ④

STEP Ⓐ **원 위의 점에서의 접선의 방정식을 구하는 공식 이용하기**

원 $x^2+y^2=5$ 위의 점 $(-2, 1)$에서의 접선의 방정식은

$l : -2x+y=9$ ∴ $y=2x+5$

STEP Ⓑ **기울기가 2이고 원 $x^2+y^2=9$의 접선의 방정식 구하기**

직선 l의 기울기는 2이므로 $x^2+y^2=9$에 접하는 접선의 방정식은

$y=2x\pm3\times\sqrt{2^2+1}$

따라서 접선의 방정식은 $y=2x\pm3\sqrt5$

+α 중심에서 직선까지의 거리가 반지름임을 이용해서 구할 수 있어!

> 접선의 기울기가 2이므로 접선의 방정식은 $y=2x+k$ (k는 상수)라 하면
> 원 $x^2+y^2=9$의 중심 $(0, 0)$에서 직선 $2x-y+k=0$까지의 거리는
> 반지름의 길이 3과 같다.
> 즉 $\dfrac{|k|}{\sqrt{2^2+(-1)^2}}=3$, $|k|=3\sqrt5$ ∴ $k=3\sqrt5$ 또는 $k=-3\sqrt5$
> 따라서 접선의 방정식은 $y=2x+3\sqrt5$ 또는 $y=2x-3\sqrt5$

0441

정답 10

STEP Ⓐ **원 위의 두 점 P, Q에서 접선의 방정식 구하기**

원 $x^2+y^2=10$ 위의 점 $P(-1, 3)$에서의 접선의 방정식은

$-x+3y=10$ ∴ $y=\dfrac13x+\dfrac{10}{3}$ …… ㉠

원 $x^2+y^2=10$ 위의 점 $Q(3, 1)$에서의 접선의 방정식은

$3x+y=10$ ∴ $y=-3x+10$ …… ㉡

이때 $3\times\left(-\dfrac13\right)=-1$이므로 두 접선 ㉠, ㉡은 서로 수직이다.

STEP Ⓑ **사각형 OPRQ의 넓이 구하기**

다음 그림과 같이 사각형 OPRQ는 원의 반지름의 길이 $\sqrt{10}$을 한 변의
길이로 하는 정사각형이다.

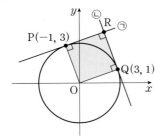

따라서 구하는 넓이는 $\sqrt{10}\times\sqrt{10}=10$

0442

정답 ③

STEP Ⓐ **원 위의 점 $(-2, 6)$에서의 접선의 방정식 구하기**

원 $(x-1)^2+(y-2)^2=25$ 위의 점 $(-2, 6)$에서 접선의 방정식은

$(-2-1)(x-1)+(6-2)(y-2)=25$

∴ $-3x+4y=30$

STEP Ⓑ **접선과 x축, y축으로 둘러싸인 도형의 넓이 구하기**

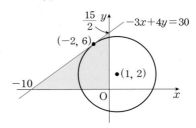

접선 $-3x+4y=30$의 x절편 -10, y절편은 $\dfrac{15}{2}$

따라서 구하는 도형의 넓이는 $\dfrac12\times10\times\dfrac{15}{2}=\dfrac{75}{2}$

다른풀이 원의 중심과 접점을 지나는 직선이 접선과 수직임을 이용하여 풀이하기

STEP Ⓐ **원의 접선의 성질을 이용하여 접선의 방정식 구하기**

원의 중심 $(1, 2)$와 점 $(-2, 6)$을 지나는 직선의 기울기는 $\dfrac{6-2}{-2-1}=-\dfrac43$

이때 접선의 기울기가 $\dfrac34$이고 점 $(-2, 6)$을 지나는 접선의 방정식이므로

$y-6=\dfrac34(x+2)$ ∴ $3x-4y+30=0$

STEP Ⓑ **접선과 x축, y축으로 둘러싸인 도형의 넓이 구하기**

접선 $3x-4y+30=0$의 x절편 -10, y절편은 $\dfrac{15}{2}$

따라서 구하는 도형의 넓이는 $\dfrac12\times10\times\dfrac{15}{2}=\dfrac{75}{2}$

내/신/연/계 출제문항 229

원 $(x-2)^2+(y+1)^2=13$ 위의 점 $(4, 2)$에서의 접선과 x축, y축으로 둘러
싸인 도형의 넓이는?

① 12   ② $\dfrac{25}{2}$ ③ $\dfrac{49}{3}$

④ $\dfrac{50}{3}$ ⑤ $\dfrac{75}{2}$

STEP Ⓐ **원 위의 점 $(4, 2)$에서의 접선의 방정식 구하기**

원 $(x-2)^2+(y+1)^2=13$ 위의 점 $(4, 2)$에서 접선의 방정식은

$(4-2)(x-2)+(2+1)(y+1)=13$

∴ $2x+3y-14=0$

STEP Ⓑ **접선과 x축, y축으로 둘러싸인 도형의 넓이 구하기**

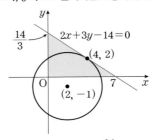

접선 $2x+3y-14=0$의 x절편 7, y절편은 $\dfrac{14}{3}$

따라서 구하는 도형의 넓이는 $\dfrac12\times7\times\dfrac{14}{3}=\dfrac{49}{3}$

다른풀이 원의 중심과 접점을 지나는 직선이 접선과 수직임을 이용하여 풀이하기

STEP A 원의 접선의 성질을 이용하여 접선의 방정식 구하기

원의 중심 $(2, -1)$과 접점 $(4, 2)$를 지나는 직선의 기울기는 $\dfrac{2+1}{4-2} = \dfrac{3}{2}$

이때 원의 접선의 기울기가 $-\dfrac{2}{3}$이고 점 $(4, 2)$를 지나는 접선의 방정식은

$y - 2 = -\dfrac{2}{3}(x-4)$ $\therefore 2x + 3y - 14 = 0$

STEP B 접선과 x축, y축으로 둘러싸인 도형의 넓이 구하기

접선 $2x + 3y - 14 = 0$의 x절편 7, y절편은 $\dfrac{14}{3}$

따라서 구하는 도형의 넓이는 $\dfrac{1}{2} \times 7 \times \dfrac{14}{3} = \dfrac{49}{3}$ (정답) ③

0443 (정답) ④

STEP A 원 $x^2 + y^2 = 5$ 위의 점 $(-1, 2)$에서 접선의 방정식 구하기

원 $x^2 + y^2 = 5$ 위의 점 $(-1, 2)$에서의 접선의 방정식은 $-x + 2y = 5$
$\therefore x - 2y + 5 = 0$

STEP B 원의 중심에서 직선까지의 거리가 반지름의 길이와 같음을 이용하여 실수 a의 값 구하기

$x^2 + y^2 - 6x - 4y + a = 0$에서 $(x-3)^2 + (y-2)^2 = 13 - a$
원의 중심은 $(3, 2)$이고 반지름의 길이는 $\sqrt{13-a}$

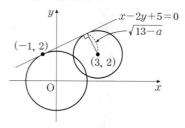

직선 $x - 2y + 5 = 0$이 원 $x^2 + y^2 - 6x - 4y + a = 0$의 접선이므로
원의 중심에서 직선 $x - 2y + 5 = 0$ 사이의 거리는 원의 반지름의 길이와

같으므로 $\dfrac{|3 - 2 \times 2 + 5|}{\sqrt{1^2 + (-2)^2}} = \sqrt{13-a}$, $4 = \sqrt{5} \times \sqrt{13-a}$

양변을 제곱하면 $4^2 = 5(13-a)$, $5a = 49$

따라서 $a = \dfrac{49}{5}$

+α 판별식을 이용해서 구할 수 있어!

직선 $x - 2y + 5 = 0$이 원 $x^2 + y^2 - 6x - 4y + a = 0$의 접선이므로
$x = 2y - 5$를 원의 방정식에 대입하여 방정식을 구하면
$(2y-5)^2 + y^2 - 6(2y-5) - 4y + a = 0$, $5y^2 - 36y + 55 + a = 0$
이차방정식 $5y^2 - 36y + 55 + a = 0$의 판별식을 D라 하면 중근을 가지므로 $D = 0$
$\dfrac{D}{4} = (-18)^2 - 5(55+a) = 0$, $324 - 275 - 5a = 0$, $49 - 5a = 0$
$\therefore a = \dfrac{49}{5}$

내/신/연/계 출제문항 **230**

원 $x^2 + y^2 = 10$ 위의 점 $(1, 3)$에서의 접선이
원 $x^2 + y^2 - 16x - 8y + k = 0$과 접할 때 상수 k의 값을 구하시오.

STEP A 원 위의 점에서 접선의 방정식 구하기

원 $x^2 + y^2 = 10$ 위의 점 $(1, 3)$에서 접선의 방정식은
$1 \times x + 3 \times y = 10$ $\therefore x + 3y - 10 = 0$

STEP B 원의 중심에서 직선까지의 거리가 반지름의 길이와 같음을 이용하여 상수 k의 값 구하기

원 $x^2 + y^2 - 16x - 8y + k = 0$에서 $(x-8)^2 + (y-4)^2 = 80 - k$
즉 원의 중심은 $(8, 4)$, 반지름의 길이는 $\sqrt{80-k}$
이때 직선 $x + 3y - 10 = 0$이 원 $x^2 + y^2 - 16x - 8y + k = 0$의 접선이므로
중심 $(8, 4)$에서 직선까지의 거리는 반지름의 길이 $\sqrt{80-k}$와 같다.
$\dfrac{|8 + 12 - 10|}{\sqrt{1^2 + 3^2}} = \sqrt{80-k}$, $\sqrt{10} = \sqrt{80-k}$
양변을 제곱하면 $80 - k = 10$
따라서 상수 k의 값은 70 (정답) 70

0444 (정답) 12

STEP A 점 $\mathrm{P}(a, b)$가 원 위의 점임을 이용하여 a, b의 관계식과 접선의 방정식 구하기

점 $\mathrm{P}(a, b)$가 원 $x^2 + y^2 = 4$ 위의 점이므로 대입하면
$a^2 + b^2 = 4$ ······ ㉠
또한, 점 $\mathrm{P}(a, b)$에서 접선의 방정식은 $ax + by = 4$

STEP B 선분 QR의 길이를 이용하여 $a^2 b^2$의 값 구하기

접선의 방정식이 $ax + by = 4$에서
x축과의 교점 $\mathrm{Q}\left(\dfrac{4}{a}, 0\right)$, y축과의 교점 $\mathrm{R}\left(0, \dfrac{4}{b}\right)$

이때 선분 QR의 길이는 $\overline{\mathrm{QR}} = \sqrt{\dfrac{16}{a^2} + \dfrac{16}{b^2}} = 4\sqrt{2}$

양변을 제곱하면 $\dfrac{16}{a^2} + \dfrac{16}{b^2} = 32$, $\dfrac{1}{a^2} + \dfrac{1}{b^2} = 2$, $\dfrac{a^2 + b^2}{a^2 b^2} = 2$

㉠의 값을 대입하면 $\dfrac{4}{a^2 b^2} = 2$ $\therefore a^2 b^2 = 2$

STEP C 곱셈 공식을 이용하여 $a^4 + b^4$의 값 구하기

따라서 $a^4 + b^4 = (a^2 + b^2)^2 - 2a^2 b^2 = 4^2 - 4 = 12$

0445 2021년 11월 고1 학력평가 8번 (정답) ⑤

해설강의

STEP A 원 위의 점 $(3, 1)$에서 접선의 방정식 구하기

원 $x^2 + y^2 = 10$ 위의 점 $(3, 1)$에서의 접선의 방정식은 $3 \times x + 1 \times y = 10$
$\therefore y = -3x + 10$

STEP B 접선이 점 $(1, a)$를 지남을 이용하여 a의 값 구하기

접선이 점 $(1, a)$를 지나므로 대입하면 $a = -3 \times 1 + 10$
따라서 $a = 7$

---

mini 해설 원의 중심과 직선 사이의 거리가 원의 반지름임을 이용하여 풀이하기

원 $x^2 + y^2 = 10$ 위의 점 $(3, 1)$에서의 접선의 기울기를 m이라 하면
접선의 방정식은 $y - 1 = m(x-3)$
$\therefore mx - y - 3m + 1 = 0$
원의 중심 $(0, 0)$과 접선 사이의 거리 d는
$d = \dfrac{|-3m+1|}{\sqrt{m^2 + (-1)^2}}$
직선이 원에 접하므로 거리 d는
원의 반지름의 길이와 같다.
즉 $\dfrac{|-3m+1|}{\sqrt{m^2+1}} = \sqrt{10}$
$|-3m+1| = \sqrt{10} \times \sqrt{m^2+1}$
양변을 제곱하면 $9m^2 - 6m + 1 = 10m^2 + 10$, $m^2 + 6m + 9 = 0$, $(m+3)^2 = 0$
$\therefore m = -3$
즉 접선의 방정식은 $y = -3x + 10$
따라서 이 접선이 점 $(1, a)$를 지나므로 $a = -3 + 10 = 7$

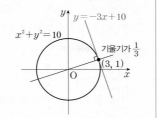
내/신/연/계/ 출제문항 231

좌표평면에서 원 $x^2+y^2=17$ 위의 점 $(4, 1)$에서의 접선이 점 $(3, a)$를
지날 때, a의 값을 구하시오.

STEP A 원 위의 점 $(4, 1)$에서 접선의 방정식 구하기

원 $x^2+y^2=17$ 위의 점 $(4, 1)$에서의 접선의 방정식은 $4\times x+1\times y=17$
$\therefore y=-4x+17$

STEP B 접선이 점 $(3, a)$를 지남을 이용하여 a의 값 구하기

접선 $y=-4x+17$이 점 $(3, a)$를 지나므로 $a=-4\times3+17$
따라서 $a=5$

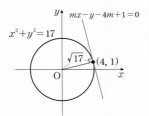
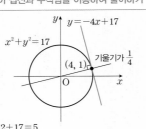
정답 5

0446 정답 ④

STEP A 원 위의 점 (x_1, y_1)에서 접선의 방정식 $x_1x+y_1y=r^2$을 이용하여
a의 값 구하기

원 $x^2+y^2=r^2$ 위의 점 $(a, 4\sqrt{3})$에서의 접선의 방정식은
$ax+4\sqrt{3}y=r^2$ $\therefore ax+4\sqrt{3}y-r^2=0$
접선이 직선 $x-\sqrt{3}y+b=0$과 일치하므로 양변에 -4를 곱하면
$-4x+4\sqrt{3}y-4b=0$
계수를 비교하면 $a=-4$, $r^2=4b$ $\cdots\cdots$ ㉠

STEP B 점 $(a, 4\sqrt{3})$이 원 $x^2+y^2=r^2$ 위의 점임을 이용하여 $a+b+r$의
값 구하기

한편 점 $(a, 4\sqrt{3})$이 원 $x^2+y^2=r^2$ 위의 점이므로 대입하면
$a^2+(4\sqrt{3})^2=r^2$, $16+48=r^2$ $\therefore r=8$
㉠의 식에 대입하면 $4b=64$ $\therefore b=16$
따라서 $a=-4$, $b=16$, $r=8$이므로 $a+b+r=(-4)+16+8=20$

다른풀이 점 $(a, 4\sqrt{3})$을 A라 하고 직선 OA와 수직임을 이용하여 풀이하기

STEP A 주어진 접선의 방정식과 직선 OA가 수직임을 이용하여 a의 값
구하기

원 위의 점 $A(a, 4\sqrt{3})$이라 하자.
원 $x^2+y^2=r^2$ 위의 점 A에서의 접선의 방정식이 $x-\sqrt{3}y+b=0$이므로
y에 대하여 정리하면
$\sqrt{3}y=x+b$, $y=\dfrac{1}{\sqrt{3}}x+\dfrac{b}{\sqrt{3}}$, $y=\dfrac{\sqrt{3}}{3}x+\dfrac{\sqrt{3}b}{3}$

접선의 기울기는 $\dfrac{\sqrt{3}}{3}$

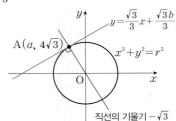

원점 O에 대하여 직선 OA는 이 접선과 수직이므로
직선 OA의 기울기는 $-\sqrt{3}$이다.
두 점 $O(0, 0)$, $A(a, 4\sqrt{3})$을 지나는 직선의 기울기는 $\dfrac{4\sqrt{3}}{a}$이므로
$\dfrac{4\sqrt{3}}{a}=-\sqrt{3}$ $\therefore a=-4$

STEP B 점 $A(a, 4\sqrt{3})$이 원 $x^2+y^2=r^2$ 위의 점임을 이용하여 $a+b+r$
의 값 구하기

점 $A(-4, 4\sqrt{3})$이 원 $x^2+y^2=r^2$ 위의 점이므로
$(-4)^2+(4\sqrt{3})^2=16+48=64=r^2$ ← $x=-4$, $y=4\sqrt{3}$을 대입
$r=\pm8$에서 $r>0$이므로 $r=8$
이때 원 $x^2+y^2=64$ 위의 점 $(-4, 4\sqrt{3})$에서의 접선의 방정식은
$-4x+4\sqrt{3}y=64$, $x-\sqrt{3}y+16=0$이고
이 접선이 직선 $x-\sqrt{3}y+b=0$과 일치하므로 $b=16$
따라서 $a+b+r=(-4)+16+8=20$

원 $x^2+y^2=r^2$ 위의 점 $(a, 3\sqrt{2})$에서의 접선의 방정식이
$x-\sqrt{2}y+b=0$일 때, $\dfrac{a+b}{r}$의 값은? (단, r는 양수이고 a, b는 상수이다.)

① $\dfrac{\sqrt{3}}{3}$　　　② $\dfrac{2\sqrt{3}}{3}$　　　③ $\sqrt{3}$

④ $\dfrac{4\sqrt{3}}{3}$　　　⑤ $2\sqrt{3}$

STEP Ⓐ **원 위의 점 (x_1, y_1)에서 접선의 방정식 $x_1x+y_1y=r^2$을 이용하여 a의 값 구하기**

원 $x^2+y^2=r^2$ 위의 점 $(a, 3\sqrt{2})$에서의 접선의 방정식은
$ax+3\sqrt{2}y=r^2$, $ax+3\sqrt{2}y-r^2=0$
이 접선이 직선 $x-\sqrt{2}y+b=0$과 일치하므로
양변에 -3을 곱하면 $-3x+3\sqrt{2}y-3b=0$
계수를 비교하면 $a=-3$, $r^2=3b$ ⋯⋯ ㉠

STEP Ⓑ **점 $(a, 3\sqrt{2})$이 원 $x^2+y^2=r^2$ 위의 점임을 이용하여 $\dfrac{a+b}{r}$의 값 구하기**

한편, 점 $(a, 3\sqrt{2})$이 원 $x^2+y^2=r^2$ 위의 점이므로 대입하면
$a^2+(3\sqrt{2})^2=r^2$, $9+18=r^2$ ∴ $r=3\sqrt{3}$

$r=3\sqrt{3}$을 ㉠에 대입하면 $b=\dfrac{27}{3}=9$

따라서 $\dfrac{a+b}{r}=\dfrac{-3+9}{3\sqrt{3}}=\dfrac{2\sqrt{3}}{3}$ 　정답 ②

0447　2020년 03월 고2 학력평가 11번　정답 ⑤

STEP Ⓐ **원 위의 점 $P(x_1, y_1)$이라 하고 접선의 방정식 구하기**

원 $x^2+y^2=1$ 위의 점 중 제 1사분면에 있는 점 P의 좌표를
$P(x_1, y_1)$ $(x_1>0, y_1>0)$이라 하자.
점 $P(x_1, y_1)$이 원 $x^2+y^2=1$ 위의 점이므로 $x=x_1$, $y=y_1$을 대입하면
$x_1^2+y_1^2=1$ ⋯⋯ ㉠
원 $x^2+y^2=1$ 위의 점 $P(x_1, y_1)$에서의 접선의 방정식은 $x_1x+y_1y=1$

STEP Ⓑ **접선이 점 $(0, 3)$을 지남을 이용하여 점 P의 좌표 구하기**

접선 $x_1x+y_1y=1$이 점 $(0, 3)$을 지나므로 대입하면
$0+3y_1=1$ ∴ $y_1=\dfrac{1}{3}$

이를 ㉠에 대입하면 $x_1^2+\left(\dfrac{1}{3}\right)^2=1$, $x_1^2=\dfrac{8}{9}$

따라서 $x_1>0$이므로 $x_1=\sqrt{\dfrac{8}{9}}=\dfrac{2\sqrt{2}}{3}$

mini해설 | 중심에서 직선까지의 거리가 반지름과 같음을 이용하여 풀이하기

점 P에서의 접선의 기울기를 m이라 하면 접선의 방정식이 $(0, 3)$을 지나므로
접선의 방정식은 $y=mx+3$
원 $x^2+y^2=1$의 중심은 $(0, 0)$, 반지름의 길이는 1이므로
중심 $(0, 0)$에서 직선 $mx-y+3=0$까지의 거리는 1
즉 $\dfrac{|3|}{\sqrt{m^2+1}}=1$, $3=\sqrt{m^2+1}$
양변을 제곱하면 $9=m^2+1$, $m^2=8$ ∴ $m=2\sqrt{2}$ 또는 $m=-2\sqrt{2}$
이때 점 P가 제 1사분면 위의 점이므로 접선의 기울기는 음수이다.
∴ $m=-2\sqrt{2}$
접선의 방정식은 $y=-2\sqrt{2}x+3$이고 원의 방정식에 대입하면
$x^2+(-2\sqrt{2}x+3)^2=1$, $9x^2-12\sqrt{2}x+8=0$, $(3x-2\sqrt{2})^2=0$
따라서 접점의 x좌표는 $\dfrac{2\sqrt{2}}{3}$

좌표평면에서 원 $x^2+y^2=10$ 위의 점 중 제 1사분면에 있는 점 P에서의
접선이 점 $(0, 5)$를 지날 때, 점 P의 x좌표는?

① $\sqrt{6}$　　　② $2\sqrt{2}$　　　③ 4

④ $4\sqrt{2}$　　　⑤ $6\sqrt{2}$

STEP Ⓐ **원 위의 점에서의 접선의 방정식을 구하는 공식 이용하기**

원 $x^2+y^2=10$ 위의 점 중 제 1사분면에 있는 점 P의 좌표를
(a, b) $(a>0, b>0)$라 하자.
점 $P(a, b)$가 원 위의 점이므로 대입하면
$a^2+b^2=10$ ⋯⋯ ㉠
원 $x^2+y^2=10$ 위의 점 $P(a, b)$에서의 접선의 방정식은
$ax+by=10$ ⋯⋯ ㉡
접선 ㉡이 점 $(0, 5)$를 지나므로
$5b=10$ ∴ $b=2$

STEP Ⓑ **점 P의 x좌표 구하기**

$b=2$를 ㉠의 식에 대입하면 $a^2+4=10$, $a^2=6$
∴ $a=\sqrt{6}$ 또는 $a=-\sqrt{6}$
따라서 제 1사분면에서 점 P의 x좌표는 $\sqrt{6}$ 　정답 ①

0448　2023년 09월 고1 학력평가 26번　정답 8

STEP Ⓐ **원 $x^2+y^2=25$ 위의 점 $(3, -4)$에서 접선의 방정식 구하기**

원 $x^2+y^2=25$ 위의 점 $(3, -4)$에서 접선의 방정식은 $3x-4y=25$
∴ $3x-4y-25=0$

STEP Ⓑ **점과 직선 사이의 거리를 이용하여 자연수 r의 최솟값 구하기**

직선 $3x-4y-25=0$이 원 $(x-6)^2+(y-8)^2=r^2$과 만나므로
중심 $(6, 8)$에서 직선 $3x-4y-25=0$까지의 거리가 반지름의 길이 r보다
같거나 작아야 한다.

즉 $\dfrac{|3\times6-4\times8-25|}{\sqrt{3^2+(-4)^2}}\le r$, $\dfrac{39}{5}\le r$

따라서 자연수 r의 최솟값은 8

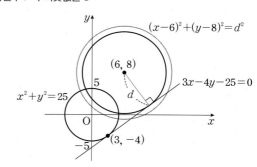

좌표평면에서 원 $x^2+y^2=20$ 위의 점 $(-4, 2)$에서의 접선이
원 $(x-6)^2+(y-7)^2=r^2$과 만나도록 하는 자연수 r의 최솟값을 구하시오.
(단, $\sqrt{5}≒2.23$)

STEP A 원 $x^2+y^2=20$ 위의 점 $(-4, 2)$에서 접선의 방정식 구하기

원 $x^2+y^2=20$ 위의 점 $(-4, 2)$에서 접선의 방정식은 $-4x+2y=20$
$\therefore 2x-y+10=0$

STEP B 점과 직선 사이의 거리를 이용하여 자연수 r의 최솟값 구하기

직선 $2x-y+10=0$이 원 $(x-6)^2+(y-7)^2=r^2$과 만나므로
중심 $(6, 7)$에서 직선 $2x-y+10=0$까지의 거리가 반지름의 길이 r보다
같거나 작아야 한다.

즉 $\dfrac{|2 \times 6 - 7 + 10|}{\sqrt{2^2+(-1)^2}} \leq r$, $3\sqrt{5} \leq r$

따라서 $r \geq 3\sqrt{5} = 6.69$이므로 자연수 r의 최솟값은 7

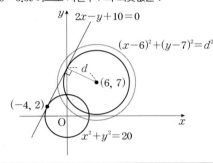

정답 7

0449 2020년 11월 고1 학력평가 20번   정답 ④

해설강의

STEP A 점 $P(x_1, y_1)$이라 하고 접선의 방정식 구하기

제 1사분면에서 원 위의 점 $P(x_1, y_1)$ $(x_1>0, y_1>0)$라 하면
$x_1^2+y_1^2=4$ ...... ㉠
원 $x^2+y^2=4$에서 접선의 방정식은 $x_1x+y_1y=4$
이때 점 P에서 x축에 내린 수선의 발 $H(x_1, 0)$

STEP B $2\overline{AH}=\overline{HB}$임을 이용하여 점 P의 좌표 구하기

점 P에서 접선의 방정식 $x_1x+y_1y=4$에서 x축과 만나는 점 $B\left(\dfrac{4}{x_1}, 0\right)$

점 $A(-2, 0)$, $H(x_1, 0)$에서 $\overline{AH}=x_1-(-2)=x_1+2$

점 $H(x_1, 0)$, $B\left(\dfrac{4}{x_1}, 0\right)$에서 $\overline{HB}=\dfrac{4}{x_1}-x_1$

$2\overline{AH}=\overline{HB}$이므로 대입하면 $2(x_1+2)=\dfrac{4}{x_1}-x_1$

양변에 x_1을 곱하면서 정리하면 $3x_1^2+4x_1-4=0$, $(3x_1-2)(x_1+2)=0$
$\therefore x_1=\dfrac{2}{3}$ 또는 $x_1=-2$

이때 $x_1>0$이므로 $x_1=\dfrac{2}{3}$

$x_1=\dfrac{2}{3}$을 ㉠의 식에 대입하면 $\dfrac{4}{9}+y_1^2=4$, $y_1^2=\dfrac{32}{9}$

$\therefore y_1=\dfrac{4\sqrt{2}}{3}$ 또는 $y_1=-\dfrac{4\sqrt{2}}{3}$

이때 $y_1>0$이므로 $y_1=\dfrac{4\sqrt{2}}{3}$ $\therefore P\left(\dfrac{2}{3}, \dfrac{4\sqrt{2}}{3}\right)$

STEP C 삼각형 PAB의 넓이 구하기

선분 AB의 길이는 $\overline{AB}=\dfrac{4}{x_1}-(-2)=6-(-2)=8$

선분 PH의 길이는 $\overline{PH}=y_1-0=\dfrac{4\sqrt{2}}{3}$

따라서 삼각형 PAB의 넓이는 $\dfrac{1}{2} \times \overline{AB} \times \overline{PH}=\dfrac{1}{2} \times 8 \times \dfrac{4\sqrt{2}}{3}=\dfrac{16\sqrt{2}}{3}$

다른풀이 두 직각삼각형의 닮음을 이용하여 풀이하기

STEP A 원의 성질과 직각삼각형을 이용하여 선분 OH의 길이 구하기

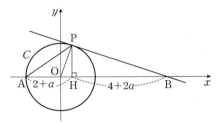

직선 BP가 점 P에서 원 $C : x^2+y^2=4$에 접하므로
원 C의 반지름인 선분 OP를 그으면 $\overline{OP} \perp \overline{PB}$ ← $\overline{OP}=2$
원의 중심과 접점을 이은 선분은 접선과 수직

이때 $\overline{OH}=a$ $(a>0)$라 하면 $\overline{AH}=\overline{AO}+\overline{OH}=2+a$
주어진 조건에서 $2\overline{AH}=\overline{HB}$이므로 $\overline{HB}=2(2+a)=4+2a$
직각삼각형 PHO에서 피타고라스 정리에 의하여
$\overline{PH}^2=\overline{OP}^2-\overline{OH}^2=4-a^2$ ...... ㉡
두 직각삼각형 PHO, BHP가 서로 닮음이므로
$\angle HOP=\angle HPB$, $\angle HPO=\angle HBP$이므로 $\triangle PHO \backsim \triangle BHP$ (AA닮음)
닮음비가 $\overline{OH} : \overline{PH}=\overline{PH} : \overline{BH}$
즉 $\overline{PH}^2=\overline{OH} \times \overline{BH}=a \times (4+2a)=2a^2+4a$ ...... ㉢
㉡, ㉢에 의하여 $4-a^2=2a^2+4a$, $3a^2+4a-4=0$, $(3a-2)(a+2)=0$
$\therefore a=\dfrac{2}{3}$ $(\because a>0)$

STEP B 삼각형 PAB의 넓이 구하기

$a=\dfrac{2}{3}$를 ㉡에 대입하면 $\overline{PH}^2=4-\left(\dfrac{2}{3}\right)^2=\dfrac{32}{9}$이므로 $\overline{PH}=\dfrac{4\sqrt{2}}{3}$

$\overline{AH}=2+\dfrac{2}{3}=\dfrac{8}{3}$, $\overline{HB}=4+2 \times \dfrac{2}{3}=\dfrac{16}{3}$이므로 $\overline{AB}=\overline{AH}+\overline{HB}=8$

따라서 삼각형 PAB의 넓이는 $\dfrac{1}{2} \times \overline{AB} \times \overline{PH}=\dfrac{1}{2} \times 8 \times \dfrac{4\sqrt{2}}{3}=\dfrac{16\sqrt{2}}{3}$

그림과 같이 좌표평면에 원 $C : x^2+y^2=9$와 점 $A(-3, 0)$이 있다. 원 C
위의 제 1사분면 위의 점 P에서의 접선이 x축과 만나는 점을 B, 점 P에서
x축에 내린 수선의 발을 H라 하자. $2\overline{AH}=\overline{HB}$일 때, 삼각형 PAB의 넓이는?

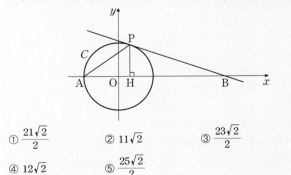

① $\dfrac{21\sqrt{2}}{2}$ ② $11\sqrt{2}$ ③ $\dfrac{23\sqrt{2}}{2}$

④ $12\sqrt{2}$ ⑤ $\dfrac{25\sqrt{2}}{2}$

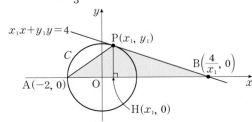

STEP **A** 점 $P(x_1, y_1)$이라 하고 접선의 방정식 구하기

제1사분면에서 원 위의 점 $P(x_1, y_1)$ $(x_1 > 0, y_1 > 0)$라 하면

$x_1^2 + y_1^2 = 9$ ⋯⋯ ㉠

원 $x^2 + y^2 = 9$에서 접선의 방정식은 $x_1 x + y_1 y = 9$

이때 점 P에서 x축에 내린 수선의 발 $H(x_1, 0)$

STEP **B** $2\overline{AH} = \overline{HB}$임을 이용하여 점 P의 좌표 구하기

점 P에서 접선의 방정식 $x_1 x + y_1 y = 9$에서

x축과 만나는 점 $B\left(\dfrac{9}{x_1}, 0\right)$

점 $A(-3, 0)$, $H(x_1, 0)$에서 $\overline{AH} = x_1 - (-3) = x_1 + 3$

점 $H(x_1, 0)$, $B\left(\dfrac{9}{x_1}, 0\right)$에서 $\overline{HB} = \dfrac{9}{x_1} - x_1$

$2\overline{AH} = \overline{HB}$이므로 대입하면 $2(x_1 + 3) = \dfrac{9}{x_1} - x_1$

양변에 x_1을 곱하면서 정리하면 $3x_1^2 + 6x_1 - 9 = 0$, $3(x_1 - 1)(x_1 + 3) = 0$

$\therefore x_1 = 1$ 또는 $x_1 = -3$

이때 $x_1 > 0$이므로 $x_1 = 1$

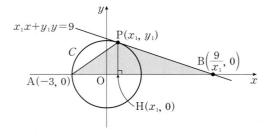

$x_1 = 1$을 ㉠의 식에 대입하면 $1 + y_1^2 = 9$, $y_1^2 = 8$

$\therefore y_1 = 2\sqrt{2}$ 또는 $y_1 = -2\sqrt{2}$

이때 $y_1 > 0$이므로 $y_1 = 2\sqrt{2}$ $\therefore P(1, 2\sqrt{2})$

STEP **C** 삼각형 PAB의 넓이 구하기

선분 AB의 길이는 $\overline{AB} = \dfrac{9}{x_1} - (-3) = 9 - (-3) = 12$

선분 PH의 길이는 $\overline{PH} = y_1 - 0 = 2\sqrt{2}$

따라서 삼각형 PAB의 넓이는 $\dfrac{1}{2} \times \overline{AB} \times \overline{PH} = \dfrac{1}{2} \times 12 \times 2\sqrt{2} = 12\sqrt{2}$

다른풀이 두 직각삼각형의 닮음을 이용하여 풀이하기

STEP **A** 원의 성질과 직각삼각형을 이용하여 선분 OH의 길이 구하기

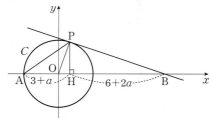

직선 BP가 점 P에서 원 $C : x^2 + y^2 = 9$에 접하므로

원 C의 반지름인 선분 OP를 그으면 $\overline{OP} \perp \overline{PB}$

이때 $\overline{OH} = a$ $(a > 0)$라 하면 $\overline{AH} = \overline{AO} + \overline{OH} = 3 + a$

주어진 조건에서 $2\overline{AH} = \overline{HB}$이므로 $\overline{HB} = 2(3 + a) = 6 + 2a$

직각삼각형 PHO에서 피타고라스 정리에 의하여

$\overline{PH}^2 = \overline{OP}^2 - \overline{OH}^2 = 3^2 - a^2$ ⋯⋯ ㉡

또한, $\angle HOP = \angle HPB$, $\angle HPO = \angle HBP$이므로

두 직각삼각형 PHO, BHP가 서로 닮음이다.

이때 닮음비가 $\overline{OH} : \overline{PH} = \overline{PH} : \overline{BH}$이므로

즉 $\overline{PH}^2 = \overline{OH} \times \overline{BH} = a \times (6 + 2a) = 2a^2 + 6a$ ⋯⋯ ㉢

㉡, ㉢에 의하여 $9 - a^2 = 2a^2 + 6a$, $a^2 + 2a - 3 = 0$, $(a + 3)(a - 1) = 0$

$\therefore a = 1$ $(\because a > 0)$

STEP **B** 삼각형 PAB의 넓이 구하기

$a = 1$를 ㉡에 대입하면 $\overline{PH}^2 = 9 - 1 = 8$이므로 $\overline{PH} = 2\sqrt{2}$

$\overline{AH} = 3 + 1 = 4$, $\overline{HB} = 6 + 2 \times 1 = 8$이므로 $\overline{AB} = \overline{AH} + \overline{HB} = 4 + 8 = 12$

따라서 삼각형 PAB의 넓이는 $\dfrac{1}{2} \times \overline{AB} \times \overline{PH} = \dfrac{1}{2} \times 12 \times 2\sqrt{2} = 12\sqrt{2}$

정답 ④

0450

정답 ②

STEP **A** 접점의 좌표를 (x_1, y_1)이라 하고 접선의 방정식 구하기

접점의 좌표를 (x_1, y_1)이라 하면 원 위의 점이므로 대입하면

$x_1^2 + y_1^2 = 1$ ⋯⋯ ㉠

또한, 접선의 방정식은 $x_1 x + y_1 y = 1$이고 $A(3, 1)$을 지나므로 대입하면

$3x_1 + y_1 = 1$ ⋯⋯ ㉡

㉡에서 $y_1 = -3x_1 + 1$을 ㉠의 식에 대입하면

$x_1^2 + (-3x_1 + 1)^2 = 1$, $10x_1^2 - 6x_1 = 0$, $2x_1(5x_1 - 3) = 0$

접점의 좌표는 $(0, 1)$, $\left(\dfrac{3}{5}, -\dfrac{4}{5}\right)$

즉 접선의 방정식은 $y = 1$, $\dfrac{3}{5}x - \dfrac{4}{5}y = 1$

+α 원의 중심에서 직선까지의 거리를 이용해서 구할 수 있어!

접선의 기울기를 m이라 하면 점 $(3, 1)$을 지나는 접선의 방정식은

$y - 1 = m(x - 3)$ $\therefore mx - y - 3m + 1 = 0$ ⋯⋯ ㉢

원의 중심 $(0, 0)$과 직선 $mx - y - 3m + 1 = 0$ 사이의 거리가

원의 반지름의 길이 1과 같다.

$\dfrac{|-3m + 1|}{\sqrt{m^2 + (-1)^2}} = 1$, $|-3m + 1| = \sqrt{m^2 + 1}$이고 양변을 제곱하면

$9m^2 - 6m + 1 = m^2 + 1$, $8m^2 - 6m = 0$, $2m(4m - 3) = 0$

$\therefore m = 0$ 또는 $m = \dfrac{3}{4}$

이를 ㉢에 대입하면 구하는 접선의 방정식은 $y = 1$ 또는 $3x - 4y - 5 = 0$

+α 판별식을 이용해서 구할 수 있어!

접선의 기울기를 m이라 하면 점 $(3, 1)$을 지나는 접선의 방정식은

$y - 1 = m(x - 3)$ $\therefore y = mx - 3m + 1$ ⋯⋯ ㉣

이를 $x^2 + y^2 = 1$에 대입하면 $x^2 + (mx - 3m + 1)^2 = 1$

$\therefore (m^2 + 1)x^2 - 2(3m^2 - m)x + 9m^2 - 6m = 0$

이 이차방정식의 판별식을 D라 하면

$\dfrac{D}{4} = (3m^2 - m)^2 - (m^2 + 1)(9m^2 - 6m) = 0$,

$8m^2 - 6m = 0$, $2m(4m - 3) = 0$ $\therefore m = 0$ 또는 $m = \dfrac{3}{4}$

이를 ㉣에 대입하면 구하는 접선의 방정식은 $y = 1$ 또는 $3x - 4y - 5 = 0$

STEP **B** 삼각형 ABC의 넓이 구하기

접선의 방정식 $y = 1$에서 y절편은 $B(0, 1)$

접선의 방정식 $\dfrac{3}{5}x - \dfrac{4}{5}y = 1$에서 y절편은 $C\left(0, -\dfrac{5}{4}\right)$

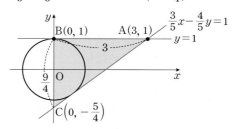

따라서 삼각형 ABC의 넓이는 $\dfrac{1}{2} \times \overline{AB} \times \overline{BC} = \dfrac{1}{2} \times 3 \times \dfrac{9}{4} = \dfrac{27}{8}$

0451

STEP A 원 위의 점 $P(x_1, y_1)$이라 하고 접선의 방정식을 이용하여 점 P의 좌표 구하기

접점의 좌표를 $P(x_1, y_1)$이라 하면 원 위의 점이므로 대입하면
$x_1^2 + y_1^2 = 6$ ······ ㉠
또한 접선의 방정식은 $x_1 x + y_1 y = 6$이고 점 $(3, 0)$을 지나므로 대입하면
$3x_1 = 6$ ∴ $x_1 = 2$
㉠의 식에 $x_1 = 2$를 대입하면 $4 + y_1^2 = 6$
∴ $y_1 = \sqrt{2}$ 또는 $y_1 = -\sqrt{2}$
∴ $(2, \sqrt{2}), (2, -\sqrt{2})$

STEP B 두 접선과 y축으로 둘러싸인 부분의 넓이 구하기

접점 $(2, \sqrt{2})$에서 접선의 방정식은
$2x + \sqrt{2}y = 6$이고 y축과 만나는 점은 $(0, 3\sqrt{2})$
접점 $(2, -\sqrt{2})$에서 접선의 방정식은
$2x - \sqrt{2}y = 6$이고 y축과 만나는 점은 $(0, -3\sqrt{2})$
이때 그래프는 다음 그림과 같다.

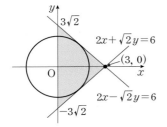

따라서 두 접선과 y축으로 둘러싸인 부분의 넓이는
$\frac{1}{2} \times \{3\sqrt{2} - (-3\sqrt{2})\} \times 3 = 9\sqrt{2}$

+α 원의 중심에서 직선까지 거리를 이용해서 구할 수 있어!

점 $(3, 0)$을 지나는 직선의 기울기를 m이라 하면 $y = m(x-3)$
∴ $y = mx - 3m$
직선 $mx - y - 3m = 0$이 원 $x^2 + y^2 = 6$의 접선이므로
중심 $(0, 0)$에서 직선까지의 거리는 반지름의 길이 $\sqrt{6}$과 같다.
$\frac{|-3m|}{\sqrt{m^2 + (-1)^2}} = \sqrt{6}$, $|-3m| = \sqrt{6} \times \sqrt{m^2 + 1}$
양변을 제곱하면 $9m^2 = 6m^2 + 6$, $3m^2 = 6$
∴ $m = \sqrt{2}$ 또는 $m = -\sqrt{2}$
$m = \sqrt{2}$일 때, 접선의 방정식은 $\sqrt{2}x - y - 3\sqrt{2} = 0$
　양변에 $\sqrt{2}$를 곱하면 $2x - \sqrt{2}y - 6 = 0$
$m = -\sqrt{2}$일 때, 접선의 방정식은 $-\sqrt{2}x - y + 3\sqrt{2} = 0$
　양변에 $-\sqrt{2}$를 곱하면 $2x + \sqrt{2}y - 6 = 0$

내신연계 출제문항 236

점 $P(-2, 4)$에서 원 $x^2 + y^2 = 2$에 그은 두 접선이 y축과 만나는 두 점을 A, B라 할 때, 삼각형 PAB의 넓이를 구하시오.

STEP A 점 $P(-2, 4)$에서 원에 그은 접선의 방정식 구하기

점 $P(-2, 4)$를 지나는 직선의 방정식의 기울기를 m이라 하면
$y = m(x+2) + 4$
∴ $mx - y + 2m + 4 = 0$ ······ ㉠
㉠의 직선이 원 $x^2 + y^2 = 2$의 접선이므로
원의 중심 $(0, 0)$에서 직선까지의 거리는 반지름의 길이 $\sqrt{2}$
즉 $\frac{|2m+4|}{\sqrt{m^2 + (-1)^2}} = \sqrt{2}$, $|2m+4| = \sqrt{2} \times \sqrt{m^2 + 1}$

양변을 제곱하면 $4m^2 + 16m + 16 = 2m^2 + 2$, $m^2 + 8m + 7 = 0$,
$(m+1)(m+7) = 0$
∴ $m = -1$ 또는 $m = -7$
$m = -1$일 때 접선의 방정식은 $x + y - 2 = 0$
$m = -7$일 때 접선의 방정식은 $7x + y + 10 = 0$

+α 접점을 가정하고 구할 수 있어!

점 $P(-2, 4)$에서 원 $x^2 + y^2 = 2$에 그은 접선의 접점의 좌표를 (x_1, y_1)이라 하면 원 위의 점이므로 대입하면 $x_1^2 + y_1^2 = 2$ ······ ㉠
접점 (x_1, y_1)에서 접선의 방정식은 $x_1 x + y_1 y = 2$이고 점 $(-2, 4)$를 지나므로 대입하면 $-2x_1 + 4y_1 = 2$ ∴ $x_1 = 2y_1 - 1$ ······ ㉡
㉡의 식을 ㉠에 대입하면 $(2y_1 - 1)^2 + y_1^2 = 2$, $5y_1^2 - 4y_1 - 1 = 0$,
$(5y_1 + 1)(y_1 - 1) = 0$ ∴ $y_1 = -\frac{1}{5}$ 또는 $y_1 = 1$
$y_1 = -\frac{1}{5}$일 때 접점의 좌표는 $\left(-\frac{7}{5}, -\frac{1}{5}\right)$이므로 접선의 방정식은
　$y_1 = -\frac{1}{5}$를 ㉡의 식에 대입하면 $x_1 = -\frac{7}{5}$
$-\frac{7}{5}x - \frac{1}{5}y = 2$ ∴ $7x + y + 10 = 0$
$y_1 = 1$일 때 접점의 좌표는 $(1, 1)$이므로 접선의 방정식은
　$y_1 = 1$을 ㉡의 식에 대입하면 $x_1 = 1$
$x + y = 2$ ∴ $x + y - 2 = 0$

STEP B 삼각형 PAB의 넓이 구하기

직선 $7x + y + 10 = 0$과 y축이
만나는 점을 A라 하면 좌표는 $A(0, -10)$
직선 $x + y - 2 = 0$과 y축이
만나는 점을 B라 하면 좌표는 $B(0, 2)$
따라서 삼각형 PAB의 넓이는
$\frac{1}{2} \times \overline{AB} \times |$점 P의 x좌표$|$
$= \frac{1}{2} \times 12 \times 2 = 12$

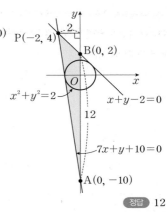

0452

STEP A 점 $(3, 4)$를 지나고 기울기가 m인 직선의 방정식 구하기

점 $(3, 4)$를 지나는 직선의 방정식의 기울기를 m이라 하면
$y - 4 = m(x - 3)$, $mx - y - 3m + 4 = 0$

STEP B 원의 중심에서 직선 $mx - y - 3m + 4 = 0$까지의 거리가 반지름임을 이용하여 m에 대한 방정식 구하기

이 직선이 원 $(x-1)^2 + (y-1)^2 = 1$에
접하므로 원의 중심 $(1, 1)$과 직선
사이의 거리는 원의 반지름의 길이
1과 같다.
즉 $\frac{|m - 1 - 3m + 4|}{\sqrt{m^2 + (-1)^2}} = 1$,
$|-2m + 3| = \sqrt{m^2 + 1}$
양변을 제곱하여 정리하면
$4m^2 - 12m + 9 = m^2 + 1$
∴ $3m^2 - 12m + 8 = 0$

STEP C 근과 계수의 관계를 이용하여 m의 값의 합 구하기

따라서 이차방정식의 근과 계수의 관계에 의하여 m의 값의 합은 4
직선의 기울기를 구하는 문제이므로 접점을 가정해서 접선의 방정식을 구하는 것보다는 직선을 가정하고 중심에서 직선까지의 거리가 반지름과 같음을 이용하는 것이 좋다.

0453

STEP Ⓐ 점 $A(4, 0)$을 지나고 기울기가 m인 직선의 방정식 구하기

직선 AP의 기울기를 m이라 하면

직선 AP는 점 $A(4, 0)$을 지나므로 방정식은 $y=m(x-4)$

$\therefore mx-y-4m=0$

STEP Ⓑ 직선 AP의 기울기가 최대가 되는 상황 이해하기

직선 AP의 기울기가 최대가 되는 경우는 다음 그림과 같이

기울기가 최대 또는 최소가 되는 경우는 접선이 되는 경우이다.

제 4사분면에서 직선 AP가 원에 접하는 경우이다.

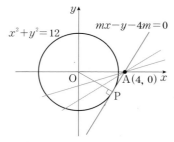

STEP Ⓒ 원의 중심에서 직선 $mx-y-4m=0$까지의 거리가 반지름임을 이용하여 m의 값 구하기

원의 중심 $(0, 0)$과 직선 $mx-y-4m=0$ 사이의 거리가 반지름의 길이 $2\sqrt{3}$과 같아야 한다.

즉 $\dfrac{|-4m|}{\sqrt{m^2+1}}=2\sqrt{3}$, $|-4m|=2\sqrt{3}\times\sqrt{m^2+1}$ 이고 양변을 제곱하면

$16m^2=12m^2+12$, $4m^2=12$, $m^2=3$

이때 $m>0$이므로 $m=\sqrt{3}$

따라서 직선 AP의 기울기의 최댓값은 $\sqrt{3}$

> 접선의 기울기를 물어보고 있으므로 접점을 가정해서 접선을 구하는 것보다 직선을 가정하고 원의 중심에서 직선까지 거리가 반지름과 같다는 것을 이용하는 것이 좋다.

0454

STEP Ⓐ 원 $x^2+y^2=1$에서 기울기가 m인 접선의 방정식 구하기

$x^2+y^2=1$에 접하고 접선의 기울기가 m인 접선의 방정식은

$y=mx\pm\sqrt{m^2+1}$

STEP Ⓑ 접선의 방정식이 $(x-2)^2+(y+3)^2=1$의 넓이를 이등분함을 이용하여 m의 값의 합 구하기

접선의 방정식 $y=mx\pm\sqrt{m^2+1}$ 이 원 $(x-2)^2+(y+3)^2=1$의 넓이를 이등분하므로 원의 중심 $(2, -3)$을 지나야 한다.

즉 $-3=2m\pm\sqrt{m^2+1}$, $-2m-3=\pm\sqrt{m^2+1}$

양변을 제곱하면 $(-2m-3)^2=(\pm\sqrt{m^2+1})^2$

$4m^2+12m+9=m^2+1$, $3m^2+12m+8=0$

따라서 이차방정식 $3m^2+12m+8=0$에서 두 근은 접선의 방정식의 기울기이므로 근과 계수의 관계에 의하여 두 접선의 기울기의 합은 -4

0455

STEP Ⓐ 원 $x^2+y^2=4$에서 기울기가 m인 접선의 방정식 구하기

직선 l이 원 $O : x^2+y^2=4$의 접선이다.

기울기가 m인 접선의 방정식을 구하면

$y=mx\pm 2\sqrt{m^2+1}$ ...... ㉠

STEP Ⓑ 직선 l이 원 $x^2+(y-4)^2=4$의 넓이를 이등분함을 이용하여 기울기가 양수인 접선의 방정식 구하기

직선 $l : y=mx\pm 2\sqrt{m^2+1}$ 이 원 $x^2+(y-4)^2=4$의 넓이를 이등분하므로 원의 중심 $(0, 4)$를 지나야 한다.

즉 직선 l의 y절편이 4이므로

$4=\pm 2\sqrt{m^2+1}$ 이고 양변을 제곱하면 $16=(\pm 2\sqrt{m^2+1})^2$,

$16=4(m^2+1)$, $m^2=3$

$\therefore m=\sqrt{3}$ 또는 $m=-\sqrt{3}$

이때 접선의 기울기가 양수이므로 $m=\sqrt{3}$

㉠의 식에 대입하면 $y=\sqrt{3}x+4$

STEP Ⓒ 상수 a의 값 구하기

직선 $y=\sqrt{3}x+4$가 점 $(\sqrt{3}, a)$를 지나므로 대입하면

$a=\sqrt{3}\times\sqrt{3}+4$

따라서 상수 a의 값은 7

 중심에서 직선까지의 거리가 반지름임을 이용하여 풀이하기

STEP Ⓐ 기울기가 m이고 원 $x^2+(y-4)^2=4$의 넓이를 이등분하는 직선의 방정식 구하기

직선 l이 원 O'의 넓이를 이등분하므로

직선 l은 원 O'의 중심 $(0, 4)$를 지나야 한다.

직선 l의 기울기를 m이라 하면

직선 l의 방정식은 $y-4=m(x-0)$

$\therefore mx-y+4=0$ ...... ㉠

STEP Ⓑ 원의 중심에서 직선까지의 거리가 반지름임을 이용하여 m의 값 구하기

원 O의 중심의 좌표가 $(0, 0)$이고 반지름의 길이가 2이므로

원 O와 직선 l이 접하려면 원의 중심 $(0, 0)$에서

직선 $mx-y+4=0$까지의 거리가 2이다.

즉 $\dfrac{|4|}{\sqrt{m^2+(-1)^2}}=2$, $2=\sqrt{m^2+1}$

양변을 제곱하면 $4=m^2+1$, $m^2=3$

$\therefore m=\pm\sqrt{3}$

즉, 기울기가 양수이므로 $m=\sqrt{3}$이고 ㉠의 식에 대입하면

직선 l의 방정식은 $y=\sqrt{3}x+4$

STEP Ⓒ 상수 a의 값 구하기

따라서 직선 l의 방정식이 점 $(\sqrt{3}, a)$를 지나므로

$a=\sqrt{3}\times\sqrt{3}+4=3+4=7$

두 원 $O : (x-2)^2+y^2=4$, $O' : (x+2)^2+y^2=4$에 대하여 직선 l이 원 O에 접하고 원 O'의 넓이를 이등분할 때, 기울기가 양수인 직선 l의 방정식이 점 $(a, \sqrt{3})$을 지난다. 이때 상수 a의 값을 구하시오.

STEP Ⓐ 기울기가 m이고 원 $(x+2)^2+y^2=4$의 넓이를 이등분하는 직선의 방정식 구하기

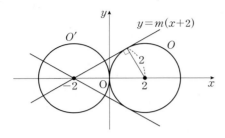

직선 l이 원 O'의 넓이를 이등분하므로
직선 l은 원 O'의 중심 $(-2, 0)$을 지나야 한다.
직선 l의 기울기를 m $(m>0)$이라 하면 직선 l의 방정식은
$y=m(x+2)$ $\therefore mx-y+2m=0$

STEP Ⓑ 원의 중심에서 직선까지의 거리가 반지름임을 이용하여 m의 값 구하기

원 O와 직선 l이 접하려면 원의 중심 $(2, 0)$과 직선 l 사이의 거리가 반지름의 길이 2와 같아야 하므로
$\dfrac{|2m+2m|}{\sqrt{m^2+(-1)^2}}=2$, $|4m|=2\sqrt{m^2+1}$
양변을 제곱하면 $4m^2=m^2+1$, $m^2=\dfrac{1}{3}$
$\therefore m=\dfrac{1}{\sqrt{3}}$ $(\because m>0)$
직선 l의 방정식은 $y=\dfrac{1}{\sqrt{3}}(x+2)$, 즉 $x-\sqrt{3}y+2=0$

STEP Ⓒ 상수 a의 값 구하기

즉 직선 l의 방정식이 점 $(a, \sqrt{3})$을 지나므로
$a-\sqrt{3}\times\sqrt{3}+2=0$, $a-3+2=0$
따라서 $a=1$

정답 **1**

0456
정답 **9**

STEP Ⓐ 두 접선의 각을 이등분하는 직선의 특징 파악하기

점 $(3, 0)$에서 원 $(x-1)^2+(y+2)^2=3$에 그은 두 접선이 이루는 각을 이등분하는 직선은 다음 그림과 같이 두 개가 있다.

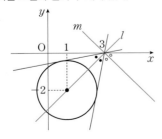

이때 점 $(3, 0)$과 원의 중심 $(1, -2)$를 지나는 직선을 l, 점 $(3, 0)$을 지나면서 직선 l에 수직인 직선을 m이라고 하자.

STEP Ⓑ 두 점 $(1, -2)$와 $(3, 0)$을 지나는 직선의 방정식 구하기

직선 l의 방정식은 $y=\dfrac{-2-0}{1-3}(x-3)$, 즉 $y=x-3$

STEP Ⓒ 점 $(3, 0)$을 지나고 기울기가 -1인 직선의 방정식 구하기

또, 직선 m의 방정식은 $y=-(x-3)$, 즉 $y=-x+3$
구하는 직선의 방정식은 $y=x-3$ 또는 $y=-x+3$
따라서 a, b, c, d의 값은 1, -3, -1, 3 이므로
$abcd=1\times(-3)\times(-1)\times3=9$

0457
2019년 11월 고1 학력평가 14번   정답 ③

STEP Ⓐ 원의 중심과 직선 사이의 거리가 원의 반지름과 같음을 이용하여 접선의 기울기 구하기

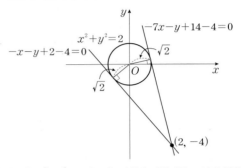

점 $(2, -4)$에서 원 $x^2+y^2=2$에 그은 접선의 기울기를 m이라 하면
접선의 방정식은 $y+4=m(x-2)$, 즉 $mx-y-2m-4=0$
원의 중심 $(0, 0)$으로부터 직선 $mx-y-2m-4=0$까지의 거리는 반지름의 길이 $\sqrt{2}$와 같으므로
$\dfrac{|-2m-4|}{\sqrt{m^2+(-1)^2}}=\sqrt{2}$, $|-2m-4|=\sqrt{2(1+m^2)}$
양변을 제곱하면 $4m^2+16m+16=2+2m^2$,
$m^2+8m+7=0$, $(m+1)(m+7)=0$
$\therefore m=-1$ 또는 $m=-7$

╋α 원에 접하고 기울기가 m인 접선의 방정식을 이용하여 구할 수 있어!

원 $x^2+y^2=2$에 접하고 기울기가 m, 반지름의 길이가 $\sqrt{2}$인 접선의 방정식은
$y=mx\pm\sqrt{2(m^2+1)}$
이 직선이 점 $(2, -4)$를 지나므로 $y=mx\pm\sqrt{2(m^2+1)}$에 $x=2$, $y=-4$를 대입하면 $-4=2m\pm\sqrt{2(m^2+1)}$, $-2m-4=\pm\sqrt{2(1+m^2)}$
양변을 제곱하여 정리하면 $m=-1$ 또는 $m=-7$

STEP Ⓑ m의 값에 따라 접선의 방정식이 y축과 만나는 점의 좌표 구하기

(ⅰ) $m=-1$일 때,
접선의 방정식이 $-x-y+2-4=0$, 즉 $y=-x-2$
이 접선이 y축과 만나는 점의 좌표는 $(0, -2)$
접선의 방정식에 $x=0$을 대입

(ⅱ) $m=-7$일 때,
접선의 방정식이 $-7x-y+14-4=0$, 즉 $y=-7x+10$
이 접선이 y축과 만나는 점의 좌표는 $(0, 10)$
따라서 a, b의 값은 -2, 10이므로 $a+b=8$

좌표평면 위의 점 $(3, -5)$에서 원 $x^2+y^2=2$에 그은 두 접선이 각각

$$23x+7y+a=0, \quad x+y+b=0$$

이라 할 때, $a+b$의 값은?

① -30 ② -32 ③ -34

④ -36 ⑤ -38

STEP A 원의 중심과 직선 사이의 거리가 원의 반지름과 같음을 이용하여 접선의 기울기 구하기

점 $(3, -5)$에서 원 $x^2+y^2=2$에 그은 접선의 기울기를 m이라 하면

접선의 방정식은 $y+5=m(x-3)$, 즉 $mx-y-3m-5=0$

직선과 원이 접하므로 원의 중심 $(0, 0)$으로부터

직선 $mx-y-3m-5=0$까지의 거리는 원의 반지름의 길이 $\sqrt{2}$와 같으므로

$$\frac{|-3m-5|}{\sqrt{m^2+(-1)^2}}=\sqrt{2}, \quad |-3m-5|=\sqrt{2m^2+2}$$

양변을 제곱하면 $9m^2+30m+25=2m^2+2$,

$7m^2+30m+23=0$, $(7m+23)(m+1)=0$

$$\therefore m=-\frac{23}{7} \text{ 또는 } m=-1$$

STEP B m의 값에 따라 접선의 방정식 구하기

(i) $m=-\dfrac{23}{7}$일 때,

접선의 방정식이 $-\dfrac{23}{7}x-y+\dfrac{69}{7}-5=0$, 즉 $23x+7y-34=0$

(ii) $m=-1$일 때,

접선의 방정식 $-x-y-2=0$, 즉 $x+y+2=0$

따라서 $a=-34$, $b=2$이므로 $a+b=-32$ （정답 ②）

0458

2018년 03월 고2 학력평가 가형 25번   （정답 18）

STEP A 원의 중심과 직선 사이의 거리가 원의 반지름과 같음을 이용하여 접선의 기울기 구하기

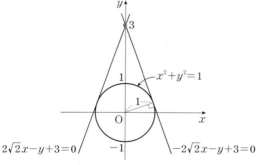

점 $(0, 3)$을 지나고 원 $x^2+y^2=1$에 접하는 직선의 기울기를 m이라 하면

접선의 방정식은 $y=mx+3$, 즉 $mx-y+3=0$

원의 중심 $(0, 0)$으로부터 직선 $mx-y+3=0$까지의 거리 d는

$$d=\frac{|3|}{\sqrt{m^2+(-1)^2}}$$

직선이 원에 접하므로 거리 d는 원의 반지름의 길이와 같다.

즉 $\dfrac{|3|}{\sqrt{m^2+1}}=1$, $3=\sqrt{m^2+1}$

양변을 제곱하면 $m^2+1=9$, $m^2=8$

$$\therefore m=2\sqrt{2} \text{ 또는 } m=-2\sqrt{2}$$

+α | 이차방정식의 판별식을 이용하여 구할 수 있어!

점 $(0, 3)$을 지나고 원 $x^2+y^2=1$에 접하는 직선의 기울기를 m이라 하면
접선의 방정식은 $y=mx+3$
원 $x^2+y^2=1$과 직선 $y=mx+3$의 교점의 x좌표를 구하기 위하여
$y=mx+3$를 $x^2+y^2=1$에 대입하면 $x^2+(mx+3)^2=1$
$\therefore (m^2+1)x^2+6mx+8=0$
이때 원과 직선이 접하려면 이차방정식 $(m^2+1)x^2+6mx+8=0$은
중근을 가져야 하고 판별식을 D라 하면 $D=0$이어야 한다.
$\dfrac{D}{4}=(3m)^2-8(m^2+1)=0$, $m^2-8=0$
이때 $m^2=8$이므로 $m=\pm 2\sqrt{2}$

+α | 원에 접하고 기울기가 m인 접선의 방정식을 이용하여 구할 수 있어!

원 $x^2+y^2=1$에 접하고 기울기가 m, 반지름의 길이가 1인 접선의 방정식은
$y=mx\pm\sqrt{m^2+1}$
이 직선이 점 $(0, 3)$을 지나므로 $y=mx\pm\sqrt{m^2+1}$에 $x=0$, $y=3$을 대입하면
$3=\pm\sqrt{m^2+1}$
양변을 제곱하면 $m^2+1=9$, $m^2=8$
$\therefore m=\pm 2\sqrt{2}$

STEP B m의 값에 따라 접선의 방정식이 x축과 만나는 점의 x좌표 구하기

(i) $m=2\sqrt{2}$일 때,

접선의 방정식이 $2\sqrt{2}x-y+3=0$이므로 x축과 만나는 점의 x좌표는 <small>접선의 방정식에 $y=0$을 대입</small>

$2\sqrt{2}x+3=0$ $\therefore x=-\dfrac{3\sqrt{2}}{4}$

즉 $k=-\dfrac{3\sqrt{2}}{4}$이므로 $k^2=\left(-\dfrac{3\sqrt{2}}{4}\right)^2=\dfrac{9}{8}$

(ii) $m=-2\sqrt{2}$일 때,

접선의 방정식이 $-2\sqrt{2}x-y+3=0$이므로 x축과 만나는 점의 x좌표는

$-2\sqrt{2}x+3=0$ $\therefore x=\dfrac{3\sqrt{2}}{4}$

즉 $k=\dfrac{3\sqrt{2}}{4}$이므로 $k^2=\left(\dfrac{3\sqrt{2}}{4}\right)^2=\dfrac{9}{8}$

(i), (ii)에서 $16k^2=16\times\dfrac{9}{8}=18$

mini 해설 | 임의의 접점을 지나는 접선의 방정식을 이용하여 풀이하기

접점의 좌표를 $A(x_1, y_1)$이라 하자.
점 A는 원 $x^2+y^2=1$ 위의 점이므로 $x=x_1$, $y=y_1$을 대입하면
$x_1^2+y_1^2=1$ ······ ㉠
원 $x^2+y^2=1$ 위의 점 $A(x_1, y_1)$에서의 접선의 방정식은
$x_1x+y_1y=1$ ······ ㉡
접선 ㉡이 점 $(0, 3)$을 지나므로 $x=0$, $y=3$을 대입하면
$3y_1=1$ $\therefore y_1=\dfrac{1}{3}$
이를 ㉠에 대입하면 $x_1^2+\left(\dfrac{1}{3}\right)^2=1$, $x_1^2=\dfrac{8}{9}$ $\therefore x_1=\pm\dfrac{2\sqrt{2}}{3}$
x_1, y_1의 값을 ㉡에 대입하여 정리하면 접선의 방정식은 $y=\pm 2\sqrt{2}x+3$
즉 접선이 x축과 만나는 점의 x좌표 $k=\pm\dfrac{3}{2\sqrt{2}}$이므로 $k^2=\left(\pm\dfrac{3}{2\sqrt{2}}\right)^2=\dfrac{9}{8}$
따라서 $16k^2=16\times\dfrac{9}{8}=18$

점 $(0, 6)$에서 원 $x^2+y^2=9$에 그은 접선이 x축과 만나는 점의 x좌표를 k라 할 때, k^2의 값을 구하시오.

STEP A 원의 중심과 직선 사이의 거리가 원의 반지름과 같음을 이용하여 접선의 기울기 구하기

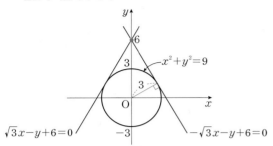

점 $(0, 6)$을 지나고 원 $x^2+y^2=9$에 접하는 직선의 기울기를 m이라 하면
접선의 방정식은 $y=mx+6$, 즉 $mx-y+6=0$
원과 직선이 접하므로 원의 중심 $(0, 0)$으로부터 직선 $mx-y+6=0$까지의 거리는 원의 반지름의 길이 3과 같다.

$$\frac{|6|}{\sqrt{m^2+(-1)^2}}=3, \ 3\sqrt{m^2+1}=6, \ \sqrt{m^2+1}=2$$

양변을 제곱하면 $m^2+1=4$, $m^2=3$
$\therefore m=-\sqrt{3}$ 또는 $m=\sqrt{3}$

+α | 이차방정식의 판별식을 이용하여 구할 수 있어!

점 $(0, 6)$을 지나고 원 $x^2+y^2=9$에 접하는 직선의 기울기를 m이라 하면
접선의 방정식은 $y=mx+6$
원 $x^2+y^2=9$와 직선 $y=mx+6$의 교점의 x좌표를 구하기 위하여
$y=mx+6$를 $x^2+y^2=9$에 대입하면 $x^2+(mx+6)^2=9$
$\therefore (m^2+1)x^2+12mx+27=0$
이때 원과 직선이 접하려면 이차방정식 $(m^2+1)x^2+12mx+27=0$은 중근을 가져야 하고 판별식을 D라 하면 $D=0$이어야 한다.
$$\frac{D}{4}=(6m)^2-27(m^2+1)$$
$$=9(m^2-3)=0$$
즉 $m^2=3$이므로 $m=\pm\sqrt{3}$

+α | 원에 접하고 기울기가 m인 접선의 방정식을 이용하여 구할 수 있어!

원 $x^2+y^2=9$에 접하고 기울기가 m, 반지름의 길이가 3인 접선의 방정식은
$y=mx\pm3\sqrt{m^2+1}$
이 직선이 점 $(0, 6)$을 지나므로 $6=\pm3\sqrt{m^2+1}$, $2=\pm\sqrt{m^2+1}$
양변을 제곱하면 $m^2+1=4$, $m^2=3$
$\therefore m=\pm\sqrt{3}$

STEP B m의 값에 따라 접선의 방정식이 x축과 만나는 점의 x좌표 구하기

(i) $m=\sqrt{3}$일 때,
접선의 방정식이 $\sqrt{3}x-y+6=0$이므로
x축과 만나는 점의 x좌표는 $\sqrt{3}x+6=0$
$\therefore x=-2\sqrt{3}$

(ii) $m=-\sqrt{3}$일 때,
접선의 방정식이 $-\sqrt{3}x-y+6=0$이므로
x축과 만나는 점의 x좌표는 $-\sqrt{3}x+6=0$
$\therefore x=2\sqrt{3}$

(i), (ii)에서 $k=\pm2\sqrt{3}$이므로 $k^2=(\pm2\sqrt{3})^2=12$

---

mini해설 | 임의의 접점을 지나는 접선의 방정식을 이용하여 풀이하기

접점의 좌표를 $A(x_1, y_1)$이라 하자.
점 A는 원 $x^2+y^2=9$ 위의 점이므로 $x=x_1$, $y=y_1$을 대입하면
$x_1^2+y_1^2=9$ ...... ㉠
원 $x^2+y^2=9$ 위의 점 $A(x_1, y_1)$에서의 접선의 방정식은
$x_1x+y_1y=9$ ...... ㉡
접선 ㉡이 점 $(0, 6)$을 지나므로 $x=0$, $y=6$을 대입하면
$6y_1=9$ $\therefore y_1=\frac{3}{2}$
이를 ㉠에 대입하면 $x_1^2+\left(\frac{3}{2}\right)^2=9$, $x_1^2=\frac{27}{4}$ $\therefore x_1=\pm\frac{3\sqrt{3}}{2}$
x_1, y_1의 값을 ㉡에 대입하면 $\pm\frac{3\sqrt{3}}{2}x+\frac{3}{2}y=9$
이때 접선이 x축과 만나는 점의 x좌표 $k=\pm9\times\frac{2}{3\sqrt{3}}=\pm2\sqrt{3}$이므로
$k^2=(\pm2\sqrt{3})^2=12$

 정답 12

0459

정답 ①

STEP A 두 점 $P(x_1, y_1)$, $Q(x_2, y_2)$라 하고 접선의 방정식 구하기

원 $x^2+y^2=1$에서 점 P의 좌표를 $P(x_1, y_1)$,
점 Q의 좌표를 $Q(x_2, y_2)$라 하면
점 P에서의 접선의 방정식은
$x_1x+y_1y=1$ ...... ㉠
점 Q에서의 접선의 방정식은
$x_2x+y_2y=1$ ...... ㉡

STEP B 두 직선에 점 $A(2, 3)$을 대입하여 관계식 구하기

이때 두 직선 ㉠, ㉡는 모두 점 $A(2, 3)$을 지나므로
$$\begin{cases} 2x_1+3y_1=1 \\ 2x_2+3y_2=1 \end{cases}$$

STEP C 구한 두 관계식의 의미를 이해하기

이 식은 직선 $2x+3y=1$이 두 점
$P(x_1, y_1)$, $Q(x_2, y_2)$를 지남을 뜻한다.
그런데 두 점 P, Q를 지나는 직선은
단 하나뿐이다.
따라서 직선 PQ의 방정식은
$2x+3y=1$

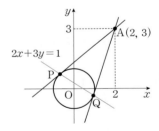

mini해설 | 공통현의 방정식을 유도하여 풀이하기

선분 PQ는 점 A를 중심으로 하고
선분 AQ를 반지름으로 하는 원과
원 $x^2+y^2=1$의 공통현의 방정식이다.
점 $A(2, 3)$에서 원의 중심 $O(0, 0)$까지의
거리는 $\sqrt{13}$이고 원 $x^2+y^2=1$의
반지름의 길이는 1이므로
$\overline{AQ}=\sqrt{\overline{AO}^2-\overline{OQ}^2}$
$=\sqrt{(\sqrt{13})^2-1^2}$
$=2\sqrt{3}$
즉 원의 중심이 $A(2, 3)$이고
반지름의 길이가 $2\sqrt{3}$인 원의 방정식은
$(x-2)^2+(y-3)^2=12$, 즉 $x^2+y^2-4x-6y+1=0$
두 원의 공통현의 방정식은 $x^2+y^2-1-(x^2+y^2-4x-6y+1)=0$,
$4x+6y-2=0$ $\therefore 2x+3y-1=0$

0460

정답 ④

STEP A 두 점 $A(x_1, y_1)$, $B(x_2, y_2)$라 하고 접선의 방정식 구하기

원 $x^2+y^2=25$에서 두 접선의 접점의 좌표를 $A(x_1, y_1)$, $B(x_2, y_2)$라 하면
점 $A(x_1, y_1)$에서의 접선의 방정식은 $x_1x+y_1y=25$
점 $B(x_2, y_2)$에서의 접선의 방정식은 $x_2x+y_2y=25$

STEP B 두 직선에 점 $P(6, 8)$을 대입하고 두 관계식의 의미를 파악하여 직선 AB의 방정식 구하기

두 접선이 모두 점 $P(6, 8)$을 지나므로 접선의 방정식에 대입하면
$6x_1+8y_1=25$, $6x_2+8y_2=25$
이 두 식은 직선 $6x+8y=25$에 두 점 $A(x_1, y_1)$, $B(x_2, y_2)$를 대입한 것과
같다. 두 점을 지나는 직선은 유일하므로 직선 AB의 방정식은
$6x+8y=25$ ...... ㉠

STEP C 점과 직선 사이의 거리 공식을 이용하여 선분 AB의 길이 구하기

원의 중심 $O(0, 0)$에서 직선 ㉠에 내린 수선의 발을 H라 하면

$$\overline{OH}=\frac{|-25|}{\sqrt{6^2+8^2}}=\frac{5}{2}$$

또, $\overline{OA}$, $\overline{OB}$는 원의 반지름이므로
$\overline{OA}=\overline{OB}=5$
직각삼각형 AOH에서

$$\overline{AH}^2=\overline{OA}^2-\overline{OH}^2=5^2-\left(\frac{5}{2}\right)^2=\frac{75}{4}$$

$$\overline{AH}=\sqrt{\frac{75}{4}}=\frac{5\sqrt{3}}{2}$$

따라서 $\overline{AB}=2\overline{AH}=5\sqrt{3}$

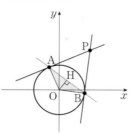

내/신/연/계 출제문항 240

좌표평면 위의 점 $(3, 4)$에서 원 $x^2+y^2=5$에 그은 두 접선의 접점을 각각
A, B라 할 때, 점 $(3, 4)$에서 직선 AB에 이르는 거리는?

① 3 ② 4 ③ 5
④ 6 ⑤ 7

STEP A 접점의 좌표를 임의로 잡고 공식을 이용하여 접선의 방정식 구하기

원 $x^2+y^2=5$에서 두 접선의 접점의
좌표를 $A(x_1, y_1)$, $B(x_2, y_2)$라 하면
점 $A(x_1, y_1)$에서의 접선의 방정식은
$x_1x+y_1y=5$
점 $B(x_2, y_2)$에서의 접선의 방정식은
$x_2x+y_2y=5$

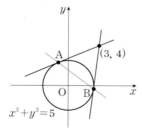

STEP B 두 직선에 점 $(3, 4)$를 대입하고 관계식의 의미를 파악하여 직선 AB의 방정식 구하기

두 접선은 모두 점 $(3, 4)$를 지나므로
$3x_1+4y_1=5$, $3x_2+4y_2=5$
이 두 식은 직선 $3x+4y=5$에 두 점 $A(x_1, y_1)$, $B(x_2, y_2)$를 대입한 것과
같다. 즉 두 점을 지나는 직선은 유일하므로 직선 AB의 방정식은
$3x+4y=5$

STEP C 점 $(3, 4)$에서 직선 AB에 이르는 거리 구하기

직선 AB의 방정식이 $3x+4y-5=0$

따라서 점 $(3, 4)$에서 직선 AB까지의 거리는 $\dfrac{|9+16-5|}{\sqrt{3^2+4^2}}=4$

0461

정답 ③

STEP A 원 위의 점 (x_1, y_1)에서 접선의 방정식 $x_1x+y_1y=r^2$ 이용하기

원 $x^2+y^2=5$ 위의 접점의 좌표를
(x_1, y_1)라 하면 접선의 방정식은
$x_1x+y_1y=5$ ...... ㉠
이 접선이 점 $P(1, 3)$을 지나므로
$x_1+3y_1=5$
$\therefore x_1=-3y_1+5$ ...... ㉡

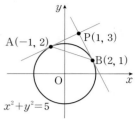

STEP B 일차식과 이차식의 연립방정식을 이용하여 x_1, y_1의 값 구하기

또 접점 (x_1, y_1)은 원 위에 있으므로
$x_1^2+y_1^2=5$ ...... ㉢
㉡을 ㉢에 대입하면 $(-3y_1+5)^2+y_1^2=5$,
$10y_1^2-30y_1+20=0$, $y_1^2-3y_1+2=0$, $(y_1-1)(y_1-2)=0$
$\therefore y_1=1$ 또는 $y_1=2$
㉡에 대입하면 $\begin{cases}x_1=2\\y_1=1\end{cases}$ 또는 $\begin{cases}x_1=-1\\y_1=2\end{cases}$

STEP C 삼각형 PAB가 이등변삼각형임을 이용하여 넓이 구하기

이때 두 점 $(-1, 2)$, $(2, 1)$을 각각 A, B라 하면
$\overline{AB}=\sqrt{(2+1)^2+(1-2)^2}=\sqrt{10}$
$\overline{AP}=\sqrt{(1+1)^2+(3-2)^2}=\sqrt{5}$
$\overline{BP}=\sqrt{(2-1)^2+(1-3)^2}=\sqrt{5}$
삼각형 PAB는 이등변삼각형이므로
$\overline{AB}$를 밑변이라 할 때, 높이 h는

$$h=\sqrt{(\sqrt{5})^2-\left(\frac{\sqrt{10}}{2}\right)^2}=\frac{\sqrt{10}}{2}$$

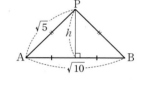

따라서 구하는 삼각형의 넓이는 $\dfrac{1}{2}\times\sqrt{10}\times\dfrac{\sqrt{10}}{2}=\dfrac{5}{2}$

다른풀이 극선의 방정식을 구하여 풀이하기

STEP A 직선 AB의 방정식 구하기

두 접선의 접점의 좌표를 (x_1, y_1),
(x_2, y_2)라고 하면 두 접선의 방정식은
$x_1x+y_1y=5$, $x_2x+y_2y=5$
그런데 두 접선이 모두 점 $P(1, 3)$를
지나므로 $x_1+3y_1=5$, $x_2+3y_2=5$
이 두 식은 직선 $x+3y=5$에 두 점
(x_1, y_1), (x_2, y_2)를 대입한 것과 같다.
두 점을 지나는 직선은 유일하므로
직선 AB의 방정식은 $x+3y=5$ ...... ㉠

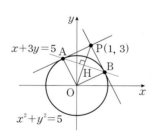

STEP B 삼각형 PAB의 넓이 구하기

원의 중심 $O(0, 0)$에서 직선 ㉠에 내린 수선의 발을 H라 하면

$$\overline{OH}=\frac{|-5|}{\sqrt{1^2+3^2}}=\frac{5}{\sqrt{10}}=\frac{\sqrt{10}}{2}$$

또, $\overline{OA}$, $\overline{OB}$는 원의 반지름이므로 $\overline{OA}=\overline{OB}=\sqrt{5}$
직각삼각형 AOH에서 피타고라스 정리에 의하여

$$\overline{AH}=\sqrt{\overline{OA}^2-\overline{OH}^2}=\sqrt{(\sqrt{5})^2-\left(\frac{\sqrt{10}}{2}\right)^2}=\frac{\sqrt{10}}{2}$$

$$\therefore \overline{AB}=2\overline{AH}=\sqrt{10}$$

또한, 점 $P(1, 3)$에서 직선 ㉠에 내린 수선의 발을 H라 하면

$$\overline{PH}=\frac{|1+3\times3-5|}{\sqrt{1^2+3^2}}=\frac{5}{\sqrt{10}}$$

따라서 삼각형 PAB의 넓이는 $\dfrac{1}{2}\times\overline{AB}\times\overline{PH}=\dfrac{1}{2}\times\sqrt{10}\times\dfrac{5}{\sqrt{10}}=\dfrac{5}{2}$

0462

STEP A 두 직선이 서로 수직이므로 사각형이 정사각형임을 이해하기

다음 그림과 같이 원의 중심을 $O(0, 0)$라 하고
점 $A(0, a)$에서 원 $x^2+y^2=8$에 그은 두 접선이 서로 수직이고
원의 중심과 접점을 연결한 선분 역시 접선에 수직이므로
사각형은 한 변의 길이가 $2\sqrt{2}$인 정사각형이다.

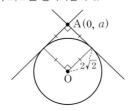

STEP B 정사각형의 대각선의 길이를 이용하여 a의 값 구하기

한 변의 길이가 $2\sqrt{2}$인 정사각형의 대각선의 길이가
$\sqrt{(2\sqrt{2})^2+(2\sqrt{2})^2}=4$이므로
$\overline{OA}=\sqrt{(0-0)^2+(a-0)^2}=a$
따라서 $\overline{OA}=4$이므로 $a=4$

---

mini해설 | 접선의 방정식을 이용하여 풀이하기

점 $A(0, a)$에서 원 $x^2+y^2=8$에 그은 접선의 방정식을 $y=mx+a$라 하면
원의 중심 $(0, 0)$에서 직선 $mx-y+a=0$까지의 거리는 반지름의 길이 $2\sqrt{2}$

즉 $\dfrac{|a|}{\sqrt{m^2+1}}=2\sqrt{2}$, $|a|=\sqrt{m^2+1}\times 2\sqrt{2}$

양변을 제곱하여 정리하면 $8m^2+8-a^2=0$
이때 두 접선의 기울기를 m_1, m_2라 하면
이차방정식 $8m^2+8-a^2=0$의 두 근이고
서로 수직이므로 $m_1\times m_2=-1$
즉 이차방정식의 근과 계수의 관계에 의하여 두 근의 곱 $\dfrac{8-a^2}{8}=-1$, $a^2=16$
$\therefore a=4$ 또는 $a=-4$
따라서 양수 a의 값은 4

0463

STEP A 두 직선이 서로 수직이므로 사각형이 정사각형임을 이해하기

원의 중심을 $C(2, a)$라 하고
점 $P(2, 0)$에서 원 $(x-2)^2+(y-a)^2=4$에 그은 두 접선의 기울기의 곱이
-1이므로 두 접선이 서로 수직이다.
원의 중심과 접점을 연결한 선분은 접선에 수직이므로
사각형은 한 변의 길이가 2인 정사각형이다.

STEP B 정사각형의 대각선의 길이를 이용하여 a의 값 구하기

다음 그림과 같이 점 $P(2, 0)$에서 원에 그은 두 접선의 접점을 각각 A, B라
하면 사각형 PACB의 한 변의 길이가 2인 정사각형이므로
$\overline{CP}=2\sqrt{2}$

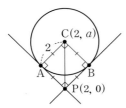

즉 두 점 $C(2, a)$, $P(2, 0)$에서
$\overline{CP}=\sqrt{(2-2)^2+(a-0)^2}=|a|$
따라서 $|a|=2\sqrt{2}$이므로 양수 a의 값은 $2\sqrt{2}$

---

mini해설 | 접선의 방정식을 이용하여 풀이하기

점 $(2, 0)$에서 원 $(x-2)^2+(y-a)^2=4$에 그은 접선의 기울기를 m이라 하면
$y=m(x-2)$ $\therefore mx-y-2m=0$
이때 원의 중심 $(2, a)$에서 직선까지의 거리는 반지름의 길이 2

즉 $\dfrac{|-a|}{\sqrt{m^2+1}}=2$, $|-a|=2\sqrt{m^2+1}$

양변을 제곱하여 정리하면 $4m^2+4-a^2=0$
이때 두 접선의 기울기를 m_1, m_2라 하면 이차방정식 $4m^2+4-a^2=0$의 두 근이고
$m_1\times m_2=-1$
이차방정식의 근과 계수의 관계에 의하여 두 근의 곱 $m_1\times m_2=\dfrac{4-a^2}{4}=-1$, $a^2=8$
$\therefore a=2\sqrt{2}$ 또는 $a=-2\sqrt{2}$
따라서 양수 a의 값은 $2\sqrt{2}$

내/신/연/계/ 출제문항 241

점 $(0, a)$에서 원 $x^2+(y-3)^2=8$에 그은 두 접선의 기울기의 곱이 -1
일 때, 양수 a의 값은?

① 6 　　　② 7 　　　③ 8
④ 9 　　　⑤ 10

STEP A 두 직선이 서로 수직이므로 사각형이 정사각형임을 이해하기

원의 중심을 $C(0, 3)$이라 하고 점 $P(0, a)$에서 원 $x^2+(y-3)^2=8$에 그은
두 접선의 기울기의 곱이 -1이므로 두 접선이 서로 수직이다.
원의 중심과 접점을 연결한 선분은 접선에 수직이므로
사각형은 한 변의 길이가 $2\sqrt{2}$인 정사각형이다

STEP B 정사각형의 대각선의 길이를 이용하여 a의 값 구하기

다음 그림과 같이 점 $P(0, a)$에서 원에 그은 두 접선의 접점을 각각 A, B라
하면 사각형 PACB의 한 변의 길이가 $2\sqrt{2}$인 정사각형이므로
$\overline{CP}=\sqrt{(2\sqrt{2})^2+(2\sqrt{2})^2}=4$

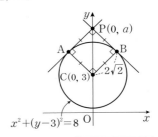

즉 두 점 $C(0, 3)$, $P(0, a)$에서 $\overline{CP}=\sqrt{(0-0)^2+(a-3)^2}=|a-3|=4$
$\therefore a=-1$ 또는 $a=7$
따라서 양수 a의 값은 7

---

mini해설 | 접선의 방정식을 이용하여 풀이하기

점 $P(0, a)$에서 원 $x^2+(y-3)^2=8$에 그은 접선의 기울기를 m이라 하면
$y=mx+a$ $\therefore mx-y+a=0$
이때 원의 중심 $(0, 3)$에서 직선까지의 거리가 원의 반지름의 길이 $2\sqrt{2}$

즉 $\dfrac{|-3+a|}{\sqrt{m^2+1}}=2\sqrt{2}$, $|-3+a|=2\sqrt{2}\times\sqrt{m^2+1}$

양변을 제곱하면 $8m^2+8-(-3+a)^2=0$
이때 두 접선의 기울기를 m_1, m_2라 하면
이차방정식 $8m^2+8-(-3+a)^2=0$의 두 근이고 $m_1\times m_2=-1$
이차방정식의 근과 계수의 관계에 의하여
두 근의 곱 $m_1\times m_2=\dfrac{8-(-3+a)^2}{8}=-1$, $a^2-6a-7=0$, $(a+1)(a-7)=0$
$\therefore a=-1$ 또는 $a=7$
따라서 양수 a의 값은 7

0464

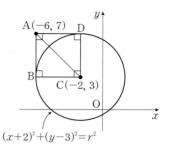

STEP A **두 직선이 서로 수직이므로 사각형이 정사각형임을 이해하기**

원의 중심을 C(1, 2)라 하고

점 P(5, 4)에서 원 $(x-1)^2+(y-2)^2=r^2$에 그은 두 접선이 서로 수직이고
원의 중심과 접점을 연결한 선분 역시 접선에 수직이므로
사각형은 한 변의 길이가 r인 정사각형이다.

STEP B **정사각형의 대각선의 길이를 이용하여 r의 값 구하기**

다음 그림과 같이 점 P(5, 4)에서 원에 그은 두 접선의 접점을 각각 A, B라
하면 사각형 PACB의 한 변의 길이가 r인 정사각형이므로

$$\overline{CP}=\sqrt{2}\,r$$

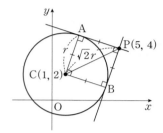

즉 두 점 C(1, 2), P(5, 4)에서 $\overline{CP}=\sqrt{(5-1)^2+(4-2)^2}=2\sqrt{5}$
따라서 $\sqrt{2}\,r=2\sqrt{5}$이므로 $r=\sqrt{10}$

---

mini해설 | 접선의 방정식을 이용하여 풀이하기

점 P(5, 4)에서 원 $(x-1)^2+(y-2)^2=r^2$에 그은 접선의 기울기를 m이라 하면
접선의 방정식은 $y=m(x-5)+4$ ∴ $mx-y-5m+4=0$
이때 원의 중심 (1, 2)에서 직선까지의 거리는 반지름의 길이 r과 같다.

즉 $\dfrac{|-4m+2|}{\sqrt{m^2+1}}=r$, $|-4m+2|=r\sqrt{m^2+1}$

양변을 제곱하여 정리하면 $(16-r^2)m^2-16m+4-r^2=0$
이때 두 접선의 기울기를 m_1, m_2라 하면
이차방정식 $(16-r^2)m^2-16m+4-r^2=0$의 근이고
서로 수직으로 만나므로 $m_1\times m_2=-1$
이차방정식의 근과 계수의 관계에 의하여
두 근의 곱 $m_1\times m_2=\dfrac{4-r^2}{16-r^2}=-1$, $4-r^2=-16+r^2$, $r^2=10$

∴ $r=\sqrt{10}$ 또는 $r=-\sqrt{10}$
따라서 반지름의 길이 r의 값은 $\sqrt{10}$

내신연계 출제문항 **242**

원 $(x+2)^2+(y-3)^2=r^2$과 이 원 밖의 한 점 A(-6, 7)이 있다.
점 A에서 원에 그은 두 접선이 서로 수직일 때, 실수 r의 값은?
(단, $r>0$)

① 2   ② 3   ③ 4
④ 5   ⑤ 6

STEP A **두 직선이 서로 수직이므로 사각형이 정사각형임을 이해하기**

원의 중심을 C(-2, 3)이라 하고

점 A(-6, 7)에서 원 $(x+2)^2+(y-3)^2=r^2$에 그은 두 접선이 서로 수직이고
원의 중심과 접점을 연결한 선분 역시 접선에 수직이므로
사각형은 한 변의 길이가 r인 정사각형이다.

STEP B **정사각형의 대각선의 길이를 이용하여 r의 값 구하기**

다음 그림과 같이 점 A(-6, 7)에서 원에 그은 두 접선의 접점을 각각과 만나는
점을 각각 B, D라 하면 정사각형 ABCD의 한 변의 길이가 r인
정사각형이므로 $\overline{CA}=\sqrt{2}\,r$

즉 두 점 C(-2, 3), A(-6, 7)에서 $\overline{AC}=\sqrt{\{-2-(-6)\}^2+(3-7)^2}=4\sqrt{2}$
따라서 $\sqrt{2}\,r=4\sqrt{2}$이므로 $r=4$ 정답 ③

0465

정답 4

STEP A **두 직선이 서로 수직이므로 사각형이 정사각형임을 이해하기**

오른쪽 그림과 같이 원의 중심을
C(1, 1)라 하고 두 점 A, B에서
각각 이 원에 접하는 두 직선의
교점을 D라 하자.
원의 중심과 접점을 연결한 선분은
접선에 수직이고 원 밖의 점 D와
두 접점 A, B 사이의 거리는 서로
같고 두 직선이 서로 수직이므로
사각형 ADBC는 한 변의 길이가 1인
정사각형이다.

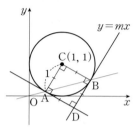

STEP B **점 C에서 직선 $y=mx$까지의 거리를 이용하여 모든 실수 m의 값의 합 구하기**

정사각형 ADBC에서 대각선 CD의
중점을 M이라 하면

$$\overline{CM}=\frac{\sqrt{2}}{2}$$

점 C(1, 1)과 직선 $mx-y=0$ 사이의
거리가 선분 CM의 길이와 같으므로

$$\frac{|m-1|}{\sqrt{m^2+1}}=\frac{\sqrt{2}}{2}, \quad \sqrt{2(m^2+1)}=2|m-1|$$

양변을 제곱하여 정리하면 $m^2-4m+1=0$
따라서 이 이차방정식은 서로 다른 두 실근을 가지므로 이차방정식의 근과
계수의 관계에 의하여 모든 실수 m의 값의 합은 4

---

mini해설 | 수직 조건을 이용하여 풀이하기

중심이 (1, 1)이고 반지름의 길이가 1인 원의 방정식은
$(x-1)^2+(y-1)^2=1$
두 점 A, B의 좌표를 각각 $(\alpha, m\alpha)$, $(\beta, m\beta)$라 하자.
$(x-1)^2+(y-1)^2=1$과 $y=mx$를 연립하면
$(x-1)^2+(mx-1)^2=1$, $(1+m^2)x^2-2(1+m)x+1=0$
이차방정식의 두 실근이 α, β이므로 근과 계수의 관계에 의하여

$\alpha+\beta=\dfrac{2(1+m)}{1+m^2}$, $\alpha\beta=\dfrac{1}{1+m^2}$ …… ㉠

이 원의 중심을 C라 하고 두 점 A, B에서 각각 이 원에 접하는 두 직선의 교점을
D라 하자.
원의 중심과 접점을 연결한 선분은 접선에 수직이다.
또, 원 밖의 점 D와 두 접점 A, B 사이의 거리는 서로 같다.
사각형 ADBC는 한 변의 길이가 1인 정사각형이다.
∴ $\overline{AC}\perp\overline{BC}$

$\dfrac{m\alpha-1}{\alpha-1}\times\dfrac{m\beta-1}{\beta-1}=-1$, $(1+m^2)\alpha\beta-(1+m)(\alpha+\beta)+2=0$

㉠을 이 식에 대입하면 $1-\dfrac{2(1+m)^2}{1+m^2}+2=0$, $m^2-4m+1=0$

이 이차방정식은 서로 다른 두 실근을 가지므로 근과 계수의 관계에 의해
모든 실수 m의 값의 합은 4

200

0466

STEP Ⓐ **원의 중심에서 점 Q까지의 거리 구하기**

원 $(x-2)^2+(y+1)^2=4$의 중심을 C라 하면
C$(2, -1)$이고 반지름의 길이는 2이다.
이때 $\overline{CQ}=\sqrt{(5-2)^2+\{3-(-1)\}^2}=5$

STEP Ⓑ **$\overline{PQ}$의 최댓값과 최솟값 구하기**

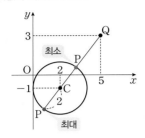

점 P는 원 위의 점이므로 $\overline{CP}=2$
$\overline{PQ}$의 최댓값 M은 $M=\overline{CQ}+(\text{반지름의 길이})=5+2=7$
$\overline{PQ}$의 최솟값 m은 $m=\overline{CQ}-(\text{반지름의 길이})=5-2=3$
따라서 $M+m=7+3=10$

0467

STEP Ⓐ **원의 중심까지의 거리와 반지름을 이용하여 $\overline{AP}$의 범위 구하기**

원 $(x-2)^2+y^2=4$의 중심을 C라 하면
중심 C$(2, 0)$이고 반지름의 길이가 2이다.
점 A$(-1, 4)$에서 원의 중심 C$(2, 0)$까지의 거리는
$\overline{AC}=\sqrt{(2+1)^2+(0-4)^2}=5$

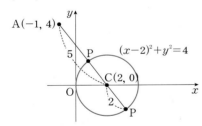

점 P에서 점 A$(-1, 4)$까지 거리의
최댓값은 $\overline{AC}+(\text{반지름의 길이})=5+2=7$
최솟값은 $\overline{AC}-(\text{반지름의 길이})=5-2=3$
점 A에서 점 P까지 거리의 범위는 $3 \leq \overline{AP} \leq 7$

STEP Ⓑ **$\overline{AP}$가 정수가 되도록 하는 점 P의 개수 구하기**

따라서 $\overline{AP}$가 3과 7인 경우는 점 P가 각각 1개씩이며
$\overline{AP}$가 4, 5, 6인 경우는 점 P가 각각 2개씩이므로 점 P의 개수는
$2\times1+3\times2=8$

점 A$(6, -4)$와 원 $(x-2)^2+(y+1)^2=4$ 위의 점 P 사이의 거리가 정수가
되도록 하는 점 P의 개수는?

① 2   ② 4   ③ 6
④ 8   ⑤ 10

STEP Ⓐ **원의 중심까지의 거리와 반지름을 이용하여 $\overline{AP}$의 범위 구하기**

다음 그림과 같이 원 $(x-2)^2+(y+1)^2=4$ 위의 점 P에 대하여
선분 AP의 길이가 최소인 점을 P_1, 최대인 점을 P_2라 하자.

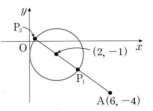

원 $(x-2)^2+(y+1)^2=4$의 중심의 좌표는 $(2, -1)$이므로
점 A$(6, -4)$와 원의 중심 $(2, -1)$ 사이의 거리는
$\sqrt{(6-2)^2+(-4+1)^2}=5$
이때 원의 반지름의 길이가 2이므로
$\overline{AP_1}=5-2=3$
$\overline{AP_2}=5+2=7$
점 A에서 점 P까지 거리의 범위는 $3 \leq \overline{AP} \leq 7$

STEP Ⓑ **$\overline{AP}$가 정수가 되도록 하는 점 P의 개수 구하기**

따라서 $\overline{AP}$가 3과 7인 경우는 점 P가 각각 1개씩이며
$\overline{AP}$가 4, 5, 6인 경우는 점 P가 각각 2개씩이므로 점 P의 개수는
$2\times1+3\times2=8$

0468

STEP Ⓐ **$\sqrt{(a-3)^2+(b-8)^2}$의 의미 파악하기**

원 위의 점 P에 대하여 $\sqrt{(a-3)^2+(b-8)^2}$의 값은
점 P(a, b)와 점 Q$(3, 8)$까지의 거리를 의미한다.
이때 $\sqrt{(a-3)^2+(b-8)^2}$의 최댓값은 점 Q$(3, 8)$에서 원 위의 점 P(a, b)까지의
거리의 최댓값을 구하는 것과 같다.

STEP Ⓑ **점 Q$(3, 8)$에서 원 위의 점까지 거리의 최댓값 구하기**

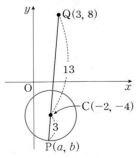

점 Q$(3, 8)$과 원의 중심 C$(-2, -4)$ 사이의 거리는
$\sqrt{(-2-3)^2+(-4-8)^2}=\sqrt{169}=13$
이때 원의 반지름의 길이가 3이므로 $\sqrt{(a-3)^2+(b-8)^2}$의 최댓값은
$(\text{선분 QC의 길이})+(\text{반지름의 길이})$이다.
따라서 구하는 최댓값은 $13+3=16$

원 $(x+3)^2+(y+2)^2=4$ 위의 점 P(a, b)에 대하여
$\sqrt{(a-3)^2+(b-6)^2}$의 최댓값을 구하시오.

STEP Ⓐ $\sqrt{(a-3)^2+(b-6)^2}$의 의미 파악하기

원 위의 점 P에 대하여 $\sqrt{(a-3)^2+(b-6)^2}$의 값은
점 P(a, b)와 점 Q$(3, 6)$까지의 거리를 의미한다.

이때 $\sqrt{(a-3)^2+(b-6)^2}$의 최댓값은 원 위의 점 P(a, b)에서 점 Q$(3, 6)$까지
거리의 최댓값을 구하는 것과 같다.

STEP Ⓑ 점 Q$(3, 6)$에서 원 위의 점까지 거리의 최댓값 구하기

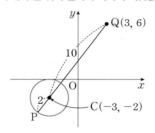

원의 중심을 C라 하면 C$(-3, -2)$
점 Q$(3, 6)$과 원의 중심 C$(-3, -2)$ 사이의 거리는
$\sqrt{(-3-3)^2+(-2-6)^2}=\sqrt{100}=10$
이때 원의 반지름의 길이가 2이므로 $\sqrt{(a-3)^2+(b-6)^2}$의 최댓값은
(선분 QC의 길이)+(반지름의 길이)이다.
따라서 구하는 최댓값은 $10+2=12$　　　　　　　**정답** 12

0469　　　　　**정답** ④

STEP Ⓐ 선분 AB의 길이가 최대가 되는 상황 이해하고 두 원의 중심 사이의 거리 구하기

원 $(x-2)^2+y^2=4$에서 원의 중심은 $(2, 0)$, 반지름의 길이는 2
원 $x^2+y^2-6x+4y+4=0$에서 $(x-3)^2+(y+2)^2=9$이므로
원의 중심은 $(3, -2)$, 반지름의 길이는 3
두 원의 중심 사이의 거리는 $\sqrt{(3-2)^2+(-2-0)^2}=\sqrt{5}$
이때 선분 AB의 길이의 최댓값은 두 원의 중심 사이의 거리에서 두 원의
반지름의 길이를 더한 것과 같다.

STEP Ⓑ 선분 AB의 길이의 최댓값 구하기

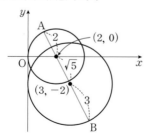

따라서 선분 AB의 길이의 최댓값은
(두 원의 중심 사이의 거리)+(두 원의 반지름의 길이의 합)이므로
$\sqrt{5}+2+3=5+\sqrt{5}$

두 원 $x^2+y^2-6x-14y+42=0$, $x^2+y^2+4x+10y+20=0$ 위의 점을
각각 P, Q라 할 때, 선분 PQ의 길이의 최댓값과 최솟값의 합은?

① 18　　　　② 20　　　　③ 22
④ 24　　　　⑤ 26

STEP Ⓐ 두 원의 중심과 반지름의 길이 구하기

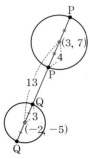

원 $x^2+y^2-6x-14y+42=0$에서
$(x-3)^2+(y-7)^2=16$
원의 중심 $(3, 7)$, 반지름의 길이는 4
원 $x^2+y^2+4x+10y+20=0$에서
$(x+2)^2+(y+5)^2=9$
원의 중심 $(-2, -5)$, 반지름의 길이는 3

STEP Ⓑ 선분 PQ의 길이의 최댓값과 최솟값의 합 구하기

선분 PQ의 길이의 최댓값은
(두 원의 중심 사이의 거리)+(두 원의 반지름의 길이의 합)
선분 PQ의 길이의 최솟값은
(두 원의 중심 사이의 거리)-(두 원의 반지름의 길이의 합)
이때 두 원의 중심 사이의 거리는 $\sqrt{\{3-(-2)\}^2+\{7-(-5)\}^2}=\sqrt{169}=13$
선분 PQ의 최댓값은 $13+(4+3)=20$
선분 PQ의 최솟값은 $13-(4+3)=6$
따라서 최댓값과 최솟값의 합은 $20+6=26$　　　**정답** ⑤

0470　　　　　**정답** 28

STEP Ⓐ 선분 AB의 중점 M을 구한 후 원 위의 점 P에서 점 M까지 거리의 최솟값 구하기

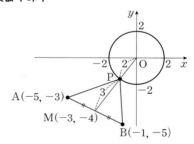

그림과 같이 선분 AB의 중점을 M이라 하면 점 M의 좌표는 $(-3, -4)$
$\overline{OM}=\sqrt{(-3)^2+(-4)^2}=5$
원 $x^2+y^2=4$의 반지름의 길이는 2이므로
$\overline{PM}$의 최솟값은 (선분 OM의 길이)-(반지름의 길이)$=5-2=3$

STEP Ⓑ 중선정리를 이용하여 $\overline{PA}^2+\overline{PB}^2$의 최솟값 구하기

삼각형 PAB에서 중선정리에 의하여
$\overline{PA}^2+\overline{PB}^2=2(\overline{PM}^2+\overline{AM}^2)\geq2(9+5)=28$　←　$\overline{AM}=\sqrt{(-3+5)^2+(-4+3)^2}=\sqrt{5}$
따라서 $\overline{PA}^2+\overline{PB}^2$의 최솟값은 28

다른풀이 두 점 사이의 거리를 이용하여 풀이하기

STEP Ⓐ 원 $x^2+y^2=4$ 위의 점을 P(a, b)로 놓고 $\overline{PA}^2+\overline{PB}^2$의 관계식 세우기

원 $x^2+y^2=4$ 위의 점 P을 P(a, b)라 하면
두 점이 A$(-5, -3)$, B$(-1, -5)$이므로

$$\overline{PA}^2 + \overline{PB}^2 = \{(a+5)^2 + (b+3)^2\} + \{(a+1)^2 + (b+5)^2\}$$
$$= 2a^2 + 2b^2 + 12a + 16b + 60$$
$$= 2\{(a+3)^2 + (b+4)^2 + 5\}$$

이때, $\overline{PA}^2 + \overline{PB}^2 = k$라 하면

$2\{(a+3)^2 + (b+4)^2 + 5\} = k$이므로 $(a+3)^2 + (b+4)^2 = \dfrac{k-10}{2}$

STEP B 거리의 제곱의 최솟값 구하기

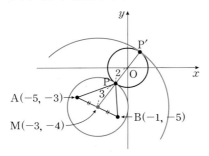

$(a+3)^2 + (b+4)^2 = \dfrac{k-10}{2}$은 원의 점 $P(a, b)$에서

선분 AB의 중점 $M(-3, -4)$까지 거리의 제곱이므로

선분 PM의 길이가 최소일 때, $\overline{PA}^2 + \overline{PB}^2 = k$이 최솟값을 가진다.

$\overline{OM} = \sqrt{(-3)^2 + (-4)^2} = 5$

원 $x^2 + y^2 = 4$의 반지름의 길이는 2이므로 선분 PM의 최솟값은 $5 - 2 = 3$

따라서 $\dfrac{k-10}{2} = 9$이므로 $k = 28$

+α $\overline{PA}^2 + \overline{PB}^2$의 최댓값은 다음과 같다.

$\overline{PA}^2 + \overline{PB}^2$의 최댓값은 $\dfrac{k-10}{2} = 49$이므로

$k = 108$ ← 선분 PM의 길이의 최댓값은 7

POINT 중선정리

삼각형 ABC의 변 BC의 중점을 M이라 할 때, 다음 등식이 성립한다.
$$\overline{AB}^2 + \overline{AC}^2 = 2(\overline{AM}^2 + \overline{BM}^2)$$
위의 정리를 '중선정리' 또는 '파포스정리 (Pappos)'라 한다.

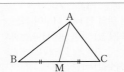

0471 2024년 09월 고1 학력평가 9번   정답 ②

STEP A 원 $x^2 + y^2 = 8$의 중심의 좌표와 반지름의 길이 구하기

원 $x^2 + y^2 = 8$의 중심의 좌표는 $O(0, 0)$이므로 $\overline{OA} = \sqrt{5^2 + 5^2} = 5\sqrt{2}$

원 $x^2 + y^2 = 8$의 반지름의 길이가 $2\sqrt{2}$이므로 $\overline{OP} = 2\sqrt{2}$

STEP B 선분 AP의 길이의 최솟값 구하기

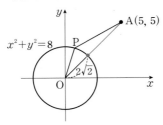

이때 원 위의 임의의 점 P에 대하여 $\overline{OA} \le \overline{OP} + \overline{AP}$가 성립하므로

$\overline{AP} \ge \overline{OA} - \overline{OP}$, $\overline{AP} \ge 5\sqrt{2} - 2\sqrt{2} = 3\sqrt{2}$

점 P가 선분 OA 위에 있을 때, 즉 세 점이 한 직선 위에 있을 때, 최소가 된다.

따라서 선분 AP의 길이의 최솟값은 $3\sqrt{2}$

내/신/연/계/ 출제문항 246

좌표평면에서 점 $A(-7, 7)$과 원 $x^2 + y^2 = 18$ 위의 점 P에 대하여 선분 AP의 길이의 최솟값은?

① $4\sqrt{2}$ ② $\dfrac{11\sqrt{2}}{3}$ ③ $\dfrac{10\sqrt{2}}{3}$

④ $3\sqrt{2}$ ⑤ $\dfrac{8\sqrt{2}}{3}$

STEP A 원 $x^2 + y^2 = 18$의 중심의 좌표와 반지름의 길이 구하기

원 $x^2 + y^2 = 18$의 중심의 좌표는 $O(0, 0)$이므로 $\overline{OA} = \sqrt{(-7)^2 + 7^2} = 7\sqrt{2}$

원 $x^2 + y^2 = 18$의 반지름의 길이가 $3\sqrt{2}$이므로 $\overline{OP} = 3\sqrt{2}$

STEP B 선분 AP의 길이의 최솟값 구하기

이때 원 위의 임의의 점 P에 대하여 $\overline{OA} \le \overline{OP} + \overline{AP}$가 성립하므로

$\overline{AP} \ge \overline{OA} - \overline{OP}$, $\overline{AP} \ge 7\sqrt{2} - 3\sqrt{2} = 4\sqrt{2}$

점 P가 선분 OA 위에 있을 때, 즉 세 점이 한 직선 위에 있을 때, 최소가 된다.

따라서 선분 AP의 길이의 최솟값은 $4\sqrt{2}$ 정답 ①

0472 2018년 11월 고1 학력평가 26번   정답 256

STEP A 선분 AB의 길이가 3임을 이용하여 a, b 사이의 관계식 구하기

두 점 $A(5, 12)$, $B(a, b)$에 대하여 선분 AB의 길이가 3이므로

$\overline{AB} = \sqrt{(a-5)^2 + (b-12)^2} = 3$

양변을 제곱하면 $(a-5)^2 + (b-12)^2 = 9$

즉 원 $(x-5)^2 + (y-12)^2 = 9$의 중심은 점 $A(5, 12)$이고

점 B는 원 위의 점이다.

STEP B $a^2 + b^2$의 값이 최대일 때의 점 B의 위치 이해하기

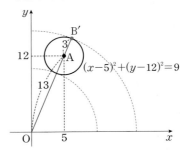

두 점 $O(0, 0)$, $B(a, b)$에 대하여 $\overline{OB} = \sqrt{a^2 + b^2}$

양변을 제곱하면 $\overline{OB}^2 = a^2 + b^2$

선분 OB의 길이가 최대일 때 $a^2 + b^2$이 최댓값을 갖는다.

직선 OA가 원 $(x-5)^2 + (y-12)^2 = 9$와 만나는 두 점 중 원점에서

더 멀리 있는 점을 B′라 하면

선분 OB의 길이의 최댓값은 선분 OB′의 길이와 같다.

$$\overline{OB'} = \overline{OA} + \overline{AB'}$$
$$= \sqrt{5^2 + 12^2} + 3$$
$$= 13 + 3 = 16$$

따라서 선분 OB의 길이의 최댓값은 16이므로 $a^2 + b^2$의 최댓값은 $16^2 = 256$

좌표평면 위의 두 점 A(8, 6), B(a, b)에 대하여 선분 AB의 길이가 4일 때,
a^2+b^2의 최댓값을 구하시오.

STEP **A** **선분 AB의 길이가 4임을 이용하여 a, b 사이의 관계식 구하기**

두 점 A(8, 6), B(a, b)에 대하여 선분 AB의 길이가 4이므로
$$\overline{AB}=\sqrt{(a-8)^2+(b-6)^2}=4$$
양변을 제곱하면 $(a-8)^2+(b-6)^2=16$
즉 원 $(x-8)^2+(y-6)^2=16$의 중심은 점 A(8, 6)이고
점 B는 원 위의 점이다.

STEP **B** **a^2+b^2의 값이 최대일 때의 점 B의 위치 이해하기**

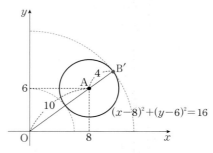

두 점 O(0, 0), B(a, b)에 대하여 $\overline{OB}=\sqrt{a^2+b^2}$
양변을 제곱하면 $\overline{OB}^2=a^2+b^2$이므로
선분 OB의 길이가 최대일 때, a^2+b^2이 최댓값을 갖는다.
직선 OA가 원 $(x-8)^2+(y-6)^2=16$과 만나는 두 점 중 원점에서 더 멀리
있는 점을 B′라 하면 선분 OB의 길이의 최댓값은 선분 OB′의 길이와 같다.
$$\overline{OB'}=\overline{OA}+\overline{AB'}=\sqrt{8^2+6^2}+4=10+4=14$$
따라서 선분 OB의 길이의 최댓값은 14이므로 a^2+b^2의 최댓값은 $14^2=196$

정답 196

0473

정답 16

STEP **A** **원 위의 점 P와 직선 $x-2y+2=0$까지의 거리의 최댓값과 최솟값 이해하기**

원 $(x-2)^2+(y+3)^2=k$의 중심은 $(2, -3)$이고 반지름의 길이는 $\sqrt{k}$
원 위의 점 P에 대하여 직선 $x-2y+2=0$까지 거리의
최댓값은 (중심에서 직선까지의 거리)+(반지름의 길이)
최솟값은 (중심에서 직선까지의 거리)−(반지름의 길이)

STEP **B** **$M-m=10$을 이용하여 k의 값 구하기**

원의 중심 $(2, -3)$에서 직선 $x-2y+2=0$까지의 거리는
$$\frac{|2-2\times(-3)+2|}{\sqrt{1^2+(-2)^2}}=2\sqrt{5}$$

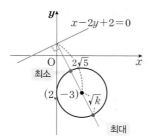

최댓값 M의 값은 $2\sqrt{5}+\sqrt{k}$, 최솟값 m의 값은 $2\sqrt{5}-\sqrt{k}$
즉 $(2\sqrt{5}+\sqrt{k})-(2\sqrt{5}-\sqrt{k})=8$, $2\sqrt{k}=8$
따라서 상수 k의 값은 16

0474

정답 ②

STEP **A** **직선 $mx-y+4m+3=0$의 m의 값에 관계없이 지나는 점 구하기**

$mx-y+4m+3=0$에서 m에 대하여 정리하면
$m(x+4)-y+3=0$이므로 $x+4=0$, $-y+3=0$
즉 m의 값에 관계없이 지나는 점을 A라 하면 A$(-4, 3)$

STEP **B** **점 P와 직선 사이의 거리의 최댓값 구하기**

원과 직선 사이의 거리가 최대가 되려면 원의 중심 $(0, 0)$과 점 A$(-4, 3)$을
잇는 선분이 직선 $mx-y+4m+3=0$과 수직이어야 한다.

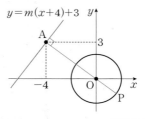

원의 중심 $(0, 0)$과 점 $(-4, 3)$ 사이의 거리는 $\sqrt{(-4)^2+3^2}=5$
따라서 원의 반지름의 길이가 2이므로
점 P와 직선 $mx-y+4m+3=0$ 사이의 거리의 최댓값은 $\overline{AP}=5+2=7$

0475

정답 ④

STEP **A** **원 위의 점 P와 직선 $x-y+3=0$까지 거리의 최댓값과 최솟값 구하기**

원 $(x-1)^2+(y+2)^2=8$의 중심은 $(1, -2)$이고 반지름의 길이는 $2\sqrt{2}$
이때 원의 중심 $(1, -2)$에서 직선 $x-y+3=0$까지 거리는
$$\frac{|1+2+3|}{\sqrt{1^2+(-1)^2}}=\frac{6}{\sqrt{2}}=3\sqrt{2}$$
원 위의 점 P에 대하여 직선 $x-y+3=0$까지 거리의
(최댓값)=(중심에서 직선까지의 거리)+(반지름의 길이)
$$=3\sqrt{2}+2\sqrt{2}=5\sqrt{2}$$
(최솟값)=(중심에서 직선까지의 거리)−(반지름의 길이)
$$=3\sqrt{2}-2\sqrt{2}=\sqrt{2}$$

STEP **B** **최댓값과 최솟값을 이용하여 정수인 점 P의 개수 구하기**

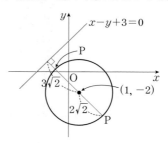

최댓값이 $5\sqrt{2}$, 최솟값이 $\sqrt{2}$이므로 점 P와 직선까지의 거리를 d라 하면
$$\sqrt{2}\leq d\leq 5\sqrt{2}$$
따라서 정수 d의 값은 2, 3, 4, 5, 6, 7이고 점 P는 각각의 거리에 해당하는
점이 2개씩 존재하므로 개수는 $6\times 2=12$

최댓값과 최솟값이 되는 점은 1개씩 존재하고 그 사이의 값에 대해서는
점이 2개씩 대칭구조로 존재한다.

0476

정답 ④

STEP Ⓐ **두 점 A, B를 지나는 직선의 방정식 구하기**

두 점 A(6, −4), B(10, 0)을 지나는 직선 AB의 방정식은

$$y+4=\frac{0-(-4)}{10-6}(x-6) \quad \therefore x-y-10=0$$

STEP Ⓑ **원의 중심에서 직선까지의 거리 구하기**

원의 중심 (4, 4)에서

직선 $x-y-10=0$까지의 거리는

$$\frac{|4-4-10|}{\sqrt{1^2+(-1)^2}}=\frac{10}{\sqrt{2}}=5\sqrt{2}$$

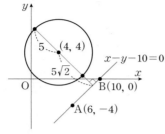

STEP Ⓒ **중심에서 직선까지의 거리와 반지름의 길이를 이용하여 최댓값과 최솟값 구하기**

원 $(x-4)^2+(y-4)^2=25$에서 반지름의 길이는 5
원 위의 점에서 직선까지 거리의 최댓값은
(중심에서 직선까지의 거리)+(반지름의 길이)이므로 $M=5\sqrt{2}+5$
원 위의 점에서 직선까지 거리의 최솟값은
(중심에서 직선까지의 거리)−(반지름의 길이)이므로 $m=5\sqrt{2}-5$
따라서 $M+m=(5\sqrt{2}+5)+(5\sqrt{2}-5)=10\sqrt{2}$

내/신/연/계/ 출제문항 248

원 $(x-3)^2+(y-3)^2=16$ 위의 점에서 두 점 A(5, −3), B(8, 0)을 지나는
직선에 이르는 거리의 최댓값 M과 최솟값 m일 때, $M+m$의 값은?

① $2\sqrt{2}$ ② $4\sqrt{2}$ ③ $6\sqrt{2}$
④ $8\sqrt{2}$ ⑤ $10\sqrt{2}$

STEP Ⓐ **두 점 A(5, −3), B(8, 0)을 지나는 직선의 방정식 구하기**

두 점 A(5, −3), B(8, 0)을 지나는 직선 AB의 방정식은

$$y-0=\frac{0-(-3)}{8-5}(x-8), \text{ 즉 } x-y-8=0$$

STEP Ⓑ **원의 중심에서 직선까지의 거리 구하기**

원의 중심 (3, 3)과
직선 $x-y-8=0$ 사이의 거리는

$$\frac{|3-3-8|}{\sqrt{1^2+(-1)^2}}=\frac{8}{\sqrt{2}}=4\sqrt{2}$$

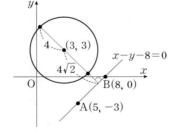

STEP Ⓒ **원의 중심에서 직선까지의 거리와 반지름의 길이를 이용하여 최댓값, 최솟값 구하기**

원 $(x-3)^2+(y-3)^2=16$에서 반지름의 길이는 4
원 위의 점에서 직선까지 거리의 최댓값은
(중심에서 직선까지의 거리)+(반지름의 길이)이므로 $M=4\sqrt{2}+4$
원 위의 점에서 직선까지 거리의 최솟값은
(중심에서 직선까지의 거리)−(반지름의 길이)이므로 $m=4\sqrt{2}-4$
따라서 $M+m=(4\sqrt{2}+4)+(4\sqrt{2}-4)=8\sqrt{2}$ 정답 ④

0477

정답 ④

STEP Ⓐ **두 점 A, B를 지나는 직선의 방정식 구하기**

두 점 A(1, 0), B(−1, 2)를 지나는 직선의 방정식은

$$y-0=\frac{2-0}{-1-1}(x-1) \quad \therefore y=-x+1$$

STEP Ⓑ **선분 PT의 길이가 최소가 되는 상황 이해하기**

원 $(x-4)^2+(y-3)^2=4$의 중심을 C(4, 3)이라 하면
직선 위의 임의의 점 P에서 원에 그은 접선의 접점이 T이므로
직각삼각형 PTC에서 $\overline{PT}=\sqrt{\overline{PC}^2-2^2}$
이때 선분 PT의 길이가 최소이려면 선분 PC의 길이가 최소이어야 한다.

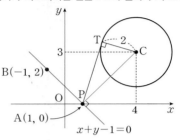

STEP Ⓒ **점과 직선 사이의 거리 공식을 이용하여 선분 PT의 길이의 최솟값 구하기**

선분 PC의 최솟값은 점 C(4, 3)에서 직선 $x+y-1=0$까지 거리이다.

$$\overline{PC}=\frac{|4+3-1|}{\sqrt{1^2+1^2}}=3\sqrt{2}$$

따라서 $\overline{PT}=\sqrt{\overline{PC}^2-2^2}=\sqrt{(3\sqrt{2})^2-4}=\sqrt{14}$

0478

정답 ③

STEP Ⓐ **두 점 A, B를 지나는 직선의 방정식 구하기**

두 점 A(3, −2), B(7, 2)를 지나는 직선의 방정식은

$$y+2=\frac{2-(-2)}{7-3}(x-3) \quad \therefore x-y-5=0$$

삼각형 PAB의 밑변을 선분 AB라 하면
두 점 A(3, −2), B(7, 2) 사이의 거리는
$\overline{AB}=\sqrt{(7-3)^2+\{2-(-2)\}^2}=4\sqrt{2}$로 일정하다.

STEP Ⓑ **원 위의 점에서 직선 $x-y-5=0$ 사이의 거리의 최댓값 구하기**

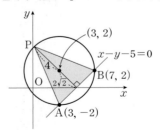

삼각형 PAB에서 선분 AB의 길이가 일정하므로
점 P와 직선 AB 사이의 거리가 최대일 때,
삼각형 PAB의 넓이는 최대가 된다.
원의 중심 (3, 2)와 직선 $x-y-5=0$ 사이의 거리는 $\frac{|3-2-5|}{\sqrt{1^2+(-1)^2}}=2\sqrt{2}$

원 $(x-3)^2+(y-2)^2=16$의 반지름의 길이가 4이므로
직선 AB와 점 P사이의 거리의 최댓값은 $2\sqrt{2}+4$

STEP Ⓒ **삼각형 PAB의 넓이의 최댓값 구하기**

삼각형 PAB의 넓이의 최댓값은 $\frac{1}{2}\times4\sqrt{2}\times(2\sqrt{2}+4)=8+8\sqrt{2}$

따라서 $a=8$, $b=8$이므로 $a+b=16$

+α | 점 P가 직선 AB에 평행한 원의 접선의 접점임을 이용하여 구할 수 있어!

삼각형 PAB의 넓이가 최대가 될 때는
오른쪽 그림과 같이 점 P가 $\overline{AB}$에
평행한 원의 접선의 접점일 때이다.
이때 점 P는 $\overline{AB}$의 수직이등분선과
원의 교점이 된다.
원의 반지름의 길이를 r, 원의 중심을 C,
$\overline{AB}$의 중점을 M이라고 하면
$r=4$, C(3, 2), M(5, 0)
이때 $\overline{PC}=r=4$이고 $\overline{AB}=4\sqrt{2}$이므로 $\overline{CM}=\sqrt{\overline{CA}^2-\overline{AM}^2}=\sqrt{4^2-(2\sqrt{2})^2}=2\sqrt{2}$
∴ $\overline{PM}=\overline{PC}+\overline{CM}=4+2\sqrt{2}$
삼각형 PAB의 넓이의 최댓값은 $\frac{1}{2}\times\overline{AB}\times\overline{PM}=\frac{1}{2}\times4\sqrt{2}\times(4+2\sqrt{2})=8+8\sqrt{2}$
따라서 $a=8$, $b=8$이므로 $a+b=16$

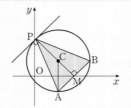

또한, 두 점 A, B 사이의 거리는 $\sqrt{(4-1)^2+(3-7)^2}=5$

STEP B 삼각형 PAB의 넓이의 최댓값 구하기

원의 중심(1, 2)와 직선 $4x+3y-25=0$ 사이의 거리는 $\frac{|4+6-25|}{\sqrt{4^2+3^2}}=3$

오른쪽 그림과 같이 임의의 점 P에 대하여
삼각형 PAB의 넓이가 최대인 경우는
선분 AB를 밑변으로 할 때,
밑변의 길이가 일정하므로 높이가
최대인 경우이다.
즉 원 위의 점 P에서 직선 AB까지의
거리가 최대일 때이다.
따라서 삼각형 PAB의 넓이의 최댓값은
$\frac{1}{2}\times5\times(3+2)=\frac{25}{2}$

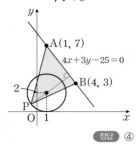

정답 ④

0479

정답 48

STEP A 두 점 B, C를 지나는 직선의 방정식 구하기

두 점 B(7, 1), C(1, 7)을 지나는 직선의 방정식은
$y-1=\frac{1-7}{7-1}(x-7)$ ∴ $x+y-8=0$
삼각형 ABC의 밑변을 선분 BC라 하면
두 점 B(7, 1), C(1, 7) 사이의 거리는 $\overline{BC}=\sqrt{(7-1)^2+(1-7)^2}=6\sqrt{2}$

STEP B 원 $x^2+y^2=8$ 위의 점에서 직선 $x+y-8=0$ 사이의 거리의 최댓값과 최솟값 구하기

원 위의 점에서 직선 $x+y-8=0$ 사이의 거리는
원의 중심(0, 0)과 직선 $x+y-8=0$ 사이의 거리에 반지름의 길이를
더한 값을 최댓값으로 갖고 반지름의 길이를 뺀 값을 최솟값으로 갖는다.
원의 중심(0, 0)과 직선 $x+y-8=0$
사이의 거리는 $\frac{|-8|}{\sqrt{1^2+1^2}}=4\sqrt{2}$
원 $x^2+y^2=8$의 반지름의 길이가
$2\sqrt{2}$이므로
직선 BC와 점 A 사이의 거리의
최댓값은 $4\sqrt{2}+2\sqrt{2}=6\sqrt{2}$,
최솟값은 $4\sqrt{2}-2\sqrt{2}=2\sqrt{2}$

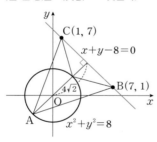

STEP C 삼각형 ABC의 넓이의 최댓값, 최솟값 구하기

삼각형 ABC의 높이는 점 A와 직선 BC 사이의 거리이므로
삼각형 ABC의 넓이의 최댓값은 $M=\frac{1}{2}\times6\sqrt{2}\times6\sqrt{2}=36$
삼각형 ABC의 넓이의 최솟값은 $m=\frac{1}{2}\times6\sqrt{2}\times2\sqrt{2}=12$
따라서 $M+m=36+12=48$

내/신/연/계 출제문항 249

원 $(x-1)^2+(y-2)^2=4$ 위의 점 P와 두 점 A(1, 7), B(4, 3)에 대하여
삼각형 PAB의 넓이의 최댓값은?

① $\frac{16}{3}$ ② 10   ③ 15

④ $\frac{25}{2}$ ⑤ 25

STEP A 두 점 A(1, 7), B(4, 3)을 지나는 직선의 방정식과 선분 AB의 길이 구하기

두 점 A, B를 지나는 직선의 방정식은
$y-3=\frac{3-7}{4-1}(x-4)$ ∴ $4x+3y-25=0$

0480

정답 ④

STEP A 정삼각형 ABC의 넓이가 최대, 최소가 되기 위한 조건 이해하기

원 $x^2+y^2=2$ 위의 점 A와 직선 $y=x-6$ 위의 두 점 B, C에 대하여
정삼각형 ABC를 만들 때, 점 A에서 직선까지의 거리는 정삼각형 ABC의
높이와 같다.
즉 정삼각형 ABC의 넓이가 최대가 되기 위해서는 높이가 최대일 때이고

정삼각형의 한 변의 길이를 a라 할 때, 넓이는 $\frac{\sqrt{3}}{4}a^2$

넓이가 최소가 되기 위해서는 높이가 최소일 때이다.

STEP B 원의 중심에서 직선까지의 거리의 최댓값과 최솟값을 이용하여 넓이의 최댓값과 최솟값 구하기

원 $x^2+y^2=2$에서 중심은(0, 0), 반지름의 길이는 $\sqrt{2}$
원의 중심(0, 0)에서 직선 $x-y-6=0$까지의 거리는
$\frac{|-6|}{\sqrt{1^2+(-1)^2}}=\frac{6}{\sqrt{2}}=3\sqrt{2}$

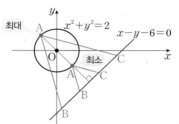

이때 원 위의 점 A에서 직선까지 거리의 최댓값은
(중심에서 직선까지의 거리)+(반지름의 길이)=$3\sqrt{2}+\sqrt{2}=4\sqrt{2}$
정삼각형 ABC의 높이의 최댓값이 $4\sqrt{2}$이고 이때 한 변의 길이는 $\frac{8\sqrt{2}}{\sqrt{3}}$

원 위의 점 A에서 직선까지 거리의 최솟값은
(중심에서 직선까지의 거리)−(반지름의 길이)=$3\sqrt{2}-\sqrt{2}=2\sqrt{2}$
정삼각형 ABC의 높이의 최솟값이 $2\sqrt{2}$이고 이때 한 변의 길이는 $\frac{4\sqrt{2}}{\sqrt{3}}$

즉 넓이의 최댓값은 $\frac{\sqrt{3}}{4}\times\left(\frac{8\sqrt{2}}{\sqrt{3}}\right)^2=\frac{\sqrt{3}}{4}\times\frac{128}{3}=\frac{32\sqrt{3}}{3}$

최솟값은 $\frac{\sqrt{3}}{4}\times\left(\frac{4\sqrt{2}}{\sqrt{3}}\right)^2=\frac{\sqrt{3}}{4}\times\frac{32}{3}=\frac{8\sqrt{3}}{3}$

STEP C $M-m$의 값 구하기

따라서 $M=\frac{32\sqrt{3}}{3}$, $m=\frac{8\sqrt{3}}{3}$이므로 $M-m=\frac{32\sqrt{3}}{3}-\frac{8\sqrt{3}}{3}=8\sqrt{3}$

그림과 같이 원 $x^2+y^2=8$ 위의 점 A와 직선 $y=x+6$ 위의 서로 다른 두 점 B, C를 꼭짓점으로 하는 정삼각형 ABC를 만든다.
이때 정삼각형 ABC의 넓이의 최댓값을 M, 최솟값을 m이라 할 때, $M-m$의 값을 구하시오.

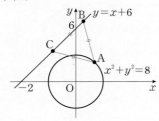

STEP A 정삼각형 ABC의 넓이가 최대, 최소가 되기 위한 조건 이해하기

원 $x^2+y^2=8$ 위의 점 A와 직선 $y=x+6$ 위의 두 점 B, C에 대하여 정삼각형 ABC를 만들 때, 점 A에서 직선까지의 거리는 정삼각형 ABC의 높이와 같다.
즉 정삼각형 ABC의 넓이가 최대가 되기 위해서는 높이가 최대가 될 때이고

> 정삼각형의 한 변의 길이를 a라 할 때, 넓이는 $\dfrac{\sqrt{3}}{4}a^2$

넓이가 최소가 되기 위해서는 높이가 최소일 때이다.

STEP B 원의 중심에서 직선까지의 거리의 최댓값과 최솟값을 이용하여 넓이의 최댓값과 최솟값 구하기

원 $x^2+y^2=8$에서 중심은 $(0, 0)$, 반지름의 길이는 $2\sqrt{2}$
원의 중심 $(0, 0)$에서 직선 $x-y+6=0$까지의 거리는
$$\frac{|6|}{\sqrt{1^2+(-1)^2}}=\frac{6}{\sqrt{2}}=3\sqrt{2}$$

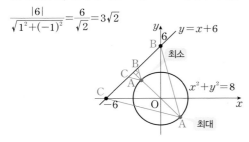

이때 원 위의 점 A에서 직선까지 거리의 최댓값은
(중심에서 직선까지의 거리)+(반지름의 길이)$=3\sqrt{2}+2\sqrt{2}=5\sqrt{2}$

정삼각형 ABC의 높이의 최댓값이 $5\sqrt{2}$이고 이때 한 변의 길이는 $\dfrac{10\sqrt{2}}{\sqrt{3}}$

> 한 변의 길이가 a일 때 높이는 $\dfrac{\sqrt{3}}{2}a$

원 위의 점 A에서 직선까지 거리의 최솟값은
(중심에서 직선까지의 거리)−(반지름의 길이)$=3\sqrt{2}-2\sqrt{2}=\sqrt{2}$

정삼각형 ABC의 높이의 최솟값이 $\sqrt{2}$이고 이때 한 변의 길이는 $\dfrac{2\sqrt{2}}{\sqrt{3}}$

즉 넓이의 최댓값은 $\dfrac{\sqrt{3}}{4}\times\left(\dfrac{10\sqrt{2}}{\sqrt{3}}\right)^2=\dfrac{\sqrt{3}}{4}\times\dfrac{200}{3}=\dfrac{50\sqrt{3}}{3}$이고

최솟값은 $\dfrac{\sqrt{3}}{4}\times\left(\dfrac{2\sqrt{2}}{\sqrt{3}}\right)^2=\dfrac{\sqrt{3}}{4}\times\dfrac{8}{3}=\dfrac{2\sqrt{3}}{3}$

STEP C $M-m$의 값 구하기

따라서 $M=\dfrac{50\sqrt{3}}{3}$, $m=\dfrac{2\sqrt{3}}{3}$이므로
$$M-m=\frac{50\sqrt{3}}{3}-\frac{2\sqrt{3}}{3}=16\sqrt{3}$$

정답 $16\sqrt{3}$

0481

정답 ③

STEP A 점과 직선 사이의 거리를 이용하여 정삼각형 ABC의 높이 구하기

원 $x^2+y^2=2$ 위를 움직이는 점 A와 직선 $y=x-4$ 사이의 거리가 정삼각형 ABC의 높이이므로

원의 중심 $(0, 0)$과 직선 $y=x-4$, 즉 $x-y-4=0$ 사이의 거리는
$$\frac{|-4|}{\sqrt{1^2+(-1)^2}}=2\sqrt{2}$$

STEP B 정삼각형 ABC의 넓이의 최솟값과 최댓값의 비 구하기

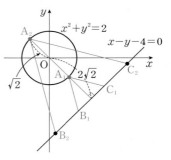

원 $x^2+y^2=2$의 반지름의 길이는 $\sqrt{2}$
(i) 정삼각형의 넓이가 최소일 때 ← 높이가 최소일 때
정삼각형 $A_1B_1C_1$이고 이때의 높이는 $2\sqrt{2}-\sqrt{2}=\sqrt{2}$
(ii) 정삼각형의 넓이가 최대일 때 ← 높이가 최대일 때
정삼각형 $A_2B_2C_2$이고 이때의 높이는 $2\sqrt{2}+\sqrt{2}=3\sqrt{2}$
(i), (ii)에 의하여 두 정삼각형의 닮음비는 높이의 비 $\sqrt{2}:3\sqrt{2}=1:3$
따라서 두 정삼각형의 넓이의 비는 $1^2:3^2=1:9$

> 닮음비가 $m:n$인 두 도형의 넓이의 비는 $m^2:n^2$

0482

2016년 09월 고1 학력평가 26번

정답 22

STEP A 원점과 점 $(3, 4)$를 지나는 직선과 직선 l이 서로 수직임을 이용하기

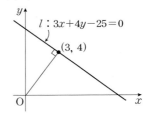

점 $(3, 4)$를 지나면서 원점과의 거리가 최대인 직선 l은
원점에서 직선 l에 내린 수선의 발의 좌표가 $(3, 4)$일 때이다.
원점과 점 $(3, 4)$를 지나는 직선의 기울기는 $\dfrac{4}{3}$
이 직선과 수직인 직선 l의 기울기 $-\dfrac{3}{4}$
즉 점 $(3, 4)$를 지나고 기울기가 $-\dfrac{3}{4}$인 직선 l의 방정식은
$y-4=-\dfrac{3}{4}(x-3)$, 즉 $l:3x+4y-25=0$

+α | 그래프로 거리가 최대임을 확인할 수 있어!

원점에서 직선 l까지의 거리가 최대가 되기 위해서는 원점에서 직선 l에 내린 수선의 발이 점 $(3, 4)$일 때이고 두 점 $(0, 0)$과 $(3, 4)$를 지나는 직선과 직선 l은 수직이다.

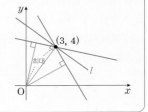

STEP B 원 위의 점 P와 직선 l 사이의 거리의 최솟값 구하기

원 $(x-7)^2+(y-5)^2=1$의 중심인

점 $(7, 5)$와 직선 $l : 3x+4y-25=0$

사이의 거리는

$$\frac{|3\times7+4\times5-25|}{\sqrt{3^2+4^2}}=\frac{16}{5}$$

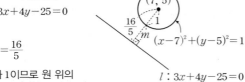

원의 반지름의 길이가 1이므로 원 위의

점 P와 직선 l 사이의 거리의 최솟값은

(중심에서 직선까지의 거리)−(반지름의 길이)이므로 $m=\dfrac{16}{5}-1=\dfrac{11}{5}$

따라서 $10m=10\times\dfrac{11}{5}=22$

내신연계 출제문항 251

좌표평면 위의 점 $(4, 3)$을 지나는 직선 중에서 원점과의 거리가 최대인 직선을 l이라 하자. 원 $(x+2)^2+(y+1)^2=1$ 위의 점 P와 직선 l 사이의 거리의 최솟값을 m이라 할 때, $5m$의 값을 구하시오.

STEP A 점 $(4, 3)$을 지나는 직선 중에서 원점과의 거리가 최대인 직선 l의 방정식 구하기

점 $(4, 3)$를 지나면서 원점과의 거리가 최대인 직선 l은

원점에서 직선 l에 내린 수선의 발의 좌표가 $(4, 3)$일 때이다.

원점과 점 $(4, 3)$을 지나는 직선의 기울기는 $\dfrac{3}{4}$이므로

직선 l의 기울기는 $-\dfrac{4}{3}$이다.

즉 직선 l의 방정식은 $y-3=-\dfrac{4}{3}(x-4)$ ∴ $4x+3y-25=0$

+α | 그래프로 거리가 최대임을 확인할 수 있어!

원점에서 직선 l까지의 거리가 최대가 되기
위해서는 원점에서 직선 l에 내린 수선의
발이 점 $(4, 3)$일 때이고
두 점 $(0, 0)$과 $(4, 3)$를 지나는 직선과 직선 l은
수직이다.

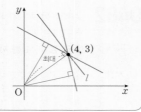

STEP B 점과 직선 사이의 거리 공식을 이용하여 거리의 최댓값 구하기

이때 원의 중심 $(-2, -1)$과 직선 $4x+3y-25=0$ 사이의 거리는

$$\frac{|-8-3-25|}{\sqrt{4^2+3^2}}=\frac{36}{5}$$

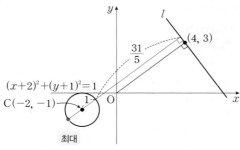

원의 반지름의 길이가 1이므로

원 위의 점 P와 직선 l 사이의 거리의 최솟값은

(중심에서 직선까지의 거리)−(반지름의 길이)이므로 $m=\dfrac{36}{5}-1=\dfrac{31}{5}$

따라서 $5m=31$

   정답 31

0483 2011년 11월 고1 학력평가 17번   **정답** ④

STEP A 원의 중심까지의 거리와 반지름의 길이를 이용하여 삼각형 ABP의 높이의 범위 구하기

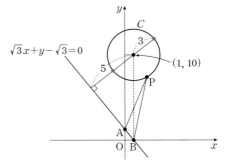

두 점 $A(0, \sqrt{3})$, $B(1, 0)$을 지나는 직선 AB의 방정식은

$$y=\frac{0-\sqrt{3}}{1-0}x+\sqrt{3},\ \text{즉}\ \sqrt{3}x+y-\sqrt{3}=0$$

원 C의 중심 $(1, 10)$과 직선 $\sqrt{3}x+y-\sqrt{3}=0$ 사이의 거리는

$$\frac{|\sqrt{3}\times1+10-\sqrt{3}|}{\sqrt{(\sqrt{3})^2+1^2}}=5$$

원 C 위의 점 P에 대하여 삼각형 ABP의 높이를 h라 하면

원 C의 반지름의 길이는 3이므로 점 P와 직선 AB 사이의 거리,

원의 반지름의 길이가 r인 원의 중심과 직선 사이의 거리를 d라 할 때,
원 위의 점과 직선 사이의 거리를 l이라 하면 $d-r \le l \le d+r$

즉 삼각형 ABP의 높이 h의 값의 범위는 $5-3 \le h \le 5+3$ ∴ $2 \le h \le 8$

STEP B 삼각형 ABP의 넓이가 자연수가 되도록 하는 점 P의 개수 구하기

두 점 $A(0, \sqrt{3})$, $B(1, 0)$에서 $\overline{AB}=\sqrt{(1-0)^2+(0-\sqrt{3})^2}=2$

원 C 위의 점 P에 대하여 삼각형 ABP의 넓이를 S라 하면

$$S=\frac{1}{2}\times\overline{AB}\times h=\frac{1}{2}\times2\times h=h\text{이므로}$$

S가 자연수이려면 h가 자연수이어야 한다.

직선 AB와 평행한 직선 중에서 원 C의 중심으로부터의 거리가 $|5-h|$이고 직선 AB와의 거리가 h인 직선을 l이라 하자.

(i) $h=2$일 때, ← $S=2$

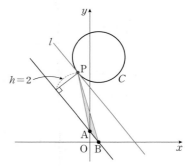

직선 l과 원 C는 한 점에서 만나므로 점 P의 개수는 1

(ii) $3 \le h \le 7$일 때, ← $3 \le S \le 7$

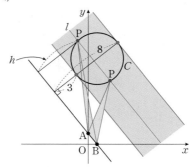

직선 l과 원 C는 서로 다른 두 점에서 만나므로 점 P의 개수는 $5\times2=10$

$h=3, 4, 5, 6, 7$인 경우 점 P는 원의 중심에서 직선 AB에
내린 수선에 대하여 대칭이므로 각각 2개씩 존재

(iii) $h=8$일 때, ← $S=8$

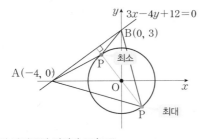

직선 l과 원 C는 한 점에서 만나므로 점 P의 개수는 1
(i)~(iii)에 의하여 삼각형 ABP의 넓이가 자연수가 되도록 하는 점 P의
개수는 $1+10+1=12$

내신연계 출제문항 252

좌표평면 위에 두 점 $A(-4, 0)$, $B(0, 3)$과 원 $C : x^2+y^2=4$가 있다.
원 C 위의 점 P에 대하여 삼각형 PAB의 넓이가 자연수가 되도록 하는
모든 점 P의 개수는?

① 18 　　　　② 20 　　　　③ 22
④ 24 　　　　⑤ 26

STEP A 두 점 A, B를 지나는 직선의 방정식 구하기

두 점 $A(-4, 0)$, $B(0, 3)$을 지나는 직선의 방정식은 $\dfrac{x}{-4}+\dfrac{y}{3}=1$
$\therefore 3x-4y+12=0$
삼각형 PAB의 밑변을 선분 AB라 하면
두 점 $A(-4, 0)$, $B(0, 3)$ 사이의 거리는 $\overline{AB}=\sqrt{(0+4)^2+(3-0)^2}=\sqrt{25}=5$

STEP B 원 $x^2+y^2=4$ 위의 점에서 직선 $3x-4y+12=0$ 사이의 거리의
최댓값 구하기

삼각형 PAB에서 선분 AB의 길이가 일정하고 점 P와 직선 AB 사이의 거리가
삼각형 PAB의 높이가 된다.
원의 중심 $(0, 0)$과 직선 $3x-4y+12=0$ 사이의 거리는 $\dfrac{|12|}{\sqrt{3^2+(-4)^2}}=\dfrac{12}{5}$

STEP C 삼각형 PAB의 넓이의 최댓값과 최솟값 구하기

원 $x^2+y^2=4$의 반지름의 길이가 2이므로
삼각형 PAB의 넓이가 최대가 될 때는 높이가 $d+r$일 때,
$M=\dfrac{1}{2}\times\overline{AB}\times(d+r)=\dfrac{1}{2}\times 5\times\left(\dfrac{12}{5}+2\right)=11$
삼각형 PAB의 넓이가 최소가 될 때는 높이가 $d-r$일 때,
$m=\dfrac{1}{2}\times\overline{AB}\times(d-r)=\dfrac{1}{2}\times 5\times\left(\dfrac{12}{5}-2\right)=1$
$\therefore 1\le$ (삼각형 PAB의 넓이) ≤ 11
즉 삼각형 PAB의 넓이가 자연수가 되도록 하는 점 P의 개수는
넓이가 11과 1이 되는 점 P는 원 C와 각각 1개의 점에서 만나고
넓이가 $2, 3, 4, \cdots, 10$이 되는 점 P는 원 C와 두 점에서 만나므로
이때의 점 P의 개수는 $9\times 2=18$
따라서 $1+18+1=20$

정답 ②

STEP A 두 원의 중심에서 직선 l에 내린 수선의 발의 좌표를 각각 R, S라
하고 좌표 구하기

원 $C_1 : (x+6)^2+y^2=4$의 중심을 O_1이라 하고 반지름의 길이를 r_1이라 하면
$O_1(-6, 0)$, $r_1=2$
점 $O_1(-6, 0)$에서 직선 $l : y=x-2$에 내린 수선의 발을 R이라 하면
직선 O_1R과 직선 l이 서로 수직이므로 직선 O_1R의 기울기는 -1
점 $O_1(-6, 0)$을 지나고 기울기가 -1인 직선 O_1R의 방정식은
$y-0=-\{x-(-6)\}$, 즉 $y=-x-6$
두 직선 l과 O_1R의 교점의 좌표를 구하기 위하여
두 식을 연립하면 $x-2=-x-6$, $2x=-4$　$\therefore x=-2$
이를 직선 l의 방정식에 대입하면 $y=-4$
$\therefore R(-2, -4)$
원 $C_2 : (x-5)^2+(y+3)^2=1$의 중심을 O_2라 하고 반지름의 길이를 r_2라 하면
$O_2(5, -3)$, $r_2=1$
점 $O_2(5, -3)$에서 직선 $l : y=x-2$에 내린 수선의 발을 S라 하면
직선 O_2S와 직선 l이 서로 수직이므로 직선 O_2S의 기울기는 -1
점 $O_2(5, -3)$을 지나고 기울기가 -1인 직선 O_2S의 방정식은
$y-(-3)=-(x-5)$, 즉 $y=-x+2$
두 직선 l과 O_2S의 교점의 좌표를 구하기 위하여
두 식을 연립하면 $x-2=-x+2$, $2x=4$　$\therefore x=2$
이를 직선 l의 식에 대입하면 $y=0$
$\therefore S(2, 0)$
두 점 $R(-2, -4)$, $S(2, 0)$에서
$\overline{RS}=\sqrt{\{2-(-2)\}^2+\{0-(-4)\}^2}=4\sqrt{2}$

STEP B 선분 H_1H_2의 길이가 최대 최소가 되는 경우 구하기

원 C_1 위의 점 P에서 직선 l에 내린 수선의 발을 H_1이라 하면
$\overline{O_1P}=\overline{H_1R}=r_1=2$
원 C_2 위의 점 Q에서 직선 l에 내린 수선의 발을 H_2라 하면
$\overline{O_2Q}=\overline{H_2S}=r_2=1$
(i) 선분 H_1H_2의 길이가 최대인 경우

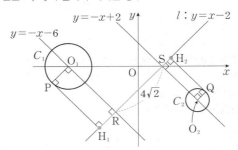

그림과 같이 이 두 점 P, Q가 위치할 때, 선분 H_1H_2의 길이가 최대가
되므로 구하는 최댓값 M은 $M=\overline{H_1R}+\overline{RS}+\overline{H_2S}=4\sqrt{2}+3$
(ii) 선분 H_1H_2의 길이가 최소인 경우

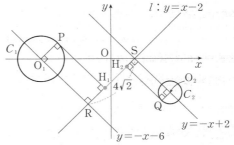

그림과 같이 두 점 P, Q가 위치할 때, 선분 H_1H_2의 길이가 최소가 되므로
구하는 최솟값 m은 $m=\overline{RS}-\overline{H_1R}-\overline{H_2S}=4\sqrt{2}-3$

(i), (ii)에 의하여 $M=4\sqrt{2}+3$, $m=4\sqrt{2}-3$이므로

$Mm=(4\sqrt{2}+3)(4\sqrt{2}-3)=(4\sqrt{2})^2-3^2=23$ ←── $(a+b)(a-b)=a^2-b^2$

내신 연계 출제문항 253

그림과 같이 좌표평면 위에

두 원 $C_1 : (x+3)^2+(y+3)^2=1$, $C_2 : (x-8)^2+y^2=9$와

직선 $l : y=-x+1$이 있다.

원 C_1 위의 점 P에서 직선 l에 내린 수선의 발을 H_1, 원 C_2 위의 점 Q에서

직선 l에 내린 수선의 발을 H_2라 하자. 선분 H_1H_2의 길이의 최댓값을 M,

최솟값을 m이라 할 때, 두 수 M, m의 곱 Mm의 값을 구하시오.

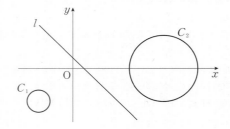

STEP A 두 원의 중심에서 직선 l에 내린 수선의 발의 좌표 구하기

원 $C_1 : (x+3)^2+(y+3)^2=1$의 중심을 O_1이라 하고

반지름의 길이를 r_1이라 하면 $O_1(-3, -3)$, $r_1=1$

점 $O_1(-3, -3)$에서 직선 $l : y=-x+1$에 내린 수선의 발을 R이라 하면

직선 O_1R과 직선 l이 서로 수직이므로 직선 O_1R의 기울기는 1

점 $O_1(-3, -3)$을 지나고 기울기가 1인 직선 O_1R의 방정식은

$y-(-3)=\{x-(-3)\}$, 즉 $y=x$

두 직선 l과 O_1R의 교점의 좌표를 구하기 위하여

두 식을 연립하면 $-x+1=x$, $2x=1$

$\therefore x=\dfrac{1}{2}$

이를 직선 O_1R의 방정식에 대입하면 $y=\dfrac{1}{2}$

$\therefore R\left(\dfrac{1}{2}, \dfrac{1}{2}\right)$

원 $C_2 : (x-8)^2+y^2=9$의 중심을 O_2라 하고

반지름의 길이를 r_2라 하면 $O_2(8, 0)$, $r_2=3$

점 $O_2(8, 0)$에서 직선 $l : y=-x+1$에 내린 수선의 발을 S라 하면

직선 O_2S와 직선 l이 서로 수직이므로 직선 O_2S의 기울기는 1

점 $O_2(8, 0)$을 지나고 기울기가 1인 직선 O_2S의 방정식은

$y-0=(x-8)$, 즉 $y=x-8$

두 직선 l과 O_2S의 교점의 좌표를 구하기 위하여

두 식을 연립하면 $-x+1=x-8$, $2x=9$

$\therefore x=\dfrac{9}{2}$

이를 직선 O_2S의 식에 대입하면 $y=-\dfrac{7}{2}$

$\therefore S\left(\dfrac{9}{2}, -\dfrac{7}{2}\right)$

두 점 $R\left(\dfrac{1}{2}, \dfrac{1}{2}\right)$, $S\left(\dfrac{9}{2}, -\dfrac{7}{2}\right)$에서

$\overline{RS}=\sqrt{\left(\dfrac{9}{2}-\dfrac{1}{2}\right)^2+\left(-\dfrac{7}{2}-\dfrac{1}{2}\right)^2}=4\sqrt{2}$

STEP B 선분 H_1H_2의 길이가 최대 최소가 되는 경우 구하기

원 C_1 위의 점 P에서 직선 l에 내린 수선의 발을 H_1이라 하면

$\overline{O_1P}=\overline{H_1R}=r_1=1$

원 C_2 위의 점 Q에서 직선 l에 내린 수선의 발을 H_2라 하면

$\overline{O_2Q}=\overline{H_2S}=r_2=3$

(i) 선분 H_1H_2의 길이가 최대인 경우

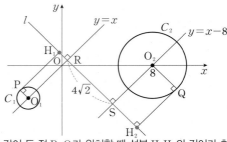

그림과 같이 두 점 P, Q가 위치할 때 선분 H_1H_2의 길이가 최대가 되므로

구하는 최댓값 M은 $M=\overline{H_1R}+\overline{RS}+\overline{H_2S}=4\sqrt{2}+4$

(ii) 선분 H_1H_2의 길이가 최소인 경우

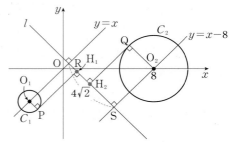

그림과 같이 두 점 P, Q가 위치할 때 선분 H_1H_2의 길이가 최소가 되므로

구하는 최솟값 m은 $m=\overline{RS}-\overline{H_1R}-\overline{H_2S}=4\sqrt{2}-4$

STEP C Mm의 값 구하기

(i), (ii)에 의하여 $M=4\sqrt{2}+4$, $m=4\sqrt{2}-4$이므로

$Mm=(4\sqrt{2}+4)(4\sqrt{2}-4)=32-16=16$ 정답 16

STEP2 서술형문제

0485

정답 해설참조

1단계 중심이 직선 $y=x$ 위에 있는 원의 반지름의 길이를 구한다. 4점

x축과 y축에 동시에 접하는 원의 중심은
직선 $y=x$ 또는 직선 $y=-x$ 위에 있다.

$y=x^2-x-3$과 $y=x$의 교점을 구하면 $x=x^2-x-3$, $x^2-2x-3=0$,
$(x-3)(x+1)=0$ $\therefore x=-1$ 또는 $x=3$

(i) $x=-1$일 때, 원의 중심의 좌표는 $(-1,\ -1)$이고 반지름의 길이는 1
(ii) $x=3$일 때, 원의 중심의 좌표는 $(3,\ 3)$이고 반지름의 길이는 3

2단계 중심이 직선 $y=-x$ 위에 있는 원의 반지름의 길이를 구한다. 4점

$y=x^2-x-3$과 $y=-x$의 교점을 구하면 $-x=x^2-x-3$, $x^2-3=0$
$\therefore x=-\sqrt{3}$ 또는 $x=\sqrt{3}$

(iii) $x=-\sqrt{3}$일 때, 원의 중심의 좌표는 $(-\sqrt{3},\ \sqrt{3})$이고 반지름의 길이는 $\sqrt{3}$
(iv) $x=\sqrt{3}$일 때, 원의 중심의 좌표는 $(\sqrt{3},\ -\sqrt{3})$이고 반지름의 길이는 $\sqrt{3}$

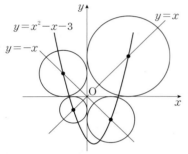

3단계 모든 원의 넓이의 합을 구한다. 2점

(i)~(iv)에 의하여 모든 원의 넓이의 합은
$\pi\times1^2+\pi\times3^2+\pi\times(\sqrt{3})^2+\pi(\sqrt{3})^2=16\pi$

0486

정답 해설참조

1단계 $\angle APB=\angle AQB=90°$를 만족하는 도형의 방정식을 구한다. 4점

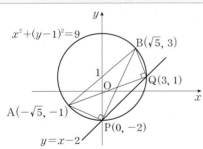

$\angle APB=\angle AQB=90°$이므로 원주각의 성질에 의하여

원의 지름에 대한 원주각의 크기는 $90°$

두 점 P, Q는 선분 AB를 지름으로 하는 원 위에 있다.
이때 원의 중심은 선분 AB의 중점이므로
$\left(\dfrac{-\sqrt{5}+\sqrt{5}}{2},\ \dfrac{-1+3}{2}\right)$, 즉 $(0,\ 1)$

두 점 $A(-\sqrt{5},\ -1)$, $B(\sqrt{5},\ 3)$에 대하여
$\overline{AB}=\sqrt{\{\sqrt{5}-(-\sqrt{5})\}^2+\{3-(-1)\}^2}=6$

이때 원의 반지름의 길이 $r=\dfrac{1}{2}\times\overline{AB}=\dfrac{1}{2}\times6=3$

즉 두 점 P, Q를 지나는 원의 방정식은 중심이 $(0,\ 1)$,
반지름의 길이가 3인 원의 방정식이므로 $x^2+(y-1)^2=9$

2단계 도형의 방정식과 직선 $y=x-2$의 교점 P, Q의 좌표를 구한다. 4점

원 $x^2+(y-1)^2=9$와 직선 $y=x-2$의 교점 P, Q의 좌표를 구하기 위하여
두 식을 연립하면 $x^2+(x-3)^2=9$, $2x^2-6x=0$, $2x(x-3)=0$
$\therefore x=0$ 또는 $x=3$
이를 $y=x-2$에 각각 대입하면 $y=-2$ 또는 $y=1$
즉 두 점 P, Q의 좌표는 $P(0,\ -2)$, $Q(3,\ 1)$

3단계 l^2의 값을 구한다. 2점

$\overline{PQ}=\sqrt{(3-0)^2+\{1-(-2)\}^2}=3\sqrt{2}$
따라서 $l^2=\overline{PQ}^2=(3\sqrt{2})^2=18$

내/신/연/계/ 출제문항 254

좌표평면 위의 두 점 $A(-\sqrt{7},\ -1)$, $B(\sqrt{7},\ 5)$와 직선 $y=x-2$ 위의 서로
다른 두 점 P, Q에 대하여 $\angle APB=\angle AQB=90°$일 때, 선분 PQ의 길이를
l이라 하자. l^2의 값을 구하는 과정을 다음 단계로 서술하시오.

[1단계] $\angle APB=\angle AQB=90°$를 만족하는 도형의 방정식을 구한다. [4점]
[2단계] 도형의 방정식과 직선 $y=x-2$의 교점 P, Q의 좌표를 구한다.
　　　[4점]
[3단계] l^2의 값을 구한다. [2점]

1단계 $\angle APB=\angle AQB=90°$를 만족하는 도형의 방정식을 구한다. 4점

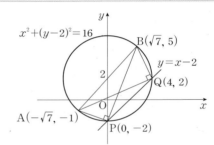

$\angle APB=\angle AQB=90°$이므로 원주각의 성질에 의하여

원의 지름에 대한 원주각의 크기는 $90°$

두 점 P, Q는 선분 AB를 지름으로 하는 원 위에 있다.
이때 원의 중심은 선분 AB의 중점이므로
$\left(\dfrac{-\sqrt{7}+\sqrt{7}}{2},\ \dfrac{-1+5}{2}\right)$, 즉 $(0,\ 2)$

두 점 $A(-\sqrt{7},\ -1)$, $B(\sqrt{7},\ 5)$에 대하여
$\overline{AB}=\sqrt{\{\sqrt{7}-(-\sqrt{7})\}^2+\{5-(-1)\}^2}=8$

이때 원의 반지름의 길이 $r=\dfrac{1}{2}\times\overline{AB}=\dfrac{1}{2}\times8=4$

즉 두 점 P, Q를 지나는 원의 방정식은 중심이 $(0,\ 2)$이고
반지름의 길이가 4인 원의 방정식이므로 $x^2+(y-2)^2=16$

2단계 도형의 방정식과 직선 $y=x-2$의 교점 P, Q의 좌표를 구한다. 4점

원 $x^2+(y-2)^2=16$과 직선 $y=x-2$의 교점 P, Q의 좌표를 구하기 위하여
두 식을 연립하면 $x^2+(x-4)^2=16$, $2x^2-8x=0$, $2x(x-4)=0$
$\therefore x=0$ 또는 $x=4$
이를 $y=x-2$에 각각 대입하면 $y=-2$ 또는 $y=2$
즉 두 점 P, Q의 좌표는 $P(0,\ -2)$, $Q(4,\ 2)$

3단계 l^2의 값을 구한다. 2점

$\overline{PQ}=\sqrt{(4-0)^2+\{2-(-2)\}^2}=4\sqrt{2}$
따라서 $l^2=\overline{PQ}^2=(4\sqrt{2})^2=32$

정답 해설참조

0487

| 1단계 | 호 PQ를 포함한 원의 방정식을 구한다. | 6점 |

다음 그림과 같이 호 PQ는 원 $x^2+y^2=36$의 일부이고 호 PQ를 포함하는 원의
방정식을 그리면 원은 점 $(2, 0)$에서 x축에 접하므로 중심의 x좌표는 2
또한, 원 $x^2+y^2=36$과 반지름의 길이가 같으므로
구하고자 하는 원의 반지름의 길이는 6
이때 중심의 y좌표는 x축에 접하는 원이므로
|중심의 y좌표|=(반지름의 길이)이고
$y<0$이므로 중심의 y좌표는 -6
즉 호 PQ를 포함하는 원의 방정식은 중심이 $(2, -6)$이고
반지름의 길이가 6이므로 $(x-2)^2+(y+6)^2=36$

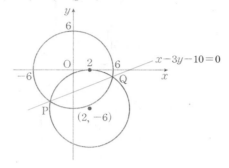

| 2단계 | 두 원의 공통현인 직선 PQ의 방정식을 구한다. | 3점 |

직선 PQ는 두 원 $x^2+y^2=36$, $(x-2)^2+(y+6)^2=36$의 교점을 지나는
직선이므로 직선 PQ의 방정식은 $x^2+y^2-36-(x^2+y^2-4x+12y+4)=0$
$\therefore x-3y-10=0$

| 3단계 | ab의 값을 구한다. | 1점 |

따라서 $a=-3$, $b=-10$이므로 $ab=-3\times(-10)=30$

0488

| 1단계 | 원 $x^2+y^2=20$ 위의 점 $(2, -4)$에서의 접선의 방정식을 구한다. | 4점 |

원 $x^2+y^2=20$ 위의 점 $(2, -4)$에서의 접선의 방정식은
$2x-4y=20$ $\therefore x-2y-10=0$

| 2단계 | 원 $x^2+y^2-14x-2y+k=0$의 중심의 좌표와 반지름의 길이를 구한다. | 4점 |

원 $x^2+y^2-14x-2y+k=0$에서 $(x-7)^2+(y-1)^2=50-k$이므로
중심이 $(7, 1)$이고 반지름의 길이는 $\sqrt{50-k}$

| 3단계 | 원의 중심과 접선 사이의 거리는 원의 반지름의 길이와 같음을 이용하여 실수 k의 값을 구한다. | 2점 |

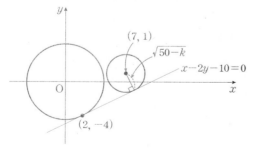

원의 중심 $(7, 1)$에서 직선 $x-2y-10=0$ 사이의 거리가 원의 반지름의 길이
$\sqrt{50-k}$와 같으므로 $\dfrac{|7-2\times1-10|}{\sqrt{1^2+(-2)^2}}=\sqrt{50-k}$, $|-5|=\sqrt{5}\times\sqrt{50-k}$

양변을 제곱하면 $25=5(50-k)$
따라서 $k=45$

0489

| 1단계 | 점 $(3, -1)$에서 원 $x^2+y^2=1$에 그은 기울기가 음수인 접선의 방정식을 구한다. | 4점 |

원 $x^2+y^2=1$ 위의 접점의 좌표를 (x_1, y_1)이라 하면
원 위의 점이므로 대입하면 $x_1^2+y_1^2=1$ ······ ㉠
또한, 접점 (x_1, y_1)에서 접선의 방정식은 $x_1x+y_1y=1$
접선의 방정식이 $(3, -1)$을 지나므로 대입하면
$3x_1-y_1=1$ $\therefore y_1=3x_1-1$ ······ ㉡

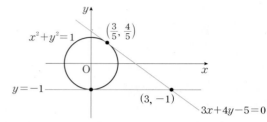

㉡을 ㉠에 대입하면
$x_1^2+(3x_1-1)^2=1$, $10x_1^2-6x_1=0$, $2x_1(5x_1-3)=0$
$\therefore x_1=0$ 또는 $x_1=\dfrac{3}{5}$

㉡의 식에 대입하면
$x_1=0$일 때, $y_1=-1$ $\therefore (0, -1)$
$x_1=\dfrac{3}{5}$일 때, $y_1=\dfrac{4}{5}$ $\therefore \left(\dfrac{3}{5}, \dfrac{4}{5}\right)$

접선의 방정식은 $(0, -1)$에서 $y=-1$
$\left(\dfrac{3}{5}, \dfrac{4}{5}\right)$에서 $\dfrac{3}{5}x+\dfrac{4}{5}y=1$이므로 $3x+4y=5$
즉 기울기가 음수인 접선의 방정식 l은 $3x+4y-5=0$

| 2단계 | x축, y축에 동시에 접하는 원의 중심의 좌표를 정하여 접선까지 거리가 원의 반지름의 길이와 같음을 이용하여 반지름의 길이를 구한다. | 5점 |

x축, y축 및 직선 l에 동시에 접하면서 중심이 제1사분면 위에 있는 두 원은
다음과 같다.

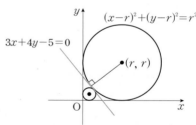

이때 원의 반지름의 길이를 r이라 하면
제1사분면에서 x축, y축에 동시에 접하는 원의 방정식은
$(x-r)^2+(y-r)^2=r^2$
이때 직선 $l : 3x+4y-5=0$에 접하므로 원의 중심 (r, r)과
직선 $3x+4y-5=0$ 사이의 거리가 반지름의 길이 r과 같다.
$\dfrac{|3r+4r-5|}{\sqrt{3^2+4^2}}=r$, $|7r-5|=5r$
$7r-5=5r$ 또는 $7r-5=-5r$
$\therefore r=\dfrac{5}{2}$ 또는 $r=\dfrac{5}{12}$

| 3단계 | 두 원의 반지름의 길이의 합을 구한다. | 1점 |

따라서 구하는 두 원의 반지름의 길이의 합은 $\dfrac{5}{2}+\dfrac{5}{12}=\dfrac{35}{12}$

0490

해설참조

1단계 원 C의 방정식을 구한다. | 2점

x축과 y축에 동시에 접하고 중심이 제 1사분면에 속하며
반지름의 길이가 1인 원의 방정식은 $(x-1)^2+(y-1)^2=1$

2단계 점 $A(2, 3)$에서 원 C에 그은 두 접선의 방정식을 구한다. | 4점

점 $A(2, 3)$을 지나고 기울기가 m인 직선의 방정식은
$y-3=m(x-2)$ $\therefore mx-y-2m+3=0$
원의 중심 $(1, 1)$과 접선 $mx-y-2m+3=0$ 사이의 거리가 원의 반지름의
길이 1이므로 $\dfrac{|m\times1-1-2m+3|}{\sqrt{m^2+(-1)^2}}=1$, $|-m+2|=\sqrt{m^2+(-1)^2}$

양변을 제곱하면 $m^2-4m+4=m^2+1$ $\therefore m=\dfrac{3}{4}$

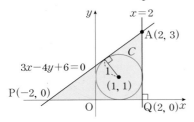

구하는 접선의 방정식은 $\dfrac{3}{4}x-y+\dfrac{3}{2}=0$ $\therefore 3x-4y+6=0$
즉 점 $A(2, 3)$에서 원 C에 그은 두 접선의 방정식은
$3x-4y+6=0$, $x=2$

+α | 접점을 이용하여 접선의 방정식을 구할 수 있어!

원 $(x-1)^2+(y-1)^2=1$ 위의 점 (x_1, y_1)이라 하면
원 위의 점이므로 대입하면 $(x_1-1)^2+(y_1-1)^2=1$ ······ ㉠
또한, 접선의 방정식은 $(x_1-1)(x-1)+(y_1-1)(y-1)=1$ ······ ㉡
점 $A(2, 3)$을 지나므로 대입하면 $(x_1-1)(2-1)+(y_1-1)(3-1)=1$,
$(x_1-1)+2(y_1-1)=1$, $x_1+2y_1-4=0$
$\therefore x_1=-2y_1+4$ ······ ㉢
㉢을 ㉠의 식에 대입하면 $(-2y_1+3)^2+(y_1-1)^2=1$,
$5y_1^2-14y_1+9=0$, $(y_1-1)(5y_1-9)=0$ $\therefore y_1=1$ 또는 $y_1=\dfrac{9}{5}$
$y_1=1$일 때, $x_1=2$
$y_1=\dfrac{9}{5}$일 때, $x_1=\dfrac{2}{5}$
㉡의 식에 대입하면 접선의 방정식은 $(2, 1)$에서 $x=2$
$\left(\dfrac{2}{5}, \dfrac{9}{5}\right)$에서 접선의 방정식은 $-\dfrac{3}{5}(x-1)+\dfrac{4}{5}(y-1)=1$, $3x-4y+6=0$

3단계 두 접선의 x절편 P, Q의 좌표를 구한다. | 2점

두 접선의 방정식 $3x-4y+6=0$, $x=2$의 x절편은
각각 $x=-2$, $x=2$이므로 $P(-2, 0)$, $Q(2, 0)$

4단계 점 A에서 원 C에 그은 두 접선과 x축으로 둘러싸인 삼각형 APQ의 넓이를 구한다. | 2점

삼각형 APQ가 $\overline{PQ}=4$, $\overline{AQ}=3$인 직각삼각형이므로 넓이는
$\dfrac{1}{2}\times\overline{PQ}\times\overline{AQ}=\dfrac{1}{2}\times4\times3=6$

내/신/연/계 출제문항 **255**

점 $(1, 3)$에서 원 $x^2+y^2=5$에 그은 두 접선과 x축으로 둘러싸인 부분의
넓이를 구하는 과정을 다음 단계로 서술하시오.

[1단계] 접선의 방정식을 구한다. [2점]
[2단계] 접점의 좌표를 구하여 접선의 방정식을 구한다. [5점]
[3단계] 두 접선과 x축으로 둘러싸인 부분의 넓이를 구한다. [3점]

1단계 접선의 방정식을 구한다. | 2점

원 $x^2+y^2=5$에서 접점의 좌표를 (x_1, y_1)이라 하면
접선의 방정식은 $x_1x+y_1y=5$

2단계 접점의 좌표를 구하여 접선의 방정식을 구한다. | 5점

이 접선이 점 $(1, 3)$을 지나므로 $x_1+3y_1=5$
$\therefore x_1=-3y_1+5$ ······ ㉠
또, 점 (x_1, y_1)은 원 $x^2+y^2=5$ 위의 점이므로
$x_1^2+y_1^2=5$ ······ ㉡
㉠을 ㉡에 대입하면
$(-3y_1+5)^2+y_1^2=5$, $y_1^2-3y_1+2=0$, $(y_1-1)(y_1-2)=0$
$\therefore y_1=1$ 또는 $y_1=2$
$y_1=1$을 ㉠에 대입하면 $x_1=2$
$y_1=2$를 ㉠에 대입하면 $x_1=-1$
즉 접점이 $(2, 1)$, $(-1, 2)$이므로 접선의 방정식은
$x-2y+5=0$, $2x+y-5=0$

+α | 접선의 기울기를 이용하여 구할 수도 있어!

접선의 기울기를 m이라 하면 점 $(1, 3)$을 지나는 직선의 방정식은
$y-3=m(x-1)$ $\therefore mx-y-m+3=0$
원의 중심 $(0, 0)$과 이 직선 사이의 거리가 반지름의 길이 $\sqrt{5}$와 같아야 하므로
$\dfrac{|-m+3|}{\sqrt{m^2+(-1)^2}}=\sqrt{5}$,
$|-m+3|=\sqrt{5}\times\sqrt{m^2+1}$
양변을 제곱하면
$m^2-6m+9=5m^2+5$,
$2m^2+3m-2=0$,
$(m+2)(2m-1)=0$
$\therefore m=-2$ 또는 $m=\dfrac{1}{2}$
이때 접선의 방정식은 $x-2y+5=0$, $2x+y-5=0$

3단계 두 접선과 x축으로 둘러싸인 부분의 넓이를 구한다. | 3점

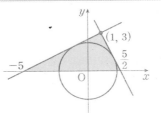

따라서 두 접선이 x축과 만나는 점의 좌표는 각각 $(-5, 0)$, $\left(\dfrac{5}{2}, 0\right)$이므로
구하는 넓이는 $\dfrac{1}{2}\times\left(\dfrac{5}{2}+5\right)\times3=\dfrac{45}{4}$

해설참조

0491

정답 해설참조

| 1단계 | 원 $x^2+y^2-2x+8y+13=0$의 중심과 반지름의 길이를 구한다. | 3점 |

원 $x^2+y^2-2x+8y+13=0$에서 $(x-1)^2+(y+4)^2=4$
즉 원의 중심은 $(1, -4)$이고 반지름의 길이는 2

| 2단계 | 주어진 직사각형의 대각선의 교점의 좌표를 구한다. | 2점 |

네 직선 $x=-1$, $x=5$, $y=3$, $y=7$로 둘러싸인 직사각형의 두 대각선의

교점은 $\left(\dfrac{-1+5}{2}, \dfrac{3+7}{2}\right)$, 즉 $(2, 5)$

| 3단계 | 원과 직사각형의 넓이를 모두 이등분하는 직선의 방정식을 구한다. | 4점 |

원의 넓이를 이등분하는 직선은 원의
중심을 지나야 하고 직사각형의 넓이를
이등분하는 직선은 직사각형의
두 대각선의 교점을 지나야 하므로
구하는 직선은 두 점 $(1, -4)$, $(2, 5)$를
지나는 직선의 방정식은

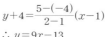

$y+4=\dfrac{5-(-4)}{2-1}(x-1)$

$\therefore y=9x-13$

| 4단계 | 상수 a, b에 대하여 $a+b$의 값을 구한다. | 1점 |

따라서 $a=9$, $b=-13$이므로 $a+b=-4$

0492

정답 해설참조

| 1단계 | 점 P가 그리는 도형의 방정식을 구한다. | 2점 |

점 P의 좌표를 $P(x, y)$로 놓으면
$\overline{AP} : \overline{BP} = 2 : 1$에서 $\overline{AP}=2\overline{BP}$이므로 $\overline{AP}^2=4\overline{BP}^2$
$\overline{AP}^2=(x+4)^2+y^2$, $\overline{BP}^2=(x-2)^2+y^2$이므로 대입하면
$(x+4)^2+y^2=4\{(x-2)^2+y^2\}$, $x^2+y^2-8x=0$
$\therefore (x-4)^2+y^2=16$

| 2단계 | 삼각형 PAB의 넓이의 최댓값을 구한다. | 4점 |

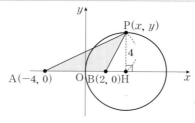

점 P에서 x축에 내린 수선의 발을 H라고 하면
삼각형 PAB의 넓이는 $\dfrac{1}{2} \times \overline{AB} \times \overline{PH}$
$\overline{AB}=6$이고 $\overline{PH}$의 최댓값은 반지름의 길이인 4이므로
삼각형 PAB의 넓이의 최댓값은 $\dfrac{1}{2} \times 6 \times 4 = 12$

| 3단계 | $\angle PAB$의 크기가 최대일 때, 선분 AP의 길이를 구한다. | 4점 |

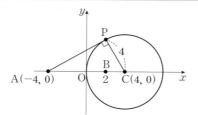

$\angle PAB$의 크기는 그림과 같이 직선 AP가 원에 접할 때, 최대이다.
따라서 원의 중심을 C라 하면 $\angle CPA=90°$이므로 직각삼각형 PAC에서
피타고라스 정리에 의하여 $\overline{AP}=\sqrt{\overline{AC}^2-\overline{PC}^2}=\sqrt{8^2-4^2}=4\sqrt{3}$

0493

정답 해설참조

| 1단계 | 기울기를 m이라 하고 점 P에서의 접선 l의 방정식을 구한다. | 2점 |

원 $x^2+y^2=36$에 접하고 기울기가 m인 접선 l의 방정식은
$y=mx \pm 6\sqrt{m^2+1}$
이때 접선 l의 y절편은 양수이므로 직선 l의 방정식은
$y=mx+6\sqrt{m^2+1}$

| 2단계 | 원 $x^2+(y-6)^2=16$의 중심과 직선 l 사이의 거리를 구한다. | 4점 |

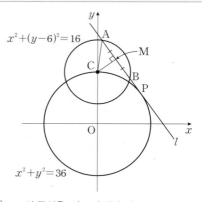

원 $x^2+(y-6)^2=16$의 중심을 $C(0, 6)$이라 하고
선분 AB의 중점을 M이라 하면
$\overline{AM}=\dfrac{1}{2}\overline{AB}=\sqrt{7}$이고 $\overline{CA}=4$이므로 직각삼각형 CAM에서
$\overline{CM}=\sqrt{4^2-(\sqrt{7})^2}=3$

| 3단계 | 직선 l의 기울기를 구한다. | 4점 |

점 $C(0, 6)$과 직선 $mx-y+6\sqrt{m^2+1}=0$ 사이의 거리가 3이므로
$\dfrac{|-6+6\sqrt{m^2+1}|}{\sqrt{m^2+(-1)^2}}=3$, $|-6+6\sqrt{m^2+1}|=3\sqrt{m^2+1}$
$-6+6\sqrt{m^2+1}=3\sqrt{m^2+1}$ 또는 $-6+6\sqrt{m^2+1}=-3\sqrt{m^2+1}$
(i) $-6+6\sqrt{m^2+1}=3\sqrt{m^2+1}$일 때,
  $3\sqrt{m^2+1}=6$, $\sqrt{m^2+1}=2$, $m^2=3$ $\therefore m=\sqrt{3}$ 또는 $m=-\sqrt{3}$
(ii) $-6+6\sqrt{m^2+1}=-3\sqrt{m^2+1}$일 때,
  $9\sqrt{m^2+1}=6$, $\sqrt{m^2+1}=\dfrac{2}{3}$, $m^2=-\dfrac{5}{9}$
  즉 실수 m의 값은 존재하지 않는다.
(i), (ii)에서 기울기가 음수인 m의 값은 $-\sqrt{3}$

내신연계 출제문항 256

그림과 같이 점 $A(4, 3)$을 지나고 기울기가 양수인 직선 l이 원 $x^2+y^2=10$
과 두 점 P, Q에서 만난다. $\overline{AP}=3$일 때, 직선 l의 기울기를 구하는 과정을
다음 단계로 서술하시오.

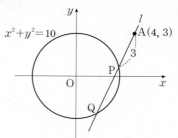

[1단계] 원의 중심에서 직선에 수선의 발을 내리고 피타고라스 정리를
이용하여 원점에서 직선 l까지의 거리를 구한다. [5점]
[2단계] 기울기가 양수인 직선 l의 기울기를 m이라 놓고
점과 직선 사이의 거리를 이용하여 양수 m을 구한다. [5점]

| 1단계 | 원의 중심에서 직선에 수선의 발을 내리고 피타고라스 정리를 이용하여 원점에서 직선 l까지의 거리를 구한다. | 5점 |

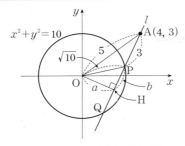

원점 $O(0, 0)$과 점 $A(4, 3)$ 사이의 거리는 $\overline{OA}=\sqrt{4^2+3^2}=5$

원점에서 직선 l에 내린 수선의 발을 H라 하고 $\overline{OH}=a$

원의 중심에서 현에 내린 수선은 그 현을 수직이등분하므로

$\overline{HP}=\overline{HQ}=b$라 하자.

선분 OP의 길이는 원 $x^2+y^2=10$의 반지름의 길이이므로

$\overline{OP}=\sqrt{10}$

직각삼각형 OHP에서 피타고라스 정리에 의하여 $\overline{OH}^2+\overline{HP}^2=\overline{OP}^2$

즉 $a^2+b^2=10$ ...... ㉠

직각삼각형 OHA에서 피타고라스 정리에 의하여 $\overline{OH}^2+\overline{HA}^2=\overline{OA}^2$

즉 $a^2+(b+3)^2=25$ ...... ㉡ ← $\overline{HA}=\overline{HP}+\overline{PA}=b+3$

㉠, ㉡을 연립하여 풀면 $a=3$, $b=1$

즉 원점에서 직선 l까지의 거리는 3

| 2단계 | 기울기가 양수인 직선 l의 기울기를 m이라 놓고 점과 직선 사이의 거리를 이용하여 양수 m을 구한다. | 5점 |

직선 l의 기울기를 $m(m>0)$이라 하면 직선 l은 점 $A(4, 3)$을 지나므로

직선 l의 방정식은 $y-3=m(x-4)$, 즉 $mx-y-4m+3=0$

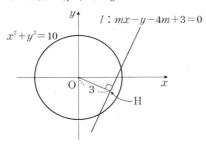

이때 $\overline{OH}=a=3$이므로 원의 중심 O와 직선 $mx-y-4m+3=0$의 거리는 3

$\dfrac{|-4m+3|}{\sqrt{m^2+1}}=3$, $|-4m+3|=3\sqrt{m^2+1}$

양변을 제곱하면 $(-4m+3)^2=9(m^2+1)$, $7m^2-24m=0$, $m(7m-24)=0$

$\therefore m=0$ 또는 $m=\dfrac{24}{7}$

따라서 직선 l의 기울기는 양수이므로 $m=\dfrac{24}{7}$

정답 해설참조

0494

정답 해설참조

| 1단계 | $A^2=9E$를 만족시키는 점 $P(x, y)$가 나타내는 도형 C의 방정식을 구한다. | 4점 |

$A^2=9E$이므로

$\begin{pmatrix} x & y \\ y & -x \end{pmatrix}\begin{pmatrix} x & y \\ y & -x \end{pmatrix}=9\begin{pmatrix} 1 & 0 \\ 0 & 1 \end{pmatrix}$, $\begin{pmatrix} x^2+y^2 & 0 \\ 0 & x^2+y^2 \end{pmatrix}=\begin{pmatrix} 9 & 0 \\ 0 & 9 \end{pmatrix}$

$\therefore x^2+y^2=9$

즉 점 P가 나타내는 도형은 중심이 $(0, 0)$이고 반지름의 길이가 3인 원이다.

| 2단계 | 선분 PQ의 길이의 최댓값 M, 최솟값 m을 구한다. | 5점 |

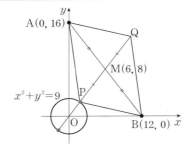

선분 AB의 중점을 M이라 하면 점 M의 좌표는

$\left(\dfrac{12+0}{2}, \dfrac{0+16}{2}\right)$, 즉 $(6, 8)$

평행사변형의 두 대각선은 서로 다른 것을 이등분하므로

선분 PQ의 중점도 M이다.

$\therefore \overline{PQ}=2\overline{MP}$

점 $M(6, 8)$과 원의 중심 $O(0, 0)$ 사이의 거리는

$\overline{OM}=\sqrt{6^2+8^2}=10$

이때 원의 반지름의 길이가 3이므로 선분 MP의 길이의 최댓값은

$\overline{OM}+$(반지름의 길이)$=10+3=13$

최솟값은 $\overline{OM}-$(반지름의 길이)$=10-3=7$

즉 $M=2\times 13=26$, $m=2\times 7=14$

| 3단계 | $M+m$의 값을 구한다. | 1점 |

따라서 $M+m=26+14=40$

내신연계 출제문항 257

행렬 $A=\begin{pmatrix} x & y \\ y & -x \end{pmatrix}$에 대하여 $A^2=16E$를 만족시키는 점 $P(x, y)$가 나타내는 도형을 C라 하자. 점 $A(6, 8)$과 도형 C 위의 점 사이의 거리의 최댓값을 구하는 과정을 다음 단계로 서술하시오. (단, E는 단위행렬이다.)

[1단계] $A^2=16E$를 만족시키는 점 $P(x, y)$가 나타내는 도형 C의 방정식을 구한다. [5점]

[2단계] 점 $A(6, 8)$과 도형 C 위의 점 사이의 거리의 최댓값을 구한다. [5점]

| 1단계 | $A^2=16E$를 만족시키는 점 $P(x, y)$가 나타내는 도형 C의 방정식을 구한다. | 5점 |

$A^2=16E$이므로

$\begin{pmatrix} x & y \\ y & -x \end{pmatrix}\begin{pmatrix} x & y \\ y & -x \end{pmatrix}=16\begin{pmatrix} 1 & 0 \\ 0 & 1 \end{pmatrix}$, $\begin{pmatrix} x^2+y^2 & 0 \\ 0 & x^2+y^2 \end{pmatrix}=\begin{pmatrix} 16 & 0 \\ 0 & 16 \end{pmatrix}$

$\therefore x^2+y^2=16$

즉 점 P가 나타내는 도형은 중심이 $(0, 0)$이고 반지름의 길이가 4인 원이다.

| 2단계 | 점 $A(6, 8)$과 도형 C 위의 점 사이의 거리의 최댓값을 구한다. | 5점 |

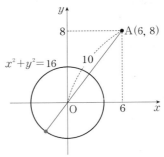

원의 중심인 원점과 점 $A(6, 8)$사이의 거리는 $\overline{OA}=\sqrt{6^2+8^2}=10$

따라서 점 A와 원 C 위의 점 사이의 거리의 최댓값은

$\overline{OA}+$(반지름의 길이)이므로 $10+4=14$

정답 해설참조

0495

| 1단계 | 두 점 $A(1, 2)$, $B(5, 5)$를 지나는 직선의 방정식과 선분 AB의 길이를 구한다. | 3점 |

직선 AB의 방정식은 $y-2=\dfrac{5-2}{5-1}(x-1)$

$\therefore 3x-4y+5=0$

삼각형 PAB의 밑변을 선분 AB라 하면

$\overline{AB}=\sqrt{(5-1)^2+(5-2)^2}=5$로 일정하다.

| 2단계 | 원 $(x-1)^2+(y+3)^2=4$ 위의 점에서 두 점을 지나는 직선 AB 사이의 거리의 최댓값과 최솟값을 구한다. | 4점 |

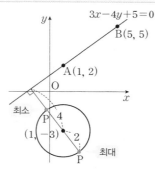

원의 중심 $(1, -3)$에서 직선 AB 사이의 거리는 $\dfrac{|3+12+5|}{\sqrt{3^2+(-4)^2}}=\dfrac{20}{5}=4$

삼각형 PAB의 높이는 원 위의 점 P에서 직선 AB에 내린 수선의 발의 길이이다.

원 위의 점 P에서 직선 AB 사이의 거리의 최댓값은

(중심에서 직선까지의 거리)+(반지름의 길이)$=4+2=6$

원 위의 점 P에서 직선 AB 사이의 거리의 최솟값은

(중심에서 직선까지의 거리)-(반지름의 길이)$=4-2=2$

즉 원 $(x-1)^2+(y+3)^2=4$ 위의 점 P에서

직선 AB 사이의 거리의 최댓값은 6, 최솟값은 2

| 3단계 | 삼각형 PAB의 넓이의 최댓값과 최솟값의 합을 구한다. | 3점 |

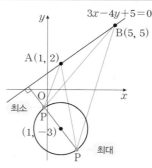

삼각형 PAB의 밑변을 선분 AB의 길이가 5이므로

삼각형 PAB의 넓이의 최댓값은 $\dfrac{1}{2}\times5\times6=15$

삼각형 PAB의 넓이의 최솟값은 $\dfrac{1}{2}\times5\times2=5$

따라서 삼각형 PAB의 넓이의 최댓값과 최솟값의 합은 $15+5=20$

0496

| 1단계 | 점 $A(6, 1)$에서 직선 $y=-x+3$에 내린 수선의 발 H의 좌표를 구한다. | 3점 |

점 H의 좌표를 (a, b)라 하면

직선 AH의 기울기는 직선 $y=-x+3$에 수직이므로

$\dfrac{b-1}{a-6}=1$에서 $b=a-5$ ······ ㉠

점 $H(a, b)$는 직선 $y=-x+3$ 위의 점이므로

$b=-a+3$ ······ ㉡

㉠, ㉡을 연립하여 풀면 $a=4$, $b=-1$

즉 점 H의 좌표는 $(4, -1)$

> **+α** 수직인 직선의 방정식을 이용하여 구할 수 있어!
>
> 점 $A(6, 1)$에서 직선 $y=-x+3$에 내린 수선의 발을 H라 하면
> 직선 AH는 직선 $y=-x+3$과 수직이므로 기울기는 1
> 이때 점 $A(6, 1)$을 지나므로 직선 AH의 방정식은 $y=(x-6)+1$
> $\therefore y=x-5$
> 점 H는 두 직선 $y=-x+3$과 $y=x-5$의 교점이므로
> $-x+3=x-5$ $\therefore x=4$
> 이를 직선 $y=-x+3$에 대입하면 $y=-1$
> $\therefore H(4, -1)$

| 2단계 | 직선 AH의 방정식과 선분 AH의 길이를 구한다. | 2점 |

직선 AH의 방정식은

$y+1=\dfrac{-1-1}{4-6}(x-4)$ $\therefore x-y-5=0$

$\overline{AH}=\sqrt{(6-4)^2+(1+1)^2}=2\sqrt{2}$

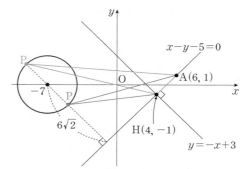

| 3단계 | 삼각형 APH의 넓이의 최댓값과 최솟값의 합을 구한다. | 5점 |

원의 중심 $(-7, 0)$과 직선 AH 사이의 거리는 $\dfrac{|-7-5|}{\sqrt{1^2+(-1)^2}}=6\sqrt{2}$

삼각형 APH의 넓이는 $\dfrac{1}{2}\times\overline{AH}\times$(점 P에서 직선 AH까지 거리)

넓이의 최댓값은 점 P에서 직선 AH까지의 거리가 최대일 때이므로

(원의 중심에서 직선까지의 거리)+(반지름의 길이)$=6\sqrt{2}+2\sqrt{2}=8\sqrt{2}$

넓이의 최솟값은 점 P에서 직선 AH까지의 거리가 최소일 때이므로

(원의 중심에서 직선까지의 거리)-(반지름의 길이)$=6\sqrt{2}-2\sqrt{2}=4\sqrt{2}$

삼각형 APH의 넓이의 최댓값은 $\dfrac{1}{2}\times2\sqrt{2}\times8\sqrt{2}=16$,

삼각형 APH의 넓이의 최솟값은 $\dfrac{1}{2}\times2\sqrt{2}\times4\sqrt{2}=8$,

따라서 삼각형 APH의 넓이의 최댓값과 최솟값의 합은 $16+8=24$

0497

STEP Ⓐ **정사각형을 평면좌표로 나타내고 원의 방정식과 직선 AP의 방정식 구하기**

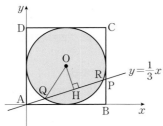

그림과 같이 직선 AB를 x축, 직선 AD를 y축으로 하는 좌표평면을 나타내면
원의 중심은 $(5, 5)$이고 반지름의 길이가 5
즉 원의 방정식은 $(x-5)^2+(y-5)^2=25$
또한, $\overline{AB} : \overline{BP}=3 : 1$이므로 직선 AP는 기울기가 $\dfrac{1}{3}$이고 원점을 지나므로

점 $P\left(10, \dfrac{10}{3}\right)$이므로 기울기는 $\dfrac{1}{3}$

직선 AP의 방정식은 $y=\dfrac{1}{3}x$

STEP Ⓑ **원의 중심에서 직선 AP까지의 거리 구하기**

원의 중심 $O(5, 5)$에서 직선 $x-3y=0$에 내린 수선의 발을 H라 하면
선분 OH의 길이는 중심에서 직선까지의 거리이므로

$\overline{OH}=\dfrac{|5-15|}{\sqrt{1^2+(-3)^2}}=\dfrac{10}{\sqrt{10}}=\sqrt{10}$

STEP Ⓒ **피타고라스 정리를 이용하여 선분 QR의 길이 구하기**

직각삼각형 OHQ에서 피타고라스 정리에 의하여

$\overline{QH}=\sqrt{\overline{OQ}^2-\overline{OH}^2}=\sqrt{5^2-(\sqrt{10})^2}=\sqrt{15}$

따라서 $\overline{QR}=2\overline{QH}=2\sqrt{15}$

내신연계 출제문항 258

그림과 같이 원 $(x+1)^2+(y-3)^2=4$와 직선 $y=mx+2$를 좌표평면 위에 나타낸 것이다. 원과 직선의 두 교점을 각각 A, B라 할 때, 선분 AB의 길이가 $2\sqrt{2}$가 되도록 하는 상수 m의 값을 구하시오.

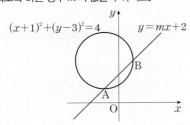

STEP Ⓐ **현의 길이와 피타고라스 정리를 이용하여 원의 중심에서 직선까지의 거리 구하기**

원 $(x+1)^2+(y-3)^2=4$에서 중심은
$C(-1, 3)$, 반지름의 길이는 2
원의 중심에서 직선 $y=mx+2$에 내린
수선의 발을 H라 하면
원의 중심에서 현에 내린 수선은 현을
수직이등분하므로
$\overline{AH}=\overline{BH}=\dfrac{1}{2}\overline{AB}=\sqrt{2}$
직각삼각형 CAH에서 피타고라스 정리에 의하여
$\overline{CH}=\sqrt{\overline{AC}^2-\overline{AH}^2}=\sqrt{2^2-(\sqrt{2})^2}=\sqrt{2}$

STEP Ⓑ **중심에서 직선까지의 거리를 이용하여 m의 값 구하기**

선분 CH의 길이는 원의 중심 $C(-1, 3)$과 직선 $mx-y+2=0$ 사이의 거리와 같으므로

$\dfrac{|m\times(-1)-3+2|}{\sqrt{m^2+(-1)^2}}=\sqrt{2}, \; |-m-1|=\sqrt{2}\times\sqrt{m^2+1}$

양변을 제곱하면 $m^2+2m+1=2m^2+2, \; m^2-2m+1=0$
따라서 $(m-1)^2=0$이므로 $m=1$

0498

STEP Ⓐ **$\overline{PQ}$의 수직이등분선 구하기**

원 $(x-2)^2+(y-1)^2=1$의 중심이 $(2, 1)$이고 반지름의 길이가 1
$\overline{PQ}$가 원의 현이므로 $\overline{PQ}$의 수직이등분선은 원의 중심 $(2, 1)$을 지난다.
중심에서 현에 내린 수선의 발은 현을 수직이등분한다.
또 $\overline{PQ}$의 수직이등분선은 직선 $y=x$에 수직이므로 기울기는 -1
이때 $\overline{PQ}$의 수직이등분선이 나타내는 직선의 방정식은 $y-1=-(x-2)$
∴ $y=-x+3$

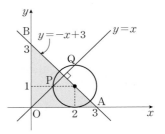

STEP Ⓑ **삼각형 OAB의 넓이 구하기**

직선 $y=-x+3$의 두 점 A, B의 좌표는 $A(3, 0)$, $B(0, 3)$
삼각형 OAB의 넓이는 $\dfrac{1}{2}\times3\times3=\dfrac{9}{2}$
따라서 $p=9$, $q=2$이므로 $p+q=11$

0499

STEP Ⓐ **삼각형 OAB의 내접원의 반지름의 길이를 이용하여 C_1의 좌표 구하기**

직선 $\dfrac{x}{5}+\dfrac{y}{12}=1$이 x축과 만나는 점을 A, y축과 만나는 점을 B라 하면
$A(5, 0)$, $B(0, 12)$이므로 $\overline{AB}=\sqrt{(-5)^2+12^2}=13$
원점 O에 대하여 삼각형 OAB의 넓이는 $\dfrac{1}{2}\times5\times12=30$이므로
삼각형 OAB의 내접원의 반지름의 길이를 r이라 하면
$\dfrac{1}{2}\times r\times(5+12+13)=30$ ∴ $r=2$
이때 내접원은 제1사분면에 위치하고 x축과 y축에 동시에 접하므로
$C_1(2, 2)$

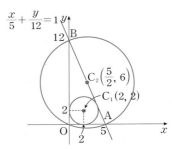

+α | 접선의 길이를 이용하여 구할 수 있어!

삼각형 OAB에 내접원의 반지름의 길이를
r이라 하고 중심에서 각 변에 내린 수선의
발을 H_1, H_2, H_3이라 하면
접선의 성질에 의하여
$\overline{OH_1}=\overline{OH_2}=r$, $\overline{BH_2}=\overline{BH_3}=12-r$,
$\overline{AH_1}=\overline{AH_3}=5-r$
$\overline{AB}=\overline{AH_3}+\overline{BH_3}$, $13=(12-r)+(5-r)$
$\therefore r=2$
즉 반지름의 길이가 2이고 제1사분면에서
x축과 y축에 동시에 접하는 원이므로
중심의 좌표는 $(2, 2)$

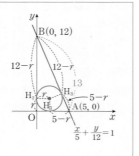

STEP B 외접원의 중심은 $\overline{AB}$의 중점임을 이용하여 중심 C_2의 좌표 구하기

또, 삼각형 OAB는 직각삼각형이고 외접원의 중심은 $\overline{AB}$의 중점이므로
$C_2\left(\dfrac{5}{2}, 6\right)$

STEP C 선분 C_1C_2의 길이 구하기

따라서 $\overline{C_1C_2}=\sqrt{\left(\dfrac{5}{2}-2\right)^2+(6-2)^2}=\sqrt{\dfrac{65}{4}}=\dfrac{\sqrt{65}}{2}$

0500
정답 25

STEP A 길이의 비를 이용하여 점 P와 점 Q의 자취 방정식 구하기

(i) 점 P가 나타내는 도형의 방정식
점 P의 좌표를 (x, y)라 하면 $\overline{AP} : \overline{BP}=3 : 2$이므로
$2\overline{AP}=3\overline{BP}$에서 $4\overline{AP}^2=9\overline{BP}^2$
$4\{(x+2)^2+(y-1)^2\}=9\{(x-3)^2+(y-1)^2\}$,
$x^2+y^2-14x-2y+14=0$
$\therefore (x-7)^2+(y-1)^2=36$
즉 점 P가 나타내는 도형은 중심의 좌표가 $(7, 1)$이고
반지름의 길이가 6인 원이다.
(ii) 점 Q가 나타내는 도형의 방정식
점 Q의 좌표를 (x, y)라 하면 $\overline{AQ} : \overline{BQ}=2 : 3$이므로
$3\overline{AQ}=2\overline{BQ}$에서 $9\overline{AQ}^2=4\overline{BQ}^2$
$9\{(x+2)^2+(y-1)^2\}=4\{(x-3)^2+(y-1)^2\}$,
$x^2+y^2+12x-2y+1=0$
$\therefore (x+6)^2+(y-1)^2=36$
즉 점 Q가 나타내는 도형은 중심의 좌표가 $(-6, 1)$이고
반지름의 길이가 6인 원이다.

STEP B 선분 CD의 길이의 최댓값 구하기

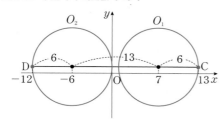

원 $O_1 : (x-7)^2+(y-1)^2=36$ 위의 점 C와
원 $O_2 : (x+6)^2+(y-1)^2=36$ 위의 점 D에 대하여
선분 CD의 길이의 최댓값은
(두 원의 중심 사이의 거리)+(두 원의 반지름 길이의 합)
두 원의 중심 사이의 거리는 $\sqrt{\{7-(-6)\}^2+(1-1)^2}=13$
따라서 선분 CD의 길이의 최댓값은 $13+(6+6)=25$

0501
정답 3

STEP A y축에 접하는 원의 방정식 구하기

이차함수 $y=x^2+1$의 그래프 위의 점이 중심이므로
중심의 좌표 $C(a, a^2+1)$이라 하자.
또한, 원이 y축에 접하는 원이므로
(반지름의 길이)=| 중심의 x좌표 |=$|a|$
원의 방정식은 $(x-a)^2+(y-a^2-1)^2=a^2$

STEP B 원의 중심과 직선 사이의 거리가 반지름임을 이용하여 a에 관한 방정식 구하기

직선 $4x-3y-3=0$이 원의 접선이므로
원의 중심 (a, a^2+1)과 직선까지의 거리가 반지름의 길이 $|a|$와 같다.
$\dfrac{|4a-3(a^2+1)-3|}{\sqrt{4^2+(-3)^2}}=|a|$, $|-3a^2+4a-6|=5|a|$
$-3a^2+4a-6=5a$ 또는 $-3a^2+4a-6=-5a$
$\therefore 3a^2+a+6=0$ 또는 $3a^2-9a+6=0$

STEP C $p+q$의 값 구하기

(i) $3a^2+a+6=0$인 경우
이차방정식 $3a^2+a+6=0$의
판별식을 D라 하면
$D=1-4\times3\times6<0$이므로
실근을 갖지 않는다.
(ii) $3a^2-9a+6=0$인 경우
이차방정식
$3a^2-9a+6=0$,
$a^2-3a+2=0$,
$(a-1)(a-2)=0$이므로 $a=1$ 또는 $a=2$
(i), (ii)에서 $a=1$, $a=2$이므로 $p=1$, $q=2$ 또는 $p=2$, $q=1$
따라서 $p+q=3$

0502
정답 $12\sqrt{3}$

STEP A 직선의 기울기를 m이라 하고 원 $(x-6)^2+y^2=7$의 중심을 지남을 이용하여 직선의 방정식 구하기

원 $(x-6)^2+y^2=7$의 넓이를 이등분하는 직선은 중심 $(6, 0)$을 지나므로
기울기를 m이라 하면 $y=m(x-6)$ ······ ㉠

STEP B 원의 중심에서 직선까지의 거리가 반지름임을 이용하여 m의 값 구하기

직선 $mx-y-6m=0$이 원 $x^2+y^2=9$의 접선이므로
중심 $(0, 0)$에서 직선까지의 거리는 반지름의 길이 3과 같다.
$\dfrac{|-6m|}{\sqrt{m^2+(-1)^2}}=3$, $|-6m|=3\sqrt{m^2+1}$
양변을 제곱하면 $36m^2=9m^2+9$, $27m^2=9$, $m^2=\dfrac{1}{3}$
$\therefore m=\dfrac{\sqrt{3}}{3}$ 또는 $m=-\dfrac{\sqrt{3}}{3}$

STEP C 두 직선과 y축으로 둘러싸인 삼각형의 넓이 구하기

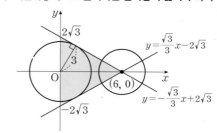

m의 값을 ㉠에 대입하면 두 직선은 $y=\dfrac{\sqrt{3}}{3}x-2\sqrt{3}$, $y=-\dfrac{\sqrt{3}}{3}x+2\sqrt{3}$

따라서 두 직선과 y축으로 둘러싸인 삼각형의 넓이는 $\dfrac{1}{2}\times6\times4\sqrt{3}=12\sqrt{3}$

0503

정답 ④

STEP A 점 $P(a,\ 0)$이라 하고 선분 PQ의 길이 구하기

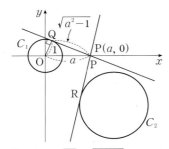

점 P의 좌표를 $P(a,\ 0)$이라 하면 $\overline{OP}=\sqrt{a^2+0^2}=a$

원 C_1 : $x^2+y^2=1$의 중심 $O(0,\ 0)$에서 접점 Q에 수선을 내리면

선분 PQ와 선분 OQ는 수직으로 만나므로 직각삼각형 OPQ에서

피타고라스 정리에 의하여 $\overline{PQ}^2=\overline{OP}^2-\overline{OQ}^2$

$\therefore \overline{PQ}=\sqrt{a^2-1}$

STEP B 선분 PR의 길이 구하기

C_2 : $x^2+y^2-8x+6y+21=0$에서 $(x-4)^2+(y+3)^2=4$

원의 중심은 $O_2(4,\ -3)$이고 반지름의 길이는 2

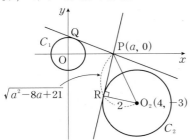

점 $P(a,\ 0)$일 때 $\overline{O_2P}=\sqrt{(a-4)^2+9}$

원 C_2 : $(x-4)^2+(y+3)^2=4$의 중심 $O_2(4,\ -3)$에서

접점 R에 수선을 내리면 선분 PR과 선분 O_2R은 수직으로 만나므로

직각삼각형 O_2PR에서 피타고라스 정리에 의하여 $\overline{PR}^2=\overline{O_2P}^2-\overline{O_2R}^2$

즉 $\overline{PR}^2=(\sqrt{a^2-8a+25})^2-2^2=a^2-8a+21$

$\therefore \overline{PR}=\sqrt{a^2-8a+21}$

STEP C $\overline{PQ}=\overline{PR}$임을 이용하여 a의 값 구하기

주어진 조건에서 $\overline{PQ}=\overline{PR}$ 이므로 $\sqrt{a^2-1}=\sqrt{a^2-8a+21}$

양변을 제곱하면 $a^2-1=a^2-8a+21$, $8a=22$ $\therefore a=\dfrac{11}{4}$

따라서 점 P의 x좌표는 $\dfrac{11}{4}$

+α 다음과 같은 방법으로도 구할 수 있어!

주어진 조건에서 $\overline{PQ}=\overline{PR}=\sqrt{a^2-1}$ 이므로

직각삼각형 PRO_2에서 피타고라스 정리에 의하여 $\overline{O_2P}^2=\overline{PR}^2+\overline{O_2R}^2$

$\overline{O_2P}^2=(\sqrt{a^2-1})^2+2^2=a^2+3$

$\overline{O_2P}=\sqrt{a^2-8a+25}$ 이므로 $\overline{O_2P}^2=a^2-8a+25$

즉 $a^2+3=a^2-8a+25$, $8a=22$ $\therefore a=\dfrac{11}{4}$

따라서 점 P의 x좌표는 $\dfrac{11}{4}$

내/신/연/계/ 출제문항 259

그림과 같이 좌표평면 위에 반원 3개로 이루어진 도형이 있다.

주어진 도형과 직선 $y=a(x-1)$이 서로 다른 네 점에서 만나기 위한 a의

값의 범위가 $p<a<q$일 때, $3(q-p)$의 값을 구하시오.

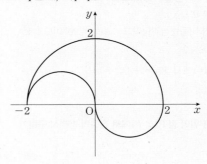

STEP A 주어진 도형과 직선 $y=a(x-1)$이 네 점에서 만나기 위한 조건 구하기

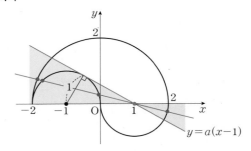

직선 $y=a(x-1)$은 a의 값에 관계없이 $(1,\ 0)$을 지나고

기울기가 a인 직선이므로 주어진 도형과 서로 다른 네 점에서 만나기 위해서는

반원 $(x+1)^2+y^2=1$ $(y\geq0)$과 서로 다른 두 점에서 만나야 한다.

STEP B 점과 직선 사이의 거리를 이용하여 직선의 기울기 구하기

직선 $ax-y-a=0$이 원 $(x+1)^2+y^2=1$ $(y\geq0)$과 접하면

원의 중심 $(-1,\ 0)$에서 직선에 이르는 거리 d와 반지름의 길이 1은 같다.

$d=\dfrac{|-a-a|}{\sqrt{a^2+(-1)^2}}=1,\ |-2a|=\sqrt{a^2+1}$

양변을 제곱하여 정리하면 $3a^2=1$

$\therefore a=-\dfrac{1}{\sqrt{3}}=-\dfrac{\sqrt{3}}{3}$ $(\because a<0)$

이때 a의 값은 접선의 기울기보다는 크고 0보다는 작아야 하므로

$-\dfrac{\sqrt{3}}{3}<a<0$

따라서 $p=-\dfrac{\sqrt{3}}{3}$, $q=0$이므로 $3(q-p)=3\left\{0-\left(-\dfrac{\sqrt{3}}{3}\right)\right\}=\sqrt{3}$ 정답 $\sqrt{3}$

0504

정답 −24

STEP A 조건을 만족하는 원의 반지름의 길이 구하기

원 C의 반지름의 길이가 r이고 선분 PQ가 원 C의 지름이므로

$\overline{PQ}=2r$, $\overline{OP}=r$

삼각형 APQ가 이등변삼각형이고 $\angle APQ=90°$이므로 $\overline{PA}=2r$

$\overline{OA}=\sqrt{4+4}=2\sqrt{2}$

직각삼각형 APO에서 $8=r^2+4r^2$, $r^2=\dfrac{8}{5}$ ← $\overline{OA}^2=\overline{OP}^2+\overline{AP}^2$

$\therefore x^2+y^2=\dfrac{8}{5}$

STEP B 원 위의 점 $P(a, b)$에서 접선의 방정식 구하기

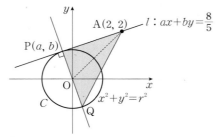

점 $P(a, b)$가 원 $x^2+y^2=\dfrac{8}{5}$ 위에 점이므로 $a^2+b^2=\dfrac{8}{5}$

원 $x^2+y^2=\dfrac{8}{5}$ 위의 점 $P(a, b)$에서의 접선의 방정식은 $ax+by=\dfrac{8}{5}$ 이다.

이 접선이 점 $A(2, 2)$를 지나므로 $2a+2b=\dfrac{8}{5}$ $\therefore a+b=\dfrac{4}{5}$

STEP C 곱셈 공식을 이용하여 ab의 값 구하기

따라서 $2ab=(a+b)^2-(a^2+b^2)=\dfrac{16}{25}-\dfrac{8}{5}=-\dfrac{24}{25}$ 이므로 $50ab=-24$

0505

정답 7

STEP A 점 A가 움직이는 원의 방정식을 이용하여 a, b의 관계식 구하기

반지름의 길이가 3이고 중심의 좌표가 $(3, 6)$인 원의 방정식은

$(x-3)^2+(y-6)^2=9$

점 $A(a, b)$라 하면 원 $(x-3)^2+(y-6)^2=9$ 위의 점이므로 대입하면

$(a-3)^2+(b-6)^2=9$ ...... ㉠

STEP B 무게중심의 공식을 이용하여 자취의 방정식 구하기

무게중심 G의 좌표를 $G(x, y)$라 하면

세 점 $A(a, b)$, $B(4, 2)$, $C(-1, 4)$를 꼭짓점으로 하는

삼각형 ABC의 무게중심은 $x=\dfrac{a+4-1}{3}$, $y=\dfrac{b+2+4}{3}$

$\therefore a=3x-3$, $b=3y-6$ ...... ㉡

㉡을 ㉠에 대입하면

$(3x-3-3)^2+(3y-6-6)^2=9$, $(3x-6)^2+(3y-12)^2=9$

$\therefore (x-2)^2+(y-4)^2=1$

STEP C Mm의 값 구하기

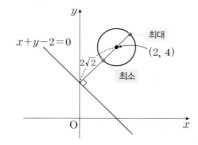

원의 중심 $(2, 4)$와 직선 $x+y-2=0$ 사이의 거리는

$\dfrac{|2+4-2|}{\sqrt{1^2+1^2}}=2\sqrt{2}$

원의 반지름의 길이가 1이므로

최댓값 M=(중심에서 직선까지 거리)+(반지름의 길이)=$2\sqrt{2}+1$

최솟값 m=(중심에서 직선까지 거리)−(반지름의 길이)=$2\sqrt{2}-1$

따라서 $Mm=(2\sqrt{2}+1)(2\sqrt{2}-1)=8-1=7$

내신연계 출제문항 260

그림과 같이 좌표평면 위에 원 $(x-2)^2+(y+2)^2=4$가 있다.
이 원에 접하는 접선 중에서 서로 수직이 되는 두 직선의 교점을 P라 할 때, 점 P가 이루는 도형 위의 점에서 직선 $y=x+1$까지 거리의 최솟값을 구하시오.

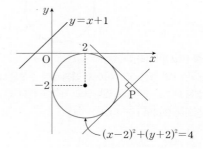

STEP A 수직인 접선의 교점 P가 그리는 도형의 방정식 구하기

다음 그림과 원 $(x-2)^2+(y+2)^2=4$의 중심을 C라 하고 수직인 두 접선의 접점을 각각 A, B라 하자.

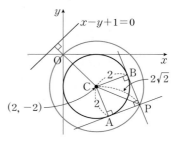

이때 사각형 CAPB는 정사각형이므로 $\overline{CP}=2\sqrt{2}$이고
점 P가 나타내는 도형은 중심이 $(2, -2)$이고 반지름이 $2\sqrt{2}$인 원이다.
즉 점 P가 나타내는 도형의 방정식 $(x-2)^2+(y+2)^2=8$

STEP B 점 P의 도형에서 직선 $y=x+1$까지 거리의 최솟값 구하기

원의 중심 $(2, -2)$에서 직선 $x-y+1=0$ 사이의 거리를 d라 하면

$d=\dfrac{|2+2+1|}{\sqrt{2}}=\dfrac{5\sqrt{2}}{2}$

따라서 직선 $y=x+1$까지 거리의 최솟값은

(중심에서 직선까지의 거리)−(반지름의 길이)이므로 $\dfrac{5\sqrt{2}}{2}-2\sqrt{2}=\dfrac{\sqrt{2}}{2}$

★참고 점 P가 나타내는 도형 위의 점과 직선 $y=x+1$ 사이의 거리의 최댓값은

$\dfrac{5\sqrt{2}}{2}+2\sqrt{2}=\dfrac{9\sqrt{2}}{2}$

정답 $\dfrac{\sqrt{2}}{2}$

0506

다음 물음에 답하시오.

(1) 점 A$(-6, 0)$과 원 $x^2+y^2-6x=0$ 위의 점 B에 대하여 선분 AB를 $2:1$로 내분하는 점을 P라 할 때, 점 P가 나타내는 도형의 길이를 구하시오.

STEP A 원 위의 점 B(a, b)라 하고 점 P의 자취의 방정식 구하기

점 B(a, b)라 하면 원 $x^2+y^2-6x=0$ 위의 점이므로 대입하면
$a^2+b^2-6a=0$ ····· ㉠
점 A$(-6, 0)$, B(a, b)를 $2:1$로 내분하는 점을 P(x, y)라 하면
$x=\dfrac{2a-6}{2+1}$, $y=\dfrac{2b}{2+1}$ $\therefore a=\dfrac{3x+6}{2}$, $b=\dfrac{3}{2}y$ ····· ㉡
㉡을 ㉠에 대입하면
$\left(\dfrac{3x+6}{2}\right)^2+\left(\dfrac{3}{2}y\right)^2-6\times\dfrac{3x+6}{2}=0$, $(x+2)^2+y^2-4(x+2)=0$
$\therefore x^2+y^2=4$

STEP B 점 P가 나타내는 도형의 길이 구하기

따라서 점 P가 나타내는 도형은 반지름의 길이가 2인 원이므로
둘레의 길이는 4π

(2) 점 A$(1, -2)$와 원 $(x-1)^2+y^2=64$ 위의 점 P를 이은 선분 AP의 중점이 나타내는 도형의 길이를 구하시오.

STEP A 점 P(a, b)라 하고 중점의 좌표를 M(x, y)이라 할 때, 점 M의 자취의 방정식 구하기

점 P(a, b)라 하면 원 $(x-1)^2+y^2=64$ 위의 점이므로 대입하면
$(a-1)^2+b^2=64$ ····· ㉠
선분 AP의 중점을 M(x, y)라 하면 $x=\dfrac{1+a}{2}$, $y=\dfrac{-2+b}{2}$
$\therefore a=2x-1$, $b=2y+2$ ····· ㉡
㉡을 ㉠에 대입하면 $(2x-1-1)^2+(2y+2)^2=64$
$\therefore (x-1)^2+(y+1)^2=16$

STEP B 선분 AP의 중점의 자취가 나타내는 도형의 길이 구하기

따라서 선분 AP의 중점의 자취가 나타내는 도형은 중심의 좌표가 $(1, -1)$이고
반지름의 길이가 4인 원이므로 구하는 길이는 $2\pi\times4=8\pi$

0507

STEP A 선분 AB를 $2:1$로 내분하는 점 P의 좌표 구하기

두 점 A$(0, 6)$, B$(9, 0)$를 $2:1$로 내분하는 점 P의 좌표는
$\left(\dfrac{2\times9+1\times0}{2+1}, \dfrac{2\times0+1\times6}{2+1}\right)$이므로 P$(6, 2)$

STEP B 점 P가 원 위의 점임을 이용하여 a, b의 관계식 구하기

원 $x^2+y^2-2ax-2by=0$과 직선 AB가 점 P$(6, 2)$에서 만나므로
$6^2+2^2-2a\times6-2b\times2=0$, $3a+b=10$
$\therefore b=-3a+10$ ····· ㉠

STEP C 중심과 점 P를 지나는 직선이 직선 AB와 수직임을 이용하여 a, b의 값 구하기

원 $x^2+y^2-2ax-2by=0$에서 $(x-a)^2+(y-b)^2=a^2+b^2$
원의 중심 C라 하면 C(a, b), 반지름의 길이는 $\sqrt{a^2+b^2}$
원의 중심 C와 점 P를 지나는 직선을 l이라 하면
직선 l은 직선 AB와 서로 수직이고 직선 AB의 기울기가 $-\dfrac{2}{3}$이므로
직선 l의 기울기는 $\dfrac{3}{2}$

직선 AB의 기울기는 $\dfrac{0-6}{9-0}=-\dfrac{2}{3}$

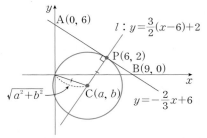

직선 l이 점 P$(6, 2)$를 지나므로 직선 l의 방정식은 $y=\dfrac{3}{2}(x-6)+2$
이때 원의 중심 C(a, b)가 직선 위의 점이므로 대입하면
$b=\dfrac{3}{2}(a-6)+2$이므로 $3a-2b=14$ ····· ㉡
㉠, ㉡을 연립하여 풀면 $a=\dfrac{34}{9}$, $b=-\dfrac{4}{3}$
따라서 $a+b=\dfrac{34}{9}+\left(-\dfrac{4}{3}\right)=\dfrac{22}{9}$

내신연계 출제문항 261

좌표평면 위의 두 점 A$(-9, 0)$, B$(0, -6)$에 대하여 직선 AB가 원 $x^2+y^2+2ax+2by=0$에 접하고 그 접점은 선분 AB를 $1:2$로 내분한다. $a+b$의 값을 $\dfrac{q}{p}$라고 할 때, $p+q$의 값은?
(단, a, b는 상수이고 p, q는 서로소인 자연수이다.)

① 29 ② 30 ③ 31
④ 32 ⑤ 33

STEP A 선분 AB를 $1:2$로 내분한 점이 원의 접점임을 이용하여 a, b의 관계식 구하기

두 점 A$(-9, 0)$, B$(0, -6)$에 대하여
선분 AB를 $1:2$로 내분하는 점을 P라 하면 점 P의 좌표는
$\left(\dfrac{0-18}{1+2}, \dfrac{-6+0}{1+2}\right)$, 즉 P$(-6, -2)$
이때 점 P는 원 위의 점이므로 원 $x^2+y^2+2ax+2by=0$에 대입하면
$36+4-12a-4b=0$ $\therefore 3a+b=10$ ····· ㉠

STEP B 원의 중심을 C라고 할 때 직선 AB와 직선 CP가 서로 수직임을 이용하여 a, b의 값 구하기

원의 방정식 $x^2+y^2+2ax+2by=0$에서 $(x+a)^2+(y+b)^2=a^2+b^2$
중심을 점 C라 할 때, C$(-a, -b)$이고 반지름의 길이는 $\sqrt{a^2+b^2}$

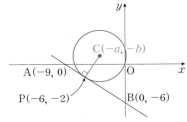

이때 직선 CP와 직선 AB는 수직으로 만나므로 두 직선의 기울기의 곱은 -1
직선 AB의 기울기는 $\dfrac{-6-0}{0-(-9)}=-\dfrac{2}{3}$이므로 직선 CP의 기울기는 $\dfrac{3}{2}$
직선 CP의 기울기는 $\dfrac{-b+2}{-a+6}=\dfrac{3}{2}$에서 $-3a+18=-2b+4$
$\therefore 3a-2b=14$ ····· ㉡
㉠, ㉡을 연립하여 풀면 $a=\dfrac{34}{9}$, $b=-\dfrac{4}{3}$
$\therefore a+b=\dfrac{22}{9}$
따라서 $p=9$, $g=22$이므로 $p+q=9+22=31$

STEP A 조건 (가)를 만족시키는 a의 값 구하기

조건 (가)에 의하여

원 $C : x^2+y^2-4x-2ay+a^2-9=0$이 원점을 지나므로

$(0, 0)$을 대입하면 $a^2-9=0$, $a^2=9$

$\therefore a=-3$ 또는 $a=3$

STEP B 조건 (나)를 만족시키는 두 점 사이의 거리 구하기

(ⅰ) $a=-3$일 때, 원 C의 방정식은

$\quad x^2+y^2-4x+6y=0$, $(x^2-4x+4)+(y^2+6y+9)-4-9=0$

$\quad \therefore (x-2)^2+(y+3)^2=13$

$\quad$ 직선 $y=-2$와 만나는 점이 존재해야 하므로 $y=-2$를 대입하면

$\quad (x-2)^2+1=13$, $(x-2)^2=12$

$\quad$ 즉 $x-2=2\sqrt{3}$ 또는 $x-2=-2\sqrt{3}$이므로

$\quad x=2+2\sqrt{3}$ 또는 $x=2-2\sqrt{3}$

(ⅱ) $a=3$일 때, 원 C의 방정식은

$\quad x^2+y^2-4x-6y=0$, $(x^2-4x+4)+(y^2-6y+9)-4-9=0$

$\quad \therefore (x-2)^2+(y-3)^2=13$

$\quad$ 직선 $y=-2$와 만나는 점이 존재해야 하므로 $y=-2$를 대입하면

$\quad (x-2)^2+25=13$, $(x-2)^2=-12$이므로 실수 x의 값이 존재하지 않는다.

$\quad$ 즉 만나지 않는다.

> **+α** | 원의 중심에서 직선까지의 거리와 반지름으로 구할 수 있어!
>
> $a=3$일 때, 원의 방정식 $x^2+y^2-4x-6y=0$에서 $(x-2)^2+(y-3)^2=13$
> 원의 중심은 $(2, 3)$이고 반지름의 길이는 $\sqrt{13}$
> 이때 중심에서 직선 $y=-2$까지의 거리는 |(중심의 y좌표)$-(-2)$|$=5$
> 중심에서 직선 $y=-2$까지의 거리 5가 반지름의 길이 $\sqrt{13}$보다 크기 때문에
> 원과 직선은 만나지 않는다.

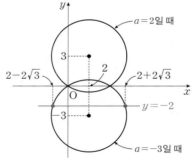

(ⅰ), (ⅱ)에서 원 $(x-2)^2+(y+3)^2=13$과 직선 $y=-2$가 만나는 두 점은

$(2+2\sqrt{3}, -2)$, $(2-2\sqrt{3}, -2)$

따라서 두 점 사이의 거리는 $(2+2\sqrt{3})-(2-2\sqrt{3})=4\sqrt{3}$

> **+α** | 직각삼각형의 피타고라스 정리를 이용하여 구할 수 있어!
>
> 원 C의 중심을 $A(2, -3)$이라 하고
> 점 A에서 직선 $y=-2$에 내린 수선의
> 발을 H라 하면 $\overline{AH}=-2-(-3)=1$
> 원 C의 반지름은 $\sqrt{13}$이고 원과
> 직선 $y=-2$가 만나는 두 점을 각각
> P, Q라 하면 $\overline{AP}=\overline{AQ}=\sqrt{13}$
> 직각삼각형 AHP에서 피타고라스
> 정리에 의하여 $\overline{PH}^2=\overline{AP}^2-\overline{AH}^2$
> $\overline{PH}=\sqrt{(\sqrt{13})^2-1^2}=2\sqrt{3}$
> 이때 선분 AH는 이등변삼각형 APQ의 밑변을 수직이등분하므로 $\overline{PH}=\overline{HQ}$
> 즉 $\overline{PQ}=2\overline{PH}=2\times 2\sqrt{3}=4\sqrt{3}$
> 따라서 원 C와 직선 $y=-2$가 만나는 두 점 사이의 거리는 $4\sqrt{3}$

내/신/연/계/ 출제문항 262

좌표평면에서 원 $C : x^2+y^2-6x-4ay+a^2-4=0$이 다음 조건을 만족시킨다.

> (가) 원 C는 원점을 지난다.
> (나) 원 C는 직선 $y=-3$와 서로 다른 두 점에서 만난다.

원 C와 직선 $y=-3$이 만나는 두 점 사이의 거리는? (단, a는 상수이다.)

① $4\sqrt{5}$ ② $4\sqrt{6}$ ③ $3\sqrt{5}$
④ $3\sqrt{6}$ ⑤ $2\sqrt{6}$

STEP A 두 조건 (가), (나)를 만족하는 a의 값 구하기

조건 (가)에 의하여

원 $C : x^2+y^2-6x-4ay+a^2-4=0$에 $x=0$, $y=0$을 대입하면

$a^2-4=0$, $a^2=4$

$\therefore a=-2$ 또는 $a=2$

STEP B 조건 (나)를 만족시키는 두 점 사이의 거리 구하기

(ⅰ) $a=-2$일 때, 원 C의 방정식은

$\quad x^2+y^2-6x+8y=0$, $(x^2-6x+9)+(y^2+8y+16)-9-16=0$

$\quad \therefore (x-3)^2+(y+4)^2=25$

$\quad$ 직선 $y=-3$과 만나는 점이 존재해야 하므로 $y=-3$을 대입하면

$\quad (x-3)^2+1=25$, $(x-3)^2=24$

$\quad$ 즉 $x-3=2\sqrt{6}$ 또는 $x-3=-2\sqrt{6}$

$\quad x=2\sqrt{6}+3$ 또는 $x=3-2\sqrt{6}$

(ⅱ) $a=2$일 때, 원 C의 방정식은

$\quad x^2+y^2-6x-8y=0$, $(x^2-6x+9)+(y^2-8y+16)-9-16=0$

$\quad \therefore (x-3)^2+(y-4)^2=25$

$\quad$ 직선 $y=-3$과 만나는 점이 존재해야 하므로 $y=-3$을 대입하면

$\quad (x-3)^2+49=25$, $(x-3)^2=-24$이므로 실수 x의 값이 존재하지 않는다.

$\quad$ 즉 만나지 않는다.

> **+α** | 원의 중심에서 직선까지의 거리와 반지름으로 구할 수 있어!
>
> $a=2$일 때, 원의 방정식 $x^2+y^2-6x-8y=0$에서 $(x-3)^2+(y-4)^2=25$
> 원의 중심은 $(3, 4)$이고 반지름의 길이는 5
> 이때 중심에서 직선 $y=-3$까지의 거리는 |(중심의 y좌표)$-(-3)$|$=7$
> 중심에서 직선 $y=-3$까지의 거리 7이 반지름의 길이 5보다 크기 때문에 원과
> 직선은 만나지 않는다.

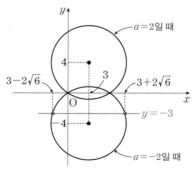

(ⅰ), (ⅱ)에서 원 $(x-3)^2+(y+4)^2=25$와 직선 $y=-3$이 만나는 두 점은

$(3-2\sqrt{6}, -3)$, $(3+2\sqrt{6}, -3)$

따라서 두 점 사이의 거리는 $(3+2\sqrt{6})-(3-2\sqrt{6})=4\sqrt{6}$

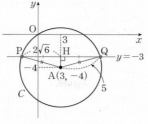

+α | 직각삼각형의 피타고라스 정리를 이용하여 구할 수 있어!

원 C의 중심을 $A(3, -4)$라 하고
점 A에서 직선 $y=-3$에 내린 수선의
발을 H라 하면 $\overline{AH}=-3-(-4)=1$
원 C의 반지름은 5이고
원과 직선 $y=-3$이 만나는 두 점을
각각 P, Q라 하면 $\overline{AP}=\overline{AQ}=5$
직각삼각형 AHP에서
피타고라스 정리에 의하여
$\overline{PH}=\sqrt{\overline{AP}^2-\overline{AH}^2}=\sqrt{5^2-1^2}=2\sqrt{6}$
이때 선분 AH는 이등변삼각형 APQ의 밑변을 수직이등분하므로 $\overline{PH}=\overline{HQ}$
즉 $\overline{PQ}=2\overline{PH}=2\times 2\sqrt{6}=4\sqrt{6}$
따라서 원 C와 직선 $y=-3$이 만나는 두 점 사이의 거리는 $4\sqrt{6}$

정답 ②

0509 2020년 09월 고1 학력평가 18번

정답 ④

STEP Ⓐ 원과 직선을 연립하여 교점 A의 좌표 구하기

원 $x^2+y^2=1$과 직선 $y=ax$가 만나는 점 A의 x좌표를 구하기 위해서
$y=ax$을 $x^2+y^2=1$에 대입하면 $x^2+(ax)^2=1$,
$x^2+a^2x^2=1$, $(a^2+1)x^2=1$, $x^2=\dfrac{1}{a^2+1}$

점 A의 x좌표가 양수이므로 $x=\dfrac{1}{\sqrt{a^2+1}}$

이를 직선 $y=ax$에 대입하면 $y=\dfrac{a}{\sqrt{a^2+1}}$

점 A의 좌표는 $A\left(\boxed{\dfrac{1}{\sqrt{a^2+1}}}, a\times\boxed{\dfrac{1}{\sqrt{a^2+1}}}\right)$이다.

STEP Ⓑ 두 직선이 수직일 때 두 직선의 기울기의 곱이 -1임을 이용하기

직선 $y=ax$에 수직인 직선의 기울기는 $-\dfrac{1}{a}$

점 $A\left(\dfrac{1}{\sqrt{a^2+1}}, \dfrac{a}{\sqrt{a^2+1}}\right)$를 지나고 기울기가 $-\dfrac{1}{a}$인 직선 l의 방정식은

$y-\dfrac{a}{\sqrt{a^2+1}}=-\dfrac{1}{a}\left(x-\dfrac{1}{\sqrt{a^2+1}}\right)$,

즉 $y=-\dfrac{1}{a}x+\dfrac{1}{a\sqrt{a^2+1}}+\dfrac{a}{\sqrt{a^2+1}}$

$=-\dfrac{1}{a}x+\dfrac{1}{\sqrt{a^2+1}}\left(\dfrac{1}{a}+a\right)$

$=-\dfrac{1}{a}x+\dfrac{1}{\sqrt{a^2+1}}\times\dfrac{a^2+1}{a}$ ← $\dfrac{1}{\sqrt{a^2+1}}\times\dfrac{(\sqrt{a^2+1})^2}{a}=\dfrac{\sqrt{a^2+1}}{a}$

$=-\dfrac{1}{a}x+\boxed{\dfrac{\sqrt{a^2+1}}{a}}$

STEP Ⓒ 점과 직선 사이의 거리를 이용하여 S_1, S_2의 값 구하기

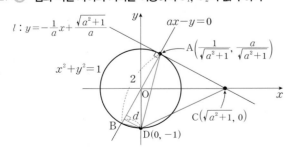

점 C는 직선 l과 x축이 만나는 점이므로 직선 l에 $y=0$을 대입하면

$0=-\dfrac{1}{a}x+\dfrac{\sqrt{a^2+1}}{a}$, $\dfrac{1}{a}x=\dfrac{\sqrt{a^2+1}}{a}$ ∴ $x=\sqrt{a^2+1}$

점 C의 좌표는 $C(\sqrt{a^2+1}, 0)$이다. ← $\overline{OC}=\sqrt{a^2+1}$

점 $D(0, -1)$과 직선 AB, 즉 $ax-y=0$ 사이의 거리를 d라 하면

$d=\dfrac{|a\times 0+(-1)\times(-1)|}{\sqrt{a^2+(-1)^2}}=\dfrac{1}{\sqrt{a^2+1}}$

삼각형 DAB의 넓이를 S_1이라 하면

$S_1=\dfrac{1}{2}\times\overline{AB}\times d=\dfrac{1}{2}\times 2\times\dfrac{1}{\sqrt{a^2+1}}=\dfrac{1}{\sqrt{a^2+1}}$ ← 선분 AB는 원 $x^2+y^2=1$의 지름의 길이와 같으므로 $\overline{AB}=2$

삼각형 DCO의 넓이를 S_2라 하면

$S_2=\dfrac{1}{2}\times\overline{OD}\times\overline{OC}=\dfrac{1}{2}\times 1\times\sqrt{a^2+1}=\dfrac{\sqrt{a^2+1}}{2}$ ← 선분 OD는 원 $x^2+y^2=1$의 반지름의 길이와 같으므로 $\overline{OD}=1$

$\dfrac{S_2}{S_1}=\dfrac{\dfrac{\sqrt{a^2+1}}{2}}{\dfrac{1}{\sqrt{a^2+1}}}=\dfrac{a^2+1}{2}$

따라서 $\dfrac{S_2}{S_1}=\dfrac{a^2+1}{2}=2$, $a^2+1=4$, $a^2=3$을 만족시키는 양수 a의 값은 $a=\boxed{\sqrt{3}}$이다.

STEP Ⓓ $f(k)\times g(k)$의 값 구하기

따라서 $f(a)=\dfrac{1}{\sqrt{a^2+1}}$, $g(a)=\dfrac{\sqrt{a^2+1}}{a}$, $k=\sqrt{3}$이므로

$f(k)\times g(k)=f(\sqrt{3})\times g(\sqrt{3})=\dfrac{1}{2}\times\dfrac{2}{\sqrt{3}}=\dfrac{\sqrt{3}}{3}$

내신연계 출제문항 263

그림과 같이 원 $x^2+y^2=4$와 직선 $y=\sqrt{3}x$가 만나는 서로 다른 두 점을 각각 A, B라 하고, 점 A를 지나고 직선 $y=\sqrt{3}x$에 수직인 직선이 x축과 만나는 점을 C라 하자. 다음은 점 $D(0, -2)$에 대하여 두 삼각형 DAB와 DCO의 넓이를 각각 S_1, S_2라 할 때, $\dfrac{S_2}{S_1}$의 값은?
(단, O는 원점이고, 점 A의 x좌표는 양수이다.)

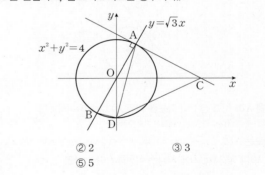

① 1 　　② 2 　　③ 3
④ 4 　　⑤ 5

STEP Ⓐ 원과 직선을 연립하여 교점 A의 좌표 구하기

원 $x^2+y^2=4$와 직선 $y=\sqrt{3}x$가 만나는 점 A의 x좌표를 구하기 위해서
두 식을 연립하면 $x^2+(\sqrt{3}x)^2=4$, $4x^2=4$, $x^2=1$
이때 점 A의 x좌표가 양수이므로 $x=1$
이를 직선 $y=\sqrt{3}x$에 대입하면 $y=\sqrt{3}$
∴ $A(1, \sqrt{3})$

STEP Ⓑ 직선 $y=\sqrt{3}x$에 수직인 직선의 방정식 구하기

직선 $y=\sqrt{3}x$에 수직인 직선의 기울기는 $-\dfrac{1}{\sqrt{3}}=-\dfrac{\sqrt{3}}{3}$

점 $A(1, \sqrt{3})$을 지나고 기울기가 $-\dfrac{\sqrt{3}}{3}$인 직선의 방정식은

$y-\sqrt{3}=-\dfrac{\sqrt{3}}{3}(x-1)$, 즉 $y=-\dfrac{\sqrt{3}}{3}x+\dfrac{4\sqrt{3}}{3}$

STEP Ⓒ 점과 직선 사이의 거리를 이용하여 S_1, S_2의 값 구하기

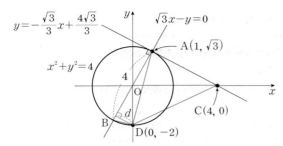

점 C는 직선 $y=-\dfrac{\sqrt{3}}{3}x+\dfrac{4\sqrt{3}}{3}$과 x축이 만나는 점이므로

$0=-\dfrac{\sqrt{3}}{3}x+\dfrac{4\sqrt{3}}{3}$, $\dfrac{\sqrt{3}}{3}x=\dfrac{4\sqrt{3}}{3}$ $\therefore x=4$

점 C의 좌표는 C$(4, 0)$

점 D$(0, -2)$와 직선 AB, 즉 $\sqrt{3}x-y=0$ 사이의 거리를 d라 하면

$d=\dfrac{|\sqrt{3}\times0+(-1)\times(-2)|}{\sqrt{(\sqrt{3})^2+(-1)^2}}=\dfrac{2}{2}=1$

삼각형 DAB의 넓이 S_1는 $S_1=\dfrac{1}{2}\times\overline{\rm AB}\times d=\dfrac{1}{2}\times4\times1=2$

삼각형 DCO의 넓이를 S_2는 $S_2=\dfrac{1}{2}\times\overline{\rm OD}\times\overline{\rm OC}=\dfrac{1}{2}\times2\times4=4$

따라서 $\dfrac{S_2}{S_1}=\dfrac{4}{2}=2$

정답 ②

0510

2022년 09월 고1 학력평가 28번 　정답 80

STEP A 삼각형 ROP의 넓이를 이용하여 원의 중심 좌표 구하기

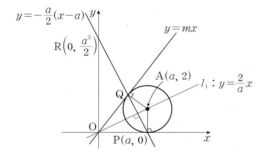

원의 중심을 A라 하고 점 P의 좌표를 P$(a, 0)$ $(a>0)$이라 하면
원에 접하는 직선과 접점을 지나는 원의 반지름은 서로 수직이다.

점 A의 좌표는 A$(a, 2)$ ← 원이 x축에 접하므로 원의 중심의 y좌표는 원의 반지름의 길이와 같다.

원점 O$(0, 0)$과 점 A$(a, 2)$를 지나는 직선을 l_1이라 하면

직선 l_1의 방정식은 $y=\dfrac{2-0}{a-0}x$

$l_1 : y=\dfrac{2}{a}x$

원의 중심을 지나는 직선 l_1은 원의 현 PQ를 수직이등분하므로

직선 PQ의 기울기는 $-\dfrac{a}{2}$

즉 점 P$(a, 0)$를 지나고 기울기가 $-\dfrac{a}{2}$인 직선 PQ의 방정식은

$y=-\dfrac{a}{2}(x-a)$

직선 PQ가 y축과 만나는 점 R의 좌표를 구하기 위하여

$y=-\dfrac{a}{2}(x-a)$에 $x=0$을 대입하면 $y=\dfrac{a^2}{2}$

$\therefore$ R$\left(0, \dfrac{a^2}{2}\right)$

직각삼각형 ROP의 넓이가 16이므로 $\dfrac{1}{2}\times\overline{\rm OP}\times\overline{\rm OR}=\dfrac{1}{2}\times a\times\dfrac{a^2}{2}=\dfrac{a^3}{4}=16$

즉 $a^3=64$이므로 $a=4$ $(\because a>0)$

$\therefore$ A$(4, 2)$

+α 삼각형의 닮음을 이용하여 원의 중심의 좌표를 구할 수 있어!

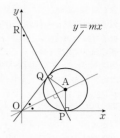

원의 중심을 A$(a, 2)$ $(a>0)$이라 하면
점 P의 좌표는 P$(a, 0)$
직각삼각형 ROP의 넓이가 16이므로
$\dfrac{1}{2}\times\overline{\rm OP}\times\overline{\rm RO}=\dfrac{1}{2}\times a\times\overline{\rm RO}=16$

$\therefore$ $\overline{\rm RO}=\dfrac{32}{a}$

$\angle$ROP$=\angle$OPA$=90°$이고
$\angle$PRO$=\angle$AOP$=90°-\angle$RPO이므로
두 삼각형 ROP와 OPA는 AA닮음이다.
닮음비가 $\overline{\rm RO}:\overline{\rm OP}=\overline{\rm OP}:\overline{\rm PA}$
즉 $\dfrac{32}{a}:a=a:2$에서 $a^2=\dfrac{64}{a}$, $a^3=64$이므로 $a=4$ $(\because a>0)$ $\therefore$ A$(4, 2)$

STEP B 원의 중심과 직선 사이의 거리가 원의 반지름과 같음을 이용하여 m의 값 구하기

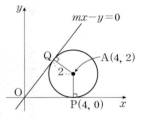

원의 중심 A$(4, 2)$와 직선 $y=mx$,

즉 $mx-y=0$까지의 거리 d는

$d=\dfrac{|4m-2|}{\sqrt{m^2+(-1)^2}}$

직선이 원에 접하므로 거리 d는
원의 반지름의 길이와 같다.

즉 $\dfrac{|4m-2|}{\sqrt{m^2+(-1)^2}}=2$, $|4m-2|=2\sqrt{m^2+1}$

양변을 제곱하면

$16m^2-16m+4=4m^2+4$, $4m(3m-4)=0$

$\therefore$ $m=0$ 또는 $m=\dfrac{4}{3}$

그런데 $m>0$이므로 $m=\dfrac{4}{3}$

따라서 $60m=60\times\dfrac{4}{3}=80$

+α 이차방정식의 판별식을 이용하여 구할 수 있어!

원의 중심이 A$(4, 2)$이고 반지름의 길이가 2인 원의 방정식은
$(x-4)^2+(y-2)^2=4$
원 $(x-4)^2+(y-2)^2=4$와 직선 $y=mx$의 교점의 x좌표를 구하기 위하여
$y=mx$를 $(x-4)^2+(y-2)^2=4$에 대입하면 $(x-4)^2+(mx-2)^2=4$
$\therefore$ $(m^2+1)x^2-2(4+2m)x+16=0$
이때 원과 직선이 접하려면 이차방정식 $(m^2+1)x^2-2(4+2m)x+16=0$은 중근을
가져야 하고 판별식을 D라 하면 $D=0$이어야 한다.
$\dfrac{D}{4}=(4+2m)^2-16(m^2+1)=0$, $-12m^2+16m=0$, $4m(4-3m)=0$
그런데 $m>0$이므로 $m=\dfrac{4}{3}$
따라서 $60m=80$

+α 원에 접하고 기울기가 m인 접선의 방정식을 이용하여 구할 수 있어!

원의 중심이 A$(4, 2)$이고 반지름의 길이가 2인 원의 방정식은
$(x-4)^2+(y-2)^2=4$
원 $(x-4)^2+(y-2)^2=4$에 접하고 기울기가 m,
반지름의 길이가 2인 접선의 방정식은 $y-2=m(x-4)\pm2\sqrt{m^2+1}$
$\therefore$ $y=mx-4m+2\pm2\sqrt{m^2+1}$
이 직선은 $y=mx$와 일치하므로 $-4m+2\pm2\sqrt{m^2+1}=0$, $\pm2\sqrt{m^2+1}=4m-2$
양변을 제곱하면 $4m^2+4=16m^2-16m+4$, $4m(3m-4)=0$
그런데 $m>0$이므로 $m=\dfrac{4}{3}$
따라서 $60m=80$

오른쪽 그림과 같이 x축과 직선
$l : y=mx$ $(m>0)$에 동시에 접하는
반지름의 길이가 1인 원이 있다.
x축과 원이 만나는 점을 P, 직선 l과
원이 만나는 점을 Q, 두 점 P, Q를
지나는 직선이 y축과 만나는 점을 R
이라 하자. 삼각형 ROP의 넓이가 4
일 때, $30m$의 값을 구하시오.
(단, 원의 중심은 제1사분면 위에
있고, O는 원점이다.)

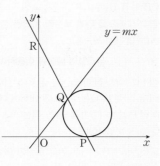

STEP Ⓐ 삼각형 ROP의 넓이를 이용하여 원의 중심 좌표 구하기

원의 중심을 A 라 하고 점 P의 좌표를
P$(a, 0)$이라 하면
점 A의 좌표는 A$(a, 1)$
원점 O와 점 A를 지나는 직선을
l_1이라 하면
직선 l_1의 방정식은 $y=\frac{1}{a}x$
직선 PQ는 점 P$(a, 0)$를 지나고
직선 l_1과 수직이므로
직선 PQ의 방정식은 $y=-a(x-a)$
직선 PQ가 y축과 만나는 점 R의 좌표는
R$(0, a^2)$ ← $y=-a(x-a)$에서 $x=0$을 대입하면 $y=a^2$
직각삼각형 ROP의 넓이가 4이므로
$\frac{1}{2}\times\overline{OP}\times\overline{OR}=\frac{1}{2}\times a\times a^2=\frac{a^3}{2}=4$
즉 $a^3=8$이므로 양수 a는 $a=2$

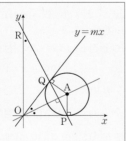

+α | 삼각형의 닮음을 이용하여 a의 값을 구할 수 있어!

원의 중심을 A$(a, 1)$이라 하면
점 P의 좌표를 P$(a, 0)$이다.
삼각형 ROP와 삼각형 OPA에서
∠ROP = ∠OPA = 90°이고
∠PRO = ∠AOP = 90°−∠RPO이므로
삼각형 ROP와 삼각형 OPA는 AA닮음이다.
즉 $\overline{RO} : \overline{OP} = \overline{OP} : \overline{PA}$
또한, 직각삼각형 ROP의 넓이가 4이므로
$\frac{1}{2}\times\overline{OP}\times\overline{RO}=\frac{1}{2}\times a\times\overline{RO}=4$ ∴ $\overline{RO}=\frac{8}{a}$
이때 $\frac{8}{a} : a = a : 1$에서 $a^2=\frac{8}{a}$, $a^3=8$이므로 $a=2$

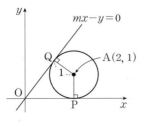

STEP Ⓑ 점과 직선 사이의 거리를 이용하여 m의 값 구하기

점 A$(2, 1)$과 직선 $mx-y=0$ 사이의 거리는
원의 반지름의 길이 1과 같으므로
$\frac{|2m-1|}{\sqrt{m^2+(-1)^2}}=1$
즉, $\sqrt{m^2+1}=|2m-1|$
양변을 제곱하여 정리하면
$m^2+1=4m^2-4m+1$, $m(3m-4)=0$
∴ $m=0$ 또는 $m=\frac{4}{3}$
이때 $m>0$이므로 $m=\frac{4}{3}$
따라서 $30m=30\times\frac{4}{3}=40$

정답 40

0511 2024년 03월 고2 학력평가 21번 정답 ④

STEP Ⓐ 두 직선 l_1, l_2가 역함수 관계임을 이용하여 m의 값 구하기

두 직선 $l_1 : y=mx$, $l_2 : y=\frac{1}{m}x$에 대하여
직선 l_1, l_2는 역함수 관계이고 $y=x$에 대하여 대칭이다.
직선 l_1의 역함수를 구하면 $y=mx$에서 $x=\frac{1}{m}y$이고 x, y의 자리를 바꾸면 $y=\frac{1}{m}x$
이때 두 직선이 원에 동시에 접하므로 점 P(t, mt)라 놓으면
점 Q(mt, t) …… ㉠ ← 역함수의 성질에서 $f(a)=b$이면 $f^{-1}(b)=a$
또한, 직선 PQ의 y절편을 점 S라고 할 때, 조건 (가)에서 $\overline{PQ}=\overline{QR}$이고
두 직선이 대칭이므로 $\overline{PS}=\overline{PQ}=\overline{QR}$
두 점 P, Q에서 x축에 내린 수선의 발을 H_1, H_2라 하면
$\overline{OH_1}=\overline{H_1H_2}=\overline{H_2R}=t$가 된다.

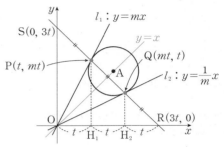

즉 점 Q의 x좌표는 $2t$이고 ㉠에서 $mt=2t$이므로 $m=2$
그러므로 직선 $l_1 : y=2x$이고 $l_2 : y=\frac{1}{2}x$

STEP Ⓑ 삼각형의 넓이를 이용하여 t의 값 구하기

점 P$(t, 2t)$, 점 Q$(2t, t)$, 점 R$(3t, 0)$
이때 두 점 P, Q는 $y=x$에 대하여 대칭인 점이므로
직선 PQ는 기울기가 -1인 직선이다. 즉 점 S$(0, 3t)$이다.
또한, $\overline{PS}=\overline{PQ}=\overline{QR}$이므로 삼각형 POQ의 넓이는 삼각형 ORS의 넓이의 $\frac{1}{3}$
조건 (나)에서 삼각형 POQ의 넓이가 24이므로 삼각형 ORS의 넓이는
$24\times3=72$
이때 삼각형 ORS의 넓이는 $\frac{1}{2}\times\overline{OR}\times\overline{OS}=\frac{1}{2}\times3t\times3t=\frac{9}{2}t^2=72$이므로
$t=4$ (∵ $t>0$)

STEP Ⓒ 직선 AQ와 직선 l_1의 교점 B의 좌표 구하기

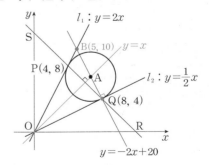

두 직선 l_1, l_2는 역함수이므로 직선 OA의 방정식은 $y=x$이다.
이때 점 Q는 원의 접점이므로 직선 AQ와 직선 l_2는 수직으로 만난다.
직선 l_2의 기울기는 $\frac{1}{2}$이므로 직선 AQ의 기울기는 -2
또한, 점 Q$(8, 4)$를 지나므로 직선 AQ의 방정식은
$y-4=-2(x-8)$, 즉 $y=-2x+20$
점 B는 직선 $l_1 : y=2x$와 직선 AQ의 교점이므로
$2x=-2x+20$에서 $4x=20$이므로 $x=5$
즉 점 B$(5, 10)$ ← $y=2x$에 $x=5$를 대입하면 $y=10$
따라서 점 B$(5, 10)$과 점 Q$(8, 4)$에서
$\overline{BQ}=\sqrt{(8-5)^2+(4-10)^2}=\sqrt{9+36}=\sqrt{45}=3\sqrt{5}$

그림과 같이 $l_1 : y=mx$와 $l_2 : y=\dfrac{1}{m}x$에 동시에 접하는 제1사분면의 원이 C_1이라 하자. 직선 l_1과 원의 접점을 P, 직선 l_2와 원의 접점을 Q, 직선 PQ가 x축과 만나는 점을 R, y축과 만나는 점을 S라고 할 때, 그림과 같이 두 점 P, S를 지나는 원을 C_2라 하면 두 원 C_1, C_2는 점 P에서 접하고, 두 점 Q, R을 지나는 원을 C_3이라 하면 두 원 C_1, C_3은 점 Q에서 접한다. 이때 세 원 C_1, C_2, C_3의 반지름의 길이가 같다.

직선 C_1Q가 직선 l_1과 만나는 점을 A, 직선 C_1P가 직선 l_2와 만나는 점을 B라고 하고 삼각형 POQ의 넓이가 24이고 직선 AB의 y절편을 k라 하자. 이때 k의 값은? (단, 세 원 C_1, C_2, C_3의 중심은 각각 C_1, C_2, C_3이다.)

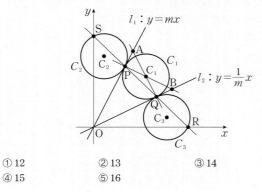

① 12   ② 13   ③ 14
④ 15   ⑤ 16

STEP A 두 직선 l_1, l_2가 서로 역함수 관계이고 세 원이 합동임을 이용하여 m의 값 구하기

직선 $l_1 : y=mx$에서 역함수를 구하면
$x=\dfrac{1}{m}y$에서 x, y의 자리를 바꾸면 $y=\dfrac{1}{m}x$
즉 직선 l_1의 역함수는 직선 l_2이다.
두 직선에 동시에 접하는 원 C_1에 대하여 원 C_1과 직선 l_1의 접점 P와 원 C_1과 직선 l_2의 접점 Q는 $y=x$에 대하여 대칭이다.

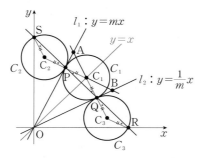

이때 세 원 C_1, C_2, C_3의 반지름의 길이는 같고
두 원 C_1, C_2는 점 P에서 두 원 C_1, C_3은 점 Q에서 서로 접하고 있으므로
삼각형 C_1PQ와 삼각형 C_2PS와 삼각형 C_3RQ는 합동이다.

삼각형 C_1PQ와 삼각형 C_2PS에서 두 원의 반지름의 길이가 같으므로 $\overline{C_1P}=\overline{C_2P}$이고 $\angle C_2PS$와 $\angle C_1PQ$는 맞꼭지각으로 같으므로 두 삼각형은 합동이다.

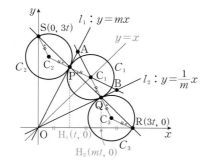

즉 $\overline{PS}=\overline{PQ}=\overline{QR}$이 된다.
이때 점 P에서 x축에 내린 수선의 발을 H_1,

점 Q에서 x축에 내린 수선의 발을 H_2라 할 때,
$\overline{OH_1}=\overline{H_1H_2}=\overline{H_2R}$
점 P의 좌표를 $P(t, mt)$라 놓으면 점 Q의 좌표는 $Q(mt, t)$이므로
$mt=2t$에서 $m=2$

STEP B 삼각형의 넓이를 이용하여 t의 값 구하기

점 $P(t, 2t)$, 점 $Q(2t, t)$, 점 $R(3t, 0)$
이때 두 점 P, Q는 $y=x$에 대하여 대칭인 점이므로
직선 PQ는 기울기가 -1인 직선이다.
즉 점 $S(0, 3t)$이다.
또한, $\overline{PS}=\overline{PQ}=\overline{QR}$이고 삼각형 POQ의 넓이가 24이므로
삼각형 ORS의 넓이는 72
이때 삼각형 ORS의 넓이는 $\dfrac{1}{2}\times\overline{OR}\times\overline{OS}=\dfrac{1}{2}\times 3t\times 3t=\dfrac{9}{2}t^2=72$이므로
$t=4\ (\because t>0)$

STEP C 두 직선 C_1P, C_1Q의 방정식을 이용하여 두 점 A, B의 좌표 구하기

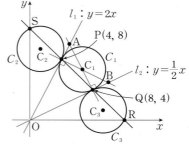

직선 l_1과 직선 C_1P는 서로 수직이므로 직선 C_1P의 기울기는 $-\dfrac{1}{2}$
즉 직선 C_1P의 방정식은 $y=-\dfrac{1}{2}(x-4)+8$이므로 $y=-\dfrac{1}{2}x+10$
직선 l_2와 직선 C_1Q는 서로 수직이므로 직선 C_1Q의 기울기는 -2
즉 직선 C_1Q의 방정식은 $y=-2(x-8)+4$이므로 $y=-2x+20$
이때 점 A는 직선 l_1과 직선 C_1Q의 교점이므로
$2x=-2x+20$, $4x=20$이고 $x=5$
$\therefore A(5, 10)$
또한, 점 B는 직선 l_2와 직선 C_1P의 교점이므로
$\dfrac{1}{2}x=-\dfrac{1}{2}x+10$이고 $x=10$
$\therefore B(10, 5)$

STEP D 직선 AB의 방정식을 구하고 k의 값 구하기

두 점 $A(5, 10)$, $B(10, 5)$에서 직선 AB의 기울기는 $\dfrac{5-10}{10-5}=-1$
즉 직선 AB의 방정식은 $y=-(x-5)+10$이므로 $y=-x+15$
따라서 직선 AB의 방정식의 y절편은 15이므로 $k=15$

정답 ④

STEP Ⓐ 두 삼각형의 닮음을 이용하여 상수 a, b의 값 구하기

두 원 C_1, C_2의 중심을 각각 A, B라 하면

$C_1 : (x+7)^2+(y-2)^2=20$의 중심이 A$(-7, 2)$이고

반지름의 길이가 $2\sqrt{5}$

$C_2 : x^2+(y-b)^2=5$의 중심이 B$(0, b)$이고

반지름의 길이가 $\sqrt{5}$

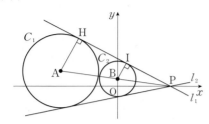

그림과 같이 두 점 A, B에서 직선 l_1에 내린 수선의 발을 각각 H, I라 하면

$\overline{AH}=2\sqrt{5}$, $\overline{BI}=\sqrt{5}$ ◀── 원의 반지름의 길이

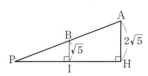

두 삼각형 PAH, PBI에서

∠P가 공통이고 ∠PHA＝∠PIB＝90°

∴ △PAH ∽ △PBI (AA닮음)

닮음비는 $\overline{AH}:\overline{BI}=2\sqrt{5}:\sqrt{5}=2:1$

$\overline{PA}:\overline{PB}=2:1$에서 점 B는 선분 AP의 중점이므로 ◀── $\overline{PB}=\overline{AB}$

$\left(\dfrac{a+(-7)}{2}, \dfrac{0+2}{2}\right)$, 즉 B$\left(\dfrac{a-7}{2}, 1\right)$

이 점의 좌표가 점 B$(0, b)$의 좌표와 같으므로 $\dfrac{a-7}{2}=0$, $1=b$

∴ $a=7$, $b=1$

STEP Ⓑ 원의 중심과 직선 사이의 거리가 원의 반지름과 같음을 이용하여 접선의 기울기 구하기

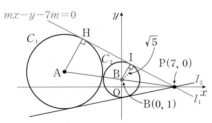

점 P$(7, 0)$에서 두 원 C_1, C_2에 그은 접선의 기울기를 m이라 하면

접선의 방정식은 $y=m(x-7)$, 즉 $mx-y-7m=0$

원 $C_2 : x^2+(y-1)^2=5$의 중심인 점 B$(0, 1)$과

직선 $mx-y-7m=0$까지의 거리 d는

$d=\dfrac{|m\times 0-1\times 1-7m|}{\sqrt{m^2+(-1)^2}}=\dfrac{|-7m-1|}{\sqrt{m^2+1}}$

직선이 원에 접하므로 거리 d는 원의 반지름의 길이와 같다.

즉 $\dfrac{|-7m-1|}{\sqrt{m^2+1}}=\sqrt{5}$, $|-7m-1|=\sqrt{5(m^2+1)}$

양변을 제곱하면 $49m^2+14m+1=5m^2+5$

$22m^2+7m-2=0$, $(2m+1)(11m-2)=0$

∴ $m=-\dfrac{1}{2}$ 또는 $m=\dfrac{2}{11}$

이때 두 직선 l_1, l_2의 기울기의 곱 $c=\left(-\dfrac{1}{2}\right)\times\dfrac{2}{11}=-\dfrac{1}{11}$

+α | 원에 접하고 기울기가 m인 접선의 방정식을 이용하여 구할 수 있어!

점 P$(7, 0)$을 지나고 두 원 C_1, C_2에 접하는 직선의 기울기를 m이라 하면

접선의 방정식은 $y=mx-7m$

원 $x^2+(y-1)^2=5$에 접하고 기울기가 m, 반지름의 길이가 $\sqrt{5}$인 접선의 방정식은

$y-1=mx\pm\sqrt{5}\times\sqrt{m^2+1}$

∴ $y=mx\pm\sqrt{5m^2+5}+1$

이 직선은 $y=mx-7m$과 일치하므로

$\pm\sqrt{5m^2+5}+1=-7m$, $\pm\sqrt{5m^2+5}=-7m-1$

양변을 제곱하면 $5m^2+5=49m^2+14m+1$, $22m^2+7m-2=0$

이때 두 직선 l_1, l_2의 기울기는 m에 대한 이차방정식 $22m^2+7m-2=0$의 두 근이므로

근과 계수의 관계에 의하여 두 근의 곱 $c=-\dfrac{1}{11}$

이차방정식 $ax^2+bx+c=0$의 두 근이 α, β이면 $\alpha+\beta=-\dfrac{b}{a}$, $\alpha\beta=\dfrac{c}{a}$

+α | 임의의 접점을 지나는 접선의 방정식을 이용하여 구할 수 있어!

접점의 좌표를 I(x_1, y_1)이라 하자.

점 I는 원 $C_2 : x^2+(y-1)^2=5$ 위의 점이므로 $x=x_1$, $y=y_1$을 대입하면

$x_1^2+(y_1-1)^2=5$ ⋯⋯ ㉠

원 $x^2+(y-1)^2=5$ 위의 점 I(x_1, y_1)에서의 접선의 방정식은

$x_1 x+(y_1-1)(y-1)=5$

이 접선이 점 P$(7, 0)$을 지나므로

$x_1 x+(y_1-1)(y-1)=5$에 $x=7$, $y=0$을 대입하면

$7x_1-(y_1-1)=5$

∴ $y_1-1=7x_1-5$ ⋯⋯ ㉡

㉡을 ㉠에 대입하면

$x_1^2+(7x_1-5)^2=5$, $5x_1^2-7x_1+2=0$, $(5x_1-2)(x_1-1)=0$

∴ $x_1=\dfrac{2}{5}$ 또는 $x_1=1$

(i) $x_1=\dfrac{2}{5}$일 때,

이를 ㉡에 대입하면 $y_1-1=\dfrac{14}{5}-5$, $y_1=-\dfrac{6}{5}$이므로

접점 I의 좌표는 I$\left(\dfrac{2}{5}, -\dfrac{6}{5}\right)$

이때 두 점 P$(7, 0)$, I$\left(\dfrac{2}{5}, -\dfrac{6}{5}\right)$을 지나는 접선의 기울기는 $\dfrac{0-\left(-\frac{6}{5}\right)}{7-\frac{2}{5}}=\dfrac{2}{11}$

(ii) $x_1=1$일 때,

이를 ㉡에 대입하면 $y_1-1=7-5$, $y_1=3$이므로

접점 I의 좌표는 I$(1, 3)$

이때 두 점 P$(7, 0)$, I$(1, 3)$을 지나는 접선의 기울기는 $\dfrac{0-3}{7-1}=-\dfrac{1}{2}$

(i), (ii)에 의하여 두 접선의 기울기의 곱은 $\dfrac{2}{11}\times\left(-\dfrac{1}{2}\right)=-\dfrac{1}{11}$

STEP Ⓒ $11(a+b+c)$의 값 구하기

따라서 $a=7$, $b=1$, $c=-\dfrac{1}{11}$이므로 $11(a+b+c)=11\left(7+1-\dfrac{1}{11}\right)=87$

내/신/연/계/ 출제문항 266

그림과 같이 직선 $y=ax+b$가 두 원 $x^2+y^2=9$, $(x+3)^2+y^2=4$에 동시에 접할 때, 두 실수 a, b에 대하여 $32ab$의 값을 구하시오.

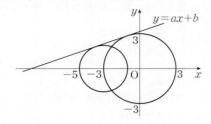

STEP Ⓐ 닮음비를 이용하여 a, b의 관계식 구하기

두 원의 중심을 O(0, 0), C(-3, 0)이라 할 때, 직선 $y=ax+b$과 두 원이 만나는 점을 각각 P, P′이라 하고 x축이 만나는 점을 A라 하면 삼각형 ACP′과 삼각형 AOP는 닮음이고 닮음비는 2 : 3이다.

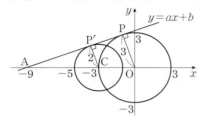

즉 점 A의 좌표는 $(-9, 0)$이므로 $-9a+b=0$

$\therefore b=9a$ ...... ㉠

STEP Ⓑ 점과 직선 사이의 거리를 이용하여 a^2의 값 구하기

원점과 직선 $ax-y+b=0$ 사이의 거리는 3이므로

$$\frac{|b|}{\sqrt{a^2+(-1)^2}}=3, \quad |b|=3\sqrt{a^2+1}$$

㉠을 대입하면 $|9a|=3\sqrt{a^2+1}$

양변을 제곱하여 정리하면 $81a^2=9(a^2+1)$ $\therefore a^2=\dfrac{1}{8}$

STEP Ⓒ $32ab$의 값 구하기

따라서 $32ab=32a\times 9a=32\times 9a^2=32\times 9\times \dfrac{1}{8}=36$

정답 36

0513 2023년 09월 고1 학력평가 29번 정답 17 해설강의

문 항 분 석

삼각형의 무게중심은 삼각형의 중선을 2 : 1로 내분하는 점임을 이용하여 선분 BC의 중점의 좌표를 구하고 두 점을 지나는 직선의 방정식과 그 직선과 수직인 직선의 방정식을 각각 구한다. 원의 중심에서 현에 내린 수선은 그 현을 수직이등분함을 이용하여 두 점 B, C의 위치를 구하고 세 점 A, B, C를 지나는 원의 반지름의 길이를 이용하여 선분 BC의 길이를 구한다. 또한, 점과 직선 사이의 거리 공식을 이용하여 삼각형 ABC의 높이를 구한다.

STEP Ⓐ 삼각형의 무게중심의 성질을 이용하여 점 M의 좌표 구하기

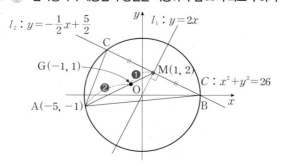

삼각형 ABC에서 변 BC의 중점을 M(a, b), 삼각형 ABC의 무게중심을 G라 하면 점 G(-1, 1)은 선분 AM을 2 : 1로 내분하는 점이다.

$\dfrac{2\times a+1\times(-5)}{2+1}=\dfrac{2a-5}{3}=-1$에서 $2a-5=-3$이므로 $a=1$

$\dfrac{2\times b+1\times(-1)}{2+1}=\dfrac{2b-1}{3}=1$에서 $2b-1=3$이므로 $b=2$

$\therefore$ M(1, 2)

두 점 O(0, 0), M(1, 2)를 지나는 직선을 l_1이라 하면

직선 l_1의 기울기는 $\dfrac{2-0}{1-0}=2$이므로 $l_1 : y=2x$

직선 l_1과 수직인 직선을 l_2라 하면 직선 l_2의 기울기는 $-\dfrac{1}{2}$

점 M(1, 2)를 지나고 기울기가 $-\dfrac{1}{2}$인 직선 l_2의 방정식은 $y=-\dfrac{1}{2}(x-1)+2$

$l_2 : y=-\dfrac{1}{2}x+\dfrac{5}{2}$

＋α | 중선을 2 : 1로 내분하는 점임을 이용하여 중점 M의 좌표를 구할 수 있어!

선분 BC의 중점 M에 대하여 선분 AM을 2 : 1로 내분하는 점이 G(-1, 1)이므로 비율관계를 이용하면 다음 그림과 같이 중점 M(1, 2)를 구할 수 있다.

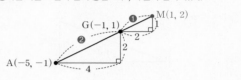

STEP Ⓑ 원의 중심에서 현에 내린 수선이 그 현을 수직이등분함을 이용하여 두 점 B, C의 위치 구하기

중심이 원점 O이고 세 점 A(-5, -1), B, C를 지나는 원을 C라 하면 반지름의 길이 $\overline{OA}=\sqrt{(-5)^2+(-1)^2}=\sqrt{26}$이므로

$C : x^2+y^2=26$

원의 중심에서 현에 내린 수선은 그 현을 수직이등분하므로 삼각형 ABC의 두 점 B, C는 점 M을 지나는 직선 l_2와 원 C가 만나는 점이다. ◀ $\overline{BM}=\overline{CM}$

$\overline{OB}=\sqrt{26}$, $\overline{OM}=\sqrt{1^2+2^2}=\sqrt{5}$

직각삼각형 OMB에서 피타고라스 정리에 의하여 $\overline{BM}^2=\overline{OB}^2-\overline{OM}^2$

즉 $\overline{BM}=\sqrt{(\sqrt{26})^2-(\sqrt{5})^2}=\sqrt{21}$

$\therefore \overline{BC}=2\overline{BM}=2\sqrt{21}$

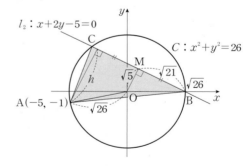

STEP Ⓒ 점과 직선 사이의 거리를 이용하여 삼각형 ABC의 높이 구하기

점 A(-5, -1)과 직선 $l_2 : y=-\dfrac{1}{2}+\dfrac{5}{2}$,

즉 $x+2y-5=0$ 사이의 거리를 h라 하면

$h=\dfrac{|-5+2\times(-1)-5|}{\sqrt{1^2+2^2}}=\dfrac{12\sqrt{5}}{5}$

삼각형 ABC의 넓이는 $\dfrac{1}{2}\times\overline{BC}\times h=\dfrac{1}{2}\times 2\sqrt{21}\times\dfrac{12\sqrt{5}}{5}=\dfrac{12}{5}\sqrt{105}$

따라서 $p=5$, $q=12$이므로 $p+q=5+12=17$

좌표평면 위에 원 $C : (x-1)^2+(y-2)^2=4$와 두 점 A(4, 3), B(1, 7)이
있다. 원 C 위를 움직이는 점 P에 대하여 삼각형 PAB의 무게중심과 직선
AB 사이의 거리의 최솟값은?

① $\dfrac{1}{15}$ ② $\dfrac{2}{15}$ ③ $\dfrac{1}{5}$

④ $\dfrac{4}{15}$ ⑤ $\dfrac{1}{3}$

STEP A 삼각형 PAB의 무게중심이 나타내는 도형의 방정식 구하기

원 C 위를 움직이는 점 P의 좌표를 P(a, b)라 하면
$(a-1)^2+(b-2)^2=4$ ...... ㉠
삼각형 PAB의 무게중심의 좌표를 점 G라 하면
G$\left(\dfrac{a+4+1}{3}, \dfrac{b+3+7}{3}\right)$
이 점의 좌표는 점 G(x, y)와 같으므로
$x=\dfrac{a+5}{3}$에서 $a=3x-5$
$y=\dfrac{b+10}{3}$에서 $b=3y-10$
이를 ㉠에 대입하면 $(3x-5-1)^2+(3y-10-2)^2=4$
$\therefore (x-2)^2+(y-4)^2=\dfrac{4}{9}$

STEP B 삼각형 PAB의 무게중심과 직선 AB 사이의 거리의 최솟값 구하기

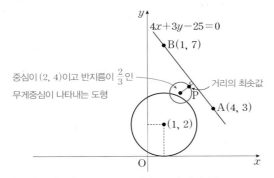

두 점 A(4, 3), B(1, 7)dmf 지나는 직선 AB의 방정식은
$y-3=\dfrac{3-7}{4-1}(x-4)$, 즉 $4x+3y-25=0$
삼각형 PAB의 무게중심이 그리는 원의 중심 (2, 4)와
직선 $4x+3y-25=0$ 사이의 거리는 $\dfrac{|4\times2+3\times4-25|}{\sqrt{4^2+3^2}}=1$

이때 삼각형 PAB의 무게중심이 그리는 원의 반지름의 길이가 $\dfrac{2}{3}$이므로
삼각형 PAB의 무게중심이 그리는 원과 직선 AB 사이의 거리의 최솟값은
$1-\dfrac{2}{3}=\dfrac{1}{3}$

다른풀이 삼각형의 무게중심의 성질을 이용하여 풀이하기

STEP A 원 위의 점 P와 직선 AB 사이의 거리의 최솟값 구하기

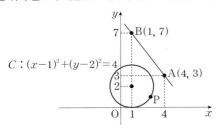

두 점 A(4, 3), B(1, 7)을 지나는 직선 AB의 방정식은 $4x+3y-25=0$
원의 중심 (1, 2)와 직선 $4x+3y-25=0$ 사이의 거리는
$\dfrac{|4\times1+3\times2-25|}{\sqrt{4^2+3^2}}=3$

이때 원 C의 반지름의 길이는 2이므로
점 P에서 직선 AB까지의 거리의 최솟값은 $3-2=1$

STEP B 삼각형의 무게중심의 성질을 이용하여 거리의 최솟값 구하기

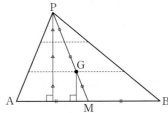

원 C 위를 움직이는 점 P에 대하여 삼각형 PAB의 무게중심을 G,
선분 AB의 중점을 M이라 하자.
이때 점 G는 삼각형 PAB의 중선인 선분 PM을 $2:1$로 내분하는 점이므로
점 G에서 직선 AB 까지의 거리의 최솟값은 점 P에서 직선 AB 까지의 거리의
최솟값의 $\dfrac{1}{3}$과 같다.

따라서 $\dfrac{1}{3}\times1=\dfrac{1}{3}$ <정답> ⑤

0514 2024년 09월 고1 학력평가 30번   <정답> 144

문 항 분 석

두 직선에 동시에 접하는 원의 중심은 두 직선이 이루는 각의 이등분선 위에 존재한다
는 것을 이용하여 중심이 존재하는 직선의 방정식을 구하고 중심의 x좌표의 부호와
무게중심의 y좌표의 값을 이용하여 이차함수 $f(x)$의 식을 구한다.

STEP A 원의 중심이 존재하는 직선의 방정식 구하기

직선 $y=\dfrac{4}{3}x$와 x축에 동시에 접하는 원의 중심은 직선 $y=\dfrac{4}{3}x$와 x축이
이루는 각의 이등분선 위에 존재한다.

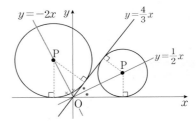

즉 각의 이등분선 위의 점을 P(x, y)라고 하면
P(x, y)에서 직선 $y=\dfrac{4}{3}x$, 즉 $4x-3y=0$까지의 거리가 $|y|$이므로
$\dfrac{|4x-3y|}{\sqrt{4^2+(-3)^2}}=|y|$, $|4x-3y|=5|y|$, $4x-3y=\pm5y$
$\therefore y=\dfrac{1}{2}x$ 또는 $y=-2x$

STEP B 두 조건 (가), (나)를 이용하여 함수 $f(x)$와 직선의 위치 관계
구하기

원의 중심이 이차함수 $f(x)=a(x-b)^2$ 위에 있고
동시에 두 직선 $y=\dfrac{1}{2}x$, $y=2x$ 위에 존재한다.

원의 중심의 x좌표가 x_1, x_2, $x_3(x_1<x_2<x_3)$이므로 이차함수는
한 직선과는 서로 다른 두 점에서 만나고 다른 한 직선과는 접해야 한다.
조건 (가)에 의하여 $0<x_1<x_2<x_3$ 또는 $x_1<x_2<0<x_3$
이때 이차함수는 x축에 접하므로 $x>0$에서 $y=f(x)$와
두 직선 $y=\dfrac{1}{2}x$, $y=2x$는 서로 다른 세 교점을 가질 수 없다.
또한, 조건 (나)에 의하여 이차함수 $f(x)$는 위로 볼록하다.
즉 $x_1<x_2<0<x_3$가 되어야 $a<0$인 이차함수 $y=f(x)$와
두 직선의 그래프는 다음과 같다.

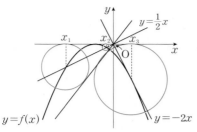

$y = \frac{1}{2}x$

$y = f(x)$

$y = -2x$

STEP C 접선과 무게중심의 y좌표를 이용하여 a, b의 값 구하기

이차함수 $f(x) = a(x-b)^2$과 직선 $y = -2x$는 접하므로

이차방정식 $a(x-b)^2 = -2x$, $ax^2 - 2(ab-1)x + ab^2 = 0$의

판별식을 D라 하면 중근을 가지므로 $D=0$이어야 한다.

$\frac{D}{4} = (ab-1)^2 - a^2b^2 = 0$, $-2ab+1=0$ ∴ $b = \frac{1}{2a}$ …… ㉠

이를 이차방정식에 대입하면

$ax^2 + x + \frac{1}{4a} = 0$, $a^2x^2 + ax + \frac{1}{4} = 0$, $\left(ax + \frac{1}{2}\right)^2 = 0$ ∴ $x_3 = -\frac{1}{2a}$

또한, x_1, x_2는 이차함수 $f(x) = a\left(x - \frac{1}{2a}\right)^2$과 직선 $y = \frac{1}{2}x$의 교점의

x좌표이므로 이차방정식 $a\left(x - \frac{1}{2a}\right)^2 = \frac{1}{2}x$, $ax^2 - \frac{3}{2}x + \frac{1}{4a} = 0$의 두 근이다.

근과 계수의 관계에 의하여 두 근의 합은 $x_1 + x_2 = -\frac{\left(-\frac{3}{2}\right)}{a} = \frac{3}{2a}$

세 점 $f(x_1) = \frac{1}{2}x_1$, $f(x_2) = \frac{1}{2}x_2$, $f(x_3) = f\left(-\frac{1}{2a}\right) = \frac{1}{a}$ 을 꼭짓점으로 하는

$(x_1, f(x_1)), (x_2, f(x_2))$는 이차함수와 직선 $y = \frac{1}{2}x$ 위에 동시에 존재하는 점이고

$(x_3, f(x_3))$는 이차함수와 직선 $y = -2x$ 위에 동시에 존재하는 점이다.

무게중심의 y좌표는 $\frac{\frac{1}{2}x_1 + \frac{1}{2}x_2 + \frac{1}{a}}{3} = \frac{\frac{1}{2}(x_1 + x_2) + \frac{1}{a}}{3} = \frac{\frac{3}{4a} + \frac{1}{a}}{3} = \frac{7}{12a}$

조건 (나)에 의하여 $\frac{7}{12a} = -\frac{7}{3}$이므로 $a = -\frac{1}{4}$

이를 ㉠의 식에 대입하면 $b = -2$

STEP D $f(4) \times f(6)$의 값 구하기

따라서 $f(x) = -\frac{1}{4}(x+2)^2$이므로 $f(4) \times f(6) = (-9) \times (-16) = 144$

내/신/연/계 출제문항 268

두 실수 a, b에 대하여 이차함수 $f(x) = a(x-b)^2$이 있다. 중심이 함수 $y = f(x)$의 그래프 위에 있고 직선 $y = \frac{8}{15}x$와 x축에 동시에 접하는 서로 다른 원의 개수는 3이다. 이 세 원의 중심의 x좌표를 각각 x_1, x_2, x_3이라 할 때, 세 실수 x_1, x_2, x_3이 다음 조건을 만족시킨다.

(가) $x_1 \times x_2 \times x_3 < 0$
(나) 세 점 $(x_1, f(x_1)), (x_2, f(x_2)), (x_3, f(x_3))$을 꼭짓점으로하는 삼각형의 무게중심의 y좌표는 $\frac{73}{16}$이다.

$f(6) \times f(9)$의 값을 구하시오.

STEP A 원의 중심이 존재하는 직선의 방정식 구하기

직선 $y = \frac{8}{15}x$와 x축에 동시에 접하는 원의 중심은 직선 $y = \frac{8}{15}x$와 x축이 이루는 각의 이등분선 위에 존재한다.

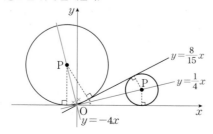

즉 각의 이등분선 위의 점을 $P(x, y)$라고 하면

$P(x, y)$에서 직선 $y = \frac{8}{15}x$, 즉 $8x - 15y = 0$까지의 거리가 $|y|$이므로

$\frac{|8x - 15y|}{\sqrt{8^2 + (-15)^2}} = |y|$, $|8x - 15y| = 17|y|$, $8x - 15y = \pm 17y$

∴ $y = \frac{1}{4}x$ 또는 $y = -4x$

STEP B 두 조건 (가), (나)를 이용하여 함수 $f(x)$와 직선의 위치 관계 구하기

원의 중심이 이차함수 $f(x) = a(x-b)^2$ 위에 있고

동시에 두 직선 $y = \frac{1}{4}x$, $y = -4x$ 위에 존재한다.

원의 중심의 x좌표가 $x_1, x_2, x_3 (x_1 < x_2 < x_3)$이므로 이차함수는

한 직선과는 서로 다른 두 점에서 만나고 다른 한 직선과는 접해야 한다.

조건 (가)에 의하여 $x_1 < x_2 < x_3 < 0$ 또는 $x_1 < 0 < x_2 < x_3$

이때 이차함수는 x축에 접하므로 $x < 0$에서 $y = f(x)$와

두 직선 $y = \frac{1}{4}x$, $y = -4x$는 서로 다른 세 교점을 가질 수 없다.

또한, 조건 (나)에 의하여 이차함수 $f(x)$는 아래로 볼록하다.

즉 $x_1 < 0 < x_2 < x_3$가 되어야 $a > 0$인 이차함수 $y = f(x)$와 두 직선의 그래프는 다음과 같다.

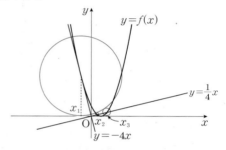

STEP C 접선과 무게중심의 y좌표를 이용하여 a, b의 값 구하기

이차함수 $f(x) = a(x-b)^2$과 직선 $y = -4x$는 접하므로

이차방정식 $a(x-b)^2 = -4x$, $ax^2 - 2(ab-2)x + ab^2 = 0$의

판별식을 D라 하면 중근을 가지므로 $D=0$이어야 한다.

$\frac{D}{4} = \{-(ab-2)\}^2 - a^2b^2 = 0$, $-4ab+4 = 0$ ∴ $b = \frac{1}{a}$ …… ㉠

이를 이차방정식에 대입하면

$ax^2 + 2x + \frac{1}{a} = 0$, $a^2x^2 + 2ax + 1 = 0$, $(ax+1)^2 = 0$ ∴ $x_1 = -\frac{1}{a}$

또한, x_2, x_3는 이차함수 $f(x) = a\left(x - \frac{1}{a}\right)^2$과 직선 $y = \frac{1}{4}x$의 교점의

x좌표이므로 이차방정식 $a\left(x - \frac{1}{a}\right)^2 = \frac{1}{4}x$, $ax^2 - \frac{9}{4}x + \frac{1}{a} = 0$의 두 근이다.

근과 계수의 관계에 의하여 두 근의 합은 $x_2 + x_3 = -\frac{\left(-\frac{9}{4}\right)}{a} = \frac{9}{4a}$

세 점 $f(x_1) = f\left(-\frac{1}{a}\right) = \frac{4}{a}$, $f(x_2) = \frac{1}{4}x_2$, $f(x_3) = \frac{1}{4}x_3$를 꼭짓점으로 하는

$(x_1, f(x_1))$은 이차함수와 직선 $y = -4x$ 위에 동시에 존재하는 점이고

$(x_2, f(x_2)), (x_3, f(x_3))$은 이차함수와 직선 $y = \frac{1}{4}x$ 위에 동시에 존재하는 점이다.

무게중심의 y좌표는

$\frac{\frac{4}{a} + \frac{1}{4}x_2 + \frac{1}{4}x_3}{3} = \frac{\frac{4}{a} + \frac{1}{4}(x_2 + x_3)}{3} = \frac{\frac{4}{a} + \frac{9}{16a}}{3} = \frac{73}{48a}$

조건 (나)에 의하여 $\frac{73}{48a} = \frac{73}{16}$이므로 $a = \frac{1}{3}$

이를 ㉠의 식에 대입하면 $b = 3$

STEP D $f(6) \times f(9)$의 값 구하기

따라서 $f(x) = \frac{1}{3}(x-3)^2$이므로 $f(6) \times f(9) = 3 \times 12 = 36$

정답 36

04 도형의 이동

0515

 정답 ⑤

STEP Ⓐ 점의 평행이동을 이용하여 평행이동한 점의 좌표 구하기

점 $(5, -3)$을 x축의 방향으로 a만큼, y축의 방향으로 -1만큼 평행이동한
점은 $(5+a, -3-1)$ $\therefore (5+a, -4)$

STEP Ⓑ 평행이동 한 점이 직선 위의 점임을 이용하여 a의 값 구하기

점 $(5+a, -4)$가 직선 $x+2y-1=0$ 위에 있으므로 대입하면
$5+a-8-1=0$
따라서 상수 a의 값은 4

0516

 정답 8

STEP Ⓐ 두 점 A, B의 평행이동을 이용하여 a, b의 값 구하기

점 $\mathrm{A}(-1, a)$를 x축의 방향으로 α만큼, y축의 방향으로 β만큼 평행이동한
점을 $\mathrm{A}'(-1+\alpha, a+\beta)$이고 $\mathrm{A}'(1, 3)$과 같으므로 $1=-1+\alpha$ $\therefore \alpha=2$
$3=a+\beta$ $\therefore a=3-\beta$ $\cdots\cdots$ ㉠
점 $\mathrm{B}(b, 4)$를 x축의 방향으로 α만큼, y축의 방향으로 β만큼 평행이동한
점을 $\mathrm{B}'(b+\alpha, 4+\beta)$이고 $\mathrm{B}'(5, 7)$과 같으므로 $b+\alpha=5$, $b+2=5$ $\therefore b=3$
$4+\beta=7$ $\therefore \beta=3$
$\beta=3$을 ㉠의 식에 대입하면 $a=3-3=0$ $\therefore a=0, b=3, \alpha=2, \beta=3$

STEP Ⓑ $p+q$의 값 구하기

점 $(0, 3)$을 x축의 방향으로 2만큼, y축의 방향으로 3만큼 평행이동하면
$a=0, b=3$이므로 (a, b)는 $(0, 3)$
$(0+2, 3+3)$ $\therefore (2, 6)$
따라서 $p=2, q=6$이므로 $p+q=8$

내/신/연/계 출제문항 269

두 점 $\mathrm{A}(-2, a)$, $\mathrm{B}(b, 3)$가 어떤 평행이동에 의하여 각각 두 점 $\mathrm{A}'(3, -2)$,
$\mathrm{B}'(1, -2)$로 옮겨질 때, 이 평행이동에 의하여 점 (a, b)가 옮겨지는 점의
좌표가 (p, q)라 하자. $p+q$의 값은? (단, p, q는 상수이다.)

① -3 ② -2 ③ -1
④ 1 ⑤ 2

STEP Ⓐ 두 점 A, B의 평행이동을 이용하여 a, b의 값 구하기

점 $\mathrm{A}(-2, a)$를 x축의 방향으로 α만큼, y축의 방향으로 β만큼 평행이동한
점을 $\mathrm{A}'(-2+\alpha, a+\beta)$이고 $\mathrm{A}'(3, -2)$과 같으므로 $3=-2+\alpha$ $\therefore \alpha=5$
$-2=a+\beta$ $\therefore a=-2-\beta$ $\cdots\cdots$ ㉠
점 $\mathrm{B}(b, 3)$을 x축의 방향으로 α만큼, y축의 방향으로 β만큼 평행이동한
점을 $\mathrm{B}'(b+\alpha, 3+\beta)$이고 $\mathrm{B}'(1, -2)$와 같으므로
$b+\alpha=1$, $b+5=1$ $\therefore b=-4$
$3+\beta=-2$ $\therefore \beta=-5$
$\beta=-5$를 ㉠의 식에 대입하면 $a=-2-(-5)=3$
$\therefore a=3, b=-4, \alpha=5, \beta=-5$

STEP Ⓑ $p+q$의 값 구하기

점 $(3, -4)$를 x축의 방향으로 5만큼, y축의 방향으로 -5만큼 평행이동하면
$a=3, b=-4$이므로 (a, b)는 $(3, -4)$
$(3+5, -4-5)$ $\therefore (8, -9)$
따라서 $p=8, q=-9$이므로 $p+q=-1$

 정답 ③

0517

 정답 ⑤

STEP Ⓐ 점의 평행이동을 이용하여 점 A의 평행이동한 점의 좌표 구하기

점 $\mathrm{A}(3, -4)$를 x축의 방향으로 a만큼, y축의 방향으로 -2만큼 평행이동한
점을 A'이라 하면 $\mathrm{A}'(3+a, -4-2)$
$\therefore \mathrm{A}'(3+a, -6)$

STEP Ⓑ 두 점 사이의 거리를 이용하여 모든 a의 값의 합 구하기

$\overline{\mathrm{OA}'}=2\overline{\mathrm{OA}}$에서 $\overline{\mathrm{OA}'}^2=4\overline{\mathrm{OA}}^2$
$\overline{\mathrm{OA}}^2=3^2+(-4)^2=25$, $\overline{\mathrm{OA}'}^2=(3+a)^2+36=a^2+6a+45$이므로
$a^2+6a+45=100$ $\therefore a^2+6a-55=0$
따라서 이차방정식 $a^2+6a-55=0$에서 근과 계수의 관계에 의하여
$a^2+6a-55=0$, $(a+11)(a-5)=0$ $\therefore a=-11$ 또는 $a=5$
모든 상수 a의 값의 합은 -6

0518

 정답 ③

STEP Ⓐ 점의 평행이동과 두 점 사이의 거리를 이용하여 a, b의 관계식 구하기

점 $\mathrm{A}(5, 3)$을 x축의 방향으로 a만큼, y축의 방향으로 b만큼 평행이동한
점 B는 $\mathrm{B}(5+a, 3+b)$
이때 선분 AB의 길이가 4이므로
$\overline{\mathrm{AB}}=\sqrt{\{(5+a)-5\}^2+\{(3+b)-3\}^2}=4$, $\sqrt{a^2+b^2}=4$
$\therefore a^2+b^2=16$

STEP Ⓑ 점과 직선 사이의 거리를 이용하여 a, b의 관계식 구하기

점 $\mathrm{B}(5+a, 3+b)$와 직선 $x+y-8=0$ 사이의 거리가 $\sqrt{2}$이므로
$\dfrac{|5+a+3+b-8|}{\sqrt{1^2+1^2}}=\sqrt{2}$, $\dfrac{|a+b|}{\sqrt{2}}=\sqrt{2}$
$\therefore |a+b|=2$

STEP Ⓒ 곱셈 공식을 이용하여 ab의 값 구하기

$a^2+b^2=16$, $|a+b|=2$에서
$a^2+b^2=|a+b|^2-2ab$, $16=4-2ab$
$|a+b|^2=(a+b)^2$
따라서 $ab=-6$

0519

 정답 ⑤

STEP Ⓐ 세 점 A, B, C의 무게중심의 좌표 구하기

세 점 $\mathrm{A}(2, 8)$, $\mathrm{B}(-1, 3)$, $\mathrm{C}(5, 4)$를 꼭짓점으로 하는 삼각형 ABC의
무게중심의 좌표는 $\left(\dfrac{2-1+5}{3}, \dfrac{8+3+4}{3}\right)$ $\therefore (2, 5)$

STEP Ⓑ 삼각형 ABC의 무게중심을 평행이동하여 상수 a, b의 값 구하기

삼각형 ABC의 무게중심 $(2, 5)$를 x축의 방향으로 a만큼, y축의 방향으로
b만큼 평행이동한 점 $(2+a, 5+b)$
삼각형 $\mathrm{A}'\mathrm{B}'\mathrm{C}'$의 무게중심 $(4, 8)$과 같으므로 $2+a=4, 5+b=8$
$\therefore a=2, b=3$
따라서 $a+b=2+3=5$

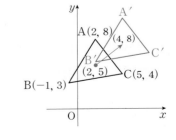

정답과 해설

세 점 A(2, 8), B(−1, 3), C(5, 4)를 x축의 방향으로 a만큼, y축의 방향으로 b만큼
평행 이동한 점이 각각 A′, B′, C′이므로
A′(2+a, 8+b), B′(−1+a, 3+b), C′(5+a, 4+b)
삼각형 A′B′C′의 무게중심의 좌표는
$$\left(\frac{(2+a)+(-1+a)+(5+a)}{3}, \frac{(8+b)+(3+b)+(4+b)}{3}\right) \quad \therefore (2+a, 5+b)$$
점 (2+a, 5+b)는 점 (4, 8)과 같으므로 2+a=4, 5+b=8
$\therefore a=2, b=3$
따라서 $a+b=5$

내신연계 출제문항 270

세 점 A(−2, 1), B(4, −3), C(a, −4)를 x축의 방향으로 −3만큼, y축의
방향으로 b만큼 평행이동한 점을 각각 A′, B′, C′이라 하자. 삼각형 A′B′C′
의 무게중심의 좌표가 (−4, 3)일 때, ab의 값은? (단, a, b는 상수이다.)

① −25   ② −16   ③ −9
④ 16   ⑤ 25

STEP Ⓐ 세 점 A, B, C의 무게중심의 좌표 구하기

세 점 A(−2, 1), B(4, −3), C(a, −4)를 꼭짓점으로 하는
삼각형 ABC의 무게중심의 좌표는
$$\left(\frac{-2+4+a}{3}, \frac{1+(-3)+(-4)}{3}\right) \quad \therefore \left(\frac{a+2}{3}, -2\right)$$

STEP Ⓑ 삼각형 ABC의 무게중심를 평행이동하여 상수 a, b의 값 구하기

점 $\left(\frac{a+2}{3}, -2\right)$를 x축의 방향으로 −3만큼, y축의 방향으로 b만큼 평행이동
한 점의 좌표는 $\left(\frac{a+2}{3}-3, -2+b\right)$, 즉 $\left(\frac{a-7}{3}, -2+b\right)$
이 점이 삼각형 A′B′C′의 무게중심 (−4, 3)과 일치하므로
$\frac{a-7}{3}=-4, -2+b=3 \quad \therefore a=-5, b=5$
따라서 $ab=-5\times5=-25$

정답 ①

0520

정답 ①

STEP Ⓐ 점의 평행이동을 이용하여 두 점 B′, C′의 좌표 구하기

점 A(−5, 8)가 점 A′(4, 10)으로 평행이동할 때,
x축의 방향으로 9만큼, y축의 방향으로 2만큼 평행이동 하였으므로
두 점 B(1, 1), C(3, 4)를 x축의 방향으로 9만큼, y축의 방향으로 2만큼
평행이동하면 B′(10, 3), C′(12, 6)

STEP Ⓑ 두 점 B′, C′을 지나는 직선의 방정식 구하기

두 점 B′, C′을 지나는 직선의
방정식은 $y-3=\frac{6-3}{12-10}(x-10)$
$\therefore 3x-2y=24$
따라서 $a=3, b=-2$이므로
$a+b=3+(-2)=1$

다른풀이 직선 BC를 평행이동하여 풀이하기

STEP Ⓐ 직선 BC의 방정식 구하기

두 점 B(1, 1), C(3, 4)에 대하여 직선 BC의 방정식은
$y=\frac{4-1}{3-1}(x-1)+1, y=\frac{3}{2}x-\frac{1}{2} \quad \therefore 3x-2y=1$

STEP Ⓑ 점의 평행이동을 이용하여 직선 B′C′의 방정식 구하기

점 A(−5, 8)을 점 A′(4, 10)으로 평행이동한 것이므로
x축의 방향으로 9만큼, y축의 방향으로 2만큼 평행이동한 것이다.
이때 직선 BC를 x축의 방향으로 9만큼, y축의 방향으로 2만큼 평행이동
> 도형의 평행이동에서 x축의 방향으로 9만큼, y축의 방향으로 2만큼
> 평행이동하면 x 대신에 $x-9$, y 대신에 $y-2$를 식에 대입한다.

한 것이 직선 B′C′이 된다.
즉 $3(x-9)-2(y-2)=1 \quad \therefore 3x-2y=24$
따라서 $a=3, b=-2$이므로 $a+b=1$

0521

정답 14

STEP Ⓐ 평행이동 f를 m번, g를 n번 시행한 좌표 구하기

점 (1, 2)에서 평행이동 f를 1번 시행하면 $\left(1-\frac{4}{3}, 2\right)$
$\qquad \underset{-\frac{4}{3}\times1}{}$

평행이동 f를 2번 시행하면 $\left(1-\frac{4}{3}-\frac{4}{3}, 2\right)$
$\qquad \underset{-\frac{4}{3}\times2}{}$

평행이동 f를 3번 시행하면 $\left(1-\frac{4}{3}-\frac{4}{3}-\frac{4}{3}, 2\right)$
$\qquad \underset{-\frac{4}{3}\times3}{} \qquad \vdots$

이므로 평행이동 f를 m번 시행하면 $\left(1-\frac{4}{3}m, 2\right)$

또한, 점 $\left(1-\frac{4}{3}m, 2\right)$에서

평행이동 g를 1번 시행하면 $\left(1-\frac{4}{3}m, 2+\frac{3}{5}\right)$
$\qquad \underset{\frac{3}{5}\times1}{}$

평행이동 g를 2번 시행하면 $\left(1-\frac{4}{3}m, 2+\frac{3}{5}+\frac{3}{5}\right)$
$\qquad \underset{\frac{3}{5}\times2}{}$

평행이동 g를 3번 시행하면 $\left(1-\frac{4}{3}m, 2+\frac{3}{5}+\frac{3}{5}+\frac{3}{5}\right)$
$\qquad \underset{\frac{3}{5}\times3}{} \qquad \vdots$

이므로 평행이동 g를 n번 시행하면 $\left(1-\frac{4}{3}m, 2+\frac{3}{5}n\right)$

즉 평행이동 f를 m번, g를 n번 시행한 후 좌표는 $\left(1-\frac{4}{3}m, 2+\frac{3}{5}n\right)$

STEP Ⓑ m, n의 값 구하기

점 $\left(1-\frac{4}{3}m, 2+\frac{3}{5}n\right)$이 점 (−11, 5)과 일치해야 하므로
$1-\frac{4}{3}m=-11, 2+\frac{3}{5}n=5$
따라서 $m=9, n=5$이므로 $m+n=14$

0522

정답 20

STEP Ⓐ 두 점 B, C의 좌표를 m, n으로 나타내기

점 A(−2, 1)을 x축의 방향으로 m만큼 평행이동한 점 B의 좌표는
B(−2+m, 1), 점 B(−2+m, 1)을 y축의 방향으로 n만큼 평행이동한 점 C의
좌표는 C(−2+m, 1+n)

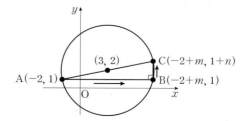

STEP B 세 점 A, B, C를 지나는 원의 방정식 구하기

원 위의 세 점 A, B, C에 대하여 선분 AB와 선분 BC는 수직으로 만나고

원의 지름에 대한 원주각은 $90°$이므로
선분 AC는 원의 지름이 된다.

있으므로 선분 AC는 원의 지름이 된다.

이때 원의 중심은 두 점 A, C의 중점이므로 $\left(\dfrac{-2+(-2+m)}{2},\ \dfrac{1+(1+n)}{2}\right)$

원의 중심 (3, 2)와 일치

즉 $-2+\dfrac{m}{2}=3,\ 1+\dfrac{n}{2}=2$

따라서 $m=10$, $n=2$이므로 $mn=10\times2=20$

다른풀이 원의 방정식에 대입하여 풀이하기

STEP A 중심이 (3, 2)일 때 원의 방정식 구하기

세 점 A, B, C를 지나는 원의 중심을 P라 하면 P(3, 2)이고
반지름의 길이를 r이라 하면 원의 방정식은 $(x-3)^2+(y-2)^2=r^2$
이때 원의 반지름의 길이는 선분 PA이므로
$\overline{PA}=\sqrt{\{3-(-2)\}^2+(2-1)^2}=\sqrt{26}$ $\therefore r=\sqrt{26}$
$\therefore (x-3)^2+(y-2)^2=26$

STEP B 두 점 B, C를 대입하여 m, n의 값 구하기

점 A를 x축의 방향으로 m만큼 평행이동한 점이 B이므로
B$(-2+m, 1)$
이때 $-2+m>3$이므로 $\underline{m>5}$

원의 중심의 (3, 2)이므로 x의 좌표 $-2+m>3$

점 B를 y축의 방향으로 n만큼 평행이동한 점이 C이므로
C$(-2+m, 1+n)$
이때 $1+n>2$이므로 $\underline{n>1}$

원의 중심의 (3, 2)이므로 y의 좌표 $1+n>2$

점 B는 원 $(x-3)^2+(y-2)^2=26$ 위의 점이므로 대입하면
$(-5+m)^2+(-1)^2=26$, $m(m-10)=0$
$\therefore m=10$ 또는 $m=0$
즉 $m>5$이므로 $m=10$
점 C$(8, 1+n)$이므로 원의 방정식에 대입하면
$5^2+(n-1)^2=26$, $n^2-2n=0$, $n(n-2)=0$
$\therefore n=0$ 또는 $n=2$
즉 $n>1$이므로 $n=2$
따라서 $mn=10\times2=20$

다른풀이 원의 현의 성질을 이용하여 풀이하기

STEP A 두 점 B, C의 좌표를 m, n으로 나타내기

점 A$(-2, 1)$을 x축의 방향으로 m만큼 평행이동한 점 B의 좌표는
B$(-2+m, 1)$,
점 B$(-2+m, 1)$을 y축의 방향으로 n만큼 평행이동한
점 C의 좌표는 C$(-2+m, 1+n)$이다.

STEP B 중심에서 현에 내린 수선의 발을 이용하여 m, n의 값 구하기

중심 P(3, 2)에서 선분 AB에 내린 수선의 발을 H_1이라 하면
점 H_1의 x좌표는 3이고 두 점 A, B의 중점이 된다.
즉 $\left(\dfrac{-2+(-2+m)}{2}, 1\right)$이므로 $\dfrac{-2+(-2+m)}{2}=3$, $-4+m=6$
$\therefore m=10$
중심 P(3, 2)에서 선분 BC에 내린 수선의 발을 H_2라 하면
점 H_2의 y의 좌표는 2이고 두 점 B, C의 중점이 된다.
즉 $\left(-2+m, \dfrac{1+(1+n)}{2}\right)$이므로 $\dfrac{1+(1+n)}{2}=2$, $2+n=4$
$\therefore n=2$
따라서 $m=10$, $n=2$이므로 $mn=10\times2=20$

0523 2020년 11월 고1 학력평가 23번 정답 7

STEP A 점의 평행이동을 이용하여 a, b의 값 구하기

점 $(-4, 3)$을 x축의 방향으로 a만큼, y축의 방향으로 b만큼 평행이동한
점의 좌표는 $(-4+a, 3+b)$
이때 점 $(-4+a, 3+b)$가 점 $(1, 5)$와 일치하므로
$-4+a=1$ $\therefore a=5$
$3+b=5$ $\therefore b=2$
따라서 $a+b=5+2=7$

내/신/연/계/ 출제문항 271

좌표평면 위의 점 $(2, -5)$를 x축의 방향으로 a만큼, y축의 방향으로
b만큼 평행이동한 점의 좌표가 $(3, 2)$일 때, $a+b$의 값을 구하시오.
(단, a, b는 상수이다.)

STEP A 점의 평행이동을 이용하여 a, b의 값 구하기

점 $(2, -5)$를 x축의 방향으로 a만큼, y축의 방향으로 b만큼 평행이동한
점의 좌표는 $(2+a, -5+b)$
이때 점 $(2+a, -5+b)$가 점 $(3, 2)$와 일치하므로
$2+a=3$ $\therefore a=1$
$-5+b=2$ $\therefore b=7$
따라서 $a+b=1+7=8$ 정답 8

0524 2019년 11월 고1 학력평가 12번 정답 ⑤

STEP A 점 P(a, a²)의 평행이동한 점의 좌표 구하기

점 P(a, a^2)을 x축의 방향으로 $-\dfrac{1}{2}$만큼, y축의 방향으로 2만큼 평행이동한
점의 좌표는 $\left(a-\dfrac{1}{2}, a^2+2\right)$

STEP B 평행이동한 점이 직선 y=4x 위에 있음을 이용하여 a의 값 구하기

점 $\left(a-\dfrac{1}{2}, a^2+2\right)$가 직선 $y=4x$ 위의 점이므로 대입하면 $a^2+2=4\left(a-\dfrac{1}{2}\right)$,
$a^2+2=4a-2$, $a^2-4a+4=0$, $(a-2)^2=0$
따라서 $a=2$

내/신/연/계/ 출제문항 272

좌표평면 위의 점 P(a, a^2)을 x축의 방향으로 $-\dfrac{1}{2}$만큼, y축의 방향으로
6만큼 평행이동한 점이 직선 $y=6x$ 위에 있을 때, 상수 a의 값은?

① -3 ② -2 ③ 0
④ 1   ⑤ 3

STEP A 점 P(a, a²)의 평행이동한 점의 좌표 구하기

점 P(a, a^2)을 x축의 방향으로 $-\dfrac{1}{2}$만큼, y축의 방향으로 6만큼 평행이동한
점의 좌표를 구하면 $\left(a-\dfrac{1}{2}, a^2+6\right)$

STEP B 평행이동한 점이 직선 y=6x 위에 있음을 이용하여 a의 값 구하기

점 $\left(a-\dfrac{1}{2}, a^2+6\right)$이 직선 $y=6x$ 위의 점이므로 대입하면
$a^2+6=6\left(a-\dfrac{1}{2}\right)$, $a^2+6=6a-3$, $a^2-6a+9=0$, $(a-3)^2=0$
따라서 $a=3$ 정답 ⑤

0525

정답 2

STEP Ⓐ 직선 $x+ay+b=0$을 평행이동한 식 구하기

직선 $x+ay+b=0$을 x축의 방향으로 -1만큼, y축의 방향으로 3만큼
x대신에 $x+1$, y대신에 $y-3$을 대입한다.

평행이동하면 $(x+1)+a(y-3)+b=0$ $\therefore$ $x+ay+1-3a+b=0$

STEP Ⓑ 두 직선이 서로 같음을 이용하여 a, b의 값 구하기

직선 $x+ay+1-3a+b=0$이 $x-2y+6=0$과 일치하므로

계수를 비교하면 $a=-2$, $1-3a+b=6$ $\therefore$ $a=-2$, $b=-1$

따라서 $a=-2$, $b=-1$이므로 $ab=2$

> **mini해설** | $x-2y+6=0$을 평행이동하여 풀이하기
>
> 직선 $x+ay+b=0$을 x축의 방향으로 -1만큼, y축의 방향으로 3만큼 평행이동한
> 직선이 $x-2y+6=0$
> 이때 직선 $x-2y+6=0$을 x축의 방향으로 1만큼, y축의 방향으로 -3만큼 평행이동
> 하면 직선 $x+ay+b=0$이 된다.
> $(x-1)-2(y+3)+6=0$, $x-2y-1=0$
> 즉 $x-2y-1=0$이 $x+ay+b=0$과 일치하므로 $a=-2$, $b=-1$
> 따라서 $ab=2$

0526

정답 ③

STEP Ⓐ 평행이동한 직선의 방정식 구하기

직선 $4x-3y+k=0$을 x축의 방향으로 2만큼, y축의 방향으로 -2만큼
x대신에 $x-2$, y대신에 $y+2$를 대입한다.

평행이동한 직선의 방정식은 $4(x-2)-3(y+2)+k=0$

$\therefore$ $4x-3y-14+k=0$

STEP Ⓑ 점 $(3, -1)$을 대입하여 상수 k 구하기

직선 $4x-3y-14+k=0$이 점 $(3, -1)$를 지나므로 대입하면

$12+3-14+k=0$, $1+k=0$

따라서 상수 k의 값은 -1

0527

정답 ③

STEP Ⓐ 평행이동한 직선의 방정식 구하기

직선 $x-y-1=0$을 x축의 방향으로 m만큼, y축의 방향으로 3만큼
x대신에 $x-m$, y대신에 $y-3$을 대입한다.

평행이동한 직선의 방정식은 $(x-m)-(y-3)-1=0$ $\therefore$ $y=x-m+2$

STEP Ⓑ 평행이동한 직선과 x축 및 y축으로 둘러싸인 부분의 넓이가 18를 만족하는 m의 값 구하기

직선 $y=x-m+2$가

x축과 만나는 점은 $(m-2, 0)$, y축과 만나는 점은 $(0, -m+2)$
$m>2$이므로 $m-2>0$ $m>2$이므로 $-m+2<0$

위의 그림에서 색칠한 부분의 넓이가 18이므로

$\frac{1}{2}\times(m-2)\times|-m+2|=\frac{1}{2}\times(m-2)\times(m-2)=18$, $(m-2)^2=36$,
$-m+2<0$이므로 $|-m+2|=-(-m+2)=m-2$

$m^2-4m-32=0$, $(m-8)(m+4)=0$ $\therefore$ $m=8$ 또는 $m=-4$

따라서 $m>2$이므로 상수 m의 값은 8

내/신/연/계 출제문항 273

직선 $x+y-4=0$을 x축의 방향으로 a만큼, y축의 방향으로 2만큼 평행
이동한 직선과 x축, y축으로 둘러싸인 부분의 넓이가 32일 때, 양수 a의
값은?

① 1   ② 2   ③ 3

④ 4   ⑤ 5

STEP Ⓐ 평행이동한 직선의 방정식 구하기

직선 $x+y-4=0$을 x축의 방향으로 a만큼, y축의 방향으로 2만큼

평행이동한 직선의 방정식은 $(x-a)+(y-2)-4=0$

$\therefore$ $x+y-a-6=0$

STEP Ⓑ 평행이동한 직선과 x축, y축으로 둘러싸인 부분의 넓이가 32일 때, 양수 a의 값 구하기

오른쪽 그림에서 색칠한 부분의 넓이가

32이므로 $\frac{1}{2}(a+6)^2=32$, $(a+6)^2=64$

$a+6=8$ 또는 $a+6=-8$

$\therefore$ $a=2$ 또는 $a=-14$

따라서 양수 a의 값은 2

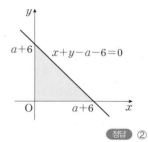

정답 ②

0528

정답 10

STEP Ⓐ 평행이동한 직선의 방정식 구하기

직선 $y=ax+b$를 x축의 방향으로 2만큼, y축의 방향으로 -1만큼 평행이동한
x대신에 $x-2$, y대신에 $y+1$을 대입한다.

직선의 방정식은 $y+1=a(x-2)+b$ $\therefore$ $y=ax-2a+b-1$

STEP Ⓑ 주어진 조건을 이용하여 상수 a, b의 값 구하기

직선 $y=ax-2a+b-1$과 직선 $y=-\frac{1}{2}x+3$이 서로 수직이므로

기울기의 곱은 -1 $\therefore$ $a=2$
$a\times\left(-\frac{1}{2}\right)=-1$

또한, 직선 $y=2x+b-5$와 직선 $y=-\frac{1}{2}x+3$이 y축 위의 점에서 만나므로
직선 $y=ax-2a+b-1$에 $a=2$를 대입하면 $y=2x-4+b-1$

두 직선의 y절편은 같다.

즉 $b-5=3$ $\therefore$ $b=8$

따라서 $a=2$, $b=8$이므로 $a+b=10$

내/신/연/계 출제문항 274

직선 $y=ax+b$를 x축의 방향으로 3만큼, y축의 방향으로 -1만큼

평행이동하면 직선 $y=-\frac{1}{3}x+2$와 x축 위의 한 점에서 수직으로 만날 때,

상수 a, b에 대하여 $a-b$의 값을 구하시오.

STEP Ⓐ 평행이동한 직선의 방정식 구하기

직선 $y=ax+b$를 x축의 방향으로 3만큼, y축의 방향으로 -1만큼

평행이동한 직선의 방정식은 $y+1=a(x-3)+b$ $\therefore$ $y=ax-3a+b-1$

STEP Ⓑ 주어진 조건을 이용하여 상수 a, b의 값 구하기

직선 $y=ax-3a+b-1$이 직선 $y=-\frac{1}{3}x+2$와 수직으로 만나므로

기울기의 곱은 -1 $\therefore$ $a=3$
$-\frac{1}{3}\times a=-1$

또한, 직선 $y=3x-10+b$와 직선 $y=-\dfrac{1}{3}x+2$가 x축에서 만나므로

$y=0$을 대입하면 $0=3x-10+b$, $y=0$을 대입하면 $0=-\dfrac{1}{3}x+2$, $\dfrac{1}{3}x=2$
$3x=10-b$

두 직선의 x절편은 같다.

즉 $6=\dfrac{10-b}{3}$ $\therefore b=-8$

따라서 $a-b=3-(-8)=11$ 정답 11

0529   정답 ④

STEP A 평행이동한 직선의 방정식 구하기

직선 $y=ax+a^2$을 x축의 방향으로 3만큼, y축의 방향으로 -5만큼
 x대신에 $x-3$, y대신에 $y+5$를 대입한다.

평행이동한 직선은 $y+5=a(x-3)+a^2$ $\therefore y=ax+a^2-3a-5$

STEP B 원의 넓이를 이등분할 때, 상수 a의 값 구하기

원 $x^2+y^2-10x+4y=0$에서 $(x-5)^2+(y+2)^2=29$이므로

원의 중심의 좌표는 $(5, -2)$

이때 직선 $y=ax+a^2-3a-5$가 원의 넓이를 이등분하므로

원의 중심을 지나야 한다.

점 $(5, -2)$를 직선의 방정식에 대입하면 $-2=a^2+2a-5$,

$a^2+2a-3=0$, $(a+3)(a-1)=0$ $\therefore a=-3$ 또는 $a=1$
이차방정식에서 근과 계수의 관계에 의하여 두 근의 합은 -2

따라서 모든 상수 a의 값의 합은 -2

내/신/연/계/ 출제문항 275

직선 $y=kx+1$을 x축의 방향으로 3만큼, y축의 방향으로 -2만큼 평행이동시킨 직선이 원 $(x-2)^2+(y-3)^2=1$의 중심을 지날 때, 상수 k의 값은?

① -6 ② -4 ③ -2
④ 2 ⑤ 4

STEP A 평행이동한 직선의 방정식 구하기

직선 $y=kx+1$을 x축의 방향으로 3만큼, y축의 방향으로 -2만큼 평행이동
 x대신에 $x-3$, y대신에 $y+2$를 대입한다.

하면 직선의 방정식은 $y+2=k(x-3)+1$ $\therefore y=kx-3k-1$

STEP B 직선이 원의 중심을 지남을 이용하여 k의 값 구하기

원 $(x-2)^2+(y-3)^2=1$의 중심은 $(2, 3)$이고 직선 $y=kx-3k-1$이

원의 중심을 지나므로 대입하면 $3=k\times2-3k-1$, $3=-k-1$

따라서 $k=-4$ 정답 ②

0530   정답 ①

STEP A 직선의 평행이동을 이용하여 m의 값 구하기

직선 $3x-y+4=0$을 x축의 방향으로 -2만큼, y축의 방향으로 m만큼
 x대신에 $x+2$, y대신에 $y-m$를 대입한다.

평행이동한 직선의 방정식은 $3(x+2)-(y-m)+4=0$

$\therefore 3x-y+m+10=0$ …… ㉠

직선 ㉠이 직선 $3x-y+6=0$과 일치하므로

$m+10=6$ $\therefore m=-4$

STEP B 직선 $4x+y-3=0$으로 옮겨지는 직선의 방정식 구하기

x축으로 -2만큼, y축으로 -4만큼 평행이동하여 직선 $4x+y-3=0$이 되는
직선의 방정식을 $ax+by+c=0$이라 하자.

$a(x+2)+b(y+4)+c=0$, $ax+by+2a+4b+c=0$

직선 $ax+by+2a+4b+c=0$과 직선 $4x+y-3=0$이 일치하므로

$a=4$, $b=1$, $c=-15$

즉 직선의 방정식은 $4x+y-15=0$

+α $4x+y-3=0$을 평행이동하여 구할 수 있어!

x축의 방향으로 -2만큼, y축의 방향으로 -4만큼 평행이동한 직선이 $4x+y-3=0$
이때 $4x+y-3=0$을 x축의 방향으로 2만큼, y축의 방향으로 4만큼 평행이동하면
평행이동 전의 직선의 방정식을 구할 수 있다.
$4(x-2)+(y-4)-3=0$ $\therefore 4x+y-15=0$

+α   기울기가 같음을 이용하여 구할 수 있어!

평행이동을 하더라도 직선의 기울기는 변하지 않으므로
$4x+y-3=0$으로 옮겨지는 직선의 방정식을 $4x+y+k=0$이라 할 수 있다.
직선 $4x+y+k=0$을 x축의 방향으로 -2만큼, y축의 방향으로 -4만큼 평행이동하면
$4(x+2)+(y+4)+k=0$, $4x+y+12+k=0$
이때 두 직선의 방정식이 일치하므로 $12+k=-3$ $\therefore k=-15$
$\therefore 4x+y-15=0$

STEP C 직선과 x축, y축으로 둘러싸인 부분의 넓이 구하기

직선의 방정식은 $4x+y-15=0$에서

x절편은 $\left(\dfrac{15}{4}, 0\right)$, y절편은 $(0, 15)$

따라서 구하는 넓이는 $\dfrac{1}{2}\times\dfrac{15}{4}\times15=\dfrac{225}{8}$

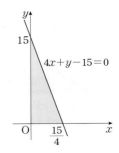

0531   정답 ③

STEP A 평행이동한 직선 구하기

직선 $y=-2x$를 x축의 방향으로 k만큼 평행이동한 직선의 방정식은

$y=-2(x-k)$ $\therefore y=-2x+2k$

STEP B 중심에서 직선까지의 거리가 반지름임을 이용하여 k의 값 구하기

직선 $y=-2x+2k$가 원 $x^2+y^2=4$의 접선이므로 중심 $(0, 0)$에서

직선 $2x+y-2k=0$까지의 거리가 반지름의 길이 2이다.

$\dfrac{|-2k|}{\sqrt{2^2+1^2}}=2$, $|-2k|=2\sqrt{5}$ ← 점 (x_1, y_1)에서 직선 $ax+by+c=0$까지의 거리

즉 $-2k=2\sqrt{5}$ 또는 $-2k=-2\sqrt{5}$ $\dfrac{|ax_1+by_1+c|}{\sqrt{a^2+b^2}}$

$\therefore k=-\sqrt{5}$ 또는 $k=\sqrt{5}$

따라서 양수 k의 값은 $\sqrt{5}$

+α   판별식을 이용하여 풀이할 수 있어!

$y=-2x+2k$가 원 $x^2+y^2=4$의 접선이므로 대입하면 $x^2+(-2x+2k)^2=4$
이차방정식 $5x^2-8kx+4k^2-4=0$에서 판별식을 D라 하면
중근을 가지므로 $D=0$
$\dfrac{D}{4}=16k^2-5(4k^2-4)=0$, $-4k^2+20=0$, $k^2=5$ $\therefore k=\sqrt{5}$ 또는 $k=-\sqrt{5}$
따라서 양수 k의 값은 $\sqrt{5}$

+α   기울기가 주어질 때, 접선의 공식을 이용하여 풀 수 있어!

원 $x^2+y^2=r^2$에서 접선의 기울기가 m일 때, 접선의 방정식은 $y=mx\pm r\sqrt{m^2+1}$
직선 $y=-2x+2k$가 원 $x^2+y^2=4$의 접선이므로 접선의 기울기가 -2이다.
$y=-2x\pm2\sqrt{2^2+1}$, $y=-2x\pm2\sqrt{5}$ $\therefore k=\sqrt{5}$ 또는 $k=-\sqrt{5}$
따라서 양수 k의 값은 $\sqrt{5}$

0532

정답 ②

STEP A 평행이동한 직선의 방정식 구하기

직선의 방정식 $x-2y+3=0$을 x축의 방향으로 1만큼, y축의 방향으로 b만큼
평행이동한 직선의 방정식은 $(x-1)-2(y-b)+3=0$
$\therefore x-2y+2b+2=0$

STEP B 평행한 두 직선 사이의 거리를 이용하여 b의 값 구하기

평행한 두 직선 $x-2y+3=0$과 $x-2y+2b+2=0$ 사이의 거리는
직선 $x-2y+3=0$의 x절편 $(-3, 0)$에서 직선 $x-2y+2b+2=0$까지의
거리와 같다.
$$\frac{|2b-1|}{\sqrt{1^2+(-2)^2}}=\sqrt{5}, |2b-1|=5$$
즉 $2b-1=5$ 또는 $2b-1=-5$이므로 $b=3$ 또는 $b=-2$
따라서 양수 b의 값은 3

> **POINT** | 평행한 두 직선 사이의 거리
>
> 평행한 두 직선 $ax+by+c_1=0$과 $ax+by+c_2=0$ 사이의 거리는 직선
> $ax+by+c_1=0$ 위의 한 점 $P(x_1, y_1)$에서 직선 $ax+by+c_2=0$까지의 거리와 같다.
> 특히 한 직선 위의 점을 택할 때, 좌표가 간단한 x절편 또는 y절편을 구해서 계산하면
> 편리하다.

내/신/연/계/ 출제문항 276

직선 $x-2y+k=0$을 x축의 방향으로 2만큼, y축의 방향으로 -3만큼
평행이동한 직선과 직선 $x-2y-6=0$ 사이의 거리가 $2\sqrt{5}$일 때, 모든
상수 k의 값의 합은?

① 4   ② 5   ③ 6
④ 7   ⑤ 8

STEP A 평행이동한 직선의 방정식 구하기

직선 $x-2y+k=0$을 x축의 방향으로 2만큼, y축의 방향으로 -3만큼
평행이동한 직선의 방정식은 $(x-2)-2(y+3)+k=0$
$\therefore x-2y+k-8=0$

STEP B 평행한 두 직선 사이의 거리를 이용하여 k의 값 구하기

평행한 두 직선 $x-2y+k-8=0$과 $x-2y-6=0$ 사이의 거리는
직선 $x-2y-6=0$의 x절편 $(6, 0)$에서 직선 $x-2y+k-8=0$까지의
거리와 같다.
$$\frac{|k-2|}{\sqrt{1^2+(-2)^2}}=2\sqrt{5}, |k-2|=10$$
즉 $k-2=10$ 또는 $k-2=-10$이므로 $k=12$ 또는 $k=-8$
따라서 모든 상수 k의 값의 합은 $12+(-8)=4$

$|k-2|=10$에서 양변을 제곱하면 $k^2-4k-96=0$
이차방정식에서 근과 계수의 관계에 의하여
상수 k의 값의 합은 4

정답 ①

0533

정답 1

STEP A 평행이동한 직선의 방정식 구하기

직선 $x-2y=0$을 x축의 방향으로 a만큼 평행이동한 직선의 방정식은
$(x-a)-2y=0$ $\therefore x-2y-a=0$

STEP B 세 직선이 삼각형을 이루지 않을 조건 구하기

세 직선 $x-2y-a=0$, $x+3y-4=0$, $3x+y-4=0$에 대하여
기울기는 $\frac{1}{2}$ 기울기는 $-\frac{1}{3}$ 기울기는 -3

기울기가 모두 다르므로 세 직선으로 삼각형을 이루지 않도록 하려면
① 세 직선 중 적어도 두 직선이 일치하는 경우
② 세 직선 중 적어도 두 직선이 평행한 경우
③ 세 직선이 한 점에서 만나는 경우

세 직선이 모두 한 점에서 만나는 경우이다.
즉 두 직선 $x+3y-4=0$과 $3x+y-4=0$의 교점이 직선 $x-2y-a=0$을
지나면 된다.

STEP C 세 직선이 한 점에서 만남을 이용하여 a의 값 구하기

$x+3y-4=0$ …… ㉠
$3x+y-4=0$ …… ㉡
㉠, ㉡을 연립하여 풀면 $x=1$, $y=1$
직선 $x-2y-a=0$이 점 $(1, 1)$을 지나므로 대입하면 $1-2-a=0$
따라서 상수 a의 값은 1

내/신/연/계/ 출제문항 277

직선 $6x+y-3=0$을 x축의 방향으로 a만큼 평행이동한 직선과 두 직선
$3x-4y+6=0$, $2x+3y-13=0$이 삼각형을 이루지 않도록 하는 상수 a의
값은?

① -6   ② -4   ③ -2
④ 2   ⑤ 4

STEP A 평행이동한 직선의 방정식 구하기

직선 $6x+y-3=0$을 x축의 방향으로 a만큼 평행이동한 직선의 방정식은
$6(x-a)+y-3=0$ x대신에 $x-a$대입
$\therefore 6x+y-6a-3=0$

STEP B 세 직선이 삼각형을 이루지 않을 조건 구하기

세 직선 $6x+y-6a-3=0$, $3x-4y+6=0$, $2x+3y-13=0$에 대하여
기울기는 -6 기울기는 $\frac{3}{4}$ 기울기는 $-\frac{2}{3}$

기울기가 모두 다르므로 세 직선으로 삼각형을 이루지 않도록 하려면
① 세 직선 중 적어도 두 직선이 일치하는 경우
② 세 직선 중 적어도 두 직선이 평행한 경우
③ 세 직선이 한 점에서 만나는 경우

세 직선이 모두 한 점에서 만나는 경우이다.
즉 두 직선 $3x-4y+6=0$, $2x+3y-13=0$의 교점이
직선 $6x+y-6a-3=0$을 지나면 된다.

STEP C 세 직선이 한 점에서 만남을 이용하여 a의 값 구하기

$3x-4y+6=0$ …… ㉠
$2x+3y-13=0$ …… ㉡
㉠, ㉡을 연립하여 풀면 $x=2$, $y=3$
직선 $6x+y-6a-3=0$이 점 $(2, 3)$을 지나므로
대입하면 $12+3-6a-3=0$
따라서 상수 a의 값은 2

정답 ④

0534

2024년 09월 고1 학력평가 5번   정답 ①

STEP A 평행이동한 직선의 방정식 구하기

직선 $y=kx+1$을 x축의 방향으로 1만큼, y축의 방향으로 -2만큼 평행이동한
x대신 $x-1$을 y대신 $y+2$를 대입한다.
직선의 방정식은 $y+2=k(x-1)+1$
$\therefore y=kx-k-1$

STEP B 평행이동한 직선이 점 $(3, 1)$을 지남을 이용하여 k의 값 구하기

직선 $y=kx-k-1$이 점 $(3, 1)$을 지나므로 $1=3k-k-1$, $2k=2$
따라서 $k=1$

내/신/연/계/ 출제문항 278

직선 $2x+y+5=0$을 x축의 방향으로 2만큼, y의 방향으로 -1만큼
평행이동한 직선의 방정식이 $2x+y+a=0$일 때, 상수 a의 값은?

① 1   ② 2   ③ 3
④ 4   ⑤ 5

STEP Ⓐ **평행이동한 직선의 방정식 구하기**

직선 $2x+y+5=0$을 x축의 방향으로 2만큼, y축의 방향으로 -1만큼

x대신에 $x-2$, y대신에 $y+1$을 대입한다.

평행이동하면 $2(x-2)+(y+1)+5=0$
$\therefore 2x+y+2=0$

STEP Ⓑ **두 직선이 일치함을 이용하여 a의 값 구하기**

따라서 두 직선 $2x+y+2=0$과 $2x+y+a=0$이 일치하므로 $a=2$ 정답 ②

0535   2018년 09월 고1 학력평가 24번   정답 14   해설강의

STEP Ⓐ **평행이동한 직선의 방정식 구하기**

직선 $y=2x+k$를 x축의 방향으로 2만큼, y축의 방향으로 -3만큼
평행이동하면 $y+3=2(x-2)+k$ $\therefore 2x-y-7+k=0$

STEP Ⓑ **평행이동한 직선이 원의 접선임을 이용하여 상수 k의 값 구하기**

직선 $2x-y-7+k=0$이 원 $x^2+y^2=5$와 한 점에서 만나므로 ← 원의 접선
원의 중심 $(0, 0)$과 직선 $2x-y-7+k=0$ 사이의 거리가 원의 반지름의
길이인 $\sqrt{5}$와 같아야 한다.

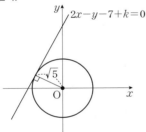

$\dfrac{|-7+k|}{\sqrt{2^2+(-1)^2}}=\sqrt{5}$, $\dfrac{|-7+k|}{\sqrt{5}}=\sqrt{5}$,   점 (x_1, y_1)에서 직선 $ax+by+c=0$
까지의 거리 $\dfrac{|ax_1+by_1+c|}{\sqrt{a^2+b^2}}$

$|-7+k|=5$이므로 $-7+k=-5$ 또는 $-7+k=5$
$\therefore k=2$ 또는 $k=12$
따라서 모든 상수 k의 값의 합은 $2+12=14$

+α **판별식을 이용하여 풀 수 있어!**

직선 $y=2x-7+k$가 원 $x^2+y^2=5$에 접하므로 대입하면
$x^2+(2x-7+k)^2=5$, $x^2+(4x^2+49+k^2-28x-14k+4kx)=5$
$5x^2+2(2k-14)x+k^2-14k+44=0$
이때 이차방정식의 판별식을 D라 하면 중근을 가지므로 $D=0$
$\dfrac{D}{4}=(2k-14)^2-5(k^2-14k+44)=0$, $(4k^2-56k+196)-5k^2+70k-220=0$
$-k^2+14k-24=0$, $-(k-2)(k-12)=0$ $\therefore k=2$ 또는 $k=12$
따라서 모든 상수 k의 값의 합은 $2+12=14$

+α **접선의 기울기가 주어진 접선의 방정식 공식으로 풀 수 있어!**

원 $x^2+y^2=r^2$에서 접선의 기울기가 m일 때, 접선의 방정식은 $y=mx\pm r\sqrt{m^2+1}$
직선 $y=2x-7+k$가 원 $x^2+y^2=5$의 접선이고 기울기가 2이므로
접선의 방정식은 $y=2x\pm\sqrt{5}\sqrt{2^2+1}$, $y=2x\pm5$
즉 $y=2x+5$일 때, $-7+k=5$ $\therefore k=12$
$y=2x-5$일 때, $-7+k=-5$ $\therefore k=2$
따라서 모든 상수 k의 값의 합은 $12+2=14$

내/신/연/계/ 출제문항 279

직선 $y=2x$를 y축의 방향으로 m만큼 평행이동한 직선이 이차함수
$y=x^2-4x+12$의 그래프에 접할 때, 상수 m의 값을 구하시오.

STEP Ⓐ **평행이동한 직선의 방정식 구하기**

직선 $y=2x$를 y축의 방향으로 m만큼 평행이동한

y대신 $y-m$을 대입

직선의 방정식은 $y=2x+m$

STEP Ⓑ **직선과 이차함수를 연립하고 (판별식)$=0$임을 이용하여 m의 값 구하기**

직선 $y=2x+m$이 이차함수 $y=x^2-4x+12$의 그래프에 접하므로
두 식을 연립하면
$x^2-4x+12=2x+m$, $x^2-6x+12-m=0$
이차방정식 $x^2-6x+12-m=0$의 판별식을 D라 할 때,

이차방정식 $ax^2+2b'x+c=0$의 판별식은 $\dfrac{D}{4}=(b')^2-ac$

$D=0$이어야 한다.
$\dfrac{D}{4}=(-3)^2-(12-m)=0$, $9-12+m=0$
따라서 $m=3$ 정답 3

0536   정답 ④

STEP Ⓐ **원의 방정식을 변형하여 중심의 좌표와 반지름의 길이 구하기**

$x^2+y^2-2x+2y-2=0$에서 $(x-1)^2+(y+1)^2=4$
중심은 $(1, -1)$이고 반지름의 길이가 2
이때 원을 평행이동하더라도 반지름의 길이는 변하지 않으므로 반지름의
길이가 같은 원은 평행이동으로 겹쳐질 수 있다.

STEP Ⓑ **주어진 원과 반지름의 길이가 같은 원의 방정식 구하기**

ㄱ. $(x-1)^2+(y+1)^2=2$의 반지름의 길이가 $\sqrt{2}$이므로
   평행이동에 의하여 겹쳐지지 않는다. [거짓]

ㄴ. $x^2+(y-2)^2=4$의 반지름의 길이가 2이므로
   평행이동에 의하여 겹쳐질 수 있다. [참]
     원 $(x-1)^2+(y+1)^2=4$를 x축의 방향으로 -1만큼, y축의 방향으로 3만큼
     평행이동하면 겹쳐질 수 있다.

ㄷ. $x^2+y^2-6x-4y+9=0$에서 $(x-3)^2+(y-2)^2=4$
   반지름의 길이가 2이므로 평행이동에 의하여 겹쳐질 수 있다. [참]
     원 $(x-1)^2+(y+1)^2=4$를 x축의 방향으로 2만큼, y축의 방향으로 3만큼
     평행이동하면 겹쳐질 수 있다.

ㄹ. $x^2+y^2-8x+2y+15=0$에서 $(x-4)^2+(y+1)^2=2$
   반지름의 길이가 $\sqrt{2}$이므로 평행이동에 의하여 겹쳐지지 않는다. [거짓]

따라서 원 $x^2+y^2-2x+2y-2=0$과 평행이동으로 겹쳐질 수 있는 것은
ㄴ, ㄷ이다.

0537

정답 ③

STEP A 점의 평행이동 이해하기

점 $(1, 5)$를 점 $(-1, a)$로 옮기는 평행이동은 x축의 방향으로 -2만큼, y축의 방향으로 $a-5$만큼 평행이동한 것이다.

STEP B 두 원의 중심과 반지름의 길이가 같음을 이용하여 $a+b+c$의 값 구하기

원 $x^2+y^2=21$에서 중심은 $(0, 0)$, 반지름의 길이는 $\sqrt{21}$

중심 $(0, 0)$을 x축의 방향으로 -2만큼, y축의 방향으로 $a-5$만큼 평행이동하면 $(-2, a-5)$ ⋯⋯ ㉠

원 $x^2+y^2+bx-8y+c=0$에서 $\left(x+\dfrac{b}{2}\right)^2+(y-4)^2=16-c+\dfrac{b^2}{4}$

중심은 $\left(-\dfrac{b}{2}, 4\right)$, 반지름의 길이는 $\sqrt{16-c+\dfrac{b^2}{4}}$

> 원 $x^2+y^2+Ax+By+C=0$에서 원의 중심은 $\left(-\dfrac{A}{2}, -\dfrac{B}{2}\right)$, 반지름의 길이는 $\dfrac{\sqrt{A^2+B^2-4C}}{2}$ 로 구할 수 있다.

중심의 좌표 $\left(-\dfrac{b}{2}, 4\right)$가 ㉠과 일치하므로

$-2=-\dfrac{b}{2}$에서 $b=4$, $a-5=4$에서 $a=9$

평행이동하더라도 두 원의 반지름의 길이가 같으므로 $\sqrt{21}=\sqrt{16-c+\dfrac{b^2}{4}}$

$21=16-c+4$에서 $c=-1$

따라서 $a=9$, $b=4$, $c=-1$이므로 $a+b+c=9+4+(-1)=12$

0538

정답 ③

STEP A 평행이동한 원의 방정식 구하기

원 $(x+1)^2+(y+2)^2=16$을 x축의 방향으로 3만큼, y축의 방향으로 a만큼
x대신에 $x-3$, y대신에 $y-a$를 대입한다.

평행이동한 원이 C이므로 원 C의 방정식은 $(x-3+1)^2+(y-a+2)^2=16$

$\therefore C : (x-2)^2+(y-a+2)^2=16$

STEP B 직선이 원의 중심을 지남을 이용하여 상수 a의 값 구하기

원 C의 넓이가 직선 $3x+4y+6=0$에 의하여 이등분되려면
직선이 원 C의 중심 $(2, a-2)$를 지나야 하므로
$6+4(a-2)+6=0$, $4a+4=0$
따라서 상수 a의 값은 -1

> **mini 해설** | 직선을 평행이동하여 풀이하기
>
> 원 $(x+1)^2+(y+2)^2=16$을 x축의 방향으로 3만큼, y축의 방향으로 a만큼 평행이동하면 직선 $3x+4y+6=0$에 의하여 이등분된다.
> 이때 직선 $3x+4y+6=0$을 x축의 방향으로 -3만큼, y축의 방향으로 $-a$만큼 평행이동하면 원 $(x+1)^2+(y+2)^2=16$이 이등분된다.
> 직선을 평행이동하면 $3(x+3)+4(y+a)+6=0$
> $\therefore 3x+4y+4a+15=0$
> 이때 직선 $3x+4y+4a+15=0$이 원의 중심 $(-1, -2)$를 지나므로 대입하면
> $-3-8+4a+15=0$, $4a+4=0$
> 따라서 상수 a의 값은 -1

내/신/연/계 출제문항 280

원 $(x+2)^2+(y+3)^2=25$를 x축의 방향으로 a만큼, y축의 방향으로 b만큼 평행이동하였더니 직선 $y=-x+5$에 의하여 원의 넓이가 이등분되었다. 이때 두 상수 a, b에 대하여 $a+b$의 값은?

① -10 ② -8 ③ -2
④ 8 ⑤ 10

STEP A 평행이동한 원의 방정식 구하기

원 $(x+2)^2+(y+3)^2=25$를
x축의 방향으로 a만큼, y축의 방향으로 b만큼 평행이동한 원의 방정식은
x대신 $x-a$, y대신 $y-b$를 대입한다.
$(x-a+2)^2+(y-b+3)^2=25$

STEP B 직선이 원의 중심을 지남을 이용하여 $a+b$의 값 구하기

직선 $y=-x+5$가 원 $(x-a+2)^2+(y-b+3)^2=25$의 넓이를 이등분하기 위해서 직선은 원의 중심 $(a-2, b-3)$을 지나야 한다.
즉 $b-3=-(a-2)+5$, $b-3=-a+7$
따라서 $a+b=10$

정답 ⑤

0539

정답 3

STEP A 평행이동한 원의 방정식 구하기

원 $(x-2)^2+(y+2)^2=4$를 x축의 방향으로 a만큼, y축의 방향으로 1만큼
x대신에 $x-a$, y대신에 $y-1$을 대입한다.
평행이동하면 $(x-a-2)^2+(y+1)^2=4$

STEP B 원의 중심에서 직선까지의 거리가 반지름의 길이와 같음을 이용하여 a의 값 구하기

직선 $3x+4y-1=0$이 원 $(x-a-2)^2+(y+1)^2=4$의 접선이므로
원의 중심 $(a+2, -1)$에서 직선까지의 거리는 반지름의 길이 2와 같다.

$\dfrac{|3(a+2)-4-1|}{\sqrt{3^2+4^2}}=2$, $\dfrac{|3a+1|}{5}=2$, $|3a+1|=10$

즉 $3a+1=10$ 또는 $3a+1=-10$ $\therefore a=3$ 또는 $a=-\dfrac{11}{3}$

따라서 양수 a의 값은 3

> **mini 해설** | 직선을 평행이동하여 풀이하기
>
> 원 $(x-2)^2+(y+2)^2=4$를 x축의 방향으로 a만큼, y축의 방향으로 1만큼 평행이동하면 직선 $3x+4y-1=0$과 접한다.
> 이때 직선을 x축의 방향으로 $-a$만큼, y축의 방향으로 -1만큼 평행이동하면 원 $(x-2)^2+(y+2)^2=4$에 접한다.
> 평행이동한 직선은 $3(x+a)+4(y+1)-1=0$ $\therefore 3x+4y+3a+3=0$
> 원의 중심 $(2, -2)$에서 직선 $3x+4y+3a+3=0$까지의 거리는 반지름의 길이 2와 같아야 한다.
> 즉 $\dfrac{|6-8+3a+3|}{\sqrt{3^2+4^2}}=2$, $|3a+1|=10$
> $3a+1=10$ 또는 $3a+1=-10$ $\therefore a=3$ 또는 $a=-\dfrac{11}{3}$
> 따라서 양수 a의 값은 3

내/신/연/계 출제문항 281

원 $(x+a)^2+(y-4)^2=4$를 x축의 방향으로 -6만큼 평행이동한 원이 y축에 접할 때, 모든 상수 a의 값의 곱을 구하시오.

STEP A 평행이동을 이용하여 원의 방정식 구하기

원 $(x+a)^2+(y-4)^2=4$를 x축의 방향으로 -6만큼 평행이동하면
$(x+6+a)^2+(y-4)^2=4$

STEP B 평행이동한 원이 y축에 접하기 위한 상수 a의 값 구하기

평행이동한 원 $(x+6+a)^2+(y-4)^2=4$는 중심이 $(-6-a, 4)$, 반지름의 길이는 2이다.
이때 원이 y축에 접하기 위해서는 |중심의 x좌표|=(반지름의 길이)이므로
$|-6-a|=2$, $-6-a=2$ 또는 $-6-a=-2$ $\therefore a=-8$ 또는 $a=-4$
따라서 모든 상수 a의 곱은 $(-8)\times(-4)=32$

정답 32

0540

정답 3

STEP A 원 C_1을 평행이동한 원 C_2의 방정식 구하기

원 C_1 : $x^2+y^2-2x+6y+6=0$에서 $(x-1)^2+(y+3)^2=4$

원 C_1을 x축의 방향으로 5만큼, y축의 방향으로 a만큼 평행이동한

<u>x대신에 $x-5$, y대신에 $y-a$를 대입한다.</u>

원 C_2의 방정식은 $(x-5-1)^2+(y-a+3)^2=4$

$\therefore C_2 : (x-6)^2+(y-a+3)^2=4$

STEP B 두 원 C_1, C_2의 중심 사이의 거리가 $\sqrt{34}$인 양수 a 구하기

원 C_1의 중심의 좌표 $C_1(1, -3)$, 원 C_2의 중심의 좌표 $C_2(6, a-3)$이라 하면
두 원의 중심을 연결하는 선분 C_1C_2의 길이는

$\overline{C_1C_2}=\sqrt{(6-1)^2+\{(a-3)-(-3)\}^2}=\sqrt{25+a^2}=\sqrt{34}$

양변을 제곱하면 $25+a^2=34$, $a^2=9$ $\therefore a=3$ 또는 $a=-3$
따라서 양수 a의 값은 3

> **mini 해설** | 중심을 평행이동하여 풀이하기
>
> 원 C_1 : $x^2+y^2-2x+6y+6=0$에서 중심의 좌표는 $(1, -3)$
> 중심을 x축의 방향으로 5만큼, y축의 방향으로 a만큼 평행이동하면
> 원 C_2의 중심의 좌표는 $(1+5, -3+a)$ $\therefore (6, -3+a)$
> 두 원의 중심 사이의 거리는 $\sqrt{(6-1)^2+\{(-3+a)-(-3)\}^2}=\sqrt{25+a^2}=\sqrt{34}$
> 양변을 제곱하면 $25+a^2=34$, $a^2=9$ $\therefore a=3$ 또는 $a=-3$
> 따라서 양수 a의 값은 3

0541

정답 ④

STEP A 평행이동한 원의 방정식 구하기

원 $x^2+y^2=25$를 x축의 방향으로 a만큼, y축의 방향으로 $2a$만큼

<u>x대신에 $x-a$, y대신에 $y-2a$를 대입한다.</u>

평행이동하면 $(x-a)^2+(y-2a)^2=25$

STEP B 두 원의 교점을 지나는 직선이 원 $(x-2)^2+(y+1)^2=10$의 중심을 지남을 이용하여 a의 값 구하기

원 $(x-a)^2+(y-2a)^2=25$가 원 $(x-2)^2+(y+1)^2=10$의 둘레의 길이를
이등분하기 위해서는 두 원의 교점을 지나는 직선이
원 $(x-2)^2+(y+1)^2=10$의 중심 $(2, -1)$을 지나면 된다.

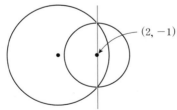

$(-2a+4)x-(4a+2)y+5a^2-20=0$

두 원의 공통인 현의 방정식은

$\{(x-a)^2+(y-2a)^2-25\}-\{(x-2)^2+(y+1)^2-10\}=0$

$(x^2+y^2-2ax-4ay+5a^2-25)-(x^2+y^2-4x+2y-5)=0$이므로

$(-2a+4)x-(4a+2)y+5a^2-20=0$

$\therefore (-2a+4)x-(4a+2)y+5a^2-20=0$ …… ㉠

㉠의 직선이 점 $(2, -1)$를 지나므로 대입하면 $-4a+8+4a+2+5a^2-20=0$

$5a^2-10=0$, $a^2=2$ $\therefore a=\sqrt{2}$ 또는 $a=-\sqrt{2}$

따라서 음수 a의 값은 $-\sqrt{2}$

0542

정답 ④

STEP A 평행이동한 원의 방정식 구하기

원 $(x+1)^2+(y-2)^2=4$를 x축의 방향으로 2만큼, y축의 방향으로 a만큼

<u>x대신 $x-2$, y대신 $y-a$를 대입한다.</u>

평행이동하면 $(x-1)^2+(y-a-2)^2=4$

STEP B 현의 길이와 성질을 이용하여 a의 값 구하기

다음 그림과 같이 원 $(x+1)^2+(y-2)^2=4$의 중심을 $C(-1, 2)$,
원 $(x-1)^2+(y-a-2)^2=4$의 중심을 $C'(1, a+2)$라 하고
직선 CC'과 $\overline{AB}$의 교점을 H라 하면 $\overline{AH}=\frac{1}{2}\overline{AB}=1$

중심에서 현에 내린 수선의 발은 현을 수직이등분한다.

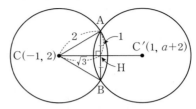

직각삼각형 ACH에서 피타고라스 정리에 의하여

$\overline{CH}=\sqrt{\overline{AC}^2-\overline{AH}^2}=\sqrt{2^2-1^2}=\sqrt{3}$

$\therefore \overline{CC'}=2\overline{CH}=2\sqrt{3}$

즉 두 점 $C(-1, 2)$, $C'(1, a+2)$ 사이의 거리가 $2\sqrt{3}$

$\overline{CC'}=\sqrt{\{1-(-1)\}^2+(a+2-2)^2}=2\sqrt{3}$, $a^2+4=12$, $a^2=8$

$\therefore a=2\sqrt{2}$ 또는 $a=-2\sqrt{2}$

따라서 양수 a는 $a=2\sqrt{2}$

내/신/연/계/ 출제문항 282

원 $(x+3)^2+(y-2)^2=25$와 이 원을 x축의 방향으로 2만큼, y축의 방향으로 a만큼 평행이동한 원이 만나는 두 점을 각각 A, B라 하면 $\overline{AB}=6$이다. 이때 양수 a의 값은?

① $4\sqrt{3}$　　　② $2\sqrt{13}$　　　③ $2\sqrt{14}$
④ $2\sqrt{15}$　　　⑤ 8

STEP A 평행이동한 원의 방정식 구하기

원 $(x+3)^2+(y-2)^2=25$를 x축의 방향으로 2만큼, y축의 방향으로 a만큼

<u>x대신 $x-2$, y대신 $y-a$를 대입한다.</u>

평행이동하면 $(x+1)^2+(y-a-2)^2=25$

STEP B 현의 길이와 성질을 이용하여 a의 값 구하기

다음 그림과 같이 원 $(x+3)^2+(y-2)^2=25$의 중심을 $C(-3, 2)$,
원 $(x+1)^2+(y-a-2)^2=25$의 중심을 $C'(-1, a+2)$라 하고
직선 CC'과 $\overline{AB}$의 교점을 H라 하면

$\overline{AH}=\frac{1}{2}\overline{AB}=3$

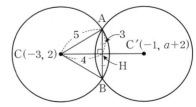

직각삼각형 ACH에서 피타고라스 정리에 의하여

$\overline{CH}=\sqrt{\overline{AC}^2-\overline{AH}^2}=\sqrt{5^2-3^2}=4$ $\therefore \overline{CC'}=2\overline{CH}=8$

즉, 두 점 $C(-3, 2)$, $C'(-1, a+2)$ 사이의 거리가 8이므로

$\overline{CC'}=\sqrt{\{-1-(-3)\}^2+(a+2-2)^2}=8$, $a^2+4=64$, $a^2=60$

$\therefore a=2\sqrt{15}$ 또는 $a=-2\sqrt{15}$

따라서 양수 a는 $a=2\sqrt{15}$

정답 ④

0543

정답 ③

STEP Ⓐ **평행이동한 원의 방정식 구하고 a, b의 값 구하기**

원 $(x-a)^2+(y+4)^2=16$을 x축의 방향으로 2만큼, y축의 방향으로 5만큼
평행이동한 원을 C라 하면 x대신에 $x-2$, y대신에 $y-5$를 대입한다.

$C : (x-2-a)^2+(y-1)^2=16$

원 $C : (x-2-a)^2+(y-1)^2=16$이 원 $(x-8)^2+(y-b)^2=16$과 같으므로

$2+a=8$, $b=1$ $\therefore a=6$, $b=1$

따라서 $a=6$, $b=1$이므로 $a+b=6+1=7$

> **mini해설** | 중심의 좌표를 이용하여 풀이하기
>
> 원 $(x-a)^2+(y+4)^2=16$에서 원의 중심은 $(a, -4)$
> 이때 x축으로 2만큼, y축으로 5만큼 평행이동한 원의 중심을 C 하면
> $C(a+2, -4+5)$ $\therefore C(a+2, 1)$ …… ㉠
> 이때 원 $(x-8)^2+(y-b)^2=16$에서 원의 중심은 $(8, b)$이고 ㉠과 같으므로
> $a+2=8$, $b=1$ $\therefore a=6$, $b=1$
> 따라서 $a+b=7$

내/신/연/계/ 출제문항 283

좌표평면 위의 원 $x^2+y^2-4x-6y-3=0$을 x축의 방향으로 a만큼, y축
의 방향으로 b만큼 평행이동한 도형이 원 $(x-5)^2+(y+4)^2=c$일 때, 상수
a, b, c에 대하여 $a+b+c$의 값은? (단, $c>0$)

① 10   ② 11   ③ 12
④ 13   ⑤ 14

STEP Ⓐ **주어진 원을 평행이동한 후 원의 방정식 구하기**

원 $x^2+y^2-4x-6y-3=0$에서 $(x-2)^2+(y-3)^2=16$

이 원을 x축의 방향으로 a만큼, y축의 방향으로 b만큼 평행이동하면
  x대신에 $x-a$, y대신에 $y-b$를 대입한다.

$(x-a-2)^2+(y-b-3)^2=16$이므로

중심의 좌표는 $(a+2, b+3)$, 반지름의 길이는 4   …… ㉠

원 $(x-5)^2+(y+4)^2=c$에서

중심은 $(5, -4)$, 반지름의 길이는 $\sqrt{c}$ …… ㉡

두 원이 일치하므로 ㉠, ㉡의 값은 같아야 한다.

즉 중심의 좌표에서 $a+2=5$, $b+3=-4$ $\therefore a=3$, $b=-7$

반지름의 길이 $\sqrt{c}=4$ $\therefore c=16$ ← 평행이동하더라도 반지름의 길이는 같다.

따라서 $a=3$, $b=-7$, $c=16$이므로 $a+b+c=3+(-7)+16=12$

> **mini해설** | 원의 중심을 평행이동하여 풀이하기
>
> 원 $(x-2)^2+(y-3)^2=16$의 중심 $(2, 3)$를 x축의 방향으로 a만큼 y축의 방향으로
> b만큼 평행이동한 원의 중심은 $(2+a, 3+b)$이고 반지름의 길이는 변함이 없다.
> 이 점이 원 $(x-5)^2+(y+4)^2=c$의 중심 $(5, -4)$와 일치하므로
> $2+a=5$, $3+b=-4$, $c=16$
> 따라서 $a=3$, $b=-7$, $c=16$이므로 $a+b+c=3+(-7)+16=12$

정답 ③

0544

정답 ①

STEP Ⓐ **평행이동한 원의 방정식 구하기**

원 $(x-a)^2+(y-b)^2=b^2$의 중심의 좌표는 (a, b)이고 반지름의 길이는 b

이 원을 x축의 방향으로 3만큼, y축의 방향으로 -8만큼 평행이동한 원 C는
  x대신에 $x-3$, y대신에 $y+8$을 대입한다.

$(x-3-a)^2+(y+8-b)^2=b^2$이므로

중심의 좌표는 $(a+3, b-8)$, 반지름의 길이는 b …… ㉠

STEP Ⓑ **원이 x축과 y축에 동시에 접함을 이용하여 a, b의 값 구하기**

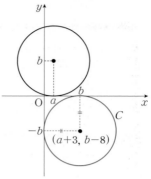

원 C가 x축과 y축에 동시에 접하기 위해서는

|중심의 x좌표|$=$|중심의 y좌표|$=$(반지름의 길이)

즉 ㉠에서 $|a+3|=|b-8|=b$

$|b-8|=b$에서 $b-8=b$ 또는 $b-8=-b$

$b-8=b$에서 b의 값은 존재하지 않는다.

$b-8=-b$에서 $2b=8$ $\therefore b=4$

$|a+3|=4$에서 $a+3=4$ 또는 $a+3=-4$ $\therefore a=1$ 또는 $a=-7$

$a>0$이므로 $a=1$

따라서 $a=1$, $b=4$이므로 $a+b=1+4=5$

내/신/연/계/ 출제문항 284

좌표평면에서 두 양수 a, b에 대하여 원 $(x-a)^2+(y-b)^2=b^2$을 x축의
방향으로 4만큼, y축의 방향으로 -10만큼 평행이동한 원을 C라 하자.
원 C가 x축과 y축에 동시에 접할 때, $a+b$의 값은?

① 5   ② 6   ③ 7
④ 8   ⑤ 9

STEP Ⓐ **평행이동한 원의 방정식 구하기**

원 $(x-a)^2+(y-b)^2=b^2$은 중심의 좌표가 (a, b)이고 반지름의 길이가 b

이 원을 x축의 방향으로 4만큼, y축의 방향으로 -10만큼 평행이동한 원 C는

$(x-4-a)^2+(y+10-b)^2=b^2$이므로

중심의 좌표는 $(a+4, b-10)$이고 반지름의 길이는 b …… ㉠

STEP Ⓑ **x축과 y축에 동시에 접함을 이용하여 a, b의 값 구하기**

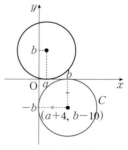

원 C가 x축과 y축에 동시에 접하기 위해서는

|중심의 x좌표|$=$|중심의 y좌표|$=$(반지름의 길이)

즉 ㉠에서 $|a+4|=|b-10|=b$

$|b-10|=b$에서 $b-10=b$ 또는 $b-10=-b$

$b-10=b$에서 b의 값은 존재하지 않는다.

$b-10=-b$에서 $2b=10$ $\therefore b=5$

$|a+4|=5$에서 $a+4=5$ 또는 $a+4=-5$ $\therefore a=1$ 또는 $a=-9$

$a>0$이므로 $a=1$

따라서 $a=1$, $b=5$이므로 $a+b=1+5=6$

정답 ②

0545

2018년 09월 고1 학력평가 27번 정답 6

STEP A 평행이동한 원의 방정식 구하기

원 $(x-a)^2+(y-a)^2=b^2$을 y축의 방향으로 -2만큼 평행이동한 원을
y대신에 $y+2$를 대입한다.
C라 하면 원 $C:(x-a)^2+(y+2-a)^2=b^2$이므로
중심은 $(a, a-2)$, 반지름의 길이는 b

STEP B 원 C가 $y=x$에 접함을 이용하여 b의 값 구하기

원 $C:(x-a)^2+(y+2-a)^2=b^2$이 $y=x$에 접하므로
원의 중심 $(a, a-2)$에서 직선 $x-y=0$까지의 거리는 반지름의 길이 b

점 (x_1, y_1)에서 직선 $ax+by+c=0$까지의 거리는 $\dfrac{|ax_1+by_1+c|}{\sqrt{a^2+b^2}}$

즉 $\dfrac{|a-(a-2)|}{\sqrt{1^2+(-1)^2}}=b$, $\dfrac{|2|}{\sqrt{2}}=b$ ∴ $b=\sqrt{2}$

STEP C 원 C가 x축에 접함을 이용하여 a의 값 구하기

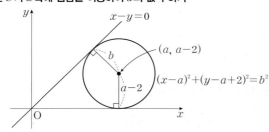

원 $C:(x-a)^2+(y+2-a)^2=b^2$이 x축에 접하므로
$|$중심의 y좌표$|=($반지름의 길이$)$
즉 $|a-2|=b=\sqrt{2}$이므로 $a-2=\sqrt{2}$ 또는 $a-2=-\sqrt{2}$
∴ $a=2+\sqrt{2}$ 또는 $a=2-\sqrt{2}$
이때 $a>2$이므로 $a=2+\sqrt{2}$
따라서 $a^2-4b=(2+\sqrt{2})^2-4\sqrt{2}=6$

내신연계 출제문항 285

원 $(x-a)^2+(y-a)^2=b^2$을 y축의 방향으로 -4만큼 평행이동한 도형이
직선 $y=x$와 x축에 동시에 접할 때, a^2-8b의 값은? (단, $a>4$, $b>0$)

① 20   ② 22   ③ 24
④ 26   ⑤ 28

STEP A 평행이동한 원의 방정식 구하기

원 $(x-a)^2+(y-a)^2=b^2$을 y축의 방향으로 -4만큼 평행이동한 원을 C라
하면 원 $C:(x-a)^2+(y-a+4)^2=b^2$이므로
중심이 $(a, a-4)$, 반지름의 길이가 b

STEP B 원 C가 $y=x$에 접함을 이용하여 b의 값 구하기

원 $C:(x-a)^2+(y-a+4)^2=b^2$이 $y=x$에 접하므로
원의 중심 $(a, a-4)$에서 직선 $x-y=0$까지의 거리는 반지름의 길이 b

점 (x_1, y_1)에서 직선 $ax+by+c=0$까지의 거리는 $\dfrac{|ax_1+by_1+c|}{\sqrt{a^2+b^2}}$

즉 $\dfrac{|a-(a-4)|}{\sqrt{1^2+(-1)^2}}=b$, $\dfrac{|4|}{\sqrt{2}}=b$ ∴ $b=2\sqrt{2}$

STEP C 원 C가 x축에 접함을 이용하여 a의 값 구하기

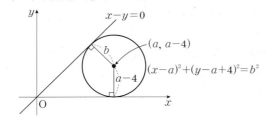

원 $C:(x-a)^2+(y-a+4)^2=b^2$이 x축에 접하므로
$|$중심의 y좌표$|=($반지름의 길이$)$
즉 $|a-4|=b=2\sqrt{2}$이므로 $a-4=2\sqrt{2}$ 또는 $a-4=-2\sqrt{2}$
∴ $a=4+2\sqrt{2}$ 또는 $a=4-2\sqrt{2}$
이때 $a>4$이므로 $a=4+2\sqrt{2}$
따라서 $a^2-8b=(2\sqrt{2}+4)^2-16\sqrt{2}=24$ 정답 ③

0546

2022년 03월 고2 학력평가 27번 정답 12

STEP A 원 C가 직선 $4x-3y+21=0$에 접함을 이용하여 r의 값 구하기

원 $C:(x-1)^2+y^2=r^2$에서 중심은 $(1, 0)$, 반지름의 길이는 r
이때 직선 $4x-3y+21=0$에 접하므로
$($중심에서 직선까지의 거리$)=($반지름의 길이$)$
즉 $\dfrac{|4-0+21|}{\sqrt{4^2+(-3)^2}}=r$ ∴ $r=5$

STEP B 원 C'이 원 C의 중심을 지남을 이용하여 a, b의 관계식 구하기

원 C를 x축의 방향으로 a만큼, y축의 방향으로 b만큼 평행이동한 원 C'은
$C':(x-a-1)^2+(y-b)^2=25$
이때 원 C의 중심 $(1, 0)$을 지나므로 대입하면 $a^2+b^2=25$ …… ㉠

STEP C 원 C'이 직선 $4x-3y+21=0$에 접함을 이용하여 a, b의 값
구하기

원 $C':(x-a-1)^2+(y-b)^2=25$가 직선 $4x-3y+21=0$에 접하므로
$($중심에서 직선까지의 거리$)=($반지름의 길이$)$

점 (x_1, y_1)에서 직선 $ax+by+c=0$까지의 거리는 $\dfrac{|ax_1+by_1+c|}{\sqrt{a^2+b^2}}$

즉 $\dfrac{|4(a+1)-3b+21|}{\sqrt{4^2+(-3)^2}}=5$, $|4a-3b+25|=25$

$4a-3b+25=25$ 또는 $4a-3b+25=-25$
∴ $4a-3b=0$ 또는 $4a-3b=-50$ …… ㉡
㉠, ㉡을 연립하여 풀면
(i) $a^2+b^2=25$, $4a-3b=0$일 때,
　　$4a-3b=0$에서 $b=\dfrac{4}{3}a$이므로 대입하면 $a^2+\left(\dfrac{4}{3}a\right)^2=25$,
　　$\dfrac{25}{9}a^2=25$이므로 $a^2=9$ ∴ $a=3$ 또는 $a=-3$
　　a는 양수이므로 $a=3$, $b=4$
(ii) $a^2+b^2=25$, $4a-3b=-50$일 때,
　　$4a-3b=-50$에서 $b=\dfrac{4}{3}a+\dfrac{50}{3}$을 대입하면 $a^2+\left(\dfrac{4}{3}a+50\right)^2=25$
　　이때 $\left(\dfrac{4}{3}a+50\right)^2>50^2$이므로 a의 값은 존재하지 않는다. ← $a>0$이므로
$\dfrac{4}{3}a+50>50$
(i), (ii)에서 $a=3$, $b=4$
따라서 $a+b+r=3+4+5=12$

＋α 접선과 중심을 연결한 직선이 평행임을 이용하여 구할 수 있어!

직선 $4x-3y+21=0$을 l이라 하고
두 점 A, A′에서 직선 l에 내린 수선의
발을 각각 H, H′이라 하면
$\overline{AH}=\overline{A'H'}=5$이고
$\overline{AH}\perp l$, $\overline{A'H'}\perp l$이므로
직선 AA′은 직선 l과 평행하다.
이때 직선 l의 기울기는 $\dfrac{4}{3}$이므로
$\dfrac{b-0}{(a+1)-1}=\dfrac{4}{3}$ ∴ $b=\dfrac{4}{3}a$
$a^2+b^2=25$에 대입하면 $a^2+\dfrac{16}{9}a^2=\dfrac{25}{9}a^2=25$ ∴ $a^2=9$
∴ $a=3$, $b=4(a>0, b>0)$

두 양수 a, b에 대하여 원 $C : (x-2)^2+y^2=r^2$을 x축의 방향으로 a만큼, y축의 방향으로 b만큼 평행이동한 원을 C'이라 할 때, 두 원 C, C'이 다음 조건을 만족시킨다.

> (가) 원 C'은 원 C의 중심을 지난다.
> (나) 직선 $4x-3y+22=0$은 두 원 C, C'에 모두 접한다.

$5a+5b+r$의 값을 구하시오. (단, r은 양수이다.)

STEP A 원 C가 직선 $4x-3y+22=0$에 접함을 이용하여 r의 값 구하기

원 $C : (x-2)^2+y^2=r^2$에서 중심은 $(2, 0)$, 반지름의 길이는 r
이때 직선 $4x-3y+22=0$에 접하므로
(중심에서 직선까지의 거리)=(반지름의 길이)
즉 $\dfrac{|8-0+22|}{\sqrt{4^2+(-3)^2}}=r$ $\therefore r=6$

STEP B 원 C'이 원 C의 중심을 지남을 이용하여 a, b의 관계식 구하기

원 C를 x축의 방향으로 a만큼, y축의 방향으로 b만큼 평행이동한 원 C'은
$C' : (x-a-2)^2+(y-b)^2=36$
이때 원 C의 중심 $(2, 0)$을 지나므로 대입하면 $a^2+b^2=36$ ······ ㉠

STEP C 원 C'이 직선 $4x-3y+22=0$에 접함을 이용하여 a, b의 값 구하기

원 $C' : (x-a-2)^2+(y-b)^2=36$이 직선 $4x-3y+22=0$에 접하므로
(중심에서 직선까지의 거리)=(반지름의 길이)
즉 $\dfrac{|4(a+2)-3b+22|}{\sqrt{4^2+(-3)^2}}=6$, $|4a-3b+30|=30$
$4a-3b+30=30$ 또는 $4a-3b+30=-30$
$\therefore 4a-3b=0$ 또는 $4a-3b=-60$ ······ ㉡
㉠, ㉡을 연립하여 풀면
(i) $a^2+b^2=36$, $4a-3b=0$일 때,
  $4a-3b=0$에서 $b=\dfrac{4}{3}a$이므로 대입하면 $a^2+\dfrac{16}{9}a^2=36$,
  $\dfrac{25}{9}a^2=36$, $a^2=\dfrac{324}{25}$ $\therefore a=\dfrac{18}{5}$ 또는 $a=-\dfrac{18}{5}$
  a는 양수이므로 $a=\dfrac{18}{5}$, $b=\dfrac{24}{5}$
(ii) $a^2+b^2=36$, $4a-3b=-60$일 때,
  $4a-3b=-60$에서 $b=\dfrac{4}{3}a+20$을 대입하면 $a^2+\left(\dfrac{4}{3}a+20\right)^2=36$
  이때 $\left(\dfrac{4}{3}a+20\right)^2>20^2$이므로 a의 값은 존재하지 않는다.
(i), (ii)에서 $a=\dfrac{18}{5}$, $b=\dfrac{24}{5}$, $r=6$
따라서 $5a+5b+r=18+24+6=48$

> **+α** 접선과 중심을 연결한 직선이 평행임을 이용하여 구할 수 있어!
>
> 직선 $4x-3y+22=0$을 l이라 하고
> 두 점 A, A'에서 직선 l에 내린 수선의
> 발을 각각 H, H'이라 하면
> $\overline{AH}=\overline{A'H'}=6$이고
> $\overline{AH}\perp l$, $\overline{A'H'}\perp l$이므로
> 직선 AA'은 직선 l과 평행하다.
> 이때 직선 l의 기울기는 $\dfrac{4}{3}$이므로
> $\dfrac{b-0}{(a+2)-2}=\dfrac{4}{3}$ $\therefore b=\dfrac{4}{3}a$
> $a^2+b^2=36$에 대입하면 $a^2+\dfrac{16}{9}a^2=36$, $\dfrac{25}{9}a^2=36$, $a^2=\dfrac{324}{25}$
> 즉 양수 a의 값은 $\dfrac{18}{5}$이므로 $b=\dfrac{24}{5}$

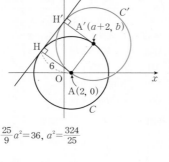

정답 48

0547

정답 -15

STEP A 평행이동한 식을 작성하기

포물선 $y=x^2$을 x축의 방향으로 a만큼, y축의 방향으로 b만큼 평행이동한
포물선의 방정식은 $y-b=(x-a)^2$ $\therefore y=x^2-2ax+a^2+b$

STEP B 두 포물선이 일치함을 이용하여 a, b의 값 구하기

평행이동한 포물선 $y=x^2-2ax+a^2+b$가 포물선 $y=x^2+8x+5$와
일치하므로 $-2a=8$, $a^2+b=5$
따라서 $a=-4$, $b=-11$이므로 $a+b=-4+(-11)=-15$

> **mini해설** │ 포물선의 꼭짓점의 좌표를 이용하여 풀이하기
>
> 포물선 $y=x^2$의 꼭짓점의 좌표를 A라 하면 A$(0, 0)$
> 점 A를 x축의 방향으로 a만큼, y축의 방향으로 b만큼 평행이동한 점을 A'이라 하면
> A'(a, b)
> 포물선 $y=x^2+8x+5$에서 $y=(x+4)^2-11$이므로 꼭짓점의 좌표는 $(-4, -11)$
> 이때 점 A'(a, b)는 $(-4, -11)$과 일치하므로 $a=-4$, $b=-11$
> 따라서 $a+b=-15$

0548

정답 4

STEP A 원의 중심을 이용하여 점의 평행이동 이해하기

원 $x^2+y^2=9$에서 중심의 좌표는 $(0, 0)$
원 $x^2+y^2-6x+4y+4=0$에서 $(x-3)^2+(y+2)^2=9$
이때 중심의 좌표는 $(3, -2)$, 즉 $(0, 0)$이 $(3, -2)$로 평행이동된 것이므로
x축의 방향으로 3만큼, y축의 방향으로 -2만큼 평행이동한 것이다.

STEP B 평행이동한 포물선의 방정식 구하기

포물선 $y=2x^2+3$의 꼭짓점의 좌표는 $(0, 3)$
x축의 방향으로 3만큼, y축의 방향으로 -2만큼 평행이동하면
$(0+3, 3-2)$ $\therefore (3, 1)$
따라서 $a=3$, $b=1$이므로 $a+b=3+1=4$

> **+α** │ 포물선의 식을 이용해서 구할 수 있어!
>
> 포물선 $y=2x^2+3$을 x축의 방향으로 3만큼, y축의 방향으로 -2만큼 평행이동하면
> $y+2=2(x-3)^2+3$ $\therefore y=2(x-3)^2+1$
> 즉 포물선 $y=2(x-3)^2+1$의 꼭짓점의 좌표는 $(3, 1)$

0549

정답 ③

STEP A 도형의 평행이동 이해하기

도형 $f(x, y)=0$을 도형 $f(x-a, y+a)=0$으로 평행이동한 것은
x축의 방향으로 a만큼, y축의 방향으로 $-a$만큼 평행이동한 것이다.
도형의 평행이동에서 x 대신에 $x-a$를 대입하고 y 대신에 $y+a$를 대입한다.

STEP B 평행이동한 포물선의 꼭짓점의 좌표 구하기

포물선 $y=2x^2+4x+1=2(x+1)^2-1$을
x축의 방향으로 a만큼, y축의 방향으로 $-a$만큼 평행이동한
x 대신에 $x-a$, y 대신에 $y+a$를 대입한다.
포물선의 방정식은 $y+a=2(x-a+1)^2-1$
즉 $y=2(x-a+1)^2-a-1$이므로 꼭짓점의 좌표는 $(a-1, -a-1)$

STEP C 꼭짓점의 좌표가 직선 위의 점임을 이용하여 a의 값 구하기

포물선의 꼭짓점 $(a-1, -a-1)$이 직선 $y=x+2$ 위에 있으므로 대입하면
$-a-1=a-1+2$, $2a=-2$
따라서 상수 a의 값은 -1

+α | 포물선의 꼭짓점의 좌표를 이용하여 구할 수 있어!

포물선 $y=2x^2+4x+1$에서 $y=2(x+1)^2-1$이므로 꼭짓점의 좌표는 $(-1, -1)$
이때 포물선의 방정식을 x축의 방향으로 a만큼, y축의 방향으로 $-a$만큼 평행이동
하면 꼭짓점의 좌표는 $(-1+a, -1-a)$
점 $(-1+a, -1-a)$가 직선 $y=x+2$ 위에 있으므로 대입하면
$-1-a=-1+a+2$, $2a=-2$ ∴ $a=-1$

0550 정답 ③

STEP A 평행이동한 포물선의 방정식 구하기

포물선 $y=-x^2+4x+1$을 x축의 방향으로 a만큼, y축의 방향으로 -2만큼
  x대신에 $x-a$, y대신에 $y+2$를 대입한다.
평행이동하면 $y+2=-(x-a)^2+4(x-a)+1$
∴ $y=-x^2+2(a+2)x-a^2-4a-1$

+α | 이차함수 식을 변형해서 구할 수도 있어!

$y=-x^2+4x+1$에서 $y=-(x-2)^2+5$
x축의 방향으로 a만큼, y축의 방향으로 -2만큼 평행이동하면
$y+2=-(x-a-2)^2+5$, $y=-x^2+2(a+2)x-a^2-4a-1$

STEP B 직선이 포물선에 접선임을 이용하여 a의 값 구하기

직선 $y=x+1$이 포물선 $y=-x^2+2(a+2)x-a^2-4a-1$에 접하므로
대입하면 $x+1=-x^2+(2a+4)x-a^2-4a-1$
∴ $x^2-(2a+3)x+a^2+4a+2=0$
이차방정식 $x^2-(2a+3)x+a^2+4a+2=0$의 판별식을 D라 하면
중근을 가지므로 $D=0$
$D=(2a+3)^2-4(a^2+4a+2)=0$, $4a^2+12a+9-4a^2-16a-8=0$
$-4a+1=0$
따라서 상수 a의 값은 $\dfrac{1}{4}$

mini 해설 | 직선을 평행이동하여 풀이하기

포물선 $y=-x^2+4x+1$을 x축의 방향으로 a만큼, y축의 방향으로 -2만큼
평행이동하면 직선 $y=x+1$과 접한다.
이때 직선 $y=x+1$을 x축의 방향으로 $-a$만큼, y축의 방향으로 2만큼 평행이동하면
포물선 $y=-x^2+4x+1$에 접하게 된다.
직선을 평행이동하면 $y-2=(x+a)+1$ ∴ $y=x+a+3$
직선 $y=x+a+3$이 포물선 $y=-x^2+4x+1$에 접하므로
이차방정식 $x+a+3=-x^2+4x+1$, $x^2-3x+a+2=0$의 판별식을 D라 하면
중근을 가지므로 $D=0$
즉 $D=9-4(a+2)=0$, $-4a+1=0$
따라서 상수 a의 값은 $\dfrac{1}{4}$

내/신/연/계/ 출제문항 287

점 $(1, a)$를 점 $(2, 2a)$로 옮기는 평행이동에 의하여 포물선 $y=-x^2+2x$
를 평행이동하면 직선 $y=2x+2$과 접할 때, 상수 a의 값은?

① 3 ② 4 ③ 5
④ 6 ⑤ 7

STEP A 평행이동한 포물선의 방정식 구하기

점 $(1, a)$를 점 $(2, 2a)$로 옮기는 평행이동은 x축의 방향으로 1만큼, y축의
방향으로 a만큼 평행이동하는 것이다.
이 평행이동에 의하여 포물선 $y=-x^2+2x$가 옮겨지는 포물선의 방정식은
  x대신에 $x-1$, y대신에 $y-a$를 대입한다.
$y-a=-(x-1)^2+2(x-1)$ ∴ $y=-x^2+4x-3+a$

STEP B 판별식을 $D=0$임을 이용하여 a 구하기

포물선 $y=-x^2+4x-3+a$가 직선 $y=2x+2$과 접하므로 대입하면
$-x^2+4x-3+a=2x+2$ ∴ $x^2-2x-a+5=0$
이차방정식 $x^2-2x+5-a=0$의 판별식을 D라 하면 중근을 가지므로 $D=0$
$\dfrac{D}{4}=(-1)^2-(5-a)=0$, $-4+a=0$
따라서 $a=4$ 정답 ②

0551 정답 2

STEP A 평행이동한 이차함수의 식 구하기

이차함수 $y=x^2-2x$를 x축의 방향으로 -2만큼, y축의 방향으로 -1만큼
  x대신에 $x+2$, y대신에 $y+1$을 대입한다.
평행이동하면 $y+1=(x+2)^2-2(x+2)$ ∴ $y=x^2+2x-1$

STEP B 이차함수와 직선을 이용하여 이차방정식 구하기

이차함수 $y=x^2+2x-1$과 직선 $y=mx$의 교점을 구하므로
방정식을 구하면 $x^2+2x-1=mx$, $x^2+(2-m)x-1=0$
이때 이차방정식의 두 근은 P, Q의 x좌표이다.

STEP C 선분 PQ의 중점이 원점임을 이용하여 m의 값 구하기

두 점 P, Q의 x좌표를 각각 $x=\alpha$, $x=\beta$라 하면
좌표는 $P(\alpha, m\alpha)$, $Q(\beta, m\beta)$
이때 두 점의 중점이 원점이므로 $\left(\dfrac{\alpha+\beta}{2}, \dfrac{m(\alpha+\beta)}{2}\right)$ ∴ $\alpha+\beta=0$
이차방정식 $x^2+(2-m)x-1=0$의 근이 α, β이고
근과 계수의 관계에 의하여 두 근의 합은 $\alpha+\beta=-2+m=0$
따라서 상수 m의 값은 2

내/신/연/계/ 출제문항 288

이차함수 $y=x^2+2x$를 x축의 방향으로 a만큼 평행이동한 포물선과
직선 $y=x$와의 교점을 A, B라 하면 점 A, B가 원점에 대하여 대칭이다.
이때 상수 a의 값은?

① $\dfrac{1}{2}$ ② 1 ③ $\dfrac{3}{2}$
④ 2 ⑤ $\dfrac{5}{2}$

STEP A 평행이동한 이차함수의 식 구하기

포물선 $y=x^2+2x$를 x축의 방향으로 a만큼 평행이동하면
  x대신에 $x-a$대입
$y=(x-a)^2+2(x-a)$ ∴ $y=x^2+(2-2a)x+a^2-2a$

STEP B 두 교점 A, B의 교점의 좌표를 구하기

이차함수 $y=x^2+(2-2a)x+a^2-2a$와 직선 $y=x$의 교점이 각각 A, B이므로
방정식을 구하면 $x^2+(2-2a)x+a^2-2a=x$
∴ $x^2+(1-2a)x+a^2-2a=0$ ······ ㉠
이때 두 점 A, B의 x좌표를 각각 α, β라 하면
이차방정식 ㉠의 두 근이 되고 두 점의 좌표는 $A(\alpha, \alpha)$, $B(\beta, \beta)$

STEP C 두 점 A, B가 원점에 대하여 대칭임을 이용하여 a의 값 구하기

두 점 A, B가 원점에 대하여 대칭이므로 $\alpha=-\beta$ ∴ $\alpha+\beta=0$
이때 이차방정식 ㉠의 두 근이 α, β이고 근과 계수의 관계에 의하여
$\alpha+\beta=-1+2a=0$
따라서 상수 a의 값은 $\dfrac{1}{2}$ 정답 ①

0552 2011년 03월 고2 학력평가 27번 정답 45

STEP A 포물선의 꼭짓점을 이용하여 점의 평행이동 이해하기

포물선 $y=x^2-2x$에서 $y=(x-1)^2-1$이므로 꼭짓점의 좌표는 $(1, -1)$

포물선 $y=x^2-12x+30$에서 $y=(x-6)^2-6$이므로

꼭짓점의 좌표는 $(6, -6)$

즉 점 $(1, -1)$이 점 $(6, -6)$으로 평행이동한 것이므로

x축의 방향으로 5만큼, y축의 방향으로 -5만큼 평행이동한 것이다.

+α │ 평행이동을 가정하고 풀 수 있어!

포물선 $y=x^2-2x$를 x축의 방향으로 a만큼, y축의 방향으로 b만큼

평행이동한 포물선이 $y=x^2-12x+30$

즉 $y-b=(x-a)^2-2(x-a)$ ∴ $y=x^2-(2a+2)x+a^2+2a+b$

이때 $y=x^2-12x+30$과 같으므로 $2a+2=12$에서 $a=5$

$a^2+2a+b=30$에서 $35+b=30$에서 $b=-5$

즉 x축의 방향으로 5만큼, y축의 방향으로 -5만큼 평행이동한 것이다.

STEP B 직선 l을 평행이동하여 l'의 식 구하기

직선 $l : x-2y=0$을 x축의 방향으로 5만큼, y축의 방향으로 -5만큼

평행이동하면 $l' : (x-5)-2(y+5)=0$

∴ $l' : x-2y-15=0$

STEP C 두 직선 l, l' 사이의 거리 구하기

두 직선 l, l' 사이의 거리 d는

직선 l 위의 점 $(0, 0)$에서 직선

l'까지의 거리와 같으므로

$d=\dfrac{|-15|}{\sqrt{1^2+(-2)^2}}=\dfrac{15}{\sqrt{5}}=3\sqrt{5}$

따라서 $d^2=45$

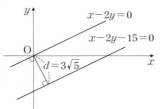

내/신/연/계/ 출제문항 289

포물선 $y=x^2-4x$를 포물선 $y=x^2-12x+27$로 옮기는 평행이동에 의하여 직선 $l : 2x+y-1=0$이 직선 l'로 옮겨진다. 이때 두 직선 l과 l' 사이의 거리를 d라 할 때 $5d^2$의 값을 구하시오.

STEP A 포물선의 꼭짓점을 이용하여 점의 평행이동 이해하기

포물선 $y=x^2-4x$에서 $y=(x-2)^2-4$이므로

꼭짓점의 좌표는 $(2, -4)$

또한, $y=x^2-12x+27$에서 $y=(x-6)^2-9$이므로

꼭짓점의 좌표는 $(6, -9)$

즉 점 $(2, -4)$가 점 $(6, -9)$로 옮겨지므로

x축의 방향으로 4만큼, y축의 방향으로 -5만큼 평행이동 한 것이다.

STEP B 직선 l을 평행이동하여 l'의 식 구하기

직선 $l : 2x+y-1=0$을 x축의 방향으로 4만큼, y축의 방향으로 -5만큼

평행이동하면 $2(x-4)+(y+5)-1=0$

$l' : 2x+y-4=0$

STEP C 두 직선 l, l' 사이의 거리 구하기

직선 l, l' 사이의 거리는 직선 l 위의 점 $(0, 1)$에서

직선 $l' : 2x+y-4=0$까지의 거리와 같다.

즉 $d=\dfrac{|1-4|}{\sqrt{2^2+1^2}}=\dfrac{3}{\sqrt{5}}$

따라서 $5d^2=5\times\dfrac{9}{5}=9$

정답 9

0553 정답 8

STEP A 대칭이동을 이용하여 A', B'의 좌표 구하기

점 $A(3, a)$를 x축에 대하여 대칭이동한 점 A'의 좌표는 $A'(3, -a)$

y좌표의 부호가 반대

점 $B(5, b)$를 직선 $y=x$에 대하여 대칭이동한 점 B'의 좌표는 $B'(b, 5)$

(x, y)가 (y, x)로 바뀐다.

STEP B 두 점 A', B'이 일치함을 이용하여 a, b의 값 구하기

두 점 A', B'이 일치하므로 $3=b$, $-a=5$ ∴ $a=-5$, $b=3$

따라서 $b-a=3-(-5)=8$

0554 정답 ⑤

STEP A 대칭이동을 이용하여 두 점 P, Q의 좌표 구하기

점 $A(2, 4)$를 x축에 대하여 대칭이동한 점을 $P(2, -4)$

y좌표의 부호가 반대

점 $P(2, -4)$를 원점에 대하여 대칭이동한 점을 $Q(-2, 4)$

x, y좌표의 부호가 모두 반대

STEP B 두 점 P, Q 사이의 거리 구하기

따라서 두 점 $P(2, -4)$, $Q(-2, 4)$ 사이의 거리는

$\overline{PQ}=\sqrt{(-2-2)^2+(4+4)^2}=4\sqrt{5}$

0555 정답 ⑤

STEP A 점 (a, b)를 대칭이동하고 a, b의 부호 구하기

점 (a, b)를 x축에 대하여 대칭이동한 점 $(a, -b)$

y좌표의 부호가 반대

또한 직선 $y=x$에 대하여 대칭이동하면 $(-b, a)$

(x, y)가 (y, x)로 바뀐다.

이때 점 $(-b, a)$가 제 2사분면 위의 점이므로 $-b<0$, $a>0$

∴ $a>0$, $b>0$

STEP B [보기]의 참, 거짓 판단하기

ㄱ. $a>0$, $b>0$이므로 모두 양수이다. [거짓]

ㄴ. $ab>0$이므로 ab는 양수이다. [참]

ㄷ. $\dfrac{a}{b}>0$, $a+b>0$이므로 점 $\left(\dfrac{a}{b}, a+b\right)$는 제 1사분면 위의 점이다. [참]

따라서 옳은 것은 ㄴ, ㄷ이다.

내/신/연/계/ 출제문항 290

좌표평면 위의 점 $(a, -b)$를 y축에 대하여 대칭이동시켰더니 제 4사분면 위의 점이 되었을 때, 점 $(ab, a-b)$가 위치하는 사분면은?

① 제 1사분면 ② 제 2사분면 ③ 제 3사분면
④ 제 4사분면 ⑤ 제 1, 3사분면

STEP A 점 $(a, -b)$를 대칭이동하고 a, b의 부호 구하기

점 $(a, -b)$를 y축에 대하여 대칭이동하면 $(-a, -b)$

이때 $(-a, -b)$가 제 4사분면의 점이므로 $-a>0$, $-b<0$

∴ $a<0$, $b>0$

STEP B 점 $(ab, a-b)$이 위치하는 사분면 구하기

$a<0$, $b>0$이므로 $ab<0$, $a-b<0$

따라서 점 $(ab, a-b)$는 제 3사분면의 점이다.

정답 ③

0556

STEP Ⓐ 점 A, D를 대칭이동하여 점 B, C, E의 좌표 구하기

점 $A(-1, 3)$을 x축에 대하여 대칭이동한 점 $B(-1, -3)$

y축에 대하여 대칭이동한 점 $C(1, 3)$

또한, 점 $D(a, b)$를 x축에 대하여 대칭이동한 점 $E(a, -b)$

$\therefore B(-1, -3), C(1, 3), E(a, -b)$

STEP Ⓑ 세 점이 한 직선 위에 있음을 이용하여 a, b의 관계식 구하기

세 점 B, C, E가 한 직선 위에 있으므로

직선 BC의 기울기와 직선 CE의 기울기는 같다.

직선 BC의 기울기 $\dfrac{3+3}{1+1}=3$, 직선 CE의 기울기 $\dfrac{-b-3}{a-1}$

즉 $\dfrac{-b-3}{a-1}=3$ $\therefore b=-3a$

+α 직선 BC의 방정식을 구하여 a, b의 관계식을 구할 수 있어!

두 점 $B(-1, -3), C(1, 3)$에 대하여 직선 BC의 방정식을 구하면

$y=\dfrac{3+3}{1+1}(x+1)-3$ $\therefore y=3x$

이때 세 점 B, C, E가 한 직선 위에 있으므로

점 $E(a, -b)$도 직선 $y=3x$ 위의 점이므로

$-b=3a$ $\therefore b=-3a$

STEP Ⓒ 직선 AD의 기울기 구하기

따라서 직선 AD의 기울기는 $\dfrac{b-3}{a+1}=\dfrac{-3a-3}{a+1}=\dfrac{-3(a+1)}{a+1}=-3$

0557

STEP Ⓐ 점 $A(a, a+8)$이라 하고 대칭이동을 이용하여 두 점 B, C의 좌표 구하기

점 A는 직선 $y=x+8$ 위의 점으로

점 A의 좌표를 $(a, a+8)(a>0)$라 하자.

점 A는 제1사분면 위의 점

점 A를 직선 $y=x$에 대하여 대칭이동한 점은 $B(a+8, a)$

점 B를 원점에 대하여 대칭이동한 점은 $C(-a-8, -a)$

STEP Ⓑ 삼각형 ABC가 직각삼각형임을 이용하여 넓이 구하기

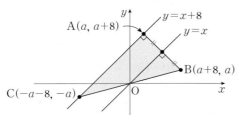

직선 AB의 기울기는 $\dfrac{(a+8)-a}{a-(a+8)}=\dfrac{8}{-8}=-1$

직선 AC의 기울기는 $\dfrac{(a+8)-(-a)}{a-(-a-8)}=\dfrac{2a+8}{2a+8}=1$

두 직선 AB와 AC는 기울기의 곱이 -1이므로 수직으로 만난다.

즉 삼각형 ABC는 직각삼각형이므로

넓이는 $\dfrac{1}{2}\times\overline{AB}\times\overline{AC}$

$\overline{AB}=\sqrt{(a+8-a)^2+(a-a-8)^2}=8\sqrt{2}$

$\overline{AC}=\sqrt{(-a-8-a)^2+(-a-a-8)^2}=2\sqrt{2}(a+4)$

즉 삼각형 ABC의 넓이는

$\dfrac{1}{2}\times 8\sqrt{2}\times 2\sqrt{2}(a+4)=16(a+4)$ ...... ㉠

+α 삼각형의 중점연결 정리를 이용하여 수직임을 알 수 있어!

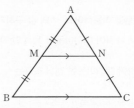

삼각형 ABC에서 선분 AB의 중점을 M, 선분 AC의 중점을 N이라 하면 선분 MN과 선분 BC는 평행이다. (삼각형의 중점연결 정리)

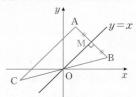

점 A를 직선 $y=x$에 대하여 대칭이동한 것이므로 선분 AB는 직선 $y=x$와 수직이다.

이때 선분 AB의 중점을 M이라 하고 선분 BC의 중점을 원점 O라 하면 두 점 M, O는 선분 AB, BC의 중점이므로 선분 MO와 선분 AC는 평행하다.

즉 선분 AB와 선분 AC는 수직으로 만난다.

STEP Ⓒ 삼각형의 넓이가 256임을 이용하여 점 A의 좌표 구하기

삼각형 ABC의 넓이가 256이므로 ㉠에서 $16(a+4)=256$

$a+4=16$ $\therefore a=12$

따라서 점 $A(12, 20)$이므로 x좌표와 y좌표의 합은 32

점 $A(2, 1)$을 원점에 대하여 대칭이동한 점을 B, 직선 $y=x$에 대하여 대칭이동한 점을 C라 할 때, 세 점 A, B, C를 꼭짓점으로 하는 삼각형 ABC의 넓이를 구하시오.

STEP Ⓐ 대칭이동을 이용하여 점 B, C의 좌표 구하기

점 $A(2, 1)$을 원점에 대칭이동한 점 $B(-2, -1)$

또한, 점 $A(2, 1)$을 직선 $y=x$에 대하여 대칭이동한 점 $C(1, 2)$

$\therefore B(-2, -1), C(1, 2)$

STEP Ⓑ 삼각형 ABC의 넓이 구하기

직선 BC의 기울기를 구하면 $\dfrac{2-(-1)}{1-(-2)}=1$

직선 AC의 기울기를 구하면 $\dfrac{1-2}{2-1}=-1$

즉 두 직선 BC, AC는 수직으로 만나므로

삼각형 ABC는 $\angle C=90°$인 직각삼각형이다.

$\overline{BC}=\sqrt{(-2-1)^2+(-1-2)^2}=3\sqrt{2}$

$\overline{AC}=\sqrt{(1-2)^2+(2-1)^2}=\sqrt{2}$

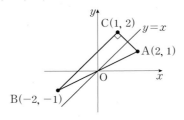

따라서 삼각형 ABC의 넓이는 $\dfrac{1}{2}\times\overline{BC}\times\overline{AC}=\dfrac{1}{2}\times 3\sqrt{2}\times\sqrt{2}=3$

0558
정답 ①

STEP A 점의 대칭이동을 이용하여 $a+b$의 값 구하기

점 $(1, a)$를 직선 $y=x$에 대하여 대칭이동한 점 A의 좌표는 A$(a, 1)$
(x, y)가 (y, x)로 바뀐다

점 A$(a, 1)$을 x축에 대하여 대칭이동한 점의 좌표는 $(a, -1)$
y좌표의 부호가 바뀐다.

이때 $(a, -1)$이 $(2, b)$와 일치하므로 $a=2$, $b=-1$

따라서 $a+b=2+(-1)=1$

내/신/연/계 출제문항 292

좌표평면 위의 점 $(2, 4)$를 직선 $y=x$에 대하여 대칭이동한 점을 A,
점 A를 원점에 대하여 대칭이동한 점을 B라 할 때, 선분 AB의 길이는?

① $2\sqrt{5}$ ② $3\sqrt{5}$ ③ $4\sqrt{5}$
④ $5\sqrt{5}$ ⑤ $6\sqrt{5}$

STEP A 대칭이동을 이용하여 두 점 A, B의 좌표 구하기

점 $(2, 4)$를 직선 $y=x$에 대하여 대칭이동한 점이 A이므로 A$(4, 2)$

점 A$(4, 2)$을 원점에 대하여 대칭이동한 점이 B이므로 B$(-4, -2)$

STEP B 선분 AB의 길이 구하기

따라서 선분 AB의 길이는 $\overline{AB}=\sqrt{(-4-4)^2+(-2-2)^2}=\sqrt{80}=4\sqrt{5}$

정답 ③

0559
정답 ⑤

STEP A 두 점 A, B의 좌표를 구하고 내분점 P의 좌표 구하기

직선 $3x+4y-12=0$에서

x축과 만나는 점은 A$(4, 0)$, y축과 만나는 점은 B$(0, 3)$
$y=0$을 대입하여 $3x-12=0$ $x=0$을 대입하여 $4y-12=0$

이때 두 점 A$(4, 0)$, B$(0, 3)$을 $2:1$로 내분하는 점 P의 좌표는

 $\therefore$ P$\left(\dfrac{4}{3}, 2\right)$

STEP B 점 P를 대칭이동을 이용하여 삼각형 PQR의 무게중심의 좌표 구하기

점 P를 x축에 대하여 대칭이동한 점 Q는 Q$\left(\dfrac{4}{3}, -2\right)$,
y좌표의 부호가 바뀐다.

점 P를 y축에 대하여 대칭이동한 점 R은 R$\left(-\dfrac{4}{3}, 2\right)$
x좌표의 부호가 바뀐다.

삼각형 RQP의 무게중심의 좌표 (a, b)는 $\left(\dfrac{\frac{4}{3}+\left(-\frac{4}{3}\right)+\frac{4}{3}}{3}, \dfrac{-2+2+2}{3}\right)$
삼각형의 세 점이 (x_1, y_1), (x_2, y_2), (x_3, y_3)일 때,
무게중심은 $\left(\dfrac{x_1+x_2+x_3}{3}, \dfrac{y_1+y_2+y_3}{3}\right)$

$\therefore \left(\dfrac{4}{9}, \dfrac{2}{3}\right)$

따라서 $a=\dfrac{4}{9}$, $b=\dfrac{2}{3}$이므로 $a+b=\dfrac{4}{9}+\dfrac{2}{3}=\dfrac{10}{9}$

내/신/연/계 출제문항 293

직선 $4x+3y-12=0$이 x축, y축과 만나는 점을 각각 A, B라 하자.
선분 AB를 $2:1$로 내분하는 점을 P라 할 때, 점 P를 x축, y축에 대하여
대칭이동한 점을 각각 Q, R이라 하자.
삼각형 RQP의 무게중심의 좌표를 (a, b)라 할 때, $a+b$의 값은?

① $\dfrac{2}{3}$ ② $\dfrac{8}{9}$ ③ $\dfrac{10}{9}$
④ $\dfrac{11}{9}$ ⑤ 4

STEP A 두 점 A, B의 좌표를 구하고 내분점 P의 좌표 구하기

직선 $4x+3y-12=0$에서

x축과 만나는 점은 A$(3, 0)$, y축과 만나는 점은 B$(0, 4)$
$y=0$을 대입하여 $4x-12=0$ $x=0$을 대입하여 $3y-12=0$

두 점 A$(3, 0)$, B$(0, 4)$에 대하여 $2:1$로 내분하는 점 P는

$\left(\dfrac{2\times0+1\times3}{2+1}, \dfrac{2\times4+1\times0}{2+1}\right)$ $\therefore$ P$\left(1, \dfrac{8}{3}\right)$

STEP B 점 P의 대칭이동을 이용하여 삼각형 PQR의 무게중심의 좌표 구하기

점 P를 x축에 대하여 대칭이동한 점 Q는 Q$\left(1, -\dfrac{8}{3}\right)$
y좌표의 부호가 바뀐다.

점 P를 y축에 대하여 대칭이동한 점 R은 R$\left(-1, \dfrac{8}{3}\right)$
x좌표의 부호가 바뀐다.

삼각형 RQP의 무게중심의 좌표 (a, b)는 $\left(\dfrac{1+1+(-1)}{3}, \dfrac{\frac{8}{3}+\left(-\frac{8}{3}\right)+\frac{8}{3}}{3}\right)$

$\therefore \left(\dfrac{1}{3}, \dfrac{8}{9}\right)$

따라서 $a=\dfrac{1}{3}$, $b=\dfrac{8}{9}$이므로 $a+b=\dfrac{1}{3}+\dfrac{8}{9}=\dfrac{11}{9}$

정답 ④

0560
정답 ④

STEP A 조건 (가)를 이용하여 a의 값 구하기

조건 (가)에서 두 직선 OA, OB가 서로 수직이므로 기울기의 곱은 -1

직선 OA의 기울기는 $\dfrac{3-0}{1-0}=3$

직선 OB의 기울기는 $\dfrac{5-0}{a-0}=\dfrac{5}{a}$

즉 $3\times\dfrac{5}{a}=-1$ $\therefore a=-15$

STEP B 조건 (나)를 이용하여 점 C의 좌표 구하기

$a=-15$이므로 점 B$(-15, 5)$

이때 점 B를 $y=x$에 대하여 대칭이동한 점 C$(5, -15)$
(x, y)가 (y, x)로 바뀐다

$\therefore b=5$, $c=-15$

STEP C 직선 AC의 y절편 구하기

두 점 A$(1, 3)$, C$(5, -15)$이므로 직선 AC의 방정식은

$y=\dfrac{3-(-15)}{1-5}(x-1)+3$, $y=-\dfrac{9}{2}(x-1)+3$
두 점 A(x_1, y_1), B(x_2, y_2)에 대하여 직선 AB는 $y=\dfrac{y_2-y_1}{x_2-x_1}(x-x_1)+y_1$

$\therefore y=-\dfrac{9}{2}x+\dfrac{15}{2}$

따라서 직선 AC의 y절편은 $\dfrac{15}{2}$

좌표평면에서 세 점 A(1, 2), B(a, 4), C(b, c)가 다음 조건을 만족시킨다.

> (가) 두 직선 OA, OB는 서로 수직이다.
> (나) 두 점 B, C는 직선 $y=x$에 대하여 서로 대칭이다.

직선 AC의 y절편은? (단, O는 원점이다.)

① $\dfrac{10}{3}$ ② $\dfrac{11}{3}$ ③ 5

④ $\dfrac{16}{3}$ ⑤ $\dfrac{17}{3}$

STEP Ⓐ **조건 (가)를 이용하여 a의 값 구하기**

조건 (가)에서 직선 OA와 OB가 서로 수직이므로 기울기의 곱은 -1

직선 OA의 기울기는 $\dfrac{2-0}{1-0}=2$

직선 OB의 기울기는 $\dfrac{4-0}{a-0}=\dfrac{4}{a}$

즉 $2\times\dfrac{4}{a}=-1$ ∴ $a=-8$

STEP Ⓑ **조건 (나)를 이용하여 점 C의 좌표 구하기**

$a=-8$이므로 점 B(-8, 4)

이때 점 B를 $y=x$에 대하여 대칭이동한 점 C(4, -8)

∴ $b=4$, $c=-8$

STEP Ⓒ **직선 AC의 y절편 구하기**

두 점 A(1, 2), C(4, -8)이므로 직선 AC의 방정식은

$y=\dfrac{2-(-8)}{1-4}(x-1)+2,\ y=-\dfrac{10}{3}(x-1)+2$ ∴ $y=-\dfrac{10}{3}x+\dfrac{16}{3}$

두 점 A(x_1, y_1), B(x_2, y_2)에 대하여 직선 AB는 $y=\dfrac{y_2-y_1}{x_2-x_1}(x-x_1)+y_1$

따라서 직선 AC의 y절편은 $\dfrac{16}{3}$

정답 ④

0561 2022년 09월 고1 학력평가 26번 정답 140

STEP Ⓐ **원점에 대한 대칭이동을 이용하여 두 점 C_1, C_2의 좌표 구하기**

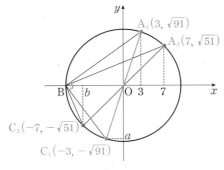

$\angle A_1BC_1=90°$, $\angle A_2BC_2=90°$이므로 두 선분 A_1C_1, A_2C_2는 원의 지름이고
원의 지름에 대한 원주각의 크기는 $90°$

$\overline{OA_1}=\overline{OC_1}$, $\overline{OA_2}=\overline{OC_2}$는 원의 반지름이므로

두 점 C_1, C_2는 A_1, A_2를 각각 원점에 대하여 대칭이동한 점이다.
x, y의 좌표의 부호가 바뀐다.

원 $x^2+y^2=100$에 $x=3$을 대입하면 $y=\sqrt{100-3^2}=\sqrt{91}$ (∵ $y>0$)이므로

점 A_1의 좌표는 $A_1(3, \sqrt{91})$ ∴ $C_1(-3, -\sqrt{91})$

원 $x^2+y^2=100$에 $x=7$을 대입하면 $y=\sqrt{100-7^2}=\sqrt{51}$ (∵ $y>0$)이므로

점 A_2의 좌표는 $A_2(7, \sqrt{51})$ ∴ $C_2(-7, -\sqrt{51})$

STEP Ⓑ **a^2+b^2의 값 구하기**

따라서 $a=-\sqrt{91}$, $b=-7$이므로 $a^2+b^2=(-\sqrt{91})^2+(-7)^2=91+49=140$

그림과 같이 원 $x^2+y^2=75$ 위에 x좌표가 각각 2, 5인 두 점 A_1, A_2가 있다. 점 B($-5\sqrt{3}$, 0)을 지나고 두 직선 A_1B, A_2B에 각각 수직인 두 직선이 원과 만나는 점 중 점 B가 아닌 두 점을 각각 C_1, C_2라 하자.

점 C_1의 x좌표를 a, 점 C_2의 y좌표를 b라 할 때, a^2+b^2의 값을 구하시오.
(단, 두 점 A_1, A_2는 제1사분면 위에 있다.)

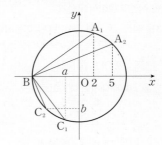

STEP Ⓐ **원점에 대한 대칭이동을 이용하여 두 점 C_1, C_2의 좌표 구하기**

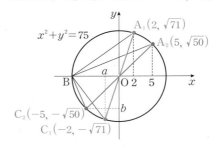

$\angle A_1BC_1=90°$, $\angle A_2BC_2=90°$이므로 두 선분 A_1C_1, A_2C_2는 원의 지름이고
원의 지름에 대한 원주각의 크기는 $90°$

$\overline{OA_1}=\overline{OC_1}$, $\overline{OA_2}=\overline{OC_2}$는 원의 반지름이므로

두 점 C_1, C_2는 A_1, A_2를 각각 원점에 대하여 대칭이동한 점이다.
x, y의 좌표의 부호가 바뀐다.

원 $x^2+y^2=75$에 $x=2$를 대입하면 $y=\sqrt{75-2^2}=\sqrt{71}$ (∵ $y>0$)이므로

점 A_1의 좌표는 $A_1(2, \sqrt{71})$ ∴ $C_1(-2, -\sqrt{71})$

원 $x^2+y^2=75$에 $x=5$를 대입하면 $y=\sqrt{75-5^2}=\sqrt{50}$ (∵ $y>0$)이므로

점 A_2의 좌표는 $A_2(5, \sqrt{50})$ ∴ $C_2(-5, -\sqrt{50})$

STEP Ⓑ **a^2+b^2의 값 구하기**

따라서 $a=-2$, $b=-\sqrt{50}$이므로 $a^2+b^2=(-2)^2+(-\sqrt{50})^2=54$ 정답 54

0562 정답 ①

STEP Ⓐ **직선 $y=-2x+6$을 $y=x$에 대하여 대칭이동하고 수직인 직선의 기울기 구하기**

$y=-2x+6$을 직선 $y=x$에 대하여 대칭이동한 직선의 방정식은
x대신에 y, y대신에 x를 대입한다.

$x=-2y+6$ ∴ $y=-\dfrac{1}{2}x+3$

직선 $y=-\dfrac{1}{2}x+3$에 수직인 직선의 기울기는 2
두 직선이 수직일 때, 기울기의 곱은 -1

STEP Ⓑ **기울기가 2이고 점 (2, 3)을 지나는 직선의 방정식 구하기**

기울기가 2이고 점 (2, 3)을 지나는 직선의 방정식은 $y-3=2(x-2)$
∴ $y=2x-1$
따라서 $a=2$, $b=-1$이므로 $a+b=1$

0563 정답 ①

STEP Ⓐ 기울기를 m이라 하고 점 A를 지나는 직선의 방정식 구하기

직선 l의 기울기를 m이라 하면 이 직선이 점 A$(4, -3)$을 지나므로

<small>기울기가 m이고 점 (x_1, y_1)을 지나는 직선의 방정식은 $y-y_1=m(x-x_1)$</small>

$y+3=m(x-4)$ $\therefore y=mx-4m-3$

STEP Ⓑ 대칭이동한 직선의 방정식 구하기

직선 $y=mx-4m-3$을 직선 $y=x$에 대하여 대칭이동하면

<small>x대신에 y, y대신에 x를 대입한다.</small>

$x=my-4m-3$ $\therefore y=\dfrac{1}{m}x+4+\dfrac{3}{m}$

직선 $y=\dfrac{1}{m}x+4+\dfrac{3}{m}$ 을 x축에 대하여 대칭이동하면

<small>y대신에 $-y$를 대입한다.</small>

$-y=\dfrac{1}{m}x+4+\dfrac{3}{m}$ $\therefore y=-\dfrac{1}{m}x-4-\dfrac{3}{m}$ ······ ㉠

이때 직선 ㉠이 점 A$(4, -3)$을 지나므로 대입하면

$-3=-\dfrac{4}{m}-4-\dfrac{3}{m}, \ -\dfrac{7}{m}=1$

따라서 $m=-7$이므로 직선 l의 기울기는 -7

0564 정답 5

STEP Ⓐ 대칭이동을 이용하여 a, b의 값 구하기

직선 $ax+(b-1)y=2$를 직선 $y=x$에 대하여 대칭이동한 직선의 방정식은

<small>x대신에 y, y대신에 x를 대입한다.</small>

$ay+(b-1)x=2$ $\therefore (b-1)x+ay=2$ ······ ㉠

직선 ㉠과 직선 $(a+1)x+by=1$이 일치하므로 $\dfrac{a+1}{b-1}=\dfrac{b}{a}=\dfrac{1}{2}$

$\dfrac{a+1}{b-1}=\dfrac{1}{2}$에서 $2a-b=-3$ ······ ㉡

$\dfrac{b}{a}=\dfrac{1}{2}$에서 $a-2b=0$ ······ ㉢

따라서 ㉡, ㉢을 연립하여 풀면 $a=-2$, $b=-1$이므로 $a^2+b^2=5$

 두 직선의 계수를 이용해서 구할 수 있어!

> 두 직선 $(b-1)x+ay=2$와 $(a+1)x+by=1$이 일치하므로
> $(a+1)x+by=1$에서 양변에 2를 곱하면 $(2a+2)x+2by=2$
> $b-1=2a+2$ $\therefore 2a-b=-3$ ······ ㉣
> $a=2b$ $\therefore a-2b=0$ ······ ㉤
> ㉣, ㉤을 연립하면 $a=-2$, $b=-1$

0565 정답 ③

STEP Ⓐ 대칭이동한 식을 구하고 a, b의 관계식 구하기

직선 $y=ax+b$가 점 $(2, 1)$을 지나므로 대입하면

$1=2a+b$ $\therefore b=-2a+1$ ······ ㉠

직선 $y=ax+b$를 y축에 대하여 대칭이동한 직선의 방정식은 $y=-ax+b$

<small>x대신 $-x$를 대입한다.</small>

STEP Ⓑ 두 직선이 평행할 조건을 이용하여 a, b의 값 구하기

직선 $y=-ax+b$와 직선 $2x-y+6=0$이 만나지 않으므로
두 직선은 서로 평행하다.

즉 두 직선의 기울기가 같아야 하므로 $-a=2$ $\therefore a=-2$

$a=-2$를 ㉠에 대입하면 $b=-2\times(-2)+1$ $\therefore b=5$

따라서 $a=-2$, $b=5$이므로 $a+b=-2+5=3$

0566 <small>2014년 09월 고1 학력평가 13번</small> 정답 ①

STEP Ⓐ $y=x$에 대하여 대칭이동한 직선의 방정식 구하기

직선 $x-2y=9$를 직선 $y=x$에 대하여 대칭이동하면

<small>x대신에 y, y대신에 x를 대입한다.</small>

$y-2x=9$ $\therefore 2x-y+9=0$

STEP Ⓑ $2x-y+9=0$이 원에 접함을 이용하여 k의 값 구하기

원 $(x-3)^2+(y+5)^2=k$에서 중심은 $(3, -5)$, 반지름의 길이는 $\sqrt{k}$

직선 $2x-y+9=0$이 원에 접하므로

(원의 중심에서 직선까지의 거리)=(반지름의 길이)

즉 $\dfrac{|2\times3+(-1)\times(-5)+9|}{\sqrt{2^2+(-1)^2}}=\sqrt{k}, \ \dfrac{20}{\sqrt{5}}=\sqrt{k}$

따라서 $\sqrt{k}=4\sqrt{5}$이므로 $k=80$

 판별식을 이용하여 k의 값을 구할 수도 있어!

> 직선의 방정식 $2x-y+9=0$에서 $y=2x+9$를 $(x-3)^2+(y+5)^2=k$에 대입하면
> $(x-3)^2+(2x+14)^2=k, \ (x^2-6x+9)+(4x^2+56x+196)=k$
> $\therefore 5x^2+50x+205-k=0$ ······ ㉠
> 직선이 원에 접하므로 이차방정식 ㉠의 판별식을 D라 하면 $D=0$이어야 한다.
> $\dfrac{D}{4}=25^2-5(205-k)=0$ $\therefore k=80$

내/신/연/계 출제문항 296

직선 $x+3y-4=0$을 직선 $y=x$에 대하여 대칭이동한 직선을 l이라 할 때, 원 $(x-1)^2+y^2=4$와 직선 l의 교점의 개수를 구하시오.

STEP Ⓐ $y=x$에 대하여 대칭이동한 직선의 방정식 구하기

직선 $x+3y-4=0$을 $y=x$에 대하여 대칭이동한 직선은

$y+3x-4=0$ $\therefore 3x+y-4=0$

STEP Ⓑ 중심에서 직선까지의 거리와 반지름을 이용하여 교점의 개수 구하기

원 $(x-1)^2+y^2=4$에서 중심을 C라 하면 C$(1, 0)$, 반지름의 길이는 2

이때 중심 C$(1, 0)$에서 직선 $3x+y-4=0$까지의 거리는

$\dfrac{|3-4|}{\sqrt{3^2+1^2}}=\dfrac{1}{\sqrt{10}}$

따라서 중심에서 직선까지의 거리 $\dfrac{1}{\sqrt{10}}$이 반지름의 길이 2보다 작으므로

원과 직선의 교점의 개수는 2 정답 2

0567 정답 ②

STEP Ⓐ x축, $y=x$에 대하여 대칭이동한 직선의 방정식 구하기

직선 $x+3y=1$을 x축에 대하여 대칭이동하면 $x-3y=1$

<small>y대신에 $-y$를 대입한다.</small>

직선 $x-3y=1$을 $y=x$에 대하여 대칭이동하면 $y-3x=1$

<small>x대신에 y, y대신에 x를 대입한다.</small>

$\therefore y=3x+1$

STEP Ⓑ 직선이 원의 중심을 지남을 이용하여 a의 값 구하기

직선 $y=3x+1$이 원 $(x-1)^2+(y-a)^2=1$의 넓이를 이등분하므로
중심은 $(1, a)$를 지나야 한다.

즉 $a=3\times1+1$

따라서 상수 a의 값은 4

내/신/연/계 출제문항 **297**

직선 $x+y-4=0$을 원점에 대하여 대칭이동한 직선이
원 $x^2+y^2+ax-4y-6=0$의 넓이를 이등분할 때, 상수 a의 값을 구하시오.

STEP Ⓐ 원점에 대하여 대칭이동한 직선의 방정식 구하기

직선 $x+y-4=0$을 원점에 대하여 대칭이동한 직선은 $-x-y-4=0$
∴ $x+y+4=0$ <small>x대신에 $-x$, y대신에 $-y$를 대입한다.</small>

STEP Ⓑ 원의 중심을 지남을 이용하여 상수 a의 값 구하기

원 $x^2+y^2+ax-4y-6=0$에서 $\left(x+\dfrac{1}{2}\right)^2+(y-2)^2=\dfrac{1}{4}a^2+10$

원의 중심은 $\left(-\dfrac{1}{2}a,\ 2\right)$, 반지름의 길이는 $\sqrt{\dfrac{1}{4}a^2+10}$

이때 원이 직선 $x+y+4=0$에 의하여 넓이가 이등분되므로
직선은 원의 중심을 지나야 한다. 즉 $-\dfrac{1}{2}a+2+4=0$, $\dfrac{1}{2}a=6$

따라서 상수 a의 값은 12   정답 12

0568   정답 -3

STEP Ⓐ 직선 $y=x$에 대하여 대칭이동한 직선의 방정식 구하기

직선 $(3k+2)x+(2k+1)y-3=0$을 직선 $y=x$에 대하여 대칭이동한
<small>x대신에 y, y대신에 x를 대입한다.</small>
직선의 방정식은 $(3k+2)y+(2k+1)x-3=0$
∴ $(2k+1)x+(3k+2)y-3=0$

STEP Ⓑ 실수 k의 값에 관계없이 지나는 점의 좌표 구하기

$(2k+1)x+(3k+2)y-3=0$을 k에 대하여 정리하면
$(2x+3y)k+(x+2y-3)=0$
실수 k의 값에 관계없이 항상 성립하므로
$2x+3y=0$ ⋯⋯ ㉠
$x+2y-3=0$ ⋯⋯ ㉡
㉠, ㉡을 연립하여 풀면 $x=-9$, $y=6$
따라서 $a=-9$, $b=6$이므로 $a+b=-9+6=-3$

내/신/연/계 출제문항 **298**

직선 $(3k+2)x+(2k+1)y-4k-1=0$을 직선 $y=x$에 대칭이동한 직선이
실수 k의 값에 관계없이 항상 점 $(a,\ b)$를 지날 때, $a+b$의 값은?

① 2   ② 3   ③ 4
④ 5   ⑤ 6

STEP Ⓐ 직선 $y=x$에 대하여 대칭이동한 직선의 방정식 구하기

직선 $(3k+2)x+(2k+1)y-4k-1=0$을 직선 $y=x$에 대하여 대칭이동한
<small>x대신에 y, y대신에 x를 대입한다.</small>
직선의 방정식은 $(3k+2)y+(2k+1)x-4k-1=0$
∴ $(2k+1)x+(3k+2)y-4k-1=0$

STEP Ⓑ 실수 k의 값에 관계없이 지나는 점의 좌표 구하기

$(2k+1)x+(3k+2)y-4k-1=0$을 k에 대하여 정리하면
$(2x+3y-4)k+(x+2y-1)=0$
실수 k의 값에 관계없이 항상 성립하므로
$2x+3y-4=0$ ⋯⋯ ㉠
$x+2y-1=0$ ⋯⋯ ㉡
㉠, ㉡을 연립하여 풀면 $x=5$, $y=-2$
따라서 $a=5$, $b=-2$이므로 $a+b=5+(-2)=3$ 정답 ②

0569   2018년 09월 고1 학력평가 7번   정답 ①

STEP Ⓐ 대칭이동한 직선의 방정식을 이용하여 a의 값 구하기

직선 $y=ax-6$을 x축에 대하여 대칭이동하면 $-y=ax-6$
∴ $y=-ax+6$ <small>y대신에 $-y$를 대입한다.</small>
직선 $y=-ax+6$이 점 $(2,\ 4)$를 지나므로 대입하면 $4=-2a+6$
따라서 상수 a의 값은 1

내/신/연/계 출제문항 **299**

직선 $x-2y+6=0$을 y축에 대하여 대칭이동한 직선에 수직이고
점 $(-3,\ -1)$을 지나는 직선의 방정식이 $y=ax+b$일 때, 상수 a, b에
대하여 $a+b$의 값은?

① 5   ② 7   ③ 9
④ 11   ⑤ 13

STEP Ⓐ 직선을 y축에 대하여 대칭이동하고 수직인 직선의 기울기 구하기

직선 $x-2y+6=0$ y축에 대하여 대칭이동한 직선은 $-x-2y+6=0$
<small>x대신에 $-x$를 대입한다.</small>
∴ $y=-\dfrac{1}{2}x+3$

이때 $y=-\dfrac{1}{2}x+3$에 수직인 직선의 기울기는 2
<small>기울기의 곱이 -1</small>

STEP Ⓑ 기울기가 2이고 점 $(-3,\ -1)$을 지나는 직선의 방정식 구하기

기울기가 2이고 점 $(-3,\ -1)$을 지나는 직선은 $y=2(x+3)-1$
∴ $y=2x+5$
따라서 $a=2$, $b=5$이므로 $a+b=2+5=7$ 정답 ②

0570   2021년 11월 고1 학력평가 5번   정답 ⑤

STEP Ⓐ 원점에 대하여 대칭이동한 직선의 방정식 구하기

직선 $3x-2y+a=0$을 원점에 대하여 대칭이동하면
$-3x+2y+a=0$ <small>x대신에 $-x$, y대신에 $-y$를 대입한다.</small>

STEP Ⓑ 직선이 점 $(3,\ 2)$를 지남을 이용하여 a의 값 구하기

직선 $-3x+2y+a=0$이 점 $(3,\ 2)$를 지나므로 대입하면 $-9+4+a=0$
따라서 상수 a의 값은 5

내/신/연/계 출제문항 **300**

좌표평면에서 직선 $4x+3y+a=0$을 원점에 대하여 대칭이동한 직선이
점 $(-2,\ 4)$를 지날 때, 상수 a의 값은?

① 1   ② 2   ③ 3
④ 4   ⑤ 5

STEP Ⓐ 원점에 대하여 대칭이동한 직선의 방정식 구하기

직선 $4x+3y+a=0$을 원점에 대하여 대칭이동하면 $-4x-3y+a=0$
∴ $4x+3y-a=0$ <small>x대신에 $-x$, y대신에 $-y$를 대입한다.</small>

STEP Ⓑ 직선이 점 $(-2,\ 4)$를 지남을 이용하여 a의 값 구하기

직선 $4x+3y-a=0$이 점 $(-2,\ 4)$를 지나므로 대입하면
$4\times(-2)+3\times4-a=0$, $4-a=0$
따라서 상수 a의 값은 4   정답 ④

0571 정답 ③

STEP A 직선 $2x+3y+6=0$을 직선 $y=x$에 대하여 대칭이동한 직선의 방정식 구하기

직선 $2x+3y+6=0$을 직선 $y=x$에 대하여 대칭이동하면
x 대신에 y, y 대신에 x를 대입한다.
$2y+3x+6=0$ ∴ $3x+2y+6=0$ …… ㉠

STEP B 대칭이동한 직선의 y절편 구하기

㉠에 $x=0$을 대입하면 $2y+6=0$ ∴ $y=-3$
따라서 구하는 y절편은 -3

---

mini 해설 | 대칭이동 전의 x절편을 이용하여 풀이하기

직선을 직선 $y=x$에 대하여 대칭이동하면 x절편이 y절편이 되고
y절편은 x절편이 된다.
그러므로 대칭이동한 직선의 y절편은 대칭이동 전의 직선의 x절편을 구하면 된다.
즉 $2x+3y+6=0$에 $y=0$을 대입하면 $2x+6=0$이므로 $x=-3$
따라서 직선을 $y=x$에 대하여 대칭이동한 직선의 y절편은 -3

내신 연계 출제문항 **301**

직선 $x+5y+7=0$을 직선 $y=-x$에 대하여 대칭이동한 직선의 y절편은?

① 1   ② 3   ③ 5
④ 7   ⑤ 9

STEP A 직선 $x+5y+7=0$을 직선 $y=-x$에 대하여 대칭이동한 직선의 방정식 구하기

직선 $x+5y+7=0$을 직선 $y=-x$에 대하여 대칭이동하면
x 대신에 $-y$, y 대신에 $-x$를 대입한다.
$-y+5(-x)+7=0$ ∴ $5x+y-7=0$ …… ㉠

STEP B 대칭이동한 직선의 y절편 구하기

직선 ㉠에 $x=0$을 대입하면 $y-7=0$ ∴ $y=7$
따라서 직선의 y절편은 7   정답 ④

0572 정답 6

STEP A 대칭이동을 이용하여 m, n의 값 구하기

원 $(x-m)^2+(y+3)^2=4$를 x축에 대하여 대칭이동하면
y 대신에 $-y$를 대입한다.
$(x-m)^2+(-y+3)^2=4$
∴ $(x-m)^2+(y-3)^2=4$ …… ㉠
원 $(x+n)^2+(y+2)^2=4$를 직선 $y=x$에 대하여 대칭이동하면
x 대신에 y, y 대신에 x를 대입한다.
$(y+n)^2+(x+2)^2=4$
∴ $(x+2)^2+(y+n)^2=4$ …… ㉡
이때 ㉠과 ㉡는 일치하므로 $-m=2$, $-3=n$
따라서 $m=-2$, $n=-3$이므로 $mn=(-2)\times(-3)=6$

---

mini 해설 | 원의 중심을 대칭이동하여 풀이하기

원 $(x-m)^2+(y+3)^2=4$의 중심이 점 $(m, -3)$이고 반지름의 길이가 2인 원을 x축에 대하여 대칭이동하면 중심이 점 $(m, 3)$이고 반지름의 길이가 2인 원과 일치한다.
한편 중심이 점 $(-n, -2)$이고 반지름의 길이가 2인 원을 직선 $y=x$에 대하여 대칭이동하면 중심이 점 $(-2, -n)$이고 반지름의 길이가 2인 원과 일치한다.
따라서 $m=-2$, $n=-3$이므로 $mn=6$

0573 정답 ③

STEP A y축에 대하여 대칭이동한 원의 방정식 구하기

원 $(x-1)^2+(y+5)^2=4$를 y축에 대하여 대칭이동하면
x 대신 $-x$를 대입한다.
$(-x-1)^2+(y+5)^2=4$ ∴ $(x+1)^2+(y+5)^2=4$

STEP B 직선 $y=3x+k$가 원의 중심을 지남을 이용하여 k의 값 구하기

직선 $y=3x+k$가 원 $(x+1)^2+(y+5)^2=4$의 넓이를 이등분하므로
원의 중심 $(-1, -5)$를 지난다.
즉 $-5=3\times(-1)+k$
따라서 실수 k의 값은 -2

0574 정답 ⑤

STEP A 직선 $y=x$에 대하여 대칭이동한 원의 방정식 구하기

$x^2+y^2-4x+6y+8=0$에서 $(x-2)^2+(y+3)^2=5$이므로
원의 중심인 점 $(2, -3)$, 반지름의 길이는 $\sqrt{5}$
이때 직선 $y=x$에 대하여 대칭이동하면 중심의 좌표는 $(-3, 2)$, 반지름의
x, y의 좌표를 서로 바꾼다. 즉 (x, y)에서 (y, x)가 된다.
길이는 $\sqrt{5}$이므로 원의 방정식은 $(x+3)^2+(y-2)^2=5$ …… ㉠

+α | 식으로도 구할 수 있어!

원 $x^2+y^2-4x+6y+8=0$을 직선 $y=x$에 대하여 대칭이동하면
x 대신에 y, y 대신에 x를 대입한다.
$y^2+x^2-4y+6x+8=0$
즉 $x^2+y^2+6x-4y+8=0$에서 $(x+3)^2+(y-2)^2=5$

STEP B 원의 중심에서 직선까지 거리는 원의 반지름의 길이와 같음을 이용하여 k의 값 구하기

원 ㉠의 중심 $(-3, 2)$와 직선 $2x-y+k=0$ 사이의 거리는
원의 반지름 $\sqrt{5}$와 같으므로
$\dfrac{|-6-2+k|}{\sqrt{2^2+(-1)^2}}=\sqrt{5}$, $|-8+k|=5$, $-8+k=5$ 또는 $-8+k=-5$
∴ $k=13$과 $k=3$
따라서 k의 값의 합은 $13+3=16$

내신 연계 출제문항 **302**

원 $x^2+y^2+8x-10y+28=0$을 x축에 대하여 대칭이동한 원이
직선 $y=mx$에 접하도록 하는 모든 실수 m의 값의 곱을 구하시오.

STEP A x축에 대하여 대칭이동한 원의 방정식 구하기

원 $x^2+y^2+8x-10y+28=0$을 x축에 대하여 대칭이동하면
$x^2+y^2+8x+10y+28=0$
y 대신에 $-y$를 대입한다.
이때 $(x+4)^2+(y+5)^2=13$이므로 중심은 $(-4, -5)$, 반지름의 길이는 $\sqrt{13}$

+α | 중심을 이용해서 구할 수 있어!

원 $x^2+y^2+8x-10y+28=0$에서 $(x+4)^2+(y-5)^2=13$이므로
중심은 $(-4, 5)$, 반지름의 길이는 $\sqrt{13}$
이때 중심을 x축에 대하여 대칭이동하면 $(-4, -5)$, 반지름의 길이는
변하지 않으므로 $\sqrt{13}$ ∴ $(x+4)^2+(y+5)^2=13$

STEP B 중심에서 직선까지의 거리가 반지름과 같음을 이용하여 m의 값 구하기

직선 $y=mx$가 원 $(x+4)^2+(y+5)^2=13$에 접하므로 중심 $(-4, -5)$에서
직선 $mx-y=0$까지의 거리는 반지름의 길이 $\sqrt{13}$과 같다.

즉 $\dfrac{|-4m+5|}{\sqrt{m^2+1}}=\sqrt{13}$, $|-4m+5|=\sqrt{13}\times\sqrt{m^2+1}$

양변을 제곱하면 $16m^2-40m+25=13m^2+13$

$\therefore 3m^2-40m+12=0$

따라서 모든 실수 m의 값의 곱은 이차방정식 근과 계수의 관계에 의하여 4

 정답 4

0575
 정답 ④

STEP A 직선 $y=x$에 대한 대칭이동인 도형 구하기

ㄱ. 원 $x^2+y^2=9$을 직선 $y=x$에 대하여 대칭이동한 도형의 방정식은
x대신에 y, y대신에 x를 대입한다.

$y^2+x^2=9$ $\therefore x^2+y^2=9$ [참]

ㄴ. 직선 $y=4x+2$를 직선 $y=x$에 대하여 대칭이동한 도형의 방정식은

$x=4y+2$ $\therefore y=\dfrac{1}{4}x-\dfrac{1}{2}$ [거짓]

ㄷ. 직선 $y=-x$를 직선 $y=x$에 대하여 대칭이동한 도형의 방정식은
$x=-y$ $\therefore y=-x$ [참]

ㄹ. 원 $(x+2)^2+(y+2)^2=4$를 직선 $y=x$에 대하여
대칭이동한 도형의 방정식은 $(y+2)^2+(x+2)^2=4$

$\therefore (x+2)^2+(y+2)^2=4$ [참]

따라서 주어진 도형을 직선 $y=x$에 대하여 대칭이동한 도형이 처음 도형과 일치하는 것은 ㄱ, ㄷ, ㄹ이다.

0576
 정답 ④

STEP A 원 C_1을 $y=x$에 대하여 대칭이동한 원 C_2의 방정식 구하기

원 $C_1 : x^2+y^2-4x+2y+3=0$은 $(x-2)^2+(y+1)^2=2$이므로
중심은 $(2,-1)$이고 반지름의 길이가 $\sqrt{2}$

원 C_1의 중심을 $y=x$에 대하여 대칭이동한 원 C_2의 중심은 $(-1,2)$이고
반지름의 길이가 $\sqrt{2}$이다.

$\therefore C_2 : (x+1)^2+(y-2)^2=2$

STEP B 두 원의 중심 사이의 거리와 반지름의 길이를 이용하여 두 점 P, Q 사이의 거리의 최댓값 구하기

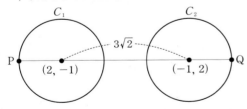

두 원의 중심 $(2,-1)$, $(-1,2)$ 사이의 거리는 $\sqrt{(-1-2)^2+(2+1)^2}=3\sqrt{2}$
두 원 위를 각각 움직이는 두 점 P, Q 사이의 거리의 최댓값은
(두 원의 중심 사이의 거리)+(두 원의 반지름의 길이의 합)
따라서 두 점 P, Q 사이의 거리의 최댓값은 $3\sqrt{2}+2\sqrt{2}=5\sqrt{2}$

내신연계 출제문항 303

원 $C_1 : x^2+y^2+6x-2y+6=0$을 y축에 대하여 대칭이동한 원을 C_2라고 하자. 원 C_1 위의 임의의 점 P와 원 C_2 위의 임의의 점 Q에 대하여 두 점 P, Q 사이의 거리의 최솟값은?

① 1   ② 2   ③ 3
④ 4   ⑤ 5

STEP A 원 C_1의 중심을 y축에 대칭이동하여 구하기

원 $C_1 : x^2+y^2+6x-2y+6=0$은 $(x+3)^2+(y-1)^2=4$이므로
중심은 $(-3,1)$이고 반지름의 길이가 2

원 C_1의 중심 $(-3,1)$을 y축에 대하여 대칭이동한 원 C_2의 중심은 $(3,1)$이고
반지름의 길이가 2

$\therefore C_2 : (x-3)^2+(y-1)^2=4$

STEP B 두 원의 중심 사이의 거리와 반지름의 길이를 이용하여 두 점 P, Q 사이의 거리의 최솟값 구하기

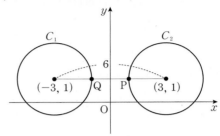

두 원의 중심 $(-3,1)$, $(3,1)$ 사이의 거리는 $\sqrt{(3+3)^2+(1-1)^2}=6$
두 원 위를 각각 움직이는 두 점 P, Q 사이의 거리의 최솟값은
(두 원의 중심 사이의 거리)−(두 원의 반지름의 길이의 합)
따라서 두 점 P, Q 사이의 거리의 최솟값은 $6-4=2$

정답 ②

0577
2018년 03월 고2 학력평가 나형 24번   정답 56

STEP A 원의 방정식을 변형하여 중심과 반지름의 길이 구하기

원 $x^2+y^2+10x-12y+45=0$에서 $(x+5)^2+(y-6)^2=16$
즉 원의 중심은 $(-5,6)$, 반지름의 길이는 4

STEP B 대칭이동을 이용하여 원 C_2의 중심의 좌표 구하기

원 $(x+5)^2+(y-6)^2=16$의 중심 $(-5,6)$을 원점에 대하여 대칭이동한 점은
원점대칭 $(x,y) \longrightarrow (-x,-y)$

$(5,-6)$이므로 원 $C_1 : (x-5)^2+(y+6)^2=16$

원 C_1의 중심 $(5,-6)$을 x축에 대하여 대칭이동한 점은 $(5,6)$이므로
x축에 대하여 대칭 $(x,y) \longrightarrow (x,-y)$

원 $C_2 : (x-5)^2+(y-6)^2=16$

즉 원 C_2의 중심의 좌표는 $(5,6)$이므로 $a=5$, $b=6$
따라서 $10a+b=10\times5=6=56$

mini 해설 | y축에 대한 대칭이동으로 풀이하기

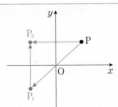

점 P를 원점에 대하여 대칭이동한 점을 P_1, 점 P_1을 x축에 대하여 대칭이동한 점을 P_2라 하면 점 P를 y축에 대하여 대칭이동한 점이 P_2

원 $x^2+y^2+10x-12y+45=0$에서 $(x+5)^2+(y-6)^2=16$에서 원점에 대하여 대칭이동하고 다시 x축에 대하여 대칭이동한 원이 C_2라 하면
y축에 대하여 대칭이동한 점이 C_2의 중심이다.

즉 원 C_2의 중심은 $(5,6)$이고 반지름의 길이는 4

따라서 $a=5$, $b=6$이므로 $10a+b=56$

원 $C_1 : (x-4)^2+(y+2)^2=4$에 대하여 원 C_1을 y축에 대하여 대칭이동한 원을 C_2라 하고, 원 C_1을 직선 $y=-x$에 대하여 대칭이동한 원을 C_3이라 할 때, 두 원 C_2, C_3의 중심 사이의 거리는?

① $2\sqrt{5}$　　　② $\sqrt{30}$　　　③ $2\sqrt{10}$

④ $5\sqrt{2}$　　　⑤ $2\sqrt{15}$

STEP Ⓐ 대칭이동을 이용하여 원 C_2, C_3의 방정식 구하기

원 $C_1 : (x-4)^2+(y+2)^2=4$에 대하여

원 C_1을 y축에 대하여 대칭이동한 원 C_2의 방정식은

$(-x-4)^2+(y+2)^2=4$　　$\therefore C_2 : (x+4)^2+(y+2)^2=4$

원 C_1을 직선 $y=-x$에 대하여 대칭이동한 원 C_3의 방정식은

$(-y-4)^2+(-x+2)^2=4$　　$\therefore C_3 : (x-2)^2+(y+4)^2=4$

STEP Ⓑ 두 원 C_2, C_3의 중심 사이의 거리 구하기

원 C_2의 중심은 $(-4, -2)$, 원 C_3의 중심은 $(2, -4)$

따라서 두 원 C_2, C_3의 중심 사이의 거리는

$\sqrt{\{2-(-4)\}^2+\{-4-(-2)\}^2}=2\sqrt{10}$　　정답 ③

0578
정답 1

STEP Ⓐ 원점과 x축 대칭이동한 포물선의 방정식 구하기

포물선 $y=x^2-2ax+b$를 원점에 대하여 대칭이동한 포물선의 방정식은

x대신에 $-x$, y대신에 $-y$를 대입한다.

$-y=(-x)^2-2a\times(-x)+b$　　$\therefore y=-x^2-2ax-b$

이 포물선을 x축에 대하여 대칭이동한 포물선의 방정식은

y대신에 $-y$를 대입한다.

$-y=-x^2-2ax-b$　　$\therefore y=x^2+2ax+b$

+α 꼭짓점의 좌표를 이용하여 구할 수 있어!

포물선 $y=x^2-2ax+b$에서 $y=(x-a)^2-a^2+b$이므로 꼭짓점의 좌표는 $(a, -a^2+b)$

이때 꼭짓점의 좌표를 원점에 대하여 대칭이동하면 $(-a, a^2-b)$

또한 다시 x축에 대하여 대칭이동하면 $(-a, -a^2+b)$

즉 포물선 $y=x^2-2ax+b$를 원점에 대하여 대칭이동한 후 다시 x축에 대하여 대칭이동한 포물선의 방정식은 이차항의 계수가 1이고 꼭짓점의 좌표는 $(-a, -a^2+b)$이므로 $y=(x+a)^2-a^2+b=x^2+2ax+b$　← y축 대칭과 같다.

STEP Ⓑ 대칭이동한 포물선의 꼭짓점 좌표를 이용하여 a, b의 값 구하기

$y=x^2+2ax+b$에서 $y=(x+a)^2-a^2+b$이므로

꼭짓점의 좌표는 $(-a, -a^2+b)$

즉 $-a=2$, $-a^2+b=-10$이므로 $a=-2$, $b=3$

따라서 $a+b=(-2)+3=1$

mini해설 주어진 꼭짓점을 이동하여 풀이하기

포물선 $y=x^2-2ax+b$를
① 원점에 대하여 대칭이동한 후
② x축에 대하여 대칭이동한 포물선의 꼭짓점의 좌표가 $(2, -1)$이므로

역순으로 꼭짓점 $(2, -1)$을
① x축에 대하여 대칭이동한 후
② 원점에 대하여 대칭이동하면 포물선 $y=x^2-2ax+b$의 꼭짓점의 좌표가 된다.

$(2, -1)$을 x축에 대하여 대칭이동하면 $(2, 1)$

$(2, 1)$을 원점에 대하여 대칭이동하면 $(-2, -1)$

즉 포물선의 꼭짓점의 좌표는 $(-2, -1)$

$y=(x+2)^2-1$, $y=x^2+4x+3$이므로 $-2a=4$에서 $a=-2$, $b=3$

따라서 $a+b=(-2)+3=1$

---

mini해설 y축에 대한 대칭이동으로 풀이하기

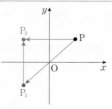

점 P를 원점에 대하여 대칭이동한 점을 P_1, 점 P_1을 x축에 대하여 대칭이동한 점을 P_2라 하면 점 P를 y축에 대하여 대칭이동한 점이 P_2

포물선 $y=x^2-2ax+b$를 원점에 대하여 대칭이동한 후 x축에 대하여 대칭이동하면 y축에 대하여 대칭이동한 포물선과 같으므로　← x 대신에 $-x$ 대입

$y=(-x)^2-2a(-x)+b$　　$\therefore y=x^2+2ax+b$

$y=x^2+2ax+b$에서 $y=(x+a)^2-a^2+b$이므로 꼭짓점의 좌표는

$(-a, -a^2+b)$　　$\therefore a=-2$, $b=3$

따라서 $a+b=1$

0579
정답 ④

STEP Ⓐ 원점과 y축 대칭이동한 포물선의 방정식 구하기

포물선 $y=x^2-4x+3$을 원점에 대하여 대칭이동한 포물선의 방정식은

x대신에 $-x$, y대신에 $-y$를 대입한다.

$-y=(-x)^2-4\times(-x)+3$　　$\therefore y=-x^2-4x-3$

이 포물선을 y축에 대하여 대칭이동한 포물선의 방정식은

x대신에 $-x$를 대입한다.

$y=-(-x)^2-4(-x)-3$　　$\therefore y=-x^2+4x-3$

+α x축에 대한 대칭이동으로 구할 수 있어!

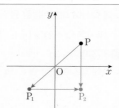

점 P를 원점에 대하여 대칭이동한 점을 P_1, 점 P_1을 y축에 대하여 대칭이동한 점을 P_2라 하면 P_2는 P를 x축에 대하여 대칭이동한 것과 같다.

즉 포물선 $y=x^2-4x+3$을 원점에 대하여 대칭이동하고 난 후 y축에 대하여 대칭이동한 것은 x축에 대하여 대칭이동한 것과 같으므로 $-y=x^2-4x+3$

$\therefore y=-x^2+4x-3$

STEP Ⓑ 꼭짓점의 좌표가 직선 $y=ax+7$ 위의 점임을 이용하여 a의 값 구하기

포물선 $y=-x^2+4x-3$에서 $y=-(x-2)^2+1$이므로

꼭짓점의 좌표는 $(2, 1)$이고 직선 $y=ax+7$ 위의 점이므로

대입하면 $1=2a+7$

따라서 $2a=-6$이므로 상수 a의 값은 -3

+α 꼭짓점의 좌표를 이용하여 구할 수 있어!

포물선 $y=x^2-4x+3$에서 $y=(x-2)^2-1$이므로 꼭짓점의 좌표는 $(2, -1)$

이때 꼭짓점 $(2, -1)$을 원점에 대하여 대칭이동한 점은 $(-2, 1)$이고

다시 y축에 대하여 대칭이동한 점은 $(2, 1)$

내/신/연/계 출제문항 305

포물선 $y=2x^2+12x+5$를 원점에 대하여 대칭이동한 후 다시 x축에 대하여 대칭이동한 포물선의 꼭짓점의 좌표가 직선 $y=kx+2$ 위에 있을 때, 상수 k의 값은?

① -8 ② -7 ③ -6
④ -5 ⑤ -4

STEP A 원점과 x축 대칭이동한 포물선의 방정식 구하기

포물선 $y=2x^2+12x+5$를 원점에 대하여 대칭이동한 포물선의 방정식은

<small>x대신에 $-x$, y대신에 $-y$를 대입한다.</small>

$-y=2(-x)^2+12\times(-x)+5$ ∴ $y=-2x^2+12x-5$

이 포물선을 x축에 대하여 대칭이동한 포물선의 방정식은

<small>y대신에 $-y$를 대입한다.</small>

$-y=-2x^2+12x-5$ ∴ $y=2x^2-12x+5$

STEP B 꼭짓점의 좌표가 $y=kx+2$ 위의 점임을 이용하여 k의 값 구하기

포물선 $y=2x^2-12x+5$에서 $y=2(x-3)^2-13$이므로

꼭짓점의 좌표는 $(3, -13)$

이때 꼭짓점이 직선 $y=kx+2$ 위의 점이므로 대입하면 $-13=3k+2$

따라서 상수 k의 값은 -5 정답 ④

0580   정답 6

STEP A 원점에 대하여 대칭이동한 포물선의 방정식 구하기

포물선 $y=-x^2+3x-7$을 원점에 대하여 대칭이동한 포물선의 방정식은

<small>x대신에 $-x$, y대신에 $-y$를 대입한다.</small>

$-y=-(-x)^2+3\times(-x)-7$ ∴ $y=x^2+3x+7$

STEP B 판별식을 이용하여 상수 a의 값의 합 구하기

포물선 $y=x^2+3x+7$이 직선 $y=ax+2$과 접하므로 이차방정식

$x^2+3x+7=ax+2$, $x^2+(3-a)x+5=0$에서 판별식을 D라 하면

중근을 가지므로 판별식 $D=0$

즉 $D=(3-a)^2-20=0$, $a^2-6a-11=0$

따라서 모든 상수 a의 값의 합은 이차방정식 $a^2-6a-11=0$에서

근과 계수와의 관계에 의하여 6

<small>이차방정식 $ax^2+bx+c=0$에서 두 근의 합은 $-\dfrac{b}{a}$</small>

> **mini 해설** | 직선을 이동하여 풀이하기
>
> 포물선 $y=-x^2+3x-7$을 원점에 대하여 대칭이동하면 직선 $y=ax+2$과 접하므로
> 역으로 직선을 원점에 대하여 대칭이동하면 포물선 $y=-x^2+3x-7$에 접하게 된다.
> 즉 직선 $y=ax+2$를 원점에 대하여 대칭이동하면 $-y=-ax+2$
> ∴ $y=ax-2$
> 직선 $y=ax-2$가 포물선 $y=-x^2+3x-7$에 접하므로
> $ax-2=-x^2+3x-7$, $x^2+(a-3)x+5=0$
> 이차방정식 $x^2+(a-3)x+5=0$이 중근을 가지므로 판별식을 D라 하면 $D=0$
> $D=(a-3)^2-20=0$, $a^2-6a-11=0$
> 따라서 모든 상수 a의 값의 합은 이차방정식 $a^2-6a-11=0$에서 근과 계수의 관계에
> 의하여 6

> **P O I N T** | 포물선과 직선의 위치 관계
>
> 포물선 $y=ax^2+bx+c$ (a, b, c는 상수, $a>0$)와
> 직선 $y=mx+n$ (m, n은 상수, $m>0$)의
> 위치 관계는 방정식 $ax^2+(b-m)x+c-n=0$의
> 판별식을 D라 할 때,
> (1) $D>0$이면 서로 다른 두 점에서 만난다.
> (2) $D=0$이면 한 점에서 만난다. (접한다.)
> (3) $D<0$이면 만나지 않는다.
>
>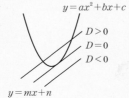

내/신/연/계 출제문항 306

포물선 $y=-x^2+3x+1$을 원점에 대하여 대칭이동하면 직선 $y=ax-5$와 접한다고 할 때, 양수 a의 값을 구하시오.

STEP A 원점에 대하여 대칭이동한 포물선의 방정식 구하기

포물선 $y=-x^2+3x+1$을 원점에 대하여 대칭이동한 포물선의 방정식은

<small>x대신에 $-x$, y대신에 $-y$를 대입한다.</small>

$-y=-(-x)^2+3\times(-x)+1$ ∴ $y=x^2+3x-1$

STEP B 판별식을 이용하여 양수 a의 값 구하기

포물선 $y=x^2+3x-1$이 직선 $y=ax-5$와 접하므로 이차방정식

$x^2+3x-1=ax-5$, $x^2+(3-a)x+4=0$의 판별식을 D라 하면

중근을 가지므로 판별식 $D=0$

즉 $D=(3-a)^2-16=0$, $a^2-6a-7=0$, $(a-7)(a+1)=0$

∴ $a=7$ 또는 $a=-1$

따라서 양수 a의 값은 7   7

0581   8

STEP A 대칭이동과 평행이동을 이용하여 a, b의 값 구하기

점 $(-5, 4)$를 원점에 대하여 대칭이동한 점은 $(5, -4)$

<small>x, y의 부호를 바꾼다.</small>

점 $(5, -4)$를 x축의 방향으로 a만큼, y축의 방향으로 b만큼 평행이동한 점은

$(5+a, -4+b)$

이때 점 $(5+a, -4+b)$가 점 $(2, 7)$이므로 $5+a=2$, $-4+b=7$

따라서 $a=-3$, $b=11$이므로 $a+b=(-3)+11=8$

> **mini 해설** | 주어진 점을 역순으로 이동하여 풀이하기
>
> 점 $(-5, 4)$를
> ① 원점에 대하여 대칭이동한 후
> ② x축의 방향으로 a만큼, y축의 방향으로 b만큼 평행이동한 점이 $(2, 7)$이므로
> 점 $(2, 7)$을
> ① x축의 방향으로 $-a$만큼, y축의 방향으로 $-b$만큼 평행이동한 후
> ② 원점에 대하여 대칭이동하면 점 $(-5, 4)$가 된다.
> $(2, 7) \rightarrow (2-a, 7-b) \rightarrow (-2+a, -7+b)$
> 이때 $(-2+a, -7+b)$가 $(-5, 4)$이므로
> $-2+a=-5$에서 $a=-3$
> $-7+b=4$에서 $b=11$
> 따라서 $a=-3$, $b=11$이므로 $a+b=(-3)+11=8$

0582   정답 ①

STEP A 점 P(a, b)라 하고 대칭이동과 평행이동의 좌표 구하기

점 P의 좌표를 (a, b)라 하면 점 P를 직선 $y=x$에 대하여 대칭이동한

<small>$(x, y) \longrightarrow (y, x)$</small>

점의 좌표는 (b, a)

점 (b, a)를 x축의 방향으로 2만큼, y축의 방향으로 -2만큼 평행이동하면

$(b+2, a-2)$

점 $(b+2, a-2)$가 점 $(3, 1)$이므로 $b+2=3$, $a-2=1$

∴ $a=3$, $b=1$

따라서 점 P의 좌표는 $(3, 1)$

점 $P(a, b)$를 직선 $y=-x$에 대하여 대칭이동한 후 x축의 방향으로 -3만큼, y축의 방향으로 4만큼 평행이동하였더니 점 $(-5, 5)$이 되었다. 이때 상수 a, b에 대하여 $a+b$의 값은?

① -2 ② -1 ③ 0
④ 1   ⑤ 2

STEP A 점 P의 좌표를 대칭이동과 평행이동을 이용하여 구하기

점 $P(a, b)$를 직선 $y=-x$에 대하여 대칭이동한 점의 좌표는 $(-b, -a)$

점 $(-b, -a)$를 x축의 방향으로 -3만큼, y축의 방향으로 4만큼 평행이동하면 $(-b-3, -a+4)$

점 $(-b-3, -a+4)$가 점 $(-5, 5)$이므로 $-b-3=-5$, $-a+4=5$

∴ $a=-1$, $b=2$

따라서 $a+b=-1+2=1$

---

mini 해설 | 주어진 점을 역순으로 이동하여 풀이하기

점 $P(a, b)$를
① $y=-x$에 대하여 대칭이동한 후
② x축의 방향으로 -3만큼, y축의 방향으로 4만큼 평행이동한 점이 $(-5, 5)$
이때 점 $(-5, 5)$를 역순으로
① x축의 방향으로 3만큼, y축의 방향으로 -4만큼 평행이동한 후
② $y=-x$에 대하여 대칭이동하면 점 $P(a, b)$가 된다.
$(-5, 5) \rightarrow (-2, 1) \rightarrow (-1, 2)$
이때 $(-1, 2)$가 점 P와 같으므로 $a=-1$, $b=2$
따라서 $a+b=1$

정답 ④

0583   **정답** ②

STEP A 점 $(-4, 2)$를 평행이동과 대칭이동한 점의 좌표 구하기

점 $(-4, 2)$을 x축의 방향으로 a만큼, y축의 방향으로 a만큼 평행이동한 점의 좌표는 $(-4+a, 2+a)$

점 $(-4+a, 2+a)$을 직선 $y=x$에 대하여 대칭이동한 점의 좌표는

$(2+a, -4+a)$

STEP B 직선 위의 점임을 이용하여 a의 값 구하기

점 $(2+a, -4+a)$가 직선 $2x-y+1=0$ 위에 있으므로 대입하면

$2(2+a)-(-4+a)+1=0$, $(4+2a)-(-4+a)+1=0$, $a+9=0$

따라서 상수 a의 값은 -9

---

mini 해설 | 직선을 이동하여 풀이하기

점 $(-4, 2)$를
① x축의 방향으로 a만큼, y축의 방향으로 a만큼 평행이동한 후
② 직선 $y=x$에 대하여 대칭이동한 점이 직선 $2x-y+1=0$ 위의 점이므로
직선 $2x-y+1=0$을
① $y=x$에 대하여 대칭이동한 후
② x축의 방향으로 $-a$만큼, y축의 방향으로 $-a$만큼 평행이동하면
점 $(-4, 2)$가 직선 위의 점이 된다.
즉 $2x-y+1=0 \rightarrow 2y-x+1=0 \rightarrow -(x+a)+2(y+a)+1=0$
∴ $-x+2y+a+1=0$
점 $(-4, 2)$가 직선 $-x+2y+a+1=0$ 위의 점이므로 대입하면
$4+4+a+1=0$ ∴ $a=-9$

점 $(-3, 1)$을 x축의 방향으로 a만큼 평행이동한 후 직선 $y=x$에 대하여 대칭이동한 점이 직선 $2x-y-3=0$ 위에 있을 때, 상수 a의 값은?

① 1   ② 2   ③ 3
④ 4   ⑤ 5

STEP A 점 $(-3, 1)$을 평행이동과 대칭이동한 점의 좌표 구하기

점 $(-3, 1)$을 x축의 방향으로 a만큼 평행이동한 점의 좌표는 $(-3+a, 1)$

점 $(-3+a, 1)$을 직선 $y=x$에 대하여 대칭이동한 점의 좌표는 $(1, -3+a)$

STEP B 직선 위의 점임을 이용하여 a의 값 구하기

점 $(1, -3+a)$가 직선 $2x-y-3=0$ 위에 있으므로 대입하면

$2-(-3+a)-3=0$, $-a+2=0$

따라서 상수 a의 값은 2

정답 ②

0584   **정답** ②

STEP A 직선의 기울기를 m이라 하고 평행이동과 대칭이동을 이용하여 m의 값 구하기

점 $(-1, 0)$을 지나는 직선의 기울기를 m이라 하면

직선의 방정식은 $y=m(x+1)$ ∴ $y=mx+m$

직선 $y=mx+m$을 y축의 방향으로 3만큼 평행이동하면 $y-3=mx+m$
                         y 대신에 $y-3$을 대입한다.

∴ $y=mx+m+3$

직선 $y=mx+m+3$을 x축에 대하여 대칭이동하면 $-y=mx+m+3$
                         y 대신에 $-y$를 대입한다.

∴ $y=-mx-m-3$

이때 직선 $y=-mx-m-3$이 점 $(1, 1)$을 지나므로 대입하면

$1=-m-m-3$, $2m=-4$

따라서 처음 직선의 기울기 m의 값은 -2

---

mini 해설 | 점을 이동하여 풀이하기

점 $(-1, 0)$을 지나는 직선을
① y축의 방향으로 3만큼 평행이동한 후
② x축에 대하여 대칭이동한 직선이 $(1, 1)$을 지나므로
점 $(1, 1)$을
① x축에 대하여 대칭이동한 후
② y축의 방향으로 -3만큼 평행이동한 점을 처음의 직선 위의 점이 된다.
즉 $(1, 1) \rightarrow (1, -1) \rightarrow (1, -4)$
이때 직선은 두 점 $(-1, 0)$, $(1, -4)$를 지나는 직선이므로
$y=\dfrac{0-(-4)}{-1-1}(x+1)$, $y=-2x-2$
따라서 직선의 기울기는 -2

0585
정답 13

STEP A 평행이동과 대칭이동을 이용하여 점 Q, R의 좌표 구하기

점 $P(5, 1)$을 x축의 방향으로 6만큼, y축의 방향으로 -4만큼 평행이동한

점이 Q이므로 $Q(5+6, 1-4)$ ∴ $Q(11, -3)$

점 $Q(11, -3)$을 직선 $y=x$에 대하여 대칭이동한 점이 R이므로

$R(-3, 11)$　 $(x, y) \longrightarrow (y, x)$

STEP B 삼각형 PQR의 무게중심의 좌표 구하기

점 $P(5, 1)$, $Q(11, -3)$, $R(-3, 11)$이므로

삼각형 PQR의 무게중심이 $\left(\dfrac{5+11+(-3)}{3}, \dfrac{1+(-3)+11}{3} \right)$ ∴ $G\left(\dfrac{13}{3}, 3 \right)$

따라서 $a=\dfrac{13}{3}$, $b=3$이므로 $ab=\dfrac{13}{3} \times 3 = 13$

0586
2022년 09월 고1 학력평가 13번　　정답 ④

STEP A 점의 평행이동과 대칭이동을 이용하여 두 점 B, C의 좌표 구하기

점 $A(-3, 4)$를 직선 $y=x$에 대하여 대칭이동한 점의 좌표는 $B(4, -3)$
x좌표와 y좌표를 서로 바꾼다.

점 $B(4, -3)$을 x축의 방향으로 2만큼, y축의 방향으로 k만큼 평행이동한
x좌표에 2, y좌표에 k를 더한다.

점의 좌표는 $C(6, -3+k)$

STEP B 세 점 A, B, C가 한 직선 위에 있음을 이용하여 k의 값 구하기

세 점 A, B, C가 한 직선 위에 있으므로

직선 AB의 기울기와 직선 BC의 기울기는 같다.

직선 AB의 기울기는 $\dfrac{-3-4}{4-(-3)}=-1$,
두 점 (x_1, y_1), (x_2, y_2)을 지나는 직선의 기울기는 $\dfrac{y_2-y_1}{x_2-x_1}$ (단, $x_1 \neq x_2$)

직선 BC의 기울기는 $\dfrac{-3+k-(-3)}{6-4}=\dfrac{k}{2}$

따라서 $-1=\dfrac{k}{2}$이므로 $k=-2$

+α 두 점 A, B를 지나는 직선의 방정식을 이용하여 k의 값을 구할 수 있어!

두 점 $A(-3, 4)$, $B(4, -3)$을 지나는 직선의 방정식은
$y-4=\dfrac{-3-4}{4-(-3)}\{x-(-3)\}$ ← 두 점 (x_1, y_1), (x_2, y_2)를 지나는 직선의 방정식은
∴ $y=-x+1$ 　　　$y-y_1=\dfrac{y_2-y_1}{x_2-x_1}(x-x_1)$ (단, $x_1 \neq x_2$)
점 $C(6, -3+k)$가 직선 $y=-x+1$ 위의 점이므로 대입하면 $-3+k=-6+1$
따라서 $k=-2$

내신연계 출제문항 309

좌표평면 위의 점 $A(-2, 3)$을 직선 $y=x$에 대하여 대칭이동한 점을 B라
하고, 점 B를 x축의 방향으로 3만큼, y축의 방향으로 k만큼 평행이동한
점을 C라 하자. 세 점 A, B, C가 한 직선 위에 있을 때, 실수 k의 값은?

① -5　　　　② -4　　　　③ -3
④ -2　　　　⑤ -1

STEP A 점의 평행이동과 대칭이동을 이용하여 두 점 B, C의 좌표 구하기

점 $A(-2, 3)$을 직선 $y=x$에 대하여 대칭이동한 점의 좌표는 $B(3, -2)$
x좌표와 y좌표를 서로 바꾼다.

점 $B(3, -2)$를 x축의 방향으로 3만큼, y축의 방향으로 k만큼 평행이동한
x좌표에 3, y좌표에 k를 더한다.

점의 좌표는 $C(6, -2+k)$

STEP B 세 점 A, B, C가 한 직선 위에 있음을 이용하여 k의 값 구하기

세 점 A, B, C가 한 직선 위에 있으므로
직선 AB의 기울기와 직선 BC의 기울기는 같다.

직선 AB의 기울기는 $\dfrac{-2-3}{3-(-2)}=-1$,
두 점 (x_1, y_1), (x_2, y_2)을 지나는 직선의 기울기는 $\dfrac{y_2-y_1}{x_2-x_1}$ (단, $x_1 \neq x_2$)

직선 BC의 기울기는 $\dfrac{-2+k-(-2)}{6-3}=\dfrac{k}{3}$

따라서 $\dfrac{k}{3}=-1$이므로 $k=-3$

+α 두 점 A, B를 지나는 직선의 방정식을 이용하여 k의 값을 구할 수 있어!

두 점 $A(-2, 3)$, $B(3, -2)$을 지나는 직선의 방정식은
$y-3=\dfrac{-2-3}{3-(-2)}\{x-(-2)\}$ ← 두 점 (x_1, y_1), (x_2, y_2)를 지나는 직선의 방정식은
∴ $y=-x+1$ 　　　$y-y_1=\dfrac{y_2-y_1}{x_2-x_1}(x-x_1)$ (단, $x_1 \neq x_2$)
점 $C(6, -2+k)$가 직선 $y=-x+1$ 위의 점이므로
$-2+k=-6+1$ ← $y=-x+1$에 $x=6$, $y=-2+k$ 대입
따라서 $k=-3$

정답 ③

0587
2019년 03월 고2 학력평가 나형 16번　　정답 ②

해설강의

STEP A 점의 평행이동과 대칭이동을 이용하여 두 점 P, Q의 좌표 구하기

점 $A(-3, 1)$을 y축에 대하여 대칭이동한 점의 좌표는 $P(3, 1)$
x좌표의 부호를 바꾼다.

점 $B(1, k)$를 y축의 방향으로 -5만큼 평행이동한 점의 좌표는 $Q(1, k-5)$
y좌표에 -5를 더한다.

STEP B 직선 BP와 직선 PQ가 서로 수직임을 이용하여 k의 값 구하기

직선 BP의 기울기는 $\dfrac{1-k}{3-1}=-\dfrac{k-1}{2}$
두 점 (x_1, y_1), (x_2, y_2)을 지나는 직선의 기울기는 $\dfrac{y_2-y_1}{x_2-x_1}$ (단, $x_1 \neq x_2$)

직선 PQ의 기울기는 $\dfrac{(k-5)-1}{1-3}=-\dfrac{k-6}{2}$

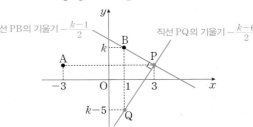

이때 직선 BP와 직선 PQ가 서로 수직이므로 기울기의 곱은 -1
즉 $\left(-\dfrac{k-1}{2} \right) \times \left(-\dfrac{k-6}{2} \right) = -1$, $(k-1)(k-6)=-4$, $k^2-7k+10=0$
$(k-2)(k-5)=0$ ∴ $k=2$ 또는 $k=5$
따라서 모든 실수 k의 값의 곱은 $2 \times 5 = 10$
이차방정식 $k^2-7k+10=0$의 근과 계수의 관계에 의하여 두 근의 곱은 10

좌표평면에 두 점 A$(-4, 2)$, B$(2, k)$가 있다. 점 A를 y축에 대하여 대칭이동한 점을 P라 하고, 점 B를 y축의 방향으로 -4만큼 평행이동한 점을 Q라 하자. 직선 BP와 직선 PQ가 서로 수직이 되도록 하는 실수 k의 값은?

① 4   ② 8   ③ 12
④ 16   ⑤ 20

STEP A 점의 평행이동과 대칭이동을 이용하여 두 점 P, Q의 좌표 구하기

점 A$(-4, 2)$를 y축에 대하여 대칭이동한 점의 좌표는 P$(4, 2)$
_{x좌표의 부호를 바꾼다.}

점 B$(2, k)$를 y축의 방향으로 -4만큼 평행이동한 점의 좌표는 Q$(2, k-4)$
_{y좌표에 -4를 더한다.}

STEP B 직선 BP와 직선 PQ가 서로 수직임을 이용하여 k의 값 구하기

직선 BP의 기울기는 $\dfrac{2-k}{4-2} = -\dfrac{k-2}{2}$

_{두 점 (x_1, y_1), (x_2, y_2)을 지나는 직선의 기울기는 $\dfrac{y_2-y_1}{x_2-x_1}$ (단, $x_1 \neq x_2$)}

직선 PQ의 기울기는 $\dfrac{(k-4)-2}{2-4} = -\dfrac{k-6}{2}$

이때 직선 BP와 직선 PQ가 서로 수직이므로 기울기의 곱은 -1

즉 $\left(-\dfrac{k-2}{2}\right) \times \left(-\dfrac{k-6}{2}\right) = -1$, $k^2-8k+16=0$, $(k-4)^2=0$

따라서 실수 k의 값은 4   **정답** ①

0588   **정답** ③

STEP A 직선의 평행이동을 이용하여 참, 거짓 판단하기

ㄱ. 직선 $l : 2x-y+4=0$을 x축의 방향으로 -1만큼, y축의 방향으로 3만큼
_{x대신에 $x+1$, y대신에 $y-3$대입한다.}

평행이동하면 $2(x+1)-(y-3)+4=0$

∴ $l' : 2x-y+9=0$

두 직선 l과 l'의 기울기는 2로 같다. [참]
_{직선을 평행이동하더라도 기울기는 항상 같다.}

STEP B 주어진 대칭이동으로 직선을 옮겨 참, 거짓 판단하기

ㄴ. 직선 $m : 3x-y=0$을 x축에 대하여 대칭이동하면 $3x-(-y)=0$
_{y대신에 $-y$대입한다.}

∴ $m' : 3x+y=0$

직선 m의 기울기는 3이고 직선 m'의 기울기는 -3이므로
두 직선의 기울기의 곱은 -9

즉 두 직선 m과 m'은 서로 수직이 아니다. [거짓]

ㄷ. 직선 $n : 3x-4y+7=0$을 원점에 대하여 대칭이동하면
_{x대신에 $-x$, y대신에 $-y$대입한다.}

$3 \times (-x) - 4 \times (-y) + 7 = 0$

∴ $n' : 3x-4y-7=0$

두 직선 n과 n'의 기울기는 $\dfrac{3}{4}$으로 같으므로 평행하다. [참]

따라서 옳은 것은 ㄱ, ㄷ이다.

0589   **정답** ④

STEP A 평행이동과 대칭이동으로 직선을 옮겨 판단하기

ㄱ. 직선 $x+2y-6=0$을 x축의 방향으로 -10만큼 평행이동하면
    $(x+10)+2y-6=0$ ∴ $x+2y+4=0$ [참]

ㄴ. 직선 $x+2y-6=0$을 y축의 방향으로 5만큼 평행이동하면
    $x+2(y-5)-6=0$ ∴ $x+2y-16=0$ [거짓]

ㄷ. 직선 $x+2y-6=0$을 x축의 방향으로 -4만큼 y축의 방향으로
    -3만큼 평행이동하면 $(x+4)+2(y+3)-6=0$ ∴ $x+2y+4=0$ [참]

ㄹ. 직선 $x+2y-6=0$을 x축의 방향으로 -2만큼 평행이동하면
    $(x+2)+2y-6=0$ ∴ $x+2y-4=0$

    이 직선을 원점에 대하여 대칭이동하면 $-x-2y-4=0$

    ∴ $x+2y+4=0$ [참]

따라서 직선 $x+2y+4=0$으로 옮길 수 있는 것은 ㄱ, ㄷ, ㄹ이다.

0590   **정답** 4

STEP A 직선 l의 기울기를 m이라 하고 평행이동과 대칭이동한 직선의 방정식 구하기

점 $(2, 0)$을 지나는 직선 l의 기울기를 m이라 하면 직선의 방정식은
$y=m(x-2)$ ∴ $l : y=mx-2m$

이때 직선 l을 y축의 방향으로 2만큼 평행이동하면 $y-2=mx-2m$
_{y대신에 $y-2$대입한다.}

∴ $y=mx-2m+2$

다음 x축에 대하여 대칭이동하면 $-y=mx-2m+2$
_{y대신에 $-y$대입한다.}

∴ $y=-mx+2m-2$

STEP B 점 $(1, 2)$를 지남을 이용하여 m의 값 구하기

직선 $y=-mx+2m-2$가 점 $(1, 2)$를 지나므로 대입하면
$2=-m+2m-2$, $2=m-2$ ∴ $m=4$
따라서 직선 l의 기울기 m의 값은 4

0591   **정답** 1

STEP A 대칭이동과 평행이동을 이용하여 직선의 방정식 구하기

직선 $-2x+y+3=0$을 $y=x$에 대하여 대칭이동하면 $-2y+x+3=0$
_{x대신에 y, y대신에 x를 대입한다.}

또한 직선 $x-2y+3=0$을 x축의 방향으로 2만큼 평행이동하면
_{x대신에 $x-2$를 대입한다.}

$(x-2)-2y+3=0$ ∴ $x-2y+1=0$

STEP B 직선 $x-2y+1=0$이 원의 접선임을 이용하여 상수 a의 값 구하기

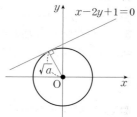

원 $x^2+y^2=a$에서 중심은 $(0, 0)$이고 반지름의 길이는 $\sqrt{a}$

직선 $x-2y+1=0$이 원 $x^2+y^2=a$과 한 점에서 만나므로 접선이다.

즉 원의 중심 $(0, 0)$과 직선 사이의 거리는 원의 반지름의 길이와 같다.

$\dfrac{|1|}{\sqrt{1^2+(-2)^2}} = \sqrt{a}$, $1=\sqrt{5a}$이고 양변을 제곱하면 $1=5a$ ∴ $a=\dfrac{1}{5}$

따라서 $25a^2 = 25 \times \dfrac{1}{25} = 1$

직선 $3x+4y+2=0$을 y축의 방향으로 a만큼 평행이동한 후 직선 $y=x$에 대하여 대칭이동한 직선을 l이라 하자.
직선 l이 원 $x^2+y^2=36$과 한 점에서 만날 때, 양수 a의 값을 구하시오.

STEP Ⓐ 직선을 평행이동과 대칭이동한 직선의 방정식 구하기

직선 $3x+4y+2=0$을 y축의 방향으로 a만큼 평행이동한 직선의 방정식은
y대신에 $y-a$를 대입한다.

$3x+4(y-a)+2=0$ ∴ $3x+4y-4a+2=0$

이 직선을 직선 $y=x$에 대하여 대칭이동한 직선 l의 방정식은
x대신에 y, y대신에 x를 대입한다.

$3y+4x-4a+2=0$ ∴ $l:4x+3y-4a+2=0$

STEP Ⓑ 직선 l이 원의 접선임을 이용하여 a의 값 구하기

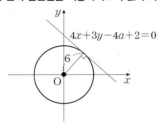

원 $x^2+y^2=36$에서 중심은 $(0,\ 0)$, 반지름의 길이는 6
직선 $l:4x+3y-4a+2=0$이 원 $x^2+y^2=36$과 한 점에서 만나므로
직선 l은 원의 접선이다.
즉 원의 중심 $(0,\ 0)$에서 직선 l 사이의 거리는 원의 반지름의 길이와 같다.

$\dfrac{|-4a+2|}{\sqrt{4^2+3^2}}=6$, $|-4a+2|=30$이므로

$-4a+2=30$ 또는 $-4a+2=-30$
∴ $a=-7$ 또는 $a=8$
따라서 양수 a의 값은 8

정답 8

0592

정답 5

STEP Ⓐ 직선의 대칭이동과 평행이동을 이용하여 직선의 방정식 구하기

직선 $y=mx+m+2$를 직선 $y=x$에 대하여 대칭이동하면 $x=my+m+2$
x대신에 y, y대신에 x를 대입한다.

∴ $x-my-m-2=0$

직선 $x-my-m-2=0$을 x축으로 2만큼, y축으로 -1만큼 평행이동하면
x대신에 $x-2$, y대신에 $y+1$을 대입한다.

$(x-2)-m(y+1)-m-2=0$
∴ $x-my-2m-4=0$

STEP Ⓑ 두 원의 넓이를 이등분함을 이용하여 $a,\ m$의 값 구하기

원 $(x-1)^2+y^2=4$에서 원의 중심은 $(1,\ 0)$
원 $x^2+(y-a)^2=8$에서 원의 중심은 $(0,\ a)$
직선 $x-my-2m-4=0$이 두 원의 넓이를 이등분하므로 중심을 지나야 한다.
즉 직선의 방정식에 원의 중심 $(1,\ 0)$을 대입하면

$1-2m-4=0$, $2m=-3$ ∴ $m=-\dfrac{3}{2}$

$m=-\dfrac{3}{2}$이므로 직선의 방정식은 $x+\dfrac{3}{2}y-1=0$이고

원의 중심 $(0,\ a)$을 대입하면 $\dfrac{3}{2}a-1=0$ ∴ $a=\dfrac{2}{3}$

따라서 $a=\dfrac{2}{3}$, $m=-\dfrac{3}{2}$이므로 $3a-2m=3\times\dfrac{2}{3}-2\times\left(-\dfrac{3}{2}\right)=5$

직선 $x-2y+3=0$을 y축에 대하여 대칭이동한 후
다시 직선 $y=x$에 대하여 대칭이동한 직선이 두 원
$$(x-a)^2+(y-b)^2=2,\ (x-a+2)^2+(y-2b)^2=5$$
의 넓이를 동시에 이등분한다. 상수 $a,\ b$에 대하여 ab의 값을 구하시오.

STEP Ⓐ 직선을 대칭이동과 평행이동하여 직선의 방정식 구하기

직선 $x-2y+3=0$을 y축에 대하여 대칭이동하면
$-x-2y+3=0$
다시 직선 $-x-2y+3=0$을 $y=x$에 대하여 대칭이동하면
$-y-2x+3=0$ ∴ $2x+y-3=0$

STEP Ⓑ 두 원의 넓이를 이등분함을 이용하여 $a,\ b$의 값 구하기

직선 $2x+y-3=0$이
두 원 $(x-a)^2+(y-b)^2=2$, $(x-a+2)^2+(y-2b)^2=5$의 넓이를 동시에
이등분하려면 두 원의 중심 $(a,\ b)$, $(a-2,\ 2b)$를 지나야 한다.
직선 $2x+y-3=0$이 중심 $(a,\ b)$를 지나므로 대입하면
$2a+b-3=0$ ⋯⋯ ㉠
직선 $2x+y-3=0$이 중심 $(a-2,\ 2b)$를 지나므로 대입하면
$2a-4+2b-3=0$ ⋯⋯ ㉡

㉠, ㉡을 연립하여 풀면 $a=-\dfrac{1}{2}$, $b=4$

따라서 $ab=-\dfrac{1}{2}\times4=-2$

> **+α** | 중심을 이용해서 구할 수 있어!
>
> 원의 중심의 좌표가 $(a,\ b)$, $(a-2,\ 2b)$이고
> 중심을 연결하는 직선이 $2x+y-3=0$과 일치한다.
> 두 점 $(a,\ b)$, $(a-2,\ 2b)$를 지나는 직선의 방정식은
> $y=\dfrac{2b-b}{(a-2)-a}(x-a)+b$, $y=-\dfrac{b}{2}(x-a)+b$, $2y=-bx+ab+2b$
> ∴ $bx+2y-ab-2b=0$
> 즉 직선 $2x+y-3=0$과 직선 $bx+2y-ab-2b=0$과 일치한다.
> 이때 직선 $2x+y-3=0$의 양변에 2를 곱하면 $4x+2y-6=0$
> 즉 $b=4$, $ab+2b=6$ ∴ $a=-\dfrac{1}{2}$, $b=4$

정답 -2

0593

정답 $-\dfrac{8}{3}$

STEP Ⓐ 평행이동과 대칭이동을 이용하여 직선 l의 방정식 구하기

두 원의 넓이를 모두 이등분하는 직선은 두 원의 중심 $(3,\ a)$, $(b,\ -2)$를
모두 지나는 직선이다.
두 점 $(3,\ a)$, $(b,\ -2)$를 지나는 직선의 방정식은
$y-a=\dfrac{-2-a}{b-3}(x-3)$
두 점 $(x_1,\ y_1)$, $(x_2,\ y_2)$를 지나는 직선의 방정식은 $y=\dfrac{y_2-y_1}{x_2-x_1}(x-x_1)+y_1$

∴ $y=-\dfrac{a+2}{b-3}x+\dfrac{3(a+2)}{b-3}+a$

이 직선을 x축에 대하여 대칭이동한 직선의 방정식은
y대신에 $-y$를 대입한다.

$-y=-\dfrac{a+2}{b-3}x+\dfrac{3(a+2)}{b-3}+a$ ∴ $y=\dfrac{a+2}{b-3}x-\dfrac{3(a+2)}{b-3}-a$

직선을 x축의 방향으로 -1만큼, y축의 방향으로 2만큼 평행이동한
x대신에 $x+1$, y대신에 $y-2$를 대입한다.

직선의 방정식은 $y-2=\dfrac{a+2}{b-3}(x+1)-\dfrac{3(a+2)}{b-3}-a$

∴ $y=\dfrac{a+2}{b-3}x-\dfrac{2(a+2)}{b-3}-a+2$

STEP B 직선 $y=-3x$와 일치하도록 하는 상수 a, b 구하기

직선 $y=\dfrac{a+2}{b-3}x-\dfrac{2(a+2)}{b-3}-a+2$가 직선 $y=-3x$와 일치하므로

$\dfrac{a+2}{b-3}=-3$이므로 $a+3b=7$ ...... ㉠

$-\dfrac{2(a+2)}{b-3}-a+2=0$이므로 $a+2b-ab-10=0$ ...... ㉡

㉠, ㉡을 연립하여 풀면 $a=8$, $b=-\dfrac{1}{3}$

㉠의 식에서 $a=-3b+7$이고 ㉡의 식에 대입하면
$-3b+7+2b-(-3b+7)b-10=0$, $3b^2-8b-3=0$, $(3b+1)(b-3)=0$

그런데 $b\neq 3$이므로 $b=-\dfrac{1}{3}$

따라서 $ab=8\times\left(-\dfrac{1}{3}\right)=-\dfrac{8}{3}$

---

mini 해설 | 두 원의 중심을 대칭이동과 평행이동하여 풀이하기

두 원의 넓이를 모두 이등분하는 직선은 두 원의 중심 $(3, a)$, $(b, -2)$를 모두 지나는 직선이다.
두 원의 중심을 각각 x축에 대하여 대칭이동한 점의 좌표는 $(3, -a)$, $(b, 2)$
이 두 점을 x축의 방향으로 -1만큼, y축의 방향으로 2만큼 평행이동한 점의 좌표는 $(2, -a+2)$, $(b-1, 4)$
두 점 $(2, -a+2)$, $(b-1, 4)$은 모두 직선 $y=-3x$ 위에 있으므로
$-a+2=-6$ ∴ $a=8$
$4=-3(b-1)$ ∴ $b=-\dfrac{1}{3}$

따라서 $ab=8\times\left(-\dfrac{1}{3}\right)=-\dfrac{8}{3}$

다른풀이 직선의 평행이동과 대칭이동을 이용하여 풀이하기

STEP A $y=-3x$에서 평행이동과 대칭이동을 이용하여 원의 넓이를 이등분하는 직선의 방정식 구하기

두 원 $(x-3)^2+(y-a)^2=9$와 $(x-b)^2+(y+2)^2=4$의 넓이를 이등분하는 직선을 x축에 대하여 대칭이동한 후 x축의 방향으로 -1만큼, y축의 방향으로 2만큼 평행이동하였더니 직선 $y=-3x$와 일치한다.
이때 역으로 $y=-3x$를 x축의 방향으로 1만큼, y축의 방향으로 -2만큼 평행이동한 후 x축에 대하여 대칭이동한 직선은 두 원의 넓이를 이등분한다.
먼저 $y=-3x$를 x축의 방향으로 1만큼, y축의 방향으로 -2만큼 평행이동하면
$y+2=-3(x-1)$ ∴ $y=-3x+1$
직선 $y=-3x+1$을 x축에 대하여 대칭이동하면 $-y=-3x+1$
∴ $y=3x-1$

STEP B 직선 $y=3x-1$이 두 원의 중심을 지남을 이용하여 a, b의 값 구하기

원 $(x-3)^2+(y-a)^2=9$에서 중심은 $(3, a)$
원 $(x-b)^2+(y+2)^2=4$에서 중심은 $(b, -2)$
이때 직선 $y=3x-1$이 두 원의 중심을 지나므로 대입하면
$a=3\times3-1$ ∴ $a=8$
$-2=3b-1$ ∴ $b=-\dfrac{1}{3}$

따라서 $ab=8\times\left(-\dfrac{1}{3}\right)=-\dfrac{8}{3}$

0594

2017년 09월 고1 학력평가 15번   정답 ①

STEP A 직선 l의 방정식 구하기

직선 $y=-\dfrac{1}{2}x-3$을 x축의 방향으로 a만큼 평행이동하면
_{x 대신 $x-a$ 대입한다.}

$y=-\dfrac{1}{2}(x-a)-3$

이 직선을 직선 $y=x$에 대하여 대칭이동하면 $x=-\dfrac{1}{2}(y-a)-3$
_{x 대신 y, y 대신 x 대입한다.}

∴ $l : 2x+y-a+6=0$

STEP B 직선 l이 원과 접하도록 하는 상수 a의 값 구하기

원 $(x+1)^2+(y-3)^2=5$에서 중심은 $(-1, 3)$, 반지름의 길이는 $\sqrt{5}$
이때 직선 $2x+y-a+6=0$이 원의 접선이므로
중심 $(-1, 3)$에서 직선까지의 거리는 반지름의 길이 $\sqrt{5}$
_{점 (x_1, y_1)에서 직선 $ax+by+c=0$까지의 거리는 $\dfrac{|ax_1+by_1+c|}{\sqrt{a^2+b^2}}$}

$\dfrac{|2\times(-1)+3-a+6|}{\sqrt{2^2+1^2}}=\sqrt{5}$, $\dfrac{|7-a|}{\sqrt{5}}=\sqrt{5}$, $|7-a|=5$

$7-a=5$ 또는 $7-a=-5$
∴ $a=2$ 또는 $a=12$
따라서 모든 상수 a의 값의 합은 $2+12=14$

+α | 판별식을 이용하여 a의 값을 구할 수도 있어!

직선 l의 방정식 $2x+y-a+6=0$에서 $y=-2x+a-6$을 $(x+1)^2+(y-3)^2=5$에 대입하면 $(x+1)^2+(-2x+a-9)^2=5$
$(x^2+2x+1)+(4x^2+a^2+81-4ax+36x-18a)=5$
∴ $5x^2+2(19-2a)x+a^2-18a+77=0$ ...... ㉠
직선이 원에 접하므로 이차방정식 ㉠의 판별식을 D라 하면 $D=0$이어야 한다.
$\dfrac{D}{4}=(19-2a)^2-5(a^2-18a+77)=0$, $a^2-14a+24=0$, $(a-2)(a-12)=0$
∴ $a=2$ 또는 $a=12$
따라서 모든 상수 a의 값의 합은 $2+12=14$
_{이차방정식 $a^2-14a+24=0$의 근과 계수의 관계에 의하여 두 근의 합은 14}

내/신/연/계/ 출제문항 313

직선 $y=-\dfrac{1}{3}x-4$를 x축의 방향으로 a만큼 평행이동한 후 직선 $y=x$에 대하여 대칭이동한 직선을 l이라 하자. 직선 l이 원 $(x+1)^2+(y-3)^2=10$에 접하도록 하는 모든 상수 a의 값의 합은?

① 20 ② 22 ③ 24
④ 26 ⑤ 28

STEP A 직선 l의 방정식 구하기

직선 $y=-\dfrac{1}{3}x-4$을 <u>x축의 방향으로 a만큼 평행이동한 직선</u>은
_{x 대신 $x-a$를 대입한다.}

$y=-\dfrac{1}{3}(x-a)-4$이고 평행이동한 직선을 <u>직선 $y=x$에 대하여</u>
_{x와 y의 자리를 바꾼다.}

대칭이동한 직선 l은 $x=-\dfrac{1}{3}(y-a)-4$

STEP B 직선 l이 원과 접하도록 상수 a의 값 구하기

즉 $3x+y-a+12=0$이므로 직선 l이 $(x+1)^2+(y-3)^2=10$에 접하려면
직선 l과 원의 중심 $(-1, 3)$ 사이의 거리가 원의 반지름의 길이 $\sqrt{10}$과 같아야 한다.

[점과 직선사이의 거리]
점 (x_1, y_1)과 직선 $ax+by+c=0$ 사이의 거리는 $\dfrac{|ax_1+by_1+c|}{\sqrt{a^2+b^2}}$이다.

$\dfrac{|3\times(-1)+3-a+12|}{\sqrt{3^2+1^2}}=\sqrt{10}$, $|12-a|=10$에서

$12-a=10$ 또는 $12-a=-10$
∴ $a=2$ 또는 $a=22$
따라서 모든 상수 a의 값의 합은 $2+22=24$ 정답 ③

0595

정답 2

STEP A 평행이동과 대칭이동을 이용하여 원 C_1, C_2의 방정식 구하기

원 $C : x^2+y^2-4x+6y=0$에서 $C : (x-2)^2+(y+3)^2=13$

원 C를 원점에 대하여 대칭이동하면 $C_1 : (x+2)^2+(y-3)^2=13$
　　　x대신에 $-x$, y대신에 $-y$를 대입한다.

원 C를 x축의 방향으로 a만큼, y축의 방향으로 b만큼 평행이동하면
　　　x대신에 $x-a$, y대신에 $y-b$를 대입한다.

$C_2 : (x-a-2)^2+(y-b+3)^2=13$

STEP B C_1, C_2가 $y=x$에 대하여 대칭임을 이용하여 a, b의 값 구하기

원 C_1, C_2가 $y=x$에 대하여 대칭이므로 원 C_1의 중심 $(-2, 3)$과 원 C_2의
중심 $(a+2, b-3)$이 $y=x$에 대하여 대칭이다.

즉 $-2=b-3$, $3=a+2$이므로 $a=1$, $b=1$

따라서 $a+b=1+1=2$

0596

정답 ②

STEP A 평행이동과 대칭이동을 이용하여 원의 방정식 구하기

원 $(x+3)^2+(y-1)^2=1$을 x축의 방향으로 -2만큼, y축의 방향으로 1만큼
평행이동하면 $(x+2+3)^2+(y-1-1)^2=1$ ∴ $(x+5)^2+(y-2)^2=1$

또한, 원 $(x+5)^2+(y-2)^2=1$을 직선 $y=x$에 대하여 대칭이동하면
$(y+5)^2+(x-2)^2=1$ ∴ $(x-2)^2+(y+5)^2=1$

STEP B 원의 중심이 직선 위에 있음을 이용하여 a의 값 구하기

원 $(x-2)^2+(y+5)^2=1$의 중심 $(2, -5)$가 직선 $y=ax+1$ 위의 점이므로
대입하면 $-5=2a+1$, $2a=-6$
따라서 상수 a의 값은 -3

0597

정답 4

STEP A 평행이동과 대칭이동을 이용하여 원의 방정식 구하기

원 $x^2+y^2=4$를 x축의 방향으로 1만큼, y축의 방향으로 a만큼 평행이동하면
　　　x대신에 $x-1$, y대신에 $y-a$를 대입한다.

$(x-1)^2+(y-a)^2=4$

원 $(x-1)^2+(y-a)^2=4$를 직선 $y=x$에 대하여 대칭이동하면
　　　x대신에 y, y대신에 x를 대입한다.

$(x-a)^2+(y-1)^2=4$

STEP B 원의 중심에서 직선까지의 거리가 반지름임을 이용하여 a의 값 구하기

원 $(x-a)^2+(y-1)^2=4$의 중심은 $(a, 1)$이고 반지름의 길이는 2
원이 직선 $4x-3y-3=0$에 접하므로
중심 $(a, 1)$에서 직선까지의 거리는 반지름의 길이 2와 같다.

점 (x_1, y_1)에서 직선 $ax+by+c=0$까지의 거리는 $\dfrac{|ax_1+by_1+c|}{\sqrt{a^2+b^2}}$

$\dfrac{|4\times a-3\times 1-3|}{\sqrt{4^2+(-3)^2}}=2$, $|4a-6|=10$이므로

$4a-6=10$ 또는 $4a-6=-10$ ∴ $a=4$ 또는 $a=-1$

따라서 양수 a의 값은 4

0598

정답 ④

STEP A 평행이동과 대칭이동을 이용하여 원의 방정식 구하기

$x^2+y^2=9$를 x축의 방향으로 1만큼, y축의 방향으로 2만큼 평행이동하면
　　　x대신에 $x-1$, y대신에 $y-2$를 대입한다.

$(x-1)^2+(y-2)^2=9$

또한, 원 $(x-1)^2+(y-2)^2=9$를 직선 $y=x$에 대하여 대칭이동하면
$(x-2)^2+(y-1)^2=9$

STEP B 점과 직선 사이의 거리와 피타고라스 정리를 이용하여 현의 길이 구하기

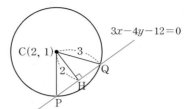

원 $(x-2)^2+(y-1)^2=9$와 직선 $3x-4y-12=0$의 교점이 P, Q
그림과 같이 원의 중심 C$(2, 1)$에서 직선에 내린 수선의 발을 H라 하면

$\overline{\text{CH}}=\dfrac{|6-4-12|}{\sqrt{3^2+(-4)^2}}=2$ ← 중심 C$(2, 1)$에서 직선 $3x-4y-12=0$까지의 거리

직각삼각형 CHQ에서 $\overline{\text{QH}}=\sqrt{3^2-2^2}=\sqrt{5}$

따라서 $\overline{\text{PQ}}=2\overline{\text{QH}}=2\sqrt{5}$

내/신/연/계/ 출제문항 314

원 $x^2+(y+2)^2=16$을 x축의 방향으로 -3만큼 평행이동한 후 직선
$y=-x$에 대하여 대칭이동한 원이 x축과 만나는 두 점을 P, Q라 할 때,
선분 PQ의 길이를 구하시오.

STEP A 평행이동과 대칭이동을 이용하여 원의 방정식 구하기

원 $x^2+(y+2)^2=16$을 x축의 방향으로 -3만큼 평행이동하면
$(x+3)^2+(y+2)^2=16$

또한, 원 $(x+3)^2+(y+2)^2=16$을 직선 $y=-x$에 대하여 대칭이동하면
$(-y+3)^2+(-x+2)^2=16$ ∴ $(x-2)^2+(y-3)^2=16$

STEP B 선분 PQ의 길이 구하기

원 $(x-2)^2+(y-3)^2=16$이 x축과 만나는 두 점 P, Q를 구하기 위해
$y=0$을 대입하면 $(x-2)^2+(-3)^2=16$, $x^2-4x-3=0$
근의 공식에 대입하면 $x=2\pm\sqrt{7}$이므로 P$(2-\sqrt{7}, 0)$, Q$(2+\sqrt{7}, 0)$
따라서 선분 PQ의 길이는 $\overline{\text{PQ}}=(2+\sqrt{7})-(2-\sqrt{7})=2\sqrt{7}$

+α 현의 길이를 이용하여 구할 수 있어!

원 $(x-2)^2+(y-3)^2=16$은 중심이 C$(2, 3)$, 반지름의 길이는 4이므로
그림은 다음과 같다.

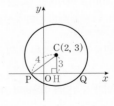

중심 C$(2, 3)$에서 x축에 내린 수선의 발을 H라 하면 $\overline{\text{CH}}=3$
직각삼각형 CPH에서 피타고라스 정리에 의하여
$\overline{\text{PH}}=\sqrt{\overline{\text{CP}}^2-\overline{\text{CH}}^2}=\sqrt{16-9}=\sqrt{7}$
따라서 $\overline{\text{PQ}}=2\overline{\text{PH}}=2\sqrt{7}$

정답 $2\sqrt{7}$

STEP Ⓐ　평행이동과 대칭이동을 이용하여 원의 방정식 구하기

원 $(x+5)^2+(y+11)^2=25$를 y축의 방향으로 1만큼 평행이동하면
　　　　y 대신 $y-1$을 대입한다.

$(x+5)^2+(y+10)^2=25$

원 $(x+5)^2+(y+10)^2=25$를 x축에 대하여 대칭이동한
　　　　y 대신에 $-y$를 대입한다.

원의 방정식은 $(x+5)^2+(y-10)^2=25$

STEP Ⓑ　원이 점 $(0, a)$를 지남을 이용하여 a의 값 구하기

원 $(x+5)^2+(y-10)^2=25$가 점 $(0, a)$를 지나므로 대입하면

$(0+5)^2+(a-10)^2=25$, $(a-10)^2=0$

따라서 $a=10$

내신연계 출제문항 315

원 $(x+9)^2+(y+6)^2=36$을 x축의 방향으로 1만큼 평행이동한 후 y축에 대하여 대칭이동한 원이 점 $(a, 0)$를 지날 때, a의 값은?

① 8　　　　　② 9　　　　　③ 10
④ 11　　　　　⑤ 12

STEP Ⓐ　평행이동과 대칭이동을 이용하여 원의 방정식 구하기

원 $(x+9)^2+(y+6)^2=36$을 x축의 방향으로 1만큼 평행이동한
　　　　x 대신에 $x-1$을 대입한다.

원의 방정식은 $(x+8)^2+(y+6)^2=36$

원 $(x+8)^2+(y+6)^2=36$를 y축에 대하여 대칭이동한
　　　　x좌표의 부호를 바꾸면 $(-x+8)^2+(y+6)^2=36$

원의 방정식은 $(x-8)^2+(y+6)^2=36$

STEP Ⓑ　원이 점 $(a, 0)$를 지남을 이용하여 a의 값 구하기

원 $(x-8)^2+(y+6)^2=36$가 점 $(a, 0)$를 지나므로

$(a-8)^2+6^2=36$, $(a-8)^2=0$　←　원의 방정식에 $x=a$, $y=0$를 대입

따라서 $a=8$　　　　　　　　　　　　　　정답 ①

0600　2014년 11월 고1 학력평가 19번　　　정답 ②

해설강의

STEP Ⓐ　두 원 O_1, O_2의 중심과 반지름의 길이 구하기

원 O_1의 중심의 좌표는 $(4, 2)$이고 반지름의 길이는 2이므로

원 O_1을 직선 $y=x$에 대하여 대칭이동한 원의 중심은 $(2, 4)$이고
　　　　x좌표와 y좌표를 서로 바꾼다.

이 원을 y축의 방향으로 a만큼 평행이동한 원 O_2의 중심은 $(2, a+4)$, 반지름의 길이는 2이다.

STEP Ⓑ　선분 AB의 길이가 $2\sqrt{3}$임을 이용하여 a의 값 구하기

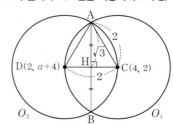

원 O_1과 원 O_2의 중심을 각각 C, D라 하면
선분 AB는 선분 CD에 의하여 수직이등분된다.
선분 AB와 선분 CD가 만나는 점을 H라 하면

$\overline{AH}=\overline{BH}=\dfrac{1}{2}\overline{AB}=\dfrac{1}{2}\times2\sqrt{3}=\sqrt{3}$

원 O_1과 원 O_2의 반지름의 길이가 2이므로 $\overline{AC}=\overline{AD}=2$

직각삼각형 ACH에서 $\overline{CH}=\sqrt{\overline{AC}^2-\overline{AH}^2}=1$

즉 원 O_2가 원 O_1의 중심을 지날 때, $\overline{CD}=2\overline{CH}=2$이므로

두 점 C$(4, 2)$, D$(2, a+4)$에 대하여

$\overline{CD}=\sqrt{(4-2)^2+(2-a-4)^2}=2$
　　두 점 (x_1, y_1), (x_2, y_2) 사이의 거리는 $\sqrt{(x_2-x_1)^2+(y_2-y_1)^2}$

양변을 제곱하면 $(a+2)^2=0$

따라서 $a=-2$

내신연계 출제문항 316

중심이 $(3, 1)$이고 반지름의 길이가 2인 원 O_1이 있다. 원 O_1을 직선 $y=x$에 대하여 대칭이동한 후 y축의 방향으로 a만큼 평행이동한 원을 O_2라 하자. 원 O_1과 원 O_2가 서로 다른 두 점 A, B에서 만나고 선분 AB의 길이가 $2\sqrt{3}$일 때, 상수 a의 값은?

① -4　　　　　② $-2\sqrt{2}$　　　　　③ -2
④ $-\sqrt{2}$　　　　　⑤ -1

STEP Ⓐ　두 원 O_1, O_2의 방정식 구하기

원 O_1은 중심이 $(3, 1)$이고 반지름의 길이가 2인 원이므로

$O_1 : (x-3)^2+(y-1)^2=4$

이때 원 O_1을 직선 $y=x$에 대하여 대칭이동한 원이

$(x-1)^2+(y-3)^2=4$이고 다시 이 원을 y축의 방향으로 a만큼 평행이동한 원이 $(x-1)^2+(y-a-3)^2=4$이므로

$O_2 : (x-1)^2+(y-a-3)^2=4$

STEP Ⓑ　두 원 O_1, O_2가 만나는 서로 다른 두 점 사이의 거리가 $2\sqrt{3}$임을 이용하여 a의 값 구하기

원 O_1과 원 O_2의 중심을 각각 C, D라 하면
두 원 O_1, O_2가 만나는 서로 다른 두 점 A, B에 대하여
선분 AB는 선분 CD에 의하여 수직이등분된다.
선분 AB와 선분 CD가 만나는 점을 H라 하면

$\overline{AH}=\overline{BH}=\dfrac{1}{2}\overline{AB}=\dfrac{1}{2}\times2\sqrt{3}=\sqrt{3}$

이때 삼각형 CAD에서 $\overline{AD}=2$이므로 피타고라스 정리에 의하여

$\overline{DH}=\sqrt{\overline{AD}^2-\overline{AH}^2}=1$

$\overline{DH}=\overline{CH}=1$이므로 $\overline{CD}=2$
　　　　두 원 O_1, O_2의 반지름의 길이가 2이다.

즉 원 O_1과 원 O_2는 서로의 중심을 지난다.

두 점 C$(3, 1)$, D$(1, a+3)$에 대하여

$\overline{CD}=\sqrt{(1-3)^2+(a+3-1)^2}=2$
　　두 점 (x_1, y_1), (x_2, y_2) 사이의 거리는 $\sqrt{(x_2-x_1)^2+(y_2-y_1)^2}$

위 식의 양변을 제곱하여 정리하면 $(a+2)^2=0$

따라서 $a=-2$

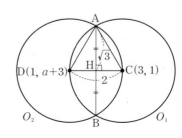

정답 ③

0601

정답 8

STEP A 대칭이동과 평행이동을 이용하여 포물선의 방정식 구하기

포물선 $y=-x^2+4x+k$를
x축의 방향으로 1만큼, y축의 방향으로 2만큼 평행이동한 포물선의 방정식은
x대신 $x-1$, y대신 $y-2$를 대입한다.
$y-2=-(x-1)^2+4(x-1)+k$ $\therefore$ $y=-x^2+6x-3+k$
이 포물선을 y축에 대하여 대칭이동한 포물선의 방정식은
x대신 $-x$를 대입한다.
$y=-(-x)^2+6\times(-x)+k-3$ $\therefore$ $y=-x^2-6x+k-3$

STEP B 상수 k의 값 구하기

포물선 $y=-x^2-6x+k-3$이 포물선이 $y=-x^2-6x+5$와 일치하므로
$k-3=5$
따라서 상수 k의 값은 8

0602

정답 3

STEP A 대칭이동과 평행이동을 이용하여 포물선의 방정식 구하기

포물선 $y=x^2-2x+a-8$을 원점에 대하여 대칭이동한 포물선의 방정식은
x대신에 $-x$, y대신 $-y$를 대입한다.
$-y=(-x)^2-2\times(-x)+a-8$ $\therefore$ $y=-x^2-2x-a+8$
이 포물선을 y축의 방향으로 -3만큼 평행이동한 포물선의 방정식은
y대신에 $y+3$을 대입한다.
$y+3=-x^2-2x-a+8$ $\therefore$ $y=-x^2-2x-a+5$

STEP B 포물선의 y절편을 이용하여 상수 a의 값 구하기

포물선 $y=-x^2-2x-a+5$가 y축과 만나는 점의 y좌표는 $-a+5$
따라서 $-a+5=2$이므로 $a=3$

내/신/연/계 출제문항 317

포물선 $y=x^2+6x+a$를 원점에 대하여 대칭이동한 후 y축의 방향으로 3만큼 평행이동한 포물선의 y절편이 -2일 때, 상수 a의 값은?

① 1   ② 2   ③ 3
④ 4   ⑤ 5

STEP A 대칭이동과 평행이동을 이용하여 포물선의 방정식 구하기

포물선 $y=x^2+6x+a$를 원점에 대하여 대칭이동한 포물선의 방정식은
$-y=(-x)^2+6\times(-x)+a$
$\therefore$ $y=-x^2+6x-a$
이 포물선을 y축의 방향으로 3만큼 평행이동한 포물선의 방정식은
$y-3=-x^2+6x-a$ $\therefore$ $y=-x^2+6x-a+3$

STEP B 이 포물선의 y절편을 이용하여 상수 a의 값 구하기

이 포물선의 y절편이 -2이므로 $-a+3=-2$
따라서 상수 a의 값은 5

정답 ⑤

0603

2023년 09월 고1 학력평가 15번   정답 ⑤

STEP A 대칭이동과 평행이동을 이용하여 포물선의 방정식 구하기

이차함수 $y=-x^2$의 그래프를 x축에 대하여 대칭이동한 그래프는 $y=x^2$
y대신 $-y$를 대입한다.
이차함수 $y=x^2$의 그래프를 x축의 방향으로 4만큼, y축의 방향으로 m만큼
x대신 $x-4$를 y대신 $y-m$을 대입한다.
평행이동한 그래프는 $y-m=(x-4)^2$ $\therefore$ $y=(x-4)^2+m$

STEP B 직선 $y=2x+3$이 접선임을 이용하여 m의 값 구하기

이차함수 $y=(x-4)^2+m$의 그래프가 직선 $y=2x+3$에 접하므로
두 식을 연립하면 이차방정식 $(x-4)^2+m=2x+3$, $x^2-10x+m+13=0$
이때 이차방정식 $x^2-10x+m+13=0$의 판별식을 D라 하면
중근을 가지므로 $D=0$
$\dfrac{D}{4}=(-5)^2-(m+13)=0$, $-m+12=0$
따라서 상수 m의 값은 12

내/신/연/계 출제문항 318

이차함수 $y=-x^2$의 그래프를 x축에 대하여 대칭이동한 후, x축의 방향으로 3만큼, y축의 방향으로 m만큼 평행이동한 그래프가 직선 $y=2x-1$에 접할 때, 상수 m의 값은?

① 2   ② 4   ③ 6
④ 8   ⑤ 10

STEP A 대칭이동과 평행이동을 이용하여 포물선의 방정식 구하기

이차함수 $y=-x^2$의 그래프를 x축에 대하여 대칭이동한 그래프는 $y=x^2$
이차함수 $y=x^2$의 그래프를 x축의 방향으로 3만큼, y축의 방향으로 m만큼
평행이동한 그래프는 $y-m=(x-3)^2$
$\therefore$ $y=(x-3)^2+m$

STEP B 두 식을 연립하여 얻은 이차방정식이 중근을 가질 조건 구하기

이차함수 $y=(x-3)^2+m$의 그래프가 직선 $y=2x-1$에 접하므로
두 식을 연립하면 $(x-3)^2+m=2x-1$, $x^2-8x+10+m=0$
이차방정식 $x^2-8x+10+m=0$의 판별식을 D라 하면
중근을 가지므로 $D=0$
$\dfrac{D}{4}=(-4)^2-(m+10)=0$, $-m+6=0$
따라서 상수 m의 값은 6

정답 ③

0604

STEP A 대칭이동과 평행이동을 이용하여 $f(-x+2, y+1)=0$의 식으로 옮겨지는 이동 파악하기

도형의 방정식 $f(x, y)=0$을 y축에 대하여 대칭이동하면 $f(-x, y)=0$
<u>x대신에 $-x$를 대입한다.</u>

도형의 방정식 $f(-x, y)=0$을 x축의 방향으로 2만큼, y축의 방향으로 -1
<u>x대신에 $x-2$, y 대신에 $y+1$을 대입한다.</u>

만큼 평행이동하면 $f(-(x-2), y+1)=0$ ∴ $f(-x+2, y+1)=0$

즉 도형의 방정식 $f(x, y)=0$을 y축에 대하여 대칭이동한 후 x축의 방향으로 2만큼, y축의 방향으로 -1만큼 평행이동하면 $f(-x+2, y+1)=0$

STEP B 방정식 $f(-x+2, y+1)=0$이 나타내는 도형 구하기

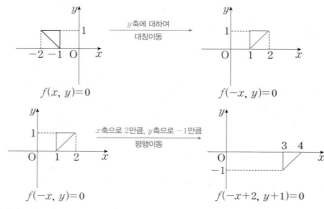

따라서 도형 $f(-x+2, y+1)=0$을 나타내는 도형은 ④이다.

> **mini해설** | 평행이동한 후, 대칭이동을 이용하여 풀이하기
>
> 방정식 $f(-x+2, y+1)=0$이 나타내는 도형은 방정식 $f(x, y)=0$이 나타내는 도형을 x축의 방향으로 -2만큼, y축의 방향으로 -1만큼 평행이동한 후 y축에 대하여 대칭이동한 도형이다.
>
>

0605

STEP A 대칭이동과 평행이동을 이용하여 방정식 $f(x, y)=0$이 방정식 $f(-x+1, -y+2)=0$으로 옮겨지는 이동 파악하기

도형의 방정식 $f(x, y)=0$을 원점에 대하여 대칭이동하면 $f(-x, -y)=0$

도형의 방정식 $f(-x, -y)=0$을 x축의 방향으로 1만큼, y축의 방향으로 2만큼 평행이동하면 $f(-(x-1), -(y-2))=0$

∴ $f(-x+1, -y+2)=0$

즉 도형의 방정식 $f(x, y)=0$을 원점에 대하여 대칭이동하고 x축의 방향으로 1만큼, y축의 방향으로 2만큼 평행이동하면 $f(-x+1, -y+2)=0$이 된다.

STEP B 방정식 $f(1-x, -y+2)=0$이 나타내는 도형 구하기

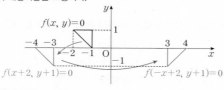

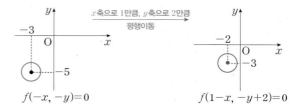

따라서 방정식 $f(1-x, -y+2)=0$을 나타내는 도형은 ①이다.

> **mini해설** | 평행이동한 후, 대칭이동을 이용하여 풀이하기
>
> 방정식 $f(1-x, -y+2)=0$이 나타내는 도형은 방정식 $f(x, y)=0$이 나타내는 도형을 x축의 방향으로 -1, y축의 방향으로 -2만큼 평행이동한 후 원점에 대하여 대칭이동한 도형이다.
>
>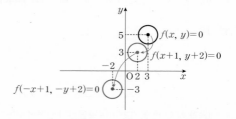

0606

STEP A 대칭이동과 평행이동을 이용하여 참과 거짓 판단하기

ㄱ. 방정식 $f(x+1, -y)=0$이 나타내는 도형은 방정식 $f(x, y)=0$이 나타내는 도형을 x축에 대하여 대칭이동한 후 x축의 방향으로 -1만큼 평행이동한 것이므로 다음 그림과 같다.

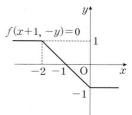

ㄴ. 방정식 $f(x-1, -y)=0$이 나타내는 도형은 방정식 $f(x, y)=0$이 나타내는 도형을 x축에 대하여 대칭이동한 후 x축의 방향으로 1만큼 평행이동한 것이므로 [그림 2]와 같다.

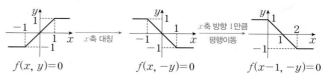

ㄷ. 도형 $f(1-x, y)=0$이 나타내는 도형은 방정식 $f(x, y)=0$이 나타내는 도형을 y축에 대하여 대칭이동한 후 x축의 방향으로 1만큼 평행이동한 것이므로 [그림 2]와 같다.

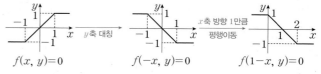

따라서 옳은 것은 ㄴ, ㄷ이다.

$y=f(x)$의 그래프가 [그림 1]과 같을 때, 그래프가 [그림 2]와 같은 것만을 [보기]에서 있는 대로 고르면?

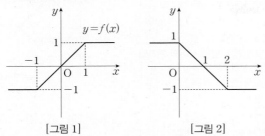

[그림 1]　　　　　　　[그림 2]

ㄱ. $y=-f(x+1)$
ㄴ. $y=-f(x-1)$
ㄷ. $y=f(1-x)$

① ㄱ　　　　② ㄴ　　　　③ ㄱ, ㄷ
④ ㄴ, ㄷ　　　⑤ ㄱ, ㄴ, ㄷ

STEP A 주어진 그래프를 대칭이동, 평행이동하여 참과 거짓 판단하기

ㄱ. $y=-f(x+1)$의 그래프는 $y=f(x)$의 그래프를 x축에 대하여 대칭이동한 후 x축의 방향으로 -1만큼 평행이동한 것이므로 오른쪽 그림과 같다.

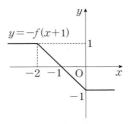

ㄴ. $y=-f(x-1)$의 그래프는 $y=f(x)$의 그래프를 x축에 대하여 대칭이동한 후 x축의 방향으로 1만큼 평행이동한 것이므로 [그림 2]와 같다.

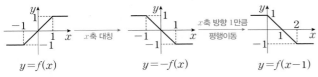

ㄷ. $y=f(1-x)$의 그래프는 $y=f(x)$의 그래프를 y축에 대하여 대칭이동한 후 x축의 방향으로 1만큼 평행이동한 것이므로 [그림 2]와 같다.

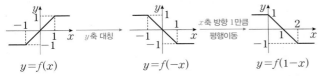

따라서 그래프가 [그림 2]와 같은 것은 ㄴ, ㄷ이다.　　　정답 ④

0607　　　정답 ③

STEP A 대칭이동과 평행이동한 도형의 방정식 구하기

방정식 $f(x, y)=0$이 나타내는 도형을 직선 $y=x$에 대하여 대칭이동한 도형의 방정식은 $f(y, x)=0$
　　　x대신에 y, y대신에 x를 대입한다.

방정식 $f(y, x)=0$이 나타내는 도형을 x축에 대하여 대칭이동한 도형의 방정식은 $f(-y, x)=0$
　　　y대신에 $-y$를 대입한다.

방정식 $f(-y, x)=0$이 나타내는 도형을 x축의 방향으로 -3만큼, y축의 방향으로 4만큼 평행이동한 도형의 방정식은
　　　x대신에 $x+3$, y대신에 $y-4$를 대입한다.

$f(-(y-4), x+3)=0$

$\therefore f(-y+4, x+3)=0$

STEP B 방정식 $f(-y+4, x+3)=0$이 나타내는 도형의 무게중심의 좌표 구하기

세 점 A$(5, 7)$, B$(-3, 0)$, C$(1, -1)$을 꼭짓점으로 하는 삼각형 ABC의 무게중심을 G라 하면
　세 점 A(x_1, y_1), B(x_2, y_2), C(x_3, y_3)에 대하여 무게중심 G$\left(\dfrac{x_1+x_2+x_3}{3}, \dfrac{y_1+y_2+y_3}{3}\right)$

G$\left(\dfrac{5+(-3)+1}{3}, \dfrac{7+0+(-1)}{3}\right)$　$\therefore$ G$(1, 2)$

이 무게중심 G를 직선 $y=x$에 대하여 대칭이동한 후 x축에 대하여 대칭이동하고 x축의 방향으로 -3만큼, y축의 방향으로 4만큼 평행이동한 점을 G$'$이라 하면

G$(1, 2) \longrightarrow (2, 1) \longrightarrow (2, -1) \longrightarrow (2-3, -1+4)$

$\therefore$ G$'(-1, 3)$

따라서 $a=-1$, $b=3$이므로 $b-a=3-(-1)=4$

0608　　　정답 ④

STEP A 대칭이동한 후 평행이동을 이용하여 참, 거짓 판단하기

ㄱ. 방정식 $f(x+3, y+4)=0$은 방정식 $f(x, y)=0$을 x축의 방향으로 -3만큼, y축으로 -4만큼 평행이동한 것이므로 도형 B와 같다. [참]

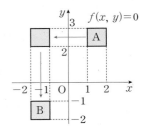

ㄴ. 방정식 $f(-x+3, y+4)=0$은 방정식 $f(x, y)=0$을 y축에 대하여 대칭한 후 x축의 방향으로 3만큼, y축으로 -4만큼 평행이동한 것이므로 도형 B와 같지 않다. [거짓]

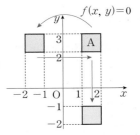

ㄷ. 방정식 $f(-x, -y+1)=0$은 방정식 $f(x, y)=0$을 원점에 대하여 대칭한 후 y축으로 1만큼 평행이동한 것이므로 도형 B와 같다. [참]

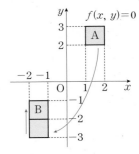

ㄹ. 방정식 $f(y+3, x+4)=0$은 방정식 $f(x, y)=0$을 $y=x$에 대하여 대칭한 후 x축의 방향으로 -4만큼, y축으로 -3만큼 평행이동한 것이므로 도형 B와 같다. [참]

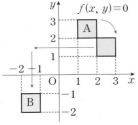

따라서 도형 B를 나타낼 수 있는 방정식은 ㄱ, ㄷ, ㄹ이다.

두 방정식 $f(x, y)=0$과 $g(x, y)=0$이
나타내는 도형이 오른쪽 그림과 같을 때,
다음 중 옳은 것은?

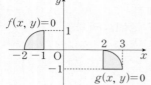

① $g(x, y)=f(x-2, -y)$
② $g(x, y)=f(x+3, -y+1)$
③ $g(x, y)=f(-x, -y+1)$
④ $g(x, y)=f(-x+1, y+1)$
⑤ $g(x, y)=f(-x-2, y+1)$

STEP A 대칭이동과 평행이동을 이용하여 도형의 이동 구하기

방정식 $g(x, y)=0$이 나타내는 도형은 방정식 $f(x, y)=0$이 나타내는
도형을 y축에 대하여 대칭이동한 후 x축에 대하여 1만큼, y축의 방향으로
-1만큼 평행이동한 것이므로

$$f(x, y)=0 \longrightarrow f(-x, y)=0 \longrightarrow f(-(x-1), y+1)=0$$

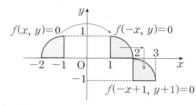

따라서 $g(x, y)=f(-x+1, y+1)$

정답 ④

0609

정답 22

STEP A 대칭이동 또는 평행이동을 이용하여 방정식 $f(x, y)=0$이 방정식

$f(-x-1, -y-1)=0$으로 옮겨지는 이동 이해하기

방정식 $f(x, y)=0$이 나타내는 도형을 원점에 대하여 대칭이동하면
x대신에 $-x$, y대신에 $-y$를 대입한다.

$f(-x, -y)=0$

방정식 $f(-x, -y)=0$이 나타내는 도형을
x축의 방향으로 -1만큼, y축의 방향으로 -1만큼 평행이동하면
x대신에 $x+1$, y대신에 $y+1$을 대입한다.

$f(-(x+1), -(y+1))=0$ ∴ $f(-x-1, -y-1)=0$

STEP B 방정식 $f(-x-1, -y-1)=0$이 나타내는 도형 구하기

주어진 도형을 원점에 대하여 대칭이동한 후 x축으로 -1만큼,
y축으로 -1만큼 평행이동한 도형은 다음과 같다.

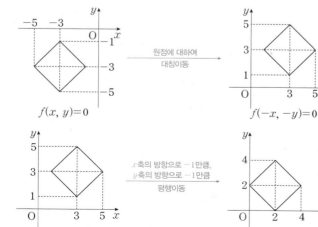

STEP C M^2+m^2의 값 구하기

이 도형 위의 점과 원점 사이의 거리의
최댓값은 원점과 점 $(2, 4)$ 사이의
거리이므로 $M=\sqrt{2^2+4^2}=2\sqrt{5}$
두 점 $(2, 0)$, $(0, 2)$를 지나는 직선의
방정식은 $x+y-2=0$
이 도형 위의 점과 원점 사이의 거리의
최솟값은 원점과 직선 $x+y-2=0$
사이의 거리이므로

$$m=\frac{|-2|}{\sqrt{1^2+1^2}}=\sqrt{2}$$

따라서 $M^2+m^2=20+2=22$

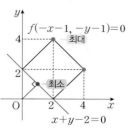

방정식 $f(x, y)=0$이 나타내는 도형이 오른쪽
그림과 같을 때, $f(-x+1, -y-1)=0$이
나타내는 도형 위의 점과 원점 사이의 거리의
최댓값은?

① 1   ② $\sqrt{2}$
③ $\sqrt{3}$ ④ 2
⑤ $\sqrt{5}$

STEP A 대칭이동 또는 평행이동을 이용하여 방정식 $f(x, y)=0$이 방정식

$f(-x+1, -y-1)=0$으로 옮겨지는 이동 이해하기

방정식 $f(x, y)=0$을 원점에 대하여 대칭이동하면
x대신에 $-x$, y대신에 $-y$를 대입한다.

$f(-x, -y)=0$

방정식 $f(-x, -y)=0$이 나타내는 도형을
x축의 방향으로 1만큼, y축의 방향으로 -1만큼 평행이동하면
x대신에 $x-1$, y대신에 $y+1$을 대입한다.

$f(-(x-1), -(y+1))=0$ ∴ $f(-x+1, -y-1)=0$

STEP B 방정식 $f(-x+1, -y-1)=0$이 나타내는 도형 구하기

주어진 도형을 원점에 대하여 대칭이동한 후 x축으로 1만큼,
y축으로 -1만큼 평행이동한 도형은 다음과 같다.

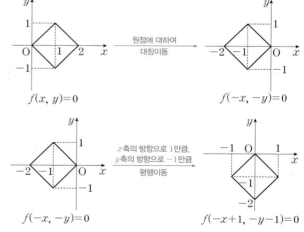

따라서 도형 위의 점 중에서 원점과의 거리가 가장 먼 점은 점 $(0, -2)$이고
점 $(0, -2)$와 원점 사이의 거리는 2

정답 ④

0610

정답 ②

STEP A **방정식 $f(x, y)=0$이 방정식 $f(x+1, -y+2)=0$으로 옮겨지는 대칭이동과 평행이동 이해하기**

방정식 $f(x, y)=0$을 x축에 대하여 대칭이동한 방정식은 $f(x, -y)=0$
y대신에 $-y$를 대입한다.

방정식 $f(x, -y)=0$을 x축의 방향으로 -1만큼, y축의 방향으로 2만큼
평행이동하면 $f(x+1, -(y-2))=0$
x대신에 $x+1$, y대신에 $y-2$를 대입한다.

$\therefore f(x+1, -y+2)=0$

STEP B **방정식 $f(x+1, -y+2)=0$이 나타내는 도형 구하기**

주어진 도형을 x축에 대하여 대칭이동한 후 x축으로 -1만큼,
y축으로 2만큼 평행이동한 도형은 다음과 같다.

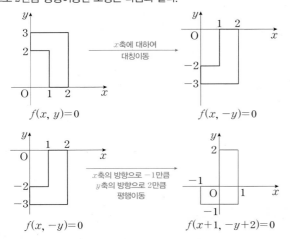

따라서 방정식 $f(x+1, -y+2)=0$이 나타내는 도형의 방정식은 ②이다.

---

mini 해설 | 평행이동한 후, 대칭이동을 이용하여 풀이하기

방정식 $f(x+1, -y+2)=0$이 나타내는 도형은 방정식 $f(x, y)=0$이 나타내는
도형을 x축의 방향으로 -1, y축의 방향으로 -2만큼 평행이동한 후 x축에 대하여
대칭이동한 도형이다.

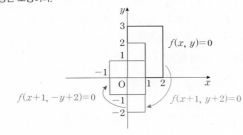

내/신/연/계/ 출제문항 322

방정식 $f(x, y)=0$이 나타내는 도형이
오른쪽 그림과 같을 때, 다음 중 방정식
$f(x+2, -y)=0$이 나타내는 도형은?

① ② ③

④ ⑤

STEP A **대칭이동 또는 평행이동을 이용하여 방정식 $f(x, y)=0$이 방정식 $f(x+2, -y)=0$으로 옮겨지는 이동 이해하기**

방정식 $f(x, y)=0$을 x축에 대하여 대칭이동한 방정식은 $f(x, -y)=0$
y대신에 $-y$를 대입한다.

방정식 $f(x, -y)=0$을 x축의 방향으로 -2만큼 평행이동하면
x대신에 $x+2$를 대입한다.

$f(x+2, -y)=0$

STEP B **방정식 $f(x+2, -y)=0$이 나타내는 도형 구하기**

주어진 도형을 x축에 대하여 대칭이동한 후 x축의 방향으로 -2만큼
평행이동한 후 도형은 다음 그림과 같다.

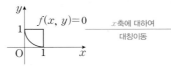

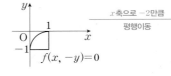 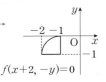

따라서 $f(x+2, -y)=0$을 나타내는 도형은 ⑤이다. 정답 ⑤

0611

-3

STEP A 직선 위의 점 (a, b)를 점 $(2, 1)$에 대하여 대칭이동한 점 구하기

직선 $2x-3y+2=0$ 위의 점 (a, b)라 하면
$2a-3b+2=0$ ...... ㉠
이때 직선 위의 점 (a, b)를 점 $(2, 1)$에 대하여
대칭이동한 점이 $\left(-\dfrac{5}{2}, k\right)$라 하면
두 점 (a, b), $\left(-\dfrac{5}{2}, k\right)$의 중점은 $(2, 1)$이다.

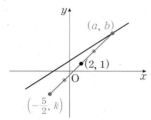

즉 $\left(\dfrac{a+\left(-\frac{5}{2}\right)}{2}, \dfrac{b+k}{2}\right)$가 $(2, 1)$이므로 $a+\left(-\dfrac{5}{2}\right)=4$ ∴ $a=\dfrac{13}{2}$

또한, $b+k=2$ ∴ $k=2-b$ ...... ㉡

$a=\dfrac{13}{2}$를 ㉠의 식에 대입하면 $13-3b+2=0$ ∴ $b=5$

$b=5$를 ㉡의 식에 대입하면 $k=2-5=-3$

따라서 상수 k의 값은 -3

---
mini해설 | 자취의 방정식으로 풀이하기

직선 $2x-3y+2=0$ 위의 점을 (a, b)라 하면
$2a-3b+2=0$ ...... ㉠
또한, 점 (a, b)를 점 $(2, 1)$에 대하여 대칭이동한 직선 위의 점을 (x, y)라 하면
점 (a, b)와 점 (x, y)의 중점이 $(2, 1)$
즉 $\left(\dfrac{a+x}{2}, \dfrac{b+y}{2}\right)$에서 $a+x=4$, $b+y=2$
∴ $a=4-x$, $b=2-y$ ...... ㉡
㉡의 식을 ㉠에 대입하면 $2(4-x)-3(2-y)+2=0$
∴ $-2x+3y+4=0$
이때 점 $\left(-\dfrac{5}{2}, k\right)$를 지나므로 대입하면 $5+3k+4=0$
따라서 상수 k의 값은 -3

0612

②

STEP A 점 $(1, 2)$에 대하여 대칭이동한 직선의 방정식 구하기

직선 $y=2x+3$ 위의 점 $\mathrm{P}(a, b)$이라 하면
$b=2a+3$ ...... ㉠
점 P를 점 $(1, 2)$에 대하여 대칭이동한 점을 $\mathrm{Q}(x, y)$라 하면
두 점 $\mathrm{P}(a, b)$와 점 $\mathrm{Q}(x, y)$의 중점이 $(1, 2)$이므로
$\left(\dfrac{a+x}{2}, \dfrac{b+y}{2}\right)$, 즉 $a+x=2$, $b+y=4$
∴ $a=-x+2$, $b=-y+4$ ...... ㉡
㉡의 식을 ㉠에 대입하면 $-y+4=2(-x+2)+3$
∴ $y=2x-3$

STEP B 평행이동한 직선의 방정식을 이용하여 상수 a의 값 구하기

직선 $y=2x-3$을 x축의 방향으로 -3만큼, y축의 방향으로 2만큼 평행이동
하면 직선의 방정식은 $y-2=2(x+3)-3$ ∴ $y=2x+5$
이때 직선이 점 $(a, -3)$을 지나므로 대입하면 $-3=2a+5$
따라서 상수 a의 값은 -4

0613

④

STEP A 원의 중심을 이용하여 대칭이동한 원의 중심 구하기

원 $(x+1)^2+(y-3)^2=4$의 중심 $(-1, 3)$을 점 $(1, -2)$에 대하여
대칭이동한 점의 좌표를 (a, b)라 하면
두 점 $(-1, 3)$과 (a, b)의 중점의 좌표가 $(1, -2)$
$\dfrac{-1+a}{2}=1$, $\dfrac{3+b}{2}=-2$ ∴ $a=3$, $b=-7$
즉 원 $(x+1)^2+(y-3)^2=4$를 점 $(1, -2)$에 대하여
대칭이동한 원의 중심은 $(3, -7)$이고 반지름의 길이는 2이므로
원의 방정식은 $(x-3)^2+(y+7)^2=4$

STEP B 중심 $(3, -7)$이 직선 위의 점임을 이용하여 a의 값 구하기

원의 중심 $(3, -7)$이 직선 $y=x+a$ 위의 점이므로 대입하면 $-7=3+a$
따라서 상수 a의 값은 -10

---
mini해설 | $f(2a-x, 2b-y)=0$임을 이용하여 풀이하기

도형 $f(x, y)=0$을 점 $\mathrm{A}(a, b)$에 대하여 대칭이동한 도형의 방정식은
$f(2a-x, 2b-y)=0$이다.
원의 방정식은 $(x+1)^2+(y-3)^2=4$을 점 $(1, -2)$에 대하여 대칭이동하면
$(2\times1-x+1)^2+\{2\times(-2)-y-3\}^2=4$, $(3-x)^2+(-7-y)^2=4$
∴ $(x-3)^2+(y+7)^2=4$
즉 원의 중심이 $(3, -7)$이고 직선 $y=x+a$ 위의 점이므로 대입하면 $-7=3+a$
따라서 상수 a의 값은 -10

내/신/연/계/ 출제문항 323

원 $(x-1)^2+(y+2)^2=1$을 점 $(-1, -2)$에 대하여 대칭이동한 원의 방정식
이 $(x-a)^2+(y-b)^2=1$일 때, 상수 a, b에 대하여 $a+b$의 값은?

① -7 ② -5 ③ -3
④ 5 ⑤ 7

STEP A 원의 중심을 이용하여 대칭이동한 원의 방정식 구하기

원 $(x-1)^2+(y+2)^2=1$의 중심 $(1, -2)$를 점 $(-1, -2)$에 대하여
대칭이동한 점의 좌표를 (p, q)라 하면
두 점 $(1, -2)$와 (p, q)의 중점이 $(-1, -2)$
$\left(\dfrac{1+p}{2}, \dfrac{-2+q}{2}\right)$에서 $1+p=-2$이므로
$p=-3$, $-2+q=-4$에서 $q=-2$
즉 대칭이동한 원의 중심은 $(-3, -2)$이고 반지름의 길이는 1이므로
원의 방정식은 $(x+3)^2+(y+2)^2=1$
이때 원의 방정식 $(x-a)^2+(y-b)^2=1$과 일치하므로 $a=-3$, $b=-2$
따라서 $a+b=(-3)+(-2)=-5$

---
mini해설 | $f(2a-x, 2b-y)=0$임을 이용하여 풀이하기

도형 $f(x, y)=0$을 점 $\mathrm{A}(a, b)$에 대하여 대칭이동한 도형의 방정식은
$f(2a-x, 2b-y)=0$이다.
구하는 원의 방정식은 $(x-1)^2+(y+2)^2=1$에 x대신 $2\times(-1)-x$, y대신
$2\times(-2)-y$를 대입하면 되므로
$(-2-x-1)^2+(-4-y+2)^2=1$, $(-3-x)^2+(-2-y)^2=1$
∴ $(x+3)^2+(y+2)^2=1$ ...... ㉠
㉠이 $(x-a)^2+(y-b)^2=1$과 일치하므로 $a=-3$, $b=-2$
따라서 $a+b=-5$
---

②

0614

STEP A 직선 $4x+3y-3=0$을 점 $(1, 0)$에 대하여 대칭이동한 직선의 방정식 구하기

직선 $4x+3y-3=0$ 위의 점을 (a, b)라 하면
$4a+3b-3=0$ ······ ㉠
직선 위의 점 (a, b)를 점 $(1, 0)$에 대하여 대칭이동한 점을 (x, y)라 하면
두 점 (a, b)와 (x, y)의 중점이 $(1, 0)$
즉 $\left(\dfrac{a+x}{2}, \dfrac{b+y}{2}\right)$에서 $a+x=2$, $b+y=0$
$\therefore a=2-x$, $b=-y$ ······ ㉡
㉡의 식을 ㉠에 대입하면 $4(2-x)+3(-y)-3=0$, $-4x-3y+5=0$
$\therefore 4x+3y-5=0$

+α $f(2a-x, 2b-y)=0$을 이용하여 구할 수 있어!

도형 $f(x, y)=0$을 점 $A(a, b)$에 대하여 대칭이동한 도형의 방정식은
$f(2a-x, 2b-y)=0$이다.
직선 $4x+3y-3=0$을 점 $(1, 0)$에 대하여 대칭이동하면
$4(2×1-x)+3(2×0-y)-3=0$, $-4x-3y+5=0$
$\therefore 4x+3y-5=0$

+α 직선 위의 두 점을 대칭이동하여 직선의 방정식을 구할 수 있어!

직선 $4x+3y-3=0$ 위의 점 $(3, -3)$, $(0, 1)$을 각각 $(1, 0)$에 대하여
대칭이동하면 직선 $4x+3y-3=0$을 점 $(1, 0)$에 대하여
대칭이동한 직선 위의 점이 된다.
점 $(3, -3)$을 점 $(1, 0)$에 대하여 대칭이동한 점을 (x_1, y_1)이라 하면
두 점 $(3, -3)$과 (x_1, y_1)의 중점이 $(1, 0)$이므로 $\left(\dfrac{3+x_1}{2}, \dfrac{-3+y_1}{2}\right)$
즉 $3+x_1=2$이므로 $x_1=-1$, $-3+y_1=0$이므로 $y_1=3$
$\therefore (-1, 3)$
점 $(0, 1)$을 점 $(1, 0)$에 대하여 대칭이동한 점을 (x_2, y_2)라 하면
두 점 $(0, 1)$과 (x_2, y_2)의 중점이 $(1, 0)$이므로 $\left(\dfrac{0+x_2}{2}, \dfrac{1+y_2}{2}\right)$
즉 $0+x_2=2$이므로 $x_2=2$, $1+y_2=0$이므로 $y_2=-1$
$\therefore (2, -1)$
두 점 $(-1, 3)$과 $(2, -1)$을 지나는 직선의 방정식을 구하면
$y=\dfrac{3-(-1)}{-1-2}(x+1)+3$, $y=-\dfrac{4}{3}x+\dfrac{5}{3}$ $\therefore 4x+3y-5=0$

STEP B 직선이 원의 접선임을 이용하여 r의 값 구하기

원 $(x+2)^2+(y-1)^2=r^2$에서 중심은 $(-2, 1)$이고 반지름의 길이는 r
이때 직선 $4x+3y-5=0$이 원의 접선이므로
원의 중심 $(-2, 1)$에서 직선까지의 거리는 반지름의 길이 r과 같다.
$\dfrac{|4×(-2)+3×1-5|}{\sqrt{4^2+3^2}}=r$, $\dfrac{|-10|}{5}=r$
따라서 반지름의 길이 $r=2$

0615

STEP A 점 $(2, -3)$에 대하여 대칭이동한 직선의 방정식 구하기

직선 $3x+4y+7=0$ 위의 점 $P(a, b)$라 하면
$3a+4b+7=0$ ······ ㉠
점 P를 점 $(2, -3)$에 대하여 대칭이동한 점을 $Q(x, y)$라 하면
두 점 $P(a, b)$와 $Q(x, y)$의 중점이 $(2, -3)$이므로 $\left(\dfrac{a+x}{2}, \dfrac{b+y}{2}\right)$
즉 $a+x=4$, $b+y=-6$
$\therefore a=-x+4$, $b=-y-6$ ······ ㉡
㉡의 식을 ㉠에 대입하면 $3(-x+4)+4(-y-6)+7=0$
$\therefore 3x+4y+5=0$

STEP B 직선 $3x+4y+5=0$과 원 $x^2+y^2=25$의 두 교점 사이의 거리 구하기

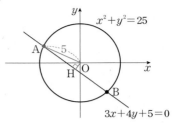

직선 $3x+4y+5=0$과 원 $x^2+y^2=25$의 교점을 각각 점 A, B라 하자.
이때 중심 $O(0, 0)$에서 직선에 내린 수선의 발을 H라 하면
선분 OH의 길이는 $\overline{OH}=\dfrac{|5|}{\sqrt{3^2+4^2}}=1$
  점 (x_1, y_1)에서 직선 $ax+by+c=0$까지의 거리는 $\dfrac{|ax_1+by_1+c|}{\sqrt{a^2+b^2}}$
직각삼각형 OAH에서 피타고라스 정리에 의하여
$\overline{AH}=\sqrt{\overline{OA}^2-\overline{OH}^2}=\sqrt{25-1}=2\sqrt{6}$
따라서 $\overline{AB}=2\overline{AH}=4\sqrt{6}$

내/신/연/계/ 출제문항 324

직선 $3x+4y+13=0$을 점 $(3, -2)$에 대하여 대칭이동한 직선과
원 $x^2+y^2=36$이 만나는 두 교점 사이의 거리는?

① $2\sqrt{3}$ ② $4\sqrt{3}$ ③ $6\sqrt{3}$
④ $3\sqrt{6}$ ⑤ $4\sqrt{6}$

STEP A 점 $(2, -3)$에 대하여 대칭이동한 직선의 방정식 구하기

직선 $3x+4y+13=0$ 위의 점 $P(a, b)$라 하면
$3a+4b+13=0$ ······ ㉠
점 P를 $(3, -2)$에 대하여 대칭이동한 점을 $Q(x, y)$라 하면
두 점 $P(a, b)$와 $Q(x, y)$의 중점이 $(3, -2)$이므로
$\left(\dfrac{a+x}{2}, \dfrac{b+y}{2}\right)$, 즉 $a+x=6$, $b+y=-4$
$\therefore a=-x+6$, $b=-y-4$ ······ ㉡
㉡의 식을 ㉠에 대입하면 $3(-x+6)+4(-y-4)+13=0$
$\therefore 3x+4y-15=0$

STEP B 직선 $3x+4y-15=0$과 원 $x^2+y^2=36$의 두 교점 사이의 거리 구하기

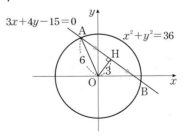

직선 $3x+4y-15=0$과 원 $x^2+y^2=36$의 교점을 각각 점 A, B라 하자.
이때 중심 $O(0, 0)$에서 직선에 내린 수선의 발을 H라 하면
선분 OH의 길이는 $\overline{OH}=\dfrac{|-15|}{\sqrt{3^2+4^2}}=3$
직각삼각형 OHA에서 피타고라스 정리에 의하여
$\overline{AH}=\sqrt{\overline{OA}^2-\overline{OH}^2}=\sqrt{36-9}=3\sqrt{3}$
따라서 $\overline{AB}=2\overline{AH}=6\sqrt{3}$

0616

정답 ⑤

STEP A **두 이차함수의 꼭짓점의 좌표 구하기**

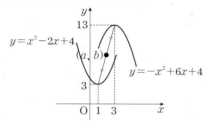

$y=x^2-2x+4=(x-1)^2+3$에서 꼭짓점의 좌표는 $(1, 3)$이고
$y=-x^2+6x+4=-(x-3)^2+13$에서 꼭짓점의 좌표는 $(3, 13)$

STEP B **두 꼭짓점을 이용하여 a, b의 값 구하기**

두 꼭짓점 $(1, 3)$, $(3, 13)$을 이은 선분의 중점의 좌표가 (a, b)이므로
　　　　　　　　　　　　　　　　　　　　두 꼭짓점은 (a, b)에 대하여 대칭
$\dfrac{1+3}{2}=a$, $\dfrac{3+13}{2}=b$

따라서 $a=2$, $b=8$이므로 $a+b=10$

0617

정답 ③

STEP A **점 $(2, 3)$에 대하여 대칭이동한 포물선의 방정식 구하기**

포물선 $y=x^2+kx$ 위의 점 $P(a, b)$라 하면
$b=a^2+ka$ 　　　　　 …… ㉠
점 P를 점 $(2, 3)$에 대하여 대칭이동한 점을 $Q(x, y)$라 하면
두 점 $P(a, b)$, $Q(x, y)$의 중점이 $(2, 3)$이므로
$\left(\dfrac{a+x}{2}, \dfrac{b+y}{2}\right)$, 즉 $a+x=4$, $b+y=6$
$\therefore a=-x+4$, $b=-y+6$ 　　　…… ㉡
㉡의 식을 ㉠에 대입하면 $-y+6=(-x+4)^2+k(-x+4)$
$\therefore y=-x^2+(8+k)x-4k-10$

STEP B **교점이 원점에 대하여 대칭임을 이용하여 상수 k의 값 구하기**

포물선 $y=-x^2+(8+k)x-4k-10$과 직선 $y=2x-5$가 만나는 두 교점의
x좌표를 $x=\alpha$, β라 하면 원점에 대한 대칭이므로 $\alpha=-\beta$ $\therefore \alpha+\beta=0$
이차방정식 $-x^2+(8+k)x-4k-10=2x-5$, $x^2-(6+k)x+4k+5=0$의
두 근이 $x=\alpha$, β이고 $\alpha+\beta=0$이므로 근과 계수의 관계에 의하여
두 근의 합 $6+k=0$
따라서 상수 k의 값은 -6

내/신/연/계 출제문항 325

포물선 $y=x^2+kx+1$를 점 $(1, -1)$에 대하여 대칭이동한 포물선과 직선
$y=2x-3$이 만나는 두 점이 원점에 대하여 대칭일 때, 상수 k의 값은?

① -4 　　　　② -2 　　　　③ -1
④ 2 　　　　⑤ 4

STEP A **점 $(1, -1)$에 대하여 대칭이동한 포물선의 방정식 구하기**

포물선 $y=x^2+kx+1$ 위의 점 $P(a, b)$라 하면 $b=a^2+ka+1$ 　…… ㉠
점 $(1, -1)$에 대하여 대칭이동한 점을 $P'(x, y)$이라 하면
$\dfrac{x+a}{2}=1$, $\dfrac{y+b}{2}=-1$ $\therefore a=2-x$, $b=-2-y$ 　…… ㉡
㉡을 ㉠에 대입하면 $-2-y=(2-x)^2+k(2-x)+1$
$\therefore y=-x^2+(k+4)x-2k-7$
즉 포물선 $y=x^2+kx+1$를 점 $(1, -1)$에 대하여
대칭이동한 포물선의 방정식은 $y=-x^2+(k+4)x-2k-7$

STEP B **두 점이 원점에 대하여 대칭임을 이용하여 상수 k 구하기**

이 포물선과 직선 $y=2x-3$이 만나는 두 점이 원점에 대하여 대칭이므로
이차방정식 $-x^2+(k+4)x-2k-7=2x-3$
즉 $x^2-(k+2)x+2k+4=0$의 두 실근의 합은 0이다.
즉 이차방정식의 근과 계수의 관계에 의하여 $k+2=0$
따라서 $k=-2$

정답 ②

0618

정답 5

STEP A **두 직선 AB, $x+y-2=0$이 수직임을 이용하여 a, b의 관계식 구하기**

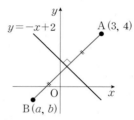

점 $A(3, 4)$를 직선 $x+y-2=0$에 대하여 대칭이동한 점 $B(a, b)$라 하면
직선 AB는 직선 $x+y-2=0$에 수직이므로 기울기의 곱은 -1
즉 직선 AB의 기울기는 $\dfrac{b-4}{a-3}=1$ $\therefore a-b=-1$ 　…… ㉠

STEP B **두 점 A, B의 중점이 직선 $x+y-2=0$ 위의 점임을 이용하여 a, b의 관계식 구하기**

두 점 $A(3, 4)$, $B(a, b)$의 중점 $\left(\dfrac{3+a}{2}, \dfrac{4+b}{2}\right)$는 직선 $x+y-2=0$ 위의
점이므로 대입하면 $\dfrac{3+a}{2}+\dfrac{4+b}{2}-2=0$ $\therefore a+b=-3$ 　…… ㉡

STEP B **a^2+b^2의 값 구하기**

㉠, ㉡을 연립하여 풀면 $a=-2$, $b=-1$
따라서 $a^2+b^2=4+1=5$

0619

정답 ③

STEP A **직선 PQ와 직선 l이 수직임을 이용하여 직선 l의 기울기 구하기**

두 점 $P(-3, 1)$, $Q(5, 5)$가 직선 l에 대하여 대칭이므로
직선 PQ와 직선 l은 수직으로 만난다.
이때 직선 PQ의 기울기는 $\dfrac{5-1}{5-(-3)}=\dfrac{1}{2}$이므로 직선 l의 기울기는 -2
즉 직선 l의 방정식은 $y=-2x+k$ (k는 상수)

STEP B **두 점 P, Q의 중점이 직선 위의 점임을 이용하여 k의 값 구하기**

또한, 두 점 $P(-3, 1)$, $Q(5, 5)$의 중점 $\left(\dfrac{-3+5}{2}, \dfrac{1+5}{2}\right)$
즉 $(1, 3)$이 직선 l 위의 점이므로 대입하면 $3=-2+k$ $\therefore k=5$
$\therefore l : y=-2x+5$ ← 직선 l은 두 점 P, Q의 수직이등분선이다.

STEP C **직선 l과 x축, y축으로 둘러싸인 삼각형의 넓이 구하기**

직선 $y=-2x+5$의 x절편은 $\dfrac{5}{2}$, y절편은 5
따라서 직선 l과 x축, y축으로 둘러싸인 삼각형의
넓이는 $\dfrac{1}{2}\times\dfrac{5}{2}\times5=\dfrac{25}{4}$

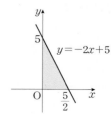

0620
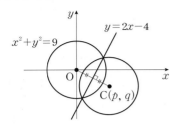
정답 ④

STEP A 대칭이동한 원의 중심을 $C(p, q)$라 하고 수직임을 이용하여 p, q의 관계식 구하기

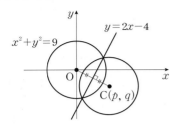

원 $x^2+y^2=9$의 중심은 $O(0, 0)$, 반지름의 길이가 3
원의 중심 $O(0, 0)$을 직선 $y=2x-4$에 대하여 대칭이동한 원의 중심을 $C(p, q)$라 하면 두 직선 OC와 $y=2x-4$가 서로 수직으로 만나므로
직선 OC의 기울기는 $-\dfrac{1}{2}$

즉 $\dfrac{q-0}{p-0}=-\dfrac{1}{2}$ $\therefore p+2q=0$ ······ ㉠

STEP B 두 점 O, C의 중점이 직선 위에 있음을 이용하여 p, q의 관계식 구하기

두 점 $O(0, 0)$, $C(p, q)$의 중점 $\left(\dfrac{p}{2}, \dfrac{q}{2}\right)$가 직선 $y=2x-4$ 위의 점이므로
대입하면 $\dfrac{q}{2}=p-4$ $\therefore 2p-q=8$ ······ ㉡

STEP C 점 C가 직선 $5x+5y+a=0$ 위의 점임을 이용하여 a의 값 구하기

㉠, ㉡을 연립하면 $p=\dfrac{16}{5}$, $q=-\dfrac{8}{5}$이므로 점 $C\left(\dfrac{16}{5}, -\dfrac{8}{5}\right)$
점 C가 직선 $5x+5y+a=0$ 위의 점이므로 대입하면
$5\times\dfrac{16}{5}+5\times\left(-\dfrac{8}{5}\right)+a=0$, $16-8+a=0$
따라서 상수 a의 값은 -8

내/신/연/계 출제문항 326

원 $(x+2)^2+(y+3)^2=4$를 직선 $7x+5y-8=0$에 대하여 대칭이동한 원의 방정식이 $(x-a)^2+(y-b)^2=4$일 때, 상수 a, b에 대하여 $a+b$의 값은?

① 3   ② 5   ③ 7
④ 9   ⑤ 11

STEP A 중심을 연결한 직선과 $7x+5y-8=0$이 수직임을 이용하여 a, b의 관계식 구하기

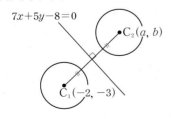

원 $(x+2)^2+(y+3)^2=4$의 중심 $C_1(-2, -3)$
직선 $7x+5y-8=0$에 대하여 대칭이동한 원의 중심을 $C_2(a, b)$라 하면
직선 C_1C_2와 직선 $7x+5y-8=0$은 수직으로 만나므로
직선 $7x+5y-8=0$은 선분 C_1C_2의 수직이등분선이다.

$\dfrac{b+3}{a+2}=\dfrac{5}{7}$ $\therefore 5a-7b=11$ ······ ㉠

STEP B 두 점 C_1, C_2의 중점이 직선 위의 점임을 이용하여 a, b의 관계식 구하기

두 점 $C_1(-2, -3)$, $C_2(a, b)$의 중점 $\left(\dfrac{-2+a}{2}, \dfrac{-3+b}{2}\right)$는
직선 $7x+5y-8=0$ 위의 점이므로 대입하면
$7\left(\dfrac{-2+a}{2}\right)+5\left(\dfrac{-3+b}{2}\right)-8=0$ $\therefore 7a+5b=45$ ······ ㉡

STEP C $a+b$의 값 구하기

㉠, ㉡을 연립하여 풀면 $a=5$, $b=2$
따라서 $a+b=5+2=7$
정답 ③

0621
정답 ③

STEP A 두 원의 중심을 연결한 직선과과 직선 $ax+by+5=0$ 사이의 관계 이해하기

두 원 $(x+2)^2+(y-1)^2=4$, $(x+4)^2+(y-3)^2=4$가
직선 $ax+by+5=0$에 대하여 대칭이므로
두 원의 중심 $(-2, 1)$, $(-4, 3)$은 직선 $ax+by+5=0$에 대하여 대칭이다.
즉 두 원의 중심 $(-2, 1)$, $(-4, 3)$을 연결한 직선의 수직이등분선이 $ax+by+5=0$

STEP B 두 중심의 수직이등분선의 방정식 구하기

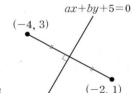

(i) 두 원의 중심 $(-2, 1)$, $(-4, 3)$을
이은 선분의 중점의 좌표는
$\left(\dfrac{-2+(-4)}{2}, \dfrac{1+3}{2}\right)$ $\therefore (-3, 2)$

(ii) 두 원의 중심 $(-2, 1)$, $(-4, 3)$을 지나는
직선의 기울기가 $\dfrac{3-1}{-4-(-2)}=-1$이므로
구하는 직선의 기울기는 1이다.

(i), (ii)에서 점 $(-3, 2)$를 지나고 기울기가 1인 직선의 방정식은
$y-2=x+3$ $\therefore x-y+5=0$
따라서 $a=1$, $b=-1$이므로 $ab=-1$

0622
정답 ②

STEP A 직선에 대하여 대칭이동한 직선의 방정식 구하기

직선 $x+2y-4=0$ 위의 점 $P(a, b)$라 하면 $a+2b-4=0$ ······ ㉠

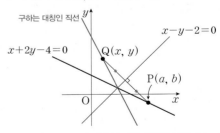

이때 점 P를 직선 $x-y-2=0$에 대하여 대칭이동한 점을 $Q(x, y)$라 하면
두 직선 PQ와 $x-y-2=0$이 수직으로 만나므로 직선 PQ의 기울기는 -1
즉 $\dfrac{y-b}{x-a}=-1$ $\therefore x+y=a+b$ ······ ㉡

또한, 두 점 P, Q의 중점 $\left(\dfrac{a+x}{2}, \dfrac{b+y}{2}\right)$가 직선 $x-y-2=0$ 위의 점이므로
대입하면 $\left(\dfrac{a+x}{2}\right)-\left(\dfrac{b+y}{2}\right)-2=0$ $\therefore x-y=-a+b+4$ ······ ㉢

㉡, ㉢을 연립하면 $x=b+2$, $y=a-2$
$\therefore a=y+2$, $b=x-2$ ······ ㉣

㉣의 식을 ㉠에 대입하면 $(y+2)+2(x-2)-4=0$
$\therefore 2x+y-6=0$

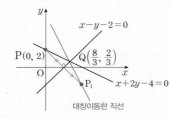

직선 $x+2y-4=0$ 위의 점 $P(0, 2)$를 직선 $x-y-2=0$에 대하여
대칭이동한 점을 P_1

두 직선 $x-y-2=0$, $x+2y-4=0$의 교점의 좌표를 $Q\left(\dfrac{8}{3}, \dfrac{2}{3}\right)$

점 Q는 교점이므로 대칭이동한 점은 점 Q이다.

이때 직선 $x+2y-4=0$을 직선 $x-y-2=0$에 대하여 대칭이동한 직선은
두 점 P_1, Q를 연결한 직선과 같다.

점 $P(0, 2)$가 대칭이동된 점 $P_1(a, b)$라 하면 직선 PP_1은 직선 $x-y-2=0$과
수직이므로 기울기는 -1

즉 $\dfrac{b-2}{a}=-1$ ∴ $a+b=2$ ...... ㉠

또한 두 점 P, P_1의 중점 $\left(\dfrac{a}{2}, \dfrac{b+2}{2}\right)$는 직선 $x-y-2=0$ 위의 점이므로

대입하면 $\dfrac{a}{2}-\left(\dfrac{b+2}{2}\right)-2=0$ ∴ $a-b=6$ ...... ㉡

㉠, ㉡을 연립하면 $a=4$, $b=-2$이므로 $P_1(4, -2)$

이때 직선 P_1Q의 방정식은 $y=\dfrac{\dfrac{2}{3}-(-2)}{\dfrac{8}{3}-4}(x-4)-2$, $y=-2x+6$

∴ $2x+y-6=0$

STEP B $a+b$**의 값 구하기**

직선 $2x+y-6=$의 식이 $ax+by-6=0$과 일치하므로 $a=2$, $b=1$

따라서 $a+b=2+1=3$

mini 해설 | 직선의 기울기가 ± 1인 경우 대칭이동을 이용하여 풀이하기

직선 $x-y-2=0$에 대하여 대칭이동하면 직선 $x+2y-4=0$에 ← $y=x-2$에 대한 대칭
x대신 $y+2$, y대신 $x-2$를 대입하면
$y+2+2(x-2)-4=0$ ∴ $2x+y-6=0$
따라서 $a=2$, $b=1$이므로 $a+b=3$

0623

정답 ④

STEP A **수직과 중점의 조건을 이용하여 점 Q의 좌표 구하기**

점 $Q(a, b)$라 하면 직선 PQ와 직선 $x-3y+4=0$이 수직으로 만나므로
직선 PQ의 기울기는 -3

즉 $\dfrac{b-5}{a-1}=-3$ ∴ $3a+b=8$ ...... ㉠

또한, 두 점 P, Q의 중점 $\left(\dfrac{1+a}{2}, \dfrac{5+b}{2}\right)$는 직선 $x-3y+4=0$ 위의

점이므로 대입하면 $\left(\dfrac{1+a}{2}\right)-3\left(\dfrac{5+b}{2}\right)+4=0$

∴ $a-3b=6$ ...... ㉡

㉠, ㉡을 연립하여 풀면 $a=3$, $b=-1$이므로 점 $Q(3, -1)$

STEP B **삼각형 OPQ의 넓이 구하기**

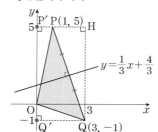

두 점 P, Q에서 y축에 내린 수선의 발을 P', Q',
직선 PP'과 점 Q를 지나면서 y축과 평행한 직선의 교점을 H라 할 때,
삼각형 OPQ의 넓이는
(직사각형 $HQQ'P'$의 넓이)$-$(삼각형 OPP'의 넓이)$-$(삼각형 OQQ'의 넓이)
$-$(삼각형 PQH의 넓이)

따라서 $6\times 3-\dfrac{1}{2}\times 5\times 1-\dfrac{1}{2}\times 3\times 1-\dfrac{1}{2}\times 2\times 6=18-\dfrac{5}{2}-\dfrac{3}{2}-6=8$

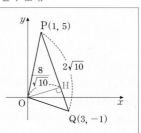

삼각형 OPQ에서 밑변의 길이를 PQ라 하고
높이는 점 O에서 선분 PQ에 내린
수선의 발을 H라 하면 선분 OH
즉 삼각형의 넓이는 $\dfrac{1}{2}\times \overline{PQ}\times \overline{OH}$

직선 PQ의 방정식은 $y=\dfrac{5-(-1)}{1-3}(x-1)+5$

∴ $y=-3x+8$

점 $O(0, 0)$에서 직선 $3x+y-8=0$까지

거리를 구하면 $\overline{OH}=\dfrac{|-8|}{\sqrt{3^2+1^2}}=\dfrac{8}{\sqrt{10}}$

$\overline{PQ}=\sqrt{(1-3)^2+\{5-(-1)\}^2}=2\sqrt{10}$

따라서 삼각형 OPQ의 넓이는 $\dfrac{1}{2}\times 2\sqrt{10}\times \dfrac{8}{\sqrt{10}}=8$

내/신/연/계 출제문항 327

점 $P(2, -1)$을 직선 $4x+y+10=0$에 대하여 대칭이동한 점 Q에 대하여
삼각형 OPQ의 넓이는? (단, O는 원점이다.)

① 5   ② 6   ③ 7
④ 8   ⑤ 9

STEP A **중점 조건과 수직 조건을 이용하여 점 Q의 좌표 구하기**

점 Q의 좌표를 (a, b)라 하면

선분 PQ의 중점의 좌표는 $\left(\dfrac{2+a}{2}, \dfrac{-1+b}{2}\right)$

이 점이 직선 $4x+y+10=0$ 위에 있으므로

$4\times \dfrac{2+a}{2}+\dfrac{-1+b}{2}+10=0$ ∴ $4a+b+27=0$ ...... ㉠

직선 PQ가 직선 $4x+y+10=0$, 즉 $y=-4x-10$와 수직이므로

$\dfrac{b+1}{a-2}\times(-4)=-1$ ∴ $a-4b-6=0$ ...... ㉡

㉠, ㉡을 연립하여 풀면 $a=-6$, $b=-3$

∴ $Q(-6, -3)$

STEP B **삼각형 OPQ의 넓이 구하기**

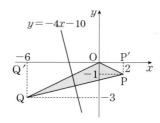

점 P, Q에서 x축에 내린 수선의 발을 P', Q'이라 할 때,
삼각형 OPQ의 넓이는
(사다리꼴 $PQQ'P'$의 넓이)$-$(삼각형 OPP'의 넓이)$-$(삼각형 OQQ'의 넓이)

$=\dfrac{1}{2}\times(1+3)\times 8-\dfrac{1}{2}\times 2\times 1-\dfrac{1}{2}\times 6\times 3$

$=16-1-9$

$=6$

정답 ②

0624

STEP ⓐ 점 A(1, 0)를 직선 $y=x+1$에 대하여 대칭이동한 점의 좌표 구하기

점 A(1, 0)을 직선 $x-y+1=0$에 대하여 대칭이동한 점을 $A'(a, b)$라 하면

$\overline{AA'}$의 중점 $\left(\dfrac{1+a}{2}, \dfrac{b}{2}\right)$가 직선 $x-y+1=0$ 위의 점이므로

$\dfrac{1+a}{2}-\dfrac{b}{2}+1=0$ ∴ $a-b=-3$ ...... ㉠

한편 직선 AA'은 직선 $x-y+1=0$, 즉 $y=x+1$에 수직이므로

$\dfrac{b-0}{a-1}\times 1=-1$ ∴ $a+b=1$ ...... ㉡

㉠, ㉡을 연립하여 풀면 $a=-1$, $b=2$

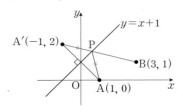

STEP ⓑ 대칭이동한 점 A′에 대하여 $\overline{AP}+\overline{BP}$의 최솟값 구하기

즉 점 A′의 좌표는 $(-1, 2)$이고 $\overline{A'P}=\overline{AP}$

$\overline{AP}+\overline{PB}=\overline{A'P}+\overline{PB}\geq \overline{A'B}=\sqrt{(3+1)^2+(1-2)^2}=\sqrt{17}$
　　세 점 A′, P, B가 일직선 위에 있을 때 최소이다.

따라서 $\overline{AP}+\overline{PB}$의 최솟값은 $\sqrt{17}$

0625

STEP ⓐ $\overline{AP}+\overline{BP}$가 최소가 되도록 하는 점 P의 좌표를 이해하기

점 A(6, 2)를 $y=x$에 대하여 대칭이동한 점 A′(2, 6)이라 하면
　　　　　　　　　　　　　　점 (x, y)를 $y=x$에 대하여
　　　　　　　　　　　　　　대칭이동하면 점 (y, x)가 된다.

$\overline{AP}=\overline{A'P}$이므로 $\overline{AP}+\overline{BP}=\overline{A'P}+\overline{BP}$이고

세 점 A′, B, P가 일직선 위에 있을 때, 최소이므로

$\overline{AP}+\overline{BP}=\overline{A'P}+\overline{BP}\geq \overline{A'B}$

즉 점 P는 직선 A′B와 직선 $y=x$의 교점이다.

STEP ⓑ 직선 A′B의 방정식 구하고 점 P의 좌표 구하기

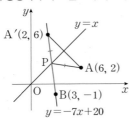

A(6, 2)를 직선 $y=x$에 대하여 대칭이동한 점은 A′(2, 6)

이때 직선 A′B의 방정식은 $y=\dfrac{6-(-1)}{2-3}(x-2)+6$

∴ $y=-7x+20$

점 P는 두 직선 $y=-7x+20$, $y=x$의 교점이므로

$-7x+20=x$, $8x=20$ ∴ $x=\dfrac{5}{2}$

즉 점 P의 좌표는　　　교점의 x좌표가 $\dfrac{5}{2}$이므로 $y=x$에 대입하면 $y=\dfrac{5}{2}$

$P\left(\dfrac{5}{2}, \dfrac{5}{2}\right)$

따라서 $a=\dfrac{5}{2}$, $b=\dfrac{5}{2}$이므로 $a+b=\dfrac{5}{2}+\dfrac{5}{2}=5$

0626

STEP ⓐ 두 점 A, B를 각각 x축과 y축에 대하여 대칭이동한 점의 좌표를 이용하여 최소가 되기 위한 조건 이해하기

점 A(3, 7)의 y축에 대하여 대칭이동한 점을 A′이라 하면 A′(−3, 7)
　　　　x좌표의 부호를 반대

점 B(6, 2)를 x축에 대하여 대칭이동한 점을 B′이라 하면 B′(6, −2)
　　　　y좌표의 부호를 반대

$\overline{AQ}=\overline{A'Q}$, $\overline{PB}=\overline{PB'}$이므로 $\overline{AQ}+\overline{QP}+\overline{PB}=\overline{A'Q}+\overline{QP}+\overline{PB'}$

이때 네 점 A′, Q, P, B′이 일직선 위에 있을 때, 그 값이 최소이다.

즉 $\overline{AQ}+\overline{QP}+\overline{PB}=\overline{A'Q}+\overline{QP}+\overline{PB'}\geq \overline{A'B'}$

STEP ⓑ 직선 A′B′의 방정식을 이용하여 점 P, Q의 좌표 구하기

$\overline{AQ}+\overline{QP}+\overline{PB}$의 최솟값은 $\overline{A'B'}$이고

이때 두 점 P, Q는 직선 A′B′의 x절편과 y절편이다.

두 점 A′(−3, 7), B′(6, −2)를 지나는 직선 A′B′의 방정식은

$y-7=\dfrac{-2-7}{6+3}(x+3)$ ∴ $y=-x+4$

직선의 x축과 만나는 점 P(4, 0), y축과 만나는 점 Q(0, 4)

따라서 $\overline{PQ}=\sqrt{4^2+4^2}=4\sqrt{2}$

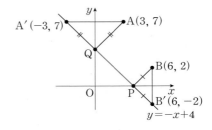

0627

STEP ⓐ 사각형 ABQP의 둘레의 길이가 최소가 되기 위한 두 점 P, Q의 조건 이해하기

점 A(4, 1)을 x축에 대하여 대칭이동한 점 A′(4, −1)

점 B(2, 5)를 y축에 대하여 대칭이동한 점 B′(−2, 5)

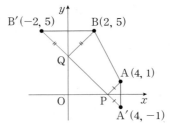

이때 $\overline{AP}=\overline{A'P}$, $\overline{BQ}=\overline{B'Q}$

사각형 APQB의 둘레의 길이는

$\overline{AP}+\overline{PQ}+\overline{QB}+\overline{AB}=\overline{A'P}+\overline{PQ}+\overline{QB'}+\overline{AB}\geq \overline{A'B'}+\overline{AB}$
　　　　　　　$\overline{A'P}+\overline{PQ}+\overline{QB'}$의 최솟값은 $\overline{A'B'}$

사각형 APQB의 둘레의 길이가 최소가 되기 위해서 두 점 P, Q는
　　　　　　네 점 A′, P, Q, B′가 일직선 위에 있을 때, 최소이다.

직선 A′B′의 x절편과 y절편일 때이다.

STEP ⓑ 직선 PQ의 기울기 구하기

따라서 직선 PQ의 기울기는 직선 A′B′의 기울기와 같으므로 구하는

직선의 기울기는 $\dfrac{-1-5}{4-(-2)}=\dfrac{-6}{6}=-1$

내/신/연/계 출제문항 **328**

오른쪽 그림과 같이 점 P(2, 6),
점 Q(1, 3)와 직선 $y=x$ 위의
점 R, y축 위의 점 S를 꼭짓점으로
하는 사각형 PSQR의 둘레의
길이의 최솟값은?

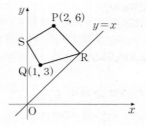

① $3\sqrt{2}+\sqrt{26}$ ② $6+2\sqrt{5}$

③ $8+\sqrt{26}$ ④ $9+5\sqrt{2}$

⑤ $10+\sqrt{26}$

STEP A 점의 대칭이동을 이용하여 점 P', Q'의 좌표 구하기

점 P(2, 6)을 y축에 대하여 대칭이동한 점을 P'이라 하면
$P'(-2, 6)$

점 Q(1, 3)를 직선 $y=x$에 대하여 대칭이동한 점을 Q'이라 하면
$Q'(3, 1)$

STEP B 사각형 PSQR의 둘레의 길이의 최솟값 구하기

$\overline{PS}+\overline{SQ}+\overline{QR}+\overline{RP}=\overline{P'S}+\overline{SQ}+\overline{Q'R}+\overline{RP}\geq\overline{P'Q}+\overline{Q'P}$

$\overline{P'S}+\overline{SQ}$의 최솟값은 $\overline{P'Q}$이고 $\overline{Q'R}+\overline{RP}$의 최솟값은 $\overline{Q'P}$

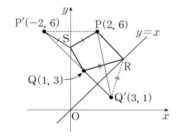

$\overline{P'Q}=\sqrt{9+9}=3\sqrt{2}$, $\overline{Q'P}=\sqrt{1+25}=\sqrt{26}$

따라서 사각형 PSQR의 둘레의 길이의 최솟값은 $\overline{P'Q}+\overline{Q'P}=3\sqrt{2}+\sqrt{26}$

정답 ①

0628

정답 ③

STEP A 대칭이동을 이용하여 $\overline{AP}+\overline{PQ}$가 최소가 되기 위한 조건 구하기

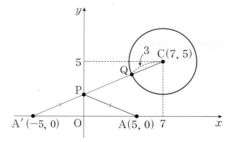

점 A(5, 0)을 y축에 대하여 대칭이동하면 $A'(-5, 0)$

이때 $\overline{AP}=\overline{A'P}$이므로 $\overline{AP}+\overline{PQ}=\overline{A'P}+\overline{PQ}$

즉 $\overline{A'P}+\overline{PQ}$가 최소가 되기 위해서는 세 점 A', P, Q가 일직선 위에 있을 때

이고 최솟값 $\overline{A'Q}$ $\therefore \overline{AP}+\overline{PQ}=\overline{A'P}+\overline{PQ}\geq\overline{A'Q}$

점 A'에서 원 위의 점 Q까지 거리의 최솟값은
(점 A'에서 원의 중심까지의 거리)−(반지름의 길이)

STEP B $\overline{AP}+\overline{PQ}$의 최솟값 구하기

선분 $A'C$의 길이는 $\sqrt{\{7-(-5)\}^2+(5-0)^2}=13$

따라서 $\overline{AP}+\overline{PQ}$의 최솟값은 $13-3=10$

반지름의 길이

POINT | 원 밖의 한 점에서 원에 이르는 거리의 최대·최소

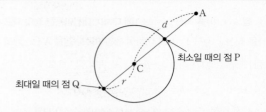

원의 반지름의 길이를 r, 원의 중심과 원 밖의 점 사이의 거리를 d ($d>r$)라 하면
한 점에서 원에 이르는 거리의 최댓값과 최솟값은 다음과 같다.
중심이 C이고 반지름이 r인 원에 대하여 원 밖의 한 정점 A에서
① (최대 거리)=(점과 원의 중심 사이의 거리)+(원의 반지름의 길이)
  $\overline{QA}=\overline{CA}+\overline{QC}=d+r$
② (최소 거리)=(점과 원의 중심 사이의 거리)−(원의 반지름의 길이)
  $\overline{PA}=\overline{CA}-\overline{PC}=d-r$

내/신/연/계 출제문항 **329**

다음 그림과 같이 원 $x^2+(y-4)^2=4$ 위의 점을 P, x축 위의 점을 Q라고
하자. 점 A의 좌표가 (12, 1)일 때, $\overline{PQ}+\overline{QA}$의 최솟값을 구하시오.

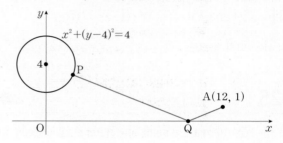

STEP A 대칭이동을 이용하여 $\overline{PQ}+\overline{QA}$가 최소가 되기 위한 조건 구하기

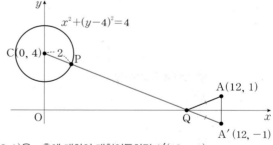

점 A(12, 1)을 x축에 대하여 대칭이동하면 $A'(12, -1)$

이때 $\overline{QA}=\overline{QA'}$이므로 $\overline{PQ}+\overline{QA}=\overline{PQ}+\overline{QA'}$

즉 $\overline{PQ}+\overline{QA'}$가 최소가 되기 위해서는 세 점 P, Q, A'가 일직선 위에 있을 때

이고 최솟값은 $\overline{A'P}$ $\therefore \overline{PQ}+\overline{QA}=\overline{PQ}+\overline{QA'}\geq\overline{A'P}$

점 A'에서 원 위의 점 P까지 거리의 최솟값은
(점 A'에서 원의 중심까지의 거리)−(반지름의 길이)

STEP B $\overline{PQ}+\overline{QA}$의 최솟값 구하기

선분 $A'C$의 길이는 $\sqrt{(12-0)^2+(-1-4)^2}=13$

따라서 $\overline{PQ}+\overline{QA}$의 최솟값은 $13-2=11$

정답 11

0629

STEP A 점 A를 x축과 $y=x$에 대하여 대칭이동한 점의 좌표 구하기

점 A$(3, 2)$를 x축에 대하여 대칭이동한 점을 A$_1$이라 하면
<small>y좌표의 부호를 반대로 바꾼다.</small>

A$_1(3, -2)$

점 A$(3, 2)$를 직선 $y=x$에 대하여 대칭이동한 점을 A$_2$이라 하면
<small>x좌표와 y좌표를 서로 바꾼다.</small>

A$_2(2, 3)$

STEP B 삼각형 ABC의 둘레의 길이의 최솟값 구하기

$\overline{AB}=\overline{A_2B}$, $\overline{AC}=\overline{A_1C}$이므로 삼각형 ABC의 둘레의 길이는

$\overline{AB}+\overline{BC}+\overline{CA}=\overline{A_2B}+\overline{BC}+\overline{CA_1}\geq\overline{A_1A_2}$
<small>네 점 A$_2$, B, C, A$_1$가 일직선 위에 있을 때 최소가 된다.</small>

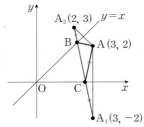

따라서 삼각형 ABC의 둘레의 길이의 최솟값은

$\overline{A_1A_2}=\sqrt{(2-3)^2+\{3-(-2)^2\}}=\sqrt{26}$

내신연계 출제문항 330

오른쪽 그림과 같이 점 A$(3, 1)$과 직선 $y=x$ 위의 점 P, x축 위의 점 Q에 대하여 $\overline{AP}+\overline{PQ}+\overline{QA}$의 최솟값을 구하시오.

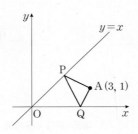

STEP A 점 A를 x축과 $y=x$에 대하여 대칭이동한 점의 좌표 구하기

점 A$(3, 1)$을 직선 $y=x$에 대하여 대칭이동한 점을 A$_1$이라 하면 A$_1(1, 3)$
<small>x좌표와 y좌표를 서로 바꾼다.</small>

점 A$(3, 1)$을 x축에 대하여 대칭이동한 점을 A$_2$이라 하면 A$_2(3, -1)$
<small>y좌표의 부호를 반대로 바꾼다.</small>

STEP B $\overline{AP}+\overline{PQ}+\overline{QA}$의 최솟값 구하기

$\overline{AP}=\overline{A_1P}$, $\overline{QA}=\overline{QA_2}$이므로
네 점 A$_1$, P, Q, A$_2$가 일직선 위에 있을 때 값이 최소이다.
즉 $\overline{AP}+\overline{PQ}+\overline{QA}=\overline{A_1P}+\overline{PQ}+\overline{QA_2}$
$\geq\overline{A_1A_2}$

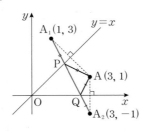

따라서 $\overline{AP}+\overline{PQ}+\overline{QA}$의 최솟값은
$\overline{A_1A_2}=\sqrt{(3-1)^2+(-1-3)^2}=2\sqrt{5}$

0630

STEP A 대칭이동을 이용하여 $\overline{AP}+\overline{PB}$의 값이 최소가 되는 경우 파악하기

제 1사분면 위의 점 A의 좌표를 (a, b) $(a>0, b>0)$라 하면

점 A를 직선 $y=x$에 대하여 대칭이동시킨
<small>x좌표와 y좌표를 서로 바꾼다.</small>
점 B의 좌표는 B(b, a)
점 A를 x축에 대하여 대칭이동시킨
<small>y좌표의 부호를 바꾼다.</small>
점을 A$'$이라 하면 A$'(a, -b)$
이때 $\overline{AP}=\overline{A'P}$이므로
$\overline{AP}+\overline{BP}=\overline{A'P}+\overline{BP}\geq\overline{A'B}$
<small>세 점 A$'$, P, B가 일직선 위에 있을 때 최소가 된다.</small>

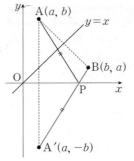

STEP B $\overline{AP}+\overline{PB}$의 최솟값을 이용하여 $\overline{OA}$의 값 구하기

두 점 A$'(a, -b)$, B(b, a)에 대하여

$\overline{A'B}=\sqrt{(b-a)^2+(a+b)^2}$
$=\sqrt{a^2-2ab+b^2+a^2+2ab+b^2}$
$=\sqrt{2(a^2+b^2)}=10\sqrt{2}$

$\therefore \sqrt{a^2+b^2}=10$

따라서 선분 OA의 길이는 $\overline{OA}=\sqrt{a^2+b^2}=10$

0631 2023년 11월 고1 학력평가 12번

STEP A 대칭이동을 이용하여 $\overline{AP}+\overline{BP}$의 값이 최소가 되는 경우 이해하기

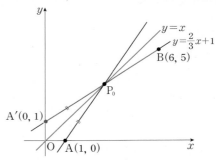

점 A를 직선 $y=x$에 대하여 대칭이동한 점을 A$'$이라 하면 A$'(0, 1)$
<small>x좌표와 y좌표를 서로 바꾼다.</small>

이때 $\overline{AP}=\overline{A'P}$이므로 $\overline{AP}+\overline{BP}=\overline{A'P}+\overline{BP}\geq\overline{A'B}$

즉 $\overline{AP}+\overline{BP}$의 값은 점 P$_0$가 두 점 A$'$, B를 지나는 직선 위에 있을 때 최소가 되고 최솟값은 선분 A$'$B의 길이와 같다.

STEP B 대칭이동을 이용하여 구한 직선이 점 $(9, a)$를 지날 때, a의 값 구하기

직선 AP$_0$을 직선 $y=x$에 대하여 대칭이동한 직선 A$'$P$_0$은 직선 A$'$B와 같다.

두 점 A$'(0, 1)$, B$(6, 5)$를 지나는 직선 A$'$B의 방정식은
<small>두 점 (x_1, y_1), (x_2, y_2)를 지나는 직선의 방정식은 $y-y_1=\frac{y_2-y_1}{x_2-x_1}(x-x_1)$ (단, $x_1\neq x_2$)</small>

$y-1=\frac{5-1}{6-0}(x-0)$, 즉 $y=\frac{2}{3}x+1$

따라서 직선 A$'$B가 점 $(9, a)$를 지나므로 대입하면 $a=\frac{2}{3}\times9+1=6+1=7$

+α 점 P$_0$의 좌표를 구하여 a의 값을 구할 수 있어!

두 점 A$'(0, 1)$, B$(6, 5)$를 지나는 직선 A$'$B의 방정식 $y=\frac{2}{3}x+1$
직선 A$'$B와 직선 $y=x$의 교점인 점 P$_0$의 좌표를 구하기 위하여
두 식을 연립하면 $\frac{2}{3}x+1=x$, $\frac{1}{3}x=1$ $\therefore x=3$
그러므로 점 P$_0$의 좌표는 P$_0(3, 3)$
두 점 A$(1, 0)$, P$_0(3, 3)$을 지나는 직선 AP$_0$의 방정식은 $y=\frac{3}{2}(x-1)$
이때 직선 AP$_0$을 직선 $y=x$에 대하여 대칭이동한 직선이 점 $(9, a)$를 지나므로 직선 AP$_0$은 점 $(a, 9)$를 지나게 된다.
즉 $y=\frac{3}{2}(x-1)$에 $x=a$, $y=9$를 대입하면 $9=\frac{3}{2}(a-1)$, $a-1=6$ $\therefore a=7$

좌표평면 위의 두 점 A(2, 0), B(5, 4)와 직선 $y=x$ 위의 점 P에 대하여 $\overline{AP}+\overline{BP}$의 값이 최소가 되도록 하는 점 P를 P_0이라 하자. 직선 AP_0을 직선 $y=x$에 대하여 대칭이동한 직선이 점 $(10, a)$를 지날 때, a의 값은?

① 4   ② 5   ③ 6
④ 7   ⑤ 8

STEP A 대칭이동을 이용하여 $\overline{AP}+\overline{BP}$의 값이 최소가 되는 경우 이해하기

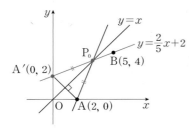

점 A를 직선 $y=x$에 대하여 대칭이동한 점을 A′이라 하면 A′(0, 2)
_{x좌표와 y좌표를 서로 바꾼다.}
이때 $\overline{AP}=\overline{A'P}$이므로 $\overline{AP}+\overline{BP}=\overline{A'P}+\overline{BP} \geq \overline{A'B}$
즉 $\overline{AP}+\overline{BP}$의 값은 점 P_0가 두 점 A′, B를 지나는 직선 위에 있을 때 최소가 되고 최솟값은 선분 A′B의 길이와 같다.

STEP B 대칭이동을 이용하여 구한 직선이 점 $(10, a)$를 지날 때, a의 값 구하기

직선 AP_0을 직선 $y=x$에 대하여 대칭이동한 직선 $A'P_0$은 직선 A′B와 같다.
두 점 A′(0, 2), B(5, 4)를 지나는 직선 A′B의 방정식은
_{두 점 (x_1, y_1), (x_2, y_2)를 지나는 직선의 방정식은 $y-y_1=\frac{y_2-y_1}{x_2-x_1}(x-x_1)$ (단, $x_1 \neq x_2$)}
$y-2=\frac{4-2}{5-0}(x-0)$, 즉 $y=\frac{2}{5}x+2$
따라서 직선 A′B가 점 $(10, a)$를 지나므로 대입하면
$a=\frac{2}{5} \times 10+2=4+2=6$

+α   점 P_0의 좌표를 구하여 a의 값을 구할 수 있어!

두 점 A′(0, 2), B(5, 4)를 지나는 직선 A′B의 방정식 $y=\frac{2}{5}x+2$
직선 A′B와 직선 $y=x$의 교점인 점 P_0의 좌표를 구하기 위하여
두 식을 연립하면 $\frac{2}{5}x+2=x$, $\frac{3}{5}x=2$ ∴ $x=\frac{10}{3}$
그러므로 점 P_0의 좌표는 $P_0\left(\frac{10}{3}, \frac{10}{3}\right)$
두 점 A(2, 0), $P_0\left(\frac{10}{3}, \frac{10}{3}\right)$을 지나는 직선 AP_0의 방정식은 $y=\frac{5}{2}(x-2)$
이때 직선 AP_0을 직선 $y=x$에 대하여 대칭이동한 직선이 점 $(10, a)$를 지나므로
직선 AP_0은 점 $(a, 10)$을 지나게 된다.
즉 $y=\frac{5}{2}(x-2)$에 $x=a$, $y=10$을 대입하면 $10=\frac{5}{2}(a-2)$, $a-2=4$ ∴ $a=6$

정답 ③

0632 2022년 09월 고1 학력평가 17번   정답 ④   해설강의

STEP A 대칭이동을 이용하여 $\overline{AD}+\overline{CD}+\overline{BC}$의 값이 최소가 되는 경우 이해하기

점 A(2, 3)을 직선 $y=x$에 대하여 대칭이동한 점을 A′이라 하면
_{x좌표와 y좌표를 서로 바꾼다.}
A′(3, 2)
점 B(−3, 1)을 x축에 대하여 대칭이동한 점을 B′이라 하면
_{y좌표의 부호를 바꾼다.}
B′(−3, −1)

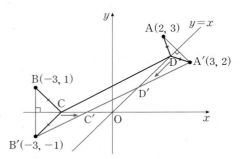

이때 $\overline{AD}=\overline{A'D}$, $\overline{BC}=\overline{B'C}$이므로
$\overline{AD}+\overline{CD}+\overline{BC}=\overline{A'D}+\overline{DC}+\overline{CB'} \geq \overline{A'B'}$
즉 $\overline{AD}+\overline{CD}+\overline{BC}$의 값은 점 C, D가 두 점 A′, B′을 지나는 직선 위에 있을 때 최소가 되고 최솟값은 선분 A′B′의 길이와 같다.

STEP B $\overline{AD}+\overline{CD}+\overline{BC}$의 최솟값 구하기

따라서 $\overline{AD}+\overline{CD}+\overline{BC}$의 최솟값은
$\overline{A'B'}=\sqrt{\{(-3)-3\}^2+\{(-1)-2\}^2}=3\sqrt{5}$ ← _{두 점 (x_1, y_1), (x_2, y_2) 사이의 거리는 $\sqrt{(x_2-x_1)^2+(y_2-y_1)^2}$}

다음 그림과 같이 두 점 A(4, 3)과 B(2, −4)에 대하여 서로 다른 두 점 C, D가 각각 y축과 직선 $y=x$ 위에 있을 때 $\overline{AD}+\overline{CD}+\overline{CB}$의 최솟값을 구하시오.

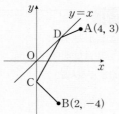

STEP A 대칭이동을 이용하여 $\overline{AD}+\overline{CD}+\overline{BC}$의 값이 최소가 되는 경우 이해하기

점 A(4, 3)을 $y=x$에 대하여 대칭이동한 점을 A′라 하면 A′(3, 4)
점 B(2, −4)를 y축에 대하여 대칭이동한 점을 B′라 하면 B′(−2, −4)

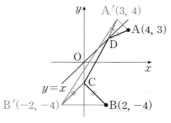

이때 $\overline{AD}=\overline{A'D}$, $\overline{BC}=\overline{B'C}$이므로
$\overline{AD}+\overline{DC}+\overline{CB}=\overline{A'D}+\overline{DC}+\overline{B'C} \geq \overline{A'B'}$
즉 $\overline{AD}+\overline{DC}+\overline{CB}$의 값은 점 C, D가 두 점 A′, B′을 지나는 직선 위에 있을 때 최소가 되고 그 값은 선분 A′B′의 길이와 같다.

STEP B $\overline{AD}+\overline{CD}+\overline{BC}$의 최솟값 구하기

따라서 $\overline{AD}+\overline{CD}+\overline{BC}$의 최솟값은
$\overline{A'B'}=\sqrt{\{3-(-2)\}^2+\{4-(-4)\}^2}=\sqrt{89}$ 정답 $\sqrt{89}$

0633
2020년 09월 고1 학력평가 13번   정답 ①

STEP A 대칭이동을 이용하여 $\overline{AQ}+\overline{QP}$의 값이 최소가 되는 조건 이해하기

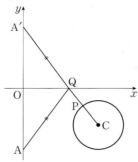

점 A(0, −5)를 x축에 대하여 대칭이동한 점을 A′이라 하면 A′(0, 5)
_{y좌표의 부호를 바꾼다.}

이때 $\overline{AQ}=\overline{A'Q}$이므로 $\overline{AQ}+\overline{QP}=\overline{A'Q}+\overline{QP}$

즉 $\overline{A'Q}+\overline{QP}$가 최소가 되기 위해서는 세 점 A′, Q, P가 일직선 위에 있을 때
이고 최솟값은 $\overline{A'P}$ ∴ $\overline{AQ}+\overline{QP}=\overline{A'Q}+\overline{QP}\geq\overline{A'P}$

점 A′에서 원 위의 점 P까지 거리의 최솟값은
(점 A′에서 원의 중심까지의 거리)−(반지름의 길이)

STEP B $\overline{AQ}+\overline{QP}$의 최솟값 구하기

원 $(x-6)^2+(y+3)^2=4$의 중심을 C라 하면 C(6, −3)

점 A′(0, 5)와 C(6, −3) 사이의 거리는

$\overline{A'C}=\sqrt{(6-0)^2+(-3-5)^2}=\sqrt{100}=10$

따라서 $\overline{AQ}+\overline{QP}$의 최솟값은 $10-2=8$

내/신/연/계 출제문항 333

원 $(x-6)^2+(y+4)^2=4$ 위의 점 P와 x축 위의 점 Q가 있다.
점 A(0, −4)에 대하여 $\overline{AQ}+\overline{PQ}$의 최솟값은?

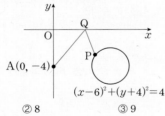

① 7   ② 8   ③ 9
④ 10   ⑤ 11

STEP A 대칭이동한 점 A′에 대하여 $\overline{AQ}+\overline{PQ}$의 값이 최소가 될 조건 이해하기

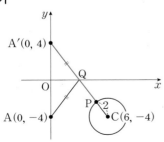

점 A(0, −4)의 x축에 대하여 대칭이동하면 A′(0, 4)

이때 $\overline{AQ}=\overline{A'Q}$이므로 $\overline{AQ}+\overline{PQ}=\overline{A'Q}+\overline{PQ}$

즉 $\overline{A'Q}+\overline{PQ}$가 최소가 되기 위해서는 세 점 A′, Q, P가 일직선 위에 있을 때
이고 최솟값은 $\overline{A'P}$ ∴ $\overline{AQ}+\overline{PQ}=\overline{A'Q}+\overline{PQ}\geq\overline{A'P}$

점 A′에서 원 위의 점 P까지 거리의 최솟값은
(점 A′에서 원의 중심까지의 거리)−(반지름의 길이)

STEP B $\overline{AQ}+\overline{PQ}$의 최솟값 구하기

점 A′(0, 4)에서 원의 중심 C(6, −4) 사이의 거리는

$\overline{A'C}=\sqrt{(6-0)^2+(-4-4)^2}=10$

$\overline{A'P}$의 최솟값은 선분 A′C의 길이에서 원 C의 반지름의 길이 2를 뺀 값이다.

따라서 $\overline{AQ}+\overline{PQ}$의 최솟값은 $10-2=8$ 정답 ②

0634
2022년 11월 고1 학력평가 15번   정답 ③

STEP A 대칭이동을 이용하여 $\overline{AQ}+\overline{QP}$의 값이 최소가 되는 조건 구하기

$\overline{BP}=3$이므로 점 P는 중심이 B이고 반지름의 길이가 3인 원 위에 있다.

즉 점 P는 원 $(x-5)^2+(y-4)^2=9$ 위의 점이 된다.

점 A(−3, 2)를 x축에 대하여 대칭이동한 점을 A′이라 하면 A′(−3, −2)
_{y좌표의 부호를 바꾼다.}

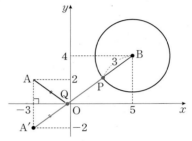

이때 $\overline{AQ}=\overline{A'Q}$이므로 $\overline{AQ}+\overline{QP}=\overline{A'Q}+\overline{QP}$

즉 $\overline{A'Q}+\overline{QP}$의 값은 세 점 A′, Q, P가 일직선 위에 있을 때,
최솟값은 $\overline{A'P}$ ∴ $\overline{AQ}+\overline{QP}=\overline{A'Q}+\overline{QP}\geq\overline{A'P}$

점 A′에서 원 위의 점 P까지 거리의 최솟값은
(점 A′에서 원의 중심까지의 거리)−(반지름의 길이)

STEP B $\overline{AQ}+\overline{QP}$의 최솟값 구하기

따라서 두 점 A′(−3, −2), B(5, 4)에 대하여

$\overline{A'B}=\sqrt{\{5-(-3)\}^2+\{4-(-2)\}^2}=10$ ← 두 점 (x_1, y_1), (x_2, y_2) 사이의 거리는
이므로 $\overline{AQ}+\overline{QP}$의 최솟값은 $10-3=7$ $\sqrt{(x_2-x_1)^2+(y_2-y_1)^2}$

내/신/연/계 출제문항 334

좌표평면 위에 두 점 A(−5, 1), B(7, 4)가 있다. $\overline{BP}=2$인 점 P와
x축 위의 점 Q에 대하여 $\overline{AQ}+\overline{QP}$의 최솟값은?

① 7   ② 8   ③ 9
④ 10   ⑤ 11

STEP A 대칭이동을 이용하여 $\overline{AQ}+\overline{QP}$의 값이 최소가 되는 경우 파악하기

$\overline{BP}=2$이므로 점 P는 중심이 B이고 반지름의 길이가 2인 원 위에 있다.

즉 점 P는 원 $(x-7)^2+(y-4)^2=4$ 위의 점이 된다.

점 A(−5, 1)를 x축에 대하여 대칭이동한 점을 A′이라 하면 A′(−5, −1)
_{y좌표의 부호를 바꾼다.}

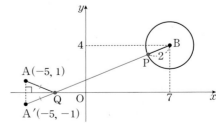

이때 $\overline{AQ}=\overline{A'Q}$이므로 $\overline{AQ}+\overline{QP}=\overline{A'Q}+\overline{QP}$

즉 $\overline{A'Q}+\overline{QP}$의 값은 세 점 A', Q, P가 일직선 위에 있을 때

최솟값은 $\overline{A'P}$ $\quad\therefore \overline{AQ}+\overline{QP}=\overline{A'Q}+\overline{QP}\geq\overline{A'P}$

점 A'에서 원 위의 점 P까지 거리의 최솟값은

(점 A'에서 원의 중심까지의 거리)−(반지름의 길이)

STEP B $\overline{AQ}+\overline{QP}$의 **최솟값 구하기**

따라서 두 점 $A'(-5, -1)$, $B(7, 4)$에 대하여

$\overline{A'B}=\sqrt{\{7-(-5)\}^2+\{4-(-1)\}^2}=13$ $\leftarrow$ 두 점 (x_1, y_1), (x_2, y_2) 사이의 거리는

이므로 $\overline{AQ}+\overline{QP}$의 최솟값은 $13-2=11$ $\sqrt{(x_2-x_1)^2+(y_2-y_1)^2}$ 〔정답〕⑤

0635 2020년 11월 고1 학력평가 14번 〔정답〕⑤

STEP A 대칭이동을 이용하여 $\overline{AC}+\overline{BC}$의 값이 최소가 되는 경우 파악하기

점 $A(0, 1)$을 x축에 대하여 대칭이동한
y좌표의 부호를 바꾼다.

점을 A'이라 하면 $A'(0, -1)$

이때 $\overline{AC}=\overline{A'C}$이므로

$\overline{AC}+\overline{BC}=\overline{A'C}+\overline{BC}$

$\qquad\qquad \geq \overline{A'B}$

즉 $\overline{AC}+\overline{BC}$의 값은 점 C가

두 점 A', B를 지나는 직선 위에 있을 때

최소가 되고 그 값은

선분 A'B의 길이의 최솟값과 같다.

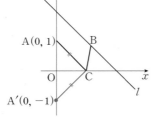

STEP B 직선 A'B와 직선 l이 수직임을 이용하여 a, b의 값 구하기

$\overline{A'B}$가 최소가 되려면 점 B는 점 A'에서

직선 l에 내린 수선의 발이어야 한다.

이때 직선 A'B와 직선 l은 서로 수직이므로
서로 수직인 두 직선의 기울기의 곱은 -1이므로
직선 A'B의 기울기는 1

점 $A'(0, -1)$을 지나고 직선 l에 수직인
기울기가 m이고 점 (a, b)를 지나는 직선의 방정식은
$y-b=m(x-a)$

직선 A'B의 방정식은 $y=x-1$

두 직선의 방정식 $y=-x+2$, $y=x-1$을

연립하여 풀면 $x=\dfrac{3}{2}$, $y=\dfrac{1}{2}$

즉 점 B의 좌표가 $B\left(\dfrac{3}{2}, \dfrac{1}{2}\right)$이므로 $a=\dfrac{3}{2}$, $b=\dfrac{1}{2}$

따라서 $a^2+b^2=\left(\dfrac{3}{2}\right)^2+\left(\dfrac{1}{2}\right)^2=\dfrac{9}{4}+\dfrac{1}{4}=\dfrac{5}{2}$

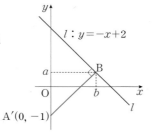

+α 이차함수의 그래프를 이용하여 a^2+b^2의 값을 구할 수도 있어!

점 B가 직선 $l : y=-x+2$ 위의 점이므로 점 B의 좌표는 $B(a, -a+2)$이다.

이때 점 B는 제1사분면 위의 점이므로 $a>0$, $-a+2>0$ $\therefore 0<a<2$

한편, $\overline{A'B}$가 최소일 때 $\overline{A'B}^2$도 최소이므로

$\overline{A'B}=\sqrt{a^2+(-a+3)^2}$ $\leftarrow$ 두 점 (x_1, y_1), (x_2, y_2) 사이의 거리는 $\sqrt{(x_2-x_1)^2+(y_2-y_1)^2}$

$\overline{A'B}^2=a^2+(-a+3)^2$

$\qquad =2a^2-6a+9$

$\qquad =2\left(a^2-3a+\dfrac{9}{4}-\dfrac{9}{4}\right)+9$

$\qquad =2\left(a-\dfrac{3}{2}\right)^2+\dfrac{9}{2}$

$0<a<2$이므로 $a=\dfrac{3}{2}$일 때,

$\overline{A'B}$가 최소이고 $\overline{AC}+\overline{BC}$의 값도 최소이다.

따라서 $b=-a+2=\dfrac{1}{2}$이므로

$a^2+b^2=\left(\dfrac{3}{2}\right)^2+\left(\dfrac{1}{2}\right)^2=\dfrac{9}{4}+\dfrac{1}{4}=\dfrac{5}{2}$

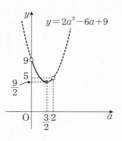

내/신/연/계/ 출제문항 335

좌표평면 위에 점 $A(0, 2)$과 직선 $l : y=-x+4$가 있다.

직선 l 위의 제1사분면 위의 점 $B(a, b)$와 x축 위의 점 C에 대하여

$\overline{AC}+\overline{BC}$의 값이 최소일 때, a^2+b^2의 값은?

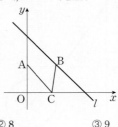

① 7 ② 8 ③ 9
④ 10 ⑤ 11

STEP A 대칭이동을 이용하여 $\overline{AC}+\overline{BC}$의 값이 최소가 되는 경우 파악하기

점 $A(0, 2)$을 x축에 대하여 대칭이동한
y좌표의 부호를 바꾼다.

점을 A'이라 하면 $A'(0, -2)$

이때 $\overline{AC}=\overline{A'C}$이므로

$\overline{AC}+\overline{BC}=\overline{A'C}+\overline{BC}$

$\qquad\qquad \geq \overline{A'B}$

즉 $\overline{AC}+\overline{BC}$의 값은 점 C가

두 점 A', B를 지나는 직선 위에 있을 때

최소가 되고 그 값은

선분 A'B의 길이의 최솟값과 같다.

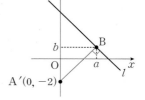

STEP B 직선 A'B와 직선 l이 수직임을 이용하여 a, b의 값 구하기

$\overline{A'B}$가 최소가 되려면 점 B는 점 A'에서

직선 l에 내린 수선의 발이어야 한다.

이때 직선 A'B와 직선 l은 서로 수직이므로
서로 수직인 두 직선의 기울기의 곱은 -1이므로
직선 A'B의 기울기는 1

점 $A'(0, -2)$을 지나고 직선 l에 수직인
기울기가 m이고 점 (a, b)를 지나는 직선의 방정식은
$y-b=m(x-a)$

직선 A'B의 방정식은 $y=x-2$

두 직선의 방정식 $y=-x+4$, $y=x-2$를 연립하여 풀면

$x=3$, $y=1$

즉 점 B의 좌표가 $B(3, 1)$이므로 $a=3$, $b=1$

따라서 $a^2+b^2=3^2+1^2=9+1=10$ 〔정답〕④

0636 2017년 11월 고1 학력평가 16번 정답 ②

해설강의

STEP A 대칭이동을 이용하여 $\overline{AP}+\overline{PB}+\overline{BQ}+\overline{QC}$의 값이 최소가 되는 경우 이해하기

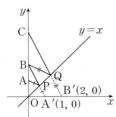

두 점 A(0, 1), B(0, 2)를 직선 $y=x$에 대하여 대칭이동한 점을
_{x좌표와 y좌표를 서로 바꾼다.}

각각 A′, B′이라 하면

A′(1, 0), B′(2, 0)

이때 $\overline{AP}=\overline{A'P}$, $\overline{BQ}=\overline{B'Q}$이므로

$$\overline{AP}+\overline{PB}+\overline{BQ}+\overline{QC}=\overline{A'P}+\overline{PB}+\overline{B'Q}+\overline{QC}$$
$$\geq \overline{A'B}+\overline{B'C}$$

즉 $\overline{AP}+\overline{PB}+\overline{BQ}+\overline{QC}$의 값은 점 P가 두 점 A′, B를 지나는 직선 위에 있고 점 Q가 두 점 B′, C를 지나는 직선 위에 있을 때 최소가 된다.

STEP B 두 점 P, Q의 좌표 구하기

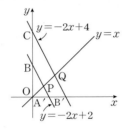

두 점 A′(1, 0), B(0, 2)를 지나는 직선의 방정식은
_{두 점 (x_1, y_1), (x_2, y_2)를 지나는 직선의 방정식은 $y-y_1=\dfrac{y_2-y_1}{x_2-x_1}(x-x_1)$ (단, $x_1 \neq x_2$)}

$y=\dfrac{2-0}{0-1}(x-0)+2$에서 $y=-2x+2$

두 점 B′(2, 0), C(0, 4)를 지나는 직선의 방정식은

$y=\dfrac{4-0}{0-2}(x-0)+4$에서 $y=-2x+4$

이때 점 P는 두 직선 $y=-2x+2$, $y=x$의 교점이므로

$x=-2x+2$에서 $3x=2$ ∴ $x=y=\dfrac{2}{3}$ ∴ P$\left(\dfrac{2}{3}, \dfrac{2}{3}\right)$

또한, 점 Q는 두 직선 $y=-2x+4$, $y=x$의 교점이므로

$x=-2x+4$에서 $3x=4$ ∴ $x=y=\dfrac{4}{3}$ ∴ Q$\left(\dfrac{4}{3}, \dfrac{4}{3}\right)$

STEP C 선분 PQ의 길이 구하기

따라서 선분 PQ의 길이는
_{두 점 (x_1, y_1), (x_2, y_2) 사이의 거리는 $\sqrt{(x_2-x_1)^2+(y_2-y_1)^2}$}

$$\overline{PQ}=\sqrt{\left(\dfrac{4}{3}-\dfrac{2}{3}\right)^2+\left(\dfrac{4}{3}-\dfrac{2}{3}\right)^2}=\sqrt{\dfrac{4}{9}+\dfrac{4}{9}}=\sqrt{\dfrac{8}{9}}=\dfrac{2\sqrt{2}}{3}$$

내/신/연/계/ 출제문항 336

좌표평면 위에 세 점 A(0, 1), B(0, 3), C(0, 9)와 직선 $y=x$ 위의 두 점 P, Q가 있다. $\overline{AP}+\overline{PB}+\overline{BQ}+\overline{QC}$의 값이 최소가 되도록 하는 두 점 P, Q에 대하여 선분 PQ의 길이는?

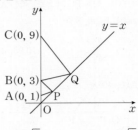

① $\dfrac{\sqrt{2}}{2}$ ② $\dfrac{2\sqrt{2}}{3}$ ③ $\dfrac{5\sqrt{2}}{6}$

④ $\dfrac{3\sqrt{2}}{2}$ ⑤ $\dfrac{7\sqrt{2}}{6}$

STEP A 두 점 A, B를 $y=x$에 대하여 대칭이동하여 $\overline{AP}+\overline{PB}+\overline{BQ}+\overline{QC}$가 최소가 되는 경우 이해하기

두 점 A(0, 1), B(0, 3)을 직선 $y=x$에 대하여 대칭이동한 점은 각각 A′(1, 0), B′(3, 0)이다.

$\overline{AP}=\overline{A'P}$, $\overline{BQ}=\overline{B'Q}$이므로

$$\overline{AP}+\overline{PB}+\overline{BQ}+\overline{QC}=\overline{A'P}+\overline{PB}+\overline{B'Q}+\overline{QC} \geq \overline{A'B}+\overline{B'C}$$

$\overline{AP}+\overline{PB}+\overline{BQ}+\overline{QC}$의 값이 최소일 때는
점 P가 두 점 A′, B를 지나는 직선 위에 있고
점 Q가 두 점 B′, C를 지나는 직선 위에 있을 때이다.

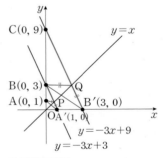

STEP B 선분 PQ의 길이 구하기

두 점 A′(1, 0), B(0, 3)을 지나는 직선의 방정식은 $y=-3x+3$

두 점 B′(3, 0), C(0, 9)를 지나는 직선의 방정식은 $y=-3x+9$

점 P는 두 직선 $y=x$, $y=-3x+3$의 교점 P$\left(\dfrac{3}{4}, \dfrac{3}{4}\right)$이고

점 Q는 두 직선 $y=x$, $y=-3x+9$의 교점 Q$\left(\dfrac{9}{4}, \dfrac{9}{4}\right)$

따라서 $\overline{PQ}=\sqrt{\left(\dfrac{9}{4}-\dfrac{3}{4}\right)^2+\left(\dfrac{9}{4}-\dfrac{3}{4}\right)^2}=\dfrac{3\sqrt{2}}{2}$ 정답 ④

0637
정답 150m

STEP Ⓐ **좌표평면에 옮기고 점 A를 x축에 대하여 대칭이동한 점의 좌표 구하기**

다음 그림과 같이 점 P가 원점, 직선 PQ가 x축, 직선 AP가 y축이 되도록 좌표평면을 잡으면 A(0, 40), B(90, 80)

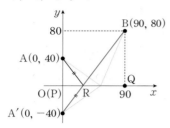

이때 점 A를 x축에 대하여 대칭이동한 점을 A′이라 하면 A′(0, −40)

STEP Ⓑ **최단거리 구하기**

직선 A′B가 x축과 만나는 점을 R이라 하면
$$\overline{AR}+\overline{BR}=\overline{A'R}+\overline{BR}\geq\overline{A'B}$$
세 점 A′, R, B가 일직선 위에 있을 때 최소가 된다.

따라서 최단거리는 $\overline{A'B}$이므로 $\overline{A'B}=\sqrt{(90-0)^2+(80+40)^2}=150$

따라서 소가 움직이는 최단거리는 150 m

내신연계 출제문항 337

다음 그림과 같이 직선으로 뻗은 도로변에 4 km 떨어진 두 지점 A, B로부터 각각 수직으로 2 km와 1 km 떨어진 지점에 두 건물 C, D가 있다. 도로변에 버스 정류장을 만들려고할 때 두 건물에서 버스 정류장까지의 거리의 합의 최솟값을 구하시오.

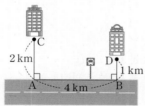

STEP Ⓐ **좌표평면으로 옮기고 각 점의 좌표 구하기**

점 A를 원점으로 하고 버스정류장을 점 P라 하고 좌표평면으로 옮기면 오른쪽과 같다.

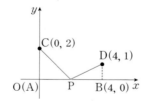

STEP Ⓑ **대칭이동을 이용하여 거리의 합의 최솟값 구하기**

점 D(4, 1)을 x축에 대하여 대칭이동한 점을 D′라 하면 D′(4, −1)

이때 $\overline{DP}=\overline{D'P}$이므로 $\overline{CP}+\overline{DP}=\overline{CP}+\overline{D'P}\geq\overline{CD'}$

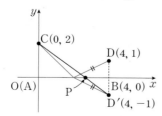

즉 두 건물에서 버스 정류장까지의 거리의 합의 최솟값은 $\overline{CD'}$

따라서 $\overline{CD'}=\sqrt{(0-4)^2+\{2-(-1)\}^2}=\sqrt{25}=5$이므로 최솟값은 5 정답 5

278

0638
정답 ⑤

STEP Ⓐ **좌표평면으로 옮겨 피타고라스 정리를 이용하여 점 A의 좌표를 구하고 x축에 대하여 대칭인 점의 좌표 구하기**

수직인 두 도로를 각각 x축과 y축으로 하는 좌표평면 위에서 S대의 위치를 점 S(12, 7)

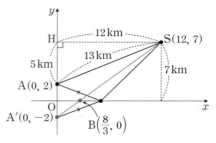

두 전철역 A, B의 위치를 점 A, 점 B라 하자.

점 S(12, 7)에서 y축에 내린 수선의 발 H라 하면
$\overline{AS}=13$, $\overline{HS}=12$이므로 $\overline{AH}=\sqrt{\overline{AS}^2-\overline{HS}^2}=\sqrt{13^2-12^2}=5$

즉 점 A의 좌표는 A(0, 2)이다.

점 A(0, 2)를 x축에 대하여 대칭이동한 점을 A′이라 하면 A′(0, −2)

$\overline{AB}=\overline{A'B}$이므로 $\overline{SA}+\overline{AB}+\overline{BS}=\overline{SA}+\overline{A'B}+\overline{BS}\geq\overline{SA}+\overline{A'S}$

$\overline{SA}+\overline{AB}+\overline{BS}$가 최소가 될 때는 점 B가 직선 A′S 위에 있을 때이다.

STEP Ⓑ **두 전철역 A, B 사이의 거리 구하기**

직선 A′S의 방정식은 $y=\dfrac{7-(-2)}{12-0}x-2$ ∴ $y=\dfrac{3}{4}x-2$

즉 B$\left(\dfrac{8}{3},\ 0\right)$이므로 $\overline{AB}=\sqrt{\left(\dfrac{8}{3}-0\right)^2+(0-2)^2}=\dfrac{10}{3}$ ◀ 점 B는 직선의 x절편

따라서 두 전철역 A, B 사이의 거리는 $\dfrac{10}{3}$ km

0639
정답 ⑤

STEP Ⓐ **주어진 그림을 좌표평면으로 옮겨 각 점의 좌표 구하기**

점 B가 원점이 되도록 좌표평면에 옮기면
A(0, 20), B(0, 0), C(20, 0), D(20, 20)
점 E는 두 점 B(0, 0)과 D(20, 20)을
3 : 1로 내분하는 점이므로
E$\left(\dfrac{60+0}{4},\ \dfrac{60+0}{4}\right)$ ∴ E(15, 15)
점 F는 두 점 B(0, 0)과 점 D(20, 20)의
중점이므로
F$\left(\dfrac{0+20}{2},\ \dfrac{0+20}{2}\right)$ ∴ F(10, 10)

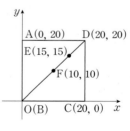

STEP Ⓑ **$\overline{FP}+\overline{PQ}+\overline{QE}$의 최솟값 구하기**

점 F를 x축에 대하여 대칭이동한 점을 F′라 하면 F′(10, −10)
점 E를 직선 CD, 즉 $x=20$에 대하여 대칭이동한 점을 E′라 하면 E′(25, 15)
이때 $\overline{FP}=\overline{F'P}$, $\overline{QE}=\overline{QE'}$
즉 $\overline{FP}+\overline{PQ}+\overline{QE}$
$=\overline{F'P}+\overline{PQ}+\overline{QE'}\geq\overline{F'E'}$
네 점 F′, P, Q, E′가 일직선 위에 있을 때 최소가 된다.

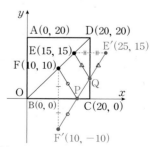

따라서 구하는 최솟값은
$\overline{F'E'}=\sqrt{(25-10)^2+\{15-(-10)\}^2}=5\sqrt{34}$ cm

오른쪽 그림과 같이 담으로 둘러싸인 직사각형 모양의 평평한 구역이 있다. 경비원이 순찰 지점 A에서 출발하여 오른쪽 그림과 같이 담의 두 지점을 지나 순찰 지점 B까지 최단거리로 이동할 때, 그 이동거리는?

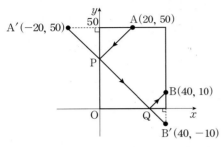

① 50m ② 60m
③ 70m ④ $50\sqrt{2}$m
⑤ $60\sqrt{2}$m

STEP A 주어진 그림을 좌표평면으로 옮겨 각 점의 좌표 구하기

그림과 같이 직사각형을 좌표평면 위에 옮기면 A(20, 50), B(40, 10)
이때 점 A를 y축에 대하여 대칭이동한 점을 A′이라 하면 A′(−20, 50)
점 B를 x축에 대하여 대칭이동한 점을 B′이라 하면 B′(40, −10)

STEP B $\overline{AP}+\overline{PQ}+\overline{QB}$의 최솟값 구하기

$\overline{AP}=\overline{A'P}$, $\overline{QB}=\overline{QB'}$이므로
$\overline{AP}+\overline{PQ}+\overline{QB}=\overline{A'P}+\overline{PQ}+\overline{QB'}\ge\overline{A'B'}$
　네 점 A′, P, Q, B′이 일직선 위에 있을 때 최솟값이 된다.
따라서 경비원의 이동하는 최단거리는 $\overline{A'B'}$이므로
$\overline{A'B'}=\sqrt{(40+20)^2+(-10-50)^2}=60\sqrt{2}$m

정답 ⑤

0640

정답 1020m

STEP A 주어진 그림을 좌표평면 위에 나타내기

오른쪽 그림과 같이 학교를 A라 하고 원점이 되도록 좌표평면 위에 나타낸다.
또한, 도서관을 B라 하고 좌표평면 위에 나타내면 점 B의 좌표는 B(800, −620)

정동쪽으로 800m 지점
정남쪽으로 620m 지점

STEP B 학교와 도서관 사이의 거리가 최소가 되는 경우 파악하기

점 A(0, 0)에서 y축의 방향으로
　횡단보도가 20m이고 점 B의 좌표가
　제 4사분면에 있으므로 y축의 방향으로
　−20만큼 평행이동한다.

−20만큼 평행이동한 점을 A′
이라 할 때,
점 A′의 좌표는 A′(0, −20)
횡단보도의 양 끝점을 C, C′이라 하면
$\overline{AA'}=\overline{CC'}$, $\overline{AC}=\overline{A'C'}$이므로

$\overline{AC}+\overline{CC'}+\overline{C'B}=\overline{A'C'}+\overline{AA'}+\overline{C'B}\ge\overline{AA'}+\overline{A'B}$
즉 학교와 도서관 사이의 거리는 점 C′이 두 점 A′, B를 지나는 직선 위에 있을 때 최소가 되고 그 값은 $\overline{AA'}+\overline{A'B}$와 같다.

STEP C 학교와 도서관 사이의 최단거리 구하기

따라서 학교와 도서관 사이의 최단거리는
$\overline{AA'}+\overline{A'B}=20+\sqrt{(800-0)^2+\{-620-(-20)\}^2}=1020$m

그림과 같이 폭이 10m인 직선 도로를 사이에 두고 두 기업 A, B가 위치하고 있다. 기업 A, B에서 도로의 경계선 까지의 거리는 각각 10m, 5m이고, 두 기업 A, B 사이의 거리가 $5\sqrt{41}$m이고 기업 A에서 기업 B까지의 이동하는 거리가 최소이면서 도로에 수직이 되도록 도로 위에 횡단보도를 만들 때, 기업 A에서 이 횡단보도를 거쳐 기업 B로 이동하는 거리의 최솟값을 구하시오. (단, 고도와 횡단보도의 폭은 무시한다.)

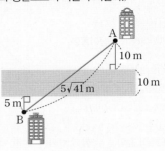

STEP A 두 기업 A, B를 좌표평면 위에서 좌표로 표시하기

기업 B의 위치가 점 B(0, 0), 도로의 위, 아래 경계선이 각각 $y=5$, $y=15$가 되도록 좌표평면 위에 놓고, 기업 A의 위치의 x좌표를 a $(a>0)$라 하면 A$(a, 25)$이다.
$\overline{AB}=5\sqrt{41}$이므로 피타고리스 정리에 의하여
$\sqrt{a^2+25^2}=5\sqrt{41}$, $a^2+25^2=25\times41$
$a^2=25\times16=20^2$ ← $a^2=25\times41-25\times25=25\times16$
∴ $a=20$ $(\because a>0)$

STEP B 두 기업 A, B 사이의 거리가 최단거리가 되는 상황 이해하기

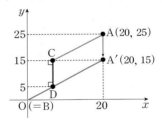

횡단보도가 도로의 경계선과 만나는 두 점을 각각 C, D라 하면
횡단보도는 도로와 수직으로이므로 $\overline{CD}=10$
이때, 기업 A에서 이 횡단보도를 거쳐 기업 B로 이동하는 거리는
$\overline{AC}+\overline{CD}+\overline{DB}=\overline{AC}+10+\overline{DB}$이므로 $\overline{AC}+\overline{DB}$가 최소일 때, 최솟값을 갖는다.

STEP C 거리의 최솟값 구하기

선분 AC를 점 C가 점 D로 옮겨지도록 평행이동할 때, 즉 y축으로 −10만큼 평행이동하면
점 A(20, 25)가 이동하는 점을 A′이라 하면 A′(20, 15)
이때, $\overline{AC}=\overline{A'D}$이므로 $\overline{AC}+\overline{DB}=\overline{A'D}+\overline{DB}$
세 점 A′, D, B가 일직선 위에 있을 때, 이 값이 최소이므로
$\overline{A'D}+\overline{DB}\ge\overline{A'B}=\sqrt{20^2+15^2}=25$
따라서 구하는 최솟값은 25+10=35m

정답 35m

STEP Ⓐ 주어진 그림을 좌표평면 위에 나타내고 직선 m과 정류소 A의 좌표 구하기

오른쪽 그림과 같이 지점 O를 좌표평면 위의 원점, 직선도로 l을 x축으로 정하면 직선도로 m은 직선 $y=x$,

직선 m은 원점을 지나고 기울기는 $\tan 45°$이므로 $y=x$

정류소 A의 좌표는 A$(3, 1)$

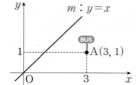

STEP Ⓑ 대칭이동을 이용하여 도로의 길이가 최소가 되는 경우 파악하기

점 A를 x축에 대하여 대칭이동한 점을

y좌표의 부호를 바꾼다.

P라 하면 점 P의 좌표는 P$(3, -1)$

점 A를 직선 $y=x$에 대하여 대칭이동한

x좌표와 y좌표를 서로 바꾼다.

점을 Q라 하면 점 Q의 좌표는 Q$(1, 3)$

정류소 B, C의 위치를 점 B, C로

나타낼 때, $\overline{AB}=\overline{BP}$, $\overline{CA}=\overline{CQ}$이므로

$\overline{AB}+\overline{BC}+\overline{CA}=\overline{BP}+\overline{BC}+\overline{CQ}\geq\overline{PQ}$

즉 만들려고 하는 도로의 길이는 두 점 B, C가 두 점 P, Q를 지나는 직선 위에 있을 때 최소가 되고 그 값은 선분 PQ의 길이와 같다.

STEP Ⓒ 두 정류소 B, C 사이의 거리 구하기

두 점 P$(3, -1)$, Q$(1, 3)$을 지나는 직선의 방정식은

$y-3=\dfrac{-1-3}{3-1}(x-1)$ $\therefore y=-2x+5$

이때 x축과 직선 $y=-2x+5$의 교점 B의 좌표는 B$\left(\dfrac{5}{2}, 0\right)$

$y=-2x+5$에 $y=0$을 대입하면 $0=-2x+5$ $\therefore x=\dfrac{5}{2}$

직선 $y=x$와 직선 $y=-2x+5$의 교점 C의 좌표는 C$\left(\dfrac{5}{3}, \dfrac{5}{3}\right)$

$y=-2x+5$에 $y=x$를 대입하면 $x=-2x+5$ $\therefore x=y=\dfrac{5}{3}$

따라서 두 정류소 B, C 사이의 거리는

$\overline{BC}=\sqrt{\left(\dfrac{5}{3}-\dfrac{5}{2}\right)^2+\left(\dfrac{5}{3}-0\right)^2}=\dfrac{5\sqrt{5}}{6}$(km)

내/신/연/계 출제문항 340

그림과 같이 두 직선 도로 l과 m이 이루는 각의 크기는 45°이고, 정류소 A 는 두 도로가 만나는 지점 O로부터 동쪽으로 4km, 북쪽으로 2km떨어진 지점에 있다. 정류소 A를 출발해서 도로 l 위의 정류소 B와 도로 m 위의 정류소 C를 차례로 지나 정류소 A로 돌아오도록 두 정류소 B, C와 도로를 만들려고 한다. 만드는 도로의 길이가 최소가 되도록 정류소 B와 정류소 C 를 만들 때, 두 정류소 B와 C 사이의 거리는? (단, 도로의 폭은 무시하며 모든 지점과 도로는 같은 평면 위에 있다.)

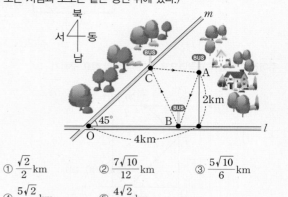

① $\dfrac{\sqrt{2}}{2}$ km   ② $\dfrac{7\sqrt{10}}{12}$ km   ③ $\dfrac{5\sqrt{10}}{6}$ km

④ $\dfrac{5\sqrt{2}}{6}$ km   ⑤ $\dfrac{4\sqrt{2}}{3}$ km

STEP Ⓐ 주어진 그림을 좌표평면 위에 나타내기

오른쪽 그림과 같이 지점 O를 좌표평면 위의 원점, 직선도로 l을 x축으로 정하면 직선도로 m은 직선 $y=x$,

직선 m은 원점을 지나고 기울기가 $\tan 45°$이므로 $y=x$

정류소 A의 좌표는 A$(4, 2)$

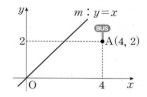

STEP Ⓑ 대칭이동을 이용하여 도로의 길이가 최소가 되는 경우 파악하기

점 A를 x축에 대하여 대칭이동한 점을

y좌표의 부호를 바꾼다.

P라 하면 점 P의 좌표는 P$(4, -2)$

점 A를 직선 $y=x$에 대하여 대칭이동한

x좌표와 y좌표를 서로 바꾼다.

점을 Q라 하면 점 Q의 좌표는 Q$(2, 4)$

정류소 B, C의 위치를 점 B, C로

나타낼 때, $\overline{AB}=\overline{BP}$, $\overline{CA}=\overline{CQ}$이므로

$\overline{AB}+\overline{BC}+\overline{CA}=\overline{BP}+\overline{BC}+\overline{CQ}\geq\overline{PQ}$

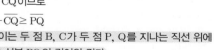

즉 만들려고 하는 도로의 길이는 두 점 B, C가 두 점 P, Q를 지나는 직선 위에 있을 때 최소가 되고 그 값은 선분 PQ의 길이와 같다.

STEP Ⓒ 두 정류소 B, C 사이의 거리 구하기

두 점 P$(4, -2)$, Q$(2, 4)$을 지나는 직선의 방정식은

지나는 직선의 방정식은 $y-4=\dfrac{4-(-2)}{2-4}(x-2)$ $\therefore y=-3x+10$

직선 $y=-3x+10$과 x축의 교점 B의 x좌표는

$-3x+10=0$에서 $x=\dfrac{10}{3}$ $\therefore$ B$\left(\dfrac{10}{3}, 0\right)$

직선 $y=-3x+10$과 직선 $y=x$의 교점 C의 x좌표는

$-3x+10=x$에서 $x=\dfrac{5}{2}$ $\therefore$ C$\left(\dfrac{5}{2}, \dfrac{5}{2}\right)$

$\therefore \overline{BC}=\sqrt{\left(\dfrac{5}{2}-\dfrac{10}{3}\right)^2+\left(\dfrac{5}{2}-0\right)^2}=\dfrac{5\sqrt{10}}{6}$

따라서 두 정류소 B와 C 사이의 거리는 $\dfrac{5\sqrt{10}}{6}$ km   정답 ③

0642

정답 해설참조

| 1단계 | y축의 방향으로 -2만큼 평행이동한 포물선의 방정식을 구한다. | 3점 |

포물선 $y=x^2-4x+a$의 그래프를 y축의 방향으로 -2만큼 평행이동하면
<u>y 대신에 $y+2$를 대입한다.</u>
$y+2=x^2-4x+a$
$\therefore y=x^2-4x+a-2$ …… ㉠

| 2단계 | 포물선을 원점에 대하여 대칭이동한 포물선의 방정식을 구한다. | 3점 |

㉠을 원점에 대하여 대칭이동시키면 $-y=(-x)^2-4\times(-x)+a-2$
$\therefore y=-x^2-4x-a+2$ …… ㉡

| 3단계 | x축에 접할 때, 실수 a의 값을 구한다. | 4점 |

㉡이 x축에 접하므로 $y=0$을 대입하면
이차방정식 $-x^2-4x-a+2=0$, $x^2+4x+a-2=0$의 판별식을 D라 하면
중근을 가지므로 $D=0$
즉 $\dfrac{D}{4}=4-(a-2)=0$, $6-a=0$
따라서 $a=6$

0643

정답 해설참조

| 1단계 | 원 $(x-a)^2+(y-b)^2=36$을 대칭이동과 평행이동한 원이 x축과 y축에 동시에 접하도록 하는 양수 a, b의 값을 구한다. | 4점 |

원 $(x-a)^2+(y-b)^2=36$을 x축에 대하여 대칭이동한 원의 방정식은
<u>y 대신에 $-y$를 대입한다.</u>
$(x-a)^2+(-y-b)^2=36$ $\therefore (x-a)^2+(y+b)^2=36$
원 $(x-a)^2+(y+b)^2=36$을 x축의 방향으로 -2만큼 평행이동한
원의 방정식은 $(x+2-a)^2+(y+b)^2=36$
이때 원이 x축과 y축에 모두 접하므로
<u>|중심의 x좌표|=|중심의 y좌표|=(반지름의 길이)</u>
$|-2+a|=6$에서 $-2+a=6$ 또는 $-2+a=-6$
$\therefore a=8$ 또는 $a=-4$
$|-b|=6$에서 $-b=6$ 또는 $-b=-6$
$\therefore b=-6$ 또는 $b=6$
$a>0$, $b>0$이므로 $a=8$, $b=6$

| 2단계 | 포물선 $y=-x^2-6x-14$를 평행이동하여 꼭짓점의 좌표를 구한다. | 3점 |

포물선 $y=-x^2-6x-14$, 즉 $y=-(x+3)^2-5$를
x축의 방향으로 8만큼, y축의 방향으로 6만큼 평행이동한 포물선의 방정식은
<u>x 대신에 $x-8$, y 대신에 $y-6$을 대입한다.</u>
$y-6=-(x-8+3)^2-5$ $\therefore y=-(x-5)^2+1$
즉 이 포물선의 꼭짓점의 좌표는 $(5, 1)$

| 3단계 | 꼭짓점의 좌표를 중심으로 하고 직선 $3x-4y-1=0$에 접하는 원의 반지름의 길이를 구한다. | 3점 |

원의 중심이 $(5, 1)$이고 직선 $3x-4y-1=0$에 접하므로
중심에서 직선까지의 거리는 반지름의 길이와 같다.
따라서 원의 반지름의 길이는 $\dfrac{|3\times5-4\times1-1|}{\sqrt{3^2+(-4)^2}}=\dfrac{10}{5}=2$

원 $(x+2)^2+(y-a)^2=16$을 x축의 방향으로 b만큼, y축의 방향으로 3만큼 평행이동한 원이 x축과 y축에 동시에 접하고 포물선 $y=-x^2+4x-7$을 x축의 방향으로 a만큼, y축의 방향으로 b만큼 평행이동한 포물선의 꼭짓점의 좌표를 직선 $y=2x+k$가 지날 때, 상수 k의 값을 구하는 과정을 다음 단계로 서술하시오. (단, $a>0$, $b>0$)

[1단계] 원 $(x+2)^2+(y-a)^2=16$을 평행이동한 원이 x축과 y축에 동시에 접하도록 하는 양수 a, b의 값을 구한다. [4점]

[2단계] 포물선 $y=-x^2+4x-7$를 평행이동하여 꼭짓점의 좌표를 구한다. [3점]

[3단계] 꼭짓점의 좌표를 직선 $y=2x+k$가 지날 때 상수 k의 값을 구한다. [3점]

| 1단계 | 원 $(x+2)^2+(y-a)^2=16$을 평행이동한 원이 x축과 y축에 동시에 접하도록 하는 양수 a, b의 값을 구한다. | 4점 |

원 $(x+2)^2+(y-a)^2=16$를 x축의 방향으로 b만큼, y축의 방향으로 3만큼
<u>x 대신에 $x-b$, y 대신에 $y-3$을 대입한다.</u>
평행이동한 원의 방정식은 $(x-b+2)^2+(y-3-a)^2=16$
원 $(x-b+2)^2+(y-3-a)^2=16$의 중심의 좌표는 $(b-2, 3+a)$
원 $(x-b+2)^2+(y-3-a)^2=16$가 x축과 y축에 동시에 접하므로
$|b-2|=4$에서 $b-2=4$ 또는 $b-2=-4$
$\therefore b=6$ 또는 $b=-2$
$|3+a|=4$에서 $3+a=4$ 또는 $3+a=-4$
$\therefore a=1$ 또는 $a=-7$
$a>0$, $b>0$이므로 $a=1$, $b=6$

| 2단계 | 포물선 $y=-x^2+4x-7$를 평행이동하여 꼭짓점의 좌표를 구한다. | 3점 |

포물선 $y=-x^2+4x-7$에서 $y=-(x-2)^2-3$
이 포물선을 x축의 방향으로 1만큼, y축의 방향으로 6만큼 평행이동한
<u>x 대신에 $x-1$, y 대신에 $y-6$을 대입한다.</u>
포물선의 방정식은 $y-6=-(x-1-2)^2-3$ $\therefore y=-(x-3)^2+3$
즉 이 포물선의 꼭짓점의 좌표는 $(3, 3)$

| 3단계 | 꼭짓점의 좌표를 직선 $y=2x+k$이 지날 때 상수 k의 값을 구한다. | 3점 |

직선 $y=2x+k$가 포물선의 꼭짓점의 좌표 $(3, 3)$를 지나므로 대입하면
$3=2\times3+k$
따라서 $k=-3$ 정답 해설참조

0644

정답 해설참조

| 1단계 | 원 $(x-2)^2+(y+2)^2=20$을 평행이동한 원의 방정식이 점 $(2, -2)$을 지나도록 하는 a, b의 관계식을 구한다. | 3점 |

원 $(x-2)^2+(y+2)^2=20$을 x축의 방향으로 a만큼, y축의 방향으로 b만큼
평행이동한 원의 방정식은 $(x-a-2)^2+(y-b+2)^2=20$
원 $(x-a-2)^2+(y-b+2)^2=20$이 점 $(2, -2)$를 지나므로 대입하면
$a^2+b^2=20$ …… ㉠

| 2단계 | 평행이동한 원이 직선 $y=2x-16$에 의하여 이등분하도록 하는 a, b의 값을 구한다. | 4점 |

원 $(x-a-2)^2+(y-b+2)^2=20$이 직선 $y=2x-16$에 의하여 이등분되므로
직선 $y=2x-16$은 원의 중심 $(a+2, b-2)$를 지난다.
즉 $b-2=2(a+2)-16$ $\therefore b=2a-10$ …… ㉡
㉡을 ㉠에 대입하면 $a^2+(2a-10)^2=20$,
$5a^2-40a+80=0$, $a^2-8a+16=0$, $(a-4)^2=0$ $\therefore a=4$
$a=4$를 ㉡에 대입하면 $b=8-10=-2$
$\therefore a=4$, $b=-2$

3단계	점 $(-1, 7)$을 x축의 방향으로 a만큼, y축의 방향으로 b만큼 평행이동 한 점의 좌표를 구한다.	3점

점 $(-1, 7)$를 x축의 방향으로 4만큼, y축의 방향으로 -2만큼 평행이동한 점의 좌표는 $(-1+4, 7-2)$

따라서 평행이동한 점의 좌표는 $(3, 5)$

0645

정답 해설참조

1단계	포물선 $y=x^2-2x$를 포물선 $y=x^2+8x+10$으로 옮기는 평행이동 을 구한다.	4점

포물선 $y=x^2-2x$를 x축의 방향으로 m만큼, y축의 방향으로 n만큼 평행이동하면 $y-n=(x-m)^2-2(x-m)$

$\therefore y=x^2-2(m+1)x+m^2+2m+n$ ...... ㉠

㉠의 포물선 $y=x^2+8x+10$과 일치하므로

$-2(m+1)=8, m^2+2m+n=10$

$\therefore m=-5, n=-5$

즉 x축의 방향으로 -5만큼, y축의 방향으로 -5만큼 평행이동한다.

+α | 꼭짓점의 좌표를 이용하여 구할 수 있어!

포물선 $y=x^2-2x$에서 $y=(x-1)^2-1$
꼭짓점의 좌표를 A라 하면 A$(1, -1)$
포물선 $y=x^2+8x+10$에서 $y=(x+4)^2-6$
꼭짓점의 좌표를 B라 하면 B$(-4, -6)$
점 A$(1, -1)$이 점 B$(-4, -6)$으로 평행이동된 것이므로
x축의 방향으로 -5만큼, y축의 방향으로 -5만큼 평행이동한 것이다.

2단계	직선 $l: x-2y+1=0$을 평행이동에 의하여 직선 l'의 방정식을 구한다.	2점

직선 $l: x-2y+1=0$을 x축의 방향으로 -5만큼, y축의 방향으로 -5만큼
(x 대신에 $x+5$, y 대신에 $y+5$를 대입한다.)

평행이동하면 $(x+5)-2(y+5)+1=0$

$\therefore l': x-2y-4=0$

3단계	두 직선 l과 l' 사이의 거리를 구한다.	4점

두 직선 l, l' 사이의 거리는 직선 $l: x-2y+1=0$ 위의 점 $(-1, 0)$에서
직선 $l': x-2y-4=0$까지의 거리와 같다.

따라서 $\dfrac{|-1-0-4|}{\sqrt{1^2+(-2)^2}}=\sqrt{5}$

내/신/연/계/ 출제문항 **342**

포물선 $y=2x^2-4x-3$을 x축에 대하여 대칭이동한 후 x축의 방향으로
a만큼, y축의 방향으로 b만큼 평행이동하면 포물선 $y=-2x^2-4x+1$과
일치할 때, 직선 $l: 3x-4y+7=0$은 x축의 방향으로 a만큼, y축의 방향
으로 b만큼 평행이동하여 직선 l'으로 옮겨진다. 두 직선 l과 l' 사이의 거리
를 구하는 과정을 다음 단계로 서술하시오.

[1단계] 포물선 $y=2x^2-4x-3$을 x축에 대하여 대칭이동한 후 x축의
방향으로 a만큼, y축의 방향으로 b만큼 평행이동하면 포물선
$y=-2x^2-4x+1$과 일치할 때 상수 a, b의 값을 구한다. [4점]
[2단계] 직선 l'의 방정식을 구한다. [2점]
[3단계] 두 직선 l과 l' 사이의 거리를 구한다. [4점]

1단계	포물선 $y=2x^2-4x-3$을 x축에 대하여 대칭이동한 후 x축의 방향으로 a만큼, y축의 방향으로 b만큼 평행이동하면 포물선 $y=-2x^2-4x+1$과 일치할 때 상수 a, b의 값을 구한다.	4점

포물선 $y=2x^2-4x-3$을 x축에 대하여 대칭이동한 포물선의 방정식은
(y 대신에 $-y$를 대입한다.)

$-y=2x^2-4x-3$ $\therefore y=-2x^2+4x+3$ ...... ㉠

㉠의 포물선을 x축의 방향으로 a만큼, y축의 방향으로 b만큼 평행이동한
(x 대신에 $x-a$, y 대신에 $y-b$를 대입한다.)

포물선의 방정식은 $y-b=-2(x-a)^2+4(x-a)+3$

$\therefore y=-2x^2+(4a+4)x-2a^2-4a+b+3$

이 포물선이 포물선 $y=-2x^2-4x+1$과 일치하므로

$4a+4=-4, -2a^2-4a+b+3=1$

$\therefore a=-2, b=-2$

2단계	직선 l'의 방정식을 구한다.	2점

직선 $l: 3x-4y+7=0$을 x축의 방향으로 -2만큼, y축의 방향으로 -2만큼
평행이동하면 $3(x+2)-4(y+2)+7=0$

$\therefore l': 3x-4y+5=0$

3단계	두 직선 l과 l' 사이의 거리를 구한다.	4점

두 직선 l, l' 사이의 거리는 직선 $l: 3x-4y+7=0$ 위의 점 $\left(0, \dfrac{7}{4}\right)$에서
직선 l'까지의 거리와 같다.

따라서 $\dfrac{\left|-4\times\dfrac{7}{4}+5\right|}{\sqrt{3^2+(-4)^2}}=\dfrac{2}{5}$

정답 해설참조

0646

정답 해설참조

1단계	중점과 수직조건을 이용하여 도형 C_2의 방정식을 구한다.	5점

원 $C_1: (x+1)^2+(y+2)^2=4$에서 중심을 C_1이라 하면 $C_1(-1, -2)$
원 C_1을 직선 $x+2y-5=0$에 대하여 대칭이동한 원 C_2의 중심을
$C_2(a, b)$라 하자.
이때 두 점 C_1, C_2를 연결한 직선은 직선 $x+2y-5=0$과 수직이므로
(직선의 기울기는 $-\dfrac{1}{2}$이므로 수직인 직선의 기울기는 2)

기울기의 곱은 -1

즉 직선 C_1C_2의 기울기는 $\dfrac{b+2}{a+1}=2$

$\therefore 2a-b=0$ ...... ㉠

또한, 두 점 $C_1(-1, -2)$, $C_2(a, b)$의 중점 $\left(\dfrac{a-1}{2}, \dfrac{b-2}{2}\right)$는

직선 $x+2y-5=0$ 위의 점이므로 대입하면

$\dfrac{a-1}{2}+2\left(\dfrac{b-2}{2}\right)-5=0$

$\therefore a+2b=15$ ...... ㉡

㉠, ㉡을 연립하여 풀면 $a=3, b=6$

즉 원 C_2의 방정식은 중심이 $(3, 6)$이고 반지름의 길이가 2인 원이므로

$C_2: (x-3)^2+(y-6)^2=4$

2단계	두 점 P, Q 사이의 거리의 최댓값 M, 최솟값 m을 구한다.	3점

원 C_2의 중심의 좌표는 $C_2(3, 6)$이므로 두 원의 중심 사이의 거리는
$\sqrt{(3+1)^2+(6+2)^2}=4\sqrt{5}$ ← $C_1(-1, -2)$, $C_2(3, 6)$
두 점 P, Q 사이의 거리의 최댓값은
(중심 사이의 거리)+(두 원의 반지름의 길이의 합)이므로
$M=4\sqrt{5}+4$
두 점 P, Q 사이의 거리의 최솟값은
(중심 사이의 거리)-(두 원의 반지름의 길이의 합)이므로
$m=4\sqrt{5}-4$

3단계	Mm의 값을 구한다.	2점

따라서 $Mm=(4\sqrt{5}+4)(4\sqrt{5}-4)=(4\sqrt{5})^2-4^2=80-16=64$

0647

정답 해설참조

1단계	점의 평행이동에 의하여 이차함수 $y=x^2-2x$가 옮겨진 이차함수 l의 식을 구한다.	4점

좌표평면에서 점 $(1, -1)$을 평행이동을 이용하여 점 $(-1, -2)$로 옮기므로 x축 방향으로 -2만큼, y축 방향으로 -1만큼 평행이동한 것이다.

이차함수 $y=x^2-2x$를 x축 방향으로 -2만큼, y축 방향으로 -1만큼

<u>x대신에 $x+2$, y대신에 $y+1$을 대입한다.</u>

평행이동하면 $y+1=(x+2)^2-2(x+2)$

$\therefore l : y=x^2+2x-1$ ...... ㉠

2단계	두 점 P, Q의 중점이 원점임을 이용하여 두 점 P, Q의 x좌표를 α, β라 할 때, α, β의 관계식을 구한다.	3점

㉠과 직선 $y=mx$의 교점의 x좌표가 α, β라 하면

$P(\alpha, m\alpha)$, $Q(\beta, m\beta)$

두 점 P, Q의 중점 M이 원점이므로 $\alpha+\beta=0$

3단계	이차방정식의 근과 계수의 관계를 이용하여 상수 m의 값을 구한다.	3점

포물선 l과 직선 $y=mx$를 연립하면 $x^2+2x-1=mx$, $x^2+(2-m)x-1=0$

이때 이차방정식 $x^2+(2-m)x-1=0$의 두 근이 α, β이므로

이차방정식의 근과 계수의 관계에 의하여 두 근의 합은 $\alpha+\beta=-(2-m)=0$

따라서 $m=2$

내/신/연/계/ 출제문항 343

좌표평면에서 점 $(-2, 5)$를 점 $(-5, 6)$으로 옮기는 평행이동에 의하여 이차함수 $y=x^2-4x$가 옮겨진 이차함수를 l이라 하면 이차함수 l은 직선 $y=mx$와 두 점 P, Q에서 만난다. 선분 PQ의 중점 M이 원점일 때, 상수 m의 값을 구하는 과정을 다음 단계로 서술하시오.

[1단계] 점의 평행이동에 의하여 이차함수 $y=x^2-4x$가 옮겨진 이차함수 l의 식을 구한다. [4점]
[2단계] 두 점 P, Q의 중점이 원점임을 이용하여 두 점 P, Q의 x좌표를 α, β라 할 때, α, β의 관계식을 구한다. [4점]
[3단계] 이차방정식의 근과 계수의 관계를 이용하여 상수 m의 값을 구한다. [2점]

1단계	점의 평행이동에 의하여 이차함수 $y=x^2-4x$가 옮겨진 이차함수 l의 식을 구한다.	4점

좌표평면에서 점 $(-2, 5)$를 평행이동을 이용하여 점 $(-5, 6)$으로 옮기므로 x축의 방향으로 -3만큼, y축의 방향으로 1만큼 평행이동 한다.

이차함수 $y=x^2-4x$를 x축의 방향으로 -3만큼, y축의 방향으로 1만큼

<u>x대신에 $x+3$, y대신에 $y-1$을 대입한다.</u>

평행이동하면 $y-1=(x+3)^2-4(x+3)$

$\therefore l : y=x^2+2x-2$

2단계	두 점 P, Q의 중점이 원점임을 이용하여 두 점 P, Q의 x좌표를 α, β라 할 때 α, β의 관계식을 구한다.	4점

직선 l과 직선 $y=mx$의 교점의 x좌표가 α, β라 하면

$P(\alpha, m\alpha)$, $Q(\beta, m\beta)$

두 점 P, Q의 중점 M이 원점이므로 $\alpha+\beta=0$

3단계	이차방정식의 근과 계수의 관계를 이용하여 상수 m의 값을 구한다.	2점

포물선 $l : y=x^2+2x-2$과 직선 $y=mx$를 연립하면

$x^2+2x-2=mx$, $x^2+(2-m)x-2=0$

이차방정식 $x^2+(2-m)x-2=0$의 두 근이 α, β이므로

이차방정식의 근과 계수의 관계에 의하여 두 근의 합은 $\alpha+\beta=-(2-m)=0$

따라서 $m=2$

정답 해설참조

0648

정답 해설참조

1단계	점 A(3, 1)을 x축과 $y=x$에 대하여 대칭이동한 점의 좌표를 구한다.	2점

점 $B(a, a)$는 직선 $y=x$ 위의 점이고 점 $C(b, 0)$은 x축 위의 점이다.

그림과 같이 점 A를 x축에 대하여 대칭이동한 점을 A_1이라 하면 $A_1(3, -1)$

<u>y좌표의 부호가 반대이다.</u>

또 점 A를 직선 $y=x$에 대하여 대칭이동한 점을 A_2라고 하면 $A_2(1, 3)$

<u>x좌표와 y좌표를 서로 바꾼다.</u>

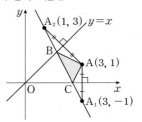

2단계	삼각형 ABC의 둘레의 길이의 최솟값 구한다.	4점

$\overline{BA_2}=\overline{BA}$, $\overline{CA_1}=\overline{CA}$ 이므로 삼각형 ABC의 둘레의 길이는

$\overline{AB}+\overline{BC}+\overline{CA}=\overline{A_2B}+\overline{BC}+\overline{CA_1} \geq \overline{A_1A_2}$

<u>세 점 A_1, B, A_2가 일직선 위에 있을 때 최소가 된다.</u>

즉 $\overline{AB}+\overline{BC}+\overline{CA}$의 최솟값은 $\overline{A_1A_2}$이므로

$\overline{A_1A_2}=\sqrt{(3-1)^2+(-1-3)^2}=2\sqrt{5}$

3단계	삼각형 ABC의 둘레의 길이가 최소일 때, 상수 a, b의 값을 구한다.	4점

두 점 $A_1(3, -1)$, $A_2(1, 3)$을 지나는 직선의 방정식은

$y+1=\dfrac{3-(-1)}{1-3}(x-3)$ $\therefore y=-2x+5$

이때, 점 B는 직선 A_1A_2와 직선 $y=x$의 교점이므로

$x=-2x+5$에서 $x=y=\dfrac{5}{3}$ $\therefore B\left(\dfrac{5}{3}, \dfrac{5}{3}\right)$

점 C는 직선 A_1A_2의 x절편이므로 $C\left(\dfrac{5}{2}, 0\right)$

따라서 $a=\dfrac{5}{3}$, $b=\dfrac{5}{2}$

내/신/연/계/ 출제문항 344

세 점 $A(4, 2)$, $B(a, 0)$, $C(b, b)$를 꼭짓점으로 하는 삼각형 ABC의 둘레의 길이가 최소일 때, 상수 a, b의 값을 구하는 과정을 다음 단계로 서술하시오. (단, $a>0$, $b>0$)

[1단계] 점 $A(4, 2)$를 x축과 $y=x$에 대하여 대칭이동한 점의 좌표를 구한다. [2점]
[2단계] 삼각형 ABC의 둘레의 길이의 최솟값을 구한다. [4점]
[3단계] 삼각형 ABC의 둘레의 길이가 최소일 때, 상수 a, b의 값을 구한다. [4점]

1단계	점 $A(4, 2)$를 x축과 $y=x$에 대하여 대칭이동한 점의 좌표를 구한다.	2점

점 B는 x축 위의 점이고 점 C는 직선 $y=x$ 위의 점이다.

그림과 같이 점 A를 x축에 대하여 대칭이동한 점을 A_1이라 하면 $A_1(4, -2)$

점 A를 직선 $y=x$에 대하여 대칭이동한 점을 A_2라 하면 $A_2(2, 4)$

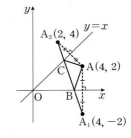

$\overline{BA_1}=\overline{BA}$, $\overline{CA_2}=\overline{CA}$이므로 삼각형 ABC의 둘레의 길이는

$$\overline{AB}+\overline{BC}+\overline{CA}=\overline{A_1B}+\overline{BC}+\overline{CA_2}\geq \overline{A_1A_2}$$

세 점 A_1, B, A_2가 일직선 위에 있을 때 최소가 된다.

즉 $\overline{AB}+\overline{BC}+\overline{CA}$의 최솟값은 $\overline{A_1A_2}$이므로

$$\overline{A_1A_2}=\sqrt{(4-2)^2+(-2-4)^2}=2\sqrt{10}$$

| 3단계 | 삼각형 ABC의 둘레의 길이가 최소일 때, 상수 a, b의 값을 구한다. | 4점 |

두 점 $A_1(4, -2)$, $A_2(2, 4)$를 지나는 직선의 방정식은

$$y-4=\frac{4-(-2)}{2-4}(x-2) \quad \therefore y=-3x+10$$

점 B는 직선 A_1A_2의 x절편이므로 $B\left(\frac{10}{3}, 0\right)$

점 C는 직선 A_1A_2과 직선 $y=x$의 교점이므로

$x=-3x+10$에서 $x=y=\frac{5}{2}$ $\quad \therefore C\left(\frac{5}{2}, \frac{5}{2}\right)$

따라서 $a=\frac{10}{3}$, $b=\frac{5}{2}$

정답 해설참조

0649

정답 해설참조

| 1단계 | 점 $A(4, 10)$을 y축에 대하여 대칭이동한 점의 좌표 $A'(a, b)$를 구한다. | 1점 |

점 $A(4, 10)$을 y축에 대하여 대칭이동한 점의 좌표는 x좌표의 부호가
반대로 바뀌므로 $A'(-4, 10)$

| 2단계 | 점 $B(3, 7)$을 직선 $x-y+2=0$에 대하여 대칭이동한 점의 좌표 $B'(c, d)$를 구한다. | 3점 |

점 $B(3, 7)$를 직선 $x-y+2=0$에 대하여 대칭이동한 점은 $B'(c, d)$라 하면

선분 BB'의 중점 $\left(\frac{3+c}{2}, \frac{7+d}{2}\right)$가 직선 $x-y+2=0$ 위에 있으므로

$$\frac{3+c}{2}-\frac{7+d}{2}+2=0 \quad \therefore c-d=0 \quad \cdots\cdots \text{㉠}$$

직선 BB'의 기울기 $\frac{d-7}{c-3}$은 직선 $x-y+2=0$과 수직이므로

$$\frac{d-7}{c-3}=-1 \quad \therefore c+d=10 \quad \cdots\cdots \text{㉡}$$

㉠, ㉡을 연립하여 풀면 $c=5$, $d=5$ $\quad \therefore B'(5, 5)$

| 3단계 | $\overline{AQ}+\overline{QP}+\overline{PB}$의 최솟값을 구한다. | 3점 |

점 $A(4, 10)$를 y축 대칭이동한 점 $A'(-4, 10)$, 점 $B(3, 7)$를 $x-y+2=0$에
대하여 대칭이동하면 $B'(5, 5)$이므로 $\overline{AQ}=\overline{A'Q}$, $\overline{BP}=\overline{B'P}$

$\overline{AQ}+\overline{QP}+\overline{PB}=\overline{A'Q}+\overline{QP}+\overline{PB'}$이고 네 점 A', P, Q, B'이 일직선 위에
있을 때, 이 값이 최소이다.

$$\overline{AQ}+\overline{QP}+\overline{PB} \geq \overline{A'B'}=\sqrt{(5+4)^2+(5-10)^2}=\sqrt{106}$$

즉 $\overline{AQ}+\overline{QP}+\overline{PB}$의 최솟값은 $\sqrt{106}$

| 4단계 | $\overline{AQ}+\overline{QP}+\overline{PB}$가 최소가 되도록 하는 두 점 P, Q의 좌표를 구한다. | 3점 |

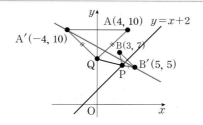

점 P, Q가 직선 $A'B'$ 위에 있을 때, $\overline{AQ}+\overline{QP}+\overline{PB}$가 최소이므로
두 점 $A'(-4, 10)$, $B'(5, 5)$를 지나는 직선의 방정식은

$$y-5=-\frac{5}{9}(x-5) \quad \therefore y=-\frac{5}{9}x+\frac{70}{9}$$

284

직선 $A'B'$의 y축과 교점은 $Q\left(0, \frac{70}{9}\right)$

또한, 직선 $A'B'$와 $x-y+2=0$의 교점은 $P\left(\frac{26}{7}, \frac{40}{7}\right)$

따라서 $P\left(\frac{26}{7}, \frac{40}{7}\right)$, $Q\left(0, \frac{70}{9}\right)$

내/신/연/계 출제문항 345

다음 그림과 같이 전시장에서 관람객들이 전시물 A, B를 차례대로 관람한
다. 입구 P에서 출구 Q까지 이동하는 거리가 최소가 되도록 전시물 A, B를
양 벽에 각각 배치하려고 할 때, 최소 거리를 구하는 과정을 다음 단계로
서술하시오. (단, 이 전시장의 바닥은 직사각형 모양이고 벽의 두께와 전시물
의 크기는 무시한다.)

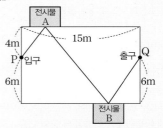

[1단계] 전시물 A, B의 위치를 좌표평면을 위에 나타내고 최소 이동거리가
되는 조건을 구한다. [3점]
[2단계] 전시물 A의 위치는 입구 P가 있는 벽면에서 오른쪽으로 몇 m 떨어
져 있어야 하는지 구한다. [5점]
[3단계] 그때의 최소 이동 거리를 구한다. [2점]

| 1단계 | 전시물 A, B의 위치를 좌표평면에 나타내고 최소 이동거리가 되는 조건을 구한다. | 3점 |

전시물 B가 있는 벽면과 입구 P가 있는 벽면을 각각 x축,
y축으로 하여 전시장을 좌표평면 위에 나타내면 다음 그림과 같다.

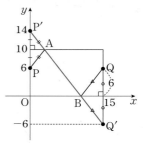

이때 점 P를 직선 $y=10$에 대하여 대칭이동한 점을 P',
점 Q를 x축에 대하여 대칭이동한 점을 Q'이라 하면
선분 $P'Q'$의 길이가 구하는 최소 이동 거리이다.

| 2단계 | 전시물 A의 위치는 입구 P가 있는 벽면에서 오른쪽으로 몇 m 떨어져 있어야 하는지 구한다. | 5점 |

점 A는 직선 $P'Q'$과 직선 $y=10$의 교점이다.
이때 두 점 P', Q'은 두 점 $P(0, 6)$, $Q(15, 6)$을 각각 직선 $y=10$과
x축에 대하여 대칭이동한 점이므로 $P'(0, 14)$, $Q'(15, -6)$
두 점 P', Q'을 지나는 직선의 방정식은

$$y-14=\frac{-6-14}{15-0}x \quad \therefore y=-\frac{4}{3}x+14$$

$y=10$일 때, x의 값을 구하면 $10=-\frac{4}{3}x+14$ $\quad \therefore x=3$

즉 전시물 A는 입구 P가 있는 벽면에서 오른쪽으로 3m 떨어져 있다.

| 3단계 | 그때의 최소 이동 거리를 구한다. | 2점 |

선분 $P'Q'$의 길이를 구하면 $\overline{P'Q'}=\sqrt{15^2+(-6-14)^2}=25\,(m)$

따라서 최소 이동 거리는 25m

정답 해설참조

0650

| 1단계 | 도형 $f(x, y)=0$을 도형 $f(-y-3, x-1)=0$으로 옮기는 이동을 구한다. | 4점 |

방정식 $f(x, y)=0$이 나타내는 도형을 x축에 대하여 대칭이동한
도형의 방정식은 $f(x, -y)=0$
$f(x, -y)=0$을 직선 $y=x$에 대하여 대칭이동한 도형의 방정식은
$f(-y, x)=0$
$f(-y, x)$를 x축의 방향으로 1만큼, y축의 방향으로 -3만큼 평행이동한
도형의 방정식은 $f(-(y+3), x-1)=0$
$\therefore f(-y-3, x-1)=0$

| 2단계 | 네 점 A$(2, 3)$, B$(3, 2)$, C$(2, 1)$, D$(1, 2)$ 이 옮겨지는 네 점 A′, B′, C′, D′의 좌표를 각각 구한다. | 2점 |

A$(2, 3)$, B$(3, 2)$, C$(2, 1)$, D$(1, 2)$를 각각 x축에 대하여 대칭이동한 점의
좌표는 $(2, -3)$, $(3, -2)$, $(2, -1)$, $(1, -2)$
또한, 네 점을 각각 직선 $y=x$에 대하여 대칭이동한 점의 좌표는
$(-3, 2)$, $(-2, 3)$, $(-1, 2)$, $(-2, 1)$
네 점을 각각 x축의 방향으로 1만큼, y축의 방향으로 -3만큼 평행이동한
점 A′, B′, C′, D′의 좌표는
A′$(-2, -1)$, B′$(-1, 0)$, C′$(0, -1)$, D′$(-1, -2)$

| 3단계 | 도형 $f(x, y)=0$ 위의 임의의 점 P와 도형 $f(-y-3, x-1)=0$ 위의 임의의 점 Q에 대하여 선분 PQ의 길이의 최댓값을 구한다. | 4점 |

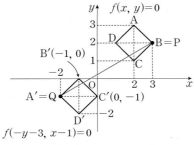

그림과 같이 방정식 $f(x, y)=0$이 나타내는 도형 위의 임의의 점 P와
방정식 $f(-y-3, x-1)=0$이 나타내는 도형 위의 임의의 점 Q에 대하여
선분 PQ의 길이가 최대일 때는 점 P가 점 B$(3, 2)$,
점 Q가 점 A′$(-2, -1)$일 때이므로 선분 BA′의 길이와 같다.
즉 $\overline{BA'}=\sqrt{(-2-3)^2+(-1-2)^2}=\sqrt{25+9}=\sqrt{34}$
따라서 선분 PQ의 길이의 최댓값은 $\sqrt{34}$

두 점 A$(2, 3)$, D′$(-1, -2)$사이의 거리 또한 선분 PQ의 길이가 최대가 된다.

STEP 3   일등급문제

0651

STEP A   평행이동한 직선의 방정식 구하기

직선 $ax-y+2=0$을 y축의 방향으로 -3만큼 평행이동한 직선의 방정식은
y 대신에 $y+3$을 대입한다.
$ax-(y+3)+2=0$ $\therefore ax-y-1=0$

STEP B   세 직선이 삼각형을 이루지 않을 조건 구하기

세 직선 $ax-y-1=0$, $2x-y-3=0$, $x+y-3=0$에 대하여
삼각형을 이루지 않도록 하기 위해서는
① 세 직선 중 적어도 두 직선이 일치하는 경우
② 세 직선 중 적어도 두 직선이 평행한 경우
③ 세 직선이 한 점에서 만나는 경우

(ⅰ) 두 직선이 평행한 경우
    $ax-y-1=0$과 $2x-y-3=0$이 평행할 때, $a=2$
    $ax-y-1=0$과 $x+y-3=0$이 평행할 때, $a=-1$
    즉 두 직선이 평행할 때, a의 값은 $a=2$, $a=-1$
(ⅱ) 세 직선이 한 점에서 만나는 경우
    세 직선이 한 점에서 만날 때, 두 직선 $2x-y-3=0$, $x+y-3=0$의
    교점을 직선 $ax-y-1=0$이 지나면 된다.
    $\begin{cases} 2x-y-3=0 \\ x+y-3=0 \end{cases}$ 에서 연립하여 풀면 $x=2$, $y=1$이므로
    교점의 좌표는 $(2, 1)$
    직선 $ax-y-1=0$이 점 $(2, 1)$을 지나므로 대입하면
    $2a-1-1=0$ $\therefore a=1$
(ⅰ), (ⅱ)에 의하여 a의 값은 $a=2$ 또는 $a=-1$ 또는 $a=1$
따라서 상수 a의 값의 합은 $2+(-1)+1=2$

0652

STEP A   점 C가 점 G로 평행이동함을 이용하여 두 점 D, E의 좌표 구하기

점 C$(4, 8)$이 점 G$(1, 6)$으로 평행이동한 것이므로 x축의 방향으로 -3만큼,
y축의 방향으로 -2만큼 평행이동한 것이다.
즉 직사각형 DEFG는 직사각형 OABC를 x축의 방향으로 -3만큼, y축의
방향으로 -2만큼 평행이동 하였으므로 원점 O$(0, 0)$이 이동한 점 D는
D$(-3, -2)$, 점 A$(6, -3)$이 이동한 점 E는 E$(3, -5)$
$\therefore$ D$(-3, -2)$, E$(3, -5)$

STEP B   직사각형의 성질을 이용하여 a, b의 값 구하기

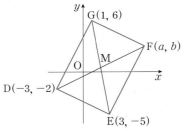

F(a, b)로 놓으면 사각형 DEFG는 직사각형이므로
선분 DF의 중점과 선분 EG의 중점은 서로 일치한다.
즉 선분 EG의 중점을 M이라 하면 $\left(\dfrac{3+1}{2}, \dfrac{-5+6}{2}\right)$ $\therefore$ M$\left(2, \dfrac{1}{2}\right)$
선분 DF의 중점은 $\left(\dfrac{-3+a}{2}, \dfrac{-2+b}{2}\right)$이고 점 M과 일치하므로
$\dfrac{-3+a}{2}=2$, $\dfrac{-2+b}{2}=\dfrac{1}{2}$ $\therefore a=7$, $b=3$
따라서 점 F의 좌표는 $(7, 3)$이므로 $a+b=10$

04 도형의 이동

정답과 해설

285

그림에서 직사각형 DEFG는 직사각형 OABC를 평행이동시킨 것이다.
네 점 A(8, −5), C(6, 10), G(1, 8), F(a, b)라 할 때,
상수 a, b에 대하여 a+b의 값을 구하시오. (단, O는 원점이다.)

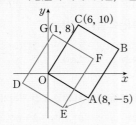

STEP Ⓐ 　**점 C가 점 G로 평행이동함을 이용하여 두 점 D, E의 좌표 구하기**

점 C(6, 10)이 점 G(1, 8)으로 평행이동하므로 x축의 방향으로 −5만큼,
y축의 방향으로 −2만큼 평행이동한 것이다.
즉 직사각형 DEFG는 직사각형 OABC를 x축의 방향으로 −5만큼,
y축의 방향으로 −2만큼 평행이동 하였으므로
원점 O(0, 0)이 이동한 점 D는 D(−5, −2),
점 A(8, −5)가 이동한 점 E는 E(3, −7)
$\therefore$ D(−5, −2), E(3, −7)

STEP Ⓑ 　**직사각형의 성질을 이용하여 a, b의 값 구하기**

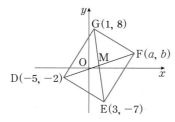

F(a, b)로 놓으면 사각형 DEFG는 직사각형이므로
선분 DF의 중점과 선분 EG의 중점은 서로 일치한다.
즉 선분 EG의 중점을 M이라 하면
$\left(\dfrac{3+1}{2}, \dfrac{-7+8}{2}\right)$ $\therefore$ M$\left(2, \dfrac{1}{2}\right)$
선분 DF의 중점은 $\left(\dfrac{-5+a}{2}, \dfrac{-2+b}{2}\right)$이고 점 M과 일치하므로
$\dfrac{-5+a}{2}=2$, $\dfrac{-2+b}{2}=\dfrac{1}{2}$ $\therefore$ $a=9$, $b=3$
따라서 점 F의 좌표는 (9, 3)이므로 $a+b=12$ 　　　정답 12

0653　　　　　　　　　　　　　정답 4

STEP Ⓐ 　**평행이동한 직선의 방정식을 이용하여 a, b의 관계식 구하기**

직선 $3x+4y-1=0$을 $\underset{x\text{대신에 }x-a,\ y\text{대신에 }y-b\text{를 대입한다.}}{\underline{x\text{축의 방향으로 }a\text{만큼, }y\text{축의 방향으로 }b\text{만큼}}}$

평행이동하면 $3(x-a)+4(y-b)-1=0$ $\therefore$ $3x+4y-3a-4b-1=0$
직선 $3x+4y-3a-4b-1=0$이 직선 $3x+4y+5=0$과 같으므로
$-3a-4b-1=5$ $\therefore$ $3a+4b+6=0$

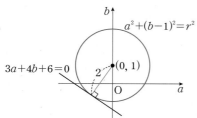

STEP Ⓑ 　**점과 직선 사이의 거리를 이용하여 $a^2+(b-1)^2$이 최솟값 구하기**

점 (a, b)는 직선 $3a+4b+6=0$ 위의 점이다.
이때 $a^2+(b-1)^2$의 최솟값은 점 $(0, 1)$에서
직선 $3a+4b+6=0$의 수선의 발의 길이의 제곱과 같다.
점 $(0, 1)$에서 직선 $3a+4b+6=0$까지의 거리는 $\dfrac{|3\times0+4\times1+6|}{\sqrt{3^2+4^2}}=2$
따라서 $a^2+(b-1)^2$의 최솟값은 4

직선 $4x+3y-7=0$을 x축의 방향으로 a만큼, y축의 방향으로 b만큼
평행이동한 직선이 $4x+3y+5=0$일 때, 두 상수 a, b에 대하여
$(a-2)^2+b^2$의 최솟값을 구하시오.

STEP Ⓐ 　**평행이동한 직선의 방정식을 이용하여 a, b의 관계식 구하기**

직선 $4x+3y-7=0$을 x축의 방향으로 a만큼, y축의 방향으로
b만큼 평행이동하면 $4(x-a)+3(y-b)-7=0$
$\therefore$ $4x+3y-4a-3b-7=0$
이 직선이 직선 $4x+3y+5=0$과 같으므로 $-4a-3b-7=5$
$\therefore$ $4a+3b+12=0$

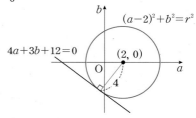

STEP Ⓑ 　**점과 직선 사이의 거리를 이용하여 $(a-2)^2+b^2$의 최솟값 구하기**

점 (a, b)는 직선 $4a+3b+12=0$ 위의 점이다.
이때 $(a-2)^2+b^2$의 최솟값은 점 $(2, 0)$에서
직선 $4a+3b+12=0$의 수선의 발의 길이의 제곱과 같다.
점 $(2, 0)$에서 직선 $4a+3b+12=0$까지의 거리는 $\dfrac{|4\times2+3\times0+12|}{\sqrt{4^2+3^2}}=4$
따라서 $(a-2)^2+b^2$의 최솟값은 16 　　　정답 16

0654　　　　　　　　　　　　　정답 26

STEP Ⓐ 　**두 점 A, A′를 이용하여 평행이동 이해하기**

점 A(4, 0)이 점 A′(9, 2)로 평행이동한 것이므로
x축의 방향으로 5만큼, y축의 방향으로 2만큼 평행이동한 것이다.

STEP Ⓑ 　**삼각형 OAB에 내접하는 원의 방정식 구하기**

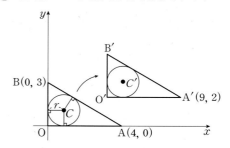

그림과 같이 두 삼각형 OAB, O′A′B′에 내접하는 원을 각각 C, C′이라 하자.
원 C는 제 1사분면에서 x축과 y축, 직선 AB에 동시에 접하는 원이므로
반지름의 길이를 $\underline{r(0<r<3)}$라 하면 원의 방정식은 $(x-r)^2+(y-r)^2=r^2$
　　　　　　　삼각형에 내접하는 원이므로 가장 짧은 변의 길이보다 작아야 한다.

이때 직선 AB의 방정식은 $y=\dfrac{3-0}{0-4}x+3$ $\therefore 3x+4y-12=0$

원 $(x-r)^2+(y-r)^2=r^2$이 직선 AB에 접하므로
중심에서 직선까지의 거리는 반지름과 같다.

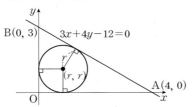

즉 $\dfrac{|3r+4r-12|}{\sqrt{3^2+4^2}}=r$, $|7r-12|=5r$, $7r-12=5r$ 또는 $7r-12=-5r$

$\therefore r=6$ 또는 $r=1$

이때 $0<r<3$이므로 $r=1$

즉 삼각형 OAB에 접하는 원의 방정식은 $(x-1)^2+(y-1)^2=1$

+α 직각삼각형의 내접원의 넓이를 이용하여 r을 구할 수도 있어!

직각삼각형 OAB의 내접원의 중심을 M이라 하면
점 M에서 세 변 OA, OB, AB에 내린 수선의 길이는 모두 원의 반지름의 길이 r과 같다.

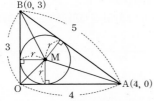

(삼각형 OAB의 넓이)
=(삼각형 MOA의 넓이)+(삼각형 MAB의 넓이)+(삼각형 MBA의 넓이)

$\dfrac{1}{2}\times\overline{OA}\times\overline{OB}=\dfrac{1}{2}\times\overline{OA}\times r+\dfrac{1}{2}\times\overline{AB}\times r+\dfrac{1}{2}\times\overline{OB}\times r$

따라서 $\dfrac{1}{2}\times3\times4=\dfrac{1}{2}r(4+5+3)$, $6r=6$ $\therefore r=1$

+α 외부의 점에서 그은 접선의 길이가 같음을 이용하여 구할 수 있어!

원의 외부의 점에서 그은 접선의 길이는 서로 같다.
이때 직각삼각형에 대하여 다음 그림과 같이 그릴 수 있다.

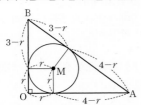

이때 선분 AB의 길이가 5이므로 $(3-r)+(4-r)=5$, $7-2r=5$
$\therefore r=1$

STEP C 평행이동을 이용하여 삼각형 $O'A'B'$에 내접하는 원의 방정식 구하기

삼각형 OAB를 x축의 방향으로 5만큼, y축에 방향으로 2만큼 평행이동하면 삼각형 $O'A'B'$이므로 삼각형 OAB에 내접하는 원 C를 x축의 방향으로 5만큼, y축의 방향으로 2만큼 평행이동하면 삼각형 $O'A'B'$에 내접하는 원의 방정식이 된다.

즉 $C:(x-1)^2+(y-1)^2=1$이므로 $C':(x-6)^2+(y-3)^2=1$

$C':x^2+y^2-12x-6y+44=0$이므로 $a=-12$, $b=-6$, $c=44$

따라서 $a+b+c=(-12)+(-6)+44=26$

0655

STEP A 두 점 A, B의 수직이등분선의 방정식 구하기

종이를 접을 때,
두 점 A$(2,-1)$과 B$(0,5)$가 겹치는 직선은 선분 AB의 수직이등분선이다.

선분 AB의 중점 $\left(\dfrac{2+0}{2},\dfrac{-1+5}{2}\right)$ $\therefore (1,2)$

직선 AB의 기울기는 $\dfrac{5-(-1)}{0-2}=-3$이므로 수직인 직선의 기울기는 $\dfrac{1}{3}$

즉 선분 AB의 수직이등분선은 점 $(1,2)$를 지나고 기울기가 $\dfrac{1}{3}$인

직선의 방정식이므로 $y-2=\dfrac{1}{3}(x-1)$

$\therefore x-3y+5=0$

STEP B 점 C$(-3,-6)$을 직선에 대하여 대칭이동한 점의 좌표 구하기

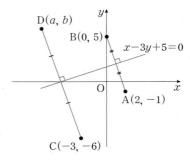

점 C$(-3,-6)$의 직선 $x-3y+5=0$에 대하여 대칭인 점을 D(a,b)이므로

(i) 선분 CD의 중점 $\left(\dfrac{a-3}{2},\dfrac{b-6}{2}\right)$은 직선 $x-3y+5=0$ 위에 있으므로

$\dfrac{a-3}{2}-3\times\dfrac{b-6}{2}+5=0$

$\therefore a-3b+25=0$ ······ ㉠

(ii) 선분 CD의 기울기는 -3이므로 $\dfrac{b-(-6)}{a-(-3)}=-3$

$\therefore 3a+b+15=0$ ······ ㉡

㉠, ㉡을 연립하여 풀면 $a=-7$, $b=6$

따라서 $a+b=-7+6=-1$

0656

STEP A 점 Q가 존재하는 원의 방정식 구하기

원 $x^2+(y-1)^2=9$ 위의 점 P를 y축의 방향으로 -1만큼 평행이동한 후 y축에 대하여 대칭이동한 점이 Q이므로 점 Q가 존재하는 원의 방정식은 원 $x^2+(y-1)^2=9$를 y축의 방향으로 -1만큼 평행이동한 후 y축에 대하여 대칭이동한 것이다.

즉 $x^2+(y-1)^2=9$를 y축의 방향으로 -1만큼 평행이동하면 $x^2+y^2=9$

또한, y축에 대하여 대칭이동한 원의 방정식은 $(-x)^2+y^2=9$

점 Q가 존재하는 원의 방정식은 $x^2+y^2=9$

STEP B 삼각형 ABQ의 넓이가 최대가 될 조건 파악하기

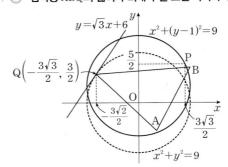

삼각형 ABQ의 넓이가 최대가 되려면 $\overline{AB}$는 일정하므로
$$\overline{AB}=\sqrt{(1-3)^2+(-\sqrt{3}-\sqrt{3})^2}=\sqrt{16}=4$$
원 $x^2+y^2=9$ 위의 점 Q에서 $\overline{AB}$까지의 거리가 최대가 되어야 한다.
<small>삼각형의 높이가 최대일 때, 넓이가 최대이다.</small>
즉 위의 그림과 같이 점 Q를 접점으로 하고 제 2사분면에서 원 $x^2+y^2=9$의 접선이 직선 AB에 평행할 때, 삼각형 ABQ의 넓이가 최대이다.

STEP C 점 P의 y좌표 구하기

이때 직선 AB의 기울기는 $\dfrac{\sqrt{3}-(-\sqrt{3})}{3-1}=\sqrt{3}$이므로

기울기가 $\sqrt{3}$이고 원 $x^2+y^2=9$에 접하는 접선의 방정식은
<small>기울기가 m이고 원 $x^2+y^2=r^2$에 접하는 접선의 방정식은 $y=mx\pm r\sqrt{m^2+1}$</small>
$$y=\sqrt{3}x\pm3\sqrt{3+1}\quad\therefore\ y=\sqrt{3}x\pm6$$
점 Q는 직선 $y=\sqrt{3}x+6$과 원 $x^2+y^2=9$가 만나는 점이므로 대입하면
$$x^2+(\sqrt{3}x+6)^2=9,\ 4x^2+12\sqrt{3}x+27=0,\ (2x+3\sqrt{3})^2=0$$
$$\therefore\ x=-\frac{3\sqrt{3}}{2}$$

즉 삼각형 ABQ의 넓이가 최대일 때, 점 Q의 좌표는 $\left(-\dfrac{3\sqrt{3}}{2},\ \dfrac{3}{2}\right)$

이때 점 P는 점 Q를 y축에 대하여 대칭이동한 후
<small>x좌표의 부호를 바꾸면 $\left(\dfrac{3\sqrt{3}}{2},\ \dfrac{3}{2}\right)$</small>
y축의 방향으로 1만큼 평행이동한 점이다.
<small>y좌표에 1을 더하면 $\left(\dfrac{3\sqrt{3}}{2},\ \dfrac{5}{2}\right)$</small>

따라서 점 $P\left(\dfrac{3\sqrt{3}}{2},\ \dfrac{5}{2}\right)$의 y좌표는 $\dfrac{5}{2}$

+α 직선 AB에 수직인 직선의 방정식을 방정식을 이용하여 점 Q의 좌표를 구할 수 있어!

이때 직선 AB의 기울기는 $\dfrac{\sqrt{3}-(-\sqrt{3})}{3-1}=\sqrt{3}$

이므로 수직인 직선의 기울기는 $-\dfrac{1}{\sqrt{3}}$이고

원의 중심 $(0,0)$을 지나므로

직선의 방정식은 $y=-\dfrac{1}{\sqrt{3}}x$

원 $x^2+y^2=9$와 직선 $y=-\dfrac{1}{\sqrt{3}}x$를 연립하면

$x^2+\left(-\dfrac{1}{\sqrt{3}}x\right)^2=9,\ \dfrac{4}{3}x^2=9\quad\therefore\ x=\dfrac{3\sqrt{3}}{2}$ 또는 $x=-\dfrac{3\sqrt{3}}{2}$

점 Q는 제 2사분면 위의 점이 되므로 $x=-\dfrac{3\sqrt{3}}{2}$이고 $y=-\dfrac{1}{\sqrt{3}}x$에 대입하면

y좌표는 $\dfrac{3}{2}$ $\therefore\ Q\left(-\dfrac{3\sqrt{3}}{2},\ \dfrac{3}{2}\right)$

내/신/연/계/ 출제문항 348

원 $x^2+(y-2)^2=9$ 위의 한 점 P를 y축의 방향으로 -2만큼 평행이동한 후 y축에 대하여 대칭이동한 점을 Q라 하자. 두 점 $A(1,-\sqrt{2})$, $B(2,\sqrt{2})$에 대하여 삼각형 ABQ의 넓이가 최대일 때, 점 Q의 y좌표는?

① -3 ② $-\sqrt{2}$ ③ -1
④ 1 ⑤ $\sqrt{2}$

STEP A 점 Q가 원 $x^2+y^2=9$ 위의 점임을 파악하기

원 $x^2+(y-2)^2=9$ 위의 점 P를 y축의 방향으로 -2만큼 평행이동한 후 y축에 대하여 대칭이동한 점이 Q이므로 점 Q가 존재하는 원의 방정식은
원 $x^2+(y-2)^2=9$를 y축의 방향으로 -2만큼 평행이동한 후 y축에 대하여 대칭이동한 원이다.
즉 $x^2+(y-2)^2=9$를 y축의 방향으로 -2만큼 평행이동하면 $x^2+y^2=9$
또한, y축에 대하여 대칭이동한 원은 $(-x)^2+y^2=9$
점 Q가 존재하는 원의 방정식은 $x^2+y^2=9$

STEP B 삼각형 ABQ의 넓이가 최대가 될 조건 파악하기

오른쪽 그림과 같이 점 Q를 접점으로 하는 원 $x^2+y^2=9$의 접선 중 직선 AB에 평행하고 접선의 y절편이 양수일 때, 삼각형 ABQ의 넓이가 최대이다.

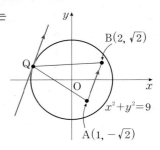

STEP C 점 P의 y좌표 구하기

직선 AB의 기울기는 $\dfrac{\sqrt{2}-(-\sqrt{2})}{2-1}=2\sqrt{2}$

이므로 기울기가 $2\sqrt{2}$인 원 $x^2+y^2=9$의 접선의 방정식은
<small>기울기가 m이고 원 $x^2+y^2=r^2$에 접하는 접선의 방정식은 $y=mx\pm r\sqrt{m^2+1}$</small>
$$y=2\sqrt{2}x\pm3\sqrt{8+1}\quad\therefore\ y=2\sqrt{2}x\pm9$$
이때 접선의 y절편이 양수이므로 $y=2\sqrt{2}x+9$ ······ ㉠
직선 $y=2\sqrt{2}x+9$와 원 $x^2+y^2=9$의 접점이 Q이므로
$$x^2+(2\sqrt{2}x+9)^2=9\text{에서 }x^2+4\sqrt{2}x+8=0,\ (x+2\sqrt{2})^2=0\quad\therefore\ x=-2\sqrt{2}$$
$x=-2\sqrt{2}$를 ㉠에 대입하면 $y=1$
즉 삼각형 ABQ의 넓이가 최대인 점 Q의 좌표는 $Q(-2\sqrt{2},1)$
따라서 점 Q의 y좌표는 1   정답 ④

0657 2023년 09월 고1 학력평가 16번   정답 ③

STEP A 원 C_1을 x축에 대칭이동한 원의 방정식과 원 C_2를 $y=x$에 대하여 대칭이동한 원의 방정식 구하기

원 C_1을 x축에 대하여 대칭이동한 원을 $C_1{}'$이라 하면
<small>y대신 $-y$를 대입한다.</small>
$$C_1{}':(x-8)^2+(y+2)^2=4$$
점 A를 x축에 대하여 대칭이동한 점을 A'이라 하면
점 A'은 원 $C_1{}'$ 위의 점이므로 $\overline{AP}=\overline{A'P}$
원 C_2를 직선 $y=x$에 대하여 대칭이동한 원을 $C_2{}'$이라 하면
<small>x대신 y, y대신 x를 대입한다.</small>
$$C_2{}':(x+4)^2+(y-3)^2=4$$
점 B를 직선 $y=x$에 대하여 대칭이동한 점을 B'이라 하면
점 B'은 원 $C_2{}'$ 위의 점이므로 $\overline{QB}=\overline{QB'}$

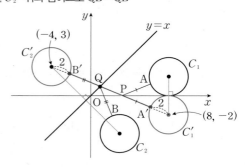

STEP B $\overline{AP}+\overline{PQ}+\overline{QB}$의 최솟값 구하기

$\overline{AP}+\overline{PQ}+\overline{QB}$의 값은 네 점 A', P, Q, B'가 두 원 $C_1{}'$, $C_2{}'$의 중심을 연결한 선분 위에 있을 때 최소이다.
즉 $\overline{AP}+\overline{PQ}+\overline{QB}=\overline{A'P}+\overline{PQ}+\overline{QB'}\geq\overline{A'B'}$
원 $C_1{}'$의 중심의 좌표가 $(8,-2)$이고 원 $C_2{}'$의 중심의 좌표가 $(-4,3)$이므로
두 점 $(8,-2)$, $(-4,3)$ 사이의 거리는
<small>두 점 (x_1,y_1), (x_2,y_2) 사이의 거리는 $\sqrt{(x_2-x_1)^2+(y_2-y_1)^2}$</small>
$$\sqrt{\{8-(-4)\}^2+\{(-2)-3\}^2}=\sqrt{144+25}=13$$

또한, 두 원 C_1', C_2'의 반지름의 길이가 2이므로 $\overline{A'B'}$의 최솟값은
두 원의 중심 사이의 거리에서 두 원의 반지름의 길이를 각각 뺀 값이다.
∴ $13-2-2=9$
따라서 $\overline{AP}+\overline{PQ}+\overline{QB}$의 최솟값은 9

내/신/연/계 출제문항 349

그림과 같이 좌표평면 위에 두 원
$$C_1 : (x-12)^2+(y-3)^2=4, \ C_2 : (x-5)^2+(y+3)^2=4$$
와 직선 $y=x$가 있다. 점 A는 원 C_1 위에 있고, 점 B는 원 C_2 위에 있다.
점 P는 x축 위에 있고, 점 Q는 직선 $y=x$ 위에 있을 때, $\overline{AP}+\overline{PQ}+\overline{QB}$
의 최솟값은? (단, 세 점 A, P, Q는 서로 다른 점이다.)

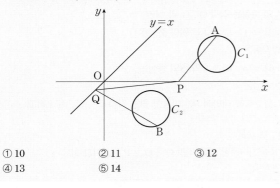

① 10　　　② 11　　　③ 12
④ 13　　　⑤ 14

STEP A 원 C_1을 x축에 대칭이동한 원의 방정식과 원 C_2를 $y=x$에 대하여
대칭이동한 원의 방정식 구하기

원 C_1을 x축에 대하여 대칭이동한 원을 C_1'이라 하면
　　　y대신 $-y$를 대입한다.
$C_1' : (x-12)^2+(y+3)^2=4$
점 A를 x축에 대하여 대칭이동한 점을 A'이라 하면
점 A'은 원 C_1' 위의 점이므로 $\overline{AP}=\overline{A'P}$
원 C_2를 직선 $y=x$에 대하여 대칭이동한 원을 C_2'이라 하면
　　　x대신 y, y대신 x를 대입한다.
$C_2' : (x+3)^2+(y-5)^2=4$
점 B를 직선 $y=x$에 대하여 대칭이동한 점을 B'이라 하면
점 B'은 원 C_2' 위의 점이므로 $\overline{QB}=\overline{QB'}$

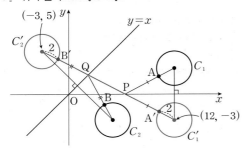

STEP B $\overline{AP}+\overline{PQ}+\overline{QB}$의 최솟값 구하기

$\overline{AP}+\overline{PQ}+\overline{QB}$의 값은 네 점 A', P, Q, B'이 두 원 C_1', C_2'의 중심을
연결한 선분 위에 있을 때, 최소이다.
즉 $\overline{AP}+\overline{PQ}+\overline{QB}=\overline{A'P}+\overline{PQ}+\overline{QB'} \geq \overline{A'B'}$
원 C_1'의 중심의 좌표가 $(12, -3)$이고 원 C_2'의 중심의 좌표가 $(-3, 5)$이므로
두 점 $(12, -3)$, $(-3, 5)$ 사이의 거리는
　두 점 (x_1, y_1), (x_2, y_2) 사이의 거리는 $\sqrt{(x_2-x_1)^2+(y_2-y_1)^2}$
$\sqrt{\{12-(-3)\}^2+(-3-5)^2}=\sqrt{225+64}=\sqrt{289}=17$
또한, 두 원 C_1', C_2'의 반지름의 길이가 2이므로 $\overline{A'B'}$의 최솟값은
두 원의 중심 사이의 거리에서 두 원의 반지름의 길이를 각각 뺀 값이다.
∴ $17-2-2=13$
따라서 $\overline{AP}+\overline{PQ}+\overline{QB}$의 최솟값은 13

정답 ④

STEP A 대칭이동을 이용하여 $\overline{AP}+\overline{PR}+\overline{RQ}+\overline{QB}$의 값이 최소가 되는
경우 이해하기

점 R은 직선 $y=1$ 위에 있으므로 점 R의 좌표를 $(a, 1)$이라 하자.
점 R을 x축에 대하여 대칭이동한 점을 R'이라 하면
　　　y좌표의 부호를 바꾼다.
점 R'의 좌표는 $R'(a, -1)$

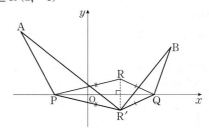

이때 $\overline{PR}=\overline{PR'}$, $\overline{RQ}=\overline{R'Q}$이므로
$\overline{AP}+\overline{PR}=\overline{AP}+\overline{PR'} \geq \overline{AR'}$
　　　세 점 A, P, R'이 일직선 위에 있을 때 최소가 된다.
$\overline{RQ}+\overline{QB}=\overline{R'Q}+\overline{QB} \geq \overline{R'B}$
　　　세 점 B, Q, R'이 일직선 위에 있을 대 최소가 된다.
∴ $\overline{AP}+\overline{PR}+\overline{RQ}+\overline{QB} \geq \overline{AR'}+\overline{R'B}$
즉 $\overline{AP}+\overline{PR}+\overline{RQ}+\overline{QB}$의 최솟값은 $\overline{AR'}+\overline{R'B}$의 최솟값과 같다.

STEP B 평행이동과 대칭이동을 이용하여 $\overline{AR'}+\overline{R'B}$의 값이 최소가 되는
경우 파악하기

세 점 $A(-4, 4)$, $B(5, 3)$, $R'(a, -1)$을 y축의 방향으로 1만큼 평행이동한
　　　　　　　　　　　　　　　　　　　　　y좌표에 1씩 더한다.
점을 각각 A', B', R''이라 하면
$A'(-4, 5)$, $B'(5, 4)$, $R''(a, 0)$이고 $\overline{AR'}+\overline{R'B}=\overline{A'R''}+\overline{R''B'}$이다.

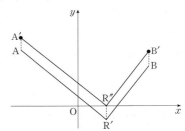

이때 점 B'을 x축에 대하여 대칭이동한 점을 B''이라 하면
점 B''의 좌표는 $(5, -4)$이고 $\overline{R''B'}=\overline{R''B''}$이므로
$\overline{AR'}+\overline{R'B}=\overline{A'R''}+\overline{R''B'}=\overline{A'R''}+\overline{R''B''} \geq \overline{A'B''}$
즉 $\overline{AR'}+\overline{R'B}$의 최솟값은 $\overline{A'B''}$과 같다.

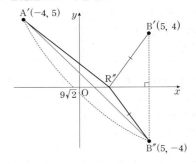

STEP C $\overline{AP}+\overline{PR}+\overline{RQ}+\overline{QB}$의 최솟값 구하기

점 $A'(-4, 5)$와 점 $B''(5, -4)$에 대하여
$\overline{A'B''}=\sqrt{\{5-(-4)\}^2+(-4-5)^2}=9\sqrt{2}$　◀── 두 점 (x_1, y_1), (x_2, y_2) 사이의 거리는
따라서 $\overline{AP}+\overline{PR}+\overline{RQ}+\overline{QB}$의 최솟값은 $9\sqrt{2}$　　　　　$\sqrt{(x_2-x_1)^2+(y_2-y_1)^2}$

좌표평면 위에 두 점 $A(-5, 3)$, $B(3, 2)$가 있다. x축 위의 두 점 P, Q와 직선 $y=1$ 위의 점 R에 대하여 $\overline{AP}+\overline{PR}+\overline{RQ}+\overline{QB}$의 최솟값을 구하시오.

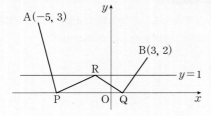

STEP A 대칭이동을 이용하여 $\overline{AP}+\overline{PR}+\overline{RQ}+\overline{QB}$의 값이 최소가 되는 경우 파악하기

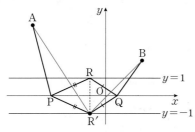

점 R은 직선 $y=1$ 위에 있으므로 점 R의 좌표를 $(a, 1)$이라 하자.

점 R을 x축에 대하여 대칭이동한 점을 R′이라 하면
_{y좌표의 부호를 바꾼다.}

점 R′의 좌표는 $R'(a, -1)$

이때 $\overline{PR}=\overline{PR'}$, $\overline{RQ}=\overline{R'Q}$이므로

$\overline{AP}+\overline{PR}=\overline{AP}+\overline{PR'}\geq\overline{AR'}$ ← 세 점 A, P, R′이 일직선 위에 있을 때, 최소이다.

$\overline{RQ}+\overline{QB}=\overline{R'Q}+\overline{QB}\geq\overline{R'B}$
_{세 점 B, Q, R′이 일직선 위에 있을 때, 최소이다.}

$\therefore \overline{AP}+\overline{PR}+\overline{RQ}+\overline{QB}\geq\overline{AR'}+\overline{R'B}$

즉 $\overline{AP}+\overline{PR}+\overline{RQ}+\overline{QB}$의 최솟값은 $\overline{AR'}+\overline{R'B}$의 최솟값과 같다.

STEP B 평행이동과 대칭이동을 이용하여 $\overline{AR'}+\overline{R'B}$의 값이 최소가 되는 경우 파악하기

세 점 $A(-5, 3)$, $B(3, 2)$, $R'(a, -1)$을 y축의 방향으로 1만큼 평행이동한
_{y좌표에 1씩 더한다.}

점을 각각 A′, B′, R″이라 하면

$A'(-5, 4)$, $B'(3, 3)$, $R''(a, 0)$이고 $\overline{AR'}+\overline{R'B}=\overline{A'R''}+\overline{R''B'}$이다.

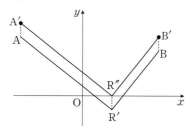

이때 점 B′을 x축에 대하여 대칭이동한 점을 B″이라 하면 점 B″의 좌표는 $(3, -3)$이고 $\overline{R''B'}=\overline{R''B''}$이므로

$\overline{AR'}+\overline{R'B}=\overline{A'R''}+\overline{R''B'}$
$\qquad\qquad\quad=\overline{A'R''}+\overline{R''B''}$
$\qquad\qquad\quad\geq\overline{A'B''}$

즉 $\overline{AR'}+\overline{R'B}$의 최솟값은 $\overline{A'B''}$과 같다.

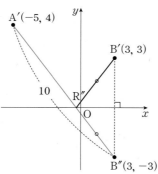

STEP C $\overline{AP}+\overline{PR}+\overline{RQ}+\overline{QB}$의 최솟값 구하기

점 $A'(-5, 4)$와 점 $B''(3, -3)$에 대하여

$\overline{A'B''}=\sqrt{(3+5)^2+(-3-4)^2}=\sqrt{64+49}=\sqrt{113}$

따라서 $\overline{AP}+\overline{PR}+\overline{RQ}+\overline{QB}$의 최솟값은 $\sqrt{113}$

정답 $\sqrt{113}$

0659 2024년 10월 고1 학력평가 21번 정답 ⑤

STEP A 두 원 C_1, C_2의 중심과 반지름의 길이를 구하고 ㄱ의 참, 거짓 판별하기

두 원 C_1, C_2의 중심을 각각 O_1, O_2라 하면

원 $C_1 : (x-2)^2+(y-6)^2=1$의 원의 중심은

$(2, 6)$이고 반지름은 1

원 $C_2 : (x-6)^2+(y-4)^2=9$의 원의 중심은

$(6, 4)$이고 반지름은 3

두 원 C_1, C_2를 y축에 대하여 대칭이동한 원을 각각 C_1', C_2'이라 하고
_{x대신 $-x$를 대입한다.}

네 점 O_1, O_2, P, Q를

y축에 대하여 대칭이동한 점을 각각 O_1', O_2', P′, Q′이라 하고
_{x좌표의 부호만 바뀐다.}

점 B를 x축에 대하여 대칭이동한 점을 B′이라 하자.

ㄱ. 두 점 $A(4, 2)$, $A'(4, -2)$는 x축에 대하여 대칭이므로
_{y 좌표의 부호만 바뀐다.}

　두 선분 AR, A′R′은 x축에 대하여 대칭이다.

　그러므로 $\overline{AR}=\overline{A'R'}$ [참]

+α | 좌표를 이용하여 확인할 수 있어!

> y축 위의 점 $R(0, a)$라 할 때,
> x축에 대하여 대칭이동한 점 $R'(0, -a)$
> 선분 AR의 길이는 $\sqrt{4^2+(2-a)^2}=\sqrt{a^2-4a+20}$
> 선분 A′R′의 길이는 $\sqrt{4^2+(-2+a)^2}=\sqrt{a^2-4a+20}$
> 이므로 두 선분의 길이는 같다.

STEP B 점의 대칭이동을 이용하여 ㄴ의 참, 거짓 판별하기

ㄴ. ㄱ에 의하여 $\overline{AR}=\overline{A'R'}$
　두 선분 PR′, P′R′은 y축에 대하여 대칭이므로
　$\overline{PR'}=\overline{P'R'}$
　$\overline{AR}+\overline{PR'}=\overline{A'R'}+\overline{P'R'}$
　$\qquad\qquad\quad=(\overline{A'R'}+\overline{R'P'}+\overline{P'O_1'})-1$ ← 반지름 1을 빼준다.
　$\overline{A'R'}+\overline{R'P'}+\overline{P'O_1'}$의 값은
　두 점 R′, P′이 선분 $A'O_1'$ 위에 있을 때, 최소이고
　그 값은 $\overline{A'O_1'}$이다.
　그러므로 $A'(4, -2)$, $O_1'(-2, 6)$이고 $\overline{AR}+\overline{PR'}$의 최솟값은
_{$O_1(2, 6)$에서 y축에 대하여 대칭이므로 x좌표의 부호만 바뀐다.}
　$\overline{A'O_1'}-1=\sqrt{\{4-(-2)\}^2+\{(-2)-6\}^2}-1=9$ [참]
_{두 점 (x_1, y_1), (x_2, y_2) 사이의 거리는 $\sqrt{(x_2-x_1)^2+(y_2-y_1)^2}$}

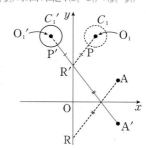

STEP C 도형의 대칭이동을 이용하여 ㄷ의 참, 거짓 판별하기

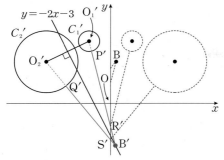

ㄷ. ㄴ과 같은 방법으로

$(\overline{\mathrm{BR}}+\overline{\mathrm{PR}}'$의 최솟값$)=\overline{\mathrm{B}'\mathrm{O}_1'}-1$ ← 반지름 1을 빼준다.

$(\overline{\mathrm{BS}}+\overline{\mathrm{QS}}$의 최솟값$)=\overline{\mathrm{B}'\mathrm{O}_2'}-3$ ← 반지름 3을 빼준다.

이므로

$(\overline{\mathrm{BR}}+\overline{\mathrm{PR}}'$의 최솟값$)=(\overline{\mathrm{BS}}+\overline{\mathrm{QS}}$의 최솟값$)+2$에서

$\overline{\mathrm{B}'\mathrm{O}_1'}-1=(\overline{\mathrm{B}'\mathrm{O}_2'}-3)+2$

$\overline{\mathrm{B}'\mathrm{O}_1'}=\overline{\mathrm{B}'\mathrm{O}_2'}$

점 B′에서 두 점 O_1', O_2'까지의 거리가 같으므로

점 B′은 선분 $\mathrm{O}_1'\mathrm{O}_2'$의 수직이등분선 위에 있다.

두 점 O_1', O_2'의 좌표는 각각

$\mathrm{O}_1'(-2, 6)$, $\mathrm{O}_2'(-6, 4)$이므로 ← x좌표의 부호만 바뀐다.

선분 $\mathrm{O}_1'\mathrm{O}_2'$의 중점의 좌표는 $\left(\dfrac{-2+(-6)}{2}, \dfrac{6+4}{2}\right)$, $(-4, 5)$

또한, 직선 $\mathrm{O}_1'\mathrm{O}_2'$의 기울기는 $\dfrac{4-6}{-6-(-2)}=\dfrac{1}{2}$

└ 두 점 (x_1, y_1), (x_2, y_2)을 지나는 직선의 기울기는 $\dfrac{y_2-y_1}{x_2-x_1}$

이므로 선분 $\mathrm{O}_1'\mathrm{O}_2'$의 수직이등분선은

점 $(-4, 5)$를 지나고 기울기가 -2인 직선이다.

그러므로 선분 $\mathrm{O}_1'\mathrm{O}_2'$의 수직이등분선의 방정식은

$y-5=-2\{x-(-4)\}$, $y=-2x-3$

점 $\mathrm{B}'(a, -6a-1)$이 이 직선 위의 점이므로

$-6a-1=-2a-3$에서 $a=\dfrac{1}{2}$

점 B의 좌표가 $\mathrm{B}\left(\dfrac{1}{2}, 4\right)$이므로

$\overline{\mathrm{OB}}=\sqrt{\left(\dfrac{1}{2}\right)^2+4^2}=\dfrac{\sqrt{65}}{2}$ [참] ← 원점과 점 (x_1, y_1) 사이의 거리는 $\sqrt{x_1^2+y_1^2}$

따라서 옳은 것은 ㄱ, ㄴ, ㄷ이다.

내/신/연/계 출제문항 351

좌표평면 위의 두 원
$$C_1 : (x-1)^2+(y-6)^2=1,$$
$$C_2 : (x-8)^2+(y-2)^2=4$$
에 대하여 원 C_1 위를 움직이는 점 P, 원 C_2 위를 움직이는 점 Q, y축 위를 움직이는 두 점 R, S가 있다.

두 점 R, S를 x축에 대하여 대칭이동한 점을 각각 R′, S′이라 하자.

이때 점 $\mathrm{A}(a, 2a+1)$에 대하여 다음을 만족시킨다.

$$(\overline{\mathrm{AR}}+\overline{\mathrm{PR}}'의\ 최솟값)=(\overline{\mathrm{AS}}+\overline{\mathrm{QS}}'의\ 최솟값)+1$$

상수 a의 값을 구하시오.

STEP A 대칭이동을 이용하여 $\overline{\mathrm{AR}}+\overline{\mathrm{PR}}'$의 최솟값 구하기

점 $\mathrm{A}(a, 2a+1)$을 x축에 대하여 대칭이동한 점을 A′이라 하면

$\mathrm{A}'(a, -2a-1)$

이때 y축 위의 점 $\mathrm{R}(0, r)$ (r은 상수)을 x축에 대하여 대칭이동한 점이

R′이라 하면 $\mathrm{R}'(0, -r)$

$\overline{\mathrm{AR}}=\sqrt{a^2+(2a+1-r)^2}$, $\overline{\mathrm{A}'\mathrm{R}'}=\sqrt{a^2+(-2a-1+r)^2}$이므로

$\overline{\mathrm{AR}}=\overline{\mathrm{A}'\mathrm{R}'}$

즉 $\overline{\mathrm{AR}}+\overline{\mathrm{PR}}'=\overline{\mathrm{A}'\mathrm{R}'}+\overline{\mathrm{PR}}'$

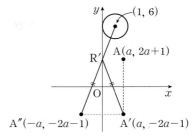

이때 점 $\mathrm{A}'(a, -2a-1)$을 y축에 대하여 대칭이동한 점을 A″이라 하면

$\mathrm{A}''(-a, -2a-1)$이고 $\overline{\mathrm{A}'\mathrm{R}'}=\overline{\mathrm{A}''\mathrm{R}'}$이므로

$\overline{\mathrm{A}'\mathrm{R}'}+\overline{\mathrm{PR}}'$의 최솟값은

(점 A″에서 원의 중심까지의 거리)$-$(반지름의 길이)

중심은 $(1, 6)$, 반지름의 길이는 1

$\therefore \sqrt{(1+a)^2+(7+2a)^2}-1$ ······ ㉠

STEP B 대칭이동을 이용하여 $\overline{\mathrm{AS}}+\overline{\mathrm{QS}}'$의 최솟값 구하기

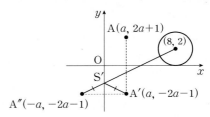

y축 위의 점 $\mathrm{S}(0, s)$ (s는 상수)를 x축에 대하여 대칭이동한 점이 S′이라 하면

$\mathrm{S}'(0, -s)$

$\overline{\mathrm{AS}}=\sqrt{a^2+(2a+1-s)^2}$, $\overline{\mathrm{A}'\mathrm{S}'}=\sqrt{a^2+(-2a-1+s)^2}$이므로

$\overline{\mathrm{AS}}=\overline{\mathrm{A}'\mathrm{S}'}$

즉 $\overline{\mathrm{AS}}+\overline{\mathrm{QS}}'=\overline{\mathrm{A}'\mathrm{S}'}+\overline{\mathrm{QS}}'$

이때 점 $\mathrm{A}'(a, -2a-1)$을 y축에 대하여 대칭이동한 점을 A″이라 하면

$\mathrm{A}''(-a, -2a-1)$이고 $\overline{\mathrm{A}'\mathrm{S}'}=\overline{\mathrm{A}''\mathrm{S}'}$이므로

$\overline{\mathrm{A}'\mathrm{S}'}+\overline{\mathrm{QS}}'$의 최솟값은

(점 A″에서 원의 중심까지의 거리)$-$(반지름의 길이)

중심은 $(8, 2)$, 반지름의 길이는 2

$\therefore \sqrt{(8+a)^2+(3+2a)^2}-2$ ······ ㉡

STEP C 관계식을 이용하여 a의 값 구하기

$(\overline{\mathrm{AR}}+\overline{\mathrm{PR}}'$의 최솟값$)=(\overline{\mathrm{AS}}+\overline{\mathrm{QS}}'$의 최솟값$)-2$이므로

㉠, ㉡을 대입하면

$\sqrt{(1+a)^2+(7+2a)^2}-1=\{\sqrt{(8+a)^2+(3+2a)^2}-2\}+1$

$\sqrt{(1+a)^2+(7+2a)^2}=\sqrt{(8+a)^2+(3+2a)^2}$이므로 양변을 제곱하면

$(1+a)^2+(7+2a)^2=(8+a)^2+(3+2a)^2$,

$5a^2+30a+50=5a^2+28a+73$, $2a=23$

따라서 상수 a의 값은 $\dfrac{23}{2}$

 정답 $\dfrac{23}{2}$

STEP A 두 직선 AB, A′B의 방정식 구하기

두 점 A(2, 4), B(6, 6)에 대하여 **직선 AB의 방정식은**

두 점 (x_1, y_1), (x_2, y_2)를 지나는 직선의 방정식은
$y - y_1 = \dfrac{y_2 - y_1}{x_2 - x_1}(x - x_1)$ (단, $x_1 \neq x_2$)

$y - 4 = \dfrac{6-4}{6-2}(x-2)$, $y = \dfrac{1}{2}x + 3$

$\therefore x - 2y + 6 = 0$

점 A를 직선 $y = x$에 대하여 대칭이동한 점 A′의 좌표는 A′(4, 2)이므로

x좌표와 y좌표를 서로 바꾼다.

직선 A′B의 방정식은 $y - 2 = \dfrac{6-2}{6-4}(x-4)$, $y = 2x - 6$

$\therefore 2x - y - 6 = 0$

STEP B 점과 직선 사이의 거리를 이용하여 조건 (가), (나)를 만족시키는 k의 값 구하기

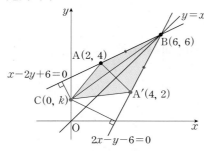

삼각형 ACB의 넓이는 $\dfrac{1}{2} \times \overline{AB} \times$(점 C에서 직선 AB까지의 거리)

삼각형 A′BC의 넓이는 $\dfrac{1}{2} \times \overline{A'B} \times$(점 C에서 직선 A′B까지의 거리)

조건 (나)에서 삼각형 A′BC의 넓이는 삼각형 ACB의 넓이의 2배이므로
(점 C에서 직선 A′B까지의 거리)=2×(점 C에서 직선 AB까지의 거리)

즉 $\dfrac{|-k-6|}{\sqrt{2^2 + (-1)^2}} = \dfrac{|-2k+6|}{\sqrt{1^2 + (-2)^2}} \times 2$

$|-k-6| = 2|-2k+6|$ 에서 $-k-6 = -4k+12$ 또는 $-k-6 = 4k-12$

$\therefore k = 6$ 또는 $k = \dfrac{6}{5}$

따라서 조건 (가)에서 $0 < k < 3$이므로 $k = \dfrac{6}{5}$

내 신 연 계 출제문항 352

좌표평면에서 두 점 A(4, a), B(2, 1)을 직선 $y = x$에 대하여 대칭이동한 점을 각각 A′, B′이라 하고, 두 직선 AB, A′B′의 교점을 P라 하자.
두 삼각형 APA′, BPB′의 넓이의 비가 9 : 4일 때, a의 값은? (단, $a > 4$)

① 5   ② $\dfrac{11}{2}$ ③ 6

④ $\dfrac{13}{2}$ ⑤ 7

STEP A 두 점 A, B을 직선 $y = x$에 대하여 대칭이동한 점 A′, B′ 구하기

두 점 A(4, a), B(2, 1)을 직선 $y = x$에 대하여
대칭이동한 점이 각각 A′, B′이므로
A′(a, 4), B′(1, 2)

STEP B 두 삼각형 APA′, BPB′의 넓이의 비가 9 : 4가 되도록 하는 a의 값 구하기

그림과 같이 두 직선 AA′, BB′은 각각 직선 $y = x$와 수직이므로
두 직선 AA′, BB′은 평행하고 두 직선 AB와 A′B′의 교점이 P이므로
두 삼각형 APA′, BPB′은 서로 닮은 도형이다.
∠APA′ = ∠BPB′(맞꼭지각), ∠A′AP = ∠B′BP(엇각)이므로 AA닮음

두 삼각형 APA′, BPB′의 넓이의
비가 9 : 4이므로
두 삼각형 APA′, BPB′의 닮음비는
3 : 2이다.

$\therefore \overline{AA'} : \overline{BB'} = 3 : 2$

$\overline{AA'} = \sqrt{(a-4)^2 + (4-a)^2}$
$= (a-4)\sqrt{2}$ (∵ $a > 4$)

$\overline{BB'} = \sqrt{(1-2)^2 + (2-1)^2} = \sqrt{2}$

즉 $(a-4)\sqrt{2} : \sqrt{2} = 3 : 2$이므로

$2\sqrt{2}(a-4) = 3\sqrt{2}$, $2(a-4) = 3$

따라서 $a = \dfrac{11}{2}$

정답 ②

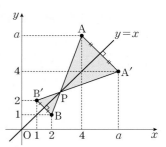

STEP A 직선 AB와 직선 OD, 직선 AB와 직선 $y = x$의 교점의 좌표 구하기

오른쪽 그림과 같이 직선 AB와
직선 OD의 교점을 E, 직선 AB와
직선 $y = x$의 교점을 F라 하자.
직선 AB의 방정식은

두 점 (x_1, y_1), (x_2, y_2)를 지나는 직선의 방정식은
$y - y_1 = \dfrac{y_2 - y_1}{x_2 - x_1}(x - x_1)$ (단, $x_1 \neq x_2$)

$y - 0 = \dfrac{2-0}{1-2}(x-2)$

$\therefore y = -2x + 4$ ······ ㉠

점 B(1, 2)를 직선 $y = x$에 대하여 대칭이동한 점 D의 좌표는 D(2, 1)이므로

x좌표와 y좌표를 서로 바꾼다.

직선 OD의 방정식은 $y = \dfrac{1}{2}x$ ······ ㉡

㉠, ㉡을 연립하여 풀면 $x = \dfrac{8}{5}$, $y = \dfrac{4}{5}$ $\therefore$ E$\left(\dfrac{8}{5}, \dfrac{4}{5}\right)$

$\dfrac{1}{2}x = -2x + 4$에서 $\dfrac{5}{2}x = 4$ $\therefore x = \dfrac{8}{5}$, $y = \dfrac{4}{5}$

㉠과 직선 $y = x$를 연립하여 풀면 $x = \dfrac{4}{3}$, $y = \dfrac{4}{3}$ $\therefore$ F$\left(\dfrac{4}{3}, \dfrac{4}{3}\right)$

$x = -2x + 4$에서 $3x = 4$ $\therefore x = y = \dfrac{4}{3}$

STEP B 삼각형 OFE의 넓이 구하기

㉠, ㉡에서 두 직선 AB와 OD의 기울기의 곱이 -1이므로 ∠OEF = 90°
두 직선 AB와 OD가 서로 수직이다.

즉 삼각형 OEF는 직각삼각형이다.

$\overline{OE} = \sqrt{\left(\dfrac{8}{5} - 0\right)^2 + \left(\dfrac{4}{5} - 0\right)^2} = \dfrac{4\sqrt{5}}{5}$

두 점 (x_1, y_1), (x_2, y_2) 사이의 거리는
$\sqrt{(x_2 - x_1)^2 + (y_2 - y_1)^2}$

$\overline{EF} = \sqrt{\left(\dfrac{8}{5} - \dfrac{4}{3}\right)^2 + \left(\dfrac{4}{5} - \dfrac{4}{3}\right)^2} = \dfrac{4\sqrt{5}}{15}$

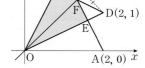

이므로 삼각형 OEF의 넓이는

$\dfrac{1}{2} \times \overline{OE} \times \overline{EF} = \dfrac{1}{2} \times \dfrac{4\sqrt{5}}{5} \times \dfrac{4\sqrt{5}}{15} = \dfrac{8}{15}$

+α | △OEF = △OAF − △OAE를 이용하여 구할 수 있어!

오른쪽 그림에서 두 점 F, E에서 내린 수선의
발을 H, G라 하면
(삼각형 OEF의 넓이)
= (삼각형 OAF의 넓이) − (삼각형 OAE의 넓이)
$= \dfrac{1}{2} \times \overline{OA} \times \overline{FH} - \dfrac{1}{2} \times \overline{OA} \times \overline{EG}$
$= \dfrac{1}{2} \times 2 \times \left(\dfrac{4}{3} - \dfrac{4}{5}\right) = \dfrac{8}{15}$

두 점 F, E의 y좌표의 차

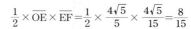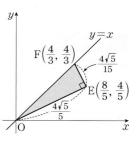

STEP C 60S의 값 구하기

구하는 넓이는 삼각형 OEF의 넓이의 2배이므로 $S = 2 \times \dfrac{8}{15} = \dfrac{16}{15}$

따라서 $60S = 60 \times \dfrac{16}{15} = 64$

내신연계 출제문항 353

그림과 같이 두 점 A(4, 0), B(2, 4)를 직선 $y=x$에 대하여 대칭이동한 점을 각각 C, D라 할 때, 선분 AB와 직선 $y=x$의 교점을 E, 선분 AB와 선분 OD의 교점을 F, 선분 OB와 선분 CD의 교점을 G라 하자. 사각형 OFEG의 넓이를 S라 할 때, $15S$의 값을 구하시오. (단, O는 원점이다.)

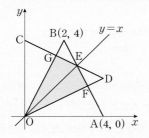

STEP A 직선 AB와 직선 OD, 직선 AB와 직선 $y=x$의 교점의 좌표 구하기

두 점 A(4, 0), B(2, 4)에 대하여

직선 AB의 방정식은 $y-0 = \dfrac{4-0}{2-4}(x-4)$

$\therefore y = -2x+8$ ······ ㉠

점 E는 직선 AB와 직선 $y=x$의

교점이므로 $-2x+8 = x$에서 $x = \dfrac{8}{3}$

$\therefore E\left(\dfrac{8}{3}, \dfrac{8}{3}\right)$

점 D는 점 B(2, 4)를 직선 $y=x$에 대하여 대칭이동한 점이므로 D(4, 2)

직선 OD의 방정식은 $y-0 = \dfrac{2-0}{4-0}(x-0)$

$\therefore y = \dfrac{1}{2}x$ ······ ㉡

점 F는 직선 AB와 직선 OD의 교점이므로 $-2x+8 = \dfrac{1}{2}x$에서 $x = \dfrac{16}{5}$

$x = \dfrac{16}{5}$를 $y = \dfrac{1}{2}x$에 대입하면 $y = \dfrac{1}{2} \times \dfrac{16}{5} = \dfrac{8}{5}$

$\therefore F\left(\dfrac{16}{5}, \dfrac{8}{5}\right)$

STEP B 삼각형 OFE의 넓이 구하기

㉠, ㉡에서 두 직선 AB와 OD의 기울기의 곱이 -1이므로 $\angle EFO = 90°$
즉 삼각형 OFE는 직각삼각형이다.

$\overline{EF} = \sqrt{\left(\dfrac{8}{3} - \dfrac{16}{5}\right)^2 + \left(\dfrac{8}{3} - \dfrac{8}{5}\right)^2}$

$= \sqrt{\dfrac{320}{225}} = \dfrac{8\sqrt{5}}{15}$

$\overline{OF} = \sqrt{\left(\dfrac{16}{5}\right)^2 + \left(\dfrac{8}{5}\right)^2} = \dfrac{8\sqrt{5}}{5}$

즉 삼각형 OFE의 넓이는

$\dfrac{1}{2} \times \dfrac{8\sqrt{5}}{15} \times \dfrac{8\sqrt{5}}{5} = \dfrac{32}{15}$

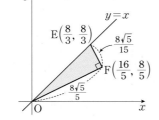

STEP C 15S의 값 구하기

$S = $ (사각형 OFEG의 넓이) $= 2 \times$ (삼각형 OFE의 넓이) $= \dfrac{64}{15}$

따라서 $15S = 15 \times \dfrac{64}{15} = 64$

정답 64

STEP A 두 점 A, B가 직선 $y=x$에 대칭임을 이용하여 두 점 P, Q의 위치 이해하기

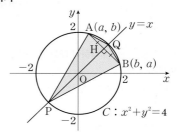

원 C 위의 서로 다른 두 점 A(a, b), B(b, a)는 직선 $y=x$에 대하여 대칭
　　　　　　　　　　　　　　　　　　　x좌표와 y좌표를 서로 바꾼다.

이므로 $\overline{AP} = \overline{BP}$, $\overline{AQ} = \overline{BQ}$를 만족시키는 두 점 P, Q는
선분 AB의 수직이등분선 위의 점이다. ◄── 두 삼각형 PAB, QAB는 이등변삼각형이다.
이때 선분 AB의 수직이등분선은 직선 $y=x$이므로
두 점 P, Q는 원 C와 직선 $y=x$가 만나는 점이다.

STEP B 사각형 APBQ의 넓이를 이용하여 선분 AB의 길이 구하기

선분 PQ는 원 $C : x^2 + y^2 = 4$의 지름이므로 $\overline{PQ} = 4$
선분 AB와 직선 $y=x$가 만나는 점을 H라 하자. ◄── $\overline{AB} \perp \overline{PQ}$, $\overline{AH} = \overline{BH}$
(사각형 APBQ의 넓이) = (삼각형 APQ의 넓이) + (삼각형 BQP의 넓이)

$= \dfrac{1}{2} \times \overline{PQ} \times \overline{AH} + \dfrac{1}{2} \times \overline{PQ} \times \overline{BH}$ ◄── $\overline{PQ} = 4$

$= 2(\overline{AH} + \overline{BH})$

$= 2\overline{AB}$

이때 사각형 APBQ의 넓이가 $2\sqrt{2}$이므로 $2\overline{AB} = 2\sqrt{2}$

$\therefore \overline{AB} = \sqrt{2}$ ······ ㉠

STEP C 선분 AB의 길이와 점 A가 원 C 위의 점임을 이용하여 $a \times b$의 값 구하기

두 점 A(a, b), B(b, a)에 대하여 선분 AB의 길이는

$\overline{AB} = \sqrt{(b-a)^2 + (a-b)^2} = \sqrt{2(a-b)^2}$ ······ ㉡

㉠, ㉡에 의하여 $\sqrt{2(a-b)^2} = \sqrt{2}$이므로 $|a-b| = 1$

양변을 제곱하면 $a^2 - 2ab + b^2 = 1$ ······ ㉢

이때 점 A(a, b)가 원 $C : x^2 + y^2 = 4$ 위의 점이므로 $a^2 + b^2 = 4$

이를 ㉢에 대입하면 $4 - 2ab = 1$, $2ab = 3$

따라서 $ab = \dfrac{3}{2}$

원 $C : x^2+y^2=8$ 위에 서로 다른 두 점 A(a, b), B$(-b, -a)$가 있다.
원 C 위의 점 중 $\overline{AP}=\overline{BP}$, $\overline{AQ}=\overline{BQ}$를 만족시키는 서로 다른 두 점 P, Q에 대하여 사각형 APBQ의 넓이가 8일 때, ab의 값을 구하시오.
(단, $a+b \neq 0$)

STEP A 두 점 A, B가 $y=-x$에 대하여 대칭임을 이용하여 두 점 P, Q의 위치 구하기

두 점 A(a, b), B$(-b, -a)$가 원 위의 점이므로 대입하면
$a^2+b^2=8$ ...... ㉠
원 위의 두 점 A(a, b), B$(-b, -a)$는 $y=-x$에 대하여 대칭이고
원 위의 두 점 P, Q에 대하여 $\overline{AP}=\overline{BP}$, $\overline{AQ}=\overline{BQ}$이므로
두 점 P, Q의 위치는 다음과 같다.

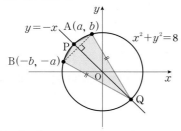

즉 두 점 P, Q는 원 $x^2+y^2=8$과 직선 $y=-x$의 교점이어야 한다.

STEP B 사각형 APBQ의 넓이를 이용하여 선분 AB의 길이 구하기

원 $x^2+y^2=8$에서 반지름의 길이가 $2\sqrt{2}$이므로 $\overline{PQ}=4\sqrt{2}$
사각형 APBQ의 넓이는 $\frac{1}{2} \times \overline{PQ} \times \overline{AB}$이므로
$\frac{1}{2} \times 4\sqrt{2} \times \overline{AB}=8$ ∴ $\overline{AB}=2\sqrt{2}$

STEP C 선분 AB의 길이를 이용하여 ab의 값 구하기

두 점 A(a, b), B$(-b, -a)$에 대하여
$\overline{AB}=\sqrt{(a+b)^2+(b+a)^2}=\sqrt{2(a+b)^2}=2\sqrt{2}$ ∴ $(a+b)^2=4$
$(a+b)^2=a^2+b^2+2ab=4$이고 ㉠의 값을 대입하면 $8+2ab=4$
따라서 $ab=-2$

정답 −2

0663

2019년 03월 고2 학력평가 가형 28번 정답 11

해설강의

STEP A 평행이동을 이용하여 두 원 C_1, C_2의 방정식 구하기

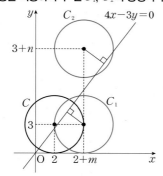

원 $C : (x-2)^2+(y-3)^2=9$의 중심의 좌표는 $(2, 3)$, 반지름의 길이는 3
원 C를 x축의 방향으로 m만큼 평행이동하면
$C_1 : (x-m-2)^2+(y-3)^2=9$이므로
중심은 $(m+2, 3)$, 반지름의 길이는 3
원 C_1을 y축의 방향으로 n만큼 평행이동하면
$C_2 : (x-m-2)^2+(y-n-3)^2=9$이므로
중심은 $(m+2, n+3)$, 반지름의 길이는 3

STEP B 원 C_1이 직선 l과 서로 다른 두 점에서 만나도록 하는 m의 값 구하기

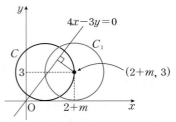

원 C_1과 직선 $l : 4x-3y=0$이 서로 다른 두 점에서 만나려면
원 C_1의 중심 $(2+m, 3)$과 직선 $4x-3y=0$ 사이의 거리는

점 (x_1, y_1)과 직선 $ax+by+c=0$ 사이의 거리는 $\frac{|ax_1+by_1+c|}{\sqrt{a^2+b^2}}$

원의 반지름의 길이인 3보다 작아야 한다.
$\frac{|4(2+m)-3\times3|}{\sqrt{4^2+(-3)^2}}<3$, $\frac{|4m-1|}{5}<3$이므로
$|4m-1|<15$에서 $-15<4m-1<15$ ∴ $-\frac{7}{2}<m<4$
조건 (가)를 만족시키는 자연수 m의 값은 1, 2, 3

STEP C m의 값에 따라 원 C_2가 직선 l과 서로 다른 두 점에서 만나도록 하는 n의 값 구하기

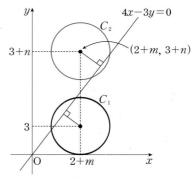

원 C_2와 직선 $l : 4x-3y=0$이 서로 다른 두 점에서 만나려면
원 C_2의 중심 $(2+m, 3+n)$과 직선 $4x-3y=0$ 사이의 거리는
원의 반지름의 길이인 3보다 작아야 한다.
$\frac{|4(2+m)-3(3+n)|}{\sqrt{4^2+(-3)^2}}<3$, $\frac{|4m-3n-1|}{5}<3$이므로
$|4m-3n-1|<15$에서 $-15<4m-3n-1<15$
$-4m-14<-3n<-4m+16$
∴ $\frac{4m-16}{3}<n<\frac{4m+14}{3}$ ...... ㉠

이때 m의 값에 따라 자연수 n의 값을 구하면 다음과 같다.
(ⅰ) $m=1$일 때,
　㉠에 $m=1$을 대입하면 $-4<n<6$
　즉 자연수 n의 값은 1, 2, 3, 4, 5이므로
　이 경우 $m+n$의 최댓값은 $m+n=1+5=6$
(ⅱ) $m=2$일 때,
　㉠에 $m=2$를 대입하면 $-\frac{8}{3}<n<\frac{22}{3}$ ◀ $-2.666\cdots<n<7.333\cdots$
　즉 자연수 n의 값은 1, 2, 3, 4, 5, 6, 7이므로
　이 경우 $m+n$의 최댓값은 $m+n=2+7=9$
(ⅲ) $m=3$일 때,
　㉠에 $m=3$을 대입하면 $-\frac{4}{3}<n<\frac{26}{3}$ ◀ $-1.333\cdots<n<8.666\cdots$
　즉 자연수 n의 값은 1, 2, 3, 4, 5, 6, 7, 8이므로
　이 경우 $m+n$의 최댓값은 $m+n=3+8=11$

STEP D $m+n$의 최댓값 구하기

(ⅰ)~(ⅲ)에서 $m=3$, $n=8$일 때 최대이므로 최댓값은 $m+n=3+8=11$

두 자연수 m, n에 대하여 원 $C:(x-3)^2+(y-4)^2=4$를 x축의 방향으로 m만큼 평행이동한 원을 C_1, 원 C_1을 y축의 방향으로 n만큼 평행이동한 원을 C_2라 하자. 두 원 C_1, C_2와 직선 $l:3x-4y=0$은 다음 조건을 만족시킨다.

> (가) 원 C_1은 직선 l과 서로 다른 두 점에서 만난다.
> (나) 원 C_2는 직선 l과 서로 다른 두 점에서 만난다.

$m+n$의 최댓값을 구하시오.

STEP A 평행이동을 이용하여 두 원 C_1, C_2의 방정식 구하기

원 $C:(x-3)^2+(y-4)^2=4$에서 중심의 좌표는 $(3, 4)$, 반지름의 길이는 2

원 C를 x축의 방향으로 m만큼 평행이동하면

$C_1:(x-m-3)^2+(y-4)^2=4$이므로 중심은 $(m+3, 4)$, 반지름의 길이는 2

원 C_1을 y축의 방향으로 n만큼 평행이동하면

$C_2:(x-m-3)^2+(y-n-4)^2=4$이므로 중심은 $(m+3, n+4)$, 반지름의 길이는 2

STEP B 원 C_1이 직선 l과 서로 다른 두 점에서 만나도록 하는 m의 값 구하기

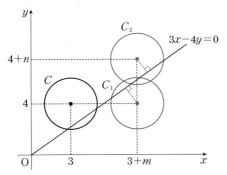

조건 (가)에서 원 C_1이 직선 $3x-4y=0$과 두 점에서 만나기 위해서는 C_1의 중심 $(3+m, 4)$와 직선 $l:3x-4y=0$ 사이의 거리는

> 점 (x_1, y_1)과 직선 $ax+by+c=0$ 사이의 거리는 $\dfrac{|ax_1+by_1+c|}{\sqrt{a^2+b^2}}$

원의 반지름의 길이인 2보다 작으므로

$\dfrac{|3(3+m)-16|}{\sqrt{3^2+(-4)^2}}<2$, $|3m-7|<10$, $-10<3m-7<10$

$-3<3m<17$ ∴ $-1<m<\dfrac{17}{3}$

이때 m은 자연수이므로 m의 값은 1, 2, 3, 4, 5이다.

STEP C m의 값에 따라 원 C_2가 직선 l과 서로 다른 두 점에서 만나도록 하는 n의 값 구하기

원 C_2가 직선 $3x-4y=0$과 두 점에서 만나기 위해서는 C_2의 중심 $(m+3, n+4)$에서 직선 $3x-4y=0$까지의 거리가 반지름의 길이 2보다 작아야 한다.

(i) $m=1$일 때,

원 C_2의 중심의 좌표는 $(4, 4+n)$이므로

조건 (나)에서 점 $(4, 4+n)$과 직선 $l:3x-4y=0$ 사이의 거리는 원의 반지름의 길이인 2보다 작아야 한다.

$\dfrac{|12-4(4+n)|}{\sqrt{3^2+(-4)^2}}<2$, $|-4n-4|<10$

$-10<4n+4<10$, $-14<4n<6$ ∴ $-\dfrac{7}{2}<n<\dfrac{3}{2}$

즉 자연수 n의 값은 1이므로 이 경우 $m+n$의 최댓값은 $1+1=2$

(ii) $m=2$일 때,

원 C_2의 중심의 좌표는 $(5, 4+n)$이므로

조건 (나)에서 점 $(5, 4+n)$과 직선 $l:3x-4y=0$ 사이의 거리는 원의 반지름의 길이인 2보다 작아야 한다.

$\dfrac{|15-4(4+n)|}{\sqrt{3^2+(-4)^2}}<2$, $|-4n-1|<10$

$-10<4n+1<10$, $-11<4n<9$ ∴ $-\dfrac{11}{4}<n<\dfrac{9}{4}$

즉 자연수 n의 값은 1, 2이므로 이 경우 $m+n$의 최댓값은 $2+2=4$

(iii) $m=3$일 때,

원 C_2의 중심의 좌표는 $(6, 4+n)$이므로

조건 (나)에서 점 $(6, 4+n)$과 직선 $l:3x-4y=0$ 사이의 거리는 원의 반지름의 길이인 2보다 작아야 한다.

$\dfrac{|18-4(4+n)|}{\sqrt{3^2+(-4)^2}}<2$, $|-4n+2|<10$

$-10<4n-2<10$, $-8<4n<12$ ∴ $-2<n<3$

즉 자연수 n의 값은 1, 2이므로 이 경우 $m+n$의 최댓값은 $3+2=5$

(iv) $m=4$일 때,

원 C_2의 중심의 좌표는 $(7, 4+n)$이므로

조건 (나)에서 점 $(7, 4+n)$과 직선 $l:3x-4y=0$ 사이의 거리는 원의 반지름의 길이인 2보다 작아야 한다.

$\dfrac{|21-4(4+n)|}{\sqrt{3^2+(-4)^2}}<2$, $|-4n+5|<10$

$-10<4n-5<10$, $-5<4n<15$ ∴ $-\dfrac{5}{4}<n<\dfrac{15}{4}$

즉 자연수 n의 값은 1, 2, 3이므로 이 경우 $m+n$의 최댓값은 $4+3=7$

(v) $m=5$일 때,

원 C_2의 중심의 좌표는 $(8, 4+n)$이므로

조건 (나)에서 점 $(8, 4+n)$과 직선 $l:3x-4y=0$ 사이의 거리는 원의 반지름의 길이인 2보다 작아야 한다.

$\dfrac{|24-4(4+n)|}{\sqrt{3^2+(-4)^2}}<2$, $|-4n+8|<10$

$-10<4n-8<10$, $-2<4n<18$ ∴ $-\dfrac{1}{2}<n<\dfrac{9}{2}$

즉 자연수 n의 값은 1, 2, 3, 4이므로 이 경우 $m+n$의 최댓값은 $5+4=9$

(i)~(v)에서 $m+n$의 최댓값은 9이다.   정답 9

0664 2016년 09월 고1 학력평가 30번   정답 17

STEP A 주어진 그림을 좌표평면 위에 나타내기

점 B를 원점, 점 C의 좌표는 $(4, 0)$, 점 A를 제 1사분면 위에 있도록
$x>0, y>0$

좌표평면 위에 나타내면 다음 그림과 같다.

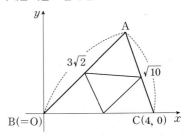

STEP B $\overline{AB}=3\sqrt{2}$, $\overline{AC}=\sqrt{10}$을 만족하는 점 A의 좌표 구하기

점 A의 좌표를 A(a, b)라 하면

$\overline{AB}=\sqrt{(a-0)^2+(b-0)^2}=\sqrt{a^2+b^2}=3\sqrt{2}$

∴ $a^2+b^2=18$ …… ㉠

$\overline{AC}=\sqrt{(a-4)^2+(b-0)^2}=\sqrt{(a-4)^2+b^2}=\sqrt{10}$

∴ $(a-4)^2+b^2=10$ …… ㉡

㉠, ㉡을 연립하며 풀면 $a=3$, $b=3$

> ㉠-㉡을 하면 $(a^2+b^2-18)-(a^2-8a+b^2+6)=0$, $8a-24=0$ ∴ $a=3$
> $a=3$을 ㉠의 식에 대입하면 $9+b^2=18$, $b^2=9$, 이때 양수 b의 값은 $b=3$

즉 점 A의 좌표는 A$(3, 3)$

대칭이동을 이용하여 삼각형 DEF의 둘레의 길이가 최소가 되는 경우 파악하기

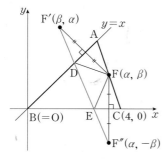

두 점 A(3, 3), C(4, 0)을 지나는 직선 AC의 방정식은

$$y-3=\frac{0-3}{4-3}(x-3) \quad \therefore y=-3x+12$$

점 F의 좌표를 F(α, β)라 하면 점 F는 직선 AC 위의 점이므로

$\beta=-3\alpha+12$ (단, $3<\alpha<4$) ······ ㉢
　　　　　　　(점 A의 x좌표)$<\alpha<$(점 C의 x좌표)

또한, 직선 AB의 방정식은 $y=x$이므로

점 F를 직선 AB와 x축에 대하여 대칭이동한 점을 각각 F$'$, F$''$이라 하면
　　　　　　　　　y좌표의 부호를 바꾼다.

F$'$(β, α), F$''$(α, $-\beta$)

이때 $\overline{FD}=\overline{F'D}$, $\overline{EF}=\overline{EF''}$이므로

(삼각형 DEF의 둘레의 길이)$=\overline{DE}+\overline{EF}+\overline{FD}$

$\qquad\qquad\qquad=\overline{DE}+\overline{EF''}+\overline{F'D}\geq\overline{F'F''}$
　　　　　　　　　　　　네 점 F$'$, D, E, F$''$이 일직선 위에 있을 때, 최소가 된다.

즉 $\overline{DE}+\overline{EF}+\overline{FD}$의 값은 두 점 D, E가 두 점 F$'$, F$''$이 지나는 직선 위에 있을 때 최소가 되고 그 값은 $\overline{F'F''}$의 최솟값과 같다.

STEP D 삼각형 DEF의 둘레의 길이의 최솟값 구하기

$\overline{F'F''}=\sqrt{(\alpha-\beta)^2+(-\beta-\alpha)^2}$

$\quad=\sqrt{2\alpha^2+2\beta^2}$

$\quad=\sqrt{2\alpha^2+2(-3\alpha+12)^2}$ (∵ ㉢)

$\quad=\sqrt{20\alpha^2-144\alpha+288}$

$\quad=\sqrt{20\left(\alpha-\frac{18}{5}\right)^2+\frac{144}{5}}\ (3<\alpha<4)$

즉 삼각형 DEF의 둘레의 길이는

$\alpha=\frac{18}{5}$일 때, 최소가 되고 최솟값은

$\sqrt{\frac{144}{5}}=\frac{12}{\sqrt{5}}=\frac{12}{5}\sqrt{5}$

따라서 $p=5$, $q=12$이므로 $p+q=5+12=17$

내/신/연/계/ 출제문항 **356**

그림과 같이 $\overline{AB}=2\sqrt{2}$, $\overline{BC}=3$, $\overline{CA}=\sqrt{5}$인 삼각형 ABC에 대하여 세 선분 AB, BC, CA 위의 점을 각각 D, E, F라 하자.

삼각형 DEF의 둘레의 길이의 최솟값이 $\frac{q}{p}\sqrt{10}$일 때,

$p+q$의 값을 구하시오. (단, p와 q는 서로소인 자연수이다.)

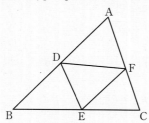

STEP A 주어진 그림을 좌표평면 위에 나타내기

주어진 삼각형 ABC를 선분 BC가 x축, 점 B가 원점, 점 A가 제 1사분면 위에 있도록 좌표평면 위에 나타내면 오른쪽 그림과 같다.

이때 $\overline{BC}=3$이므로 점 C의 좌표는 C(3, 0)이다.

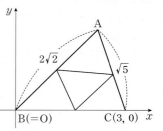

STEP B 조건을 만족하는 점 A의 좌표 구하기

점 A의 좌표를 A(a, b)라 하면

$\overline{AB}=\sqrt{(a-0)^2+(b-0)^2}=\sqrt{a^2+b^2}=2\sqrt{2}$

$\therefore a^2+b^2=8$ ······ ㉠

$\overline{CA}=\sqrt{(3-a)^2+(0-b)^2}=\sqrt{(3-a)^2+b^2}=\sqrt{5}$

$\therefore (3-a)^2+b^2=5$ ······ ㉡

㉠, ㉡을 연립하여 풀면 $a=2$, $b=2$
㉠-㉡을 하면 $(a^2+b^2-8)-(a^2-6a+b^2+4)=0$, $6a=12$ ∴ $a=2$
$a=2$를 ㉠의 식에 대입하면 $4+b^2=8$, $b^2=4$, 이때 $b>0$이므로 $b=2$

점 A의 좌표는 A(2, 2)이다.

STEP C 점의 대칭이동을 이용하여 삼각형 DEF의 둘레의 길이가 최소가 되는 경우를 파악하기

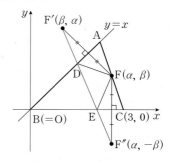

두 점 A(2, 2), C(3, 0)을 지나는 직선 AC의 방정식은 $y=-2x+6$이므로

점 F의 좌표를 F(α, β)라 하면

$\beta=-2\alpha+6$ ······ ㉢

이때 점 F는 선분 AC 위에 있으므로

(점 A의 x좌표)$<\alpha<$(점 C의 x좌표)

$\therefore 2<\alpha<3$

이때 직선 AB가 $y=x$이므로 점 F를 직선 AB와 x축에 대하여 대칭이동한 점을 각각 F$'$, F$''$이라 하면 F$'$(β, α), F$''$(α, $-\beta$)이다.

즉 $\overline{FD}=\overline{F'D}$, $\overline{EF}=\overline{EF''}$이므로 삼각형 DEF의 둘레의 길이는

$\overline{DE}+\overline{EF}+\overline{FD}=\overline{DE}+\overline{EF''}+\overline{F'D}$이다.

이때 $\overline{DE}+\overline{EF''}+\overline{F'D}$의 값은 네 점 D, E, F$'$, F$''$이 한 직선 위에 있을 때 최소가 되고 그 값은 선분 F$'$F$''$의 길이와 같다.

STEP D 삼각형 DEF의 둘레의 길이의 최솟값 구하기

$\overline{F'F''}=\sqrt{(\alpha-\beta)^2+(-\beta-\alpha)^2}$

$\quad=\sqrt{2\alpha^2+2\beta^2}$

$\quad=\sqrt{2\alpha^2+2(-2\alpha+6)^2}$ (∵ ㉢)

$\quad=\sqrt{10\alpha^2-48\alpha+72}$

$\quad=\sqrt{10\left(\alpha-\frac{12}{5}\right)^2+\frac{72}{5}}\ (2<\alpha<3)$

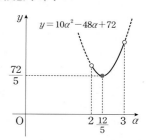

즉 삼각형 DEF의 둘레의 길이는

$\alpha=\frac{12}{5}$일 때, 최소가 되고 최솟값은

$\sqrt{\frac{72}{5}}=\frac{6}{5}\sqrt{10}$

따라서 $p=5$, $q=6$이므로 $p+q=5+6=11$

STEP Ⓐ 점과 직선 사이의 거리를 이용하여 직선 l과 y축이 만나는 점의 좌표 구하기

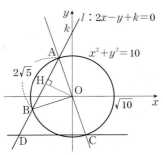

직선 l과 y축이 만나는 점을 $(0,\ k)$라 할 때, 점 $(0,\ k)$를 지나고 기울기가 2인 직선 l의 방정식은 $y=2x+k$

　　점 $(x_1,\ y_1)$을 지나고 기울기가 m인 직선의 방정식은 $y-y_1=m(x-x_1)$

즉 직선 $l : 2x-y+k=0$

원점 O에서 직선 l에 내린 수선의 발을 H라 하면
원의 중심에서 현에 내린 수선은 그 현을 수직이등분하므로

$\overline{AH}=\dfrac{1}{2}\overline{AB}=\sqrt{5}$, $\overline{OA}=\sqrt{10}$　← 반지름이 r일 때, $r^2=10$이므로 $r=\sqrt{10}$

삼각형 AHO가 직각삼각형이므로 피타고라스 정리에 의하여

$\overline{OH}=\sqrt{\overline{OA}^2-\overline{AH}^2}=\sqrt{10-5}=\sqrt{5}$

$\overline{OH}$는 원점 O와 직선 l 사이의 거리와 같으므로

$\dfrac{|k|}{\sqrt{2^2+(-1)^2}}=\sqrt{5}$, $|k|=5$

$\therefore k=5\ (\because k>0)$

STEP Ⓑ 원과 직선의 방정식을 연립하여 세 점 A, B, C의 좌표 구하기

두 점 A, B는 직선 $l : y=2x+5$와 원 $x^2+y^2=10$과 만나는 점이므로
$x^2+(2x+5)^2=10$, $x^2+4x+3=0$, $(x+1)(x+3)=0$

$\therefore x=-1$ 또는 $x=-3$

두 점 A, B의 좌표는 각각 $(-1,\ 3)$, $(-3,\ -1)$이고
점 A는 제2사분면 위의 점이므로 $x<0,\ y>0$, 즉 $x=-1$을 $y=2x+5$에 대입하면 $y=3$
점 B는 제3사분면 위의 점이므로 $x<0,\ y<0$, 즉 $x=-3$을 $y=2x+5$에 대입하면 $y=-1$

점 C는 점 $A(-1,\ 3)$을 원점에 대하여 대칭이동한 점과 일치하므로

　　x대신 $-x$, y대신 $-y$을 대입

점 C의 좌표는 $C(1,\ -3)$

STEP Ⓒ 점 D의 좌표 구하기

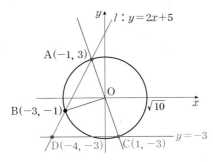

점 C를 지나고 x축과 평행한 직선이 직선 $l : y=2x+5$와 만나는

　　x축과 평행한 같은 직선 위에 있으므로 두 점 C, D의 y의 좌표가 같다.

점 D의 좌표는 $(-4,\ -3)$

　　$y=2x+5$에 $y=-3$을 대입하면 $-3=2x+5$, $2x=-8$, $x=-4$

따라서 $a=-4$, $b=-3$이므로 $a+b=-7$

그림과 같이 기울기가 3인 직선 l이 원 $x^2+y^2=20$과 제2사분면 위의 점 A, 제3사분면 위의 점 B에서 만나고 $\overline{AB}=2\sqrt{10}$ 이다.
직선 OA와 원이 만나는 점 중 A가 아닌 점을 C라 하자.
점 C를 지나고 x축과 평행한 직선이 직선 l과 만나는 점을 $D(a,\ b)$라 할 때, 두 상수 $a,\ b$에 대하여 $3ab$의 값을 구하시오
(단, O는 원점이다.)

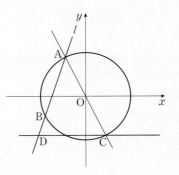

STEP Ⓐ 점과 직선 사이의 거리를 이용하여 직선 l과 y축이 만나는 점의 좌표 구하기

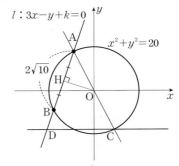

직선 l과 y축이 만나는 점을 $(0,\ k)$라 할 때, 점 $(0,\ k)$를 지나고 기울기가 3인 직선 l의 방정식은 $y=3x+k$

　　점 $(x_1,\ y_1)$을 지나고 기울기가 m인 직선의 방정식은 $y-y_1=m(x-x_1)$

즉 직선 $l : 3x-y+k=0$

원점 O에서 직선 l에 내린 수선의 발을 H라 하면
원의 중심에서 현에 내린 수선은 그 현을 수직이등분하므로

$\overline{AH}=\dfrac{1}{2}\overline{AB}=\sqrt{10}$, $\overline{OA}=\sqrt{20}$　← 반지름이 r일 때, $r^2=20$이므로 $r=\sqrt{20}$

삼각형 AHO가 직각삼각형이므로 피타고라스 정리에 의하여

$\overline{OH}=\sqrt{\overline{OA}^2-\overline{AH}^2}$
　　$=\sqrt{20-10}$
　　$=\sqrt{10}$

이때 $\overline{OH}$는 원점 O와 직선 l 사이의 거리와 같으므로

$\dfrac{|k|}{\sqrt{3^2+(-1)^2}}=\sqrt{10}$, $|k|=10$

$\therefore k=10\ (\because k>0)$

STEP Ⓑ 원과 직선의 방정식을 연립하여 세 점 A, B, C의 좌표 구하기

두 점 A, B는 직선 $l : y=3x+10$가 원 $x^2+y^2=20$과 만나는 점이므로
$x^2+(3x+10)^2=20$, $10x^2+60x+80=0$

$x^2+6x+8=0$, $(x+2)(x+4)=0$

$\therefore x=-2$ 또는 $x=-4$

두 점 A, B의 좌표는 각각 $(-2,\ 4)$, $(-4,\ -2)$이고
점 C는 점 $A(-2,\ 4)$을 원점에 대하여 대칭이동한 점과 일치하므로

　　x대신 $-x$, y대신 $-y$을 대입

점 C의 좌표는 $C(2,\ -4)$

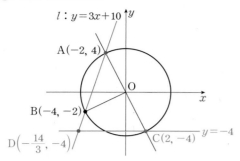

$l : y = 3x + 10$

A(−2, 4)

O

B(−4, −2)

$D\left(-\dfrac{14}{3}, -4\right)$

C(2, −4)

$y = -4$

점 C를 지나고 x축과 평행한 직선이 직선 $l : y = 3x + 10$과 만나는
_{x축과 평행한 같은 직선 위에 있으므로 두 점 C, D의 y의 좌표가 같다.}

점 D의 좌표는 $D\left(-\dfrac{14}{3}, -4\right)$
_{$y = 3x + 10$에 $y = -4$을 대입하면 $-4 = 3x + 10$, $x = -\dfrac{14}{3}$}

따라서 $a = -\dfrac{14}{3}$, $b = -4$이므로 $3ab = 3 \times \left(-\dfrac{14}{3}\right) \times (-4) = 56$ 정답 56

0666 2024년 09월 고1 학력평가 27번 정답 32 해설강의

STEP A 점의 대칭이동을 이용하여 r_1의 값 구하기

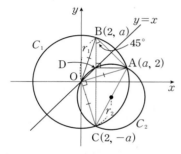

C_1 B(2, a) $y = x$

r_1 45°

D O A(a, 2)

x

r_2 C(2, −a) C_2

점 A(a, 2)를 직선 $y = x$에 대하여 대칭이동한 점 B의 좌표는 B(2, a)
_{x좌표와 y좌표를 서로 바꾼다.}

점 B(2, a)를 x축에 대하여 대칭이동한 점 C의 좌표는 C(2, −a)
_{y좌표의 부호만 바뀐다.}

두 점 O(0, 0), A(a, 2) 사이의 거리는 $\overline{OA} = \sqrt{a^2 + 2^2}$ …… ㉠
_{원점 O(0, 0)과 A(x_1, y_1) 사이의 거리는 $\overline{OA} = \sqrt{x_1^2 + y_1^2}$}

이때 $\overline{OA} = \overline{OB} = \overline{OC}$이므로 점 O는 삼각형 ABC의 외접원의 중심이다.
$\therefore r_1 = \overline{OA}$

STEP B 원주각과 중심각 사이의 관계를 이용하여 r_2의 값 구하기

선분 BC와 직선 $y = x$가 만나는 점을 D라 하면 ← D(2, 2)
삼각형 BDA는 직각이등변삼각형이므로 $\angle ABD = \angle ABC = 45°$
이때 두 삼각형 ABC, AOC의 외접원을 각각 C_1, C_2라 하자.
원 C_1의 호 AC에 대한 원주각이 $\angle ABC = 45°$이므로
원 C_1의 호 AC에 대한 중심각은 $\angle AOC = 2 \times \angle ABC = 90°$
_{(중심각의 크기) = 2 × (원주각)}
또한, $\angle AOC = 90°$이므로 선분 AC는 원 C_2의 지름이므로
_{지름에 대한 원주각은 90°}

$r_2 = \dfrac{1}{2} \times \overline{AC} = \dfrac{\sqrt{2}}{2} r_1$ ← $\overline{AC} = \sqrt{2} \times \overline{OA}$

+α 두 직선의 기울기의 곱을 이용하여 $\angle AOC$의 크기를 구할 수 있어!

두 점 O(0, 0), A(a, 2)를 지나는 직선 OA의 기울기는 $\dfrac{2}{a}$

두 점 O(0, 0), C(2, −a)를 지나는 직선 OC의 기울기 $-\dfrac{a}{2}$

이때 두 직선 OA, OC의 기울기의 곱이 $\dfrac{2}{a} \times \left(-\dfrac{a}{2}\right) = -1$이므로
두 직선 OA, OC가 서로 수직이다. ← 수직인 두 직선의 기울기의 곱은 −1
$\therefore \angle AOC = 90°$

STEP C $r_1 \times r_2 = 18\sqrt{2}$임을 이용하여 a^2의 값 구하기

$r_1 \times r_2 = 18\sqrt{2}$이므로 $r_1 \times r_2 = \dfrac{\sqrt{2}}{2} r_1^2 = 18\sqrt{2}$, $r_1^2 = 36$

$\therefore r_1 = 6$ ← 반지름의 길이는 양수

이를 ㉠에 대입하면 $\overline{OA} = \sqrt{a^2 + 2^2} = 6$

따라서 양변을 제곱하면 $a^2 + 4 = 36$이므로 $a^2 = 32$

내/신/연/계/ 출제문항 **358**

그림과 같이 좌표평면 위의 점 A(−3, a)($a < 3$)를 직선 $y = -x$에 대하여
대칭이동한 점을 B, 점 B를 x축에 대하여 대칭이동한 점을 C라 하자.
두 삼각형 ABC, AOC의 외접원의 반지름의 길이를 각각 r_1, r_2라 할 때,
$r_1 \times r_2 = 8\sqrt{2}$이다. 상수 a에 대하여 a^2의 값을 구하시오.
(단, O는 원점이다.)

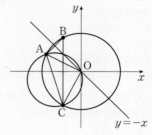

B

A

O

x

C

$y = -x$

STEP A 점의 대칭이동을 이용하여 r_1의 값 구하기

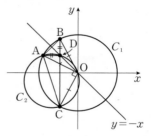

B D C_1

A

O

x

C_2 C

$y = -x$

점 A(−3, a)를 직선 $y = -x$에 대하여 대칭이동한 점 B의 좌표는
B(−a, 3)
점 B(−a, 3)를 x축에 대하여 대칭이동한 점 C의 좌표는 C(−a, −3)
두 점 O(0, 0), A(−3, a) 사이의 거리는
$\overline{OA} = \sqrt{(-3)^2 + a^2}$ …… ㉠
이때 $\overline{OA} = \overline{OB} = \overline{OC}$이므로 점 O는 삼각형 ABC의 외접원의 중심이다.
$\therefore r_1 = \overline{OA}$

STEP B 원주각과 중심각 사이의 관계를 이용하여 r_2의 값 구하기

선분 BC와 직선 $y = -x$가 만나는 점을 D라 하면
삼각형 ADB는 직각이등변삼각형이므로 $\angle ABD = \angle ABC = 45°$
이때 두 삼각형 ABC, AOC의 외접원을 각각 C_1, C_2라 하자.
원 C_1의 호 AC에 대한 원주각이 $\angle ABC = 45°$이므로
원 C_1의 호 AC에 대한 중심각은 $\angle AOC = 2 \times \angle ABC = 90°$
또한, $\angle AOC = 90°$이므로 선분 AC는 원 C_2의 지름이므로

$r_2 = \dfrac{1}{2} \times \overline{AC} = \dfrac{\sqrt{2}}{2} r_1$ ← $\overline{AC} = \sqrt{2} \times \overline{OA}$

+α 두 직선의 기울기의 곱을 이용하여 $\angle AOC$의 크기를 구할 수 있어!

두 점 O(0, 0), A(−3, a)를 지나는 직선 OA의 기울기는 $-\dfrac{a}{3}$

두 점 O(0, 0), C(−a, −3)를 지나는 직선 OC의 기울기 $\dfrac{3}{a}$

이때 두 직선 OA, OC의 기울기의 곱이 $\left(-\dfrac{a}{3}\right) \times \dfrac{3}{a} = -1$이므로
두 직선 OA, OC가 서로 수직이다. ← 수직인 두 직선의 기울기의 곱은 −1
$\therefore \angle AOC = 90°$

STEP C $r_1 \times r_2 = 8\sqrt{2}$임을 이용하여 a^2의 값 구하기

$r_1 \times r_2 = 8\sqrt{2}$이므로 $r_1 \times r_2 = \dfrac{\sqrt{2}}{2} r_1^2 = 8\sqrt{2}$, $r_1^2 = 16$

$\therefore r_1 = 4$

이를 ㉠에 대입하면 $\overline{OA} = \sqrt{9 + a^2} = 4$

따라서 양변을 제곱하면 $a^2 + 9 = 16$이므로 $a^2 = 7$

정답 7

0667

2023년 03월 고2 학력평가 29번　정답 15　

STEP A 평행이동과 대칭이동한 도형 위의 두 점에서 기울기와 같음을 이해하기

원 $(x-6)^2 + y^2 = r^2$을 직선 $y = x$에 대하여 대칭이동한 원을 C_1이라 하면

<small>x와 y의 좌표를 서로 바꾸어준다.</small>

$C_1 : x^2 + (y-6)^2 = r^2$이므로 중심은 $A(0, 6)$, 반지름의 길이는 r

이때 점 P를 $y = x$에 대하여 대칭이동한 점을 P'이라 하면
점 P'은 원 C_1 위의 점이다.

원 $(x-6)^2 + y^2 = r^2$을 x축의 방향으로 k만큼 평행이동한 원을 C_2라 하면
$C_2 : (x-k-6)^2 + y^2 = r^2$이므로 중심은 $B(k+6, 0)$, 반지름의 길이는 r

이때 점 Q를 x축의 방향으로 평행이동한 점을 Q'라 하면
점 Q'은 원 C_2 위의 점이다.

두 점 $P'(x_1, y_1)$, $Q'(x_2, y_2)$에 대하여 $\dfrac{y_2 - y_1}{x_2 - x_1}$의 값은

직선 $P'Q'$의 기울기와 같다.

<small>두 점 (x_1, y_1), (x_2, y_2)를 지나는 직선의 기울기는 $\dfrac{y_2 - y_1}{x_2 - x_1}$ (단, $x_1 \neq x_2$)</small>

STEP B 기울기의 최솟값이 0임을 이용하여 반지름의 길이 구하기

직선 $P'Q'$의 기울기의 최솟값이 0이므로 그림과 같이 x축에 평행한 직선이
두 원 C_1, C_2에 모두 접할 때이다.

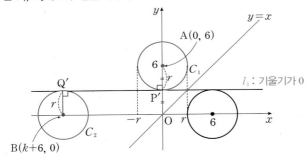

이때 $r + r = 2r = 6$　$\therefore r = 3$

STEP C 기울기의 최댓값을 이용하여 k의 값 구하기

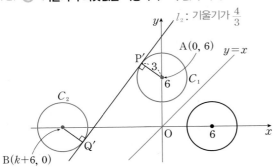

직선 $P'Q'$의 기울기의 최댓값이 $\dfrac{4}{3}$이므로

그림과 같이 두 원 C_1, C_2는 모두 기울기가 $\dfrac{4}{3}$인 직선 l에 접해야 한다.

이때 직선 $l : y = \dfrac{4}{3}x + n \ (n > 6)$

<small>직선 l의 y절편이 원 C_1의 중심의 좌표보다 위에 있어야 한다.</small>

$\therefore l : 4x - 3y + 3n = 0$

직선 l이 원 C_1의 접선이므로 원 C_1의 중심 $A(0, 6)$에서 직선까지의 거리는
반지름의 길이가 3과 같다.

즉 $\dfrac{|-18 + 3n|}{\sqrt{4^2 + (-3)^2}} = 3$, $|-18 + 3n| = 15$

$-18 + 3n = 15$ 또는 $-18 + 3n = -15$

$\therefore n = 11$ 또는 $n = 1$

이때 $n > 6$이므로 $n = 11$이고 직선 $l : 4x - 3y + 33 = 0$

직선 l이 원 C_2의 접선이므로 중심 $B(k+6, 0)$에서 직선까지의 거리는
반지름의 길이가 3과 같다.

$\dfrac{|4(k+6) + 33|}{\sqrt{4^2 + (-3)^2}} = 3$, $|4k + 57| = 15$

$4k + 57 = 15$ 또는 $4k + 57 = -15$　$\therefore k = -\dfrac{21}{2}$ 또는 $k = -18$

$k < -12$이므로 $k = -18$

따라서 $r = 3$, $k = -18$이므로 $|r + k| = |3 + (-18)| = 15$

+α │ 기울기 최솟값을 이용하여 k의 범위를 구할 수 있어!

먼저 원 C_2의 중심이 $(0, 0)$에 있을 때, 두 점 P', Q'를 이은 직선의 기울기는
음수가 존재한다.

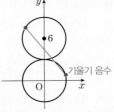

이때 원 C_2의 중심의 좌표가 $(-6, 0)$일 때, 두 원 C_1, C_2에 동시에 접하는
직선 $x = -3$

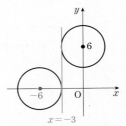

원 C_2의 중심의 x좌표 $k + 6 < -6$이 될 때 두 점 P', Q'를 이은 직선의 기울기의
최솟값은 0이 된다.

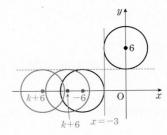

$\therefore k < -12$

원 $(x-4)^2+y^2=4$ 위를 움직이는 점 P, Q가 있다.

점 P를 $y=x$에 대하여 대칭이동한 점의 좌표를 (x_1, y_1)이라 하고 점 Q를 x축의 방향으로 -12만큼 평행이동한 점의 좌표를 (x_2, y_2)라 하자. $\dfrac{y_2-y_1}{x_2-x_1}$의 최댓값을 M, 최솟값을 m이라 할 때, $3M+4m$의 값을 구하시오.

STEP Ⓐ **대칭이동과 평행이동을 이용하여 점 P, Q가 존재하는 원의 방정식 구하기**

원 $(x-4)^2+y^2=4$ 위의 점 P를 $y=x$에 대하여 대칭이동하면
원 $(x-4)^2+y^2=4$를 $y=x$에 대하여 대칭이동한 원 위의 점이 된다.
즉 점 P는 $x^2+(y-4)^2=4$ 위의 점이다.

<small>x 대신에 y, y 대신에 x를 대입한다.</small>

또한 원 $(x-4)^2+y^2=4$ 위의 점 Q를 x축의 방향으로 -12만큼 평행이동하면
원 $(x-4)^2+y^2=4$를 x축의 방향으로 -12만큼 평행이동한 원 위의 점이 된다.
즉 점 Q는 $(x+8)^2+y^2=4$ 위의 점이다.

<small>x 대신에 $x+12$를 대입한다.</small>

STEP Ⓑ **주어진 식이 기울기임을 접선의 방정식 구하기**

원 $C_1 : x^2+(y-4)^2=4$, 원 $C_2 : (x+8)^2+y^2=4$라 하고 각각의 중심을 $C_1(0, 4)$, $C_2(-8, 0)$이라 하자.

이때 점 $P(x_1, y_1)$과 점 $Q(x_2, y_2)$에 대하여 $\dfrac{y_2-y_1}{x_2-x_1}$은 직선 PQ의 기울기와 같다.

두 원 C_1, C_2 위의 점에 대하여 기울기의 최댓값과 최솟값은 다음 그래프와 같고 두 원에 동시에 접하는 접선을 $y=ax+b(a, b$는 상수)라 하자. ← <small>$a=\dfrac{y_2-y_1}{x_2-x_1}$</small>

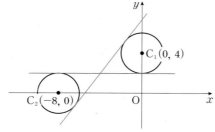

직선 $ax-y+b=0$은 두 원의 접선이므로
(중심에서 직선까지의 거리)=(반지름의 길이)

$C_1(0, 4)$에서 직선 $ax-y+b=0$까지의 거리는 $\dfrac{|-4+b|}{\sqrt{a^2+1}}=2$

$|-4+b|=2\sqrt{a^2+1}$ ⋯⋯ ㉠

$C_2(-8, 0)$에서 직선 $ax-y+b=0$까지의 거리는 $\dfrac{|-8a+b|}{\sqrt{a^2+1}}=2$

$|-8a+b|=2\sqrt{a^2+1}$ ⋯⋯ ㉡

㉠, ㉡에서 $|-4+b|=|-8a+b|$이므로 $-4+b=-8a+b$ 또는
$-4+b=8a-b$

(i) $-4+b=-8a+b$일 때,

$a=\dfrac{1}{2}$이고 ㉠의 식에 대입하면 $|-4+b|=2\sqrt{\dfrac{1}{4}+1}$, $|-4+b|=\sqrt{5}$

$-4+b=\sqrt{5}$ 또는 $-4+b=-\sqrt{5}$ ∴ $b=4+\sqrt{5}$ 또는 $b=4-\sqrt{5}$

즉 동시에 접하는 접선은 $y=\dfrac{1}{2}x+4+\sqrt{5}$ 또는 $y=\dfrac{1}{2}x+4-\sqrt{5}$

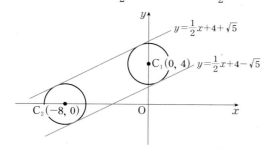

(ii) $-4+b=8a-b$일 때,

$2b=8a+4$이므로 $b=4a+2$

㉠의 식에 대입하면 $|4a-2|=2\sqrt{a^2+1}$이고 양변을 제곱하면

$16a^2-16a+4=4a^2+4$, $12a^2-16a=0$, $4a(3a-4)=0$

∴ $a=0$ 또는 $a=\dfrac{4}{3}$

$a=0$일 때, $b=2$이고 $a=\dfrac{4}{3}$일 때, $b=\dfrac{22}{3}$이므로

접선의 방정식은 $y=2$ 또는 $y=\dfrac{4}{3}x+\dfrac{22}{3}$

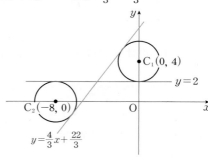

(i), (ii)에 의하여 기울기의 최솟값은 0, 최댓값은 $\dfrac{22}{3}$

따라서 $M=\dfrac{22}{3}$, $m=0$이므로 $3M+4m=22+0=22$ **정답** 22

II

집합과 명제

01 집합의 뜻

0668

정답 ④

STEP A 집합의 원소의 기준을 파악하여 집합인 것 찾기

① 맛있는 과일의 모임
→ '맛있는' 은 조건이 명확하지 않으므로 집합이 아니다.
② 아름다운 새들의 모임
→ '아름다운' 은 조건이 명확하지 않으므로 집합이 아니다.
③ 훌륭한 화가의 모임
→ '훌륭한' 은 조건이 명확하지 않으므로 집합이 아니다.
④ 우리 반에서 사물함 번호가 짝수인 학생의 모임
→ '짝수' 는 조건이 명확하므로 집합이다.
⑤ 키가 큰 컬링선수의 모임
→ '키가 큰' 은 조건이 명확하지 않으므로 집합이 아니다.
따라서 집합인 것은 ④이다.

> **POINT** | 집합의 원소가 명확하지 않은 것들
>
> ① 가치를 판단하는 표현
> '잘하는', '훌륭한', '좋은', '나쁘다', '작은(큰) 수' 등
> ② 외형을 나타내는 표현
> '아름다운', '예쁜', '멋진', '훌륭한','유명한' 등
> ③ 감정을 나타내는 표현
> '슬픈', '기쁜', '웃긴', '맛있는', '재미있는' 등

0669

정답 ③

STEP A 집합의 원소의 기준을 파악하여 집합인 것 찾기

ㄱ. 유명한 농구 선수의 모임
'유명한' 은 조건이 명확하지 않으므로 집합이 아니다.
ㄴ. 천연기념물의 모임
'천연기념물' 은 조건이 명확하므로 집합이다.
ㄷ. 1000에 가까운 자연수의 모임
'가까운' 은 조건이 명확하지 않으므로 집합이 아니다.
ㄹ. 독도보다 넓이가 큰 우리나라 섬의 모임
'독도보다 넓이가 큰' 은 조건이 명확하므로 집합이다.
ㅁ. 방정식 $3x-4=0$의 해의 모임
'방정식 $3x-4=0$의 해' 는 $x=\dfrac{4}{3}$로 명확하므로 집합이다.
ㅂ. 제곱하여 -1이 되는 실수의 모임
'제곱하여 -1이 되는 실수' 는 없으므로 공집합이다.
따라서 집합인 것은 ㄴ, ㄹ, ㅁ, ㅂ의 4개이다.

내/신/연/계/ 출제문항 360

다음 중 집합인 것은 모두 몇 개인가?

> ㄱ. K-POP을 좋아하는 외국인들의 모임
> ㄴ. 10보다 작은 소수의 모임
> ㄷ. 10에 가장 가까운 자연수의 모임
> ㄹ. 10에 가까운 자연수의 모임
> ㅁ. 스마트패드를 잘 활용하는 학생들의 모임

① 1 　　　　② 2 　　　　③ 3
④ 4 　　　　⑤ 5

STEP A 집합의 원소의 기준을 파악하여 집합인 것 찾기

ㄱ. K-POP을 좋아하는 외국인들의 모임
→ '좋아하는' 은 조건이 명확하지 않으므로 집합이 아니다.
ㄴ. 10보다 작은 소수의 모임
→ {2, 3, 5, 7}이므로 집합이다.
ㄷ. 10에 가장 가까운 자연수의 모임
'가까운' 은 조건이 명확하지 않지만 '가장 가까운' 은 조건이 명확하여
그 대상을 분명하게 정할 수 있으므로 집합이다.
→ {9, 11}이므로 집합이다.
어떤 자연수에 가장 가까운 자연수의 모임은 원소의 개수가 2인 집합이다.
ㄹ. 10에 가까운 자연수의 모임
→ '가까운' 은 조건이 명확하지 않으므로 집합이 아니다.
ㅁ. 스마트패드를 잘 활용하는 학생들의 모임
→ '잘 활용하는' 은 조건이 명확하지 않으므로 집합이 아니다.
따라서 집합인 것은 ㄴ, ㄷ의 2개이다. 　　정답 ②

0670

정답 ④

STEP A 집합과 원소의 관계를 이해하여 옳은 것 찾기

집합 A의 원소는 12의 양의 약수, 즉 1, 2, 3, 4, 6, 12이다.
① $1 \in A$ [거짓]
② $4 \in A$ [거짓]
③ $6 \in A$ [거짓]
④ $8 \notin A$ [참]
⑤ $12 \in A$ [거짓]
따라서 옳은 것은 ④이다.

0671

정답 ④

STEP A 집합과 원소의 관계를 이용하여 옳지 않은 것 찾기

① $\dfrac{1}{2-\sqrt{3}}=2+\sqrt{3}$은 무리수이므로 $\dfrac{1}{2-\sqrt{3}} \notin Q$ [참]
② $\sqrt{49}=7$은 정수이므로 $7 \in Z$ [참]
③ $1+\sqrt{12}=1+2\sqrt{3}$은 무리수이므로 $1+\sqrt{12} \in R$ [참]
④ $\sqrt{-9}=3i$는 허수이므로 $\sqrt{-9} \notin R$ [거짓]
⑤ $\dfrac{1+i}{1-i}=\dfrac{(1+i)^2}{(1-i)(1+i)}=\dfrac{1+2i+i^2}{1-i^2}=\dfrac{2i}{2}=i$

$\left(\dfrac{1+i}{1-i}\right)^{100}=i^{100}=1$은 정수이므로 $\left(\dfrac{1+i}{1-i}\right)^{100} \in Z$ [참]
따라서 옳지 않은 것은 ④이다.

정수 전체의 집합을 Z, 유리수 전체의 집합을 Q, 실수 전체의 집합을 R이라 할 때, 다음 중 옳지 않은 것은? (단, $i=\sqrt{-1}$)

① $\sqrt{36}\in Z$ ② $2+\sqrt{25}\in Q$ ③ $i^{100}\in Z$

④ $\sqrt{12}-1\in R$ ⑤ $\left(\dfrac{1-i}{\sqrt{2}}\right)^2\in R$

STEP **A** 집합과 원소의 관계를 이용하여 옳지 않은 것 찾기

① $\sqrt{36}=6$은 정수이므로 $\sqrt{36}\in Z$ [참]

② $2+\sqrt{25}=2+5=7$은 유리수이므로 $2+\sqrt{25}\in Q$ [참]

③ $i^{100}=1$은 정수이므로 $i^{100}\in Z$ [참]

④ $\sqrt{12}-1=2\sqrt{3}-1$은 실수이므로 $\sqrt{12}-1\in R$ [참]

⑤ $\left(\dfrac{1-i}{\sqrt{2}}\right)^2=\dfrac{1-2i+i^2}{2}=-i$는 허수이므로 $\left(\dfrac{1-i}{\sqrt{2}}\right)^2\notin R$ [거짓]

따라서 옳지 않은 것은 ⑤이다.   정답 ⑤

0672

 정답 ⑤

STEP **A** 집합과 원소의 관계를 이용하여 옳지 않은 것 찾기

$A=\{2, 4, 6\}$, $B=\{2, 3, 4, 5, 6\}$이므로

① 2는 집합 A의 원소이므로 $2\in A$ [참]

② 5는 집합 A의 원소가 아니므로 $5\notin A$ [참]

③ 2, 4는 모두 집합 A의 원소이므로 $\{2, 4\}\subset A$ [참]

④ 5는 집합 A의 원소가 아니므로 $\{2, 5\}\not\subset A$ [참]

⑤ 2, 4, 6은 모두 집합 B의 원소이므로 $\{2, 4, 6\}\subset B$ [거짓]

따라서 옳지 않은 것은 ⑤이다.

0673

정답 ⑤

STEP **A** 집합과 원소의 관계를 이용하여 옳지 않은 것 찾기

① $\{\varnothing\}$은 집합 A의 원소이므로 $\{\varnothing\}\in A$이다. [참]

② $\varnothing$은 집합 A의 원소이므로 $\{\varnothing\}\subset A$이다. [참]

③ 0, $\varnothing$은 모두 집합 A의 원소이므로 $\{0, \varnothing\}\subset A$이다. [참]

④ $\{0, \varnothing\}$은 집합 A의 원소이므로 $\{\{0, \varnothing\}\}\subset A$이다. [참]

⑤ $\varnothing$, $\{\varnothing\}$은 모두 집합 A의 원소이므로 $\{\varnothing, \{\varnothing\}\}\subset A$이다. [거짓]

따라서 옳지 않은 것은 ⑤이다.

집합 $A=\{0, \varnothing, \{0\}, \{\varnothing\}, \{0, \varnothing\}\}$에 대하여 다음 중 옳지 않은 것은?

① $\varnothing\in A$ ② $\{0\}\subset A$ ③ $\{0, \varnothing\}\in A$

④ $\{0, \varnothing\}\subset A$ ⑤ $\{\{0\}, \{\varnothing\}\}\in A$

STEP **A** 집합과 원소의 관계를 이용하여 옳지 않은 것 찾기

① $\varnothing$은 집합 A의 원소이므로 $\varnothing\in A$이다. [참]

② 0은 집합 A의 원소이므로 $\{0\}\subset A$이다. [참]

③ $\{0, \varnothing\}$은 집합 A의 원소이므로 $\{0, \varnothing\}\in A$이다. [참]

④ 0, $\varnothing$은 모두 집합 A의 원소이므로 $\{0, \varnothing\}\subset A$이다. [참]

⑤ $\{0\}$, $\{\varnothing\}$은 모두 집합 A의 원소이므로 $\{\{0\}, \{\varnothing\}\}\subset A$이다. [거짓]

따라서 옳지 않은 것은 ⑤이다.   정답 ⑤

0674

 정답 ③

STEP **A** 집합과 원소의 관계를 이용하여 옳은 것 찾기

ㄱ. 공집합은 원소가 하나도 없는 집합이므로 $0\notin\varnothing$ [거짓]

ㄴ. 10보다 작은 소수는 2, 3, 5, 7이므로 $\{2, 3, 5, 7\}\not\subset\{1, 3, 5, 7, 11\}$ [거짓]

ㄷ. $a, b, \{a, b\}$는 모두 집합 A의 원소이므로 $\{a, b, \{a, b\}\}\subset A$ [참]

따라서 옳은 것은 ㄷ이다.

0675

 정답 ⑤

STEP **A** 집합과 원소의 관계를 이용하여 옳은 것 찾기

ㄱ. $\varnothing$은 A의 원소이므로 $\varnothing\in A$ [참]

ㄴ. $\varnothing$는 집합 A의 부분집합이므로 $\varnothing\subset A$ [참]

ㄷ. 1, 2는 모두 집합 A의 원소이므로 $\{1, 2\}\subset A$ [참]

ㄹ. $\{1, 2\}$는 집합 A의 원소이므로 $\{\{1, 2\}\}\subset A$ [참]

따라서 옳은 것의 개수는 4

0676

 정답 ④

STEP **A** $2\in A$이므로 $x=2$를 삼차방정식에 대입하여 a의 값 구하기

$2\in A$이므로 $x^3+ax^2-13x+5a=0$에 $x=2$를 대입하면

$8+4a-26+5a=0$ $\therefore a=2$

즉 $A=\{x|x^3+2x^2-13x+10=0$인 실수$\}$

STEP **B** 조립제법을 이용하여 삼차방정식의 해 구하기

$f(x)=x^3+2x^2-13x+10$이라 하자.

$f(1)=1+2-13+10=0$이므로

조립제법을 이용하여 $f(x)$를 인수분해하면

$f(x)=(x-1)(x^2+3x-10)$

$=(x-1)(x-2)(x+5)$

$$\begin{array}{r|rrrr}
1 & 1 & 2 & -13 & 10 \\
  &   & 1 & 3 & -10 \\
\hline
  & 1 & 3 & -10 & 0
\end{array}$$

방정식 $f(x)=0$의 해는 $x=1$ 또는 $x=2$ 또는 $x=-5$

즉 $A=\{2, 1, -5\}$이다.

STEP **C** 집합과 원소의 관계를 이용하여 옳지 않은 것 찾기

① $a=2$이다. [참]

② 집합 A의 모든 원소의 합은 $2+1+(-5)=-2$ [참]

③ -5는 집합 A의 원소이므로 $-5\in A$ [참]

④ -1은 집합 A의 원소가 아니므로 $-1\notin A$ [거짓]

⑤ 3은 집합 A의 원소가 아니므로 $3\notin A$ [참]

따라서 옳지 않은 것은 ④이다.

방정식 $A=\{x|x^3-ax^2-5x+3a=0$인 실수$\}$에 대하여 $1\in A$일 때, 다음 중 옳지 않은 것은? (단, a는 상수이다.)

① $a=2$이다.

② 집합 A의 모든 원소의 합은 2이다.

③ $3\in A$

④ $-3\notin A$

⑤ $-2\notin A$

STEP **A** $1\in A$이므로 $x=1$을 삼차방정식에 대입하여 a의 값 구하기

$1\in A$이므로 $x^3-ax^2-5x+3a=0$에 $x=1$을 대입하면

$1-a-5+3a=0$ $\therefore a=2$

즉 $A=\{x|x^3-2x^2-5x+6=0$인 실수$\}$

STEP B 조립제법을 이용하여 삼차방정식의 해 구하기

$f(x)=x^3-2x^2-5x+6$이라 하면

$f(1)=1-2-5+6=0$이므로

조립제법을 이용하여 $f(x)$를 인수분해하면

$$f(x)=(x-1)(x^2-x-6)$$
$$=(x-1)(x+2)(x-3)$$

방정식 $f(x)=0$의 해는 $x=1$ 또는 $x=-2$ 또는 $x=3$

즉 $A=\{-2, 1, 3\}$이다.

STEP C 집합과 원소의 관계를 이용하여 옳지 않은 것 찾기

① $a=2$이다. [참]

② 집합 A의 원소의 합은 $-2+1+3=2$ [참]

③ 3은 집합 A의 원소이므로 $3\in A$ [참]

④ -3은 집합 A의 원소가 아니므로 $-3\notin A$ [참]

⑤ -2는 집합 A의 원소이므로 $-2\in A$ [거짓]

따라서 옳지 않은 것은 ⑤이다.

정답 ⑤

0677

정답 ④

STEP A 집합 A를 조건제시법으로 나타낸 것 구하기

① $A=\{2, 4, 6, 8, 10\}$

② $A=\{2, 3, 5, 7\}$

③ $A=\{1, 2, 3, 4, 5, 6\}$

④ $A=\{1, 2, 3, 6\}$

⑤ $A=\{1, 2, 3, 4, 6, 12\}$

따라서 집합 A를 조건제시법으로 바르게 나타낸 것은 ④이다.

0678

정답 ②

STEP A 주어진 수를 2와 3의 곱으로 나타내어 집합 A의 원소가 아닌 것 구하기

집합 B의 원소는 $2^a\times3^b$ (a, b는 자연수)으로 소인수분해되므로

[보기]의 수를 각각 소인수분해하면

① $12=2^2\times3^1$이므로 집합 A의 원소이다.

② $15=3^1\times5^1$이므로 집합 A의 원소가 아니다.

③ $18=2^1\times3^2$이므로 집합 A의 원소이다.

④ $24=2^3\times3^1$이므로 집합 A의 원소이다.

⑤ $54=2^1\times3^3$이므로 집합 A의 원소이다.

따라서 집합 A의 원소가 아닌 것은 ②이다.

0679

정답 ⑤

STEP A 원소나열법을 조건제시법으로 나타내어 자연수 a의 개수 구하기

주어진 집합의 원소는 36 이하의 6의 양의 배수이므로

$37\leq a\leq42$이어야 한다.

따라서 자연수 a는 37, 38, 39, 40, 41, 42이므로 그 개수는 6

0680

정답 ②

STEP A 조건을 만족하는 집합 B의 원소 구하기

$A=\{0, 1, 2\}$, $B=\{b|b=a^2+1, a\in A\}$에서

$a=0$일 때, $b=0^2+1=1$

$a=1$일 때, $b=1^2+1=2$

$a=2$일 때, $b=2^2+1=5$

이므로 $B=\{1, 2, 5\}$

STEP B 집합 C의 모든 원소의 합 구하기

집합 A의 원소 x와 집합 B의 원소 y에 대하여 $x+y$의 값은 오른쪽 표와 같으므로 구하는 집합 C는

$C=\{1, 2, 3, 4, 5, 6, 7\}$

따라서 집합 C의 모든 원소의 합은

$1+2+3+4+5+6+7=28$

x＼y	1	2	5
0	1	2	5
1	2	3	6
2	3	4	7

내신연계 출제문항 364

두 집합 $A=\{-1, 0, 1\}$, $B=\{b|b=a-1, a\in A\}$에 대하여

$$C=\{x^2+y^2|x\in A, y\in B\}$$

라고 할 때, 집합 C의 원소의 합은?

① 12   ② 15   ③ 18

④ 21   ⑤ 24

STEP A 조건을 만족하는 집합 B의 원소 구하기

$A=\{-1, 0, 1\}$, $B=\{b|b=a-1, a\in A\}$에서

$a=-1$일 때, $b=-1-1=-2$

$a=0$일 때, $b=0-1=-1$

$a=1$일 때, $b=1-1=0$

이므로 $B=\{-2, -1, 0\}$

STEP B 집합 C의 모든 원소의 합 구하기

집합 A의 원소 x와 집합 B의 원소 y에 대하여 x^2+y^2의 값은 오른쪽 표와 같으므로 구하는 집합 C는

$C=\{0, 1, 2, 4, 5\}$

따라서 집합 C의 모든 원소의 합은

$0+1+2+4+5=12$

x＼y	-2	-1	0
-1	5	2	1
0	4	1	0
1	5	2	1

정답 ①

0681

정답 ③

STEP A 조건을 만족하는 집합 P의 원소 구하기

집합 A의 원소 x와 집합 B의 원소 y에 대하여 xy의 값은 오른쪽 표와 같으므로 구하는 집합 P의 원소는

-4, -2, -1, 2, 4, 8, a, $2a$, $4a$

x＼y	1	2	4
-1	-1	-2	-4
2	2	4	8
a	a	$2a$	$4a$

STEP B 상수 a의 값 구하기

이때 $P=\{-4, -2, -1, 2, 4, 8\}$이므로

$a=2$ 또는 $a=-1$ ← $a=2$일 때, a, $2a$, $4a$가 2, 4, 8이 된다.
$a=-1$일 때, a, $2a$, $4a$가 -1, -2, -4가 된다.

따라서 모든 a의 값의 합은 $2+(-1)=1$

0682

STEP Ⓐ **집합 B의 모든 원소의 합이 15일 때, 상수 a의 값 구하기**

$A=\{a, a+1\}$이므로
$B=\{2a, 2a+1, 2a+2\}$
집합 B의 모든 원소의 합이 15이므로
$2a+(2a+1)+(2a+2)=15$, $6a=12$
$\therefore a=2$

y＼x	a	$a+1$
a	$2a$	$2a+1$
$a+1$	$2a+1$	$2a+2$

STEP Ⓑ **집합 A의 모든 원소의 합 구하기**

따라서 $A=\{2, 3\}$이므로 집합 A의 모든 원소의 합은 $2+3=5$

내신연계 출제문항 365

실수 전체의 집합의 두 부분집합
$$A=\{a^2, a+2\}, \quad B=\{x+y \mid x\in A, y\in A\}$$
에 대하여 집합 B의 모든 원소의 합이 12일 때, 집합 A의 모든 원소의
합은? (단, $0<a<2$)

① 3   ② 4   ③ 5
④ 6   ⑤ 7

STEP Ⓐ **집합 B의 모든 원소의 합이 12일 때, 상수 a의 값 구하기**

$A=\{a^2, a+2\}$이므로
$B=\{2a^2, a^2+a+2, 2a+4\}$
집합 B의 모든 원소의 합이 12이므로
$2a^2+(a^2+a+2)+(2a+4)=12$,
$3a^2+3a+6=12$, $a^2+a-2=0$,
$(a+2)(a-1)=0$
$\therefore a=1 (\because a>0)$

y＼x	a^2	$a+2$
a^2	$2a^2$	a^2+a+2
$a+2$	a^2+a+2	$2a+4$

STEP Ⓑ **집합 A의 모든 원소의 합 구하기**

따라서 $A=\{1, 3\}$이므로 집합 A의 모든 원소의 합은 $1+3=4$ 정답 ②

0683

2015년 09월 고1 학력평가 24번

STEP Ⓐ **집합 A를 원소나열법으로 나타내기**

$i^1=i$, $i^2=-1$, $i^3=-i$, $i^4=1$, $i^5=i$, $\cdots$
이므로
집합 $A=\{z \mid z=i^n, n$은 자연수$\}=\{i, -1, -i, 1\}$

STEP Ⓑ **집합 B의 원소의 개수 구하기**

$z\in A$이면 $z^2=1$ 또는 $z^2=-1$이고
$-1+(-1)=-2$, $-1+1=0$, $1+1=2$
이므로
집합 $B=\{z_1^2+z_2^2 \mid z_1\in A, z_2\in A\}$
$\qquad =\{-2, 0, 2\}$
따라서 집합 B의 원소의 개수는 3

z_2^2＼z_1^2	-1	1
-1	-2	0
1	0	2

내신연계 출제문항 366

집합 $A=\{z \mid z=i^n, n$은 자연수$\}$에 대하여
집합 $B=\{z_1 z_2 \mid z_1\in A, z_2\in A\}$일 때, 집합 B의 원소의 개수를 구하시오.
(단, $i=\sqrt{-1}$)

STEP Ⓐ **집합 A를 원소나열법으로 나타내기**

$i^1=i$, $i^2=-1$, $i^3=-i$, $i^4=1$, $i^5=i$, $\cdots$
이므로
집합 $A=\{z \mid z=i^n, n$은 자연수$\}=\{i, -1, -i, 1\}$

STEP Ⓑ **집합 B의 원소의 개수 구하기**

집합 A의 두 원소 z_1, z_2에 대하여 $z_1 z_2$의 값을 구하면 다음과 같다.

z_2＼z_1	i	-1	$-i$	1
i	-1	$-i$	1	i
-1	$-i$	1	i	-1
$-i$	1	i	-1	$-i$
1	i	-1	$-i$	1

따라서 집합 $B=\{z_1 z_2 \mid z_1\in A, z_2\in A\}=\{i, -1, -i, 1\}$이므로
집합 B의 원소의 개수는 4   정답 4

0684

STEP Ⓐ **유한집합인 것 찾기**

① $\{2, 4, 6, 8, 10\cdots\}$ ➡ 무한집합
② $x^2<1$에서 $-1<x<1$인 실수는 무수히 많다. ➡ 무한집합
③ $\{3, 6, 9, 12, 15, \cdots\}$ ➡ 무한집합
④ $x^2<9$, $(x+3)(x-3)<0$ $\therefore -3<x<3$
   이때 정수는 $-2, -1, 0, 1, 2$이므로 $\{-2, -1, 0, 1, 2\}$ ➡ 유한집합
⑤ $\{3, 5, 7, 9, 11, \cdots\}$ ➡ 무한집합
따라서 유한집합인 것은 ④이다.

0685

STEP Ⓐ **무한집합인 것 찾기**

① 1보다 작은 자연수가 없으므로 $\varnothing$ ➡ 유한집합
② $\{10, 12, 14, \cdots, 98\}$ ➡ 유한집합
③ $2<x<3$에서 자연수는 없으므로 $\varnothing$ ➡ 유한집합
④ $x^2+2<0$에서 $x^2<-2$인 실수는 존재하지 않으므로 $\varnothing$ ➡ 유한집합
⑤ $x^2<1$, $(x+1)(x-1)<0$ $\therefore -1<x<1$
   이때 $-1<x<1$인 유리수 x는 무수히 많다. ➡ 무한집합
따라서 무한집합인 것은 ⑤이다.

0686

STEP Ⓐ **$n(A)$와 $n(B)$의 값 구하기**

15 이하의 소수는 2, 3, 5, 7, 11, 13이므로
$A=\{2, 3, 5, 7, 11, 13\}$
$\therefore n(A)=6$
100 이하의 5의 양의 배수는 5, 10, 15, 20, $\cdots$, 100이므로
$B=\{5, 10, 15, 20, \cdots, 100\}$
$\therefore n(B)=20$

STEP Ⓑ **$n(B)-n(A)$의 값 구하기**

따라서 $n(B)-n(A)=20-6=14$

0687

정답 ⑤

STEP🅐 $n(A)=n(B)$임을 이용하여 자연수 k의 값 구하기

$A=\{1, 2, 3, 4, 6, 9, 12, 18, 36\}$이므로 $n(A)=9$

$B=\{1, 2, 3, \cdots, k-1\}$이므로 $n(B)=k-1$

이때 $n(A)=n(B)$이므로 $k-1=9$

따라서 $k=10$

내/신/연/계/ 출제문항 367

두 집합

$A=\{x|x$는 20의 양의 약수$\}$,
$B=\{x|x$는 k 미만의 양의 짝수, k는 자연수$\}$

에 대하여 $n(A)=n(B)$를 만족시키는 모든 k의 값의 합은?

① 23   ② 24   ③ 25

④ 26   ⑤ 27

STEP🅐 $n(A)=n(B)$임을 이용하여 자연수 k의 값 구하기

$A=\{1, 2, 4, 5, 10, 20\}$이므로 $n(A)=6$

$n(B)=n(A)=6$에서 $B=\{2, 4, 6, 8, 10, 12\}$이므로

$k=13$ 또는 $k=14$

따라서 모든 k의 값의 합은 $13+14=27$

정답 ⑤

0688

정답 ④

STEP🅐 **집합의 원소의 개수를 이용하여 [보기]의 참, 거짓 판단하기**

ㄱ. $A=\{0\}$이면 $n(A)=1$ [거짓]

ㄴ. $B=\varnothing$이면 집합 B의 원소가 하나도 없으므로 $n(B)=0$ [참]

ㄷ. $n(\{\varnothing\})-n(\varnothing)=1-0=1$ [참]

ㄹ. $n(\{0\})+n(\{\varnothing\})=1+1=2$ [참]

따라서 옳은 것은 ㄴ, ㄷ, ㄹ이다.

내/신/연/계/ 출제문항 368

다음 [보기]에서 옳은 것의 개수는?

ㄱ. $n(\varnothing)=0$
ㄴ. $n(\{1\})=n(\{\varnothing\})$
ㄷ. $n(\{x|x^2-4x+3=0\})=2$
ㄹ. $n(\{1, 2, 3\})>n(\{-1, -2, -3\})$
ㅁ. $n(\{0, 1, 2\})-n(\{1, 2\})=0$
ㅂ. $n(\{x|x$는 짝수인 소수$\})=2$

① 1   ② 2   ③ 3

④ 4   ⑤ 5

STEP🅐 **집합의 원소의 개수를 이용하여 [보기]의 참, 거짓 판단하기**

ㄱ. $n(\varnothing)=0$ [참]

ㄴ. $n(\{1\})=1$, $n(\{\varnothing\})=1$이므로 $n(\{1\})=n(\{\varnothing\})$ [참]

ㄷ. $x^2-4x+3=0$에서 $(x-1)(x-3)=0$ ∴ $x=1$ 또는 $x=3$
∴ $n(\{x|x^2-4x+3=0\})=n(\{1, 3\})=2$ [참]

ㄹ. $n(\{1, 2, 3\})=3$, $n(\{-1, -2, -3\})=3$이므로
$n(\{1, 2, 3\})=n(\{-1, -2, -3\})$ [거짓]

ㅁ. $n(\{0, 1, 2\})=3$, $n(\{1, 2\})=2$이므로
$n(\{0, 1, 2\})-n(\{1, 2\})=3-2=1$ [거짓]

ㅂ. $n(\{x|x$는 짝수인 소수$\})=n(\{2\})=1$ [거짓]

따라서 옳은 것은 ㄱ, ㄴ, ㄷ이므로 옳은 것의 개수는 3

정답 ③

0689

정답 ①

STEP🅐 **집합의 원소의 개수를 이용하여 [보기]의 참, 거짓 판단하기**

ㄱ. $n(A)=n(\varnothing)$에서 $n(\varnothing)=0$이므로 $n(A)=0$
즉 $A=\varnothing$이다. [참]

ㄴ. $A=B$이면 $A\subset B$이므로 $n(A)\le n(B)$이다. [거짓]

ㄷ. $A=\{1, 3\}$, $B=\{2, 3\}$이면 $n(A)=n(B)$이지만 $A\ne B$이다. [거짓]

따라서 옳은 것은 ㄱ이다.

0690

2015년 11월 고2 학력평가 나형 26번   정답 8

STEP🅐 **조건을 만족하는 집합 X 구하기**

$x\in A$, $y\in B$에 대하여 아래의 표를 이용하여 $x+y$를 구하면

x / y	1	2	3	4	a
1	2	3	4	5	$a+1$
3	4	5	6	7	$a+3$
5	6	7	8	9	$a+5$

이므로 $X=\{2, 3, 4, 5, 6, 7, 8, 9, a+1, a+3, a+5\}$

원소의 개수가 10이므로 $a+1$, $a+3$, $a+5$ 중 하나는 2~9와 같아야 한다.

STEP🅑 $n(X)=10$을 만족하는 자연수 a의 최댓값 구하기

$n(X)=10$이 되기 위해서는

$a+1$, $a+3<2$이고 $a+5\ge 2$이거나
$a<-1$이고 $a\ge -3$이므로 $-3\le a<-1$

$a+1\le 9$이고 $a+3$, $a+5>9$이어야 한다.
$a\le 8$이고 $a>6$이므로 $6<a\le 8$

∴ $-3\le a<-1$ 또는 $6<a\le 8$

따라서 자연수 a는 7, 8이므로 자연수 a의 최댓값은 8

+α | 자연수 a의 최댓값을 다음과 같이 구할 수 있어!

$\{2, 3, 4, 5, 6, 7, 8, 9\}\subset X$이고 $\{a+1, a+3, a+5\}\subset X$
이때 a가 자연수이면 $a+1\ge 2$이므로 $n(X)=10$이 되려면
$a+1$, $a+3$, $a+5$ 중 하나는 2 이상 9 이하의 자연수이고
나머지 둘은 10 이상의 자연수이어야 한다.
즉 $a+1\le 9$, $a+3\ge 10$ ∴ $7\le a\le 8$
따라서 자연수 a의 최댓값은 8

두 집합 $A=\{-1, 0, 1, a\}$, $B=\{1, 2, 3, 4\}$에 대하여 집합
$$X=\{x+y \mid x\in A,\ y\in B\}$$
일 때, $n(X)=7$이 되도록 하는 자연수 a의 값을 구하시오.

STEP A 조건을 만족하는 집합 X 구하기

$x\in A$, $y\in B$에 대하여 아래의 표를 이용하여 $x+y$를 구하면

y ＼ x	-1	0	1	a
1	0	1	2	$a+1$
2	1	2	3	$a+2$
3	2	3	4	$a+3$
4	3	4	5	$a+4$

이므로 $X=\{0, 1, 2, 3, 4, 5, a+1, a+2, a+3, a+4\}$

원소의 개수가 7이므로 $a+1$, $a+2$, $a+3$, $a+4$ 중 3개는 $0\sim5$ 중 3개와 같아야 한다.

STEP B $n(X)=7$을 만족하는 자연수 a의 최댓값 구하기

$a+1 < a+2 < a+3 < a+4$이므로 $n(X)=7$이 되기 위해서는
$\underline{a+3\le5$이고 $a+4>5$이어야 한다.}
$\underline{a\le2$이고 $a>1}$
$\therefore 1 < a \le 2$
따라서 자연수 a의 값은 2

정답 **2**

0691

정답 **6**

STEP A 집합 A가 공집합이 될 조건 구하기

$A=\varnothing$이 되려면 이차방정식 $x^2-2kx-3k+10=0$을 만족하는 실수 x가 존재하지 않아야 한다.
즉 이차방정식 $x^2-2kx-3k+10=0$은 허근을 가져야 한다.

STEP B 이차방정식의 판별식을 이용하여 k의 값의 범위 구하기

이차방정식 $x^2-2kx-3k+10=0$의 판별식을 D라 하면
$D<0$이어야 하므로
$$\frac{D}{4}=(-k)^2-(-3k+10)<0,\ k^2+3k-10<0,\ (k+5)(k-2)<0$$
$\therefore -5 < k < 2$
따라서 정수 k는 -4, -3, -2, -1, 0, 1이므로 그 개수는 6
정수 k의 개수는 $2-(-5)-1=6$

0692

정답 ①

STEP A 집합 A가 공집합이 될 조건 구하기

$A=\varnothing$이 되려면 이차부등식 $x^2-2kx+2k+8<0$을 만족하는 실수 x가 존재하지 않아야 한다.
즉 모든 실수 x에 대하여 이차부등식 $x^2-2kx+2k+8\ge0$이 성립해야 한다.

STEP B 이차방정식의 판별식을 이용하여 k의 값의 범위 구하기

이차방정식 $x^2-2kx+2k+8=0$의 판별식을 D라 하면
$D\le0$이어야 하므로
$$\frac{D}{4}=(-k)^2-(2k+8)\le0,\ k^2-2k-8\le0,\ (k-4)(k+2)\le0$$
$\therefore -2 \le k \le 4$
따라서 실수 k의 최댓값은 $M=4$, 최솟값은 $m=-2$이므로
$M-m=4-(-2)=6$

실수 전체의 집합의 부분집합
$$A=\{x \mid x^2-2kx+k+12<0\}$$
에 대하여 $A=\varnothing$이 되도록 하는 정수 k의 개수는?

① 6   ② 7   ③ 8
④ 9   ⑤ 10

STEP A 집합 A가 공집합이 될 조건 구하기

$A=\varnothing$이 되려면 이차부등식 $x^2-2kx+k+12<0$을 만족하는 실수 x가 존재하지 않아야 한다.
즉 모든 실수 x에 대하여 이차부등식 $x^2-2kx+k+12\ge0$이 성립해야 한다.

STEP B 이차방정식의 판별식을 이용하여 k의 값의 범위 구하기

이차방정식 $x^2-2kx+k+12=0$의 판별식을 D라 하면
$D\le0$이어야 하므로
$$\frac{D}{4}=(-k)^2-(k+12)\le0,\ k^2-k-12\le0,\ (k-4)(k+3)\le0$$
$\therefore -3 \le k \le 4$
따라서 정수 k는 -3, -2, -1, 0, 1, 2, 3, 4이므로 그 개수는 8
정수 k의 개수는 $4-(-3)+1=8$

정답 ③

0693

정답 ⑤

STEP A 집합 A의 원소의 개수가 1이 될 조건 구하기

이차부등식 $x^2+2kx+2k+3\le0$의 해의 개수가 1이 되려면
이차방정식 $x^2+2kx+2k+3=0$이 중근을 가져야 한다.

STEP B 이차방정식이 중근을 가질 조건 구하기

이차방정식 $x^2+2kx+2k+3=0$의 판별식을 D라 하면
$D=0$이어야 하므로
$$\frac{D}{4}=k^2-2k-3=0,\ (k-3)(k+1)=0$$
$\therefore k=-1$ 또는 $k=3$
따라서 모든 실수 k의 값의 합은 $-1+3=2$

0694

정답 ④

STEP A 집합 A의 원소의 개수 구하기

이차방정식 $x^2+x+1=0$의 판별식을 D_1이라 하면
$D_1=1^2-4<0$이므로 이차방정식 $x^2+x+1=0$은 실근을 갖지 않는다.
$\therefore n(A)=0$

STEP B $n(A)=n(B)$를 만족하는 k의 값의 범위 구하기

이때 $n(A)=n(B)$가 되려면 $n(B)=0$이어야 하므로
이차방정식 $x^2-2kx+10k=0$은 실근을 갖지 않아야 한다.
이차방정식 $x^2-2kx+10k=0$의 판별식을 D_2라 하면
$D_2<0$이어야 하므로
$$\frac{D_2}{4}=(-k)^2-10k<0,\ k(k-10)<0$$
$\therefore 0 < k < 10$
따라서 정수 k는 1, 2, $\cdots$, 8, 9이므로 그 개수는 9
정수 k의 개수는 $10-0-1=9$

두 집합

$$A=\{x|x^2-2x+5=0, \ x\text{는 실수}\},$$
$$B=\{x|x^2+(m+3)x+6+m=0, \ x\text{는 실수}\}$$

에 대하여 $n(A)=n(B)$가 되도록 하는 모든 정수 m의 값의 합은?

① -9　　　　② -7　　　　③ -5
④ 5　　　　⑤ 7

STEP Ⓐ **집합 A의 원소의 개수 구하기**

이차방정식 $x^2-2x+5=0$의 판별식을 D_1이라 하면

$\dfrac{D_1}{4}=(-1)^2-5<0$이므로 이차방정식 $x^2-2x+5=0$은 실근을 갖지 않는다.

$\therefore n(A)=0$

STEP Ⓑ **$n(A)=n(B)$를 만족하는 m의 값의 범위 구하기**

이때 $n(A)=n(B)$가 되려면 $n(B)=0$이어야 하므로

이차방정식 $x^2+(m+3)x+6+m=0$은 실근을 갖지 않아야 한다.

이차방정식 $x^2+(m+3)x+6+m=0$의 판별식을 D_2라 하면

$D_2<0$이어야 하므로

$D_2=(m+3)^2-4(6+m)<0, \ m^2+2m-15<0, \ (m+5)(m-3)<0$

$\therefore -5<m<3$

따라서 정수 m은 $-4, \ -3, \ -2, \ -1, \ 0, \ 1, \ 2$이므로 그 합은

$-4+(-3)+(-2)+(-1)+0+1+2=-7$　　　　**정답** ②

0695　　　　**정답** 11

STEP Ⓐ **$n(A_k)$의 의미 파악하기**

$n(A_k)$는 이차방정식 $x^2+4x-k+9=0$의 서로 다른 실근의 개수와 같다.

STEP Ⓑ **이차방정식의 판별식을 이용하여 k의 값의 범위 구하기**

이차방정식 $x^2+4x-k+9=0$의 판별식을 D라 하면

$\dfrac{D}{4}=2^2-(-k+9)=k-5$

(ⅰ) $D<0$인 경우

　　$n(A_k)=0$이므로　←　이차방정식이 허근을 가지므로 실근이 0개

　　$k-5<0$　$\therefore k<5$

　　즉 $n(A_1)=0, \ n(A_2)=0, \ n(A_3)=0, \ n(A_4)=0$

(ⅱ) $D=0$인 경우

　　$n(A_k)=1$이므로　←　이차방정식이 중근을 가지므로 실근이 1개

　　$k-5=0$　$\therefore k=5$

　　즉 $n(A_5)=1$

(ⅲ) $D>0$인 경우

　　$n(A_k)=2$이므로　←　이차방정식이 서로 다른 두 실근을 가지므로 실근이 2개

　　$k-5>0$　$\therefore k>5$

　　즉 $n(A_6)=2, \ n(A_7)=2, \ n(A_8)=2, \ n(A_9)=2, \ n(A_{10})=2$

(ⅰ)~(ⅲ)에서

$n(A_1)+n(A_2)+n(A_3)+\cdots+n(A_{10})=0\times4+1\times1+2\times5=11$

0696　2009년 11월 고1 학력평가 10번　　　　**정답** ④

STEP Ⓐ **$k=1$일 때와 $k\neq1$일 때로 나누어 상수 k의 값 구하기**

$(k-1)x^2-8x+k=0$　　……　㉠

(ⅰ) $k=1$일 때,

　　㉠은 $-8x+1=0$이므로 해는 한 개이다.

　　$\therefore k=1$

(ⅱ) $k\neq1$일 때,

　　㉠은 중근을 가져야 하므로 판별식을 D라 하면 $D=0$이어야 한다.

　　$\dfrac{D}{4}=(-4)^2-k(k-1)=0$

　　즉 $k^2-k-16=0$을 만족시키는 k의 값의 합은
　　이차방정식의 근과 계수의 관계에 의하여 1이다.
　　<small>이차방정식 $ax^2+bx+c=0$의 두 근이 $\alpha, \ \beta$이면 $\alpha+\beta=-\dfrac{b}{a}, \ \alpha\beta=\dfrac{c}{a}$</small>

(ⅰ), (ⅱ)에서 모든 상수 k의 합은 $1+1=2$

집합

$$A=\{x|(m-2)x^2-4x+m=0, \ x\text{는 실수}\}$$

에 대하여 $n(A)=1$이 되게 하는 모든 상수 m의 합은?

① -4　　　　② -2　　　　③ 2
④ 4　　　　⑤ 6

STEP Ⓐ **$m=2$일 때와 $m\neq2$일 때로 나누어 상수 m의 값 구하기**

$(m-2)x^2-4x+m=0$　　……　㉠

(ⅰ) $m=2$일 때,

　　㉠은 $-4x+2=0$이므로 해는 한 개이다.

　　$\therefore m=2$

(ⅱ) $m\neq2$일 때,

　　㉠은 중근을 가져야 하므로 판별식을 D라 하면 $D=0$이어야 한다.

　　$\dfrac{D}{4}=(-2)^2-m(m-2)=0$

　　즉 $m^2-2m-4=0$을 만족시키는 m의 값의 합은
　　이차방정식의 근과 계수의 관계에 의하여 2이다.
　　<small>이차방정식 $ax^2+bx+c=0$의 두 근이 $\alpha, \ \beta$이면 $\alpha+\beta=-\dfrac{b}{a}, \ \alpha\beta=\dfrac{c}{a}$</small>

(ⅰ), (ⅱ)에서 모든 상수 m의 합은 $2+2=4$　　　　**정답** ④

0697　　　　**정답** ④

STEP Ⓐ **두 집합 B, C를 원소나열법으로 나타내고 집합의 포함 관계 구하기**

$A=\{-1, \ 0, \ 1\}$

$B=\{x|x^2-1=0\}=\{-1, \ 1\}$

$C=\{x|-2<x<2, \ x\text{는 자연수}\}=\{1\}$

따라서 세 집합 사이의 포함 관계는 $C\subset B\subset A$

0698　　　　**정답** ②

STEP Ⓐ **표를 이용하여 집합 B의 원소 구하기**

집합 $A=\{0, \ 1, \ 2\}$의 두 원소 $x, \ y$에 대하여 $2x+y$의 값을 구하면 오른쪽 표와 같으므로

$B=\{0, \ 1, \ 2, \ 3, \ 4, \ 5, \ 6\}$

$2x$＼y	0	1	2
0	0	1	2
2	2	3	4
4	4	5	6

STEP Ⓑ **표를 이용하여 집합 C의 원소 구하기**

집합 $A=\{0, \ 1, \ 2\}$의 두 원소 $x, \ y$에 대하여 xy의 값을 구하면 오른쪽 표와 같으므로 $C=\{0, \ 1, \ 2, \ 4\}$

따라서 $A\subset C\subset B$

x＼y	0	1	2
0	0	0	0
1	0	1	2
2	0	2	4

다음 중 세 집합
$$A=\{-1, 0, 1\},$$
$$B=\{x+y\,|\,x\in A,\ y\in A\},$$
$$C=\{xy\,|\,x\in A,\ y\in A\}$$
사이의 포함 관계로 옳은 것은?

① $A\subset B\subset C$ ② $A=C\subset B$ ③ $B\subset A=C$
④ $B\subset C\subset A$ ⑤ $C=B\subset A$

STEP Ⓐ **표를 이용하여 집합 B의 원소 구하기**

집합 A의 두 원소 x, y에 대하여
$x+y$의 값을 구하면 오른쪽 표와
같으므로
$B=\{-2, -1, 0, 1, 2\}$

y\x	−1	0	1
−1	−2	−1	0
0	−1	0	1
1	0	1	2

STEP Ⓑ **표를 이용하여 집합 C의 원소 구하기**

집합 A의 두 원소 x, y에 대하여
xy의 값을 구하면 오른쪽 표와
같으므로
$C=\{-1, 0, 1\}$
따라서 $A=C\subset B$

y\x	−1	0	1
−1	1	0	−1
0	0	0	0
1	−1	0	1

정답 ②

0699

정답 ④

STEP Ⓐ **주어진 벤 다이어그램에서 $A\subset B$인 두 집합 A, B 구하기**

주어진 벤 다이어그램에서 $A\subset B$
① $A\not\subset B$, $B\not\subset A$
② $A=\{2, 3, 5, 7\}$, $B=\{1, 3, 5, 7\}$이므로 $A\not\subset B$, $B\not\subset A$
③ $A=\{1, 3, 9\}$, $B=\{1, 2, 3, 4, 6, 12\}$이므로 $A\not\subset B$, $B\not\subset A$
④ $A=\{1, 3, 5, 7\}$, $B=\{1, 2, 3, 4, 5, 6, 7\}$이므로 $A\subset B$
⑤ $A=\{3, 6, 9, \cdots\}$, $B=\{6, 12, 18, \cdots\}$이므로 $B\subset A$
따라서 $A\subset B$인 것은 ④이다.

0700

정답 8

STEP Ⓐ **$A=B$가 성립하도록 하는 상수 a, b의 값 구하기**

$A\subset B$이고 $B\subset A$이므로 $A=B$이다.
$A=\{1, 2, 3, 6\}$이고 $A=B$이므로
    $3\in A,\ 6\in A$이므로 $3\in B,\ 6\in B$
$a+1=3$, $b=6$ 또는 $a+1=6$, $b=3$
$\therefore a=2$, $b=6$ 또는 $a=5$, $b=3$

STEP Ⓑ **$a+b$의 값 구하기**

따라서 $a+b=8$

$+\alpha$ | $a+b$의 값을 다음과 같이 구할 수도 있어!

$A=B$이므로 $a+1=3$, $b=6$ 또는 $a+1=6$, $b=3$
따라서 $a+1+b=9$이므로 $a+b=8$

0701

정답 ④

STEP Ⓐ **$A=B$가 성립하도록 하는 상수 a의 값 구하기**

$3\in B$이므로 $A=B$이려면 $3\in A$이어야 한다.
즉 $a+1=3$ 또는 $a-2=3$
$\therefore a=2$ 또는 $a=5$
(ⅰ) $a=2$일 때, $A=\{2, 3, 0\}$, $B=\{2, 3, -3\}$이므로 $A\neq B$
(ⅱ) $a=5$일 때, $A=\{2, 6, 3\}$, $B=\{2, 3, 6\}$이므로 $A=B$
(ⅰ), (ⅱ)에 의하여 집합 $A=\{2, 3, 6\}$의 모든 원소의 합은 $2+3+6=11$

mini 해설 | 원소의 합을 이용하여 풀이하기

집합 A의 모든 원소의 합과 집합 B의 모든 원소의 합이 서로 같으므로
$2a+1=a^2-4a+6$, $a^2-6a+5=0$, $(a-1)(a-5)=0$ $\therefore a=1$ 또는 $a=5$
이때 $a=1$이면 $A\neq B$이므로 $a=5$
따라서 집합 A의 모든 원소의 합은 $2+6+3=11$

두 집합
$$A=\{4, 2a, a^2\},\quad B=\{8, 2a-4, 3a+4\}$$
에 대하여 $A=B$일 때, 집합 A의 모든 원소의 합은? (단, a는 실수이다.)

① 24   ② 26   ③ 28
④ 30   ⑤ 32

STEP Ⓐ **$A=B$가 성립하도록 하는 상수 a의 값 구하기**

$4\in A$이므로 $A=B$이려면 $4\in B$이어야 한다.
즉 $2a-4=4$ 또는 $3a+4=4$
$\therefore a=4$ 또는 $a=0$
(ⅰ) $a=4$일 때, $A=\{4, 8, 16\}$, $B=\{8, 4, 16\}$이므로 $A=B$
(ⅱ) $a=0$일 때, $A=\{4, 0\}$, $B=\{8, -4, 4\}$이므로 $A\neq B$
(ⅰ), (ⅱ)에 의하여 집합 $A=\{4, 8, 16\}$의 모든 원소의 합은 $4+8+16=28$

mini 해설 | 원소의 합을 이용하여 풀이하기

집합 A의 모든 원소의 합과 집합 B의 모든 원소의 합이 서로 같으므로
$4+2a+a^2=8+5a$, $a^2-3a-4=0$, $(a+1)(a-4)=0$ $\therefore a=-1$ 또는 $a=4$
이때 $a=-1$이면 $A\neq B$이므로 $a=4$
따라서 집합 A의 모든 원소의 합은 $4+8+16=28$

정답 ③

0702

정답 ③

STEP Ⓐ **$A=B$가 성립하도록 하는 상수 a의 값 구하기**

$A\subset B$이고 $B\subset A$이면 $A=B$이다.
$3\in A$이므로 $A=B$이려면 $3\in B$이어야 한다.
즉 $a^2-2a=3$, $a^2-2a-3=0$, $(a+1)(a-3)=0$
$\therefore a=-1$ 또는 $a=3$
(ⅰ) $a=-1$일 때, $A=\{-2, 4, 3\}$, $B=\{3, -2, 4\}$이므로 $A=B$
(ⅱ) $a=3$일 때, $A=\{2, 8, 3\}$, $B=\{3, -2, 4\}$이므로 $A\neq B$
(ⅰ), (ⅱ)에 의하여 집합 $A=\{-2, 4, 3\}$의 모든 원소의 합은 $-2+4+3=5$

mini 해설 | 원소의 합을 이용하여 풀이하기

집합 A의 모든 원소의 합과 집합 B의 모든 원소의 합이 서로 같으므로
$2a+7=a^2-2a+2$, $a^2-4a-5=0$, $(a+1)(a-5)=0$ $\therefore a=-1$ 또는 $a=5$
이때 $a=5$이면 $A\neq B$이므로 $a=-1$
따라서 집합 A의 모든 원소의 합은 $-2+4+3=5$

0703

STEP Ⓐ $A=B$가 성립하도록 하는 a의 값 구하기

$A \subset B$이고 $B \subset A$이면 $A=B$이다.
$1 \in B$이므로 $A=B$이려면 $1 \in A$이어야 한다.
즉 $x=1$을 $x^2+3x-a=0$에 대입하면
$1+3-a=0$ $\therefore a=4$

STEP Ⓑ $a-b$의 값 구하기

이차방정식 $x^2+3x-4=0$에서 $(x+4)(x-1)=0$
$\therefore x=-4$ 또는 $x=1$
즉 $A=\{-4, 1\}$이므로 $b=-4$ ◀ $-4 \in A$이므로 $-4 \in B$
따라서 $a-b=4-(-4)=8$

> **mini 해설** | 이차방정식의 근과 계수의 관계를 이용하여 풀이하기
>
> 두 집합 $A=\{x|x^2+3x-a=0\}$, $B=\{1, b\}$에 대하여 $A=B$이므로
> 집합 B의 두 원소 1, b가 집합 A의 이차방정식 $x^2+3x-a=0$의 두 근이 된다.
> 이때 이차방정식의 근과 계수의 관계에 의하여
> (두 근의 합)$=1+b=-3$ $\therefore b=-4$
> (두 근의 곱)$=1 \times b=-a$ $\therefore a=-b=4$
> 따라서 $a-b=4-(-4)=8$

내/신/연/계/ 출제문항 375

두 집합
$$A=\{x|x^2+2ax-3a-1=0\}, B=\{2, b\}$$
에 대하여 $A \subset B$이고 $B \subset A$일 때, 상수 a, b에 대하여 ab의 값은?

① -14　　　② -12　　　③ -10
④ 10　　　⑤ 12

STEP Ⓐ $A=B$가 성립하도록 하는 a의 값 구하기

$A \subset B$이고 $B \subset A$이면 $A=B$이다.
$2 \in B$이므로 $A=B$이려면 $2 \in A$이어야 한다.
즉 $x=2$를 $x^2+2ax-3a-1=0$에 대입하면
$4+4a-3a-1=0$ $\therefore a=-3$

STEP Ⓑ ab의 값 구하기

이차방정식 $x^2-6x+8=0$에서 $(x-2)(x-4)=0$
$\therefore x=2$ 또는 $x=4$
즉 $A=\{2, 4\}$이므로 $b=4$ ◀ $4 \in A$이므로 $4 \in B$
따라서 $ab=-3 \times 4=-12$

정답 ②

0704

정답 ⑤

STEP Ⓐ 집합 B의 부등식의 해 구하기

$|x-1|<3$에서 $-3<x-1<3$, $-2<x<4$
$\therefore B=\{x|-2<x<4\}$

STEP Ⓑ $A=B$가 성립하도록 하는 a, b의 값 구하기

이때 $A=B$가 성립하려면 집합 A의 부등식 $x^2+ax+b<0$의 해가
$-2<x<4$이어야 한다.
즉 $x^2+ax+b=(x+2)(x-4)=x^2-2x-8$
양변의 동류항의 계수를 비교하면 $a=-2$, $b=-8$
 두 근이 -2, 4이므로 두 근의 합 $-2+4=-a$, $-2 \times 4=b$
따라서 $ab=(-2) \times (-8)=16$

0705

정답 6

STEP Ⓐ $A=B$가 성립하도록 하는 양수 a의 값 구하기

$A=B$이려면 이차부등식 $x^2-2bx+b+6 \leq 0$의 해가 $x=a$뿐이어야 하므로
 $(x-a)^2 \leq 0$꼴로 나타낸다.
$x^2-2bx+b+6=(x-a)^2=x^2-2ax+a^2$
양변의 동류항의 계수를 비교하면 $b=a$, $b+6=a^2$
이 두 식을 연립하여 풀면
$a+6=a^2$, $a^2-a-6=0$, $(a+2)(a-3)=0$
$\therefore a=3(\because a>0)$

STEP Ⓑ $a+b$의 값 구하기

따라서 $a=3$, $b=3$이므로 $a+b=3+3=6$

내/신/연/계/ 출제문항 376

실수 전체의 집합의 두 부분집합
$$A=\{a\}, B=\{x|x^2+(b+1)x+b \leq 0\}$$
에 대하여 $A=B$일 때, $a+b$의 값은? (단, b는 상수이다.)

① -2　　　② -1　　　③ 0
④ 1　　　⑤ 2

STEP Ⓐ $A=B$가 성립하도록 하는 실수 a의 값 구하기

$A=B$이려면 이차부등식 $x^2+(b+1)x+b \leq 0$의 해가 $x=a$뿐이어야 하므로
$(x-a)^2 \leq 0$꼴로 나타낸다.
$x^2+(b+1)x+b=(x-a)^2=x^2-2ax+a^2$
양변의 동류항의 계수를 비교하면 $b+1=-2a$, $b=a^2$
이 두 식을 연립하여 풀면
$-2a-1=a^2$, $a^2+2a+1=0$, $(a+1)^2=0$
$\therefore a=-1$

STEP Ⓑ $a+b$의 값 구하기

따라서 $a=-1$, $b=1$이므로 $a+b=-1+1=0$　　정답 ③

0706　2015년 03월 고2 학력평가 가형 5번

정답 ⑤

STEP Ⓐ $A=B$임을 이용하여 a의 값 구하기

$A=B$이면 두 집합 A, B의 모든 원소가 같아야 하므로
$a+2=2$ 또는 $a+2=6-a$
$\therefore a=0$ 또는 $a=2$
(ⅰ) $a=0$일 때, $A=\{2, -2\}$, $B=\{2, 6\}$이므로 $A \neq B$
(ⅱ) $a=2$일 때, $A=\{4, 2\}$, $B=\{2, 4\}$이므로 $A=B$
(ⅰ), (ⅱ)에 의하여 $a=2$

두 집합
$$A=\{a+3,\ a^2-1\},\ B=\{3,\ 7-a\}$$
에 대하여 $A=B$일 때, 집합 A의 모든 원소의 합은? (단, a는 실수이다.)

① 4   ② 5   ③ 6
④ 7   ⑤ 8

STEP Ⓐ **$A=B$가 성립하도록 하는 a의 값 구하기**

$A=B$이면 두 집합 A, B의 모든 원소가 같아야 하므로
$a+3=3$ 또는 $a+3=7-a$
∴ $a=0$ 또는 $a=2$
(i) $a=0$일 때, $A=\{3,\ -1\}$, $B=\{3,\ 7\}$이므로 $A\neq B$
(ii) $a=2$일 때, $A=\{5,\ 3\}$, $B=\{3,\ 5\}$이므로 $A=B$
(i), (ii)에 의하여 집합 $A=\{3,\ 5\}$의 모든 원소의 합은 $3+5=8$

다른풀이 $a+3=3$ 또는 $a^2-1=3$임을 이용하여 풀이하기

STEP Ⓐ **$A=B$가 성립하도록 하는 a의 값 구하기**

$A=B$이면 두 집합 A, B의 원소가 같아야 하므로
$a+3=3$ 또는 $a^2-1=3$
(i) $a+3=3$일 때, $a=0$이므로 $A=\{3,\ -1\}$, $B=\{3,\ 7\}$
     $A\neq B$이므로 조건을 만족하지 않는다.
(ii) $a^2-1=3$일 때, $a^2=4$ ∴ $a=-2$ 또는 $a=2$
     $a=-2$이면 $A=\{1,\ 3\}$, $B=\{3,\ 9\}$ ∴ $A\neq B$
     $a=2$이면 $A=\{5,\ 3\}$, $B=\{3,\ 5\}$ ∴ $A=B$
(i), (ii)에 의하여 집합 $A=\{3,\ 5\}$의 모든 원소의 합은 $3+5=8$

mini해설 | 원소의 합을 이용하여 풀이하기

> A의 모든 원소의 합과 B의 모든 원소의 합이 서로 같으므로
> $a+3+a^2-1=3+7-a$, $a^2+2a-8=0$, $(a+4)(a-2)=0$
> ∴ $a=-4$ 또는 $a=2$
> 이때 $a=-4$이면 $A\neq B$이므로 $a=2$
> 따라서 A의 모든 원소의 합은 $3+5=8$

정답 ⑤

0707
정답 3

STEP Ⓐ **$A\subset B$가 성립하도록 하는 자연수 a의 값 구하기**

$3\in A$이므로 $A\subset B$이려면 $3\in B$이어야 한다.
즉 $a+2=3$ 또는 $4a-5=3$
∴ $a=1$ 또는 $a=2$
따라서 구하는 a의 값의 합은 $1+2=3$

0708
정답 ⑤

STEP Ⓐ **$A\subset B$가 성립하도록 하는 a의 값 구하기**

$3\in A$이므로 $A\subset B$이려면 $3\in B$이어야 한다.
즉 $a-2=3$ 또는 $a^2-1=3$
∴ $a=5$ 또는 $a=2$ 또는 $a=-2$
(i) $a=5$일 때, $A=\{7,\ 3\}$, $B=\{3,\ 24,\ 7\}$이므로 $A\subset B$
(ii) $a=2$일 때, $A=\{4,\ 3\}$, $B=\{0,\ 3,\ 7\}$이므로 $A\not\subset B$
(iii) $a=-2$일 때, $A=\{0,\ 3\}$, $B=\{-4,\ 3,\ 7\}$이므로 $A\not\subset B$
(i)~(iii)에서 $a=5$

+α | $a+2\in A$이므로 $a+2\in B$이어야 함을 이용하여 구할 수 있어!

> $A\subset B$이고 $a+2\in A$이므로 $a+2\in B$이어야 한다.
> 즉 $a+2=a-2$ 또는 $a+2=a^2-1$ 또는 $a+2=7$
> (i) $a+2=a-2$일 때, 이를 만족시키는 실수 a는 존재하지 않는다.
> (ii) $a+2=a^2-1$일 때, $a^2-a-3=0$을 만족시키는 실수 a는
> $a=\dfrac{1\pm\sqrt{13}}{2}$이므로 $A\subset B$를 만족하지 않는다.
> (iii) $a+2=7$일 때, $a=5$
> $A=\{7,\ 3\}$, $B=\{3,\ 24,\ 7\}$이므로 $A\subset B$
> (i)~(iii)에서 $a=5$

STEP Ⓑ **집합 B의 모든 원소의 합을 구하고 $a+b$의 값 구하기**

집합 $B=\{3,\ 24,\ 7\}$의 모든 원소의 합은 $b=3+24+7=34$
따라서 $a+b=5+34=39$

두 집합 $A=\{2a+1,\ 2\}$, $B=\{a,\ -2,\ 3a^2-1\}$에 대하여 $A\subset B$일 때, 집합 B의 모든 원소의 합을 b라 하자. 이때 $a+b$의 값은? (단, a, b는 실수이다.)

① -3 ② -2 ③ 0
④ 2   ⑤ 3

STEP Ⓐ **$A\subset B$가 성립하도록 하는 a의 값 구하기**

$A\subset B$에서 $2\in A$이므로 $2\in B$이어야 한다.
즉 $a=2$ 또는 $3a^2-1=2$
$3a^2-1=2$에서 $a^2=1$ ∴ $a=-1$ 또는 $a=1$
(i) $a=2$일 때, $A=\{5,\ 2\}$, $B=\{2,\ -2,\ 11\}$이므로 $A\not\subset B$
(ii) $a=-1$일 때, $A=\{-1,\ 2\}$, $B=\{-1,\ -2,\ 2\}$이므로 $A\subset B$
(iii) $a=1$일 때, $A=\{3,\ 2\}$, $B=\{1,\ -2,\ 2\}$이므로 $A\not\subset B$
(i)~(iii)에서 $a=-1$

STEP Ⓑ **집합 B의 모든 원소의 합을 구하고 $a+b$의 값 구하기**

집합 $B=\{-1,\ -2,\ 2\}$의 모든 원소의 합은 $b=-1+(-2)+2=-1$
따라서 $a+b=-1+(-1)=-2$

정답 ②

0709
정답 55

STEP Ⓐ **$B\subset A$가 성립하도록 하는 자연수 k의 조건 구하기**

30의 양의 약수는 1, 2, 3, 5, 6, 10, 15, 30이므로
$A=\{1,\ 2,\ 3,\ 5,\ 6,\ 10,\ 15,\ 30\}$
벤 다이어그램에서 $B\subset A$이므로
이를 만족시키는 k의 값은 30의 양의 약수이다.

STEP Ⓑ **두 자리 자연수 k의 값의 합 구하기**

따라서 두 자리 자연수 k는 10, 15, 30이므로 그 합은 $10+15+30=55$

0710

정답 ②

STEP A 두 집합 A, B에서 x의 값의 범위 구하기

$x^2+ax-2a^2 \leq 0$에서 $(x+2a)(x-a) \leq 0$

$\therefore -2a \leq x \leq a$ ← a는 자연수

$\therefore A=\{x|-2a \leq x \leq a\}$

또한, $x^2+4x-60<0$에서 $(x+10)(x-6)<0$ $\therefore -10<x<6$

$\therefore B=\{x|-10<x<6\}$

STEP B $A \subset B$가 성립하도록 하는 a의 값의 범위 구하기

두 집합 A, B를 $A \subset B$가 성립하도록
수직선 위에 나타내면 오른쪽 그림과
같으므로

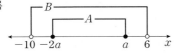

$-10<-2a$에서 $a<5$, $a<6$

$\therefore a<5$

STEP C 자연수 a의 개수 구하기

따라서 조건을 만족하는 자연수 a는 1, 2, 3, 4이므로 그 개수는 4

내/신/연/계 출제문항 379

두 집합 $A=\{x|x^2+2x-15 \leq 0\}$, $B=\{x||x|<a\}$에 대하여 $A \subset B$가
성립하도록 하는 자연수 a의 최솟값은?

① 2   ② 3   ③ 4
④ 5   ⑤ 6

STEP A 두 집합 A, B에서 x의 값의 범위 구하기

$x^2+2x-15 \leq 0$에서 $(x+5)(x-3) \leq 0$ $\therefore -5 \leq x \leq 3$

$\therefore A=\{x|-5 \leq x \leq 3\}$

$|x|<a$에서 $-a<x<a$

$\therefore B=\{x|-a<x<a\}$

STEP B $A \subset B$가 성립하도록 하는 a의 값의 범위 구하기

두 집합 A, B를 $A \subset B$가 성립하도록
수직선 위에 나타내면 오른쪽 그림과
같으므로

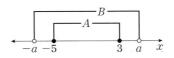

$-a<-5$, $a>3$ $\therefore a>5$

STEP C 자연수 a의 최솟값 구하기

따라서 자연수 a의 최솟값은 6

정답 ⑤

0711

정답 ⑤

STEP A 두 집합 A, B에서 x의 값의 범위 구하기

$x^2-9 \leq 0$에서 $(x+3)(x-3) \leq 0$ $\therefore -3 \leq x \leq 3$

$\therefore A=\{x|-3 \leq x \leq 3\}$

$|x|<a$에서 $-a<x<a$

$\therefore B=\{x|-a<x<a\}$

STEP B $A \subset B \subset C$가 성립하도록 하는 자연수 a의 값의 범위 구하기

세 집합 A, B, C를 $A \subset B \subset C$가
성립하도록 수직선 위에 나타내면
오른쪽 그림과 같으므로

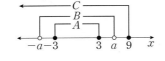

$-a<-3$, $3<a \leq 9$

$\therefore 3<a \leq 9$

STEP C 모든 자연수 a의 값의 합 구하기

따라서 자연수 a는 4, 5, 6, 7, 8, 9이므로 그 합은 $4+5+6+7+8+9=39$

내/신/연/계 출제문항 380

세 집합

$A=\{x|x^2-5x+6<0\}$, $B=\{x||x|<a\}$, $C=\{x|x<5\}$

에 대하여 $A \subset B \subset C$가 성립하도록 하는 모든 자연수 a의 값의 합은?

① 10   ② 11   ③ 12
④ 13   ⑤ 14

STEP A 두 집합 A, B에서 x의 값의 범위 구하기

$x^2-5x+6<0$에서 $(x-2)(x-3)<0$ $\therefore 2<x<3$

$\therefore A=\{x|2<x<3\}$

$|x|<a$에서 $-a<x<a$

$\therefore B=\{x|-a<x<a\}$

STEP B $A \subset B \subset C$가 성립하도록 하는 자연수 a의 값의 범위 구하기

세 집합 A, B, C를 $A \subset B \subset C$가
성립하도록 수직선 위에 나타내면
오른쪽 그림과 같으므로

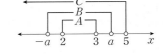

$-a \leq 2$, $3 \leq a \leq 5$

$\therefore 3 \leq a \leq 5$

STEP C 모든 자연수 a의 값의 합 구하기

따라서 자연수 a는 3, 4, 5이므로 그 합은 $3+4+5=12$

정답 ③

0712

정답 7

STEP A 두 집합 B, C를 원소나열법으로 나타내기

$x^2-3x-4 \leq 0$에서 $(x+1)(x-4) \leq 0$ $\therefore -1 \leq x \leq 4$

이때 x는 정수이므로 $x=-1, 0, 1, 2, 3, 4$

$\therefore B=\{-1, 0, 1, 2, 3, 4\}$

$|x-1|<k$에서 $-k<x-1<k$ $\therefore -k+1<x<k+1$

$\therefore C=\{-k+2, -k+3, \cdots, k\}$

STEP B $A \subset C$, $B \subset C$가 성립하도록 하는 양의 정수 k의 최솟값 구하기

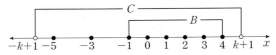

$A \subset C$, $B \subset C$가 성립하려면 $-k+1<-5$이고 $k+1>4$이어야 하므로

k의 값의 범위는 $k>6$

따라서 양의 정수 k의 최솟값은 7

0713

2019년 11월 고1 학력평가 24번

정답 5

STEP A 집합 A를 원소나열법으로 나타내기

집합 A의 이차방정식 $(x-5)(x-a)=0$에서 $x=5$ 또는 $x=a$

$\therefore A=\{5, a\}$

STEP B $A \subset B$가 성립하도록 하는 양수 a의 값 구하기

$A \subset B$가 성립하려면 집합 A의 모든
원소가 집합 B에 속해야 하므로

$a=-3$ 또는 $a=5$

따라서 a는 양수이므로 $a=5$

두 집합

$$A=\{x|(x-3)(x-a)=0\},\ B=\{-1,\ 2,\ 3\}$$

에 대하여 $A\subset B$를 만족시키는 모든 양수 a의 값의 합을 구하시오.

STEP Ⓐ **집합 A를 원소나열법으로 나타내기**

집합 A의 이차방정식 $(x-3)(x-a)=0$에서 $x=3$ 또는 $x=a$
∴ $A=\{3,\ a\}$

STEP Ⓑ **$A\subset B$가 성립하도록 하는 양수 a의 값 구하기**

$A\subset B$가 성립하려면 집합 A의 모든 원소가 집합 B에 속해야 하므로
$a=-1$ 또는 $a=2$ 또는 $a=3$
따라서 모든 양수 a는 2, 3이므로 그 합은 $2+3=5$　　　정답 **5**

0714　　2018년 09월 고2 학력평가 가형 23번　　정답 **7**

STEP Ⓐ **$A\subset B$가 성립하도록 하는 자연수 a의 값 구하기**

$B=\{x|x$는 8의 약수$\}=\{1,\ 2,\ 4,\ 8\}$
$A\subset B$가 성립하려면 집합 A의 모든 원소가 집합 B에 속해야 한다.
즉 $2a=2$ 또는 $2a=4$ 또는 $2a=8$
∴ $a=1$ 또는 $a=2$ 또는 $a=4$
(ⅰ) $a=1$일 때, $A=\{1,\ 2\}$이므로 $A\subset B$
(ⅱ) $a=2$일 때, $A=\{1,\ 4\}$이므로 $A\subset B$
(ⅲ) $a=4$일 때, $A=\{1,\ 8\}$이므로 $A\subset B$
(ⅰ)~(ⅲ)에서 주어진 조건을 만족시키는 a의 값은 1, 2, 4이므로 그 합은
$1+2+4=7$

자연수 전체의 집합의 두 부분집합

$$A=\{1,\ 5a\},\ B=\{x|x$$는 15의 약수$\}$$

에 대하여 $A\subset B$를 만족시키는 모든 자연수 a의 값의 합을 구하시오.

STEP Ⓐ **$A\subset B$가 성립하도록 하는 자연수 a의 값 구하기**

$B=\{x|x$는 15의 약수$\}=\{1,\ 3,\ 5,\ 15\}$
$A\subset B$가 성립하려면 집합 A의 모든 원소가 집합 B에 속해야 한다.
즉 $5a=3$ 또는 $5a=5$ 또는 $5a=15$
∴ $a=\dfrac{3}{5}$ 또는 $a=1$ 또는 $a=3$
(ⅰ) $a=\dfrac{3}{5}$일 때, $A=\{1,\ 3\}$이므로 $A\subset B$
(ⅱ) $a=1$일 때, $A=\{1,\ 5\}$이므로 $A\subset B$
(ⅲ) $a=3$일 때, $A=\{1,\ 15\}$이므로 $A\subset B$
(ⅰ)~(ⅲ)에서 주어진 조건을 만족시키는 자연수 a의 값은 1, 3이므로
그 합은 $1+3=4$　　　정답 **4**

0715　　2019년 03월 고2 학력평가 가형 25번　　정답 **48**　해설강의

STEP Ⓐ **집합 A_{25}를 원소나열법으로 나타내기**

$A_{25}=\{x|x$는 $\sqrt{25}$ 이하의 홀수$\}=\{1,\ 3,\ 5\}$ ← $\sqrt{25}=5$

STEP Ⓑ **$A_n\subset A_{25}$가 성립하도록 하는 자연수 n의 최댓값 구하기**

$A_n\subset A_{25}$이려면 $1\le\sqrt{n}<7$이어야 하므로 $1\le n<49$
$A_n\subset A_{25}$이려면 집합 A_n이 7 이상의 홀수를 원소로 갖지 않아야 하므로 $\sqrt{n}<7$
한편 $5<\sqrt{n}<7$일 때, $A_n\subset A_{25}$가 성립하므로 $\sqrt{n}\le 5$라 하지 않도록 주의한다.

따라서 자연수 n의 최댓값은 48

+α　n의 범위에 따른 집합 A_n은 다음과 같아!

$1\le n<9$일 때 $A_n=\{1\}$, $9\le n<25$일 때 $A_n=\{1,\ 3\}$
$25\le n<49$일 때 $A_n=\{1,\ 3,\ 5\}$, $n\ge 49$일 때 $A_n=\{1,\ 3,\ 5,\ 7,\ \cdots\}$
　　　　　　　　　　　　　　　　　　　　　　$A_n\subset A_{25}$를 만족시키지 않는다.

자연수 n에 대하여 자연수 전체집합의 부분집합 A_n을 다음과 같이 정의하자.

$$A_n=\{x|x$$는 $\sqrt{4n}$ 이하의 홀수$\}$$

$A_n\subset A_{100}$을 만족시키는 n의 최댓값을 구하시오.

STEP Ⓐ **집합 A_{100}을 원소나열법으로 나타내기**

$A_{100}=\{x|x$는 $\sqrt{400}$ 이하의 홀수$\}=\{1,\ 3,\ 5,\ 7,\ 9,\ 11,\ 13,\ 15,\ 17,\ 19\}$
　　　　　$\sqrt{400}=20$

STEP Ⓑ **$A_n\subset A_{100}$이 성립하도록 하는 자연수 n의 최댓값 구하기**

$A_n\subset A_{100}$이려면 $1\le\sqrt{4n}<21$이어야 하므로 $1\le 4n<441$
$A_n\subset A_{100}$이려면 집합 A_n이 21 이상의 홀수를 원소로 갖지 않아야 하므로 $\sqrt{4n}<21$
한편 $19<\sqrt{4n}<21$일 때, $A_n\subset A_{100}$이 성립하므로 $\sqrt{4n}\le 19$라 하지 않도록 주의한다.

따라서 자연수 n의 최댓값은 110

+α　n의 범위에 따른 집합 A_n은 다음과 같아!

$17^2\le 4n<19^2$일 때, $A_n=\{1,\ 3,\ 5,\ \cdots,\ 17\}$
$19^2\le 4n<21^2$일 때, $A_n=\{1,\ 3,\ 5,\ \cdots,\ 17,\ 19\}$
$21^2\le n<23^2$일 때, $A_n=\{1,\ 3,\ 5,\ \cdots,\ 17,\ 19,\ 21\}$
　　　　　　　　　　　　　　$A_n\subset A_{100}$을 만족시키지 않는다.

　　　　　　　　　　　　　　　　　　　　　　　　　　　　정답 **110**

0716　　정답 ⑤

STEP Ⓐ **부분집합과 진부분집합의 의미를 파악하여 참, 거짓 판단하기**

ㄱ. 공집합은 모든 집합의 부분집합이므로 집합 A의 진부분집합이다. [참]
ㄴ. $\{\varnothing,\ \{1\}\}$은 집합 A의 자기 자신이 아닌 부분집합이므로 진부분집합이다.
　　[참]
ㄷ. 모든 집합은 자기 자신의 부분집합이므로 $\{\varnothing,\ 1,\ 2,\ \{1\}\}$은 집합 A의
　　부분집합이다. [참]
따라서 옳은 것은 ㄱ, ㄴ, ㄷ이다.

0717　　정답 ③

STEP Ⓐ **집합 A를 원소나열법으로 나타내기**

$x(x-10)<0$에서 $0<x<10$이므로 소수인 자연수는 2, 3, 5, 7
∴ $A=\{2,\ 3,\ 5,\ 7\}$

STEP Ⓑ **$n(X)=2$를 만족시키는 집합 X의 개수 구하기**

집합 X는 원소가 2개인 집합 A의 부분집합이다.
따라서 집합 X의 개수는 $\{2,\ 3\},\ \{2,\ 5\},\ \{2,\ 7\},\ \{3,\ 5\},\ \{3,\ 7\},\ \{5,\ 7\}$의 6개
　　　집합 A의 부분집합 중 원소가 2개인 집합의 개수는 $_4C_2=6$

집합

$$A=\{x\,|\,x는\ 10\ 이하의\ 홀수인\ 자연수\}$$

의 부분집합 X에 대하여 $n(X)=4$를 만족시키는 집합 X의 개수는?

① 3   ② 4   ③ 5
④ 6   ⑤ 7

STEP A 집합 A를 원소나열법으로 나타내기

집합 $A=\{x\,|\,x는\ 10\ 이하의\ 홀수인\ 자연수\}=\{1,\,3,\,5,\,7,\,9\}$

STEP B $n(X)=4$를 만족시키는 집합 X의 개수 구하기

집합 X는 원소가 4개인 집합 A의 부분집합이다.
따라서 집합 X의 개수는
<small>원소가 4개인 집합 X의 개수는 $_5C_4={}_5C_1=5$</small>
$\{1,\,3,\,5,\,7\},\ \{1,\,3,\,5,\,9\},\ \{1,\,3,\,7,\,9\},\ \{1,\,5,\,7,\,9\},\ \{3,\,5,\,7,\,9\}$의 5개

 정답 ③

0718
 정답 ④

STEP A 집합 A를 원소나열법으로 나타내기

집합 $A=\{x\,|\,x는\ 15\ 이하의\ 소수인\ 자연수\}=\{2,\,3,\,5,\,7,\,11,\,13\}$

STEP B $S(X)$의 최댓값 구하기

이때 $S(X)$의 값이 최대가 되는 경우는 2를 제외한 집합 A의 모든 원소가
X의 원소가 될 때이다.   <small>집합 A의 원소 중 가장 작은 원소</small>
따라서 구하는 최댓값은 $3+5+7+11+13=39$

0719
정답 32

STEP A 집합 A를 원소나열법으로 나타내기

$|x-2|<3$에서 $-3<x-2<3$ $\therefore\ -1<x<5$
<small>$|x|<a(a>0)$이면 $-a<x<a$</small>

$\therefore\ A=\{0,\,1,\,2,\,3,\,4\}$

STEP B 집합 A의 부분집합의 개수 구하기

따라서 $n(A)=5$이므로 집합 A의 부분집합의 개수는 $2^5=32$

0720
 정답 ⑤

STEP A 진부분집합의 개수가 31인 집합의 원소의 개수 구하기

집합의 원소의 개수를 n이라 하면
진부분집합의 개수는 $2^n-1=31$이므로 $2^n=32$ $\therefore\ n=5$

STEP B 원소나열법으로 나타내어 진부분집합의 개수가 31인 것 찾기

① 원소의 개수가 5이므로 진부분집합의 개수는 $2^5-1=31$
② $\{x\,|\,x는\ 12\ 이하의\ 소수\}=\{2,\,3,\,5,\,7,\,11\}$에서
    원소의 개수가 5이므로 진부분집합의 개수는 $2^5-1=31$
③ $x^2-8x+7<0$에서 $(x-1)(x-7)<0$ $\therefore\ 1<x<7$
    이때 정수 x의 집합은 $\{2,\,3,\,4,\,5,\,6\}$
    원소의 개수가 5이므로 진부분집합의 개수는 $2^5-1=31$
④ $\{x\,|\,x는\ 16의\ 양의\ 약수\}=\{1,\,2,\,4,\,8,\,16\}$에서 원소의 개수가 5이므로
    진부분집합의 개수는 $2^5-1=31$
⑤ $\{2n-1\,|\,n은\ 4\ 이하의\ 자연수\}=\{1,\,3,\,5,\,7\}$에서 원소의 개수가 4이므로
    진부분집합의 개수는 $2^4-1=15$
따라서 진부분집합의 개수가 31이 아닌 것은 ⑤이다.

0721
 정답 ④

STEP A 집합 A를 원소나열법으로 나타내기

$x^3-2x^2-x+2=0$에서 $x^2(x-2)-(x-2)=0$,
$(x^2-1)(x-2)=0$, $(x+1)(x-1)(x-2)=0$
$\therefore\ x=-1$ 또는 $x=1$ 또는 $x=2$
$\therefore\ A=\{-1,\,1,\,2\}$

STEP B 집합 B의 부분집합의 개수 구하기

집합 A의 두 원소 $a,\,b$에 대하여
$a+b$의 값을 구하면 오른쪽 표와 같으므로
$B=\{-2,\,0,\,1,\,2,\,3,\,4\}$
따라서 집합 B의 부분집합의 개수는
$2^6=64$

b \ a	-1	1	2
-1	-2	0	1
1	0	2	3
2	1	3	4

0722
 정답 ④

STEP A 집합 A를 원소나열법으로 나타내어 $a,\,b$의 값 구하기

$A=\{x\,|\,x는\ 9\ 이하의\ 자연수\}=\{1,\,2,\,3,\,4,\,5,\,\cdots,\,9\}$
홀수는 $1,\,3,\,5,\,7,\,9$이므로
원소가 모두 홀수인 공집합이 아닌 부분집합의 개수는
$a=2^5-1=31$
짝수는 $2,\,4,\,6,\,8$이므로
원소가 모두 짝수인 공집합이 아닌 부분집합의 개수는
$b=2^4-1=15$

STEP B $a+b$의 값 구하기

따라서 $a+b=31+15=46$

집합 $A=\{x\,|\,x^2-11x+10\le0,\ x는\ 자연수\}$의 공집합이 아닌 부분집합 중
에서 원소가 모두 2의 배수인 부분집합의 개수를 a, 원소가 모두 3의 배수인
부분집합의 개수를 b라 하자. $a+b$의 값은?

① 30   ② 32   ③ 34
④ 36   ⑤ 38

STEP A 집합 A를 원소나열법으로 나타내어 $a,\,b$의 값 구하기

$A=\{x\,|\,x^2-11x+10\le0,\ x는\ 자연수\}$
  $=\{x\,|\,(x-1)(x-10)\le0,\ x는\ 자연수\}$
  $=\{x\,|\,1\le x\le10,\ x는\ 자연수\}$
  $=\{1,\,2,\,3,\,4,\,5,\,6,\,7,\,8,\,9,\,10\}$
2의 배수는 $2,\,4,\,6,\,8,\,10$이므로 공집합이 아닌 부분집합 중에서 원소가 모두
2의 배수인 부분집합의 개수는 $a=2^5-1=31$
3의 배수는 $3,\,6,\,9$이므로 공집합이 아닌 부분집합 중에서 원소가 모두 3의
배수인 부분집합의 개수는 $b=2^3-1=7$

STEP B $a+b$의 값 구하기

따라서 $a+b=31+7=38$
 정답 ⑤

0723

정답 ④

STEP Ⓐ 집합 A의 원소의 개수 구하기

집합 A의 원소의 개수를 $n(A)=a$라 하면
집합 A의 부분집합의 개수는 $2^a=16$이므로 $a=4$

STEP Ⓑ 집합 B의 원소의 개수 구하기

$n(A)+n(B)=10$이므로 $4+n(B)=10$
$\therefore n(B)=6$

STEP Ⓒ 집합 B의 진부분집합의 개수 구하기

따라서 집합 B의 진부분집합의 개수는 $2^6-1=64-1=63$

0724

정답 ①

STEP Ⓐ 집합 B의 진부분집합의 개수를 이용하여 원소의 개수 구하기

조건 (가)에서 $n(B)=p$라 하면 집합 B의 진부분집합의 개수는
$2^p-1=63$, $2^p=64$
$\therefore p=6$

STEP Ⓑ 원소의 합이 최소가 되는 집합 B 구하기

이때 $\dfrac{q}{p}=\dfrac{q}{6}$가 최소가 되려면 q가 최소이어야 한다.
조건 (나)에서 집합 B의 원소 중 가장 작은 원소는 19이므로
합이 가장 작은 집합은 $B=\{19, 21, 23, 25, 27, 29\}$
즉 $q=19+21+23+25+27+29=144$
따라서 $\dfrac{q}{p}$의 최솟값은 $\dfrac{144}{6}=24$

내/신/연/계 출제문항 386

집합 $A=\{x\,|\,x$는 100보다 작은 짝수$\}$의 부분집합 B가 다음 조건을 모두 만족시킨다.

> (가) 집합 B의 진부분집합의 개수는 31이다.
> (나) 집합 B의 원소 중 가장 작은 원소는 36이다.

이때 집합 B의 원소의 개수를 p, 집합 B의 원소의 합을 q라 할 때,
$\dfrac{q}{p}$의 최솟값은?

① 30 　　② 35 　　③ 40
④ 45 　　⑤ 50

STEP Ⓐ 집합 B의 진부분집합의 개수를 이용하여 원소의 개수 구하기

조건 (가)에서 $n(B)=p$라 하면 집합 B의 진부분집합의 개수는
$2^p-1=31$, $2^p=32$
$\therefore p=5$

STEP Ⓑ 원소의 합이 최소가 되는 집합 B 구하기

이때 $\dfrac{q}{p}=\dfrac{q}{5}$가 최소가 되려면 q가 최소이어야 한다.
조건 (나)에서 집합 B의 원소 중 가장 작은 원소는 36이므로
합이 가장 작은 집합은 $B=\{36, 38, 40, 42, 44\}$
즉 $q=36+38+40+42+44=200$
따라서 $\dfrac{q}{p}$의 최솟값은 $\dfrac{200}{5}=40$

정답 ③

0725

정답 4

STEP Ⓐ 집합 A를 원소나열법으로 나타내기

$x^2-10x+16<0$에서 $(x-2)(x-8)<0$
$\therefore 2<x<8$
$\therefore A=\{3, 4, 5, 6, 7\}$

STEP Ⓑ 3, 4를 원소로 갖고 5를 원소로 갖지 않는 부분집합의 개수 구하기

집합 A의 부분집합 중에서 3, 4를 반드시 원소로 갖고 5를 원소로 갖지 않는
부분집합의 개수는 집합 $\{6, 7\}$의 부분집합의 개수와 같으므로
$2^{5-2-1}=2^2=4$

+α ┃ 특정한 원소에 대한 부분집합의 의미!

3, 4를 반드시 원소로 갖고 5를 원소로 갖지 않는 부분집합은 6, 7을 원소로 갖는 집합
$\{6, 7\}$의 부분집합을 모두 구한 후 원소 3, 4를 각 부분집합에 포함시킨 것과 같다.

0726

정답 ③

STEP Ⓐ 집합 A의 원소의 개수 구하기

$A=\{x\,|\,x$는 k 이하의 자연수$\}$에서 $n(A)=k$

STEP Ⓑ 조건을 만족시키는 자연수 k의 값 구하기

집합 A의 부분집합 중에서 2를 반드시 원소로 갖고
3, 5를 원소로 갖지 않는 부분집합의 개수는 $2^{k-1-2}=64=2^6$
따라서 $k-3=6$이므로 $k=9$

내/신/연/계 출제문항 387

집합 $A=\{x\,|\,x$는 k 이하의 자연수$\}$의 부분집합 중 2, 3을 반드시 원소로
갖고 4, 5, 8을 원소로 갖지 않는 부분집합의 개수가 64일 때, 자연수 k의
값은? (단, $k\ge 8$)

① 10 　　② 11 　　③ 12
④ 13 　　⑤ 14

STEP Ⓐ 집합 A의 원소의 개수 구하기

$A=\{1, 2, 3, \cdots, k\}$에서 $n(A)=k$

STEP Ⓑ 조건을 만족시키는 자연수 k의 값 구하기

집합 A의 부분집합 중에서 2, 3을 반드시 원소로 갖고
4, 5, 8을 원소로 갖지 않는 부분집합의 개수는 $2^{k-2-3}=64=2^6$
따라서 $k-5=6$이므로 $k=11$

정답 ②

0727

정답 ①

STEP A 집합 A를 원소나열법으로 나타내기

$x^2-7x+10\leq 0$에서 $(x-2)(x-5)\leq 0$

$\therefore 2\leq x\leq 5$

$\therefore A=\{2, 3, 4, 5\}$

STEP B 조건을 만족시키는 집합 X의 개수 구하기

$X\subset A$이고 $X\neq A$이므로 집합 X는 집합 A의 진부분집합이다.

즉 집합 X는 A의 부분집합 중 3, 4를 반드시 원소로 갖는 부분집합에서

<small>A의 특정한 원소 2개를 반드시 포함하는 부분집합의 개수는 2^{4-2}</small>

A를 제외한 것과 같다.

따라서 X의 개수는 $2^{4-2}-1=2^2-1=3$

> **+α** | $X\neq A$임에 주의한다!
>
> 3, 4를 원소로 갖는 부분집합 중에는 A 자신도 포함된다.
> $X\neq A$이므로 A 자신을 반드시 제외해야 함을 주의한다.

0728

정답 ④

STEP A 조건을 만족시키는 집합 B의 개수 구하기

두 조건 (나), (다)에서 $B\subset A$이고 집합 B의 원소는 3 이상이므로
1, 2는 집합 B의 원소가 아니다.

즉 집합 B는 집합 $\{3, 4, 5, 6, 7\}$의 부분집합 중에서
공집합을 제외한 것이다.

따라서 집합 B의 개수는 $2^5-1=31$

0729

정답 ③

STEP A 주어진 조건을 이용하여 집합 X 파악하기

조건 (가)에서 집합 X의 원소의 최솟값이 3이므로
0, 1, 2는 집합 X의 원소가 아니다.

조건 (나)에서 집합 X의 원소의 최댓값이 7이므로
8은 집합 X의 원소가 아니다.

즉 집합 X는 $\{3, 4, 5, 6, 7\}$의 부분집합 중 3과 7을 포함하는 집합이다.

STEP B 조건을 만족시키는 집합 X의 개수 구하기

따라서 구하는 집합 X의 개수는 $2^{5-2}=2^3=8$

0730

정답 ①

STEP A 집합 A를 원소나열법으로 나타내기

$x^2-9x+14\leq 0$에서 $(x-2)(x-7)\leq 0$

$\therefore 2\leq x\leq 7$

$\therefore A=\{2, 3, 4, 5, 6, 7\}$

STEP B 부분집합 중 두 개의 홀수를 원소로 갖는 부분집합의 개수 구하기

구하는 집합은 홀수 3, 5, 7 중 3, 5 또는 3, 7 또는 5, 7을 원소로 갖는
부분집합이다. <small>홀수 중 두 개를 택하는 경우의 수 $_3C_2=3$</small>

집합 A의 부분집합 중 3, 5를 반드시 원소로 갖고
7을 원소로 갖지 않는 집합의 개수는 $2^{6-2-1}=2^3=8$

마찬가지로 홀수 중 3, 7 또는 5, 7을 원소로 갖는 부분집합의 개수도
각각 8이다.

따라서 구하는 부분집합의 개수는 $8\times 3=24$

집합 $X=\{1, 2, 3, 4, 5, 6, 7\}$의 부분집합 중 두 개의 짝수를 원소로 갖는
부분집합의 개수를 구하시오.

STEP A 부분집합 중 두 개의 짝수를 원소로 갖는 부분집합의 개수 구하기

구하는 집합은 짝수 2, 4, 6 중 2, 4 또는 2, 6 또는 4, 6을 원소로 갖는
부분집합이다. <small>짝수 중 두 개를 택하는 경우의 수 $_3C_2=3$</small>

집합 X의 부분집합 중 2, 4를 반드시 원소로 갖고
6을 원소로 갖지 않는 집합의 개수는 $2^{7-2-1}=2^4=16$

마찬가지로 짝수 중 2, 6 또는 4, 6을 원소로 갖는 부분집합의 개수도
각각 16이다.

따라서 구하는 부분집합의 개수는 $16\times 3=48$

정답 48

0731

정답 ⑤

STEP A 조건을 만족시키는 부분집합의 개수 구하기

조건 (나)에서 $6=2\times 3$이므로
집합 X는 6 이하의 자연수 중 2의 배수 한 개 이상과 3의 배수 한 개 이상을
모두 포함해야 한다.

(i) 6이 아닌 2의 배수 2, 4, 8 중에서 반드시 한 개 이상을 포함해야 하므로
2, 4, 8로 만든 부분집합 중에서 공집합을 제외한 것의 개수는
$2^3-1=7$

(ii) 6이 아닌 3의 배수인 3과 9 중에서 반드시 한 개 이상을 포함해야 하므로
3, 9로 만든 부분집합 중에서 공집합을 제외한 것의 개수는
$2^2-1=3$

(iii) 2의 배수도 아니고 3의 배수도 아닌 1, 5, 7로 만든 부분집합의 개수는
$2^3=8$

STEP B 집합 X의 개수 구하기

(i)~(iii)에서 구하는 집합 X의 개수는 $7\times 3\times 8=168$

0732

정답 60

STEP A 집합 A의 원소의 합이 홀수인 경우 파악하기

조건 (나)에서 $A=\{1, 2, 3, 4, 5, 6, 7\}$의 모든 부분집합 X의 원소의 합이
홀수이려면 집합 X의 원소 중 홀수가 1개 또는 3개이어야 한다.

STEP B 홀수의 개수에 따라 집합 X의 개수 구하기

(i) 집합 X의 원소 중 홀수가 1개인 경우
집합 X가 홀수 중 1만 원소로 가질 때,
집합 X의 개수는 A의 부분집합 중 1을 반드시 원소로 갖고
3, 5, 7을 원소로 갖지 않는 집합의 개수와 같다.
이때 $X=\{1\}$이면 $n(X)\geq 2$를 만족시키지 않으므로 제외해야 한다.
즉 집합 X의 개수는 $2^{7-1-3}-1=2^3-1=7$
마찬가지로 홀수 중 3 또는 5 또는 7만을 원소로 갖는 집합 X의 개수도
각각 7이므로 이 경우의 집합 X의 개수는 $7\times 4=28$

(ii) 집합 X의 원소 중 홀수가 3개인 경우
홀수가 3개인 경우는 $(1, 3, 5)$, $(1, 3, 7)$, $(1, 5, 7)$, $(3, 5, 7)$의 4가지이다.
A의 부분집합 중에서 1, 3, 5를 반드시 원소로 갖고 7을 원소로 갖지 않는
부분집합 X의 개수는 $2^{7-3-1}=2^3=8$
마찬가지로 1, 3, 7 또는 1, 5, 7 또는 3, 5, 7만을 원소로 갖는 집합 X의
개수도 각각 8이므로 이 경우의 집합 X의 개수는 $8\times 4=32$

(i), (ii)에서 부분집합 X의 개수는 $28+32=60$

내/신/연/계 출제문항 389

집합 $A=\{1, 2, 3, 4, 5, 6\}$에 대하여 다음 조건을 만족시키는 집합 A의 모든 부분집합 X의 개수를 구하시오.

> (가) $n(X) \geq 2$
> (나) 집합 X의 모든 원소의 합은 홀수이다.

STEP A 집합 A의 원소의 합이 홀수인 경우 파악하기

조건 (나)에서 $A=\{1, 2, 3, 4, 5, 6\}$의 모든 부분집합 X의 원소의 합이 홀수이려면 집합 X의 원소 중 홀수가 1개 또는 3개이어야 한다.

STEP B 홀수의 개수에 따라 집합 X의 개수 구하기

(i) 집합 X의 원소 중 홀수가 1개인 경우
집합 X가 홀수 중 1만 원소로 가질 때,
집합 X의 개수는 A의 부분집합 중에서 1을 반드시 원소로 갖고 3, 5를 원소로 갖지 않는 집합의 개수와 같다.
이때 $X=\{1\}$이면 $n(X) \geq 2$를 만족시키지 않으므로 제외해야 한다.
즉 집합 X의 개수는 $2^{6-1-2}-1=2^3-1=7$
마찬가지로 홀수 중 3 또는 5만을 원소로 갖는 집합 X의 개수도 각각 7이므로 이 경우의 집합 X의 개수는 $7 \times 3 = 21$

(ii) 집합 X의 원소 중 홀수가 3개인 경우
집합 X의 개수는 A의 부분집합 중에서 1, 3, 5를 반드시 원소로 갖는 부분집합의 개수와 같으므로 $2^{6-3}=2^3=8$

(i), (ii)에서 부분집합 X의 개수는 $21+8=29$　　　정답 **29**

0733　2016년 09월 고2 학력평가 가형 13번　정답 ②

STEP A 집합 A의 원소의 곱이 6의 배수가 되는 경우 파악하기

$A=\{3, 4, 5, 6, 7\}$의 원소의 곱이 6의 배수가 되려면
6을 원소로 갖거나 3, 4를 모두 원소로 가져야 한다.

STEP B $6 \in X$일 때와 $3, 4 \in X$, $6 \notin X$일 때로 나누어 집합 X의 개수 구하기

(i) $6 \in X$일 때,
집합 X는 A의 부분집합 중 6을 반드시 원소로 갖는 집합에서
$\{6\}$을 제외한 것과 같으므로 X의 개수는 $2^{5-1}-1=2^4-1=15$
집합 X의 원소가 2개 이상이므로 원소의 개수가 1인 $\{6\}$은 제외해야 한다.

(ii) $3, 4 \in X$, $6 \notin X$일 때,　← $6 \in X$이면 (i)과 중복되므로 $6 \notin X$이어야 한다.
집합 X는 A의 부분집합 중 3, 4는 반드시 원소로 갖고 6은 원소로 갖지 않는 것과 같으므로 X의 개수는 $2^{5-2-1}=4$

(i), (ii)에서 집합 X의 개수는 $15+4=19$

> **+α** 집합 X의 개수를 다음과 같이 구할 수도 있어!
>
> 구하는 집합 A의 부분집합 X의 개수는 다음과 같다.
> ($6 \in X$이고 $n(X) \geq 2$인 집합 X의 개수)+(3, 4$\in X$인 집합 X의 개수)
> 　　　　　　　　　　$-$(3, 4, 6$\in X$인 집합 X의 개수)
> $=(2^{5-1}-1)+2^{5-2}-2^{5-3}=15+8-4=19$

내/신/연/계 출제문항 390

집합 $A=\{4, 5, 6, 7, 8\}$에 대하여 다음 조건을 만족시키는 집합 A의 모든 부분집합 X의 개수를 구하시오.

> (가) $n(X) \geq 2$
> (나) 집합 X의 모든 원소의 곱은 8의 배수이다.

STEP A 집합 A의 원소의 곱이 8의 배수가 되는 경우 파악하기

$A=\{4, 5, 6, 7, 8\}$의 원소의 곱이 8의 배수가 되려면
8을 원소로 갖거나 4, 6을 모두 원소로 가져야 한다.

STEP B $8 \in X$일 때와 4, 6$\in X$, $8 \notin X$일 때로 나누어 집합 X의 개수 구하기

(i) $8 \in X$일 때,
집합 X는 A의 부분집합 중 8을 반드시 원소로 갖는 집합에서
$\{8\}$을 제외한 것과 같으므로 X의 개수는 $2^{5-1}-1=2^4-1=15$
집합 X의 원소가 2개 이상이므로 원소의 개수가 1인 $\{8\}$은 제외해야 한다.

(ii) $4, 6 \in X$, $8 \notin X$일 때,　← $8 \in X$이면 (i)과 중복되므로 $8 \notin X$이어야 한다.
집합 X는 A의 부분집합 중 4, 6은 반드시 원소로 갖고
8은 원소로 갖지 않는 것과 같으므로 X의 개수는 $2^{5-2-1}=4$

(i), (ii)에서 집합 X의 개수는 $15+4=19$　　　정답 **19**

0734　2015년 09월 고2 학력평가 나형 20번　정답 ③

STEP A $f(n)$ 구하기

$f(n)$은 원소 n을 최소의 원소로 갖는 집합 X의 부분집합의 개수이므로
X의 부분집합 중 $1, 2, \cdots, n-1$을 원소로 갖지 않으면서 n을 반드시 원소로 갖는 집합의 개수와 같다.
$\therefore f(n)=2^{10-(n-1)-1}=2^{10-n} \ (1 \leq n \leq 10)$

STEP B $f(n)$을 이용하여 [보기]의 참, 거짓 판단하기

ㄱ. $f(8)=2^{10-8}=2^2=4$ [참]
ㄴ. (반례) $7 \in X$, $8 \in X$이고 $7<8$이지만
　　$f(7)=2^{10-7}=2^3=8$, $f(8)=2^{10-8}=2^2=4$이므로 $f(7)>f(8)$ [거짓]
ㄷ. $f(1)+f(3)+f(5)+f(7)+f(9)=2^{10-1}+2^{10-3}+2^{10-5}+2^{10-7}+2^{10-9}$
　　　　　$=2^9+2^7+2^5+2^3+2^1$
　　　　　$=512+128+32+8+2=682$ [참]

따라서 옳은 것은 ㄱ, ㄷ이다.

내/신/연/계 출제문항 391

집합 $X=\{x|x$는 12 이하의 자연수$\}$의 원소 n에 대하여 X의 부분집합 중
n을 최소의 원소로 갖는 모든 집합의 개수를 $f(n)$이라 하자.
[보기]에서 옳은 것만을 있는 대로 고른 것은?

> ㄱ. $f(10)=4$
> ㄴ. $a \in X$, $b \in X$일 때, $a \leq b$이면 $f(a) \leq f(b)$
> ㄷ. $f(2)+f(4)+f(6)+f(8)=682$

① ㄱ　　　　② ㄱ, ㄴ　　　　③ ㄱ, ㄷ
④ ㄴ, ㄷ　　　⑤ ㄱ, ㄴ, ㄷ

STEP A $f(n)$ 구하기

$f(n)$은 원소 n을 최소의 원소로 갖는 집합 X의 부분집합의 개수이므로
X의 부분집합 중 $1, 2, \cdots, n-1$을 원소로 갖지 않으면서 n을 반드시 원소로 갖는 집합의 개수와 같다.
$\therefore f(n)=2^{12-(n-1)-1}=2^{12-n} \ (1 \leq n \leq 12)$

STEP B $f(n)$을 이용하여 [보기]의 참, 거짓 판단하기

ㄱ. $f(10)=2^{12-10}=2^2=4$ [참]
ㄴ. (반례) $7 \in X$, $8 \in X$이고 $7<8$이지만
　　$f(7)=2^{12-7}=2^5=32$, $f(8)=2^{12-8}=2^4=16$이므로 $f(7)>f(8)$
　　[거짓]

ㄷ. $f(2)+f(4)+f(6)+f(8)=2^{12-2}+2^{12-4}+2^{12-6}+2^{12-8}$
$=2^{10}+2^8+2^6+2^4$
$=1024+256+64+16=1360$ [거짓]

따라서 옳은 것은 ㄱ이다. 정답 ①

0735 정답 16

STEP Ⓐ 두 집합 A, B를 원소나열법으로 나타내기

$x^2-5x+6=0$, $(x-2)(x-3)=0$

∴ $x=2$ 또는 $x=3$

즉 $A=\{2, 3\}$

또한, 18의 약수는 1, 2, 3, 6, 9, 18이므로 $B=\{1, 2, 3, 6, 9, 18\}$

STEP Ⓑ 집합의 포함 관계를 이용하여 집합 X의 개수 구하기

$A \subset X \subset B$를 만족시키는 집합 X는

집합 B의 부분집합 중 2, 3을 반드시 원소로 갖는 집합이다.

따라서 집합 X의 개수는 $2^{6-2}=2^4=16$

0736 정답 ②

STEP Ⓐ 두 집합 A, B를 원소나열법으로 나타내기

$A=\{1, 2, 3, 4\}$

$B=\{1, 2, 3, 4, 5, 6, 7\}$

STEP Ⓑ 집합의 포함 관계를 이용하여 집합 X의 개수 구하기

$A \subset X \subset B$를 만족시키는 집합 X는 집합 $B=\{1, 2, 3, 4, 5, 6, 7\}$의
부분집합 중 1, 2, 3, 4를 반드시 원소로 갖고 5를 원소로 갖지 않는 집합이다.

따라서 집합 X의 개수는 $2^{7-4-1}=2^2=4$

0737 정답 ③

STEP Ⓐ 두 집합 A, B를 원소나열법으로 나타내기

$x^2-5x+6=0$에서 $(x-2)(x-3)=0$

∴ $x=2$ 또는 $x=3$

$A=\{2, 3\}$, $B=\{2, 3, 5, 7, 11, 13\}$

STEP Ⓑ 집합의 포함 관계를 이용하여 집합 X의 개수 구하기

$A \subset X \subset B$, $X \neq A$, $X \neq B$를 만족시키는 집합 X는
집합 B의 부분집합 중 2, 3을 반드시 원소로 갖는 집합에서
집합 A와 집합 B를 제외한 것과 같다.

따라서 구하는 집합 X의 개수는 $2^{6-2}-2=2^4-2=14$

내/신/연/계 출제문항 392

두 집합
$$A=\{x+1|x는 10 이하의 자연수\},$$
$$B=\{x|x는 11 이하의 소수\}$$
에 대하여 $B \subset X \subset A$, $X \neq A$, $X \neq B$를 만족시키는 집합 X의 개수를
구하시오.

STEP Ⓐ 두 집합 A, B를 원소나열법으로 나타내기

$A=\{x+1|x는 10 이하의 자연수\}=\{2, 3, 4, \cdots, 11\}$

$B=\{x|x는 11 이하의 소수\}=\{2, 3, 5, 7, 11\}$

STEP Ⓑ 집합의 포함 관계를 이용하여 집합 X의 개수 구하기

$B \subset X \subset A$, $X \neq A$, $X \neq B$를 만족시키는 집합 X는

2, 3, 5, 7, 11을 반드시 원소로 갖는 집합 A의 부분집합 중에서
집합 A와 집합 B를 제외한 것과 같다.

따라서 구하는 집합 X의 개수는 $2^{10-5}-2=2^5-2=30$ 정답 30

0738 정답 ③

STEP Ⓐ 집합 B를 원소나열법으로 나타내기

$$B=\left\{x \,\middle|\, x=\frac{8}{n},\ n은 자연수\right\}=\{1, 2, 4, 8\}$$
x는 8의 양의 약수

STEP Ⓑ 조건을 만족시키는 집합 X의 개수가 63인 자연수 n의 값 구하기

$B \subset X \subset A$, $X \neq A$를 만족시키는 집합 X는

집합 A의 부분집합 중 1, 2, 4, 8을 반드시 원소로 갖는 집합에서
집합 A를 제외한 것과 같으므로 $2^{n-4}-1=63$, $2^{n-4}=64=2^6$, $n-4=6$

따라서 $n=10$

0739 정답 ②

STEP Ⓐ 두 집합 A, B를 원소나열법으로 나타내기

$(x^2-5x)^2+10(x^2-5x)+24=0$

$x^2-5x=X$라 하면 $X^2+10X+24=0$, $(X+6)(X+4)=0$이므로

$X=-6$ 또는 $X=-4$

(i) $x^2-5x=-6$에서 $x^2-5x+6=0$, $(x-2)(x-3)=0$
∴ $x=2$ 또는 $x=3$

(ii) $x^2-5x=-4$에서 $x^2-5x+4=0$, $(x-1)(x-4)=0$
∴ $x=1$ 또는 $x=4$

(i), (ii)에 의하여 $A=\{1, 2, 3, 4\}$

또한, 36의 약수는 1, 2, 3, 4, 6, 9, 12, 18, 36이므로

$B=\{1, 2, 3, 4, 6, 9, 12, 18, 36\}$

STEP Ⓑ 집합의 포함 관계를 이용하여 집합 X의 개수 구하기

$A \subset X \subset B$를 만족시키는 집합 X는

B의 부분집합 중 1, 2, 3, 4를 반드시 원소로 갖는 집합이다.

따라서 집합 X의 개수는 $2^{9-4}=2^5=32$

0740 정답 11

STEP Ⓐ 두 집합 A, B를 원소나열법으로 나타내기

$A=\{x|x^2-4x+3=0\}=\{1, 3\}$
$(x-1)(x-3)=0$ ∴ $x=1$ 또는 $x=3$

$B=\left\{x \,\middle|\, x=\frac{12}{n},\ x,\ n은 자연수\right\}=\{1, 2, 3, 4, 6, 12\}$
x는 12의 양의 약수

STEP Ⓑ 집합의 포함 관계를 이용하여 집합 X의 개수 구하기

두 조건 (가), (나)를 만족시키는 집합 X는 집합 B의 부분집합 중 1, 3을
반드시 원소로 갖고 나머지 원소 2, 4, 6, 12 중 2개 이상을 포함하는 집합이다.
즉 집합 X는 집합 $\{2, 4, 6, 12\}$의 부분집합 중 원소가 2개 이상인 부분집합에
각각 1, 3을 원소로 포함시킨 것이다.
따라서 구하는 집합 X의 개수는 집합 $\{2, 4, 6, 12\}$의 부분집합의 개수에서
원소의 개수가 1인 부분집합 4개와 공집합 1개를 뺀 것과 같으므로
$2^4-(4+1)=16-5=11$

0741

정답 8

STEP **A** 두 집합 A, B를 원소나열법으로 나타내기

$A=\{x|x$는 4의 약수$\}=\{1, 2, 4\}$
$B=\{x|x$는 12의 약수$\}=\{1, 2, 3, 4, 6, 12\}$

STEP **B** 집합의 포함 관계를 이용하여 집합 X의 개수 구하기

$A \subset X \subset B$를 만족시키는 집합 X는 집합 B의 부분집합 중 1, 2, 4를 반드시
원소로 갖는 집합이다.
따라서 집합 X의 개수는 $2^{6-3}=2^3=8$
　　　　　{3, 6, 12}의 부분집합에 1, 2, 4를 추가한 것과 같다.

내·신·연·계 출제문항 393

두 집합
$$A=\{x|x^2=1, x\text{는 실수}\}, B=\{x|x^2+x-6<0, x\text{는 정수}\}$$
에 대하여 $A \subset X \subset B$를 만족시키는 집합 X의 개수는?

① 1　　　　② 2　　　　③ 3
④ 4　　　　⑤ 5

STEP **A** 두 집합 A, B를 원소나열법으로 나타내기

$x^2=1$에서 $x=-1$ 또는 $x=1$
$x^2+x-6<0$에서 $(x-2)(x+3)<0$　∴ $-3<x<2$
∴ $A=\{-1, 1\}$, $B=\{-2, -1, 0, 1\}$

STEP **B** 집합의 포함 관계를 이용하여 집합 X의 개수 구하기

$A \subset X \subset B$를 만족시키는 집합 X는 집합 B의 부분집합 중 -1, 1을 반드시
원소로 갖는 집합이다.
따라서 집합 X의 개수는 $2^{4-2}=4$
　　　　　{-2, 0}의 부분집합에 -1, 1을 추가한 것과 같다.　　정답 ④

0742

정답 24

STEP **A** 전체 부분집합의 개수 구하기

집합 $A=\{1, 2, 3, 4, 5\}$의 부분집합의 개수는 $2^5=32$

STEP **B** 짝수를 원소로 갖지 않는 부분집합의 개수 구하기

모든 원소의 곱이 짝수이려면 적어도 하나의 짝수를 포함해야 한다.
이때 모두 홀수로만 이루어진 부분집합의 개수는 $2^3=8$

STEP **C** 모든 원소의 곱이 짝수인 부분집합의 개수 구하기

따라서 적어도 하나의 짝수를 포함하는 부분집합의 개수는
$2^5-2^3=32-8=24$

0743

정답 ③

STEP **A** 전체 부분집합의 개수 구하기

$x^2-8x+7 \leq 0$에서 $(x-1)(x-7) \leq 0$　∴ $1 \leq x \leq 7$
즉 집합 $A=\{1, 2, 3, 4, 5, 6, 7\}$의 부분집합의 개수는 $2^7=128$

STEP **B** 홀수를 원소로 갖지 않는 부분집합의 개수 구하기

홀수 1, 3, 5, 7을 원소로 갖지 않는 부분집합의 개수는 $2^{7-4}=2^3=8$

STEP **C** 적어도 한 개의 홀수를 원소로 갖는 부분집합의 개수 구하기

따라서 적어도 한 개의 홀수를 원소로 갖는 부분집합의 개수는 $128-8=120$

내·신·연·계 출제문항 394

집합
$$A=\{x|x^2-9x+8<0, x\text{는 정수}\}$$
에 대하여 집합 A의 부분집합 중 적어도 한 개의 소수를 원소로 갖는
부분집합의 개수는?

① 32　　　　② 42　　　　③ 52
④ 60　　　　⑤ 68

STEP **A** 전체 부분집합의 개수 구하기

$x^2-9x+8<0$에서 $(x-1)(x-8)<0$　∴ $1<x<8$
즉 집합 $A=\{2, 3, 4, 5, 6, 7\}$의 부분집합의 개수는 $2^6=64$

STEP **B** 소수를 원소로 갖지 않는 부분집합의 개수 구하기

소수 2, 3, 5, 7을 원소로 갖지 않는 부분집합의 개수는 $2^{6-4}=2^2=4$

STEP **C** 적어도 한 개의 소수를 원소로 갖는 부분집합의 개수 구하기

따라서 적어도 한 개의 소수를 원소로 갖는 부분집합의 개수는 $64-4=60$
정답 ④

0744

정답 ⑤

STEP **A** 전체 부분집합의 개수 구하기

$A=\{3n-1|n$은 6 이하의 자연수$\}=\{2, 5, 8, 11, 14, 17\}$
즉 집합 A의 부분집합의 개수는 $2^6=64$

STEP **B** 2, 5를 원소로 갖지 않는 부분집합의 개수 구하기

2, 5를 모두 원소로 갖지 않는 부분집합의 개수는 $2^{6-2}=2^4=16$

STEP **C** 2 또는 5를 원소로 갖는 부분집합의 개수 구하기

따라서 2 또는 5를 원소로 갖는 부분집합의 개수는 $64-16=48$

0745

정답 ⑤

STEP **A** 전체 부분집합의 개수 구하기

집합 $A=\{1, 2, 3, 4, 5, 6, 7\}$의 부분집합의 개수는 $2^7=128$

STEP **B** 홀수 또는 소수를 적어도 하나 포함하는 부분집합의 개수 구하기

집합 A의 부분집합 중 홀수 또는 소수를 원소로 갖지 않는 집합은
　　　　　홀수 : 1, 3, 5, 7, 소수 : 2, 3, 5, 7
2가 아닌 짝수이고 소수가 아닌 수를 원소로 가지므로
집합 {4, 6}의 부분집합이다.
집합 {4, 6}의 부분집합의 개수는 $2^2=4$
즉 홀수 또는 소수를 적어도 하나 포함하는 부분집합의 개수는 $128-4=124$

STEP **C** 진부분집합의 개수 구하기

따라서 구하는 진부분집합의 개수는 $124-1=123$
　　　　　자기 자신을 제외한다.

0746

STEP Ⓐ $M(X) \geq 6$을 만족시키기 위한 집합의 조건 파악하기

$M(X) \geq 6$을 만족시키려면 집합 X는 6, 7, 8 중 적어도 하나를 원소로 가져야 한다.

STEP Ⓑ 조건을 만족하는 집합 X의 개수 구하기

집합 A의 부분집합의 개수는 $2^8 = 256$
집합 A의 부분집합 중 6, 7, 8을 모두 원소로 갖지 않는 부분집합의 개수는 $2^{8-3} = 2^5 = 32$
따라서 구하는 집합 X의 개수는 $256 - 32 = 224$

0747

정답 12

STEP Ⓐ 두 집합 A, B를 원소나열법으로 나타내기

$A = \{x \mid x$는 8 이하의 소수$\} = \{2, 3, 5, 7\}$
$B = \left\{ x \mid x = \dfrac{6}{n}, \ x, \ n$은 자연수$\right\} = \{1, 2, 3, 6\}$
  ⌣ x는 6의 양의 약수

STEP Ⓑ $X \subset A$이고 $X \not\subset B$를 만족시키는 집합 X의 개수 구하기

$X \subset A$이고 $X \not\subset B$를 만족하려면 집합 X는 집합 A의 부분집합 중 5 또는 7을 원소로 갖는 집합이어야 한다.
집합 A의 부분집합의 개수는 $2^4 = 16$
집합 A의 부분집합 중 5와 7을 모두 원소로 갖지 않는 부분집합의 개수는 $2^{4-2} = 2^2 = 4$
따라서 주어진 조건을 만족시키는 집합 X의 개수는 $16 - 4 = 12$

내/신/연/계 출제문항 395

두 집합
$$A = \{x \mid x$는 12의 양의 양수$\},$$
$$B = \{x \mid x$는 18의 양의 양수$\}$$
에 대하여 $X \subset A$이고 $X \not\subset B$를 만족시키는 집합 X의 개수는?

① 24   ② 30   ③ 36
④ 42   ⑤ 48

STEP Ⓐ 두 집합 A, B를 원소나열법으로 나타내기

$A = \{x \mid x$는 12의 양의 양수$\} = \{1, 2, 3, 4, 6, 12\}$
$B = \{x \mid x$는 18의 양의 양수$\} = \{1, 2, 3, 6, 9, 18\}$

STEP Ⓑ $X \subset A$이고 $X \not\subset B$를 만족시키는 집합 X의 개수 구하기

$X \subset A$이고 $X \not\subset B$를 만족하려면 집합 X는 집합 A의 부분집합 중 4 또는 12를 원소로 갖는 집합이어야 한다.
집합 A의 부분집합의 개수는 $2^6 = 64$
집합 A의 부분집합 중 4와 12를 모두 원소로 갖지 않는 부분집합의 개수는 $2^{6-2} = 2^4 = 16$
따라서 주어진 조건을 만족시키는 집합 X의 개수는 $64 - 16 = 48$ 정답 ⑤

0748   정답 ④

STEP Ⓐ 적어도 한 개의 홀수를 원소로 갖는 부분집합의 개수 구하기

집합 $A = \{1, 2, 3, 4, 5\}$의 부분집합 중에서 홀수가 한 개 이상 속해 있는 집합은 1, 3, 5 중 적어도 하나를 원소로 가져야 한다.
집합 A의 부분집합의 개수는 $2^5 = 32$
집합 A의 부분집합 중 1, 3, 5를 모두 원소로 갖지 않는 부분집합의 개수는 $2^{5-3} = 2^2 = 4$
따라서 구하는 집합의 개수는 $32 - 4 = 28$

> **mini해설** | 홀수의 개수에 따라 경우를 나누어 풀이하기
>
> (i) 홀수 원소가 1개 속해 있는 집합
> $\{1\}, \{1, 2\}, \{1, 4\}, \{1, 2, 4\},$
> $\{3\}, \{3, 2\}, \{3, 4\}, \{3, 2, 4\},$
> $\{5\}, \{5, 2\}, \{5, 4\}, \{5, 2, 4\}$
>   ∴ 12개
> (ii) 홀수 원소가 2개 속해 있는 집합
> $\{1, 3\}, \{1, 3, 2\}, \{1, 3, 4\}, \{1, 3, 2, 4\},$
> $\{3, 5\}, \{3, 5, 2\}, \{3, 5, 4\}, \{3, 5, 2, 4\},$
> $\{1, 5\}, \{1, 5, 2\}, \{1, 5, 4\}, \{1, 5, 2, 4\}$
>   ∴ 12개
> (iii) 홀수 원소가 3개 속해 있는 집합
> $\{1, 3, 5\}, \{1, 3, 5, 2\}, \{1, 3, 5, 4\}, \{1, 3, 5, 2, 4\}$
>   ∴ 4개
> (i)~(ii)에 의하여 홀수인 원소가 한 개 이상인 집합의 개수는 $12 + 12 + 4 = 28$

내/신/연/계 출제문항 396

집합 $A = \{3n + 1 \mid n$은 5 이하의 자연수$\}$의 부분집합 중에서 소수를 한 개 이상 원소로 갖는 집합의 개수는?

① 24   ② 28   ③ 32
④ 36   ⑤ 40

STEP Ⓐ 집합 A를 원소나열법으로 나타내기

$A = \{3n + 1 \mid n$은 5 이하의 자연수$\} = \{4, 7, 10, 13, 16\}$

STEP Ⓑ 적어도 한 개의 소수를 원소로 갖는 부분집합의 개수 구하기

집합 A의 부분집합 중에서 소수를 한 개 이상 원소로 갖는 부분집합은 7, 13 중 적어도 하나를 원소로 가져야 한다.
집합 A의 부분집합의 개수는 $2^5 = 32$
집합 A의 부분집합 중 7, 13을 모두 원소로 갖지 않는 부분집합의 개수는 $2^{5-2} = 2^3 = 8$
따라서 구하는 집합의 개수는 $32 - 8 = 24$ 정답 ①

0749

정답 110

STEP Ⓐ 홀수를 3개 택하는 경우의 수 구하기

집합 $\{1, 2, 3, 4, 5, 6, 7, 8, 9\}$의 원소 중 홀수는 1, 3, 5, 7, 9의 5개이므로
이 중 3개를 선택하는 방법의 수는 $_5C_3 = {_5}C_2 = \dfrac{5 \times 4}{2 \times 1} = 10$

STEP Ⓑ 짝수를 2개 이상 택하는 경우의 수 구하기

집합 $\{1, 2, 3, 4, 5, 6, 7, 8, 9\}$의 원소 중 짝수는 2, 4, 6, 8의 4개이므로
이 중 2개 이상의 짝수를 원소로 갖는 집합의 개수는
$_4C_2 + {_4}C_3 + {_4}C_4 = 6 + 4 + 1 = 11$ ◀── 짝수가 2개, 3개, 4개인 경우의 수의 합
따라서 구하는 집합의 개수는 $10 \times 11 = 110$

0750

정답 ①

STEP Ⓐ **조건 (가)를 만족하는 경우의 수 구하기**

집합 A의 원소 중에서 집합 B에도 속하는 원소 2개를 택하는 경우의 수는
$_4C_2 = \dfrac{4 \times 3}{2 \times 1} = 6$

STEP Ⓑ **조건 (나)를 만족하는 부분집합의 개수 구하기**

그 각각에 대하여 집합 $\{5, 6, 7\}$의 부분집합의 개수는 $2^3 = 8$
따라서 구하는 집합 B의 개수는 $6 \times 8 = 48$

0751

정답 ③

STEP Ⓐ **원소의 개수가 3인 집합 A의 부분집합의 개수 구하기**

집합 $A = \{1, 2, 3, 4, 5, 6, 7, 8\}$의 부분집합 중 3개의 원소를 갖는
부분집합의 개수는 $_8C_3 = \dfrac{8 \times 7 \times 6}{3 \times 2 \times 1} = 56$

STEP Ⓑ **원소의 개수가 3이면서 모두 홀수인 부분집합의 개수 구하기**

이 중 3개의 원소가 모두 홀수인 부분집합의 개수를 제외하면 된다.
집합 $\{1, 2, 3, 4, 5, 6, 7, 8\}$의 원소 중 홀수는 1, 3, 5, 7의 4개이므로
이 중 3개를 원소로 갖는 부분집합의 개수는 $_4C_3 = _4C_1 = 4$

STEP Ⓒ **조건을 만족시키는 집합의 개수 구하기**

따라서 구하는 집합의 개수는 $56 - 4 = 52$

 출제문항 397

집합 $A = \{1, 2, 3, 4, 5, 6, 7, 8, 9\}$의 부분집합 중 원소의 개수가 3이고
적어도 한 개의 홀수를 원소로 갖는 집합의 개수는?

① 74   ② 76   ③ 78
④ 80   ⑤ 82

STEP Ⓐ **원소의 개수가 3인 집합 A의 부분집합의 개수 구하기**

집합 $A = \{1, 2, 3, 4, 5, 6, 7, 8, 9\}$의 부분집합 중 3개의 원소를 갖는
부분집합의 개수는 $_9C_3 = \dfrac{9 \times 8 \times 7}{3 \times 2 \times 1} = 84$

STEP Ⓑ **원소의 개수가 3이면서 모두 짝수인 부분집합의 개수 구하기**

이 중 3개의 원소가 모두 짝수인 부분집합의 개수를 제외하면 된다.
집합 $\{1, 2, 3, 4, 5, 6, 7, 8, 9\}$의 원소 중 짝수는 2, 4, 6, 8의 4개이므로
이 중 3개를 원소로 갖는 부분집합의 개수는 $_4C_3 = _4C_1 = 4$

STEP Ⓒ **조건을 만족시키는 집합의 개수 구하기**

따라서 구하는 집합의 개수는 $84 - 4 = 80$

정답 ④

0752

정답 186

STEP Ⓐ **원소의 개수가 5인 집합 A의 부분집합의 개수 구하기**

$A = \{x \mid x$는 10 이하의 자연수$\} = \{1, 2, 3, \cdots, 10\}$
집합 A의 부분집합 중 5개의 원소를 갖는 부분집합의 개수는
$_{10}C_5 = \dfrac{10 \times 9 \times 8 \times 7 \times 6}{5 \times 4 \times 3 \times 2 \times 1} = 252$

STEP Ⓑ **원소의 개수가 5이면서 6의 약수를 0개 또는 1개 포함하는 집합 A의 부분집합의 개수 구하기**

이때 원소의 개수가 5이면서 6의 약수 1, 2, 3, 6을 0개 또는 1개 포함하는
집합 A의 부분집합의 개수는 $_6C_5 + _6C_4 \times _4C_1 = 6 + 15 \times 4 = 66$

STEP Ⓒ **조건을 만족시키는 집합 B의 개수 구하기**

따라서 구하는 집합 B의 개수는 $252 - 66 = 186$

 출제문항 398

집합 $A = \{x \mid x$는 10 이하의 자연수$\}$의 부분집합 중에서 다음 조건을 만족
시키는 집합 B의 개수는?

> (가) $n(B) = 6$
> (나) 10 이하의 소수를 적어도 2개 이상 포함한다.

① 165   ② 170   ③ 175
④ 180   ⑤ 185

STEP Ⓐ **원소의 개수가 6인 집합 A의 부분집합의 개수 구하기**

$A = \{x \mid x$는 10 이하의 자연수$\} = \{1, 2, 3, \cdots, 10\}$
집합 A의 부분집합 중 6개의 원소를 갖는 부분집합의 개수는
$_{10}C_6 = _{10}C_4 = \dfrac{10 \times 9 \times 8 \times 7}{4 \times 3 \times 2 \times 1} = 210$

STEP Ⓑ **원소의 개수가 6이면서 10 이하의 소수를 0개 또는 1개 포함하는 집합 A의 부분집합의 개수 구하기**

이때 원소의 개수가 6이면서 10 이하의 소수 2, 3, 5, 7을 0개 또는 1개 포함
하는 집합 A의 부분집합의 개수는 $_6C_6 + _6C_5 \times _4C_1 = 1 + 6 \times 4 = 25$

STEP Ⓒ **조건을 만족시키는 집합 B의 개수 구하기**

따라서 구하는 집합 B의 개수는 $210 - 25 = 185$ 정답 ⑤

0753

정답 15

STEP Ⓐ **집합 B의 원소의 개수 구하기**

집합 B의 원소의 개수를 n이라 하자.
조건 (가)에서 진부분집합의 개수가 7이므로
$2^n - 1 = 7$, $2^n = 8$ ∴ $n = 3$

STEP Ⓑ **집합 B의 원소를 임의로 두고 집합 B 나타내기**

집합 B의 원소 중 2개의 원소를 각각 a, b라 하면
조건 (나)에서 $(10-a) \in B$, $(10-b) \in B$이므로 $B = \{a, 10-a, b, 10-b\}$

STEP Ⓒ **경우를 나누어 집합 B의 모든 원소의 합 구하기**

(i) $a = 5$, $b \neq 5$일 때, $B = \{5, b, 10-b\}$이므로 모든 원소의 합은
$\qquad 5 + b + (10-b) = 15$
(ii) $a \neq 5$, $b = 5$일 때, $B = \{a, 10-a, 5\}$이므로 모든 원소의 합은
$\qquad a + (10-a) + 5 = 15$
(i), (ii)에 의하여 집합 B의 모든 원소의 합은 15

0754

정답 ②

STEP A 조건을 만족하는 자연수 x의 값 구하기

집합 A는 자연수를 원소로 가지므로 x와 $8-x$가 모두 자연수이어야 한다.

즉 $x \geq 1$, $8-x \geq 1$에서 $1 \leq x \leq 7$이므로

집합 A의 원소가 될 수 있는 자연수는 1, 2, 3, 4, 5, 6, 7

STEP B 조건을 이용하여 집합 A의 원소 파악하기

이때 $x \in A$이면 $8-x \in A$이므로

$1 \in A$이면 $7 \in A$, $2 \in A$이면 $6 \in A$, $3 \in A$이면 $5 \in A$, $4 \in A$이면 $4 \in A$

즉 1과 7, 2와 6, 3과 5는 둘 중 어느 하나가 집합 A의 원소이면

나머지 하나도 반드시 A의 원소이고 4도 A의 원소가 될 수 있다.

STEP C 조건을 만족하는 집합 A의 개수 구하기

따라서 구하는 집합 A의 개수는 집합 $\{1, 2, 3, 4\}$의 공집합이 아닌 부분집합의

개수와 같으므로 $2^4 - 1 = 15$

> 구하는 집합의 개수는 순서쌍의 집합 $\{(1, 7), (2, 6), (3, 5), (4, 4)\}$의
> 부분집합 중에서 공집합을 제외한 집합의 개수 $2^4 - 1 = 15$와 같다.

+α 원소의 개수에 따라 집합 A를 구하면 다음과 같아!

(i) 원소의 개수가 1일 때, $A = \{4\}$

(ii) 원소의 개수가 2일 때, $A = \{1, 7\}$, $A = \{2, 6\}$, $A = \{3, 5\}$

(iii) 원소의 개수가 3일 때, $A = \{1, 4, 7\}$, $A = \{2, 4, 6\}$, $A = \{3, 4, 5\}$

(iv) 원소의 개수가 4일 때, $A = \{1, 2, 6, 7\}$, $A = \{1, 3, 5, 7\}$, $A = \{2, 3, 5, 6\}$

(v) 원소의 개수가 5일 때,
$A = \{1, 2, 4, 6, 7\}$, $A = \{1, 3, 4, 5, 7\}$, $A = \{2, 3, 4, 5, 6\}$

(vi) 원소의 개수가 6일 때, $A = \{1, 2, 3, 5, 6, 7\}$

(vii) 원소의 개수가 7일 때, $A = \{1, 2, 3, 4, 5, 6, 7\}$

mini해설 1, 2, 3, 4가 집합 A의 원소인지 아닌지에 따라 풀이하기

집합 A는 1, 2, 3, 4, 5, 6, 7, 8 중의 어떤 원소들로 구성되면서
$1 \in A$이면 $7 \in A$, $2 \in A$이면 $6 \in A$, $3 \in A$이면 $5 \in A$, $4 \in A$이면 $4 \in A$이므로
1, 2, 3, 4가 집합 A의 원소인지 아닌지에 따라 7, 6, 5, 4가 집합 A의 원소인지
아닌지가 결정된다. 즉 집합 A의 개수는 $2 \times 2 \times 2 \times 2 = 2^4 = 16$
그런데 이 중에 $\varnothing$도 포함되므로 $\varnothing$을 제외하면 집합 A의 개수는 15

내/신/연/계 출제문항 399

집합 A가 자연수를 원소로 가질 때, 조건 $x \in A$이면 $7-x \in A$를 만족하는 집합 A의 개수는? (단, $A \neq \varnothing$)

① 5   ② 6   ③ 7
④ 8   ⑤ 9

STEP A 조건을 만족하는 자연수 x의 값 구하기

집합 A는 자연수를 원소로 가지므로 x와 $7-x$가 모두 자연수이어야 한다.

즉 $x \geq 1$, $7-x \geq 1$에서 $1 \leq x \leq 6$이므로

집합 A의 원소가 될 수 있는 자연수는 1, 2, 3, 4, 5, 6

STEP B 조건을 만족하는 집합 A의 원소 파악하기

이때 $x \in A$이면 $7-x \in A$이므로

$1 \in A$이면 $6 \in A$, $2 \in A$이면 $5 \in A$, $3 \in A$이면 $4 \in A$

즉 1과 6, 2와 5, 3과 4는 둘 중 어느 하나가 집합 A의 원소이면 나머지 하나도
반드시 A의 원소이다.

STEP C 조건을 만족하는 집합 A의 개수 구하기

따라서 구하는 집합 A의 개수는 집합 $\{1, 2, 3\}$의 공집합이 아닌 부분집합의

개수와 같으므로 $2^3 - 1 = 7$

> 구하는 집합의 개수는 순서쌍의 집합 $\{(1, 6), (2, 5), (3, 4)\}$의 부분집합 중에서
> 공집합을 제외한 집합의 개수 $2^3 - 1 = 7$과 같다.

+α 원소의 개수에 따라 집합 A를 구하면 다음과 같아!

(i) 원소의 개수가 2일 때, $A = \{1, 6\}$, $A = \{2, 5\}$, $A = \{3, 4\}$

(ii) 원소의 개수가 4일 때, $A = \{1, 2, 5, 6\}$, $A = \{1, 3, 4, 6\}$, $A = \{2, 3, 4, 5\}$

(iii) 원소의 개수가 6일 때, $A = \{1, 2, 3, 4, 5, 6\}$

+α 집합 A의 원소의 개수가 짝수인 이유!

$x = 7-x$를 만족시키는 자연수 x가 존재하지 않으므로
x와 $7-x$는 서로 다른 자연수이다.
따라서 집합 A의 원소의 개수는 짝수이다.

정답 ③

0755

정답 ⑤

STEP A 조건을 이용하여 집합 A의 원소 파악하기

집합 A의 원소 x와 $\dfrac{16}{x}$이 모두 자연수이므로

x가 될 수 있는 수는 16의 양의 약수인 1, 2, 4, 8, 16이다.

이때 $x \in A$이면 $\dfrac{16}{x} \in A$이므로

$1 \in A$이면 $16 \in A$, $2 \in A$이면 $8 \in A$, $4 \in A$이면 $4 \in A$

즉 1과 16, 2와 8은 둘 중 어느 하나가 집합 A의 원소이면 나머지 하나도
반드시 집합 A의 원소이고 4도 A의 원소가 될 수 있다.

STEP B 조건을 만족하는 집합 A의 개수 구하기

따라서 구하는 집합 A의 개수는 집합 $\{1, 2, 4\}$의 공집합이 아닌 부분집합의

개수와 같으므로 $2^3 - 1 = 7$

> 구하는 집합의 개수는 순서쌍의 집합 $\{(1, 16), (2, 8), (4, 4)\}$의
> 부분집합 중에서 공집합을 제외한 집합의 개수 $2^3 - 1 = 7$과 같다.

내/신/연/계 출제문항 400

자연수 전체의 집합의 부분집합 A에 대하여

'$x \in A$이면 $\dfrac{36}{x} \in A$이다.'

를 만족하는 집합 A의 개수는? (단, $A \neq \varnothing$)

① 1   ② 7   ③ 15
④ 31   ⑤ 63

STEP A 조건을 이용하여 집합 A의 원소 파악하기

집합 A의 원소 x와 $\dfrac{36}{x}$이 모두 자연수이므로

x가 될 수 있는 수는 36의 양의 약수인 1, 2, 3, 4, 6, 9, 12, 18, 36이다.

이때 $x \in A$이면 $\dfrac{36}{x} \in A$이므로

$1 \in A$이면 $36 \in A$, $2 \in A$이면 $18 \in A$, $3 \in A$이면 $12 \in A$,

$4 \in A$이면 $9 \in A$, $6 \in A$이면 $6 \in A$

즉 1과 36, 2와 18, 3과 12, 4와 9는 둘 중 어느 하나가 집합 A의 원소이면
나머지 하나도 반드시 집합 A의 원소이고 6도 A의 원소가 될 수 있다.

STEP B 조건을 만족하는 집합 A의 개수 구하기

따라서 구하는 집합 A의 개수는 집합 $\{1, 2, 3, 4, 6\}$의 공집합이 아닌 부분집합
의 개수와 같으므로 $2^5 - 1 = 31$

> 구하는 집합의 개수는 순서쌍의 집합 $\{(1, 36), (2, 18), (3, 12), (4, 9), (6, 6)\}$의
> 부분집합 중에서 공집합을 제외한 집합의 개수 $2^5 - 1 = 31$과 같다.

정답 ④

0756

정답 ②

STEP A 조건을 이용하여 집합 A의 원소 파악하기

집합 A의 원소 x와 $\dfrac{20}{x}$이 모두 자연수이므로

x가 될 수 있는 수는 20의 양의 약수인 1, 2, 4, 5, 10, 20이다.

이때 $x \in A$이면 $\dfrac{20}{x} \in A$이므로

$1 \in A$이면 $20 \in A$, $2 \in A$이면 $10 \in A$, $4 \in A$이면 $5 \in A$

즉 1과 20, 2와 10, 4와 5는 둘 중 어느 하나가 집합 A의 원소이면

나머지 하나도 반드시 집합 A의 원소이다.

STEP B $a_2 + a_4$의 값 구하기

(i) $n(A) = 2$일 때, 집합 A는 $\{1, 20\}$, $\{2, 10\}$, $\{4, 5\}$이므로

$\quad a_2 = 3$ ← $_3C_1 = 3$

(ii) $n(A) = 4$일 때, 집합 A는 $\{1, 2, 10, 20\}$, $\{1, 4, 5, 20\}$, $\{2, 4, 5, 10\}$

$\quad$이므로 $a_4 = 3$ ← $_3C_2 = {}_3C_1 = 3$

(i), (ii)에 의하여 $a_2 + a_4 = 3 + 3 = 6$

0757

정답 ③

STEP A 조건 (가)를 만족하는 집합 X의 원소 파악하기

조건 (가)에서 집합 A의 원소 x와 $\dfrac{36}{x}$이 모두 자연수이므로

x가 될 수 있는 수는 36의 양의 약수인 1, 2, 3, 4, 6, 9, 12, 18, 36이다.

이때 $x \in A$이면 $\dfrac{36}{x} \in X$이므로

$1 \in X$이면 $36 \in X$, $2 \in X$이면 $18 \in X$, $3 \in X$이면 $12 \in X$,

$4 \in X$이면 $9 \in X$, $6 \in X$이면 $6 \in X$

즉 1과 36, 2와 18, 3과 12, 4와 9는 둘 중 어느 하나가 집합 X의 원소이면

나머지 하나도 반드시 집합 X의 원소이고 6도 X의 원소가 될 수 있다.

STEP B 조건 (나)를 만족하는 집합 X의 개수 구하기

조건 (나)에서 집합 X의 원소의 개수가 홀수이므로 X는 6을 반드시 원소로 가진다.

따라서 집합 X의 개수는 집합 $\{1, 2, 3, 4\}$의 부분집합의 개수와 같으므로 $2^4 = 16$

내/신/연/계/ 출제문항 401

자연수 전체의 집합의 부분집합 X가 다음 조건을 만족한다.

> (가) $x \in X$이면 $\dfrac{64}{x} \in X$
>
> (나) 집합 X의 원소 개수는 홀수이다.

집합 X의 개수는?

① 8 　　② 16 　　③ 20

④ 32 　　⑤ 36

STEP A 조건 (가)를 만족하는 집합 X의 원소 파악하기

조건 (가)에서 자연수 전체의 집합에서 $x \in X$이면 $\dfrac{64}{x} \in X$이므로

집합 X의 원소 x가 될 수 있는 수는 64의 양의 약수인 1, 2, 4, 8, 16, 32, 64이다.

이때 $x \in A$이면 $\dfrac{64}{x} \in X$이므로

$1 \in X$이면 $64 \in X$, $2 \in X$이면 $32 \in X$, $4 \in X$이면 $16 \in X$,

$8 \in X$이면 $8 \in X$

즉 1과 64, 2와 32, 4와 16은 둘 중 어느 하나가 집합 X의 원소이면

나머지 하나도 반드시 집합 X의 원소이고 8도 X의 원소가 될 수 있다.

STEP B 조건 (나)를 만족하는 집합 X의 개수 구하기

조건 (나)에서 집합 X의 원소의 개수가 홀수이므로 X는 8을 반드시 원소로 가진다.

따라서 집합 X의 개수는 집합 $\{1, 2, 4\}$의 부분집합의 개수와 같으므로 $2^3 = 8$

정답 ①

0758

정답 4

STEP A 조건 (가)를 만족하는 집합 X의 원소 파악하기

조건 (가)에서 집합 X의 원소 x와 $\dfrac{18}{x}$이 모두 자연수이므로

x가 될 수 있는 수는 18의 양의 약수인 1, 2, 3, 6, 9, 18이다.

이때 $x \in A$이면 $\dfrac{18}{x} \in X$이므로

$1 \in X$이면 $18 \in X$, $2 \in X$이면 $9 \in X$, $3 \in X$이면 $6 \in X$

즉 1과 18, 2와 9, 3과 6은 둘 중 어느 하나가 집합 X의 원소이면

나머지 하나도 반드시 집합 X의 원소이다.

STEP B 조건 (나)를 만족하는 집합 X의 개수 구하기

조건 (나)에서 2를 반드시 원소로 가지는 집합 X의 개수는 집합 $\{1, 2, 3\}$의 부분집합 중에서 2를 반드시 원소로 갖는 부분집합의 개수와 같다.

따라서 구하는 집합 X의 개수는 $2^{3-1} = 2^2 = 4$

0759

2019년 10월 고3 학력평가 나형 25번 정답 15

 해설강의

STEP A 집합의 정의를 이용하여 조건을 만족하는 집합의 개수 구하기

오른쪽 표에서 전체집합 U의 원소 중 제곱하여 일의 자릿수가 같은 자연수의 집합은

$\{1, 9\}$, $\{2, 8\}$, $\{3, 7\}$, $\{4, 6\}$이다.

즉 1과 9, 2와 8, 3과 7, 4와 6은 동시에 집합 A의 원소이거나 원소가 아니다.

따라서 공집합이 아닌 집합 A의 개수는 집합 $\{1, 2, 3, 4\}$의 공집합이 아닌 부분집합의 개수와 같으므로 $2^4 - 1 = 15$

n	n^2의 일의 자릿수
1	1
2	4
3	9
4	6
5	5
6	6
7	9
8	4
9	1

+α | 5는 집합 A의 원소가 될 수 없는 이유!

$5 \in A$인 경우에는 $m \in A$이면 $n \in A (m \neq n)$인 조건을 만족하지 않으므로 5는 집합 A의 원소가 될 수가 없다.

mini 해설 | 1, 2, 3, 4가 집합 A의 원소인지 아닌지에 따라 풀이하기

조건에서 $1 \in A$이면 $9 \in A$, $2 \in A$이면 $8 \in A$, $3 \in A$이면 $7 \in A$, $4 \in A$이면 $6 \in A$이므로 1, 2, 3, 4가 집합 A의 원소인지 아닌지에 따라 9, 8, 7, 6이 집합 A의 원소인지 아닌지가 결정된다.

따라서 집합 A의 개수는 $2 \times 2 \times 2 \times 2 - 1 = 2^4 - 1 = 15$

$\varnothing$을 제외한다.

다른풀이 조합을 이용하여 풀이하기

STEP A 전체집합 U의 원소를 제곱한 수의 일의 자릿수 구하기

전체집합 U의 원소 중 제곱하여 일의 자릿수가 1인 원소는 1, 9이고

제곱하여 일의 자릿수가 4인 원소는 2, 8,

제곱하여 일의 자릿수가 9인 원소는 3, 7,

제곱하여 일의 자릿수가 6인 원소는 4, 6,

제곱하여 일의 자릿수가 5인 원소는 5이다.

즉 1과 9, 2와 8, 3과 7, 4와 6은 동시에 집합 A의 원소이거나 원소가 아니다.

STEP **B** 조건을 만족하는 집합 A의 개수 구하기

원소의 개수에 따라 집합 A를 구하면 다음과 같다.

(i) $n(A)=2$일 때,
구하는 집합 A의 개수는 순서쌍 $(1, 9)$, $(2, 8)$, $(3, 7)$, $(4, 6)$에서 1개를 선택하여 집합을 만드는 방법의 수와 같으므로 $_4C_1=4$
$\{1, 9\}$, $\{2, 8\}$, $\{3, 7\}$, $\{4, 6\}$

(ii) $n(A)=4$일 때,
구하는 집합 A의 개수는 (i)의 4개의 순서쌍에서 2개를 선택하여 집합을 만드는 방법의 수와 같으므로 $_4C_2=6$
$\{1, 2, 8, 9\}$, $\{1, 3, 7, 9\}$, $\{1, 4, 6, 9\}$, $\{2, 3, 7, 8\}$, $\{2, 4, 6, 8\}$, $\{3, 4, 6, 7\}$

(iii) $n(A)=6$일 때,
구하는 집합 A의 개수는 (i)의 4개의 순서쌍에서 3개를 선택하여 집합을 만드는 방법의 수와 같으므로 $_4C_3=_4C_1=4$
$\{1, 2, 3, 7, 8, 9\}$, $\{1, 2, 4, 6, 8, 9\}$, $\{1, 3, 4, 6, 7, 9\}$, $\{2, 3, 4, 6, 7, 8\}$

(iv) $n(A)=8$일 때,
구하는 집합 A의 개수는 (i)의 4개의 순서쌍에서 4개를 선택하여 집합을 만드는 방법의 수와 같으므로 $_4C_4=_4C_0=1$
$\{1, 2, 3, 4, 6, 7, 8, 9\}$

(i)~(iv)에 의하여 조건을 만족하는 집합 A의 개수는 $4+6+4+1=15$

내/신/연/계 출제문항 402

집합 $U=\{x \mid x$는 9 이하의 자연수$\}$의 부분집합 A는 다음 조건을 만족시킨다.

> m이 집합 A의 원소이면, $2m$의 일의 자릿수와 $2n$의 일의 자릿수가 같아지는 m이 아닌 자연수 n이 집합 A에 존재한다.

예를 들어 3이 집합 A의 원소이면 2×3의 일의 자릿수와 2×8의 일의 자릿수가 같으므로 8도 집합 A의 원소이다. 공집합이 아닌 집합 A의 개수를 구하시오.

STEP **A** 집합의 정의를 이용하여 조건을 만족하는 집합의 개수 구하기

오른쪽 표에서 전체집합 U의 원소 중 2를 곱하여 일의 자릿수가 같은 자연수의 집합은 $\{1, 6\}$, $\{2, 7\}$, $\{3, 8\}$, $\{4, 9\}$이다.
즉 1과 6, 2와 7, 3과 8, 4와 9는 동시에 집합 A의 원소이거나 원소가 아니다.
따라서 공집합이 아닌 집합 A의 개수는 집합 $\{1, 2, 3, 4\}$의 공집합이 아닌 부분집합의 개수와 같으므로 $2^4-1=15$

n	$2n$의 일의 자릿수
1	2
2	4
3	6
4	8
5	0
6	2
7	4
8	6
9	8

+α 5는 집합 A의 원소가 될 수 없는 이유!

$5 \in A$인 경우에는 $m \in A$이면 $n \in A(m \neq n)$인 조건을 만족하지 않으므로 5는 집합 A의 원소가 될 수가 없다.

mini해설 1, 2, 3, 4가 집합 A의 원소인지 아닌지에 따라 풀이하기

조건에서 $1 \in A$이면 $6 \in A$, $2 \in A$이면 $7 \in A$, $3 \in A$이면 $8 \in A$, $4 \in A$이면 $9 \in A$이므로 1, 2, 3, 4가 집합 A의 원소인지 아닌지에 따라 6, 7, 8, 9가 집합 A의 원소인지 아닌지가 결정된다.
따라서 집합 A의 개수는 $2 \times 2 \times 2 \times 2-1=2^4-1=15$
∅을 제외한다.

다른풀이 조합을 이용하여 풀이하기

STEP **A** 전체집합 U의 원소에 2를 곱한 수의 일의 자릿수 구하기

전체집합 U의 원소 중 2를 곱하여 일의 자릿수가 2인 원소는 1, 6이고
일의 자릿수 4인 원소는 2, 7,
일의 자릿수 6인 원소는 3, 8,

일의 자릿수가 8인 원소는 4, 9,
일의 자릿수가 0인 원소는 5이다.
즉 1과 6, 2와 7, 3과 8, 4와 9는 동시에 집합 A의 원소이거나 원소가 아니다.

STEP **B** 조건을 만족하는 집합 A의 개수 구하기

원소의 개수에 따라 집합 A를 구하면 다음과 같다.

(i) $n(A)=2$일 때,
구하는 집합 A의 개수는 순서쌍 $(1, 6)$, $(2, 7)$, $(3, 8)$, $(4, 9)$에서 1개를 선택하여 집합을 만드는 방법의 수와 같으므로 $_4C_1=4$
$\{1, 6\}$, $\{2, 7\}$, $\{3, 8\}$, $\{4, 9\}$

(ii) $n(A)=4$일 때,
구하는 집합 A의 개수는 (i)의 4개의 순서쌍에서 2개를 선택하여 집합을 만드는 방법의 수와 같으므로 $_4C_2=6$
$\{1, 2, 6, 7\}$, $\{1, 3, 6, 8\}$, $\{1, 4, 6, 9\}$, $\{2, 3, 7, 8\}$, $\{2, 4, 7, 9\}$, $\{3, 4, 8, 9\}$

(iii) $n(A)=6$일 때,
구하는 집합 A의 개수는 (i)의 4개의 순서쌍에서 3개를 선택하여 집합을 만드는 방법의 수와 같으므로 $_4C_3=_4C_1=4$
$\{1, 2, 3, 6, 7, 8\}$, $\{1, 2, 4, 6, 7, 9\}$, $\{1, 3, 4, 6, 8, 9\}$, $\{2, 3, 4, 7, 8, 9\}$

(iv) $n(A)=8$일 때,
구하는 집합 A의 개수는 (i)의 4개의 순서쌍에서 4개를 선택하여 집합을 만드는 방법의 수와 같으므로 $_4C_4=_4C_0=1$
$\{1, 2, 3, 4, 6, 7, 8, 9\}$

(i)~(iv)에 의하여 조건을 만족하는 집합 A의 개수는 $4+6+4+1=15$

정답 15

0760
 정답 120

STEP **A** 1, 2, 4, 8을 각각 원소로 갖는 집합의 개수 구하기

집합 A의 부분집합 중 1을 반드시 원소로 갖는 집합의 개수는 $2^{4-1}=2^3=8$
마찬가지로 2 또는 4 또는 8을 반드시 원소로 갖는 집합 X의 개수도 각각 8이다.

STEP **B** $s_1+s_2+s_3+\cdots+s_{16}$의 값 구하기

따라서 $s_1+s_2+s_3+\cdots+s_{16}=8(1+2+4+8)=120$

0761
 정답 ③

STEP **A** $1 \in X$, $3 \in X$이고 $5 \notin X$인 집합 X의 개수 구하기

$1 \in X$, $3 \in X$이고 $5 \notin X$인 집합 X의 개수는 $2^{6-2-1}=2^3=8$

STEP **B** 2, 4, 6을 각각 원소로 갖는 집합 X의 개수 구하기

8개의 집합 X 중에서 2를 반드시 원소로 갖는 집합의 개수는 집합 A의 부분집합 중 $1 \in X$, $2 \in X$, $3 \in X$이고 $5 \notin X$인 집합 X의 개수와 같으므로 $2^{6-3-1}=2^2=4$
마찬가지로 4 또는 6을 반드시 원소로 갖는 집합 X의 개수도 각각 4이다.

STEP **C** 모든 $S(X)$의 합 구하기

따라서 모든 $S(X)$의 합은 1, 3을 8번씩 더하고 2, 4, 6을 4번씩 더한 값과 같으므로 $8 \times (1+3)+4 \times (2+4+6)=32+48=80$

+α $1 \in X$, $3 \in X$이고 $5 \notin X$인 집합 X는 다음과 같아!

$1 \in X$, $3 \in X$이고 $5 \notin X$인 집합 X를 구하면 다음과 같다.
$\{1, 3\}$, $\{1, 2, 3\}$, $\{1, 3, 4\}$, $\{1, 3, 6\}$, $\{1, 2, 3, 4\}$, $\{1, 2, 3, 6\}$, $\{1, 3, 4, 6\}$, $\{1, 2, 3, 4, 6\}$
이때 모든 집합 X에서 1, 3이 8개씩 있고 2, 4, 6이 4개씩 있는 것을 알 수 있다.

0762

STEP A 집합 A를 원소나열법으로 나타내기

$A=\left\{x\,\middle|\,x=\dfrac{8}{n},\ x,\ n\text{은 자연수}\right\}=\{1,\ 2,\ 4,\ 8\}$

(x는 8의 양의 약수)

STEP B 1, 2, 4, 8을 각각 원소로 갖는 집합의 개수 구하기

집합 A의 부분집합 중 1을 반드시 원소로 갖는 집합의 개수는 $2^{4-1}=2^3=8$
마찬가지로 2 또는 4 또는 8을 반드시 원소로 갖는 집합 X의 개수도 각각 8이다.

STEP C $f(A_1)\times f(A_2)\times f(A_3)\times\cdots\times f(A_{15})$의 값 구하기

$f(A_1)\times f(A_2)\times f(A_3)\times\cdots\times f(A_{15})=1^8\times2^8\times\underline{4^8}\times\underline{8^8}=2^{8+16+24}=2^{48}$

따라서 $k=48$

($4^8=(2^2)^8=2^{16}$, $8^8=(2^3)^8=2^{24}$)

0763

STEP A 조합을 이용하여 원소의 개수가 3인 부분집합의 개수 구하기

집합 $A=\{1,\ 2,\ 3,\ 4,\ 5\}$의 부분집합 중 원소의 개수가 3인 부분집합의 개수는
${}_5C_3={}_5C_2=10$이므로 $n=10$

$\{1,2,3\},\{1,2,4\},\{1,2,5\},\{1,3,4\},\{1,3,5\},\{1,4,5\},\{2,3,4\},\{2,3,5\},\{2,4,5\},\{3,4,5\}$

STEP B 1, 2, 3, 4, 5를 각각 원소로 갖는 집합의 개수 구하기

이 부분집합들 중 1을 원소로 가지는 부분집합의 개수는 ${}_4C_2=6$

$\{1,2,3\},\{1,2,4\},\{1,2,5\},\{1,3,4\},\{1,3,5\},\{1,4,5\}$

마찬가지로 2 또는 3 또는 4 또는 5를 반드시 원소로 갖는 집합 X의 개수도 각각 6이다.

STEP C $S_1+S_2+S_3+\cdots+S_n$의 값 구하기

따라서 $S_1+S_2+S_3+\cdots+S_n=(1+2+3+4+5)\times6=15\times6=90$

내신연계 출제문항 403

집합 $A=\{0,\ 1,\ 2,\ 3,\ 4\}$의 부분집합 중 원소의 개수가 3인 부분집합은 n개가 있다. 이것을 각각 $X_1,\ X_2,\ X_3,\ \cdots,\ X_n$이라 하고 집합 X_k의 모든 원소의 합을 $s_k(k=1,\ 2,\ 3,\ \cdots,\ n)$라고 한다.
이때 $s_1+s_2+s_3+\cdots+s_n+n$의 값을 구하시오.

STEP A 조합을 이용하여 원소의 개수가 3인 부분집합의 개수 구하기

집합 $A=\{0,\ 1,\ 2,\ 3,\ 4\}$의 부분집합 중 원소의 개수가 3인 부분집합의 개수는
${}_5C_3={}_5C_2=10$이므로 $n=10$

$\{0,1,2\},\{0,1,3\},\{0,1,4\},\{0,2,3\},\{0,2,4\},\{0,3,4\},\{1,2,3\},\{1,2,4\},\{1,3,4\},\{2,3,4\}$

STEP B 0, 1, 2, 3, 4를 각각 원소로 갖는 집합의 개수 구하기

이 부분집합들 중 0을 반드시 원소로 갖는 집합의 개수는 ${}_4C_2=6$

$(0,1,2),(0,1,3),(0,1,4),(0,2,3),(0,2,4),(0,3,4)$

마찬가지로 1 또는 2 또는 3 또는 4를 반드시 원소로 갖는 집합 X의 개수도 각각 6이다.

STEP C $s_1+s_2+s_3+\cdots+s_n+n$의 값 구하기

따라서 $s_1+s_2+s_3+\cdots+s_n+n=6\times(0+1+2+3+4)+10=70$ 정답 70

0764

STEP A 집합 B를 원소나열법으로 나타내기

$A=\{1,\ 2\}$

$B=\left\{x\,\middle|\,x=\dfrac{8}{n},\ x,\ n\text{은 자연수}\right\}=\{1,\ 2,\ 4,\ 8\}$

(x는 8의 약수)

STEP B 집합 $X_k(k=1,\ 2,\ 3,\ \cdots,\ n)$의 개수 구하기

$A\subset X\subset B$를 만족하는 집합 X는 집합 B의 부분집합 중 1, 2를 반드시 원소로 갖는 집합이다.
이때 집합 X의 개수는 $2^{4-2}=2^2=4$이므로 $n=4$

$X_1=\{1,2\},\ X_2=\{1,2,4\},\ X_3=\{1,2,8\},\ X_4=\{1,2,4,8\}$

집합 $\{4,\ 8\}$의 부분집합 중 4를 원소로 갖는 집합의 개수는 $2^{2-1}=2$
집합 $\{4,\ 8\}$의 부분집합 중 8을 원소로 갖는 집합의 개수는 $2^{2-1}=2$

STEP C $S_1+S_2+S_3+\cdots+S_n$의 값 구하기

따라서 $S_1+S_2+S_3+\cdots+S_n$의 값은 1, 2를 4번씩 더하고 4, 8을 2번씩 더한 값과 같으므로 $S_1+S_2+S_3+\cdots+S_n=(1+2)\times4+(4+8)\times2=12+24=36$

0765

STEP A 공집합을 제외한 집합 A의 진부분집합의 개수 n의 값 구하기

공집합을 제외한 집합 A의 진부분집합의 개수는
$2^4-2=14$이므로 $n=14$

(공집합 $\varnothing$과 자기 자신의 집합 A를 제외한다.)

STEP B $s_1+s_2+s_3+\cdots s_n=91$을 만족하는 a의 값 구하기

집합 A의 부분집합 중 원소 1을 포함하는 집합의 개수는 $2^{4-1}=8$
마찬가지로 원소 2, 3, a를 각각 포함하는 집합의 개수도 8
그러므로 집합 A의 모든 부분집합의 모든 원소의 합은 $8(1+2+3+a)$
이때 집합 $A=\{1,\ 2,\ 3,\ a\}$는 집합 A의 진부분집합이 아니므로
$s_1+s_2+s_3+\cdots s_n=8(1+2+3+a)-(1+2+3+a)$
$\qquad\qquad=7(1+2+3+a)=42+7a$
$42+7a=91$에서 $a=7$

STEP C $n+a$의 값 구하기

따라서 $n+a=14+7=21$

0766

STEP A 최소인 원소에 따른 부분집합의 개수 구하기

(ⅰ) 최소인 원소가 1일 때,
1을 원소로 갖는 부분집합의 개수는 $2^{7-1}=2^6=64$

(ⅱ) 최소인 원소가 2일 때,
2를 원소로 갖고 1은 원소로 갖지 않는 부분집합의 개수는 $2^{7-1-1}=2^5=32$

(ⅲ) 최소인 원소가 4일 때,
4를 원소로 갖고 1, 2는 원소로 갖지 않는 부분집합의 개수는
$2^{7-1-2}=2^4=16$

(ⅳ) 최소인 원소가 8일 때,
8을 원소로 갖고 1, 2, 4는 원소로 갖지 않는 부분집합의 개수는
$2^{7-1-3}=2^3=8$

(ⅴ) 최소인 원소가 16일 때,
16을 원소로 갖고 1, 2, 4, 8은 원소로 갖지 않는 부분집합의 개수는
$2^{7-1-4}=2^2=4$

(ⅵ) 최소인 원소가 32일 때,
32를 원소로 갖고 1, 2, 4, 8, 16은 원소로 갖지 않는 부분집합의 개수는
$2^{7-1-5}=2^1=2$

(ⅶ) 최소인 원소가 64일 때,
부분집합은 $\{64\}$ 하나뿐이다.

STEP B $a_1+a_2+a_3+\cdots+a_n$의 값 구하기

(ⅰ)~(ⅶ)에서 최소인 원소들의 합은
$a_1+a_2+a_3+\cdots+a_n$
$=1\times64+2\times32+4\times16+8\times8+16\times4+32\times2+64\times1$
$=7\times64=448$

0767

STEP Ⓐ 최소인 원소에 따른 부분집합의 개수 구하기

(ⅰ) 가장 작은 원소가 1일 때,
부분집합은 $\{1\}$ 하나뿐이다.

(ⅱ) 가장 작은 원소가 $\dfrac{1}{2}$일 때,
$\dfrac{1}{2}$을 원소로 갖고 $\dfrac{1}{2^2}$, $\dfrac{1}{2^3}$, $\dfrac{1}{2^4}$은 원소로 갖지 않는 부분집합의 개수는
$2^{5-1-3}=2^1=2$

(ⅲ) 가장 작은 원소가 $\dfrac{1}{2^2}$일 때,
$\dfrac{1}{2^2}$을 원소로 갖고 $\dfrac{1}{2^3}$, $\dfrac{1}{2^4}$은 원소로 갖지 않는 부분집합의 개수는
$2^{5-1-2}=2^2=4$

(ⅳ) 가장 작은 원소가 $\dfrac{1}{2^3}$일 때,
$\dfrac{1}{2^3}$을 원소로 갖고 $\dfrac{1}{2^4}$은 원소로 갖지 않는 부분집합의 개수는
$2^{5-1-1}=2^3=8$

(ⅴ) 가장 작은 원소가 $\dfrac{1}{2^4}$일 때,
$\dfrac{1}{2^4}$을 원소로 갖는 부분집합의 개수는 $2^{5-1}=2^4=16$

STEP Ⓑ $a_1+a_2+a_3+\cdots+a_n$의 값 구하기

(ⅰ)~(ⅴ)에서 최소인 원소들의 합은
$a_1+a_2+a_3+\cdots+a_n=1\times1+\dfrac{1}{2}\times2+\dfrac{1}{2^2}\times4+\dfrac{1}{2^3}\times8+\dfrac{1}{2^4}\times16=5$

내/신/연/계 출제문항 404

집합 $S=\left\{1,\ \dfrac{1}{4},\ \dfrac{1}{4^2},\ \dfrac{1}{4^3},\ \dfrac{1}{4^4}\right\}$의 공집합이 아닌 서로 다른 부분집합을 $A_1,\ A_2,\ A_3,\ \cdots,\ A_n$이라 하자. 각각의 집합 $A_1,\ A_2,\ A_3,\ \cdots,\ A_n$의 원소 중에서 가장 작은 원소를 모두 더한 값을 $\dfrac{p}{q}$라 할 때, $p+q$의 값은? (단 p, q는 서로소인 자연수이다.)

① 43   ② 45   ③ 47
④ 49   ⑤ 51

STEP Ⓐ 최소인 원소에 따른 부분집합의 개수 구하기

(ⅰ) 가장 작은 원소가 1일 때,
부분집합은 $\{1\}$ 하나뿐이다.

(ⅱ) 가장 작은 원소가 $\dfrac{1}{4}$일 때,
$\dfrac{1}{4}$을 원소로 갖고 $\dfrac{1}{4^2}$, $\dfrac{1}{4^3}$, $\dfrac{1}{4^4}$은 원소로 갖지 않는 부분집합의 개수는
$2^{5-1-3}=2^1=2$

(ⅲ) 가장 작은 원소가 $\dfrac{1}{4^2}$일 때,
$\dfrac{1}{4^2}$을 원소로 갖고 $\dfrac{1}{4^3}$, $\dfrac{1}{4^4}$은 원소로 갖지 않는 부분집합의 개수는
$2^{5-1-2}=2^2=4$

(ⅳ) 가장 작은 원소가 $\dfrac{1}{4^3}$일 때,
$\dfrac{1}{4^3}$을 원소로 갖고 $\dfrac{1}{4^4}$은 원소로 갖지 않는 부분집합의 개수는
$2^{5-1-1}=2^3=8$

(ⅴ) 가장 작은 원소가 $\dfrac{1}{4^4}$일 때,
$\dfrac{1}{4^4}$을 원소로 갖는 부분집합의 개수는 $2^{5-1}=2^4=16$

STEP Ⓑ $p+q$의 값 구하기

(ⅰ)~(ⅴ)에서 최소인 원소들의 합은
$1\times1+\dfrac{1}{4}\times2+\dfrac{1}{4^2}\times4+\dfrac{1}{4^3}\times8+\dfrac{1}{4^4}\times16=\dfrac{16+8+4+2+1}{16}=\dfrac{31}{16}$
따라서 $p=31$, $q=16$이므로 $p+q=31+16=47$

0768

STEP Ⓐ 최대인 원소에 따른 부분집합의 개수 구하기

집합 $A=\{1,\ 3,\ 5,\ 7,\ 9\}$의 부분집합 $A_k(k=1,\ 2,\ 3,\ \cdots,\ n)$의 원소의 개수가 2 이상이므로 집합 A_k의 원소 중 가장 큰 실수인 M_k가 가질 수 있는 값은 3, 5, 7, 9이다.

(ⅰ) 최대인 원소가 3일 때,
부분집합은 $\{1,\ 3\}$ 하나뿐이다.

(ⅱ) 최대인 원소가 5일 때,
5를 원소로 갖고 7, 9는 원소로 갖지 않으면서 원소의 개수가 2 이상인 부분집합의 개수는 $2^{5-1-2}-1=2^2-1=3$ ← $\{5\}$인 경우를 제외한다.

(ⅲ) 최대인 원소가 7일 때,
7을 원소로 갖고 9는 원소로 갖지 않으면서 원소의 개수가 2 이상인 부분집합의 개수는 $2^{5-1-1}-1=2^3-1=7$ ← $\{7\}$인 경우를 제외한다.

(ⅳ) 최대인 원소가 9일 때,
9를 원소로 가지면서 원소의 개수가 2 이상인 부분집합의 개수는
$2^{5-1}-1=2^4-1=15$ ← $\{9\}$인 경우를 제외한다.

STEP Ⓑ $M_1+M_2+M_3+\cdots+M_n$의 값 구하기

(ⅰ)~(ⅳ)에서 최대인 원소들의 합은
$M_1+M_2+M_3+\cdots+M_n=3\times1+5\times3+7\times7+9\times15$
$=3+15+49+135=202$

내/신/연/계 출제문항 405

집합 $A=\{2,\ 4,\ 6,\ 8,\ 10\}$의 부분집합 중에서 원소의 개수가 2 이상인 모든 부분집합을 $A_1,\ A_2,\ A_3,\ \cdots,\ A_n$이라 하자. 각각의 집합 $A_1,\ A_2,\ A_3,\ \cdots,\ A_n$의 원소 중에서 가장 큰 원소를 $M_k(k=1,\ 2,\ 3,\ \cdots,\ n)$라 할 때, $M_1+M_2+M_3+\cdots+M_n$의 값을 구하시오.

STEP Ⓐ 최대인 원소에 따른 부분집합의 개수 구하기

집합 $A=\{2,\ 4,\ 6,\ 8,\ 10\}$의 부분집합 $A_k(k=1,\ 2,\ 3,\ \cdots,\ n)$의 원소의 개수가 2 이상이므로 집합 A_k의 원소 중 가장 큰 실수인 M_k가 가질 수 있는 값은 4, 6, 8, 10이다.

(ⅰ) 최대인 원소가 4일 때,
부분집합은 $\{2,\ 4\}$ 하나뿐이다.

(ⅱ) 최대인 원소가 6일 때,
6을 원소로 갖고 8, 10은 원소로 갖지 않으면서 원소의 개수가 2 이상인 부분집합의 개수는 $2^{5-1-2}-1=2^2-1=3$ ← $\{6\}$인 경우를 제외한다.

(ⅲ) 최대인 원소가 8일 때,
8을 원소로 갖고 10은 원소로 갖지 않으면서 원소의 개수가 2 이상인 부분집합의 개수는 $2^{5-1-1}-1=2^3-1=7$ ← $\{8\}$인 경우를 제외한다.

(ⅳ) 최대인 원소가 10일 때,
10을 원소로 가지면서 원소의 개수가 2 이상인 부분집합의 개수는
$2^{5-1}-1=2^4-1=15$ ← $\{10\}$인 경우를 제외한다.

STEP Ⓑ $M_1+M_2+M_3+\cdots+M_n$의 값 구하기

(ⅰ)~(ⅳ)에서 최대인 원소들의 합은
$M_1+M_2+M_3+\cdots+M_n=4\times1+6\times3+8\times7+10\times15$
$=4+18+56+150=228$

0769

정답 256

STEP A 멱급수의 정의를 이용하여 집합 $P(A)$의 부분집합의 개수 구하기

집합 $A=\left\{x\,\middle|\,x=\dfrac{9}{n},\ x,\ n\text{은 자연수}\right\}=\{1,\ 3,\ 9\}$

 x는 9의 양의 약수

이므로 집합 A의 부분집합의 개수는 $2^3=8$

따라서 집합 $P(A)$의 원소의 개수가 8이므로 집합 $P(A)$의 부분집합의 개수는

 집합 A의 모든 부분집합을 원소로 갖는 집합

$2^8=256$

0770

정답 ③

STEP A 멱급수의 원소가 되는 집합 구하기

집합 $P(A)$는 집합 A의 모든 부분집합을 원소로 갖는 집합이므로
$P(A)=\{\varnothing,\ \{1\},\ \{2\},\ \{3\},\ \{1,\ 2\},\ \{1,\ 3\},\ \{2,\ 3\},\ \{1,\ 2,\ 3\}\}$
따라서 $\varnothing \in P(A)$이지만 $\{\varnothing\} \notin P(A)$이므로 원소가 아닌 것은 ③이다.

0771

정답 ②

STEP A $P(A)$를 원소나열법으로 나타내기

$P(A)$는 집합 A의 모든 부분집합을 원소로 갖는 집합이므로
$P(A)=\{\varnothing,\ \{1\},\ \{2\},\ \{\varnothing\},\ \{1,\ 2\},\ \{1,\ \varnothing\},\ \{2,\ \varnothing\},\ \{1,\ 2,\ \varnothing\}\}$

STEP B 멱급수의 정의를 이용하여 옳지 않은 것 구하기

① $\varnothing$은 집합 $P(A)$의 원소이므로 $\varnothing \in P(A)$ [참]
② $2 \notin P(A)$이므로 $\{2\} \not\subset P(A)$ [거짓]
③ $\{1,\ 2,\ \varnothing\}$은 집합 $P(A)$의 원소이므로 $\{1,\ 2,\ \varnothing\} \in P(A)$ [참]
④ $\varnothing \in P(A)$, $\{1\} \in P(A)$이므로 $\{\varnothing,\ \{1\}\} \subset P(A)$ [참]
⑤ $\{1\} \in P(A)$, $\{2\} \in P(A)$, $\{\varnothing\} \in P(A)$이므로
$\quad \{\{1\},\ \{2\},\ \{\varnothing\}\} \subset P(A)$ [참]
따라서 옳지 않은 것은 ②이다.

내신연계 출제문항 406

집합 $A=\{1,\ 2,\ 3\}$에 대하여 집합 $P(A)$가
$$P(A)=\{X\,|\,X \subset A\}$$
일 때, 다음 중 옳지 않은 것은?

① $\varnothing \subset P(A)$ ② $\varnothing \in P(A)$ ③ $\{1\} \in P(A)$
④ $\{1,\ 2\} \subset P(A)$ ⑤ $A \in P(A)$

STEP A $P(A)$를 원소나열법으로 나타내기

집합 $P(A)$는 집합 A의 모든 부분집합을 원소로 갖는 집합이므로
$P(A)=\{\varnothing,\ \{1\},\ \{2\},\ \{3\},\ \{1,\ 2\},\ \{1,\ 3\},\ \{2,\ 3\},\ \{1,\ 2,\ 3\}\}$

STEP B 멱급수의 정의를 이용하여 옳지 않은 것 구하기

① 공집합은 모든 집합의 부분집합이므로 $\varnothing \subset P(A)$ [참]
② $\varnothing$은 집합 $P(A)$의 원소이므로 $\varnothing \in P(A)$ [참]
③ $\{1\}$은 집합 $P(A)$의 원소이므로 $\{1\} \in P(A)$ [참]
④ $1 \notin P(A)$, $2 \notin P(A)$이므로 $\{1,\ 2\} \not\subset P(A)$ [거짓]
⑤ $A=\{1,\ 2,\ 3\}$는 집합 $P(A)$의 원소이므로 $A \in P(A)$ [참]
따라서 옳지 않은 것은 ④이다.

정답 ④

 STEP 2   서술형문제

0772

정답 해설참조

| 1단계 | 두 집합 A, B를 간단히 나타낸다. | 3점 |

$A=\{x\,|\,0 \le x+5 \le 3\}=\{x\,|-5 \le x \le -2\}$
$B=\{x\,|-1 \le x+a < 6\}=\{x\,|-1-a \le x < 6-a\}$

| 2단계 | $A \subset B$를 만족하는 a의 값의 범위를 구한다. | 4점 |

$A \subset B$를 만족하도록 두 집합 A, B를 수직선 위에 나타내면 다음과 같다.

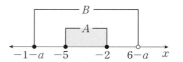

즉 $-1-a \le -5$, $-2 < 6-a$이므로 $4 \le a < 8$

| 3단계 | 정수 a의 값의 합을 구한다. | 3점 |

따라서 정수 a는 4, 5, 6, 7이므로 합은 $4+5+6+7=22$

0773

정답 해설참조

| 1단계 | $A \subset B$이고 $B \subset A$를 만족하는 상수 a의 값을 구한다. | 4점 |

$A \subset B$이고 $B \subset A$이므로 $A=B$
$-3 \in A$이므로 $A=B$이려면 $-3 \in B$이어야 한다.
즉 $a^2+4a=-3$에서 $a^2+4a+3=0$, $(a+1)(a+3)=0$
$\therefore a=-1$ 또는 $a=-3$

| 2단계 | a의 값에 따른 두 집합 A, B 사이의 관계를 구한다. | 3점 |

(i) $a=-1$일 때,
$\quad A=\{-3,\ 8,\ 1\}$, $B=\{6,\ 9,\ -3\}$이므로 $A \ne B$
(ii) $a=-3$일 때,
$\quad A=\{-3,\ 6,\ 9\}$, $B=\{6,\ 9,\ -3\}$이므로 $A=B$

| 3단계 | a의 값을 구하여 집합 A의 모든 원소의 합을 구한다. | 3점 |

(i), (ii)에서 $a=-3$
따라서 집합 $A=\{-3,\ 6,\ 9\}$의 모든 원소의 합은 $-3+6+9=12$

0774

정답 해설참조

| 1단계 | 상수 a의 값을 구한다. | 4점 |

$A \subset B$, $B \subset A$이므로 $A=B$
$-2 \in B$이므로 $A=B$이려면 $-2 \in A$이어야 한다.
즉 $x^3+ax^2-x-2=0$에 $x=-2$를 대입하면
$-8+4a+2-2=0$
$\therefore a=2$

| 2단계 | 상수 b의 값을 구한다. | 4점 |

삼차방정식 $x^3+2x^2-x-2=0$에서
$x^2(x+2)-(x+2)=0$, $(x^2-1)(x+2)=0$, $(x+1)(x-1)(x+2)=0$
$\therefore x=-1$ 또는 $x=1$ 또는 $x=-2$
즉 $A=\{-2,\ -1,\ 1\}$이므로
$b+1=-1$, $b+3=1$에서 $b=-2$

| 3단계 | ab의 값을 구한다. | 2점 |

따라서 $ab=2 \times (-2)=-4$

두 집합 $A=\{x|x^3-ax^2+x+6=0\}$, $B=\{-1, b-1, b\}$에 대하여 $A \subset B$이고 $B \subset A$일 때, $a+b$의 값을 구하는 과정을 다음 단계로 서술하시오. (단, a, b는 상수이다.)

[1단계] 상수 a의 값을 구한다. [4점]
[2단계] 상수 b의 값을 구한다. [4점]
[3단계] $a+b$의 값을 구한다. [2점]

1단계	상수 a의 값을 구한다.	4점

$A \subset B$, $B \subset A$이므로 $A=B$
$-1 \in B$이므로 $A=B$이려면 $-1 \in A$이어야 한다.
즉 $x^3-ax^2+x+6=0$에 $x=-1$을 대입하면 $-1-a-1+6=0$
$\therefore a=4$

2단계	상수 b의 값을 구한다.	4점

삼차방정식 $x^3-4x^2+x+6=0$에서 $f(x)=x^3-4x^2+x+6$이라 하면
$f(-1)=0$이므로 $f(x)$는 $x+1$을 인수로 갖는다.
조립제법을 이용하여 $f(x)$를 인수분해하면
$(x+1)(x^2-5x+6)=0$,
$(x+1)(x-2)(x-3)=0$
$\therefore x=-1$ 또는 $x=2$ 또는 $x=3$
즉 $A=\{-1, 2, 3\}$이므로
$b-1=2$, $b=3$에서 $b=3$

$$\begin{array}{r|rrrr} -1 & 1 & -4 & 1 & 6 \\ & & -1 & 5 & -6 \\ \hline & 1 & -5 & 6 & 0 \end{array}$$

3단계	$a+b$의 값을 구한다.	2점

따라서 $a+b=4+3=7$

정답 해설참조

0775

정답 해설참조

1단계	두 집합을 원소나열법으로 나타낸다.	3점

$A=\left\{x \mid x=\dfrac{8}{n}, n\text{은 자연수}\right\}=\{1, 2, 4, 8\}$
　　　x는 8의 양의 약수

$B=\left\{x \mid x=\dfrac{24}{n}, n\text{은 자연수}\right\}=\{1, 2, 3, 4, 6, 8, 12, 24\}$
　　　x는 24의 양의 약수

2단계	$A \subset X \subset B$를 만족시키는 집합 X의 개수를 구한다.	4점

$A \subset X \subset B$를 만족시키는 집합 X는 집합 B의 부분집합 중 1, 2, 4, 8을 반드시 원소로 갖는 집합이므로 집합 X의 개수는 $2^{8-4}=2^4=16$

3단계	$A \subset X \subset B$이고 $X \neq A$, $X \neq B$를 만족시키는 집합 X의 개수를 구한다.	3점

$X \neq A$, $X \neq B$이므로 집합 X는 A의 부분집합 중 1, 2, 4, 8을 반드시 원소로 갖는 집합에서 집합 A와 집합 B를 제외한 것과 같다.
따라서 집합 X의 개수는 $16-2=14$

자연수 전체의 집합의 두 부분집합
$$A=\{x|x\text{는 }10\text{ 이하의 소수}\}, B=\{x|x\text{는 }10\text{ 미만의 자연수}\}$$
에 대하여 $A \subset X \subset B$이고 $X \neq A$, $X \neq B$를 만족시키는 집합 X의 개수를 구하는 과정을 다음 단계로 서술하시오.

[1단계] 두 집합을 원소나열법으로 나타낸다. [3점]
[2단계] $A \subset X \subset B$를 만족시키는 집합 X의 개수를 구한다. [4점]
[3단계] $A \subset X \subset B$이고 $X \neq A$, $X \neq B$를 만족시키는 집합 X의 개수를 구한다. [3점]

1단계	두 집합을 원소나열법으로 나타낸다.	3점

$A=\{x|x\text{는 }10\text{ 이하의 소수}\}=\{2, 3, 5, 7\}$
$B=\{x|x\text{는 }10\text{ 미만의 자연수}\}=\{1, 2, 3, 4, 5, 6, 7, 8, 9\}$

2단계	$A \subset X \subset B$를 만족시키는 집합 X의 개수를 구한다.	4점

$A \subset X \subset B$를 만족시키는 집합 X는 집합 B의 부분집합 중 2, 3, 5, 7을 반드시 원소로 갖는 집합이므로 집합 X의 개수는 $2^{9-4}=2^5=32$

3단계	$A \subset X \subset B$이고 $X \neq A$, $X \neq B$를 만족시키는 집합 X의 개수를 구한다.	3점

$X \neq A$, $X \neq B$이므로 집합 X는 A의 부분집합 중 2, 3, 5, 7을 반드시 원소로 갖는 부분집합에서 집합 A와 집합 B를 제외한 것과 같다.
따라서 집합 X의 개수는 $32-2=30$

정답 해설참조

0776

정답 해설참조

1단계	집합 A의 모든 부분집합의 개수를 구한다.	3점

$x^2-11x+10 \leq 0$에서 $(x-1)(x-10) \leq 0$
$\therefore 1 \leq x \leq 10$
즉 집합 $A=\{1, 2, 3, \cdots, 10\}$의 부분집합의 개수는 $2^{10}=1024$

2단계	소수를 원소로 갖지 않는 부분집합의 개수를 구한다.	4점

소수 2, 3, 5, 7을 원소로 갖지 않는 부분집합의 개수는 $2^{10-4}=2^6=64$

3단계	적어도 한 개의 소수를 원소로 갖는 집합의 개수를 구한다.	3점

따라서 적어도 한 개의 소수를 원소로 갖는 부분집합의 개수는 $1024-64=960$

0777

정답 해설참조

1단계	공집합을 제외한 집합 A의 진부분집합의 개수를 구한다.	3점

공집합을 제외한 집합 A의 진부분집합의 개수는
$2^4-2=14$이므로 $n=14$
　공집합 ∅과 자기 자신의 집합 A를 제외한다.

2단계	$s_1+s_2+s_3+\cdots+s_n=42$를 만족하는 a의 값을 구한다.	5점

집합 A의 부분집합 중 원소 -1을 포함하는 부분집합의 개수는 $2^{4-1}=8$
마찬가지로 원소 2, 3, a를 각각 포함하는 부분집합의 개수도 8
그러므로 집합 A의 모든 부분집합의 모든 원소의 합은 $8(-1+0+1+a)$
이때 집합 $A=\{-1, 0, 1, a\}$는 집합 A의 진부분집합이 아니므로
$s_1+s_2+s_3+\cdots+s_n=8(-1+0+1+a)-(-1+0+1+a)$
$\qquad\qquad\qquad\qquad =7(-1+0+1+a)$
$\qquad\qquad\qquad\qquad =7a$
$7a=42$에서 $a=6$

3단계	$n+a$의 값을 구한다.	2점

따라서 $n+a=14+6=20$

0778

STEP A 집합 B를 원소나열법으로 나타내기

$B=\{2a,\ a+b,\ a+c,\ 2b,\ b+c,\ 2c\}$

그런데 $a<b<c$이므로

$2a<a+b<a+c$

$a+b<2b<b+c$

$a+c<b+c<2c$

이때 $a+c$와 $2b$의 대소 관계는 알 수 없다.

+	a	b	c
a	$2a$	$a+b$	$a+c$
b	$a+b$	$2b$	$b+c$
c	$a+c$	$b+c$	$2c$

STEP B $a+c=2b$인 경우와 $a+c\neq 2b$인 경우로 나누어 조건을 만족시키는 집합 A 구하기

(i) $a+c=2b$일 때, $B=\{2a,\ a+b,\ a+c,\ b+c,\ 2c\}$이므로

$2a+(a+b)+(a+c)+(b+c)+2c=50$,

$4a+2b+4c=50,\ 2a+b+2c=25$

$a+c=2b$를 대입하면 $5b=25$ $\therefore b=5$

즉 $a+c=10$이고 $a<b<c$이므로

$a=1,\ c=9$ 또는 $a=2,\ c=8$ 또는 $a=3,\ c=7$ 또는 $c=4,\ c=6$

(ii) $a+c\neq 2b$일 때, $B=\{2a,\ a+b,\ a+c,\ 2b,\ b+c,\ 2c\}$이므로

$2a+(a+b)+(a+c)+2b+(b+c)+2c=50$,

$4a+4b+4c=50$ $\therefore a+b+c=\dfrac{25}{2}$

이를 만족시키는 자연수 $a,\ b,\ c$는 존재하지 않는다.

(i), (ii)에서 집합 A는 $\{1,5,9\},\ \{2,5,8\},\ \{3,5,7\},\ \{4,5,6\}$의 4개이다.

0779

STEP A 조건을 만족하는 경우를 나누어 부분집합의 개수 구하기

$S(X)=8=1+7=2+6=3+5$이므로

(i) 최소인 원소와 최대인 원소가 각각 1, 7일 때,

집합 X의 개수는 집합 $\{2,3,4,5,6\}$의 부분집합의 개수와 같으므로

$2^5=32$

(ii) 최소인 원소와 최대인 원소가 각각 2, 6일 때,

집합 X의 개수는 집합 $\{3,4,5\}$의 부분집합의 개수와 같으므로 $2^3=8$

(iii) 최소인 원소와 최대인 원소가 각각 3, 5일 때,

집합 X의 개수는 집합 $\{4\}$의 부분집합의 개수와 같으므로 $2^1=2$

(i)~(iii)에서 구하는 X의 개수는 $32+8+2=42$

내신연계 출제문항 409

전체집합 $U=\{2,4,6,8,10\}$의 공집합이 아닌 모든 부분집합을

$$A_1,\ A_2,\ \cdots,\ A_n\ (n은\ 자연수)$$

이라 할 때, 집합 A_i의 원소 중에서 최소의 원소를 a_i, 최대의 원소를 $b_i\,(i=1,2,3,\cdots,n)$라고 하자.

$$S_i=a_i+b_i\,(i=1,2,3,\cdots,n)$$

라고 할 때, $S_1+S_2+\cdots+S_n$의 값을 구하시오.

STEP A 각 원소가 최소, 최대일 때의 부분집합의 개수 구하기

$U=\{2,4,6,8,10\}$에서

(i) 최소인 원소가 2인 집합은 2가 속하는 집합이므로 부분집합의 개수는

$2^{5-1}=2^4=16$

최대인 원소가 10인 집합은 10이 속하는 집합이므로 부분집합의 개수는

$2^{5-1}=2^4=16$

(ii) 최소인 원소가 4인 집합은 4는 속하고 2는 속하지 않는 집합이므로

부분집합의 개수는 $2^{5-1-1}=2^3=8$

최대인 원소가 8인 집합은 8은 속하고 10은 속하지 않는 집합이므로

부분집합의 개수는 $2^{5-1-1}=2^3=8$

(iii) 최소인 원소가 6인 집합은 6은 속하고 2, 4는 속하지 않는 집합이므로

부분집합의 개수는 $2^{5-1-2}=2^2=4$

최대인 원소가 6인 집합은 6은 속하고 8, 10은 속하지 않는 집합이므로

부분집합의 개수는 $2^{5-1-2}=2^2=4$

(iv) 최소인 원소가 8인 집합은 8은 속하고 2, 4, 6은 속하지 않는 집합이므로

부분집합의 개수는 $2^{5-1-3}=2^1=2$

최대인 원소가 4인 집합은 4는 속하고 6, 8, 10은 속하지 않는 집합이므로

부분집합의 개수는 $2^{5-1-3}=2^1=2$

(v) 최소인 원소가 10인 집합은 10은 속하고 2, 4, 6, 8은 속하지 않는 집합이

므로 부분집합의 개수는 $2^{5-1-4}=2^0=1$

최대인 원소가 2인 집합은 2는 속하고 4, 6, 8, 10은 속하지 않는 집합이

므로 부분집합의 개수는 $2^{5-1-4}=2^0=1$

STEP B $S_1+S_2+\cdots+S_n$의 값 구하기

(i)~(v)에서

$a_1+a_2+a_3+\cdots+a_{31}=2\times16+4\times8+6\times4+8\times2+10\times1$

$=32+32+24+16+10=114$

$b_1+b_2+b_3+\cdots+b_{31}=10\times16+8\times8+6\times4+4\times2+2\times1$

$=160+64+24+8+2=258$

따라서 $S_1+S_2+S_3+\cdots+S_{31}=114+258=372$

0780

STEP A $n(X)$의 값을 기준으로 순서쌍 $(A,\ X)$의 개수 구하기

$n(B)=3$이므로 집합 $B=\{a,\ b,\ c\}$라 하자.

$A\subset X\subset B$이므로 $n(A)\leq n(X)\leq 3$

즉 $n(X)$의 값은 3 또는 2 또는 1 또는 0

(i) $n(X)=3$인 경우

$X=B=\{a,\ b,\ c\}$이고 A는 X의 부분집합이므로 집합 A의 개수는

$2^3=8$

즉 순서쌍 $(A,\ X)$의 개수는 8

$X=B=\{a,\ b,\ c\}$이므로 집합 B는 1개이고 이에 대한 집합 A의 개수가 8이므로 순서쌍 $(A,\ X)$의 개수는 $1\times8=8$

(ii) $n(X)=2$인 경우

집합 X는 $\{a,\ b\}$ 또는 $\{a,\ c\}$ 또는 $\{b,\ c\}$의 3개이고

그 각각의 집합 X에 대하여 A는 X의 부분집합이므로

집합 A의 개수는 $2^2=4$

즉 순서쌍 $(A,\ X)$의 개수는 $3\times4=12$

(iii) $n(X)=1$인 경우

집합 X는 $\{a\}$ 또는 $\{b\}$ 또는 $\{c\}$의 3개이고

그 각각의 집합 X에 대하여 A는 X의 부분집합이므로

집합 A의 개수는 $2^1=2$

즉 순서쌍 $(A,\ X)$의 개수는 $3\times2=6$

(iv) $n(X)=0$인 경우

A와 X는 모두 $\varnothing$이어야 하므로 순서쌍 $(A,\ X)$의 개수는 1

STEP B 모든 순서쌍 $(A,\ X)$의 개수 구하기

(i)~(iv)에서 구하는 순서쌍 $(A,\ X)$의 개수는 $8+12+6+1=27$

0781 2009년 06월 고1 학력평가 14번 정답 ⑤

STEP Ⓐ S의 원소 중 소수의 개수 구하기

ㄱ. $S=\{2, 3, 4\}$의 원소 중 소수는 2, 3이므로 $N(S)=2$ [참]

STEP Ⓑ $N(S)$가 최댓값을 가지는 경우 파악하기

ㄴ. $N(S)$가 최댓값을 가지려면 집합 U의 모든 소수인 원소가 집합 S의 원소이어야 한다. 즉 집합 U의 모든 소수인 원소는 2, 3, 5, 7이므로 $\{2, 3, 5, 7\} \subset S \subset U$이면 $N(S)$는 최댓값 4를 가진다. [참]

STEP Ⓒ 소수인 원소가 하나만 포함된 부분집합의 개수 구하기

ㄷ. $N(S)=1$인 집합 S는 소수를 하나도 포함하지 않은 집합인 $\{1, 4, 6, 8, 9, 10\}$의 부분집합에 소수 하나만을 포함시킨 집합이므로 4개의 소수에 대하여 집합 S의 개수는 $2^6 \times 4 = 2^8$ [참]

따라서 옳은 것은 ㄱ, ㄴ, ㄷ이다.

내/신/연/계/ 출제문항 410

전체집합 $U=\left\{x \middle| x=\dfrac{30}{n}, x, n\text{은 자연수}\right\}$의 부분집합 S에 대하여 S의 원소 중 홀수의 개수를 $N(S)$라 정의할 때, [보기]에서 옳은 것만을 있는 대로 고른 것은?

> ㄱ. $S=\{1, 3, 10\}$이면 $N(S)=2$이다.
> ㄴ. $N(S)$의 최댓값은 4이다.
> ㄷ. $N(S)=1$인 집합 S의 개수는 2^8개이다.

① ㄱ   ② ㄷ   ③ ㄱ, ㄴ
④ ㄴ, ㄷ   ⑤ ㄱ, ㄴ, ㄷ

STEP Ⓐ S의 원소 중 홀수의 개수 구하기

$U=\left\{x \middle| x=\dfrac{30}{n}, x, n\text{은 자연수}\right\}=\{1, 2, 3, 5, 6, 10, 15, 30\}$

ㄱ. $S=\{1, 3, 10\}$의 원소 중 홀수는 1, 3이므로 $N(S)=2$ [참]

STEP Ⓑ $N(S)$가 최댓값을 가지는 경우 파악하기

ㄴ. $N(S)$가 최댓값을 가지려면 집합 U의 모든 홀수인 원소가 집합 S에 원소이어야 한다. 즉 집합 U의 모든 홀수인 원소는 1, 3, 5, 15이므로 $\{1, 3, 5, 15\} \subset S \subset U$이면 $N(S)$는 최댓값 4를 가진다. [참]

STEP Ⓒ 홀수인 원소가 하나만 포함된 부분집합의 개수 구하기

ㄷ. $N(S)=1$인 집합 S는 홀수를 하나도 포함하지 않은 집합인 $\{2, 6, 10, 30\}$의 부분집합에 홀수 하나만을 포함시킨 집합이므로 4개의 홀수에 대하여 집합 S의 개수는 $2^4 \times 4 = 2^6$ [거짓]

따라서 옳은 것은 ㄱ, ㄴ이다.
정답 ③

0782 2009년 03월 고2 학력평가 17번 정답 ④

STEP Ⓐ $\{1, 2, 3, 4, 5\}$의 부분집합 중 5를 포함하는 집합과 포함하지 않는 집합을 대응시키기

$\{1, 2, 3, 4, 5\}$의 2^5개의 부분집합 중 가장 큰 원소인 5를 원소로 갖지 않는 집합과 5를 원소로 갖는 집합을 다음과 같이 대응시킬 수 있다.

$\varnothing \longleftrightarrow \{5\}$
$\{1\} \longleftrightarrow \{1, 5\}$
$\{2\} \longleftrightarrow \{2, 5\}$
$\{3\} \longleftrightarrow \{3, 5\}$
$\vdots$
$\{1, 2, 3, 4\} \longleftrightarrow \{1, 2, 3, 4, 5\}$

STEP Ⓑ 각각의 경우의 $m(A)+m(B)$의 값 구하기

5를 원소로 갖지 않는 집합을 A, 5를 원소로 갖는 집합을 B라 할 때, $m(\varnothing)=0$으로 정하고 $m(A)+m(B)$의 값을 구하여 보자.

$\varnothing \longleftrightarrow \{5\}$의 경우 : $0+5=5$
$\{1\} \longleftrightarrow \{1, 5\}$의 경우 : $\cancel{1}+(5-\cancel{1})=5$
$\{2\} \longleftrightarrow \{2, 5\}$의 경우 : $\cancel{2}+(5-\cancel{2})=5$
$\{3\} \longleftrightarrow \{3, 5\}$의 경우 : $\cancel{3}+(5-\cancel{3})=5$
$\vdots$
$\{1, 2, 3, 4\} \longleftrightarrow \{1, 2, 3, 4, 5\}$의 경우 : $(4-3+2-1)+(5-4+3-2+1)=5$

즉 위와 같이 대응시킨 경우에서 $m(A)+m(B)$의 값은 항상 5가 된다.

STEP Ⓒ $m(X_1)+m(X_2)+\cdots+m(X_{31})$의 값 구하기

따라서 대응시킨 경우는 부분집합의 개수의 절반인 $\dfrac{2^5}{2}=16$가지이므로 구하는 값은 $m(X_1)+m(X_2)+\cdots+m(X_{31})=5 \times 16=80$

내/신/연/계/ 출제문항 411

자연수를 원소로 가지는 집합 A에 대하여 다음 규칙에 따라 $m(A)$의 값을 정한다.

> (가) 집합 A의 원소가 1개인 경우 집합 A의 원소를 $m(A)$의 값으로 한다.
> (나) 집합 A의 원소가 2개 이상인 경우 집합 A의 원소를 큰 수부터 차례로 나열하고, 나열한 수들 사이에 $-$, $+$를 이 순서대로 번갈아 넣어 계산한 결과를 $m(A)$의 값으로 한다.

집합 $\{1, 2, 3, 4, 5, 6\}$의 공집합이 아닌 서로 다른 부분집합을 $X_1, X_2, \cdots, X_{63}$이라 할 때, $m(X_1)+m(X_2)+\cdots+m(X_{63})$의 값을 구하시오.

STEP Ⓐ $\{1, 2, 3, 4, 5, 6\}$의 부분집합 중 6을 포함하는 집합과 포함하지 않는 집합을 대응시키기

$\{1, 2, 3, 4, 5, 6\}$의 2^6개의 부분집합 중 가장 큰 원소인 6을 원소로 갖지 않는 집합과 6을 원소로 갖는 집합을 다음과 같이 대응시킬 수 있다.

$\varnothing \longleftrightarrow \{6\}$
$\{1\} \longleftrightarrow \{1, 6\}$
$\{2\} \longleftrightarrow \{2, 6\}$
$\{3\} \longleftrightarrow \{3, 6\}$
$\vdots$
$\{1, 2, 3, 4, 5\} \longleftrightarrow \{1, 2, 3, 4, 5, 6\}$

STEP Ⓑ 각각의 경우의 $m(A)+m(B)$의 값 구하기

6을 원소로 갖지 않는 집합을 A, 6을 원소로 갖는 집합을 B라 할 때, $m(\varnothing)=0$으로 정하고 $m(A)+m(B)$의 값을 구하여 보자.

$\varnothing \longleftrightarrow \{6\}$의 경우 : $0+6=6$
$\{1\} \longleftrightarrow \{1, 6\}$의 경우 : $\cancel{1}+(6-\cancel{1})=6$
$\{2\} \longleftrightarrow \{2, 6\}$의 경우 : $\cancel{2}+(6-\cancel{2})=6$
$\{3\} \longleftrightarrow \{3, 6\}$의 경우 : $\cancel{3}+(6-\cancel{3})=6$
$\vdots$
$\{1, 2, 3, 4, 5\} \longleftrightarrow \{1, 2, 3, 4, 5, 6\}$의 경우 :
$(5-4+3-2+1)+(6-5+4-3+2-1)=6$

즉 위와 같이 대응시킨 경우에서 $m(A)+m(B)$의 값은 항상 6이 된다.

STEP Ⓒ $m(X_1)+m(X_2)+\cdots+m(X_{63})$의 값 구하기

따라서 대응시킨 경우는 부분집합의 개수의 절반인 $\dfrac{2^6}{2}=32$가지이므로 구하는 값은 $m(X_1)+m(X_2)+\cdots+m(X_{63})=6 \times 32=192$ 정답 192

02 집합의 연산

0783
정답 ⑤

STEP A 세 집합 A, B, C를 원소나열법으로 나타내기

$A=\{x\,|\,x$는 10 이하의 짝수인 자연수$\}=\{2,\ 4,\ 6,\ 8,\ 10\}$

$B=\left\{x\,\middle|\,x=\dfrac{12}{n},\ x$와 n은 자연수$\right\}=\{1,\ 2,\ 3,\ 4,\ 6,\ 12\}$
　　　$\underline{x$는 12의 양의 약수}

$C=\{x\,|\,x$는 12 이하의 3의 양의 배수$\}=\{3,\ 6,\ 9,\ 12\}$

STEP B 합집합과 교집합을 이용하여 옳지 않은 것 구하기

① $A\cap B=\{2,\ 4,\ 6,\ 8,\ 10\}\cap\{1,\ 2,\ 3,\ 4,\ 6,\ 12\}=\{2,\ 4,\ 6\}$ [참]

② $B\cap C=\{1,\ 2,\ 3,\ 4,\ 6,\ 12\}\cap\{3,\ 6,\ 9,\ 12\}=\{3,\ 6,\ 12\}$ [참]

③ $(A\cap B)\cap C=\{2,\ 4,\ 6\}\cap\{3,\ 6,\ 9,\ 12\}=\{6\}$ [참]

④ $(A\cap B)\cup C=\{2,\ 4,\ 6\}\cup\{3,\ 6,\ 9,\ 12\}=\{2,\ 3,\ 4,\ 6,\ 9,\ 12\}$ [참]

⑤ $(A\cup B)\cap C=\{1,\ 2,\ 3,\ 4,\ 6,\ 8,\ 10,\ 12\}\cap\{3,\ 6,\ 9,\ 12\}=\{3,\ 6,\ 12\}$ [거짓]

따라서 옳지 않은 것은 ⑤이다.

0784
정답 ⑤

STEP A 합집합과 교집합을 이용하여 원소의 합 구하기

$(A\cup B)\cap(A\cup C)=\{1,\ 2,\ 3,\ 4,\ 5\}\cap\{1,\ 2,\ 3,\ 5,\ 6\}$
　　　　　　　　　　　　$=\{1,\ 2,\ 3,\ 5\}$

따라서 원소의 합은 $1+2+3+5=11$

---

mini해설 | 집합의 연산의 성질을 이용하여 풀이하기

$(A\cup B)\cap(A\cup C)=A\cup(B\cap C)$
　　　　　　　　　　　　$=\{1,\ 2,\ 3\}\cup\{5\}$
　　　　　　　　　　　　$=\{1,\ 2,\ 3,\ 5\}$
따라서 구하는 원소의 합은 $1+2+3+5=11$

0785
정답 6

STEP A 두 집합 A, B를 원소나열법으로 나타내기

$A=\left\{x\,\middle|\,x=\dfrac{12}{n},\ n$은 자연수$\right\}=\{1,\ 2,\ 3,\ 4,\ 6,\ 12\}$
　　$\underline{x$는 12의 양의 약수}

$B=\left\{x\,\middle|\,x=\dfrac{18}{n},\ n$은 자연수$\right\}=\{1,\ 2,\ 3,\ 6,\ 9,\ 18\}$
　　$\underline{x$는 18의 양의 약수}

STEP B 자연수 k의 값 구하기

따라서 $A\cap B=\{1,\ 2,\ 3,\ 6\}=\{x\,|\,x$는 6의 양의 약수$\}$이므로 $k=6$

0786
정답 50

STEP A 세 집합 A, B, C를 원소나열법으로 나타내기

$A=\{x\,|\,x=3n-1,\ n$은 5 이하의 자연수$\}=\{2,\ 5,\ 8,\ 11,\ 14\}$

$B=\{x\,|\,x$는 16 이하의 2의 양의 배수$\}=\{2,\ 4,\ 6,\ 8,\ 10,\ 12,\ 14,\ 16\}$

$C=\left\{x\,\middle|\,x=\dfrac{12}{n},\ x$와 n은 자연수$\right\}=\{1,\ 2,\ 3,\ 4,\ 6,\ 12\}$
　　　$\underline{x$는 12의 양의 약수}

STEP B 집합 $(A\cap B)\cup C$의 원소의 합 구하기

$A\cap B=\{2,\ 8,\ 14\}$이므로 $(A\cap B)\cup C=\{1,\ 2,\ 3,\ 4,\ 6,\ 8,\ 12,\ 14\}$

따라서 집합 $(A\cap B)\cup C$의 모든 원소의 합은

$1+2+3+4+6+8+12+14=50$

내/신/연/계 출제문항 **412**

세 집합

　　$A=\{x\,|\,x$는 20 이하의 짝수인 자연수$\}$,

　　$B=\left\{x\,\middle|\,x=\dfrac{20}{n},\ x$와 n은 자연수$\right\}$,

　　$C=\{x\,|\,x$는 10 이하의 소수$\}$

에 대하여 집합 $(A\cap B)\cup C$의 모든 원소의 합을 구하시오.

STEP A 세 집합 A, B, C를 원소나열법으로 나타내기

$A=\{x\,|\,x$는 20 이하의 짝수인 자연수$\}=\{2,\ 4,\ 6,\ 8,\ 10,\ 12,\ 14,\ 16,\ 18,\ 20\}$

$B=\left\{x\,\middle|\,x=\dfrac{20}{n},\ x$와 n은 자연수$\right\}=\{1,\ 2,\ 4,\ 5,\ 10,\ 20\}$
　　$\underline{x$는 20의 양의 약수}

$C=\{x\,|\,x$는 10 이하의 소수$\}=\{2,\ 3,\ 5,\ 7\}$

STEP B 집합 $(A\cap B)\cup C$의 모든 원소의 합 구하기

$A\cap B=\{2,\ 4,\ 10,\ 20\}$이므로 $(A\cap B)\cup C=\{2,\ 3,\ 4,\ 5,\ 7,\ 10,\ 20\}$

따라서 집합 $(A\cap B)\cup C$의 모든 원소의 합은 $2+3+4+5+7+10+20=51$

정답 51

0787
2022년 03월 고2 학력평가 22번
정답 8

STEP A 합집합의 정의를 이용하여 a의 값 구하기

$10\in\underline{A\cup B}$이므로 $10\in A$ 또는 $10\in B$
　　$\underline{A\cup B=\{x\,|\,x\in A$ 또는 $x\in B\}}$

그런데 $10\notin A$이므로 $10\in B$이다.

즉 $a=10$ 또는 $a+2=10$

(i) $a=10$일 때, $B=\{10,\ 12\}$

　　$A\cup B=\{6,\ 8\}\cup\{10,\ 12\}=\{6,\ 8,\ 10,\ 12\}$

　　이므로 조건을 만족하지 않는다.

(ii) $a+2=10$일 때, $a=8$이므로 $B=\{8,\ 10\}$

　　$A\cup B=\{6,\ 8\}\cup\{8,\ 10\}=\{6,\ 8,\ 10\}$이므로 조건을 만족한다.

(i), (ii)에 의하여 $a=8$

내/신/연/계 출제문항 **413**

두 집합 $A=\{5,\ 7\}$, $B=\{a,\ a+2\}$에 대하여 $A\cup B=\{5,\ 7,\ 9\}$일 때, 실수 a의 값을 구하시오.

STEP A 합집합의 정의를 이용하여 a의 값 구하기

$9\in\underline{A\cup B}$이므로 $9\in A$ 또는 $9\in B$
　　$\underline{A\cup B=\{x\,|\,x\in A$ 또는 $x\in B\}}$

그런데 $9\notin A$이므로 $9\in B$이다.

즉 $a=9$ 또는 $a+2=9$

(i) $a=9$일 때, $B=\{9,\ 11\}$

　　$A\cup B=\{5,\ 7\}\cup\{9,\ 11\}=\{5,\ 7,\ 9,\ 11\}$

　　이므로 조건을 만족하지 않는다.

(ii) $a+2=9$일 때, $a=7$이므로 $B=\{7,\ 9\}$

　　$A\cup B=\{5,\ 7\}\cup\{7,\ 9\}=\{5,\ 7,\ 9\}$이므로 조건을 만족한다.

(i), (ii)에 의하여 $a=7$

정답 7

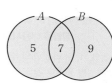

0788 2021년 03월 고2 학력평가 3번 정답 ②

STEP A $1 \notin A \cap B$이고 $3 \in A \cap B$임을 이용하여 a의 값 구하기

집합 B의 원소 1, 3, a에 대하여
$1 \notin A$, $3 \in A$이므로 $1 \notin A \cap B$이고 $3 \in A \cap B$이다.
집합 $A \cap B$의 모든 원소의 합이 8이려면 $a \in A \cap B$이어야 하므로
$a \notin A \cap B$이면 $A \cap B = \{3\}$이므로 조건을 만족하지 않는다.
$A \cap B = \{3, a\}$
따라서 $3 + a = 8$에서 $a = 5$

내/신/연/계 출제문항 414

두 집합 $A = \{3, 6, 9, a\}$, $B = \{6, 12, 18, 24\}$에 대하여 집합 $A \cap B$의 모든 원소의 합이 18일 때, 자연수 a의 값은?

① 8   ② 9   ③ 10
④ 11   ⑤ 12

STEP A $3 \notin A \cap B$, $9 \notin A \cap B$이고 $6 \in A \cap B$임을 이용하여 a의 값 구하기

집합 A의 원소 3, 6, 9, a에 대하여
$3 \notin B$, $9 \notin B$, $6 \in B$이므로
$3 \notin A \cap B$, $9 \notin A \cap B$이고 $6 \in A \cap B$이다.
집합 $A \cap B$의 모든 원소의 합이 18이려면 $a \in A \cap B$이어야 하므로
$a \notin A \cap B$이면 $A \cap B = \{6\}$이므로 조건을 만족하지 않는다.
$A \cap B = \{6, a\}$
따라서 $6 + a = 18$에서 $a = 12$

정답 ⑤

0789 정답 ⑤

STEP A 두 집합 A, B를 원소나열법으로 나타내고 A, B가 서로소인 것 찾기

① $A = \{2, 4, 6, 8, \cdots\}$
양의 약수가 3개인 자연수는 (소수)^{2}꼴이므로
$B = \{4, 9, 25, \cdots\}$ ∴ $A \cap B = \{4\}$
② $A \subset B$이므로 $A \cap B = A$
③
　　x는 25의 양의 약수

　　x는 49의 양의 약수
∴ $A \cap B = \{1\}$
④ $A = \{2, 4, 6, 8, 10, 12, \cdots\}$, $B = \{3, 6, 9, 12, \cdots\}$
∴ $A \cap B = \{6, 12, 18, \cdots\} = \{x | x$는 6의 양의 배수$\}$
⑤ $A = \{4, 7, 10, \cdots\}$
$x^2 - 5x + 6 = 0$, $(x-2)(x-3) = 0$ ∴ $x = 2$ 또는 $x = 3$
$B = \{2, 3\}$
∴ $A \cap B = \varnothing$
따라서 두 집합 A, B가 서로소인 것은 ⑤이다.

POINT | 양의 양수의 개수

① 약수의 개수가 1개인 수 ➡ 1
② 약수의 개수가 2개인 수 ➡ 소수
③ 약수의 개수가 3개인 수 ➡ (소수)^2
④ 약수의 개수가 4개인 수 ➡ 합성수

0790 정답 ③

STEP A 서로소인 집합의 개수 구하기

집합 $\{2, 4, 6, 8, 10\}$의 부분집합 중 집합 $\{2, 4\}$와 서로소인 집합의 개수는
집합 $\{2, 4, 6, 8, 10\}$의 부분집합 중 2, 4를 원소로 갖지 않는 부분집합의
개수와 같으므로 $2^{5-2} = 2^3 = 8$

내/신/연/계 출제문항 415

집합 $S = \{1, 2, 3, 4, 5, 6\}$의 부분집합 중에서 집합 $\{1, 2, 3\}$과 서로소인 집합의 개수는?

① 1   ② 2   ③ 4
④ 7   ⑤ 8

STEP A 서로소인 집합의 개수 구하기

집합 $S = \{1, 2, 3, 4, 5, 6\}$의 부분집합 중 $\{1, 2, 3\}$과 서로소인 집합의 개수는
집합 S의 부분집합 중 1, 2, 3을 원소로 갖지 않는 부분집합의 개수와 같으므로
$2^{6-3} = 2^3 = 8$ 정답 ⑤

0791 정답 ④

STEP A $A \cap B = \varnothing$이 되는 a의 값의 범위 구하기

$|x - 2| < 3$에서 $-3 < x - 2 < 3$
∴ $-1 < x < 5$
$A = \{x | -1 < x < 5\}$, $B = \{x | a \le x \le 10\}$을 수직선 위에 나타내면
다음과 같다.

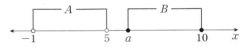

따라서 두 집합 A, B가 서로소이려면 $5 \le a$이어야 하므로
상수 a의 최솟값은 5
　　　　$a < 5$이면 공통부분이 있으므로 $A \cap B \ne \varnothing$
　　　　$a = 5$이면 $5 \notin A$이므로 $A \cap B = \varnothing$

내/신/연/계 출제문항 416

집합 $A = \{x | |x - 1| < 5\}$와 $B = \{x | a \le x < 9\}$가 서로소일 때, 상수 a의 최솟값은?

① 2   ② 3   ③ 4
④ 5   ⑤ 6

STEP A $A \cap B = \varnothing$이 되는 a의 값의 범위 구하기

$|x - 1| < 5$에서 $-5 < x - 1 < 5$
∴ $-4 < x < 6$
$A = \{x | -4 < x < 6\}$, $B = \{x | a \le x < 9\}$를 수직선 위에 나타내면
다음과 같다.

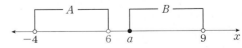

따라서 두 집합 A, B가 서로소이려면 $6 \le a$이어야 하므로
상수 a의 최솟값은 6
　　　　$a < 6$이면 공통부분이 있으므로 $A \cap B \ne \varnothing$
　　　　$a = 6$이면 $6 \notin A$이므로 $A \cap B = \varnothing$ 정답 ⑤

0792

정답 ②

STEP A 두 집합 A, $A\cup B$를 원소나열법으로 나타내기

$A=\left\{x\left|x=\dfrac{12}{n},\ x\text{와 }n\text{은 자연수}\right.\right\}=\{1,\ 2,\ 3,\ 4,\ 6,\ 12\}$
　　　$\underbrace{\qquad\qquad\qquad}_{x\text{는 12의 양의 약수}}$

$A\cup B=\underbrace{\left\{x\left|x=\dfrac{36}{n},\ x\text{와 }n\text{은 자연수}\right.\right\}}_{x\text{는 36의 양의 약수}}=\{1,\ 2,\ 3,\ 4,\ 6,\ 9,\ 12,\ 18,\ 36\}$

STEP B 집합 A와 서로소인 집합 B의 모든 원소의 합 구하기

두 집합 A, B가 서로소이므로 $A\cap B=\varnothing$
따라서 $B=\{9,\ 18,\ 36\}$이므로 집합 B의 모든 원소의 합은 $9+18+36=63$

내신연계 출제문항 417

두 집합 A, B에 대하여

$$A=\left\{x\left|x=\dfrac{4}{n},\ x\text{와 }n\text{은 자연수}\right.\right\},$$
$$A\cup B=\left\{x\left|x=\dfrac{16}{n},\ x\text{와 }n\text{은 자연수}\right.\right\}$$

일 때, 집합 A와 서로소인 집합 B의 모든 원소의 합을 구하시오.

STEP A 두 집합 A, $A\cup B$를 원소나열법으로 나타내기

$A=\underbrace{\left\{x\left|x=\dfrac{4}{n},\ x\text{와 }n\text{은 자연수}\right.\right\}}_{x\text{는 4의 양의 약수}}=\{1,\ 2,\ 4\}$

$A\cup B=\underbrace{\left\{x\left|x=\dfrac{16}{n},\ x\text{와 }n\text{은 자연수}\right.\right\}}_{x\text{는 16의 양의 약수}}=\{1,\ 2,\ 4,\ 8,\ 16\}$

STEP B 집합 A와 서로소인 집합 B의 모든 원소의 합 구하기

두 집합 A, B가 서로소이므로 $A\cap B=\varnothing$
따라서 $B=\{8,\ 16\}$이므로 집합 B의 모든 원소의 합은 $8+16=24$ 정답 24

0793

정답 ③

STEP A 집합 A를 원소나열법으로 나타내기

$A=\underbrace{\left\{x\left|x=\dfrac{30}{n},\ x\text{와 }n\text{은 자연수}\right.\right\}}_{x\text{는 30의 양의 약수}}=\{1,\ 2,\ 3,\ 5,\ 6,\ 10,\ 15,\ 30\}$

STEP B 집합 B의 원소의 개수 구하기

집합 B의 원소의 개수를 n이라 하면 집합 A의 부분집합 중에서 집합 B의 원소를 포함하지 않는 부분집합의 개수가 32이므로 $2^{8-n}=32=2^5$
따라서 $8-n=5$이므로 $n=3$

0794

정답 ⑤

STEP A 집합의 연산의 성질을 이용하여 참, 거짓 판단하기

전체집합 $U=\{1,\ 2,\ 3,\ 4,\ 5,\ 6,\ 7\}$의 두 부분집합
$A=\{1,\ 2,\ 4,\ 5\}$, $B=\{4,\ 5,\ 7\}$에 대하여
① $B-A=B\cap A^c=\{7\}$ [참]
② $A^c=\{3,\ 6,\ 7\}$ [참]
③ $A\cap B=\{4,\ 5\}$ [참]
④ $A\cup B=\{1,\ 2,\ 4,\ 5,\ 7\}$이므로 $(A\cup B)^c=\{3,\ 6\}$ [참]
⑤ $A\cap B^c=A-B=\{1,\ 2\}$ [거짓]
따라서 옳지 않은 것은 ⑤이다.

0795

정답 ①

STEP A 집합의 연산법칙을 이용하여 B^c-A^c을 간단히 나타내기

$\begin{aligned}B^c-A^c&=B^c\cap(A^c)^c\\&=B^c\cap A\\&=A\cap B^c\\&=A-B\end{aligned}$

STEP B 집합 B^c-A^c의 모든 원소의 합 구하기

$A-B=\{1,\ 2,\ 3,\ 6\}-\{1,\ 3,\ 5,\ 7,\ 9\}=\{2,\ 6\}$
따라서 집합 B^c-A^c의 모든 원소의 합은 $2+6=8$

> **mini해설** | 여집합을 이용하여 풀이하기
>
> $U=\{1,\ 2,\ 3,\ 4,\ 5,\ 6,\ 7,\ 8,\ 9,\ 10\}$에 대하여
> $B^c=\{2,\ 4,\ 6,\ 8,\ 10\}$, $A^c=\{4,\ 5,\ 7,\ 8,\ 9,\ 10\}$이므로
> $B^c-A^c=\{2,\ 4,\ 6,\ 8,\ 10\}-\{4,\ 5,\ 7,\ 8,\ 9,\ 10\}=\{2,\ 6\}$
> 따라서 B^c-A^c의 모든 원소의 합은 $2+6=8$

0796

정답 ⑤

STEP A 주어진 집합을 원소나열법으로 나타내기

$U=\{x\,|\,x\text{는 }10\text{ 이하의 자연수}\}=\{1,\ 2,\ 3,\ \cdots,\ 10\}$
$A=\underbrace{\{x\,|\,x=2k,\ k\text{는 자연수}\}}_{x\text{는 2의 양의 배수}}=\{2,\ 4,\ 6,\ 8,\ 10\}$

$B=\underbrace{\left\{x\left|x=\dfrac{8}{n},\ n\text{은 자연수}\right.\right\}}_{x\text{는 8의 양의 약수}}=\{1,\ 2,\ 4,\ 8\}$

STEP B 집합 $(A\cap B^c)^c$의 원소의 개수 구하기

$\begin{aligned}A\cap B^c=A-B&=\{2,\ 4,\ 6,\ 8,\ 10\}-\{1,\ 2,\ 4,\ 8\}\\&=\{6,\ 10\}\end{aligned}$
이므로 $(A\cap B^c)^c=U-(A\cap B^c)=\{1,\ 2,\ 3,\ 4,\ 5,\ 7,\ 8,\ 9\}$
따라서 집합 $(A\cap B^c)^c$의 원소의 개수는 8

0797

정답 ⑤

STEP A $A\cap B^c=A-B=A-(A\cap B)$를 이용하여 구하기

$A^c=\{2,\ 6\}$이므로 $A=U-A^c=\{1,\ 3,\ 4,\ 5,\ 7\}$
$A\cap B^c=A-B=A-(A\cap B)=\{3,\ 4,\ 7\}$
따라서 집합 $A\cap B^c$의 모든 원소의 합은 $3+4+7=14$

내신연계 출제문항 418

전체집합 $U=\{1,\ 2,\ 3,\ 4,\ 5,\ 6,\ 7\}$의 세 부분집합
$$A=\{1,\ 3,\ 5,\ 7\},\ B=\{2,\ 3,\ 5\},\ C=\{1,\ 6,\ 7\}$$
에 대하여 집합 $(A\cup B)\cap C^c$의 모든 원소의 합을 구하시오.

STEP A 차집합의 성질을 이용하여 원소의 합 구하기

$\begin{aligned}(A\cup B)\cap C^c&=(A\cup B)-C\\&=\{1,\ 2,\ 3,\ 5,\ 7\}-\{1,\ 6,\ 7\}\\&=\{2,\ 3,\ 5\}\end{aligned}$
따라서 구하는 원소의 합은 $2+3+5=10$ 정답 10

0798

STEP A [보기]의 집합의 원소를 구하여 참, 거짓 판단하기

전체집합 $U=\{1, 2, 3, 4, 5, 6, 7, 8\}$에 대하여

$A^c=\{3, 4, 5, 7\}$에서 $A=\{1, 2, 6, 8\}$

$B^c=\{1, 4, 5, 8\}$에서 $B=\{2, 3, 6, 7\}$

ㄱ. $A\cap(A^c\cup B)=\{1, 2, 6, 8\}\cap\{2, 3, 4, 5, 6, 7\}$
$=\{2, 6\}$ [참]

ㄴ. $(A\cup B)\cap(A\cup B^c)=\{1, 2, 3, 6, 7, 8\}\cap\{1, 2, 4, 5, 6, 8\}$
$=\{1, 2, 6, 8\}$ [참]

ㄷ. $(A\cap B^c)\cup(A^c\cap B)=\{1, 8\}\cup\{3, 7\}=\{1, 3, 7, 8\}$ [거짓]

따라서 옳은 것은 ㄱ, ㄴ이다.

0799

STEP A 두 집합 $(A\cup B)$, $(A\cap B^c)^c$ 구하기

$A=\{x\,|\,x=2k+1,\ k$는 자연수$\}=\{3, 5, 7, 9, 11\}$,

$B=\left\{x\,\middle|\,x=\dfrac{12}{n},\ n$은 자연수$\right\}=\{1, 2, 3, 4, 6, 12\}$
$\underbrace{\qquad\qquad}_{x\text{는 }12\text{의 양의 약수}}$

이므로

$A\cup B=\{1, 2, 3, 4, 5, 6, 7, 9, 11, 12\}$, $A-B=\{5, 7, 9, 11\}$

$(A\cap B^c)^c=(A-B)^c=U-(A-B)=\{1, 2, 3, 4, 6, 8, 10, 12\}$

STEP B 집합 $(A\cup B)-(A\cap B^c)^c$의 모든 원소의 합 구하기

$(A\cup B)-(A\cap B^c)^c$
$=\{1, 2, 3, 4, 5, 6, 7, 9, 11, 12\}-\{1, 2, 3, 4, 6, 8, 10, 12\}$
$=\{5, 7, 9, 11\}$

따라서 집합 $(A\cup B)-(A\cap B^c)^c$의 모든 원소의 합은 $5+7+9+11=32$

내/신/연/계 출제문항 419

전체집합 $U=\{x\,|\,x$는 12 이하의 자연수$\}$의 두 부분집합

$A=\{x\,|\,x=2k+1,\ k$는 자연수$\}$,
$B=\{x\,|\,x=3k-1,\ k$는 자연수$\}$

에 대하여 집합 $(A\cup B)-(A\cap B^c)^c$의 모든 원소의 합은?

① 16　　　② 17　　　③ 18
④ 19　　　⑤ 20

STEP A 두 집합 $(A\cup B)$, $(A\cap B^c)^c$ 구하기

$A=\{x\,|\,x=2k+1,\ k$는 자연수$\}=\{3, 5, 7, 9, 11\}$,

$B=\{x\,|\,x=3k-1,\ k$는 자연수$\}=\{2, 5, 8, 11\}$

이므로

$A\cup B=\{2, 3, 5, 7, 8, 9, 11\}$, $A-B=\{3, 7, 9\}$

$(A\cap B^c)^c=(A-B)^c=U-(A-B)=\{1, 2, 4, 5, 6, 8, 10, 11, 12\}$

STEP B 집합 $(A\cup B)-(A\cap B^c)^c$의 모든 원소의 합 구하기

$(A\cup B)-(A\cap B^c)^c=\{2, 3, 5, 7, 8, 9, 11\}-\{1, 2, 4, 5, 6, 8, 10, 11, 12\}$
$=\{3, 7, 9\}$

따라서 집합 $(A\cup B)-(A\cap B^c)^c$의 모든 원소의 합은 $3+7+9=19$ 정답 ④

0800

STEP A 주어진 조건을 이용하여 $A\cap B$에 포함되는 원소 구하기

$B-A=\{11, 17\}$이고 $A\cap B^c=A-B=\{19\}$

이므로 오른쪽 벤 다이어그램과 같이
11, 17, 19를 제외한 원소 7, 13이
집합 $A\cap B$에 모두 속할 때,
집합 A의 원소의 개수가 최대이다.

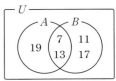

STEP B 원소의 개수가 최대일 때, 집합 A의 모든 원소의 합 구하기

따라서 집합 $A=\{7, 13, 19\}$의 모든 원소의 합은 $7+13+19=39$

0801

2020년 03월 고2 학력평가 9번　　정답 ⑤

STEP A 조건을 만족하는 집합 $A\cap B$ 구하기

$B-A=\{5, 6\}$에서

집합 $B-A$의 모든 원소의 합은 11
$B=(B-A)\cup(A\cap B)$, $(B-A)\cap(A\cap B)=\varnothing$
이고 $A=\{1, 2, 3, 4\}$이므로
집합 B의 모든 원소의 합이 12이려면
$B-A=\{5, 6\}$이므로 $B=\{1, 5, 6\}$이어야 한다.
$A\cap B=\{1\}$이어야 한다.

STEP B 집합 $A-B$의 모든 원소의 합 구하기

$A-B=A-(A\cap B)=\{2, 3, 4\}$

따라서 집합 $A-B$의 모든 원소의 합은 $2+3+4=9$

> **mini해설** | $A\cup B$의 모든 원소의 합을 이용하여 풀이하기
>
> $A\cup B=A\cup(B-A)=\{1, 2, 3, 4, 5, 6\}$이므로
> 집합 $A\cup B$의 모든 원소의 합은 $1+2+3+4+5+6=21$
> $A-B=(A\cup B)-B$, $(A\cup B)\cap B=B$이고 집합 B의 모든 원소의 합이 12이므로
> 집합 $A-B$의 모든 원소의 합은 $21-12=9$

내/신/연/계 출제문항 420

집합 $A=\{1, 2, 3, 4, 5\}$에 대하여 집합 B가 $B-A=\{6, 7\}$을 만족시킨다. 집합 B의 모든 원소의 합이 15일 때, 집합 $A-B$의 모든 원소의 합은?

① 11　　　② 12　　　③ 13
④ 14　　　⑤ 15

STEP A 조건을 만족하는 집합 $A\cap B$ 구하기

$B-A=\{6, 7\}$에서

집합 $B-A$의 모든 원소의 합은 13
$B=(B-A)\cup(A\cap B)$, $(B-A)\cap(A\cap B)=\varnothing$
이고 $A=\{1, 2, 3, 4, 5\}$이므로
집합 B의 모든 원소의 합이 15이려면
$B-A=\{6, 7\}$이므로 $B=\{2, 6, 7\}$이어야 한다.
$A\cap B=\{2\}$이어야 한다.

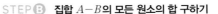

STEP B 집합 $A-B$의 모든 원소의 합 구하기

$A-B=A-(A\cap B)=\{1, 3, 4, 5\}$

따라서 집합 $A-B$의 모든 원소의 합은 $1+3+4+5=13$

> **mini해설** | $A\cup B$의 모든 원소의 합을 이용하여 풀이하기
>
> $A\cup B=A\cup(B-A)=\{1, 2, 3, 4, 5, 6, 7\}$이므로
> 집합 $A\cup B$의 모든 원소의 합은 $1+2+3+4+5+6+7=28$
> $A-B=(A\cup B)-B$, $(A\cup B)\cap B=B$이고 집합 B의 모든 원소의 합이 15이므로
> 집합 $A-B$의 모든 원소의 합은 $28-15=13$

정답 ③

0802

정답 26

STEP Ⓐ **벤 다이어그램을 이용하여 집합 B 구하기**

$A^c \cap B^c = (A \cup B)^c = \{6, 8\}$에서
$A \cup B = U - (A \cup B)^c = \{1, 2, 3, 4, 5, 7, 9\}$
이므로 주어진 조건을 벤 다이어그램으로
나타내면 오른쪽 그림과 같다.

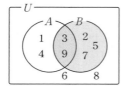

$\therefore B = \{2, 3, 5, 7, 9\}$

따라서 집합 B의 모든 원소의 합은
$2+3+5+7+9 = 26$

0803

정답 ③

STEP Ⓐ **인수분해를 이용하여 집합 A, B에 속하는 원소 구하기**

집합 A에서 $f(x) = x^3 - 7x^2 + 14x - 8$이라 하면
$f(1) = 1 - 7 + 14 - 8 = 0$이므로 $f(x)$는 $x-1$을 인수로 갖는다.
조립제법을 이용하여 $f(x)$를 인수분해하면
$(x-1)(x^2 - 6x + 8) = 0$,
$(x-1)(x-2)(x-4) = 0$
$\therefore x = 1$ 또는 $x = 2$ 또는 $x = 4$
$\therefore A = \{1, 2, 4\}$

1	1	-7	14	-8
		1	-6	8
	1	-6	8	0

집합 B에서 $x^2 - 8x + 15 = 0$, $(x-3)(x-5) = 0$ $\therefore x = 3$ 또는 $x = 5$
$\therefore B = \{3, 5\}$

STEP Ⓑ **집합 $A^c \cap B^c$의 모든 원소의 합 구하기**

$A \cup B = \{1, 2, 3, 4, 5\}$이므로
$A^c \cap B^c = (A \cup B)^c = U - \{1, 2, 3, 4, 5\} = \{6, 7, 8, 9, 10\}$
따라서 $A^c \cap B^c$의 모든 원소의 합은 $6+7+8+9+10 = 40$

내/신/연/계/ 출제문항 421

전체집합 $U = \{x | x$는 10 이하의 자연수$\}$의 두 부분집합
$$A = \{x | x^3 - 8x^2 + 20x - 16 = 0\}, \quad B = \{x | x^2 - 5x + 4 = 0\}$$
에 대하여 집합 $A^c \cap B^c$의 모든 원소의 합은?

① 36 ② 40 ③ 44
④ 48 ⑤ 52

STEP Ⓐ **인수분해를 이용하여 집합 A, B에 속하는 원소 구하기**

집합 A에서 $f(x) = x^3 - 8x^2 + 20x - 16$이라 하면
$f(2) = 8 - 32 + 40 - 16 = 0$이므로 $f(x)$는 $x-2$를 인수로 갖는다.
조립제법을 이용하여 $f(x)$를 인수분해하면
$(x-2)(x^2 - 6x + 8) = 0$
$(x-2)^2(x-4) = 0$
$\therefore x = 2$(중근) 또는 $x = 4$
$\therefore A = \{2, 4\}$

2	1	-8	20	-16
		2	-12	16
	1	-6	8	0

집합 B에서 $x^2 - 5x + 4 = 0$, $(x-1)(x-4) = 0$ $\therefore x = 1$ 또는 $x = 4$
$\therefore B = \{1, 4\}$

STEP Ⓑ **집합 $A^c \cap B^c$의 모든 원소의 합 구하기**

$A \cup B = \{1, 2, 4\}$이므로
$A^c \cap B^c = (A \cup B)^c = U - \{1, 2, 4\} = \{3, 5, 6, 7, 8, 9, 10\}$
따라서 $A^c \cap B^c$의 모든 원소의 합은 $3+5+6+7+8+9+10 = 48$ 정답 ④

0804

정답 37

STEP Ⓐ **세 집합 A, B, C를 원소나열법으로 나타내기**

$A = \{x | x$는 소수$\} = \{2, 3, 5, 7, 11\}$
$B = \left\{ x \left| x = \dfrac{12}{n}, \ n \text{은 자연수} \right. \right\} = \{1, 2, 3, 4, 6, 12\}$
　　　$\underbrace{}_{x \text{는 12의 양의 약수}}$
$C = \{x | x$는 3의 배수$\} = \{3, 6, 9, 12\}$

STEP Ⓑ **집합 $A \cup (B \cup C^c)^c$의 모든 원소의 합 구하기**

$A \cup (B \cup C^c)^c = A \cup (B^c \cap C)$
　　　　　　　　 $= A \cup (C - B)$
　　　　　　　　 $= \{2, 3, 5, 7, 11\} \cup \{9\}$
　　　　　　　　 $= \{2, 3, 5, 7, 9, 11\}$
따라서 집합 $A \cup (B \cup C^c)^c$의 모든 원소의 합은 $2+3+5+7+9+11 = 37$

0805

2024년 03월 고2 학력평가 11번 정답 ⑤

STEP Ⓐ **조건 (나)를 만족하는 집합 $A \cap B^c$의 원소 구하기**

조건 (나)에서 $A^c \cup B = \{1, 2, 8, 16\}$이고
드모르간의 법칙에 의하여 $(A^c \cup B)^c = A \cap B^c$이므로
$(A^c \cup B)^c = A \cap B^c = \{4, 32\}$

STEP Ⓑ **집합 A의 모든 원소의 합 구하기**

$A = (A \cap B) \cup (A \cap B^c)$
　 $= \{2, 8\} \cup \{4, 32\}$
　 $= \{2, 4, 8, 32\}$

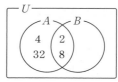

따라서 집합 A의 모든 원소의 합은
$2+4+8+32 = 46$

내/신/연/계/ 출제문항 422

전체집합 $U = \{1, 3, 5, 7, 9, 11, 13\}$의 두 부분집합 A, B가 다음 조건을 만족시킨다.

(가) $A \cap B = \{3, 9\}$
(나) $A^c \cup B = \{1, 3, 9, 13\}$

집합 A의 모든 원소의 합은?

① 27 ② 29 ③ 31
④ 33 ⑤ 35

STEP Ⓐ **조건 (나)를 만족하는 집합 $A \cap B^c$의 원소 구하기**

조건 (나)에서 $A^c \cup B = \{1, 3, 9, 13\}$이고
드모르간의 법칙에 의하여 $(A^c \cup B)^c = A \cap B^c$이므로
$(A^c \cup B)^c = A \cap B^c = \{5, 7, 11\}$

STEP Ⓑ **집합 A의 모든 원소의 합 구하기**

$A = (A \cap B) \cup (A \cap B^c)$
　 $= \{3, 9\} \cup \{5, 7, 11\}$
　 $= \{3, 5, 7, 9, 11\}$

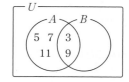

따라서 집합 A의 모든 원소의 합은
$3+5+7+9+11 = 35$

정답 ⑤

0806 2019년 03월 고2 학력평가 나형 26번 정답 36

STEP A 두 집합 A, B를 원소나열법으로 나타내기

전체집합 $U=\{x|x$는 20 이하의 자연수$\}$에 대하여
$A=\{x|x$는 4의 배수$\}=\{4, 8, 12, 16, 20\}$
$B=\{x|x$는 20의 약수$\}=\{1, 2, 4, 5, 10, 20\}$

STEP B 집합 $(A^c \cup B)^c$의 모든 원소의 합 구하기

드모르간의 법칙에 의하여
$$(A^c \cup B)^c = A \cap B^c$$
$$= A - B$$
$$= \{8, 12, 16\}$$

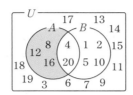

따라서 집합 $(A^c \cup B)^c$의 모든 원소의 합은
$8+12+16=36$

내/신/연/계/ 출제문항 423

전체집합 $U=\{x|x$는 10 이하의 자연수$\}$의 두 부분집합
$$A=\{x|x$는 홀수$\}, \quad B=\left\{x \mid x=\frac{10}{n}, n은 자연수\right\}$$
에 대하여 집합 $(A \cup B^c)^c$의 모든 원소의 합을 구하시오.

STEP A 두 집합 A, B를 원소나열법으로 나타내기

전체집합 $U=\{x|x$는 10 이하의 자연수$\}$에 대하여
$A=\{x|x$는 홀수$\}=\{1, 3, 5, 7, 9\}$
$B=\left\{x \mid x=\frac{10}{n}, n은 자연수\right\}=\{1, 2, 5, 10\}$
<small>x는 10의 양의 약수</small>

STEP B 집합 $(A \cup B^c)^c$의 모든 원소의 합 구하기

드모르간의 법칙에 의하여
$$(A \cup B^c)^c = A^c \cap B$$
$$= B \cap A^c$$
$$= B - A$$
$$= \{2, 10\}$$

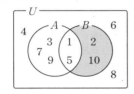

따라서 집합 $(A \cup B^c)^c$의 모든 원소의 합은
$2+10=12$

정답 12

0807 2022년 03월 고2 학력평가 19번 정답 ⑤

문항분석

조건 (가)를 이용하여 자연수 k의 값과 전체집합 U를 차례로 구한다.
이때 조건 (나)에서 집합 $A-B$의 원소의 합과 집합 $B-A$의 원소의 합이 11임을 이용하여 자연수 m의 값을 구한다.
또한, 드모르간의 법칙을 이용하여 집합 $A^c \cap B^c$의 모든 원소의 합을 구한다.

STEP A 조건 (가)를 만족하는 자연수 k의 값 구하기

조건 (가)의 $B-A=\{4, 7\}$에서 $n(B-A)=2$이고
드모르간의 법칙에 의하여 ← $(A\cap B)^c=A^c\cup B^c$, $(A\cup B)^c=A^c\cap B^c$
$A \cup B^c = (A^c \cap B)^c = (B-A)^c$
이므로
$n(A \cup B^c) = n((B-A)^c) = 7$
이때
$(B-A) \cup (B-A)^c = U$,
$(B-A) \cap (B-A)^c = \varnothing$
이므로

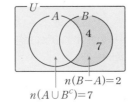

$n(B-A)=2$
$n(A \cup B^c)=7$

$n(U)=n(B-A)+n((B-A)^c)$
$\quad\quad = n(B-A)+n(A \cup B^c)$
$\quad\quad = 2+7=9$
즉 $k=9$이고 $U=\{1, 2, 3, 4, 5, 6, 7, 8, 9\}$
<small>$U=\{x|x$는 k 이하의 자연수$\}$에 의하여 $n(U)=9$이므로 $k=9$</small>

STEP B 조건 (나)를 만족하는 자연수 m의 값 구하기

조건 (가)에서 $B-A=\{4, 7\}$이고 조건 (나)에서 집합 A의 모든 원소의 합과 집합 B의 모든 원소의 합이 서로 같으므로 집합 $A-B$의 모든 원소의 합은 집합 $B-A=\{4, 7\}$의 모든 원소의 합인 11이다.
즉 m은 4와 7 중 어느 수도 약수로 갖지 않고 ← $B-A=\{4, 7\}$이므로 $4, 7 \notin A$
모든 약수의 합이 11 이상이어야 하므로 m이 될 수 있는 수는 6 또는 9이다.
(i) $m=6$일 때,
집합 A는 $\{1, 2, 3, 6\}$이다.
이때 $A-B=\{2, 3, 6\}$이면 집합 $A-B$의 원소의 합이 11이므로
<small>1, 2, 3, 6의 원소를 묶어 합이 11이 되게 할 수 있다.</small>
조건을 만족한다.
(ii) $m=9$일 때,
집합 A는 $\{1, 3, 9\}$이다.
이때 집합 $A-B$의 원소의 합이 11인 경우는 존재하지 않으므로
<small>1, 3, 9의 원소를 묶어 합이 11이 되게 할 수 없다.</small>
조건을 만족하지 않는다.
(i), (ii)에서 $m=6$이고 이때 $B=\{1, 4, 7\}$이다.
<small>$A=\{1, 2, 3, 6\}$, $A-B=\{2, 3, 6\}$이므로 $A\cap B=\{1\}$</small>
<small>조건 (가)에서 $B-A=\{4, 7\}$이므로 $B=(A\cap B)\cup(B-A)=\{1, 4, 7\}$</small>

+α 집합 $A-B$의 모든 원소의 합이 11이 되는 경우를 확인해 보자!

집합 $A-B$의 모든 원소의 합은
집합 $B-A=\{4, 7\}$의 모든 원소의 합인 11이다.
$U=\{x|x$는 9 이하의 자연수$\}$,
$A=\{x|x$는 m의 약수$\}$
이므로 $1 \le m \le 9$인 범위에서 자연수 m을 분류하면 다음과 같다.
① $m=9$일 때, $A=\{1, 3, 9\}$이므로
$A-B$의 원소를 적당히 묶어 합이 11이 되는 경우는 존재하지 않는다.
② $m=8$일 때, $A=\{1, 2, 4, 8\}$이므로
$B-A=\{4, 7\}$에서 원소 4가 공통이 되어 조건을 만족하지 않는다.
③ $m=7$일 때, $A=\{1, 7\}$이므로
$A-B$의 원소를 적당히 묶어 합이 11이 되는 경우는 존재하지 않는다.
④ $m=6$일 때, $A=\{1, 2, 3, 6\}$이므로
$A-B=\{2, 3, 6\}$이면 집합 $A-B$의 원소의 합이 11이므로 조건을 만족한다.
⑤ $m=5, m=4, m=3, m=2, m=1$일 때,
$A-B$의 원소를 적당히 묶어 합이 11이 되는 경우는 존재하지 않는다.

$A-B$의 원소 합이 11이어야 한다.

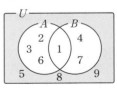

STEP C 집합 $A^c \cap B^c$의 모든 원소의 합 구하기

$A \cup B = \{1, 2, 3, 6\} \cup \{1, 4, 7\}$
$\quad\quad = \{1, 2, 3, 4, 6, 7\}$
이므로
$A^c \cap B^c = (A \cup B)^c = \{5, 8, 9\}$
따라서 집합 $A^c \cap B^c$의 모든 원소의 합은
$5+8+9=22$

두 자연수 k, $m(k \geq m)$에 대하여 전체집합

$$U = \{x \mid x \text{는 } k \text{ 이하의 자연수}\}$$

의 두 부분집합 $A = \{x \mid x \text{는 } m \text{의 약수}\}$, B가 다음 조건을 만족시킨다.

> (가) $B - A = \{3, 5, 6\}$, $n(A \cup B^c) = 7$
> (나) 집합 A의 모든 원소의 합과 집합 B의 모든 원소의 합은 서로 같다.

집합 $A^c \cap B^c$의 모든 원소의 합을 구하시오.

STEP **A**　조건 (가)를 만족하는 자연수 k의 값 구하기

조건 (가)의 $B - A = \{3, 5, 6\}$에서 $n(B - A) = 3$이고
드모르간의 법칙에 의하여 　←　$(A \cap B)^c = A^c \cup B^c$, $(A \cup B)^c = A^c \cap B^c$
$A \cup B^c = (A^c \cap B)^c = (B - A)^c$이므로 $n(A \cup B^c) = n((B - A)^c) = 7$
이때 $(B - A) \cup (B - A)^c = U$, $(B - A) \cap (B - A)^c = \varnothing$
이므로

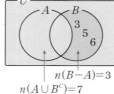

$$n(U) = n(B - A) + n((B - A)^c)$$
$$= n(B - A) + n(A \cup B^c)$$
$$= 3 + 7 = 10$$

즉
$k = 10$이고 $U = \{1, 2, 3, 4, 5, 6, 7, 8, 9, 10\}$
$U = \{x \mid x \text{는 } k \text{ 이하의 자연수}\}$에 의하여 $n(U) = 10$이므로 $k = 10$

$n(B - A) = 3$
$n(A \cup B^c) = 7$

STEP **B**　조건 (나)를 만족하는 자연수 m의 값 구하기

조건 (가)에서 $B - A = \{3, 5, 6\}$이고 조건 (나)에서 집합 A의 모든 원소의
합과 집합 B의 모든 원소의 합이 서로 같으므로 집합 $A - B$의 모든 원소의
합은 집합 $B - A = \{3, 5, 6\}$ 모든 원소의 합인 14이다.
즉 m은 3, 5, 6 중 어느 수도 약수로 갖지 않고
모든 약수의 합이 14 이상이어야 하므로 m이 될 수 있는 수는 8이다.
$m = 8$일 때, 집합 A는 $\{1, 2, 4, 8\}$이고 $A - B = \{2, 4, 8\}$이면
집합 $A - B$의 원소의 합이 14이므로 조건을 만족한다.

STEP **C**　집합 $A^c \cap B^c$의 모든 원소의 합 구하기

$A \cup B = \{1, 2, 4, 8\} \cup \{1, 3, 5, 6\}$
$\qquad = \{1, 2, 3, 4, 5, 6, 8\}$
이므로 $A^c \cap B^c = (A \cup B)^c = \{7, 9, 10\}$
따라서 집합 $A^c \cap B^c$의 모든 원소의 합은
$7 + 9 + 10 = 26$

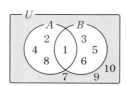

정답　26

0808

정답　26

STEP **A**　주어진 집합을 벤 다이어그램으로 나타내어 구하기

$A^c \cap B^c = (A \cup B)^c = \{1, 2, 5\}$
주어진 집합을 벤 다이어그램으로
나타내면 오른쪽 그림과 같다.
따라서 $B = \{4, 6, 7, 9\}$이므로
모든 원소의 합은 $4 + 6 + 7 + 9 = 26$

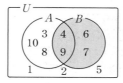

0809

정답　③

STEP **A**　주어진 집합을 벤 다이어그램으로 나타내어 구하기

주어진 집합을 벤 다이어그램으로
나타내면 오른쪽 그림과 같다.
따라서 $B = \{1, 5, 7\}$이므로
집합 B의 부분집합의 개수는 $2^3 = 8$

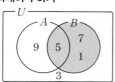

전체집합 $U = \{x \mid x \text{는 } 12 \text{ 이하의 짝수인 자연수}\}$의 두 부분집합 A, B에
대하여 $(A \cup B)^c = \{4\}$, $A \cap B = \{10\}$, $A - B = \{8\}$일 때, 집합 B의 부분
집합의 개수를 구하시오.

STEP **A**　주어진 집합을 벤 다이어그램으로 나타내어 구하기

$U = \{2, 4, 6, 8, 10, 12\}$
주어진 집합을 벤 다이어그램으로
나타내면 오른쪽 그림과 같다.
따라서 $B = \{2, 6, 10, 12\}$이므로
집합 B의 부분집합의 개수는 $2^4 = 16$

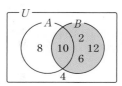

정답　16

0810

정답　①

STEP **A**　주어진 집합을 벤 다이어그램으로 나타내어 구하기

$U = \{1, 2, 3, 4, 5, 6, 7, 8, 9\}$
주어진 집합을 벤 다이어그램으로
나타내면 오른쪽 그림과 같다.
따라서 $A \cap B = \{1, 3\}$이므로
집합 $A \cap B$의 모든 원소의 합은 $1 + 3 = 4$

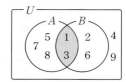

0811

정답　③

STEP **A**　주어진 집합을 벤 다이어그램으로 나타내어 구하기

$U = \{1, 2, 3, 4, 5, 6, 7, 8, 9, 10\}$
주어진 집합을 벤 다이어그램으로
나타내면 오른쪽 그림과 같다.
따라서 $B - A = \{3, 8, 9\}$이므로
집합 $B - A$의 모든 원소의 합은 $3 + 8 + 9 = 20$

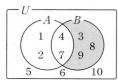

전체집합 $U = \{x \mid x \text{는 } 10 \text{ 이하의 자연수}\}$의 두 부분집합 A, B에 대하여
$A = \{1, 3, 5, 7\}$, $B - A = \{2, 4, 10\}$일 때, 집합 $A^c \cap B^c$의 모든 원소의
합을 구하시오.

STEP **A**　주어진 조건을 이용하여 집합 $A \cup B$ 구하기

$A \cup (B - A) = A \cup B$이므로
$A \cup B = \{1, 3, 5, 7\} \cup \{2, 4, 10\}$
$\qquad = \{1, 2, 3, 4, 5, 7, 10\}$

STEP **B**　집합 $A^c \cap B^c$의 모든 원소의 합 구하기

$U = \{1, 2, 3, 4, 5, 6, 7, 8, 9, 10\}$이므로
$A^c \cap B^c = (A \cup B)^c$
$\qquad = U - (A \cup B)$
$\qquad = \{6, 8, 9\}$
따라서 집합 $A^c \cap B^c$의 모든 원소의 합은
$6 + 8 + 9 = 23$

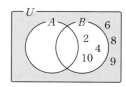

정답　23

0812

정답 ⑤

STEP A 주어진 집합을 벤 다이어그램으로 나타내어 구하기

주어진 집합을 벤 다이어그램으로
나타내면 오른쪽 그림과 같다.
따라서 $B=\{4, 5, 6\}$이므로
집합 B의 모든 원소의 합은
$4+5+6=15$

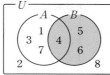

0813

정답 35

STEP A 벤 다이어그램을 이용하여 집합 B 구하기

$U=\{1, 2, 3, 4, 5, 6, 7, 8, 9, 10\}$
주어진 집합을 벤 다이어그램으로
나타내면 오른쪽 그림과 같다.
즉 $B=\{2, 3, 4, 5, 6\}$

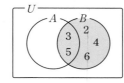

STEP B 집합 B^c의 모든 원소의 합 구하기

$B^c=U-B$
$\quad=\{1, 2, 3, \cdots, 10\}-\{2, 3, 4, 5, 6\}$
$\quad=\{1, 7, 8, 9, 10\}$
따라서 집합 B^c의 모든 원소의 합은 $1+7+8+9+10=35$

0814

2011년 06월 고1 학력평가 8번

정답 ③

STEP A 주어진 두 집합을 벤 다이어그램으로 나타내기

두 집합 $A\cup B^c$, $(A\cap B)^c$을 벤 다이어그램으로 나타내면 다음과 같다.

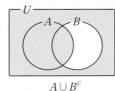 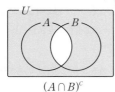

$\qquad\qquad A\cup B^c \qquad\qquad\qquad (A\cap B)^c$

STEP B [보기]의 참, 거짓 판단하기

ㄱ. 위의 벤 다이어그램에서
두 집합 $A\cup B^c$, $(A\cap B)^c$의 합집합이 전체집합과 같음을 알 수 있다.
$U=(A\cup B^c)\cup(A\cap B)^c$
$\quad=\{2, 4, 5, 8, 12\}\cup\{1, 3, 5, 9\}$
$\quad=\{1, 2, 3, 4, 5, 8, 9, 12\}$ [참]

> **+α** 집합의 연산법칙을 이용하여 구할 수도 있어!
>
> $(A\cup B^c)\cup(A\cap B)^c=(A\cup B^c)\cup(A^c\cup B^c)$
> $\qquad\qquad\qquad\qquad=(A\cup A^c)\cup(B^c\cup B^c)$ ← 모두 합집합이므로 순서를
> $\qquad\qquad\qquad\qquad=(A\cup A^c)\cup B^c$ 바꾸어도 성립한다.
> $\qquad\qquad\qquad\qquad=U\cup B^c=U$

ㄴ. $A\cap B=U-(A\cap B)^c$ ← $U-(A\cap B)^c=U\cap(A\cap B)=A\cap B$
$\qquad\quad=\{1, 2, 3, 4, 5, 8, 9, 12\}-\{1, 3, 5, 9\}$
$\qquad\quad=\{2, 4, 8, 12\}$ [거짓]

> **+α** $A\cap B=(A\cup B^c)-(A\cap B)^c$을 이용하여 구할 수 있어!
>
> 위의 벤 다이어그램에서
> $A\cap B=(A\cup B^c)-(A\cap B)^c$이 성립함을 알 수 있다.
> ∴ $A\cap B=\{2, 4, 5, 8, 12\}-\{1, 3, 5, 9\}=\{2, 4, 8, 12\}$ [거짓]

ㄷ. $A^c\cap B=(A\cup B^c)^c$ ← [드모르간의 법칙] $(A\cup B)^c=A^c\cap B^c$
$\qquad\quad=U-(A\cup B^c)$
$\qquad\quad=\{1, 2, 3, 4, 5, 8, 9, 12\}-\{2, 4, 5, 8, 12\}$
$\qquad\quad=\{1, 3, 9\}$
집합 $A^c\cap B$의 원소의 개수는 3이다. [참]
따라서 옳은 것은 ㄱ, ㄷ이다.

내신연계 출제문항 427

전체집합 U의 두 부분집합 A, B에 대하여
$$A\cup B^c=\{1, 2, 3, 4, 5, 6\},\ B\cup A^c=\{1, 2, 5, 6, 7, 8\}$$
일 때, 옳은 것만을 [보기]에서 있는 대로 고른 것은?

> ㄱ. $U=\{1, 2, 3, 4, 5, 6, 7, 8\}$
> ㄴ. $A\cap B^c=\{7, 8\}$
> ㄷ. $(A-B)\cup(B-A)=\{3, 4, 7, 8\}$

① ㄱ   ② ㄱ, ㄴ   ③ ㄱ, ㄷ
④ ㄴ, ㄷ   ⑤ ㄱ, ㄴ, ㄷ

STEP A 주어진 두 집합을 벤 다이어그램으로 나타내기

두 집합 $A\cup B^c$, $B\cup A^c$을 벤 다이어그램으로 나타내면 다음과 같다.

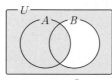 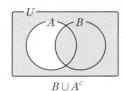

$\qquad\qquad A\cup B^c \qquad\qquad\qquad B\cup A^c$

STEP B [보기]의 참, 거짓 판단하기

ㄱ. 위의 벤 다이어그램에서 두 집합 $A\cup B^c$, $B\cup A^c$의 합집합이 전체집합과
같음을 알 수 있다.
$U=(A\cup B^c)\cup(B\cup A^c)$
$\quad=\{1, 2, 3, 4, 5, 6\}\cup\{1, 2, 5, 6, 7, 8\}$
$\quad=\{1, 2, 3, 4, 5, 6, 7, 8\}$ [참]

> **+α** 집합의 연산법칙을 이용하여 구할 수도 있어!
>
> $(A\cup B^c)\cup(B\cup A^c)=(A\cup A^c)\cup(B\cup B^c)$ ← 모두 합집합이므로 순서를
> $\qquad\qquad\qquad\qquad=U\cup U$ 바꾸어도 성립한다.
> $\qquad\qquad\qquad\qquad=U$

ㄴ. $A\cap B^c=U-(A\cap B^c)^c$ ← $U-(A\cap B^c)^c=U\cap(A\cap B^c)=A\cap B^c$
$\qquad\quad=U-(B\cup A^c)$
$\qquad\quad=\{1, 2, 3, 4, 5, 6, 7, 8\}-\{1, 2, 5, 6, 7, 8\}$
$\qquad\quad=\{3, 4\}$ [거짓]

ㄷ. $B\cap A^c=U-(B\cap A^c)^c$ ← $U-(B\cap A^c)^c=U\cap(B\cap A^c)=B\cap A^c$
$\qquad\quad=U-(B^c\cup A)$
$\qquad\quad=\{1, 2, 3, 4, 5, 6, 7, 8\}-\{1, 2, 3, 4, 5, 6\}$
$\qquad\quad=\{7, 8\}$
∴ $(A-B)\cup(B-A)=(A\cap B^c)\cup(B\cap A^c)$
$\qquad\qquad\qquad\qquad=\{3, 4\}\cup\{7, 8\}$
$\qquad\qquad\qquad\qquad=\{3, 4, 7, 8\}$ [참]
따라서 옳은 것은 ㄱ, ㄷ이다.

정답 ③

0815

STEP Ⓐ $A \cap B = \{0, 3\}$**임을 이용하여** a**의 값 구하기**

$A \cap B = \{0, 3\}$에서 $3 \in B$이므로

$a^2 - 2a = 3$, $a^2 - 2a - 3 = 0$, $(a+1)(a-3) = 0$

$\therefore a = -1$ 또는 $a = 3$

(i) $a = -1$일 때,

  $A = \{-4, -1, 1\}$, $B = \{0, 1, 3\}$

  이때 $A \cap B = \{1\}$이므로 조건을 만족시키지 않는다.

(ii) $a = 3$일 때,

  $A = \{0, 3, 5\}$, $B = \{0, 1, 3\}$

  이때 $A \cap B = \{0, 3\}$이므로 조건을 만족시킨다.

(i), (ii)에서 $a = 3$

STEP Ⓑ **집합** $A \cup B$**의 모든 원소의 합 구하기**

$A = \{0, 3, 5\}$, $B = \{0, 1, 3\}$이므로 $A \cup B = \{0, 1, 3, 5\}$

따라서 원소의 합은 $0 + 1 + 3 + 5 = 9$

0816

STEP Ⓐ $A \cap B = \{2, 4\}$**임을 이용하여** k**의 값 구하기**

$A \cap B = \{2, 4\}$에서 $4 \in B$이므로

$k^2 + 3k = 4$, $k^2 + 3k - 4 = 0$, $(k+4)(k-1) = 0$

$\therefore k = -4$ 또는 $k = 1$

(i) $k = -4$일 때,

  $A = \{-3, -1, 1, 3\}$, $B = \{1, 2, 4\}$

  이때 $A \cap B = \{1\}$이므로 조건을 만족시키지 않는다.

(ii) $k = 1$일 때,

  $A = \{2, 4, 6, 8\}$, $B = \{1, 2, 4\}$

  이때 $A \cap B = \{2, 4\}$이므로 조건을 만족시킨다.

(i), (ii)에서 $k = 1$

STEP Ⓑ **집합** $A \cup B$**의 모든 원소의 합 구하기**

$A = \{2, 4, 6, 8\}$, $B = \{1, 2, 4\}$이므로 $A \cup B = \{1, 2, 4, 6, 8\}$

따라서 집합 $A \cup B$의 모든 원소의 합은 $1 + 2 + 4 + 6 + 8 = 21$

0817

STEP Ⓐ $A \cup B = \{1, 4, 5, 13\}$**임을 이용하여** a**의 값 구하기**

$A \cup B = \{1, 4, 5, 13\}$에서 $1 \in A$ 또는 $1 \in B$이므로

$4 - 3a = 1$ 또는 $a^2 + 3 = 1$ 또는 $6 - a = 1$

(i) $4 - 3a = 1$일 때,

  $a = 1$이므로 $A = \{4, 5, 1\}$, $B = \{4, 5, 13\}$

  이때 $A \cup B = \{1, 4, 5, 13\}$이므로 조건을 만족시킨다.

(ii) $a^2 + 3 = 1$일 때,

  $a^2 = -2$를 만족하는 실수 a는 존재하지 않는다.

(iii) $6 - a = 1$일 때,

  $a = 5$이므로 $A = \{4, 5, -11\}$, $B = \{28, 1, 13\}$

  이때 $A \cup B = \{-11, 1, 4, 5, 13, 28\}$이므로 조건을 만족시키지 않는다.

(i)~(iii)에서 $a = 1$

STEP Ⓑ **집합** $A \cap B$**의 모든 원소의 합 구하기**

$A = \{4, 5, 1\}$, $B = \{4, 5, 13\}$이므로 $A \cap B = \{4, 5\}$

따라서 집합 $A \cap B$의 모든 원소의 합은 $4 + 5 = 9$

두 집합 $A = \{2, 4, a^2 + 1\}$, $B = \{6, a-1, a+2\}$에 대하여

$A \cup B = \{1, 2, 4, 5, 6\}$이고 집합 $A \cap B$의 원소를 b라 할 때,

$a + b$의 값은? (단, a, b는 상수이다.)

① 4   ② 5   ③ 6
④ 7   ⑤ 8

STEP Ⓐ $A \cup B = \{1, 2, 4, 5, 6\}$**임을 이용하여** a**의 값 구하기**

$A \cup B = \{1, 2, 4, 5, 6\}$에서 $1 \in A$ 또는 $1 \in B$이므로

$a^2 + 1 = 1$ 또는 $a - 1 = 1$ 또는 $a + 2 = 1$

$\therefore a = -1$ 또는 $a = 0$ 또는 $a = 2$

(i) $a = -1$일 때,

  $A = \{2, 4\}$, $B = \{6, -2, 1\}$

  이때 $A \cup B = \{-2, 1, 2, 4, 6\}$이므로 조건을 만족시키지 않는다.

(ii) $a = 0$일 때,

  $A = \{2, 4, 1\}$, $B = \{6, -1, 2\}$

  이때 $A \cup B = \{-1, 1, 2, 4, 6\}$이므로 조건을 만족시키지 않는다.

(iii) $a = 2$일 때,

  $A = \{2, 4, 5\}$, $B = \{6, 1, 4\}$

  이때 $A \cup B = \{1, 2, 4, 5, 6\}$이므로 조건을 만족시킨다.

(i)~(iii)에서 $a = 2$

STEP Ⓑ $A \cap B$**의 원소를 구하여** $a + b$**의 값 구하기**

$A = \{2, 4, 5\}$, $B = \{6, 1, 4\}$이므로 $A \cap B = \{4\}$

따라서 $b = 4$이므로 $a + b = 2 + 4 = 6$

0818

STEP Ⓐ **집합** A**를 원소나열법으로 나타내기**

$x^2 - 3x + 2 = 0$에서 $(x-1)(x-2) = 0$ $\therefore x = 1$ 또는 $x = 2$

$\therefore A = \{1, 2\}$

STEP Ⓑ $A - B = \{2\}$**임을 이용하여** a**의 값 구하기**

이때 $A - B = \{2\}$이므로 $1 \in B$

즉 $x^2 - ax - a + 1 = 0$의 한 근이 $x = 1$이므로 대입하면

$1 - a - a + 1 = 0$, $2 - 2a = 0$

따라서 $a = 1$

0819

STEP Ⓐ $B - A = \{2\}$**임을 이용하여** a**의 값 구하기**

$B - A = \{2\}$에서 $2 \in B$이므로 $4 - a = 2$ 또는 $a^2 + 1 = 2$

$\therefore a = -1$ 또는 $a = 1$ 또는 $a = 2$

(i) $a = -1$일 때, $A = \{5, -1\}$, $B = \{5, 2\}$

  이때 $B - A = \{2\}$가 되어 조건을 만족시킨다.

(ii) $a = 1$일 때, $A = \{5, 1\}$, $B = \{3, 2\}$

  이때 $B - A = \{2, 3\}$이 되어 조건을 만족시키지 않는다.

(iii) $a = 2$일 때, $A = \{5, 2\}$, $B = \{2, 5\}$

  이때 $B - A = \varnothing$이 되어 조건을 만족시키지 않는다.

(i)~(iii)에서 $a = -1$

STEP Ⓑ **집합** $A \cup B$**의 모든 원소의 합 구하기**

$A = \{5, -1\}$, $B = \{5, 2\}$이므로 $A \cup B = \{-1, 2, 5\}$

따라서 집합 $A \cup B$의 모든 원소의 합은 $-1 + 2 + 5 = 6$

실수 전체의 집합의 두 부분집합

$$A=\{5-a,\ a^2-1\},\ B=\{2,\ a-1,\ a-5\}$$

에 대하여 $0 \in A-B$일 때, 집합 $A \cup B$의 모든 원소의 합은?

① -2 ② -1 ③ 0
④ 1 ⑤ 2

STEP A $0 \in A-B$임을 이용하여 a의 값 구하기

$0 \in A-B$에서 $0 \in A$이므로 $5-a=0$ 또는 $a^2-1=0$

$\therefore a=-1$ 또는 $a=1$ 또는 $a=5$

(i) $a=-1$일 때, $A=\{6, 0\}$, $B=\{2, -2, -6\}$

     이때 $A-B=\{0, 6\}$이 되어 조건을 만족시킨다.

(ii) $a=1$일 때, $A=\{4, 0\}$, $B=\{2, 0, -4\}$

     이때 $A-B=\{4\}$가 되어 조건을 만족시키지 않는다.

(iii) $a=5$일 때, $A=\{0, 24\}$, $B=\{2, 4, 0\}$

     이때 $A-B=\{24\}$가 되어 조건을 만족시키지 않는다.

(i)~(iii)에서 $a=-1$

STEP B 집합 $A \cup B$의 모든 원소의 합 구하기

$A=\{6, 0\}$, $B=\{2, -2, -6\}$이므로 $A \cup B=\{-6, -2, 0, 2, 6\}$

따라서 집합 $A \cup B$의 모든 원소의 합은 $-6+(-2)+0+2+6=0$ 정답 ③

0820   정답 17

STEP A $A^C \cup B^C=\{1, 2, 4, 5, 6, 7\}$임을 이용하여 a의 값 구하기

$A^C \cup B^C=\{1, 2, 4, 5, 6, 7\}$에서

$A \cap B=(A^C \cup B^C)^C=U-(A^C \cup B^C)=\{3, 8\}$

즉 $8 \in A$이므로

$a^2-2a=8$, $a^2-2a-8=0$, $(a+2)(a-4)=0$

$\therefore a=-2$ 또는 $a=4$

STEP B 집합 $A \cup B$의 모든 원소의 합 구하기

(i) $a=-2$일 때,

     $A=\{1, 3, 8\}$, $B=\{3, 8, 5\}$

     이때 $A \cap B=\{3, 8\}$이므로 조건을 만족시킨다.

(ii) $a=4$일 때,

     $A=\{1, 3, 8\}$, $B=\{9, 56, 5\}$이므로 $B \not\subset U$

(i), (ii)에서 $A=\{1, 3, 8\}$, $B=\{3, 8, 5\}$이므로 $A \cup B=\{1, 3, 5, 8\}$

따라서 집합 $A \cup B$의 모든 원소의 합은 $1+3+5+8=17$

전체집합 $U=\{1, 2, 3, 4, 5, 6\}$의 두 부분집합

$$A=\{1, 2, a^2-3a\},\ B=\{a+3, 4a^2-2a, 4\}$$

에 대하여 $A^C \cup B^C=\{1, 3, 5, 6\}$일 때, 집합 $A \cup B$의 모든 원소의 합을 구하시오. (단, a는 상수이다.)

STEP A $A^C \cup B^C=\{1, 3, 5, 6\}$임을 이용하여 a의 값 구하기

$A^C \cup B^C=\{1, 3, 5, 6\}$에서

$A \cap B=(A^C \cup B^C)^C=U-(A^C \cup B^C)=\{2, 4\}$

즉 $4 \in A$이므로

$a^2-3a=4$, $a^2-3a-4=0$, $(a+1)(a-4)=0$

$\therefore a=-1$ 또는 $a=4$

STEP B 집합 $A \cup B$의 모든 원소의 합 구하기

(i) $a=-1$일 때,

     $A=\{1, 2, 4\}$, $B=\{2, 6, 4\}$

     이때 $A \cap B=\{2, 4\}$이므로 조건을 만족시킨다.

(ii) $a=4$일 때,

     $A=\{1, 2, 4\}$, $B=\{7, 56, 4\}$이므로 $B \not\subset U$

(i), (ii)에서 $A=\{1, 2, 4\}$, $B=\{2, 6, 4\}$이므로 $A \cup B=\{1, 2, 4, 6\}$

따라서 집합 $A \cup B$의 모든 원소의 합은 $1+2+4+6=13$ 정답 13

0821   2017학년도 수능기출 나형 24번   정답 7

STEP A $A \cap B^C=\{6, 7\}$임을 이용하여 자연수 a의 값 구하기

$A \cap B^C=A-B$

$\qquad =A-(A \cap B)$

$\qquad =\{3, 6, 7\}-(A \cap B)$

$\qquad =\{6, 7\}$

이므로 $A \cap B=\{3\}$

즉 $3 \in B$이므로 $a-4=3$

따라서 $a=7$

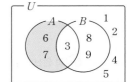

두 집합 $A=\{1, 3, 6, a^2+1\}$, $B=\{a-1, a^2, a+7\}$에 대하여 $A \cap B^C=\{2, 3\}$일 때, 집합 B의 모든 원소의 합은?

① -3 ② -1 ③ 1
④ 3 ⑤ 5

STEP A $A \cap B^C=\{2, 3\}$임을 이용하여 a의 값 구하기

$A \cap B^C=A-B=\{2, 3\}$에서 $2 \in A$이므로 $a^2+1=2$, $a^2=1$

$\therefore a=\pm 1$

STEP B 집합 B의 모든 원소의 합 구하기

(i) $a=-1$일 때, $A=\{1, 3, 6, 2\}$, $B=\{-2, 1, 6\}$

     이때 $A-B=\{2, 3\}$이므로 조건을 만족시킨다.

(ii) $a=1$일 때, $A=\{1, 3, 6, 2\}$, $B=\{0, 1, 8\}$

     이때 $A-B=\{2, 3, 6\}$이므로 조건을 만족시키지 않는다.

(i), (ii)에서 조건을 만족시키는 $B=\{-2, 1, 6\}$

따라서 집합 B의 모든 원소의 합은 $-2+1+6=5$ 정답 ⑤

0822   정답 ⑤

STEP A 집합의 연산의 성질을 이용하여 참, 거짓 판단하기

① $A^C=U-A$ [참]

② $A \cup \varnothing=A$ [참]

③ $B \cup B^C=U$ [참]

④ $A \cup(U \cap B)=A \cup B$ [참]

⑤ $A^C \cap B=B-A$ [거짓]

따라서 옳지 않은 것은 ⑤이다.

0823

 정답 ③

STEP Ⓐ 집합의 연산의 성질을 이용하여 간단히 정리하기

① $A \cap (U \cap B^c) = A \cap B^c$
② $A - B = A \cap B^c$
③ $B - A^c = B \cap (A^c)^c = A \cap B$
④ $A \cap (U - B) = A \cap B^c$
⑤ $A - (A \cap B) = A \cap B^c$

따라서 나머지 넷과 다른 하나는 ③이다.

내신연계 출제문항 432

전체집합 U의 공집합이 아닌 두 부분집합 A, B에 대하여 다음 중 나머지 넷과 다른 하나는?

① $A \cup (A - B^c)$ ② $A \cap (B \cup B^c)$ ③ $(A \cup B) \cap A$
④ $(U - B^c) - A^c$ ⑤ $(A - B) \cup (A \cap B)$

STEP Ⓐ 집합의 연산의 성질을 이용하여 간단히 정리하기

① $A \cup (A - B^c) = A \cup (A \cap B) = A$
② $A \cap (B \cup B^c) = A \cap U = A$
③ $(A \cup B) \cap A = A$
④ $(U - B^c) - A^c = (U \cap B) \cap A = B \cap A$
⑤ $(A - B) \cup (A \cap B) = (A \cap B^c) \cup (A \cap B) = A$

따라서 나머지 넷과 다른 하나는 ④이다.

정답 ④

0824

2021년 03월 고2 학력평가 28번 정답 11

STEP Ⓐ 조건 (가)를 만족하는 집합 $A \cap B$ 구하기

드모르간의 법칙에 의하여 $A^c \cup B^c = (A \cap B)^c$이므로
$(A \cap B)^c = \{1, 2, 4\}$
이때 두 집합 A, $(A \cap B)^c$의 공통인 원소는 4이므로
$A \cap (A \cap B)^c = A - (A \cap B) = \{4\}$
$\therefore A \cap B = \{3, 5\}$
전체집합 U의 두 부분집합 A, B를
벤 다이어그램으로 나타내면 오른쪽
그림과 같다.
이때 $4 \notin B$이고 $3 \in B$, $5 \in B$이다.

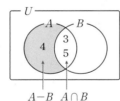
$A - B \quad A \cap B$

STEP Ⓑ 조건 (나)를 만족하는 집합 B 구하기

조건 (나)에서
$(A \cup X) - B = (A \cup X) \cap B^c$ ← $X - Y = X \cap Y^c$
$\qquad = (A \cap B^c) \cup (X \cap B^c)$ ← 분배법칙
$\qquad = (A - B) \cup (X - B)$ ← $X \cap Y^c = X - Y$
$\qquad = \{4\} \cup (X - B)$ ← $A - (A \cap B) = A - B = \{4\}$

이므로 집합 $(A \cup X) - B$의 원소의 개수가 1이려면
집합 $X - B$가 공집합이거나 집합 $\{4\}$가 되어야 한다.
(ⅰ) $X \neq \{4\}$일 때,
$X = \{1\}$, $X = \{2\}$, $X = \{3\}$, $X = \{5\}$이고
조건 (가)에서 $A \cup (A^c \cup B^c) = (A \cup A^c) \cup B^c = U \cup B^c = U$이므로
X는 $U = \{1, 2, 3, 4, 5\}$의 부분집합이다.
집합 $X - B$는 공집합이어야 하므로
1, 2, 3, 5는 모두 집합 B의 원소이어야 한다.
(ⅱ) $X = \{4\}$일 때,
$X - B = \{4\}$이므로 집합 $\{4\} \cup (X - B) = \{4\}$가 되어 조건을 만족한다.
$4 \notin B$이므로 $X - B = X - (X \cap B) = \{4\}$

(ⅰ), (ⅱ)에 의하여 $B = \{1, 2, 3, 5\}$이므로 집합 B의 모든 원소의 합은
$1 + 2 + 3 + 5 = 11$

내신연계 출제문항 433

전체집합 U의 두 부분집합 A, B가 다음 조건을 만족시킬 때, 집합 B의
모든 원소의 합을 구하시오.

> (가) $A = \{1, 3, 5\}$, $A^c \cup B^c = \{5, 7, 9\}$
> (나) $X \subset U$이고 $n(X) = 1$인 모든 집합 X에 대하여
> $\quad$ 집합 $(A \cup X) - B$의 원소의 개수는 1이다.

STEP Ⓐ 조건 (가)를 만족하는 집합 $A \cap B$ 구하기

드모르간의 법칙에 의하여 $A^c \cup B^c = (A \cap B)^c$이므로
$(A \cap B)^c = \{5, 7, 9\}$
이때 두 집합 A, $(A \cap B)^c$의 공통인 원소는 5이므로
$A \cap (A \cap B)^c = A - (A \cap B) = \{5\}$
$\therefore A \cap B = \{1, 3\}$
전체집합 U의 두 부분집합 A, B를
벤 다이어그램으로 나타내면 오른쪽
그림과 같다.
이때 $5 \notin B$이고 $1 \in B$, $3 \in B$이다.

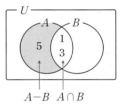
$A - B \quad A \cap B$

STEP Ⓑ 조건 (나)를 만족하는 집합 B 구하기

조건 (나)에서
$(A \cup X) - B = (A \cup X) \cap B^c$ ← $X - Y = X \cap Y^c$
$\qquad = (A \cap B^c) \cup (X \cap B^c)$ ← 분배법칙
$\qquad = (A - B) \cup (X - B)$ ← $X \cap Y^c = X - Y$
$\qquad = \{5\} \cup (X - B)$ ← $A - (A \cap B) = A - B = \{5\}$

이므로 집합 $(A \cup X) - B$의 원소의 개수가 1이려면
집합 $X - B$가 공집합이거나 집합 $\{5\}$가 되어야 한다.
(ⅰ) $X \neq \{5\}$일 때,
$X = \{1\}$, $X = \{3\}$, $X = \{7\}$, $X = \{9\}$이고
조건 (가)에서 $A \cup (A^c \cup B^c) = (A \cup A^c) \cup B^c = U \cup B^c = U$이므로
X는 $U = \{1, 3, 5, 7, 9\}$의 부분집합이다.
집합 $X - B$는 공집합이어야 하므로
1, 3, 7, 9는 모두 집합 B의 원소이어야 한다.
(ⅱ) $X = \{5\}$일 때,
$X - B = \{5\}$이므로 집합 $\{5\} \cup (X - B) = \{5\}$가 되어 조건을 만족한다.
$5 \notin B$이므로 $X - B = X - (X \cap B) = \{5\}$

(ⅰ), (ⅱ)에 의하여 $B = \{1, 3, 7, 9\}$이므로 집합 B의 모든 원소의 합은
$1 + 3 + 7 + 9 = 20$

정답 20

0825

정답 ⑤

STEP Ⓐ $A \subset B$의 의미를 파악하여 참, 거짓 판단하기

전체집합 U의 두 부분집합 A, B에 대하여
$A \subset B$이므로 벤 다이어그램으로 나타내면
오른쪽 그림과 같다.
즉 $A \cup B = B$, $A \cap B = A$, $A - B = \varnothing$,
$B^c \subset A^c$이 항상 성립한다.
따라서 항상 성립하는 것이 아닌 것은
⑤ $A \cup B^c = U$이다.

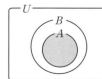

0826

정답 ③

STEP Ⓐ $B^c \subset A^c$이면 $A \subset B$임을 이용하여 다른 하나 구하기

전체집합 U의 두 부분집합 A, B에 대하여
$B^c \subset A^c$이면 $A \subset B$이므로 벤 다이어그램
으로 나타내면 오른쪽 그림과 같다.

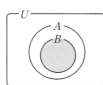

① $A \cup B = B$
② $B \cap (A \cup B) = B \cap B = B$
③ $A \cup (A \cap B) = A \cup A = A$
④ $B \cup (A - B) = B \cup \varnothing = B$
⑤ $(A - B^c) \cup B = (A \cap (B^c)^c) \cup B$
$= (A \cap B) \cup B$
$= A \cup B = B$

따라서 나머지 넷과 다른 하나는 ③이다.

0827

정답 ④

STEP Ⓐ $A \cup B = A$의 의미를 파악하여 참, 거짓 판단하기

전체집합 U의 두 부분집합 A, B에 대하여
$A \cup B = A$이면 $B \subset A$이므로
벤 다이어그램으로 나타내면 오른쪽 그림과
같다.
따라서 항상 옳은 것은 ④ $A^c \subset B^c$이다.

0828

정답 ⑤

STEP Ⓐ $A \cap B^c = \varnothing$의 의미를 파악하여 참, 거짓 판단하기

전체집합 U의 두 부분집합 A, B에 대하여
$A \cap B^c = \varnothing$이면 $A - B = \varnothing$이므로
$A \subset B$이어야 한다.
이때 $A \subset B$를 벤 다이어그램으로 나타내면
오른쪽 그림과 같다.

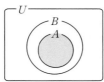

즉 $A \subset B$, $A \cap B = A$, $A \cup B = B$, $B^c \subset A^c$이
항상 성립한다.
따라서 옳지 않은 것은 ⑤ $A^c \cap B = \varnothing$이다.

내/신/연/계 출제문항 434

전체집합 U의 서로 다른 두 부분집합 A, B에 대하여 $B - A = \varnothing$일 때,
다음 중 옳지 않은 것은?

① $B^c \subset A^c$ ② $A \cap B = B$ ③ $A \cup B = A$
④ $A \cup B^c = U$ ⑤ $A^c - B^c = \varnothing$

STEP Ⓐ $A \cap B^c = \varnothing$의 의미를 파악하여 참, 거짓 판단하기

전체집합 U의 두 부분집합 A, B에 대하여
$B - A = \varnothing$이므로 $B \subset A$이어야 한다.
이때 $B \subset A$를 벤 다이어그램으로 나타내면
오른쪽 그림과 같다.

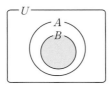

즉 $A \cap B = B$, $A \cup B = A$, $A \cup B^c = U$,
$A^c - B^c = \varnothing$이 항상 성립한다.
따라서 옳지 않은 것은 ① $B^c \subset A^c$이다.

정답 ①

0829

정답 ④

STEP Ⓐ $A \cap B^c = \varnothing$을 만족하는 두 집합 A, B의 포함 관계 구하기

전체집합 U의 두 부분집합 A, B에 대하여
$A \cap B^c = \varnothing$이면 $A - B = \varnothing$이므로
$A \subset B$이어야 한다.
이때 $A \subset B$를 벤 다이어그램으로 나타내면
오른쪽 그림과 같다.

STEP Ⓑ U의 부분집합 B의 개수 구하기

즉 $A \subset B \subset U$이므로 $\{3, 5\} \subset B \subset \{1, 2, 3, 4, 5, 6\}$
따라서 집합 B는 3, 5를 반드시 포함하는 전체집합 U의 부분집합이므로
그 개수는 $2^{6-2} = 2^4 = 16$

내/신/연/계 출제문항 435

두 집합 $A = \{1, 5\}$, $B = \{x | 5x - 3 = kx + 7\}$에 대하여 $A^c \cap B = \varnothing$을
만족시키는 모든 실수 k의 값의 합은?

① 3   ② 4   ③ 5
④ 6   ⑤ 7

STEP Ⓐ $A^c \cap B = \varnothing$을 만족하는 두 집합 A, B의 포함 관계 구하기

전체집합 U의 두 부분집합 A, B에 대하여
$A^c \cap B = \varnothing$이면 $B - A = \varnothing$이므로
$B \subset A$이어야 한다.
이때 $B \subset A$를 벤 다이어그램으로 나타내면
오른쪽 그림과 같다.

STEP Ⓑ 모든 실수 k의 값의 합 구하기

(i) $B = \varnothing$일 때,
방정식 $5x - 3 = kx + 7$의 해가 존재하지 않아야 하므로
$(5 - k)x = 10$에서 $k = 5$

(ii) $B \neq \varnothing$일 때,
$1 \in B$ 또는 $5 \in B$이어야 하므로
방정식 $5x - 3 = kx + 7$의 해가 $x = 1$ 또는 $x = 5$이어야 한다.
$5 - 3 = k + 7$ 또는 $25 - 3 = 5k + 7$
$\therefore k = -5$ 또는 $k = 3$

따라서 모든 실수 k의 값의 합은 $5 + (-5) + 3 = 3$

정답 ①

0830

정답 ④

STEP Ⓐ $(A - B) \cup (B - C) = \varnothing$을 만족하는 집합의 포함 관계 파악하기

$(A - B) \cup (B - C) = \varnothing$이므로
두 집합의 합집합이 공집합이면 두 집합 모두 공집합이어야 한다.

$A - B = \varnothing$, $B - C = \varnothing$
$A - B = \varnothing$이면 $A \subset B$이고 $B - C = \varnothing$이면 $B \subset C$

즉 $A \subset B$, $B \subset C$이므로 $A \subset B \subset C$

STEP Ⓑ $(A - C) \cup (B \cap C)$와 같은 집합 구하기

따라서 $A - C = \varnothing$이고 $B \cap C = B$이므로 $(A - C) \cup (B \cap C) = \varnothing \cup B = B$

전체집합 U의 세 부분집합 A, B, C에 대하여 $(A\cap B)\cup(B-C)=\varnothing$일 때, 다음 중 항상 옳은 것은?

① $A\cup B=U$ ② $A\cap B=U$ ③ $A\cup C=U$
④ $B\cap C=B$ ⑤ $A\cap C=\varnothing$

STEP A $(A\cap B)\cup(B-C)=\varnothing$을 만족하는 집합의 포함 관계 파악하기

$(A\cap B)\cup(B-C)=\varnothing$이므로
두 집합의 합집합이 공집합이면 두 집합 모두 공집합이어야 한다.
$A\cap B=\varnothing$, $B-C=\varnothing$
즉 A, B는 서로소이고 $B\subset C$

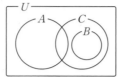

STEP B   [보기]에서 항상 옳은 것 구하기

① $A\cup B\neq U$ [거짓]
② $A\cap B=\varnothing$ [거짓]
③ $A\cup C\neq U$ [거짓]
④ $B\cap C=B$ [참]
⑤ $A\cap C\neq\varnothing$ [거짓]
따라서 항상 옳은 것은 ④이다.   정답 ④

0831
정답 ④

STEP A $A\cap B=A$이면 $A\subset B$임을 이용하여 a의 값 구하기

$A\cap B=A$에서 $A\subset B$
$2\in A$이므로 $A\subset B$이려면 $2\in B$이어야 한다.
즉 $a^2-2=2$이므로 $a=-2$ 또는 $a=2$
(ⅰ) $a=-2$일 때, $A=\{2, -1\}$, $B=\{5, 7, 2\}$이므로 $A\not\subset B$
(ⅱ) $a=2$일 때, $A=\{2, 7\}$, $B=\{5, 7, 2\}$이므로 $A\subset B$
따라서 $a=2$

0832
정답 ④

STEP A   서로소 조건과 집합의 연산을 이용하여 참, 거짓 판단하기

두 집합 A, B는 서로소이므로 $A\cap B=\varnothing$
ㄱ. $A-B=A-(A\cap B)=A-\varnothing=A$ [거짓]
ㄴ. $(A\cap B)^c=\varnothing^c=U$ [참]
ㄷ. $B\cap A^c=B-A=B-(A\cap B)$
                $=B-\varnothing=B$ [참]
ㄹ. $A\cup B\neq A$ [거짓]
따라서 옳은 것은 ㄴ, ㄷ이다.

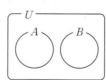

0833
정답 ⑤

STEP A   서로소 조건과 집합의 연산을 이용하여 참, 거짓 판단하기

$A-B=A$에서 두 집합 A, B는 서로소이므로 $A\cap B=\varnothing$
① $A\cup B\neq B$ [거짓]
② $A\cap B=\varnothing$ [거짓]
③ $B\subset A^c$ [거짓]
④ $A\cap(A-B)=A\cap A=A$ [거짓]
⑤ $A\subset B^c$ [참]
따라서 항상 옳은 것은 ⑤이다.

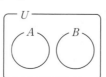

전체집합 U의 두 부분집합 A, B에 대하여 $A\cap B=\varnothing$일 때, 다음 중 항상 옳은 것은?

① $A\cup B=U$ ② $A-B=\varnothing$ ③ $B-A=\varnothing$
④ $B\cap A^c=B$ ⑤ $A-B^c=U$

STEP A   서로소 조건과 집합의 연산을 이용하여 참, 거짓 판단하기

$A\cap B=\varnothing$이므로 A, B는 서로소이다.
① 반례 $U=\{1, 2, 3\}$, $A=\{1\}$, $B=\{2\}$
        라 하면
          $A\cap B=\varnothing$이지만 $A\cup B\neq U$
② $A-B=A$ [거짓]
③ $B-A=B$ [거짓]
④ $B\cap A^c=B-A=B$ [참]
⑤ $A-B^c=A\cap(B^c)^c=A\cap B=\varnothing$ [거짓]
따라서 항상 옳은 것은 ④이다.   정답 ④

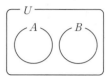

0834
정답 ⑤

STEP A   서로소 조건과 집합의 연산을 이용하여 참, 거짓 판단하기

두 집합 A, B^c이 서로소이므로 $A\cap B^c=\varnothing$
즉 $A\subset B$
ㄱ. $A-B=\varnothing$ [참]
ㄴ. $A\cap B=A$이므로 $(A\cap B)^c=A^c$ [참]
ㄷ. $(A^c\cup B)\cap A=(A^c\cap A)\cup(B\cap A)$
                $=\varnothing\cup A=A$ [참]
따라서 옳은 것은 ㄱ, ㄴ, ㄷ이다.

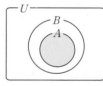

전체집합 U의 공집합이 아닌 두 부분집합 A, B에 대하여 A^c, B^c이 서로소일 때, [보기]에서 옳은 것만을 있는 대로 고른 것은?

ㄱ. $A\cup B=U$
ㄴ. $(A\cup B)^c\cup A=A$
ㄷ. $(A^c\cap B)\cup A=A$

① ㄱ   ② ㄷ   ③ ㄱ, ㄴ
④ ㄴ, ㄷ   ⑤ ㄱ, ㄴ, ㄷ

STEP A   서로소 조건과 집합의 연산을 이용하여 참, 거짓 판단하기

A^c, B^c이 서로소이므로 $A^c\cap B^c=\varnothing$, $(A\cup B)^c=\varnothing$
즉 $A\cup B=U$
ㄱ. $A\cup B=U$ [참]
ㄴ. $(A\cup B)^c=\varnothing$이므로 $(A\cup B)^c\cup A=\varnothing\cup A=A$ [참]
ㄷ. $(A^c\cap B)\cup A=(A^c\cup A)\cap(B\cup A)=U\cap U=U$ [거짓]
따라서 옳은 것은 ㄱ, ㄴ이다.   정답 ③

0835

STEP A $A \cap (A-B) = A$를 만족하는 두 집합 A, B의 포함 관계 파악하기

조건 (나)에서 $A \cap (A-B) = A$이므로 $A-B=A$

즉 A와 B는 서로소이므로 $A \cap B = \varnothing$

STEP B 집합 B의 모든 원소의 합 구하기

이때 $A \cup B = U$이고 $A = \{1, 4, 5\}$이므로

$B = \{2, 3\}$

따라서 집합 B의 모든 원소의 합은 $2+3=5$

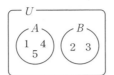

0836

STEP A 집합 A_1, A_2, A_3, $\cdots$을 각각 구하기

집합 A_1, A_2, A_3, $\cdots$을 각각 구해 보면

$A_1 = \{x \mid 2 \le x \le 5\}$

$A_2 = \{x \mid 3 \le x \le 7\}$

$A_3 = \{x \mid 4 \le x \le 9\}$

$A_4 = \{x \mid 5 \le x \le 11\}$

$A_5 = \{x \mid 6 \le x \le 13\}$

$\vdots$

STEP B $A_1 \cap A_2 \cap \cdots \cap A_n = \varnothing$을 만족시키는 n의 최솟값 구하기

이때 $A_1 \cap A_2 \cap A_3 \cap A_4 = \{5\} \ne \varnothing$이고 $A_1 \cap A_2 \cap A_3 \cap A_4 \cap A_5 = \varnothing$이다.

따라서 자연수 n의 최솟값은 5

0837

STEP A 두 집합 A, B의 부등식의 해 구하기

$x^2 - n^2 \ge 0$에서 $(x-n)(x+n) \ge 0$이므로 $x \le -n$ 또는 $x \ge n$

$\therefore A = \{x \mid x \le -n \text{ 또는 } x \ge n\}$

$|x-1| < 5$에서 $-5 < x-1 < 5$, $-4 < x < 6$

$\therefore B = \{x \mid -4 < x < 6\}$

STEP B $A \cap B = \varnothing$을 만족하는 자연수 n의 최솟값 구하기

$A \cap B = \varnothing$이 되도록 두 집합 A, B를 수직선에 나타내면 다음 그림과 같다.

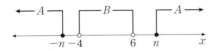

즉 $-n \le -4$, $6 \le n$이므로 $n \ge 6$

따라서 자연수 n의 최솟값은 6

내/신/연/계 출제문항 439

두 집합 $A = \{x \mid x^2 \ge k^2\}$, $B = \{x \mid |x-3| < 5\}$에 대하여 집합 A, B가 서로소가 되도록 하는 자연수 k의 최솟값은?

① 5 　　　② 6 　　　③ 7

④ 8 　　　⑤ 9

STEP A 두 집합 A, B의 부등식의 해 구하기

$x^2 \ge k^2$에서 $x^2 - k^2 \ge 0$, $(x+k)(x-k) \ge 0$이므로

$x \le -k$ 또는 $x \ge k$

$\therefore A = \{x \mid x \le -k \text{ 또는 } x \ge k\}$

$|x-3| < 5$에서 $-5 < x-3 < 5$, $-2 < x < 8$

$\therefore B = \{x \mid -2 < x < 8\}$

STEP B $A \cap B = \varnothing$을 만족하는 자연수 k의 최솟값 구하기

집합 A, B가 서로소가 되도록 두 집합 A, B를 수직선에 나타내면 다음 그림과 같다.

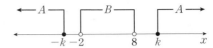

즉 $-k \le -2$, $8 \le k$이므로 $k \ge 8$

따라서 자연수 k의 최솟값은 8

0838

STEP A 두 집합 A, B의 이차부등식의 해 구하기

$x^2 - 12x + 11 \ge 0$에서 $(x-1)(x-11) \ge 0$이므로

$x \le 1$ 또는 $x \ge 11$

$\therefore A = \{x \mid x \le 1 \text{ 또는 } x \ge 11\}$

$x^2 - (3k+1)x + k(2k+1) \le 0$에서 $(x-k)\{x-(2k+1)\} \le 0$

이때 $k < 2k+1$이므로 $k \le x \le 2k+1$

$\therefore B = \{x \mid k \le x \le 2k+1\}$

STEP B $A \cap B = \varnothing$을 만족하는 k의 값의 범위 구하기

$A \cap B = \varnothing$이 되도록 두 집합 A, B를 수직선에 나타내면 다음 그림과 같다.

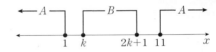

즉 $k > 1$, $2k+1 < 11$이므로 $1 < k < 5$

따라서 자연수 k는 2, 3, 4이므로 그 합은 $2+3+4=9$

0839

STEP A 두 집합 A, B를 원소나열법으로 나타내기

$A = \left\{ x \mid x = \dfrac{24}{n}, x \text{와 } n \text{은 자연수} \right\} = \{1, 2, 3, 4, 6, 8, 12, 24\}$

　　　　x는 24의 양의 약수

$B = \left\{ x \mid x = \dfrac{6}{n}, x \text{와 } n \text{은 자연수} \right\} = \{1, 2, 3, 6\}$

　　　　x는 6의 양의 약수

STEP B 주어진 조건을 만족하는 집합 X 파악하기

$A \cap X = X$에서 $X \subset A$

$(A \cap B) \cup X = X$에서 $(A \cap B) \subset X$

$\therefore (A \cap B) \subset X \subset A$

즉 $\{1, 2, 3, 6\} \subset X \subset \{1, 2, 3, 4, 6, 8, 12, 24\}$

STEP C 집합 X의 개수 구하기

집합 X는 집합 A의 부분집합 중 1, 2, 3, 6을 반드시 원소로 갖는 집합이다.

따라서 집합 X의 개수는 $2^{8-4} = 2^4 = 16$

0840

STEP A 주어진 조건을 만족하는 집합 X 파악하기

$A \cap X = X$에서 $X \subset A$

$(A-B) \cup X = X$에서 $(A-B) \subset X$

$\therefore (A-B) \subset X \subset A$

즉 $\{1, 9\} \subset X \subset \{1, 3, 5, 7, 9\}$이므로

집합 X는 집합 $\{1, 3, 5, 7, 9\}$의 부분집합 중 1, 9를 반드시 원소로 갖는 집합이다.

STEP B 집합 X의 개수 구하기

따라서 집합 X의 개수는 $2^{5-2} = 2^3 = 8$

0841

STEP A 주어진 조건을 만족하는 집합 X 파악하기

$(B-A) \cup X = X$에서 $(B-A) \subset X$

$(A \cup B) \cap X = X$에서 $X \subset (A \cup B)$

$\therefore (B-A) \subset X \subset (A \cup B)$

즉 $\{2, 6, 8\} \subset X \subset \{1, 2, 3, 5, 6, 7, 8, 9, 11\}$이므로

집합 X는 집합 $A \cup B$의 부분집합 중 2, 6, 8을 반드시 원소로 갖는 집합이다.

STEP B 집합 X의 개수 구하기

따라서 집합 X의 개수는 $2^{9-3} = 2^6 = 64$

내/신/연/계 출제문항 **440**

두 집합

$$A = \{1, 3, 5, 6\}, \ B = \{2, 3, 4, 6\}$$

에 대하여 $(A-B) \cup X = X$, $(A \cup B) \cap X = X$를 만족시키는 집합 X의 개수는?

① 4   ② 8   ③ 16

④ 32   ⑤ 64

STEP A 주어진 조건을 만족하는 집합 X 파악하기

$(A-B) \cup X = X$에서 $(A-B) \subset X$

$(A \cup B) \cap X = X$에서 $X \subset (A \cup B)$

$\therefore (A-B) \subset X \subset (A \cup B)$

즉 $\{1, 5\} \subset X \subset \{1, 2, 3, 4, 5, 6\}$이므로

집합 X는 집합 $A \cup B$의 부분집합 중 1, 5를 반드시 원소로 갖는 집합이다.

STEP B 집합 X의 개수 구하기

따라서 집합 X의 개수는 $2^{6-2} = 2^4 = 16$

0842

STEP A 주어진 조건을 만족하는 집합 X 파악하기

조건 (가)에서 $A \cup X = X$이므로 $A \subset X$

조건 (나)에서 $B-A = \{3, 4, 5\}$이므로 $\{3, 4, 5\} \cap X = \{3, 4\}$에서 3, 4는 집합 X의 원소이고 5는 원소가 아니다.

즉 집합 X는 전체집합 U의 부분집합 중에서 1, 2, 3, 4를 반드시 원소로 갖고 5는 원소로 갖지 않는 부분집합이다.

STEP B 집합 X의 개수 구하기

따라서 집합 X의 개수는 $2^{10-4-1} = 2^5 = 32$

0843

STEP A 주어진 조건을 만족하는 집합 C 파악하기

$U = \{1, 2, 3, 4, 5, 6, 7\}$에서 U의 부분집합 C가

$\{1, 3, 5, 7\} \cup C = \{3, 6\} \cup C$를 만족시키려면 집합 C는

두 집합 $A = \{1, 3, 5, 7\}$, $B = \{3, 6\}$에서

공통인 원소 3을 제외한 나머지 원소 1, 5, 7, 6을 반드시 원소로 가져야 한다.

+α | 공통인 원소 3을 제외하는 이유!

$3 \in A$, $3 \in B$이므로 $3 \in (A \cup C)$, $3 \in (B \cup C)$

즉 집합 C가 3을 원소로 갖지 않아도 $A \cup C = B \cup C$가 성립하므로

집합 C는 원소 1, 5, 7, 6을 반드시 원소로 갖는다는 조건만 만족시키면 된다.

STEP B 집합 C의 개수 구하기

따라서 집합 C의 개수는 $2^{7-4} = 2^3 = 8$

mini 해설 | $A \cup C = B \cup C$이면 $A \subset (B \cup C)$, $B \subset (A \cup C)$가 성립함을 이용하여 풀이하기

$A \cup C = B \cup C$에서 $A \subset (B \cup C)$이고 $B \subset (A \cup C)$

(i) $A \subset (B \cup C)$에서 $1 \in A$, $5 \in A$, $7 \in A$이고 $1 \notin B$, $5 \notin B$, $7 \notin B$이므로

　　$1 \in C$, $5 \in C$, $7 \in C$

(ii) $B \subset (A \cup C)$에서 $6 \in B$이고 $6 \notin A$이므로 $6 \in C$

(i), (ii)에서 집합 C는 1, 5, 7, 6을 반드시 원소로 갖는 U의 부분집합이다.

따라서 집합 C의 개수는 $2^{7-4} = 2^3 = 8$

내/신/연/계 출제문항 **441**

전체집합 $U = \{1, 2, 3, \cdots, 10\}$의 두 부분집합

$$A = \{1, 2, 3, 4, 5\}, \ B = \{1, 3, 5, 7, 9\}$$

에 대하여 $A \cup C = B \cup C$를 만족시키는 U의 부분집합 C의 개수를 구하시오.

STEP A 주어진 조건을 만족하는 집합 C 파악하기

$U = \{1, 2, 3, 4, 5, 6, 7, 8, 9, 10\}$의 부분집합 C가

$\{1, 2, 3, 4, 5\} \cup C = \{1, 3, 5, 7, 9\} \cup C$를 만족시키려면 집합 C는

두 집합 $\{1, 2, 3, 4, 5\}$, $\{1, 3, 5, 7, 9\}$에서 공통인 원소 1, 3, 5를 제외한 나머지 원소 2, 4, 7, 9를 반드시 원소로 가져야 한다.

STEP B 집합 C의 개수 구하기

따라서 집합 C의 개수는 $2^{10-4} = 2^6 = 64$

mini 해설 | $A \cup C = B \cup C$이면 $A \subset (B \cup C)$, $B \subset (A \cup C)$가 성립함을 이용하여 풀이하기

$A \cup C = B \cup C$에서 $A \subset (B \cup C)$이고 $B \subset (A \cup C)$

(i) $A \subset (B \cup C)$에서 $2 \in A$, $4 \in A$이고 $2 \notin B$, $4 \notin B$이므로 $2 \in C$, $4 \in C$

(ii) $B \subset (A \cup C)$에서 $7 \in B$, $9 \in B$이고 $7 \notin A$, $9 \notin A$이므로 $7 \in C$, $9 \in C$

(i), (ii)에서 집합 C는 2, 4, 7, 9를 반드시 원소로 갖는 U의 부분집합이다.

따라서 집합 C의 개수는 $2^{10-4} = 2^6 = 64$

0844

STEP A 주어진 조건을 만족하는 집합 X 파악하기

$A-X=\varnothing$에서 $A\subset X$

$(B-A)\cap X=\{2, 6\}$에서 $\{2, 6, 8\}\cap X=\{2, 6\}$이므로

$2\in X$, $6\in X$, $8\notin X$이어야 한다.

STEP B 집합 X의 개수 구하기

따라서 집합 X의 개수는 전체집합 U의 부분집합 중에서 1, 2, 3, 5, 6, 7은 반드시 원소로 갖고 8은 원소로 갖지 않는 부분집합의 개수와 같으므로

$2^{9-6-1}=2^2=4$

내/신/연/계 출제문항 442

전체집합 $U=\{1, 2, 3, 4, 5, 6, 7, 8, 9, 10\}$의 세 부분집합 A, B, X에 대하여 $A=\{2, 4\}$, $B=\{1, 2, 5, 7, 9\}$일 때,
$A-X=\varnothing$, $(B-A)\cap X=\{1, 7, 9\}$를 만족하는 집합 X의 개수는?

① 4   ② 8   ③ 16
④ 32   ⑤ 64

STEP A 주어진 조건을 만족하는 집합 X 파악하기

$A-X=\varnothing$에서 $A\subset X$

$(B-A)\cap X=\{1, 7, 9\}$에서 $\{1, 5, 7, 9\}\cap X=\{1, 7, 9\}$이므로

$1\in X$, $7\in X$, $9\in X$, $5\notin X$이어야 한다.

STEP B 집합 X의 개수 구하기

따라서 집합 X의 개수는 전체집합 U의 부분집합 중에서 1, 2, 4, 7, 9는 반드시 원소로 갖고 5는 원소로 갖지 않는 부분집합의 개수와 같으므로

$2^{10-5-1}=2^4=16$

0845

STEP A 주어진 조건을 만족하는 집합 X 파악하기

$A\cup X=A$에서 $X\subset A$ ⋯⋯ ㉠

$(A\cap B)\cup X=X$에서 $(A\cap B)\subset X$ ⋯⋯ ㉡

㉠, ㉡에 의하여 $(A\cap B)\subset X\subset A$

즉 집합 X는 집합 A의 부분집합 중에서 $A\cap B$의 원소를 모두 원소로 갖는 집합이다.

STEP B 집합 X의 개수가 16일 때, 자연수 a의 값 구하기

이때 $n(A\cap B)=k$라 하면

집합 X의 개수가 16이므로

$2^{6-k}=16=2^4$, $6-k=4$

$\therefore k=2$

그런데 a는 자연수이므로 집합 B의 원소는 연속하는 여섯 개의 자연수이다.

이때 $B=\{5, 6, 7, 8, 9, 10\}$이므로 $a+1=5$

따라서 $a=4$

0846

2024년 10월 고1 학력평가 13번

STEP A $n(A\cap B)$의 값 구하기

$n(A\cap B)=p$라 하면

$(A\cap B)\subset X\subset A$를 만족시키는 집합 X의 개수는 2^{3-p}이므로

집합 A의 원소 중 p개가 반드시 포함된 부분집합의 개수

$2^{3-p}=2$에서 $3-p=1$

$\therefore p=2$

즉 $n(A\cap B)=2$

STEP B $n(A\cap B)=2$를 이용하여 k의 값 구하기

$n(A\cap B)=2$이므로 집합 A의 세 원소 1, 3, 4 중 2개는 집합 B의 원소이고 나머지 1개는 집합 B의 원소가 아니다.

즉 $B=\left\{\dfrac{k+1}{2},\ \dfrac{k+3}{2},\ \dfrac{k+4}{2}\right\}$ ← 집합 B의 x의 원소는 A이므로 세 원소 1, 3, 4를 x에 대입

집합 A의 두 원소의 차가 각각 $3-1=2$, $4-3=1$이고

집합 B의 두 원소의 차가 각각 $\dfrac{k+3}{2}-\dfrac{k+1}{2}=1$, $\dfrac{k+4}{2}-\dfrac{k+3}{2}=\dfrac{1}{2}$이므로

$\dfrac{k+1}{2}=3$, $\dfrac{k+3}{2}=4$

따라서 $k=5$

+α | 두 원소의 차의 최댓값을 이용하여 구할 수 있어!

집합 B의 두 원소의 차의 최댓값은 $\dfrac{3}{2}$이므로   ← $\dfrac{k+4}{2}-\dfrac{k+1}{2}=\dfrac{3}{2}$

$n(A\cap B)=2$이려면 $1\notin B$, $3\in B$, $4\in B$이어야 한다.

집합 B의 원소 중 차가 1인 두 원소는 $\dfrac{k+1}{2}$, $\dfrac{k+3}{2}$이므로 $\dfrac{k+1}{2}=3$, $\dfrac{k+3}{2}=4$

내/신/연/계 출제문항 443

두 집합 $A=\{3, 4, 7\}$, $B=\left\{\dfrac{x+k}{3}\middle| x\in A\right\}$에 대하여
$(A\cap B)\subset X\subset A$를 만족시키는 집합 X의 개수가 2일 때,
TIP 집합 X는 $n(A\cap B)$를 반드시 포함하는 집합 A의 부분집합이다.
상수 k의 값은?

① 1   ② 2   ③ 3
④ 4   ⑤ 5

STEP A $n(A\cap B)$의 값 구하기

$n(A\cap B)=p$라 하면

$(A\cap B)\subset X\subset A$를 만족시키는 집합 X의 개수는 2^{3-p}이므로

p개가 반드시 포함된 부분집합의 개수는 2^{3-p}

$2^{3-p}=2$에서 $3-p=1$

$\therefore p=2$

즉 $n(A\cap B)=2$

STEP B $n(A\cap B)=2$를 이용하여 k의 값 구하기

$n(A\cap B)=2$이므로 집합 A의 세 원소 3, 4, 7 중 2개는 집합 B의 원소이고 나머지 1개는 집합 B의 원소가 아니다.

즉 $B=\left\{\dfrac{k+3}{3},\ \dfrac{k+4}{3},\ \dfrac{k+7}{3}\right\}$ ← 집합 B의 x의 원소는 A이므로 세 원소 3, 4, 7을 x에 대입

집합 A의 두 원소의 차가 각각 $4-3=1$, $7-4=3$이고

집합 B의 두 원소의 차가 각각 $\dfrac{k+4}{3}-\dfrac{k+3}{3}=\dfrac{1}{3}$, $\dfrac{k+7}{3}-\dfrac{k+4}{3}=1$이므로

$\dfrac{k+4}{3}=3$, $\dfrac{k+7}{3}=4$

따라서 $k=5$

+α | 두 원소의 차의 최댓값을 이용하여 구할 수 있어!

집합 B의 두 원소의 차의 최댓값은 $\dfrac{4}{3}$이므로   ← $\dfrac{k+7}{3}-\dfrac{k+3}{2}=\dfrac{4}{3}$

$n(A\cap B)=2$이려면 $7\notin B$, $3\in B$, $4\in B$이어야 한다.

집합 B의 원소 중 차가 1인 두 원소는 $\dfrac{k+4}{3}$, $\dfrac{k+7}{3}$이므로 $\dfrac{k+4}{3}=3$, $\dfrac{k+7}{3}=4$

0847
2017년 09월 고2 학력평가 가형 25번 정답 16

STEP A 조건을 만족하는 두 집합 A, X의 포함 관계 파악하기

$(X-A)\subset(A-X)$에서 $(X-A)\cap(A-X)=X-A$이므로
좌변을 정리하면
$$(X-A)\cap(A-X)=(X\cap A^c)\cap(A\cap X^c)$$
$$=X\cap(A^c\cap A)\cap X^c \quad \leftarrow 결합법칙$$
$$=X\cap\varnothing\cap X^c$$
$$=\varnothing$$
즉 $X-A=\varnothing$이므로 $X\subset A$

STEP B 집합 X의 개수 구하기

따라서 집합 X는 집합 $A=\{1, 2, 5, 10\}$의 부분집합이므로
집합 A의 모든 부분집합 X의 개수는 $2^4=16$

내신연계 출제문항 444

전체집합
$$U=\{x\,|\,x는 12 이하의 자연수\}$$
의 부분집합 $A=\{x\,|\,x는 12의 약수\}$에 대하여 $(A-X)\subset(X-A)$를
만족시키는 U의 모든 부분집합 X의 개수를 구하시오.

STEP A 조건을 만족하는 두 집합 A, X의 포함 관계 파악하기

$(A-X)\subset(X-A)$에서 $(A-X)\cap(X-A)=A-X$이므로
좌변을 정리하면
$$(A-X)\cap(X-A)=(A\cap X^c)\cap(X\cap A^c)$$
$$=A\cap(X^c\cap X)\cap A^c \quad \leftarrow 결합법칙$$
$$=A\cap\varnothing\cap A^c=\varnothing$$
즉 $A-X=\varnothing$이므로 $A\subset X$

STEP B 집합 X의 개수 구하기

따라서 집합 X는 전체집합 U의 부분집합 중 집합 A의 원소 1, 2, 3, 4, 6, 12
를 모두 포함하는 집합이므로 집합 X의 개수는 $2^{12-6}=2^6=64$ 정답 64

0848
2020학년도 06월 고3 모의평가 나형 26번 정답 6

STEP A 집합 $A-B$를 구하고 조건을 만족하는 집합 X 파악하기

$x^2-4x+3=0$에서 $(x-1)(x-3)=0$
$\therefore x=1$ 또는 $x=3$
즉 $B=\{1, 3\}$이므로 $A-B=\{2, 4, 8, 16\}$
이때 $X-(A-B)=\varnothing$이므로 $X\subset(A-B)$이고
$n(X)=2$이므로 집합 X는 집합 $A-B$의 원소의 개수가 2인 부분집합이다.

STEP B 원소의 개수가 2인 집합 X의 개수 구하기

따라서 조건을 만족하는 집합 X의 개수는 집합 $A-B$의 원소 2, 4, 8, 16 중
2개의 원소를 택하는 경우의 수와 같으므로

 $_4C_2=\dfrac{4\times3}{2\times1}=6$ $\leftarrow A-B=\{2, 4, 8, 16\}$에서 서로 다른 2개의 원소를 택하면 집합 X는 $\{2, 4\}$, $\{2, 8\}$, $\{2, 16\}$, $\{4, 8\}$, $\{4, 16\}$, $\{8, 16\}$의 6개

내신연계 출제문항 445

자연수 전체의 집합의 세 부분집합 A, B, X에 대하여
$$A=\{1, 2, 3, 4, 5, 6\}, B=\{1, 2, 3\}$$
일 때, $X-(A-B)=\varnothing$을 만족시키는 집합 X의 개수를 구하시오.

STEP A 집합 $A-B$를 구하고 조건을 만족하는 집합 X 파악하기

$A=\{1, 2, 3, 4, 5, 6\}$, $B=\{1, 2, 3\}$이므로
$A-B=\{4, 5, 6\}$
이때 $X-(A-B)=\varnothing$이므로 $X\subset(A-B)$

STEP B 집합 X의 개수 구하기

따라서 집합 $A-B$의 모든 부분집합 X의 개수는 $2^3=8$ 정답 8

0849
2020년 03월 고2 학력평가 28번 정답 22

해설강의

STEP A 주어진 집합을 벤 다이어그램으로 나타내기

주어진 집합을 벤 다이어그램으로 나타내면
오른쪽 그림과 같다.

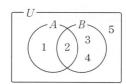

STEP B $2\in X$일 때와 $2\notin X$일 때로 나누어 조건을 만족하는 집합 X의
개수 구하기

$A\cap B=\{2\}$이므로 집합 X가 2를 원소로 갖는지에 따라 경우를 나누어 보자.
(i) $2\in X$일 때,
$2\in(X\cap A)$, $2\in(X\cap B)$이므로
$X\cap A\neq\varnothing$, $X\cap B\neq\varnothing$을 만족시킨다.
집합 X의 개수는 U의 부분집합 중에서 2를 반드시 원소로 갖는
부분집합의 개수와 같으므로 $2^{5-1}=2^4=16$
(ii) $2\notin X$일 때,
2를 제외한 집합 A의 원소는 1이고 2를 제외한 집합 B의 원소는
3, 4이므로 $X\cap A\neq\varnothing$, $X\cap B\neq\varnothing$을 만족시키려면 집합 X는 1을
반드시 원소로 갖고 3 또는 4를 원소로 가져야 한다.
이때 각 경우에서 집합 X는 집합 $(A\cup B)^c$의 원소인 5를 원소로 갖거나
갖지 않을 수 있다. 즉 집합 X로 가능한 경우는
$\{1, 3\}$, $\{1, 4\}$, $\{1, 3, 4\}$, $\{1, 3, 5\}$, $\{1, 4, 5\}$, $\{1, 3, 4, 5\}$의 6가지이다.

> **+α** | $2\notin X$인 경우 집합 X의 개수가 6인 이유!
>
> $2\notin X$인 경우 $X\cap A\neq\varnothing$이려면 1을 반드시 원소로 가져야 하고
> $X\cap B\neq\varnothing$이려면 3, 4 중 적어도 하나를 원소로 가져야 한다.
> 즉 집합 X는 U의 부분집합 중에서
> '1을 반드시 원소로 갖고 2를 원소로 갖지 않는 부분집합'
> 에서
> '1을 반드시 원소로 갖고 2, 3, 4를 원소로 갖지 않는 부분집합'
> 을 제외한 것과 같다.
> 따라서 집합 X의 개수는 $2^{5-1-1}-2^{5-1-3}=2^3-2=6$

(i), (ii)에서 조건을 만족하는 집합 X의 개수는 $16+6=22$

다른풀이 여사건을 이용하여 풀이하기

STEP A $A\cap X=\varnothing$이거나 $B\cap X=\varnothing$인 집합 X의 개수 구하기

$A\cap X\neq\varnothing$, $B\cap X\neq\varnothing$의 부정은 $A\cap X=\varnothing$이거나 $B\cap X=\varnothing$
(i) U의 부분집합 중 $A\cap X=\varnothing$인 X의 개수는 $2^{5-2}=2^3=8$
집합 X는 U의 부분집합 중에서 A의 원소 1, 2를 원소로 갖지 않는
부분집합이다.
(ii) $B\cap X=\varnothing$인 U의 부분집합 X의 개수는 $2^{5-3}=2^2=4$
(iii) $A\cup B=\{1, 2, 3, 4\}$이므로 U의 부분집합 중 $(A\cup B)\cap X=\varnothing$인 X의
개수는 $2^{5-4}=2$
(i)~(iii)에서 $A\cap X=\varnothing$이거나 $B\cap X=\varnothing$인 X의 개수는 $8+4-2=10$

STEP B 여사건을 이용하여 구하는 집합 X의 개수 구하기

따라서 구하는 집합 X의 개수는 U의 모든 부분집합 $2^5=32$개에서 위의 경우
를 뺀 것과 같으므로 $32-10=22$

전체집합 $U=\{x|x$는 8 이하의 자연수$\}$의 두 부분집합

$$A=\{1, 2\}, \quad B=\{2, 4, 6, 8\}$$

에 대하여 $X\cap A\neq\varnothing$, $X\cap B\neq\varnothing$을 만족시키는 U의 부분집합 X의 개수를 구하시오.

STEP A 주어진 집합을 벤 다이어그램으로 나타내기

주어진 집합을 벤 다이어그램으로 나타내면
오른쪽 그림과 같다.

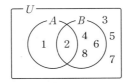

STEP B $2\in X$일 때와 $2\notin X$일 때로 나누어 조건을 만족하는 집합 X의 개수 구하기

$A\cap B=\{2\}$이므로 집합 X가 2를 원소로 갖는지에 따라 경우를 나누어 보자.

(i) $2\in X$일 때,

$2\in(X\cap A)$, $2\in(X\cap B)$이므로

$X\cap A\neq\varnothing$, $X\cap B\neq\varnothing$을 만족시킨다.

집합 X의 개수는 U의 부분집합 중에서 2를 반드시 원소로 갖는

부분집합의 개수와 같으므로 $2^{8-1}=2^7=128$

(ii) $2\notin X$일 때,

2를 제외한 집합 A의 원소는 1이고 2를 제외한 집합 B의 원소는

4, 6, 8이므로 $X\cap A\neq\varnothing$, $X\cap B\neq\varnothing$을 만족시키려면 집합 X는 1을

반드시 원소로 갖고 4 또는 6 또는 8을 원소로 가져야 한다.

이때 집합 X로 가능한 경우는

$\{1, 4\}, \{1, 6\}, \{1, 8\}, \{1, 4, 6\}, \{1, 4, 8\}, \{1, 6, 8\}, \{1, 4, 6, 8\}$

의 7가지이다.

또한, 각 경우에서 집합 X는 집합 $(A\cup B)^c$의 원소인 3, 5, 7을 원소로

갖거나 갖지 않을 수 있다.

즉 집합 X로 가능한 경우의 수는 $7\times 2^3=56$

> **+α** | $2\notin X$인 경우 집합 X의 개수가 56인 이유!
>
> $2\notin X$인 경우 $X\cap A\neq\varnothing$이려면 1을 반드시 원소로 가져야 하고
> $X\cap B\neq\varnothing$이려면 4, 6, 8 중 적어도 하나를 원소로 가져야 한다.
> 즉 집합 X는 U의 부분집합 중에서
>   '1을 반드시 원소로 갖고 2를 원소로 갖지 않는 부분집합'
> 에서
>   '1을 반드시 원소로 갖고 2, 4, 6, 8을 원소로 갖지 않는 부분집합'
> 을 제외한 것과 같다.
> 따라서 집합 X의 개수는 $2^{8-1-1}-2^{8-1-4}=2^6-2^3=56$

(i), (ii)에서 조건을 만족하는 집합 X의 개수는 $128+56=184$

다른풀이 여사건을 이용하여 풀이하기

STEP A $A\cap X=\varnothing$이거나 $B\cap X=\varnothing$인 집합 X의 개수 구하기

$A\cap X\neq\varnothing$, $B\cap X\neq\varnothing$의 부정은

$A\cap X=\varnothing$이거나 $B\cap X=\varnothing$

(i) U의 부분집합 중 $A\cap X=\varnothing$인 X의 개수는 $2^{8-2}=2^6=64$

    _{집합 X는 U의 부분집합 중에서 A의 원소 1, 2를 원소로 갖지 않는 부분집합이다.}

(ii) $B\cap X=\varnothing$인 U의 부분집합 X의 개수는 $2^{8-4}=2^4=16$

(iii) $A\cup B=\{1, 2, 4, 6, 8\}$이므로 U의 부분집합 중 $(A\cup B)\cap X=\varnothing$인

    X의 개수는 $2^{8-5}=2^3=8$

(i)~(iii)에서 $A\cap X=\varnothing$이거나 $B\cap X=\varnothing$인 X의 개수는

$64+16-8=72$

STEP B 여사건을 이용하여 구하는 집합 X의 개수 구하기

따라서 구하는 집합 X의 개수는 U의 모든 부분집합 $2^8=256$개에서 위의 경우

를 뺀 것과 같으므로 $256-72=184$ **정답** 184

0850
    정답 64

STEP A 두 집합 U, A를 원소나열법으로 나타내기

$U=\{x|x$는 10 이하의 자연수$\}=\{1, 2, 3, 4, 5, \cdots, 10\}$

$A=\{x|x$는 10 이하의 소수$\}=\{2, 3, 5, 7\}$

STEP B 서로소 조건을 이용하여 집합 B의 개수 구하기

$A\cap B=\varnothing$이므로

집합 B는 집합 U의 부분집합 중 2, 3, 5, 7을 원소로 갖지 않는 집합이다.

따라서 부분집합 B의 개수는 $2^{10-4}=2^6=64$

0851
    정답 ⑤

STEP A 서로소 조건을 이용하여 집합 X의 개수 구하기

$A-X=A$에서 $A\cap X=\varnothing$이므로 두 집합 A와 X는 서로소이다.

즉 집합 X는 집합 U의 부분집합 중 1, 2, 3을 원소로 갖지 않는 집합이다.

따라서 집합 X의 개수는 $2^{6-3}=2^3=8$

0852
    정답 ③

STEP A 두 집합 A, B를 원소나열법으로 나타내기

$A=\left\{x\,\middle|\,x=\dfrac{10}{n},\ n은\ 자연수\right\}=\{1, 2, 5, 10\}$
    _{x는 10의 양의 약수}

$B=\left\{x\,\middle|\,x=\dfrac{30}{n},\ n은\ 자연수\right\}=\{1, 2, 3, 5, 6, 10, 15, 30\}$
    _{x는 30의 양의 약수}

STEP B $A\cap X=\varnothing$, $B\cup X=B$를 만족하는 집합 X의 개수 구하기

$A\cap X=\varnothing$에서 $1\notin X$, $2\notin X$, $5\notin X$, $10\notin X$

$B\cup X=B$에서 $X\subset B$

즉 집합 X는 B의 부분집합 중 1, 2, 5, 10을 원소로 갖지 않는 집합이다.

따라서 집합 X의 개수는 $2^{8-4}=2^4=16$

두 집합

$$A=\left\{x\,\middle|\,x=\frac{4}{n},\ x와\ n은\ 자연수\right\},$$

$$B=\left\{x\,\middle|\,x=\frac{12}{n},\ x와\ n은\ 자연수\right\}$$

에 대하여 $A\cap X=\varnothing$, $B\cup X=B$를 만족시키는 집합 X의 개수는?

① 2   ② 5   ③ 8

④ 11   ⑤ 16

STEP A 두 집합 A, B를 원소나열법으로 나타내기

$A=\left\{x\,\middle|\,x=\dfrac{4}{n},\ x와\ n은\ 자연수\right\}=\{1, 2, 4\}$
    _{x는 4의 양의 약수}

$B=\left\{x\,\middle|\,x=\dfrac{12}{n},\ x와\ n은\ 자연수\right\}=\{1, 2, 3, 4, 6, 12\}$
    _{x는 12의 양의 약수}

STEP B $A\cap X=\varnothing$, $B\cup X=B$를 만족하는 집합 X의 개수 구하기

$A\cap X=\varnothing$에서 $1\notin X$, $2\notin X$, $4\notin X$

$B\cup X=B$에서 $X\subset B$

즉 집합 X는 B의 부분집합 중 1, 2, 4를 원소로 갖지 않는 집합이다.

따라서 집합 X의 개수는 $2^{6-3}=2^3=8$ **정답** ③

0853

STEP Ⓐ $A-X=A$, $B \cup X=X$를 만족하는 집합 X의 개수 구하기

$A-X=A$에서 $A \cap X=\varnothing$이므로 $1 \notin X$, $3 \notin X$, $5 \notin X$

$B \cup X=X$에서 $B \subset X$

즉 집합 X는 전체집합 U의 부분집합 중 1, 3, 5를 원소로 갖지 않고
2, 7을 반드시 원소로 갖는 집합이다.

따라서 집합 X의 개수는 $2^{10-3-2}=2^5=32$

내/신/연/계 출제문항 448

전체집합 $U=\{1, 2, 3, 4, 5, 6, 7, 8, 9\}$의 세 부분집합 A, B, X에 대하여
$$A=\{1, 3, 5, 7\}, B=\{2, 4\}$$
일 때, $A-X=A$, $B \cup X=X$를 만족하는 집합 X의 개수는?

① 8　　　　② 16　　　　③ 32
④ 64　　　　⑤ 128

STEP Ⓐ $A-X=A$, $B \cup X=X$를 만족하는 집합 X의 개수 구하기

$A-X=A$에서 $A \cap X=\varnothing$

$B \cup X=X$에서 $B \subset X$

즉 집합 X는 전체집합 U의 부분집합 중에서 1, 3, 5, 7을 원소로 갖지 않고
2, 4를 반드시 원소로 갖는 집합이다.

따라서 집합 X의 개수는 $2^{9-4-2}=2^3=8$

0854

STEP Ⓐ $A \cap X=\varnothing$, $B \cap X=\{2\}$를 만족하는 집합 X의 개수 구하기

$A \cap X=\varnothing$에서 $1 \notin X$, $3 \notin X$, $5 \notin X$

$B \cap X=\{2\}$에서 $2 \in X$, $4 \notin X$

즉 집합 X는 전체집합 U의 부분집합 중 2를 반드시 원소로 갖고
1, 3, 4, 5를 원소로 갖지 않는 집합이다.

따라서 집합 X의 개수는 $2^{10-1-4}=2^5=32$

0855

2022년 03월 고2 학력평가 13번

STEP Ⓐ 조건을 만족하는 집합 X 파악하기

$A \cup X=A$이므로 $X \subset A$이고 $B \cap X=\varnothing$이므로 $X \subset B^c$이다.

그러므로 집합 X는 집합 $A \cap B^c$, 즉 집합 $A-B$의 부분집합이다.

STEP Ⓑ 집합 X의 개수 구하기

집합 $A-B$는 50 이하의 6의 배수 중 4의 배수가 아닌 수의 집합이므로
$A-B=\{6, 18, 30, 42\}$

따라서 집합 X의 개수는 집합 $A-B$의 부분집합의 개수이므로 $2^4=16$

내/신/연/계 출제문항 449

두 집합 $A=\{1, 2, 3, 4, 5, 6, 7\}$, $B=\{1, 3, 5, 7\}$에 대하여
$(A-B) \cap X=\varnothing$, $A \cap X=X$를 만족시키는 집합 X의 개수는?

① 8　　　　② 10　　　　③ 12
④ 14　　　　⑤ 16

STEP Ⓐ 조건을 만족하는 집합 X 파악하기

$A-B=\{2, 4, 6\}$이므로

$(A-B) \cap X=\varnothing$에서 $2 \notin X$, $4 \notin X$, $6 \notin X$

$A \cap X=X$에서 $X \subset A$

즉 집합 X는 집합 A의 부분집합 중 2, 4, 6을 원소로 갖지 않는 집합이다.

STEP Ⓑ 집합 X의 개수 구하기

따라서 집합 X의 개수는 $2^{7-3}=2^4=16$

0856

2016년 03월 고2 학력평가 가형 11번

STEP Ⓐ 주어진 집합을 벤 다이어그램으로 나타내기

$U=\{x|x$는 10 이하의 자연수$\}=\{1, 2, 3, 4, 5, 6, 7, 8, 9, 10\}$

$A=\{x|x$는 6의 약수$\}=\{1, 2, 3, 6\}$

$B=\{2, 3, 5, 7\}$

세 집합 U, A, B를 벤 다이어그램으로
나타내면 오른쪽 그림과 같다.

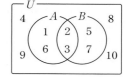

STEP Ⓑ [보기]의 참, 거짓 판단하기

ㄱ. $A \cap B=\{2, 3\}$이므로 $5 \notin A \cap B$ [참]
　　　　5는 6의 약수가 아니므로 $5 \notin A$, 즉 $5 \notin A \cap B$

ㄴ. $B-A=\{5, 7\}$이므로 $n(B-A)=2$ [참]
　　　　집합 B에서 6의 약수 2, 3을 제외하면 $B-A=\{5, 7\}$

ㄷ. 집합 $A \cup B$와 서로소인 집합은 $(A \cup B)^c$의 부분집합이므로
　　$(A \cup B)^c=\{4, 8, 9, 10\}$의 부분집합의 개수는 $2^4=16$ [참]

따라서 옳은 것은 ㄱ, ㄴ, ㄷ이다.

내/신/연/계 출제문항 450

전체집합 $U=\{x|x$는 10 이하의 자연수$\}$의 두 부분집합
$$A=\{x|x$는 2의 배수$\}, B=\{x|x$는 10의 약수$\}$$
에 대하여 [보기]에서 옳은 것만을 있는 대로 고른 것은?

ㄱ. $2 \in A \cap B$
ㄴ. $n(A-B)=2$
ㄷ. U의 부분집합 중 집합 $A \cup B$와 서로소인 집합의 개수는 16이다.

① ㄱ　　　　② ㄷ　　　　③ ㄱ, ㄴ
④ ㄴ, ㄷ　　　　⑤ ㄱ, ㄴ, ㄷ

STEP Ⓐ 주어진 집합을 벤 다이어그램으로 나타내기

$U=\{x|x$는 10 이하의 자연수$\}=\{1, 2, 3, 4, 5, 6, 7, 8, 9, 10\}$

$A=\{x|x$는 2의 배수$\}=\{2, 4, 6, 8, 10\}$

$B=\{x|x$는 10의 약수$\}=\{1, 2, 5, 10\}$

세 집합 U, A, B를 벤 다이어그램으로
나타내면 오른쪽 그림과 같다.

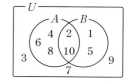

STEP Ⓑ [보기]의 참, 거짓 판단하기

ㄱ. $A \cap B=\{2, 10\}$이므로 $2 \in A \cap B$ [참]

ㄴ. $A-B=\{4, 6, 8\}$이므로 $n(A-B)=3$ [거짓]

ㄷ. 집합 $A \cup B$와 서로소인 집합은 $(A \cup B)^c$의 부분집합이므로
　　$(A \cup B)^c=\{3, 7, 9\}$의 부분집합의 개수는 $2^3=8$ [거짓]

따라서 옳은 것은 ㄱ이다.

0857

정답 24

STEP **A** 집합 X가 3 또는 4를 원소로 가져야 함을 이해하기

$\{3, 4\} \cap X \neq \varnothing$에서 집합 X는 3, 4 중 적어도 하나의 원소를 포함한다.

STEP **B** 집합 X의 개수 구하기

따라서 집합 X의 개수는 집합 A의 모든 부분집합의 개수에서 3, 4를 원소로 갖지 않는 부분집합의 개수를 뺀 것과 같으므로 $2^5 - 2^{5-2} = 32 - 8 = 24$

> **mini해설** | 직접 집합 A의 부분집합 X의 개수를 구하여 풀이하기
>
> (i) 3을 원소로 갖고 4를 원소로 갖지 않는 부분집합의 개수는 $2^{5-1-1} = 2^3 = 8$
> (ii) 4를 원소로 갖고 3은 원소로 갖지 않는 부분집합의 개수는 $2^{5-1-1} = 2^3 = 8$
> (iii) 3, 4를 원소로 갖는 부분집합의 개수는 $2^{5-2} = 2^3 = 8$
> (i)~(iii)에서 구하는 부분집합의 개수는 $8 \times 3 = 24$

0858

정답 ③

STEP **A** 두 집합 U, A를 원소나열법으로 나타내기

$U = \{x \mid x$는 8 이하의 자연수$\} = \{1, 2, 3, 4, 5, 6, 7, 8\}$

$A = \left\{ x \mid x = \dfrac{6}{n}, n \text{은 자연수} \right\} = \{1, 2, 3, 6\}$
　　　$\underbrace{}_{x \text{는 6의 양의 약수}}$

STEP **B** $A \cap B \neq \varnothing$을 만족하는 집합 B의 개수 구하기

$A \cap B \neq \varnothing$이므로 집합 B는 1, 2, 3, 6 중 적어도 하나의 원소를 포함한다. 따라서 집합 B의 개수는 전체집합 U의 모든 부분집합의 개수에서 1, 2, 3, 6을 원소로 갖지 않는 부분집합의 개수를 뺀 것과 같으므로

$2^8 - 2^{8-4} = 256 - 16 = 240$

0859

정답 ④

STEP **A** $n(A \cap B) = 1$에서 $A \cap B = \{4\}$ 또는 $\{5\}$임을 이해하기

전체집합 $U = \{1, 2, 3, 4, 5\}$의 두 부분집합 A, B에 대하여 $A = \{4, 5\}$일 때, $n(A \cap B) = 1$이므로 $A \cap B = \{4\}$ 또는 $\{5\}$

STEP **B** 각각의 경우에 집합 B의 개수 구하기

(i) $A \cap B = \{4\}$일 때,
　　$5 \notin B$이므로 집합 B는 4를 원소로 갖고 5는 원소로 갖지 않아야 한다.
　　즉 집합 B의 개수는 $2^{5-1-1} = 2^3 = 8$
(ii) $A \cap B = \{5\}$일 때,
　　$4 \notin B$이므로 집합 B는 5를 원소로 갖고 4는 원소로 갖지 않아야 한다.
　　즉 집합 B의 개수는 $2^{5-1-1} = 2^3 = 8$
(i), (ii)에서 구하는 집합 B의 개수는 $8 + 8 = 16$

0860

정답 ⑤

STEP **A** $X \cap A^c = \{2, 4\}$를 만족하는 집합 X 파악하기

$X \cap A^c = \{2, 4\}$이므로
집합 X는 2, 4를 반드시 원소로 갖고
6, 8은 원소로 갖지 않으며
1, 3, 5, 7, 9는 원소로 가져도 되고
갖지 않아도 된다.

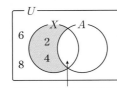

원소 1, 3, 5, 7, 9는 집합 X에 속해도 되고 속하지 않아도 된다.

STEP **B** 집합 X의 개수 구하기

따라서 U의 모든 부분집합 X의 개수는 $2^{9-2-2} = 2^5 = 32$

전체집합 $U = \{x \mid x$는 12의 양의 약수$\}$의 두 부분집합 A, B에 대하여
$$B = \{1, 2, 3\}, \quad A - B = \{12\}$$
를 만족시키는 집합 A의 개수는?

① 2　　　　② 4　　　　③ 8
④ 16　　　⑤ 32

STEP **A** 주어진 조건을 만족하는 집합 A 파악하기

$U = \{x \mid x$는 12의 양의 약수$\}$
　 $= \{1, 2, 3, 4, 6, 12\}$
$A - B = A \cap B^c = \{12\}$이므로
집합 A는 12를 반드시 원소로 갖고
4, 6은 원소로 갖지 않으며
1, 2, 3은 원소로 가져도 되고
갖지 않아도 된다.

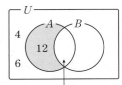

원소 1, 2, 3은 집합 X에 속해도 되고, 속하지 않아도 된다.

STEP **B** 집합 A의 개수 구하기

따라서 U의 부분집합 A의 개수는 $2^{6-1-2} = 2^3 = 8$

정답 ③

0861

정답 ⑤

STEP **A** 주어진 조건을 만족하는 집합 A 파악하기

조건 (가)에서 $\{1, 2, 3\} \cap A \neq \varnothing$이므로 집합 A는 1, 2, 3 중 적어도 하나의 원소를 포함한다.
조건 (나)에서 $\{4, 5\} \cap A = \varnothing$이므로 집합 A는 4, 5를 포함하지 않는다.

STEP **B** 집합 A의 개수 구하기

따라서 집합 A의 개수는 집합 $\{1, 2, 3, 6, 7\}$의 모든 부분집합의 개수에서 1, 2, 3을 원소로 갖지 않는 부분집합의 개수를 뺀 것과 같으므로
$2^5 - 2^{5-3} = 32 - 4 = 28$

전체집합 $U = \{1, 2, 3, 4, 5, 6, 7\}$에 대하여 다음 조건을 만족시키는 U의 부분집합 A의 개수는?

> (가) $\{1, 2\} \cap A \neq \varnothing$
> (나) $\{3, 4, 5\} \cap A = \varnothing$

① 6　　　　② 8　　　　③ 10
④ 12　　　⑤ 14

STEP **A** 주어진 조건을 만족하는 집합 A 파악하기

조건 (가)에서 $\{1, 2\} \cap A \neq \varnothing$이므로 집합 A는 1, 2 중 적어도 하나의 원소를 포함한다.
조건 (나)에서 $\{3, 4, 5\} \cap A = \varnothing$이므로 집합 A는 3, 4, 5를 포함하지 않는다.

STEP **B** 집합 A의 개수 구하기

따라서 집합 A의 개수는 집합 $\{1, 2, 6, 7\}$의 모든 부분집합의 개수에서 1, 2를 원소로 갖지 않는 부분집합의 개수를 뺀 것과 같으므로 $2^4 - 2^{4-2} = 16 - 4 = 12$

정답 ④

0862 정답 96

STEP A **주어진 조건을 만족하는 집합 C 파악하기**

$n(B \cap C) = 2$이고 $C - A = \varnothing$에서 $C \subset A$이므로
집합 C는 1, 2, 3 중에서 2개를 원소로 갖는 집합 A의 부분집합이다.

STEP B **집합 C의 개수 구하기**

1, 2, 3 중에서 2개를 원소로 갖는 경우는
(1, 2), (1, 3), (2, 3)으로 3가지이다.
이때 1, 2, 3 중 2개를 포함하고 나머지 1개를 포함하지 않는 집합 A의
부분집합의 개수는 $2^{8-2-1} = 2^5 = 32$
따라서 구하는 집합 C의 개수는 $3 \times 32 = 96$

0863 2017년 11월 고1 학력평가 25번 정답 8

STEP A **조건을 만족하는 집합 C 파악하기**

$A - B = \{2, 4\}$
$(A-B) \cap C = \{2, 4\} \cap C = \varnothing$에서 $2 \notin C$, $4 \notin C$
$A \cap C = C$에서 $C \subset A$
즉 집합 C는 A의 부분집합 중 2, 4를 원소로 갖지 않는 집합이다.

STEP B **조건을 만족시키는 집합 C의 개수 구하기**

따라서 집합 C의 개수는 $2^{5-2} = 2^3 = 8$

내신연계 출제문항 453

두 집합 $A = \{1, 2, 3, 4, 5, 6\}$, $B = \{1, 3, 5, 9, 10\}$에 대하여
$(A-B) \cap C = \varnothing$, $A \cap C = C$를 만족시키는 집합 C의 개수는?

① 2   ② 4   ③ 8
④ 16   ⑤ 32

STEP A **조건을 만족하는 집합 C 파악하기**

$A - B = \{2, 4, 6\}$
$(A-B) \cap C = \{2, 4, 6\} \cap C = \varnothing$에서 $2 \notin C$, $4 \notin C$, $6 \notin C$
$A \cap C = C$에서 $C \subset A$
즉 집합 C는 A의 부분집합 중 2, 4, 6을 원소로 갖지 않는 집합이다.

STEP B **조건을 만족하는 집합 C의 개수 구하기**

따라서 집합 C의 개수는 $2^{6-3} = 2^3 = 8$ 정답 ③

0864 정답 ①

STEP A **집합의 연산법칙을 이용하여 빈칸 추론하기**

$(A^c \cup B)^c \cup (A \cap B) = (\boxed{A \cap B^c}) \cup (A \cap B)$ ← 드모르간의 법칙
$\qquad = \boxed{A} \cap (B^c \cup B)$ ← 분배법칙
$\qquad = \boxed{A \cap U}$ ← 여집합의 성질
$\qquad = A$

따라서 (가): $A \cap B^c$ (나): A (다): $A \cap U$

0865 정답 ⑤

STEP A **집합의 연산법칙을 이용하여 참, 거짓 판단하기**

① $A^c - B^c = A^c \cap (B^c)^c = A^c \cap B = B - A$ [참]
② $(B-A)^c = (B \cap A^c)^c = B^c \cup A = A \cup B^c$ [참]
③ $A \cap (A^c \cup B) = (A \cap A^c) \cup (A \cap B) = \varnothing \cup (A \cap B) = A \cap B$ [참]
④ $(A \cup B) \cap (A^c \cap B^c) = (A \cup B) \cap (A \cup B)^c = \varnothing$ [참]
⑤ $(A^c \cup B^c) \cap (A \cup B^c) = (A^c \cap A) \cup B^c = \varnothing \cup B^c = B^c$ [거짓]
따라서 옳지 않은 것은 ⑤이다.

0866 정답 ⑤

STEP A **집합의 연산법칙을 이용하여 참, 거짓 판단하기**

ㄱ. $(A \cup B)^c \cup (A^c \cap B) = (A^c \cap B^c) \cup (A^c \cap B)$ ← 드모르간의 법칙
$\qquad = A^c \cap (B^c \cup B)$ ← 분배법칙
$\qquad = A^c \cap U$ ← $B^c \cup B = U$
$\qquad = A^c$ [참]

ㄴ. $\{A \cup (A^c \cap B)\} \cap \{B \cap (B \cup C)\}$
$\qquad = \{(A \cup A^c) \cap (A \cup B)\} \cap B$ ← 분배법칙 & 흡수법칙
$\qquad = \{U \cap (A \cup B)\} \cap B$ ← $A \cup A^c = U$
$\qquad = (A \cup B) \cap B$
$\qquad = B$ [참] ← 흡수법칙

ㄷ. $(A \cup B) \cap (A-B)^c = (A \cup B) \cap (A \cap B^c)^c$ ← $A - B = A \cap B^c$
$\qquad = (A \cup B) \cap (A^c \cup B)$ ← 드모르간의 법칙
$\qquad = (A \cap A^c) \cup B$ ← 분배법칙
$\qquad = \varnothing \cup B$ ← $A \cap A^c = \varnothing$
$\qquad = B$ [참]

따라서 옳은 것은 ㄱ, ㄴ, ㄷ이다.

0867 정답 ①

STEP A **집합의 연산법칙을 이용하여 주어진 집합 변형하기**

$(A-B) \cap (A-C) = (A \cap B^c) \cap (A \cap C^c)$ ← $A - B = A \cap B^c$
$\qquad = A \cap (B^c \cap C^c)$ ← 분배법칙
$\qquad = A \cap (B \cup C)^c$ ← 드모르간의 법칙
$\qquad = A - (B \cup C)$ ← $A \cap B^c = A - B$

---

mini해설 | 벤 다이어그램을 이용하여 풀이하기

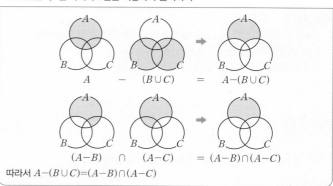

따라서 $A - (B \cup C) = (A-B) \cap (A-C)$

내신 연계 출제문항 454

전체집합 U의 세 부분집합 A, B, C에 대하여 다음 중 $A-(B-C)$와 항상 같은 집합은?

① $A\cap(C-B)$ ② $A\cup(C-B)$ ③ $A\cap(B-C)$
④ $A\cup(B-C)$ ⑤ $(A-B)\cup(A\cap C)$

STEP A 집합의 연산법칙을 이용하여 주어진 집합 변형하기

$$
\begin{aligned}
A-(B-C)&=A-(B\cap C^c) &&\leftarrow A-B=A\cap B^c\\
&=A\cap(B\cap C^c)^c &&\leftarrow A-B=A\cap B^c\\
&=A\cap(B^c\cup C) &&\leftarrow \text{드모르간의 법칙}\\
&=(A\cap B^c)\cup(A\cap C) &&\leftarrow \text{분배법칙}\\
&=(A-B)\cup(A\cap C) &&\leftarrow A\cap B^c=A-B
\end{aligned}
$$

정답 ⑤

0868

정답 ③

STEP A $B-A=\varnothing$의 의미 파악하기

$B-A=\varnothing$에서 $B\subset A$, $A^c\subset B^c$이므로
$A\cap B=B$, $A^c\cap B^c=A^c$

STEP B 집합의 연산법칙을 이용하여 간단히 정리하기

$$
\begin{aligned}
(A^c\cup B)^c\cap(A\cup B^c)^c&=(A\cap B^c)\cap(A^c\cap B) &&\leftarrow \text{드모르간의 법칙}\\
&=(A\cap B)\cap(A^c\cap B^c) &&\leftarrow \text{교환법칙}\\
&=B\cap A^c\\
&=B-A=\varnothing
\end{aligned}
$$

내신 연계 출제문항 455

전체집합 U의 서로 다른 두 부분집합 A, B에 대하여 $A-B=\varnothing$일 때, 다음 중 집합 $A\cap\{(A^c\cup B^c)^c\cup(B\cap A^c)\}$와 항상 같은 집합은?

① A ② B ③ $\varnothing$
④ $A^c\cup B$ ⑤ $A\cap B^c$

STEP A $A-B=\varnothing$의 의미 파악하기

$A-B=\varnothing$에서 $A\subset B$이므로 $A\cap B=A$

STEP B 집합의 연산법칙을 이용하여 간단히 정리하기

$$
\begin{aligned}
A\cap\{(A^c\cup B^c)^c\cup(B\cap A^c)\}&=A\cap\{(A\cap B)\cup(B\cap A^c)\} &&\leftarrow \text{드모르간의 법칙}\\
&=A\cap\{(B\cap A)\cup(B\cap A^c)\} &&\leftarrow \text{교환법칙}\\
&=A\cap\{B\cap(A\cup A^c)\} &&\leftarrow \text{분배법칙}\\
&=A\cap(B\cap U) &&\leftarrow A\cup A^c=U\\
&=A\cap B=A
\end{aligned}
$$

정답 ①

0869

정답 ⑤

STEP A 집합의 연산법칙을 이용하여 참, 거짓 판단하기

ㄱ. $(A\cap B)\cup(A^c\cap B)=(A\cup A^c)\cap B$ ← 분배법칙
　　　　　　　　　　　　$=U\cap B=B$ [참] ← $A\cup A^c=U$

ㄴ. $(A-B)\cup(A\cap B)=(A\cap B^c)\cup(A\cap B)$ ← $A-B=A\cap B^c$
　　　　　　　　　　　$=A\cap(B^c\cup B)$ ← 분배법칙
　　　　　　　　　　　$=A\cap U=A$ [참] ← $B\cup B^c=U$

ㄷ. $\{(A\cup B)\cap(A^c\cup B)\}\cap\{(B^c\cap C)\cap(B\cup C)^c\}$
　$=\{(A\cap A^c)\cup B\}\cap\{(B^c\cap C)\cap(B^c\cap C^c)\}$ ← 분배법칙 & 드모르간의 법칙
　$=(\varnothing\cup B)\cap\{(B^c\cap B^c)\cap(C\cap C^c)\}$ ← 교환법칙, $A\cap A^c=\varnothing$
　$=B\cap(B^c\cap\varnothing)$ ← 분배법칙, $C\cap C^c=\varnothing$
　$=B\cap\varnothing=\varnothing$ [참]

따라서 옳은 것은 ㄱ, ㄴ, ㄷ이다.

0870

정답 ⑤

STEP A 집합의 연산법칙을 이용하여 참, 거짓 판단하기

ㄱ. $(A\cap B)\cup(A^c\cup B)^c=(A\cap B)\cup(A\cap B^c)$ ← 드모르간의 법칙
　　　　　　　　　　　$=A\cap(B\cup B^c)$ ← 분배법칙
　　　　　　　　　　　$=A\cap U=A$ [참] ← $B\cup B^c=U$

ㄴ. $(A-B)-C=(A\cap B^c)-C$ ← $A-B=A\cap B^c$
　　　　　　　$=(A\cap B^c)\cap C^c$ ← $A-B=A\cap B^c$
　　　　　　　$=A\cap(B^c\cap C^c)$ ← 결합법칙
　　　　　　　$=A\cap(B\cup C)^c$ ← 드모르간의 법칙
　　　　　　　$=A-(B\cup C)$ [참] ← $A\cap B^c=A-B$

ㄷ. $A-(B-C)=A-(B\cap C^c)$ ← $A-B=A\cap B^c$
　　　　　　　$=A\cap(B\cap C^c)^c$ ← $A-B=A\cap B^c$
　　　　　　　$=A\cap(B^c\cup C)$ ← 드모르간의 법칙
　　　　　　　$=(A\cap B^c)\cup(A\cap C)$ ← 분배법칙
　　　　　　　$=(A-B)\cup(A\cap C)$ [참] ← $A\cap B^c=A-B$

따라서 항상 옳은 것은 ㄱ, ㄴ, ㄷ이다.

0871

정답 ⑤

STEP A 집합의 연산법칙을 이용하여 참, 거짓 판단하기

ㄱ. $(A\cap B)\cup(A-B)\cup(B-A)$
　$=\{(A\cap B)\cup(A\cap B^c)\}\cup(B\cap A^c)$ ← $A-B=A\cap B^c$
　$=\{A\cap(B\cup B^c)\}\cup(B\cap A^c)$ ← 분배법칙
　$=(A\cap U)\cup(B\cap A^c)$ ← $B\cup B^c=U$
　$=A\cup(A^c\cap B)$ ← 교환법칙
　$=(A\cup A^c)\cap(A\cup B)$ ← 분배법칙
　$=U\cap(A\cup B)$ ← $A\cup A^c=U$
　$=A\cup B$ [참]

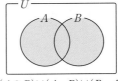

$(A\cap B)\cup(A-B)\cup(B-A)$

ㄴ. $(A-B)^c-B=(A\cap B^c)^c\cap B^c$ ← $A-B=A\cap B^c$
　　　　　　　$=(A^c\cup B)\cap B^c$ ← 드모르간의 법칙
　　　　　　　$=(A^c\cap B^c)\cup(B\cap B^c)$ ← 분배법칙
　　　　　　　$=(A^c\cap B^c)\cup\varnothing$ ← $B\cap B^c=\varnothing$
　　　　　　　$=A^c\cap B^c$
　　　　　　　$=(A\cup B)^c$ [참] ← 드모르간의 법칙

+α | 벤 다이어그램을 이용하여 구할 수 있어!

두 집합 $(A-B)^c$, $(A-B)^c-B$를 벤 다이어그램으로 나타내면 다음과 같다.

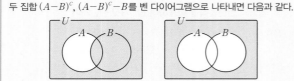

$(A-B)^c$ $(A-B)^c-B$

$\therefore (A-B)^c-B=(A\cup B)^c$

ㄷ. $\{A\cup(B-A)^c\}\cap\{(B-A)\cup A\}$

$=\{A\cup(B\cap A^c)^c\}\cap\{(B\cap A^c)\cup A\}$ ← $A-B=A\cap B^c$

$=\{A\cup(B^c\cup A)\}\cap\{(B\cap A^c)\cup A\}$ ← 드모르간의 법칙

$=\{(A\cup B^c)\cup A\}\cap\{(B\cup A)\cap(A^c\cup A)\}$ ← 결합법칙 & 분배법칙

$=(A\cup B^c)\cap\{(B\cup A)\cap U\}$ ← $A^c\cup A=U$

$=(A\cup B^c)\cap(B\cup A)$

$=A\cup(B^c\cap B)$ ← 교환법칙 & 분배법칙

$=A\cup\varnothing$ ← $B\cap B^c=\varnothing$

$=A$ [참]

+α | 벤 다이어그램을 이용하여 구할 수 있어!

두 집합 $A\cup(B-A)^c$, $(B-A)\cup A$를 벤 다이어그램으로 나타내면 다음과 같다.

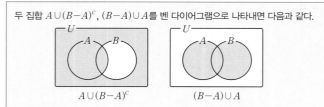

$A\cup(B-A)^c$ $(B-A)\cup A$

$\therefore \{A\cup(B-A)^c\}\cap\{(B-A)\cup A\}=A$

ㄹ. $(A\cap B)\cup(A\cap B^c)=A\cap(B\cup B^c)$ ← 분배법칙

$=A\cap U=A$ ← $B\cup B^c=U$

$(A^c\cap B)\cup(A^c\cap B^c)=A^c\cap(B\cup B^c)$ ← 분배법칙

$=A^c\cap U=A^c$ ← $B\cup B^c=U$

즉 $\{(A\cap B)\cup(A\cap B^c)\}\cup\{(A^c\cap B)\cup(A^c\cap B^c)\}=A\cup A^c=U$ [참]

+α | 벤 다이어그램을 이용하여 구할 수 있어!

두 집합 $\{(A\cap B)\cup(A\cap B^c)\}$, $\{(A^c\cap B)\cup(A^c\cap B^c)\}$을 벤 다이어그램으로 나타내면 다음과 같다.

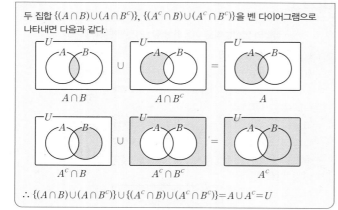

$A\cap B$ $A\cap B^c$ A

$A^c\cap B$ $A^c\cap B^c$ A^c

$\therefore \{(A\cap B)\cup(A\cap B^c)\}\cup\{(A^c\cap B)\cup(A^c\cap B^c)\}=A\cup A^c=U$

따라서 항상 옳은 것은 ㄱ, ㄴ, ㄷ, ㄹ이다.

0872

정답 42

STEP A 주어진 집합을 원소나열법으로 나타내기

$U=\{x|x는\ 10\ 이하의\ 자연수\}=\{1,\ 2,\ 3,\ \cdots,\ 10\}$

$A=\{x|x는\ 소수\}=\{2,\ 3,\ 5,\ 7\}$

$B=\{x|x는\ 짝수\}=\{2,\ 4,\ 6,\ 8,\ 10\}$

$C=\{x|x는\ 6의\ 약수\}=\{1,\ 2,\ 3,\ 6\}$

STEP B 집합 $(A\cup B)\cap(B\cup C^c)$의 모든 원소의 합 구하기

$(A\cup B)\cap(B\cup C^c)=(B\cup A)\cap(B\cup C^c)$

$=B\cup(A\cap C^c)$

$=B\cup(A-C)$

$=\{2,\ 4,\ 6,\ 8,\ 10\}\cup\{5,\ 7\}$

$=\{2,\ 4,\ 5,\ 6,\ 7,\ 8,\ 10\}$

따라서 집합 $(A\cup B)\cap(B\cup C^c)$의 모든 원소의 합은
$2+4+5+6+7+8+10=42$

0873

정답 ⑤

STEP A 주어진 집합을 원소나열법으로 나타내기

$U=\{x|x는\ 10\ 이하의\ 자연수\}=\{1,\ 2,\ 3,\ \cdots,\ 10\}$

$A=\{x|x는\ 소수\}=\{2,\ 3,\ 5,\ 7\}$

$B=\{x|x는\ 3의\ 배수\}=\{3,\ 6,\ 9\}$

$C=\left\{x\middle|x=\dfrac{10}{n},\ n은\ 자연수\right\}=\{1,\ 2,\ 5,\ 10\}$

　　　　　$x는\ 10의\ 양의\ 약수$

STEP B 집합 $(A^c\cup B)\cap(B\cup C)$의 모든 원소의 합 구하기

$(A^c\cup B)\cap(B\cup C)=(B\cup A^c)\cap(B\cup C)$

$=B\cup(A^c\cap C)$

$=B\cup(C-A)$

$=\{3,\ 6,\ 9\}\cup\{1,\ 10\}$

$=\{1,\ 3,\ 6,\ 9,\ 10\}$

따라서 집합 $(A^c\cup B)\cap(B\cup C)$의 모든 원소의 합은 $1+3+6+9+10=29$

내신연계 출제문항 456

전체집합 $U=\{x|x는\ 10\ 이하의\ 자연수\}$의 세 부분집합 $A,\ B,\ C$에 대하여

$A\cup B=\{x|x는\ 3의\ 배수\}$,

$A\cup C=\{x|x는\ 9의\ 약수\}$

일 때, $A\cup(B\cap C)$의 모든 원소의 합을 구하시오.

STEP A 주어진 집합을 원소나열법으로 나타내기

$A\cup B=\{x|x는\ 3의\ 배수\}=\{3,\ 6,\ 9\}$

$A\cup C=\{x|x는\ 9의\ 약수\}=\{1,\ 3,\ 9\}$

STEP B 집합 $A\cup(B\cap C)$의 원소의 합 구하기

$A\cup(B\cap C)=(A\cup B)\cap(A\cup C)$

$=\{3,\ 6,\ 9\}\cap\{1,\ 3,\ 9\}$

$=\{3,\ 9\}$

따라서 집합 $A\cup(B\cap C)$의 모든 원소의 합은 $3+9=12$ 정답 12

352

0874

정답 ③

STEP A 주어진 집합을 원소나열법으로 나타내기

$U=\{x\,|\,x$는 10 이하의 자연수$\}=\{1,\ 2,\ 3,\ \cdots,\ 10\}$

$A=\left\{x\,\middle|\,x=\dfrac{6}{n},\ n$은 자연수$\right\}=\{1,\ 2,\ 3,\ 6\}$

<u>x는 6의 양의 약수</u>

$B=\{x\,|\,x$는 소수$\}=\{2,\ 3,\ 5,\ 7\}$

$C=\{x\,|\,x$는 홀수$\}=\{1,\ 3,\ 5,\ 7,\ 9\}$

STEP B 집합 $(A^c\cap B)^c-C^c$의 모든 원소의 합 구하기

$(A^c\cap B)^c-C^c=(A^c\cap B)^c\cap (C^c)^c$

$\qquad\qquad\qquad =(A\cup B^c)\cap C$

이때 $A\cup B^c=\{1,\ 2,\ 3,\ 6\}\cup\{1,\ 4,\ 6,\ 8,\ 9,\ 10\}$

$\qquad\qquad =\{1,\ 2,\ 3,\ 4,\ 6,\ 8,\ 9,\ 10\}$

이므로 $(A\cup B^c)\cap C=\{1,\ 3,\ 9\}$

따라서 집합 $(A^c\cap B)^c-C^c$의 모든 원소의 합은 $1+3+9=13$

0875

정답 ①

STEP A 집합의 연산법칙을 이용하여 주어진 식 정리하기

$A^c\cap B^c=(A\cup B)^c=\{2,\ 4,\ 8\}$이므로

$A\cup B=U-(A\cup B)^c=\{1,\ 3,\ 5,\ 6,\ 7,\ 9\}$ $\qquad\cdots\cdots$ ㉠

또한, $\{(A\cap B^c)\cup(B-A^c)\}\cap B^c=\{(A\cap B^c)\cup(B\cap A)\}\cap B^c$

$\qquad\qquad\qquad\qquad\qquad =\{A\cap(B^c\cup B)\}\cap B^c$

$\qquad\qquad\qquad\qquad\qquad =(A\cap U)\cap B^c$

$\qquad\qquad\qquad\qquad\qquad =A\cap B^c$

$\qquad\qquad\qquad\qquad\qquad =A-B$

$\qquad\qquad\qquad\qquad\qquad =\{1,\ 3,\ 5\}$ $\qquad\cdots\cdots$ ㉡

STEP B 집합 B의 모든 원소의 합 구하기

㉠, ㉡에서 $B=(A\cup B)-(A-B)=\{1,\ 3,\ 5,\ 6,\ 7,\ 9\}-\{1,\ 3,\ 5\}=\{6,\ 7,\ 9\}$

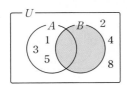

따라서 집합 B의 모든 원소의 합은 $6+7+9=22$

전체집합 $U=\{1,\ 2,\ 3,\ 4,\ 5,\ 6,\ 7,\ 8\}$의 두 부분집합 A, B에 대하여

$$A^c\cup B^c=\{1,\ 2,\ 3,\ 4,\ 5,\ 6\},$$
$$(B-A)^c\cap\{A\cap(A\cap B)^c\}=\{1,\ 4,\ 5\}$$

일 때, 집합 A의 모든 원소의 합을 구하시오.

STEP A 집합의 연산법칙을 이용하여 주어진 식 정리하기

$A^c\cup B^c=(A\cap B)^c=\{1,\ 2,\ 3,\ 4,\ 5,\ 6\}$이므로

$A\cap B=U-(A\cap B)^c=\{7,\ 8\}$ $\qquad\cdots\cdots$ ㉠

또한, $(B-A)^c\cap\{A\cap(A\cap B)^c\}=(B-A)^c\cap\{A\cap(A^c\cup B^c)\}$

$\qquad\qquad\qquad\qquad\qquad =(B\cap A^c)^c\cap\{(A\cap A^c)\cup(A\cap B^c)\}$

$\qquad\qquad\qquad\qquad\qquad =(B^c\cup A)\cap\{\varnothing\cup(A\cap B^c)\}$

$\qquad\qquad\qquad\qquad\qquad =(A\cup B^c)\cap(A\cap B^c)$

$\qquad\qquad\qquad\qquad\qquad =\{(A\cup B^c)\cap A\}\cap\{(A\cup B^c)\cap B^c\}$

$\qquad\qquad\qquad\qquad\qquad =A\cap B^c$

$\qquad\qquad\qquad\qquad\qquad =A-B$

$\qquad\qquad\qquad\qquad\qquad =\{1,\ 4,\ 5\}$ $\qquad\cdots\cdots$ ㉡

STEP B 집합 A의 모든 원소의 합 구하기

㉠, ㉡에서 $A=(A\cap B)\cup(A-B)=\{7,\ 8\}\cup\{1,\ 4,\ 5\}=\{1,\ 4,\ 5,\ 7,\ 8\}$

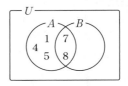

따라서 집합 A의 모든 원소의 합은 $1+4+5+7+8=25$

정답 25

0876

정답 21

STEP A 주어진 조건을 이용하여 집합 C의 원소 파악하기

$X\cap B=(A\cup C)\cap B$

$\qquad\quad =(A\cap B)\cup(C\cap B)$

$\qquad\quad =\{2,\ 3\}\cup(C\cap B)$

이때 $n(X\cap B)=3$이려면 집합 $C\cap B$는 2가 아니고 3도 아닌 원소 1개를 반드시 포함해야 한다.

즉 a, $a+2$ 중 하나는 5 또는 7이고 나머지 하나는 전체집합 U의 원소 중 5, 7이 아닌 원소인 1, 2, 3, 4, 6, 8, 9, 10 중 하나이다.

STEP B 조건을 만족시키는 모든 a의 값의 곱 구하기

(i) $a=5$일 때,

$a+2=7$이고 $X\cap B=\{2,\ 3,\ 5,\ 7\}$이므로 조건을 만족시키지 않는다.

(ii) $a=7$일 때,

$a+2=9$이고 $X\cap B=\{2,\ 3,\ 7\}$이므로 조건을 만족시킨다.

(iii) $a+2=5$일 때,

$a=3$이고 $X\cap B=\{2,\ 3,\ 5\}$이므로 조건을 만족시킨다.

(iv) $a+2=7$일 때,

$a=5$이고 $X\cap B=\{2,\ 3,\ 5,\ 7\}$이므로 조건을 만족시키지 않는다.

(i)~(iv)에 의하여 조건을 만족시키는 a의 값은 3, 7이므로 그 곱은

$3\times 7=21$

0877
2016년 04월 고3 학력평가 나형 19번

정답 ④

STEP ⓐ 집합의 연산법칙을 이용하여 주어진 식을 간단히 정리하기

$$A \cap (B^c \cup C) = (A \cap B^c) \cup (A \cap C)$$
$$= (A - B) \cup (A \cap C)$$

STEP ⓑ 벤 다이어그램을 이용하여 집합 $(A-B) \cup (A \cap C)$ 구하기

주어진 조건을 만족하는 세 집합 A, B, C를 벤 다이어그램으로 나타내면 원소 5가 속하는 경우에 따라 두 가지로 나눌 수 있다.

(ⅰ)   (ⅱ)

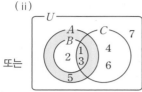

(ⅰ)의 경우 $(A-B) \cup (A \cap C) = \{5\} \cup \{1, 3, 5\} = \{1, 3, 5\}$
(ⅱ)의 경우 $(A-B) \cup (A \cap C) = \{5\} \cup \{1, 3\} = \{1, 3, 5\}$
(ⅰ), (ⅱ)에서 $(A-B) \cup (A \cap C) = \{1, 3, 5\}$

내신연계 출제문항 458

전체집합 $U = \{x | x$는 9 이하의 자연수$\}$의 세 부분집합 A, B, C에 대하여
$B \subset A$이고 $A \cup C = \{1, 2, 3, 4, 5, 6, 7, 9\}$이다.
$$A - B = \{9\}, \quad B - C = \{2, 4\}, \quad C - A = \{1, 3, 5, 7\}$$
일 때, 집합 $A \cap (B-C)^c$의 모든 원소의 합을 구하시오.

STEP ⓐ 집합의 연산법칙을 이용하여 주어진 식을 간단히 정리하기

$$A \cap (B-C)^c = A \cap (B \cap C^c)^c$$
$$= A \cap (B^c \cup C)$$
$$= (A \cap B^c) \cup (A \cap C)$$
$$= (A - B) \cup (A \cap C)$$

STEP ⓑ 벤 다이어그램을 이용하여 집합 $(A-B) \cup (A \cap C)$ 구하기

주어진 조건을 만족하는 세 집합 A, B, C를 벤 다이어그램으로 나타내면 원소 9가 속하는 경우에 따라 두 가지로 나눌 수 있다.

(ⅰ)   (ⅱ)

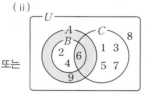

(ⅰ)의 경우 $(A-B) \cup (A \cap C) = \{9\} \cup \{6, 9\} = \{6, 9\}$
(ⅱ)의 경우 $(A-B) \cup (A \cap C) = \{9\} \cup \{6\} = \{6, 9\}$
(ⅰ), (ⅱ)에서 $(A-B) \cup (A \cap C) = \{6, 9\}$

STEP ⓒ 집합 $A \cap (B-C)^c$의 모든 원소의 합 구하기

따라서 집합 $A \cap (B-C)^c$의 모든 원소의 합은 $6+9=15$

정답 15

0878
정답 ③

STEP ⓐ 벤 다이어그램에서 색칠된 부분을 집합으로 나타내기

ㄱ. 집합 $(A-B) \cup (A \cap C)$를 벤 다이어그램 으로 나타내면 오른쪽과 같다.

ㄴ. $A \cap (B \cup C)^c = A - (B \cup C)$이므로 이 집합을 벤 다이어그램으로 나타내면 오른쪽과 같다.

ㄷ. 집합 $A-(C-B)$를 벤 다이어그램으로 나타내면 오른쪽과 같다.

따라서 주어진 벤 다이어그램에서 색칠된 부분을 나타내는 집합과 항상 같은 것은 ㄷ이다.

POINT │ 벤 다이어그램과 집합

① 벤 다이어그램의 색칠한 부분이 나타내는 집합을 찾을 때에는
➡ 각 집합을 벤 다이어그램으로 나타낸 후 주어진 벤 다이어그램과 비교한다.
② 주어진 집합을 벤 다이어그램으로 나타낼 때에는
➡ 집합의 연산법칙이나 연산의 성질을 이용하여 주어진 집합을 간단히 하면 쉽게 벤 다이어그램으로 나타낼 수 있다.

0879
정답 ⑤

STEP ⓐ 벤 다이어그램에서 색칠된 부분을 집합으로 나타내기

ㄱ. 주어진 벤 다이어그램의 색칠된 부분이 나타내는 집합은 $(A-B) \cup (B-A)$

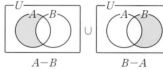

$$A-B \qquad B-A \qquad (A-B) \cup (B-A)$$

ㄴ. $(A \cup B) \cap (A \cap B)^c = (A \cup B) - (A \cap B)$
ㄷ. $(A^c - B^c) \cup (B^c - A^c) = \{A^c \cap (B^c)^c\} \cup \{B^c \cap (A^c)^c\}$
$$= (A^c \cap B) \cup (B^c \cap A)$$
$$= (B-A) \cup (A-B)$$
따라서 벤 다이어그램에서 색칠한 부분을 나타내는 집합은 ㄱ, ㄴ, ㄷ이다.

0880
정답 ③

STEP ⓐ 벤 다이어그램에서 색칠된 부분을 집합으로 나타내기

주어진 벤 다이어그램의 색칠된 부분이 나타내는 집합은
$(A \cup B)^c \cap C = (A^c \cap B^c) \cap C$
따라서 구하는 집합과 항상 같은 것은 ③이다.

다음 [보기] 중 오른쪽 벤 다이어그램의
색칠된 부분을 나타낸 집합과 같은
것만을 있는 대로 고른 것은?

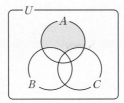

ㄱ. $A \cap (B^c \cup C^c)$
ㄴ. $A \cap B^c \cap C^c$
ㄷ. $A - (B - C)$
ㄹ. $(A - B) - C$

① ㄱ, ㄴ   ② ㄱ, ㄷ   ③ ㄴ, ㄷ
④ ㄴ, ㄹ   ⑤ ㄷ, ㄹ

STEP Ⓐ 벤 다이어그램에서 색칠된 부분을 집합으로 나타내기

주어진 벤 다이어그램의 색칠된 부분이 나타내는 집합은 $A - (B \cup C)$

STEP Ⓑ 집합의 연산을 이용하여 같은 집합 찾기

ㄱ. $A \cap (B^c \cup C^c) = A \cap (B \cap C)^c = A - (B \cap C)$
ㄴ. $A \cap B^c \cap C^c = A \cap (B^c \cap C^c) = A \cap (B \cup C)^c = A - (B \cup C)$
ㄷ. $A - (B - C) = A - (B \cap C^c)$
ㄹ. $(A - B) - C = (A \cap B^c) - C$
$\qquad = (A \cap B^c) \cap C^c$
$\qquad = A \cap (B^c \cap C^c)$
$\qquad = A \cap (B \cup C)^c$
$\qquad = A - (B \cup C)$

따라서 $A - (B \cup C)$와 항상 같은 집합은 ㄴ, ㄹ이다.   정답 ④

0881

정답 ⑤

STEP Ⓐ 벤 다이어그램에서 색칠된 부분을 집합으로 나타내기

ㄱ. $(B \cap C) \cap A^c = (B \cap C) - A$이므로
   이 집합을 벤 다이어그램으로 나타내면
   오른쪽과 같다.

ㄴ. $(B \cap C) - (A \cap B \cap C)$를 벤 다이어그램
   으로 나타내면 오른쪽과 같다.

ㄷ. $(B - A) \cap (C - A)$를 벤 다이어그램으로
   나타내면 오른쪽과 같다.

따라서 주어진 벤 다이어그램에서 색칠된 부분을 나타내는 집합과 항상 같은
것은 ㄱ, ㄴ, ㄷ이다.

0882

정답 ⑤

STEP Ⓐ [보기]에 주어진 집합을 벤 다이어그램으로 나타내기

[보기]의 집합을 벤 다이어그램으로 나타내면 다음과 같다.

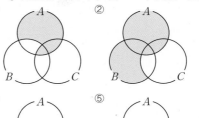

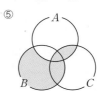

따라서 주어진 벤 다이어그램의 색칠된 부분을 나타낸 것과 항상 같은 것은
⑤이다.

0883
2015년 03월 고2 학력평가 나형 11번

정답 ②

STEP Ⓐ [보기]에 주어진 집합을 벤 다이어그램으로 나타내기

[보기]의 집합을 벤 다이어그램으로 나타내면 다음과 같다.

①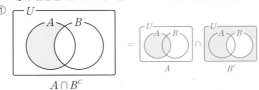
$A \cap B^c$

②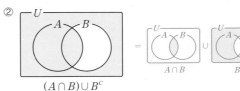
$(A \cap B) \cup B^c$

③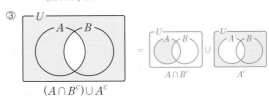
$(A \cap B^c) \cup A^c$

④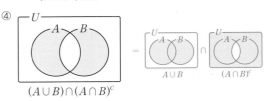
$(A \cup B) \cap (A \cap B)^c$

⑤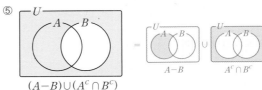
$(A - B) \cup (A^c \cap B^c)$

따라서 주어진 벤 다이어그램의 어두운 부분을 나타낸 집합은 ②이다.

오른쪽 그림은 전체집합 U 의 서로 다른 두 부분집합 A, B 사이의 관계를 벤 다이어그램으로 나타낸 것이다. 다음 중 어두운 부분을 나타낸 집합과 같은 것은?

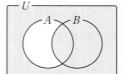

① $A \cup (A-B)^c$ ② $A \cup (A-B)$
③ $A^c \cup (A-B)^c$ ④ $A^c \cup (A-B)$
⑤ $A^c \cap (A-B)^c$

STEP A   [보기]에 주어진 집합을 벤 다이어그램으로 나타내기

[보기]의 집합을 벤 다이어그램으로 나타내면 다음과 같다.

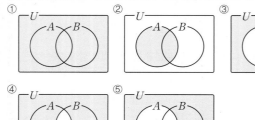

따라서 주어진 벤 다이어그램의 어두운 부분을 나타낸 집합은 ③이다.

정답 ③

0884
정답 ②

STEP A   집합의 연산법칙을 이용하여 좌변을 간단히 하기

$(A-B) \cup B = (A \cap B^c) \cup B$ ← $A-B = A \cap B^c$
$\qquad\qquad\quad = (A \cup B) \cap (B^c \cup B)$ ← 분배법칙
$\qquad\qquad\quad = (A \cup B) \cap U$ ← $B^c \cup B = U$
$\qquad\qquad\quad = A \cup B$

STEP B   집합의 포함 관계 구하기

$A \cup B = A$이므로 $B \subset A$ ∴ $B-A = \varnothing$
따라서 항상 옳은 것은 ②이다.

0885
정답 ②

STEP A   집합의 연산법칙을 이용하여 좌변을 간단히 하기

$\{(A \cap B) \cup (A-B)\} \cap B$
$= \{(A \cap B) \cup (A \cap B^c)\} \cap B$ ← $A-B = A \cap B^c$
$= \{A \cap (B \cup B^c)\} \cap B$ ← 분배법칙
$= \{A \cap U\} \cap B$ ← $B \cup B^c = U$
$= A \cap B$

STEP B   집합의 포함 관계 구하기

$A \cap B = B$이므로 $B \subset A$
따라서 항상 옳은 것은 ②이다.

전체집합 U 의 두 부분집합 A, B 에 대하여
$$\{(A \cap B) \cup (A-B)\} \cap B = A$$
가 성립할 때, [보기]에서 옳은 것만을 있는 대로 고른 것은?

ㄱ. $B \subset A$
ㄴ. $B^c - A^c = \varnothing$
ㄷ. $B \cup A^c = U$

① ㄱ   ② ㄴ   ③ ㄱ, ㄷ
④ ㄴ, ㄷ   ⑤ ㄱ, ㄴ, ㄷ

STEP A   집합의 연산법칙을 이용하여 좌변을 간단히 하기

$\{(A \cap B) \cup (A-B)\} \cap B$
$= \{(A \cap B) \cup (A \cap B^c)\} \cap B$ ← $A-B = A \cap B^c$
$= \{A \cap (B \cup B^c)\} \cap B$ ← 분배법칙
$= \{A \cap U\} \cap B$ ← $B \cup B^c = U$
$= A \cap B$

STEP B   [보기]의 참, 거짓 판단하기

ㄱ. $A \cap B = A$이므로 $A \subset B$ [거짓]
ㄴ. $A \subset B$이므로 $B^c - A^c = \varnothing$ [참]
ㄷ. $B \cup A^c = U$ [참]
따라서 옳은 것은 ㄴ, ㄷ이다.

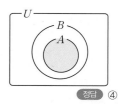

정답 ④

0886
정답 ④

STEP A   집합의 연산법칙을 이용하여 좌변을 간단히 하기

$\{(A^c \cup B^c) \cap (A \cup B^c)\} \cap A = \{(A^c \cap A) \cup B^c\} \cap A$ ← 분배법칙
$\qquad\qquad\qquad\qquad\qquad = (\varnothing \cup B^c) \cap A$
$\qquad\qquad\qquad\qquad\qquad = B^c \cap A$
$\qquad\qquad\qquad\qquad\qquad = A \cap B^c$ ← 교환법칙
$\qquad\qquad\qquad\qquad\qquad = A - B$

STEP B   집합의 포함 관계 구하기

$A - B = \varnothing$이므로 $A \subset B$ ∴ $A \cup B = B$
따라서 항상 옳은 것은 ④이다.

0887
정답 ③

STEP A   집합의 연산법칙을 이용하여 좌변을 간단히 하기

$A - (A-B) = A \cap (A \cap B^c)^c$ ← $A-B = A \cap B^c$
$\qquad\qquad\quad = A \cap (A^c \cup B)$ ← 드모르간의 법칙
$\qquad\qquad\quad = (A \cap A^c) \cup (A \cap B)$ ← 분배법칙
$\qquad\qquad\quad = \varnothing \cup (A \cap B)$
$\qquad\qquad\quad = A \cap B$

STEP B   집합의 포함 관계 구하기

$A \cap B = B$이므로 $B \subset A$ ∴ $B-A = \varnothing$
따라서 항상 옳은 것은 ③이다.

0888

STEP **A** $(A-B)\cup(B-A)=\varnothing$이면 $A=B$임을 이해하기

$(A-B)\cup(B-A)=\varnothing$이므로
$A-B=\varnothing$이고 $B-A=\varnothing$
즉 $A\subset B$, $B\subset A$이므로 $A=B$ $\therefore A\cap B=A\cup B$
따라서 항상 옳은 것은 ⑤이다.

내/신/연/계/ 출제문항 462

전체집합 U의 두 부분집합 A, B에 대하여 $(A\cap B^c)\cup(A^c\cap B)=\varnothing$가
성립할 때, 다음 중 항상 옳은 것은?

① $A\cap B=\varnothing$ ② $A\cup B=\varnothing$ ③ $A=B$
④ $A\subset B$, $A\neq B$ ⑤ $B\subset A$, $A\neq B$

STEP **A** $(A-B)\cup(B-A)=\varnothing$이면 $A=B$임을 이해하기

$(A\cap B^c)\cup(A^c\cap B)=\varnothing$에서 $(A-B)\cup(B-A)=\varnothing$이므로
$A-B=\varnothing$이고 $B-A=\varnothing$
즉 $A\subset B$, $B\subset A$이므로 $A=B$
따라서 항상 옳은 것은 ③이다.

정답 ③

0889
정답 ③

STEP **A** 집합의 연산법칙을 이용하여 좌변을 간단히 하기

$$A-(A\cap B)=A\cap(A\cap B)^c \quad\leftarrow A-B=A\cap B^c$$
$$=A\cap(A^c\cup B^c) \quad\leftarrow \text{드모르간의 법칙}$$
$$=(A\cap A^c)\cup(A\cap B^c) \quad\leftarrow \text{분배법칙}$$
$$=\varnothing\cup(A\cap B^c)$$
$$=A\cap B^c$$
$$=A-B$$

STEP **B** 집합의 포함 관계 구하기

즉 $A-B=\varnothing$이므로 $A\subset B$
따라서 항상 옳은 것은 ③이다.

0890
정답 ③

STEP **A** 집합의 연산법칙을 이용하여 좌변을 간단히 하기

$$\{(A\cap B)\cup(A-B)\}\cap B=\{(A\cap B)\cup(A\cap B^c)\}\cap B \quad\leftarrow A-B=A\cap B^c$$
$$=\{A\cap(B\cup B^c)\}\cap B \quad\leftarrow \text{분배법칙}$$
$$=(A\cap U)\cap B$$
$$=A\cap B \quad\leftarrow B\cup B^c=U$$

STEP **B** [보기]의 참, 거짓 판단하기

ㄱ. $A\cap B=B$이므로 $B\subset A$ [참]
ㄴ. $B\subset A$이므로
    항상 $A-B=\varnothing$이라 할 수 없다. [거짓]
ㄷ. $A\cup B^c=U$ [참]
따라서 옳은 것은 ㄱ, ㄷ이다.

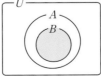

0891
정답 26

STEP **A** $A\cup B$, $A\cap B$를 이용하여 $f(A)+f(B)$의 값 구하기

$f(A\cup B)=f(A)+f(B)-f(A\cap B)$에서
$A\cup B=U$, $A\cap B=\{2, 3\}$이므로
$$f(A)+f(B)=f(A\cup B)+f(A\cap B)$$
$$=f(U)+f(A\cap B)$$
$$=(1+2+3+4+5+6)+(2+3)$$
$$=21+5$$
$$=26$$

0892
정답 ⑤

STEP **A** 주어진 조건을 이용하여 $S(A)+S(B)$의 값 구하기

$S(A\cup B)=S(A)+S(B)-S(A\cap B)$에서
$A\cup B=U$, $A\cap B=\{3, 6\}$이므로
$$S(A)+S(B)=S(A\cup B)+S(A\cap B)$$
$$=S(U)+S(A\cap B)$$
$$=(1+2+3+4+5+6)+(3+6)$$
$$=21+9$$
$$=30$$

STEP **B** $S(A)\times S(B)$의 최댓값 구하기

$S(A)=x(9\leq x\leq 21)$라 하면
$S(B)=30-x$이므로
$$S(A)\times S(B)=x(30-x)$$
$$=-x^2+30x$$
$$=-(x-15)^2+225$$
따라서 $S(A)\times S(B)$는 $x=15$일 때, 최댓값 225를 갖는다.

+α   산술평균과 기하평균의 관계를 이용하여 최댓값을 구할 수 있어!

$S(A)>0$, $S(B)>0$이므로 산술평균과 기하평균의 관계에 의하여
$\dfrac{S(A)+S(B)}{2}\geq\sqrt{S(A)S(B)}$ (단, 등호는 $S(A)=S(B)$일 때 성립한다.)
$15\geq\sqrt{S(A)S(B)}$ $\therefore S(A)S(B)\leq 15^2=225$
따라서 $S(A)S(B)$의 최댓값은 225

+α $S(A)S(B)=225$를 만족시키는 A, B가 존재하는지 확인해야 해!

$S(A)=S(B)$일 때, $S(A)S(B)$는 최댓값 225를 가지므로 $S(A)=S(B)=15$를
만족시키는 두 집합 A, B가 존재하는지 반드시 확인해 보아야 한다.
이 문제에서는
$\begin{cases} A=\{1, 3, 5, 6\} \\ B=\{2, 3, 4, 6\} \end{cases}$ 또는 $\begin{cases} A=\{2, 3, 4, 6\} \\ B=\{1, 3, 5, 6\} \end{cases}$
과 같은 경우에 $S(A)=S(B)=15$가 성립한다.

0893
정답 ①

STEP **A** 집합의 원소의 합과 주어진 조건을 이용하여 k의 값 구하기

집합 X의 모든 원소의 합을 $S(X)$라 하면
$$S(A\cup B)=S(A)+S(B)-S(A\cap B) \quad\cdots\cdots\ \bigcirc$$
이때 $S(A)=a+b+c+d=6$이므로
$$S(B)=(a+b+c+d)+4k=6+4k$$
또한, $S(A\cup B)=21$, $S(A\cap B)=2+5=7$이므로 ㉠에서
$$21=6+6+4k-7$$
따라서 $k=4$

$S(A)+S(B)=S(A\cup B)+S(A\cap B)$
$(a+b+c+d)+(a+k+b+k+c+k+d+k)=21+(2+5)$
이때 $a+b+c+d=6$이므로 $6+6+4k=28$, $4k=16$
따라서 $k=4$

내/신/연/계/ 출제문항 463

전체집합 $U=\{x|x$는 자연수$\}$의 부분집합 A는 원소의 개수가 4이고 모든 원소의 합이 21이다.
상수 k에 대하여 집합 $B=\{x+k|x\in A\}$가 다음 조건을 만족시킨다.

(가) $A\cap B=\{4, 6\}$
(나) $A\cup B$의 모든 원소의 합이 40이다.

집합 A의 모든 원소의 곱은?

① 144 ② 216 ③ 312
④ 432 ⑤ 542

STEP A   **조건을 만족하는 k의 값 구하기**

$A\cap B=\{4, 6\}$이므로 $A=\{a, b, 4, 6\}$라 하자.
$B=\{x+k|x\in A\}$이므로 $B=\{a+k, b+k, 4+k, 6+k\}$
집합 X의 모든 원소의 합을 $S(X)$라 하면
$S(A\cup B)=S(A)+S(B)-S(A\cap B)$
$40=(a+b+4+6)+(a+b+4+6)+4k-(4+6)$
이때 $a+b+4+6=21$이므로 $40=21+(21+4k)-10$
$\therefore k=2$

STEP B   **조건을 만족하는 집합 A의 원소 구하기**

집합 $B=\{6, 8, a+2, b+2\}$에서 $A\cap B=\{4, 6\}$이므로
$a+2$, $b+2$ 중의 어느 하나는 4가 되어야 한다.
$a+2=4$이면 $a=2$, $b=9$ ← $a+b=11$
$b+2=4$이면 $b=2$, $a=9$
$\therefore A=\{2, 4, 6, 9\}$
따라서 집합 A의 모든 원소의 곱은 $2\times4\times6\times9=432$ 정답 ④

0894
정답 7

STEP A   **집합 $B_{12}\cap B_{16}$ 구하기**

$B_{12}=\{1, 2, 3, 4, 6, 12\}$, $B_{16}=\{1, 2, 4, 8, 16\}$이므로
$B_p=B_{12}\cap B_{16}=\{1, 2, 4\}$

STEP B   **집합 B_p의 진부분집합의 개수 구하기**

따라서 B_p의 진부분집합의 개수는 $2^3-1=7$

0895
정답 ③

STEP A   **집합 $B_{16}\cap B_{24}\cap B_{32}$ 구하기**

$B_{16}\cap B_{24}\cap B_{32}=(B_{16}\cap B_{24})\cap B_{32}$
$=B_8\cap B_{32}$
$=B_8$
$=\{1, 2, 4, 8\}$
따라서 집합 $B_{16}\cap B_{24}\cap B_{32}$에 속하는 모든 원소의 합은 $1+2+4+8=15$

내/신/연/계/ 출제문항 464

집합 $A_m=\{x|x$는 자연수 m의 약수$\}$에 대하여 집합 $A_{12}\cap A_{24}\cap A_{30}$의 모든 원소의 합은?

① 12 ② 16 ③ 20
④ 24 ⑤ 28

STEP A   **집합 $A_{12}\cap A_{24}\cap A_{30}$ 구하기**

$A_{12}\cap A_{24}\cap A_{30}=(A_{12}\cap A_{24})\cap A_{30}$
$=A_{12}\cap A_{30}$
$=A_6$
$=\{1, 2, 3, 6\}$
따라서 집합 $A_{12}\cap A_{24}\cap A_{30}$에 속하는 모든 원소의 합은 $1+2+3+6=12$ 정답 ①

0896
정답 ③

STEP A   **B_2와 B_4에 속하는 원소를 구하여 포함 관계 구하기**

ㄱ. $B_4=\{1, 2, 4\}$, $B_2=\{1, 2\}$이므로 $B_2\subset B_4$ [참]

STEP B   **소수의 제곱의 약수의 개수 구하기**

ㄴ. p가 소수일 때, p^2의 약수의 개수는 3이므로 $n(B_{p^2})=3$ [참]

STEP C   **공식을 이용하여 집합 X의 개수 구하기**

ㄷ. $B_4\subset X\subset B_{12}$에서 $\{1, 2, 4\}\subset X\subset\{1, 2, 3, 4, 6, 12\}$이므로
집합 X는 B_{12}의 부분집합 중 1, 2, 4를 반드시 포함하는 집합이다.
즉 집합 X의 개수는 $2^{6-3}=8$ [거짓]

STEP D   **$A-B=\varnothing$이면 $A\subset B$임을 이용하여 자연수 n의 값 구하기**

ㄹ. $B_n-B_6=\varnothing$이면 $B_n\subset B_6$
즉 n은 6의 양수이므로 자연수 n은 1, 2, 3, 6의 4개이다. [참]
따라서 옳은 것은 ㄱ, ㄴ, ㄹ이다.

0897
정답 6

STEP A   **배수와 약수의 집합의 연산을 이용하여 참, 거짓 판단하기**

ㄱ. $A_4=\{4, 8, 12, 16, \cdots\}$, $A_2=\{2, 4, 6, 8, \cdots\}$이므로 $A_4\subset A_2$ [참]
ㄴ. $B_8=\{1, 2, 4, 8\}$, $B_2=\{1, 2\}$이므로 $B_2\subset B_8$ [참]
ㄷ. $A_6=\{6, 12, 18, 24, \cdots\}$, $A_4=\{4, 8, 12, 16, \cdots\}$이므로
$A_6\cup A_4=\{4, 6, 8, 12, 16, \cdots\}\subset A_2$ [참]
ㄹ. $B_{12}=\{1, 2, 3, 4, 6, 12\}$, $B_{18}=\{1, 2, 3, 6, 9, 18\}$이므로
$B_{12}\cap B_{18}=\{1, 2, 3, 6\}=B_6$ [참]
ㅁ. $A_6\cap A_4=A_{12}$이므로 $(A_6\cap A_4)\subset A_{12}$ [참]
모든 집합은 자기 자신의 부분집합이다.
ㅂ. 4는 8의 약수이므로 $B_4\cup B_8=B_8$
3은 12의 약수이므로 $B_3\cup B_{12}=B_{12}$
$\therefore (B_4\cup B_8)\cap(B_3\cup B_{12})=B_8\cap B_{12}=\{1, 2, 4\}=B_4$ [참]
따라서 옳은 것은 개수는 6

0898

STEP A 배수 집합의 연산을 이용하여 p, q의 값 구하기

(가) $A_3 \cap A_6$은 3의 배수이면서 6의 배수인 자연수의 집합이다.

6의 배수는 모두 3의 배수이므로 $A_6 \subset A_3$

즉 $A_3 \cap A_6 = A_6$ ∴ $p = 6$

(나) $(A_3 \cup A_4) \cap A_{12} = (A_3 \cap A_{12}) \cup (A_4 \cap A_{12})$

$A_3 \cap A_{12}$는 3의 배수이면서 12의 배수인 자연수의 집합이므로 A_{12}

$A_4 \cap A_{12}$는 4의 배수이면서 12의 배수인 자연수의 집합이므로 A_{12}

즉 $(A_3 \cup A_4) \cap A_{12} = A_{12}$ ∴ $q = 12$

따라서 $p + q = 6 + 12 = 18$

0899

정답 ②

STEP A $(A_2 \cap A_3) \cap (A_6 \cup A_{12}) = A_k$꼴로 나타내기

$(A_2 \cap A_3) \cap (A_6 \cup A_{12}) = A_6 \cap A_6 = A_6$

STEP B 집합 $(A_2 \cap A_3) \cap (A_6 \cup A_{12})$의 원소의 개수 구하기

$A_6 = \{6, 12, 18, 24, \cdots, 96\}$

따라서 100 이하의 자연수 중에서 6의 배수는 16개이므로 구하는 집합의 원소의 개수는 16

내신연계 출제문항 465

전체집합 $U = \{x \mid x$는 100 이하의 자연수$\}$의 부분집합 A_k를

$$A_k = \{x \mid x$는 자연수 k의 배수$\}$$

라 할 때, 집합 $(A_3 \cap A_2) \cap (A_8 \cup A_{16})$의 원소의 개수는?

① 4 ② 6 ③ 8

④ 10 ⑤ 12

STEP A $(A_3 \cap A_2) \cap (A_8 \cup A_{16}) = A_k$꼴로 나타내기

$(A_3 \cap A_2) \cap (A_8 \cup A_{16}) = A_6 \cap A_8 = A_{24}$

STEP B 집합 $(A_3 \cap A_2) \cap (A_8 \cup A_{16})$의 원소의 개수 구하기

따라서 집합 $A_{24} = \{24, 48, 72, 96\}$의 원소의 개수는 4

 정답 ①

0900

정답 ②

STEP A 주어진 조건을 이용하여 집합의 포함 관계 구하기

$A_5 \cap X = X$에서 $X \subset A_5$

$(A_2 \cap A_{10}) \cup X = X$에서 $A_{10} \cup X = X$ ∴ $A_{10} \subset X$

∴ $A_{10} \subset X \subset A_5$

즉 $\{10, 20, 30, 40, 50\} \subset X \subset \{5, 10, 15, \cdots, 50\}$

STEP B 집합 X의 개수 구하기

따라서 집합 X의 개수는 A_5의 부분집합 중에서 10, 20, 30, 40, 50을 반드시 원소로 갖는 부분집합의 개수와 같으므로 $2^{10-5} = 2^5 = 32$

내신연계 출제문항 466

전체집합 $U = \{x \mid x$는 60 이하의 자연수$\}$의 부분집합

$$A_k = \{x \mid x$는 k의 배수, k는 자연수$\}$$

에 대하여 $A_6 \cap X = X$, $(A_3 \cap A_4) \cup X = X$를 만족시키는 집합 X의 개수는?

① 32 ② 64 ③ 128

④ 256 ⑤ 512

STEP A 주어진 조건을 이용하여 집합의 포함 관계 구하기

$A_6 \cap X = X$에서 $X \subset A_6$

$(A_3 \cap A_4) \cup X = X$에서 $A_{12} \cup X = X$ ∴ $A_{12} \subset X$

∴ $A_{12} \subset X \subset A_6$

즉 $\{12, 24, 36, 48, 60\} \subset X \subset \{6, 12, 18, \cdots, 60\}$

STEP B 집합 X의 개수 구하기

따라서 집합 X의 개수는 A_6의 부분집합 중에서 12, 24, 36, 48, 60을 반드시 원소로 갖는 부분집합의 개수와 같으므로 $2^{10-5} = 2^5 = 32$

 정답 ①

0901

정답 ④

STEP A 자연수 m의 최솟값 구하기

$A_6 = \{6, 12, 18, 24, \cdots, \}$, $A_8 = \{8, 16, 24, \cdots, \}$

$A_6 \cap A_8 = \{24, 48, 60, \cdots, \}$

이때 집합 $A_6 \cap A_8$은 6과 8의 공배수의 집합이므로

$A_6 \cap A_8 = A_{24}$

$A_m \subset A_{24}$를 만족시키는 m은 24의 배수이다.

즉 m의 최솟값은 24이므로 $a = 24$

STEP B 자연수 n의 최댓값 구하기

$A_4 = \{4, 8, 12, 16, \cdots, \}$, $A_6 = \{6, 12, 18, \cdots, \}$

$A_4 \cup A_6 = \{4, 6, 8, 12, 16, 18, \cdots, \}$ ◀— 4 또는 6의 배수들의 집합이다.

이때 $(A_4 \cup A_6) \subset A_n$을 만족시키는 집합 A_n은 4 또는 6의 배수가 원소인 집합이므로 n은 4와 6의 공약수인 1, 2가 될 수 있다.

4의 약수 : 1, 2, 4이고 6의 약수 : 1, 2, 3, 6

즉 자연수 n의 최댓값은 4와 6의 최대공약수 2이므로

$b = 2$

STEP C $a + b$의 값 구하기

따라서 $a = 24$, $b = 2$이므로 $a + b = 26$

0902

정답 20

STEP A 자연수 p의 최댓값 구하기

집합 $A_3 \cap A_4$는 3과 4의 공배수의 집합, 즉 12의 배수의 집합이므로

$A_3 \cap A_4 = A_{12}$

즉 $A_{12} \subset A_p$를 만족시키는 p는 12의 약수이므로 자연수 p의 최댓값은 12이다.

STEP B 자연수 q의 최솟값 구하기

집합 $B_{16} \cap B_{24}$는 16과 24의 공약수의 집합, 즉 8의 약수의 집합이므로

$B_{16} \cap B_{24} = B_8$

$B_8 \subset B_q$를 만족시키는 q는 8의 배수이므로 자연수 q의 최솟값은 8이다.

따라서 구하는 값은 $12 + 8 = 20$

두 집합 A_m, B_n을

$$A_m=\{x\,|\,x는\ m의\ 배수,\ m은\ 자연수\},$$
$$B_n=\{x\,|\,x는\ n의\ 약수,\ n은\ 자연수\}$$

라 할 때, $A_p\subset(A_4\cap A_6)$을 만족시키는 자연수 p의 최솟값과
$B_q\subset(B_{16}\cap B_{24})$을 만족시키는 자연수 q의 최댓값의 합을 구하시오.

STEP Ⓐ **자연수 p의 최솟값 구하기**

집합 $A_4\cap A_6$은 4와 6의 공배수의 집합, 즉 12의 배수의 집합이므로
$A_4\cap A_6=A_{12}$
즉 $A_p\subset A_{12}$을 만족시키는 p는 12의 배수이므로 자연수 p의 최솟값은 12이다.

STEP Ⓑ **자연수 q의 최댓값 구하기**

집합 $B_{16}\cap B_{24}$은 16과 24의 공약수의 집합, 즉, 8의 약수의 집합이므로
$B_{16}\cap B_{24}=B_8$
$B_q\subset B_8$를 만족시키는 q는 8의 약수이므로 자연수 q의 최댓값은 8이다.
따라서 구하는 값은 $12+8=20$

정답 **20**

0903

2013년 06월 고1 학력평가 12번   정답 ②   해설강의

STEP Ⓐ **소수와 약수의 성질을 이용하여 [보기]의 참, 거짓 판단하기**

ㄱ. 3 이하의 소수는 2, 3이므로 $A_3=\{2,\,3\}$
 4의 양의 약수는 1, 2, 4이므로 $B_4=\{1,\,2,\,4\}$
 $\therefore A_3\cap B_4=\{2\}$ [참]
ㄴ. A_n은 n 이하의 소수의 집합이고
 A_{n+1}은 $n+1$ 이하의 소수의 집합이므로 $A_n\subset A_{n+1}$ [참]
   <small>집합 A_n의 모든 원소가 A_{n+1}에 속한다.</small>
ㄷ. (반례) $m=4$, $n=8$이면 $B_4=\{1,\,2,\,4\}$, $B_8=\{1,\,2,\,4,\,8\}$이므로
   $B_4\subset B_8$이지만 4는 8의 배수가 아니다. [거짓]
따라서 옳은 것은 ㄱ, ㄴ이다.

자연수 n에 대하여 집합 $\{x\,|\,x는\ 100\ 이하의\ 자연수\}$의 두 부분집합 A_n, B_n이

$$A_n=\{x\,|\,x는\ n과\ 서로소인\ 자연수\},$$
$$B_n=\{x\,|\,x는\ n의\ 배수인\ 자연수\}$$

일 때, [보기]에서 옳은 것만을 있는 대로 고른 것은?

ㄱ. $A_3\cap A_4=A_6$
ㄴ. $B_4\cap(B_3\cup B_6)=B_{12}$
ㄷ. $n(B_3\cup B_4)=50$

① ㄱ ② ㄴ ③ ㄱ, ㄴ
④ ㄴ, ㄷ ⑤ ㄱ, ㄴ, ㄷ

STEP Ⓐ **서로소와 배수의 성질을 이용하여 [보기]의 참, 거짓 판단하기**

ㄱ. $A_2=A_4$이므로 $A_3\cap A_4=A_3\cap A_2=A_2\cap A_3$
 A_6은 2의 배수도 아니고 3의 배수도 아닌 수의 집합이므로
 $A_6=A_2\cap A_3$ $\therefore A_3\cap A_4=A_6$ [참]
ㄴ. $B_4\cap(B_3\cup B_6)=(B_4\cap B_3)\cup(B_4\cap B_6)$
    $=B_{12}\cup B_{12}=B_{12}$ [참]
ㄷ. $n(B_3)=33$, $n(B_4)=25$
 $B_3\cap B_4=B_{12}$이므로 $n(B_3\cap B_4)=n(B_{12})=8$

$\therefore n(B_3\cup B_4)=n(B_3)+n(B_4)-n(B_3\cap B_4)$
      $=33+25-8$
      $=50$ [참]
따라서 옳은 것은 ㄱ, ㄴ, ㄷ이다.   정답 ⑤

0904

정답 12

STEP Ⓐ **대칭차집합을 원소나열법으로 나타내기**

$(A\cup B)\cap(A^c\cup B^c)=(A\cup B)\cap(A\cap B)^c$
          $=(A\cup B)-(A\cap B)$
이고
$A\cup B=\{2,\,3,\,5,\,7\}\cup\{1,\,3,\,5,\,7,\,9\}=\{1,\,2,\,3,\,5,\,7,\,9\}$
$A\cap B=\{2,\,3,\,5,\,7\}\cap\{1,\,3,\,5,\,7,\,9\}=\{3,\,5,\,7\}$
이므로
$(A\cup B)\cap(A^c\cup B^c)=(A\cup B)-(A\cap B)$
          $=\{1,\,2,\,3,\,5,\,7,\,9\}-\{3,\,5,\,7\}$
          $=\{1,\,2,\,9\}$

STEP Ⓑ **집합 $(A\cup B)\cap(A^c\cup B^c)$의 모든 원소의 합 구하기**

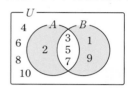

따라서 집합 $(A\cup B)\cap(A^c\cup B^c)$의 모든 원소의 합은 $1+2+9=12$

0905

정답 ⑤

STEP Ⓐ **대칭차집합을 원소나열법으로 구하기**

$(A\cup B)\cap(A\cap B)^c=(A\cup B)-(A\cap B)$
이고
$A\cup B=\{3,\,5,\,7,\,9\}\cup\{2,\,5,\,8\}=\{2,\,3,\,5,\,7,\,8,\,9\}$
$A\cap B=\{3,\,5,\,7,\,9\}\cap\{2,\,5,\,8\}=\{5\}$
이므로
$(A\cup B)\cap(A\cap B)^c=(A\cup B)-(A\cap B)$
          $=\{2,\,3,\,5,\,7,\,8,\,9\}-\{5\}$
          $=\{2,\,3,\,7,\,8,\,9\}$

STEP Ⓑ **집합 $(A\cup B)\cap(A\cap B)^c$의 모든 원소의 합 구하기**

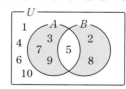

따라서 집합 $(A\cup B)-(A\cap B)$의 모든 원소의 합은 $2+3+7+8+9=29$

0906

STEP Ⓐ **대칭차집합을 원소나열법으로 구하기**

$X=(A\cup B)-(A\cap B)$
$=(A\cup B)\cap (A\cap B)^c$
$=\{1,\ 3,\ 7\}$

STEP Ⓑ **벤 다이어그램을 이용하여 전체집합 U 구하기**

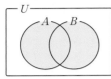 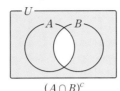
$A\cup B$ $(A\cap B)^c$

두 집합 $A\cup B$, $(A\cap B)^c$을 벤 다이어그램에 각각 나타내면 위와 같으므로
$(A\cup B)\cup (A\cap B)^c=U$
즉 $U=\{1,\ 2,\ 3,\ 4,\ 5,\ 6,\ 7\}$

STEP Ⓒ **집합 X^c의 모든 원소의 합 구하기**

따라서 $X^c=U-X=\{2,\ 4,\ 5,\ 6\}$이므로 집합 X^c의 모든 원소의 합은
$2+4+5+6=17$

0907

STEP Ⓐ **벤 다이어그램을 이용하여 집합 B 구하기**

$(A\cup B)\cap (A^c\cup B^c)=(A\cup B)\cap (A\cap B)^c$
$\qquad\qquad\qquad\qquad\quad =(A\cup B)-(A\cap B)$

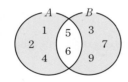

집합 $(A\cup B)-(A\cap B)$는 오른쪽 그림과
같이 벤 다이어그램의 색칠한 부분과 같다.
이때 $A=\{1,\ 2,\ 4,\ 5,\ 6\}$이므로
$A-B=\{1,\ 2,\ 4\}$, $B-A=\{3,\ 7,\ 9\}$
즉 $A\cap B=\{5,\ 6\}$이므로 $B=\{3,\ 5,\ 6,\ 7,\ 9\}$

STEP Ⓑ **집합 B의 모든 원소의 합 구하기**

따라서 집합 B의 모든 원소의 합은 $3+5+6+7+9=30$

내/신/연/계 출제문항 469

전체집합 $U=\{x\,|\,x$는 자연수$\}$의 두 부분집합 A, B에 대하여
$A=\{3,\ 6,\ 9,\ 12\}$일 때, $(A\cup B)\cap (A^c\cup B^c)=\{6,\ 12,\ 15,\ 18\}$을 만족시키
는 집합 B의 모든 원소의 합은?

① 41   ② 43   ③ 45
④ 47   ⑤ 49

STEP Ⓐ **벤 다이어그램을 이용하여 집합 B 구하기**

$(A\cup B)\cap (A^c\cup B^c)=(A\cup B)\cap (A\cap B)^c$
$\qquad\qquad\qquad\qquad\quad =(A\cup B)-(A\cap B)$

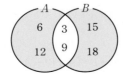

집합 $(A\cup B)-(A\cap B)$는 오른쪽 그림과
같이 벤 다이어그램의 색칠한 부분과 같다.
이때 $A=\{3,\ 6,\ 9,\ 12\}$이므로
$A-B=\{6,\ 12\}$, $B-A=\{15,\ 18\}$
즉 $A\cap B=\{3,\ 9\}$이므로 $B=\{3,\ 9,\ 15,\ 18\}$

STEP Ⓑ **집합 B의 모든 원소의 합 구하기**

따라서 집합 B의 모든 원소의 합은 $3+9+15+18=45$

0908

STEP Ⓐ **두 집합 A, B를 원소나열법으로 나타내기**

$A=\left\{x\,\middle|\,x=\dfrac{6}{n},\ n$은 자연수$\right\}=\{1,\ 2,\ 3,\ 6\}$
$\qquad\underbrace{\qquad\qquad}_{x는\ 6의\ 양의\ 약수}$

$B=\left\{x\,\middle|\,x=\dfrac{8}{n},\ n$은 자연수$\right\}=\{1,\ 2,\ 4,\ 8\}$
$\qquad\underbrace{\qquad\qquad}_{x는\ 8의\ 양의\ 약수}$

STEP Ⓑ **집합 P를 원소나열법으로 나타내기**

$A\cup B=\{1,\ 2,\ 3,\ 4,\ 6,\ 8\}$, $A\cap B=\{1,\ 2\}$이므로
$P=(A\cup B)\cap (A^c\cup B^c)$
$=(A\cup B)\cap (A\cap B)^c$
$=(A\cup B)-(A\cap B)$
$=\{3,\ 4,\ 6,\ 8\}$

STEP Ⓒ **$P\subset X\subset U$를 만족하는 집합 X의 개수 구하기**

$P\subset X\subset U$이므로
$\{3,\ 4,\ 6,\ 8\}\subset X\subset \{1,\ 2,\ 3,\ 4,\ 5,\ 6,\ 7,\ 8,\ 9,\ 10\}$
즉 집합 X는 전체집합 U의 부분집합 중 3, 4, 6, 8을 반드시 원소로 갖는
집합이다.
따라서 집합 X의 개수는 $2^{10-4}=2^6=64$

내/신/연/계 출제문항 470

전체집합 $U=\{1,\ 2,\ 3,\ 4,\ 5,\ 6,\ 7\}$의 두 부분집합
$$A=\{1,\ 2,\ 3\},\ B=\{2,\ 3,\ 4,\ 5\}$$
에 대하여 집합 P를 $P=(A\cup B)\cap (A\cap B)^c$이라 하자.
$P\subset X\subset U$를 만족시키는 집합 X의 개수는?

① 4   ② 8   ③ 16
④ 32   ⑤ 64

STEP Ⓐ **집합 P를 원소나열법으로 나타내기**

$A=\{1,\ 2,\ 3\}$, $B=\{2,\ 3,\ 4,\ 5\}$에서
$A\cup B=\{1,\ 2,\ 3,\ 4,\ 5\}$, $A\cap B=\{2,\ 3\}$이므로
$P=(A\cup B)\cap (A\cap B)^c=(A\cup B)-(A\cap B)=\{1,\ 4,\ 5\}$

STEP Ⓑ **$P\subset X\subset U$를 만족하는 집합 X의 개수 구하기**

$P\subset X\subset U$이므로
$\{1,\ 4,\ 5\}\subset X\subset \{1,\ 2,\ 3,\ 4,\ 5,\ 6,\ 7\}$
즉 집합 X는 전체집합 U의 부분집합 중 1, 4, 5를 반드시 원소로 갖는
집합이다.
따라서 집합 X의 개수는 $2^{7-3}=2^4=16$

0909

STEP Ⓐ **$A\cap B=\{1,\ 4\}$임을 이용하여 a의 값 구하기**

$A\cap B=\{1,\ 4\}$이므로 $4\in A$이다.
즉 $a+6=4$에서 $a=-2$

STEP Ⓑ **집합 $(A-B)\cup (B-A)$의 모든 원소의 합 구하기**

$A=\{1,\ 2,\ 4\}$, $B=\{1,\ 4,\ 5,\ 6\}$이므로
$(A-B)\cup (B-A)=\{2\}\cup \{5,\ 6\}=\{2,\ 5,\ 6\}$
따라서 집합 $(A-B)\cup (B-A)$의 모든 원소의 합은 $2+5+6=13$

0910

STEP A 벤 다이어그램을 이용하여 상수 a, b의 값 구하기

$(A \cup B) \cap (A \cap B)^c = (A-B) \cup (B-A)$
$\qquad\qquad\qquad\qquad = \{1, 5, b\}$

이므로 주어진 조건을 벤 다이어그램으로
나타내면 오른쪽 그림과 같다.

이때 $(a-7) \in A \cap B$, 즉 $a-7$은 집합 B의
원소이다.

그런데 $a-7 \neq a+3$이므로

$a-7 = a^2 - 7a + 5$, $a^2 - 8a + 12 = 0$, $(a-2)(a-6) = 0$

$\therefore a = 2$ 또는 $a = 6$

(i) $a = 2$일 때,

$\quad A = \{1, 5, -5\}$, $B = \{-5, 5\}$이므로

$\quad (A-B) \cup (B-A) = \{1\}$

(ii) $a = 6$일 때,

$\quad A = \{1, 5, -1\}$, $B = \{-1, 9\}$이므로

$\quad (A-B) \cup (B-A) = \{1, 5, 9\}$

STEP B $a+b$의 값 구하기

(i), (ii)에서 $a = 6$, $b = 9$이므로 $a+b = 15$

내신연계 출제문항 471

두 집합 $A = \{1, 4, a+1\}$, $B = \{a-1, a^2-5\}$에 대하여
$(A \cap B^c) \cup (A^c \cap B) = \{1, 4, b\}$일 때, $a+b$의 값은?
(단, a, b는 상수이다.)

① -8 ② -7 ③ -6

④ -5 ⑤ -4

STEP A 벤 다이어그램을 이용하여 상수 a, b의 값 구하기

$(A \cap B^c) \cup (A^c \cap B) = (A-B) \cup (B-A)$
$\qquad\qquad\qquad\qquad = \{1, 4, b\}$

이므로 주어진 조건을 벤 다이어그램으로
나타내면 오른쪽 그림과 같다.

이때 $(a+1) \in A \cap B$, 즉 $a+1$은 집합 B의
원소이다.

그런데 $a+1 \neq a-1$이므로

$a+1 = a^2 - 5$, $a^2 - a - 6 = 0$, $(a+2)(a-3) = 0$

$\therefore a = -2$ 또는 $a = 3$

(i) $a = -2$일 때,

$\quad A = \{1, 4, -1\}$, $B = \{-3, -1\}$이므로

$\quad (A \cup B) - (A \cap B) = \{-3, 1, 4\}$

(ii) $a = 3$일 때,

$\quad A = \{1, 4\}$, $B = \{2, 4\}$이므로

$\quad (A \cup B) - (A \cap B) = \{1, 2\}$

STEP B $a+b$의 값 구하기

(i), (ii)에서 $a = -2$, $b = -3$이므로 $a+b = -2 + (-3) = -5$

0911

STEP A 대칭차집합의 성질을 이용하여 옳지 않은 것 구하기

① $(A \triangle B) \triangle B = [\{(A-B) \cup (B-A)\} - B] \cup [B - \{(A-B) \cup (B-A)\}]$

$\qquad\qquad = (A-B) \cup (A \cap B)$

$\qquad\qquad = A$ [참]

② $A \triangle A^c = (A - A^c) \cup (A^c - A)$

$\qquad\qquad = (A \cap A) \cup (A^c \cap A^c)$

$\qquad\qquad = A \cup A^c$

$\qquad\qquad = U$ [참]

③ $A^c \triangle B^c = (A^c - B^c) \cup (B^c - A^c)$

$\qquad\qquad = (A^c \cap B) \cup (B^c \cap A)$

$\qquad\qquad = (B-A) \cup (A-B)$

$\qquad\qquad = A \triangle B$ [참]

④ $A \triangle (A-B) = \{A - (A-B)\} \cup \{(A-B) - A\}$

$\qquad\qquad = \{A \cap (A \cap B^c)^c\} \cup \{(A \cap B^c) \cap A^c\}$

$\qquad\qquad = \{A \cap (A^c \cup B)\} \cup \{A \cap B^c \cap A^c\}$

$\qquad\qquad = \{(A \cap A^c) \cup (A \cap B)\} \cup \{(A \cap A^c) \cap B^c\}$

$\qquad\qquad = \{\varnothing \cup (A \cap B)\} \cup \{\varnothing \cap B^c\}$

$\qquad\qquad = (A \cap B) \cup \varnothing$

$\qquad\qquad = A \cap B$ [거짓]

⑤ $(A \triangle A) \cap (B \triangle B^c) = \{(A-A) \cup (A-A)\} \cap \{(B-B^c) \cup (B^c - B)\}$

$\qquad\qquad = \varnothing \cap \{(B \cap B) \cup (B^c \cap B^c)\}$

$\qquad\qquad = \varnothing \cap U$

$\qquad\qquad = \varnothing$ [참]

따라서 옳지 않은 것은 ④이다.

0912

STEP A $A \triangle B$, $B \triangle A$를 간단히 하기

$A \triangle B = (A \cup B) \cap (A \cup B^c) = A \cup (B \cap B^c) = A \cup \varnothing = A$

$B \triangle A = (B \cup A) \cap (B \cup A^c) = B \cup (A \cap A^c) = B \cup \varnothing = B$

STEP B $(A \triangle B) \triangle (B \triangle A)$와 항상 같은 집합 찾기

따라서 $(A \triangle B) \triangle (B \triangle A) = A \triangle B = A$

0913

STEP A 대칭차집합의 성질을 이용하여 [보기]의 참, 거짓 판단하기

ㄱ. $U \star A = (U \cup A) - (U \cap A)$

$\qquad = U - A$

$\qquad = A^c$ [참]

ㄴ. $A \star A^c = (A \cup A^c) - (A \cap A^c)$

$\qquad = U - \varnothing$

$\qquad = U$ [참]

ㄷ. $A \star B = (A \cup B) - (A \cap B)$

$\qquad = (B \cup A) - (B \cap A)$

$\qquad = B \star A$ [참]

ㄹ. $A \star B = (A \cup B) - (A \cap B) = \varnothing$이므로 $A = B$ [참]

ㅁ. $A \subset B$일 때, $A \star B = (A \cup B) - (A \cap B) = B - A = B \cap A^c$ [거짓]

따라서 항상 옳은 것은 ㄱ, ㄴ, ㄷ, ㄹ의 4개이다.

0914

정답 ②

STEP A $A \triangle (A-B)$를 간단히 나타내기

$A \triangle (A-B) = \{A \cup (A-B)\} \cap \{A \cap (A-B)\}^c$
$= A \cap (A-B)^c$
$= A \cap (A \cap B^c)^c$
$= A \cap (A^c \cup B)$
$= (A \cap A^c) \cup (A \cap B)$
$= \varnothing \cup (A \cap B)$
$= A \cap B$

STEP B 집합 $A \cap B$의 원소의 개수 구하기

$A = \left\{ x \,\middle|\, x = \dfrac{30}{n},\ n\text{은 자연수} \right\} = \{1, 2, 3, 5, 6, 10, 15, 30\}$
　　　　$\underbrace{}_{x\text{는 }30\text{의 양의 약수}}$

$B = \{x \mid x = 2n,\ n\text{은 자연수}\} = \{2, 4, 6, \cdots, 28, 30\}$
　　　$\underbrace{}_{x\text{는 }2\text{의 양의 배수}}$

이므로 $A \cap B = \{2, 6, 10, 30\}$
따라서 구하는 원소의 개수는 4

내/신/연/계 출제문항 472

전체집합 $U = \{x \mid x\text{는 자연수}\}$의 두 부분집합 A, B에 대하여 연산 $\triangle$를 $A \triangle B = (A \cap B) \cup (A^c \cap B)$라 하자.

$$A = \left\{ x \,\middle|\, x = \frac{24}{n},\ n\text{은 자연수} \right\},$$
$$B = \{x \mid x = 2n-1,\ n\text{은 자연수}\}$$

일 때, 집합 $(A \triangle B) \triangle A$의 원소의 개수를 구하시오.

STEP A $A \triangle B$를 간단히 하기

$A \triangle B = (A \cap B) \cup (A^c \cap B) = (A \cup A^c) \cap B$
　　　　　$= U \cap B = B$

STEP B $(A \triangle B) \triangle A$의 원소의 개수 구하기

$(A \triangle B) \triangle A = B \triangle A$
　　　　　　　$= A$
　　　　　　　$= \left\{ x \,\middle|\, x = \dfrac{24}{n},\ n\text{은 자연수} \right\}$ ← x는 24의 양의 배수
　　　　　　　$= \{1, 2, 3, 4, 6, 8, 12, 24\}$

따라서 구하는 원소의 개수는 8

정답 8

0915

정답 ②

STEP A 연산기호의 정의대로 주어진 집합을 벤 다이어그램에 나타내기

$A \cap (B \cup C)$　　　$B \triangle C = (B \cup C) - (B \cap C)$

이므로 $\{A \cap (B \cup C)\} \triangle (B \triangle C)$를 벤 다이어그램으로 나타내면 그림과 같다.

 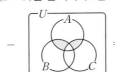

$\{A \cap (B \cup C)\} \cup (B \triangle C)$　$\{A \cap (B \cup C)\} \cap (B \triangle C)$　$A \triangle (B \triangle C)$

따라서 집합 $\{A \cap (B \cup C)\} \triangle (B \triangle C)$를 나타내는 것은 ②이다.

0916

정답 ①

STEP A $A * B$의 성질을 이용하여 [보기]의 참, 거짓 판단하기

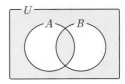

① $A * U = (A \cap U) \cup (A \cup U)^c$
　　$= A \cup U^c$
　　$= A \cup \varnothing = A$ [거짓]

② $A * B = (A \cap B) \cup (A \cup B)^c$
　　$= (B \cap A) \cup (B \cup A)^c$
　　$= B * A$ [참]

③ $A * \varnothing = (A \cap \varnothing) \cup (A \cup \varnothing)^c$
　　　$= \varnothing \cup A^c = A^c$ [참]

④ $A^c * B^c = (A^c \cap B^c) \cup (A^c \cup B^c)^c$
　　　$= (A \cup B)^c \cup (A \cap B)$
　　　$= (A \cap B) \cup (A \cup B)^c$
　　　$= A * B$ [참]

⑤ $A * A^c = (A \cap A^c) \cup (A \cup A^c)^c$
　　$= \varnothing \cup U^c$
　　$= \varnothing \cup \varnothing = \varnothing$ [참]

따라서 옳지 않은 것은 ①이다.

0917

정답 ⑤

STEP A $A * B$의 성질을 이용하여 [보기]의 참, 거짓 판단하기

ㄱ. $A \odot B = (A \cup B)^c \cup (A \cap B) = (B \cup A)^c \cup (B \cap A) = B \odot A$ [참]

ㄴ. $A \odot A = (A \cup A)^c \cup (A \cap A) = A^c \cup A = U$ [참]

ㄷ. $A \odot A = U$임을 이용하여 규칙을 찾으면
　$A \odot A \odot A = U \odot A = U^c \cup A = \varnothing \cup A = A$
　$A \odot A \odot A \odot A = A \odot A = U$
　$A \odot A \odot A \odot A \odot A = U \odot A = A$
　　　　　　$\vdots$
　$\underbrace{A \odot A \odot A \odot \cdots \odot A}_{A\text{가 짝수개}} = U,\ \underbrace{A \odot A \odot A \odot \cdots \odot A}_{A\text{가 홀수개}} = A$

이때 2025가 홀수이므로 $\underbrace{A \odot A \odot A \odot \cdots \odot A}_{A\text{가 }2025\text{개}} = A$ [참]

따라서 옳은 것은 ㄱ, ㄴ, ㄷ이다.

0918

정답 13

STEP A 집합 A에서 일차부등식의 해 구하기

$x+5 > 1-3x$에서 $x+3x > 1-5$, $4x > -4$ ∴ $x > -1$
∴ $A = \{x \mid x > -1\}$

STEP B 수직선을 이용하여 주어진 조건을 만족하는 상수 a, b의 값 구하기

$A \cup B = \{x \mid x \geq -3\}$, $A \cap B = \{x \mid -1 < x \leq 5\}$를 만족시키는
집합 B의 영역은 다음 그림과 같아야 한다.

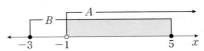

$B = \{x \mid x^2 + ax + b \leq 0\} = \{x \mid -3 \leq x \leq 5\}$에서
x에 대한 이차방정식 $x^2 + ax + b = 0$의 두 근은 -3, 5이므로
이차방정식의 근과 계수의 관계에 의하여
$-a = -3+5$, $b = -3 \times 5$
따라서 $a = -2$, $b = -15$이므로 $a - b = -2 - (-15) = 13$

0919

STEP Ⓐ $A-B=\{2\}$를 만족하는 상수 a의 값 구하기

$x^2+x-6=0$에서 $(x+3)(x-2)=0$ ∴ $x=-3$ 또는 $x=2$
∴ $A=\{-3, 2\}$ ⋯⋯ ㉠
㉠과 $A-B=\{2\}$에서 $-3\in B$이므로
$x^2+ax-15=0$에 $x=-3$을 대입하면
$9-3a-15=0$ ∴ $a=-2$
$x^2-2x-15=0$에서 $(x+3)(x-5)=0$ ∴ $x=-3$ 또는 $x=5$
∴ $B=\{-3, 5\}$ ⋯⋯ ㉡

STEP Ⓑ 집합 $A\cup B$의 원소의 합 구하기

㉠, ㉡에서 $A\cup B=\{-3, 2, 5\}$이므로 원소의 합은 $-3+2+5=4$

두 집합
$$A=\{x\,|\,|x|\leq 1,\ x는\ 정수\},\ B=\{x\,|\,x^3-ax^2-13x-5a=0\}$$
에 대하여 $A-B=\{0, 1\}$일 때, 집합 $A\cup B$의 원소의 합을 구하시오.
(단, a는 상수이다.)

STEP Ⓐ $A-B=\{0, 1\}$을 만족하는 상수 a의 값 구하기

$|x|\leq 1$에서 $-1\leq x\leq 1$
이때 x는 정수이므로 $x=-1, 0, 1$
∴ $A=\{-1, 0, 1\}$ ⋯⋯ ㉠
㉠과 $A-B=\{0, 1\}$에서 $-1\in B$이므로
$x^3-ax^2-13x-5a=0$에 $x=-1$을 대입하면
$-1-a+13-5a=0$, $6a=12$ ∴ $a=2$
$x^3-2x^2-13x-10=0$에서
$(x+1)(x+2)(x-5)=0$ ← 조립제법 이용
∴ $x=-2$ 또는 $x=-1$ 또는 $x=5$
∴ $B=\{-2, -1, 5\}$ ⋯⋯ ㉡

$$-1 \begin{array}{|rrrr} 1 & -2 & -13 & -10 \\ & -1 & 3 & 10 \\ \hline 1 & -3 & -10 & 0 \end{array}$$
∴ $x^3-2x^2-13x-10=(x+1)(x^2-3x-10)$

STEP Ⓑ 집합 $A\cup B$의 원소의 합 구하기

㉠, ㉡에서 $A\cup B=\{-2, -1, 0, 1, 5\}$이므로 집합 $A\cup B$의 원소의 합은
$-2+(-1)+0+1+5=3$

정답 3

0920

STEP Ⓐ 집합 B에서 이차방정식의 해 구하기

$x^2+ax-a-1=0$에서 $x^2+ax-(a+1)=0$
$(x-1)(x+a+1)=0$
∴ $x=1$ 또는 $x=-a-1$

STEP Ⓑ 조건을 만족시키는 모든 실수 a의 값의 합 구하기

$A\cup B=A$이면 $B\subset A$이므로
$-a-1=1$ 또는 $-a-1=2$ 또는 $-a-1=3$이어야 한다.
(ⅰ) $-a-1=1$, 즉 $a=-2$일 때 $B=\{1\}$로 조건을 만족시킨다.
(ⅱ) $-a-1=2$, 즉 $a=-3$일 때 $B=\{1, 2\}$로 조건을 만족시킨다.
(ⅲ) $-a-1=3$, 즉 $a=-4$일 때 $B=\{1, 3\}$으로 조건을 만족시킨다.
(ⅰ)~(ⅲ)에서 모든 실수 a의 값의 합은 $-2+(-3)+(-4)=-9$

0921

STEP Ⓐ 두 집합 A, B의 부등식의 해 구하기

$|x-1|<a$에서 $-a<x-1<a$ ∴ $-a+1<x<a+1$
∴ $A=\{x\,|\,-a+1<x<a+1\}$
$x^2+x-20<0$에서 $(x+5)(x-4)<0$ ∴ $-5<x<4$
∴ $B=\{x\,|\,-5<x<4\}$

STEP Ⓑ $A\cup B=B$를 만족하는 양수 a의 최댓값 구하기

$A\cup B=B$에서 $A\subset B$이므로
두 집합 A, B를 수직선 위에 나타내면
오른쪽 그림과 같다.
즉 $-5\leq -a+1$, $a+1\leq 4$이므로
$a\leq 3$ ∴ $0<a\leq 3(∵ a>0)$
따라서 양수 a의 최댓값은 3

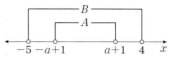

0922

STEP Ⓐ 두 집합 A, B의 부등식의 해 구하기

$|x-a|<1$에서 $-1<x-a<1$ ∴ $a-1<x<a+1$
∴ $A=\{x\,|\,a-1<x<a+1\}$
$|x-b|>5$에서 $x-b<-5$ 또는 $x-b>5$ ∴ $x<b-5$ 또는 $x>b+5$
∴ $B=\{x\,|\,x<b-5$ 또는 $x>b+5\}$

STEP Ⓑ $A\subset B$임을 이용하여 $|a-b|$ 의 최솟값 구하기

$A\cup B=B$이면 $A\subset B$이므로 두 집합 A, B를 수직선 위에 나타내면
그림과 같다.

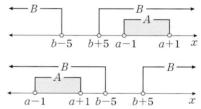

즉 $b+5\leq a-1$ 또는 $a+1\leq b-5$이므로 $a-b\geq 6$ 또는 $a-b\leq -6$
따라서 $|a-b|\geq 6$이므로 $|a-b|$ 의 최솟값은 6

0923

STEP Ⓐ 치환을 이용하여 두 집합 A, B를 간단히 나타내기

$A=\{x-5\,|\,-3\leq x\leq 1\}$에서 $x-5=t$라 하면
$A=\{t\,|\,-8\leq t\leq -4\}$
$B=\{x-a\,|\,-2\leq x\leq 6\}$에서 $x-a=t$라 하면
$B=\{t\,|\,-2-a\leq t\leq 6-a\}$

STEP Ⓑ $A\subset B$임을 이용하여 a의 값의 범위 구하기

$A\cap B=A$이면 $A\subset B$이므로
두 집합 A, B를 수직선 위에 나타내면
오른쪽 그림과 같다.
즉 $-2-a\leq -8$, $-4\leq 6-a$이므로
$6\leq a\leq 10$

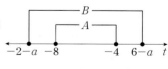

STEP Ⓒ 정수 a의 개수 구하기

따라서 정수 a는 6, 7, 8, 9, 10이므로 정수 a의 개수는 5

0924 정답 ④

STEP A 두 집합 A, B의 부등식의 해 구하기

$x^2-5x+4\le0$에서 $(x-1)(x-4)\le0$ ∴ $1\le x\le4$

∴ $A=\{x|1\le x\le4\}$

$x^2-4ax+4a^2-9\le0$에서 $x^2-4ax+(2a+3)(2a-3)\le0$,

$\{x-(2a+3)\}\{x-(2a-3)\}\le0$ ∴ $2a-3\le x\le2a+3$

∴ $B=\{x|2a-3\le x\le2a+3\}$

STEP B $A\subset B$임을 이용하여 모든 정수 a의 값의 합 구하기

$A\cap B^c=\varnothing$이면 $A\subset B$이므로
두 집합 A, B를 수직선 위에 나타내면
오른쪽 그림과 같다.
즉 $2a-3\le1$, $4\le2a+3$이므로

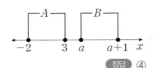

$\dfrac{1}{2}\le a\le2$

따라서 정수 a는 1, 2이므로 그 합은 $1+2=3$

내/신/연/계 출제문항 **474**

두 집합

$A=\{x|x^2-x-6\le0\}$, $B=\{x|x^2-(2a+1)x+a^2+a\le0\}$

에 대하여 $A\cap B=\varnothing$이 성립하도록 하는 정수 a의 최솟값은?

① 1   ② 2   ③ 3

④ 4   ⑤ 5

STEP A 두 집합 A, B의 부등식의 해 구하기

$x^2-x-6\le0$에서 $(x+2)(x-3)\le0$ ∴ $-2\le x\le3$

∴ $A=\{x|-2\le x\le3\}$

$x^2-(2a+1)x+a^2+a\le0$에서 $x^2-(2a+1)x+a(a+1)\le0$,

$(x-a)\{x-(a+1)\}\le0$ ∴ $a\le x\le a+1$

∴ $B=\{x|a\le x\le a+1\}$

STEP B $A\cap B=\varnothing$을 만족하는 정수 a의 최솟값 구하기

$A\cap B=\varnothing$을 만족하도록 두 집합 A, B를
수직선에 나타내면 오른쪽 그림과 같다.
따라서 $3<a$이므로 정수 a의 최솟값은 4

정답 ④

0925 정답 ②

STEP A $A\cap B=\{1\}$을 이용하여 상수 a, b의 값 구하기

$A\cap B=\{1\}$이므로 $1\in A$, $1\in B$

$1\in A$에서 $x^2-2ax-a^2-1=0$에 $x=1$을 대입하면

$1-2a-a^2-1=0$, $a(a+2)=0$ ∴ $a=-2$ 또는 $a=0$

$1\in B$에서 $x^3-x^2-25x+b=0$에 $x=1$을 대입하면

$1-1-25+b=0$ ∴ $b=25$

STEP B 집합 $(A-B)\cup(B-A)$의 모든 원소의 합 구하기

(i) $a=-2$일 때,

$x^2+4x-5=0$에서 $(x+5)(x-1)=0$ ∴ $x=-5$ 또는 $x=1$

∴ $A=\{-5, 1\}$

$x^3-x^2-25x+25=0$에서 $x^2(x-1)-25(x-1)=0$,

$(x^2-25)(x-1)=0$, $(x+5)(x-5)(x-1)=0$

∴ $x=-5$ 또는 $x=1$ 또는 $x=5$

∴ $B=\{-5, 1, 5\}$ …… ㉠

그런데 $A\cap B=\{-5, 1\}$이므로 조건을 만족시키지 않는다.

(ii) $a=0$일 때,

$x^2=1$에서 $x=-1$ 또는 $x=1$

∴ $A=\{-1, 1\}$

㉠에서 $A\cap B=\{1\}$이므로 조건을 만족시킨다.

(i), (ii)에서 $A=\{-1, 1\}$, $B=\{-5, 1, 5\}$이므로

$(A-B)\cup(B-A)=\{-1\}\cup\{-5, 5\}=\{-5, -1, 5\}$

따라서 집합 $(A-B)\cup(B-A)$의 모든 원소의 합은 $-5+(-1)+5=-1$

내/신/연/계 출제문항 **475**

두 집합

$A=\{x|x^2-ax+8=0\}$, $B=\{x|x^3-(b+1)x+b=0\}$

에 대하여 $A\cap B=\{2\}$일 때, 집합 $A\cup B$의 모든 원소의 합은?
(단, a, b는 상수이다.)

① 2   ② 3   ③ 4

④ 5   ⑤ 6

STEP A $A\cap B=\{2\}$를 만족하는 상수 a, b의 값 구하기

$A\cap B=\{2\}$이므로 $2\in A$, $2\in B$

$2\in A$에서 $x^2-ax+8=0$에 $x=2$를 대입하면

$4-2a+8=0$ ∴ $a=6$

$2\in B$에서 $x^3-(b+1)x+b=0$에 $x=2$를 대입하면

$8-2(b+1)+b=0$ ∴ $b=6$

STEP B 집합 $A\cup B$의 모든 원소의 합 구하기

$x^2-6x+8=0$에서 $(x-2)(x-4)=0$ ∴ $x=2$ 또는 $x=4$

∴ $A=\{2, 4\}$

$x^3-7x+6=0$에서 $(x+3)(x-1)(x-2)=0$

∴ $x=-3$ 또는 $x=1$ 또는 $x=2$

∴ $B=\{-3, 1, 2\}$

따라서 $A\cup B=\{-3, 1, 2, 4\}$이므로 집합 $A\cup B$의 모든 원소의 합은

$-3+1+2+4=4$ 정답 ③

0926 2013년 09월 고1 학력평가 26번 정답 17

STEP A 집합 A의 부등식의 해 구하기

집합 A에서 $x^2-x-6>0$, $(x-3)(x+2)>0$

∴ $x<-2$ 또는 $x>3$

STEP B 두 조건 (가), (나)를 만족하는 집합 B 구하기

주어진 조건 $A\cup B=R$, $A\cap B=\{x|-5\le x<-2\}$를 만족하도록
집합 A, B를 수직선에 나타내면 아래 그림과 같다.

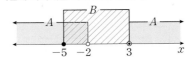

∴ $B=\{x|-5\le x\le3\}$

STEP C $a-b$의 값 구하기

집합 B에서 이차부등식 $x^2+ax+b\le0$의 해가 $-5\le x\le3$이므로

$B=\{x|x^2+ax+b\le0\}$

$=\{x|(x+5)(x-3)\le0\}$

$=\{x|x^2+2x-15\le0\}$

> [이차부등식의 작성]
> 해가 $\alpha\le x\le\beta$이고 x^2의 계수가 1인 이차부등식은
> $(x-\alpha)(x-\beta)\le0$

따라서 $a=2$, $b=-15$이므로 $a-b=2-(-15)=17$

세 집합

$$A=\{x|x^2-10x+25\geq0\},$$
$$B=\{x|x^2+ax+b<0\},$$
$$C=\{x|x^2-6x\geq0\}$$

에 대하여 $B\cup C=A$, $B\cap C=\{x|-3<x\leq0\}$일 때, $a-b$의 값을 구하시오. (단, a, b는 상수이다.)

STEP Ⓐ 두 집합 A, C의 부등식의 해 구하기

$x^2-10x+25\geq0$에서 $(x-5)^2\geq0$이므로 x는 모든 실수
$\therefore A=\{x|x는 실수\}$
$x^2-6x\geq0$에서 $x(x-6)\geq0$ $\therefore x\leq0$ 또는 $x\geq6$
$\therefore C=\{x|x\leq0 \text{ 또는 } x\geq6\}$

STEP Ⓑ 조건을 만족하는 집합 B 구하기

$B\cup C=A$, $B\cap C=\{x|-3<x\leq0\}$을 만족하도록 세 집합 A, B, C를 수직선에 나타내면 아래 그림과 같다.

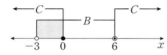

$\therefore B=\{x|-3<x<6\}$

STEP Ⓒ $a-b$의 값 구하기

집합 B에서 이차부등식 $x^2+ax+b<0$의 해가 $-3<x<6$이므로
$B=\{x|x^2+ax+b<0\}$
$\ =\{x|(x+3)(x-6)<0\}$
$\ =\{x|x^2-3x-18<0\}$
따라서 $a=-3$, $b=-18$이므로 $a-b=-3-(-18)=15$ 【정답】 15

0927

2016년 03월 고3 학력평가 나형 25번 【정답】 4

STEP Ⓐ 조건 (가)를 만족하는 a, b의 값의 범위 구하기

집합 A에서 $x^2-x-12\leq0$, $(x+3)(x-4)\leq0$
$\therefore -3\leq x\leq4$
조건 (가)에서 $A\cup B=R$이므로
$a\geq-3$이고 $b\leq4$ ...... ㉠

STEP Ⓑ 조건 (나)를 만족하는 a, b의 값 구하기

조건 (나)에서 $A-B=A\cap B^c$이고 $B^c=\{x|a\leq x\leq b\}$이므로
$A-B=A\cap B^c=\{x|-3\leq x\leq1\}$을 만족하도록 두 집합 A, B^c을 수직선에 나타내면 아래 그림과 같다.

$\therefore a\leq-3$, $b=1$ ...... ㉡
㉠, ㉡에서 $a=-3$, $b=1$이므로 $b-a=1-(-3)=4$

실수 전체의 집합의 두 부분집합

$$A=\{x|x^2-8x+15\leq0\},\ B=\{x|x^2+(a-4)x-4a\leq0\}$$

에 대하여 $A-B=\{x|4<x\leq5\}$일 때, 실수 a의 값의 범위는?

① $a\leq-3$ ② $a\geq-3$ ③ $a\geq-2$
④ $a>2$ ⑤ $a>3$

STEP Ⓐ 두 집합 A, B^c의 부등식의 해 구하기

$x^2-8x+15\leq0$에서 $(x-3)(x-5)\leq0$ $\therefore 3\leq x\leq5$
$\therefore A=\{x|3\leq x\leq5\}$
$B^c=\{x|x^2+(a-4)x-4a>0\}$
$x^2+(a-4)x-4a>0$에서 $(x-4)(x+a)>0$

STEP Ⓑ 조건을 만족하는 실수 a의 값의 범위 구하기

$A-B=A\cap B^c=\{x|4<x\leq5\}$를 만족하도록 두 집합 A, B^c을 수직선에 나타내면 다음 그림과 같다.

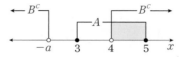

즉 $B^c=\{x|x<-a \text{ 또는 } x>4\}$이고 $-a\leq3$
따라서 실수 a의 값의 범위는 $a\geq-3$ 【정답】②

0928

【정답】14

STEP Ⓐ $n(A\cap B)$의 값 구하기

$$n(A^c\cup B^c)=n((A\cap B)^c)=n(U)-n(A\cap B)$$
$$=28-n(A\cap B)=17$$

이므로 $n(A\cap B)=11$

STEP Ⓑ $n(A\cup B)$의 값 구하기

따라서 $n(A\cup B)=n(A)+n(B)-n(A\cap B)=13+12-11=14$

0929

【정답】⑤

STEP Ⓐ 두 집합 A, B가 서로소임을 파악하기

$A\cap B^c=A-B=A$이므로 $A\cap B=\varnothing$, 즉 집합 A, B는 서로소이다.

STEP Ⓑ $n(A\cup B)$의 값 구하기

따라서 $n(A\cap B)=0$이므로
$n(A\cup B)=n(A)+n(B)-n(A\cap B)$
$\qquad\qquad =12+18-0=30$

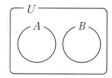

전체집합 U의 두 부분집합 A, B에 대하여

$$A\cap B^c=A,\ n(A)=9,\ n(B)=14$$

일 때, $n(A\cup B)$의 값을 구하시오.

STEP Ⓐ 두 집합 A, B가 서로소임을 파악하기

$A\cap B^c=A-B=A$이므로 $A\cap B=\varnothing$, 즉 집합 A, B는 서로소이다.

STEP Ⓑ $n(A\cup B)$의 값 구하기

따라서 $n(A \cap B) = 0$이므로
$n(A \cup B) = n(A) + n(B) - n(A \cap B)$
$\qquad\qquad = 9 + 14 - 0 = 23$

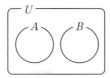

정답 23

0930
정답 ②

STEP Ⓐ $n(A \cap B)$의 값 구하기

$n(A-B) = n(A) - n(A \cap B)$에서
$n(A \cap B) = n(A) - n(A-B) = 10 - 6 = 4$

STEP Ⓑ $n((A \cup B)^c)$의 값 구하기

$n(A \cup B) = n(A) + n(B) - n(A \cap B)$
$\qquad\qquad = 10 + 12 - 4 = 18$
이므로 $n((A \cup B)^c) = n(U) - n(A \cup B) = 30 - 18 = 12$

STEP Ⓒ $n(A \cap B) + n((A \cup B)^c)$의 값 구하기

따라서 벤 다이어그램의 색칠된 부분이 나타내는 집합의 원소의 개수는
$n(A \cap B) + n((A \cup B)^c) = 4 + 12 = 16$

> **mini해설** | $n(U) - n((A-B) \cup (B-A))$를 이용하여 풀이하기
>
> $n(A \cap B) = n(A) - n(A-B) = 10 - 6 = 4$
> $\therefore n(B-A) = n(B) - n(A \cap B) = 12 - 4 = 8$
> 따라서 색칠한 부분이 나타내는 집합은 $\{(A-B) \cup (B-A)\}^c$이므로
> 구하는 원소의 개수는 $n(U) - n((A-B) \cup (B-A)) = 30 - (6+8) = 16$

내 신 연 계 출제문항 479

전체집합 U의 두 부분집합 A, B에 대하여
$n(U) = 50$, $n(A) = 30$, $n(B-A) = 10$일 때,
오른쪽 벤 다이어그램의 색칠된 부분이 나타
내는 집합의 원소의 개수는?

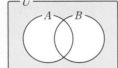

① 10　　　　② 17
③ 24　　　　④ 28
⑤ 32

STEP Ⓐ $n(A \cup B)$의 값 구하기

$n(B-A) = n(A \cup B) - n(A)$이므로
$n(A \cup B) = n(B-A) + n(A) = 10 + 30 = 40$

STEP Ⓑ $n((A \cup B)^c)$의 값 구하기

따라서 벤 다이어그램의 색칠된 부분이 나타내는 집합의 원소의 개수는
$n((A \cup B)^c) = n(U) - n(A \cup B) = 50 - 40 = 10$

정답 ①

0931
정답 ②

STEP Ⓐ $n(A \cup B)$의 값 구하기

$n(A^c \cap B^c) = n((A \cup B)^c) = n(U) - n(A \cup B)$에서
$n(A \cup B) = n(U) - n(A^c \cap B^c) = 30 - 3 = 27$

STEP Ⓑ $n((A-B) \cup (B-A))$의 값 구하기

따라서 벤 다이어그램의 색칠된 부분이 나타내는 집합의 원소의 개수는
$n((A-B) \cup (B-A)) = n(A \cup B) - n(A \cap B) = 27 - 10 = 17$

0932
정답 ③

STEP Ⓐ 집합의 연산을 이용하여 식을 간단하게 나타내기

$(A_2 \cup A_3) \cap (A_4 \cup A_6) = \{(A_2 \cup A_3) \cap A_4\} \cup \{(A_2 \cup A_3) \cap A_6\}$
$\qquad\qquad\qquad\qquad\qquad = (A_2 \cap A_4) \cup (A_3 \cap A_4) \cup (A_2 \cap A_6) \cup (A_3 \cap A_6)$
$\qquad\qquad\qquad\qquad\qquad = (A_4 \cup A_{12}) \cup (A_6 \cup A_6)$
$\qquad\qquad\qquad\qquad\qquad = A_4 \cup A_6$

STEP Ⓑ 합집합의 원소의 개수 구하기

따라서 $n(A_4 \cup A_6) = n(A_4) + n(A_6) - n(A_4 \cap A_6)$
$\qquad\qquad\qquad = n(A_4) + n(A_6) - n(A_{12})$
$\qquad\qquad\qquad = 25 + 16 - 8$ ← 4와 6의 최소공배수가 12이다.
$\qquad\qquad\qquad = 33$

0933
정답 ②

STEP Ⓐ 배수의 성질을 이용하여 [보기]의 참, 거짓 판단하기

ㄱ. $A_4 = \{4, 8, 12, \cdots\}$, $A_2 = \{2, 4, 6, \cdots\}$이므로 $A_4 \subset A_2$ [참]
ㄴ. $n(A_3) = 66$, $n(A_4) = 50$, $n(A_3 \cap A_4) = n(A_{12}) = 16$이므로
$\quad n(A_3 \cup A_4) = n(A_3) + n(A_4) - n(A_3 \cap A_4)$
$\qquad\qquad\qquad = 66 + 50 - 16$
$\qquad\qquad\qquad = 100$ [참]
ㄷ. $A_2 \cap (A_4 \cup A_6) = (A_2 \cap A_4) \cup (A_2 \cap A_6)$
$\qquad\qquad\qquad\qquad = A_4 \cup A_6$ [거짓]
따라서 옳은 것은 ㄱ, ㄴ이다.

내 신 연 계 출제문항 480

자연수 k에 대하여 집합 $\{x | x$는 100 이하의 자연수$\}$의 부분집합 A_k가
$$A_k = \{x | x 는 k의 배수\}$$
일 때, 옳은 것만을 [보기]에서 있는 대로 고른 것은?

> ㄱ. $n(A_3 \cap A_5) = 45$
> ㄴ. $A_4 \cap (A_6 \cup A_{12}) = A_{12}$
> ㄷ. $A_2 \cap A_n = A_{2n}$을 만족시키는 자연수 n의 개수는 50이다.

① ㄱ　　　　② ㄴ　　　　③ ㄷ
④ ㄱ, ㄴ　　⑤ ㄴ, ㄷ

STEP Ⓐ 배수의 성질을 이용하여 [보기]의 참, 거짓 판단하기

ㄱ. $n(A_3) = 33$, $n(A_5) = 20$, $n(A_3 \cap A_5) = n(A_{15}) = 6$이므로
$\quad n(A_3 \cup A_5) = n(A_3) + n(A_5) - n(A_3 \cap A_5)$
$\qquad\qquad\qquad = 33 + 20 - 6$
$\qquad\qquad\qquad = 47$ [거짓]
ㄴ. $A_4 \cap (A_6 \cup A_{12}) = A_4 \cap A_6 = A_{12}$ [참]
ㄷ. $A_2 \cap A_n = A_{2n}$에서 2와 자연수 n은 서로소이므로 n은 홀수이다.
$\quad$ 즉 100 이하의 홀수의 개수는 50이다. [참]
따라서 옳은 것은 ㄴ, ㄷ이다.

정답 ⑤

0934
2024년 10월 고1 학력평가 12번   정답 ③

STEP Ⓐ 집합의 연산법칙을 이용하여 조건 (나) 정리하기

조건 (가)에서 $n(A \cup B) = n(A) + n(B)$이므로 $A \cap B = \varnothing$

<small>$n(A \cup B) = n(A) + n(B) - n(A \cap B)$에서</small>
<small>$n(A \cap B) = 0$이므로 교집합은 존재하지 않는다.</small>

조건 (나)에서

$(A \cup C) \cap (B \cup C) = (A \cap B) \cup C$ ← 분배법칙
$\qquad\qquad\qquad = \varnothing \cup C = C$ ← $A \cap B = \varnothing$

즉 $n((A \cup C) \cap (B \cup C)) = 2 \times n(B - C)$에서

$n(C) = 2 \times n(B - C)$
$\qquad = 2 \times \{n(B \cup C) - n(C)\}$
$\qquad = 2n(B \cup C) - 2n(C)$

$\therefore n(C) = \dfrac{2}{3} \times n(B \cup C)$

STEP Ⓑ $n(B \cup C) = 12$임을 이용하여 $n(C)$의 값 구하기

따라서 $n(B \cup C) = 12$에서 $n(C) = \dfrac{2}{3} \times 12 = 8$

내신연계 출제문항 481

세 집합 A, B, C가 다음 조건을 만족시킨다.

> (가) $n(A \cup B) = n(A) + n(B)$ TIP 두 집합 A, B는 공통된 부분이 없다.
> (나) $n((A \cup C) \cap (B \cup C)) = 3 \times n(B \cap C^c)$

$n(B \cup C) = 20$일 때, $n(C)$의 값을 구하시오.

STEP Ⓐ 집합의 연산법칙을 이용하여 조건 (나) 정리하기

$n(A \cup B) = n(A) + n(B) - n(A \cap B)$이므로

조건 (가)에서 $n(A \cap B) = 0$, $A \cap B = \varnothing$

그러므로

$(A \cup C) \cap (B \cup C) = (A \cap B) \cup C$ ← 분배법칙
$\qquad\qquad\qquad = \varnothing \cup C = C$ ← $A \cap B = \varnothing$

조건 (나)에 의하여

$n(C) = 3 \times n(B - C)$
$\qquad = 3 \times \{n(B \cup C) - n(C)\}$
$\qquad = 3n(B \cup C) - 3n(C)$

$\therefore n(C) = \dfrac{3}{4} \times n(B \cup C)$

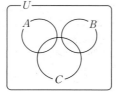

STEP Ⓑ $n(B \cup C) = 20$임을 이용하여 $n(C)$의 값 구하기

따라서 $n(B \cup C) = 20$에서 $n(C) = \dfrac{3}{4} \times 20 = 15$ 정답 15

0935
정답 2

STEP Ⓐ $n(A \cup B)$의 값 구하기

$n(A^c \cap B^c) = n((A \cup B)^c) = n(U) - n(A \cup B) = 30 - n(A \cup B) = 6$

$\therefore n(A \cup B) = 24$

STEP Ⓑ $n(A - B)$의 값 구하기

따라서 $n(A - B) = n(A \cup B) - n(B) = 24 - 22 = 2$

> **+α** $n(A - B)$를 다음과 같이 구할 수 있어!
>
> $n(A \cup B) = n(A) + n(B) - n(A \cap B)$에서
> $n(A \cap B) = n(A) + n(B) - n(A \cup B) = 17 + 22 - 24 = 15$
> 따라서 $n(A - B) = n(A) - n(A \cap B) = 17 - 15 = 2$

0936
정답 ⑤

STEP Ⓐ $n(A \cap B)$의 값 구하기

$n(A \cup B) = n(A) + n(B) - n(A \cap B)$에서

$n(A \cap B) = n(A) + n(B) - n(A \cup B) = 5 + 8 - 11 = 2$

STEP Ⓑ $n(A^c \cup B^c)$의 값 구하기

따라서 $n(A^c \cup B^c) = n((A \cap B)^c) = n(U) - n(A \cap B) = 20 - 2 = 18$

내신연계 출제문항 482

전체집합 U의 두 부분집합 A, B에 대하여

$$n(U) = 10, \quad n(A) = 5, \quad n(B) = 4, \quad n(A \cap B) = 2$$

일 때, $n(A^c \cap B^c)$의 값은?

① 3   ② 5   ③ 7
④ 9   ⑤ 10

STEP Ⓐ $n(A \cup B)$의 값 구하기

$n(A \cup B) = n(A) + n(B) - n(A \cap B) = 5 + 4 - 2 = 7$

STEP Ⓑ $n(A^c \cap B^c)$의 값 구하기

따라서 $n(A^c \cap B^c) = n((A \cup B)^c) = n(U) - n(A \cup B) = 10 - 7 = 3$ 정답 ①

0937
정답 ③

STEP Ⓐ $n(A \cup B)$의 값 구하기

$n(A \cap B) = n(A) - n(A - B) = 50 - 29 = 21$이므로

$n(A \cup B) = n(A) + n(B) - n(A \cap B) = 50 + 33 - 21 = 62$

STEP Ⓑ $n(A^c \cap B^c)$의 값 구하기

따라서 $n(A^c \cap B^c) = n((A \cup B)^c) = n(U) - n(A \cup B) = 82 - 62 = 20$

0938
정답 ④

STEP Ⓐ $n(A \cup B)$의 값 구하기

$n(A \cup B) = n(U) - n((A \cup B)^c)$ ← <small>$n(A^c \cap B^c) = n((A \cup B)^c) = 5$</small>
$\qquad\qquad = 50 - 5 = 45$

STEP Ⓑ $n((A - B) \cup (B - A))$의 값 구하기

따라서 $(A - B) \cup (B - A) = (A \cup B) - (A \cap B)$이므로

$n((A - B) \cup (B - A)) = n((A \cup B) - (A \cap B))$
$\qquad\qquad\qquad\qquad = n(A \cup B) - n(A \cap B)$
$\qquad\qquad\qquad\qquad = 45 - 12 = 33$

> **mini해설** | 벤 다이어그램을 이용하여 풀이하기
>
> 주어진 집합의 개수를 벤 다이어그램으로
> 나타내면 오른쪽 그림과 같다.
> 따라서 집합 $(A - B) \cup (B - A)$는
> 벤 다이어그램의 색칠된 부분과 같으므로
> $n((A - B) \cup (B - A))$
> $= n(U) - n(A \cap B) - n(A^c \cap B^c)$
> $= 50 - 12 - 5 = 33$
>
>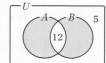

전체집합 U의 두 부분집합 A, B에 대하여
$$n(A^c \cap B) = 10, \quad n(A \cap B) = 3, \quad n(A \cup B) = 20$$
일 때, $n(A-B)$의 값을 구하시오.

STEP (A) $n(B)$**의 값 구하기**

$(A^c \cap B) \cup (A \cap B) = (A^c \cup A) \cap B = U \cap B = B$이므로

$n(B) = n(A^c \cap B) + n(A \cap B) = 10 + 3 = 13$

STEP (B) $n(A-B)$**의 값 구하기**

따라서 $n(A-B) = n(A \cup B) - n(B) = 20 - 13 = 7$

---

mini 해설 | 벤 다이어그램을 이용하여 풀이하기

주어진 집합의 개수를 벤 다이어그램으로
나타내면 오른쪽 그림과 같다.
따라서 집합 $A-B$는
벤 다이어그램의 색칠된 부분과 같으므로
$n(A-B)$
$= n(A \cup B) - n(A \cap B) - n(A^c \cap B)$
$= 20 - 3 - 10 = 7$

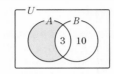

정답 7

0939

정답 ③

STEP (A) $n(A \cup B) + n(A \cap B)$**의 값 구하기**

$n(A \cup B) = n(A) + n(B) - n(A \cap B)$에서

$n(A \cup B) + n(A \cap B) = n(A) + n(B) = 28 + 37 = 65$ ⋯⋯ ㉠

STEP (B) $n(A \cup B) - n(A \cap B)$**의 값 구하기**

$(A-B) \cup (B-A) = (A \cup B) - (A \cap B)$이므로

$n((A-B) \cup (B-A)) = n((A \cup B) - (A \cap B))$
$\qquad\qquad\qquad\qquad = n(A \cup B) - n(A \cap B)$

∴ $n(A \cup B) - n(A \cap B) = 35$ ⋯⋯ ㉡

STEP (C) $n(A \cup B)$**의 값 구하기**

㉠+㉡을 하면 $2n(A \cup B) = 65 + 35 = 100$

따라서 $n(A \cup B) = 50$

0940

정답 8

STEP (A) $n(A \cup X) = 4$**에서** $X \subset A$**임을 파악하기**

$n(A \cup X) = n(A) + n(X) - n(A \cap X) = 4$에서

$n(A) = 4$이므로 $n(X) - n(A \cap X) = 0$

즉 $n(X-A) = 0$이므로 $X - A = \varnothing$

∴ $X \subset A$

STEP (B) $n(B-X) = 1$**에서** $n(B \cap X) = 1$**임을 파악하기**

$n(B-X) = 1$에서 $n(B) - n(B \cap X) = 1$이고 $n(B) = 2$

∴ $n(B \cap X) = 1$

STEP (C) **모든 집합** X**의 개수 구하기**

따라서 두 원소 1, 6 중 하나만 집합 X에 속하고 $X \subset A$이므로
구하는 집합 X의 개수는 $2 \times 2^{4-1-1} = 2 \times 4 = 8$

두 집합 A, B에 대하여 $n(A) = 6$, $n(A-B) = 4$, $n(B) = 7$일 때,
$(B-A) \subset X \subset B$를 만족하는 집합 X의 개수는?

① 2 ② 4 ③ 8
④ 16 ⑤ 32

STEP (A) $n(A \cap B)$**의 값 구하기**

$n(A-B) = n(A) - n(A \cap B)$이므로 $4 = 6 - n(A \cap B)$

∴ $n(A \cap B) = 2$

STEP (B) $n(B-A)$**의 값 구하기**

$n(B-A) = n(B) - n(A \cap B) = 7 - 2 = 5$

STEP (C) **조건을 만족하는 집합** X**의 개수 구하기**

즉 $(B-A) \subset X \subset B$를 만족하는 집합 X는 집합 B의 부분집합 중
집합 $B-A$의 5개의 원소를 모두 포함하는 집합이다.

따라서 집합 X의 개수는 $2^{7-5} = 2^2 = 4$

정답 ②

0941

2023년 03월 고2 학력평가 11번

정답 ④

STEP (A) $n(A-B)$**의 값 구하기**

드모르간의 법칙에 의하여
$A^c \cup B = (A \cap B^c)^c = (A-B)^c$

이때
$A = \{1, 2, 3, 5, 6, 10, 15, 30\}$,
$B = \{3, 6, 9, 12, \cdots, 42, 45, 48\}$
이고 집합 $A \cap B$는 30의 약수 중 3의 배수를
원소로 갖는 집합이므로 $A \cap B = \{3, 6, 15, 30\}$

∴ $n(A-B) = n(A) - n(A \cap B) = 8 - 4 = 4$

$A^c \cup B$

STEP (B) $n(A^c \cup B)$**의 값 구하기**

따라서 $n(A^c \cup B) = n((A-B)^c) = n(U) - n(A-B) = 50 - 4 = 46$

전체집합 $U = \{x \mid x$는 99 이하의 자연수$\}$의 두 부분집합
$$A = \{x \mid x$는 7의 배수$\}$$
$$B = \{x \mid x$는 5로 나누었을 때의 나머지가 3인 자연수$\}$$
에 대하여 $n(A^c \cup B^c)$의 값은?

① 72 ② 78 ③ 84
④ 90 ⑤ 96

STEP (A) $n(A \cap B)$**의 값 구하기**

드모르간의 법칙에 의하여
$A^c \cup B^c = (A \cap B)^c$

이때
$A = \{7, 14, \cdots, 98\}$,
$B = \{3, 8, \cdots, 98\}$,
$A \cap B = \{28, 63, 98\}$이므로 $n(A \cap B) = 3$

$A^c \cup B^c$

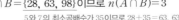
5와 7의 최소공배수가 35이므로 $28+35 = 63$, $63+35 = 98$

STEP (B) $n(A^c \cup B^c)$**의 값 구하기**

따라서 $n(A^c \cup B^c) = n((A \cap B)^c) = n(U) - n(A \cap B) = 99 - 3 = 96$

정답 ⑤

02
집합의 연산

정답과 해설

0942

정답 27

STEP A 주어진 조건을 집합으로 나타내고 원소의 개수 구하기

전체 학생의 집합을 U, 수학 숙제를 한 학생의 집합을 A,
영어 숙제를 한 학생의 집합을 B라 하면
$n(U)=36$, $n(A)=28$, $n(B)=32$, $n(A^c \cap B^c)=3$

STEP B $n(A \cup B)$의 값 구하기

$n(A^c \cap B^c)=n((A \cup B)^c)=3$이므로
$n(A \cup B)=n(U)-n((A \cup B)^c)=36-3=33$

STEP C $n(A \cap B)$의 값 구하기

따라서 두 가지 숙제를 모두 한 학생 수는 $n(A \cap B)$이므로
$n(A \cup B)=n(A)+n(B)-n(A \cap B)$에서
$n(A \cap B)=n(A)+n(B)-n(A \cup B)=28+32-33=27$

---

mini해설 | 벤 다이어그램을 이용하여 풀이하기

수학 숙제와 영어 숙제를 모두 한 학생 수를 x라 하면
$n(A-B)=n(A)-n(A \cap B)=28-x$,
$n(B-A)=n(B)-n(A \cap B)=32-x$,
$n(A^c \cap B^c)=3$
이므로 $(28-x)+x+(32-x)+3=36$,
$63-x=36$
따라서 $x=27$

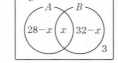

0943

정답 ②

STEP A 주어진 조건을 집합으로 나타내고 원소의 개수 구하기

전체 동아리 학생의 집합을 U, 축구동아리에 가입한 학생의 집합을 A,
농구동아리에 가입한 학생의 집합을 B라 하면
$n(U)=15$, $n(A)=9$, $n(B)=8$, $n(A^c \cap B^c)=3$

STEP B $n(A \cup B)$의 값 구하기

$n(A^c \cap B^c)=n((A \cup B)^c)=3$이므로
$n(A \cup B)=n(U)-n((A \cup B)^c)=15-3=12$

STEP C $n(A \cap B)$의 값 구하기

따라서 축구동아리와 농구동아리에 둘 다 가입한 학생 수는 $n(A \cap B)$이므로
$n(A \cup B)=n(A)+n(B)-n(A \cap B)$에서
$n(A \cap B)=n(A)+n(B)-n(A \cup B)=9+8-12=5$

---

mini해설 | 벤 다이어그램을 이용하여 풀이하기

축구동아리와 농구동아리에 둘 다 가입한 학생 수를 x라 하면
$n(A-B)=n(A)-n(A \cap B)=9-x$,
$n(B-A)=n(B)-n(A \cap B)=8-x$,
$n(A^c \cap B^c)=3$
이므로 $(9-x)+x+(8-x)+3=15$,
$20-x=15$
따라서 $x=5$

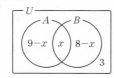

0944

정답 ①

STEP A 주어진 조건을 집합으로 나타내고 원소의 개수 구하기

AI기업의 모든 팀원의 집합을 U,
음성 인식 기술을 개발하는 팀원의 집합을 A,
자율 주행 기술을 개발하는 팀원의 집합을 B라 하면
$n(A)=10$, $n(B)=14$, $n(A \cup B)=5 \times n(A \cap B)$

STEP B $n(A \cap B)$의 값 구하기

$n(A \cap B)=k$라 하면 $n(A \cup B)=5k$이므로
$n(A \cup B)=n(A)+n(B)-n(A \cap B)$에서 $5k=10+14-k$, $6k=24$
따라서 음성 인식과 자율 주행 기술을 모두 개발하는 팀원 수는
$k=n(A \cap B)=4$

---

mini해설 | 벤 다이어그램을 이용하여 풀이하기

음성 인식과 자율 주행 기술을 모두 개발하는 팀원 수를 x라 하면
$n(A-B)=n(A)-n(A \cap B)=10-x$,
$n(B-A)=n(B)-n(A \cap B)=14-x$
음석 인식 또는 자율 주행 기술을 개발하는
팀원 수는 음석 인식과 자율 주행 기술을 모두
개발하는 팀원 수의 5배이므로
$(10-x)+x+(14-x)=5x$, $6x=24$
따라서 $x=4$

내신연계 출제문항 **486**

어느 학급 학생 20명을 대상으로 봉사 활동 A, B에 대한 참여 여부를 조사
하였더니 봉사 활동 A, B에 모두 참여한 학생의 수는 9명, 어느 봉사 활동
도 참여하지 않은 학생의 수는 3명이었다. 봉사 활동 A에 참여한 학생의 수
가 봉사 활동 B에 참여한 학생의 수와 같을 때, 봉사 활동 A에 참여한 학생
의 수는?

① 11   ② 12   ③ 13
④ 14   ⑤ 15

STEP A 주어진 조건을 집합으로 나타내고 원소의 개수 구하기

전체 학생의 집합을 U, 봉사 활동 A에 참여한 학생의 집합을 A,
봉사 활동 B에 참여한 학생의 집합을 B라 하면
$n(U)=20$, $n(A \cap B)=9$, $n(A^c \cap B^c)=3$, $n(A)=n(B)$

STEP B $n(A \cup B)$의 값 구하기

$n(A^c \cap B^c)=n((A \cup B)^c)=3$이므로
$n(A \cup B)=n(U)-n((A \cup B)^c)=20-3=17$

STEP C 봉사 활동 A에 참여한 학생 수 구하기

이때 $n(A \cup B)=n(A)+n(B)-n(A \cap B)$이므로
$17=n(A)+n(B)-9$, $2 \times n(A)=26$
따라서 봉사 활동 A에 참여한 학생 수는 $n(A)=13$

---

mini해설 | 벤 다이어그램을 이용하여 풀이하기

봉사 활동 A에 참여한 학생 수가
봉사 활동 B에 참여한 학생의 수와 같으므로
봉사 활동 A에만 참여한 학생 수와
봉사 활동 B에만 참여한 학생 수를 모두 x라
하면 이 학급 학생 전체의 수가 20명이므로
$2x+9+3=20$, $2x=8$ ∴ $x=4$
따라서 봉사 활동 A에 참여한 학생의 수는 $x+9=13$

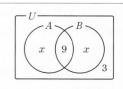

정답 ③

0945

STEP A 주어진 조건을 집합으로 나타내고 원소의 개수 구하기

전체 학생의 집합을 U, 배구동아리를 선택한 학생의 집합을 A,
농구동아리를 선택한 학생의 집합을 B라 하면
$n(U)=40$, $n(A)=17$, $n(B)=15$, $n(A \cap B)=5$

STEP B $n(A \cup B)$의 값 구하기

$n(A \cup B)=n(A)+n(B)-n(A \cap B)$
$\qquad = 17+15-5=27$

STEP C $n(A^c \cap B^c)$의 값 구하기

따라서 두 동아리를 모두 선택하지
않은 학생 수는
$n(A^c \cap B^c)=n((A \cup B)^c)$
$\qquad =n(U)-n(A \cup B)$
$\qquad =40-27=13$

0946

STEP A 주어진 조건을 집합으로 나타내고 원소의 개수 구하기

전체 학생의 집합을 U, 영어를 신청한 학생의 집합을 A,
수학을 신청한 학생의 집합을 B라 하면
$n(U)=35$, $n(A)=19$, $n(B)=17$, $n(A^c \cap B^c)=7$

STEP B $n(A \cup B)$의 값 구하기

$n(A \cup B)=n(U)-n((A \cup B)^c)$
$\qquad =n(U)-n(A^c \cap B^c)$
$\qquad =35-7=28$

STEP C $n(B-A)$의 값 구하기

따라서 수학만 신청한 학생 수는 $n(B-A)=n(A \cup B)-n(A)=28-19=9$

> **+α** │ $n(B-A)=n(B)-n(A \cap B)$임을 이용하여 구할 수 있어!
>
> $n(A \cap B)=n(A)+n(B)-n(A \cup B)=19+17-28=8$
> 따라서 수학만 신청한 학생 수는 $n(B-A)=n(B)-n(A \cap B)=17-8=9$

내/신/연/계 출제문항 **487**

디지털 수학 수업에 참여하는 학생 100명 중에서 노트북으로 수업에 참여하는 학생은 62명, 스마트폰으로 수업에 참여하는 학생은 42명이다.
또, 노트북과 스마트폰 이외의 전자기기로 수업에 참여하는 학생은 10명일 때, 노트북으로만 수업에 참여하는 학생 수는?

① 46 　　　　② 48 　　　　③ 50
④ 52 　　　　⑤ 54

STEP A 주어진 조건을 집합으로 나타내고 원소의 개수 구하기

학생 전체의 집합을 U, 노트북으로 수업에 참여하는 학생의 집합을 A,
스마트폰으로 수업에 참여하는 학생의 집합을 B라 하면
$n(U)=100$, $n(A)=62$, $n(B)=42$, $n(A^c \cap B^c)=10$

STEP B $n(A \cup B)$의 값 구하기

$n(A \cup B)=n(U)-n((A \cup B)^c)$
$\qquad =n(U)-n(A^c \cap B^c)$
$\qquad =100-10=90$

STEP C 노트북으로만 수업에 참여하는 학생 수 구하기

따라서 노트북으로만 수업에 참여하는 학생 수는
$n(A-B)=n(A \cup B)-n(B)=90-42=48$　　　

0947

STEP A 주어진 조건을 집합으로 나타내고 원소의 개수 구하기

전체 학생의 집합을 U, 영화 A를 관람한 학생의 집합을 A,
영화 B를 관람한 학생의 집합을 B라 하면
$n(A)=16$, $n(B)=18$, $n(A^c \cap B^c)=12$, $n(A-B)+n(B-A)=8$

STEP B $n(A \cap B)$의 값 구하기

$n(A \cap B)=x$라 하면
$n(A-B)=n(A)-n(A \cap B)=16-x$
$n(B-A)=n(B)-n(A \cap B)=18-x$
이므로
$n(A-B)+n(B-A)=(16-x)+(18-x)=8$
$34-2x=8$, $2x=26$
$\therefore x=13$

STEP C 전체 학생 수 구하기

따라서 전체 학생 수는
$n(U)=n(A-B)+n(B-A)+n(A \cap B)+n(A^c \cap B^c)$
$\qquad =8+13+12=33$

> **mini 해설** │ $n(A \cup B)-n(A \cap B)=n(A-B)+n(B-A)$를 이용하여 풀이하기
>
> $n(A \cup B)-n(A \cap B)=n(A-B)+n(B-A)=8$이므로
> $n(A \cup B)-\{n(A)+n(B)-n(A \cup B)\}=8$
> $n(A \cup B)-\{16+18-n(A \cup B)\}=8$, $2 \times n(A \cup B)=42$ 　 $\therefore n(A \cup B)=21$
> 따라서 전체 학생 수는 $n(U)=n(A \cup B)+n((A \cup B)^c)=21+12=33$

어느 음식점에서 고객을 대상으로 두 메뉴 A, B에 대한 선호도를 조사하였더니 A와 B를 선호하는 고객은 각각 20명, 24명이고, 두 메뉴 중 어느 것도 선호하지 않는 고객이 15명이었다. 두 메뉴 A, B 중 한 메뉴만 선호하는 고객이 10명이었을 때, 이 음식점의 전체 고객 수는?

① 36   ② 38   ③ 40
④ 42   ⑤ 44

STEP Ⓐ **주어진 조건을 집합으로 나타내고 원소의 개수 구하기**

전체 고객의 집합을 U, 메뉴 A를 선호하는 고객의 집합을 A,
메뉴 B를 선호하는 고객의 집합을 B라 하면
$n(A)=20$, $n(B)=24$, $n(A^c \cap B^c)=15$, $n(A-B)+n(B-A)=10$

STEP Ⓑ **$n(A \cap B)$의 값 구하기**

$n(A \cap B)=x$라 하면
$n(A-B)=n(A)-n(A \cap B)=20-x$
$n(B-A)=n(B)-n(A \cap B)=24-x$이므로
$n(A-B)+n(B-A)=(20-x)+(24-x)=10$
$44-2x=10$, $2x=34$ ∴ $x=17$

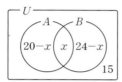

STEP Ⓒ **전체 고객 수 구하기**

따라서 전체 고객 수는
$n(U)=n(A-B)+n(B-A)+n(A \cap B)+n(A^c \cap B^c)=10+17+15=42$

mini해설 | $n(A \cup B)-n(A \cap B)=n(A-B)+n(B-A)$를 이용하여 풀이하기

$n(A \cup B)-n(A \cap B)=n(A-B)+n(B-A)=10$이므로
$n(A \cup B)-\{n(A)+n(B)-n(A \cup B)\}=10$
$n(A \cup B)-\{20+24-n(A \cup B)\}=10$, $2 \times n(A \cup B)=54$ ∴ $n(A \cup B)=27$
따라서 전체 학생 수는 $n(U)=n(A \cup B)+n((A \cup B)^c)=27+15=42$

정답 ④

0948

2018년 03월 고3 학력평가 나형 27번   정답 22

STEP Ⓐ **주어진 조건을 집합으로 나타내고 원소의 개수 구하기**

학급 학생 전체의 집합을 U, 직업 체험을 신청한 학생의 집합을 A,
대학 탐방을 신청한 학생의 집합을 B라 하면
$n(U)=31$, $n(A \cap B)=5$, $n((A \cup B)^c)=3$이므로
$n(A \cup B)=n(U)-n((A \cup B)^c)=31-3=28$ ……㉠
직업 체험을 신청한 학생 수는 대학 탐방을 신청한 학생 수의 2배이므로
$n(A)=2 \times n(B)$ ……㉡

STEP Ⓑ **직업 체험을 신청한 학생 수 구하기**

$n(A \cup B)=n(A)+n(B)-n(A \cap B)$이므로
㉠, ㉡에서 $28=2 \times n(B)+n(B)-5$
∴ $n(B)=11$
따라서 $n(A)=2 \times 11=22$이므로
직업 체험을 신청한 학생 수는 22

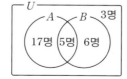

mini해설 | 벤 다이어그램을 이용하여 풀이하기

직업 체험만을 신청한 학생 수를 x, 대학 탐방만을 신청한 학생 수를 y라 하자.
주어진 조건을 벤 다이어그램으로 나타내면 오른쪽 그림과 같다.
이때 학급 학생 전체의 수는 31명이므로
$x+5+y+3=31$ ∴ $x+y=23$
직업 체험을 신청한 학생 수는 대학 탐방을
신청한 학생 수의 2배이므로
$x+5=2(y+5)$ ∴ $x-2y=5$ ……㉡
㉠, ㉡을 연립하면 $x=17$, $y=6$
따라서 직업 체험을 신청한 학생 수는 $x+5=22$

어느 학급 24명을 대상으로 문학 시간에 시 쓰기와 책갈피 만들기를 실시하였다. 시 쓰기와 책갈피 만들기에 모두 참여한 학생은 4명이고 시 쓰기에 참여한 학생 수는 책갈피 만들기에 참여한 학생 수의 3배이다.
이 학급 학생이 모두 시 쓰기 또는 책갈피 만들기에 참여하였다고 할 때,
시 쓰기만 참여한 학생 수를 구하시오.

STEP Ⓐ **주어진 조건을 집합으로 나타내고 원소의 개수 구하기**

학급 학생 전체의 집합을 U, 시 쓰기에 참여한 학생의 집합을 A,
책갈피 만들기에 참여한 학생의 집합을 B라 하면
$n(U)=24$, $n(A \cap B)=4$, $n((A \cup B)^c)=0$이므로
$n(A \cup B)=n(U)-n((A \cup B)^c)=24$ ……㉠
시 쓰기에 참여한 학생 수는 책갈피 만들기에 참여한 학생 수의 3배이므로
$n(A)=3 \times n(B)$ ……㉡

STEP Ⓑ **시 쓰기만 참여한 학생 수 구하기**

$n(A \cup B)=n(A)+n(B)-n(A \cap B)$이므로
㉠, ㉡에서 $24=3 \times n(B)+n(B)-4$
∴ $n(B)=7$
∴ $n(A-B)=n(A \cup B)-n(B)=24-7=17$
따라서 시 쓰기만 참여한 학생 수는 17

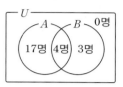

mini해설 | 벤 다이어그램을 이용하여 풀이하기

시 쓰기만 참여한 학생 수를 x, 책갈피 만들기만 참여한 학생 수를 y라 하자.
주어진 조건을 벤 다이어그램으로 나타내면 오른쪽 그림과 같다.
이때 학급 학생 전체의 수는 24명이므로
$x+4+y=24$ ∴ $x+y=20$ ……㉠
시 쓰기에 참여한 학생 수는 책갈피 만들기에
참여한 학생 수의 3배이므로
$x+4=3(y+4)$ ∴ $x-3y=8$ ……㉡
㉠, ㉡을 연립하면 $x=17$, $y=3$
따라서 시 쓰기만 참여한 학생 수는 17

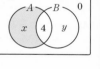

정답 17

0949

2016년 06월 고2 학력평가 나형 25번   정답 29

STEP Ⓐ **주어진 조건을 집합으로 나타내고 원소의 개수 구하기**

두 동아리 A, B에 가입한 학생의 집합을 각각 A, B라 하면
$n(A \cup B)=56$, $n(A)=35$, $n(B)=27$

STEP Ⓑ **동아리 A에만 가입한 학생의 수 구하기**

$n(A \cup B)=n(A)+n(B)-n(A \cap B)$이므로
$56=35+27-n(A \cap B)$
∴ $n(A \cap B)=6$
따라서 동아리 A에만 가입한 학생의 수는
$n(A-B)=n(A)-n(A \cap B)=35-6=29$

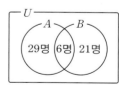

+α | $n(A-B)=n(A \cup B)-n(B)$를 이용하여 구할 수도 있어!

$n(A-B)=n(A \cup B)-n(B)$이므로 $n(A-B)=56-27=29$

mini해설 | 벤 다이어그램을 이용하여 풀이하기

동아리 A에만 가입한 학생의 수를 x라 하면
$n(A \cap B)=35-x$, $n(B-A)=27-(35-x)=x-8$,
$n(A \cup B)=x+(35-x)+(x-8)=56$
이므로 $x+27=56$
따라서 $x=29$

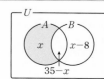

어느 회사의 전체 신입사원 200명 중에서 소방안전 교육을 받은 사원은 120명, 심폐소생술 교육을 받은 사원은 115명, 두 교육을 모두 받지 않은 사원은 17명이다. 이 회사의 전체 신입사원 200명 중에서 심폐소생술 교육만을 받은 사원의 수는?

① 60   ② 63   ③ 66
④ 69   ⑤ 72

STEP Ⓐ 주어진 조건을 집합으로 나타내고 원소의 개수 구하기

전체 신입사원의 집합을 U, 소방안전 교육을 받은 사원의 집합을 A, 심폐소생술 교육을 받은 사원의 집합을 B라 하면
$n(U)=200$, $n(A)=120$, $n(B)=115$
이때 두 교육을 모두 받지 않은 사원의 수는 $n(U)-n(A \cup B)=17$이므로
$n(A \cup B)=200-17=183$

STEP Ⓑ 심폐소생술 교육만을 받은 사원의 수 구하기

$n(A \cup B)=n(A)+n(B)-n(A \cap B)$이므로
$183=120+115-n(A \cap B)$
$\therefore n(A \cap B)=52$
따라서 심폐소생술 교육만을 받은 사원의 수는
$n(B-A)=n(B)-n(A \cap B)$
$\qquad\quad =115-52=63$

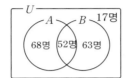

+α | $n(B-A)=n(A \cup B)-n(A)$를 이용하여 구할 수도 있어!

$n(B-A)=n(A \cup B)-n(A)$이므로 $n(B-A)=183-120=63$

mini해설 | 벤 다이어그램을 이용하여 풀이하기

심폐소생술 교육만을 받은 사원의 수를 x라 하면
$n(A \cap B)=115-x$,
$n(A-B)=120-(115-x)=5+x$,
$n(A \cup B)=(5+x)+(115-x)+x=200-17$
이므로 $120+x=183$
따라서 $x=63$

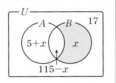

정답 ②

0950   2019년 03월 고2 학력평가 가형 18번   정답 ②

STEP Ⓐ 주어진 조건을 집합으로 나타내고 원소의 개수 구하기

은행 A를 이용하는 고객의 집합을 A, 은행 B를 이용하는 고객의 집합을 B라 하면
조사한 고객이 총 65명이므로 $n(A \cup B)=65$이고
<small>남자 35명과 여자 30명</small>
조건 (가)에서 $n(A)+n(B)=82$이다.
이때 $n(A \cup B)=n(A)+n(B)-n(A \cap B)$이므로
$65=82-n(A \cap B)$
$\therefore n(A \cap B)=17$

STEP Ⓑ 은행 A와 은행 B를 모두 이용하는 여자 고객의 수 구하기

한 은행만 이용하는 고객 수는 ← $(A-B) \cup (B-A)=(A \cup B)-(A \cap B)$
$n(A \cup B)-n(A \cap B)=65-17=48$이고
조건 (나)에서 두 은행 A, B 중 한 은행만 이용하는 남자 고객의 수와 여자 고객의 수가 같다고 하였으므로
두 은행 중 한 은행만 이용하는 여자 고객의 수는 $\dfrac{48}{2}=24$
따라서 은행 A 또는 은행 B를 이용하는 여자 고객 30명 중 은행 A와 은행 B를 모두 이용하는 여자 고객의 수는 $30-24=6$

다른풀이 한 은행만 이용하는 남자 또는 여자 고객의 수를 x라 두고 풀이하기

STEP Ⓐ 두 은행을 모두 이용하는 고객의 수를 x로 나타내기

조건 (나)에서 두 은행 A, B 중 한 은행만 이용하는 남자 고객의 수와 여자 고객의 수가 같다고 하였으므로 이를 x라 하면
은행 A와 은행 B를 모두 이용하는 남자 고객의 수는 $35-x$
은행 A와 은행 B를 모두 이용하는 여자 고객의 수는 $30-x$

STEP Ⓑ 은행 A와 은행 B를 모두 이용하는 여자 고객의 수 구하기

조건 (가)에서
$\{x+2(35-x)\}+\{x+2(30-x)\}=82$
$2x+(70-2x)+(60-2x)=82$, $2x=48$
$\therefore x=24$
따라서 은행 A와 은행 B를 모두 이용하는 여자 고객의 수는 $30-24=6$

동아리 A 또는 동아리 B에 가입한 남학생 28명과 여학생 22명을 조사한 결과가 다음과 같다.

> (가) 동아리 A에 가입한 학생 수와 동아리 B에 가입한 학생 수의 합은 60이다.
> (나) 두 동아리 A, B 중 한 동아리에만 가입한 남학생 수와 여학생 수는 같다.

이때 두 동아리 A, B에 모두 가입한 여학생 수를 구하시오.

STEP Ⓐ 주어진 조건을 집합으로 나타내고 원소의 개수 구하기

동아리 A에 가입한 학생의 집합을 A, 동아리 B에 가입한 학생의 집합을 B라 하면
조사한 학생이 총 50명이므로 $n(A \cup B)=50$이고
<small>남학생 28명과 여학생 22명</small>
조건 (가)에서 $n(A)+n(B)=60$이다.
이때 $n(A \cup B)=n(A)+n(B)-n(A \cap B)$이므로
$50=60-n(A \cap B)$ $\therefore n(A \cap B)=10$

STEP Ⓑ 동아리 A, B에 모두 가입한 여학생 수 구하기

한 동아리에만 가입한 학생 수는 ← $(A-B) \cup (B-A)=(A \cup B)-(A \cap B)$
$n(A \cup B)-n(A \cap B)=50-10=40$이고
조건 (나)에서 두 동아리 A, B 중 한 동아리에만 가입한 남학생 수와 여학생 수가 같다고 하였으므로
두 동아리 중 한 동아리에만 가입한 여학생 수는 $\dfrac{40}{2}=20$
따라서 동아리 A 또는 동아리 B에 가입한 여학생 22명 중 두 동아리 A, B에 모두 가입한 여학생 수는 $22-20=2$

다른풀이 한 동아리만 가입한 남학생 또는 여학생의 수를 x라 두고 풀이하기

STEP Ⓐ 두 동아리에 모두 가입한 학생의 수를 x로 나타내기

조건 (나)에서 두 동아리 A, B 중 한 동아리에만 가입한 남학생 수와 여학생 수가 같다고 하였으므로 이를 x라 하면
동아리 A, B에 모두 가입한 남학생의 수는 $28-x$
동아리 A, B에 모두 가입한 여학생의 수는 $22-x$

STEP Ⓑ 동아리 A, B에 모두 가입한 여학생 수 구하기

조건 (가)에서
$\{x+2(28-x)\}+\{x+2(22-x)\}=60$
$2x+(56-2x)+(44-2x)=60$, $2x=40$
$\therefore x=20$
따라서 동아리 A, B에 모두 가입한 여학생 수는 $22-20=2$

정답 2

0951

정답 22

STEP Ⓐ $n(A \cap B)$**의 최댓값 구하기**

$B \subset A$일 때, $n(A \cap B)$가 최대이므로
$M = n(B) = 18$

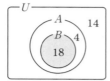

STEP Ⓑ $n(A \cap B)$**의 최솟값 구하기**

$A \cup B = U$일 때, $n(A \cap B)$가 최소이므로
$n(A \cap B) = n(A) + n(B) - n(A \cup B)$
$m = 22 + 18 - 36 = 4$
따라서 $M + m = 18 + 4 = 22$

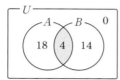

다른풀이 집합의 포함 관계를 이용하여 풀이하기

STEP Ⓐ **집합의 포함 관계를 이용하여** $n(A \cap B)$**의 값의 범위 구하기**

$n(A \cap B) = n(A) + n(B) - n(A \cup B)$
$\qquad\qquad = 22 + 18 - n(A \cup B)$
$\qquad\qquad = 40 - n(A \cup B)$
이때 $A \subset (A \cup B)$, $B \subset (A \cup B)$이므로
$n(A) \le n(A \cup B)$, $n(B) \le n(A \cup B)$
$\therefore 22 \le n(A \cup B)$ $\qquad$ ······ ㉠
$(A \cup B) \subset U$이므로 $n(A \cup B) \le n(U)$
$\therefore n(A \cup B) \le 36$ $\qquad$ ······ ㉡
㉠, ㉡에서 $22 \le n(A \cup B) \le 36$이므로
$-36 \le -n(A \cup B) \le -22$, $4 \le 40 - n(A \cup B) \le 18$
$\therefore 4 \le n(A \cap B) \le 18$

STEP Ⓑ $M + m$**의 값 구하기**

따라서 $M = 18$, $m = 4$이므로 $M + m = 18 + 4 = 22$

0952

정답 ①

STEP Ⓐ $n(B - A)$**가 최대, 최소가 되는 경우 파악하기**

$n(B - A) = n(A \cup B) - n(A)$이므로
$n(A \cup B)$가 최대일 때 $n(B - A)$가 최대,
$n(A \cup B)$가 최소일 때 $n(B - A)$가 최소이다.
이때 $n(A) < n(B)$이므로
$n(A \cup B)$는 $A \cup B = U$일 때, 최대이고 $A \subset B$일 때, 최소이다.

STEP Ⓑ $M - m$**의 값 구하기**

$n(B - A)$의 최댓값은 $M = n(U) - n(A) = 45 - 20 = 25$
또한, $A \subset B$이면 $A \cup B = B$이므로 $n(B - A)$의 최솟값은
$m = n(B) - n(A) = 28 - 20 = 8$
따라서 $M - m = 25 - 8 = 17$

0953

정답 29

STEP Ⓐ $n(A \cup B)$**가 최대, 최소가 되는 경우 파악하기**

$n(A \cup B) = n(A) + n(B) - n(A \cap B)$
$\qquad\qquad = 8 + 12 - n(A \cap B)$
$\qquad\qquad = 20 - n(A \cap B)$
이므로 $n(A \cup B)$는 $n(A \cap B)$가 최소일 때, 최대이고 $A \subset B$일 때, 최소이다.

STEP Ⓑ $M + m$**의 값 구하기**

$n(A \cap B) \ge 3$에서 $n(A \cap B)$의 최솟값이 3이므로
$n(A \cup B)$의 최댓값은 $M = 20 - 3 = 17$
또한, $A \subset B$이면 $A \cap B = A$이므로
$n(A \cup B)$의 최솟값은 $m = 20 - 8 = 12$
따라서 $M + m = 17 + 12 = 29$

다른풀이 $n(A \cup B)$의 범위를 구하여 풀이하기

STEP Ⓐ $n(A \cap B)$**의 범위를 이용하여** $n(A \cup B)$**의 범위 구하기**

$(A \cap B) \subset A$, $(A \cap B) \subset B$이므로
$n(A \cap B) \le n(A)$, $n(A \cap B) \le n(B)$
$\therefore 3 \le n(A \cap B) \le 8$
$n(A \cup B) = n(A) + n(B) - n(A \cap B)$이므로
(i) $n(A \cap B) = 3$일 때, $n(A \cup B) = 8 + 12 - 3 = 17$
(ii) $n(A \cap B) = 8$일 때, $n(A \cup B) = 8 + 12 - 8 = 12$
(i), (ii)에 의하여 $12 \le n(A \cup B) \le 17$

STEP Ⓑ $M + m$**의 값 구하기**

따라서 $M = 17$, $m = 12$이므로 $M + m = 17 + 12 = 29$

내/신/연/계 출제문항 **492**

두 집합 A, B에 대하여
$$n(A) = 9, \ n(B) = 14, \ n(A \cap B) \ge 5$$
일 때, $n(A \cup B)$의 최댓값을 a, 최솟값을 b라 할 때, $a + b$의 값은?

① 26 　　　　② 28 　　　　③ 30
④ 32 　　　　⑤ 34

STEP Ⓐ $n(A \cup B)$**가 최대, 최소가 되는 경우 파악하기**

$n(A \cup B) = n(A) + n(B) - n(A \cap B)$
$\qquad\qquad = 9 + 14 - n(A \cap B)$
$\qquad\qquad = 23 - n(A \cap B)$
이므로 $n(A \cup B)$는 $n(A \cap B)$가 최소일 때, 최대이고 $A \subset B$일 때, 최소이다.

STEP Ⓑ $a + b$**의 값 구하기**

$n(A \cap B) \ge 5$에서 $n(A \cap B)$의 최솟값이 5이므로
$n(A \cup B)$의 최댓값은 $a = 23 - 5 = 18$
또한, $A \subset B$이면 $A \cap B = A$이므로
$n(A \cup B)$의 최솟값은 $b = 23 - 9 = 14$
따라서 $a + b = 18 + 14 = 32$

다른풀이 $n(A \cup B)$의 범위를 구하여 풀이하기

STEP Ⓐ $n(A \cap B)$**의 범위를 이용하여** $n(A \cup B)$**의 범위 구하기**

$(A \cap B) \subset A$, $(A \cap B) \subset B$이므로
$n(A \cap B) \le n(A)$, $n(A \cap B) \le n(B)$
$\therefore 5 \le n(A \cap B) \le 9$
$n(A \cup B) = n(A) + n(B) - n(A \cap B)$이므로
(i) $n(A \cap B) = 5$일 때, $n(A \cup B) = 9 + 14 - 5 = 18$
(ii) $n(A \cap B) = 9$일 때, $n(A \cup B) = 9 + 14 - 9 = 14$
(i), (ii)에 의하여 $14 \le n(A \cup B) \le 18$

STEP Ⓑ $a + b$**의 값 구하기**

따라서 $a = 18$, $b = 14$이므로 $a + b = 18 + 14 = 32$ 정답 ④

0954

2019학년도 06월 고3 모의평가 나형 27번   정답 13

STEP ⓐ 조건 (나)에서 식을 간단히 나타내기

조건 (나)에서 좌변을 정리하면

$$A \cap (A^c \cup B) = (A \cap A^c) \cup (A \cap B)$$
$$= \varnothing \cup (A \cap B)$$
$$= A \cap B$$

이므로 $A \cap B \neq \varnothing$

STEP ⓑ $n(B-A)$의 최댓값 구하기

조건 (가)에서 $n(U) = 25$이고

조건 (다)에서 $n(A-B) = 11$이므로

$n(B-A)$가 최대이려면 $(A \cup B)^c = \varnothing$, $n(B) = 14$이어야 한다.

조건 (나)에서 $A \cap B \neq \varnothing$이므로 $n(A \cap B) = 1$일 때,

$n(B-A)$의 최댓값은 $n(B) - n(A \cap B) = 14 - 1 = 13$

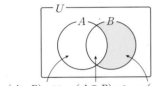

$n(A-B) = 11$ $n(A \cap B) = 1$ $n(B-A) = 13$
(단, $(A \cup B)^c = \varnothing$)

+α | $n(B-A)$의 최댓값을 다음과 같이 구할 수도 있어!

조건 (나)에서 $A \cap B \neq \varnothing$이므로 $n(A \cap B) \geq 1$

조건 (다)에서 $n(A-B) = 11$이므로 $n(A) = n(A-B) + n(A \cap B) \geq 12$

조건 (가)에서 $n(U) = 25$이므로 $n(A) + n(B-A) \leq n(U)$에서

$n(A) + n(B-A) \leq 25$ ∴ $n(B-A) \leq 25 - n(A)$

이때 $n(A) \geq 12$이므로 $-n(A) \leq -12$, $25 - n(A) \leq 13$

∴ $n(B-A) \leq 13$

따라서 $n(B-A)$의 최댓값은 13

내/신/연/계 출제문항 493

다음 조건을 만족시키는 전체집합 U의 공집합이 아닌 두 부분집합 A, B에 대하여 $n(A \cup B)$의 최솟값을 구하시오.

> (가) $(A \cup B^c) \cap B = \varnothing$
> (나) $n(A^c \cup B^c) = 20$
> (다) $n(A^c) = 8$

STEP ⓐ 조건 (가)에서 식을 간단히 나타내기

조건 (가)에서 좌변을 정리하면

$$(A \cup B^c) \cap B = (A \cap B) \cup (B^c \cap B)$$
$$= (A \cap B) \cup \varnothing$$
$$= A \cap B$$

이므로 $A \cap B = \varnothing$

STEP ⓑ $n(A \cup B)$의 최솟값 구하기

조건 (나)에서 $n(A^c \cup B^c) = n((A \cap B)^c) = n(\varnothing^c) = n(U) = 20$

조건 (다)에서 $n(A^c) = n(U) - n(A) = 20 - n(A) = 8$

∴ $n(A) = 12$

이때 $n(A \cup B) = n(A) + n(B) - n(A \cap B) = 12 + n(B)$이고 $B \neq \varnothing$이므로

$n(B) = 1$일 때, $n(A \cup B)$의 최솟값은 13   정답 13

0955

정답 17

STEP ⓐ 주어진 조건을 집합으로 나타내고 원소의 개수 구하기

이 학급 학생 전체의 집합을 U, 소설가 A의 작품을 읽은 학생의 집합을 A, 소설가 B의 작품을 읽은 학생의 집합을 B라 하면

$n(U) = 30$, $n(A) = 17$, $n(B) = 15$

STEP ⓑ $n(A \cap B)$의 최댓값 구하기

$B \subset A$일 때, $n(A \cap B)$가 최대이므로

$M = n(B) = 15$

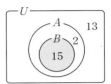

STEP ⓒ $n(A \cap B)$의 최솟값 구하기

$A \cup B = U$일 때, $n(A \cap B)$가 최소이므로

$n(A \cap B) = n(A) + n(B) - n(A \cup B)$

$m = 17 + 15 - 30 = 2$

따라서 $M + m = 15 + 2 = 17$

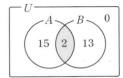

다른풀이 집합의 포함 관계를 이용하여 풀이하기

STEP ⓐ 집합의 포함 관계를 이용하여 $n(A \cap B)$의 범위 구하기

$$n(A \cap B) = n(A) + n(B) - n(A \cup B) = 17 + 15 - n(A \cup B)$$
$$= 32 - n(A \cup B)$$

이때 $A \subset (A \cup B)$, $B \subset (A \cup B)$이므로

$n(A) \leq n(A \cup B)$, $n(B) \leq n(A \cup B)$

∴ $17 \leq n(A \cup B)$ ...... ㉠

$(A \cup B) \subset U$이므로 $n(A \cup B) \leq n(U)$

∴ $n(A \cup B) \leq 30$ ...... ㉡

㉠, ㉡에서 $17 \leq n(A \cup B) \leq 30$이므로

$-30 \leq -n(A \cup B) \leq -17$, $2 \leq 32 - n(A \cup B) \leq 15$

∴ $2 \leq n(A \cap B) \leq 15$

STEP ⓑ $M + m$의 값 구하기

따라서 $M = 15$, $m = 2$이므로 $M + m = 15 + 2 = 17$

0956

정답 ④

STEP ⓐ 주어진 조건을 집합으로 나타내고 원소의 개수 구하기

전체 학생의 집합을 U, 집에서 강아지를 키우는 학생의 집합을 A, 고양이를 키우는 학생의 집합을 B라 하면

$n(U) = 36$, $n(A) = 12$, $n(B) = 6$

이때 강아지도 고양이도 키우지 않는 학생 수는

$n(A^c \cap B^c) = n(U) - n(A \cup B) = 36 - n(A \cup B)$

STEP ⓑ $n(A^c \cap B^c)$의 최댓값 구하기

$B \subset A$일 때, $n(A \cup B)$가 최소이고

$n(A \cup B) = n(A)$이므로

$n(A^c \cap B^c)$의 최댓값은

$M = 36 - 12 = 24$

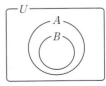

STEP ⓒ $n(A^c \cap B^c)$의 최솟값 구하기

$A \cap B = \varnothing$일 때, $n(A \cup B)$가 최대이고

$n(A \cup B) = n(A) + n(B)$이므로

$n(A^c \cap B^c)$의 최솟값은 $m = 36 - (12 + 6) = 18$

따라서 $M + m = 24 + 18 = 42$

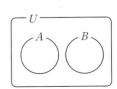

어느 회사 직원 100명을 대상으로 출근할 때, 이용하는 대중교통 수단을 조사하였더니 버스를 이용하는 직원은 45명, 지하철을 이용하는 직원은 35명이었다. 버스와 지하철을 모두 이용하지 않는 직원 수의 최댓값을 M, 최솟값을 m이라 할 때, $M+m$의 값을 구하시오.

STEP Ⓐ **주어진 조건을 집합으로 나타내고 원소의 개수 구하기**

전체 직원의 집합을 U, 버스를 이용하는 직원의 집합을 A,
지하철을 이용하는 직원의 집합을 B라 하면
$n(U)=100$, $n(A)=45$, $n(B)=35$
이때 버스와 지하철을 모두 이용하지 않는 직원 수는
$n(A^c \cap B^c)=n(U)-n(A \cup B)=100-n(A \cup B)$

STEP Ⓑ $n(A^c \cap B^c)$**의 최댓값 구하기**

$B \subset A$일 때, $n(A \cup B)$가 최소이고
$n(A \cup B)=n(A)$이므로
$n(A^c \cap B^c)$의 최댓값은
$M=100-45=55$

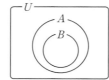

STEP Ⓒ $n(A^c \cap B^c)$**의 최솟값 구하기**

$A \cap B = \varnothing$일 때, $n(A \cup B)$가 최대이고
$n(A \cup B)=n(A)+n(B)$이므로
$n(A^c \cap B^c)$의 최솟값은
$m=100-(45+35)=20$
따라서 $M+m=55+20=75$

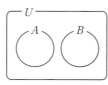

정답 75

0957

정답 ①

STEP Ⓐ **주어진 조건을 집합으로 나타내고 원소의 개수 구하기**

회원 전체의 집합을 U, 지리산을 종주한 회원의 집합을 A,
한라산을 종주한 회원의 집합을 B라 하면 $n(U)=50$, $n(A)=35$, $n(B)=25$
이때 지리산만 종주한 회원 수는
$n(A-B)=n(A)-n(A \cap B)=35-n(A \cap B)$

STEP Ⓑ $n(A-B)$**의 최솟값 구하기**

즉 $n(A \cap B)$가 최대일 때, $n(A-B)$가 최소이다.
이때 $n(B)<n(A)$이므로 $n(A \cap B)$는 $B \subset A$일 때, 최대이다.
따라서 $B \subset A$이면 $A \cap B=B$이므로 $n(A-B)$의 최솟값은

$35-n(B)=35-25=10$

0958

정답 18

STEP Ⓐ **주어진 조건을 집합으로 나타내고 원소의 개수 구하기**

전체 학생의 집합을 U, 문제 A를 푼 학생의 집합을 A,
문제 B를 푼 학생의 집합을 B라 하면 $n(U)=33$, $n(A^c \cap B)=15$

STEP Ⓑ $n(A \cup B^c)$**의 값 구하기**

$n(U)=n(A^c \cap B)+n((A^c \cap B)^c)=n(A^c \cap B)+n(A \cup B^c)$
$\qquad\qquad =15+n(A \cup B^c)$
$\therefore n(A \cup B^c)=18$

STEP Ⓒ $n(A \cap B)$**의 최댓값 구하기**

그런데 $(A \cap B) \subset (A \cup B^c)$이므로 $n(A \cap B) \leq n(A \cup B^c)$

따라서 $n(A \cap B)$의 최댓값은 18

문제 A를 풀지 못하고 문제 B만 푼 학생 15명은 문제 A와 문제 B를 모두 푼 학생의 집합에 속하지 않는다. 전체 학생 수가 33명이므로 문제 A와 문제 B를 모두 푼 학생 수의 최댓값은 $33-15=18$

0959

2017년 04월 고3 학력평가 나형 15번

정답 ③

STEP Ⓐ **주어진 조건을 집합으로 나타내고 원소의 개수 구하기**

전체 학생의 집합을 U, 헌혈을 희망한 학생들의 집합을 A,
환경보호활동을 희망한 학생들의 집합을 B라 하면
$n(U)=50$, $n(A)=28$, $n(B^c)=10$

STEP Ⓑ $n(A \cap B)$**의 최댓값과 최솟값 구하기**

$n(A \cup B)=n(A)+n(B)-n(A \cap B)$이므로
$n(A \cap B)=n(A)+n(B)-n(A \cup B)$
$\qquad\qquad =28+40-n(A \cup B)$
$\qquad\qquad =68-n(A \cup B)$

(i) $n(A \cap B)$의 최솟값 m은
$\quad n(A \cup B)$가 최대인 경우이다.
$\quad n(A \cup B)$의 최댓값은 $A \cup B=U$일 때,
$\quad n(U)=50$이므로 $m=68-50=18$

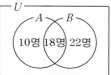

(ii) $n(A \cap B)$의 최댓값 M은
$\quad n(A \cup B)$가 최소인 경우이다.
$\quad n(A \cup B)$의 최솟값은 $\underset{A \subset B}{A \cup B=B}$일 때,
$\quad n(B)=n(U)-n(B^c)=40$이므로
$\quad M=68-40=28$

(i), (ii)에 의해 $M+m=28+18=46$

+α | $n(A \cap B)$의 최댓값, 최솟값을 다음과 같이 구할 수도 있어!

$n(A) \leq n(B) \leq n(A \cup B) \leq n(U)$이므로 $40 \leq n(A \cup B) \leq 50$,
$40 \leq 68-n(A \cap B) \leq 50$, ← $n(A \cup B)=n(A)+n(B)-n(A \cap B)=68-n(A \cap B)$
$68-50 \leq n(A \cap B) \leq 68-40$ $\therefore 18 \leq n(A \cap B) \leq 28$
따라서 $M=28$, $m=18$

어느 여행사에서 관광객 50명을 대상으로 두 여행 프로그램 A, B에 대한 신청을 받았다. 프로그램 A를 신청한 관광객 수와 프로그램 B를 신청한 관광객 수의 합이 58일 때, 프로그램 A, B를 모두 신청한 관광객 수의 최댓값을 M, 최솟값을 m이라 하자. $M+m$의 값은?

① 31 ② 33 ③ 35
④ 37 ⑤ 39

STEP Ⓐ **주어진 조건을 집합으로 나타내고 원소의 개수 구하기**

프로그램 A를 신청한 관광객의 집합을 A,
프로그램 B를 신청한 관광객의 집합을 B라 하면
프로그램 A를 신청한 관광객 수와 프로그램 B를 신청한 관광객 수의 합이 58
이므로 $n(A)+n(B)=58$

STEP Ⓑ $n(A \cap B)$**의 최댓값과 최솟값 구하기**

$n(A \cup B)=n(A)+n(B)-n(A \cap B)$이므로
$n(A \cup B)=58-n(A \cap B)$ $\cdots\cdots$ ㉠
관광객 수가 50명이므로 $n(A \cup B) \leq 50$ ← 프로그램을 아예 신청하지 않은 관광객이 있을 수 있으므로 프로그램을 신청한 관광객 수는 전체 관광객 수보다 크지 않다.
㉠을 대입하면 $58-n(A \cap B) \leq 50$

$\therefore n(A \cap B) \geq 8$ ⋯⋯ ⓒ
또한, $n(A \cap B) \leq n(A \cup B)$이므로
ⓒ을 대입하면 $n(A \cap B) \leq 58 - n(A \cap B)$
$\therefore n(A \cap B) \leq 29$ ⋯⋯ ⓒ
　　$n(A \cap B) = 29$이면 $n(A) + n(B) = 58$이므로 $n(A) = n(B) = 29$
ⓒ, ⓒ의 공통부분을 구하면 $8 \leq n(A \cap B) \leq 29$
따라서 프로그램 A, B를 모두 신청한 관광객 수의 최댓값은 $M = 29$,
최솟값은 $m = 8$이므로 $M + m = 29 + 8 = 37$ ④

0960
2018년 06월 고2 학력평가 나형 27번　　정답 **56**

STEP A　주어진 조건을 집합으로 나타내고 원소의 개수 구하기

학생 전체의 집합을 U,
두 지역 A, B를 방문한 학생의 집합을 각각 A, B라 하면
$n(U) = 30$, $n(A) = 17$, $n(B) = 15$
지역 A와 지역 B 중 어느 한 지역만 방문한 학생 수는
$n(A \cup B) - n(A \cap B)$ ⋯⋯ ㉠

STEP B　$n(A \cup B) - n(A \cap B)$의 최댓값 구하기

㉠이 최대일 때는 $n(A \cup B)$가 최대, $n(A \cap B)$가 최소일 때,
즉 $A \cup B = U$일 때이다.
$n(A \cup B) = n(U) = 30$
$n(A \cup B) = n(A) + n(B) - n(A \cap B)$에서
$30 = 17 + 15 - n(A \cap B)$　$\therefore n(A \cap B) = 2$
$\therefore M = n(A \cup B) - n(A \cap B) = 30 - 2 = 28$ $(\because ㉠)$

STEP C　$n(A \cup B) - n(A \cap B)$의 최솟값 구하기

㉠이 최소일 때는 $n(A \cup B)$가 최소, $n(A \cap B)$가 최대일 때,
즉 $B \subset A$일 때이다.
$n(A \cap B) = n(B) = 15$, $n(A \cup B) = n(A) = 17$
$\therefore m = n(A \cup B) - n(A \cap B) = 17 - 15 = 2$ $(\because ㉠)$
따라서 $Mm = 28 \times 2 = 56$

【다른풀이】　벤 다이어그램을 이용하여 풀이하기

STEP A　주어진 조건을 집합으로 나타내고 원소의 개수 구하기

전체 학생의 집합을 U, 지역 A를 방문한 학생의 집합을 A,
지역 B를 방문한 학생의 집합을 B라 하자.
지역 A와 지역 B를 모두 방문한 학생의 수 $n(A \cap B)$를 x라 하면
$n(A - B) = n(A) - n(A \cap B) = 17 - x$
$n(B - A) = n(B) - n(A \cap B) = 15 - x$
$n((A \cup B)^c) = n(U) - n(A \cup B)$
$\qquad = 30 - (17 + 15 - x)$　◀ $n(A \cup B) = n(A) + n(B) - n(A \cap B)$
$\qquad = x - 2$　　　　　　　　　$= 17 + 15 - x = 32 - x$

STEP B　각 영역에 속하는 원소의 개수는 0 이상임을 이용하여 Mm의 값 구하기

각 영역에 속하는 원소의 개수를
벤 다이어그램에 나타내면
오른쪽 그림과 같다.
각 영역에 속하는 원소의 개수는
0 이상의 정수이므로

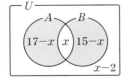

$x \geq 0$, $x - 2 \geq 0$, $15 - x \geq 0$, $17 - x \geq 0$　◀ $x \geq 0$, $x \geq 2$, $x \leq 15$, $x \leq 17$
$\therefore 2 \leq x \leq 15$
한편 지역 A, B 중 어느 한 지역만 방문한 학생 수 $n((A - B) \cup (B - A))$는
$(17 - x) + (15 - x) = 32 - 2x$이므로
$2 \leq 32 - 2x \leq 28$　◀ $2 \leq x \leq 15$에서 $-30 \leq -2x \leq -4$이므로 $2 \leq 32 - 2x \leq 28$
따라서 $M = 28$, $m = 2$이므로 $Mm = 28 \times 2 = 56$

내/신/연/계/ 출제문항 496

어느 핸드폰 가게를 방문한 고객 36명 중 통신사 A를 이용하는 고객이 19
명, 통신사 B를 이용하는 고객이 17명이었다. 이 핸드폰 가게의 고객 중에
서 통신사 A와 통신사 B 중 어느 하나만 이용하는 고객의 수의 최댓값을
M, 최솟값을 m이라 할 때, Mm의 값을 구하시오.

STEP A　주어진 조건을 집합으로 나타내고 원소의 개수 구하기

전체 고객의 집합을 U, 통신사 A를 이용하는 고객의 집합을 A,
통신사 B를 이용하는 고객의 집합을 B라 하면
$n(U) = 36$, $n(A) = 19$, $n(B) = 17$
통신사 A와 통신사 B 중 어느 하나만 이용하는 고객 수는
$n(A \cup B) - n(A \cap B)$ ⋯⋯ ㉠

STEP B　$n(A \cup B) - n(A \cap B)$의 최댓값 구하기

㉠이 최대일 때는 $n(A \cup B)$가 최대, $n(A \cap B)$가 최소일 때,
즉 $A \cup B = U$일 때이다.
$n(A \cup B) = n(U) = 36$
$n(A \cup B) = n(A) + n(B) - n(A \cap B)$에서
$36 = 19 + 17 - n(A \cap B)$　$\therefore n(A \cap B) = 0$
$\therefore M = n(A \cup B) - n(A \cap B) = 36 - 0 = 36$ $(\because ㉠)$

STEP C　$n(A \cup B) - n(A \cap B)$의 최솟값 구하기

㉠이 최소일 때는 $n(A \cup B)$가 최소, $n(A \cap B)$가 최대일 때,
즉 $B \subset A$일 때이다.
$n(A \cap B) = n(B) = 17$, $n(A \cup B) = n(A) = 19$
$\therefore m = n(A \cup B) - n(A \cap B) = 19 - 17 = 2$ $(\because ㉠)$
따라서 $Mm = 36 \times 2 = 72$

【다른풀이】　벤 다이어그램을 이용하여 풀이하기

STEP A　주어진 조건을 집합으로 나타내고 원소의 개수 구하기

전체 고객의 집합을 U, 통신사 A를 이용하는 고객의 집합을 A,
통신사 B를 이용하는 고객의 집합을 B라 하자.
통신사 A와 통신사 B를 모두 이용하는 고객의 수 $n(A \cap B)$를 x라 하면
$n(A - B) = n(A) - n(A \cap B) = 19 - x$
$n(B - A) = n(B) - n(A \cap B) = 17 - x$
$n((A \cup B)^c) = n(U) - n(A \cup B)$
$\qquad = 36 - (19 + 17 - x)$　◀ $n(A \cup B) = n(A) + n(B) - n(A \cap B)$
$\qquad = x$　　　　　　　　　　$= 19 + 17 - x = 36 - x$

STEP B　각 영역에 속하는 원소의 개수는 0 이상임을 이용하여 Mm의 값 구하기

각 영역에 속하는 원소의 개수를
벤 다이어그램에 나타내면
오른쪽 그림과 같다.
각 영역에 속하는 원소의 개수는
0 이상의 정수이므로

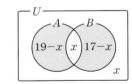

$x \geq 0$, $19 - x \geq 0$, $17 - x \geq 0$　◀ $x \geq 0$, $x \leq 19$, $x \leq 17$
$\therefore 0 \leq x \leq 17$
한편 지역 A, B 중 어느 한 지역만 방문한 학생 수 $n((A - B) \cup (B - A))$는
$(19 - x) + (17 - x) = 36 - 2x$이므로
$2 \leq 36 - 2x \leq 36$　◀ $0 \leq x \leq 17$에서 $-34 \leq -2x \leq 0$이므로 $2 \leq 36 - 2x \leq 36$
따라서 $M = 36$, $m = 2$이므로 $Mm = 36 \times 2 = 72$ 72

0961

정답 32

STEP A $A \cap B \cap C = \varnothing$임을 이용하여 $n(A \cap B)$, $n(A \cap C)$의 값 구하기

$n(A)=10$, $n(B)=21$, $n(C)=7$

$n(A \cup B)=27$, $n(A \cup C)=15$, $B \cap C = \varnothing$에서

$A \cap B \cap C = \varnothing$이므로 $n(A \cap B \cap C)=0$

$n(A \cap B)=n(A)+n(B)-n(A \cup B)=10+21-27=4$

$n(A \cap C)=n(A)+n(C)-n(A \cup C)=10+7-15=2$

STEP B $n(A \cup B \cup C)$의 값 구하기

따라서 $n(A \cup B \cup C)=n(A)+n(B)+n(C)-n(A \cap B)-n(B \cap C)$
$$-n(C \cap A)+n(A \cap B \cap C)$$
$$=10+21+7-4-0-2+0$$
$$=32$$

0962

정답 ②

STEP A 교집합의 원소의 개수 구하기

$n(A)=7$, $n(B)=9$, $n(C)=14$

$n(A \cup B)=15$, $n(A \cup C)=17$, $n(B \cup C)=23$에서

$n(A \cap B)=n(A)+n(B)-n(A \cup B)=7+9-15=1$

$n(B \cap C)=n(B)+n(C)-n(B \cup C)=9+14-23=0$

$n(A \cap C)=n(A)+n(C)-n(A \cup C)=7+14-17=4$

이때 $n(B \cap C)=0$이므로 $n(A \cap B \cap C)=0$

$\quad B \cap C = \varnothing$이므로 $A \cap B \cap C = A \cap \varnothing = \varnothing$

STEP B $n(A \cup B \cup C)$의 값 구하기

따라서 $n(A \cup B \cup C)=n(A)+n(B)+n(C)-n(A \cap B)-n(B \cap C)$
$$-n(C \cap A)+n(A \cap B \cap C)$$
$$=7+9+14-1-0-4+0$$
$$=25$$

0963

정답 ⑤

STEP A 주어진 조건을 집합으로 나타내고 원소의 개수 구하기

축구, 배구, 농구 경기에 참여한 학생의 집합을 각각 A, B, C라 하면

$n(A)=15$, $n(B)=14$, $n(C)=15$

$n(A \cup C)=26$, $n(B \cup C)=24$

$A \cap B = \varnothing$, $A \cap B \cap C = \varnothing$

STEP B $n(A \cap C)$, $n(B \cap C)$의 값 구하기

$n(A \cap C)=n(A)+n(C)-n(A \cup C)=15+15-26=4$

$n(B \cap C)=n(B)+n(C)-n(B \cup C)=14+15-24=5$

STEP C $n(A \cup B \cup C)$의 값 구하기

$n(A \cup B \cup C)=n(A)+n(B)+n(C)-n(A \cap B)-n(B \cap C)-n(C \cap A)$
$$+n(A \cap B \cap C)$$
$$=15+14+15-0-5-4+0$$
$$=35$$

따라서 송이네 반 학생 수는 35

진주네 반 학생을 대상으로 학교 도서관에서 소설책, 자기계발서, 시집을 대출한 학생 수를 조사하였더니 각각 17명, 13명, 10명이었다. 소설책 또는 자기계발서를 대출한 학생 수는 23명, 소설책 또는 시집을 대출한 학생 수는 20명이었고 자기계발서와 시집을 동시에 대출한 학생은 없다고 할 때, 진주네 반 학생 수는? (단, 어느 책도 대출하지 않은 학생은 없다.)

① 24 ② 25 ③ 26
④ 27 ⑤ 28

STEP A 주어진 조건을 집합으로 나타내고 원소의 개수 구하기

소설책, 자기계발서, 시집을 대출한 학생의 집합을 각각 A, B, C라 하면

$n(A)=17$, $n(B)=13$, $n(C)=10$

$n(A \cup B)=23$, $n(A \cup C)=20$

$B \cap C = \varnothing$, $A \cap B \cap C = \varnothing$

STEP B 교집합의 원소의 개수 구하기

$n(A \cap B)=n(A)+n(B)-n(A \cup B)=17+13-23=7$

$n(A \cap C)=n(A)+n(C)-n(A \cup C)=17+10-20=7$

STEP C 세 집합의 합집합의 원소의 개수 $n(A \cup B \cup C)$ 구하기

$n(A \cup B \cup C)=n(A)+n(B)+n(C)-n(A \cap B)-n(B \cap C)-n(C \cap A)$
$$+n(A \cap B \cap C)$$
$$=17+13+10-7-0-7+0=26$$

따라서 진주네 반 학생 수는 26

정답 ③

0964

정답 ③

STEP A 주어진 조건을 집합으로 나타내고 원소의 개수 구하기

영상 부문, 표어 부문, 포스터 부문에 참가한 학생의 집합을 각각 A, B, C라 하면

$n(A \cup B \cup C)=60$, $n(A)=23$, $n(B)=29$, $n(C)=28$, $n(A \cap B \cap C)=4$

STEP B $n(A \cap B)+n(B \cap C)+n(C \cap A)$의 값 구하기

$n(A \cup B \cup C)=n(A)+n(B)+n(C)-n(A \cap B)-n(B \cap C)-n(C \cap A)$
$$+n(A \cap B \cap C)$$

에서

$n(A \cap B)+n(B \cap C)+n(C \cap A)$
$=n(A)+n(B)+n(C)+n(A \cap B \cap C)-n(A \cup B \cup C)$
$=23+29+28+4-60=24$

STEP C 세 부문 중 두 가지 부문에만 참가한 학생 수 구하기

따라서 세 부문 중 두 가지 부문에만 참가한 학생 수는
$n(A \cap B)+n(B \cap C)+n(C \cap A)-3 \times n(A \cap B \cap C)=24-3 \times 4=12$

산악 동호회 회원 40명 중 지리산에 가 본 회원은 12명, 한라산에 가 본 회원은 18명, 설악산에 가 본 회원은 32명이고, 세 산 모두 가 본 회원은 6명이다. 지리산, 한라산, 설악산 중 한 곳도 가 보지 않은 회원은 없다고 할 때, 세 산 중 두 산만 가 본 회원 수는?

① 6   ② 7   ③ 8
④ 9   ⑤ 10

STEP Ⓐ 주어진 조건을 집합으로 나타내고 원소의 개수 구하기

지리산, 한라산, 설악산에 가 본 회원의 집합을 각각 A, B, C라 하면
$n(A \cup B \cup C) = 40$, $n(A) = 12$, $n(B) = 18$, $n(C) = 32$, $n(A \cap B \cap C) = 6$

STEP Ⓑ $n(A \cap B) + n(B \cap C) + n(C \cap A)$의 값 구하기

$$n(A \cup B \cup C) = n(A) + n(B) + n(C) - n(A \cap B) - n(B \cap C) - n(C \cap A) + n(A \cap B \cap C)$$

에서
$$n(A \cap B) + n(B \cap C) + n(C \cap A)$$
$$= n(A) + n(B) + n(C) + n(A \cap B \cap C) - n(A \cup B \cup C)$$
$$= 12 + 18 + 32 + 6 - 40$$
$$= 28$$

STEP Ⓒ 세 산 중 두 산만 가 본 회원의 수 구하기

따라서 세 산 중 두 산만 가 본 회원의 수는
$$n(A \cap B) + n(B \cap C) + n(C \cap A) - 3 \times n(A \cap B \cap C) = 28 - 3 \times 6 = 10$$

정답 ⑤

0965

정답 2

STEP Ⓐ 주어진 조건을 집합으로 나타내고 원소의 개수 구하기

전체 학생의 집합을 U,
'대수', '미적분 I', '확률과 통계' 세 개의 일반선택 과목을 수강한 학생의 집합을 각각 A, B, C라 하면
$n(U) = 30$, $n(A) = 14$, $n(B) = 9$, $n(C) = 12$
$n(A \cap B) = 3$, $n(A \cup C) = 22$, $n(B \cap C) = 0$

STEP Ⓑ $n(A \cap C)$, $n(A \cap B \cap C)$, $n(A \cup B \cup C)$의 값 구하기

$n(A \cap C) = n(A) + n(C) - n(A \cup C) = 14 + 12 - 22 = 4$
$n(B \cap C) = 0$이므로 $n(A \cap B \cap C) = 0$
$n(A \cup B \cup C) = n(A) + n(B) + n(C) - n(A \cap B) - n(B \cap C) - n(A \cap C)$
$\qquad\qquad\qquad\qquad + n(A \cap B \cap C)$
$\qquad\qquad\qquad = 14 + 9 + 12 - 3 - 0 - 4 + 0 = 28$

STEP Ⓒ $n((A \cup B \cup C)^c) = n(U) - n(A \cup B \cup C)$의 값 구하기

따라서 세 개의 일반선택과목 중 한 과목도 수강하지 않은 학생 수는
$$n((A \cup B \cup C)^c) = n(U) - n(A \cup B \cup C)$$
$$= 30 - 28$$
$$= 2$$

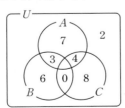

어느 학교에서 토론, 글쓰기, 탐구 발표 대회가 열렸다. 다음은 3가지 대회 중 적어도 한 대회에 참가한 학생 100명에 대한 설명이다.

(가) 토론 대회에 참가한 학생 중 글쓰기 대회에 참가하지 않은 학생은 23명이다.
(나) 글쓰기 대회에 참가한 학생 중 탐구 발표 대회에 참가하지 않은 학생은 29명이다.
(다) 3가지 대회에 모두 참가한 학생은 17명이다.

탐구 발표 대회에 참가한 학생 중 토론 대회에 참가하지 않은 학생 수는?

① 31   ② 32   ③ 33
④ 34   ⑤ 35

STEP Ⓐ 주어진 모임을 집합, 벤 다이어그램으로 나타내기

토론, 글쓰기, 탐구 발표 대회에 참가한 학생의 집합을 각각 A, B, C라 하고 구하고자 하는 영역을 벤 다이어그램으로 나타내면 오른쪽 그림과 같다.

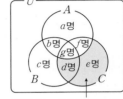

(탐구 발표 대회에서 토론 대회에 참가하지 않은 학생)

$n(A - B) = a + f = 23$,
$n(B - C) = b + c = 29$,
$n(A \cap B \cap C) = g = 17$
이때 100명의 학생이 3가지 대회 중 적어도 한 대회에 참가하였으므로
$n(A \cup B \cup C) = a + b + c + d + e + f + g = 100$

STEP Ⓑ 탐구 발표 대회에 참가한 학생 중 토론 대회에 참가하지 않은 학생 수 구하기

따라서 탐구 발표 대회에 참가한 학생 중 토론 대회에 참가하지 않은 학생 수는
$n(C - A) = d + e$
$\qquad\quad = (a + b + c + d + e + f + g) - (a + f) - (b + c) - g$
$\qquad\quad = 100 - 23 - 29 - 17$
$\qquad\quad = 31$

정답 ①

0966

2017년 06월 고2 학력평가 가형 12번   정답 ②

STEP Ⓐ 주어진 조건을 집합으로 나타내고 원소의 개수 구하기

수강생 전체의 집합을 U,
자격증 A, B, C를 취득한 수강생의 집합을 각각 A, B, C라 하면
$n(U) = 35$, $n(A) = 21$, $n(B) = 18$, $n(C) = 15$
$n(A^c \cap B^c \cap C^c) = 3$, $n(A \cap B \cap C) = 0$

STEP Ⓑ $n(A \cup B \cup C)$의 값 구하기

$n(A \cup B \cup C) = n(U) - n((A \cup B \cup C)^c)$
$\qquad\qquad\qquad = n(U) - n(A^c \cap B^c \cap C^c)$
$\qquad\qquad\qquad = 35 - 3 = 32$

STEP Ⓒ 세 자격증 중 두 종류의 자격증만 취득한 수강생 수 구하기

$n(A \cup B \cup C) = n(A) + n(B) + n(C) - n(A \cap B) - n(B \cap C) - n(C \cap A)$
$\qquad\qquad\qquad\qquad + n(A \cap B \cap C)$

에서
$n(A \cap B) + n(B \cap C) + n(C \cap A)$
$= n(A) + n(B) + n(C) + n(A \cap B \cap C) - n(A \cup B \cup C)$
$= 21 + 18 + 15 + 0 - 32$
$= 22$
따라서 세 자격증 중 두 종류의 자격증만 취득한 수강생 수는
$n(A \cap B) + n(B \cap C) + n(C \cap A) - 3 \times n(A \cap B \cap C) = 22$

각 영역에 속하는 원소의 개수를 오른쪽 그림과
같이 나타내면 수강생 수는 총 35명이고
세 자격증 A, B, C 중에서 어느 것도 취득하지
못한 수강생이 3명이므로
$a+b+c+d+e+f=35-3=32$ ······ ㉠
자격증 A, B, C를 취득한 수강생이 각각
21명, 18명, 15명이므로

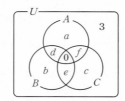

$\begin{cases} a+d+f=21 \\ b+d+e=18 \\ c+e+f=15 \end{cases}$

위의 세 식을 변끼리 더하면
$a+b+c+2(d+e+f)=54$ ······ ㉡
㉡−㉠을 하면 $d+e+f=22$
따라서 세 자격증 A, B, C 중에서 두 종류의 자격증만 취득한 수강생 수는 22

수강생이 40명인 어느 학원에서 모든 수강생을 대상으로 세 종류의 자격증
A, B, C의 취득 여부를 조사하였다. 자격증 A, B, C를 취득한 학생이 각각
26명, 20명, 15명이고, 어느 자격증도 취득하지 못한 수강생이 7명이다. 이
학원의 수강생 중에서 세 자격증 A, B, C를 모두 취득한 수강생이 없을 때,
자격증 A, B, C 중 두 종류의 자격증만 취득한 수강생의 수는?

① 28   ② 29   ③ 30
④ 31   ⑤ 32

STEP Ⓐ 주어진 조건을 집합으로 나타내고 원소의 개수 구하기

수강생 전체의 집합을 U,
자격증 A, B, C를 취득한 수강생의 집합을 각각 A, B, C라 하면
$n(U)=40$, $n(A)=26$, $n(B)=20$, $n(C)=15$
$n(A^c \cap B^c \cap C^c)=7$, $n(A \cap B \cap C)=0$

STEP Ⓑ $n(A \cup B \cup C)$의 값 구하기

$$\begin{aligned} n(A \cup B \cup C) &= n(U)-n((A \cup B \cup C)^c) \\ &= n(U)-n(A^c \cap B^c \cap C^c) \\ &= 40-7=33 \end{aligned}$$

STEP Ⓒ 세 자격증 중 두 종류의 자격증만 취득한 수강생 수 구하기

$$\begin{aligned} n(A \cup B \cup C) = n(A)+n(B)+n(C)-n(A \cap B)-n(B \cap C)-n(C \cap A) \\ +n(A \cap B \cap C) \end{aligned}$$

에서
$$\begin{aligned} n(A \cap B)+n(B \cap C)+n(C \cap A) \\ = n(A)+n(B)+n(C)+n(A \cap B \cap C)-n(A \cup B \cup C) \\ = 26+20+15+0-33 \\ = 28 \end{aligned}$$

따라서 세 자격증 중 두 종류의 자격증만 취득한 수강생 수는
$n(A \cap B)+n(B \cap C)+n(C \cap A)-3 \times n(A \cap B \cap C)=28$ 〔정답〕 ①

0967

〔정답〕 해설참조

| 1단계 | 집합 A의 원소 중 집합 B에 포함되는 원소를 구한다. | 3점 |

$A-B=\{1, 4, 7\}$이고 $3 \in A$, $3 \in B$이므로 $4 \in A$, $7 \in A$이어야 한다.

| 2단계 | a의 값을 구한다. | 4점 |

$a=4$일 때, $2a-1=7$이므로 $A-B=\{1, 4, 7\}$이 성립한다.
$a=7$일 때, $2a-1=13$이므로 $A-B=\{1, 4, 7\}$이 성립하지 않는다.
$\therefore a=4$

| 3단계 | 집합 B의 모든 원소의 합 구한다. | 3점 |

$a=4$이므로 $B=\{2, 3, 6\}$
따라서 집합 B의 모든 원소의 합은 $2+3+6=11$

0968

〔정답〕 해설참조

| 1단계 | $A \cap B=\{0, 4\}$를 만족하는 상수 a의 값을 구한다. | 5점 |

$A \cap B=\{0, 4\}$이므로 $0 \in A$
즉 $a-4=0$ 또는 $a^2-4a+3=0$
$a^2-4a+3=0$에서 $a^2-4a+3=0$, $(a-1)(a-3)=0$
$\therefore a=1$ 또는 $a=3$ 또는 $a=4$
(i) $a=1$일 때, $A=\{-3, 0, 4\}$, $B=\{-5, 2, 6\}$
     이때 $A \cap B=\varnothing$이므로 조건을 만족시키지 않는다.
(ii) $a=3$일 때, $A=\{-1, 0, 4\}$, $B=\{-5, 0, 4\}$
     이때 $A \cap B=\{0, 4\}$이므로 조건을 만족시킨다.
(iii) $a=4$일 때, $A=\{0, 3, 4\}$, $B=\{-5, 0, 5\}$
     이때 $A \cap B=\{0\}$이므로 조건을 만족시키지 않는다.
(i)~(iii)에 의하여 $a=3$

| 2단계 | 집합 $A \cup B$를 구한다. | 2점 |

$A=\{-1, 0, 4\}$, $B=\{-5, 0, 4\}$이므로 $A \cup B=\{-5, -1, 0, 4\}$

| 3단계 | 집합 $(A \cup B) \cap (A^c \cup B^c)$의 모든 원소의 합을 구한다. | 3점 |

$$\begin{aligned} (A \cup B) \cap (A^c \cup B^c) &= (A \cup B) \cap (A \cap B)^c \\ &= (A \cup B)-(A \cap B) \\ &= \{-5, -1, 0, 4\}-\{0, 4\} \\ &= \{-5, -1\} \end{aligned}$$

따라서 집합 $(A \cup B) \cap (A^c \cup B^c)$의 모든 원소의 합은 $-5+(-1)=-6$

두 집합 $A=\{0, 2, a^2-3a\}$, $B=\{3, a+1, 3a^2-a\}$에 대하여
$A \cap B=\{0, 4\}$일 때, 집합 $(A \cup B) \cap (A^c \cup B^c)$의 모든 원소의 합을
구하는 과정을 다음 단계로 서술하시오.

[1단계] $A \cap B=\{0, 4\}$를 만족하는 상수 a의 값을 구한다. [5점]
[2단계] 집합 $A \cup B$를 구한다. [2점]
[3단계] 집합 $(A \cup B) \cap (A^c \cup B^c)$의 모든 원소의 합을 구한다. [3점]

| 1단계 | $A \cap B=\{0, 4\}$를 만족하는 상수 a의 값을 구한다. | 5점 |

$A \cap B=\{0, 4\}$이므로 $4 \in A$
즉 $a^2-3a=4$이므로 $a^2-3a-4=0$, $(a+1)(a-4)=0$
$\therefore a=-1$ 또는 $a=4$

(ⅰ) $a=-1$일 때, $A=\{0, 2, 4\}$, $B=\{0, 3, 4\}$

이때 $A\cap B=\{0, 4\}$이므로 조건을 만족시킨다.

(ⅱ) $a=4$일 때, $A=\{0, 2, 4\}$, $B=\{3, 5, 44\}$

이때 $A\cap B=\varnothing$이므로 조건을 만족시키지 않는다.

(ⅰ), (ⅱ)에서 $a=-1$

+α | a의 값을 다음과 같이 구할 수 있어!

$A\cap B=\{0, 4\}$에서 $0\in B$, $4\in B$

(ⅰ) $a+1=0$, $3a^2-a=4$일 때, $a=-1$이므로 $A=\{0, 2, 4\}$, $B=\{0, 3, 4\}$

  ∴ $A\cap B=\{0, 4\}$

(ⅱ) $a+1=4$, $3a^2-a=0$일 때, 이를 만족시키는 a의 값은 존재하지 않는다.

(ⅰ), (ⅱ)에서 $a=-1$

2단계	집합 $A\cup B$를 구한다.	2점

$A=\{0, 2, 4\}$, $B=\{0, 3, 4\}$이므로 $A\cup B=\{0, 2, 3, 4\}$

3단계	집합 $(A\cup B)\cap(A^c\cup B^c)$의 모든 원소의 합을 구한다.	3점

$$(A\cup B)\cap(A^c\cup B^c)=(A\cup B)\cap(A\cap B)^c$$
$$=(A\cup B)-(A\cap B)$$
$$=\{0, 2, 3, 4\}-\{0, 4\}$$
$$=\{2, 3\}$$

따라서 집합 $(A\cup B)\cap(A^c\cup B^c)$의 모든 원소의 합은 $2+3=5$

정답 해설참조

0969

정답 해설참조

1단계	집합 A의 부분집합의 개수를 구한다.	3점

집합 $A=\{1, 2, 3, 4\}$의 부분집합의 개수는 $2^4=16$

2단계	집합 A의 부분집합 중 3, 4를 모두 원소로 갖지 않는 부분집합의 개수를 구한다.	3점

집합 $A=\{1, 2, 3, 4\}$의 부분집합 중 3, 4를 모두 원소로 갖지 않는 부분집합의 개수는 $2^{4-2}=4$

3단계	$B\cap C\neq\varnothing$을 만족시키는 A의 부분집합 C의 개수를 구한다.	4점

$\{3, 4\}\cap C\neq\varnothing$이므로 집합 C는 3 또는 4를 원소로 가져야 한다.

따라서 집합 C의 개수는 집합 A의 모든 부분집합의 개수에서 원소 3, 4를 모두 포함하지 않는 부분집합의 개수를 뺀 것과 같으므로

$2^4-2^{4-2}=16-4=12$

0970

정답 해설참조

1단계	집합 X에 반드시 포함되는 원소를 구한다.	3점

$A\cup X=X$에서 $A\subset X$이므로

집합 X는 1, 2, 3을 반드시 원소로 갖는다.

2단계	집합 X에 포함되지 않는 원소를 구한다.	4점

$B-A=\{4, 5, 8\}$이고 $(B-A)\cap X=\varnothing$이므로

집합 X는 4, 5, 8을 원소로 갖지 않는다.

3단계	집합 X의 개수를 구한다.	3점

즉 집합 X는 전체집합 U의 부분집합 중 1, 2, 3은 반드시 원소로 갖고 4, 5, 8은 원소로 갖지 않는 집합이다.

따라서 집합 X의 개수는 $2^{9-3-3}=2^3=8$

0971

정답 해설참조

1단계	집합 M의 모든 원소의 합과 집합 $M\cup N$의 모든 원소의 합을 이용하여 k의 값을 구한다.	4점

집합 X의 모든 원소의 합을 $S(X)$라 하면

$$S(M\cup N)=S(M)+S(N)-S(M\cap N)$$
$$62=32+\{(a_1+k)+(a_2+k)+\cdots+(a_6+k)\}-(4+7+9)$$
$$62=32+(32+6k)-20,\ 6k=18$$
$$\therefore k=3$$

2단계	$M\cap N=\{4, 7, 9\}$임을 이용하여 집합 M의 원소를 구한다.	5점

집합 M의 한 원소 a_1에 대하여

$a_1+3=4$이므로 $a_1=1$

마찬가지로 $a_2+3=7$이므로 $a_2=4$,

$a_3+3=9$이므로 $a_3=6$,

즉 오른쪽 벤 다이어그램에서

1, 4, 6, 7, 9$\in M$이고

나머지 한 원소를 x라 하면

$S(M)=1+4+6+7+9+x=32$

$\therefore x=5$

3단계	집합 M을 원소나열법으로 나타낸다.	1점

따라서 $M=\{1, 4, 5, 6, 7, 9\}$

내신연계 출제문항 502

정수를 원소로 하는 두 집합

$$M=\{a_1, a_2, a_3, a_4, a_5\},$$
$$N=\{a_i+k\,|\,a_i\in M,\ k는 상수\}$$

에 대하여 M의 모든 원소의 합은 45, $M\cup N$의 모든 원소의 합은 90이고 $M\cap N=\{2, 3, 5\}$일 때, 집합 N을 구하는 과정을 다음 단계로 서술하시오. (단, $n(M)=n(N)=5$)

[1단계] 집합 M의 모든 원소의 합과 집합 $M\cup N$의 모든 원소의 합을 이용하여 k의 값을 구한다. [4점]

[2단계] $M\cap N=\{2, 3, 5\}$임을 이용하여 집합 M의 원소를 구한다. [5점]

[3단계] 집합 N을 원소나열법으로 나타낸다. [1점]

1단계	집합 M의 모든 원소의 합과 집합 $M\cup N$의 모든 원소의 합을 이용하여 k의 값을 구한다.	4점

집합 X의 모든 원소의 합을 $S(X)$라 하면

$$S(M\cup N)=S(M)+S(N)-S(M\cap N)$$
$$90=45+\{(a_1+k)+(a_2+k)+\cdots+(a_5+k)\}-(2+3+5)$$
$$90=45+(45+5k)-10,\ 5k=10$$
$$\therefore k=2$$

2단계	$M\cap N=\{2, 3, 5\}$임을 이용하여 집합 M의 원소를 구한다.	5점

집합 M의 한 원소 a_1에 대하여

$a_1+2=2$이므로 $a_1=0$

마찬가지로 $a_2+2=3$이므로 $a_2=1$,

$a_3+2=5$이므로 $a_3=3$

즉 오른쪽 벤 다이어그램에서

0, 1, 2, 3, 5$\in M$

3단계	집합 N을 원소나열법으로 나타낸다.	1점

따라서 $N=\{a_i+2\,|\,a_i\in M,\ k는 상수\}=\{2, 3, 4, 5, 7\}$

정답 해설참조

0972

| 1단계 | 전체집합 $U=\{x|x$는 100 이하의 자연수$\}$의 부분집합 A_n을 $A_n=\{x|x$는 자연수 n의 배수$\}$로 정의할 때, 집합 $A_4\cup(A_6\cap A_8)$의 원소의 개수를 구한다. | 5점 |

$$A_4\cup(A_6\cap A_8)=A_4\cup A_{24}$$
$$=A_4$$

이때 100 이하의 자연수 중에서 4의 배수는 25개이다.

따라서 집합 $A_4\cup(A_6\cap A_8)$의 원소의 개수는 25

| 2단계 | 자연수 n에 대하여 집합 B_n을 $B_n=\{x|x$는 n의 양의 약수$\}$로 정의할 때, 집합 $B_{36}\cap(B_8\cup B_{12})$의 모든 원소의 합을 구한다. | 5점 |

$$B_{36}\cap(B_8\cup B_{12})=(B_{36}\cap B_8)\cup(B_{36}\cap B_{12})$$
$$=B_4\cup B_{12}$$
$$=B_{12}$$
$$=\{1,2,3,4,6,12\}$$

따라서 집합 $B_{36}\cap(B_8\cup B_{12})$의 모든 원소의 합은 $1+2+3+4+6+12=28$

0973

| 1단계 | 두 집합 A, B의 이차부등식의 해를 구한다. | 4점 |

$x^2+8x+12\leq 0$, $(x+6)(x+2)\leq 0$ $\therefore -6\leq x\leq -2$
$\therefore A=\{x|-6\leq x\leq -2\}$
$x^2-2ax+(a^2-25)\leq 0$, $x^2-2ax+(a-5)(a+5)\leq 0$,
$\{x-(a-5)\}\{x-(a+5)\}\leq 0$ $\therefore a-5\leq x\leq a+5$
$\therefore B=\{x|a-5\leq x\leq a+5\}$

| 2단계 | 집합의 연산법칙을 이용하여 A, B의 포함 관계를 구한다. | 3점 |

$$\{(A\cap B)\cup(A-B)\}\cap B=\{(A\cap B)\cup(A\cap B^c)\}\cap B$$
$$=\{A\cap(B\cup B^c)\}\cap B$$
$$=(A\cap U)\cap B$$
$$=A\cap B$$

즉 $A\cap B=A$이므로 $A\subset B$

| 3단계 | $M-m$의 값을 구한다. | 3점 |

$A\subset B$를 만족하도록 집합 A, B를 수직선에 나타내면 아래 그림과 같다.

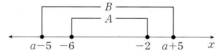

즉 $a-5\leq -6$, $-2\leq a+5$이므로 $-7\leq a\leq -1$

따라서 a의 최댓값 $M=-1$, 최솟값 $m=-7$이므로

$M-m=-1-(-7)=6$

실수 전체의 집합 U의 두 부분집합
$$A=\{x|x^2+7x+10\leq 0\},$$
$$B=\{x|-3-a\leq x\leq 5-a\}$$
에 대하여 $A\cup(A^c\cap B)=B$가 성립한다.

실수 a의 최댓값을 M, 최솟값을 m이라 할 때, $M+m$의 값을 구하는 과정을 다음 단계로 서술하시오.

[1단계] 두 집합 A, B의 이차부등식의 해를 구한다. [4점]
[2단계] 집합의 연산법칙을 이용하여 A, B의 포함 관계를 구한다. [3점]
[3단계] $M+m$의 값을 구한다. [3점]

| 1단계 | 두 집합 A, B의 이차부등식의 해를 구한다. | 4점 |

$x^2+7x+10\leq 0$, $(x+5)(x+2)\leq 0$ $\therefore -5\leq x\leq -2$
$\therefore A=\{x|-5\leq x\leq -2\}$
$B=\{x|-3-a\leq x\leq 5-a\}$

| 2단계 | 집합의 연산법칙을 이용하여 A, B의 포함 관계를 구한다. | 3점 |

$$A\cup(A^c\cap B)=(A\cup A^c)\cap(A\cup B)$$
$$=U\cap(A\cup B)$$
$$=A\cup B$$

즉 $A\cup B=B$이므로 $A\subset B$

| 3단계 | $M+m$의 값을 구한다. | 3점 |

$A\subset B$를 만족하도록 집합 A, B를 수직선에 나타내면 아래 그림과 같다.

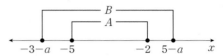

즉 $-3-a\leq -5$, $-2\leq 5-a$이므로 $2\leq a\leq 7$

따라서 a의 최댓값 $M=7$, 최솟값 $m=2$이므로 $M+m=7+2=9$

0974

| 1단계 | 수학 과목 또는 영어 과목을 신청한 학생 수를 x에 대하여 나타낸다. | 3점 |

이 반 전체 학생의 집합을 U, 수학 과목을 신청한 학생의 집합을 A, 영어 과목을 신청한 학생의 집합을 B라 하면
$n(U)=x$, $n(A)=18$, $n(B)=20$, $n(A^c\cap B^c)=13$
이때 $n(A^c\cap B^c)=n((A\cup B)^c)=n(U)-n(A\cup B)$이므로
$13=x-n(A\cup B)$ $\therefore n(A\cup B)=x-13$

| 2단계 | 수학 과목과 영어 과목을 모두 신청한 학생 수를 x에 대하여 나타낸다. | 3점 |

$n(A\cup B)=n(A)+n(B)-n(A\cap B)$이므로
$x-13=18+20-n(A\cap B)$ $\therefore n(A\cap B)=51-x$

| 3단계 | 두 과목 중 한 과목만 신청한 학생이 6명임을 이용하여 x의 값을 구한다. | 4점 |

$(A-B)\cup(B-A)=(A\cup B)-(A\cap B)$이므로
$$n((A-B)\cup(B-A))=n((A\cup B)-(A\cap B))$$
$$=n(A\cup B)-n(A\cap B)$$
$$=x-13-(51-x)=2x-64$$

따라서 $2x-64=6$이므로 $x=35$

0975

| 1단계 | 남극 또는 에베레스트산에 다녀온 회원 수를 구한다. | 4점 |

오지탐험대 전체 회원의 집합을 U, 남극에 다녀온 회원의 집합을 A, 에베레스트산에 다녀온 회원의 집합을 B라 하면
$n(U)=30$, $n(A\cap B)=5$, $n(A^c\cap B^c)=6$, $n(A)=n(B)+3$
이때 남극 또는 에베레스트산에 다녀온 회원 수는
$n(A\cup B)=n(U)-n((A\cup B)^c)=n(U)-n(A^c\cap B^c)=30-6=24$

| 2단계 | 남극에 다녀온 회원 수를 구한다. | 4점 |

$n(A\cup B)=n(A)+n(B)-n(A\cap B)$에서
$24=n(A)+n(A)-3-5$, $2n(A)=32$ $\therefore n(A)=16$

| 3단계 | 남극만 다녀온 회원 수를 구한다. | 2점 |

따라서 남극만 다녀온 회원 수는 $n(A-B)=n(A)-n(A\cap B)=16-5=11$

어느 탐사대 회원 60명 중에서 독도와 홍도에 모두 다녀온 회원은 32명, 독도와 홍도 중에서 어느 곳도 다녀오지 않은 회원은 7명이다. 독도에 다녀온 회원이 홍도에 다녀온 회원보다 5명이 더 많을 때, 독도만 다녀온 회원 수를 구하는 과정을 다음 단계로 서술하시오.

[1단계] 독도 또는 홍도에 다녀온 회원 수를 구한다. [4점]
[2단계] 독도에 다녀온 회원 수를 구한다. [4점]
[3단계] 독도만 다녀온 회원 수를 구한다. [2점]

| 1단계 | 독도 또는 홍도에 다녀온 회원 수를 구한다. | 4점 |

탐사대 전체 회원의 집합을 U, 독도에 다녀온 회원의 집합을 A, 홍도에 다녀온 회원의 집합을 B라 하면
$n(U)=60$, $n(A \cap B)=32$, $n(A^c \cap B^c)=7$, $n(A)=n(B)+5$
이때 독도 또는 홍도에 다녀온 회원 수는
$$n(A \cup B)=n(U)-n((A \cup B)^c)$$
$$=n(U)-n(A^c \cap B^c)$$
$$=60-7=53$$

| 2단계 | 독도에 다녀온 회원 수를 구한다. | 4점 |

$n(A \cup B)=n(A)+n(B)-n(A \cap B)$에서
$53=n(A)+n(A)-5-32$, $2n(A)=90$ $\therefore n(A)=45$

| 3단계 | 독도만 다녀온 회원 수를 구한다. | 2점 |

따라서 독도만 다녀온 회원 수는
$$n(A-B)=n(A)-n(A \cap B)=45-32=13$$
정답 해설참조

0976

| 1단계 | 두 소설 A, B를 모두 읽은 학생 수의 최댓값을 M, 최솟값을 m이라 할 때, $M-m$의 값을 구한다. | 6점 |

전체 학생의 집합을 U, 소설 A를 읽은 학생의 집합을 A, 소설 B를 읽은 학생의 집합을 B라 하면
$n(U)=30$, $n(A)=28$, $n(B)=22$
두 소설 A, B를 모두 읽은 학생의 집합은 $A \cap B$이므로

(i) $n(A \cap B)$의 값이 최대인 경우
$B \subset A$일 때이므로
$M=n(B)=22$

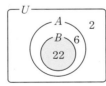

(ii) $n(A \cap B)$의 값이 최소인 경우
$A \cup B=U$일 때이므로
$n(A \cap B)$의 최솟값은
$$m=n(A)+n(B)-n(A \cup B)$$
$$=28+22-30=20$$
따라서 $M-m=22-20=2$

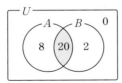

| 2단계 | 소설 A만 읽은 학생 수의 최댓값과 최솟값의 합을 구한다. | 4점 |

소설 A만 읽은 학생 수는
$$n(A-B)=n(A)-n(A \cap B)$$
$$=28-n(A \cap B)$$
이때 [1단계]에서 $20 \le n(A \cap B) \le 22$이므로
$-22 \le -n(A \cap B) \le -20$, $6 \le 28-n(A \cap B) \le 8$
$\therefore 6 \le n(A-B) \le 8$
따라서 $n(A-B)$의 최댓값은 8, 최솟값은 6이므로 그 합은 $8+6=14$

0977
정답 해설참조

| 1단계 | 전체 학생의 집합을 U, A사 스마트폰을 사용해 본 경험이 있는 학생의 집합을 A, S사 스마트폰을 사용해 본 경험이 있는 학생의 집합을 B라 하고 $n(U)$, $n(A)$, $n(B)$의 값을 구한다. | 2점 |

전체 학생의 집합을 U, A사 스마트폰을 사용해 본 경험이 있는 학생의 집합을 A, S사 스마트폰을 사용해 본 경험이 있는 학생의 집합을 B라 하면
$n(U)=35$, $n(A)=12$, $n(B)=18$,
$n(A^c \cap B^c)=n(U)-n(A \cup B)=k$

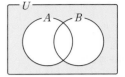

| 2단계 | $n(A^c \cap B^c)$의 최댓값을 구한다. | 3점 |

$A \subset B$일 때, $n(A \cup B)$가 최소이므로
$n(A \cup B)$의 최솟값은 $n(B)=18$
즉 $n(A^c \cap B^c)$의 최댓값은
$$n(A^c \cap B^c)=n(U)-n(A \cup B)$$
$$=35-18=17$$

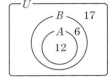

| 3단계 | $n(A^c \cap B^c)$의 최솟값을 구한다. | 3점 |

$A \cap B=\varnothing$일 때, $n(A \cup B)$가 최대이므로
$n(A \cup B)$의 최댓값은
$$n(A)+n(B)=12+18=30$$
즉 $n(A^c \cap B^c)$의 최솟값은
$$n(A^c \cap B^c)=n(U)-n(A \cup B)$$
$$=35-30=5$$

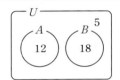

| 4단계 | 최댓값과 최솟값의 합을 구한다. | 2점 |

따라서 k의 최댓값은 17, 최솟값은 5이므로 그 합은 $17+5=22$

0978
정답 해설참조

| 1단계 | 전체 학생의 집합을 U, 대수, 미적분Ⅰ, 확률과 통계를 선택한 학생의 집합을 각각 A, B, C라 하고 주어진 조건을 집합의 원소의 개수로 나타낸다. | 2점 |

전체 학생의 집합을 U, 대수, 미적분Ⅰ, 확률과 통계를 선택한 학생의 집합을 각각 A, B, C라 하면
$n(U)=200$, $n(A)=110$, $n(B)=100$
$n(A \cap B)=60$, $n(A^c \cap B^c \cap C^c)=15$

| 2단계 | $n(A \cup B \cup C)$, $n(A \cup B)$의 값을 구한다. | 4점 |

$$n(A \cup B \cup C)=n(U)-n(A^c \cap B^c \cap C^c)$$
$$=n(U)-n((A \cup B \cup C)^c)$$
$$=200-15=185$$
$n(A \cup B)=n(A)+n(B)-n(A \cap B)=110+100-60=150$

| 3단계 | 확률과 통계만 신청한 학생 수를 구한다. | 4점 |

따라서 확률과 통계만 신청한 학생 수는
$$n(A \cup B \cup C)-n(A \cup B)=185-150=35$$

0979

정답 105

STEP A **$A-B=\varnothing$과 계수가 실수인 삼차방정식의 근의 성질을 이용하기**

$A-B=\varnothing$에서 $A\subset B$이므로
집합 A의 두 원소 1, $1+2i$는 삼차방정식 $x^3+ax^2+bx+c=0$의 근이다.
이때 주어진 삼차방정식의 계수가 실수이므로
한 근이 $1+2i$이면 다른 한 근은 $1-2i$이다.

STEP B **삼차방정식의 근과 계수의 관계를 이용하여 a, b의 값 구하기**

즉 삼차방정식 $x^3+ax^2+bx+c=0$의 세 근이 1, $1-2i$, $1+2i$이므로
근과 계수의 관계에 의하여

삼차방정식 $ax^3+bx^2+cx+d=0$의 세 근 α, β, γ에 대하여
$\alpha+\beta+\gamma=-\dfrac{b}{a}$, $\alpha\beta+\beta\gamma+\gamma\alpha=\dfrac{c}{a}$, $\alpha\beta\gamma=-\dfrac{d}{a}$

$1+(1+2i)+(1-2i)=-a$ $\therefore a=-3$
$1\times(1+2i)+(1+2i)(1-2i)+(1-2i)\times1=b$ $\therefore b=7$
$1\times(1+2i)\times(1-2i)=-c$ $\therefore c=-5$
따라서 $a=-3$, $b=7$, $c=-5$이므로 $abc=105$

+α | **삼차방정식을 작성하여 a, b, c의 값을 구할 수도 있어!**

삼차방정식 $x^3+ax^2+bx+c=0$의 세 근이 1, $1-2i$, $1+2i$이므로
$x^3+ax^2+bx+c=(x-1)(x-1+2i)(x-1-2i)$
$\qquad\qquad\qquad\qquad=x^3-3x^2+7x-5$
$\therefore a=-3$, $b=7$, $c=-5$

mini해설 | $1+2i$를 방정식에 대입하여 풀이하기

$1+2i$가 주어진 삼차방정식의 근이므로
$(1+2i)^3+a(1+2i)^2+b(1+2i)+c=0$
$(-3a+b+c-11)+(4a+2b-2)i=0$
a, b가 실수이므로 복소수가 서로 같을 조건에 의하여
$-3a+b+c-11=0$ ······ ㉠
$4a+2b-2=0$ ······ ㉡
$x=1$도 주어진 삼차방정식의 근이므로
$1+a+b+c=0$ ······ ㉢
㉠, ㉡, ㉢을 연립하여 풀면 $a=-3$, $b=7$, $c=-5$
따라서 $abc=105$

0980

정답 8

STEP A **주어진 조건을 만족하는 집합 X의 조건 구하기**

$X\cup A=X-B$에서 $X\cup A=X\cap B^c$
$X\cup A=X\cap B^c$를 만족시키는 집합 X는 집합 A의 원소인 1, 2를 포함하고
집합 B의 원소인 3, 5, 8을 포함하지 않아야 한다.

STEP B **집합 U의 부분집합 X의 개수 구하기**

$B^c=\{1, 2, 4, 6, 7\}$이므로 집합 U의 부분집합 X는
$\{1, 2\}\subset X\subset\{1, 2, 4, 6, 7\}$을 만족시킨다.
따라서 부분집합 X의 개수는 $2^{5-2}=2^3=8$

0981

정답 8

STEP A **$(A\cup B)\cap(A^c\cup B^c)=U$를 만족하는 두 집합 A, B의 관계식 구하기**

$(A\cup B)\cap(A\cap B)^c=U$에서
$(A\cup B)-(A\cap B)=U$이므로 $A\cup B=U$, $A\cap B=\varnothing$이어야 한다.

STEP B **$A\cup B=U$, $A\cap B=\varnothing$을 만족하는 a, b의 값 구하기**

$x^2-3x+2<0$, $(x-1)(x-2)<0$
$1<x<2$이므로 $A=\{x|1<x<2\}$
이때 $A\cup B=U$, $A\cap B=\varnothing$을 만족하도록 집합 A, B를 수직선 위에
나타내면 아래 그림과 같다.

즉 $ax^2+6x+b\le0\Longleftrightarrow a(x-1)(x-2)\le0$
$\qquad\qquad\qquad\Longleftrightarrow a(x^2-3x+2)\le0$
$\qquad\qquad\qquad\Longleftrightarrow ax^2-3ax+2a\le0$
따라서 $a=-2$, $b=-4$이므로 $ab=-2\times(-4)=8$

0982

정답 17

STEP A **조건을 만족하는 두 집합 A, B의 원소 구하기**

a와 d가 집합 B의 원소이므로 a와 d는 어떤 자연수를 제곱한 수이다.
조건 (나)에 의하여 $a+d=10$을 만족하는 자연수는
$a=1$, $d=9$(또는 $a=9$, $d=1$)뿐이다.
즉 1과 9는 집합 A의 원소이므로 1^2과 9^2은 집합 B의 원소이고
1과 9는 집합 B의 원소이므로 1과 3은 집합 A의 원소이다.

STEP B **집합 A를 원소나열법으로 나타내기**

$A=\{1, 3, 9, x\}$, $B=\{1, 9, 81, x^2\}$이라 하면
$A\cup B=\{1, 3, 9, 81, x, x^2\}$
조건 (다)에 의하여 $1+3+9+81+x+x^2=114$, $x^2+x-20=0$,
$(x+5)(x-4)=0$ $\therefore x=4(\because x>0)$
따라서 $A=\{1, 3, 4, 9\}$이므로 집합 A의 모든 원소의 합은 $1+3+4+9=17$

0983

정답 432

STEP A **두 조건 (가), (나)를 만족하는 상수 k의 값 구하기**

$A\cap B=\{4, 6\}$이므로 $A=\{a, b, 4, 6\}$이라 하자.
집합 X에 대하여 집합 X의 모든 원소의 합을 $S(X)$라 하면
$S(A)=a+b+4+6=21$이므로 $a+b=11$
$B=\{x+k|x\in A\}=\{a+k, b+k, 4+k, 6+k\}$이므로
$S(B)=(a+k)+(b+k)+(4+k)+(6+k)=a+b+10+4k=21+4k$
한편 두 조건 (가), (나)에서
$S(A\cap B)=4+6=10$, $S(A\cup B)=40$이므로
$S(A\cup B)=S(A)+S(B)-S(A\cap B)$
$40=21+(21+4k)-10$, $40=32+4k$ $\therefore k=2$

STEP B **집합 A를 구하여 원소의 곱 구하기**

집합 $B=\{a+2, b+2, 6, 8\}$에서 $A\cap B=\{4, 6\}$이므로
$a+2$, $b+2$ 중 어느 하나는 4가 되어야 한다.
$a+2=4$이면 $a=2$, $b=9$
$b+2=4$이면 $b=2$, $a=9$
따라서 집합 $A=\{2, 4, 6, 9\}$의 모든 원소의 곱은 $2\times4\times6\times9=432$

두 집합 $A=\{a, b, c, d, e, f\}$, $B=\{x+k|x\in A\}$에 대하여 다음 조건을 만족시킨다.

(가) $A\cap B=\{8, 11, 13\}$
(나) 집합 A의 모든 원소의 합이 52이다.
(다) $A\cup B$의 모든 원소의 합이 96이다.

집합 B의 모든 원소의 합을 구하시오. (단, $n(A)=6$이고 k는 상수이다.)

STEP Ⓐ 세 조건을 만족하는 상수 k의 값 구하기

$A\cap B=\{8, 11, 13\}$이므로 $A=\{a, b, c, 8, 11, 13\}$이라 하자.
집합 X에 대하여 집합 X의 모든 원소의 합을 $S(X)$라 하면
$S(A)=a+b+c+8+11+13=52$이므로 $a+b+c=20$
$B=\{x+k|x\in A\}=\{a+k, b+k, c+k, 8+k, 11+k, 13+k\}$이므로
$S(B)=a+b+c+32+6k=52+6k$
한편 두 조건 (가), (다)에서
$S(A\cap B)=8+11+13=32$, $S(A\cup B)=96$이므로
$S(A\cup B)=S(A)+S(B)-S(A\cap B)$
$96=52+(52+6k)-32$, $96=72+6k$ ∴ $k=4$

STEP Ⓑ 집합 B의 모든 원소의 합 구하기

따라서 집합 $B=\{a+4, b+4, c+4, 12, 15, 17\}$의 모든 원소의 합은
$56+a+b+c=56+20=76$

+α 집합 B를 다음과 같이 구할 수 있어!

$(A\cap B)\subset A$이므로 집합 A는 8, 11, 13을 포함하고
집합 B는 $8+4=12$, $11+4=15$, $13+4=17$
즉 12, 15, 17을 원소로 갖는다.
또한, $(A\cap B)\subset B$이므로 $B=\{8, 11, 12, 13, 15, 17\}$

정답 76

0984

정답 90

STEP Ⓐ 두 조건 (가), (나)를 이용하여 집합 $(A\cup B)^c$ 구하기

전체집합 U의 모든 원소의 합을 $S(U)$라 하면
$S(U)=1+2+3+4+5+6+7+8+9+10=55$
조건 (가)에서 집합 $A\cup B$의 모든 원소의 합은
$S(A\cup B)=S(A)+S(B)-S(A\cap B)=25+31-12=44$
그러므로 집합 $(A\cup B)^c$의 모든 원소의 합은
$S((A\cup B)^c)=S(U)-S(A\cup B)=55-44=11$
조건 (나)에서 $n(A^c\cap B^c)=n((A\cup B)^c)=4$
이때 전체집합 U의 원소 중 합이 11이 되는 4개의 수는 1, 2, 3, 5뿐이므로
$(A\cup B)^c=\{1, 2, 3, 5\}$

STEP Ⓑ 세 집합 $A-B$, $B-A$, $A\cap B$ 구하기

$A\cup B=\{4, 6, 7, 8, 9, 10\}$이고 4, 6, 7, 8, 9, 10 중에서
합이 12가 되는 수는 4, 8뿐이므로
$A\cap B=\{4, 8\}$
두 집합 $A-B$, $B-A$의 모든 원소의 합이 각각 $25-12=13$, $31-12=19$가
되려면 $A-B=\{6, 7\}$, $B-A=\{9, 10\}$

STEP Ⓒ 집합 $B-A$의 모든 원소의 곱 구하기

따라서 집합 $B-A$의 모든 원소의 곱은 $9\times 10=90$

다른풀이 $n(A-B)=n(B-A)=n(A\cap B)=2$임을 이용하여 풀이하기

STEP Ⓐ 두 조건 (가), (나)를 이용하여 두 집합 $A-B$, $B-A$의 원소의 합과 $n(A\cup B)$ 구하기

조건 (가)에서 두 집합 $A-B$, $B-A$의 모든 원소의 합은 각각
$25-12=13$, $31-12=19$
조건 (나)에서 $n(A^c\cap B^c)=n((A\cup B)^c)=4$이므로
$n(A\cup B)=U-n((A\cup B)^c)=10-4=6$

STEP Ⓑ 세 집합 $A-B$, $B-A$, $A\cap B$ 구하기

즉 세 집합 $A-B$, $B-A$, $A\cap B$의 모든 원소의 합이 모두 10보다 크고
$n(A\cup B)=6$이므로 $n(A-B)=n(B-A)=n(A\cap B)=2$
세 집합 $A-B$, $B-A$, $A\cap B$의 모든 원소의 합이 각각 13, 19, 12를 만족하는
경우는 $A-B=\{6, 7\}$, $B-A=\{9, 10\}$, $A\cap B=\{4, 8\}$

STEP Ⓒ 집합 $B-A$의 모든 원소의 곱 구하기

따라서 집합 $B-A$의 모든 원소의 곱은 $9\times 10=90$

0985

정답 ④

STEP Ⓐ 두 집합 A, B에서 이차방정식의 판별식 구하기

집합 A에서 이차방정식 $x^2+2ax+a^2-a-3=0$의 판별식을 D_1이라 하면
$\dfrac{D_1}{4}=a^2-a^2+a+3=a+3$ ...... ㉠
집합 B에서 이차방정식 $x^2-2ax+2a^2+a-2=0$의 판별식을 D_2라 하면
$\dfrac{D_2}{4}=a^2-2a^2-a+2=-a^2-a+2$ ...... ㉡

STEP Ⓑ [보기]의 참, 거짓 판단하기

ㄱ. $A=\varnothing$, $B\neq\varnothing$이면
  ㉠에서 $a+3\leq 0$ ∴ $a\leq -3$
  ㉡에서 $-a^2-a+2>0$, $a^2+a-2<0$,
  $(a+2)(a-1)<0$ ∴ $-2<a<1$
  즉 a가 존재하지 않는다. [거짓]

ㄴ. $A\neq\varnothing$, $B=\varnothing$이면
  ㉠에서 $a>-3$
  ㉡에서 $a\leq -2$ 또는 $a\geq 1$
  ∴ $-3<a\leq -2$ 또는 $a\geq 1$ [참]

ㄷ. $A\neq\varnothing$, $B\neq\varnothing$이면
  ㉠에서 $a>-3$
  ㉡에서 $-2<a<1$
  ∴ $-2<a<1$ [참]

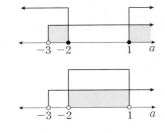

따라서 옳은 것은 ㄴ, ㄷ이다.

실수 전체의 집합의 두 부분집합
$$A=\{x|x^2+2ax+a^2-a-5<0\},$$
$$B=\{x|x^2-2ax+2a^2+a-6<0\}$$
에 대하여 옳은 것만을 [보기]에서 있는 대로 고른 것은?
(단, a는 실수이다.)

ㄱ. $A=\varnothing$, $B\neq\varnothing$인 a가 존재한다.
ㄴ. $A\neq\varnothing$, $B=\varnothing$인 a가 존재한다.
ㄷ. $A\neq\varnothing$, $B\neq\varnothing$인 a가 존재한다.

① ㄱ　　　　② ㄴ　　　　③ ㄷ
④ ㄴ, ㄷ　　　⑤ ㄱ, ㄴ, ㄷ

STEP Ⓐ 두 집합 A, B에서 이차방정식의 판별식 구하기

집합 A에서 이차방정식 $x^2+2ax+a^2-a-5=0$의 판별식을 D_1이라 하면
$$\frac{D_1}{4}=a^2-a^2+a+5=a+5 \qquad \cdots\cdots \text{㉠}$$
집합 B에서 이차방정식 $x^2-2ax+2a^2+a-6=0$의 판별식을 D_2라 하면
$$\frac{D_2}{4}=a^2-2a^2-a+6=-a^2-a+6 \qquad \cdots\cdots \text{㉡}$$

STEP B [보기]의 참, 거짓 판단하기

ㄱ. $A=\varnothing$, $B\neq\varnothing$이면
㉠에서 $a+5\leq 0$ ∴ $a\leq -5$
㉡에서 $-a^2-a+6>0$, $a^2+a-6<0$,
$(a+3)(a-2)<0$ ∴ $-3<a<2$
즉 a가 존재하지 않는다. [거짓]

ㄴ. $A\neq\varnothing$, $B=\varnothing$이면
㉠에서 $a>-5$
㉡에서 $a\leq -3$ 또는 $a\geq 2$
∴ $-5<a\leq -3$ 또는 $a\geq 2$ [참]

ㄷ. $A\neq\varnothing$, $B\neq\varnothing$이면
㉠에서 $a>-5$
㉡에서 $-3<a<2$
∴ $-3<a<2$ [참]
따라서 옳은 것은 ㄴ, ㄷ이다.

정답 ④

0986
2004학년도 수능기출 인문 28번

정답 4

STEP A 벤 다이어그램의 각 영역을 문자로 나타내기

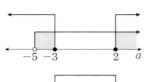

[그림1]

[그림1]의 벤 다이어그램과 같이 ▨ 부분의 원소의 개수를 x, ▨ 부분의 원소의 개수를 y라 하고 각각의 영역에 해당하는 원소의 개수를 표시하면 [그림2]와 같다.

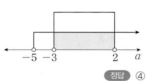

[그림2]

STEP B 각 영역의 값이 0 이상임을 이용하여 x, y의 값의 범위 구하기

$n(C-(A\cup B))$는 색칠한 부분 ▨ 에 속하는 원소의 개수이므로
$x+y$가 최대일 때, 최소이고 $x+y$가 최소일 때, 최대이다.
이때 각 영역의 값이 0보다 크거나 같아야 하므로
$4-x\geq 0$, $6-y\geq 0$에서 $x\leq 4$, $y\leq 6$, 즉 $0\leq x\leq 4$, $0\leq y\leq 6$이다.

+α x, y의 값의 범위를 다음과 같이 구할 수도 있어!

$n(A\cap(B\cup C))=x+5+5\leq n(A)=14$에서 $x\leq 4$ ← $4-x\geq 0$ ∴ $x\leq 4$
$n(B\cap(A\cup C))=y+5+5\leq n(B)=16$에서 $y\leq 6$ ← $6-y\geq 0$ ∴ $y\leq 6$
이므로 $0\leq x\leq 4$, $0\leq y\leq 6$

STEP C $n(C-(A\cup B))$의 최솟값 구하기

따라서 $x=4$, $y=6$일 때 $x+y$가 최대이므로 $x+y=10$
$n(C-(A\cup B))$의 최솟값은 $14-x-y=14-4-6=4$ ← $n(C)-5-10=4$
$x=0$, $y=0$일 때, 즉 $x+y=0$이면 최소이므로 $n(C-(A\cup B))$의 최댓값은 $14-x-y=14-0-0=14$

0987

STEP A 조건 (가)를 이용하여 집합 A 구하기

$A\cap B\subset A$, $A\cap B\subset B$이므로
조건 (가)에서 $\{3, 6\}\subset A$, $\{3, 6\}\subset B$
3, 6이 모두 a의 배수이다.
즉, a는 3의 약수이고 6의 약수이어야 한다.
∴ $a=1$ 또는 $a=3$
3의 약수 : 1, 3, 6의 약수 : 1, 2, 3, 6의 공통 약수는 1, 3
$a=1$이면 $A=U$가 되어 $B-A=\varnothing$이므로 조건 (나)를 만족시키지 않는다.
그러므로 $a=3$이고 $A=\{3, 6, 9, 12, 15, 18\}$

STEP B 두 조건 (가), (나)를 이용하여 집합 $A-B$의 모든 원소의 합의 최솟값 구하기

$\{3, 6\}\subset B$에서 3, 6이 모두 b의 약수이므로 ← b의 약수가 3, 6이므로 b는 3과 6의 배수이어야 하고 공배수는 6이다.
$b=6$ 또는 $b=12$ 또는 $b=18$
(i) $b=6$일 때, ← 6의 약수
$B=\{1, 2, 3, 6\}$이므로 $B-A=\{1, 2\}$가 되어 조건 (나)를 만족시킨다.
$A-B=\{9, 12, 15, 18\}$이므로
집합 $A-B$의 모든 원소의 합은 $9+12+15+18=54$
(ii) $b=12$일 때, ← 12의 약수
$B=\{1, 2, 3, 4, 6, 12\}$이므로 $B-A=\{1, 2, 4\}$가 되어 조건 (나)를 만족시키지 않는다.
(iii) $b=18$일 때, ← 18의 약수
$B=\{1, 2, 3, 6, 9, 18\}$이므로 $B-A=\{1, 2\}$가 되어 조건 (나)를 만족시킨다.
$A-B=\{12, 15\}$이므로 집합 $A-B$의 모든 원소의 합은 $12+15=27$

STEP C 집합 $A-B$의 모든 원소의 합의 최솟값 구하기

(i)~(iii)에 의하여 집합 $A-B$의 모든 원소의 합의 최솟값은 27

내/신/연/계/ 출제문항 507

두 자연수 a, $b(b\leq 40)$에 대하여
전체집합 $U=\{x|x$는 40 이하의 자연수$\}$의 두 부분집합
$$A=\{x|x$는 a의 배수, $x\in U\},$$
$$B=\{x|x$는 b의 약수, $x\in U\}$$
TIP a가 b의 배수이면 b는 a의 약수이다.
가 다음 조건을 만족시킨다.

(가) $\{5, 10\}\subset A\cap B$ **TIP** 두 집합 A, B의 원소에 각각 5, 10이 포함된다.
(나) $n(B-A)=3$

집합 $A-B$의 모든 원소의 합을 구하시오.

STEP A 조건 (가)를 이용하여 집합 A 구하기

$A\cap B\subset A$, $A\cap B\subset B$이므로
조건 (가)에서 $\{5, 10\}\subset A$, $\{5, 10\}\subset B$
5, 10이 모두 a의 배수이다.
즉 a는 5의 약수이고 10의 약수이어야 한다.
∴ $a=1$ 또는 $a=5$
5의 약수 : 1, 5, 10의 약수 : 1, 2, 5, 10의 공통 약수는 1, 5
$a=1$이면 $A=U$가 되어 $B-A=\varnothing$이므로 조건 (나)를 만족시키지 않는다.
그러므로 $a=5$이고 $A=\{5, 10, 15, 20, 25, 30, 35, 40\}$

STEP B 두 조건 (가), (나)를 이용하여 집합 $A-B$의 모든 원소의 합의 최솟값 구하기

$\{5, 10\}\subset B$에서 5, 10이 모두 b의 약수이므로 ← b의 약수가 5, 10이므로 b는 5와 10의 배수이어야 한다.
$b=10$ 또는 $b=20$ 또는 $b=30$ 또는 $b=40$

0999

STEP Ⓐ **조건 'p 그리고 q'의 진리집합 구하기**

$U=\{1, 2, 3, \cdots, 30\}$이므로 두 조건 p, q의 진리집합을 각각 P, Q라 하면

$P=\{3, 6, 9, 12, 15, 18, 21, 24, 27, 30\}$

$Q=\{1, 2, 3, 4, 6, 8, 12, 24\}$

따라서 조건 'p 그리고 q'의 진리집합은 $P \cap Q = \{3, 6, 12, 24\}$

내신연계 출제문항 512

전체집합 $U=\{1, 2, 3, \cdots, 10\}$에 대하여 두 조건 p, q가 $p : x$는 홀수, $q : x$는 소수일 때, 조건 'p 그리고 q'의 진리집합은?

① $\{3\}$　　　② $\{3, 5\}$　　　③ $\{3, 5, 7\}$

④ $\{3, 5, 7, 9\}$　　　⑤ $\{1, 3, 5, 7\}$

STEP Ⓐ **조건 'p 그리고 q'의 진리집합 구하기**

$U=\{1, 2, 3, \cdots, 10\}$이므로 두 조건 p, q의 진리집합을 각각 P, Q라 하면

$P=\{1, 3, 5, 7, 9\}$

$Q=\{2, 3, 5, 7\}$

따라서 조건 'p 그리고 q'의 진리집합은 $P \cap Q = \{3, 5, 7\}$　　정답 ③

1000

STEP Ⓐ **주어진 조건의 부정 구하기**

$ab \neq 0$의 부정은 $ab = 0$이므로 $a = 0$ 또는 $b = 0$

따라서 a, b 중 적어도 하나는 0이다.

1001

STEP Ⓐ **주어진 조건의 부정 구하기**

$(a-b)^2+(b-c)^2+(c-a)^2=0$에서

$a-b=0$이고 $b-c=0$이고 $c-a=0$

$\therefore a=b=c$

따라서 $a=b=c$의 부정은 $a \neq b$ 또는 $b \neq c$ 또는 $c \neq a$이므로

a, b, c 중에서 서로 다른 것이 적어도 하나 있다.

내신연계 출제문항 513

세 실수 a, b, c에 대하여 다음 [보기]에서 조건 p와 그 부정 $\sim p$로 옳은 것만을 있는 대로 고른 것은?

ㄱ. $p : a \leq 0$ 또는 $b \leq 0$	$\sim p : a > 0$이고 $b > 0$
ㄴ. $p : ab = 0$	$\sim p : a \neq 0$이고 $b \neq 0$
ㄷ. $p : a^2+b^2+c^2=0$	$\sim p : a \neq 0$ 또는 $b \neq 0$ 또는 $c \neq 0$

① ㄱ　　　② ㄴ　　　③ ㄱ, ㄷ

④ ㄴ, ㄷ　　　⑤ ㄱ, ㄴ, ㄷ

STEP Ⓐ **주어진 조건의 부정 구하기**

ㄱ. $p : a \leq 0$ 또는 $b \leq 0$이므로 $\sim p : a > 0$이고 $b > 0$ [참]

ㄴ. $p : ab = 0$에서 $a = 0$ 또는 $b = 0$이므로 $\sim p : a \neq 0$이고 $b \neq 0$ [참]

ㄷ. $p : a^2+b^2+c^2=0$에서 $a=0$이고 $b=0$이고 $c=0$이므로

$\quad \sim p : a \neq 0$ 또는 $b \neq 0$ 또는 $c \neq 0$ [참]

따라서 조건 p와 그 부정 $\sim p$가 바르게 연결된 것은 ㄱ, ㄴ, ㄷ이다.　　정답 ⑤

1002

STEP Ⓐ **조건 p의 진리집합 구하기**

전체집합 $U=\{x \mid x$는 12의 양의 약수$\}=\{1, 2, 3, 4, 6, 12\}$

조건 p의 진리집합을 P라 하면

$p : x^3-7x^2+14x-8=0$에서 $(x-1)(x-2)(x-4)=0$　← 조립제법에 의하여

$\therefore x=1$ 또는 $x=2$ 또는 $x=4$

$\therefore P=\{1, 2, 4\}$

$$
\begin{array}{r|rrrr}
1 & 1 & -7 & 14 & -8 \\
 & & 1 & -6 & 8 \\
\hline
 & 1 & -6 & 8 & \;\;0
\end{array}
$$

$(x-1)(x^2-6x+8)=(x-1)(x-2)(x-4)$

STEP Ⓑ **여집합을 이용하여 조건 $\sim p$의 진리집합 구하기**

조건 $\sim p$의 진리집합은 $P^c = \{3, 6, 12\}$

따라서 진리집합 P^c의 모든 원소의 합은 $3+6+12=21$

1003

STEP Ⓐ **두 조건 p, q의 진리집합 P, Q 구하기**

$x^2-6x+8=0$에서 $(x-2)(x-4)=0$

$\therefore x=2$ 또는 $x=4$

두 조건 p, q의 진리집합을 각각 P, Q라 하면

$P=\{1, 2, 3, 4, 5, 6\}$, $Q=\{2, 4\}$

STEP Ⓑ **조건 $\sim(\sim p$ 또는 $q)$의 진리집합 구하기**

'$\sim p$ 또는 q'의 부정 $\sim(\sim p$ 또는 $q)$는 'p 그리고 $\sim q$'이므로

진리집합은 $P \cap Q^c = P-Q$

$\qquad\qquad = \{1, 2, 3, 4, 5, 6\}-\{2, 4\}$

$\qquad\qquad = \{1, 3, 5, 6\}$

따라서 구하는 집합의 모든 원소의 합은 $1+3+5+6=15$

P O I N T | 조건과 부정의 진리집합

조건	진리집합
$\sim p$ 또는 q	$P^c \cup Q$
$\sim(\sim p$ 또는 $q)$	$(P^c \cup Q)^c = P \cap Q^c$

내신연계 출제문항 514

자연수 전체의 집합에서 두 조건 p, q가

$$p : x^2-7x+10=0, \quad q : 1 \leq x \leq 5$$

일 때, 조건 'p 또는 $\sim q$'의 부정의 진리집합의 모든 원소의 합은?

① 4　　　② 5　　　③ 6

④ 7　　　⑤ 8

STEP Ⓐ **두 조건 p, q의 진리집합 P, Q 구하기**

$x^2-7x+10=0$에서 $(x-2)(x-5)=0$　$\therefore x=2$ 또는 $x=5$

두 조건 p, q의 진리집합을 각각 P, Q라 하면

$P=\{2, 5\}$, $Q=\{1, 2, 3, 4, 5\}$

STEP **B** 조건 ~(*p* 또는 ~*q*)의 진리집합 구하기

조건 '*p* 또는 ~*q*'의 부정 ~(*p* 또는 ~*q*)는 '~*p*이고 *q*' 이므로

진리집합은 $P^c \cap Q = Q - P = \{1, 2, 3, 4, 5\} - \{2, 5\}$
$$= \{1, 3, 4\}$$

따라서 구하는 집합의 모든 원소의 합은 $1 + 3 + 4 = 8$ 정답 ⑤

1004   정답 ③

STEP **A** 두 집합 P^c, Q^c 구하기

두 조건 $p : x \geq 5$, $q : x < -2$의 진리집합이 각각 P, Q이므로

두 조건 $\sim p : x < 5$, $\sim q : x \geq -2$의 진리집합은

$P^c = \{x \mid x < 5\}$, $Q^c = \{x \mid x \geq -2\}$

STEP **B** 주어진 조건의 진리집합 구하기

따라서 조건 '$-2 \leq x < 5$'의 진리집합은
$P^c \cap Q^c = (P \cup Q)^c$

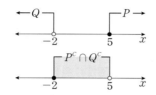

내/신/연/계 출제문항 515

실수 전체의 집합에서 두 조건
$$p : x > 3, \quad q : x \leq -5$$
의 진리집합을 각각 P, Q라 할 때, 다음 중 조건 '$-5 < x \leq 3$'의 진리집합은?

① $P \cup Q$ ② $P \cup Q^c$ ③ $P \cap Q$
④ $P \cap Q^c$ ⑤ $(P \cup Q)^c$

STEP **A** 두 집합 P^c, Q^c 구하기

두 조건 $p : x > 3$, $q : x \leq -5$의 진리집합이 각각 P, Q이므로

두 조건 $\sim p : x \leq 3$, $\sim q : x > -5$의 진리집합은

$P^c = \{x \mid x \leq 3\}$, $Q^c = \{x \mid x > -5\}$

STEP **B** 주어진 조건의 진리집합 구하기

따라서 조건 '$-5 < x \leq 3$'의 진리집합은
$P^c \cap Q^c = (P \cup Q)^c$

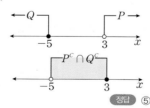

정답 ⑤

1005   정답 9

STEP **A** $5 \in P \cap Q^c$의 의미 파악하기

$5 \in P \cap Q^c$이므로 $x = 5$는 조건 p를 만족시키지만 조건 q를 만족시키지 않는다.

STEP **B** 조건을 만족시키는 정수 k의 개수 구하기

$x = 5$는 조건 p를 만족시키므로

$-3 < 5 < k + 1$, 즉 $k > 4$ ······ ㉠

$x = 5$는 조건 q를 만족시키지 않으므로

$|3 \times 5 - 2| \geq k$, 즉 $k \leq 13$ ······ ㉡

㉠, ㉡의 공통범위는 $4 < k \leq 13$

따라서 정수 k의 개수는 $13 - 4 = 9$

1006   2022년 03월 고2 학력평가 2번   정답 ②

STEP **A** 주어진 조건의 부정 구하기

조건 'x는 1보다 크다.'의 부정은 'x는 1보다 크지 않다.'
$\underset{x > 1}{}$

따라서 'x는 1보다 작거나 같다.' 이므로 주어진 조건의 부정은 '$x \leq 1$'

내/신/연/계 출제문항 516

실수 x에 대한 조건 'x는 2보다 작다.'의 부정은?

① $x < 2$ ② $x \leq 2$ ③ $x = 2$
④ $x \geq 2$ ⑤ $x > 2$

STEP **A** 주어진 조건의 부정 구하기

조건 'x는 2보다 작다.'의 부정은 'x는 2보다 작지 않다.'
$\underset{x < 2}{}$

따라서 'x는 2보다 크거나 같다.' 이므로 주어진 조건의 부정은 '$x \geq 2$'

정답 ④

1007   2017학년도 09월 고3 모의평가 나형 12번   정답 ⑤

해설강의

STEP **A** 조건 $\sim p$의 진리집합 구하기

조건 $p : x(x - 11) \geq 0$의 부정은 $\sim p : x(x - 11) < 0$

조건 p의 진리집합을 P라 하면 조건 $\sim p$의 진리집합은 P^c이므로
$P^c = \{x \mid x(x - 11) < 0\}$
$\quad = \{x \mid 0 < x < 11, \ x \text{는 정수}\}$
$\quad = \{1, 2, 3, \cdots, 10\}$

따라서 조건 $\sim p$의 진리집합의 원소의 개수는 10

내/신/연/계 출제문항 517

실수 x에 대한 조건 $p : x^3 - 3x^2 - x + 3 \neq 0$에 대하여 조건 $\sim p$의 진리집합의 모든 원소의 합을 구하시오.

STEP **A** 조건 $\sim p$의 진리집합 구하기

조건 $p : x^3 - 3x^2 - x + 3 \neq 0$의 부정은 $\sim p : x^3 - 3x^2 - x + 3 = 0$

조건 p의 진리집합을 P라 하면 조건 $\sim p$의 진리집합은 P^c이므로
$P^c = \{x \mid x^3 - 3x^2 - x + 3 = 0\}$
$\quad = \{x \mid x^2(x - 3) - (x - 3) = 0\}$
$\quad = \{x \mid (x^2 - 1)(x - 3) = 0\}$
$\quad = \{x \mid (x + 1)(x - 1)(x - 3) = 0\}$
$\quad = \{-1, 1, 3\}$

따라서 조건 $\sim p$의 진리집합의 모든 원소의 합은 $-1 + 1 + 3 = 3$ 정답 3

1008

2017년 09월 고1 학력평가 6번 정답 ②

STEP Ⓐ **조건 p의 진리집합 구하기**

전체집합 U의 원소 중 짝수는 2, 4, 6, 8이고 6의 약수는 1, 2, 3, 6이다.
즉 조건 p의 진리집합을 P라 하면
$P=\{1, 2, 3, 4, 6, 8\}$

STEP Ⓑ **조건 $\sim p$의 진리집합의 모든 원소의 합 구하기**

조건 $\sim p$의 진리집합은 $P^C=\{5, 7\}$
따라서 조건 $\sim p$의 진리집합의 모든 원소의 합은 $5+7=12$

내/신/연/계/ 출제문항 **518**

전체집합 $U=\{x|x$는 한 자리의 자연수$\}$에 대하여 조건 p가

'$p : x$는 홀수 또는 6의 약수이다.'

일 때, 조건 $\sim p$의 진리집합의 모든 원소의 합은?

① 11 　　　　　 ② 12 　　　　　 ③ 13
④ 14 　　　　　 ⑤ 15

STEP Ⓐ **조건 p의 진리집합 구하기**

전체집합 U의 원소 중 홀수는 1, 3, 5, 7, 9이고 6의 약수는 1, 2, 3, 6이다.
즉 조건 p의 진리집합을 P라 하면 $P=\{1, 2, 3, 5, 6, 7, 9\}$

STEP Ⓑ **조건 $\sim p$의 진리집합의 모든 원소의 합 구하기**

조건 $\sim p$의 진리집합은 $P^C=\{4, 8\}$
따라서 조건 p의 진리집합의 모든 원소의 합은 $4+8=12$ 정답 ②

1009

정답 ⑤

STEP Ⓐ **진리집합을 벤 다이어그램으로 나타내어 옳은 것을 찾기**

명제 $p \longrightarrow q$가 참이면 $P \subset Q$이므로
이를 벤 다이어그램으로 나타내면
오른쪽 그림과 같다.
① $P \cup Q=Q$ [거짓]
② $P \cap Q=P$ [거짓]
③ $P^C \cap Q=Q-P$ [거짓]
④ $P^C \cap Q^C=Q^C$ [거짓]
⑤ $P^C \cup Q=U$ [참]
따라서 항상 옳은 것은 ⑤이다.

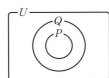

1010

정답 ②

STEP Ⓐ **진리집합을 벤 다이어그램으로 나타내어 옳은 것을 찾기**

명제 $p \longrightarrow \sim q$가 참이면 $P \subset Q^C$이다.
즉 $P \cap Q=\varnothing$이고 이를 벤 다이어그램으로
나타내면 오른쪽 그림과 같다.
① $P \cup Q \neq U$ [거짓]
② $P-Q=P$ [참]
③ $Q-P=Q$ [거짓]
④ $P \cap Q=\varnothing$ [거짓]
⑤ $P \cup Q \neq P$ [거짓]
따라서 항상 옳은 것은 ②이다.

1011

정답 ②

STEP Ⓐ **진리집합을 벤 다이어그램으로 나타내어 옳은 것을 찾기**

명제 $q \longrightarrow \sim p$가 참이면 $Q \subset P^C$이다.
즉 $P \cap Q=\varnothing$이고 이를 벤 다이어그램으로
나타내면 오른쪽 그림과 같다.
① $P \cup Q \neq U$ [거짓]
② $P \cap Q=\varnothing$ [참]
③ $P \cup Q^C=Q^C$ [거짓]
④ $P^C \cup Q=P^C$ [거짓]
⑤ $P^C \cap Q=Q$ [거짓]
따라서 항상 옳은 것은 ②이다.

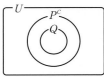

내/신/연/계/ 출제문항 **519**

전체집합 U에 대하여 두 조건 p, q의 진리집합을 각각 P, Q라 하자.
명제 $\sim q \longrightarrow p$가 참일 때, 다음 중 항상 옳은 것은?

① $P \cup Q=P$ 　　　 ② $P \cap Q=Q$ 　　　 ③ $P \cup Q^C=Q$
④ $P-Q=Q^C$ 　　　 ⑤ $P \cup Q=P$

STEP Ⓐ **진리집합을 벤 다이어그램으로 나타내어 옳은 것을 찾기**

명제 $\sim q \longrightarrow p$가 참이면 $Q^C \subset P$이므로
이를 벤 다이어그램으로 나타내면
오른쪽 그림과 같다.
① $P \cup Q=U$ [거짓]
② $P \cap Q=P-Q^C$ [거짓]
③ $P \cup Q^C=P$ [거짓]
④ $P-Q=P \cap Q^C=Q^C$ [참]
⑤ $P \cup Q=U$ [거짓]
따라서 항상 옳은 것은 ④이다. 정답 ④

1012

정답 4

STEP Ⓐ **조건 $\sim p$의 진리집합 구하기**

$U=\{1, 2, 3, 4, 5, 6\}$, $P=\{1, 2, 3, 6\}$이므로
조건 $\sim p$의 진리집합은 $P^C=\{4, 5\}$

STEP Ⓑ **집합의 포함 관계를 이용하여 집합 Q의 개수 구하기**

명제 $q \longrightarrow \sim p$가 참이 되려면 $Q \subset P^C$이어야 하므로
집합 Q는 $P^C=\{4, 5\}$의 부분집합이다.
따라서 집합 Q의 개수는 $2^2=4$

1013

정답 ⑤

STEP Ⓐ **조건 $\sim p$의 진리집합 구하기**

$U=\{1, 2, 3, 4, 5, 6, 7, 8, 9, 10\}$, $P=\{1, 2, 4, 8\}$이므로
조건 $\sim p$의 진리집합은 $P^C=\{3, 5, 6, 7, 9, 10\}$

STEP Ⓑ **집합의 포함 관계를 이용하여 집합 Q의 개수 구하기**

명제 $p \longrightarrow \sim q$가 참이 되려면 $P \subset Q^C$, 즉 $Q \subset P^C$이어야 하므로
집합 Q는 $P^C=\{3, 5, 6, 7, 9, 10\}$의 부분집합이다.
따라서 집합 Q의 개수는 $2^6=64$

내/신/연/계 출제문항 520

전체집합 $U=\{x|x$는 7 이하의 자연수$\}$에 대하여 두 조건 p, q의 진리집합을 각각 P, Q라 하자. 조건 p가 $p : x^2-5x+6=0$일 때, 명제 $p \longrightarrow \sim q$가 참이 되도록 하는 집합 Q의 개수는?

① 4 　　　　② 8 　　　　③ 16
④ 32 　　　　⑤ 64

STEP Ⓐ **조건 $\sim p$의 진리집합 구하기**

$U=\{1, 2, 3, 4, 5, 6, 7\}$,
$P=\{x|x^2-5x+6=0\}=\{x|(x-2)(x-3)=0\}=\{2, 3\}$
이므로 조건 $\sim p$의 진리집합은 $P^C=\{1, 4, 5, 6, 7\}$

STEP Ⓑ **집합의 포함 관계를 이용하여 집합 Q의 개수 구하기**

명제 $p \longrightarrow \sim q$가 참이 되려면 $P \subset Q^C$, 즉 $Q \subset P^C$이어야 하므로
집합 Q는 $P^C=\{1, 4, 5, 6, 7\}$의 부분집합이다.

따라서 집합 Q의 개수는 $2^5=32$ 　　　[정답] ④

1014 　　　[정답] ③

STEP Ⓐ **조건 $\sim p$의 진리집합 구하기**

$U=\{1, 2, 3, 4, 5, 6, 7, 8\}$, $P=\{2, 3, 5, 7\}$이므로
조건 $\sim p$의 진리집합은 $P^C=\{1, 4, 6, 8\}$

STEP Ⓑ **집합의 포함 관계를 이용하여 집합 Q의 개수 구하기**

명제 $\sim p \longrightarrow q$가 참이 되려면 $P^C \subset Q$이어야 하므로 집합 Q는
전체집합 U의 부분집합 중 1, 4, 6, 8을 반드시 원소로 갖는 집합이다.

따라서 집합 Q의 개수는 $2^{8-4}=2^4=16$

1015 　　　[정답] ③

STEP Ⓐ **집합의 포함 관계를 이용하여 명제의 참, 거짓 판단하기**

ㄱ. $P \subset Q$이므로 $p \longrightarrow q$는 참인 명제이다.
ㄴ. $Q \not\subset R$이므로 $q \longrightarrow r$은 거짓인 명제이다.
ㄷ. $(P \cap R) \subset Q$이므로 (p이고 r) $\longrightarrow q$는 참인 명제이다.
ㄹ. $Q \not\subset (P \cup R)$이므로 $q \longrightarrow$ (p 또는 r)은 거짓인 명제이다.
따라서 항상 참인 명제는 ㄱ, ㄷ이다.

1016 　　　[정답] ④

STEP Ⓐ **집합의 포함 관계를 이용하여 명제의 참, 거짓 판단하기**

① $P \not\subset Q$이므로 $p \longrightarrow q$는 거짓인 명제이다.
② $R^C \not\subset P$이므로 $\sim r \longrightarrow p$는 거짓인 명제이다.
③ $Q \not\subset P$이므로 $q \longrightarrow p$는 거짓인 명제이다.
④ $Q^C \subset R^C$이므로 $\sim q \longrightarrow \sim r$은 참인 명제이다.
⑤ $R^C \not\subset P^C$이므로 $\sim r \longrightarrow \sim p$는 거짓인 명제이다.
따라서 항상 참인 명제는 ④이다.

내/신/연/계 출제문항 521

전체집합 U에 대하여 세 조건 p, q, r의 진리집합을 각각 P, Q, R이라 하자.
세 집합 P, Q, R 사이의 포함 관계가 오른쪽 벤 다이어그램과 같을 때, 다음 [보기] 중 항상 참인 명제를 있는 대로 고른 것은?

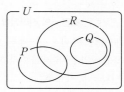

ㄱ. $p \longrightarrow \sim q$	ㄴ. $\sim p \longrightarrow q$
ㄷ. $\sim r \longrightarrow \sim q$	ㄹ. $p \longrightarrow \sim r$

① ㄱ 　　　② ㄴ 　　　③ ㄱ, ㄷ
④ ㄷ, ㄹ 　　　⑤ ㄱ, ㄴ, ㄹ

STEP Ⓐ **집합의 포함 관계를 이용하여 명제의 참, 거짓 판단하기**

ㄱ. $P \subset Q^C$이므로 $p \longrightarrow \sim q$는 참인 명제이다.
ㄴ. $P^C \not\subset Q$이므로 $\sim p \longrightarrow q$는 거짓인 명제이다.
ㄷ. $R^C \subset Q^C$이므로 $\sim r \longrightarrow \sim q$는 참인 명제이다.
ㄹ. $P \not\subset R^C$이므로 $p \longrightarrow \sim r$은 거짓인 명제이다.
따라서 항상 참인 명제는 ㄱ, ㄷ이다. 　　　[정답] ③

1017 　　　[정답] ①

STEP Ⓐ **주어진 조건을 벤 다이어그램으로 나타내기**

$P \cap R=R$이므로 $R \subset P$
$Q^C \cap R^C=R^C$에서 $(Q \cup R)^C=R^C$이므로
$Q \cup R=R$ ∴ $Q \subset R$
즉 $Q \subset R \subset P$를 벤 다이어그램으로
나타내면 오른쪽 그림과 같다.

STEP Ⓑ **집합의 포함 관계를 이용하여 명제의 참, 거짓 판단하기**

① $P \not\subset Q$이므로 $p \longrightarrow q$는 거짓인 명제이다.
② $Q \subset R$이므로 $q \longrightarrow r$은 참인 명제이다.
③ $R \subset P$이므로 $r \longrightarrow p$는 참인 명제이다.
④ $P^C \subset Q^C$이므로 $\sim p \longrightarrow \sim q$는 참인 명제이다.
⑤ $P^C \subset R^C$이므로 $\sim p \longrightarrow \sim r$은 참인 명제이다.
따라서 거짓인 명제는 ①이다.

내/신/연/계 출제문항 522

전체집합 U에서 세 조건 p, q, r의 진리집합을 각각 P, Q, R이라 할 때,
$$P \cap Q=Q, \quad P-R=\varnothing$$
이 성립한다. 다음 [보기] 중 거짓인 명제를 있는 대로 고른 것은?

ㄱ. $\sim r \longrightarrow \sim p$
ㄴ. $q \longrightarrow r$
ㄷ. $r \longrightarrow q$

① ㄱ 　　　② ㄴ 　　　③ ㄷ
④ ㄱ, ㄴ 　　　⑤ ㄱ, ㄴ, ㄷ

STEP Ⓐ **주어진 조건을 벤 다이어그램으로 나타내기**

$P \cap Q=Q$이므로 $Q \subset P$
$P-R=\varnothing$에서 $P \cap R^C=\varnothing$이므로
$P \subset R$
즉 $Q \subset P \subset R$을 벤 다이어그램으로
나타내면 오른쪽 그림과 같다.

STEP B **집합의 포함 관계를 이용하여 명제의 참, 거짓 판단하기**

ㄱ. $R^c \subset P^c$이므로 $\sim r \longrightarrow \sim p$는 참인 명제이다.

ㄴ. $Q \subset R$이므로 $q \longrightarrow r$은 참인 명제이다.

ㄷ. $R \not\subset Q$이므로 $r \longrightarrow q$는 거짓인 명제이다.

따라서 거짓인 명제는 ㄷ이다.　　　　　　　　　정답 ③

1018　　　　　　　　　　　　　　정답 13

STEP A **명제가 거짓임을 보이는 원소가 속하는 집합 구하기**

명제 $p \longrightarrow q$가 거짓임을 보이는 원소는
집합 P에 속하고 집합 Q에는 속하지 않는
원소이다.

즉 $P-Q=P \cap Q^c=\{1, 4, 8\}$이므로
구하는 모든 원소의 합은 $1+4+8=13$

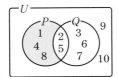

1019　　　　　　　　　　　　　　정답 ③

STEP A **명제가 거짓임을 보이는 원소가 속하는 집합 구하기**

명제 '$\sim p$이면 q이다.'가 거짓임을 보이는
원소는 집합 P^c에는 속하고 집합 Q^c에는
속하지 않는 원소이다.

즉 $P^c-Q^c=P^c \cap (Q^c)^c=P^c \cap Q=\{3, 6\}$
이므로 구하는 모든 원소는 3, 6

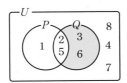

1020　　　　　　　　　　　　　　정답 ③

STEP A **명제가 거짓임을 보이는 원소가 속하는 집합 구하기**

명제 $p \longrightarrow \sim q$가 거짓임을 보이는 원소는 집합 P에 속하고
집합 Q^c에는 속하지 않는 원소이다.

따라서 반례가 속하는 집합은 $P-Q^c=P \cap (Q^c)^c=P \cap Q$

내/신/연/계/ 출제문항 523

전체집합 U에 대하여 두 조건 p, q의 진리집합을 각각 P, Q라 하자.
이때 명제 '$\sim p$이면 q이다.'가 거짓임을 보이는 원소가 속하는 집합은?

① $P \cap Q$　　　② $P^c \cap Q$　　　③ $P \cap Q^c$

④ $(P \cup Q)^c$　　⑤ $P \cup Q$

STEP A **명제가 거짓임을 보이는 원소가 속하는 집합 구하기**

명제 '$\sim p$이면 q이다.'가 거짓임을 보이는 원소는 집합 P^c에는 속하고
집합 Q에는 속하지 않는 원소이다.

따라서 반례가 속하는 집합은 $P^c-Q=P^c \cap Q^c=(P \cup Q)^c$　　정답 ④

1021　　　　　　　　　　　　　　정답 ②

STEP A **두 조건 p, q의 진리집합 구하기**

두 조건 p, q의 진리집합을 각각 P, Q라 하면
$P=\{1, 2, 3, 6, 9, 18\}$, $Q=\{2, 4, 6, 8, 10, 12, 14, 16, 18, 20\}$

STEP B **명제가 거짓임을 보이는 원소가 속하는 집합 구하기**

명제 $p \longrightarrow q$가 거짓임을 보이는 원소는 집합 P에는 속하고
집합 Q에는 속하지 않는 원소이다.

즉 $P-Q=P \cap Q^c=\{1, 3, 9\}$이므로 원소의 최댓값은 9, 최솟값은 1
　　　　　18의 양의 약수 중에서 홀수인 원소의 집합

따라서 최댓값과 최솟값의 합은 $9+1=10$

1022　　　　　　　　　　　　　　정답 ③

STEP A **두 조건 p, q의 진리집합 구하기**

$|x-1| \leq 10$에서 $-10 \leq x-1 \leq 10$

$\therefore -9 \leq x \leq 11$

두 조건 p, q의 진리집합을 각각 P, Q라 하면
$P=\{x \mid -9 \leq x \leq 11\}$, $Q=\{x \mid x > -5\}$

STEP B **명제가 거짓임을 보이는 원소가 속하는 집합 구하기**

명제 'q이면 $\sim p$이다.'가 거짓임을 보이는 반례는 집합 Q에는 속하고
집합 P^c에는 속하지 않으므로 집합 $Q-P^c=Q \cap (P^c)^c=Q \cap P$의 원소이다.
이때 두 집합 P, Q를 수직선 위에 나타내면 다음과 같다.

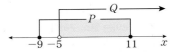

따라서 $P \cap Q=\{x \mid -5 < x \leq 11\}$이므로 정수 x의 개수는 $11-(-5)=16$
　　　　　　　　　　　　　정수 a, b에 대하여 $a < x \leq b$ 또는 $a \leq x < b$의
　　　　　　　　　　　　　정수의 개수는 $b-a$이다.

1023　　　　　　　　　　　　　　정답 ⑤

STEP A **두 조건 p, q의 진리집합 구하기**

두 조건 p, q의 진리집합을 각각 P, Q라 하면
$P=\{x \mid x \leq 2$ 또는 $x \geq 6\}$, $Q=\{x \mid -5 \leq x \leq a\}$

STEP B **명제가 거짓임을 보이는 원소가 속하는 집합 구하기**

명제 $\sim q \longrightarrow p$가 거짓임을 보이는 반례는 집합 Q^c에는 속하고
집합 P에는 속하지 않으므로 집합 $Q^c-P=Q^c \cap P^c$의 원소이다.
이때 $P^c=\{x \mid 2 < x < 6\}$, $Q^c=\{x \mid x < -5$ 또는 $x > a\}$이므로
두 집합 P^c, Q^c을 수직선 위에 나타내면 다음과 같다.

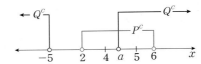

따라서 집합 $Q^c \cap P^c$의 양의 정수인 원소가 $x=5$뿐이도록 하는 a의 값의
범위는 $4 \leq a < 5$

두 조건 $p : x < 2$ 또는 $x \geq 4$, $q : k < x < 8$에 대하여 명제 $\sim p \longrightarrow q$가
거짓임을 보이는 반례 중 정수는 2뿐일 때, 실수 k의 값의 범위는?
(단, $k < 8$)

① $1 < k \leq 5$ ② $2 \leq k < 3$ ③ $1 < k < 3$
④ $2 < k \leq 3$ ⑤ $2 \leq k < 7$

STEP A 두 조건 p, q의 진리집합 구하기

두 조건 p, q의 진리집합을 각각 P, Q라 하면
$P = \{x \,|\, x < 2$ 또는 $x \geq 4\}$, $Q = \{x \,|\, k < x < 8\}$

STEP B 명제가 거짓임을 보이는 원소가 속하는 집합 구하기

명제 $\sim p \longrightarrow q$가 거짓임을 보이는 반례는 집합 P^c에는 속하고
집합 Q에는 속하지 않으므로 집합 $P^c - Q = P^c \cap Q^c$의 원소이다.
이때 $P^c = \{x \,|\, 2 \leq x < 4\}$, $Q^c = \{x \,|\, x \leq k$ 또는 $x \geq 8\}$이므로
두 집합 P^c, Q^c을 수직선 위에 나타내면 다음과 같다.

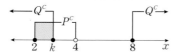

따라서 집합 $P^c \cap Q^c$의 정수인 원소가 2뿐이도록 하는 실수 k의 값의 범위는
$2 \leq k < 3$

정답 ②

1024
2019년 03월 고3 학력평가 나형 8번

정답 ④

STEP A 명제가 거짓임을 보이는 원소 구하기

자연수 x에 대하여 두 조건 p, q를 $p : 5 \leq x \leq 9$, $q : x \leq 8$이라 하고
두 조건 p, q의 진리집합을 각각 P, Q라 하면
$P = \{5, 6, 7, 8, 9\}$, $Q = \{1, 2, 3, 4, 5, 6, 7, 8\}$
따라서 명제 $p \longrightarrow q$가 거짓임을 보여 주는 x의 값은
집합 P에는 속하고 집합 Q에는 속하지 않는 원소이므로 9이다.
집합 $P - Q = P \cap Q^c = \{9\}$의 원소

n이 10 이하의 자연수일 때, 다음 중 명제
'n이 짝수이면 n은 24의 약수이다.'
가 거짓임을 보여 주는 n의 값은?

① 2 ② 4 ③ 6
④ 8 ⑤ 10

STEP A 명제가 거짓임을 보이는 원소 구하기

10 이하의 자연수 n에 대하여 두 조건 p, q를
$p : n$이 짝수이다. $q : n$이 24의 약수이다.
라 하고 두 조건 p, q의 진리집합을 각각 P, Q라 하면
$P = \{2, 4, 6, 8, 10\}$, $Q = \{1, 2, 3, 4, 6, 8\}$
따라서 명제 $p \longrightarrow q$가 거짓임을 보여 주는 n의 값은
집합 P에는 속하고 집합 Q에는 속하지 않는 원소이므로 10이다.
집합 $P - Q = P \cap Q^c = \{10\}$의 원소

정답 ⑤

1025

정답 ②

STEP A 주어진 명제의 참, 거짓 판단하기

① 평행사변형 중에서 네 변의 길이가 같은 것만 마름모이다. [거짓]
② $2x - 1 = 3$에서 $x = 2$이므로 $2^2 + 2 - 6 = 0$ [참]
③ 반례 2는 소수이지만 2^2은 짝수이다. [거짓]
④ 반례 $a = -1$, $b = 1$이면 $a^2 = b^2$이지만 $a \neq b$ [거짓]
⑤ 반례 $x = 0$, $y = 1$이면 $xy = 0$이지만 $x^2 + y^2 = 1$ [거짓]
따라서 참인 명제는 ②이다.

POINT | 사각형 사이의 관계와 정의

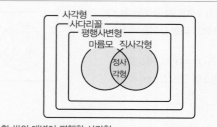

① 사다리꼴 : 한 쌍의 대변이 평행한 사각형
② 평행사변형 : 두 쌍의 대변이 평행한 사각형
③ 직사각형 : 네 각의 크기가 모두 같은 평행사변형
④ 마름모 : 네 변의 길이가 모두 같은 평행사변형
⑤ 정사각형 : 네 변의 길이가 모두 같은 직사각형

1026

정답 ③

STEP A 주어진 명제의 참, 거짓 판단하기

① $x^2 > 1$이면 $x^2 - 1 > 0$에서 $(x-1)(x+1) > 0$이므로
   $x < -1$ 또는 $x > 1$이다. [거짓]
② 반례 $x = -1$, $y = -2$, $z = -3$이면 $xy = 2$, $yz = 6$이므로
   $xy < yz$ [거짓]
③ x가 9의 배수이므로 $x = 9n$ (n은 정수)이라 하면
   $x = 3 \times 3n$이므로 x는 3의 배수이다. [참]
④ 반례 $x = 3$, $y = -1$이면 $x + y = 2$이지만 $y < 1$ [거짓]
⑤ 반례 $x = 3$, $y = 1$이면 $x + y = 4$는 짝수이지만 x, y는 모두 홀수이다.
   [거짓]
따라서 참인 명제는 ③이다.

1027

정답 ②

STEP A 주어진 명제의 참, 거짓 판단하기

ㄱ. $a < b < 0$이면 $|a| > |b|$이므로 $a^2 > b^2$ [참]
ㄴ. 반례 $a = 2$, $b = 1$이면 $|2| + |1| \geq 3$이지만 $2 \times 1 > 0$ [거짓]
ㄷ. $a^3 = 8$이면 $a^3 - 8 = 0$이므로 $a^3 - 8 = (a-2)(a^2 + 2a + 4) = 0$
   즉 $a = 2$이다. [참] ← $a^2 + 2a + 4 = 0$을 만족시키는 실수 a는 존재하지 않는다.
ㄹ. 반례 $a = 1$, $b = 2$이면 $\sqrt{(1-2)^2} = 1$, $\{\sqrt{(1-2)}\}^2 = -1$이므로
   $\sqrt{(a-b)^2} \neq (\sqrt{a-b})^2$ [거짓]
따라서 참인 명제는 ㄱ, ㄷ이다.

세 실수 x, y, z에 대하여 참인 명제인 것만을 [보기]에서 있는 대로 고른 것은?

> ㄱ. x가 8의 약수이면 x는 24의 양의 약수이다.
> ㄴ. $x^3=y^3$이면 $x=y$이다.
> ㄷ. $|x|+|y|=0$이면 $x^2+y^2=0$이다.
> ㄹ. $x^2+y^2+z^2>0$이면 $x\neq 0$, $y\neq 0$, $z\neq 0$이다.

① ㄱ   ② ㄱ, ㄷ   ③ ㄱ, ㄴ, ㄷ
④ ㄴ, ㄷ, ㄹ   ⑤ ㄱ, ㄴ, ㄷ, ㄹ

STEP A   **주어진 명제의 참, 거짓 판단하기**

ㄱ. 두 조건 p, q를
   p : x는 8의 양의 약수이다. q : x는 24의 양의 약수이다.
   라 하고 두 조건 p, q의 진리집합을 각각 P, Q라 하면
   $P=\{1, 2, 4, 8\}$, $Q=\{1, 2, 3, 4, 6, 8, 12, 24\}$
   $\therefore P \subset Q$ [참]
ㄴ. $x^3=y^3$에서 $x^3-y^3=0$, $(x-y)(x^2+xy+y^2)=0$
   x, y가 실수일 때, $x^2+xy+y^2=\left(x+\dfrac{1}{2}y\right)^2+\dfrac{3}{4}y^2 \geq 0$이므로
   $x-y=0$ $\therefore x=y$ [참]
ㄷ. $|x|+|y|=0$이면 $x=0$, $y=0$이므로 $x^2+y^2=0$이다. [참]
ㄹ. (반례) $x=0$, $y=z=1$이면 $x^2+y^2+z^2>0$이지만 $x=0$이다. [거짓]
따라서 참인 명제는 ㄱ, ㄴ, ㄷ이다.

정답 ③

1028

정답 8

STEP A   **두 조건 p, q의 진리집합 구하기**

두 조건 p, q의 진리집합을 각각 P, Q라 하면
$P=\{x|k+2<x<k+5\}$, $Q=\{x|-4<x<6\}$

STEP B   **$P \subset Q$가 되도록 하는 k의 값의 범위 구하기**

명제 $p \longrightarrow q$가 참이 되려면 $P \subset Q$
이어야 하므로 이를 수직선에 나타내면
오른쪽 그림과 같다.
즉 $k+2 \geq -4$, $k+5 \leq 6$이므로
$-6 \leq k \leq 1$

따라서 정수 k는 -6, -5, -4, -3, -2, -1, 0, 1이므로 그 개수는 8

1029

정답 ①

STEP A   **$x=a$가 이차방정식 $x^2+6x-7=0$의 근임을 이용하기**

주어진 명제가 참이 되려면
$x=a$가 이차방정식 $x^2+6x-7=0$의 근이어야 한다.
$x=a$를 $x^2+6x-7=0$에 대입하면
$a^2+6a-7=0$에서 $(a-1)(a+7)=0$
$\therefore a=1$ 또는 $a=-7$
따라서 양수 a의 값은 $a=1$

1030

정답 ①

STEP A   **두 조건 $\sim p$, q의 진리집합 구하기**

조건 p : $x^2-5x-24>0$의 부정은 $\sim p$: $x^2-5x-24 \leq 0$이므로
$(x+3)(x-8) \leq 0$ $\therefore -3 \leq x \leq 8$
조건 q : $x^2-(a+b)x+ab \leq 0$에서 $(x-a)(x-b) \leq 0$
$\therefore a \leq x \leq b$
두 조건 p, q의 진리집합을 각각 P, Q라 하면
$P^C=\{x|-3 \leq x \leq 8\}$, $Q=\{x|a \leq x \leq b\}$
조건 $\sim p$의 진리집합은 P^C

STEP B   **$P^C \subset Q$가 되도록 하는 a, b의 값의 범위 구하기**

명제 $\sim p \longrightarrow q$가 참이 되려면 $P^C \subset Q$이어야 하므로
이를 수직선에 나타내면 아래 그림과 같다.

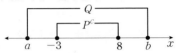

즉 $a \leq -3$, $8 \leq b$
따라서 a의 최댓값은 -3, b의 최솟값은 8이므로 그 합은 $-3+8=5$

실수 x에 대한 두 조건 p, q가 다음과 같다.

$$p : a \leq x \leq 2a+6, \quad q : x^2-3x+2>0$$

명제 $\sim q \longrightarrow p$가 참이 되도록 하는 정수 a의 개수는?

① 1   ② 2   ③ 3
④ 4   ⑤ 5

STEP A   **두 조건 p, $\sim q$의 진리집합 구하기**

조건 q : $x^2-3x+2>0$의 부정은 $\sim q$: $x^2-3x+2 \leq 0$이므로
$(x-1)(x-2) \leq 0$ $\therefore 1 \leq x \leq 2$
두 조건 p, q의 진리집합을 각각 P, Q라 하면
$P=\{x|a \leq x \leq 2a+6\}$, $Q^C=\{x|1 \leq x \leq 2\}$
조건 $\sim q$의 진리집합은 Q^C

STEP B   **$Q^C \subset P$가 되도록 하는 a의 값의 범위 구하기**

명제 $\sim q \longrightarrow p$가 참이 되려면 $Q^C \subset P$이어야 하므로
이를 수직선에 나타내면 아래 그림과 같다.

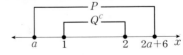

즉 $a \leq 1$, $2 \leq 2a+6$이므로 $-2 \leq a \leq 1$
따라서 정수 a는 -2, -1, 0, 1이므로 그 개수는 4

정답 ④

1031

정답 ③

STEP A   **두 조건 p, $\sim q$의 진리집합 구하기**

조건 q : $a-7<x \leq 3a$의 부정은 $\sim q$: $x \leq a-7$ 또는 $x>3a$
두 조건 p, q의 진리집합을 각각 P, Q라 하면
$P=\{x|x<0$ 또는 $x \geq 6\}$, $Q^C=\{x|x \leq a-7$ 또는 $x>3a\}$
조건 $\sim q$의 진리집합은 Q^C

STEP B   **$Q^C \subset P$가 되도록 하는 a의 값의 범위 구하기**

명제 $\sim q \longrightarrow p$가 참이 되려면 $Q^C \subset P$이어야 하므로
이를 수직선에 나타내면 다음 그림과 같다.

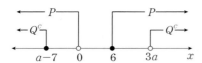

즉 $a-7 < 0$, $6 \le 3a$이므로 $2 \le a < 7$

따라서 정수 a는 2, 3, 4, 5, 6이므로 그 합은 $2+3+4+5+6=20$

1032

정답 ②

STEP Ⓐ 세 조건 p, q, $\sim r$의 진리집합 구하기

조건 $r : x \le b$의 부정은 $\sim r : x > b$

세 조건 p, q, r의 진리집합을 각각 P, Q, R이라 하면

$P=\{x \mid 0 < x \le 5\}$, $Q=\{x \mid -3 \le x \le a\}$, $\underline{R^c=\{x \mid x > b\}}$
조건 $\sim r$의 진리집합은 R^c

STEP Ⓑ $P \subset Q$, $Q \subset R^c$이 되도록 하는 a, b의 값의 범위 구하기

명제 $p \longrightarrow q$, $q \longrightarrow \sim r$이 모두 참이 되려면 $P \subset Q$, $Q \subset R^c$

즉 $P \subset Q \subset R^c$이어야 하므로 이를 수직선에 나타내면 아래 그림과 같다.

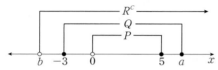

$\therefore a \ge 5$, $b < -3$

따라서 정수 a의 최솟값은 5, 정수 b의 최댓값은 -4이므로 그 합은

$5+(-4)=1$

내/신/연/계/ 출제문항 528

세 조건 p, q, r이 $p : x < a$, $q : x > 5$, $r : -3 < x \le -1$ 또는 $x \ge b$일 때, 명제 $\sim p \longrightarrow q$와 명제 $q \longrightarrow r$이 모두 참이 되도록 하는 정수 a의 최솟값과 정수 b의 최댓값의 곱을 구하시오. (단, $b > -1$)

STEP Ⓐ 세 조건 $\sim p$, q, r의 진리집합 구하기

조건 $p : x < a$의 부정은 $\sim p : x \ge a$

세 조건 p, q, r의 진리집합을 각각 P, Q, R이라 하면

$P^c=\{x \mid x \ge a\}$, $Q=\{x \mid x > 5\}$, $R=\{x \mid -3 < x \le -1$ 또는 $x \ge b\}$
조건 $\sim p$의 진리집합은 P^c

STEP Ⓑ $P^c \subset Q$, $Q \subset R$이 되도록 하는 a, b의 값의 범위 구하기

명제 $\sim p \longrightarrow q$, $q \longrightarrow r$이 모두 참이 되려면 $P^c \subset Q$, $Q \subset R$

즉 $P^c \subset Q \subset R$이어야 하므로 이를 수직선에 나타내면 아래 그림과 같다.

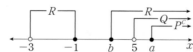

$\therefore a > 5$, $b \le 5$

따라서 정수 a의 최솟값은 6, 정수 b의 최댓값은 5이므로 그 곱은 $6 \times 5 = 30$

정답 30

1033

정답 4

STEP Ⓐ $Q \subset P$가 되도록 하는 a의 값 구하기

명제 $q \longrightarrow p$가 참이 되려면 $Q \subset P$,

즉 $\{a+3\} \subset \{-1, 0, 1\}$이어야 하므로

$a+3=-1$ 또는 $a+3=0$ 또는 $a+3=1$

$\therefore a=-4$ 또는 $a=-3$ 또는 $a=-2$ ······ ㉠

STEP Ⓑ $P \subset R^c$이 되도록 하는 a의 값 구하기

명제 $p \longrightarrow \sim r$이 참이 되려면 $P \subset R^c$,

즉 $\{-1, 0, 1\} \subset \{2, 4, 2a+7\}^c$이어야 하므로

$2a+7 \ne -1$, $2a+7 \ne 0$, $2a+7 \ne 1$

$\therefore a \ne -4$, $a \ne -\dfrac{7}{2}$, $a \ne -3$ ······ ㉡

㉠, ㉡에서 a의 값은 -2이므로 $a^2=(-2)^2=4$

1034

  정답 ②

STEP Ⓐ $P \subset Q$, $Q \subset R$이 되도록 하는 a의 값의 범위 구하기

세 조건 p, q, r의 진리집합을 각각 P, Q, R이라 하자.

명제 $p \longrightarrow q$, $q \longrightarrow r$이 모두 참이 되려면 $P \subset Q$, $Q \subset R$이어야 한다.

$P \subset Q$에서 $5-a \le 4$ $\therefore a \ge 1$ ······ ㉠

즉 a가 양수이므로

$R=\{x \mid (x-a)(x+a) > 0\} = \{x \mid x < -a$ 또는 $x > a\}$
이차부등식 $(x-a)(x-b) > 0 (a < b)$의 해는 $x < a$ 또는 $x > b$

$Q \subset R$에서 $a \le 5-a$ $\therefore a \le \dfrac{5}{2}$ ······ ㉡

㉠, ㉡을 동시에 만족시키는 a의 값의 범위는 $1 \le a \le \dfrac{5}{2}$

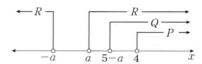

STEP Ⓑ 실수 a의 최댓값과 최솟값의 합 구하기

따라서 실수 a의 최댓값은 $\dfrac{5}{2}$, 최솟값은 1이므로 그 합은 $\dfrac{5}{2}+1=\dfrac{7}{2}$

내/신/연/계/ 출제문항 529

세 조건 p, q, r이 $p : x^2 \le 9$, $q : -5 \le x \le a$, $r : x \ge b$일 때, 명제 $p \longrightarrow q$와 명제 $q \longrightarrow r$이 참이 되도록 하는 상수 a의 최솟값과 상수 b의 최댓값의 곱은?

① -20 ② -15 ③ -10
④ -9 ⑤ -8

STEP Ⓐ 세 조건 p, q, r의 진리집합 구하기

조건 $p : x^2 \le 9$에서 $(x+3)(x-3) \le 0$

$\therefore -3 \le x \le 3$

세 조건 p, q, r의 진리집합을 각각 P, Q, R이라 하면

$P=\{x \mid -3 \le x \le 3\}$, $Q=\{x \mid -5 \le x \le a\}$, $R=\{x \mid x \ge b\}$

STEP Ⓑ $P \subset Q$, $Q \subset R$이 되도록 하는 a, b의 값의 범위 구하기

명제 $p \longrightarrow q$, $q \longrightarrow r$이 모두 참이 되려면 $P \subset Q$, $Q \subset R$

즉 $P \subset Q \subset R$이어야 하므로 이를 수직선에 나타내면 아래 그림과 같다.

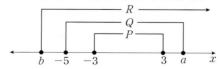

$\therefore b \le -5$, $3 \le a$

따라서 a의 최솟값은 3, b의 최댓값은 -5이므로 그 곱은 $3 \times (-5)=-15$

정답 ②

1035

STEP Ⓐ 두 조건 p, q의 진리집합 구하기

조건 q : $|x-2| \leq a$에서 $-a \leq x-2 \leq a$

$\therefore -a+2 \leq x \leq a+2$

두 조건 p, q의 진리집합을 각각 P, Q라 하면

$P=\{x|-4 \leq x \leq 6\}$, $Q=\{x|-a+2 \leq x \leq a+2\}$

STEP Ⓑ $P \subset Q$가 되도록 하는 a의 값의 범위 구하기

명제 $p \longrightarrow q$가 참이 되려면 $P \subset Q$

이어야 하므로 이를 수직선에 나타내면 다음 그림과 같다.

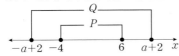

즉 $-a+2 \leq -4$, $a+2 \geq 6$이므로 $a \geq 6$

따라서 자연수 a의 최솟값은 6

1036

STEP Ⓐ 두 조건 p, q의 진리집합 구하기

조건 p : $|x-a| \leq 1$에서 $-1 \leq x-a \leq 1$

$\therefore a-1 \leq x \leq a+1$

조건 q : $|x-2| \leq 3$에서 $-3 \leq x-2 \leq 3$

$\therefore -1 \leq x \leq 5$

두 조건 p, q의 진리집합을 각각 P, Q라 하면

$P=\{x|a-1 \leq x \leq a+1\}$, $Q=\{x|-1 \leq x \leq 5\}$

STEP Ⓑ $P \subset Q$가 되도록 하는 a의 값의 범위 구하기

명제 $p \longrightarrow q$가 참이 되려면 $P \subset Q$

이어야 하므로 이를 수직선에 나타내면

오른쪽 그림과 같다.

즉 $a-1 \geq -1$, $a+1 \leq 5$이므로

$0 \leq a \leq 4$

따라서 a의 최댓값은 4

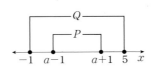

실수 x에 대한 두 조건 p, q가 p : $|x-1|<a$, q : $|x+2|<5$일 때, 명제 'p이면 q이다.'가 참이 되도록 하는 양수 a의 최댓값은?

① 1   ② 2   ③ 3

④ 4   ⑤ 5

STEP Ⓐ 두 조건 p, q의 진리집합 구하기

조건 p : $|x-1|<a$에서 $-a<x-1<a$

$\therefore 1-a<x<1+a$

조건 q : $|x+2|<5$에서 $-5<x+2<5$

$\therefore -7<x<3$

두 조건 p, q의 진리집합을 각각 P, Q라 하면

$P=\{x|1-a<x<1+a\}$, $Q=\{x|-7<x<3\}$

STEP Ⓑ $P \subset Q$가 되도록 하는 a의 값의 범위 구하기

명제 $p \longrightarrow q$가 참이 되려면 $P \subset Q$

이어야 하므로 이를 수직선에 나타내면

오른쪽 그림과 같다.

즉 $-7 \leq 1-a$, $1+a \leq 3$이므로 $a \leq 2$

따라서 a의 최댓값은 2

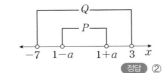

1037

STEP Ⓐ 두 조건 p, q의 진리집합 구하기

조건 p : $|x+2|>9$에서 $x+2<-9$ 또는 $x+2>9$

$\therefore x<-11$ 또는 $x>7$

조건 q : $|x-3|>n$에서 $x-3<-n$ 또는 $x-3>n$

$\therefore x<-n+3$ 또는 $x>n+3$

두 조건 p, q의 진리집합을 각각 P, Q라 하면

$P=\{x|x<-11$ 또는 $x>7\}$, $Q=\{x|x<-n+3$ 또는 $x>n+3\}$

STEP Ⓑ $P \subset Q$가 되도록 하는 n의 값의 범위 구하기

명제 $p \longrightarrow q$가 참이 되려면 $P \subset Q$이어야 하므로 이를 수직선에 나타내면 아래 그림과 같다.

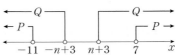

즉 $-11 \leq -n+3$, $n+3 \leq 7$이므로 $n \leq 4$

$\therefore 0<n \leq 4 (\because n>0)$

따라서 자연수 n은 1, 2, 3, 4이므로 그 개수는 4

두 조건 p : $|x-2| \leq k$, q : $-3 \leq x \leq 7$에 대하여 명제 $p \longrightarrow q$가 참이 되도록 하는 자연수 k의 개수는?

① 2   ② 3   ③ 4

④ 5   ⑤ 6

STEP Ⓐ 두 조건 p, q의 진리집합 구하기

$|x-2| \leq k$에서 $-k+2 \leq x \leq k+2$

두 조건 p, q의 진리집합을 각각 P, Q라 하면

$P=\{x|-k+2 \leq x \leq k+2\}$, $Q=\{x|-3 \leq x \leq 7\}$

STEP Ⓑ $P \subset Q$가 되도록 하는 k의 범위 구하기

명제 $p \longrightarrow q$가 참이 되려면 $P \subset Q$

이어야 한다.

오른쪽 그림에서 $-3 \leq -k+2$, $k+2 \leq 7$

$\therefore 0<k \leq 5 (\because k>0)$

따라서 자연수 k는 1, 2, 3, 4, 5이므로

자연수 k의 개수는 5

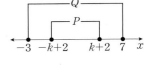

1038

STEP Ⓐ 두 조건 $\sim p$, q의 진리집합 구하기

조건 p : $x<3$ 또는 $x \geq 4$의 부정은 $\sim p$: $3 \leq x<4$

조건 q : $|x-a| \leq 2$에서 $-2 \leq x-a \leq 2$

$\therefore a-2 \leq x \leq a+2$

두 조건 p, q의 진리집합을 각각 P, Q라 하면

$P^c=\{x|3 \leq x<4\}$, $Q=\{x|a-2 \leq x \leq a+2\}$

<small>조건 $\sim p$의 진리집합은 P^c</small>

STEP Ⓑ $P^c \subset Q$가 되도록 하는 a의 값의 범위 구하기

명제 $\sim p \longrightarrow q$가 참이 되려면 $P^c \subset Q$

이어야 하므로 이를 수직선에 나타내면

오른쪽 그림과 같다.

즉 $a-2 \leq 3$, $4 \leq a+2$이므로 $2 \leq a \leq 5$

따라서 자연수 a는 2, 3, 4, 5이므로 그 개수는 4

1039

정답 36

STEP A 명제 $p \longrightarrow q$가 참이 되도록 하는 상수 b의 값 구하기

두 조건 p, q의 진리집합을 각각 P, Q라 하자.

명제 $p \longrightarrow q$가 참이 되려면 $P \subset Q$이어야 한다. …… ㉠

조건 p에서 $f(x)=x^3-(a-3)x^2+ax-4$로 놓으면

$f(1)=0$이므로 조립제법을 이용하여

$f(x)$를 인수분해하면

$(x-1)\{x^2-(a-4)x+4\}=0$

$x=1$ 또는 $x^2-(a-4)x+4=0$

이므로 $1 \in P$

$$
\begin{array}{r|rrrr}
1 & 1 & -a+3 & a & -4 \\
  &   & 1 & -a+4 & 4 \\
\hline
  & 1 & -a+4 & 4 & 0
\end{array}
$$

이때 ㉠에서 $1 \in Q$이므로 $|2x-3|=b$에 $x=1$을 대입하면

$b=|2 \times 1-3|=1$

STEP B $P \subset Q$가 되도록 하는 a의 값의 범위 구하기

조건 q : $|2x-3|=1$에서

$2x-3=1$ 또는 $2x-3=-1$, $x=2$ 또는 $x=1$이므로 $Q=\{1, 2\}$

즉 ㉠을 만족시키려면 이차방정식 $x^2-(a-4)x+4=0$ …… ㉡

의 실근의 집합은 집합 $\{1, 2\}$의 부분집합이어야 한다.

(i) ㉡이 $x=1$과 $x=2$를 근으로 가질 때,

근과 계수의 관계에 의하여

(두 근의 곱)$=4 \neq 1 \times 2$이므로 이러한 경우는 존재하지 않는다.

(ii) ㉡이 $x=1$을 중근으로 가질 때,

근과 계수의 관계에 의하여

(두 근의 곱)$=4 \neq 1 \times 1$이므로 이러한 경우는 존재하지 않는다.

(iii) ㉡이 $x=2$를 중근으로 가질 때,

근과 계수의 관계에 의하여

(두 근의 합)$=a-4=2+2$,

(두 근의 곱)$=4=2 \times 2$이므로 $a=8$

(iv) ㉡이 실근을 가지지 않을 때,

㉡의 판별식을 D라 하면 $D<0$이어야 하므로

$D=(a-4)^2-16<0$, $a^2-8a<0$, $a(a-8)<0$

$\therefore 0<a<8$

(i)~(iv)에서 $0<a \le 8$

STEP C 모든 정수 a의 값의 합 구하기

따라서 정수 a는 1, 2, 3, 4, 5, 6, 7, 8이므로 그 합은

$1+2+3+4+5+6+7+8=36$

1040

2018년 03월 고2 학력평가 나형 11번 · 정답 ③

해설강의

STEP A 두 조건 p, $\sim q$의 진리집합 구하기

조건 p : $|x-a| \le 1$에서 $-1 \le x-a \le 1$

$\therefore a-1 \le x \le a+1$

조건 q : $x^2-2x-8>0$의 부정은 $\sim q$: $x^2-2x-8 \le 0$이므로

$(x+2)(x-4) \le 0$ $\therefore -2 \le x \le 4$

두 조건 p, q의 진리집합을 각각 P, Q라 하면

$P=\{x|a-1 \le x \le a+1\}$, $Q^C=\{x|-2 \le x \le 4\}$
　　　　　　　　　　　　조건 $\sim q$의 진리집합은 Q^C

STEP B $P \subset Q^C$이 되도록 하는 a의 값의 범위 구하기

명제 $p \longrightarrow \sim q$가 참이 되려면 $P \subset Q^C$

이어야 하므로 이를 수직선에 나타내면

오른쪽 그림과 같다.

즉 $-2 \le a-1$, $a+1 \le 4$이므로

$-1 \le a \le 3$

따라서 실수 a의 최댓값은 3

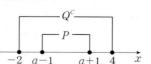

내/신/연/계/ 출제문항 532

실수 x에 대한 두 조건 p : $|x-a| \le 5$, q : $x^2-64>0$에 대하여

명제 $p \longrightarrow \sim q$가 참이 되도록 하는 실수 a의 최댓값을 구하시오.

STEP A 두 조건 p, $\sim q$의 진리집합 구하기

조건 p에서 $|x-a| \le 5$이므로 $-5 \le x-a \le 5$

$\therefore a-5 \le x \le a+5$

조건 q : $x^2-64>0$의 부정은 $\sim q$: $x^2-64 \le 0$이므로 $(x+8)(x-8) \le 0$

$\therefore -8 \le x \le 8$

두 조건 p, q의 진리집합을 각각 P, Q라 하면

$P=\{x|a-5 \le x \le a+5\}$, $Q^C=\{x|-8 \le x \le 8\}$
　　　　　　　　　　　　조건 $\sim q$의 진리집합은 Q^C

STEP B $P \subset Q^C$이 되도록 하는 a의 값의 범위 구하기

명제 $p \longrightarrow \sim q$가 참이 되려면 $P \subset Q^C$

이어야 하므로 이를 수직선에 나타내면

오른쪽 그림과 같다.

즉 $-8 \le a-5$, $a+5 \le 8$이므로

$-3 \le a \le 3$

따라서 실수 a의 최댓값은 3

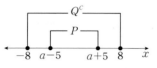

정답 3

1041

정답 ⑤

STEP A 진리집합과 명제의 관계 이해하기

공집합이 아닌 전체집합 U에서의 두 조건 p, q의 진리집합이 각각 P, Q이므로

ㄱ. $P \subset Q$이면 명제 $p \longrightarrow q$는 참이다.

ㄴ. $P=U$이면 '모든 x에 대하여 p이다.'는 참이다.

ㄷ. $P \neq \varnothing$이면 '어떤 x에 대하여 p이다.'는 참이다.

ㄹ. $P=\varnothing$이면 '어떤 x에 대하여 p이다.'는 거짓이다.

따라서 옳은 것은 ㄱ, ㄴ, ㄷ, ㄹ이다.

1042

정답 ③

STEP A 주어진 명제의 참, 거짓 판단하기

① $x=1, 2, 3, 4, 5$일 때, $x+4=5, 6, 7, 8, 9$

즉 모든 x에 대하여 $x+4<10$ [참]

② $x=1$일 때, $x^2-1=0$ [참]

③ 반례 $x=5$, $y=5$일 때, $x^2+y^2=50$ [거짓]

④ $x=5$, $y=1$일 때, $x^2-2y=23$이므로 $x^2-2y>10$ [참]

⑤ $x=3$, $y=1$일 때, $x^2+y^2=10$이므로 $x^2+y^2=10$ [참]

따라서 거짓인 명제는 ③이다.

1043

정답 ⑤

STEP A '모든' 또는 '어떤'이 들어 있는 명제 부정하기

ㄱ. 명제 '어떤 실수 x에 대하여 $x^2-6x+2<0$이다.'의 부정은

'모든 실수 x에 대하여 $x^2-6x+2 \ge 0$이다.'이다. [참]

ㄴ. '모든'의 부정은 '어떤', '스마트폰을 가지고 있다.'의 부정은

'스마트폰을 가지고 있지 않다.'이므로 주어진 명제의 부정은

'어떤 학생은 스마트폰을 가지고 있지 않다.'

또는 '스마트폰을 갖지 않은 학생도 있다.'이다. [참]

ㄷ. 명제 '$x \ge 4$인 모든 x에 대하여 $x^2 \ge 16$'의 부정은

'$x \ge 4$인 어떤 x에 대하여 $x^2<16$'이다. [참]

따라서 옳은 것은 ㄱ, ㄴ, ㄷ이다.

다음 [보기]에서 옳은 것만을 있는 대로 고른 것은?

> ㄱ. 명제 '어떤 실수 x에 대하여 $x^2+1 \le 0$이다.'의 부정은
> '모든 실수 x에 대하여 $x^2+1 > 0$이다.'이다.
> ㄴ. 명제 '어떤 홀수 n에 대하여 n^2은 짝수이다.'의 부정은
> '모든 홀수 n에 대하여 n^2은 홀수이다.'이다.
> ㄷ. 명제 '$x \ge 3$인 모든 x에 대하여 $x^2 \ge 9$'의 부정은
> '$x \ge 3$인 어떤 x에 대하여 $x^2 \le 9$'이다.

① ㄱ 　②　ㄴ 　③　ㄱ, ㄴ
④ ㄱ, ㄷ 　⑤　ㄱ, ㄴ, ㄷ

STEP Ⓐ '모든' 또는 '어떤'이 들어 있는 명제 부정하기

ㄱ. 명제 '어떤 실수 x에 대하여 $x^2+1 \le 0$이다.'의 부정은
'모든 실수 x에 대하여 $x^2+1 > 0$이다.'이다. [참]

ㄴ. 명제 '어떤 홀수 n에 대하여 n^2은 짝수이다.'의 부정은
'모든 홀수 n에 대하여 n^2은 홀수이다.'이다. [참]

ㄷ. 명제 '$x \ge 3$인 모든 x에 대하여 $x^2 \ge 9$'의 부정은
'$x \ge 3$인 어떤 x에 대하여 $x^2 < 9$'이다. [거짓]

따라서 옳은 것은 ㄱ, ㄴ이다. 　정답 ③

1044 　정답 ②

STEP Ⓐ '모든'이 들어 있는 명제 부정하기

명제 '모든 실수 x에 대하여 $x^2-x+1 > 3$이다.'의 부정은
'어떤 실수 x에 대하여 $x^2-x+1 \le 3$이다.'

STEP Ⓑ 부정의 참, 거짓 판단하기

$x^2-x+1 \le 3$에서 $x^2-x-2 \le 0$, $(x+1)(x-2) \le 0$이므로
$-1 \le x \le 2$인 x에 대하여 $x^2-x+1 \le 3$이 성립한다.
따라서 주어진 명제의 부정은 참이다.

1045 　정답 ④

STEP Ⓐ 부정이 참이 되기 위한 집합 X의 조건 파악하기

조건 $x^2-7x+12=0$, $(x-3)(x-4)=0$의 진리집합은 $\{3, 4\}$이다.
명제 '집합 X의 모든 원소 x에 대하여 $x^2-7x+12=0$이다.'의 부정은
'집합 X의 어떤 원소 x에 대하여 $x^2-7x+12 \ne 0$이다.'가 참이 되려면
집합 X는 1, 2, 5, 6 중 적어도 하나를 원소로 갖는 집합이어야 한다.

STEP Ⓑ 집합 X의 개수 구하기

이때 전체집합 U의 모든 부분집합의 개수는 $2^6=64$
U의 부분집합 중 1, 2, 5, 6을 모두 원소로 갖지 않는 부분집합의 개수는
$2^{6-4}=4$
따라서 집합 X의 개수는 $64-4=60$

전체집합 $U=\{-2, -1, 0, 1, 2, 3, 4\}$의 공집합이 아닌 부분집합 X에
대하여 명제 '집합 X의 모든 원소 x에 대하여 $x^3-2x^2-x+2=0$이다.'
의 부정이 참이 되도록 하는 집합 X의 개수를 구하시오.

STEP Ⓐ 부정이 참이 되기 위한 집합 X의 조건 파악하기

조건 $x^3-2x^2-x+2=0$에서 $x^2(x-2)-(x-2)=0$,
$(x^2-1)(x-2)=0$, $(x+1)(x-1)(x-2)=0$의 진리집합은 $\{-1, 1, 2\}$이다.
명제 '집합 X의 모든 원소 x에 대하여 $x^3-2x^2-x+2=0$이다.'의 부정은
'집합 X의 어떤 원소 x에 대하여 $x^3-2x^2-x+2 \ne 0$이다.'가 참이 되려면
집합 X는 -2, 0, 3, 4 중 적어도 하나를 원소로 갖는 집합이어야 한다.

STEP Ⓑ 집합 X의 개수 구하기

이때 전체집합 U의 모든 부분집합의 개수는 $2^7=128$
U의 부분집합 중 -2, 0, 3, 4를 모두 원소로 갖지 않는 부분집합의 개수는
$2^{7-4}=8$
따라서 집합 X의 개수는 $128-8=120$ 　정답 120

1046 　정답 ③

STEP Ⓐ 조건을 만족시키는 집합 A의 조건 파악하기

명제 '집합 $\{1, 2, 3, 4, 5\}$의 어떤 원소 x에 대하여 $x \in A$이다.'가 거짓이므로
주어진 명제의 부정은
'집합 $\{1, 2, 3, 4, 5\}$의 모든 원소 x에 대하여 $x \notin A$이다.'는 참이다.
즉 집합 $\{1, 2, 3, 4, 5\}$와 집합 A는 서로소이므로
집합 A는 집합 $\{6, 7, 8, 9, 10\}$의 공집합이 아닌 부분집합이다.

STEP Ⓑ 집합 A의 개수 구하기

따라서 구하는 집합 A의 개수는 $2^5-1=31$

1047 　정답 ④

STEP Ⓐ 주어진 명제를 이용하여 집합 사이의 관계 구하기

명제 (가)에서 어떤 $x \in C$에 대하여 $x \notin A$이므로
집합 C의 원소이지만 집합 A의 원소는 아닌 것이 존재한다.
즉 $C-A \ne \varnothing$이므로 $C \not\subset A$
명제 (나)에서 모든 $x \in A$에 대하여 $x \notin B$이므로
집합 A의 원소 중 집합 B의 원소가 존재하지 않는다.
즉 $A \cap B = \varnothing$이므로 두 집합 A, B는 서로소이다.
따라서 세 집합 A, B, C를 벤 다이어그램으로
가장 적절하게 나타낸 것은 ④이다.

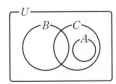

두 명제 (가), (나)만으로는 두 집합 B, C 사이의 관계를
알 수 없으므로 가장 적절하게 나타낸 것을 구한다.

POINT | '모든' 또는 '어떤'을 포함한 명제와 벤 다이어그램

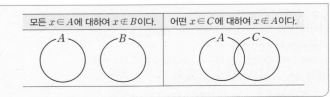

모든 $x \in A$에 대하여 $x \notin B$이다.	어떤 $x \in C$에 대하여 $x \notin A$이다.

전체집합 U의 공집합이 아닌 세 부분집합 A, B, C에 대하여 다음은 A, B, C의 관계를 나타낸 명제이다.

(가) 모든 $x \in A$에 대하여 $x \notin C$이다.
(나) 어떤 $x \in B$에 대하여 $x \notin A$이다.

세 집합 A, B, C의 포함 관계를 나타낸 다음 벤 다이어그램 중 위의 두 명제가 항상 참이 되도록 하는 것은?

① 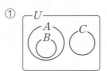 ② 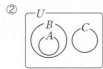 ③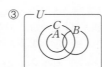

④ 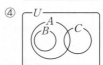 ⑤

STEP Ⓐ 주어진 명제를 이용하여 집합 사이의 관계 구하기

명제 (가)에서 모든 $x \in A$에 대하여 $x \notin C$이므로
집합 A의 원소 중 집합 C의 원소가 존재하지 않는다.
즉 $A \cap C = \varnothing$이므로 두 집합 A, C는 서로소이다.
명제 (나)에서 어떤 $x \in B$에 대하여 $x \notin A$이므로
집합 B의 원소이지만 집합 A의 원소는 아닌 것이 존재한다.
즉 $B - A \neq \varnothing$이므로 $B \not\subset A$
따라서 세 집합 A, B, C를 벤 다이어그램으로
가장 적절하게 나타낸 것은 ②이다.

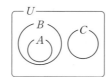

두 명제 (가), (나)만으로는 두 집합 B, C 사이의 관계를
알 수 없으므로 가장 적절하게 나타낸 것을 구한다.

정답 ②

1048 2015년 09월 고1 학력평가 25번 정답 12

STEP Ⓐ 주어진 명제가 참이 되도록 하는 조건을 파악하고 각 경우의 집합 P의 개수 구하기

주어진 명제
'집합 P의 어떤 원소 x에 대하여 x는 3의 배수이다.' 가 참이 되려면
집합 P는 적어도 하나의 3의 배수를 원소로 가져야 한다.

(ⅰ) $\{3\} \subset P \subset \{1, 2, 3, 6\}$인 경우 집합 P의 개수는 $2^{4-1} = 2^3 = 8$
(ⅱ) $\{6\} \subset P \subset \{1, 2, 3, 6\}$인 경우 집합 P의 개수는 $2^{4-1} = 2^3 = 8$
(ⅲ) $\{3, 6\} \subset P \subset \{1, 2, 3, 6\}$인 경우 집합 P의 개수는 $2^{4-2} = 2^2 = 4$

STEP Ⓑ 조건을 만족하는 집합 P의 개수 구하기

(ⅰ)~(ⅲ)에 의하여 구하는 집합 P의 개수는
$8 + 8 - 4 = 12$

mini해설 | 적어도 하나를 포함하는 부분집합의 개수를 이용하여 풀이하기

주어진 명제
'집합 P의 어떤 원소 x에 대하여 x는 3의 배수이다.' 가 참이 되려면
집합 P는 적어도 하나의 3의 배수를 원소로 가져야 한다.

즉 구하는 집합 P의 개수는 전체집합 U의 부분집합의 개수에서
3, 6을 제외한 부분집합의 개수를 뺀 것과 같다.
따라서 구하는 집합 P의 개수는 $2^4 - 2^{4-2} = 16 - 4 = 12$

집합 $A = \{a_1, a_2, a_3, \cdots, a_n\}$에 대하여 원소 a_1, a_2, a_3, $\cdots$, a_k 중 적어도 하나를
포함하는 부분집합의 개수
➡ 특정한 원소 k개 중 적어도 한 개를 원소로 갖는 부분집합의 개수
➡ (전체 부분집합의 개수)−(특정한 원소 k개를 제외한 집합의 부분집합의 개수)
➡ $2^n - 2^{n-k}$개

집합 $U = \{1, 2, 3, 4, 5, 6\}$의 공집합이 아닌 부분집합 P에 대하여
명제 '집합 P의 어떤 원소 x에 대하여 $x^2 - 9x + 18 = 0$이다.'가 참이
되도록 하는 집합 P의 개수를 구하시오.

STEP Ⓐ 주어진 명제가 참이 되도록 하는 조건을 파악하고 각 경우의 집합 P의 개수 구하기

주어진 명제
'집합 P의 어떤 원소 x에 대하여 $x^2 - 9x + 18 = 0$이다.' 가 참이 되려면
집합 P는 $x^2 - 9x + 18 = 0$의 근인 3 또는 6을 원소로 가져야 한다.
$(x-3)(x-6) = 0$ ∴ $x = 3$ 또는 $x = 6$
(ⅰ) $\{3\} \subset P \subset \{1, 2, 3, 4, 5, 6\}$인 경우 집합 P의 개수는 $2^{6-1} = 2^5 = 32$
(ⅱ) $\{6\} \subset P \subset \{1, 2, 3, 4, 5, 6\}$인 경우 집합 P의 개수는 $2^{6-1} = 2^5 = 32$
(ⅲ) $\{3, 6\} \subset P \subset \{1, 2, 3, 4, 5, 6\}$인 경우 집합 P의 개수는 $2^{6-2} = 2^4 = 16$

STEP Ⓑ 조건을 만족하는 집합 P의 개수 구하기

(ⅰ)~(ⅲ)에 의하여 구하는 집합 P의 개수는
$32 + 32 - 16 = 48$

mini해설 | 적어도 하나를 포함하는 부분집합의 개수를 이용하여 풀이하기

주어진 명제
'집합 P의 어떤 원소 x에 대하여 $x^2 - 9x + 18 = 0$이다.'가 참이 되려면
집합 P는 $x^2 - 9x + 18 = 0$의 근인 3 또는 6을 원소로 가져야 한다.
즉 구하는 집합 P의 개수는 전체집합 U의 부분집합의 개수에서
3, 6을 제외한 부분집합의 개수를 뺀 것과 같다.
따라서 구하는 집합 P의 개수는 $2^6 - 2^{6-2} = 64 - 16 = 48$

정답 48

1049 정답 9

STEP Ⓐ 주어진 명제가 참이 되도록 하는 a의 값의 범위 구하기

$|x + a| \leq 1$에서 $-1 - a \leq x \leq 1 - a$이므로
$|x + a| \leq 1$인 모든 실수 x에 대하여 $-5 < x \leq 6$이 성립하도록 수직선 위에
나타내면 다음 그림과 같다.

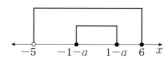

즉 $-5 < -1 - a$, $1 - a \leq 6$이므로 $-5 \leq a < 4$
따라서 정수 a는 -5, -4, -3, -2, -1, 0, 1, 2, 3이므로 그 개수는 9

1050

정답 ④

STEP A 주어진 명제가 참이 되도록 하는 k의 값의 범위 구하기

모든 양수 x에 대하여 $x-k+7>0$
이므로 $x>0$인 모든 실수 x에 대하여
$x>k-7$이 성립하도록 수직선 위에
나타내면 오른쪽 그림과 같다.

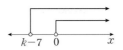

즉 $k-7\leq 0$이므로 $k\leq 7$
따라서 자연수 k의 최댓값은 7

내/신/연/계 출제문항 537

명제
　　'모든 양수 x에 대하여 $x-2a+10>0$이다.'
가 참이 되도록 하는 자연수 a의 개수를 구하시오.

STEP A 주어진 명제가 참이 되도록 하는 a의 값의 범위 구하기

모든 양수 x에 대하여 $x-2a+10>0$
이므로 $x>0$인 모든 실수 x에 대하여
$x>2a-10$이 성립하도록 수직선 위에
나타내면 오른쪽 그림과 같다.

즉 $2a-10\leq 0$이므로 $a\leq 5$
따라서 자연수 a는 1, 2, 3, 4, 5이므로
그 개수는 5

정답 5

1051

정답 ⑤

STEP A 주어진 명제가 참이 되도록 하는 k의 값의 범위 구하기

명제 '모든 실수 x에 대하여 $x^2-2kx+7k-6\geq 0$'이 참이 되기 위해서는

> 모든 실수 x에 대하여 $ax^2+bx+c\geq 0$이려면
> ① $a\neq 0$일 때, $a>0$, $D=b^2-4ac\leq 0$
> ② $a=0$일 때, $b=0$, $c\geq 0$

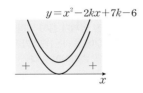

x에 대한 이차방정식 $x^2-2kx+7k-6=0$
의 판별식을 D라 하면 $D\leq 0$이어야 한다.
$\frac{D}{4}=(-k)^2-(7k-6)\leq 0$, $k^2-7k+6\leq 0$
$(k-1)(k-6)\leq 0$
$\therefore 1\leq k\leq 6$
따라서 실수 k의 최댓값은 6

+α 함수의 최솟값을 이용하여 k의 범위를 구할 수 있어!

$f(x)=x^2-2kx+7k-6$이라 하자.
모든 실수 x에 대하여 $f(x)\geq 0$이 성립하려면
이차함수 $f(x)$의 최솟값이 0보다 크거나 같아야 한다.
$f(x)=x^2-2kx+7k-6=(x-k)^2-k^2+7k-6$
즉 함수 $f(x)$는 $x=k$일 때, 최솟값 $-k^2+7k-6$을 가지므로
$-k^2+7k-6\geq 0$, $k^2-7k+6\leq 0$, $(k-1)(k-6)\leq 0$
$\therefore 1\leq k\leq 6$

1052

정답 ④

STEP A 주어진 명제의 부정 구하기

'어떤 실수 x에 대하여 $x^2-2kx+k+6<0$이다.'의 부정은
'모든 실수 x에 대하여 $x^2-2kx+k+6\geq 0$이다.'

STEP B 주어진 명제의 부정이 참이 되도록 하는 k의 값의 범위 구하기

명제 '모든 실수 x에 대하여 $x^2-2kx+k+6\geq 0$'이 참이 되기 위해서는
x에 대한 이차방정식 $x^2-2kx+k+6=0$
의 판별식을 D라 하면 $D\leq 0$이어야 한다.

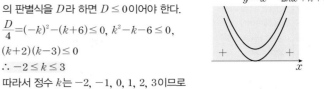

$\frac{D}{4}=(-k)^2-(k+6)\leq 0$, $k^2-k-6\leq 0$,
$(k+2)(k-3)\leq 0$
$\therefore -2\leq k\leq 3$
따라서 정수 k는 -2, -1, 0, 1, 2, 3이므로
그 개수는 6

+α 함수의 최솟값을 이용하여 k의 범위를 구할 수 있어!

$f(x)=x^2-2kx+k+6$이라 하자.
모든 실수 x에 대하여 $f(x)\geq 0$이 성립하려면
이차함수 $f(x)$의 최솟값이 0보다 크거나 같아야 한다.
$f(x)=x^2-2kx+k+6=(x-k)^2-k^2+k+6$
즉 함수 $f(x)$는 $x=k$일 때 최솟값 $-k^2+k+6$을 가지므로
$-k^2+k+6\geq 0$, $k^2-k-6\leq 0$, $(k+2)(k-3)\leq 0$
$\therefore -2\leq k\leq 3$

내/신/연/계 출제문항 538

명제
　　'어떤 실수 x에 대하여 $x^2-18x+k<0$'
의 부정이 참이 되도록 하는 상수 k의 최솟값은?

① 25　　　　② 36　　　　③ 49
④ 64　　　　⑤ 81

STEP A 주어진 명제의 부정 구하기

'어떤 실수 x에 대하여 $x^2-18x+k<0$'의 부정은
'모든 실수 x에 대하여 $x^2-18x+k\geq 0$'

STEP B 주어진 명제의 부정이 참이 되도록 하는 k의 값의 범위 구하기

명제 '모든 실수 x에 대하여 $x^2-18x+k\geq 0$'이 참이 되기 위해서는
x에 대한 이차방정식 $x^2-18x+k=0$의
판별식을 D라 하면 $D\leq 0$이어야 한다.

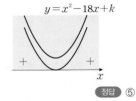

$\frac{D}{4}=(-9)^2-k\leq 0$
$\therefore k\geq 81$
따라서 k의 최솟값은 81

정답 ⑤

1053

정답 ①

STEP A 주어진 명제의 부정 구하기

주어진 명제
'모든 실수 x에 대하여 $x^2-2kx+3k>0$이다.'가 거짓이면
이 명제의 부정은 참이다.
즉 '어떤 실수 x에 대하여 $x^2-2kx+3k\leq 0$이다.'는 참이다.

STEP B 명제의 부정이 참이 되도록 하는 k의 값의 범위 구하기

명제 '어떤 실수 x에 대하여 $x^2-2kx+3k\leq 0$'이 참이 되기 위해서는
이차방정식 $x^2-2kx+3k=0$의
판별식을 D라 하면 $D\geq 0$이어야 한다.

$\frac{D}{4}=(-k)^2-3k\geq 0$,
$k(k-3)\geq 0$
$\therefore k\leq 0$ 또는 $k\geq 3$
따라서 자연수 k의 최솟값은 3

+α | 함수의 최솟값을 이용하여 k의 범위를 구할 수 있어!

> $f(x)=x^2-2kx+3k$라 하자.
> 어떤 실수 x에 대하여 $f(x)\leq 0$이려면
> 이차함수 $y=f(x)$의 최솟값이 0보다 작거나 같아야 한다.
> $f(x)=x^2-2kx+3k$
> $\quad=(x^2-2kx+k^2)-k^2+3k$
> $\quad=(x-k)^2-k^2+3k$
> 즉 함수 $f(x)$는 $x=k$일 때, 최솟값 $-k^2+3k$를 가지므로
> $-k^2+3k\leq 0$, $k^2-3k\geq 0$, $k(k-3)\geq 0$
> $\therefore k\leq 0$ 또는 $k\geq 3$

다른풀이 주어진 명제가 참이 되도록 하는 k의 값의 범위를 이용하여 풀이하기

STEP Ⓐ 주어진 명제가 참이 되도록 하는 k의 값의 범위 구하기

모든 실수 x에 대하여 $x^2-2kx+3k>0$이려면
이차방정식 $x^2-2kx+3k=0$의 판별식을 D라 할 때, $D<0$이어야 한다.
$\dfrac{D}{4}=(-k)^2-3k<0$, $k(k-3)<0$
$\therefore 0<k<3$

STEP Ⓑ 주어진 명제가 거짓이 되도록 하는 자연수 k의 최솟값 구하기

따라서 주어진 명제가 거짓이 되려면 $k\leq 0$ 또는 $k\geq 3$이어야 하므로
자연수 k의 최솟값은 3

1054

정답 ④

STEP Ⓐ 주어진 명제의 부정이 거짓이 되도록 하는 k의 값의 범위 구하기

명제 '어떤 실수 x에 대하여 $x^2-2kx+7k\leq 0$이다.'의 부정이 거짓이 되려면
이 명제는 참이어야 한다.
즉 x에 대한 이차방정식 $x^2-2kx+7k=0$
의 판별식을 D라 하면 $D\geq 0$이어야 한다.
$\dfrac{D}{4}=(-k)^2-7k\geq 0$, $k(k-7)\geq 0$
$\therefore k\leq 0$ 또는 $k\geq 7$
따라서 자연수 k의 최솟값은 7

+α | 함수의 최솟값을 이용하여 k의 범위를 구할 수 있어!

> $f(x)=x^2-2kx+7k$라 하자.
> 어떤 실수 x에 대하여 $f(x)\leq 0$이려면
> 이차함수 $y=f(x)$의 최솟값이 0보다 작거나 같아야 한다.
> $f(x)=x^2-2kx+7k$
> $\quad=(x^2-2kx+k^2)-k^2+7k$
> $\quad=(x-k)^2-k^2+7k$
> 즉 함수 $f(x)$는 $x=k$일 때, 최솟값 $-k^2+7k$를 가지므로
> $-k^2+7k\leq 0$, $k(k-7)\geq 0$
> $\therefore k\leq 0$ 또는 $k\geq 7$

1055

정답 ⑤

STEP Ⓐ 두 조건의 진리집합에 대하여 주어진 명제가 참이 되도록 하는 조건 구하기

두 조건 p, q를 $p:a\leq x<a+3$, $q:-7<x\leq 5$라 하고
두 조건 p, q의 진리집합을 각각 P, Q라 하면
$P=\{x|a\leq x<a+3\}$, $Q=\{x|-7<x\leq 5\}$
이때 주어진 명제가 참이 되려면 진리집합 P에 속하는 원소 중에서
진리집합 Q에 속하는 원소가 적어도 하나 존재해야 한다.
즉 $P\cap Q\neq\varnothing$이어야 한다.

STEP Ⓑ 수직선을 이용하여 a의 값의 범위 구하기

$P\cap Q\neq\varnothing$이 되도록 두 집합 P, Q를 수직선 위에 나타내면
다음의 두 가지 경우 중 하나이다.
(i) $a\leq -7$인 경우

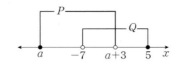

$\qquad -7<a+3$이므로 $-10<a$ $\quad\therefore -10<a\leq -7$ ······ ㉠
(ii) $a>-7$인 경우

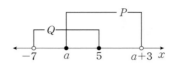

$\qquad a\leq 5$이므로 $-7<a\leq 5$ ······ ㉡
㉠, ㉡에서 a의 값의 범위는 $-10<a\leq 5$
따라서 정수 a의 값은 -9, -8, -7, $\cdots$, 3, 4, 5이므로 그 개수는
$5-(-10)=15$

내/신/연/계/ 출제문항 539

명제
> '$a\leq x\leq a+2$인 어떤 실수 x에 대하여 $-5<x\leq 3$이다.'

가 참이 되게 하는 정수 a의 개수는?

① 8 　　　　② 9 　　　　③ 10
④ 11 　　　　⑤ 12

STEP Ⓐ 두 조건의 진리집합에 대하여 주어진 명제가 참이 되도록 하는 조건 구하기

두 조건 p, q를 $p:a\leq x\leq a+2$, $q:-5<x\leq 3$라 하고
두 조건 p, q의 진리집합을 각각 P, Q라 하면
$P=\{x|a\leq x\leq a+2\}$, $Q=\{x|-5<x\leq 3\}$
이때 주어진 명제가 참이 되려면 진리집합 P에 속하는 원소 중에서
진리집합 Q에 속하는 원소가 적어도 하나 존재해야 한다.
즉 $P\cap Q\neq\varnothing$이어야 한다.

STEP Ⓑ 수직선을 이용하여 a의 값의 범위 구하기

$P\cap Q\neq\varnothing$이 되도록 두 집합 P, Q를 수직선 위에 나타내면
다음의 두 가지 경우 중 하나이다.
(i) $a\leq -5$인 경우

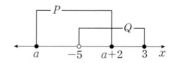

$\qquad -5<a+2$이므로 $-7<a$ $\quad\therefore -7<a\leq -5$ ······ ㉠
(ii) $a>-5$인 경우

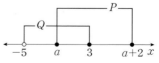

$\qquad a\leq 3$이므로 $-5<a\leq 3$ ······ ㉡
㉠, ㉡에서 a의 값의 범위는 $-7<a\leq 3$
따라서 정수 a의 값은 -6, -5, -4, -3, -2, -1, 0, 1, 2, 3이므로
그 개수는 $3-(-7)=10$ 　정답 ③

1056

STEP A 수직선을 이용하여 주어진 명제가 참이 되도록 하는 a의 값의 범위 구하기

$|x-a|<1$에서 $-1<x-a<1$ $\therefore -1+a<x<1+a$

(가) $0<x<1$인 모든 실수 x에 대하여 $|x-a|<1$이 성립하도록 수직선 위에 나타내면 다음 그림과 같다.

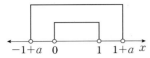

즉 $-1+a\leq 0$, $1\leq 1+a$이므로 $0\leq a\leq 1$

(나) $0<x<1$인 어떤 실수 x에 대하여 $|x-a|<1$이 성립하도록 수직선 위에 나타내면 다음 그림과 같다.

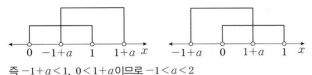

즉 $-1+a<1$, $0<1+a$이므로 $-1<a<2$

STEP B $p+q+r+s$의 값 구하기

따라서 $p=0$, $q=1$, $r=-1$, $s=2$이므로 $p+q+r+s=2$

1057
2023년 11월 고1 학력평가 25번 정답 9

STEP A 조건 p가 참인 명제가 되도록 하는 정수 k의 값 구하기

조건 p가 참인 명제가 되기 위해서는 x에 대한 이차방정식 $x^2+2kx+4k+5=0$의 판별식을 D라 하면 $D<0$이어야 한다.

$y=x^2+2kx+4k+5$

$\dfrac{D}{4}=k^2-1\times(4k+5)<0$, $k^2-4k-5<0$,

$(k+1)(k-5)<0$

$\therefore -1<k<5$ ...... ㉠

+α 함수의 최솟값을 이용하여 k의 범위를 구할 수 있어!

$f(x)=x^2+2kx+4k+5$라 하자.
모든 실수 x에 대하여 $f(x)>0$이 성립하려면 이차함수 $f(x)$의 최솟값이 0보다 커야 한다.
$f(x)=x^2+2kx+4k+5=(x+k)^2-k^2+4k+5$
즉 함수 $f(x)$는 $x=-k$일 때, 최솟값 $-k^2+4k+5$를 가지므로
$-k^2+4k+5>0$, $k^2-4k-5<0$, $(k+1)(k-5)<0$
$\therefore -1<k<5$

STEP B 조건 q가 참인 명제가 되도록 하는 정수 k의 값 구하기

어떤 실수 x에 대하여 $x^2=k-2$이므로 $k-2\geq 0$

$\therefore k\geq 2$ ...... ㉡

STEP C 두 조건 p, q가 참인 명제가 되도록 하는 정수 k의 값의 합 구하기

㉠, ㉡의 공통범위는 $2\leq k<5$
따라서 두 조건 p, q가 모두 참인 명제가 되도록 하는 정수 k의 값은 2, 3, 4 이므로 그 합은 $2+3+4=9$

정수 k에 대한 두 조건 p, q가 모두 참인 명제가 되도록 하는 모든 k의 값의 합을 구하시오.

> p : 모든 실수 x에 대하여 $x^2+2kx+5k+6>0$이다.
> q : 어떤 실수 x에 대하여 $x^2=k-3$이다.

STEP A 조건 p가 참인 명제가 되도록 하는 정수 k의 값 구하기

조건 p가 참인 명제가 되기 위해서는 x에 대한 이차방정식 $x^2+2kx+5k+6=0$의 판별식을 D라 하면 $D<0$이어야 한다.

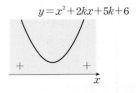
$y=x^2+2kx+5k+6$

$\dfrac{D}{4}=k^2-1\times(5k+6)<0$, $k^2-5k-6<0$,

$(k+1)(k-6)<0$ $\therefore -1<k<6$ ...... ㉠

+α 함수의 최솟값을 이용하여 k의 범위를 구할 수 있어!

$f(x)=x^2+2kx+5k+6$이라 하자.
모든 실수 x에 대하여 $f(x)>0$이 성립하려면 이차함수 $f(x)$의 최솟값이 0보다 커야 한다.
$f(x)=x^2+2kx+5k+6=(x+k)^2-k^2+5k+6$
즉 함수 $f(x)$는 $x=-k$일 때, 최솟값 $-k^2+5k+6$을 가지므로
$-k^2+5k+6>0$, $k^2-5k-6<0$, $(k+1)(k-6)<0$
$\therefore -1<k<6$

STEP B 조건 q가 참인 명제가 되도록 하는 정수 k의 값 구하기

어떤 실수 x에 대하여 $x^2=k-3$이므로 $k-3\geq 0$
$\therefore k\geq 3$ ...... ㉡

STEP C 두 조건 p, q가 참인 명제가 되도록 하는 정수 k의 값의 합 구하기

㉠, ㉡의 공통범위는 $3\leq k<6$
따라서 두 조건 p, q가 모두 참인 명제가 되도록 하는 정수 k의 값은 3, 4, 5 이므로 그 합은 $3+4+5=12$ 정답 12

1058
2020년 03월 고2 학력평가 27번 정답 9

STEP A 주어진 명제의 부정 구하기

주어진 명제
'어떤 실수 x에 대하여 $x^2+8x+2k-1\leq 0$이다.' 가 거짓이면 이 명제의 부정은 참이다.
즉 '모든 실수 x에 대하여 $x^2+8x+2k-1>0$이다.' 는 참이다.

STEP B 명제의 부정이 참이 되도록 하는 k의 값의 범위 구하기

명제 '모든 실수 x에 대하여 $x^2+8x+2k-1>0$'이 참이 되기 위해서는 x에 대한 이차방정식 $x^2+8x+2k-1=0$의 판별식을 D라 하면 $D<0$이어야 한다.

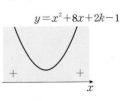
$y=x^2+8x+2k-1$

$\dfrac{D}{4}=4^2-(2k-1)<0$, $16-2k+1<0$,

$2k>17$ $\therefore k>\dfrac{17}{2}=8.5$

따라서 정수 k의 최솟값은 9

+α 함수의 최솟값을 이용하여 k의 범위를 구할 수 있어!

$f(x)=x^2+8x+2k-1$이라 하자.
모든 실수 x에 대하여 $f(x)>0$이려면 이차함수 $y=f(x)$의 최솟값이 0보다 커야 한다.
$f(x)=x^2+8x+2k-1=(x^2+8x+16)-16+2k-1=(x+4)^2+2k-17$
즉 함수 $f(x)$는 $x=-4$일 때, 최솟값 $2k-17$을 가지므로
$2k-17>0$ $\therefore k>\dfrac{17}{2}=8.5$

다른풀이　주어진 명제가 참이 되도록 하는 k의 범위를 이용하여 풀이하기

STEP A　**주어진 명제가 참이 되도록 하는 k의 값의 범위 구하기**

어떤 실수 x에 대하여 $x^2+8x+2k-1 \leq 0$이려면
이차방정식 $x^2+8x+2k-1=0$의 판별식을 D라 할 때, $D \geq 0$이어야 한다.

$\frac{D}{4}=4^2-2k+1 \geq 0$, $17-2k \geq 0$

$\therefore k \leq \frac{17}{2}$

STEP B　**주어진 명제가 거짓이 되도록 하는 정수 k의 최솟값 구하기**

따라서 주어진 명제가 거짓이 되려면 $k > \frac{17}{2}=8.5$이어야 하므로
정수 k의 최솟값은 9

내/신/연/계/ 출제문항 541

명제

　'모든 실수 x에 대하여 $2x^2+4x+a \geq 0$이다.'

가 거짓이 되도록 하는 정수 a의 최댓값을 구하시오.

STEP A　**주어진 명제의 부정 구하기**

주어진 명제
'모든 실수 x에 대하여 $2x^2+4x+a \geq 0$이다.' 가 거짓이면
이 명제의 부정은 참이다.
즉 '어떤 실수 x에 대하여 $2x^2+4x+a < 0$이다.' 는 참이다.

STEP B　**명제의 부정이 참이 되도록 하는 a의 값의 범위 구하기**

명제 '어떤 실수 x에 대하여 $2x^2+4x+a < 0$' 이 참이 되기 위해서는
x에 대한 이차방정식 $2x^2+4x+a=0$의
판별식을 D라 하면 $D > 0$이어야 한다.

$\frac{D}{4}=2^2-2a > 0$, $4-2a > 0$

$\therefore a < 2$
따라서 정수 a의 최댓값은 1

$y=2x^2+4x+a$

+α　함수의 최솟값을 이용하여 a의 범위를 구할 수 있어!

$f(x)=2x^2+4x+a$라 하자.
어떤 실수 x에 대하여 $f(x) < 0$이려면
이차함수 $y=f(x)$의 최솟값이 0보다 작아야 한다.
$f(x)=2x^2+4x+a=2(x^2+2x+1)-2+a=2(x+1)^2-2+a$
즉 함수 $f(x)$는 $x=-1$일 때, 최솟값 $-2+a$를 가지므로
$-2+a < 0$　$\therefore a < 2$

다른풀이　주어진 명제가 참이 되도록 하는 a의 범위를 이용하여 풀이하기

STEP A　**주어진 명제가 참이 되도록 하는 a의 값의 범위 구하기**

모든 실수 x에 대하여 $2x^2+4x+a \geq 0$이려면
이차방정식 $2x^2+4x+a=0$의 판별식을 D라 할 때, $D \leq 0$이어야 한다.

$\frac{D}{4}=2^2-2a \leq 0$, $4-2a \leq 0$

$\therefore a \geq 2$

STEP B　**주어진 명제가 거짓이 되도록 하는 정수 a의 최댓값 구하기**

따라서 주어진 명제가 거짓이 되려면 $a < 2$이어야 하므로
정수 a의 최댓값은 1

정답 1

1059
2017년 03월 고3 학력평가 나형 12번
정답 ②

STEP A　**명제가 참이 되도록 하는 k의 값의 범위 구하기**

$f(x)=x^2+4kx+3k^2-2k+3$이라 하자.
명제 '모든 실수 x에 대하여 $f(x) \geq 0$이다.' 가 참이 되기 위해서는
이차방정식 $x^2+4kx+3k^2-2k+3=0$의
판별식을 D라 하면 $D \leq 0$이어야 한다.

$\frac{D}{4}=(2k)^2-(3k^2-2k+3) \leq 0$,

$k^2+2k-3 \leq 0$, $(k+3)(k-1) \leq 0$

$\therefore -3 \leq k \leq 1$

따라서 k의 최댓값 $M=1$, 최솟값 $m=-3$이므로 $M-m=1-(-3)=4$

$y=f(x)$

+α　함수의 최솟값을 이용하여 k의 범위를 구할 수 있어!

$f(x)=x^2+4kx+3k^2-2k+3$이라 하자.
모든 실수 x에 대하여 $f(x) \geq 0$이려면
이차함수 $y=f(x)$의 최솟값이 0보다 크거나 같아야 한다.
$f(x)=x^2+4kx+3k^2-2k+3$
　　$=(x^2+4kx+4k^2)-k^2-2k+3$
　　$=(x+2k)^2-k^2-2k+3$
즉 이차함수 $f(x)$는 $x=-2k$일 때, 최솟값 $-k^2-2k+3$을 가지므로
$-k^2-2k+3 \geq 0$, $k^2+2k-3 \leq 0$, $(k+3)(k-1) \leq 0$
$\therefore -3 \leq k \leq 1$

내/신/연/계/ 출제문항 542

실수 x에 대한 조건

　　'모든 실수 x에 대하여 $x^2+2kx+3k^2 > -2kx-16$이다.'

가 참인 명제가 되도록 하는 정수 k의 최댓값을 M, 최솟값을 m이라 하자.
$M-m$의 값은?

① 2　　　　② 4　　　　③ 6
④ 8　　　　⑤ 10

STEP A　**명제가 참이 되도록 하는 k의 값의 범위 구하기**

$f(x)=x^2+4kx+3k^2+16$이라 하자.
명제 '모든 실수 x에 대하여 $f(x) > 0$이다.' 가 참이 되기 위해서는
이차방정식 $x^2+4kx+3k^2+16=0$의
판별식을 D라 하면 $D < 0$이어야 한다.

$\frac{D}{4}=(2k)^2-(3k^2+16) < 0$,

$k^2-16 < 0$, $(k+4)(k-4) < 0$

$\therefore -4 < k < 4$

$y=f(x)$

따라서 정수 k의 최댓값 $M=3$, 최솟값 $m=-3$이므로 $M-m=3-(-3)=6$

+α　함수의 최솟값을 이용하여 k의 범위를 구할 수 있어!

$f(x)=x^2+4kx+3k^2+16$이라 하자.
모든 실수 x에 대하여 $f(x) > 0$이려면
이차함수 $y=f(x)$의 최솟값이 0보다 커야 한다.
$f(x)=x^2+4kx+3k^2+16$
　　$=(x^2+4kx+4k^2)-k^2+16$
　　$=(x+2k)^2-k^2+16$
즉 이차함수 $f(x)$는 $x=-2k$일 때, 최솟값 $-k^2+16$을 가지므로
$-k^2+16 > 0$, $k^2-16 < 0$, $(k+4)(k-4) < 0$
$\therefore -4 < k < 4$

정답 ③

1060

STEP A 명제가 참이면 그 대우도 참임을 이용하기

명제 $\sim p \longrightarrow q$의 역 $q \longrightarrow \sim p$가 참이므로 그 대우인 $p \longrightarrow \sim q$도 참이다.
따라서 반드시 참인 명제는 ②이다.

1061

정답 ④

STEP A 각 조건의 부정을 구하여 주어진 명제의 대우 구하기

조건 'a와 b가 모두 유리수이다.'의 부정은
'a와 b가 모두 유리수인 것은 아니다.'이고
조건 '$a+b$가 유리수이다.'의 부정은 '$a+b$가 유리수가 아니다.'이므로
'a와 b가 모두 유리수이면 $a+b$도 유리수이다.'의 대우는
'$a+b$가 유리수가 아니면 a와 b가 모두 유리수인 것은 아니다.'
즉 '$a+b$가 무리수이면 a와 b 중 적어도 하나는 무리수이다.'
따라서 주어진 명제의 대우는 ④이다.

1062

정답 ④

STEP A 주어진 명제의 참, 거짓 판단하기

$\angle A = 60°$라고 해서 삼각형 ABC가 정삼각형이라고 할 수 없으므로
명제 $p \longrightarrow q$와 그 대우 $\sim q \longrightarrow \sim p$는 거짓이다.
한편 삼각형 ABC가 정삼각형이면 $\angle A = 60°$이므로
명제 $q \longrightarrow p$와 그 대우 $\sim p \longrightarrow \sim q$는 참이다.
따라서 참인 것은 ㄴ, ㄷ이다.

내/신/연/계 출제문항 543

사각형 ABCD에 대하여 조건 p, q를

$p : \overline{AB} = \overline{CD}$이다. $q :$ 사각형 ABCD는 마름모이다.

라고 할 때, 다음 [보기]의 명제 중 참인 것을 모두 고른 것은?

ㄱ. $p \longrightarrow q$	ㄴ. $\sim p \longrightarrow \sim q$
ㄷ. $q \longrightarrow p$	ㄹ. $\sim q \longrightarrow \sim p$

① ㄱ, ㄴ   ② ㄱ, ㄷ   ③ ㄱ, ㄹ
④ ㄴ, ㄷ   ⑤ ㄷ, ㄹ

STEP A 주어진 명제의 참, 거짓 판단하기

$\overline{AB} = \overline{CD}$라고 해서 사각형 ABCD가 마름모라고 할 수 없으므로
명제 $p \longrightarrow q$와 그 대우 $\sim q \longrightarrow \sim p$는 거짓이다.
한편 마름모는 네 변의 길이가 모두 같은 사각형이므로
사각형 ABCD가 마름모이면 $\overline{AB} = \overline{CD}$가 성립한다.
즉 명제 $q \longrightarrow p$와 그 대우 $\sim p \longrightarrow \sim q$는 참이다.
따라서 참인 것은 ㄴ, ㄷ이다.

정답 ④

1063

정답 ④

STEP A 두 조건 p, q의 진리집합 구하기

두 조건 p, q의 진리집합을 각각 P, Q라 하면 $P = \{1, 2, 3, 4, 6\}$, $Q = \{3, 6\}$

STEP B 집합의 포함 관계를 이용하여 참인 명제 구하기

$Q \subset P$이므로 명제 $q \longrightarrow p$가 참이다.
따라서 그 대우 $\sim p \longrightarrow \sim q$도 참이다.

1064

정답 ④

STEP A 주어진 명제의 역의 참, 거짓 판단하기

① 역 : $a > 0$ 또는 $b > 0$이면 $a+b > 0$이다. [거짓]
   반례 $a = 1$, $b = -2$이면 $a > 0$ 또는 $b > 0$이지만 $a+b > 0$이 아니다.
② 역 : ab가 유리수이면 a와 b는 모두 유리수이다. [거짓]
   반례 $a = \sqrt{2}$, $b = -\sqrt{2}$이면 ab가 유리수이지만
       a와 b는 모두 유리수가 아니다.
③ 역 : x, y가 모두 무리수이면 $x+y$는 무리수이다. [거짓]
   반례 $x = \sqrt{2}$, $y = -\sqrt{2}$이면 x, y가 모두 무리수이지만
       $x+y$는 무리수가 아니다.
④ 역 : 삼각형 ABC에서 $\angle B = \angle C$이면 $\overline{AB} = \overline{AC}$이다. [참]
   증명 $\angle B = \angle C$이면 삼각형 ABC는 이등변삼각형이므로 $\overline{AB} = \overline{AC}$이다.
⑤ 역 : $x+y$, xy가 모두 정수이면 x, y는 정수이다. [거짓]
   반례 $x = 2 + \sqrt{3}$, $y = 2 - \sqrt{3}$이면 $x+y$, xy가 모두 정수이지만
       x, y는 정수가 아니다.
따라서 역이 참인 명제는 ④이다.

1065

정답 ④

STEP A 주어진 명제의 역의 참, 거짓 판단하기

ㄱ. 역 : $x > y > 0$이면 $x^2 y > xy^2$이다. [참]
   증명 $x > y > 0$이므로 $xy > 0$
       $x > y$의 양변에 xy를 곱하면 $x^2 y > xy^2$
ㄴ. 역 : $x^2 - 2x - 3 < 0$이면 $-1 \le x \le 3$이다. [참]
   증명 $x^2 - 2x - 3 < 0$에서 $(x+1)(x-3) < 0$
       $\therefore -1 < x < 3$
       즉 $-1 < x < 3$이면 $-1 \le x \le 3$이다.
ㄷ. 역 : 두 실수 x, y에 대하여 $x = 0$이고 $y = 0$이면 $|x| + y^2 = 0$이다. [참]
ㄹ. 역 : 세 집합 A, B, C에 대하여 $(A \cap B) \subset C$이면 $(A \cup B) \subset C$이다. [거짓]
   반례 $A = \{1, 2\}$, $B = \{1, 3\}$, $C = \{1, 4, 5\}$이면
       $A \cap B = \{1\} \subset C$이지만 $A \cup B = \{1, 2, 3\} \not\subset C$이다.
따라서 역이 참인 명제는 ㄱ, ㄴ, ㄷ이다.

1066

정답 ②

STEP A 주어진 명제의 역과 대우의 참, 거짓 판단하기

ㄱ. 역 : $x^2 = 1$이면 $x = 1$이다. [거짓]
   반례 $x = -1$이면 $x^2 = 1$이지만 $x = 1$이 아니다.
   대우 : $x^2 \ne 1$이면 $x \ne 1$이다. [참]
ㄴ. 역 : $x^2 \le 25$이면 $x \le 5$이다. [참]
   증명 $x^2 \le 25$에서 $x^2 - 25 \le 0$, $(x+5)(x-5) \le 0$
       즉 $-5 \le x \le 5$이므로 $x \le 5$이다.
   대우 : $x^2 > 25$이면 $x > 5$이다. [거짓]
   반례 $x = -6$이면 $x^2 = 36 > 25$이지만 $x < 5$이다.
ㄷ. 역 : $x = y = 0$이면 $x^2 + y^2 = 0$이다. [참]
   대우 : $x \ne 0$ 또는 $y \ne 0$이면 $x^2 + y^2 \ne 0$이다. [참]
ㄹ. 역 : $x > 0$이고 $y > 0$이면 $xy = |xy|$이다. [참]
   대우 : $x \le 0$ 또는 $y \le 0$이면 $xy \ne |xy|$이다. [거짓]
   반례 $x = -1$, $y = -2$이면 $xy = |xy|$이다.
따라서 역과 대우가 참인 명제는 ㄷ이다.

다음 [보기]의 명제 중 그 역과 대우가 참인 것의 개수는?
(단, x, y는 실수이다.)

> ㄱ. $x=1$이면 $x^3=1$이다.
> ㄴ. $|x| \geq 1$이면 $x^2 \geq 1$이다.
> ㄷ. $xy \neq 0$이면 $x \neq 0$이고 $y \neq 0$이다.
> ㄹ. $|x|+|y|=0$이면 $x^2+y^2=0$이다.
> ㅁ. $x+y<0$이면 $x<0$이고 $y<0$이다.

① 1   ② 2   ③ 3
④ 4   ⑤ 5

STEP A **주어진 명제의 역과 대우의 참, 거짓 판단하기**

ㄱ. 역 : $x^3=1$이면 $x=1$이다. [참]
    증명 $x^3=1$에서 $x^3-1=0$, $(x-1)(x^2+x+1)=0$이므로
      $x=1$ 또는 $x^2+x+1=0$
      이때 이차방정식 $x^2+x+1=0$의 판별식을 D라 하면
      $D=1-4<0$이므로 $x^2+x+1=0$을 만족시키는 실수 x는
      존재하지 않는다. $\therefore x=1$
    대우 : $x^3 \neq 1$이면 $x \neq 1$이다. [참]
ㄴ. 역 : $x^2 \geq 1$이면 $|x| \geq 1$이다. [참]
    대우 : $x^2 < 1$이면 $|x| < 1$이다. [참]
ㄷ. 역 : $x \neq 0$이고 $y \neq 0$이면 $xy \neq 0$이다. [참]
    대우 : $x=0$ 또는 $y=0$이면 $xy=0$이다. [참]
ㄹ. 역 : $x^2+y^2=0$이면 $|x|+|y|=0$이다. [참]
    대우 : $x^2+y^2 \neq 0$이면 $|x|+|y| \neq 0$이다. [참]
ㅁ. 역 : $x<0$이고 $y<0$이면 $x+y<0$이다. [참]
    대우 : $x \geq 0$ 또는 $y \geq 0$이면 $x+y \geq 0$이다. [거짓]
    반례 $x=1$, $y=-3$이면 $x+y<0$이다.
따라서 역과 대우가 참인 명제는 ㄱ, ㄴ, ㄷ, ㄹ이므로 그 개수는 4   정답 ④

1067

정답 ③

STEP A **명제의 대우를 이용하여 명제가 참임을 확인하기**

명제 '짝수가 적힌 카드의 다른 쪽 면에는 강아지 그림이 있다.' 가 참임을
확인하기 위해서는 짝수가 적힌 카드를 뒤집어 뒷면에 강아지 그림이 있는지
확인한다.
또한, 명제가 참이면 그 대우인
'고양이 그림이 있는 카드의 다른 쪽 면에는 홀수가 적혀 있다.'도 참이므로
고양이 그림이 있는 카드를 뒤집어 홀수가 적혀 있는지 확인한다.
따라서 4가 적힌 카드와 고양이 그림이 있는 카드를 뒤집어 보아야 한다.

다음 그림과 같이 한쪽 면에는 숫자, 다른 쪽 면에는 영어 문자가 쓰여진
4장의 카드가 있다. 명제 '짝수가 쓰여진 카드의 뒷면에는 모음이 쓰여있다.'
가 참인지 확인하기 위하여 뒤집어 볼 필요가 있는 카드는?

① 1, 2   ② 1, A   ③ 1, B
④ 2, A   ⑤ 2, B

STEP A **명제의 대우를 이용하여 명제가 참임을 증명하기**

명제 '짝수가 쓰여진 카드의 뒷면에는 모음이 쓰여 있다.' 가 참임을 확인하기
위해서는 짝수가 쓰여진 카드를 뒤집어 뒷면에 모음이 쓰여 있는지 확인한다.
또한, 명제가 참이면 그 대우인
'자음이 쓰여진 카드의 뒷면에는 홀수가 쓰여 있다.' 도 참이므로
자음이 쓰여진 카드를 뒤집어 홀수가 쓰여 있는지 확인한다.
따라서 $\boxed{2}$ 와 $\boxed{B}$ 를 확인해 보아야 한다.   정답 ⑤

1068

정답 3

STEP A **주어진 명제의 대우 구하기**

주어진 명제가 참이 되려면 그 대우
'$x-a=0$이면 $x^2-3x+2=0$이다.' 가 참이어야 한다.

STEP B **대우가 참이 되도록 하는 모든 a의 값의 합 구하기**

$x^2-3x+2=0$에 $x=a$를 대입하면 $a^2-3a+2=0$, $(a-1)(a-2)=0$
$\therefore a=1$ 또는 $a=2$
따라서 모든 실수 a의 값의 합은 $1+2=3$

> +α   **근과 계수의 관계를 이용하여 풀 수도 있어!**
>
> $x=a$는 이차방정식 $x^2-3x+2=0$의 근이므로
> 이차방정식의 근과 계수의 관계에 의하여 두 근의 합은 3이다.
> 이차방정식 $ax^2+bx+c=0$의 두 근을 α, β라 하면 $\alpha+\beta=-\dfrac{b}{a}$, $\alpha\beta=\dfrac{c}{a}$

1069

정답 ⑤

STEP A **주어진 명제의 대우 구하기**

주어진 명제가 참이 되려면 그 대우
'$a \leq k$이고 $b \leq -2$이면 $a+b \leq 5$이다.' 가 참이어야 한다.

STEP B **대우가 참이 되도록 하는 k의 값의 범위 구하기**

$a \leq k$이고 $b \leq -2$에서 $a+b \leq k-2$이므로 $k-2 \leq 5$ $\therefore k \leq 7$
따라서 실수 k의 최댓값은 7

1070

정답 ④

STEP A **명제 $p \longrightarrow q$의 역 구하기**

명제 $p \longrightarrow q$의 역은 '$|x|=2$이면 $x^2+ax+b=0$'   …… ㉠

STEP B **이차방정식의 근과 계수의 관계를 이용하여 상수 a, b의 값 구하기**

$|x|=2$에서 $x=-2$ 또는 $x=2$이고 ㉠이 참이 되기 위해서는
$x^2+ax+b=0$의 두 근이 $x=-2$ 또는 $x=2$이어야 한다.
즉 이차방정식의 근과 계수의 관계에 의하여
(두 근의 합)$=-2+2=-a$, (두 근의 곱)$=-2 \times 2=b$이므로 $a=0$, $b=-4$
따라서 $a-b=0-(-4)=4$

실수 x에 대한 두 조건 p, q가 다음과 같다.

$$p : x^2+ax+b=0, \quad q : |x|=5$$

명제 $p \longrightarrow q$의 역이 참이 되도록 하는 두 상수 a, b에 대하여 $a-b$의
값은?

① -25 ② -10 ③ 0
④ 10   ⑤ 25

STEP Ⓐ **명제 $p \longrightarrow q$의 역 구하기**

명제 $p \longrightarrow q$의 역은 '$|x|=5$이면 $x^2+ax+b=0$' ······ ㉠

STEP Ⓑ **이차방정식의 근과 계수의 관계를 이용하여 상수 a, b의 값 구하기**

이때 $|x|=5$에서 $x=-5$ 또는 $x=5$이고 ㉠이 참이 되기 위해서는
$x^2+ax+b=0$의 두 근이 $x=-5$ 또는 $x=5$이어야 한다.
즉 이차방정식의 근과 계수의 관계에 의하여
(두 근의 합)$=-5+5=-a$, (두 근의 곱)$=-5 \times 5=b$이므로 $a=0$, $b=-25$
따라서 $a-b=0-(-25)=25$ 정답 ⑤

1071
정답 ③

STEP Ⓐ **주어진 명제의 대우 구하기**

주어진 명제가 참이 되려면 그 대우
'$|x-2| \leq 3$이면 $|x-a| < 5$이다.' 가 참이어야 한다.

STEP Ⓑ **두 조건의 진리집합 구하기**

이때 두 조건 p, q를 각각 $p : |x-2| \leq 3$, $q : |x-a| < 5$라 하고
두 조건 p, q의 진리집합을 각각 P, Q라 하자.
$|x-2| \leq 3$에서 $-3 \leq x-2 \leq 3$ $\therefore -1 \leq x \leq 5$
$|x-a| < 5$에서 $-5 < x-a < 5$ $\therefore a-5 < x < a+5$
$\therefore P=\{x|-1 \leq x \leq 5\}$, $Q=\{x|a-5 < x < a+5\}$

STEP Ⓒ **대우가 참이 되도록 하는 a의 값의 범위 구하기**

명제 $p \longrightarrow q$가 참이 되려면 $P \subset Q$이어야 하므로 이를 수직선에 나타내면
다음 그림과 같다.

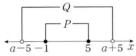

즉 $a-5 < -1$, $a+5 > 5$이므로 $0 < a < 4$
따라서 정수 a의 값은 1, 2, 3이므로 그 개수는 3

1072
정답 7

STEP Ⓐ **주어진 명제의 대우 구하기**

명제 $q \longrightarrow \sim p$가 참이 되려면 그 대우 $p \longrightarrow \sim q$도 참이어야 한다.

STEP Ⓑ **두 조건의 진리집합 구하기**

조건 $p : |x-a| < 3$에서 $-3 < x-a < 3$
$\therefore a-3 < x < a+3$
조건 $q : |x+2| > 6$의 부정은 $\sim q : |x+2| \leq 6$이므로
$-6 \leq x+2 \leq 6$ $\therefore -8 \leq x \leq 4$
두 조건 p, q의 진리집합을 각각 P, Q라 하면
$P=\{x|a-3 < x < a+3\}$, $Q^C=\{x|-8 \leq x \leq 4\}$
_{조건 $\sim q$의 진리집합은 Q^C}

STEP Ⓒ **대우가 참이 되도록 하는 a의 값의 범위 구하기**

명제 $p \longrightarrow \sim q$가 참이 되려면 $P \subset Q^C$이어야 하므로 이를 수직선에 나타내면
다음 그림과 같다.

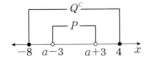

즉 $-8 \leq a-3$, $a+3 \leq 4$이므로 $-5 \leq a \leq 1$
따라서 정수 a의 값은 -5, -4, -3, -2, -1, 0, 1이므로 그 개수는 7

내/신/연/계 출제문항 547

두 조건
$$p : |x-a| < 2, \quad q : |x+2| > 5$$
에 대하여 명제 $q \longrightarrow \sim p$가 참이 되도록 하는 실수 a의 값의 범위는?

① $1 \leq a \leq 5$ ② $2 \leq a \leq 6$ ③ $-1 \leq a \leq 5$
④ $-5 \leq a \leq 1$ ⑤ $-6 \leq a \leq 2$

STEP Ⓐ **주어진 명제의 대우 구하기**

명제 $q \longrightarrow \sim p$가 참이 되려면 그 대우 $p \longrightarrow \sim q$도 참이어야 한다.

STEP Ⓑ **두 조건의 진리집합 구하기**

조건 $p : |x-a| < 2$에서 $-2 < x-a < 2$
$\therefore a-2 < x < a+2$
조건 $q : |x+2| > 5$의 부정은 $\sim q : |x+2| \leq 5$이므로
$-5 \leq x+2 \leq 5$ $\therefore -7 \leq x \leq 3$
두 조건 p, q의 진리집합을 각각 P, Q라 하면
$P=\{x|a-2 < x < a+2\}$, $Q^C=\{x|-7 \leq x \leq 3\}$
_{조건 $\sim q$의 진리집합은 Q^C}

STEP Ⓒ **대우가 참이 되도록 하는 a의 값의 범위 구하기**

명제 $p \longrightarrow \sim q$가 참이 되려면 $P \subset Q^C$이어야 하므로 이를 수직선에 나타내면
다음 그림과 같다.

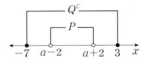

따라서 $-7 \leq a-2$, $a+2 \leq 3$이므로 $-5 \leq a \leq 1$ 정답 ④

1073
2024년 03월 고2 학력평가 26번
정답 12

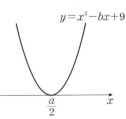

STEP Ⓐ **명제 $p \longrightarrow \sim q$와 명제 $\sim p \longrightarrow q$가 모두 참임을 이용하여 집합 P와 Q^C의 관계 구하기**

두 조건 p, q의 진리집합을 각각 P, Q라 하면
$\sim p$의 진리집합은 P^C
명제 $p \longrightarrow \sim q$가 참이므로 그 대우 $q \longrightarrow \sim p$도 참이 된다.
즉 $Q \subset P^C$
또한, 명제 $\sim p \longrightarrow q$가 참이므로 $P^C \subset Q$
즉 $Q \subset P^C$이고 $P^C \subset Q$이므로 $Q=P^C$

STEP Ⓑ **$Q=P^C$임을 이용하여 양수 a, b의 값 구하기**

$p : 2x-a=0$의 진리집합은 $P=\left\{\dfrac{a}{2}\right\}$이고 $P^C=\left\{x \Big| x \neq \dfrac{a}{2}$인 실수$\right\}$

$Q=P^C$이므로 $Q=\left\{x \Big| x \neq \dfrac{a}{2}$인 실수$\right\}$이어야 한다.

즉 부등식 $x^2-bx+9 > 0$의 해가
$x \neq \dfrac{a}{2}$인 모든 실수이므로
이차함수 $y=x^2-bx+9$의 그래프는
x축에 접해야 한다.
이차방정식 $x^2-bx+9=0$의 판별식을
D라 하면 $D=0$이어야 하므로
$D=(-b)^2-4 \times 1 \times 9=0$, $b^2=36$
$\therefore b=6$ 또는 $b=-6$
그런데 b는 양수이므로 $b=6$
$x^2-6x+9=(x-3)^2$에서 $\dfrac{a}{2}=3$이므로 $a=6$
따라서 $a+b=6+6=12$

mini 해설 | $P=Q^c$임을 이용하여 풀이하기

두 조건 p, q의 진리집합을 각각 P, Q라 하면 $\sim p$의 진리집합은 P^c

명제 $p \longrightarrow \sim q$가 참이므로 $P \subset Q^c$

$\sim p \longrightarrow q$도 참이므로 그 대우 $\sim q \longrightarrow p$도 참이 된다.

즉 $Q^c \subset P$이고 $P \subset Q^c$이므로 $P = Q^c$

진리집합 P, Q에 대하여 $P=\left\{\dfrac{a}{2}\right\}$, $Q^c=\{x|x^2-bx+9\leq 0\}$이므로

$P=Q^c$이기 위해서는 이차함수 $y=x^2-bx+9$의

그래프는 $x=\dfrac{a}{2}$에서 x축에 접해야 한다.

즉 $x^2-bx+9=\left(x-\dfrac{a}{2}\right)^2$에서

$x^2-bx+9=x^2-ax+\dfrac{a^2}{4}$의 양변의

동류항의 계수를 비교하면

$b=a$, $9=\dfrac{a^2}{4}$ $\therefore a=b=6 (\because a>0)$

따라서 $a+b=6+6=12$

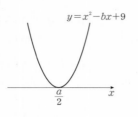
$y=x^2-bx+9$

P O I N T | 판별식 $D=0$일 때, 이차부등식의 해

판별식 $D=0$인 경우 이차함수의 그래프와 x축의 교점이 1개이다.

이차방정식 $ax^2+bx+c=0(a>0)$의 중근을 α라고 할 때,

이차함수 $y=ax^2+bx+c(a>0)$의 그래프는

오른쪽 그림과 같다.

① $ax^2+bx+c>0$의 해는 $x\neq\alpha$인 모든
　실수이다.

② $ax^2+bx+c<0$의 해는 존재하지 않는다.

③ $ax^2+bx+c\geq 0$의 해는 모든 실수이다.

④ $ax^2+bx+c\leq 0$의 해는 $x=\alpha$이다.

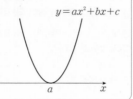
$y=ax^2+bx+c$

내신연계 출제문항 548

실수 x에 대한 두 조건

　　　$p : x^2-x+2<0,\ q : x^2-ax+16>0$

이 있다. 명제 $p \longrightarrow \sim q$와 명제 $\sim p \longrightarrow q$가 모두 참이 되도록 하는

정수 a의 개수를 구하시오.

STEP Ⓐ 명제 $p \longrightarrow \sim q$와 명제 $\sim p \longrightarrow q$가 모두 참임을 이용하여 집합 P와 Q^c의 관계 구하기

두 조건 p, q의 진리집합을 각각 P, Q라 하면

$\sim p$의 진리집합은 P^c

명제 $p \longrightarrow \sim q$가 참이므로 그 대우 $q \longrightarrow \sim p$도 참이 된다.

즉 $Q \subset P^c$

또한, 명제 $\sim p \longrightarrow q$가 참이므로 $P^c \subset Q$

즉 $Q \subset P^c$이고 $P^c \subset Q$이므로 $Q=P^c$

STEP Ⓑ $Q=P^c$임을 이용하여 양수 a, b의 값 구하기

$p : x^2-x+2<0$의 진리집합 $P=\varnothing$이므로 P^c은 실수 전체의 집합이다.

집합 Q와 집합 P^c이 같아야 하므로

모든 실수 x에 대하여 $x^2-ax+16>0$이 성립해야 한다.

즉 이차방정식 $x^2-ax+16=0$의 판별식을 D라 하면 $D<0$이어야 하므로

$D=a^2-64<0$, $(a+8)(a-8)<0$

$\therefore -8<a<8$

따라서 정수 a의 개수는 $8-(-8)-1=15$

 정답 15

1074

2018년 03월 고3 학력평가 나형 13번 정답 ⑤

STEP Ⓐ 명제의 역이 참이 되도록 하는 실수 a의 값 구하기

명제 $p \longrightarrow q$의 역 $q \longrightarrow p$가 참이므로 $Q \subset P$

이때 $4 \in Q$이므로 $4 \in P$이어야 한다.

즉 $a^2=4$에서 $a=-2$ 또는 $a=2$

(i) $a=-2$일 때,

　$P=\{2, 3, 4\}$, $Q=\{-1, 4\}$이므로 $Q \not\subset P$

(ii) $a=2$일 때,

　$P=\{2, 3, 4\}$, $Q=\{3, 4\}$이므로 $Q \subset P$

(i), (ii)에 의하여 $a=2$

내신연계 출제문항 549

전체집합 $U=\{x|x$는 18 이하의 자연수$\}$에 대하여 두 조건 p, q의 진리집합

이 각각 $P=\{a, 6, a+5\}$, $Q=\{6, 8, 3a-6\}$이다. 명제 $p \longrightarrow q$의 역과

대우가 모두 참일 때, 상수 a의 값은? (단, $a \neq 1$, $a \neq 6$)

① -3　　　　② -2　　　　③ 0

④ 2　　　　⑤ 3

STEP Ⓐ 명제 $p \longrightarrow q$의 역과 대우가 모두 참일 조건 구하기

명제 $p \longrightarrow q$의 역 $q \longrightarrow p$가 참이므로 $Q \subset P$

명제 $p \longrightarrow q$의 대우가 참이면 명제 $p \longrightarrow q$도 참이므로 $P \subset Q$

즉 $P=Q$이므로 $a=8$ 또는 $a+5=8$

STEP Ⓑ 상수 a의 값 구하기

(i) $a=8$일 때,

　$P=\{6, 8, 13\}$, $Q=\{6, 8, 18\}$이므로 $P \neq Q$

(ii) $a+5=8$, 즉 $a=3$일 때,

　$P=\{3, 6, 8\}$, $Q=\{3, 6, 8\}$이므로 $P=Q$

(i), (ii)에 의하여 $a=3$ 정답 ⑤

1075

정답 ④

STEP Ⓐ 명제가 참이면 대우도 참임을 이용하여 참인 명제 찾기

명제 $p \longrightarrow q$와 $q \longrightarrow \sim r$이 참이므로

각각의 대우인 $\sim q \longrightarrow \sim p$와 $r \longrightarrow \sim q$도 참이다.

STEP Ⓑ 삼단논법을 이용하여 참인 명제 찾기

두 명제 $p \longrightarrow q$, $q \longrightarrow \sim r$이 참이므로 삼단논법에 의하여

$p \longrightarrow \sim r$도 참이고 그 대우인 $r \longrightarrow \sim p$도 참이다.

따라서 반드시 참이라고 할 수 없는 것은 ④이다.

1076

 정답 ⑤

STEP Ⓐ 명제의 대우와 삼단논법을 이용하여 참인 명제 찾기

ㄱ. 명제 $p \longrightarrow \sim q$가 참이라고 해서 그 역인 $\sim q \longrightarrow p$가 항상 참인 것은
　아니다.

ㄴ. 명제 $p \longrightarrow \sim q$가 참이므로 그 대우인 $q \longrightarrow \sim p$도 참이다.

ㄷ. 명제 $r \longrightarrow q$가 참이라고 해서 명제 $\sim q \longrightarrow r$이 항상 참인 것은 아니다.

ㄹ. 명제 $r \longrightarrow q$가 참이므로 그 대우인 $\sim q \longrightarrow \sim r$도 참이다.

　즉 두 명제 $p \longrightarrow \sim q$, $\sim q \longrightarrow \sim r$이 참이므로

　삼단논법에 의하여 $p \longrightarrow \sim r$도 참이다.

따라서 참인 명제는 ㄴ, ㄹ이다.

세 조건 p, q, r에 대하여 두 명제 $p \longrightarrow \sim r$, $\sim q \longrightarrow r$이 모두 참일 때, [보기]의 명제 중에서 항상 참인 것을 모두 고른 것은?

ㄱ. $p \longrightarrow q$ ㄴ. $r \longrightarrow \sim p$
ㄷ. $r \longrightarrow \sim q$ ㄹ. $q \longrightarrow \sim p$

① ㄱ, ㄴ ② ㄱ, ㄷ ③ ㄱ, ㄹ
④ ㄴ, ㄷ ⑤ ㄴ, ㄹ

STEP Ⓐ 명제의 대우와 삼단논법을 이용하여 참인 명제 찾기

ㄱ. 명제 $\sim q \longrightarrow r$이 참이므로 그 대우인 $\sim r \longrightarrow q$도 참이다.
　즉 두 명제 $p \longrightarrow \sim r$, $\sim r \longrightarrow q$가 참이므로
　삼단논법에 의하여 $p \longrightarrow q$도 참이다.
ㄴ. 명제 $p \longrightarrow \sim r$이 참이므로 그 대우인 $r \longrightarrow \sim p$도 참이다.
ㄷ. 명제 $\sim q \longrightarrow r$이 참이라고 해서 명제 $r \longrightarrow \sim q$가 항상 참인 것은 아니다.
ㄹ. 명제 $p \longrightarrow q$가 참이라고 해서 명제 $q \longrightarrow \sim p$가 항상 참인 것은 아니다.
따라서 참인 명제는 ㄱ, ㄴ이다.　　　정답 ①

1077 　　　정답 ①

STEP Ⓐ 명제의 대우와 삼단논법을 이용하여 필요한 명제 구하기

명제 $\sim q \longrightarrow s$가 참이므로 그 대우인 $\sim s \longrightarrow q$도 참이다.
이때 두 명제 $r \longrightarrow p$, $\sim s \longrightarrow q$에서 삼단논법에 의하여
명제 $r \longrightarrow q$가 참이라는 결론을 얻기 위해서는 명제 $p \longrightarrow \sim s$가 필요하다.
따라서 주어진 보기 중 필요한 명제는 $p \longrightarrow \sim s$의 대우인 $s \longrightarrow \sim p$이다.

두 명제 $p \longrightarrow \sim s$, $r \longrightarrow q$가 모두 참이라고 할 때, 이들로부터 명제 $s \longrightarrow \sim r$이 참이라는 결론을 얻기 위해서는 참인 명제가 하나 더 필요하다. 다음 명제가 모두 참이라고 할 때, 이 중에서 필요한 명제는?

① $q \longrightarrow p$ ② $s \longrightarrow q$ ③ $r \longrightarrow \sim q$
④ $\sim s \longrightarrow \sim q$ ⑤ $r \longrightarrow \sim p$

STEP Ⓐ 명제의 대우와 삼단논법을 이용하여 필요한 명제 구하기

두 명제 $p \longrightarrow \sim s$, $r \longrightarrow q$가 참이므로 그 대우인
$s \longrightarrow \sim p$, $\sim q \longrightarrow \sim r$도 참이다.
이때 두 명제 $s \longrightarrow \sim p$, $\sim q \longrightarrow \sim r$에서 삼단논법에 의하여
명제 $s \longrightarrow \sim r$이 참이라는 결론을 얻기 위해서는
명제 $\sim p \longrightarrow \sim q$가 필요하다.
따라서 주어진 보기 중 필요한 명제는 $\sim p \longrightarrow \sim q$의 대우인 $q \longrightarrow p$이다.
　　　정답 ①

1078 　　　정답 ⑤

STEP Ⓐ 명제의 대우와 삼단논법을 이용하여 참, 거짓 판단하기

ㄱ. 두 명제 $q \longrightarrow \sim p$, $r \longrightarrow q$가 참이므로 그 대우인
　$p \longrightarrow \sim q$, $\sim q \longrightarrow \sim r$도 참이다.
　즉 삼단논법에 의하여 명제 $p \longrightarrow \sim r$은 참이다. [참]
ㄴ. 명제 $p \longrightarrow \sim r$이 참이면 그 대우인 $r \longrightarrow \sim p$도 참이므로 $R \subset P^c$ [참]
ㄷ. 명제 $p \longrightarrow \sim q$가 참이므로 $P \subset Q^c$ [참]
따라서 항상 옳은 것은 ㄱ, ㄴ, ㄷ이다.

전체집합 U에 대하여 세 조건 p, q, r의 진리집합을 각각 P, Q, R이라 하자. 명제 $p \longrightarrow q$와 $\sim r \longrightarrow \sim q$가 모두 참일 때, 다음 중 항상 옳은 것은?

① $P \cup Q = P$ ② $P - R = R$ ③ $P \cap R = P$
④ $P \cup R^c = U$ ⑤ $Q - P = \varnothing$

STEP Ⓐ 명제의 대우와 삼단논법을 이용하여 집합의 포함 관계 구하기

명제 $\sim r \longrightarrow \sim q$가 참이므로 그 대우인 $q \longrightarrow r$도 참이다.
두 명제 $p \longrightarrow q$, $q \longrightarrow r$이 참이므로
삼단논법에 의하여 명제 $p \longrightarrow r$이 참이다.
따라서 $P \subset R$에서 $P \cap R = P$이므로 항상 옳은 것은 ③이다.　　　정답 ③

1079 　　　정답 ⑤

STEP Ⓐ 주어진 명제를 진리집합 사이의 포함 관계로 나타내기

명제 $q \longrightarrow \sim p$가 참이므로 $Q \subset P^c$
명제 $\sim r \longrightarrow p$가 참이므로 $R^c \subset P$
즉 $Q \subset P^c$, $P^c \subset R$이므로 $Q \subset R$

STEP Ⓑ 집합의 포함 관계를 이용하여 참, 거짓 판단하기

① $Q \subset R$ [참]
② $Q \subset P^c$이므로 $P \cap Q = \varnothing$ [참]
③ $P^c \subset R$이므로 어떤 $x \in P$에 대하여 $x \notin R$이다. [참]
④ $Q \subset R$이므로 모든 $x \in Q$에 대하여 $x \in R$이다. [참]
⑤ $P^c \subset R$이므로 모든 $x \in P$에 대하여 $x \in R$인 것은 아니다. [거짓]
따라서 옳지 않은 것은 ⑤이다.

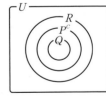

1080

2015년 11월 고1 학력평가 17번

정답 ③

STEP A **주어진 명제를 진리집합 사이의 포함 관계로 나타내기**

명제 $\sim p \longrightarrow r$이 참이므로 $P^c \subset R$

명제 $r \longrightarrow \sim q$가 참이므로 $R \subset Q^c$ ...... ㉠

명제 $\sim r \longrightarrow q$가 참이므로 $R^c \subset Q$이고 $Q^c \subset R$ ...... ㉡

㉠, ㉡에서 $R \subset Q^c \subset R$이므로 $R = Q^c$

$\therefore P^c \subset R = Q^c$

STEP B **집합의 포함 관계를 이용하여 참, 거짓 판단하기**

ㄱ. $P^c \subset R$ [참]

ㄴ. 반례 $U = \{1, 2, 3\}$, $P = \{1, 2\}$,
$\quad Q = \{2\}$일 때, $P \not\subset Q$ [거짓]

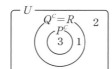

+α | 삼단논법과 대우를 이용하여 $P \not\subset Q$임을 구할 수도 있어!

$\sim p \Longrightarrow r$이고 $r \Longrightarrow \sim q$이므로 삼단논법에 의하여 $\sim p \Longrightarrow \sim q$이고
그 대우는 $q \Longrightarrow p$ ◀ 명제와 그 명제의 대우의 참, 거짓은 항상 일치한다.
즉 $Q \subset P$이므로 항상 $P \subset Q$이라 할 수 없다.

ㄷ. $P^c \subset R = Q^c$에서 $Q \subset P$, $Q = R^c$이므로 $P \cap Q = Q = R^c$ [참]

따라서 옳은 것은 ㄱ, ㄷ이다.

내/신/연/계/ 출제문항 553

전체집합 U에 대하여 세 조건 p, q, r의 진리집합을 각각 P, Q, R이라
하자. 세 명제 $p \longrightarrow \sim q$, $\sim q \longrightarrow r$, $q \longrightarrow \sim r$이 모두 참일 때, 항상
옳은 것만을 [보기]에서 있는 대로 고른 것은?

> ㄱ. $P \cap Q = \varnothing$
> ㄴ. $P \cap R = R$
> ㄷ. $Q \cup R = U$

① ㄱ ② ㄴ ③ ㄱ, ㄷ
④ ㄴ, ㄷ ⑤ ㄱ, ㄴ, ㄷ

STEP A **주어진 명제를 진리집합 사이의 포함 관계로 나타내기**

명제 $p \longrightarrow \sim q$가 참이므로 $P \subset Q^c$

명제 $\sim q \longrightarrow r$이 참이므로 $Q^c \subset R$ ...... ㉠

명제 $q \longrightarrow \sim r$이 참이므로 $Q \subset R^c$이고 $R \subset Q^c$ ...... ㉡

㉠, ㉡에서 $Q^c \subset R \subset Q^c$이므로 $Q^c = R$

$\therefore P \subset Q^c = R$

STEP B **집합의 포함 관계를 이용하여 참, 거짓 판단하기**

ㄱ. $P \subset Q^c$이므로 $P \cap Q = \varnothing$ [참]

ㄴ. $P \subset R$이므로 $P \cap R = P$ [거짓]

ㄷ. $Q^c = R$이므로 $Q \cup R = U$ [참]

따라서 항상 옳은 것은 ㄱ, ㄷ이다.

정답 ③

1081

정답 ⑤

STEP A **명제의 대우를 이용하여 명제가 참임을 증명하기**

주어진 명제의 대우는

'자연수 n에 대하여 n이 짝수이면 n^2은 [짝수]이다.' 이다.

n이 짝수이면 $n = 2k$ (k는 자연수)로 나타낼 수 있으므로
$n^2 = (2k)^2 = 4k^2 = 2 \times 2k^2$이다.

여기서 $2k^2$은 자연수이므로 $2 \times 2k^2$은 [짝수]이고 n^2은 [짝수]이다.

따라서 주어진 명제의 대우가 참이므로 주어진 명제도 참이다.

STEP B **(가), (나), (다)에 알맞은 것 구하기**

따라서 (가) : 짝수, (나) : 짝수, (다) : 짝수

1082

정답 ③

STEP A **명제의 대우를 이용하여 명제가 참임을 증명하기**

주어진 명제의 대우는

'자연수 n에 대하여 n이 홀수이면 n^2도 홀수이다.' 이다.

n이 홀수이면 $n = \boxed{2k-1}$ (k는 자연수)로 나타낼 수 있으므로
$n^2 = (\boxed{2k-1})^2 = 4k^2 - 4k + 1 = 2(\boxed{2k^2 - 2k}) + 1$

여기서 $\boxed{2k^2 - 2k}$은 0 또는 짝수이므로 n^2은 홀수이다.

따라서 주어진 명제의 대우가 참이므로 주어진 명제도 참이다.

STEP B **$f(2)g(2)$의 값 구하기**

따라서 $f(k) = 2k - 1$, $g(k) = 2k^2 - 2k$이므로 $f(2)g(2) = 3 \times 4 = 12$

내/신/연/계/ 출제문항 554

다음은 자연수 n에 대하여 명제 'n^2이 짝수이면 n도 짝수이다.'가 참임을
그 대우를 이용하여 증명하는 과정이다.

> 주어진 명제의 대우는
> 'n이 홀수이면 n^2도 홀수이다.'이다.
> $n = \boxed{(가)}$ (k는 자연수)라 하면 $n^2 = 2(\boxed{(나)}) + 1$
> 이때 $\boxed{(나)}$는 $\boxed{(다)}$ 또는 자연수이므로 n^2은 홀수이다.
> 따라서 주어진 명제의 대우가 참이므로 주어진 명제도 참이다.

위의 과정에서 (가), (나)에 알맞은 식을 각각 $f(k)$, $g(k)$라 하고 (다)에
알맞은 수를 a라 할 때, $f(a) + g(3)$의 값은?

① 7 ② 8 ③ 9
④ 10 ⑤ 11

STEP A **명제의 대우를 이용하여 명제가 참임을 증명하기**

주어진 명제의 대우는

'n이 홀수이면 n^2도 홀수이다.' 이다.

$n = \boxed{2k-1}$ (k는 자연수)라 하면
$n^2 = (2k-1)^2 = 4k^2 - 4k + 1 = 2(\boxed{2k^2 - 2k}) + 1$

이때 $\boxed{2k^2 - 2k}$는 $\boxed{0}$ 또는 자연수이므로 n^2은 홀수이다.

따라서 주어진 명제의 대우가 참이므로 주어진 명제도 참이다.

STEP B **$f(a) + g(3)$의 값 구하기**

따라서 $f(k) = 2k - 1$, $g(k) = 2k^2 - 2k$, $a = 0$이므로
$f(a) + g(3) = f(0) + g(3) = -1 + (18 - 6) = 11$

정답 ⑤

1083

정답 ④

STEP A 명제의 대우를 이용하여 명제가 참임을 증명하기

주어진 명제의 대우는

'자연수 n이 3의 배수가 아니면 n^2도 $\boxed{3\text{의 배수가 아니다.}}$'이다.

n이 3의 배수가 아니므로

$n=3k-1$ 또는 $\boxed{n=3k-2}$ (k는 자연수)이다.

이때 $n^2=3(3k^2-2k)+1$ 또는 $n^2=3(3k^2-4k+1)+1$이고

$3k^2-2k$와 $3k^2-4k+1$은 0 또는 $\boxed{\text{자연수}}$이므로

n^2은 $\boxed{3\text{의 배수가 아니다.}}$

따라서 주어진 명제의 대우가 $\boxed{\text{참}}$이므로 주어진 명제도 $\boxed{\text{참}}$이다.

> **+α** | $n=3k+1$ 또는 $n=3k+2$로 놓고 증명할 수 있어!
>
> n이 3의 배수가 아니라고 가정하면
> $n=3k+1$ 또는 $n=3k+2$ (k는 0 또는 자연수)로 나타낼 수 있다.
> (i) $n=3k+1$일 때,
> $\quad n^2=(3k+1)^2=3(3k^2+2k)+1$이므로 n^2은 3의 배수가 아니다.
> (ii) $n=3k+2$일 때,
> $\quad n^2=(3k+2)^2=3(3k^2+4k+1)+1$이므로 n^2은 3의 배수가 아니다.
> (i), (ii)에서 n^2이 3의 배수라는 가정에 모순이다.
> 따라서 주어진 명제는 참이다.

STEP B 빈칸에 들어갈 수나 식으로 옳지 않은 것 구하기

따라서

(가) : 3의 배수가 아니다. (나) : $n=3k-2$ (다) : 자연수

(라) : 3의 배수가 아니다. (마) : 참

이므로 옳지 않은 것은 ④이다.

1084

정답 ②

STEP A 명제의 대우를 이용하여 명제가 참임을 증명하기

주어진 명제의 대우는

'자연수 n이 3의 배수가 아니면 n^2+2는 3의 배수이다.'이다.

$n=3k+1$ 또는 $n=\boxed{3k+2}$ (k는 0 이상의 정수)라 하면

(i) $n=3k+1$일 때,

$\quad n^2+2=(3k+1)^2+2=3(\boxed{3k^2+2k+1})$

$\quad$ 그러므로 n^2+2는 3의 배수이다.

(ii) $n=\boxed{3k+2}$일 때,

$\quad n^2+2=(3k+2)^2+2=3(3k^2+4k+2)$

$\quad$ 그러므로 n^2+2는 3의 배수이다.

(i), (ii)에 의하여 주어진 명제의 대우가 참이므로 주어진 명제도 참이다.

STEP B $f(0)+g(1)$의 값 구하기

따라서 $f(k)=3k+2$, $g(k)=3k^2+2k+1$이므로 $f(0)+g(1)=2+6=8$

1085

정답 ①

STEP A 명제의 결론을 부정하기

$\sqrt{2}$가 $\boxed{\text{유리수}}$라고 가정하면

$\sqrt{2}=\dfrac{n}{m}$ (단, m, n은 $\boxed{\text{서로소}}$인 자연수)으로 나타낼 수 있다.

STEP B 유리수의 성질을 이용하여 모순이 생기는 것을 보이기

위 식의 양변을 제곱하면 $2=\dfrac{n^2}{m^2}$

$\therefore n^2=2m^2$ …… ㉠

이때 n^2이 $\boxed{\text{짝수}}$이므로 n도 $\boxed{\text{짝수}}$이다.

여기서 $n=2k$ (k는 자연수)라 하고 ㉠에 대입하면 $(2k)^2=2m^2$

$\therefore m^2=2k^2$

이때 m^2이 $\boxed{\text{짝수}}$이므로 m도 $\boxed{\text{짝수}}$이다.

이것은 m, n이 모두 짝수이므로

m, n이 $\boxed{\text{서로소}}$인 자연수라는 가정에 모순이다.

따라서 $\sqrt{2}$는 유리수가 아니다.

STEP C (가), (나), (다)에 알맞은 것 구하기

따라서 (가) : 유리수, (나) : 서로소, (다) : 짝수

1086

정답 ②

STEP A 명제의 결론을 부정하기

$\sqrt{3n(3n+2)}$가 유리수라고 가정하면

$\sqrt{3n(3n+2)}=\dfrac{b}{a}$ (a, b는 서로소인 자연수)

STEP B 유리수의 성질을 이용하여 모순이 생기는 것을 보이기

즉 $3n(3n+2)=\dfrac{b^2}{a^2}$ …… ㉠

㉠의 좌변이 자연수이고 a와 b는 서로소인 자연수이므로

$a^2=\boxed{1}$ …… ㉡

㉡을 ㉠에 대입하여 변형하면

$9n^2+6n=b^2$, $9n^2+6n+1=b^2+1$,

$9n^2+6n+1-b^2=1$, $(3n+1)^2-b^2=1$,

$(\boxed{3n+1}+b)(\boxed{3n+1}-b)=1$

따라서 $\boxed{3n+1}-b$, $\boxed{3n+1}+b$는 모두 1이거나 모두 -1이다.

이때 어느 경우에나 n, b가 모두 자연수라는 사실에 모순이므로

$\sqrt{3n(3n+2)}$는 무리수이다.

STEP C $k+f(2)$의 값 구하기

따라서 $k=1$, $f(n)=3n+1$이므로 $k+f(2)=1+7=8$

다음은 명제 'n이 자연수일 때, $\sqrt{n(n+1)}$은 유리수가 아니다.'를 증명한 것이다.

> $\sqrt{n(n+1)}$이 유리수라 가정하면
> $\sqrt{n(n+1)}=\dfrac{a}{b}$ (a, b는 서로소인 자연수)로 놓을 수 있다.
> 위 식의 양변을 제곱하면
> $n(n+1)=\dfrac{a^2}{b^2}$ ...... ㉠
> 그런데 이 식의 좌변은 자연수이고 a와 b는 서로소이므로
> $b^2=$ (가) ...... ㉡
> ㉡을 ㉠에 대입하여 변형하면
> $4n^2+4n=4a^2$,
> $(2n+1)^2-4a^2=$ (나) ,
> $(2n+1+2a)(2n+1-2a)=$ (나)
> 즉 $2n+1+2a$, $2n+1-2a$는 모두 (다) 이거나 모두 (라) 이다.
> 이때 어느 경우에나 모순이므로 $\sqrt{n(n+1)}$은 유리수가 아니다.

위의 과정에서 (가), (나), (다), (라)에 알맞은 값을 각각 p, q, r, s라 할 때, $pqrs$의 값은?

① -1 ② -2 ③ -4
④ -8 ⑤ -16

STEP Ⓐ 명제의 결론을 부정하기

$\sqrt{n(n+1)}$이 유리수라 가정하면
$\sqrt{n(n+1)}=\dfrac{a}{b}$ (a, b는 서로소인 자연수)로 놓을 수 있다.

STEP Ⓑ 유리수의 성질을 이용하여 모순이 생기는 것을 보이기

위 식의 양변을 제곱하면

$n(n+1)=\dfrac{a^2}{b^2}$ ...... ㉠

그런데 이 식의 좌변은 자연수이고 a와 b는 서로소이므로
$b^2=\boxed{1}$ ...... ㉡
㉡을 ㉠에 대입하면 $n(n+1)=a^2$
양변에 4를 곱하면 $4n^2+4n=4a^2$,
$(2n+1)^2-4a^2=\boxed{1}$, $4n^2+4n+1=4a^2+1$, $(2n+1)^2=4a^2+1$
$(2n+1+2a)(2n+1-2a)=\boxed{1}$
즉 $2n+1+2a$, $2n+1-2a$는 모두 $\boxed{1}$ 이거나 $\boxed{-1}$ 이다.
이때 어느 경우에나 모순이므로 $\sqrt{n(n+1)}$은 유리수가 아니다.

STEP Ⓒ $pqrs$의 값 구하기

따라서 $p=1$, $q=1$, $r=1$, $s=-1$이므로 $pqrs=-1$

정답 ①

1087

정답 ②

STEP Ⓐ 명제의 결론을 부정하기

$b\neq 0$이라고 가정하면 $b\sqrt{3}=-a$, $\sqrt{3}=-\dfrac{a}{b}$

STEP Ⓑ 유리수의 성질을 이용하여 모순이 생기는 것을 보이기

이때 a, b는 유리수이고 $-\dfrac{a}{b}$도 $\boxed{\text{유리수}}$ 가 되어 $\sqrt{3}$이 $\boxed{\text{유리수}}$ 가 된다.

이것은 $\sqrt{3}$이 $\boxed{\text{무리수}}$ 라는 사실에 모순되므로 $b=0$이다.

$b=0$을 $a+b\sqrt{3}=0$에 대입하여 정리하면
$a=\boxed{0}$ 이 성립한다.

STEP Ⓒ (가), (나), (다)에 알맞은 것 구하기

따라서 (가) : 유리수, (나) : 무리수, (다) : 0

1088

정답 3

STEP Ⓐ 귀류법을 이용하여 명제가 참임을 증명하기

a, b가 모두 3의 배수가 아니라고 하면
$a=3l\pm 1$, $b=3m\pm 1$ (단, l, m은 정수)로 나타낼 수 있다.
이때 $a^2+b^2=3(\boxed{3l^2\pm 2l+3m^2\pm 2m})+\boxed{2}$ ...... ㉠
즉 a^2+b^2을 3으로 나눈 나머지는 $\boxed{2}$이다.
그런데 $c=3k$인 경우 $c^2=9k^2$이고
$c=3k\pm 1$인 경우
$c^2=3(3k^2\pm 2k)+\boxed{1}$ (k는 정수) ...... ㉡
㉠, ㉡에서 $a^2+b^2\neq c^2$이다.
이것은 $a^2+b^2=c^2$이라는 가정에 모순이므로
a, b 중에서 적어도 하나는 3의 배수이어야 한다.

STEP Ⓑ $p+q$의 값 구하기

따라서 $p=2$, $q=1$이므로 $p+q=3$

1089

2013년 06월 고1 학력평가 19번   정답 ③

해설강의

STEP Ⓐ 귀류법을 이용하여 명제가 참임을 증명하기

$\sqrt{n^2-1}$이 유리수라고 가정하면
$\sqrt{n^2-1}=\dfrac{q}{p}$ (p, q는 서로소인 자연수)로 놓을 수 있다.
이 식의 양변을 제곱하여 정리하면
$n^2-1=\dfrac{q^2}{p^2}$
$\therefore p^2(n^2-1)=q^2$ ...... ㉠
즉 p는 q^2의 약수이므로 $\dfrac{q^2}{p}$은 자연수이다.

 $p\times p(n^2-1)=q^2$, $p(n^2-1)$은 자연수

그런데 p, q는 서로소이므로 p가 1이 아닌 자연수이면 $\dfrac{q^2}{p}$이 자연수가 아니다.
그러므로 $p=1$
㉠에 $p=1$을 대입하면 $n^2-1=q^2$
$n^2=\boxed{q^2+1}$이다.
자연수 k에 대하여
(ⅰ) $q=2k$일 때,
     $n^2=(2k)^2+1$이므로 $(2k)^2<n^2<\boxed{(2k+1)^2}$
         $n^2=4k^2+1<4k^2+4k+1=(2k+1)^2$
     즉 $2k<n<2k+1$을 만족하는 자연수 n은 존재하지 않는다.

(ii) $q=2k+1$일 때,

$n^2=(2k+1)^2+1$이므로 $\boxed{(2k+1)^2}<n^2<(2k+2)^2$

$\underbrace{4k^2+4k+1}_{=(2k+1)^2}<(2k+1)^2+1=n^2$

즉 $2k+1<n<2k+2$를 만족하는 자연수 n은 존재하지 않는다.

(i)과 (ii)에 의하여 $\sqrt{n^2-1}=\dfrac{q}{p}$ (p, q는 서로소인 자연수)를 만족하는

자연수 n은 존재하지 않는다.

따라서 $\sqrt{n^2-1}$은 무리수이다.

STEP B $f(2)+g(3)$**의 값 구하기**

따라서 $f(q)=q^2+1$, $g(k)=(2k+1)^2$이므로 $f(2)+g(3)=5+49=54$

내신연계 출제문항 556

다음은 명제 '$n\geq 2$인 자연수 n에 대하여 $\sqrt{n^2-1}$은 무리수이다.'가 참임을 귀류법을 이용하여 증명하는 과정이다.

> $\sqrt{n^2-1}$이 유리수라 가정하면
>
> $\sqrt{n^2-1}=\dfrac{q}{p}$ (p, q는 서로소인 자연수) ······ ㉠
>
> 로 나타낼 수 있다.
>
> 위 식의 양변을 제곱하여 정리하면 $p^2(\boxed{\ (가)\ })=q^2$
>
> p는 q^2의 약수이고 p, q는 서로소인 자연수이므로
>
> $n^2=\boxed{(나)}$
>
> 자연수 k에 대하여
>
> (i) $q=2k$일 때,
>
> $(2k)^2<n^2<\boxed{(다)}$인 자연수 n이 존재하지 않는다.
>
> (ii) $q=2k+1$일 때,
>
> $\boxed{(다)}<n^2<(2k+2)^2$인 자연수 n이 존재하지 않는다.
>
> (i), (ii)에서 ㉠을 만족시키는 자연수 n은 존재하지 않는다.
>
> 따라서 $\sqrt{n^2-1}$은 무리수이다.

위의 과정에서 (가), (나), (다)에 알맞은 식을 각각 $f(n)$, $g(q)$, $h(k)$라 할 때, $f(\sqrt{2})+g(2)+h(2)$의 값을 구하시오.

STEP A **귀류법을 이용하여 명제가 참임을 증명하기**

$\sqrt{n^2-1}$이 유리수라 가정하면

$\sqrt{n^2-1}=\dfrac{q}{p}$ (p, q는 서로소인 자연수) ······ ㉠

로 나타낼 수 있다.

위 식의 양변을 제곱하여 정리하면 $n^2-1=\dfrac{q^2}{p^2}$, $p^2(\boxed{n^2-1})=q^2$

p는 q^2의 약수이고 p, q는 서로소인 자연수이므로 $p=1$

이때 $1^2\times(n^2-1)=q^2$이므로 $n^2=\boxed{q^2+1}$

자연수 k에 대하여

(i) $q=2k$일 때,

$n^2=(2k)^2+1=4k^2+1$이므로 $4k^2<4k^2+1<4k^2+4k+1$

$\therefore (2k)^2<n^2<\boxed{(2k+1)^2}$

$\therefore 2k<n<2k+1$

이때 위의 부등식을 만족시키는 자연수 n은 존재하지 않는다.

(ii) $q=2k+1$일 때,

$n^2=(2k+1)^2+1=4k^2+4k+2$이므로

$4k^2+4k+1<4k^2+4k+2<4k^2+8k+4$

$\therefore \boxed{(2k+1)^2}<n^2<(2k+2)^2$

$\therefore 2k+1<n<2k+2$

이때 위의 부등식을 만족시키는 자연수 n은 존재하지 않는다.

(i), (ii)에서 ㉠을 만족시키는 자연수 n은 존재하지 않는다.

따라서 $\sqrt{n^2-1}$은 무리수이다.

STEP B $f(\sqrt{2})+g(2)+h(2)$**의 값 구하기**

즉 $f(n)=n^2-1$, $g(q)=q^2+1$, $h(k)=(2k+1)^2$이므로

$f(\sqrt{2})+g(2)+h(2)=1+5+25=31$ 정답 31

1090 정답 ②

STEP A **세 조건의 진리집합 구하기**

세 조건 p, q, r의 진리집합을 각각 P, Q, R이라고 하면

$P=\{-1,\ 1\}$, $Q=\{-1,\ 1\}$, $R=\{-2,\ -1,\ 1\}$

STEP B **진리집합의 포함 관계를 이용하여 충분, 필요조건 판별하기**

$P=Q$이므로 p는 q이기 위한 $\boxed{\text{필요충분}}$조건이다.

$P\subset R$이므로 r은 p이기 위한 $\boxed{\text{필요}}$조건이다.

$Q\subset R$이므로 q는 r이기 위한 $\boxed{\text{충분}}$조건이다.

1091 정답 ①

STEP A **두 조건 사이의 관계를 이용하여 충분, 필요조건 판별하기**

① $a^3-b^3=0$에서 $(a-b)(a^2+ab+b^2)=0$

$\therefore a=b(\because a^2+ab+b^2\geq 0)$

$a^4-b^4=0$에서 $(a^2+b^2)(a+b)(a-b)=0$

$\therefore a=-b$ 또는 $a=b(\because a^2+b^2\geq 0)$

즉 $a^3-b^3=0$은 $a^4-b^4=0$이기 위한 충분조건이다.

② $ab=|ab|$이면 $|a|+|b|=0$이다. [거짓]

반례 $a=-1$, $b=-1$이면 $ab=|ab|=1$이지만 $|a|+|b|=2\neq 0$이다.

$|a|+|b|=0$이면 $a=0$이고 $b=0$이므로 $ab=|ab|=0$이다. [참]

즉 $ab=|ab|$은 $|a|+|b|=0$이기 위한 필요조건이다.

③ $a-b=0$이면 $a=b$이므로 $a^3-b^3=a^3-a^3=0$이다. [참]

$a^3-b^3=0$이면 $a-b=0$이다. [참]

증명 $a^3-b^3=0$에서 $(a-b)(a^2+ab+b^2)=0$

$\therefore a=b(\because a^2+ab+b^2\geq 0)$

즉 $a-b=0$은 $a^3-b^3=0$이기 위한 필요충분조건이다.

④ $ab<0$이면 $|a|+|b|>|a+b|$이다. [참]

증명 $ab<0$이면 $|ab|=-ab$이므로

$(|a|+|b|)^2-|a+b|^2=a^2+2|ab|+b^2-a^2-2ab-b^2$

$=2(|ab|-ab)=-2ab>0$

$(|a|+|b|)^2>|a+b|^2$이므로 $|a|+|b|>|a+b|$

$|a|+|b|>|a+b|$이면 $ab<0$이다. [참]

증명 $|a|+|b|>|a+b|$에서 $(|a|+|b|)^2>|a+b|^2$이므로

$(|a|+|b|)^2-|a+b|^2=a^2+2|ab|+b^2-a^2-2ab-b^2$

$=2(|ab|-ab)>0$

$|ab|>ab$이므로 $ab<0$

즉 $ab<0$은 $|a|+|b|>|a+b|$이기 위한 필요충분조건이다.

⑤ $a=b=c=0$이면 $(a-b)^2+(b-c)^2+(c-a)^2=0$이다. [참]

$(a-b)^2+(b-c)^2+(c-a)^2=0$이면 $a=b=c=0$이다. [거짓]

반례 $a=b=c=1$이면 $(a-b)^2+(b-c)^2+(c-a)^2=0$이지만

$a\neq 0$이고 $b\neq 0$이고 $c\neq 0$이다.

즉 $a=b=c=0$은 $(a-b)^2+(b-c)^2+(c-a)^2=0$이기 위한 충분조건이다.

따라서 옳지 않은 것은 ①이다.

두 실수 a, b에 대하여 다음 중 옳지 않은 것은?

① $a^2b+ab^2=0$은 $a=b=0$이기 위한 필요조건이다.
② $a^2-b^2=0$은 $a^4-b^4=0$이기 위한 필요충분조건이다.
③ $a^2+ab+b^2=0$은 $a=b=0$이기 위한 필요충분조건이다.
④ $|a+b|=|a|+|b|$는 $ab>0$이기 위한 필요충분조건이다.
⑤ $|a+b|=|a-b|$는 $|a|+|b|=0$이기 위한 필요조건이다.

STEP A 두 조건 사이의 관계를 이용하여 충분, 필요조건 판별하기

① $a^2b+ab^2=0$이면 $a=b=0$이다. [거짓]
　(반례) $a=1$, $b=-1$이면 $a^2b+ab^2=-1+1=0$이지만 $a\neq0$, $b\neq0$이다.
　$a=b=0$이면 $a^2b+ab^2=0$이다. [참]
　즉 $a^2b+ab^2=0$은 $a=b=0$이기 위한 필요조건이다.
② $a^2-b^2=0$에서 $(a+b)(a-b)=0$
　$\therefore a=-b$ 또는 $a=b$
　$a^4-b^4=0$에서 $(a^2+b^2)(a+b)(a-b)=0$
　$\therefore a=-b$ 또는 $a=b(\because a^2+b^2\geq0)$
　즉 $a^2-b^2=0$은 $a^4-b^4=0$이기 위한 필요충분조건이다.
③ $a^2+ab+b^2=0$에서 $\left(a+\dfrac{b}{2}\right)^2+\dfrac{3}{4}b^2=0$이므로 $a=b=0$
　즉 $a^2+ab+b^2=0$은 $a=b=0$이기 위한 필요충분조건이다.
④ $|a+b|=|a|+|b|$의 양변을 제곱하면
　$|a+b|^2=(|a|+|b|)^2$, $a^2+2ab+b^2=a^2+2|ab|+b^2$,
　$ab=|ab|$　$\therefore ab\geq0$
　즉 $|a+b|=|a|+|b|$는 $ab>0$이기 위한 필요조건이다.
⑤ $|a+b|=|a-b|$의 양변을 제곱하면
　$|a+b|^2=|a-b|^2$, $a^2+2ab+b^2=a^2-2ab+b^2$,
　$ab=0$　$\therefore a=0$ 또는 $b=0$
　$|a|+|b|=0$에서 $a=0$이고 $b=0$
　즉 $|a+b|=|a-b|$는 $|a|+|b|=0$이기 위한 필요조건이다.
따라서 옳지 않은 것은 ④이다. **정답 ④**

1092
정답 ④

STEP A 두 조건 사이의 관계를 이용하여 충분, 필요조건 판별하기

① $p : xz=yz$에서 $x=y$ 또는 $z=0$
　$q : x=y$
　$\therefore p\Longleftarrow q$이므로 p는 q이기 위한 필요조건이다.
② $p : x^2=y^2$에서 $x=y$ 또는 $x=-y$
　$q : |x|=|y|$에서 $x=y$ 또는 $x=-y$
　$\therefore p\Longleftrightarrow q$이므로 p는 q이기 위한 필요충분조건이다.
③ $p : |x|\leq2$에서 $-2\leq x\leq2$
　$q : 0\leq x\leq2$
　$\therefore p\Longleftarrow q$이므로 p는 q이기 위한 필요조건이다.
④ $p : x$, y는 유리수
　$q : xy$가 유리수일 때, x, y는 유리수가 아닐 수 있다.
　(반례) $x=\sqrt{2}$, $y=-\sqrt{2}$일 때, $xy=\sqrt{2}\times(-\sqrt{2})=-2$
　$\therefore p\Longrightarrow q$이므로 p는 q이기 위한 충분조건이다.
⑤ $p : x$는 12의 양의 약수에서 $x=1$, 2, 3, 4, 6, 12
　$q : x$는 6의 양의 약수에서 $x=1$, 2, 3, 6
　$\therefore p\Longleftarrow q$이므로 p는 q이기 위한 필요조건이다.
따라서 p가 q이기 위한 충분조건이지만 필요조건이 아닌 것은 ④이다.

1093

STEP A 두 조건 사이의 관계를 이용하여 충분, 필요조건 판별하기

① $p : |x|=2$에서 $x=-2$ 또는 $x=2$
　$q : x^2=4$에서 $x=-2$ 또는 $x=2$
　$\therefore p\Longleftrightarrow q$이므로 p는 q이기 위한 필요충분조건이다.
② $p : x>1$
　$q : x>-1$
　$\therefore p\Longrightarrow q$이므로 p는 q이기 위한 충분조건이다.
③ $p : x=y$
　$q : x^2=y^2$에서 $x=y$ 또는 $x=-y$
　$\therefore p\Longrightarrow q$이므로 p는 q이기 위한 충분조건이다.
④ $p : x<0$이고 $y>0$
　$q : xy<0$에서 ($x>0$이고 $y<0$) 또는 ($x<0$이고 $y>0$)
　$\therefore p\Longrightarrow q$이므로 p는 q이기 위한 충분조건이다.
⑤ $p : |x+y|=|x|+|y|$에서 양변을 제곱하면
　$x^2+2xy+y^2=|x|^2+2|x||y|+|y|^2$, $2xy=2|xy|$이므로 $xy\geq0$
　$q : xy>0$
　$\therefore p\Longleftarrow q$이므로 p는 q이기 위한 필요조건이다.
따라서 p가 q이기 위한 필요조건이지만 충분조건이 아닌 것은 ⑤이다.

실수 x, y와 집합 A, B에 대하여 다음 중 조건 p가 조건 q이기 위한 필요조건이지만 충분조건이 아닌 것은?

① $p : x=2$　　　　$q : x^2=4$
② $p : x+y>0$　　$q : x>0$, $y>0$
③ $p : x^2+y^2=0$　$q : x=y=0$
④ $p : x>y>0$　　$q : \dfrac{y}{x}<1$
⑤ $p : A\cap B=\varnothing$　$q : A\subset B^c$

STEP A 두 조건 사이의 관계를 이용하여 충분, 필요조건 판별하기

① $p : x=2$
　$q : x^2=4$에서 $x=-2$ 또는 $x=2$
　$\therefore p\Longrightarrow q$이므로 p는 q이기 위한 충분조건이다.
② $p : x+y>0$
　$q : x>0$, $y>0$
　$\therefore p\Longleftarrow q$이므로 p는 q이기 위한 필요조건이다.
③ $p : x^2+y^2=0$에서 $x=0$이고 $y=0$
　$q : x=y=0$
　$\therefore p\Longleftrightarrow q$이므로 p는 q이기 위한 필요충분조건이다
④ $p : x>y>0$
　$q : \dfrac{y}{x}<1$에서 ($x>0$일 때, $x>y$) 또는 ($x<0$일 때, $y>x$)
　$\therefore p\Longrightarrow q$이므로 p는 q이기 위한 충분조건이다.
⑤ $p : A\cap B=\varnothing$
　$q : A\subset B^c$
　$\therefore p\Longleftrightarrow q$이므로 p는 q이기 위한 필요충분조건이다
따라서 p가 q이기 위한 필요조건이지만 충분조건이 아닌 것은 ②이다.
정답 ②

1094

STEP A 두 조건 사이의 관계를 이용하여 충분, 필요조건 판별하기

① 두 조건 $p : a+b>2$, $q : a>1$ 또는 $b>1$의 부정은
$\sim p : a+b\leq 2$, $\sim q : a\leq 1$, $b\leq 1$
$\sim q \Longrightarrow \sim p$이므로 $p \Longrightarrow q$이다.
∴ $p \Longrightarrow q$이므로 p는 q이기 위한 충분조건이다.

② $q : |a-b|=|a+b|$에서 양변을 제곱하면
$a^2-2ab+b^2=a^2+2ab+b^2$, $-2ab=2ab$이므로 $ab=0$
∴ $p \Longleftrightarrow q$이므로 p는 q이기 위한 필요충분조건이다.

③ $q : |a-b|>|a+b|$에서 $|a+b|\geq 0$, $|a-b|\geq 0$이므로
$|a+b|^2-|a-b|^2=(a+b)^2-(a-b)^2=4ab<0$
∴ $p \Longleftrightarrow q$이므로 p는 q이기 위한 필요충분조건이다.

④ $p : ab=0$에서 $a=0$ 또는 $b=0$
$q : |a|+|b|=0$에서 $a=0$이고 $b=0$
∴ $p \Longleftarrow q$이므로 p는 q이기 위한 필요조건이다.

⑤ $p : a^2+b^2+c^2-ab-bc-ca=0$에서
$(a-b)^2+(b-c)^2+(c-a)^2=0$이므로 $a=b=c$
$q : a^2+b^2+c^2=0$에서 $a=0$이고 $b=0$이고 $c=0$
∴ $p \Longleftarrow q$이므로 p는 q이기 위한 필요조건이다.

따라서 p가 q이기 위한 충분조건이지만 필요조건은 아닌 것은 ①이다.

1095

STEP A 두 조건 사이의 관계를 이용하여 충분, 필요조건 판별하기

ㄱ. $a^2+b^2=0$은 $a=0$, $b=0$이기 위한 필요충분조건이다.
ㄴ. $a+b\sqrt{2}=0$은 $a=0$, $b=0$이기 위한 필요조건이다.
　반례 $a=-2$, $b=\sqrt{2}$이면 $a+b\sqrt{2}=0$이지만 $a\neq 0$, $b\neq 0$이다.
ㄷ. $|a|+|b|=0$은 $a=0$, $b=0$이기 위한 필요충분조건이다.
ㄹ. $|a+b|=0$은 $a=0$, $b=0$이기 위한 필요조건이다.
　반례 $a=1$, $b=-1$이면 $|a+b|=0$이지만 $a\neq 0$, $b\neq 0$이다.
ㅁ. $\sqrt{a}+\sqrt{b}=0$은 $a=0$, $b=0$이기 위한 필요충분조건이다.
ㅂ. $a^2-2ab+2b^2=0$에서 $a^2-2ab+b^2+b^2=(a-b)^2+b^2=0$
　이때 a, b가 실수이므로 $a=b$, $b=0$
　즉 $a=0$이고 $b=0$이기 위한 필요충분조건이다.
따라서 $a=0$이고 $b=0$이기 위한 필요충분조건은 ㄱ, ㄷ, ㅁ, ㅂ이므로
개수는 4

1096

STEP A 두 조건 사이의 관계를 이용하여 충분, 필요조건 판별하기

① $p : ab=0$에서 $a=0$ 또는 $b=0$
$q : a^2+b^2=0$에서 $a=0$이고 $b=0$
∴ $p \Longleftarrow q$이므로 p는 q이기 위한 필요조건이다.

② $p : a=b$
$q : a^2-b^2=0$에서 $(a+b)(a-b)=0$이므로 $a=-b$ 또는 $a=b$
∴ $p \Longrightarrow q$이므로 p는 q이기 위한 충분조건이다.

③ $p : a^2-b^2=0$에서 $(a+b)(a-b)=0$이므로 $a=-b$ 또는 $a=b$
$q : |a|+|b|=0$에서 $a=b=0$
∴ $p \Longleftarrow q$이므로 p는 q이기 위한 필요조건이다.

④ $p : ab=0$에서 $a=0$ 또는 $b=0$
$q : a+bi=0$에서 $a=0$이고 $b=0$
∴ $p \Longleftarrow q$이므로 p는 q이기 위한 필요조건이다.

⑤ $p : \sqrt{a}+\sqrt{b}=0$에서 $a=0$이고 $b=0$
$q : a^2+b^2=0$에서 $a=0$이고 $b=0$
∴ $p \Longleftrightarrow q$이므로 p는 q이기 위한 필요충분조건이다.

따라서 p가 q이기 위한 충분조건이지만 필요조건이 아닌 것은 ②이다.

내/신/연/계 출제문항 559

두 실수 a, b에 대하여 다음 [보기]에 조건 p가 조건 q이기 위한 필요충분
조건인 것을 모두 고르면?

ㄱ. $p : a=b$	$q : |a|=|b|$
ㄴ. $p : a>0$이고 $b>0$	$q : ab>0$
ㄷ. $p : a^2+b^2=0$	$q : |a|+|b|=0$
ㄹ. $p : |a|+|b|=0$	$q : a^2+ab+b^2=0$

① ㄱ
② ㄱ, ㄴ
③ ㄱ, ㄹ
④ ㄷ, ㄹ
⑤ ㄱ, ㄴ, ㄷ, ㄹ

STEP A 두 조건 사이의 관계를 이용하여 충분, 필요조건 판별하기

ㄱ. $p : a=b$
$q : |a|=|b|$에서 $a=-b$ 또는 $a=b$
∴ $p \Longrightarrow q$이므로 p는 q이기 위한 충분조건이다.

ㄴ. $p : a>0$이고 $b>0$
$q : ab>0$에서 $a>0$, $b>0$ 또는 $a<0$, $b<0$
∴ $p \Longrightarrow q$이므로 p는 q이기 위한 충분조건이다.

ㄷ. $p : a^2+b^2=0$에서 $a=0$이고 $b=0$
$q : |a|+|b|=0$에서 $a=0$이고 $b=0$
∴ $p \Longleftrightarrow q$이므로 p는 q이기 위한 필요충분조건이다.

ㄹ. $p : |a|+|b|=0$에서 $a=0$이고 $b=0$
$q : a^2+ab+b^2=0$에서 $a^2+ab+b^2=\left(a+\dfrac{b}{2}\right)^2+\dfrac{3}{4}b^2=0$이므로
　$a=0$이고 $b=0$
∴ $p \Longleftrightarrow q$이므로 p는 q이기 위한 필요충분조건이다.

따라서 p가 q이기 위한 필요충분조건인 것은 ㄷ, ㄹ이다.

1097

STEP A 두 조건 사이의 관계를 이용하여 충분, 필요조건 판별하기

ㄱ. $p : |a+b|=|a-b|$에서 양변을 제곱하면
　$a^2+2ab+b^2=a^2-2ab+b^2$　∴ $ab=0$
$q : a=0$ 또는 $b=0$
∴ $p \Longleftrightarrow q$이므로 p는 q이기 위한 필요충분조건이다.

ㄴ. $p : |a+b|=|a|+|b|$에서 양변을 제곱하면
　$a^2+2ab+b^2=|a|^2+2|a||b|+|b|^2$,
　$ab=|ab|$이므로 $ab\geq 0$
$q : a\geq 0$이고 $b\geq 0$
∴ $p \Longleftarrow q$이므로 p는 q이기 위한 필요조건이다.

ㄷ. $p : |a-b|=|a|+|b|$에서 양변을 제곱하면
　$a^2-2ab+b^2=|a|^2+2|a||b|+|b|^2$
　$-ab=|ab|$이므로 $ab\leq 0$
$q : ab\leq 0$
∴ $p \Longleftrightarrow q$이므로 p는 q이기 위한 필요충분조건이다.

따라서 p가 q이기 위한 필요충분조건인 것은 ㄱ, ㄷ이다.

1098

STEP A 세 조건 p, q, r의 필요충분조건 구하기

p : $a^2+b^2+c^2=0$에서 $a=b=c=0$

q : $a^2+b^2+c^2+ab+bc+ca=0$에서

$\dfrac{1}{2}\{(a+b)^2+(b+c)^2+(c+a)^2\}=0$

즉 $a+b=b+c=c+a=0$이므로 $a=b=c=0$

r : $a^2+b^2+c^2-ab-bc-ca=0$에서

$\dfrac{1}{2}\{(a-b)^2+(b-c)^2+(c-a)^2\}=0$

즉 $a-b=b-c=c-a=0$이므로 $a=b=c$

STEP B [보기]의 참, 거짓 판단하기

ㄱ. $p\Longleftrightarrow q$이므로 p는 q이기 위한 필요충분조건이다. [참]

ㄴ. $p\Longrightarrow r$이므로 p는 r이기 위한 충분조건이다. [참]

ㄷ. $q\Longrightarrow r$이므로 q는 r이기 위한 충분조건이다. [참]

따라서 옳은 것은 ㄱ, ㄴ, ㄷ이다.

1099   2013년 09월 고1 학력평가 13번

STEP A 세 조건 p, q, r의 필요충분조건 구하기

p : $|a|+|b|=0$에서 $a=0$이고 $b=0$ ($\because |a|\geq0$, $|b|\geq0$)

q : $a^2-2ab+b^2=0$에서 $(a-b)^2=0$이므로 $a=b$

r : $|a+b|=|a-b|$에서 $|a+b|^2=|a-b|^2$

$a^2+2ab+b^2=a^2-2ab+b^2$

즉 $ab=0$이므로 $a=0$ 또는 $b=0$

STEP B [보기]의 참, 거짓 판단하기

ㄱ. '$a=0$이고 $b=0$'이면 $a=b$이지만

$a=b$이면 '$a=0$이고 $b=0$'은 거짓이므로

p는 q이기 위한 충분조건이다. [참]

ㄴ. $\sim p$: $a\neq0$ 또는 $b\neq0$, $\sim r$: $a\neq0$이고 $b\neq0$이므로

$\sim p$는 $\sim r$이기 위한 필요조건이다. [참]

> **+α** | 대우를 이용하여 ㄴ이 참임을 보일 수도 있어!
>
> $\sim p$가 $\sim r$이기 위한 필요조건이려면 $\sim r\Longrightarrow\sim p$가 성립해야 한다.
> 이때 $\sim r\Longrightarrow\sim p$의 대우는 $p\Longrightarrow r$이고
> '$a=0$이고 $b=0$'이면 '$a=0$ 또는 $b=0$'은 참인 명제이므로 $p\Longrightarrow r$이다.
> 즉 명제와 그 대우는 참, 거짓이 일치하므로 $\sim r\Longrightarrow\sim p$가 성립한다.

ㄷ. (q이고 r)은 $a=b$이면서 $a=0$ 또는 $b=0$이므로 $a=0$이고 $b=0$

즉 (q이고 r)은 p이기 위한 필요충분조건이다. [참]

따라서 옳은 것은 ㄱ, ㄴ, ㄷ이다.

내신연계 출제문항 560

두 실수 a, b에 대하여 세 조건 p, q, r이

$$p : ab=0, \quad q : a^2+b^2=ab, \quad r : a^2+b^2=(a-b)^2$$

일 때, [보기]에서 참인 명제만을 있는 대로 고른 것은?

> ㄱ. $p\longrightarrow q$
> ㄴ. $\sim r\longrightarrow\sim p$
> ㄷ. $\sim q\longrightarrow r$

① ㄱ ② ㄴ ③ ㄷ

④ ㄱ, ㄴ ⑤ ㄴ, ㄷ

(우측 상단)

STEP A 세 조건 p, q, r의 필요충분조건 구하기

p : $ab=0$에서 $a=0$ 또는 $b=0$

q : $a^2+b^2=ab$에서 $\left(a-\dfrac{b}{2}\right)^2+\dfrac{3}{4}b^2=0$이므로 $a-\dfrac{b}{2}=0$이고 $b=0$

즉 $a=b=0$

r : $a^2+b^2=(a-b)^2$에서 $a^2+b^2=a^2-2ab+b^2$

즉 $ab=0$이므로 $a=0$ 또는 $b=0$

STEP B [보기]의 참, 거짓 판단하기

ㄱ. $a=1$, $b=0$이면 $ab=0$이지만

$a=b=0$은 성립하지 않으므로

명제 $p\longrightarrow q$는 거짓이다.

ㄴ. 명제 $\sim r\longrightarrow\sim p$의 대우 $p\longrightarrow r$은 참이다.

즉 명제 $\sim r\longrightarrow\sim p$는 참이다.

ㄷ. 명제 $\sim q\longrightarrow r$의 대우는 $\sim r\longrightarrow q$이다.

$ab\neq0$이면 $a\neq0$이고 $b\neq0$이므로 명제 $\sim r\longrightarrow q$는 거짓이다.

따라서 참인 명제는 ㄴ이다.

1100

STEP A 두 조건 사이의 관계를 이용하여 충분, 필요조건 판별하기

ㄱ. $A=B$이면 $A\cap C=B\cap C$이다. [참]

$A\cap C=B\cap C$이면 항상 $A=B$인 것은 아니다. [거짓]

 $A=\{2, 3\}$, $B=\{2, 5\}$, $C=\{2, 4\}$일 때,

$A\cap C=B\cap C=\{2\}$이지만 $A\neq B$이다.

$\therefore p\Longrightarrow q$이므로 p는 q이기 위한 충분조건이다.

ㄴ. $A=B$이면 $A\cup C=B\cup C$이다. [참]

$A\cup C=B\cup C$이면 항상 $A=B$인 것은 아니다. [거짓]

 $A=\{2\}$, $B=\{3\}$, $C=\{2, 3\}$일 때,

$A\cup C=B\cup C=\{2, 3\}$이지만 $A\neq B$이다.

$\therefore p\Longrightarrow q$이므로 p는 q이기 위한 충분조건이다.

ㄷ. $A=B$이면 $A-C=B-C$이다. [참]

$A-C=B-C$이면 항상 $A=B$인 것은 아니다. [거짓]

반례 $A=\{2, 4\}$, $B=\{3, 4\}$, $C=\{2, 3\}$일 때,

$A-C=B-C=\{4\}$이지만 $A\neq B$이다.

$\therefore p\Longrightarrow q$이므로 p는 q이기 위한 충분조건이다.

따라서 p가 q이기 위한 충분조건이지만 필요조건이 아닌 것은 ㄱ, ㄴ, ㄷ이다.

1101

STEP A 집합의 연산법칙을 이용하여 주어진 식의 좌변을 정리하기

$A\cup\{(A\cap B)\cup(B-A)\}=A\cup\{(A\cap B)\cup(B\cap A^c)\}$ ← $A-B=A\cap B^c$

$=A\cup\{B\cap(A\cup A^c)\}$ ← 분배법칙

$=A\cup\{B\cap U\}=A\cup B$ ← $A\cup A^c=U$

STEP B 두 집합 A, B의 포함 관계 구하기

따라서 $A\cup B=A$이기 위한 필요충분조건은 $B\subset A$, 즉 $A^c\subset B^c$

STEP A 두 조건 p, q의 진리집합 구하기

$p : x^3-6x^2+11x-6=0$에서 $(x-1)(x-2)(x-3)=0$이므로

$\therefore x=1$ 또는 $x=2$ 또는 $x=3$

$q : x^2+kx-k-1=0$에서 $(x-1)(x+k+1)=0$이므로

$\therefore x=1$ 또는 $x=-k-1$

이때 실수 x에 대한 두 조건 p, q의 진리집합을 각각 P, Q라 하면

$P=\{1, 2, 3\}$, $Q=\{1, -k-1\}$

STEP B p가 q이기 위한 필요조건임을 이용하여 k의 값 구하기

p가 q이기 위한 필요조건이 되려면 $Q \subset P$이어야 한다.

명제 $q \longrightarrow p$가 참이다.

이때 $-k-1 \in Q$이므로 $-k-1 \in P$이어야 한다.

(i) $-k-1=1$일 때, $k=-2$

(ii) $-k-1=2$일 때, $k=-3$

(iii) $-k-1=3$일 때, $k=-4$

(i)$\sim$(iii)에 의하여 모든 정수 k의 값의 곱은 $-2 \times (-3) \times (-4) = -24$

정답 ⑤

1118
2016년 03월 고2 학력평가 가형 16번   정답 ⑤

해설강의

STEP A 세 집합 P, Q, R의 포함 관계 파악하기

p는 q이기 위한 충분조건이므로 $P \subset Q$ …… ㉠

r는 p이기 위한 필요조건이므로 $P \subset R$ …… ㉡

STEP B 세 집합 P, Q, R의 포함 관계를 이용하여 a, b의 값 구하기

㉠에서 $3 \in P$이므로 $3 \in Q$이어야 한다.

즉 $a^2-1=3$ 또는 $b=3$

(i) $a^2-1=3$일 때,

$a^2=4$이므로 $a=-2$ 또는 $a=2$

이때 ㉡에서 $ab=3$이어야 하므로 $a=-2$, $b=-\dfrac{3}{2}$ 또는 $a=2$, $b=\dfrac{3}{2}$

$3 \in P$이므로 $3 \in R$

그런데 $a=-2$ 또는 $a=2$이므로 $ab=3$

(ii) $b=3$일 때,

㉡에서 $a=3$ 또는 $ab=3$이므로 $a=3$, $b=3$ 또는 $a=1$, $b=3$

STEP C $a+b$의 최솟값 구하기

(i), (ii)에서 $a+b$의 값은 $a=-2$, $b=-\dfrac{3}{2}$일 때, 최소이므로

최솟값은 $(-2)+\left(-\dfrac{3}{2}\right)=-\dfrac{7}{2}$

내/신/연/계/ 출제문항 570

세 조건 p, q, r의 진리집합이 각각

$$P=\{4\}, \quad Q=\{1-a, 3b-5\}, \quad R=\{1+a, b^2\}$$

이다. p는 r이기 위한 충분조건이고 q는 p이기 위한 필요조건일 때, $a+b$의 최솟값은? (단, a, b는 실수이다.)

① -13 ② -11 ③ -9

④ -7 ⑤ -5

STEP A 세 집합 P, Q, R의 포함 관계 파악하기

p는 r이기 위한 충분조건이므로 $P \subset R$ …… ㉠

q는 p이기 위한 필요조건이므로 $P \subset Q$ …… ㉡

STEP B 세 집합 P, Q, R의 포함 관계를 이용하여 a, b의 값 구하기

㉠에서 $4 \in P$이므로 $4 \in R$이어야 한다.

즉 $1+a=4$ 또는 $b^2=4$

(i) $1+a=4$일 때, $a=3$이므로 $R=\{4, b^2\}$, $Q=\{-2, 3b-5\}$

이때 ㉡에서 $3b-5=4$이어야 하므로 $b=3$

(ii) $b^2=4$일 때, $b=2$ 또는 $b=-2$이므로

$R=\{1+a, 4\}$, $Q=\{1-a, 1\}$ 또는 $R=\{1+a, 4\}$, $Q=\{1-a, -11\}$

이때 ㉡에서 $1-a=4$이어야 하므로 $a=-3$

STEP C $a+b$의 최솟값 구하기

(i), (ii)에서 $a+b$의 값은 $a=-3$, $b=-2$일 때, 최소이므로

최솟값은 $(-3)+(-2)=-5$

정답 ⑤

1119
정답 5

STEP A 두 조건 p, q의 진리집합 구하기

$p : \left|\dfrac{x}{2}-a\right| \le 1$에서 $-1 \le \dfrac{x}{2}-a \le 1$ $\therefore 2(a-1) \le x \le 2(a+1)$

$q : x^2-10x+9 \le 0$에서 $(x-1)(x-9) \le 0$ $\therefore 1 \le x \le 9$

두 조건 p, q의 진리집합을 각각 P, Q라 하면

$P=\{x | 2(a-1) \le x \le 2(a+1)\}$

$Q=\{x | 1 \le x \le 9\}$

STEP B p가 q이기 위한 충분조건임을 이용하여 a의 최댓값과 최솟값 구하기

p가 q이기 위한 충분조건이 되려면

$P \subset Q$이어야 하므로 이를 수직선에 나타내면 오른쪽 그림과 같다.

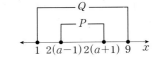

즉 $1 \le 2(a-1)$, $2(a+1) \le 9$이므로

$\dfrac{3}{2} \le a \le \dfrac{7}{2}$

따라서 $M=\dfrac{7}{2}$, $m=\dfrac{3}{2}$이므로 $M+m=\dfrac{7}{2}+\dfrac{3}{2}=5$

1120
정답 ③

STEP A 두 조건 p, q의 진리집합 구하기

$p : x^2+x-20 \le 0$에서 $(x+5)(x-4) \le 0$ $\therefore -5 \le x \le 4$

$q : |x-1| < k$에서 $-k < x-1 < k$ $\therefore -k+1 < x < k+1$

두 조건 p, q의 진리집합을 각각 P, Q라 하면

$P=\{x | -5 \le x \le 4\}$, $Q=\{x | -k+1 < x < k+1\}$

STEP B p가 q이기 위한 필요조건임을 이용하여 자연수 k의 값의 합 구하기

p가 q이기 위한 필요조건이 되려면

$Q \subset P$이어야 하므로 이를 수직선 위에 나타내면 다음 그림과 같다.

즉 $-k+1 \ge -5$, $k+1 \le 4$이므로 $k \le 3$

따라서 자연수 k는 1, 2, 3이므로

그 합은 $1+2+3=6$

내/신/연/계/ 출제문항 571

실수 x에 대한 두 조건

$$p : x^2-x-6 \ge 0,$$

$$q : |x-2| \ge a$$

에 대하여 p가 q이기 위한 필요조건이 되도록 하는 실수 a의 최솟값은?

① 3   ② 4   ③ 5

④ 6   ⑤ 7

STEP Ⓐ **두 조건 p, q의 진리집합 P, Q 구하기**

$p : x^2-x-6 \ge 0$에서 $(x+2)(x-3) \ge 0$ $\therefore x \le -2$ 또는 $x \ge 3$

$q : |x-2| \ge a$에서

$a \le 0$일 때,

모든 실수 x에 대하여 성립하므로 p가 q이기 위한 필요조건이 될 수 없다.

$a > 0$일 때,

$x-2 \le -a$ 또는 $x-2 \ge a$ $\therefore x \le 2-a$ 또는 $x \ge 2+a$

두 조건 p, q의 진리집합을 각각 P, Q라 하면

$P = \{x \mid x \le -2$ 또는 $x \ge 3\}$, $Q = \{x \mid x \le 2-a$ 또는 $x \ge 2+a\}$

STEP Ⓑ **p가 q이기 위한 필요조건임을 이용하여 a의 최솟값 구하기**

p가 q이기 위한 필요조건이 되려면 $Q \subset P$이어야 하므로

이를 수직선 위에 나타내면 다음 그림과 같다.

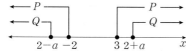

즉 $2-a \le -2$, $2+a \ge 3$이므로 $a \ge 4$

따라서 실수 a의 최솟값은 4 　　　정답 ②

1121 　　　정답 ⑤

STEP Ⓐ **두 조건 p, q의 진리집합 구하기**

$p : x^2-7x+10 \le 0$의 부정은 $\sim p : x^2-7x+10 > 0$이므로

$(x-2)(x-5) > 0$ $\therefore x < 2$ 또는 $x > 5$

$q : (x+a)(x-a-1) < 0$의 부정은 $\sim q : (x+a)(x-a-1) \ge 0$이므로

$\therefore x \le -a$ 또는 $x \ge a+1$

두 조건 p, q의 진리집합을 각각 P, Q라 하면

$P^c = \{x \mid x < 2$ 또는 $x > 5\}$, $Q^c = \{x \mid x \le -a$ 또는 $x \ge a+1\}$

STEP Ⓑ **$\sim q$가 $\sim p$이기 위한 충분조건임을 이용하여 a의 최솟값 구하기**

$\sim q$가 $\sim p$이기 위한 충분조건이 되려면 $Q^c \subset P^c$이어야 하므로

이를 수직선 위에 나타내면 다음 그림과 같다.

즉 $-a < 2$, $5 < a+1$이므로 $a > 4$

따라서 자연수 a의 최솟값은 5

다른풀이 **대우를 이용하여 풀이하기**

STEP Ⓐ **두 조건 p, q의 진리집합 구하기**

$p : x^2-7x+10 \le 0$에서 $(x-2)(x-5) \le 0$ $\therefore 2 \le x \le 5$

$q : (x+a)(x-a-1) < 0$에서 $-a < x < a+1$

두 조건 p, q의 진리집합을 각각 P, Q라 하면

$P = \{x \mid 2 \le x \le 5\}$, $Q = \{x \mid -a < x < a+1\}$

STEP Ⓑ **p가 q이기 위한 충분조건임을 이용하여 a의 최솟값 구하기**

$\sim q \longrightarrow \sim p$가 참이면 이 명제의 대우인 $p \longrightarrow q$도 참이므로

$P \subset Q$이어야 한다.

이를 수직선 위에 나타내면 오른쪽
그림과 같다.

즉 $-a < 2$, $5 < a+1$이므로 $a > 4$

따라서 자연수 a의 최솟값은 5

1122 　　　정답 ⑤

STEP Ⓐ **두 조건 p, q의 진리집합 구하기**

$p : x^2-(a+b)x+ab < 0$에서 $(x-a)(x-b) < 0$ $\therefore a < x < b$

$q : x^2-2x-3 < 0$에서 $(x-3)(x+1) < 0$ $\therefore -1 < x < 3$

두 조건 p, q의 진리집합을 각각 P, Q라 하면

$P = \{x \mid a < x < b\}$, $Q = \{x \mid -1 < x < 3\}$

STEP Ⓑ **p가 q이기 위한 충분조건임을 이용하여 순서쌍 (a, b)의 개수 구하기**

p가 q이기 위한 충분조건이 되려면 $P \subset Q$이어야 하므로

이를 수직선 위에 나타내면 다음 그림과 같다.

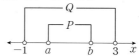

즉 $-1 \le a < b \le 3$이므로 순서쌍 (a, b)는

$(-1, 0)$, $(-1, 1)$, $(-1, 2)$, $(-1, 3)$, $(0, 1)$, $(0, 2)$, $(0, 3)$,

$(1, 2)$, $(1, 3)$, $(2, 3)$

따라서 순서쌍 (a, b)의 개수는 $4+3+2+1=10$

1123 　　　정답 4

STEP Ⓐ **세 조건 p, q, r의 진리집합 구하기**

세 조건 p, q, r의 진리집합을 각각 P, Q, R이라 하면

$P = \{x \mid -1 \le x \le 3$ 또는 $x \ge 5\}$, $Q = \{x \mid x \ge a\}$, $R = \{x \mid x \ge b\}$

STEP Ⓑ **충분, 필요조건을 이용하여 집합의 포함 관계 파악하기**

q가 p이기 위한 충분조건이므로 $Q \subset P$

r는 p이기 위한 필요조건이므로 $P \subset R$

$\therefore Q \subset P \subset R$

STEP Ⓒ **집합의 포함 관계와 수직선을 이용하여 a, b의 범위 구하기**

$Q \subset P \subset R$을 만족시키도록 수직선 위에 나타내면 다음 그림과 같다.

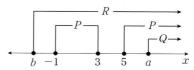

즉 $5 \le a$, $b \le -1$이므로 a의 최솟값 $m=5$, b의 최댓값 $M=-1$

따라서 $m+M=5+(-1)=4$

내신연계 출제문항 **572**

실수 x에 대하여 세 조건 p, q, r이

　　$p : -2 \le x \le 4$ 또는 $x \ge 7$,

　　$q : x \ge a$,

　　$r : x \ge b$

일 때, q는 p이기 위한 필요조건이고 r은 p이기 위한 충분조건이다.

a의 최댓값과 b의 최솟값의 합은? (단, a, b는 실수이다.)

① 4　　　　　② 5　　　　　③ 6

④ 7　　　　　⑤ 8

STEP Ⓐ **세 조건 p, q, r의 진리집합 구하기**

세 조건 p, q, r의 진리집합을 각각 P, Q, R이라고 하면

$P = \{x \mid -2 \le x \le 4$ 또는 $x \ge 7\}$, $Q = \{x \mid x \ge a\}$, $R = \{x \mid x \ge b\}$

STEP B **충분, 필요조건을 이용하여 집합의 포함 관계 파악하기**

q는 p이기 위한 필요조건이므로 $P \subset Q$

r는 p이기 위한 충분조건이므로 $R \subset P$

$\therefore R \subset P \subset Q$

STEP C **집합의 포함 관계와 수직선을 이용하여 a, b의 범위 구하기**

$R \subset P \subset Q$를 만족시키도록 수직선 위에 나타내면 다음 그림과 같다.

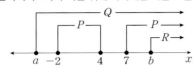

즉 $a \leq -2$, $b \geq 7$

따라서 a의 최댓값은 -2이고 b의 최솟값은 7이므로 그 합은 5   정답 ②

1124   2019학년도 고3 수능기출 나형 11번   정답 ③

STEP A **두 조건 $\sim p$, q의 진리집합 구하기**

$p : x^2 - 4x + 3 > 0$의 부정은 $\sim p : x^2 - 4x + 3 \leq 0$이므로

$(x-1)(x-3) \leq 0$에서 $1 \leq x \leq 3$

두 조건 p, q의 진리집합을 각각 P, Q라 하면

$P^C = \{x | 1 \leq x \leq 3\}$, $Q = \{x | x \leq a\}$

조건 $\sim p$의 진리집합은 P^C

STEP B **$\sim p$가 q이기 위한 충분조건임을 이용하여 a의 최솟값 구하기**

$\sim p$가 q이기 위한 충분조건이 되려면

$P^C \subset Q$이어야 하므로 이를 수직선에

나타내면 오른쪽 그림과 같다.

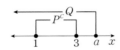

따라서 a의 값의 범위는 $a \geq 3$

이므로 a의 최솟값은 3

내/신/연/계 출제문항 573

두 조건

$$p : |x-a| > 2, \quad q : x^2 - x - 30 < 0$$

에 대하여 $\sim p$가 q이기 위한 충분조건이 되도록 하는 정수 a의 개수는?

① 5   ② 6   ③ 7
④ 8   ⑤ 9

STEP A **두 조건 $\sim p$, q의 진리집합 구하기**

$p : |x-a| > 2$의 부정은 $\sim p : |x-a| \leq 2$이므로 $-2 \leq x-a \leq 2$

$\therefore a-2 \leq x \leq a+2$

$q : x^2 - x - 30 < 0$에서 $(x+5)(x-6) < 0$

$\therefore -5 < x < 6$

두 조건 p, q의 진리집합을 각각 P, Q라 하면

$P^C = \{x | a-2 \leq x \leq a+2\}$, $Q = \{x | -5 < x < 6\}$

조건 $\sim p$의 진리집합은 P^C

STEP B **$\sim p$가 q이기 위한 충분조건임을 이용하여 a의 범위 구하기**

$\sim p$가 q이기 위한 충분조건이 되려면

$P^C \subset Q$이어야 하므로 이를 수직선에

나타내면 오른쪽 그림과 같다.

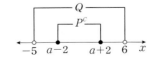

즉 $-5 < a-2$, $a+2 < 6$이므로

$-3 < a < 4$

따라서 정수 a의 값은

$-2, -1, 0, 1, 2, 3$이므로 그 개수는 6   정답 ②

해설강의

1125   2021년 03월 고2 학력평가 14번   정답 ③

STEP A **두 조건 p, $\sim q$의 진리집합 구하기**

$p : x^2 - 4x - 12 = 0$에서 $(x+2)(x-6) = 0$

$\therefore x = -2$ 또는 $x = 6$

$q : |x-3| > k$의 부정은 $\sim q : |x-3| \leq k$이므로 $-k \leq x-3 \leq k$

$\therefore 3-k \leq x \leq 3+k$

두 조건 p, q의 진리집합을 각각 P, Q라 하면

$P = \{-2, 6\}$, $Q^C = \{x | 3-k \leq x \leq 3+k\}$

조건 $\sim q$의 진리집합은 Q^C

STEP B **p가 $\sim q$이기 위한 충분조건임을 이용하여 k의 범위 구하기**

p가 $\sim q$이기 위한 충분조건이 되려면 $P \subset Q^C$이어야 하므로

이를 수직선에 나타내면 다음 그림과 같다.

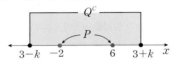

즉 $3-k \leq -2$, $6 \leq 3+k$이므로 $k \geq 5$

따라서 자연수 k의 최솟값은 5

내/신/연/계 출제문항 574

실수 x에 대한 두 조건 p, q가 다음과 같다.

$$p : (x-a+6)(x+2a-16) = 0, \quad q : x(x-2a) \leq 0$$

p가 q이기 위한 충분조건이 되도록 하는 모든 정수 a의 값의 합을 구하시오.

STEP A **두 조건 p, q의 진리집합 P, Q 구하기**

$p : (x-a+6)(x+2a-16) = 0$에서 $x = a-6$ 또는 $x = -2a+16$

$q : x(x-2a) \leq 0$에서 $a > 0$일 때, $0 \leq x \leq 2a$이고

$a < 0$일 때, $2a \leq x \leq 0$

두 조건 p, q의 진리집합을 각각 P, Q라 하면

$P = \{a-6, -2a+16\}$

$Q = \{x | 0 \leq x \leq 2a, a > 0\}$ 또는 $Q = \{x | 2a \leq x \leq 0, a < 0\}$

STEP B **p가 q이기 위한 충분조건임을 이용하여 a의 범위 구하기**

p가 q이기 위한 충분조건이 되려면 $P \subset Q$이어야 하므로

이를 수직선에 나타내면 아래 그림과 같다.

(i) $a > 0$일 때,

즉 $0 \leq a-6 \leq 2a$, $0 \leq -2a+16 \leq 2a$에서

$a \geq 6$, $4 \leq a \leq 8$ $\therefore 6 \leq a \leq 8$

(ii) $a < 0$일 때,

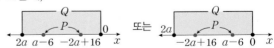

그런데 $x = -2a+16 > 0$이므로 위 그림이 성립하지 않는다.

(i), (ii)에서 $6 \leq a \leq 8$이므로 정수 a의 값은 6, 7, 8

따라서 모든 정수 a의 값의 합은 $6+7+8 = 21$ 정답 21

1126

정답 15

STEP p가 q이기 위한 필요충분조건임을 이용하여 a, b의 값 구하기

p : $2x+5=x+2$에서 $x=-3$이므로
p가 q이기 위한 필요충분조건이 되려면
이차방정식 $x^2+ax+b=0$의 근이 $x=-3$뿐이어야 한다.
즉 $x=-3$은 이차방정식 $x^2+ax+b=0$의 중근이므로
$x^2+ax+b=(x+3)^2=x^2+6x+9$
양변의 동류항의 계수를 비교하면 $a=6$, $b=9$
따라서 $a+b=6+9=15$

1127

정답 ①

STEP 명제 $q \longrightarrow p$가 참임을 이용하여 a의 값 구하기

p가 q이기 위한 필요충분조건이므로 명제 $q \longrightarrow p$가 참이다.
즉 명제 '$x=-1$ 또는 $x=b$이면 $(x+2)^2=a$이다.' 가 참이므로
방정식 $(x+2)^2=a$에 $x=-1$을 대입하면 $(-1+2)^2=a$
$\therefore a=1$

STEP 명제 $p \longrightarrow q$가 참임을 이용하여 b의 값 구하기

p : $(x+2)^2=1$에서 $x^2+4x+3=0$, $(x+1)(x+3)=0$이므로
명제 '$x=-1$ 또는 $x=-3$이면 $x=-1$ 또는 $x=b$이다.' 가 참이다.
$\therefore b=-3$
따라서 $a+b=1+(-3)=-2$

1128

정답 ③

STEP 조건 $\sim p$를 만족하는 자연수 x의 값 구하기

p : $x^2-3x+2>0$의 부정은 $\sim p$: $x^2-3x+2\le 0$이므로
$(x-1)(x-2)\le 0$ $\therefore 1\le x\le 2$
이때 x는 자연수이므로 $x=1$ 또는 $x=2$

STEP $\sim p$가 q이기 위한 필요충분조건임을 이용하여 a, b의 값 구하기

$\sim p$가 q이기 위한 필요충분조건이 되려면
이차방정식 $x^2+ax+b=0$의 두 근이 $x=1$과 $x=2$이어야 한다.
이차방정식의 근과 계수의 관계에 의하여
(두 근의 합)$=1+2=-a$, (두 근의 곱)$=1\times 2=b$
따라서 $a=-3$, $b=2$이므로 $ab=-3\times 2=-6$

자연수 x에 대한 두 조건 p, q가 다음과 같다.
$$p : x^2-2x>0, \quad q : x^2-ax+b=0$$
$\sim p$가 q이기 위한 필요충분조건이 되도록 하는 두 상수 a, b에 대하여 $a+b$의 값을 구하시오.

STEP 조건 $\sim p$를 만족하는 자연수 x의 값 구하기

p : $x^2-2x>0$의 부정은 $\sim p$: $x^2-2x\le 0$이므로
$x(x-2)\le 0$ $\therefore 0\le x\le 2$
이때 x는 자연수이므로 $x=1$ 또는 $x=2$

STEP $\sim p$가 q이기 위한 필요충분조건임을 이용하여 a, b의 값 구하기

$\sim p$가 q이기 위한 필요충분조건이 되려면
이차방정식 $x^2-ax+b=0$의 두 근이 $x=1$과 $x=2$이어야 한다.
이차방정식의 근과 계수의 관계에 의하여
(두 근의 합)$=1+2=a$, (두 근의 곱)$=1\times 2=b$
따라서 $a=3$, $b=2$이므로 $a+b=3+2=5$

정답 5

1129

정답 ⑤

STEP 명제가 참이면 그 대우도 참임을 이용하여 참인 명제 구하기

p는 $\sim r$이기 위한 필요조건이므로 $\sim r \Longrightarrow p$
r은 q이기 위한 충분조건이므로 $r \Longrightarrow q$ ...... ㉠
㉠에서 대우는 $\sim q \Longrightarrow \sim r$

STEP 삼단논법을 이용하여 참인 명제 구하기

즉 $\sim q \Longrightarrow \sim r$, $\sim r \Longrightarrow p$이므로 삼단논법에 의하여 $\sim q \Longrightarrow p$
따라서 항상 참인 명제는 ⑤이다.

1130

정답 ⑤

STEP 명제가 참이면 그 대우도 참임을 이용하여 참인 명제 구하기

명제 $p \longrightarrow q$가 참이므로 $p \Longrightarrow q$
명제 $\sim p \longrightarrow r$이 참이므로 $\sim p \Longrightarrow r$
각각의 대우도 참이므로 $\sim q \Longrightarrow \sim p$, $\sim r \Longrightarrow p$

STEP 삼단논법을 이용하여 참인 명제 구하기

$\sim r \Longrightarrow p$, $p \Longrightarrow q$이므로 삼단논법에 의하여 $\sim r \Longrightarrow q$
그 대우도 참이므로 $\sim q \Longrightarrow r$

STEP [보기]의 참, 거짓 판단하기

ㄱ. $\sim r \Longrightarrow p$이므로 $\sim r$은 p이기 위한 충분조건이다. [참]
ㄴ. $\sim r \Longrightarrow q$이므로 q는 $\sim r$이기 위한 필요조건이다. [참]
ㄷ. $\sim q \Longrightarrow r$이므로 r은 $\sim q$이기 위한 필요조건이다. [참]
따라서 항상 옳은 것은 ㄱ, ㄴ, ㄷ이다.

1131

STEP A 명제의 대우와 삼단논법을 이용하여 참인 명제 구하기

명제 $\sim s \longrightarrow q$의 대우는 $\sim q \longrightarrow s$
명제 $\sim p \longrightarrow r$의 대우는 $\sim r \longrightarrow p$
삼단논법에 의하여 $\sim r \Longrightarrow p \Longrightarrow \sim q \Longrightarrow s$

STEP B 집합의 포함 관계를 이용하여 [보기]의 참, 거짓 판단하기

ㄱ. $p \Longrightarrow s$이므로 p는 s이기 위한 충분조건이다. [거짓]
ㄴ. $\sim r \Longrightarrow \sim q$의 대우는 $q \Longrightarrow r$이므로 q는 r이기 위한 충분조건이다. [참]
ㄷ. $\sim r \Longrightarrow s$이므로 s는 $\sim r$이기 위한 필요조건이다. [거짓]
따라서 항상 옳은 것은 ㄴ이다.

내/신/연/계 출제문항 576

네 조건 p, q, r, s에 대하여
$$p \longrightarrow \sim s, \ \sim p \longrightarrow \sim r, \ \sim q \longrightarrow s$$
가 모두 참일 때, [보기]에서 항상 옳은 것만을 있는 대로 고른 것은?

> ㄱ. s는 $\sim p$이기 위한 필요조건이다.
> ㄴ. p는 q이기 위한 충분조건이다.
> ㄷ. q는 r이기 위한 충분조건이다.

① ㄱ   ② ㄴ   ③ ㄱ, ㄴ
④ ㄱ, ㄷ   ⑤ ㄱ, ㄴ, ㄷ

STEP A 명제의 대우와 삼단논법을 이용하여 참인 명제 구하기

명제 $\sim p \longrightarrow \sim r$의 대우는 $r \longrightarrow p$
명제 $\sim q \longrightarrow s$의 대우는 $\sim s \longrightarrow q$
삼단논법에 의하여 $r \Longrightarrow p \Longrightarrow \sim s \Longrightarrow q$

STEP B 집합의 포함 관계를 이용하여 [보기]의 참, 거짓 판단하기

ㄱ. $p \Longrightarrow \sim s$의 대우는 $s \Longrightarrow \sim p$이므로
  s는 $\sim p$이기 위한 충분조건이다. [거짓]
ㄴ. $p \Longrightarrow q$이므로 p는 q이기 위한 충분조건이다. [참]
ㄷ. $r \Longrightarrow q$이므로 q는 r이기 위한 필요조건이다. [거짓]
따라서 항상 옳은 것은 ㄴ이다.

정답 ②

1132

STEP A 주어진 명제와 각각의 대우를 기호로 나타내기

세 조건 p, q, r을
p : 게임을 잘한다.
q : 자율주행의 차량을 좋아한다.
r : 운전을 잘한다.
로 놓으면 두 명제 $p \longrightarrow q$, $q \longrightarrow r$이 모두 참이므로
각각의 대우 $\sim q \longrightarrow \sim p$, $\sim r \longrightarrow \sim q$도 모두 참이다.

STEP B 삼단논법을 이용하여 항상 참인 명제 찾기

[보기]의 명제는 다음과 같다.
① $r \longrightarrow p$ ② $p \longrightarrow r$ ③ $p \longrightarrow \sim q$
④ $\sim r \longrightarrow p$ ⑤ $\sim q \longrightarrow \sim r$
두 명제 $p \longrightarrow q$, $q \longrightarrow r$가 모두 참이므로 삼단논법에 의하여
명제 $p \longrightarrow r$도 참이다.
따라서 항상 참인 명제는 ②이다.

1133

STEP A 주어진 명제와 각각의 대우를 기호로 나타내기

조사에서 얻은 결과를 명제라 하고 네 조건 p, q, r, s를
p : 수면시간이 많다.
q : 자습시간이 적다.
r : 등교시간이 이르다.
s : 성적이 좋다.
로 놓으면 세 명제 $p \longrightarrow q$, $r \longrightarrow \sim p$, $s \longrightarrow \sim q$가 모두 참이므로 각각의
대우 $\sim q \longrightarrow \sim p$, $p \longrightarrow \sim r$, $q \longrightarrow \sim s$도 모두 참이다.

STEP B 대우와 삼단논법을 이용하여 [보기]의 참, 거짓 판단하기

[보기]의 명제는 다음과 같다.
A : $r \longrightarrow \sim q$ [거짓]
  r, q는 관련성이 없다.
B : $s \longrightarrow \sim p$ [참]
  두 명제 $s \longrightarrow \sim q$, $\sim q \longrightarrow \sim p$가 모두 참이므로 삼단논법에 의하여
  명제 $s \longrightarrow \sim p$도 참이다.
C : r, s는 관련성이 없다. [참]
따라서 올바른 추론을 한 학생은 B, C이다.

1134

STEP A 한 사람의 말이 사실임을 가정하고 모순점 찾기

(ⅰ) 수지의 말이 진실일 때,
  수지, 송이는 모두 서울에서 살고 있으므로 모순이다.
(ⅱ) 송이의 말이 진실일 때,
  민준은 광주에서, 수지, 송이는 모두 부산에서 살고 있으므로 모순이다.
(ⅲ) 민준의 말이 진실일 때,
  송이는 서울에서, 민준은 부산에서, 수지는 광주에서 살고 있다.
(ⅰ)~(ⅲ)에 의하여 서울, 부산, 광주에 살고 있는 사람은 차례로 송이, 민준, 수지이다.

내/신/연/계 출제문항 577

형사가 세 명의 용의자 A, B, C를 심문한 결과 용의자들은 다음과 같이
진술하였다.

> A : 나는 범인이 아니다.
> B : C가 범인이다.
> C : 내가 범인이다.

A, B, C 중 한 명만 진실을 말했다고 할 때, 진실을 말한 사람과 범인은?

① A, B   ② A, C   ③ B, C
④ B, A   ⑤ C, A

STEP A 한 명의 말이 사실임을 가정하고 모순점 찾기

(ⅰ) A가 진실을 말했을 때,
  나머지 사람들은 거짓을 말했으므로 범인은 B이다.
(ⅱ) B가 진실을 말했을 때,
  C도 진실을 말한 것이 되어 모순이다.
(ⅲ) C가 진실을 말했을 때,
  B도 진실을 말한 것이 되어 모순이다.
(ⅰ)~(ⅲ)에 의하여 진실을 말한 사람은 A이고 범인은 B이다. 정답 ①

1135
2011년 06월 고1 학력평가 13번　　　　　　　정답 ③

STEP Ⓐ　주어진 명제와 각각의 대우를 기호로 나타내기

조사에서 얻은 결과를 명제라 하고 네 조건 p, q, r, s를
p : 10대, 20대에게 선호도가 높다.
q : 판매량이 많다.
r : 가격이 싸다.
s : 기능이 많다.
로 놓으면 세 명제 $p \longrightarrow q$, $r \longrightarrow q$, $s \longrightarrow p$가 모두 참이므로 각각의
대우 $\sim q \longrightarrow \sim p$, $\sim q \longrightarrow \sim r$, $\sim p \longrightarrow \sim s$도 모두 참이다.

STEP Ⓑ　대우와 삼단논법을 이용하여 [보기]의 참, 거짓 판단하기

[보기]의 명제는 다음과 같다.
① $s \longrightarrow \sim r$　　　② $\sim r \longrightarrow \sim q$　　　③ $\sim q \longrightarrow \sim s$
④ $p \longrightarrow s$　　　⑤ $p \longrightarrow \sim r$
두 명제 $s \longrightarrow p$, $p \longrightarrow q$가 모두 참이므로 삼단논법에 의하여
명제 $s \longrightarrow q$와 그 대우 $\sim q \longrightarrow \sim s$도 참이다.
따라서 항상 참인 명제는 ③이다.

내/신/연/계 출제문항 578

다음 두 명제가 참이라고 할 때, 다음 중 항상 참인 명제인 것은?

> (가) 수학을 좋아하는 사람은 경제 관념이 좋다.
> (나) 수학을 좋아하지 않는 사람은 투자에 관심이 없다.

① 수학을 좋아하는 사람은 투자에 관심이 있다.
② 경제 관념이 좋은 사람은 수학을 좋아한다.
③ 경제 관념이 좋지 않은 사람은 투자에 관심이 있다.
④ 투자에 관심이 있는 사람은 경제 관념이 좋다.
⑤ 투자에 관심이 없는 사람은 수학을 좋아하지 않는다.

STEP Ⓐ　주어진 명제와 각각의 대우를 기호로 나타내기

세 조건 p, q, r을
p : 수학을 좋아한다.
q : 경제 관념이 좋다.
r : 투자에 관심이 있다.
로 놓으면 두 명제 $p \longrightarrow q$, $\sim p \longrightarrow \sim r$이 모두 참이므로 각각의
대우 $\sim q \longrightarrow \sim p$, $r \longrightarrow p$도 모두 참이다.

STEP Ⓑ　대우와 삼단논법을 이용하여 항상 참인 명제 찾기

[보기]의 명제는 다음과 같다.
① $p \longrightarrow r$　　　② $q \longrightarrow p$　　　③ $\sim q \longrightarrow r$
④ $r \longrightarrow q$　　　⑤ $\sim r \longrightarrow \sim p$
두 명제 $r \longrightarrow p$, $p \longrightarrow q$가 모두 참이므로 삼단논법에 의하여
명제 $r \longrightarrow q$가 참이다.
따라서 항상 참인 명제는 ④이다.　　　　　정답 ④

STEP 2　　　　　　　　　　서술형문제

1136
정답 해설참조

| 1단계 | 두 조건 p, q의 진리집합을 P, Q라 할 때, 진리집합 P, Q를 구한다. | 4점 |

$p : |x-2| \le 3$에서 $-3 \le x-2 \le 3$　∴ $-1 \le x \le 5$
$q : x^2 - x \le 0$에서 $x(x-1) \le 0$　∴ $0 \le x \le 1$
두 조건 p, q의 진리집합을 각각 P, Q라 하면
$P = \{x \mid -1 \le x \le 5\}$, $Q = \{x \mid 0 \le x \le 1\}$

| 2단계 | 조건 'p이고 $\sim q$'의 진리집합을 구한다. | 4점 |

이때 조건 'p이고 $\sim q$'의 진리집합은 $P \cap Q^c$이고
$Q^c = \{x \mid x < 0 \text{ 또는 } x > 1\}$이므로 두 집합 P, Q^c을 수직선 위에 나타내면
다음 그림과 같다.

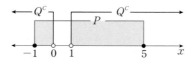

∴ $P \cap Q^c = \{x \mid -1 \le x < 0 \text{ 또는 } 1 < x \le 5\}$

| 3단계 | 정수 x의 개수를 구한다. | 2점 |

따라서 구하는 정수 x는 -1, 2, 3, 4, 5이므로 그 개수는 5이다.

1137
정답 해설참조

| 1단계 | 두 조건 p, q의 진리집합을 P, Q라 할 때, 진리집합 P, Q를 구한다. | 3점 |

$p : |x-2| < 2$에서 $-2 < x-2 < 2$　∴ $0 < x < 4$
두 조건 p, q의 진리집합을 각각 P, Q라 하면
$P = \{x \mid 0 < x < 4\}$, $Q = \{x \mid 5-k < x < k\}$

| 2단계 | 명제 $p \longrightarrow q$가 참이 되려면 $P \subset Q$가 성립함을 이용하여 실수 k의 범위를 구한다. | 5점 |

명제 $p \longrightarrow q$가 참이 되려면 $P \subset Q$이어야 하므로
두 집합 P, Q를 수직선 위에 나타내면 다음 그림과 같다.

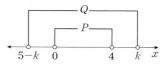

즉 $5-k \le 0$, $k \ge 4$이므로 $k \ge 5$

| 3단계 | 실수 k의 최솟값을 구한다. | 2점 |

따라서 실수 k의 최솟값은 5

내/신/연/계 출제문항 579

실수 x에 대하여 두 조건 p, q가
$$p : x^2 - 4k^2 \le 0, \quad q : |x-3| \le 4$$
일 때, 명제 $q \longrightarrow p$가 참이 되도록 하는 자연수 k의 최솟값을 구하는
과정을 다음 단계로 서술하시오.

[1단계] 두 조건 p, q의 진리집합을 P, Q라 할 때, 진리집합 P, Q를 구한다. [3점]
[2단계] 명제 $q \longrightarrow p$가 참이 되려면 $Q \subset P$가 성립함을 이용하여 k의 범위를 구한다. [5점]
[3단계] 자연수 k의 최솟값을 구한다. [2점]

1단계	두 조건 p, q의 진리집합을 P, Q라 할 때, 진리집합 P, Q를 구한다.	3점

$p : x^2-4k^2 \leq 0$에서 $(x+2k)(x-2k) \leq 0$ ∴ $-2k \leq x \leq 2k$

$q : |x-3| \leq 4$에서 $-4 \leq x-3 \leq 4$ ∴ $-1 \leq x \leq 7$

두 조건 p, q의 진리집합을 각각 P, Q라 하면

$P=\{x|-2k \leq x \leq 2k\}$, $Q=\{x|-1 \leq x \leq 7\}$

2단계	명제 $q \longrightarrow p$가 참이 되려면 $Q \subset P$가 성립함을 이용하여 k의 범위를 구한다.	5점

명제 $q \longrightarrow p$가 참이 되려면 $Q \subset P$이어야 하므로

두 집합 P, Q를 수직선 위에 나타내면 다음과 같다.

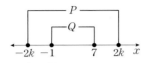

즉 $-2k \leq -1$, $7 \leq 2k$이므로 $k \geq \dfrac{7}{2}$

3단계	자연수 k의 최솟값을 구한다.	2점

따라서 자연수 k의 최솟값은 4

정답 해설참조

1138

정답 해설참조

1단계	세 조건 p, q, r의 진리집합을 P, Q, R이라 할 때, 진리집합 P, Q, R을 구한다.	2점

$p : x^2-9x \leq -8$에서 $x^2-9x+8 \leq 0$, $(x-1)(x-8) \leq 0$

∴ $1 \leq x \leq 8$

세 조건 p, q, r의 진리집합을 각각 P, Q, R이라 하면

$P=\{x|1 \leq x \leq 8\}$, $Q=\{x|x>a-2\}$, $R=\{x|x<b+3\}$

2단계	명제 $p \longrightarrow q$가 참일 때, 정수 a의 최댓값을 구한다.	4점

명제 $p \longrightarrow q$가 참이므로 $P \subset Q$

오른쪽 그림에서 $a-2<1$ ∴ $a<3$

즉 구하는 정수 a의 최댓값은 2

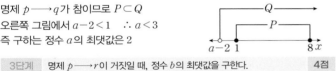

3단계	명제 $p \longrightarrow r$이 거짓일 때, 정수 b의 최댓값을 구한다.	4점

명제 $p \longrightarrow r$이 거짓이므로 $P \not\subset R$

오른쪽 그림에서 $b+3 \leq 8$ ∴ $b \leq 5$

즉 구하는 정수 b의 최댓값은 5

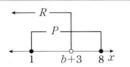

1139

정답 해설참조

1단계	'모든 실수 x에 대하여 $x^2-2ax+9>0$이다.'를 부정하여 a의 범위를 구한다.	4점

명제 '모든 실수 x에 대하여 $x^2-2ax+9>0$이다.'가 거짓이기 위해서는

그 부정인 '어떤 실수 x에 대하여 $x^2-2ax+9 \leq 0$이다.'가 참이어야 한다.

이차방정식 $x^2-2ax+9=0$의 판별식을 D_1이라 하면 $D_1 \geq 0$이어야 하므로

$\dfrac{D_1}{4}=a^2-9 \geq 0$, $(a-3)(a+3) \geq 0$

∴ $a \leq -3$ 또는 $a \geq 3$ ...... ㉠

2단계	'어떤 실수 x에 대하여 $x^2-ax+2a \leq 0$이다.'를 부정하여 a의 범위를 구한다.	4점

명제 '어떤 실수 x에 대하여 $x^2-ax+2a \leq 0$이다.'가 거짓이기 위해서는

그 부정인 '모든 실수 x에 대하여 $x^2-ax+2a>0$이다.'가 참이어야 한다.

이차방정식 $x^2-ax+2a=0$의 판별식을 D_2라 하면 $D_2<0$이어야 하므로

$D_2=a^2-8a<0$, $a(a-8)<0$

∴ $0<a<8$ ...... ㉡

3단계	모든 정수 a의 값의 합을 구한다.	2점

㉠, ㉡의 공통범위는 $3 \leq a < 8$

따라서 정수 a의 값은 3, 4, 5, 6, 7이므로 모든 정수 a의 값의 합은

$3+4+5+6+7=25$

내/신/연/계/ 출제문항 580

두 명제

'모든 실수 x에 대하여 $x^2-ax+3a \geq 0$이다.'

'어떤 실수 x에 대하여 $2x^2-2ax+7a<0$이다.'

가 모두 거짓이 되도록 하는 모든 정수 a의 값의 합을 구하는 과정을 다음 단계로 서술하시오.

[1단계] '모든 실수 x에 대하여 $x^2-ax+3a \geq 0$이다.'를 부정하여 a의 범위를 구한다. [4점]

[2단계] '어떤 실수 x에 대하여 $2x^2-2ax+7a<0$이다.'를 부정하여 a의 범위를 구한다. [4점]

[3단계] 모든 정수 a의 값의 합을 구한다. [2점]

1단계	'모든 실수 x에 대하여 $x^2-ax+3a \geq 0$이다.'를 부정하여 a의 범위를 구한다.	4점

명제 '모든 실수 x에 대하여 $x^2-ax+3a \geq 0$이다.'가 거짓이기 위해서는

그 부정인 '어떤 실수 x에 대하여 $x^2-ax+3a<0$이다.'가 참이어야 한다.

이차방정식 $x^2-ax+3a=0$의 판별식을 D_1이라 하면 $D_1>0$이어야 하므로

$D_1=(-a)^2-4 \times 3a>0$, $a(a-12)>0$

∴ $a<0$ 또는 $a>12$ ...... ㉠

2단계	'어떤 실수 x에 대하여 $2x^2-2ax+7a<0$이다.'를 부정하여 a의 범위를 구한다.	4점

명제 '어떤 실수 x에 대하여 $2x^2-2ax+7a<0$이다.'가 거짓이기 위해서는

그 부정인 '모든 실수 x에 대하여 $2x^2-2ax+7a \geq 0$이다.'가 참이어야 한다.

이차방정식 $2x^2-2ax+7a=0$의 판별식을 D_2라 하면 $D_2 \leq 0$이어야 하므로

$\dfrac{D_2}{4}=(-a)^2-2 \times 7a \leq 0$, $a(a-14) \leq 0$

∴ $0 \leq a \leq 14$ ...... ㉡

3단계	모든 정수 a의 값의 합을 구한다.	2점

㉠, ㉡의 공통범위는 $12<a \leq 14$

따라서 정수 a의 값은 13, 14이므로 모든 정수 a의 값의 합은 $13+14=27$

정답 해설참조

1140

정답 해설참조

1단계	두 조건 p, q의 진리집합을 P, Q라 할 때, 진리집합 P, Q의 포함관계를 구한다.	3점

p는 q이기 위한 충분조건이므로 명제 $p \longrightarrow q$가 참이다.

즉 '$x^2+ax+16 \neq 0$이면 $x \neq 4$이다.'가 참이다.

이때 두 조건 p, q의 진리집합을 각각 P, Q라 하면 $P \subset Q$이다.

2단계	명제가 참이므로 그 대우를 구한다.	4점

명제 $p \longrightarrow q$가 참이므로 그 대우 $\sim q \longrightarrow \sim p$도 참이다.

즉 '$x=4$이면 $x^2+ax+16=0$이다.'도 참이다.

이때 $Q^C \subset P^C$이 성립한다.

3단계	실수 a의 값을 구한다.	3점

$x=4$가 이차방정식 $x^2+ax+16=0$의 근이어야 하므로 대입하면

$16+4a+16=0$, $4a=-32$

따라서 $a=-8$

1141

정답 해설참조

1단계 두 조건 p, q의 진리집합을 각각 P, Q라 할 때, 진리집합을 각각 구한다. **4점**

$p : |x-1| \leq 5$에서 $-5 \leq x-1 \leq 5$ $\therefore -4 \leq x \leq 6$

$q : |x-a| \leq 3$에서 $-3 \leq x-a \leq 3$ $\therefore a-3 \leq x \leq a+3$

두 조건 p, q의 진리집합을 각각 P, Q라 하면

$P = \{x | -4 \leq x \leq 6\}$, $Q = \{x | a-3 \leq x \leq a+3\}$

2단계 p가 q이기 위한 필요조건일 때, 집합의 포함 관계를 이용하여 a의 범위를 구한다. **4점**

p가 q이기 위한 필요조건이 되려면

$Q \subset P$이어야 하므로 이를 수직선에

나타내면 오른쪽 그림과 같다.

즉 $a-3 \geq -4$, $a+3 \leq 6$이므로

$-1 \leq a \leq 3$

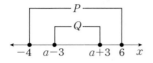

3단계 모든 정수 a의 개수를 구한다. **2점**

따라서 정수 a의 값은 -1, 0, 1, 2, 3이므로 그 개수는 5

1142

정답 해설참조

1단계 두 조건 p, q의 진리집합을 각각 P, Q라 할 때, 진리집합 P^c, Q를 각각 구한다. **4점**

$p : x^2-3ax+2a^2 > 0$의 부정은 $\sim p : x^2-3ax+2a^2 \leq 0$이므로

$(x-a)(x-2a) \leq 0$

두 조건 p, q의 진리집합을 각각 P, Q라 하면

$P^c = \{x | a \leq x \leq 2a\}$ 또는 $P^c = \{x | 2a \leq x \leq a\}$,

$Q = \{x | -8 < x \leq 18\}$

2단계 $a \geq 0$일 때와 $a < 0$일 때로 경우를 나누어 각각의 정수 a의 개수를 구한다. **4점**

이때 $\sim p$는 q이기 위한 충분조건이므로 $P^c \subset Q$이어야 한다.

(i) $a \geq 0$일 때,

$P^c = \{x | a \leq x \leq 2a\}$

$-8 < a$, $2a \leq 18$

$\therefore 0 \leq a \leq 9$

즉 정수 a의 개수는 10

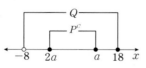

(ii) $a < 0$일 때,

$P^c = \{x | 2a \leq x \leq a\}$

$-8 < 2a$, $a \leq 18$

$\therefore -4 < a < 0$

즉 정수 a의 개수는 3

3단계 모든 정수 a의 개수를 구한다. **2점**

(i), (ii)에 의해 모든 정수 a의 개수는 $10+3 = 13$

1143

정답 해설참조

1단계 p의 진리집합을 이용하여 $\sim p$의 진리집합 구한다. **3점**

조건 '$p : x$는 12의 약수이다.'의 진리집합은 $P = \{1, 2, 3, 4, 6, 12\}$이므로

$\sim p$의 진리집합은 $P^c = \{5, 7, 8, 9, 10, 11\}$

2단계 명제 $\sim q \longrightarrow p$의 대우가 참이 되게 하는 진리집합 Q의 조건을 구한다. **3점**

명제 $\sim q \longrightarrow p$의 대우 $\sim p \longrightarrow q$가 참이 되려면

두 진리집합 P^c, Q에 대하여 $P^c \subset Q$이어야 한다.

$\therefore P^c \subset Q \subset U$

3단계 집합 Q의 개수를 구한다. **4점**

$\{5, 7, 8, 9, 10, 11\} \subset Q \subset U$이므로 구하는 집합 Q의 개수는

전체집합 $U = \{x | x$는 12 이하의 자연수$\}$의 부분집합 중 5, 7, 8, 9, 10, 11을 원소로 갖는 부분집합의 개수와 같다.

따라서 집합 Q의 개수는 $2^{12-6} = 2^6 = 64$

내/신/연/계 출제문항 581

전체집합 $U = \{x | x$는 10 이하의 자연수$\}$에 대하여 두 조건 p, q의 진리집합을 각각 P, Q라고 하자. 조건 p가 다음과 같을 때, 명제 $\sim p \longrightarrow q$가 참이 되게 하는 집합 Q의 개수를 구하는 과정을 다음 단계로 서술하시오.

> $p : x$는 소수이다.

[1단계] p의 진리집합을 이용하여 $\sim p$의 진리집합을 구한다. [3점]
[2단계] 명제 $\sim p \longrightarrow q$가 참이 되게 하는 진리집합 Q의 조건을 구한다. [3점]
[3단계] 집합 Q의 개수를 구한다. [4점]

1단계 p의 진리집합을 이용하여 $\sim p$의 진리집합 구한다. **3점**

조건 '$p : x$는 소수이다.'의 진리집합은 $P = \{2, 3, 5, 7\}$이므로

$\sim p$의 진리집합은 $P^c = \{1, 4, 6, 8, 9, 10\}$

2단계 명제 $\sim p \longrightarrow q$가 참이 되게 하는 진리집합 Q의 조건을 구한다. **3점**

명제 $\sim p \longrightarrow q$가 참이 되려면

두 진리집합 P^c, Q에 대하여 $P^c \subset Q$이어야 한다. $\therefore P^c \subset Q \subset U$

3단계 집합 Q의 개수를 구한다. **4점**

$\{1, 4, 6, 8, 9, 10\} \subset Q \subset U$이므로 구하는 집합 Q의 개수는

전체집합 $U = \{x | x$는 10 이하의 자연수$\}$의 부분집합 중 1, 4, 6, 8, 9, 10을 원소로 갖는 부분집합의 개수와 같다.

따라서 집합 Q의 개수는 $2^{10-6} = 2^4 = 16$ 정답 해설참조

1144

정답 해설참조

1단계 세 조건 p, q, r의 진리집합을 각각 P, Q, R이라 하고 세 집합을 구한다. **3점**

$p : x^2 < a$에서 $x^2-a < 0$, $(x+\sqrt{a})(x-\sqrt{a}) < 0$ $\therefore -\sqrt{a} < x < \sqrt{a}$

$q : x^2-2x < 3$에서 $x^2-2x-3 < 0$, $(x+1)(x-3) < 0$ $\therefore -1 < x < 3$

세 조건 p, q, r의 진리집합을 각각 P, Q, R이라 하면

$P = \{x | -\sqrt{a} < x < \sqrt{a}\}$, $Q = \{x | -1 < x < 3\}$, $R = \{x | x < b\}$

2단계 p가 q이기 위한 충분조건일 때, a의 범위를 구한다. **3점**

p가 q이기 위한 충분조건이 되려면

$P \subset Q$이어야 하므로 이를 수직선에

나타내면 오른쪽 그림과 같다.

즉 $-1 \leq -\sqrt{a}$, $\sqrt{a} \leq 3$이므로

$a \leq 1$, $a \leq 9$ $\therefore 0 < a \leq 1$

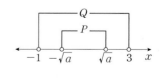

3단계 r이 q이기 위한 필요조건일 때, b의 범위를 구한다. **3점**

r이 q이기 위한 필요조건이 되려면

$Q \subset R$이어야 하므로 이를 수직선에

나타내면 오른쪽 그림과 같다.

즉 $b \geq 3$

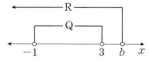

4단계 a의 최댓값과 b의 최솟값의 합을 구한다. **1점**

따라서 a의 최댓값은 1, b의 최솟값은 3이므로 구하는 합은 $1+3 = 4$

1145

정답 해설참조

| 1단계 | 명제의 결론을 부정한다. | 2점 |

명제의 결론을 부정하면
'a, b가 실수일 때, $a^2+b^2=0$이면 $a \neq 0$ 또는 $b \neq 0$이다.' 라고 하자.

| 2단계 | [1단계]를 이용하여 주어진 명제가 참임을 증명한다. | 8점 |

(i) $a \neq 0$, $b=0$이면 $a^2>0$, $b^2=0$이므로 $a^2+b^2>0$,
  즉 $a^2+b^2 \neq 0$
(ii) $a=0$, $b \neq 0$이면 $a^2=0$, $b^2>0$이므로 $a^2+b^2>0$,
  즉 $a^2+b^2 \neq 0$
(iii) $a \neq 0$, $b \neq 0$이면 $a^2>0$, $b^2>0$이므로 $a^2+b^2>0$,
  즉 $a^2+b^2 \neq 0$
(i)~(iii)에서 모두 $a^2+b^2=0$이라는 가정에 모순이다.
따라서 a, b가 실수일 때, $a^2+b^2=0$이면 $a=0$이고 $b=0$이다.

1146

정답 해설참조

| 1단계 | 명제의 결론을 부정한다. | 3점 |

a, b, c가 모두 홀수라 가정하면
$a=2x-1$, $b=2y-1$, $c=2z-1$ (단, x, y, z는 자연수)로 놓을 수 있다.

| 2단계 | [1단계]의 a, b, c를 $a^2+b^2=c^2$에 대입하여 식을 정리한다. | 4점 |

$a=2x-1$, $b=2y-1$, $c=2z-1$을 $a^2+b^2=c^2$에 대입하면
$(2x-1)^2+(2y-1)^2=(2z-1)^2$,
$4x^2-4x+1+4y^2-4y+1=4z^2-4z+1$,
$4(x^2-x+y^2-y-z^2+z)=-1$

| 3단계 | 모순임을 밝혀 주어진 명제가 참임을 증명한다. | 3점 |

그런데 좌변은 4의 배수이고 우변이 4의 배수가 아니므로 모순이다.
따라서 a, b, c가 자연수일 때, $a^2+b^2=c^2$이면 a, b, c 중 적어도 하나는 짝수이다.

1147

정답 해설참조

| 1단계 | 지선의 말이 참일 경우 모순인지 구한다. | 2.5점 |

지선의 말이 참일 때, 세 학생이 다녀온 곳을 구하면 다음과 같다.
지선 : 학원
수진 : 학원
준호 : 서점
이 경우 독서실에 간 학생이 없으므로 모순이다.

| 2단계 | 수진의 말이 참일 경우 모순인지 구한다. | 2.5점 |

수진의 말이 참일 때, 세 학생이 다녀온 곳을 구하면 다음과 같다.
지선 : 서점 또는 독서실
수진 : 서점 또는 독서실
준호 : 서점
이 경우 학원에 간 학생이 없으므로 모순이다.

| 3단계 | 준호의 말이 참일 경우 모순인지 구한다. | 2.5점 |

준호의 말이 참일 때, 세 학생이 다녀온 곳을 구하면 다음과 같다.
지선 : 서점 또는 독서실
수진 : 학원
준호 : 학원 또는 독서실
이로부터 지선, 수진, 준호가 간 곳은 각각 서점, 학원, 독서실이다.

| 4단계 | 학원, 서점, 독서실에 간 학생을 각각 구한다. | 2.5점 |

따라서 학원, 서점, 독서실에 간 학생은 차례로 수진, 지선, 준호이다.

STEP 3 일등급문제

1148

정답 13

STEP A 주어진 명제가 참이 되도록 하는 조건 구하기

$Q=\{x|-2 \le x \le 3\}$라 할 때,
주어진 명제가 참이 되려면 $P \cap Q \neq \varnothing$이어야 한다.
이때 $P \cap Q = \varnothing$인 경우는 다음 그림과 같다.

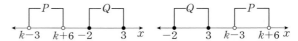

즉 $k+6 \le -2$ 또는 $k-3 \ge 3$이므로
$k \le -8$ 또는 $k \ge 6$

STEP B 정수 k의 개수 구하기

$P \cap Q \neq \varnothing$이려면 $-8<k<6$이어야 한다.
따라서 정수 k의 값은 -7, -6, -5, $\cdots$, 5이므로
그 개수는 $\{6-(-8)\}-1=13$
정수 a, $b(a<b)$에 대하여 $a<x<b$에서 정수 x의 개수는 $b-a-1$

1149

정답 16

STEP A 두 조건 $\sim p$, q의 진리집합의 포함 관계 구하기

두 조건 p, q의 진리집합을 각각 P, Q라 하면
p : $x^2-x-6 \ge 0$에서 $(x-3)(x+2) \ge 0$이므로 $x \le -2$ 또는 $x \ge 3$
즉 $P^C=\{x|-2<x<3\}$이다.
또한, $\sim p$가 q이기 위한 충분조건이 되려면 $P^C \subset Q$를 만족시켜야 한다.

STEP B $\sim p$가 q이기 위한 충분조건이 되도록 하는 a의 최솟값 구하기

$f(x)=x^2-6x-a$라 하면 $f(x)=(x-3)^2-a-9$이므로
함수 $y=f(x)$의 그래프는 다음 그림과 같다.

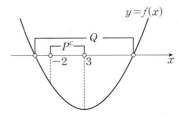

즉 $f(-2) \le 0$이어야 하므로 $f(-2)=(-2)^2-6 \times (-2)-a \le 0$, $-a+16 \le 0$
따라서 $a \ge 16$이므로 실수 a의 최솟값은 16

내신연계 출제문항 582

실수 x에 대한 두 조건 p, q가
$$p : x^2-x-2 \ge 0, \quad q : x^2-4x+a<0$$
일 때, $\sim p$가 q이기 위한 충분조건이 되도록 하는 실수 a의 최댓값은?

① -7 ② -5 ③ -3
④ 3 ⑤ 5

STEP A 조건 $\sim p$, q의 진리집합의 포함 관계 구하기

두 조건 p, q의 진리집합을 각각 P, Q라 하면
p : $x^2-x-2 \ge 0$에서 $(x-2)(x+1) \ge 0$이므로 $x \le -1$ 또는 $x \ge 2$
즉 $P^C=\{x|-1<x<2\}$이다.
또한, $\sim p$가 q이기 위한 충분조건이 되려면 $P^C \subset Q$를 만족시켜야 한다.

STEP **B** ~p가 q이기 위한 충분조건이 되도록 하는 a의 최댓값 구하기

$f(x)=x^2-4x+a$라 하면 $f(x)=(x-2)^2-a-4$이므로
함수 $y=f(x)$의 그래프는 다음 그림과 같다.

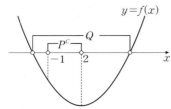

즉 $f(-1)\leq 0$이어야 하므로 $f(-1)=(-1)^2-4\times(-1)+a\leq 0$, $a+5\leq 0$
따라서 $a\leq -5$이므로 실수 a의 최댓값은 -5 정답 ②

1150   정답 ④

STEP **A** 주어진 식을 이용하여 집합의 포함 관계 구하기

ㄱ. $P\cup(Q-P)=P\cup(Q\cap P^C)$
$\qquad\qquad\qquad =(P\cup Q)\cap(P\cup P^C)$
$\qquad\qquad\qquad =(P\cup Q)\cap U$
$\qquad\qquad\qquad =P\cup Q$
이때 $P\cup Q=P$이므로 $Q\subset P$
즉 p는 q이기 위한 필요조건이다. [참]

ㄴ. $P\cup(Q-P)^C=P\cup(Q^C\cup P)$
$\qquad\qquad\qquad =P\cup Q^C$
$\qquad\qquad\qquad =(Q\cap P^C)^C$
$\qquad\qquad\qquad =(Q-P)^C$
이때 $(Q-P)^C=U$에서 $Q-P=\varnothing$이므로 $Q\subset P$
즉 p는 q이기 위한 필요조건이다. [거짓]

ㄷ. $(P\cup Q)-(P\cap Q)=\varnothing$
$\Longleftrightarrow (P-Q)\cup(Q-P)=\varnothing$
$\Longleftrightarrow P-Q=\varnothing$이고 $Q-P=\varnothing$
$\Longleftrightarrow P\subset Q$이고 $Q\subset P$
$\Longleftrightarrow P=Q$
즉 p는 q이기 위한 필요충분조건이다. [참]

> **+α** 다음과 같이 정리할 수 있어!
>
> $(P\cup Q)-(P\cap Q)=\varnothing$
> $\Longleftrightarrow (P\cup Q)\subset(P\cap Q)$
> $\Longleftrightarrow P\cup Q=P\cap Q(\because (P\cup Q)\supset(P\cap Q))$
> $\Longleftrightarrow P=Q$

ㄹ. $(R-P)\cup(P-Q)=\varnothing$
$\Longleftrightarrow R-P=\varnothing$이고 $P-Q=\varnothing$이므로
$\Longleftrightarrow R\subset P$, $P\subset Q$
$\Longleftrightarrow R\subset P\subset Q$
즉 $R\subset Q$이므로 r은 q이기 위한 충분조건이다. [참]
따라서 항상 옳은 것은 ㄱ, ㄷ, ㄹ이다.

1151   정답 -4

STEP **A** $f(p, q)$, $f(q, r)$, $f(r, p)$의 값 구하기

(i) $X\subset(A\cap B)$이면 $X\subset(A\cup B)$이다. [참]
    증명 $X\subset(A\cap B)$이면 $X\subset(A\cap B)\subset(A\cup B)$이다.
    $X\subset(A\cup B)$이면 $X\subset(A\cap B)$이다. [거짓]

반례 세 집합 A, B, X가 다음 그림과 같을 때,
명제 $q\longrightarrow p$는 거짓이다.

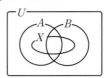

즉 p는 q이기 위한 충분조건이므로 $f(p, q)=1$

(ii) $X\subset(A\cup B)$이면 $X\subset A$ 또는 $X\subset B$이다. [거짓]
반례 세 집합 A, B, X가 다음 그림과 같을 때,
명제 $q\longrightarrow r$은 거짓이다.

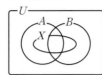

$X\subset A$ 또는 $X\subset B$이면 $X\subset(A\cup B)$이다. [참]
즉 q는 r이기 위한 필요조건이므로 $f(q, r)=-1$

(iii) $X\subset A$ 또는 $X\subset B$이면 $X\subset(A\cap B)$이다. [거짓]
반례 세 집합 A, B, X가 다음 그림과 같을 때,
명제 $r\longrightarrow p$는 거짓이다.

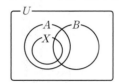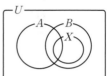

$X\subset(A\cap B)$이면 $X\subset A$ 또는 $X\subset B$이다. [참]
즉 r은 p이기 위한 필요조건이므로 $f(r, p)=-1$

STEP **B** $f(p, q)+2f(q, r)+3f(r, p)$의 값 구하기
따라서 $f(p, q)+2f(q, r)+3f(r, p)=1-2-3=-4$

1152   정답 330

STEP **A** 세 조건 p, q, r의 진리집합 구하기

$q : x^3-9x^2+26x-24=0$에서 좌변을 조립제법을 이용하여 인수분해하면

$$
\begin{array}{r|rrrr}
2 & 1 & -9 & 26 & -24 \\
  &   & 2 & -14 & 24 \\
\hline
3 & 1 & -7 & 12 & 0 \\
  &   & 3 & -12 & \\
\hline
  & 1 & -4 & 0 &
\end{array}
$$

$(x-2)(x-3)(x-4)=0$ $\therefore x=2$ 또는 $x=3$ 또는 $x=4$
세 조건 p, q, r의 진리집합을 각각 P, Q, R이라 하면
$P=\{1, 2, 3, 4, 6, 8, 12, 24\}$, $Q=\{2, 3, 4\}$, $R=\{a, b, c, d\}$

STEP **B** 세 집합 P, Q, R 사이의 포함 관계 구하기

r은 p이기 위한 충분조건이므로 $R\subset P$
r은 q이기 위한 필요조건이므로 $Q\subset R$
$\therefore Q\subset R\subset P$

STEP **C** M, m의 값 구하기

집합 R은 2, 3, 4를 반드시 원소로 갖고 집합 P의 원소 중 2, 3, 4를 제외한
나머지 한 원소를 원소로 갖는다.
(i) 집합 R의 모든 원소의 합이 최대인 경우
    $R=\{2, 3, 4, 24\}$이므로 $M=2+3+4+24=33$
(ii) 집합 R의 모든 원소의 합이 최소인 경우
    $R=\{1, 2, 3, 4\}$이므로 $m=1+2+3+4=10$
(i), (ii)에서 $Mm=33\times 10=330$

STEP A $P \neq \varnothing$임을 이용하여 자연수 a의 값 구하기

$P \neq \varnothing$이려면 $x^2 - 4x + a + 2 \leq 0$을 만족시키는 실수 x가 존재해야 한다.
이차방정식 $x^2 - 4x + a + 2 = 0$의 판별식을 D라 하면
$\dfrac{D}{4} = (-2)^2 - (a+2)$이고 $D \geq 0$이어야 하므로
$2 - a \geq 0$에서 $a \leq 2$
$P \neq \varnothing$가 되도록 하는 자연수 a의 값은 1, 2

STEP B a의 값을 이용하여 $P \neq \varnothing$, $P \subset Q$를 만족하는 순서쌍의 개수 구하기

$0 < |x - b| \leq 4$에서 ← $x \neq b$이어야 한다.
$Q = \{x | b - 4 \leq x < b$ 또는 $b < x \leq b + 4\}$ ← $|x-a| \leq b$이면 $x - a \leq b$이고 $x - a \geq -b$이므로 $-b \leq x - a \leq b$

(i) $a = 1$일 때,
$x^2 - 4x + 3 \leq 0$, $(x-1)(x-3) \leq 0$에서 ← $x^2 - 4x + a + 2 \leq 0$에 $a = 1$을 대입
$P = \{x | 1 \leq x \leq 3\}$이므로 $P \subset Q$이려면
$P \subset \{x | b - 4 \leq x < b\}$이거나 $P \subset \{x | b < x \leq b + 4\}$이어야 한다.
① $P \subset \{x | b - 4 \leq x < b\}$일 때

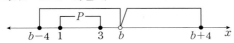

$b - 4 \leq 1, 3 < b$에서 $3 < b \leq 5$이므로
$P \subset Q$가 되도록 하는 자연수 b의 값은 4, 5
그러므로 $P \neq \varnothing$, $P \subset Q$가 되도록 하는 두 자연수 a, b의
모든 순서쌍 (a, b)는 $(1, 4)$, $(1, 5)$이므로 개수는 2
② $P \subset \{x | b < x \leq b + 4\}$일 때

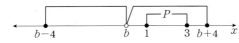

$b < 1, 3 \leq b + 4$에서 $-1 \leq b < 1$이므로
$P \subset Q$가 되도록 하는 자연수 b의 값은 존재하지 않는다.

(ii) $a = 2$일 때,
$x^2 - 4x + 4 \leq 0$, $(x-2)^2 \leq 0$에서 ← $x^2 - 4x + a + 2 \leq 0$에 $a = 2$를 대입
$P = \{2\}$이므로 ← 완전제곱식이므로 $x = 2$
$P \subset Q$이려면 $b - 4 \leq 2 < b$ 또는 $b < 2 \leq b + 4$이어야 하므로
$2 < b \leq 6$ 또는 $-2 \leq b < 2$
$P \subset Q$가 되도록 하는 자연수 b의 값은 1, 3, 4, 5, 6
그러므로 $P \neq \varnothing$, $P \subset Q$가 되도록 하는 두 자연수 a, b의
모든 순서쌍 (a, b)는 $(2, 1)$, $(2, 3)$, $(2, 4)$, $(2, 5)$, $(2, 6)$이므로
개수는 5
(i), (ii)에 의하여 구하는 모든 순서쌍 (a, b)의 개수는 $2 + 5 = 7$

내/신/연/계 출제문항 583

두 자연수 a, b에 대하여 실수 x에 대한 두 조건
$$p : x^2 - 4x + a + 2 \leq 0,$$
$$q : 0 < |x - b| \leq 5$$
의 진리집합을 각각 P, Q라 하자.
$$P \neq \varnothing, \quad P \subset Q$$
가 되도록 하는 a, b의 모든 순서쌍 (a, b)의 개수는?

① 6   ② 7   ③ 8
④ 9   ⑤ 10

STEP A $P \neq \varnothing$임을 이용하여 자연수 a의 값 구하기

$P \neq \varnothing$이려면 $x^2 - 4x + a + 2 \leq 0$을 만족시키는 실수 x가 존재해야 한다.
이차방정식 $x^2 - 4x + a + 2 = 0$의 판별식을 D라 하면
$\dfrac{D}{4} = (-2)^2 - (a+2)$이고 $D \geq 0$이어야 하므로
$2 - a \geq 0$에서 $a \leq 2$
$P \neq \varnothing$가 되도록 하는 자연수 a의 값은 1, 2

STEP B a의 값을 이용하여 $P \neq \varnothing$, $P \subset Q$를 만족하는 순서쌍의 개수 구하기

$0 < |x - b| \leq 5$에서
$Q = \{x | b - 5 \leq x < b$ 또는 $b < x \leq b + 5\}$ ← $|x-a| \leq b$이면 $x - a \leq b$이고 $x - a \geq -b$이므로 $-b \leq x - a \leq b$

(i) $a = 1$일 때,
$x^2 - 4x + 3 \leq 0$, $(x-1)(x-3) \leq 0$에서 ← $x^2 - 4x + a + 2 \leq 0$에 $a = 1$을 대입
$P = \{x | 1 \leq x \leq 3\}$이므로 $P \subset Q$이려면
$P \subset \{x | b - 5 \leq x < b\}$이거나 $P \subset \{x | b < x \leq b + 5\}$이어야 한다.
(a) $P \subset \{x | b - 5 \leq x < b\}$일 때

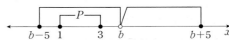

$b - 5 \leq 1, 3 < b$에서 $3 < b \leq 6$이므로
$P \subset Q$가 되도록 하는 자연수 b의 값은 4, 5, 6
그러므로 $P \neq \varnothing$, $P \subset Q$가 되도록 하는
두 자연수 a, b의 모든 순서쌍 (a, b)는 $(1, 4)$, $(1, 5)$, $(1, 6)$이므로
개수는 3
(b) $P \subset \{x | b < x \leq b + 5\}$일 때

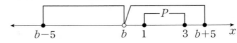

$b < 1, 3 \leq b + 5$에서 $-2 \leq b < 1$이므로
$P \subset Q$가 되도록 하는 자연수 b의 값은 존재하지 않는다.

(ii) $a = 2$일 때,
$x^2 - 4x + 4 \leq 0$, $(x-2)^2 \leq 0$에서 ← $x^2 - 4x + a + 2 \leq 0$에 $a = 2$를 대입
$P = \{2\}$이므로 ← 완전제곱식이므로 $x = 2$
$P \subset Q$이려면 $b - 5 \leq 2 < b$ 또는 $b < 2 \leq b + 5$이어야 하므로
$2 < b \leq 7$ 또는 $-3 \leq b < 2$
$P \subset Q$가 되도록 하는 자연수 b의 값은 1, 3, 4, 5, 6, 7
그러므로 $P \neq \varnothing$, $P \subset Q$가 되도록 하는
두 자연수 a, b의 모든 순서쌍 (a, b)는
$(2, 1)$, $(2, 3)$, $(2, 4)$, $(2, 5)$, $(2, 6)$, $(2, 7)$이므로 개수는 6
(i), (ii)에 의하여 구하는 모든 순서쌍 (a, b)의 개수는 $3 + 6 = 9$ 정답 ④

STEP A 두 조건 p, q의 진리집합 구하기

$p : |x-k| \leq 2$에서 $-2 \leq x-k \leq 2$ ∴ $k-2 \leq x \leq k+2$

$q : x^2-4x-5 \leq 0$에서 $(x+1)(x-5) \leq 0$ ∴ $-1 \leq x \leq 5$

두 조건 p, q의 진리집합을 각각 P, Q라 하면

$P=\{x | k-2 \leq x \leq k+2\}$, $Q=\{x | -1 \leq x \leq 5\}$

조건 $\sim q$의 진리집합은 $Q^C=\{x | x < -1$ 또는 $x > 5\}$

STEP B $P \cap Q^C \neq \varnothing$이고 $P \cap Q \neq \varnothing$임을 이용하여 k의 범위 구하기

명제 $p \longrightarrow q$와 명제 $p \longrightarrow \sim q$가 모두 거짓이므로

$P \not\subset Q$이고 $P \not\subset Q^C$ ← $P \not\subset Q \Longleftrightarrow P \cap Q^C \neq \varnothing$이므로 $P \not\subset Q^C \Longleftrightarrow P \cap Q \neq \varnothing$

즉 $P \cap Q^C \neq \varnothing$이고 $P \cap Q \neq \varnothing$이어야 한다.   …… ㉠

$k-2 \geq -1$이고 $k+2 \leq 5$, 즉 $1 \leq k \leq 3$이면 $P \subset Q$가 되어 조건을 만족시키지 않으므로 다음과 같이 k의 범위를 나누어 생각할 수 있다.

(i) $k < 1$인 경우

㉠에서 $P \cap Q \neq \varnothing$이므로 [그림1]과 같이

$-1 \leq k+2$, 즉 $k \geq -3$ …… ㉡

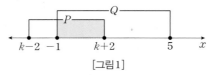

[그림1]

㉠에서 $P \cap Q^C \neq \varnothing$이므로 [그림2]와 같이

$k-2 < -1$, 즉 $k < 1$ …… ㉢

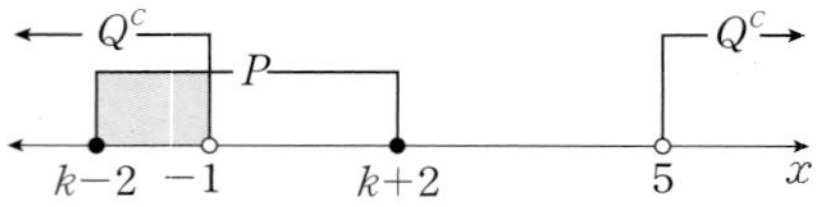

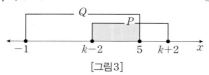

[그림2]

㉡, ㉢에서 $-3 \leq k < 1$이고 이 부등식을 만족시키는 정수 k의 값은 -3, -2, -1, 0이다.

(ii) $k > 3$인 경우

㉠에서 $P \cap Q \neq \varnothing$이므로 [그림3]과 같이

$k-2 \leq 5$, 즉 $k \leq 7$ …… ㉣

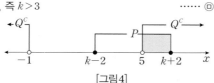

[그림3]

㉠에서 $P \cap Q^C \neq \varnothing$이므로 [그림4]와 같이

$5 < k+2$, 즉 $k > 3$ …… ㉤

[그림4]

㉣, ㉤에서 $3 < k \leq 7$이고 이 부등식을 만족시키는 정수 k의 값은 4, 5, 6, 7이다.

STEP C 정수 k의 값의 합 구하기

(i), (ii)에서 주어진 조건을 만족시키는 정수 k의 값은 -3, -2, -1, 0, 4, 5, 6, 7이고 그 합은

$(-3)+(-2)+(-1)+0+4+5+6+7=16$

내/신/연/계 출제문항 584

실수 x에 대한 두 조건

$$p : |x-k| \leq 1, \quad q : x^2-4x-12 \leq 0$$

이 있다. 명제 $p \longrightarrow q$와 명제 $p \longrightarrow \sim q$가 모두 거짓이 되도록 하는 모든 정수 k의 값의 합은?

① 8   ② 10   ③ 12

④ 14   ⑤ 16

STEP A 두 조건 p, q의 진리집합 구하기

$p : |x-k| \leq 1$에서 $-1 \leq x-k \leq 1$ ∴ $k-1 \leq x \leq k+1$

$q : x^2-4x-12 \leq 0$에서 $(x+2)(x-6) \leq 0$ ∴ $-2 \leq x \leq 6$

두 조건 p, q의 진리집합을 각각 P, Q라 하면

$P=\{x | k-1 \leq x \leq k+1\}$, $Q=\{x | -2 \leq x \leq 6\}$

조건 $\sim q$의 진리집합은 $Q^C=\{x | x < -2$ 또는 $x > 6\}$

STEP B $P \cap Q^C \neq \varnothing$이고 $P \cap Q \neq \varnothing$임을 이용하여 k의 범위 구하기

명제 $p \longrightarrow q$와 명제 $p \longrightarrow \sim q$가 모두 거짓이므로

$P \not\subset Q$이고 $P \not\subset Q^C$ ← $P \not\subset Q \Longleftrightarrow P \cap Q^C \neq \varnothing$이므로 $P \not\subset Q^C \Longleftrightarrow P \cap Q \neq \varnothing$

즉 $P \cap Q^C \neq \varnothing$이고 $P \cap Q \neq \varnothing$이어야 한다.   …… ㉠

$k-1 \geq -2$이고 $k+1 \leq 6$, 즉 $-1 \leq k \leq 5$이면 $P \subset Q$가 되어 조건을 만족시키지 않으므로 다음과 같이 k의 범위를 나누어 생각할 수 있다.

(i) $k < -1$인 경우

㉠에서 $P \cap Q \neq \varnothing$이므로 [그림1]과 같이

$-2 \leq k+1$, 즉 $k \geq -3$ …… ㉡

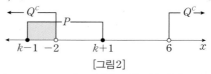

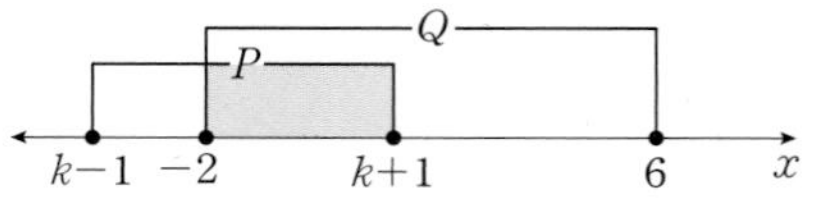

[그림1]

㉠에서 $P \cap Q^C \neq \varnothing$이므로 [그림2]와 같이

$k-1 < -2$, 즉 $k < -1$ …… ㉢

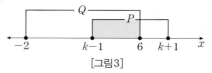

[그림2]

㉡, ㉢에서 $-3 \leq k < -1$이고 이 부등식을 만족시키는 정수 k의 값은 -3, -2이다.

(ii) $k > 5$인 경우

㉠에서 $P \cap Q \neq \varnothing$이므로 [그림3]과 같이

$k-1 \leq 6$, 즉 $k \leq 7$ …… ㉣

[그림3]

㉠에서 $P \cap Q^C \neq \varnothing$이므로 [그림4]와 같이

$6 < k+1$, 즉 $k > 5$ …… ㉤

[그림4]

㉣, ㉤에서 $5 < k \leq 7$이고 이 부등식을 만족시키는 정수 k의 값은 6, 7이다.

STEP C 정수 k의 값의 합 구하기

(i), (ii)에서 주어진 조건을 만족시키는 정수 k의 값은 -3, -2, 6, 7이고 그 합은 $(-3)+(-2)+6+7=8$

정답 ①

1155

정답 ①

STEP A 두 조건 (가), (나)를 이용하여 집합 A의 부분집합 구하기

조건 (가)에서 $0 \in A$

조건 (나)에서 명제 '$a^2-2 \notin A$이면 $a \notin A$' 가 참이므로

이 명제의 대우 '$a \in A$이면 $a^2-2 \in A$' 도 참이다.

$0 \in A$이므로 $0^2-2=-2 \in A$ ← $a=0$을 대입

$-2 \in A$이므로 $(-2)^2-2=4-2=2 \in A$ ← $a=-2$를 대입

$2 \in A$이므로 $2^2-2=2 \in A$ ← $a=2$를 대입

그러므로 $\{-2, 0, 2\} \subset A$

STEP B 조건 (다)를 만족하는 집합 A의 원소 구하기

조건 (다)에서 $n(A)=4$이므로

$A=\{-2, 0, 2, k\}$ (단, $k \neq -2$, $k \neq 0$, $k \neq 2$)라 하자.

$k \in A$이면 $k^2-2 \in A$이므로 k^2-2의 값은 $-2, 0, 2, k$ 중 하나이다.

(i) $k^2-2=-2$인 경우

$k^2=0$에서 $k=0$이 되어 $k \neq 0$에 모순이다.

(ii) $k^2-2=0$인 경우

$k^2=2$에서 $k=-\sqrt{2}$ 또는 $k=\sqrt{2}$

(iii) $k^2-2=2$인 경우

$k^2=4$에서 $k=-2$ 또는 $k=2$가 되어 $k \neq -2$, $k \neq 2$에 모순이다.

(iv) $k^2-2=k$인 경우

$k^2-k-2=0$, $(k-2)(k+1)=0$

$\therefore k=2$ 또는 $k=-1$

이때 $k \neq 2$이므로 $k=-1$

(i)~(iv)에서 $k=-\sqrt{2}$ 또는 $k=\sqrt{2}$ 또는 $k=-1$

STEP C 집합 A의 개수 구하기

따라서 집합 A가 될 수 있는 것은

$\{-2, 0, 2, -\sqrt{2}\}$, $\{-2, 0, 2, \sqrt{2}\}$, $\{-2, 0, 2, -1\}$이므로 그 개수는 3

내/신/연/계/ 출제문항 585

다음 조건을 만족시키는 집합 A의 개수는?

> (가) $\{-2\} \subset A \subset \{x|x는 실수\}$
> (나) $a^2-2 \notin A$이면 $a \notin A$이다.
> (다) $n(A)=3$

① 2   ② 3   ③ 4
④ 5   ⑤ 6

STEP A 두 조건 (가), (나)를 이용하여 집합 A의 부분집합 구하기

조건 (가)에서 $-2 \in A$

조건 (나)에서 명제 '$a^2-2 \notin A$이면 $a \notin A$' 가 참이므로

이 명제의 대우 '$a \in A$이면 $a^2-2 \in A$' 도 참이다.

$-2 \in A$이므로 $(-2)^2-2=4-2=2 \in A$ ← $a=-2$를 대입

$2 \in A$이므로 $2^2-2=2 \in A$ ← $a=2$를 대입

그러므로 $\{-2, 2\} \subset A$

STEP B 조건 (다)를 만족하는 집합 A의 원소 구하기

조건 (다)에서 $n(A)=3$이므로 $A=\{-2, 2, k\}$ (단, $k \neq -2$, $k \neq 2$)라 하자.

$k \in A$이면 $k^2-2 \in A$이므로 k^2-2의 값은 $-2, 2, k$ 중 하나이다.

(i) $k^2-2=-2$인 경우

$k^2=0$에서 $k=0$

(ii) $k^2-2=2$인 경우

$k^2=4$에서 $k=-2$ 또는 $k=2$가 되어 $k \neq -2$, $k \neq 2$에 모순이다.

(iii) $k^2-2=k$인 경우

$k^2-k-2=0$, $(k-2)(k+1)=0$

$\therefore k=2$ 또는 $k=-1$

이때 $k \neq 2$이므로 $k=-1$

(i)~(iii)에서 $k=0$ 또는 $k=-1$

STEP C 집합 A의 개수 구하기

따라서 집합 A가 될 수 있는 것은 $\{-2, 2, 0\}$, $\{-2, 2, -1\}$이므로

그 개수는 2   정답 ①

1156

정답 ①

STEP A 조건 (가)가 참인 명제가 되도록 하는 정수 a의 값 구하기

실수 전체의 집합을 U라 하고 두 조건 p, q의 진리집합을 각각 P, Q라 하자.

'모든 실수 x에 대하여 $x^2+2ax+1 \geq 0$'이어야 하므로 ← $P=U$

이차방정식 $x^2+2ax+1=0$의 판별식을 D_1이라 하면 $D_1 \leq 0$이어야 한다.

$$\frac{D_1}{4}=a^2-1 \leq 0, (a+1)(a-1) \leq 0$$

$\therefore -1 \leq a \leq 1$

즉 조건 (가)가 참인 명제가 되도록 하는 정수 a는 $-1, 0, 1$이다.

STEP B 조건 (나)가 참인 명제가 되도록 하는 정수 b의 값 구하기

'p는 $\sim q$이기 위한 충분조건이다.' 가 참인 명제가 되려면

$P \subset Q^c$이어야 하고 $P=U$이므로 $Q^c=U$이다.

$\underline{U=P \subset Q^c \subset U$이므로 $Q^c=U$이다.}

$\underline{$즉 $Q=\varnothing$이므로 이차부등식 $x^2+2bx+9 \leq 0$의 해가 존재하지 않는다.}

즉 모든 실수 x에 대하여 $x^2+2bx+9>0$이어야 하므로

이차방정식 $x^2+2bx+9=0$의 판별식을 D_2라 하면 $D_2<0$이어야 한다.

$$\frac{D_2}{4}=b^2-9<0, (b+3)(b-3)<0$$

$\therefore -3<b<3$

즉 조건 (나)가 참인 명제가 되도록 하는 정수 b는 $-2, -1, 0, 1, 2$이다.

STEP C 순서쌍 (a, b)의 개수 구하기

따라서 정수 a, b의 순서쌍 (a, b)의 개수는 $3 \times 5=15$

(정수 a의 개수)×(정수 b의 개수)

실수 x에 대하여 두 조건 p, q가

$$p : ax^2+2x-4 \geq 0, \quad q : x^2+2bx+25 > 0$$

이다. 다음 두 명제가 모두 거짓이 되도록 하는 정수 a의 최댓값을 M, 자연수 b의 최솟값을 m이라 할 때, $M+m$의 값을 구하시오.

> (가) 어떤 실수 x에 대하여 p이다.
> (나) $\sim p$는 q이기 위한 충분조건이다.

STEP A 조건 (가)가 거짓인 명제가 되도록 하는 정수 a의 값 구하기

실수 전체의 집합을 U라 하고 두 조건 p, q의 진리집합을 각각 P, Q라 하자.
'어떤 실수 x에 대하여 $ax^2+2x-4 \geq 0$'이 거짓인 명제가 되려면
'모든 실수 x에 대하여 $ax^2+2x-4 < 0$'이어야 하므로 ← $P^c = U$
$a < 0$이고 이차방정식 $ax^2+2x-4=0$의 판별식을 D_1이라 하면
$D_1 < 0$이어야 한다.
$\dfrac{D_1}{4} = 1+4a \leq 0$ $\therefore a < -\dfrac{1}{4}$
즉 조건 (가)가 거짓인 명제가 되도록 하는 정수 a의 최댓값 $M = -1$

STEP B 조건 (나)가 거짓인 명제가 되도록 하는 정수 b의 값 구하기

'$\sim p$는 q이기 위한 충분조건이다.',
즉 '$\sim p$인 모든 x에 대하여 q이다.' 가 거짓인 명제가 되려면
'$\sim p$인 어떤 x에 대하여 $\sim q$이다.' 이어야 하므로
$P^c \cap Q^c \neq \varnothing$이어야 하고 $P^c = U$이므로 $Q^c \neq \varnothing$이다.
즉 어떤 실수 x에 대하여 $x^2+2bx+25 \leq 0$이어야 하므로
이차방정식 $x^2+2bx+25=0$의 판별식을 D_2라 하면 $D_2 \geq 0$이어야 한다.
$\dfrac{D_2}{4} = b^2-25 \geq 0$, $(b+5)(b-5) \geq 0$
$\therefore b \leq -5$ 또는 $b \geq 5$
즉 조건 (나)가 거짓인 명제가 되도록 하는 자연수 b의 최솟값 $m = 5$

STEP C $M+m$의 값 구하기

따라서 $M+m = -1+5 = 4$

정답 4

STEP A 두 명제가 모두 참이 되도록 하는 조건 구하기

전체집합 $U = \{1, 2, 3, 4\}$에 대하여 조건 $x^2-3x < 0$의 진리집합을 P라 하면
$x(x-3) < 0$에서 $0 < x < 3$이므로 $P = \{1, 2\}$
이때 명제 '집합 A의 모든 원소 x에 대하여 $x^2-3x < 0$이다.' 가 참이 되기
위해서는 집합 A가 집합 P의 공집합이 아닌 부분집합이어야 한다.
그러므로 $A = \{1\}$ 또는 $A = \{2\}$ 또는 $A = \{1, 2\}$
또한, 명제 '집합 B의 어떤 원소 x에 대하여 $x \in A$이다.' 가 참이 되기
위해서는 $A \cap B \neq \varnothing$이어야 한다.

STEP B 두 집합 A, B의 모든 순서쌍 (A, B)의 개수 구하기

(ⅰ) $A = \{1\}$인 경우
집합 B는 집합 U의 부분집합 중 1을 원소로 갖는 집합이므로
집합 B의 개수는 $2^{4-1} = 2^3 = 8$
(ⅱ) $A = \{2\}$인 경우
집합 B는 집합 U의 부분집합 중 2를 원소로 갖는 집합이므로
집합 B의 개수는 $2^{4-1} = 2^3 = 8$
(ⅲ) $A = \{1, 2\}$인 경우
집합 B는 집합 U의 부분집합 중 1 또는 2를 원소로 갖는 집합이다.
(가) 1을 원소로 갖는 집합 B의 개수는 $2^{4-1} = 2^3 = 8$
(나) 2를 원소로 갖는 집합 B의 개수는 $2^{4-1} = 2^3 = 8$
(다) 1, 2를 모두 원소로 갖는 집합 B의 개수는 $2^{4-2} = 2^2 = 4$
(가)~(다)에 의하여 집합 B의 개수는 $8+8-4 = 12$

> **+α** | $A = \{1, 2\}$인 경우 집합 B의 개수를 다음과 같이 구할 수 있어!
>
> 집합 B는 원소 1, 2를 적어도 하나 포함하는 집합 U의 부분집합이다.
> 즉 집합 B의 개수는 전체집합 U의 부분집합의 개수에서
> 1, 2를 제외한 부분집합의 개수를 뺀 것과 같으므로 $2^4-2^{4-2} = 16-4 = 12$

(ⅰ)~(ⅲ)에 의하여 구하는 순서쌍 (A, B)의 개수는 $8+8+12 = 28$

자연수 전체의 집합의 부분집합 중 다음 두 명제가 모두 참이 되도록 하는 집합 X의 개수를 구하시오.

> (가) 집합 X의 어떤 원소 x에 대하여 $x^2-10x+16 > 0$이다.
> (나) 집합 X의 모든 원소 x에 대하여 $x^2-10x+9 \leq 0$이다.

STEP A 조건 (가)의 명제가 참이 되도록 하는 집합 X 파악하기

조건 (가)의 부등식 $x^2-10x+16 > 0$에서
$(x-2)(x-8) > 0$, $x < 2$ 또는 $x > 8$이므로
조건 (가)의 명제가 참이려면 집합 X의 원소 중 적어도 하나는 2보다 작거나 8보다 큰 자연수이어야 한다.

STEP B 조건 (나)의 명제가 참이 되도록 하는 집합 X 파악하기

조건 (나)의 부등식 $x^2-10x+9 \leq 0$에서
$(x-1)(x-9) \leq 0$, $1 \leq x \leq 9$이므로 조건 (나)의 명제가 참이려면
집합 X는 집합 $\{1, 2, 3, 4, 5, 6, 7, 8, 9\}$의 부분집합이어야 한다.

STEP C 두 명제가 모두 참이 되도록 하는 집합 X의 개수 구하기

따라서 집합 X는 집합 $\{1, 2, 3, 4, 5, 6, 7, 8, 9\}$의 부분집합 중
2보다 작거나 8보다 큰 자연수를 모두 포함하지 않는 부분집합을 제외한 것과

1, 9
같으므로 그 개수는 $2^9-2^{9-2} = 512-128 = 384$

정답 384

1158

정답 ①

STEP A 실수의 성질을 이용하여 절대부등식 판별하기

① $a > 0$일 때, $a + \dfrac{1}{a} \geq 2\sqrt{a \times \dfrac{1}{a}} = 2$가 성립하므로 절대부등식이 아니다.

② 모든 실수 a에 대하여 $a^2 + a + 1 = \left(a + \dfrac{1}{2}\right)^2 + \dfrac{3}{4} > 0$이 성립하므로 절대부등식이다.

③ $(a+b)^2 \geq 4ab$에서 모든 실수 a, b에 대하여 $a^2 - 2ab + b^2 = (a-b)^2 \geq 0$이 성립하므로 절대부등식이다.

④ $a^2 + b^2 \geq 2(a+b-1)$에서

$$a^2 + b^2 - 2(a+b-1) = a^2 - 2a + 1 + b^2 - 2b + 1$$
$$= (a-1)^2 + (b-1)^2$$

모든 실수 a, b에 대하여 $(a-1)^2 \geq 0$, $(b-1)^2 \geq 0$이 성립하므로

$a^2 + b^2 - 2(a+b-1) \geq 0$

즉 $a^2 + b^2 \geq 2(a+b-1)$ (단, 등호는 $a=1$, $b=1$일 때 성립한다.)

⑤ $|a| + 1 \geq |a+1|$에서 $|a| + 1 \geq 0$, $|a+1| \geq 0$이므로

$$(|a|+1)^2 - |a+1|^2 = (a^2 + 2|a| + 1) - (a^2 + 2a + 1)$$
$$= 2(|a|-a) \geq 0 \ (\because |a| \geq a)$$

모든 실수 a에 대하여 $(|a|+1)^2 \geq |a+1|^2$이 성립하므로

$|a| + 1 \geq |a+1|$ (단, 등호는 $a \geq 0$일 때 성립한다.)

따라서 절대부등식이 아닌 것은 ①이다.

1159

정답 ⑤

STEP A 실수의 성질을 이용하여 절대부등식 판별하기

ㄱ. $a^2 - ab + b^2 = \left(a - \dfrac{1}{2}b\right)^2 + \dfrac{3}{4}b^2 \geq 0$ [참]

ㄴ. $\sqrt{a} + \sqrt{b} \geq 0$, $\sqrt{a+b} \geq 0$이므로

$$(\sqrt{a}+\sqrt{b})^2 - (\sqrt{a+b})^2 = a + b + 2\sqrt{ab} - (a+b) = 2\sqrt{ab} \geq 0$$

$\therefore \sqrt{a} + \sqrt{b} \geq \sqrt{a+b}$ (단, 등호는 $ab=0$일 때 성립한다.) [참]

ㄷ. $a + b + c - (\sqrt{ab} + \sqrt{bc} + \sqrt{ca})$

$$= \dfrac{1}{2}\{(a - 2\sqrt{ab} + b) + (b - 2\sqrt{bc} + c) + (c - 2\sqrt{ca} + a)\}$$
$$= \dfrac{1}{2}\{(\sqrt{a} - \sqrt{b})^2 + (\sqrt{b} - \sqrt{c})^2 + (\sqrt{c} - \sqrt{a})^2\} \geq 0$$

$\therefore a + b + c \geq \sqrt{ab} + \sqrt{bc} + \sqrt{ca}$ (단, 등호는 $a = b = c$일 때 성립한다.) [참]

따라서 항상 옳은 것은 ㄱ, ㄴ, ㄷ이다.

음이 아닌 두 실수 a, b에 대하여 [보기]에서 항상 옳은 것만을 있는 대로 고른 것은?

> ㄱ. $\sqrt{a} - \sqrt{b} \leq \sqrt{a+b}$
> ㄴ. $\sqrt{a+b} \leq \sqrt{a} + \sqrt{b}$
> ㄷ. $\sqrt{a} + \sqrt{b} \leq \sqrt{2(a+b)}$
> ㄹ. $\dfrac{1}{a} + \dfrac{1}{b} > \dfrac{2}{a+b}$ (단, $ab \neq 0$)

① ㄱ, ㄴ ② ㄴ, ㄷ ③ ㄱ, ㄹ
④ ㄴ, ㄷ, ㄹ ⑤ ㄱ, ㄴ, ㄷ, ㄹ

STEP A 실수의 성질을 이용하여 절대부등식 판별하기

ㄱ. $a \geq 0$, $b \geq 0$이므로

$\sqrt{a} \leq \sqrt{a+b} \leq \sqrt{a+b} + \sqrt{b}$에서 $\sqrt{a} \leq \sqrt{a+b} + \sqrt{b}$

$\therefore \sqrt{a} - \sqrt{b} \leq \sqrt{a+b}$ (단, 등호는 $b=0$일 때 성립한다.) [참]

ㄴ. $\sqrt{a+b} \geq 0$, $\sqrt{a} + \sqrt{b} \geq 0$이므로

$(\sqrt{a+b})^2 - (\sqrt{a}+\sqrt{b})^2 = a + b - (a + 2\sqrt{ab} + b) = -2\sqrt{ab} \leq 0$

$\therefore \sqrt{a+b} \leq \sqrt{a} + \sqrt{b}$ (단, 등호는 $ab=0$일 때 성립한다.) [참]

ㄷ. $\sqrt{a} + \sqrt{b} \geq 0$, $\sqrt{2(a+b)} \geq 0$이므로

$(\sqrt{a}+\sqrt{b})^2 - (\sqrt{2(a+b)})^2 = (a + 2\sqrt{ab} + b) - 2(a+b)$

$= -(a - 2\sqrt{ab} + b)$

$= -(\sqrt{a} - \sqrt{b})^2 \leq 0$

$\therefore \sqrt{a} + \sqrt{b} \leq \sqrt{2(a+b)}$ (단, 등호는 $a=b$일 때 성립한다.) [참]

ㄹ. $\dfrac{1}{a} + \dfrac{1}{b} - \dfrac{2}{a+b} = \dfrac{b(a+b) + a(a+b) - 2ab}{ab(a+b)}$

$= \dfrac{a^2 + b^2}{ab(a+b)} > 0$

$\therefore \dfrac{1}{a} + \dfrac{1}{b} > \dfrac{2}{a+b}$ [참]

따라서 항상 옳은 것은 ㄱ, ㄴ, ㄷ, ㄹ이다.

정답 ⑤

1160

정답 ⑤

STEP A 실수의 성질을 이용하여 절대부등식 판별하기

ㄱ. (반례) $a=1$, $b=2$일 때, $\dfrac{b}{a^2} + \dfrac{a^2}{b} = 2 + \dfrac{1}{2} = \dfrac{5}{2} < 3$이므로

주어진 부등식은 성립하지 않는다. [거짓]

ㄴ. $1 + \dfrac{a}{2} > 0$, $\sqrt{1+a} > 0$이므로

$\left(1 + \dfrac{a}{2}\right)^2 - (\sqrt{1+a})^2 = 1 + a + \dfrac{a^2}{4} - (1+a) = \dfrac{a^2}{4} > 0$

$\therefore 1 + \dfrac{a}{2} > \sqrt{1+a}$ [참]

ㄷ. $\sqrt{\dfrac{a+b}{2}} > 0$, $\dfrac{\sqrt{a} + \sqrt{b}}{2} > 0$이므로

$\left(\sqrt{\dfrac{a+b}{2}}\right)^2 - \left(\dfrac{\sqrt{a}+\sqrt{b}}{2}\right)^2 = \dfrac{a+b}{2} - \dfrac{a + 2\sqrt{ab} + b}{4}$

$= \dfrac{(\sqrt{a} - \sqrt{b})^2}{4} \geq 0$

$\therefore \sqrt{\dfrac{a+b}{2}} \geq \dfrac{\sqrt{a} + \sqrt{b}}{2}$ [참]

따라서 항상 옳은 것은 ㄴ, ㄷ이다.

1161

정답 ③

STEP A 실수의 성질을 이용하여 절대부등식 판별하기

ㄱ. $1+a>0$, $\sqrt{1+2a}>0$이므로

$(1+a)^2-(\sqrt{1+2a})^2=1+2a+a^2-(1+2a)=a^2>0$

$\therefore 1+a>\sqrt{1+2a}$ [참]

ㄴ. $\sqrt{\dfrac{a^2+b^2}{2}}>0$, $\dfrac{a+b}{2}>0$이므로

$\left(\sqrt{\dfrac{a^2+b^2}{2}}\right)^2-\left(\dfrac{a+b}{2}\right)^2=\dfrac{a^2+b^2}{2}-\dfrac{a^2+b^2+2ab}{4}$

$\qquad\qquad\qquad\qquad\qquad=\dfrac{1}{4}(a^2+b^2-2ab)$

$\qquad\qquad\qquad\qquad\qquad=\dfrac{1}{4}(a-b)^2\geq 0$

$\therefore \sqrt{\dfrac{a^2+b^2}{2}}\geq \dfrac{a+b}{2}$ [참]

ㄷ. (반례) 주어진 부등식에 $a=2$, $b=4$를 대입하면

$\sqrt{2a}+\sqrt{b}=\sqrt{4}+\sqrt{4}=4$, $2\sqrt{ab}=2\sqrt{8}=4\sqrt{2}$

이때 $\sqrt{2a}+\sqrt{b}<2\sqrt{ab}$이므로 두 양수 a, b에 대하여

$\sqrt{2a}+\sqrt{b}\geq 2\sqrt{ab}$가 항상 성립하는 것은 아니다. [거짓]

따라서 항상 옳은 것은 ㄱ, ㄴ이다.

1162
정답 ①

STEP A 실수의 성질을 이용하여 절대부등식 증명하기

$\sqrt{a-b}>0$, $\sqrt{a}-\sqrt{b}>0$이므로

$\left(\boxed{\sqrt{a-b}}\right)^2>(\sqrt{a}-\sqrt{b})^2$임을 보이면 된다.

$\left(\boxed{\sqrt{a-b}}\right)^2-(\sqrt{a}-\sqrt{b})^2=a-b-(a+b-2\sqrt{ab})$

$\qquad\qquad\qquad\qquad\qquad=2(\sqrt{ab}-b)$

$\qquad\qquad\qquad\qquad\qquad=2\left(\boxed{\sqrt{ab}-\sqrt{b^2}}\right)$

이때 $ab>b^2$이므로 $2\left(\boxed{\sqrt{ab}-\sqrt{b^2}}\right)>0$

따라서 $\sqrt{a-b}>\sqrt{a}-\sqrt{b}$

STEP B (가), (나)에 알맞은 것 구하기

따라서 (가) : $\sqrt{a-b}$, (나) : $\sqrt{ab}-\sqrt{b^2}$

1163
정답 ①

STEP A 실수의 성질을 이용하여 절대부등식 증명하기

a, b, c가 양수이므로 $\sqrt{\dfrac{bc}{a}}=x$, $\sqrt{\dfrac{ca}{b}}=y$, $\boxed{\sqrt{\dfrac{ab}{c}}}=z$라고 하면

$xy=c$, $yz=\boxed{a}$, $zx=b$이다.

$2(x^2+y^2+z^2-xy-yz-zx)$

$=x^2-2xy+y^2+y^2-2yz+z^2+z^2-2zx+x^2$

$=\boxed{(x-y)^2+(y-z)^2+(z-x)^2}$

이므로

$x^2+y^2+z^2-xy-yz-zx=\dfrac{1}{2}\left\{\boxed{(x-y)^2+(y-z)^2+(z-x)^2}\right\}\geq 0$

따라서 $x^2+y^2+z^2\geq xy+yz+zx$이다.

그러므로 세 양수 a, b, c에 대하여

부등식 $\dfrac{bc}{a}+\dfrac{ca}{b}+\dfrac{ab}{c}\geq a+b+c$가 성립한다.

STEP B (가), (나), (다)에 알맞은 것 구하기

따라서 (가) : $\sqrt{\dfrac{ab}{c}}$, (나) : a, (다) : $(x-y)^2+(y-z)^2+(z-x)^2$

1164
정답 ⑤

STEP A 실수의 성질을 이용하여 절대부등식 판별하기

ㄱ. $|a+b|^2-(|a|+|b|)^2$

$=(a+b)^2-(|a|^2+2|a||b|+|b|^2)$

$=(a^2+b^2+2ab)-(a^2+b^2+2|ab|)$

$=2(ab-|ab|)\leq 0(\because ab\leq|ab|)$

즉 $|a+b|^2\leq(|a|+|b|)^2$이므로 $|a+b|\leq|a|+|b|$ [참]

ㄴ. $|a-b|^2-||a|-|b||^2$

$=(a-b)^2-(|a|-|b|)^2$

$=(a^2-2ab+b^2)-(a^2-2|ab|+b^2)$

$=-2(ab-|ab|)\geq 0(\because ab\leq|ab|)$

즉 $|a-b|^2\geq||a|-|b||^2$이므로 $|a-b|\geq||a|-|b||$ [참]

ㄷ. $|a-b|^2-(|a|+|b|)^2$

$=(a-b)^2-(|a|^2+2|a||b|+|b|^2)$

$=(a^2-2ab+b^2)-(a^2+2|ab|+b^2)$

$=-2(ab+|ab|)\leq 0(\because ab+|ab|\geq 0)$

즉 $|a-b|^2\leq(|a|+|b|)^2$이므로 $|a-b|\leq|a|+|b|$ [참]

ㄹ. (i) $|a|\geq|b|$일 때,

$(|a-b|)^2-(|a|-|b|)^2=(a-b)^2-(|a|^2-2|a||b|+|b|^2)$

$\qquad\qquad\qquad\qquad\qquad=a^2-2ab+b^2-(a^2-2|ab|+b^2)$

$\qquad\qquad\qquad\qquad\qquad=2(|ab|-ab)\geq 0(\because|ab|\geq ab)$

즉 $(|a-b|)^2\geq(|a|-|b|)^2$이므로 $|a-b|\geq|a|-|b|$

(ii) $|a|<|b|$일 때, $|a-b|>0$, $|a|-|b|<0$이므로 $|a-b|>|a|-|b|$

(i), (ii)에서

$|a-b|\geq|a|-|b|$ (단, 등호는 $ab\geq 0$, $|a|\geq|b|$일 때 성립한다.) [참]

따라서 항상 옳은 것은 ㄱ, ㄴ, ㄷ, ㄹ이다.

1165
정답 ③

STEP A 실수의 성질을 이용하여 절대부등식 판별하기

ㄱ. 모든 실수 a, b에 대하여 $a^2+ab+b^2=\left(a+\dfrac{1}{2}b\right)^2+\dfrac{3}{4}b^2\geq 0$ [참]

ㄴ. 모든 실수 a, b에 대하여

$a^2+b^2\geq 2a+2b-2$에서 $(a-1)^2+(b-1)^2\geq 0$ [참]

ㄷ. (반례) $a=1$, $b=-2$이면 $|a+b|=|1-2|=1$,

$|a-b|=|1-(-2)|=3$이므로 $|a+b|<|a-b|$ [거짓]

ㄹ. (반례) $a=1$, $b=2$이면 $|a+b|=|1+2|=3$,

$|a|+|b|=|1|+|2|=3$이므로 $|a+b|=|a|+|b|$ [거짓]

ㅁ. 모든 실수 a, b에 대하여

$13(a^2+b^2)\geq(2a+3b)^2$에서 $9a^2-12ab+4b^2=(3a-2b)^2\geq 0$ [참]

따라서 항상 옳은 것은 ㄱ, ㄴ, ㅁ이므로 3개이다.

내/신/연/계 출제문항 589

a, b가 실수일 때, 부등식이 참이 되게 하는 진리집합이 전체집합인 것만을 [보기]에서 있는 대로 고른 것은?

> ㄱ. $a^2-ab+b^2\geq 0$
> ㄴ. $|a|-|b|\leq|a+b|$
> ㄷ. $a^2+2ab+2b^2\geq 0$
> ㄹ. $a^2+b^2+1\geq ab+a+b$

① ㄱ　　　② ㄴ, ㄷ　　　③ ㄷ, ㄹ
④ ㄱ, ㄴ, ㄹ　　　⑤ ㄱ, ㄴ, ㄷ, ㄹ

STEP A 실수의 성질을 이용하여 절대부등식 판별하기

ㄱ. 모든 실수 a, b에 대하여 $a^2-ab+b^2=\left(a-\dfrac{b}{2}\right)^2+\dfrac{3}{4}b^2\geq 0$ [참]

ㄴ. (i) $|a|\geq|b|$일 때,

$\quad(|a|-|b|)^2-(|a+b|)^2=(|a|^2-2|a||b|+|b|^2)-(a+b)^2$
$\qquad\qquad\qquad\qquad\qquad\ =(a^2-2|ab|+b^2)-(a^2+2ab+b^2)$
$\qquad\qquad\qquad\qquad\qquad\ =-2(|ab|+ab)\leq 0\,(\because|ab|+ab\geq 0)$

$\quad$즉 $(|a|-|b|)^2\leq(|a+b|)^2$이므로 $|a|-|b|\leq|a+b|$

(ii) $|a|<|b|$일 때, $|a|-|b|<0$, $|a+b|>0$이므로 $|a|-|b|<|a+b|$

(i), (ii)에서

$\quad|a|-|b|\leq|a+b|$ (단, 등호는 $ab\leq 0$, $|a|\geq|b|$일 때 성립한다.) [참]

ㄷ. 모든 실수 a, b에 대하여 $a^2+2ab+2b^2=(a+b)^2+b^2\geq 0$ [참]

ㄹ. 모든 실수 a, b에 대하여

$\quad a^2+b^2+1-(ab+a+b)$
$\quad=\dfrac{1}{2}\{(a^2-2ab+b^2)+(a^2-2a+1)+(b^2-2b+1)\}$
$\quad=\dfrac{1}{2}\{(a-b)^2+(a-1)^2+(b-1)^2\}\geq 0$
$\quad\therefore\ a^2+b^2+1\geq ab+a+b$

$\quad$(단, 등호는 $a-b=0$, $a-1=0$, $b-1=0$, 즉 $a=b=1$일 때 성립) [참]

따라서 진리집합이 전체집합인 것은 ㄱ, ㄴ, ㄷ, ㄹ이다.　　정답 ⑤

1166　　정답 ④

STEP A 실수의 성질을 이용하여 절대부등식 증명하기

$(|a|+|b|)^2-|a+b|^2=|a|^2+2|a||b|+|b|^2-(a+b)^2$
$\qquad\qquad\qquad\qquad\ =a^2+2|ab|+b^2-a^2-2ab-b^2$
$\qquad\qquad\qquad\qquad\ =2(\boxed{|ab|-ab})$

$|ab|\geq ab$이므로 $2(\boxed{|ab|-ab})\geq 0$

그런데 $|a+b|\geq 0$, $|a|+|b|\geq 0$이므로 $|a+b|\leq|a|+|b|$이다.

여기서 등호가 성립하는 경우는 $|ab|=ab$, 즉 $\boxed{ab\geq 0}$일 때이다.

STEP B (가), (나)에 알맞은 것 구하기

따라서 (가) : $|ab|-ab$, (나) : $ab\geq 0$

1167　　정답 ②

STEP A 실수의 성질을 이용하여 절대부등식 증명하기

(i) $|a|\geq|b|$일 때,

$\quad(|a|-|b|)^2-|a-b|^2=a^2-2|ab|+b^2-a^2+2ab-b^2$
$\qquad\qquad\qquad\qquad\ =2(\boxed{ab-|ab|})\leq 0$

$\quad$즉 $|a|-|b|\leq|a-b|$이다.

(ii) $|a|<|b|$일 때, $|a-b|>0$, $|a|-|b|<0$이므로 $|a|-|b|<|a-b|$

(i), (ii)에서 $|a|-|b|\leq|a-b|$이다.

여기서 등호가 성립하는 경우는 $|ab|=ab$이고 $|a|\geq|b|$

즉 $\boxed{ab\geq 0}$, $|a|\geq|b|$일 때이다.

STEP B (가), (나)에 알맞은 것 구하기

따라서 (가) : $ab-|ab|$, (나) : $ab\geq 0$

1168　　정답 16

STEP A 합이 일정함을 이용하여 곱의 최댓값 구하기

$x>0$, $y>0$이므로 산술평균과 기하평균의 관계에 의하여

$\dfrac{x+y}{2}\geq\sqrt{xy}$에서 $\dfrac{4}{2}\geq\sqrt{xy}$, $2\geq\sqrt{xy}$ (단, 등호는 $x=y$일 때 성립한다.)

양변을 제곱하면 $4\geq xy$, 즉 xy의 최댓값은 $a=4$

STEP B 곱이 일정함을 이용하여 합의 최솟값 구하기

$x>0$, $y>0$이므로 산술평균과 기하평균의 관계에 의하여

$\dfrac{3x+4y}{2}\geq\sqrt{3x\times 4y}$에서 $\dfrac{3x+4y}{2}\geq\sqrt{36}$, $3x+4y\geq 12$
(단, 등호는 $3x=4y$일 때 성립한다.)

즉 $3x+4y$의 최솟값은 $b=12$

따라서 $a+b=4+12=16$

1169　　정답 ③

STEP A 실수의 성질을 이용하여 절대부등식 증명하기

$\dfrac{a+b}{2}-\sqrt{ab}=\dfrac{(\sqrt{a})^2-2\sqrt{ab}+(\sqrt{b})^2}{2}=\boxed{\dfrac{(\sqrt{a}-\sqrt{b})^2}{2}}$

$\boxed{\dfrac{(\sqrt{a}-\sqrt{b})^2}{2}}\geq 0$이므로 $\dfrac{a+b}{2}\geq\sqrt{ab}$

이때 여기서 등호가 성립하는 경우는 $\sqrt{a}=\sqrt{b}$, 즉 $\boxed{a=b}$일 때이다.

STEP B (가), (나)에 알맞은 것 구하기

따라서 (가) : $\dfrac{(\sqrt{a}-\sqrt{b})^2}{2}$, (나) : $a=b$

내/신/연/계/ 출제문항 590

다음은 $a>0$, $b>0$일 때, 부등식 $\sqrt{ab}\geq\dfrac{2ab}{a+b}$가 성립함을 증명하는 과정이다.

$\sqrt{ab}-\dfrac{2ab}{a+b}=\dfrac{\sqrt{ab}(a+b)-2ab}{a+b}=\dfrac{\sqrt{ab}}{a+b}\times\boxed{(가)}$

그런데 $a+b>0$, $\sqrt{ab}>0$, $\boxed{(가)}\geq 0$이므로

$\sqrt{ab}-\dfrac{2ab}{a+b}\boxed{(나)}\,0$

따라서 $\sqrt{ab}\boxed{(나)}\dfrac{2ab}{a+b}$이다.

이때 등호는 $\boxed{(다)}$일 때, 성립한다.

위의 과정에서 (가), (나), (다)에 알맞은 것은?

	(가)	(나)	(다)
①	$(\sqrt{a}-\sqrt{b})^2$	$\geq$	$a=b$
②	$(\sqrt{a}-\sqrt{b})^2$	$\geq$	$ab=0$
③	$(\sqrt{a}-\sqrt{b})^2$	$\leq$	$ab=0$
④	$(\sqrt{a}+\sqrt{b})^2$	$\leq$	$a=b$
⑤	$(\sqrt{a}+\sqrt{b})^2$	$\leq$	$a=b$

STEP A 실수의 성질을 이용하여 절대부등식 증명하기

$\sqrt{ab}-\dfrac{2ab}{a+b}=\dfrac{\sqrt{ab}(a+b)-2ab}{a+b}=\dfrac{\sqrt{ab}(a+b-2\sqrt{ab})}{a+b}$
$\qquad\qquad\qquad=\dfrac{\sqrt{ab}}{a+b}\times\boxed{(\sqrt{a}-\sqrt{b})^2}$

그런데 $a+b>0$, $\sqrt{ab}>0$, $\boxed{(\sqrt{a}-\sqrt{b})^2}\geq 0$이므로 $\sqrt{ab}-\dfrac{2ab}{a+b}\boxed{\geq}0$

따라서 $\sqrt{ab}\boxed{\geq}\dfrac{2ab}{a+b}$이다.

이때 등호는 $\sqrt{a}=\sqrt{b}$, 즉 $\boxed{a=b}$일 때, 성립한다.

STEP B (가), (나), (다)에 알맞은 것 구하기

따라서 (가) : $(\sqrt{a}-\sqrt{b})^2$, (나) : $\geq$, (다) : $a=b$　　정답 ①

1170

STEP A 직선이 지나는 점을 이용하여 a, b의 관계식 구하기

직선 $\dfrac{x}{a}+\dfrac{y}{b}=1$이 점 $(4, 9)$를 지나므로

$\dfrac{4}{a}+\dfrac{9}{b}=1$ ...... ㉠

STEP B 산술평균과 기하평균의 관계를 이용하여 ab의 최솟값 구하기

$a>0$, $b>0$에서 $\dfrac{4}{a}>0$, $\dfrac{9}{b}>0$이므로 산술평균과 기하평균의 관계에 의하여

$\dfrac{4}{a}+\dfrac{9}{b}\geq 2\sqrt{\dfrac{4}{a}\times\dfrac{9}{b}}=\dfrac{12}{\sqrt{ab}}$

㉠에 의하여 $1\geq\dfrac{12}{\sqrt{ab}}$

$\therefore \sqrt{ab}\geq 12$ (단, 등호는 $9a=4b$일 때 성립한다.)

양변을 제곱하면 $ab\geq 144$

따라서 ab의 최솟값은 144

1171

STEP A 산술평균과 기하평균의 관계를 이용하여 최솟값 구하기

$\dfrac{2}{a}+\dfrac{3}{b}=\dfrac{3a+2b}{ab}=\dfrac{1}{ab}$ ...... ㉠

이때 $a>0$, $b>0$이므로 산술평균과 기하평균의 관계에 의하여

$3a+2b\geq 2\sqrt{3a\times 2b}=2\sqrt{6ab}$

$3a+2b=1$이므로 $1\geq 2\sqrt{6ab}$ (단, 등호는 $3a=2b$일 때 성립한다.)

양변을 제곱하면 $1\geq 24ab$, $\dfrac{1}{ab}\geq 24$

㉠에서 $\dfrac{2}{a}+\dfrac{3}{b}$의 최솟값은 24

> **mini해설** | 주어진 두 식을 곱하여 풀이하기
>
> $a>0$, $b>0$이므로 산술평균과 기하평균의 관계에 의하여
>
> $(3a+2b)\left(\dfrac{2}{a}+\dfrac{3}{b}\right)=\dfrac{9a}{b}+\dfrac{4b}{a}+12\geq 2\sqrt{\dfrac{9a}{b}\times\dfrac{4b}{a}}+12=12+12=24$
>
> $\left(\text{단, 등호는 } \dfrac{9a}{b}=\dfrac{4b}{a}, \text{ 즉 } 3a=2b\text{일 때 성립한다.}\right)$
>
> 이때 $3a+2b=1$이므로 $\dfrac{2}{a}+\dfrac{3}{b}\geq 24$
>
> 따라서 $\dfrac{2}{a}+\dfrac{3}{b}$의 최솟값은 24

두 양수 x, y에 대하여 $x+y=\dfrac{1}{4}$일 때, $\dfrac{1}{x}+\dfrac{1}{y}$의 최솟값을 구하시오.

STEP A 산술평균과 기하평균의 관계를 이용하여 최솟값 구하기

$\dfrac{1}{x}+\dfrac{1}{y}=\dfrac{x+y}{xy}=\dfrac{1}{4xy}$ ...... ㉠

이때 $x>0$, $y>0$이므로 산술평균과 기하평균의 관계에 의하여

$x+y\geq 2\sqrt{xy}$

$x+y=\dfrac{1}{4}$이므로 $\dfrac{1}{4}\geq 2\sqrt{xy}$ (단, 등호는 $x=y$일 때 성립한다.)

양변을 제곱하면 $\dfrac{1}{16}\geq 4xy$, $\dfrac{1}{4xy}\geq 16$

㉠에서 $\dfrac{1}{x}+\dfrac{1}{y}$의 최솟값은 16

> **mini해설** | 식을 변형하여 풀이하기
>
> $x>0$, $y>0$이고 $x+y=\dfrac{1}{4}$이므로 산술평균과 기하평균의 관계에 의하여
>
> $\dfrac{1}{x}+\dfrac{1}{y}=4\left(\dfrac{1}{x}+\dfrac{1}{y}\right)(x+y)=4\left(2+\dfrac{y}{x}+\dfrac{x}{y}\right)\geq 4\left(2+2\sqrt{\dfrac{y}{x}\times\dfrac{x}{y}}\right)=16$
>
> (단, 등호는 $x=y$일 때 성립한다.)
>
> 따라서 $\dfrac{1}{x}+\dfrac{1}{y}$의 최솟값은 16

1172

STEP A 산술평균과 기하평균의 관계를 이용하여 최솟값 구하기

$a>0$, $b>0$, $c>0$이므로 산술평균과 기하평균의 관계에 의하여

$\dfrac{b+c}{a}+\dfrac{c+a}{b}+\dfrac{a+b}{c}=\left(\dfrac{b}{a}+\dfrac{a}{b}\right)+\left(\dfrac{c}{a}+\dfrac{a}{c}\right)+\left(\dfrac{c}{b}+\dfrac{b}{c}\right)$

$\geq 2\sqrt{\dfrac{b}{a}\times\dfrac{a}{b}}+2\sqrt{\dfrac{c}{a}\times\dfrac{a}{c}}+2\sqrt{\dfrac{c}{b}\times\dfrac{b}{c}}$

$=6$ (단, 등호는 $a=b=c$일 때 성립한다.)

따라서 구하는 최솟값은 6

$a>0$, $b>0$, $c>0$일 때, $\left(\dfrac{b}{a}+\dfrac{c}{b}\right)\left(\dfrac{c}{b}+\dfrac{a}{c}\right)\left(\dfrac{a}{c}+\dfrac{b}{a}\right)$의 최솟값은?

① 6 ② 8 ③ 10
④ 12 ⑤ 14

STEP A 산술평균과 기하평균을 이용하여 최솟값 구하기

$a>0$, $b>0$, $c>0$이므로 산술평균과 기하평균의 관계에 의하여

$\dfrac{b}{a}+\dfrac{c}{b}\geq 2\sqrt{\dfrac{b}{a}\times\dfrac{c}{b}}$, $\dfrac{c}{b}+\dfrac{a}{c}\geq 2\sqrt{\dfrac{c}{b}\times\dfrac{a}{c}}$, $\dfrac{a}{c}+\dfrac{b}{a}\geq 2\sqrt{\dfrac{a}{c}\times\dfrac{b}{a}}$

$\therefore \left(\dfrac{b}{a}+\dfrac{c}{b}\right)\left(\dfrac{c}{b}+\dfrac{a}{c}\right)\left(\dfrac{a}{c}+\dfrac{b}{a}\right)\geq 8\sqrt{\dfrac{c}{a}\times\dfrac{a}{b}\times\dfrac{b}{c}}=8$

(단, 등호는 $a=b=c$일 때 성립한다.)

따라서 구하는 최솟값은 8

1173

2018년 11월 고2 학력평가 나형 9번

STEP A 산술평균과 기하평균의 관계를 이용하여 상수 a의 값 구하기

$x>0$, $\dfrac{a}{x}>0$이므로 산술평균과 기하평균의 관계에 의하여

$4x+\dfrac{a}{x}\geq 2\sqrt{4x\times\dfrac{a}{x}}=2\sqrt{4a}=4\sqrt{a}$ (단, 등호는 $4x=\dfrac{a}{x}$일 때 성립한다.)

이때 최솟값이 2이므로 $4\sqrt{a}=2$, $\sqrt{a}=\dfrac{1}{2}$

따라서 $a=\dfrac{1}{4}$

$x>0$인 실수 x에 대하여 $9x+\dfrac{a}{x}(a>0)$의 최솟값이 18일 때, 상수 a의 값은?

① 4 ② 9 ③ 16
④ 25 ⑤ 36

440

STEP **A** 산술평균과 기하평균의 관계를 이용하여 상수 a의 값 구하기

$x>0$, $\dfrac{a}{x}>0$이므로 산술평균과 기하평균의 관계에 의하여

$9x+\dfrac{a}{x}\geq 2\sqrt{9x\times\dfrac{a}{x}}=2\sqrt{9a}=6\sqrt{a}$ $\left(\text{단, 등호는 } 9x=\dfrac{a}{x}\text{일 때 성립한다.}\right)$

이때 최솟값이 18이므로 $6\sqrt{a}=18$, $\sqrt{a}=3$

따라서 $a=9$ 정답 ②

1174 정답 25

STEP **A** 주어진 식을 전개한 후 산술평균과 기하평균을 이용하여 최솟값 구하기

$\dfrac{6a}{b}>0$, $\dfrac{6b}{a}>0$이므로 산술평균과 기하평균의 관계에 의하여

$(3a+2b)\left(\dfrac{3}{a}+\dfrac{2}{b}\right)=\dfrac{6a}{b}+\dfrac{6b}{a}+13$

$\geq 2\sqrt{\dfrac{6a}{b}\times\dfrac{6b}{a}}+13$

$=12+13$

$=25$ $\left(\text{단, 등호는 } \dfrac{6a}{b}=\dfrac{6b}{a}\text{, 즉 } a=b\text{일 때 성립한다.}\right)$

따라서 주어진 식의 최솟값은 25

1175 정답 ②

STEP **A** 산술평균과 기하평균을 이용하여 주어진 식의 값이 최소일 때, a, b의 관계식 구하기

$\dfrac{b}{a}>0$, $\dfrac{4a}{b}>0$이므로 산술평균과 기하평균의 관계에 의하여

$\left(\dfrac{1}{a}+\dfrac{4}{b}\right)(a+b)=\dfrac{b}{a}+\dfrac{4a}{b}+5$

$\geq 2\sqrt{\dfrac{b}{a}\times\dfrac{4a}{b}}+5$

$=4+5=9$

이때 등호는 $\dfrac{b}{a}=\dfrac{4a}{b}$,

$b^2=4a^2$일 때, 성립한다.

$\therefore b=2a(\because a>0, b>0)$

즉 주어진 식은 $b=2a$일 때, 최솟값 9를 가지므로

이때의 a, b의 관계를 그래프로 나타내면 오른쪽 그림과 같다.

따라서 바르게 나타낸 것은 ②이다.

1176 정답 ③

STEP **A** 주어진 식을 전개한 후 산술평균과 기하평균을 이용하여 최솟값 구하기

$a>0$에서 $a^2>0$이므로 산술평균과 기하평균의 관계에 의하여

$\left(a-\dfrac{1}{a}\right)\left(a-\dfrac{16}{a}\right)=a^2+\dfrac{16}{a^2}-17$

$\geq 2\sqrt{a^2\times\dfrac{16}{a^2}}-17$

$=8-17$

$=-9$

STEP **B** 주어진 식의 값이 최소일 때 a의 값 구하기

이때 등호는 $a^2=\dfrac{16}{a^2}$일 때, 성립하므로

$a^4=16$, $a^2=4(a^2>0)$ $\therefore a=2(\because a>0)$

따라서 $m=-9$, $k=2$이므로 $k-m=2-(-9)=11$

$a>0$일 때, $\left(2a-\dfrac{6}{a}\right)\left(a-\dfrac{3}{a}\right)$의 최솟값을 m, 그때의 a의 값을 k라 하자.

이때 m^2+k^2의 값은?

① 3   ② 6   ③ 9

④ 12   ⑤ 15

STEP **A** 주어진 식을 전개한 후 산술평균과 기하평균을 이용하여 최솟값 구하기

$a>0$에서 $a^2>0$이므로 산술평균과 기하평균의 관계에 의하여

$\left(2a-\dfrac{6}{a}\right)\left(a-\dfrac{3}{a}\right)=2a^2+\dfrac{18}{a^2}-12$

$\geq 2\sqrt{2a^2\times\dfrac{18}{a^2}}-12$

$=12-12$

$=0$

STEP **B** m^2+k^2의 값 구하기

이때 등호는 $2a^2=\dfrac{18}{a^2}$일 때, 성립하므로

$a^4=9$, $a^2=3(a^2>0)$ $\therefore a=\sqrt{3}(\because a>0)$

따라서 $m=\sqrt{3}$, $k=0$이므로 $m^2+k^2=3+0=3$ 정답 ①

1177 정답 ②

STEP **A** 산술평균과 기하평균의 관계를 이용하여 a, b, c의 값 구하기

$x>0$, $y>0$에서 $\dfrac{x}{y}>0$, $\dfrac{y}{x}>0$이므로 산술평균과 기하평균의 관계에 의하여

$A=(x+y)\left(\dfrac{1}{x}+\dfrac{1}{y}\right)=\dfrac{x}{y}+\dfrac{y}{x}+2$

$\geq 2\sqrt{\dfrac{x}{y}\times\dfrac{y}{x}}+2$

$=2+2=4$ (단, 등호는 $x=y$일 때 성립한다.)

$B=(x+4y)\left(\dfrac{1}{x}+\dfrac{4}{y}\right)=\dfrac{4x}{y}+\dfrac{4y}{x}+17$

$\geq 2\sqrt{\dfrac{4x}{y}\times\dfrac{4y}{x}}+17$

$=8+17=25$ (단, 등호는 $x=y$일 때 성립한다.)

$C=(2x+4y)\left(\dfrac{2}{x}+\dfrac{1}{4y}\right)=\dfrac{x}{2y}+\dfrac{8y}{x}+5$

$\geq 2\sqrt{\dfrac{x}{2y}\times\dfrac{8y}{x}}+5$

$=4+5=9$ (단, 등호는 $x=4y$일 때 성립한다.)

따라서 $a=4$, $b=25$, $c=9$이므로 $a<c<b$

$x > 0$, $y > 0$일 때,

$$A = (9x + y)\left(\frac{9}{x} + \frac{1}{y}\right),\quad B = \left(x + \frac{2}{y}\right)\left(y + \frac{8}{x}\right)$$

$$C = (x^2 + 2)\left(\frac{1}{x^2} + \frac{1}{2}\right),\quad D = \left(2x - \frac{1}{x}\right)\left(x - \frac{32}{x}\right)$$

의 최솟값을 각각 a, b, c, d라 할 때, $a + b + c + d$의 값을 구하시오.

STEP **A** 산술평균과 기하평균의 관계를 이용하여 a, b, c, d의 값 구하기

$x > 0$, $y > 0$에서 $\frac{x}{y} > 0$, $\frac{y}{x} > 0$이므로 산술평균과 기하평균의 관계에 의하여

$$A = (9x + y)\left(\frac{9}{x} + \frac{1}{y}\right) = \frac{9x}{y} + \frac{9y}{x} + 82$$
$$\geq 2\sqrt{\frac{9x}{y} \times \frac{9y}{x}} + 82$$
$$= 18 + 82 = 100 \ (단, 등호는 x = y일 때 성립한다.)$$

$$B = \left(x + \frac{2}{y}\right)\left(y + \frac{8}{x}\right) = xy + \frac{16}{xy} + 10$$
$$\geq 2\sqrt{xy \times \frac{16}{xy}} + 10$$
$$= 8 + 10 = 18 \ (단, 등호는 xy = 4일 때 성립한다.)$$

$$C = (x^2 + 2)\left(\frac{1}{x^2} + \frac{1}{2}\right) = \frac{x^2}{2} + \frac{2}{x^2} + 2$$
$$\geq 2\sqrt{\frac{x^2}{2} \times \frac{2}{x^2}} + 2$$
$$= 2 + 2 = 4$$
$$\left(단, 등호는 \frac{x^2}{2} = \frac{2}{x^2}, 즉 x = \sqrt{2}일 때 성립한다.\right)$$

$$D = \left(2x - \frac{1}{x}\right)\left(x - \frac{32}{x}\right) = 2x^2 + \frac{32}{x^2} - 65$$
$$\geq 2\sqrt{2x^2 \times \frac{32}{x^2}} - 65$$
$$= 16 - 65 = -49$$
$$\left(단, 등호는 2x^2 = \frac{32}{x^2}, 즉 x = 2일 때 성립한다.\right)$$

따라서 $a = 100$, $b = 18$, $c = 4$, $d = -49$이므로 $a + b + c + d = 73$ 정답 73

1178

정답 ③

STEP **A** 산술평균과 기하평균의 관계를 이용하여 빈칸에 알맞은 것 구하기

산술평균과 기하평균의 대소 관계를 적용하면

$$a + \frac{4}{b} \geq 2\sqrt{\frac{4a}{b}} \qquad \cdots\cdots \ \text{㉠}$$

$$b + \frac{16}{a} \geq 2\sqrt{\frac{16b}{a}} \qquad \cdots\cdots \ \text{㉡}$$

㉠, ㉡의 양변을 각각 곱하면

$$\left(a + \frac{4}{b}\right)\left(b + \frac{16}{a}\right) \geq 4\sqrt{\frac{4a}{b} \times \frac{16b}{a}} = 32 \qquad \cdots\cdots \ \text{㉢}$$

그러므로 구하는 최솟값은 32이다.

여기서 ㉠의 등호는 $a = \frac{4}{b}$, $\boxed{ab = 4}$일 때, 성립한다.

또한, ㉡의 등호는 $b = \frac{16}{a}$, $\boxed{ab = 16}$일 때, 성립한다.

그런데 ㉢의 등호가 성립하려면 $ab = 4$와 $ab = 16$을 동시에 만족해야 하지만 그런 실수는 존재하지 않는다.

STEP **B** 산술평균과 기하평균의 관계를 이용하여 올바른 최솟값 구하기

$a > 0$, $b > 0$이므로 산술평균과 기하평균의 관계에 의하여

$$\left(a + \frac{4}{b}\right)\left(b + \frac{16}{a}\right) = ab + \frac{64}{ab} + 20 \geq 2\sqrt{ab \times \frac{64}{ab}} + 20$$
$$= 16 + 20 = 36 \ (단, 등호는 ab = 8일 때 성립한다.)$$

따라서 (가) : $ab = 4$, (나) : $ab = 16$, 올바른 최솟값은 36

1179

STEP **A** 산술평균과 기하평균의 관계를 이용하여 p, q, r의 값 구하기

$a > 0$, $b > 0$, $c > 0$이므로 산술평균과 기하평균의 관계에 의하여

(가) $a + b \geq 2\sqrt{ab} = 2\sqrt{9} = 6$ (단, 등호는 $a = b$일 때 성립한다.)
　　즉 구하는 최솟값은 $p = 6$

(나) $(a + 4b)\left(\frac{1}{a} + \frac{1}{b}\right) = \frac{4b}{a} + \frac{a}{b} + 5$
$$\geq 2\sqrt{\frac{4b}{a} \times \frac{a}{b}} + 5$$
$$= 4 + 5 = 9 \ (단, 등호는 a = 2b일 때 성립한다.)$$
즉 구하는 최솟값은 $q = 9$

(다) $(a + b + c)\left(\frac{1}{a} + \frac{1}{b} + \frac{1}{c}\right) = 1 + \frac{a}{b} + \frac{a}{c} + \frac{b}{a} + 1 + \frac{b}{c} + \frac{c}{a} + \frac{c}{b} + 1$
$$= \left(\frac{b}{a} + \frac{a}{b}\right) + \left(\frac{c}{b} + \frac{b}{c}\right) + \left(\frac{a}{c} + \frac{c}{a}\right) + 3$$
$$\geq 2\sqrt{\frac{b}{a} \times \frac{a}{b}} + 2\sqrt{\frac{c}{b} \times \frac{b}{c}} + 2\sqrt{\frac{a}{c} \times \frac{c}{a}} + 3$$
$$= 6 + 3 = 9$$
$$(단, 등호는 a = b = c일 때 성립한다.)$$

즉 구하는 최솟값은 $r = 9$
따라서 $p + q + r = 6 + 9 + 9 = 24$

1180

2015년 09월 고2 학력평가 나형 16번　정답 ②

STEP **A** 주어진 식을 전개한 후 산술평균과 기하평균을 이용하여 최솟값 구하기

$x > 0$, $y > 0$에서 $xy > 0$, $\frac{1}{xy} > 0$이므로 산술평균과 기하평균의 관계에 의하여

$$\left(4x + \frac{1}{y}\right)\left(\frac{1}{x} + 16y\right) = 64xy + \frac{1}{xy} + 20$$
$$\geq 2\sqrt{64xy \times \frac{1}{xy}} + 20$$
$$= 16 + 20 = 36 \left(단, 등호는 xy = \frac{1}{8}일 때 성립한다.\right)$$

따라서 $\left(4x + \frac{1}{y}\right)\left(\frac{1}{x} + 16y\right)$의 최솟값은 36

$a > 0$, $b > 0$일 때, $\left(3a + \frac{2}{b}\right)\left(\frac{3}{a} + 2b\right)$의 최솟값은?

① 23　　　② 24　　　③ 25
④ 26　　　⑤ 27

STEP **A** 주어진 식을 전개한 후 산술평균과 기하평균을 이용하여 최솟값 구하기

$a > 0$, $b > 0$에서 $ab > 0$이므로 산술평균과 기하평균의 관계에 의하여

$$\left(3a + \frac{2}{b}\right)\left(\frac{3}{a} + 2b\right) = 6ab + \frac{6}{ab} + 13$$
$$\geq 2\sqrt{6ab \times \frac{6}{ab}} + 13$$
$$= 12 + 13 = 25 \ (단, 등호는 ab = 1일 때 성립한다.)$$

따라서 $\left(2a + \frac{3}{b}\right)\left(\frac{2}{a} + 3b\right)$의 최솟값은 25　　정답 ③

1181
2022년 11월 고1 학력평가 25번

정답 8

STEP A 두 직선의 기울기가 같음을 이용하여 a, b의 관계식 구하기

두 직선 $y=f(x)$, $y=g(x)$의 기울기가 각각 $\dfrac{a}{2}$, $\dfrac{1}{b}$ 이고

두 직선이 서로 평행하므로 $\dfrac{a}{2}=\dfrac{1}{b}$ 에서 $ab=2$

STEP B 산술평균과 기하평균의 관계를 이용하여 $(a+1)(b+2)$의 최솟값 구하기

$a>0$, $b>0$이므로 산술평균과 기하평균의 관계에 의하여

$(a+1)(b+2)=ab+2a+b+2$
$\qquad =2a+b+4$ ← $ab=2$
$\qquad \geq 2\sqrt{2a\times b}+4$ (단, 등호는 $2a=b$일 때 성립한다.)
$\qquad =4+4=8$

따라서 $(a+1)(b+2)$의 최솟값은 8

내/신/연/계/ 출제문항 597

두 양의 실수 a, b에 대하여 두 일차함수
$$f(x)=\frac{a}{2}x-\frac{1}{2},\ g(x)=\frac{2}{b}x+\frac{3}{2}$$
이 있다. 직선 $y=f(x)$와 직선 $y=g(x)$가 서로 평행할 때, $(a+1)(b+9)$의 최솟값을 구하시오.

STEP A 두 직선의 기울기가 같음을 이용하여 a, b의 관계식 구하기

두 직선 $y=f(x)$, $y=g(x)$의 기울기가 각각 $\dfrac{a}{2}$, $\dfrac{2}{b}$ 이고

두 직선이 서로 평행하므로 $\dfrac{a}{2}=\dfrac{2}{b}$ 에서 $ab=4$

STEP B 산술평균과 기하평균의 관계를 이용하여 $(a+1)(b+9)$의 최솟값 구하기

$a>0$, $b>0$이므로 산술평균과 기하평균의 관계에 의하여

$(a+1)(b+9)=ab+9a+b+9$
$\qquad =9a+b+13$ ← $ab=4$
$\qquad \geq 2\sqrt{9a\times b}+13$ (단, 등호는 $9a=b$일 때 성립한다.)
$\qquad =12+13=25$

따라서 $(a+1)(b+9)$의 최솟값은 25

정답 25

1182
정답 13

STEP A 주어진 식을 변형한 후 산술평균과 기하평균을 이용하여 최솟값 구하기

$x>5$에서 $x-5>0$, $\dfrac{1}{x-5}>0$이므로 산술평균과 기하평균의 관계에 의하여

$x+\dfrac{1}{x-5}=\left(x-5+\dfrac{1}{x-5}\right)+5$
$\qquad \geq 2\sqrt{(x-5)\times\dfrac{1}{x-5}}+5$
$\qquad =2+5=7$

즉 최솟값은 7이므로 $m=7$

STEP B 주어진 식의 값이 최소일 때, n의 값 구하기

등호는 $x-5=\dfrac{1}{x-5}$ 일 때, 성립하므로 $(x-5)^2=1$
이때 $x-5>0$이므로 $x=6$ $\therefore n=6$
따라서 $m+n=7+6=13$

1183
정답 ③

STEP A 곱셈 공식을 이용하여 A, B의 관계식 구하기

$A=x^2+\dfrac{1}{x^2}$, $B=x-\dfrac{1}{x}$ 에서

$A=\left(x-\dfrac{1}{x}\right)^2+2=B^2+2$ ← $x^2+\dfrac{1}{x^2}=\left(x-\dfrac{1}{x}\right)^2+2$

STEP B 산술평균과 기하평균을 이용하여 최솟값 구하기

이때 $x>1$에서 $B>0$이므로

$\dfrac{A}{B}=\dfrac{B^2+2}{B}=B+\dfrac{2}{B}\geq 2\sqrt{B\times\dfrac{2}{B}}=2\sqrt{2}$

$\left($단, 등호는 $B=\dfrac{2}{B}$, 즉 $B=\sqrt{2}$일 때 성립한다.$\right)$

따라서 $\dfrac{A}{B}$ 의 최솟값은 $2\sqrt{2}$

1184
정답 ④

STEP A 주어진 식을 변형한 후 산술평균과 기하평균을 이용하여 최솟값 구하기

$x^2-x+\dfrac{9}{x^2-x+1}=x^2-x+1+\dfrac{9}{x^2-x+1}-1$에서

실수 x에 대하여 $x^2-x+1>0$, $\dfrac{9}{x^2-x+1}>0$이므로

산술평균과 기하평균의 관계에 의하여

$x^2-x+1+\dfrac{9}{x^2-x+1}-1\geq 2\sqrt{(x^2-x+1)\times\dfrac{9}{x^2-x+1}}-1$
$\qquad =6-1=5$

STEP B 주어진 식의 값이 최소일 때, α, β의 값 구하기

등호는 $x^2-x+1=\dfrac{9}{x^2-x+1}$일 때, 성립하므로 $(x^2-x+1)^2=9$
이때 $x^2-x+1>0$이므로 $x^2-x+1=3$,
$x^2-x-2=0$, $(x-2)(x+1)=0$
$\therefore x=2$ 또는 $x=-1$
따라서 $m=5$, $\alpha=2$, $\beta=-1$(또는 $\alpha=-1$, $\beta=2$)이므로 $\alpha^2+\beta^2+m=10$

1185
정답 ②

STEP A 이차방정식의 판별식을 이용하여 a의 범위 구하기

이차방정식 $x^2-2x+a=0$이 허근을 가지므로
이차방정식 $x^2-2x+a=0$의 판별식을 D라 할 때, $D<0$이어야 한다.
$\dfrac{D}{4}=1-a<0$ $\therefore a>1$

STEP B 주어진 식을 변형한 후 산술평균과 기하평균을 이용하여 최솟값 구하기

$a>1$에서 $a-1>0$, $\dfrac{4}{a-1}>0$이므로 산술평균과 기하평균의 관계에 의하여

$a-1+\dfrac{4}{a-1}\geq 2\sqrt{(a-1)\times\dfrac{4}{a-1}}=4$

$\left($단, 등호는 $a-1=\dfrac{4}{a-1}$, 즉 $a=3$일 때 성립한다.$\right)$

따라서 $a-1+\dfrac{4}{a-1}$ 의 최솟값은 4

이차방정식 $x^2-4x+a=0$(a는 실수)이 허근을 가질 때, $a+\dfrac{9}{a-4}+2$의 최솟값은?

① 10   ② 12   ③ 14
④ 16   ⑤ 18

STEP A 이차방정식의 판별식을 이용하여 a의 범위 구하기

이차방정식 $x^2-4x+a=0$이 허근을 가지므로

이차방정식 $x^2-4x+a=0$의 판별식을 D라 할 때, $D<0$이어야 한다.

$\dfrac{D}{4}=4-a<0$ $\therefore a>4$

STEP B 주어진 식을 변형한 후 산술평균과 기하평균을 이용하여 최솟값 구하기

$a>4$에서 $a-4>0$, $\dfrac{9}{a-4}>0$이므로 산술평균과 기하평균의 관계에 의하여

$a+\dfrac{9}{a-4}+2=a-4+\dfrac{9}{a-4}+6$

$\qquad\qquad\geq 2\sqrt{(a-4)\times\dfrac{9}{a-4}}+6$

$\qquad\qquad=6+6=12$

$\left(\text{단, 등호는 } a-4=\dfrac{9}{a-4}, \text{ 즉 } a=7\text{일 때 성립한다.}\right)$

따라서 $a+\dfrac{9}{a-4}+2$의 최솟값은 12   정답 ②

1186   정답 ②

STEP A 주어진 식을 변형한 후 산술평균과 기하평균을 이용하여 최솟값 구하기

$x>1$에서 $x-1>0$, $\dfrac{4}{x-1}>0$이므로 산술평균과 기하평균의 관계에 의하여

$\dfrac{x^2-2x+5}{x-1}=\dfrac{(x-1)^2+4}{x-1}=x-1+\dfrac{4}{x-1}$

$\qquad\qquad\qquad\qquad\geq 2\sqrt{(x-1)\times\dfrac{4}{x-1}}=4$

즉 최솟값은 4이므로 $m=4$

STEP B 주어진 식의 값이 최소일 때, a의 값 구하기

등호는 $x-1=\dfrac{4}{x-1}$일 때, 성립하므로 $(x-1)^2=4$

이때 $x-1>0$이므로 $x-1=2$에서 $x=3$ $\therefore a=3$
따라서 $a+m=3+4=7$

$x>2$인 실수 x에 대하여 $\dfrac{x^2-4x+13}{x-2}$은 $x=a$일 때 최솟값 m을 갖는다. $a+m$의 값은?

① 8   ② 9   ③ 10
④ 11   ⑤ 12

STEP A 산술평균과 기하평균을 이용하여 최솟값 구하기

$x>2$에서 $x-2>0$, $\dfrac{9}{x-2}>0$이므로 산술평균과 기하평균의 관계에 의하여

$\dfrac{x^2-4x+13}{x-2}=\dfrac{(x-2)^2+9}{x-2}=x-2+\dfrac{9}{x-2}$

$\qquad\qquad\qquad\qquad\geq 2\sqrt{(x-2)\times\dfrac{9}{x-2}}=6$

즉 최솟값은 6이므로 $m=6$

STEP B 주어진 식의 값이 최소일 때 a의 값 구하기

등호는 $x-2=\dfrac{9}{x-2}$일 때, 성립하므로 $(x-2)^2=9$
이때 $x-2>0$이므로 $x-2=3$에서 $x=5$ $\therefore a=5$
따라서 $a+m=5+6=11$ 정답 ④

1187   정답 ⑤

STEP A 주어진 식을 변형한 후 산술평균과 기하평균을 이용하여 최댓값 구하기

$\dfrac{x+1}{x^2+2x+10}=\dfrac{x+1}{(x+1)^2+9}=\dfrac{1}{x+1+\dfrac{9}{x+1}}$

$x>-1$에서 $x+1>0$, $\dfrac{9}{x+1}>0$이므로 산술평균과 기하평균의 관계에 의하여

$x+1+\dfrac{9}{x+1}\geq 2\sqrt{(x+1)\times\dfrac{9}{x+1}}=6$

즉 $\dfrac{1}{x+1+\dfrac{9}{x+1}}\leq\dfrac{1}{6}$이므로 주어진 식의 최댓값 $b=\dfrac{1}{6}$

STEP B 주어진 식의 값이 최소일 때, a의 값 구하기

등호는 $x+1=\dfrac{9}{x+1}$일 때, 성립하므로 $(x+1)^2=9$
이때 $x+1>0$이므로 $x+1=3$에서 $x=2$ $\therefore a=2$
따라서 $a+b=2+\dfrac{1}{6}=\dfrac{13}{6}$

1188   정답 13

STEP A 주어진 식을 전개한 후 산술평균과 기하평균을 이용하여 최솟값 구하기

$x>0$, $y>0$이므로 산술평균과 기하평균의 관계에 의하여

$x^2-4x+\dfrac{4y}{x}+\dfrac{9x}{y}=x^2-4x+4+\dfrac{4y}{x}+\dfrac{9x}{y}-4$

$\qquad\qquad\qquad\geq(x-2)^2+2\sqrt{\dfrac{4y}{x}\times\dfrac{9x}{y}}-4$

$\qquad\qquad\qquad=(x-2)^2+8 \qquad \cdots\cdots\ \ominus$

$\ominus$은 $x=2$일 때, 최솟값 8을 갖고 등호는 $\dfrac{4y}{x}=\dfrac{9x}{y}$

즉 $2y=3x$일 때, 성립한다.

즉 $x=2$, $y=3$일 때, 주어진 식이 최솟값을 가지므로 $\alpha=2$, $\beta=3$, $m=8$
따라서 $\alpha+\beta+m=2+3+8=13$

두 실수 x, y에 대하여 $2x^2+y^2-4x+\dfrac{25}{x^2+y^2+1}$는 $x=\alpha$, $y=\beta$일 때, 최솟값 m을 갖는다. 이때 $\alpha+\beta+m$의 값을 구하시오.

STEP A 주어진 식을 전개한 후 산술평균과 기하평균을 이용하여 최솟값 구하기

x, y는 실수이므로 $x^2+y^2+1>0$, $\dfrac{25}{x^2+y^2+1}>0$

산술평균과 기하평균의 관계에 의하여

$2x^2+y^2-4x+\dfrac{25}{x^2+y^2+1}=x^2+y^2+1+\dfrac{25}{x^2+y^2+1}+x^2-4x-1$

$\qquad\qquad\qquad\geq 2\sqrt{(x^2+y^2+1)\times\dfrac{25}{x^2+y^2+1}}+(x-2)^2-5$

$\qquad\qquad\qquad=(x-2)^2+5 \qquad \cdots\cdots\ \ominus$

①은 $x=2$일 때, 최솟값 5를 갖고

등호는 $x^2+y^2+1=\dfrac{25}{x^2+y^2+1}$에서 $(x^2+y^2+1)^2=25$

즉 $x^2+y^2=4$일 때 성립한다.

즉 $x=2$, $y=0$일 때 주어진 식이 최솟값을 가지므로 $\alpha=2$, $\beta=0$, $m=5$

따라서 $\alpha+\beta+m=2+0+5=7$ 〔정답〕 **7**

1189   〔정답〕 **90**

STEP Ⓐ 가로, 세로의 길이를 문자로 나타내고 관계식 구하기

직사각형의 가로의 길이와 세로의 길이를 각각 xm, ym라 하면

$2x+5y=60$

STEP Ⓑ 산술평균과 기하평균의 관계를 이용하여 넓이의 최댓값 구하기

$x>0$, $y>0$이므로 산술평균과 기하평균의 관계에 의하여

$\dfrac{2x+5y}{2}\geq\sqrt{2x\times5y},\ \dfrac{60}{2}\geq\sqrt{10xy},\ 10xy\leq30^2$

$\therefore xy\leq90$ (단, 등호는 $2x=5y=30$, 즉 $x=15$, $y=6$일 때 성립한다.)

따라서 우리 전체의 넓이는 xy이므로 구하는 넓이의 최댓값은 90

1190   〔정답〕 **9**

STEP Ⓐ 직각삼각형 OHP의 넓이를 a, b에 대한 관계식으로 나타내기

$\overline{\mathrm{OP}}=\sqrt{(\sqrt{a})^2+(\sqrt{b})^2}=\sqrt{a+b}=6$

즉 $a+b=36$ (단, $a>0$, $b>0$) ······ ㉠

또한, 직각삼각형 OHP의 넓이를 S라 하면

$S=\dfrac{1}{2}\times\overline{\mathrm{OH}}\times\overline{\mathrm{PH}}=\dfrac{1}{2}\times\sqrt{a}\times\sqrt{b}=\dfrac{1}{2}\sqrt{ab}$

STEP Ⓑ 산술평균과 기하평균의 관계를 이용하여 넓이의 최댓값 구하기

㉠에서 산술평균과 기하평균의 관계에 의하여

$\dfrac{a+b}{2}=\dfrac{36}{2}\geq\sqrt{ab}$ (단, 등호는 $a=b=18$일 때 성립한다.)

이므로 $\sqrt{ab}\leq18$

따라서 $S=\dfrac{1}{2}\sqrt{ab}\leq9$이므로 삼각형 OHP의 넓이의 최댓값은 9

1191   〔정답〕 **①**

STEP Ⓐ 두 점을 지나는 직선의 방정식을 이용하여 a, b의 관계식 구하기

두 점 A, B의 좌표를 A$(a, 0)$, B$(0, b)(a>0, b>0)$라 하자.

직각삼각형 OAB의 넓이를 S라 하면

$S=\dfrac{1}{2}ab$ ······ ㉠

두 점 A, B를 지나는 직선의 방정식은 $\dfrac{x}{a}+\dfrac{y}{b}=1$

x절편이 a, y절편이 b인 직선의 방정식

이 직선이 점 P$(2, 3)$을 지나므로 $\dfrac{2}{a}+\dfrac{3}{b}=1$

STEP Ⓑ 산술평균과 기하평균의 관계를 이용하여 넓이의 최솟값 구하기

$a>0$, $b>0$에서 $\dfrac{2}{a}>0$, $\dfrac{3}{b}>0$이므로 산술평균과 기하평균의 관계에 의하여

$\dfrac{2}{a}+\dfrac{3}{b}\geq2\sqrt{\dfrac{2}{a}\times\dfrac{3}{b}}=2\sqrt{\dfrac{6}{ab}}$

$1\geq2\sqrt{\dfrac{6}{ab}}$ (단, 등호는 $2b=3a$일 때 성립한다.)

양변을 제곱하면 $1\geq4\times\dfrac{6}{ab}$ $\therefore ab\geq24$ ······ ㉡

㉠, ㉡에서

$S=\dfrac{1}{2}ab\geq\dfrac{1}{2}\times24=12$

따라서 삼각형 OAB의 넓이의 최솟값은 12

ab의 최솟값이 아니라 $\dfrac{1}{2}ab$의 최솟값을 구하는 것에 주의한다.

내/신/연/계/ 출제문항 601

오른쪽 그림과 같이 점 $(4, 5)$를 지나는 직선이 x축, y축과 만나는 점을 각각 A, B라 할 때, 삼각형 OAB의 넓이의 최솟값은? (단, O는 원점이다.)

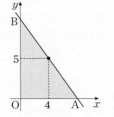

① 16   ② 28

③ 32   ④ 36

⑤ 40

STEP Ⓐ 두 점을 지나는 직선의 방정식을 이용하여 a, b의 관계식 구하기

두 점 A, B의 좌표를 A$(a, 0)$, B$(0, b)(a>0, b>0)$라 하자.

직각삼각형 OAB의 넓이를 S라 하면

$S=\dfrac{1}{2}ab$ ······ ㉠

두 점 A, B를 지나는 직선의 방정식은 $\dfrac{x}{a}+\dfrac{y}{b}=1$

x절편이 a, y절편이 b인 직선의 방정식

이 직선이 점 $(4, 5)$를 지나므로 $\dfrac{4}{a}+\dfrac{5}{b}=1$

STEP Ⓑ 산술평균과 기하평균의 관계를 이용하여 넓이의 최솟값 구하기

$a>0$, $b>0$에서 $\dfrac{4}{a}>0$, $\dfrac{5}{b}>0$이므로 산술평균과 기하평균의 관계에 의하여

$\dfrac{4}{a}+\dfrac{5}{b}\geq2\sqrt{\dfrac{4}{a}\times\dfrac{5}{b}}=2\sqrt{\dfrac{20}{ab}}$

$1\geq2\sqrt{\dfrac{20}{ab}}$ (단, 등호는 $4b=5a$일 때 성립한다.)

양변을 제곱하면 $1\geq4\times\dfrac{20}{ab}$ $\therefore ab\geq80$ ······ ㉡

㉠, ㉡에서 $S=\dfrac{1}{2}ab\geq\dfrac{1}{2}\times80=40$

따라서 삼각형 OAB의 넓이의 최솟값은 40   〔정답〕 **⑤**

1192   〔정답〕 **12**

STEP Ⓐ S_1, S_2를 m에 대한 식으로 나타내기

$\overline{\mathrm{PQ}}=4$이고 직선의 기울기가 m이므로

$\overline{\mathrm{AQ}}=\dfrac{4}{m}$

즉 삼각형 PAQ의 넓이 S_1은

$S_1=\dfrac{1}{2}\times\dfrac{4}{m}\times4=\dfrac{8}{m}$

$\overline{\mathrm{PR}}=3$이고 직선의 기울기가 m이므로

$\overline{\mathrm{BR}}=3m$

즉 삼각형 PBR의 넓이 S_2는

$S_2=\dfrac{1}{2}\times3\times3m=\dfrac{9m}{2}$

STEP Ⓑ 산술평균과 기하평균의 관계를 이용하여 S_1+S_2의 최솟값 구하기

이때 $m>0$이므로 산술평균과 기하평균의 관계에 의하여

$S_1+S_2=\dfrac{8}{m}+\dfrac{9m}{2}\geq2\sqrt{\dfrac{8}{m}\times\dfrac{9m}{2}}=12$

$\left(\text{단, 등호는 }\dfrac{8}{m}=\dfrac{9m}{2}, \text{ 즉 }m=\dfrac{4}{3}\text{일 때 성립한다.}\right)$

따라서 S_1+S_2의 최솟값은 12

다른풀이 직선의 방정식을 이용하여 풀이하기

STEP A 직선 PA의 방정식을 이용하여 두 점 A, B의 좌표 구하기

점 $P(-3, 4)$를 지나고 기울기가 $m(m>0)$인 직선 PA의 방정식은

$y=m(x+3)+4$이므로

$A\left(-\dfrac{3m+4}{m}, 0\right)$, $B(0, 3m+4)$

STEP B S_1+S_2를 m에 대한 식으로 나타내기

삼각형 PAQ의 넓이 S_1과 삼각형 PBR의 넓이 S_2의 합은
삼각형 OAB의 넓이에서 직사각형 OQPR의 넓이를 뺀 값과 같으므로

$$S_1+S_2=\dfrac{1}{2}\times\dfrac{3m+4}{m}\times(3m+4)-3\times4=\dfrac{(3m+4)^2}{2m}-12$$

$$=\dfrac{9m^2+24m+16}{2m}-12=\dfrac{9m^2+16}{2m}=\dfrac{9m}{2}+\dfrac{8}{m}$$

STEP C 산술평균과 기하평균의 관계를 이용하여 S_1+S_2의 최솟값 구하기

이때 $m>0$이므로 산술평균과 기하평균의 관계에 의하여

$$S_1+S_2=\dfrac{9m}{2}+\dfrac{8}{m}\geq2\sqrt{\dfrac{9m}{2}\times\dfrac{8}{m}}=12$$

$\left($단, 등호는 $\dfrac{9m}{2}=\dfrac{8}{m}$, 즉 $m=\dfrac{4}{3}$일 때 성립한다.$\right)$

따라서 S_1+S_2의 최솟값은 12

1193
2019년 11월 고1 학력평가 16번   **정답** ①
해설강의

STEP A 직육면체의 모서리의 길이를 문자로 나타내고 관계식 구하기

다음 그림과 같이 직육면체의 세 모서리의 길이를 각각 a, b, 6이라 하면

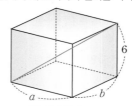

직육면체의 대각선의 길이는 $\sqrt{a^2+b^2+6^2}$
직육면체의 부피는 108이므로 $6ab=108$에서 $ab=18$

STEP B 산술평균과 기하평균의 관계를 이용하여 대각선의 길이의 최솟값 구하기

$a>0$, $b>0$이므로 산술평균과 기하평균의 관계에 의하여

$a^2+b^2\geq2\sqrt{a^2b^2}$ (단, 등호는 $a^2=b^2$일 때 성립한다.)

$=2|ab|$
$=2\times18=36$

$\therefore \sqrt{a^2+b^2+36}\geq\sqrt{36+36}=6\sqrt{2}$

따라서 직육면체의 대각선의 길이의 최솟값은 $6\sqrt{2}$

POINT | 직육면체의 여러 가지 공식

$\overline{AB}$, $\overline{BC}$, $\overline{BF}$의 세 모서리의 길이가 a, b, c인
직육면체에서 다음과 같이 나타낼 수 있다.

① 모서리의 길이의 총합 ➡ $4(a+b+c)$
② 대각선의 길이 ➡ $\sqrt{a^2+b^2+c^2}$
③ 부피 ➡ abc

내/신/연/계 출제문항 602

대각선의 길이가 l이고 부피가 160인 직육면체 모양의 상자의 한 모서리의
길이가 4일 때, l^2의 최솟값을 구하시오.

STEP A 직육면체의 모서리의 길이를 문자로 나타내고 관계식 구하기

직육면체 모양의 상자의 세 모서리의 길이를 각각 4, a, b라 하면
대각선의 길이가 l이므로 $l^2=4^2+a^2+b^2$
직육면체의 부피가 160이므로 $4ab=160$에서 $ab=40$

STEP B 산술평균과 기하평균의 관계를 이용하여 l^2의 최솟값 구하기

$a>0$, $b>0$이므로 산술평균과 기하평균의 관계에 의하여

$a^2+b^2\geq2\sqrt{a^2\times b^2}$ (단, 등호는 $a^2=b^2$일 때 성립한다.)

$=2|ab|$
$=2\times40=80$

위 식의 양변에 4^2을 각각 더하면

$4^2+a^2+b^2\geq4^2+80$에서 $l^2\geq96$

따라서 l^2의 최솟값은 96   **정답** 96

1194
2018년 06월 고2 학력평가 나형 17번   **정답** ⑤

STEP A 두 점 A, B의 좌표 구하기

점 A는 직선 $y=mx+2m+3$이 x축과 만나는 점이므로
$\underbrace{}_{y=0을 대입}$

$0=mx+2m+3$에서 $x=-\dfrac{2m+3}{m}=-\dfrac{3}{m}-2$

$\therefore A\left(-\dfrac{3}{m}-2, 0\right)$

점 B는 직선 $y=mx+2m+3$이 y축과 만나는 점이므로
$\underbrace{}_{x=0을 대입}$

$y=m\times0+2m+3$에서 $y=2m+3$

$\therefore B(0, 2m+3)$

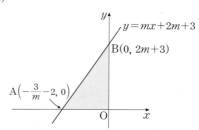

STEP B 산술평균과 기하평균의 관계를 이용하여 넓이의 최솟값 구하기

삼각형 OAB의 넓이는 산술평균과 기하평균의 관계에 의하여

$\dfrac{1}{2}\times\overline{OA}\times\overline{OB}=\dfrac{1}{2}\times\left(\dfrac{3}{m}+2\right)\times(2m+3)$ ← $\overline{OA}=\left|-\dfrac{3}{m}-2\right|=\dfrac{3}{m}+2$

$=\dfrac{1}{2}\times\left(4m+\dfrac{9}{m}+12\right)$ ← $m>0$이므로 $4m>0$, $\dfrac{9}{m}>0$

$\geq\dfrac{1}{2}\times\left(2\sqrt{4m\times\dfrac{9}{m}}+12\right)$ ← $4m+\dfrac{9}{m}\geq2\sqrt{4m\times\dfrac{9}{m}}=12$

$=\dfrac{1}{2}(12+12)=12$

$\left($단, 등호는 $4m=\dfrac{9}{m}$, 즉 $m=\dfrac{3}{2}$일 때 성립한다.$\right)$

따라서 삼각형 OAB의 넓이의 최솟값은 12

내/신/연/계 출제문항 603

양수 m에 대하여 직선 $y=mx+m+4$가 x축, y축과 만나는 점을 각각
A, B라 하자. 삼각형 OAB의 넓이의 최솟값을 구하시오.

STEP A 두 점 A, B의 좌표 구하기

점 A는 직선 $y=mx+m+4$가 x축과 만나는 점이므로
$\underbrace{}_{y=0을 대입}$

$0=mx+m+4$에서 $x=-\dfrac{m+4}{m}=-\dfrac{4}{m}-1$

$$\therefore A\left(-\frac{4}{m}-1,\ 0\right)$$

점 B는 직선 $y=mx+m+4$가 y축과 만나는 점이므로

$y=m\times0+m+4$에서 $y=m+4$ ←$x=0$을 대입

$\therefore B(0,\ m+4)$

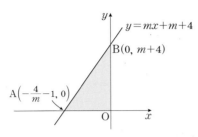

STEP B   산술평균과 기하평균의 관계를 이용하여 넓이의 최솟값 구하기

삼각형 OAB의 넓이는 산술평균과 기하평균의 관계에 의하여

$$\frac{1}{2}\times\overline{OA}\times\overline{OB}=\frac{1}{2}\times\left(\frac{4}{m}+1\right)\times(m+4)$$ ←$\overline{OA}=\left|-\frac{4}{m}-1\right|=\frac{4}{m}+1$

$$=\frac{1}{2}\times\left(m+\frac{16}{m}+8\right)$$ ←$m>0$이므로 $\frac{16}{m}>0$

$$\geq\frac{1}{2}\times\left(2\sqrt{m\times\frac{16}{m}}+8\right)$$ ←$m+\frac{16}{m}\geq2\sqrt{m\times\frac{16}{m}}=8$

$$=\frac{1}{2}(8+8)=8 \text{ (단, 등호는 } m=4\text{일 때 성립한다.)}$$

따라서 삼각형 OAB의 넓이의 최솟값은 8   정답 8

1195   정답 10

STEP A   코시-슈바르츠의 부등식을 이용하여 최댓값, 최솟값 구하기

$x,\ y$가 실수이므로 코시-슈바르츠의 부등식에 의하여

$(x^2+y^2)(1^2+2^2)\geq(x+2y)^2$ (단, 등호는 $x=\frac{y}{2}$일 때 성립한다.)

$x^2+y^2=5$이므로 $5\times5\geq(x+2y)^2$

$\therefore -5\leq x+2y\leq5$

따라서 $x+2y$의 최댓값은 $M=5$, 최솟값은 $m=-5$이므로

$M-m=5-(-5)=10$

1196   정답 ③

STEP A   양변의 차를 정리하여 절대부등식 증명하기

$(a^2+b^2)(x^2+y^2)-(ax+by)^2$

$=(a^2x^2+a^2y^2+b^2x^2+b^2y^2)-(a^2x^2+2abxy+b^2y^2)$

$=a^2y^2-2abxy+b^2x^2$

$=\boxed{(ay-bx)^2}$

이때 $a,\ b,\ x,\ y$는 실수이므로 $\boxed{(ay-bx)^2}\geq0$ ……㉠

$\therefore (a^2+b^2)(x^2+y^2)\geq(ax+by)^2$

(단, 등호는 ㉠에서 $ay-bx=0$, 즉 $\boxed{ay=bx}$일 때 성립한다.)

STEP B   (가), (나)에 알맞은 것 구하기

따라서 (가) : $(ay-bx)^2$, (나) : $ay=bx$

다음은 부등식 $(a^2+b^2)(x_1^2+y_1^2)\geq(ax_1+by_1)^2$이 성립함을 증명하는 과정이다.

> 좌표평면에서 원점 O$(0,\ 0)$과
> 직선 $l:ax+by+c=0$에 대하여
> 원점 O에서 직선 l에 내린 수선의
> 발을 H라 하고 직선 l 위의 임의의
> 점을 P$(x_1,\ y_1)$이라 하자.
> $\overline{OH}=\dfrac{|c|}{\sqrt{a^2+b^2}}$, $ax_1+by_1+c=0$이고
> $\overline{OP}\geq\overline{OH}$이므로 $\sqrt{x_1^2+y_1^2}\geq\boxed{\text{(가)}}$
> 양변을 제곱하여 정리하면
> $(a^2+b^2)(x_1^2+y_1^2)\boxed{\text{(나)}}(ax_1+by_1)^2$
> 이때 등호는 $\boxed{\text{(다)}}$일 때 성립한다.

위의 과정에서 (가), (나), (다)에 알맞은 것은?

	(가)	(나)	(다)
①	$\dfrac{\|ab\|}{\sqrt{x_1^2+y_1^2}}$	$\geq$	$ay_1=bx_1$
②	$\dfrac{\|ax_1+by_1\|}{\sqrt{a^2+b^2}}$	$\geq$	$ay_1=bx_1$
③	$\dfrac{\|ab\|}{\sqrt{x_1^2+y_1^2}}$	$\geq$	$ay_1=-bx_1$
④	$\dfrac{\|ax_1+by_1\|}{\sqrt{a^2+b^2}}$	$\leq$	$ay_1=bx_1$
⑤	$\dfrac{\|ax_1+by_1\|}{\sqrt{a^2+b^2}}$	$\leq$	$ay_1=-bx_1$

STEP A   그래프를 이용하여 코시-슈바르츠 부등식 증명하기

좌표평면에서 원점 O$(0,\ 0)$과 직선 $l:ax+by+c=0$에 대하여
원점 O에서 직선 l에 내린 수선의 발을 H라 하고
직선 l 위의 임의의 점을 P$(x_1,\ y_1)$이라 하자.

$\overline{OH}=\dfrac{|c|}{\sqrt{a^2+b^2}}$, $ax_1+by_1+c=0$이고 $\overline{OP}\geq\overline{OH}$이므로

$$\sqrt{x_1^2+y_1^2}\geq\dfrac{|c|}{\sqrt{a^2+b^2}}=\boxed{\dfrac{|ax_1+by_1|}{\sqrt{a^2+b^2}}}$$ ←$|-ax_1-by_1|=|ax_1+by_1|$

$\sqrt{x_1^2+y_1^2}\geq0,\ \dfrac{|ax_1+by_1|}{\sqrt{a^2+b^2}}\geq0$이므로 양변을 제곱하여 정리하면

$(a^2+b^2)(x_1^2+y_1^2)\boxed{\geq}(ax_1+by_1)^2$ ←$x_1^2+y_1^2\geq\frac{(ax_1+by_1)^2}{a^2+b^2}$

이때 등호가 성립하는 경우는 점 P가 점 H와 일치할 때,
즉 $\overline{OP}$가 직선 l에 수직일 때이므로

$-\dfrac{a}{b}\times\dfrac{y_1}{x_1}=-1$ $\therefore ay_1=bx_1$ ←기울기의 곱 -1

따라서 등호는 $\boxed{ay_1=bx_1}$일 때 성립한다.   정답 ②

1197   정답 ②

STEP A   코시-슈바르츠의 부등식을 이용하여 $2x+4y$의 범위 구하기

$x,\ y$가 실수이므로 코시-슈바르츠 부등식에 의하여

$(2^2+4^2)(x^2+y^2)\geq(2x+4y)^2$ (단, 등호는 $\frac{x}{2}=\frac{y}{4}$일 때 성립한다.)

$x^2+y^2=a$이므로 $20a\geq(2x+4y)^2$

$\therefore -\sqrt{20a}\leq2x+4y\leq\sqrt{20a}$

따라서 $2x+4y$의 최댓값은 $\sqrt{20a}$이므로 $\sqrt{20a}=20$ $\therefore a=20$

1198

STEP Ⓐ **코시-슈바르츠의 부등식을 이용하여 최솟값 구하기**

a, b가 양수이므로 코시-슈바르츠 부등식에 의하여

$(2a+4b)\left(\dfrac{4}{a}+\dfrac{2}{b}\right)\geq(\sqrt{8}+\sqrt{8})^2$ (단, 등호는 $a=2b$일 때 성립한다.)

$2a+4b=1$이므로 $\dfrac{4}{a}+\dfrac{2}{b}\geq32$

따라서 $\dfrac{4}{a}+\dfrac{2}{b}$의 최솟값은 32

---

mini해설 | 산술평균과 기하평균을 이용하여 풀이하기

$a>0$, $b>0$이므로 산술평균과 기하평균의 관계에 의하여

$(2a+4b)\left(\dfrac{4}{a}+\dfrac{2}{b}\right)=\dfrac{4a}{b}+\dfrac{16b}{a}+16$

$\qquad\qquad\qquad\qquad\quad\geq2\sqrt{\dfrac{4a}{b}\times\dfrac{16b}{a}}+16$

$\qquad\qquad\qquad\qquad\quad=16+16=32\left(\text{단, 등호는 }\dfrac{4a}{b}=\dfrac{16b}{a}\text{, 즉 }a=2b\text{일 때 성립한다.}\right)$

이때 $2a+4b=1$이므로 $\dfrac{4}{a}+\dfrac{2}{b}\geq32$

따라서 $\dfrac{4}{a}+\dfrac{2}{b}$의 최솟값은 32

내신연계 출제문항 605

두 양수 a, b에 대하여 $3a+4b=4$일 때, $\dfrac{4}{a}+\dfrac{3}{b}$의 최솟값은?

① 8   ② 10   ③ 12

④ 16   ⑤ 18

STEP Ⓐ **코시-슈바르츠의 부등식을 이용하여 최솟값 구하기**

a, b가 양수이므로 코시-슈바르츠 부등식에 의하여

$(3a+4b)\left(\dfrac{4}{a}+\dfrac{3}{b}\right)\geq(\sqrt{12}+\sqrt{12})^2$ (단, 등호는 $3a=4b$일 때 성립한다.)

$3a+4b=4$이므로 $4\left(\dfrac{4}{a}+\dfrac{3}{b}\right)\geq48$

$\therefore \dfrac{4}{a}+\dfrac{3}{b}\geq12$

따라서 $\dfrac{4}{a}+\dfrac{3}{b}$의 최솟값은 12

---

mini해설 | 산술평균과 기하평균을 이용하여 풀이하기

$a>0$, $b>0$이므로 산술평균과 기하평균의 관계에 의하여

$(3a+4b)\left(\dfrac{4}{a}+\dfrac{3}{b}\right)=\dfrac{9a}{b}+\dfrac{16b}{a}+24$

$\qquad\qquad\qquad\qquad\quad\geq2\sqrt{\dfrac{9a}{b}\times\dfrac{16b}{a}}+24$

$\qquad\qquad\qquad\qquad\quad=24+24=48$

$\qquad\qquad\qquad\qquad\quad\left(\text{단, 등호는 }\dfrac{9a}{b}=\dfrac{16b}{a}\text{, 즉 }3a=4b\text{일 때 성립한다.}\right)$

이때 $3a+4b=4$이므로 $\dfrac{4}{a}+\dfrac{3}{b}\geq12$

따라서 $\dfrac{4}{a}+\dfrac{3}{b}$의 최솟값은 12

1199

STEP Ⓐ **코시-슈바르츠 부등식을 이용하여 최댓값, 최솟값 구하기**

x, y, z가 실수이므로 코시-슈바르츠 부등식에 의하여

$\{1^2+2^2+(-2)^2\}(x^2+y^2+z^2)\geq(x+2y-2z)^2$

$\left(\text{단, 등호는 }x=\dfrac{y}{2}=-\dfrac{z}{2}\text{일 때 성립한다.}\right)$

$x^2+y^2+z^2=4$이므로 $9\times4\geq(x+2y-2z)^2$

$\therefore -6\leq x+2y-2z\leq6$

따라서 최댓값은 $M=6$, 최솟값은 $m=-6$이므로 $M-m=6-(-6)=12$

내신연계 출제문항 606

실수 x, y, z에 대하여 $x^2+y^2+z^2=24$일 때, $x+y+2z$의 최댓값은 M이고 최솟값은 m이다. $M-m$의 값을 구하시오.

STEP Ⓐ **코시-슈바르츠 부등식을 이용하여 최댓값, 최솟값 구하기**

x, y, z가 실수이므로 코시-슈바르츠 부등식에 의하여

$(1^2+1^2+2^2)(x^2+y^2+z^2)\geq(x+y+2z)^2$

$\left(\text{단, 등호는 }x=y=\dfrac{z}{2}\text{일 때 성립한다.}\right)$

$x^2+y^2+z^2=24$이므로 $6\times24\geq(x+y+2z)^2$

$\therefore -12\leq x+y+2z\leq12$

따라서 최댓값은 $M=12$, 최솟값은 $m=-12$이므로

$M-m=12-(-12)=24$

1200

STEP Ⓐ **y, z를 x에 대한 식으로 나타내기**

$x+y+z=4$에서 $y+z=4-x$ …… ㉠

$x^2+y^2+z^2=16$에서 $y^2+z^2=16-x^2$ …… ㉡

STEP Ⓑ **코시-슈바르츠 부등식을 이용하여 x의 최댓값 구하기**

y, z가 실수이므로 코시-슈바르츠 부등식에 의하여

$(1^2+1^2)(y^2+z^2)\geq(y+z)^2$ (단, 등호는 $y=z$일 때 성립한다.)

㉠, ㉡을 대입하면

$2(16-x^2)\geq(4-x)^2$, $32-2x^2\geq16-8x+x^2$,

$3x^2-8x-16\leq0$, $(3x+4)(x-4)\leq0$

$\therefore -\dfrac{4}{3}\leq x\leq4$

따라서 실수 x의 최댓값은 4

1201

STEP Ⓐ **가로, 세로의 길이를 문자로 나타내고 관계식 구하기**

직사각형의 가로의 길이를 x, 세로의 길이를 y라 하면

$x^2+y^2=25$

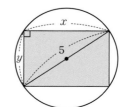

STEP B **코시-슈바르츠의 부등식을 이용하여 직사각형의 둘레의 길이의 최댓값 구하기**

x, y가 양수이므로 코시-슈바르츠 부등식에 의하여
$(1^2+1^2)(x^2+y^2)\geq(x+y)^2$ (단, 등호는 $x=y$일 때 성립한다.)
$x^2+y^2=25$이므로 $50\geq(x+y)^2$ $\therefore 0<x+y\leq5\sqrt{2}$
직사각형의 둘레의 길이는 $2(x+y)$이므로 $0<2(x+y)\leq10\sqrt{2}$
따라서 직사각형의 둘레의 길이의 최댓값은 $10\sqrt{2}$

1202

정답 ④

STEP A **가로, 세로의 길이를 문자로 나타내고 관계식 구하기**

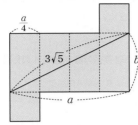

네 옆면을 이루는 직사각형의 가로의 길이와 세로의 길이를 각각 a, b라 하면
$a^2+b^2=(3\sqrt{5})^2=45$
이때 직육면체의 밑면의 한 변의 길이가 $\dfrac{a}{4}$, 높이가 b이므로
직육면체의 모든 모서리의 길이의 합은 $\dfrac{a}{4}\times8+4b=2a+4b$

STEP B **코시-슈바르츠의 부등식을 이용하여 모든 모서리의 길이의 합의 최댓값 구하기**

a, b가 양수이므로 코시-슈바르츠 부등식에 의하여
$(2^2+4^2)(a^2+b^2)\geq(2a+4b)^2$ (단, 등호는 $b=2a$일 때 성립한다.)
$a^2+b^2=45$이므로 $20\times45\geq(2a+4b)^2$
이때 $2a+4b>0$이므로 $0<2a+4b\leq30$
따라서 직육면체의 모든 모서리의 길이의 합의 최댓값은 30

1203

정답 ②

STEP A **a, b 사이의 관계식 구하기**

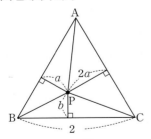

한 변의 길이가 2인 정삼각형의 넓이는 $\dfrac{\sqrt{3}}{4}\times2^2=\sqrt{3}$
한 변의 길이가 a인 정삼각형의 넓이는 $\dfrac{\sqrt{3}}{4}\times a^2$
삼각형 ABC의 넓이는 세 삼각형 ABP, BCP, CAP의 넓이의 합과 같으므로
$\sqrt{3}=\dfrac{1}{2}\times2\times a+\dfrac{1}{2}\times2\times b+\dfrac{1}{2}\times2\times2a$ $\therefore 3a+b=\sqrt{3}$

STEP B **코시-슈바르츠의 부등식을 이용하여 a^2+b^2의 최솟값 구하기**

a, b가 실수이므로 코시-슈바르츠 부등식에 의하여
$(3^2+1^2)(a^2+b^2)\geq(3a+b)^2$ (단, 등호는 $a=3b$일 때 성립한다.)
$3a+b=\sqrt{3}$이므로 $10(a^2+b^2)\geq3$ $\therefore a^2+b^2\geq\dfrac{3}{10}$
따라서 a^2+b^2의 최솟값은 $\dfrac{3}{10}$

오른쪽 그림과 같이 한 변의 길이가 4인
정삼각형 ABC의 내부의 점 P에서
각 변까지의 거리가 각각 a, b, $2a$일 때,
a^2+b^2의 최솟값은?

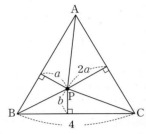

① $\dfrac{4}{5}$ ② 1
③ $\dfrac{6}{5}$ ④ 2
⑤ $\dfrac{7}{3}$

STEP A **a, b 사이의 관계식 구하기**

한 변의 길이가 4인 정삼각형의 넓이는 $\dfrac{\sqrt{3}}{4}\times4^2=4\sqrt{3}$
한 변의 길이가 a인 정삼각형의 넓이는 $\dfrac{\sqrt{3}}{4}\times a^2$
삼각형 ABC의 넓이는 세 삼각형 ABP, BCP, CAP의 넓이의 합과 같으므로
$4\sqrt{3}=\dfrac{1}{2}\times4\times a+\dfrac{1}{2}\times4\times b+\dfrac{1}{2}\times4\times2a$
$\therefore 3a+b=2\sqrt{3}$

STEP B **코시-슈바르츠의 부등식을 이용하여 a^2+b^2의 최솟값 구하기**

a, b가 실수이므로 코시-슈바르츠 부등식에 의하여
$(3^2+1^2)(a^2+b^2)\geq(3a+b)^2$ (단, 등호는 $a=3b$일 때 성립한다.)
$3a+b=2\sqrt{3}$이므로 $10(a^2+b^2)\geq12$
$\therefore a^2+b^2\geq\dfrac{6}{5}$
따라서 a^2+b^2의 최솟값은 $\dfrac{6}{5}$

정답 ③

1204

정답 ③

STEP A **a, b, c 사이의 관계식 세우기**

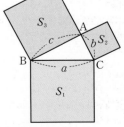

삼각형 ABC에서
$\overline{BC}=a$, $\overline{CA}=b$, $\overline{AB}=c$라 하면
$S_1=a^2$, $S_2=b^2$, $S_3=c^2$
삼각형 ABC의 둘레의 길이가 9이므로
$a+b+c=9$ ······ ㉠

STEP B **코시-슈바르츠의 부등식을 이용하여 부등식 세우기**

a, b, c가 양수이므로 코시-슈바르츠 부등식에 의하여
$(1^2+1^2+1^2)(a^2+b^2+c^2)\geq(a+b+c)^2$
$3(a^2+b^2+c^2)\geq81$ $\therefore a^2+b^2+c^2\geq27$
등호는 $a=b=c$일 때, 성립하므로 ㉠에 대입하면 $3a=9$ $\therefore a=3$
따라서 $a=b=c=3$일 때 $S_1+S_2+S_3$의 값이 최소이므로
구하는 삼각형 ABC의 넓이는 $\dfrac{\sqrt{3}}{4}\times3^2=\dfrac{9\sqrt{3}}{4}$

1205

STEP A a, b와 x, y 사이의 관계식 세우기

점 (a, b)는 중심이 원점이고 반지름의 길이가 2인 원 위의 점이므로
$a^2+b^2=4$

점 (x, y)는 중심이 원점이고 반지름의 길이가 3인 원 위의 점이므로
$x^2+y^2=9$

STEP B 코시−슈바르츠의 부등식을 이용하여 $ax+by$의 최댓값, 최솟값 구하기

a, b, x, y가 실수이므로 코시−슈바르츠의 부등식에 의하여

$(a^2+b^2)(x^2+y^2) \geq (ax+by)^2$ $\left(단, 등호는 \dfrac{x}{a}=\dfrac{y}{b} 일 때 성립한다.\right)$

$a^2+b^2=4$, $x^2+y^2=9$이므로 $4 \times 9 \geq (ax+by)^2$, $36 \geq (ax+by)^2$

$\therefore -6 \leq ax+by \leq 6$

따라서 $ax+by$의 최댓값은 $M=6$, 최솟값은 $m=-6$이므로
$M-m=6-(-6)=12$

내신연계 출제문항 608

중심이 원점이고 반지름의 길이가 2인 원 위의 임의의 점 (a, b)와 중심이 원점이고 반지름의 길이가 4인 원 위의 임의의 점 (x, y)에 대하여 $ax+by$의 최댓값을 구하시오.

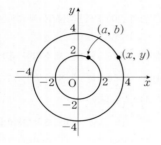

STEP A a, b와 x, y 사이의 관계식 세우기

점 (a, b)는 중심이 원점이고 반지름의 길이가 2인 원 위의 점이므로
$a^2+b^2=4$

점 (x, y)는 중심이 원점이고 반지름의 길이가 4인 원 위의 점이므로
$x^2+y^2=16$

STEP B 코시−슈바르츠의 부등식을 이용하여 $ax+by$의 최댓값, 최솟값 구하기

a, b, x, y가 실수이므로 코시 − 슈바르츠의 부등식에 의하여

$(a^2+b^2)(x^2+y^2) \geq (ax+by)^2$ $\left(단, 등호는 \dfrac{x}{a}=\dfrac{y}{b} 일 때 성립한다.\right)$

$a^2+b^2=4$, $x^2+y^2=16$이므로
$4 \times 16 \geq (ax+by)^2$, $64 \geq (ax+by)^2$

$\therefore -8 \leq ax+by \leq 8$

따라서 $ax+by$의 최댓값은 8

1206

STEP A $\overline{PM}=x$, $\overline{PN}=y$라 하고 삼각형 ABC의 넓이를 이용하여 x, y 사이의 관계식 구하기

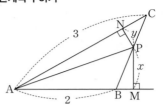

$\overline{PM}=x$, $\overline{PN}=y$라 하면

(삼각형 ABC의 넓이)=(삼각형 ABP의 넓이)+(삼각형 APC의 넓이)

$\dfrac{1}{2} \times 2 \times 3 \times \sin 30° = \dfrac{1}{2} \times 2 \times x + \dfrac{1}{2} \times 3 \times y$ ← $\sin 30° = \dfrac{1}{2}$

$\therefore 2x+3y=3$

STEP B 코시−슈바르츠의 부등식을 이용하여 최솟값 구하기

$\dfrac{\overline{AB}}{\overline{PM}}+\dfrac{\overline{AC}}{\overline{PN}}=\dfrac{2}{x}+\dfrac{3}{y}$이고 $x>0$, $y>0$이므로

코시−슈바르츠의 부등식에 의하여

$(2x+3y)\left(\dfrac{2}{x}+\dfrac{3}{y}\right) \geq (2+3)^2$ (단, 등호는 $x=y$일 때 성립한다.)

$2x+3y=3$이므로 $3\left(\dfrac{2}{x}+\dfrac{3}{y}\right) \geq 25$

즉 $\dfrac{2}{x}+\dfrac{3}{y} \geq \dfrac{25}{3}$이므로 $\dfrac{2}{x}+\dfrac{3}{y}$의 최솟값은 $\dfrac{25}{3}$

따라서 $p+q=3+25=28$

+α | 산술평균과 기하평균의 관계를 이용하여 최솟값을 구할 수 있어!

$\dfrac{\overline{AB}}{\overline{PM}}+\dfrac{\overline{AC}}{\overline{PN}}=\dfrac{2}{x}+\dfrac{3}{y}$ 에서 산술평균과 기하평균의 관계에 의하여

$3\left(\dfrac{2}{x}+\dfrac{3}{y}\right)=(2x+3y)\left(\dfrac{2}{x}+\dfrac{3}{y}\right)$

$\qquad =\dfrac{6x}{y}+\dfrac{6y}{x}+13$

$\qquad \geq 2\sqrt{\dfrac{6x}{y} \times \dfrac{6y}{x}}+13$

$\qquad =12+13=25$ $\left(단, 등호는 \dfrac{x}{y}=\dfrac{y}{x} 일 때 성립한다.\right)$

즉 $\dfrac{2}{x}+\dfrac{3}{y} \geq \dfrac{25}{3}$이므로 $\dfrac{2}{x}+\dfrac{3}{y}$의 최솟값은 $\dfrac{25}{3}$

POINT | 삼각형의 넓이

두 변의 길이와 그 끼인각이 주어진 경우 삼각형 ABC의 넓이를 S라 하면 다음이 성립한다.

$S=\dfrac{1}{2}ab\sin C=\dfrac{1}{2}bc\sin A=\dfrac{1}{2}ca\sin B$

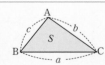

다음 그림과 같이 $\overline{AB}=4$, $\overline{AC}=5$, $A=30°$인 삼각형 ABC의 변 BC 위의 점 P에서 두 직선 AB, AC 위에 내린 수선의 발을 각각 M, N이라 하자.

$\dfrac{\overline{AB}}{\overline{PM}}+\dfrac{\overline{AC}}{\overline{PN}}$의 최솟값이 $\dfrac{q}{p}$일 때, $p+q$의 값을 구하시오.

(단, p와 q는 서로소인 자연수이다.)

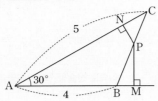

STEP A $\overline{PM}=x$, $\overline{PN}=y$라 하고 삼각형 ABC의 넓이를 이용하여 x, y 사이의 관계식 구하기

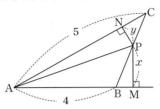

$\overline{PM}=x$, $\overline{PN}=y$라 하면

(삼각형 ABC의 넓이)=(삼각형 ABP의 넓이)+(삼각형 APC의 넓이)

$\dfrac{1}{2}\times4\times5\times\sin30°=\dfrac{1}{2}\times4\times x+\dfrac{1}{2}\times5\times y$ ← $\sin30°=\dfrac{1}{2}$

$\therefore 4x+5y=10$

STEP B 코시-슈바르츠의 부등식을 이용하여 최솟값 구하기

$\dfrac{\overline{AB}}{\overline{PM}}+\dfrac{\overline{AC}}{\overline{PN}}=\dfrac{4}{x}+\dfrac{5}{y}$이고 $x>0$, $y>0$이므로

코시 - 슈바르츠의 부등식에 의하여

$(4x+5y)\left(\dfrac{4}{x}+\dfrac{5}{y}\right)\geq(4+5)^2$ (단, 등호는 $x=y$일 때 성립한다.)

$4x+5y=10$이므로 $10\left(\dfrac{4}{x}+\dfrac{5}{y}\right)\geq81$

즉 $\dfrac{4}{x}+\dfrac{5}{y}\geq\dfrac{81}{10}$이므로 $\dfrac{4}{x}+\dfrac{5}{y}$의 최솟값은 $\dfrac{81}{10}$

따라서 $p+q=10+81=91$

+α 산술평균과 기하평균의 관계를 이용하여 최솟값을 구할 수 있어!

$\dfrac{\overline{AB}}{\overline{PM}}+\dfrac{\overline{AC}}{\overline{PN}}=\dfrac{4}{x}+\dfrac{5}{y}$에서 산술평균과 기하평균의 관계에 의하여

$10\left(\dfrac{4}{x}+\dfrac{5}{y}\right)=(4x+5y)\left(\dfrac{4}{x}+\dfrac{5}{y}\right)$

$\qquad=\dfrac{20x}{y}+\dfrac{20y}{x}+41$

$\qquad\geq2\sqrt{\dfrac{20x}{y}\times\dfrac{20y}{x}}+41$

$\qquad=40+41=81$ $\left(\text{단, 등호는 }\dfrac{x}{y}=\dfrac{y}{x}\text{일 때 성립한다.}\right)$

즉 $\dfrac{4}{x}+\dfrac{5}{y}\geq\dfrac{81}{10}$이므로 $\dfrac{4}{x}+\dfrac{5}{y}$의 최솟값은 $\dfrac{81}{10}$

정답 91

1207

정답 해설참조

1단계 처음으로 잘못된 부분을 찾고 그 이유를 서술한다.　4점

잘못된 부분 ㄹ

㉠의 등호가 성립할 때는 $2x=y$이고

㉡의 등호가 성립할 때는 $\dfrac{2}{x}=\dfrac{1}{y}$에서 $x=2y$이다.

이때 $2x=y$이면서 $x=2y$를 동시에 만족시키는 두 양수 x, y는 존재하지 않으므로 ㉢에서 등호는 성립하지 않는다.

따라서 최솟값은 8이 될 수 없다.

2단계 올바른 최솟값과 그 값을 구하는 과정을 서술한다.　4점

올바른 풀이

$(2x+y)\left(\dfrac{2}{x}+\dfrac{1}{y}\right)=\dfrac{2x}{y}+\dfrac{2y}{x}+5$

$\qquad\geq2\times\sqrt{\dfrac{2x}{y}\times\dfrac{2y}{x}}+5$

$\qquad=4+5=9$

즉 $(2x+y)\left(\dfrac{2}{x}+\dfrac{1}{y}\right)$의 최솟값은 9이다.

3단계 등호가 성립하기 위한 조건을 서술한다.　2점

등호는 $\dfrac{y}{x}=\dfrac{x}{y}$, 즉 $x^2=y^2$에서 $x=y$일 때 성립한다. ($\because x>0$, $y>0$)

다음은 실수 a, b에 대하여 $a>0$, $b>0$일 때, $\left(a+\dfrac{1}{b}\right)\left(b+\dfrac{9}{a}\right)$의 최솟값을 구하는 과정으로 어떤 학생의 오답에 대한 선생님의 첨삭지도 일부이다. (가), (나)에 알맞은 식과 최솟값을 구하는 과정을 다음 단계로 서술하시오.

> **[학생풀이]**　　　　　　2025년 ○○월 ○○일
> 산술평균과 기하평균의 대소 관계를 적용하면
> $a+\dfrac{1}{b}\geq2\sqrt{\dfrac{a}{b}}$　　　　　　……㉠
> $b+\dfrac{9}{a}\geq2\sqrt{\dfrac{9b}{a}}$　　　　　　……㉡
> ㉠, ㉡의 양변을 각각 곱하면
> $\left(a+\dfrac{1}{b}\right)\left(b+\dfrac{9}{a}\right)\geq4\sqrt{\dfrac{a}{b}\times\dfrac{9b}{a}}=12$　……㉢
> 그러므로 구하는 최솟값은 12이다.
> **[첨삭내용]**　　　　　　○ ○ ○ (인)
> ㉠의 등호가 성립할 때는 [(가)]이고
> ㉡의 등호가 성립할 때는 [(나)]이다.
> 따라서 (가)와 (나)를 동시에 만족하는 양수 a, b는 존재하지 않으므로 최솟값은 8이 될 수 없다.

[1단계] (가)에 들어갈 식을 구한다. [3점]
[2단계] (나)에 들어갈 식을 구한다. [3점]
[3단계] 올바른 최솟값과 그 값을 구하는 과정을 서술한다. [4점]

1단계 (가)에 들어갈 식을 구한다.　3점

㉠에서 $a+\dfrac{1}{b}\geq2\sqrt{a\times\dfrac{1}{b}}$이고 등호는 $a=\dfrac{1}{b}$일 때, 즉 $ab=1$일 때 성립한다.

$\therefore$ (가): $ab=1$

2단계 (나)에 들어갈 식을 구한다.　3점

㉡에서 $b+\dfrac{9}{a}\geq2\sqrt{b\times\dfrac{9}{a}}$이고 등호는 $b=\dfrac{9}{a}$일 때, 즉 $ab=9$일 때 성립한다.

$\therefore$ (나): $ab=9$

$ab>0$, $\dfrac{9}{ab}>0$이므로 산술평균과 기하평균의 관계에 의하여

$$\left(a+\dfrac{1}{b}\right)\left(b+\dfrac{9}{a}\right)=ab+\dfrac{9}{ab}+10$$
$$\geq 2\sqrt{ab\times\dfrac{9}{ab}}+10$$
$$=6+10=16 \ (단,\ 등호는\ ab=3일\ 때\ 성립한다.)$$

따라서 $\left(a+\dfrac{1}{b}\right)\left(b+\dfrac{9}{a}\right)$의 최솟값은 16 　정답　 해설참조

1208 　정답　 해설참조

직선 $\dfrac{x}{a}+\dfrac{y}{b}=1$과 x축, y축으로
둘러싸인 삼각형의 넓이는 오른쪽
그림과 같이 $\dfrac{1}{2}ab$이다.

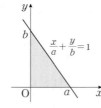

직선 $\dfrac{x}{a}+\dfrac{y}{b}=1$이 점 $(3,\ 5)$를 지나므로 $\dfrac{3}{a}+\dfrac{5}{b}=1$

$a>0$, $b>0$이므로 산술평균과 기하평균의 관계에 의하여

$1=\dfrac{3}{a}+\dfrac{5}{b}\geq 2\sqrt{\dfrac{3}{a}\times\dfrac{5}{b}}=2\sqrt{\dfrac{15}{ab}}$ $\left(단,\ 등호는\ \dfrac{3}{a}=\dfrac{5}{b}일\ 때\ 성립한다.\right)$

$\sqrt{ab}\geq 2\sqrt{15}$이므로 $ab\geq 60$

그러므로 ab의 최솟값은 60

따라서 $\dfrac{1}{2}ab\geq 30$이므로 구하는 최솟값은 30

1209 　정답　 해설참조

$x>-1$에서 $x+1>0$, $\dfrac{4}{x+1}>0$이므로 산술평균과 기하평균의 관계에 의하여

$$x+\dfrac{4}{x+1}=x+1+\dfrac{4}{x+1}-1$$
$$\geq 2\sqrt{(x+1)\times\dfrac{4}{x+1}}-1$$
$$=4-1=3$$

즉 $x+\dfrac{4}{x+1}$의 최솟값은 3

등호는 $x+1=\dfrac{4}{x+1}$일 때, 성립하므로 $(x+1)^2=4$

이때 $x+1>0$이므로 $x+1=2$ $\therefore x=1$

즉 $x=1$일 때, $x+\dfrac{4}{x+1}$의 값이 최소가 된다.

따라서 $a=3$, $b=1$이므로 $ab=3$

1210 　정답　 해설참조

이차방정식 $x^2-2\sqrt{3}x+k=0$이 허근을 가지므로

이차방정식 $x^2-2\sqrt{3}x+k=0$의 판별식을 D라 하면 $D<0$이어야 한다.

$\dfrac{D}{4}=(-\sqrt{3})^2-k<0$ $\therefore k>3$

$k>3$에서 $k-3>0$, $\dfrac{4}{k-3}>0$이므로 산술평균과 기하평균의 관계에 의하여

$$k+\dfrac{4}{k-3}+3=k-3+\dfrac{4}{k-3}+6$$
$$\geq 2\sqrt{\dfrac{4}{k-3}\times k-3}+6$$
$$=4+6=10$$

즉 $k+\dfrac{4}{k-3}+3$의 최솟값은 10

등호는 $\dfrac{4}{k-3}=k-3$일 때 성립하므로 $(k-3)^2=4$

이때 $k-3>0$이므로 $k-3=2$ $\therefore k=5$

즉 $x=5$일 때, $k+\dfrac{4}{k-3}+3$의 값이 최소가 된다.

따라서 $a=5$, $b=10$이므로 $b-a=5$

1211 　정답　 해설참조

x, y가 실수이므로 코시-슈바르츠의 부등식에 의하여

$(1^2+2^2)(x^2+y^2)\geq(x+2y)^2$ $\left(단,\ 등호는\ x=\dfrac{y}{2}일\ 때\ 성립한다.\right)$

$x^2+y^2=k$이므로 $5k\geq(x+2y)^2$

$\therefore -\sqrt{5k}\leq x+2y\leq\sqrt{5k}$

$x+2y$의 최솟값은 $-\sqrt{5k}$, 최댓값은 $\sqrt{5k}$이고 그 곱이 -25이므로

$-\sqrt{5k}\times\sqrt{5k}=-25$, $-5k=-25$

따라서 $k=5$

1212 　정답　 해설참조

소포의 가로와 세로의 길이를 각각 $x$cm, $y$cm라 하면

소포를 묶는 데 필요한 끈의 길이는 $2x+2y+4\times 5$

이때 주어진 끈의 길이가 100cm이므로 $2x+2y+4\times 5=100$

$\therefore x+y=40$　　　　…… ㉠

$x>0$, $y>0$이므로 산술평균과 기하평균의 관계의 의하여

$x+y\geq 2\sqrt{xy}$ (단, 등호는 $x=y$일 때 성립한다.)

⊙에 의하여 $40 \geq 2\sqrt{xy}$, $20 \geq \sqrt{xy}$

∴ $xy \leq 400$

3단계   소포의 최대 부피를 구한다.   2점

소포의 부피는 $5xy$이므로 $5xy \leq 2000$

따라서 소포의 최대 부피는 $2000cm^3$

1213
정답 해설참조

1단계   직육면체의 가로와 세로의 길이를 각각 $x$cm, $y$cm라 하고 끈의 길이가 36cm임을 이용하여 x, y 사이의 관계식을 구한다.   4점

직육면체의 가로와 세로의 길이를 각각 $x$cm, $y$cm라 하면

직육면체를 묶는 데 필요한 끈의 길이는 $2x+2y+4 \times 3$

이때 주어진 끈의 길이가 36cm이므로 $2x+2y+4 \times 3 = 36$

∴ $x+y=12$ ……⊙

2단계   코시-슈바르츠의 부등식을 이용하여 x, y에 대한 부등식을 세운다.   4점

$x>0$, $y>0$이므로 코시-슈바르츠 부등식에 의하여

$(1^2+1^2)(x^2+y^2) \geq (x+y)^2$ (단, 등호는 $x=y$일 때 성립한다.)

⊙에 의하여 $2(x^2+y^2) \geq 12^2$

∴ $x^2+y^2 \geq 72$

3단계   직육면체의 대각선의 길이의 최솟값을 구한다.   2점

직육면체의 대각선의 길이는 $\sqrt{x^2+y^2+9}$이므로

$\sqrt{x^2+y^2+9} \geq \sqrt{81}=9$

따라서 대각선의 길이의 최솟값은 9cm

1214
정답 해설참조

1단계 a, b 사이의 관계식을 구한다.   3점

x절편이 4, y절편이 8인 직선의 방정식은 $\dfrac{x}{4}+\dfrac{y}{8}=1$, 즉 $2x+y=8$

점 $P(a, b)$는 직선 $2x+y=8$ 위의 점이므로

$2a+b=8$ ……⊙

2단계 $S_1 \times S_2$를 a, b에 대하여 나타낸다.   3점

두 삼각형 APB, CPD의 넓이가 각각 S_1, S_2이므로

$S_1 = \dfrac{1}{2} \times 4 \times b = 2b$, $S_2 = \dfrac{1}{2} \times 8 \times a = 4a$

$S_1 \times S_2 = 2b \times 4a = 8ab$ ……ⓒ

3단계 $S_1 \times S_2$의 최댓값을 구한다.   4점

$4a>0$, $2b>0$이므로 산술평균과 기하평균의 관계에 의하여

$4a+2b \geq 2\sqrt{4a \times 2b}$ (단, 등호는 $2a=b$일 때 성립한다.)

⊙, ⓒ에 의하여 $8 \geq \sqrt{S_1 \times S_2}$

위의 식의 양변을 제곱하면 $64 \geq S_1 \times S_2$

따라서 $S_1 \times S_2$의 최댓값은 64

오른쪽 그림과 같이 좌표평면에서 직선 $y=-2x+6$ 위의 점 $P(a, b)$와 x축 위의 두 점 $A(2, 0)$, $B(4, 0)$ 및 y축 위의 두 점 $C(0, 3)$, $D(0, 7)$을 꼭짓점으로 하는 두 삼각형 APB, CPD의 넓이를 각각 S_1, S_2라고 하자. $S_1 \times S_2$의 최댓값을 구하는 과정을 다음 단계로 서술하시오. (단, $a>0$, $b>0$)

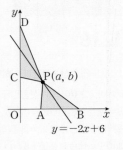

[1단계] a, b 사이의 관계식을 구한다. [3점]

[2단계] $S_1 \times S_2$를 a, b에 대하여 나타낸다. [3점]

[3단계] $S_1 \times S_2$의 최댓값을 구한다. [4점]

1단계 a, b 사이의 관계식을 구한다.   3점

점 $P(a, b)$는 직선 $y=-2x+6$ 위의 점이므로

$b=-2a+6$ ∴ $2a+b=6$ ……⊙

2단계 $S_1 \times S_2$를 a, b에 대하여 나타낸다.   3점

두 삼각형 APB, CPD의 넓이가 각각 S_1, S_2이므로

$S_1 = \dfrac{1}{2} \times 2 \times b = b$, $S_2 = \dfrac{1}{2} \times 4 \times a = 2a$

$S_1 \times S_2 = b \times 2a = 2ab$ ……ⓒ

3단계 $S_1 \times S_2$의 최댓값을 구한다.   4점

$2a>0$, $b>0$이므로 산술평균과 기하평균의 관계에 의하여

$2a+b \geq 2\sqrt{2a \times b}$ (단, 등호는 $2a=b$일 때 성립한다.)

⊙, ⓒ에 의하여 $3 \geq \sqrt{S_1 \times S_2}$

위의 식의 양변을 제곱하면 $9 \geq S_1 \times S_2$

따라서 $S_1 \times S_2$의 최댓값은 9

정답 해설참조

1215
정답 해설참조

1단계   피타고라스 정리를 이용하여 a, b 사이의 관계식을 구한다.   2점

직사각형의 가로, 세로의 길이가 각각 a, b이므로

피타고라스 정리에 의하여 $a^2+b^2=20$

2단계   기둥의 모든 모서리의 길이의 합을 a, b에 대하여 나타낸다.   2점

이때 직육면체의 밑면의 한 변의 길이는 $\dfrac{a}{4}$, 높이는 b이므로

기둥의 모든 모서리의 길이의 합은 $\dfrac{a}{4} \times 8 + 4b = 2a+4b$

3단계   코시-슈바르츠의 부등식을 이용하여 모든 모서리의 길이의 합의 범위를 구한다.   4점

$a>0$, $b>0$이므로 코시-슈바르츠의 부등식에 의하여

$(2^2+4^2)(a^2+b^2) \geq (2a+4b)^2$ (단, 등호는 $\dfrac{a}{2}=\dfrac{b}{4}$일 때 성립한다.)

이때 $a^2+b^2=20$이므로 $20 \times 20 \geq (2a+4b)^2$

∴ $-20 \leq 2a+4b \leq 20$

4단계   모든 모서리의 길이의 합의 최댓값을 구한다.   2점

그런데 $a>0$, $b>0$이므로 $0 < 2a+4b \leq 20$

따라서 모든 모서리의 길이의 합의 최댓값은 20

1216
 16

STEP A 산술평균과 기하평균의 관계를 이용하여 a, b의 관계식 구하기

$a > 0$, $b > 0$이므로 산술평균과 기하평균의 관계에 의하여

$a + 9b \geq 2\sqrt{a \times 9b} = 6\sqrt{ab}$ (단, 등호는 $a = 9b$일 때 성립한다.)

위의 식의 양변에 $2ab$를 더하면

$2ab + a + 9b \geq 2ab + 6\sqrt{ab}$

이때 $2ab + a + 9b = 20$이므로 $20 \geq 2ab + 6\sqrt{ab}$

STEP B $\sqrt{ab} = x$라 놓고 x의 범위 구하기

$\sqrt{ab} = x$로 놓으면

$20 \geq 2x^2 + 6x$, $x^2 + 3x - 10 \leq 0$,

$(x+5)(x-2) \leq 0$ $\therefore -5 \leq x \leq 2$

이때 $x > 0$이므로 $0 < x \leq 2$

STEP C pqk의 값 구하기

즉 $\sqrt{ab}$의 최댓값이 2이므로 ab의 최댓값은 $k = 4$

등호는 $a = 9b$일 때, 성립하므로 $2ab + a + 9b = 20$에서

$18b^2 + 18b = 20$, $9b^2 + 9b - 10 = 0$,

$(3b-2)(3b+5) = 0$ $\therefore b = \dfrac{2}{3} (\because b > 0)$ ← $a = 9 \times \dfrac{2}{3} = 6$

따라서 $p = 6$, $q = \dfrac{2}{3}$, $k = 4$이므로 $pqk = 6 \times \dfrac{2}{3} \times 4 = 16$

1217
정답 50

STEP A $\overline{AP}^2 + \overline{BP}^2$의 값 구하기

점 P는 원 위의 점이므로 원주각의 성질에 의하여 $\angle APB = 90°$

삼각형 ABP는 $\angle APB = 90°$인 직각삼각형이므로 피타고라스 정리에 의하여

$\overline{AP}^2 + \overline{BP}^2 = 10^2$

STEP B 코시–슈바르츠 부등식을 이용하여 $3\overline{AP} + 4\overline{BP}$의 최댓값 구하기

$\overline{AP} > 0$, $\overline{BP} > 0$이므로 코시–슈바르츠 부등식에 의하여

$(3^2 + 4^2)(\overline{AP}^2 + \overline{BP}^2) \geq (3\overline{AP} + 4\overline{BP})^2$ (단, 등호는 $\dfrac{\overline{AP}}{3} = \dfrac{\overline{BP}}{4}$일 때 성립한다.)

$\overline{AP}^2 + \overline{BP}^2 = 10^2$이므로 $2500 \geq (3\overline{AP} + 4\overline{BP})^2$

$\therefore -50 \leq 3\overline{AP} + 4\overline{BP} \leq 50$

이때 $\overline{AP} > 0$, $\overline{BP} > 0$이므로 $0 < 3\overline{AP} + 4\overline{BP} \leq 50$

따라서 $3\overline{AP} + 4\overline{BP}$의 최댓값은 50

1218
정답 4

STEP A 점 P의 좌표를 설정하여 $\dfrac{\overline{PH}}{\overline{AH}}$의 식 세우기

$P(x, x^2 + x + 4)$, $H(x, 0)(x \geq 0)$이라 하면 $A(-1, 0)$이므로

$\dfrac{\overline{PH}}{\overline{AH}} = \dfrac{x^2 + x + 4}{x + 1}$

STEP B 산술평균과 기하평균의 관계를 이용하여 a, b의 값 구하기

$\dfrac{\overline{PH}}{\overline{AH}} = \dfrac{x^2 + x + 4}{x + 1} = \dfrac{x(x+1) + 4}{x + 1}$

$= x + \dfrac{4}{x+1} = x + 1 + \dfrac{4}{x+1} - 1$

$x + 1 > 0$, $\dfrac{4}{x+1} > 0$이므로 산술평균과 기하평균의 관계에 의하여

$x + 1 + \dfrac{4}{x+1} - 1 \geq 2\sqrt{(x+1) \times \dfrac{4}{x+1}} - 1 = 4 - 1 = 3$

즉 $\dfrac{\overline{PH}}{\overline{AH}}$의 최솟값 $b = 3$

이때 등호는 $x + 1 = \dfrac{4}{x+1}$일 때, 성립하므로 $(x+1)^2 = 4$

$x + 1 > 0$이므로 $x + 1 = 2$ $\therefore x = 1$

즉 $a = 1$

따라서 $a + b = 1 + 3 = 4$

+α 직선의 기울기를 이용하여 최솟값을 구할 수 있어!

$\dfrac{\overline{PH}}{\overline{AH}}$는 두 점 A, P를 지나는 직선의 기울기이다.

$\dfrac{\overline{PH}}{\overline{AH}} = a$라 하면 $a > 0$이고 직선 AP가 함수 $y = f(x)$의 그래프에 접할 때의 a의 값이 최소이다.

즉 직선 AP가 이차함수 $y = x^2 + x + 4$의 그래프에 접할 때의 a의 값을 구하면

직선 AP의 방정식은 $y = a(x+1)$이므로

$x^2 + x + 4 = a(x+1)$, $x^2 + (1-a)x + 4 - a = 0$

이 이차방정식의 판별식을 D라 하면 $D = 0$이어야 하므로

$D = (1-a)^2 - 4(4-a) = 0$, $a^2 + 2a - 15 = 0$, $(a+5)(a-3) = 0$

$a > 0$이므로 $a = 3$

$\therefore \dfrac{\overline{PH}}{\overline{AH}} \geq 3$

내/신/연/계/ 출제문항 612

점 $A(-2, 0)$과 함수

$f(x) = x^2 + 2x + 9 (x \geq 0)$가 있다.

함수 $y = f(x)$의 그래프 위의 점 P에서

x축에 내린 수선의 발을 H라 하자.

$\dfrac{\overline{PH}}{\overline{AH}}$는 $x = a$에서 최솟값 b를 갖는다.

$a + b$의 값을 구하시오.

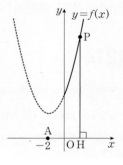

STEP A 점 P의 좌표를 설정하여 $\dfrac{\overline{PH}}{\overline{AH}}$의 식 세우기

$P(x, x^2 + 2x + 9)$, $H(x, 0)(x \geq 0)$이라 하면 $A(-2, 0)$이므로

$\dfrac{\overline{PH}}{\overline{AH}} = \dfrac{x^2 + 2x + 9}{x + 2}$

STEP B 산술평균과 기하평균의 관계를 이용하여 a, b의 값 구하기

$\dfrac{\overline{PH}}{\overline{AH}} = \dfrac{x^2 + 2x + 9}{x + 2} = \dfrac{x(x+2) + 9}{x + 2}$

$= x + \dfrac{9}{x+2} = x + 2 + \dfrac{9}{x+2} - 2$

$x + 2 > 0$, $\dfrac{9}{x+2} > 0$이므로 산술평균과 기하평균의 관계에 의하여

$x + 2 + \dfrac{9}{x+2} - 2 \geq 2\sqrt{(x+2) \times \dfrac{9}{x+2}} - 2 = 6 - 2 = 4$

즉 $\dfrac{\overline{PH}}{\overline{AH}}$의 최솟값 $b = 4$

이때 등호는 $x + 2 = \dfrac{9}{x+2}$일 때, 성립하므로 $(x+2)^2 = 9$

$x + 2 > 0$이므로 $x + 2 = 3$ $\therefore x = 1$

즉 $a = 1$

따라서 $a + b = 1 + 4 = 5$

정답 5

STEP A 점 Q의 좌표 구하기

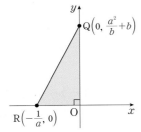

직선 OP의 기울기는 $\dfrac{b-0}{a-0}=\dfrac{b}{a}$ 이고

직선 OP에 수직인 직선의 기울기는 $-\dfrac{a}{b}$

└─ 수직인 두 직선의 기울기의 곱은 -1이므로 $\dfrac{b}{a}\times\left(-\dfrac{a}{b}\right)=-1$

이므로 점 $P(a, b)$를 지나고 직선 OP에 수직인 직선의 방정식은

$y=-\dfrac{a}{b}(x-a)+b$

$\therefore y=-\dfrac{a}{b}x+\dfrac{a^2}{b}+b$

이때 점 Q의 좌표는 $\left(0, b+\dfrac{a^2}{b}\right)$ ◀── $y=-\dfrac{a}{b}x+\dfrac{a^2}{b}+b$에 $x=0$을 대입하면 $y=\dfrac{a^2}{b}+b$

STEP B 삼각형 OQR의 넓이를 a, b에 관한 식으로 나타내기

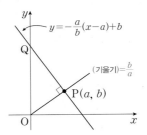

$\overline{OR}=\left|-\dfrac{1}{a}\right|=\dfrac{1}{a}$, $\overline{OQ}=\dfrac{a^2}{b}+b$이므로 삼각형 OQR의 넓이는

$\dfrac{1}{2}\times\overline{OR}\times\overline{OQ}=\dfrac{1}{2}\times\dfrac{1}{a}\times\left(\dfrac{a^2}{b}+b\right)$

$=\dfrac{1}{2}\left(\dfrac{b}{a}+\dfrac{a}{b}\right)$

$\dfrac{a}{b}$와 $\dfrac{b}{a}$가 역수 관계임을 파악하고 산술평균과 기하평균의 관계를 이용하여 최솟값을 구한다.

STEP C 산술평균과 기하평균의 관계를 이용하여 삼각형 OQR의 넓이의 최솟값 구하기

$a>0$, $b>0$이므로 $\dfrac{a}{b}>0$, $\dfrac{b}{a}>0$

산술평균과 기하평균의 관계에 의하여

$\dfrac{1}{2}\left(\dfrac{b}{a}+\dfrac{a}{b}\right)\geq\dfrac{1}{2}\times2\sqrt{\dfrac{b}{a}\times\dfrac{a}{b}}=\dfrac{1}{2}\times2\times1=1$

$\left($단, 등호는 $\dfrac{a}{b}=\dfrac{b}{a}$일 때 성립한다.$\right)$

따라서 삼각형 OQR의 넓이의 최솟값은 1

내/신/연/계/ 출제문항 613

두 양수 a, b에 대하여 좌표평면 위의 점 $P(a, b)$를 지나고 직선 OP에 수직인 직선이 y축과 만나는 점을 Q라 하자. 점 $R\left(-\dfrac{3}{a}, 0\right)$에 대하여 삼각형 OQR의 넓이의 최솟값은? (단, O는 원점이다.)

① 1   ② $\dfrac{3}{2}$ ③ 2

④ $\dfrac{5}{2}$ ⑤ 3

STEP A 점 Q의 좌표 구하기

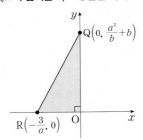

직선 OP의 기울기는 $\dfrac{b-0}{a-0}=\dfrac{b}{a}$ 이고

직선 OP에 수직인 직선의 기울기는 $-\dfrac{a}{b}$

└─ 수직인 두 직선의 기울기의 곱은 -1이므로 $\dfrac{b}{a}\times\left(-\dfrac{a}{b}\right)=-1$

이므로 점 $P(a, b)$를 지나고 직선 OP에 수직인 직선의 방정식은

$y=-\dfrac{a}{b}(x-a)+b$

$\therefore y=-\dfrac{a}{b}x+\dfrac{a^2}{b}+b$

이때 점 Q의 좌표는 $\left(0, b+\dfrac{a^2}{b}\right)$ ◀── $y=-\dfrac{a}{b}x+\dfrac{a^2}{b}+b$에 $x=0$을 대입하면 $y=\dfrac{a^2}{b}+b$

STEP B 삼각형 OQR의 넓이를 a, b에 관한 식으로 나타내기

$\overline{OR}=\left|-\dfrac{3}{a}\right|=\dfrac{3}{a}$, $\overline{OQ}=\dfrac{a^2}{b}+b$이므로 삼각형 OQR의 넓이는

$\dfrac{1}{2}\times\overline{OR}\times\overline{OQ}=\dfrac{1}{2}\times\dfrac{3}{a}\times\left(\dfrac{a^2}{b}+b\right)$

$=\dfrac{3}{2}\left(\dfrac{b}{a}+\dfrac{a}{b}\right)$

$\dfrac{a}{b}$와 $\dfrac{b}{a}$가 역수 관계임을 파악하고 산술평균과 기하평균의 관계를 이용하여 최솟값을 구한다.

STEP C 산술평균과 기하평균의 관계를 이용하여 삼각형 OQR의 넓이의 최솟값 구하기

$a>0$, $b>0$이므로 $\dfrac{a}{b}>0$, $\dfrac{b}{a}>0$

산술평균과 기하평균의 관계에 의하여

$\dfrac{3}{2}\left(\dfrac{b}{a}+\dfrac{a}{b}\right)\geq\dfrac{3}{2}\times2\sqrt{\dfrac{b}{a}\times\dfrac{a}{b}}=\dfrac{3}{2}\times2\times1=3$

$\left($단, 등호는 $\dfrac{a}{b}=\dfrac{b}{a}$일 때 성립한다.$\right)$

따라서 삼각형 OQR의 넓이의 최솟값은 3 정답 ⑤

STEP A 점 C의 좌표 구하기

점 A는 이차함수 $f(x)=x^2-2ax$의 그래프와 직선 $g(x)=\dfrac{1}{a}x$가 만나는

점이므로 $x^2-2ax=\dfrac{1}{a}x$, $x^2-2ax-\dfrac{1}{a}x=0$,

$x\left(x-2a-\dfrac{1}{a}\right)=0$, $x=2a+\dfrac{1}{a}(\because x>0)$,

                           점 A는 제1사분면 위에 있다.

$y=\dfrac{1}{a}\times\left(2a+\dfrac{1}{a}\right)=2+\dfrac{1}{a^2}$ ← $y=\dfrac{1}{a}x$에 $x=2a+\dfrac{1}{a}$을 대입

$\therefore A\left(2a+\dfrac{1}{a},\ 2+\dfrac{1}{a^2}\right)$

점 B는 이차함수 $f(x)=x^2-2ax=(x-a)^2-a^2$의 그래프의 꼭짓점이므로

$B(a,\ -a^2)$

즉 선분 AB의 중점 C의 좌표는

$C\left(\dfrac{2a+\dfrac{1}{a}+a}{2},\ \dfrac{2+\dfrac{1}{a^2}+(-a^2)}{2}\right)$

$\therefore C\left(\dfrac{3}{2}a+\dfrac{1}{2a},\ 1+\dfrac{1}{2a^2}-\dfrac{1}{2}a^2\right)$

STEP B 산술평균과 기하평균의 관계를 이용하여 $\overline{CH}$의 최솟값 구하기

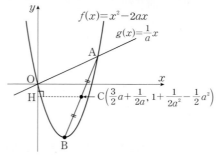

점 H는 점 C에서 y축에 내린 수선의 발이고 a는 양수이므로
선분 CH의 길이는 점 C의 x좌표와 같다.
이때 산술평균과 기하평균의 관계에 의하여

$\overline{CH}=\dfrac{3}{2}a+\dfrac{1}{2a}\geq 2\sqrt{\dfrac{3}{2}a\times\dfrac{1}{2a}}=2\sqrt{\dfrac{3}{4}}=\sqrt{3}$

$\left(\text{단, 등호는 }\dfrac{3}{2}a=\dfrac{1}{2a},\ \text{즉 }a=\dfrac{\sqrt{3}}{3}\text{일 때 성립한다.}\right)$

따라서 선분 CH의 길이의 최솟값은 $\sqrt{3}$

내/신/연/계/ 출제문항 614

그림과 같이 양수 a에 대하여 이차함수 $f(x)=x^2-4ax$의 그래프와 직선
$g(x)=\dfrac{2}{a}x$가 두 점 O, A에서 만난다. (단, O는 원점이다.)

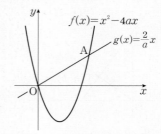

이차함수 $y=f(x)$의 그래프의 꼭짓점을 B라 하고 선분 AB의 중점을 C라
하자. 점 C에서 y축에 내린 수선의 발을 H라 할 때, 선분 CH의 길이의
최솟값은?

① $\sqrt{2}$ ② $\sqrt{3}$ ③ 2
④ $2\sqrt{2}$ ⑤ $2\sqrt{3}$

STEP A 점 C의 좌표 구하기

점 A는 이차함수 $f(x)=x^2-4ax$의 그래프와 직선 $g(x)=\dfrac{2}{a}x$가 만나는

점이므로 $x^2-4ax=\dfrac{2}{a}x$, $x^2-4ax-\dfrac{2}{a}x=0$,

$x\left(x-4a-\dfrac{2}{a}\right)=0$, $x=4a+\dfrac{2}{a}(\because x>0)$,

                           점 A는 제1사분면 위에 있다.

$y=\dfrac{2}{a}\times\left(4a+\dfrac{2}{a}\right)=8+\dfrac{4}{a^2}$ ← $y=\dfrac{2}{a}x$에 $x=4a+\dfrac{2}{a}$를 대입

$\therefore A\left(4a+\dfrac{2}{a},\ 8+\dfrac{4}{a^2}\right)$

점 B는 이차함수 $f(x)=x^2-4ax=(x-2a)^2-4a^2$의 그래프의 꼭짓점이므로

$B(2a,\ -4a^2)$

즉 선분 AB의 중점 C의 좌표는

$C\left(\dfrac{4a+\dfrac{2}{a}+2a}{2},\ \dfrac{8+\dfrac{4}{a^2}+(-4a^2)}{2}\right)$

$\therefore C\left(3a+\dfrac{1}{a},\ 4+\dfrac{2}{a^2}-2a^2\right)$

STEP B 산술평균과 기하평균의 관계를 이용하여 $\overline{CH}$의 최솟값 구하기

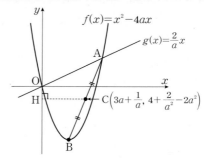

점 H는 점 C에서 y축에 내린 수선의 발이고 a는 양수이므로
선분 CH의 길이는 점 C의 x좌표와 같다.
이때 산술평균과 기하평균의 관계에 의하여

$\overline{CH}=3a+\dfrac{1}{a}\geq 2\sqrt{3a\times\dfrac{1}{a}}=2\sqrt{3}$

$\left(\text{단, 등호는 }3a=\dfrac{1}{a},\ \text{즉 }a=\dfrac{\sqrt{3}}{3}\text{일 때 성립한다.}\right)$

따라서 선분 CH의 길이의 최솟값은 $2\sqrt{3}$ 정답 ⑤

III

함수와 그래프

01 함수

1221

정답 ④

STEP A 함수의 정의 이해하기

① 집합 X의 원소 1에 집합 Y의 원소 2가 대응하므로 $f(1)=2$이다. [참]

② 함수 $f : X \longrightarrow Y$의 정의역은 X이다. [참]

③ 함수 $f : X \longrightarrow Y$의 공역은 Y이다. [참]

④ $f(1)=2$, $f(2)=0$, $f(3)=2$이므로

함수 f의 함숫값 전체의 집합인 함수 f의 치역은 $\{0, 2\}$이다. [거짓]

⑤ 집합 X의 각 원소에 집합 Y의 원소가 오직 하나씩 대응하므로

이 대응은 집합 X에서 집합 Y로의 함수이다. [참]

따라서 옳지 않은 것은 ④이다.

1222

정답 ③

STEP A 함수의 정의를 이용하여 함수인 것 구하기

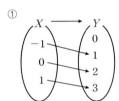 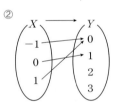

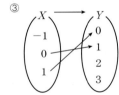 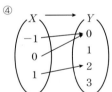

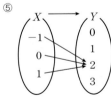

따라서 ③에서 집합 X의 원소 -1에 대응하는 집합 Y의 원소가 없으므로 함수가 아니다.

1223

정답 ④

STEP A 함수의 정의를 이용하여 함수인 것 구하기

① $x>0$일 때, x에 대응되는 y의 값이 각각 2개씩이므로 함수가 아니다.

② $-r<x<r$일 때, 대응되는 y의 값이 각각 2개씩이므로 함수가 아니다.

③ 주어진 그래프를 $x=a$라 하면 $x=a$일 때,

대응되는 y의 값이 무수히 많으므로 함수가 아니다.

④ 임의의 실수 a에 대하여 y축에 평행한 직선 $x=a$를 그었을 때,

그래프와 한 점에서 만나는 함수의 그래프이다.

⑤ 주어진 그래프에서 x축에 수직선 부분을 $x=a$라 하면 $x=a$일 때,

대응되는 y의 값이 무수히 많으므로 함수가 아니다.

따라서 함수의 그래프는 ④이다.

내/신/연/계 출제문항 **615**

다음 중 실수 전체의 집합 R에 대하여 R에서 R로의 함수의 그래프가 아닌 것은?

① 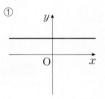 ② ③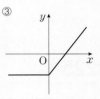

④ ⑤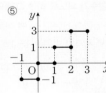

STEP A 함수의 정의를 이용하여 함수인 것 구하기

① 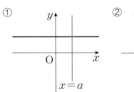 ② ③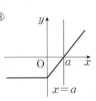

④ 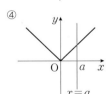 ⑤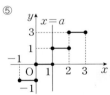

①, ②, ③, ④는 임의의 실수 a에 대하여 직선 $x=a$와 그래프가 오직 한 점에서 만나므로 함수의 그래프이다.

⑤ 실수 a에 대하여 직선 $x=a$와 그래프가 두 점에서 만나므로

하나의 실수에 대하여 직선과 그래프가 두 점 이상에서 만나 함수의 그래프가 아니다.

함수의 그래프가 아니다.

따라서 함수의 그래프가 아닌 것은 ⑤이다.

정답 ⑤

1224

정답 ③

STEP A 함수의 정의를 이용하여 함수인 것 구하기

ㄱ. $f(x)=-x+1$에서 $-1\leq x\leq 1$일 때, $0\leq -x+1\leq 2$
∴ (치역)⊂(공역)

ㄴ. $g(x)=x^2-1$에서 $-1\leq x\leq 1$일 때, $-1\leq x^2-1\leq 0$
∴ (치역)⊄(공역)

ㄷ. $h(x)=|x+1|$에서 $-1\leq x\leq 1$일 때, $0\leq |x+1|\leq 2$
∴ (치역)⊂(공역)

따라서 X에서 Y로의 함수인 것은 ㄱ, ㄷ이다.

+α | 다음과 같이 그래프를 그려서 확인할 수도 있어!

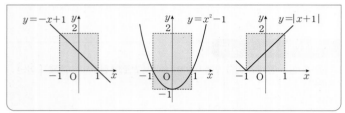

1225

정답 ⑤

STEP A X에서 Y로의 함수가 되도록 하는 그래프 개형 그리기

이차함수 $f(x)=x^2-2x+a=(x-1)^2+a-1$에 대하여 꼭짓점의 좌표는
$(1, a-1)$이고 $0\leq x\leq 3$에서 치역의 범위는 $a-1\leq f(x)\leq a+3$

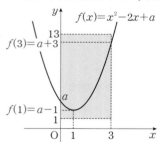

STEP B 치역이 공역의 부분집합임을 이용하여 정수 a의 개수 구하기

이때 이 대응이 함수가 되려면 $a-1\geq 1$, $a+3\leq 13$이어야 하므로
$2\leq a\leq 10$ ← $\{y|a-1\leq y\leq a+3\}\subset\{y|1\leq y\leq 13\}$
따라서 조건을 만족시키는 정수 a는 2, 3, 4, 5, 6, 7, 8, 9, 10이므로 개수는 9
정수의 개수는 $(10-2)+1=9$

내/신/연/계 출제문항 **616**

집합 $X=\{x|0\leq x\leq 4\}$에 대하여 $f(x)=mx+m+1$이 X에서 X로의
함수가 될 때, m의 값의 범위가 $a\leq m\leq b$일 때, $5(b-a)$의 값은?

① 1 ② 2 ③ 3
④ 4 ⑤ 5

STEP A X에서 X로의 함수가 되도록 하는 m의 값의 범위 구하기

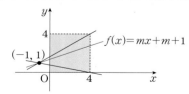

$f(x)=mx+m+1$이 함수이기 위해서는 치역이 공역의 부분집합이어야 하므로
$0\leq f(0)\leq 4$에서 $0\leq m+1\leq 4$
∴ $-1\leq m\leq 3$ ⋯⋯ ㉠

$0\leq f(4)\leq 4$에서 $0\leq 5m+1\leq 4$
∴ $-\dfrac{1}{5}\leq m\leq\dfrac{3}{5}$ ⋯⋯ ㉡

㉠, ㉡에서 구하는 m의 값의 범위는 $-\dfrac{1}{5}\leq m\leq\dfrac{3}{5}$

따라서 $a=-\dfrac{1}{5}$, $b=\dfrac{3}{5}$이므로 $5(b-a)=5\left(\dfrac{3}{5}+\dfrac{1}{5}\right)=4$

+α | $y=mx+m+1$이 $(-1, 1)$을 지남을 알 수 있어!

$y=mx+m+1$에서 $m(x+1)+1-y=0$이므로 $x+1=0$, $1-y=0$
즉 $x=-1$, $y=1$이므로 직선은 점 $(-1, 1)$을 항상 지난다.

정답 ④

1226

정답 -3

STEP A x의 범위에 따라 함숫값 구하기

$x=-2$일 때, $-2\leq 1$이므로 $f(-2)=2\times(-2)+1=-3$
$x=2$일 때, $2>1$이므로 $f(2)=-2^2+4=0$
따라서 $f(-2)+f(2)=-3+0=-3$

1227

정답 ②

STEP A x의 범위에 따라 $f(1)$의 값 구하기

$x=1$일 때, $0\leq 1\leq 3$이므로 $f(1)=1-2=-1$

STEP B 함수의 주기를 이용하여 $f(21)$의 값 구하기

$x=21$일 때, $21>3$이므로
$f(21)=f(21-3)=f(18-3)$
$=f(15-3)=f(12-3)$
$=f(9-3)=f(6-3)$
$=f(3)=3-2=1$
따라서 $f(1)-f(21)=-1-1=-2$

1228

정답 ①

STEP A x의 범위에 따라 함숫값 구하기

$x=3$일 때, 유리수이므로 $f(3)=1-3=-2$ ← x가 유리수일 때, $f(x)=1-x$
$x=1-\sqrt{2}$일 때, 무리수이므로
$f(1-\sqrt{2})=1+(1-\sqrt{2})=2-\sqrt{2}$ ← x가 무리수일 때, $f(x)=1+x$
따라서 $f(3)+f(1-\sqrt{2})=-2+2-\sqrt{2}=-\sqrt{2}$

1229

정답 ④

STEP A 함수의 정의를 이용하여 a의 값 구하기

$x=2$에서 함숫값이 1개이어야 하므로 $2+1=4-a$ ← $x=2$에서 두 함숫값은 같아야 한다
∴ $a=1$

STEP B x의 범위에 따라 함숫값 구하기

$3-\sqrt{5}<2$, $2\sqrt{5}>2$이므로
$f(3-\sqrt{5})=(3-\sqrt{5})+1=4-\sqrt{5}$
$f(2\sqrt{5})=4\sqrt{5}-1$
따라서 $f(3-\sqrt{5})+f(2\sqrt{5})=4-\sqrt{5}+4\sqrt{5}-1=3+3\sqrt{5}$

함수 f가 실수 전체의 집합에서

$$f(x)=\begin{cases}2x+a & (x \le 3)\\ -x+2 & (x \ge 3)\end{cases}$$

로 정의될 때, $f(4-2\sqrt{3})-f(2\sqrt{3})$의 값이 $p+q\sqrt{3}$일 때, $p+q$의 값은? (단, a, p, q는 상수이다.)

① -6 ② -5 ③ -4
④ -3 ⑤ -2

STEP A 함수의 정의를 이용하여 a의 값 구하기

$x=3$에서 함숫값이 1개이어야 하므로 $6+a=-3+2$
$\therefore a=-7$

STEP B x의 범위에 따라 함숫값 구하기

$4-2\sqrt{3}<3$, $2\sqrt{3}>3$이므로
$f(4-2\sqrt{3})=2(4-2\sqrt{3})-7=1-4\sqrt{3}$, $f(2\sqrt{3})=-2\sqrt{3}+2$
즉 $f(4-2\sqrt{3})-f(2\sqrt{3})=1-4\sqrt{3}-(-2\sqrt{3}+2)=-1-2\sqrt{3}$
따라서 $p=-1$, $q=-2$이므로 $p+q=-3$ 정답 ④

1230   정답 ③

STEP A 함수의 주기를 이용하여 $f(15)$와 같은 값 구하기

조건 (나)에서
모든 실수 x에 대하여 $f(x+4)=f(x)$ ← 주기가 4인 주기 함수
이므로 $f(15)=f(11)=f(7)=f(3)=f(-1)$

STEP B $f(15)$의 값 구하기

조건 (가)에 의하여 $f(-1)=1-(-1)^2=1-1=0$
따라서 $f(15)=f(-1)=0$

1231   정답 14

STEP A 100을 소인수분해하여 조건을 만족하는 $f(100)$의 값 구하기

100은 소수가 아니므로 100을 소인수분해하면
$100=2^2 \times 5^2$이므로
$f(100)=f(2^2 \times 5^2)$
$\qquad =f(2^2)+f(5^2)$ ← 조건 (나)에 의해
$\qquad =f(2\times 2)+f(5\times 5)$
$\qquad =f(2)+f(2)+f(5)+f(5)$ ← 조건 (나)에 의해
$\qquad =2+2+5+5$ ← 조건 (가)에 의해
$\qquad =14$

정의역이 자연수 전체의 집합이고 공역이 실수 전체의 집합인 함수 f가 다음 조건을 만족시킨다.

(가) p가 소수이면 $f(p)=2p$
(나) 임의의 두 자연수 a, b에 대하여 $f(ab)=f(a)+f(b)$

$f(216)$의 값은? (단, $f(1)=0$)

① 20   ② 24   ③ 28
④ 30   ⑤ 32

STEP A 216을 소인수분해하여 조건을 만족하는 $f(216)$의 값 구하기

216을 소인수분해하면 $216=2^3 \times 3^3$
$f(216)=f(2^3)+f(3^3)$ ← 조건 (나)에 의해
$f(2^3)=f(2^2 \times 2)$
$\qquad =f(2^2)+f(2)$
$\qquad =f(2)+f(2)+f(2)$ ← 조건 (나)에 의해
$\qquad =3f(2)$ ← $f(2)=2\times 2=4$
$\qquad =3\times 4=12$ ← 조건 (가)에 의해
$f(3^3)=f(3^2 \times 3)$
$\qquad =f(3^2)+f(3)$
$\qquad =f(3)+f(3)+f(3)$ ← 조건 (나)에 의해
$\qquad =3f(3)$ ← $f(3)=2\times 3=6$
$\qquad =3\times 6=18$ ← 조건 (가)에 의해
따라서 $f(216)=12+18=30$ 정답 ④

1232   2018년 03월 고2 학력평가 나형 13번   정답 ③

해설강의

STEP A $f(x)$의 정의에 따라 함숫값 구하기

집합 $X=\{1, 2, 3, 4, 5\}$에서 집합 $Y=\{0, 2, 4, 6, 8\}$로의
함수 f가 $f(x)=(2x^2$의 일의 자리의 숫자$)$이므로
$f(1)=2$, $f(2)=8$, $f(3)=8$, $f(4)=2$, $f(5)=0$
       $x=3$일 때 18, $x=4$일 때 32,
       $x=5$일 때 50의 일의 자리 숫자
이며 함수의 대응을 그림으로 나타내면
오른쪽과 같다.

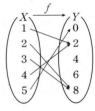

STEP B $a+b$의 최댓값 구하기

함숫값이 2인 정의역 X의 원소는 1과 4이므로
$f(a)=2$인 X의 원소 a는 $a=1$ 또는 $a=4$
함숫값이 8인 정의역 X의 원소는 2와 3이므로
$f(b)=8$인 X의 원소 b는 $b=2$ 또는 $b=3$
a, b의 순서쌍 (a, b)로 가능한 것은
$(1, 2)$, $(1, 3)$, $(4, 2)$, $(4, 3)$이므로 $a+b$의 값은 3, 4, 6, 7
따라서 $a+b$의 최댓값은 7

두 집합 $X=\{0, 1, 2, 3, 4\}$, $Y=\{y|y$는 정수$\}$에 대하여 함수
$$f : X \longrightarrow Y \text{를 } f(x)=(x^2+1\text{을 4로 나눈 나머지})$$
로 정의할 때, 함수 f의 치역에 있는 모든 원소의 합은?

① 3   ② 4   ③ 5
④ 6   ⑤ 7

STEP A $f(x)$의 정의에 따라 함숫값 구하기

집합 $X=\{0, 1, 2, 3, 4\}$에서 집합 $Y=\{y|y$는 정수$\}$로의
함수 f가 $f(x)=(x^2+1$을 4로 나눈 나머지)이므로
$f(0)=1$, $f(1)=2$, $f(2)=1$, $f(3)=2$, $f(4)=1$

STEP B f의 치역의 원소의 합 구하기

따라서 f의 치역은 $\{1, 2\}$이므로 $1+2=3$ 정답 ①

1233

STEP Ⓐ $f(10)=16$을 만족하는 상수 k의 값 구하기

$3x+1=10$에서 $x=3$

$x=3$을 $f(3x+1)=x^2+k$에 대입하면

$f(10)=9+k=16$

$\therefore k=7$

STEP Ⓑ $f(k)$의 값 구하기

$3x+1=7$에서 $x=2$

따라서 $x=2$를 $f(3x+1)=x^2+7$에 대입하면 $f(k)=f(7)=2^2+7=11$

1234

STEP Ⓐ $\dfrac{x-1}{4}=2$가 되는 x의 값을 이용하여 구하기

$\dfrac{x-1}{4}=2$에서 $x-1=8$

$\therefore x=9$

따라서 $x=9$를 $f\left(\dfrac{x-1}{4}\right)=2x-1$에 대입하면 $f(2)=2\times 9-1=17$

---

mini 해설 | 치환을 이용하여 풀이하기

$\dfrac{x-1}{4}=t$라 하면 $x-1=4t$

$\therefore x=4t+1$

$f\left(\dfrac{x-1}{4}\right)=2x-1$에 $x=4t+1$을 대입하면

$f(t)=2(4t+1)-1=8t+1$

따라서 $f(x)=8x+1$이므로 $f(2)=8\times 2+1=17$

내/신/연/계 출제문항 620

실수 전체의 집합에서 정의된 함수 $f(x)$가

$$f(x-3)=x^2-5$$

를 만족시킬 때, $f(2)$의 값은?

① 5 ② 10 ③ 15

④ 20 ⑤ 25

STEP Ⓐ $x-3=2$가 되는 x의 값을 이용하여 구하기

$x-3=2$에서 $x=5$

$x=5$를 $f(x-3)=x^2-5$에 대입하면

$f(2)=5^2-5=20$

---

mini 해설 | 치환을 이용하여 풀이하기

$x-3=t$라 하면 $x=t+3$

$f(x-3)=x^2-5$에 $x=t+3$을 대입하면

$f(t)=(t+3)^2-5=t^2+6t+4$

따라서 $f(x)=x^2+6x+4$이므로 $f(2)=2^2+6\times 2+4=20$

1235

STEP Ⓐ $2x+1=7$가 되는 x의 값을 이용하여 구하기

$2x+1=7$에서 $x=3$

$g(2x+1)=f(x-5)$에 $x=3$을 대입하면

$g(7)=f(3-5)=f(-2)$

즉 $f(x)=x^2-5x-8$에 $x=-2$를 대입하면

$f(-2)=(-2)^2-5\times(-2)-8=14-8=6$

따라서 $g(7)=f(-2)=6$

---

mini 해설 | 치환을 이용하여 풀이하기

$f(x)=x^2-5x-8$에서

$f(x-5)=(x-5)^2-5(x-5)-8$

$\quad\quad\quad =x^2-10x+25-5x+25-8$

$\quad\quad\quad =x^2-15x+42$

즉 $g(2x+1)=f(x-5)=x^2-15x+42$

$2x+1=7$에서 $x=3$이므로 $g(2\times 3+1)=g(7)=3^2-15\times 3+42=6$

1236

STEP Ⓐ $2x-1=1$, $2x-1=-1$을 이용하여 구하기

$2x-1=1$에서 $x=1$이므로

$g(2x-1)=f(x+2)$에 $x=1$을 대입하면

$g(1)=f(3)=\dfrac{3+|3|}{2}=3$

또, $2x-1=-1$에서 $x=0$이므로

$g(2x-1)=f(x+2)$에 $x=0$을 대입하면

$g(-1)=f(2)=\dfrac{2+|2|}{2}=2$

따라서 $g(1)+g(-1)=5$

---

mini 해설 | 치환을 이용하여 풀이하기

$2x-1=t$라 하면

$x=\dfrac{t+1}{2}$이므로 $x+2=\dfrac{t+1}{2}+2=\dfrac{t+5}{2}$

$g(2x-1)=f(x+2)$에서 $g(t)=f\left(\dfrac{t+5}{2}\right)$

따라서 $g(1)+g(-1)=f\left(\dfrac{1+5}{2}\right)+f\left(\dfrac{-1+5}{2}\right)=f(3)+f(2)=\dfrac{3+|3|}{2}+\dfrac{2+|2|}{2}$

$\quad\quad\quad\quad\quad\quad\quad\quad\quad =3+2=5$

1237

STEP Ⓐ x대신 1, 2, 3, 4, ⋯ 을 대입하여 규칙 구하기

7^x의 일의 자리수는

$7^1\to 7$, $7^2\to 9$, $7^3\to 3$, $7^4\to 1$, $7^5\to 7$, ⋯

이므로 7^x의 일의 자리수는

7, 9, 3, 1이 순서대로 반복된다.

x	7^x	일의 자리수
1	7	7
2	7^2	9
3	7^3	3
4	7^4	1
5	7^5	7
⋮		⋮

STEP Ⓑ 함수 f의 치역의 모든 원소의 합 구하기

따라서 함수 f의 치역은 {1, 3, 7, 9}이므로 모든 원소의 합은

$1+3+7+9=20$

1238

STEP Ⓐ 함숫값 $f(x)$ 구하기

2의 양의 약수의 개수는 2이므로 $f(2)=2$ ← 약수는 1, 2

3의 양의 약수의 개수는 2이므로 $f(3)=2$ ← 약수는 1, 3

4의 양의 약수의 개수는 3이므로 $f(4)=3$ ← 약수는 1, 2, 4

5의 양의 약수의 개수는 2이므로 $f(5)=2$ ← 약수는 1, 5

6의 양의 약수의 개수는 4이므로 $f(6)=4$ ← 약수는 1, 2, 3, 6

STEP Ⓑ 치역의 모든 원소의 합 구하기

따라서 치역의 원소는 2, 3, 4이고 치역의 모든 원소의 합은 $2+3+4=9$

내/신/연/계/ 출제문항 621

자연수 전체의 집합에서 정의된 함수 $f(x)$에 대하여

$$f(x)=(x의 양의 약수의 개수)$$

로 정의할 때, $f(91)+f(119)$의 값은?

① 5   ② 6   ③ 7

④ 8   ⑤ 9

STEP Ⓐ 함숫값 $f(x)$ 구하기

91의 양의 약수는 1, 7, 13, 91이므로 $f(91)=4$

119의 양의 약수는 1, 7, 17, 119이므로 $f(119)=4$

STEP Ⓑ $f(91)+f(119)$의 값 구하기

따라서 $f(91)+f(119)=4+4=8$

1239

STEP Ⓐ 조건을 만족하는 함숫값 $f(2)$, $f(3)$, $f(4)$의 값 구하기

$f(1)=a$이므로 조건 (나)에서

$x=1$일 때, $f(2)=3-2f(1)=3-2a$

$x=2$일 때, $f(3)=3-2f(2)=3-2(3-2a)=-3+4a$

$x=3$일 때, $f(4)=3-2f(3)=3-2(-3+4a)=9-8a$

STEP Ⓑ 함수 f의 치역의 모든 원소의 합이 -21인 상수 a 구하기

(i) $a=1$일 때,

a, $3-2a$, $-3+4a$, $9-8a$의 값은 모두 1이므로

함수 f의 치역은 $\{1\}$이고 치역의 모든 원소의 합이 1이다.

(ii) $a\neq1$일 때,

a, $3-2a$, $-3+4a$, $9-8a$는 모두 다른 수이므로

함수 f의 치역은 $\{a, 3-2a, -3+4a, 9-8a\}$

(i), (ii)에서 함수 f의 치역의 모든 원소의 합이 -21이므로

$a+(3-2a)+(-3+4a)+(9-8a)=-21$, $-5a+9=-21$

따라서 $a=6$

1240

STEP Ⓐ $a>0$ 또는 $a<0$인 경우의 그래프를 이용하여 공역과 치역이 같을 때, 상수 a, b 구하기

함수 $f(x)=ax+b$의 공역과 치역이 서로 같으므로

$f(-2)=-2$, $f(3)=3$ 또는 $f(-2)=3$, $f(3)=-2$이어야 한다.

(i) $a>0$일 때,

$f(-2)=-2$, $f(3)=3$이므로

$-2a+b=-2$, $3a+b=3$

∴ $a=1$, $b=0$

그런데 $ab<0$이므로 $a=1$, $b=0$은

조건을 만족시키지 않는다.

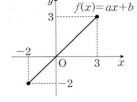

(ii) $a<0$일 때,

$f(-2)=3$, $f(3)=-2$이므로

$-2a+b=3$, $3a+b=-2$

∴ $a=-1$, $b=1$

그런데 $ab<0$이므로 $a=-1$, $b=1$은

조건을 만족한다.

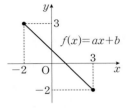

STEP Ⓑ $b-a$의 값 구하기

따라서 $a=-1$, $b=1$이므로 $b-a=1-(-1)=2$

내/신/연/계/ 출제문항 622

집합 $X=\{x|-1\leq x\leq3\}$에 대하여 X에서 X로의 함수 $f(x)=ax+b$의 공역과 치역이 서로 같을 때, 상수 a, b에 대하여 $b-a$의 값은?

(단, $ab\neq0$)

① -3 ② -2 ③ -1

④ 1 ⑤ 3

STEP Ⓐ $a>0$ 또는 $a<0$인 경우의 그래프를 이용하여 공역과 치역이 같을 때, 상수 a, b 구하기

함수 $f(x)=ax+b$의 공역과 치역이 서로 같으므로

$f(-1)=-1$, $f(3)=3$ 또는 $f(-1)=3$, $f(3)=-1$이어야 한다.

(i) $a>0$일 때,

$f(-1)=-1$, $f(3)=3$이므로

$-a+b=-1$, $3a+b=3$

∴ $a=1$, $b=0$

그런데 $ab\neq0$이므로 $a=1$, $b=0$은

조건을 만족시키지 않는다.

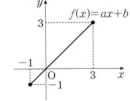

(ii) $a<0$일 때,

$f(-1)=3$, $f(3)=-1$이므로

$-a+b=3$, $3a+b=-1$

∴ $a=-1$, $b=2$

그런데 $ab\neq0$이므로 $a=-1$, $b=2$는

조건을 만족한다.

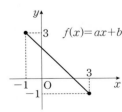

STEP Ⓑ $b-a$의 값 구하기

따라서 $a=-1$, $b=2$이므로 $b-a=2-(-1)=3$

1241

STEP Ⓐ **함수 $f(x)$의 치역의 원소 중 최솟값을 이용하여 a의 값 구하기**

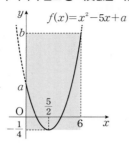

$f(x)=x^2-5x+a=\left(x-\dfrac{5}{2}\right)^2+a-\dfrac{25}{4}$ 이므로

$0\le x\le 6$에서 함수 $f(x)$는 $x=\dfrac{5}{2}$일 때, 최솟값 $a-\dfrac{25}{4}$를 갖는다.

이때 함수 $f(x)$의 치역의 원소 중 최솟값은 $-\dfrac{1}{4}$이므로

$a-\dfrac{25}{4}=-\dfrac{1}{4}$ $\therefore a=6$

STEP Ⓑ **$x=6$일 때, 최댓값 b를 가짐을 이용하여 구하기**

이때 $0\le x\le 6$에서 함수 $f(x)=x^2-5x+6$은 $x=6$일 때,

최댓값 b를 가지므로 $f(6)=36-30+6=6+6=12$

따라서 $a=6$, $b=12$이므로 $a+b=6+12=18$

1242

STEP Ⓐ **이차함수의 축이 $x=1$임을 이용하여 a의 값 구하기**

$b=0$이면 $f(x)=3$이고 치역이 $\{3\}$이므로 조건을 만족시키지 않는다.
즉 $b\ne 0$이어야 한다.

함수 $f(x)=bx^2-2bx+3=b(x-1)^2+3-b(b\ne 0)$의

치역의 원소의 개수가 2이므로

함수 $y=f(x)$의 그래프를 좌표평면 위에 나타내면

두 점 $(a, f(a))$, $(-2, f(-2))$는 직선 $x=1$에 대하여 대칭이어야 한다.

$\dfrac{a+(-2)}{2}=1$에서 $a=4$

즉 $a=4$이고 $f(a)=f(-2)$

STEP Ⓑ **치역이 $\{-5, 4\}$임을 이용하여 상수 b의 값 구하기**

이때 치역은 $\{f(-2), f(1)\}=\{-5, 4\}$

$f(-2)=4b+4b+3=8b+3$, $f(1)=b-2b+3=-b+3$이므로

(i) $b>0$일 때, $f(-2)>f(1)$이므로

$\quad f(-2)=4$, $f(1)=-5$

$\quad$ 즉 $8b+3=4$, $-b+3=-5$

$\quad$ 위의 두 등식을 모두 만족시키는 b는 존재하지 않는다.

(ii) $b<0$일 때, $f(-2)<f(1)$이므로

$\quad f(-2)=-5$, $f(1)=4$

$\quad$ 즉 $8b+3=-5$, $-b+3=4$

$\quad \therefore b=-1$

(i), (ii)에서 $a=4$, $b=-1$이므로

$a+b=4+(-1)=3$

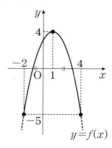

집합 $X=\{-1, 1, a\}$에서 실수 전체의 집합으로의 함수

$f(x)=bx^2-2bx+3$의 치역이 $\{-3, 5\}$일 때, 두 실수 a, b에 대하여

ab의 값은? (단, $a\ne -1$, $a\ne 1$)

① -8　　　　② -6　　　　③ -4

④ 6　　　　⑤ 8

STEP Ⓐ **이차함수의 축이 $x=1$임을 이용하여 a의 값 구하기**

$b=0$이면 $f(x)=3$이고 치역이 $\{3\}$이므로 조건을 만족시키지 않는다.
즉 $b\ne 0$이어야 한다.

함수 $f(x)=bx^2-2bx+3=b(x-1)^2+3-b(b\ne 0)$의

치역의 원소의 개수가 2이므로

함수 $y=f(x)$의 그래프를 좌표평면 위에 나타내면

두 점 $(a, f(a))$, $(-1, f(-1))$은 직선 $x=1$에 대하여 대칭이어야 한다.

$\dfrac{a+(-1)}{2}=1$에서 $a=3$

즉 $a=3$이고 $f(a)=f(-1)$

STEP Ⓑ **치역이 $\{-3, 5\}$임을 이용하여 상수 b의 값 구하기**

이때 치역은 $\{f(-1), f(1)\}=\{-3, 5\}$

$f(-1)=b+2b+3=3b+3$, $f(1)=b-2b+3=-b+3$이므로

(i) $b>0$일 때, $f(-1)>f(1)$이므로

$\quad f(-1)=5$, $f(1)=-3$

$\quad$ 즉 $3b+3=5$, $-b+3=-3$

$\quad$ 위의 두 등식을 모두 만족시키는 b는 존재하지 않는다.

(ii) $b<0$일 때, $f(-1)<f(1)$이므로

$\quad f(-1)=-3$, $f(1)=5$

$\quad$ 즉 $3b+3=-3$, $-b+3=5$

$\quad \therefore b=-2$

(i), (ii)에서 $a=3$, $b=-2$이므로

$ab=3\times(-2)=-6$

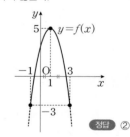

1243

STEP Ⓐ **세 조건을 이용하여 만족하는 자연수 n의 값 구하기**

조건 (가)에서 함수 f의 치역의 원소의 개수가 7이므로

집합 X의 서로 다른 두 원소 a, b에 대하여

$f(a)=f(b)=n$을 만족시키는 집합 X의 원소 n은 한 개 있다.

이때 집합 X의 원소 중 함숫값으로 사용되지 않은 원소를 m이라 하자.

$1+2+3+4+5+6+7+8=36$이므로

조건 (나)에서

$f(1)+f(2)+f(3)+f(4)+f(5)+f(6)+f(7)+f(8)=36+n-m=42$

$\therefore n-m=6$

집합 X의 원소 n, m에 대하여 $n-m=6$인 경우는 다음 두 가지이다.

(i) $n=8$, $m=2$일 때,

$\quad$ 함수 f의 치역은 $\{1, 3, 4, 5, 6, 7, 8\}$이므로 조건 (다)를 만족시키지

$\quad$ 않는다.

(ii) $n=7$, $m=1$일 때,

$\quad$ 함수 f의 치역은 $\{2, 3, 4, 5, 6, 7, 8\}$이므로 조건 (다)를 만족시킨다.

따라서 $n=7$

집합 $X=\{2, 4, 6, 8, 10\}$에 대하여 함수 $f : X \longrightarrow X$가 다음 조건을 만족시킨다.

> (가) 함수 f의 치역의 원소의 개수는 4이다.
> (나) $f(2)+f(4)+f(6)+f(8)+f(10)=34$
> (다) 함수 f의 치역의 원소 중 최댓값과 최솟값의 차는 6이다.

집합 X의 어떤 두 원소 a, b에 대하여 $f(a)=f(b)=n$을 만족시키는 자연수 n의 값을 구하시오. (단, $a \neq b$)

STEP A 세 조건을 이용하여 만족하는 자연수 n의 값 구하기

조건 (가)에서 함수 f의 치역의 원소의 개수가 4이므로
집합 X의 서로 다른 두 원소 a, b에 대하여
$f(a)=f(b)=n$을 만족시키는 집합 X의 원소 n은 한 개 있다.
이때 집합 X의 원소 중 함숫값으로 사용되지 않은 원소를 m이라 하자.
$2+4+6+8+10=30$이므로 조건 (나)에서
$f(2)+f(4)+f(6)+f(8)+f(10)=30+n-m=34$
$\therefore n-m=4$
집합 X의 원소 n, m에 대하여 $n-m=4$인 경우는 다음 세 가지이다.
(i) $n=10$, $m=6$일 때,
　　함수 f의 치역은 $\{2, 4, 8, 10\}$이므로 조건 (다)를 만족시키지 않는다.
(ii) $n=8$, $m=4$일 때,
　　함수 f의 치역은 $\{2, 6, 8, 10\}$이므로 조건 (다)를 만족시키지 않는다.
(iii) $n=6$, $m=2$일 때,
　　함수 f의 치역은 $\{4, 6, 8, 10\}$이므로 조건 (다)를 만족시킨다.
따라서 $n=6$

정답 6

1244

정답 ④

STEP A 정의역 X에 속하는 모든 원소 x에 대하여 $f(x)=g(x)$를 만족하는 경우 찾기

① $f(-1)=g(-1)=6$, $f(0)=g(0)=3$, $f(1)=g(1)=6$이므로 $f=g$
② $f(-1)=g(-1)=2$, $f(0)=g(0)=1$, $f(1)=g(1)=2$이므로 $f=g$
③ $f(-1)=g(-1)=0$, $f(0)=g(0)=0$, $f(1)=g(1)=1$이므로 $f=g$
④ $f(-1)=g(-1)=-2$, $f(0)=g(0)=-1$, $f(1)=-2$, $g(1)=0$이므로
　　$f \neq g$
⑤ $g(x)$에서 $x \neq -2$이므로 ← 정의역 $\{-1, 0, 1\}$에서 $-2 \notin X$이므로

$$g(x)=\frac{x^2-4}{x+2}=\frac{(x-2)(x+2)}{x+2}=x-2 \quad \therefore f=g$$ ← 주어진 정의역에서 식이 같다.

따라서 $f \neq g$인 것은 ④이다.

1245

정답 ③

STEP A 두 함수 f와 g가 서로 같을 조건 구하기

$f=g$이면 정의역의 각 원소에 대한 함숫값이 서로 같아야 하므로
임의의 $x \in X$에 대하여 $f(x)=g(x)$

STEP B 함숫값이 같음을 이용하여 a, b의 값 구하기

즉 $f(-1)=g(-1)$, $f(2)=g(2)$이어야 하므로
$x=-1$일 때, $1-a=-1+b$
$\therefore a+b=2$ 　　　　　　……㉠
$x=2$일 때, $4+2a=2+b$
$\therefore 2a-b=-2$ 　　　　　　……㉡
㉠, ㉡을 연립하여 풀면 $a=0$, $b=2$ ← ㉠+㉡을 하면 $3a=0$ $\therefore a=0$
　　　　　　　　　　　　　　　　$a=0$을 ㉠에 대입하면 $0+b=2$ $\therefore b=2$
따라서 $a+b=2$

1246

정답 ③

STEP A 두 함수 f와 g가 서로 같을 조건 구하기

$f=g$이면 정의역의 각 원소에 대한 함숫값이 서로 같아야 하므로
임의의 $x \in X$에 대하여 $f(x)=g(x)$

STEP B 함숫값이 같음을 이용하여 a, b의 값 구하기

두 함수 f, g가 서로 같으므로
$f(-1)=g(-1)$에서 $-1+2a=-a+b$
$\therefore 3a-b=1$ 　　　　　　……㉠
$f(0)=g(0)$에서 $2a=b$ 　　　　……㉡
$f(1)=g(1)$에서 $1+2a=a+b$
$\therefore a-b=-1$ 　　　　　　……㉢
㉠~㉢을 연립하여 풀면 $a=1$, $b=2$
따라서 $ab=2$

집합 $X=\{0, 1, 2\}$에서 실수 전체의 집합 R로의 함수 f와 g를 각각 다음과 같이 정의하자.
$$f(x)=x+a,\ g(x)=ax+b$$
이때 두 함수 f, g가 서로 같도록 하는 상수 a, b에 대하여 ab의 값은?

① 1　　　　　② 2　　　　　③ 3
④ 4　　　　　⑤ 5

STEP A 두 함수 f와 g가 서로 같을 조건 구하기

$f=g$이면 정의역의 각 원소에 대한 함숫값이 서로 같아야 하므로
임의의 $x \in X$에 대하여 $f(x)=g(x)$

STEP B $f(0)=g(0)$, $f(1)=g(1)$, $f(2)=g(2)$를 이용하여 a, b의 값 구하기

두 함수 f, g가 서로 같으므로
$f(0)=g(0)$에서 $a=b$ 　　　　……㉠
$f(1)=g(1)$에서 $1+a=a+b$
$\therefore b=1$ 　　　　　　　　……㉡
$f(2)=g(2)$에서 $2+a=2a+b$
$\therefore a+b=2$ 　　　　　　……㉢
㉠~㉢을 연립하여 풀면 $a=1$, $b=1$
따라서 $ab=1$

정답 ①

1247

STEP Ⓐ 두 함수 f와 g가 서로 같을 조건 구하기

$f=g$이면 정의역의 각 원소에 대한 함숫값이 서로 같아야 하므로
임의의 $x \in X$에 대하여 $f(x)=g(x)$

STEP Ⓑ $f(a)=g(a)$, $f(1)=g(1)$을 이용하여 a, b의 값 구하기

두 함수 f, g가 서로 같으므로
$f(a)=g(a)$에서 $a^2+3a+b=a+1$ ······ ㉠
$f(1)=g(1)$에서 $1+3+b=2$ ∴ $b=-2$
㉠에 $b=-2$를 대입하면
$a^2+3a-2=a+1$, $a^2+2a-3=0$, $(a+3)(a-1)=0$
∴ $a=-3(∵ a≠1)$
따라서 $a=-3$, $b=-2$이므로 $a+b=-5$

+α 근과 계수의 관계를 이용하여 풀 수도 있어!

> $f=g$에서 $f(a)=g(a)$, $f(1)=g(1)$이므로 방정식 $f(x)=g(x)$의 근이 a, 1이다.
> 즉 $x^2+3x+b=x+1$에서 이차방정식 $x^2+2x+b-1=0$의 두 근이 a, 1이므로
> 이차방정식의 근과 계수의 관계에 의하여 $a+1=-2$, $a×1=b-1$
> 따라서 $a=-3$, $b=-2$이므로 $a+b=-5$

1248

STEP Ⓐ 두 함수 f와 g가 서로 같을 조건 구하기

정의역이 X인 두 함수 $f(x)=x^3+2$, $g(x)=2x^2+x$가 서로 같으려면
정의역 X의 모든 원소 x에 대하여 $f(x)=g(x)$가 성립해야 한다.

STEP Ⓑ 방정식 $f(x)=g(x)$의 해를 이용하여 정의역 X의 원소 구하기

$f(x)=g(x)$에서 $x^3+2=2x^2+x$,
두 함숫값이 같아지게 하는 특정한 값은 방정식 $x^3+2=2x^2+x$의 해를 구하면 된다.
$x^3-2x^2-x+2=0$, $(x+1)(x-1)(x-2)=0$
∴ $x=-1$ 또는 $x=1$ 또는 $x=2$
즉 정의역 X의 원소로 가능한 것은 -1, 1, 2

조립제법을 이용하면
$(x-1)(x^2-x-2)=0$
$(x+1)(x-1)(x-2)=0$

STEP Ⓒ 집합 X의 개수 구하기

따라서 집합 X는 집합 $\{-1, 1, 2\}$의 공집합을 제외한 부분집합이어야 하므로
-1, 1, 2 중 어느 하나만 있어도 $f(x)=g(x)$가 성립한다.
집합 X의 개수는 $2^3-1=7$

+α 집합 X는 $\{-1, 1, 2\}$의 $\varnothing$을 제외한 부분집합을 구할 수 있어!

> X는 공집합이 아닌 $\{-1, 1, 2\}$의 부분집합이므로
> $\{-1\}$, $\{1\}$, $\{2\}$, $\{-1, 1\}$, $\{-1, 2\}$, $\{1, 2\}$, $\{-1, 1, 2\}$의 7개이다.

내/신/연/계 출제문항 626

집합 X를 정의역으로 하는 두 함수
$$f(x)=x^3-2x^2+4, \quad g(x)=5x-2$$
에 대하여 $f=g$가 되도록 하는 집합 X의 개수는? (단, $X ≠ \varnothing$)

① 3   ② 5   ③ 7
④ 9   ⑤ 11

STEP Ⓐ 두 함수 f와 g가 서로 같을 조건 구하기

정의역이 X인 두 함수 $f(x)=x^3-2x^2+4$, $g(x)=5x-2$가 서로 같으려면
정의역 X의 모든 원소 x에 대하여 $f(x)=g(x)$가 성립해야 한다.

STEP Ⓑ 방정식 $f(x)=g(x)$의 해를 이용하여 정의역 X의 원소 구하기

$f(x)=g(x)$에서 $x^3-2x^2+4=5x-2$,
두 함숫값이 같아지게 하는 특정한 값은 방정식 $x^2-2x^2+4=5x-2$의 해를 구하면 된다.
$x^3-2x^2-5x+6=0$, $(x-1)(x+2)(x-3)=0$
∴ $x=-2$ 또는 $x=1$ 또는 $x=3$
즉 정의역 X의 원소로 가능한 것은 -2, 1, 3

$(x-1)(x^2-x-6)=0$
$(x-1)(x+2)(x-3)=0$

STEP Ⓒ 집합 X의 개수 구하기

따라서 집합 X는 집합 $\{-2, 1, 3\}$의 공집합을 제외한 부분집합이어야 하므로
-2, 1, 3 중 어느 하나만 있어도 $f(x)=g(x)$가 성립한다.
$\{-2\}$, $\{1\}$, $\{3\}$, $\{-2, 1\}$, $\{-2, 3\}$, $\{1, 3\}$, $\{-2, 1, 3\}$으로 7개이다.
원소의 개수가 3개이고 공집합을 제외한 부분집합의 개수는 $2^3-1=7$

1249

2013년 11월 고1 학력평가 10번

STEP Ⓐ 두 함수 f와 g가 서로 같을 조건 구하기

정의역이 $X=\{0, 1, 2\}$인 두 함수 f, g가 서로 같은 함수이려면
$f(0)=g(0)$, $f(1)=g(1)$, $f(2)=g(2)$를 모두 만족해야 한다.

STEP Ⓑ 함숫값이 같음을 이용하여 a, b의 값 구하기

$f(0)=3$, $f(1)=1$, $f(2)=3$, $g(0)=a+b$, $g(1)=b$, $g(2)=a+b$
두 함수 f와 g가 서로 같으므로
$f(0)=g(0)$, $f(2)=g(2)$에서 $a+b=3$ ······ ㉠
$f(1)=g(1)$에서 $b=1$ ······ ㉡
㉠, ㉡에서 $a=2$, $b=1$이므로 $2a-b=3$

내/신/연/계 출제문항 627

두 집합 $X=\{-2, 0, 2\}$, $Y=\{-3, 1, 5\}$에 대하여 두 함수
$$f : X \longrightarrow Y, \quad g : X \longrightarrow Y$$
를 $f(x)=x^2-3$, $g(x)=a|x|-b$라 하자. 두 함수 f, g가 서로 같을 때,
$a+b$의 값은? (단, a, b는 상수이다.)

① -5 ④ -3 ③ 1
④ 3   ⑤ 5

STEP Ⓐ 두 함수 f와 g가 서로 같을 조건 구하기

정의역이 $X=\{-2, 0, 2\}$인 두 함수 f, g가 서로 같은 함수이려면
$f(-2)=g(-2)$, $f(0)=g(0)$, $f(2)=g(2)$를 모두 만족해야 한다.

STEP Ⓑ 함숫값이 같음을 이용하여 a, b의 값 구하기

두 함수 f, g가 서로 같으므로
$f(2)=g(2)$, $f(-2)=g(-2)$에서 $1=2a-b$ ······ ㉠
$f(0)=g(0)$에서 $-3=-b$ ∴ $b=3$ ······ ㉡
㉡을 ㉠에 대입하여 풀면 $a=2$
따라서 $a+b=2+3=5$

1250

STEP A 일대일함수의 그래프의 특징을 이용하여 구하기

함수의 그래프를 그려서 x축에 평행한 직선과 만나는 교점이 1개인 그래프를 찾으면 된다.

 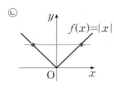

따라서 일대일함수인 것은 ㉠, ㉢이다.

---

mini해설 | 일대일함수의 정의를 이용하여 풀이하기

임의의 두 원소 x_1, x_2에 대하여 $f(x_1)=f(x_2)$이면
$x_1=x_2$인 명제의 대우는 $x_1 \neq x_2$이면 $f(x_1) \neq f(x_2)$이므로 일대일함수이다.

ㄱ. $f(x)=2x$에서 $f(x_1)=f(x_2)$이면
  $f(x_1)-f(x_2)=2x_1-2x_2=2(x_1-x_2)=0$에서 $x_1=x_2$이므로
  일대일함수이다.

ㄴ. $f(x)=|x|$에서 $-1 \neq 1$이지만 $|-1|=|1|$이므로 일대일함수가 아니다.

ㄷ. $f(x)=x^3$에서 $f(x_1)=f(x_2)$이면
  $f(x_1)-f(x_2)=x_1^3-x_2^3=(x_1-x_2)(x_1^2+x_1x_2+x_2^2)=0$에서 $x_1=x_2$이므로
  일대일함수이다.

따라서 일대일함수인 것은 ㄱ, ㄷ이다.

1251

STEP A 일대일함수와 일대일대응의 정의 이해하기

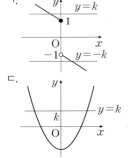 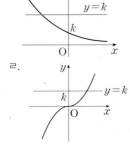

ㄱ. $k \geq 1$ 또는 $k < -1$인 실수 k에 대하여 직선 $y=k$와 그래프가 오직 한 점에서만 만나므로 일대일함수이지만 치역이 실수 전체의 집합이 아니므로 일대일대응은 아니다.

ㄴ. $k > 0$인 실수 k에 대하여 직선 $y=k$와 주어진 그래프가 오직 한 점에서만 만나므로 일대일함수이지만 치역이 실수 전체의 집합이 아니므로 일대일대응은 아니다.

ㄷ. 직선 $y=k$와 그래프가 두 점에서 만나므로 일대일함수가 아니다.

ㄹ. 실수 k에 대하여 직선 $y=k$와 주어진 그래프가 오직 한 점에서 만나고 공역과 치역이 같으므로 일대일함수인 동시에 일대일대응이다.

STEP B $a+b$의 값 구하기

일대일함수의 그래프는 ㄱ, ㄴ, ㄹ이므로 $a=3$
일대일대응의 그래프는 ㄹ이므로 $b=1$
따라서 $a+b=3+1=4$

P O I N T | 일대일대응과 일대일함수의 관계

일대일대응이면 일대일함수이지만 일대일함수라고 해서 모두 일대일대응인 것은 아니다.

실수 전체의 집합 R에서 R로의 함수의 그래프에서 다음 함수의 그래프 중 일대일대응인 것은?

① ② 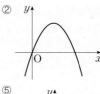 ③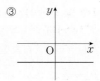

④ 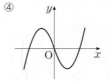 ⑤

STEP A 일대일대응의 정의 이해하기

일대일대응의 그래프는 치역의 각 원소 k에 대하여
직선 $y=k$와 오직 한 점에서 만나고 (치역)=(공역)이어야 한다.
따라서 일대일대응인 그래프는 ①이다.

일대일함수이고 (치역)=(공역)인 함수이다.

1252

STEP A 일대일대응인 함수 f 구하기

두 조건 (가), (나)를 만족시키는 함수 f는 일대일대응이어야 한다.
정의역 X의 임의의 서로 다른 두 원소 x_1, x_2에 대하여
함수에서 정의역과 공역이 따로 주어지지 않은 경우 정의역과 공역은 실수 전체의 집합으로 생각한다.

① $x_1 \neq x_2$이면 $x_1+1 \neq x_2+1$이므로 $f(x_1) \neq f(x_2)$
  즉 $f(x)=x+1$은 일대일대응이다.

② $x \geq 3$ 또는 $x < 3$에서 서로 다른 두 원소 x_1, x_2에 대하여
  $f(x_1) \neq f(x_2)$이 성립하고 공역과 치역이 일치하므로
  $f(x)=\begin{cases} x-3 & (x \geq 3) \\ 2x-6 & (x < 3) \end{cases}$은 일대일대응이다.

③ $x \geq 0$ 또는 $x < 0$에서 서로 다른 두 원소 x_1, x_2에 대하여
  $f(x_1) \neq f(x_2)$이 성립하고 공역과 치역이 일치하므로
  $f(x)=\begin{cases} x^2 & (x \geq 0) \\ -x^2 & (x < 0) \end{cases}$은 일대일대응이다.

④ $x \geq 0$ 또는 $x < 0$에서 서로 다른 두 원소 x_1, x_2에 대하여
  $f(x_1) \neq f(x_2)$이 성립하고 공역과 치역이 일치하므로
  $f(x)=\begin{cases} 2x+3 & (x \geq 0) \\ x+3 & (x < 0) \end{cases}$은 일대일대응이다.

⑤ 반례 $x_1=-2$, $x_2=-1$이면 $f(x_1)=f(x_2)=0$이므로
  일대일함수가 아니므로 일대일대응도 아니다.

따라서 조건을 만족시키는 함수가 아닌 것은 ⑤이다.

---

mini해설 | 그래프를 이용하여 풀이하기

함수의 그래프를 그려 x축에 평행한 모든 직선과 만나는 교점이 1개인 그래프를 찾으면 된다.

① 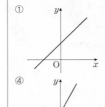 ② ③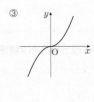

④ ⑤

따라서 일대일대응이 아닌 것은 ⑤이다.

1253

정답 ④

STEP Ⓐ **함수의 개수와 일대일대응의 개수 구하기**

집합 $X=\{-1, 0, 1\}$에 대하여 집합 X에서 X로의 함수이므로

ㄱ. $f(x)=|x|$에서 $f(-1)=1$, $f(0)=0$, $f(1)=1$이므로
집합 X에서 X로의 함수이다.

ㄴ. $f(x)=x+1$에서 $f(-1)=0$, $f(0)=1$, $f(1)=2$이므로
<small>대응하는 원소가 존재하지 않는다.</small>
집합 X에서 X로의 함수가 아니다.

ㄷ. $f(x)=x^2-1$에서 $f(-1)=0$, $f(0)=-1$, $f(1)=0$이므로
집합 X에서 X로의 함수이다.

ㄹ. $f(x)=x^3$에서 $f(-1)=-1$, $f(0)=0$, $f(1)=1$이므로
집합 X에서 X로의 함수이고 치역과 공역이 같으므로 일대일대응이다.

ㅁ. $f(x)=|-x+1|-1$에서 $f(-1)=1$, $f(0)=0$, $f(1)=-1$이므로
집합 X에서 X로의 함수이고 치역과 공역이 같으므로 일대일대응이다.

즉 [보기]에서 함수인 것은 ㄱ, ㄷ, ㄹ, ㅁ이고 일대일대응인 것은 ㄹ, ㅁ이다.
따라서 $a=4$, $b=2$이므로 $a+b=6$

내/신/연/계 출제문항 629

집합 $X=\{-1, 0, 1\}$에 대하여 [보기] 중 집합 X에서 X로의 함수인 것의
개수를 a, 일대일대응인 것의 개수를 b라고 할 때, $a+b$의 값은?

ㄱ. $f(x)=x$	ㄴ. $f(x)=x-1$
ㄷ. $f(x)=x^2-1$	ㄹ. $f(x)=|x-2|-2$

① 2 ② 3 ③ 4
④ 5 ⑤ 6

STEP Ⓐ **함수의 개수와 일대일대응의 개수 구하기**

집합 $X=\{-1, 0, 1\}$에 대하여 집합 X에서 X로의 함수이므로

ㄱ. $f(x)=x$에서 $f(-1)=-1$, $f(0)=0$, $f(1)=1$이므로
집합 X에서 X로의 함수이고 치역과 공역이 같으므로 일대일대응이다.

ㄴ. $f(x)=x-1$에서 $f(-1)=-2$, $f(0)=-1$, $f(1)=0$이므로
<small>대응하는 원소가 존재하지 않는다.</small>
집합 X에서 X로의 함수가 아니다.

ㄷ. $f(x)=x^2-1$에서 $f(-1)=0$, $f(0)=-1$, $f(1)=0$이므로
집합 X에서 X로의 함수이다.

ㄹ. $f(x)=|x-2|-2$에서 $f(-1)=1$, $f(0)=0$, $f(1)=-1$이므로
집합 X에서 X로의 함수이고 치역과 공역이 같으므로 일대일대응이다.

즉 [보기]에서 함수인 것은 ㄱ, ㄷ, ㄹ이고 일대일대응인 것은 ㄱ, ㄹ이다.
따라서 $a=3$, $b=2$이므로 $a+b=5$

정답 ④

1254

정답 ⑤

STEP Ⓐ **함숫값을 이용하여 보기의 참, 거짓 판단하기**

ㄱ. $f(x)=x^3$이면 $f(-1)=-1$, $f(0)=0$, $f(1)=1$이므로
$f(x)$는 일대일함수이고 치역이 $\{-1, 0, 1\}$과 공역 $\{-1, 0, 1\}$이 같으므로
일대일대응이다. [참]

ㄴ. $f(x)=-x^3+x$이면
$f(-1)=-(-1)^3+(-1)=0$, $f(0)=0$, $f(1)=-1^3+1=0$이므로
치역은 $\{0\}$이다. [참]

ㄷ. $f(x)=x^2$, $g(x)=|x|$이면
$f(-1)=g(-1)$, $f(0)=g(0)$, $f(1)=g(1)$이므로 $f(x)=g(x)$이다. [참]

따라서 옳은 것은 ㄱ, ㄴ, ㄷ이다.

1255

정답 2

STEP Ⓐ **일대일대응을 만족하는 상수 a, b의 값 구하기**

$f(x)$에 $x=0$을 대입하면 $f(0)=1$
또한, $x=-1$과 $x=1$을 대입하면 $f(-1)=a-b+1$, $f(1)=a+b+1$이고
함수 $f(x)$는 X에서 X로의 일대일대응이므로
$f(-1)=-1$, $f(1)=0$이거나 $f(-1)=0$, $f(1)=-1$이어야 한다.

(i) $f(-1)=-1$, $f(1)=0$일 때,
$f(-1)=a-b+1=-1$, $f(1)=a+b+1=0$
두 식을 연립하면 $a=-\dfrac{3}{2}$, $b=\dfrac{1}{2}$

(ii) $f(-1)=0$, $f(1)=-1$일 때,
$f(-1)=a-b+1=0$, $f(1)=a+b+1=-1$
두 식을 연립하면 $a=-\dfrac{3}{2}$, $b=-\dfrac{1}{2}$

(i), (ii)에서 $b-a$의 최댓값은 $\dfrac{1}{2}-\left(-\dfrac{3}{2}\right)=2$

내/신/연/계 출제문항 630

집합 $\{-1, 0, 1\}$에 대하여 X에서 X로의 함수 $f(x)=ax^2+bx+c$가
일대일대응일 때, abc의 최댓값은? (단, a, b, c는 실수이다.)

① $\dfrac{3}{2}$ ② $\dfrac{3}{4}$ ③ 1
④ $\dfrac{4}{3}$ ⑤ $\dfrac{5}{2}$

STEP Ⓐ **일대일대응을 만족하는 상수 a, b, c의 값 구하기**

$f(-1)=a-b+c$, $f(0)=c$, $f(1)=a+b+c$이고
함수 $f(x)$는 X에서 X로의 일대일대응이므로
$\{a-b+c, c, a+b+c\}=\{-1, 0, 1\}$이어야 한다.

(i) $c=-1$일 때,
$\begin{cases} a-b+c=0 \\ a+b+c=1 \end{cases}$ 이면 $a=\dfrac{3}{2}$, $b=\dfrac{1}{2}$ $\therefore abc=-\dfrac{3}{4}$
$\begin{cases} a-b+c=1 \\ a+b+c=0 \end{cases}$ 이면 $a=\dfrac{3}{2}$, $b=-\dfrac{1}{2}$ $\therefore abc=\dfrac{3}{4}$

(ii) $c=0$일 때,
$\begin{cases} a-b+c=-1 \\ a+b+c=1 \end{cases}$ 이면 $a=0$, $b=1$ $\therefore abc=0$
$\begin{cases} a-b+c=1 \\ a+b+c=-1 \end{cases}$ 이면 $a=0$, $b=-1$ $\therefore abc=0$

(iii) $c=1$일 때,
$\begin{cases} a-b+c=-1 \\ a+b+c=0 \end{cases}$ 이면 $a=-\dfrac{3}{2}$, $b=\dfrac{1}{2}$ $\therefore abc=-\dfrac{3}{4}$
$\begin{cases} a-b+c=0 \\ a+b+c=-1 \end{cases}$ 이면 $a=-\dfrac{3}{2}$, $b=-\dfrac{1}{2}$ $\therefore abc=\dfrac{3}{4}$

(i)~(iii)에서 가능한 abc의 값은 $-\dfrac{3}{4}$, 0, $\dfrac{3}{4}$이므로 abc의 최댓값은 $\dfrac{3}{4}$

정답 ②

1256
2015년 03월 고2 학력평가 A형 10번 정답 ①

STEP Ⓐ 일대일대응을 이용하여 $f(2)$, $f(3)$의 함숫값 구하기

$f(1)=7$이므로
$f(2)$와 $f(3)$은 집합 Y의 원소 5, 6, 8 중 각각 하나로 대응될 수 있다.
이때 $f(2)-f(3)=3$에서 $f(2)=8$, $f(3)=5$이어야 한다.

STEP Ⓑ $f(4)$의 함숫값 구하기

$f(1)=7$, $f(2)=8$, $f(3)=5$이고
함수 f가 일대일대응이므로 $f(4)=6$
따라서 $f(3)+f(4)=5+6=11$

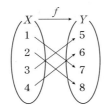

내/신/연/계 출제문항 631

두 집합 $X=\{1, 2, 3, 4\}$, $Y=\{1, 3, 5, 7\}$에 대하여 함수 f는 X에서 Y로의 일대일대응이고
$$f(2)=1,\ f(1)-f(3)=4$$
일 때, $f(3)+f(4)$의 값은?

① 2   ② 4   ③ 6
④ 8   ⑤ 10

STEP Ⓐ 일대일대응을 이용하여 $f(1)$, $f(3)$의 함숫값 구하기

$f(2)=1$이므로
$f(1)$과 $f(3)$은 집합 Y의 원소 3, 5, 7 중 각각 하나로 대응될 수 있다.
이때 $f(1)-f(3)=4$에서 $f(1)=7$, $f(3)=3$이어야 한다.

$f(1)=5$, $f(3)=1$도 가능하지만 $f(2)=1$이고 일대일대응이므로 $f(3)\neq1$이다.

STEP Ⓑ $f(4)$의 함숫값 구하기

$f(2)=1$, $f(1)=7$, $f(3)=3$이고
함수 f가 일대일대응이므로 $f(4)=5$
따라서 $f(3)+f(4)=3+5=8$

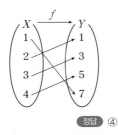

정답 ④

1257
2018년 03월 고2 학력평가 가형 27번 정답 12

STEP Ⓐ 함숫값의 조건 파악하기

$3\leq n\leq5$인 모든 자연수 n에 대하여 $f(n)f(n+2)$의 값이 짝수이므로
n에 3, 4, 5를 차례로 대입하면
$f(3)f(5)$, $f(4)f(6)$, $f(5)f(7)$이고 이 값이 모두 짝수이어야 한다.
이때 $f(4)$와 $f(6)$의 값 중 적어도 하나는 짝수이어야 하고

두 중 한 값이 짝수이어야 곱해도 짝수가 된다.

집합 X의 원소 중 짝수는 4, 6의 2개이므로
$f(3)f(5)$, $f(5)f(7)$의 값이 모두 짝수이려면 $f(5)$의 값이 짝수가 되어야 한다.

STEP Ⓑ $f(3)+f(7)$의 최댓값 구하기

따라서 $f(3)$, $f(7)$의 값은 모두 홀수이므로 $f(3)+f(7)$의 최댓값은 $5+7=12$

내/신/연/계 출제문항 632

두 집합 $X=\{1, 2, 3\}$, $Y=\{1, 2, 3, 4\}$에 대하여 집합 X에서 집합 Y로의 일대일함수를 $f(x)$라 하자. $f(2)=4$일 때, $f(1)+f(3)$의 최댓값은?

① 3   ② 4   ③ 5
④ 6   ⑤ 7

STEP Ⓐ 일대일함수의 정의를 이용하여 $f(1)+f(3)$의 최댓값 구하기

함수 $f(x)$가 일대일함수이고 $f(2)=4$이므로
4가 아닌 집합 Y의 서로 다른 두 원소 a, b에 대하여
$f(1)=a$, $f(3)=b$로 놓을 수 있다.
$f(1)+f(3)$의 최댓값은 $a+b$의 최댓값과 같다.
이때 $a=2$, $b=3$ 또는 $a=3$, $b=2$일 때, $a+b$가 최댓값을 가진다.
따라서 $f(1)+f(3)$의 최댓값은 5

> **mini해설** | 직접 함숫값을 구하여 풀이하기
>
> $f:X\longrightarrow Y$가 일대일함수이고 $X=\{1, 2, 3\}$, $Y=\{1, 2, 3, 4\}$, $f(2)=4$이므로
> $f(1)=1$, $f(3)=2$이면 $f(1)+f(3)=1+2=3$
> $f(1)=2$, $f(3)=1$이면 $f(1)+f(3)=2+1=3$
> $f(1)=1$, $f(3)=3$이면 $f(1)+f(3)=1+3=4$
> $f(1)=3$, $f(3)=1$이면 $f(1)+f(3)=3+1=4$
> $f(1)=2$, $f(3)=3$이면 $f(1)+f(3)=2+3=5$
> $f(1)=3$, $f(3)=2$이면 $f(1)+f(3)=3+2=5$
> 따라서 $f(1)+f(3)$의 최댓값은 5

정답 ③

1258
2017년 03월 고3 학력평가 나형 13번 정답 ④

STEP Ⓐ 조건을 만족시키는 $f(2)+f(5)$의 값 구하기

조건 (가)를 만족시키는 $f(5)$의 값은
$f(5)=1$ 또는 $f(5)=3$
(i) $f(5)=1$일 때,
    $f(2)=5$, $f(3)=4$, $f(4)=3$, $f(1)=2$ 또는
    $f(2)=3$, $f(3)=2$, $f(4)=5$, $f(1)=4$
    이때 조건 (나)를 만족시키는 경우는 없다.
(ii) $f(5)=3$일 때,
    $f(2)=5$, $f(3)=2$, $f(4)=4$, $f(1)=1$ 또는
    $f(2)=4$, $f(3)=1$, $f(4)=5$, $f(1)=2$
    이때 조건 (나)를 만족시키려면
    $f(1)=2$, $f(2)=4$, $f(3)=1$, $f(4)=5$
(i), (ii)에서 $f(2)+f(5)=4+3=7$

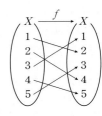

내/신/연/계 출제문항 633

집합 $X=\{2, 4, 6, 8, 10\}$에 대하여 일대일대응인 함수 $f:X\longrightarrow X$가 다음 조건을 만족시킨다.

(가) $f(4)-f(6)=f(8)-f(2)=f(10)$
(나) $f(2)<f(4)<f(8)$

$f(2)+f(8)$의 값은?

① 14   ② 16   ③ 18
④ 20   ⑤ 22

조건 (가)를 만족시키는 $f(10)$의 값은

$f(10)=2$ 또는 $f(10)=6$

(i) $f(10)=2$일 때,

　$f(4)=10$, $f(6)=8$, $f(8)=6$, $f(2)=4$ 또는

　$f(4)=6$, $f(6)=4$, $f(8)=10$, $f(2)=8$

　이때 조건 (나)를 만족시키는 경우는 없다.

(ii) $f(10)=6$일 때,

　$f(4)=10$, $f(6)=4$, $f(8)=8$, $f(2)=2$ 또는

　$f(4)=8$, $f(6)=2$, $f(8)=10$, $f(2)=4$

　이때 조건 (나)를 만족시키려면

　$f(2)=4$, $f(4)=8$, $f(6)=2$, $f(8)=10$

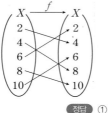

(i), (ii)에서 $f(2)+f(8)=4+10=14$

정답 ①

1259

정답 ④

STEP Ⓐ 일대일대응의 조건 이해하기

함수 $f : R \longrightarrow R$에서 함수 $f(x)$가 일대일대응이려면

일대일함수이고 공역과 치역이 같아야 한다. ◀ 치역은 실수 전체의 집합

STEP Ⓑ 기울기가 음수임을 이용하여 a의 범위 구하기

$y=f(x)$의 그래프는 점 $(0, 2)$를 지나는

두 반직선으로 이루어져 있으므로

일대일대응이려면 오른쪽 그림과 같이

$x<0$일 때, 직선의 기울기가 음수이므로

$x \geq 0$일 때, 직선 $y=(a^2-1)x+2$의

기울기가 음수가 되어야 한다.

$a^2-1<0$, $(a+1)(a-1)<0$

따라서 $-1<a<1$

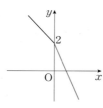

1260

정답 4

STEP Ⓐ 함수 $f(x)$가 일대일대응일 조건 구하기

$f(1)=1$이고 직선 $y=a(x-1)+2x-1$과 직선 $y=-a(x-1)+3x-2$는

실수 a의 값에 관계없이 점 $(1, 1)$을 지난다.

(i) $x<1$일 때, $f(x)=a(x-1)+2x-1=(a+2)x-a-1$이므로

　함수 $y=f(x)$의 그래프는 기울기가 $a+2$인 직선의 일부이다.

(ii) $x \geq 1$일 때, $f(x)=-a(x-1)+3x-2=(-a+3)x+a-2$이므로

　함수 $y=f(x)$의 그래프는 기울기가 $-a+3$인 직선의 일부이다.

(i), (ii)에서 함수 $f(x)$가 일대일대응이 되려면 두 기울기의 부호가 같아야

하므로 기울기의 곱이 양수이어야 한다. ◀ $x=1$에서 두 함수의 함숫값은 같다.

즉 $(a+2)(3-a)>0$이므로 $(a+2)(a-3)<0$　∴ $-2<a<3$

STEP Ⓑ 정수 a의 개수 구하기

따라서 정수 a는 -1, 0, 1, 2이므로 그 개수는 4

내신연계 출제문항 634

실수 전체의 집합에서 정의된 함수

$$f(x)=\begin{cases} a(x-2)+4x-1 & (x<2) \\ -a(x-2)+x+5 & (x \geq 2) \end{cases}$$

이 일대일대응이 되도록 하는 모든 정수 a의 값의 합은?

① -6　　　　② -5　　　　③ -4

④ -3　　　　⑤ -2

STEP Ⓐ 함수 $f(x)$가 일대일대응일 조건 구하기

$f(2)=7$이고 직선 $y=a(x-2)+4x-1$과 직선 $y=-a(x-2)+x+5$는

실수 a의 값에 관계없이 점 $(2, 7)$을 지난다.

(i) $x<2$일 때, $f(x)=a(x-2)+4x-1=(a+4)x-2a-1$이므로

　함수 $y=f(x)$의 그래프는 기울기가 $a+4$인 직선의 일부이다.

(ii) $x \geq 1$일 때, $f(x)=-a(x-2)+x+5=(-a+1)x+2a+5$이므로

　함수 $y=f(x)$의 그래프는 기울기가 $-a+1$인 직선의 일부이다.

(i), (ii)에서 함수 $f(x)$가 일대일대응이 되려면 두 기울기의 부호가 같아야

하므로 기울기의 곱이 양수이어야 한다. ◀ $x=2$에서 두 함수의 함숫값은 같다.

즉 $(a+4)(1-a)>0$이므로 $(a+4)(a-1)<0$　∴ $-4<a<1$

STEP Ⓑ 정수 a의 값의 합 구하기

따라서 정수 a는 -3, -2, -1, 0이므로 그 합은 $(-3)+(-2)+(-1)+0=-6$

정답 ①

1261

정답 ③

STEP Ⓐ 함수 $f(x)$가 일대일대응일 조건 구하기

함수 $f(x)$가 일대일대응이 되려면

$(2, -4)$를 지나는 두 반직선이 증가 또는 감소하는 모양이어야 하고

공역과 치역이 일치해야 한다.

이때 $x \geq 2$일 때, 직선의 기울기가 음수이므로

$x<2$인 범위에서도 직선 $y=ax+b$의 기울기가 음수이어야 한다.

∴ $a<0$

한편 직선 $y=ax+b$의 그래프가 점 $(2, -4)$를 반드시 지나야 하므로

$-4=2a+b$　　직선 $y=ax+b$의 그래프가 점 $(2, -4)$를 지나지 않는다면

　　　　　　　　(치역) $\neq$ (공역)

따라서 일대일대응이기 위한 a, b의

조건은 $2a+b=-4$, $a<0$

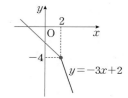

POINT | 일대일대응이 되기 위한 조건

주어진 조건에서 일대일대응이려면 항상 그래프는 증가하거나 감소하는 함수이어야 하고 치역과 공역이 같도록 끊기는 점이 없어야 한다.

1262

정답 ③

STEP Ⓐ 함수 $f(x)$가 일대일함수일 조건 구하기

$x<2$일 때, $f(x)=-x^2+4x+3b=-(x-2)^2+4+3b$이므로

그래프는 오른쪽 그림과 같다.

$x<2$에서 함수 $f(x)=-(x-2)^2+4+3b$가

증가하는 함수이므로

$x \geq 2$에서 직선 $f(x)=(2a-1)x-b+1$의

기울기가 양수이어야 한다.

즉 $2a-1>0$에서 $a>\dfrac{1}{2}$　　…… ㉠

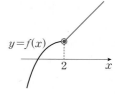

STEP Ⓑ 공역과 치역이 같을 조건 구하기

치역이 공역과 같아야 하므로 $x=2$일 때,

두 함수 $y=-x^2+4x+3b$와 $y=(2a-1)x-b+1$의 함숫값이 같아야 한다.

즉 $4+3b=4a-b-1$이므로 $b=a-\dfrac{5}{4}$

㉠에 의하여 $b=a-\dfrac{5}{4}>\dfrac{1}{2}-\dfrac{5}{4}=-\dfrac{3}{4}$

따라서 정수 b의 최솟값은 0이다.

1263

STEP A x의 범위에 따른 함수 $f(x)$ 구하기

함수 $f(x)=a|x-1|+x-2$에서

(i) $x \geq 1$일 때, $f(x)=a(x-1)+x-2=(a+1)x-(a+2)$

(ii) $x<1$일 때, $f(x)=-a(x-1)+x-2=(1-a)x+a-2$

(i), (ii)에서 $f(x)=\begin{cases}(a+1)x-(a+2) & (x \geq 1) \\ (1-a)x+a-2 & (x<1)\end{cases}$

STEP B 함수 $f(x)$가 일대일대응일 조건을 만족하는 a의 범위 구하기

함수 $f(x)$가 일대일대응이 되려면 두 직선 $f(x)$의 기울기가 모두 양수이거나 모두 음수이어야 한다.

즉 기울기의 부호가 서로 같아야 하므로 $(a+1)(1-a)>0$, $(a+1)(a-1)<0$

따라서 $-1<a<1$

내/신/연/계/ 출제문항 635

실수 전체의 집합에서 정의된 함수 $f(x)=2ax+|6x+1|-3$이 일대일대응이 되도록 하는 실수 a의 값의 범위는?

① $a<-3$ ② $a>3$ ③ $a>-3$
④ $-3<a<3$ ⑤ $a<-3$ 또는 $a>3$

STEP A x의 범위에 따른 함수 $f(x)$ 구하기

함수 $f(x)=2ax+|6x+1|-3$에서

(i) $x \geq -\frac{1}{6}$일 때, $f(x)=2ax+6x+1-3=(2a+6)x-2$

(ii) $x<-\frac{1}{6}$일 때, $f(x)=2ax-(6x+1)-3=(2a-6)x-4$

(i), (ii)에 의하여 $f(x)=\begin{cases}(2a+6)x-2 & \left(x \geq -\frac{1}{6}\right) \\ (2a-6)x-4 & \left(x<-\frac{1}{6}\right)\end{cases}$

STEP B 함수 $f(x)$가 일대일대응일 조건을 만족하는 a의 범위 구하기

함수 $f(x)$가 일대일대응이 되려면 $x \geq -\frac{1}{6}$, $x<-\frac{1}{6}$일 때의 두 직선 $f(x)$의 기울기가 모두 양수이거나 모두 음수이어야 한다.

즉 기울기의 부호가 서로 같아야 하므로 $(2a+6)(2a-6)>0$, $(a+3)(a-3)>0$

따라서 $a<-3$ 또는 $a>3$

1264

2023년 03월 고2 학력평가 16번

STEP A 일대일대응이 되도록 치역을 구한 후 그래프 그리기

집합 $\{x|3 \leq x \leq 4\}$에서 정의된 함수
$y=x-3$의 치역은 $\{y|0 \leq y \leq 1\}$이므로
함수 f가 일대일대응이 되기 위해서는
집합 $\{x|0 \leq x<3\}$에서 정의된 함수
$y=ax^2+b$의 치역이 $\{y|1<y \leq 4\}$
이어야 하고 함수 $y=f(x)$의 그래프는

일대일대응의 그래프가 반드시 이어지지 않을 수 있다.
공역과 치역이 같음에 유념하여 그래프를 그린다.

오른쪽 그림과 같아야 한다.

STEP B $f(x)$의 식을 구한 후 $f(1)$의 값 구하기

이차함수 $g(x)=ax^2+b$라 할 때, 위의 그래프에서 $g(0)=4$, $g(3)=1$

$g(x)=ax^2+b$에 $x=0$, $x=3$을 각각 대입하면

$g(0)=4$에서 $b=4$

$g(3)=1$에서 $9a+b=1$이므로 $b=4$를 대입하면

$9a+4=1$, $9a=-3$, $a=-\frac{1}{3}$ ∴ $g(x)=-\frac{1}{3}x^2+4$

$f(x)=\begin{cases}-\frac{1}{3}x^2+4 & (0 \leq x<3) \\ x-3 & (3 \leq x \leq 4)\end{cases}$

따라서 $f(1)=-\frac{1}{3} \times 1^2+4=\frac{11}{3}$

+α | $a>0$일 때, 함수 $f(x)$가 일대일대응이 아님을 알 수 있어!

위의 풀이에서 이차함수 $g(x)=ax^2+b$
(단, $a>0$)에 대하여 $g(0)=1$, $g(3)=4$인
경우에는 함수 $y=f(x)$의 그래프가 오른쪽
그림과 같다.
이 경우에는 $f(0)=f(4)=1$이므로
함수 $f(x)$는 일대일대응이 아니다.

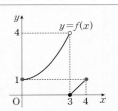

함수 $f(x)$가 일대일대응이므로 그래프에서 x축
에 평행한 직선과 오직 한 점에서만 만나야 한다.
또한, 공역의 원소 4가 치역에 속하지 않으므로 함수 $f(x)$는 일대일대응이 아니다.

내/신/연/계/ 출제문항 636

집합 $X=\{x|0 \leq x \leq 4\}$에 대하여 X에서 X로의 함수
$$f(x)=\begin{cases}ax^2+b & (0 \leq x<2) \\ x-2 & (2 \leq x \leq 4)\end{cases}$$
가 일대일대응일 때, $f(1)$의 값은? (단, a, b는 상수이다.)

① $\frac{11}{4}$ ② 3 ③ $\frac{13}{4}$
④ $\frac{7}{2}$ ⑤ $\frac{15}{4}$

STEP A 일대일대응이 되도록 치역을 구한 후 그래프 그리기

집합 $\{x|2 \leq x \leq 4\}$에서 정의된 함수
$y=x-2$의 치역은 $\{y|0 \leq y \leq 2\}$이므로
함수 f가 일대일대응이 되기 위해서는
집합 $\{x|0 \leq x<2\}$에서 정의된 함수
$y=ax^2+b$의 치역이 $\{y|2<y \leq 4\}$
이어야 하고 함수 $y=f(x)$의 그래프는

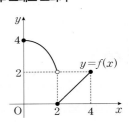

일대일대응의 그래프가 반드시 이어지지 않을 수 있다.
공역과 치역이 같음에 유념하여 그래프를 그린다.

오른쪽 그림과 같아야 한다.

STEP B $f(x)$의 식을 구한 후 $f(1)$의 값 구하기

이차함수 $g(x)=ax^2+b$라 할 때, 위의 그래프에서 $g(0)=4$, $g(2)=2$

$g(x)=ax^2+b$에 $x=0$, $x=2$를 각각 대입하면

$g(0)=4$에서 $b=4$

$g(2)=2$에서 $4a+b=2$이므로 $b=4$를 대입하면

$4a+4=2$, $4a=-2$, $a=-\frac{1}{2}$ ∴ $g(x)=-\frac{1}{2}x^2+4$

$f(x)=\begin{cases}-\frac{1}{2}x^2+4 & (0 \leq x<2) \\ x-2 & (2 \leq x \leq 4)\end{cases}$

따라서 $f(1)=-\frac{1}{2} \times 1^2+4=\frac{7}{2}$

+α | $a>0$일 때, 함수 $f(x)$가 일대일대응이 아님을 알 수 있어!

위의 풀이에서 이차함수 $g(x)=ax^2+b$
(단, $a>0$)에 대하여 $g(0)=2$, $g(2)=4$인
경우에는 함수 $y=f(x)$의 그래프가 오른쪽
그림과 같다.
이 경우에는 $f(0)=f(4)=2$이므로
함수 $f(x)$는 일대일대응이 아니다.
또한, 공역의 원소 4가 치역에 속하지 않으므로
함수 $f(x)$는 일대일대응이 아니다.

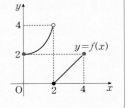

1265

STEP A 일대일대응인 함수의 성질을 이해하기

집합 X에서 집합 Y로의 일차함수 $f(x)=ax+b$가 일대일대응이 되려면 치역과 공역이 같아야 한다.

$a>0$이므로 함수 $y=f(x)$의 그래프가 다음 그림과 같아야 한다.

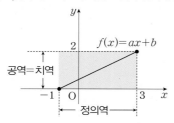

STEP B $f(-1)=0$, $f(3)=2$임을 이용하여 a, b의 값 구하기

$f(-1)=0$, $f(3)=2$이면 되므로 $-a+b=0$, $3a+b=2$

두 식을 연립하여 풀면 $a=\dfrac{1}{2}$, $b=\dfrac{1}{2}$

따라서 $4ab=4\times\dfrac{1}{2}\times\dfrac{1}{2}=1$

---

mini해설 | 두 점이 주어진 직선의 방정식을 이용하여 풀이하기

직선 $f(x)=ax+b\,(a>0)$이 일대일대응이려면

두 점 $(-1,\ 0)$, $(3,\ 2)$를 지나는 직선이어야 한다.

즉 직선의 기울기는 $a=\dfrac{2-0}{3-(-1)}=\dfrac{1}{2}$이고

점 $(-1,\ 0)$을 지나는 직선의 방정식은 $y=\dfrac{1}{2}(x+1)$ $\therefore y=\dfrac{1}{2}x+\dfrac{1}{2}$

따라서 $a=\dfrac{1}{2}$, $b=\dfrac{1}{2}$이므로 $4ab=4\times\dfrac{1}{2}\times\dfrac{1}{2}=1$

1266

STEP A 일대일대응인 함수의 성질을 이해하기

집합 X에서 집합 Y로의 일차함수 $f(x)=ax+b$가 일대일대응이 되려면 공역과 치역이 같아야 한다.

$a>0$이므로 함수 $y=f(x)$의 그래프가 오른쪽 그림과 같아야 한다.

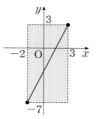

+α | $a>0$인 조건이 없다면!

직선 $f(x)=ax+b$에서 기울기 a가 양수라는 조건이 없다면 $a>0$일 때와 $a<0$일 때로 나누어서 풀어야 한다.

STEP B $f(-2)$, $f(3)$의 값을 이용하여 a, b의 값 구하기

$f(3)=3$, $f(-2)=-7$

$3a+b=3$ ······ ㉠

$-2a+b=-7$ ······ ㉡

㉠, ㉡을 연립하여 풀면 $a=2$, $b=-3$이므로 $ab=2\times(-3)=-6$

---

mini해설 | 두 점이 주어진 직선의 방정식을 이용하여 풀이하기

기울기가 양수인 직선에서 치역과 공역이 같아져야 하므로

직선 $f(x)=ax+b\,(a>0)$가 일대일대응이려면

두 점 $(-2,\ -7)$, $(3,\ 3)$을 지나는 직선이어야 한다.

즉 직선의 기울기는 $a=\dfrac{3-(-7)}{3-(-2)}=\dfrac{10}{5}=2$이고

점 $(3,\ 3)$을 지나는 직선의 방정식은 $y-3=2(x-3)$ $\therefore y=2x-3$

따라서 $a=2$, $b=-3$이므로 $ab=2\times(-3)=-6$

1267

STEP A 일대일대응인 함수의 성질을 이해하기

집합 X에서 집합 Y로의 일차함수 $f(x)=x-b$가 일대일대응이 되려면 공역과 치역이 같아야 한다.

즉 기울기가 1인 함수 $y=f(x)$의 그래프가 다음 그림과 같아야 한다.

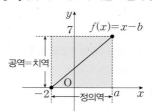

STEP B $f(-2)$, $f(a)$의 값을 이용하여 a, b의 값 구하기

$f(-2)=-2-b=0$ ······ ㉠

$f(a)=a-b=7$ ······ ㉡

㉠, ㉡을 연립하여 풀면 $b=-2$, $a=5$

따라서 $ab=-2\times5=-10$

1268

STEP A 함수 f가 일대일대응이 될 조건 구하기

집합 X에서 Y로의 이차함수

$f(x)=ax^2+2ax+b$

$\quad=a(x+1)^2-a+b$

가 일대일대응이 되려면 공역과 치역이 같아야 한다.

$a>0$이므로 함수 $y=f(x)$의 그래프는 다음 그림과 같아야 한다.

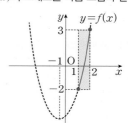

STEP B $f(1)$, $f(2)$의 값을 이용하여 a, b의 값 구하기

즉 $f(1)=-2$, $f(2)=3$이므로

$f(1)=a+2a+b=-2$ $\therefore 3a+b=-2$ ······ ㉠

$f(2)=4a+4a+b=3$ $\therefore 8a+b=3$ ······ ㉡

㉠, ㉡을 연립하여 풀면 $a=1$, $b=-5$

따라서 $a+b=1+(-5)=-4$

두 집합 $X=\{x|1\le x\le 3\}$, $Y=\{y|-1\le y\le 7\}$에 대하여 X에서 Y로의 함수 $f(x)=ax^2+b$가 일대일대응일 때, $2a+b$의 값은? (단, a, b는 상수이고 $a>0$)

① -2　　　　② -1　　　　③ 0
④ 1　　　　⑤ 2

STEP Ⓐ 함수 f가 일대일대응이 될 조건 구하기

집합 X에서 Y로의 이차함수 $f(x)=ax^2+b$가 일대일대응이 되려면 공역과 치역이 같아야 한다. $a>0$이므로 함수 $y=f(x)$가 오른쪽 그림과 같아야 한다.

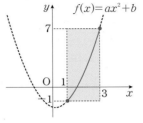

STEP Ⓑ $f(1)$, $f(3)$의 값을 이용하여 a, b의 값 구하기

$f(1)=-1$, $f(3)=7$이어야 한다.
$f(1)=-1$에서 $a+b=-1$　……㉠
$f(3)=7$에서 $9a+b=7$　……㉡
㉠, ㉡을 연립하여 풀면 $a=1$, $b=-2$
따라서 $2a+b=2\times 1+(-2)=0$　　　정답 ③

1269

정답 3

STEP Ⓐ 함수 f가 일대일대응이 될 조건 구하기

집합 X에서 Y로의 이차함수 $f(x)=ax+b$가 일대일대응이 되려면 공역과 치역이 같아야 한다.
함수의 그래프가 두 점 $(1, -1)$과 $(2, 4)$를 지나거나 두 점 $(1, 4)$와 $(2, -1)$을 지나야 한다.

STEP Ⓑ 두 점을 지나는 경우를 각각 구하여 순서쌍 (a, b) 구하기

(i) 두 점 $(1, -1)$과 $(2, 4)$를 지날 때,
　$f(1)=a+b=-1$, $f(2)=2a+b=4$
　두 식을 연립하여 풀면 $a=5$, $b=-6$
　이때 순서쌍 (a, b)는 $(5, -6)$
(ii) 두 점 $(1, 4)$와 $(2, -1)$을 지날 때,
　$f(1)=a+b=4$, $f(2)=2a+b=-1$
　두 식을 연립하여 풀면 $a=-5$, $b=9$
　이때 순서쌍 (a, b)는 $(-5, 9)$

STEP Ⓒ 모든 a, b의 합 구하기

(i), (ii)에서 구하는 순서쌍 (a, b)는 $(5, -6)$, $(-5, 9)$이므로
모든 a, b의 값의 합은 $5+(-6)+(-5)+9=3$

1270　2017년 09월 고2 학력평가 가형 11번　정답 ②

해설강의

STEP Ⓐ 함수 f가 일대일대응이 될 조건 구하기

집합 X에서 Y로의 일차함수 $f(x)=2x+b$가 일대일대응이 되려면 공역과 치역이 같아야 한다.
이때 $|y|\le a$에서 $-a\le y\le a$이므로
　$|y|\le a(a>0)$이면 $-a\le y\le a$
함수 $f(x)$의 치역이 $\{y|-a\le y\le a\}$이어야 한다.

또한, 직선 $y=f(x)$의 기울기가 양수이므로
함수 $y=f(x)$의 그래프는 다음 그림과 같다.

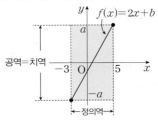

STEP Ⓑ $f(5)$, $f(-3)$의 값을 이용하여 a, b의 값 구하기

함수 $f(x)$에 각각 $x=5$, $x=-3$을 대입하면
　$f(5)=2\times 5+b=10+b=a$　……㉠
　$f(-3)=2\times(-3)+b=-6+b=-a$　……㉡
㉠, ㉡을 연립하여 풀면 $a=8$, $b=-2$
따라서 $a^2+b^2=8^2+(-2)^2=64+4=68$

두 집합
$$X=\{x|-2\le x\le 4\},\ Y=\{y||y|\le a,\ a>0\}$$
에 대하여 X에서 Y로의 함수 $f(x)=3x+b$가 일대일대응이다. 두 상수 a, b에 대하여 ab의 값은?

① -81　　　　② -64　　　　③ -27
④ -18　　　　⑤ -9

STEP Ⓐ 함수 f가 일대일대응이 될 조건 구하기

집합 X에서 Y로의 일차함수 $f(x)=3x+b$가 일대일대응이 되려면 공역과 치역이 같아야 한다.
이때 $|y|\le a$에서 $-a\le y\le a$이므로
함수 $f(x)$의 치역이 $\{y|-a\le y\le a\}$이어야 하므로
함수 $y=f(x)$의 그래프는 다음 그림과 같다.

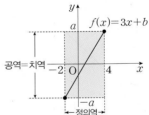

STEP Ⓑ $f(-2)$, $f(4)$의 값을 이용하여 a, b의 값 구하기

직선 $y=f(x)$의 기울기가 양수이므로
　$f(4)=12+b=a$　……㉠
　$f(-2)=-6+b=-a$　……㉡
㉠, ㉡을 연립하여 풀면 $a=9$, $b=-3$
따라서 $ab=9\times(-3)=-27$

mini해설 | 두 점이 주어진 직선의 방정식을 이용하여 풀이하기

직선 $f(x)=3x+b$가 일대일대응이려면
두 점 $(4, a)$, $(-2, -a)$을 지나는 직선이어야 한다.
즉 직선의 기울기는 $3=\dfrac{a-(-a)}{4-(-2)}=\dfrac{a}{3}$　∴ $a=9$　……㉠
점 $(4, a)$를 지나므로 $a=12+b$　……㉡
㉠을 ㉡에 대입하면 $b=-3$　∴ $ab=9\times(-3)=-27$

정답 ③

1271

STEP A 함수 $f(x)$가 일대일대응이 되기 위한 조건 구하기

$f(x)=x^2-6x+10=(x-3)^2+1$이므로
$x\geq 3$에서 x의 값이 증가하면 y의 값도 증가하므로
일대일대응이기 위해서는 $a\geq 3$이어야 한다.

STEP B 상수 a의 값 구하기

$f(x)$의 치역이 집합 X(공역)와 같아야 한다.

다음 그림에서 a의 값은 함수 $f(x)=x^2-6x+10$의 그래프와 직선 $y=x$가
만나는 점의 x좌표 중 하나이어야 한다.

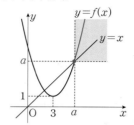

즉 $a^2-6a+10=a$에서 $a^2-7a+10=0$, $(a-2)(a-5)=0$
따라서 $a=5(\because a\geq 3)$

1272

STEP A 함수 $f(x)$가 일대일대응이 되기 위한 조건 구하기

집합 $X=\{x|x\geq a\}$에 대하여 X에서 X로의 함수 $f(x)=x^2+ax-6$이
일대일대응이 되려면 $f(x)$의 치역이 집합 X와 같아야 한다.

그림에서 a의 값은 함수 $f(x)=x^2+ax-6$의 그래프와 직선 $y=x$가 만나는
점의 x좌표 중의 하나이어야 한다.

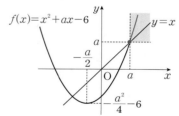

STEP B 실수 a의 값 구하기

방정식 $x^2+ax-6=a$에 $x=a$를 대입하여 정리하면
$2a^2-a-6=0$, $(2a+3)(a-2)=0$
$\therefore a=-\dfrac{3}{2}$ 또는 $a=2$

즉 치역이 $A=\{x|x\geq a\}$이므로 $a=2$

따라서 $f(x)=x^2+2x-6$이므로 $f(5)=5^2+2\times 5-6=29$

+α 대칭축의 위치를 이용하여 구할 수 있어!

함수 $f(x)=x^2+ax-6=\left(x+\dfrac{a}{2}\right)^2-\dfrac{a^2}{4}-6(x\geq a)$가 일대일대응이 되려면
함수 f의 치역이 $\{y|y\geq a\}$이어야 하므로 $f(a)=a$이고 $-\dfrac{a}{2}\leq a$이어야 한다.
(i) $f(a)=a$에서 $f(a)=2a^2-6=a$,
　　$2a^2-a-6=0$, $(2a+3)(a-2)=0$
　　$\therefore a=-\dfrac{3}{2}$ 또는 $a=2$
(ii) $-\dfrac{a}{2}\leq a$에서 $a\geq 0$
(i), (ii)에서 $a=2$
$\therefore f(x)=x^2+2x-6$

집합 $X=\{x|x\geq a\}$에 대하여 X에서 X로의 함수
$$f(x)=x^2+ax-15$$
가 일대일대응일 때, $f(2)$의 값은? (단, a는 실수이다.)

① -5　　　　② -3　　　　③ 0
④ 3　　　　⑤ 5

STEP A 함수 $f(x)$가 일대일대응이 되기 위한 조건 구하기

집합 $X=\{x|x\geq a\}$에 대하여 X에서 X로의 함수 $f(x)=x^2+ax-15$가
일대일대응이 되려면 $f(x)$의 치역이 집합 X와 같아야 한다.

다음 그림에서 a의 값은 함수 $f(x)=x^2+ax-15$의 그래프와 직선 $y=x$가
만나는 점의 x좌표 중의 하나이어야 한다.

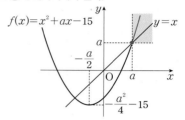

STEP B 실수 a의 값 구하기

방정식 $x^2+ax-15=a$에 $x=a$를 대입하여 정리하면
$2a^2-a-15=0$, $(2a+5)(a-3)=0$
$\therefore a=-\dfrac{5}{2}$ 또는 $a=3$

즉 치역이 $A=\{x|x\geq a\}$이므로 $a=3$
따라서 $f(x)=x^2+3x-15$이므로 $f(2)=2^2+3\times 2-15=-5$

+α 대칭축의 위치를 이용하여 구할 수 있어!

함수 $f(x)=x^2+ax-15=\left(x+\dfrac{a}{2}\right)^2-\dfrac{a^2}{4}-15(x\geq a)$가 일대일대응이 되려면
함수 f의 치역이 $\{y|y\geq a\}$이어야 하므로 $f(a)=a$이고 $-\dfrac{a}{2}\leq a$이어야 한다.
(i) $f(a)=a$에서 $f(a)=2a^2-15=a$,
　　$2a^2-a-15=0$, $(2a+5)(a-3)=0$
　　$\therefore a=-\dfrac{5}{2}$ 또는 $a=3$
(ii) $-\dfrac{a}{2}\leq a$에서 $a\geq 0$
(i), (ii)에서 $a=3$
$\therefore f(x)=x^2+3x-15$

1273

STEP A 일대일함수가 되기 위한 k의 범위 구하기

$y=x^2-x=\left(x-\dfrac{1}{2}\right)^2-\dfrac{1}{4}$이므로
$f(x)$의 그래프는 오른쪽 그림과 같다.

함수 $f(x)$의 최솟값이 $-\dfrac{1}{4}$이므로

치역은 항상 $\left\{y|y\geq -\dfrac{1}{4}\right\}$의 부분집합
이다.

즉 $f:X\longrightarrow Y$는 모든 실수 k에
대하여 정의한다.

함수 $f(x)$가 일대일함수이려면 그래프의 축 $x=\dfrac{1}{2}$을 기준으로 어느 한쪽의
전체 또는 일부분이어야 한다.

즉 $k\geq \dfrac{1}{2}$　　　　　　……㉠

STEP ⓑ **(치역)=(공역)임을 이용하여 k의 값 구하기**

또한, 일대일대응이 되려면
함수 f의 (치역)=(공역)이어야 하므로
정의역 $\{x|x \geq k\}$에 대하여
치역은 $\{y|y \geq k+3\}$이어야 한다.
$f(k)=k+3$인 k의 값을 구하면
$k^2-k=k+3$,
$k^2-2k-3=0$, $(k-3)(k+1)=0$
$\therefore k=3$ 또는 $k=-1$ ...... ㉡
㉠, ㉡에서 구하는 k의 값은 $k=3$

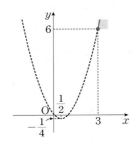

내/신/연/계/ 출제문항 640

두 집합 $X=\{x|x \geq a\}$, $Y=\{y|y \geq a-4\}$에 대하여 X에서 Y로의 함수
$$f(x)=x^2-4x$$
가 일대일대응일 때, 실수 a의 값은?

① -4 ② -2 ③ 0
④ 2 ⑤ 4

STEP Ⓐ **함수 $f(x)$가 일대일함수가 되기 위한 a의 범위 구하기**

$f(x)=x^2-4x=(x-2)^2-4$이고
함수 $y=(x-2)^2-4$의 그래프의 대칭축의
방정식은 $x=2$이다.
즉 함수 $f(x)$가 일대일대응이기 위해서는
$a \geq 2$이어야 한다. ...... ㉠

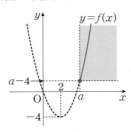

STEP Ⓑ **(공역)=(치역)임을 이용하여 a의 값 구하기**

한편 X에서 Y로의 함수 $f(x)=x^2-4x$가 일대일대응이기 위해서는
$f(a)=a-4$이어야 한다.
$a^2-4a=a-4$에서 $a^2-5a+4=0$, $(a-1)(a-4)=0$
㉠에 의하여 $a=4$

정답 ⑤

1274

정답 ⑤

STEP Ⓐ **함수 f가 일대일함수가 되는 k의 범위 구하기**

$f(x)=x^2+2x-6=(x+1)^2-7$
$f(x)$의 그래프는 오른쪽 그림과 같다.
함수 $f(x)$의 최솟값이 -7이므로 치역은
항상 $Y=\{y|y \geq -7\}$의 부분집합이다.
함수 f가 일대일함수이려면 이차함수
<small>함수 f가 일대일함수이려면 증가 또는
감소함수의 그래프가 되어야 한다.</small>
그래프의 축 $x=-1$을 기준으로 하여
어느 한쪽의 전체 또는 일부분이어야 한다.
즉 $k \geq -1$이므로 k의 최솟값은 $a=-1$

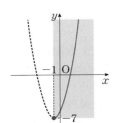

STEP Ⓑ **함수 f가 일대일대응이 되는 k의 값 구하기**

$f(x)=x^2+2x-6=(x+1)^2-7$이 일대일함수가 되기 위한 k의 범위는
$k \geq -1$ ...... ㉠
또한, 일대일대응이 되려면 함수 f의 치역이 공역 $\{x|x \geq k\}$와 같아야 하므로
<small>함수 f가 일대일대응이려면 일대일함수이고 공역과 치역이 일치해야 한다.</small>
$f(k)=k$이어야 한다.
$k^2+2k-6=k$, $k^2+k-6=0$, $(k-2)(k+3)=0$

$\therefore k=-3$ 또는 $k=2$ ...... ㉡
㉠, ㉡를 동시에 만족하는 k의 값은 2
따라서 $a=-1$, $b=2$이므로
$b-a=2-(-1)=3$

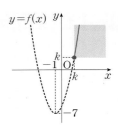

1275

정답 6

STEP Ⓐ **조건 (가)를 만족하는 a, b의 값 구하기**

집합 $X=\{x|x^2-7x+6 \leq 0\}$에서 $x^2-7x+6 \leq 0$, $(x-1)(x-6) \leq 0$
즉 $1 \leq x \leq 6$이므로 $X=\{x|1 \leq x \leq 6\}$
조건 (가)에서 $X \cap Y=\{x|3 \leq x \leq b\}$이므로
$x=3$은 $x^2+ax+24=0$의 근이어야 한다.
즉 $9+3a+24=0$에서 $a=-11$
집합 $Y=\{x|x^2-11x+24 \leq 0\}$에서 $x^2-11x+24 \leq 0$, $(x-3)(x-8) \leq 0$
즉 $3 \leq x \leq 8$이므로 $Y=\{x|3 \leq x \leq 8\}$
$X \cap Y=\{x|3 \leq x \leq 6\}$이므로 $b=6$

STEP Ⓑ **두 조건 (나), (다)를 이용하여 $f(1)$, $f(6)$의 값 구하기**

함수 f가 일대일대응이고 조건 (다)를 만족시켜야 하므로
<small>증가하는 함수</small>
$f(1)=3$, $f(6)=8$
따라서 $a+b+f(1)+f(6)=-11+6+3+8=6$

1276

2022년 03월 고2 학력평가 26번

정답 17

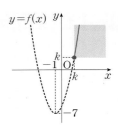

STEP Ⓐ **함수 $f(x)$가 일대일대응임을 이용하여 a의 범위 구하기**

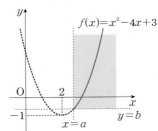

$f(x)=x^2-4x+3=(x-2)^2-1$에서 이 함수가 일대일대응이 되기 위해서는
$a \geq 2$이어야 한다.

STEP Ⓑ **$a-b$의 최댓값 구하기**

$a \geq 2$일 때, 함수 $f(x)$의 치역은 $\{y|y \geq f(a)\}$이고
치역이 집합 $Y=\{y|y \geq b\}$와 같아야 하므로 $b=f(a)$
$a-b=a-f(a)$
$\quad =a-(a^2-4a+3)$
$\quad =-a^2+5a-3$
$\quad =-\left(a-\dfrac{5}{2}\right)^2+\dfrac{13}{4}$

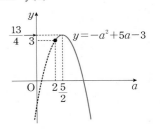

$a \geq 2$에서 $a-b$는
$a=\dfrac{5}{2}$일 때, 최대이고 최댓값은 $\dfrac{13}{4}$
따라서 $p=4$, $q=13$이므로 $p+q=17$

두 집합 $X=\{x|x \geq a\}$, $Y=\{y|y \geq b\}$에 대하여 X에서 Y로의 함수
$$f(x)=x^2+5x-5$$
가 일대일대응이다. 두 상수 a, b에 대하여 $a-b$의 최댓값은?

① -10 ② -9 ③ 0
④ 9 ⑤ 10

STEP Ⓐ **함수 $f(x)$가 일대일대응임을 이용하여 a의 범위 구하기**

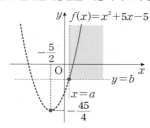

$f(x)=x^2+5x-5=\left(x+\dfrac{5}{2}\right)^2-\dfrac{45}{4}$이므로

$x \geq -\dfrac{5}{2}$에서 x의 값이 증가하면 y의 값도 증가한다.

이 함수가 일대일대응이 되기 위해서는 $a \geq -\dfrac{5}{2}$이어야 한다.

STEP Ⓑ **$a-b$의 최댓값 구하기**

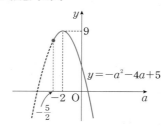

함수 $y=f(x)$가 일대일대응이므로
함수 $y=f(x)$의 그래프가 점 (a, b)를 지나야 한다.
즉 $b=a^2+5a-5$에서
$$\begin{aligned}a-b&=a-(a^2+5a-5)\\&=-a^2-4a+5\\&=-(a+2)^2+9\end{aligned}$$
따라서 $a-b$는 $a=-2$일 때 최댓값 9를 갖는다.   정답 ④

1277

정답 ⑤

STEP Ⓐ **함수에 대한 설명 중 참, 거짓 판단하기**

① 함수 f가 상수함수이면 집합 $\{f(x)|x \in X\}$의 원소의 개수는 1이다. [참]
　　　　　　　　　　　　　　　　　　　 $\underset{\text{치역}}{\underline{}}$

② 함수 f가 항등함수이면 $f(x)=x$이므로 함수 f의 치역은 정의역과 같다.
　 [참]

③ 함수 f가 일대일함수이고 공역과 치역이 같으면 함수 f는 일대일대응이다.
　 [참]

④ $n(X)=n(Y)$이고 공역과 치역이 같으면 정의역과 치역의 원소의 개수가
　 같으므로 함수 f는 일대일대응이다. [참]

⑤ 정의역 X의 임의의 두 원소 x_1, x_2에 대하여 $f(x_1)=f(x_2)$일 때,
　 $x_1=x_2$이면 함수 f는 일대일함수이다.
　 이때 함수 f의 치역과 공역이 같지 않으면 함수 f는 일대일대응이 아니다.
　 [거짓]
　　　　　　　 일대일함수가 반드시 일대일대응이 되는것은 아니다.

따라서 옳지 않은 것은 ⑤이다.

1278

정답 ②

STEP Ⓐ **항등함수가 되기 위한 조건 구하기**

$f:X \longrightarrow X$가 항등함수가 되기 위해서는
$f(-3)=-3$, $f(-1)=-1$, $f(5)=5$
이어야 한다.

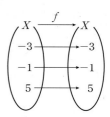

STEP Ⓑ **$f(-3)=-3$, $f(-1)=-1$을 만족하는 상수 a, b 구하기**

$x \geq 0$일 때, $f(5)=5$이므로 만족한다.
$x < 0$일 때, $f(x)=ax^2+bx+3$이므로
$f(-3)=9a-3b+3=-3$
$\therefore 3a-b=-2$　　　……㉠
$f(-1)=a-b+3=-1$
$\therefore a-b=-4$　　　……㉡
㉠, ㉡을 연립하여 풀면 $a=1$, $b=5$
따라서 $a+b=1+5=6$

1279

정답 ①

STEP Ⓐ **항등함수가 되기 위한 x의 값 구하기**

$f(x)$가 항등함수이면 X의 모든 원소 x에 대하여 $f(x)=x$이어야 한다.
$x^2-2x-4=x$, $x^2-3x-4=0$, $(x+1)(x-4)=0$
$\therefore x=-1$ 또는 $x=4$

STEP Ⓑ **집합 X의 개수 구하기**

따라서 구하는 집합 X는 집합 $\{-1, 4\}$의 부분집합의 개수에서
$\quad$ $x=-1$ 또는 $x=4$이면 $f(x)=x^2-2x-4=x$가 성립한다.
$\quad$ 즉 집합 X는 집합 $\{-1, 4\}$의 부분집합이면 된다.
공집합을 제외하면 되므로 $2^2-1=3$

공집합이 아닌 집합 X를 정의역으로 하는 함수
$$f(x)=(x-2)^3+2$$
에 대하여 함수 f가 X에서의 항등함수가 되도록 하는 집합 X의 개수는?

① 3 ② 4 ③ 7
④ 8 ⑤ 15

STEP Ⓐ **항등함수가 되기 위한 x의 값 구하기**

$f(x)$가 항등함수이므로 $f(x)=x$이어야 한다.
$(x-2)^3+2=x$, $x^3-6x^2+12x-8+2=x$, $x^3-6x^2+11x-6=0$
조립제법에 의하여 인수분해하면 ◀ 　　　　조립제법을 이용하면
$(x-1)(x-2)(x-3)=0$
$\therefore x=1$ 또는 $x=2$ 또는 $x=3$

$\begin{array}{r|rrrr} 1 & 1 & -6 & 11 & -6 \\ & & 1 & -5 & 6 \\ \hline & 1 & -5 & 6 & 0 \end{array}$
$(x-1)(x^2-5x+6)$
$=(x-1)(x-2)(x-3)$

STEP Ⓑ **집합 X의 개수 구하기**

따라서 구하는 집합 X는 집합 $\{1, 2, 3\}$의 부분집합의 개수에서 공집합을
$\quad$ $x=1$ 또는 $x=2$ 또는 $x=3$이면 $f(x)=(x-2)^3+2=x$가 성립한다.
$\quad$ 즉 집합 X는 집합 $\{1, 2, 3\}$의 부분집합이면 된다.
제외하면 되므로 $2^3-1=7$ 정답 ③

1280

정답 ④

STEP Ⓐ **항등함수와 상수함수의 성질을 이용하여** $f(2)g(2)$**의 값 구하기**

$f(x)$가 항등함수이므로 $f(x)=x$이고

$g(x)$가 상수함수이므로 $g(x)=c$ (c는 상수)

이때 $y=f(x)$와 $y=g(x)$의 그래프의 교점의 x좌표가 $x=3$이므로

$f(3)=g(3)=3$, 즉 $c=3$

$f(x)$는 항등함수이므로 $f(3)=3$

이때 함수 g가 상수함수이므로 $g(x)=3$

또한, 함수 f가 항등함수이므로 $f(2)=2$

따라서 $f(2)g(2)=2\times3=6$

 출제문항 643

실수 전체의 집합에서 정의된 두 함수 f, g에 대하여 f는 항등함수이고 g는 상수함수이다. $f(0)+g(5)=-2$일 때, $f(10)+g(10)$의 값은?

① 7   ② 8   ③ 9
④ 10   ⑤ 12

STEP Ⓐ **항등함수와 상수함수의 성질을 이용하여** $f(10)+g(10)$**의 값 구하기**

함수 f는 항등함수이므로 $f(x)=x$

$\therefore f(0)=0$

$f(0)+g(5)=-2$에서 $0+g(5)=-2$

$\therefore g(5)=-2$

함수 g가 상수함수이므로 $g(x)=-2$

따라서 $f(10)+g(10)=10-2=8$

정답 ②

1281

정답 ③

STEP Ⓐ **함수** f**가 항등함수임을 이용하여**
$$f(1)+f(2)+f(3)+f(4)+f(5)$$**의 값 구하기**

함수 f는 항등함수이므로 $f(x)=x$

$f(1)+f(2)+f(3)+f(4)+f(5)=1+2+3+4+5=15$

STEP Ⓑ **함수** g**가 상수함수임을 이용하여**
$$g(6)+g(7)+g(8)+g(9)+g(10)$$**의 값 구하기**

함수 g는 상수함수이고 $g(100)=2$이므로 $g(x)=2$

$g(x)=c$ (c는 상수)

$g(6)+g(7)+g(8)+g(9)+g(10)=2+2+2+2+2=10$

STEP Ⓒ **구하는 값 구하기**

따라서 $f(1)+f(2)+f(3)+f(4)+f(5)+g(6)+g(7)+g(8)+g(9)+g(10)$
$=15+10=25$

1282

정답 ④

STEP Ⓐ **함수** h**가 항등함수, 함수** g**는 상수함수임을 이용하기**

조건 (가)에서
집합 $X=\{1, 2, 3\}$에 대하여 함수 h는 X에서 X로의 항등함수이므로

$h(1)=1$, $h(2)=2$, $h(3)=3$

$f(1)=g(2)=h(3)=3$

이때 함수 g는 X에서 X로의 상수함수이므로

$g(1)=g(2)=g(3)=3$

STEP Ⓑ **함수** f**는 일대일대응임을 이용하여** $f(3)$**의 값 구하기**

조건 (나)에서

$f(2)g(1)=f(1)$이므로 $3f(2)=3$에서 $f(2)=1$

함수 f는 X에서 X로의 일대일대응이므로 $f(3)=2$

함수 f가 일대일대응이므로 $f(1)=3$, $f(2)=1$, $f(3)=2$

따라서 $f(3)+g(3)+h(3)=2+3+3=8$

1283

정답 ③

STEP Ⓐ **함수** h**가 항등함수, 함수** g**는 상수함수임을 이용하기**

함수 h가 항등함수이므로 $h(2)=2$

조건 (가)에서 $f(0)=g(1)=h(2)=2$

이때 함수 g는 상수함수이므로 $g(0)=g(1)=g(2)=2$

STEP Ⓑ **함수** f**는 일대일대응임을 이용하여** $f(2)$**의 값 구하기**

또, 함수 f는 일대일대응이고 $f(0)=2$이므로

$f(1)=0$, $f(2)=1$ 또는 $f(1)=1$, $f(2)=0$

(ⅰ) $f(1)=0$, $f(2)=1$일 때, $2f(1)+f(2)=1\neq2=f(0)$

(ⅱ) $f(1)=1$, $f(2)=0$일 때, $2f(1)+f(2)=2=f(0)$

(ⅰ), (ⅱ)에 의하여 조건 (나)를 만족시키는 것은 $f(1)=1$, $f(2)=0$

STEP Ⓒ $f(2)+g(2)+h(2)$**의 값 구하기**

따라서 $f(2)+g(2)+h(2)=0+2+2=4$

 출제문항 644

집합 $X=\{1, 2, 3, 4\}$에 대하여 집합 X에서 X로의 일대일대응인 함수를 $f(x)$, 항등함수를 $g(x)$, 상수함수를 $h(x)$라 할 때, 다음 조건을 만족시킬 때, $f(3)+g(1)+h(4)$의 값은?

> (가) $f(1)=g(3)+h(2)$
> (나) $f(4)=f(2)+2$

① 3   ② 4   ③ 5
④ 6   ⑤ 7

STEP Ⓐ **조건 (가)에서 함수** $g(x)$**가 항등함수임을 이용하여** $f(1)$, $h(2)$**의 값 구하기**

g가 항등함수이므로 조건 (가)에서 $f(1)=g(3)+h(2)=3+h(2)$

항등함수 $g(x)=x$

$X=\{1, 2, 3, 4\}$에서 $f(1)$의 값이 될 수 있는 것은 4이므로

$f(1)=4$, $h(2)=1$

이때 함수 h는 상수함수이므로 $h(x)=1$

상수함수 $h(x)=c$ (c는 상수)

STEP Ⓑ **일대일대응인 함수** f**를 이용하여** $f(3)$**의 값 구하기**

조건 (나)에서

$f(4)=f(2)+2$에서 $f(4)>2$이므로

함수 f는 일대일대응이므로 $f(4)=3$, $f(2)=1$, 즉 $f(3)=2$

STEP Ⓒ $f(3)+g(1)+h(4)$**의 값 구하기**

따라서 $f(3)+g(1)+h(4)=2+1+1=4$

정답 ②

1284

STEP Ⓐ 일대일대응, 항등함수, 상수함수의 정의를 이용하여 조건을 만족하는 세 함수 f, g, h 찾기

g가 항등함수이므로 $g(2)=2$

$f(3)=g(2)=h(1)$에서 $f(3)=h(1)=2$

또한, h가 상수함수이므로 $h(1)=h(2)=h(3)=2$

그러므로 $f(1)=f(2)=2$이고 f의 치역이 $X=\{1, 2, 3\}$이므로

$f(1)=3$, $f(2)=1$ ← $f(3)=2$이고 f는 일대일대응

STEP Ⓑ $2f(1)+3g(2)+4h(3)$의 값 구하기

따라서 $2f(1)+3g(2)+4h(3)=2\times3+3\times2+4\times2=20$

1285

정답 ①

STEP Ⓐ [보기]의 함숫값 구하기

ㄱ. $f(2)=2$, $f(3)=3$, $f(5)=5$, $f(7)=7$이므로 $f(x)$는 항등함수이다.

ㄴ. $g(2)=2$, $g(3)=3$, $g(5)=5$, $g(7)=7$이므로 $g(x)$는 항등함수이다.

ㄷ. $h(2)=2$, $h(3)=2$, $h(5)=2$, $h(7)=2$이므로 $h(x)$는 상수함수이다.

ㄹ. $i(2)=9$, $i(3)=9$, $i(5)=9$, $i(7)=9$이므로 $i(x)$는 상수함수이다.

STEP Ⓑ $a-b+2c$의 값 구하기

함수는 ㄱ, ㄴ, ㄷ, ㄹ의 4개이므로 $a=4$

항등함수는 ㄱ, ㄴ의 2개이므로 $b=2$

상수함수는 ㄷ, ㄹ의 2개이므로 $c=2$

따라서 $a-b+2c=4-2+4=6$

1286

정답 3

STEP Ⓐ 함수 $f(x)$가 항등함수가 되기 위한 x의 값 구하기

함수 f는 항등함수이므로 $f(x)=x$를 만족시킨다고 하자.

(i) $x<0$일 때, $f(x)=-3$에서 $x=-3$

(ii) $0\le x<2$일 때, $f(x)=x$에서 $4x-3=x$ $\therefore x=1$

(iii) $x\ge2$일 때, $f(x)=5$에서 $x=5$

STEP Ⓑ $f(a)+f(b)+f(c)$의 값 구하기

(i)~(iii)에서 a, b, c는 서로 다른 상수이므로

$a<b<c$라 할 때,

f가 항등함수이기 위해서는 $a=-3$, $b=1$, $c=5$이어야 한다.

따라서 $f(a)+f(b)+f(c)=a+b+c=-3+1+5=3$

> **mini해설** | 그래프를 이용하여 풀이하기
>
> 실수 전체의 집합에서 정의된 함수
> $$f(x)=\begin{cases} -3 & (x<0) \\ 4x-3 & (0\le x<2) \\ 5 & (x\ge2) \end{cases}$$
> 의 그래프와 직선 $y=x$를 좌표평면에
> 나타내면 오른쪽 그림과 같다.
> 이때 f는 X에서 X로의 항등함수이므로
> $f(a)=a$, $f(b)=b$, $f(c)=c$를
> 만족시켜야 한다.
> 즉 $y=f(x)$의 그래프와 직선 $y=x$의
> 교점의 x좌표를 원소로 하는 집합을
> 정의역과 치역으로 할 때,
> 항등함수가 된다.
> $f(a)+f(b)+f(c)=(-3)+1+5=3$
>
>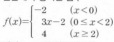

집합 $X=\{a, b, c\}$에 대하여 X에서 X로의 함수

$$f(x)=\begin{cases} -2 & (x<0) \\ 3x-2 & (0\le x<2) \\ 4 & (x\ge2) \end{cases}$$

가 항등함수일 때, $f(a)+f(b)+f(c)$의 값을 구하시오.

(단, a, b, c는 서로 다른 상수이다.)

STEP Ⓐ 함수 $f(x)$가 항등함수가 되기 위한 x의 값 구하기

함수 f는 항등함수이므로 $f(x)=x$를 만족시킨다고 하자.

(i) $x<0$일 때, $f(x)=-2$에서 $x=-2$

(ii) $0\le x<2$일 때, $f(x)=x$에서 $3x-2=x$ $\therefore x=1$

(iii) $x\ge2$일 때, $f(x)=4$에서 $x=4$

STEP Ⓑ $f(a)+f(b)+f(c)$의 값 구하기

(i)~(iii)에서 a, b, c는 서로 다른 상수이므로

$a<b<c$라 할 때,

f가 항등함수이기 위해서는 $a=-2$, $b=1$, $c=4$이어야 한다.

따라서 $f(a)+f(b)+f(c)=a+b+c=-2+1+4=3$

> **mini해설** | 그래프를 이용하여 풀이하기
>
> 실수 전체의 집합에서 정의된 함수
> $$f(x)=\begin{cases} -2 & (x<0) \\ 3x-2 & (0\le x<2) \\ 4 & (x\ge2) \end{cases}$$
> 의 그래프와 직선 $y=x$를 좌표평면에
> 나타내면 오른쪽 그림과 같다.
> 이때 f는 X에서 X로의 항등함수이므로
> $f(a)=a$, $f(b)=b$, $f(c)=c$를
> 만족시켜야 한다.
> 즉 $y=f(x)$의 그래프와 직선 $y=x$의
> 교점의 x좌표를 원소로 하는 집합을 정의역과 치역으로 할 때, 항등함수가 된다.
> $f(a)+f(b)+f(c)=(-2)+1+4=3$

정답 3

1287

STEP Ⓐ 항등함수와 상수함수의 의미 파악하기

조건 (가)에서 f는 항등함수이므로 $f(x)=x$

$f : X \longrightarrow X$, $f(x)=x$

조건 (가)에서 g는 상수함수이므로 집합 X의 원소 중 하나를 k라 할 때,

$g(x)=k$

$g(x)=c$ (c는 상수)

STEP Ⓑ 조건 (나)를 이용하여 $g(3)$, $h(1)$의 값 구하기

조건 (나)에서 $f(x)+g(x)+h(x)=x+k+h(x)=7$이므로

$h(x)=-x+7-k$

$x\in X$에서 $1\le x\le5$이고 양변에 음수를 곱하면 부등호의 방향이 바뀌므로

$-5\le -x\le -1$, $2-k\le -x+7-k\le6-k$ ← 양변에 $7-k$를 더한다.

이때 $1\le h(x)\le5$이어야 하므로 $2-k\ge1$이고 $6-k\le5$에서 $k=1$

$k\le1$, $1\le k$에서 $1\le k\le1$이므로 $k=1$

따라서 상수함수 $g(x)=1$이고 $h(x)=-x+6$이므로 $g(3)+h(1)=1+5=6$

> **mini해설** | $g(3)=g(1)$을 이용하여 풀이하기
>
> 조건 (가)에서 g는 상수함수이므로 $g(3)=g(1)$이다.
> 상수함수는 $g(x)=c$이므로 $g(1)=g(2)=\cdots=c$
> 조건 (나)에서 모든 원소 x에 대하여 성립하므로 $x=1$에서도 성립한다.
> $f(1)+g(1)+h(1)=7$이고 조건 (가)에서 f는 항등함수이므로 $f(1)=1$
> 따라서 $g(3)+h(1)=g(1)+h(1)$
> $\qquad =7-f(1)$ ← $f(1)+g(1)+h(1)=7$
> $\qquad =7-1=6$

집합 $X=\{1, 2, 3, 4, 5, 6\}$에 대하여 X에서 X로의 세 함수 f, g, h가 다음 조건을 만족시킨다.

(가) f는 항등함수이고 g는 상수함수이다.
(나) 집합 X의 모든 원소 x에 대하여 $f(x)+g(x)+h(x)=8$이다.

$g(5)+h(1)$의 값은?

① 3 　　　　② 4 　　　　③ 5
④ 6 　　　　⑤ 7

STEP A 항등함수와 상수함수의 의미 파악하기

조건 (가)에서 f는 항등함수이므로 $f(x)=x$
　　　　$f:X \longrightarrow X, f(x)=x$
조건 (가)에서 g는 상수함수이므로 집합 X의 원소 중 하나를 k라 할 때,
$g(x)=k$ 　　$g(x)=c$ (c는 상수)

STEP B 조건 (나)를 이용하여 $g(5)$, $h(1)$의 값 구하기

조건 (나)에서 $f(x)+g(x)+h(x)=x+k+h(x)=8$이므로
$h(x)=-x+8-k$
$x \in X$에서 $1 \le x \le 6$이고 양변에 음수를 곱하면 부등호의 방향이 바뀌므로
$-6 \le -x \le -1$, $2-k \le -x+8-k \le 7-k$ ◄── 양변에 $8-k$를 더한다.
이때 $1 \le h(x) \le 6$이어야 하므로 $2-k \ge 1$이고 $7-k \le 6$에서 $k=1$
　　　　$k \le 1, 1 \le k$에서 $1 \le k \le 1$이므로 $k=1$
따라서 상수함수 $g(x)=1$이고 $h(x)=-x+7$이므로 $g(5)+h(1)=1+6=7$

mini 해설 | $g(5)=g(1)$을 이용하여 풀이하기

조건 (가)에서 g는 상수함수이므로 $g(5)=g(1)$이다.
　　　　상수함수는 $g(x)=c$이므로 $g(1)=g(2)=\cdots=c$
조건 (나)에서 모든 원소 x에 대하여 성립하므로 $x=1$에서도 성립한다.
$f(1)+g(1)+h(1)=8$이고
조건 (가)에서 f는 항등함수이므로 $f(1)=1$
따라서 $g(5)+h(1)=g(1)+h(1)$
　　　　　　　　$=8-f(1)$ ◄── $f(1)+g(1)+h(1)=8$
　　　　　　　　$=8-1=7$

정답 ⑤

1288 2019년 11월 고1 학력평가 11번　　정답 ②

STEP A 항등함수임을 이용하여 a, b의 값 구하기

함수 $f(x)$가 항등함수이므로 집합 X의 모든 원소 x에 대하여 $f(x)=x$
즉 $f(-3)=-3$, $f(1)=1$을 만족시킨다.
$f(-3)=2 \times (-3)+a=-3$ ◄── $-3<0$이므로 $f(x)=2x+a$에 대입
$\therefore a=3$
$f(1)=1^2-2 \times 1+b=1$ ◄── $1>0$이므로 $f(x)=x^2-2x+b$에 대입
$\therefore b=2$
따라서 $a \times b=3 \times 2=6$

집합 $X=\{-4, 2\}$에 대하여 X에서 X로의 함수
$$f(x)=\begin{cases} 3x+a & (x<0) \\ x^2-3x+b & (x \ge 0) \end{cases}$$
이 항등함수일 때, $a \times b$의 값은? (단, a, b는 상수이다.)

① 24 　　　　② 28 　　　　③ 30
④ 32 　　　　⑤ 36

STEP A 항등함수임을 이용하여 a, b의 값 구하기

함수 $f(x)$가 항등함수이므로 집합 X의 모든 원소 x에 대하여 $f(x)=x$
즉 $f(-4)=-4$, $f(2)=2$를 만족시킨다.
$f(-4)=3 \times (-4)+a=-4$ ◄── $-4<0$이므로 $f(x)=3x+a$에 대입
$\therefore a=8$
$f(2)=2^2-3 \times 2+b=2$ ◄── $2>0$이므로 $f(x)=x^2-3x+b$에 대입
$\therefore b=4$
따라서 $a \times b=8 \times 4=32$

정답 ④

1289 2022년 11월 고1 학력평가 8번　　정답 ④

STEP A 상수함수의 정의를 이용하여 상수 a, b의 값 구하기

함수 $f(x)$는 상수함수이므로
$f(x)=c$ (c는 상수)
$f(0)=f(2)=f(4)$
$f(0)=2$, $f(2)=4+2a+b$,
$f(4)=16+4a+b$이므로
$f(0)=f(2)=2$에서 $2a+b=-2$ ……㉠
$f(0)=f(4)=2$에서 $4a+b=-14$ ……㉡
㉠, ㉡를 연립하여 풀면 $a=-6$, $b=10$
따라서 $a+b=-6+10=4$

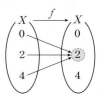

집합 $X=\{1, 3, 5\}$에 대하여 X에서 X로의 함수
$$f(x)=\begin{cases} x+2 & (x<2) \\ x^2+ax+b & (x \ge 2) \end{cases}$$
가 상수함수일 때, $a+b$의 값은? (단, a, b는 상수이다.)

① 7 　　　　② 8 　　　　③ 9
④ 10 　　　　⑤ 11

STEP A 상수함수의 정의를 이용하여 상수 a, b의 값 구하기

함수 $f(x)$는 상수함수이므로
$f(x)=c$ (c는 상수)
$f(1)=f(3)=f(5)$
$f(1)=3$, $f(3)=9+3a+b$,
$f(5)=25+5a+b$이므로
$f(1)=f(3)=3$에서 $3a+b=-6$ ……㉠
$f(1)=f(5)=3$에서 $5a+b=-22$ ……㉡
㉠, ㉡를 연립하여 풀면 $a=-8$, $b=18$
따라서 $a+b=-8+18=10$

정답 ④

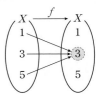

1290　　정답 ②

STEP A $x=0$, $y=0$을 대입하여 $f(0)$의 값 구하기

$f(x+y)=f(x)+f(y)$ ……㉠
㉠의 양변에 $x=0$, $y=0$을 대입하면 $f(0+0)=f(0)+f(0)$
$\therefore f(0)=0$

STEP B $x=3$, $y=-3$을 대입하여 $f(-3)$의 값 구하기

㉠의 양변에 $x=3$, $y=-3$을 대입하면 $f(0)=f(3)+f(-3)=0$
따라서 $f(-3)=-f(3)=-2$ ◄── $f(3)=2$

STEP Ⓐ $x=0$, $y=0$을 대입하여 $f(0)$의 값 구하기

$f(x+y)=f(x)+f(y)$ ····· ㉠

ㄱ. ㉠의 양변에 $x=0$, $y=0$을 대입하면 $f(0+0)=f(0)+f(0)$

∴ $f(0)=0$ [참]

STEP Ⓑ $f(1)$의 값을 이용하여 $f(-1)$의 값 구하기

ㄴ. ㉠의 양변에 $x=1$, $y=1$을 대입하면 $f(2)=f(1)+f(1)$에서

$2f(1)=6$ ∴ $f(1)=3$

㉠의 양변에 $x=-1$, $y=1$을 대입하면 $f(0)=f(-1)+f(1)$에서

$0=f(-1)+3$ ∴ $f(-1)=-3$ [거짓]

STEP Ⓒ $f(nx)$의 규칙 구하기

ㄷ. $f(2x)=f(x+x)=f(x)+f(x)=2f(x)$

$f(3x)=f(x+2x)=f(x)+f(2x)=f(x)+2f(x)=3f(x)$

$f(4x)=f(x+3x)=f(x)+f(3x)=f(x)+3f(x)=4f(x)$

⋮

$f(nx)=f(x+(n-1)x)=f(x)+f((n-1)x)$

$=f(x)+(n-1)f(x)$

$=nf(x)$ [참]

따라서 옳은 것은 ㄱ, ㄷ이다.

내신연계 출제문항 649

임의의 실수 x, y에 대하여 함수 $f(x)$가

$f(x+y)=f(x)+f(y)$

를 만족하고 $f(3)=6$일 때, 옳은 것만을 [보기]에서 있는 대로 고른 것은?

> ㄱ. $f(0)=0$
> ㄴ. $f(-3)=-6$
> ㄷ. $f(kx)=kf(x)$ (단, k는 자연수이다.)

① ㄱ   ② ㄷ   ③ ㄱ, ㄷ
④ ㄴ, ㄷ   ⑤ ㄱ, ㄴ, ㄷ

STEP Ⓐ $x=0$, $y=0$을 대입하여 $f(0)$의 값 구하기

$f(x+y)=f(x)+f(y)$ ····· ㉠

ㄱ. ㉠의 양변에 $x=0$, $y=0$을 대입하면 $f(0+0)=f(0)+f(0)$

∴ $f(0)=0$ [참]

STEP Ⓑ $x=3$, $y=-3$을 대입하여 $f(-3)$의 값 구하기

ㄴ. ㉠의 양변에 $x=3$, $y=-3$을 대입하면 $f(0)=f(3)+f(-3)$에서

$0=f(3)+f(-3)$, $0=6+f(-3)$ ∴ $f(-3)=-6$ [참]

STEP Ⓒ $f(nx)$의 규칙 구하기

ㄷ. $f(2x)=f(x+x)=f(x)+f(x)=2f(x)$

$f(3x)=f(x+2x)=f(x)+f(2x)=f(x)+2f(x)=3f(x)$

$f(4x)=f(x+3x)=f(x)+f(3x)=f(x)+3f(x)=4f(x)$

⋮

$f(kx)=f(x+(k-1)x)=f(x)+f((k-1)x)$

$=f(x)+(k-1)f(x)$

$=kf(x)$ [참]

따라서 옳은 것은 ㄱ, ㄴ, ㄷ이다.

정답 ⑤

STEP Ⓐ 두 조건 (나), (다)를 이용하여 $f(0)$의 값 구하기

조건 (다)에서 임의의 실수 x, y에 대하여

$f(x+y)=f(x)f(y)$ ····· ㉠

㉠에 $x=0$, $y=0$을 대입하면 $f(0)=\{f(0)\}^2$, $f(0)\{f(0)-1\}=0$

∴ $f(0)=0$ 또는 $f(0)=1$

이때 조건 (나)에서 모든 실수 x에 대하여 $f(x)>0$이므로 $f(0)>0$

∴ $f(0)=1$

STEP Ⓑ 두 조건 (가), (다)를 이용하여 $f(2)$, $f(-2)$의 값 구하기

한편 $f(1)=3$이므로 ㉠에 $x=1$, $y=1$을 대입하면

조건 (다)에서 $f(2)=f(1)\times f(1)=3\times3=9$

또한, ㉠에 $x=2$, $y=-2$를 대입하면 $f(0)=f(2)\times f(-2)$

즉 $1=9f(-2)$이므로 $f(-2)=\dfrac{1}{9}$

따라서 $\dfrac{f(2)}{f(-2)}=\dfrac{9}{\frac{1}{9}}=81$

내신연계 출제문항 650

임의의 두 실수 a, b에 대하여 함수 $f(x)$가

$f(a+b)=f(a)f(b)$

를 만족하고 $f(1)=3$일 때, $f(-2)+f(0)$의 값은?

(단, 모든 실수 x에 대하여 $f(x)>0$이다.)

① $\dfrac{2}{9}$ ② $\dfrac{1}{3}$ ③ $\dfrac{7}{9}$
④ $\dfrac{10}{9}$ ⑤ $\dfrac{4}{3}$

STEP Ⓐ $f(0)$, $f(2)$, $f(-2)$의 값 구하기

임의의 두 실수 a, b에 대하여

$f(a+b)=f(a)f(b)$ ····· ㉠

㉠의 양변에 $a=1$, $b=0$을 대입하면 $f(1+0)=f(1)f(0)$, $3=3f(0)$

∴ $f(0)=1$

㉠의 양변에 $a=1$, $b=1$을 대입하면 $f(2)=f(1)f(1)$

∴ $f(2)=3\times3=9$

㉠의 양변에 $a=2$, $b=-2$을 대입하면 $f(0)=f(2)f(-2)$, $1=9f(-2)$

∴ $f(-2)=\dfrac{1}{9}$

+α | $f(0)=1$임을 알 수 있어!

> 임의의 두 실수 a, b에 대하여 $f(a+b)=f(a)f(b)$에서
> $a=0$, $b=0$을 대입하면 $f(0)=f(0)\times f(0)$, $f(0)\{f(0)-1\}=0$
> ∴ $f(0)=0$ 또는 $f(0)=1$
> 이때 모든 실수 x에 대하여 $f(x)>0$이므로 $f(0)=1$

STEP Ⓑ $f(-2)+f(0)$의 값 구하기

따라서 $f(-2)+f(0)=\dfrac{1}{9}+1=\dfrac{10}{9}$

정답 ④

1293

정답 ①

STEP A $f(9)$의 값을 이용하여 $f(99)$의 값 구하기

$99=10\times9+9$, $9=10\times0+9$이므로

$f(99)=f(10\times9+9)=f(9)+9$

$f(9)=f(10\times0+9)=f(0)+9=0+9=9$

따라서 $f(99)=9+9=18$

1294

정답 ①

STEP A 조건 (가)를 이용하여 $f(400)$과 같은 값 찾기

조건 (가)에서

$f(400)=f(2\times200)=f(200)$　　←$f(2n)=f(n)$

$f(200)=f(2\times100)=f(100)$

$f(100)=f(2\times50)=f(50)$

$f(50)=f(2\times25)=f(25)$

STEP B 조건 (나)를 이용하여 $f(25)$의 값 구하기

조건 (나)에서

$f(25)=f(2\times13-1)=13$　　←$f(2n-1)=n$

따라서 $f(400)=f(25)=13$

내/신/연/계 출제문항 651

집합 $X=\{x|x$는 2 이상의 정수$\}$에 대하여 X에서 X로의 함수 f가 다음 조건을 모두 만족할 때, $f(60)$의 값은?

> (가) p가 소수이면 $f(p)=p$
> (나) $f(pq)=f(p)+f(q)$

① 5　　　　　② 10　　　　　③ 12
④ 14　　　　　⑤ 16

STEP A 두 조건 (가), (나)를 이용하여 $f(60)$의 값 구하기

두 조건 (가), (나)에서

$60=2\times30$이므로 $f(60)=f(2)+f(30)=2+f(30)$　←소수 2에 대하여 $f(2)=2$

$30=2\times15$이므로 $f(30)=f(2)+f(15)=2+f(15)$

$15=3\times5$이므로 $f(15)=f(3)+f(5)=3+5=8$

←소수 3, 5에 대하여 $f(3)=3$, $f(5)=5$

따라서 $f(60)=2+2+8=12$

정답 ③

1295

정답 ④

STEP A 조건을 만족하도록 하는 x, y의 값을 대입하여 구하기

조건 (가)에서 $f(1)=1$이므로

조건 (나)에 $x=1$, $y=1$을 대입하면 $f(2)=f(1)+f(1)+1=3$

$f(1)=1$, $f(2)=3$이므로

조건 (나)에 $x=1$, $y=2$를 대입하면 $f(3)=f(1)+f(2)+2=6$

$f(1)=1$, $f(3)=6$이므로

조건 (나)에 $x=1$, $y=3$을 대입하면 $f(4)=f(1)+f(3)+3=10$

따라서 $f(4)=10$

1296

정답 ⑤

STEP A x, y에 적당한 수를 대입하여 [보기]에서 참, 거짓 판단하기

$f(x+y)=f(x)+f(y)+2$　　……㉠

ㄱ. ㉠에 $x=0$, $y=0$을 대입하면

$f(0)=f(0)+f(0)+2$에서 $f(0)=-2$ [참]

ㄴ. ㉠에 y 대신 $-x$를 대입하면

$f(0)=f(x)+f(-x)+2$　　←$f(0)=-2$

즉 $f(x)+f(-x)=-4$ [참]

ㄷ. ㉠에 $x=1$, $y=1$을 대입하면

$f(2)=f(1)+f(1)+2=2+2+2=6$

㉠에 $x=2$, $y=2$를 대입하면

$f(4)=f(2)+f(2)+2=6+6+2=14$

㉠에 $x=4$, $y=4$를 대입하면

$f(8)=f(4)+f(4)+2=14+14+2=30$ [참]

따라서 옳은 것은 ㄱ, ㄴ, ㄷ이다.

1297

정답 37

STEP A 일대일대응, 항등함수, 상수함수의 정의를 이용하여 a, b, c, d의 값 구하기

집합 $X=\{1, 2, 3\}$에 대하여 X에서 X로의 함수를 f라 하면

(ⅰ) 함수의 개수

$f(1)$의 값이 될 수 있는 것은 1, 2, 3 중의 하나이므로 3개

$f(2)$의 값이 될 수 있는 것은 1, 2, 3 중의 하나이므로 3개

$f(3)$의 값이 될 수 있는 것은 1, 2, 3 중의 하나이므로 3개

즉 함수의 개수는 $3\times3\times3=27$이므로 $a=27$

(ⅱ) 일대일대응의 개수　←정의역의 서로 다른 원소에 공역의 서로 다른 원소가 대응

$f(1)$의 값이 될 수 있는 것은 1, 2, 3 중의 하나이므로 3개

$f(2)$의 값이 될 수 있는 것은 $f(1)$의 값을 제외한 2개

$f(3)$의 값이 될 수 있는 것은 $f(1)$, $f(2)$의 값을 제외한 1개

즉 일대일대응의 개수는 $a={}_3\mathrm{P}_3=3\times2\times1=6$이므로 $b=6$

(ⅲ) 항등함수의 개수는 1이므로 $c=1$

$f(x)=x$뿐이므로 1개

(ⅳ) 상수함수의 개수는 3이므로 $d=3$

공역의 원소의 개수와 같다.

(ⅰ)~(ⅳ)에서 $a+b+c+d=27+6+1+3=37$

1298

정답 ③

STEP A 두 조건을 만족하는 함수의 개수 구하기

집합 X의 원소 2에 대응하는 함숫값은

$f(2)=3$

조건 (나)에서 함수 f는 일대일함수이므로

조건 (나)의 대우 $x_1\neq x_2$이면

$f(x_1)\neq f(x_2)$이므로 일대일함수이다.

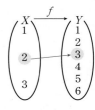

정의역 X의 원소 1, 3에 대응하는 함숫값을

정하는 방법의 수는

공역 Y의 원소 중 3을 제외한 나머지 원소인

1, 2, 4, 5, 6 중 서로 다른 2개의 원소를 택하여

나열하는 방법의 수와 같다.

따라서 구하는 함수 f의 개수는 ${}_5\mathrm{P}_2=5\times4=20$

1299

STEP A 두 조건을 만족하는 함수 이해하기

조건 (가)에서 함수 f는 X에서 Y로의
일대일함수이고 공역과 치역의 개수가
같으므로 일대일대응이다.
조건 (나)에서 $f(1)=4$, $f(3)=8$이므로
이를 만족시키는 함수 f의 개수는
정의역이 $\{5, 7, 9\}$이고 공역이 $\{2, 6, 10\}$인
일대일대응의 개수와 같다.

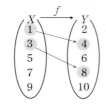

STEP B 함수의 개수 구하기

이때 집합 $\{5, 7, 9\}$의 원소의 개수는 3이고
집합 $\{2, 6, 10\}$의 원소의 개수는 3이므로
집합 $\{5, 7, 9\}$에서 집합 $\{2, 6, 10\}$으로의 일대일대응의 개수는
$_3P_3 = 3! = 3 \times 2 \times 1 = 6$
따라서 구하는 함수의 개수는 6

내신연계 / 출제문항 652

두 집합 $X=\{1, 3, 5, 7, 9, 11\}$, $Y=\{2, 4, 6, 8, 10, 12\}$에 대하여 X에서
Y로의 함수 f가 다음 조건을 만족시킬 때, 함수 f의 개수는?

> (가) X의 임의의 두 원소 x_1, x_2에 대하여 $x_1 \ne x_2$이면 $f(x_1) \ne f(x_2)$
> 이다.
> (나) $f(1)=6$이고 $f(5)=10$

① 6   ② 12   ③ 24
④ 60   ⑤ 120

STEP A 두 조건을 만족하는 함수 이해하기

조건 (가)에서 함수 f는 X에서 Y로의
일대일함수이고 공역과 치역의 개수가
같으므로 일대일대응이다.
조건 (나)에서 $f(1)=6$, $f(5)=10$이므로
이를 만족시키는 함수 f의 개수는
정의역이 $\{3, 7, 9, 11\}$이고 공역이
$\{2, 4, 8, 12\}$인 일대일대응의 개수와 같다.

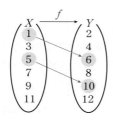

STEP B 함수의 개수 구하기

이때 집합 $\{3, 7, 9, 11\}$의 원소의 개수는 4이고
집합 $\{2, 4, 8, 12\}$의 원소의 개수는 4이므로
집합 $\{3, 7, 9, 11\}$에서 집합 $\{2, 4, 8, 12\}$으로의 일대일대응의 개수는
$_4P_4 = 4! = 4 \times 3 \times 2 \times 1 = 24$
따라서 구하는 함수의 개수는 24

1300

STEP A 일대일함수의 개수를 이용하여 공역의 원소의 개수 구하기

집합 Y의 원소의 개수를 n이라 하면
X에서 Y로의 일대일함수의 개수는
$_nP_3 = n \times (n-1) \times (n-2) = 24 = 4 \times 3 \times 2$
$\therefore n=4$
따라서 공역의 원소의 개수가 4이므로 X에서 Y로의 상수함수의 개수는 4

공역의 원소의 개수와 같다.

1301

STEP A 치역과 공역이 같은 함수의 개수 구하기

$n(X)=n(Y)+1$이므로 집합 X의 원소 중
2개는 집합 Y의 같은 원소로 대응한다.
즉 집합 X의 원소 4개 중에서 2개를 택하는
경우의 수는 $_4C_2=6$
이때 택한 2개의 원소를 한 개의 원소로 생각
하여 집합 X의 원소 3개를 집합 Y의 각 원소
에 대응시키는 경우의 수는 $3! = 3 \times 2 \times 1 = 6$
따라서 구하는 함수의 개수는 $6 \times 6 = 36$

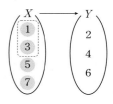

1302

STEP A 함수, 일대일함수, 상수함수의 정의를 이용하여 a, b, c의 값
구하기

$X=\{1, 2\}$, $Y=\{3, 4, 5\}$이므로
X에서 Y로의 함수의 개수는 $a=3^2=9$
X에서 Y로의 일대일함수의 개수는 $b=_3P_2=3 \times 2=6$
X에서 Y로의 상수함수의 개수는 $c=3$

공역의 원소의 개수와 같다.

STEP B Y에서 X로의 함수 중 치역과 공역이 같은 함수의 개수 구하기

$Y=\{3, 4, 5\}$에서 $X=\{1, 2\}$로의 함수 중 치역과 공역이 같은 함수는
전체 함수 중 상수함수를 제외하면 된다.
공역의 원소의 개수가 2개이므로 Y에서 X로의 함수의 중 치역과 공역이 같은
함수의 개수는 $d=2^3-2=6$

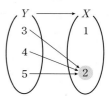

+α 치역과 공역이 같은 함수를 다음과 같이 구할 수 있어!

> $Y=\{3, 4, 5\}$ 중 2개의 원소를 뽑아 X의 원소 하나에 대응하고
> Y의 원소 중 남은 하나를 X의 원소 남은 하나에 대응하면 된다.
> 즉 Y의 원소 3개 중 2개를 뽑는 경우의 수는 $_3C_2=_3C_1=3$이고
> 뽑은 2개의 원소를 하나로 생각하고 집합 X의 원소에 대응하는 경우의 수는
> $2! = 2 \times 1 = 2$
> Y에서 X로의 함수 중 치역과 공역이 같은 함수의 개수는 $3 \times 2 = 6$

STEP C $a+b+c+d$의 값 구하기

따라서 $a+b+c+d = 9+6+3+6 = 24$

1303

STEP A 두 조건 (가), (나)를 만족하는 함수의 개수 구하기

조건 (가)에서 함수 f는 일대일함수이어야 하고
조건 (나)에서 공역이 $Y=\{1, 2, 3, 4, 5\}$이므로
$f(1)+f(2)+f(3)=8$을 만족하는 세 수의 합이 8이 되는 경우는
$f(1)$, $f(2)$, $f(3)$의 값이 1, 2, 5 또는 1, 3, 4일 때이다.
1, 2, 5를 $f(1)$, $f(2)$, $f(3)$에 대응하는 함수의 개수는
$3! = 3 \times 2 \times 1 = 6$
또한, 1, 3, 4를 $f(1)$, $f(2)$, $f(3)$에 대응하는 함수의 개수는
$3! = 3 \times 2 \times 1 = 6$
따라서 조건을 만족하는 함수 f의 개수는 $6+6=12$

1304

정답 ③

STEP A 일대일대응인 함수의 개수 구하기

일대일대응인 함수 f의 개수에서 $f(1)=1$ 또는 $f(5)=5$이면서 일대일대응인 함수의 개수를 빼면 된다.

즉 일대일대응인 함수 f의 개수는 $5!=5\times4\times3\times2\times1=120$

일대일대응인 함수는 정의역의 원소에 대응하는 공역의 원소가 각각 달라야 하므로 공역의 원소 5개를 일렬로 나열하는 경우의 수와 같다.

STEP B $f(1)=1$ 또는 $f(5)=5$인 일대일대응인 함수의 개수 제외하기

$f(1)=1$이고 일대일대응인 함수 f의 개수는

$4!=4\times3\times2\times1=24$

$f(1)=1$로 정의되므로 1을 제외한 4개의 원소를 일렬로 나열하는 경우의 수

$f(5)=5$이고 일대일대응인 함수 f의 개수는

$4!=4\times3\times2\times1=24$

$f(1)=1$이고 $f(5)=5$이면서 일대일대응인 함수 f의 개수는

$3!=3\times2\times1=6$

일대일대응인 함수 중 $f(1)=1$ 또는 $f(5)=5$인 함수 f의 개수는

$24+24-6=42$

따라서 구하는 함수 f의 개수는 $120-42=78$

---

mini해설 | $f(1)\neq5$, $f(1)=5$의 경우로 나누어 풀이하기

(i) $f(1)\neq5$일 때,
$f(1)$의 값을 정하는 경우의 수는 3 ← $f(1)\neq1$, $f(5)\neq5$이므로 공역의 원소 2, 3, 4 중에서 하나씩 정해진다.
$f(5)$의 값을 정하는 경우의 수는 3
즉 $f(1)$, $f(5)$의 값을 정하는 경우의 수는 $3\times3=9$

(ii) $f(1)=5$일 때,
$f(5)$의 값을 정하는 경우의 수는 4
즉 $f(1)$, $f(5)$의 값을 정하는 경우의 수는 $1\times4=4$

(i), (ii)에 의하여 $f(1)$, $f(5)$를 정하는 경우의 수는 $9+4=13$

또한, 일대일대응이 되도록 $f(2)$, $f(3)$, $f(4)$의 값을 정하는 경우의 수는

$3!=3\times2\times1=6$

따라서 구하는 함수 f의 개수는 $13\times6=78$

내/신/연/계 출제문항 653

집합 $X=\{1, 2, 3, 4, 5\}$에 대하여 함수 $f:X\longrightarrow X$로 정의할 때, $f(2)\neq1$, $f(3)\neq4$이고 일대일대응인 함수 f의 개수는?

① 24   ② 48   ③ 78
④ 120   ⑤ 720

STEP A 일대일대응인 함수의 개수 구하기

일대일대응인 함수 f의 개수에서 $f(2)=1$ 또는 $f(3)=4$이면서 일대일대응인 함수의 개수를 빼면 된다.

즉 일대일대응인 함수 f의 개수는 $5!=5\times4\times3\times2\times1=120$

일대일대응인 함수는 정의역의 원소에 대응하는 공역의 원소가 각각 달라야 하므로 공역의 원소 5개를 일렬로 나열하는 경우의 수와 같다.

STEP B $f(2)=1$ 또는 $f(3)=4$인 일대일대응인 함수의 개수 제외하기

$f(2)=1$이고 일대일대응인 함수 f의 개수는

$4!=4\times3\times2\times1=24$

$f(2)=1$로 정의되므로 1을 제외한 4개의 원소를 일렬로 나열하는 경우의 수

$f(3)=4$이고 일대일대응인 함수 f의 개수는

$4!=4\times3\times2\times1=24$

$f(2)=1$이고 $f(3)=4$이면서 일대일대응인 함수 f의 개수는

$3!=3\times2\times1=6$

일대일대응인 함수 중 $f(2)=1$ 또는 $f(3)=4$인 함수 f의 개수는

$24+24-6=42$

따라서 구하는 함수 f의 개수는 $120-42=78$

정답 ③

1305

정답 ④

STEP A 함수 f의 조건 구하기

$\{f(1)-2\}\{f(2)-3\}\neq0$이므로 $f(1)\neq2$이고 $f(2)\neq3$

STEP B 조건에 따른 함수 f의 개수 구하기

$f(1)$의 값은 2를 제외한 1, 3, 4에 대응하므로 3가지

$f(2)$의 값은 3을 제외한 1, 2, 4에 대응하므로 3가지

$f(3)$, $f(4)$의 값은 1, 2, 3, 4에 대응할 수 있으므로 $4\times4=16$

따라서 함수 f의 개수는 $3\times3\times16=144$

---

mini해설 | 전체 경우의 수에서 조건을 만족하지 않는 경우를 제외하여 풀이하기

모든 함수 f의 개수에서 $\{f(1)-2\}\{f(2)-3\}=0$을 만족하는 함수 f의 개수를 빼면 $\{f(1)-2\}\{f(2)-3\}\neq0$을 만족하는 함수 f의 개수가 나온다.

함수 f의 개수는 $4\times4\times4\times4=256$

(i) $f(1)=2$인 함수 f의 개수는 $4\times4\times4=64$

(ii) $f(2)=3$인 함수 f의 개수는 $4\times4\times4=64$

(iii) $f(1)=2$, $f(2)=3$인 함수의 개수는 $4\times4=16$

(i)~(iii)에서 구하는 함수 f의 개수는 $256-(64+64-16)=144$

1306

정답 ②

STEP A 조건을 만족시키는 함수의 개수 구하기

조건 (가)에서 함수 f는 일대일함수이고

조건 (나)에서 $f(1)=-1$이고

$f(2)\neq2$이므로 $f(2)$가 될 수 있는 값은

-2, 0, 1 중 하나이다.

즉 $f(2)$가 될 수 있는 값은 -2, 0, 1 중

하나이므로 경우의 수는 3가지

$f(3)$이 될 수 있는 값은 $f(1)$, $f(2)$를 제외한 수이므로 경우의 수는 3가지

$f(4)$가 될 수 있는 값은 $f(1)$, $f(2)$, $f(3)$을 제외한 수이므로 경우의 수는 2가지

따라서 조건을 만족시키는 함수의 개수는 $3\times3\times2=18$

내/신/연/계 출제문항 654

두 집합 $X=\{1, 2, 3, 4\}$, $Y=\{1, 2, 3, 4, 5\}$에 대하여 다음 두 조건을 모두 만족하는 함수 $f:X\longrightarrow Y$의 개수는?

(가) X의 임의의 두 원소 x_1, x_2에 대하여 $x_1\neq x_2$이면 $f(x_1)\neq f(x_2)$
(나) $f(1)\neq2$, $f(3)=3$

① 8   ② 12   ③ 14
④ 16   ⑤ 18

STEP A 조건을 만족시키는 함수의 개수 구하기

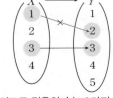

조건 (가)에서 함수 f는 일대일함수이고

조건 (나)에서 $f(3)=3$이고

$f(1)\neq2$이므로 $f(1)$이 될 수 있는 값은

1, 4, 5 중 하나이다.

즉 $f(1)$이 될 수 있는 값은 1, 4, 5 중

하나이므로 경우의 수는 3가지

$f(2)$가 될 수 있는 값은 $f(1)$, $f(3)$을 제외한 수이므로 경우의 수는 3가지

$f(4)$가 될 수 있는 값은 $f(1)$, $f(2)$, $f(3)$을 제외한 수이므로 경우의 수는 2가지

따라서 조건을 만족시키는 함수의 개수는 $3\times3\times2=18$

정답 ⑤

1307 정답 125

STEP A $f(-x)=f(x)$를 만족하는 함수 $f(x)$ 구하기

함수 $f(x)$가 $f(-x)=f(x)$를 만족시키므로
$f(-2)=f(2)$, $f(-1)=f(1)$
즉 $f(-2)$, $f(-1)$, $f(0)$이 결정되면 함수 $f(x)$가 결정된다.
 $f(2)$와 $f(1)$의 값은 $f(-2)$, $f(-1)$에 의해서 결정된다.

STEP B 함수의 개수 구하기

이때 $f(-2)$가 가질 수 있는 값은 -2, -1, 0, 1, 2의 5가지이고
$f(-1)$과 $f(0)$도 마찬가지이다.
따라서 함수의 개수는 $5\times5\times5=125$

1308 정답 ⑤

STEP A 조건 (가)를 만족하는 $f(0)$, $f(-1)$, $f(1)$의 관계 구하기

조건 (가)에서
$f(-1+0)=f(-1)+f(0)$, 즉 $f(-1)=f(-1)+f(0)$이므로 $f(0)=0$
$f(-1+1)=f(-1)+f(1)$, 즉 $f(0)=f(-1)+f(1)$이므로 $f(-1)=-f(1)$
즉 $f(-1)$의 값이 결정되면 $f(1)$의 값도 결정난다.

STEP B 조건 (나)에서 대우 명제를 이용하여 함수의 개수 구하기

조건 (나)에서 대우 명제는
'집합 X의 임의의 두 원소 x_1, x_2에 대하여 $x_1\ne x_2$이면 $f(x_1)\ne f(x_2)$이다.'
이므로 일대일함수이다.
$f(0)=0$이므로 $f(-1)$이 될 수 있는 값은 -3, -2, -1, 1, 2, 3이므로
경우의 수는 6가지
따라서 조건을 만족시키는 함수의 개수는 6

> **+α** │ 직접 함숫값을 구할 수 있어!
>
> (i) $f(-1)=-3$, $f(1)=3$, $f(0)=0$　(ii) $f(-1)=-2$, $f(1)=2$, $f(0)=0$
> (iii) $f(-1)=-1$, $f(1)=1$, $f(0)=0$　(iv) $f(-1)=1$, $f(1)=-1$, $f(0)=0$
> (v) $f(-1)=2$, $f(1)=-2$, $f(0)=0$　(vi) $f(-1)=3$, $f(1)=-3$, $f(0)=0$
> (i)~(vi)에 의하여 구하는 함수 f의 개수는 6

1309 정답 36

STEP A $a+f(a)$이 짝수일 조건 구하기

조건 (가)에서 대우 명제는
'집합 X의 임의의 두 원소 x_1, x_2에 대하여 $x_1\ne x_2$이면 $f(x_1)\ne f(x_2)$이다.'
이므로 f는 일대일함수이다.
조건 (나)에서 $a+f(a)$의 값이 짝수가 되려면
a의 값이 홀수일 때, $f(a)$도 홀수이고
a의 값이 짝수일 때, $f(a)$도 짝수이어야 한다.

STEP B 각각의 함수의 개수 구하기

(i) a의 값이 홀수일 때, $f(a)$도 홀수인 함수의 개수
　정의역의 원소 1, 3에서 공역 1, 3, 5에 대응하는 함수의 개수와 같으므로
　$_3P_2=3\times2=6$
(ii) a의 값이 짝수일 때, $f(a)$도 짝수인 함수의 개수
　정의역의 원소 2, 4에서 공역 2, 4, 6에 대응하는 함수의 개수와 같으므로
　$_3P_2=3\times2=6$

STEP C 곱의 법칙을 이용하여 함수의 개수 구하기

(i), (ii)에서 구하는 함수 f의 개수는 $6\times6=36$
　　　　　　　동시에 일어나는 사건이므로 곱의 법칙이다.

1310 2011년 03월 고2 학력평가 26번　정답 25

STEP A 조건 (나)를 이용하여 $f(0)=0$임을 파악하기

조건 (나)에서 함수 $f(x)$가 집합 A의 모든 원소 x에 대하여
$f(-x)=-f(x)$를 만족하므로
$f(0)=-f(0)$에서 $f(0)=0$

STEP B $f(-2)$, $f(-1)$의 함숫값은 각각 몇 가지인지 구하기

또한, 조건 (나)에서 $f(-2)=-f(2)$, $f(-1)=-f(1)$이므로
$f(-2)$, $f(-1)$의 값만 정해지면 $f(2)$, $f(1)$의 값도 정해진다.
따라서 $f(-2)$, $f(-1)$의 함숫값은 각각 -2, -1, 0, 1, 2의 5가지가 될 수
있으므로 함수 f의 개수는 $5\times5=25$

내/신/연/계 출제문항 **655**

집합 $X=\{-5, -3, 0, 3, 5\}$에 대하여 다음 두 조건을 만족하는 함수 f의
개수는?

> (가) 함수 f는 X에서 X로의 함수이다.
> (나) X의 모든 원소 x에 대하여 $f(x)=-f(-x)$이다.

① 19　　　② 21　　　③ 23
④ 25　　　⑤ 27

STEP A 조건 (나)를 이용하여 $f(0)=0$임을 파악하기

조건 (나)에서 함수 $f(x)$가 집합 X의 모든 원소 x에 대하여
$f(-x)=-f(x)$를 만족하므로 $f(0)=-f(0)$에서 $f(0)=0$

STEP B $f(-5)$, $f(-3)$의 함숫값은 각각 몇 가지인지 구하기

또한, 조건 (나)에서 $f(-5)=-f(5)$, $f(-3)=-f(3)$이므로
$f(-5)$, $f(-3)$의 값만 정해지면 $f(5)$, $f(3)$의 값도 정해진다.
따라서 $f(-5)$, $f(-3)$의 함숫값은 각각 -5, -3, 0, 3, 5의 5가지가 될 수
있으므로 함수 f의 개수는 $5\times5=25$　　　 정답 ④

1311 정답 20

STEP A 조건을 만족하는 함수의 개수 구하기

$x_1<x_2$이면 $f(x_1)<f(x_2)$이므로 $f(1)<f(2)<f(3)$을 만족한다.
공역 Y의 원소 4, 5, 6, 7, 8, 9 중에서 서로 다른 3개의 원소를 택하여
작은 수부터 차례대로 정의역의 원소 1, 2, 3에 대응시키면 된다.
　　　　　　　Y의 원소 중 3개를 뽑아 작은 수부터 차례로 $f(1)$, $f(2)$, $f(3)$으로 정하면 된다.
따라서 구하는 함수 f의 개수는 $_6C_3=\dfrac{6\times5\times4}{3\times2\times1}=20$

1312 정답 ④

STEP A 두 조건 (가), (나)를 만족하는 X에서 X로의 함수 f의 개수 구하기

집합 $X=\{1, 2, 3, 4\}$에 대하여 조건 (가)에서 $f(1)$이 될 수 있는 것은
집합 X의 원소 중에서 1을 제외한 2, 3, 4 중 하나이므로 3가지
조건 (나)에서 $f(2)<f(3)$을 만족시키는 순서쌍 $(f(2), f(3))$의 개수는
$_4C_2=6$ ◀ (1, 2), (1, 3), (1, 4), (2, 3), (2, 4), (3, 4)로 6가지이다.
$f(4)$에 대응할 수 있는 개수는 4이다.
따라서 조건을 만족시키는 함수 f의 개수는 $3\times6\times4=72$

$f(1)$의 값은 1을 제외한 2, 3, 4 중 하나를 택하는 경우 $_3C_1=3$가지

$f(2)$, $f(3)$의 값은 1, 2, 3, 4 중 2개를 택하는 경우 $_4C_2=6$가지

$f(4)$의 값은 1, 2, 3, 4 중 1개를 택하는 경우 $_4C_1=4$가지

1313

정답 ②

STEP A 두 조건 (가), (나)를 만족시키는 경우의 수 구하기

조건 (가)에서 $f(4)=5$이고 조건 (나)에 의하여

$f(1)<f(2)<f(3)<f(4)<f(5)$의 순서가 정해진다.

(i) $f(1)$, $f(2)$, $f(3)$을 대응시키는 경우의 수

　$f(1)<f(2)<f(3)<5$이므로 공역 Y의 원소 1, 2, 3, 4 중 3개를 택하여 크기순으로 $f(1)$, $f(2)$, $f(3)$에 대응하는 것이므로

　$_4C_3=_4C_1=4$

(ii) $f(5)$를 대응시키는 경우의 수

　$5<f(5)$이므로 공역 Y의 원소 6, 7 중 1개를 택하는 경우의 수이므로

　$_2C_1=2$

STEP B 곱의 법칙을 이용하여 함수의 개수 구하기

(i), (ii)에서 구하는 함수 f의 개수는 $4\times2=8$

내/신/연/계 출제문항 656

두 집합 $X=\{1, 2, 3, 4, 5\}$, $Y=\{1, 2, 3, 4, 5, 6, 7, 8, 9\}$에 대하여 다음 조건을 모두 만족하는 함수 $f : X \longrightarrow Y$의 개수는?

(가) $f(3)=4$
(나) 집합 X의 임의의 두 원소 x_1, x_2에 대하여 $x_1<x_2$이면 $f(x_1)>f(x_2)$이다.

① 30　　　　② 32　　　　③ 34
④ 36　　　　⑤ 38

STEP A 두 조건 (가), (나)를 만족시키는 경우의 수 구하기

조건 (가)에서 $f(3)=4$이고

조건 (나)에서 $f(1)>f(2)>f(3)>f(4)>f(5)$

이므로 $f(1)>f(2)>4>f(4)>f(5)$

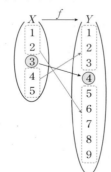

(i) $f(1)$, $f(2)$를 대응시키는 경우의 수

　$f(1)>f(2)>4$이므로 공역 Y의 원소 5, 6, 7, 8, 9 중 2개를 택하여 크기순으로 $f(1)$, $f(2)$에 대응하는 것이므로

　$_5C_2=\dfrac{5\times4}{2\times1}=10$

(ii) $f(4)$, $f(5)$를 대응시키는 경우의 수

　$f(5)<f(4)<4$ 이므로 공역 Y의 원소 1, 2, 3 중 2개를 택하는 경우의 수이므로

　$_3C_2=_3C_1=3$

STEP B 곱의 법칙을 이용하여 함수의 개수 구하기

(i), (ii)에서 구하는 함수의 개수는 $10\times3=30$

정답 ①

1314

정답 ②

STEP A 조건을 만족시키는 함수의 개수 구하기

조건 (가)에서 $f(2)$는 홀수이고

조건 (나)에서 $a<b$일 때, $f(a)<f(b)$

즉 $f(1)<f(2)<f(3)<f(4)$이어야 한다.

(i) $f(2)=1$일 때,

　이때 $f(1)$의 값이 대응할 수 없으므로 함수는 존재하지 않는다.

(ii) $f(2)=3$일 때, $f(1)$이 될 수 있는 값은 공역 Y의 원소 1, 2 중 하나를 택하는 것이므로 $_2C_1=2$

　$f(3)$, $f(4)$가 될 수 있는 값은 공역 Y의 원소 4, 5, 6, 7, 8 중 2개를 택하여 크기순으로 대응하면 되므로 $_5C_2=\dfrac{5\times4}{2\times1}=10$

　즉 $f(2)=3$일 때, 함수의 개수는 $2\times10=20$

(iii) $f(2)=5$일 때, $f(1)$이 될 수 있는 값은 공역 Y의 원소 1, 2, 3, 4 중 하나를 택하는 것이므로 $_4C_1=4$

　$f(3)$, $f(4)$가 될 수 있는 값은 공역 Y의 원소 6, 7, 8 중 2개를 택하여 크기순으로 대응하면 되므로 $_3C_2=_3C_1=3$

　즉 $f(2)=5$일 때, 함수의 개수는 $4\times3=12$

(iv) $f(2)=7$일 때, $f(3)$, $f(4)$를 모두 대응할 수 있는 경우가 존재하지 않으므로 함수는 존재하지 않는다.

(i)~(iv)에 의하여 구하는 함수의 개수는 $20+12=32$

내/신/연/계 출제문항 657

두 집합

$$X=\{1, 2, 3, 4\},\ Y=\{2, 3, 4, 5, 6, 7, 8, 9\}$$

에 대하여 다음 두 조건을 모두 만족하는 함수 $f : X \longrightarrow Y$의 개수는?

(가) $f(2)$는 짝수이다.
(나) $a\in X$, $b\in X$일 때, $a<b$이면 $f(a)<f(b)$이다.

① 30　　　　② 32　　　　③ 34
④ 36　　　　⑤ 38

STEP A 조건을 만족시키는 함수의 개수 구하기

조건 (가)에서 $f(2)$는 짝수이고

조건 (나)에서 $a<b$일 때, $f(a)<f(b)$

즉 $f(1)<f(2)<f(3)<f(4)$이어야 한다.

(i) $f(2)=2$일 때,

　이때 $f(1)$의 값이 대응할 수 없으므로 함수는 존재하지 않는다.

(ii) $f(2)=4$일 때, $f(1)$이 될 수 있는 값은 공역 Y의 원소 2, 3 중 하나를 택하는 것이므로 $_2C_1=2$

　$f(3)$, $f(4)$가 될 수 있는 값은 공역 Y의 원소 5, 6, 7, 8, 9 중 2개를 택하여 크기순으로 대응하면 되므로 $_5C_2=\dfrac{5\times4}{2\times1}=10$

　즉 $f(2)=4$일 때, 함수의 개수는 $2\times10=20$

(iii) $f(2)=6$일 때, $f(1)$이 될 수 있는 값은 공역 Y의 원소 2, 3, 4, 5 중 하나를 택하는 것이므로 $_4C_1=4$

　$f(3)$, $f(4)$가 될 수 있는 값은 공역 Y의 원소 7, 8, 9 중 2개를 택하여 크기순으로 대응하면 되므로 $_3C_2=_3C_1=3$

　즉 $f(2)=6$일 때, 함수의 개수는 $4\times3=12$

(iv) $f(2)=8$일 때, $f(3)$, $f(4)$를 모두 대응할 수 있는 경우가 존재하지 않으므로 함수는 존재하지 않는다.

(i)~(iv)에 의하여 구하는 함수의 개수는 $20+12=32$

정답 ②

1315

정답 ④

STEP Ⓐ $f(3)=5$, $f(3)=6$인 경우 조건을 만족하는 함수의 개수 구하기

조건 (가)에서 $f(3)$의 값은 5 또는 6이고

조건 (나)에 의하여 $f(1)<f(2)<f(3)<f(4)<f(5)<f(6)$의 순서가 정해진다.

(ⅰ) $f(3)=5$일 때,

X의 원소 1, 2를 대응시키는 경우의

수는 Y의 원소 1, 2, 3, 4 중에서

서로 다른 두 수를 뽑는 경우의 수와

같으므로 $_4C_2=6$

또한, X의 원소 4, 5, 6을 대응시키는

경우의 수는 Y의 원소 6, 7, 8, 9 중에서

서로 다른 세 수를 뽑는 경우의 수와

같으므로 $_4C_3=4$

즉 조건을 만족하는 함수의 개수는

$6\times4=24$

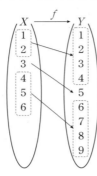

(ⅱ) $f(3)=6$일 때,

X의 원소 1, 2를 대응시키는 경우의

수는 Y의 원소 1, 2, 3, 4, 5 중에서

서로 다른 두 수를 뽑는 경우의 수와

같으므로 $_5C_2=10$

또한, X의 원소 4, 5, 6을 대응시키는

경우의 수는 Y의 원소 7, 8, 9 중에서

서로 다른 세 수를 뽑는 경우의 수와

같으므로 $_3C_3=1$

즉 조건을 만족하는 함수의 개수는

$10\times1=10$

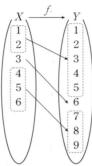

STEP Ⓑ 합의 법칙을 이용하여 함수 f의 개수 구하기

(ⅰ), (ⅱ)에서 구하는 함수의 개수는 $24+10=34$

1316

정답 20

STEP Ⓐ $f(2)$의 값에 따라 경우를 나누어 조합의 수 구하기

(ⅰ) $f(2)=1$인 경우

$1<f(3)<f(4)$이려면 공역의 원소 2, 3, 4, 5 중에서 서로 다른 2개를

택하여 작은 수부터 차례대로 정의역의 원소 3, 4에 대응시키면 되므로

그 경우의 수는 $_4C_2$

일대일대응이려면 남은 공역의 원소 2개 중에서 서로 다른 2개를 택하여

정의역의 원소 1, 5에 대응시키면 되므로 그 경우의 수는 2!

즉 $f(2)=1$인 함수 f의 개수는 $_4C_2\times2!=6\times2=12$

(ⅱ) $f(2)=2$인 경우

$2<f(3)<f(4)$이려면 공역의 원소 3, 4, 5 중에서 서로 다른 2개를

택하여 작은 수부터 차례대로 정의역의 원소 3, 4에 대응시키면 되므로

그 경우의 수는 $_3C_2$

일대일대응이려면 남은 공역의 원소 2개 중에서 서로 다른 2개를 택하여

정의역의 원소 1, 5에 대응시키면 되므로 그 경우의 수는 2!

즉 $f(2)=2$인 함수 f의 개수는 $_3C_2\times2!=3\times2=6$

(ⅲ) $f(2)=3$인 경우

$3<f(3)<f(4)$이려면 공역의 원소 4, 5 중에서 서로 다른 2개를 택하여

작은 수부터 차례대로 정의역의 원소 3, 4에 대응시키면 되므로

그 경우의 수는 $_2C_2$

일대일대응이려면 남은 공역의 원소 2개 중에서 서로 다른 2개를 택하여

정의역의 원소 1, 5에 대응시키면 되므로 그 경우의 수는 2!

즉 $f(2)=3$인 함수 f의 개수는 $_2C_2\times2!=1\times2=2$

STEP Ⓑ 합의 법칙을 이용하여 함수 f의 개수 구하기

(ⅰ)~(ⅲ)에 의하여 구하는 함수 f의 개수는 $12+6+2=20$

내신연계 출제문항 658

두 집합

$$X=\{1, 2, 3, 4, 5\}, \quad Y=\{1, 2, 3, 4, 5, 6\}$$

에 대하여 함수 $f:X \longrightarrow Y$가 다음 조건을 만족하는 함수 f의 개수는?

> (가) 함수 f는 일대일함수이다.
> (나) $f(2)<f(3)<f(4)$

① 120 ② 121 ③ 122

④ 123 ⑤ 124

STEP Ⓐ $f(2)$의 값에 따라 경우를 나누어 조합의 수 구하기

(ⅰ) $f(2)=1$인 경우

$1<f(3)<f(4)$이려면 공역의 원소 2, 3, 4, 5, 6 중에서 서로 다른 2개를

택하여 작은 수부터 차례대로 정의역의 원소 3, 4에 대응시키면 되므로

그 경우의 수는 $_5C_2$

일대일함수이려면 남은 공역의 원소 3개 중에서 서로 다른 2개를 택하여

정의역의 원소 1, 5에 대응시키면 되므로 그 경우의 수는 $_3P_2$

즉 $f(2)=1$인 함수 f의 개수는 $_5C_2\times_3P_2=10\times6=60$

(ⅱ) $f(2)=2$인 경우

$2<f(3)<f(4)$이려면 공역의 원소 3, 4, 5, 6 중에서 서로 다른 2개를

택하여 작은 수부터 차례대로 정의역의 원소 3, 4에 대응시키면 되므로

그 경우의 수는 $_4C_2$

일대일함수이려면 남은 공역의 원소 3개 중에서 서로 다른 2개를 택하여

정의역의 원소 1, 5에 대응시키면 되므로 그 경우의 수는 $_3P_2$

즉 $f(2)=2$인 함수 f의 개수는 $_4C_2\times_3P_2=6\times6=36$

(ⅲ) $f(2)=3$인 경우

$3<f(3)<f(4)$이려면 공역의 원소 4, 5, 6 중에서 서로 다른 2개를

택하여 작은 수부터 차례대로 정의역의 원소 3, 4에 대응시키면 되므로

그 경우의 수는 $_3C_2$

일대일함수이려면 남은 공역의 원소 3개 중에서 서로 다른 2개를 택하여

정의역의 원소 1, 5에 대응시키면 되므로 그 경우의 수는 $_3P_2$

즉 $f(2)=3$인 함수 f의 개수는 $_3C_2\times_3P_2=3\times6=18$

(ⅳ) $f(2)=4$인 경우

$4<f(3)<f(4)$이려면 공역의 원소 5, 6 중에서 서로 다른 2개를 택하여

작은 수부터 차례대로 정의역의 원소 3, 4에 대응시키면 되므로

그 경우의 수는 $_2C_2$

일대일함수이려면 남은 공역의 원소 3개 중에서 서로 다른 2개를 택하여

정의역의 원소 1, 5에 대응시키면 되므로 그 경우의 수는 $_3P_2$

즉 $f(2)=4$인 함수 f의 개수는 $_2C_2\times_3P_2=1\times6=6$

STEP Ⓑ 합의 법칙을 이용하여 함수 f의 개수 구하기

(ⅰ)~(ⅳ)에 의하여 구하는 함수 f의 개수는 $60+36+18+6=120$

정답 ①

1317
2019년 03월 고2 학력평가 가형 24번 정답 96

STEP A x의 값에 따라 조건을 만족시키는 각각의 함수의 개수 구하기

(i) $x=1$일 때, $1+f(1)\geq 4$에서 $f(1)\geq 3$이므로

$f(1)$의 값이 될 수 있는 것은 3, 4로 경우의 수는 2이다.

3, 4에서 1개의 수를 택하는 경우의 수이므로 $_2C_1$

(ii) $x=2$일 때, $2+f(2)\geq 4$에서 $f(2)\geq 2$이므로

$f(2)$의 값이 될 수 있는 것은 2, 3, 4로 경우의 수는 3이다.

2, 3, 4에서 1개의 수를 택하는 경우의 수이므로 $_3C_1$

(iii) $x=3$일 때, $3+f(3)\geq 4$에서 $f(3)\geq 1$이므로

$f(3)$의 값이 될 수 있는 것은 1, 2, 3, 4로 경우의 수는 4이다.

1, 2, 3, 4에서 1개의 수를 택하는 경우의 수이므로 $_4C_1$

(iv) $x=4$일 때, $4+f(4)\geq 4$에서 $f(4)\geq 0$이므로

$f(4)$의 값이 될 수 있는 것은 1, 2, 3, 4로 경우의 수는 4이다.

1, 2, 3, 4에서 1개의 수를 택하는 경우의 수이므로 $_4C_1$

STEP B 곱의 법칙을 이용하여 모든 함수 f의 개수 구하기

(i)~(iv)에서 함숫값을 정하는 경우는 동시에 일어나므로
곱의 법칙에 의하여 구하는 함수 f의 개수는 $2\times 3\times 4\times 4=96$

내/신/연/계 출제문항 659

집합 $X=\{3, 6, 9, 12, 15\}$일 때 함수 $f : X \longrightarrow X$ 중에서 집합 X의 모든 원소 x에 대하여 $x+f(x)>15$를 만족시키는 함수 f의 개수는?

① 92   ② 120   ③ 184
④ 240   ⑤ 280

STEP A x의 값에 따라 조건을 만족시키는 각각의 함수의 개수 구하기

(i) $x=3$일 때, $3+f(3)>15$에서 $f(3)>12$이므로

$f(3)$의 값이 될 수 있는 것은 15로 경우의 수는 1이다.

15에서 1개의 수를 택하는 경우의 수이므로 1

(ii) $x=6$일 때, $6+f(6)>15$에서 $f(6)>9$이므로

$f(6)$의 값이 될 수 있는 것은 12, 15로 경우의 수는 2이다.

12, 15에서 1개의 수를 택하는 경우의 수이므로 $_2C_1$

(iii) $x=9$일 때, $9+f(9)>15$에서 $f(9)>6$이므로

$f(9)$의 값이 될 수 있는 것은 9, 12, 15로 경우의 수는 3이다.

9, 12, 15에서 1개의 수를 택하는 경우의 수이므로 $_3C_1$

(iv) $x=12$일 때, $12+f(12)>15$에서 $f(12)>3$이므로

$f(12)$의 값이 될 수 있는 것은 6, 9, 12, 15로 경우의 수는 4이다.

6, 9, 12, 15에서 1개의 수를 택하는 경우의 수이므로 $_4C_1$

(v) $x=15$일 때, $15+f(15)>15$에서 $f(15)>0$이므로

$f(15)$의 값이 될 수 있는 것은 3, 6, 9, 12, 15로 경우의 수는 5이다.

3, 6, 9, 12, 15에서 1개의 수를 택하는 경우의 수이므로 $_5C_1$

STEP B 곱의 법칙을 이용하여 모든 함수 f의 개수 구하기

(i)~(v)에서 함숫값을 정하는 경우는 동시에 일어나므로
곱의 법칙에 의하여 구하는 함수 f의 개수는 $1\times 2\times 3\times 4\times 5=120$

정답 ②

STEP 2   서술형문제

1318
정답 해설참조

| 1단계 | k의 값을 구한다. | 3점 |

$2x-1=3$에서 $x=2$

$x=2$를 $f(2x-1)=3x+k$에 대입하면

$f(3)=3\times 2+k=9$

$\therefore k=3$

| 2단계 | 함수 $f(x)$를 구하여 $f(5)-f(1)$의 값을 구한다. | 4점 |

$2x-1=t$라 하면 $2x=t+1$

$\therefore x=\frac{1}{2}(t+1)$

$f(2x-1)=3x+3$에 $x=\frac{1}{2}(t+1)$을 대입하면

$f(t)=3\times \frac{1}{2}(t+1)+3=\frac{3}{2}t+\frac{9}{2}$ ...... ㉠

$\therefore f(5)-f(1)=\left(\frac{15}{2}+\frac{9}{2}\right)-\left(\frac{3}{2}+\frac{9}{2}\right)=12-6=6$

| 3단계 | $f\left(\dfrac{x-1}{3}\right)$의 값을 구한다. | 3점 |

㉠의 t대신 $t=\dfrac{x-1}{3}$을 대입하면

$f\left(\dfrac{x-1}{3}\right)=\dfrac{3}{2}\times\left(\dfrac{x-1}{3}\right)+\dfrac{9}{2}=\dfrac{1}{2}x+4$

1319
정답 해설참조

| 1단계 | 두 함수 f와 g가 서로 같을 조건을 구한다. | 3점 |

$f=g$이려면 두 함수의 정의역과 공역이 각각 같고
정의역의 모든 원소 x에 대하여 $f(x)=g(x)$
정의역의 각 원소에 대한 함숫값이 서로 같아야 한다.

| 2단계 | $f(x)=g(x)$인 x의 값을 구한다. | 4점 |

두 함수 $f=g$이므로 $x\in X$에 대하여 $f(x)=g(x)$이어야 한다.

$x^2+2x-1=|x+1|$

(i) $x\geq -1$일 때, $x^2+2x-1=x+1$, $x^2+x-2=0$

     $(x-1)(x+2)=0$

     $\therefore x=1$

(ii) $x<-1$일 때, $x^2+2x-1=-(x+1)$, $x^2+3x=0$

     $x(x+3)=0$

     $\therefore x=-3$

| 3단계 | 공집합이 아닌 집합 X를 구한다. | 3점 |

(i), (ii)에 의하여 정의역 집합 X는 $\{-3, 1\}$의 부분집합 중 공집합을 제외한
집합이므로 $\{1\}$, $\{-3\}$, $\{-3, 1\}$의 3개이다.

정답과 해설   485

1320

정답 해설참조

| 1단계 | 함수 $g(x)$가 항등함수임을 이용하여 $g(-2)$의 값을 구한다. | 2점 |

함수 g는 항등함수이므로 $g(-2)=-2$, $g(0)=0$, $g(2)=2$
즉 $g(-2)=-2$

| 2단계 | 함수 $f(x)$가 일대일대응임을 이용하여 $f(2)$의 값을 구한다. | 4점 |

$f(-2)=g(2)=h(0)$에서 $f(-2)=h(0)=2$
$f(-2)+f(2)=f(0)$에서 $2+f(2)=f(0)$
이때 함수 f는 일대일대응이므로
$f(0)=-2$, $f(2)=0$ 또는 $f(0)=0$, $f(2)=-2$
그런데 $2+f(2)=f(0)$이므로 $f(0)=0$, $f(2)=-2$

| 3단계 | 함수 $h(x)$가 상수함수임을 이용하여 $h(0)$의 값을 구한다. | 2점 |

함수 h는 상수함수이므로 $h(-2)=h(0)=h(2)=2$
즉 $h(0)=2$

| 4단계 | $f(2)g(-2)h(0)$의 값을 구한다. | 2점 |

따라서 $f(2)g(-2)h(0)=(-2)\times(-2)\times 2=8$

1321

정답 해설참조

| 1단계 | X에서 Y로의 함수의 개수를 구한다. | 2점 |

함수가 되려면 모든 정의역의 원소에 치역의 원소가 하나씩 대응되어야 한다.
X의 원소 1, 2, 3에 하나씩 대응될 수 있는 Y의 원소가 각각 4가지씩이므로
X에서 Y로의 함수의 개수는 $4\times 4\times 4=4^3=64$

| 2단계 | X에서 Y로의 일대일함수의 개수를 구한다. | 2점 |

X에서 Y로의 일대일함수가 되려면 정의역의 서로 다른 원소에 공역의 서로
다른 원소가 하나씩 대응되어야 하므로
1에 대응될 수 있는 수는 4가지
2에 대응될 수 있는 수는 1에 대응되는 수를 제외한 3가지
3에 대응될 수 있는 수는 1, 2에 대응되는 수를 제외한 2가지
즉 X에서 Y로의 일대일함수의 개수는 $_4\mathrm{P}_3=4\times 3\times 2=24$

| 3단계 | X에서 Y로의 상수함수의 개수를 구한다. | 1점 |

X에서 Y로의 상수함수를 f라 할 때, 가능한 함수 f는
$f(x)=1$ 또는 $f(x)=2$ 또는 $f(x)=3$ 또는 $f(x)=4$
즉 상수함수의 개수는 공역의 원소의 개수와 같으므로 4개이다.

| 4단계 | X에서 X로의 항등함수의 개수를 구한다. | 1점 |

X에서 X로의 항등함수는 $f(x)=x$뿐이므로 f는 한 개이다.

| 5단계 | X에서 X로의 일대일대응의 개수를 구한다. | 2점 |

X에서 X로의 일대일대응이려면 정의역의 서로 다른 원소에 공역의 서로 다른
원소가 하나씩 대응되어야 하므로
1에 대응될 수 있는 수는 3가지
2에 대응될 수 있는 수는 1에 대응되는 수를 제외한 2가지
3에 대응될 수 있는 수는 1, 2에 대응되는 수를 제외한 1가지
즉 X에서 X로의 일대일대응의 개수는 $3\times 2\times 1=6$

| 6단계 | X에서 Y로의 함수 중 집합 X의 두 원소 x_1, x_2에 대하여 $x_1<x_2$일 때, $f(x_1)<f(x_2)$를 만족하는 함수의 개수를 구한다. | 2점 |

집합 X의 두 원소 x_1, x_2에 대하여 $x_1<x_2$일 때,
$f(x_1)<f(x_2)$를 만족하는 함수의 개수는 $f(1)<f(2)<f(3)$을 만족하는 함수에
대응하므로 1, 2, 3, 4 중에서 순서를 생각하지 않고 3개를 뽑는 경우의 수는
$_4\mathrm{C}_3=4$

1322

정답 해설참조

| 1단계 | x의 범위에 따른 함수 $f(x)$를 구한다. | 4점 |

함수 $f(x)=a|x+2|-4x$에서
(i) $x<-2$일 때,
$f(x)=a(-x-2)-4x=-(a+4)x-2a$
(ii) $x\geq-2$일 때,
$f(x)=a(x+2)-4x=(a-4)x+2a$
(i), (ii)에서
$f(x)=\begin{cases}-(a+4)x-2a & (x<-2)\\(a-4)x+2a & (x\geq-2)\end{cases}$

| 2단계 | 함수 $f(x)$가 일대일대응일 조건을 구한다. | 4점 |

함수 f가 일대일대응이므로 두 직선 $y=-(a+4)x-2a$와
$y=(a-4)x+2a$의 기울기의 부호가 서로 같다.
$-(a+4)(a-4)>0$, $(a+4)(a-4)<0$
$\therefore -4<a<4$

| 3단계 | 정수 a의 개수를 구한다. | 2점 |

따라서 $-4<a<4$를 만족시키는 정수 a의 개수는 -3, -2, -1, 0, 1, 2, 3
이므로 7

1323

정답 해설참조

| 1단계 | 조합을 이용하여 조건 (가)를 만족하는 함수의 개수를 구한다. | 4점 |

조건 (가)에서 함숫값의 순서가 정해져 있으므로 순서를 생각하지 않고
6개의 원소 중 4개의 원소를 택하는 조합이다.
$p=_6\mathrm{C}_4=15$

| 2단계 | 조합을 이용하여 조건 (나)를 만족하는 함수의 개수를 구한다. | 4점 |

조건 (나)에서 $f(2)=3$이므로
$f(1)$은 1과 2에 대응시키면 되므로
그 경우의 수는 2
$f(3)<f(4)$이므로 공역의 원소 4, 5, 6
중에서 서로 다른 2개를 택하여 작은 수부터
차례대로 정의역의 원소 3, 4에 대응시키면
되므로 그 경우의 수는 $_3\mathrm{C}_2$
즉 조건 (나)를 만족시키는 함수의 개수는
$q=2\times_3\mathrm{C}_2=6$

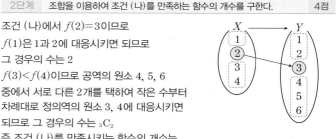

| 3단계 | $p+q$의 값을 구한다. | 2점 |

따라서 $p+q=15+6=21$

1324

정답 162

STEP Ⓐ 조건 (가)를 이용하여 $f(2025)$의 규칙성 추론하기

조건 (가)에서

$$f(2025)=f\left(3\times\frac{2025}{3}\right)=3f\left(\frac{2025}{3}\right)=3^2 f\left(\frac{2025}{3^2}\right)$$
$$=\cdots=3^6 f\left(\frac{2025}{3^6}\right)$$

STEP Ⓑ 조건 (나)를 이용하여 $f(2025)$의 값 구하기

$\frac{2025}{3^6}$의 범위는 $2<\frac{2025}{3^6}<3$이므로 ← $\frac{2025}{3^6}=2.7\cdots$

조건 (가)에서 $f\left(\frac{2025}{3^6}\right)=1-\left|\frac{2025}{3^6}-2\right|=3-\frac{2025}{3^6}$

$\frac{2025}{3^6}=2.7\cdots>2$이므로 $\frac{2025}{3^6}-2>0$

따라서 $f(2025)=3^6 f\left(\frac{2025}{3^6}\right)=3^6\left(3-\frac{2025}{3^6}\right)=3^7-2025=162$

1325

정답 8

STEP Ⓐ 함수 $f(x)$가 일대일대응이 되기 위한 상수 a의 값 구하기

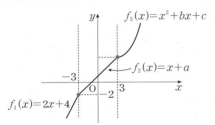

$f_1(x)=2x+4$, $f_2(x)=x+a$, $f_3(x)=x^2+bx+c$라 하자.

$f(x)=\begin{cases}2x+4 & (x\le-3)\\x+a & (-3<x\le3)\text{이고}\\x^2+bx+c & (x\ge3)\end{cases}$

$f(x)$가 일대일대응이므로 임의의 실수 k에 대하여
직선 $y=k$와 함수 $y=f(x)$의 그래프의 교점의 개수는
항상 1이어야 한다. ┈┈┈ ㉠

이때 $x_1<x_2\le-3$인 임의의 두 실수 x_1, x_2에 대하여
$f_1(x_1)<f_1(x_2)$이고
$-3<x_3<x_4\le3$인 임의의 두 실수 x_3, x_4에 대하여
$f_2(x_3)<f_2(x_4)$이므로

㉠을 만족시키기 위해서는 $f_1(-3)=f_2(-3)$이어야 한다.
즉 $-2=-3+a$에서 $a=1$

STEP Ⓑ 함수 $f(x)$가 일대일대응이 되기 위한 상수 b, c의 관계식 구하기

마찬가지로 $f_2(3)=f_3(3)$이어야 하고
$3\le x_5<x_6$인 임의의 두 실수 x_5, x_6에 대하여 $f_3(x_5)<f_3(x_6)$이어야 한다.
$f_2(3)=f_3(3)$에서 $4=9+3b+c$
$\therefore 3b+c=-5$ ┈┈┈ ㉡

또한, $f_3(x)=x^2+bx+c=\left(x+\frac{b}{2}\right)^2-\frac{b^2}{4}+c$이고

함수 $y=f_3(x)$의 그래프의 대칭축의 방정식은 $x=-\frac{b}{2}$

이때 $3\le x_5<x_6$인 임의의 두 실수 x_5, x_6에 대하여
$f_3(x_5)<f_3(x_6)$이기 위해서는 $-\frac{b}{2}\le3$이어야 한다.

$\therefore b\ge-6$

STEP Ⓒ b의 값이 최소일 때, $a+b+c$의 값 구하기

b의 최솟값은 -6이고
이때 ㉡에 의하여 $c=13$
따라서 b의 값이 최소일 때, $a=1$, $b=-6$, $c=13$이므로
$a+b+c=1+(-6)+13=8$

1326

정답 180

STEP Ⓐ 조건을 만족하는 일대일함수 f의 개수 구하기

(i) $f(2)$, $f(4)$의 값이 소수 3, 5, 7에 대응되는 경우

함수 f가 일대일함수가 되도록 $f(2)$, $f(4)$의 값을 정하는 경우의 수는
서로 다른 3개에서 2개를 택하여 일렬로 배열하는 순열의 수와 같으므로
${}_3\mathrm{P}_2=3\times2=6$

그 각각에 대하여 $f(1)$, $f(3)$, $f(5)$의 값은 2, 4, 6, 8 중 3개의 원소에
대응되어야 한다.

함수 f가 일대일함수가 되도록 $f(1)$, $f(3)$, $f(5)$의 값을 정하는 경우의
수는 서로 다른 4개에서 3개를 택하여 일렬로 배열하는 순열의 수와
같으므로 ${}_4\mathrm{P}_3=4\times3\times2=24$

즉 이 경우의 함수 f의 개수는 $6\times24=144$

(ii) $f(2)=2$인 경우

$f(4)$의 값은 3, 5, 7 중 1개에 대응되어야 하므로 3가지

그 각각에 대하여 $f(1)$, $f(3)$, $f(5)$의 값은 4, 6, 8 중 3개의 원소에
대응되어야 한다.

함수 f가 일대일함수가 되도록 $f(1)$, $f(3)$, $f(5)$의 값을 정하는 경우의
수는 서로 다른 3개에서 3개를 택하여 일렬로 배열하는 순열의 수와
같으므로 ${}_3\mathrm{P}_3=3!=3\times2\times1=6$

즉 이 경우의 함수 f의 개수는 $3\times6=18$

(iii) $f(4)=2$인 경우

(ii)와 마찬가지 방법으로 이 경우의 함수 f의 개수는 $3\times6=18$

STEP Ⓑ 합의 법칙을 이용하여 함수 f의 개수 구하기

(i)~(iii)에서 구하는 함수 f의 개수는 $144+2\times18=144+36=180$

내/신/연/계 출제문항 660

두 집합 $X=\{1, 2, 3, 4\}$, $Y=\{1, 2, 3, 4, 5\}$에 대하여 다음 조건을 만족
시키는 함수 $f:X\longrightarrow Y$의 개수는?

> (가) 함수 f의 치역의 원소의 개수는 3이다.
> (나) $f(1)\times f(3)$은 홀수이다.

① 120   ② 122   ③ 124
④ 126   ⑤ 128

STEP Ⓐ 조건을 만족하는 치역의 원소의 개수가 3인 함수 구하기

$f(1)\times f(3)$이 홀수이므로 $f(1)$, $f(3)$은 모두 홀수이다.
이때 함수 f의 치역의 원소의 개수가 3인 경우는 다음과 같다.

(i) $f(1)=f(3)$인 경우

$f(1)=f(3)=1$인 경우 $f(2)$, $f(4)$의 값을 정하는 경우의 수는
2, 3, 4, 5 중 서로 다른 두 수를 택하여 일렬로 배열하는 순열의 수와
같으므로 ${}_4\mathrm{P}_2=4\times3=12$

마찬가지 방법으로
$f(1)=f(3)=3$ 또는 $f(1)=f(3)=5$인 경우 $f(2)$, $f(4)$의 값을 정하는
경우의 수도 각각 12이다.

즉 이 경우의 함수 f의 개수는 $3\times12=36$

(ii) $f(1) \neq f(3)$인 경우

　　$f(1)$, $f(3)$의 값을 정하는 경우의 수는 1, 3, 5 중 서로 다른 두 수를

　　택하는 순열의 수와 같으므로 $_3\mathrm{P}_2 = 3 \times 2 = 6$

　　이때 $f(2) = f(4)$인 경우 $f(2)$, $f(4)$의 값은 $f(1)$, $f(3)$의 값이 아닌

　　나머지 3개의 값 중 하나에 대응하여야 하므로 경우의 수는 3

　　또한, $f(2) \neq f(4)$인 경우 $f(2)$, $f(4)$의 값 중 하나는

　　$f(1)$ 또는 $f(3)$의 값과 같아야 하고

　　다른 하나는 $f(1)$, $f(3)$의 값이 아닌 나머지 3개의 값 중 하나에

　　대응하여야 하므로 경우의 수는 $2 \times 2 \times 3 = 12$

　　즉 이 경우의 함수 f의 개수는 $6 \times (3 + 12) = 90$

STEP B 합의 법칙을 이용하여 함수 f의 개수 구하기

(i), (ii)에서 구하는 함수 f의 개수는 $36 + 90 = 126$　　　　정답 ④

1327　2014년 11월 고1 학력평가 28번　　정답 5

STEP A 함수의 그래프와 조건을 이용하여 $h(3)$, $h(4)$의 값 구하기

$h(x) = \begin{cases} f(x) & (f(x) \geq g(x)) \\ g(x) & (g(x) > f(x)) \end{cases}$이므로

함수 $h(x)$는 두 함수 $f(x)$와 $g(x)$ 중 크거나 같은 값을 함숫값으로 가진다.

이때 $f(4) = 2$, $g(4) = 3$이므로

$g(4) > f(4)$　$\therefore h(4) = 3$

$g(3) = 3$, $f(3) = k$(k는 집합 X의 원소)라 할 때,

$g(3) > f(3)$이라 하면 $h(3) = g(3) = 3$이고

일대일대응의 조건을 만족시키지 않는다.

$g(3) < f(3)$이라 하면 $h(3) = f(3) = k$이고

집합 X의 원소 중 3보다 큰 원소이어야 하므로 $k = 4$

k의 값은 4　$\therefore h(3) = 4$

STEP B $h(x)$가 일대일대응임을 이용하여 함숫값 구하기

$h(3) = 4$, $h(4) = 3$이므로

$h(1) = 1$, $h(2) = 2$ 또는 $h(1) = 2$, $h(2) = 1$이어야 한다.

(i) $h(1) = 1$, $h(2) = 2$일 때,

　　$h(1)$의 값은 $f(1)$과 $g(1)$ 중 크거나 같은 값을 선택하는 것으로

　　$g(1) = 2$이므로 $h(1)$의 값은 2 이상의 값을 가진다.

　　즉 $h(1) = 1$이 될 수 없다.

(ii) $h(1) = 2$, $h(2) = 1$일 때,

　　$h(1) = 2$일 때, $g(1) = 2$의 값을 가지므로 $f(1) = 1$ 또는 $f(1) = 2$

　　$h(2) = 1$일 때, $g(2) = 1$의 값을 가지므로 $f(2) = 1$

(i), (ii)에 의하여 $f(2) = 1$

따라서 $f(2) + h(3) = 1 + 4 = 5$

내/신/연/계 출제문항 661

집합 $X = \{1, 2, 3, 4\}$에 대하여 두 함수 $f : X \longrightarrow X$, $g : X \longrightarrow X$가

있다. 함수 $y = f(x)$는 $f(3) = 1$을 만족시키고 함수 $y = g(x)$의 그래프는

그림과 같다.

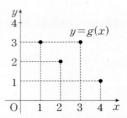

함수 $h : X \longrightarrow X$를 $h(x) = \begin{cases} f(x) & (f(x) \geq g(x)) \\ g(x) & (g(x) > f(x)) \end{cases}$라 하면

함수 $h(x)$가 일대일대응일 때, $3f(4) + h(1)$의 값은?

① 5　　　　　② 6　　　　　③ 7

④ 8　　　　　⑤ 9

STEP A 함수의 그래프와 조건을 이용하여 $h(1)$, $h(3)$의 값 구하기

$h(x) = \begin{cases} f(x) & (f(x) \geq g(x)) \\ g(x) & (g(x) > f(x)) \end{cases}$이므로

함수 $h(x)$는 두 함수 $f(x)$와 $g(x)$ 중 크거나 같은 값을 함숫값으로 가진다.

이때 $f(3) = 1$, $g(3) = 3$이므로

$g(3) > f(3)$　$\therefore h(3) = g(3) = 3$

$g(1) = 3$, $f(1) = k$(k는 집합 X의 원소)라 할 때,

$g(1) > f(1)$이라 하면 $h(1) = g(1) = 3$이고

일대일대응의 조건을 만족시키지 않는다.

$g(1) < f(1)$이라 하면 $h(1) = f(1) = k$이고

k의 값은 4　$\therefore h(1) = 4$

STEP B $h(x)$가 일대일대응임을 이용하여 함숫값 구하기

$h(1) = 4$, $h(3) = 3$이므로

$h(2) = 1$, $h(4) = 2$ 또는 $h(2) = 2$, $h(4) = 1$이어야 한다.

(i) $h(2) = 1$, $h(4) = 2$일 때,

　　$h(2)$의 값은 $g(2)$과 $f(2)$ 중 크거나 같은 값을 선택하는 것으로

　　$g(2) = 2$이므로 $h(2)$의 값은 2 이상의 값을 가진다.

　　즉 $h(2) = 2$가 될 수 없다.

(ii) $h(2) = 2$, $h(4) = 1$일 때,

　　$h(2) = 2$일 때, $g(2) = 2$의 값을 가지므로 $f(2) = 1$ 또는 $f(2) = 2$

　　$h(4) = 1$일 때, $g(4) = 1$의 값을 가지므로 $f(4) = 1$

(i), (ii)에 의하여 $f(4) = 1$

따라서 $3f(4) + h(1) = 3 \times 1 + 4 = 7$　　　　정답 ③

1328

2019년 07월 고3 학력평가 나형 28번　　정답 18

STEP Ⓐ 두 조건 (가), (나)를 이용하여 함숫값 파악하기

조건 (가)에서 집합 X의 원소 중 2, 3, 5, 7은 소수이므로

$f(2)\leq 2$, $f(3)\leq 3$, $f(5)\leq 5$, $f(7)\leq 7$ ······ ㉠

조건 (나)에서 1은 2의 약수, 2는 4의 약수, 4는 8의 약수이므로

$f(1)<f(2)<f(4)<f(8)$ ······ ㉡

㉠, ㉡에서 $f(1)<f(2)\leq 2$이므로 $f(1)=1$, $f(2)=2$

또한, $f(3)\leq 3$이고 $f(3)\neq 1$, 2이므로 $f(3)=3$ ← 함수 f는 일대일대응

$f(5)\leq 5$이고 $f(5)\neq 1$, 2, 3이므로 $f(5)=4$ 또는 $f(5)=5$

STEP Ⓑ $f(5)$의 값에 따라 경우를 나누어 함수 f의 개수 구하기

(i) $f(5)=4$인 경우

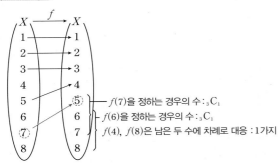

㉠에서 $f(7)$이 될 수 있는 값은 5, 6, 7이므로

$f(7)$을 정하는 경우의 수는 $_3C_1=3$

$f(7)=5$일 때, $f(6)$이 될 수 있는 값은 6, 7, 8이므로

$f(6)$을 정하는 경우의 수는 $_3C_1=3$

남겨진 두 수 중에서 작은 수를 $f(4)$, 큰 수를 $f(8)$에 대응시키면 되므로

함수 f의 개수는 $3\times 3\times 1=9$

(ii) $f(5)=5$인 경우 ← (i)의 경우와 같은 방법으로 구한다.

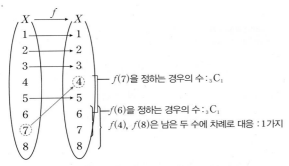

㉠에서 $f(7)$이 될 수 있는 값은 4, 6, 7이므로

$f(7)$을 정하는 경우의 수는 $_3C_1=3$

$f(7)=4$일 때, $f(6)$이 될 수 있는 값은 6, 7, 8이므로

$f(6)$을 정하는 경우의 수는 $_3C_1=3$

남겨진 두 수 중에서 작은 수를 $f(4)$, 큰 수를 $f(8)$에 대응시키면 되므로

함수 f의 개수는 $3\times 3\times 1=9$

STEP Ⓒ 합의 법칙을 이용하여 모든 함수 f의 개수 구하기

(i), (ii)의 경우는 동시에 일어날 수 없으므로 합의 법칙에 의하여

구하는 함수 f의 개수는 $9+9=18$

내/신/연/계 출제문항 662

집합 $X=\{1, 2, 3, 4, 5, 6\}$에 대하여 일대일대응인 함수 $f:X\longrightarrow X$가 다음 조건을 만족시킬 때, 함수 f의 개수는?

> (가) p가 소수일 때, $f(p)\leq p$이다.
> 　TIP $f(2)\leq 2$, $f(3)\leq 3$, $f(5)\leq 5$
> (나) $a<b$이고 a가 b의 약수이면 $f(a)<f(b)$이다.
> 　TIP $f(1)<f(2)<f(4)$

① 2　　　　② 4　　　　③ 6
④ 8　　　　⑤ 10

STEP Ⓐ 두 조건 (가), (나)를 이용하여 함숫값 파악하기

조건 (가)에서 집합 X의 원소 중 2, 3, 5는 소수이므로

$f(2)\leq 2$, $f(3)\leq 3$, $f(5)\leq 5$ ······ ㉠

조건 (나)에서 1은 2의 약수, 2는 4의 약수이므로

$f(1)<f(2)<f(4)$ ······ ㉡

㉠, ㉡에서 $f(1)<f(2)\leq 2$이므로 $f(1)=1$, $f(2)=2$

또한, $f(3)\leq 3$이고 $f(3)\neq 1$, 2이므로 $f(3)=3$ ← 함수 f는 일대일대응

$f(5)\leq 5$이고 $f(5)\neq 1$, 2, 3이므로 $f(5)=4$ 또는 $f(5)=5$

STEP Ⓑ $f(5)$의 값에 따라 경우를 나누어 함수 f의 개수 구하기

(i) $f(5)=4$인 경우

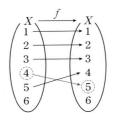

㉠에서 $f(4)$가 될 수 있는 값은 5, 6이므로

$f(4)$를 정하는 경우의 수는 $_2C_1=2$

$f(4)=5$일 때, $f(6)$이 될 수 있는 값은 6

함수 f의 개수는 $2\times 1=2$

(ii) $f(5)=5$인 경우 ← (i)의 경우와 같은 방법으로 구한다.

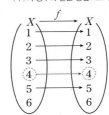

㉠에서 $f(4)$가 될 수 있는 값은 4, 6이므로

$f(4)$를 정하는 경우의 수는 $_2C_1=2$

$f(4)=4$일 때, $f(6)$이 될 수 있는 값은 6

함수 f의 개수는 $2\times 1=2$

STEP Ⓒ 합의 법칙을 이용하여 모든 함수 f의 개수 구하기

(i), (ii)의 경우는 동시에 일어날 수 없으므로 합의 법칙에 의하여

구하는 함수 f의 개수는 $2+2=4$　　정답 ②

02 합성함수와 역함수

1329
정답 6

STEP A 합성함수의 정의를 이용하여 함숫값 구하기

$f(3)=1$, $g(1)=3$이므로

$(g \circ f)(3)=g(f(3))=g(1)=3$

$f(2)=3$, $g(3)=2$이므로

$(f \circ g)(3)=f(g(3))=f(2)=3$

따라서 $(g \circ f)(3)+(f \circ g)(3)=3+3=6$

1330
정답 ②

STEP A 합성함수의 정의를 이용하여 함숫값 구하기

$f(3)=1$, $f(1)=7$, $f(7)=3$이므로

$(f \circ f \circ f)(3)=f(f(f(3)))=f(f(1))=f(7)=3$

mini해설 | 그림을 이용하여 풀이하기

그림에서 $(f \circ f \circ f)(3)=3$

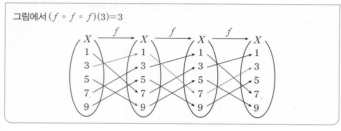

1331
정답 ④

STEP A 합성함수의 정의를 이용하여 순차적으로 함숫값 구하기

$g(3)=4 \times 3+1=13$이므로

$(f \circ g)(3)=f(g(3))=f(13)=2 \times 13-3=23$

$f(3)=2 \times 3-3=3$이므로

$(g \circ f)(3)=g(f(3))=g(3)=4 \times 3+1=13$

따라서 $(f \circ g)(3)+(g \circ f)(3)=23+13=36$

1332
정답 ②

STEP A 합성함수의 정의를 이용하여 순차적으로 함숫값 구하기

$g(a)=a^2-1$이므로

$(f \circ g)(a)=f(a^2-1)$

$\qquad\qquad =2(a^2-1)-1$

$\qquad\qquad =2a^2-3=5$

$2a^2-3=5$, $2a^2=8$, $a^2=4$ $\therefore a=\pm2$

따라서 $a>0$이므로 $a=2$

mini해설 | $f(3)=5$임을 이용하여 풀이하기

함수 $f(x)$는 일대일대응이다.

$f(g(a))=5$이고 $f(3)=5$이므로 $g(a)=3$

$a^2-1=3$이고 $a=\pm2$

따라서 $a>0$이므로 $a=2$

1333
정답 ⑤

STEP A 직선의 방정식을 이용하여 $f(f(x))=3$을 만족하는 x의 값 구하기

일차함수 $y=f(x)$의 그래프가 두 점 $(4, 0)$, $(0, 2)$를 지나므로

$f(x)=-\dfrac{1}{2}x+2$ ← x절편이 4, y절편이 2인 직선의 방정식 $\dfrac{x}{4}+\dfrac{y}{2}=1$

$f(f(x))=-\dfrac{1}{2}\left(-\dfrac{1}{2}x+2\right)+2=\dfrac{1}{4}x+1$

이때 $f(f(x))=3$이므로 $\dfrac{1}{4}x+1=3$

따라서 $\dfrac{1}{4}x=2$이므로 $x=8$

+α | 합성함수의 성질을 이용하여 구할 수 있어!

$f(x)=-\dfrac{1}{2}x+2$에서 $f(-2)=-\dfrac{1}{2}\times(-2)+2=3$이므로

$f(f(x))=3$에서 $f(x)=-2$이면 된다.

즉 $-\dfrac{1}{2}x+2=-2$이므로 $x=8$

1334
정답 ②

STEP A 합성함수의 정의를 이용하여 함숫값 구하기

$f(x)=\begin{cases}-3x+11 & (x \ge 3) \\ 2 & (x<3)\end{cases}$, $g(x)=\dfrac{1}{2}x^2-2$에서

$g(4)=\dfrac{1}{2}\times4^2-2=6$, $f(2)=2$ ← $x<3$일 때, $f(x)=2$

이므로

$(f \circ g)(4)+(g \circ f)(2)=f(g(4))+g(f(2))$

$\qquad\qquad\qquad\qquad =f(6)+g(2)$

$f(6)=-3\times6+11=-7$, $g(2)=\dfrac{1}{2}\times2^2-2=0$ ← $x \ge 3$일 때, $f(x)=-3x+11$

따라서 $f(g(4))+g(f(2))=f(6)+g(2)=-7+0=-7$

내/신/연/계 출제문항 663

두 함수 $f(x)=\begin{cases}-2x+9 & (x \ge 3) \\ 5 & (x<3)\end{cases}$, $g(x)=\dfrac{1}{3}x^2-2$

에 대하여 $(f \circ g)(\sqrt{3})+(g \circ f)(3)$의 값은?

① 8   ② 6   ③ 4

④ 2   ⑤ 0

STEP A 합성함수의 정의를 이용하여 함숫값 구하기

$f(x)=\begin{cases}-2x+9 & (x \ge 3) \\ 5 & (x<3)\end{cases}$, $g(x)=\dfrac{1}{3}x^2-2$에서

$g(\sqrt{3})=\dfrac{1}{3}\times3-2=-1$, $f(3)=-2\times3+9=3$ ← $x \ge 3$일 때, $f(x)=-2x+9$

이므로

$(f \circ g)(\sqrt{3})+(g \circ f)(3)=f(g(\sqrt{3}))+g(f(3))$

$\qquad\qquad\qquad\qquad =f(-1)+g(3)$

$f(-1)=5$, $g(3)=\dfrac{1}{3}\times3^2-2=1$ ← $x<3$일 때, $f(x)=5$

따라서 $(f \circ g)(\sqrt{3})+(g \circ f)(3)=f(g(\sqrt{3}))+g(f(3))=5+1=6$

정답 ②

1335

정답 ①

STEP A 합성함수의 정의를 이용하여 함숫값 구하기

$(f \circ f)(x) = f(f(x)) = f(3x-5) = 3(3x-5)-5$
$\qquad\qquad\qquad\qquad\qquad = 9x-20$

$(f \circ f \circ f)(x) = f(f(f(x))) = f(9x-20) = 3(9x-20)-5$
$\qquad\qquad\qquad\qquad\qquad\qquad\qquad = 27x-65$

따라서 $(f \circ f \circ f)(x) = -11$에서 $27x-65 = -11$, $27x = 54$이므로 $x=2$

> **mini 해설** | 합성함수의 성질을 이용하여 풀이하기
>
> $f(x) = 3x-5$에서 $f(-2) = 3 \times (-2) - 5 = -11$이므로
> $f(f(f(x))) = -11$에서 $f(f(x)) = -2$
> 또한, $f(x) = 3x-5$에서 $f(1) = 3 \times 1 - 5 = -2$
> $f(f(x)) = -2$에서 $f(x) = 1$
> 즉 $3x-5 = 1$이므로 $x=2$

1336

정답 ⑤

STEP A 합성함수의 정의를 이용하여 함숫값 구하기

$g(2) = (h \circ f)(2) = h(f(2)) = h(1) = 3$ $\therefore h(1) = 3$
$g(4) = (h \circ f)(4) = h(f(4)) = h(3) = 1$ $\therefore h(3) = 1$
$g(5) = (h \circ f)(5) = h(f(5)) = h(5) = 5$ $\therefore h(5) = 5$
따라서 $h(1) + h(3) + h(5) = 3+1+5 = 9$

> **+α** | 역함수를 이용하여 구할 수 있어!
>
> 함수 f가 역함수가 존재하므로 이용하면
> $g(x) = (h \circ f)(x)$에서 $h(x) = g(f^{-1}(x))$이므로
> $h(1) = g(f^{-1}(1)) = g(2) = 3$
> $h(3) = g(f^{-1}(3)) = g(4) = 1$
> $h(5) = g(f^{-1}(5)) = g(5) = 5$
>
>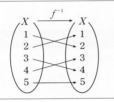

1337

정답 ⑤

STEP A 합성함수의 정의를 이용하여 $g(3)$, $g(1)$의 값 구하기

$f(4) = 3$, $(f \circ g)(3) = f(g(3)) = 3$이고
함수 f가 일대일대응이므로 $g(3) = 4$
또, $(g \circ f)(2) = 1$에서 $(g \circ f)(2) = g(f(2)) = g(1)$이므로 $g(1) = 1$

STEP B $(f \circ g)(1) + (g \circ f)(4)$의 값 구하기

$(f \circ g)(1) = f(g(1)) = f(1) = 4$
$(g \circ f)(4) = g(f(4)) = g(3) = 4$
따라서 $(f \circ g)(1) + (g \circ f)(4) = 4+4 = 8$

1338

정답 3

STEP A 항등함수와 상수함수의 성질을 이용하여 구하기

함수 g가 항등함수이므로 $g(x) = x$
$f(2) = 4$, $g(1) = 1$이므로 $f(2) = g(1) + h(2)$에서
$4 = 1 + h(2)$ $\therefore h(2) = 3$
함수 h가 상수함수이고 $h(2) = 3$이므로 $h(x) = 3$
따라서 $(f \circ h)(3) + g(2) = f(h(3)) + g(2) = f(3) + 2 = 1 + 2 = 3$

1339

정답 ③

STEP A 합성함수의 정의를 이용하여 주어진 함숫값 구하기

$f(3) = 4$이고 $g(4) = 3$이므로
$(g \circ f)(3) = g(f(3)) = g(4) = 3$ ← $(g \circ f)(a) = g(f(a))$
$g(3) = 1$이고 $f(1) = 5$이므로
$(f \circ g)(3) = f(g(3)) = f(1) = 5$
따라서 $(g \circ f)(3) - (f \circ g)(3) = 3-5 = -2$

내신연계 출제문항 664

그림은 두 함수 $f : X \longrightarrow Y$, $g : Y \longrightarrow X$를 나타낸 것이다.

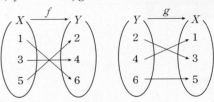

$(f \circ g)(4) - (g \circ f)(5)$의 값은?
> **TIP** $(f \circ g)(4) - (g \circ f)(5) = f(g(4)) - g(f(5))$

① 1 　　② 2 　　③ 3
④ 4 　　⑤ 5

STEP A 합성함수의 정의를 이용하여 주어진 함숫값 구하기

$g(4) = 1$이고 $f(1) = 6$이므로
$(f \circ g)(4) = f(g(4)) = f(1) = 6$ ← $(f \circ g)(a) = f(g(a))$
$f(5) = 2$이고 $g(2) = 3$이므로
$(g \circ f)(5) = g(f(5)) = g(2) = 3$
따라서 $(f \circ g)(4) - (g \circ f)(5) = 6-3 = 3$　　　정답 ③

1340

정답 15

STEP A $(f \circ g)(2) = 10$을 만족하는 상수 a의 값 구하기

$(f \circ g)(x) = f(g(x)) = 2x+a+3$이므로
$(f \circ g)(2) = 7+a = 10$ $\therefore a=3$

> **+α** | 합성함수의 성질을 이용하여 구할 수 있어!
>
> $f(x) = x+3$에서 $f(7) = 7+3 = 10$이므로
> $f(g(2)) = 10$에서 $g(2) = 7$
> 즉 $g(2) = 2 \times 2 + a = 7$ $\therefore a=3$

STEP B $(g \circ f)(a)$의 값 구하기

즉 $a=3$이므로 $g(x) = 2x+3$
$(g \circ f)(x) = g(f(x)) = 2(x+3)+3 = 2x+9$
따라서 $(g \circ f)(a) = (g \circ f)(3) = 2 \times 3 + 9 = 15$

1341

정답 ④

STEP A $(f \circ g)(x) = -6x - 4$를 만족하는 상수 a, b의 값 구하기

$(f \circ g)(x) = f(g(x)) = f(bx-3) = 2(bx-3)+a$

$2bx - 6 + a = -6x - 4$ ← x에 대한 항등식

이므로 $2b = -6$, $-6 + a = -4$ ∴ $a = 2$, $b = -3$

STEP B $(g \circ f)(-3)$의 값 구하기

따라서 $f(x) = 2x + 2$, $g(x) = -3x - 3$이므로

$(g \circ f)(-3) = \underline{g(f(-3))} = g(-4) = 12 - 3 = 9$

$\quad\quad\quad\quad f(x) = 2x+2$에서 $f(-3) = 2 \times (-3) + 2 = -4$

내/신/연/계/ 출제문항 665

두 함수

$$f(x) = 2x + a, \ g(x) = bx - 5$$

에 대하여 $(f \circ g)(x) = -2x - 7$일 때, $(g \circ f)(-5)$의 값은? (단, a, b는 상수이다.)

① 1   ② 2   ③ 3
④ 4   ⑤ 5

STEP A $(f \circ g)(x) = -2x - 7$을 만족하는 상수 a, b의 값 구하기

$(f \circ g)(x) = f(g(x)) = f(bx-5) = 2(bx-5)+a$

$2bx - 10 + a = -2x - 7$ ← x에 대한 항등식

이므로 $2b = -2$, $-10 + a = -7$ ∴ $a = 3$, $b = -1$

STEP B $(g \circ f)(-5)$의 값 구하기

따라서 $f(x) = 2x + 3$, $g(x) = -x - 5$이므로

$(g \circ f)(-5) = \underline{g(f(-5))} = g(-7) = 7 - 5 = 2$

$\quad\quad\quad\quad f(x) = 2x+3$에서 $f(-5) = 2 \times (-5) + 3 = -7$

정답 ②

1342

정답 3

STEP A $f(1) = a+1$이므로 $a+1 < 1$인 경우와 $a+1 \geq 1$인 경우로 나누어 상수 a의 값 구하기

$f(1) = a+1$이므로 $a+1 < 1$인 경우와 $a+1 \geq 1$인 경우로 나누어 생각하자.

(i) $a+1 < 1$일 때, 즉 $a < 0$인 경우

$\quad (g \circ f)(1) = g(f(1))$

$\quad\quad\quad\quad\quad = g(a+1)$ ← $x < 1$일 때, $g(x) = x+2$

$\quad\quad\quad\quad\quad = (a+1) + 2$

$\quad\quad\quad\quad\quad = a + 3$

$\quad a+3 = 9$에서 $a = 6$이고 조건 $a < 0$을 만족시키지 못한다.

(ii) $a+1 \geq 1$일 때, 즉 $a \geq 0$인 경우

$\quad (g \circ f)(1) = g(f(1))$

$\quad\quad\quad\quad\quad = g(a+1)$ ← $x \geq 1$일 때, $g(x) = 2x+1$

$\quad\quad\quad\quad\quad = 2(a+1) + 1$

$\quad\quad\quad\quad\quad = 2a + 3$

$\quad 2a+3 = 9$에서 $a = 3$이고 조건 $a \geq 0$을 만족시킨다.

(i), (ii)에 의하여 $a = 3$

> **+α** | 합성함수의 성질을 이용하여 구할 수 있어!
>
> $x < 1$에서 $g(x) = x+2$이고 $x+2 < 3$
> $x \geq 1$에서 $g(x) = 2x+1$이고 $2x+1 \geq 3$
> 즉 $g(4) = 2 \times 4 + 1 = 9$
> $g(f(1)) = 9$에서 $f(1) = 4$이므로 $f(1) = a+1 = 4$ ∴ $a = 3$

1343

2019년 11월 고1 학력평가 28번

정답 40

STEP A 합성함수의 정의를 이용하여 $(g \circ f)(1)$ 구하기

$f(1) = 1 + a$이므로 $(g \circ f)(1) = g(f(1)) = g(1+a) = (1+a)^2$

STEP B $(f \circ g)(4)$에서 $a > 4$, $a \leq 4$로 나누어 S의 값 구하기

a의 값의 범위를 $a > 4$, $a \leq 4$에 따라 나누어보면

$\quad\quad (f \circ g)(4) = f(g(4))$에서 4가 a보다 크거나 작을 때의 경우를 확인해야 한다.

(i) $a > 4$일 때, $g(4) = 2 \times 4 - 6 = 2$이므로

$\quad (f \circ g)(4) = f(g(4)) = f(2) = 2 + a$ ← $g(x) = 2x - 6$에 $x = 4$를 대입

$\quad$ 등식 $\underline{(g \circ f)(1) + (f \circ g)(4) = 57}$에 대입하면

$\quad\quad\quad (g \circ f)(1) + (f \circ g)(4) = (1+a)^2 + f(2)$에서 $f(2) = 2+a$를 대입

$\quad (1+a)^2 + 2 + a = 57$, $a^2 + 3a + 3 = 57$

$\quad a^2 + 3a - 54 = 0$, $(a-6)(a+9) = 0$

$\quad$ ∴ $a = 6$ 또는 $a = -9$

$\quad a > 4$이므로 $a = 6$

(ii) $a \leq 4$일 때, $g(4) = 4^2 = 16$이므로

$\quad (f \circ g)(4) = f(g(4)) = f(16) = 16 + a$ ← $g(x) = x^2$에 $x = 4$를 대입

$\quad$ 등식 $\underline{(g \circ f)(1) + (f \circ g)(4) = 57}$에 대입하면

$\quad\quad\quad (g \circ f)(1) + (f \circ g)(4) = (1+a)^2 + f(16)$에서 $f(16) = 16+a$를 대입

$\quad (1+a)^2 + 16 + a = 57$, $a^2 + 3a + 17 = 57$

$\quad a^2 + 3a - 40 = 0$, $(a-5)(a+8) = 0$

$\quad$ ∴ $a = 5$ 또는 $a = -8$

$\quad a \leq 4$이므로 $a = -8$

(i), (ii)에 의해 $S = 6 + (-8) = -2$

따라서 $10S^2 = 10 \times (-2)^2 = 40$

내/신/연/계/ 출제문항 666

두 함수

$$f(x) = x + a, \ g(x) = \begin{cases} x-2 & (x < 2) \\ x^2 & (x \geq 2) \end{cases}$$

에 대하여 $(f \circ g)(0) + (g \circ f)(0) = 4$를 만족시키는 상수 a의 값을 구하시오.

STEP A 합성함수의 정의를 이용하여 $(f \circ g)(0)$과 $(g \circ f)(0)$ 구하기

$(f \circ g)(0) = f(g(0)) = f(-2) = -2 + a$

$(g \circ f)(0) = g(f(0)) = g(a)$ ← $(g \circ f)(a) = g(f(a))$

STEP B $(g \circ f)(0) = 4$에서 $a < 2$, $a \geq 2$로 나누어 a의 값 구하기

a의 범위를 $a < 2$, $a \geq 2$인 경우로 나누어 구하면

(i) $a < 2$일 때, $g(a) = a - 2$이므로

$\quad \underline{(f \circ g)(0) + (g \circ f)(0)} = -2 + a + a - 2 = 4$에서

$\quad\quad\quad (f \circ g)(0) + (g \circ f)(0) = -2 + a + g(a)$에서 $g(a) = a-2$를 대입

$\quad 2a - 4 = 4$, $2a = 8$

$\quad a = 4$이므로 조건에 맞지 않는다.

(ii) $a \geq 2$일 때, $g(a) = a^2$이므로

$\quad \underline{(f \circ g)(0) + (g \circ f)(0)} = -2 + a + a^2 = 4$에서

$\quad\quad\quad (f \circ g)(0) + (g \circ f)(0) = -2 + a + g(a)$에서 $g(a) = a^2$을 대입

$\quad a^2 + a - 6 = 0$, $(a+3)(a-2) = 0$

$\quad$ ∴ $a = -3$ 또는 $a = 2$

$\quad$ 즉 $a \geq 2$이므로 $a = 2$

(i), (ii)에 의하여 $a = 2$

정답 2

1344

STEP Ⓐ 상수 a, b의 값 구하기

$(f \circ f)(x) = f(f(x)) = f(ax+b) = a(ax+b)+b$
$$= a^2 x + ab + b$$

즉 $a^2 x + ab + b = x + 4$이므로 ← x에 대한 항등식

$a^2 = 1$, $ab + b = 4$

$a^2 = 1$에서 $a = \pm 1$

(i) $a = 1$일 때, $ab + b = 4$에서 $b + b = 4$ $\therefore b = 2$

(ii) $a = -1$일 때, $ab + b = 4$에서 $-b + b = 4$이므로 모순이다.

STEP Ⓑ $f(5)$의 값 구하기

$a = 1$, $b = 2$이므로 $f(x) = x + 2$

따라서 $f(5) = 5 + 2 = 7$

1345

STEP Ⓐ 함수 $(f \circ f)(x)$ 구하기

$(f \circ f)(x) = f(f(x)) = f(x^2 + a)$
$$= (x^2 + a)^2 + a$$
$$= x^4 + 2ax^2 + a^2 + a$$

STEP Ⓑ $x - 2$로 나누어떨어질 때, 모든 상수 a의 값의 합 구하기

$(f \circ f)(x)$가 $x - 2$로 나누어떨어지므로 $(f \circ f)(2) = 0$

[나머지 정리] 다항식 $f(x)$가 $x - a$ (a는 상수)로 나누어떨어지면 $f(a) = 0$

즉 $16 + 8a + a^2 + a = 0$이므로 $a^2 + 9a + 16 = 0$

판별식을 D라 하면 $D = 9^2 - 4 \times 16 = 17 > 0$이므로 서로 다른 두 실근을 갖는다.

따라서 이차방정식의 근과 계수의 관계에 의하여 모든 상수 a의 값의 합은 -9

내/신/연/계 출제문항 667

함수 $f(x) = x^2 + ax$에 대하여 $(f \circ f)(x)$가 $x + 3$으로 나누어떨어지도록 하는 모든 실수 a의 값의 합은?

① $-\dfrac{15}{2}$ ② -5 ③ $-\dfrac{10}{3}$

④ $\dfrac{10}{3}$ ⑤ $\dfrac{15}{2}$

STEP Ⓐ 함수 $(f \circ f)(x)$ 구하기

$(f \circ f)(x) = f(f(x))$
$$= f(x^2 + ax)$$
$$= (x^2 + ax)^2 + a(x^2 + ax)$$
$$= (x^2 + ax)\{(x^2 + ax) + a\}$$
$$= x(x+a)(x^2 + ax + a)$$

STEP Ⓑ $x + 3$으로 나누어떨어질 때, 모든 상수 a의 값의 합 구하기

$(f \circ f)(x)$가 $x + 3$으로 나누어떨어지면 $(f \circ f)(-3) = 0$

[나머지 정리] 다항식 $f(x)$가 $x - a$ (a는 상수)로 나누어떨어지면 $f(a) = 0$

즉 $(f \circ f)(-3) = 0$이므로 $-3(-3+a)(9-2a) = 0$

$\therefore a = 3$ 또는 $a = \dfrac{9}{2}$

따라서 주어진 조건을 만족시키는 모든 실수 a의 값의 합은 $3 + \dfrac{9}{2} = \dfrac{15}{2}$

1346

STEP Ⓐ 조건을 만족하는 상수 a, b의 값 구하기

$f(2) = 2f(1) + 2$에서 $2a + b = 2(a+b) + 2$

$\therefore b = -2$

$(f \circ f)(1) = f(2) - 4$, 즉 $f(f(1)) = f(2) - 4$에서

$a(a+b) + b = 2a + b - 4$

$b = -2$를 대입하면 $a^2 - 2a - 2 = 2a - 2 - 4$

$a^2 - 4a + 4 = 0$, $(a-2)^2 = 0$ $\therefore a = 2$

즉 $f(x) = 2x - 2$

STEP Ⓑ $(f \circ f \circ f)(1)$의 값 구하기

따라서 $(f \circ f \circ f)(1) = f(f(f(1))) = f(f(0)) = f(-2) = -4 - 2 = -6$

1347

2020년 03월 고2 학력평가 14번 해설강의

STEP Ⓐ $(f \circ f)(2) = (f \circ f)(4)$의 식 정리하기

$f(x) = x^2 - 2x + a$에서

$f(2) = 2^2 - 2 \times 2 + a = a$, $f(4) = 4^2 - 2 \times 4 + a = a + 8$

$(f \circ f)(2) = (f \circ f)(4)$에서

$f(f(2)) = f(f(4))$

$f(a) = f(a+8)$ ← 이차함수 $f(x)$에 대하여 $x=a$와 $x=a+8$일 때, 함숫값이 같다.

STEP Ⓑ 이차함수의 그래프의 대칭성을 이용하여 함숫값 구하기

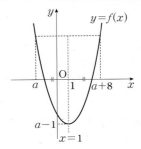

이때 함수 $f(x) = x^2 - 2x + a$에서 $f(x) = (x-1)^2 + a - 1$이므로

이차함수 $y = f(x)$의 그래프는 직선 $x = 1$에 대하여 대칭이다.

이차함수의 그래프는 축에 대하여 대칭이다.

$a \neq a + 8$이므로 $f(a) = f(a+8)$이려면

$\dfrac{a + (a+8)}{2} = 1$ $\therefore a = -3$

$2a + 8 = 2$에서 $2a = -6$ $\therefore a = -3$

따라서 $f(x) = x^2 - 2x - 3$이므로 $f(6) = 6^2 - 2 \times 6 - 3 = 21$

> **mini 해설** | 합성함수의 함숫값을 구하여 풀이하기
>
> $f(x) = x^2 - 2x + a$에서
> $f(2) = 2^2 - 2 \times 2 + a = a$, $f(4) = 4^2 - 2 \times 4 + a = a + 8$이고
> $(f \circ f)(2) = (f \circ f)(4)$에서 $f(f(2)) = f(f(4))$
> $f(a) = f(a+8)$이므로 $a^2 - 2a + a = (a+8)^2 - 2(a+8) + a$
> $a^2 - 2a + a = a^2 + 16a + 64 - 2a - 16 + a$
> $16a = -48$ $\therefore a = -3$
> 따라서 함수 $f(x)$가 $f(x) = x^2 - 2x - 3$이므로 $f(6) = 6^2 - 2 \times 6 - 3 = 21$

함수 $f(x)=x^2-4x+a$가
$$(f \circ f)(2)=(f \circ f)(4)$$
를 만족시킬 때, $f(5)$의 값은? (단, a는 상수이다.)

① 8   ② 9   ③ 10
④ 11   ⑤ 12

STEP Ⓐ $(f \circ f)(2)=(f \circ f)(4)$의 식 정리하기

$f(2)=4-8+a=a-4$, $f(4)=16-16+a=a$
$(f \circ f)(2)=(f \circ f)(4)$, $f(f(2))=f(f(4))$
$\therefore f(a-4)=f(a)$

STEP Ⓑ 이차함수의 그래프의 대칭성을 이용하여 함숫값 구하기

이때 $f(x)=x^2-4x+a=(x-2)^2+a-4$
이므로
함수 $y=f(x)$의 그래프의 축은 직선 $x=2$
즉 함수 $y=f(x)$의 그래프는
직선 $x=2$에 대하여 대칭이고
$a-4 \neq a$이므로 $f(a-4)=f(a)$이려면
$\dfrac{a-4+a}{2}=2$, $2a-4=4$
$2a=8$ $\quad \therefore a=4$
따라서 $f(x)=x^2-4x+4$이므로 $f(5)=25-20+4=9$

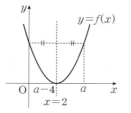

정답 ②

1348

정답 0

STEP Ⓐ 합성함수가 정의되기 위한 조건 이해하기

$f(x)$의 치역이 $g(x)$의 정의역의 부분집합이 되어야 $g(f(x))$가 정의된다.
함수 $f(x)$의 치역을 Y라 하면 $Y \subset X$이어야 $g \circ f$가 정의된다.

STEP Ⓑ $a+3$의 값을 기준으로 나누어 조건을 만족하는지 확인하기

$f(1)=a+3$, $f(2)=2a+3$, $f(3)=3a+3$
$Y=\{a+3, 2a+3, 3a+3\}$
(i) $a+3=1$, 즉 $a=-2$일 때,
    $Y=\{-3, -1, 1\}$이므로 $Y \not\subset X$
(ii) $a+3=2$, 즉 $a=-1$일 때,
    $Y=\{0, 1, 2\}$이므로 $Y \not\subset X$
(iii) $a+3=3$, 즉 $a=0$일 때,
    $Y=\{3\}$이므로 $Y \subset X$
(i)~(iii)에서 $g \circ f$가 정의되도록 하는 a의 값은 0

1349

정답 ①

STEP Ⓐ 합성함수가 정의되기 위한 조건 이해하기

합성함수 $f \circ g$가 정의되기 위해서 함수 g의 치역이 함수 f의 정의역의
부분집합이어야 한다.
$g(0)=-2a+b$, $g(1)=-a$이므로 함수 g의 치역이 함수 f의 정의역 $\{0, 1\}$
의 부분집합이 되기 위해서 가능한 경우는 다음과 같다.

STEP Ⓑ $a+b$의 값 구하기

(i) $g(0)=g(1)=0$일 때,
    $-2a+b=0$, $-a=0$에서 $a=0$, $b=0$이므로 $a+b=0$
(ii) $g(0)=g(1)=1$일 때,
    $-2a+b=1$, $-a=1$에서 $a=-1$, $b=-1$이므로 $a+b=-2$

(iii) $g(0)=0$, $g(1)=1$일 때,
    $-2a+b=0$, $-a=1$에서 $a=-1$, $b=-2$이므로 $a+b=-3$
(iv) $g(0)=1$, $g(1)=0$일 때,
    $-2a+b=1$, $-a=0$에서 $a=0$, $b=1$이므로 $a+b=1$

STEP Ⓒ $\{k|k=a+b\}$의 원소의 합 구하기

(i)~(iv)에서 $\{k|k=a+b\}=\{-3, -2, 0, 1\}$이므로 모든 원소의 합은
$0+(-2)+(-3)+1=-4$

1350

정답 ④

STEP Ⓐ 합성함수가 정의되기 위한 조건 이해하기

두 함수 i, j에 대하여 합성함수 $i \circ j$가 정의되려면
함수 j의 치역이 함수 i의 정의역의 부분집합이어야 한다.

STEP Ⓑ 함수 f, g, h의 정의역과 치역을 구하기

주어진 함수 f, g, h의 정의역과 치역을 구하면 다음과 같다.
$0 \leq x \leq 3$에서 $-1 \leq x-1 \leq 2$이므로
함수 f의 정의역은 $\{x|0 \leq x \leq 3\}$, 치역은 $\{y|-1 \leq y \leq 2\}$
$-1 \leq x \leq 2$에서 $0 \leq x^2 \leq 4$, $0 \leq \dfrac{1}{2}x^2 \leq 2$이므로
함수 g의 정의역은 $\{x|-1 \leq x \leq 2\}$, 치역은 $\{y|0 \leq y \leq 2\}$
$-2 \leq x \leq 3$에서 $-1 \leq x+1 \leq 4$, $0 \leq |x+1| \leq 4$이므로
함수 h의 정의역은 $\{x|-2 \leq x \leq 3\}$, 치역은 $\{y|0 \leq y \leq 4\}$

STEP Ⓒ 합성함수가 정의되지 않는 것 찾기

① $\{y|0 \leq y \leq 2\} \subset \{x|0 \leq x \leq 3\}$이므로 합성함수 $f \circ g$가 정의된다.
② $\{y|0 \leq y \leq 2\} \subset \{x|-2 \leq x \leq 3\}$이므로 합성함수 $h \circ g$가 정의된다.
③ $\{y|-1 \leq y \leq 2\} \subset \{x|-1 \leq x \leq 2\}$이므로 합성함수 $g \circ f$가 정의된다.
④ $\{y|0 \leq y \leq 4\} \not\subset \{x|-1 \leq x \leq 2\}$이므로 합성함수 $g \circ h$가 정의되지
    않는다.
⑤ $\{y|-1 \leq y \leq 2\} \subset \{x|-2 \leq x \leq 3\}$이므로 합성함수 $h \circ f$가 정의된다.
따라서 합성함수가 정의되지 않는 것은 ④이다.

세 함수
$$f(x)=x^2+1(0 \leq x \leq 2), \quad g(x)=2x+1(0 \leq x \leq 1),$$
$$h(x)=x^3(-1 \leq x \leq 4)$$
에 대하여 다음 합성함수 중 정의되는 것은?

① $f \circ g$ ② $f \circ h$ ③ $g \circ f$
④ $h \circ g$ ⑤ $h \circ f \circ g$

STEP Ⓐ 합성함수가 정의되기 위한 조건 이해하기

세 함수 f, g, h의 정의역을 각각 X_1, X_2, X_3이라 하고 치역을 각각
Y_1, Y_2, Y_3이라 하면
$X_1=\{x|0 \leq x \leq 2\}$, $X_2=\{x|0 \leq x \leq 1\}$, $X_3=\{x|-1 \leq x \leq 4\}$
$Y_1=\{y|1 \leq y \leq 5\}$, $Y_2=\{y|1 \leq y \leq 3\}$, $Y_3=\{y|-1 \leq y \leq 64\}$

STEP Ⓑ 합성함수가 정의되지 않는 것 찾기

① $Y_2 \not\subset X_1$이므로 $f \circ g$는 정의되지 않는다.
② $Y_3 \not\subset X_1$이므로 $f \circ h$는 정의되지 않는다.
③ $Y_1 \not\subset X_2$이므로 $g \circ f$는 정의되지 않는다.
④ $Y_2 \subset X_3$이므로 $h \circ g$는 정의된다.
⑤ $h \circ f \circ g$에서 $f \circ g$가 정의되지 않으므로
    합성함수 $h \circ f \circ g$는 정의되지 않는다.

정답 ④

1351

정답 2

STEP Ⓐ 함수 $f(x)$의 x자리에 $h(x)$를 대입하여 $h(2)$의 값 구하기

$(f \circ h)(x) = g(x)$에서 $f(x) = 2x - 3$, $g(x) = x - 1$이므로

$f(h(x)) = 2h(x) - 3 = x - 1$

따라서 $h(x) = \frac{1}{2}x + 1$이므로 $h(2) = 1 + 1 = 2$

---

mini해설 | $h(x) = ax + b$로 놓고 계수를 비교하여 풀이하기

$h(x)$가 일차함수이므로 $h(x) = ax + b$라 하면

$(f \circ h)(x) = f(h(x)) = f(ax + b) = 2(ax + b) - 3 = 2ax + 2b - 3$

$g(x) = x - 1$이므로 $2a = 1$, $2b - 3 = -1$ ← x에 대한 항등식

$\therefore a = \frac{1}{2}$, $b = 1$

따라서 $h(x) = \frac{1}{2}x + 1$이므로 $h(2) = 1 + 1 = 2$

1352

정답 ⑤

STEP Ⓐ 조건을 만족하는 상수 k의 값 구하기

$h(1) = g(1)$이므로 $(f \circ h)(x) = g(x)$에 $x = 1$을 대입하면

$(f \circ h)(1) = f(h(1)) = f(g(1)) = 2g(1) - 3$에서 $2g(1) - 3 = g(1)$

$\therefore g(1) = 3$

이때 $g(x) = 4x + k$에 $x = 1$을 대입하면 $g(1) = 4 + k = 3$ $\therefore k = -1$

STEP Ⓑ $h(k)$의 값 구하기

$f(x) = 2x - 3$, $g(x) = 4x - 1$이므로

$(f \circ h)(x) = g(x)$에 $x = -1$을 대입하면

$(f \circ h)(-1) = f(h(-1)) = 2h(-1) - 3$

$g(-1) = -4 - 1 = -5$이므로 $2h(-1) - 3 = -5$

$2h(-1) = -2$ $\therefore h(-1) = -1$

따라서 $h(k) = h(-1) = -1$

내/신/연/계/ 출제문항 670

세 함수 $f(x) = 2x - 6$, $g(x) = 4x + k$, $h(x)$에 대하여

$$(f \circ h)(x) = g(x)$$이고 $h(2) = g(2)$

일 때, $h(k)$의 값은? (단, k는 상수이다.)

① -5 ② -4 ③ -3
④ -2 ⑤ -1

STEP Ⓐ 조건을 만족하는 상수 k의 값 구하기

$h(2) = g(2)$이므로 $(f \circ h)(x) = g(x)$에 $x = 2$를 대입하면

$(f \circ h)(2) = f(h(2)) = f(g(2)) = 2g(2) - 6$에서 $2g(2) - 6 = g(2)$

$\therefore g(2) = 6$

이때 $g(x) = 4x + k$에 $x = 2$를 대입하면 $g(2) = 8 + k = 6$ $\therefore k = -2$

STEP Ⓑ $h(k)$의 값 구하기

$f(x) = 2x - 6$, $g(x) = 4x - 2$이므로

$(f \circ h)(x) = g(x)$에 $x = -2$를 대입하면

$(f \circ h)(-2) = f(h(-2)) = 2h(-2) - 6 = g(-2)$

$g(-2) = -8 - 2 = -10$이므로 $2h(-2) - 6 = -10$ ← $2h(-2) - 6 = g(-2)$

$2h(-2) = -4$

따라서 $h(k) = h(-2) = -2$

정답 ④

1353

정답 ③

STEP Ⓐ $x - 3 = t$로 치환하여 함수 $h(t)$ 구하기

$(h \circ f)(x) = g(x)$에서 $h(f(x)) = g(x)$

$\therefore h(x - 3) = -2x + 3$ $\cdots\cdots$ ㉠

$x - 3 = t$로 놓으면 $x = t + 3$

㉠에 대입하면 $h(t) = -2(t + 3) + 3 = -2t - 3$

STEP Ⓑ $h(-5)$의 값 구하기

따라서 $h(-5) = -2 \times (-5) - 3 = 7$

$x - 3 = -5$에서 $x = -2$이므로 $h(-5) = h(f(-2)) = g(-2) = 7$

내/신/연/계/ 출제문항 671

두 함수 $f(x) = 2x - 7$, $g(x) = -4x + 3$일 때, $(h \circ f)(x) = g(x)$를 만족하는 함수 $h(x)$에 대하여 $h(-3)$의 값은?

STEP Ⓐ $2x - 7 = t$로 치환하여 함수 $h(t)$ 구하기

$(h \circ f)(x) = g(x)$에서 $h(2x - 7) = -4x + 3$ $\cdots\cdots$ ㉠

이때 $2x - 7 = t$로 놓으면 $x = \frac{1}{2}t + \frac{7}{2}$

㉠의 식에 대입하면 $h(t) = -4\left(\frac{1}{2}t + \frac{7}{2}\right) + 3$ $\therefore h(t) = -2t - 11$

STEP Ⓑ $h(-3)$의 값 구하기

따라서 $h(-3) = -2 \times (-3) - 11 = -5$

정답 -5

1354

정답 ③

STEP Ⓐ $\frac{x+1}{2} = t$로 치환하여 함수 $f(t)$ 구하기

$(f \circ g)(x) = f\left(\frac{x+1}{2}\right) = 3x + 2$에서 $\frac{x+1}{2} = t$로 놓으면

$x = 2t - 1$이므로 $f(t) = 3(2t - 1) + 2 = 6t - 1$

STEP Ⓑ $f(2)$의 값 구하기

따라서 $f(2) = 6 \times 2 - 1 = 11$

$g(x) = \frac{x+1}{2} = 2$에서 $x = 3$이므로 $f(2) = (f \circ g)(3) = 3 \times 3 + 2 = 11$

내/신/연/계/ 출제문항 672

실수 전체의 집합에서 정의된 두 함수 f, g에 대하여

$$g(x) = \frac{-x+3}{2}, (f \circ g)(x) = \frac{1}{3}x + 7$$

를 만족시킬 때, $f(6) + f(3)$의 값은?

① 2   ② 4   ③ 6
④ 8   ⑤ 10

STEP Ⓐ $\frac{-x+3}{2} = t$로 치환하여 $f(t)$ 구하기

$(f \circ g)(x) = f(g(x)) = f\left(\frac{-x+3}{2}\right) = \frac{1}{3}x + 7$에서

$\frac{-x+3}{2} = t$로 놓으면 $x = -2t + 3$

$\therefore f(t) = \frac{1}{3}(-2t + 3) + 7 = -\frac{2}{3}t + 8$

STEP Ⓑ $f(6) + f(3)$의 값 구하기

$f(x) = -\frac{2}{3}x + 8$이므로 ← t 대신에 x를 대입한다.

$f(6) = -4 + 8 = 4$, $f(3) = -2 + 8 = 6$

따라서 $f(6) + f(3) = 4 + 6 = 10$

+α | $f(6)+f(3)$의 값을 다음과 같이 구할 수 있어!

$f\left(\dfrac{-x+3}{2}\right)=\dfrac{1}{3}x+7$이고

$\dfrac{-x+3}{2}=6$에서 $-x+3=12$ ∴ $x=-9$

∴ $f(6)=\dfrac{1}{3}\times(-9)+7=4$

$\dfrac{-x+3}{2}=3$에서 $-x+3=6$ ∴ $x=-3$

∴ $f(3)=\dfrac{1}{3}\times(-3)+7=6$

따라서 $f(6)+f(3)=4+6=10$

정답 ⑤

1355

정답 ②

STEP Ⓐ $(g\circ f)(x)$ 구하기

$f(x)=-3x+7$, $g(x)=2x-1$이므로

$(g\circ f)(x)=g(f(x))=2(-3x+7)-1=-6x+13$

STEP Ⓑ $-6x+13=t$로 치환하여 함수 $h(t)$ 구하기

$(h\circ(g\circ f))(x)=h((g\circ f)(x))=h(-6x+13)$이므로

$h(-6x+13)=-3x+7$ ······ ㉠

이때 $-6x+13=t$로 놓으면 $x=-\dfrac{1}{6}t+\dfrac{13}{6}$

이것을 ㉠에 대입하면 $h(t)=-3\left(-\dfrac{1}{6}t+\dfrac{13}{6}\right)+7=\dfrac{1}{2}t+\dfrac{1}{2}$

STEP Ⓒ $h(3)$의 값 구하기

따라서 $h(x)=\dfrac{1}{2}x+\dfrac{1}{2}$이므로 $h(3)=\dfrac{3}{2}+\dfrac{1}{2}=2$

+α | 역함수의 성질을 이용하여 구할 수도 있어!

$(h\circ(g\circ f))(x)=((h\circ g)\circ f)(x)$이므로 $(h\circ g)(f(x))=f(x)$

즉 $(h\circ g)(x)=x$에서 $h(x)=g^{-1}(x)$이므로 $h(x)=\dfrac{1}{2}x+\dfrac{1}{2}$

따라서 $h(3)=\dfrac{3}{2}+\dfrac{1}{2}=2$

1356

정답 ④

STEP Ⓐ $(f\circ g)(2)$의 값 구하기

$(f\circ g)(2)=f(g(2))$

$=f(2^2+6)=f(10)$

$=3\times10+3=33$ ······ ㉠

STEP Ⓑ $(f\circ h)(x)=g(x)$를 이용하여 $(h\circ f)(2)$의 값 구하기

$f(2)=3\times2+3=9$이므로 $(h\circ f)(2)=h(f(2))=h(9)$

이때 $(f\circ h)(x)=g(x)$의 양변에 $x=9$를 대입하면

$(f\circ h)(9)=g(9)=9^2+6=87$

∴ $f(h(9))=87$

$f(x)=3x+3$이므로 $f(h(9))=3h(9)+3=87$

∴ $h(9)=28$ ······ ㉡

㉠, ㉡에서 $(f\circ g)(2)+(h\circ f)(2)=33+28=61$

+α | 합성함수의 성질을 이용하여 구할 수 있어!

$(f\circ h)(x)=g(x)$에서 $f(h(x))=g(x)$

$f(h(x))=3h(x)+3$이므로 $3h(x)+3=x^2+6$

∴ $h(x)=\dfrac{1}{3}x^2+1$

1357

정답 ②

STEP Ⓐ $4x+3=t$로 치환하여 $h(-5)+h(11)$의 값 구하기

$(h\circ g)(x)=h(g(x))=f(x)$

$h(4x+3)=f(x)$

$4x+3=t$로 놓으면 $x=\dfrac{t-3}{4}$

(i) $x=\dfrac{t-3}{4}<0$, 즉 $t<3$일 때, ← $x<0$일 때, $f(x)=3x$

$h(t)=3\times\dfrac{t-3}{4}$

∴ $h(-5)=3\times\dfrac{-5-3}{4}=-6$

(ii) $x=\dfrac{t-3}{4}\geq0$, 즉 $t\geq3$일 때, ← $x\geq0$일 때, $f(x)=x^2$

$h(t)=\left(\dfrac{t-3}{4}\right)^2$

∴ $h(11)=\left(\dfrac{11-3}{4}\right)^2=4$

(i), (ii)에서 $h(-5)+h(11)=-6+4=-2$

mini해설 | $g(x)=-5$일 때와 $g(x)=11$일 때로 나누어 풀이하기

$(h\circ g)(x)=h(g(x))=f(x)$

$g(x)=-5$일 때, $4x+3=-5$ ∴ $x=-2$

즉 $h(-5)=h(g(-2))=f(-2)=3\times(-2)=-6$ ← $x<0$일 때 $f(x)=3x$

$g(x)=11$일 때, $4x+3=11$ ∴ $x=2$

즉 $h(11)=h(g(2))=f(2)=2^2=4$ ← $x\geq0$일 때 $f(x)=x^2$

따라서 $h(-5)+f(11)=-6+4=-2$

내/신/연/계/ 출제문항 673

두 함수 $f(x)=\begin{cases}x^2+2 & (x\geq0)\\ \dfrac{1}{4}x+1 & (x<0)\end{cases}$, $g(x)=-x+1$에 대하여

함수 $h(x)$가 $(h\circ g)(x)=f(x)$를 만족시킬 때, $h(-1)+h(9)$의 값은?

① 2   ② 3   ③ 4
④ 5   ⑤ 6

STEP Ⓐ $-x+1=t$로 치환하여 $h(-1)+h(9)$의 값 구하기

$(h\circ g)(x)=h(g(x))=f(x)$이므로 $h(-x+1)=f(x)$

$-x+1=t$로 놓으면 $x=-t+1$

∴ $h(t)=f(-t+1)$

(i) $t\leq1$일 때, ← $x=-t+1\geq0$일 때

$h(t)=(1-t)^2+2=t^2-2t+3$

∴ $h(-1)=1+2+3=6$

(ii) $t>1$일 때, ← $x=-t+1<0$

$h(t)=\dfrac{1}{4}(1-t)+1=-\dfrac{1}{4}t+\dfrac{5}{4}$

∴ $h(9)=-\dfrac{9}{4}+\dfrac{5}{4}=-1$

(i), (ii)에서 $h(-1)+h(9)=6+(-1)=5$

mini해설 | $g(x)=-1$일 때와 $g(x)=9$일 때로 나누어 풀이하기

$(h\circ g)(x)=h(g(x))=f(x)$에서

$g(x)=-1$일 때, $-x+1=-1$ ∴ $x=2$

즉 $h(-1)=h(g(2))=f(2)=2^2+2=6$

$g(x)=9$일 때, $-x+1=9$ ∴ $x=-8$

즉 $h(9)=h(g(-8))=f(-8)=\dfrac{1}{4}\times(-8)+1=-1$

따라서 $h(-1)+h(9)=6+(-1)=5$

정답 ④

1358

정답 -43

STEP A 결합법칙을 이용하여 $(f \circ (g \circ h))(4)$의 값 구하기

$(f \circ (g \circ h))(4) = ((f \circ g) \circ h)(4) = (f \circ g)(h(4))$ ← 결합법칙

$\qquad\qquad\qquad\qquad = (f \circ g)(4^2 - 1)$

$\qquad\qquad\qquad\qquad = (f \circ g)(15)$

$\qquad\qquad\qquad\qquad = (-3) \times 15 + 2 = -43$

1359

정답 ③

STEP A 결합법칙을 이용하여 a의 값 구하기

합성함수의 결합법칙에 의하여 $(f \circ g) \circ h = f \circ (g \circ h)$이므로

$((f \circ g) \circ h)(a) = (f \circ (g \circ h))(a) = f((g \circ h)(a))$

$\qquad\qquad\qquad\qquad\qquad = f(3a + 8) = 4$

따라서 $f(3a + 8) = 3a + 8 + 2 = 4$에서 $a = -2$

1360

정답 ⑤

STEP A 겹합법칙을 이용하여 식을 정리하기

합성함수의 결합법칙에 의하여 $h \circ (g \circ f) = (h \circ g) \circ f$이므로

$(h \circ (g \circ f))(-1) = ((h \circ g) \circ f)(-1) = (h \circ g)(f(-1))$

$\qquad\qquad\qquad\qquad\qquad = (h \circ g)(-2 + a)$

$\qquad\qquad\qquad\qquad\qquad = (-2 + a)^2 - 3a$

$\qquad\qquad\qquad\qquad\qquad = a^2 - 7a + 4$

STEP B $(h \circ (g \circ f))(-1) = -6$을 만족하는 실수 a의 값 구하기

$(h \circ (g \circ f))(-1) = -6$이므로 $a^2 - 7a + 4 = -6$에서

$a^2 - 7a + 10 = 0$, $(a - 2)(a - 5) = 0$

$\therefore a = 2$ 또는 $a = 5$

따라서 실수 a의 값의 합은 $2 + 5 = 7$

내/신/연/계 출제문항 674

세 함수 f, g, h에 대하여

$$f(x) = 2x + a, \quad (h \circ g)(x) = x^2 - 2a$$

일 때, $(h \circ (g \circ f))(-1) = 11$을 만족시키는 실수 a의 값의 합은?

① 3　　　　② 4　　　　③ 5

④ 6　　　　⑤ 7

STEP A 겹합법칙을 이용하여 식을 정리하기

합성함수의 결합법칙에 의하여 $h \circ (g \circ f) = (h \circ g) \circ f$이므로

$(h \circ (g \circ f))(-1) = ((h \circ g) \circ f)(-1)$

$\qquad\qquad\qquad\qquad\qquad = (h \circ g)(f(-1))$

$\qquad\qquad\qquad\qquad\qquad = (h \circ g)(-2 + a)$

$\qquad\qquad\qquad\qquad\qquad = (-2 + a)^2 - 2a$

$\qquad\qquad\qquad\qquad\qquad = a^2 - 6a + 4$

STEP B $(h \circ (g \circ f))(-1) = 11$을 만족하는 실수 a의 값 구하기

$(h \circ (g \circ f))(-1) = 11$이므로 $a^2 - 6a + 4 = 11$에서

$a^2 - 6a - 7 = 0$, $(a + 1)(a - 7) = 0$

$\therefore a = -1$ 또는 $a = 7$

따라서 실수 a의 값의 합은 $-1 + 7 = 6$　　　정답 ④

1361

2023년 11월 고1 학력평가 6번　　　정답 ①

STEP A 결합법칙을 이용하여 a의 값 구하기

$((f \circ g) \circ g)(a) = (f \circ (g \circ g))(a)$ ← 결합법칙 $h \circ (g \circ f) = (h \circ g) \circ f$

$\qquad\qquad\qquad\qquad = f((g \circ g)(a))$

$\qquad\qquad\qquad\qquad = f(3a - 1)$ ← $f(x) = 2x + 1$의 식에 $x = 3a - 1$을 대입

$\qquad\qquad\qquad\qquad = 2(3a - 1) + 1$

$\qquad\qquad\qquad\qquad = 6a - 1$

따라서 $6a - 1 = a$, $5a = 1$이므로 $a = \dfrac{1}{5}$

내/신/연/계 출제문항 675

세 함수 f, g, h에 대하여

$$(f \circ g)(x) = x^2 + 6, \quad h(x) = x - 1$$

일 때, $(f \circ (g \circ h))(x) = 15$을 만족시키는 모든 실수 x의 값의 합은?

① -2　　　② 0　　　③ 2

④ 4　　　⑤ 6

STEP A 합성함수의 결합법칙을 이용하여 모든 x의 값의 합 구하기

$(f \circ (g \circ h))(x) = ((f \circ g) \circ h)(x)$ ← 결합법칙

$\qquad\qquad\qquad\qquad = (f \circ g)(h(x))$

$\qquad\qquad\qquad\qquad = (x - 1)^2 + 6$

$(f \circ (g \circ h))(x) = 15$이므로 $(x - 1)^2 + 6 = 15$, $(x - 1)^2 = 9$

$x - 1 = 3$ 또는 $x - 1 = -3$

$\therefore x = 4$ 또는 $x = -2$

따라서 모든 실수 x의 값의 합은 $4 + (-2) = 2$　　　정답 ③

1362

정답 5

STEP A $f(1) = 5$, $f(g(x)) = g(f(x))$이 성립하는 a, b의 값 구하기

$f(1) = 5$이므로 $f(1) = a + 2 = 5$　$\therefore a = 3$

$g \circ f = f \circ g$이므로 $(g \circ f)(x) = (f \circ g)(x)$

$f(x) = 3x + 2$, $g(x) = -x + b$

$(g \circ f)(x) = g(f(x)) = -(3x + 2) + b = -3x - 2 + b$

$(f \circ g)(x) = f(g(x)) = 3(-x + b) + 2 = -3x + 3b + 2$

이때 $(g \circ f)(x) = (f \circ g)(x)$이므로

$-3x - 2 + b = -3x + 3b + 2$에서 계수를 비교하면

　　　　　　　　　　　　　　　x에 대한 항등식

$-2 + b = 3b + 2$

$\therefore b = -2$

STEP B $(f \circ g)(-3)$의 값 구하기

따라서 $f(x) = 3x + 2$, $g(x) = -x - 2$이므로

$(f \circ g)(-3) = f(g(-3)) = f(1) = 3 + 2 = 5$

두 함수 $f(x)=ax+b$, $g(x)=4x-1$에 대하여

$$f(1)=3,\ g\circ f=f\circ g$$

가 항상 성립할 때, $(g\circ f)(1)$의 값은? (단, a, b는 상수이다.)

① 7   ② 9   ③ 11
④ 13   ⑤ 15

STEP Ⓐ $f(1)=3$, $f(g(x))=g(f(x))$**이 성립하는 a, b의 값 구하기**

$f\circ g=g\circ f$이므로 $(f\circ g)(x)=(g\circ f)(x)$

이때 $f(x)=ax+b$, $g(x)=4x-1$이므로

$(g\circ f)(x)=g(f(x))=4(ax+b)-1=4ax+4b-1$

$(f\circ g)(x)=f(g(x))=a(4x-1)+b=4ax-a+b$

$(g\circ f)(x)=(f\circ g)(x)$이므로 계수를 비교하면

$4b-1=-a+b$, $a+3b=1$ ⋯⋯ ㉠

$f(1)=a+b=3$ ⋯⋯ ㉡

㉠, ㉡을 연립하여 풀면 $a=4$, $b=-1$

STEP Ⓑ $(g\circ f)(1)$**의 값 구하기**

따라서 $f(x)=4x-1$, $g(x)=4x-1$이므로

$(g\circ f)(1)=g(f(1))=g(3)=4\times3-1=11$

정답 ③

1363

정답 ①

STEP Ⓐ $f(g(x))=g(f(x))$**가 성립하도록 하는 양수 a의 값 구하기**

$f(x)=4x+a$, $g(x)=ax+2$에서

$(f\circ g)(x)=f(g(x))=4(ax+2)+a=4ax+8+a$

$(g\circ f)(x)=g(f(x))=a(4x+a)+2=4ax+a^2+2$

이때, $f(g(x))=g(f(x))$이므로

$4ax+8+a=4ax+a^2+2$에서 계수를 비교하면

x에 대한 항등식

$8+a=a^2+2$, $a^2-a-6=0$, $(a+2)(a-3)=0$

$\therefore a=3\ (\because a>0)$

STEP Ⓑ $f(-2)\times g(2)$**의 값 구하기**

따라서 $f(x)=4x+3$, $g(x)=3x+2$이므로

$f(-2)\times g(2)=\{4\times(-2)+3\}(3\times2+2)=-5\times8=-40$

1364

정답 ③

STEP Ⓐ $f(g(x))=g(f(x))$**이 성립하는 a, b의 관계식 구하기**

$f(x)=4x-3$, $g(x)=ax+b$에서

$(f\circ g)(x)=f(g(x))=4(ax+b)-3=4ax+4b-3$

$(g\circ f)(x)=g(f(x))=a(4x-3)+b=4ax-3a+b$

이때, $f(g(x))=g(f(x))$이므로 계수를 비교하면

x에 대한 항등식

$4ax+4b-3=4ax-3a+b$이므로 $4b-3=-3a+b$,

$a+b-1=0$ $\therefore b=-a+1$

STEP Ⓑ **관계식을 $g(x)$에 대입하여 항상 지나는 점 구하기**

$g(x)=ax+b=ax-a+1=a(x-1)+1$

따라서 함수 $y=g(x)$의 그래프는 a의 값에 관계없이 점 $(1,\ 1)$을 지나므로

$p+q=2$

1365

정답 ①

STEP Ⓐ $g(2)$**의 값 구하기**

함수 $g:X\longrightarrow X$가 $f\circ g=g\circ f$, $g(1)=4$를 만족시키므로

$(f\circ g)(x)=(g\circ f)(x)$에 $x=1$을 대입하면

$(f\circ g)(1)=f(g(1))=f(4)=3$, $(g\circ f)(1)=g(f(1))=g(2)$

$\therefore g(2)=3$

STEP Ⓑ $g(2)=3$**임을 이용하여 $g(2)+g(5)$의 값 구하기**

$(f\circ g)(x)=(g\circ f)(x)$에 $x=2$를 대입하면

$(f\circ g)(2)=f(g(2))=f(3)=1$, $(g\circ f)(2)=g(f(2))=g(5)$

$\therefore g(5)=1$

따라서 $g(2)+g(5)=3+1=4$

집합 $A=\{1,\ 2,\ 3,\ 4,\ 5\}$에 대하여
함수 $f:A\longrightarrow A$의 대응 관계는
오른쪽 그림과 같다.
함수 $g:A\longrightarrow A$가

$$f\circ g=g\circ f,\ g(1)=3$$

을 만족할 때, $g(2)+g(3)$의 값은?

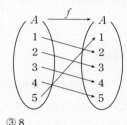

① 6   ② 7   ③ 8
④ 9   ⑤ 10

STEP Ⓐ $g(2)$**의 값 구하기**

$f\circ g=g\circ f$에서 $f(g(x))=g(f(x))$ ⋯⋯ ㉠

㉠의 양변에 $x=1$을 대입하면 $f(g(1))=f(3)=4$, $g(f(1))=g(2)$

$\therefore g(2)=4$

STEP Ⓑ $g(2)=4$**임을 이용하여 $g(2)+g(3)$의 값 구하기**

또한, $g(2)=4$이므로 ㉠에 $x=2$를 대입하면

$f(g(2))=f(4)=5$, $g(f(2))=g(3)$ ← $f(2)=3$

$\therefore g(3)=5$

따라서 $g(2)+g(3)=4+5=9$

정답 ④

1366

정답 5

STEP Ⓐ $g\circ f=f\circ g$**를 이용하여 $g(x)$의 함숫값 구하기**

함수 f의 대응 관계는 오른쪽 그림과 같다.

$g\circ f=f\circ g$에서

$g(f(x))=f(g(x))$ ⋯⋯ ㉠

㉠의 양변에 $x=4$를 대입하면

$g(f(4))=f(g(4))$, $g(1)=f(g(4))=2$

이므로 $g(4)=5$ $f(5)=2$

㉠의 양변에 $x=1$을 대입하면

$g(f(1))=f(g(1))$, $g(3)=f(2)=4$ ← $g(1)=2$

㉠의 양변에 $x=3$을 대입하면

$g(f(3))=f(g(3))$, $g(5)=f(4)=1$ ← $g(3)=4$

㉠의 양변에 $x=5$를 대입하면

$g(f(5))=f(g(5))$, $g(2)=f(1)=3$ ← $g(5)=1$

STEP Ⓑ **주어진 식의 값 구하기**

따라서 $(f\circ g)(2)=f(g(2))=f(3)=5$

집합 $X=\{1,\ 2,\ 3,\ 4\}$에 대하여 $f:X\longrightarrow X$는
$$f(x)=\begin{cases}x+1 & (x\neq 4)\\ 1 & (x=4)\end{cases}$$
이다. 함수 $g:X\longrightarrow X$가 $g(1)=4$, $g\circ f=f\circ g$를 만족시킬 때, $g(2)+g(4)$의 값은?

① 3   ② 4   ③ 5
④ 6   ⑤ 7

STEP Ⓐ $g(1)=4$**임을 이용하여** $g(2)$**의 값 구하기**

함수 f의 대응 관계는 오른쪽 그림과 같다.

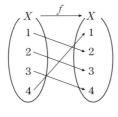

$g(1)=4$이고 $g\circ f=f\circ g$이므로
$(f\circ g)(x)=(g\circ f)(x)$에 $x=1$을 대입하면
$(f\circ g)(1)=f(g(1))=f(4)=1$,
$(g\circ f)(1)=g(f(1))=g(2)$에서
$g(2)=1$

STEP Ⓑ $g(2)+g(4)$**의 값 구하기**

$(f\circ g)(x)=(g\circ f)(x)$에 $x=2$를 대입하면
$(f\circ g)(2)=f(g(2))=f(1)=2$, $(g\circ f)(2)=g(f(2))=g(3)$에서
$g(3)=2$
$(f\circ g)(x)=(g\circ f)(x)$에 $x=3$을 대입하면
$(f\circ g)(3)=f(g(3))=f(2)=3$, $(g\circ f)(3)=g(f(3))=g(4)$에서
$g(4)=3$
따라서 $g(2)+g(4)=1+3=4$ 정답 ②

1367 2016년 04월 고3 학력평가 나형 17번 정답 ④

STEP Ⓐ **조건을 만족하는** $f(x)$**의 값 구하기**

$f(x)=(2x$를 5로 나눈 나머지$)$
$f(0)=0$, $f(1)=2$, $f(2)=4$, $f(3)=1$, $f(4)=3$ ← $f(x)$에 집합 X의 원소를 대입

STEP Ⓑ $(f\circ g)(x)=(g\circ f)(x)$**를 이용하여** $g(0)$, $g(3)$**의 값 구하기**

함수 $g:X\longrightarrow X$는 집합 X의 모든 원소 x에 대하여
$(f\circ g)(x)=(g\circ f)(x)$를 만족시키므로
$(f\circ g)(1)=(g\circ f)(1)$에서 $f(3)=g(2)=1$ ← $g(1)=3$
$(f\circ g)(2)=(g\circ f)(2)$에서 $f(1)=g(4)=2$
$(f\circ g)(4)=(g\circ f)(4)$에서 $f(2)=g(3)=4$
이때 $(f\circ g)(0)=(g\circ f)(0)$에서 $f(g(0))=g(0)$
$f(x)=x$가 성립하는 x는 0 밖에 없으므로
$f(0)=0$에서 $g(0)=0$이어야 한다.
따라서 $g(0)+g(3)=0+4=4$

집합 $X=\{0,\ 1,\ 2,\ 3,\ 4\}$에 대하여 함수 $f:X\longrightarrow X$가
$$f(x)=(3x$를 5로 나누었을 때의 나머지$)$$
이다. 함수 $g:X\longrightarrow X$가 $g(1)=3$, $f\circ g=g\circ f$를 만족시킬 때, $g(2)+g(4)$의 값은?

① -2 ② -1 ③ 1
④ 2   ⑤ 3

STEP Ⓐ **조건을 만족하는** $f(x)$**의 값 구하기**

$f(x)=(3x$를 5로 나눈 나머지$)$
$f(0)=0$, $f(1)=3$, $f(2)=1$, $f(3)=4$, $f(4)=2$

STEP Ⓑ $(f\circ g)(x)=(g\circ f)(x)$**를 이용하여** $g(2)$, $g(4)$**의 값 구하기**

$f\circ g=g\circ f$이므로 $f(g(1))=g(f(1))$에서
$f(g(1))=f(3)=4$, $g(f(1))=g(3)$ ∴ $g(3)=4$
$f(g(3))=g(f(3))$에서
$f(g(3))=f(4)=2$, $g(f(3))=g(4)$ ∴ $g(4)=2$
$f(g(4))=g(f(4))$에서
$f(g(4))=f(2)=1$, $g(f(4))=g(2)$ ∴ $g(2)=1$
따라서 $g(2)+g(4)=1+2=3$ 정답 ⑤

1368   정답 5

STEP Ⓐ f**가 일대일함수임을 이용하여** $(f\circ f)(4)$**의 값 구하기**

$(f\circ f)(5)=2$에서 $f(f(5))=2$
f는 일대일함수이고 $f(1)=1$, $f(2)=5$, $f(3)=3$이므로
$f(5)=2$ 또는 $f(5)=4$
(i) $f(5)=2$일 때, $f(f(5))=2$에서 $f(2)=2$이므로 조건에 모순이다.
(ii) $f(5)=4$일 때, $f(f(5))=2$에서 $f(4)=2$
(i), (ii)에서 $f(4)=2$
따라서 $(f\circ f)(4)=f(f(4))=f(2)=5$

1369   정답 ②

STEP Ⓐ **함수** f**가 일대일대응에서** $f(3)$**의 값 구하기**

함수 f가 일대일대응이고
$f(1)=3$, $f(2)=1$이므로 $f(3)=2$

STEP Ⓑ **함수** g**가 일대일대응에서** $g(1)$**의 값 구하기**

또, $(g\circ f)(3)=g(f(3))=g(2)=3$ ← $f(3)=2$
$(f\circ g)(3)=f(g(3))=3$이므로 $g(3)=1$ ← $f(1)=3$
함수 g가 일대일대응이므로 $g(1)=2$
따라서 $(g\circ f)(2)=g(1)=2$

1370   정답 ③

STEP Ⓐ **두 함수** f, g**가 모두 일대일대응임을 이용하여 구하기**

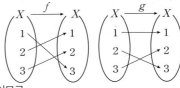

$f(1)=g(2)=3$이므로
$(g\circ f)(1)=g(f(1))=g(3)=2$
$(f\circ g)(2)=f(g(2))=f(3)=2$
이때 두 함수 f, g가 모두 일대일대응이므로 $f(2)=1$, $g(1)=1$
또한, $g(f(2))=g(1)=1$

STEP Ⓑ $f(2)+g(1)+g(f(2))$**의 값 구하기**

따라서 $f(2)+g(1)+g(f(2))=1+1+1=3$

1371

정답 ③

STEP Ⓐ 주어진 조건에서 $f(3)$, $f(4)$, $f(1)$의 값 구하기

$f(2)=4$, $g(1)=2$, $g(3)=4$이므로 그림과 같다.

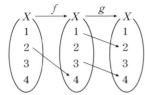

$(g \circ f)(3)=g(f(3))=2$이고 $g(1)=2$이므로 $f(3)=1$

$(g \circ f)(4)=g(f(4))=1$을 만족시키는 경우 $f(4)$의 값을 정하면

$f(4)=3$이면 $g(f(4))=g(3)=1$이므로 모순이다. ← $g(3)=4$

$f(4)=2$이면 $g(f(4))=g(2)=1$

즉 $f(4)=2$이고 함수 f는 일대일대응이므로 $f(1)=3$

STEP Ⓑ $g(2)$, $g(4)$의 값 구하기

$g(1)=2$, $g(3)=4$, $g(2)=1$이고 함수 g는 일대일대응이므로 $g(4)=3$

즉 $(g \circ f)(2)=g(f(2))=g(4)=3$

따라서 $f(1)+(g \circ f)(2)=3+3=6$

내신연계 출제문항 680

집합 $X=\{1, 2, 3, 4\}$에 대하여 X에서 X로의 두 함수 f, g가
일대일대응이고
$$f(1)=3, \ g(2)=4, \ (f \circ g)(1)=1, \ (g \circ f)(4)=2$$
를 만족할 때, $g(3)+(g \circ f)(2)$의 값은?

① 2   ② 4   ③ 5
④ 8   ⑤ 9

STEP Ⓐ 주어진 조건에서 $f(3)$, $f(4)$, $f(2)$의 값 구하기

$f(1)=3$, $g(2)=4$이므로 그림과 같다.

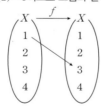 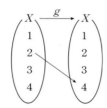

$(f \circ g)(1)=1$, $(g \circ f)(4)=2$를 만족시키는 경우에서 $f(4)$의 값을 구한다.

(i) $f(4)=1$이면

    $(g \circ f)(4)=2$에서 $g(f(4))=g(1)=2$

    $(f \circ g)(1)=1$에서 $f(g(1))=f(2)=1$

    즉 $f(4)=1$, $f(2)=1$이 되어 함수 f가 일대일대응이라는

    조건에 모순이다.

(ii) $f(4)=2$이면

    $(g \circ f)(4)=2$에서 $g(f(4))=g(2)=2$ ← $g(2)=4$

    이므로 만족시키지 않는다.

(iii) $f(4)=4$이면

    $(g \circ f)(4)=2$에서 $g(f(4))=g(4)=2$

    $(f \circ g)(1)=1$에서 $g(1)=1$이면 $f(g(1))=f(1)=1$ ← $f(1)=3$

    이 되어 조건을 만족시키지 않으므로

    $g(1)=3$이고 $f(g(1))=f(3)=1$이다.

(i)~(iii)에서

$g(2)=4$, $g(4)=2$, $g(1)=3$이므로 $g(3)=1$ ← g가 일대일대응

$f(1)=3$, $f(4)=4$, $f(3)=1$이므로 $f(2)=2$ ← f가 일대일대응

따라서 $g(3)+(g \circ f)(2)=1+g(f(2))=1+g(2)=1+4=5$

+α | 조건을 만족하는 함수 f, g는 다음과 같아!

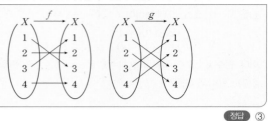

정답 ③

1372

정답 ④

STEP Ⓐ 조건 (나)에서 $g(2)$, $g(1)$의 값 구하기

$f(1)=3$이고 $(f \circ g)(2)=3$이므로

$(f \circ g)(2)=f(g(2))=3$에서 $g(2)=1$

또한, $(g \circ f)(3)=4$이므로 $(g \circ f)(3)=g(f(3))=g(1)=4$

STEP Ⓑ g가 일대일대응임을 이용하여 $g(3)$, $g(4)$의 값 구하기

이때 g는 X에서 X로의 일대일대응이고 $g(3) > g(4)$이므로

$g(3)=3$이고 $g(4)=2$

STEP Ⓒ $(f \circ g)(4)-(g \circ f)(1)$의 값 구하기

따라서 $(f \circ g)(4)-(g \circ f)(1)=f(g(4))-g(f(1))$

$$=f(2)-g(3)$$

$$=4-3=1$$

1373

정답 ②

STEP Ⓐ 조건을 만족하는 나머지 함숫값 구하기

함수 h는 상수함수이고 $h(1)=3$이므로 $h(x)=3$

함수 f는 일대일대응이고 $f(1)=3$, $f(3)=2$이므로 $f(2)=1$

$(g \circ f)(2)=g(f(2))=g(1)=3$

$(f \circ g)(3)=f(g(3))=1$이고 $f(2)=1$이므로 $g(3)=2$

함수 g는 일대일대응이므로 $g(2)=1$

STEP Ⓑ $g(2)+(g \circ h)(1)+h(2)$의 값 구하기

따라서 $g(2)+(g \circ h)(1)+h(2)=1+g(h(1))+3$

$$=1+g(3)+3$$

$$=1+2+3$$

$$=6$$

내신연계 출제문항 681

집합 $X=\{1, 2, 3, 4\}$에 대하여 X에서 X로의 세 함수 f, g, h는 각각
일대일대응, 항등함수, 상수함수이고 다음 조건을 만족시킬 때,
$(f \circ g)(1)+f(4)$의 값은?

> (가) $f(3)=g(3)=h(3)$
> (나) $2f(1)-f(3)=f(2)$

① 2   ② 3   ③ 4
④ 5   ⑤ 6

STEP Ⓐ 조건을 만족하는 나머지 함숫값 구하기

함수 g는 항등함수이므로 $g(3)=3$

조건 (가)에서 $f(3)=g(3)=h(3)=3$
함수 h는 상수함수이므로 $h(x)=3$

STEP B 함수 f는 일대일대응임을 이용하여 $f(1)$, $f(2)$, $f(4)$ 구하기

(나)에서 $2f(1)-f(3)=f(2)$
함수 f는 일대일대응이므로
$2f(1)-3=f(2)$에서 $f(1)=2$, $f(2)=1$
$\therefore f(4)=4$ ← $f(3)=3$, $f(1)=2$, $f(2)=1$이고 $f(x)$는 일대일대응이다.

+α | $f(1)$, $f(2)$의 값을 다음과 같이 구할 수 있어!

$2f(1)-3=f(2)$에서 $2f(1)=f(2)+3$ $\therefore f(1)=\dfrac{1}{2}f(2)+\dfrac{3}{2}$

즉 $f(2)$의 값은 홀수이므로 $f(2)=1$ $\therefore f(1)=\dfrac{1}{2}+\dfrac{3}{2}=2$

STEP C $(f \circ g)(1)+f(4)$의 값 구하기

따라서 $(f \circ g)(1)+f(4)=f(g(1))+4=f(1)+4=2+4=6$ 〔정답〕 ⑤

1374 <small>2000학년도 수능기출 나형 14번</small> 〔정답〕 ③

STEP A 일대일대응에서 $f(2)$, $f(3)$의 값을 임의로 두고 경우 나누기

함수 f가 일대일대응이고 $f(1)=a$이므로
$f(2)=b$이면 $f(3)=c$이고
$f(2)=c$이면 $f(3)=b$

STEP B 각 경우에 함수 $g(x)$에서 정의역의 각 원소에 해당하는 함숫값 구하기

(i) $f(2)=b$, $f(3)=c$인 경우
$(g \circ f)(2)=g(f(2))=g(b)=4$이므로 $g(b)=4$, $g(a)=5$

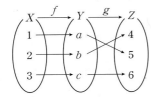

(ii) $f(2)=c$, $f(3)=b$인 경우
$(g \circ f)(2)=g(f(2))=g(c)=4$이고 문제의 조건에서 $g(c)=6$
즉 함수 g는 일대일대응이 아니므로 조건을 만족시키지 않는다.
(i), (ii)에서 $f(2)=b$, $f(3)=c$, $g(b)=4$, $g(a)=5$
따라서 $f(3)=c$

내/신/연/계 출제문항 682

세 집합 $X=\{1, 2, 3\}$, $Y=\{a, b, c\}$, $Z=\{4, 5, 6\}$에 대하여
일대일대응인 두 함수 $f:X \longrightarrow Y$와 $g:Y \longrightarrow Z$가
$$f(3)=c,\ g(a)=5,\ (g \circ f)(1)=4$$
을 만족시킬 때, $(g \circ f)(2)+g(b)$의 값은?

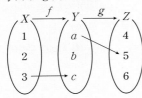

① 8 ② 9 ③ 10
④ 11 ⑤ 12

STEP A 일대일대응에서 $f(1)$, $f(2)$의 값을 임의로 두고 경우 나누기

함수 f가 일대일대응이고 $f(3)=c$이므로
$f(1)=a$이면 $f(2)=b$이고
$f(1)=b$이면 $f(2)=a$

STEP B 각 경우에 함수 $g(x)$에서 정의역의 각 원소에 해당하는 함숫값 구하기

(i) $f(1)=a$, $f(2)=b$인 경우
$(g \circ f)(1)=g(f(1))=g(a)=4$
문제의 조건에서 $g(a)=5$이므로
함수가 되지 않아 조건을 만족시키지 않는다.
(ii) $f(1)=b$, $f(2)=a$인 경우
$(g \circ f)(1)=g(f(1))=g(b)=4$
일대일대응이므로 $g(c)=6$
(i), (ii)에서 $f(1)=b$, $f(2)=a$, $g(b)=4$, $g(c)=6$
즉 $(g \circ f)(2)=g(f(2))=g(a)=5$
따라서 $(g \circ f)(2)+g(b)=5+4=9$ 〔정답〕 ②

1375 〔정답〕 70

STEP A $f^1(x)$, $f^2(x)$, $f^3(x)$, $\cdots$를 차례로 구하여 규칙 찾기

$f(x)=x-1$
$f^2(x)=f(f(x))=f(x-1)=(x-1)-1=x-2$
$f^3(x)=f(f^2(x))=f(x-2)=(x-2)-1=x-3$
$$\vdots$$
$f^n(x)=x-n$

STEP B $f^{50}(k)=20$을 만족하는 상수 k의 값 구하기

즉 $f^{50}(x)=x-50$이므로 $f^{50}(k)=20$에서 $k-50=20$
따라서 $k=70$

1376 〔정답〕 ④

STEP A $f^1(x)$, $f^2(x)$, $f^3(x)$, $\cdots$를 차례로 구하여 규칙 찾기

$f^1(x)=1-x$
$f^2(x)=f(f(x))=f(1-x)=1-(1-x)=x$
$f^3(x)=f(f^2(x))=f(x)=1-x$
$f^4(x)=f(f^3(x))=f(1-x)=x$
$$\vdots$$
이므로
$f^n(x)$는 n은 홀수이면 $f^n(x)=1-x$, n은 짝수이면 $f^n(x)=x$

$f^n(x)=\begin{cases}1-x & (n\text{은 홀수}) \\ x & (n\text{은 짝수})\end{cases}$

STEP B $f^{2025}(4)+f^{2026}(8)$의 값 구하기

따라서 $f^{2025}(4)+f^{2026}(8)=(1-4)+8=5$

함수 $f(x)=1-x$에 대하여 $f^{100}(9)+f^{101}(9)$의 값은?
(단, $f^1=f$, $f^{n+1}=f \circ f^n$이고, n은 자연수이다.)

① 1   ② 2   ③ 3
④ 4   ⑤ 5

STEP A $f^1(x)$, $f^2(x)$, $f^3(x)$, …를 차례로 구하여 규칙 찾기

$f^1(x)=1-x$

$f^2(x)=f(f(x))=f(1-x)=1-(1-x)=x$

$f^3(x)=f(f^2(x))=f(x)=1-x$

$f^4(x)=f(f^3(x))=f(1-x)=x$

$\vdots$

이므로

$f^n(x)$는 n은 홀수이면 $f^n(x)=1-x$, n은 짝수이면 $f^n(x)=x$

$f^n(x)=\begin{cases} 1-x & (n \text{은 홀수}) \\ x & (n \text{은 짝수}) \end{cases}$

STEP B $f^{100}(9)+f^{101}(9)$의 값 구하기

따라서 $f^{100}(9)+f^{101}(9)=9+(1-9)=1$ 정답 ①

1377   정답 ②

STEP A $f^1(x)$, $f^2(x)$, $f^3(x)$, …를 차례로 구하여 규칙 찾기

$f(x)=\begin{cases} x+1 & (x \le 2) \\ x-2 & (x>2) \end{cases}$에서 $f(1)=2$, $f(2)=3$, $f(3)=1$이므로

$f^2(1)=f(f(1))=f(2)=3$

$f^3(1)=f(f^2(1))=f(3)=1$

$\vdots$

즉 $f^n(1)$의 값은 2, 3, 1의 세 수가 차례로 반복된다.

STEP B $f^{100}(1)$의 값 구하기

따라서 $100=3\times33+1$이므로 $f^{100}(1)=f(1)=2$

1378   정답 ①

STEP A $f^1(1)$, $f^2(1)$, $f^3(1)$, …를 차례로 구하여 $f^{2025}(1)$의 값 구하기

$f^1(1)=f(1)=2$

$f^2(1)=f(f(1))=f(2)=3$

$f^3(1)=f(f^2(1))=f(3)=0$

$f^4(1)=f(f^3(1))=f(0)=1$

$\vdots$

이므로 $f^n(1)$의 값은 2, 3, 0, 1의 값이 순서대로 반복된다.

즉 $2025=4\times506+1$이므로 $f^{2025}(1)=f^{4\times506+1}(1)=f(1)=2$

STEP B $f'(3)$, $f^2(3)$, $f^3(3)$, …를 차례로 구하여 $f^{2026}(3)$의 값 구하기

$f^1(3)=f(3)=0$

$f^2(3)=f(f(3))=f(0)=1$

$f^3(3)=f(f^2(3))=f(1)=2$

$f^4(3)=f(f^3(3))=f(2)=3$

$\vdots$

이므로 $f^n(3)$의 값은 0, 1, 2, 3의 값이 순서대로 반복된다.

즉 $2026=4\times506+2$이므로 $f^{2026}(3)=f^{4\times506+2}(3)=f^2(3)=1$

따라서 $f^{2025}(1)+f^{2026}(3)=2+1=3$

집합 $A=\{0,1,2,3,4\}$에 대하여 함수 $f : A \longrightarrow A$를

$$f(x)=\begin{cases} x+1 & (x \le 3) \\ 0 & (x=4) \end{cases}$$

로 정의하자.

$$f^1(x)=f(x),\ f^{n+1}(x)=f(f^n(x))\,(n=1,2,3,\cdots)$$

라 할 때, $f^{2025}(2)+f^{2026}(3)$의 값은?

① 3   ② 4   ③ 5
④ 6   ⑤ 7

STEP A $f^1(2)$, $f^2(2)$, $f^3(2)$, …를 차례로 구하여 $f^{2025}(2)$의 값 구하기

$f^1(2)=f(2)=3$

$f^2(2)=f(f(2))=f(3)=4$

$f^3(2)=f(f^2(2))=f(4)=0$

$f^4(2)=f(f^3(2))=f(0)=1$

$f^5(2)=f(f^4(2))=f(1)=2$

$f^6(2)=f(f^5(2))=f(2)=3$

$\vdots$

이므로 $f^n(4)$의 값은 3, 4, 0, 1, 2의 값이 순서대로 반복된다.

즉 $2025=5\times405$이므로 $f^{2025}(2)=f^5(2)=2$

STEP B $f'(3)$, $f^2(3)$, $f^3(3)$, …를 차례로 구하여 $f^{2026}(3)$의 값 구하기

$f^1(3)=f(3)=4$

$f^2(3)=f(f(3))=f(4)=0$

$f^3(3)=f(f^2(3))=f(0)=1$

$f^4(3)=f(f^3(3))=f(1)=2$

$f^5(3)=f(f^4(3))=f(2)=3$

$f^6(3)=f(f^5(3))=f(3)=4$

$\vdots$

이므로 $f^n(3)$의 값은 4, 0, 1, 2, 3의 값이 순서대로 반복된다.

즉 $2026=5\times405+1$이므로 $f^{2026}(3)=f^1(3)=4$

STEP C $f^{2025}(2)+f^{2026}(3)$의 값 구하기

따라서 $f^{2025}(2)+f^{2026}(3)=2+4=6$ 정답 ④

1379   정답 ①

STEP A $f^1(x)$, $f^2(x)$, $f^3(x)$, …를 차례로 구하여 $f^{2026}(1)$의 값 구하기

$f^1(1)=3$

$f^2(1)=f(f(1))=f(3)=5$

$f^3(1)=f(f^2(1))=f(5)=7$

$f^4(1)=f(f^3(1))=f(7)=1$

$f^5(1)=f(f^4(1))=f(1)=3$

$\vdots$

이므로 $f^n(1)$의 값은 3, 5, 7, 1의 값이 순서대로 반복된다.

즉 $2026=4\times506+2$이므로 $f^{2026}(1)=f^2(1)=5$

STEP B $f'(5)$, $f^2(5)$, $f^3(5)$, …를 차례로 구하여 $f^{2027}(5)$의 값 구하기

$f(5)=7$

$f^2(5)=f(f(5))=f(7)=1$

$f^3(5)=f(f^2(5))=f(1)=3$

$f^4(5)=f(f^3(5))=f(3)=5$

$f^5(5)=f(f^4(5))=f(5)=7$

$\vdots$

이므로 $f^n(5)$의 값은 7, 1, 3, 5의 값이 순서대로 반복된다.

즉 $2027=4\times506+3$이므로 $f^{2027}(5)=f^3(5)=3$

STEP C $f^{2026}(1)+f^{2027}(5)$**의 값 구하기**

따라서 $f^{2026}(1)+f^{2027}(5)=5+3=8$

1380

STEP A **합성함수의 대응관계에 의하여** $f^n\left(\dfrac{1}{7}\right)$**의 규칙 파악하기**

$f^1\left(\dfrac{1}{7}\right)=f\left(\dfrac{1}{7}\right)=\dfrac{2}{7}$

$f^2\left(\dfrac{1}{7}\right)=f\left(f\left(\dfrac{1}{7}\right)\right)=f\left(\dfrac{2}{7}\right)=\dfrac{4}{7}$

$f^3\left(\dfrac{1}{7}\right)=f\left(f^2\left(\dfrac{1}{7}\right)\right)=f\left(\dfrac{4}{7}\right)=\dfrac{6}{7}$ ← $\dfrac{1}{2}<x\le1$일 때, $f(x)=-2x+2$

$f^4\left(\dfrac{1}{7}\right)=f\left(f^3\left(\dfrac{1}{7}\right)\right)=f\left(\dfrac{6}{7}\right)=\dfrac{2}{7}$

$f^5\left(\dfrac{1}{7}\right)=f\left(f^4\left(\dfrac{1}{7}\right)\right)=f\left(\dfrac{2}{7}\right)=\dfrac{4}{7}$

$\vdots$

$f^n\left(\dfrac{1}{7}\right)$의 값은 $\dfrac{2}{7}$, $\dfrac{4}{7}$, $\dfrac{6}{7}$의 값이 순서대로 반복된다.

STEP B $f^{100}\left(\dfrac{1}{7}\right)$**의 값 구하기**

따라서 $f^{100}\left(\dfrac{1}{7}\right)=f^{3\times33+1}\left(\dfrac{1}{7}\right)=f^1\left(\dfrac{1}{7}\right)=\dfrac{2}{7}$

내/신/연/계 출제문항 685

집합 $X=\{x\,|\,0\le x\le1\}$에서 정의된 함수

$$f(x)=\begin{cases} 2x & \left(0\le x<\dfrac{1}{2}\right) \\ -2x+2 & \left(\dfrac{1}{2}\le x\le1\right) \end{cases}$$

에 대하여 $f^1=f$, $f^{n+1}=f\circ f^n$ (단, n은 자연수)일 때, $f^{99}\left(\dfrac{2}{5}\right)$의 값은?

① $\dfrac{2}{5}$ ② $\dfrac{3}{5}$ ③ $\dfrac{4}{5}$

④ $\dfrac{6}{7}$ ⑤ $\dfrac{20}{7}$

STEP A **합성함수의 대응관계에 의하여** $f^n\left(\dfrac{2}{5}\right)$**의 규칙 파악하기**

$f^1\left(\dfrac{2}{5}\right)=f\left(\dfrac{2}{5}\right)=\dfrac{4}{5}$

$f^2\left(\dfrac{2}{5}\right)=f\left(f\left(\dfrac{2}{5}\right)\right)=f\left(\dfrac{4}{5}\right)=\dfrac{2}{5}$

$f^3\left(\dfrac{2}{5}\right)=f\left(f^2\left(\dfrac{2}{5}\right)\right)=f\left(\dfrac{2}{5}\right)=\dfrac{4}{5}$

$f^4\left(\dfrac{2}{5}\right)=f\left(f^3\left(\dfrac{2}{5}\right)\right)=f\left(\dfrac{4}{5}\right)=\dfrac{2}{5}$

$\vdots$

$f^n\left(\dfrac{2}{5}\right)$의 값은 $\dfrac{4}{5}$, $\dfrac{2}{5}$의 값이 순서대로 반복된다.

STEP B $f^{99}\left(\dfrac{2}{5}\right)$**의 값 구하기**

따라서 $f^{99}\left(\dfrac{2}{5}\right)=f^{2\times49+1}\left(\dfrac{2}{5}\right)=f^1\left(\dfrac{2}{5}\right)=\dfrac{4}{5}$

1381

STEP A $(f\circ f\circ f)(d)$**의 값 구하기**

직선 $y=x$를 이용하여 y축과 점선이
만나는 점의 y좌표를 구하면 그림과
같다.

$f(d)=c$, $f(c)=b$, $f(b)=a$

따라서 $(f\circ f\circ f)(d)=f(f(f(d)))$

$\quad\quad=f(f(c))$

$\quad\quad=f(b)$

$\quad\quad=a$

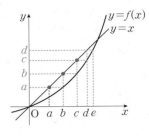

1382 <정답 ③>

STEP A $(f\circ f\circ f)(5)+(f\circ f)(4)$**의 값 구하기**

$(f\circ f\circ f)(5)=f(f(f(5)))=f(f(2))=f(1)=2$

$(f\circ f)(4)=f(f(4))=f(1)=2$

따라서 $(f\circ f\circ f)(5)+(f\circ f)(4)=2+2=4$

1383 <정답 ③>

STEP A $(g\circ f\circ g)(c)=x_1$**를 만족하는** x_1**구하기**

오른쪽 그림에서

$g(c)=b$, $f(b)=c$이므로

$(g\circ f\circ g)(c)=g(f(g(c)))$

$\quad\quad=g(f(b))$

$\quad\quad=g(c)$

$\quad\quad=b$

즉 $x_1=b$

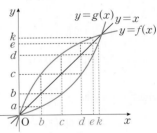

STEP B $(f\circ g\circ f)(x_2)=c$**를 만족하는** x_2 **구하기**

$f(b)=c$이므로 $f(g(f(x_2)))=c$에서 $g(f(x_2))=b$

$g(c)=b$이므로 $f(x_2)=c$

즉 $x_2=b$

따라서 $x_1=b$, $x_2=b$이므로 $x_1+x_2=b+b=2b$

내/신/연/계 출제문항 686

그림은 두 함수 $y=f(x)$, $y=g(x)$의 그래프와 직선 $y=x$를 나타낸 것이다.

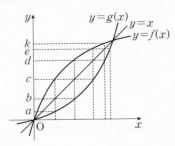

$(f\circ g\circ f)(d)=x_1$, $(f\circ g)(x_2)=e$일 때, 상수 x_1, x_2에 대하여 x_1+x_2의 값은? (단, 모든 점선은 x축 또는 y축과 서로 평행하다.)

① $b+e$ ② $c+e$ ③ $2b$

④ $2c$ ⑤ $2e$

오른쪽 그림에서
$f(d) = e$, $g(e) = d$이므로
$(f \circ g \circ f)(d) = f(g(f(d)))$
$\qquad\qquad\qquad = f(g(e))$
$\qquad\qquad\qquad = f(d)$
$\qquad\qquad\qquad = e$
즉 $x_1 = e$

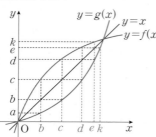

STEP Ⓑ $(f \circ g)(x_2) = e$를 만족하는 x_2 구하기

$f(d) = e$이므로 $f(g(x_2)) = e$에서 $g(x_2) = d$
즉 $x_2 = e$
따라서 $x_1 = e$, $x_2 = e$이므로 $x_1 + x_2 = e + e = 2e$ 〔정답〕 ⑤

1384 〔정답〕 ③

STEP Ⓐ $f^1\left(\dfrac{1}{4}\right)$부터 차례대로 구하여 규칙 찾기

함수 $y = f(x)$의 그래프에서 $f(x) = \begin{cases} 2x & \left(0 \leq x \leq \dfrac{1}{2}\right) \\ -2x+2 & \left(\dfrac{1}{2} < x \leq 1\right) \end{cases}$

$f^1\left(\dfrac{1}{4}\right) = \dfrac{1}{2}$

$f^2\left(\dfrac{1}{4}\right) = f\left(f\left(\dfrac{1}{4}\right)\right) = f\left(\dfrac{1}{2}\right) = 1$

$f^3\left(\dfrac{1}{4}\right) = f\left(f^2\left(\dfrac{1}{4}\right)\right) = f(1) = 0$

$f^4\left(\dfrac{1}{4}\right) = f\left(f^3\left(\dfrac{1}{4}\right)\right) = f(0) = 0$

$\qquad\qquad\qquad \vdots$

이므로 $n \geq 3$일 때, $f^n\left(\dfrac{1}{4}\right) = 0$

STEP Ⓑ 주어진 식의 값 구하기

따라서 $f\left(\dfrac{1}{4}\right) + f^2\left(\dfrac{1}{4}\right) + f^3\left(\dfrac{1}{4}\right) + \cdots + f^{10}\left(\dfrac{1}{4}\right) = \dfrac{1}{2} + 1 + 0 \times 8 = \dfrac{3}{2}$

내/신/연/계 출제문항 **687**

집합 $A = \{x | 0 \leq x \leq 1\}$에 대하여
A에서 A로의 함수 $y = f(x)$의
그래프가 오른쪽 그림과 같다.
$f^1 = f$, $f^{n+1} = f \circ f^n (n = 1, 2, 3, \cdots)$
라고 할 때,
$f\left(\dfrac{5}{7}\right) + f^2\left(\dfrac{5}{7}\right) + f^3\left(\dfrac{5}{7}\right) + \cdots + f^{15}\left(\dfrac{5}{7}\right)$
의 값은?

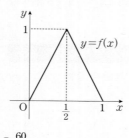

① $\dfrac{20}{7}$ 　　　② $\dfrac{24}{7}$ 　　　③ $\dfrac{60}{7}$

④ $\dfrac{64}{7}$ 　　　⑤ $\dfrac{66}{7}$

STEP Ⓐ $f^1\left(\dfrac{5}{7}\right)$부터 차례대로 구하여 규칙 찾기

함수 $y = f(x)$의 그래프에서 $f(x) = \begin{cases} 2x & \left(0 \leq x \leq \dfrac{1}{2}\right) \\ -2x+2 & \left(\dfrac{1}{2} < x \leq 1\right) \end{cases}$

$f^1\left(\dfrac{5}{7}\right) = -2 \times \dfrac{5}{7} + 2 = \dfrac{4}{7}$

$f^2\left(\dfrac{5}{7}\right) = f\left(\dfrac{4}{7}\right) = -2 \times \dfrac{4}{7} + 2 = \dfrac{6}{7}$

$f^3\left(\dfrac{5}{7}\right) = f\left(\dfrac{6}{7}\right) = -2 \times \dfrac{6}{7} + 2 = \dfrac{2}{7}$

$f^4\left(\dfrac{5}{7}\right) = f\left(\dfrac{2}{7}\right) = 2 \times \dfrac{2}{7} = \dfrac{4}{7}$

$\qquad\qquad\qquad \vdots$

이므로 $f^n\left(\dfrac{5}{7}\right)$의 값은 $\dfrac{4}{7}, \dfrac{6}{7}, \dfrac{2}{7}$가 차례로 반복된다.

STEP Ⓑ 주어진 식의 값 구하기

따라서 $f\left(\dfrac{5}{7}\right) + f^2\left(\dfrac{5}{7}\right) + f^3\left(\dfrac{5}{7}\right) + \cdots + f^{15}\left(\dfrac{5}{7}\right) = 5\left(\dfrac{4}{7} + \dfrac{6}{7} + \dfrac{2}{7}\right)$

$\qquad\qquad\qquad\qquad\qquad\qquad\qquad\qquad = \dfrac{60}{7}$ 〔정답〕 ③

1385 〔정답〕 0

STEP Ⓐ $f^2\left(\dfrac{5}{4}\right)$부터 차례대로 구하여 규칙 찾기

함수 $y = f(x)$의 그래프에서

$f\left(\dfrac{5}{4}\right) = \dfrac{3}{2}$

$f^2\left(\dfrac{5}{4}\right) = f\left(f\left(\dfrac{5}{4}\right)\right) = f\left(\dfrac{3}{2}\right) = 1$

$f^3\left(\dfrac{5}{4}\right) = f\left(f^2\left(\dfrac{5}{4}\right)\right) = f(1) = 2$

$f^4\left(\dfrac{5}{4}\right) = f\left(f^3\left(\dfrac{5}{4}\right)\right) = f(2) = 0$

$f^5\left(\dfrac{5}{4}\right) = f\left(f^4\left(\dfrac{5}{4}\right)\right) = f(0) = 1$

$f^6\left(\dfrac{5}{4}\right) = f\left(f^5\left(\dfrac{5}{4}\right)\right) = f(1) = 2$

$\qquad\qquad\qquad \vdots$

$f^n\left(\dfrac{5}{4}\right)$의 값은 $n \geq 2$일 때, 1, 2, 0이 반복된다.

STEP Ⓑ $f^{2026}\left(\dfrac{5}{4}\right)$의 값 구하기

따라서 $f^{2026}\left(\dfrac{5}{4}\right) = f^{3 \times 674 + 4}\left(\dfrac{5}{4}\right) = f^4\left(\dfrac{5}{4}\right) = 0$

1386 〔정답〕 2

STEP Ⓐ 합성함수 f, f^2, f^3, f^4, $\cdots$의 값을 차례대로 구하여 규칙 찾기

$f^1(1) = f(1) = 2$

$f^2(1) = f(f^1(1)) = f(2) = 3$

$f^3(1) = f(f^2(1)) = f(3) = 1$

$f^4(1) = f(f^3(1)) = f(1) = 2$

$f^5(1) = f(f^4(1)) = f(2) = 3$

$f^6(1) = f(f^5(1)) = f(3) = 1$

$\qquad\qquad\qquad \vdots$

이므로 $f^n(1)$의 값은 2, 3, 1의 값이 순서대로 반복된다.

STEP Ⓑ $f^{2024}(1) - f^{2025}(1)$의 값 구하기

따라서 $2024 = 3 \times 674 + 2$, $2025 = 3 \times 675$이므로
$f^{2024}(1) - f^{2025}(1) = f^2(1) - f^3(1) = 3 - 1 = 2$

1387

정답 ④

STEP A 합성함수의 규칙을 찾아 $f^{101}(1)$의 값 구하기

$f^1(1)=f(1)=2$
$f^2(1)=f(f(1))=f(2)=3$
$f^3(1)=f(f^2(1))=f(3)=4$
$f^4(1)=f(f^3(1))=f(4)=1$
$f^5(1)=f(f^4(1))=f(1)=2$
$\vdots$

이므로 $f^n(1)$의 값은 2, 3, 4, 1의 값이 순서대로 반복된다.
즉 $101=4\times25+1$이므로 $f^{101}(1)=f^1(1)=2$

STEP B 합성함수의 규칙을 찾아 $f^{102}(2)$의 값 구하기

$f^1(2)=f(2)=3$
$f^2(2)=f(f(2))=f(3)=4$
$f^3(2)=f(f^2(2))=f(4)=1$
$f^4(2)=f(f^3(2))=f(1)=2$
$f^5(2)=f(f^4(2))=f(2)=3$
$\vdots$

이므로 $f^n(2)$의 값은 3, 4, 1, 2의 값이 순서대로 반복된다.
즉 $102=4\times25+2$이므로 $f^{102}(2)=f^2(2)=4$

STEP C 합성함수의 규칙을 찾아 $f^{103}(3)$의 값 구하기

$f^1(3)=f(3)=4$
$f^2(3)=f(f(3))=f(4)=1$
$f^3(3)=f(f^2(3))=f(1)=2$
$f^4(3)=f(f^3(3))=f(2)=3$
$f^5(3)=f(f^4(3))=f(3)=4$
$\vdots$

이므로 $f^n(3)$의 값은 4, 1, 2, 3의 값이 순서대로 반복된다.
즉 $103=4\times25+3$이므로 $f^{103}(3)=f^3(3)=2$

STEP D $f^{101}(1)+f^{102}(2)+f^{103}(3)$의 값 구하기

따라서 $f^{101}(1)+f^{102}(2)+f^{103}(3)=2+4+2=8$

내/신/연/계 출제문항 688

집합 $X=\{1,\ 2,\ 3,\ 4\}$에 대하여 X에서
X로의 함수 f는 오른쪽 그림과 같고
$$f^2=f\circ f,$$
$$f^{n+1}=f\circ f^n\ (n=2,\ 3,\ 4,\ \cdots)$$
으로 정의할 때,
$f^{100}(1)+f^{101}(2)+f^{102}(3)$의 값은?

① 3
② 5
③ 7
④ 9
⑤ 11

STEP A 합성함수의 규칙을 찾아 $f^{100}(1)$의 값 구하기

$f(1)=3$
$f^2(1)=f(f(1))=f(3)=2$
$f^3(1)=f(f^2(1))=f(2)=1$
$f^4(1)=f(f^3(1))=f(1)=3$
$\vdots$

이므로 $f^1=f$라 하면 $f^n(1)$의 값은 3, 2, 1의 값이 순서대로 반복된다.
즉 $100=3\times33+1$이므로 $f^{100}(1)=f^1(1)=3$

STEP B 합성함수의 규칙을 찾아 $f^{101}(2)$의 값 구하기

$f(2)=1$
$f^2(2)=f(f(2))=f(1)=3$
$f^3(2)=f(f^2(2))=f(3)=2$
$f^4(2)=f(f^3(2))=f(2)=1$
$\vdots$

이므로 $f^n(2)$의 값은 1, 3, 2의 값이 순서대로 반복된다.
즉 $101=3\times33+2$이므로 $f^{101}(2)=f^2(2)=3$

STEP C 합성함수의 규칙을 찾아 $f^{102}(3)$의 값 구하기

$f(3)=2$
$f^2(3)=f(f(3))=f(2)=1$
$f^3(3)=f(f^2(3))=f(1)=3$
$f^4(3)=f(f^3(3))=f(3)=2$
$\vdots$

이므로 $f^n(3)$의 값은 2, 1, 3의 값이 순서대로 반복된다.
즉 $102=3\times34$이므로 $f^{102}(3)=f^3(3)=3$

STEP D $f^{100}(1)+f^{101}(2)+f^{102}(3)$의 값 구하기

따라서 $f^{100}(1)+f^{101}(2)+f^{102}(3)=3+3+3=9$

정답 ④

1388

정답 9

STEP A 합성함수의 규칙을 찾아 $f^{100}(1)$의 값 구하기

$f(1)=3$
$f^2(1)=f(f(1))=f(3)=2$
$f^3(1)=f(f^2(1))=f(2)=1$
$f^4(1)=f(f^3(1))=f(1)=3$
$\vdots$

이므로 $f^n(1)$의 값은 3, 2, 1이 이 순서대로 반복된다.
즉 $100=3\times33+1$이므로 $f^{100}(1)=f^1(1)=3$

STEP B 합성함수의 규칙을 찾아 $f^{101}(2)$의 값 구하기

$f(2)=1$
$f^2(2)=f(f(2))=f(1)=3$
$f^3(2)=f(f^2(2))=f(3)=2$
$f^4(2)=f(f^3(2))=f(2)=1$
$\vdots$

이므로 $f^n(2)$의 값은 1, 3, 2가 이 순서대로 반복된다.
즉 $101=3\times33+2$이므로 $f^{101}(2)=f^2(2)=3$

STEP C 합성함수의 규칙을 찾아 $f^{102}(3)$의 값 구하기

$f(3)=2$
$f^2(3)=f(f(3))=f(2)=1$
$f^3(3)=f(f^2(3))=f(1)=3$
$f^4(3)=f(f^3(3))=f(3)=2$
$\vdots$

이므로 $f^n(3)$의 값은 2, 1, 3이 이 순서대로 반복된다.
즉 $102=3\times34$이므로 $f^{102}(3)=f^3(3)=3$

STEP D $f^{100}(1)+f^{101}(2)+f^{102}(3)$의 값 구하기

따라서 $f^{100}(1)+f^{101}(2)+f^{102}(3)=3+3+3=9$

1389

STEP Ⓐ $f(f(x))$의 식 구하기

$f(x)=\begin{cases} 1 & (x\le -1) \\ -x & (-1<x<1) \\ -1 & (x\ge 1) \end{cases}$에서

$f(f(x))=\begin{cases} 1 & (f(x)\le -1) \\ f(x) & (-1<f(x)<1) \\ -1 & (f(x)\ge 1) \end{cases}$

이때 $f(x)\le -1$일 때, $x\ge 1$
$-1<f(x)<1$일 때, $-1<x<1$
$f(x)\ge 1$일 때, $x\le -1$

$f(f(x))=\begin{cases} 1 & (x\ge 1) \\ x & (-1<x<1) \\ -1 & (x\le -1) \end{cases}$ ← $-1<x<1$일 때, $f(x)=-x$이므로 $f(f(x))=-(-x)=x$

따라서 합성함수 $y=f(f(x))$의 그래프의 개형은 ②와 같다.

1390

STEP Ⓐ $(f\circ f)(x)$의 식 작성하기

$f(x)=\begin{cases} -x+3 & (0\le x\le 3) \\ 3x-9 & (3<x\le 4) \end{cases}$에서

$f(f(x))=\begin{cases} -f(x)+3 & (0\le f(x)\le 3) \\ 3f(x)-9 & (3<f(x)\le 4) \end{cases}$

이때, $3\le f(x)\le 4$는 존재하지 않으므로
$f(f(x))=-f(x)+3(0\le f(x)\le 3)$이어야 한다.
이때 $0\le x\le 3$일 때, $f(x)=-x+3$이므로
$f(f(x))=-(-x+3)+3=x$
$3<x\le 4$일 때, $f(x)=3x-9$이므로
$f(f(x))=-(3x-9)+3=-3x+12$

$\therefore f(f(x))=\begin{cases} x & (0\le x\le 3) \\ -3x+12 & (3<x\le 4) \end{cases}$

STEP Ⓑ 함수 $y=(f\circ f)(x)$의 그래프와 x축으로 둘러싸인 부분의 넓이 구하기

따라서 $y=(f\circ f)(x)$의 그래프는
오른쪽 그림과 같으므로 구하는 넓이는
$\dfrac{1}{2}\times 4\times 3=6$

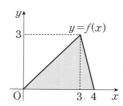

1391

STEP Ⓐ $f(x)$를 구하고 범위에 따라 $g(f(x))$ 구하기

주어진 그래프에서 함수 $f(x)=\begin{cases} 1 & (x<1) \\ 3 & (x\ge 1) \end{cases}$이므로

함수 $y=(g\circ f)(x)=g(f(x))$는
(ⅰ) $x<1$일 때, $f(x)=1$이므로
$\quad y=(g\circ f)(x)=g(f(x))=g(1)=1$
(ⅱ) $x\ge 1$일 때, $f(x)=3$이므로
$\quad y=(g\circ f)(x)=g(f(x))=g(3)=1$
(ⅰ), (ⅱ)에 의하여 $(g\circ f)(x)=g(f(x))=\begin{cases} 1 & (x\ge 1) \\ 1 & (x<1) \end{cases}$이므로

함수 $y=(g\circ f)(x)$의 그래프의 개형은 ①이다.

1392

STEP Ⓐ 주어진 그래프를 이용하여 $f(x)$, $g(x)$의 식 세우기

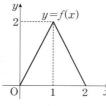 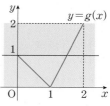

$f(x)=\begin{cases} 2x & (0\le x\le 1) \\ -2x+4 & (1<x\le 2) \end{cases}$, $g(x)=\begin{cases} -x+1 & (0\le x\le 1) \\ 2x-2 & (1<x\le 2) \end{cases}$

STEP Ⓑ $(f\circ g)(x)$의 식 구하기

$y=(f\circ g)(x)$
$=f(g(x))$
$=\begin{cases} 2g(x) & (0\le g(x)\le 1) \\ -2g(x)+4 & (1<g(x)\le 2) \end{cases}$

(ⅰ) $0\le g(x)\le 1$일 때,
$\quad 0\le -x+1\le 1$ 또는 $0\le 2x-2\le 1$
$\quad 0\le x\le 1$에서 $(f\circ g)(x)=f(g(x))=2(-x+1)=-2x+2$
$\quad 1\le x\le \dfrac{3}{2}$에서 $(f\circ g)(x)=f(g(x))=2(2x-2)=4x-4$

(ⅱ) $1<g(x)\le 2$일 때,
$\quad 1<2x-2\le 2$ 에서 $\dfrac{3}{2}<x\le 2$
$\quad$ 즉 $(f\circ g)(x)=f(g(x))=-2(2x-2)+4=-4x+8$

(ⅰ), (ⅱ)에 의하여

$(f\circ g)(x)=\begin{cases} -2x+2 & (0\le x\le 1) \\ 4x-4 & \left(1\le x\le \dfrac{3}{2}\right) \\ -4x+8 & \left(\dfrac{3}{2}<x\le 2\right) \end{cases}$

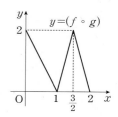

따라서 함수 $y=(f\circ g)(x)$의
그래프는 오른쪽 그림과 같다.

1393

STEP Ⓐ 주어진 그래프를 이용하여 $f(x)$, $g(x)$의 식 세우기

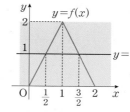 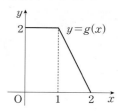

주어진 그래프에서 두 함수 $y=f(x)$, $y=g(x)$의 식은

$f(x)=\begin{cases} 2x & (0\le x<1) \\ -2x+4 & (1\le x\le 2) \end{cases}$, $g(x)=\begin{cases} 2 & (0\le x<1) \\ -2x+4 & (1\le x\le 2) \end{cases}$

STEP Ⓑ $(g\circ f)(x)$의 식을 이용하여 그래프의 개형 그리기

$y=(g\circ f)(x)=g(f(x))=\begin{cases} 2 & (0\le f(x)<1) \\ -2f(x)+4 & (1\le f(x)\le 2) \end{cases}$

(ⅰ) $0\le f(x)<1$일 때,
$\quad 0\le 2x<1$ 또는 $0\le -2x+4<1$
$\quad \therefore 0\le x<\dfrac{1}{2}$ 또는 $\dfrac{3}{2}<x\le 2$
$\quad$ 즉 $(g\circ f)(x)=g(f(x))=2$

(ⅱ) $1\le f(x)\le 2$일 때,
$\quad 1\le 2x\le 2$ 또는 $1\le -2x+4\le 2$

① $\frac{1}{2} \leq x \leq 1$이면 $f(x)=2x$

즉 $(g \circ f)(x)=g(f(x))=-2(2x)+4=-4x+4$

② $1 \leq x \leq \frac{3}{2}$이면 $f(x)=-2x+4$

즉 $(g \circ f)(x)=g(f(x))=-2(-2x+4)+4=4x-4$

(i), (ii)에서 $(g \circ f)(x)=\begin{cases} 2 & \left(0 \leq x < \frac{1}{2} \text{ 또는 } \frac{3}{2} < x \leq 2\right) \\ -4x+4 & \left(\frac{1}{2} \leq x \leq 1\right) \\ 4x-4 & \left(1 \leq x \leq \frac{3}{2}\right) \end{cases}$

즉 함수 $y=(g \circ f)(x)$의 그래프의 개형은 오른쪽 그림과 같다.

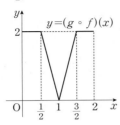

STEP C [보기]에서 참, 거짓 판단하기

ㄱ. 함수 $y=(g \circ f)(x)$의 치역은 $\{y \mid 0 \leq y \leq 2\}$ [참]

ㄴ. 오른쪽 그림과 같이
함수 $y=(g \circ f)(x)$의 그래프와 x축,
y축 및 $x=2$로 둘러싸인 부분의 넓이는

$\underset{\text{직사각형의 넓이}}{2 \times \left(2 \times \frac{1}{2}\right)} + \underset{\text{삼각형의 넓이}}{2 \times \left(\frac{1}{2} \times \frac{1}{2} \times 2\right)} = 3$ [참]

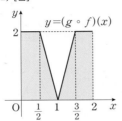

ㄷ. 함수 $y=(g \circ f)(x)$의 그래프에서
방정식 $(g \circ f)(x)=1$의 해는

$\frac{1}{2} \leq x \leq 1$에서 $-4x+4=1$ $\therefore x=\frac{3}{4}$

$1 \leq x \leq \frac{3}{2}$에서 $4x-4=1$ $\therefore x=\frac{5}{4}$

즉 방정식 $(g \circ f)(x)=1$의 모든
실근의 합은 $\frac{3}{4}+\frac{5}{4}=2$ [참]

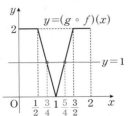

따라서 옳은 것은 ㄱ, ㄴ, ㄷ이다.

내/신/연/계 출제문항 689

$0 \leq x \leq 2$에서 정의된 두 함수 $y=f(x)$, $y=g(x)$의 그래프가 그림과 같다.

합성함수의 그래프로 옳은 것은?
함수 $y=(f \circ g)(x)$에 대하여 [보기]에서 옳은 것만을 있는 대로 고른 것은?

> ㄱ. 함수 $y=(f \circ g)(x)$의 치역은 $\{y \mid 0 \leq y \leq 2\}$이다.
> ㄴ. 함수 $y=(f \circ g)(x)$의 그래프와 x축, y축 및 직선 $x=2$로 둘러싸인 부분의 넓이는 2이다.
> ㄷ. 방정식 $(f \circ g)(x)=1$의 모든 실근의 합은 2이다.

① ㄱ ② ㄴ ③ ㄱ, ㄴ
④ ㄱ, ㄷ ⑤ ㄱ, ㄴ, ㄷ

STEP A **주어진 그래프를 이용하여 $f(x)$, $g(x)$의 식 세우기**

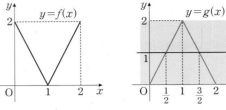

주어진 그래프에서 두 함수 $y=f(x)$, $y=g(x)$의 식은

$f(x)=\begin{cases} -2x+2 & (0 \leq x < 1) \\ 2x-2 & (1 \leq x \leq 2) \end{cases}$, $g(x)=\begin{cases} 2x & (0 \leq x < 1) \\ -2x+4 & (1 \leq x \leq 2) \end{cases}$

STEP B $(f \circ g)(x)$**의 식을 이용하여 그래프의 개형 그리기**

$(f \circ g)(x)=f(g(x))=\begin{cases} -2g(x)+2 & (0 \leq g(x) < 1) \\ 2g(x)-2 & (1 \leq g(x) \leq 2) \end{cases}$이고

$0 \leq x < \frac{1}{2}$ 또는 $\frac{3}{2} < x \leq 2$일 때, $0 \leq g(x) < 1$

$\frac{1}{2} \leq x \leq 1$ 또는 $1 \leq x \leq \frac{3}{2}$일 때, $1 \leq g(x) \leq 2$

이므로 x의 값의 범위에 따라 $f(g(x))$의 식을 구하면 다음과 같다.

(i) $0 \leq x < \frac{1}{2}$일 때, $0 \leq g(x) < 1$이므로 $\quad \longleftarrow 0 \leq x < \frac{1}{2}$일 때, $g(x)=2x$
$\qquad f(g(x))=-2(2x)+2=-4x+2$

(ii) $\frac{1}{2} \leq x \leq 1$일 때, $1 \leq g(x) \leq 2$이므로 $\quad \longleftarrow \frac{1}{2} \leq x < 1$일 때, $g(x)=2x$
$\qquad f(g(x))=2(2x)-2=4x-2$

(iii) $1 \leq x \leq \frac{3}{2}$일 때, $1 \leq g(x) \leq 2$이므로 $\quad \longleftarrow 1 \leq x \leq \frac{3}{2}$일 때, $g(x)=-2x+4$
$\qquad f(g(x))=2(-2x+4)-2=-4x+6$

(iv) $\frac{3}{2} < x \leq 2$일 때, $0 \leq g(x) < 1$이므로 $\quad \longleftarrow \frac{3}{2} < x \leq 2$일 때, $g(x)=-2x+4$
$\qquad f(g(x))=-2(-2x+4)+2=4x-6$

(i)~(iv)에서

$f(g(x))=\begin{cases} -4x+2 & \left(0 \leq x < \frac{1}{2}\right) \\ 4x-2 & \left(\frac{1}{2} \leq x < 1\right) \\ -4x+6 & \left(1 \leq x \leq \frac{3}{2}\right) \\ 4x-6 & \left(\frac{3}{2} < x \leq 2\right) \end{cases}$

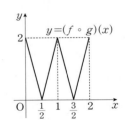

즉 함수 $y=(f \circ g)(x)$의 그래프의 개형은 오른쪽 그림과 같다.

STEP C [보기]에서 참, 거짓 판단하기

ㄱ. 함수 $y=(f \circ g)(x)$의 치역은 $\{y \mid 0 \leq y \leq 2\}$ [참]

ㄴ. 오른쪽 그림과 같이
함수 $y=(f \circ g)(x)$의 그래프와 x축,
y축 및 $x=2$로 둘러싸인 부분의 넓이는

$2 \times \underset{\text{직각삼각형의 넓이}}{\left(\frac{1}{2} \times \frac{1}{2} \times 2\right)} + \frac{1}{2} \times 1 \times 2 = 2$ [참]

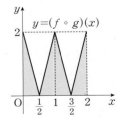

ㄷ. 함수 $y=(f \circ g)(x)$의 그래프에서
방정식 $(f \circ g)(x)=1$의 해는

$0 \leq x \leq \frac{1}{2}$에서 $-4x+2=1$ $\therefore x=\frac{1}{4}$

$\frac{1}{2} \leq x \leq 1$에서 $4x-2=1$ $\therefore x=\frac{3}{4}$

$1 \leq x \leq \frac{3}{2}$에서 $-4x+6=1$ $\therefore x=\frac{5}{4}$

$\frac{3}{2} \leq x \leq 2$에서 $4x-6=1$ $\therefore x=\frac{7}{4}$

즉 방정식 $(f \circ g)(x)=1$의 모든 실근의 합은 $\frac{1}{4}+\frac{3}{4}+\frac{5}{4}+\frac{7}{4}=4$ [거짓]

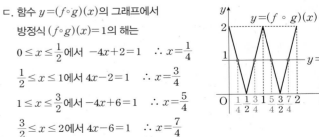

따라서 옳은 것은 ㄱ, ㄴ이다.

정답 ③

1394

정답 ⑤

STEP A 주어진 그래프를 이용하여 $f(x)$, $g(x)$의 식 세우기

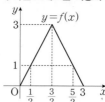 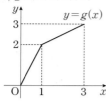

주어진 그래프에서 두 함수 $y=f(x)$, $y=g(x)$의 식은

$$f(x)=\begin{cases} 2x & \left(0 \le x \le \dfrac{3}{2}\right) \\ -2x+6 & \left(\dfrac{3}{2} \le x \le 3\right) \end{cases}, \quad g(x)=\begin{cases} 2x & (0 \le x \le 1) \\ \dfrac{1}{2}x+\dfrac{3}{2} & (1 \le x \le 3) \end{cases}$$

STEP B $(g \circ f)(x)$의 식을 이용하여 그래프의 개형 그리기

$$y=(g \circ f)(x)=g(f(x))=\begin{cases} 2f(x) & (0 \le f(x) \le 1) \\ \dfrac{1}{2}f(x)+\dfrac{3}{2} & (1 \le f(x) \le 3) \end{cases}$$

(i) $0 \le x \le \dfrac{1}{2}$일 때, $0 \le f(x) \le 1$이므로 ← $0 \le x \le \dfrac{1}{2}$일 때, $f(x)=2x$

　　$(g \circ f)(x)=g(f(x))=2(2x)=4x$

(ii) $\dfrac{1}{2} \le x \le \dfrac{3}{2}$일 때, $1 \le f(x) \le 3$이므로 ← $\dfrac{1}{2} \le x \le \dfrac{3}{2}$일 때, $f(x)=2x$

　　$(g \circ f)(x)=g(f(x))=\dfrac{1}{2}(2x)+\dfrac{3}{2}=x+\dfrac{3}{2}$

(iii) $\dfrac{3}{2} \le x \le \dfrac{5}{2}$일 때, $1 \le f(x) \le 3$이므로 ← $\dfrac{3}{2} \le x \le \dfrac{5}{2}$일 때, $f(x)=-2x+6$

　　$(g \circ f)(x)=g(f(x))=\dfrac{1}{2}(-2x+6)+\dfrac{3}{2}=-x+\dfrac{9}{2}$

(iv) $\dfrac{5}{2} \le x \le 3$일 때, $0 \le f(x) \le 1$이므로 ← $\dfrac{5}{2} \le x \le 3$일 때, $f(x)=-2x+6$

　　$(g \circ f)(x)=g(f(x))=2(-2x+6)=-4x+12$

(i)~(iv)에서 $(g \circ f)(x)=\begin{cases} 4x & \left(x \le x \le \dfrac{1}{2}\right) \\ x+\dfrac{3}{2} & \left(\dfrac{1}{2} \le x \le \dfrac{3}{2}\right) \\ -x+\dfrac{9}{2} & \left(\dfrac{3}{2} \le x \le \dfrac{5}{2}\right) \\ -4x+12 & \left(\dfrac{5}{2} \le x \le 3\right) \end{cases}$

즉 함수 $y=(g \circ f)(x)$의 그래프의 개형은
오른쪽 그림과 같다.

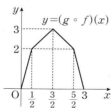

STEP C [보기]에서 참, 거짓 판단하기

ㄱ. 함수 $y=(g \circ f)(x)$의 치역은 $\{y \mid 0 \le y \le 3\}$이므로 최댓값은 3 [참]

ㄴ. 오른쪽 그림과 같이

　함수 $y=(g \circ f)(x)$의 그래프와
　x축으로 둘러싸인 부분의 넓이는

　$2 \times \left(\dfrac{1}{2} \times \dfrac{1}{2} \times 2\right)+\left(\dfrac{1}{2} \times 1 \times 2\right)+2 \times 2$
　$=1+1+4=6$ [참]

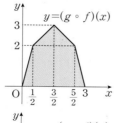

ㄷ. 함수 $y=(g \circ f)(x)$의 그래프에서

　방정식 $(g \circ f)(x)=1$의 해는

　$0 \le x \le \dfrac{1}{2}$에서 $4x=1$ $\therefore x=\dfrac{1}{4}$

　$\dfrac{5}{2} \le x \le 3$에서 $-4x+12=1$ $\therefore x=\dfrac{11}{4}$

　즉 방정식 $(g \circ f)(x)=1$의 모든

　실근의 합은 $\dfrac{1}{4}+\dfrac{11}{4}=3$ [참]

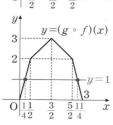

따라서 옳은 것은 ㄱ, ㄴ, ㄷ이다.

508

두 함수 $y=f(x)$, $y=g(x)$의 그래프가 각각 그림과 같다.

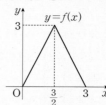 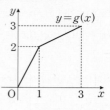

함수 $y=(f \circ g)(x)$에 대하여 [보기]에서 옳은 것만을 있는 대로 고른 것은?

> ㄱ. 함수 $y=(f \circ g)(x)$의 최댓값은 3이다.
>
> ㄴ. 함수 $y=(f \circ g)(x)$의 그래프와 x축으로 둘러싸인 부분의 넓이는 $\dfrac{15}{4}$이다.
>
> ㄷ. 방정식 $(f \circ g)(x)=1$의 모든 실근의 합은 $\dfrac{9}{4}$이다.

① ㄱ　　　② ㄴ　　　③ ㄱ, ㄴ
④ ㄱ, ㄷ　　　⑤ ㄱ, ㄴ, ㄷ

STEP A 주어진 그래프를 이용하여 $f(x)$, $g(x)$의 식 세우기

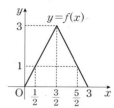 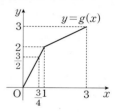

주어진 그래프에서 두 함수 $y=f(x)$, $y=g(x)$의 식은

$$f(x)=\begin{cases} 2x & \left(0 \le x \le \dfrac{3}{2}\right) \\ -2x+6 & \left(\dfrac{3}{2} \le x \le 3\right) \end{cases}, \quad g(x)=\begin{cases} 2x & (0 \le x \le 1) \\ \dfrac{1}{2}x+\dfrac{3}{2} & (1 \le x \le 3) \end{cases}$$

STEP B $(f \circ g)(x)$의 식을 이용하여 그래프의 개형 그리기

$$y=f(g(x))=\begin{cases} 2g(x) & \left(0 \le g(x) \le \dfrac{3}{2}\right) \\ -2g(x)+6 & \left(\dfrac{3}{2} \le g(x) \le 3\right) \end{cases}$$

(i) $0 \le x \le \dfrac{3}{4}$일 때, $0 \le g(x) \le \dfrac{3}{2}$이므로

　　$(f \circ g)(x)=f(g(x))=f(2x)=2(2x)=4x$

(ii) $\dfrac{3}{4} < x \le 1$일 때, $\dfrac{3}{2} < g(x) \le 2$이므로

　　$(f \circ g)(x)=f(g(x))=f(2x)=-2(2x)+6=-4x+6$

(iii) $1 < x \le 3$일 때, $2 < g(x) \le 3$이므로

　　$(f \circ g)(x)=f(g(x))=f\left(\dfrac{1}{2}x+\dfrac{3}{2}\right)$

　　　　　　$=-2\left(\dfrac{1}{2}x+\dfrac{3}{2}\right)+6$

　　　　　　$=-x+3$

(i)~(iii)에서 $y=(f \circ g)(x)=f(g(x))=\begin{cases} 4x & \left(0 \le x \le \dfrac{3}{4}\right) \\ -4x+6 & \left(\dfrac{3}{4} < x \le 1\right) \\ -x+3 & (1 < x \le 3) \end{cases}$

즉 함수 $y=(f \circ g)(x)$의 그래프는
오른쪽 그림과 같다.

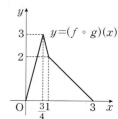

STEP **C** [보기]에서 참, 거짓 판단하기

ㄱ. 함수 $y=(f \circ g)(x)$의 치역은 $\{y \mid 0 \le y \le 3\}$이므로 최댓값은 3 [참]

ㄴ. 오른쪽 그림과 같이
함수 $y=(f \circ g)(x)$의 그래프와
x축으로 둘러싸인 부분의 넓이는

$\dfrac{1}{2} \times \dfrac{3}{4} \times 3 + \dfrac{1}{2} \times (3+2) \times \left(1-\dfrac{3}{4}\right)$
$\qquad + \dfrac{1}{2} \times 2 \times 2$

$= \dfrac{9}{8} + \dfrac{5}{8} + 2 = \dfrac{15}{4}$ [참]

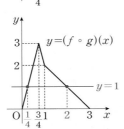

ㄷ. 함수 $y=(f \circ g)(x)$의 그래프에서
방정식 $(f \circ g)(x)=1$의 해는

$0 \le x \le \dfrac{3}{4}$에서 $4x=1$ $\therefore x=\dfrac{1}{4}$

$1 \le x \le 3$에서 $-x+3=1$ $\therefore x=2$

즉, 방정식 $(f \circ g)(x)=1$의 모든

실근의 합은 $\dfrac{1}{4}+2=\dfrac{9}{4}$ [참]

따라서 옳은 것은 ㄱ, ㄴ, ㄷ이다.

정답 ⑤

1395
정답 4

STEP **A** 주어진 그래프를 식으로 나타내고 주어진 조건을 만족하는 x의 값에 따라 경우 나누기

주어진 그래프를 식으로 나타내면 다음과 같다.

$f(x)=\begin{cases} 2x & \left(0 \le x < \dfrac{1}{2}\right) \\ 2-2x & \left(\dfrac{1}{2} \le x \le 1\right) \end{cases}$
$\begin{matrix} \leftarrow f\left(\dfrac{1}{4}\right)=2\times\dfrac{1}{4}=\dfrac{1}{2} \\ \leftarrow f\left(\dfrac{3}{4}\right)=2-2\times\dfrac{3}{4}=\dfrac{1}{2} \end{matrix}$

이때 $f(f(x))=\dfrac{1}{2}$에서 $f(x)=\dfrac{1}{4}$ 또는 $\dfrac{3}{4}$

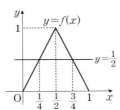

STEP **B** x의 범위에 따라 $f(x)=\dfrac{1}{4}$, $f(x)=\dfrac{3}{4}$을 만족하는 x의 값 구하기

(i) $f(x)=\dfrac{1}{4}$을 만족하는 x의 값은

$0 \le x < \dfrac{1}{2}$에서 $2x=\dfrac{1}{4}$ $\therefore x=\dfrac{1}{8}$

$\dfrac{1}{2} \le x \le 1$에서 $2-2x=\dfrac{1}{4}$ $\therefore x=\dfrac{7}{8}$

(ii) $f(x)=\dfrac{3}{4}$을 만족하는 x의 값은

$0 \le x < \dfrac{1}{2}$에서 $2x=\dfrac{3}{4}$ $\therefore x=\dfrac{3}{8}$

$\dfrac{1}{2} \le x \le 1$에서 $2-2x=\dfrac{3}{4}$ $\therefore x=\dfrac{5}{8}$

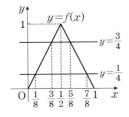

따라서 실근은 $\dfrac{1}{8}, \dfrac{3}{8}, \dfrac{5}{8}, \dfrac{7}{8}$이므로 개수는 4

다른풀이 $y=(f \circ f)(x)$의 그래프를 이용하여 풀이하기

(i) $0 \le x < \dfrac{1}{4}$일 때, $0 \le f(x)=2x < \dfrac{1}{2}$이므로
$(f \circ f)(x)=f(f(x))=f(2x)=4x$

(ii) $\dfrac{1}{4} \le x < \dfrac{1}{2}$일 때, $\dfrac{1}{2} \le f(x)=2x < 1$이므로
$(f \circ f)(x)=f(f(x))=f(2x)=2-4x$

(iii) $\dfrac{1}{2} \le x < \dfrac{3}{4}$일 때, $\dfrac{1}{2} < f(x)=2-2x \le 1$이므로
$(f \circ f)(x)=f(f(x))=f(2-2x)=4x-2$

(iv) $\dfrac{3}{4} \le x \le 1$일 때, $0 \le f(x)=2-2x \le \dfrac{1}{2}$이므로
$(f \circ f)(x)=f(f(x))=f(2-2x)=-4x+4$
함수 $f(x)$의 그래프는 다음 그림과 같다.

(i)~(iv)에서

$(f \circ f)(x)=\begin{cases} 2f(x) & \left(0 \le f(x)<\dfrac{1}{2}\right) \\ -2f(x)+2 & \left(\dfrac{1}{2} \le f(x)<1\right) \end{cases}=\begin{cases} 4x & \left(0 \le x<\dfrac{1}{4}\right) \\ -4x+2 & \left(\dfrac{1}{4} \le x<\dfrac{1}{2}\right) \\ 4x-2 & \left(\dfrac{1}{2} \le x<\dfrac{3}{4}\right) \\ -4x+4 & \left(\dfrac{3}{4} \le x \le 1\right) \end{cases}$

따라서 그림과 같이 함수 $y=(f \circ f)(x)$의 그래프와 직선 $y=\dfrac{1}{2}$의 교점의 개수는 4이므로 구하는 실근의 개수는 4이다.

방정식 $(f \circ f)(x)=\dfrac{1}{2}$의 실근의 개수

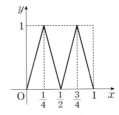 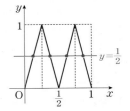

+α | 두 함수의 교점의 개수로 구할 수 있어!

그림과 같이 $f(\alpha)=f(\beta)=\dfrac{1}{2}(\alpha<\beta)$라 하면
$f(f(x))=\dfrac{1}{2}$에서 $f(x)=\alpha$ ← $0<\alpha<\dfrac{1}{2}$
또는 $f(x)=\beta$ ← $\dfrac{1}{2}<\beta<1$

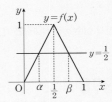

이때 그림과 같이
$f(x_1)=f(x_2)=\alpha$, $f(x_3)=f(x_4)=\beta$라 하면
주어진 방정식의 실근은
$x=x_1$ 또는 $x=x_2$ 또는 $x=x_3$ 또는 $x=x_4$
따라서 구하는 실근의 개수는 4이다.

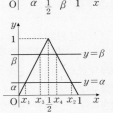

1396
정답 ④

STEP **A** 주어진 그래프에서 $f(b)=2$를 만족시키는 b의 값 구하기

$f(a)=b$ (b는 상수)라 하면
$(f \circ f)(a)=f(f(a))=f(b)=2$
주어진 그래프에서 $f(b)=2$를 만족시키는 b의 값은 $b=2$ 또는 $b=5$
$\therefore f(a)=2$ 또는 $f(a)=5$

STEP **B** 주어진 그래프에서 $f(a)=2$, $f(a)=5$를 만족시키는 a의 값 구하기

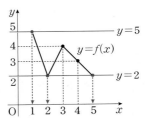

$f(a)=2$를 만족시키는 a의 값은 $a=2$ 또는 $a=5$
$f(a)=5$를 만족시키는 a의 값은 $a=1$
따라서 모든 a의 값의 합은 $2+5+1=8$

1397

정답 ②

STEP A $(f \circ f)(a)=2$를 만족하는 $f(a)$의 범위 구하기

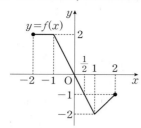

주어진 그래프를 식으로 나타내면 다음과 같다.

$$f(x)=\begin{cases} 2 & (-2 \le x \le -1) \\ -2x & (-1 \le x < 1) \\ x-3 & (1 \le x \le 2) \end{cases}$$

함수 $y=f(x)$의 그래프에서 $f(x)=2$를 만족시키는 x의 값의 범위는
$-2 \le x \le -1$

즉 함수 $y=f(x)$의 그래프에서 $(f \circ f)(a)=f(f(a))=2$를 만족시키는
$f(a)$의 값의 범위는 $-2 \le f(a) \le -1$

STEP B 실수 a의 최댓값 M, 최솟값 m의 값 구하기

함수 $y=f(x)$의 그래프에서 $-2 \le f(a) \le -1$을 만족시키는 a의 값의 범위는
$\dfrac{1}{2} \le a \le 2$

따라서 실수 a의 최댓값은 2, 최솟값은 $\dfrac{1}{2}$이므로 $Mm=2 \times \dfrac{1}{2}=1$

1398

정답 ②

STEP A 방정식 $(f \circ f)(x)=0$을 만족시키는 서로 다른 실수 x의 개수가 3이기 위한 조건 파악하기

방정식 $f(x)=0$의 두 근이 $x=-2$ 또는 $x=4$이므로
방정식 $(f \circ f)(x)=f(f(x))=0$ ...... ㉠
방정식 $(f \circ f)(x)=0$을 만족시키는 서로 다른 실수 x의 개수가 3이고
$f(x)=4$를 만족시키는 서로 다른 실수 x의 개수가 2이므로
$f(x)=-2$를 만족시키는 서로 다른 실수 x의 개수는 1이어야 한다.

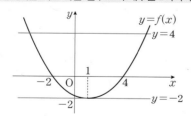

STEP B 이차함수 $f(x)$의 식 작성하기

이차함수 $y=f(x)$의 그래프가 직선 $x=1$에 대하여 대칭이고
직선 $y=-2$과 접하므로 이 그래프의 꼭짓점의 좌표는 $(1, -2)$
$f(x)=a(x-1)^2-2\,(a>0)$으로 놓으면
$f(-2)=0$이므로 $9a-2=0$ ∴ $a=\dfrac{2}{9}$

즉 $f(x)=\dfrac{2}{9}(x-1)^2-2$

STEP C 방정식 $(f \circ f)(x)=0$을 만족시키는 서로 다른 세 실근의 곱 구하기

㉠에서
$f(x)=-2$일 때, $\dfrac{2}{9}(x-1)^2-2=-2$ ∴ $x=1$
$f(x)=4$일 때, $\dfrac{2}{9}(x-1)^2-2=4$ ∴ $x=1-3\sqrt{3}$ 또는 $x=1+3\sqrt{3}$

따라서 방정식 $(f \circ f)(x)=0$을 만족시키는 서로 다른 세 실근은
$1,\ 1-3\sqrt{3},\ 1+3\sqrt{3}$이므로 그 곱은 $1 \times (1-3\sqrt{3}) \times (1+3\sqrt{3})=1-27=-26$

1399

정답 ②

STEP A 이차함수의 식을 작성하여 $f(f(x))=-2$를 만족하는 $f(x)$의 값 구하기

$f(x)=a(x-2)^2-6\,(a>0)$으로 놓으면 $f(0)=-2$이므로
$4a-6=-2$, $4a=4$ ∴ $a=1$
∴ $f(x)=(x-2)^2-6=x^2-4x-2$
$f(f(x))=-2$에서 $f(x)=t$로 놓으면 $f(t)=-2$
즉 $t^2-4t-2=-2$이므로 $t^2-4t=0$, $t(t-4)=0$ ∴ $t=0$ 또는 $t=4$
∴ $f(x)=0$ 또는 $f(x)=4$

STEP B 방정식 $f(f(x))=-2$의 모든 실근의 합 구하기

(ⅰ) $f(x)=0$일 때, $x^2-4x-2=0$이므로
　　이차방정식의 근과 계수의 관계에 의하여 서로 다른 두 근의 합은 4이다.
(ⅱ) $f(x)=4$일 때, $x^2-4x-2=4$에서 $x^2-4x-6=0$이므로
　　이차방정식의 근과 계수의 관계에 의하여 서로 다른 두 근의 합은 4이다.
(ⅰ), (ⅱ)에서 모든 실근의 합은 $4+4=8$

+α | 대칭축을 이용하여 구할 수 있어!

$f(x)=-2$의 두 근을 $\alpha,\ \beta\,(\alpha<\beta)$라 하면
$f(x)=\alpha,\ f(x)=\beta$의 근이 $f(f(x))=-2$의
실근이다.
이때 $\alpha=0,\ \beta>2$이므로 오른쪽 그림과 같다.
즉 $\dfrac{x_1+x_2}{2}=2,\ \dfrac{x_3+x_4}{2}=2$이므로
$x_1+x_2=4,\ x_3+x_4=4$
따라서 모든 실근의 합은 $4+4=8$

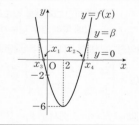

내신연계 출제문항 691

이차함수 $y=f(x)$의 그래프는 오른쪽
그림과 같이 점 $(3, 12)$를 꼭짓점으
로 하고 점 $(0, 3)$을 지난다.
이때 방정식 $f(f(x))=3$의 모든 서로
다른 실근의 합은?

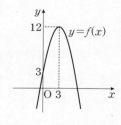

① 9　　　　② 12
③ 15　　　　④ 18
⑤ 21

STEP A 이차함수의 식을 작성하여 $f(f(x))=3$을 만족하는 $f(x)$의 값 구하기

$f(x)=a(x-3)^2+12\,(a<0)$로 놓으면 $f(0)=3$이므로
$9a+12=3$, $9a=-9$ ∴ $a=-1$
∴ $f(x)=-(x-3)^2+12=-x^2+6x+3$
$f(f(x))=3$에서 $f(x)=t$로 놓으면 $f(t)=3$
즉 $-t^2+6t+3=3$이므로 $t^2-6t=0$, $t(t-6)=0$ ∴ $t=0$ 또는 $t=6$
∴ $f(x)=0$ 또는 $f(x)=6$

STEP B 방정식 $f(f(x))=3$의 모든 실근의 합 구하기

(ⅰ) $f(x)=0$일 때, $-x^2+6x+3=0$이므로
　　이차방정식의 근과 계수의 관계에 의하여 서로 다른 두 근의 합은 6이다.
(ⅱ) $f(x)=6$일 때, $-x^2+6x+3=6$에서 $x^2-6x+3=0$이므로
　　이차방정식의 근과 계수의 관계에 의하여 서로 다른 두 근의 합은 6이다.
(ⅰ), (ⅱ)에서 모든 실근의 합은 $6+6=12$

+α | 대칭축을 이용하여 구할 수 있어!

$f(x)=3$의 두 근을 α, $\beta(\alpha<\beta)$라 하면
$f(x)=\alpha$, $f(x)=\beta$의 근이 $f(f(x))=3$의
실근이다.
이때 $\alpha=0$, $\beta>3$이므로 오른쪽 그림과 같다.

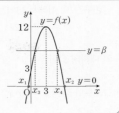

즉 $\dfrac{x_1+x_2}{2}=3$, $\dfrac{x_3+x_4}{2}=3$이므로
$x_1+x_2=6$, $x_3+x_4=6$
따라서 모든 실근의 합은 $6+6=12$

정답 ②

1400

정답 ③

STEP Ⓐ 이차함수의 대칭축을 이용하여 $f(x)=0$의 두 근의 합 구하기

방정식 $f(x)=0$이 서로 다른 두 실근을 $x=\alpha$, $x=\beta$라 하면
이차함수의 대칭축이 $x=2$이므로 두 근의 합 $\alpha+\beta=4$ ····· ㉠
(두 근의 합)=(대칭축)×2

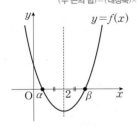

STEP Ⓑ $(f \circ f)(2x-1)=0$의 모든 실근의 합 구하기

방정식 $f(x)=0$의 서로 다른 두 실근을 $x=\alpha$, $x=\beta$ $(\alpha>0, \beta>0)$라 하면
$f(f(2x-1))=0$일 때,
$f(2x-1)=\alpha$, $f(2x-1)=\beta$
이때 $2x-1=t$라 하면 $f(t)=\alpha$, $f(t)=\beta$

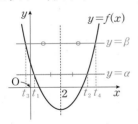

(i) $f(t)=\alpha$일 때,
　함수 $y=f(t)$와 직선 $y=\alpha$의 교점의 t좌표를 t_1, t_2라 하면
　x_1, x_2는 $f(t)=\alpha$의 근
　t_1과 t_2는 직선 $x=2$에 대하여 대칭이므로 $t_1+t_2=4$
　이때 $t=2x-1$이므로 $2x-1=t_1$에서 $x=\dfrac{t_1+1}{2}$
　$2x-1=t_2$에서 $x=\dfrac{t_2+1}{2}$이므로 두 근의 합은
　$\dfrac{t_1+1}{2}+\dfrac{t_2+1}{2}=\dfrac{t_1+t_2+2}{2}=3$ ← $t_1+t_2=4$

(ii) $f(t)=\beta$일 때,
　함수 $y=f(t)$와 직선 $y=\beta$의 교점의 t좌표를 t_3, t_4라 하면
　x_3, x_4는 $f(t)=\alpha$의 근
　t_3과 t_4는 직선 $x=2$에 대하여 대칭이므로 $t_3+t_4=4$
　이때 $t=2x-1$이므로 $2x-1=t_3$에서 $x=\dfrac{t_3+1}{2}$
　$2x-1=t_4$에서 $x=\dfrac{t_4+1}{2}$이므로 두 근의 합은
　$\dfrac{t_3+1}{2}+\dfrac{t_4+1}{2}=\dfrac{t_3+t_4+2}{2}=3$ ← $t_3+t_4=4$

(i), (ii)에 의하여 서로 다른 모든 실근의 합은 6

1401

정답 3

STEP Ⓐ 함수 $y=(f \circ f)(x)$의 그래프 그리기

(i) $x \le -1$일 때, $(f \circ f)(x)=f(f(x))=f(1)=-1$
(ii) $-1<x<1$일 때, $(f \circ f)(x)=f(f(x))=f(-x)=x$
(iii) $x \ge 1$일 때, $(f \circ f)(x)=f(f(x))=f(-1)=1$
(i)~(iii)에서 함수 $y=(f \circ f)(x)$의 그래프는 그림과 같다.

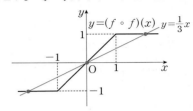

STEP Ⓑ 방정식 $(f \circ f)(x)=\dfrac{1}{3}x$의 서로 다른 실근의 개수 구하기

따라서 방정식 $(f \circ f)(x)=\dfrac{1}{3}x$의 서로 다른 실근의 개수는

함수 $y=(f \circ f)(x)$의 그래프와 직선 $y=\dfrac{1}{3}x$의 교점의 개수와 같으므로
구하는 서로 다른 실근의 개수는 3

1402

2008년 03월 고2 학력평가 26번 　　정답 10

STEP Ⓐ $g(f(k))=3$을 만족하는 $f(k)$의 값 구하기

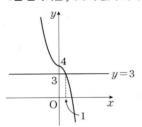

$g(x)=\begin{cases} -x^2+4 & (x \ge 0) \\ x^2+4 & (x<0) \end{cases}$에서 $g(x)=3$이 되는 값을 구하면

(i) $x \ge 0$일 때,
　$-x^2+4=3$, $x^2=1$
　$\therefore x=-1$ 또는 $x=1$
　이때 $x \ge 0$이므로 $x=1$
　$\therefore g(1)=3$

(ii) $x<0$일 때,
　$x^2+4=3$, $x^2=-1$
　이때 실근을 존재하지 않는다.

(i), (ii)에서 $g(1)=3$ ····· ㉠

STEP Ⓑ $f(k)=1$을 만족하는 k의 값을 구하여 $\alpha-\beta$의 값 구하기

㉠에서 $g(1)=3$이므로 $g(f(k))=3$에서 $f(k)=1$
$f(x)=|x|-4$에서 $f(k)=|k|-4=1$
$\therefore k=-5$ 또는 $k=5$
따라서 $\alpha=5$, $\beta=-5$ $(\alpha>\beta)$이므로 $\alpha-\beta=5-(-5)=10$

두 함수

$$f(x)=|x|-5, \quad g(x)=\begin{cases} -x^2+3 & (x\geq 0) \\ x^2+3 & (x<0) \end{cases}$$

에 대하여 $g(f(k))=7$을 만족시키는 실수 k의 값을 α, β라고 할 때, $\alpha^2+\beta^2$의 값은?

① 12   ② 16   ③ 18
④ 20   ⑤ 36

STEP A $g(x)=7$일 때, x의 값 구하기

$g(x)=\begin{cases} -x^2+3 & (x\geq 0) \\ x^2+3 & (x<0) \end{cases}$에서 $g(x)=7$이 되는 값을 구하면

(i) $x\geq 0$일 때,

$\quad -x^2+3=7$, $x^2=-4$

$\quad$ 이때 실근은 존재하지 않는다.

(ii) $x<0$일 때,

$\quad x^2+3=7$, $x^2=4$ $\quad \therefore x=-2$ 또는 $x=2$

$\quad x<0$이므로 $x=-2$

(i), (ii)에서 $g(-2)=7$ $\quad\cdots\cdots$ ㉠

STEP B $g(f(k))=3$이 되는 k의 값 구하기

㉠에서 $g(-2)=7$이므로 $g(f(k))=7$에서 $f(k)=-2$

$f(x)=|x|-5$에서 $f(k)=|k|-5=-2$

$\therefore k=-3$ 또는 $k=3$

따라서 $\alpha=-3$, $\beta=3$이라 하면 $\alpha^2+\beta^2=9+9=18$

(정답) ③

1403
2018년 07월 고3 학력평가 나형 16번 (정답) ③

STEP A $y=(f\circ f)(x)$의 함수의 식 구하기

$f(x)=\begin{cases} 2x & (0\leq x<1) \\ -x+3 & (1\leq x\leq 2) \end{cases}$에서

$(f\circ f)(x)=\begin{cases} 2f(x) & (0\leq f(x)<1) \\ -f(x)+3 & (1\leq f(x)\leq 2) \end{cases}$ ← $f(x)$의 식에 $x=f(x)$를 대입

$0\leq f(x)<1$인 x의 범위는 $0\leq x<\dfrac{1}{2}$

$1\leq f(x)\leq 2$인 x의 범위는 $\dfrac{1}{2}\leq x\leq 2$

이므로 $f(x)=\begin{cases} 2x & \left(0\leq x<\dfrac{1}{2}\right) \\ 2x & \left(\dfrac{1}{2}\leq x<1\right) \\ -x+3 & (1\leq x\leq 2) \end{cases}$

$\therefore f(f(x))=\begin{cases} 2\times(2x) & \left(0\leq x<\dfrac{1}{2}\right) \\ -(2x)+3 & \left(\dfrac{1}{2}\leq x<1\right) \\ -(-x+3)+3 & (1\leq x\leq 2) \end{cases} = \begin{cases} 4x & \left(0\leq x<\dfrac{1}{2}\right) \\ -2x+3 & \left(\dfrac{1}{2}\leq x<1\right) \\ x & (1\leq x\leq 2) \end{cases}$

STEP B $y=(f\circ f)(x)$의 그래프와 직선 $y=\dfrac{1}{2}x+1$의 교점의 개수 구하기

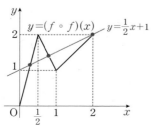

따라서 교점의 개수는 3

닫힌구간 $[0, 4]$에서 정의된 함수

$$f(x)=\begin{cases} 2x & (0\leq x<2) \\ -x+6 & (2\leq x\leq 4) \end{cases}$$

에 대하여 합성함수 $y=(f\circ f)(x)$의

(TIP) $y=f(x)$의 식을 이용하여 구한다.

그래프와 직선 $y=\dfrac{1}{2}x+2$의 교점의

개수는?

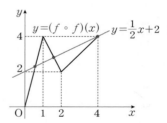

① 1   ② 2   ③ 3
④ 4   ⑤ 5

STEP A $y=(f\circ f)(x)$의 함수의 식 구하기

$f(x)=\begin{cases} 2x & (0\leq x<2) \\ -x+6 & (2\leq x\leq 4) \end{cases}$에서

$(f\circ f)(x)=\begin{cases} 2f(x) & (0\leq f(x)<2) \\ -f(x)+6 & (2\leq f(x)\leq 4) \end{cases}$ ← $f(x)$의 식에 $x=f(x)$를 대입

$0\leq f(x)<2$인 x의 범위는 $0\leq x<1$

$2\leq f(x)\leq 4$인 x의 범위는 $1\leq x\leq 4$

이므로 $f(x)=\begin{cases} 2x & (0\leq x<1) \\ 2x & (1\leq x<2) \\ -x+6 & (2\leq x\leq 4) \end{cases}$

$\therefore f(f(x))=\begin{cases} 2\times(2x) & (0\leq x<1) \\ -(2x)+6 & (1\leq x<2) \\ -(-x+6)+6 & (2\leq x\leq 4) \end{cases} = \begin{cases} 4x & (0\leq x<1) \\ -2x+6 & (1\leq x<2) \\ x & (2\leq x\leq 4) \end{cases}$

STEP B $y=(f\circ f)(x)$의 그래프와 직선 $y=\dfrac{1}{2}x+2$의 교점의 개수 구하기

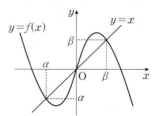

따라서 교점의 개수는 3

(정답) ③

1404
(정답) 9

STEP A $f(x)=t$로 치환하여 교점의 t의 값 구하기

$(f\circ f)(x)=f(f(x))=f(x)$에서 $f(x)=t$로 놓으면

$f(t)=t$ $\quad\cdots\cdots$ ㉠

위의 그림과 같이 두 함수 $y=f(x)$, $y=x$의 교점의 x좌표를 α, 0, β $(\alpha<0<\beta)$라 하면

$f(\alpha)=\alpha$, $f(0)=0$, $f(\beta)=\beta$이므로 ㉠에서

$t=\alpha$ 또는 $t=0$ 또는 $t=\beta$

$\therefore f(x)=\alpha$ 또는 $f(x)=0$ 또는 $f(x)=\beta$

방정식 $f(x)=\alpha$ 또는 $f(x)=0$ 또는 $f(x)=\beta$의 서로 다른 실근의 개수 구하기

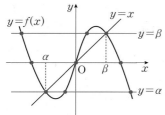

(i) 방정식 $f(x)=\alpha$의 서로 다른 실근의 개수는

$y=f(x)$의 그래프와 직선 $y=\alpha$의 교점의 개수와 같으므로

$f(x)=\alpha$의 서로 다른 실근의 개수는 3이다.

(ii) 방정식 $f(x)=0$의 서로 다른 실근의 개수는

$y=f(x)$의 그래프와 직선 $y=0$의 교점의 개수와 같으므로

$f(x)=0$의 서로 다른 실근의 개수는 3

(iii) 방정식 $f(x)=\beta$의 서로 다른 실근의 개수는

$y=f(x)$의 그래프와 직선 $y=\beta$의 교점의 개수와 같으므로

$f(x)=\beta$의 서로 다른 실근의 개수는 3이다.

(i)~(iii)에서 $f(f(x))=f(x)$의 서로 다른 실근의 개수는 $3+3+3=9$

따라서 집합 X의 원소의 개수는 9

1405

정답 ③

STEP A **$f(x)=t$로 치환하여 교점의 t의 값 구하기**

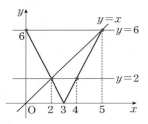

방정식 $f(f(x))=f(x)$에서 $f(x)=t$로 치환하고

방정식 $f(t)=t$를 만족하는 해를 구해보면

$|2t-6|=t$에서 $t=6$ 또는 $t=2$

즉 $f(x)=6$ 또는 $f(x)=2$를 만족하는 x의 값을 구하면 된다.

STEP B **방정식 $f(x)=6$ 또는 $f(x)=2$의 서로 다른 실근 구하기**

(i) $f(x)=6$인 경우

$|2x-6|=6$에서 $x=0$ 또는 $x=6$

(ii) $f(x)=2$인 경우

$|2x-6|=2$에서 $x=4$ 또는 $x=2$

(i), (ii)에 의해 방정식 $f(f(x))=f(x)$의 모든 실근의 합은

$0+6+4+2=12$

1406

정답 ③

STEP A **$f(x)=t$로 놓고 조건을 만족하는 t의 값 구하기**

$(f \circ f)(x)=8f(x)$에서 $f(f(x))=8f(x)$

$f(x)=t$로 놓으면 $f(t)=8t$

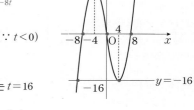

(i) $t<0$일 때, ← $f(t)=-t^2-8t$

$-t^2-8t=8t$, $t^2+16t=0$

$t(t+16)=0$ ∴ $t=-16 (\because t<0)$

(ii) $t \geq 0$일 때, ← $f(t)=t^2-8t$

$t^2-8t=8t$, $t^2-16t=0$

$t(t-16)=0$ ∴ $t=0$ 또는 $t=16$

(i), (ii)에서

$f(x)=-16$ 또는 $f(x)=0$ 또는 $f(x)=16$

STEP B **서로 다른 실근의 개수 구하기**

방정식 $f(x)=-16$의 서로 다른 실근의 개수는

$y=f(x)$의 그래프와 직선 $y=-16$의 교점의 개수와 같으므로 2

같은 방법으로 방정식 $f(x)=0$의 서로 다른 실근의 개수는 3

$f(x)=16$의 서로 다른 실근의 개수는 2

따라서 구하는 서로 다른 실근의 개수는 $2+3+2=7$

세 방정식 $f(x)=-16$, $f(x)=0$, $f(x)=16$의 실근은 모두 다르다.

1407

정답 ⑤

STEP A **$f(x)=t$로 치환하여 조건을 만족하는 t의 값 구하기**

$f(f(x))=f(x)$에서

$f(x)=t$로 놓으면 $f(t)=t$

(i) $0 \leq t < 1$일 때, $-3t+4=t$, $4t=4$ ∴ $t=1$

그런데 $0 \leq t < 1$이므로 t의 값은 존재하지 않는다.

(ii) $1 \leq t < 2$일 때, $3t-2=t$ ∴ $t=1$

(iii) $2 \leq t \leq 3$일 때, $-4t+12=t$, $5t=12$ ∴ $t=\dfrac{12}{5}$

(i)~(iii)에서 $t=1$ 또는 $t=\dfrac{12}{5}$이므로 $f(x)=1$ 또는 $f(x)=\dfrac{12}{5}$

STEP B **방정식 $f(f(x))=f(x)$의 모든 실근의 합 구하기**

함수 $y=f(x)$의 그래프가 다음 그림과 같으므로

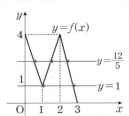

(i) $f(x)=1$일 때,

$3x-2=1$ 또는 $-4x+12=1$

∴ $x=1$ 또는 $x=\dfrac{11}{4}$

(ii) $f(x)=\dfrac{12}{5}$일 때,

$-3x+4=\dfrac{12}{5}$ 또는 $3x-2=\dfrac{12}{5}$

또는 $-4x+12=\dfrac{12}{5}$

∴ $x=\dfrac{8}{15}$ 또는 $x=\dfrac{22}{15}$ 또는 $x=\dfrac{12}{5}$

즉 $f(f(x))=f(x)$의 모든 실근의 합은

$1+\dfrac{11}{4}+\dfrac{8}{15}+\dfrac{22}{15}+\dfrac{12}{5}=\dfrac{489}{60}=\dfrac{163}{20}$이므로 $p=20$, $q=163$

따라서 $p+q=20+163=183$

1408

STEP A $f(x)=t$로 놓고 방정식 $f(t)=5-t$를 만족하는 t의 값 구하기

방정식 $f(x)+(f \circ f)(x)=5$에서
$f(f(x))=5-f(x)$이므로
$f(x)=t$로 놓으면
$f(t)=5-t$이고 이 방정식의 실근은
두 함수 $y=f(t)$, $y=5-t$의 그래프의
교점의 t좌표와 같다.
두 함수 $y=f(t)$, $y=5-t$의 그래프의
교점은 오른쪽 그림과 같이 4개이다.
이 네 교점의 t좌표를
t_1, t_2, 3, $5(0<t_1<1, 1<t_2<2)$라 하자.

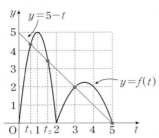

STEP B 이차함수의 대칭축을 이용하여 모든 실근의 합 구하기

(i) $t=t_1$ 또는 $t=t_2$일 때,
오른쪽 그림에서 $f(x)=t_1$을 만족
시키는 실수 x의 개수는 4이다.
이 x의 값을 작은 수부터 차례로
a_1, a_2, a_3, a_4라 하자.
$0 \le x \le 2$에서 함수 $y=f(x)$의
그래프는 직선 $x=1$에 대하여
대칭이므로
$\dfrac{a_1+a_2}{2}=1$, 즉 $a_1+a_2=2$

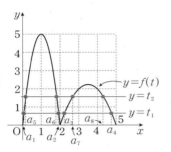

$2 \le x \le 5$에서 함수 $y=f(x)$의 그래프는 직선 $x=\dfrac{7}{2}$에 대하여
대칭이므로 $\dfrac{a_3+a_4}{2}=\dfrac{7}{2}$, 즉 $a_3+a_4=7$

같은 방법으로 $f(x)=t_2$를 만족시키는 실수 x의 개수는 4이고
이 x의 값을 작은 수부터 차례로 a_5, a_6, a_7, a_8이라 하면
$a_5+a_6=2$, $a_7+a_8=7$

(ii) $t=3$, $t=5$일 때,
오른쪽 그림에서 $f(x)=3$을 만족
시키는 실수 x의 개수는 2이다.
이 x의 값을 작은 수부터 차례로
a_9, a_{10}이라 하자. $0 \le x \le 2$에서
함수 $y=f(x)$의 그래프는
직선 $x=1$에 대하여 대칭이므로
$\dfrac{a_9+a_{10}}{2}=1$, 즉 $a_9+a_{10}=2$
마찬가지로 $f(x)=5$를 만족시키는
실수 x는 $x=1$이다.

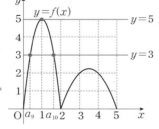

(i), (ii)에서 방정식 $f(x)+(f \circ f)(x)=5$의 실근은 a_1, a_2, $\cdots$, a_{10}, 1이고
이들의 합은 $(a_1+a_2)+(a_3+a_4)+(a_5+a_6)+(a_7+a_8)+(a_9+a_{10})+1$
$\qquad\qquad =2+7+2+7+2+1=21$

오른쪽 그림과 같이 집합
$X=\{x|0 \le x \le 10\}$에서 X로의
함수 $y=f(x)$의 그래프는
$0 \le x \le 4$에서 $x=2$에 대칭,
$4 \le x \le 10$에서 $x=7$에 대칭이고
점 $(0, 0)$, $(2, 10)$, $(4, 0)$, $(6, 4)$,
$(8, 4)$, $(10, 0)$을 지나는 두 이차함수
꼴 그래프이다.
방정식 $f(x)+(f \circ f)(x)=10$의
서로 다른 모든 실근의 합을 구하시오.

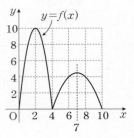

STEP A $f(x)=t$로 놓고 방정식 $f(t)=10-t$를 만족하는 t의 값 구하기

방정식 $f(x)+(f \circ f)(x)=10$에서
$f(f(x))=10-f(x)$이므로
$f(x)=t$로 놓으면
$f(t)=10-t$이고 이 방정식의 실근은
두 함수 $y=f(t)$, $y=10-t$의 그래프의
교점의 t좌표와 같다.
두 함수 $y=f(t)$, $y=10-t$의 그래프의
교점은 오른쪽 그림과 같이 4개이다.
이 네 교점의 t좌표를
t_1, t_2, 6, $10(0<t_1<2, 2<t_2<4)$라 하자.

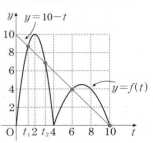

STEP B 이차함수의 대칭축을 이용하여 모든 실근의 합 구하기

(i) $t=t_1$ 또는 $t=t_2$일 때,
오른쪽 그림에서 $f(x)=t_1$을 만족
시키는 실수 x의 개수는 4이다.
이 x의 값을 작은 수부터 차례로
a_1, a_2, a_3, a_4라 하자.
$0 \le x \le 4$에서 함수 $y=f(x)$의
그래프는 직선 $x=2$에 대하여
대칭이므로
$\dfrac{a_1+a_2}{2}=2$, 즉 $a_1+a_2=4$

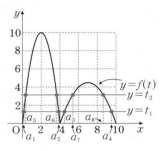

$4 \le x \le 10$에서 함수 $y=f(x)$의 그래프는 직선 $x=7$에 대하여
대칭이므로 $\dfrac{a_3+a_4}{2}=7$, 즉 $a_3+a_4=14$

같은 방법으로 $f(x)=t_2$를 만족시키는 실수 x의 개수는 4이고
이 x의 값을 작은 수부터 차례로 a_5, a_6, a_7, a_8이라 하면
$a_5+a_6=4$, $a_7+a_8=14$

(ii) $t=6$, $t=10$일 때,
오른쪽 그림에서 $f(x)=6$을
만족시키는 실수 x의 개수는 2이다.
이 x의 값을 작은 수부터 차례로
a_9, a_{10}이라 하자.
$0 \le x \le 4$에서 함수 $y=f(x)$의
그래프는 직선 $x=2$에 대하여
대칭이므로
$\dfrac{a_9+a_{10}}{2}=2$, 즉 $a_9+a_{10}=4$
마찬가지로 $f(x)=10$을 만족시키는 실수 x는 $x=2$이다.

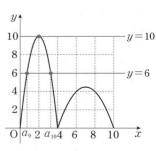

(i), (ii)에서 방정식 $f(x)+(f \circ f)(x)=10$의 실근은
a_1, a_2, $\cdots$, a_{10}, 2이고 이들의 합은
$(a_1+a_2)+(a_3+a_4)+(a_5+a_6)+(a_7+a_8)+(a_9+a_{10})+2$
$=4+14+4+14+4+2=42$

1409

2014년 03월 고2 학력평가 B형 20번 정답 ③

문 항 분 석

주어진 그래프를 이용하여 함수 $f(x)$의 식을 구한 후 $f(x)=t$로 치환하고 x의 범위를 이용하여 t의 범위를 확인한 후 $f(x)$의 값을 구한다.
그 후 함수 $y=f(x)$의 그래프와 두 직선의 교점을 확인하여 서로 다른 실근의 개수를 구한다.

STEP ⓐ $f(x)=t$로 치환하여 만족하는 $f(x)$의 값 구하기

주어진 그래프를 식으로 나타내면

$$f(x)=\begin{cases} -3x+3 & (0 \le x < 1) \\ \dfrac{1}{2}x-\dfrac{1}{2} & (1 \le x \le 3) \end{cases}$$

$f(f(x))=2-f(x)$에서 $f(x)=t(0 \le t \le 3)$라 하면

$$f(t)=2-t \quad\quad \cdots\cdots \text{ⓐ}$$

(ⅰ) $0 \le t < 1$일 때, ← $f(x)=t$이므로 x의 범위와 t의 범위가 같다.

$f(t)=-3t+3$이므로 ⓐ에 대입하면

$$-3t+3=2-t, \; -2t=-1 \quad \therefore t=\dfrac{1}{2}$$

(ⅱ) $1 \le t \le 3$일 때,

$f(t)=\dfrac{1}{2}t-\dfrac{1}{2}$이므로 ⓐ에 대입하면

$$\dfrac{1}{2}t-\dfrac{1}{2}=2-t, \; \dfrac{3}{2}t=\dfrac{5}{2} \quad \therefore t=\dfrac{5}{3}$$

(ⅰ), (ⅱ)에서 $f(x)=\dfrac{1}{2}$ 또는 $f(x)=\dfrac{5}{3}$

STEP ⓑ 함수 $y=f(x)$의 그래프와 직선 $y=\dfrac{1}{2}$, 함수 $y=f(x)$의 그래프와 직선 $y=\dfrac{5}{3}$의 교점의 개수를 각각 구하기

주어진 함수 $f(x)$와 $y=\dfrac{1}{2}$, $y=\dfrac{5}{3}$를 그래프에 나타내면 오른쪽 그림과 같다.
함수 $y=f(x)$의 그래프와 직선 $y=\dfrac{1}{2}$은 서로 다른 두 점에서 만나고
함수 $y=f(x)$의 그래프와 직선 $y=\dfrac{5}{3}$는 한 점에서 만난다.

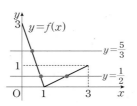

따라서 방정식 $f(f(x))=2-f(x)$의 서로 다른 실근의 개수는 3

내 신 연 계 출제문항 695

$0 \le x \le 4$에서 정의된 함수 $y=f(x)$의 그래프가 오른쪽 그림과 같을 때, 방정식 $(f \circ f)(x)=f(x)-2$의 서로 다른 실근의 합은?

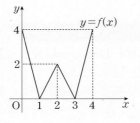

① 4　　　② 6
③ 8　　　④ 10
⑤ 12

STEP ⓐ $f(x)=t$로 치환하여 t의 값 구하기

$$f(x)=\begin{cases} -4x+4 & (0 \le x < 1) \\ 2x-2 & (1 \le x < 2) \\ -2x+6 & (2 \le x < 3) \\ 4x-12 & (3 \le x < 4) \end{cases}$$

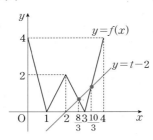

$(f \circ f)(x)=f(f(x))=f(x)-2$에서
$f(x)=t$로 놓으면 $f(t)=t-2$이므로
오른쪽 그림에서
$-2t+6=t-2$ 또는 $4t-12=t-2$

$$\therefore t=\dfrac{8}{3} \text{ 또는 } t=\dfrac{10}{3}$$

STEP ⓑ $f(x)=\dfrac{8}{3}$ 또는 $f(x)=\dfrac{10}{3}$을 만족하는 x의 값 구하기

$f(x)=\dfrac{8}{3}$ 또는 $f(x)=\dfrac{10}{3}$이므로

$-4x+4=\dfrac{8}{3}$ 또는 $4x-12=\dfrac{8}{3}$ 또는

$-4x+4=\dfrac{10}{3}$ 또는 $4x-12=\dfrac{10}{3}$

$\therefore x=\dfrac{1}{3}$ 또는 $x=\dfrac{11}{3}$ 또는

$x=\dfrac{1}{6}$ 또는 $x=\dfrac{23}{6}$

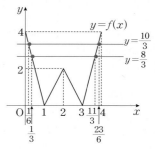

따라서 구하는 실근의 합은 $\dfrac{1}{3}+\dfrac{11}{3}+\dfrac{1}{6}+\dfrac{23}{6}=4+4=8$　정답 ③

1410

2021년 11월 고1 학력평가 28번 정답 6

문 항 분 석

함수 $f(x)$가 구간에 따라 함수식이 다르므로 $(f \circ f)(a)=f(a)$를 만족시키는 방정식을 구간에 따라 나누어 각각 구한다.

STEP ⓐ $(f \circ f)(a)=f(a)$에서 $f(a)=t$로 치환하여 t의 값 구하기

함수 $y=f(t)$의 그래프는 오른쪽 그림과 같다.

$x \ge 2$일 때, $f(x)=x^2-7x+16=\left(x-\dfrac{7}{2}\right)^2+\dfrac{15}{4}$

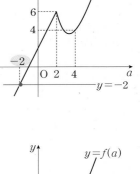

$(f \circ f)(a)=f(a)$에서
$f(a)=t$로 치환하면 $f(t)=t$
함수 $y=f(t)$와 직선 $y=t$의 두 교점의 t좌표를 구한다.

$t<2$일 때,
$f(t)=2t+2=t$에서 $t=-2$
$t \ge 2$일 때,
$f(t)=t^2-7t+16=t$에서
$t^2-8t+16=0$, $(t-4)^2=0$이므로 $t=4$
그러므로 $t=-2$ 또는 $t=4$

STEP ⓑ $f(a)=-2$일 때와 $f(a)=4$일 때로 나누어 a의 값 구하기

(ⅰ) $t=-2$인 경우
　$f(a)=-2$에서
　$a<2$일 때,
　$f(a)=2a+2=-2$　$\therefore a=-2$
　$a \ge 2$일 때,
　$f(a)=a^2-7a+16=-2$
　즉 $a^2-7a+18=0$을 만족시키는
　이차방정식의 판별식 D가
　$D=(-7)^2-4 \times 1 \times 18=-23<0$이므로
　허근을 가진다.
　실수 a의 값이 존재하지 않는다.

(ⅱ) $t=4$인 경우
　$f(a)=4$에서
　$a<2$일 때,
　$f(a)=2a+2=4$　$\therefore a=1$
　$a \ge 2$일 때,
　$f(a)=a^2-7a+16=4$
　$a^2-7a+12=0$
　$(a-3)(a-4)=0$
　$\therefore a=3$ 또는 $a=4$

(ⅰ), (ⅱ)에 의하여 $(f \circ f)(a)=f(a)$를 만족시키는 모든 실수 a의 값의 합은 $-2+1+3+4=6$

실수 전체의 집합에서 정의된 함수

$$f(x)=\begin{cases}3x+12 & (x<2)\\ x^2-11x+36 & (x\geq 2)\end{cases}$$

에 대하여 $(f\circ f)(a)=f(a)$를 만족시키는 모든 실수 a의 값의 합을 구하시오.

문 항 분 석

함수 $f(x)$가 구간에 따라 함수식이 다르므로 $(f\circ f)(a)=f(a)$를 만족시키는 방정식을 구간에 따라 나누어 각각 구한다.

STEP Ⓐ $(f\circ f)(a)=f(a)$에서 $f(a)=t$로 치환하여 t의 값 구하기

함수 $y=f(x)$의 그래프는 오른쪽 그림과 같다.

$x\geq 2$일 때, $f(x)=x^2-11x+36=\left(x-\dfrac{11}{2}\right)^2+\dfrac{23}{4}$

$(f\circ f)(a)=f(a)$에서

$f(a)=t$로 치환하면 $f(t)=t$

함수 $y=f(t)$와 직선 $y=t$의 두 교점의 t좌표를 구한다.

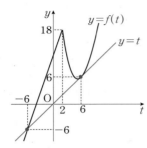

$t<2$일 때,

$f(t)=3t+12=t$에서 $t=-6$

$t\geq 2$일 때,

$f(t)=t^2-11t+36=t$에서

$t^2-12t+36=0$, $(t-6)^2=0$

이므로 $t=6$

그러므로 $t=-6$ 또는 $t=6$

STEP Ⓑ $f(a)=-6$일 때와 $f(a)=6$일 때로 나누어 a의 값 구하기

(i) $t=-6$인 경우

$f(a)=-6$에서

$a<2$일 때,

$f(a)=3a+12=-6$ $\therefore a=-6$

$a\geq 2$일 때,

$f(a)=a^2-11a+36=-6$

즉 $a^2-11a+42=0$을 만족시키는

이차방정식의 판별식 D가

$D=(-11)^2-4\times 1\times 42=-47<0$이므로

허근을 가진다.

실수 a의 값이 존재하지 않는다.

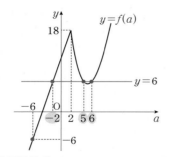

(ii) $t=6$인 경우

$f(a)=6$에서

$a<2$일 때,

$f(a)=3a+12=6$ $\therefore a=-2$

$a\geq 2$일 때,

$f(a)=a^2-11a+36=6$

$a^2-11a+30=0$

$(a-5)(a-6)=0$

$\therefore a=5$ 또는 $a=6$

(i), (ii)에 의하여 $(f\circ f)(a)=f(a)$를 만족시키는

모든 실수 a의 값의 합은 $-6-2+5+6=3$ 〔정답〕 3

1411 〔정답〕 4

STEP Ⓐ 역함수의 성질을 이용하여 $f(4)+f^{-1}(5)$의 값 구하기

주어진 함수에서 $f(4)=2$

또한, $f^{-1}(5)=a(a$는 집합 X의 원소)라 하면 $f(a)=5$

이때 $f(2)=5$이므로 $a=2$ $\therefore f^{-1}(5)=2$

따라서 $f(4)+f^{-1}(5)=2+2=4$

1412 〔정답〕 ⑤

STEP Ⓐ 주어진 함숫값을 이용하여 a, b의 값 구하기

$f(2)=15$에서 $f(2)=2a+b=15$ ...... ㉠

$f^{-1}(3)=1$에서 $f(1)=3$이므로

$f(1)=a+b=3$ ...... ㉡

㉠, ㉡을 연립하여 풀면 $a=12$, $b=-9$

따라서 $a-b=12-(-9)=21$

일차함수 $f(x)=ax+b$에 대하여

$$f(-1)=1,\quad f^{-1}(3)=-2$$

가 성립할 때, $f(4)$의 값은? (단, f^{-1}는 f의 역함수 이다.)

① -9 ② -8 ③ -7
④ -6 ⑤ -5

STEP Ⓐ 주어진 함숫값 이용하여 a, b의 값 구하기

$f(-1)=1$에서 $f(-1)=-a+b=1$ ...... ㉠

$f^{-1}(3)=-2$에서 $f(-2)=3$이므로

$f(-2)=-2a+b=3$ ...... ㉡

㉠, ㉡을 연립하여 풀면 $a=-2$, $b=-1$

따라서 $f(x)=-2x-1$이므로 $f(4)=-2\times 4-1=-9$ 〔정답〕 ①

1413 〔정답〕 ②

STEP Ⓐ $f^{-1}(2)=0$을 이용하여 b의 값 구하기

$f^{-1}(2)=0$에서 $f(0)=2$이므로

$f(0)=b=2$ ...... ㉠

STEP Ⓑ $f(f(0))=6$을 이용하여 a의 값 구하기

$f(f(0))=6$에서 $f(2)=6$이므로 ← $f(0)=2$

$2a+b=6$ ...... ㉡

㉠을 ㉡에 대입하면 $2a+2=6$ $\therefore a=2$

따라서 $a=2$, $b=2$이므로 $a+b=4$

함수 $f(x)=ax+b$라 할 때, $f(x)$의 역함수 $f^{-1}(x)$에 대하여

$$f^{-1}(-2)=1,\quad (f\circ f)(1)=10$$

일 때, $f(-3)$의 값은? (단, a, b는 상수이다.)

① -14 ② -12 ③ 8
④ 12 ⑤ 14

STEP Ⓐ $f^{-1}(-2)=1$을 이용하여 a, b의 관계식 구하기

$f^{-1}(-2)=1$에서 $f(1)=-2$이므로

$a+b=-2$ ...... ㉠

STEP Ⓑ $(f\circ f)(1)=10$을 이용하여 a, b의 값 구하기

$f(f(1))=10$에서 $f(-2)=10$이므로 ← $f(1)=2$

$-2a+b=10$ ...... ㉡

㉠, ㉡을 연립하여 풀면 $a=-4$, $b=2$ $\therefore f(x)=-4x+2$

따라서 $f(-3)=-4\times(-3)+2=14$ 〔정답〕 ⑤

1414

정답 ②

STEP Ⓐ $\dfrac{x-2}{3}=t$로 치환하여 $f(x)$의 식 구하기

$f\left(\dfrac{x-2}{3}\right)=3x+5$에서 $\dfrac{x-2}{3}=t$로 놓으면 $x=3t+2$

$f(t)=3(3t+2)+5=9t+11$ ← t 대신에 x 대입

∴ $f(x)=9x+11$

STEP Ⓑ 역함수의 성질을 이용하여 $f^{-1}(2)$의 값 구하기

이때 $f^{-1}(2)=k$라 하면 $f(k)=2$이므로 $9k+11=2$ ∴ $k=-1$

따라서 $f^{-1}(2)=-1$

1415

정답 ②

STEP Ⓐ 직선 $y=x$에 대하여 대칭임을 이용하여 a, b의 관계식 구하기

$y=f(x)$의 그래프가 점 $(2, 3)$을 지나므로

$2a+b=3$ ...... ㉠

$y=f(x)$의 역함수 $y=f^{-1}(x)$의 그래프는 직선 $y=x$에 대하여 대칭이므로

$y=f^{-1}(x)$의 그래프가 점 $(2, 3)$을 지나면 $y=f(x)$의 그래프는

점 $(3, 2)$를 지난다.

즉 $f(3)=2$이므로 $3a+b=2$ ...... ㉡

STEP Ⓑ $a+b$의 값 구하기

㉠, ㉡을 연립하여 풀면 $a=-1$, $b=5$

따라서 $a+b=-1+5=4$

1416

정답 ⑤

STEP Ⓐ 역함수의 성질을 이용하여 일차함수 $y=f(x)$의 식 구하기

함수 $y=f(x)$의 그래프가 점 $(2, 4)$를 지나고

그 역함수 $y=f^{-1}(x)$의 그래프가 점 $(7, 8)$을 지나므로

$f(2)=4$, $f^{-1}(7)=8$

$f^{-1}(7)=8$에서 $f(8)=7$

$f(x)=ax+b$ (a, b는 상수, $a \neq 0$)로 놓으면

$f(2)=2a+b=4$ ...... ㉠

$f(8)=8a+b=7$ ...... ㉡

㉠, ㉡을 연립하여 풀면 $a=\dfrac{1}{2}$, $b=3$

즉 $f(x)=\dfrac{1}{2}x+3$

STEP Ⓑ 두 함수 $y=f(x)$와 $y=f^{-1}(x)$의 그래프가 만나는 점의 좌표 구하기

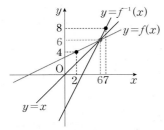

이때 두 함수 $y=f(x)$와 $y=f^{-1}(x)$의 그래프는 직선 $y=x$에 대하여 대칭이므로 두 함수 $y=f(x)$와 $y=f^{-1}(x)$의 그래프가 만나는 점은 함수 $y=f(x)$의 그래프와 직선 $y=x$가 만나는 점과 같다.

$\dfrac{1}{2}x+3=x$에서 $\dfrac{1}{2}x=3$ ∴ $x=6$

따라서 두 직선이 만나는 점의 좌표는 $(6, 6)$

1417

정답 ⑤

STEP Ⓐ 역함수의 성질을 이용하여 $h^{-1}(0)$의 값 구하기

함수 $f(x)$는 역함수가 존재하므로 일대일대응이고

$f^{-1}(0)=9$에서 $f(9)=0$ ...... ㉠

또한, $h^{-1}(0)=k$ (k는 실수)라 하면 $h(k)=0$

즉 $h(k)=f(2k-1)=0$ ...... ㉡

㉠, ㉡에서 $2k-1=9$이므로 $k=5$

따라서 $h(5)=0$이므로 $h^{-1}(0)=5$

1418

정답 ③

STEP Ⓐ 두 조건 (가), (나)를 만족하는 함수 $f(1)$, $f(2)$, $f(3)$, $f(4)$의 값 구하기

조건 (나)와 $f(1)+f(4)=7$에 의하여

$f(1)=4$, $f(4)=3$

두 조건 (가), (나)에 의하여 함수 f는

일대일대응이고 $f(a) \neq a$를 만족해야

하므로 $f(2)=1$, $f(3)=2$

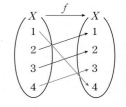

STEP Ⓑ $f(1)+f^{-1}(1)$의 값 구하기

따라서 $f(1)+f^{-1}(1)=4+2=6$

내/신/연/계/ 출제문항 699

집합 $X=\{1, 2, 3, 4\}$에 대하여 함수 $f : X \longrightarrow X$가 일대일대응이고 $f(2)=3$, $f^{-1}(2)=3$, $f^{-1}(4)=1$을 만족시킬 때, $f(4)+f^{-1}(4)$의 값은?

① 2   ② 3   ③ 4

④ 5   ⑤ 6

STEP Ⓐ 일대일대응임을 이용하여 $f(4)$의 값 구하기

$f(2)=3$이고

$f^{-1}(2)=3$에서 $f(3)=2$이고 $f^{-1}(4)=1$에서 $f(1)=4$

이때 f는 X에서 X로의 일대일대응이므로

$f(1)=4$, $f(2)=3$, $f(3)=2$에서 $f(4)=1$

STEP Ⓑ $f(1)+f^{-1}(4)$의 값 구하기

따라서 $f^{-1}(4)=1$이므로 $f(4)+f^{-1}(4)=1+1=2$ 정답 ①

1419

정답 12

STEP Ⓐ $f(a)+f^{-1}(b)=9$가 되는 a, b의 값 구하기

$f(a) \in \{2, 4, 6, 8, 10\}$, $f^{-1}(b) \in \{1, 2, 3, 4, 5\}$이므로

$f(a)+f^{-1}(b)=9$가 되는 경우는 다음과 같다.

(i) $f(a)=4$, $f^{-1}(b)=5$인 경우

$\quad$ $f(a)=4$에서 $a=5$

$\quad$ $f^{-1}(b)=5$에서 $b=f(5)=4$

(ii) $f(a)=6$, $f^{-1}(b)=3$인 경우

$\quad$ $f(a)=6$에서 $a=2$

$\quad$ $f^{-1}(b)=3$에서 $b=f(3)=10$

(iii) $f(a)=8$, $f^{-1}(b)=1$인 경우

$\quad$ $f(a)=8$에서 $a=1$

$\quad$ $f^{-1}(b)=1$에서 $b=f(1)=8$

STEP **B** $a+b$의 **최댓값 구하기**

(i)~(iii)에서 순서쌍 (a, b)는 $(5, 4)$, $(2, 10)$, $(1, 8)$

따라서 $a+b$의 최댓값은 $2+10=12$

1420 2022년 03월 고2 학력평가 14번　　　정답 ②

STEP **A** **역함수의 성질을 이용하여 조건을 만족시키는 함수 구하기**

함수 f의 역함수가 존재하므로 함수 f는 일대일대응이다.

이때 $f(1)+2f(3)=12$에서 $f(1)=2$, $f(3)=5$　……　㉠

$f(1)$은 짝수이어야 하고 $f(1)=4$일 때, $f(3)=4$이므로 일대일대응을 만족시키지 않는다.

$f^{-1}(1)-f^{-1}(3)=2$에서

$f^{-1}(1)=5$일 때, $f^{-1}(3)=3$이므로 $f(5)=1$, $f(3)=3$

이때 ㉠에서 $f(3)=5$이므로 일대일대응을 만족시키지 않는다.

$f^{-1}(1)=3$일 때, $f^{-1}(3)=1$이므로 $f(3)=1$, $f(1)=3$

이때 ㉠에서 $f(1)=2$, $f(3)=5$이므로 일대일대응을 만족시키지 않는다.

즉 $f^{-1}(1)=4$일 때, $f^{-1}(3)=2$이므로 $f(4)=1$, $f(2)=3$　……　㉡

㉠, ㉡에 의하여 함수 f는 일대일대응이므로 $f(5)=4$

STEP **B** $f(4)+f^{-1}(4)$의 **값 구하기**

$f(4)=1$이고 $f^{-1}(4)=k$라 하면

$f(k)=4$이므로 $k=5$

따라서 $f(4)+f^{-1}(4)=1+5=6$

내/신/연/계 출제문항 700

집합 $X=\{1, 2, 3, 4, 5\}$에 대하여 X에서 X로의 함수 f의 역함수가 존재

하고　　　　　TIP 함수 f는 일대일대응이다.

$$2f(2)+4f(3)=12, \quad f^{-1}(2)-f^{-1}(3)=1$$

일 때, $f(5)+f^{-1}(5)$의 값은?

① 1　　　　　② 2　　　　　③ 3

④ 4　　　　　⑤ 5

STEP **A** **역함수의 성질을 이용하여 조건을 만족시키는 함수 구하기**

함수 f의 역함수가 존재하므로 함수 f는 일대일대응이다.

이때 $2f(2)+4f(3)=12$에서 $f(2)=4$, $f(3)=1$　……　㉠

$f(2)=1$일 때, $f(3)$의 값은 존재하지 않고

$f(2)=2$일 때, $f(3)=2$이므로 일대일대응을 만족시키지 않고

$f(2)=3$일 때, $f(3)$은 존재하지 않고

$f(2)=5$일 때, $f(4)$는 존재하지 않는다.

$f^{-1}(2)-f^{-1}(3)=1$에서

$f^{-1}(2)=4$일 때, $f^{-1}(3)=3$이므로 $f(4)=2$, $f(3)=3$

이때 ㉠에서 $f(3)=1$이므로 일대일대응을 만족시키지 않는다.

$f^{-1}(2)=3$일 때, $f^{-1}(3)=2$이므로 $f(3)=2$, $f(2)=3$

이때 ㉠에서 $f(2)=4$, $f(3)=1$이므로 일대일대응을 만족시키지 않는다.

$f^{-1}(2)=2$일 때, $f^{-1}(3)=1$이므로 $f(2)=2$, $f(1)=3$

이때 ㉠에서 $f(2)=4$이므로 일대일대응을 만족시키지 않는다.

즉 $f^{-1}(2)=5$일 때, $f^{-1}(3)=4$이므로 $f(5)=2$, $f(4)=3$　……　㉡

㉠, ㉡에 의하여 함수 f는 일대일대응이므로 $f(1)=5$

STEP **B** $f(5)+f^{-1}(5)$의 **값 구하기**

$f(5)=2$이고 $f^{-1}(5)=k$라 하면

$f(k)=5$이므로 $k=1$

따라서 $f(5)+f^{-1}(5)=2+1=3$　　　　　정답 ③

1421　　　정답 ③

STEP **A** **역함수가 존재하려면 함수가 일대일대응이어야 함을 이용하기**

함수 f의 역함수가 존재하면 f는 일대일대응이다.

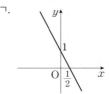
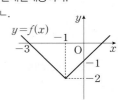
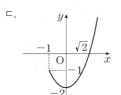
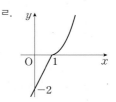

따라서 역함수가 존재하는 것은 ㄱ, ㄹ이다.

1422　　　정답 -5

STEP **A** **역함수가 존재하면 일대일대응임을 이용하기**

실수 전체에서 정의된 함수이므로 $x=2$에서 그래프는 연결되어야 하므로

치역은 실수 전체의 집합

$x=2$에서의 각각의 함숫값이 같아야 한다.

$-4-a+10=2a+a^2-4$

$a^2+3a-10=0$, $(a-2)(a+5)=0$

$\therefore a=2$ 또는 $a=-5$

STEP **B** **함수 f가 일대일대응이려면 두 구간에서의 직선의 기울기의 곱이 양수임을 이용하기**

두 일차함수의 그래프의 기울기의 부호가 같아야 하므로

$a=0$, $a>0$이면 함수는 일대일대응이 아니다.

$x=2$를 경계로 나누어지는 두 직선의

기울기의 곱이 양수이어야 한다.

즉 $-2 \times a > 0$　　$\therefore a < 0$

따라서 $a=-5$

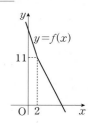

내/신/연/계 출제문항 701

실수 전체의 집합에서 정의된 함수

$$f(x)=\begin{cases} \dfrac{1}{2}x-2a & (x \geq 0) \\ (a-1)x+a^2-15 & (x < 0) \end{cases}$$

의 역함수가 존재할 때, 상수 a의 값은?

① -5　　　　　② -3　　　　　③ -2

④ 3　　　　　⑤ 5

STEP **A** **역함수가 존재하면 일대일대응임을 이용하기**

실수전체에서 정의된 함수이므로 $x=0$에서 그래프는 연결되어야 하므로

치역은 실수 전체의 집합

$x=0$에서의 각각의 함숫값이 같아야 한다.

$-2a=a^2-15$, $a^2+2a-15=0$, $(a-3)(a+5)=0$

$\therefore a=3$ 또는 $a=-5$

STEP B **함수 f가 일대일대응이려면 두 구간에서의 직선의 기울기의 곱이 양수임을 이용하기**

두 일차함수의 그래프의 기울기의 부호가 같아야 하므로
$a-1=0$, $a-1<0$이면 함수는 일대일대응이 아니다.
$x=0$을 경계로 나누어지는 두 직선의
기울기의 곱이 양수이어야 한다.

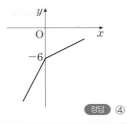

즉 $\dfrac{1}{2}(a-1)>0$이므로 $a>1$

따라서 $a=3$

정답 ④

1423

정답 ②

STEP A **역함수가 존재하면 일대일대응임을 이용하기**

함수 $f(x)$의 역함수가 존재하려면
$f(x)$가 일대일대응이어야하므로
함수

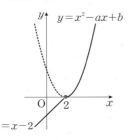

$$f(x)=x^2-ax+b=\left(x-\dfrac{a}{2}\right)^2+b-\dfrac{a^2}{4}$$

의 그래프의 꼭짓점의 x좌표가 2보다
작거나 같아야 한다.

즉 $\dfrac{a}{2}\leq 2$이어야 하므로 $a\leq 4$

STEP B **함수 $f(x)$가 일대일대응임을 이용하여 a의 범위 구하기**

함수 $f(x)$의 치역이 실수 전체의 집합 R이어야 하므로
$x=2$에서의 각각의 함숫값이 같아야 한다. ◀ 실수 전체에서 연속이어야 한다.
$f(2)=4-2a+b=0$
이때 a, b가 음이 아닌 실수이므로 $b=2a-4\geq 0$에서 $a\geq 2$
그러므로 함수 $f(x)$의 역함수가 존재하도록 하는 두 실수 a, b 사이의 관계식은
$b=2a-4\,(2\leq a\leq 4)$

STEP C **좌표평면에서 점 $(a,\,b)$가 나타내는 도형의 길이 구하기**

따라서 좌표평면에서 이를 만족시키는
점 $(a,\,b)$가 나타내는 도형은 오른쪽
그림과 같이 두 점 $(2,\,0)$, $(4,\,4)$를
잇는 선분이므로 구하는 도형의 길이는
$\sqrt{2^2+4^2}=2\sqrt{5}$

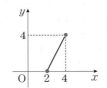

1424

정답 ③

STEP A **함수 $f(x)$의 절댓값을 풀어서 식을 정리하기**

$f(x)=a|x-4|+3x-1$에서
절댓값 안의 값이 0이 되는 $x=4$를 기준으로 식을 나누면
(i) $x\geq 4$일 때,
$\quad f(x)=a(x-4)+3x-1=(3+a)x-4a-1$
(ii) $x<4$일 때,
$\quad f(x)=-a(x-4)+3x-1=(3-a)x+4a-1$
(i), (ii)에서 $f(x)=\begin{cases}(3+a)x-4a-1\ (x\geq 4)\\(3-a)x+4a-1\ (x<4)\end{cases}$ ◀ $x=4$에서 두 함수의 함숫값은 같다.

STEP B **정수 a의 개수 구하기**

함수 $f(x)$가 역함수가 존재하기 위해서는 함수 f가 일대일대응이어야 하므로
두 일차함수 $y=(3+a)x-4a-1$과 $y=(3-a)x+4a-1$의 기울기의 부호가
같아야 한다.
즉 $(3+a)(3-a)>0$에서 $(a+3)(a-3)<0$ $\therefore -3<a<3$
따라서 정수 a는 -2, -1, 0, 1, 2이므로 개수는 5

내/신/연/계 출제문항 702

실수 전체 집합에서 정의된 함수 $f(x)$가
$$f(x)=a|x-2|-4x+1$$
일 때, $f(x)$의 역함수가 존재하도록 하는 정수 a의 개수는?

① 3   ② 4   ③ 5
④ 6   ⑤ 7

STEP A **함수 $f(x)$의 절댓값을 풀어서 식을 정리하기**

$f(x)=a|x-2|-4x+1$에서
절댓값 안의 값이 0이 되는 $x=2$를 기준으로 식을 나누면
(i) $x\geq 2$일 때,
$\quad f(x)=a(x-2)-4x+1=(a-4)x-2a+1$
(ii) $x<2$일 때,
$\quad f(x)=-a(x-2)-4x+1=-(a+4)x+2a+1$
(i), (ii)에서 $f(x)=\begin{cases}(a-4)x-2a+1\ (x\geq 2)\\-(a+4)x+2a+1\ (x<2)\end{cases}$ ◀ $x=2$에서 두 함수의 함숫값은 같다.

STEP B **정수 a의 개수 구하기**

함수 $f(x)$가 역함수가 존재하기 위해서는 함수 f가 일대일대응이어야 하므로
두 일차함수 $y=(a-4)x-2a+1$과 $y=-(a+4)x+2a+1$의 기울기의 부호가
같아야 한다.
즉 $-(a-4)(a+4)>0$에서 $(a+4)(a-4)<0$ $\therefore -4<a<4$
따라서 정수 a는 -3, -2, -1, 0, 1, 2, 3이므로 개수는 7   정답 ⑤

1425

정답 ⑤

STEP A **x값의 범위에 따라 함수 $f(x)$ 나누기**

$f(x)=2|x-1|+ax+3$에서
(i) $x\geq 1$일 때, $f(x)=2x-2+ax+3=(2+a)x+1$
(ii) $x<1$일 때, $f(x)=-2x+2+ax+3=(-2+a)x+5$
(i), (ii)에서 $f(x)=\begin{cases}(2+a)x+1\ (x\geq 1)\\(-2+a)x+5\ (x<1)\end{cases}$

STEP B **함수 $f(x)$의 역함수가 존재하지 않음을 이용하여 a의 범위 구하기**

함수 $f(x)$의 역함수가 존재하지 않으려면 직선의 기울기가 적어도 하나가
0 또는 부호가 서로 반대이므로
즉 $(2+a)(-2+a)\leq 0$ ◀ 역함수가 존재하는 조건의 부정
$\therefore -2\leq a\leq 2$
따라서 정수 a는 -2, -1, 0, 1, 2이므로 개수는 5

내/신/연/계 출제문항 703

함수 $f(x)=|3x-4|-kx+2$의 역함수가 존재하지 않게 되는 정수 k의
개수는?

① 4   ② 5   ③ 6
④ 7   ⑤ 8

STEP A **x값의 범위에 따라 함수 $f(x)$ 나누기**

$x\geq \dfrac{4}{3}$일 때, $f(x)=|3x-4|-kx+2=(3-k)x-2$

$x<\dfrac{4}{3}$일 때, $f(x)=|3x-4|-kx+2=-(3+k)x+6$

이므로 $f(x)=\begin{cases}(3-k)x-2\ \left(x\geq \dfrac{4}{3}\right)\\-(3-k)+6\ \left(x<\dfrac{4}{3}\right)\end{cases}$

STEP **B** 함수 $f(x)$가 일대일대응임을 이용하여 k의 범위 구하기

함수 $f(x)$의 역함수가 존재하지 않으려면
직선의 기울기가 적어도 하나가 0 또는 부호가 서로 반대이므로
즉 $-(3-k)(3+k) \le 0$이어야 하므로
$(k-3)(k+3) \le 0$ $\therefore -3 \le k \le 3$
따라서 정수 k는 $-3, -2, -1, 0, 1, 2, 3$이므로 개수는 7   정답 ④

1426
정답 ④

STEP **A** 역함수가 존재하려면 함수 f가 일대일대응이어야 함을 이해하기

함수 $f(x) = 3x+2$의 역함수가 존재하려면 함수 $f(x)$는 주어진 정의역에서
일대일대응이어야 하므로 치역과 공역이 같아야 한다.

STEP **B** $f(-1)=a$, $f(3)=b$임을 이용하여 a, b의 값 구하기

이때 $y=f(x)$의 그래프의 기울기가
양수이므로
$f(-1)=a$에서 $-3+2=a$
$\therefore a = -1$
$f(3)=b$에서 $9+2=b$
$\therefore b = 11$
따라서 $b-a = 11-(-1) = 12$

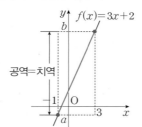

1427
정답 0

STEP **A** 함수 $f(x)$가 일대일함수이기 위한 a의 범위 구하기

$f(x) = -x^2 - 4x + b = -(x+2)^2 + b + 4$
이므로 함수 $y=f(x)$의 그래프의 개형은
오른쪽 그림과 같다.
집합 X에서 집합 Y로의 함수 $f(x)$의
역함수가 존재하려면
함수 $f(x)$는 일대일함수이므로
일대일함수이어야 한다.
정의역이 $X = \{x | a \le x \le 1\}$인 함수 $f(x)$가 일대일함수이기 위해서
$a \ge -2$이어야 한다.   ...... ㉠

STEP **B** 함수 f의 치역과 공역이 같음을 이해하여 a, b의 값 구하기

이때 치역이 집합 $Y = \{y | -4 \le y \le 4\}$와 같으려면
$a \le x \le 1$에서 함숫값이 $-4 \le f(x) \le 4$이어야 하므로
$f(1) = -4$, $f(a) = 4$
$f(1) = b - 5 = -4$에서 $b = 1$
$f(a) = -(a+2)^2 + 5 = 4$에서 $(a+2)^2 = 1$ $\therefore a = -1$ 또는 $a = -3$
이때 $a \ge -2$이므로 $a = -1$
따라서 $a = -1$, $b = 1$이므로 $a+b = 0$

1428
2024년 03월 고2 학력평가 12번
정답 ②

STEP **A** 일대일대응임을 이용하여 정수 a의 개수 구하기

$f(x) = \begin{cases} (a+7)x-1 & (x<1) \\ (-a+5)x+2a+1 & (x \ge 1) \end{cases}$ ← $x=1$에서 두 함수의 함숫값은 같다.

이 일대일대응이므로 실수 전체의 집합에서 증가하거나 감소해야 한다.
즉 기울기의 부호가 같아야 하므로
$(a+7)(-a+5) > 0$, $(a+7)(a-5) < 0$ $\therefore -7 < a < 5$
$a=-7$ 또는 $a=5$일 때, 상수함수의 구간이 존재하므로 일대일대응이 될 수 없다.
따라서 정수 a는 $-6, -5, \cdots, 4$이고 그 개수는 11

내/신/연/계/ 출제문항 **704**

실수 전체의 집합에서 함수 $f(x) = \begin{cases} (3+a)x-1 & (x>0) \\ (3-a)x-1 & (x \le 0) \end{cases}$ 의 역함수가
존재하기 위한 정수 a의 개수는?

① 4   ② 5   ③ 6
④ 7   ⑤ 8

STEP **A** 일대일대응임을 이용하여 정수 a의 개수 구하기

$f(x) = \begin{cases} (3+a)x-1 & (x>0) \\ (3-a)x-1 & (x \le 0) \end{cases}$ ← $x=0$에서 두 함수의 함숫값은 같다.

이 일대일대응이므로 실수 전체의 집합에서 증가하거나 감소해야 한다.
즉 기울기의 부호가 같아야 하므로
$(3+a)(3-a) > 0$, $(a+3)(a-3) < 0$ $\therefore -3 < a < 3$
$a=-3$ 또는 $a=3$일 때, 상수함수의 구간이 존재하므로 일대일대응이 될 수 없다.
따라서 정수 a는 $-2, -1, 0, 1, 2$이고 그 개수는 5   정답 ②

1429
2018년 06월 고2 학력평가 나형 14번
정답 ④
해설강의

STEP **A** 함수 $f(x)$가 일대일대응임을 이용하여 그래프 그리고 a의 범위 구하기

함수 $f(x)$의 역함수가 존재하므로
$f(x)$는 일대일대응이 되어야 한다.
　　공역과 치역이 같아야 한다.
또한, $x < 2$일 때,
곡선 $f(x) = a(x-2)^2 + b$의 모양은 아래로
볼록이어야 하므로 $a > 0$

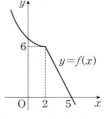

STEP **B** $x=2$에서 두 함수의 함숫값이 같음을 이용하여 b의 값 구하기

직선 $y = -2x + 10$은 점 $(2, 6)$을 지나므로
곡선 $y = a(x-2)^2 + b$도 점 $(2, 6)$을 지나야 한다.
　　치역이 실수 전체의 집합이므로 $x=2$에서 두 함수의 함숫값은 같아야 한다.
$6 = a(2-2)^2 + b$ $\therefore b = 6$
따라서 정수 a의 최솟값은 1이므로
$a+b$의 최솟값은 $1+6 = 7$ ← a는 양의 정수이다.

내/신/연/계/ 출제문항 **705**

실수 전체의 집합에서 정의된 함수
$$f(x) = \begin{cases} -2x+10 & (x \ge 3) \\ a(x-3)^2 + b & (x<3) \end{cases}$$
의 역함수가 존재할 때, 정수 a, b에 대하여 $a+b$의 최솟값은?

① 3   ② 4   ③ 5
④ 6   ⑤ 7

STEP **A** 함수 $f(x)$가 일대일대응임을 이용하여 그래프 그리고 a의 범위 구하기

함수 $f(x)$의 역함수가 존재하므로
$f(x)$는 일대일대응이 되어야 한다.
　　공역과 치역이 같아야 한다.
또한, $x \ge 3$일 때,
$f(x) = -2x + 10$으로 감소하고 있으므로
$x < 3$일 때,
$f(x) = a(x-3)^2 + b$는 아래로 볼록해야 한다.
$\therefore a > 0$

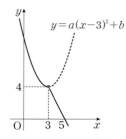

520

STEP B $x=3$에서 두 함수의 함숫값이 같음을 이용하여 b의 값 구하기

치역이 실수 전체의 집합이어야 하므로 $x=3$에서 두 함수의 함숫값은
같아야 한다.
즉 $2\times(-3)+10=a(3-3)^2+b$이므로 $b=4$
따라서 정수 a의 최솟값은 1이므로 $a+b$의 최솟값은 $1+4=5$ 　　정답 ③

1430

2016년 11월 고1 학력평가 29번　　정답 16

문항분석

9의 배수 중 7로 나눈 나머지가 집합 Y가 되도록 하는 함수 f를 구한 다음 역함수가
존재하기 위해서 일대일대응임을 이용하여 집합 X의 개수를 구한다.

STEP A 함수 $f(n)$의 역함수가 존재하기 위해서는 함수 $f(n)$이 일대일대응임을 이용하여 집합 X의 개수 구하기

집합 $S=\{n\,|\,1\le n\le 100,\ n$은 9의 배수$\}=\{9,\ 18,\ 27,\ \cdots,\ 99\}$이고
$f(n)$은 n을 7로 나눈 나머지이므로
$f(9)=f(72)=2$　　◀ $7\times10+2=72$
$f(18)=f(81)=4$　　◀ $7\times11+4$
$f(27)=f(90)=6$　　◀ $7\times12+6=90$
$f(36)=f(99)=1$　　◀ $7\times14+1=99$
$f(45)=3,\ f(54)=5,\ f(63)=0$
함수 $f(n)$의 역함수 $f^{-1}(n)$에서
$f^{-1}(0)=63,\ f^{-1}(3)=45,\ f^{-1}(5)=54$　　◀ 역함수의 성질 $f^{-1}(a)=b \Longleftrightarrow f(b)=a$
$f^{-1}(1)=36$ 또는 $f^{-1}(1)=99$
$f^{-1}(2)=9$ 또는 $f^{-1}(2)=72$
$f^{-1}(4)=18$ 또는 $f^{-1}(4)=81$
$f^{-1}(6)=27$ 또는 $f^{-1}(6)=90$
이때 함수 $f(n)$의 역함수가 존재하려면
함수 $f(n)$은 일대일대응이어야 하므로
　　　　　치역과 공역이 같아야 한다.
$f^{-1}(1),\ f^{-1}(2),\ f^{-1}(4),\ f^{-1}(6)$의 값이 각각 하나로 정의되어야 한다.
따라서 집합 X의 개수는 $2\times2\times2\times2=16$
　　집합 X는 n의 값이 1개씩 있는 것은 반드시 원소로 갖고 2개씩 있는 것은
　　그 중 1개만 원소로 가져야 하므로 $2\times2\times2\times2=16$

┌─ **+α** │ 집합 X의 개수는 다음과 같아!

$S=\{9,\ 18,\ 27,\ \cdots,\ 99\}$
$f(9)=f(72)=2,\ f(18)=f(81)=4,$
$f(27)=f(90)=6,\ f(36)=f(99)=1,$
$(45)=3,\ f(54)=5,\ f(63)=0$
함수 $f(n)$의 역함수가 존재하려면 일대일대응이어야 하므로
집합 X는 45, 54, 63을 반드시 원소로 갖고
9와 72, 18과 81, 27과 90, 36과 99 중 하나씩만 원소로 가져야 한다.
따라서 집합 X의 개수는 $2\times2\times2\times2=16$
└─

내/신/연/계/ 출제문항 706

집합 $X=\{2,\ 9,\ 11,\ 13,\ 15\}$에서 $Y=\{0,\ 1,\ 2,\ 3,\ 4\}$로의 두 함수 $f,\ g$를
다음과 같이 정의한다.

┌─────────────────────────────┐
$f(x)=(x$를 5로 나누었을 때의 나머지$)$
$g(x)=(2x$를 5로 나누었을 때의 나머지$)$
└─────────────────────────────┘

$f\circ(f\circ h^{-1})^{-1}\circ f=g$를 만족시키는 함수 $h(x)$에 대하여 $h(4)$의 값을
구하시오.

STEP A $f\circ(f\circ h^{-1})^{-1}\circ f$를 간단히 하기

$f\circ(f\circ h^{-1})^{-1}\circ f=f\circ h\circ f^{-1}\circ f=f\circ h$
즉 $f\circ h=g$이므로 $h=f^{-1}\circ g$　　◀ f는 일대일 대응으로 역함수가 존재한다.

STEP B $h(4)$를 $f^{-1}(x)$의 함숫값으로 나타내기

$h(4)=(f^{-1}\circ g)(4)=f^{-1}(g(4))=f^{-1}(3)$
　　　　　　　　◀ $2\times4=8$을 5로 나누었을 때의 나머지는 3이므로 $g(4)=3$

STEP C $f^{-1}(3)$의 값을 이용하여 $h(4)$의 값 구하기

$f^{-1}(3)=a$라 하면 $f(a)=3$
집합 X의 원소 중 5로 나누었을 때의 나머지가 3이 되는 것은 13이므로
$a=13$
따라서 $h(3)=13$　　정답 13

1431

정답 3

STEP A 역함수를 포함한 합성함수의 함숫값 구하기

$f^{-1}(3)=a$라 하면 $f(a)=3$이므로 $a=1$
$g^{-1}(3)=b$라 하면 $g(b)=3$이므로 $b=3$
따라서 $(g\circ f^{-1})(3)+(f\circ g^{-1})(3)=g(f^{-1}(3))+f(g^{-1}(3))$
$=g(1)+f(3)$
$=2+1=3$

1432

정답 ②

STEP A 역함수를 포함한 합성함수의 함숫값 구하기

$(g\circ f)^{-1}(2)=(f^{-1}\circ g^{-1})(2)$
$=f^{-1}(g^{-1}(2))$　　◀ $g(3)=2$
$=f^{-1}(3)=1$　　◀ $f(1)=3$
$(f^{-1}\circ g^{-1}\circ f)(1)=(f^{-1}\circ g^{-1})(f(1))$
$=(f^{-1}\circ g^{-1})(3)$
$=f^{-1}(g^{-1}(3))$　　◀ $g(2)=3$
$=f^{-1}(2)=3$　　◀ $f(3)=2$
따라서 구하는 값은 $1+3=4$

1433

정답 ②

STEP A 함수 $g(x)$가 일대일대응임을 이용하여 함숫값 구하기

함수 g의 역함수가 존재하므로 함수 g는 일대일대응이다.
$g(2)=3$이고 $g^{-1}(1)=3$이므로 $g(3)=1$
$(g\circ f)(2)=g(f(2))=2,\ f(2)=1$이므로 $g(1)=2$
이때 $g(4)=4$이고 $g^{-1}(4)=4$
　　함수 g가 일대일대응에서 $g(2)=3,\ g(3)=1,\ g(1)=2$이므로 $g(4)=4$
따라서 $g^{-1}(4)+(f\circ g)(2)=4+f(g(2))$
$=4+f(3)$
$=4+3=7$

집합 $X=\{1, 2, 3, 4\}$에 대하여 함수 $f : X \longrightarrow X$가 그림과 같다.

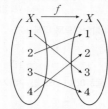

함수 $g : X \longrightarrow X$의 역함수가 존재하고
$$g(1)=4,\ g^{-1}(2)=3,\ (g \circ f)(3)=1$$
일 때, $g^{-1}(1)+(f \circ g)(2)$의 값은?

① 6   ② 7   ③ 8
④ 9   ⑤ 10

STEP ⓐ 함수 $g(x)$가 일대일대응임을 이용하여 함숫값 구하기

함수 g의 역함수가 존재하므로 함수 g는 일대일대응이다.
$g(1)=4$이고 $g^{-1}(2)=3$이므로 $g(3)=2$
$(g \circ f)(3)=g(f(3))=1$, $f(3)=4$이므로 $g(4)=1$
이때 $g(2)=3$이고 $g^{-1}(1)=4$
<small>함수 g가 일대일대응에서 $g(1)=4$, $g(3)=2$, $g(4)=1$이므로 $g(2)=3$</small>
따라서 $g^{-1}(1)+(f \circ g)(2)=4+f(g(2))$
$$=4+f(3)$$
$$=4+4=8$$

<small>정답 ③</small>

1434

<small>정답 ②</small>

STEP ⓐ 역함수의 성질을 이용하여 $f^{-1}(5)$, $g^{-1}(5)$의 값 구하기

$f^{-1}(5)=a$이면 $f(a)=5$이므로 $a=1$
또한 $g^{-1}(5)=b$이면 $g(b)=5$이므로 $b=5$

STEP ⓑ 역함수를 포함한 합성함수의 함숫값 구하기

$(g \circ f^{-1})(5)=g(f^{-1}(5))=g(1)=3$
$(f \circ g^{-1})(5)=f(g^{-1}(5))=f(5)=1$
따라서 $(g \circ f^{-1})(5)+(f \circ g^{-1})(5)=3+1=4$

1435

<small>정답 ④</small>

STEP ⓐ 역함수의 성질을 이용하여 함수 $f(x)$의 식 구하기

함수 $f(x)=ax+b$일 때, 역함수의 성질에 의하여
$f^{-1}(1)=2$이므로 $f(2)=1$
$f(2)=2a+b=1$ ······ ㉠
$f(f(2))=f(1)=-3$이므로
$f(1)=a+b=-3$ ······ ㉡
㉠, ㉡을 연립하여 풀면 $a=4$, $b=-7$
∴ $f(x)=4x-7$

STEP ⓑ $f^{-1}(9)$의 값 구하기

$f^{-1}(9)=k$라 하면
$f(k)=9$, $f(k)=4k-7=9$
∴ $k=4$
따라서 $f^{-1}(9)=4$

함수 $f(x)=ax+b$와 역함수 f^{-1}에 대하여
$$f^{-1}(4)=1,\ (f \circ f)(1)=-2$$
일 때, $f^{-1}(-4)$의 값은? (단, a, b는 상수이다.)

① -7 ② -5 ③ -3
④ 5   ⑤ 7

STEP ⓐ 역함수의 성질을 이용하여 함수 $f(x)$의 식 구하기

함수 $f(x)=ax+b$일 때, 역함수의 성질에 의하여
$f^{-1}(4)=1$이므로 $f(1)=4$
$f(1)=a+b=4$ ······ ㉠
$f(f(1))=f(4)=-2$이므로
$f(4)=4a+b=-2$ ······ ㉡
㉠, ㉡을 연립하여 풀면 $a=-2$, $b=6$ ∴ $f(x)=-2x+6$

STEP ⓑ $f^{-1}(-4)$의 값 구하기

$f^{-1}(-4)=k$라 하면 $f(k)=-4$, $f(k)=-2k+6=-4$
∴ $k=5$
따라서 $f^{-1}(-4)=5$

<small>정답 ④</small>

1436

<small>정답 ③</small>

STEP ⓐ 역함수의 성질을 이용하여 $f(5)$의 값 구하기

$f^{-1}(1)=4$이므로 $f(4)=1$
$f(2)=3$이므로 $(f \circ f)(2)=f(f(2))=f(3)=5$
함수 f가 일대일대응이고 $f(1)=2$, $f(2)=3$, $f(3)=5$, $f(4)=1$이므로
$f(5)=4$

STEP ⓑ $(f^{-1} \circ f^{-1})(4)$의 값 구하기

$f^{-1}(4)=a$라 하면 $f(a)=4$이므로 $a=5$ ∴ $f^{-1}(4)=5$
$f^{-1}(5)=b$라 하면 $f(b)=5$이므로 $b=3$ ∴ $f^{-1}(5)=3$
따라서 $(f^{-1} \circ f^{-1})(4)=f^{-1}(f^{-1}(4))=f^{-1}(5)=3$

집합 $X=\{1, 2, 3, 4, 5\}$에 대하여 함수 $f : X \longrightarrow X$의 역함수가
존재하고
$$f(1)=4,\ f(3)=5,\ f^{-1}(2)=5,\ (f \circ f)(4)=4$$
일 때, $(f^{-1} \circ f^{-1})(2)$의 값은?

① 1   ② 2   ③ 3
④ 4   ⑤ 5

STEP ⓐ 주어진 조건을 이용하여 f의 함숫값 구하기

$f^{-1}(2)=5$에서 $f(5)=2$
$f(1)=4$이고 $(f \circ f)(4)=4$에서 $f(f(4))=4$이므로 $f(4)=1$
함수 f는 역함수가 존재하므로 일대일대응이고
$f(1)=4$, $f(3)=5$, $f(4)=1$, $f(5)=2$이므로 $f(2)=3$

STEP ⓑ $(f^{-1} \circ f^{-1})(2)$의 값 구하기

$f^{-1}(2)=a$라 하면 $f(a)=2$이므로 $a=5$ ∴ $f^{-1}(2)=5$
$f^{-1}(5)=b$라 하면 $f(b)=5$이므로 $b=3$ ∴ $f^{-1}(5)=3$
따라서 $(f^{-1} \circ f^{-1})(2)=f^{-1}(f^{-1}(2))=f^{-1}(5)=3$

<small>정답 ③</small>

1437
정답 ④

STEP A **주어진 조건을 이용하여 $f(3)$, $f(5)$의 함숫값 구하기**

함수 f의 역함수가 존재하므로 f는 일대일대응이다.

$f(5)-f(3)=4$에서 $f(5)=5$, $f(3)=1$ $\qquad$ ……… ㉠

STEP B **$(f^{-1} \circ f^{-1})(3)=2$임을 이용하여 함숫값 구하기**

$f^{-1}(3)=a$라 하면 $f(a)=3$이고

$(f^{-1} \circ f^{-1})(3)=f^{-1}(f^{-1}(3))=f^{-1}(a)=2$이므로 $f(2)=a$

(i) $a=1$일 때,

$\quad a=1$이면 $f(1)=3$, $f(2)=1$

$\quad$ ㉠에서 $f(3)=1$이므로 일대일대응을 만족시키지 않는다.

(ii) $a=2$일 때,

$\quad a=2$이면 $f(2)=3$, $f(2)=2$이고 함수가 되지 못하므로

$\quad$ 조건을 만족시키지 않는다.

(iii) $a=4$일 때,

$\quad a=4$이면 $f(4)=3$, $f(2)=4$

(i)~(iii)에서 $f(2)=4$, $f(3)=1$, $f(4)=3$, $\underset{f^{-1}(5)=5}{\underline{f(5)=5}}$이고

함수 f는 일대일대응이므로 $f(1)=2$

따라서 $f(3)+f^{-1}(5)=1+5=6$

1438
정답 ④

STEP A **역함수의 성질을 이용하여 $g(1)$의 값 구하기**

$f^{-1} \circ g = g \circ f^{-1}$이므로 $x=2$를 대입하면

$(f^{-1} \circ g)(2) = (g \circ f^{-1})(2)$에서

$f^{-1}(g(2)) = g(f^{-1}(2))$

$f^{-1}(1) = g(f^{-1}(2))=3$ ← $f(3)=1$이므로 $f^{-1}(1)=3$

$g(f^{-1}(2)) = g(1)=3$ ← $f(1)=2$이므로 $f^{-1}(2)=1$

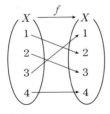

STEP B **역함수의 성질을 이용하여 $g(3)$의 값 구하기**

$(f^{-1} \circ g)(1) = (g \circ f^{-1})(1)$에서 $f^{-1}(g(1)) = g(f^{-1}(1))$

$f^{-1}(3) = g(f^{-1}(1))=2$ ← $f(2)=3$이므로 $f^{-1}(3)=2$

$g(f^{-1}(1)) = g(3)=2$ ← $f(3)=1$이므로 $f^{-1}(1)=3$

따라서 $g(1)+g(3)=3+2=5$

1439
정답 3

STEP A **함수 f가 일대일대응이므로 $f(2)$, $f(3)$의 값 구하기**

$f(1)=3$이고 함수 f가 일대일대응이므로

$f(2)=1$, $f(3)=2$ 또는 $f(2)=2$, $f(3)=1$

(i) $f(2)=1$, $f(3)=2$일 때,

$\quad f(1)=3$, $f^2(1)=2$, $f^3(1)=1$, $f(2)=1$, $f^2(2)=3$, $f^3(2)=2$

$\quad f(3)=2$, $f^2(3)=1$, $f^3(3)=3$이므로 $f^3=I$가 성립한다.

(ii) $f(2)=2$, $f(3)=1$일 때,

$\quad f(1)=3$, $f^2(1)=1$, $f^3(1)=3$이므로 $f^3 \ne I$가 되어 성립하지 않는다.

(i), (ii)에서 $f(1)=3$, $f(2)=1$, $f(3)=2$

STEP B **역함수의 성질을 이용하여 $g^{10}(1)+g^{11}(2)$의 값 구하기**

즉 $g(1)=2$, $g(2)=3$, $g(3)=1$이고 $f^3=I$에서 $g^3=(f^{-1})^3=I$

따라서 $g^{10}=g^{3 \times 3+1}=g$, $g^{11}=g^{3 \times 3+2}=g^2$이므로

$g^{10}(1)+g^{11}(2)=g(1)+g(g(2))=2+g(3)=2+1=3$

함수 f에 대하여 $f^1(x)=f(x)$, $f^{n+1}(x)=f(f^n(x))$(n은 자연수)로 정의하자. 집합 $X=\{1, 3, 5\}$에 대하여 함수 $f : X \longrightarrow X$가

$$f(1)=5, \quad f^3(x)=x$$

를 만족시킨다. 함수 f의 역함수를 g라 할 때, $g^{22}(3)+g^{23}(5)$의 값은?

① 2 $\qquad$ ② 4 $\qquad$ ③ 6

④ 8 $\qquad$ ⑤ 10

STEP A **함수 f의 역함수가 존재하면 일대일대응임을 이용하여 $f(3)$, $f(5)$ 의 값 구하기**

함수 f의 역함수가 존재하면 일대일대응이다.

$f(3)=3$, $f(5)=1$이면 $f^3(1)=f(f(f(1)))=f(f(5))=f(1)=5$이므로

$f^3(x)=x$를 만족시키지 않는다.

$\therefore f(3)=1$, $f(5)=3$

즉 $f^{-1}(1)=g(1)=3$, $f^{-1}(3)=g(3)=5$, $f^{-1}(5)=g(5)=1$

STEP B **$g^{22}(3)+g^{23}(5)$의 값 구하기**

$f^3(x)=x$에서 $g^3(x)=x$이므로

$g=g^4=g^7=\cdots$, $g^2=g^5=g^8=\cdots$, $g^3=g^6=g^9=\cdots$

따라서 $\underset{22=3 \times 7+1, \ 23=3 \times 7+2}{\underline{g^{22}(3)+g^{23}(5)}}=g(3)+g^2(5)=5+g(1)=5+3=8$

정답 ④

1440
정답 ⑤

STEP A **함수 $g^{-1}(x)$의 식 구하기**

함수 $g(x)$의 역함수 $g^{-1}(x)$를 구하면

$y=x-2$에서 $x=y+2$이고 x와 y를 바꾸면 $y=x+2$

즉 $g(x)$의 역함수는 $g^{-1}(x)=x+2$

STEP B **$(f \circ g^{-1})(x)=ax+b$를 만족하는 상수 a, b의 값 구하기**

$(f \circ g^{-1})(x)=f(g^{-1}(x))=3(x+2)+1=3x+7$

따라서 $a=3$, $b=7$이므로 $b-a=7-3=4$

1441 2018년 09월 고2 학력평가 가형 12번
정답 ③

STEP A **$g^{-1}(k)$의 값 구하기**

$g^{-1}(k)=a$라 하면 $(f \circ g^{-1})(k)=f(g^{-1}(k))=f(a)=4a-5=7$

$4a=12$ $\quad \therefore a=3$

STEP B **실수 k의 값 구하기**

따라서 $g^{-1}(k)=3$이므로 $k=g(3)=9+1=10$

두 일차함수 $f(x)=3x-2$, $g(x)=-4x+5$에 대하여

$$(g \circ f^{-1})(a)=-7$$

을 만족시키는 실수 a의 값은?

① 1 $\qquad$ ② 3 $\qquad$ ③ 5

④ 7 $\qquad$ ⑤ 9

STEP A **$f^{-1}(a)$의 값 구하기**

$(g \circ f^{-1})(a)=g(f^{-1}(a))=-7$

$f^{-1}(a)=b$라 하면 $g(b)=-7$이므로 $-4b+5=-7$에서 $b=3$

STEP **B** 실수 a의 값 구하기

따라서 $f^{-1}(a)=3$이므로 역함수의 정의에 의하여 $a=f(3)=3\times3-2=7$

+α | 합성함수와 역함수의 정의를 이용하여 구할 수 있어!

$(g\circ f^{-1})(a)=g(f^{-1}(a))=-4f^{-1}(a)+5=-7$에서 $f^{-1}(a)=3$이므로
$a=f(3)=3\times3-2=7$

정답 ④

1442

2015년 11월 고2 학력평가 나형 19번 정답 ③

해설강의

STEP **A** 함수 $f(x)$가 일대일대응임을 이용하여 a의 값 구하기

$f(1)=1$, $f(2)=4$, $f(3)=3+a$, $f(4)=4+a$이고
함수 $f(x)$의 역함수가 존재하므로 일대일대응이다.
즉 $f(3)=2$, $f(4)=3$ 또는 $f(3)=3$, $f(4)=2$
(i) $f(3)=3+a=2$, $f(4)=4+a=3$일 때,
　　$a=-1$
(ii) $f(3)=3+a=3$, $f(4)=4+a=2$일 때,
　　동시에 만족하는 a는 존재하지 않는다.
(i), (ii)에서 $f(1)=1$, $f(2)=4$, $f(3)=2$, $f(4)=3$

STEP **B** $a+g^{10}(2)+g^{11}(2)$의 값 구하기

역함수 $g(x)$는 $\underline{g(1)=1, g(2)=3, g(3)=4, g(4)=2}$
　　　　　　　　$f^{-1}(1)=1, f^{-1}(4)=2, f^{-1}(2)=3, f^{-1}(3)=4$
$g(2)=3$, $g^2(2)=4$, $g^3(2)=2$이므로 $g^3(x)=x$가 성립한다.
$\therefore g^{10}(2)=g(g^9(2))=g(2)=3$
$\therefore g^{11}(2)=g(g^{10}(2))=g(g(2))=g(3)=4$
따라서 $a+g^{10}(2)+g^{11}(2)=a+g(2)+g^2(2)=-1+3+4=6$

내/신/연/계/ 출제문항 712

집합 $X=\{1, 2, 3, 4, 5\}$에 대하여
함수 $f:X\longrightarrow X$가 오른쪽 그림과 같고
함수 $g:X\longrightarrow X$는 다음 조건을 만족시
킨다.

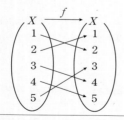

(가) $g(1)=3$, $g(2)=5$
(나) g의 역함수가 존재한다.

$(g\circ f)(4)+(f\circ g)(4)$의 최댓값은?

① 5　　　　　② 6　　　　　③ 7
④ 8　　　　　⑤ 9

STEP **A** $f(4)=5$에서 $g(4)$가 될 수 있는 값 구하기

$f(4)=5$이므로 $(g\circ f)(4)+(f\circ g)(4)=g(5)+f(g(4))$
g의 역함수가 존재하므로 $g(4)$의 값은 1, 2, 4 중 하나이다.

STEP **B** $g(4)$의 값에 따라 경우를 나누어 최댓값 구하기

$g(4)=1$일 때, $f(g(4))=f(1)=2$이고 $g(5)=2$ 또는 $g(5)=4$
$g(4)=2$일 때, $f(g(4))=f(2)=1$이고 $g(5)=1$ 또는 $g(5)=4$
$g(4)=4$일 때, $f(g(4))=f(4)=5$이고 $g(5)=1$ 또는 $g(5)=2$
따라서 $(g\circ f)(4)+(f\circ g)(4)$의 최댓값은 $g(5)+f(g(4))=2+5=7$

정답 ③

524

1443

정답 5

STEP **A** 역함수의 성질을 이용하여 $f^{-1}(8)$의 값 구하기

$x\geq1$일 때, $f(x)=x+5\geq6$
$x<1$일 때, $f(x)=2x+4<6$
$f^{-1}(8)=a$라 하면 $f(a)=8$이므로
$a+5=8$ $\therefore a=3$
즉 $f^{-1}(8)=3$

$f^{-1}(8)=a$라 하면 $f(a)=8$
$a\geq1$이면 $a+5=8$ $\therefore a=3$
$a<1$이면 $2a+4=8$ $\therefore a=2$
이때 $a<1$이므로 만족하지 않는다. 즉 $f^{-1}(8)=3$

STEP **B** $f(-1)+f^{-1}(8)$의 값 구하기

$f(-1)=2\times(-1)+4=2$
따라서 $f(-1)+f^{-1}(8)=2+3=5$

+α | 그래프를 활용하여 구할 수도 있어!

함수 $f(x)=\begin{cases}x+5 & (x\geq1)\\2x+4 & (x<1)\end{cases}$의 그래프는
오른쪽 그림과 같다.
$f^{-1}(8)=a$라 하면 $f(a)=8$
$y=f(x)$의 그래프에서 함숫값이 8이려면
$a\geq1$이어야 하므로 $a+5=8$ $\therefore a=3$
즉 $f^{-1}(8)=3$
따라서 $f(-1)+f^{-1}(8)=\{2\times(-1)+4\}+3=5$

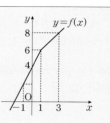

1444

정답 ③

STEP **A** 역함수의 성질을 이용하여 k의 값 구하기

$f(x)=\begin{cases}x^2+k & (x\geq0)\\-x^2+k & (x<0)\end{cases}$이므로
함수 f는 일대일대응이고 역함수가 존재한다.
$f^{-1}(1)=2$에서 $f(2)=1$이므로 $f(2)=2^2+k=1$
$\therefore k=-3$

STEP **B** $(f^{-1}\circ f^{-1})(1)$의 값 구하기

$f(x)=\begin{cases}x^2-3 & (x\geq0)\\-x^2-3 & (x<0)\end{cases}$이므로
그래프는 오른쪽 그림과 같다.
$f^{-1}(1)=2$이므로
$(f^{-1}\circ f^{-1})(1)=f^{-1}(f^{-1}(1))=f^{-1}(2)$
$f^{-1}(2)=a$라 하면 $f(a)=2$
$a>0$이므로 $f(a)=a^2-3=2$
따라서 $a=\sqrt{5}(\because a>0)$

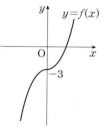

내/신/연/계/ 출제문항 713

함수 $f(x)=x|x|+k$ (k는 상수)의 역함수를 f^{-1}라고 하자.
$f^{-1}(0)=1$일 때, $f^{-1}(3)+(f\circ f)(1)$의 값은?

① 1　　　　　② 2　　　　　③ 3
④ 4　　　　　⑤ 5

STEP **A** 역함수의 성질을 이용하여 k의 값 구하기

$f(x)=\begin{cases}x^2+k & (x\geq0)\\-x^2+k & (x<0)\end{cases}$이므로
함수 f는 일대일대응이고 역함수가 존재한다.
$f^{-1}(0)=1$에서 $f(1)=0$이므로 $f(1)=1^2+k=0$
$\therefore k=-1$

STEP B $f^{-1}(3)+(f\circ f)(1)$의 값 구하기

즉 $f(x)=\begin{cases} x^2-1 & (x\geq 0) \\ -x^2-1 & (x<0) \end{cases}$

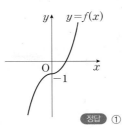

$f^{-1}(3)=a$라 하면 $f(a)=3$

$a>0$이므로 $f(a)=a^2-1=3$ $\therefore a=2$

$\therefore f^{-1}(3)=2$

또한, $f(f(1))=f(0)=-1$

따라서 $f^{-1}(3)+(f\circ f)(1)=2+(-1)=1$

정답 ①

1445

정답 ⑤

STEP A 역함수의 성질을 이용하여 $g(5)$의 값 구하기

함수 $y=f(x)$의 그래프를 나타내면
오른쪽 그림과 같다.
함수 $f(x)$가 일대일대응이므로
임의의 실수 x에 대하여
$(f\circ g)(x)=x$일 때, $g(x)=f^{-1}(x)$
$(g\circ g)(5)=g(g(5))$ ······ ㉠
$g(5)=a$라 하면 $f(a)=5$, $a<2$이므로
$-2a+7=5$에서 $a=1$
㉠에서 $g(g(5))=g(1)$

STEP B $(g\circ g)(5)$의 값 구하기

$g(1)=b$라 하면 $f(b)=1$, $b>2$이므로
$-\frac{1}{2}(b-2)^2+3=1$에서 $(b-2)^2=4$, $b=4(\because b>2)$
따라서 $(g\circ g)(5)=4$

1446

정답 ③

STEP A $(f\circ g)(2)$의 값 구하기

$f(x)=3x-4$, $g(x)=\begin{cases} 2x & (x\geq 3) \\ x+3 & (x<3) \end{cases}$에서

$(f\circ g)(2)=f(g(2))=f(5)=3\times 5-4=11$ ← $x<3$일 때, $g(x)=x+3$

STEP B 역함수의 성질을 이용하여 $g^{-1}(-2)$의 값 구하기

$g^{-1}(-2)=a$라 하면 $g(a)=-2$
$a\geq 3$이면 $g(a)=2a=-2$, $a=-1$
이때 $a\geq 3$의 범위에 포함되지 않으므로 조건을 만족시키지 않는다.
$a<3$이면 $g(a)=a+3=-2$ $\therefore a=-5$
즉 $g^{-1}(-2)=-5$
따라서 $(f\circ g)(2)+g^{-1}(-2)=f(g(2))-5=f(5)-5=11-5=6$

+α 직접 역함수를 구하여 주어진 값 구하기

$g(x)=\begin{cases} 2x & (x\geq 3) \\ x+3 & (x<3) \end{cases}$에서 $g(x)$의 역함수는

$g^{-1}(x)=\begin{cases} \frac{1}{2}x & (x\geq 6) \\ x-3 & (x<6) \end{cases}$

따라서 $(f\circ g)(2)+g^{-1}(-2)=f(g(2))-5=f(5)-5=11-5=6$

1447

정답 ①

STEP A 주어진 조건을 이용하여 $f(x)$와 $g(x)$의 값 구하기

두 함수 f, g의 정의에 의해서
$f(1)=3$, $f(2)=9$, $f(3)=7$, $f(4)=1$
$g(1)=7$, $g(2)=9$, $g(3)=3$, $g(4)=1$

STEP B $(f\circ g^{-1})(1)+(g\circ f^{-1})(7)$의 값 구하기

$g^{-1}(1)=4$, $f^{-1}(7)=3$
따라서 $(f\circ g^{-1})(1)+(g\circ f^{-1})(7)=f(g^{-1}(1))+g(f^{-1}(7))$
$\qquad\qquad =f(4)+g(3)$
$\qquad\qquad =1+3=4$

1448

정답 ③

STEP A 일대일대응임을 이용하여 a의 값 구하기

$f(x)=\begin{cases} -x+1 & (x<1) \\ -\frac{1}{3}x+a & (x\geq 1) \end{cases}$ ← $x=1$에서 두 함수의 함숫값이 같아야 한다.

에서 일대일대응이므로 공역과 치역이 일치해야 한다.
공역이 실수 전체의 집합이므로 치역도 실수 전체의 집합이다.
즉 $x=1$에서 두 함수의 함숫값이 같아야 하므로
$-1+1=-\frac{1}{3}+a$ $\therefore a=\frac{1}{3}$

$\therefore f(x)=\begin{cases} -x+1 & (x<1) \\ -\frac{1}{3}x+\frac{1}{3} & (x\geq 1) \end{cases}$

STEP B $g(g(7))$의 값 구하기

함수 $f(x)$의 역함수 $g(x)$에 대하여
$g(7)=p$라 하면 $f(p)=7$이므로
$f(p)=-p+1=7$ $\therefore p=-6$
$x\geq 1$에서 $f(p)=-\frac{1}{3}p+\frac{1}{3}=7$에서 $p=-20$으로 범위에 속하지 않는다.
$g(-6)=q$라 하면 $f(q)=-6$이므로
$f(q)=-\frac{1}{3}q+\frac{1}{3}=-6$ $\therefore q=19$
$x<1$에서 $f(1)=-p+1=-6$에서 $q=7$로 범위에 속하지 않는다.
$g(g(7))=g(-6)=19$이므로 $b=19$
따라서 $a=\frac{1}{3}$, $b=19$이므로 $ab=\frac{19}{3}$

내신연계 출제문항 714

정의역과 공역이 실수 전체의 집합이고 역함수가 존재하는 함수
$$f(x)=\begin{cases} -x+1 & (x<2) \\ -\frac{1}{4}x+a & (x\geq 2) \end{cases}$$
의 역함수를 g라고 하자. $g(g(6))=b$일 때, 실수 a, b에 대하여 ab의
값을 구하시오

STEP A 일대일대응임을 이용하여 a의 값 구하기

$f(x)=\begin{cases} -x+1 & (x<2) \\ -\frac{1}{4}x+a & (x\geq 2) \end{cases}$ ← $x=2$에서 두 함수의 함숫값이 같아야 한다.

에서 일대일대응이므로 공역과 치역이 일치해야 한다.
공역이 실수 전체의 집합이므로 치역도 실수 전체의 집합이다.
즉 $x=2$에서 두 함수의 함숫값이 같아야 하므로
$-2+1=-\frac{1}{4}\times 2+a$ $\therefore a=-\frac{1}{2}$

$\therefore f(x)=\begin{cases} -x+1 & (x<2) \\ -\frac{1}{4}x+\frac{1}{2} & (x\geq 2) \end{cases}$

함수 $f(x)$의 역함수 $g(x)$에 대하여

$g(6)=p$라 하면 $f(p)=6$이므로

$f(p)=-p+1=6$ $\therefore p=-5$

$x\geq 2$에서 $f(p)=-\dfrac{1}{4}p-\dfrac{1}{2}=6$에서 $p=-26$으로 범위에 속하지 않는다.

$g(-5)=q$라 하면 $f(q)=-5$이므로

$f(q)=-\dfrac{1}{4}q-\dfrac{1}{2}=-5$ $\therefore q=18$

$x<2$에서 $f(1)=-p+1=-5$에서 $q=6$로 범위에 속하지 않는다.

$g(g(6))=g(-5)=18$이므로 $b=18$

따라서 $a=-\dfrac{1}{2}$, $b=18$이므로 $ab=-9$

정답 -9

1449

2007년 03월 고2 학력평가 25번 정답 ④

해설강의

STEP A $f(g^{-1}(40))$의 값 구하기

함수 $y=g(x)$의 그래프가 오른쪽
그림과 같다.

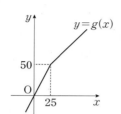

$g^{-1}(40)=k$라 하면

$g(k)=40$, $k<25$이므로

$2k=40$ $\therefore k=20$

$g^{-1}(40)=20$

$\therefore f(g^{-1}(40))=f(20)=5\times 20+20=120$

STEP B 역함수의 성질을 이용하여 $f^{-1}(g(40))$의 값 구하기

$g(40)=40+25=65$이므로 $f^{-1}(g(40))=f^{-1}(65)$

$f^{-1}(65)=a$라 하면 $f(a)=65$

즉 $f(a)=5a+20=65$ $\therefore a=9$

$\therefore f^{-1}(g(40))=9$

따라서 $f(g^{-1}(40))+f^{-1}(g(40))=120+9=129$

mini해설 | 직접 역함수를 구하여 풀이하기

$f(x)=5x+20$에서 $f(x)$의 역함수는 $f^{-1}(x)=\dfrac{1}{5}x-4$

$g(x)=\begin{cases}2x & (x<25)\\ x+25 & (x\geq 25)\end{cases}$에서 $g(x)$의 역함수는 $g^{-1}(x)=\begin{cases}\dfrac{1}{2}x & (x<50)\\ x-25 & (x\geq 50)\end{cases}$

따라서 $f(g^{-1}(40))+f^{-1}(g(40))=f(20)+f^{-1}(65)=120+9=129$

+α | $f(x)$, $g(x)$의 그래프와 그 역함수 그래프를 나타낼 수 있어!

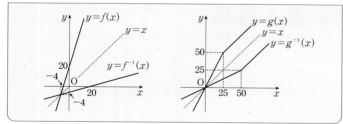

내신 연계 출제문항 715

실수 전체의 집합에서 정의된 두 함수

$$f(x)=2x+15, \ g(x)=\begin{cases}2x & (x<15)\\ x+15 & (x\geq 15)\end{cases}$$

에 대하여 $f(g^{-1}(20))+f^{-1}(g(20))$의 값은?

① 45   ② 50   ③ 55

④ 60   ⑤ 65

STEP A $f(g^{-1}(20))$의 값 구하기

함수 $y=g(x)$의 그래프가 오른쪽
그림과 같다.

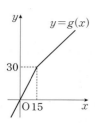

$g^{-1}(20)=k$라 하면

$g(k)=20$, $k<15$이므로

$2k=20$ $\therefore k=10$

$g^{-1}(20)=10$

$\therefore f(g^{-1}(20))=f(10)=2\times 10+15=35$

STEP B 역함수의 성질을 이용하여 $f^{-1}(g(20))$의 값 구하기

$g(20)=20+15=35$이므로 $f^{-1}(g(20))=f^{-1}(35)$

$f^{-1}(35)=a$라 하면 $f(a)=35$

즉 $f(a)=2a+15=35$ $\therefore a=10$

$\therefore f^{-1}(g(20))=10$

따라서 $f(g^{-1}(20))+f^{-1}(g(20))=35+10=45$

mini해설 | 직접 역함수를 구하여 풀이하기

$f(x)=2x+15$에서 $f(x)$의 역함수는 $f^{-1}(x)=\dfrac{1}{2}x-\dfrac{15}{2}$

$g(x)=\begin{cases}2x & (x<15)\\ x+15 & (x\geq 15)\end{cases}$에서 $g(x)$의 역함수는 $g^{-1}(x)=\begin{cases}\dfrac{1}{2}x & (x<30)\\ x-15 & (x\geq 30)\end{cases}$

따라서 $f(g^{-1}(20))+f^{-1}(g(20))=f(10)+f^{-1}(35)=35+10=45$

정답 ①

1450

정답 2

STEP A $f(x)$의 역함수 $f^{-1}(x)$ 구하기

$f(x)=3x+a$에서 $y=3x+a$이라 하고 x에 대하여 풀면

$3x=y-a$ $\therefore x=\dfrac{1}{3}y-\dfrac{a}{3}$

x와 y를 서로 바꾸면 $y=\dfrac{1}{3}x-\dfrac{a}{3}$ $\therefore f^{-1}(x)=\dfrac{1}{3}x-\dfrac{a}{3}$

STEP B 함수 $g(x)$를 구하여 상수 a, b의 값 구하기

이때 $f^{-1}(x)=\dfrac{1}{3}x-\dfrac{a}{3}=bx-2$이므로 $\dfrac{1}{3}=b$, $-\dfrac{a}{3}=-2$ ← x에 대한 항등식

$\therefore a=6$, $b=\dfrac{1}{3}$

따라서 $ab=6\times \dfrac{1}{3}=2$

1451

정답 ④

STEP A 역함수 $y=f^{-1}(x)$의 그래프에서 $y=f(x)$ 구하기

주어진 역함수 $y=f^{-1}(x)$의 그래프는
두 점 $(2, 1)$, $(0, -2)$를 지나는 직선이므로

$y-1=\dfrac{-2-1}{0-2}(x-2)$, $y=\dfrac{3}{2}x-2$

이 그래프의 식은 $y=\dfrac{3}{2}x-2$ $\therefore f^{-1}(x)=\dfrac{3}{2}x-2$

$y=\dfrac{3}{2}x-2$에서 $x=\dfrac{2}{3}y+\dfrac{4}{3}$

x와 y를 서로 바꾸면 $y=\dfrac{2}{3}x+\dfrac{4}{3}$ $\therefore f(x)=\dfrac{2}{3}x+\dfrac{4}{3}$

STEP B $(f\circ f)(1)$의 값 구하기

따라서 $f(1)=\dfrac{2}{3}+\dfrac{4}{3}=\dfrac{6}{3}=2$이므로

$(f\circ f)(1)=f(f(1))=f(2)=\dfrac{4}{3}+\dfrac{4}{3}=\dfrac{8}{3}$

1452

정답 ④

STEP A $3x+1=t$로 치환하여 함수 $f(x)$의 식 구하기

$3x+1=t$로 놓으면 $3x=t-1$

$\therefore x=\dfrac{t-1}{3}$

이것을 $f(3x+1)=6x-4$에 대입하면 $f(t)=6\times\dfrac{t-1}{3}-4=2t-6$

$\therefore f(x)=2x-6$

STEP B $f(x)$의 역함수 $g(x)$의 식 구하기

$y=2x-6$으로 놓으면 $2x=y+6$

$\therefore x=\dfrac{y+6}{2}$

따라서 x와 y를 바꾸면 $y=\dfrac{x+6}{2}$이므로 $g(x)=\dfrac{1}{2}x+3$

1453

정답 ①

STEP A 함수 $f(3x+5)$의 역함수를 $g(x)$에 대한 식으로 나타내기

$h(x)=f(3x+5)$라 하자.

$3x+5=t$라 하면 $x=\dfrac{t-5}{3}$이므로 $h\left(\dfrac{t-5}{3}\right)=f(t)$

이때 $f(t)=k$라 하면

 g는 f의 역함수이므로 $g(k)=t$ …… ㉠

또한, $h\left(\dfrac{t-5}{3}\right)=k$에서 $h^{-1}(k)=\dfrac{t-5}{3}$

이 식에 ㉠을 대입하면 $h^{-1}(k)=\dfrac{g(k)-5}{3}$

따라서 함수 $f(3x+5)$의 역함수를 $g(x)$에 대한 식으로 나타내면

$y=\dfrac{g(x)-5}{3}$

+α | 다음과 같이 구할 수 있어!

$y=f(3x+5)$이라 하고 x와 y를 서로 바꾸면 $x=f(3y+5)$이므로

$f^{-1}(x)=3y+5,\ 3y=f^{-1}(x)-5$

따라서 $y=\dfrac{1}{3}\{f^{-1}(x)-5\}$이므로 $y=\dfrac{1}{3}\{g(x)-5\}$

내신연계 출제문항 716

함수 $y=f(x)$의 역함수를 $y=g(x)$라 할 때, 함수 $f(3x+7)$의 역함수를 $g(x)$에 대한 식으로 나타낸 것으로 옳은 것은?

① $y=g\left(\dfrac{x}{3}+7\right)$ ② $y=3g(x)+7$ ③ $y=\dfrac{1}{3}g(x+7)$

④ $y=\dfrac{1}{3}\{g(x)-7\}$ ⑤ $y=\dfrac{1}{3}\left\{g\left(\dfrac{x}{2}\right)+7\right\}$

STEP A 함수 $f(3x+7)$의 역함수를 $g(x)$에 대한 식으로 나타내기

$h(x)=f(3x+7)$라 하자.

$3x+7=t$라 하면 $x=\dfrac{t-7}{3}$이므로 $h\left(\dfrac{t-7}{3}\right)=f(t)$

이때 $f(t)=k$라 하면

g는 f의 역함수이므로 $g(k)=t$ …… ㉠

또한, $h\left(\dfrac{t-7}{3}\right)=k$에서 $h^{-1}(k)=\dfrac{t-7}{3}$

이 식에 ㉠을 대입하면 $h^{-1}(k)=\dfrac{g(k)-7}{3}$

따라서 함수 $f(3x+7)$의 역함수를 $g(x)$에 대한 식으로 나타내면

$y=\dfrac{g(x)-7}{3}$

+α | 다음과 같이 구할 수 있어!

[방법 1] $y=f(3x+7)$이라 하고 x와 y를 서로 바꾸면 $x=f(3y+7)$이므로

$f^{-1}(x)=3y+7,\ 3y=f^{-1}(x)-7$

$\therefore y=\dfrac{1}{3}\{f^{-1}(x)-7\}=\dfrac{1}{3}\{g(x)-7\}$

[방법 2] $y=f(3x+7)$에서 $3x+7=t$로 놓으면 $y=f(t)$이므로

$f^{-1}(y)=t=3x+7$

x와 y를 서로 바꾸면

$f^{-1}(x)=3y+7,\ 3y=f^{-1}(x)-7$

$\therefore y=\dfrac{1}{3}\{f^{-1}(x)-7\}=\dfrac{1}{3}\{g(x)-7\}$

정답 ④

1454

정답 ③

STEP A $2x+1=t$로 치환하여 함수 $f(x)$의 식 구하기

$f(2x+1)=4x-3$에서 $2x+1=t$로 놓으면

$x=\dfrac{1}{2}t-\dfrac{1}{2}$이므로 $f(t)=4\left(\dfrac{1}{2}t-\dfrac{1}{2}\right)-3=2t-5$

$\therefore f(x)=2x-5$

STEP B 함수 $f(x)$의 역함수를 구하여 주어진 식의 값 구하기

함수 $f(x)$의 역함수는 $f^{-1}(x)=\dfrac{1}{2}x+\dfrac{5}{2}$이므로

$y=2x-5$를 x에 대하여 정리하면 $x=\dfrac{1}{2}y+\dfrac{5}{2}$이므로 x, y를 바꾸면 $y=\dfrac{1}{2}x+\dfrac{5}{2}$

따라서 $f(1)+f^{-1}(1)=-3+3=0$

1455

정답 ②

STEP A 역함수의 성질을 이용하여 $f^{-1}(3)$의 값 구하기

$f^{-1}(3)=k$라 하면 $f(k)=3$

$f\left(\dfrac{x+1}{3}\right)=-2x-3$에서 $-2x-3=3$일 때, $x=-3$이므로

$f\left(-\dfrac{2}{3}\right)=3$ $\therefore k=-\dfrac{2}{3}$

따라서 $f^{-1}(3)=-\dfrac{2}{3}$

mini 해설 | 치환하여 풀이하기

$\dfrac{x+1}{3}=t$로 놓으면 $x+1=3t$ $\therefore x=3t-1$

즉 $f(t)=-2\times(3t-1)-3=-6t-1$이므로 $f(x)=-6x-1$

$f^{-1}(3)=k$라 하면 $f(k)=3$이므로 $-6k-1=3$ $\therefore k=-\dfrac{2}{3}$

따라서 $f^{-1}(k)=-\dfrac{2}{3}$

1456

STEP Ⓐ 조건을 만족하는 함수 $y=g(x)$의 식 구하기

$f(x)=-\dfrac{1}{2}x+4$에서 $f^{-1}(x)=-2x+8$이므로

$y=-\dfrac{1}{2}x+4$를 x에 대하여 정리하면 $x=-2y+8$이므로 x, y를 바꾸면 $y=-2x+8$

$g(3x-4)=-2x+8$

$3x-4=t$로 놓으면 $x=\dfrac{t+4}{3}$이므로 $g(t)=-2\times\dfrac{t+4}{3}+8=-\dfrac{2}{3}t+\dfrac{16}{3}$

$\therefore g(x)=-\dfrac{2}{3}x+\dfrac{16}{3}$

STEP Ⓑ 함수 $y=g(x)$의 그래프와 x축 및 y축으로 둘러싸인 부분의 넓이 구하기

함수 $y=g(x)$의 그래프는 오른쪽 그림과 같으므로 구하는 넓이는 $\dfrac{1}{2}\times 8\times\dfrac{16}{3}=\dfrac{64}{3}$

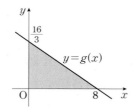

내신연계 출제문항 717

두 함수 f, g에 대하여

$$f(x)=3x+1,\ f^{-1}(x)=g\left(\dfrac{1}{6}x+1\right)$$

일 때, 함수 $g(x)=ax+b$이다. 상수 a, b에 대하여 ab의 값은?

① $-\dfrac{14}{3}$　　　② -4　　　③ $-\dfrac{10}{3}$

④ -3　　　⑤ $-\dfrac{7}{3}$

STEP Ⓐ $f(x)$의 역함수 $f^{-1}(x)$ 구하기

$f(x)=3x+1$에서 $y=3x+1$이라 하고 x에 대하여 풀면

$3x=y-1$ $\therefore x=\dfrac{1}{3}y-\dfrac{1}{3}$

x와 y를 서로 바꾸면 $y=\dfrac{1}{3}x-\dfrac{1}{3}$

$\therefore f^{-1}(x)=\dfrac{1}{3}x-\dfrac{1}{3}$

STEP Ⓑ 함수 $g(x)$를 구하여 상수 a, b의 값 구하기

$f^{-1}(x)=g\left(\dfrac{1}{6}x+1\right)$이므로 $\dfrac{1}{6}x+1=t$로 놓으면

$x=6t-6$

$\therefore g(t)=\dfrac{1}{3}(6t-6)-\dfrac{1}{3}=2t-\dfrac{7}{3}$　◀ $g\left(\dfrac{1}{6}x+1\right)=\dfrac{1}{3}x-\dfrac{1}{3}$

즉 $g(x)=2x-\dfrac{7}{3}$이므로 $a=2$, $b=-\dfrac{7}{3}$

따라서 $ab=2\times\left(-\dfrac{7}{3}\right)=-\dfrac{14}{3}$

1457

STEP Ⓐ $h(6)$의 값 구하기

음수가 아닌 실수 전체의 집합 X에서 X로의 함수 $f(x)=x^2+2x$의 역함수가 $h(x)$에 대하여 $h(8)=k$라 하면 $f(k)=8$

$f(k)=k^2+2k=8$, $k^2+2k-8=0$, $(k+4)(k-2)=0$

$\therefore k=-4$ 또는 $k=2$

이때 $k\geq 0$이므로 $k=2$

$\therefore h(8)=2$

STEP Ⓑ $g(h(6))$의 값 구하기

$g(x)=f(x+1)-3$이므로

$g(x)=(x+1)^2+2(x+1)-3=x^2+4x$

따라서 $g(h(8))=g(2)=4+8=12$

1458

STEP Ⓐ 함수 $f(x)$의 역함수 $f^{-1}(x)$ 구하기

정의역이 $\{x|x<0\}$인 함수 $y=-x$의 치역은 $\{y|y>0\}$이므로

이 함수의 역함수는 $x=-y$에서 x와 y를 바꾸면 $y=-x(x>0)$

정의역이 $\{x|x\geq 0\}$인 함수 $y=-\dfrac{1}{2}x$의 치역은 $\{y|y\leq 0\}$이므로

함수의 역함수는 $x=-2y$에서 x와 y를 바꾸면 $y=-2x(x\leq 0)$

그러므로 $f^{-1}(x)$는 $f^{-1}(x)=\begin{cases}-2x & (x\leq 0)\\ -x & (x>0)\end{cases}$

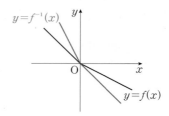

STEP Ⓑ $f(x)\times f^{-1}(x)=18$의 서로 다른 모든 실근 구하기

방정식 $f(x)\times f^{-1}(x)=18$에서

(i) $x<0$일 때,

$\quad f(x)\times f^{-1}(x)=(-x)\times(-2x)=2x^2=18$

$\quad x^2=9$이고 $x<0$이므로 $x=-3$

(ii) $x=0$일 때,

$\quad f(x)\times f^{-1}(x)=0\times 0=0$이므로 조건을 만족시키지 않는다.

(iii) $x>0$일 때,

$\quad f(x)\times f^{-1}(x)=\left(-\dfrac{1}{2}x\right)\times(-x)=\dfrac{1}{2}x^2=18$

$\quad x^2=36$이고 $x>0$이므로 $x=6$

(i)~(iii)에서 $x=-3$ 또는 $x=6$

따라서 방정식 $f(x)\times f^{-1}(x)=8$의 서로 다른 모든 실근의 합은 $-3+6=3$

1459

STEP Ⓐ 역함수의 성질을 이용하여 a, b의 값 구하기

$g(x)=x-3$에서 $g^{-1}(x)=x+3$이므로　◀ $y=x-3$에서 $x=y+3$이므로 x, y를 바꾸면 $y=x+3$

$(f\circ g^{-1})(x)=f(g^{-1}(x))$

$\qquad\qquad\quad =f(x+3)$

$\qquad\qquad\quad =2(x+3)+1$

$\qquad\qquad\quad =2x+7$

따라서 $a=2$, $b=7$이므로 $ab=14$

내신연계 출제문항 718

함수 $f(x)=ax+b$에 대하여 $f(2)=9$, $f^{-1}(3)=-1$일 때,

$f^{-1}(x)=cx+d$이다. $c-d$의 값은?

(단, a, b, c, d는 상수이고 f^{-1}는 f의 역함수이다.)

① -6　　　② -5　　　③ -4

④ 3　　　⑤ 6

STEP Ⓐ $f(2)=9$, $f^{-1}(3)=-1$을 만족하는 상수 a, b의 값 구하기

$f(2)=9$에서 $2a+b=9$ ······ ㉠

$f^{-1}(3)=-1$에서 $f(-1)=3$이므로

$-a+b=3$ ······ ㉡

㉠, ㉡을 연립하여 풀면 $a=2$, $b=5$

STEP Ⓑ 역함수를 구하여 $c-d$의 값 구하기

이때 $y=f(x)$라 하면 $f(x)=2x+5$에서 $y=2x+5$이고

이것을 x에 대하여 정리하면 $x=\dfrac{1}{2}y-\dfrac{5}{2}$

이 식에서 x와 y를 서로 바꾸어 나타내면 $y=\dfrac{1}{2}x-\dfrac{5}{2}$

$\therefore f^{-1}(x)=\dfrac{1}{2}x-\dfrac{5}{2}$

따라서 $c=\dfrac{1}{2}$, $d=-\dfrac{5}{2}$이므로 $c-d=\dfrac{1}{2}-\left(-\dfrac{5}{2}\right)=3$

┌─ mini 해설 │ 역함수의 성질을 이용하여 풀이하기 ─┐

$f(2)=9$에서 $2a+b=9$ ······ ㉢

$f^{-1}(3)=-1$에서 $f(-1)=3$이므로 $-a+b=3$ ······ ㉣

㉢, ㉣을 연립하여 풀면 $3a=6$ ∴ $a=2$

이를 ㉣에 대입하여 정리하면 $b=5$

$\therefore f(x)=2x+5$

한편 $f(2)=9$에서 $f^{-1}(9)=2$이므로 $9c+d=2$ ······ ㉤

$f^{-1}(3)=-1$에서 $3c+d=-1$ ······ ㉥

㉤, ㉥을 연립하여 풀면 $6c=3$

$\therefore c=\dfrac{1}{2}$

이를 ㉤에 대입하여 정리하면 $d=-\dfrac{5}{2}$

$\therefore f^{-1}(x)=\dfrac{1}{2}x-\dfrac{5}{2}$

따라서 $c=\dfrac{1}{2}$, $d=-3$이므로 $c-d=\dfrac{1}{2}-\left(-\dfrac{5}{2}\right)=3$

└──────────────────────────────┘

정답 ④

1460
정답 ③

STEP Ⓐ 합성함수와 역함수의 성질을 이해하여 참, 거짓 판단하기

ㄱ. f, g는 일대일대응이므로 역함수가 존재한다.
  즉 $(g \circ f)^{-1}=f^{-1} \circ g^{-1}$이다. [참]

ㄴ. 함수 f가 일대일대응인 것은 함수 f의 역함수가 존재하기 위한
  필요충분조건이다. [참]

ㄷ. ⟨반례⟩ $X=\{1,\ 2\}$, $Y=\{1,\ 2\}$, $Z=\{1,\ 2,\ 3\}$이고
  $f(x)=x$, $g(x)=x$이면 함수 g는 일대일대응이 아니므로
  역함수가 존재하지 않는다. [거짓]

ㄹ. 함수 $f \circ f^{-1}$는 Y에서 Y로의 항등함수이고 $f^{-1} \circ f$는 X에서
  X로의 항등함수이다.
  이때 $X \neq Y$이면 $f \circ f^{-1} \neq f^{-1} \circ f$ [거짓]

따라서 옳은 것은 ㄱ, ㄴ이다.

1461
정답 ⑤

STEP Ⓐ 합성함수와 역함수의 성질을 이해하여 참, 거짓 판단하기

① 일대일대응이면 일대일함수이므로
  함수 f가 일대일대응이기 위한 필요조건이다. [거짓] ← 일대일대응 ⊂ 일대일함수

② 함수 $f:X \longrightarrow Y$, $g:Y \longrightarrow Z$의 역함수가 존재할 때,
  함수 $f \circ f^{-1}$는 Y에서 Y로의 항등함수이고 ← 정의역 Y
  함수 $f^{-1} \circ f$는 X에서 X로의 항등함수이다. ← 정의역 X
  이때 $X \neq Y$이면 $f \circ f^{-1} \neq f^{-1} \circ f$ [거짓]

---

③ 두 함수 $f:X \longrightarrow Y$, $g:Y \longrightarrow Z$에 대하여
  함수 $f \circ g:Y \longrightarrow Y$가 정의되기 위한 필요충분조건은 $Z \subset X$ [거짓]
  ← 합성함수가 정의되기 위한 조건

④ $f:X \longrightarrow Y$, $g:Z \longrightarrow W$에 대하여
  $Y \subset Z$일 때, 합성함수 $g \circ f:X \longrightarrow W$가 정의되고
  함수 $g \circ f$의 정의역은 함수 f의 정의역과 같다. [거짓]

⑤ $f:X \longrightarrow Y$, $g:Y \longrightarrow Z$에 대하여
  $g \circ f:X \longrightarrow Z$가 항상 정의된다.
  두 함수 f, g는 모두 역함수가 존재,
  즉 일대일대응이므로 함수 $g \circ f$도 일대일대응이다.
  즉 함수 $g \circ f$의 역함수가 존재한다. [참]

따라서 옳은 것은 ⑤이다.

┌─ 내/신/연/계 출제문항 719 ─┐

역함수가 존재하는 두 함수 $f:X \longrightarrow X$, $g:X \longrightarrow X$에 대하여 [보기]
에서 옳은 것만을 있는 대로 고른 것은?

┌──────────────────────────┐
│ ㄱ. $(f^{-1} \circ g^{-1} \circ f)^{-1}=f^{-1} \circ g \circ f$
│ ㄴ. $f=f^{-1}$이면 f는 항등함수이다.
│ ㄷ. $f \circ g=g \circ f$이면 $(g \circ f)^{-1}=g^{-1} \circ f^{-1}$이다.
│ ㄹ. 함수 $f \circ f^{-1}$과 함수 $f^{-1} \circ f$는 서로 같은 함수이다.
└──────────────────────────┘

① ㄱ   ② ㄱ, ㄴ   ③ ㄱ, ㄷ, ㄹ
④ ㄴ, ㄷ, ㄹ   ⑤ ㄱ, ㄴ, ㄷ, ㄹ

STEP Ⓐ 합성함수와 역함수의 성질을 이해하여 참, 거짓 판단하기

ㄱ. $(f^{-1} \circ g^{-1} \circ f)^{-1}=(f^{-1} \circ (g^{-1})^{-1} \circ (f^{-1})^{-1})$
$\qquad\qquad\qquad = f^{-1} \circ g \circ f$ [참]

ㄴ. ⟨반례⟩ $X=\{1,\ 2\}$이고 $f(1)=2$, $f(2)=1$이면
  $f^{-1}(1)=2$, $f^{-1}(2)=1$이므로 $f=f^{-1}$
  하지만 f는 항등함수가 아니다. [거짓]

ㄷ. 두 함수 f, g 모두 X에서 X로의 일대일대응이므로
  두 함수 $f \circ g$, $g \circ f$도 모두 X에서 X로의 일대일대응이다.
  즉 두 함수 $f \circ g$, $g \circ f$ 모두 역함수를 갖는다.
  이때 $f \circ g=g \circ f$이면 $(g \circ f)^{-1}=(f \circ g)^{-1}=g^{-1} \circ f^{-1}$이므로
  $(g \circ f)^{-1}=g^{-1} \circ f^{-1}$ [참]

ㄹ. 함수 $f \circ f^{-1}$는 X에서 X로의 항등함수이고
  $f^{-1} \circ f$는 X에서 X로의 항등함수이다
즉 두 함수는 같은 함수이다.
이때 $X \neq Y$이면 $f \circ f^{-1} \neq f^{-1} \circ f$ [거짓]
따라서 옳은 것은 ㄱ, ㄷ, ㄹ이다.

┌─ +α │ f, g가 일대일대응이면 $g \circ f$는 일대일대응이야! ─┐

함수 $f:X \longrightarrow X$가 일대일대응일 때, $x_1 \in X$, $x_2 \in X$이고 $x_1 \neq x_2$이면
$f(x_1) \neq f(x_2)$이다.
또한, $f(x_1)=y_1$, $f(x_2)=y_2$라 하면 f는 X에서 X로의 함수이므로
$y_1 \in X$, $y_2 \in X$이다.
이때 함수 $g:X \longrightarrow X$가 일대일대응이면 $y_1 \neq y_2$에서 $g(y_1) \neq g(y_2)$이다.
즉 $x_1 \neq x_2$이면 $g(f(x_1)) \neq g(f(x_2))$이므로 함수 $g \circ f$는 일대일대응이다.

└──────────────────────────────┘

정답 ③

1462

STEP A 역함수의 성질을 이용하여 a의 값 구하기

$(f^{-1} \circ g^{-1})(a) = (g \circ f)^{-1}(a) = 1$이므로 $(g \circ f)(1) = a$

따라서 $g(f(1)) = g(3) = 9$이므로 $a = 9$

mini 해설 | 두 함수의 역함수를 구하여 풀이하기

> 두 함수 $f(x) = 2x+1$, $g(x) = 6x-9$의 역함수를 구하면
> $f^{-1}(x) = \frac{1}{2}(x-1)$, $g^{-1}(x) = \frac{1}{6}x + \frac{3}{2}$이므로
> $(f^{-1} \circ g^{-1})(a) = f^{-1}(g^{-1}(a))$
> $\qquad = f^{-1}\left(\frac{1}{6}a + \frac{3}{2}\right)$
> $\qquad = \frac{1}{2}\left(\frac{1}{6}a + \frac{3}{2} - 1\right) = \frac{1}{12}a + \frac{1}{4}$
> 따라서 $\frac{1}{12}a + \frac{1}{4} = 1$에서 $a = 9$

1463

정답 ④

STEP A 역함수의 성질을 이용하여 $(g^{-1} \circ f)^{-1}(2)$의 값 구하기

$(g^{-1} \circ f)^{-1}(2) = (f^{-1} \circ g)(2) = f^{-1}(3)$ ← $g(2) = 2 \times 2 - 1 = 3$

$f^{-1}(3) = a$라 하면 $f(a) = 3$

$a + 2 = 3$ ∴ $a = 1$

즉 $(g^{-1} \circ f)^{-1}(2) = 1$

STEP B 역함수의 성질을 이용하여 $(f \circ g)^{-1}(3)$의 값 구하기

$(f \circ g)^{-1}(3) = (g^{-1} \circ f^{-1})(3) = g^{-1}(f^{-1}(3))$ ← $f^{-1}(3)=1$
$\qquad\qquad\qquad = g^{-1}(1)$

$g^{-1}(1) = b$라 하면 $g(b) = 1$

$2b - 1 = 1$ ∴ $b = 1$

즉 $(f \circ g)^{-1}(3) = 1$

따라서 $(g^{-1} \circ f)^{-1}(2) + (f \circ g)^{-1}(3) = 1 + 1 = 2$

1464

정답 ③

STEP A 역함수의 성질을 이용하여 k의 값 구하기

주어진 조건에서 $(g \circ f)^{-1} = g^{-1} \circ f^{-1} = (f \circ g)^{-1}$이므로

∴ $g \circ f = f \circ g$

$(g \circ f)(x) = g(f(x)) = g(x+k) = 2(x+k) + 3$

$(f \circ g)(x) = f(g(x)) = f(2x+3) = 2x + 3 + k$

즉 $2x + 2k + 3 = 2x + 3 + k$ ← x에 대한 항등식

따라서 $2k + 3 = 3 + k$ ∴ $k = 0$

mini 해설 | 직접 역함수를 구하여 풀이하기

> $f(x) = x+k$, $g(x) = 2x+3$의 역함수는 $f^{-1}(x) = x - k$, $g^{-1}(x) = \frac{x-3}{2}$
> $(g \circ f)^{-1}(x) = (f^{-1} \circ g^{-1})(x) = f^{-1}(g^{-1}(x))$
> $\qquad = f^{-1}\left(\frac{x-3}{2}\right) = \frac{x-3}{2} - k$ ⋯⋯ ㉠
> $(g^{-1} \circ f^{-1})(x) = g^{-1}(f^{-1}(x)) = g^{-1}(x-k)$
> $\qquad = \frac{(x-k)-3}{2}$ ⋯⋯ ㉡
> ㉠, ㉡에서 $-\frac{3}{2} - k = -\frac{k}{2} - \frac{3}{2}$이므로 $3 + 2k = k + 3$ ∴ $k = 0$

내/신/연/계/ 출제문항 **720**

두 함수 $f(x) = ax - 2(a \neq 0)$, $g(x) = 3x+1$에 대하여
$(f \circ g)^{-1} = f^{-1} \circ g^{-1}$를 만족시킬 때, 상수 a의 값은?

① -4 ② -3 ③ 0
④ 3 ⑤ 4

STEP A 역함수의 성질을 이용하여 a의 값 구하기

주어진 조건에서 $(f \circ g)^{-1} = f^{-1} \circ g^{-1} = (g \circ f)^{-1}$

∴ $f \circ g = g \circ f$

$(f \circ g)(x) = f(g(x)) = a(3x+1) - 2 = 3ax + a - 2$

$(g \circ f)(x) = g(f(x)) = 3(ax-2) + 1 = 3ax - 5$

즉 $3ax + a - 2 = 3ax - 5$이므로 $a - 2 = -5$

일차항의 계수가 같으므로 상수항만 비교한다.

따라서 $a = -3$

정답 ②

1465

정답 ⑤

STEP A 역함수의 성질을 이용하여 식을 정리하기

$(f \circ (g \circ f)^{-1} \circ f)(1) = (f \circ f^{-1} \circ g^{-1} \circ f)(1)$ ← $(g \circ f)^{-1} = f^{-1} \circ g^{-1}$
$\qquad = ((f \circ f^{-1}) \circ g^{-1} \circ f)(1)$
$\qquad = (g^{-1} \circ f)(1)$ ← $f \circ f^{-1} = I$ (I는 항등함수)
$\qquad = g^{-1}(f(1))$ ← $f(1) = 2 \times 1 - 3 = -1$
$\qquad = g^{-1}(-1)$

STEP B 역함수의 정의를 이용하여 $(f \circ (g \circ f)^{-1} \circ f)(1)$의 값 구하기

$g^{-1}(-1) = k$라 하면 $g(k) = -1$

$-k + 1 = -1$ ∴ $k = 2$

따라서 $(f \circ (g \circ f)^{-1} \circ f)(1) = 2$

내/신/연/계/ 출제문항 **721**

두 함수 $f(x) = 3x - 1$, $g(x) = 2x+4$에 대하여 $(g \circ (f \circ g)^{-1} \circ g)(2)$의
값은?

① -3 ② -2 ③ 0
④ 2 ⑤ 3

STEP A 역함수의 성질을 이용하여 식을 정리하기

$(g \circ (f \circ g)^{-1} \circ g)(2) = (g \circ g^{-1} \circ f^{-1} \circ g)(2)$ ← $(f \circ g)^{-1} = g^{-1} \circ f^{-1}$
$\qquad = ((g \circ g^{-1}) \circ f^{-1} \circ g)(2)$ ← $g \circ g^{-1} = I$
$\qquad = (f^{-1} \circ g)(2)$
$\qquad = f^{-1}(g(2))$ ← $g(2) = 2 \times 2 + 4 = 8$
$\qquad = f^{-1}(8)$

STEP B 역함수의 정의를 이용하여 $(g \circ (f \circ g)^{-1} \circ g)(2)$의 값 구하기

$f^{-1}(8) = k$로 놓으면 $f(k) = 8$이므로

$3k - 1 = 8$ ∴ $k = 3$

따라서 $(g \circ (f \circ g)^{-1} \circ g)(2) = 3$

정답 ⑤

1466
정답 5

STEP A 역함수의 성질을 이용하여 식을 정리하기

$(f \circ g)^{-1} = g^{-1} \circ f^{-1}$이므로

$(f \circ (f \circ g)^{-1} \circ f)(k) = (f \circ g^{-1} \circ f^{-1} \circ f)(k)$ ← $f^{-1} \circ f = I$
$\qquad\qquad\qquad\qquad\qquad = (f \circ g^{-1})(k) = 12$

$f(g^{-1}(k)) = 12$ ⋯⋯ ㉠

STEP B 합성함수와 역함수의 성질을 이용하여 k의 값 구하기

$f(g^{-1}(k)) = 12$에서 $g^{-1}(k) = a$(a는 실수)라 하면 $f(a) = 12$

$f(a) = 4a = 12$ ∴ $a = 3$

즉 $g^{-1}(k) = 3$이므로 역함수 성질에 의하여 $g(3) = k$

따라서 $g(3) = 2 \times 3 - 1 = 5$이므로 $k = 5$

+α | 직접 역함수를 이용하여 구할 수 있어!

$g(x) = 2x - 1$에서 $y = 2x - 1$이라 하고 x에 관하여 풀면

$2x = y + 1$ ∴ $x = \frac{1}{2}y + \frac{1}{2}$

x, y를 바꾸어 주면 $y = \frac{1}{2}x + \frac{1}{2}$이므로 $g^{-1}(x) = \frac{1}{2}x + \frac{1}{2}$

이때 $g^{-1}(k) = 3$이므로 $g^{-1}(k) = \frac{1}{2}k + \frac{1}{2} = 3$ ∴ $k = 5$

1467
2023년 11월 고1 학력평가 15번
정답 ③

STEP A 역함수의 성질을 이용하여 x^2의 값 구하기

$f(-2) = k$라 하면 역함수 성질에 의하여 $f^{-1}(k) = -2$
　　　　　　$f(a) = b$이면 $f^{-1}(b) = a$

주어진 조건에서 $f(x) = f^{-1}(x)$이므로 $f(k) = -2$

이때 $f(x^2 + 1) = -2x^2 + 1$에서 $-2x^2 + 1 = -2$

∴ $x^2 = \frac{3}{2}$

+α | $f(f(x)) = x$임을 이용하여 x^2의 값을 구할 수 있어!

$f(x^2 + 1) = -2x^2 + 1$이므로 $f(f(x^2 + 1)) = f(-2x^2 + 1)$ ← $f(f(x)) = x$

∴ $x^2 + 1 = f(-2x^2 + 1)$

이때 $f(-2)$의 값을 구해야하므로 $-2x^2 + 1 = -2$에서 $x^2 = \frac{3}{2}$

STEP B 함수 $f(x)$가 일대일대응임을 이용하여 $f(-2)$의 값 구하기

$f(x^2 + 1) = -2x^2 + 1$에 $x^2 = \frac{3}{2}$을 대입하면 $f\left(\frac{5}{2}\right) = -2$

$f^{-1}\left(\frac{5}{2}\right) = -2$이므로 $f(-2) = \frac{5}{2}$

따라서 $k = \frac{5}{2}$

참고 $f(x) = \begin{cases} -\frac{1}{2}x + \frac{3}{2} & (x < 1) \\ -2x + 3 & (x \geq 1) \end{cases}$

내/신/연/계/ 출제문항 722

실수 전체의 집합에서 정의된 함수 $f(x)$가 역함수를 갖는다.

TIP 함수 $f(x)$의 역함수가 존재하므로 일대일대응이다.

모든 실수 x에 대하여

$$f(x) = f^{-1}(x), \quad f(x^2 + 2) = -2x^2 + 5$$

일 때, $f(-3)$의 값은?

① 1　　　② 2　　　③ 3
④ 4　　　⑤ 6

STEP A 역함수의 성질을 이용하여 x^2의 값 구하기

$f(-3) = k$라 하면 역함수 성질에 의하여 $f^{-1}(k) = -3$
　　　　　　$f(a) = b$이면 $f^{-1}(b) = a$

주어진 조건에서 $f(x) = f^{-1}(x)$이므로 $f(k) = -3$

이때 $f(x^2 + 2) = -2x^2 + 5$에서 $-2x^2 + 5 = -3$

∴ $x^2 = 4$

+α | $f(f(x)) = x$임을 이용하여 x^2의 값을 구할 수 있어!

$f(x^2 + 2) = -2x^2 + 5$이므로 $f(f(x^2 + 2)) = f(-2x^2 + 5)$ ← $f(f(x)) = x$

∴ $x^2 + 2 = f(-2x^2 + 5)$

이때 $f(-3)$의 값을 구해야 하므로 $-2x^2 + 5 = -3$에서 $x^2 = 4$

STEP B 함수 $f(x)$가 일대일대응임을 이용하여 $f(-3)$의 값 구하기

$f(x^2 + 2) = -2x^2 + 5$에 $x^2 = 4$를 대입하면 $f(6) = -3$

$f^{-1}(6) = -3$이므로 $f(-3) = 6$

따라서 $k = 6$

정답 ⑤

1468
2018년 10월 고3 학력평가 나형 28번
정답 12

문항 분석

주어진 조건에서 함수 f의 역함수는 f^{-1}이고 일대일대응인 함수이므로
두 함수를 합성하면 항등함수가 됨을 이용하여 $f(1)$, $f(2)$, $f(3)$, $f(4)$를 각각 구한다.

STEP A 조건 (다)를 만족하는 역함수의 성질을 이해하여 $f(2)$, $f(4)$의 값 구하기

조건 (다)에서

$\underbrace{\frac{1}{2}f(a)}_{X의 원소} = \underbrace{(f \circ f^{-1})(a)}_{Y의 원소} = f(f^{-1}(a))$

이므로 $a \in X$, $a \in Y$

즉 $a \in X \cap Y$이고 역함수의 성질에 의하여

$(f \circ f^{-1})(a) = a$이므로

$\frac{1}{2}f(a) = (f \circ f^{-1})(a) = a$, 즉 $f(a) = 2a$
　　　두 함수는 역함수 관계이고 합성함수이므로 a를 대입한 값은 a이다.

이때 a의 개수가 2이므로 $f(2) = 4$, $f(4) = 8$
　　$f(a) = 2a$이고 a는 두 함수에서 정의역이어야 한다.

STEP B 두 조건 (가), (나)를 만족하는 $f(1)$, $f(3)$의 값 구하기

조건 (가)에서 함수 f는 일대일대응이고

조건 (나)에서 $f(1) \neq 2$이므로 $f(1) = 6$, $f(3) = 2$

따라서 $f^{-1}(2) = 3$이므로 $f(2) \times f^{-1}(2) = 4 \times 3 = 12$

+α | $f(3) = 6$이 성립하지 않은 이유!

(다)에서 $\frac{1}{2}f(a)$의 값이 존재하므로 $a \in X$

$(f \circ f^{-1})(a)$의 값이 존재하므로 $a \in Y$

∴ $a \in (X \cap Y)$

$f(3) = 6$도 $f(a) = 2a$를 만족시키지만 $a = 3 \notin Y$이므로 (다)를 만족시키지 않는다.

POINT | 역함수와 원함수를 합성하면 항등함수가 된다.

함수 $f : X \longrightarrow Y$가 일대일대응일 때,

① $(f^{-1} \circ f)(x) = f^{-1}(f(x)) = x (x \in X)$ ← 정의역
② $(f \circ f^{-1})(y) = f(f^{-1}(y)) = f(x) = y (y \in Y)$ ← 공역

두 집합 $X=\{1, 2, 3, 4\}$, $Y=\{1, 3, 6, 9\}$에 대하여
함수 $f:X \longrightarrow Y$가 다음 조건을 만족시킨다.

> (가) 함수 f는 일대일대응이다.
> (나) $f(2) \neq 1$
> (다) 등식 $\dfrac{1}{3}f(a)=(f \circ f^{-1})(a)$를 만족시키는 a의 개수는 2이다.

$f(1) \times f^{-1}(1)$의 값을 구하시오.

STEP Ⓐ **조건 (다)를 만족하는 역함수의 성질을 이해하여 $f(1)$, $f(3)$의 값 구하기**

조건 (다)에서
$\dfrac{1}{3}f(a)=(f \circ f^{-1})(a)=f(f^{-1}(a))$이므로 $a \in X$, $a \in Y$
즉 $a \in X \cap Y$이므로 $a=1$ 또는 $a=3$
역함수의 성질에 의하여 $(f \circ f^{-1})(a)=a$이므로
$\dfrac{1}{3}f(a)=(f \circ f^{-1})(a)=a$, 즉 $f(a)=3a$
<small>두 함수는 역함수 관계이고 합성함수이므로 a를 대입한 값은 a이다.</small>
이때 a의 개수가 2이므로 $f(1)=3$, $f(3)=9$
<small>$f(a)=3a$이고 a는 두 함수에서 정의역이어야 한다.</small>

STEP Ⓑ **두 조건 (가), (나)를 만족하는 $f(2)$, $f(4)$의 값 구하기**

조건 (가)에서 함수 f는 일대일대응이고
조건 (나)에서 $f(2) \neq 1$이므로 $f(2)=6$, $f(4)=1$
따라서 $f^{-1}(1)=4$이므로 $f(1) \times f^{-1}(1)=3 \times 4=12$

> **POINT** | 역함수와 원함수를 합성하면 항등함수가 된다.
>
> 함수 $f:X \longrightarrow Y$가 일대일대응일 때,
> ① $(f^{-1} \circ f)(x)=f^{-1}(f(x))=f^{-1}(y)=x(x \in X)$ ← 정의역
> ② $(f \circ f^{-1})(y)=f(f^{-1}(y))=f(x)=y(y \in Y)$ ← 공역

정답 12

1469

정답 6

STEP Ⓐ **역함수를 포함한 합성함수의 함숫값 구하기**

$g(1)=6$에서 $g^{-1}(6)=1$이므로
$(g \circ f)^{-1}(6)=(f^{-1} \circ g^{-1})(6)=f^{-1}(g^{-1}(6))$ ← $(g \circ f)^{-1}=f^{-1} \circ g^{-1}$
$\qquad\qquad\qquad\qquad =f^{-1}(1)=1$
$(g \circ (g \circ f)^{-1})(6)=(g \circ f^{-1} \circ g^{-1})(6)$
$\qquad\qquad\qquad\qquad =g((f^{-1} \circ g^{-1})(6))$
$\qquad\qquad\qquad\qquad =g(1)=6$

1470

정답 ③

STEP Ⓐ **역함수의 성질을 이용하여 $f^{-1}(-1)$의 값 구하기**

$f^{-1}(-1)=k$라 하면 $f(k)=-1$
주어진 그래프에서 $f(0)=-1$이므로 $k=0$
$\therefore f^{-1}(-1)=0$

STEP Ⓑ **역함수의 성질을 이용하여 $(f \circ g^{-1})^{-1}(2)$의 값 구하기**

$(f \circ g^{-1})^{-1}(2)=((g^{-1})^{-1} \circ f^{-1})(2)$
$\qquad\qquad\qquad =g(f^{-1}(2))$ ← $f^{-1}(2)=m$이라 하면 $f(m)=2$ $\therefore m=-3$
$\qquad\qquad\qquad =g(-3)$
$\qquad\qquad\qquad =0$

STEP Ⓒ **$f^{-1}(-1)+(f \circ g^{-1})^{-1}(2)$의 값 구하기**

따라서 $f^{-1}(-1)+(f \circ g^{-1})^{-1}(2)=0+0=0$

1471

정답 ③

STEP Ⓐ **역함수의 성질을 이용하여 주어진 식을 간단히 하기**

$(g \circ f)(1)+(f \circ g)^{-1}(3)=g(f(1))+(g^{-1} \circ f^{-1})(3)$
$\qquad\qquad\qquad\qquad\qquad =g(f(1))+(g^{-1}(f^{-1}(3)))$

STEP Ⓑ **그래프를 이용하여 함숫값 구하기**

두 함수 $y=f(x)$, $y=g(x)$의 그래프에서 $f(1)=1$, $g(1)=2$이고
$f(4)=3$에서 $f^{-1}(3)=4$
$g(4)=4$에서 $g^{-1}(4)=4$
따라서 $(g \circ f)(1)+(f \circ g)^{-1}(3)=g(f(1))+g^{-1}(f^{-1}(3))$
$\qquad\qquad\qquad\qquad\qquad =g(1)+g^{-1}(4)$
$\qquad\qquad\qquad\qquad\qquad =2+4=6$

집합 $A=\{1, 2, 3, 4\}$에 대하여 집합 A에서 A로의 두 함수
$y=f(x)$, $y=g(x)$의 그래프가 각각 그래프와 같을 때,
$(g \circ f)(2)+(f \circ g)^{-1}(1)$의 값은?

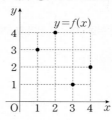 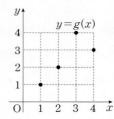

① 5 　　　② 6 　　　③ 7
④ 8 　　　⑤ 9

STEP Ⓐ **역함수의 성질을 이용하여 주어진 식을 간단히 하기**

$(g \circ f)(2)+(f \circ g)^{-1}(1)=g(f(2))+(g^{-1} \circ f^{-1})(1)$
$\qquad\qquad\qquad\qquad\qquad =g(f(2))+g^{-1}(f^{-1}(1))$

STEP Ⓑ **그래프를 이용하여 함숫값 구하기**

두 함수 $y=f(x)$, $y=g(x)$의 그래프에서 $f(2)=4$, $g(4)=3$이고
$f(3)=1$에서 $f^{-1}(1)=3$, $g(4)=3$에서 $g^{-1}(3)=4$
따라서 $(g \circ f)(2)+(f \circ g)^{-1}(1)=g(f(2))+(g^{-1} \circ f^{-1})(1)$
$\qquad\qquad\qquad\qquad\qquad =g(4)+g^{-1}(3)=3+4=7$

정답 ③

1472 정답 1

STEP A 역함수의 성질을 이용하여 주어진 식을 간단히 하기

$(f \circ g^{-1})^{-1}(5) = (g \circ f^{-1})(5) = g(f^{-1}(5))$

STEP B 주어진 그림을 이용하여 함숫값 구하기

함수 $y = f(x)$의 그래프에서

$f(3) = 5$이므로 $f^{-1}(5) = 3$

따라서 (나)에 의하여 $g(f^{-1}(5)) = g(3) = 1$

1473 2015년 09월 고2 학력평가 가형 16번 정답 ⑤

STEP A 그래프를 이용하여 $g(1)$, $g(2)$의 값 구하기

$(f \circ g)(1) = f(g(1)) = 2$이고 $f(1) = 2$이므로 $g(1) = 1$

$(f \circ g)(2) = f(g(2)) = 1$이고 $f(5) = 1$이므로 $g(2) = 5$

STEP B 역함수의 성질을 이용하여 $g(2) + (g \circ f)^{-1}(1)$의 값 구하기

이때 $g(1) = 1$에서 $g^{-1}(1) = 1$이므로

$(g \circ f)^{-1}(1) = f^{-1}(g^{-1}(1)) = f^{-1}(1) = 5$ ← $f(5)=1$

따라서 $g(2) + (g \circ f)^{-1}(1) = 5 + 5 = 10$

내/신/연/계 출제문항 725

집합 $A = \{1, 2, 3, 4, 5\}$에 대하여 집합 A에서 집합 A로의 두 함수 $f(x)$, $g(x)$가 있다. 두 함수 $y = f(x)$, $y = (f \circ g)(x)$의 그래프가 그림과 같을 때, $g(4) + (g \circ f)^{-1}(4)$의 값은?

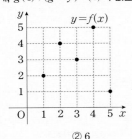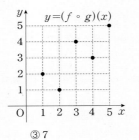

① 5 　　② 6 　　③ 7
④ 8 　　⑤ 9

STEP A 그래프를 이용하여 $g(4)$, $g(5)$의 값 구하기

$(f \circ g)(4) = 3$이고 $f(g(4)) = 3$에서 $f(3) = 3$이므로 $g(4) = 3$

$(f \circ g)(5) = 5$이고 $f(g(5)) = 5$에서 $f(4) = 5$이므로 $g(5) = 4$

STEP B 역함수의 성질을 이용하여 $g(4) + (g \circ f)^{-1}(4)$의 값 구하기

이때 $g(5) = 4$에서 $g^{-1}(4) = 5$이므로

$(g \circ f)^{-1}(4) = (f^{-1} \circ g^{-1})(4) = f^{-1}(g^{-1}(4)) = f^{-1}(5) = 4$ ← $f(4)=5$

따라서 $g(4) + (g \circ f)^{-1}(4) = 3 + f^{-1}(g^{-1}(4)) = 3 + f^{-1}(5) = 3 + 4 = 7$

정답 ③

1474 2017년 06월 고2 학력평가 가형 15번 정답 ③

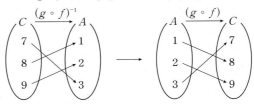

STEP A $(g \circ f)^{-1} : C \longrightarrow A$에서 $(g \circ f) : A \longrightarrow C$의 그림 그리기

함수 $(g \circ f)^{-1} : C \longrightarrow A$에서 $(g \circ f) : A \longrightarrow C$의 그림을 그리면

다음과 같으므로 $(g \circ f)(1) = 8$, $(g \circ f)(2) = 9$, $(g \circ f)(3) = 7$

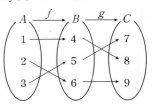

STEP B 함수 f, g가 일대일대응임을 이용하여 $f(2) + g(5)$의 값 구하기

$g(6) = 9$이고 함수 g는 일대일대응이므로 $f(2) = 6$ ← $g(f(2))=9$

또한, $f(1) = 4$, $f(2) = 6$이고

함수 f는 일대일대응이므로 $f(3) = 5$

$(g \circ f)(3) = 7$에서 $f(3) = 5$이므로

$g(5) = 7$

따라서 $f(2) + g(5) = 6 + 7 = 13$

내/신/연/계 출제문항 726

집합 $A = \{1, 2, 3, 4\}$에 대하여 두 함수 f, g는 각각

$$f : A \longrightarrow A, \quad g : A \longrightarrow A$$

인 일대일대응이다. 두 함수 f, g가 다음 세 조건을 만족시킬 때, $(g \circ f)^{-1}(2)$의 값은?

> (가) $f(1) = 3$, $f(4) = 4$, $g(1) = 3$
> (나) $(g \circ f)(1) = 1$, $(f \circ g)(1) = 1$
> (다) $(f \circ g)^{-1}(2) = 4$

① 1 　　② 2 　　③ 3
④ 4 　　⑤ 5

STEP A 두 조건 (가), (나)를 이용하여 $f(2)$, $f(3)$의 값 구하기

조건 (가)에서 $f(1) = 3$, $f(4) = 4$, $g(1) = 3$

조건 (나)에서 $f(g(1)) = 1$, 즉 $f(3) = 1$

이때 함수 f는 일대일대응이므로 $f(2) = 2$

STEP B 세 조건 (가), (나), (다)를 이용하여 $g(2)$, $g(3)$, $g(4)$의 값 구하기

조건 (가)에서 $g(1) = 3$

조건 (나)에서 $f(1) = 3$, $g(f(1)) = 1$, 즉 $g(3) = 1$

조건 (다)에서 $(f \circ g)^{-1}(2) = 4$, $(f \circ g)(4) = 2$

$f(g(4)) = 2$이므로 $g(4) = 2$ ← $f(2)=2$

이때 함수 g는 일대일대응이므로 $g(2) = 4$

즉 두 함수 f, g를 그림으로 나타내면 다음과 같다.

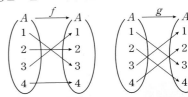

STEP C 역함수의 성질을 이용하여 $(g \circ f)^{-1}(2)$의 값 구하기

$(g \circ f)^{-1}(2) = a$라 하면 $(g \circ f)(a) = 2$

즉 $g(f(a)) = 2$에서 $f(a) = 4$에서 $a = 4$ ← $g(4)=2$

따라서 구하는 값은 4

정답 ④

1475

STEP A $f=f^{-1}$를 만족하는 함수 $f(x)$ 구하기

$f=f^{-1}$이면 $(f \circ f)(x)=f(f(x))=x$

ㄱ. $f(x)=x$에서

$\quad f(f(x))=f(x)=x$ [참] ← $f^{-1}(x)=x$이므로 $f=f^{-1}$

ㄴ. $f(x)=x+2$에서

$\quad f(f(x))=f(x+2)=(x+2)+2=x+4$ [거짓]

$\quad f^{-1}(x)=x-2$이므로 $f \neq f^{-1}$

ㄷ. $f(x)=-x$에서

$\quad f(f(x))=f(-x)=-(-x)=x$ [참]

ㄹ. $f(x)=-x+2$에서

$\quad f(f(x))=f(-x+2)=-(-x+2)+2=x$ [참]

$\quad f^{-1}(x)=-x+2$이므로 $f=f^{-1}$

따라서 구하는 함수 f는 ㄱ, ㄷ, ㄹ이다.

1476
STEP A $f(x)=f^{-1}(x)$임을 이해하기

$f(f(x))=x$에서 $f \circ f=I$ (I는 항등함수)이므로

$f(x)=f^{-1}(x)$

STEP B 역함수의 그래프의 성질을 이용하여 조건을 만족하는 그래프 구하기

$y=f^{-1}(x)$의 그래프는 $y=f(x)$의 그래프를 직선 $y=x$에 대하여 대칭이동한 그래프이므로 $y=f(x)$의 그래프는 직선 $y=x$에 대하여 대칭이어야 한다.

따라서 $f(f(x))=x$를 만족시키는 함수의 그래프는 ③이다.

1477

STEP A $f(x)$의 역함수 $f^{-1}(x)$ 구하기

$y=ax+3$을 x에 대하여 풀면 $x=\frac{1}{a}(y-3)$

x와 y를 서로 바꾸면 $y=\frac{1}{a}(x-3)$

$\therefore f^{-1}(x)=\frac{1}{a}x-\frac{3}{a}$

STEP B $f(x)=f^{-1}(x)$임을 이용하여 $f(1)$의 값 구하기

$f^{-1}(x)=\frac{1}{a}x-\frac{3}{a}$에서 $ax+3=\frac{1}{a}x-\frac{3}{a}$이므로 $a=-1$ ← x에 대한 항등식

따라서 $f(1)=-1+3=2$

> **mini해설** $(f \circ f)(x)=x$를 이용하여 풀이하기
>
> $f(x)=f^{-1}(x)$이므로 모든 실수 x에 대하여 $(f \circ f)(x)=x$
> $(f \circ f)(x)=f(f(x))=a(ax+3)+3=x$
> $a^2 x+3a+3=x$, $a=-1$ ← $a^2=1$, $3a+3=0$
> $\therefore f(x)=-x+3$
> 따라서 $f(1)=-1+3=2$

내신연계 출제문항 **727**

함수 $f(x)=ax+2$의 역함수 $f^{-1}(x)$에 대하여 $f=f^{-1}$일 때, 상수 a의 값은? (단, $a \neq 0$)

① -3 ② -1 ③ 1
④ 3 ⑤ 5

STEP A $f(x)$의 역함수 $f^{-1}(x)$ 구하기

$y=ax+2$를 x에 대하여 풀면 $x=\frac{1}{a}(y-2)$

x와 y를 서로 바꾸면 $y=\frac{1}{a}(x-2)$ $\therefore f^{-1}(x)=\frac{1}{a}x-\frac{2}{a}$

STEP B $f=f^{-1}$임을 이용하여 a의 값 구하기

$f^{-1}(x)=\frac{1}{a}x-\frac{2}{a}$에서 $ax+2=\frac{1}{a}x-\frac{2}{a}$

따라서 $a=-1$

> **mini해설** $(f \circ f)(x)=x$를 이용하여 풀이하기
>
> $f=f^{-1}$이므로 모든 실수 x에 대하여 $(f \circ f)(x)=x$
> $(f \circ f)(x)=f(f(x))=a(ax+2)+2=x$
> 따라서 $a^2 x+2a+2=x$이므로 $a^2=1$, $2a+2=0$ $\therefore a=-1$

정답 ②

1478

STEP A $f(-1)=-3$, $f(1)=f^{-1}(1)$를 만족하는 a, b의 관계식 구하기

$f(-1)=-3$에서 $-a+b=-3$

$\therefore b=a-3$ ...... ㉠

$f(1)=f^{-1}(1)$에서 $a+b=f^{-1}(1)$

역함수의 정의에 의하여

$f(a+b)=1$, $a(a+b)+b=1$ ...... ㉡

STEP B $a>0$인 a의 값과 b의 값 구하기

㉠을 ㉡에 대입하면 $a(2a-3)+a-3=1$, $2(a^2-a-2)=0$

$2(a+1)(a-2)=0$

$\therefore a=-1$ 또는 $a=2$

이때 $a>0$이므로 $a=2$이고 $b=-1$

따라서 $a+b=2+(-1)=1$

> **+α** 교점의 좌표가 $(1, 1)$임을 알 수 있어!
>
> 함수 $f(x)=ax+b$에서 $a>0$이므로 증가하는 함수이다.
> 이때 $f(1)=f^{-1}(1)$이므로 $y=f(x)$와 그 역함수 $y=f^{-1}(x)$의 교점의 x좌표가 1이다.
> 이때 역함수와의 교점을 $y=f(x)$와 직선 $y=x$의 교점과 일치하므로
> $y=f(x)$와 $y=f^{-1}(x)$의 교점의 좌표는 $(1, 1)$
> $f(1)=a+b=1$이므로 ㉠과 연립하여 풀면 $a=2$, $b=-1$

1479

STEP A $f(x)=f^{-1}(x)$를 만족하는 다항함수 $f(x)$ 구하기

$f(f(x))=x$일 때, $f(x)=f^{-1}(x)$이므로

역함수의 성질에 의하여 역함수의 그래프는 $y=x$에 대하여 대칭이므로

$f(x)$는 $y=x$에 대칭인 다항함수이다.

다항함수 중 $y=x$에 대칭인 그래프는 $f(x)=x$와 $f(x)=-x+b$ 두 종류이다.

$f(0)=3$이므로 $f(x)=-x+b$

$\therefore b=3$

따라서 $f(x)=-x+3$이므로 $f(5)=-5+3=-2$

다른풀이 다항식 $f(x)$의 차수를 정하여 $f(5)$의 값 구하기

STEP A 다항식 $g(x)$의 차수 구하기

$f(x)$가 n차 다항식이라 하면 $f(f(x))$는 n^2차 다항식이다. (단, $n>0$)

$f(f(x))=x$에서 $f(f(x))$가 일차식이므로 $n^2=1$

$\therefore n=1$ ($\because n>0$)

STEP Ⓑ $f(5)$의 값 구하기

$f(x)$는 일차식이므로 $f(x)=ax+b$ (a, b는 상수, $a\neq0$)로 놓으면

$f(0)=b=3$, $f(f(0))=f(3)=3a+b=0$에서

$a=-1$, $b=3$

따라서 $f(x)=-x+3$이므로 $f(5)=-5+3=-2$

1480

STEP Ⓐ 자기 자신에 모두 대응되는 경우 구하기

(i) 자기 자신에 모두 대응되는 경우 ➡ 1개 ◀— $f(x)=x$인 항등함수

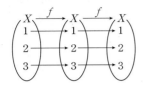

STEP Ⓑ 서로 엇갈려 대응되는 경우 구하기

(ii) 자기 자신에 대응되는 원소가 1개이고 나머지 2개는 서로 엇갈려
대응되는 경우 ➡ 3개

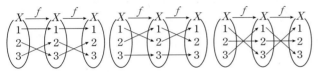

(i), (ii)에서 $f=f^{-1}$을 만족하는 함수 f의 개수는 $1+3=4$(개)

다른풀이 $f(1)$의 값을 기준으로 풀이하기

STEP Ⓐ 함수 f가 일대일대응임을 이해하기

역함수 f^{-1}가 존재하려면 함수 f는 일대일대응이어야 한다.

STEP Ⓑ $f(1)$의 값을 기준으로 나누어 함수 f의 개수 구하기

(i) $f(1)=1$일 때,
$f(2)=2$, $f(3)=3$ 또는 $f(2)=3$, $f(3)=2$의 2개

(ii) $f(1)=2$일 때, $f^{-1}(2)=1$이므로 $f(2)=1$
이때 $f(3)=3$이므로 1개

(iii) $f(1)=3$일 때, $f^{-1}(3)=1$이므로 $f(3)=1$
이때 $f(2)=2$이므로 1개

(i)~(iii)에서 구하는 함수 f는 4(개)

1481

STEP Ⓐ 주어진 합성함수를 간단히 하기

보기에 주어진 함수는 모두 일대일대응이므로
함수 $f(x)$의 역함수를 $f^{-1}(x)$라 하자.

$(f\circ f\circ f)(x)=f(x)$에서 $(f\circ f\circ f)(x)=f(f(f(x)))=f(x)$

$\therefore (f\circ f)(x)=x$

즉 $f(x)$의 역함수 $f^{-1}(x)$는 $f(x)=f^{-1}(x)$를 만족한다.

STEP Ⓑ 조건을 만족하는 함수 $f(x)$ 구하기

ㄱ. $f(x)=y=x+1$이라 하자.
x와 y의 위치를 서로 바꾸면 $x=y+1$ $\therefore y=x-1$
$f^{-1}(x)=x-1$이므로 $f(x)\neq f^{-1}(x)$ [거짓]

ㄴ. $f(x)=y=-x$라 하자.
x와 y의 위치를 서로 바꾸면 $x=-y$ $\therefore y=-x$
$\therefore f(x)=f^{-1}(x)=-x$ [참]

ㄷ. $f(x)=y=-x+1$이라 하자.
x와 y의 위치를 서로 바꾸면 $x=-y+1$ $\therefore y=-x+1$
$\therefore f(x)=f^{-1}(x)=-x+1$ [참]

따라서 $(f\circ f\circ f)(x)=f(x)$가 성립하는 것은 ㄴ, ㄷ이다.

1482

STEP Ⓐ 함수와 그 역함수는 직선 $y=x$ 위에서 만남을 이용하기

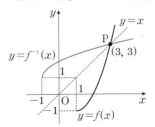

함수 $y=f(x)$의 그래프와 $y=f^{-1}(x)$의 그래프의 교점 P는 $y=f(x)$의
그래프와 직선 $y=x$의 교점과 같다.

STEP Ⓑ 두 점 사이의 거리공식을 이용하여 $\overline{OP}$의 길이 구하기

$x^2-2x=x$에서 $x(x-3)=0$

$\therefore x=3(\because x\geq1)$

따라서 교점은 P$(3, 3)$이므로 $\overline{OP}=\sqrt{(3-0)^2+(3-0)^2}=3\sqrt{2}$

➕α │ 직선 $y=x$에 대하여 대칭임을 이용하자!

$f^{-1}(x)$의 식을 구한 뒤 방정식 $f(x)=f^{-1}(x)$를 풀어서 교점의 좌표를 구할 수도
있다.
하지만 두 함수 $y=f(x)$, $y=f^{-1}(x)$의 그래프가 직선 $y=x$에 대하여 대칭임을
이용하여 방정식 $f(x)=x$를 통해 교점의 좌표를 찾는 것이 비교적 간단하다.

1483

STEP Ⓐ $f(x)$와 그 역함수의 교점은 직선 $y=x$ 위에 있음을 이용하여
[보기]의 참, 거짓 판단하기

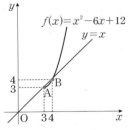

함수 $y=f(x)$의 그래프와 $y=g(x)$의 그래프의 교점은 $y=f(x)$의 그래프와
직선 $y=x$의 교점과 같으므로

$x^2-6x+12=x$에서 $x^2-7x+12=0$

$(x-3)(x-4)=0$ $\therefore x=3$ 또는 $x=4$

즉 두 점 A, B의 좌표는 $(3, 3)$, $(4, 4)$

ㄱ. 두 교점 $(3, 3)$, $(4, 4)$ 사이의 거리는 $\sqrt{(4-3)^2+(4-3)^2}=\sqrt{2}$ [참]

ㄴ. 두 점 A, B의 좌표가 $(3, 3)$, $(4, 4)$이므로 $\alpha=3$, $\beta=4$
$\alpha^2+\beta^2=3^2+4^2=25$ [참]

ㄷ. $y=g(x)$의 그래프와 직선 $y=x$의 교점은 $y=f(x)$의 그래프와
직선 $y=x$의 교점과 같으므로 두 교점의 좌표는 $(3, 3)$, $(4, 4)$이므로
x좌표의 합은 $3+4=7$ [참]

따라서 옳은 것은 ㄱ, ㄴ, ㄷ이다.

1484

정답 ①

STEP A 함수와 그 역함수의 교점은 함수와 직선 $y=x$의 교점과 같음을 이해하기

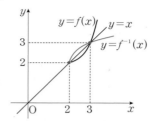

$f(x)$는 x의 값이 커질 때 함숫값이 커지므로
두 함수 $y=f(x)$와 $y=f^{-1}(x)$의 그래프의 교점은 직선 $y=x$ 위에 존재한다.

> 함수 $y=f(x)$와 그 역함수의 그래프는 직선 $y=x$에 대하여 대칭이므로 $f=f^{-1}$의 교점은 그래프 위에 있어야 한다.

이때 $x^2-4x+6=x$에서 $x^2-5x+6=0$, $(x-2)(x-3)=0$
∴ $x=2$ 또는 $x=3$

STEP B 두 교점 사이의 거리 구하기

두 함수 $y=f(x)$, $y=f^{-1}(x)$의 그래프의 두 교점의 좌표는 $(2, 2)$, $(3, 3)$
따라서 이 두 교점 사이의 거리는 $\sqrt{(3-2)^2+(3-2)^2}=\sqrt{2}$

내/신/연/계 출제문항 728

함수 $f(x)=\frac{1}{4}(x^2+3)\,(x\geq 0)$의 역함수를 $g(x)$라고 할 때,
두 함수 $y=f(x)$와 $y=g(x)$의 그래프의 두 교점 사이의 거리는?

① 2   ② $2\sqrt{2}$ ③ 3
④ $2\sqrt{3}$ ⑤ 4

STEP A 함수와 그 역함수의 교점은 함수와 직선 $y=x$의 교점과 같음을 이해하기

두 함수 $y=f(x)$의 그래프와 $y=g(x)$의 그래프는 직선 $y=x$에 대하여
대칭이므로 두 함수의 교점은 $y=\frac{1}{4}(x^2+3)$과 직선 $y=x$의 그래프의
두 교점과 같다.

STEP B 두 교점 사이의 거리 구하기

$\frac{1}{4}(x^2+3)=x$에서
$x^2-4x+3=0$, $(x-1)(x-3)=0$
∴ $x=1$ 또는 $x=3$
따라서 두 교점의 좌표는 $(1, 1)$, $(3, 3)$
이므로 두 점 사이의 거리는
$\sqrt{(3-1)^2+(3-1)^2}=2\sqrt{2}$

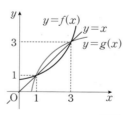

정답 ②

1485

정답 ②

STEP A 함수와 그 역함수의 교점은 함수와 직선 $y=x$의 교점과 같음을 이해하기

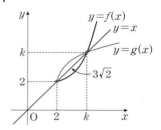

두 함수 $y=f(x)$의 그래프와 $y=g(x)$의 그래프는 직선 $y=x$에 대하여
대칭이므로 두 함수의 교점은 $f(x)=a(x-2)^2+2$와 직선 $y=x$의 그래프의

> 꼭짓점의 좌표는 $(2, 2)$이므로 직선 $y=x$ 위에 있다.

두 교점과 같다.

STEP B 포물선과 직선을 연립하여 두 교점의 좌표 구하기

$a(x-2)^2+2=x$에서
$ax^2-(4a+1)x+4a+2=0$의 두 근을 2, $k(k>2)$라 하면
두 교점은 $(2, 2)$, (k, k)

STEP C 두 점 사이의 거리를 이용하여 k의 값 구하기

두 교점의 좌표가 $(2, 2)$, (k, k)이므로 두 점 사이의 거리는
$\sqrt{(k-2)^2+(k-2)^2}=3\sqrt{2}$이므로 양변을 제곱하면
$2(k-2)^2=18$, $k-2=\pm 3$, $k=5$ 또는 $k=-1$
∴ $k=5\,(\because k>2)$

STEP D 점 $(5, 5)$를 포물선에 대입하여 a의 값 구하기

즉 교점이 $(5, 5)$이므로 $f(x)=a(x-2)^2+2$에 대입하면 $5=9a+2$
따라서 $a=\frac{1}{3}$

1486

정답 ③

STEP A $f(x)=0$과 $f(x)=f^{-1}(x)$일 때, 실근 구하기

방정식 $\{f(x)\}^2=f(x)f^{-1}(x)$에서 $f(x)\{f(x)-f^{-1}(x)\}=0$
$f(x)=0$ 또는 $f(x)=f^{-1}(x)$

(i) $f(x)=0$일 때,
     $2x+4=0$ ∴ $x=-2$ ← $\frac{1}{2}x+\frac{11}{2}=0$에서 $x=-11$이므로 범위에 속하지 않는다.

(ii) $f(x)=f^{-1}(x)$일 때,
     두 함수 $y=f(x)$와 $y=f^{-1}(x)$의 그래프는 직선 $y=x$에 대하여
     대칭이고 함수 f는 증가하는 함수이므로
     방정식 $f(x)=f^{-1}(x)$의 근은 방정식 $f(x)=x$의 근과 같다.

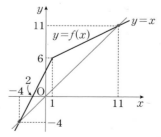

     $x<-1$에서 $2x+4=x$ ∴ $x=-4$
     $x\geq 1$에서 $\frac{1}{2}x+\frac{11}{2}=x$ ∴ $x=11$
(i), (ii)에서 $x=-2$ 또는 $x=-4$ 또는 $x=11$

STEP B 모든 실근의 합 구하기

따라서 모든 실근의 합은 $-2+(-4)+11=5$

함수

$$f(x)=\begin{cases}2x+3 & (x<1)\\ \dfrac{1}{2}x+\dfrac{9}{2} & (x\geq 1)\end{cases}$$

에 대하여 $\{f(x)\}^2=f(x)f^{-1}(x)$의 모든 실근의 합은?

① $\dfrac{7}{2}$ ② 4 ③ $\dfrac{9}{2}$

④ 5 ⑤ $\dfrac{11}{2}$

STEP A $f(x)=0$과 $f(x)=f^{-1}(x)$일 때, 실근 구하기

방정식 $\{f(x)\}^2=f(x)f^{-1}(x)$에서 $f(x)\{f(x)-f^{-1}(x)\}=0$

$f(x)=0$ 또는 $f(x)=f^{-1}(x)$

(i) $f(x)=0$일 때,

$2x+3=0$ $\therefore x=-\dfrac{3}{2}$ ← $\dfrac{1}{2}x+\dfrac{9}{2}=0$에서 $x=-9$이므로 범위에 속하지 않는다.

(ii) $f(x)=f^{-1}(x)$일 때,

두 함수 $y=f(x)$와 $y=f^{-1}(x)$의 그래프는 직선 $y=x$에 대하여
대칭이고 함수 f는 증가하는 함수이므로
방정식 $f(x)=f^{-1}(x)$의 근은 방정식 $f(x)=x$의 근과 같다.

$x<1$에서 $2x+3=x$

$\therefore x=-3$

$x\geq 1$에서 $\dfrac{1}{2}x+\dfrac{9}{2}=x$

$\therefore x=9$

(i), (ii)에서

$x=-\dfrac{3}{2}$ 또는 $x=-3$ 또는 $x=9$

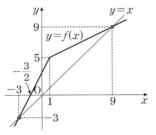

STEP B 모든 실근의 합 구하기

따라서 모든 실근의 합은 $\left(-\dfrac{3}{2}\right)+(-3)+9=\dfrac{9}{2}$ 정답 ③

1487

2016년 09월 고2 학력평가 나형 17번   정답 ②

STEP A 함수 $y=f(x)$의 그래프의 개형을 파악하기

정의역이 $\{x|x$는 $x\geq k$인 모든 실수$\}$,
공역이 $\{y|y$는 $y\geq 1$인 모든 실수$\}$인
함수 $f(x)$는

$f(x)=x^2-2kx+k^2+1=(x-k)^2+1$

이므로 함수 $f(x)$는 증가함수이다.

 $x\geq k$일 때, x의 값이 커지면 $f(x)$의 값도 커진다.

STEP B 역함수의 관계를 이용하여 함수 $f(x)$의 그래프와 직선 $y=x$와
서로 다른 두 점에서 만남을 확인하기

함수 $f(x)$가 증가함수이므로
두 함수 $y=f(x)$의 그래프와
$y=g(x)$의 그래프와의 교점은
직선 $y=x$와의 교점과 동일하다.
그러므로 함수 $y=f(x)$의 그래프와
직선 $y=x$는 서로 다른 두 점에서
만난다.

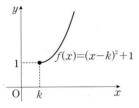

STEP C 그래프를 그린 후 실수 k의 최댓값 구하기

그림과 같이 함수 $y=f(x)$의 그래프와 직선 $y=x$가 접할 때의 k의 값을 p라
하자. 두 그래프가 서로 다른 두 점에서 만나야 하므로

$p<k\leq 1$ ← k의 최댓값을 구하는 것이므로 p의 값을 구하지 않아도 알 수 있다.

따라서 k의 최댓값은 1

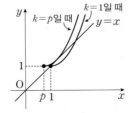

함수 $f(x)=\dfrac{1}{2}(x-1)^2+1(x\geq 1)$에 대하여 함수 $y=f(x)$의 그래프와
그 역함수 $y=f^{-1}(x)$의 그래프는 두 점에서 만난다. 이 두 점 사이의 거리
를 l이라 할 때, l^2의 값을 구하시오.

STEP A 함수와 그 역함수의 교점은 함수와 직선 $y=x$의 교점과 같음을
이해하기

함수 $y=f(x)$의 그래프와 그 역함수 $y=f^{-1}(x)$의 그래프가 두 점에서 만나면
이 두 점은 직선 $y=x$ 위에 놓이게 된다.

STEP B 이차함수와 직선을 연립하여 교점의 좌표 구하여 l^2의 값 구하기

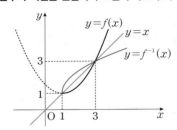

함수 $y=\dfrac{1}{2}(x-1)^2+1(x\geq 1)$의 그래프와 직선 $y=x$가 만나는 점의 x좌표를
구하면 $\dfrac{1}{2}(x-1)^2+1=x$에서 $x^2-4x+3=0$, $(x-1)(x-3)=0$

$\therefore x=1$ 또는 $x=3$

두 함수 $y=f(x)$와 $y=f^{-1}(x)$의 그래프가 만나는 두 점의 좌표는
$(1, 1)$, $(3, 3)$이므로 두 점 사이의 거리는

$l=\sqrt{(3-1)^2+(3-1)^2}=2\sqrt{2}$

따라서 $l^2=8$ 정답 8

1488

정답 ④

STEP A 함수와 역함수로 둘러싸인 부분의 넓이가 함수와 $y=x$로 둘러싸인
부분의 넓이의 2배임을 이해하기

함수 $f(x)=\begin{cases}\dfrac{1}{4}x+3 & (x\geq 0)\\ \dfrac{5}{2}x+3 & (x<0)\end{cases}$ 의 그래프는 다음 그림과 같다.

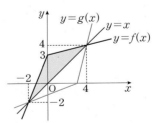

함수 $y=f(x)$의 그래프와 역함수 $y=g(x)$의 그래프는
직선 $y=x$에 대하여 대칭이므로
함수 $y=f(x)$의 그래프와 $y=x$의 그래프로 둘러싸인 넓이의 2배이다.

STEP B $y=f(x)$와 $y=g(x)$의 그래프로 둘러싸인 부분의 넓이 구하기

함수 $y=f(x)$의 그래프와 직선 $y=x$의 교점은

$x\geq 0$일 때, $\dfrac{1}{4}x+3=x$ $\therefore x=4$

$x<0$일 때, $\dfrac{5}{2}x+3=x$ $\therefore x=-2$

함수 $y=f(x)$의 그래프와 직선 $y=x$로 둘러싸인 부분의 넓이를 S라 하면

$S=\dfrac{1}{2}\times 3\times 2+\dfrac{1}{2}\times 3\times 4=9$

따라서 구하는 넓이는 $2S=2\times 9=18$

1489

정답 ②

STEP Ⓐ x**의 값의 범위에 따라 함수** $f(x)$ **나누기**

(i) $\frac{1}{2}x-1 \geq 0$에서 $x \geq 2$일 때,

$$f(x)=x+1-\left|\frac{1}{2}x-1\right|=x+1-\frac{1}{2}x+1=\frac{1}{2}x+2$$

(ii) $\frac{1}{2}x-1 < 0$에서 $x < 2$일 때,

$$f(x)=x+1+\frac{1}{2}x-1=\frac{3}{2}x$$

(i), (ii)에서 $f(x)=\begin{cases}\frac{1}{2}x+2 & (x \geq 2)\\ \frac{3}{2}x & (x < 2)\end{cases}$

STEP Ⓑ **함수와 역함수로 둘러싸인 부분의 넓이가 함수와** $y=x$**로 둘러싸인 부분의 넓이의 2배임을 이해하기**

함수 $y=f(x)$의 그래프와 그 역함수 $y=g(x)$의 그래프는 다음 그림과 같다.

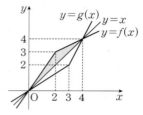

함수 $y=f(x)$의 그래프와 그 역함수 $y=g(x)$의 그래프로 둘러싸인 부분의 넓이는 함수 $y=f(x)$의 그래프와 직선 $y=x$로 둘러싸인 부분의 넓이의 2배이다.

STEP Ⓒ **함수와** $y=x$**로 둘러싸인 부분의 넓이 구하기**

함수 $y=f(x)$의 그래프와 직선 $y=x$로 둘러싸인 부분의 넓이를 S라 하면

$$S=\frac{1}{2}\times1\times2+\frac{1}{2}\times1\times2=2$$

따라서 구하는 넓이는 $2S=2\times2=4$

1490

정답 4

STEP Ⓐ $y=f(x)$, $y=g(x)$**의 그래프의 교점의** x**좌표 구하기**

함수 $y=f(x)$의 그래프와 역함수 $y=g(x)$의 그래프는 직선 $y=x$에 대하여 대칭이므로 구하는 부분의 넓이는 함수 $y=f(x)$의 그래프와 직선 $y=x$로 둘러싸인 부분의 넓이의 2배와 같다.

$x < 0$일 때, $3x+a=x$ $\quad\therefore x=-\frac{a}{2}$

$x \geq 0$일 때, $\frac{1}{3}x+a=x$ $\quad\therefore x=\frac{3}{2}a$

STEP Ⓑ **도형의 넓이가 32가 되는 양수** a**의 값 구하기**

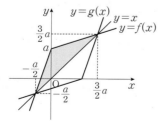

두 함수 $y=f(x)$, $y=g(x)$의 그래프로 둘러싸인 도형의 넓이는 $y=f(x)$의 그래프와 직선 $y=x$로 둘러싸인 도형의 넓이의 2배이므로 구하는 넓이는

$$2\times\left(\frac{1}{2}\times a\times\frac{a}{2}+\frac{1}{2}\times a\times\frac{3}{2}a\right)=32,\ 2a^2=32,\ a^2=16$$

따라서 $a=4 (\because a > 0)$

함수 $f(x)=\begin{cases}\frac{1}{2}x+a & (x \geq 0)\\ \frac{3}{2}x+a & (x < 0)\end{cases}$ 의 역함수를 $g(x)$라 할 때,

두 함수 $y=f(x)$, $y=g(x)$의 그래프로 둘러싸인 도형의 넓이는 100이다. 이때 양수 a의 값을 구하시오.

STEP Ⓐ $y=f(x)$, $y=g(x)$**의 그래프의 교점의** x**좌표 구하기**

두 함수 $y=f(x)$, $y=g(x)$의 그래프의 교점은 $y=f(x)$의 그래프와 직선 $y=x$의 교점과 같다.

(i) $x \geq 0$일 때, $\frac{1}{2}x+a=x$, $\frac{1}{2}x=a$ $\quad\therefore x=2a$

(ii) $x < 0$일 때, $\frac{3}{2}x+a=x$, $\frac{1}{2}x=-a$ $\quad\therefore x=-2a$

(i), (ii)에서 두 함수 $y=f(x)$, $y=g(x)$의 그래프는 직선 $y=x$에 대하여 대칭이다.

STEP Ⓑ **도형의 넓이가 100이 되는 양수** a**의 값 구하기**

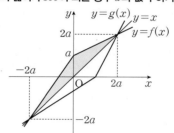

두 함수 $y=f(x)$, $y=g(x)$의 그래프로 둘러싸인 도형의 넓이는 $y=f(x)$의 그래프와 직선 $y=x$로 둘러싸인 도형의 넓이의 2배이므로 구하는 넓이는

$$2\times\left(\frac{1}{2}\times a\times2a+\frac{1}{2}\times a\times2a\right)=100,\ 4a^2=100,\ a^2=25$$

따라서 $a=5 (\because a > 0)$

정답 5

1491

2018년 06월 고2 학력평가 가형 13번   정답 ③

STEP Ⓐ $y=f(x)$**와** $y=f^{-1}(x)$**의 교점은 직선** $y=x$ **위에 있음을 이용하여 점** P**의 좌표 구하기**

함수 $f(x)=x^2-2x+k (x \geq 1)$의 그래프와 그 역함수 $y=f^{-1}(x)$의 그래프가 만나는 점은 함수 $y=f(x)$의 그래프와 직선 $y=x$가 만나는 점과 같다.

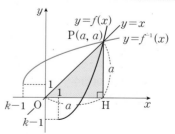

점 P는 직선 $y=x$ 위의 점이므로 점 P의 좌표를 (a, a)라 하자.
<small>직선 $y=x$ 위의 점이므로 x좌표와 y좌표가 같다.</small>

삼각형 POH의 넓이가 8이므로

(삼각형 POH의 넓이)$=\frac{1}{2}\times\overline{OH}\times\overline{PH}=\frac{1}{2}a^2=8$

$a^2=16$ $\quad\therefore a=4 (\because a \geq 1)$ ← <small>a는 점 H의 x좌표와 같으므로 a의 값은 1 이상이다.</small>

그러므로 P$(4, 4)$

STEP Ⓑ k**의 값 구하기**

점 P는 함수 $f(x)=x^2-2x+k (x \geq 1)$의 그래프 위의 점이므로

$f(4)=4^2-2\times4+k=8+k=4$

따라서 $k=-4$

함수 $f(x)=x^2+6x+k(x \leq -3)$의 그래프와 그 역함수 $y=f^{-1}(x)$의 그래프의 교점은 점 P(p, q)뿐이다. 점 P에서 y축에 내린 수선의 발을 H라 하면 삼각형 OPH의 넓이가 18일 때, $k+p+q$의 값은? (단, O는 원점이고 k는 상수이다.)

① -24 ② -18 ③ -12
④ -8 ⑤ -6

STEP A $y=f(x)$와 $y=f^{-1}(x)$의 교점은 직선 $y=x$ 위에 있음을 이용하여 점 P의 좌표 구하기

두 함수 $y=f(x)$, $y=f^{-1}(x)$의 그래프의 교점은 $y=f(x)$의 그래프와 직선 $y=x$의 교점과 같다.

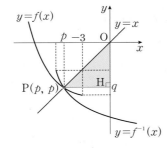

즉 점 P는 직선 $y=x$ 위의 점이므로 $p=q$

(삼각형 OPH의 넓이)$=\frac{1}{2}|p|^2=18$

이므로 $p^2=36$

$\therefore p=-6, q=-6 (\because p \leq -3)$

STEP B k의 값 구하기

따라서 $x^2+6x+k=x$, 즉 $x^2+5x+k=0$의 한 근이 -6이므로

<u>함수 $y=f(x)$의 그래프와 직선 $y=x$의 교점의 x좌표</u>

$36-30+k=0$ $\therefore k=-6$

$\therefore k+p+q=-6+(-6)+(-6)=-18$

정답 ②

1492

정답 ③

STEP A $y=f(x)$와 $y=x$와의 교점과 일치함을 이용하여 그래프 그리기

함수 $f(x)=x^2+a(x \geq 0)$의 역함수 $y=g(x)$와 서로 다른 두 점에서 만나므로 $y=f(x)$의 그래프와 직선 $y=x$가 서로 다른 두 점에서 만나야 한다.

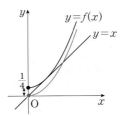

STEP B 서로 다른 두 점에서 만나기 위한 a의 값의 범위 구하기

함수 $y=f(x)$와 직선 $y=x$이 서로 다른 두 점에서 만나기 위해서는 접할 때보다 아래로 이동하고 $x=0$일 때, $f(0) \geq 0$이면 된다.

(i) $y=f(x)$가 직선 $y=x$에 접할 때,
    $f(x)=x^2+a$가 $y=x$에 접하므로
    방정식 $x^2+a=x$, $x^2-x+a=0$에서 판별식을 D라 하면 $D=0$
    $D=1-4a=0$ $\therefore a=\frac{1}{4}$

(ii) $x=0$일 때, $f(0) \geq 0$
    $f(0)=a \geq 0$이므로 $a \geq 0$

(i), (ii)에 의하여 a의 범위는 $0 \leq a < \frac{1}{4}$

+α 이차방정식 근의 위치로 구할 수 있어!

$x \geq 0$에서 $f(x)=x^2+a$에서 그 역함수 $y=g(x)$와 서로 다른 두 교점을 가지므로 $y=f(x)$와 직선 $y=x$가 $x \geq 0$에서 서로 다른 두 교점을 가지면 된다.
즉 방정식 $x^2+a=x$, $x^2-x+a=0$이 $x \geq 0$에서 서로 다른 두 근을 가지므로
(i) 판별식 $D=1-4a>0$ $\therefore a<\frac{1}{4}$
(ii) $x=0$에서 함숫값 $f(0) \geq 0$ $\therefore a \geq 0$
(i), (ii)에 의하여 $0 \leq a < \frac{1}{4}$

1493

정답 ①

STEP A 조건을 만족하려면 포물선과 직선 $y=x$를 연립하여 얻은 이차방정식이 실근을 가져야 함을 이해하기

함수 $f(x)=x^2+2x+a$
    $=(x+1)^2+a-1(x \geq -1)$

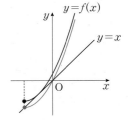

의 역함수 $y=g(x)$와 만나고 있으므로 $y=f(x)$의 그래프와 직선 $y=x$의 교점이 존재하면 된다.
즉 접하거나 서로 다른 두 점에서 만나면 된다.

STEP B 교점이 존재하기 위한 a의 값의 범위 구하기

함수 $y=f(x)$와 직선 $y=x$이 교점이 존재하므로 두 함수가 접할 때부터 $x=0$일 때, $f(0) \geq 0$이면 된다.

(i) $y=f(x)$가 직선 $y=x$에 접할 때,
    $f(x)=x^2+2x+a$가 $y=x$에 접하므로
    방정식 $x^2+2x+a=x$, $x^2+x+a=0$에서 판별식을 D라 하면 $D=0$
    $D=1-4a=0$ $\therefore a=\frac{1}{4}$

(ii) $x=-1$일 때, $f(-1) \geq -1$ ← $x=-1$일 때, 교점의 좌표는 $(-1, -1)$
    $f(-1)=-1+a \geq -1$이므로 $a \geq 0$

(i), (ii)에 의하여 a의 범위는 $0 \leq a \leq \frac{1}{4}$

따라서 실수 a의 최댓값은 $\frac{1}{4}$

1494

1996학년도 수능기출 인문계 23번 변형

정답 ②

STEP A $y=f(x)$와 $y=x$와의 교점과 일치함을 이용하여 그래프 그리기

함수 $f(x)=\frac{x^2}{4}+a(x \geq 0)$의 역함수 $y=g(x)$와 서로 다른 두 점에서 만나므로 $y=f(x)$의 그래프와 직선 $y=x$는 서로 다른 두 점에서 만난다.

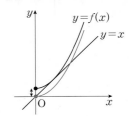

STEP B 서로 다른 두 점에서 만나기 위한 a의 값의 범위 구하기

함수 $y=f(x)$와 직선 $y=x$이 서로 다른 두 점에서 만나기 위해서는 접할 때보다 아래로 이동하고 $x=0$일 때, $f(0) \geq 0$이면 된다.

(i) $y=f(x)$가 직선 $y=x$에 접할 때,
    $f(x)=\frac{x^2}{4}+a$가 $y=x$에 접하므로
    방정식 $\frac{x^2}{4}+a=x$, $x^2-4x+4a=0$에서 판별식을 D라 하면 $D=0$
    $\frac{D}{4}=4-4a=0$ $\therefore a=1$

(ii) $x=0$일 때, $f(0) \geq 0$
    $f(0)=a \geq 0$이므로 $a \geq 0$

(i), (ii)에 의하여 a의 범위는 $0 \leq a < 1$

+α 이차방정식 근의 위치로 구할 수 있어!

$x \geq 0$에서 $f(x)=\frac{x^2}{4}+a$에서 그 역함수 $y=g(x)$와 서로 다른 두 교점을 가지므로 $y=f(x)$와 직선 $y=x$가 $x \geq 0$에서 서로 다른 두 교점을 가지면 된다.
즉 방정식 $\frac{x^2}{4}+a=x$, $x^2-4x+4a=0$이 $x \geq 0$에서 서로 다른 두 근을 가지므로
(i) 판별식 $\frac{D}{4}=4-4a>0$ $\therefore a<1$
(ii) $x=0$에서 함숫값 $f(0) \geq 0$ $\therefore a \geq 0$
(i), (ii)에 의하여 $0 \leq a < 1$

이차함수 $f(x)=\dfrac{x^2}{2}+a(x\ge 0)$의 역함수를 $g(x)$라 하자.

두 함수 $y=f(x)$와 $y=g(x)$의 그래프가 서로 다른 두 점에서 만날 때, 실수 a의 값의 범위는?

① $0\le a\le 1$　　② $0<a<1$　　③ $a<1$

④ $0\le a<\dfrac{1}{2}$　　⑤ $a\le \dfrac{1}{2}$

STEP A $y=f(x)$와 $y=x$와의 교점과 일치함을 이용하여 그래프 그리기

함수 $f(x)=\dfrac{x^2}{2}+a(x\ge 0)$의

역함수 $y=g(x)$와 서로 다른 두 점
에서 만나므로 $y=f(x)$의 그래프와
직선 $y=x$는 서로 다른 두 점에서
만난다.

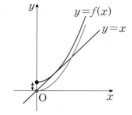

STEP B 서로 다른 두 점에서 만나기 위한 a의 값의 범위 구하기

함수 $y=f(x)$와 직선 $y=x$이 서로 다른 두 점에서 만나기 위해서는
접할 때보다 아래로 이동하고 $x=0$일 때, $f(0)\ge 0$이면 된다.

(i) $y=f(x)$가 직선 $y=x$에 접할 때,

$f(x)=\dfrac{x^2}{2}+a$가 $y=x$에 접하므로

방정식 $\dfrac{x^2}{2}+a=x$, $x^2-2x+2a=0$에서 판별식을 D라 하면 $D=0$

$\dfrac{D}{4}=1-2a=0$　$\therefore a=\dfrac{1}{2}$

(ii) $x=0$일 때, $f(0)\ge 0$

$f(0)=a\ge 0$이므로 $a\ge 0$

(i), (ii)에 의하여 a의 범위는 $0\le a<\dfrac{1}{2}$

+α　│ 이차방정식 근의 위치로 구할 수 있어!

$x\ge 0$에서 $f(x)=\dfrac{x^2}{2}+a$에서 그 역함수 $y=g(x)$와 서로 다른 두 교점을 가지므로
$y=f(x)$와 직선 $y=x$가 $x\ge 0$에서 서로 다른 두 교점을 가지면 된다.

즉 방정식 $\dfrac{x^2}{2}+a=x$, $x^2-2x+2a=0$이 $x\ge 0$에서 서로 다른 두 근을 가지므로

(i) 판별식 $\dfrac{D}{4}=1-2a>0$　$\therefore a<\dfrac{1}{2}$

(ii) $x=0$에서 함숫값 $f(0)\ge 0$　$\therefore a\ge 0$

(i), (ii)에 의하여 $0\le a<\dfrac{1}{2}$

정답 ④

1495

정답 2

STEP A 그래프에서 역함수의 함숫값 구하기

직선 $y=x$를 이용하여 x축과 점선이
만나는 점의 x좌표를 구하면 오른쪽
그림과 같다.

$f^{-1}(5)=p$라 하면 $f(p)=5$

$\therefore p=3$　← $f(3)=5$

$f^{-1}(3)=q$라 하면 $f(q)=3$

$\therefore q=2$　← $f(2)=3$

STEP B $(f\circ f)^{-1}(5)$의 값 구하기

따라서 $(f\circ f)^{-1}(5)=(f^{-1}\circ f^{-1})(5)=f^{-1}(f^{-1}(5))=f^{-1}(3)=2$

1496

정답 ⑤

STEP A 합성함수와 역함수의 성질을 이용하여 [보기]에서 참, 거짓 판단하기

주어진 그래프에서
$f(b)=a$, $f(c)=b$, $f(d)=c$, $f(e)=d$

ㄱ. $f(f(d))=f(c)=b$ [참]

ㄴ. $f(d)=c$에서 $f^{-1}(c)=d$ [참]

ㄷ. $f(c)=b$에서 $f^{-1}(b)=c$이므로
$f(f^{-1}(b))=f(c)=b$ [참]

ㄹ. $f(c)=b$에서 $f^{-1}(b)=c$이고
$f(d)=c$에서 $f^{-1}(c)=d$이고
$f(e)=d$에서 $f^{-1}(d)=e$이므로
$(f\circ f\circ f)^{-1}(b)=f^{-1}(f^{-1}(f^{-1}(b)))$
$=f^{-1}(f^{-1}(c))$
$=f^{-1}(d)=e$ [참]

따라서 옳은 것은 ㄱ, ㄴ, ㄷ, ㄹ이다.

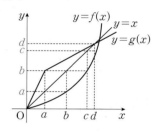

1497

정답 ④

STEP A 그래프에서 역함수의 함숫값 구하기

직선 $y=x$를 이용하여 y축과 점선이
만나는 점의 y좌표를 구하면 오른쪽
그림과 같다.

$g(a)=b$이므로 $f^{-1}(g(a))=f^{-1}(b)$

$f^{-1}(b)=k$라 하면 $f(k)=b$이므로

$k=c$　$\therefore f^{-1}(b)=c$

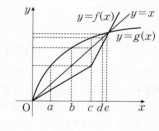

STEP B $f^{-1}(g(a))$의 값 구하기

따라서 $f^{-1}(g(a))=f^{-1}(b)=c$

오른쪽 그림은 $x\ge 0$에서 정의된 두
함수 $y=f(x)$, $y=g(x)$의 그래프와
직선 $y=x$를 나타낸 것이다.
$g^{-1}(f(c))$의 값은?
(단, g^{-1}는 g의 역함수이다.)

① a　　② b

③ c　　④ d

⑤ e

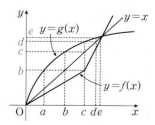

STEP A 그래프에서 역함수의 함숫값 구하기

직선 $y=x$를 이용하여 y축과 점선이
만나는 점의 y좌표를 구하면 오른쪽
그림과 같다.

$f(c)=b$이므로

$g^{-1}(f(c))=g^{-1}(b)$

$g^{-1}(b)=k$라 하면 $g(k)=b$

$\therefore k=a$　← $g(a)=b$

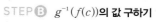

STEP B $g^{-1}(f(c))$의 값 구하기

따라서 $g^{-1}(f(c))=g^{-1}(b)=a$

정답 ①

1498

정답 ③

STEP Ⓐ 주어진 그래프에서 $g(7)$, $f^{-1}(4)$의 값 구하기

세 함수 $y=f(x)$, $y=x$, $y=g(x)$의
그래프는 오른쪽 그림과 같다.
$g(7)=6$이고
$f^{-1}(4)=k$라 하면
$f(k)=4$이므로 $k=3$
$\therefore f^{-1}(4)=3$

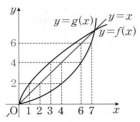

STEP Ⓑ 역함수의 성질을 이용하여 $g^{-1}(4)$의 값 구하기

$f(3)=4$이므로
$(f^{-1}\circ g)^{-1}(3)=(g^{-1}\circ f)(3)=g^{-1}(f(3))=g^{-1}(4)$
이때 $g^{-1}(4)=m$이라 하면 $g(m)=4$이므로 $m=6$
즉 $(f^{-1}\circ g)^{-1}(3)=6$
따라서 $g(7)+f^{-1}(4)+(f^{-1}\circ g)^{-1}(3)=6+3+6=15$

1499

정답 ⑤

STEP Ⓐ 역함수의 성질을 이용하여 $(f\circ f)^{-1}(5)$의 값 구하기

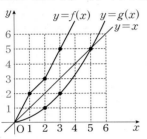

$f^{-1}(5)=a$라 하면 $f(a)=5$이므로 $a=3$
$f^{-1}(3)=b$라 하면 $f(b)=3$이므로 $b=2$
$(f\circ f)^{-1}(5)=(f^{-1}\circ f^{-1})(5)=f^{-1}(f^{-1}(5))=f^{-1}(3)=2$

STEP Ⓑ 역함수의 성질을 이용하여 $(f\circ g^{-1})(2)$의 값 구하기

$g^{-1}(2)=k$라 하면 $g(k)=2$이므로 $k=3$
$(f\circ g^{-1})(2)=f(g^{-1}(2))=f(3)=5$
따라서 $(f\circ f)^{-1}(5)+(f\circ g^{-1})(2)=2+5=7$

1500

정답 ④

STEP Ⓐ 그래프에서 역함수의 함숫값 구하기

직선 $y=x$를 이용하여 y축과 점선이
만나는 점의 y좌표를 구하면 오른쪽
그림과 같다.
$f^{-1}(b)=p$라 하면 $f(p)=b$
$\therefore p=c$
$f^{-1}(c)=q$라 하면 $f(q)=c$
$\therefore q=d$
즉 $g(d)=d$

STEP Ⓑ $(g\circ f^{-1}\circ f^{-1})(b)$의 값 구하기

$(f^{-1}\circ f^{-1})(b)=f^{-1}(f^{-1}(b))=f^{-1}(c)=d$
따라서 $(g\circ f^{-1}\circ f^{-1})(b)=g(d)=d$

두 함수 $y=f(x)$, $y=g(x)$의 그래프와 직선 $y=x$가 그림과 같을 때,
함수 $(f\circ g\circ f^{-1})(a)$의 값은? (단, 모든 점선은 x축 또는 y축에 평행하다.)

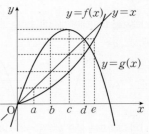

① a ② b ③ c
④ d ⑤ e

STEP Ⓐ 그래프에서 역함수의 함숫값 구하기

직선 $y=x$를 이용하여 y축과 점선이
만나는 점의 y좌표를 구하면 오른쪽
그림과 같다.
$f^{-1}(a)=k$라 하면 $f(k)=a$
$\therefore k=b$
즉 $f^{-1}(a)=b$

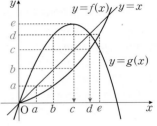

STEP Ⓑ $(f\circ g\circ f^{-1})(a)$의 값 구하기

따라서 $(f\circ g\circ f^{-1})(a)=f(g(f^{-1}(a)))$
$=f(g(b))$
$=f(d)=c$

정답 ③

1501

정답 ②

STEP Ⓐ 두 함수의 교점이 존재하기 위한 m의 값 구하기

함수 $y=|x-2|$의 그래프는 그림과 같다.
직선 $y=m(x+1)-2$는 m의 값에 관계없이 점 $(-1,-2)$를 지난다.
$m(x+1)-2-y=0$이 m의 값에 관계없이 성립하므로
$x+1=0,\ -2-y=0$ $\therefore x=-1,\ y=-2$
(ⅰ) 직선 $y=m(x+1)-2$가 $y=-x+2$과 평행할 때, $m=-1$
(ⅱ) 직선 $y=m(x+1)-2$가 점 $(2,0)$을 지날 때,
$0=3m-2,\ 3m=2$ $\therefore m=\dfrac{2}{3}$

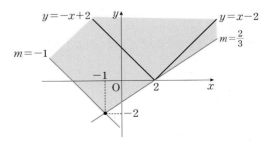

(ⅰ), (ⅱ)에서 $y=|x-2|$의 그래프와 직선 $y=m(x+1)-2$가 만나려면
$m<-1$ 또는 $m\geq\dfrac{2}{3}$

1502

정답 ③

STEP Ⓐ $y=f(|x|)$**와** $y=f(x)$**의 관계를 이용하여 구하기**

함수 $y=-f(x)$의 그래프는 함수 $y=f(x)$의 그래프를 x축에 대하여 대칭이동한 것이다.

즉 함수 $y=f(x)$의 그래프를 나타내면 다음과 같다.

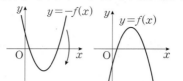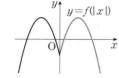

또한, 함수 $y=f(|x|)$의 그래프는 함수 $y=f(x)$의 그래프에서 $x \geq 0$인 부분만 남긴 다음 $x \geq 0$인 부분을 y축에 대하여 대칭이동한 것이므로 ③이다.

1503

정답 ③

STEP Ⓐ **절댓값 안의 식을 기준으로** x**의 값의 구간을 나누어 그리기**

$y=-|x-2|+1$에서 절댓값 기호 안의 식을 0으로 하는 x의 값을 경계로 x의 값의 구간을 나누면

(i) $x<2$일 때, $y=x-2+1=x-1$

(ii) $x \geq 2$일 때, $y=-x+2+1=-x+3$

(i), (ii)에서 $0 \leq x \leq 5$에서 좌표평면 위에 나타내면 그림과 같다.

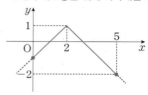

STEP Ⓑ $M-m$**의 값 구하기**

따라서 최댓값 $M=1$, 최솟값은 $m=-2$이므로 $M-m=1-(-2)=3$

내신연계 출제문항 736

$-1 \leq x \leq 5$에서 함수 $y=-|x-1|+3$의 최댓값을 M, 최솟값을 m이라고 할 때, $M+m$의 값은?

① -3 ② -2 ③ 2
④ 3 ⑤ 5

STEP Ⓐ **절댓값 안의 식을 기준으로** x**의 값의 구간을 나누어 그리기**

$y=-|x-1|+3$에서 절댓값 기호 안의 식을 0으로 하는 x의 값을 경계로 x의 값의 구간을 나누면

(i) $x<1$일 때, $y=x-1+3=x+2$

(ii) $x \geq 1$일 때, $y=-x+1+3=-x+4$

(i), (ii)를 $-1 \leq x \leq 5$에서 좌표평면 위에 나타내면 그림과 같다.

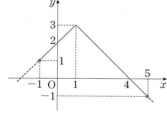

STEP Ⓑ $M+m$**의 값 구하기**

따라서 최댓값 $M=3$, 최솟값은 $m=-1$이므로 $M+m=3+(-1)=2$

정답 ③

1504

정답 ②

STEP Ⓐ $y=|x^2-9|$**의 그래프 개형 그리기**

$y=|x^2-9|$라 하면 $y=|(x+3)(x-3)|$에서 절댓값 기호 안의 식의 값이 0이 되는 x의 값이 -3, 3이므로

(i) $x^2-9 \geq 0$일 때,
  $x \geq 3$ 또는 $x \leq -3$일 때 $y=x^2-9$

(ii) $x^2-9<0$일 때,
  $-3<x<x$일 때 $y=-x^2+9$

(iii) $x \geq 3$일 때, $y=(x+3) \times (x-3)=x^2-9$

(i)~(ii)에서 함수 $y=|x^2-9|$의 그래프는 다음 그림과 같다.

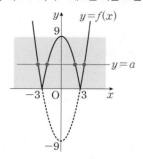

STEP Ⓑ **교점의 개수가 4이기 위한** a**의 범위 구하기**

한편 방정식 $|x^2-9|=a$의 서로 다른 실근의 개수는 함수 $y=|x^2-9|$의 그래프와 직선 $y=a$의 교점의 개수와 같다.

이때 $-3 \leq x<3$에서 $f(x)$의 최댓값은 9이므로 함수 $y=|x^2-9|$의 그래프와 직선 $y=a$의 교점의 개수가 4이기 위해서는 $0<a<9$이어야 한다.

따라서 주어진 조건을 만족시키는 실수 a의 값의 범위는 $0<a<9$

1505

정답 3

STEP Ⓐ **함수** $(f \circ f)(x)$**의 식 구하기**

함수 $f(x)=|x-3|$의 범위를 나누어 함수식을 구하면

$$f(x)=\begin{cases} x-3 & (x \geq 3) \\ -x+3 & (x<3) \end{cases}$$

$(f \circ f)(x)=f(f(x))$이므로

$$f(f(x))=\begin{cases} f(x)-3 & (f(x) \geq 3) \\ -f(x)+3 & (f(x)<3) \end{cases}$$

$$=\begin{cases} -x & (x \leq 0) \\ x & (0<x<3) \\ -x+6 & (3 \leq x<6) \\ x-6 & (x \geq 6) \end{cases}$$

STEP Ⓑ $(f \circ f)(x)=\frac{1}{2}|x|$**의 서로 다른 실근의 개수 구하기**

$(f \circ f)(x)=\frac{1}{2}|x|$의 서로 다른 실근의 개수는

함수 $y=(f \circ f)(x)$와 함수 $y=\frac{1}{2}|x|$의 그래프의 교점의 개수와 같다.

따라서 두 함수의 그래프를 그리면 그림과 같으므로 서로 다른 실근의 개수는 3이다.

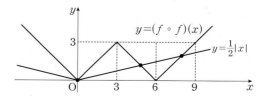

1506

정답 ①

STEP A 마름모의 넓이를 이용하여 양수 a의 값 구하기

$a|x|+|y|=6$의 그래프는 $ax+y=6$,
즉 $y=-ax+6$의 그래프에서
$x\ge 0$, $y\ge 0$인 부분만 남기고
이 그래프를 x축, y축, 원점에 대하여
각각 대칭이동한 것이므로
오른쪽 그림과 같은 마름모이다.
이 마름모의 넓이가 72이므로

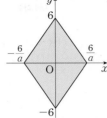

두 대각선의 길이가 a, b인 마름모의 넓이는 $\dfrac{1}{2}ab$

$\dfrac{1}{2}\times\left\{\dfrac{6}{a}-\left(-\dfrac{6}{a}\right)\right\}\times\{6-(-6)\}=72$, $\dfrac{6}{a}\times 12=72$

따라서 $a=1$

1507

정답 3

STEP A 절댓값 안의 식이 0이 되는 값을 기준으로 범위를 나누어 함수식 정리하기

$y=|x+1|+|x-2|$에서 절댓값 기호 안의 식의 값이 0이 되는 x의 값이
-1, 2이므로 구하는 범위를 나누면
(i) $x<-1$일 때, $y=-(x+1)-(x-2)=-2x+1$
(ii) $-1\le x<2$일 때, $y=(x+1)-(x-2)=3$
(iii) $x\ge 2$일 때, $y=(x+1)+(x-2)=2x-1$

STEP B 함수 $f(x)$의 최솟값 구하기

(i)~(iii)에서 함수의 그래프를 그리면
오른쪽 그림과 같다.
따라서 주어진 함수의 최솟값은 3

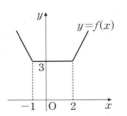

1508

정답 ③

STEP A 절댓값 안의 식이 0이 되는 값을 기준으로 범위를 나누어 함수식 정리하기

$y=|x+3|+|x-2|+|x-5|$에서 절댓값 기호 안의 식의 값이 0이 되는
x의 값이 -3, 2, 5이므로 구하는 범위를 나누면
(i) $x<-3$일 때, $y=-(x+3)-(x-2)-(x-5)=-3x+4$
(ii) $-3\le x<2$일 때, $y=(x+3)-(x-2)-(x-5)=-x+10$
(iii) $2\le x<5$일 때, $y=(x+3)+(x-2)-(x-5)=x+6$
(iv) $x\ge 5$일 때, $y=(x+3)+(x-2)+(x-5)=3x-4$

STEP B $x=a$에서 최솟값 b의 값 구하기

(i)~(iv)에서 함수의 그래프를 그리면
오른쪽 그림과 같다.
함수 $y=|x+3|+|x-2|+|x-5|$는
$x=2$일 때, 최솟값 8을 갖는다.
따라서 $a=2$, $b=8$이므로
$a+b=2+8=10$

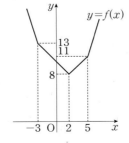

내 신 연 계 출제문항 **737**

함수 $y=|x+2|+|x-3|+|x-6|$은 $x=a$일 때, 최솟값 b를 갖는다.
상수 a, b에 대하여 $a+b$의 값은?

① 9 　　　　② 10 　　　　③ 11
④ 12 　　　　⑤ 13

STEP A 절댓값 안의 식이 0이 되는 값을 기준으로 범위를 나누어 함수식 정리하기

$y=|x+2|+|x-3|+|x-6|$에서 절댓값 기호 안의 식의 값이
0이 되는 x의 값이 -2, 3, 6이므로
(i) $x<-2$일 때, $y=-(x+2)-(x-3)-(x-6)=-3x+7$
(ii) $-2\le x<3$일 때, $y=(x+2)-(x-3)-(x-6)=-x+11$
(iii) $3\le x<6$일 때, $y=(x+2)+(x-3)-(x-6)=x+5$
(iv) $x\ge 6$일 때, $y=(x+2)+(x-3)+x-6=3x-7$

STEP B $x=a$에서 최솟값 b의 값 구하기

(i)~(iv)에서 함수의 그래프를 그리면
오른쪽 그림과 같다.
함수 $y=|x+2|+|x-3|+|x-6|$은
$x=3$일 때, 최솟값 8을 갖는다.
따라서 $a=3$, $b=8$이므로
$a+b=3+8=11$

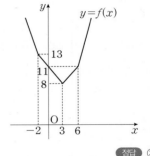

정답 ③

1509

정답 36

STEP A 절댓값 안의 식이 0이 되는 값을 기준으로 범위를 나누어 함수식 정리하기

함수 $y=f(x)$의 그래프의 개형은 그림과 같이 x좌표가 1, 2, 3, $\cdots$, 11인
점에서 꺾이는 모양이다.

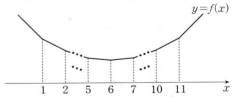

함수 $f(x)$의 1, 2, 3, $\cdots$, 11에서 중앙값은 $a=\dfrac{1+11}{2}=6$

최솟값은 $f(6)=5+4+3+2+1+0+1+2+3+4+5=30$

STEP B $a+b$의 값 구하기

따라서 $a=6$, $b=30$이므로 $a+b=6+30=36$

1510

[정답] 해설참조

| 1단계 | 함수 $(f \circ f)(x)$의 식을 인수분해하여 식을 정리한다. | 4점 |

$$
\begin{aligned}
(f \circ f)(x) &= f(f(x)) \\
&= f(x^2 - ax) \\
&= (x^2 - ax)^2 - a(x^2 - ax) \\
&= (x^2 - ax)\{(x^2 - ax) - a\} \\
&= x(x - a)(x^2 - ax - a)
\end{aligned}
$$

| 2단계 | 함수 $(f \circ f)(x)$가 $x-2$로 나누어 떨어지도록 하는 모든 실수 a의 값을 구한다. | 4점 |

이때 $(f \circ f)(x)$가 $x-2$로 나누어떨어지면
$(f \circ f)(2) = 0$
$(f \circ f)(2) = 2(2-a)(4-3a) = 0$
$\therefore a = 2$ 또는 $a = \dfrac{4}{3}$

| 3단계 | 모든 실수 a의 값의 합을 구한다. | 2점 |

따라서 주어진 조건을 만족시키는 모든 실수 a의 값의 합은 $2 + \dfrac{4}{3} = \dfrac{10}{3}$

1511

[정답] 해설참조

| 1단계 | $f(x)$를 구하여 $f(5)$의 값을 구한다. | 3점 |

$f(4x-3) = 2x-5$에서 $4x-3 = t$라 하면
$x = \dfrac{t+3}{4}$이므로 $f(t) = 2 \times \dfrac{t+3}{4} - 5 = \dfrac{1}{2}t - \dfrac{7}{2}$
즉 $f(x) = \dfrac{1}{2}x - \dfrac{7}{2}$
$f(5) = \dfrac{5}{2} - \dfrac{7}{2} = -\dfrac{2}{2} = -1$

| 2단계 | $f^{-1}(x)$를 구한다. | 5점 |

이때 $y = f(x)$라 하면 $y = \dfrac{1}{2}x - \dfrac{7}{2}$
이것을 x에 대하여 정리하면 $x = 2y + 7$
x와 y를 서로 바꾸어 나타내면 $y = 2x + 7$
$\therefore f^{-1}(x) = 2x + 7$

| 3단계 | $f(5) + f^{-1}(3)$의 값을 구한다. | 2점 |

따라서 $f^{-1}(3) = 2 \times 3 + 7 = 13$이므로 $f(5) + f^{-1}(3) = -1 + 13 = 12$

내·신·연·계 출제문항 **738**

실수 전체의 집합에서 정의된 함수 f에 대하여
$$f(2x-1) = 3x+4$$
가 성립할 때, $f(5) - f^{-1}(1)$의 값을 구하는 과정을 다음 단계로 서술하시오.

[1단계] $f(x)$를 구하여 $f(5)$의 값을 구한다. [3점]
[2단계] $f^{-1}(x)$를 구한다. [5점]
[3단계] $f(5) - f^{-1}(1)$의 값을 구한다. [2점]

| 1단계 | $f(x)$를 구하여 $f(5)$의 값을 구한다. | 3점 |

$f(2x-1) = 3x+4$에서 $2x-1 = t$라 하면
$x = \dfrac{t+1}{2}$이므로 $f(t) = 3 \times \dfrac{t+1}{2} + 4 = \dfrac{3t+11}{2}$
즉 $f(x) = \dfrac{3x+11}{2}$
$f(5) = \dfrac{15+11}{2} = 13$

| 2단계 | $f^{-1}(x)$를 구한다. | 5점 |

이때 $y = f(x)$라 하면 $y = \dfrac{3x+11}{2}$
이것을 x에 대하여 정리하면 $3x = 2y - 11$, $x = \dfrac{2}{3}y - \dfrac{11}{3}$
x와 y를 서로 바꾸어 나타내면 $y = \dfrac{2}{3}x - \dfrac{11}{3}$
$\therefore f^{-1}(x) = \dfrac{2}{3}x - \dfrac{11}{3}$

| 3단계 | $f(5) - f^{-1}(1)$의 값을 구한다. | 2점 |

이때 $f^{-1}(1) = \dfrac{2}{3} - \dfrac{11}{3} = -3$
따라서 $f(5) - f^{-1}(1) = 13 - (-3) = 16$　[정답] 해설참조

1512

[정답] 해설참조

| 1단계 | $(f \circ g)(x)$와 $(g \circ f)(x)$를 구한다. | 4점 |

$$
\begin{aligned}
(f \circ g)(x) &= f(g(x)) = f(-2x+k) \\
&= 3(-2x+k) + 6 \\
&= -6x + 3k + 6 \\
(g \circ f)(x) &= g(f(x)) = g(3x+6) \\
&= -2(3x+6) + k \\
&= -6x + k - 12
\end{aligned}
$$

| 2단계 | $f \circ g = g \circ f$가 성립하는 상수 k의 값을 구한다. | 2점 |

$f \circ g = g \circ f$이므로 $-6x + 3k + 6 = -6x + k - 12$
즉 $3k + 6 = k - 12$, $2k = -18$이므로 $k = -9$

| 3단계 | $g(x)$의 역함수 $g^{-1}(x)$를 구한다. | 2점 |

$g(x) = -2x - 9$이므로 $y = -2x - 9$라 놓고
x에 대하여 정리하면 $2x = -y - 9$
$\therefore x = -\dfrac{1}{2}y - \dfrac{9}{2}$
x 대신 y, y 대신 x를 대입하면 구하는 역함수는
$g^{-1}(x) = -\dfrac{1}{2}x - \dfrac{9}{2}$

| 4단계 | $(g^{-1} \circ f)(-1)$의 값을 구한다. | 2점 |

따라서 $g^{-1}(f(-1)) = g^{-1}(3) = -\dfrac{3}{2} - \dfrac{9}{2} = -\dfrac{12}{2} = -6$

두 함수 $f(x)=x+2$, $g(x)=ax+b$에 대하여
$$g(3)=5이고 \; f \circ g = g \circ f$$
일 때, $(f \circ g)(2)$의 값을 구하는 과정을 다음 단계로 서술하시오.
(단, a, b는 상수이다.)

[1단계] $(f \circ g)(x)$와 $(g \circ f)(x)$를 구한다. [4점]
[2단계] $g(3)=4이고 \; f \circ g = g \circ f$가 성립하는 상수 a, b의 값 구한다.
　　　　 [2점]
[3단계] $g(x)$의 역함수 $g^{-1}(x)$를 구한다. [2점]
[4단계] $(g^{-1} \circ f)(3)$의 값을 구한다. [2점]

| 1단계 | $(f \circ g)(x)$와 $(g \circ f)(x)$를 구한다. | 4점 |

$$
\begin{aligned}
(f \circ g)(x) &= f(g(x)) = f(ax+b) \\
&= (ax+b)+2 \\
&= ax+b+2 \\
(g \circ f)(x) &= g(f(x)) = g(x+2) \\
&= a(x+2)+b \\
&= ax+2a+b
\end{aligned}
$$

| 2단계 | $g(3)=4이고 \; f \circ g = g \circ f$가 성립하는 상수 a, b의 값 구한다. | 2점 |

$f \circ g = g \circ f$이므로 $ax+b+2=ax+2a+b$
$b+2=2a+b$ ∴ $a=1$
$g(3)=5$이므로 $3a+b=5$ ······ ㉠
$a=1$을 ㉠에 대입하면 $b=2$

| 3단계 | $g(x)$의 역함수 $g^{-1}(x)$를 구한다. | 2점 |

$g(x)=x+2$이므로 $y=x+2$라 놓고
x에 대하여 정리하면 $x=y-2$
x와 y를 바꾸면 구하는 역함수는 $g^{-1}(x)=x-2$

| 4단계 | $(g^{-1} \circ f)(3)$의 값을 구한다. | 2점 |

따라서 $g^{-1}(f(3))=g^{-1}(5)=5-2=3$

정답 해설참조

1513

정답 해설참조

| 1단계 | $(f \circ g)(x)$를 구한다. | 2점 |

$f(x)=\dfrac{1}{2}x+3$, $g(x)=x-2$이므로

$$
\begin{aligned}
(f \circ g)(x) &= f(g(x)) = f(x-2) \\
&= \frac{1}{2}(x-2)+3 = \frac{1}{2}x+2
\end{aligned}
$$

| 2단계 | $(f \circ g)^{-1}(x)$를 구한다. | 3점 |

$(f \circ g)(x)=\dfrac{1}{2}x+2$는 일대일대응이므로 역함수가 존재한다.

$y=\dfrac{1}{2}x+2$로 놓고 x에 대하여 정리하면 $x=2y-4$
x대신 y, y대신 x를 대입하면 구하는 역함수는 $y=2x-4$
∴ $(f \circ g)^{-1}(x)=2x-4$

| 3단계 | $f^{-1}(x)$, $g^{-1}(x)$를 구한다. | 2점 |

$f(x)=\dfrac{1}{2}x+3$의 역함수는 $f^{-1}(x)=2x-6$
$g(x)=x-2$의 역함수는 $g^{-1}(x)=x+2$

| 4단계 | $(g^{-1} \circ f^{-1})(x)$를 구하여 $(f \circ g)^{-1}=g^{-1} \circ f^{-1}$이 성립함을 보인다. | 3점 |

$$
\begin{aligned}
(g^{-1} \circ f^{-1})(x) &= g^{-1}(f^{-1}(x)) = g^{-1}(2x-6) \\
&= 2x-6+2 = 2x-4
\end{aligned}
$$
따라서 $(f \circ g)^{-1}=g^{-1} \circ f^{-1}$가 성립한다.

1514

정답 해설참조

| 1단계 | 역함수가 존재하기 위한 조건을 구한다. | 2점 |

함수 $f(x)$의 역함수가 존재하기 위해서는 $f(x)$는 일대일대응이어야 한다.
즉 일대일함수이면서 치역과 공역이 일치해야 한다.

| 2단계 | 함수 f가 일대일함수가 되도록 하는 실수 a의 값의 범위를 구한다. | 3점 |

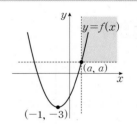

$f(x)=x^2+2x-2=(x+1)^2-3$
$f(x)$의 그래프는 오른쪽 그림과 같다.
함수 $f(x)$의 최솟값이 -3이므로 치역은
항상 $\{y | y \ge -3\}$의 부분집합이다.
즉 $f : X \longrightarrow X$는 모든 실수 k에 대하여
정의한다.
함수 $f(x)$가 일대일함수이려면 그래프의
축 $x=-1$을 기준으로 어느 한쪽의 전체
또는 일부분이어야 한다.
즉 $a \ge -1(\because x \ge a)$ ······ ㉠

| 3단계 | 함수 f의 공역과 치역이 같도록 하는 실수 a의 값을 구한다. | 3점 |

함수 f의 치역이 공역 $\{x | x \ge a\}$와 같으려면 $f(a)=a$이어야 한다.
$a^2+2a-2=a$, $a^2+a-2=0$, $(a+2)(a-1)=0$
∴ $a=-2$ 또는 $a=1$ ······ ㉡

| 4단계 | 함수 f가 역함수가 존재하도록 하는 실수 a의 값을 구한다. | 2점 |

함수 f가 일대일대응이려면
㉠, ㉡을 모두 만족시켜야 하므로
따라서 $a=1(\because a \ge -1)$

1515

정답 해설참조

| 1단계 | $(g \circ f)(x)$를 정리한다. | 3점 |

$f(x)=-x+a$, $g(x)=ax-b$이므로
$$
\begin{aligned}
(g \circ f)(x) &= g(f(x)) = g(-x+a) \\
&= a(-x+a)-b \\
&= -ax+a^2-b
\end{aligned}
$$

| 2단계 | $(g \circ f)(x)=3x+2$를 만족하는 상수 a, b의 값을 구한다. | 4점 |

$(g \circ f)(x)=3x+2$이므로 $\underbrace{-ax+a^2-b=3x+2}_{\text{항등식의 계수비교법}}$

$a=-3$, $a^2-b=2$
∴ $a=-3$, $b=7$

| 3단계 | $g^{-1}(-1)$의 값을 구한다. | 3점 |

$g(x)=-3x-7$에서 $g^{-1}(-1)=k$라 하면 $g(k)=-1$이므로
$-3k-7=-1$ ∴ $k=-2$
따라서 $g^{-1}(-1)=-2$

1516

정답 해설참조

| 1단계 | 함수 $h(x)$를 식으로 표현한다. | 2점 |

$f \circ h = g^{-1}$에서 $f^{-1} \circ f \circ h = f^{-1} \circ g^{-1}$

$\therefore h = (g \circ f)^{-1}$

| 2단계 | $x \geq 1$일 때, $(g \circ f)^{-1}(x)$를 구한다. | 3점 |

$x \geq 1$일 때,

$(g \circ f)(x) = g(f(x)) = g(3x) = \dfrac{1}{3} \times 3x + 1 = x + 1$

$y = x + 1$이라 하면 $y \geq 2$이고 $x = y - 1$이므로

역함수는 $(g \circ f)^{-1}(x) = x - 1 \ (x \geq 2)$

| 3단계 | $x < 1$일 때, $(g \circ f)^{-1}(x)$를 구한다. | 3점 |

$x < 1$일 때,

$(g \circ f)(x) = g(f(x)) = g(x + 2) = \dfrac{1}{3} \times (x + 2) + 1 = \dfrac{1}{3}x + \dfrac{5}{3}$

$y = \dfrac{1}{3}x + \dfrac{5}{3}$라 하면 $y < 2$이고 $x = 3y - 5$이므로

역함수는 $(g \circ f)^{-1}(x) = 3x - 5 \ (x < 2)$

| 4단계 | 함수 $h(x)$를 구한다. | 2점 |

따라서 $h(x) = (g \circ f)^{-1}(x) = \begin{cases} x - 1 & (x \geq 2) \\ 3x - 5 & (x < 2) \end{cases}$

1517

정답 해설참조

| 1단계 | 함수 $y = f(x)$를 $y = a(x - p)^2 + q$의 꼴로 변형한다. | 3점 |

$y = -\dfrac{1}{2}x^2 + 4x - 3 = -\dfrac{1}{2}(x^2 - 8x) - 3$

$\qquad = -\dfrac{1}{2}(x - 4)^2 + 5$

| 2단계 | [1단계]를 이용하여 함수 $y = f(x)$의 역함수 $y = f^{-1}(x)$를 구한다. | 4점 |

$y = -\dfrac{1}{2}(x - 4)^2 + 5$를 x에 대하여 정리하면

$(x - 4)^2 = -2y + 10$, $x - 4 = \sqrt{-2y + 10} (\because x \geq 4)$

x 대신 y, y 대신 x를 대입하면 $y = \sqrt{-2x + 10} + 4$

따라서 $f^{-1}(x) = \sqrt{-2x + 10} + 4$

| 3단계 | $y = f^{-1}(x)$의 정의역과 치역을 구한다. | 3점 |

$y = -\dfrac{1}{2}(x - 4)^2 + 5$의 정의역이 $\{x \mid x \geq 4\}$이고 치역은 $\{y \mid y \leq 5\}$이므로

$y = f^{-1}(x)$의 정의역은 $\{x \mid x \leq 5\}$, 치역은 $\{y \mid y \geq 4\}$

1518

정답 해설참조

| 1단계 | $f^{-1}(0)$을 구한다. | 5점 |

$x \geq 0$일 때, $f(x) \geq 2$

$x < 0$일 때, $f(x) < 2$

$f^{-1}(0) = k$로 놓으면 $f(k) = 0$

이때 $k < 0$이므로 $f(k) = 2 - \dfrac{1}{2}k^2 = 0$

$k^2 = 4$ $\quad \therefore k = -2 (\because k < 0)$

즉 $f^{-1}(0) = -2$

| 2단계 | $f^{-1}(0) + f^{-1}(a) = 4$를 이용하여 a의 값을 구한다. | 5점 |

$f^{-1}(0) + f^{-1}(a) = 4$에서 $-2 + f^{-1}(a) = 4$ $\quad \therefore f^{-1}(a) = 6$

따라서 $a = f(6) = \dfrac{1}{4} \times 6^2 + 2 = 11$이므로 $a = 11$

실수 전체의 집합 R로의 함수

$$f(x) = \begin{cases} \dfrac{1}{8}x^2 + 3 (x \geq 0) \\ 3 - \dfrac{1}{3}x^2 (x < 0) \end{cases}$$

에 대하여 $f^{-1}(0) + f^{-1}(a) = 1$을 만족하는 a의 값을 구하는 과정을 다음 단계로 서술하시오.

[1단계] $f^{-1}(0)$을 구한다. [5점]

[2단계] $f^{-1}(0) + f^{-1}(a) = 1$을 이용하여 a의 값을 구한다. [5점]

| 1단계 | $f^{-1}(0)$을 구한다. | 5점 |

$x \geq 0$일 때, $f(x) \geq 3$

$x < 0$일 때, $f(x) < 3$

$f^{-1}(0) = k$로 놓으면 $f(k) = 0$

이때 $k < 0$이므로 $f(k) = 3 - \dfrac{1}{3}k^2 = 0$

$k^2 = 9$ $\quad \therefore k = -3 (\because k < 0)$

즉 $f^{-1}(0) = -3$

| 2단계 | $f^{-1}(0) + f^{-1}(a) = 1$을 이용하여 a의 값을 구한다. | 5점 |

$f^{-1}(0) + f^{-1}(a) = 1$에서 $-3 + f^{-1}(a) = 1$ $\quad \therefore f^{-1}(a) = 4$

따라서 $a = f(4) = \dfrac{1}{8} \times 4^2 + 3 = 2 + 3 = 5$이므로 $a = 5$

정답 해설참조

1519

정답 해설참조

| 1단계 | 합성함수 $h(x)$를 간단히 한다. | 3점 |

$h(x) = (f \circ (g \circ f)^{-1} \circ f)(x)$

$\qquad = (f \circ (f^{-1} \circ g^{-1}) \circ f)(x)$

$\qquad = (f \circ f^{-1} \circ g^{-1} \circ f)(x) \quad \leftarrow f \circ f^{-1} = I$

$\qquad = (g^{-1} \circ f)(x)$

| 2단계 | 함수 $g(x)$의 역함수를 구하여 함수 $h(x)$를 구한다. | 3점 |

$g(x) = x + 6$에서 $g^{-1}(x) = x - 6$이므로

$h(x) = (g^{-1} \circ f)(x) = g^{-1}(f(x))$

$\qquad = g^{-1}(3x - 4)$

$\qquad = (3x - 4) - 6$

$\qquad = 3x - 10$

| 3단계 | 함수 $h^{-1}(2) = a$로 놓고 a의 값을 구한다. | 2점 |

$h^{-1}(2) = a$이므로 $h(a) = 3a - 10 = 2$ $\quad \therefore a = 4$

$h^{-1}(2) = 4$

| 4단계 | $h(3) + h^{-1}(2)$의 값을 구한다. | 2점 |

$h(3) = 3 \times 3 - 10 = -1 \quad \leftarrow h(x) = 3x - 10$

따라서 $h(3) + h^{-1}(2) = -1 + 4 = 3$

1520

정답 해설참조

| 1단계 | $(f \circ (g \circ f)^{-1})(2)$의 값을 구한다. | 4점 |

$(f \circ (g \circ f)^{-1})(2) = (f \circ f^{-1} \circ g^{-1})(2) = g^{-1}(2)$

$g^{-1}(2) = a$라 하면 $g(a) = 2$이므로

$-\dfrac{1}{3}a + \dfrac{4}{3} = 2$, $\dfrac{1}{3}a = -\dfrac{2}{3}$ $\quad \therefore a = -2$

$\therefore (f \circ (g \circ f)^{-1})(2) = -2$

2단계	$(g \circ (f \circ g)^{-1})(2)$의 값을 구한다.	4점

$(g \circ (f \circ g)^{-1})(2)=(g \circ g^{-1} \circ f^{-1})(2)=f^{-1}(2)$

$f^{-1}(2)=b$라 하면 $f(b)=2$이므로

$\frac{1}{2}b-\frac{3}{2}=2, \ \frac{1}{2}b=\frac{7}{2} \quad \therefore b=7$

$\therefore (g \circ (f \circ g)^{-1})(2)=7$

3단계	$(f \circ (g \circ f)^{-1})(2)+(g \circ (f \circ g)^{-1})(2)$의 값을 구한다.	2점

따라서 $(f \circ (g \circ f)^{-1})(2)+(g \circ (f \circ g)^{-1})(2)=-2+7=5$

1521

정답 해설참조

1단계	함수 $y=f(x)$의 그래프와 역함수 $y=g(x)$의 그래프의 개형을 그린다.	4점

$f(x)=x+2-\left|\frac{x}{3}-1\right|$에서 절댓값 안의 식의 값이 0이 되는 x의 값이 3이므로

(i) $x<3$일 때,

$\quad f(x)=x+1-\left\{-\left(\frac{x}{3}-1\right)\right\}=\frac{4}{3}x$

(ii) $x \geq 3$일 때,

$\quad f(x)=x+1-\left(\frac{x}{3}-1\right)=\frac{2}{3}x+2$

(i), (ii)에서 $f(x)=\begin{cases}\frac{4}{3}x & (x<3) \\ \frac{2}{3}x+2 & (x \geq 3)\end{cases}$

한편 함수 $y=f(x)$의 그래프와 역함수 $y=g(x)$의 그래프는 직선 $y=x$에 대하여 대칭이므로 그래프의 개형을 다음과 같다.

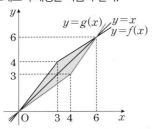

2단계	두 함수 $y=f(x)$, $y=g(x)$의 그래프의 교점의 좌표를 구한다.	2점

$x<3$에서 $\frac{4}{3}x=x \quad \therefore x=0$

$x \geq 3$에서 $\frac{2}{3}x+2=x, \ \frac{1}{3}x=2 \quad \therefore x=6$

즉 함수 $y=f(x)$의 그래프와 직선 $y=x$의 교점의 좌표는

$(0, 0)$, $(6, 6)$

3단계	$y=f(x)$, $y=g(x)$의 그래프로 둘러싸인 부분의 넓이를 구한다.	4점

함수 $y=f(x)$의 그래프와 역함수 $y=g(x)$의 그래프는 직선 $y=x$에 대하여 대칭이므로 구하는 부분의 넓이는 함수 $y=f(x)$의 그래프와 직선 $y=x$로 둘러싸인 부분의 넓이의 2배와 같다.

따라서 구하는 넓이는

$2 \times \left\{\frac{1}{2} \times 3 \times 4+\frac{1}{2} \times (4+6) \times 3-\frac{1}{2} \times 6 \times 6\right\}=6$

$\underline{2 \times \left\{\frac{1}{2} \times 1 \times 3+\frac{1}{2} \times 1 \times 3\right\}=6}$

STEP 3 일등급문제

1522

정답 6

STEP A $f(x)=f(x+4)$를 이용하여 $f(18)$의 값 구하기

$(f \circ f)(18)=f(f(18))$이고 $f(x)=f(x+4)$이므로

$f(18)=f(14)=f(10)=f(6)=f(2)$

$\quad =4-4+3=3$

$\quad\quad$ <small>$f(x)=x^2-2x+3$에 $x=2$를 대입한다.</small>

STEP B $(f \circ f)(18)$의 값 구하기

따라서 $(f \circ f)(18)=f(f(18))=f(3)$

$\quad\quad =-2 \times 3+12=6$

$\quad\quad\quad$ <small>$f(x)=-2x+12$에 $x=3$을 대입한다.</small>

1523

정답 5

STEP A 모든 실수 x에 대하여 $(f \circ g)(x) \geq 0$를 만족하는 실수 a의 범위 구하기

$f(x)=x^2-x-6=(x-3)(x+2)$이므로

$(f \circ g)(x)=f(g(x))=\{g(x)-3\}\{g(x)+2\} \geq 0$에서

$g(x) \geq 3$ 또는 $g(x) \leq -2$

(i) $g(x) \geq 3$인 경우

$\quad x^2-ax+4 \geq 3, \ x^2-ax+1 \geq 0$

$\quad$모든 실수 x에 대하여 위의 부등식이 성립해야 하므로

$\quad$이차방정식 $x^2-ax+1=0$의 판별식을 D라 하면 $D \leq 0$이어야 한다.

$\quad D=a^2-4 \leq 0, \ (a-2)(a+2) \leq 0$

$\quad \therefore -2 \leq a \leq 2$

(ii) $g(x) \leq -2$인 경우

$\quad x^2-ax+4 \leq -2, \ x^2-ax+6 \leq 0$

$\quad h(x)=x^2-ax+6$으로 놓으면 $y=h(x)$의 그래프는 아래로

$\quad$볼록한 포물선이므로 모든 실수 x에 대하여 $h(x) \leq 0$일 수 없다.

(i), (ii)에서 구하는 실수 a의 값의 범위는 $-2 \leq a \leq 2$

따라서 정수 a는 $-2, -1, 0, 1, 2$이므로 그 개수는 5

1524

정답 9

STEP A $f(g(x)) \geq 0$이 되기 위한 $g(x)$의 범위 구하기

함수 $y=f(x)$의 그래프는 다음 그림과 같고

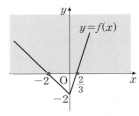

$x \leq -2$ 또는 $x \geq \frac{2}{3}$일 때, $f(x) \geq 0$이다.

그러므로 모든 실수 x에 대하여 $(f \circ g)(x) \geq 0$,

즉 $f(g(x)) \geq 0$이 되려면 모든 실수 x에 대하여

$g(x) \leq -2$ 또는 $g(x) \geq \frac{2}{3}$이어야 한다.

그런데 $g(0)=-4$이므로 모든 실수 x에 대하여 $g(x) \geq \frac{2}{3}$이 되도록 하는 정수 a는 존재하지 않는다.

STEP **B** 모든 실수 x에 대하여 $g(x)\le -2$가 되도록 하는 정수 a의 개수 구하기

모든 실수 x에 대하여 $g(x)\le -2$이 되도록 하는 정수 a를 구하면 된다.

(i) $a=0$일 때,

 $g(x)=-4\le -2$이므로 조건을 만족시킨다.

(ii) $a\ne 0$일 때,

 모든 실수 x에 대하여 $g(x)\le -2$이려면 $ax^2+ax-4\le -2$,

 즉 $ax^2+ax-2\le 0$이므로 $a<0$이고

 이차방정식 $ax^2+ax-2=0$의 판별식을 D라 하면

 $D\le 0$이어야 한다.

 $D=a^2+8a\le 0$, $a(a+8)\le 0$ $\therefore -8\le a\le 0$

 즉 $-8\le a<0$

(i), (ii)에서 조건을 만족시키는 a의 범위는 $-8\le a\le 0$

따라서 정수 a의 개수는 $0-(-8)+1=9$

정수 a, b에 대하여 $a\le x\le b$의 정수의 x의 개수는 $(b-a)+1$

내·신·연·계 출제문항 **741**

두 함수 f, g가

$$f(x)=\begin{cases}-x-1 & (x<0)\\ 2x-1 & (x\ge 0)\end{cases}, \quad g(x)=ax^2+ax-4$$

일 때, 모든 실수 x에 대하여 $(f\circ g)(x)\ge 0$이 되도록 하는 정수 a의 개수를 구하시오.

STEP **A** $f(g(x))\ge 0$이 되기 위한 $g(x)$의 범위 구하기

함수 $y=f(x)$의 그래프는 다음 그림과 같고

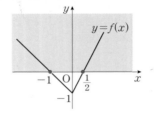

$x\le -1$ 또는 $x\ge \dfrac{1}{2}$일 때, $f(x)\ge 0$이다.

그러므로 모든 실수 x에 대하여 $(f\circ g)(x)\ge 0$,

즉 $f(g(x))\ge 0$이 되려면 모든 실수 x에 대하여

$g(x)\le -1$ 또는 $g(x)\ge \dfrac{1}{2}$이어야 한다.

그런데 $g(0)=-4$이므로 모든 실수 x에 대하여 $g(x)\ge \dfrac{1}{2}$이 되도록 하는 정수 a는 존재하지 않는다.

STEP **B** 모든 실수 x에 대하여 $g(x)\le -1$이 되도록 하는 정수 a 구하기

모든 실수 x에 대하여 $g(x)\le -1$이 되도록 하는 정수 a를 구하면 된다.

(i) $a=0$일 때,

 $g(x)=-3\le -1$이므로 조건을 만족시킨다.

(ii) $a\ne 0$일 때,

 모든 실수 x에 대하여 $g(x)\le -1$이려면

 $ax^2+ax-4\le -1$, 즉 $ax^2+ax-3\le 0$이므로 $a<0$이고

 이차방정식 $ax^2+ax-3=0$의 판별식을 D라 하면

 $D\le 0$이어야 한다.

 $D=a^2+12a\le 0$, $a(a+12)\le 0$ $\therefore -12\le a\le 0$

 즉 $-12\le a<0$

(i), (ii)에서 조건을 만족시키는 a의 범위는 $-12\le a\le 0$

따라서 정수 a의 개수는 $0-(-12)+1=13$

정수 a, b에 대하여 $a\le x\le b$의 정수의 x의 개수는 $(b-a)+1$

정답 13

548

1525

정답 9

STEP **A** 함수 $f\circ g$가 상수함수가 되도록 하는 함수 g의 개수 구하기

함수 $f\circ g$가 상수함수가 되려면 함수 g가 상수함수이거나 함수 g의 치역이 $\{1, 3\}$이어야 한다.

(i) 함수 g가 상수함수일 때,

 $g(x)=1$ 또는 $g(x)=2$ 또는 $g(x)=3$의 3개

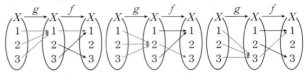

(ii) 함수 g의 치역이 $\{1, 3\}$일 때,

 함수 g는 다음 표와 같이 6개

$g(1)$	$g(2)$	$g(3)$
1	1	3
1	3	1
3	1	1
1	3	3
3	1	3
3	3	1

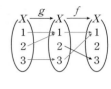

(i), (ii)에서 구하는 함수 g의 개수는 9

+α 함수의 g의 치역이 $\{2\}$, $\{1, 3\}$을 기준으로 구할 수 있어!

함수 g의 개수는

(i) 함수 g의 치역이 2일 때 : 1

(ii) 함수 g의 치역이 집합 1 또는 3일 때 : $2^3=8$

(i), (ii)에서 구하는 함수 g의 개수는 9이다.

1526

정답 19

STEP **A** 선분 PQ의 길이가 최소가 되는 상황 이해하기

두 함수 $y=f(x)$의 그래프와 $y=f^{-1}(x)$의 그래프는 직선 $y=x$에 대하여 대칭이고 $y=x^2+4$와 $y=-x+k$가 만나는 두 점 P, Q 사이의 거리가 최소가 되려면 기울기가 1인 접선의 교점이 P, Q이어야 한다.

STEP **B** 이차함수와 직선의 방정식을 연립하여 판별식 D가 0임을 이용하기

$y=x+n$와 $y=x^2+4$가 접하려면 $x^2+4=x+n$, $x^2-x+4-n=0$의

판별식을 D라 하면 중근을 가지므로 $D=0$

$D=1-4(4-n)=0$ $\therefore n=\dfrac{15}{4}$

즉 $x^2-x+4-\dfrac{15}{4}=0$, $\left(x-\dfrac{1}{2}\right)^2=0$ $\therefore x=\dfrac{1}{2}$

이때 접하는 점의 x, y좌표는 $x=\dfrac{1}{2}$, $y=\dfrac{17}{4}$ ← $y=x^2+4$에 $x=\dfrac{1}{2}$을 대입한다.

STEP **C** 선분 PQ의 길이의 최솟값 구하기

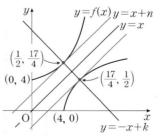

점 $P\left(\dfrac{1}{2}, \dfrac{17}{4}\right)$, $Q\left(\dfrac{17}{4}, \dfrac{1}{2}\right)$이므로 $\overline{PQ}=\sqrt{\left(\dfrac{17}{4}-\dfrac{1}{2}\right)^2+\left(\dfrac{1}{2}-\dfrac{17}{4}\right)^2}=\dfrac{15\sqrt{2}}{4}$

따라서 $p=15$, $q=4$이므로 $p+q=15+4=19$

1527

STEP Ⓐ 역함수가 존재하도록 하는 a의 값 구하기

함수 $f(x)$의 역함수가 존재하려면 함수 $f(x)$는 일대일대응이어야 하므로 직선의 기울기가 양수이므로 $a^2-1>0$

$(a-1)(a+1)>0$에서 $a<-1$ 또는 $a>1$

이때 a의 값이 최소의 양의 정수이므로 $a=2$ $\therefore f(x)=\begin{cases} 3x-10 & (x\geq 4) \\ \dfrac{1}{2}x & (x<4) \end{cases}$

STEP Ⓑ 두 함수 $y=f(x)$, $y=g(x)$의 그래프로 둘러싸인 부분의 넓이 구하기

함수 $y=f(x)$의 그래프와 역함수 $y=g(x)$의 그래프는 직선 $y=x$에 대하여 대칭이므로 함수 $y=f(x)$의 그래프와 $y=x$의 그래프로 둘러싸인 넓이의 2배이다.

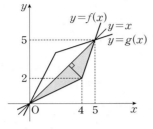

함수 $y=f(x)$의 그래프와 직선 $y=x$의 교점은 $3x-10=x$

$\therefore x=5$

또한, 직선 $x-y=0$에서 점 $(4, 2)$까지 거리는 $\dfrac{|4-2|}{\sqrt{2}}=\sqrt{2}$

함수 $y=f(x)$의 그래프와 직선 $y=x$로 둘러싸인 부분의 넓이 S는

$S=\dfrac{1}{2}\times 5\sqrt{2}\times\sqrt{2}=5$

따라서 구하는 넓이는 $2S=2\times 5=10$

내/신/연/계 출제문항 742

정의역과 치역이 모두 실수 전체의 집합이고 역함수가 존재하는 함수

$$f(x)=\begin{cases} (a^2-4)(x-5)+1 & (x\geq 5) \\ \dfrac{1}{5}x & (x<5) \end{cases}$$

에 대하여 a의 값이 최소의 양의 정수일 때, 함수 $f(x)$의 역함수는 $y=g(x)$라고 하자. 두 함수 $y=f(x)$, $y=g(x)$의 그래프로 둘러싸인 부분의 넓이를 구하시오.

STEP Ⓐ 역함수가 존재하도록 하는 a의 값 구하기

함수 $f(x)$의 역함수가 존재하려면 함수 $f(x)$는 일대일대응이어야 하므로 직선의 기울기가 양수이므로 $a^2-4>0$

$(a-4)(a+4)>0$에서 $a<-2$ 또는 $a>2$

이때 a의 값이 최소의 양의 정수이므로 $a=3$ $\therefore f(x)=\begin{cases} 5x-24 & (x\geq 5) \\ \dfrac{1}{5}x & (x<5) \end{cases}$

STEP Ⓑ 두 함수 $y=f(x)$, $y=g(x)$의 그래프로 둘러싸인 부분의 넓이 구하기

함수 $y=f(x)$의 그래프와 역함수 $y=g(x)$의 그래프는 직선 $y=x$에 대하여 대칭이므로 함수 $y=f(x)$의 그래프와 $y=x$의 그래프로 둘러싸인 넓이의 2배이다.

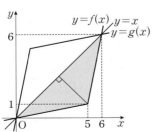

함수 $y=f(x)$의 그래프와 직선 $y=x$의 교점은 $5x-24=x$

$\therefore x=6$

또한, 직선 $x-y=0$에서 점 $(5, 1)$까지 거리는 $\dfrac{|5-1|}{\sqrt{2}}=2\sqrt{2}$

함수 $y=f(x)$의 그래프와 직선 $y=x$로 둘러싸인 부분의 넓이 S는

$S=\dfrac{1}{2}\times 6\sqrt{2}\times 2\sqrt{2}=12$

따라서 구하는 넓이는 $2S=2\times 12=24$

1528

STEP Ⓐ $(f\circ g)(2)$의 값 구하기

ㄱ. $(f\circ g)(2)=f(g(2))$에서 $g(2)=2^2-2=2$이므로

$f(g(2))=f(2)=2$ [참]

STEP Ⓑ $(g\circ f)(x)$와 $(g\circ f)(-x)$의 식을 각각 구하기

ㄴ. $(g\circ f)(x)$에서

$x>2$일 때, $(g\circ f)(x)=g(f(x))=g(2)=2^2-2=2$

$-2\leq x\leq 2$일 때, $(g\circ f)(x)=g(f(x))=g(x)=x^2-2$

$x<-2$일 때, $(g\circ f)(x)=g(f(x))=g(-2)=(-2)^2-2=2$

즉 $(g\circ f)(x)=\begin{cases} 2 & (x>2) \\ x^2-2 & (-2\leq x\leq 2) \\ 2 & (x<-2) \end{cases}$ …… ㉠

이때 $(g\circ f)(-x)$는 ㉠의 식에서 x 대신에 $-x$를 대입하면 되므로

$(g\circ f)(-x)=\begin{cases} 2 & (-x>2) \\ x^2-2 & (-2\leq -x\leq 2) \\ 2 & (-x<-2) \end{cases}$ 이고 정리하면

$(g\circ f)(-x)=\begin{cases} 2 & (x>2) \\ x^2-2 & (-2\leq x\leq 2) \\ 2 & (x<-2) \end{cases}$

이므로 ㉠의 식과 일치한다. [참]

STEP Ⓒ $(f\circ g)(x)$의 식을 구하여 $(g\circ f)(x)$의 식과 비교하기

ㄷ. $(f\circ g)(x)$에 대하여 $(f\circ g)(x)=\begin{cases} 2 & (g(x)>2) \\ g(x) & (-2\leq g(x)\leq 2) \\ -2 & (g(x)<-2) \end{cases}$

이때 $g(x)>2$에서 $x^2-2>2$이므로 $x>2$ 또는 $x<-2$

$-2\leq g(x)\leq 2$에서 $-2\leq x^2-2\leq 2$이므로 $-2\leq x\leq 2$

$g(x)<-2$에서 $x^2-2<-2$에서 실수 x의 값은 존재하지 않는다.

즉 $(f\circ g)(x)=\begin{cases} 2 & (x>2) \\ x^2-2 & (-2\leq x\leq 2) \\ 2 & (x<-2) \end{cases}$ 이므로 ㉠의 식과 일치한다. [참]

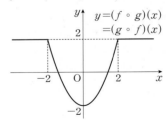

따라서 옳은 것은 ㄱ, ㄴ, ㄷ이다.

두 함수

$$f(x)=\begin{cases} x+1 & (x<-1) \\ 0 & (-1\le x\le 1), \\ 1-x & (x>1) \end{cases} g(x)=x^2-1$$

일 때, 보기에서 옳은 것만을 있는 대로 고른 것은?

> ㄱ. $(f\circ g)(2)=-2$
> ㄴ. 모든 실수 x에 대하여 $(g\circ f)(-x)=(g\circ f)(x)$
> ㄷ. 방정식 $(f\circ g)(x)=x$는 서로 다른 두 실근을 갖는다.

① ㄱ   ② ㄴ   ③ ㄱ, ㄴ
④ ㄱ, ㄷ   ⑤ ㄱ, ㄴ, ㄷ

STEP Ⓐ $(f\circ g)(2)$의 값 구하기

ㄱ. $(f\circ g)(2)=f(g(2))=f(3)$
$\qquad\qquad\quad =1-3=-2$ [참]

STEP Ⓑ $(g\circ f)(x)$와 $(g\circ f)(-x)$의 식을 각각 구하기

ㄴ. $f(-x)=\begin{cases} -x+1 & (-x<-1) \\ 0 & (-1\le -x\le 1) \\ 1-(-x) & (-x>1) \end{cases}$

$\quad =\begin{cases} 1-x & (x>1) \\ 0 & (-1\le x\le 1) \\ 1+x & (x<-1) \end{cases}$

즉 $f(-x)=f(x)$를 만족시킨다.

$(g\circ f)(-x)=g(f(-x))=g(f(x))=(g\circ f)(x)$ [참]

ㄷ. $(f\circ g)(x)=f(x^2-1)$이므로

$$f(x^2-1)=\begin{cases} (x^2-1)+1 & (x^2-1<-1) \\ 0 & (-1\le x^2-1\le 1) \\ 1-(x^2-1) & (x^2-1>1) \end{cases}$$

이때 $x^2-1<-1$을 만족하는 구간은 없고
$x^2-1>1$에서 $x^2>2$이므로 $x>\sqrt{2}$ 또는 $x<-\sqrt{2}$
$-1\le x^2-1\le 1$에서 $0\le x^2\le 2$이므로 $-\sqrt{2}\le x\le\sqrt{2}$

$\therefore f(x^2-1)=\begin{cases} 0 & (-\sqrt{2}\le x\le\sqrt{2}) \\ -x^2+2 & (x>\sqrt{2} \text{ 또는 } x<-\sqrt{2}) \end{cases}$

즉 $y=(f\circ g)(x)$의 그래프는 다음과 같다.

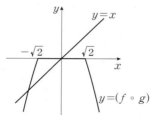

함수 $y=(f\circ g)(x)$의 그래프와 직선 $y=x$는 서로 다른 두 점에서
만나므로 방정식 $(f\circ g)(x)=x$는 서로 다른 두 실근을 갖는다. [참]
따라서 옳은 것은 ㄱ, ㄴ, ㄷ이다.   정답 ⑤

1529

STEP Ⓐ 두 함수 $y=f^{-1}(x)$, $y=f(x)$의 그래프는 직선 $y=x$에 대하여 대칭임을 이용하여 그리기

함수 $y=f^{-1}(x)$의 그래프는 함수 $y=f(x)$의 그래프와 직선 $y=x$에 대하여 대칭이므로 그래프를 그림과 같이 그릴 수 있다.

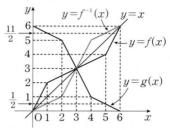

STEP Ⓑ $f^{-1}(a)=g(b)$를 만족시키는 두 자연수 a, b의 순서쌍 (a, b)의 개수 구하기

두 함수 $y=f^{-1}(x)$와 $y=g(x)$의 그래프가 직선 $x=3$에 대하여 대칭이므로
$f^{-1}(x)=g(6-x)$
$x=1, 2, 3, 4, 5$를 각각 대입하면

$f^{-1}(1)=g(5)=\dfrac{1}{2}$

$f^{-1}(2)=g(4)=1$

$f^{-1}(3)=g(3)=3$

$f^{-1}(4)=g(2)=5$

$f^{-1}(5)=g(1)=\dfrac{11}{2}$

따라서 등식 $f^{-1}(a)=g(b)$를 만족시키는 두 자연수 a, b의 순서쌍의 개수는
$(1, 5), (2, 4), (3, 3), (4, 2), (5, 1)$의 5개이다.

다른풀이 $f^{-1}(a)=g(b)$에서 $f(g(b))=a$임을 이용하여 풀이하기

STEP Ⓐ 역함수의 성질을 이용하여 순서쌍 (a, b)의 개수 구하기

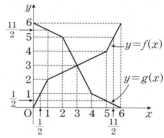

함수 $f(x)=\begin{cases} 2x & (0\le x<1) \\ \dfrac{1}{2}x+\dfrac{3}{2} & (1\le x<5) \text{ 에 대하여} \\ 2x-6 & (5\le x\le 6) \end{cases}$

세 선분으로 이루어져 있으므로 구간에 따라 나누어 구한다.

등식 $f^{-1}(a)=g(b)$에서 $f(g(b))=a$이고 ← 역함수의 성질 $f^{-1}(a)=b \Longleftrightarrow f(b)=a$

a가 자연수이므로 가능한 $g(b)$의 값은 $\dfrac{1}{2}, 1, 3, 5, \dfrac{11}{2}, 6$

$a=1$일 때, $g(b)=\dfrac{1}{2}$에서 $b=5$이고 $f(g(b))=a=1$

$a=2$일 때, $g(b)=1$에서 $b=4$이고 $f(g(b))=a=2$

$a=3$일 때, $g(b)=3$에서 $b=3$이고 $f(g(b))=a=3$

$a=4$일 때, $g(b)=5$에서 $b=2$이고 $f(g(b))=a=4$

$a=5$일 때, $g(b)=\dfrac{11}{2}$에서 $b=1$이고 $f(g(b))=a=5$

$a=6$일 때, $g(b)=6$에서 $b=0$이고 $f(g(b))=a=6$

그런데 $b=0$에서 b는 자연수가 아니므로 조건을 만족시키지 않는다.
따라서 등식 $f^{-1}(a)=g(b)$를 만족시키는 두 자연수 a, b의 순서쌍의 개수는
$(1, 5), (2, 4), (3, 3), (4, 2), (5, 1)$의 5개이다.

1530

정답 32

STEP A $2f^{-1}(1)+f(1)=1$을 만족하는 점 B의 좌표 구하기

점 A$(3, 1)$이 함수 $y=f(x)$의 그래프 위의 점이므로

$f(3)=1$이고 $f^{-1}(1)=3$

$2f^{-1}(1)+f(1)=1$에 대입하면 $f(1)=1-2f^{-1}(1)=1-2\times3=-5$에서

$f^{-1}(-5)=1$이므로 점 B$(-5, 1)$

STEP B $y=x$에 대하여 대칭임을 이용하여 두 점 C, D의 좌표 구하기

이때 두 직선 AC, BD가 직선 $y=x$에 수직이고

두 함수 $y=f(x)$, $y=f^{-1}(x)$에 그래프가 직선 $y=x$에 대하여

서로 대칭이므로 두 점 A, B를 직선 $y=x$에 대하여 대칭이동한 점이 각각

C, D이다.

즉 C$(1, 3)$, D$(1, -5)$

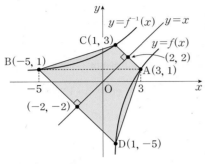

STEP C 사다리꼴 ACBD의 넓이 구하기

사다리꼴 ACBD에서 $\overline{AC}=2\sqrt{2}$, $\overline{BD}=6\sqrt{2}$이고 높이는 선분 AC의

중점 $(2, 2)$와 선분 BD의 중점 $(-2, -2)$ 사이의 거리와 같으므로 $4\sqrt{2}$

따라서 사다리꼴 ACBD의 넓이는 $\dfrac{1}{2}\times(2\sqrt{2}+6\sqrt{2})\times4\sqrt{2}=32$

내신연계 출제문항 744

함수 $y=f(x)$와 그 역함수 $y=f^{-1}(x)$의 그래프가 그림과 같다.

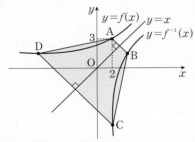

곡선 $y=f(x)$ 위의 두 점 A, D와 곡선 $y=f^{-1}(x)$ 위의 두 점 B, C가 다음

조건을 만족시키고 $f(2)=f^{-1}(2)+9$일 때, 사각형 ABCD의 넓이가 $\dfrac{p}{q}$일

때, $p+q$의 값 구하시오. (단, p, q는 서로소인 자연수이다.)

> (가) 점 A의 좌표는 A$(2, 3)$이다.
> (나) 두 선분 AB, DC는 각각 직선 $y=x$와 서로 수직이다.
> (다) 직선 BD는 x축과 서로 평행하다.

STEP A $f(2)=f^{-1}(2)+9$를 만족하는 점 D의 좌표 구하기

조건 (가)에서 A$(2, 3)$이고 점 A는 곡선 $y=f(x)$ 위의 점이므로 $f(2)=3$

또한, 함수 $y=f(x)$의 그래프와 역함수 $y=f^{-1}(x)$의 그래프는

직선 $y=x$에 대하여 대칭이고

조건 (나)에서 선분 AB와 직선 $y=x$가 서로 수직이므로

점 B의 좌표는 $(3, 2)$　　　　······ ㉠

조건 (다)에서 직선 BD와 x축은 서로 평행하므로

㉠에 의하여 점 D의 y좌표는 2, 즉 점 D의 좌표를 $(k, 2)$라 하자.

이때 조건 (나)에서 선분 CD와 직선 $y=x$가 서로 수직이므로

점 C의 좌표는 $(2, k)$

또한, 점 C는 곡선 $y=f^{-1}(x)$ 위의 점이므로 $f^{-1}(2)=k$

주어진 조건에 의하여 $f(2)=f^{-1}(2)+9$이므로

$3=k+9$에서 $k=-6$

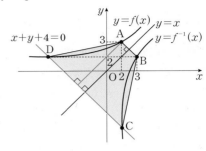

STEP B 사각형 ABCD의 넓이 구하기

두 점 D, C의 좌표는 각각 $(-6, 2)$, $(2, -6)$

$\overline{AB}=\sqrt{(2-3)^2+(3-2)^2}=\sqrt{2}$

$\overline{CD}=\sqrt{(-6-2)^2+\{2-(-6)\}^2}=8\sqrt{2}$

또한, 직선 CD의 방정식은 $y=-x-4$이므로

이 직선 $x+y+4=0$과 점 A$(2, 3)$ 사이의 거리를 d라 하면

점 (x_1, y_1)과 직선 $ax+by+c=0$ 사이의 거리를 d라 하면 $d=\dfrac{|ax_1+by_1+c|}{\sqrt{a^2+b^2}}$

$d=\dfrac{|2+3+4|}{\sqrt{1^2+1^2}}=\dfrac{9\sqrt{2}}{2}$

따라서 사각형 ABCD의 넓이는 $\dfrac{1}{2}\times(\sqrt{2}+8\sqrt{2})\times\dfrac{9\sqrt{2}}{2}=\dfrac{81}{2}$이므로

$p+q=81+2=83$

정답 83

1531

정답 16

STEP A 역함수의 그래프를 이용하여 넓이 A와 같은 부분 찾기

$f(x)=2x^2 (x\leq0)$에서 $f(-2)=8$　　　　······ ㉠

함수 $y=f(x)$의 그래프와 역함수 $y=f^{-1}(x)$의 그래프는

직선 $y=x$에 대하여 대칭이다.

㉠에 의하여 함수 $y=f(x)$의 그래프는 점 $(-2, 8)$를 지나므로

역함수 $y=f^{-1}(x)$의 그래프는 점 $(8, -2)$를 지난다.

즉 함수 $y=f(x)$의 그래프와 직선 $y=8$ 및 y축으로 둘러싸인 부분의 넓이는

함수 $y=f^{-1}(x)$의 그래프와 직선 $x=8$ 및 x축으로 둘러싸인 부분의 넓이와

서로 같다.

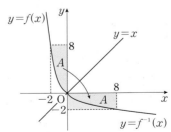

STEP B $A+B$의 값 구하기

따라서 넓이는 네 점 $(0, 0)$, $(0, -2)$, $(8, -2)$, $(8, 0)$을 꼭짓점으로 하는

사각형의 넓이와 같으므로 $A+B=2\times8=16$

함수 $f(x)=\dfrac{1}{3}x^2+3(x\geq 0)$의 그래프와 두 직선 $x=3$, $x=6$ 및 x축으로 둘러싸인 도형의 넓이를 A라 할 때, 역함수 $y=f^{-1}(x)$의 그래프와 두 직선 $x=6$, $x=15$ 및 x축으로 둘러싸인 도형의 넓이를 A에 대하여 나타낸 것으로 옳은 것은?

① $80-A$　　　　② $72-A$　　　　③ $64-A$
④ $56-A$　　　　⑤ $48-A$

STEP Ⓐ 역함수의 그래프에서 도형의 넓이 A와 같은 부분 찾기

$f(x)=\dfrac{1}{3}x^2+3(x\geq 0)$에서 $f(3)=6$이고 $f(6)=15$

함수 $y=f(x)$의 그래프와 역함수 $y=f^{-1}(x)$의 그래프는 직선 $y=x$에 대하여 대칭이다.

즉 역함수 $y=f^{-1}(x)$의 그래프와 두 직선 $y=3$, $y=6$ 및 y축으로 둘러싸인 도형의 넓이는 함수 $f(x)=\dfrac{1}{3}x^2+3(x\geq 0)$의 그래프와 두 직선 $x=3$, $x=6$ 및 x축으로 둘러싸인 도형의 넓이인 A와 서로 같다.

STEP Ⓑ 도형의 넓이를 A에 대하여 나타내기

역함수 $y=f^{-1}(x)$의 그래프와 두 직선 $x=6$, $x=15$ 및 x축으로 둘러싸인 도형의 넓이는 네 점 $(0, 0)$, $(15, 0)$, $(15, 6)$, $(0, 6)$을 꼭짓점으로 하는 직사각형의 넓이에서 네 점 $(0, 0)$, $(6, 0)$, $(6, 3)$, $(0, 3)$을 꼭짓점으로 하는 직사각형의 넓이와 역함수 $y=f^{-1}(x)$의 그래프와 두 직선 $y=3$, $y=6$ 및 y축으로 둘러싸인 도형의 넓이를 뺀 값과 같다.

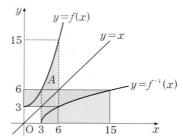

따라서 구하는 넓이는 $6\times 15-6\times 3-A=72-A$　　정답 ②

1532　2016년 03월 고3 학력평가 나형 28번　정답 4

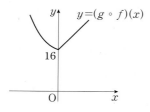

STEP Ⓐ 합성함수의 성질을 이해하여 a의 부호 결정하기

$f(x)=\begin{cases}x^2+2ax+6 & (x<0)\\ x+6 & (x\geq 0)\end{cases}$, $g(x)=x+10$이므로

합성함수 $(g\circ f)(x)=\begin{cases}x^2+2ax+16 & (x<0)\\ x+16 & (x\geq 0)\end{cases}$ ← $g(x)$에 x대신 $f(x)$를 대입

$x<0$일 때,
$(g\circ f)(x)=(x+a)^2+16-a^2$에서 축이 $x=-a$이므로 $a\leq 0$, $a>0$일 때로 나누어 치역의 범위를 살펴보면 된다.

STEP Ⓑ $a\leq 0$, $a>0$일 때의 치역을 비교하여 a의 값 구하기

(i) $a\leq 0$일 때,
합성함수 $(g\circ f)(x)$의 치역이 $\{y\,|\,y\geq 16\}$이므로 문제의 조건을 만족하지 않는다. ← 이차함수의 꼭짓점 x좌표는 양수

(ii) $a>0$일 때,
$y=x^2+2ax+16$의 꼭짓점의 x좌표가 음수이므로 합성함수 $(g\circ f)(x)$의 치역이 $\{y\,|\,y\geq 0\}$이기 위해서는 꼭짓점의 y좌표가 0이다.
$y=x^2+2ax+16=(x+a)^2+16-a^2$
에서 $16-a^2=0$, $a=\pm 4$

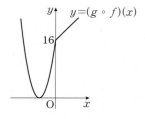

따라서 $a>0$이므로 $a=4$

두 함수
$$f(x)=\begin{cases}x^2+4ax+24 & (x<0)\\ x+24 & (x\geq 0)\end{cases}, \quad g(x)=x+12$$
에 대하여 합성함수 $(g\circ f)(x)$의 치역이 $\{y\,|\,y\geq 0\}$일 때, 상수 a의 값을 구하시오.

STEP Ⓐ 합성함수의 성질을 이해하여 a의 부호 결정하기

$f(x)=\begin{cases}x^2+4ax+24 & (x<0)\\ x+24 & (x\geq 0)\end{cases}$, $g(x)=x+12$에서

$(g\circ f)(x)=g(f(x))=\begin{cases}x^2+4ax+36 & (x<0)\\ x+36 & (x\geq 0)\end{cases}$ ← $g(x)$에 x대신 $f(x)$를 대입

$x<0$일 때, $(g\circ f)(x)=(x+2a)^2+36-4a^2$에서 축이 $x=-2a$이므로 $a\leq 0$, $a>0$일 때로 나누어 치역의 범위를 살펴보면 된다.

STEP Ⓑ $a\leq 0$, $a>0$일 때의 치역을 비교하여 a의 값 구하기

(i) $a\leq 0$이면 합성함수 $(g\circ f)(x)$의 치역이 $\{y\,|\,y\geq 36\}$이므로 치역이 $y\geq 0$의 조건에 모순이다.
이차함수의 꼭짓점 x좌표는 양수

(ii) $a>0$일 때, $y=x^2+4ax+36$의 꼭짓점의 x좌표가 음수이므로 합성함수 $(g\circ f)(x)$의 치역이 $\{y\,|\,y\geq 0\}$이기 위해서는 꼭짓점의 y좌표가 0이다.
즉 $y=x^2+4ax+36$
$=(x+2a)^2+36-4a^2$
에서 $36-4a^2=0$, $a=\pm 3$

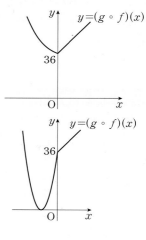

따라서 $a>0$이므로 $a=3$　　정답 3

1533　2016년 03월 고3 학력평가 나형 19번　정답 ①

STEP Ⓐ 함수의 그래프와 방정식의 관계를 이해하여 두 조건 (가), (나)를 만족하는 $f(x)$의 식 구하기

조건 (가)에 의해 이차함수 $f(x)=ax(x-2)$ (단, $a\neq 0$인 상수)
조건 (나)에 의해 $ax(x-2)-6(x-2)=0$이므로 $(ax-6)(x-2)=0$
이차방정식의 실근의 개수가 1이므로 $ax-6=0$의 한 근도 $x=2$이어야 한다.
즉 $2a-6=0$이므로 $a=3$
$\therefore f(x)=3x(x-2)$

STEP Ⓑ $f(f(x))=-3$을 만족시키는 서로 다른 x의 값 구하기

$(f\circ f)(x)=f(f(x))=-3$을 직접 구하면
$f(f(x))=3f(x)\{f(x)-2\}=3\{f(x)\}^2-6f(x)=-3$

$\{f(x)\}^2-2f(x)+1=0$, $\{f(x)-1\}^2=0$

$\therefore f(x)=1$

즉 $3x(x-2)=1$, $3x^2-6x-1=0$

이차방정식 $3x^2-6x-1=0$의 판별식을 D라 하면

$\dfrac{D}{4}=3^2-3\times(-1)>0$이므로 서로 다른 두 실근이 존재하고

따라서 이차방정식의 근과 계수의 관계에 의하여

이차방정식 $ax^2+bx+c=0$의 두 근을 α, β라 할 때, $\alpha+\beta=-\dfrac{b}{a}$, $\alpha\beta=\dfrac{c}{a}$

서로 다른 두 실근의 곱은 $-\dfrac{1}{3}$

다른풀이 이차함수의 그래프를 이용하여 풀이하기

STEP A 함수의 그래프와 방정식의 관계를 이해하여 두 조건 (가), (나)를 만족하는 $f(x)$의 식 구하기

조건 (가)에 의해 이차함수 $f(x)=ax(x-2)$ (단, $a\neq0$인 상수)

조건 (나)에 의해 $ax(x-2)-6(x-2)=0$이므로 $(ax-6)(x-2)=0$

이차방정식의 실근의 개수가 1이므로 $ax-6=0$의 한 근도 $x=2$이어야 한다.

즉 $2a-6=0$이므로 $a=3$

$f(x)=3x(x-2)=3(x-1)^2-3$이므로 이차함수 $f(x)$의 꼭짓점은 $(1, -3)$

STEP B $f(f(x))=-3$의 서로 다른 실근의 곱 구하기

$f(f(x))=-3$에서 $f(x)=t$로 치환하면

$f(t)=-3$

오른쪽 그림에서 $f(t)=-3$을 만족하는

t의 값은 1

이때, $f(f(x))=-3$을 만족하기 위해서는

$f(x)=1$이 되어야 한다.

즉 $f(x)=3x^2-6x=1$에서

$3x^2-6x-1=0$

따라서 이차방정식의 근과 계수의 관계에 의하여 서로 다른 두 실근의 곱은

$-\dfrac{1}{3}$

내/신/연/계 출제문항 747

이차함수 $f(x)$가 다음 조건을 만족시킨다.

> (가) $f(0)=f(4)=0$
> (나) 이차방정식 $f(x)-8(x-4)=0$의 실근의 개수는 1이다.

방정식 $(f\circ f)(x)=-8$의 서로 다른 실근을 모두 곱한 값을 구하시오.

STEP A 함수의 그래프와 방정식의 관계를 이해하여 두 조건 (가), (나)를 만족하는 $f(x)$의 식 구하기

조건 (가)에 의해 이차함수 $f(x)=ax(x-4)$ ($a\neq0$인 상수)

조건 (나)에 의해 $ax(x-4)-8(x-4)=0$이므로 $(ax-8)(x-4)=0$

이차방정식의 실근의 개수가 1이므로 $ax-8=0$의 근은 $x=4$

즉 $a=2$이므로 $f(x)=2x(x-4)=2(x-2)^2-8$

STEP B $f(f(x))=-4$의 서로 다른 실근의 곱 구하기

$f(x)=2x(x-4)=2(x-2)^2-8$

이므로 이차함수 $f(x)$의 꼭짓점은

$(2, -8)$

$f(f(x))=-8$을 만족하기 위해서는

$f(x)=2$가 되어야 한다.

즉 $2x^2-8x=2$에서 $2x^2-8x-2=0$

따라서 이차방정식의 근과 계수의 관계에 의하여 서로 다른 두 실근의 곱은 -1

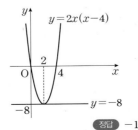

정답 -1

STEP A 조건 (가)를 이용하여 $f(f(4))$의 값 구하기

ㄱ. 집합 X의 모든 원소 x에 대하여 $x+f(f(x))\leq5$이므로

$x=4$를 대입하면 $4+f(f(4))\leq5$

즉 $f(f(4))\leq1$이고 함수 f의 치역이 $\{1, 2, 4\}$이므로

$f(f(4))=1$ [참]

STEP B 주어진 조건을 이용하여 $f(3)$의 값 구하기

ㄴ. $x=1$일 때, $1+f(f(1))\leq5$이므로 $f(f(1))\leq4$ ┈┈┈ ㉠

$x=2$일 때, $2+f(f(2))\leq5$이므로 $f(f(2))\leq3$ ┈┈┈ ㉡

$x=3$일 때, $3+f(f(3))\leq5$이므로 $f(f(3))\leq2$ ┈┈┈ ㉢

$x=4$일 때, $4+f(f(4))\leq5$이므로 $f(f(4))\leq1$에서 $f(f(4))=1$ ┈┈┈ ㉣

(i) $f(4)=1$인 경우

$f(4)=1$이므로 $f(f(4))=f(1)=1$

① $f(3)=1$일 때, $f(1)=1$, $f(3)=1$, $f(4)=1$이므로

$f(2)=2$일 때, 치역이 $\{1, 2\}$

$f(2)=4$일 때, 치역이 $\{1, 4\}$이므로 조건을 만족시키지 않는다.

② $f(3)=2$일 때, $f(1)=1$, $f(3)=2$, $f(4)=1$

이를 ㉢에 대입하면 $f(f(3))=f(2)\leq2$이므로

$f(2)=1$ 또는 $f(2)=2$

치역이 $\{1, 2\}$이므로 조건을 만족시키지 않는다.

③ $f(3)=4$일 때, $f(1)=1$, $f(3)=4$, $f(4)=1$

이를 ㉢에 대입하면 $f(f(3))=f(4)\leq2$이므로 조건을 만족시키고

$f(2)=2$일 때, ㉡의 식에 대입하면 $f(f(2))=f(2)\leq3$이므로

조건을 만족시킨다.

즉 $f(1)=1$, $f(2)=2$, $f(3)=4$, $f(4)=1$로 치역이 $\{1, 2, 4\}$

(ii) $f(4)=2$인 경우

$f(4)=2$이므로 $f(f(4))=f(2)=1$

① $f(3)=1$일 때, $f(2)=1$, $f(3)=1$, $f(4)=2$

$f(1)=4$일 때,

㉠의 식에 대입하면 $f(f(1))=f(4)\leq4$로 만족시킨다.

㉡의 식에 대입하면 $f(f(2))=f(1)\leq3$일 때, $f(1)=4$의 조건을 만족시키지 않는다.

② $f(3)=2$일 때, $f(2)=1$, $f(3)=2$, $f(4)=2$

$f(1)=4$일 때,

㉠의 식에 대입하면 $f(f(1))=f(4)\leq4$로 만족시킨다.

㉡의 식에 대입하면 $f(f(2))=f(1)\leq3$일 때, $f(1)=4$의 조건을 만족시키지 않는다.

③ $f(3)=4$일 때, $f(2)=1$, $f(3)=4$, $f(4)=2$

$f(1)=1$일 때,

㉠의 식에 대입하면 $f(f(1))=f(1)\leq4$로 만족시킨다.

㉡의 식에 대입하면 $f(f(2))=f(1)\leq3$으로 만족시킨다.

㉢의 식에 대입하면 $f(f(3))=f(4)\leq2$로 만족시킨다.

㉣의 식에 대입하면 $f(f(4))=f(2)\leq1$로 만족시킨다.

즉 $f(1)=1$, $f(2)=1$, $f(3)=4$, $f(4)=2$로 치역이 $\{1, 2, 4\}$

$f(1)=2$일 때,

㉠의 식에 대입하면 $f(f(1))=f(2)\leq4$로 만족시킨다.

㉡의 식에 대입하면 $f(f(2))=f(1)\leq3$으로 만족시킨다.

㉢의 식에 대입하면 $f(f(3))=f(4)\leq2$로 만족시킨다.

㉣의 식에 대입하면 $f(f(4))=f(2)\leq1$로 만족시킨다.

즉 $f(1)=2$, $f(2)=1$, $f(3)=4$, $f(4)=2$로 치역이 $\{1, 2, 4\}$

$f(1)=4$일 때,

㉠의 식에 대입하면 $f(f(1))=f(4)\leq4$로 만족시킨다.

㉡의 식에 대입하면 $f(f(2))=f(1)\leq3$로 만족시키지 않는다.

(ⅲ) $f(4)=4$일 때,

　$f(4)=4$이므로 $f(f(4))=f(4)\le 1$로 $f(4)=4$의 조건을 만족시키지

　않는다.

　(ⅰ)~(ⅲ)에서 가능한 모든 함수 f에 대하여 $f(3)=4$ [참]

ㄷ. ㄴ에서 (ⅰ)~(ⅲ)에서 가능한 함수 f의 개수는 3 [거짓]

따라서 옳은 것은 ㄱ, ㄴ이다.

---

mini 해설 | $f(4)$가 가질 수 있는 값이 1, 2, 4인 경우로 나누어 풀이하기

$x=1$일 때, $1+f(f(1))\le 5$이므로 $f(f(1))\le 4$ ······ ㉠

$x=2$일 때, $2+f(f(2))\le 5$이므로 $f(f(2))\le 3$ ······ ㉡

$x=3$일 때, $3+f(f(3))\le 5$이므로 $f(f(3))\le 2$ ······ ㉢

$x=4$일 때, $4+f(f(4))\le 5$이므로 $f(f(4))\le 1$에서 $f(f(4))=1$ ······ ㉣

이때 $f(f(4))=1$이므로 $f(4)=1$, $f(4)=2$, $f(4)=4$인 경우로 나누어 조건을

만족하는 함수 f는 다음 표와 같다.

$f(1)$	$f(2)$	$f(3)$	$f(4)$	
1	4	2	1	㉢에서 $f(f(3))=f(2)=4\le 2$(모순)
1	2	4	1	
1	1	4	2	
2	1	4	2	
4	1		2	㉡에서 $f(f(2))=f(1)=4\le 2$(모순)
			4	㉣에서 $f(f(4))=f(4)=4\ne 1$(모순)

따라서 가능한 함수 f는 다음과 같이 3가지가 있다.

$f(4)=1$일 때, $f(1)=1$, $f(2)=2$, $f(3)=4$

$f(4)=2$일 때, $f(1)=1$, $f(2)=1$, $f(3)=4$

$f(4)=2$일 때, $f(1)=2$, $f(2)=1$, $f(3)=4$

내/신/연/계 출제문항 748

집합 $X=\{2, 4, 6, 8\}$에 대하여 함수 $f:X\longrightarrow X$가 다음 조건을 만족시

킨다.

> (가) 집합 X의 모든 원소 x에 대하여 $x+f(f(x))\le 10$이다.
>
> **TIP** $x=2, 4, 6, 8$를 대입하면서 함숫값을 추론한다.
>
> (나) 함수 f의 치역은 $\{2, 4, 8\}$이다.

[보기]에서 옳은 것만을 있는 대로 고른 것은?

> ㄱ. $f(f(8))=2$
>
> **TIP** $8+f(f(8))\le 10$이므로 $f(f(8))\le 2$
>
> ㄴ. $f(6)=8$
>
> ㄷ. 가능한 함수 f의 개수는 3이다.

① ㄱ　　　　　　② ㄱ, ㄴ　　　　　③ ㄱ, ㄷ

④ ㄴ, ㄷ　　　　　⑤ ㄱ, ㄴ, ㄷ

문항분석

조건 (가)에서 원소를 대입하여 관계식을 작성하고 [보기]에 주어진 $f(f(8))=2$임을

이용하여 $f(8)$의 값을 결정하면서 주어진 조건을 만족시키는 $f(6)$의 값을 구하면 된다.

STEP A 조건 (가)를 이용하여 $f(f(8))$의 값 구하기

ㄱ. 집합 X의 모든 원소 x에 대하여 $x+f(f(x))\le 10$이므로

　$x=8$을 대입하면 $8+f(f(8))\le 10$

　즉 $f(f(8))\le 2$이고 함수 f의 치역이 $\{2, 4, 8\}$이므로

　$f(f(8))=2$ [참]

STEP B 주어진 조건을 이용하여 $f(6)$의 값 구하기

ㄴ. $x=2$일 때, $2+f(f(2))\le 10$이므로 $f(f(2))\le 8$ ······ ㉠

　$x=4$일 때, $4+f(f(4))\le 10$이므로 $f(f(4))\le 6$ ······ ㉡

　$x=6$일 때, $6+f(f(6))\le 10$이므로 $f(f(6))\le 4$ ······ ㉢

　$x=8$일 때, $8+f(f(8))\le 10$이므로 $f(f(8))\le 2$에서 $f(f(8))=2$ ······ ㉣

(ⅰ) $f(8)=2$인 경우

　$f(8)=2$이므로 $f(f(8))=f(2)=2$

　① $f(6)=2$일 때, $f(2)=2$, $f(6)=2$, $f(8)=2$

　　$f(4)=4$일 때, 치역이 $\{2, 4\}$

　　$f(4)=8$일 때, 치역이 $\{2, 8\}$이므로 조건을 만족시키지 않는다.

　② $f(6)=4$일 때, $f(2)=2$, $f(6)=4$, $f(8)=2$

　　이를 ㉢에 대입하면 $f(f(6))=f(4)\le 4$이므로

　　$f(4)=2$ 또는 $f(4)=4$

　　치역이 $\{2, 4\}$이므로 조건을 만족시키지 않는다.

　③ $f(6)=8$일 때, $f(2)=2$, $f(6)=8$, $f(8)=2$

　　이를 ㉢에 대입하면 $f(f(6))=f(8)\le 4$이므로 조건을 만족시키고

　　$f(4)=4$일 때, ㉡의 식에 대입하면 $f(f(4))=f(4)\le 6$이므로

　　조건을 만족시킨다.

　　즉 $f(2)=2$, $f(4)=4$, $f(6)=8$, $f(8)=2$로 치역이 $\{2, 4, 8\}$

(ⅱ) $f(8)=4$인 경우

　$f(8)=4$이므로 $f(f(8))=f(4)=2$

　① $f(6)=2$일 때, $f(4)=2$, $f(6)=2$, $f(8)=4$

　　$f(2)=8$일 때,

　　㉠의 식에 대입하면 $f(f(2))=f(8)\le 8$로 만족시킨다.

　　㉡의 식에 대입하면 $f(f(4))=f(2)\le 6$일 때, $f(2)=8$의 조건을

　　만족시키지 않는다.

　② $f(6)=4$일 때, $f(4)=2$, $f(6)=4$, $f(8)=4$

　　$f(2)=8$일 때,

　　㉠의 식에 대입하면 $f(f(2))=f(8)\le 8$로 만족시킨다.

　　㉡의 식에 대입하면 $f(f(4))=f(2)\le 6$일 때 $f(2)=8$의 조건을

　　만족시키지 않는다.

　③ $f(6)=8$일 때, $f(4)=2$, $f(6)=8$, $f(8)=4$

　　$f(2)=2$일 때,

　　㉠의 식에 대입하면 $f(f(2))=f(2)\le 8$로 만족시킨다.

　　㉡의 식에 대입하면 $f(f(4))=f(2)\le 6$으로 만족시킨다.

　　㉢의 식에 대입하면 $f(f(6))=f(8)\le 4$로 만족시킨다.

　　㉣의 식에 대입하면 $f(f(8))=f(4)\le 2$로 만족시킨다.

　　즉 $f(2)=2$, $f(4)=2$, $f(6)=8$, $f(8)=4$로 치역이 $\{2, 4, 8\}$

　　$f(2)=4$일 때,

　　㉠의 식에 대입하면 $f(f(2))=f(4)\le 8$로 만족시킨다.

　　㉡의 식에 대입하면 $f(f(4))=f(2)\le 6$으로 만족시킨다.

　　㉢의 식에 대입하면 $f(f(6))=f(8)\le 4$로 만족시킨다.

　　㉣의 식에 대입하면 $f(f(8))=f(4)\le 2$로 만족시킨다.

　　즉 $f(2)=4$, $f(4)=2$, $f(6)=8$, $f(8)=4$로 치역이 $\{2, 4, 8\}$

　　$f(2)=8$일 때,

　　㉠의 식에 대입하면 $f(f(2))=f(8)\le 8$로 만족시킨다.

　　㉡의 식에 대입하면 $f(f(4))=f(2)\le 6$으로 만족시키지 않는다.

(ⅲ) $f(8)=8$일 때,

　$f(8)=8$이므로 $f(f(8))=f(8)\le 2$로 $f(8)=8$의 조건을

　만족시키지 않는다.

　(ⅰ)~(ⅲ)에서 가능한 모든 함수 f에 대하여 $f(6)=8$ [참]

ㄷ. ㄴ에서 (ⅰ)~(ⅲ)에서 가능한 함수 f의 개수는 3 [참]

따라서 옳은 것은 ㄱ, ㄴ, ㄷ이다.

정답 ⑤

1535

STEP A 조건 (가)를 만족시키는 경우의 수 구하기

조건 (가)에서 $1 \leq x_1 < x_2 \leq 4$이면 $f(x_1) > f(x_2)$이므로
$x = 1, 2, 3, 4$에서 감소하는 함수이다.
즉 $f(1), f(2), f(3), f(4)$의 순서가 정해져 있으므로
공역 $\{1, 2, 3, 4, 5, 6\}$에서 4개를 선택하면 된다.

$_6C_4 = {_6}C_2 = \dfrac{6 \times 5}{2 \times 1} = 15$　　　…… ㉠

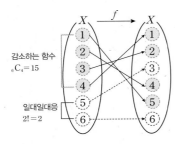

감소하는 함수
$_6C_4 = 15$

일대일대응
$2! = 2$

STEP B 조건 (나)를 만족시키는 $f(5)$, $f(6)$의 경우의 수 구하기

조건 (나)에서 역함수가 존재하지 않으므로 일대일대응이 아니다.
이때 $f(5)$, $f(6)$이 될 수 있는 경우의 수에서 일대일대응이 되는 경우의 수를
제외하면 된다. ← 조건 (가)∩조건 (나)=조건 (가)−[조건 (가)∩{조건 (나)}]
(i) $f(5)$, $f(6)$이 될 수 있는 경우의 수
　　$x = 5$, 6은 공역 $\{1, 2, 3, 4, 5, 6\}$에 모두 대응할 수 있으므로
　　경우의 수는 $6 \times 6 = 36$
(ii) 일대일대응이 되는 경우의 수
　　$f(1), f(2), f(3), f(4)$가 결정되고 공역에 남은 2개의 원소에
　　$x = 5$, 6이 대응이 되면 일대일대응이 되므로
　　경우의 수는 $2 \times 1 = 2$
(i), (ii)에서 일대일대응이 되지 않는 $f(5)$, $f(6)$이 될 수 있는 경우의 수는
$36 - 2 = 34$　　　…… ㉡

> **+α** $f(5)$, $f(6)$의 경우를 나누어 구할 수 있어!
>
> 일대일대응이 아니므로
> (i) $f(5)$가 $f(1), f(2), f(3), f(4)$의 값 중 하나가 되는 경우
> 　　$f(5)$가 $f(1), f(2), f(3), f(4)$의 값 중 하나가 되는 경우의 수는 4
> 　　$f(6)$이 $f(1), f(2), f(3), f(4)$의 값이 아닌 값에 대응하는 경우의 수는 2
> 　　$4 \times 2 = 8$
> (ii) $f(6)$이 $f(1), f(2), f(3), f(4)$의 값 중 하나가 되는 경우
> 　　$f(6)$이 $f(1), f(2), f(3), f(4)$의 값 중 하나가 되는 경우의 수는 4
> 　　$f(5)$가 $f(1), f(2), f(3), f(4)$의 값이 아닌 값에 대응하는 경우의 수는 2
> 　　$4 \times 2 = 8$
> (iii) $f(5)$, $f(6)$이 모두 $f(1), f(2), f(3), f(4)$의 값 중 하나가 되는 경우
> 　　$f(5)$, $f(6)$이 $f(1), f(2), f(3), f(4)$에 대응하는 경우는
> 　　$4 \times 4 = 16$
> (iv) $f(5)$, $f(6)$이 $f(1), f(2), f(3), f(4)$ 이외의 값에 대응하는 경우
> 　　일대일대응이 아니므로 $f(5)$, $f(6)$이 남은 두 원소에 모두 대응하는 경우이므로
> 　　경우의 수는 2
> (i)~(iv)에서 $f(5)$, $f(6)$을 대응하는 경우의 수는 $8+8+16+2 = 34$

STEP C 함수의 개수 구하기

㉠, ㉡의 경우에서 함수 $f(x)$의 개수는 $15 \times 34 = 510$
　$_6C_4 \times 6 \times 6 - (_6C_4 \times 2!) = {_6}C_4 \times (36-2) = 15 \times 34 = 510$

집합 $X = \{1, 2, 3, 4, 5, 6, 7\}$에 대하여 다음 조건을 만족시키는
함수 $f : X \longrightarrow X$의 개수를 구하시오.

> (가) $x_1 \in X$, $x_2 \in X$인 임의의 x_1, x_2에 대하여
> 　　$1 \leq x_1 < x_2 \leq 5$이면 $f(x_1) > f(x_2)$이다.
> 　　**TIP** $x = 1, 2, 3, 4, 5$에서 감소한다.
> (나) 함수 f의 역함수가 존재하지 않는다.
> 　　**TIP** 일대일대응이 되지 않는다.

STEP A 조건 (가)를 만족시키는 경우의 수 구하기

조건 (가)에서
$1 \leq x_1 < x_2 \leq 5$에서 $f(x_1) > f(x_2)$이므로
$x = 1, 2, 3, 4, 5$에서 감소하는 함수이다.
즉 $f(1), f(2), f(3), f(4), f(5)$의 순서는 정해져 있으므로
공역 $\{1, 2, 3, 4, 5, 6, 7\}$에서 5개를 선택하면 된다.

$_7C_5 = {_7}C_2 = \dfrac{7 \times 6}{2 \times 1} = 21$　　　…… ㉠

STEP B 조건 (나)를 만족시키는 $f(6)$, $f(7)$의 경우의 수 구하기

조건 (나)에서 역함수가 존재하지 않으므로 일대일대응이 아니다.
이때 $f(6)$, $f(7)$이 될 수 있는 경우의 수에서 일대일대응이 되는 경우의 수를
제외하면 된다.
(i) $f(6)$, $f(7)$이 될 수 있는 경우의 수
　　$x = 6$, 7은 공역 $\{1, 2, 3, 4, 5, 6, 7\}$에 모두 대응할 수 있으므로
　　경우의 수는
　　$7 \times 7 = 49$
(ii) 일대일대응이 되는 경우의 수
　　$f(1), f(2), f(3), f(4), f(5)$가 결정되고
　　공역에 남은 2개의 원소에 $x = 6$, 7이 대응이 되면
　　일대일대응이 되므로 경우의 수는
　　$2 \times 1 = 2$
(i), (ii)에서 일대일대응이 되지 않는 $f(6)$, $f(7)$이 될 수 있는 경우의 수는
$49 - 2 = 47$　　　…… ㉡

STEP C 함수의 개수 구하기

㉠, ㉡의 경우에서 함수 $f(x)$의 개수는 $21 \times 47 = 987$　　　**정답 987**

1536

STEP A 함수 f가 일대일대응임을 이용하여 참임을 판단하기

ㄱ. 함수 f가 일대일대응이므로 역함수가 존재한다.
　　조건 (가)에서 집합 X의 모든 원소 x에 대하여
　　$(f \circ f)(x) = x$이므로
　　집합 X의 모든 원소 x에 대하여 $f(x) = f^{-1}(x)$이므로
　　$f(3) = f^{-1}(3)$ [참]

STEP B $f(1) = 3$이면 $f(2) = 4$를 만족하는 참임을 판단하기

ㄴ. 조건 (나)에서 집합 X의 어떤 원소 x에 대하여
　　$f(x) = 2x$이므로
　　집합 X의 원소 중 $f(x) = 2x$를 만족하는 원소 x가 적어도 하나 존재한다.
　　즉 $f(1) = 2$와 $f(2) = 4$ 중 적어도 하나는 성립하므로
　　$f(1) = 3(\neq 2)$이면 $f(2) = 4$ [참]

ㄷ. (가)에서 집합 $X=\{1, 2, 3, 4\}$일 때, 함수 $f : X \longrightarrow X$에 대하여
$f(f(x))=x$를 만족하는 함수 f는 다음과 같다.

① 자기 자신에 모두 대응하는 경우	② 자기 자신에 대응되는 원소가 2개이고 나머지 2개는 서로 엇갈려 대응하는 경우	③ 두 개씩 짝이 되어 서로 엇갈려 대응하는 경우
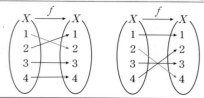		

(나) 집합 X의 어떤 원소 x에 대하여 $f(x)=2x$이므로 ①은 조건에 맞지 않는다.

② 어떤 원소 x에 대하여 $f(x)=2x$를 만족하고 자기 자신에 대응되는 원소가 2개이고 나머지 2개는 서로 엇갈려 대응 하는 경우

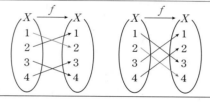

③ 어떤 원소 x에 대하여 $f(x)=2x$를 만족하고 두 개씩 짝이 되어 서로 엇갈려 대응하는 경우

즉 가능한 함수 f의 개수는 4 [참]
따라서 옳은 것은 ㄱ, ㄴ, ㄷ이다.

내신연계 출제문항 750

집합 $X=\{1, 2, 3, 4, 5\}$에 대하여 함수 $f : X \longrightarrow X$가 있다.
함수 f가 일대일대응일 때, [보기]에서 옳은 것만을 있는 대로 고른 것은?

> ㄱ. $f(1) \times f(2) = 6$이면 $f(3)+f(4)+f(5)=10$이다.
> ㄴ. 집합 X의 모든 원소 x에 대하여 $(f \circ f)(x)=x$이면 $f(a)=a$인 집합 X의 원소 a가 존재한다.
> ㄷ. 집합 X의 어떤 원소 x에 대하여 $(f \circ f \circ f)(x)=x$ 이면 $f(b)=b$인 집합 X의 원소 b가 존재한다.

① ㄱ   ② ㄷ   ③ ㄱ, ㄴ
④ ㄴ, ㄷ   ⑤ ㄱ, ㄴ, ㄷ

STEP Ⓐ **함수 f가 일대일대응임을 이용하여 참임을 판단하기**

ㄱ. 함수 f가 일대일대응이므로
$f(1) \times f(2) = 6$에서 $f(1)$과 $f(2)$의 값은
각각 2와 3 또는 3과 2이다.
$f(3)$, $f(4)$, $f(5)$의 값은 1, 4, 5에 일대일대응하므로
$f(3)+f(4)+f(5)$의 값은 $1+4+5=10$ [참]

STEP Ⓑ $(f \circ f)(x)=x$를 만족하는 함수 f에 대하여 참임을 판단하기

ㄴ. 집합 $X=\{1, 2, 3, 4, 5\}$일 때, 함수 $f : X \longrightarrow X$에 대하여
$f(f(x))=x$를 만족하는 함수 f는 다음과 같다.

자기 자신에 모두 대응하는 경우	자기 자신에 대응되는 원소가 3개이고 나머지 2개는 서로 엇갈려 대응 하는 경우	자기 자신에 대응되는 원소가 1개이고 나머지 4개를 두 개씩 짝이 되어 서로 엇갈려 대응하는 경우

따라서 $(f \circ f)(x)=x$이면 $f(a)=a$인 집합 X의 원소 a가 적어도 1개가 존재한다. [참]

> **+α** | 합성함수의 대응관계를 이용하여 구할 수 있어!
>
> $(f \circ f)(x)=x$일 때, $f(a)=b$이면
> $(f \circ f)(a)=f(f(a))=a$이므로 $f(b)=a$
> 즉 $(f \circ f)(x)=x$를 만족하는 함수 f의 대응관계는 $f(a)=a$이거나
> 서로 다른 두 원소 a, b에 대하여 $f(a)=b$이면서 $f(b)=a$이어야만 한다.
> 집합 X의 원소가 다섯 개이므로 원소를 두 개씩 짝을 지어도 짝지어지지 않는 원소가 존재한다.
> 따라서 $(f \circ f)(x)=x$이면 $f(a)=a$인 집합 X의 원소 a가 존재한다.

STEP Ⓒ $f(f(f(x)))=x$를 만족하는 함수 f에 대하여 거짓임을 판단하기

ㄷ. 집합 $X=\{1, 2, 3, 4, 5\}$일 때, 함수 $f : X \longrightarrow X$에 대하여
$f(f(f(x)))=x$를 만족하는 함수 f는 다음과 같다.

자기 자신에 모두 대응되는 경우	자기 자신에 대응되는 원소가 2개이고 3개가 서로 순환하여 대응하는 경우

> **반례** 그러나 세 원소 순환 형태가 오른쪽과 같다면 1, 2, 3에 의하여 $f(f(f(x)))=x$의 조건을 만족시키지만 어느 원소도 $f(b)=b$인 원소 b가 존재하지 않는다. [거짓]

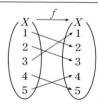

따라서 옳은 것은 ㄱ, ㄴ이다.   정답 ③

03 유리함수

1537
정답 ①

STEP Ⓐ 분모를 통분하여 계산하기

$$\frac{1}{x-1}+\frac{2x^2+x}{x^3-1}-\frac{x+1}{x^2+x+1} \quad \leftarrow \frac{A}{C}\pm\frac{B}{D}=\frac{AD\pm BC}{CD}$$

$$=\frac{x^2+x+1}{(x-1)(x^2+x+1)}+\frac{2x^2+x}{(x-1)(x^2+x+1)}-\frac{(x-1)(x+1)}{(x-1)(x^2+x+1)}$$

$$=\frac{x^2+x+1+2x^2+x-(x^2-1)}{(x-1)(x^2+x+1)}$$

$$=\frac{2(x^2+x+1)}{(x-1)(x^2+x+1)}$$

$$=\frac{2}{x-1}$$

1538
정답 ④

STEP Ⓐ 분모를 통분하여 계산하기

$$\frac{a^2}{(a-b)(a-c)}+\frac{b^2}{(b-c)(b-a)}+\frac{c^2}{(c-a)(c-b)} \quad \leftarrow \frac{A}{C}\pm\frac{B}{D}=\frac{AD\pm BC}{CD}$$

$$=\frac{-a^2}{(a-b)(c-a)}+\frac{-b^2}{(a-b)(b-c)}+\frac{-c^2}{(b-c)(c-a)}$$

$$=\frac{-a^2(b-c)-b^2(c-a)-c^2(a-b)}{(a-b)(b-c)(c-a)}$$

$$=\frac{(a-b)(b-c)(c-a)}{(a-b)(b-c)(c-a)}=1$$

+α | 분자를 a에 대하여 내림차순으로 정리하여 인수분해 하기!

$-a^2(b-c)-b^2(c-a)-c^2(a-b)$
$=-(b-c)a^2+(b^2-c^2)a-b^2c+bc^2$
$=-(b-c)a^2+(b-c)(b+c)a-bc(b-c)$
$=-(b-c)\{a^2-(b+c)a+bc\}$
$=-(b-c)(a+b)(a-c)$
$=(a-b)(b-c)(c-a)$

내/신/연/계 출제문항 751

$\dfrac{a}{(a-b)(a-c)}+\dfrac{b}{(b-a)(b-c)}+\dfrac{c}{(c-a)(c-b)}$를 계산하면?

① -2　　　② -1　　　③ 0
④ 1　　　⑤ 2

STEP Ⓐ 분모를 통분하여 계산하기

$$\frac{a}{(a-b)(a-c)}+\frac{b}{(b-a)(b-c)}+\frac{c}{(c-a)(c-b)}$$

$$=\frac{-a(b-c)-b(c-a)-c(a-b)}{(a-b)(b-c)(c-a)}$$

$$=\frac{-ab+ac-bc+ab-ca+cb}{(a-b)(b-c)(c-a)}$$

$$=0$$

정답 ③

1539
정답 ⑤

STEP Ⓐ 분모를 통분하여 계산하기

$$\frac{a^2+1}{bc}+\frac{b^2+1}{ca}+\frac{c^2+1}{ab}$$

$$=\frac{a(a^2+1)+b(b^2+1)+c(c^2+1)}{abc}$$

$$=\frac{a^3+b^3+c^3+a+b+c}{abc}$$

$$=\frac{a^3+b^3+c^3}{abc} \quad \leftarrow a+b+c=0$$

$$=\frac{3abc}{abc}(\because abc\neq0) \quad \leftarrow a+b+c=0$이면 $a^3+b^3+c^3=3abc$$

$$=3$$

+α | $a+b+c=0$이면 $a^3+b^3+c^3=3abc$임을 보일 수 있어!

$a^3+b^3+c^3-3abc=(a+b+c)(a^2+b^2+c^2-ab-bc-ca)$이므로
$a+b+c=0$일 때, $a^3+b^3+c^3-3abc=0$
$\therefore a^3+b^3+c^3=3abc$

1540
정답 16

STEP Ⓐ 분모를 통분하여 계산하기

$$\frac{1}{x-1}-\frac{1}{x+1}-\frac{2}{x^2+1}-\frac{4}{x^4+1}=\frac{2}{x^2-1}-\frac{2}{x^2+1}-\frac{4}{x^4+1}$$

$$=\frac{4}{x^4-1}-\frac{4}{x^4+1}$$

$$=\frac{8}{x^8-1}$$

STEP Ⓑ $a+b$의 값 구하기

$\dfrac{8}{x^8-1}=\dfrac{a}{x^b-1}$에서 x에 대한 항등식이므로 $a=8$, $b=8$
따라서 $a+b=8+8=16$

1541
정답 174

STEP Ⓐ 분모를 통분하여 주어진 식 계산하기

$$\frac{1}{x-2}+\frac{1}{x}-\frac{1}{x+1}-\frac{1}{x+3}$$

$$=\left(\frac{1}{x-2}-\frac{1}{x+1}\right)+\left(\frac{1}{x}-\frac{1}{x+3}\right)$$

$$=\frac{x+1-(x-2)}{(x-2)(x+1)}+\frac{x+3-x}{x(x+3)}$$

$$=\frac{3}{(x-2)(x+1)}+\frac{3}{x(x+3)}$$

$$=\frac{3(x^2+3x)+3(x^2-x-2)}{(x-2)(x+1)x(x+3)}$$

$$=\frac{6(x^2+x-1)}{x(x+1)(x+3)(x-2)}$$

STEP Ⓑ $f(abc)$의 값 구하기

$\dfrac{6(x^2+x-1)}{x(x+1)(x+3)(x-2)}=\dfrac{f(x)}{x(x+a)(x+b)(x+c)}$이므로

$f(x)=6(x^2+x-1)$이고 a, b, c는 1, 3, -2 중 하나씩 값을 가지면 된다.
즉 $abc=1\times3\times(-2)=-6$
따라서 $f(abc)=f(-6)=6(36-6-1)=6\times29=174$

$\dfrac{1}{x} - \dfrac{2}{x+1} + \dfrac{2}{x+3} - \dfrac{1}{x+4}$ 을 간단히 하면

$\dfrac{A}{x(x+1)(x+3)(x+4)}$ 일 때, A의 값은?

① 6   ② 8   ③ 10

④ 12   ⑤ 14

STEP Ⓐ 분모를 통분하여 주어진 식 계산하기

$\dfrac{1}{x} - \dfrac{2}{x+1} + \dfrac{2}{x+3} - \dfrac{1}{x+4}$

$= \left(\dfrac{1}{x} - \dfrac{1}{x+4}\right) - \left(\dfrac{2}{x+1} - \dfrac{2}{x+3}\right)$

$= \dfrac{(x+4)-x}{x(x+4)} - \dfrac{2(x+3)-2(x+1)}{(x+1)(x+3)}$

$= \dfrac{4}{x(x+4)} - \dfrac{4}{(x+1)(x+3)}$

$= \dfrac{4(x+1)(x+3)-4x(x+4)}{x(x+1)(x+3)(x+4)}$

$= \dfrac{12}{x(x+1)(x+3)(x+4)}$

따라서 $A = 12$ 정답 ④

1542   2013년 06월 고1 학력평가 23번   정답 10

STEP Ⓐ 분모를 통분하여 $a+b$의 값 구하기

$\dfrac{(a-5)^2}{a-b} + \dfrac{(b-5)^2}{b-a} = \dfrac{(a-5)^2}{a-b} - \dfrac{(b-5)^2}{a-b}$ ←분모가 같아지도록 바꾸어준다.

$= \dfrac{(a-5)^2-(b-5)^2}{a-b}$

$= \dfrac{(a^2-10a+25)-(b^2-10b+25)}{a-b}$

$= \dfrac{a^2-b^2-10a+10b}{a-b}$

$= \dfrac{(a+b)(a-b)-10(a-b)}{a-b}$ ← $a^2-b^2=(a+b)(a-b)$

$= a+b-10 = 0 \; (\because a \neq b)$

따라서 $a+b = 10$

 mini 해설 $a^2-b^2=(a+b)(a-b)$임을 이용하여 풀이하기

$\dfrac{(a-5)^2}{a-b} + \dfrac{(b-5)^2}{b-a} = \dfrac{(a-5)^2}{a-b} - \dfrac{(b-5)^2}{a-b}$

$= \dfrac{(a-5)^2-(b-5)^2}{a-b}$ ← $(a-5)^2-(b-5)^2$

$= \dfrac{(a-5+b-5)(a-5-b+5)}{a-b}$ $= \{(a-5)+(b-5)\}\{(a+5)-(b-5)\}$

$= \dfrac{(a+b-10)(a-b)}{a-b}$

$= a+b-10 = 0 \; (\because a \neq b)$

따라서 $a+b = 10$

서로 다른 두 실수 a, b에 대하여

TIP $a-b \neq 0$, $b-a \neq 0$

$$\dfrac{(a-7)^2}{a-b} + \dfrac{(b-7)^2}{b-a} = 1$$

일 때, $a+b$의 값을 구하시오.

STEP Ⓐ 주어진 식을 간단히 정리하여 $a+b$의 값 구하기

$\dfrac{(a-7)^2}{a-b} + \dfrac{(b-7)^2}{b-a} = \dfrac{(a-7)^2}{a-b} - \dfrac{(b-7)^2}{a-b}$ ← 분모가 같아지도록 바꾸어준다.

$= \dfrac{(a-7)^2-(b-7)^2}{a-b}$

$= \dfrac{(a^2-14a+49)-(b^2-14b+49)}{a-b}$

$= \dfrac{a^2-b^2-14a+14b}{a-b}$

$= \dfrac{(a+b)(a-b)-14(a-b)}{a-b}$ ← $a^2-b^2=(a+b)(a-b)$

$= a+b-14 = 1 \; (\because a \neq b)$

따라서 $a+b = 15$

 mini 해설 $a^2-b^2=(a+b)(a-b)$임을 이용하여 풀이하기

$\dfrac{(a-7)^2}{a-b} + \dfrac{(b-7)^2}{b-a} = \dfrac{(a-7)^2}{a-b} - \dfrac{(b-7)^2}{a-b}$

$= \dfrac{(a-7)^2-(b-7)^2}{a-b}$ ← $(a-7)^2-(b-7)^2$

$= \dfrac{(a-7+b-7)(a-7-b+7)}{a-b}$ $= \{(a-7)+(b-7)\}\{(a+7)-(b-7)\}$

$= \dfrac{(a+b-14)(a-b)}{a-b}$

$= a+b-14 = 1 \; (\because a \neq b)$

따라서 $a+b = 15$

정답 15

1543   정답 ⑤

STEP Ⓐ 유리식의 나눗셈을 곱셈으로 바꾸어 주어진 식 계산하기

$A \times \dfrac{x^2-3x+2}{x^2-9} \div \dfrac{x-2}{x^2-x-6}$

$= A \times \dfrac{(x-1)(x-2)}{(x-3)(x+3)} \times \dfrac{(x+2)(x-3)}{x-2}$

$= A \times \dfrac{(x-1)(x+2)}{x+3}$

따라서 $A \times \dfrac{(x-1)(x+2)}{x+3} = x+2$이므로

$A = (x+2) \times \dfrac{x+3}{(x-1)(x+2)} = \dfrac{x+3}{x-1}$

1544   정답 ③

STEP Ⓐ 유리식의 나눗셈을 곱셈으로 바꾸어 주어진 식 계산하기

$\dfrac{a^3+b^3}{a-b} \div \dfrac{a^2-ab+b^2}{a^2-b^2}$

$= \dfrac{(a+b)(a^2-ab+b^2)}{a-b} \times \dfrac{(a+b)(a-b)}{a^2-ab+b^2}$

$= (a+b)^2$

$= a^2+2ab+b^2$

$= a^2+b^2+2ab$ ← $a^2+b^2=6$, $ab=2$

$= 6+2 \times 2 = 10$

$a^2+b^2=8$, $ab=3$일 때, $\dfrac{a^3-b^3}{a+b} \div \dfrac{a^2+ab+b^2}{a^2-b^2}$의 값은?

① 1   ② 2   ③ 3
④ 4   ⑤ 5

STEP Ⓐ **각각의 분모, 분자를 인수분해하고 약분하여 계산하기**

$\dfrac{a^3-b^3}{a+b} \div \dfrac{a^2+ab+b^2}{a^2-b^2}$

$= \dfrac{(a-b)(a^2+ab+b^2)}{a+b} \times \dfrac{(a+b)(a-b)}{a^2+ab+b^2}$

$= (a-b)^2$

$= a^2-2ab+b^2$

$= a^2+b^2-2ab$ ←$a^2+b^2=8$, $ab=3$

$= 8-2\times3=2$

정답 ②

1545

정답 ④

STEP Ⓐ **연산의 정의대로 식을 정리하고 약분하여 계산하기**

$x^2 \odot x = \dfrac{x^2+x}{x^2-x} = \dfrac{x(x+1)}{x(x-1)} = \dfrac{x+1}{x-1}$

$(x^2+x)\odot(x+1) = \dfrac{(x^2+x)+(x+1)}{(x^2+x)-(x+1)}$ ←$x^2+2x+1=(x+1)^2$

$\qquad\qquad\qquad = \dfrac{(x+1)^2}{x^2-1}$

$\qquad\qquad\qquad = \dfrac{(x+1)(x+1)}{(x+1)(x-1)}$

$\qquad\qquad\qquad = \dfrac{x+1}{x-1}$

$\therefore (x^2\odot x)+\{(x^2+x)\odot(x+1)\} = \dfrac{x+1}{x-1} + \dfrac{x+1}{x-1} = \dfrac{2x+2}{x-1}$

1546

정답 16

STEP Ⓐ **좌변을 통분하여 정리하기**

$\dfrac{a}{x-1} + \dfrac{b}{x-2} = \dfrac{a(x-2)+b(x-1)}{(x-1)(x-2)}$

$\qquad\qquad\qquad = \dfrac{(a+b)x-2a-b}{x^2-3x+2}$

STEP Ⓑ **항등식의 계수비교법을 이용하여 상수 a, b의 값 구하기**

$\dfrac{(a+b)x-2a-b}{x^2-3x+2} = \dfrac{2x+5}{x^2-3x+2}$ ←x에 대한 항등식

이 식이 x에 대한 항등식이므로 분자의 동류항의 계수를 비교하면
$a+b=2$, $-2a-b=5$
두 식을 연립하여 풀면 $a=-7$, $b=9$
따라서 $b-a=9-(-7)=16$

> **mini해설** | 양변에 $(x-1)(x-2)$를 곱하여 풀이하기
>
> $x^2-3x+2=(x-1)(x-2)$이므로 주어진 식의 양변에 $(x-1)(x-2)$를 곱하면
> $a(x-2)+b(x-1)=2x+5$
> $(a+b)x-2a-b=2x+5$
> 이 식이 x에 대한 항등식이므로 계수를 비교하면
> $a+b=2$, $-2a-b=5$
> 두 식을 연립하여 풀면 $a=-7$, $b=9$
> 따라서 $b-a=9-(-7)=16$

1547

정답 ②

STEP Ⓐ **우변을 통분하여 정리하기**

$\dfrac{3x+2}{x(x-1)(x-2)} = \dfrac{a}{x} + \dfrac{b}{x-1} + \dfrac{c}{x-2}$

$\qquad = \dfrac{a(x-1)(x-2)+bx(x-2)+cx(x-1)}{x(x-1)(x-2)}$

$\qquad = \dfrac{(a+b+c)x^2-(3a+2b+c)x+2a}{x(x-1)(x-2)}$

STEP Ⓑ **항등식의 계수비교법을 이용하여 상수 a, b, c의 값 구하기**

$\dfrac{3x+2}{x(x-1)(x-2)} = \dfrac{(a+b+c)x^2-(3a+2b+c)x+2a}{x(x-1)(x-2)}$

이 식이 x에 대한 항등식이므로 분자의 동류항의 계수를 비교하면
$a+b+c=0$, $3a+2b+c=-3$, $2a=2$
즉 $a=1$이므로 $b+c=-1$, $2b+c=-6$
두 식을 연립하여 풀면 $b=-5$, $c=4$
따라서 $abc=1\times(-5)\times4=-20$

> **mini해설** | 양변에 $x(x-1)(x-2)$를 곱하여 풀이하기
>
> 주어진 식의 양변에 $x(x-1)(x-2)$를 곱하여 정리하면
> $3x+2=a(x-1)(x-2)+bx(x-2)+cx(x-1)$
> $3x+2=ax^2-3ax+2a+bx^2-2bx+cx^2-cx$
> $3x+2=(a+b+c)x^2-(3a+2b+c)x+2a$
> 이 식이 x에 대한 항등식이므로
> $a+b+c=0$, $3a+2b+c=-3$, $2a=2$
> 즉 $a=1$이므로 $b+c=-1$, $2b+c=-6$
> 두 식을 연립하여 풀면 $b=-5$, $c=4$
> $abc=1\times(-5)\times4=-20$

1548

정답 ⑤

STEP Ⓐ **우변의 분모를 통분하여 계산하기**

$\dfrac{a_1}{x-1} + \dfrac{a_2}{(x-1)^2} + \cdots + \dfrac{a_9}{(x-1)^9}$

$= \dfrac{a_1(x-1)^9+a_2(x-1)^8+\cdots+a_9(x-1)}{(x-1)^{10}}$

$\therefore x^9+8 = a_1(x-1)^9+a_2(x-1)^8+\cdots+a_9(x-1)$ ←x에 대한 항등식으로 분자가 같으면 된다.

STEP Ⓑ **항등식의 수치대입법을 이용하여 구하기**

이 식이 x에 대한 항등식이므로 양변에 $x=2$를 대입하면
$2^9+8=a_1+a_2+\cdots+a_9$
따라서 $a_1+a_2+\cdots+a_9=512+8=520$

$x\neq2$인 모든 실수 x에 대하여 등식

$$\dfrac{x^4+1}{(x-2)^5} = \dfrac{a_1}{x-2} + \dfrac{a_2}{(x-2)^2} + \cdots + \dfrac{a_5}{(x-2)^5}$$

가 성립할 때, $a_1+a_3+a_5$의 값은? (단, a_1, a_2, $\cdots$, a_5는 상수이다.)

① 30   ② 33   ③ 36
④ 39   ⑤ 42

STEP Ⓐ **양변에 $(x-2)^5$을 곱하여 식 정리하기**

$\dfrac{x^4+1}{(x-2)^5} = \dfrac{a_1}{x-2} + \dfrac{a_2}{(x-2)^2} + \cdots + \dfrac{a_5}{(x-2)^5}$의 양변에 $(x-2)^5$을 곱하면

$x^4+1 = a_1(x-2)^4 + a_2(x-2)^3 + a_3(x-2)^2 + a_4(x-2) + a_5$

STEP **B** 항등식의 수치대입법을 이용하여 구하기

이 등식이 x에 대한 항등식이므로 양변에
$x=3$을 대입하면
$3^4+1=a_1+a_2+a_3+a_4+a_5$ ······ ㉠
$x=1$을 대입하면
$1^4+1=a_1-a_2+a_3-a_4+a_5$ ······ ㉡
㉠, ㉡의 식을 더하면 $84=2(a_1+a_3+a_5)$
따라서 $a_1+a_3+a_5=42$

1549

STEP **A** 좌변을 통분하여 정리하기

$\dfrac{x+2}{x+1}-\dfrac{x+3}{x+2}+\dfrac{x-3}{x-2}-\dfrac{x-2}{x-1}$

$=\dfrac{(x+1)+1}{x+1}-\dfrac{(x+2)+1}{x+2}+\dfrac{(x-2)-1}{x-2}-\dfrac{(x-1)-1}{x-1}$

$=\left(1+\dfrac{1}{x+1}\right)-\left(1+\dfrac{1}{x+2}\right)+\left(1-\dfrac{1}{x-2}\right)-\left(1-\dfrac{1}{x-1}\right)$

$=\dfrac{1}{x+1}-\dfrac{1}{x+2}-\dfrac{1}{x-2}+\dfrac{1}{x-1}$

$=\dfrac{(x+2)-(x+1)}{(x+1)(x+2)}-\dfrac{(x-1)-(x-2)}{(x-1)(x-2)}$

$=\dfrac{1}{(x+1)(x+2)}-\dfrac{1}{(x-1)(x-2)}$

$=\dfrac{(x^2-3x+2)-(x^2+3x+2)}{(x+1)(x-1)(x+2)(x-2)}$

$=\dfrac{-6x}{(x+1)(x-1)(x+2)(x-2)}$

즉 $\dfrac{-6x}{(x+1)(x-1)(x+2)(x-2)}=\dfrac{ax+b}{(x+1)(x-1)(x+2)(x-2)}$가
항등식이므로 분자의 계수를 비교하면
$-6=a$, $b=0$
따라서 $a+b=-6+0=-6$

1550

STEP **A** 좌변을 인수분해하고 부분분수로 변형하기

$\dfrac{1}{x(x+1)}+\dfrac{2}{(x+1)(x+3)}+\dfrac{4}{(x+3)(x+7)}$ ← $\dfrac{1}{AB}=\dfrac{1}{B-A}\left(\dfrac{1}{A}-\dfrac{1}{B}\right)$

$=\dfrac{1}{x}-\dfrac{1}{x+1}+\dfrac{1}{x+1}-\dfrac{1}{x+3}+\dfrac{1}{x+3}-\dfrac{1}{x+7}$

$=\dfrac{1}{x}-\dfrac{1}{x+7}$

$=\dfrac{7}{x(x+7)}$

STEP **B** $a+b$의 값 구하기

$\dfrac{7}{x(x+7)}=\dfrac{a}{x(x+b)}$이 x에 대한 항등식이므로 $a=7$, $b=7$
따라서 $a+b=14$

1551

STEP **A** 좌변을 인수분해하고 부분분수로 변형하기

$\dfrac{2}{x^2+4x+3}+\dfrac{1}{x^2+7x+12}+\dfrac{1}{x^2+9x+20}$

$=\dfrac{2}{(x+1)(x+3)}+\dfrac{1}{(x+3)(x+4)}+\dfrac{1}{(x+4)(x+5)}$

$=\left(\dfrac{1}{x+1}-\dfrac{1}{x+3}\right)+\left(\dfrac{1}{x+3}-\dfrac{1}{x+4}\right)+\left(\dfrac{1}{x+4}-\dfrac{1}{x+5}\right)$

$=\dfrac{1}{x+1}-\dfrac{1}{x+5}$

$=\dfrac{4}{(x+1)(x+5)}$

STEP **B** $f(4)$의 값 구하기

$\dfrac{4}{(x+1)(x+5)}=\dfrac{4}{f(x)}$가 x에 대한 항등식이므로 $f(x)=(x+1)(x+5)$
따라서 $f(4)=5\times9=45$

1552

STEP **A** $f(n)$을 인수분해하고 부분분수로 변형하기

$f(n)=4n^2-1=(2n-1)(2n+1)$이므로
$\dfrac{1}{f(n)}=\dfrac{1}{(2n-1)(2n+1)}=\dfrac{1}{2}\left(\dfrac{1}{2n-1}-\dfrac{1}{2n+1}\right)$

STEP **B** 주어진 식의 값 구하기

$\dfrac{1}{f(1)}+\dfrac{1}{f(2)}+\dfrac{1}{f(3)}+\cdots+\dfrac{1}{f(10)}$

$=\dfrac{1}{2}\left\{\left(1-\dfrac{1}{3}\right)+\left(\dfrac{1}{3}-\dfrac{1}{5}\right)+\left(\dfrac{1}{5}-\dfrac{1}{7}\right)+\cdots+\left(\dfrac{1}{19}-\dfrac{1}{21}\right)\right\}$

$=\dfrac{1}{2}\left(1-\dfrac{1}{21}\right)=\dfrac{1}{2}\times\dfrac{20}{21}=\dfrac{10}{21}$

내/신/연/계 출제문항 **756**

$f(n)=\dfrac{1}{4n^2-1}$ (단, n은 자연수)에 대하여

$$f(1)+f(2)+f(3)+\cdots+f(100)=\dfrac{q}{p}$$

일 때, $p-q$의 값은? (단, p, q는 서로소인 자연수)

① 101 ② 102 ③ 103
④ 104 ⑤ 105

STEP **A** $f(n)$의 분모를 인수분해하고 부분분수로 변형하기

$f(n)=\dfrac{1}{4n^2-1}=\dfrac{1}{(2n-1)(2n+1)}$

$=\dfrac{1}{2}\left(\dfrac{1}{2n-1}-\dfrac{1}{2n+1}\right)$

STEP **B** $f(1)+f(2)+f(3)+\cdots+f(100)$의 값 구하기

$f(1)+f(2)+f(3)+\cdots+f(100)$

$=\dfrac{1}{2}\left\{\left(1-\dfrac{1}{3}\right)+\left(\dfrac{1}{3}-\dfrac{1}{5}\right)+\left(\dfrac{1}{5}-\dfrac{1}{7}\right)+\cdots+\left(\dfrac{1}{199}-\dfrac{1}{201}\right)\right\}$

$=\dfrac{1}{2}\left(1-\dfrac{1}{201}\right)$

$=\dfrac{1}{2}\times\dfrac{200}{201}=\dfrac{100}{201}$

따라서 $p=201$, $q=100$이므로 $p-q=201-100=101$

1553

STEP A 좌변을 간단히 정리하기

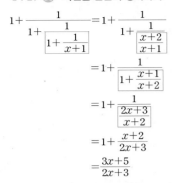

$$1+\cfrac{1}{1+\cfrac{1}{\boxed{1+\cfrac{1}{x+1}}}}=1+\cfrac{1}{1+\cfrac{1}{\boxed{\cfrac{x+2}{x+1}}}}$$

$$=1+\cfrac{1}{1+\boxed{\cfrac{x+1}{x+2}}}$$

$$=1+\cfrac{1}{\boxed{\cfrac{2x+3}{x+2}}}$$

$$=1+\cfrac{x+2}{2x+3}$$

$$=\cfrac{3x+5}{2x+3}$$

STEP B 항등식의 계수비교법을 이용하여 상수 a, b의 값 구하기

모든 실수 x에 대하여 $\dfrac{3x+5}{2x+3}=\dfrac{ax+5}{bx+3}$이므로 $a=3$, $b=2$

따라서 $a-b=3-2=1$

1554

STEP A 좌변을 간단히 정리하기

$$\cfrac{1+\cfrac{x}{1-x}}{1-\cfrac{1}{\boxed{1+\cfrac{1}{x}}}}=\cfrac{\cfrac{1}{1-x}}{1-\cfrac{1}{\boxed{\cfrac{x+1}{x}}}}=\cfrac{\cfrac{1}{1-x}}{1-\cfrac{x}{x+1}}=\cfrac{\cfrac{1}{1-x}}{\cfrac{1}{x+1}}=\cfrac{x+1}{1-x}=\cfrac{-x-1}{x-1}$$

STEP B 항등식의 계수비교법을 이용하여 상수 a, b의 값 구하기

모든 실수 x에 대하여 $\dfrac{-x-1}{x-1}=\dfrac{ax+b}{x-1}$이므로 $a=-1$, $b=-1$

따라서 $a+b=(-1)+(-1)=-2$

내/신/연/계 출제문항 **757**

다음 식의 분모를 0으로 만들지 않는 모든 실수 x에 대하여

$$\cfrac{1+\cfrac{1}{x-1}}{1-\cfrac{1}{x+1}}=\frac{ax+b}{x-1}$$

가 성립할 때, 상수 a, b에 대하여 $a-b$의 값은?

① -3 ② -2 ③ 0

④ 2   ⑤ 3

STEP A 좌변을 간단히 정리하기

$$\cfrac{1+\cfrac{1}{x-1}}{1-\cfrac{1}{x+1}}=\cfrac{\cfrac{x-1+1}{x-1}}{\cfrac{x+1-1}{x+1}}=\cfrac{\cfrac{x}{x-1}}{\cfrac{x}{x+1}}=\frac{x+1}{x-1}$$

STEP B 항등식의 계수비교법을 이용하여 상수 a, b의 값 구하기

모든 실수 x에 대하여 $\dfrac{x+1}{x-1}=\dfrac{ax+b}{x-1}$이므로 $a=1$, $b=1$

따라서 $a-b=1-1=0$

1555

STEP A 맨 아래의 식부터 차례대로 통분하며 정리하기

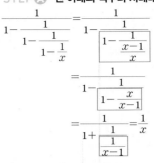

$$\cfrac{1}{1-\cfrac{1}{1-\cfrac{1}{x}}}=\cfrac{1}{1-\cfrac{1}{\boxed{\cfrac{x-1}{x}}}}$$

$$=\cfrac{1}{1-\cfrac{1}{\boxed{1-\cfrac{x}{x-1}}}}$$

$$=\cfrac{1}{1+\cfrac{1}{\boxed{x-1}}}=\cfrac{1}{x}$$

STEP B 주어진 식의 값 구하기

따라서 $x=\dfrac{\sqrt{3}-1}{2}$을 대입하면 $\dfrac{1}{x}=\dfrac{1}{\dfrac{\sqrt{3}-1}{2}}=\sqrt{3}+1$

1556

STEP A 역수를 이용하여 분수를 번분수 꼴로 나타내기

$$\cfrac{27}{10}=2+\cfrac{7}{10}=2+\cfrac{1}{\cfrac{10}{7}}$$

$$=2+\cfrac{1}{1+\cfrac{3}{7}}=2+\cfrac{1}{1+\cfrac{1}{\cfrac{7}{3}}}$$

$$=2+\cfrac{1}{1+\cfrac{1}{2+\cfrac{1}{3}}}=a+\cfrac{1}{b+\cfrac{1}{c+\cfrac{1}{d}}}$$

STEP B $a+b+c+d$의 값 구하기

따라서 $a=2$, $b=1$, $c=2$, $d=3$이므로

$a+b+c+d=2+1+2+3=8$

1557

STEP A 주어진 식을 통분하여 정리하기

$$\cfrac{\cfrac{1}{n}-\cfrac{1}{n+3}}{\cfrac{1}{n+3}-\cfrac{1}{n+6}}=\cfrac{\cfrac{3}{n(n+3)}}{\cfrac{3}{(n+3)(n+6)}}$$

$$=\cfrac{n+6}{n}=1+\cfrac{6}{n}$$

STEP B 자연수 n은 6의 양의 약수임을 이용하여 구하기

$1+\dfrac{6}{n}$의 값이 자연수가 되도록 하는 자연수 n은 6의 양의 약수인 1, 2, 3, 6

따라서 모든 자연수 n의 값의 합은 $1+2+3+6=12$

---

mini해설 | 주어진 식을 k라 두고 풀이하기

$$\cfrac{\cfrac{1}{n}-\cfrac{1}{n+3}}{\cfrac{1}{n+3}-\cfrac{1}{n+6}}=\cfrac{n+6}{n}=k(k\text{는 자연수})$$라 하면

$n+6=kn$, $(k-1)n=6$

$\therefore n=\dfrac{6}{k-1}$

n이 자연수이므로 $k-1$은 6의 양의 약수이다.   ◀— k는 자연수

즉 $k-1=1$, 2, 3, 6이므로 $k=2$, 3, 4, 7

따라서 $n=6$, 3, 2, 1이므로 모든 자연수 n의 값의 합은 $6+3+2+1=12$

1558

STEP Ⓐ 주어진 정의를 간단히 정리하기

$<A,\ B>=\dfrac{A-B}{AB}=\dfrac{1}{B}-\dfrac{1}{A}$　←　$\dfrac{A}{AB}-\dfrac{B}{AB}=\dfrac{1}{B}-\dfrac{1}{A}$

STEP Ⓑ 주어진 조건을 이용하여 상수 α의 값 구하기

$<x+2,\ x>+<x+4,\ x+2>+<x+6,\ x+4>=<x+\alpha,\ x>$에서

$<A,\ B>=\dfrac{A-B}{AB}=\dfrac{1}{B}-\dfrac{1}{A}$ 을 이용하여 각각 대입하면

$\left(\dfrac{1}{x}-\dfrac{1}{x+2}\right)+\left(\dfrac{1}{x+2}-\dfrac{1}{x+4}\right)+\left(\dfrac{1}{x+4}-\dfrac{1}{x+6}\right)=\dfrac{1}{x}-\dfrac{1}{x+6}$

따라서 $\dfrac{1}{x}-\dfrac{1}{x+6}=\dfrac{1}{x}-\dfrac{1}{x+\alpha}$이므로 $\alpha=6$　←　x에 대한 항등식

두 다항식 A, B에 대하여 $<A,\ B>=\dfrac{A-B}{AB}\ (AB\neq0)$로 정의할 때,

$<x,\ x+1>+<x+1,\ x+3>+<x+3,\ x+5>+<x+5,\ x+7>$
$=<x,\ x+k>$

가 성립하도록 하는 상수 k의 값은?

① -7　　　② -1　　　③ 0
④ 1　　　⑤ 7

STEP Ⓐ $<A,\ B>$를 부분분수로 나타내기

$<A,\ B>=\dfrac{A-B}{AB}=\dfrac{1}{B}-\dfrac{1}{A}$　←　$\dfrac{A}{AB}-\dfrac{B}{AB}=\dfrac{1}{B}-\dfrac{1}{A}$

STEP Ⓑ 주어진 조건을 이용하여 상수 k의 값 구하기

$<x,\ x+1>+<x+1,\ x+3>+<x+3,\ x+5>+<x+5,\ x+7>$
$=\left(\dfrac{1}{x+1}-\dfrac{1}{x}\right)+\left(\dfrac{1}{x+3}-\dfrac{1}{x+1}\right)+\left(\dfrac{1}{x+5}-\dfrac{1}{x+3}\right)+\left(\dfrac{1}{x+7}-\dfrac{1}{x+5}\right),$
$=\dfrac{1}{x+7}-\dfrac{1}{x}$

이므로 $\dfrac{1}{x+7}-\dfrac{1}{x}=\dfrac{1}{x+k}-\dfrac{1}{x}$

따라서 $k=7$　　　정답 ⑤

1559
정답 18

STEP Ⓐ $x+\dfrac{1}{x}$의 값 구하기

$x^2-3x+1=0$에서 $x\neq0$이므로 양변을 x로 나누면

$x-3+\dfrac{1}{x}=0$　$\therefore\ x+\dfrac{1}{x}=3$

STEP Ⓑ 곱셈공식의 변형을 이용하여 주어진 식의 값 구하기

따라서 곱셈공식의 변형을 이용하면

$x^3+\dfrac{1}{x^3}=\left(x+\dfrac{1}{x}\right)^3-3\left(x+\dfrac{1}{x}\right)$
$=3^3-3\times3=18$

1560
정답 ⑤

STEP Ⓐ $x+\dfrac{1}{x}$의 값 구하기

$x^2-4x+1=0$에서 $x\neq0$이므로 양변을 x로 나누면

$x-4+\dfrac{1}{x}=0$　$\therefore\ x+\dfrac{1}{x}=4$

STEP Ⓑ 곱셈공식의 변형을 이용하여 주어진 식의 값 구하기

따라서 $3x^2+2x-5+\dfrac{2}{x}+\dfrac{3}{x^2}=3\left(x^2+\dfrac{1}{x^2}\right)+2\left(x+\dfrac{1}{x}\right)-5$
$=3\left\{\left(x+\dfrac{1}{x}\right)^2-2\right\}+2\left(x+\dfrac{1}{x}\right)-5$
$=3(4^2-2)+2\times4-5$
$=45$

실수 x에 대하여 $x^2-2x-1=0$일 때,

$$2x^2+3x+2-\dfrac{3}{x}+\dfrac{2}{x^2}$$

의 값은?

① 15　　　② 20　　　③ 25
④ 30　　　⑤ 35

STEP Ⓐ $x-\dfrac{1}{x}$의 값 구하기

$x^2-2x-1=0$에서 $x\neq0$이므로 양변을 x로 나누면

$x-2-\dfrac{1}{x}=0$　$\therefore\ x-\dfrac{1}{x}=2$

STEP Ⓑ 곱셈공식의 변형을 이용하여 주어진 식의 값 구하기

따라서 $2x^2+3x+2-\dfrac{3}{x}+\dfrac{2}{x^2}=2\left(x^2+\dfrac{1}{x^2}\right)+3\left(x-\dfrac{1}{x}\right)+2$
$=2\left\{\left(x-\dfrac{1}{x}\right)^2+2\right\}+3\left(x-\dfrac{1}{x}\right)+2$
$=2\times(2^2+2)+3\times2+2$
$=20$　　　정답 ②

1561
정답 123

STEP Ⓐ 곱셈공식의 변형을 이용하여 $x+\dfrac{1}{x},\ x^3+\dfrac{1}{x^3}$의 값 구하기

$x^2+\dfrac{1}{x^2}=\left(x+\dfrac{1}{x}\right)^2-2=7$이므로 $\left(x+\dfrac{1}{x}\right)^2=9$

$\therefore\ x+\dfrac{1}{x}=3\ (\because\ x>0)$

이때

$x^3+\dfrac{1}{x^3}=\left(x+\dfrac{1}{x}\right)^3-3\left(x+\dfrac{1}{x}\right)$
$=3^3-3\times3=18$

STEP Ⓑ 곱셈공식의 변형을 이용하여 주어진 식의 값 구하기

따라서 $x^5+\dfrac{1}{x^5}=\left(x^2+\dfrac{1}{x^2}\right)\left(x^3+\dfrac{1}{x^3}\right)-\left(x+\dfrac{1}{x}\right)$
$=7\times18-3$
$=123$

1562
정답 -3

STEP Ⓐ $a+b+c=0$임을 이용하여 주어진 식의 값 구하기

$a+b+c=0$이므로 $a+b=-c,\ b+c=-a,\ c+a=-b$

$a\left(\dfrac{1}{b}+\dfrac{1}{c}\right)+b\left(\dfrac{1}{c}+\dfrac{1}{a}\right)+c\left(\dfrac{1}{a}+\dfrac{1}{b}\right)=\dfrac{a}{b}+\dfrac{a}{c}+\dfrac{b}{c}+\dfrac{b}{a}+\dfrac{c}{a}+\dfrac{c}{b}$
$=\dfrac{a+c}{b}+\dfrac{a+b}{c}+\dfrac{b+c}{a}$
$=\dfrac{-b}{b}+\dfrac{-c}{c}+\dfrac{-a}{a}$
$=-1-1-1=-3$

mini해설 | $a^3+b^3+c^3=3abc$임을 이용하여 풀이하기

$a+b+c=0$이므로
$a+b=-c$, $b+c=-a$, $c+a=-b$이고 $a^3+b^3+c^3=3abc$

$a\left(\dfrac{1}{b}+\dfrac{1}{c}\right)+b\left(\dfrac{1}{c}+\dfrac{1}{a}\right)+c\left(\dfrac{1}{a}+\dfrac{1}{b}\right)$

$=a\times\dfrac{b+c}{bc}+b\times\dfrac{c+a}{ca}+c\times\dfrac{a+b}{ab}$

$=a\times\dfrac{-a}{bc}+b\times\dfrac{-b}{ca}+c\times\dfrac{-c}{ab}$

$=-\dfrac{a^3+b^3+c^3}{abc}$

$=-\dfrac{3abc}{abc}=-3$

1563

정답 ③

STEP Ⓐ $\dfrac{1}{a}+\dfrac{1}{b}+\dfrac{1}{c}=0$이면 $ab+bc+ca=0$임을 파악하기

$\dfrac{1}{a}+\dfrac{1}{b}+\dfrac{1}{c}=0$에서 $\dfrac{ab+bc+ca}{abc}=0$이므로

$ab+bc+ca=0(\because abc\neq0)$

STEP Ⓑ **주어진 식의 값 구하기**

$\dfrac{a}{(a+b)(c+a)}+\dfrac{b}{(b+c)(a+b)}+\dfrac{c}{(c+a)(b+c)}$

$=\dfrac{a(b+c)+b(c+a)+c(a+b)}{(a+b)(b+c)(c+a)}$

$=\dfrac{2(ab+bc+ca)}{(a+b)(b+c)(c+a)}=0$

다른풀이 | 분모를 간단히 정리하여 풀이하기

STEP Ⓐ $ab+bc+ca=0$임을 이용하여 주어진 식의 분모를 간단히 정리하기

$\dfrac{1}{a}+\dfrac{1}{b}+\dfrac{1}{c}=0$에서 $\dfrac{ab+bc+ca}{abc}=0$이므로

$ab+bc+ca=0(\because abc\neq0)$ ...... ㉠

$(a+b)(c+a)=a^2+ab+bc+ca=a^2$ $(\because$ ㉠$)$

$(b+c)(a+b)=b^2+ab+bc+ca=b^2$ $(\because$ ㉠$)$

$(c+a)(b+c)=c^2+ab+bc+ca=c^2$ $(\because$ ㉠$)$

STEP Ⓑ **주어진 식의 값 구하기**

따라서 $\dfrac{a}{(a+b)(c+a)}+\dfrac{b}{(b+c)(a+b)}+\dfrac{c}{(c+a)(b+c)}$

$=\dfrac{a}{a^2}+\dfrac{b}{b^2}+\dfrac{c}{c^2}$

$=\dfrac{1}{a}+\dfrac{1}{b}+\dfrac{1}{c}=0$

내/신/연/계/ 출제문항 **760**

0이 아닌 세 실수 a, b, c가 $\dfrac{1}{ab}+\dfrac{1}{bc}+\dfrac{1}{ca}=0$을 만족시킬 때,

$\dfrac{abc}{a^3+b^3+c^3}$의 값은?

① $-\dfrac{1}{4}$ ② $-\dfrac{1}{3}$ ③ $-\dfrac{1}{2}$

④ $\dfrac{1}{2}$ ⑤ $\dfrac{1}{3}$

STEP Ⓐ $\dfrac{1}{ab}+\dfrac{1}{bc}+\dfrac{1}{ca}=0$이면 $a+b+c=0$임을 파악하기

$\dfrac{1}{ab}+\dfrac{1}{bc}+\dfrac{1}{ca}=0$에서 $\dfrac{a+b+c}{abc}=0$이므로

$a+b+c=0(\because abc\neq0)$

STEP Ⓑ $a+b+c=0$이면 $a^3+b^3+c^3=3abc$임을 파악하여 구하기

이때 $a^3+b^3+c^3-3abc=(a+b+c)(a^2+b^2+c^2-ab-bc-ca)$에서
$a+b+c=0$이므로 $a^3+b^3+c^3-3abc=0$

즉 $a^3+b^3+c^3=3abc$

따라서 $\dfrac{abc}{a^3+b^3+c^3}=\dfrac{abc}{3abc}=\dfrac{1}{3}$ 정답 ⑤

1564

2012년 03월 고2 학력평가 4번 정답 ③

STEP Ⓐ $a+b+c=0$임을 이용하여 주어진 식의 값 구하기

$a+b+c=0$이므로 $a+b=-c$, $b+c=-a$, $c+a=-b$

$\dfrac{b+c}{a}+\dfrac{c+a}{b}+\dfrac{a+b}{c}=\dfrac{-a}{a}+\dfrac{-b}{b}+\dfrac{-c}{c}$

$=-1-1-1$

$=-3$

내/신/연/계/ 출제문항 **761**

$abc\neq0$인 세 실수 a, b, c에 대하여 $a+b+c=0$일 때,

$\dfrac{c^2}{ab}+\dfrac{a^2}{bc}+\dfrac{b^2}{ca}$의 값은?

① -3 ② -2 ③ 1

④ 2 ⑤ 3

STEP Ⓐ $a+b+c=0$임을 이용하여 주어진 식의 값 구하기

$a+b+c=0$이므로 $a^3+b^3+c^3=3abc$ ← $a^3+b^3+c^3-3abc$

$\dfrac{c^2}{ab}+\dfrac{a^2}{bc}+\dfrac{b^2}{ca}=\dfrac{c^3+a^3+b^3}{abc}$ $=(a+b+c)(a^2+b^2+c^2-ab-bc-ca)$

$=\dfrac{3abc}{abc}=3$ 정답 ⑤

1565

정답 ①

STEP Ⓐ x, y, z를 k에 대한 식으로 나타내기

$2x=3y$에서 $x:y=3:2$이고
$2y=3z$에서 $y:z=3:2$이므로
$x:y=3:2=9:6$, $y:z=3:2=6:4$

$\therefore x:y:z=9:6:4$

즉 $x=9k$, $y=6k$, $z=4k(k\neq0)$라 하자.

STEP Ⓑ **주어진 식의 값 구하기**

따라서 $\dfrac{x+2y-3z}{2x+y-3z}=\dfrac{9k+2\times6k-3\times4k}{2\times9k+6k-3\times4k}=\dfrac{9k}{12k}=\dfrac{3}{4}$

mini해설 | x와 z를 y에 대하여 나타내어 풀이하기

$2x=3y$에서 $x=\dfrac{3}{2}y$, $2y=3z$에서 $z=\dfrac{2}{3}y$이므로

$\dfrac{x+2y-3z}{2x+y-3z}=\dfrac{\frac{3}{2}y+2y-2y}{3y+y-2y}=\dfrac{\frac{3}{2}y}{2y}=\dfrac{3}{4}$

1566

STEP A 주어진 식을 이용하여 x, y, z를 k에 대한 식으로 나타내기

$(x+y):(y+z):(z+x)=3:4:5$에서 $k(k\neq 0)$에 대하여

$$\frac{x+y}{3}=\frac{y+z}{4}=\frac{z+x}{5}=k(k\neq 0)$$

$x+y=3k$ ...... ㉠

$y+z=4k$ ...... ㉡

$z+x=5k$ ...... ㉢

라 하자.

㉠, ㉡, ㉢의 양변을 더하면 $2(x+y+z)=12k$

$\therefore x+y+z=6k$ ...... ㉣

㉠, ㉣을 연립하여 풀면 $z=3k$

㉡, ㉣을 연립하여 풀면 $x=2k$

㉢, ㉣을 연립하여 풀면 $y=k$

STEP B 주어진 식의 값 구하기

따라서 $\dfrac{x^2+y^2+z^2}{xy+yz+zx}=\dfrac{4k^2+k^2+9k^2}{2k^2+3k^2+6k^2}=\dfrac{14}{11}$

내신연계 출제문항 762

세 실수 a, b, c에 대하여

$$\frac{a+b}{5}=\frac{b+c}{4}=\frac{c+a}{3}$$

일 때, $\dfrac{ab+bc+ca}{a^2+b^2+c^2}$의 값은? (단, $abc\neq 0$)

① $\dfrac{5}{7}$ ② $\dfrac{11}{14}$ ③ $\dfrac{6}{7}$

④ $\dfrac{13}{14}$ ⑤ 1

STEP A 주어진 식을 이용하여 a, b, c를 k에 대한 식으로 나타내기

$\dfrac{a+b}{5}=\dfrac{b+c}{4}=\dfrac{c+a}{3}=k(k\neq 0)$이라 하면

$a+b=5k$ ...... ㉠

$b+c=4k$ ...... ㉡

$c+a=3k$ ...... ㉢

라 하자.

㉠, ㉡, ㉢의 양변을 더하면 $2(a+b+c)=12k$

$\therefore a+b+c=6k$ ...... ㉣

㉠, ㉣을 연립하여 풀면 $c=k$

㉡, ㉣을 연립하여 풀면 $a=2k$

㉢, ㉣을 연립하여 풀면 $b=3k$

STEP B 주어진 식의 값 구하기

따라서 $\dfrac{ab+bc+ca}{a^2+b^2+c^2}=\dfrac{2k\times 3k+3k\times k+k\times 2k}{(2k)^2+(3k)^2+k^2}$

$\qquad =\dfrac{6k^2+3k^2+2k^2}{4k^2+9k^2+k^2}$

$\qquad =\dfrac{11k^2}{14k^2}=\dfrac{11}{14}$

1567

STEP A 두 식을 연립하여 x와 z를 y에 대하여 나타내기

$x+2y-z=0$ ...... ㉠

$2x-y-z=0$ ...... ㉡

㉠, ㉡을 연립하여 풀면 $-x+3y=0$ $\therefore x=3y$

$x=3y$를 ㉠에 대입하면 $z=5y$

STEP B 주어진 식의 값 구하기

주어진 식에 $x=3y$, $z=5y$를 대입하면

$$\frac{xy+yz+zx}{x^2+y^2+z^2}=\frac{3y\times y+y\times 5y+5y\times 3y}{(3y)^2+y^2+(5y)^2}=\frac{23y^2}{35y^2}=\frac{23}{35}$$

1568

STEP A 표를 이용하여 각각의 득표수를 a, b에 대하여 나타내기

투표한 1학년의 학생 수를 $5a$, 2학년의 학생 수를 $5b(a\neq 0,\ b\neq 0)$라 하자.

이때 1학년에서 A와 B의 득표수의 비는 $3:2$이므로
1학년에서 얻은 A의 득표수는 $3a$이고 B의 득표수는 $2a$
또한 2학년에서 A와 B의 득표수의 비는 $2:3$이므로
2학년에서 얻은 A의 득표수는 $2b$이고 B의 득표수는 $3b$

	A	B	합계
1학년	$3a$	$2a$	$5a$
2학년	$2b$	$3b$	$5b$
합계	$3a+2b$	$2a+3b$	

투표한 1학년의 학생 수와 2학년의 학생 수의 비가 $3:5$이므로

$5a:5b=3:5$에서 $3b=5a$, 즉 $a=\dfrac{3}{5}b$

STEP B $\dfrac{q}{p}$의 값 구하기

따라서 $p=3a+2b=3\times\dfrac{3}{5}b+2b=\dfrac{19}{5}b$, $q=2a+3b=2\times\dfrac{3}{5}b+3b=\dfrac{21}{5}b$

이므로 $\dfrac{q}{p}=\dfrac{\dfrac{21}{5}b}{\dfrac{19}{5}b}=\dfrac{21}{19}$

1569

STEP A 해당 연도의 여성 인구와 출생아 수를 a, b에 대하여 나타내기

2004년과 2024년의 15세 이상 49세 이하의 여성 인구를 $25a$,
출생아 수를 $5b(a\neq 0,\ b\neq 0)$라 하자.

이때 2004년과 2024년의 15세 이상 49세 이하의 여성 인구의 비가 $13:12$
이므로 2004년의 15세 이상 49세 이하의 여성 인구는 $13a$이고
2024년의 15세 이상 49세 이하의 여성 인구는 $12a$이다.
또한 2004년과 2024년의 출생아 수의 비가 $2:3$이므로
2004년의 출생아 수는 $2b$이고 2024년의 출생아 수는 $3b$이다.

	2004년	2024년	합계
15세 이상 49세 이하의 여성 인구	$13a$	$12a$	$25a$
출생아 수	$2b$	$3b$	$5b$

2004년과 2024년을 통합하여 산출한 출산율이 1이므로

$1=\dfrac{5b}{25a}\times 1000$에서 $\dfrac{b}{a}=\dfrac{1}{1000}\times\dfrac{25}{5}=\dfrac{1}{200}$

STEP B 2024년의 출산율 구하기

2024년의 출산율은

$\dfrac{3b}{12a}\times 1000=\dfrac{1}{4}\times\dfrac{b}{a}\times 1000=\dfrac{1}{4}\times\dfrac{1}{200}\times 1000=1.25$

따라서 $x=1.25$

한 국가의 인구 구조와 인구 변화를 이해하는 데 이용되는 지표로 출산율이 주로 사용되며, 출산율을 산출하는 식은 다음과 같다.

$$(출산율) = \frac{(해당 연도의 총 출생아 수)}{(15세 이상 49세 이하의 여성 인구)} \times 1000$$

어느 국가의 2005년과 2025년의 15세 이상 49세 이하의 여성 인구의 비는 5 : 4이고, 출생아 수의 비는 11 : 7이다. 2005년과 2025년을 통합하여 산출한 출산율이 1일 때, 2025년의 출산율은 x이다. x의 값은?

① 0.875   ② 1   ③ 1.125
④ 1.25   ⑤ 1.375

STEP Ⓐ 해당 연도의 여성 인구와 출생아 수를 a, b에 대하여 나타내기

2005년과 2025년의 15세 이상 49세 이하의 여성 인구를 $9a$, 출생아 수를 $18b$ ($a \neq 0$, $b \neq 0$)라 하자.
이때 2005년과 2025년의 15세 이상 49세 이하의 여성 인구의 비가 5 : 4 이므로 2005년의 15세 이상 49세 이하의 여성 인구는 $5a$이고 2025년의 15세 이상 49세 이하의 여성 인구는 $4a$이다.
또한, 2005년과 2025년의 출생아 수의 비가 11 : 7이므로 2005년의 출생아 수는 $11b$이고 2025년의 출생아 수는 $7b$이다.

	2004년	2025년	합계
15세 이상 49세 이하의 여성 인구	$5a$	$4a$	$9a$
출생아 수	$11b$	$7b$	$18b$

2005년과 2025년을 통합하여 산출한 출산율이 1이므로

$$1 = \frac{18b}{9a} \times 1000 \text{에서 } \frac{b}{a} = \frac{1}{1000} \times \frac{9}{18} = \frac{1}{2000}$$

STEP Ⓑ 2025년의 출산율 구하기

따라서 2025년의 출산율은

$$\frac{7b}{4a} \times 1000 = \frac{7}{4} \times \frac{b}{a} \times 1000 = \frac{7}{4} \times \frac{1}{2000} \times 1000 = 0.875$$

$\therefore x = 0.875$

정답 ①

1570

정답 ②

STEP Ⓐ 지난달 용돈을 X만원이라 하고 지난달 저축액, 이달 용돈, 이달 저축액을 X에 대하여 나타내기

지난달 용돈을 X만원이라고 하면 지난달 저축액은

$$X - X \times \frac{80}{100} = X\left(1 - \frac{4}{5}\right) = \frac{1}{5}X(만 원)$$

한편 이달 용돈은 지난달 용돈보다 50%가 증가하였으므로

$$X + X \times \frac{50}{100} = X\left(1 + \frac{1}{2}\right) = \frac{3}{2}X(만 원)$$

이달 저축액은

$$\frac{3}{2}X - \frac{3}{2}X \times \frac{80}{100} = \frac{3}{2}X\left(1 - \frac{4}{5}\right) = \frac{3}{10}X(만 원)$$

STEP Ⓑ 이달 저축액이 지난달 저축액보다 1만원 증가한 것을 이용하여 X를 구하기

그런데 이달 저축액은 지난달 저축액보다 1만원 증가하였으므로

$$\frac{3}{10}X = \frac{1}{5}X + 1, \ \frac{1}{10}X = 1$$

$\therefore X = 10$

따라서 지난 달 용돈은 10(만 원)

1571

2016년 06월 고1 학력평가 18번

해설강의

정답 ⑤

STEP Ⓐ 주어진 조건을 이용하여 식 세우기

행성 A와 A의 위성 사이의 거리와 행성 B와 B의 위성 사이의 거리를 각각 r_A, r_B라 하면 $r_A = 45r_B$ ⋯⋯ ㉠
행성 A의 위성의 공전 속력과 행성 B의 위성의 공전 속력을 각각 v_A, v_B라 하면
$v_A = \frac{2}{3}v_B$ ⋯⋯ ㉡

STEP Ⓑ $\frac{M_A}{M_B}$의 값 구하기

㉠과 ㉡에 의하여

$$M_A = \frac{r_A v_A^2}{G} = \frac{45r_B\left(\frac{2}{3}v_B\right)^2}{G} \quad \leftarrow M_A = \frac{r_A v_A^2}{G}\text{에 } r_A = 45r_B, \ v_A = \frac{2}{3}v_B\text{를 대입}$$

$$= 20 \times \frac{r_B v_B^2}{G} = 20M_B \quad \leftarrow M_B = \frac{r_B v_B^2}{G}$$

따라서 $\frac{M_A}{M_B} = 20$

+α | 주어진 관계식에 직접 대입하여 구할 수 있어!

주어진 관계식 $M = \frac{rv^2}{G}$에서 $M_A = \frac{r_A v_A^2}{G}$, $M_B = \frac{r_B v_B^2}{G}$이고

㉠과 ㉡에 의하여 $r_A = 45r_B$, $v_A = \frac{2}{3}v_B$이므로

$$\frac{M_A}{M_B} = \frac{r_A v_A^2}{r_B v_B^2} \quad \leftarrow \frac{M_A}{M_B} = \frac{\frac{r_A v_A^2}{G}}{\frac{r_B v_B^2}{G}}\text{에서 공통인 } G\text{를 약분한다.}$$

$$= \frac{45r_B \times \frac{4}{9}v_B^2}{r_B v_B^2} \quad \leftarrow r_B v_B^2\text{은 공통이므로 약분한다.}$$

$$= 45 \times \frac{4}{9} = 20$$

행성의 인력에 의하여 주위를 공전하는 천체를 위성이라고 한다. 행성과 위성 사이의 거리를 r(km), 위성의 공전 속력을 v(km/sec), 행성의 질량을 M(kg)이라고 할 때, 다음과 같은 관계식이 성립한다고 한다.

$$M = \frac{rv^2}{G} \ (단, G는 만유인력상수이다.)$$

행성 A와 A의 위성 사이의 거리가 행성 B와 B의 위성 사이의 거리의 50배일 때, 행성 A의 위성의 공전 속력이 행성 B의 위성의 공전 속력의 $\frac{3}{5}$배이다. 행성 A와 행성 B의 질량을 각각 M_A, M_B라 할 때, $\frac{M_A}{M_B}$의 값은?

① 6   ② 12   ③ 18
④ 24   ⑤ 30

STEP Ⓐ 주어진 조건을 이용하여 식 세우기

행성 A와 A의 위성 사이의 거리와 행성 B와 B의 위성 사이의 거리를 각각 r_A, r_B라 하면 $r_A = 50r_B$ ⋯⋯ ㉠
행성 A의 위성의 공전 속력과 행성 B의 위성의 공전 속력을 각각 v_A, v_B라 하면
$v_A = \frac{3}{5}v_B$ ⋯⋯ ㉡

STEP Ⓑ $\frac{M_A}{M_B}$의 값 구하기

㉠과 ㉡에 의하여

$$M_A = \frac{r_A v_A^2}{G}$$

$$= \frac{50r_B\left(\frac{3}{5}v_B\right)^2}{G} \quad \leftarrow M_A = \frac{r_A v_A^2}{G}\text{에 } r_A = 50r_B, \ v_A = \frac{3}{5}v_B\text{를 대입}$$

$$= 18 \times \frac{r_B v_B^2}{G} = 18M_B \quad \leftarrow M_B = \frac{r_B v_B^2}{G}$$

따라서 $\frac{M_A}{M_B} = 18$

1572

2015년 06월 고1 학력평가 16번   정답 ③   해설강의

STEP A 주어진 조건을 이용하여 $\dfrac{v_1}{v_2}$ 의 값 구하기

v_1일 때, 혈관 단면의 중심에서 혈관 벽면 방향으로 떨어진 거리를 r_1
v_2일 때, 혈관 단면의 중심에서 혈관 벽면 방향으로 떨어진 거리를 r_2

$r_1=\dfrac{R}{3}$ 이므로 주어진 식에 대입하면

$$v_1=\dfrac{P}{4\eta l}\left(R^2-\dfrac{R^2}{9}\right)=\dfrac{P}{4\eta l}\times\dfrac{8}{9}R^2$$

$r_2=\dfrac{R}{2}$ 이므로 주어진 식에 대입하면

$$v_2=\dfrac{P}{4\eta l}\left(R^2-\dfrac{R^2}{4}\right)=\dfrac{P}{4\eta l}\times\dfrac{3}{4}R^2$$

따라서 $\dfrac{v_1}{v_2}=\dfrac{\frac{P}{4\eta l}\times\frac{8}{9}R^2}{\frac{P}{4\eta l}\times\frac{3}{4}R^2}=\dfrac{32}{27}$

 내신연계 출제문항 765

단면의 반지름의 길이가 R이고 길이가 l인 원기둥 모양의 혈관이 있다.
단면의 중심에서 혈관의 벽면 방향으로 r만큼 떨어진 지점에서의 혈액의
속력을 v라 하면, 다음 관계식이 성립한다고 한다.

$$v=\dfrac{P}{4\eta l}(R^2-r^2)$$

(단, P는 혈관 양 끝의 압력차, η는 혈액의 점도이고 속력의 단위는 cm/초,
길이의 단위는 cm이다.)
R, l, P, η가 모두 일정할 때, 단면의 중심에서 혈관의 벽면 방향으로
$\dfrac{R}{2}$, $\dfrac{R}{4}$ 만큼씩 떨어진 두 지점에서의 혈액의 속력을 각각 v_1, v_2라 하자.
$\dfrac{v_1}{v_2}$의 값은?

① $\dfrac{2}{3}$ ② $\dfrac{11}{15}$ ③ $\dfrac{4}{5}$

④ $\dfrac{13}{15}$ ⑤ $\dfrac{14}{15}$

STEP A 주어진 조건을 이용하여 $\dfrac{v_1}{v_2}$ 의 값 구하기

v_1일 때, 혈관 단면의 중심에서 혈관 벽면 방향으로 떨어진 거리를 r_1
v_2일 때, 혈관 단면의 중심에서 혈관 벽면 방향으로 떨어진 거리를 r_2

$r_1=\dfrac{R}{2}$ 이므로 주어진 식에 대입하면

$$v_1=\dfrac{P}{4\eta l}\left(R^2-\dfrac{R^2}{4}\right)=\dfrac{P}{4\eta l}\times\dfrac{3}{4}R^2$$

$r_2=\dfrac{R}{4}$ 이므로 주어진 식에 대입하면

$$v_2=\dfrac{P}{4\eta l}\left(R^2-\dfrac{R^2}{16}\right)=\dfrac{P}{4\eta l}\times\dfrac{15}{16}R^2$$

따라서 $\dfrac{v_1}{v_2}=\dfrac{\frac{P}{4\eta l}\times\frac{3}{4}R^2}{\frac{P}{4\eta l}\times\frac{15}{16}R^2}=\dfrac{48}{60}=\dfrac{4}{5}$

정답 ③

1573

정답 ②

STEP A 유리함수의 성질을 이용하여 참, 거짓 판별하기

① 정의역과 치역은 모두 0을 제외한 실수 전체이다. [거짓]
② $k<0$이면 그래프가 제 2, 4사분면에 있다. [참]
③ 그래프는 모두 원점에 대하여 대칭이다. [거짓]
④ $|k|$의 값이 클수록 그래프는 원점에서 멀어진다. [거짓]
⑤ 그래프 위의 점이 원점에서 멀어질수록 x축과 y축에 한없이 가까워진다.
  [거짓]
따라서 옳은 것은 ②이다.

1574

정답 ①

STEP A 그래프가 지나는 사분면을 보고 a, b, c, d의 부호 판별하기

$y=\dfrac{k}{x}(k\neq 0)$에서 $k>0$이면 제 1사분면과

제 3사분면을 지나고 $k<0$이면
제 2사분면과 제 4사분면을 지난다.
즉 오른쪽 그림에서
$a<0$, $b<0$, $c>0$, $d>0$임을
알 수 있다.

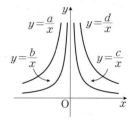

STEP B 절댓값과 유리함수의 그래프 사이의 관계 이해하기

$|k|$가 클수록 원점에서 멀어지므로 $|a|>|b|$, $|d|>|c|$
따라서 $a<b<0<c<d$

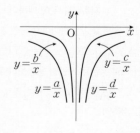 **내신연계** 출제문항 766

그림은 함수 $y=\dfrac{a}{x}$, $y=\dfrac{b}{x}$,

$y=\dfrac{c}{x}$, $y=\dfrac{d}{x}$의 그래프의 일부이다.
이때 상수 a, b, c, d 사이의
대소 관계로 옳은 것은?

① $a<b<c<d$ ② $a<b<d<c$
③ $a<c<b<d$ ④ $d<c<a<b$
⑤ $d<c<b<a$

STEP A 그래프가 지나는 사분면을 보고 a, b, c, d의 부호 판별하기

함수 $y=\dfrac{k}{x}(k\neq 0)$의 그래프는 $k>0$이면 제 1, 3사분면을 지나고
$k<0$이면 제 2, 4사분면을 지나므로
$a>0$, $b>0$, $c<0$, $d<0$임을 알 수 있다.

STEP B 절댓값과 유리함수의 그래프 사이의 관계 이해하기

또, $|k|$의 값이 클수록 그래프가 원점에서 멀어지므로
$|a|>|b|$, $|c|<|d|$
따라서 $d<c<0<b<a$

정답 ⑤

1575

정답 ⑤

STEP A 점 B의 좌표 구하기

점 $A(a, f(a))$를 지나고 x축에 평행한 직선이 곡선 $y=g(x)$와 만나는

점 B의 y좌표는 $f(a)=\dfrac{1}{a}$이므로 점 B의 x좌표는 $-\dfrac{3}{x}=\dfrac{1}{a}$에서 $x=-3a$

$\therefore$ B$\left(-3a, \dfrac{1}{a}\right)$

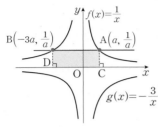

STEP B 직사각형 ABDC의 넓이 구하기

따라서 $\overline{AB}=a-(-3a)=4a$이고 $\overline{AC}=\dfrac{1}{a}$이므로

직사각형 ABDC의 넓이는 $\overline{AB}\times\overline{AC}=4a\times\dfrac{1}{a}=4$

1576

정답 ③

STEP A k의 범위에 따른 정사각형과 만나기 위한 정수 k의 개수 구하기

함수 $y=\dfrac{k}{x}(k\neq 0)$에서

(i) $k>0$일 때,

함수의 그래프가 두 점 A(3, 3), C(−3, −3)을 지날 때,

꼭짓점과 만나므로 대입하면 $3=\dfrac{k}{3}$ $\therefore k=9$

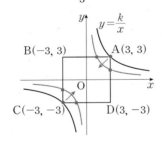

이때 $|k|$의 값이 작을수록 원점에 가까워지므로

정사각형 ABCD와 네 점에서 만나기 위해서 $|k|<9$이면 된다.

$\therefore 0<k<9$ ◀ $-9<k<9$에서 $k>0$이므로 $0<k<9$

(ii) $k<0$일 때,

함수의 그래프가 두 점 B(−3, 3), D(3, −3)을 지날 때,

꼭짓점과 만나므로 대입하면 $3=\dfrac{k}{-3}$ $\therefore k=-9$

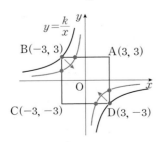

이때 $|k|$의 값이 작을수록 원점에 가까워지므로

정사각형 ABCD와 네 점에서 만나기 위해서 $|k|<9$이면 된다.

$\therefore -9<k<0$ ◀ $-9<k<9$에서 $k<0$이므로 $-9<k<0$

(i), (ii)에서 k의 범위는 $-9<k<0$ 또는 $0<k<9$

정수 k는 $-8, -7, -6, -5, -4, -3, -2, -1, 1, 2, 3, 4, 5, 6, 7, 8$

따라서 정수 k의 개수는 16

내신연계 출제문항 767

좌표평면 위의 네 점 A(10, 10), B(−10, 10), C(−10, −10), D(10, −10)

을 꼭짓점으로 하는 정사각형 ABCD가 있다.

함수 $y=\dfrac{k}{x}(k\neq 0)$의 그래프가 정사각형 ABCD와 네 점에서 만나도록

하는 정수 k의 최댓값과 최솟값을 각각 M, m이라 할 때, $M-m$의 값을

구하시오.

STEP A k의 범위에 따른 정사각형과 만나기 위한 정수 k의 개수 구하기

함수 $y=\dfrac{k}{x}(k\neq 0)$에서

(i) $k>0$일 때,

함수의 그래프가 두 점 A(10, 10), C(−10, −10)을 지날 때,

꼭짓점과 만나므로 대입하면 $10=\dfrac{k}{10}$ $\therefore k=100$

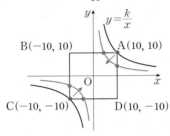

이때 $|k|$의 값이 작을수록 원점에 가까워지므로

정사각형 ABCD와 네 점에서 만나기 위해서 $|k|<100$이면 된다.

$\therefore 0<k<100$ ◀ $-100<k<100$에서 $k>0$이므로 $0<k<100$

(ii) $k<0$일 때,

함수의 그래프가 두 점 B(−10, 10), D(10, −10)을 지날 때,

꼭짓점과 만나므로 대입하면 $10=\dfrac{k}{-10}$ $\therefore k=-100$

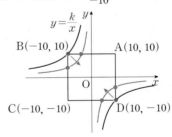

이때 $|k|$의 값이 작을수록 원점에 가까워지므로

정사각형 ABCD와 네 점에서 만나기 위해서 $|k|<100$이면 된다.

$\therefore -100<k<0$ ◀ $-100<k<100$에서 $k<0$이므로 $-100<k<0$

(i), (ii)에서 k의 범위는 $-100<k<0$ 또는 $0<k<100$

따라서 정수 k의 최댓값 $M=99$, 최솟값은 $m=-99$이므로

$M-m=99-(-99)=198$

정답 198

1577

STEP Ⓐ 직선 $y=x$에 대하여 대칭임을 이용하여 두 점 A, B 사이의 거리 구하기

함수 $y=\dfrac{k}{x}(k<0)$의 그래프는 직선 $y=x$에 대하여 대칭이고

두 직선 $y=x$, $y=-x+2$는 서로 수직이므로

두 점 A, B는 직선 $y=x$에 대하여 대칭이다.

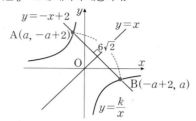

이때, A$(a, -a+2)$라 하면 B$(-a+2, a)$이므로 ← $y=x$에 대한 대칭 $(x, y) \longrightarrow (y, x)$

$\overline{AB}=\sqrt{(-a+2-a)^2+\{a-(-a+2)\}^2}$

$=\sqrt{(2-2a)^2+(2a-2)^2}=2\sqrt{2}|a-1|$

STEP Ⓑ $\overline{AB}=6\sqrt{2}$를 이용하여 k의 값 구하기

$\overline{AB}=6\sqrt{2}$이므로 $2\sqrt{2}|a-1|=6\sqrt{2}$, $|a-1|=3$

$a-1=-3$ 또는 $a-1=3$ ∴ $a=-2$ 또는 $a=4$

∴ A$(-2, 4)$ 또는 A$(4, -2)$

이때 점 A는 $y=\dfrac{k}{x}$의 그래프 위의 점이므로 $4=\dfrac{k}{-2}$

따라서 상수 $k=-8$

다른풀이 이차방정식의 근과 계수의 관계를 이용하여 풀이하기

STEP Ⓐ 이차방정식의 근과 계수의 관계 구하기

함수 $y=\dfrac{k}{x}(k<0)$과 직선 $y=-x+2$의 두 교점 A, B의 x좌표를

$x=\alpha$, $x=\beta$라 하면 방정식 $\dfrac{k}{x}=-x+2$, $x^2-2x+k=0$의 두 실근이 된다.

이때 근과 계수의 관계에 의하여

두 근의 합은 $\alpha+\beta=2$, 두 근의 곱은 $\alpha\beta=k$ ······ ㉠

STEP Ⓑ 곱셈 공식을 이용하여 k의 값 구하기

두 교점 A$(\alpha, -\alpha+2)$, B$(\beta, -\beta+2)$일 때 두 점 사이의 거리는

$\overline{AB}=\sqrt{(\alpha-\beta)^2+(-\alpha+\beta)^2}=6\sqrt{2}$ ← 두 점 (x_1, y_1), (x_2, y_2) 사이의 거리는 $\sqrt{(x_1-x_2)^2+(y_1-y_2)^2}$

양변을 제곱하면 $2(\alpha-\beta)^2=72$ ∴ $(\alpha-\beta)^2=36$

㉠에서 $(\alpha-\beta)^2=(\alpha+\beta)^2-4\alpha\beta=4-4k$이므로 $4-4k=36$

따라서 상수 $k=-8$

1578

2016년 10월 고3 학력평가 나형 26번

해설강의

STEP Ⓐ 점 P(a, b)를 유리함수에 대입하여 ab의 값 구하기

점 P(a, b)는 유리함수 $y=\dfrac{4}{x}(x>0)$의

그래프 위의 점이므로

$b=\dfrac{4}{a}$에서 ← 함수 $y=\dfrac{4}{x}$에 $x=a$, $y=b$를 대입

$ab=4(a>0, b>0)$

제1사분면 위의 점

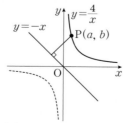

STEP Ⓑ 점 P(a, b)와 직선 $x+y=0$ 사이의 거리 구하기

점 P(a, b)와 직선 $x+y=0$ 사이의 거리가 5이므로

점 (x_1, y_1)과 직선 $ax+by+c=0$ 사이의 거리 $d=\dfrac{|ax_1+by_1+c|}{\sqrt{a^2+b^2}}$

$\dfrac{|a+b|}{\sqrt{1^2+1^2}}=5$에서 $a+b=5\sqrt{2}$

따라서 $a^2+b^2=(a+b)^2-2ab$ ← 곱셈공식 $(a+b)^2=a^2+2ab+b^2$을 변형

$=(5\sqrt{2})^2-2\times4=42$

내/신/연/계/ 출제문항 768

유리함수 $y=\dfrac{9}{x}(x>0)$의 그래프 위의 점 P(a, b)와 직선 $y=-x$ 사이의 거리가 4일 때, a^2+b^2의 값을 구하시오.

STEP Ⓐ 점 P(a, b)를 유리함수에 대입하여 ab의 값 구하기

점 P(a, b)는 유리함수 $y=\dfrac{9}{x}(x>0)$의

그래프 위의 점이므로 $b=\dfrac{9}{a}$에서

$ab=9(a>0, b>0)$

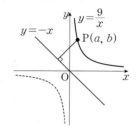

STEP Ⓑ 점 P(a, b)와 직선 $x+y=0$ 사이의 거리 구하기

점 P(a, b)와 직선 $x+y=0$ 사이의 거리가 4이므로

점 (x_1, y_1)과 직선 $ax+by+c=0$ 사이의 거리 $d=\dfrac{|ax_1+by_1+c|}{\sqrt{a^2+b^2}}$

$\dfrac{|a+b|}{\sqrt{1^2+1^2}}=4$에서 $a+b=4\sqrt{2}$

따라서 $a^2+b^2=(a+b)^2-2ab=(4\sqrt{2})^2-2\times9=14$

1579

STEP Ⓐ 점근선의 방정식을 구하여 a, b의 값 구하기

함수 $y=\dfrac{1}{x+3}+8$의 그래프의 두 점근선의 방정식은

$x=-3$, $y=8$이므로 $a=-3$, $b=8$

따라서 $a+b=-3+8=5$

1580

STEP Ⓐ 점근선과 지나는 점을 이용하여 유리함수의 함수식 구하기

점근선의 방정식이 $x=3$, $y=-2$이므로

구하는 유리함수를 $y=\dfrac{k}{x-3}-2\ (k\neq0)$라 하면

이 함수의 그래프가 점 $(4, 2)$를 지나므로 $k=4$

STEP Ⓑ a, b, c의 값 구하기

$y=\dfrac{4}{x-3}-2$에서 $a=3$, $b=4$, $c=-2$

따라서 $a+b+c=3+4+(-2)=5$

mini해설 a, c의 값을 먼저 구하여 풀이하기

유리함수 $y=\dfrac{b}{x-a}+c$의 그래프의 점근선의 방정식이 $x=a$, $y=c$이므로

$a=3$, $c=-2$ ← 점근선의 방정식이 $x=3$, $y=-2$

∴ $y=\dfrac{b}{x-3}-2$

또한, 이 그래프가 점 $(4, 2)$를 지나므로 대입하면 $2=\dfrac{b}{4-3}-2$ ∴ $b=4$

따라서 $a+b+c=3+4+(-2)=5$

POINT | 유리함수의 점근선의 방정식

① 유리함수 $y=\dfrac{k}{x-p}+q(k\neq0)$의 그래프
　➡ 점근선의 방정식은 $x=p$, $y=q$
② 유리함수 $y=\dfrac{ax+b}{cx+d}(ab-bc\neq0,\ c\neq0)$의 그래프
　➡ 점근선의 방정식은 $x=-\dfrac{d}{c}$, $y=\dfrac{a}{c}$

1581 2024년 03월 고2 학력평가 8번 정답 ④

STEP Ⓐ 유리함수에 점 $(2, 4)$를 대입하여 a, b의 관계식 구하기

함수 $y=\dfrac{b}{x-a}$의 그래프가 점 $(2, 4)$를 지나므로 $4=\dfrac{b}{2-a}$

$\therefore 4a+b=8$ …… ㉠ ← 함수 $y=\dfrac{b}{x-a}$의 식에 $x=2$, $y=4$를 대입

STEP Ⓑ 점근선의 방정식을 이용하여 $a-b$의 값 구하기

함수 $y=\dfrac{b}{x-a}$의 한 점근선의 방정식이 $x=4$이므로 $a=4$
$\underset{y=\frac{k}{x-p}+q\text{에서 점근선의 방정식은 }x=p,\ y=q}{}$

$a=4$를 ㉠에 대입하면 $16+b=8$, $b=-8$

따라서 $a-b=4-(-8)=12$

내/신/연/계 출제문항 769

함수 $y=\dfrac{b}{x-a}$의 그래프가 점 $(3, 6)$을 지나고 한 점근선의 방정식이 $x=6$일 때, $a-b$의 값은? (단, a, b는 상수이다.)

① 8　　　　② 10　　　　③ 12
④ 16　　　　⑤ 24

STEP Ⓐ 유리함수에 점 $(3, 6)$을 대입하여 a, b의 관계식 구하기

함수 $y=\dfrac{b}{x-a}$의 그래프가 점 $(3, 6)$을 지나므로 $6=\dfrac{b}{3-a}$

$\therefore 6a+b=18$ …… ㉠ ← 함수 $y=\dfrac{b}{x-a}$의 식에 $x=3$, $y=6$을 대입

STEP Ⓑ 점근선의 방정식을 이용하여 $a-b$의 값 구하기

함수 $y=\dfrac{b}{x-a}$의 한 점근선의 방정식이 $x=6$이므로 $a=6$
$\underset{y=\frac{k}{x-p}+q\text{에서 점근선의 방정식은 }x=p,\ y=q}{}$

$a=6$을 ㉠에 대입하면 $36+b=18$, $b=-18$

따라서 $a-b=6-(-18)=24$　　　　정답 ⑤

1582 2019년 10월 고3 학력평가 나형 5번 정답 ⑤

STEP Ⓐ 유리함수의 정의역과 치역을 구하여 a의 값 구하기

유리함수 $f(x)=\dfrac{4}{2x-7}+a$의 그래프의 점근선의 방정식은
$\underset{y=\frac{k}{x-p}+q(k\neq0)\text{의 그래프의 두 점근선은 두 직선 }x=p,\ y=q\text{이다.}}{}$

$x=\dfrac{7}{2}$, $y=a$이므로

주어진 함수의 정의역은 $\left\{x\,\middle|\,x\neq\dfrac{7}{2}\text{인 실수}\right\}$이고

치역은 $\{y\,|\,y\neq a\text{인 실수}\}$

따라서 정의역과 치역이 서로 같아야 하므로 $a=\dfrac{7}{2}$

내/신/연/계 출제문항 770

함수 $f(x)=\dfrac{2}{x-3}+a$의 정의역과 치역이 서로 같고 점 $(-1, b)$를 지날 때, 두 상수 a, b에 대하여 $a+b$의 값을 구하시오.

STEP Ⓐ 정의역과 치역이 같음을 이용하여 a의 값 구하기

함수 $f(x)=\dfrac{2}{x-3}+a$에서 점근선의 방정식은 $x=3$, $y=a$

즉 정의역은 $\{x\,|\,x\neq3\text{인 실수}\}$, 치역은 $\{y\,|\,y\neq a\text{인 실수}\}$이고
정의역과 치역이 일치하므로 $a=3$

STEP Ⓑ 점을 대입하여 b의 값 구하기

함수 $f(x)=\dfrac{2}{x-3}+3$이 점 $(-1, b)$를 지나므로 대입하면

$f(-1)=\dfrac{2}{-1-3}+3=\dfrac{5}{2}$　　$\therefore b=\dfrac{5}{2}$

따라서 $a+b=3+\dfrac{5}{2}=\dfrac{11}{2}$　　　　정답 $\dfrac{11}{2}$

1583 2020학년도 09월 모의평가 나형 11번 정답 ④

STEP Ⓐ 유리함수의 그래프의 점근선을 이용하여 a의 값 구하기

함수 $y=\dfrac{k}{x-1}+5$의 그래프의 점근선은 $x=1$, $y=5$
$\underset{y=\frac{k}{x-p}+q\text{에서 점근선의 방정식은 }x=p,\ y=q}{}$

이때 두 점근선의 교점의 좌표가 $(1, 2a+1)$이므로
$2a+1=5$　$\therefore a=2$

STEP Ⓑ 주어진 함수가 점 $(5, 3a)$를 지남을 이용하여 k의 값 구하기

함수 $y=\dfrac{k}{x-1}+5$의 그래프가 점 $(5, 3a)$, 즉 $(5, 6)$을 지나므로
$\underset{a=2\text{이므로 }(5,\ 3a)=(5,\ 3\times2)=(5,\ 6)}{}$

$6=\dfrac{k}{5-1}+5$

따라서 $k=4$

내/신/연/계 출제문항 771

함수 $y=\dfrac{a}{x+2}+b$의 그래프가 점 $(1, 4)$를 지나고 두 점근선의 교점의 좌표가 $(-2, 3)$일 때, $a+b$의 값은? (단, a, b는 상수이고 $a\neq0$)

① 3　　　　② 4　　　　③ 5
④ 6　　　　⑤ 7

STEP Ⓐ 유리함수의 그래프의 점근선을 이용하여 b의 값 구하기

$y=\dfrac{a}{x+2}+b$의 그래프의 점근선의 방정식은 $x=-2$, $y=b$

이때, 두 점근선의 교점의 좌표가 $(-2, 3)$이므로 $b=3$

STEP Ⓑ 주어진 함수가 점 $(1, 4)$를 지남을 이용하여 a의 값 구하기

$y=\dfrac{a}{x+2}+3$의 그래프가 점 $(1, 4)$를 지나므로

$4=\dfrac{a}{3}+3$, $\dfrac{a}{3}=1$　$\therefore a=3$

따라서 $a+b=3+3=6$　　　　정답 ④

03
유리함수

정답과 해설

1584

정답 ④

STEP A 유리함수의 그래프를 이용하여 세 점 A, B, C의 좌표 구하기

곡선 $y=\dfrac{k}{x-2}+1$이 x축과 만나는 점은 $0=\dfrac{k}{x-2}+1$에서

y좌표에 0을 대입한다. $\dfrac{k}{x-2}=-1$에서 $x=2-k$

$A(2-k,\ 0)$

곡선 $y=\dfrac{k}{x-2}+1$이 y축과 만나는 점은 $y=\dfrac{k}{0-2}+1$에서

x좌표에 0을 대입한다. $y=\dfrac{k}{-2}+1$

$B\left(0,\ -\dfrac{k}{2}+1\right)$

곡선 $y=\dfrac{k}{x-2}+1$의 두 점근선의 방정식은 $x=2$, $y=1$이므로

$C(2,\ 1)$ ← 곡선 $y=\dfrac{k}{x-2}+1$의 두 점근선의 교점이다.

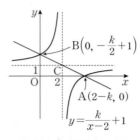

STEP B 세 점 A, B, C가 한 직선 위에 있음을 이용하여 k의 값 구하기

세 점 A, B, C가 한 직선 위에 있으므로
두 직선 AC, BC의 기울기가 같다.

$$\dfrac{1-0}{2-(2-k)}=\dfrac{1-\left(-\dfrac{k}{2}+1\right)}{2-0}$$

$$\dfrac{1}{k}=\dfrac{k}{4} \quad \therefore\ k^2=4$$

따라서 $k<0$이므로 $k=-2$

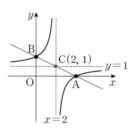

다른풀이 유리함수의 그래프의 성질을 이용하여 풀이하기

STEP A 유리함수의 성질을 이용하여 점 C에 대하여 대칭임을 이해하기

곡선 $y=\dfrac{k}{x-2}+1(k<0)$의 두 점근선의 교점 C$(2, 1)$과 곡선 위의

$x=2,\ y=1$

두 점 A, B가 한 직선 위에 있으려면
두 점 A, B는 점 C에 대하여 대칭이어야 한다.

STEP B 점 C가 선분 AB의 중점임을 이용하여 구하기

두 점 A, B가 각각 x축, y축 위의 점이므로
두 점의 좌표를 각각 A$(a,\ 0)$, B$(0,\ b)$로 놓을 수 있다.

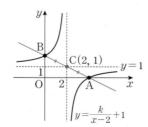

점 C가 선분 AB의 중점이므로
$\dfrac{a+0}{2}=2$, $\dfrac{0+b}{2}=1$
즉 $a=4$, $b=2$

따라서 곡선 $y=\dfrac{k}{x-2}+1$이 점 A$(4,\ 0)$을 지나므로

$x=4,\ y=0$을 대입한다.

$0=\dfrac{k}{4-2}+1=\dfrac{k}{2}+1 \quad \therefore\ k=-2$

좌표평면에서 곡선 $y=\dfrac{k}{x-3}+2(k<0)$가 x축, y축과 만나는 점을 각각 A, B라 하고, 이 곡선의 두 점근선의 교점을 C라 하자. 세 점 A, B, C가 한 직선 위에 있도록 하는 상수 k의 값은?

① -6 ② -5 ③ -4
④ -3 ⑤ -2

STEP A 유리함수의 그래프를 이용하여 세 점 A, B, C의 좌표 구하기

곡선 $y=\dfrac{k}{x-3}+2$가 x축과 만나는 점은 $0=\dfrac{k}{x-3}+2$에서

y좌표에 0을 대입한다. $\dfrac{k}{x-3}=-2$에서 $k=-2x+6$

$A\left(-\dfrac{k}{2}+3,\ 0\right)$

곡선 $y=\dfrac{k}{x-3}+2$가 y축과 만나는 점은 $y=\dfrac{k}{0-3}+2$에서

x좌표에 0을 대입한다. $y=\dfrac{k}{-3}+2$

$B\left(0,\ -\dfrac{k}{3}+2\right)$

곡선 $y=\dfrac{k}{x-3}+2$의 두 점근선의 방정식은 $x=3$, $y=2$이므로

$C(3,\ 2)$ ← 곡선 $y=\dfrac{k}{x-3}+2$의 두 점근선의 교점이다.

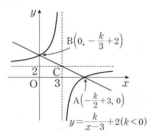

STEP B 세 점 A, B, C가 한 직선 위에 있음을 이용하여 k의 값 구하기

세 점 A, B, C가 한 직선 위에 있으므로
두 직선 AC, BC의 기울기가 같다.

$$\dfrac{2-0}{3-\left(-\dfrac{k}{2}+3\right)}=\dfrac{2-\left(-\dfrac{k}{3}+2\right)}{3-0}$$

$$\dfrac{4}{k}=\dfrac{k}{9} \quad \therefore\ k^2=36$$

따라서 $k<0$이므로 $k=-6$

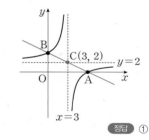

정답 ①

1585

정답 ⑤

STEP A 유리함수의 점근선의 방정식을 이용하여 세 점 A, B, C의 좌표 구하기

유리함수 $y=\dfrac{4}{x-a}-4(a>1)$의 그래프의 두 점근선은 $x=a$, $y=-4$이므로

유리함수 $y=\dfrac{k}{x-p}+q(k\neq0)$의 그래프의 점근선은 $x=p$, $y=q$

함수 $y=f(x)$의 그래프의 두 점근선이 만나는 점 C의 좌표는 C$(a,\ -4)$

함수 $y=f(x)$의 그래프가 x축과 만나는 점 A의 좌표는 A$(a+1,\ 0)$

함수 $y=\dfrac{4}{x-a}-4$에 $y=0$을 대입하면 $x=a+1$

함수 $y=f(x)$의 그래프가 y축과 만나는 점 B의 좌표는 B$\left(0,\ -\dfrac{4}{a}-4\right)$

함수 $y=\dfrac{4}{x-a}-4$에 $x=0$을 대입하면 $y=-\dfrac{4}{a}-4$

STEP B 사각형 OBCA의 넓이가 24임을 이용하여 상수 a의 값 구하기

점 C에서 x축, y축에 내린 수선의 발을 각각 D, E라 하면
유리함수 $y=f(x)$의 그래프와 사각형 OBCA는 그림과 같다.

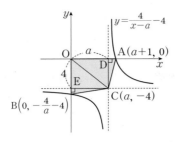

사각형 OBCA의 넓이를 S라 하면

S = (삼각형 OCA의 넓이) + (삼각형 OBC의 넓이)

$= \dfrac{1}{2} \times \overline{OA} \times \overline{CD} + \dfrac{1}{2} \times \overline{OB} \times \overline{CE}$

$= \dfrac{1}{2} \times (a+1) \times 4 + \dfrac{1}{2} \times \left(\dfrac{4}{a}+4\right) \times a$

$= 4a+4$

사각형 OBCA의 넓이가 24이므로 $4a+4=24$, $4a=20$

따라서 $a=5$

내/신/연/계 출제문항 773

함수 $f(x) = \dfrac{ax+b}{x+c} \, (b-ac<0, \ c<0)$의 그래프와 직선 $y=x+1$의

두 교점이 $P(0, 1)$, $Q(3, 4)$이다. 두 점 P, Q와 곡선 $y=f(x)$ 위의 다른

두 점 R, S를 꼭짓점으로 하는 직사각형 PQRS의 넓이가 30일 때,

$f(-2)$의 값은? [4점]

① $\dfrac{1}{6}$ ② $\dfrac{1}{3}$ ③ $\dfrac{1}{2}$

④ $\dfrac{2}{3}$ ⑤ $\dfrac{5}{6}$

STEP A 조건을 이용하여 점 R, S의 좌표 구하기

$f(x) = \dfrac{ax+b}{x+c}$ 의 점근선의 방정식은 $x=-c$, $y=a$이고 그래프는

$y = \dfrac{k}{x-p}+q$에서 점근선의 방정식은 $x=p$, $y=q$이다.

다음 그림과 같다.

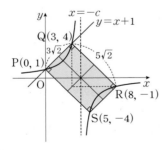

즉 $P(0, 1)$, $Q(3, 4)$이므로

$\overline{PQ} = \sqrt{(3-0)^2 + (4-1)^2} = 3\sqrt{2}$이고

두 점 $A(x_1, y_1)$, $B(x_2, y_2)$ 사이의 거리는 $\overline{AB} = \sqrt{(x_2-x_1)^2 + (y_2-y_1)^2}$

직사각형 PQRS의 넓이가 30이므로 $\overline{PQ} \times \overline{QR} = 30$

$3\sqrt{2} \times \overline{QR} = 30$, $\overline{QR} = \dfrac{30}{3\sqrt{2}} = \dfrac{10 \times \sqrt{2}}{2}$

$\therefore \overline{QR} = 5\sqrt{2}$

이때 직선 QR의 기울기가 -1이므로 점 R은 점 $Q(3, 4)$를

PQRS는 직사각형이므로 두 직선 PQ와 QR은 서로 수직이고
수직인 두 직선의 기울기의 곱은 -1이다.

x축의 방향으로 5만큼, y축의 방향으로 -5만큼 평행이동한 점이 된다.

직각이등변삼각형의 삼각비는 $1:1:\sqrt{2}$이고 $\overline{QR} = 5\sqrt{2}$이므로
점 Q에서 x축의 방향으로 5만큼, y축의 방향으로 -5만큼 평행이동한 점이 R이다.

$\therefore R(8, -1)$

PQRS는 직사각형이므로 점 S는 점 $P(0, 1)$을 x축의 방향으로 5만큼,

y축의 방향으로 -5만큼 평행이동한 점이므로 $S(5, -4)$

STEP B 점근선의 교점과 지나는 점을 이용하여 $f(x)$의 식 구하기

$y=f(x)$의 대칭점은 점 $P(0, 1)$과 점 $R(8, -1)$의 중점 $(4, 0)$이므로

점 $P(0, 1)$와 점 $R(8, -1)$의 중점은 $\left(\dfrac{0+8}{2}, \dfrac{1+(-1)}{2}\right) = (4, 0)$

$y=f(x)$의 점근선은 $x=-c=4$, $y=a=0$

$\therefore f(x) = \dfrac{b}{x-4}$

이때 함수 $f(x)$가 점 $P(0, 1)$을 지나므로 $1 = \dfrac{b}{-4}$ ← 함수 $y=\dfrac{b}{x-4}$에 $x=0$, $y=1$을 대입

$\therefore b=-4$

따라서 $f(x) = -\dfrac{4}{x-4}$이므로 $f(-2) = \dfrac{2}{3}$ 정답 ④

1586 정답 ①

STEP A 유리함수가 되기 위한 조건 구하기

$c=0$이면 $y = \dfrac{ax+b}{cx+d} = \dfrac{ax+b}{d} = \dfrac{a}{d}x + \dfrac{b}{d}$이므로 다항함수이다.

$\therefore c \neq 0$ ...... ㉠

$ad-bc=0$이면 $ad=bc$, 즉 $a:b=c:d$이므로

$y = \dfrac{ax+b}{cx+d} = \dfrac{a}{c}$ $\left($단, $x \neq -\dfrac{d}{c}\right)$인 상수함수가 된다.

$\therefore ad \neq bc$ ...... ㉡

㉠, ㉡에 의해 다항함수가 아닌 유리함수이기 위한 조건은 $c \neq 0$, $ad \neq bc$

1587 정답 ①

STEP A $y = \dfrac{k}{x-m} + n$꼴로 변형하여 점근선의 방정식 구하기

$f(x) = \dfrac{ax+1}{bx+1} = \dfrac{\frac{a}{b}(bx+1)+1-\frac{a}{b}}{bx+1} = \dfrac{1-\frac{a}{b}}{bx+1} + \dfrac{a}{b}$

즉 함수 $f(x) = \dfrac{ax+1}{bx+1}$의 그래프의 두 점근선의 방정식은

$x = -\dfrac{1}{b}$, $y = \dfrac{a}{b}$이므로

$-2 = -\dfrac{1}{b}$, $3 = \dfrac{a}{b}$에서 $a = \dfrac{3}{2}$, $b = \dfrac{1}{2}$

따라서 $a+b = \dfrac{3}{2} + \dfrac{1}{2} = 2$

---

mini해설 | 점근선을 이용하여 풀이하기

함수 $f(x) = \dfrac{ax+1}{bx+1}$의 그래프의 두 점근선의 방정식이 $x=-2$, $y=3$이므로

$f(x) = \dfrac{k}{x+2} + 3 \, (k \neq 0)$으로 놓으면

$f(x) = \dfrac{k}{x+2} + 3 = \dfrac{k}{x+2} + \dfrac{3(x+2)}{x+2} = \dfrac{3x+(6+k)}{x+2} = \dfrac{\frac{3}{2}x + \frac{6+k}{2}}{\frac{1}{2}x + 1}$이므로

$\dfrac{\frac{3}{2}x + \frac{6+k}{2}}{\frac{1}{2}x + 1} = \dfrac{ax+1}{bx+1}$에서 $a = \dfrac{3}{2}$, $b = \dfrac{1}{2}$, $k = -4$

따라서 $a+b = \dfrac{3}{2} + \dfrac{1}{2} = 2$

1588 정답 ①

STEP A 점근선과 지나는 점을 이용하여 유리함수의 함수식 구하기

조건 (나)에서 점근선의 방정식이 $x=2$, $y=-3$이므로

구하는 유리함수를 $y=\dfrac{k}{x-2}-3(k\neq0)$이라 놓을 수 있다.

이 함수의 그래프가 점 $(1, 2)$를 지나므로

$2=\dfrac{k}{-1}-3$ $\therefore k=-5$

STEP B 식을 변형하여 a, b, c의 값 구하기

$y=-\dfrac{5}{x-2}-3=\dfrac{-5-3(x-2)}{x-2}=\dfrac{-3x+1}{x-2}=\dfrac{ax+b}{x+c}$

따라서 $a=-3$, $b=1$, $c=-2$이므로 $a+b+c=-4$

> **mini해설** │ a, c의 값을 먼저 구하여 풀이하기
>
> 유리함수 $y=\dfrac{ax+b}{x+c}$의 그래프의 점근선의 방정식이 $x=-c$, $y=a$이므로
> $c=-2$, $a=-3$ ← 점근선의 방정식이 $x=2$, $y=-3$
> $\therefore y=\dfrac{-3x+b}{x-2}$
> 또한, 이 그래프가 점 $(1, 2)$를 지나므로 대입하면 $2=\dfrac{-3+b}{1-2}$ $\therefore b=1$
> 따라서 $a=-3$, $b=1$, $c=-2$이므로 $a+b+c=-4$

> **P O I N T** │ 점근선의 방정식이 $x=p$, $y=q$인 유리함수의 식을 세우는 방법
>
> [방법1] $y=\dfrac{k}{x-p}+q(k$는 0이 아닌 상수)로 놓고 그래프가 지나는 한 점의 좌표를
> 대입한 후 k의 값을 구하여 함수식을 구한다.
> [방법2] $y=\dfrac{qx+r}{x-p}(r\neq -pq)$로 놓고 그래프가 지나는 한 점의 좌표를 대입하여
> r의 값을 구한 후 함수식을 구한다.

내/신/연/계 출제문항 774

유리함수 $y=\dfrac{ax+b}{x+c}$의 그래프가 점 $(4, 2)$를 지나고 점근선의 방정식이
$x=3$, $y=-2$일 때, 상수 a, b, c에 대하여 $a+b+c$의 값은?

① 1 　　② 2 　　③ 3
④ 4 　　⑤ 5

STEP A 점근선과 지나는 점을 이용하여 유리함수의 함수식 구하기

점근선의 방정식이 $x=3$, $y=-2$이므로

구하는 유리함수를 $y=\dfrac{k}{x-3}-2(k\neq0)$이라 하면

이 함수의 그래프가 점 $(4, 2)$를 지나므로

$2=\dfrac{k}{1}-2$ $\therefore k=4$

STEP B 식을 변형하여 a, b, c의 값 구하기

$y=\dfrac{4}{x-3}-2=\dfrac{4-2(x-3)}{x-3}=\dfrac{-2x+10}{x-3}$

따라서 $a=-2$, $b=10$, $c=-3$이므로 $a+b+c=-2+10+(-3)=5$

> **mini해설** │ a, c의 값을 먼저 구하여 풀이하기
>
> 유리함수 $y=\dfrac{ax+b}{x+c}$의 그래프의 점근선의 방정식이 $x=-c$, $y=a$이므로
> $c=-3$, $a=-2$ ← 점근선의 방정식이 $x=-c$, $y=a$
> $\therefore y=\dfrac{-2x+b}{x-3}$
> 또한, 이 그래프가 점 $(4, 2)$를 지나므로 대입하면 $2=\dfrac{-2\times4+b}{4-3}$ $\therefore b=10$
> 따라서 $a=-2$, $b=10$, $c=-3$이므로 $a+b+c=-2+10+(-3)=5$

정답 ⑤

1589 정답 ④

STEP A $f(-1)=2$임을 이용하여 a의 값 구하기

함수 $f(x)=\dfrac{3x-5}{x+a}$에서 $f(-1)=\dfrac{-3-5}{-1+a}=2$, $-8=-2+2a$

$\therefore a=-3$

STEP B 두 함수의 점근선이 같음을 이용하여 b, c의 값 구하기

함수 $f(x)=\dfrac{3x-5}{x-3}$에서 점근선의 방정식은 $x=3$, $y=3$
$\underbrace{y=\dfrac{ax+b}{cx+d}}(c\neq0, ad-bc\neq0)$에서 점근선의 방정식은 $x=-\dfrac{d}{c}$, $y=\dfrac{a}{c}$

함수 $g(x)=\dfrac{bx+1}{x+c}$에서 점근선의 방정식은 $x=-c$, $y=b$

두 함수의 점근선의 방정식이 같으므로 $b=3$, $c=-3$

따라서 $a+b+c=-3+3+(-3)=-3$

1590 정답 ④

STEP A 대칭점을 이용하여 점근선의 방정식 구하기

함수 $f(x)=\dfrac{ax+b}{x+c}$의 그래프가 점 $(2, -2)$에 대하여 대칭일 때,

점근선의 방정식은 $x=2$, $y=-2$이므로 $c=-2$, $a=-2$ ← 점근선의 방정식은 $x=-c$, $y=a$

$\therefore f(x)=\dfrac{-2x+b}{x-2}$

STEP B $f(b)=b$를 이용하여 b의 값 구하기

$f(b)=b(b\neq0)$이므로 $f(b)=\dfrac{-2b+b}{b-2}=b$, $b^2-b=0$

$\therefore b=1$

따라서 $a=-2$, $b=1$, $c=-2$이므로 $abc=4$

내/신/연/계 출제문항 775

함수 $y=\dfrac{ax+b}{x+c}$의 그래프가 점 $(2, 3)$에 대하여 대칭이고
점 $(5, 4)$를 지난다. 이때 상수 a, b, c에 대하여 $a+b+c$의 값은?

① -2 　　② 2 　　③ 3
④ 4 　　⑤ 6

STEP A 대칭점을 이용하여 점근선의 방정식 구하기

함수 $f(x)=\dfrac{ax+b}{x+c}$의 그래프가 점 $(2, 3)$에 대하여 대칭일 때,

점근선의 방정식은 $x=2$, $y=3$이므로 $c=-2$, $a=3$ ← 점근선의 방정식은 $x=-c$, $y=a$

$\therefore f(x)=\dfrac{3x+b}{x-2}$

STEP B 점 $(5, 4)$를 지남을 이용하여 b의 값 구하기

점 $(5, 4)$를 지나므로 $f(5)=\dfrac{3\times5+b}{5-2}=4$, $15+b=12$

$\therefore b=-3$

따라서 $a=3$, $b=-3$, $c=-2$이므로 $a+b+c=3+(-3)+(-2)=-2$

정답 ①

1591 정답 ①

STEP A **두 함수의 그래프의 점근선의 방정식 구하기**

$y=\dfrac{-x+3}{x+a}=\dfrac{-(x+a)+a+3}{x+a}=\dfrac{a+3}{x+a}-1$이므로
점근선의 방정식은 $x=-a$, $y=-1$

$y=\dfrac{ax-1}{x-2}=\dfrac{a(x-2)+2a-1}{x-2}=\dfrac{2a-1}{x-2}+a$이므로
점근선의 방정식은 $x=2$, $y=a$

STEP B **점근선으로 둘러싸인 도형의 넓이를 이용하여 a의 값 구하기**

$a>0$이므로 점근선으로 둘러싸인
도형은 그림과 같이 나타낼 수 있다.
이때 점근선으로 둘러싸인 도형의
가로의 길이는 $2-(-a)=a+2$,
세로의 길이는 $a-(-1)=a+1$
이 도형의 넓이가 30이므로
$(a+2)(a+1)=30$
$a^2+3a-28=0$, $(a+7)(a-4)=0$
따라서 양수 a는 $a=4$

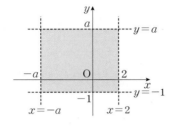

내/신/연/계/ 출제문항 776

두 함수 $y=\dfrac{2-3x}{x-a}$, $y=\dfrac{ax+2}{x+5}$의 그래프의 점근선으로 둘러싸인 도형의 넓이가 35일 때, 양수 a의 값은?

① 2   ② 3   ③ 4
④ 5   ⑤ 6

STEP A **두 함수의 그래프의 점근선의 방정식 구하기**

$y=\dfrac{2-3x}{x-a}=\dfrac{-3(x-a)-3a+2}{x-a}=\dfrac{-3a+2}{x-a}-3$이므로
점근선의 방정식은 $x=a$, $y=-3$

$y=\dfrac{ax+2}{x+5}=\dfrac{a(x+5)-5a+2}{x+5}=\dfrac{-5a+2}{x+5}+a$이므로
점근선의 방정식은 $x=-5$, $y=a$

STEP B **점근선으로 둘러싸인 도형의 넓이를 이용하여 a의 값 구하기**

$a>0$이므로
점근선으로 둘러싸인 도형의
가로의 길이는 $a-(-5)=a+5$,
세로의 길이는 $a-(-3)=a+3$
이 도형의 넓이가 35이므로
$(a+5)(a+3)=35$
$a^2+8a-20=0$, $(a+10)(a-2)=0$
따라서 양수 a는 $a=2$

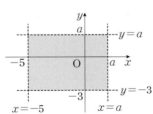

정답 ①

1592 정답 4

STEP A **두 유리함수의 그래프의 점근선의 방정식 구하기**

$y=\dfrac{6x-2}{x-k}=\dfrac{6(x-k)+6k-2}{x-k}=\dfrac{6k-2}{x-k}+6$이므로
점근선의 방정식은 $x=k$, $y=6$

$y=\dfrac{-kx+3}{x-1}=\dfrac{-k(x-1)-k+3}{x-1}=\dfrac{-k+3}{x-1}-k$이므로
점근선의 방정식은 $x=1$, $y=-k$

STEP B **네 직선으로 둘러싸인 부분의 넓이 구하기**

가로의 길이는 $|k-1|$, 세로의 길이는 $6-(-k)=6+k$
(i) $0<k<1$일 때,
    $0<k<1$이면 $|k-1|=-k+1$이므로
    직사각형의 넓이는
    $(-k+1)(6+k)=-k^2-5k+6=30$,
    $k^2+5k+24=0$
    이차방정식의 판별식을 D라 하면
    $D=25-96<0$이므로
    실근은 존재하지 않는다.
(ii) $k>1$일 때,
    $k>1$이면 $|k-1|=k-1$이므로
    직사각형의 넓이는
    $(k-1)(6+k)=k^2+5k-6=30$, $k^2+5k-36=0$
    $(k-4)(k+9)=0$ $\therefore$ $k=4$ 또는 $k=-9$
    $k>1$이어야 하므로 $k=4$
(i), (ii)에 의하여 상수 k의 값은 4

1593   2018년 11월 고2 학력평가 나형 13번   정답 ③

STEP A **주어진 식을 $y=\dfrac{k}{x-p}+q$의 꼴로 변형한 후 점근선의 방정식 구하기**

$f(x)=\dfrac{3x+1}{x-k}=\dfrac{3(x-k)+3k+1}{x-k}=\dfrac{3k+1}{x-k}+3$

이므로 함수 $y=f(x)$의 그래프의 두 점근선의 방정식은 $x=k$, $y=3$
$\qquad\qquad y=\dfrac{k}{x-p}+q$에서 점근선의 방정식은 $x=p$, $y=q$

그러므로 두 점근선의 교점은 $(k, 3)$

STEP B **점 $(k, 3)$의 좌표를 $y=x$에 대입하여 상수 k의 값 구하기**

따라서 두 점근선의 교점 $(k, 3)$이 직선 $y=x$ 위에 있으므로 $k=3$
$\qquad\qquad$ 직선 $y=x$에 $x=k$, $y=3$을 대입

내/신/연/계/ 출제문항 777

유리함수 $f(x)=\dfrac{4x+2}{2x-k}$의 그래프의 두 점근선의 교점이 직선 $y=x$ 위에 있을 때, 상수 k의 값은? $\left(\text{단, } k\neq-\dfrac{1}{2}\right)$

① 1   ② 2   ③ 3
④ 4   ⑤ 5

STEP A **주어진 식을 $y=\dfrac{k}{x-p}+q$의 꼴로 변형한 후 점근선의 방정식 구하기**

$f(x)=\dfrac{4x+2}{2x-k}=\dfrac{2(2x-k)+2k+2}{2x-k}=\dfrac{2k+2}{2x-k}+2$

이므로 함수 $y=f(x)$의 그래프의 두 점근선의 방정식은 $x=\dfrac{k}{2}$, $y=2$
$\qquad\qquad y=\dfrac{k}{x-p}+q$에서 점근선의 방정식은 $x=p$, $y=q$

그러므로 두 점근선의 교점은 $\left(\dfrac{k}{2}, 2\right)$

STEP B **점 $\left(\dfrac{k}{2}, 2\right)$의 좌표를 $y=x$에 대입하여 상수 k의 값 구하기**

이때 두 점근선의 교점 $\left(\dfrac{k}{2}, 2\right)$가 직선 $y=x$ 위에 있으므로 $\dfrac{k}{2}=2$
$\qquad\qquad$ 직선 $y=x$에 $x=\dfrac{k}{2}$, $y=2$를 대입

따라서 $k=4$ 정답 ④

1594

정답 −3

STEP A 평행이동한 식 구하기

함수 $y=\dfrac{3x+4}{x+2}=\dfrac{3(x+2)-2}{x+2}=\dfrac{-2}{x+2}+3$에서

x축의 방향으로 a만큼, y축의 방향으로 b만큼 평행이동하면

<u>x대신에 $x-a$, y대신에 $y-b$ 대입</u>

$y-b=\dfrac{-2}{(x-a)+2}+3$이므로 $y=\dfrac{-2}{x-a+2}+3+b$

이때 함수 $y=\dfrac{c}{x}$와 일치하므로 $-a+2=0$, $3+b=0$, $-2=c$

따라서 $a=2$, $b=-3$, $c=-2$이므로 $a+b+c=2+(-3)+(-2)=-3$

> **+α │ 점근선을 이용하여 구할 수 있어!**
>
> 함수 $y=\dfrac{3x+4}{x+2}=\dfrac{3(x+2)-2}{x+2}=\dfrac{-2}{x+2}+3$을 평행이동한 것이 $y=\dfrac{c}{x}$와 일치하므로
> $-2=c$ ∴ $c=-2$
> 또한, 함수 $y=\dfrac{-2}{x+2}+3$에서 점근선의 방정식은 $x=-2$, $y=3$
> $y=\dfrac{c}{x}$의 점근선의 방정식은 $x=0$, $y=0$
> 즉 점근선의 방정식 $x=-2$, $y=3$을 x축의 방향으로 2만큼, y축의 방향으로
> −3만큼 평행이동하면 된다. ∴ $a=2$, $b=-3$

1595

정답 ③

STEP A 원의 중심을 이용하여 평행이동 이해하기

원 $(x-1)^2+(y-2)^2=1$의 중심인 점 $(1, 2)$가 원 $x^2+(y-4)^2=1$의 중심 $(0, 4)$로 옮겨지므로 주어진 평행이동은 x축의 방향으로 −1만큼, y축의 방향으로 2만큼 평행이동한 것이다.

STEP B 평행이동한 유리함수의 함수식 구하기

유리함수 $y=\dfrac{2}{x}$의 그래프를 x축의 방향으로 −1만큼, y축의 방향으로 2만큼

<u>x대신 $x+1$, y 대신 $y-2$를 대입한다.</u>

평행이동한 그래프의 함수의 식은 $y=\dfrac{2}{x+1}+2$

따라서 이 그래프가 점 $(-2, k)$를 지나므로 $k=\dfrac{2}{-2+1}+2=0$

내/신/연/계/ 출제문항 778

원 $(x+1)^2+(y-1)^2=4$가 원 $(x-3)^2+(y-6)^2=4$로 옮겨지는 평행이동에 의하여 유리함수 $y=\dfrac{3}{x}$의 그래프를 평행이동하면 점 $(5, a)$를 지날 때, 상수 a의 값은?

① 4   ② 6   ③ 8
④ 10   ⑤ 12

STEP A 원의 중심을 이용하여 평행이동 이해하기

원 $(x+1)^2+(y-1)^2=4$의 중심인 점이 $(-1, 1)$이 원 $(x-3)^2+(y-6)^2=4$의 중심 $(3, 6)$으로 옮겨지므로 주어진 평행이동은 x축의 방향으로 4만큼, y축의 방향으로 5만큼 평행이동한 것이다.

STEP B 평행이동한 유리함수의 함수식 구하기

유리함수 $y=\dfrac{3}{x}$의 그래프를 x축의 방향으로 4만큼, y축의 방향으로 5만큼 평행이동한 그래프는 유리함수 $y=\dfrac{3}{x-4}+5$의 그래프와 같다.

유리함수 $y=\dfrac{3}{x-4}+5$의 그래프가 점 $(5, a)$를 지나므로 $a=\dfrac{3}{5-4}+5$

따라서 $a=8$

정답 ③

1596

정답 ④

STEP A 평행이동한 함수식을 이용하여 상수 p, q의 값 구하기

함수 $y=\dfrac{x+1}{x-1}=\dfrac{(x-1)+2}{x-1}=\dfrac{2}{x-1}+1$의 그래프를 x축의 방향으로 p만큼,

y축의 방향으로 q만큼 평행이동하면

$y-q=\dfrac{2}{(x-p)-1}+1$ ∴ $y=\dfrac{2}{x-p-1}+1+q$ ……㉠

이때 함수 $y=\dfrac{7x+9}{x+1}=\dfrac{7(x+1)+2}{x+1}=\dfrac{2}{x+1}+7$이고 ㉠의 식과 일치하므로

$-p-1=1$, $1+q=7$ ∴ $p=-2$, $q=6$

따라서 $p+q=(-2)+6=4$

> **+α │ 점근선을 이용하여 구할 수 있어!**
>
> 함수 $y=\dfrac{x+1}{x-1}$의 점근선의 방정식은 $x=1$, $y=1$ ……㉠
> 함수 $y=\dfrac{7x+9}{x+1}$의 점근선의 방정식은 $x=-1$, $y=7$ ……㉡
> 즉 ㉠의 점근선의 방정식을 x축의 방향으로 −2만큼, y축의 방향으로 6만큼
> 평행이동한 것이 ㉡의 점근선의 방정식이다. ∴ $p=-2$, $q=6$

1597

정답 ④

STEP A 평행이동한 유리함수의 식을 이용하여 a, b, c의 값 구하기

함수 $y=\dfrac{2x+b}{x+a}=\dfrac{2(x+a)-2a+b}{x+a}=\dfrac{-2a+b}{x+a}+2$이고

x축의 방향으로 1만큼, y축의 방향으로 c만큼 평행이동하면

<u>x대신에 $x-1$, y대신에 $y-c$를 대입</u>

$y-c=\dfrac{-2a+b}{(x-1)+a}+2$ ∴ $y=\dfrac{-2a+b}{x-1+a}+2+c$ ……㉠

이때 ㉠의 식이 $y=\dfrac{3}{x}$와 일치하므로

$-2a+b=3$, $-1+a=0$, $2+c=0$ ∴ $a=1$, $b=5$, $c=-2$

따라서 $a+b+c=1+5+(-2)=4$

> **+α │ 역으로 평행이동하여 구할 수 있어!**
>
> $y=\dfrac{2x+b}{x+a}$ 를 x축의 방향으로 1만큼, y축의 방향으로 c만큼 평행이동한 것이
> $y=\dfrac{3}{x}$이므로 역으로 $y=\dfrac{3}{x}$를 x축의 방향으로 −1만큼, y축의 방향으로 −c만큼
> 평행이동하면 $y=\dfrac{2x+b}{x+a}$와 일치한다.
> 즉 $y+c=\dfrac{3}{x+1}$, $y=\dfrac{3}{x+1}-c$이므로 $y=\dfrac{-cx-c+3}{x+1}$이므로
> $a=1$, $-cx-c+3=2x+b$ ← x에 대한 항등식
> ∴ $a=1$, $b=5$, $c=-2$

1598

정답 −4

STEP A 점근선의 방정식을 이용하여 a, b의 값 구하기

함수 $y=\dfrac{bx+c}{x+a}$의 그래프가 두 직선 $x=2$, $y=3$과 만나지 않으므로 점근선의 방정식은 $x=2$, $y=3$

이때 함수 $y=\dfrac{bx+c}{x+a}$의 점근선의 방정식은 $x=-a$, $y=b$이고 위의 식과 일치하므로 $a=-2$, $b=3$

STEP B 평행이동에 의하여 일치함을 이용하여 c의 값 구하기

$y=\dfrac{3x+c}{x-2}=\dfrac{3(x-2)+6+c}{x-2}=\dfrac{6+c}{x-2}+3$을 평행이동하면

<u>x축의 방향으로 −2만큼, y축의 방향으로 −3만큼 평행이동하면 된다.</u>

$y=\dfrac{1}{x}$와 일치하므로 분자의 상수가 같아야 한다.

즉 $1=6+c$이므로 $c=-5$

따라서 $a=-2$, $b=3$, $c=-5$이므로 $a+b+c=(-2)+3+(-5)=-4$

+α | 역으로 평행이동하여 구할 수 있어!

$y=\dfrac{bx+c}{x+a}$의 점근선이 $x=2$, $y=3$이고 $y=\dfrac{1}{x}$의 점근선은 $x=0$, $y=0$

즉 함수 $y=\dfrac{1}{x}$를 x축의 방향으로 2만큼, y축의 방향으로 3만큼 평행이동하면

$y=\dfrac{bx+c}{x+a}$가 된다.

$y-3=\dfrac{1}{x-2}$, $y=\dfrac{1}{x-2}+3$, $y=\dfrac{3x-5}{x-2}$이고 $y=\dfrac{bx+c}{x+a}$와 일치하므로

$a=-2$, $b=3$, $c=-5$

내신연계 출제문항 779

함수 $y=\dfrac{bx+1}{x+a}$의 그래프를 x축의 방향으로 2만큼 평행이동한 후 x축에 대하여 대칭이동한 그래프의 점근선의 방정식은 $x=3$, $y=-4$이다. $a+b$의 값은? (단, a, b는 $ab \neq 1$인 상수이다.)

① 2   ② 3   ③ 4
④ 5   ⑤ 6

STEP Ⓐ 유리함수의 그래프의 점근선의 방정식 구하기

$y=\dfrac{bx+1}{x+a}=\dfrac{b(x+a)-ab+1}{x+a}=b+\dfrac{-ab+1}{x+a}$

이므로

함수 $y=\dfrac{bx+1}{x+a}$의 그래프의 점근선의 방정식은 $x=-a$, $y=b$이다.

STEP Ⓑ 평행이동한 후 대칭이동한 유리함수의 그래프의 점근선 구하기

함수 $y=\dfrac{bx+1}{x+a}$의 그래프를 x축의 방향으로 2만큼 평행이동한 그래프를 x축에 대하여 대칭이동한 그래프의 점근선의 방정식은

$x-2=-a$, $-y=b$ $\therefore x=2-a$, $y=-b$

이때 $2-a=3$, $-b=-4$이므로 $a=-1$, $b=4$

따라서 $a+b=3$

정답 ②

1599 2017년 03월 고3 학력평가 나형 6번   정답 ④

STEP Ⓐ 유리함수의 평행이동을 이용하여 함수식 구하기

유리함수 $y=\dfrac{a}{x}$의 그래프를 x축의 방향으로 m만큼, y축의 방향으로 n만큼 평행이동한 그래프의 식은 $y=\dfrac{a}{x-m}+n$

STEP Ⓑ a, m, n의 값 구하기

두 함수 $y=\dfrac{a}{x-m}+n$과 $y=\dfrac{3}{x-2}+2$가 일치하므로

$a=3$, $m=2$, $n=2$

따라서 $a+m+n=3+2+2=7$

내신연계 출제문항 780

함수 $y=\dfrac{3}{x}$의 그래프를 x축의 방향으로 2만큼, y축의 방향으로 4만큼 평행이동한 그래프의 식이 $y=\dfrac{bx+c}{x+a}$일 때, $a+b+c$의 값은? (단, a, b, c는 상수이다.)

① -5   ② -4   ③ -3
④ -2   ⑤ -1

STEP Ⓐ 유리함수의 평행이동을 이용하여 함수의 식 구하기

함수 $y=\dfrac{3}{x}$의 그래프를 x축의 방향으로 2만큼, y축의 방향으로 4만큼 평행이동한 그래프의 식은 $y=\dfrac{3}{x-2}+4$

STEP Ⓑ a, b, c의 값 구하기

$y=\dfrac{3}{x-2}+4=\dfrac{4x-5}{x-2}$이고 $y=\dfrac{bx+c}{x+a}$와 일치하므로

$a=-2$, $b=4$, $c=-5$

따라서 $a+b+c=(-2)+4+(-5)=-3$

정답 ③

1600 2015년 03월 고2 학력평가 가형 16번   정답 ⑤

STEP Ⓐ 유리함수의 점근선을 평행이동하여 $y=g(x)$의 점근선의 방정식 구하기

유리함수 $f(x)=\dfrac{3x+k}{x+4}$에서 점근선의 방정식은 $x=-4$, $y=3$

$y=\dfrac{ax+b}{cx+d}(c \neq 0, ad-bc \neq 0)$에서

점근선의 방정식은 $x=-\dfrac{d}{c}$, $y=\dfrac{a}{c}$

이때 x축의 방향으로 -2만큼, y축의 방향으로 3만큼 평행이동하면

점근선의 방정식은 $x=-6$, $y=6$

즉 평행이동한 함수 $y=g(x)$의 점근선의 방정식은 $x=-6$, $y=6$

STEP Ⓑ $y=g(x)$의 점근선의 교점을 대입하여 k의 값 구하기

$y=g(x)$의 점근선의 방정식이 $x=-6$, $y=6$이므로

두 점근선의 교점은 $(-6, 6)$

즉 $(-6, 6)$이 $f(x)=\dfrac{3x+k}{x+4}$ 위의 점이므로

$f(-6)=\dfrac{-18+k}{-6+4}=\dfrac{-18+k}{-2}=6$, $-18+k=-12$

따라서 상수 k의 값은 6

내신연계 출제문항 781

유리함수 $f(x)=\dfrac{3x+k}{x-2}$의 그래프를 x축의 방향으로 1만큼, y축의 방향으로 -2만큼 평행이동한 곡선을 $y=g(x)$라 하자. 곡선 $y=g(x)$의 두 점근선의 교점이 곡선 $y=f(x)$ 위의 점일 때, 상수 k의 값은?

① -8   ② -5   ③ -2
④ 5   ⑤ 7

STEP Ⓐ 유리함수의 점근선을 평행이동하여 $y=g(x)$의 점근선의 방정식 구하기

유리함수 $f(x)=\dfrac{3x+k}{x-2}$에서 점근선의 방정식은 $x=2$, $y=3$

$y=\dfrac{ax+b}{cx+d}(c \neq 0, ad-bc \neq 0)$에서

점근선의 방정식은 $x=-\dfrac{d}{c}$, $y=\dfrac{a}{c}$

이때 x축의 방향으로 1만큼, y축의 방향으로 -2만큼 평행이동하면

점근선의 방정식은 $x=3$, $y=1$

즉 평행이동한 함수 $y=g(x)$의 점근선의 방정식은 $x=3$, $y=1$

STEP Ⓑ $y=g(x)$의 점근선의 교점을 대입하여 k의 값 구하기

$y=g(x)$의 점근선의 방정식이 $x=3$, $y=1$이므로

두 점근선의 교점은 $(3, 1)$

즉 $(3, 1)$이 $f(x)=\dfrac{3x+k}{x-2}$ 위의 점이므로 $f(3)=\dfrac{9+k}{3-2}=9+k=1$

따라서 상수 k의 값은 -8

정답 ①

1601

정답 ⑤

STEP ⒜ **두 유리함수가 평행이동하여 겹쳐질 조건 이해하기**

두 유리함수 $y=\dfrac{k}{x}$와 $y=\dfrac{l}{x-m}+n$의 그래프가 평행이동하여
서로 겹치기 위한 조건은 $k=l$

STEP ⒝ **각 함수식을 $y=\dfrac{k}{x-m}+n$의 꼴로 변형하기**

ㄱ. $y=\dfrac{-2x+3}{x-1}=\dfrac{-2(x-1)+1}{x-1}=\dfrac{1}{x-1}-2$이므로

함수 $y=\dfrac{1}{x}$의 그래프를 x축의 방향으로 1만큼, y축의 방향으로 -2만큼

평행이동하면 $y=\dfrac{-2x+3}{x-1}$의 그래프와 일치한다.

ㄴ. $y=\dfrac{4x-3}{x-1}=\dfrac{4(x-1)+1}{x-1}=\dfrac{1}{x-1}+4$이므로

함수 $y=\dfrac{1}{x}$의 그래프를 x축의 방향으로 1만큼, y축의 방향으로 4만큼

평행이동하면 $y=\dfrac{4x-3}{x-1}$의 그래프와 일치한다.

ㄷ. $y=\dfrac{2x+3}{x+1}=\dfrac{2(x+1)+1}{x+1}=\dfrac{1}{x+1}+2$이므로

함수 $y=\dfrac{1}{x}$의 그래프를 x축의 방향으로 -1만큼, y축의 방향으로 2만큼

평행이동하면 $y=\dfrac{2x+3}{x+1}$의 그래프와 일치한다.

ㄹ. $y=\dfrac{-3x+7}{x-2}=\dfrac{-3(x-2)+1}{x-2}=\dfrac{1}{x-2}-3$이므로

함수 $y=\dfrac{1}{x}$의 그래프를 x축의 방향으로 2만큼, y축의 방향으로 -3만큼

평행이동하면 $y=\dfrac{-3x+7}{x-2}$의 그래프와 일치한다.

따라서 함수 $y=\dfrac{1}{x}$의 그래프를 평행이동하여 일치시킬 수 있는 그래프를
나타내는 함수는 ㄱ, ㄴ, ㄷ, ㄹ이다.

1602

정답 ②

STEP ⒜ **두 유리함수가 평행이동하여 겹쳐질 조건 이해하기**

두 유리함수 $y=\dfrac{k}{x}$와 $y=\dfrac{l}{x-m}+n$의 그래프가 평행이동하여
서로 겹치기 위한 조건은 $k=l$

STEP ⒝ **각 함수식을 $y=\dfrac{k}{x-m}+n$의 꼴로 변형하여 겹쳐질 수 있는 함수 구하기**

ㄱ. $y=\dfrac{-5x-3}{x+1}=\dfrac{-5(x+1)+2}{x+1}=\dfrac{2}{x+1}-5$

이므로 $y=\dfrac{-3x-1}{x+1}$의 그래프는 $y=\dfrac{2}{x}$의 그래프를 x축의 방향으로
-1만큼, y축의 방향으로 -5만큼 평행이동하면 겹쳐질 수 있다.

ㄴ. $y=\dfrac{4x-3}{x-1}=\dfrac{4(x-1)+1}{x-1}=\dfrac{1}{x-1}+4$이므로 $y=\dfrac{1}{x}$을 x축의 방향으로
1만큼, y축의 방향으로 4만큼 평행이동한 것이다.

ㄷ. $y=\dfrac{x+1}{2x-6}=\dfrac{(x-3)+4}{2(x-3)}=\dfrac{4}{2(x-3)}+\dfrac{1}{2}=\dfrac{2}{x-3}+\dfrac{1}{2}$

이므로 $y=\dfrac{x+1}{2x-6}$의 그래프는 $y=\dfrac{2}{x}$의 그래프를 x축의 방향으로
3만큼, y축의 방향으로 $\dfrac{1}{2}$만큼 평행이동하면 겹쳐질 수 있다.

ㄹ. $y=\dfrac{x}{x+2}=\dfrac{(x+2)-2}{x+2}=-\dfrac{2}{x+2}+1$

이므로 $y=\dfrac{x}{x+2}$의 그래프는 $y=-\dfrac{2}{x}$의 그래프를 x축의 방향으로
-2만큼, y축의 방향으로 1만큼 평행이동한 것이다.

따라서 그래프가 평행이동에 의하여 함수 $y=\dfrac{2}{x}$의 그래프와 겹쳐지는 것은
ㄱ, ㄷ이다.

다음 [보기]의 함수 중 그 그래프가 함수 $y=\dfrac{2}{x}$의 그래프와 평행이동 또는
대칭이동에 의하여 겹쳐질 수 있는 것만을 있는 대로 고른 것은?

| ㄱ. $y=\dfrac{3x-1}{x-1}$ | ㄴ. $y=\dfrac{2x+2}{x+2}$ | ㄷ. $y=\dfrac{x+1}{1-x}$ |

① ㄱ   ② ㄱ, ㄴ   ③ ㄱ, ㄷ
④ ㄴ, ㄷ   ⑤ ㄱ, ㄴ, ㄷ

STEP ⒜ **각 함수식을 $y=\dfrac{k}{x-m}+n$의 꼴로 변형하여 겹쳐질 수 있는 함수 구하기**

ㄱ. $y=\dfrac{3x-1}{x-1}=\dfrac{3(x-1)+2}{x-1}=\dfrac{2}{x-1}+3$이므로

$y=\dfrac{2}{x}$의 그래프를 x축의 방향으로 1만큼, y축으로 방향으로 3만큼
평행이동하면 겹쳐질 수 있다.

ㄴ. $y=\dfrac{2x+2}{x+2}=\dfrac{2(x+2)-2}{x+2}=-\dfrac{2}{x+2}+2$이므로

$y=\dfrac{2}{x}$의 그래프를 x축의 방향으로 -2만큼, y축으로 방향으로 2만큼
평행이동한 후 다시 x축에 대하여 대칭이동하면 겹쳐질 수 있다.

ㄷ. $y=\dfrac{x+1}{1-x}=\dfrac{-x-1}{x-1}=\dfrac{-(x-1)-2}{x-1}=-\dfrac{2}{x-1}-1$이므로

$y=\dfrac{2}{x}$의 그래프를 x축의 방향으로 1만큼, y축으로 방향으로 -1만큼
평행이동한 후 다시 x축에 대하여 대칭이동하면 겹쳐질 수 있다.

따라서 겹칠 수 있는 것은 ㄱ, ㄴ, ㄷ이다.   정답 ⑤

1603

정답 ④

STEP ⒜ **두 유리함수가 평행이동하여 겹쳐질 조건 이해하기**

두 유리함수 $y=\dfrac{k}{ax}$와 $y=\dfrac{l}{ax-m}+n$의 그래프가 평행이동하여
서로 겹치기 위한 조건은 $k=l$

STEP ⒝ **각 함수식을 $y=\dfrac{k}{x-m}+n$의 꼴로 변형하기**

ㄱ. $y=\dfrac{1}{2x-4}=\dfrac{1}{2(x-2)}$의 그래프는 함수 $y=-\dfrac{1}{2x}$의 그래프를 y축에

대하여 대칭이동한 후, x축의 방향으로 2만큼, 평행이동한 것이다.

즉 평행이동만으로 함수 $y=-\dfrac{1}{2x}$의 그래프와 겹칠 수 없다.

ㄴ. $y=\dfrac{2x+1}{2x+2}=\dfrac{(2x+2)-1}{2x+2}=\dfrac{-1}{2(x+1)}+1$의 그래프는 함수 $y=-\dfrac{1}{2x}$의

그래프를 x축의 방향으로 -1만큼, y축의 방향으로 1만큼 평행이동하면
겹쳐질 수 있다.

ㄷ. $y=\dfrac{4x-3}{2x-1}=\dfrac{2(2x-1)-1}{2x-1}=\dfrac{-1}{2\left(x-\frac{1}{2}\right)}+2$의 그래프는 함수 $y=-\dfrac{1}{2x}$의

그래프를 x축의 방향으로 $\dfrac{1}{2}$만큼, y축의 방향으로 2만큼 평행이동하면
겹쳐질 수 있다.

ㄹ. $y=\dfrac{-2x}{2x+1}=\dfrac{-(2x+1)+1}{2x+1}=\dfrac{1}{2\left(x+\frac{1}{2}\right)}-1$의 그래프는 함수

$y=-\dfrac{1}{2x}$의 그래프를 y축에 대하여 대칭이동한 후, x축의 방향으로

$-\dfrac{1}{2}$만큼, y의 방향으로 -1만큼 평행이동한 것이다.

즉 평행이동만으로 함수 $y=-\dfrac{1}{2x}$의 그래프와 겹칠 수 없다.

따라서 평행이동하여 $y=-\dfrac{1}{2x}$의 그래프와 겹쳐지는 것은 ㄴ, ㄷ이다.

1604

정답 5

STEP A 정의역과 치역을 이용하여 a, c의 값 구하기

유리함수 $y=\dfrac{ax+b}{x+c}$ 에서 점근선의 방정식은

$y=\dfrac{ax+b}{cx+d}(c\neq0,\ ad-bc\neq0)$에서 점근선의 방정식은 $x=-\dfrac{d}{c}$, $y=\dfrac{a}{c}$

$x=-c$, $y=a$ ...... ㉠

정의역이 $x\neq-3$인 실수이므로 점근선 $x=-3$

치역은 $y\neq1$인 실수이므로 점근선 $y=1$

㉠과 일치하므로 $a=1$, $c=3$

STEP B 점 $(-2,-1)$을 대입하여 b의 값 구하기

$y=\dfrac{x+b}{x+3}$ 이고 점 $(-2,-1)$을 지나므로 대입하면

$-1=\dfrac{-2+b}{-2+3}$, $-2+b=-1$ $\therefore b=1$

따라서 $a=1$, $b=1$, $c=3$이므로 $a+b+c=1+1+3=5$

1605

정답 ④

STEP A 정의역과 치역을 이용하여 a, b의 값 구하기

함수 $f(x)=\dfrac{bx+2}{x+a}$ 에서 점근선의 방정식은

$y=\dfrac{ax+b}{cx+d}(c\neq0,\ ad-bc\neq0)$에서 점근선의 방정식은 $x=-\dfrac{d}{c}$, $y=\dfrac{a}{c}$

$x=-a$, $y=b$ ...... ㉠

정의역이 $x\neq5$인 실수이므로 점근선 $x=5$

치역이 $y\neq5$인 실수이므로 점근선 $y=5$

㉠과 일치해야 하므로 $a=-5$, $b=5$

따라서 $ab=(-5)\times5=-25$

1606

정답 ③

STEP A 정의역과 치역을 이용하여 a, b의 값 구하기

$f(x)=\dfrac{bx+a^2b}{x+a}=\dfrac{b(x+a)-ab+a^2b}{x+a}=\dfrac{ab(a-1)}{x+a}+b$이므로

함수 $f(x)$의 정의역은 $\{x\,|\,x$는 $x\neq-a$인 실수$\}$이고

치역은 $\{y\,|\,y$는 $x\neq b$인 실수$\}$이다.

즉 주어진 조건에 의하여 $-a=-2$이고 $b=3$

STEP B $f(1)$의 값 구하기

따라서 $f(x)=\dfrac{3x+12}{x+2}$이므로 $f(1)=\dfrac{15}{3}=5$

1607

정답 ②

STEP A 유리함수의 그래프의 성질을 이용하여 a의 값 구하기

$f(x)=\dfrac{6x}{x+a}=\dfrac{6(x+a)-6a}{x+a}=\dfrac{-6a}{x+a}+6$이므로

함수 $f(x)$의 치역은 $\{y\,|\,y$는 6이 아닌 실수$\}$

이때 주어진 조건에 의하여 함수 $f(x)$의 치역은 $\{y\,|\,y$는 $3a$가 아닌 실수$\}$

즉 $6=3a$에서 $a=2$

STEP B 함수의 평행이동을 이용하여 b, c, d의 값 구하기

$f(x)=\dfrac{-12}{x+2}+6$이므로 함수 $y=f(x)$의 그래프는 함수 $y=-\dfrac{12}{x}$의 그래프를

x축의 방향으로 -2만큼, y축의 방향으로 6만큼 평행이동한 것과 같다.

따라서 $b=-12$, $c=-2$, $d=6$이므로

$a+b+c+d=2+(-12)+(-2)+6=-6$

내/신/연/계 출제문항 783

함수 $f(x)=\dfrac{4x}{x+a}$ 의 치역이 $\{y\,|\,y$는 $2a$가 아닌 실수$\}$일 때, 함수 $y=f(x)$

의 그래프는 함수 $y=\dfrac{b}{x}$의 그래프를 x축의 방향으로 c만큼, y축의 방향으

로 d만큼 평행이동한 것과 같다. 상수 a, b, c, d에 대하여 $a+b+c+d$의

값은? (단, $a\neq0$)

① -8 ② -6 ③ -4

④ -2 ⑤ 0

STEP A 유리함수의 그래프의 성질을 이용하여 a의 값 구하기

$f(x)=\dfrac{4x}{x+a}=\dfrac{4(x+a)-4a}{x+a}=\dfrac{-4a}{x+a}+4$이므로

함수 $f(x)$의 치역은 $\{y\,|\,y$는 4가 아닌 실수$\}$

이때 주어진 조건에 의하여 함수 $f(x)$의 치역은 $\{y\,|\,y$는 $2a$가 아닌 실수$\}$

즉 $4=2a$에서 $a=2$

STEP B 함수의 평행이동을 이용하여 b, c, d의 값 구하기

$f(x)=\dfrac{-8}{x+2}+4$이므로 함수 $y=f(x)$의 그래프는 함수 $y=-\dfrac{8}{x}$의 그래프를

x축의 방향으로 -2만큼, y축의 방향으로 4만큼 평행이동한 것과 같다.

따라서 $b=-8$, $c=-2$, $d=4$이므로

$a+b+c+d=2+(-8)+(-2)+4=-4$

정답 ③

1608

정답 ②

STEP A 평행이동과 유리함수의 그래프의 성질을 이용하여 $m=n$임을 파악하기

함수 $f(x)$의 그래프는 곡선 $y=-\dfrac{2}{x}$의 그래프를 x축의 방향으로 m만큼,

y축의 방향으로 n만큼 평행이동하면 $f(x)=-\dfrac{2}{x-m}+n$

함수 $f(x)$의 그래프가 직선 $y=x$에 대하여 대칭이므로

곡선 $y=f(x)$의 두 점근선 $x=m$, $y=n$의 교점 (m,n)이 직선 $y=x$ 위에

있다.

즉 $m=n$

STEP B $f(x)$의 정의역을 이용하여 $f(-1)$의 값 구하기

함수 $f(x)$의 정의역이 $\{x\,|\,x\neq-2$인 모든 실수$\}$이므로

$m=-2$, $n=-2$

$\therefore f(x)=-\dfrac{2}{x+2}-2$

따라서 $f(-1)=-\dfrac{2}{-1+2}-2=-2-2=-4$

1609

정답 ▶ 4

STEP Ⓐ 함수 $f(x)$의 정의역과 치역 구하기

$f(x)=\dfrac{ax+b}{x+c}=\dfrac{a(x+c)+b-ac}{x+c}=\dfrac{b-ac}{x+c}+a$ 이므로

함수 $f(x)$의 정의역은 $A=\{x|x\neq -c$인 실수$\}$이고

치역은 $B=\{y|y\neq a$인 실수$\}$

STEP Ⓑ $A-B=\{2\}$, $B-A=\{-3\}$을 만족하는 a, c의 값 구하기

이때 $a=-c$이면 두 집합 $A-B$, $B-A$가 모두 공집합이므로

$a\neq -c$이어야 한다.

즉 $A-B=\{a\}$, $B-A=\{-c\}$이므로 $a=2$, $c=3$

$\therefore f(x)=\dfrac{2x+b}{x+3}$

STEP Ⓒ 점 $(-2, -5)$를 대입하여 b의 값 구하기

함수 $f(x)=\dfrac{2x+b}{x+3}$가 점 $(-2, -5)$를 지나므로

$f(-2)=\dfrac{-4+b}{-2+3}=-4+b=-5$

$\therefore b=-1$

STEP Ⓓ $a+b+c$의 값 구하기

따라서 $a=2$, $b=3$, $c=-1$이므로 $a+b+c=2+3+(-1)=4$

내/신/연/계/ 출제문항 784

함수 $f(x)=\dfrac{ax+b}{x+c}$의 정의역을 A, 치역을 B라 하자.

$$A-B=\{5\},\ B-A=\{3\}$$

이고, 함수 $y=f(x)$의 그래프가 점 $(2, -11)$을 지날 때, $f(5)$의 값을

구하시오. (단, a, b, c는 상수이고, $b\neq ac$)

STEP Ⓐ 함수 $f(x)$의 정의역과 치역 구하기

$f(x)=\dfrac{ax+b}{x+c}=\dfrac{a(x+c)+b-ac}{x+c}=\dfrac{b-ac}{x+c}+a$ 이므로

함수 $f(x)$의 정의역은 $A=\{x|x\neq -c$인 실수$\}$이고

치역은 $B=\{y|y\neq a$인 실수$\}$

STEP Ⓑ $A-B=\{5\}$, $B-A=\{3\}$을 만족하는 a, c의 값 구하기

이때 $a=-c$이면 두 집합 $A-B$, $B-A$가 모두 공집합이므로

$a\neq -c$이고 $A-B=\{a\}$, $B-A=\{-c\}$이므로 $a=5$, $c=-3$

$\therefore f(x)=\dfrac{5x+b}{x-3}$

STEP Ⓒ 점 $(2, -11)$을 대입하여 b의 값 구하기

함수 $y=f(x)$의 그래프가 점 $(2, -11)$을 지나므로

$f(2)=\dfrac{10+b}{2-3}=-10-b=-11$에서 $b=1$

STEP Ⓓ $f(5)$의 값 구하기

따라서 $f(x)=\dfrac{5x+1}{x-3}$이므로 $f(5)=\dfrac{5\times5+1}{5-3}=\dfrac{26}{2}=13$

정답 ▶ 13

1610

2017년 10월 고3 학력평가 나형 14번   정답 ▶ ①

STEP Ⓐ 정의역과 치역이 서로 같음을 이용하여 b의 값 구하기

정의역 $\left\{x|x\neq -\dfrac{1}{a}$인 실수$\right\}$와 치역 $\left\{y|y\neq -\dfrac{b}{a}$인 실수$\right\}$가 같으므로

$-\dfrac{1}{a}=\dfrac{b}{a}$ $\therefore b=-1$

STEP Ⓑ 두 점근선의 교점을 직선에 대입하여 a의 값 구하기

두 점근선의 교점 $\left(-\dfrac{1}{a}, -\dfrac{1}{a}\right)$이 직선 $y=2x+3$ 위에 있으므로

$-\dfrac{1}{a}=-\dfrac{2}{a}+3$ $\therefore a=\dfrac{1}{3}$ ← 직선 $y=2x+3$에 $x=-\dfrac{1}{a}$, $y=-\dfrac{1}{a}$을 대입

따라서 $a+b=\dfrac{1}{3}+(-1)=-\dfrac{2}{3}$

내/신/연/계/ 출제문항 785

유리함수 $y=\dfrac{ax-1}{2x+1}$의 정의역과 치역이 서로 같다. 유리함수의 그래프의

두 점근선의 교점이 직선 $y=-x+b$ 위에 있을 때, 두 상수 a, b에 대하여

$a+b$의 값은?

① -2 ② -1 ③ 0

④ 1 ⑤ 2

STEP Ⓐ 정의역과 치역이 서로 같음을 이용하여 a의 값 구하기

$y=\dfrac{ax-1}{2x+1}=\dfrac{\dfrac{a}{2}(2x+1)-\dfrac{a}{2}-1}{2x+1}=\dfrac{-\dfrac{a}{2}-1}{2x+1}+\dfrac{a}{2}$ 이므로

정의역 $\left\{x|x\neq -\dfrac{1}{2}$인 모든 실수$\right\}$와 치역 $\left\{y|y\neq -\dfrac{a}{2}$인 모든 실수$\right\}$가

같으므로 $-\dfrac{1}{2}=\dfrac{a}{2}$ $\therefore a=-1$

STEP Ⓑ 두 점근선의 교점을 직선의 방정식에 대입하여 b의 값 구하기

두 점근선의 교점 $\left(-\dfrac{1}{2}, -\dfrac{1}{2}\right)$이 직선 $y=-x+b$ 위에 있으므로

$-\dfrac{1}{2}=-\left(-\dfrac{1}{2}\right)+b$ $\therefore b=-1$

따라서 $a=-1$, $b=-1$이므로 $a+b=-2$ 정답 ▶ ①

1611

정답 ▶ ①

STEP Ⓐ $y=\dfrac{k}{x-m}+n$꼴로 변형하여 점근선의 방정식 구하기

$y=\dfrac{3x-11}{x-4}=\dfrac{3(x-4)+1}{x-4}=\dfrac{1}{x-4}+3$이므로

점근선의 방정식은 $x=4$, $y=3$

STEP Ⓑ 점근선을 지나면서 기울기가 1인 직선의 방정식 구하기

$y=\dfrac{3x-11}{x-4}$의 그래프는 두 점근선의 교점 $(4, 3)$을 지나면서 기울기가

1 또는 -1인 직선에 대하여 대칭이다.

이때 직선의 기울기가 1이고 점 $(4, 3)$을 지나는 직선의 방정식은

$y=(x-4)+3$ $\therefore y=x-1$

따라서 $k=-1$

> **mini해설** | 대칭인 직선이 점근선의 교점을 지남을 이용하여 풀이하기
>
> $y=\dfrac{3x-11}{x-4}=\dfrac{3(x-4)+1}{x-4}=\dfrac{1}{x-4}+3$의 그래프의 점근선의 방정식은 $x=4$, $y=3$
> 두 점근선의 교점 $(4, 3)$이 $y=x+k$ 위에 있어야 하므로 $3=4+k$
> 따라서 $k=-1$

> **mini해설** | 직선 $y=x$를 평행이동하여 풀이하기
>
> $y=\dfrac{3x-11}{x-4}=\dfrac{3(x-4)+1}{x-4}=\dfrac{1}{x-4}+3$의 그래프는 $y=\dfrac{1}{x}$의 그래프를 x축의
> 방향으로 4만큼, y축의 방향으로 3만큼 평행이동한 것이다.
> $y=\dfrac{1}{x}$의 그래프는 $y=x$에 대하여 대칭이므로 $y=\dfrac{3x-11}{x-4}$의 그래프는
> $y=(x-4)+3=x-1$에 대하여 대칭이다.
> 따라서 $k=-1$

1612

정답 ⑤

STEP A 함수식을 $y=\dfrac{k}{x-m}+n$의 꼴로 변형하여 대칭점 구하기

$y=\dfrac{3x-1}{-x+2}=\dfrac{-3x+1}{x-2}=\dfrac{-3(x-2)-5}{x-2}=-\dfrac{5}{x-2}-3$

점근선의 방정식이 $x=2$, $y=-3$이므로

주어진 함수의 그래프는 점근선의 교점 $(2, -3)$에 대하여 대칭이고

동시에 이 점을 지나고 기울기가 1 또는 -1인 직선에 대하여 대칭이다.

STEP B 직선 $y=x+c$가 점근선의 교점을 지남을 이용하여 c의 값 구하기

직선 $y=x+c$가 점 $(2, -3)$을 지나므로 $-3=2+c$

$\therefore c=-5$

따라서 $a=2$, $b=-3$, $c=-5$이므로 $abc=2\times(-3)\times(-5)=30$

POINT | 유리함수의 대칭성

유리함수 $y=\dfrac{k}{x}$ (k는 상수)의 그래프는 두 직선 $y=x$, $y=-x$에 대하여 대칭이고

두 점근선의 교점인 원점 $(0, 0)$에 대하여 대칭이다.

유리함수 $y=\dfrac{k}{x}$을 x축으로 p만큼, y축으로 q만큼 평행이동하면

유리함수의 그래프가 대칭이 되는 두 직선과 두 점근선의 교점도 평행이동되므로

유리함수의 그래프는 두 점근선의 교점에 대하여 대칭이고 두 점근선의 교점을

지나면서 기울기가 1 또는 -1인 직선에 대해서도 대칭이다.

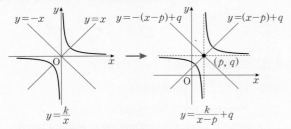

1613

정답 ②

STEP A 주어진 함수를 $y=\dfrac{k}{x-3}-2$로 놓고 k의 값 구하기

주어진 함수의 그래프가 점 $(3, -2)$에 대하여 대칭이므로

점근선의 방정식은 $x=3$, $y=-2$

즉, 주어진 함수의 식을 $y=\dfrac{k}{x-3}-2$ $(k\neq0)$라 하면

이 함수의 그래프가 y축과 만나는 점의 y좌표가 1이므로

　　　　　　　　　　y절편으로 $x=0$대입

$1=-\dfrac{k}{3}-2$　$\therefore k=-9$

STEP B $a+b+c$의 값 구하기

$y=-\dfrac{9}{x-3}-2=\dfrac{-9-2x+6}{x-3}=\dfrac{-2x-3}{x-3}$이고 $f(x)=\dfrac{ax+b}{x+c}$와 일치하므로

$a=-2$, $b=-3$, $c=-3$

$\therefore a+b+c=-2+(-3)+(-3)=-8$

STEP C $f(a+b+c)$의 값 구하기

따라서 $f(a+b+c)=f(-8)=\dfrac{-2\times(-8)-3}{-8-3}=-\dfrac{13}{11}$

1614

정답 ④

STEP A 두 점 $(-3, 2)$, $(-1, 4)$를 대입하여 상수 a, b의 값 구하기

함수 $y=\dfrac{bx+7}{x+a}$의 그래프가 점 $(-3, 2)$를 지나므로

$2=\dfrac{-3b+7}{-3+a}$에서 $-6+2a=-3b+7$

$2a+3b=13$ 　　　　……㉠

함수 $y=\dfrac{bx+7}{x+a}$의 그래프가 점 $(-1, 4)$를 지나므로

$4=\dfrac{-b+7}{-1+a}$에서 $-4+4a=-b+7$

$4a+b=11$ 　　　　……㉡

㉠, ㉡을 연립하여 풀면 $a=2$, $b=3$

STEP B 두 점근선의 교점의 좌표를 직선 $y=x+k$에 대입하여 k의 값 구하기

$y=\dfrac{3x+7}{x+2}=\dfrac{3(x+2)+1}{x+2}=\dfrac{1}{x+2}+3$

이 함수의 그래프의 점근선의 방정식은 $x=-2$, $y=3$

따라서 두 점근선의 교점의 좌표는 $(-2, 3)$이고

직선 $y=x+k$가 점 $(-2, 3)$을 지나므로 $3=-2+k$에서 $k=5$

1615

정답 ④

STEP A 두 직선의 교점 구하기

두 직선 $y=x+10$, $y=-x+2$의 교점은 $x+10=-x+2$에서

$x=-4$, $y=6$이므로 $(-4, 6)$

즉 주어진 유리함수의 그래프는 점 $(-4, 6)$에 대하여 대칭이다.

STEP B 점근선의 방정식을 이용하여 a, c의 값 구하기

점근선의 방정식이 $x=-4$, $y=6$이므로

유리함수 $y=\dfrac{ax+b}{x+c}$의 그래프의 점근선의 방정식은 $x=-c$, $y=a$

즉 $-c=-4$, $a=6$이므로 $y=\dfrac{6x+b}{x+4}$

STEP C 그래프가 점 $(1, 3)$을 지남을 이용하여 b의 값 구하기

조건 (가)에서 이 함수의 그래프가 점 $(1, 3)$을 지나므로

$3=\dfrac{6+b}{1+4}$ 　$\therefore b=9$

따라서 $a=6$, $b=9$, $c=4$이므로 $a+b+c=6+9+4=19$

1616

정답 ②

STEP A 유리함수의 그래프의 점근선의 방정식 구하기

$y=\dfrac{-3x+4}{x-3}=\dfrac{-3(x-3)-5}{x-3}=-\dfrac{5}{x-3}-3$

이 함수의 그래프의 점근선의 방정식은 $x=3$, $y=-3$

STEP B 점근선의 방정식을 이용하여 a, b, c, d의 값 구하기

주어진 함수의 그래프는 두 점근선의 교점 $(3, -3)$을 지나고

기울기가 ±1인 두 직선에 대하여 대칭이다.

(i) 기울기가 1이고 점 $(3, -3)$을 지나는 직선의 방정식은

　　　$y=(x-3)-3$, 즉 $y=x-6$

(ii) 기울기가 -1이고 점 $(3, -3)$을 지나는 직선의 방정식은

　　　$y=-(x-3)-3$, 즉 $y=-x$

(i), (ii)에서 $a+b+c+d=1+(-6)+(-1)+0=-6$

1617

정답 -6

STEP A 평행이동한 함수식을 이용하여 점근선의 방정식 구하기

함수 $y=\dfrac{1}{x-1}$ 을 x축의 방향으로 a만큼, y축의 방향으로 b만큼

평행이동하면 $y-b=\dfrac{1}{(x-a)-1}$ $\therefore y=\dfrac{1}{x-a-1}+b$

평행이동한 함수 $y=\dfrac{1}{x-a-1}+b$에서 점근선의 방정식은

$x=a+1,\ y=b$

STEP B 두 직선의 교점이 점근선의 교점을 지남을 이용하여 $a,\ b$의 값 구하기

평행이동한 함수의 점근선의 교점은 $(a+1,\ b)$ ······ ㉠

이때 두 직선 $y=x+4,\ y=-x+2$에 대하여 대칭이므로

두 직선의 교점은 점근선의 교점과 일치한다.

㉠을 두 식에 대입하면 $b=a+5,\ b=-a+1$이고

두 식을 연립하여 풀면 $a=-2,\ b=3$

따라서 $ab=(-2)\times3=-6$

내/신/연/계/ 출제문항 786

유리함수 $y=\dfrac{1}{x}$의 그래프를 x축의 방향으로 p만큼, y축의 방향으로 q만큼
평행이동한 그래프가 점 $(5,\ 5)$에 대하여 대칭일 때, $p+q$의 값은?
(단, $p,\ q$는 상수이다.)

① 6   ② 7   ③ 8
④ 9   ⑤ 10

STEP A 평행이동한 유리함수의 방정식 구하기

유리함수 $y=\dfrac{1}{x}$의 그래프를 x축의 방향으로 p만큼, y축의 방향으로 q만큼

평행이동한 그래프의 식은 $y=\dfrac{1}{x-p}+q$

STEP B 평행이동한 유리함수의 그래프의 점근선의 방정식을 이용하여 $p,\ q$의 값 구하기

함수 $y=\dfrac{1}{x-p}+q$의 그래프의 점근선의 방정식은 $x=p,\ y=q$이므로

함수 $y=\dfrac{1}{x-p}+q$의 그래프는 점 $(p,\ q)$에 대하여 대칭이다.

따라서 $p=5,\ q=5$이므로 $p+q=5+5=10$ 정답 ⑤

1618

2017년 03월 고2 학력평가 가형 8번   정답 ③

STEP A 유리함수의 그래프의 점근선을 구하여 $a,\ c$의 값 구하기

$y=\dfrac{3x+b}{x+a}$의 식을 $y=\dfrac{k}{x-p}+q$의 꼴로 변형하면

$y=\dfrac{3x+b}{x+a}=\dfrac{3(x+a)+b-3a}{x+a}=\dfrac{-3a+b}{x+a}+3$

$x=-a$일 때, 분모가 0이 되므로 직선 $x=-a$는
유리함수의 그래프의 점근선이다.

이므로 유리함수 $y=\dfrac{3x+b}{x+a}$의 그래프의

점근선의 방정식은 $x=-a,\ y=3$

$y=\dfrac{k}{x-p}+q$에서 점근선의 방정식은 $x=p,\ y=q$이다.

이때 유리함수의 그래프가 점 $(-2,\ c)$에

대하여 대칭이므로 $a=2,\ c=3$

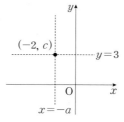

STEP B 점 $(2,\ 1)$을 지남을 이용하여 b의 값 구하기

유리함수 $y=\dfrac{3x+b}{x+2}$의 그래프가

점 $(2,\ 1)$을 지나므로

$1=\dfrac{6+b}{2+2}=\dfrac{6+b}{4}$에서 $6+b=4$

$y=\dfrac{3x+b}{x+2}$에 $x=2,\ y=1$을 대입

$\therefore b=-2$

따라서 $a+b+c=2-2+3=3$

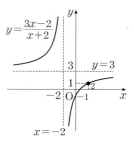

내/신/연/계/ 출제문항 787

유리함수 $f(x)=\dfrac{2x+1}{3x-1}$의 그래프가 점 $(p,\ q)$에 대하여 대칭일 때,
$p+q$의 값은?

① $\dfrac{1}{4}$ ② $\dfrac{1}{2}$ ③ $\dfrac{3}{4}$

④ 1   ⑤ $\dfrac{5}{4}$

STEP A 유리함수의 그래프의 점근선의 방정식 구하기

$f(x)=\dfrac{2x+1}{3x-1}=\dfrac{\frac{2}{3}(3x-1)+\frac{5}{3}}{3x-1}=\dfrac{\frac{5}{3}}{3x-1}+\dfrac{2}{3}=\dfrac{\frac{5}{9}}{x-\frac{1}{3}}+\dfrac{2}{3}$

이므로 점근선의 방정식은 $x=\dfrac{1}{3},\ y=\dfrac{2}{3}$이므로

이 그래프는 점 $\left(\dfrac{1}{3},\ \dfrac{2}{3}\right)$에 대하여 대칭이다.

유리함수는 점근선의 교점에 대하여 대칭이다.

STEP B 점근선의 교점의 좌표가 대칭인 점임을 이용하여 구하기

따라서 $p=\dfrac{1}{3},\ q=\dfrac{2}{3}$이므로 $p+q=\dfrac{1}{3}+\dfrac{2}{3}=1$ 정답 ④

1619

2018년 03월 고2 학력평가 가형 8번   정답 ②

STEP A 평행이동한 함수의 점근선의 교점이 $y=x$ 위에 있음을 이용하기

함수 $f(x)$의 그래프는 곡선 $y=-\dfrac{2}{x}$를 평행이동한 것이므로

두 상수 $m,\ n$에 대하여 $f(x)=-\dfrac{2}{x-m}+n$으로 놓을 수 있다.

$y=-\dfrac{2}{x}$의 그래프를 x축의 방향으로 m만큼, y축의 방향으로 n만큼 평행이동한 그래프이다.

함수 $f(x)$의 그래프가 직선 $y=x$에 대하여 대칭이므로

함수 $y=f(x)$의 두 점근선 $x=m,\ y=n$의 교점 $(m,\ n)$이

직선 $y=x$ 위에 있다. ◀ 두 점근선의 좌표를 $y=x$에 대입한다.

$\therefore m=n$

STEP B 함수 $f(x)$의 정의역을 이용하여 $f(4)$의 값 구하기

함수 $f(x)$의 정의역이 $\{x|x\neq-2$인 모든 실수$\}$이므로

이 함수의 점근선의 방정식은 $x=-2$

함수 $y=f(x)=-\dfrac{2}{x-m}+n$의 정의역은 $\{x|x\neq m$인 모든 실수$\}$

$\therefore m=-2,\ n=-2$

따라서 $f(x)=-\dfrac{2}{x+2}-2$이므로

$f(4)=-\dfrac{2}{4+2}-2=-\dfrac{1}{3}-2=-\dfrac{7}{3}$

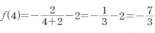
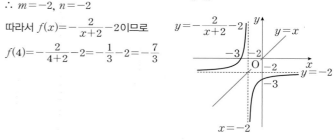

함수 $y=f(x)$의 그래프는 곡선 $y=-\dfrac{3}{x}$을 평행이동한 것이고 직선 $y=x$

에 대하여 대칭이다. 함수 $f(x)$의 정의역이 $\{x\,|\,x\neq-3$인 모든 실수$\}$일 때,

$f(3)$의 값은?

① $-\dfrac{7}{2}$ ② -3 ③ $-\dfrac{5}{2}$

④ -2 ⑤ $-\dfrac{3}{2}$

STEP Ⓐ 평행이동한 함수의 점근선의 교점이 $y=x$ 위에 있음을 이용하기

함수 $y=f(x)$의 그래프가 직선 $y=x$에 대하여 대칭이므로

$y=f(x)$의 그래프의 두 점근선의 교점은 직선 $y=x$ 위에 있다.

이때 함수 $f(x)$의 정의역이 $\{x\,|\,x\neq-3$인 모든 실수$\}$이므로

점근선의 방정식은 $x=-3$, $y=-3$

STEP Ⓑ $f(3)$의 값 구하기

함수 $y=f(x)$의 그래프는 곡선 $y=-\dfrac{3}{x}$을 평행이동한 것이므로

$$f(x)=-\dfrac{3}{x+3}-3$$

따라서 $f(3)=-\dfrac{1}{2}-3=-\dfrac{7}{2}$ 정답 ①

1620 2020년 03월 고2 학력평가 19번   정답 ④   해설강의

**STEP Ⓐ 평행이동을 이용하여 유리함수의 그래프가 y축에 대하여 대칭이
되도록 하는 상수 a, b의 값 구하기**

곡선 $y=\left|f(x+a)+\dfrac{a}{2}\right|$는 곡선 $y=f(x+a)+\dfrac{a}{2}$의 x축 아래에 그려진

부분을 x축에 대하여 대칭이동한 것이고 이 곡선이 y축에 대하여 대칭이려면

곡선 $y=f(x+a)+\dfrac{a}{2}$의 점근선의 방정식은 다음 그림과 같이

$x=0$, $y=0$이어야 함을 알 수 있다.

유리함수 $y=f(x+a)+\dfrac{a}{2}$가 원점에 대하여 대칭이어야 한다.

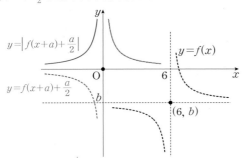

$f(x)=\dfrac{a}{x-6}+b$에서

$f(x+a)+\dfrac{a}{2}=\dfrac{a}{x+a-6}+b+\dfrac{a}{2}$이고 ← $f(x)$에 x대신 $x+a$를 대입

이 그래프의 점근선의 방정식은 $x=6-a$, $y=b+\dfrac{a}{2}$

$y=\dfrac{a}{x-(-a+6)}+b+\dfrac{a}{2}$

이 점근선의 방정식이 $x=0$, $y=0$이어야 하므로

$6-a=0$, $b+\dfrac{a}{2}=0$

$\therefore a=6$, $b=-3$

STEP Ⓑ $f(b)$의 값 구하기

따라서 $f(x)=\dfrac{6}{x-6}-3$이므로 $f(b)=f(-3)=\dfrac{6}{-3-6}-3=-\dfrac{11}{3}$

함수 $f(x)=\dfrac{a}{x-5}+b$에 대하여 함수 $y=\left|f(x+a)+\dfrac{a}{5}\right|$의 그래프가

y축에 대하여 대칭일 때, $f(b)$의 값은? (단, a, b는 상수이고 $a\neq0$이다.)

① $-\dfrac{11}{3}$ ② $-\dfrac{7}{2}$ ③ -3

④ $-\dfrac{11}{6}$ ⑤ $-\dfrac{7}{5}$

**STEP Ⓐ 평행이동을 이용하여 유리함수의 그래프가 y축에 대하여 대칭이
되도록 하는 상수 a, b의 값 구하기**

곡선 $y=\left|f(x+a)+\dfrac{a}{5}\right|$는 곡선 $y=f(x+a)+\dfrac{a}{5}$의 x축 아래에 그려진

부분을 x축에 대하여 대칭이동한 것이고 이 곡선이 y축에 대하여 대칭이려면

곡선 $y=f(x+a)+\dfrac{a}{5}$의 점근선의 방정식은 다음 그림과 같이

$x=0$, $y=0$이어야 함을 알 수 있다.

유리함수 $y=f(x+a)+\dfrac{a}{5}$가 원점에 대하여 대칭이어야 한다.

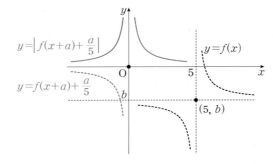

$f(x)=\dfrac{a}{x-5}+b$에서

$f(x+a)+\dfrac{a}{5}=\dfrac{a}{x+a-5}+b+\dfrac{a}{5}$이고 ← $f(x)$에 x대신 $x+a$를 대입

이 그래프의 점근선의 방정식은 $x=5-a$, $y=b+\dfrac{a}{5}$

$y=\dfrac{a}{x-(-a+5)}+b+\dfrac{a}{5}$

이 점근선의 방정식이 $x=0$, $y=0$이어야 하므로

$5-a=0$, $b+\dfrac{a}{5}=0$

$\therefore a=5$, $b=-\dfrac{5}{5}=-1$

STEP Ⓑ $f(b)$의 값 구하기

따라서 $f(x)=\dfrac{5}{x-5}-1$이므로 $f(b)=f(-1)=\dfrac{5}{-1-5}-1=-\dfrac{11}{6}$

정답 ④

1621

STEP Ⓐ **조건을 만족시키는 x좌표 구하기**

$y=\dfrac{1}{x-4}+4$의 그래프의 점근선의 방정식은 $x=4$, $y=4$

주어진 그래프가 x축과 만나는 점의 x좌표는

$\dfrac{1}{x-4}+4=0$, $x-4=-\dfrac{1}{4}$

$\therefore x=\dfrac{15}{4}$

즉, 주어진 영역의 내부에 포함되고 x좌표가 자연수인 점의

x좌표는 1, 2, 3

STEP Ⓑ **x좌표와 y좌표가 모두 자연수인 점의 개수 구하기**

곡선 $y=\dfrac{1}{x-4}+4$과 x축, y축으로 둘러싸인 영역은 다음 그림의 색칠한 부분

(경계선 제외)과 같다.

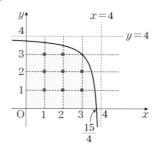

(ⅰ) $x=1$일 때, $y=-\dfrac{1}{3}+4=\dfrac{11}{3}$이므로

　　조건을 만족시키는 점의 좌표는 $(1, 1)$, $(1, 2)$, $(1, 3)$

(ⅱ) $x=2$일 때, $y=-\dfrac{1}{2}+4=\dfrac{7}{2}$이므로

　　조건을 만족시키는 점의 좌표는 $(2, 1)$, $(2, 2)$, $(2, 3)$

(ⅲ) $x=3$일 때, $y=-1+4=3$이므로

　　조건을 만족시키는 점의 좌표는 $(3, 1)$, $(3, 2)$

(ⅰ)~(ⅲ)에서 구하는 점의 개수는 $3+3+2=8$

1622

STEP Ⓐ **조건을 만족하는 유리함수 $f(x)$의 식 작성하기**

$f(x)=\dfrac{ax+b}{x+c}=\dfrac{a(x+c)-ac+b}{x+c}=\dfrac{-ac+b}{x+c}+a$

에서 점근선의 방정식은 $x=-c$, $y=a$이고

대칭인 점이 $(2, 2)$이므로 $c=-2$, $a=2$

즉 $f(x)=\dfrac{2x+b}{x-2}$가 점 $(1, -6)$을 지나므로

$-6=-2-b$　$\therefore b=4$

$\therefore f(x)=\dfrac{2x+4}{x-2}=\dfrac{8}{x-2}+2$

STEP Ⓑ **x좌표, y좌표가 모두 정수인 점의 개수 구하기**

즉 $y=f(x)$의 그래프 위의 점에 대하여 x좌표, y좌표가 모두 정수가 되려면

$x-2$가 8의 약수이어야 하므로

$x-2=\pm1$, ±2, ±4, ±8

$\therefore x=-6$, -2, 0, 1, 3, 4, 6, 10

이에 따른 y의 값도 모두 정수가 되므로 x좌표, y좌표가 모두 정수인 점의

개수는 8

함수 $f(x)=\dfrac{ax+b}{x+c}$ 의 그래프가 다음 조건을 만족시킨다.

> (가) 함수 $y=f(x)$의 그래프는 점 $(1, 1)$에 대하여 대칭이다.
> (나) 함수 $y=f(x)$는 점 $(3, 4)$를 지난다.

함수 $y=f(x)$의 그래프 위의 점 중에서 x좌표, y좌표가 모두 정수인 점의

개수는? (단, a, b, c는 상수이고 $b-ac \neq 0$이다.)

① 4 　　　　② 6 　　　　③ 8

④ 10 　　　　⑤ 12

STEP Ⓐ **조건을 만족하는 유리함수 $f(x)$의 식 작성하기**

$f(x)=\dfrac{ax+b}{x+c}=\dfrac{a(x+c)-ac+b}{x+c}=\dfrac{-ac+b}{x+c}+a$

에서 점근선의 방정식은 $x=-c$, $y=a$이고

대칭인 점이 $(1, 1)$이므로 $c=-1$, $a=1$

즉 $f(x)=\dfrac{b+1}{x-1}+1$이 점 $(3, 4)$를 지나므로 $4=\dfrac{b+1}{3-1}+1$　$\therefore b=5$

$\therefore f(x)=\dfrac{6}{x-1}+1$

STEP Ⓑ **x좌표, y좌표가 모두 정수인 점의 개수 구하기**

함수 $y=\dfrac{6}{x-1}+1$의 그래프 위의 점에 대하여 x좌표, y좌표가 모두 정수가

되려면 $x-1$이 6의 약수이어야 하므로

$x-1=\pm1$, ±2, ±3, ±6

$\therefore x=-5$, -2, -1, 0, 2, 3, 4, 7

따라서 y의 값도 모두 정수가 되므로 x좌표, y좌표가 모두 정수인 점의

개수는 8 　　　　

1623

STEP Ⓐ **유리함수의 그래프를 이해하고 조건을 만족시키는 순서쌍의 개수를 구하기**

$y=\dfrac{1}{2x-8}+3=\dfrac{1}{2(x-4)}+3$이므로

점근선의 방정식은 $x=4$, $y=3$

　　함수 $y=\dfrac{1}{2x-8}+3$의 그래프는 $y=\dfrac{1}{2x}$의 그래프를 x축의 방향으로 4만큼,
　　y축의 방향으로 3만큼 평행이동한 것이므로 점근선의 방정식은 $x=4$, $y=3$

한편 $y=0$을 대입하면 $\dfrac{1}{2x-8}+3=0$, $\dfrac{1}{2x-8}=-3$

$2x-8=-\dfrac{1}{3}$, $x=\dfrac{23}{6}$

즉 주어진 영역의 내부에 포함되고 x좌표가 자연수인 점의 x좌표는 1, 2, 3

곡선 $y=\dfrac{1}{2x-8}+3$과 x축, y축으로 둘러싸인 영역은 다음 그림의 색칠한

부분(경계선 제외)과 같다.

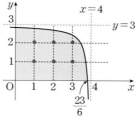

STEP Ⓑ **격자점의 개수 구하기**

(ⅰ) $x=1$일 때,

　　$y=-\dfrac{1}{6}+3=\dfrac{17}{6}$이므로 조건을 만족시키는 순서쌍은 $(1, 1)$, $(1, 2)$

(ii) $x=2$일 때,

$y=-\dfrac{1}{4}+3=\dfrac{11}{4}$ 이므로 조건을 만족시키는 순서쌍은 $(2, 1)$, $(2, 2)$

(iii) $x=3$일 때,

$y=-\dfrac{1}{2}+3=\dfrac{5}{2}$ 이므로 조건을 만족시키는 순서쌍은 $(3, 1)$, $(3, 2)$

(i)~(iii)에 의하여 구하는 순서쌍의 개수는 $2+2+2=6$

내/신/연/계 출제문항 791

좌표평면에서 곡선 $y=\dfrac{1}{2x-10}+4$과 x축, y축으로 둘러싸인 영역의 내부에 포함되고 x좌표와 y좌표가 모두 자연수인 점의 개수는?

① 11   ② 12   ③ 13

④ 14   ⑤ 15

STEP A 유리함수의 그래프를 이해하고 조건을 만족시키는 순서쌍의 개수를 구하기

$y=\dfrac{1}{2x-10}+4=\dfrac{1}{2(x-5)}+4$이므로

점근선의 방정식은 $x=5$, $y=4$

함수 $y=\dfrac{1}{2x-8}+4$의 그래프는 $y=\dfrac{1}{2x}$의 그래프를 x축의 방향으로 5만큼, y축의 방향으로 4만큼 평행이동한 것이므로 점근선의 방정식은 $x=5$, $y=4$

한편 $y=0$을 대입하면 $\dfrac{1}{2x-10}+4=0$, $\dfrac{1}{2x-10}=-4$

$2x-10=-\dfrac{1}{4}$, $x=\dfrac{39}{8}$

즉 주어진 영역의 내부에 포함되고 x좌표가 자연수인 점의 x좌표는 1, 2, 3, 4

곡선 $y=\dfrac{1}{2x-10}+4$과 x축, y축으로 둘러싸인 영역은 다음 그림의 색칠한 부분(경계선 제외)과 같다.

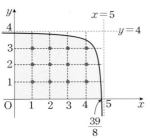

STEP B 격자점의 개수 구하기

(i) $x=1$일 때,

$y=-\dfrac{1}{8}+4$이므로 조건을 만족시키는 순서쌍은 $(1, 1)$, $(1, 2)$, $(1, 3)$

(ii) $x=2$일 때,

$y=-\dfrac{1}{6}+4$이므로 조건을 만족시키는 순서쌍은 $(2, 1)$, $(2, 2)$, $(2, 3)$

(iii) $x=3$일 때,

$y=-\dfrac{1}{4}+4$이므로 조건을 만족시키는 순서쌍은 $(3, 1)$, $(3, 2)$, $(3, 3)$

(iv) $x=4$일 때,

$y=-\dfrac{1}{2}+4$이므로 조건을 만족시키는 순서쌍은 $(4, 1)$, $(4, 2)$, $(4, 3)$

(i)~(iv)에 의하여 구하는 순서쌍의 개수는 $3+3+3+3=12$ 정답 ②

1624

정답 8

STEP A 평행이동한 유리함수의 식 구하기

유리함수 $y=\dfrac{k}{x}$를 평행이동한 그래프의 점근선의 방정식이 $x=2$, $y=-3$

이므로 $y=\dfrac{k}{x-2}-3$이라 하면 점 $(0, -6)$을 지나므로

$-6=\dfrac{k}{0-2}-3$ $\therefore k=6$

즉 유리함수의 식은 $y=\dfrac{6}{x-2}-3$

STEP B 유리함수의 그래프를 그려서 n의 값 구하기

$y=\dfrac{6}{x-2}-3$의 그래프는 오른쪽 그림과 같고 이 그래프는 제 2사분면을 지나지 않으므로 $n=2$

따라서 $k=6$, $n=2$이므로 $k+n=6+2=8$

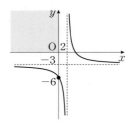

1625

정답 ②

STEP A 유리함수의 그래프의 점근선의 방정식 구하기

$y=\dfrac{x+2a-5}{x-4}$의 식을 $y=\dfrac{k}{x-p}+q$의 꼴로 변형하면

$y=\dfrac{x+2a-5}{x-4}=\dfrac{(x-4)+2a-1}{x-4}=\dfrac{2a-1}{x-4}+1$이므로

점근선의 방정식은 $x=4$, $y=1$

$y=\dfrac{k}{x-p}+q$에서 점근선의 방정식은 $x=p$, $y=q$

STEP B 그래프가 제 3사분면을 지나지 않도록 하는 자연수 a의 개수 구하기

a는 자연수이므로 $2a-1>0$

그래프가 제 3사분면을 지나지 않도록 하기 위해서는 오른쪽 그림과 같이 y절편이 0보다 크거나 같으면 된다.

즉 $\dfrac{2a-5}{-4}\geq 0$에서 $a\leq\dfrac{5}{2}$이므로

부등호의 방향에 유의한다.

따라서 자연수 a는 1, 2이므로 그 개수는 2

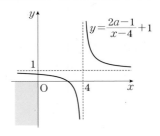

내/신/연/계 출제문항 792

함수 $y=\dfrac{2x+k-10}{x+1}$의 그래프가 제 4사분면을 지나도록 하는 자연수 k의 개수는? (단, $k\neq 10$)

① 6   ② 7   ③ 8

④ 9   ⑤ 10

STEP A 함수의 식을 $y=\dfrac{a}{x-m}+n$꼴로 변형한 후 k의 값의 범위에 따른 그래프 그리기

$y=\dfrac{2x+k-10}{x+1}=\dfrac{2(x+1)+k-12}{x+1}=\dfrac{k-12}{x+1}+2$ ···· ㉠

이므로 점근선의 방정식은 $x=-1$, $y=2$

(i) $k>12$일 때, ㉠의 그래프는 제 4사분면을 지나지 않는다.

(ii) $k<12$일 때, ㉠의 그래프가 제 4사분면을 지나려면 그림과 같이 y절편이 음수이어야 하므로

$k-10<0$ $\therefore k<10$

(i), (ii)에서 $k<10$

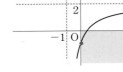

STEP B 자연수 k의 개수 구하기

따라서 자연수 k는 1, 2, 3, ···, 9이므로 그 개수는 9   정답 ④

1626

정답 ⑤

STEP A 함수식을 $y = \dfrac{k}{x-m} + n$ 꼴로 변형하여 점근선 구하기

$y = \dfrac{3x-k}{x+1} = \dfrac{3(x+1)-k-3}{x+1} = \dfrac{-k-3}{x+1} + 3$

이므로 점근선의 방정식은 $x = -1$, $y = 3$

STEP B 그래프가 조건을 만족하기 위해서는 $k > -3$이어야 함을 이해하기

$-k-3 > 0$이면 그래프가 제 4사분면을 지날 수 없으므로

$-k-3 < 0$에서 $k > -3$ ······ ㉠

STEP C y절편이 음수임을 이용하여 k의 범위 구하기

이때 오른쪽 그림과 같이 y절편이
음수일 때에만 그래프가 모든 사분면을
지나므로 $x = 0$일 때, $y < 0$이어야 한다.

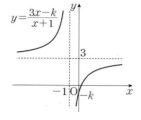
$y = \dfrac{3x-k}{x+1}$

$\dfrac{3 \times 0 - k}{0+1} < 0$에서 $k > 0$ ······ ㉡

따라서 ㉠, ㉡에서 $k > 0$

1627

정답 ④

STEP A $y = \dfrac{k}{x-m} + n$의 꼴로 변형하여 점근선의 방정식 구하기

유리함수 $y = \dfrac{-2x-k+4}{x-1} = \dfrac{-2(x-1)-k+2}{x-1} = \dfrac{-k+2}{x-1} - 2$이므로

점근선의 방정식은 $x = 1$, $y = -2$

STEP B k의 범위를 이용하여 모든 사분면이 지나도록 하는 k의 범위 구하기

$y = \dfrac{-k+2}{x-1} - 2$에서 상수 $-k+2$의 부호에 따라 그래프가 그려지는 위치가

달라지므로 범위를 나누면

(i) $-k+2 > 0$일 때,

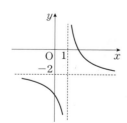

이때 제 2사분면을 지날 수 없으므로 모든 사분면을 지나지 않는다.

(ii) $-k+2 < 0$일 때,

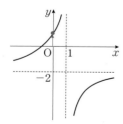

이때 모든 사분면을 지나기 위해서 $x = 0$일 때, y의 값은 양수이다.

$x = 0$을 대입하면 $\dfrac{-k+4}{-1} > 0$, $-k+4 < 0$ ∴ $k > 4$

즉 $-k+2 < 0$, $k > 4$의 공통범위를 구하면 $k > 4$

(i), (ii)에 의하여 실수 k의 범위는 $k > 4$

유리함수 $y = \dfrac{-4x-2k+4}{x-2}$의 그래프가 모든 사분면을 지나도록 하는 실수 k의 범위는?

(TIP) $y = \dfrac{k}{x-m} + n$의 꼴로 변형하여 그래프가 모든 사분면을 지나도록 k의 범위를 구한다.

① $k < 2$ ② $k > 2$ ③ $k > 3$
④ $k > 4$ ⑤ $0 < k < 3$

STEP A $y = \dfrac{k}{x-m} + n$의 꼴로 변형하기

$y = \dfrac{-4x-2k+4}{x-2} = \dfrac{-4(x-2)-2k-4}{x-2} = \dfrac{-2k-4}{x-2} - 4$

즉 주어진 그래프는 함수 $y = \dfrac{-2k-4}{x}$의 그래프를 x축의 방향으로 2만큼,

y축의 방향으로 -4만큼 평행이동한 것이다.

STEP B 그래프가 모든 사분면을 지나도록 하는 k의 범위 구하기

그래프가 모든 사분면을 지나려면
오른쪽 그림과 같아야 한다.

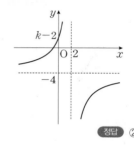

(i) $-2k-4 < 0$이어야 하므로 $k > -2$
    $-2k-4 > 0$이면 제 2사분면을 지나지 않는다.
(ii) $x = 0$일 때, $y > 0$이어야 하므로
    $k-2 > 0$ ∴ $k > 2$
(i), (ii)에서 구하는 k의 범위는 $k > 2$

정답 ②

1628

2016년 03월 고3 학력평가 나형 9번

정답 ①

해설강의

STEP A 평행이동한 유리함수의 그래프의 점근선의 방정식 구하기

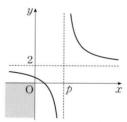

유리함수 $y = \dfrac{5}{x-p} + 2$의 그래프는

함수 $y = \dfrac{5}{x}$의 그래프를 x축의 방향으로 p,

y축의 방향으로 2만큼 평행이동한 그래프이므로
점근선의 방정식은 $x = p$, $y = 2$

STEP B 그래프가 조건을 만족하기 위해서는 $p > 0$이어야 함을 이해하기

$p \le 0$이면 곡선 $y = \dfrac{5}{x-p} + 2$는 반드시 제 3사분면을 지나므로

$p > 0$

STEP C $x = 0$일 때, y의 값이 0 이상임을 이용하여 p의 범위 구하기

$x > p$인 범위에서 함수의 그래프는 제 1사분면만 지난다.
$x < p$일 때, 주어진 함수의 그래프가 제 3사분면을 지나지 않기 위해서는
$x = 0$일 때, y의 값은 0 이상이 되어야 한다.

즉 $\dfrac{5}{-p} + 2 \ge 0$이므로 $\dfrac{5}{p} \le 2$

∴ $p \ge \dfrac{5}{2}$($\because$ $p > 0$)

따라서 조건을 만족시키는 정수 p의 최솟값은 3

함수 $y=-\dfrac{5}{x+1}+k$의 그래프가 제 4사분면을 지나지 않도록 하는

상수 k의 최솟값은?

① 2　　　　　② 3　　　　　③ 4

④ 5　　　　　⑤ 6

STEP Ⓐ **그래프가 제 4사분면을 지나지 않도록 하는 상수 k의 범위 구하기**

$f(x)=-\dfrac{5}{x+1}+k$라 하면

(ⅰ) $k\leq 0$일 때, 함수 $y=f(x)$의

그래프는 제 4사분면을 지난다.

(ⅱ) $k>0$일 때, $y=f(x)$의 그래프가

제 4사분면을 지나지 않으려면

그림과 같이 $f(0)\geq 0$이어야 하므로

$-5+k\geq 0$　∴ $k\geq 5$

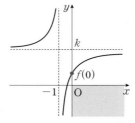

STEP Ⓑ **상수 k의 최솟값 구하기**

(ⅰ), (ⅱ)에서 $k\geq 5$이므로 상수 k의 최솟값은 5　　　정답 ④

1629　　2017년 06월 고2 학력평가 나형 15번　　정답 ③

STEP Ⓐ **유리함수의 그래프의 점근선의 방정식 구하기**

$y=\dfrac{3x+k-10}{x+1}$의 식을 $y=\dfrac{a}{x-p}+q$의 꼴로 변형하면

$y=\dfrac{3x+k-10}{x+1}=\dfrac{3(x+1)+k-13}{x+1}=\dfrac{k-13}{x+1}+3$이므로

점근선의 방정식은 $x=-1$, $y=3$

 $y=\dfrac{k}{x-p}+q$에서 점근선의 방정식은 $x=p$, $y=q$

STEP Ⓑ **그래프가 제 4사분면을 지나도록 하는 모든 자연수 k의 개수 구하기**

이 함수의 그래프가 제 4사분면을 $x>0$, $y<0$

지나기 위해서는 오른쪽 그림과 같이

$k-13<0$이고

y절편이 음수일 때이므로

$k-10<0$　∴ $k<10$

따라서 자연수 k의 개수는 9

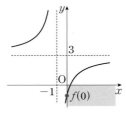

함수 $y=\dfrac{3x+k-7}{x+1}$의 그래프가 제 4사분면을 지나도록 하는 모든 자연수

k의 개수는?

① 5　　　　　② 6　　　　　③ 7

④ 8　　　　　⑤ 9

STEP Ⓐ **그래프가 제 4사분면을 지나도록 하는 k의 범위 구하기**

$y=\dfrac{3x+k-7}{x+1}=\dfrac{3(x+1)+k-10}{x+1}=\dfrac{k-10}{x+1}+3$이므로

함수 $y=\dfrac{3x+k-7}{x+1}$의 그래프는

함수 $y=\dfrac{k-10}{x}$의 그래프를 x축의

방향으로 -1만큼, y축의 방향으로

3만큼 평행이동한 것이다.

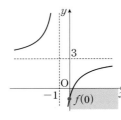

함수 $y=\dfrac{3x+k-7}{x+1}$의 그래프가 제 4사분면을 지나기 위해서는

$k-10<0$이고 $x=0$일 때의 함숫값이 음수이어야 한다.

$k-10<0$에서 $k<10$　　　…… ㉠

$x=0$일 때, $k-7<0$에서 $k<7$ …… ㉡

㉠, ㉡에서 $k<7$

STEP Ⓑ **자연수 k의 개수 구하기**

따라서 주어진 조건을 만족시키는 자연수 k는 1, 2, 3, 4, 5, 6이므로

그 개수는 6　　　정답 ②

1630　　정답 3

STEP Ⓐ **점근선의 방정식을 이용하여 a, c의 값 구하기**

$y=\dfrac{b}{x+a}+c$의 그래프의 점근선의 방정식이 $x=2$, $y=3$이므로

 $x=-a$, $y=c$

$a=-2$, $c=3$　∴ $y=\dfrac{b}{x-2}+3$

STEP Ⓑ **함수식에 $(0, 2)$를 대입하여 b의 값 구하기**

이 그래프가 점 $(0, 2)$를 지나므로 $2=\dfrac{b}{-2}+3$

∴ $b=2$

따라서 $a+b+c=-2+2+3=3$

1631　　정답 ④

STEP Ⓐ **점근선의 방정식과 지나는 점을 이용하여 함수식 구하기**

주어진 그래프의 점근선의 방정식이 $x=1$, $y=2$이므로

구하는 유리함수는 $y=\dfrac{k}{x-1}+2(k\neq 0)$이라 하면

$y=\dfrac{k}{x-1}+2$의 그래프가 점 $(2, 0)$을 지나므로

$0=\dfrac{k}{2-1}+2$　∴ $k=-2$

STEP Ⓑ **함수식을 비교하여 a, b, c의 값 구하기**

함수는 $y=\dfrac{-2}{x-1}+2=\dfrac{2x-4}{x-1}$이므로 $a=-1$, $b=2$, $c=4$

따라서 $a+b+c=-1+2+4=5$

1632　　정답 ③

STEP Ⓐ **점근선의 방정식을 이용하여 p, q의 값 구하기**

주어진 그래프의 점근선의 방정식이 $x=2$, $y=-1$이므로

$p=2$, $q=-1$

∴ $y=\dfrac{k}{x-2}-1(k\neq 0)$

STEP Ⓑ **함수식에 $(1, 0)$을 대입하여 k의 값 구하기**

이 그래프가 점 $(1, 0)$을 지나므로 $0=\dfrac{k}{1-2}-1$

∴ $k=-1$

즉 $p=2$, $q=-1$, $k=-1$이므로 $y=\dfrac{-1}{x-2}-1$

STEP Ⓒ **$f(p+q+k)$의 값 구하기**

따라서 $p+q+k=2+(-1)+(-1)=0$이므로

$f(p+q+k)=f(0)=\dfrac{1}{2}-1=-\dfrac{1}{2}$

1633
정답 ⑤

STEP A **점근선의 방정식과 지나는 점을 이용하여 함수식 구하기**

주어진 함수 $y=f(x)$의 그래프의 점근선의 방정식은 $x=-2$, $y=-1$이므로

$f(x)=\dfrac{k}{x+2}-1(k>0)$으로 놓을 수 있다.

함수 $y=f(x)$의 그래프가 점 $(1, 0)$을 지나므로 $0=\dfrac{k}{3}-1$에서 $k=3$

그러므로 $f(x)=\dfrac{3}{x+2}-1=\dfrac{-x+1}{x+2}$

STEP B **함수식을 비교하여 $f(a+b+c)$의 값 구하기**

따라서 $a=2$, $b=-1$, $c=1$이므로 $f(a+b+c)=f(2)=-\dfrac{1}{4}$

  내신연계 출제문항 796

유리함수 $y=\dfrac{ax+b}{x+c}$의 그래프가 오른쪽 그림과 같을 때, $f(a+b+c)$의 값은? (단, a, b, c는 상수이고 점선은 점근선이다.)

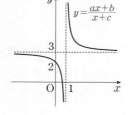

① -2 ② -1
③ 2 ④ 3
⑤ 6

STEP A **점근선의 방정식과 지나는 점을 이용하여 함수식 구하기**

주어진 그래프의 점근선의 방정식이 $x=1$, $y=3$이므로

구하는 유리함수는 $y=\dfrac{k}{x-1}+3(k\neq0)$이라 하면

$y=\dfrac{k}{x-1}+3$의 그래프가 점 $(0, 2)$를 지나므로

$2=-k+3$ $\therefore k=1$

즉 함수는 $y=\dfrac{1}{x-1}+3=\dfrac{3x-2}{x-1}$이다.

STEP B **함수식을 비교하여 $f(a+b+c)$의 값 구하기**

따라서 $a=3$, $b=-2$, $c=-1$이므로 $f(a+b+c)=f(0)=\dfrac{-2}{-1}=2$ 정답 ③

1634
정답 ④

STEP A **점근선의 방정식과 원점을 지남을 이용하여 [보기]의 참, 거짓 판단하기**

ㄱ. 함수 $y=\dfrac{b}{x+a}+c$의 그래프는 함수 $y=\dfrac{b}{x}$의 그래프를 x축의 방향으로 $-a$만큼, y축의 방향으로 c만큼 평행이동한 것이다.

    즉, 주어진 함수의 그래프에서 $b<0$이고 $a>0$, $c>0$이므로 $abc<0$이다. [참]

ㄴ. 함수 $y=\dfrac{b}{x+a}+c$의 그래프가 원점을 지나므로

    $0=\dfrac{b}{a}+c$에서 $\dfrac{b}{a}=-c$

    $\therefore b=-ac$, 즉 $b+ac=0$ [참]

ㄷ. **반례** $a=1$, $b=-1$, $c=1$이면 함수 $y=-\dfrac{1}{x+1}+1$의 그래프는

    주어진 그래프를 만족시킨다.

    그러나 $a+b+c=1+(-1)+1=1>0$이다. [거짓]

따라서 옳은 것은 ㄱ, ㄴ이다.

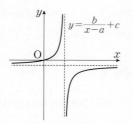 **내신연계 출제문항 797**

함수 $y=\dfrac{b}{x-a}+c(b\neq0)$의 그래프가 그림과 같을 때, [보기]에서 옳은 것만을 있는 대로 고른 것은? (단, a, b, c는 상수이다.)

> ㄱ. $a>b$
> ㄴ. $abc>0$
> ㄷ. $b=-ac$

① ㄱ   ② ㄱ, ㄴ   ③ ㄱ, ㄷ
④ ㄴ, ㄷ   ⑤ ㄱ, ㄴ, ㄷ

STEP A **점근선의 방정식과 원점을 지남을 이용하여 [보기]의 참, 거짓 판단하기**

$y=\dfrac{b}{x-a}+c$의 그래프의 점근선의 방정식은 $x=a$, $y=c$이므로

주어진 그래프에서 $a>0$, $c<0$

$y=\dfrac{b}{x}$의 그래프가 제 2, 4사분면을 지나므로 $b<0$

ㄱ. $a>0$, $b<0$이므로 $a>b$ [참]

ㄴ. $a>0$, $b<0$, $c<0$이므로 $abc>0$ [참]

ㄷ. $y=\dfrac{b}{x-a}+c$의 그래프가 원점을 지나므로

    $-\dfrac{b}{a}+c=0$, $-b+ac=0$

    $\therefore b=ac$ [거짓]

따라서 옳은 것은 ㄱ, ㄴ이다. 정답 ②

1635
정답 ⑤

STEP A **이차함수의 그래프로부터 a, b의 부호 결정하기**

이차함수 $y=-x^2+ax+b=-\left(x-\dfrac{a}{2}\right)^2+\dfrac{a^2}{4}+b$의 그래프의 축이 y축의

왼쪽에 있으므로 $\dfrac{a}{2}<0$ $\therefore a<0$

y절편은 양수이므로 $b>0$

STEP B **유리함수의 식을 $y=\dfrac{k}{x-m}+n$꼴로 변형하여 m, n, k의 부호 결정하기**

$y=\dfrac{ax+1}{x+b}=\dfrac{a(x+b)-ab+1}{x+b}=\dfrac{-ab+1}{x+b}+a$이므로

점근선의 방정식은 $x=-b$, $y=a$

이때 $a<0$, $b>0$이므로 $-b<0$, $a<0$, $-ab+1>0$

STEP C **유리함수와 y축과의 교점을 이용하여 그래프 그리기**

$x=0$일 때, $y=\dfrac{1}{b}>0$이므로

함수 $y=\dfrac{ax+1}{x+b}$의 그래프의 개형은
오른쪽 그림과 같다.
따라서 알맞은 그래프는 ⑤이다.

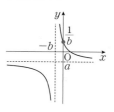

1636

정답 5

STEP A 함수식을 $y=\dfrac{k}{x-m}+n$의 꼴로 변형하여 점근선의 방정식 구하기

$y=\dfrac{2x+2}{x+2}=\dfrac{2(x+2)-2}{x+2}=-\dfrac{2}{x+2}+2$이므로

점근선의 방정식은 $x=-2$, $y=2$

STEP B 치역을 이용하여 정의역의 범위 구하기

$y=\dfrac{3}{2}$일 때, $\dfrac{2x+2}{x+2}=\dfrac{3}{2}$에서

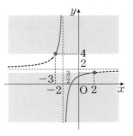

$4x+4=3x+6$ $\therefore x=2$

$y=4$일 때, $\dfrac{2x+2}{x+2}=4$에서

$2x+2=4x+8$ $\therefore x=-3$이므로

$y\le\dfrac{3}{2}$일 때, $-2<x\le2$

$y\ge4$일 때, $-3\le x<-2$

치역이 $\left\{y\left|\,y\le\dfrac{3}{2}\ \text{또는}\ y\ge4\right.\right\}$일 때,

정의역은 $\{x\,|\,-3\le x<-2\ \text{또는}\ -2<x\le2\}$

따라서 정의역에 속하는 정수 x는 -3, -1, 0, 1, 2이므로 그 개수는 5

1637

정답 ②

STEP A 주어진 정의역에서 유리함수의 그래프 그리기

$y=\dfrac{3x+2}{x+2}=\dfrac{3(x+2)-4}{x+2}=-\dfrac{4}{x+2}+3$

이므로

점근선의 방정식은 $x=-2$, $y=3$이고

$-1\le x\le1$에서 함수의 그래프는

오른쪽 그림과 같다.

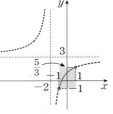

STEP B 주어진 정의역에서 최댓값 M, 최솟값 m 구하기

$x=1$일 때, 최댓값은 $M=\dfrac{5}{3}$

$x=-1$일 때, 최솟값은 $m=-1$

따라서 $M+m=\dfrac{5}{3}-1=\dfrac{2}{3}$

1638

정답 ②

STEP A 주어진 함수의 점근선을 이용하여 그래프 그리기

함수 $y=\dfrac{3x+1}{x-1}=\dfrac{3(x-1)+4}{x-1}=\dfrac{4}{x-1}+3$이므로

점근선의 방정식은 $x=1$, $y=3$

정의역 $\{x\,|\,2\le x\le a\}$에서 그래프는 다음과 같다.

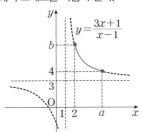

STEP B 정의역과 치역을 이용하여 a, b의 값 구하기

이때 $x=2$일 때 $y=b$이므로 대입하면 $b=\dfrac{6+1}{2-1}$ $\therefore b=7$

$x=a$일 때 $y=4$이므로 대입하면 $4=\dfrac{3a+1}{a-1}$, $4a-4=3a+1$ $\therefore a=5$

따라서 $a=5$, $b=7$이므로 $a+b=5+7=12$

1639

정답 ②

STEP A 주어진 정의역에서 유리함수의 그래프 그리기

$y=\dfrac{2}{3-x}+k=-\dfrac{2}{x-3}+k$의 점근선의 방정식은 $x=3$, $y=k$

즉 $-1\le x\le2$에서 $y=f(x)$의 그래프는 다음 그림과 같다.

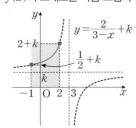

$f(x)$는 $x=-1$에서 최솟값 2를 가지므로

$\dfrac{1}{2}+k=2$ $\therefore k=\dfrac{3}{2}$

STEP B 함수 $f(x)$의 최댓값 구하기

따라서 $f(x)=\dfrac{2}{3-x}+\dfrac{3}{2}$의 최댓값은 $f(2)=2+\dfrac{3}{2}=\dfrac{7}{2}$

내·신·연·계 출제문항 798

정의역이 $\{x\,|\,0\le x\le4\}$인 함수 $f(x)=\dfrac{1}{x+2}+k$의 최댓값이 3일 때, 함수 $f(x)$의 최솟값은? (단, k는 상수이다.)

① $\dfrac{7}{3}$ ② $\dfrac{5}{2}$ ③ $\dfrac{8}{3}$

④ $\dfrac{17}{6}$ ⑤ 3

STEP A 유리함수의 최댓값이 3이 되는 상수 k의 값 구하기

$f(x)=\dfrac{1}{x+2}+k$의 점근선의 방정식은 $x=-2$, $y=k$

그러므로 $0\le x\le4$에서 함수의 그래프는 다음 그림과 같다.

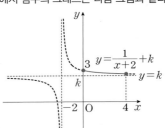

함수 $f(x)$는 $x=0$에서 최댓값 3을 가지므로

$f(0)=\dfrac{1}{0+2}+k=3$ $\therefore k=\dfrac{5}{2}$

STEP B 함수 $f(x)$의 최솟값 구하기

따라서 $f(x)=\dfrac{1}{x+2}+\dfrac{5}{2}$는 $x=4$에서 최솟값을 가지므로

$f(4)=\dfrac{1}{4+2}+\dfrac{5}{2}=\dfrac{16}{6}=\dfrac{8}{3}$

정답 ③

1640

STEP A $0 \le x \le a$에서 **최댓값을 이용하여 k의 값 구하기**

$y = \dfrac{k}{x+1} + 3$에서 점근선의 방정식은

$x = -1$, $y = 3$이고 그래프는 $k > 0$인

경우는 오른쪽 그림과 같다.

$0 \le x \le a$일 때, $x = 0$에서 최댓값이

9이므로 $f(0) = k + 3 = 9$

$\therefore k = 6$

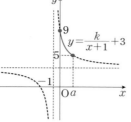

STEP B $0 \le x \le a$에서 **최솟값이 5임을 이용하여 a의 값 구하기**

$f(x) = \dfrac{6}{x+1} + 3$은 $x = a$에서 최솟값이 5이므로

$f(a) = \dfrac{6}{a+1} + 3 = 5$, $6 = 2a + 2$ $\therefore a = 2$

따라서 $k + a = 6 + 2 = 8$

내/신/연/계/ 출제문항 799

$1 \le x \le a$에서 함수 $y = \dfrac{k}{x+2} + 4(k > 0)$의 최댓값이 6, 최솟값이 5일 때,

상수 a, k에 대하여 $a + k$의 값을 구하시오. (단, $a > 1$)

STEP A $1 \le x \le a$에서 **최댓값을 이용하여 k의 값 구하기**

$y = \dfrac{k}{x+2} + 4$에서 점근선의 방정식은

$x = -2$, $y = 4$이고 $k > 0$일 때,

그래프는 오른쪽 그림과 같다.

$1 \le x \le a$일 때,

$a = 1$에서 최댓값이 6이므로

$f(1) = \dfrac{k}{1+2} + 4 = 6$, $\dfrac{k}{3} = 2$

$\therefore k = 6$

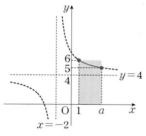

STEP B **최솟값을 이용하여 a의 값 구하기**

$y = \dfrac{6}{x+2} + 4$는 $x = a$에서 최솟값 5를 가지므로 대입하면

$5 = \dfrac{6}{a+2} + 4$, $a + 2 = 6$ $\therefore a = 4$

따라서 $a + k = 4 + 6 = 10$

 정답 10

1641
정답 ④

STEP A $y = \dfrac{k}{x-m} + n$꼴로 변형하여 점근선의 방정식 구하기

$f(x) = \dfrac{3x+k}{x-2} = \dfrac{3(x-2)+k+6}{x-2} = \dfrac{k+6}{x-2} + 3$이므로

함수 $f(x)$의 그래프의 점근선의 방정식은 $x = 2$, $y = 3$

STEP B $k + 6$이 0보다 큰 경우와 작은 경우로 나누어 생각하기

(i) $k + 6 < 0$인 경우

3 $\le x \le a$에서 $f(x)$는 3보다

작으므로 최댓값 11,

최솟값 4가 될 수 없다.

(ii) $k + 6 > 0$인 경우

오른쪽 그림과 같다.

$3 \le x \le a$일 때, $x = 3$에서

최댓값이 11이므로

$f(3) = 9 + k = 11$ $\therefore k = 2$

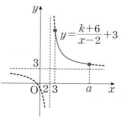

STEP C $3 \le x \le a$에서 **최솟값이 4임을 이용하여 a의 값 구하기**

$f(x) = \dfrac{3x+2}{x-2}$는 $x = a$에서 최솟값이 4이므로 $f(a) = \dfrac{3a+2}{a-2} = 4$

$3a + 2 = 4a - 8$ $\therefore a = 10$

따라서 $k + a = 12$

1642
 정답 ②

STEP A **최솟값을 이용하여 a의 범위 구하기**

$f(x) = \dfrac{4x-5}{2x-3} = \dfrac{2(2x-3)+1}{2x-3} = \dfrac{1}{2x-3} + 2$이므로

점근선의 방정식은 $x = \dfrac{3}{2}$, $y = 2$이고 그래프의 개형은 다음과 같다.

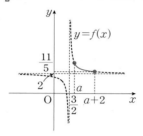

이때 $a \le x \le a+2$에서 최솟값이 $\dfrac{11}{5} > 2$이므로 $\underset{x < \frac{3}{2}일 때, y < 2}{\underset{점근선\ y=2}{a > \dfrac{3}{2}}}$이다.

STEP B **최솟값을 이용하여 a의 값 구하고 최댓값 구하기**

$x = a + 2$일 때 최솟값 $\dfrac{11}{5}$이므로 $f(a+2) = \dfrac{4(a+2)-5}{2(a+2)-3} = \dfrac{11}{5}$

$\dfrac{4a+3}{2a+1} = \dfrac{11}{5}$, $22a + 11 = 20a + 15$ $\therefore a = 2$

따라서 $x = a$에서 최댓값을 가지므로 $f(a) = f(2) = \dfrac{4 \times 2 - 5}{2 \times 2 - 3} = \dfrac{3}{1} = 3$

1643
 정답 ③

STEP A **함수 $f(x) = \dfrac{2x+k}{x-3}$의 그래프 파악하기**

$f(x) = \dfrac{2x+k}{x-3} = \dfrac{2(x-3)+k+6}{x-3} = \dfrac{k+6}{x-3} + 2$이므로

$y = f(x)$의 그래프는 $y = \dfrac{k+6}{x}$의 그래프를 x축의 방향으로 3만큼,

y축의 방향으로 2만큼 평행이동한 것이다.

STEP B k의 범위에 따른 상수 k의 값 구하기

(i) $k < -6$일 때,

$0 \le x \le 2$에서 $f(x)$는

$x = 0$에서 최솟값 -10을 가지므로

$\dfrac{k+6}{-3} + 2 = -10$ $\therefore k = 30$

그런데 $k < -6$이므로 조건을 만족

시키는 k의 값은 존재하지 않는다.

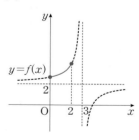

(ii) $k = -6$일 때, $f(x) = 2$ (단, $x \ne 3$)

$f(x)$의 최솟값은 2이므로 최솟값이

-10인 k의 값은 존재하지 않는다.

(iii) $k > -6$일 때,

$0 \le x \le 2$에서 $f(x)$는

$x = 2$에서 최솟값 -10을 가지므로

$\dfrac{k+6}{-1} + 2 = -10$, $-k - 4 = -10$

$\therefore k = 6$

(i)~(iii)에서 $k = 6$

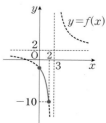

정의역이 $\{x\,|\,0\le x\le 2\}$인 유리함수 $y=\dfrac{2x+k}{x+1}$의 최댓값이 1일 때, 최솟값은? (단, $k\ne 2$)

① -3 ② -2 ③ -1
④ 1 ⑤ 2

STEP A 유리함수의 그래프의 점근선의 방정식 구하기

$y=\dfrac{2x+k}{x+1}=\dfrac{2(x+1)+k-2}{x+1}=\dfrac{k-2}{x+1}+2$이므로

점근선의 방정식은 $x=-1$, $y=2$

STEP B $0\le x\le 2$에서 최댓값이 1임을 이용하여 k의 값 구하기

(i) $k>2$일 때,
함수의 그래프는 $0\le x\le 2$에서 오른쪽 그림과 같고 최댓값은 2보다 크므로 최댓값이 1이라는 조건에 맞지 않는다.
즉 k의 값은 존재하지 않는다.

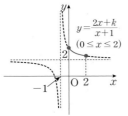

(ii) $k<2$일 때,
함수의 그래프는 $0\le x\le 2$에서 오른쪽 그림과 같고 최댓값은 $x=2$일 때, 1이므로 $\dfrac{4+k}{3}=1$
$\therefore k=-1$

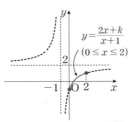

(i), (ii)에서 $k=-1$

정답 ③

1644

정답 8

STEP A 대칭점과 지나는 점을 이용하여 유리함수의 함수식 구하기

조건 (가)에서 함수 $f(x)=\dfrac{ax+b}{x+c}$가 점 $(2, 1)$에 대하여 대칭이므로
점근선 $x=2$, $y=1$

$y=\dfrac{k}{x-2}+1(k\ne 0)$로 놓을 수 있다.

조건 (나)에서 점 $(1, 2)$를 지나므로 $2=\dfrac{k}{1-2}+1$ $\therefore k=-1$

$\therefore y=\dfrac{-1}{x-2}+1$ ← $y=\dfrac{x-3}{x-2}$이므로 $a=1$, $b=-3$, $c=-2$임을 알 수 있다.

STEP B 주어진 범위에서 유리함수의 그래프를 이용하여 최댓값, 최솟값 구하기

함수 $y=\dfrac{-1}{x-2}+1$의 그래프는 $-1\le x\le 1$에서 오른쪽 그림과 같다.
$x=1$일 때,
최댓값은 $M=\dfrac{-1}{1-2}+1=2$이고
$x=-1$일 때,
최솟값 $m=\dfrac{-1}{-1-2}+1=\dfrac{4}{3}$
따라서 $3Mm=3\times 2\times \dfrac{4}{3}=8$

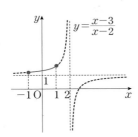

함수 $f(x)=\dfrac{ax+b}{x+c}$의 그래프는 다음 조건을 만족시킨다.

> (가) 함수 $y=f(x)$의 그래프는 점 $(2, 1)$에 대하여 대칭이다.
> (나) 함수 $y=f(x)$의 그래프는 점 $(3, 3)$을 지난다.

$-1\le x\le 1$에서 $y=f(x)$의 최댓값을 M, 최솟값을 m이라 할 때, $3M-m$의 값은? (단, a, b, c는 상수이고, $b-ac\ne 0$이다.)

① 1 ② 2 ③ 3
④ 4 ⑤ 5

STEP A 유리함수 $f(x)$의 식 구하기

조건 (가)에서 함수 $y=\dfrac{ax+b}{x+c}$가 점 $(2, 1)$에 대하여 대칭이므로
점근선 방정식 $x=2$, $y=1$

$y=\dfrac{k}{x-2}+1(k\ne 0)$로 놓을 수 있다.

조건 (나)에서 이 함수의 그래프가 점 $(3, 3)$을 지나므로 $3=\dfrac{k}{3-2}+1$

$\therefore k=2$

$\therefore y=\dfrac{2}{x-2}+1$ ← $y=\dfrac{x}{x-2}$이므로 $a=1$, $b=0$, $c=-2$임을 알 수 있다.

STEP B 주어진 범위에서 유리함수의 그래프를 이용하여 최댓값, 최솟값 구하기

함수 $y=\dfrac{2}{x-2}+1$의 그래프는 $-1\le x\le 1$에서 오른쪽 그림과 같다.
$x=-1$일 때,
최댓값은 $M=\dfrac{2}{-1-2}+1=\dfrac{1}{3}$
$x=1$일 때,
최솟값은 $m=\dfrac{2}{1-2}+1=-1$
따라서 $3M-m=3\times \dfrac{1}{3}-(-1)=2$

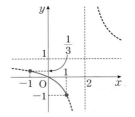

정답 ②

1645

2018년 09월 고2 학력평가 가형 8번

정답 ①

STEP A 함수 $y=\dfrac{3}{x-1}-2$의 그래프의 개형을 확인하고 a, b의 값 구하기

$f(x)=\dfrac{3}{x-1}-2$일 때, 함수 $f(x)$의 그래프를 좌표평면에 나타내면
점근선 $x=1$, $y=-2$
다음 그림과 같다.

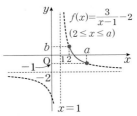

함수 $f(x)$의 정의역이 $\{x\,|\,2\le x\le a\}$이고 치역이 $\{y\,|\,-1\le y\le b\}$이므로
그래프에서 x의 값이 2일 때, y의 값은 b이고 x의 값이 a일 때 y의 값은 -1

$f(2)=\dfrac{3}{2-1}-2=b$ $\therefore b=1$ ← $f(x)=\dfrac{3}{x-1}-2$에 $x=2$, $y=b$를 대입

$f(a)=\dfrac{3}{a-1}-2=-1$ $\therefore a=4$ ← $f(x)=\dfrac{3}{x-1}-2$에 $x=a$, $y=-1$을 대입

따라서 $a+b=4+1=5$

함수 $f(x)=\dfrac{2x-3}{x-1}$ 의 정의역이 $\{x\,|\,a \le x \le 3\}$ 이고 치역이 $\{y\,|\,1 \le y \le b\}$ 일 때, ab의 값은? (단, $a<3$, $b>1$)

① $\dfrac{3}{2}$ ② 2 ③ $\dfrac{5}{2}$

④ 3 ⑤ $\dfrac{7}{2}$

STEP A 주어진 함수의 식을 $y=\dfrac{k}{x-m}+n$꼴로 변형하기

$y=\dfrac{2x-3}{x-1}=\dfrac{2(x-1)-1}{x-1}=-\dfrac{1}{x-1}+2$이므로

점근선의 방정식은 $x=1$, $y=2$

STEP B 그래프를 그려 정의역과 치역을 이용하여 a, b의 값 구하기

함수 $y=-\dfrac{1}{x}$은 $x>0$에서 x의 값이 커질 때 함숫값도 커지므로

주어진 함수도 $a \le x \le 3$에서 x의 값이 커질 때 함숫값은 커진다.

즉 $y=\dfrac{2x-3}{x-1}$에서

$x=a$일 때, $y=1$이므로

$1=\dfrac{2a-3}{a-1}$에서 $a-1=2a-3$ $\therefore a=2$

$x=3$일 때, $y=b$이므로

$b=\dfrac{2\times3-3}{3-1}=\dfrac{3}{2}$

따라서 $ab=2\times\dfrac{3}{2}=3$

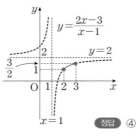

정답 ④

1646

정답 ⑤

STEP A 함수식을 $y=\dfrac{k}{x-m}+n$의 꼴로 변형하여 점근선 구하기

$y=\dfrac{2x}{x-2}=\dfrac{2(x-2)+4}{x-2}=\dfrac{4}{x-2}+2$이므로 점근선의 방정식은 $x=2$, $y=2$

STEP B 함수의 그래프의 성질을 이용하여 [보기]의 참, 거짓 판별하기

① 정의역은 $\{x\,|\,x \ne 2$인 실수$\}$이고 치역은 $\{y\,|\,y \ne 2$인 실수$\}$이다. [참]

② $y=\dfrac{2x}{x-2}=\dfrac{2(x-2)+4}{x-2}=\dfrac{4}{x-2}+2$이므로 이 함수의 그래프를 x축의

방향으로 2만큼, y축의 방향으로 2만큼 평행이동하면 $y=\dfrac{4}{x}$의 그래프와

일치할 수 있다. [참]

③ $3 \le x \le 6$에서 함수 $f(x)=\dfrac{2x}{x-2}$는 $x=3$에서

최댓값 6, $x=6$에서 최솟값 $\dfrac{12}{4}=3$을 갖는다. [참]

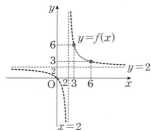

④ 함수 $y=f(x)$의 그래프의 점근선의 방정식이 $x=2$, $y=2$이고

$f(0)=0$이므로 $y=f(x)$의 그래프는 그림과 같다.

즉 제 3사분면을 지나지 않는다. [참]

⑤ 점 $(2, 2)$에 대하여 대칭인 그래프이다. [거짓]

따라서 옳지 않은 것은 ⑤이다.

1647

정답 ④

STEP A 함수식을 $y=\dfrac{k}{x-m}+n$의 꼴로 변형하여 그래프 파악하기

$y=\dfrac{3x-5}{x-2}=\dfrac{3(x-2)+1}{x-2}=\dfrac{1}{x-2}+3$이므로

점근선의 방정식은 $x=2$, $y=3$이고 그래프는 다음 그림과 같다.

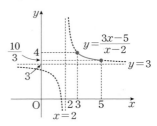

STEP B 그래프를 이용하여 참, 거짓 판단하기

① 정의역은 $x \ne 2$인 실수 전체의 집합이고

치역은 $y \ne 3$인 실수 전체의 집합이다. [참]

② 이 그래프는 점근선의 교점 $(2, 3)$을 지나고

기울기가 ±1인 직선에 대칭이므로 $y-3=\pm(x-2)$

즉 $y=x+1$, $y=-x+5$에 대하여 대칭이다. [참]

③ $3 \le x \le 5$에서 함수 $y=\dfrac{3x-5}{x-2}$는 $x=3$에서 최댓값 4,

$x=5$에서 최솟값 $\dfrac{10}{3}$을 갖는다. [참]

④ 함수 $y=\dfrac{3x-5}{x-2}$의 그래프는 함수 $y=\dfrac{1}{x}$의 그래프를 x축의 방향으로

2만큼, y축의 방향으로 3만큼 평행이동한 것이다. [거짓]

⑤ 그래프는 제 3사분면을 지나지 않는다. [참]

따라서 옳지 않은 것은 ④이다.

다음 중 함수 $y=\dfrac{3x+2}{x-1}$의 그래프에 대한 설명으로 옳지 않은 것은?

① 정의역은 $\{x\,|\,x \ne 1$인 실수$\}$이다.

② x축의 방향과 y축의 방향으로 평행이동하면 유리함수 $y=\dfrac{5}{x}$의

그래프와 겹쳐진다.

③ 직선 $y=-x+4$에 대하여 대칭이다.

④ $2 \le x \le 6$에서 함수 $f(x)$의 최댓값은 8, 최솟값은 4이다.

⑤ 그래프는 제 3사분면을 지나지 않는다.

STEP A 함수식을 $y=\dfrac{k}{x-m}+n$의 꼴로 변형하여 그래프 파악하기

$y=\dfrac{3x+2}{x-1}=\dfrac{3(x-1)+5}{x-1}=\dfrac{5}{x-1}+3$이므로

점근선의 방정식은 $x=1$, $y=3$이고 함수의 그래프는 다음 그림과 같다.

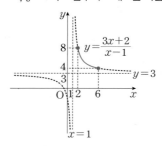

STEP B 그래프를 이용하여 참, 거짓 판단하기

① $x-1 \ne 0$에서 $x \ne 1$이므로 함수 $y=\dfrac{3x+2}{x-1}$의 정의역은 $\{x\,|\,x \ne 1$인 실수$\}$

이다. [참]

② 함수 $y=\dfrac{5}{x-1}+3$의 그래프를 x축의 방향으로 -1만큼, y축의 방향으로 -3만큼 평행이동하면 함수 $y=\dfrac{5}{x}$의 그래프와 일치한다. [참]

③ 유리함수 $y=\dfrac{3x+2}{x-1}$의 그래프는 두 점근선 $x=1$, $y=3$의 교점인 점 $(1, 3)$에 대하여 대칭이고 기울기가 ±1인 직선에 대칭이므로

$y-3=\pm(x-1)$

즉 $y=x+2$, $y=-x+4$에 대하여 대칭이다. [참]

④ $2 \le x \le 6$에서 함수 $y=\dfrac{3x+2}{x-1}$는 $x=2$에서 최댓값 8, $x=6$에서 최솟값 $\dfrac{20}{5}=4$를 갖는다. [참]

⑤ 함수 $y=\dfrac{3x+2}{x-1}$의 그래프는 제 1, 2, 3, 4사분면을 지난다. [거짓]

따라서 옳지 않은 것은 ⑤이다. 정답 ⑤

1648 정답 ③

STEP A 주어진 함수의 점근선 구하기

$y=\dfrac{x+k}{x-2}$에서 점근선의 방정식은 $x=2$, $y=1$

ㄱ. 정의역은 $x \ne 2$인 실수이고 치역은 $y \ne 1$인 실수이다. [참]

ㄴ. 대칭인 직선은 점근선의 교점 $(2, 1)$을 지나고 기울기가 ±1이다.

즉 $y=(x-2)+1$에서 $y=x-1$, $y=-(x-2)+1$에서 $y=-x+3$ [참]

STEP B 그래프가 제 3사분면을 지나기 위한 k의 범위 구하기

ㄷ. $y=\dfrac{x+k}{x-2}=\dfrac{(x-2)+2+k}{x-2}=\dfrac{2+k}{x-2}+1$

이때 $k>-2$일 때, 그래프가 제 3사분면을 지나기 위해서 $x=0$일 때, $y<0$이어야 한다.

$x=0$을 대입하면 $y=\dfrac{2+k}{0-2}=-\dfrac{k}{2}<0$

$\therefore k>0$

즉 $k>0$일 때, 제 3사분면을 지나고 $-2<k<0$일 때, 제 3사분면을 지나지 않는다. [거짓]

따라서 옳은 것은 ㄱ, ㄴ이다.

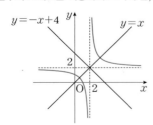

1649 정답 ③

STEP A 점근선 방정식을 이용하여 a, b의 값 구하기

$f(x)=\dfrac{bx-3}{x-a}$에서 점근선의 방정식은 $x=a$, $y=b$이고 $x=2$, $y=2$와 일치하므로 $a=2$, $b=2$

STEP B 주어진 함수의 그래프를 이용하여 보기의 참, 거짓 판단하기

ㄱ. $f(x)=\dfrac{2x-3}{x-2}$에서 $x>2$일 때, x의 값이 커지면 y의 값은 작아진다. [참]

ㄴ. 대칭인 직선은 점근선의 교점 $(2, 2)$를 지나고 기울기가 ±1이므로 $y=(x-2)+2$에서 $y=x$, $y=-(x-2)+2$에서 $y=-x+4$ [거짓]

ㄷ. 함수의 그래프는 제 1, 2, 4사분면을 지난다. [참]

따라서 옳은 것은 ㄱ, ㄷ이다.

1650 2016년 10월 고3 학력평가 나형 10번 정답 ④

STEP A 유리함수의 식을 변형한 후 그래프 그리기

$y=\dfrac{x}{1-x}$의 식을 $y=\dfrac{k}{x-p}+q$의 꼴로 변형하면

$f(x)=\dfrac{x}{1-x}=-\dfrac{1}{x-1}-1$이므로 함수 $y=f(x)$의 그래프는 $y=-\dfrac{1}{x}$의 그래프를 x축 방향으로 1, y축 방향으로 -1만큼 평행이동한 그래프이고

x대신 $x-1$, y대신 $y+1$을 대입한 것과 같다.

다음 그림과 같다.

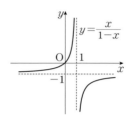

STEP B [보기]의 참, 거짓 판단하기

ㄱ. 함수 $f(x)$의 정의역은 1이 아닌 모든 실수이고 치역은 -1이 아닌 모든 실수이다. [거짓]

ㄴ. 함수 $y=f(x)$의 그래프는 $y=-\dfrac{1}{x}$의 그래프를 x축 방향으로 1, y축 방향으로 -1만큼 평행이동한 그래프이다. [참]

ㄷ. 그림과 같이 제 2사분면을 지나지 않는다. [참]

따라서 옳은 것은 ㄴ, ㄷ이다.

내신연계 출제문항 804

유리함수 $f(x)=\dfrac{1-4x}{2x-4}$에 대하여 옳은 것만을 [보기]에서 있는 대로 고른 것은?

> ㄱ. 그래프는 제 2사분면을 지나지 않는다.
> ㄴ. 그래프는 직선 $x+y=0$에 대하여 대칭이다.
> ㄷ. $-1 \le x \le 1$에서 최댓값과 최솟값의 합은 $\dfrac{2}{3}$이다.

① ㄱ   ② ㄴ   ③ ㄱ, ㄴ
④ ㄱ, ㄷ   ⑤ ㄱ, ㄴ, ㄷ

STEP A 함수식을 $y=\dfrac{k}{x-m}+n$의 꼴로 변형하기

$f(x)=\dfrac{1-4x}{2x-4}=\dfrac{-2(2x-4)-7}{2x-4}=-\dfrac{7}{2x-4}-2$

함수 $y=\dfrac{-7}{2x}$의 그래프를 x축으로 2만큼, y축으로 -2만큼 평행이동한 그래프이다. 점근선의 방정식은 $x=2$, $y=-2$이고 정의역은 $\{x \,|\, x \ne 2$인 실수$\}$이고 치역은 $\{y \,|\, y \ne -2$인 실수$\}$이므로 그래프는 오른쪽 그림과 같다.

STEP B 그래프를 그려 [보기]의 참, 거짓 판별하기

ㄱ. 그래프는 제 2사분면을 지나지 않는다. [참]

ㄴ. 점근선의 방정식은 $x=2$, $y=-2$이므로 $y=-x$에 대하여 대칭이다. [참]

ㄷ. $-1 \le x \le 1$에서

$x=1$에서 최댓값은 $f(1)=\dfrac{3}{2}$,

$x=-1$에서 최솟값은 $f(-1)=-\dfrac{5}{6}$

이므로 최댓값과 최솟값의 합은 $\dfrac{3}{2}+\left(-\dfrac{5}{6}\right)=\dfrac{2}{3}$ [참]

따라서 옳은 것은 ㄱ, ㄴ, ㄷ이다. 정답 ⑤

1651

정답 ②

STEP Ⓐ $A \cap B = \varnothing$의 의미 파악하기

$A \cap B = \varnothing$이므로

$y = \dfrac{2x-4}{x}$의 그래프와 직선 $y = ax+2$가 만나지 않는다.

STEP Ⓑ 유리함수와 직선의 그래프를 그려 a의 값의 범위 구하기

$y = \dfrac{2x-4}{x} = -\dfrac{4}{x} + 2$의 그래프는
$\underline{\text{점근선 } x=0, \ y=2}$

$y = -\dfrac{4}{x}$의 그래프를 y축의 방향으로

2만큼 평행이동한 것이므로
오른쪽 그림과 같다.

또, 직선 $y = ax+2$는 a의 값에
관계없이 점 $(0, 2)$를 지난다.

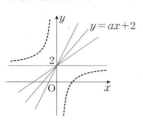

따라서 직선 $y = ax+2$가 곡선 $y = \dfrac{2x-4}{x}$와 만나지 않으려면

기울기 a의 값의 범위는 $a \geq 0$이어야 한다.

> **+α** $y = \dfrac{2x-4}{x}$의 그래프와 직선 $y=ax+2$가 만나지 않는 a의 값의 범위 확인하기!

(i) $a = 0$일 때,

오른쪽 그림과 같이 함수 $y = \dfrac{2x-4}{x}$의
그래프와 직선 $y = 2$는 만나지 않는다.

(ii) $a \neq 0$일 때,

$y = \dfrac{2x-4}{x}$의 그래프와 직선 $y = ax+2$가

만나지 않으려면

$\dfrac{2x-4}{x} = ax+2$에서 $2x-4 = ax^2+2x$ ∴ $ax^2+4 = 0$ ……㉠

이차방정식 ㉠의 실근이 존재하지 않아야 하므로
이 이차방정식의 판별식을 D라 하면 $D = -16a < 0$ ∴ $a > 0$

(i), (ii)에 의하여 a의 값의 범위는 $a \geq 0$

1652

STEP Ⓐ 두 그래프의 식을 연립하여 이차방정식 구하기

정답 ②

함수 $y = \dfrac{2x+6}{x+1}$의 그래프와 직선 $y = -x+k$가 한 점에서 만나므로

$\dfrac{2x+6}{x+1} = -x+k$에서 $2x+6 = (x+1)(-x+k)$

$2x+6 = -x^2-x+kx+k$, $x^2+(3-k)x+6-k = 0$

STEP Ⓑ 판별식을 이용하여 k의 값의 합 구하기

이차방정식 $x^2+(3-k)x+6-k = 0$의
판별식을 D라 하면 중근을 가지므로
$D = 0$이어야 한다.

$D = (3-k)^2 - 4 \times 1 \times (6-k) = 0$

$k^2 - 2k - 15 = 0$, $(k+3)(k-5) = 0$

∴ $k = -3$ 또는 $k = 5$

따라서 k의 값의 합은 $-3+5 = 2$

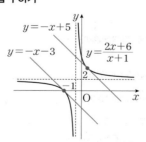

> **POINT |** 이차방정식의 판별식
>
> 이차방정식 $ax^2+bx+c = 0$의 판별식을 $D = b^2-4ac$라 하면
> ① $D > 0$ ➡ 서로 다른 두 실근
> ② $D = 0$ ➡ 중근
> ③ $D < 0$ ➡ 서로 다른 두 허근

1653

정답 ④

STEP Ⓐ $y = \dfrac{k}{x-m} + n$꼴로 변형하여 그래프 파악하기

$y = \dfrac{2x+3}{x-1} = \dfrac{2(x-1)+5}{x-1} = \dfrac{5}{x-1} + 2$이므로 점근선의 방정식은
$x = 1, \ y = 2$

이때 직선 $y = kx+2$는 k의 값에 관계없이 항상 점 $(0, 2)$를 지나고
그래프는 다음과 같다.

STEP Ⓑ 기울기 k의 값의 범위 구하기

함수 $y = \dfrac{2x+3}{x-1}$의 그래프와

직선 $y = kx+2$가 만나지 않으려면

$\dfrac{2x+3}{x-1} = kx+2$에서

$2x+3 = (kx+2)(x-1)$,

$2x+3 = kx^2+(-k+2)x-2$

∴ $kx^2-kx-5 = 0$ ……㉠

(i) $k = 0$일 때,

㉠에서 $-5 = 0$
즉 ㉠의 실근이 존재하지 않으므로 그래프와 직선이 만나지 않는다.

(ii) $k \neq 0$일 때,

이차방정식 ㉠의 판별식을 D라 하면
$D = k^2+20k < 0$, $k(k+20) < 0$
∴ $-20 < k < 0$

(i), (ii)에서 $-20 < k \leq 0$이므로 정수 k의 개수는 20

1654

정답 ②

STEP Ⓐ 조건을 만족시키도록 하는 두 함수의 그래프 파악하기

$y = \dfrac{-x+5}{x-1} = \dfrac{-(x-1)+4}{x-1} = \dfrac{4}{x-1} - 1$이므로
점근선의 방정식은 $x = 1, \ y = -1$

두 함수 $y = \dfrac{-x+5}{x-1}$, $y = |x|+k$의 그래프가 서로 다른 두 점에서 만나려면
다음 그림과 같이 $x < 0$에서 두 함수의 그래프가 한 점에서 접해야 한다.

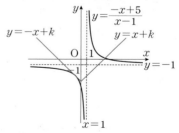

STEP Ⓑ 판별식을 이용하여 상수 k의 값 구하기

$\dfrac{-x+5}{x-1} = -x+k$에서

$-x+5 = (-x+k)(x-1)$, $-x+5 = -x^2+(k+1)x-k$

∴ $x^2-(k+2)x+k+5 = 0$

이 이차방정식의 판별식을 D라 하면 $D = 0$이어야 한다.

$D = (k+2)^2 - 4(k+5) = 0$, $k^2-16 = 0$

∴ $k = -4$ 또는 $k = 4$

이때 $x < 0$에서 두 함수의 그래프가 만나는 점은 제 3사분면에 있으므로
$k < 0$

따라서 구하는 k의 값은 -4

1655

정답 ①

STEP A 점근선의 방정식을 이용하여 a, c의 값 구하기

$y=\dfrac{ax+b}{x+2}=\dfrac{a(x+2)+b-2a}{x+2}=\dfrac{b-2a}{x+2}+a$

이므로 점근선의 방정식은 $x=-2$, $y=a$

함수 $y=\dfrac{b-2a}{x+2}+a$의 그래프가 두 직선 $x=c$, $y=3$과 만나지 않으므로

두 직선 $x=c$, $y=3$은 함수 $y=\dfrac{b-2a}{x+2}+a$의 그래프의 점근선이다.

$\therefore c=-2$, $a=3$

STEP B 정수 b의 최댓값을 구하여 $a+b+c$의 최댓값 구하기

함수 $y=\dfrac{b-6}{x+2}+3$의 그래프가

직선 $y=x+5$와 만나지 않으려면

오른쪽 그림과 같아야 한다.

즉 $b-6<0$이어야 하므로 $b<6$

따라서 정수 b의 최댓값은 5이므로

$a+b+c$의 최댓값은 $3+5+(-2)=6$

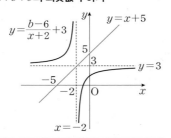

+α 판별식을 이용하여 구할 수 있어!

$y=\dfrac{b-6}{x+2}+3$과 직선 $y=x+5$가 서로 만나지 않으므로 방정식

$\dfrac{b-6}{x+2}+3=x+5$, $\dfrac{b-6}{x+2}=x+2$에서 양변에 $x+2$를 곱하면

$b-6=(x+2)^2$, $x^2+4x+10-b=0$

이차방정식의 판별식을 D라 하면 $D<0$

즉 $\dfrac{D}{4}=4-10+b<0$ $\therefore b<6$

내/신/연/계 출제문항 805

함수 $y=\dfrac{ax+b}{x+1}$의 그래프가 세 직선 $x=c$, $y=5$, $y=x+6$과 모두 만나지 않도록 하는 $a+b+c$의 최댓값은? (단, a, b, c은 정수이고 $a\neq b$)

① 4   ② 6   ③ 8
④ 10   ⑤ 12

STEP A 점근선의 방정식을 이용하여 a, c의 값 구하기

$y=\dfrac{ax+b}{x+1}=\dfrac{a(x+1)+b-a}{x+1}=\dfrac{b-a}{x+1}+a$이므로

점근선의 방정식은 $x=-1$, $y=a$

함수 $y=\dfrac{b-a}{x+1}+a$의 그래프가 두 직선 $x=c$, $y=5$와 만나지 않으므로

두 직선 $x=c$, $y=5$는 함수 $y=\dfrac{b-a}{x+1}+a$의 그래프의 점근선이다.

$\therefore c=-1$, $a=5$

STEP B 정수 b의 최댓값을 구하여 $a+b+c$의 최댓값 구하기

함수 $y=\dfrac{b-5}{x+1}+5$의 그래프가

직선 $y=x+6$과 만나지 않으려면

오른쪽 그림과 같아야 한다.

즉 $b-5<0$이어야 하므로 $b<5$

따라서 정수 b의 최댓값은 4이므로

$a+b+c$의 최댓값은

$5+4+(-1)=8$

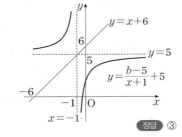

정답 ③

1656

정답 ①

STEP A $3\leq x\leq 4$에서 함수 $f(x)$의 그래프의 개형 그리기

$y=\dfrac{3x}{x-2}=\dfrac{3(x-2)+6}{x-2}=\dfrac{6}{x-2}+3$이므로

점근선의 방정식은 $x=2$, $y=3$

$3\leq x\leq 4$에서 $f(x)=\dfrac{3x}{x-2}$의 그래프는 다음 그림과 같다.

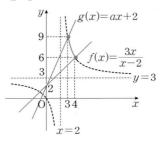

STEP B $3\leq x\leq 4$에서 유리함수와 직선이 한 점에서 만나도록 하는 a의 값의 범위 구하기

$f(3)=\dfrac{9}{3-2}=9$, $f(4)=\dfrac{12}{4-2}=6$

이때 직선 $y=g(x)$는 점 $(0,2)$를 지나고

$f(3)\geq g(3)$에서 $9\geq 3a+2$이므로 $a\leq\dfrac{7}{3}$

$f(4)\leq g(4)$에서 $6\leq 4a+2$이므로 $a\geq 1$

따라서 $1\leq a\leq\dfrac{7}{3}$

1657

정답 ①

STEP A 부등식을 유리함수와 두 직선의 그래프의 위치 관계로 이해하기

$\dfrac{x}{x-1}=\dfrac{(x-1)+1}{x-1}=\dfrac{1}{x-1}+1$이므로

주어진 부등식을 정리하면

$ax\leq\dfrac{1}{x-1}\leq bx$ …… ㉠

$2\leq x\leq 3$에서 $y=\dfrac{1}{x-1}$의 그래프는 $y=ax$와 $y=bx$ 사이에 존재해야 한다.

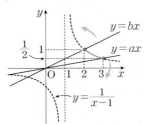

STEP B 유리함수의 그래프를 그리고 기울기 a, b의 범위 구하기

(i) 직선 $y=ax$가 점 $\left(3,\dfrac{1}{2}\right)$을 지날 때, $\dfrac{1}{2}=3a$ $\therefore a=\dfrac{1}{6}$

직선 $y=ax$가 곡선 $y=\dfrac{1}{x-1}$의 아래쪽에 위치하려면 $a\leq\dfrac{1}{6}$

(ii) 직선 $y=bx$가 점 $(2,1)$을 지날 때, $1=2b$ $\therefore b=\dfrac{1}{2}$

직선 $y=bx$가 곡선 $y=\dfrac{1}{x-1}$의 위쪽에 위치하려면 $b\geq\dfrac{1}{2}$

(i), (ii)에서 a의 최댓값은 $\dfrac{1}{6}$, b의 최솟값은 $\dfrac{1}{2}$이므로

$a-b$의 최댓값은 $\dfrac{1}{6}-\dfrac{1}{2}=-\dfrac{1}{3}$

$2 \leq x \leq 3$인 모든 x에 대하여 부등식 $ax \leq \dfrac{2x}{x-1} \leq bx$가 항상 성립할 때, 상수 a의 최댓값을 M, 상수 b의 최솟값을 m이라 하면 $M+m$의 값은?

① 3 　　② 5 　　③ 7
④ 9 　　⑤ 11

STEP A 부등식을 유리함수와 두 직선의 그래프의 위치 관계로 이해하기

$ax \leq \dfrac{2x}{x-1} \leq bx$ ...... ㉠

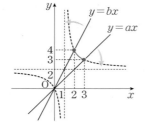

$2 \leq x \leq 3$에서 $y = \dfrac{2x}{x-1}$의 그래프는

$y = ax$와 $y = bx$ 사이에 존재해야 한다.

STEP B 유리함수의 그래프를 그려 기울기 a, b의 범위 구하기

(i) 직선 $y = ax$가 점 $(3, 3)$을 지날 때, $3 = 3a$ ∴ $a = 1$

　　직선 $y = ax$가 곡선 $y = \dfrac{2x}{x-1}$의 아래쪽에 위치하려면 $a \leq 1$

(ii) 직선 $y = bx$가 점 $(2, 4)$를 지날 때, $4 = 2b$ ∴ $b = 2$

　　직선 $y = ax$가 곡선 $y = \dfrac{2x}{x-1}$의 위쪽에 위치하려면 $b \geq 2$

(i), (ii)에서 a의 최댓값은 $M = 1$, b의 최솟값은 $m = 2$이므로

$M + m = 1 + 2 = 3$

정답 ①

1658

2024년 03월 고2 학력평가 17번　　정답 ④

STEP A 직선 PQ의 기울기를 이용하여 a, k의 관계식 구하기

두 점 P, Q는 함수 $f(x) = \dfrac{k}{x}$ 위의 점이므로

$f(a) = \dfrac{k}{a}$, $f(a+2) = \dfrac{k}{a+2}$이므로 점 $\mathrm{P}\left(a, \dfrac{k}{a}\right)$, 점 $\mathrm{Q}\left(a+2, \dfrac{k}{a+2}\right)$

이때 직선 PQ의 기울기가 -1이므로

$\dfrac{\dfrac{k}{a+2} - \dfrac{k}{a}}{(a+2) - a} = \dfrac{-2k}{2a(a+2)} = -\dfrac{k}{a(a+2)} = -1$

즉 $\dfrac{k}{a(a+2)} = 1$이므로 $k = a(a+2)$ ...... ㉠

STEP B 대칭점의 좌표를 이용하여 사각형 PQRS가 직사각형임을 보이기

점 P의 좌표 $(a, a+2)$를 원점으로 대칭이동한 점 $\mathrm{R}(-a, -a-2)$

　　x좌표, y좌표 모두 부호를 바꾼다.

점 Q의 좌표 $(a+2, a)$를 원점으로 대칭이동한 점 $\mathrm{S}(-a-2, -a)$

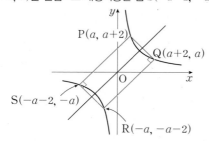

이때 직선 PS의 기울기를 구하면 $\dfrac{a+2-(-a)}{a-(-a-2)} = 1$

직선 RS의 기울기는 $\dfrac{-a-(-a-2)}{-a-2-(-a)} = -1$

직선 QR의 기울기는 $\dfrac{-a-2-a}{-a-(a+2)} = 1$

즉 각 선분이 서로 수직으로 만나고 있으므로 사각형 PQRS는 직사각형이다.

STEP C 직사각형의 넓이를 이용하여 k의 값 구하기

$\overline{\mathrm{PQ}} = \sqrt{\{(a+2)-a\}^2 + \{a-(a+2)\}^2} = \sqrt{8} = 2\sqrt{2}$

$\overline{\mathrm{QR}} = \sqrt{\{(a+2)+a\}^2 + \{a-(-a-2)\}^2} = (2a+2)\sqrt{2}$

직사각형 PQRS의 넓이는

$\overline{\mathrm{PQ}} \times \overline{\mathrm{QR}} = 2\sqrt{2} \times \{(2a+2)\sqrt{2}\} = 4(2a+2) = 8a+8$

$8a+8 = 8\sqrt{5}$이므로 $a = \sqrt{5}-1$

이를 ㉠에 대입하면 $k = a(a+2) = (\sqrt{5}-1)(\sqrt{5}+1) = 5-1 = 4$

+α | 직선의 기울기를 이용하여 선분의 길이를 구할 수 있어!

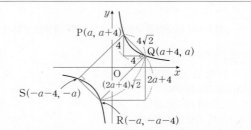

직선의 기울기가 1 또는 -1일 때, 직각삼각형을 만들면 직각이등변삼각형이 만들어지므로 길이를 바로 구할 수 있다.

두 양수 a, k에 대하여 함수 $f(x) = \dfrac{k}{x}$의 그래프 위의 두 점

TIP $y = f(x)$는 $y = x$에 대하여 대칭이다.

$\mathrm{P}(a, f(a))$, $\mathrm{Q}(a+2, f(a+2))$가 다음 조건을 만족시킬 때, $a+k$의

TIP $f(a) = \dfrac{k}{a}$, $f(a+2) = \dfrac{k}{a+2}$

값은?

(가) 직선 PQ의 기울기는 -1이다.
(나) 삼각형 POQ의 넓이는 6이다.

① $\dfrac{5}{2}$ 　　② 3 　　③ $\dfrac{7}{2}$
④ 4 　　⑤ $\dfrac{9}{2}$

STEP A 직선 PQ의 기울기를 이용하여 a, k의 관계식 구하기

두 점 P, Q는 함수 $f(x) = \dfrac{k}{x}$ 위의 점이므로

$f(a) = \dfrac{k}{a}$, $f(a+2) = \dfrac{k}{a+2}$이므로 점 $\mathrm{P}\left(a, \dfrac{k}{a}\right)$, 점 $\mathrm{Q}\left(a+2, \dfrac{k}{a+2}\right)$

이때 직선 PQ의 기울기가 -1이므로

$\dfrac{\dfrac{k}{a+2} - \dfrac{k}{a}}{(a+2) - a} = \dfrac{-2k}{2a(a+2)} = -\dfrac{k}{a(a+2)} = -1$

즉 $\dfrac{k}{a(a+2)} = 1$이므로 $k = a(a+2)$ ...... ㉠

이고 점 $\mathrm{P}(a, a+2)$, 점 $\mathrm{Q}(a+2, a)$

STEP B $y = \dfrac{k}{x}$가 $y = x$에 대하여 대칭임을 이용하여 a의 값 구하기

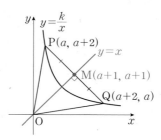

$y = \dfrac{k}{x}$는 $y = x$에 대하여 대칭이므로 두 점 P, Q도 $y = x$에 대하여 대칭이 된다.

이때 직선 PQ가 직선 $y=x$와 만나는 점을 M이라 하면
점 M은 두 점 P, Q의 중점이 된다.

즉 점 M의 x좌표는 $\dfrac{a+(a+2)}{2}=a+1$이고 $y=x$ 위의 점이므로

M$(a+1,\ a+1)$

이때 두 점 P$(a,\ a+2)$, Q$(a+2,\ a)$ 사이의 거리는

$\overline{PQ}=\sqrt{\{a-(a+2)\}^2+\{(a+2)-a\}^2}=2\sqrt{2}$

두 점 O$(0,\ 0)$, M$(a+1,\ a+1)$ 사이의 거리는

$\overline{OM}=\sqrt{(a+1)^2+(a+1)^2}=(a+1)\sqrt{2}$

직선 PQ의 기울기는 $\dfrac{a-(a+2)}{(a+2)-a}=-1$이므로 $\overline{PQ}\perp\overline{OM}$

삼각형 POQ의 넓이는 $\dfrac{1}{2}\times\overline{PQ}\times\overline{OM}=\dfrac{1}{2}\times2\sqrt{2}\times(a+2)\sqrt{2}$

즉 삼각형 POQ의 넓이는 $2(a+2)=6$ $\therefore a=1$

$a=1$에서 점 P$(1,\ 3)$이므로 함수 $f(x)=\dfrac{k}{x}$에 대입하면

$f(1)=\dfrac{k}{1}=3$이므로 $k=3$

따라서 $a+k=1+3=4$ 정답 ④

1659 2017년 09월 고2 학력평가 가형 27번   정답 9

해설강의

STEP A 두 점 A, B의 좌표 정하기

함수 $f(x)=\dfrac{2}{x}$라 하면 $f(x)=f^{-1}(x)$이므로

곡선 $y=\dfrac{2}{x}$는 직선 $y=x$에 대하여 대칭이다. ← $f(x)=f^{-1}(x)$이므로
$(f\circ f)(x)=x$이고
곡선 $y=\dfrac{2}{x}$와 직선 $y=-x+k$가 제 1사분면에서 $y=f(x)$의 그래프가 $y=x$에
$x>0,\ y>0$ 대하여 대칭인 그래프가 된다.

만나는 점 A의 좌표를 A$\left(a,\ \dfrac{2}{a}\right)(a\neq\sqrt{2})$라 하면

점 B의 좌표는 B$\left(\dfrac{2}{a},\ a\right)$

STEP B $\overline{AC}=2\sqrt{5}$를 이용하여 k^2의 값 구하기

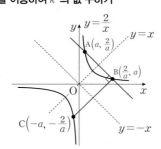

$\angle ABC=90°$이므로 점 C는 제 3사분면 위에 있고
$x<0,\ y<0$

점 C의 좌표를 C$\left(c,\ \dfrac{2}{c}\right)$라 하면 직선 BC의 기울기는 1
수직인 두 직선의 기울기의 곱은 -1

$\dfrac{\dfrac{2}{c}-a}{c-\dfrac{2}{a}}=\dfrac{-a}{c}=1$, $c=-a$이므로 점 C의 좌표는 C$\left(-a,\ -\dfrac{2}{a}\right)$

$\overline{AC}^2=\{a-(-a)\}^2+\left\{\dfrac{2}{a}-\left(-\dfrac{2}{a}\right)\right\}^2=4a^2+\dfrac{16}{a^2}=20$

$\therefore a^2+\dfrac{4}{a^2}=5$

이때 점 A$\left(a,\ \dfrac{2}{a}\right)$가 직선 $y=-x+k$ 위의 점이므로

$\dfrac{2}{a}=-a+k$ $\therefore k=a+\dfrac{2}{a}$

따라서 $k^2=\left(a+\dfrac{2}{a}\right)^2=a^2+\dfrac{4}{a^2}+4=9$

곡선 $y=\dfrac{3}{x}$과 직선 $y=-x+k$가 제 1사분면에서 만나는 서로 다른 두 점

을 각각 A, B라 하자. $\angle ABC=90°$인 점 C가 곡선 $y=\dfrac{3}{x}$ 위에 있다.

$\overline{AC}=8$이 되도록 하는 상수 k에 대하여 k^2의 값을 구하시오. (단, $k>2\sqrt{3}$)

STEP A 두 점 A, B의 좌표 정하기

함수 $f(x)=\dfrac{3}{x}$이라 하면 $f(x)=f^{-1}(x)$이므로

곡선 $y=\dfrac{3}{x}$은 직선 $y=x$에 대하여 대칭이다. ← $f(x)=f^{-1}(x)$이므로
$(f\circ f)(x)=x$이고
곡선 $y=\dfrac{3}{x}$과 직선 $y=-x+k$가 제 1사분면에서 $y=f(x)$의 그래프가 $y=x$에
$x>0,\ y>0$ 대하여 대칭인 그래프가 된다.

만나는 점 A의 좌표를 A$\left(a,\ \dfrac{3}{a}\right)(a\neq\sqrt{3})$이라 하면

점 B의 좌표는 B$\left(\dfrac{3}{a},\ a\right)$

STEP B $\overline{AC}=8$을 이용하여 k^2의 값 구하기

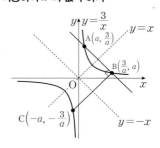

$\angle ABC=90°$이므로 점 C는 제 3사분면 위에 있고
$x<0,\ y<0$

점 C의 좌표를 C$\left(c,\ \dfrac{3}{c}\right)$이라 하면 직선 BC의 기울기는 1
수직인 두 직선의 기울기의 곱은 -1

$\dfrac{\dfrac{3}{c}-a}{c-\dfrac{3}{a}}=\dfrac{-a}{c}=1$, $c=-a$이므로 점 C의 좌표는 C$\left(-a,\ -\dfrac{3}{a}\right)$

$\overline{AC}^2=\{a-(-a)\}^2+\left\{\dfrac{3}{a}-\left(-\dfrac{3}{a}\right)\right\}^2=4a^2+\dfrac{36}{a^2}=64$

$\therefore a^2+\dfrac{9}{a^2}=16$

이때 점 A$\left(a,\ \dfrac{3}{a}\right)$이 직선 $y=-x+k$ 위의 점이므로

$\dfrac{3}{a}=-a+k$ $\therefore k=a+\dfrac{3}{a}$

따라서 $k^2=\left(a+\dfrac{3}{a}\right)^2=a^2+\dfrac{9}{a^2}+6=22$ 정답 22

1660

정답 ①

STEP ⓐ 두 함수가 직선 $y=x$에 대하여 대칭이므로 서로 역함수 관계임을 이해하기

두 함수 $y=\dfrac{ax+1}{2x-6}$, $y=\dfrac{bx+1}{2x+6}$ 의 그래프가 직선 $y=x$에 대하여 대칭이므로 서로 역함수 관계이다.

$y=\dfrac{ax+1}{2x-6}$ 에서 $y(2x-6)=ax+1$, $(2y-a)x=6y+1$ $\therefore x=\dfrac{6y+1}{2y-a}$

x와 y를 서로 바꾸면 $y=\dfrac{6x+1}{2x-a}$

STEP ⓑ ab의 값 구하기

$\dfrac{6x+1}{2x-a}=\dfrac{bx+1}{2x+6}$ 이므로 $a=-6$, $b=6$

따라서 $ab=-36$

> **+α** | 역함수의 성질을 이용하여 구할 수 있어!
>
> $y=\dfrac{ax+1}{2x-6}$, $y=\dfrac{bx+1}{2x+6}$ 이 $y=x$에 대하여 대칭이므로 역함수 관계이다.
>
> $y=\dfrac{ax+1}{2x-6}$ 의 점근선의 방정식은 $x=3$, $y=\dfrac{a}{2}$ 이고
>
> $y=x$에 대하여 대칭이동하면 $x=\dfrac{a}{2}$, $y=3$ …… ㉠
>
> $y=\dfrac{bx+1}{2x+6}$ 의 점근선의 방정식은 $x=-3$, $y=\dfrac{b}{2}$ 이고 ㉠과 일치하므로
>
> $a=-6$, $b=6$

1661

정답 ④

STEP ⓐ 주어진 함수의 역함수 구하기

함수 $y=\dfrac{4x-11}{x-3}$ 에서 $xy-3y=4x-11$, $(y-4)x=3y-11$

$x=\dfrac{3y-11}{y-4}$

이 식에서 x와 y를 서로 바꾸면 $y=\dfrac{3x-11}{x-4}$

즉 함수 $y=\dfrac{4x-11}{x-3}$ 의 역함수는 $y=\dfrac{3x-11}{x-4}$

STEP ⓑ 역함수의 점근선의 방정식 구하기

$y=\dfrac{3x-11}{x-4}=\dfrac{3(x-4)+1}{x-4}=\dfrac{1}{x-4}+3$ 이므로

함수 $y=\dfrac{3x-11}{x-4}$ 의 그래프의 점근선의 방정식은

$x=4$, $y=3$ …… ㉠

STEP ⓒ 역함수의 그래프의 점근선과 주어진 함수의 그래프의 점근선이 일치하기 위한 a, b의 값 구하기

함수 $y=\dfrac{ax+3}{x+b}$ 에서 $y=\dfrac{ax+3}{x+b}=\dfrac{a(x+b)+3-ab}{x+b}=\dfrac{3-ab}{x+b}+a$ 이므로

함수 $y=\dfrac{ax+3}{x+b}$ 의 그래프의 점근선의 방정식은

$x=-b$, $y=a$ …… ㉡

두 함수 $y=\dfrac{3x-11}{x-4}$, $y=\dfrac{ax+3}{x+b}$ 의 그래프의 두 점근선이 서로 일치하므로

㉠, ㉡에서 $a=3$, $b=-4$

따라서 $ab=3\times(-4)=-12$

> **+α** | 역함수의 성질을 이용하여 구할 수 있어!
>
> $y=\dfrac{4x-11}{x-3}$ 에서 점근선의 방정식은 $x=3$, $y=4$
>
> 이때 역함수는 $y=x$에 대하여 대칭이동한 것이므로 역함수의 점근선의 방정식은
>
> $x=4$, $y=3$ …… ㉠
>
> 함수 $y=\dfrac{ax+3}{x+b}$ 에서 점근선의 방정식은 $x=-b$, $y=a$ 이고 ㉠과 일치하므로
>
> $a=3$, $b=-4$

1662

정답 ⑤

STEP ⓐ 주어진 함수의 역함수 구하기

$y=\dfrac{3x+2}{x+5}$ 라 하면

$y(x+5)=3x+2$, $(y-3)x=-5y+2$

$\therefore x=\dfrac{-5y+2}{y-3}$

x와 y를 서로 바꾸면 $y=\dfrac{-5x+2}{x-3}$

$\therefore f^{-1}(x)=\dfrac{-5x+2}{x-3}$

STEP ⓑ $y=f^{-1}(x)$의 그래프의 점근선의 방정식을 이용하여 p, q의 값 구하기

$f^{-1}(x)=\dfrac{-5x+2}{x-3}=\dfrac{-5(x-3)-13}{x-3}=-\dfrac{13}{x-3}-5$ 이므로

$y=f^{-1}(x)$ 의 그래프의 점근선의 방정식은 $x=3$, $y=-5$

즉 함수 $y=f^{-1}(x)$ 의 그래프는 점 $(3, -5)$에 대하여 대칭이므로

$p=3$, $q=-5$

따라서 $p-q=3-(-5)=8$

> **+α** | 역함수의 성질을 이용하여 구할 수 있어!
>
> $f(x)=\dfrac{3x+2}{x+5}$ 에서 점근선의 방정식은 $x=-5$, $y=3$ 이므로
>
> 점 $(-5, 3)$에 대하여 대칭이다.
>
> 역함수 $y=f^{-1}(x)$는 $y=x$에 대하여 대칭이므로 점 $(3, -5)$에 대하여 대칭이다.
>
> $\therefore p=3$, $q=-5$

내/신/연/계 출제문항 809

함수 $f(x)=\dfrac{2x-1}{x+3}$ 의 역함수 $y=f^{-1}(x)$ 의 그래프가 점 (a, b)에 대하여 대칭일 때, ab의 값은?

① -8 ② -6 ③ -4
④ 6 ⑤ 8

STEP ⓐ 주어진 함수의 역함수 구하기

$y=\dfrac{2x-1}{x+3}$ 에서 $xy+3y=2x-1$, $(y-2)x=-3y-1$

$x=\dfrac{-3y-1}{y-2}$

이 식에서 x와 y를 서로 바꾸면 $y=\dfrac{2x-1}{x+3}$ 의 역함수는 $y=\dfrac{-3x-1}{x-2}$

STEP ⓑ 대칭인 점의 좌표 구하기

이때 $y=\dfrac{-3x-1}{x-2}=\dfrac{-3(x-2)-7}{x-2}=-\dfrac{7}{x-2}-3$ 이므로

함수 $y=f^{-1}(x)$ 의 그래프는 점 $(2, -3)$에 대하여 대칭이다.

따라서 $a=2$, $b=-3$ 이므로 $ab=2\times(-3)=-6$

정답 ②

1663

정답 ②

STEP A 두 함수 $y=f(x)$, $y=f^{-1}(x)$의 그래프가 점 $(-1, 2)$를 지남을 이용하여 a, b의 관계식 구하기

함수 $f(x)=\dfrac{ax+1}{bx+3}$의 그래프가 점 $(-1, 2)$를 지나므로

$f(-1)=2$에서 $\dfrac{-a+1}{-b+3}=2$ $\therefore a-2b=-5$ ...... ㉠

또, 역함수 $y=f^{-1}(x)$의 그래프가 점 $(-1, 2)$를 지나므로

함수 $y=f(x)$는 점 $(2, -1)$을 지난다.

즉 $f(2)=-1$에서 $\dfrac{2a+1}{2b+3}=-1$ $\therefore a+b=-2$ ...... ㉡

STEP B $b-a$의 값 구하기

㉠, ㉡을 연립하여 풀면 $a=-3$, $b=1$

따라서 $b-a=1-(-3)=4$

내/신/연/계 출제문항 810

유리함수 $f(x)=\dfrac{ax+1}{bx-2}$의 그래프와 그 역함수의 그래프가 모두 점 $(2, 1)$

 역함수 $y=f^{-1}(x)$의 그래프가 점 $(2, 1)$을 지나므로 함수 $y=f(x)$는 점 $(1, 2)$를 지난다.

을 지날 때, 상수 a, b에 대하여 ab의 값은?

① $\dfrac{7}{2}$ ② 4   ③ 6

④ 7   ⑤ 8

STEP A 두 함수 $y=f(x)$, $y=f^{-1}(x)$의 그래프가 점 $(2, 1)$을 지남을 이용하여 a, b의 관계식 구하기

함수 $f(x)=\dfrac{ax+1}{bx-2}$의 그래프가 점 $(2, 1)$을 지나므로

$f(2)=1$에서 $\dfrac{2a+1}{2b-2}=1$ $\therefore 2a-2b=-3$ ...... ㉠

또, 역함수 $y=f^{-1}(x)$의 그래프가 점 $(2, 1)$을 지나므로

함수 $y=f(x)$는 점 $(1, 2)$를 지난다.

즉 $f(1)=2$에서 $\dfrac{a+1}{b-2}=2$ $\therefore a-2b=-5$ ...... ㉡

STEP B ab의 값 구하기

㉠, ㉡을 연립하여 풀면 $a=2$, $b=\dfrac{7}{2}$

따라서 $ab=2\times\dfrac{7}{2}=7$

정답 ④

1664

정답 ③

STEP A 점근선의 방정식과 지나는 점을 이용하여 a, b, c의 값 구하기

$f(x)=\dfrac{ax+b}{x+c}=\dfrac{a(x+c)+b-ac}{x+c}=\dfrac{b-ac}{x+c}+a$의 그래프의 점근선의

방정식이 $x=-1$, $y=2$이므로 $a=2$, $c=1$

점 $(0, 4)$를 지나므로 $b=4$

$\therefore f(x)=\dfrac{2x+4}{x+1}$

STEP B 역함수의 성질을 이용하여 $f^{-1}(3)$의 값 구하기

$f^{-1}(3)=k$라 하면 $f(k)=3$이므로

$\dfrac{2k+4}{k+1}=3$에서 $2k+4=3k+3$ $\therefore k=1$

따라서 $f^{-1}(3)=1$

 +α | 역함수를 직접 구하여 풀 수도 있어!

$y=\dfrac{2x+4}{x+1}$를 x에 대한 식으로 나타내면 $x=\dfrac{-y+4}{y-2}$

x와 y를 바꾸면 $y=f^{-1}(x)=\dfrac{-x+4}{x-2}$

따라서 $f^{-1}(3)=1$

1665

정답 ①

STEP A 두 조건 (가), (나)를 만족하는 a, b의 관계식 구하기

조건 (가)에서 $g(-1)=1$

즉 $f^{-1}(-1)=1$이므로 $f(1)=-1$

$f(1)=\dfrac{2-a}{1-b}=-1$

$a+b=3$ ...... ㉠

조건 (나)에서 $f(x)=g(x)$이므로

$f(-1)=g(-1)=1$

$f(-1)=\dfrac{-2-a}{-1-b}=1$

$a-b=-1$ ...... ㉡

STEP B ab의 값 구하기

㉠, ㉡을 연립하여 풀면 $a=1$, $b=2$

따라서 $ab=1\times2=2$

1666

정답 ③

STEP A $f(x)$, $f^{-1}(x)$의 점근선의 방정식 구하기

$f(x)=\dfrac{2ax+2}{x-a}$에서 점근선의 방정식은

$y=\dfrac{ax+b}{cx+d}$ $(c\neq0,\ ad-bc\neq0)$에서 점근선의 방정식은 $x=-\dfrac{d}{c}$, $y=\dfrac{a}{c}$

$x=a$, $y=2a$ ...... ㉠

이때 역함수는 $y=x$에 대하여 대칭이동한 것이므로

$y=f^{-1}(x)$의 점근선의 방정식은

$x=2a$, $y=a$ ...... ㉡

STEP B 평행이동을 이용하여 a, m의 값 구하기

함수 $y=f(x)$를 x축의 방향으로 m만큼, y축의 방향으로 $m-4$만큼

x 대신에 $x-m$, y 대신에 $y-m+4$를 대입한다.

평행이동하면 ㉠의 점근선의 방정식을 평행이동하면 되므로

$x=a+m$, $y=2a+m-4$

평행이동한 함수가 역함수와 일치하므로 ㉡의 점근선의 방정식과 일치한다.

즉 $a+m=2a$, $a=2a+m-4$이므로

연립하여 풀면 $a=2$, $m=2$

STEP C pq의 값 구하기

$a=2$, $m=2$이므로 역함수의 점근선의 방정식은 $x=4$, $y=2$

점근선의 교점의 좌표는 $(4, 2)$이므로 $p=4$, $q=2$

따라서 $pq=4\times2=8$

함수 $f(x)=\dfrac{4x}{x-2}$ 의 역함수를 $g(x)$라 할 때, 함수 $y=g(x)$의 그래프를 x축의 방향으로 a만큼, y축의 방향으로 b만큼 평행이동하면 함수 $y=f(x)$의 그래프를 원점에 대하여 대칭이동한 그래프와 일치한다. $a+b$의 값은?

① -16 ② -12 ③ -8
④ 8 ⑤ 16

STEP Ⓐ 함수 $f(x)$의 역함수 $g(x)$ 구하기

$$f(x)=\frac{4x}{x-2}=\frac{4(x-2)+8}{x-2}=\frac{8}{x-2}+4$$

함수 $f(x)=\dfrac{4x}{x-2}$ 의 역함수는

$$g(x)=\frac{2x}{x-4}=\frac{2(x-4)+8}{x-4}=\frac{8}{x-4}+2 \qquad \cdots\cdots \ㄱ$$

STEP Ⓑ 함수 $y=f(x)$의 그래프를 원점에 대하여 대칭이동한 식 구하기

함수 $y=f(x)$의 그래프를 원점에 대하여 대칭이동한 그래프를 나타내는 식을 $h(x)$라 하면 $h(x)=-f(-x)=-\dfrac{8}{-x-2}-4=\dfrac{8}{x+2}-4 \qquad \cdots\cdots \ㄴ$

STEP Ⓒ $a+b$의 값 구하기

ㄱ, ㄴ에서 함수 $y=g(x)$의 그래프를 x축의 방향으로 -6만큼, y축의 방향으로 -6만큼 평행이동하면 함수 $y=h(x)$의 그래프와 일치한다.
따라서 $a=-6$, $b=-6$이므로 $a+b=(-6)+(-6)=-12$

mini 해설 | 점근선의 교점을 이용하여 풀이하기

$f(x)=\dfrac{4x}{x-2}=\dfrac{4(x-2)+8}{x-2}=\dfrac{8}{x-2}+4$에서
함수 $y=f(x)$의 그래프의 점근선의 교점의 좌표는 $(2, 4)$이므로
함수 $y=g(x)$의 그래프의 점근선의 교점의 좌표는 $(4, 2)$
또한, 함수 $y=f(x)$의 그래프를 원점에 대하여 대칭이동한 그래프의 점근선의 교점의 좌표는 $(-2, -4)$
즉 함수 $y=g(x)$의 그래프를 x축의 방향으로 -6만큼, y축의 방향으로 -6만큼 평행이동하면 함수 $y=f(x)$의 그래프를 원점에 대하여 대칭이동한 그래프와 일치한다.
따라서 $a=-6$, $b=-6$이므로 $a+b=(-6)+(-6)=-12$

정답 ②

1667

정답 3

STEP Ⓐ 역함수 $g(x)$의 식 구하기

$f(x)=\dfrac{3x+1}{x-a}$ 에서 $y=\dfrac{3x+1}{x-a}$ 라 하고 양변에 $x-a$를 곱하면

$xy-ay=3x+1$, $(y-3)x=ay+1$ $\therefore x=\dfrac{ay+1}{y-3}$

x, y를 바꾸어주면 $y=\dfrac{ax+1}{x-3}$ $\therefore g(x)=\dfrac{ax+1}{x-3}$

STEP Ⓑ 대칭인 직선의 방정식 구하기

$g(x)=\dfrac{ax+1}{x-3}$ 에서 점근선의 방정식은 $x=3$, $y=a$이므로
점근선의 교점은 $(3, a)$
이때 대칭인 직선은 기울기가 ± 1이고 점근선의 교점 $(3, a)$를 지나므로
$y=(x-3)+a$에서 $y=x-3+a$
$y=-(x-3)+a$에서 $y=-x+3+a$
이때 $y=-x+b$와 $y=-x+3+a$와 일치하므로 $b=3+a$
<small>기울기가 -1인 직선이고 항등식이므로 계수를 비교한다.</small>
따라서 $b-a=3$

mini 해설 | 역함수의 성질을 이용하여 풀이하기

$f(x)=\dfrac{3x+1}{x-a}$ 에서 점근선의 방정식은 $x=a$, $y=3$이므로
점근선의 교점은 $(a, 3)$이고 역함수는 $y=x$에 대한 대칭이므로
역함수 $y=g(x)$의 점근선의 교점의 좌표는 $(3, a)$
이때 유리함수의 대칭인 직선은 기울기가 ± 1이고 점근선의 교점을 지나므로
$y=(x-3)+a$에서 $y=x-3+a$
$y=-(x-3)+a$에서 $y=-x+3+a$
기울기가 -1인 직선이므로 $y=-x+b$와 $y=-x+3+a$가 일치한다.
따라서 $b=3+a$이므로 $b-a=3$

함수 $f(x)=\dfrac{2x-1}{x-a}$ 의 역함수를 $g(x)$라 하자. 함수 $y=g(x)$의 그래프가 두 직선 $y=x+b$, $y=-x+c$에 대하여 대칭일 때, $b-c$의 값은?
$\left(\text{단, } a, b, c\text{는 실수이고, } a\neq\dfrac{1}{2}\text{이다.}\right)$

① -1 ② -2 ③ -3
④ -4 ⑤ -5

STEP Ⓐ 역함수 $g(x)$의 식 구하기

$f(x)=\dfrac{2x-1}{x-a}$ 에서 $y=\dfrac{2x-1}{x-a}$ 라 하고 양변에 $x-a$를 곱하면

$xy-ay=2x-1$, $(y-2)x=ay-1$ $\therefore x=\dfrac{ay-1}{y-2}$

x, y를 바꾸어주면 $y=\dfrac{ax-1}{x-2}$ $\therefore g(x)=\dfrac{ax-1}{x-2}$

STEP Ⓑ 대칭인 직선의 방정식 구하기

$g(x)=\dfrac{ax-1}{x-2}$ 에서 점근선의 방정식은 $x=2$, $y=a$이므로
점근선의 교점은 $(2, a)$
이때 대칭인 직선은 기울기가 ± 1이고 점근선의 교점 $(2, a)$를 지나므로
$y=(x-2)+a$에서 $y=x-2+a$
$y=-(x-2)+a$에서 $y=-x+2+a$
$y=x+b$와 $y=x-2+a$가 일치하므로 $b=-2+a$ $\qquad \cdots\cdots \ㄱ$
$y=-x+c$와 $y=-x+2+a$가 일치하므로 $c=2+a$ $\qquad \cdots\cdots \ㄴ$
따라서 ㄱ$-$ㄴ을 하면 $b-c=(-2+a)-(2+a)=-4$ 정답 ④

1668

2018년 03월 고2 학력평가 나형 25번

정답 14

STEP Ⓐ 유리함수의 식을 변형하여 두 점근선 구하기

$f(x)=\dfrac{4x+9}{x-1}$ 의 식을 $y=\dfrac{k}{x-p}+q$의 꼴로 변형하면

함수 $f(x)=\dfrac{4x+9}{x-1}=\dfrac{4(x-1)+13}{x-1}=\dfrac{13}{x-1}+4$

함수 $f(x)$의 그래프의 점근선의 방정식은 직선 $x=1$, $y=4$이므로
<small>$y=\dfrac{k}{x-p}+q$에서 점근선의 방정식은 $x=p$, $y=q$</small>
$a=1$, $b=4$
$\therefore a+b=1+4=5$

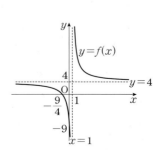

STEP **B** 역함수의 성질을 이용하여 $f^{-1}(a+b)$의 값 구하기

$f^{-1}(a+b)=f^{-1}(5)=k$라 하면 역함수의 성질에 의하여 $f(k)=5$이므로

<small>역함수의 성질 $f^{-1}(a)=b \Longleftrightarrow f(b)=a$</small>

$\dfrac{4k+9}{k-1}=5$, $4k+9=5k-5$ $\therefore k=14$

따라서 $f^{-1}(a+b)=14$

내/신/연/계/ 출제문항 813

함수 $f(x)=\dfrac{3x+1}{x+2}$의 그래프의 점근선이 두 직선 $x=a$, $y=b$일 때, $f^{-1}(a+b)$의 값은?

① $-\dfrac{3}{2}$ ② $-\dfrac{1}{2}$ ③ $\dfrac{1}{2}$

④ $\dfrac{3}{2}$ ⑤ 2

STEP **A** 유리함수의 그래프의 점근선의 방정식 구하기

함수 $f(x)=\dfrac{3x+1}{x+2}=\dfrac{3(x+2)-5}{x+2}=\dfrac{-5}{x+2}+3$

점근선의 방정식이 $x=-2$, $y=3$이므로 $a=-2$, $b=3$

$\therefore a+b=-2+3=1$

STEP **B** $f^{-1}(a+b)$의 값 구하기

$f^{-1}(a+b)=f^{-1}(1)=c$라 하면 $f(c)=\dfrac{3c+1}{c+2}=1$

$3c+1=c+2$ $\therefore c=\dfrac{1}{2}$

따라서 $f^{-1}(a+b)=f^{-1}(1)=\dfrac{1}{2}$

정답 ③

1669

2017년 03월 고2 학력평가 나형 19번   정답 ⑤

해설강의

STEP **A** 역함수의 성질과 유리함수의 그래프의 두 점근선의 교점을 이용하여 a의 값 구하기

$f(x)=\dfrac{2x+b}{x-a}=\dfrac{2(x-a)+2a+b}{x-a}$

$\qquad=\dfrac{2a+b}{x-a}+2$ ...... ㉠

에서 함수 $y=f(x)$의 그래프의 점근선의 방정식은 $x=a$, $y=2$이고

두 점근선의 교점은 $(a, 2)$

<small>$y=\dfrac{k}{x-p}+q$에서 점근선의 방정식은 $x=p$, $y=q$</small>

조건 (가)에서 함수 $y=f(x-4)-4$의 그래프는 함수 $y=f(x)$의 그래프를 <u>x축의 방향으로 4만큼, y축의 방향으로 -4만큼 평행이동한 그래프와 일치한다.</u>

<small>함수 $y=h(x-m)+n$의 그래프는 함수 $y=h(x)$의 그래프를 x축의 방향으로 m만큼, y축의 방향으로 n만큼 평행이동한다.</small>

그러므로 함수 $y=f(x-4)-4$의 그래프의 두 점근선의 교점은 함수 $y=f(x)$의 그래프의 두 점근선의 교점 $(a, 2)$를 <u>x축의 방향으로 4만큼, y축의 방향으로 -4만큼 평행이동</u>한 점 $(a+4, -2)$

<small>점 (x_1, y_1)을 x축의 방향으로 m만큼, y축의 방향으로 n만큼 평행이동시킨 점의 좌표는 (x_1+m, y_1+n)</small>

또, $y=f^{-1}(x)$의 그래프의 두 점근선의 교점은 점 $(a, 2)$를 직선 $y=x$에 대하여 대칭이동한 점이므로 좌표는 $(2, a)$와 같다.

즉 점 $(2, a)$와 점 $(a+4, -2)$가 같으므로 $a=-2$

STEP **B** 조건 (나)에서 평행이동을 이용하여 b의 값 구하기

㉠에서 함수 $y=f(x)$의 그래프는 함수 $y=\dfrac{2a+b}{x}$의 그래프를 평행이동한 그래프와 일치하므로 조건 (나)에서 $2a+b=3$, $b=7$

따라서 $a+b=-2+7=5$

다른풀이 역함수를 직접 구하여 풀이하기

STEP **A** $f(x)$의 역함수 $f^{-1}(x)$ 구하기

$y=\dfrac{2x+b}{x-a}$에서 $(x-a)y=2x+b$

$xy-ay=2x+b$, $(y-2)x=ay+b$

$x=\dfrac{ay+b}{y-2}$

x와 y를 서로 바꾸면 $f^{-1}(x)=\dfrac{ax+b}{x-2}$

STEP **B** 조건 (가)에서 평행이동을 이용하여 $f(x-4)-4$의 식 구하기

조건 (가)에서

$f(x-4)-4=\dfrac{2(x-4)+b}{(x-4)-a}-4$

$\qquad=\dfrac{(2x-8+b)-4(x-4-a)}{x-4-a}$

$\qquad=\dfrac{-2x+4a+b+8}{x-4-a}$

$f^{-1}(x)=f(x-4)-4$이므로 $\dfrac{ax+b}{x-2}=\dfrac{-2x+4a+b+8}{x-4-a}$ $\therefore a=-2$

STEP **C** 조건 (나)를 이용하여 b의 값 구하기

$a=-2$이므로

$f(x)=\dfrac{2x+b}{x+2}=\dfrac{2(x+2)+b-4}{x+2}=2+\dfrac{b-4}{x+2}$

이므로 조건 (나)에 의하여 $b-4=3$ $\therefore b=7$

따라서 $a+b=-2+7=5$

내/신/연/계/ 출제문항 814

유리함수 $f(x)=\dfrac{3x+b}{x-a}$가 다음 조건을 만족시킨다.

> (가) 3이 아닌 모든 실수 x에 대하여 $f^{-1}(x)=f(x-2)-2$이다.
>
> (나) 함수 $y=f(x)$의 그래프를 평행이동하면 함수 $y=\dfrac{5}{x}$의 그래프와 일치한다.

$a+b$의 값은? (단, a, b는 상수이다.)

① 1 ② 2 ③ 3

④ 4 ⑤ 5

STEP **A** 역함수의 성질과 유리함수의 그래프의 두 점근선의 교점을 이용하여 a의 값 구하기

$f(x)=\dfrac{3x+b}{x-a}=\dfrac{3(x-a)+3a+b}{x-a}=\dfrac{3a+b}{x-a}+3$

이므로 함수 $y=f(x)$의 두 점근선의 교점은 점 $(a, 3)$

이때 $y=f^{-1}(x)$의 그래프의 두 점근선의 교점은 점 $(a, 3)$을 직선 $y=x$에 대하여 대칭이동한 점 $(3, a)$

조건 (가)에서 함수 $y=f(x-2)-2$의 그래프는 함수 $y=f(x)$의 그래프를 x축의 방향으로 2만큼, y축의 방향으로 -2만큼 평행이동한 것이므로

함수 $y=f^{-1}(x)$의 그래프의 두 점근선의 교점은 점 $(a+2, 1)$

이 점이 점 $(3, a)$와 같으므로 $a=1$

STEP **B** 조건 (나)에서 평행이동을 이용하여 b의 값 구하기

함수 $y=f(x)$의 그래프는 함수 $y=\dfrac{3a+b}{x}$의 그래프를 평행이동 한 것이므로

(나)에서 $3a+b=5$, $3+b=5$ $\therefore b=2$

따라서 $a+b=1+2=3$

정답 ③

1670

STEP Ⓐ $y=f(x)$의 그래프의 두 점근선의 교점이 직선 $y=x$ 위에 있음을 이용하여 a의 값 구하기

$f(x)=\dfrac{3x-1}{x+a}=\dfrac{3(x+a)-3a-1}{x+a}=\dfrac{-3a-1}{x+a}+3$이므로

점근선의 방정식은 $x=-a$, $y=3$

$f=f^{-1}$이므로 $y=f(x)$의 그래프가 직선 $y=x$에 대하여 대칭이다.

즉 $y=f(x)$의 그래프의 두 점근선의 교점 $(-a, 3)$이 직선 $y=x$ 위에 있으므로 $3=-a$

$\therefore a=-3$

STEP Ⓑ $f(a)$의 값 구하기

따라서 $f(x)=\dfrac{3x-1}{x-3}$이므로 $f(a)=f(-3)=\dfrac{-9-1}{-3-3}=\dfrac{5}{3}$

1671

STEP Ⓐ 함수 $(1, 2)$를 지남을 이용하여 a, b의 관계식 구하기

$f(x)=\dfrac{ax+b}{x+3}$에서 점근선의 방정식은 $x=-3$, $y=a$이므로

점근선의 교점은 $(-3, a)$

이때 함수가 $(1, 2)$를 지나므로 대입하면 $f(1)=\dfrac{a+b}{1+3}=2$

$\therefore a+b=8$ ...... ㉠

STEP Ⓑ 점근선의 교점이 $y=x$ 위에 있음을 이용하여 a, b의 값 구하기

모든 실수 x에 대하여 $(f \circ f)(x)=x$이므로 $f=f^{-1}$이다.

즉 $y=f(x)$는 $y=x$에 대하여 대칭이므로

점근선의 교점 $(-3, a)$는 $y=x$ 위의 점이다.

$-3=a$ $\therefore a=-3$

㉠의 식에 $a=-3$을 대입하면 $b=11$

따라서 $ab=(-3)\times 11=-33$

---

mini 해설 | 역함수의 성질을 이용하여 풀이하기

함수 $f(x)=\dfrac{ax+b}{x+3}$이 점 $(1, 2)$를 지나므로 대입하면 $f(1)=\dfrac{a+b}{1+3}=2$

$\therefore a+b=8$ ...... ㉠

또한, 모든 실수 x에 대하여 $(f \circ f)(x)=x$이므로 $f=f^{-1}$이다.

즉 $y=f^{-1}(x)$도 점 $(1, 2)$를 지나므로 $f^{-1}(1)=2$이고 역함수의 성질에

의하여 $f(2)=1$, $f(2)=\dfrac{2a+b}{2+3}=1$

$\therefore 2a+b=5$ ...... ㉡

㉠, ㉡을 연립하여 풀면 $a=-3$, $b=11$이므로 $ab=(-3)\times 11=-33$

내/신/연/계/ 출제문항 815

함수 $f(x)=\dfrac{ax+b}{x+3}$의 역함수 $f^{-1}(x)$에 대하여 $f=f^{-1}$이고

점 $(2, 1)$을 지날 때, 상수 a, b에 대하여 $a+b$의 값은?

① 8   ② 10   ③ 12
④ 14   ⑤ 16

STEP Ⓐ 함수 $(2, 1)$을 지남을 이용하여 a, b의 관계식 구하기

$f(x)=\dfrac{ax+b}{x+3}$에서 점근선의 방정식은 $x=-3$, $y=a$이므로

점근선의 교점은 $(-3, a)$

이때 함수가 $(2, 1)$을 지나므로 대입하면 $f(2)=\dfrac{2a+b}{2+3}=1$

$\therefore 2a+b=5$ ...... ㉠

STEP Ⓑ 점근선의 교점이 $y=x$ 위에 있음을 이용하여 a, b의 값 구하기

역함수 f^{-1}에 대하여 $f=f^{-1}$이다.

즉 $y=f(x)$는 $y=x$에 대하여 대칭이므로

점근선의 교점 $(-3, a)$는 $y=x$ 위의 점이다.

$-3=a$ $\therefore a=-3$

㉠의 식에 $a=-3$을 대입하면 $b=11$

따라서 $a+b=(-3)+11=8$

---

mini 해설 | 역함수의 성질을 이용하여 풀이하기

함수 $f(x)=\dfrac{ax+b}{x+3}$이 점 $(2, 1)$를 지나므로 대입하면 $f(2)=\dfrac{2a+b}{2+3}=1$

$\therefore 2a+b=5$ ...... ㉠

$f=f^{-1}$이므로 $y=f^{-1}(x)$도 점 $(2, 1)$를 지난다.

$f^{-1}(2)=1$이고 역함수의 성질에 의하여 $f(1)=2$, $f(1)=\dfrac{a+b}{1+3}=2$

$\therefore a+b=8$ ...... ㉡

㉠, ㉡을 연립하여 풀면 $a=-3$, $b=11$이므로 $a+b=(-3)+11=8$

1672

STEP Ⓐ 점근선의 교점이 $y=x$ 위의 점임을 이용하여 a, b의 값 구하기

유리함수 $f(x)=\dfrac{bx+3}{ax-1}$에서 점근선의 방정식은 $x=\dfrac{1}{a}$, $y=\dfrac{b}{a}$이므로

$y=\dfrac{ax+b}{cx+d}(c\ne 0, ad-bc\ne 0)$에서

점근선의 방정식은 $x=-\dfrac{d}{c}$, $y=\dfrac{a}{c}$

점근선의 교점은 $\left(\dfrac{1}{a}, \dfrac{b}{a}\right)$

이때 한 점근선의 방정식이 $x=3$이므로 $\dfrac{1}{a}=3$ $\therefore a=\dfrac{1}{3}$

$x\ne 3$인 모든 실수 x에 대하여 $(f \circ f)(x)=x$이므로 $f^{-1}=f$

즉 $y=f(x)$가 $y=x$에 대하여 대칭이므로 점근선의 교점 $\left(\dfrac{1}{a}, \dfrac{b}{a}\right)$는

$y=x$ 위의 점이므로 대입하면 $\dfrac{1}{a}=\dfrac{b}{a}$ $\therefore b=1$

따라서 $a=\dfrac{1}{3}$, $b=1$이므로 $a+b=\dfrac{1}{3}+1=\dfrac{4}{3}$

1673

STEP Ⓐ 평행이동한 함수의 식 작성하기

$f(x)=\dfrac{(2a+1)x+2}{x-a}=\dfrac{2a^2+a+2}{x-a}+2a+1$

이 그래프를 x축의 방향으로 m만큼, y축의 방향으로 -2만큼 평행이동한

함수 g는 $g(x)=\dfrac{2a^2+a+2}{x-m-a}+2a-1$

STEP Ⓑ $g=g^{-1}$임을 이용하여 $a-m$의 값 구하기

이 함수의 그래프의 점근선의 방정식은 $x=m+a$, $y=2a-1$

이때 $g=g^{-1}$이므로 점근선의 방정식의 교점의 좌표가 직선 $y=x$ 위에 있다.

따라서 $m+a=2a-1$이므로 $a-m=1$

---

mini 해설 | 점근선의 방정식을 이용하여 구할 수 있어!

$f(x)=\dfrac{(2a+1)x+2}{x-a}$에서 점근선의 방정식은 $x=a$, $y=2a+1$

이때 x축의 방향으로 m만큼, y축의 방향으로 -2만큼 평행이동하면

함수 $y=g(x)$의 점근선의 방정식이므로 $x=a+m$, $y=2a-1$

이때 $g=g^{-1}$이므로 점근선의 교점 $(a+m, 2a-1)$이 직선 $y=x$ 위의 점이므로

대입하면 $2a-1=a+m$

따라서 $a-m=1$

정답 ④

정답 ②

정답 ①

정답 ④

정답 ③

1674

STEP Ⓐ **점근선의 교점이 직선 $y=x$ 위에 있음을 이용하여 c의 값 구하기**

함수 $y=f(x)$의 그래프와 그 역함수 $y=f^{-1}(x)$의 그래프가 일치하므로

유리함수 $f(x)$의 그래프가 직선 $y=x$에 대하여 대칭이면 $f=f^{-1}$를 만족한다.

점 $(4, c)$는 직선 $y=x$ 위의 점이다. ← 점근선의 교점 $(4, c)$

$\therefore c=4$

STEP Ⓑ **점근선을 이용하여 a, b의 값 구하기**

$y=f(x)$의 그래프의 점근선의 방정식이 $x=4$, $y=4$이므로

$f(x)=\dfrac{k}{x-4}+4(k\neq0)$라 하면 $f(x)=\dfrac{k}{x-4}+4=\dfrac{4x-16+k}{x-4}$

즉 $\dfrac{ax+2}{bx-4}=\dfrac{4x-16+k}{x-4}$이므로 $a=4$, $b=1$

따라서 $a+b+c=4+1+4=9$

1675

STEP Ⓐ **$(f\circ f)(x)=x$와 지나는 점을 이용하여 상수 a, b, c의 값 구하기**

$(f\circ f)(x)=x$에서 $f=f^{-1}$이므로

$y=f(x)$의 그래프는 직선 $y=x$에 대하여 대칭이다.

즉 두 점근선 $x=a$, $y=b$의 교점 (a, b)가 직선 $y=x$ 위에 있다.

$\therefore a=b$ ...... ㉠

함수 $f(x)=\dfrac{bx+c}{x-a}$의 그래프가 두 점 A$(3, 11)$, B$(1, -7)$을 지나므로

$\dfrac{3b+c}{3-a}=11$에서 $3b+c=33-11a$

$11a+3b+c=33$ ...... ㉡

$\dfrac{b+c}{1-a}=-7$에서 $b+c=-7+7a$

$7a-b-c=7$ ...... ㉢

㉠, ㉡, ㉢을 연립하여 풀면 $a=2$, $b=2$, $c=5$

STEP Ⓑ **$p+q+f(0)$의 값 구하기**

함수 $f(x)=\dfrac{2x+5}{x-2}$의 그래프는 점 $(2, 2)$에 대하여 대칭이므로

$p=2$, $q=2$, $f(0)=-\dfrac{5}{2}$

따라서 $p+q+f(0)=2+2+\left(-\dfrac{5}{2}\right)=\dfrac{3}{2}$

내/신/연/계 출제문항 816

유리함수 $f(x)=\dfrac{ax+b}{x+c}$의 그래프가 두 점 A$(2, -8)$, B$(4, 14)$를 지나고, $(f\circ f)(x)=x$가 성립할 때 함수 $y=f(x)$의 그래프는 점 (p, q)에 대하여 대칭이다. 이때 $p+q+f(0)$의 값은? (단. a, b, c는 상수이고, $b\neq ac$)

① $\dfrac{11}{3}$ ② 4 ③ $\dfrac{14}{3}$

④ 5 ⑤ $\dfrac{16}{3}$

STEP Ⓐ **$(f\circ f)(x)=x$와 지나는 점을 이용하여 상수 a, b, c의 값 구하기**

$(f\circ f)(x)=x$에서 $f=f^{-1}$이므로

$y=f(x)$의 그래프는 직선 $y=x$에 대하여 대칭이다.

즉 두 점근선 $x=-c$, $y=a$의 교점 $(-c, a)$가 직선 $y=x$ 위에 있다.

$\therefore a=-c$ ...... ㉠

함수 $f(x)=\dfrac{ax+b}{x+c}$의 그래프가 두 점 A$(2, -8)$, B$(4, 14)$를 지나므로

$\dfrac{2a+b}{2+c}=-8$에서 $2a+b=-16-8c$

$\therefore 2a+b+8c=-16$ ...... ㉡

$\dfrac{4a+b}{4+c}=14$에서 $4a+b=56+14c$

$\therefore 4a+b-14c=56$ ...... ㉢

㉠, ㉡, ㉢을 연립하여 풀면 $a=3$, $b=2$, $c=-3$

STEP Ⓑ **$p+q+f(0)$의 값 구하기**

함수 $f(x)=\dfrac{3x+2}{x-3}$의 그래프는 점 $(3, 3)$에 대하여 대칭이므로

$p=3$, $q=3$, $f(0)=-\dfrac{2}{3}$

따라서 $p+q+f(0)=3+3+\left(-\dfrac{2}{3}\right)=\dfrac{16}{3}$

1676

STEP Ⓐ **역함수의 성질을 이용하여 a, b의 관계식 구하기**

$f^{-1}(1)=2$에서 $f(2)=1$이므로 $\dfrac{2a-1}{2b+1}=1$

$\therefore a-b=1$ ...... ㉠

STEP Ⓑ **$f(1)=\dfrac{1}{2}$임을 이용하여 a, b의 값 구하기**

$(f\circ f)(2)=\dfrac{1}{2}$에서 $f(f(2))=f(1)=\dfrac{1}{2}$이므로

$f(2)=1$

$\dfrac{a-1}{b+1}=\dfrac{1}{2}$

$\therefore 2a-b=3$ ...... ㉡

㉠, ㉡을 연립하여 풀면 $a=2$, $b=1$

STEP Ⓒ **$f(-2)$의 값 구하기**

따라서 $f(x)=\dfrac{2x-1}{x+1}$이므로 $f(-2)=\dfrac{-4-1}{-2+1}=5$

1677

STEP Ⓐ **함수 $g(x)$의 x자리에 $f(x)$를 대입하여 정리하기**

$(g\circ f)(x)=g(f(x))=\dfrac{\dfrac{x-1}{x+1}-1}{\dfrac{x-1}{x+1}-2}=\dfrac{x-1}{-x-3}$ ← 분자, 분모에 $x+1$을 곱하면 $\dfrac{x-1}{(x-1)-2(x+1)}=\dfrac{x-1}{-x-3}$

$=\dfrac{-x+1}{x+3}=\dfrac{4}{x+3}-1$

STEP Ⓑ **합성함수의 그래프의 점근선의 방정식 구하기**

따라서 함수 $y=(g\circ f)(x)$의 점근선의 방정식은 $x=-3$, $y=-1$이므로

$10ab=10\times(-3)\times(-1)=30$

1678

STEP Ⓐ **$g^{-1}(2)=k$로 놓고 $g(k)=2$를 만족하는 x의 값 구하기**

$g(f(x))=\dfrac{3-x}{1-x}$에서 $f(x)=\dfrac{5}{x+2}$이므로

$g\left(\dfrac{5}{x+2}\right)=\dfrac{3-x}{1-x}$ ...... ㉠

$g^{-1}(2)=k$로 놓으면 $g(k)=2$

즉 $\dfrac{3-x}{1-x}=2$, $3-x=2(1-x)$ $\therefore x=-1$

STEP Ⓑ **$k=f(-1)$의 값 구하기**

㉠의 식에 $x=-1$을 대입하면 $g(5)=2$

따라서 역함수의 성질에 의하여 $g^{-1}(2)=5$

$g\left(\dfrac{5}{x+2}\right)=\dfrac{3-x}{1-x}$ 에서 $\dfrac{5}{x+2}=t$ 로 놓으면 $x=\dfrac{5}{t}-2$

$g(t)=\dfrac{3-\left(\dfrac{5}{t}-2\right)}{1-\left(\dfrac{5}{t}-2\right)}=\dfrac{5t-5}{3t-5}$

즉 $g(k)=2$ 에서 $\dfrac{5k-5}{3k-5}=2$ 이므로 $5k-5=6k-10$ $\therefore k=5$

따라서 $g(5)=2$ 이므로 $g^{-1}(2)=5$

1679

STEP A $g(3)=p$ 로 놓고 p 의 값 구하기

$(f \circ g)(x)=x$ 이므로 $g(x)=f^{-1}(x)$

$(g \circ g)(3)=g(g(3))$ 에서 $g(3)=p$ 라 하면 $f(p)=3$ 이므로

$\dfrac{4p-3}{p+1}=3$, $4p-3=3p+3$ $\therefore p=6$

STEP B $g(6)=q$ 로 놓고 q 의 값 구하기

$(g \circ g)(3)=g(g(3))=g(6)$

$g(6)=q$ 라 하면 $f(q)=6$ 이므로

$\dfrac{4q-3}{q+1}=6$, $4q-3=6q+6$, $2q=-9$ $\therefore q=-\dfrac{9}{2}$

따라서 $(g \circ g)(3)=-\dfrac{9}{2}$

내/신/연/계 출제문항 817

함수 $f(x)=\dfrac{2x-4}{x+1}$ 일 때, $(f \circ g)(x)=x$ 를 만족시키는 함수 $g(x)$에 대하여 $(g \circ g)(5)$의 값은?

① $\dfrac{1}{6}$ ② $\dfrac{1}{5}$ ③ $\dfrac{1}{4}$

④ $\dfrac{1}{3}$ ⑤ $\dfrac{1}{2}$

STEP A $g(5)=p$ 로 놓고 p 의 값 구하기

$(f \circ g)(x)=x$ 이므로 $g(x)=f^{-1}(x)$

$(g \circ g)(5)=g(g(5))$ 에서 $g(5)=p$ 라 하면 $f(p)=5$ 이므로

$\dfrac{2p-4}{p+1}=5$, $2p-4=5p+5$ $\therefore p=-3$

STEP B $g(-3)=q$ 로 놓고 q 의 값 구하기

$(g \circ g)(5)=g(g(5))=g(-3)$

$g(-3)=q$ 이라 하면 $f(q)=-3$ 이므로

$\dfrac{2q-4}{q+1}=-3$, $2q-4=-3q-3$ $\therefore q=\dfrac{1}{5}$

따라서 $(g \circ g)(5)=\dfrac{1}{5}$

정답 ②

1680

STEP A $(g \circ f)(1)=3$, $(f \circ g)(1)=-1$ 임을 이용하여 a, b의 관계식 구하기

$(g \circ f)(1)=g(f(1))=g(a+2)=\dfrac{b}{a+2}$ 이므로

$\dfrac{b}{a+2}=3$ 에서 $b=3a+6$ ...... ㉠

$(f \circ g)(1)=f(g(1))=f(b)=ab+2$ 이므로

$ab+2=-1$ ...... ㉡

STEP B 두 식을 연립하여 $a+b$의 값 구하기

㉠, ㉡을 연립하여 풀면

$a(3a+6)+2=-1$, $3a^2+6a+3=0$

$3(a+1)^2=0$ $\therefore a=-1$

㉠에 대입하면 $b=-3+6=3$

따라서 $a+b=-1+3=2$

1681

STEP A $g^{-1} \circ f^{-1}=(f \circ g)^{-1}$ 임을 이용하여 정리하기

$h=g^{-1} \circ f^{-1}=(f \circ g)^{-1}$ 에서 $h(3)=(f \circ g)^{-1}(3)=a$ 라 하면

$(f \circ g)(a)=3$ 에서 $f(g(a))=3$ 에서 $g(a)+2=3$

$\therefore g(a)=1$

STEP B $h(3)$의 값 구하기

$g(a)=\dfrac{a-1}{2a-3}=1$ 에서 $a-1=2a-3$ $\therefore a=2$

따라서 $h(3)=a=2$

1682

STEP A $(g \circ f)^{-1}=f^{-1} \circ g^{-1}$ 임을 이용하여 간단히 하기

$h=f \circ (g \circ f)^{-1} \circ f=\underbrace{f \circ f^{-1}}_{f \circ f^{-1}=I(I는 \ 항등함수)} \circ g^{-1} \circ f=g^{-1} \circ f$ 이므로

$h(x)=(g^{-1} \circ f)(x)$

$\therefore h(1)=g^{-1}(f(1))=g^{-1}(5)$ ← $f(1)=\dfrac{3+2}{2-1}=5$

STEP B $g^{-1}(5)$의 값 구하기

$g^{-1}(5)=k$ 라 하면 $g(k)=5$ 이므로

$\dfrac{-k+7}{2k-3}=5$, $-k+7=10k-15$

따라서 $11k=22$ 이므로 $k=2$

내/신/연/계 출제문항 818

함수 $f(x)=\dfrac{3x-2}{x+1}$ 의 역함수를 $f^{-1}(x)$ 라 할 때,

$(f^{-1} \circ f \circ f^{-1})(2)$의 값은?

① 2   ② 4   ③ 6

④ 8   ⑤ 10

STEP A 역함수의 성질을 이용하여 주어진 식을 간단히 하기

$(f^{-1} \circ f \circ f^{-1})(2)=(f^{-1} \circ I)(2)$ ← $f \circ f^{-1}=I(I는 \ 항등함수)$

$=f^{-1}(2)$

STEP B $f^{-1}(2)$의 값 구하기

$f^{-1}(2)=k$ 라 하면 $f(k)=2$ 이므로

$\dfrac{3k-2}{k+1}=2$, $3k-2=2k+2$ $\therefore k=4$

따라서 $(f^{-1} \circ f \circ f^{-1})(2)=4$

정답 ②

1683

정답 1

STEP A $f^2(x)=f(f(x))=x$ 임을 파악하기

$f(x)=\dfrac{x+1}{x-1}$ 에서

$f^2(x)=f(f(x))=\dfrac{\dfrac{x+1}{x-1}+1}{\dfrac{x+1}{x-1}-1}=\dfrac{\dfrac{x+1+x-1}{x-1}}{\dfrac{x+1-(x-1)}{x-1}}=x$

$\therefore f^n(x)=\begin{cases} f(x) & (n\text{은 홀수}) \\ x & (n\text{은 짝수}) \end{cases}$

STEP B $f^{2025}(x)$ 의 식 구하기

즉 $f^{2025}(x)=f^{2\times 1012+1}(x)=f(x)=\dfrac{x+1}{x-1}$

따라서 $a=1$, $b=1$, $c=-1$ 이므로 $a+b+c=1$

1684

정답 ③

STEP A $f^2(x)$, $f^3(x)$, $\cdots$ 의 식을 차례로 구하여 규칙 파악하기

$f(x)=\dfrac{x}{x-1}$ 에 대하여

$f^2(x)=(f\circ f)(x)=f(f(x))=f\left(\dfrac{x}{x-1}\right)=\dfrac{\dfrac{x}{x-1}}{\dfrac{x}{x-1}-1}=\dfrac{\dfrac{x}{x-1}}{\dfrac{1}{x-1}}=x$

$f^3(x)=(f\circ f^2)(x)=f(f^2(x))=f(x)=\dfrac{x}{x-1}$ ← $f^n(x)=\begin{cases} f(x) & (n\text{은 홀수}) \\ x & (n\text{은 짝수}) \end{cases}$

$f^4(x)=(f\circ f^3)(x)=f(f^3(x))=f\left(\dfrac{x}{x-1}\right)=x$

즉 자연수 k에 대하여

$f^2(x)=f^4(x)=f^6(x)=\cdots=f^{2k}(x)=x$ 는 항등함수이다.

STEP B $f^{2026}(3)$ 의 값 구하기

따라서 $f^{2026}(3)=f^{2\times 1013}(3)=f^2(3)=3$

> **mini해설** $f(x)$의 그래프가 직선 $y=x$에 대하여 대칭임을 이용하여 풀이하기
>
> 함수 $f(x)=\dfrac{x}{x-1}=\dfrac{x-1+1}{x-1}=\dfrac{1}{x-1}+1$의 그래프의 점근선의 방정식은
> $x=1$, $y=1$
> 즉 유리함수 $y=f(x)$의 그래프는 점 $(1,1)$에 대하여 대칭이므로
> 직선 $y=x$에 대하여 대칭이다.
> 그러므로 $f^{-1}(x)=f(x)$
> 따라서 $(f\circ f)(x)=(f\circ f^{-1})(x)=x$ ← $f\circ f=f^{-1}\circ f^{-1}=I$ (항등함수)
> 이므로 $f^{2026}(3)=3$ ← $\underbrace{(f\circ f)\circ(f\circ f)\circ\cdots(f\circ f)}_{2026\text{개}}=I\cdot I\cdot I\cdot\cdots\cdot I=I$

1685

정답 ②

STEP A $f^2(x)$, $f^3(x)$, $\cdots$ 의 식을 차례로 구하여 규칙 파악하기

$f(x)=\dfrac{1}{1-x}$ 에 대하여

$f^2(x)=f(f(x))=f\left(\dfrac{1}{1-x}\right)=\dfrac{1}{1-\dfrac{1}{1-x}}=\dfrac{x-1}{x}$

$f^3(x)=f(f^2(x))=f\left(\dfrac{x-1}{x}\right)=\dfrac{1}{1-\dfrac{x-1}{x}}=x$

즉 함수 $f^3(x)=f^6(x)=f^9(x)=\cdots=f^{3n}(x)$ (n은 자연수)는 항등함수이다.

STEP B $f^{1001}(2)$ 의 값 구하기

따라서 $1001=3\times 333+2$ 이므로 $f^{1001}(2)=f^2(2)=\dfrac{1}{2}$

함수 $f(x)=\dfrac{1}{1-x}$ 에 대하여

$$f=f^1,\ f\circ f=f^2,\ f\circ f^2=f^3,\ \cdots,\ f\circ f^n=f^{n+1}$$

로 정의할 때, $f^k(-1)=\dfrac{1}{2}$ 일 때, 100 이하의 자연수 k의 개수는?

① 31   ② 32   ③ 33
④ 34   ⑤ 35

STEP A $f^2(x)$, $f^3(x)$, $\cdots$ 의 식을 차례로 구하여 규칙 파악하기

$f^1(-1)=\dfrac{1}{2}$

$f^2(-1)=f(f(-1))=f\left(\dfrac{1}{2}\right)=\dfrac{1}{1-\dfrac{1}{2}}=2$

$f^3(-1)=f(f^2(-1))=f(2)=-1$

$f^4(-1)=f(f^3(-1))=f(-1)=\dfrac{1}{2},\ \cdots$

이므로 $f^n(-1)$의 값은 $\dfrac{1}{2}$, 2, -1, $\cdots$ 이 순서대로 반복된다.

STEP B 조건을 만족하는 100 이하의 자연수 k의 개수 구하기

따라서 $f^1(-1)=f^4(-1)=f^7(-1)=\cdots=f^{100}(-1)=\dfrac{1}{2}$ 이므로

$f^{3n-2}(-1)=\dfrac{1}{2}$ (n은 자연수)이므로 $3n-2\le 100$에서 $3n\le 102$ $\therefore n\le 34$

자연수 k의 개수는 1, 4, 7, $\cdots$, 100의 34

정답 ④

1686

정답 ①

STEP A 유리함수 $y=f(x)$의 식 작성하기

점근선의 방정식이 $x=-2$, $y=-2$인 유리함수를

$y=\dfrac{k}{x+2}-2$ 라 하면 점 $(0,-1)$을 지나므로 $-1=\dfrac{k}{2}-2$ $\therefore k=2$

즉 $y=\dfrac{2}{x+2}-2=\dfrac{-2x-2}{x+2}$

STEP B $f^2(x)$, $f^3(x)$, $\cdots$ 의 식을 차례로 구하여 규칙 파악하기

$(f\circ f)(x)=f(f(x))=f\left(\dfrac{-2x-2}{x+2}\right)=\dfrac{\dfrac{4x+4}{x+2}-2}{\dfrac{-2x-2}{x+2}+2}=\dfrac{2x}{2}=x$

즉 함수 $f^2(x)=f^4(x)=f^6(x)=\cdots=f^{2n}(x)$ (n은 자연수)는 항등함수이다.

STEP C $f^{2026}(-5)$ 의 값 구하기

따라서 $f^{2026}(-5)=f^{2\times 1013}(-5)=-5$

다른풀이 $f^{-1}=f$ 임을 이용하여 풀이하기

STEP A $y=x$에 대하여 대칭이므로 $f^{-1}=f$ 임을 파악하기

유리함수 $y=f(x)$의 그래프의 점근선의
방정식은 $x=-2$, $y=-2$
유리함수 $y=f(x)$는 점 $(-2,-2)$에 대하여
대칭이므로 직선 $y=x$에 대하여
대칭이다.
즉 $y=x$에 대하여 대칭이므로
$f^{-1}(x)=f(x)$

STEP B $f^{2026}(-5)$ 의 값 구하기

따라서 $(f\circ f)(x)=(f\circ f^{-1})(x)=x$ ← $f\circ f^{-1}=f^{-1}\circ f^{-1}=I$ (항등함수)
이므로 $f^{2026}(-5)=-5$

← $\underbrace{(f\circ f)\circ(f\circ f)\circ\cdots(f\circ f)}_{2026\text{개}}=I\circ I\circ I\circ\cdots\circ I=I$

함수 $f(x)=\dfrac{ax+b}{x+c}(x\neq 0)$의 그래프가 그림과

같고 $f^1=f$, $f^{n+1}=f\circ f^n(n=1, 2, 3, \cdots)$으로

정의할 때, $f^{2026}\left(-\dfrac{1}{5}\right)$의 값은?

(단, a, b, c는 상수이다.)

① -5 ② $-\dfrac{6}{5}$

③ $-\dfrac{1}{5}$ ④ $\dfrac{6}{5}$

⑤ 5

STEP Ⓐ **유리함수 $y=f(x)$의 식 작성하기**

주어진 그래프에서 점근선의 방정식이 $x=-1$, $y=1$이므로

$f(x)=\dfrac{k}{x+1}+1(k<0)$

함수 $y=f(x)$의 그래프가 점 $(1, 0)$을 지나므로

$0=\dfrac{k}{2}+1$ $\therefore k=-2$

$\therefore f(x)=-\dfrac{2}{x+1}+1=\dfrac{x-1}{x+1}$

STEP Ⓑ **$f^2(x)$, $f^3(x)$, $\cdots$의 식을 차례로 구하여 규칙 파악하기**

$f^2(x)=f(f(x))=\dfrac{\dfrac{x-1}{x+1}-1}{\dfrac{x-1}{x+1}+1}=\dfrac{\dfrac{-2}{x+1}}{\dfrac{2x}{x+1}}=-\dfrac{1}{x}$

$f^3(x)=f(f^2(x))=\dfrac{-\dfrac{1}{x}-1}{-\dfrac{1}{x}+1}=\dfrac{-1-x}{-1+x}=\dfrac{-x-1}{x-1}$

$f^4(x)=f(f^3(x))=\dfrac{\dfrac{-x-1}{x-1}-1}{\dfrac{-x-1}{x-1}+1}=\dfrac{\dfrac{-2x}{x-1}}{\dfrac{-2}{x-1}}=x$

즉 함수 $f^4(x)=f^8(x)=f^{12}(x)=\cdots=f^{4n}(x)$ (n은 자연수)는 항등함수이다.

STEP Ⓒ **$f^{2026}\left(-\dfrac{1}{5}\right)$의 값 구하기**

따라서 $f^{2026}(x)=f^{4\times 506+2}(x)=f^2(x)=-\dfrac{1}{x}$이므로 $f^{2026}\left(-\dfrac{1}{5}\right)=5$ 정답 ⑤

1687

정답 ①

STEP Ⓐ **주어진 그래프에서 유리함수 $f(x)$의 식 작성하기**

주어진 그래프에서 점근선의 방정식이 $x=-1$, $y=1$이므로

$f(x)=\dfrac{k}{x+1}+1(k\neq 0)$

$y=f(x)$의 그래프가 원점을 지나므로

$k+1=0$ $\therefore k=-1$

$\therefore f(x)=-\dfrac{1}{x+1}+1=\dfrac{-1+x+1}{x+1}=\dfrac{x}{x+1}$

STEP Ⓑ **$f^2(x)$, $f^3(x)$, $\cdots$의 식을 차례로 구하여 규칙 파악하기**

$f^2(x)=f(f(x))=\dfrac{\dfrac{x}{x+1}}{\dfrac{x}{x+1}+1}=\dfrac{\dfrac{x}{x+1}}{\dfrac{x+x+1}{x+1}}=\dfrac{x}{2x+1}$

$f^3(x)=f(f^2(x))=\dfrac{\dfrac{x}{2x+1}}{\dfrac{x}{2x+1}+1}=\dfrac{\dfrac{x}{2x+1}}{\dfrac{x+2x+1}{2x+1}}=\dfrac{x}{3x+1}$

$f^4(x)=f(f^3(x))=\dfrac{\dfrac{x}{3x+1}}{\dfrac{x}{3x+1}+1}=\dfrac{\dfrac{x}{3x+1}}{\dfrac{x+3x+1}{3x+1}}=\dfrac{x}{4x+1}$

$\vdots$

즉 $f^n(x)=\dfrac{x}{nx+1}$

STEP Ⓒ **$f^{10}(1)$의 값 구하기**

따라서 $f^{10}(x)=\dfrac{x}{10x+1}$이므로 $f^{10}(1)=\dfrac{1}{11}$

---

mini해설 | $f^{10}(1)$을 직접 구하여 풀이하기

$f(1)=\dfrac{1}{2}$

$f^2(1)=f(f(1))=f\left(\dfrac{1}{2}\right)=\dfrac{1}{3}$

$f^3(1)=f(f(f(1)))=f\left(\dfrac{1}{3}\right)=\dfrac{1}{4}$

$\vdots$

$f^n(1)=f\left(\dfrac{1}{n}\right)=\dfrac{1}{n+1}$

$\therefore f^{10}(1)=\dfrac{1}{10+1}=\dfrac{1}{11}$

1688

정답 ②

STEP Ⓐ **$f(x)$의 역함수 $f^{-1}(x)$의 함수식 구하기**

$f(x)=\dfrac{x+1}{x-1}$에서 $f^{-1}(x)=\dfrac{x+1}{x-1}$ ← 점근선의 교점이 $(1, 1)$로 $f=f^{-1}$이다.

STEP Ⓑ **$f^{2024}(2)$의 값 구하기**

$f(2)=3$

$f^2(2)=f(f(2))=f(3)=2$

$f^3(2)=f(f^2(2))=f(2)=3$

$\vdots$

즉 $f^n(2)$의 값은 $3, 2, 3, 2\cdots$이 반복되므로 $f^{2024}(2)=2$

+α | $f(x)$, $f^2(x)$, $f^3(x)$, $\cdots$을 차례로 구하여 풀 수도 있어!

$f(x)=\dfrac{x+1}{x-1}$에서

$f^2(x)=(f\circ f)(x)=f(f(x))=f\left(\dfrac{x+1}{x-1}\right)=\dfrac{\dfrac{x+1}{x-1}+1}{\dfrac{x+1}{x-1}-1}=\dfrac{2x}{2}=x$

$f^3(x)=(f\circ f^2)(x)=f(f^2(x))=f(x)=\dfrac{x+1}{x-1}$

$\vdots$

따라서 $f^2(x)=f^4(x)=\cdots=f^{2n}(x)=x$이므로 $f^{2024}(2)=2$

STEP Ⓒ **$(f^{-1})^{2024}(2)$의 값 구하기**

$f(3)=2$에서 $f^{-1}(2)=3$이므로

$(f^{-1})^2(2)=f^{-1}(f^{-1}(2))=f^{-1}(3)=2$

$(f^{-1})^3(2)=f^{-1}(f^{-1})^2(2)=f^{-1}(2)=3$

$\vdots$

즉 $(f^{-1})^n(2)$의 값은 $3, 2, 3, 2\cdots$이 반복되므로 $(f^{-1})^{2024}(2)=2$

따라서 $f^{2024}(2)+(f^{-1})^{2024}(2)=2+2=4$

함수 $f(x)=\dfrac{x-3}{x+1}$ 에 대하여

$$f^1=f,\ f^{n+1}=f\circ f^n\ (n\text{은 자연수})$$

이라 할 때, $f^{2025}(3)+(f^{-1})^{2025}(3)$ 의 값은? (단, f^{-1} 은 f 의 역함수이다.)

① -6 ② -4 ③ 0
④ 4 ⑤ 6

STEP Ⓐ $f^{2025}(3)$**의 값 구하기**

$f(x)=\dfrac{x-3}{x+1}$ 에서

$f^2(x)=(f\circ f)(x)=f(f(x))$

$\quad =f\!\left(\dfrac{x-3}{x+1}\right)=\dfrac{\dfrac{x-3}{x+1}-3}{\dfrac{x-3}{x+1}+1}=-\dfrac{x+3}{x-1}$

$f^3(x)=(f\circ f^2)(x)=f(f^2(x))$

$\quad =f\!\left(-\dfrac{x+3}{x-1}\right)=\dfrac{-\dfrac{x+3}{x-1}-3}{-\dfrac{x+3}{x-1}+1}=x$

$f^3(x)=f^6(x)=\cdots=f^{3n}(x)=x$ (n은 자연수)는 항등함수이므로

$f^{2025}(x)=x$

$\therefore f^{2025}(3)=3$ ← $2025=3\times675$

STEP Ⓑ $(f^{-1})^{2025}(3)$**의 값 구하기**

$f(x)=\dfrac{x-3}{x+1}$ 에서 $f^{-1}(x)=\dfrac{-x-3}{x-1}$ 이므로

$(f^{-1})^2(x)=(f^{-1}\circ f^{-1})(x)=f^{-1}(f^{-1}(x))$

$\quad =f^{-1}\!\left(\dfrac{-x-3}{x-1}\right)=\dfrac{\dfrac{x+3}{x-1}-3}{\dfrac{-x-3}{x-1}-1}=\dfrac{x-3}{x+1}$

$(f^{-1})^3(x)=(f^{-1}(f^{-1})^2(x))$

$\quad =f^{-1}\!\left(\dfrac{x-3}{x+1}\right)=\dfrac{-\dfrac{x+3}{x+1}-3}{\dfrac{x-3}{x+1}-1}=x$

$(f^{-1})^3(x)=(f^{-1})^6(x)=\cdots=(f^{-1})^{3n}(x)=x$

$\therefore (f^{-1})^{2025}(3)=3$ ← $2025=3\times675$

STEP Ⓒ $f^{2025}(3)+(f^{-1})^{2025}(3)$**의 값 구하기**

따라서 $f^{2025}(3)+(f^{-1})^{2025}(3)=3+3=6$ 정답 ⑤

1689 정답 9

STEP Ⓐ 점 A의 좌표를 $\left(a,\dfrac{1}{a}\right)(a>0)$로 놓고 두 점 B, C의 좌표 구하기

점 A의 좌표를 $\left(a,\dfrac{1}{a}\right)(a>0)$이라 하자.

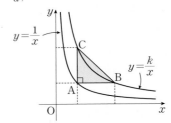

점 A를 지나고 x축에 평행한 직선이 함수 $y=\dfrac{k}{x}$ 의 그래프와 만나는 점의

y좌표는 $\dfrac{1}{a}$ 이므로

점 B의 x좌표를 b라 할 때, $\dfrac{k}{b}=\dfrac{1}{a}$ 에서 $b=ka$ $\therefore \mathrm{B}\!\left(ka,\dfrac{1}{a}\right)$

또한, 점 A를 지나고 y축에 평행한 직선이 함수 $y=\dfrac{k}{x}$ 의 그래프와 만나는

점의 x좌표는 a이므로 점 C의 y좌표를 c라 할 때,

$c=\dfrac{k}{a}$ $\therefore \mathrm{C}\!\left(a,\dfrac{k}{a}\right)$

STEP Ⓑ 삼각형 ABC의 넓이가 32일 때, 상수 k의 값 구하기

$\overline{AB}=ka-a=(k-1)a$이고 $\overline{CA}=\dfrac{k}{a}-\dfrac{1}{a}=\dfrac{1}{a}(k-1)$이므로

삼각형 ABC의 넓이는

$\dfrac{1}{2}\times(k-1)a\times\dfrac{(k-1)}{a}=32$

즉 $\dfrac{1}{2}(k-1)^2=32$에서 $(k-1)^2=64$이므로 $k-1=\pm8$

따라서 $k=9\,(\because k>1)$

1690 정답 3

STEP Ⓐ 이등변삼각형 ABC의 넓이가 $\dfrac{9}{2}$인 선분 AC의 길이 구하기

함수 $f(x)=\dfrac{4}{x}$ 의 그래프를 x축의 방향으로 a만큼, y축의 방향으로 a만큼

평행이동한 곡선이 $y=g(x)$이므로 $g(x)=\dfrac{4}{x-a}+a$

두 곡선 $y=\dfrac{4}{x}$, $y=\dfrac{4}{x-a}+a$는 직선 $y=x$에 대하여 대칭이므로

$\overline{AB}=\overline{AC}$이고, 삼각형 ABC의 넓이가 $\dfrac{9}{2}$이므로

$\dfrac{1}{2}\times\overline{AB}\times\overline{AC}=\dfrac{9}{2}$에서 $\overline{AC}^2=9$ $\therefore \overline{AC}=3$

STEP Ⓑ $0<a<2$를 만족하는 상수 a의 값 구하기

이때 $g(2)=2+\overline{AC}$에서 $\dfrac{4}{2-a}+a=2+3$, $\dfrac{4}{2-a}+a=5$

양변에 $(2-a)$를 곱하면 $4+a(2-a)=5(2-a)$

$a^2-7a+6=0$, $(a-1)(a-7)=0$

$\therefore a=1$ 또는 $a=7$

이때 $0<a<2$이므로 $a=1$

STEP Ⓒ $g(3)$의 값 구하기

따라서 $g(x)=\dfrac{4}{x-1}+1$이므로 $g(3)=\dfrac{4}{3-1}+1=3$

함수 $f(x)=\dfrac{4}{x}(x>0)$에 대하여 곡선 $y=f(x)$를 x축의 방향으로 a만큼, y축의 방향으로 a만큼 평행이동한 곡선을 $y=g(x)$라 하자.

점 $A(2, 2)$를 지나고 x축에 평행한 직선이 곡선 $y=g(x)$와 만나는 점을 B, 점 A를 지나고 y축에 평행한 직선이 곡선 $y=g(x)$와 만나는 점을 C라 하자. 삼각형 ABC의 넓이가 $\dfrac{25}{18}$일 때, $g(1)$의 값은? (단, $0<a<2$)

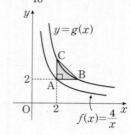

① $\dfrac{34}{3}$ ② 12   ③ $\dfrac{38}{3}$

④ $\dfrac{40}{3}$ ⑤ 14

STEP Ⓐ 이등변삼각형 ABC의 넓이가 $\dfrac{25}{18}$인 선분 AC의 길이 구하기

함수 $f(x)=\dfrac{4}{x}$의 그래프를 x축의 방향으로 a만큼, y축의 방향으로 a만큼 평행이동한 곡선이 $y=g(x)$이므로 $g(x)=\dfrac{4}{x-a}+a$

두 곡선 $y=\dfrac{4}{x}$, $y=\dfrac{4}{x-a}+a$는 직선 $y=x$에 대하여 대칭이므로

$\overline{AB}=\overline{AC}$이고 삼각형 ABC의 넓이가 $\dfrac{25}{18}$이므로

$\dfrac{1}{2}\times\overline{AB}\times\overline{AC}=\dfrac{25}{18}$에서 $\overline{AC}^2=\dfrac{25}{9}$ $\therefore \overline{AC}=\dfrac{5}{3}$

STEP Ⓑ $0<a<2$를 만족하는 상수 a의 값 구하기

이때 $g(2)=2+\overline{AC}$에서 $\dfrac{4}{2-a}+a=2+\dfrac{5}{3}$, $\dfrac{4}{2-a}+a=\dfrac{11}{3}$

양변에 $3(2-a)$를 곱하면

$12+3a(2-a)=11(2-a)$

$3a^2-17a+10=0$, $(3a-2)(a-5)=0$

$\therefore a=\dfrac{2}{3}$ 또는 $a=5$

즉 $0<a<2$이므로 $a=\dfrac{2}{3}$

STEP Ⓒ $g(1)$의 값 구하기

따라서 $g(x)=\dfrac{4}{x-\dfrac{2}{3}}+\dfrac{2}{3}=\dfrac{12}{3x-2}+\dfrac{2}{3}$이므로 $g(1)=12+\dfrac{2}{3}=\dfrac{38}{3}$

정답 ③

1691

STEP Ⓐ 함수 $f(x)$의 그래프의 점근선의 방정식 구하기

함수 $f(x)=\dfrac{ax}{x+1}=-\dfrac{a}{x+1}+a$의 그래프의 점근선의 방정식은 $x=-1$, $y=a$

STEP Ⓑ 넓이가 18일 때, a의 값 구하기

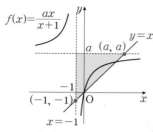

이때 두 직선 $x=-1$, $y=a$와 직선 $y=x$로 둘러싸인 부분의 넓이는

$\dfrac{1}{2}(a+1)^2=18$

따라서 $(a+1)^2=36$이므로 양수 a는 $a=5$

1692

정답 ④

STEP Ⓐ 평행사변형 ACDB의 넓이 구하기

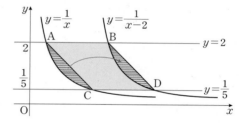

두 함수 $y=\dfrac{1}{x}$, $y=\dfrac{1}{x-2}$의 그래프가 직선 $y=2$와 만나는 점을 각각

A, B라 하고 직선 $y=\dfrac{1}{5}$와 만나는 점을 각각 C, D라 하면

함수 $y=\dfrac{1}{x-2}$의 그래프는 함수 $y=\dfrac{1}{x}$의 그래프를 x축의 방향으로 2만큼 평행이동한 것이므로 사각형 ACDB는 평행사변형이고

$\overline{AB}=\overline{CD}=2$

이때 위의 그림에서 빗금 친 두 부분의 넓이는 서로 같으므로 구하고자 하는 색칠된 도형의 넓이는 평행사변형 ACDB의 넓이와 같다.

따라서 구하고자 하는 도형의 넓이는 $\overline{AB}\times\left(2-\dfrac{1}{5}\right)=2\times\dfrac{9}{5}=\dfrac{18}{5}$

두 함수 $y=\dfrac{2}{x}$, $y=\dfrac{2}{x-3}$ 의 그래프와 두 직선 $y=\dfrac{2}{3}$, $y=2$ 로 둘러싸인 도형의 넓이는?

① $\dfrac{12}{5}$ ② $\dfrac{14}{5}$ ③ $\dfrac{16}{5}$

④ $\dfrac{18}{5}$ ⑤ 4

STEP Ⓐ 평행사변형 ACDB의 넓이 구하기

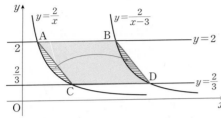

두 함수 $y=\dfrac{2}{x}$, $y=\dfrac{2}{x-3}$ 의 그래프가 직선 $y=2$ 와 만나는 점을 각각

A, B라 하고 직선 $y=\dfrac{2}{3}$ 와 만나는 점을 각각 C, D라 하면

함수 $y=\dfrac{2}{x-3}$ 의 그래프는 함수 $y=\dfrac{2}{x}$ 의 그래프를 x 축의 방향으로 3만큼 평행이동한 것이므로 사각형 ACDB는 평행사변형이고

$\overline{AB}=\overline{CD}=3$

이때 위의 그림에서 빗금 친 두 부분의 넓이는 서로 같으므로
구하고자 하는 색칠된 도형의 넓이는 평행사변형 ACDB의 넓이와 같다.

따라서 구하고자 하는 도형의 넓이는 $\overline{AB}\times\left(2-\dfrac{2}{3}\right)=3\times\dfrac{4}{3}=4$ 정답 ⑤

1693 2017년 11월 고1 학력평가 13번 정답 ①

STEP Ⓐ 점 P의 좌표를 $\mathrm{P}\left(a,\ \dfrac{2}{a}\right)$ 라 하고 두 점 Q, R의 좌표를 a 에 대하여 나타내기

직선 l 과 함수 $y=\dfrac{2}{x}$ 의 그래프가 만나는 두 점이 P, Q이므로

두 점은 원점에 대하여 대칭이므로
원점에 대한 대칭이동 : $(x,\ y)\longrightarrow(-x,\ -y)$

$\left(a,\ \dfrac{2}{a}\right)(a>0)$ 라 하면 $\mathrm{Q}\left(-a,\ -\dfrac{2}{a}\right)$

점 P를 지나고 x 축에 수직인 직선과 점 Q를 지나고

수직인 직선이 만나는 점이 R이므로 $\mathrm{R}\left(a,\ -\dfrac{2}{a}\right)$ ← x 축에 대하여 대칭이므로 y 좌표의 부호가 바뀐다.

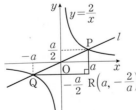

각형 PQR의 넓이 구하기

$\left. \dfrac{2}{a}\right)\left.\right|=\dfrac{4}{a}$ ← |(점 P의 y 좌표)−(점 R의 y 좌표)|

$=2a$ ← |(점 R의 x 좌표)−(점 Q의 x 좌표)|

QR의 넓이는

$\times\dfrac{4}{a}\times 2a=4$

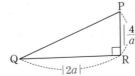

그림과 같이 원점을 지나는 직선 l 과 함수 $y=\dfrac{a}{x}(a>0)$ 의 그래프가 두 점 P, Q에서 만난다. 점 P를 지나고 x 축에 수직인 직선과 점 Q를 지나고 y 축에 수직인 직선이 만나는 점을 R이라 하자. 삼각형 PQR의 넓이가 8일 때, a 의 값은?

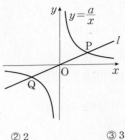

① 1 ② 2 ③ 3

④ 4 ⑤ 5

STEP Ⓐ 점 P의 좌표를 $\mathrm{P}\left(k,\ \dfrac{a}{k}\right)$ 라 하고 두 점 Q, R의 좌표를 a, k 에 대하여 나타내기

직선 l 과 함수 $y=\dfrac{a}{x}$ 의 그래프가 만나는 두 점이 P, Q이므로

두 점은 원점에 대하여 대칭이므로
원점에 대한 대칭이동 : $(x,\ y)\longrightarrow(-x,\ -y)$

$\mathrm{P}\left(k,\ \dfrac{a}{k}\right)(k>0)$ 라 하면 $\mathrm{Q}\left(-k,\ -\dfrac{a}{k}\right)$

이때 점 P를 지나고 x 축에 수직인 직선과 점 Q를 지나고

y 축에 수직인 직선이 만나는 점이 R이므로 $\mathrm{R}\left(k,\ -\dfrac{a}{k}\right)$ ← x 축에 대하여 대칭이므로 y 좌표의 부호가 바뀐다.

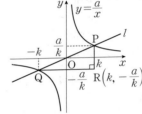

STEP Ⓑ 삼각형 PQR의 넓이가 8일 때, a 의 값 구하기

$\overline{PR}=\left|\dfrac{a}{k}-\left(-\dfrac{a}{k}\right)\right|=\dfrac{2a}{k}$ ← |(점 P의 y 좌표)−(점 R의 y 좌표)|

$\overline{QR}=|k-(-k)|=2k$ ← |(점 R의 x 좌표)−(점 Q의 x 좌표)|

삼각형 PQR의 넓이가 8이므로

$\dfrac{1}{2}\times\overline{PQ}\times\overline{QR}=\dfrac{1}{2}\times\dfrac{2a}{k}\times 2k$

$=2a=8(\because a>0)$

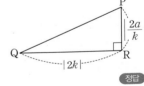

따라서 $a=4$ 정답 ④

STEP Ⓐ 넓이가 같은 두 삼각형 OAP, OQB의 넓이 구하기

직선 $y=-x+6$이 x축, y축과 만나는
점을 각각 A, B라 하면

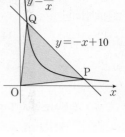

A(6, 0), B(0, 6)

(삼각형 OAB의 넓이)$=\dfrac{1}{2}\times6\times6=18$

함수 $y=\dfrac{k}{x}$의 그래프와 직선 $y=-x+6$은
모두 직선 $y=x$에 대하여 대칭이므로

점 P(a, b)라 하면 점 Q(b, a)이다.

삼각형 OAP와 삼각형 OQB의 넓이는 서로 같다.
삼각형 OPQ의 넓이가 14이므로

(삼각형 OAP의 넓이)=(삼각형 OQB의 넓이)$=\dfrac{1}{2}(18-14)=2$

STEP Ⓑ 점 P의 좌표를 구하여 k의 값 구하기

점 P의 좌표를 (a, b)라 하면

(삼각형 OAP의 넓이)$=\dfrac{1}{2}\times6\times b=2$에서 $b=\dfrac{2}{3}$

점 P는 직선 $y=-x+6$ 위의 점이므로 $b=-a+6=\dfrac{2}{3}$ $\therefore a=\dfrac{16}{3}$

따라서 점 P는 함수 $y=\dfrac{k}{x}$의 그래프 위의 점이므로

$k=ab=\dfrac{16}{3}\times\dfrac{2}{3}=\dfrac{32}{9}$

---

mini 해설 | 내분점을 이용하여 풀이하기

직선 $y=-x+6$이 x축, y축과 만나는 점을 각각 A, B라 하면
A(6, 0), B(0, 6)

(삼각형 OAB의 넓이)$=\dfrac{1}{2}\times6\times6=18$

함수 $y=\dfrac{k}{x}$의 그래프와 직선 $y=-x+6$은 모두 직선 $y=x$에 대하여
대칭이므로 삼각형 OAP와 삼각형 OQB의 넓이는 서로 같다.
삼각형 OPQ의 넓이가 14이므로

(삼각형 OAP의 넓이)=(삼각형 OQB의 넓이)$=\dfrac{1}{2}(18-14)=2$

세 삼각형 OAP, OPQ, OQB의 넓이의 비와 세 선분 AP, PQ, QB의 길이의 비가
같으므로 $\overline{\text{AP}}:\overline{\text{PQ}}:\overline{\text{QB}}=2:14:2=1:7:1$
그러므로 점 P는 선분 AB를 1 : 8로 내분하는 점이므로

두 점 A(x_1, y_1), B(x_2, y_2)에 대하여 선분 AB를 $m:n$으로

내분하는 점 P의 좌표는 $\left(\dfrac{mx_2+nx_1}{m+n}, \dfrac{my_2+ny_1}{m+n}\right)$

P$\left(\dfrac{1\times0+8\times6}{1+8}, \dfrac{1\times6+8\times0}{1+8}\right)$, 즉 P$\left(\dfrac{16}{3}, \dfrac{2}{3}\right)$

따라서 점 P는 함수 $y=\dfrac{k}{x}$의 그래프 위의 점이므로 $k=\dfrac{16}{3}\times\dfrac{2}{3}=\dfrac{32}{9}$

---

mini 해설 | 점과 직선 사이의 거리를 이용하여 풀이하기

원점에서 직선 $y=-x+6$에 내린 수선의
발을 H라 하면 직선 OH와 직선 $y=-x+6$은
서로 수직이므로 기울기의 곱이 -1이어야 한다.
즉 직선 OH의 방정식은 $y=x$이고
점 H의 좌표는 (3, 3)
$\overline{\text{OH}}=\sqrt{3^2+3^2}=3\sqrt{2}$
삼각형 OPQ의 넓이가 14이므로
삼각형 OPH의 넓이는 7

$\dfrac{1}{2}\times\overline{\text{OH}}\times\overline{\text{PH}}=7$ $\therefore \overline{\text{PH}}=\dfrac{7\sqrt{2}}{3}$

점 P의 좌표를 (a, $-a+6$)이라 하면 점 P와 직선 $x-y=0$ 사이의 거리는

점 (x_1, y_1)과 직선 $ax+by+c=0$ 사이의 거리 $d=\dfrac{|ax_1+by_1+c|}{\sqrt{a^2+b^2}}$

선분 PH의 길이와 같으므로 $\dfrac{|2a-6|}{\sqrt{2}}=\dfrac{7\sqrt{2}}{3}$ ← $|2a-6|=\dfrac{14}{3}$

$a>3$이므로 $a=\dfrac{16}{3}$

따라서 점 P의 좌표는 $\left(\dfrac{16}{3}, \dfrac{2}{3}\right)$이고 $k=\dfrac{16}{3}\times\dfrac{2}{3}=\dfrac{32}{9}$

내신연계 출제문항 825

그림과 같이 유리함수 $y=\dfrac{k}{x}(k>0)$의
그래프가 직선 $y=-x+10$과 두 점
P, Q에서 만난다. 삼각형 OPQ의 넓이
가 30일 때, 상수 k의 값은?
(단, O는 원점이다.)

① 10 　　　　② 12
③ 14 　　　　④ 16
⑤ 18

STEP Ⓐ 넓이가 같은 두 삼각형 OAP, OQB의 넓이 구하기

직선 $y=-x+10$이 x축, y축과 만나는
점을 각각 A, B라 하면

A(10, 0), B(0, 10)

(삼각형 OAB의 넓이)$=\dfrac{1}{2}\times10\times10=50$

함수 $y=\dfrac{k}{x}$의 그래프와 직선 $y=-x+6$
은 모두 직선 $y=x$에 대하여 대칭이므로

점 P(a, b)라 하면 점 Q(b, a)이다.

삼각형 OAP와 삼각형 OQB의 넓이는 서로 같다.
삼각형 OPQ의 넓이가 30이므로

(삼각형 OAP의 넓이)=(삼각형 OQB의 넓이)$=\dfrac{1}{2}(50-30)=10$

STEP Ⓑ 점 P의 좌표를 구하여 k의 값 구하기

점 P의 좌표를 (a, b)라 하면

(삼각형 OAP의 넓이)$=\dfrac{1}{2}\times10\times b=10$에서 $b=2$
점 P는 직선 $y=-x+10$ 위의 점이므로

$b=-a+10=2$ $\therefore a=8$

따라서 점 P는 함수 $y=\dfrac{k}{x}$의 그래프 위의 점이므로

$k=ab=2\times8=16$

1695

STEP Ⓐ 산술평균과 기하평균의 관계를 이용하여 $\overline{\text{P}}$

점 P의 좌표를 P$\left(t, \dfrac{16}{t-2}\right)(t>2)$라 하면 $t-2>0$

$\overline{\text{PQ}}+\overline{\text{PR}}=\dfrac{16}{t-2}+t$

$=(t-2)+\dfrac{16}{t-2}+2$

$\geq2\sqrt{(t-2)\times\dfrac{16}{t-2}}+2$

$=2\sqrt{16}+2=10\left(\text{단, 등호는 } t-2=\right.$

이므로 최솟값은 $b=10$

STEP Ⓑ $a+b$의 값 구하기

$\overline{\text{PQ}}+\overline{\text{PR}}$의 값이 최소가 될 때는 $t-2=$

양변에 $t-2$를 곱하면 $(t-2)^2=16$
$t-2=4$ 또는 $t-2=-4$ $\therefore t=6$ 또는
$t>2$이므로 $t=6$
따라서 $a=6$, $b=10$이므로 $a+b=6$

1696

정답 ③

STEP A 점 P의 좌표를 임의로 두고 두 점 Q, R의 좌표 구하기

점 P의 x좌표를 $a(a>1)$라 하면

$P\left(a, \frac{16}{a-1}+2\right)$, $Q(a, 2)$, $R\left(1, \frac{16}{a-1}+2\right)$

즉 $\overline{PQ}=\frac{16}{a-1}+2-2=\frac{16}{a-1}>0$, $\overline{PR}=a-1>0$

STEP B 산술평균과 기하평균을 이용하여 최솟값 구하기

산술평균과 기하평균의 관계에 의하여

$\overline{PQ}+\overline{PR}=\frac{16}{a-1}+a-1\geq 2\sqrt{\frac{16}{a-1}\times(a-1)}=8$

등호는 $\frac{16}{a-1}=a-1$, 즉 $a=5$일 때, 성립한다.

따라서 구하는 최솟값은 8

1697

정답 ①

STEP A 점 P의 좌표를 임의로 두고 사각형 OAPB의 둘레의 길이 구하기

점 P의 좌표를 $P\left(t, \frac{1}{t-1}\right)(t>1)$로 놓으면

사각형 OAPB의 둘레의 길이는 $2\left(\frac{1}{t-1}+t\right)$ ← $\overline{PA}=\frac{1}{t-1}$, $\overline{PB}=t$

STEP B 산술평균과 기하평균을 이용하여 둘레가 최소일 때, t의 값 구하기

$t-1>0$이므로 산술평균과 기하평균의 관계에 의하여

$2\left(\frac{1}{t-1}+t\right)=2\left(\frac{1}{t-1}+t-1+1\right)\geq 2\left\{2\sqrt{\frac{1}{t-1}\times(t-1)}+1\right\}=6$

이때 등호는 $t-1=\frac{1}{t-1}$, $(t-1)^2=1$일 때, 성립하므로

$t=2$일 때, 둘레의 길이가 최소가 된다.

STEP C 사각형 OAPB의 넓이 구하기

따라서 사각형 OAPB의 넓이는 $t\times\frac{1}{t-1}=2\times 1=2$ ← $t=2$

내신연계 / 출제문항 826

곡선 $y=\frac{2}{x-1}$ $(x>1)$ 위의 한 점 P와 점 P 에서 x축, y축에 내린 수선의 발을 각각 A, B 라고 하자. 사각형 OAPB의 둘레의 길이의 최소일 때, 이 사각형의 넓이는?

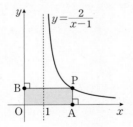

① $\sqrt{2}-1$ ② $2-\sqrt{2}$
③ $\sqrt{2}$ ④ $1+\sqrt{2}$
⑤ $\sqrt{2}+2$

STEP A 점 P의 좌표를 임의로 정하고 사각형 OAPB의 둘레의 길이 구하기

점 P의 좌표를 $P\left(t, \frac{2}{t-1}\right)(t>1)$로 놓으면

사각형 OAPB의 둘레의 길이는 $2\left(\frac{2}{t-1}+t\right)$ ← $\overline{PA}=\frac{2}{t-1}$, $\overline{PB}=t$

STEP B 산술평균과 기하평균을 이용하여 둘레가 최소일 때 t의 값 구하기

$t-1>0$이므로 산술평균과 기하평균의 관계에 의하여

$2\left(\frac{2}{t-1}+t\right)=2\left(\frac{2}{t-1}+t-1+1\right)\geq 2\left\{2\sqrt{\frac{2}{t-1}\times(t-1)}+1\right\}=2+4\sqrt{2}$

이때 등호는 $t-1=\frac{2}{t-1}$, $(t-1)^2=2$일 때, 성립하므로

$t=1+\sqrt{2}$일 때, 둘레의 길이가 최소가 된다.

STEP C 사각형 OAPB의 넓이 구하기

따라서 사각형 OAPB의 넓이는 $t\times\frac{2}{t-1}=\frac{2(1+\sqrt{2})}{1+\sqrt{2}-1}=\sqrt{2}+2$ 정답 ⑤

1698

정답 ④

STEP A 점 P의 x좌표를 a로 놓고 직사각형 ACDB의 둘레의 길이 구하기

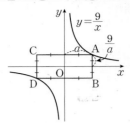

점 A의 좌표를 $\left(a, \frac{9}{a}\right)(a>0)$라 하면

점 A에서 x축, y축에 이르는 거리는 각각 $\frac{9}{a}$, a이고

세 점 B, C, D는 각각 x축, y축, 원점에 대칭이므로

점 A의 x좌표와 y좌표를 더하고 4를 곱한 것은 직사각형 ACDB의 둘레의 길이와 같으므로 둘레의 길이는 $4\left(a+\frac{9}{a}\right)$

STEP B 산술평균과 기하평균의 관계를 이용하여 최솟값 구하기

$a>0$, $\frac{9}{a}>0$이므로 산술평균과 기하평균의 관계에 의하여

$a+\frac{9}{a}\geq 2\sqrt{a\times\frac{9}{a}}=2\sqrt{9}=6$이므로

$4\left(a+\frac{9}{a}\right)\geq 24$ (단, 등호는 $a=3$일 때 성립한다.)

따라서 직사각형 ACDB의 둘레의 길이의 최솟값은 24

1699

정답 ⑤

STEP A $\overline{PA}$, $\overline{PB}$의 길이를 a로 나타내기

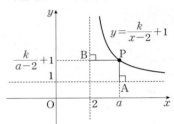

점 A의 x좌표를 $a(a>2)$라 하면

$P\left(a, \frac{k}{a-2}+1\right)$

$\overline{PA}=\left(\frac{k}{a-2}+1\right)-1=\frac{k}{a-2}$

$\overline{PB}=a-2$

STEP B 산술평균과 기하평균의 관계를 이용하여 $\overline{PA}+\overline{PB}$의 최솟값 구하기

이때 $\frac{k}{a-2}>0$, $a-2>0$이므로 산술평균과 기하평균에 관계에 의하여

$\overline{PA}+\overline{PB}=\frac{k}{a-2}+(a-2)\geq 2\sqrt{\frac{k}{a-2}\times(a-2)}=2\sqrt{k}$

$\left(\text{단, 등호는 } \frac{k}{a-2}=a-2일 때 성립한다.\right)$

즉 $\overline{PA}+\overline{PB}$의 최솟값이 10이므로 $2\sqrt{k}=10$, $\sqrt{k}=5$

따라서 $k=25$

1700

STEP A 평행이동한 유리함수의 식에서 점 P의 x좌표를 t라 하고 직사각형의 넓이 구하기

$x>0$에서 정의된 함수 $y=\dfrac{3}{x}$의 그래프를 x축의 방향으로 3만큼, y축의 방향으로 1만큼 평행이동한 그래프의 식은 $y=\dfrac{3}{x-3}+1\,(x>3)$이고 그래프는 오른쪽 그림과 같다.

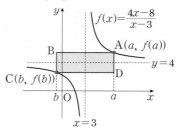

점 P는 $y=\dfrac{3}{x-3}+1$의 그래프 위의 점이므로 점 P의 좌표를 $P\left(t,\ \dfrac{3}{t-3}+1\right)(t>3)$라 하면 직사각형 ROQP의 넓이 S는

$$S=\overline{PQ}\times\overline{PR}=\left(\dfrac{3}{t-3}+1\right)\times t=t\left(\dfrac{3}{t-3}+1\right)$$

STEP B 산술평균과 기하평균의 관계를 이용하여 직사각형의 넓이의 최솟값 구하기

$$S=t\left(\dfrac{3}{t-3}+1\right)=\dfrac{3t}{t-3}+t=\dfrac{3(t-3)+9}{t-3}+t$$
$$=\dfrac{9}{t-3}+t+3$$
$$=\dfrac{9}{t-3}+(t-3)+6$$

이때 $t>3$이므로 산술평균과 기하평균의 관계에 의하여

$$\dfrac{9}{t-3}+(t-3)+6\geq 2\sqrt{\dfrac{9}{t-3}\times(t-3)}+6$$
$$=6+6$$
$$=12\ (\text{단, 등호는 }t=6\text{일 때 성립한다.})$$

따라서 사각형 OQPR의 넓이의 최솟값은 12

내/신/연/계 출제문항 827

$x>0$에서 정의된 함수 $y=\dfrac{8}{x}$의 그래프를 x축의 방향으로 2만큼, y축의 방향으로 1만큼 평행이동한 그래프 위의 점 P에서 x축, y축에 내린 수선의 발을 각각 Q, R이라 할 때, 사각형 OQPR의 넓이의 최솟값은? (단, O는 원점이다.)

① 12 ② 15 ③ 18
④ 21 ⑤ 24

STEP A 평행이동한 유리함수의 식에서 점 P의 x좌표를 t라 하고 직사각형의 넓이 구하기

$y=\dfrac{8}{x}$의 그래프를 x축의 방향으로 2만큼, y축의 방향으로 1만큼 평행이동한 그래프의 식은 $y=\dfrac{8}{x-2}+1$이고 그래프는 다음 그림과 같다.

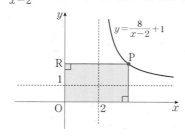

$P\left(t,\ \dfrac{8}{t-2}+1\right)(t>2)$이라 하면

$Q(t,\ 0),\ R\left(0,\ \dfrac{8}{t-2}+1\right)$이므로

직사각형 ROQP의 넓이 S는
$$S=\overline{PQ}\times\overline{PR}=\left(\dfrac{8}{t-2}+1\right)\times t=t\left(\dfrac{8}{t-2}+1\right)$$

STEP B 산술평균과 기하평균의 관계를 이용하여 직사각형의 넓이의 최솟값 구하기

$$S=t\left(\dfrac{8}{t-2}+1\right)=\dfrac{8t}{t-2}+t=\dfrac{8(t-2)+16}{t-2}+t$$
$$=\dfrac{16}{t-2}+t+8=\dfrac{16}{t-2}+(t-2)+10$$

이때 $t>2$이므로 산술평균과 기하평균의 관계에 의하여

$$\dfrac{16}{t-2}+(t-2)+10\geq 2\sqrt{\dfrac{16}{t-2}\times(t-2)}+10$$
$$=8+10$$
$$=18\ (\text{단, 등호는 }t=6\text{일 때 성립한다.})$$

따라서 사각형 OQPR의 넓이의 최솟값은 18

1701

STEP A 두 선분 AD, CD의 길이를 a, b에 대하여 나타내기

$f(x)=\dfrac{4x-8}{x-3}=\dfrac{4(x-3)+4}{x-3}=\dfrac{4}{x-3}+4$이므로

함수 $y=f(x)$의 그래프의 점근선의 방정식은 $x=3,\ y=4$

이때 $a>3$, $b<3$이므로 $f(a)>f(b)$

한편 점 D의 좌표는 $(a,\ f(b))$이므로

$$\overline{AD}=f(a)-f(b)=\dfrac{4}{a-3}-\dfrac{4}{b-3},\quad \overline{CD}=a-b$$

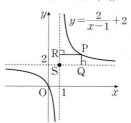

STEP B 직사각형 ABCD의 넓이의 최솟값 구하기

따라서 직사각형 ABCD의 넓이는

$$\left(\dfrac{4}{a-3}-\dfrac{4}{b-3}\right)\times(a-b)=\left(\dfrac{4}{a-3}-\dfrac{4}{b-3}\right)\times\{(a-3)-(b-3)\}$$
$$=4-\dfrac{4(b-3)}{a-3}-\dfrac{4(a-3)}{b-3}+4$$
$$=8+4\times\left(\dfrac{3-b}{a-3}+\dfrac{a-3}{3-b}\right)$$
$$\geq 8+4\times 2\sqrt{\dfrac{3-b}{a-3}\times\dfrac{a-3}{3-b}}=16$$
$$\left(\text{단, 등호는 }\dfrac{3-b}{a-3}=\dfrac{a-3}{3-b}\text{일 때 성립한다.}\right)$$

이므로 직사각형 ABCD의 넓이의 최솟값은 16

1702

2013년 11월 고1 학력평가 16번

STEP A 점 P의 x좌표를 a로 놓고 세 점 P, Q, R의 좌표 구하기

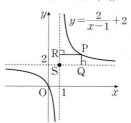

점 P의 좌표를 $P(a,\ b)\,(a>1)$이라 하면

<small>제1사분면 위의 점이므로 $a>1$</small>

$b=\dfrac{2}{a-1}+2$이므로 $P\left(a,\ \dfrac{2}{a-1}+2\right)$

그러므로 세 점 Q, R, S의 좌표는 각각 $Q(a, 2)$, $R\left(1, \frac{2}{a-1}+2\right)$, $S(1, 2)$

STEP B 사각형 PQRS의 둘레의 길이를 a로 나타내기

$\overline{PR}=a-1$ ← (점 P의 x좌표)−(점 R의 x좌표)

$\overline{PQ}=\left(\frac{2}{a-1}+2\right)-2=\frac{2}{a-1}$ ← (점 P의 y좌표)−(점 Q의 y좌표)

즉 직사각형 PRSQ의 둘레의 길이는

$2(\overline{PR}+\overline{PQ})=2(a-1)+\frac{4}{a-1}$

STEP C 산술평균과 기하평균의 관계를 이용하여 최솟값 구하기

이때 $a-1>0$이므로 산술평균과 기하평균의 관계에 의하여

$a>0$, $b>0$일 때, $a+b \geq 2\sqrt{ab}$

$2(a-1)+\frac{4}{a-1} \geq 2\sqrt{2(a-1) \times \frac{4}{a-1}}=4\sqrt{2}$

$\left(\text{단, 등호는 } a-1=\frac{2}{a-1}\text{일 때 } a=1+\sqrt{2},\ b=2+\sqrt{2}\text{는 성립한다.}\right)$

따라서 직사각형 PRSQ의 둘레의 길이의 최솟값은 $4\sqrt{2}$

내/신/연/계 출제문항 **828**

그림과 같이 함수 $y=\frac{9}{x-2}+4$의 그래프 위의 한 점 P에서 이 함수의 그래프의 두 점근선에 내린 수선의 발을 각각 Q, R이라 하고, 두 점근선의 교점을 S라 하자. 사각형 PRSQ의 둘레의 길이의 최솟값은?
(단, 점 P는 제1사분면 위의 점이다.)

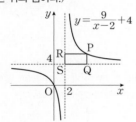

① 4 ② $4\sqrt{2}$ ③ 8
④ $8\sqrt{2}$ ⑤ 12

STEP A 점 P의 x좌표를 a로 놓고 $\overline{PQ}$, $\overline{SQ}$를 a에 대하여 나타내기

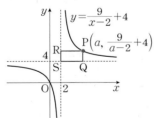

함수 $y=\frac{9}{x-2}+4$의 그래프의 두 점근선의 교점은 $S(2, 4)$

점 P의 좌표를 $\left(a, \frac{9}{a-2}+4\right)(a>2)$라 하면

점 Q의 좌표는 $(a, 4)$이므로 $\overline{PQ}=\frac{9}{a-2}$, $\overline{SQ}=a-2$

STEP B 산술평균과 기하평균의 관계를 이용하여 사각형 PRSQ의 둘레의 길이의 최솟값 구하기

직사각형 PRSQ의 둘레의 길이는 $2\left(a-2+\frac{9}{a-2}\right)$

이때 $a-2>0$이므로 산술평균과 기하평균의 관계에 의하여

점 P는 점근선 $x=2$를 기준으로 우측에 있으므로 $a>2$

$a-2+\frac{9}{a-2} \geq 2\sqrt{(a-2) \times \frac{9}{a-2}}=6$

$\left(\text{단, 등호는 } a-2=\frac{9}{a-2}\text{일 때 성립한다.}\right)$

따라서 직사각형 PRSQ의 둘레의 길이의 최솟값은 $2 \times 6=12$ **정답** ⑤

STEP A 세 점 P, Q, R의 좌표를 a에 대하여 나타내기

점 P의 x의 좌표를 a라 하면 $P\left(a, \frac{3}{a}\right)$

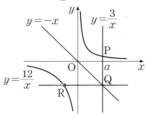

(i) $a>0$일 때,

$P\left(a, \frac{3}{a}\right)$, $Q(a, -a)$, $R\left(-\frac{12}{a}, -a\right)$이므로

$\overline{PQ}=a+\frac{3}{a}$ ← (점 P의 y좌표)+| 점 Q의 y좌표|$(a>0)$

$\overline{QR}=a+\frac{12}{a}$ ← (점 Q의 x좌표)+| 점 R의 x좌표|$(a>0)$

STEP B 산술평균 기하평균을 이용하여 최솟값 구하기

$\overline{PQ} \times \overline{QR}=\left(a+\frac{3}{a}\right)\left(a+\frac{12}{a}\right)$

$=a^2+\frac{36}{a^2}+15$

$\geq 2\sqrt{a^2 \times \frac{36}{a^2}}+15$ ← $a>0$, $b>0$일 때, $a+b \geq 2\sqrt{ab}$
(단, 등호는 $a=b$일 때 성립한다.)

$=27\left(\text{단, 등호는 } a^2=\frac{36}{a^2}, \text{즉 } a=\sqrt{6}\text{일 때 성립한다.}\right)$

$a=\sqrt{6}$일 때, $\overline{PQ} \times \overline{QR}$은 최솟값 27을 갖는다.

STEP C $a<0$일 때, 산술평균 기하평균을 이용하여 최솟값 구하기

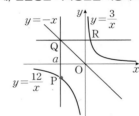

(ii) $a<0$일 때,

$P\left(a, \frac{12}{a}\right)$, $Q(a, -a)$, $R\left(-\frac{3}{a}, -a\right)$이므로

$\overline{PQ}=-a-\frac{12}{a}$ ← (점 P의 y좌표)+(점 Q의 y좌표)$(a<0)$

$\overline{QR}=-a-\frac{3}{a}$ ← (점 Q의 x좌표)+(점 R의 x좌표)$(a<0)$

$\overline{PQ} \times \overline{QR}=\left(-a-\frac{12}{a}\right)\left(-a-\frac{3}{a}\right)=a^2+\frac{36}{a^2}+15$

(i)에서와 같이 $a=-\sqrt{6}$일 때, $\overline{PQ} \times \overline{QR}$은 최솟값 27을 갖는다.

(i), (ii)에 의하여 $\overline{PQ} \times \overline{QR}$의 최솟값은 27

좌표평면 위에 함수 $f(x)=\begin{cases}\dfrac{4}{x} & (x>0) \\ \dfrac{16}{x} & (x<0)\end{cases}$ 의 그래프와 직선 $y=-x$가 있다.

함수 $y=f(x)$의 그래프 위의 x좌표가 양수인 점 P를 지나고 x축에 수직인 직선이 직선 $y=-x$와 만나는 점을 Q라 하자. 점 Q를 지나고 y축에 수직인 직선이 함수 $y=f(x)$의 그래프와 만나는 점을 R이라 할 때, $\overline{PQ}\times\overline{QR}$의 최솟값을 구하시오.

STEP Ⓐ 세 점 P, Q, R의 점의 좌표를 a에 대하여 나타내기

점 P를 지나고 x축에 수직인 직선이 직선 $y=-x$와 만나는 점이 Q이므로
점 P의 좌표를 $\left(a,\ \dfrac{4}{a}\right)(a>0)$라 하면 점 Q의 좌표는 $(a,\ -a)$

또한, 점 Q를 지나고 y축에 수직인 직선이 함수 $y=f(x)$의 그래프와 만나는
점이 R이므로 점 R의 좌표는 $\left(-\dfrac{16}{a},\ -a\right)$

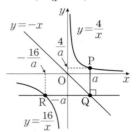

STEP Ⓑ 산술평균 기하평균을 이용하여 최솟값 구하기

$\overline{PQ}=\dfrac{4}{a}-(-a)=a+\dfrac{4}{a}$ 이고 $\overline{QR}=a-\left(-\dfrac{16}{a}\right)=a+\dfrac{16}{a}$ 이므로

$\overline{PQ}\times\overline{QR}=\left(a+\dfrac{4}{a}\right)\left(a+\dfrac{16}{a}\right)$

$=a^2+\dfrac{64}{a^2}+20$

$\geq 2\sqrt{a^2\times\dfrac{64}{a^2}}+20=36\ \left(\text{단, 등호는 }a^2=\dfrac{64}{a^2}\text{일 때 성립한다.}\right)$

따라서 구하는 $\overline{PQ}\times\overline{QR}$의 최솟값은 36

정답 36

1704

정답 ②

STEP Ⓐ 유리함수의 그래프와 직선 $y=-x+2$의 관계를 이해하기

$f(x)=\dfrac{x}{x-1}=\dfrac{1}{x-1}+1$의 그래프의 점근선의 방정식은 $x=1$, $y=1$

이때 직선 $y=-x+2$는 두 점근선의 교점 $(1,\ 1)$을 지나므로
이 유리함수의 그래프는 직선 $y=-x+2$에 대하여 대칭이 된다.

+α 유리함수의 그래프가 직선 $y=-x+2$에 대하여 대칭인 이유!

유리함수 $y=\dfrac{1}{x-1}+1$의 그래프는 점 $(1,\ 1)$에 대하여 대칭이고
점 $(1,\ 1)$을 지나고 기울기가 1 또는 -1인 직선에 대하여 대칭이다.
즉 직선 $y=-(x-1)+1=-x+2$에 대하여 대칭이다.

STEP Ⓑ 곡선 위의 점 P와 직선 사이의 거리를 이용하여 최솟값 구하기

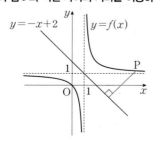

유리함수 그래프 위의 한 점을 $P\left(t,\ \dfrac{1}{t-1}+1\right)$이라 하면
점 P와 직선 $x+y-2=0$ 사이의 거리는

$\dfrac{\left|t+\dfrac{1}{t-1}+1-2\right|}{\sqrt{1^2+1^2}}=\dfrac{\left|t-1+\dfrac{1}{t-1}\right|}{\sqrt{2}}$

이때 $t>1$이므로 산술평균과 기하평균의 관계에 의하여

$t-1+\dfrac{1}{t-1}\geq 2\sqrt{(t-1)\times\dfrac{1}{t-1}}=2\ (\text{단, 등호는 }t=2\text{일 때 성립한다.})$

 $t-1=\dfrac{1}{t-1}$ 일 때,
 $(t-1)^2=1$, $t-1=1$ $\therefore t=2(t>1)$

따라서 구하는 거리의 최솟값은 $\dfrac{2}{\sqrt{2}}=\sqrt{2}$

POINT 점과 직선 사이의 거리

점 $P(x_1,\ y_1)$에서 직선 $ax+by+c=0$까지의 거리를 d라 할 때,
$d=\dfrac{|ax_1+by_1+c|}{\sqrt{a^2+b^2}}$

mini해설 점근선의 교점에서 곡선까지의 거리를 이용하여 풀이하기

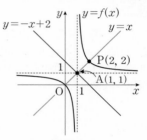

유리함수 $f(x)=\dfrac{x}{x-1}$의 그래프의 점근선의 교점을 $A(1,\ 1)$이라 하면
유리함수 위의 점 P에 대하여 선분 AP의 길이가 최소가 될 때는 직선 $y=x$와
유리함수 $f(x)=\dfrac{x}{x-1}$의 그래프의 교점이 P일 때이다. $\underset{\text{기울기가 1인 대칭인 직선}}{}$

$\dfrac{x}{x-1}=x$에서 $x=x(x-1)$, $x^2-2x=0$, $x(x-2)=0$

$\therefore x=0$ 또는 $x=2$
즉 직선 $y=f(x)$ 위의 점 P의 좌표는 $P(2,\ 2)$
따라서 선분 AP의 길이의 최솟값은 $\overline{AP}=\sqrt{(2-1)^2+(2-1)^2}=\sqrt{2}$

1705

정답 ③

STEP Ⓐ 점 A가 점근선의 교점의 좌표임을 이해하기

함수 $y=\dfrac{x-3}{x+1}=\dfrac{x+1-4}{x+1}=\dfrac{-4}{x+1}+1$의 그래프의 점근선의 방정식은

$x=-1$, $y=1$이므로 함수 $y=\dfrac{x-3}{x+1}$의 그래프는 점 $A(-1,\ 1)$에 대하여
대칭이다.

STEP Ⓑ 대칭인 직선과 유리함수가 만날 때, 거리가 최소임을 이용하여 선분 AP의 길이의 최솟값 구하기

유리함수 위의 점 P에 대하여 선분 AP의 길이는
직선 $y=-x$와 유리함수 $y=\dfrac{x-3}{x+1}$의 그래프의 교점이 P일 때, 최소가 된다.

$\dfrac{x-3}{x+1}=-x$, $-x(x+1)=x-3$

$x^2+2x-3=0$, $(x-1)(x+3)=0$

$\therefore x=1$ 또는 $x=-3$

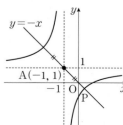

이때 점 $P(1,\ -1)$ 또는 $P(-3,\ 3)$이므로
점 $A(-1,\ 1)$에서 점 $P(1,\ -1)$까지 거리
또는
점 $A(-1,\ 1)$에서 점 $P(-3,\ 3)$까지 거리가
최소가 된다.
따라서 선분 AP의 길이의 최솟값은 $\sqrt{(1+1)^2+(-1-1)^2}=2\sqrt{2}$

mini 해설 | 산술평균과 기하평균의 관계를 이용하여 풀이하기

점 P의 좌표를 $P\left(t, \dfrac{t-3}{t+1}\right)$이라 하면 $\dfrac{t-3}{t+1}=\dfrac{-4}{t+1}+1$이므로

$$\overline{AP}=\sqrt{(t+1)^2+\dfrac{(-4)^2}{(t+1)^2}}$$

이때 $(t+1)^2>0$, $\dfrac{4^2}{(t+1)^2}>0$이므로 산술평균과 기하평균의 관계에 의하여

$$(t+1)^2+\dfrac{4^2}{(t+1)^2}\geq 2\sqrt{(t+1)^2\times\dfrac{4^2}{(t+1)^2}}=2\times 4=8$$

$\left($단, 등호는 $(t+1)^2=\dfrac{4^2}{(t+1)^2}$, 즉 $t=1$ 또는 $t=-3$일 때 성립한다.$\right)$

따라서 $\overline{AP}$의 최솟값은 $2\sqrt{2}$

내/신/연/계 출제문항 **830**

좌표평면 위의 점 $A(-2, 1)$과 함수 $y=\dfrac{x-3}{x+2}$의 그래프 위의 점 P에 대하여 $\overline{AP}$의 길이의 최솟값은?

① 2　　　　② $\sqrt{6}$　　　　③ $2\sqrt{2}$

④ 3　　　　⑤ $\sqrt{10}$

STEP Ⓐ 산술평균과 기하평균의 관계를 이용하여 최솟값 구하기

점 P의 좌표를 $P\left(t, \dfrac{t-3}{t+2}\right)(t\neq -2)$이라 하면

$$\overline{AP}=\sqrt{\{t-(-2)\}^2+\left(\dfrac{t-3}{t+2}-1\right)^2}$$
$$=\sqrt{(t+2)^2+\dfrac{25}{(t+2)^2}}$$

이때 $(t+2)^2>0$이므로 산술평균과 기하평균의 관계에 의하여

$$(t+2)^2+\dfrac{25}{(t+2)^2}\geq 2\sqrt{(t+2)^2\times\dfrac{25}{(t+2)^2}}=10$$

(단, 등호는 $t=-2\pm\sqrt{5}$일 때 성립한다.)

따라서 $\overline{AP}$의 길이의 최솟값은 $\sqrt{10}$　　　　　　정답 ⑤

1706

정답 ③

STEP Ⓐ 점근선의 교점 A의 좌표 구하기

함수 $f(x)=\dfrac{x-1}{x+1}=\dfrac{(x+1)-2}{x+1}=\dfrac{-2}{x+1}+1$의 점근선의 방정식은

$x=-1$, $y=1$이므로 점근선의 교점은 $A(-1, 1)$

점 A를 중심으로 하고 점 P를 지나는 원의 넓이가 최소가 되는 경우는
원의 반지름의 길이, 즉 점 A에서 점 P까지 거리가 최소일 때이다.
이때의 점 P는 아래 그림과 같이 P_1, P_2 두 개가 존재한다.

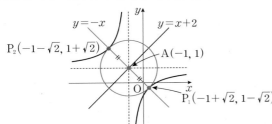

STEP Ⓑ 원의 넓이의 최솟값 구하기

점 P의 좌표는 $y=\dfrac{x-1}{x+1}$와 직선 $y=-x$의 교점이므로

_{두 점근선의 교점 $(-1, 1)$에 대하여 대칭이고 기울기가 1인 직선 $y=x+2$에 대하여 대칭이다.}

$\dfrac{x-1}{x+1}=-x$에서 $x-1=-x^2-x$, $x^2+2x-1=0$

$\therefore x=-1+\sqrt{2}$ 또는 $x=-1-\sqrt{2}$

즉 점 P의 좌표는

$P_1(-1+\sqrt{2}, 1-\sqrt{2})$ 또는 $P_2(-1-\sqrt{2}, 1+\sqrt{2})$이므로

$\overline{AP_1}=\sqrt{(-1+\sqrt{2}+1)^2+(1-\sqrt{2}-1)^2}=2$ ← 반지름의 길이

$\overline{AP_2}=\sqrt{(-1-\sqrt{2}+1)^2+(1+\sqrt{2}-1)^2}=2$

따라서 원의 넓이의 최솟값은 $\pi\times 2^2=4\pi$

mini 해설 | 산술평균과 기하평균의 관계를 이용하여 풀이하기

주어진 원과 함수 $y=f(x)$의 그래프의 한 교점을 P라 하면
원의 반지름의 길이는 $\overline{AP}$의 길이와 같다.

$P\left(t, \dfrac{t-1}{t+1}\right)(t\neq -1)$이라 하면

$$\overline{AP}=\sqrt{(t+1)^2+\left(\dfrac{t-1}{t+1}-1\right)^2}=\sqrt{(t+1)^2+\left(\dfrac{-2}{t+1}\right)^2}$$

이때 $(t+1)^2>0$이므로 산술평균과 기하평균의 관계에 의하여

$$(t+1)^2+\dfrac{4}{(t+1)^2}\geq 2\sqrt{(t+1)^2\times\dfrac{4}{(t+1)^2}}=4$$

(단, 등호는 $t=-1\pm\sqrt{2}$일 때 성립한다.)

따라서 원의 반지름의 길이의 최솟값이 $\sqrt{4}=2$이므로 원의 넓이의 최솟값은
$\pi\times 2^2=4\pi$

내/신/연/계 출제문항 **831**

점 $A(-2, -1)$과 함수 $y=\dfrac{-x+1}{x+2}$의 그래프 위의 점 P에 대하여
점 A를 중심으로 하고 점 P를 지나는 원의 넓이의 최솟값은?

① 2π　　　　② 4π　　　　③ 6π

④ 8π　　　　⑤ 10π

STEP Ⓐ 유리함수의 그래프의 점근선의 교점 A의 좌표 구하기

$y=\dfrac{-x+1}{x+2}=\dfrac{3}{x+2}-1$의 그래프의 점근선의 방정식은

$x=-2$, $y=-1$이므로 점근선의 교점은 $A(-2, -1)$

점 A를 중심으로 하고 점 P를 지나는 원의 넓이가 최소가 되는 경우는
원의 반지름의 길이, 즉 점 A에서 점 P까지 거리가 최소일 때이다.
이때의 점 P는 아래 그림과 같이 P_1, P_2 두 개가 존재한다.

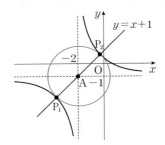

STEP Ⓑ 원의 넓이의 최솟값 구하기

점 P의 좌표는 $y=\dfrac{-x+1}{x+2}$와 직선 $y=x+1$의 교점이므로

_{두 점근선의 교점 $(-2, -1)$에 대하여 대칭이고 기울기가 1인 직선 $y=x+1$에 대하여 대칭이다.}

$\dfrac{-x+1}{x+2}=x+1$에서 $x^2+4x+1=0$

$\therefore x=-2+\sqrt{3}$ 또는 $x=-2-\sqrt{3}$

즉 점 P의 좌표는

$P_1(-2-\sqrt{3}, -1-\sqrt{3})$ 또는 $P_2(-2+\sqrt{3}, -1+\sqrt{3})$

이므로 $\overline{AP_1}=\sqrt{(-2-\sqrt{3}+2)^2+(-1-\sqrt{3}+1)^2}=\sqrt{6}$

$\overline{AP_2}=\sqrt{(-2+\sqrt{3}+2)^2+(-1+\sqrt{3}+1)^2}=\sqrt{6}$

따라서 구하는 원의 넓이의 최솟값은 $\pi\times(\sqrt{6})^2=6\pi$

주어진 원과 함수 $y=f(x)$의 그래프의 한 교점을 P라 하면 원의
반지름의 길이는 $\overline{AP}$의 길이와 같다.

$P\left(t, \dfrac{-t+1}{t+2}\right)(t \neq -2)$이라 하면

$\overline{AP}=\sqrt{(t+2)^2+\left(\dfrac{-t+1}{t+2}+1\right)^2}=\sqrt{(t+2)^2+\left(\dfrac{3}{t+2}\right)^2}$

이때 $(t+2)^2 > 0$이므로 산술평균과 기하평균의 관계에 의하여

$(t+2)^2+\dfrac{9}{(t+2)^2} \geq 2\sqrt{(t+1)^2 \times \dfrac{9}{(t+1)^2}}=6$

(단, 등호는 $t=-2 \pm \sqrt{3}$일 때 성립한다.)

따라서 원의 반지름의 길이의 최솟값이 $\sqrt{6}$이므로 원의 넓이의 최솟값은

$\pi \times (\sqrt{6})^2 = 6\pi$

정답 ③

1707

정답 ④

STEP A 세 점 A, B, C의 좌표를 구하고 그래프 그리기

함수 $y=\dfrac{-2x+4}{x-3}=\dfrac{-2(x-3)-2}{x-3}=\dfrac{-2}{x-3}-2$의

그래프의 점근선의 방정식이 $x=3$, $y=-2$이므로

대칭인 점은 A$(3, -2)$

이때 직선 $y=m(x+1)+2$는 점 $(-1, 2)$를 지나고

기울기가 $m > 0$인 직선이므로 $x=3$과 교점의 좌표는

B$(3, 4m+2)$

$y=-2$와 교점의 좌표는 C$\left(-1-\dfrac{4}{m}, -2\right)$

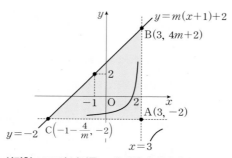

STEP B 삼각형 ABC의 넓이를 m에 대하여 나타내기

삼각형 ABC의 넓이는

$\dfrac{1}{2} \times \overline{AC} \times \overline{BA} = \dfrac{1}{2}\left(4+\dfrac{4}{m}\right)(4m+4)=8m+\dfrac{8}{m}+16$

STEP C 산술평균과 기하평균을 이용하여 삼각형 넓이의 최솟값 구하기

$m > 0$이므로 산술평균과 기하평균에 의하여

$8m+\dfrac{8}{m}+16 \geq 2\sqrt{8m \times \dfrac{8}{m}}+16=32$ (단, 등호는 $m=1$일 때 성립한다.)

등호는 $8m=\dfrac{8}{m}$일 때,

성립하므로 $m^2=1$ $\therefore m=1(\because m > 0)$

따라서 삼각형 ABC의 넓이의 최솟값은 32

내/신/연/계/ 출제문항 832

함수 $y=\dfrac{2x-3}{x-4}$의 그래프의 두 점근선의 교점을 A, 두 점근선과

직선 $y=mx-2m+4$와의 교점을 각각 B, C라 하자.

이때 삼각형 ABC의 넓이의 최솟값은? (단, $m > 0$)

① 6   ② 7   ③ 8

④ 9   ⑤ 10

STEP A 세 점 A, B, C의 좌표를 구하고 그래프 그리기

함수 $y=\dfrac{2x-3}{x-4}=\dfrac{2(x-4)+5}{x-4}=\dfrac{5}{x-4}+2$의 그래프의 점근선의 방정식이

$x=4$, $y=2$이므로 교점은 A$(4, 2)$

이때 직선 $y=m(x-2)+4$는 점 $(2, 4)$를 지나고 기울기가 $m > 0$인

직선이므로 $x=4$와 교점 B$(4, 2m+4)$, $y=2$와 교점 C$\left(2-\dfrac{2}{m}, 2\right)$

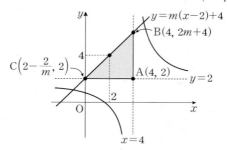

STEP B 삼각형 ABC의 넓이를 m에 대하여 나타내기

삼각형 ABC의 넓이는

$\dfrac{1}{2} \times \overline{AC} \times \overline{BA}=\dfrac{1}{2}\left(2+\dfrac{2}{m}\right)(2m+2)=2m+\dfrac{2}{m}+4$

STEP C 산술평균과 기하평균을 이용하여 삼각형 넓이의 최솟값 구하기

$m > 0$이므로 산술평균과 기하평균에 의하여

$2m+\dfrac{2}{m}+4 \geq 2\sqrt{2m \times \dfrac{2}{m}}+4=8$ (단, 등호는 $m=1$일 때 성립한다.)

따라서 삼각형 ABC의 넓이의 최솟값은 8

정답 ③

1708

정답 42

STEP A 두 점 A, B의 중점 M에 대하여 선분 AM의 길이 구하기

두 점 A$(-1, 1)$, B$(3, -5)$의 중점의 좌표는 M$(1, -2)$이므로

삼각형 PAB에서 중선 정리에 의하여

$\overline{AP}^2+\overline{BP}^2=2(\overline{PM}^2+\overline{AM}^2)$이고 $\overline{AM}=\sqrt{13}$

STEP B 산술평균과 기하평균의 관계를 이용하여 최솟값 구하기

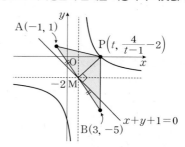

함수 $y=\dfrac{-2x+6}{x-1}=\dfrac{-2(x-1)+4}{x-1}=\dfrac{4}{x-1}-2$ 위의

점 P$\left(t, \dfrac{4}{t-1}-2\right)$라 하고 점 M$(1, -2)$까지의 거리를 구하면

$\overline{PM}^2=(t-1)^2+\left(\dfrac{4}{t-1}\right)^2$

또한, $\overline{AM}^2=\{1-(-1)\}^2+(-2-1)^2=13$

즉 $\overline{PM}^2+\overline{AM}^2=(t-1)^2+\dfrac{16}{(t-1)^2}+13$이고 $(t-1)^2 > 0$이므로

산술평균과 기하평균의 관계에 의하여

$(t-1)^2+\dfrac{16}{(t-1)^2}+13 \geq 2\sqrt{(t-1)^2 \times \dfrac{16}{(t-1)^2}}+13=21$

(단, 등호는 $t=3$일 때 성립한다.)

따라서 $\overline{AP}^2+\overline{BP}^2=2(\overline{PM}^2+\overline{AM}^2)=2 \times 21=42$

1709

2018년 06월 고2 학력평가 가형 16번 정답 ④

STEP Ⓐ 선분 PQ의 길이를 a에 대한 식으로 나타내기

$a>1$이고 직선 $x=a$가 두 함수와 만나는 두 점 P, Q의 좌표가

각각 $P\left(a,\ \dfrac{1}{a-1}\right)$, $Q(a,\ -4a)$이므로

$\overline{PQ}=\dfrac{1}{a-1}-(-4a)$ ← (점 P의 y좌표)−(점 Q의 y좌표)

$=\dfrac{1}{a-1}+4a$

$=\dfrac{1}{a-1}+4(a-1)+4$ ← 4를 한번 빼고 더해준다.

STEP Ⓑ 산술평균과 기하평균의 관계를 이용하여 선분 PQ의 길이의 최솟값 구하기

$a>1$일 때, $a-1>0$이므로
산술평균과 기하평균의 관계에 의하여
$a>0$, $b>0$일 때, $a+b\geq 2\sqrt{ab}$ (단, 등호는 $a=b$일 때 성립한다.)

$\dfrac{1}{a-1}+4(a-1)+4\geq 2\sqrt{\dfrac{1}{a-1}\times 4(a-1)}+4=4+4=8$

$\left($ 단, 등호는 $a=\dfrac{3}{2}$일 때 성립한다. $\right)$

$4(a-1)=\dfrac{1}{a-1}$에서 $4(a-1)^2=1$, 즉 $a-1=\dfrac{1}{2}$ ∴ $a=\dfrac{3}{2}$

따라서 선분 PQ의 길이의 최솟값은 8

내/신/연/계 출제문항 833

2보다 큰 실수 a에 대하여 직선 $x=a$가 두 함수 $y=\dfrac{4}{x-2}$, $y=-x$의
그래프와 만나는 점을 각각 P, Q라 하자. 선분 PQ의 길이는 $a=m$일 때,
최솟값 n을 갖는다. $m+n$의 값은? (단, m, n은 상수이다.)

① 2   ② 4   ③ 6
④ 8   ⑤ 10

STEP Ⓐ 선분 PQ의 길이를 a에 대한 식으로 나타내기

$a>2$이고 직선 $x=a$가 두 함수와 만나는 두 점 P, Q의 좌표가

각각 $P\left(a,\ \dfrac{4}{a-2}\right)$, $Q(a,\ -a)$이므로

$\overline{PQ}=\dfrac{4}{a-2}-(-a)$ ← (점 P의 y좌표)−(점 Q의 y좌표)

$=\dfrac{4}{a-2}+a$

$=\dfrac{4}{a-2}+(a-2)+2$

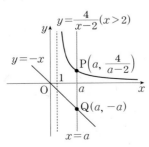

STEP Ⓑ 산술평균과 기하평균의 관계를 이용하여 선분 PQ의 길이의 최솟값 구하기

$a>2$일 때, $a-2>0$이므로
산술평균과 기하평균의 관계에 의하여
$a>0$, $b>0$일 때, $a+b\geq 2\sqrt{ab}$ (단, 등호는 $a=b$일 때 성립한다.)

$\dfrac{4}{a-2}+(a-2)+2\geq 2\sqrt{\dfrac{4}{a-2}\times(a-2)}+2=4+2=6$

(단, 등호는 $a=4$일 때 성립한다.)

$\dfrac{4}{a-2}=a-2$에서 $(a-2)^2=4$, 즉 $a-2=2$ ∴ $a=4(∵ a>2)$

따라서 $m=4$, $n=6$이므로 $m+n=10$ 정답 ⑤

1710

2016년 06월 고2 학력평가 가형 17번 정답 ⑤

STEP Ⓐ 두 점 A, B를 지나는 직선의 방정식을 구하여 두 점 P, Q의 좌표를 a로 나타내기

두 점 $A(-1,\ -1)$, $B\left(a,\ \dfrac{1}{a}\right)(a>1)$을

지나는 직선의 기울기
두 점 $(x_1,\ y_1)$, $(x_2,\ y_2)$를 지나는 직선의 기울기는
$\dfrac{y_2-y_1}{x_2-x_1}$ (단, $x_1\neq x_2$)

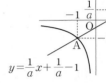

$\dfrac{\dfrac{1}{a}-(-1)}{a-(-1)}=\dfrac{\dfrac{1}{a}+1}{a+1}=\dfrac{\dfrac{1+a}{a}}{a+1}=\dfrac{1}{a}$

이므로
두 점 A, B를 지나는 직선의 방정식은
기울기가 m이고 점 $(x_1,\ y_1)$를 지나는
직선의 방정식은 $y-y_1=m(x-x_1)$

$y=\dfrac{1}{a}(x+1)-1=\dfrac{1}{a}x+\dfrac{1}{a}-1$

즉 두 점 P, Q의 좌표는
점 P에는 $y=0$, 점 Q에는 $x=0$을
대입하여 좌표를 구한다.

$P(a-1,\ 0)$, $Q\left(0,\ \dfrac{1}{a}-1\right)$

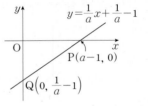

STEP Ⓑ 두 삼각형 POQ, PB'B의 넓이 S_1, S_2를 a로 나타내기

$\overline{OP}=a-1$, $\overline{OQ}=1-\dfrac{1}{a}$, $\overline{PB'}=a-(a-1)=1$, $\overline{BB'}=\dfrac{1}{a}$이므로

삼각형 POQ의 넓이

$S_1=\dfrac{1}{2}\times(a-1)\times\left(1-\dfrac{1}{a}\right)$

$=\dfrac{a^2-2a+1}{2a}$

$=\dfrac{a}{2}-1+\dfrac{1}{2a}$

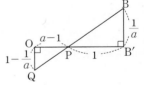

삼각형 PB'B의 넓이 $S_2=\dfrac{1}{2}\times 1\times\dfrac{1}{a}=\dfrac{1}{2a}$

STEP Ⓒ 산술평균과 기하평균의 관계를 이용하여 최솟값 구하기

$S_1>0$, $S_2>0$이므로 산술평균과 기하평균의 관계에 의하여
산술평균 기하평균 관계에 의하여 $a>0$, $b>0$, $a+b\geq 2\sqrt{ab}$

$S_1+S_2=\dfrac{a}{2}-1+\dfrac{1}{2a}+\dfrac{1}{2a}$

$=\dfrac{1}{a}+\dfrac{a}{2}-1\geq 2\sqrt{\dfrac{1}{a}\times\dfrac{a}{2}}-1$

$=\sqrt{2}-1$

$\left($ 단, 등호는 $\dfrac{a}{2}=\dfrac{1}{a}$일 때 성립한다. $\right)$

따라서 S_1+S_2의 최솟값은 $\sqrt{2}-1$

곡선 $y=\dfrac{1}{x}$ 위의 두 점 $A\left(-2,\ -\dfrac{1}{2}\right)$,
$B\left(a,\ \dfrac{1}{a}\right)(a>2)$을 지나는 직선이 x축,
y축과 만나는 점을 각각 P, Q라 하자.
점 B에서 x축에 내린 수선의 발을 B′이라
할 때, 두 삼각형 POQ, PB′B의 넓이를
각각 S_1, S_2라 하자. S_1+S_2의 최솟값은?
(단, O는 원점이다.)

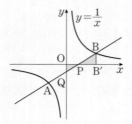

① $\dfrac{2-\sqrt{3}}{2}$ ② $\dfrac{\sqrt{2}-1}{2}$ ③ $2-\sqrt{3}$

④ $\dfrac{\sqrt{3}-1}{2}$ ⑤ $\sqrt{2}-1$

STEP ⓐ 두 점 A, B를 지나는 직선의 방정식을 구하여 두 점 P, Q의 좌표를 a로 나타내기

두 점 $A\left(-2,\ -\dfrac{1}{2}\right)$, $B\left(a,\ \dfrac{1}{a}\right)(a>2)$을 지나는 직선의 기울기가

B′(a, 0)

$\dfrac{\dfrac{1}{a}-\left(-\dfrac{1}{2}\right)}{a-(-2)}=\dfrac{\dfrac{1}{a}+\dfrac{1}{2}}{a+2}=\dfrac{\dfrac{a+2}{2a}}{a+2}=\dfrac{1}{2a}$ 이므로 직선 AB의 방정식은

$y=\dfrac{1}{2a}(x+2)-\dfrac{1}{2}$ ∴ $y=\dfrac{1}{2a}x+\dfrac{1}{a}-\dfrac{1}{2}$

∴ $P(a-2,\ 0)$, $Q\left(0,\ \dfrac{1}{a}-\dfrac{1}{2}\right)$

STEP ⓑ 두 삼각형 POQ, PB′B의 넓이 S_1, S_2를 a로 나타내기

$\overline{OP}=a-2$, $\overline{OQ}=\dfrac{1}{2}-\dfrac{1}{a}$, $\overline{PB'}=a-(a-2)=2$, $\overline{BB'}=\dfrac{1}{a}$ 이므로

$S_1=\dfrac{1}{2}\times\overline{OP}\times\overline{OQ}=\dfrac{1}{2}\times(a-2)\times\left(\dfrac{1}{2}-\dfrac{1}{a}\right)=\dfrac{a^2-4a+4}{4a}=\dfrac{a}{4}-1+\dfrac{1}{a}$

$S_2=\dfrac{1}{2}\times\overline{PB'}\times\overline{BB'}=\dfrac{1}{2}\times2\times\dfrac{1}{a}=\dfrac{1}{a}$

∴ $S_1+S_2=\dfrac{a}{4}-1+\dfrac{1}{a}+\dfrac{1}{a}=\dfrac{2}{a}+\dfrac{a}{4}-1$

STEP ⓒ 산술평균과 기하평균의 관계를 이용하여 최솟값 구하기

이때 $a>2$이므로 산술평균과 기하평균의 관계에 의하여
$S_1+S_2=\dfrac{2}{a}+\dfrac{a}{4}-1$

$\geq 2\sqrt{\dfrac{2}{a}\times\dfrac{a}{4}}-1$

$=\sqrt{2}-1$ (단, 등호는 $a=2\sqrt{2}$일 때 성립한다.)

따라서 S_1+S_2의 최솟값은 $\sqrt{2}-1$

정답 ⑤

STEP 2 서술형문제

1711

 정답 해설참조

| 1단계 | 함수 $y=\dfrac{6x-1}{x-a}$의 그래프의 점근선의 방정식을 구한다. | 3점 |

$y=\dfrac{6x-1}{x-a}=\dfrac{6(x-a)+6a-1}{x-a}=\dfrac{6a-1}{x-a}+6$
이므로 점근선의 방정식은 $x=a$, $y=6$

| 2단계 | 함수 $y=\dfrac{-ax+1}{x-1}$의 그래프의 점근선의 방정식을 구한다. | 3점 |

$y=\dfrac{-ax+1}{x-1}=\dfrac{-a(x-1)-a+1}{x-1}=\dfrac{-a+1}{x-1}-a$
이므로 점근선의 방정식은 $x=1$, $y=-a$

| 3단계 | 점근선으로 둘러싸인 도형의 넓이를 이용하여 a의 값을 구한다. | 4점 |

네 점근선으로 둘러싸인 도형은 직사각형이고
이 직사각형의 넓이는 $(a-1)\times(a+6)$
색칠한 도형의 넓이가 8이므로
$(a-1)(a+6)=8$, $a^2+5a-14=0$
$(a+7)(a-2)=0$
∴ $a=2\ (\because a>1)$

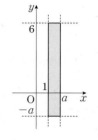

1712

정답 해설참조

| 1단계 | 대칭인 점 $(p,\ q)$의 좌표를 구한다. | 4점 |

$y=\dfrac{3x+2}{x-1}=\dfrac{3(x-1)+5}{x-1}=\dfrac{5}{x-1}+3$이므로

유리함수 $y=\dfrac{3x+2}{x-1}$의 그래프의 점근선의 방정식은 $x=1$, $y=3$

즉 유리함수 $y=\dfrac{3x+2}{x-1}$의 그래프는 점 $(1,\ 3)$에 대하여 대칭이므로

$p=1$, $q=3$

| 2단계 | 대칭인 직선 $y=x+r$에 대하여 상수 r의 값을 구한다. | 3점 |

유리함수 $y=\dfrac{3x+2}{x-1}$의 그래프는 두 점근선의 교점 $(1,\ 3)$을 지나고
기울기가 1 또는 -1인 직선에 대하여 대칭이므로
$y=x+r$에 $x=1$, $y=3$을 대입하면
$3=1+r$에서 $r=2$

| 3단계 | $f(p+q+r)$의 값을 구한다. | 3점 |

따라서 $p+q+r=1+3+2=6$이므로
$f(p+q+r)=f(6)=\dfrac{3\times6+2}{6-1}=\dfrac{20}{5}=4$

유리함수 $y=\dfrac{2x-1}{x+1}$ 의 그래프가 점 $(p,\ q)$에 대하여 대칭이면서

직선 $y=x+r$에 대하여 대칭일 때, $f(p+q+r)$의 값을 구하는 과정을
다음 단계로 서술하시오. (단, $p,\ q,\ r$은 상수이다.)

[1단계] 대칭인 점 $(p,\ q)$의 좌표를 구한다. [4점]
[2단계] 대칭인 직선 $y=x+r$에 대하여 상수 r의 값을 구한다. [3점]
[3단계] $f(p+q+r)$의 값을 구한다. [3점]

1단계	대칭인 점 $(p,\ q)$의 좌표를 구한다.	4점

$y=\dfrac{2x-1}{x+1}=\dfrac{2(x+1)-3}{x+1}=-\dfrac{3}{x+1}+2$이므로

유리함수 $y=\dfrac{2x-1}{x+1}$ 의 그래프의 점근선의 방정식은 $x=-1,\ y=2$

즉 유리함수 $y=\dfrac{2x-1}{x+1}$ 의 그래프는 점 $(-1,\ 2)$에 대하여 대칭이므로

$p=-1,\ q=2$

2단계	대칭인 직선 $y=x+r$에 대하여 상수 r의 값을 구한다.	3점

유리함수 $y=\dfrac{2x-1}{x+1}$ 의 그래프는 두 점근선의 교점 $(-1,\ 2)$를 지나고
기울기가 1 또는 -1인 직선에 대하여 대칭이므로
$y=x+r$에 $x=-1,\ y=2$를 대입하면
$2=-1+r$에서 $r=3$

3단계	$f(p+q+r)$의 값을 구한다.	3점

따라서 $p+q+r=-1+2+3=4$이므로
$f(p+q+r)=f(4)=\dfrac{2\times4-1}{4+1}=\dfrac{7}{5}$

정답 해설참조

1713

정답 해설참조

1단계	$A-B=\{2\}$, $B-A=\{5\}$의 의미를 파악하여 상수 $a,\ c$의 값을 구한다.	4점

$f(x)=\dfrac{ax+b}{x+c}=\dfrac{a(x+c)+b-ac}{x+c}=\dfrac{b-ac}{x+c}+a$이므로
함수 $f(x)$의 정의역은 $A=\{x\,|\,x\neq-c$인 실수$\}$이고
치역은 $B=\{y\,|\,y\neq a$인 실수$\}$
이때 $a=-c$이면
두 집합 $A-B$, $B-A$가 모두 공집합이므로 $a\neq-c$이고
$A-B=\{a\}$, $B-A=\{-c\}$이므로 $a=2,\ c=-5$

2단계	함수 $y=f(x)$의 그래프가 점 $(4,\ 6)$을 지날 때, 상수 b의 값을 구한다.	3점

함수 $f(x)=\dfrac{2x+b}{x-5}$ 의 그래프가 점 $(4,\ 6)$을 지나므로

$f(4)=\dfrac{8+b}{4-5}=6$에서 $b=-14$

$a=2,\ b=-14,\ c=-5$이므로 $f(x)=\dfrac{2x-14}{x-5}$

3단계	함수 $f(x)$를 구하고 $f^{-1}(x)$를 구한다.	3점

$y=\dfrac{2x-14}{x-5}$ 라 하면 $y(x-5)=2x-14$

$(y-2)x=5y-14,\ x=\dfrac{5y-14}{y-2}$

x와 y를 서로 바꾸면 $y=\dfrac{5x-14}{x-2}$

따라서 $f^{-1}(x)=\dfrac{5x-14}{x-2}$

1714

정답 해설참조

1단계	함수 $f(x)$를 구하고 $a+b+c$의 값을 구한다.	3점

$f(x)=\dfrac{ax+b}{x+c}=\dfrac{a(x+c)-ac+b}{x+c}=\dfrac{-ac+b}{x+c}+a$

함수 $y=f(x)$의 그래프의 점근선의 방정식이 $x=-c,\ y=a$이므로
$c=-3,\ a=2$

이때 함수 $f(x)=\dfrac{2x+b}{x-3}$ 의 그래프가 점 $(1,\ -6)$을 지나므로

$-6=\dfrac{2+b}{1-3}$ $\ \therefore b=10$

즉 $f(x)=\dfrac{2x+10}{x-3}$이고 $a+b+c=2+10+(-3)=9$

2단계	함수 $f(x)$의 역함수를 구한다.	3점

$y=\dfrac{2x+10}{x-3}$에서 $y(x-3)=2x+10$

$yx-3y=2x+10,\ (y-2)x=3y+10$

$x=\dfrac{3y+10}{y-2}$

x와 y를 서로 바꾸면 $y=\dfrac{3x+10}{x-2}$

즉 $f^{-1}(x)=\dfrac{3x+10}{x-2}$

3단계	함수 $y=f(x)$의 그래프 위의 점 중에서 x좌표, y좌표가 모두 정수인 점의 개수를 구한다.	4점

$f(x)=\dfrac{2x+10}{x-3}=\dfrac{16}{x-3}+2$

즉 $y=f(x)$의 그래프 위의 점에 대하여 x좌표, y좌표가 모두 정수가 되려면
$x-3$가 16의 약수이어야 하므로
$x-3=\pm1,\ \pm2,\ \pm4,\ \pm8,\ \pm16$
$\therefore x=-13,\ -5,\ -1,\ 1,\ 2,\ 4,\ 5,\ 7,\ 11,\ 19$
따라서 y의 값도 모두 정수가 되므로 x좌표, y좌표가 모두 정수인 점의
개수는 10

1715

정답 해설참조

1단계	$\dfrac{x-1}{3}=t$로 놓고 함수 $f(x)$의 식을 구한다.	3점

$f\left(\dfrac{x-1}{3}\right)=\dfrac{2x-5}{x+2}$에서 $\dfrac{x-1}{3}=t$ 라 하면 $x=3t+1$이므로

$f(t)=\dfrac{2(3t+1)-5}{(3t+1)+2}=\dfrac{6t-3}{3t+3}=\dfrac{2t-1}{t+1}$

즉 $f(x)=\dfrac{2x-1}{x+1}$

2단계	$f(x)$의 역함수 $g(x)$의 식을 구한다.	4점

$y=\dfrac{2x-1}{x+1}$ 라 하면 $y(x+1)=2x-1$

$(y-2)x=-y-1$ $\ \therefore x=\dfrac{-y-1}{y-2}$

x와 y를 서로 바꾸면 $y=\dfrac{-x-1}{x-2}$

$\therefore g(x)=\dfrac{-x-1}{x-2}$

3단계	$g(x)$의 그래프의 점근선의 방정식을 구하여 $a+b$의 값을 구한다.	3점

$g(x)=\dfrac{-x-1}{x-2}=\dfrac{-(x-2)-3}{x-2}=\dfrac{-3}{x-2}-1$

이므로 점근선의 방정식은 $x=2,\ y=-1$
즉 함수 $y=g(x)$의 그래프의 두 점근선의 교점의 좌표는 $(2,\ -1)$이므로
$a=2,\ b=-1$
따라서 $a+b=2+(-1)=1$

1716

정답 해설참조

| 1단계 | 함수 $y=\dfrac{2x+k-1}{x-3}$의 그래프의 점근선의 방정식을 구한다. | 3점 |

$$y=\frac{2x+k-1}{x-3}=\frac{2(x-3)+k+5}{x-3}=\frac{k+5}{x-3}+2$$

이므로 그래프의 점근선의 방정식은 $x=3$, $y=2$

| 2단계 | k의 값에 따른 그래프를 그린다. | 6점 |

(i) $k+5>0$, 즉 $k>-5$일 때, …… ㉠
함수의 그래프는 제 1, 2, 4사분면을
항상 지난다.
또한, 제 3사분면을 지나려면
오른쪽 그림과 같이 y절편이
0보다 작아야 한다.
즉 $x=0$일 때, $y=\dfrac{k-1}{-3}<0$
이어야 하므로 $k>1$ …… ㉡

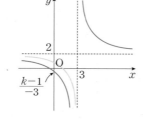

(ii) $k+5<0$, 즉 $k<-5$일 때,
함수의 그래프는 다음과 같이
제 3사분면을 지나지 않으므로
조건을 만족시키지 않는다.

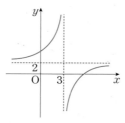

| 3단계 | 조건을 만족시키는 실수 k의 값의 범위를 구한다. | 1점 |

(i), (ii)에서 구하는 실수 k의 값의 범위는 $k>1$

내/신/연/계/ 출제문항 836

함수 $y=\dfrac{-3x+k}{x-1}$ $(k\neq 3)$의 그래프가 모든 사분면을 지나도록 하는 정수 k의 최댓값을 구하는 과정을 다음 단계로 서술하시오.

[1단계] 함수 $y=\dfrac{-3x+k}{x-1}$의 그래프의 점근선의 방정식을 구한다. [3점]
[2단계] k의 값에 따른 그래프를 그린다. [6점]
[3단계] 조건을 만족시키는 정수 k의 최댓값을 구한다. [1점]

| 1단계 | 함수 $y=\dfrac{-3x+k}{x-1}$의 그래프의 점근선의 방정식을 구한다. | 3점 |

$$y=\frac{-3x+k}{x-1}=\frac{-3(x-1)+k-3}{x-1}=\frac{k-3}{x-1}-3$$

이므로 그래프의 점근선의 방정식은 $x=1$, $y=-3$

| 2단계 | k의 값에 따른 그래프를 그린다. | 6점 |

(i) $k-3>0$, 즉 $k>3$일 때,
함수의 그래프는 오른쪽과 같이
제 2사분면을 지나지 않으므로
조건을 만족시키지 않는다.

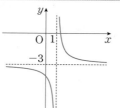

(ii) $k-3<0$, 즉 $k<3$일 때, …… ㉠
함수의 그래프는 제 1, 3, 4사분면을
항상 지난다.
또한, 제 2사분면을 지나려면
오른쪽 그림과 같이 y절편이
0보다 커야 한다.
즉 $x=0$일 때, $y=-k>0$
이어야 하므로 $k<0$ …… ㉡

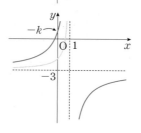

618

| 3단계 | 조건을 만족시키는 실수 k의 값의 범위를 구한다. | 1점 |

(i), (ii)에서 구하는 실수 k의 값의 범위는 $k<0$
따라서 정수 k의 최댓값은 -1

정답 해설참조

1717

정답 해설참조

| 1단계 | 유리함수 $y=f(x)$의 그래프가 지나는 점과 점근선의 방정식을 이용하여 함수 $f(x)$를 구한다. | 4점 |

유리함수 $f(x)$의 그래프의 점근선의 방정식이 $x=-1$, $y=3$이므로

함수의 식을 $f(x)=\dfrac{k}{x+1}+3$ $(k\neq 0)$로 놓을 수 있다.

이때 이 함수의 그래프가 점 $(1, 4)$를 지나므로

$$4=\frac{k}{2}+3 \quad \therefore k=2$$

$$\therefore f(x)=\frac{2}{x+1}+3$$

> **+α** | 함수 $f(x)$를 다음과 같이 구할 수도 있어!
>
> 유리함수 $f(x)=\dfrac{ax+b}{x+c}$의 그래프의 점근선의 방정식이 $x=-c$, $y=a$이므로
> $-c=-1$, $a=3$ $\therefore a=3$, $c=1$
> 또한, 함수 $f(x)=\dfrac{3x+b}{x+1}$가 점 $(1, 4)$를 지나므로 $f(1)=\dfrac{3+b}{1+1}=4$ $\therefore b=5$
> $\therefore f(x)=\dfrac{3x+5}{x+1}$

| 2단계 | $1\le x\le 3$에서 유리함수 $y=f(x)$의 최댓값 M, 최솟값 m을 구한다. | 4점 |

$f(x)=\dfrac{2}{x+1}+3$의 그래프는 $y=\dfrac{2}{x}$의
그래프를 x축의 방향으로 -1만큼, y축의
방향으로 3만큼 평행이동한 것이다.
이때 $1\le x\le 3$에서 주어진 함수의
그래프는 오른쪽 그림과 같다.

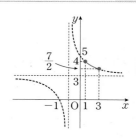

$x=1$일 때, 최댓값은 $f(1)=\dfrac{2}{2}+3=4$

$x=3$일 때, 최솟값은 $f(3)=\dfrac{2}{4}+3=\dfrac{7}{2}$

| 3단계 | Mm의 값을 구한다. | 2점 |

따라서 $M=4$, $m=\dfrac{7}{2}$이므로 $Mm=4\times\dfrac{7}{2}=14$

1718

정답 해설참조

| 1단계 | 함수 $f(x)=\dfrac{2x-6}{x-1}$의 그래프를 그린다. | 3점 |

$$f(x)=\frac{2x-6}{x-1}=\frac{2(x-1)-4}{x-1}=\frac{-4}{x-1}+2$$

에서 점근선의 방정식은 $x=1$, $y=2$이므로
그래프는 오른쪽 그림과 같다.

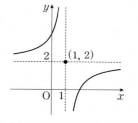

| 2단계 | 조건의 부등식을 만족하는 두 함수 $g(x)=a(x-1)+2$, $h(x)=b(x-1)+2$의 그래프를 [1단계]의 좌표평면 위에 나타낸다. | 3점 |

$g(x)=a(x-1)+2$는 점 $(1, 2)$를 지나고 기울기가 a인 직선이고
$h(x)=b(x-1)+2$는 점 $(1, 2)$를 지나고 기울기가 b인 직선이다.
두 함수의 그래프는 다음 그림과 같다.

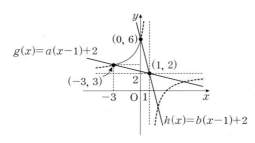

$g(x)=a(x-1)+2$
$(0, 6)$
$(-3, 3)$
$(1, 2)$
$h(x)=b(x-1)+2$

| 3단계 | $-3 \le x \le 0$에서 주어진 부등식을 만족하는 실수 a, b의 값의 범위를 각각 구한다. | 4점 |

직선 $g(x)=a(x-1)+2$가 점 $(-3, 3)$을 지날 때,
기울기 a의 값이 최소가 되므로
$3=a(-3-1)+2$, $a=-\dfrac{1}{4}$ $\quad \therefore a \ge -\dfrac{1}{4}$
직선 $h(x)=b(x-1)+2$가 점 $(0, 6)$을 지날 때,
기울기 b의 값이 최대가 되므로
$6=b(0-1)+2$, $b=-4$ $\quad \therefore b \le -4$
따라서 $a \ge -\dfrac{1}{4}$, $b \le -4$

1719

정답 해설참조

| 1단계 | 함수 $f(x)$의 그래프가 점 (p, q)에 대하여 대칭이고 동시에 직선 $y=x+r$에 대하여 대칭일 때, $p+q+r$의 값을 구한다. (단, p, q, r은 상수이다.) | 3점 |

함수 $f(x)=\dfrac{x-1}{x+1}=\dfrac{x+1-2}{x+1}=\dfrac{-2}{x+1}+1$의 그래프의 점근선의 방정식은
$x=-1$, $y=1$이므로 점근선의 교점은 $(-1, 1)$이고
함수 $f(x)$의 그래프는 점 $(-1, 1)$을 지나고
기울기가 1 또는 -1인 직선에 대하여 대칭이다.
즉 $y=x+r$이 점 $(-1, 1)$을 지나므로 $r=2$
$p=-1$, $q=1$, $r=2$이므로 $p+q+r=-1+1+2=2$

| 2단계 | $f^{2026}(x)=\dfrac{ax+b}{x+c}$ 일 때, $a+b+c$의 값을 구한다. (단, a, b, c는 상수이고 $ac \ne b$) | 4점 |

$f^1(x)=\dfrac{x-1}{x+1}$에서
$f^2(x)=f^1(f^1(x))=\dfrac{\dfrac{x-1}{x+1}-1}{\dfrac{x-1}{x+1}+1}=\dfrac{\dfrac{x-1-(x+1)}{x+1}}{\dfrac{x-1+x+1}{x+1}}=-\dfrac{1}{x}$

$f^3(x)=f^1(f^2(x))=\dfrac{-\dfrac{1}{x}-1}{-\dfrac{1}{x}+1}=\dfrac{\dfrac{-1-x}{x}}{\dfrac{-1+x}{x}}=\dfrac{1+x}{1-x}$

$f^4(x)=f^1(f^3(x))=\dfrac{\dfrac{1+x}{1-x}-1}{\dfrac{1+x}{1-x}+1}=\dfrac{\dfrac{1+x-(1-x)}{1-x}}{\dfrac{1+x+1-x}{1-x}}=x$

즉 함수 $f^4(x)=f^8(x)=f^{12}(x)=\cdots=f^{4n}(x)$ (n은 자연수)는 항등함수이다.
$f^{2026}(x)=f^{4 \times 506+2}(x)=f^2(x)=-\dfrac{1}{x}$이므로 $a=0$, $b=-1$, $c=0$
$\therefore a+b+c=0+(-1)+0=-1$

| 3단계 | $f^{2027}(3)+f^{2028}(5)$의 값을 구한다. | 3점 |

$f^{2027}(3)=f^{4 \times 506+3}(3)=f^3(3)=\dfrac{1+3}{1-3}=-2$
$f^{2028}(5)=f^{4 \times 506+4}(5)=f^4(5)=5$
따라서 $f^{2027}(3)+f^{2028}(5)=-2+5=3$

함수 $f(x)=\dfrac{x+1}{x-1}$에 대하여
$$f^1=f, \quad f^{n+1}=f \circ f^n \, (n=1, 2, 3, \cdots)$$
으로 정의할 때, 다음 단계의 값을 구하고 그 과정을 서술하시오.

[1단계] 함수 $f(x)$의 그래프가 점 (p, q)에 대하여 대칭이고 동시에
직선 $y=x+r$에 대하여 대칭일 때, $p+q+r$의 값을 구한다.
(단, p, q, r은 상수이다.) [3점]

[2단계] $f^{99}(x)=\dfrac{ax+b}{x+c}$ 일 때, $a+b+c$의 값을 구한다.
(단, a, b, c는 상수이고 $ac \ne b$) [4점]

[3단계] $f^{2026}(-3)+f^{2027}(2)$의 값을 구한다. [3점]

| 1단계 | 함수 $f(x)$의 그래프가 점 (p, q)에 대하여 대칭이고 동시에 직선 $y=x+r$에 대하여 대칭일 때, $p+q+r$의 값을 구한다. (단, p, q, r은 상수이다.) | 3점 |

함수 $f(x)=\dfrac{x+1}{x-1}=\dfrac{x-1+2}{x-1}=\dfrac{2}{x-1}+1$의 그래프의 점근선의 방정식은
$x=1$, $y=1$이므로 점근선의 교점은 $(1, 1)$이고
함수 $f(x)$의 그래프는 점 $(1, 1)$을 지나고
기울기가 1 또는 -1인 직선에 대하여 대칭이다.
즉 $y=x+r$이 점 $(1, 1)$을 지나므로 $r=0$
$p=1$, $q=1$, $r=0$이므로 $p+q+r=1+1+0=2$

| 2단계 | $f^{99}(x)=\dfrac{ax+b}{x+c}$ 일 때, $a+b+c$의 값을 구한다. (단, a, b, c는 상수이고 $ac \ne b$) | 4점 |

$f(x)=\dfrac{x+1}{x-1}$에서 $f^2(x)=f(f(x))=\dfrac{\dfrac{x+1}{x-1}+1}{\dfrac{x+1}{x-1}-1}=\dfrac{\dfrac{2x}{x-1}}{\dfrac{2}{x-1}}=x$

이므로 함수 $f^2(x)=f^4(x)=f^6(x)=\cdots f^{2n}(x)=x$ (n은 자연수)

$\therefore f^n(x)=\begin{cases} \dfrac{x+1}{x-1} & (n은 \ 홀수) \\ x & (n은 \ 짝수) \end{cases}$

즉 $f^{99}(x)=f^{2 \times 49+1}(x)=f(x)=\dfrac{x+1}{x-1}$이므로 $a=1$, $b=1$, $c=-1$
$\therefore a+b+c=1+1-1=1$

| 3단계 | $f^{2026}(-3)+f^{2027}(2)$의 값을 구한다. | 3점 |

$f^{2026}(-3)=f^{2 \times 1013}(-3)=-3$
$f^{2027}(2)=f^{2 \times 1013+1}(2)=f(2)=\dfrac{2+1}{2-1}=3$
따라서 $f^{2026}(-3)+f^{2027}(2)=-3+3=0$

정답 해설참조

1720

정답 해설참조

1단계   점근선과 지나는 점을 이용하여 함수식 $f(x)$를 구한다.   3점

주어진 그래프의 점근선의 방정식은 $x=2$, $y=1$이므로

$f(x)=\dfrac{k}{x-2}+1\,(k\neq0)$이라 하면

$y=f(x)$의 그래프가 점 $(1,\,0)$을 지나므로

$0=\dfrac{k}{1-2}+1$ $\therefore k=1$

즉 $f(x)=\dfrac{1}{x-2}+1$ ← $f(x)=\frac{x-1}{x-2}$이므로 $a=1$, $b=-1$, $c=-2$임을 알 수 있다.

2단계 t를 이용하여 $\overline{PQ}+\overline{PR}$을 나타낸다.   3점

점 P가 $f(x)=\dfrac{1}{x-2}+1$의 그래프 위의 점이므로

$P\left(t,\,\dfrac{1}{t-2}+1\right)(t>2)$

즉 $Q(t,\,1)$, $R\left(2,\,\dfrac{1}{t-2}+1\right)$이므로

$\overline{PQ}=\dfrac{1}{t-2}+1-1=\dfrac{1}{t-2}$, $\overline{PR}=t-2$

$\therefore \overline{PQ}+\overline{PR}=\dfrac{1}{t-2}+t-2$

3단계   산술평균과 기하평균의 관계를 이용하여 $\overline{PQ}+\overline{PR}$의 최솟값과 그때의 t의 값을 구한다.   3점

$t>2$이므로 산술평균과 기하평균의 관계에 의하여

$\dfrac{1}{t-2}+t-2\geq2\sqrt{\dfrac{1}{t-2}\times(t-2)}=2$

이때 등호는 $\dfrac{1}{t-2}=t-2$일 때, 성립하므로

$(t-2)^2=1$, $t-2=\pm1$

$\therefore t=3\,(\because t>2)$

즉 $\overline{PQ}+\overline{PR}$는 $t=3$에서 최솟값 2를 가지므로

$p=3$, $q=2$

4단계 $p+q$의 값을 구한다.   1점

따라서 $p+q=3+2=5$

1721

정답 해설참조

1단계 $f(3x)=3f(x)$와 $f(1)=3$를 만족하는 일차함수 $f(x)$를 구한다.   3점

$f(x)=ax+b$ (a, b은 상수이고 $a\neq0$)라 하면

$f(3x)=3ax+b$, $3f(x)=3ax+3b$

$f(3x)=3f(x)$이므로 $b=0$

즉 $f(x)=ax$

$f(1)=3$에서 $a=3$이므로 $f(x)=3x$

┌─ +α   일차함수 $f(x)$를 다음과 같이 구할 수도 있어! ─┐

일차함수 $f(x)$가 $f(1)=3$을 만족시키므로 $f(x)=a(x-1)+3$로 놓을 수 있다.
모든 실수 x에 대하여 $f(3x)=3f(x)$이므로 $a(3x-1)+3=3\{a(x-1)+3\}$, $a=3$
$\therefore f(x)=3x$

└──────────────────────────────┘

2단계 $g(x)$의 식을 $y=\dfrac{k}{x-p}+q\,(k\neq0)$꼴로 변형하고 점 P의 좌표를 임의로 놓는다.   3점

$g(x)=\dfrac{f(x)-9}{f(x)+9}=\dfrac{3x-9}{3x+9}=\dfrac{x-3}{x+3}=\dfrac{(x+3)-6}{x+3}=\dfrac{-6}{x+3}+1$

이므로 점 P의 좌표를 $P\left(t,\,\dfrac{-6}{t+3}+1\right)(t\neq-3)$

620

3단계   점 P와 점 A$(-3,\,1)$ 사이의 거리의 최솟값을 구한다.   4점

점 P와 점 A$(-3,\,1)$ 사이의 거리는 $\overline{AP}=\sqrt{(t+3)^2+\dfrac{36}{(t+3)^2}}$

이때 $(t+3)^2>0$, $\dfrac{36}{(t+3)^2}>0$

산술평균과 기하평균의 관계에 의하여

$(t+3)^2+\dfrac{36}{(t+3)^2}\geq2\times\sqrt{(t+3)^2\times\dfrac{36}{(t+3)^2}}$

$\qquad\qquad\qquad\qquad =2\times6=12$

$\left(\text{단, 등호는 }(t+3)^2=\dfrac{36}{(t+3)^2},\text{ 즉 }t=-3\pm\sqrt{6}\text{일 때 성립한다.}\right)$

따라서 $\overline{AP}\geq\sqrt{12}=2\sqrt{3}$이므로 구하는 최솟값은 $2\sqrt{3}$

내/신/연/계 출제문항 838

일차함수 $f(x)$에 대하여 $f(1)=4$이고, 모든 실수 x에 대하여

$f(2x)=2f(x)$를 만족시킨다. $g(x)=\dfrac{f(x)-8}{f(x)+8}$일 때, 함수 $y=g(x)$의

그래프 위의 점 P와 점 A$(-2,\,1)$ 사이의 거리의 최솟값을 구하는 과정을
다음 단계로 서술하시오.

[1단계] $f(2x)=2f(x)$와 $f(1)=4$를 만족하는 일차함수 $f(x)$를 구한다.
     [3점]

[2단계] $g(x)$의 식을 $y=\dfrac{k}{x-p}+q\,(k\neq0)$꼴로 변형하고 점 P의 좌표를
     임의로 놓는다. [3점]

[3단계] 점 P와 점 A$(-2,\,1)$ 사이의 거리의 최솟값을 구한다. [4점]

1단계 $f(2x)=2f(x)$와 $f(1)=4$를 만족하는 일차함수 $f(x)$를 구한다.   3점

$f(x)=ax+b$ (a, b은 상수이고 $a\neq0$)라 하면

$f(2x)=2ax+b$, $2f(x)=2ax+2b$

$f(2x)=2f(x)$이므로 $b=0$, 즉 $f(x)=ax$

$f(1)=4$에서 $a=4$이므로 $f(x)=4x$

┌─ +α   일차함수 $f(x)$를 다음과 같이 구할 수도 있어! ─┐

일차함수 $f(x)$가 $f(1)=4$를 만족시키므로 $f(x)=a(x-1)+4$로 놓을 수 있다.
모든 실수 x에 대하여 $f(2x)=2f(x)$이므로 $a(2x-1)+4=2\{a(x-1)+4\}$, $a=4$
$\therefore f(x)=4x$

└──────────────────────────────┘

2단계 $g(x)$의 식을 $y=\dfrac{k}{x-p}+q\,(k\neq0)$꼴로 변형하고 점 P의 좌표를 임의로 놓는다.   3점

$g(x)=\dfrac{f(x)-8}{f(x)+8}=\dfrac{4x-8}{4x+8}=\dfrac{x-2}{x+2}=\dfrac{-4}{x+2}+1$

이므로 점 P의 좌표를 $P\left(t,\,\dfrac{-4}{t+2}+1\right)(t\neq-2)$

3단계   점 P와 점 A$(-2,\,1)$ 사이의 거리의 최솟값을 구한다.   4점

점 P와 점 A$(-2,\,1)$ 사이의 거리는

$\overline{AP}=\sqrt{(t+2)^2+\dfrac{16}{(t+2)^2}}$

이때 $(t+2)^2>0$, $\dfrac{16}{(t+2)^2}>0$

산술평균과 기하평균의 관계에 의하여

$(t+2)^2+\dfrac{16}{(t+2)^2}\geq2\times\sqrt{(t+2)^2\times\dfrac{16}{(t+2)^2}}$

$\qquad\qquad\qquad\qquad =2\times4=8$

$\left(\text{단, 등호는 }(t+2)^2=\dfrac{16}{(t+2)^2},\text{ 즉 }t=-4\text{ 또는 }t=0\text{일 때 성립한다.}\right)$

따라서 $\overline{AP}\geq\sqrt{8}=2\sqrt{2}$이므로 구하는 최솟값은 $2\sqrt{2}$

$g(x)=\dfrac{f(x)-8}{f(x)+8}=\dfrac{4x-8}{4x+8}=\dfrac{-4}{x+2}+1$

함수 $y=\dfrac{-4}{x+2}+1$의 그래프 위의 점 P와 점 A$(-2, 1)$ 사이의 거리의 최솟값은

함수 $y=-\dfrac{4}{x}$의 그래프 위의 점 P′과 원점 O$(0, 0)$ 사이의 거리의 최솟값과 같다.

점 P′의 좌표를 P′$\left(t, -\dfrac{4}{t}\right)(t \neq 0)$이라 하면

$\overline{\mathrm{OP'}}=\sqrt{t^2+\dfrac{16}{t^2}}$

산술평균과 기하평균의 관계에 의하여

$t^2+\dfrac{16}{t^2} \geq 2\sqrt{t^2 \times \dfrac{16}{t^2}}=2 \times 4=8$

$\left($ 단, 등호는 $t^2=\dfrac{16}{t^2}$, 즉 $t=2$ 또는 $t=-2$일 때 성립한다. $\right)$

$\overline{\mathrm{OP'}}=\sqrt{t^2+\dfrac{16}{t^2}} \geq \sqrt{8}=2\sqrt{2}$

따라서 $\overline{\mathrm{AP}}$의 최솟값은 $2\sqrt{2}$

정답 해설참조

1722
정답 해설참조

1단계 │ 직선 $y=x$가 곡선 $y=f(x)$의 두 점근선의 교점을 지날 때, 상수 a의 값을 구하시오. | 5점

유리함수 $f(x)=\dfrac{2}{x-a}+3a-1$의

그래프의 점근선의 방정식은
$x=a$, $y=3a-1$이고 그래프는
오른쪽 그림과 같다.
곡선 $y=f(x)$의 두 점근선의 교점은
$(a, 3a-1)$
즉, 직선 $y=x$가 이 교점을 지나므로

$a=3a-1$ ∴ $a=\dfrac{1}{2}$

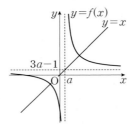

2단계 │ $a=1$일 때, 유리함수 $y=f(x)$의 그래프 위를 움직이는 점 P와 직선 $y=-x+3$사이의 거리의 최솟값을 구하시오. | 5점

$a=1$이므로 유리함수 $y=\dfrac{2}{x-1}+2$이고

점근선의 방정식은 $x=1$, $y=2$
직선 $x+y-3=0$은 두 점근선의 교점
$(1, 2)$를 지나므로 이 유리함수의 그래프는
직선 $x+y-3=0$에 대하여 대칭이다.
즉 $x>1$인 경우만 생각해도 된다.
유리함수 그래프 위를 움직이는 한 점을

P$\left(t, \dfrac{2}{t-1}+2\right)$라 하면

점 P와 직선 사이의 거리는

$\dfrac{\left|t+\dfrac{2}{t-1}+2-3\right|}{\sqrt{1^2+1^2}}=\dfrac{\left|t-1+\dfrac{2}{t-1}\right|}{\sqrt{2}}$

$t>1$이므로 산술평균과 기하평균의 관계에 의하여

$(t-1)+\dfrac{2}{t-1} \geq 2\sqrt{(t-1) \times \dfrac{2}{t-1}}=2\sqrt{2}$

$\left($ 단, 등호는 $t-1=\dfrac{2}{t-1}$일 때 성립한다. $\right)$

따라서 구하는 거리의 최솟값은 $\dfrac{2\sqrt{2}}{\sqrt{2}}=2$

유리함수 $f(x)=\dfrac{2}{x-1}+3$의 그래프 위를 움직이는 점 P와

직선 $y=-x+4$ 사이의 거리의 최솟값을 구하는 과정을 다음 단계로 서술하시오.

[1단계] 유리함수 위의 점 P의 좌표를 정하여 점과 직선 사이의 거리를 구한다. [5점]

[2단계] 산술평균과 기하평균의 관계를 이용하여 거리의 최솟값을 구한다. [5점]

1단계 │ 유리함수 위의 점 P의 좌표를 정하여 점과 직선 사이의 거리를 구한다. | 5점

P$\left(a, \dfrac{2}{a-1}+3\right)(a>1)$라 하면

점 P와 직선 $y=-x+4$,
즉 $x+y-4=0$ 사이의 거리는

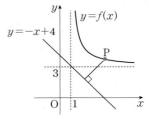

$\dfrac{\left|a+\dfrac{2}{a-1}+3-4\right|}{\sqrt{1^2+1^2}}=\dfrac{\left|a-1+\dfrac{2}{a-1}\right|}{\sqrt{2}}$

2단계 │ 산술평균과 기하평균의 관계를 이용하여 거리의 최솟값을 구한다. | 5점

$a>1$이므로 산술평균과 기하평균의 관계에 의하여

$(a-1)+\dfrac{2}{a-1} \geq 2\sqrt{(a-1) \times \dfrac{2}{a-1}}$

$=2\sqrt{2}$ (단, 등호는 $a=1+\sqrt{2}$일 때 성립한다.)

따라서 점 P와 직선 $y=-x+4$ 사이의 거리의 최솟값은 $\dfrac{2\sqrt{2}}{\sqrt{2}}=2$

직선 $x+y-4=0$은 $y=f(x)$의 그래프의 두 점근선의 교점 $(1, 3)$을 지나므로
이 유리함수의 그래프는 직선 $x+y-4=0$에 대하여 대칭이다.
따라서 $x>1$일 때만 생각해도 된다.

정답 해설참조

1723

정답 4

STEP Ⓐ $y=f(x)$의 점근선의 방정식 구하기

유리함수 $f(x)=\dfrac{5x+k}{x-3}=\dfrac{5(x-3)+k+15}{x-3}=\dfrac{k+15}{x-3}+5$의 그래프의

점근선의 방정식은 $x=3$, $y=5$

STEP Ⓑ $k+15$의 부호에 따른 정수 k의 개수 구하기

(i) $k+15<0$, 즉 $k<-15$일 때,

$x<1$에서 치역은 $\{y\,|\,5<y<f(1)\}$이고
이때 치역의 원소 중 정수의 개수가 5이
려면 정수는 6, 7, 8, 9, 10이 포함되어야
하므로 $10<f(1)\le11$이어야 한다.

$10<\dfrac{5+k}{-2}\le11$에서 $-27\le k<-25$

이므로 조건을 만족시키는 정수 k는 -27, -26

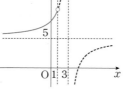

(ii) $k+15>0$, 즉 $k>-15$일 때,

$x<1$에서 치역은 $\{y\,|\,f(1)<y<5\}$이고
이때 치역의 원소 중 정수의 개수가 5이
려면 정수는 4, 3, 2, 1, 0이 포함되어야
하므로 $-1\le f(1)<0$이어야 한다.

$-1\le\dfrac{5+k}{-2}<0$에서 $-5<k\le-3$이므로

조건을 만족시키는 정수 k는 -4, -3

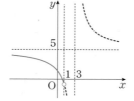

(i), (ii)에서 조건을 만족시키는 모든 정수 k는 -27, -26, -4, -3이므로
개수는 4

내신연계 출제문항 840

정의역이 $\{x\,|\,0\le x\le5\}$인 유리함수 $f(x)=\dfrac{5x+k}{x+1}$의 최댓값이 4일 때,
상수 k의 값을 구하시오.(단, $k\neq5$)

STEP Ⓐ 유리함수의 점근선의 방정식 구하기

$f(x)=\dfrac{5x+k}{x+1}=\dfrac{5(x+1)+k-5}{x+1}=\dfrac{k-5}{x+1}+5$
이므로 점근선의 방정식은 $x=-1$, $y=5$

STEP Ⓑ 최댓값이 4일 때, 상수 k의 값 구하기

(i) $k<5$일 때,

$0\le x\le5$에서 $y=f(x)$의 그래프는
오른쪽 그림과 같다.
$f(x)$는 $x=5$에서 최댓값 4를 가져야
하므로 $\dfrac{25+k}{6}=4$, $25+k=24$

$\therefore k=-1$

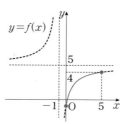

(ii) $k>5$일 때,

$0\le x\le5$에서 $y=f(x)$의 그래프는
오른쪽 그림과 같다.
$f(x)$는 $x=0$에서 최댓값 4를 가지므로
$k=4$
그런데 $k>5$이므로 조건을 만족시키는
k의 값은 존재하지 않는다.

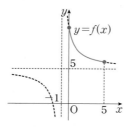

(i), (ii)에서 $k=-1$

정답 -1

1724

정답 ⑤

STEP Ⓐ 주어진 유리함수의 점근선의 방정식 구하기

$y=\dfrac{-4x+k^2+k-6}{x+1}=\dfrac{-4(x+1)+k^2+k-2}{x+1}=\dfrac{k^2+k-2}{x+1}-4$이므로
점근선의 방정식은 $x=-1$, $y=-4$

STEP Ⓑ k의 범위를 나누어 모든 사분면을 지나는 k의 범위 구하기

$y=\dfrac{k^2+k-2}{x+1}-4$에서

(i) $k^2+k-2=0$일 때, ($k=1$ 또는 $k=-2$)

$k^2+k-2=0$일 때, $y=-4$
이때 그래프는 제 3, 4사분면을 지나므로 모든 사분면을 지나지 않는다.

(ii) $k^2+k-2>0$일 때,

$(k<-2$ 또는 $k>1)$ ...... ㉠

$k^2+k-2>0$일 때,
그래프의 개형은 오른쪽과 같다.
이때 모든 사분면을 지나려면
$x=0$에서 $y>0$
즉 $k^2+k-6>0$, $(k+3)(k-2)>0$
$\therefore k<-3$ 또는 $k>2$
㉠과 공통인 부분을 구하면
$k<-3$ 또는 $k>2$

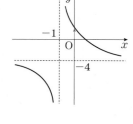

(iii) $k^2+k-2<0$일 때, $(-2<k<1)$

$k^2+k-2<0$일 때,
그래프의 개형은 다음과 같다.
이때 제 1사분면을 지날 수 없으므로
조건을 만족시키지 않는다.

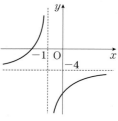

(i)~(iii)에서 모든 사분면을 지나도록 하는 k의 범위는 $k<-3$ 또는 $k>2$

1725

정답 38

STEP Ⓐ $A(a, b)$, $B(b, a)(a>b>0)$라 두고 a, b 사이의 관계식 구하기

두 점 A, B는 원 위의 점이고

함수 $y=\dfrac{1}{x}$의 그래프는 직선 $y=x$에 대하여 대칭이므로

$A(a, b)$, $B(b, a)(a>b>0)$으로 놓으면

$\overline{AB}=\sqrt{(a-b)^2+(b-a)^2}=(a-b)\sqrt{2}=6\sqrt{2}$에서
$a-b=6$ ...... ㉠

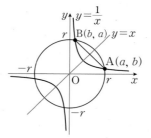

점 $A(a, b)$는 함수 $y=\dfrac{1}{x}$의 그래프 위의 점이므로

$b=\dfrac{1}{a}$, $ab=1$ ...... ㉡

STEP Ⓑ 점 A가 원 위의 점임을 이용하여 r^2의 값 구하기

점 $A(a, b)$는 원 $x^2+y^2=r^2$ 위의 점이므로

$a^2+b^2=r^2$ ...... ㉢

㉠, ㉡, ㉢에 의하여 $r^2=a^2+b^2=(a-b)^2+2ab=6^2+2\times1=38$

1726

STEP A 지나는 점과 역함수의 성질을 이용하여 $f(x)$의 식 구하기

$f(x)=\dfrac{ax-7}{x+b}$의 그래프가 점 $(1,\ -3)$을 지나므로

$\dfrac{a-7}{1+b}=-3$ $\therefore a+3b=4$ …… ㉠

$y=f^{-1}(x)$의 그래프가 점 $(1,\ -3)$을 지나므로 $f^{-1}(1)=-3$

즉 $f(-3)=1$이므로

$\dfrac{-3a-7}{-3+b}=1$ $\therefore 3a+b=-4$ …… ㉡

㉠, ㉡을 연립하여 풀면 $a=-2,\ b=2$

$\therefore f(x)=\dfrac{-2x-7}{x+2}$

STEP B 선분 AB의 길이의 최솟값 구하기

$A(\alpha,\ -\alpha+k),\ B(\beta,\ -\beta+k)(\alpha<\beta)$라 하면

$\alpha,\ \beta$는 방정식 $\dfrac{-2x-7}{x+2}=-x+k$의 실근이다.

$-2x-7=(-x+k)(x+2),\ -2x-7=-x^2-2x+kx+2k$

$\therefore x^2-kx-(2k+7)=0$ ← 판별식 $D=k^2+8k+28>0$

이차방정식의 근과 계수의 관계에 의하여

$\alpha+\beta=k,\ \alpha\beta=-2k-7$

$\overline{AB}=\sqrt{(\beta-\alpha)^2+\{(-\beta+k)-(-\alpha+k)\}^2}$

$\phantom{\overline{AB}}=\sqrt{2(\alpha-\beta)^2}$

이때 $(\alpha-\beta)^2=(\alpha+\beta)^2-4\alpha\beta$

$=k^2-4\times(-2k-7)$

$=k^2+8k+28$

$=(k+4)^2+12$

이므로 $k=-4$일 때, $(\alpha-\beta)^2$의 최솟값은 12

따라서 선분 AB의 길이의 최솟값은 $\sqrt{2\times12}=2\sqrt{6}$

1727

STEP A 함수 $y=f(x)$의 그래프 그리기

조건 (가)에서

$y=f(x)$의 그래프는 $-2\le x\le2$에서 꼭짓점의 좌표가 $(0,\ 2)$이고

$f(x)=x^2+2$는 꼭짓점이 원점인 $y=x^2$의 그래프를 y축의 방향으로 2만큼 이동한 그래프이다.

아래로 볼록한 이차함수이므로 그림과 같다.

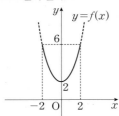

조건 (나)에서

$f(x)$는 주기가 4인 함수이므로 실수 전체에서 함수 $y=f(x)$의 그래프는

$f(x)=f(x+4)$

그림과 같다.

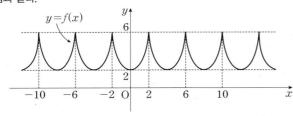

STEP B a의 값의 범위에 따른 두 곡선의 교점이 무수히 많도록 a의 범위 구하기

$y=\dfrac{ax}{x+2}=a-\dfrac{2a}{x+2}$이므로 함수 $y=\dfrac{ax}{x+2}$의 그래프의 점근선의 방정식은

$x=-2,\ y=a$

$y=\dfrac{k}{x-p}+q$에서 점근선의 방정식은 $x=p,\ y=q$

(i) $a<0$일 때,

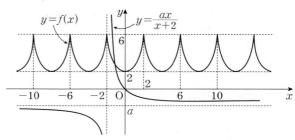

그림과 같이 두 함수 $y=f(x),\ y=\dfrac{ax}{x+2}$의 그래프의 교점의 개수는 1

(ii) $a>0$일 때,

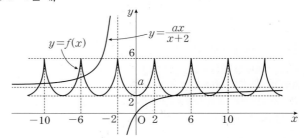

그림과 같이 두 함수 $y=f(x),\ y=\dfrac{ax}{x+2}$의 그래프의 교점의 개수가

무수히 많으려면 $y=\dfrac{ax}{x+2}$의 그래프의 점근선 $y=a$가 함수 $y=f(x)$의

치역 안에 존재해야 하므로 $2\le a\le6$

(i), (ii)에서 조건을 만족시키는 정수 a의 값은 2, 3, 4, 5, 6이므로

그 합은 $2+3+4+5+6=20$

1728

STEP A 삼각형 PRQ의 둘레의 길이 구하기

$y=\dfrac{2x+7}{x-1}=\dfrac{2(x-1)+9}{x-1}=\dfrac{9}{x-1}+2$이므로

함수 $y=\dfrac{2x+7}{x-1}$의 그래프의 점근선의 방정식은 $x=1,\ y=2$

이때 점 P의 좌표를 $\left(t,\ \dfrac{9}{t-1}+2\right)(t>1)$라 하면

점 Q의 좌표는 $(t,\ 2)$, 점 R의 좌표는 $\left(1,\ \dfrac{9}{t-1}+2\right)$

또한, $\overline{PQ}=\dfrac{9}{t-1}+2-2=\dfrac{9}{t-1}$, $\overline{PR}=t-1$이므로

$\overline{QR}=\sqrt{(t-1)^2+\left(\dfrac{9}{t-1}\right)^2}$ ← 피타고라스 정리

즉 삼각형 PRQ의 둘레의 길이는 $\dfrac{9}{t-1}+(t-1)+\sqrt{(t-1)^2+\left(\dfrac{9}{t-1}\right)^2}$

STEP B 산술평균과 기하평균의 관계를 이용하여 최솟값 l 구하기

산술평균과 기하평균의 관계에 의하여

이때 $\dfrac{9}{t-1}+(t-1)\ge2\sqrt{\dfrac{9}{t-1}\times(t-1)}=6$,

$(t-1)^2+\left(\dfrac{9}{t-1}\right)^2\ge2\sqrt{(t-1)^2\times\left(\dfrac{9}{t-1}\right)^2}=2\left\{(t-1)\times\dfrac{9}{t-1}\right\}=18$

$\left($단, 등호는 $\dfrac{9}{t-1}=t-1$일 때 성립한다. $\right)$ ← 두 식의 등호 성립 조건이 같다.

이므로 삼각형 PRQ의 둘레의 길이는

$\dfrac{9}{t-1}+(t-1)+\sqrt{(t-1)^2+\left(\dfrac{9}{t-1}\right)^2}\ge6+3\sqrt2$

즉 삼각형 PRQ의 둘레의 길이의 최솟값은 $l=6+3\sqrt2$

STEP C $a+b+l$의 값 구하기

이때 $\dfrac{9}{t-1}=t-1$이므로

$(t-1)^2=9$에서 $t-1=\pm3$ $\therefore t=4(\because t>1)$

즉 점 P의 좌표는 $(4,\ 5)$ $\leftarrow$ $y=\dfrac{2x+7}{x-1}$에 $x=4$를 대입하면 $y=\dfrac{8+7}{4-1}=5$

$\therefore a=4,\ b=5$

따라서 $a+b+l=4+5+(6+3\sqrt{2})=15+3\sqrt{2}$이므로 $p+q=15+3=18$

1729

STEP A 평행이동한 함수 $f(x)$의 식 구하기

$y=\dfrac{3x-2}{x-1}=\dfrac{3(x-1)+1}{x-1}=\dfrac{1}{x-1}+3$이므로

함수 $y=\dfrac{3x-2}{x-1}$의 그래프를 x축의 방향으로 -1만큼, y축의 방향으로

-3만큼 평행 이동한 그래프의 식은 $y=\dfrac{1}{x}$

$\therefore f(x)=\dfrac{1}{x}$

STEP B $\overline{QR}$의 길이와 직선 QR의 방정식 구하기

삼각형 PQR에서 변 QR를 밑변이라 하면
삼각형 PQR의 넓이가 최소가 되기 위해서는
점 P와 직선 QR 사이의 거리가 최소가 되어야 한다.

이때 두 점 $Q(-1,\ 0)$, $R(0,\ -4)$ 사이의 거리는 $\overline{QR}=\sqrt{17}$

직선 QR의 방정식은 $\dfrac{x}{-1}+\dfrac{y}{-4}=1$, 즉 $4x+y=-4$

STEP C 점 P의 좌표를 임의로 두고 점과 직선 사이의 거리를 이용하여 넓이 구하기

함수 $y=\dfrac{1}{x}$ 위의 점을 $P\left(t,\ \dfrac{1}{t}\right)$라 하면

점 $P\left(t,\ \dfrac{1}{t}\right)$와 직선 $4x+y+4=0$

사이의 거리는 $\dfrac{\left|4t+\dfrac{1}{t}+4\right|}{\sqrt{16+1}}$이므로

삼각형 PQR의 넓이는

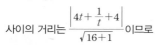 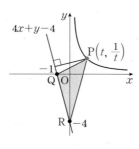

$\dfrac{1}{2}\times\sqrt{17}\times\dfrac{\left|4t+\dfrac{1}{t}+4\right|}{\sqrt{16+1}}=\dfrac{1}{2}\left|4t+\dfrac{1}{t}+4\right|$

STEP D 산술평균과 기하평균을 이용하여 삼각형 넓이의 최솟값 구하기

$t>0$이므로 산술평균과 기하평균에 의하여

$\dfrac{1}{2}\left(4t+\dfrac{1}{t}+4\right)\geq\dfrac{1}{2}\left(2\sqrt{4t\times\dfrac{1}{t}}+4\right)=4$

$\left(\text{단, 등호는 } 4t=\dfrac{1}{t}\text{일 때, 즉 } t=\dfrac{1}{2}\text{일 때 성립한다.}\right)$

따라서 삼각형 PQR의 넓이의 최솟값은 4

다른풀이 접선의 방정식을 유도하여 풀이하기

STEP A 직선 QR의 방정식 구하기

삼각형 PQR에서 변 QR를 밑변이라 하면
삼각형 PQR의 넓이가 최소가 되기
위해서는 점 P와 직선 QR 사이의
거리가 최소가 되어야 한다.
이때 직선 QR의 방정식은
$y=-4x-4$이므로
직선 $y=-4x+k(k>-4)$와

함수 $y=\dfrac{1}{x}$의 그래프가 한 점에서 만날 때,
이 점이 P이면 삼각형 PQR의 넓이가 최소
이다.

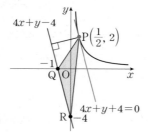

STEP B 판별식을 이용하여 점 P의 좌표 구하기

$\dfrac{1}{x}=-4x+k$의 양변에 x를 곱하면 $1=x(-4x+k)$

$\therefore 4x^2-kx+1=0$ ...... ㉠

이때 직선 $y=-4x+k$와 함수 $y=\dfrac{1}{x}$의 그래프가 한 점에서 만나야 하므로
이차방정식 ㉠의 판별식을 D라 하면

$D=(-k)^2-4\times4\times1=0$에서 $k^2=16$ $\therefore k=4(\because k>-4)$

이를 ㉠에 대입하면 $4x^2-4x+1=0$, $(2x-1)^2=0$

$\therefore x=\dfrac{1}{2}$

즉 점 P의 좌표는 $\left(\dfrac{1}{2},\ 2\right)$

STEP C 점과 직선 사이의 거리를 이용하여 삼각형의 넓이의 최솟값 구하기

점 $\left(\dfrac{1}{2},\ 2\right)$와 직선 $y=-4x-4$, 즉 $4x+y+4=0$ 사이의 거리는

$\dfrac{|2+2+4|}{\sqrt{4^2+1^2}}=\dfrac{8}{\sqrt{17}}$

따라서 $\overline{QR}=\sqrt{17}$이므로 삼각형 PQR의 넓이의 최솟값은

$\dfrac{1}{2}\times\sqrt{17}\times\dfrac{8}{\sqrt{17}}=4$

1730

STEP A 유리함수의 대칭성을 이용하여 $\alpha,\ \beta$의 관계식 구하기

$f(x)=-\dfrac{2}{x-1}+1$에서 점근선의 방정식은 $x=1,\ y=1$

이때 점근선의 교점이 $y=x$ 위에 있으므로

직선 $y=-x+k$와의 두 교점 A, B는 $y=x$에 대하여 대칭이다.

즉 $A\left(\alpha,\ -\dfrac{2}{\alpha-1}+1\right)$일 때, 점 B의 좌표는 $B\left(-\dfrac{2}{\alpha-1}+1,\ \alpha\right)$

STEP B 대칭성을 이용하여 점 C의 좌표 구하기

점 C를 $C\left(t,\ -\dfrac{2}{t-1}+1\right)$이라 하면

두 점 A와 C는 $y=f(x)$의 점근선의
교점 $(1,\ 1)$에 대하여 대칭이므로

두 점 A, C의 중점의 x좌표 $\dfrac{\alpha+t}{2}=1$

$\therefore t=2-\alpha$

$\therefore C\left(2-\alpha,\ -\dfrac{2}{1-\alpha}+1\right)$

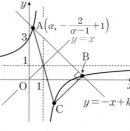

STEP C 선분의 길이를 이용하여 α의 값 구하기

$\overline{AC}=2\sqrt{5}$이므로

두 점 $A\left(\alpha,\ -\dfrac{2}{\alpha-1}+1\right)$, $C\left(2-\alpha,\ -\dfrac{2}{1-\alpha}+1\right)$ 사이의 거리는

$\overline{AC}=\sqrt{\{\alpha-(2-\alpha)\}^2+\left\{\left(-\dfrac{2}{\alpha-1}+1\right)-\left(-\dfrac{2}{1-\alpha}+1\right)\right\}^2}=2\sqrt{5}$

양변을 제곱하면 $(2\alpha-2)^2+\left(-\dfrac{4}{\alpha-1}\right)^2=20$이고

양변에 $(\alpha-1)^2$을 곱하면 $4(\alpha-1)^4+16=20(\alpha-1)^2$,

$(\alpha-1)^4-5(\alpha-1)^2+4=0$

이때 $(\alpha-1)^2=X$라 하면 $X^2-5X+4=0$, $(X-1)(X-4)=0$

$\therefore X=1$ 또는 $X=4$

(ⅰ) $(\alpha-1)^2=1$일 때, $\alpha-1=1$ 또는 $\alpha-1=-1$ $\therefore \alpha=2$ 또는 $\alpha=0$

(ⅱ) $(\alpha-1)^2=4$일 때, $\alpha-1=2$ 또는 $\alpha-1=-2$ $\therefore \alpha=3$ 또는 $\alpha=-1$

(ⅰ), (ⅱ)에 의하여 $\alpha<1$이므로 $\alpha=0$ 또는 $\alpha=-1$

$\alpha=0$일 때, $A(0,\ 3)$이고 직선 $y=-x+k$ 위의 점이므로 대입하면 $k=3$

$\alpha=-1$일 때, $A(-1,\ 2)$이고 직선 $y=-x+k$ 위의 점이므로 대입하면 $k=1$

$k\geq3$이므로 상수 $k=3$

따라서 $k^2=9$

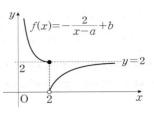

STEP Ⓐ 일대일대응 조건을 만족하는 점근선의 방정식 구하기

$0 < x \leq 3$에서 함수 $y = \dfrac{1}{x} + 1$의 그래프를 그린 후

$x > 3$에서의 함수 $y = -\dfrac{1}{x-a} + b$는 $y = -\dfrac{1}{x}$의 그래프를

x축의 방향으로 a만큼, y축의 방향으로 b만큼 평행이동한 것이므로

$y = -\dfrac{1}{x}$의 그래프에 x대신 $x-a$, y대신 $y-b$를 대입한다.

$y = f(x)$의 그래프가 그림과 같이 제1사분면에서 일대일대응의 관계가 되도록
나타낸다. 공역과 치역이 같다.

함수 $y = -\dfrac{1}{x-a} + b$의 그래프가 그림과 같이 그려지기 위해서는

$(3, 0)$을 지나고 x축에 평행한 그래프이므로 점근선의 방정식은 $y = \dfrac{4}{3}$

$y = \dfrac{1}{x} + 1$에 $x = 3$, $y = 0$을 대입

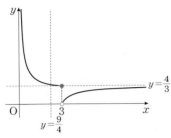

STEP Ⓑ $a+b$의 값 구하기

따라서 $a = \dfrac{9}{4}$, $b = \dfrac{4}{3}$이므로 $a+b = \dfrac{9}{4} + \dfrac{4}{3} = \dfrac{43}{12}$

POINT | 여러 가지 함수

① 일대일함수 : 정의역의 서로 다른 원소에 공역의 서로 다른 원소가 대응하는 함수
② 일대일대응 : 일대일함수 중 치역과 공역이 서로 같은 함수
③ 항등함수 : 정의역과 공역이 같고 정의역의 각 원소에 자기 자신이 대응하는 함수
　　　즉 $f(x) = x$
④ 상수함수 : 정의역의 모든 원소에 공역의 단 하나의 원소만 대응하는 함수
　　　즉 $f(x) = c$ (c는 상수)
❋참고 공역이 주어지지 않은 어떤 함수가 일대일함수이면 치역을 공역으로
　　　생각하여 이 함수를 일대일대응으로 볼 수 있다.

내신연계 출제문항 841

집합 $X = \{x | x > 0\}$에 대하여 함수 $f : X \longrightarrow X$가

$$f(x) = \begin{cases} \dfrac{2}{x} + 1 & (0 < x \leq 2) \\ -\dfrac{2}{x-a} + b & (x > 2) \end{cases}$$

이다. 함수 $f(x)$가 일대일대응일 때, 상수 a, b에 대하여 $a+b$의 값은?

TIP 함수 $f(x)$가 일대일대응이므로 그래프에서 x축에 평행한 직선과
　　　오직 한 점에서만 만나야 한다.

① 2　　　　② 3　　　　③ 4
④ 5　　　　⑤ 6

STEP Ⓐ $0 < x \leq 2$일 때, $f(x)$의 그래프 그리기

함수 $f(x) = \dfrac{2}{x} + 1$ ($0 < x \leq 2$)의 그래프는 다음과 같다.

$x = 2$일 때, $f(2) = \dfrac{2}{2} + 1 = 2$

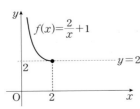

STEP Ⓑ 함수 $f(x)$의 정의역과 치역이 양의 실수가 되도록 하는 a, b의
값 구하기

$f(x) = -\dfrac{2}{x-a} + b$ ($x > 2$)의 그래프는
치역이 양수이고 일대일대응이므로
x축에 평행한 직선과 함수 $f(x)$의
그래프는 오직 한 점에서 만나야 한다.
즉 함수 $f(x)$의 그래프는 오른쪽 그림과
같아야 한다.

함수 $f(x) = -\dfrac{2}{x-a} + b$ ($x > 2$)의
그래프의 점근선 중 하나가 $y = 2$이므로 $b = 2$

또, $f(x) = -\dfrac{2}{x-a} + 2$의 그래프가 점 $(2, 0)$을 지나야 하므로

$-\dfrac{2}{2-a} + 2 = 0$, $\dfrac{2}{2-a} = 2$, $2-a = 1$ $\therefore a = 1$

따라서 $a+b = 1+2 = 3$ 〔정답〕 ②

STEP Ⓐ 조건 (가)를 만족하는 상수 b의 값 구하기

함수 $f(x) = \dfrac{a}{x} + b$ ($a \neq 0$)의 점근선은 $x = 0$, $y = b$이므로
a, b의 부호에 따라 다음과 같이 나타낸다.

(i) $a > 0$, $b > 0$일 때,
조건 (가)를 만족하려면 다음 그림과 같이 $b = 2$이지만
조건 (나)에서 $f^{-1}(2)$를 만족하는 값이 존재하지 않는다.

$f^{-1}(2) = k$라 하면 $y = f(x)$의 그래프에서 $f(k) = 2$를 만족하는 k의 값이 존재하지 않는다.

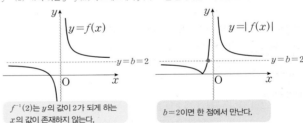

$f^{-1}(2)$는 y의 값이 2가 되게 하는　　$b = 2$이면 한 점에서 만난다.
x의 값이 존재하지 않는다.

(ii) $a > 0$, $b < 0$일 때,
조건 (가)를 만족하려면 다음 그림과 같이 $b = -2$이고
조건 (나)에서 $f^{-1}(2)$를 만족하는 값이 존재한다.

$f^{-1}(2) = k$라 하면 $y = f(x)$의 그래프에서 $f(k) = 2$를 만족하는 k의 값이 존재한다.

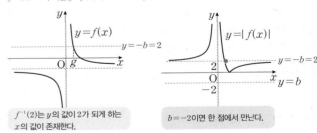

$f^{-1}(2)$는 y의 값이 2가 되게 하는　　$b = -2$이면 한 점에서 만난다.
x의 값이 존재한다.

(iii) $a < 0$, $b > 0$일 때,
(i)과 같이 $f^{-1}(2)$가 존재하지 않는다.

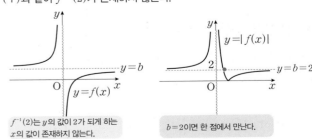

$f^{-1}(2)$는 y의 값이 2가 되게 하는　　$b = 2$이면 한 점에서 만난다.
x의 값이 존재하지 않는다.

(ⅳ) $a<0$, $b<0$일 때,

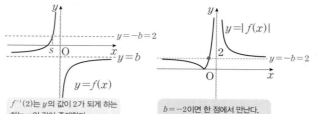

$f^{-1}(2)$는 y의 값이 2가 되게 하는 x의 값이 존재한다.

$b=-2$이면 한 점에서 만난다.

$-b=2$, $b=-2$이므로 $f^{-1}(2)$가 존재한다.

$f(x)=\dfrac{a}{x}-2$이고 $f^{-1}(2)=-k$라 하면 $f(-k)=2$

$-\dfrac{a}{k}-2=2$, $k=-\dfrac{a}{4}$

$f^{-1}(2)=f(2)-1$이므로 $-\dfrac{a}{4}=\dfrac{a}{2}-2-1$

$\dfrac{3}{4}a=3$ $\therefore a=4$

$a<0$이 아니므로 될 수 없다.

(ⅰ)~(ⅳ)에서 $b=-2$

STEP **B** 조건 (나)를 만족하는 상수 a의 값 구하기

(ⅱ)의 경우에서 $f(x)=\dfrac{a}{x}-2$이므로

조건 (나)에서 $f^{-1}(2)=k$라 하면

$f(k)=2$이므로 $\dfrac{a}{k}-2=2$ $\therefore k=\dfrac{a}{4}$

$f^{-1}(2)=f(2)-1$이므로 $\dfrac{a}{4}=\dfrac{a}{2}-2-1$, $\dfrac{a}{4}=3$

$\therefore a=12\,(\because a>0)$

STEP **C** $f(8)$의 값 구하기

따라서 $f(x)=\dfrac{12}{x}-2$이므로 $f(8)=\dfrac{12}{8}-2=-\dfrac{1}{2}$

다른풀이 $f(x)=\pm 2$를 만족하는 실근이 1개임을 이용하여 풀이하기

STEP **A** 조건 (가)를 만족하는 상수 b의 값 구하기

조건 (가)에서 곡선 $y=f(x)$가 직선 $y=2$와 만나는 점의 개수와
직선 $y=-2$와 만나는 점의 개수의 합은 1

곡선 $y=f(x)$가 x축과 평행한 직선과 만나는 점의 개수는 점근선을 제외하면
모두 1이므로 두 직선 $y=2$, $y=-2$ 중 하나는 곡선 $y=f(x)$의 점근선이다.

이때 곡선 $y=f(x)$의 점근선이 직선 $y=b$이므로

$b=2$ 또는 $b=-2$ ...... ㉠

STEP **B** 조건 (나)를 만족하는 상수 a의 값 구하기

$f(x)=\dfrac{a}{x}+b$, 즉 $y=\dfrac{a}{x}+b$에서 $\dfrac{a}{x}=y-b$, $x=\dfrac{a}{y-b}$

x와 y를 서로 바꾸면 $y=\dfrac{a}{x-b}$

그러므로 $f^{-1}(x)=\dfrac{a}{x-b}$

조건 (나)에서 $f^{-1}(2)=f(2)-1$이므로

$\dfrac{a}{2-b}=\dfrac{a}{2}+b-1$ ...... ㉡

㉡에서 $b\neq 2$이므로 ㉠에서 $b=-2$

㉡에 $b=-2$를 대입하면 $\dfrac{a}{4}=\dfrac{a}{2}-3$

$\therefore a=12$

STEP **C** $f(8)$의 값 구하기

따라서 $f(x)=\dfrac{12}{x}-2$이므로 $f(8)=\dfrac{12}{8}-2=-\dfrac{1}{2}$

내/신/연/계 출제문항 **842**

함수 $f(x)=\dfrac{3x+5}{x+2}$ 의 역함수를 $g(x)$라 하자. 실수 t에 대하여
방정식 $|g(x)|=t$의 서로 다른 실근의 개수를 $h(t)$라 할 때,
$h(1)+h(2)+h(3)+h(4)$의 값을 구하시오.

STEP **A** 함수 $f(x)$의 역함수 $g(x)$ 구하기

$y=\dfrac{3x+5}{x+2}$라 하자.

양변에 $x+2$를 곱하면

$xy+2y=3x+5$, $x(y-3)=-2y+5$

$x=\dfrac{-2y+5}{y-3}$, $x=\dfrac{-1}{y-3}-2$

x와 y를 서로 바꾸면 $y=\dfrac{-1}{x-3}-2$

즉 $f(x)$의 역함수는 $g(x)=\dfrac{-1}{x-3}-2$

STEP **B** 방정식 $|g(x)|=t$의 서로 다른 실근의 개수 구하기

이때 함수 $y=|g(x)|$의 그래프는 그림과 같다.

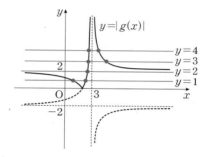

방정식 $|g(x)|=t$의 서로 다른 실근의 개수는 함수 $y=|g(x)|$의 그래프와
직선 $y=t$의 교점의 개수와 같다.

따라서 $h(1)=2$, $h(2)=1$, $h(3)=2$, $h(4)=2$이므로

$h(1)+h(2)+h(3)+h(4)=2+1+2+2=7$

정답 **7**

1733

정답 12

STEP A (근호 안의 식의 값)≥0, (분모)≠0을 만족하는 x의 범위 구하기

(ⅰ) $\sqrt{x+1}$에서 $x+1 \geq 0$ ∴ $x \geq -1$

(ⅱ) $\dfrac{1}{\sqrt{5-x}}$에서 $5-x > 0$ ∴ $x < 5$

(ⅰ), (ⅱ)에서 $-1 \leq x < 5$

STEP B 제곱근의 성질을 이용하여 식을 간단히 하기

따라서 $x-5 < 0$, $x+7 > 0$이므로

$$\sqrt{x^2-10x+25} + \sqrt{x^2+14x+49} = \sqrt{(x-5)^2} + \sqrt{(x+7)^2}$$
$$= |x-5| + |x+7|$$
$$= -(x-5) + x+7$$
$$= 12$$

1734

정답 ⑤

STEP A (근호 안의 식의 값)≥0, (분모)≠0을 만족하는 x의 범위 구하기

(ⅰ) $\sqrt{x+2}$에서 $x+2 \geq 0$ ∴ $x \geq -2$

(ⅱ) $\dfrac{1}{\sqrt{3-x}}$에서 $3-x > 0$ ∴ $x < 3$

(ⅰ), (ⅱ)에서 $-2 \leq x < 3$

STEP B 제곱근의 성질을 이용하여 식을 간단히 하기

즉 $2x-6 < 0$, $x+3 > 0$이므로

$$|2x-6| + \sqrt{x^2+6x+9} = |2x-6| + \sqrt{(x+3)^2}$$
$$= |2x-6| + |x+3|$$
$$= -(2x-6) + (x+3)$$
$$= -x+9$$

STEP C $-2 \leq x < 3$에서 최댓값과 최솟값의 합 구하기

$-2 \leq x < 3$인 정수 x에 대하여

$-x+9$의 최댓값은 $x=-2$일 때, 11이고

최솟값은 $x=2$일 때, 7이다.

따라서 최댓값과 최솟값의 합은 $11+7=18$

내/신/연/계/ 출제문항 843

$\dfrac{1}{\sqrt{4-x}} + \sqrt{x+2}$의 값이 실수가 되도록 하는 모든 정수 x에

대하여 $|2x-8| + \sqrt{x^2+4x+4}$의 최댓값과 최솟값의 합은?

① 11   ② 13   ③ 15

④ 17   ⑤ 19

STEP A (근호 안의 식의 값)≥0, (분모)≠0을 만족하는 x의 범위 구하기

(ⅰ) $\dfrac{1}{\sqrt{4-x}}$에서 $4-x > 0$ ∴ $x < 4$

(ⅱ) $\sqrt{x+2}$에서 $x+2 \geq 0$ ∴ $x \geq -2$

(ⅰ), (ⅱ)에서 $-2 \leq x < 4$

STEP B 제곱근의 성질을 이용하여 식을 간단히 하기

즉 $2x-8 < 0$, $x+2 \geq 0$이므로

$$|2x-8| + \sqrt{x^2+4x+4} = |2x-8| + \sqrt{(x+2)^2}$$
$$= |2x-8| + |x+2|$$
$$= -(2x-8) + (x+2)$$
$$= -x+10$$

STEP C $-2 < x \leq 4$에서 최댓값과 최솟값의 합 구하기

$-2 \leq x < 4$인 정수 x에 대하여

$-x+10$의 최댓값은 $x=-2$일 때, 12이고

최솟값은 $x=3$일 때, 7이다.

따라서 최댓값과 최솟값의 합은 $12+7=19$

정답 ⑤

1735

정답 ④

STEP A (근호 안의 식의 값)≥0, (분모)≠0을 만족하는 x의 범위 구하기

(ⅰ) $\sqrt{x+5}$에서 $x+5 \geq 0$ ∴ $x \geq -5$

(ⅱ) $\sqrt{8-2x}$에서 $8-2x \geq 0$ ∴ $x \leq 4$

(ⅲ) 분모 $x^2+6x+9 \neq 0$이므로 $(x+3)^2 \neq 0$

     ∴ $x \neq -3$인 모든 실수

(ⅰ)~(ⅲ)에서 $-5 \leq x < -3$ 또는 $-3 < x \leq 4$

따라서 정수 x는 $-5, -4, -2, -1, 0, 1, 2, 3, 4$이므로 그 개수는 9

1736

정답 ③

STEP A (근호 안의 식의 값)≥0, (분모)≠0을 만족하는 x의 범위 구하기

(ⅰ) $\sqrt{15+2x-x^2}$에서 $15+2x-x^2 \geq 0$

     $x^2-2x-15 \leq 0$, $(x+3)(x-5) \leq 0$

     ∴ $-3 \leq x \leq 5$

(ⅱ) $\sqrt{x^2-x+1}$에서 모든 실수 x에 대하여

$$x^2-x+1 = \left(x^2-x+\dfrac{1}{4}\right) + \dfrac{3}{4}$$
$$= \left(x-\dfrac{1}{2}\right)^2 + \dfrac{3}{4} > 0 \quad \longleftarrow \text{모든 실수 } x \text{에 대하여 (분모)≠0}$$

(ⅰ), (ⅱ)에서 $-3 \leq x \leq 5$

따라서 정수 x는 $-3, -2, -1, 0, 1, 2, 3, 4, 5$이므로

그 개수는 9

1737

정답 5

STEP A (근호 안의 식의 값)≥0, (분모)≠0을 만족하는 x의 범위 구하기

(ⅰ) $\sqrt{6-x}$에서 $6-x \geq 0$ ∴ $x \leq 6$

(ⅱ) $\sqrt{x^2-2x+3}$에서 모든 실수 x에 대하여

     $x^2-2x+3 = (x-1)^2+2 > 0$

(ⅲ) $\sqrt{x+2}$에서 $x+2 > 0$ ∴ $x > -2$

(ⅰ)~(ⅲ)에서 $-2 < x \leq 6$

STEP B 정수 x의 최댓값과 최솟값의 합 구하기

따라서 정수 x의 최댓값은 6, 최솟값은 -1이므로 구하는 합은 $6+(-1)=5$

1738

정답 ①

STEP A 무리식이 실수일 조건 구하기

모든 실수 x에 대하여 $\sqrt{kx^2-kx+3}$의 값이 실수가 되려면

모든 실수 x에 대하여 부등식 $kx^2-kx+3 \geq 0$이 성립해야 한다.

STEP B 이차방정식의 판별식을 이용하여 k의 범위 구하기

(i) $k=0$일 때,

$0 \times x^2-0 \times x+3 \geq 0$이므로 모든 실수 x에 대하여 성립한다.

(ii) $k \neq 0$일 때,

$k>0$이고 이차방정식 $kx^2-kx+3=0$의 판별식을 D라 하면

$D \leq 0$이어야 한다.

$D=(-k)^2-4 \times k \times 3 \leq 0$, $k(k-12) \leq 0$

$\therefore 0<k \leq 12$ $(\because k \neq 0)$

(i), (ii)에 의하여 $0 \leq k \leq 12$

따라서 정수 k는 0, 1, 2, $\cdots$, 12이므로 그 개수는 13

POINT | 이차부등식이 항상 성립할 조건

이차방정식 $ax^2+bx+c=0$의 판별식을 D라 하면

① 모든 실수 x에 대하여 이차부등식 $ax^2+bx+c \geq 0$이 성립할 조건

➡ $a>0$, $D=b^2-4ac \leq 0$

② 모든 실수 x에 대하여 이차부등식 $ax^2+bx+c \leq 0$이 성립할 조건

➡ $a<0$, $D=b^2-4ac \leq 0$

내/신/연/계 출제문항 844

$\dfrac{1}{\sqrt{x^2-2kx+k+12}}$이 실수 x의 값에 관계없이 항상 실수가 되도록 하는

정수 k의 최솟값은?

① -3 ② -2 ③ -1

④ 1 ⑤ 2

STEP A 무리식이 실수일 조건 구하기

모든 실수 x에 대하여 $\dfrac{1}{\sqrt{x^2-2kx+k+12}}$의 값이 실수가 되려면

모든 실수 x에 대하여 부등식 $x^2-2kx+k+12>0$이 성립해야 한다.

(분모)$\neq 0$

STEP B 이차방정식의 판별식을 이용하여 k의 범위 구하기

$x^2-2kx+k+12=0$의 판별식을 D라 하면 $D<0$이어야 하므로

$\dfrac{D}{4}=k^2-(k+12)<0$, $k^2-k-12<0$

$(k+3)(k-4)<0$ $\therefore -3<k<4$

따라서 정수 k의 최솟값은 -2

정답 ②

1739

정답 ①

STEP A 주어진 식이 성립하도록 하는 실수 x의 범위 구하기

$\sqrt{x-5}\sqrt{1-x}=-\sqrt{(x-5)(1-x)}$이므로

$x-5<0$, $1-x<0$ 또는 $x-5=0$ 또는 $1-x=0$

즉 $1<x<5$ 또는 $x=5$ 또는 $x=1$이므로 $1 \leq x \leq 5$ $\cdots\cdots$ ㉠

STEP B 제곱근의 성질을 이용하여 주어진 식 간단히 정리하기

㉠에 의하여 $x-5 \leq 0$, $1-x \leq 0$

따라서 $\sqrt{(x-5)^2}-\sqrt{(1-x)^2}=|x-5|-|1-x|$

$=-(x-5)+(1-x)$

$=-2x+6$

1740

정답 6

STEP A 음수의 제곱근의 성질을 이용하여 x의 범위 구하기

$\dfrac{\sqrt{x+2}}{\sqrt{x^2-9}}=-\sqrt{\dfrac{x+2}{x^2-9}}$이므로

$x+2>0$, $x^2-9<0$ 또는 $x+2=0$, $x^2-9 \neq 0$

$x>-2$와 $-3<x<3$의 공통된 부분은 $-2<x<3$

즉 $-2<x<3$ 또는 $x=-2$, $x \neq 3$, $x \neq -3$이므로 $-2 \leq x<3$ $\cdots\cdots$ ㉠

STEP B 제곱근의 성질을 이용하여 주어진 식 간단히 정리하기

㉠에 의하여 $x-3<0$, $x+3>0$

따라서 $\sqrt{(x-3)^2}+\sqrt{(x+3)^2}=|x-3|+|x+3|=-x+3+x+3=6$

내/신/연/계 출제문항 845

$\dfrac{\sqrt{x+3}}{\sqrt{x^2-16}}=-\sqrt{\dfrac{x+3}{x^2-16}}$를 만족시키는 실수 x에 대하여

$\sqrt{(x-5)^2}+\sqrt{(x+5)^2}$을 간단히 하시오.

STEP A 음수의 제곱근의 성질을 이용하여 x의 범위 구하기

$\dfrac{\sqrt{x+3}}{\sqrt{x^2-16}}=-\sqrt{\dfrac{x+3}{x^2-16}}$이므로

$x+3>0$, $x^2-16<0$ 또는 $x+3=0$, $x^2-16 \neq 0$

$x>-3$와 $-4<x<4$의 공통된 부분은 $-3 \leq x<4$

즉 $-3<x<4$ 또는 $x=-3$, $x \neq 4$, $x \neq -4$이므로 $-3 \leq x<4$ $\cdots\cdots$ ㉠

STEP B 제곱근의 성질을 이용하여 주어진 식 간단히 정리하기

㉠에 의하여 $x-5<0$, $x+5>0$

따라서 $\sqrt{(x-5)^2}+\sqrt{(x+5)^2}=|x-5|+|x+5|=-x+5+x+5=10$

정답 10

1741

정답 ⑤

STEP A 음수의 제곱근의 성질을 이용하여 x의 범위 구하기

$\dfrac{\sqrt{x-3}}{\sqrt{y+1}}=-\sqrt{\dfrac{x-3}{y+1}}$이므로 $x-3>0$, $y+1<0$ 또는 $x-3=0$, $y+1 \neq 0$

즉 $x>3$, $y<-1$ 또는 $x=3$, $y \neq -1$이므로 $x \geq 3$, $y<-1$ $\cdots\cdots$ ㉠

STEP B 제곱근의 성질을 이용하여 주어진 식 간단히 정리하기

㉠에 의하여 $x+3>0$, $y-x<0$, $y-2<0$

(음수)-(양수)=(음수)

따라서 $\sqrt{(x+3)^2}+\sqrt{(y-x)^2}+\sqrt{(y-2)^2}=|x+3|+|y-x|+|y-2|$

$=(x+3)-(y-x)-(y-2)$

$=2x-2y+5$

1742

정답 ②

STEP A 분모를 유리화하여 식을 간단히 하기

$\dfrac{\sqrt{x+1}-\sqrt{x-1}}{\sqrt{x+1}+\sqrt{x-1}}+\dfrac{\sqrt{x+1}+\sqrt{x-1}}{\sqrt{x+1}-\sqrt{x-1}}$

$=\dfrac{(\sqrt{x+1}-\sqrt{x-1})^2+(\sqrt{x+1}+\sqrt{x-1})^2}{(\sqrt{x+1}+\sqrt{x-1})(\sqrt{x+1}-\sqrt{x-1})}$

$=\dfrac{(x+1-2\sqrt{x^2-1}+x-1)+(x+1+2\sqrt{x^2-1}+x-1)}{x+1-(x-1)}$

$=\dfrac{4x}{2}=2x$

1743

정답 ②

STEP Ⓐ **분모를 유리화하여 식을 간단히 하기**

$$\frac{1}{\sqrt{x+2}-\sqrt{x}}=\frac{\sqrt{x+2}+\sqrt{x}}{(\sqrt{x+2}-\sqrt{x})(\sqrt{x+2}+\sqrt{x})}$$

$$=\frac{\sqrt{x+2}+\sqrt{x}}{(x+2)-x}$$

$$=\frac{\sqrt{x+2}+\sqrt{x}}{2}$$

$$\frac{1}{\sqrt{x+2}+\sqrt{x}}=\frac{\sqrt{x+2}-\sqrt{x}}{(\sqrt{x+2}+\sqrt{x})(\sqrt{x+2}-\sqrt{x})}$$

$$=\frac{\sqrt{x+2}-\sqrt{x}}{(x+2)-x}$$

$$=\frac{\sqrt{x+2}-\sqrt{x}}{2}$$

따라서 $\dfrac{\sqrt{x+2}+\sqrt{x}}{2}-\dfrac{\sqrt{x+2}-\sqrt{x}}{2}=\dfrac{2\sqrt{x}}{2}=\sqrt{x}$

1744

정답 ④

STEP Ⓐ **분모를 유리화하여 계산하기**

$$\frac{\sqrt{2}+\sqrt{3}-\sqrt{5}}{\sqrt{2}-\sqrt{3}-\sqrt{5}}=\frac{(\sqrt{2}+\sqrt{3}-\sqrt{5})\{(\sqrt{2}-\sqrt{3})+\sqrt{5}\}}{\{(\sqrt{2}-\sqrt{3})-\sqrt{5}\}\{(\sqrt{2}-\sqrt{3})+\sqrt{5}\}}$$

$$=\frac{\{\sqrt{2}+(\sqrt{3}-\sqrt{5})\}\{\sqrt{2}-(\sqrt{3}-\sqrt{5})\}}{(\sqrt{2}-\sqrt{3})^2-5}$$

$$=\frac{2-(\sqrt{3}-\sqrt{5})^2}{(5-2\sqrt{6})-5}$$

$$=\frac{(-6+2\sqrt{15})\times\sqrt{6}}{(-2\sqrt{6})\times\sqrt{6}}$$

$$=\frac{-6\sqrt{6}+6\sqrt{10}}{-12}$$

$$=\frac{\sqrt{6}-\sqrt{10}}{2}$$

1745

정답 ③

STEP Ⓐ **분모를 유리화하여 a_1의 값 구하기**

$\sqrt{3}=1+\dfrac{1}{1+a_1}$ 에서 $\sqrt{3}-1=\dfrac{1}{1+a_1}$ 이므로

$1+a_1=\dfrac{1}{\sqrt{3}-1}=\dfrac{\sqrt{3}+1}{(\sqrt{3}-1)(\sqrt{3}+1)}=\dfrac{\sqrt{3}+1}{2}$ ← $1+a_1=\frac{\sqrt{3}+1}{2}$

$\therefore a_1=\dfrac{\sqrt{3}-1}{2}$

STEP Ⓑ **분모를 유리화하여 a_2의 값 구하기**

$1+\dfrac{1}{1+a_1}=1+\dfrac{1}{\frac{1}{a_2}}$ 에서 $a_1+1=\dfrac{1}{a_2}$ 이므로 $\dfrac{\sqrt{3}+1}{2}=\dfrac{1}{a_2}$

$a_2=\dfrac{2}{\sqrt{3}+1}=\dfrac{2(\sqrt{3}-1)}{(\sqrt{3}+1)(\sqrt{3}-1)}=\dfrac{2(\sqrt{3}-1)}{2}=\sqrt{3}-1$

$\therefore a_2=\sqrt{3}-1$

STEP Ⓒ **$\dfrac{a_2}{a_1}$의 값 구하기**

따라서 $\dfrac{a_2}{a_1}=\dfrac{\sqrt{3}-1}{\frac{\sqrt{3}-1}{2}}=2$

1746

정답 ③

STEP Ⓐ **$f(x)$의 분모를 유리화하여 식을 간단히 하기**

$f(x)=\dfrac{1}{\sqrt{x+1}+\sqrt{x}}=\dfrac{\sqrt{x+1}-\sqrt{x}}{(\sqrt{x+1}+\sqrt{x})(\sqrt{x+1}-\sqrt{x})}=\sqrt{x+1}-\sqrt{x}$

STEP Ⓑ **$f(1)+f(2)+f(3)+\cdots+f(99)$의 값 구하기**

$f(1)+f(2)+f(3)+\cdots+f(99)$

$=(\sqrt{2}-1)+(\sqrt{3}-\sqrt{2})+(\sqrt{4}-\sqrt{3})+\cdots+(\sqrt{100}-\sqrt{99})$

$=\sqrt{100}-1=10-1=9$

1747

정답 2

STEP Ⓐ **$\dfrac{1}{f(n)}$의 분모를 유리화하여 식을 간단히 하기**

$f(n)=\sqrt{2n+1}+\sqrt{2n-1}$ 에서

$\dfrac{1}{f(n)}=\dfrac{1}{\sqrt{2n+1}+\sqrt{2n-1}}$

$=\dfrac{\sqrt{2n+1}-\sqrt{2n-1}}{(\sqrt{2n+1}+\sqrt{2n-1})(\sqrt{2n+1}-\sqrt{2n-1})}$

$=\dfrac{\sqrt{2n+1}-\sqrt{2n-1}}{(2n+1)-(2n-1)}$

$=\dfrac{1}{2}(\sqrt{2n+1}-\sqrt{2n-1})$

STEP Ⓑ **$\dfrac{1}{f(1)}+\dfrac{1}{f(2)}+\dfrac{1}{f(3)}+\cdots+\dfrac{1}{f(12)}$의 값 구하기**

$\dfrac{1}{f(1)}+\dfrac{1}{f(2)}+\dfrac{1}{f(3)}+\cdots+\dfrac{1}{f(12)}$

$=\dfrac{1}{2}\{(\sqrt{3}-\sqrt{1})+(\sqrt{5}-\sqrt{3})+(\sqrt{7}-\sqrt{5})+\cdots+(\sqrt{25}-\sqrt{23})\}$

$=\dfrac{1}{2}(\sqrt{25}-1)=\dfrac{1}{2}(5-1)=2$

내/신/연/계 출제문항 846

$f(n)=\sqrt{3n+2}+\sqrt{3n-1}$ 일 때,

$\dfrac{1}{f(1)}+\dfrac{1}{f(2)}+\dfrac{1}{f(3)}+\cdots+\dfrac{1}{f(10)}$의 값은?

① 1 ② $\sqrt{2}$ ③ $\dfrac{3}{2}$

④ $\dfrac{2\sqrt{2}}{3}$ ⑤ $2\sqrt{2}$

STEP Ⓐ **$\dfrac{1}{f(n)}$의 분모를 유리화하여 식을 간단히 하기**

$f(n)=\sqrt{3n+2}+\sqrt{3n-1}$ 에서

$\dfrac{1}{f(n)}=\dfrac{1}{\sqrt{3n+2}+\sqrt{3n-1}}$

$=\dfrac{\sqrt{3n+2}-\sqrt{3n-1}}{(\sqrt{3n+2}+\sqrt{3n-1})(\sqrt{3n+2}-\sqrt{3n-1})}$

$=\dfrac{\sqrt{3n+2}-\sqrt{3n-1}}{(3n+2)-(3n-1)}$

$=\dfrac{1}{3}(\sqrt{3n+2}-\sqrt{3n-1})$

STEP Ⓑ **$\dfrac{1}{f(1)}+\dfrac{1}{f(2)}+\dfrac{1}{f(3)}+\cdots+\dfrac{1}{f(10)}$의 값 구하기**

$\dfrac{1}{f(1)}+\dfrac{1}{f(2)}+\dfrac{1}{f(3)}+\cdots+\dfrac{1}{f(10)}$

$=\dfrac{1}{3}\{(\sqrt{5}-\sqrt{2})+(\sqrt{8}-\sqrt{5})+(\sqrt{11}-\sqrt{8})+\cdots+(\sqrt{32}-\sqrt{29})\}$

$=\dfrac{1}{3}(\sqrt{32}-\sqrt{2})=\dfrac{1}{3}(4\sqrt{2}-\sqrt{2})=\sqrt{2}$

정답 ②

1748 2012년 06월 고1 학력평가 11번 정답 ③

STEP A 분모를 유리화하여 주어진 식 계산하기

$$\frac{1}{2+(\sqrt{2}-1)}=\frac{1}{\sqrt{2}+1}=\frac{\sqrt{2}-1}{(\sqrt{2}+1)(\sqrt{2}-1)}=\sqrt{2}-1$$

따라서 $2+\dfrac{1}{2+\dfrac{1}{2+\dfrac{1}{2+(\sqrt{2}-1)}}}=2+\dfrac{1}{2+\dfrac{1}{2+(\sqrt{2}-1)}}$

$$=2+\frac{1}{2+(\sqrt{2}-1)}$$
$$=2+(\sqrt{2}-1)$$
$$=\sqrt{2}+1$$

내/신/연/계/ 출제문항 847

$1+\dfrac{1}{\sqrt{3}+\dfrac{1}{1-\dfrac{1}{2-\sqrt{3}}}}=a+b\sqrt{3}$일 때, $a+b$의 값은?

(단, a, b는 유리수이다.)

① -2 ② -1 ③ 0
④ 1 ⑤ 2

STEP A 분모를 유리화하여 식을 간단히 하기

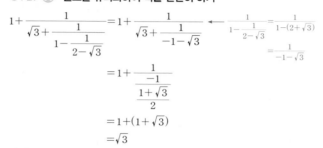

$1+\dfrac{1}{\sqrt{3}+\dfrac{1}{1-\dfrac{1}{2-\sqrt{3}}}}=1+\dfrac{1}{\sqrt{3}+\dfrac{1}{-1-\sqrt{3}}}$ ← $\dfrac{1}{1-\dfrac{1}{2-\sqrt{3}}}=\dfrac{1}{1-(2+\sqrt{3})}$
$\qquad\qquad\qquad\qquad\qquad\qquad\qquad\qquad =\dfrac{1}{-1-\sqrt{3}}$

$$=1+\frac{1}{\dfrac{-1}{1+\sqrt{3}}}$$
$$\qquad\quad\ \dfrac{}{2}$$
$$=1+(1+\sqrt{3})$$
$$=\sqrt{3}$$

따라서 $a=0$, $b=1$이므로 $a+b=1$ 정답 ④

1749 정답 ②

STEP A 분모를 유리화하여 식을 간단히 하기

$$\frac{1}{\sqrt{x}+1}-\frac{1}{\sqrt{x}-1}=\frac{\sqrt{x}-1}{(\sqrt{x}+1)(\sqrt{x}-1)}-\frac{\sqrt{x}+1}{(\sqrt{x}-1)(\sqrt{x}+1)}$$
$$=\frac{(\sqrt{x}-1)-(\sqrt{x}+1)}{x-1}$$
$$=\frac{-2}{x-1}$$

STEP B $x=1-\sqrt{2}$를 대입하여 주어진 식 값 구하기

따라서 $x=1-\sqrt{2}$를 대입하면 $\dfrac{-2}{x-1}=\dfrac{-2}{(1-\sqrt{2})-1}=\dfrac{2}{\sqrt{2}}=\sqrt{2}$

1750 정답 ③

STEP A 분모를 유리화하여 식을 간단히 하기

$$\frac{1}{\sqrt{x+6}-\sqrt{6}}-\frac{1}{\sqrt{x+6}+\sqrt{6}}=\frac{(\sqrt{x+6}+\sqrt{6})-(\sqrt{x+6}-\sqrt{6})}{(\sqrt{x+6}-\sqrt{6})(\sqrt{x+6}+\sqrt{6})}$$
$$=\frac{2\sqrt{6}}{x}$$

STEP B $x=\sqrt{6}$을 대입하여 주어진 식 값 구하기

따라서 $x=\sqrt{6}$을 대입하면 $\dfrac{2\sqrt{6}}{\sqrt{6}}=2$

내/신/연/계/ 출제문항 848

$x=\sqrt{5}$일 때, $\dfrac{\sqrt{x}}{\sqrt{x}-\sqrt{x-2}}+\dfrac{\sqrt{x}}{\sqrt{x}+\sqrt{x-2}}$의 값은?

① $\dfrac{\sqrt{5}}{5}$ ② $\dfrac{\sqrt{2}}{2}$ ③ 1
④ $\sqrt{5}$ ⑤ $2\sqrt{5}$

STEP A 분모를 유리화하여 식을 간단히 하기

$$\frac{\sqrt{x}}{\sqrt{x}-\sqrt{x-2}}+\frac{\sqrt{x}}{\sqrt{x}+\sqrt{x-2}}$$
$$=\frac{\sqrt{x}(\sqrt{x}+\sqrt{x-2})}{(\sqrt{x}-\sqrt{x-2})(\sqrt{x}+\sqrt{x-2})}+\frac{\sqrt{x}(\sqrt{x}-\sqrt{x-2})}{(\sqrt{x}+\sqrt{x-2})(\sqrt{x}-\sqrt{x-2})}$$
$$=\frac{x+\sqrt{x(x-2)}+x-\sqrt{x(x-2)}}{x-(x-2)}$$
$$=\frac{2x}{2}=x$$

따라서 주어진 식의 값은 $x=\sqrt{5}$ 정답 ④

1751 정답 ⑤

STEP A 분모를 유리화하여 식을 간단히 하기

$\dfrac{\sqrt{x}+1}{\sqrt{x}-1}+\dfrac{\sqrt{x}-1}{\sqrt{x}+1}=\dfrac{(\sqrt{x}+1)^2+(\sqrt{x}-1)^2}{(\sqrt{x}-1)(\sqrt{x}+1)}$ ← $(x+2\sqrt{x}+1)+(x-2\sqrt{x}+1)$
$\qquad\qquad\qquad\qquad\qquad\qquad\qquad\qquad =2x+2$
$$=\frac{2(x+1)}{x-1}$$

STEP B $x=\dfrac{1}{\sqrt{2}-1}$을 대입하여 a, b의 값 구하기

$x=\dfrac{1}{\sqrt{2}-1}=\dfrac{\sqrt{2}+1}{(\sqrt{2}-1)(\sqrt{2}+1)}=\sqrt{2}+1$을 대입하면

$\dfrac{2(x+1)}{x-1}=\dfrac{2(\sqrt{2}+2)}{\sqrt{2}}=\dfrac{2\sqrt{2}(\sqrt{2}+2)}{2}=2+2\sqrt{2}$

따라서 $a=2$, $b=2$이므로 $a+b=4$

1752 정답 ④

STEP A $x+y$, $x-y$, xy의 값 구하기

$x=\sqrt{2}+1$, $y=\sqrt{2}-1$에서

$x+y=(\sqrt{2}+1)+(\sqrt{2}-1)=2\sqrt{2}$

$x-y=(\sqrt{2}+1)-(\sqrt{2}-1)=2$

$xy=(\sqrt{2}+1)(\sqrt{2}-1)=1$

STEP B 분모의 유리화를 이용하여 식의 값 구하기

따라서 $\dfrac{\sqrt{x}+\sqrt{y}}{\sqrt{x}-\sqrt{y}}=\dfrac{(\sqrt{x}+\sqrt{y})^2}{(\sqrt{x}-\sqrt{y})(\sqrt{x}+\sqrt{y})}$

$$=\frac{x+y+2\sqrt{xy}}{x-y}$$
$$=\frac{2\sqrt{2}+2}{2}$$
$$=\sqrt{2}+1$$

$x=\sqrt{3}+\sqrt{2}$, $y=\sqrt{3}-\sqrt{2}$일 때, $\dfrac{\sqrt{x}-\sqrt{y}}{\sqrt{x}+\sqrt{y}}$의 값은?

① $\sqrt{3}-\sqrt{2}$ ② $\sqrt{2}+\sqrt{3}$ ③ $\sqrt{2}+\sqrt{6}$

④ $\dfrac{\sqrt{2}+\sqrt{6}}{2}$ ⑤ $\dfrac{\sqrt{6}-\sqrt{2}}{2}$

STEP🅐 $x+y$, $x-y$, xy의 값 구하기

$x=\sqrt{3}+\sqrt{2}$, $y=\sqrt{3}-\sqrt{2}$에서

$x+y=(\sqrt{3}+\sqrt{2})+(\sqrt{3}-\sqrt{2})=2\sqrt{3}$

$x-y=(\sqrt{3}+\sqrt{2})-(\sqrt{3}-\sqrt{2})=2\sqrt{2}$

$xy=(\sqrt{3}+\sqrt{2})(\sqrt{3}-\sqrt{2})=1$

STEP🅑 **분모의 유리화를 이용하여 식의 값 구하기**

따라서 $\dfrac{\sqrt{x}-\sqrt{y}}{\sqrt{x}+\sqrt{y}}=\dfrac{(\sqrt{x}-\sqrt{y})^2}{(\sqrt{x}+\sqrt{y})(\sqrt{x}-\sqrt{y})}$

$=\dfrac{x+y-2\sqrt{xy}}{x-y}$

$=\dfrac{2\sqrt{3}-2}{2\sqrt{2}}$

$=\dfrac{\sqrt{6}-\sqrt{2}}{2}$

정답 ⑤

1753

정답 ⑤

STEP🅐 **분모를 유리화하여 $x+y$, $x-y$의 값 구하기**

$x=\dfrac{\sqrt{5}+\sqrt{3}}{\sqrt{5}-\sqrt{3}}=\dfrac{(\sqrt{5}+\sqrt{3})^2}{(\sqrt{5}-\sqrt{3})(\sqrt{5}+\sqrt{3})}=\dfrac{8+2\sqrt{15}}{2}=4+\sqrt{15}$

$y=\dfrac{\sqrt{5}-\sqrt{3}}{\sqrt{5}+\sqrt{3}}=\dfrac{(\sqrt{5}-\sqrt{3})^2}{(\sqrt{5}+\sqrt{3})(\sqrt{5}-\sqrt{3})}=\dfrac{8-2\sqrt{15}}{2}=4-\sqrt{15}$

이므로 $x+y=8$, $x-y=2\sqrt{15}$

STEP🅑 **주어진 식의 값 구하기**

따라서 $\dfrac{\sqrt{x}-\sqrt{y}}{\sqrt{x}+\sqrt{y}}+\dfrac{\sqrt{x}+\sqrt{y}}{\sqrt{x}-\sqrt{y}}$

$=\dfrac{(\sqrt{x}-\sqrt{y})^2}{(\sqrt{x}+\sqrt{y})(\sqrt{x}-\sqrt{y})}+\dfrac{(\sqrt{x}+\sqrt{y})^2}{(\sqrt{x}-\sqrt{y})(\sqrt{x}+\sqrt{y})}$

$=\dfrac{x+y-2\sqrt{xy}+x+y+2\sqrt{xy}}{x-y}$

$=\dfrac{2(x+y)}{x-y}=\dfrac{2\times 8}{2\sqrt{15}}=\dfrac{8\sqrt{15}}{15}$

1754

정답 ①

STEP🅐 **분모를 유리화하여 $x+y$, $x-y$의 값 구하기**

$x=\dfrac{\sqrt{2}-1}{\sqrt{2}+1}=\dfrac{(\sqrt{2}-1)^2}{(\sqrt{2}+1)(\sqrt{2}-1)}=3-2\sqrt{2}$

$y=\dfrac{\sqrt{2}+1}{\sqrt{2}-1}=\dfrac{(\sqrt{2}+1)^2}{(\sqrt{2}-1)(\sqrt{2}+1)}=3+2\sqrt{2}$

이므로 $x+y=6$, $x-y=-4\sqrt{2}$

STEP🅑 **인수분해를 이용하여 주어진 식의 값 구하기**

따라서 $x^3+x^2y-xy^2-y^3=x^2(x+y)-y^2(x+y)$

$=(x+y)(x^2-y^2)$

$=(x+y)^2(x-y)$

$=36\times(-4\sqrt{2})$

$=-144\sqrt{2}$

1755

정답 ④

STEP🅐 $x+2=\sqrt{3}$의 양변을 제곱하여 이차방정식 유도하기

$x=\sqrt{3}-2$에서 $x+2=\sqrt{3}$

양변을 제곱하면 $x^2+4x+4=3$ ∴ $x^2+4x+1=0$

STEP🅑 **주어진 식의 값 구하기**

따라서 $\dfrac{2}{x^3+4x^2+2x+1}=\dfrac{2}{x(x^2+4x+1)+x+1}$

$=\dfrac{2}{\sqrt{3}-2+1}$

$=\dfrac{2(\sqrt{3}+1)}{(\sqrt{3}-1)(\sqrt{3}+1)}$

$=\sqrt{3}+1$

1756

정답 ③

STEP🅐 $y=f(x)$의 그래프를 이용하여 a, b의 부호 판별하기

함수 $y=f(x)$의 그래프가 제 2사분면에 있으므로 $a>0$, $b<0$

STEP🅑 $y=g(x)$의 그래프를 이용하여 c, d의 부호 판별하기

한편 함수 $y=g(x)$의 그래프가 제 4사분면에 있으므로 $c<0$, $d>0$

따라서 $a>0$, $b<0$, $c<0$, $d>0$

1757

정답 ④

STEP🅐 **무리함수 $y=\sqrt{ax}$의 그래프를 이용하여 참, 거짓 판단하기**

a의 값의 부호에 따른 무리함수 $y=\sqrt{ax}$ $(a\neq 0)$의 그래프는 다음과 같다.

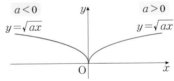

① $a<0$이면 정의역은 $\{x\,|\,x\leq 0\}$이고
a의 값의 부호에 관계없이 치역은 $\{y\,|\,y\geq 0\}$이다. [거짓]

② $|a|$의 값이 커질수록 그래프는 x축으로부터 멀어진다. [거짓]

③ 그래프는 $y=-\sqrt{ax}$의 그래프와 x축에 대하여 대칭이다. [거짓]

④ a의 값의 부호에 관계없이 치역은 $\{y\,|\,y\geq 0\}$이므로 함수 $y=\sqrt{ax}$의 그래프와 직선 $y=1$은 서로 만난다. [참]

⑤ $a<0$이면 정의역은 $\{x\,|\,x\leq 0\}$이므로 함수 $y=\sqrt{ax}$의 그래프는 제 1사분면을 지나지 않는다. [거짓]

따라서 옳은 것은 ④이다.

POINT | $|a|$의 값에 따른 $y=\sqrt{ax}$의 그래프의 개형

$y=\sqrt{ax}$ $(a\neq 0)$에서 $|a|$의 값이 커질수록 그래프는 x축에서 멀어지고, y축에 가까워진다.

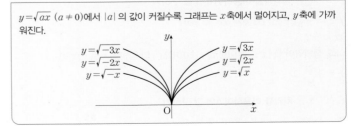

무리함수 $y=\sqrt{ax}$ $(a\neq 0)$의 그래프에 대한 설명으로 옳지 않은 것은?

① $a>0$이면 정의역은 $\{x|x\geq 0\}$, 치역은 $\{y|y\geq 0\}$이다.

② $a<0$이면 정의역은 $\{x|x\leq 0\}$, 치역은 $\{y|y\geq 0\}$이다.

③ $a<0$이면 지나는 사분면은 제 2사분면이다.

④ 함수 $y=\sqrt{ax}$의 그래프는 함수 $y=\dfrac{x^2}{a}$ $(x\geq 0)$의 그래프와

직선 $y=x$에 대하여 대칭이다.

⑤ $|a|$의 값이 커질수록 그래프는 x축에서 가까워진다.

STEP Ⓐ **무리함수 $y=\sqrt{ax}$의 그래프를 이용하여 참, 거짓 판단하기**

a의 값의 부호에 따른 무리함수 $y=\sqrt{ax}$ $(a\neq 0)$의 그래프는 다음과 같다.

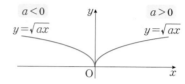

① $a>0$이면 정의역은 $\{x|x\geq 0\}$, 치역은 $\{y|y\geq 0\}$이다. [참]

② $a<0$이면 정의역은 $\{x|x\leq 0\}$, 치역은 $\{y|y\geq 0\}$이다. [참]

③ $a<0$이면 지나는 사분면은 제 2사분면뿐이다. [참]

④ $y=\sqrt{ax}$를 x에 대하여 풀면 $y^2=ax$, $x=\dfrac{y^2}{a}$이고,

x와 y를 서로 바꾸면 $y=\dfrac{x^2}{a}$이다.

이때 $y=\sqrt{ax}$ $(y\geq 0)$이므로 $y=\sqrt{ax}$의 역함수는 $y=\dfrac{x^2}{a}$ $(x\geq 0)$이다.

즉 함수 $y=\sqrt{ax}$의 그래프는 함수 $y=\dfrac{x^2}{a}$ $(x\geq 0)$의 그래프와 직선

$y=x$에 대하여 대칭이다. [참]

⑤ $|a|$의 값이 커질수록 그래프는 x축에서 멀어지고, y축에 가까워진다. [거짓]

따라서 옳지 않은 것은 ⑤이다. ▷ 정답 ⑤

1758 ▷ 정답 ②

STEP Ⓐ **무리함수의 정의역과 치역 구하기**

$2x-6\geq 0$에서 $2x\geq 6$ ∴ $x\geq 3$

즉 주어진 함수의 정의역은 $\{x|x\geq 3\}$

$-\sqrt{2x-6}\leq 0$에서 $-\sqrt{2x-6}+2\leq 2$

즉 주어진 함수의 치역은 $\{y|y\leq 2\}$

따라서 정의역은 $\{x|x\geq 3\}$, 치역은 $\{y|y\leq 2\}$

1759 ▷ 정답 ③

STEP Ⓐ **정의역을 이용하여 a의 값 구하기**

$f(x)=-\sqrt{ax+2}+3$에서 $ax+2\geq 0$

$ax\geq -2$ ...... ㉠

이때 정의역이 $\{x|x\leq 2\}$이므로 $a<0$이고 ㉠의 양변을 a로 나누면

$x\leq -\dfrac{2}{a}$, 즉 $-\dfrac{2}{a}=2$ ∴ $a=-1$

STEP Ⓑ **치역을 이용하여 b의 값 구하기**

또, $f(x)=-\sqrt{-x+2}+3$이므로

주어진 함수의 치역은 $\{y|y\leq 3\}$

∴ $b=3$

따라서 $a=-1$, $b=3$이므로

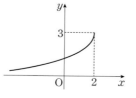

$f(a+b)=f(2)=-\sqrt{-2+2}+3=3$

함수 $f(x)=\sqrt{-3x+a}+b$의 정의역은 $\{x|x\leq 2\}$이고

치역은 $\{y|y\geq -2\}$일 때, $f(-1)$의 값은?

① 1 ② 2 ③ 3
④ 4 ⑤ 5

STEP Ⓐ **정의역을 이용하여 a의 값 구하기**

$f(x)=\sqrt{-3x+a}+b=\sqrt{-3\left(x-\dfrac{a}{3}\right)}+b$에서

$-3\left(x-\dfrac{a}{3}\right)\geq 0$, $x\leq \dfrac{a}{3}$

이때 정의역이 $\{x|x\leq 2\}$이므로 $\dfrac{a}{3}=2$ ∴ $a=6$

STEP Ⓑ **치역을 이용하여 b의 값 구하기**

또, $f(x)=\sqrt{-3x+6}+b$이므로

주어진 함수의 치역은 $\{y|y\geq b\}$

∴ $b=-2$

∴ $f(x)=\sqrt{-3x+6}-2$

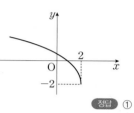

따라서 $f(-1)=\sqrt{-3\times(-1)+6}-2=1$ ▷ 정답 ①

1760 ▷ 정답 ③

STEP Ⓐ **정의역과 치역을 이용하여 무리함수 $f(x)$ 구하기**

정의역이 $\{x|x\leq 3\}$, 치역이 $\{y|y\leq 2\}$이므로

$f(x)=-\sqrt{a(x-3)}+2 (a<0)$

$f(1)=0$이므로 $-\sqrt{-2a}+2=0$, $\sqrt{-2a}=2$

$-2a=4$ ∴ $a=-2$

∴ $f(x)=-\sqrt{-2(x-3)}+2=-\sqrt{-2x+6}+2$

STEP Ⓑ **$a+b+c$의 값 구하기**

따라서 $a=-2$, $b=6$, $c=2$이므로 $a+b+c=-2+6+2=6$

1761 ▷ 정답 ①

STEP Ⓐ **유리함수의 그래프의 점근선의 방정식 구하기**

$y=\dfrac{-6x+5}{x+2}=\dfrac{-6(x+2)+17}{x+2}=\dfrac{17}{x+2}-6$이므로

함수 $y=\dfrac{-6x+5}{x+2}$의 그래프의 점근선의 방정식은 $x=-2$, $y=-6$

∴ $a=-2$, $b=-6$

STEP Ⓑ **a, b의 값을 대입하여 무리함수의 정의역을 구하기**

$y=\sqrt{ax+b}=\sqrt{-2x-6}$에서

$-2x-6\geq 0$ ∴ $x\leq -3$

따라서 함수 $y=\sqrt{-2x-6}$의 정의역은 $\{x|x\leq -3\}$

1762

정답 ③

STEP Ⓐ 유리함수의 그래프의 점근선의 방정식 구하기

$y=\dfrac{6x+10}{x+2}=\dfrac{6(x+2)-2}{x+2}=-\dfrac{2}{x+2}+6$이므로

함수 $y=\dfrac{6x+10}{x+2}$의 그래프의 점근선의 방정식은 $x=-2$, $y=6$

$\therefore a=-2$, $b=6$

STEP Ⓑ 무리함수 $f(x)$ 구하기

$f(x)=\sqrt{-2x+6}+c$에서 $f(1)=-3$이므로

$\sqrt{-2+6}+c=-3$ $\therefore c=-5$

$\therefore f(x)=\sqrt{-2x+6}-5$

STEP Ⓒ 함수 $f(x)$의 정의역과 치역 구하기

$-2x+6\geq0$에서 $-2x\geq-6$ $\therefore x\leq3$

즉 함수 $f(x)$의 정의역은 $\{x|x\leq3\}$

$\sqrt{-2x+6}\geq0$에서 $\sqrt{-2x+6}-5\geq-5$

즉 함수 $f(x)$의 치역은 $\{y|y\geq-5\}$

따라서 함수 $f(x)$의 정의역은 $\{x|x\leq3\}$이고 치역은 $\{y|y\geq-5\}$

내/신/연/계/ 출제문항 852

함수 $y=\dfrac{-2x+5}{x+3}$의 그래프의 점근선의 방정식이 $x=a$, $y=b$이고, 함수 $f(x)=\sqrt{ax+b}+c$에 대하여 $f(-2)=-1$일 때, 함수 $f(x)$의 정의역과 치역은? (단, a, b, c는 상수이다.)

① 정의역 : $\left\{x\middle|x\geq\dfrac{3}{2}\right\}$, 치역 : $\{y|y\leq3\}$

② 정의역 : $\left\{x\middle|x\geq\dfrac{2}{3}\right\}$, 치역 : $\{y|y\leq-3\}$

③ 정의역 : $\left\{x\middle|x\leq\dfrac{2}{3}\right\}$, 치역 : $\{y|y\geq-2\}$

④ 정의역 : $\left\{x\middle|x\leq-\dfrac{2}{3}\right\}$, 치역 : $\{y|y\geq-3\}$

⑤ 정의역 : $\left\{x\middle|x\geq-\dfrac{2}{3}\right\}$, 치역 : $\{y|y\leq-2\}$

STEP Ⓐ 유리함수의 그래프의 점근선의 방정식 구하기

$y=\dfrac{-2x+5}{x+3}=\dfrac{-2(x+3)+11}{x+3}=\dfrac{11}{x+3}-2$이므로

함수 $y=\dfrac{-2x+5}{x+3}$의 그래프의 점근선의 방정식은 $x=-3$, $y=-2$

$\therefore a=-3$, $b=-2$

STEP Ⓑ 무리함수 $f(x)$ 구하기

$f(x)=\sqrt{-3x-2}+c$에서 $f(-2)=-1$이므로

$f(-2)=2+c=-1$ $\therefore c=-3$

$\therefore f(x)=\sqrt{-3x-2}-3$

STEP Ⓒ 함수 $f(x)$의 정의역과 치역 구하기

$-3x-2\geq0$에서 $-3x\geq2$ $\therefore x\leq-\dfrac{2}{3}$

즉 함수 $f(x)$의 정의역은 $\left\{x\middle|x\leq-\dfrac{2}{3}\right\}$

$\sqrt{-3x-2}\geq0$에서 $\sqrt{-3x-2}-3\geq-3$

즉 함수 $f(x)$의 치역은 $\{y|y\geq-3\}$

따라서 함수 $f(x)$의 정의역은 $\left\{x\middle|x\leq-\dfrac{2}{3}\right\}$이고 치역은 $\{y|y\geq-3\}$

정답 ④

1763

정답 14

STEP Ⓐ 각각의 무리함수의 정의역과 치역 구하기

무리함수 $y=\sqrt{3x-2}-1=\sqrt{3\left(x-\dfrac{2}{3}\right)}-1$의

정의역은 $\left\{x\middle|x\geq\dfrac{2}{3}\right\}$이고 치역은 $\{y|y\geq-1\}$

$\therefore a=\dfrac{2}{3}$, $b=-1$

또한, 무리함수 $y=-\sqrt{3-x}+5=-\sqrt{-(x-3)}+5$의

정의역은 $\{x|x\leq3\}$이고 치역은 $\{y|y\leq5\}$

$\therefore c=3$, $d=5$

STEP Ⓑ $x=a$, $y=b$, $x=c$, $y=d$로 둘러싸인 부분의 넓이 구하기

따라서 네 직선 $x=\dfrac{2}{3}$, $y=-1$, $x=3$, $y=5$

로 둘러싸인 부분의 넓이는

$\left(3-\dfrac{2}{3}\right)\times\{5-(-1)\}=14$

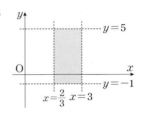

내/신/연/계/ 출제문항 853

무리함수 $y=\sqrt{-x+3}+2$의 정의역과 치역이 각각

$$\{x|x\leq a\},\ \{y|y\geq b\}$$

이고 무리함수 $y=-\sqrt{x-1}-3$의 정의역과 치역이 각각

$$\{x|x\geq c\},\ \{y|y\leq d\}$$

일 때, 네 직선 $x=a$, $y=b$, $x=c$, $y=d$로 둘러싸인 부분의 넓이는?

① 2   ② 4   ③ 6

④ 8   ⑤ 10

STEP Ⓐ 각각의 무리함수의 정의역과 치역 구하기

무리함수 $y=\sqrt{-x+3}+2=\sqrt{-(x-3)}+2$의

정의역은 $\{x|x\leq3\}$이고 치역은 $\{y|y\geq2\}$

$\therefore a=3$, $b=2$

또한, 무리함수 $y=-\sqrt{x-1}-3$의

정의역은 $\{x|x\geq1\}$이고 치역은 $\{y|y\leq-3\}$

$\therefore c=1$, $d=-3$

STEP Ⓑ $x=a$, $y=b$, $x=c$, $y=d$로 둘러싸인 부분의 넓이 구하기

따라서 네 직선 $x=3$, $y=2$, $x=1$, $y=-3$
으로 둘러싸인 부분의 넓이는

$(3-1)\times\{2-(-3)\}=10$

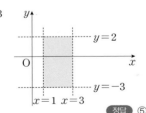

정답 ⑤

1764 2022년 03월 고2 학력평가 11번   정답 ①

STEP A 점 $(a, -a)$를 지남을 이용하여 a의 값 구하기

함수 $y=-\sqrt{x-a}+a+2$의 그래프가 점 $(a, -a)$를 지나므로
$x=a$, $y=-a$를 대입하면 $-a=-\sqrt{a-a}+a+2$, $2a=-2$
$\therefore a=-1$

STEP B 함수 $y=-\sqrt{x+1}+1$의 치역 구하기

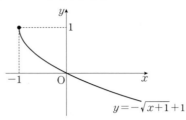

$-\sqrt{x+1}\le 0$에서 $-\sqrt{x+1}+1\le 1$
따라서 함수 $f(x)$의 치역은 $\{y|y\le 1\}$

> **+α** 평행이동을 이용하여 함수의 치역을 구할 수 있어!
>
> 함수 $y=-\sqrt{x+1}+1$의 그래프는 함수 $y=-\sqrt{x}$의 그래프를 x축의 방향으로 -1만큼, y축의 방향으로 1만큼 평행이동한 것이다.
> 이때 함수 $y=-\sqrt{x}$의 치역은 $\{y|y\le 0\}$이므로
> 함수 $y=-\sqrt{x+1}+1$의 치역은 $\{y|y\le 1\}$

내/신/연/계 출제문항 854

함수 $y=-\sqrt{x+a}+a+4$의 그래프가 점 $(-a, -a)$를 지날 때, 이 함수의 치역은? (단, a는 상수이다.)

① $\{y|y\le 2\}$　② $\{y|y\ge 2\}$　③ $\{y|y\le 1\}$
④ $\{y|y\le -2\}$　⑤ $\{y|y\ge -2\}$

STEP A 점 $(-a, -a)$를 지남을 이용하여 a의 값 구하기

함수 $y=-\sqrt{x+a}+a+4$의 그래프가 점 $(-a, -a)$를 지나므로
$x=-a$, $y=-a$를 대입하면 $-a=-\sqrt{-a+a}+a+4$, $2a=-4$
$\therefore a=-2$

STEP B 함수 $y=-\sqrt{x+a}+a+4$의 치역 구하기

$-\sqrt{x-2}\le 0$에서 $-\sqrt{x-2}+2\le 2$
따라서 함수 $f(x)$의 치역은 $\{y|y\le 2\}$

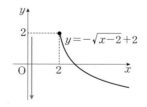

$y=-\sqrt{x}$의 그래프를 x축의 방향으로 2만큼, y축의 방향으로 2만큼 평행이동한 그래프이다.

정답 ①

1765 정답 -1

STEP A 평행이동한 무리함수의 함수식 구하기

함수 $y=a\sqrt{x}+6$의 그래프를 x축의 방향으로 m만큼, y축의 방향으로 n만큼
x 대신에 $x-m$, y 대신에 $y-n$을 대입

평행이동한 그래프의 식은
$y-n=a\sqrt{x-m}+6$
$y=a\sqrt{x-m}+n+6$

STEP B 두 함수식을 비교하여 a, m, n의 값 구하기

이 함수의 그래프가 함수 $y=\sqrt{9x-18}$, 즉 $y=3\sqrt{x-2}$의 그래프와 일치하므로
$a=3$, $m=2$, $n+6=0$
$\therefore a=3$, $m=2$, $n=-6$
따라서 $a+m+n=3+2+(-6)=-1$

1766 정답 ③

STEP A 평행이동한 무리함수의 식 구하기

무리함수 $y=\sqrt{ax}$의 그래프를 x축의 방향으로 -2만큼, y축의 방향으로 -4만큼 평행이동한 그래프의 식은 $y=\sqrt{a(x+2)}-4$

STEP B 점 $(1, -1)$을 지남을 이용하여 상수 a의 값 구하기

이 함수의 그래프가 점 $(1, -1)$을 지나므로 $x=1$, $y=-1$을 대입하면
$-1=\sqrt{3a}-4$, $\sqrt{3a}=3$
따라서 $3a=9$이므로 $a=3$

1767 정답 ①

STEP A 평행이동과 대칭이동을 한 무리함수의 식 구하기

함수 $f(x)=\sqrt{2x-a}-2$의 그래프를 x축의 방향으로 -5만큼, y축의 방향으로 3만큼 평행이동한 그래프의 식은
$y=\sqrt{2(x+5)-a}-2+3$
즉 $y=\sqrt{2x+10-a}+1$
이 함수의 그래프를 y축에 대하여 대칭이동한 그래프의 식은
x대신에 $-x$ 대입
$y=\sqrt{-2x+10-a}+1$

STEP B $a+b+c$의 값 구하기

이 함수의 그래프가 함수 $y=\sqrt{bx+4}+c$의 그래프와 일치하므로
$b=-2$, $10-a=4$, $c=1$
$\therefore a=6$, $b=-2$, $c=1$
따라서 $a+b+c=6+(-2)+1=5$

1768 정답 ④

STEP A 평행이동과 대칭이동한 무리함수의 식 구하기

함수 $y=\sqrt{ax}$의 그래프를 x축의 방향으로 -2만큼, y축의 방향으로 3만큼
x대신에 $x+2$, y대신에 $y-3$을 대입

평행이동한 그래프의 식은
$y=\sqrt{a(x+2)}+3$
이 함수의 그래프를 y축에 대하여 대칭이동한 그래프의 식은
x대신에 $-x$ 대입
$y=\sqrt{a(-x+2)}+3$

STEP B 점 $(1, 7)$을 지남을 이용하여 상수 a의 값 구하기

이 함수의 그래프가 점 $(1, 7)$을 지나므로 $x=1$, $y=7$을 대입하면
$7=\sqrt{a}+3$, $\sqrt{a}=4$
따라서 $a=16$

함수 $y=\sqrt{ax}$ 의 그래프를 x축의 방향으로 -1만큼, y축의 방향으로 3만큼 평행이동한 후 원점에 대하여 대칭이동한 그래프가 점 $(-1,-5)$를 지날 때, 상수 a의 값을 구하시오.

STEP **A** 평행이동, 대칭이동한 무리함수의 그래프의 식 구하기

함수 $y=\sqrt{ax}$ 의 그래프를 x축의 방향으로 -1만큼, y축의 방향으로 3만큼 평행이동한 그래프의 식은 $y=\sqrt{a(x+1)}+3$

이 그래프를 원점에 대하여 대칭이동한 그래프의 식은

$-y=\sqrt{a(-x+1)}+3$ ∴ $y=-\sqrt{-ax+a}-3$

STEP **B** 점 $(-1,-5)$를 지남을 이용하여 상수 a의 값 구하기

이 그래프가 점 $(-1,-5)$를 지나므로 $x=-1$, $y=-5$를 대입하면

$5=\sqrt{2a}+3$, $2a=4$

따라서 $a=2$

정답 **2**

1769

정답 ②

STEP **A** 무리함수를 평행이동과 대칭이동한 식 구하기

함수 $y=\sqrt{ax}$ 의 그래프를 x축의 방향으로 2만큼, y축의 방향으로 -6만큼 평행이동한 그래프의 식은 $y=\sqrt{a(x-2)}-6$

이 함수의 그래프를 x축에 대하여 대칭이동한 그래프의 식은

x대신에 $-x$ 대입

$y=-\sqrt{a(x-2)}+6$

STEP **B** 유리함수의 점근선의 교점을 이용하여 상수 a의 값 구하기

한편, $y=\dfrac{3x+2}{x+1}=\dfrac{3(x+1)-1}{x+1}=-\dfrac{1}{x+1}+3$이므로 ← 점근선의 방정식은 $x=-1$, $y=3$

함수 $y=\dfrac{3x+2}{x+1}$ 의 그래프의 두 점근선의 교점은 점 $(-1,3)$이다.

함수 $y=-\sqrt{a(x-2)}+6$의 그래프가 점 $(-1,3)$을 지나므로

$x=-1$, $y=3$을 대입하면

$3=-\sqrt{-3a}+6$, $\sqrt{-3a}=3$

따라서 $-3a=9$이므로 $a=-3$

함수 $y=\sqrt{ax}$ 의 그래프를 x축의 방향으로 -1만큼, y축의 방향으로 -2만큼 평행이동한 후, y축에 대하여 대칭이동한 그래프가 함수 $y=\dfrac{2x+4}{x-3}$ 의 그래프의 두 점근선의 교점을 지날 때, 상수 a의 값은? (단, $a\neq0$)

① -8 ② -6 ③ -4
④ -2 ⑤ 2

STEP **A** 무리함수를 평행이동과 대칭이동한 식 구하기

함수 $y=\sqrt{ax}$ 의 그래프를 x축의 방향으로 -1만큼, y축의 방향으로 -2만큼
x대신에 $x+1$, y 대신에 $y+2$를 대입

평행이동한 그래프의 식은 $y=\sqrt{a(x+1)}-2$

이 함수의 그래프를 y축에 대하여 대칭이동한 그래프의 식은
x대신에 $-x$ 대입

$y=\sqrt{a(-x+1)}-2$

STEP **B** 유리함수의 점근선의 교점을 이용하여 상수 a의 값 구하기

한편 $y=\dfrac{2x+4}{x-3}=\dfrac{2(x-3)+10}{x-3}=\dfrac{10}{x-3}+2$이므로

함수 $y=\dfrac{2x+4}{x-3}$ 의 그래프의 두 점근선의 교점은 점 $(3,2)$이다.

함수 $y=\sqrt{a(-x+1)}-2$의 그래프가 점 $(3,2)$를 지나므로

$x=3$, $y=2$를 대입하면 $2=\sqrt{-2a}-2$, $\sqrt{-2a}=4$

따라서 $-2a=16$이므로 $a=-8$

정답 ①

1770

2019년 07월 고3 학력평가 나형 10번

정답 ④

STEP **A** 평행이동한 무리함수의 함수식 구하기

함수 $y=\sqrt{x-1}+a$ 의 그래프를 x축의 방향으로 b만큼, ← x대신에 $x-b$
y축의 방향으로 -1만큼 평행이동한 그래프의 식은 ← y대신에 $y+1$

$y+1=\sqrt{(x-b)-1}+a$

∴ $y=\sqrt{x-b-1}+a-1$

STEP **B** 두 함수식을 비교하여 a, b의 값 구하기

이 함수의 그래프가 함수 $y=\sqrt{x-4}$ 의 그래프가 일치하므로

$a-1=0$, $-b-1=-4$

∴ $a=1$, $b=3$

따라서 $a+b=1+3=4$

mini 해설 | 순서를 바꾸어 풀이하기

함수 $y=\sqrt{x-4}$ 의 그래프를 x축의 방향으로 $-b$만큼 y축의 방향으로 1만큼 평행이동하면

$y-1=\sqrt{\{x-(-b)\}-4}$ ∴ $y=\sqrt{x+b-4}+1$

이 그래프와 함수 $y=\sqrt{x-1}+a$ 의 그래프가 일치하므로

$a=1$, $b-4=-1$ ∴ $a=1$, $b=3$

따라서 $a+b=4$

함수 $y=\sqrt{px+9}+3$ 의 그래프를 x축의 방향으로 m만큼, y축의 방향으로 n만큼 평행이동하였더니 함수 $y=3\sqrt{x}$ 의 그래프와 일치하였다. $m+n+p$의 값은? (단, m, n, p는 상수이다.)

① 6 ② 7 ③ 8
④ 9 ⑤ 10

STEP **A** 평행이동한 무리함수의 함수식 구하기

함수 $y=3\sqrt{x}$ 의 그래프를 x축의 방향으로 $-m$만큼, y축의 방향으로 $-n$만큼 평행이동한 그래프의 식은

$y=3\sqrt{x+m}-n=\sqrt{9x+9m}-n$

STEP **B** 두 함수식을 비교하여 p, m, n의 값 구하기

이 함수의 그래프가 함수 $y=\sqrt{px+9}+3$ 의 그래프가 일치하므로

$p=9$, $9m=9$, $-n=3$에서

∴ $p=9$, $m=1$, $n=-3$

따라서 $m+n+p=1+(-3)+9=7$

정답 ②

1771

 정답 ②

STEP Ⓐ 평행이동 또는 대칭이동에 의하여 겹쳐질 수 있는 함수 구하기

$y=\sqrt{ax}$, $y=-\sqrt{ax}$, $y=\sqrt{-ax}$, $y=-\sqrt{-ax}$의 그래프는 대칭이동에 의해서로 겹쳐질 수 있다.

ㄱ. $y=-\sqrt{x}$의 그래프는 $y=\sqrt{x}$의 그래프를 x축에 대하여
대칭이동한 것이다.

ㄴ. $y=\sqrt{x-1}+2$의 그래프는 $y=\sqrt{x}$의 그래프를 x의 방향으로 1만큼,
y축의 방향으로 2만큼 평행이동한 것이다.

ㄷ. $y=-\sqrt{-(x-1)}$의 그래프는 $y=\sqrt{x}$의 그래프를 원점에 대하여
대칭이동한 후 x축의 방향으로 1만큼 평행이동한 것이다.

ㄹ. $y=3\sqrt{x-2}+1$의 그래프는 $y=3\sqrt{x}$를 x축의 방향으로 2만큼, y축의
방향으로 1만큼 평행이동한 것이므로 $y=\sqrt{x}$의 그래프를 평행이동하거나
대칭이동해도 겹쳐질 수 없다.

따라서 평행이동 또는 대칭이동에 의하여 함수 $y=\sqrt{x}$의 그래프와
겹쳐질 수 있는 것은 ㄱ, ㄴ, ㄷ이다.

1772

 정답 ③

STEP Ⓐ 평행이동 또는 대칭이동에 의하여 겹쳐질 수 있는 함수 구하기

① $y=\sqrt{-x}$의 그래프는 $y=-\sqrt{x}$의 그래프를 원점에 대하여 대칭이동한
것이다.

② $y=\frac{1}{3}\sqrt{9x}+5=\sqrt{x}+5$의 그래프는 $y=-\sqrt{x}$의 그래프를 x축에 대하여
대칭이동한 후 y축의 방향으로 5만큼 평행이동한 것이다.

③ $y=-\sqrt{2x-4}+1=-\sqrt{2(x-2)}+1$의 그래프는 $y=-\sqrt{2x}$의 그래프를
x축의 방향으로 2만큼, y축의 방향으로 1만큼 평행이동한 것이므로
$y=-\sqrt{x}$의 그래프를 평행이동하거나 대칭이동해도 겹쳐질 수 없다.

④ $y=\frac{1}{2}\sqrt{4x-8}-1=\sqrt{x-2}-1$의 그래프는 $y=-\sqrt{x}$의 그래프를 x축에
대하여 대칭이동한 후 x축의 방향으로 2만큼, y축의 방향으로
-1만큼 평행이동한 것이다.

⑤ $y=-\sqrt{-x+3}-2=-\sqrt{-(x-3)}-2$의 그래프는 $y=-\sqrt{x}$의 그래프를
y축에 대하여 대칭이동한 후 x축의 방향으로 3만큼, y축의 방향으로
-2만큼 평행이동한 것이다.

따라서 평행이동 또는 대칭이동에 의하여 함수 $y=-\sqrt{x}$의 그래프와
겹쳐지지 않는 것은 ③이다.

내/신/연/계 출제문항 858

다음 [보기]에서 그 그래프가 무리함수 $y=\sqrt{-x}$의 그래프를 평행이동하거나 대칭이동하여 겹쳐질 수 있는 함수를 모두 고르면?

ㄱ. $y=-\sqrt{-x}$
ㄴ. $y=\sqrt{x+2}+3$
ㄷ. $y=-\sqrt{-2x+6}$
ㄹ. $y=-\sqrt{3-x}+1$

① ㄱ, ㄴ   ② ㄱ, ㄴ, ㄷ   ③ ㄱ, ㄴ, ㄹ
④ ㄴ, ㄹ   ⑤ ㄴ, ㄷ, ㄹ

STEP Ⓐ 평행이동 또는 대칭이동에 의하여 겹쳐질 수 있는 함수 구하기

$y=\sqrt{ax}$, $y=-\sqrt{ax}$, $y=\sqrt{-ax}$, $y=-\sqrt{-ax}$의 그래프는 대칭이동에 의해서로 겹쳐질 수 있다.

ㄱ. $y=-\sqrt{-x}$의 그래프는 $y=\sqrt{-x}$의 그래프를 x축에 대하여
대칭이동한 것이다.

ㄴ. $y=\sqrt{x+2}+3$의 그래프는 $y=\sqrt{-x}$의 그래프를 y축에 대하여
대칭이동한 후 x축의 방향으로 -2만큼, y축의 방향으로 3만큼
평행이동한 것이다.

ㄷ. $y=-\sqrt{-2x+6}=-\sqrt{-2(x-3)}$의 그래프는 $y=-\sqrt{-2x}$의 그래프를
x축의 방향으로 3만큼 평행이동한 것이므로
$y=\sqrt{-x}$의 그래프를 평행이동하거나 대칭이동해도 겹쳐질 수 없다.

ㄹ. $y=-\sqrt{3-x}+1=-\sqrt{-(x-3)}+1$의 그래프는 $y=\sqrt{-x}$의 그래프를
x축에 대하여 대칭이동한 후 x축의 방향으로 3만큼, y축의 방향으로
1만큼 평행이동한 것이다.

따라서 평행이동 또는 대칭이동에 의하여 함수 $y=\sqrt{-x}$의 그래프와
겹쳐질 수 있는 것은 ㄱ, ㄴ, ㄹ이다.

 정답 ③

1773

 정답 ①

STEP Ⓐ 평행이동 또는 대칭이동에 의하여 겹쳐질 수 있는 함수 구하기

ㄱ. $y=-\sqrt{2-x}-3=-\sqrt{-(x-2)}-3$의 그래프는 $y=\sqrt{x+2}+3$의
그래프를 원점에 대하여 대칭이동한 것이다.

또한, $y=\sqrt{x+2}+3$의 그래프는 $y=\sqrt{x}$의 그래프를 x축의 방향으로
-2만큼, y축의 방향으로 3만큼 평행이동한 것이다.

즉, $y=-\sqrt{-x+2}-3$의 그래프는 $y=\sqrt{x}$의 그래프를 평행이동 또는
대칭이동하여 나타낼 수 있다.

ㄴ. $y=\frac{1}{2}\sqrt{4x+2}+1=\sqrt{\frac{4x+2}{4}}+1=\sqrt{x+\frac{1}{2}}+1$의 그래프는

$y=\sqrt{x}$의 그래프를 x축의 방향으로 $-\frac{1}{2}$만큼, y축의 방향으로 1만큼
평행이동한 것이다.

즉, $y=\frac{1}{2}\sqrt{4x+2}+1$의 그래프는 $y=\sqrt{x}$의 그래프를 평행이동하여
나타낼 수 있다.

ㄷ. $y=\sqrt{6-3x}+1=\sqrt{-3(x-2)}+1$의 그래프는 $y=\sqrt{3(x+2)}+1$의
그래프를 y축에 대하여 대칭이동한 것이다.

또한, $y=\sqrt{3(x+2)}+1$의 그래프는 $y=\sqrt{3x}$의 그래프를 x축의 방향으로
-2만큼, y축의 방향으로 1만큼 평행이동한 것이다.

즉 $y=\sqrt{6-3x}+1$의 그래프는 $y=\sqrt{3x}$의 그래프를 평행이동 또는
대칭이동하여 나타낼 수 있다.

ㄹ. $y=\frac{1}{3}\sqrt{3x+6}=\sqrt{\frac{3}{9}(x+2)}=\sqrt{\frac{1}{3}(x+2)}$의 그래프는 $y=\sqrt{\frac{x}{3}}$ 그래프를
x축의 방향으로 -2만큼 평행이동한 것이다.

즉 $y=\frac{1}{3}\sqrt{3x+6}$의 그래프는 $y=\sqrt{\frac{x}{3}}$의 그래프를 평행이동하여 나타낼
수 있다.

따라서 평행이동 또는 대칭이동에 의하여 그래프가 서로 겹쳐질 수 있는 것은
ㄱ, ㄴ이다.

1774

 정답 ④

STEP Ⓐ 무리함수의 그래프 그리기

$y=1-\sqrt{4-2x}=-\sqrt{-2(x-2)}+1$의 그래프는

함수 $y=-\sqrt{-2x}$의 그래프를 x축의 방향으로 2만큼, y축의 방향으로
1만큼 평행이동한 것이므로 다음 그림과 같다.

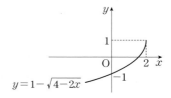

STEP B **무리함수의 그래프를 이용하여 참, 거짓 판단하기**

① 함수 $y=1-\sqrt{4-2x}$ 의 정의역은 $\{x \mid x \leq 2\}$ 이다. [참]

② 함수 $y=1-\sqrt{4-2x}$ 의 치역은 $\{y \mid y \leq 1\}$ 이다. [참]

③ $y=-\sqrt{-2x}$ 의 그래프를 평행이동한 것이다. [참]

④ $y=1-\sqrt{4-2x}$ 에 $x=1$ 을 대입하면 $y=1-\sqrt{4-2}=1-\sqrt{2}$ 이므로
함수 $y=1-\sqrt{4-2x}$ 의 그래프는 점 $(1,\ 1-\sqrt{2}\ )$ 를 지난다. [거짓]

⑤ $y=1-\sqrt{4-2x}$ 의 그래프는 제 2사분면을 지나지 않는다. [참]

따라서 옳지 않은 것은 ④이다.

1775

정답 ⑤

STEP A **무리함수의 그래프 그리기**

$f(x)=\sqrt{2x-4}+1=\sqrt{2(x-2)}+1$ 의 그래프는 함수 $y=\sqrt{2x}$ 의 그래프를
x 축의 방향으로 2만큼, y 축의 방향으로 1만큼 평행이동한 것이므로
다음 그림과 같다.

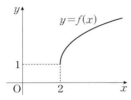

STEP B **무리함수의 그래프를 이용하여 참, 거짓 판단하기**

ㄱ. 함수 $y=f(x)$ 의 정의역은 $\{x \mid x \geq 2\}$, 치역은 $\{y \mid y \geq 1\}$ 이다. [참]

ㄴ. $y=\dfrac{1}{2}\sqrt{8x+1}=\sqrt{\dfrac{1}{4}(8x+1)}+3=\sqrt{2x+\dfrac{1}{4}}+3$ 이므로

함수 $y=\sqrt{2x-4}+1$ 의 그래프를 x 축의 방향으로 $-\dfrac{17}{8}$ 만큼,

y 축의 방향으로 2만큼 평행이동하면

함수 $y=\sqrt{2\left(x+\dfrac{17}{8}\right)-4}+1+2=\sqrt{2x+\dfrac{1}{4}}+3$ 의 그래프와 일치한다.

[참]

ㄷ. 함수 $y=f(x)$ 의 그래프는 제 1사분면만을 지난다. [참]

따라서 옳은 것은 ㄱ, ㄴ, ㄷ이다.

1776

정답 ②

STEP A **무리함수의 그래프 그리기**

$y=-\sqrt{-2x+6}+1=-\sqrt{-2(x-3)}+1$ 의 그래프는 함수 $y=-\sqrt{-2x}$ 의
그래프를 x 축의 방향으로 3만큼, y 축의 방향으로 1만큼 평행이동한 것이므로
다음 그림과 같다.

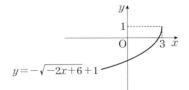

STEP B **무리함수의 그래프를 이용하여 참, 거짓 판단하기**

① 정의역은 $\{x \mid x \leq 3\}$ 이고 치역은 $\{y \mid y \leq 1\}$ 이다. [거짓]

② 함수 $y=-\sqrt{-2x+6}+1=-\sqrt{-2(x-3)}+1$ 의 그래프는 함수
$y=\sqrt{2(x+3)}-1$ 의 그래프를 원점에 대하여 대칭이동한 것이다.
또한 함수 $y=\sqrt{2(x+3)}-1$ 의 그래프는 함수 $y=\sqrt{2x}$ 의 그래프를
x 축의 방향으로 -3 만큼, y 축의 방향으로 -1 만큼 평행이동한 것이다.
즉, 함수 $y=-\sqrt{-2x+6}+1$ 의 그래프는 함수 $y=\sqrt{2x}$ 의 그래프를
평행이동 또는 대칭이동하여 나타낼 수 있다. [참]

③ 함수 $y=-\sqrt{-2x+6}+1=-\sqrt{-2(x-3)}+1$ 의 그래프는
제 2사분면을 지나지 않는다. [거짓]

④ $y=-\sqrt{-2x+6}+1$ 에 $x=-5$ 를 대입하면
$y=-\sqrt{10+6}+1=-3$ 이므로 함수 $y=-\sqrt{-2x+6}+1$ 의 그래프는
점 $(-5,\ -3)$ 을 지난다. [거짓]

⑤ 함수 $y=-\sqrt{-2x+6}+1$ 의 그래프를 x 축의 방향으로 -3 만큼, y 축의
방향으로 -1 만큼 평행이동한 그래프의 식은 $y=-\sqrt{-2x}$ 이다. [거짓]

따라서 옳은 것은 ②이다.

내/신/연/계/ 출제문항 859

함수 $y=\sqrt{4-2x}+1$ 의 그래프에 대한 다음 설명 중 옳지 않은 것은?

① 정의역은 $\{x \mid x \leq 2\}$ 이다.

② 치역은 $\{y \mid y \leq 1\}$ 이다.

③ 함수 $y=\sqrt{-2x}$ 의 그래프를 x 축의 방향으로 2만큼, y 축의 방향으로
1만큼 평행이동한 것이다.

④ 점 $\left(\dfrac{3}{2},\ 2\right)$ 를 지난다.

⑤ 제 2사분면을 지난다.

STEP A **무리함수의 그래프 그리기**

함수 $y=\sqrt{4-2x}+1=\sqrt{-2(x-2)}+1$ 의 그래프는 $y=\sqrt{-2x}$ 의 그래프를
x 축의 방향으로 2만큼, y 축의 방향으로 1만큼 평행이동한 것이므로
다음 그림과 같다.

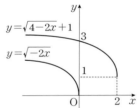

STEP B **무리함수의 그래프를 이용하여 참, 거짓 판단하기**

① 정의역은 $\{x \mid x \leq 2\}$ 이다. [참]

② 치역은 $\{y \mid y \geq 1\}$ 이다. [거짓]

③ 함수 $y=\sqrt{-2x}$ 의 그래프를 x 축의 방향으로 2만큼, y 축의 방향으로
1만큼 평행이동한 것이다. [참]

④ $y=\sqrt{4-2x}+1$ 에 $x=\dfrac{3}{2}$ 을 대입하면 $y=\sqrt{4-3}+1=2$ 이므로

함수 $y=\sqrt{4-2x}+1$ 의 그래프는 점 $\left(\dfrac{3}{2},\ 2\right)$ 를 지난다. [참]

⑤ 그래프는 제 2사분면을 지난다. [참]

따라서 옳지 않은 것은 ②이다.

정답 ②

1777

정답 ①

STEP A **무리함수의 그래프를 이용하여 참, 거짓 판단하기**

ㄱ. 함수 $y=a\sqrt{x+b}+c$ 의 그래프는 $y=a\sqrt{x}$ 의 그래프를 x 축의 방향으로
$-b$ 만큼, y 축의 방향으로 c 만큼 평행이동한 것이다. [참]

ㄴ. $x+b \geq 0$ 에서 $x \geq -b$ 이므로 주어진 함수의 정의역은 $\{x \mid x \geq -b\}$
$a>0$ 이면 $\sqrt{x+b} \geq 0$ 에서 $a\sqrt{x+b} \geq 0$ 이므로 $a\sqrt{x+b}+c \geq c$
즉 주어진 함수의 치역은 $\{y \mid y \geq c\}$ [거짓]

ㄷ. $a<0$, $b<0$, $c>0$ 이면 주어진 함수의
그래프는 그림과 같으므로
제 1, 4사분면을 지난다. [거짓]

따라서 옳은 것은 ㄱ이다.

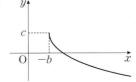

STEP Ⓐ 함수의 평행이동과 대칭이동을 이용하여 두 함수의 개형 파악하기

함수 $y=\sqrt{x+3}=\sqrt{x-(-3)}$의 그래프는

함수 $y=\sqrt{x}$의 그래프를 x축의 방향으로 -3만큼 평행이동한 것이다.

함수 $y=\sqrt{1-x}+k=\sqrt{-(x-1)}+k$의 그래프는

함수 $y=\sqrt{x}$의 그래프를 y축에 대하여 대칭이동한 후

x축의 방향으로 1만큼, y축의 방향으로 k만큼 평행이동한 것이다.

STEP Ⓑ 두 함수가 만나기 위한 실수 k의 최댓값 구하기

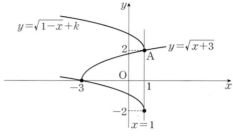

(i) 함수 $y=\sqrt{1-x}+k$의 그래프의 시작점에서 만날 때,

함수 $y=\sqrt{1-x}+k$의 그래프의 시작점이 $(1, k)$이므로

함수 $y=\sqrt{x+3}$의 그래프와 직선 $x=1$과의 교점이 두 함수의 교점이다.

이 교점의 좌표를 A라 하면 A$(1, 2)$

함수 $y=\sqrt{1-x}+k$에 $x=1$, $y=2$를 대입하면 $2=\sqrt{1-1}+k$

$\therefore k=2$ ← $y=\sqrt{1-x}+2$

(ii) 함수 $y=\sqrt{x+3}$의 그래프의 시작점에서 만날 때,

함수 $y=\sqrt{x+3}$의 그래프의 시작점이 $(-3, 0)$이므로 ← 두 함수의 교점

함수 $y=\sqrt{1-x}+k$에 $x=-3$, $y=0$을 대입하면 $0=\sqrt{1-(-3)}+k$

$\therefore k=-2$ ← $y=\sqrt{1-x}-2$

(i), (ii)에 의하여 실수 k의 범위는 $-2 \leq k \leq 2$

따라서 두 함수가 만나기 위한 실수 k의 최댓값은 2

내/신/연/계 출제문항 860

두 함수 $y=-\sqrt{x+3}$, $y=-\sqrt{6-x}+k$의 그래프가 만나도록 하는 상수 k의 최댓값은?

① 2 　　② 3 　　③ 4
④ 5 　　⑤ 6

STEP Ⓐ 함수의 평행이동과 대칭이동을 이용하여 두 함수의 개형 파악하기

함수 $y=-\sqrt{x+3}$의 그래프는

함수 $y=-\sqrt{x}$의 그래프를 x축의 방향으로 -3만큼 평행이동한 것이다.

함수 $y=-\sqrt{6-x}+k=-\sqrt{-(x-6)}+k$의 그래프는

함수 $y=-\sqrt{-x}$의 그래프를 x축의 방향으로 6만큼, y축의 방향으로 k만큼 평행이동한 것이다.

STEP Ⓑ 두 함수가 만나기 위한 상수 k의 최댓값 구하기

오른쪽 그림과 같이
함수 $y=-\sqrt{6-x}+k$의 그래프가
점 $(-3, 0)$을 지날 때, k가 최대이다.

따라서 k의 최댓값은 $0=-\sqrt{9}+k$에서
$k=3$

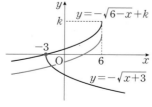

정답 ②

STEP Ⓐ 함수의 대칭이동을 이용하여 참, 거짓 판단하기

두 함수 $f(x)$, $g(x)$를 $f(x)=-\sqrt{kx+2k}+4$, $g(x)=\sqrt{-kx+2k}-4$라 하자.

ㄱ. $f(-x)=-\sqrt{k(-x)+2k}+4$

$=-(\sqrt{-kx+2k}-4)$

$=-g(x)$

$\therefore g(x)=-f(-x)$

즉 두 곡선은 서로 원점에 대하여 대칭이다. [참]

ㄴ. $f(x)=-\sqrt{kx+2k}+4=-\sqrt{k(x+2)}+4$에서

$k<0$일 때, 정의역은 $\{x|x \leq -2\}$이고

치역은 $\{y|y \leq 4\}$ ㄱ에 의하여 $y=g(x)$의 그래프는 $y=f(x)$의 그래프를 원점에 대하여 대칭이동한 그래프이므로 다음 그림과 같다.

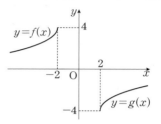

즉 두 곡선은 만나지 않는다. [거짓]

STEP Ⓑ 두 곡선이 서로 다른 두 점에서 만나도록 하는 실수 k의 최댓값 구하기

ㄷ. (i) $k<0$일 때,

ㄴ에 의하여 두 곡선은 만나지 않는다.

(ii) $k>0$일 때,

함수 $y=f(x)$의 정의역은 $\{x|x \geq -2\}$이고 치역은 $\{y|y \leq 4\}$

ㄱ에 의하여 $y=g(x)$의 그래프는 $y=f(x)$의 그래프를 원점에 대하여 대칭이동한 그래프이므로 다음 그림과 같다.

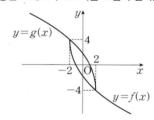

이때 k의 값이 커질수록 곡선 $y=f(x)$는 직선 $y=4$와 멀어지고 곡선 $y=g(x)$는 직선 $y=-4$와 멀어진다.

즉 두 곡선이 서로 다른 두 점에서 만나도록 하는 실수 k의 최댓값은 곡선 $y=f(x)$가 곡선 $y=g(x)$의 시작점 $(2, -4)$를 지날 때이다.

이때 $f(2)=g(2)=-4$이므로 $-\sqrt{2k+2k}+4=-4$, $\sqrt{4k}=8$

양변을 제곱하면 $4k=64$ $\therefore k=16$

(i), (ii)에 의하여 두 곡선이 서로 다른 두 점에서 만나도록 하는 실수 k의 최댓값은 16이다. [참]

따라서 옳은 것은 ㄱ, ㄷ이다.

POINT | 도형의 대칭이동

$y=-f(x)$ ➡ $y=f(x)$와 x축에 대하여 대칭
$y=f(-x)$ ➡ $y=f(x)$와 y축에 대하여 대칭
$y=-f(-x)$ ➡ $y=f(x)$와 원점에 대하여 대칭

좌표평면 위의 두 곡선
$$y=\sqrt{-kx+k}-2, \quad y=-\sqrt{kx+k}+2$$
에 대하여 [보기]에서 옳은 것만을 있는 대로 고른 것은?
(단, k는 0이 아닌 실수이다.)

> ㄱ. 두 곡선은 서로 원점에 대하여 대칭이다.
> ㄴ. $k<0$이면 두 곡선은 만나지 않는다.
> ㄷ. 두 곡선이 서로 다른 두 점에서 만나도록 하는 k의 최댓값은 8이다.

① ㄱ   ② ㄴ   ③ ㄱ, ㄴ
④ ㄱ, ㄷ   ⑤ ㄱ, ㄴ, ㄷ

STEP Ⓐ 함수의 대칭이동을 이용하여 참, 거짓 판단하기

두 함수 $f(x)$, $g(x)$를 $f(x)=\sqrt{-kx+k}-2$, $g(x)=-\sqrt{kx+k}+2$라 하자.
ㄱ. $f(-x)=\sqrt{-k(-x)+k}-2$
$\qquad =\sqrt{kx+k}-2$
$\qquad =-g(x)$
$\therefore g(x)=-f(-x)$
즉 두 곡선은 서로 원점에 대하여 대칭이다. [참]
ㄴ. $f(x)=\sqrt{-kx+k}-2=\sqrt{-k(x-1)}-2$에서
$k<0$일 때, 정의역은 $\{x|x\geq 1\}$이고 치역은 $\{y|y\geq -2\}$
ㄱ에 의하여 $y=g(x)$의 그래프는 $y=f(x)$의 그래프를 원점에 대하여
대칭이동한 그래프이므로 다음 그림과 같다.

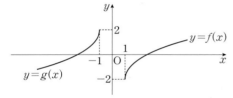

즉 두 곡선은 만나지 않는다. [참]

STEP Ⓑ 두 곡선이 서로 다른 두 점에서 만나도록 하는 실수 k의 최댓값 구하기

ㄷ. (i) $k<0$일 때,
ㄴ에 의하여 두 곡선은 만나지 않는다.
(ii) $k>0$일 때,
함수 $y=f(x)$의 정의역은 $\{x|x\leq 1\}$이고 치역은 $\{y|y\geq -2\}$
ㄱ에 의하여 $y=g(x)$의 그래프는 $y=f(x)$의 그래프를 원점에
대하여 대칭이동한 그래프이므로 다음 그림과 같다.

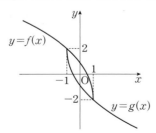

이때 k의 값이 커질수록 곡선 $y=f(x)$는 직선 $y=-2$와 멀어지고
곡선 $y=g(x)$는 직선 $y=2$와 멀어진다.
즉 두 곡선이 서로 다른 두 점에서 만나도록 하는 실수 k의 최댓값은
곡선 $y=f(x)$가 곡선 $y=g(x)$의 시작점 $(-1, 2)$를 지날 때이다.
이때 $f(-1)=g(-1)=2$이므로 $\sqrt{k+k}-2=2$, $\sqrt{2k}=4$
양변을 제곱하면 $2k=16$ $\therefore k=8$
(i), (ii)에 의하여 두 곡선이 서로 다른 두 점에서 만나도록 하는
실수 k의 최댓값은 8이다. [참]
따라서 옳은 것은 ㄱ, ㄴ, ㄷ이다.

정답 ⑤

1780

정답 ④

STEP Ⓐ 무리함수의 그래프를 그리고 지나는 사분면 확인하기

ㄱ. 함수 $y=\sqrt{x}+2$의 그래프는
함수 $y=\sqrt{x}$의 그래프를 y축의 방향으로
2만큼 평행이동한 것이므로
오른쪽 그림과 같다.
즉 제 2사분면을 지나지 않는다.

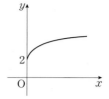

ㄴ. 함수 $y=\sqrt{3-x}+5=\sqrt{-(x-3)}+5$의
그래프는 함수 $y=\sqrt{-x}$의 그래프를
x축의 방향으로 3만큼,
y축의 방향으로 5만큼 평행이동한 것이므로
오른쪽 그림과 같다.

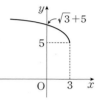

ㄷ. 함수 $y=-\sqrt{-x+6}+3=-\sqrt{-(x-6)}+3$의 ← $x=0$을 대입하면 $-\sqrt{6}+3>0$
그래프는 함수 $y=-\sqrt{-x}$의 그래프를 x축의 방향으로 6만큼,
y축의 방향으로 3만큼 평행이동한 것이므로 다음 그림과 같다.

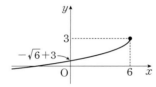

따라서 그래프가 제 2사분면을 지나는 것은 ㄴ, ㄷ이다.

1781

정답 ①

STEP Ⓐ 무리함수의 그래프를 그리고 제 4사분면을 지나지 않는 것 찾기

ㄱ. 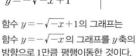   ㄴ.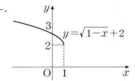

함수 $y=-\sqrt{-x}+1$의 그래프는
함수 $y=-\sqrt{-x}$의 그래프를 y축의
방향으로 1만큼 평행이동한 것이다.

함수 $y=\sqrt{1-x}+2$의 그래프는
함수 $y=\sqrt{-x}$의 그래프를 x축의
방향으로 1만큼, y축의 방향으로
2만큼 평행이동한 것이다.

ㄷ. 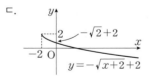   ㄹ.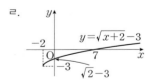

함수 $y=-\sqrt{x+2}+2$의 그래프는
함수 $y=-\sqrt{x}$의 그래프를 x축의
방향으로 -2만큼, y축의 방향으로
2만큼 평행이동한 것이다.

함수 $y=\sqrt{x+2}-3$의 그래프는 함수
$y=\sqrt{x}$의 그래프를 x축의 방향으로
-2만큼, y축의 방향으로 -3만큼 평행
이동한 것이다.

따라서 그래프가 제 4사분면을 지나지 않는 것은 ㄱ, ㄴ이다.

1782

정답 ③

STEP A 유리함수의 그래프의 개형 그리기

$y=\dfrac{3x+7}{x+2}=\dfrac{3(x+2)+1}{x+2}=\dfrac{1}{x+2}+3$ 이므로 ← 점근선의 방정식은 $x=-2$, $y=3$

함수 $y=\dfrac{3x+7}{x+2}$ 의 그래프는 함수 $y=\dfrac{1}{x}$ 의 그래프를 x축의 방향으로

-2만큼, y축의 방향으로 3만큼 평행이동한 것이다.

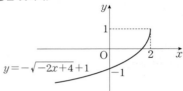

즉 함수 $y=\dfrac{3x+7}{x+2}$ 의 그래프는 제 1, 2, 3사분면을 지난다.

STEP B 무리함수의 그래프의 개형 그리기

한편, 함수 $y=-\sqrt{-2x+4}+1=-\sqrt{-2(x-2)}+1$의 그래프는

함수 $y=-\sqrt{-2x}$ 의 그래프를 x축의 방향으로 2만큼, y축의 방향으로 1만큼 평행이동한 것이다.

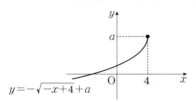

즉 함수 $y=-\sqrt{-2x+4}+1$의 그래프는 제 1, 3, 4사분면을 지난다.

STEP C 두 함수의 그래프가 공통으로 지나는 사분면 구하기

따라서 두 함수 $y=\dfrac{3x+7}{x+2}$, $y=-\sqrt{-2x+4}+1$의 그래프가 공통으로

지나는 사분면은 제 1, 3사분면이다.

1783

정답 ②

STEP A 무리함수의 그래프가 제 1, 2, 3사분면을 지나도록 하는 a의 범위 구하기

함수 $y=-\sqrt{-x+4}+a=-\sqrt{-(x-4)}+a$의 그래프는

함수 $y=-\sqrt{-x}$ 의 그래프를 x축의 방향으로 4만큼, y축의 방향으로 a만큼 평행이동한 것이다.

이 함수의 그래프가 제 1, 2, 3사분면을 지나려면 다음 그림과 같아야 한다.

즉 $x=0$일 때, $y>0$이어야 하므로 $-\sqrt{4}+a>0$ ∴ $a>2$
((y절편)>0이어야 한다.)

따라서 정수 a의 최솟값은 3

1784

정답 ②

STEP A 무리함수의 그래프가 제 3사분면을 지나도록 하는 k의 범위 구하기

함수 $y=-\sqrt{2x+16}+k=-\sqrt{2(x+8)}+k$의 그래프는

함수 $y=-\sqrt{2x}$ 의 그래프를 x축의 방향으로 -8만큼, y축의 방향으로 k만큼 평행이동한 것이다.

이 함수의 그래프가 제 3사분면을 지나려면 다음 그림과 같아야 한다.

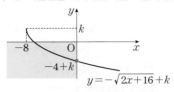

즉 $x=0$일 때, $y<0$이어야 하므로 $-\sqrt{16}+k<0$ ∴ $k<4$
((y절편)<0이어야 한다.)

따라서 정수 k의 최댓값은 3

내/신/연/계/ 출제문항 862

함수 $y=\sqrt{-5x+25}+k$의 그래프가 제 1사분면을 지나도록 하는 정수 k의 최솟값은?

① -6 ② -5 ③ -4

④ 4 ⑤ 5

STEP A 무리함수가 제 1사분면을 지나도록 하는 k의 범위 구하기

함수 $y=\sqrt{-5x+25}+k=\sqrt{-5(x-5)}+k$의 그래프는

함수 $y=\sqrt{-5x}$ 의 그래프를 x축의 방향으로 5만큼, y축의 방향으로 k만큼 평행이동한 것이다.

이 함수의 그래프가 제 1사분면을 지나려면 오른쪽 그림과 같아야 한다.

즉 $x=0$일 때, $y>0$이어야 하므로
((y절편)>0이어야 한다.)

$\sqrt{25}+k>0$ ∴ $k>-5$

따라서 정수 k의 최솟값은 -4

정답 ③

1785

정답 9

STEP A 무리함수와 유리함수의 그래프의 개형 파악하기

함수 $y=\sqrt{ax}$ 의 그래프를 x축의 방향으로 -2만큼, y축의 방향으로 -1만큼 평행이동한 그래프의 식은 $y=\sqrt{a(x+2)}-1$

이때 함수 $y=\dfrac{-x+9}{x+3}=\dfrac{-(x+3)+12}{x+3}=\dfrac{12}{x+3}-1$의 ← 점근선의 방정식은 $x=-3$, $y=-1$

그래프는 함수 $y=\dfrac{12}{x}$ 의 그래프를 x축의 방향으로 -3만큼, y축의 방향으로 -1만큼 평행이동한 것이다.

STEP B 두 함수의 그래프가 제 2사분면에서 만나기 위한 a의 범위 구하기

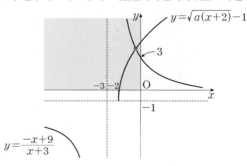

640

함수 $y=\sqrt{a(x+2)}-1$의 그래프가 함수 $y=\dfrac{-x+9}{x+3}$의 그래프와

제 2사분면에서 만나려면 위의 그림과 같이

($y=\sqrt{a(x+2)}-1$의 그래프의 y절편)>3이어야 하므로

$\sqrt{2a}-1>3$, $\sqrt{2a}>4$, $2a>16$ $\therefore a>8$

따라서 자연수 a의 최솟값은 9

내·신·연·계 출제문항 863

함수 $y=\sqrt{ax}$ $(a<0)$의 그래프를 x축의 방향으로 2만큼, y축의 방향으로 2만큼 평행이동한 그래프가 함수 $y=\dfrac{2x-6}{x-1}$의 그래프와 제 2사분면에서 만날 때, 정수 a의 최솟값을 m이라 하자. m^2의 값을 구하시오.

STEP A 무리함수와 유리함수의 그래프의 개형 파악하기

함수 $y=\sqrt{ax}$의 그래프를 x축의 방향으로 2만큼, y축의 방향으로 2만큼 평행이동한 그래프의 식은 $y=\sqrt{a(x-2)}+2$

이때 함수 $y=\dfrac{2x-6}{x-1}=\dfrac{2(x-1)-4}{x-1}=\dfrac{-4}{x-1}+2$의 그래프는 ← 점근선의 방정식은 $x=1$, $y=2$

함수 $y=-\dfrac{4}{x}$의 그래프를 x축의 방향으로 1만큼, y축의 방향으로 2만큼 평행이동한 것이다.

STEP B 두 함수의 그래프가 제 2사분면에서 만나기 위한 a의 범위 구하기

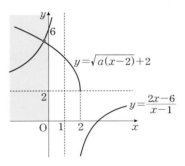

함수 $y=\sqrt{a(x-2)}+2$의 그래프가 함수 $y=\dfrac{2x-6}{x-1}$의 그래프와 제 2사분면에서 만나려면 위의 그림과 같이

($y=\sqrt{a(x-2)}+2$의 그래프의 y절편)<6이어야 하므로

$\sqrt{-2a}+2<6$, $\sqrt{-2a}<4$, $-2a<16$ $\therefore a>-8$

따라서 정수 a의 최솟값 $m=-7$이므로 $m^2=49$ 정답 49

1786 2020학년도 09월 고3 모의평가 나형 9번 정답 ①

STEP A 무리함수의 그래프가 지나는 오직 하나의 사분면 구하기

함수 $y=\sqrt{2x-2a}-a^2+4=\sqrt{2(x-a)}-a^2+4$의 그래프는

함수 $y=\sqrt{2x}$의 그래프를 x축의 방향으로 a만큼, y축의 방향으로 $-a^2+4$만큼 평행이동한 것이다.

이때 함수 $y=\sqrt{2x}$의 그래프는 제 1사분면을 지나므로

함수 $y=\sqrt{2x-2a}-a^2+4$의 그래프가 오직 하나의 사분면만 지난다면 가능한 사분면은 제 1사분면이다.

STEP B 시작점의 위치를 이용하여 a의 범위 구하기

즉 점 $(a, -a^2+4)$이 제 1사분면 또는 x축의 양의 부분 또는 y축의 양의 부분 위에 있어야 하므로 $a\geq0$이고 $-a^2+4\geq0$

이때 $-a^2+4\geq0$에서 $a^2\leq4$이므로 $-2\leq a\leq2$

따라서 실수 a의 값의 범위는 $0\leq a\leq2$이므로 실수 a의 최댓값은 2

내·신·연·계 출제문항 864

정의역이 $\{x|x<a\}$인 함수 $y=\sqrt{2a-2x}-a^2-2a+3$의 그래프가 오직 하나의 사분면만을 지나도록 하는 정수 a의 개수는?

① 2   ② 3   ③ 4

④ 5   ⑤ 6

STEP A 무리함수의 그래프가 지나는 오직 하나의 사분면 구하기

함수 $y=\sqrt{2a-2x}-a^2-2a+3$ $(x<a)$의 그래프는

함수 $y=\sqrt{-2x}$의 그래프를 x축의 방향으로 a만큼, y축의 방향으로 $-a^2-2a+3$만큼 평행이동한 것이다.

이때 함수 $y=\sqrt{-2x}$의 그래프는 제 2사분면을 지나므로

함수 $y=\sqrt{2a-2x}-a^2-2a+3$ $(x<a)$의 그래프가 오직 하나의 사분면만 지난다면 가능한 사분면은 제 2사분면이다.

STEP B 시작점의 위치를 이용하여 a의 범위 구하기

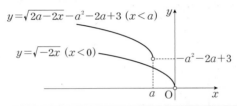

즉 점 $(a, -a^2-2a+3)$이 제 2사분면 또는 x축의 음의 부분 또는 y축의 양의 부분 위에 있어야 하므로 $a\leq0$이고 $-a^2-2a+3\geq0$

$-a^2-2a+3\geq0$에서 $a^2+2a-3\leq0$, $(a+3)(a-1)\leq0$

$\therefore -3\leq a\leq1$

따라서 a의 값의 범위는 $-3\leq a\leq0$이므로 정수 a는 -3, -2, -1, 0의 4개이다. 정답 ③

1787 정답 ①

STEP A 평행이동을 이용하여 함수 $f(x)$의 식 작성하기

주어진 함수의 그래프는 함수 $y=\sqrt{ax}$ $(a<0)$의 그래프를 x축의 방향으로 2만큼, y축의 방향으로 2만큼 평행이동한 것이므로 $f(x)=\sqrt{a(x-2)}+2$ $(a<0)$

STEP B 지나는 점을 이용하여 abc의 값 구하기

함수 $f(x)=\sqrt{a(x-2)}+2$의 그래프가 점 $(0, 4)$를 지나므로

$x=0$, $y=4$를 대입하면 $4=\sqrt{-2a}+2$

$2=\sqrt{-2a}$, $4=-2a$ $\therefore a=-2$

$f(x)=\sqrt{-2(x-2)}+2=\sqrt{-2x+4}+2$이므로

$a=-2$, $b=4$, $c=2$

따라서 $abc=(-2)\times4\times2=-16$

1788 정답 ④

STEP A 평행이동을 이용하여 함수 $f(x)$의 식 작성하기

주어진 함수의 그래프는 함수 $y=-\sqrt{ax}\ (a>0)$의 그래프를
x축의 방향으로 -3만큼, y축의 방향으로 2만큼 평행이동한 것이므로
$y=-\sqrt{a(x+3)}+2\ (a>0)$

STEP B 지나는 점을 이용하여 $a+b+c$의 값 구하기

함수 $y=-\sqrt{a(x+3)}+2$의 그래프가 점 $(0,\ -1)$을 지나므로
$x=0,\ y=-1$을 대입하면 $-1=-\sqrt{3a}+2$
$\sqrt{3a}=3,\ 3a=9$ $\therefore a=3$
$y=-\sqrt{3(x+3)}+2=-\sqrt{3x+9}+2$
이므로 $a=3,\ b=9,\ c=2$
따라서 $a+b+c=3+9+2=14$

내/신/연/계/ 출제문항 865

함수 $f(x)=-\sqrt{ax+b}+c$의 그래프가
오른쪽 그림과 같을 때, $f(9)$의 값은?
(단, a, b, c는 상수이다.)

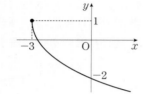

① -6 ② -5
③ -4 ④ -3
⑤ -2

STEP A 평행이동을 이용하여 함수 $f(x)$의 식 작성하기

주어진 함수의 그래프는 함수 $y=-\sqrt{ax}\ (a>0)$의 그래프를
x축의 방향으로 -3만큼, y축의 방향으로 1만큼 평행이동한 것이므로
$y=-\sqrt{a(x+3)}+1\ (a>0)$

STEP B 지나는 점을 대입하여 a의 값 구하기

함수 $y=-\sqrt{a(x+3)}+1$의 그래프가 점 $(0,\ -2)$을 지나므로
$x=0,\ y=-2$를 대입하면 $-2=-\sqrt{3a}+1$
$\sqrt{3a}=3,\ 3a=9$ $\therefore a=3$

STEP C $f(9)$의 값 구하기

주어진 함수의 식은 $f(x)=-\sqrt{3(x+3)}+1=-\sqrt{3x+9}+1$
따라서 $f(9)=-\sqrt{36}+1=-6+1=-5$

정답 ②

1789 정답 ③

STEP A 평행이동을 이용하여 함수 $f(x)$의 식 작성하기

주어진 함수의 그래프는 함수 $y=-\sqrt{ax}\ (a>0)$의 그래프를
x축의 방향으로 -4만큼, y축의 방향으로 3만큼 평행이동한 것이므로
$y=-\sqrt{a(x+4)}+3\ (a>0)$

STEP B 지나는 점을 대입하여 a의 값 구하기

함수 $y=-\sqrt{a(x+4)}+3$의 그래프가 점 $(0,\ -1)$을 지나므로
$x=0,\ y=-1$을 대입하면 $-1=-\sqrt{4a}+3$
$\sqrt{4a}=4,\ 4a=16$ $\therefore a=4$

STEP C 점 $(5,\ k)$를 지남을 이용하여 k의 값 구하기

따라서 함수 $y=-\sqrt{4(x+4)}+3$의 그래프가 점 $(5,\ k)$를 지나므로
$x=5,\ y=k$를 대입하면 $k=-\sqrt{4(5+4)}+3=-6+3=-3$

1790 정답 ④

STEP A 대칭이동한 무리함수의 식 구하기

함수 $y=g(x)$의 그래프는 함수 $f(x)=a\sqrt{x+b}+c$의 그래프를 y축에
대하여 대칭이동한 것이므로 $g(x)=a\sqrt{-x+b}+c$ ← x대신에 $-x$ 대입

STEP B 평행이동을 이용하여 함수 $g(x)$의 식 작성하기

주어진 함수의 그래프는 함수 $y=a\sqrt{-x}\ (a>0)$의 그래프를
x축의 방향으로 2만큼, y축의 방향으로 1만큼 평행이동한 것이므로
$g(x)=a\sqrt{-(x-2)}+1\ (a>0)$

STEP C 지나는 점을 이용하여 $a+b+c$의 값 구하기

함수 $g(x)=a\sqrt{-(x-2)}+1$의 그래프가 점 $(-2,\ 3)$을 지나므로
$x=-2,\ y=3$을 대입하면 $3=a\sqrt{4}+1$
$2a+1=3,\ 2a=2$ $\therefore a=1$
따라서 $g(x)=\sqrt{-(x-2)}+1=\sqrt{-x+2}+1$에서 $a=1,\ b=2,\ c=1$이므로
$a+b+c=4$
$\underset{f(x)=\sqrt{x+2}+1}{}$

내/신/연/계/ 출제문항 866

함수 $y=a\sqrt{x+b}+c$의 그래프를
y축에 대하여 대칭이동한 함수의
그래프가 오른쪽 그림과 같을 때,
함수 $y=\sqrt{b(x+c)}-a$의
그래프가 지나지 않는 사분면은?
(단, a, b, c는 상수이다.)

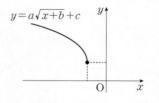

① 제 2사분면   ② 제 3사분면   ③ 제 1, 3사분면
④ 제 1, 4사분면   ⑤ 제 2, 3사분면

STEP A 주어진 그래프를 이용하여 a, b, c의 부호 결정하기

함수 $y=a\sqrt{x+b}+c$의 그래프를 y축에 대하여 대칭이동한 그래프의 식은
$y=a\sqrt{-x+b}+c$
함수 $y=a\sqrt{-x+b}+c=a\sqrt{-(x-b)}+c$의 그래프는
함수 $y=a\sqrt{-x}\ (a>0)$의 그래프를 x축의 방향으로 b만큼, y축의 방향으로
c만큼 평행이동한 것이다.
점 $(b,\ c)$가 제 2사분면 위에 있으므로 $b<0,\ c>0$
$\therefore a>0,\ b<0,\ c>0$

STEP B 함수 $y=\sqrt{b(x+c)}-a$의 그래프의 개형 그리기

함수 $y=\sqrt{b(x+c)}-a$의 그래프는 함수 $y=\sqrt{bx}$의 그래프를 x축의 방향으로
$-c$만큼, y축의 방향으로 $-a$만큼 평행이동한 것이고
$-c<0,\ -a<0$
따라서 $y=\sqrt{b(x+c)}-a$의 그래프의 개형은 다음 그림과 같으므로
그래프가 지나지 않는 사분면은 제 1, 4사분면이다.

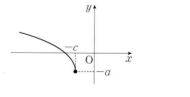

정답 ④

1791

정답 ③

STEP A 주어진 그래프를 이용하여 a, b, c의 부호 결정하기

함수 $y=\sqrt{ax+b}+c=\sqrt{a\left(x+\dfrac{b}{a}\right)}+c$의 그래프는

함수 $y=\sqrt{ax}$ $(a>0)$의 그래프를 x축의 방향으로 $-\dfrac{b}{a}$만큼, y축의 방향으로 c만큼 평행이동한 것이다.

점 $\left(-\dfrac{b}{a}, c\right)$가 제 1사분면 위에 있으므로 $-\dfrac{b}{a}>0$, $c>0$

$\therefore a>0$, $b<0$, $c>0$

STEP B 무리함수 $y=\sqrt{bx+c}+a$의 그래프의 개형 그리기

함수 $y=\sqrt{bx+c}+a=\sqrt{b\left(x+\dfrac{c}{b}\right)}+a$의

그래프는 함수 $y=\sqrt{bx}$의 그래프를 x축의 방향으로 $-\dfrac{c}{b}$만큼, y축의 방향으로 a만큼 평행이동한 것이다.

따라서 $b<0$, $-\dfrac{c}{b}>0$, $a>0$이므로

함수 $y=\sqrt{bx+c}+a$의 그래프의 개형은 오른쪽 그림과 같으므로 ③이다.

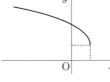

1792

2017년 09월 고2 학력평가 가형 10번

정답 ⑤

STEP A 무리함수의 그래프가 지나는 점의 좌표를 이용하여 a, b의 값 구하기

함수 $f(x)=-\sqrt{ax+b}+3$의 그래프가 점 $(-2, 3)$을 지나므로

$x=-2$, $y=3$을 대입하면

$3=-\sqrt{-2a+b}+3$, $\sqrt{-2a+b}=0$

양변을 제곱하면 $-2a+b=0$ ...... ㉠

함수 $f(x)=-\sqrt{ax+b}+3$의 그래프가 점 $(1, 0)$을 지나므로

$x=1$, $y=0$을 대입하면 $0=-\sqrt{a+b}+3$, $\sqrt{a+b}=3$

양변을 제곱하면 $a+b=9$ ...... ㉡

㉠, ㉡을 연립하여 풀면 $a=3$, $b=6$

따라서 $ab=3\times6=18$

+α 무리함수의 평행이동을 이용하여 관계식을 구할 수 있어!

함수 $y=-\sqrt{ax+b}+3$의 그래프는 함수 $y=-\sqrt{ax}$ $(a>0)$를 x축의 방향으로 -2만큼, y축의 방향으로 3만큼 평행이동한 것이다.
$y-3=-\sqrt{a\{x-(-2)\}}$ $\therefore y=-\sqrt{ax+2a}+3$
이때 $-\sqrt{ax+2a}+3=-\sqrt{ax+b}+3$이므로 $2a=b$
$\therefore -2a+b=0$

내/신/연/계 출제문항 **867**

그림과 같이 집합 $\{x|x\geq2\}$에서 정의된 무리함수 $y=-\sqrt{2x+a}+3$의 그래프가 점 $(2, b)$를 지날 때, 두 상수 a, b에 대하여 $a+b$의 값은?

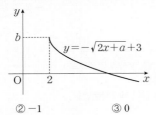

① -2 ② -1 ③ 0
④ 1 ⑤ 2

(우측 상단)

STEP A 무리함수의 그래프의 정의역과 지나는 점의 좌표를 이용하여 a, b의 값 구하기

$y=-\sqrt{2x+a}+3=-\sqrt{2\left(x+\dfrac{a}{2}\right)}+3$이므로

함수 $y=-\sqrt{2x+a}+3$의 그래프는 함수 $y=-\sqrt{2x}$의 그래프를 x축의 방향으로 $-\dfrac{a}{2}$만큼, y축의 방향으로 3만큼 평행이동시킨 그래프이다.

주어진 그림에 의하여 $-\dfrac{a}{2}=2$, $b=3$

따라서 $a=-4$, $b=3$이므로 $a+b=(-4)+3=-1$

정답 ②

1793

정답 ④

STEP A 이차함수의 그래프를 이용하여 a, b, c의 부호 결정하기

$y=ax^2+bx+c$의 그래프가 위로 볼록하므로 $a<0$
이차함수의 그래프의 축이 y축보다 오른쪽에 있으므로 $ab<0$
$\therefore b>0$
이차함수의 y절편이 0보다 크므로 $c>0$

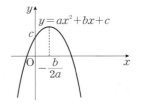

STEP B 무리함수 $f(x)=a\sqrt{-x+b}-c$의 그래프의 개형 그리기

$f(x)=a\sqrt{-x+b}-c$에서 $a<0$이고 점 $(b, -c)$는 제 4사분면 ← 시작점 위의 점이다.

따라서 함수 $f(x)=a\sqrt{-x+b}-c$의 그래프는 다음 그림과 같으므로 ④이다.

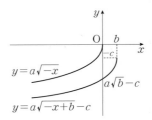

1794

정답 ①

STEP A 이차함수의 그래프를 이용하여 a, b, c의 부호 결정하기

이차함수 $y=ax^2+bx+c$의 그래프가 아래로 볼록하므로 $a>0$
이차함수의 그래프의 축이 y축보다 왼쪽에 있으므로 $ab>0$ $\therefore b>0$
이차함수의 y절편이 0보다 크므로 $c>0$

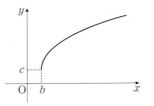

STEP B 무리함수 $y=a\sqrt{x-b}+c$의 그래프가 지나는 사분면 구하기

$y=a\sqrt{x-b}+c$에서 $a>0$이고 점 (b, c)는 제 1사분면 위의 점이다. ← 시작점

따라서 함수 $y=a\sqrt{x-b}+c$의 그래프는 다음 그림과 같으므로 지나는 사분면은 제 1사분면이다.

1795

정답 ①

STEP Ⓐ 주어진 그래프를 이용하여 a, b, c의 부호 결정하기

함수 $y=a\sqrt{-x+b}+c=a\sqrt{-(x-b)}+c$의 그래프는

함수 $y=a\sqrt{-x}\,(a>0)$의 그래프를 x축의 방향으로 b만큼, y축의 방향으로 c만큼 평행이동한 것이다.

점 (b, c)가 제 4사분면 위에 있으므로 $b>0$, $c<0$

$\therefore a>0$, $b>0$, $c<0$

STEP Ⓑ 이차함수 $y=ax^2+bx+c$의 그래프의 개형 그리기

$a>0$이므로 이차함수 $y=ax^2+bx+c$의
그래프는 아래로 볼록이고 $ab>0$이므로
이차함수의 그래프의 축은 y축보다
왼쪽에 있다.

또한, $c<0$이므로 이차함수의 y절편은
0보다 작다.

따라서 이차함수 $y=ax^2+bx+c$의 그래프의
개형은 오른쪽 그림과 같으므로 ①이다.

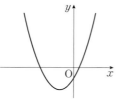

1796

정답 ①

STEP Ⓐ 이차함수와 직선의 그래프를 이용하여 a, b, c의 값 구하기

함수 $y=ax^2$의 그래프는 점 $(1, 1)$을 지나므로 $a=1$

두 점 $(1, 1)$, $(-2, 4)$를 지나는 직선이 $y=bx+c$이므로

$y-1=\dfrac{4-1}{-2-1}(x-1)$, $y=-x+2$

$\therefore a=1$, $b=-1$, $c=2$

STEP Ⓑ 무리함수 $y=a\sqrt{b(x-1)}-c$의 그래프의 개형 그리기

함수 $y=a\sqrt{b(x-1)}-c=\sqrt{-(x-1)}-2$

의 그래프는 함수 $y=\sqrt{-x}$의 그래프를
x축의 방향으로 1만큼, y축의 방향으로
-2만큼 평행이동한 것이다.
따라서 오른쪽 그림과 같으므로 ①이다.

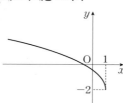

내신연계 출제문항 868

오른쪽 그림은 두 함수
$y=ax^2+b$와 $y=cx$의 그래프이다.
이때 함수 $y=a\sqrt{b(x-1)}-c$의
그래프의 개형은?
(단, a, b, c는 상수이다.)

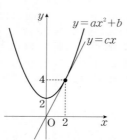

① 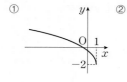 ② 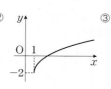 ③

④ 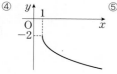 ⑤

STEP Ⓐ 이차함수와 직선의 그래프를 이용하여 a, b, c의 값 구하기

함수 $y=ax^2+b$의 그래프는 점 $(0, 2)$를 지나므로 $b=2$

또, 점 $(2, 4)$를 지나므로 $4=4a+2$, $4a=2$ $\therefore a=\dfrac{1}{2}$

직선 $y=cx$는 점 $(2, 4)$를 지나므로 $4=2c$ $\therefore c=2$

STEP Ⓑ 무리함수 $y=a\sqrt{b(x-1)}-c$의 그래프의 개형 그리기

함수 $y=a\sqrt{b(x-1)}-c=\dfrac{1}{2}\sqrt{2(x-1)}-2$

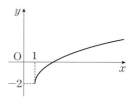

의 그래프는 함수 $y=\dfrac{1}{2}\sqrt{2x}$의 그래프를
x축의 방향으로 1만큼, y축의 방향으로
-2만큼 평행이동한 것이다.
따라서 그래프는 오른쪽 그림과 같으므로
②이다.

정답 ②

1797

정답 ②

STEP Ⓐ 무리함수의 그래프를 이용하여 a, b, c의 값 구하기

주어진 함수의 그래프는 $y=-\sqrt{ax}\,(a<0)$의 그래프를 x축의 방향으로 -2만큼, y축의 방향으로 1만큼 평행이동한 것이므로

$y=-\sqrt{a(x+2)}+1$

이 함수의 그래프가 점 $(0, -1)$을 지나므로 $x=0$, $y=-1$을 대입하면

$-1=-\sqrt{2a}+1$에서 $\sqrt{2a}=2$, $2a=4$ $\therefore a=2$

즉 주어진 함수의 그래프의 식은 $y=-\sqrt{2(x+2)}+1=-\sqrt{2x+4}+1$이므로

$a=2$, $b=4$, $c=1$

STEP Ⓑ 유리함수의 점근선의 교점의 좌표 구하기

이때 $y=\dfrac{4x+1}{x+2}=\dfrac{4(x+2)-7}{x+2}=-\dfrac{7}{x+2}+4$이므로

함수 $y=\dfrac{4x+1}{x+2}$의 그래프의 점근선의 방정식은 $x=-2$, $y=4$

즉 두 점근선의 교점의 좌표는 $(-2, 4)$이므로 $p=-2$, $q=4$

따라서 $pq=-2\times 4=-8$

1798

정답 ②

STEP Ⓐ 유리함수의 그래프를 이용하여 a, b, c의 값 구하기

주어진 그래프의 점근선의 방정식은 $x=1$, $y=2$이므로 $b=-1$, $c=2$

$\therefore y=\dfrac{a}{x-1}+2$

이 함수의 그래프가 점 $(0, 3)$을 지나므로 $x=0$, $y=3$을 대입하면

$3=-a+2$ $\therefore a=-1$

STEP Ⓑ 무리함수 $y=\sqrt{a(x-b)}+a$의 그래프가 지나는 사분면 구하기

함수
$y=\sqrt{ax+b}+c$
$=\sqrt{-x-1}+2$
$=\sqrt{-(x+1)}+2$

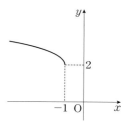

의 그래프는 함수 $y=\sqrt{-x}$의 그래프를
x축의 방향으로 -1만큼, y축의 방향으로
2만큼 평행이동한 것이다.
따라서 오른쪽 그림과 같이 제 2사분면을
지난다.

유리함수 $y=\dfrac{ax+7}{x+b}$ 의 그래프가

오른쪽 그림과 같을 때, 무리함수

$y=\sqrt{a(x-b)}+a$ 의 그래프가

지나는 사분면을 모두 고른 것은?

(단, a, b는 상수이다.)

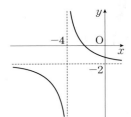

① 제1사분면
② 제2사분면
③ 제3사분면
④ 제1, 2사분면
⑤ 제2, 3, 4사분면

STEP Ⓐ **유리함수의 그래프를 이용하여 a, b의 값 구하기**

$y=\dfrac{ax+7}{x+b}=\dfrac{a(x+b)+7-ab}{x+b}=\dfrac{7-ab}{x+b}+a$

주어진 그래프의 점근선의 방정식은 $x=-2$, $y=3$이므로 $a=3$, $b=2$

STEP Ⓑ **무리함수 $y=\sqrt{ax+b}+c$의 그래프가 지나는 사분면 구하기**

함수 $y=\sqrt{a(x-b)}+a=\sqrt{3(x-2)}+3$

의 그래프는 함수 $y=\sqrt{3x}$의 그래프를

x축의 방향으로 2만큼, y축의 방향으로

3만큼 평행이동한 것이다.

따라서 오른쪽 그림과 같이

제 1사분면을 지난다.

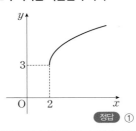

정답 ①

1799

정답 ③

STEP Ⓐ **유리함수의 그래프를 이용하여 a, b, c의 값 구하기**

주어진 유리함수의 그래프에서 점근선의 방정식이 $x=1$, $y=2$이므로

유리함수의 식을 $y=\dfrac{k}{x-1}+2\ (k\neq0)$로 놓을 수 있다. …… ㉠

이 함수의 그래프가 점 $(0, 1)$을 지나므로 $x=0$, $y=1$을 대입하면

$1=\dfrac{k}{-1}+2$ ∴ $k=1$

$k=1$을 ㉠에 대입하면 $y=\dfrac{1}{x-1}+2=\dfrac{2x-1}{x-1}$

∴ $a=1$, $b=2$, $c=-1$

STEP Ⓑ **무리함수 $y=\sqrt{ax+b}+c$의 그래프가 지나는 사분면 구하기**

함수 $y=\sqrt{ax+b}+c=\sqrt{x+2}-1$의   ← $x=0$일 때, $y=\sqrt{2}-1$

그래프는 $y=\sqrt{x}$의 그래프를 x축의

방향으로 -2만큼, y축의 방향으로

-1만큼 평행이동한 것이다.

따라서 오른쪽 그림과 같이

제 1, 2, 3사분면을 지난다.

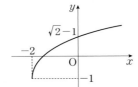

1800

정답 ⑤

STEP Ⓐ **무리함수의 그래프를 이용하여 a, b, c의 값 구하기**

주어진 무리함수의 그래프는 함수 $y=\sqrt{ax}\ (a>0)$의 그래프를

x축의 방향으로 -1만큼, y축의 방향으로 -2만큼 평행이동한 것이므로

무리함수의 식을 $y=\sqrt{a(x+1)}-2$로 놓을 수 있다. …… ㉠

이 함수의 그래프가 점 $(0, 0)$을 지나므로 $x=0$, $y=0$을 대입하면

$0=\sqrt{a}-2$, $\sqrt{a}=2$

양변을 제곱하면 $a=4$

$a=4$를 ㉠에 대입하면 $y=\sqrt{4(x+1)}-2=\sqrt{4x+4}-2$

∴ $a=4$, $b=4$, $c=-2$

STEP Ⓑ **주어진 유리함수의 그래프가 지나는 사분면 구하기**

함수 $y=\dfrac{a}{x+b}+c=\dfrac{4}{x+4}-2$의 그래프는

함수 $y=\dfrac{4}{x}$의 그래프를

x축의 방향으로 -4만큼, y축의 방향으로

-2만큼 평행이동한 것이다.

따라서 오른쪽 그림과 같이

제 2, 3, 4사분면을 지난다.

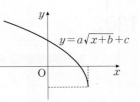

함수 $y=\sqrt{ax+b}+c$의 그래프가 그림과

같을 때, 다음 중 함수

$y=\dfrac{b}{x+a}+c$의 그래프로 알맞은 것은?

(단, a, b, c는 상수이다.)

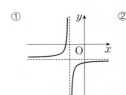

①   ②   ③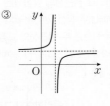

④ 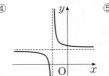 ⑤

STEP Ⓐ **무리함수의 그래프를 이용하여 a, b, c의 부호 결정하기**

함수 $y=\sqrt{ax+b}+c=\sqrt{a\left(x+\dfrac{b}{a}\right)}+c\ (a<0)$의 그래프는

함수 $y=\sqrt{ax}\ (a<0)$의 그래프를 x축의 방향으로 $-\dfrac{b}{a}$만큼, y축의 방향으로

c만큼 평행이동한 것이다.

이때 점 $\left(-\dfrac{b}{a},\ c\right)$가 제 4사분면 위에 있으므로 $-\dfrac{b}{a}>0$, $c<0$

∴ $a<0$, $b>0$, $c<0$

STEP Ⓑ **유리함수의 그래프의 개형 그리기**

함수 $y=\dfrac{b}{x+a}+c$의 그래프는

함수 $y=\dfrac{b}{x}$의 그래프를 x축의 방향으로

$-a$만큼, y축의 방향으로 c만큼 평행이동한

것이다.

따라서 오른쪽 그림과 같으므로 ②이다.

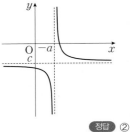

정답 ②

1801

STEP A 역함수의 함수식을 이용하여 a, b, c의 값 구하기

$f(x)=\dfrac{ax+b}{x+c}$ 의 역함수가 $f^{-1}(x)=\dfrac{-cx+b}{x-a}=\dfrac{-2x+1}{x-1}$ 이므로

$a=1$, $b=1$, $c=2$ ← $f(x)=\dfrac{ax+b}{cx+d}$ 에서 $f^{-1}(x)=\dfrac{-dx+b}{cx-a}$

STEP B 무리함수 $g(x)$의 그래프의 개형 그리기

함수 $g(x)=\sqrt{ax+b}+c=\sqrt{x+1}+2$의

그래프는 함수 $y=\sqrt{x}$의 그래프를 x축의
방향으로 -1만큼, y축의 방향으로 2만큼
평행이동한 것이다.
따라서 그래프는 오른쪽 그림과 같으므로
①이다.

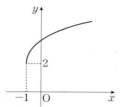

1802

STEP A 점근선의 방정식을 이용하여 a, b의 값 구하기

$y=\dfrac{-2x+3}{x-1}=\dfrac{-2(x-1)+1}{x-1}=\dfrac{1}{x-1}-2$

이므로 점근선의 방정식은 $x=1$, $y=-2$
이때, 두 직선 $y=x+a$와 $y=-x+b$에 대하여 대칭이므로
두 직선은 두 점근선의 교점 $(1, -2)$를 지나야 한다.
$-2=1+a$, $-2=-1+b$에서 $a=-3$, $b=-1$
$\therefore y=\sqrt{-x-a}+b=\sqrt{-x+3}-1$

 $y=\sqrt{-x}$의 그래프를 x축 방향으로 3만큼, y축 방향으로 -1만큼 평행이동한 그래프이다.

STEP B 무리함수의 그래프를 이용하여 [보기]의 참, 거짓 판단하기

ㄱ. 정의역은 $\{x|x \leq 3\}$이다. [거짓]
ㄴ. 치역은 $\{y|y \geq -1\}$이다. [참]
ㄷ. 그래프는 제 3사분면을 지나지
않는다. [참]
따라서 옳은 것은 ㄴ, ㄷ이다.

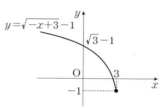

1803

2018년 08월 고3 학력평가 (전북) 나형 14번

STEP A 유리함수의 그래프를 이용하여 m, n의 값 구하기

함수 $y=\dfrac{k}{x+m}+n=\dfrac{k}{x-(-m)}+n$의 그래프는

함수 $y=\dfrac{k}{x}$ $(k<0)$를 x축의 방향으로 $-m$만큼, y축의 방향으로
n만큼 평행이동한 것이다.
즉 두 점근선의 방정식은 $x=-m$, $y=n$이므로 $m=2$, $n=3$

STEP B 무리함수 $y=k\sqrt{mx+n}$의 그래프의 개형 그리기

함수 $y=k\sqrt{mx+n}=k\sqrt{2x+3}=k\sqrt{2\left\{x-\left(-\dfrac{3}{2}\right)\right\}}$의

그래프는 함수 $y=k\sqrt{2x}$ $(k<0)$의

그래프를 x축의 방향으로 $-\dfrac{3}{2}$만큼

평행이동한 것이다.
따라서 그래프는 오른쪽 그림과 같으므로
③이다.

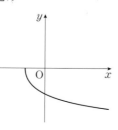

유리함수 $y=\dfrac{b}{x-a}+c$의 그래프가
오른쪽 그림과 같을 때, 무리함수
$y=a\sqrt{x-b}+c$의 그래프의 개형
으로 옳은 것은? (단, a, b, c는
상수이다.)

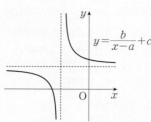

① 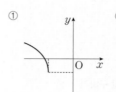 ② 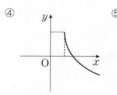 ③

④ ⑤

STEP A 점근선의 방정식을 이용하여 a, b의 부호 결정하기

함수 $y=\dfrac{b}{x-a}+c$의 점근선의 방정식이 $x=a$, $y=c$이므로
주어진 그래프의 점근선의 방정식에서 $a<0$, $c>0$이고
그래프 모양에 의하여 $b>0$

STEP B 무리함수 $y=a\sqrt{x-b}+c$의 그래프의 개형 그리기

함수 $y=a\sqrt{x-b}+c$의 그래프는
함수 $y=a\sqrt{x}$ $(a<0)$의 그래프를
x축의 방향으로 b만큼, y축의 방향으로
c만큼 평행이동한 것이다.
따라서 그래프는 오른쪽 그림과 같으므로
④이다.

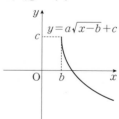

1804

STEP A 유리함수와 무리함수의 그래프 그리기

함수 $f(x)=\dfrac{-2x+8}{x+3}=\dfrac{-2(x+3)+14}{x+3}=\dfrac{14}{x+3}-2$의 그래프는

함수 $y=\dfrac{14}{x}$의 그래프를 x축의 방향으로 -3만큼, y축의 방향으로 -2만큼
평행이동한 것이다.
또한 함수 $y=\sqrt{x-k}$의 그래프는 $y=\sqrt{x}$의 그래프를 x축의 방향으로 k만큼
평행이동한 것이다.

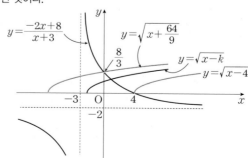

곡선 $y=f(x)$는 두 점 $(4, 0)$, $\left(0, \dfrac{8}{3}\right)$을 지나므로

곡선 $y=\sqrt{x-k}$가 두 점 $(4, 0)$, $\left(0, \dfrac{8}{3}\right)$을 지날 때 k의 값은 각각 4, $-\dfrac{64}{9}$

$y=\sqrt{x-k}$가 점 $(4, 0)$을 지나면 $0=\sqrt{4-k}$에서 $k=4$
$y=\sqrt{x-k}$가 점 $\left(0, \dfrac{8}{3}\right)$을 지나면 $\dfrac{8}{3}=\sqrt{0-k}$에서 $k=-\dfrac{64}{9}$

즉 $-\dfrac{64}{9}<k<4$일 때, 두 곡선 $y=f(x)$, $y=\sqrt{x-k}$이 제1사분면에서 만난다.
따라서 정수 k는 $-7, -6, -5, -4, -3, -2, -1, 0, 1, 2, 3$이므로
그 개수는 11

1805

정답 3

STEP **A** 유리함수와 무리함수의 그래프 그리기

함수 $y=\dfrac{3x-6}{x}=-\dfrac{6}{x}+3$의 그래프는 함수 $y=-\dfrac{6}{x}$의 그래프를
y축의 방향으로 3만큼 평행이동한 것이다.
또한, 함수 $y=\sqrt{3a-x}+a=\sqrt{-(x-3a)}+a$의 그래프는 함수 $y=\sqrt{-x}$의
그래프를 x축의 방향으로 $3a$만큼, y축의 방향으로 a만큼 평행이동한 것이다.
한편 점 $(3a, a)$는 직선 $y=\dfrac{1}{3}x$ 위의 점이므로 실수 a의 값이 변할 때,
함수 $y=\sqrt{3a-x}+a$의 그래프는 다음과 같다.

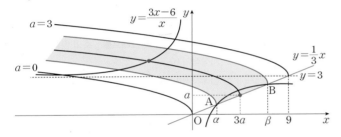

STEP **B** 유리함수와 무리함수의 그래프가 서로 다른 두 점에서 만날 때 a의 범위 구하기

함수 $y=\dfrac{3x-6}{x}$의 그래프와 직선 $y=\dfrac{1}{3}x$의 두 교점을 A, B라 하면
함수 $y=\dfrac{3x-6}{x}$의 그래프와 함수 $y=\sqrt{3a-x}+a$의 그래프가 서로 다른
두 점에서 만나는 경우는 점 $(3a, a)$가 선분 AB 위의 점인 경우이다.
이때 두 점 A, B의 x좌표를 각각 α, β $(\alpha<\beta)$라 하면 방정식
$\dfrac{3x-6}{x}=\dfrac{1}{3}x$의 서로 다른 두 실근이 α, β이다.
$9x-18=x^2$, $x^2-9x+18=0$
$(x-3)(x-6)=0$ ∴ $x=3$ 또는 $x=6$
즉 $\alpha=3$, $\beta=6$이므로 $3\le 3a\le 6$, $1\le a\le 2$
따라서 $M=2$, $m=1$이므로 $M+m=2+1=3$

+α a의 값의 범위를 다음과 같이 구할 수 있어!

점 $(3a, a)$ $(a>0)$가 함수 $y=\dfrac{3x-6}{x}$의 그래프의 아래쪽에 위치하거나
그래프 위의 점이므로
$a\le \dfrac{3\times 3a-6}{3a}$, $3a^2-9a+6\le 0$
$3(a-1)(a-2)\le 0$ ∴ $1\le a\le 2$

함수 $y=\dfrac{3x-4}{x}$의 그래프와 함수 $y=\sqrt{2a-x}+a$의 그래프가 서로 다른
두 점에서 만날 때, 실수 a의 값을 M, 최솟값을 m이라 하자. $M+m$의 값
을 구하시오.

STEP **A** 유리함수와 무리함수의 그래프 그리기

함수 $y=\dfrac{3x-4}{x}=-\dfrac{4}{x}+3$의 그래프는 함수 $y=-\dfrac{4}{x}$의 그래프를
y축의 방향으로 3만큼 평행이동한 것이다.
함수 $y=\sqrt{2a-x}+a=\sqrt{-(x-2a)}+a$의 그래프는 함수 $y=\sqrt{-x}$의
그래프를 x축의 방향으로 $2a$만큼, y축의 방향으로 a만큼 평행이동한 것이다.
한편 점 $(2a, a)$는 직선 $y=\dfrac{1}{2}x$ 위의 점이므로 실수 a의 값이 변할 때,
함수 $y=\sqrt{2a-x}+a$의 그래프는 다음과 같다.

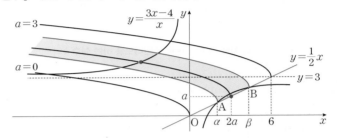

STEP **B** 유리함수와 무리함수의 그래프가 서로 다른 두 점에서 만날 때 a의 범위 구하기

함수 $y=\dfrac{3x-4}{x}$의 그래프와 직선 $y=\dfrac{1}{2}x$의 두 교점을 A, B라 하면
함수 $y=\dfrac{3x-4}{x}$의 그래프와 함수 $y=\sqrt{2a-x}+a$의 그래프가 서로 다른
두 점에서 만나는 경우는 점 $(2a, a)$가 선분 AB 위의 점인 경우이다.
이때 두 점 A, B의 x좌표를 각각 α, $\beta(\alpha<\beta)$라 하면 방정식
$\dfrac{3x-4}{x}=\dfrac{1}{2}x$의 서로 다른 두 실근이 α, β이다.
$6x-8=x^2$, $x^2-6x+8=0$
$(x-2)(x-4)=0$ ∴ $x=2$ 또는 $x=4$
즉 $\alpha=2$, $\beta=4$이므로 $2\le 2a\le 4$, $1\le a\le 2$
따라서 $M=2$, $m=1$이므로 $M+m=2+1=3$

+α a의 값의 범위를 다음과 같이 구할 수 있어!

점 $(2a, a)$ $(a>0)$가 함수 $y=\dfrac{3x-4}{x}$의 그래프의 아래쪽에 위치하거나
그래프 위의 점이므로
$a\le \dfrac{3\times 2a-4}{2a}$, $2a^2-6a+4\le 0$
$2(a-1)(a-2)\le 0$ ∴ $1\le a\le 2$

정답 3

STEP Ⓐ 유리함수와 무리함수의 그래프 그리기

함수 $y=\dfrac{6}{x-5}+3$의 그래프는 함수 $y=\dfrac{6}{x}$의 그래프를 x축의 방향으로

5만큼, y축의 방향으로 3만큼 평행이동한 것이다.

또한, 함수 $y=\sqrt{x-k}$의 그래프는 $y=\sqrt{x}$의 그래프를 x축의 방향으로 k만큼 평행이동한 것이다.

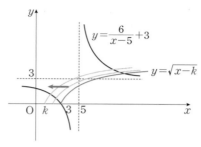

STEP Ⓑ 두 곡선이 서로 다른 두 점에서 만나도록 하는 실수 k의 최댓값 구하기

함수 $y=\dfrac{6}{x-5}+3$에서 $y=0$일 때, x절편은 $0=\dfrac{6}{x-5}+3$, $x=3$

이때 함수 $y=\sqrt{x-k}$의 그래프의 시작점이 $(k,\,0)$이므로

두 곡선이 서로 다른 두 점에서 만나려면 $k\le 3$이어야 한다.

따라서 실수 k의 최댓값은 3

내/신/연/계 출제문항 873

두 함수 $y=\dfrac{x+3}{x-1}$, $y=\sqrt{x+k}$의 그래프가 서로 다른 두 점에서 만나도록 하는 실수 k의 최솟값은?

① 1　　　　② 2　　　　③ 3
④ 4　　　　⑤ 5

STEP Ⓐ 유리함수와 무리함수의 그래프 그리기

함수 $y=\dfrac{x+3}{x-1}=\dfrac{(x-1)+4}{x-1}=\dfrac{4}{x-1}+1$의 그래프는 함수 $y=\dfrac{4}{x}$의 그래프를

x축의 방향으로 1만큼, y축의 방향으로 1만큼 평행이동한 것이다.

또한 함수 $y=\sqrt{x+k}$의 그래프는 $y=\sqrt{x}$의 그래프를 x축의 방향으로 $-k$만큼 평행이동한 것이다.

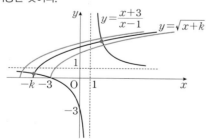

STEP Ⓑ 두 곡선이 서로 다른 두 점에서 만나도록 하는 실수 k의 최솟값 구하기

함수 $y=\dfrac{4}{x-1}+1$에서 $y=0$일 때, x절편은 $0=\dfrac{4}{x-1}+1$, $x=-3$

이때 함수 $y=\sqrt{x+k}$의 그래프의 시작점이 $(-k,\,0)$이므로

두 곡선이 서로 다른 두 점에서 만나려면 $-k\le -3$이어야 한다.

따라서 $k\ge 3$이므로 실수 k의 최솟값은 3　　　　정답 ③

STEP Ⓐ 주어진 범위에서 유리함수의 최댓값과 최솟값 구하기

함수 $y=\dfrac{-2x+4}{x-1}=\dfrac{-2(x-1)+2}{x-1}=\dfrac{2}{x-1}-2$의 그래프는

함수 $y=\dfrac{2}{x}$의 그래프를 x축의 방향으로 1만큼, y축의 방향으로 -2만큼 평행이동한 것이다.

즉 두 점근선의 방정식이 $x=1$, $y=-2$

$3\le x\le 5$에서 함수 $y=\dfrac{-2x+4}{x-1}$의 그래프는

$x=3$일 때, 최댓값 $\dfrac{-2\times 3+4}{3-1}=\dfrac{-2}{2}=-1$ ← $(3,\,-1)$

$x=5$일 때, 최솟값 $\dfrac{-2\times 5+4}{5-1}=\dfrac{-6}{4}=-\dfrac{3}{2}$ ← $\left(5,\,-\dfrac{3}{2}\right)$

STEP Ⓑ 두 함수의 그래프가 한 점에서 만나도록 하는 실수 k의 최댓값 구하기

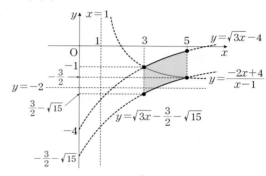

함수 $y=\sqrt{3x}+k$의 그래프는 함수 $y=\sqrt{3x}$의 그래프를 y축의 방향으로

k만큼 평행이동한 것이므로 시작점이 $(0,\,k)$

이때 두 함수의 그래프가 한 점에서 만나려면 함수 $y=\sqrt{3x}+k$의 그래프가

점 $(3,\,-1)$ 또는 점 $\left(5,\,-\dfrac{3}{2}\right)$를 지나야 한다.

(i) 함수 $y=\sqrt{3x}+k$의 그래프가 점 $(3,\,-1)$을 지날 때,

　　$x=3$, $y=-1$을 대입하면 $-1=\sqrt{9}+k$

　　$\therefore k=-4$ ← $y=\sqrt{3x}-4$

(ii) 함수 $y=\sqrt{3x}+k$의 그래프가 점 $\left(5,\,-\dfrac{3}{2}\right)$을 지날 때,

　　$x=5$, $y=-\dfrac{3}{2}$을 대입하면 $-\dfrac{3}{2}=\sqrt{15}+k$

　　$\therefore k=-\dfrac{3}{2}-\sqrt{15}$ ← $y=\sqrt{3x}-\dfrac{3}{2}-\sqrt{15}$

(i), (ii)에 의하여 실수 k의 최댓값 $M=-4$

따라서 $M^2=(-4)^2=16$

내/신/연/계 출제문항 874

정의역이 $\{x\,|\,5\le x\le 8\}$인 두 함수

$$y=\dfrac{-2x+7}{x-2}, \; y=\sqrt{5x}+k$$

의 그래프가 한 점에서 만날 때, 상수 k의 최댓값은?

① -8　　　　② -6　　　　③ -4
④ -2　　　　⑤ 2

STEP Ⓐ 주어진 범위에서 유리함수의 최댓값과 최솟값 구하기

함수 $y=\dfrac{-2x+7}{x-2}=\dfrac{-2(x-2)+3}{x-2}=\dfrac{3}{x-2}-2$의 그래프는

함수 $y=\dfrac{3}{x}$의 그래프를 x축의 방향으로 2만큼, y축의 방향으로 -2만큼 평행이동한 것이다.

즉 두 점근선의 방정식이 $x=2$, $y=-2$

$5 \leq x \leq 8$에서 함수 $y=\dfrac{-2x+7}{x-2}$의 그래프는

$x=5$일 때, 최댓값 $\dfrac{-2\times5+7}{5-2}=\dfrac{-3}{3}=-1$ ← $(5,\,-1)$

$x=8$일 때, 최솟값 $\dfrac{-2\times8+7}{8-2}=\dfrac{-9}{6}=-\dfrac{3}{2}$ ← $\left(8,\,-\dfrac{3}{2}\right)$

STEP ⓑ 두 함수의 그래프가 한 점에서 만나도록 하는 상수 k의 최댓값 구하기

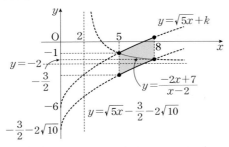

함수 $y=\sqrt{5x}+k$의 그래프는 함수 $y=\sqrt{5x}$의 그래프를 y축의 방향으로 k만큼 평행이동한 것이므로 시작점이 $(0,\,k)$

이때 두 함수의 그래프가 한 점에서 만나려면 함수 $y=\sqrt{5x}+k$의 그래프가 점 $(5,\,-1)$ 또는 점 $\left(8,\,-\dfrac{3}{2}\right)$을 지나야 한다.

(i) 함수 $y=\sqrt{5x}+k$의 그래프가 점 $(5,\,-1)$을 지날 때,

$x=5$, $y=-1$을 대입하면 $-1=\sqrt{25}+k$

$\therefore k=-6$ ← $y=\sqrt{5x}-6$

(ii) 함수 $y=\sqrt{5x}+k$의 그래프가 점 $\left(8,\,-\dfrac{3}{2}\right)$을 지날 때,

$x=8$, $y=-\dfrac{3}{2}$을 대입하면 $-\dfrac{3}{2}=\sqrt{40}+k$

$\therefore k=-\dfrac{3}{2}-2\sqrt{10}$ ← $y=\sqrt{5x}-\dfrac{3}{2}-2\sqrt{10}$

(i), (ii)에 의하여 상수 k는 최댓값은 -6 정답 ②

1808
정답 1

STEP ⓐ 무리함수 $y=-\sqrt{3-x}+2$의 그래프 그리기

함수 $y=-\sqrt{3-x}+2=-\sqrt{-(x-3)}+2$

의 그래프는 함수 $y=-\sqrt{-x}$의 그래프를 x축의 방향으로 3만큼, y축의 방향으로 2만큼 평행이동한 것이므로 오른쪽 그림과 같다.

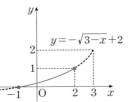

STEP ⓑ 주어진 범위에서 최댓값과 최솟값 구하기

함수 $y=-\sqrt{3-x}+2$는 $-1 \leq x \leq 2$에서

$x=2$일 때, 최댓값 $-\sqrt{3-2}+2=1$을 갖고

$x=-1$일 때, 최솟값 $-\sqrt{3+1}+2=0$을 갖는다.

따라서 $M+m=1$

1809
정답 ③

STEP ⓐ 무리함수 $y=2\sqrt{x+1}+k$의 그래프 그리기

함수 $y=2\sqrt{x+1}+k$의 그래프는 함수 $y=2\sqrt{x}$의 그래프를 x축의 방향으로 -1만큼, y축의 방향으로 k만큼 평행이동한 것이므로 오른쪽 그림과 같다.

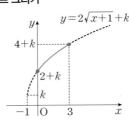

STEP ⓑ 주어진 범위에서 최댓값과 최솟값 구하기

함수 $y=2\sqrt{x+1}+k$는 $0 \leq x \leq 3$에서

$x=3$일 때, 최댓값 $2\sqrt{3+1}+k=4+k$를 갖고

$x=0$일 때, 최솟값 $2\sqrt{0+1}+k=2+k$를 갖는다.

이때 $M+m=40$이므로 $6+2k=40$

따라서 $k=17$

1810
정답 ④

STEP ⓐ 무리함수 $f(x)=\sqrt{a-x}+2$의 그래프 그리기

함수 $f(x)=\sqrt{a-x}+2$의 그래프는 함수 $y=\sqrt{-x}$의 그래프를 x축의 방향으로 a만큼, y축의 방향으로 2만큼 평행이동한 것이므로 다음 그림과 같다.

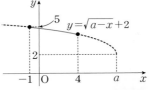

STEP ⓑ 주어진 범위에서 최댓값과 최솟값을 이용하여 $a+m$의 값 구하기

함수 $f(x)=\sqrt{a-x}+2$는 $-1 \leq x \leq 4$에서

$x=-1$일 때, 최댓값 5를 가지므로

$\sqrt{a+1}+2=5$, $\sqrt{a+1}=3$

양변을 제곱하면 $a+1=9$ $\therefore a=8$

$x=4$일 때, 최솟값을 가지므로 최솟값은

$f(4)=\sqrt{8-4}+2=\sqrt{4}+2=2+2=4$

따라서 $a=8$, $m=4$이므로 $a+m=8+4=12$

내신연계 출제문항 875

$-3 \leq x \leq 3$에서 함수 $y=-\sqrt{2x+a}+4$의 최댓값이 2, 최솟값이 b일 때, $a+b$의 값은? (단, a, b는 상수이고 $a>6$)

① 8   ② 9   ③ 10

④ 11   ⑤ 12

STEP ⓐ 무리함수 $y=-\sqrt{2x+a}+4$의 그래프 그리기

함수 $y=-\sqrt{2x+a}+4=-\sqrt{2\left(x+\dfrac{a}{2}\right)}+4$의 그래프는

함수 $y=-\sqrt{2x}$의 그래프를 x축의 방향으로 $-\dfrac{a}{2}$만큼, y축의 방향으로 4만큼 평행이동한 것이므로 다음 그림과 같다.

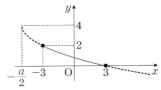

STEP ⓑ 주어진 범위에서 최댓값과 최솟값을 이용하여 $a+b$의 값 구하기

함수 $y=-\sqrt{2x+a}+4$는 $-3 \leq x \leq 3$에서

$x=-3$일 때, 최댓값 2를 가지므로

$-\sqrt{-6+a}+4=2$, $\sqrt{-6+a}=2$

양변을 제곱하면 $a-6=4$ $\therefore a=10$

$x=3$일 때, 최솟값을 가지므로 최솟값은

$-\sqrt{6+10}+4=-4+4=0$

따라서 $a=10$, $b=0$이므로 $a+b=10$ 정답 ③

1811

정답 ②

STEP A **정의역과 치역을 이용하여 a, b의 값 구하기**

$f(x)=5-\sqrt{3x-6}=-\sqrt{3(x-2)}+5$이므로

함수 $f(x)$의 정의역은 $\{x|x\geq 2\}$, 치역은 $\{y|y\leq 5\}$이다.

$\therefore a=2$, $b=5$

STEP B **$2\leq x\leq 5$에서 함수 $y=g(x)$의 최댓값 구하기**

함수 $g(x)=3-\sqrt{6-x}=-\sqrt{-(x-6)}+3$의 그래프는 함수 $y=-\sqrt{-x}$의
그래프를 x축의 방향으로 6만큼, y축의 방향으로 3만큼 평행이동한 것이므로
다음 그림과 같다.

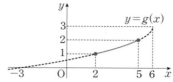

따라서 $2\leq x\leq 5$에서 함수 $g(x)$의 최댓값은 $g(5)=3-\sqrt{6-5}=2$

내신연계 출제문항 876

함수 $f(x)=\sqrt{3x+a}+b$의 정의역이 $\{x|x\geq -2\}$이고 최솟값이 3일 때,
함수 $g(x)=5-\sqrt{7-x}$ $(b\leq x\leq a)$의 최댓값은? (단, a, b는 상수이다.)

① 2   ② 3   ③ 4
④ 5   ⑤ 6

STEP A **정의역과 치역을 이용하여 a, b의 값 구하기**

$y=\sqrt{3x+a}+b$에서 $3x+a\geq 0$이므로 정의역은
$\left\{x|x\geq -\dfrac{a}{3}\right\}=\{x|x\geq -2\}$이고 최솟값은 b이다.

즉 $-\dfrac{a}{3}=-2$이므로 $a=6$이고 최솟은 3이므로 $b=3$

STEP B **$3\leq x\leq 6$에서 함수 $y=g(x)$의 최댓값 구하기**

$g(x)=5-\sqrt{7-x}=-\sqrt{-(x-7)}+5$

이므로 함수 $y=g(x)$의 그래프는
함수 $y=-\sqrt{-x}$의 그래프를 x축의
방향으로 7만큼, y축의 방향으로 5만큼
평행이동한 것이므로 오른쪽 그림과 같다.

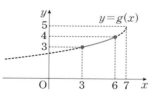

따라서 $3\leq x\leq 6$에서 함수 $g(x)$의
최댓값은 $g(6)=5-\sqrt{7-6}=4$

정답 ③

1812

정답 ①

STEP A **유리함수의 점근선의 방정식을 이용하여 a, b의 값 구하기**

함수 $y=\dfrac{ax+4}{x-b}$의 그래프의 두 점근선의 교점의 좌표가 $(5, -1)$이므로
이 함수의 그래프의 점근선의 방정식은 $x=5$, $y=-1$

즉 이 함수의 식을 $y=\dfrac{k}{x-5}-1$ $(k\neq 0)$로 나타낼 수 있다.

$y=\dfrac{k}{x-5}-1=\dfrac{k}{x-5}-\dfrac{x-5}{x-5}=\dfrac{-x+k+5}{x-5}=\dfrac{ax+4}{x-b}$에서

$a=-1$, $b=5$, $k=-1$

STEP B **$-4\leq x\leq 1$에서 최댓값이 3임을 이용하여 c의 값 구하기**

한편 $-4\leq x\leq 1$에서 함수 $y=a\sqrt{-x+b}+c=-\sqrt{-x+5}+c$는

$x=1$일 때, 최댓값 $-\sqrt{-1+5}+c=3$을 가지므로 $c=5$

STEP C **$-4\leq x\leq 1$에서 함수 $y=a\sqrt{-x+b}+c$의 최댓값 구하기**

함수 $y=-\sqrt{-x+5}+5=-\sqrt{-(x-5)}+5$의 그래프는 함수 $y=-\sqrt{-x}$의
그래프를 x축의 방향으로 5만큼, y축의 방향으로 5만큼 평행이동한 것이므로
다음 그림과 같다.

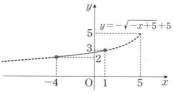

따라서 이 함수는 $x=-4$일 때, 최솟값 $y=-\sqrt{4+5}+5=-3+5=2$를 갖는다.

1813

정답 4

STEP A **주어진 그래프를 이용하여 유리함수의 식 세우기**

주어진 그래프에서 점근선이 두 직선 $x=2$, $y=3$이므로
함수의 식을 $y=\dfrac{k}{x-2}+3$ (단, $k\neq 0$)으로 나타낼 수 있다.
이 함수의 그래프가 원점을 지나므로 $x=0$, $y=0$을 대입하면

$0=-\dfrac{k}{2}+3$ $\therefore k=6$

즉 주어진 그래프를 나타내는 식은 $y=\dfrac{6}{x-2}+3=\dfrac{3x}{x-2}$

$\therefore a=-2$, $b=3$, $c=0$

STEP B **$-3\leq x\leq 1$에서 함수 $y=\sqrt{ax+b}+c$의 최댓값과 최솟값 구하기**

함수 $y=\sqrt{-2x+3}=\sqrt{-2\left(x-\dfrac{3}{2}\right)}$의
그래프는 함수 $y=\sqrt{-2x}$의 그래프를
x축의 방향으로 $\dfrac{3}{2}$만큼 평행이동한
것이므로 오른쪽 그림과 같다.
$-3\leq x\leq 1$에서 이 함수는
$x=-3$일 때, 최댓값 $M=3$,
$x=1$일 때, 최솟값 $m=1$을 갖는다.
따라서 $M+m=3+1=4$

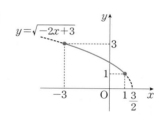

내신연계 출제문항 877

함수 $y=\dfrac{3x+2}{x-2}$의 그래프의 두 점근선의 방정식이 $x=a$, $y=b$일 때,
$0\leq x\leq 4$에서 함수 $y=\sqrt{ax+1}-b$의 최솟값과 최댓값의 합을 구하시오.
(단, a, b는 상수이다.)

STEP A **유리함수의 점근선의 방정식 구하기**

$y=\dfrac{3x+2}{x-2}=\dfrac{3(x-2)+8}{x-2}=\dfrac{8}{x-2}+3$이므로 점근선의 방정식은

$x=2$, $y=3$ $\therefore a=2$, $b=3$

STEP B **무리함수의 최댓값과 최솟값 구하기**

함수 $y=\sqrt{2x+1}-3=\sqrt{2\left(x+\dfrac{1}{2}\right)}-3$의
그래프는 함수 $y=\sqrt{2x}$의 그래프를 x축의
방향으로 $-\dfrac{1}{2}$만큼, y축의 방향으로 -3만큼
평행이동한 것이므로 오른쪽 그림과 같다.
$0\leq x\leq 4$에서
이 함수는 $x=0$일 때, 최솟값 $1-3=-2$
$x=4$일 때, 최댓값 $\sqrt{9}-3=0$을 갖는다.

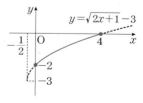

따라서 최솟값과 최댓값의 합은 $-2+0=-2$

정답 -2

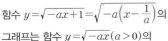

1814 2023년 03월 고2 학력평가 25번　　정답 **3**

STEP Ⓐ 무리함수 $f(x)=\sqrt{-ax+1}\ (a>0)$의 그래프 그리기

함수 $y=\sqrt{-ax+1}=\sqrt{-a\left(x-\dfrac{1}{a}\right)}$의

그래프는 함수 $y=\sqrt{-ax}\,(a>0)$의

그래프를 x축의 방향으로 $\dfrac{1}{a}$만큼

평행이동한 것이므로 오른쪽 그림과
같다.

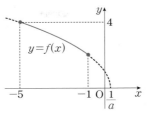

STEP Ⓑ 함수 $f(x)$의 최댓값이 4임을 이용하여 상수 a의 값 구하기

$-5\le x\le -1$에서 함수 $f(x)=\sqrt{-ax+1}$은 $x=-5$일 때, 최대이고
최댓값이 4이므로

$f(-5)=4,\ \sqrt{5a+1}=4,\ 5a+1=16$

따라서 $a=3$

내/신/연/계/ 출제문항 878

$-1\le x\le 8$에서 함수 $f(x)=-\sqrt{3x+a}+2$의 최솟값이 -4일 때,
최댓값은? (a는 3보다 큰 실수이다.)

① -3　　② -2　　③ -1
④ 1　　⑤ 2

STEP Ⓐ 함수 $f(x)$의 그래프 그리기

함수 $f(x)=-\sqrt{3x+a}+2=-\sqrt{3\left(x+\dfrac{a}{3}\right)}+2$의 그래프는

함수 $y=-\sqrt{3x}$의 그래프를 x축의 방향으로 $-\dfrac{a}{3}$만큼, y축의 방향으로
2만큼 평행이동한 것이므로 다음 그림과 같다.

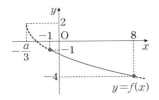

STEP Ⓑ 함수 $f(x)$의 최솟값이 -4임을 이용하여 상수 a의 값 구하기

$-1\le x\le 8$에서 함수 $f(x)$는 $x=8$일 때 최소이고 최솟값은 -4이므로
$-4=\sqrt{3\times 8+a}+2,\ 36=24+a$　∴ $a=12$

따라서 함수 $f(x)=-\sqrt{3x+12}+2$는 $x=-1$에서 최댓값을 가지므로
구하는 최댓값은 $-\sqrt{3\times(-1)+12}+2=-3+2=-1$
　　　　　정답 **③**

1815　　정답 **-40**

STEP Ⓐ 역함수의 정의역과 치역 구하기

함수 $y=\sqrt{x-1}+2$의 정의역은 $x-1\ge 0$에서 $\{x|x\ge 1\}$,
치역은 $\sqrt{x-1}+2\ge 2$에서 $\{y|y\ge 2\}$이므로
역함수의 정의역은 $\{x|x\ge 2\}$, 치역은 $\{y|y\ge 1\}$

STEP Ⓑ 역함수를 구하여 a, b, c의 값 구하기

$y=\sqrt{x-1}+2$에서 $y-2=\sqrt{x-1}$이고 양변을 제곱하여
x에 대하여 풀면 $x-1=(y-2)^2$　∴ $x=y^2-4y+5$
x와 y를 서로 바꾸면 구하는 역함수는
$y=x^2-4x+5\ (x\ge 2)$
따라서 $a=-4$, $b=5$, $c=2$이므로 $abc=-4\times 5\times 2=-40$

1816　　정답 **③**

STEP Ⓐ 주어진 함수의 역함수를 이용하여 a, b의 값 구하기

함수 $f(x)=\dfrac{1}{16}(x+1)^2-1\ (x\ge -1)$에서 치역은 $\{y|y\ge -1\}$이므로

역함수 $y=f^{-1}(x)$의 정의역은 $\{x|x\ge -1\}$, 치역은 $\{y|y\ge -1\}$

$y=\dfrac{1}{16}(x+1)^2-1$이라 하고 x에 관하여 나타내면

$16(y+1)=(x+1)^2$이고 $x+1=\sqrt{16(y+1)}$
　　　　　$x=\pm 4\sqrt{y+1}-1$에서 $x\ge -1$이므로 $x=4\sqrt{y+1}-1$

∴ $x=4\sqrt{y+1}-1$

x, y를 바꾸어 주면 $y=4\sqrt{x+1}-1\,(x\ge -1)$

∴ $f^{-1}(x)=4\sqrt{x+1}-1\,(x\ge -1)$　　…… ㉠

㉠의 식이 $f^{-1}(x)=a\sqrt{x+1}+b\,(x\ge -1)$과 일치하므로
$a=4$, $b=-1$

STEP Ⓑ 제곱근의 성질을 이용하여 주어진 식 간단히 정리하기

따라서 $f^{-1}(x)=4\sqrt{x+1}-1$에서
$f^{-1}(a+b)=f^{-1}(3)=4\sqrt{3+1}-1=8-1=7$

1817　　정답 **①**

STEP Ⓐ 역함수의 정의역과 치역 구하기

함수 $y=f(x)$의 그래프와 그 역함수 $y=f^{-1}(x)$의 그래프는
직선 $y=x$에 대하여 대칭이므로 함수 $y=x^2-4x+1\ (x\ge 2)$의 역함수는
$y=\sqrt{x+a}+b$이다.
함수 $y=x^2-4x+1=(x-2)^2-3$의
정의역은 $\{x|x\ge 2\}$, 치역은 $\{y|y\ge -3\}$이므로
역함수의 정의역은 $\{x|x\ge -3\}$, 치역은 $\{y|y\ge 2\}$

STEP Ⓑ 역함수를 구하여 a, b, c의 값 구하기

$y=(x-2)^2-3\,(x\ge 2)$에서 $y+3=(x-2)^2$
x에 대하여 풀면 $x-2=\sqrt{y+3}\ (\because x\ge 2)$
$x=\sqrt{y+3}+2$
x와 y를 서로 바꾸면 구하는 역함수는
$y=\sqrt{x+3}+2\ (x\ge -3)$
따라서 $a=3$, $b=2$, $c=-3$이므로 $a+b+c=2$

1818　　정답 **②**

STEP Ⓐ $f(2)=3$을 이용하여 a, b의 관계식 구하기

$f(x)=\sqrt{ax+b}$에서 $f(2)=\sqrt{2a+b}=3$
양변을 제곱하면 $2a+b=9$　　…… ㉠

STEP Ⓑ 역함수의 성질을 이용하여 a, b의 값 구하기

$g(x)$가 $f(x)$의 역함수이므로
$g(5)=10$에서 $f(10)=5$
$f(10)=\sqrt{10a+b}=5$
∴ $10a+b=25$　　…… ㉡
㉠, ㉡을 연립하여 풀면 $a=2$, $b=5$이므로
$f(x)=\sqrt{2x+5}$
따라서 $f(ab)=f(10)=\sqrt{2\times 10+5}=\sqrt{25}=5$

함수 $f(x)=\sqrt{ax+b}$와 그 역함수 $y=f^{-1}(x)$에 대하여

$$f(5)=3, \quad f^{-1}(5)=13$$

일 때, $f(a+b)$의 값은? (단, a, b는 상수이고, $a\neq 0$)

① 1 ② 2 ③ 3
④ 4 ⑤ 5

STEP Ⓐ $f(5)=3$을 이용하여 a, b의 관계식 구하기

$f(x)=\sqrt{ax+b}$에서 $f(5)=\sqrt{5a+b}=3$

양변을 제곱하면 $5a+b=9$ ······ ㉠

STEP Ⓑ 역함수의 성질을 이용하여 a, b의 값 구하기

$f^{-1}(5)=13$에서 $f(13)=5$

$f(13)=\sqrt{13a+b}=5$

$\therefore 13a+b=25$ ······ ㉡

㉠, ㉡을 연립하여 풀면 $a=2$, $b=-1$이므로 $f(x)=\sqrt{2x-1}$

따라서 $f(a+b)=f(1)=\sqrt{2\times1-1}=1$ 〔정답〕 ①

1819 〔정답〕 ①

STEP Ⓐ 원의 중심의 좌표 구하기

$x^2+y^2-4x-6y+4=0$에서 $(x-2)^2+(y-3)^2=9$이므로

이 원의 중심의 좌표는 $(2, 3)$

STEP Ⓑ 역함수의 성질을 이용하여 a, b의 값 구하기

두 함수 $y=f(x)$, $y=f^{-1}(x)$의 그래프가 모두 점 $(2, 3)$을 지나므로

$f(2)=3$, $f^{-1}(2)=3$

$f(2)=\sqrt{2a+b}=3$에서 $2a+b=9$ ······ ㉠

또한, $f^{-1}(2)=3$에서 $f(3)=2$이므로

$f(3)=\sqrt{3a+b}=2$에서 $3a+b=4$ ······ ㉡

㉠, ㉡을 연립하여 풀면 $a=-5$, $b=19$

따라서 $a+b=(-5)+19=14$

1820 〔정답〕 ③

STEP Ⓐ 역함수의 성질을 이용하여 주어진 식 간단히 하기

주어진 그래프를 직선 $y=x$에 대하여
대칭이동하면 오른쪽 그림과 같다.

즉, 함수 $y=-\sqrt{ax-b}+c$의 그래프는

함수 $y=-\sqrt{ax}\ (a<0)$의 그래프를

x축의 방향으로 6만큼, y축의 방향으로
2만큼 평행이동한 것이므로

$y=-\sqrt{ax-b}+c=-\sqrt{a(x-6)}+2$

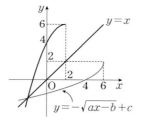

STEP Ⓑ 점 $(4, 0)$을 지남을 이용하여 a의 값 구하기

한편 함수 $y=-\sqrt{a(x-6)}+2$의 그래프가 점 $(4, 0)$을 지나므로

$0=-\sqrt{a(4-6)}+2$ $\therefore a=-2$

즉 구하는 함수의 식은 $y=-\sqrt{-2x+12}+2$

STEP Ⓒ abc의 값 구하기

따라서 $a=-2$, $b=-12$, $c=2$이므로 $abc=-2\times(-12)\times 2=48$

〔다른풀이〕 역함수를 직접 구하여 풀이하기

STEP Ⓐ 함수 $y=-\sqrt{ax-b}+c$의 역함수 구하기

$f^{-1}(x)=k(x-2)^2+6\ (k<0,\ x\leq2)$이라 하면 $y=f^{-1}(x)$의 그래프가

점 $(0, 4)$를 지나므로 $4=4k+6$ $\therefore k=-\dfrac{1}{2}$

$\therefore f^{-1}(x)=-\dfrac{1}{2}(x-2)^2+6$

STEP Ⓑ 함수 $y=-\sqrt{ax-b}+c$의 식 구하기

$y=-\dfrac{1}{2}(x-2)^2+6$에서 $\dfrac{1}{2}(x-2)^2=-y+6$

x에 대하여 풀면

$(x-2)^2=-2y+12$, $x-2=-\sqrt{-2y+12}\ (\because x\leq2)$

$\therefore x=-\sqrt{-2y+12}+2$

x와 y를 서로 바꾸면 $y=-\sqrt{-2x+12}+2$

따라서 $a=-2$, $b=-12$, $c=2$이므로 $abc=-2\times(-12)\times 2=48$

함수 $f(x)=\sqrt{-x+a}+b$의 그래프가
오른쪽 그림과 같을 때,
역함수 $y=f^{-1}(x)$에 대하여 $f^{-1}(0)$의
값은? (단, a, b는 상수이다.)

① 2 ② $2\sqrt{2}$
③ 3 ④ $\sqrt{10}$
⑤ $2\sqrt{3}$

STEP Ⓐ 무리함수의 그래프를 이용하여 a, b의 값 구하기

함수 $f(x)=\sqrt{-x+a}+b$의 그래프가 두 점 $(a, -1)$, $(0, 1)$을 지나므로

$f(a)=-1$에서 $f(a)=\sqrt{-a+a}+b=-1$ $\therefore b=-1$

또한, $f(0)=1$에서 $f(0)=\sqrt{a}+b=1$, $\sqrt{a}-1=1$

$\sqrt{a}=2$ $\therefore a=4$

$\therefore f(x)=\sqrt{-x+4}-1$

STEP Ⓑ 역함수의 성질을 이용하여 $f^{-1}(0)$의 값 구하기

함수 $f(x)$의 역함수가 $f^{-1}(x)$이므로 $f^{-1}(0)=k$라 하면 $f(k)=0$

$f(k)=\sqrt{-k+4}-1=0$, $\sqrt{-k+4}=1$

양변을 제곱하면 $-k+4=1$ $\therefore k=3$

따라서 $f^{-1}(0)=3$ 〔정답〕 ③

1821 〔정답〕 ⑤

STEP Ⓐ 무리함수 $y=-\sqrt{-2x+1}+2$의 그래프 그리기

함수 $y=-\sqrt{-2x+1}+2=-\sqrt{-2\left(x-\dfrac{1}{2}\right)}+2$의

그래프는 함수 $y=-\sqrt{-2x}$의 그래프를

x축의 방향으로 $\dfrac{1}{2}$만큼, y축의 방향으로
2만큼 평행이동한 것이므로 오른쪽 그림과
같다.

STEP Ⓑ 무리함수의 그래프를 이용하여 참, 거짓 판단하기

① 정의역은 $\left\{x\,\middle|\,x\leq\dfrac{1}{2}\right\}$이다. [참]

② 치역은 $\{y\,|\,y\leq2\}$이다. [참]

③ 그래프는 제 4사분면을 지나지 않는다. [참]

④ 그래프는 무리함수 $y=\sqrt{-2x+1}-2$의 그래프와 x축에 대하여 대칭이다.
[참]
⑤ $y=-\sqrt{-2x+1}+2$에서 $y-2=-\sqrt{-2x+1}$
양변을 제곱하면 $(y-2)^2=-2x+1$
$x=-\dfrac{1}{2}(y-2)^2+\dfrac{1}{2}$

x와 y를 서로 바꾸면 구하는 역함수는 $y=-\dfrac{1}{2}(x-2)^2+\dfrac{1}{2}\,(x\le 2)$이다.
[거짓]
따라서 옳지 않은 것은 ⑤이다.

1822
 정답 ③

STEP Ⓐ **무리함수 $y=-\sqrt{2x+4}+3$의 그래프 그리기**
함수 $y=-\sqrt{2x+4}+3=-\sqrt{2(x+2)}+3$의
그래프는 함수 $y=-\sqrt{2x}$의 그래프를
x축의 방향으로 -2만큼, y축의 방향으로
3만큼 평행이동한 것이므로 오른쪽 그림과
같다.

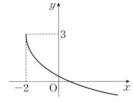

STEP Ⓑ **무리함수의 그래프를 이용하여 참, 거짓 판단하기**
① 정의역은 $\{x\,|\,x\ge -2\}$이다. [거짓]
② 치역은 $\{y\,|\,y\le 3\}$이다. [거짓]
③ 그래프는 제 1, 2, 4사분면을 지난다. [참]
④ $y=-\sqrt{2x+4}+3$에서 $y-3=-\sqrt{2x+4}$
양변을 제곱하면 $(y-3)^2=2x+4$
$x=\dfrac{1}{2}(y-3)^2-2$

x와 y를 서로 바꾸면 $y=\dfrac{1}{2}(x-3)^2-2$

즉, 주어진 함수의 그래프를 직선 $y=x$에 대하여 대칭한 역함수의 식은
$y=\dfrac{1}{2}(x-3)^2-2\,(x\le 3)$이다. [거짓]
⑤ 그래프는 함수 $y=-\sqrt{2x}$의 그래프를 x축 방향으로 -2만큼,
y축 방향으로 3만큼 평행이동한 것이다. [거짓]
따라서 옳은 것은 ③이다.

내/신/연/계 **출제문항 881**

함수 $y=-\sqrt{2x}+1$에 대한 설명으로 옳은 것은?

① 정의역은 $\{x\,|\,x\le 0\}$이다.
② 치역은 $\{y\,|\,y\ge 1\}$이다.
③ 그래프는 제 2사분면을 지나간다.
④ 그래프는 $y=\sqrt{2x}-1$의 그래프와 x축에 대하여 대칭이다.
⑤ 역함수는 $y=\dfrac{1}{2}(x+1)^2\,(x\le -1)$이다.

STEP Ⓐ **무리함수 $y=-\sqrt{2x}+1$의 그래프 그리기**
함수 $y=-\sqrt{2x}+1$의 그래프는
함수 $y=-\sqrt{2x}$의 그래프를 y축의
방향으로 1만큼 평행이동한 것이므로
오른쪽 그림과 같다.

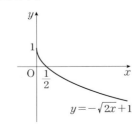

STEP Ⓑ **무리함수의 그래프에서 참, 거짓 판단하기**
① 정의역은 $\{x\,|\,x\ge 0\}$이다. [거짓]
② 치역은 $\{y\,|\,y\le 1\}$이다. [거짓]
③ 그래프는 제 1사분면, 제 4사분면을 지난다. [거짓]
④ $y=\sqrt{2x}-1$의 그래프를 x축에 대하여 대칭이동하면
$y=-\sqrt{2x}+1$이다. [참]
⑤ $y=-\sqrt{2x}+1$에서 $y-1=-\sqrt{2x}$
양변을 제곱하면 $(y-1)^2=2x$
$x=\dfrac{1}{2}(y-1)^2$
x와 y를 서로 바꾸면 구하는 역함수는
$y=\dfrac{1}{2}(x-1)^2\,(x\le 1)$ [거짓]
따라서 옳은 것은 ④이다.

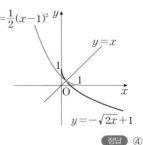

정답 ④

1823
2018년 03월 고3 학력평가 나형 17번 정답 ①

STEP Ⓐ **두 함수의 교점이 $(1, 3)$임을 이용하여 a, b의 값 구하기**
$f(x)=\sqrt{ax+b}+1$과 그 역함수 $y=g(x)$의 교점이 $(1, 3)$이므로
$f(1)=3$, $g(1)=3$이다.
$f(1)=\sqrt{a+b}+1=3$, $\sqrt{a+b}=2$ $\therefore a+b=4$ $\cdots\cdots$ ㉠
$g(1)=3$에서 역함수의 성질에 의하여 $f(3)=1$
$f(3)=\sqrt{3a+b}+1=1$, $\sqrt{3a+b}=0$ $\therefore 3a+b=0$ $\cdots\cdots$ ㉡
㉠, ㉡을 연립하여 풀면 $a=-2$, $b=6$

STEP Ⓑ **역함수의 성질을 이용하여 $g(5)$의 값 구하기**
$f(x)=\sqrt{-2x+6}+1$이고 역함수 $g(x)$에 대하여 $g(5)=k$라 하면
역함수의 성질에 의하여 $f(k)=5$
$f(k)=\sqrt{-2k+6}+1=5$, $\sqrt{-2k+6}=4$, $-2k+6=16$ $\therefore k=-5$
따라서 $g(5)=-5$

내/신/연/계 **출제문항 882**

함수 $f(x)=\sqrt{ax+b}+2$의 역함수를 $g(x)$라 하자.
두 함수 $y=f(x)$, $y=g(x)$의 그래프가 점 $(2, 5)$에서 만날 때,
$a+b+f(2)$의 값은? (단, a, b는 상수이다.)

① 15 ② 16 ③ 17
④ 18 ⑤ 19

STEP Ⓐ **두 함수의 교점이 $(2, 5)$임을 이용하여 a, b의 값 구하기**
$f(x)=\sqrt{ax+b}+2$과 그 역함수 $y=g(x)$의 교점이 $(2, 5)$이므로
$f(2)=5$, $g(2)=5$이다.
$f(2)=\sqrt{2a+b}+2=5$, $\sqrt{2a+b}=3$
$\therefore 2a+b=9$ $\cdots\cdots$ ㉠
$g(2)=5$에서 역함수의 성질에 의하여 $f(5)=2$
$f(5)=\sqrt{5a+b}+2=2$, $\sqrt{5a+b}=0$
$\therefore 5a+b=0$ $\cdots\cdots$ ㉡
㉠, ㉡을 연립하여 풀면 $a=-3$, $b=15$

STEP Ⓑ **$a+b+f(2)$의 값 구하기**
$f(x)=\sqrt{-3x+15}+2$이므로 $f(2)=\sqrt{-6+15}+2=5$
따라서 $a+b+f(2)=-3+15+5=17$ 정답 ③

1824

STEP Ⓐ 유리함수의 점근선과 지나는 점을 이용하여 a, b, c의 값 구하기

주어진 그래프에서 점근선이 두 직선 $x=1$, $y=2$이므로

함수의 식을 $y=\dfrac{k}{x-1}+2$ $(k>0)$으로 나타낼 수 있다.

이 함수의 그래프가 점 $(0, 1)$을 지나므로 $x=0$, $y=1$을 대입하면

$1=\dfrac{k}{0-1}+2$ $\therefore k=1$

즉 $y=\dfrac{1}{x-1}+2=\dfrac{2x-1}{x-1}$이므로 $a=1$, $b=2$, $c=-1$

$\therefore f(x)=-\sqrt{-x+2}+1$

STEP Ⓑ 무리함수의 성질을 이용하여 참, 거짓 판단하기

ㄱ. $a+b+c=1+2+(-1)=2$ [참]

ㄴ. 정의역은 $-x+2\geq 0$에서 $\{x\,|\,x\leq 2\}$이고

치역은 $-\sqrt{-x+2}+1\leq 1$에서 $\{y\,|\,y\leq 1\}$이다. [거짓]

ㄷ. $f^{-1}(-2)=k$라 하면 $f(k)=-2$이므로

$-\sqrt{-k+2}+1=-2$, $\sqrt{-k+2}=3$, $-k+2=9$ $\therefore k=-7$

$\therefore f^{-1}(-2)=-7$ [참]

ㄹ. $y=f(x)$의 그래프는 다음 그림과 같으므로 제 2사분면을 지나지 않는다.
[참]

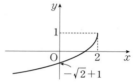

따라서 옳은 것은 ㄱ, ㄷ, ㄹ이다.

1825

STEP Ⓐ 유리함수의 점근선과 지나는 점을 이용하여 a, b, c의 값 구하기

주어진 그래프에서 점근선이 두 직선 $x=1$, $y=3$이므로

함수의 식을 $y=\dfrac{k}{x-1}+3$ $(k<0)$으로 나타낼 수 있다.

이 함수의 그래프가 점 $(0, 4)$를 지나므로 $x=0$, $y=4$를 대입하면

$4=\dfrac{k}{-1}+3$ $\therefore k=-1$

즉 $y=-\dfrac{1}{x-1}+3=\dfrac{3x-4}{x-1}$이므로 $a=-1$, $b=3$, $c=-4$

STEP Ⓑ 무리함수의 그래프를 이용하여 [보기]의 참, 거짓 판단하기

함수 $g(x)=\sqrt{ax+b}+c$

$\qquad =\sqrt{-x+3}-4$

$\qquad =\sqrt{-(x-3)}-4$

의 그래프는 함수 $y=\sqrt{-x}$의 그래프를
x축의 방향으로 3만큼,
y축의 방향으로 -4만큼 평행이동한 것으로
오른쪽 그림과 같다.

ㄱ. 함수 $g(x)$의 정의역은 $\{x\,|\,x\leq 3\}$이고

치역은 $\{y\,|\,y\geq -4\}$이다. [참]

ㄴ. 함수 $g(x)$의 그래프는 제 2, 3, 4사분면을 지난다. [참]

ㄷ. 함수 $g(x)$의 역함수가 $h(x)$이므로 $h(-1)=m$으로 놓으면 $g(m)=-1$

즉 $g(m)=\sqrt{-m+3}-4=-1$, $\sqrt{-m+3}=3$ $\therefore m=-6$ [참]

따라서 옳은 것은 ㄱ, ㄴ, ㄷ이다.

1826

STEP Ⓐ 유리함수의 식을 이용하여 a, b, c의 값 구하기

함수 $y=\dfrac{-2x+5}{x-3}=\dfrac{-2(x-3)-1}{x-3}=\dfrac{-1}{x-3}-2$의 그래프는

함수 $y=-\dfrac{1}{x}$의 그래프를 x축의 방향으로 3만큼, y축의 방향으로 -2만큼
평행이동한 것이고 이 함수의 그래프의 두 점근선은 $x=3$, $y=-2$이다.

즉 $a=-1$, $b=3$, $c=-2$이므로

함수 $f(x)$는 $f(x)=\sqrt{-x+3}-2=\sqrt{-(x-3)}-2$

STEP Ⓑ 무리함수의 그래프를 이용하여 [보기]의 참, 거짓 판단하기

ㄱ. 함수 $y=f(x)$의 그래프는 함수 $y=\sqrt{-x}$의 그래프를 x축의 방향으로
3만큼, y축의 방향으로 -2만큼 평행이동한 것이다. [참]

ㄴ. 함수 $f(x)=\sqrt{-(x-3)}-2$의 정의역은 $\{x\,|\,x\leq 3\}$이고
치역은 $\{y\,|\,y\geq -2\}$이다. [참]

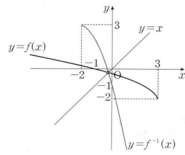

ㄷ. 함수 $y=f^{-1}(x)$의 그래프는 함수 $y=f(x)$의 그래프를 직선 $y=x$에
대하여 대칭이동한 것이므로 위의 그림과 같다.
즉 함수 $y=f(x)$의 그래프는 함수 $y=f^{-1}(x)$의 그래프와 오직 한 점
에서 만난다. [참]

따라서 옳은 것은 ㄱ, ㄴ, ㄷ이다

내/신/연/계/ 출제문항 883

함수 $y=\dfrac{-3x+4}{x-2}$의 그래프는 함수 $y=\dfrac{a}{x}$의 그래프를 평행이동한 것이고,
점근선은 $x=b$, $y=c$이다. 함수 $f(x)=\sqrt{ax+b}+c$에 대하여 [보기]에서
옳은 것만을 있는 대로 고른 것은? (단, a, b, c는 상수, $a\neq 0$)

> ㄱ. 함수 $y=f(x)$의 그래프는 함수 $y=\sqrt{-2x}$의 그래프를 평행이동
> 하여 일치시킬 수 있다.
> ㄴ. 정의역은 $\{x\,|\,x\leq 1\}$, 치역은 $\{y\,|\,y\geq -3\}$이다.
> ㄷ. 함수 $y=f(x)$의 그래프는 함수 $y=f^{-1}(x)$의 그래프와 오직 한 점
> 에서 만난다.

① ㄱ　　　　　② ㄱ, ㄴ　　　　　③ ㄱ, ㄷ
④ ㄴ, ㄷ　　　　⑤ ㄱ, ㄴ, ㄷ

STEP Ⓐ 유리함수의 식을 이용하여 a, b, c의 값 구하기

함수 $y=\dfrac{-3x+4}{x-2}=\dfrac{-3(x-2)-2}{x-2}=\dfrac{-2}{x-2}-3$의 그래프는

함수 $y=-\dfrac{2}{x}$의 그래프를 x축의 방향으로 2만큼, y축의 방향으로 -3만큼
평행이동한 것이고 이 함수의 그래프의 두 점근선은 $x=2$, $y=-3$이다.

즉 $a=-2$, $b=2$, $c=-3$이므로 함수 $f(x)$는
$f(x)=\sqrt{-2x+2}-3=\sqrt{-2(x-1)}-3$

STEP Ⓑ 무리함수의 그래프를 이용하여 [보기]의 참, 거짓 판단하기

ㄱ. 함수 $y=f(x)$의 그래프는 함수 $y=\sqrt{-2x}$의 그래프를 x축의 방향으로
1만큼, y축의 방향으로 -3만큼 평행이동한 것이다. [참]

ㄴ. 함수 $f(x)=\sqrt{-2(x-1)}-3$의 정의역은 $\{x|x\le 1\}$이고
　치역은 $\{y|y\ge -3\}$이다. [참]

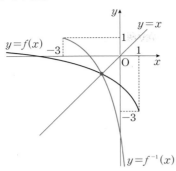

ㄷ. 함수 $y=f^{-1}(x)$의 그래프는 함수 $y=f(x)$의 그래프를 직선 $y=x$에
　대하여 대칭이동한 것이므로 위의 그림과 같다.
　즉 함수 $y=f(x)$의 그래프는 함수 $y=f^{-1}(x)$의 그래프와 오직 한 점에서
　만난다. [참]
따라서 옳은 것은 ㄱ, ㄴ, ㄷ이다.　　　　　　　　　　　정답 ⑤

1827
정답 ②

STEP Ⓐ 그래프가 지나는 점을 이용하여 a, b, c의 값 구하기

함수 $y=f(x)$의 그래프가 점 $(2, 0)$을 지나므로
$$a\sqrt{2-b}+c=0 \quad\cdots\cdots ㉠$$
한편 함수 $y=f(x)$의 그래프가 두 점 (b, c), $(2, 0)$을 지나므로
함수 $y=f^{-1}(x)$의 그래프는 두 점 (c, b), $(0, 2)$를 지난다.

$x=c$, $y=b$를 대입하면 $\frac{1}{4}(c-2)^2+b=b$이므로 $c=2$

$x=0$, $y=2$를 대입하면 $\frac{1}{4}(0-2)^2+b=2$이므로 $b=1$

$b=1$, $c=2$를 ㉠에 대입하면
$a\sqrt{2-1}+2=0$ $\therefore a=-2$
즉 $a=-2$, $b=1$, $c=2$이므로

함수 $g(x)$는 $g(x)=-\dfrac{x-2}{x+2}=-\dfrac{(x+2)-4}{x+2}=\dfrac{4}{x+2}-1$

STEP Ⓑ [보기]의 참, 거짓 판단하기

ㄱ. 함수 $y=g(x)$의 그래프는 함수 $y=\dfrac{4}{x}$의 그래프를 x축의 방향으로
　-2만큼, y축의 방향으로 -1만큼 평행이동한 것이고 $g(0)=1$이다.
　즉 함수 $y=g(x)$의 그래프는 다음 그림과 같이 모든 사분면을 지난다.
　[거짓]

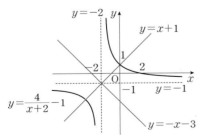

ㄴ. 함수 $y=g(x)$의 그래프는 두 직선 $y+1=x+2$, $y+1=-(x+2)$에
　대하여 대칭이다.
　즉 함수 $y=g(x)$의 그래프는 위의 그림과 같이
　두 직선 $y=x+1$, $y=-x-3$에 대하여 대칭이다. [참]

ㄷ. 점 $(-2, -1)$은 함수 $y=g(x)$의 그래프의 두 점근선의 교점이다.
　즉, 점 $(-2, -1)$에서 함수 $y=g(x)$의 그래프와 한 점에서
　만나는 직선을 그을 수 없다. [거짓]
따라서 옳은 것은 ㄴ이다.

+α　유리함수의 두 점근선의 교점을 지나는 직선과 유리함수의 그래프가
　　한 점에서 만나는 직선을 그을 수 없는 이유!

함수 $y=\dfrac{k}{x}$ $(k\ne 0)$의 그래프의 두 점근선 x축, y축의 교점은 원점이다.

(ⅰ) x축, y축은 점근선이므로 함수 $y=\dfrac{k}{x}$의 그래프와 한 점에서 만나지 않는다.

(ⅱ) 원점에서 함수 $y=\dfrac{k}{x}$의 그래프와 한 점에서 만나는 직선 $y=mx$ $(m\ne 0)$를
　그을 수 있다고 가정하면 방정식 $\dfrac{k}{x}=mx$는 중근을 가져야 한다.

　그런데 $k\ne 0$, $m\ne 0$인 모든 실수 k, m에 대하여 방정식 $x^2=\dfrac{k}{m}$는
　중근을 가질 수 없으므로 모순이다.
이와 같이 함수 $y=\dfrac{k}{x}$ $(k\ne 0)$의 그래프의 두 점근선의 교점인 원점에서는 이 함수의
그래프와 한 점에서 만나는 직선을 그을 수 없고 같은 이유로 함수 $y=\dfrac{k}{x-p}+q$
$(k\ne 0$, p, q는 상수$)$의 그래프의 두 점근선의 교점 (p, q)에서는 이 함수의 그래프와
한 점에서 만나는 직선을 그을 수 없다.

1828
정답 5

STEP Ⓐ 역함수의 성질을 이용하여 $g^{-1}(2)$의 값 구하기

$(g\circ f)^{-1}(2)=(f^{-1}\circ g^{-1})(2)=f^{-1}(g^{-1}(2))$

$g^{-1}(2)=a$로 놓으면 $g(a)=2$이므로

$\sqrt{2a+1}=2$, $2a+1=4$ $\therefore a=\dfrac{3}{2}$

STEP Ⓑ 역함수의 성질을 이용하여 $f^{-1}\left(\dfrac{3}{2}\right)$의 값 구하기

$f^{-1}(g^{-1}(2))=f^{-1}\left(\dfrac{3}{2}\right)=b$로 놓으면 $f(b)=\dfrac{3}{2}$이므로 $\leftarrow g^{-1}(2)=\dfrac{3}{2}$

$\dfrac{b+1}{b-1}=\dfrac{3}{2}$, $2b+2=3b-3$ $\therefore b=5$

따라서 $(g\circ f)^{-1}(2)=5$

mini 해설　$y=g(f(x))$를 구하여 풀이하기

$(g\circ f)(x)=g(f(x))=g\left(\dfrac{x+1}{x-1}\right)=\sqrt{\dfrac{3x+1}{x-1}}$
$(g\circ f)^{-1}(2)=a$라 하면 $(g\circ f)(a)=2$
$\sqrt{\dfrac{3a+1}{a-1}}=2$, $\dfrac{3a+1}{a-1}=4$
따라서 $3a+1=4(a-1)$이므로 $a=5$

1829
정답 ①

STEP Ⓐ 역함수의 성질을 이용하여 함숫값 구하기

$f(x)=\sqrt{x+1}-2$, $g(x)=\sqrt{x+6}-2$에서
$(f^{-1}\circ g)^{-1}(8)=(g^{-1}\circ f)(8)=g^{-1}(f(8))$ $\leftarrow (f\circ g)^{-1}=g^{-1}\circ f^{-1}$
이때 $f(8)=\sqrt{8+1}-2=1$이므로 $g^{-1}(f(8))=g^{-1}(1)$
$g^{-1}(1)=k$라 하면 $g(k)=1$
$g(k)=\sqrt{k+6}-2=1$, $\sqrt{k+6}=3$이고 양변을 제곱하면 $k+6=9$
따라서 $k=3$이므로 $(f^{-1}\circ g)^{-1}(8)=3$

1830

정답 ③

STEP A 역함수의 성질을 이용하여 식 정리하기

$(g \circ f^{-1})^{-1}(3) + (f \circ g^{-1})^{-1}(2)$
$= (f \circ g^{-1})(3) + (g \circ f^{-1})(2)$
$= f(g^{-1}(3)) + g(f^{-1}(2))$ ····· ㉠

STEP B 역함수의 성질을 이용하여 $g^{-1}(3)$, $f^{-1}(2)$의 값 구하기

$g^{-1}(3) = m$이라 하면 $g(m) = 3$이므로

$\sqrt{2m+1} = 3$, $2m+1 = 9$ ∴ $m = 4$

$f^{-1}(2) = n$이라 하면 $f(n) = 2$이므로

$\dfrac{n+2}{n-1} = 2$, $n+2 = 2n-2$ ∴ $n = 4$

STEP C $(g \circ f^{-1})^{-1}(3) + (f \circ g^{-1})^{-1}(2)$의 값 구하기

따라서 $f^{-1}(2) = 4$, $g^{-1}(3) = 4$를 ㉠에 대입하면 구하는 값은

$f(4) + g(4) = \dfrac{6}{3} + \sqrt{2 \times 4 + 1} = 2 + 3 = 5$

1831

정답 ⑤

STEP A 두 함수가 역함수 관계임을 알고 함숫값 구하기

$f(x) = \dfrac{1}{2}\sqrt{x-3} + 1$과 함수 $g(x)$에 대하여 $(f \circ g)(x) = x$이므로

$f^{-1}(x) = g(x)$이다.

$g(2) = m$이라 하면 $f(m) = 2$이므로

$f(m) = \dfrac{1}{2}\sqrt{m-3} + 1 = 2$, $\sqrt{m-3} = 2$

양변을 제곱하면 $m-3 = 4$이므로 $m = 7$ ∴ $g(2) = 7$

$g^{-1}(19) = f(19) = \dfrac{1}{2}\sqrt{19-3} + 1 = 3$ ← $f^{-1} = g$이므로 $g^{-1} = f$

따라서 $g(2) + g^{-1}(19) = 7 + 3 = 10$

내신연계 출제문항 884

함수 $f(x) = \sqrt{2x-4} + 2$에 대하여 함수 $g(x)$가 2 이상의 모든 실수 x에 대하여 $(f \circ g)(x) = x$일 때, $g(4) + g^{-1}(10)$의 값은?

① 2   ② 4   ③ 6
④ 8   ⑤ 10

STEP A 두 함수가 역함수 관계임을 알고 함숫값 구하기

$f(x) = \sqrt{2x-4} + 2$와 함수 $g(x)$에 대하여 $(f \circ g)(x) = x$이므로

$f^{-1}(x) = g(x)$이다.

$g(4) = m$이라 하면 $f(m) = 4$이므로

$f(m) = \sqrt{2m-4} + 2 = 4$, $\sqrt{2m-4} = 2$

양변을 제곱하면 $2m-4 = 4$이므로

$m = 4$ ∴ $g(4) = 4$

$g^{-1}(10) = f(10) = \sqrt{20-4} + 2 = 6$ ← $f^{-1} = g$이므로 $g^{-1} = f$

따라서 $g(4) + g^{-1}(10) = 4 + 6 = 10$

정답 ⑤

1832

정답 ④

STEP A 역함수의 성질을 이용하여 주어진 식 간단히 하기

$(f \circ (g \circ f)^{-1} \circ f)(2) = (f \circ f^{-1} \circ g^{-1} \circ f)(2)$
$= (g^{-1} \circ f)(2)$ ← $f \circ f^{-1} = I$ (단, I는 항등함수)

STEP B 역함수의 성질을 이용하여 $(g^{-1} \circ f)(2)$의 값 구하기

$f(2) = \dfrac{2+1}{2-1} = 3$이므로

$(g^{-1} \circ f)(2) = g^{-1}(f(2)) = g^{-1}(3)$

이때 $g^{-1}(3) = a$라 하면 $g(a) = 3$이므로

$\sqrt{2a-1} = 3$, $2a-1 = 9$ ∴ $a = 5$

따라서 $(f \circ (g \circ f)^{-1} \circ f)(2) = 5$

1833

정답 3

STEP A 역함수의 성질을 이용하여 주어진 식 간단히 하기

$((f \circ g)^{-1} \circ f)(2) = (g^{-1} \circ f^{-1} \circ f)(2)$
$= g^{-1}(2)$ ← $f \circ f^{-1} = I$ (단, I는 항등함수)

STEP B 역함수의 성질을 이용하여 $g^{-1}(2)$의 값 구하기

$g^{-1}(2) = k$라 하면 $g(k) = 2$이므로

$\sqrt{2k+1} = 2$, $2k+1 = 4$ ∴ $k = \dfrac{3}{2}$

STEP C $f(a) = \dfrac{3}{2}$에서 a의 값 구하기

$f(a) = \dfrac{5}{a-1} - 1 = \dfrac{3}{2}$이므로 $\dfrac{5}{a-1} = \dfrac{5}{2}$

따라서 $a-1 = 2$이므로 $a = 3$

1834

2020년 03월 고2 학력평가 16번

정답 ③

STEP A 역함수의 성질을 이용하여 $g(3)$의 값 구하기

$f^{-1}(g(x)) = 2x$에서 $f(f^{-1}(g(x))) = f(2x)$ ← $f(f^{-1}(x)) = x$, 즉 $f \circ f^{-1} = I$

즉 $g(x) = f(2x) = \sqrt{3(2x)-12} = \sqrt{6x-12}$

따라서 $g(3) = \sqrt{18-12} = \sqrt{6}$

내신연계 출제문항 885

함수 $f(x) = \sqrt{2x-8}$가 있다. 함수 $g(x)$가 $\dfrac{4}{3}$ 이상의 모든 실수 x에 대하여

$$f^{-1}(g(x)) = 3x$$

를 만족시킬 때, $g(4)$의 값은?

① $2\sqrt{2}$ ② 3   ③ $\sqrt{6}$
④ 4   ⑤ $4\sqrt{2}$

STEP A 역함수의 성질을 이용하여 $g(4)$의 값 구하기

$f^{-1}(g(x)) = 3x$에서 $f(f^{-1}(g(x))) = f(3x)$ ← $f(f^{-1}(x)) = x$, 즉 $f \circ f^{-1} = I$

즉 $g(x) = f(3x) = \sqrt{2(3x)-8} = \sqrt{6x-8}$

따라서 $g(4) = \sqrt{24-8} = \sqrt{16} = 4$

정답 ④

1835

정답 $\sqrt{2}$

STEP A 주어진 함수와 그 역함수의 그래프의 성질을 이용하여 교점 파악하기

함수 $y=\sqrt{x-1}+1$의 그래프와
그 역함수의 그래프는 직선 $y=x$에
대하여 대칭이므로 오른쪽 그림과 같다.
이때 함수 $y=\sqrt{x-1}+1$의 그래프와
그 역함수의 그래프의 교점은 함수
$y=\sqrt{x-1}+1$의 그래프와
직선 $y=x$의 교점과 같다.

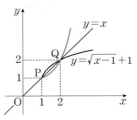

STEP B 두 함수 $y=\sqrt{x-1}+1$, $y=x$가 만나는 교점의 x좌표 구하기

즉 $\sqrt{x-1}+1=x$에서 $\sqrt{x-1}=x-1$
양변을 제곱하여 풀면
$x-1=x^2-2x+1$, $x^2-3x+2=0$, $(x-1)(x-2)=0$
$\therefore x=1$ 또는 $x=2$

STEP C 선분 PQ의 길이 구하기

따라서 두 교점의 좌표는 각각 P$(1, 1)$, Q$(2, 2)$이므로 선분 PQ의 길이는
$\overline{PQ}=\sqrt{(2-1)^2+(2-1)^2}=\sqrt{2}$

+α 함수 $y=f(x)$와 그 역함수 $y=f^{-1}(x)$의 교점에서 주의 사항!

함수 $y=f(x)$의 그래프와 그 역함수 $y=f^{-1}(x)$의 그래프의 교점의 좌표를 구할 때는
두 함수의 그래프를 그려 두 함수의 그래프의 교점이 모두 $y=x$ 위에 있는지 확인한 후
방정식 $f(x)=x$를 푼다.
함수 $y=f(x)$의 그래프와 직선 $y=x$의 교점이 존재하면 그 교점은 함수 $y=f(x)$의
그래프와 그 역함수 $y=f^{-1}(x)$의 그래프의 교점이지만
함수 $y=f(x)$의 그래프와 그 역함수 $y=f^{-1}(x)$의 그래프의 교점이
반드시 함수 $y=f(x)$의 그래프와 직선 $y=x$의 교점만 되는 것은 아니다.

예 함수 $f(x)=\sqrt{-x+1}$의 그래프와 그 역함수의 그래프의 교점을 구하시오.

풀이 함수 $f(x)=\sqrt{-x+1}$의 그래프와 그 역함수 $f^{-1}(x)=-x^2+1(x\geq 0)$의
그래프는 직선 $y=x$에 대하여 대칭이므로 다음 그림과 같다.

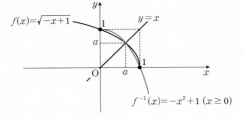

$\sqrt{-x+1}=x$의 양변을 제곱하여 풀면 $-x+1=x^2$
$x^2+x-1=0$
$\therefore x=\dfrac{-1+\sqrt{5}}{2}=a$ $(\because x\geq 0)$라 하면
함수 $f(x)=\sqrt{-x+1}$의 그래프와 그 역함수의 그래프의 교점은
$(0, 1)$, $(1, 0)$, (a, a)이다.
그런데 $(0, 1)$, $(1, 0)$은 직선 $y=x$ 위의 점이 아니다.
즉 두 함수의 그래프를 그려 두 함수의 그래프의 교점을 구한다.

1836

정답 ③

STEP A 두 함수 $y=f(x)$, $y=f^{-1}(x)$의 그래프가 서로 접하면 $y=f(x)$의 그래프와 직선 $y=x$가 서로 접함을 파악하기

함수 $y=\sqrt{2x}$의 그래프를 x축의 방향으로 3만큼, y축의 방향으로 a만큼
<u>x대신에 $x-3$, y 대신에 $y-a$ 대입</u>
평행이동한 그래프의 식은 $y=\sqrt{2(x-3)}+a$
$\therefore f(x)=\sqrt{2(x-3)}+a$
이때 무리함수 $f(x)=\sqrt{2(x-3)}+a$는 x의 값이 커질 때, 함숫값도 커지므로
두 함수 $y=f(x)$, $y=f^{-1}(x)$의 그래프가 접하면
함수 $y=f(x)$의 그래프와 직선 $y=x$가 접한다.

STEP B 이차방정식의 판별식을 이용하여 상수 a의 값 구하기

$\sqrt{2(x-3)}+a=x$에서 $\sqrt{2(x-3)}=x-a$
양변을 제곱하면 $2x-6=x^2-2ax+a^2$
$\therefore x^2-2(a+1)x+a^2+6=0$
이 이차방정식의 판별식을 D라 하면 중근을 가지므로 $D=0$이어야 한다.
$\dfrac{D}{4}=(a+1)^2-(a^2+6)=0$, $2a-5=0$
따라서 $a=\dfrac{5}{2}$

1837

정답 ④

STEP A 주어진 함수와 그 역함수의 그래프의 성질을 이용하여 교점 파악하기

무리함수 $f(x)=\sqrt{2x+k}-5$는 x의 값이 커질 때 함숫값도 커지므로
두 함수 $y=f(x)$, $y=f^{-1}(x)$의 그래프의 교점은
함수 $y=f(x)$의 그래프와 직선 $y=x$의 교점과 같다.
즉, 함수 $y=f(x)$의 그래프와 직선 $y=x$가 서로 다른 두 점에서 만나야 한다.

STEP B 두 함수 $y=f(x)$, $y=x$가 서로 다른 두 점에서 만나도록 하는 k의 값의 범위 구하기

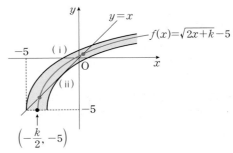

(i) $y=\sqrt{2x+k}-5$의 그래프가 점 $(-5, -5)$를 지날 때, ← 시작점을 지날 때
$-5=\sqrt{-10+k}-5$, $\sqrt{-10+k}=0$ $\therefore k=10$

(ii) $y=\sqrt{2x+k}-5$의 그래프와 직선 $y=x$가 접할 때,
$x=\sqrt{2x+k}-5$에서 $\sqrt{2x+k}=x+5$
양변을 제곱하면 $2x+k=x^2+10x+25$
$\therefore x^2+8x+25-k=0$
이 이차방정식의 판별식을 D라 하면 $D=0$이어야 하므로
$\dfrac{D}{4}=4^2-(25-k)=0$ $\therefore k=9$

(i), (ii)에서 $9<k\leq 10$

무리함수 $f(x)=2\sqrt{x+2}+k$의 그래프와 그 역함수의 그래프가 서로 다른 두 점에서 만나도록 하는 실수 k의 값의 범위는?

① $-6<k\le-3$ ② $-5\le k\le-3$ ③ $-5<k\le-2$
④ $-3\le k\le1$ ⑤ $-3<k\le-2$

STEP Ⓐ 주어진 함수와 그 역함수의 그래프의 성질을 이용하여 교점 파악하기

무리함수 $f(x)=2\sqrt{x+2}+k$는 x의 값이 커질 때 함숫값도 커지므로
함수 $y=f(x)$의 그래프와 그 역함수 $y=f^{-1}(x)$의 그래프의 교점은
함수 $y=f(x)$의 그래프와 직선 $y=x$의 교점과 같다.
즉 함수 $y=f(x)$의 그래프와 직선 $y=x$가 서로 다른 두 점에서 만나야 한다.

STEP Ⓑ $f(x)=2\sqrt{x+2}+k$의 그래프와 직선 $y=x$와 서로 다른 두 점에서 만나도록 하는 k의 범위 구하기

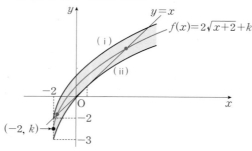

(ⅰ) $y=2\sqrt{x+2}+k$의 그래프가 점 $(-2,-2)$를 지날 때, ← 시작점을 지날 때
　$2\sqrt{-2+2}+k=-2$ ∴ $k=-2$
(ⅱ) $y=2\sqrt{x+2}+k$의 그래프와 직선 $y=x$가 접할 때,
　$2\sqrt{x+2}+k=x$에서 $2\sqrt{x+2}=x-k$
　양변을 제곱하면 $4(x+2)=x^2-2kx+k^2$
　∴ $x^2-2(k+2)x+k^2-8=0$
　이 이차방정식의 판별식을 D라 하면 $D=0$이어야 하므로
　$\dfrac{D}{4}=(k+2)^2-(k^2-8)=0,\ 4k+12=0$ ∴ $k=-3$
(ⅰ), (ⅱ)에서 $-3<k\le-2$

정답 ⑤

1838

정답 ②

STEP Ⓐ 두 함수가 역함수 관계에 있음을 이해하기

$y=\sqrt{x+2}-2$로 놓으면 $y+2=\sqrt{x+2}$
양변을 제곱한 후, x에 대하여 풀면 $(y+2)^2=x+2,\ x=(y+2)^2-2$
x와 y를 서로 바꾸면 구하는 역함수는
$y=x^2+4x+2\ (x\ge-2)$
　$f(x)=\sqrt{x+2}-2$의 치역이 $\{y\,|\,y\ge-2\}$이므로 역함수의 정의역은 $\{x\,|\,x\ge-2\}$
즉 두 함수 $y=f(x)$와 $y=g(x)$는 서로 역함수 관계에 있다.

STEP Ⓑ 두 함수 $y=g(x)$, $y=x$가 만나는 교점의 x좌표 구하기

두 함수 $y=f(x)$, $y=g(x)$의 그래프는
직선 $y=x$에 대하여 대칭이므로
오른쪽 그림과 같다.
이때 두 함수 $y=f(x)$, $y=g(x)$의
그래프의 교점은 함수 $y=g(x)$의
그래프와 직선 $y=x$의 교점과 같다.
즉 $x^2+4x+2=x$에서
$x^2+3x+2=0,\ (x+1)(x+2)=0$
∴ $x=-2$ 또는 $x=-1$

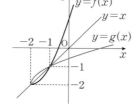

STEP Ⓒ 두 교점 사이의 거리 구하기

따라서 두 교점의 좌표는 각각 $(-2,-2)$, $(-1,-1)$이므로
두 교점 사이의 거리는 $\sqrt{\{-1-(-2)\}^2+\{-1-(-2)\}^2}=\sqrt{2}$

$x\ge1$에서 정의된 두 함수
$$f(x)=\sqrt{x-1}+1,\ g(x)=x^2-2x+2$$
의 그래프가 서로 다른 두 점에서 만난다. 두 교점 사이의 거리는?

① 1 ② $\sqrt{2}$ ③ 2
④ $2\sqrt{2}$ ⑤ 4

STEP Ⓐ 두 함수가 역함수 관계에 있음을 이해하기

$y=\sqrt{x-1}+1$로 놓으면 $y-1=\sqrt{x-1}$
양변을 제곱한 후, x에 대하여 풀면
$(y-1)^2=x-1,\ x=(y-1)^2+1=y^2-2y+2$
x와 y를 서로 바꾸면 구하는 역함수는
$y=x^2-2x+2\ (x\ge1)$
　$f(x)=\sqrt{x-2}+1$의 치역이 $\{y\,|\,y\ge1\}$이므로 역함수의 정의역은 $\{x\,|\,x\ge1\}$
즉 두 함수 $y=f(x)$와 $y=g(x)$는 서로 역함수 관계에 있다.

STEP Ⓑ 두 함수 $y=g(x)$, $y=x$가 만나는 교점의 x좌표 구하기

두 함수 $y=f(x)$, $y=g(x)$의 그래프는
직선 $y=x$에 대하여 대칭이므로 오른쪽
그림과 같다.
이때 두 함수 $y=f(x)$, $y=g(x)$의
그래프의 교점은 함수 $y=g(x)$의
그래프와 직선 $y=x$의 교점과 같다.
즉 $x^2-2x+2=x$에서
$x^2-3x+2=0,\ (x-1)(x-2)=0$
∴ $x=1$ 또는 $x=2$

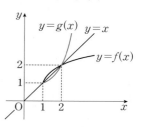

STEP Ⓒ 두 교점 사이의 거리 구하기

따라서 두 교점의 좌표는 각각 $(1,1)$, $(2,2)$이므로 두 교점 사이의 거리는
$\sqrt{(2-1)^2+(2-1)^2}=\sqrt{2}$

정답 ②

1839

정답 ①

STEP Ⓐ 선분 AB의 길이가 최대가 되는 경우 파악하기

두 함수 $f(x)$, $g(x)$는 서로 역함수 관계이다.
이때 무리함수 $g(x)=\sqrt{2x-4}+k$는 x의 값이 커질 때 함숫값도 커지므로
두 함수 $y=f(x)$, $y=g(x)$의 그래프의 교점은
함수 $y=g(x)$의 그래프와 직선 $y=x$의 교점과 같다.
즉 함수 $y=g(x)$의 그래프의 시작점인 점 $(2,k)$가 직선 $y=x$ 위에
존재할 때, 선분 AB의 길이는 최대이다.

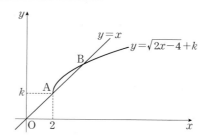

$+\alpha$ | 역함수 관계임을 알 수 있어!

$f(x)=\frac{1}{2}(x-k)^2+2(x\ge k)$에서 치역은 $\{y\,|\,y\ge 2\}$이므로

역함수의 정의역은 $\{x\,|\,x\ge 2\}$

$y=\frac{1}{2}(x-k)^2+2$라 하고 x에 관한 식으로 나타내면

$y-2=\frac{1}{2}(x-k)^2,\ 2y-4=(x-k)^2$ $\therefore x=\sqrt{2y-4}+k$

x, y를 바꾸어 주면 $y=\sqrt{2x-4}+k$이므로

함수 $y=g(x)$는 $y=f(x)$의 역함수이다.

STEP B 함수 $y=g(x)$와 직선 $y=x$가 만나는 교점의 x좌표 구하기

$k=2$이면 $g(x)=\sqrt{2x-4}+2$이므로 함수 $y=g(x)$의 그래프와

직선 $y=x$의 교점의 x좌표는

$\sqrt{2x-4}+2=x$에서 $\sqrt{2x-4}=x-2$

양변을 제곱하면 $2x-4=(x-2)^2$

$2x-4=x^2-4x+4,\ x^2-6x+8=0$

$(x-2)(x-4)=0$

$\therefore x=2$ 또는 $x=4$

STEP C 선분 AB의 길이의 최댓값 구하기

따라서 선분 AB의 길이의 최댓값은 두 점 $(2,\,2)$, $(4,\,4)$ 사이의 거리이므로

$\sqrt{(4-2)^2+(4-2)^2}=2\sqrt{2}$

1840

정답 ②

STEP A 두 함수가 역함수 관계에 있음을 이해하기

$y=\sqrt{4x-1}$에서 양변을 제곱하면 $y^2=4x-1$

$x=\frac{1}{4}(y^2+1)$

x와 y를 서로 바꾸면 구하는 역함수는

$y=\frac{1}{4}(x^2+1)\ (x\ge 0)$

$f(x)=\sqrt{4x-1}$의 치역이 $\{y\,|\,y\ge 0\}$이므로 역함수의 정의역은 $\{x\,|\,x\ge 0\}$

즉 두 함수 $y=\sqrt{4x-1}$와 $y=\frac{1}{4}(x^2+1)$은 서로 역함수 관계에 있다.

STEP B 두 함수 $y=\sqrt{4x-1}$, $y=x$가 만나는 교점의 x좌표에 대한 이차방정식 구하기

두 함수 $y=\sqrt{4x-1}$, $y=\frac{1}{4}(x^2+1)$의 그래프는 직선 $y=x$에 대하여 대칭이므로 다음 그림과 같다.

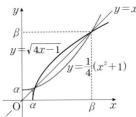

이때 두 함수 $y=\sqrt{4x-1}$, $y=\frac{1}{4}(x^2+1)$의 그래프의 교점은

함수 $y=\sqrt{4x-1}$의 그래프와 직선 $y=x$의 교점과 같다.

즉 $\sqrt{4x-1}=x$에서 $4x-1=x^2$

$\therefore x^2-4x+1=0$

STEP C 근과 계수의 관계를 이용하여 $\alpha^2+\beta^2$의 값 구하기

이차방정식 $x^2-4x+1=0$의 두 근이 α, β이므로

이차방정식의 근과 계수의 관계에 의하여

$\alpha+\beta=4,\ \alpha\beta=1$

따라서 $\alpha^2+\beta^2=(\alpha+\beta)^2-2\alpha\beta=4^2-2\times 1=14$

1841

정답 ③

STEP A $f(x)$, $g(x)$가 서로 역함수 관계에 있음을 이해하기

모든 실수 x에 대하여 $(f\circ g)(x)=x$를 만족하므로

$f\circ g=g\circ f=I$ (I는 항등함수)

$y=f(x)$와 $y=g(x)$는 역함수 관계이다.

이때 $y=f(x)$의 그래프와 $y=g(x)$의 그래프의 교점은 $y=f(x)$와 $y=x$의

교점과 같다. $\leftarrow$ $y=f(x)$는 증가함수

STEP B 방정식 $3\sqrt{x+1}-2=x$를 풀어 이차방정식 구하기

$f(x)=3\sqrt{x+1}-2$와 $y=x$를 연립하면

$3\sqrt{x+1}-2=x,\ 3\sqrt{x+1}=x+2$

양변을 제곱하여 정리하면 $9(x+1)=x^2+4x+4$

$\therefore x^2-5x-5=0$

STEP C 근과 계수의 관계를 이용하여 $\overline{PQ}$의 길이 구하기

이차방정식 $x^2-5x-5=0$의 두 근을 α, β라 하면

근과 계수의 관계에 의하여 $\alpha+\beta=5,\ \alpha\beta=-5$

따라서 두 교점 $P(\alpha,\,\alpha)$, $Q(\beta,\,\beta)$에 대하여 선분 PQ의 길이는

$\overline{PQ}=\sqrt{(\beta-\alpha)^2+(\beta-\alpha)^2}$

$=\sqrt{2}\sqrt{(\beta+\alpha)^2-4\alpha\beta}$

$=\sqrt{2}\sqrt{25+20}$

$=3\sqrt{10}$

1842

정답 ④

STEP A 역함수의 그래프의 성질을 이용하여 이차방정식 구하기

함수 $y=\sqrt{4x-3}+k$는 x의 값이 커질 때 y의 값도 커지므로

그 역함수의 그래프와 교점은 $y=\sqrt{4x-3}+k$와 직선 $y=x$의 교점과 일치한다.

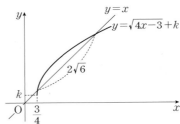

즉 $\sqrt{4x-3}+k=x,\ \sqrt{4x-3}=x-k$이고 양변을 제곱하면

$4x-3=x^2-2kx+k^2$

$\therefore x^2-2(k+2)x+k^2+3=0$

STEP B 이차방정식 근과 계수의 관계를 이용하여 k의 값 구하기

이차방정식 $x^2-2(k+2)x+k^2+3=0$의 두 근을 $x=\alpha$, $x=\beta$라고 하면

근과 계수의 관계에 의하여

두 근의 합은 $\alpha+\beta=2(k+2)$, 두 근의 곱은 $\alpha\beta=k^2+3$ ...... ㉠

또한 교점의 좌표는 $(\alpha,\,\alpha)$, $(\beta,\,\beta)$이고 교점 사이의 거리가 $2\sqrt{6}$이므로

$\sqrt{(\alpha-\beta)^2+(\alpha-\beta)^2}=2\sqrt{6}$이고 양변을 제곱하면

$2(\alpha-\beta)^2=24$ $\therefore (\alpha-\beta)^2=12$

㉠에서 $(\alpha-\beta)^2=(\alpha+\beta)^2-4\alpha\beta=4(k+2)^2-4(k^2+3)=12$

$16k+4=12$

따라서 $k=\frac{1}{2}$

내신연계 출제문항 888

함수 $f(x)=\sqrt{2x-2}+k$에 대하여 함수 $y=f(x)$의 그래프와 그 역함수 $y=f^{-1}(x)$의 그래프가 서로 다른 두 점에서 만날 때, 이 두 점 사이의 거리가 $2\sqrt{2}$가 되도록 하는 상수 k의 값은?

① $\dfrac{1}{2}$ ② 1 ③ $\dfrac{3}{2}$

④ 2 ⑤ $\dfrac{5}{2}$

STEP A 역함수의 그래프의 성질을 이용하여 이차방정식 구하기

함수 $y=\sqrt{2x-2}+k$는 x의 값이 커질 때 y의 값도 커지므로
그 역함수의 그래프와 교점은 $y=\sqrt{2x-2}+k$와 직선 $y=x$의 교점과
일치한다.

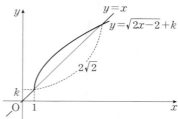

즉 $\sqrt{2x-2}+k=x$, $\sqrt{2x-2}=x-k$이고 양변을 제곱하면
$2x-2=x^2-2kx+k^2$
∴ $x^2-2(k+1)x+k^2+2=0$

STEP B 이차방정식 근과 계수의 관계를 이용하여 k의 값 구하기

이차방정식 $x^2-2(k+1)x+k^2+2=0$의 두 근을 $x=\alpha$, $x=\beta$라고 하면
근과 계수의 관계에 의하여
두 근의 합은 $\alpha+\beta=2(k+1)$, 두 근의 곱은 $\alpha\beta=k^2+2$ ······ ㉠
또한 교점의 좌표는 $(\alpha,\ \alpha)$, $(\beta,\ \beta)$이고 교점 사이의 거리가 $2\sqrt{2}$이므로
$\sqrt{(\alpha-\beta)^2+(\alpha-\beta)^2}=2\sqrt{2}$이고 양변을 제곱하면
$2(\alpha-\beta)^2=8$ ∴ $(\alpha-\beta)^2=4$
㉠에서 $(\alpha-\beta)^2=(\alpha+\beta)^2-4\alpha\beta=4(k+1)^2-4(k^2+2)=4$
$8k-4=4$
따라서 $k=1$

정답 ②

1843   2020학년도 수능기출 나형 10번   정답 ③   해설강의

STEP A 역함수의 그래프와 직선 $y=-x+k$가 서로 다른 두 점에서 만날 조건 이해하기

함수 $y=\sqrt{4-2x}+3$의 역함수의 그래프와 직선 $y=-x+k$가 서로 다른
두 점에서 만나기 위해서는 그림과 같이 함수 $y=\sqrt{4-2x}+3$의 그래프와
직선 $y=-x+k$가 서로 다른 두 점에서 만나야 한다.

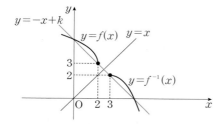

STEP B 조건을 만족시키는 실수 k의 최솟값 구하기

이때 직선 $y=-x+k$가 함수 $y=\sqrt{4-2x}+3$의 시작점 $(2,\ 3)$을 지날 때
실수 k의 값이 최소가 된다.
$y=-x+k$에 $x=2$, $y=3$을 대입하면 $3=-2+k$
따라서 $k=5$

다른풀이   역함수를 직접 구하여 풀이하기

STEP A 함수 $y=\sqrt{4-2x}+3$의 역함수 구하기

함수 $y=\sqrt{4-2x}+3$의 정의역은 $\{x|x\le2\}$, 치역은 $\{y|y\ge3\}$
$y-3=\sqrt{4-2x}$의 양변을 제곱하면 $(y-3)^2=4-2x$
x에 대하여 풀면 $x=-\dfrac{1}{2}(y-3)^2+2$
x와 y를 서로 바꾸면 구하는 역함수는
$y=-\dfrac{1}{2}(x-3)^2+2\ (x\ge3)$ ← 역함수의 정의역은 원래 함수의 치역

STEP B 조건을 만족시키는 실수 k의 최솟값 구하기

함수 $y=-\dfrac{1}{2}(x-3)^2+2(x\ge3)$와 직선 $y=-x+k$가 서로 다른 두 점에서
만나도록 하는 실수 k의 값이 최소인 경우는 직선 $y=-x+k$가
함수 $y=-\dfrac{1}{2}(x-3)^2+2$의 꼭짓점 $(3,\ 2)$를 지날 때이다.
$y=-x+k$에 $x=3$, $y=2$를 대입하면 $2=-3+k$
따라서 $k=5$

내신연계 출제문항 889

함수 $f(x)=\sqrt{4-x}+6$의 역함수를 $f^{-1}(x)$라 할 때, 함수 $y=f^{-1}(x)$의
그래프와 직선 $y=-x+k$가 서로 다른 두 점에서 만나도록 하는 실수 k의
최솟값을 구하시오.

STEP A 역함수의 그래프와 직선 $y=-x+k$가 서로 다른 두 점에서 만날 조건 이해하기

함수 $f(x)=\sqrt{4-x}+6$의 역함수의 그래프와 직선 $y=-x+k$가 서로 다른
두 점에서 만나기 위해서는 그림과 같이 함수 $f(x)=\sqrt{4-x}+6$의 그래프와
직선 $y=-x+k$가 서로 다른 두 점에서 만나야 한다.

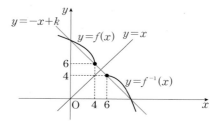

STEP B 조건을 만족시키는 실수 k의 최솟값 구하기

이때 직선 $y=-x+k$가 함수 $y=\sqrt{4-x}+6$의 시작점 $(4,\ 6)$을 지날 때
실수 k의 값이 최소가 된다.
$y=-x+k$에 $x=4$, $y=6$을 대입하면 $6=-4+k$
따라서 $k=10$

정답 10

1844

STEP Ⓐ 두 함수가 역함수 관계에 있음을 이해하기

$y=\sqrt{5x-k}$로 놓고 양변을 제곱하면 $y^2=5x-k$

$x=\dfrac{1}{5}(y^2+k)$

x와 y를 서로 바꾸면 구하는 역함수는

$y=\dfrac{1}{5}(x^2+k)\ (x\ge 0)$

$g(x)=\sqrt{5x-k}$의 치역이 $\{y\,|\,y\ge 0\}$이므로 역함수의 정의역은 $\{x\,|\,x\ge 0\}$이다.

즉 두 함수 $f(x)$와 $g(x)$는 서로 역함수 관계에 있다.

STEP Ⓑ 두 함수가 서로 다른 두 점에서 만나도록 하는 k의 범위 구하기

$k<0$일 때	$k\ge 0$일 때
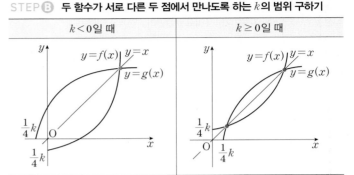	

두 함수 $y=f(x)$, $y=g(x)$의 그래프의 교점은

함수 $y=f(x)$의 그래프와 직선 $y=x$의 교점과 같다.

즉 함수 $y=f(x)$의 그래프와 직선 $y=x$가 서로 다른 두 점에서 만나야 한다.

$\dfrac{1}{5}x^2+\dfrac{1}{5}k=x$에서 $x^2-5x+k=0$

이차방정식 $x^2-5x+k=0$이 음이 아닌 서로 다른 두 실근을 가져야 하므로
이차방정식의 근과 계수의 관계에 의하여

(두 근의 곱)$=k\ge 0$　　　　　……… ㉠

이차방정식 $x^2-5x+k=0$의 판별식을 D라 하면 $D>0$이어야 하므로

$D=(-5)^2-4k>0,\ 4k<25$　∴ $k<\dfrac{25}{4}$　　…… ㉡

㉠, ㉡의 공통범위는 $0\le k<\dfrac{25}{4}$

따라서 정수 k는 0, 1, 2, 3, 4, 5, 6이므로 정수 k의 개수는 7

> **+α** $y=x$의 관계를 이용하여 구할 수 있어!
>
> $g(x)=\sqrt{5x-k}$의 시작점이 $\left(\dfrac{k}{5},\ 0\right)$이고 $y=x$ 위의 점일 때,
>
> 역함수와 서로 다른 두 점에서 만나므로 $0=\dfrac{k}{5}$　∴ $k=0$
>
> 또한, $y=x$에 접할 때보다 아래에 있으면 되므로
>
> $\sqrt{5x-k}=x,\ 5x-k=x^2$이므로 이차방정식 $x^2-5x+k=0$의 판별식을 D라 하면
> 중근을 가지므로 $D=0$
>
> $D=25-4k=0$　∴ $k=\dfrac{25}{4}$
>
> 즉 서로 다른 두 점에서 만날 때 k의 범위는 $0\le k<\dfrac{25}{4}$

내신연계 출제문항 890

두 함수

$$f(x)=\dfrac{1}{4}x^2+\dfrac{1}{4}k\ (x\ge 0),\ g(x)=\sqrt{4x-k}$$

에 대하여 $y=f(x)$, $y=g(x)$의 그래프가 서로 다른 두 점에서 만나도록
하는 모든 정수 k의 개수를 구하시오.

STEP Ⓐ 두 함수가 역함수 관계에 있음을 이해하기

$y=\sqrt{4x-k}$로 놓고 양변을 제곱하면 $y^2=4x-k$

$x=\dfrac{1}{4}(y^2+k)$

---

x와 y를 서로 바꾸면 구하는 역함수는

$y=\dfrac{1}{4}(x^2+k)\ (x\ge 0)$

$g(x)=\sqrt{4x-k}$의 치역이 $\{y\,|\,y\ge 0\}$이므로 역함수의 정의역은 $\{x\,|\,x\ge 0\}$

즉 두 함수 $f(x)$와 $g(x)$는 서로 역함수 관계에 있다.

STEP Ⓑ 두 함수가 서로 다른 두 점에서 만나도록 하는 k의 범위 구하기

$k<0$일 때	$k\ge 0$일 때

두 함수 $y=f(x)$, $y=g(x)$의 그래프의 교점은

함수 $y=f(x)$의 그래프와 직선 $y=x$의 교점과 같다.

즉 함수 $y=f(x)$의 그래프와 직선 $y=x$가 서로 다른 두 점에서 만나야 한다.

$\dfrac{1}{4}x^2+\dfrac{1}{4}k=x$에서 $x^2-4x+k=0$

이차방정식 $x^2-4x+k=0$이 음이 아닌 서로 다른 두 실근을 가져야 하므로
이차방정식의 근과 계수의 관계에 의하여

(두 근의 곱)$=k\ge 0$　　　　　……… ㉠

이차방정식 $x^2-4x+k=0$의 판별식을 D라 하면 $D>0$이어야 하므로

$D=(-4)^2-4k>0,\ 4k<16$　∴ $k<4$　　…… ㉡

㉠, ㉡의 공통범위는 $0\le k<4$

따라서 정수 k는 0, 1, 2, 3이므로 정수 k의 개수는 4　　정답 **4**

1845

STEP Ⓐ 두 함수의 그래프가 서로 다른 두 점에서 만날 조건 구하기

함수 $y=\sqrt{2x+1}=\sqrt{2\left(x+\dfrac{1}{2}\right)}$의 그래프는 함수 $y=\sqrt{2x}$의 그래프를 x축의

방향으로 $-\dfrac{1}{2}$만큼 평행이동한 것이고 직선 $y=x+k$는 기울기가 1이고

y절편이 k인 직선이다.

두 함수의 그래프가 서로 다른 두 점에서 만나려면 다음 그림과 같아야 한다.

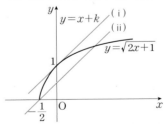

STEP Ⓑ 두 함수의 그래프가 서로 다른 두 점에서 만나도록 하는 k의 범위 구하기

(ⅰ) 직선 $y=x+k$가 함수 $y=\sqrt{2x+1}$의 그래프에 접할 때,

$\sqrt{2x+1}=x+k$에서 양변을 제곱하면 $2x+1=x^2+2kx+k^2$

$x^2+2(k-1)x+k^2-1=0$　　　…… ㉠

㉠의 판별식을 D라 하면 $D=0$이어야 한다.

$\dfrac{D}{4}=(k-1)^2-(k^2-1)=0,\ -2k+2=0$　∴ $k=1$

(ⅱ) 직선 $y=x+k$가 점 $\left(-\dfrac{1}{2},\ 0\right)$을 지날 때,

$-\dfrac{1}{2}+k=0$　∴ $k=\dfrac{1}{2}$

(ⅰ), (ⅱ)에서 실수 k의 값의 범위는 $\dfrac{1}{2}\le k<1$

1846

정답 ①

STEP A 주어진 식을 만족하기 위한 조건 구하기

함수 $y=-\sqrt{2x+4}+1=-\sqrt{2(x+2)}+1$의 그래프는 $y=-\sqrt{2x}$의 그래프를
x축의 방향으로 -2만큼, y축으로 1만큼 평행이동한 것이고
직선 $y=-x+k$는 기울기가 -1이고 y절편이 k인 직선이다.

이때 $n(A\cap B)=2$이므로 함수 $y=-\sqrt{2x+4}+1$의 그래프와
직선 $y=-x+k$가 서로 다른 두 점에서 만나며 그래프의 위치 관계는
다음 그림과 같다.

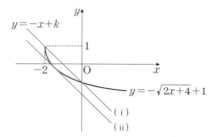

STEP B $n(A\cap B)=2$를 만족하는 k의 범위 구하기

(i) 직선 $y=-x+k$가 함수 $y=-\sqrt{2x+4}+1$의 그래프에 접할 때,

$-x+k=-\sqrt{2x+4}+1$에서 양변을 제곱하면

$(x-k+1)^2=2x+4$

$x^2-2(k-1)x+(k-1)^2=2x+4$

$x^2-2kx+(k^2-2k-3)=0$ ...... ㉠

㉠의 판별식을 D라 하면 $D=0$이어야 한다.

$\dfrac{D}{4}=k^2-(k^2-2k-3)=0,\ 2k+3=0$ $\therefore k=-\dfrac{3}{2}$

(ii) 직선 $y=-x+k$가 점 $(-2, 1)$을 지날 때,

$1=2+k$ $\therefore k=-1$

(i), (ii)에서 실수 k의 값의 범위는 $-\dfrac{3}{2}<k\leq-1$

내신연계 출제문항 891

두 집합

$A=\{(x, y)|y=\sqrt{x-1}\},\ B=\{(xy)|y=x+k\}$

에 대하여 $n(A\cap B)=2$를 만족하는 실수 k의 값의 범위는?

① $-1\leq k<\dfrac{3}{4}$ ② $-1<k<\dfrac{3}{4}$ ③ $-1<k\leq\dfrac{3}{4}$

④ $-1\leq k<1$ ⑤ $-1\leq k<-\dfrac{3}{4}$

STEP A 주어진 식을 만족하기 위한 조건 구하기

함수 $y=\sqrt{x-1}$의 그래프는 $y=\sqrt{x}$의
그래프를 x축의 방향으로 1만큼
평행이동한 것이고 직선 $y=x+k$는
기울기가 1이고 y절편이 k인 직선이다.
이때 $n(A\cap B)=2$이므로
함수 $y=\sqrt{x-1}$의 그래프와 직선
$y=x+k$가 서로 다른 두 점에서
만나며 그래프의 위치 관계는 오른쪽
그림과 같다.

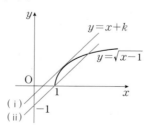

STEP B 두 함수의 그래프가 서로 다른 두 점에서 만나도록 하는 k의
범위 구하기

(i) 직선 $y=x+k$가 함수 $y=\sqrt{x-1}$의 그래프에 접할 때,

$x+k=\sqrt{x-1}$에서 양변을 제곱하면

$(x+k)^2=x-1$

$x^2+(2k-1)x+k^2+1=0$ ...... ㉠

㉠의 판별식을 D라 하면 $D=0$이어야 한다.

$D=(2k-1)^2-4(k^2+1)=0,\ -4k-3=0$ $\therefore k=-\dfrac{3}{4}$

(ii) 직선 $y=x+k$가 점 $(1, 0)$을 지날 때,

$0=1+k$ $\therefore k=-1$

(i), (ii)에서 $n(A\cap B)=2$를 만족하는 k의 값의 범위는 $-1\leq k<-\dfrac{3}{4}$

정답 ⑤

1847

정답 ④

STEP A 두 함수의 그래프의 위치 관계 파악하기

함수 $y=\sqrt{x-1}$의 그래프는
함수 $y=\sqrt{x}$의 그래프를 x축의
방향으로 1만큼 평행이동한 것이고
직선 $y=x+k$는 기울기가 1이고
y절편이 k인 직선이다.
이때 함수 $y=\sqrt{x-1}$의 그래프와
직선 $y=x+k$의 위치 관계는
오른쪽 그림과 같다.

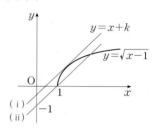

STEP B 직선과 무리함수의 그래프가 접할 때와 직선이 점 $(1, 0)$을 지날 때 k의 값 구하기

(i) 직선 $y=x+k$가 함수 $y=\sqrt{x-1}$의 그래프에 접할 때,

$x+k=\sqrt{x-1}$에서 양변을 제곱하면

$(x+k)^2=x-1$

$x^2+(2k-1)x+k^2+1=0$ ...... ㉠

㉠의 판별식을 D라 하면 $D=0$이어야 한다.

$D=(2k-1)^2-4(k^2+1)=0,\ -4k-3=0$ $\therefore k=-\dfrac{3}{4}$

(ii) 직선 $y=x+k$가 점 $(1, 0)$을 지날 때,

$0=1+k$ $\therefore k=-1$

STEP C $n(A\cap B)=1$, $n(A\cap B)=2$를 만족하는 k의 범위 구하기

(i), (ii)에서

$n(A\cap B)=1$이기 위한 k의 범위는 $k=-\dfrac{3}{4},\ k<-1$

$n(A\cap B)=2$이기 위한 k의 범위는 $-1\leq k<-\dfrac{3}{4}$

따라서 $M=-\dfrac{3}{4},\ m=-1$이므로 $M-m=-\dfrac{3}{4}-(-1)=\dfrac{1}{4}$

1848

정답 ③

STEP A 두 함수의 그래프의 위치 관계 파악하기

함수 $y=\sqrt{x+2}$의 그래프는 함수 $y=\sqrt{x}$의 그래프를 x축의 방향으로
-2만큼 평행이동한 것이고 직선 $y=\dfrac{1}{2}x+k$는 기울기가 $\dfrac{1}{2}$이고
y절편이 k인 직선이다.

이때 함수 $y=\sqrt{x+2}$의 그래프와 직선 $y=\dfrac{1}{2}x+k$의 위치 관계는
다음 그림과 같다.

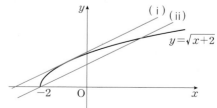

(i) 직선 $y=\dfrac{1}{2}x+k$가 함수 $y=\sqrt{x+2}$의 그래프에 접할 때,

$\sqrt{x+2}=\dfrac{1}{2}x+k$의 양변을 제곱하면

$x+2=\dfrac{1}{4}x^2+kx+k^2$, $x^2+4(k-1)x+4k^2-8=0$ ····· ㉠

㉠의 판별식을 D라 하면 $D=0$이어야 한다.

$\dfrac{D}{4}=4(k-1)^2-(4k^2-8)=0$, $-8k+12=0$ $\therefore k=\dfrac{3}{2}$

(ii) 직선 $y=\dfrac{1}{2}x+k$가 점 $(-2, 0)$을 지날 때,

$0=-1+k$ $\therefore k=1$

(i), (ii)에서 $f(k)=\begin{cases} 0\ \left(k>\dfrac{3}{2}\right) \\ 1\ \left(k=\dfrac{3}{2}\ \text{또는}\ k<1\right) \\ 2\ \left(1\leq k<\dfrac{3}{2}\right) \end{cases}$

STEP Ⓒ $f\left(\dfrac{3}{2}\right)+f(1)+f\left(\dfrac{4}{3}\right)+f(3)$의 값 구하기

따라서 $f\left(\dfrac{3}{2}\right)+f(1)+f\left(\dfrac{4}{3}\right)+f(3)=1+2+2+0=5$

1849 정답 ③

STEP Ⓐ 두 함수의 그래프의 위치 관계 파악하기

함수 $y=\sqrt{-2x-3}=\sqrt{-2\left(x+\dfrac{3}{2}\right)}$의 그래프는 $y=\sqrt{-2x}$의 그래프를

x축의 방향으로 $-\dfrac{3}{2}$만큼 평행이동한 것이고

직선 $y=kx+1$은 기울기 k의 값에 관계없이 점 $(0, 1)$을 지난다.

이때 $A\cap B\neq\varnothing$이므로 함수 $y=\sqrt{-2x-3}$의 그래프와

직선 $y=kx+1$이 만나며 그래프의 위치 관계는 그림과 같다.

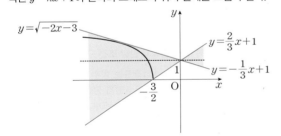

STEP Ⓑ $A\cap B\neq\varnothing$을 만족하는 k의 범위 구하기

(i) 직선 $y=kx+1$이 함수 $y=\sqrt{-2x-3}$의 그래프에 접할 때,

$kx+1=\sqrt{-2x-3}$의 양변을 제곱하면

$k^2x^2+2kx+1=-2x-3$, $k^2x^2+2(k+1)x+4=0$ ····· ㉠

㉠의 판별식을 D라 하면

$\dfrac{D}{4}=(k+1)^2-4k^2=0$, $3k^2-2k-1=0$

$(k-1)(3k+1)=0$ $\therefore k=1$ 또는 $k=-\dfrac{1}{3}$

이때 위의 그림에서 $k<0$이므로 $k=-\dfrac{1}{3}$

$k=1$이면 위의 그림에서 $y=\sqrt{-2x-3}$의 그래프와 직선 $y=kx+1$이 만날 수 없다.

(ii) 직선 $y=kx+1$이 점 $\left(-\dfrac{3}{2}, 0\right)$을 지날 때,

$0=-\dfrac{3}{2}k+1$ $\therefore k=\dfrac{2}{3}$

(i), (ii)에서 실수 k의 값의 범위는 $-\dfrac{1}{3}\leq k\leq\dfrac{2}{3}$

STEP Ⓒ $\beta-\alpha$의 값 구하기

따라서 $\alpha=-\dfrac{1}{3}$, $\beta=\dfrac{2}{3}$이므로 $\beta-\alpha=\dfrac{2}{3}-\left(-\dfrac{1}{3}\right)=1$

1850 정답 ①

STEP Ⓐ 직선이 항상 지나는 점을 이용하여 두 함수의 그래프가 만나기 위한 조건 구하기

$y=ax-2a+1$에서 $y-1=a(x-2)$ ····· ㉠

이므로 직선 ㉠은 기울기 a의 값에 관계없이 점 $(2, 1)$을 지난다.

즉 직선 ㉠이 함수 $y=\sqrt{x-1}+2$의 그래프와 만나려면 다음 그림에서 색칠한 부분을 제외하면 된다.

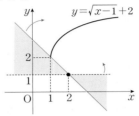

STEP Ⓑ 두 함수의 그래프가 만나기 위한 a의 범위 구하기

직선 $y=ax-2a+1$이 점 $(1, 2)$를 지날 때, $2=a-2a+1$ $\therefore a=-1$

따라서 곡선과 직선이 만나기 위한 a의 값의 범위는 $a\leq-1$ 또는 $a>0$

1851 정답 ④

STEP Ⓐ 함수 $y=\sqrt{4-2x}+2$의 역함수 구하기

함수 $y=\sqrt{4-2x}+2=\sqrt{-2(x-2)}+2$는 정의역 $\{x\,|\,x\leq 2\}$에서

공역 $\{y\,|\,y\geq 2\}$로의 일대일대응이므로 역함수가 존재한다.

$y=\sqrt{4-2x}+2$에서 $\sqrt{4-2x}=y-2$

양변을 제곱하면 $4-2x=(y-2)^2$

$x=-\dfrac{1}{2}(y-2)^2+2$

x와 y를 서로 바꾸면 구하는 역함수는

$y=-\dfrac{1}{2}(x-2)^2+2=-\dfrac{1}{2}x^2+2x\,(x\geq 2)$

STEP Ⓑ 역함수의 그래프와 직선이 두 점에서 만나도록 하는 k의 값의 범위 구하기

(i) 함수 $y=-\dfrac{1}{2}x^2+2x\,(x\geq 2)$의 그래프와 직선 $y=-2x+k$가 접할 때,

방정식 $-\dfrac{1}{2}x^2+2x=-2x+k$, 즉 $x^2-8x+2k=0$은 중근을 갖는다.

이차방정식 $x^2-8x+2k=0$의 판별식을 D라 하면 $D=0$이어야 하므로

$\dfrac{D}{4}=(-4)^2-1\times 2k=0$ $\therefore k=8$

(ii) 직선 $y=-2x+k$가 함수 $y=-\dfrac{1}{2}x^2+2x$의 그래프의 꼭짓점 $(2, 2)$를 지날 때, $2=-2\times 2+k$ $\therefore k=6$

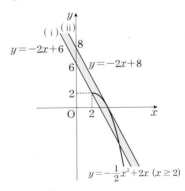

(i), (ii)에서 k의 값의 범위는 $6\leq k<8$

따라서 자연수 k는 6, 7이므로 그 합은 $6+7=13$

함수 $y=\sqrt{6-2x}+3$의 역함수의 그래프와 직선 $y=-2x+k$가 두 점에서 만나도록 하는 모든 자연수 k의 합을 구하시오.

STEP A 함수 $y=\sqrt{6-2x}+3$의 역함수 구하기

함수 $y=\sqrt{6-2x}+3=\sqrt{-2(x-3)}+3$은 정의역 $\{x|x \le 3\}$에서
공역 $\{y|y \ge 3\}$로의 일대일대응이므로 역함수가 존재한다.

함수 $y=\sqrt{6-2x}+3$에서 $\sqrt{6-2x}=y-3$

양변을 제곱하면 $6-2x=(y-3)^2$

$x=-\dfrac{1}{2}(y-3)^2+3$

x와 y를 서로 바꾸면 구하는 역함수는

$y=-\dfrac{1}{2}(x-3)^2+3=-\dfrac{1}{2}x^2+3x-\dfrac{3}{2}\ (x \ge 3)$

STEP B 역함수의 그래프와 직선이 두 점에서 만나도록 하는 k의 값의 범위 구하기

(ⅰ) 함수 $y=-\dfrac{1}{2}x^2+3x-\dfrac{3}{2}\ (x \ge 3)$의 그래프와

직선 $y=-2x+k$가 접할 때,

방정식 $-\dfrac{1}{2}x^2+3x-\dfrac{3}{2}=-2x+k$, 즉

$x^2-10x+2k+3=0$은 중근을 갖는다.

이차방정식 $x^2-10x+2k+3=0$의 판별식을 D라 하면
$D=0$이어야 하므로

$\dfrac{D}{4}=(-5)^2-1\times(2k+3)=0$ $\therefore k=11$

(ⅱ) 직선 $y=-2x+k$가 함수 $y=-\dfrac{1}{2}x^2+3x-\dfrac{3}{2}$의 그래프의 꼭짓점

$(3, 3)$을 지날 때, $3=-2\times3+k$ $\therefore k=9$

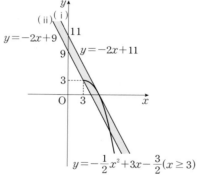

(ⅰ), (ⅱ)에서 k의 값의 범위는 $9 \le k < 11$

따라서 자연수 k는 9, 10이므로 그 합은 $9+10=19$ 정답 19

1852
정답 ①

STEP A 직선이 항상 지나는 점을 이용하여 두 함수의 그래프가 서로 다른 세 점에서 만나기 위한 조건 구하기

$f(x)=\begin{cases}\sqrt{x-1} & (x \ge 1) \\ \sqrt{1-x} & (x < 1)\end{cases}$의 그래프는 그림과 같다.

$f(x)=\begin{cases}\sqrt{x-1} & (x \ge 1) \\ \sqrt{1-x} & (x < 1)\end{cases} \Longleftrightarrow f(x)=\sqrt{|x-1|}$

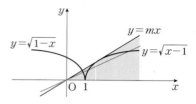

이때 직선 $y=mx$는 기울기 m의 값에 관계없이 원점을 지나므로
함수 $y=f(x)$의 그래프와 직선 $y=mx$가 서로 다른 세 점에서 만나려면
m은 0보다 크고 직선이 곡선 $y=\sqrt{x-1}$에 접할 때보다 작아야 한다.

STEP B 직선과 곡선이 접할 때 m의 값 구하기

직선 $y=mx$가 함수 $y=\sqrt{x-1}$의 그래프와 접할 때,

$\sqrt{x-1}=mx$의 양변을 제곱하면

$x-1=m^2x^2,\ m^2x^2-x+1=0$ ······ ㉠

㉠의 판별식을 D라 하면 $D=0$이어야 한다.

$D=(-1)^2-4m^2=0,\ (1+2m)(1-2m)=0$

$\therefore m=\dfrac{1}{2}\ (\because m>0)$

STEP C m의 값의 범위를 구하여 $2(a+b)$의 값 구하기

따라서 $0<m<\dfrac{1}{2}$에서 $a=0$, $b=\dfrac{1}{2}$이므로 $2(a+b)=2\left(0+\dfrac{1}{2}\right)=1$

1853
2019년 03월 고2 학력평가 가형 15번   정답 ③   해설강의

STEP A 두 함수의 그래프가 제 1사분면에서 만날 조건 구하기

함수 $y=5-2\sqrt{1-x}=-2\sqrt{-(x-1)}+5$의 그래프는 함수 $y=-2\sqrt{-x}$의
그래프를 x축의 방향으로 1만큼, y축의 방향으로 5만큼 평행이동한 것이고
직선 $y=-x+k$는 기울기가 -1이고 y절편이 k인 직선이다.

이때 두 함수의 그래프가 제 1사분면에서 만나려면 다음 그림과 같아야 한다.

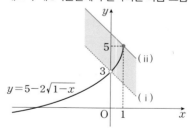

STEP B 두 함수의 그래프가 제 1사분면에서 만나도록 하는 k의 범위 구하기

(ⅰ) 직선 $y=-x+k$가 점 $(0, 3)$을 지날 때,
  $3=-0+k$ $\therefore k=3$

(ⅱ) 직선 $y=-x+k$가 점 $(1, 5)$를 지날 때,
  $5=-1+k$ $\therefore k=6$

(ⅰ), (ⅱ)에서 k의 값의 범위는 $3<k \le 6$

따라서 정수 k는 4, 5, 6이므로 그 합은 $4+5+6=15$

함수 $y=6-3\sqrt{1-x}$ 의 그래프와 직선 $y=-x+k$가 제 1사분면에서 만나도록 하는 모든 정수 k의 값의 합은?

① 20   ② 21   ③ 22
④ 23   ⑤ 24

STEP Ⓐ 두 함수의 그래프가 제 1사분면에서 만날 조건 구하기

함수 $y=6-3\sqrt{1-x}=-3\sqrt{-(x-1)}+6$의 그래프는 함수 $y=-3\sqrt{-x}$의 그래프를 x축의 방향으로 1만큼, y축의 방향으로 6만큼 평행이동한 것이고 직선 $y=-x+k$는 기울기가 -1이고 y절편이 k인 직선이다.

이때 두 함수의 그래프가 제 1사분면에서 만나려면 그림과 같아야 한다.

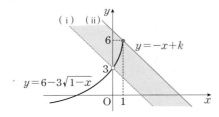

STEP Ⓑ 두 함수의 그래프가 제 1사분면에서 만나도록 하는 k의 범위 구하기

(i) 직선 $y=-x+k$가 점 $(0, 3)$을 지날 때,
$\quad 3=-0+k \quad \therefore k=3$
(ii) 직선 $y=-x+k$가 점 $(1, 6)$을 지날 때,
$\quad 6=-1+k \quad \therefore k=7$
(i), (ii)에서 k의 값의 범위는 $3 < k \le 7$
따라서 정수 k는 4, 5, 6, 7이므로 그 합은 $4+5+6+7=22$ 정답 ③

1854   정답 ⑤

STEP Ⓐ a, b와 c, d 사이의 관계식 구하기

두 점 P, Q는 함수 $y=\sqrt{x}$의 그래프 위의 점이므로
$b=\sqrt{a}$, $d=\sqrt{c}$ $\quad \therefore a=b^2$, $c=d^2$

STEP Ⓑ $\dfrac{b+d}{2}=3$임을 이용하여 직선 PQ의 기울기 구하기

또한, $0 < a < c$이므로 직선 PQ의 기울기는

$\dfrac{d-b}{c-a}=\dfrac{d-b}{d^2-b^2}=\dfrac{d-b}{(d-b)(d+b)}=\dfrac{1}{b+d}$ $(\because d-b \ne 0)$
이때 $\dfrac{b+d}{2}=3$이므로 $b+d=6$
따라서 직선 PQ의 기울기는 $\dfrac{1}{b+d}=\dfrac{1}{6}$

1855   정답 ④

STEP Ⓐ 그래프를 이용하여 두 점 D, C의 좌표 구하기

A$(a, 0)$이므로 점 D의 좌표는 $(a, \sqrt{8a})$
이때 두 점 D, C의 y좌표가 같으므로 $\sqrt{2x}=\sqrt{8a}$에서 $2x=8a$, $x=4a$
즉 점 C의 좌표는 $(4a, \sqrt{8a})$

STEP Ⓑ 정사각형 ABCD에서 $\overline{AB}=\overline{AD}$임을 이용하여 a의 값 구하기

정사각형 ABCD에서 $\overline{AB}=\overline{AD}$이므로 $4a-a=\sqrt{8a}$

양변을 제곱하면 $9a^2=8a$
따라서 $a=\dfrac{8}{9}$ $(\because a > 0)$

두 무리함수 $y=\sqrt{3x}$와 $y=3\sqrt{x}$의 그래프가 오른쪽 그림과 같다.
점 A$(a, 0)$에서 x축에 수직인 직선을 그어 함수 $y=3\sqrt{x}$의 그래프와 만나는 점을 D라 하고 $\overline{AD}$를 한 변으로 하는 정사각형 ABCD를 만들면 점 C가 함수 $y=\sqrt{3x}$의 그래프 위에 있다.
이때 양수 a의 값은?

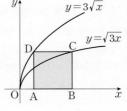

① $\dfrac{2}{3}$ ② $\dfrac{4}{3}$ ③ $\dfrac{9}{4}$
④ $\dfrac{8}{9}$ ⑤ $\dfrac{8}{3}$

STEP Ⓐ 그래프를 이용하여 두 점 D, C의 좌표 구하기

점 A의 좌표가 $(a, 0)$이므로 점 D의 좌표는 $(a, 3\sqrt{a})$
이때 두 점 C, D의 y좌표가 같으므로 $\sqrt{3x}=3\sqrt{a}$에서 $3x=9a$, $x=3a$
즉 점 C의 좌표는 $(3a, 3\sqrt{a})$

STEP Ⓑ 정사각형 ABCD에서 $\overline{AB}=\overline{AD}$임을 이용하여 a의 값 구하기

정사각형 ABCD에서 $\overline{AB}=\overline{AD}$이므로 $3a-a=3\sqrt{a}$
양변을 제곱하면 $4a^2=9a$

따라서 $a=\dfrac{9}{4}$ $(\because a > 0)$ 정답 ③

1856   정답 ③

STEP Ⓐ 그래프를 이용하여 두 점 A, B의 좌표 구하기

C$(a, 0)$이므로 점 B의 좌표는 $(a, 3\sqrt{a})$
이때 두 점 A, B의 y좌표가 같으므로 $\sqrt{3x}=3\sqrt{a}$에서 $3x=9a$, $x=3a$
즉 점 A의 좌표는 $(3a, 3\sqrt{a})$

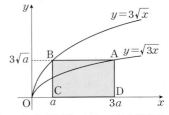

STEP Ⓑ 직사각형 ABCD의 넓이가 48이 되도록 하는 상수 a의 값 구하기

$\overline{AB}=3a-a=2a$, $\overline{BC}=3\sqrt{a}$
직사각형 ABCD의 넓이가 48이므로 $2a \times 3\sqrt{a}=48$, $a\sqrt{a}=8$
따라서 $a^3=64$이므로 $a=4$

1857   정답 19

STEP Ⓐ 직사각형 ACDB의 둘레의 길이를 k에 대하여 나타내기

$\sqrt{2x}=k$에서 $x=\dfrac{k^2}{2}$이므로 A$\left(\dfrac{k^2}{2}, k\right)$, C$\left(\dfrac{k^2}{2}, 0\right)$

$\sqrt{-2x+8}=k$에서 $x=\dfrac{8-k^2}{2}$이므로 B$\left(\dfrac{8-k^2}{2}, k\right)$, D$\left(\dfrac{8-k^2}{2}, 0\right)$

$0 < k < 2$에서 $\overline{AB}=4-k^2$, $\overline{AC}=k$이므로
직사각형 ACDB의 둘레의 길이는 $2(4-k^2+k)$

STEP Ⓑ 이차함수를 완전제곱식으로 나타내어 최댓값 구하기

$2(4-k^2+k)=-2k^2+2k+8=-2\left(k^2-k+\dfrac{1}{4}\right)+8+\dfrac{1}{2}$
$\qquad\qquad\qquad = -2\left(k-\dfrac{1}{2}\right)^2+\dfrac{17}{2}$ (단, $0 < k < 2$)

즉 직사각형 ACDB의 둘레의 길이는 $k=\dfrac{1}{2}$일 때, 최대이고 최댓값은 $\dfrac{17}{2}$이다.
따라서 $p=2$, $q=17$이므로 $p+q=2+17=19$

1858

정답 ⑤

STEP Ⓐ 조건을 만족하는 함수 $y=f(x)$의 그래프 그리기

함수 $f(x)$의 역함수가 존재하려면 일대일대응이어야 하므로

$x=1$에서 두 함수 $y=a(x-1)^2+3$, $y=\sqrt{x-1}+b$의 함숫값이 같아야 한다.

각각의 함수에 $x=1$을 대입하면

$y=a(1-1)^2+3=3$, $y=\sqrt{1-1}+b=b$

즉 $a<0$이고 $b=3$이므로

함수 $y=f(x)$의 그래프는 다음 그림과 같다.

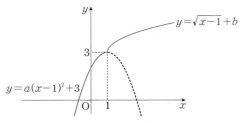

STEP Ⓑ 유리함수의 그래프가 지나는 사분면 구하기

함수 $y=\dfrac{a}{x+b}=\dfrac{a}{x+3}$의 그래프는

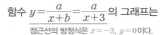
점근선의 방정식은 $x=-3$, $y=0$이다.

오른쪽 그림과 같다.

따라서 함수 $y=\dfrac{a}{x+3}$의 그래프가 지나는

사분면은 제 2, 3, 4사분면이다.

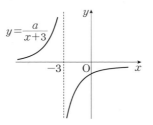

1859

정답 ⑤

STEP Ⓐ 조건을 만족하는 함수 $y=f(x)$의 그래프 그리기

조건 (가)에서 함수 f의 치역이 $\{y|y>2\}$이므로

함수 $f(x)$는 2보다 큰 모든 실수를 함숫값으로 가져야 한다.

조건 (나)에서 함수 $f(x)$가 일대일함수이므로

함수 $y=f(x)$의 그래프는 다음 그림과 같다.

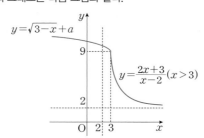

STEP Ⓑ $x=3$에서 함숫값이 같음을 이용하여 a의 값 구하기

$x=3$에서 두 함수 $y=\dfrac{2x+3}{x-2}$, $y=\sqrt{3-x}+a$의 함숫값이 같아야 하므로

각각의 함수에 $x=3$을 대입하면

$y=\dfrac{2\times3+3}{3-2}=9$, $y=\sqrt{3-3}+a=a$

즉 $a=9$이므로 $f(x)=\sqrt{3-x}+9(x\le3)$

STEP Ⓒ $f(2)f(k)=40$을 만족하는 상수 k의 값 구하기

$f(2)=\sqrt{3-2}+9=10$이므로 $f(2)f(k)=40$에서 $f(k)=\dfrac{40}{f(2)}=\dfrac{40}{10}=4$

즉 $2<f(k)<9$이므로 $k>3$

$f(x)=\dfrac{2x+3}{x-2}$에 $x=k$를 대입하면 $f(k)=\dfrac{2k+3}{k-2}=4$, $2k+3=4k-8$

따라서 $k=\dfrac{11}{2}$

내/신/연/계/ 출제문항 **895**

실수 전체의 집합에서 정의된 함수

$$f(x)=\begin{cases} \dfrac{a-x}{x-1}(x>3) \\ -\sqrt{3-x}-2(x\le3) \end{cases}$$

가 다음 조건을 모두 만족시킬 때, $f(4)$의 값은? (단, a는 상수이다.)

> (가) 함수 f의 치역은 $\{y|y<-1\}$이다.
> (나) 함수 f는 일대일함수이다.

① $-\dfrac{3}{2}$ ② $-\dfrac{5}{3}$ ③ $\dfrac{5}{3}$

④ $\dfrac{3}{2}$ ⑤ $\dfrac{5}{2}$

STEP Ⓐ 조건을 만족하는 함수 $y=f(x)$의 그래프 그리기

조건 (가)에서 함수 f의 치역이 $\{y|y<-1\}$이므로

함수 $f(x)$는 -1보다 작은 모든 실수를 함숫값으로 가져야 한다.

조건 (나)에서 함수 $f(x)$가 일대일함수이므로

함수 $y=f(x)$의 그래프는 다음 그림과 같다.

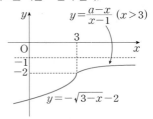

STEP Ⓑ $x=3$에서 함숫값이 같음을 이용하여 a의 값 구하기

$x=3$에서 두 함수 $y=\dfrac{a-x}{x-1}$, $y=-\sqrt{3-x}-2$의 함숫값이 같아야 하므로

각각의 함수에 $x=3$을 대입하면

$y=\dfrac{a-3}{3-1}=\dfrac{a-3}{2}$, $y=-\sqrt{3-3}-2=-2$

즉 $\dfrac{a-3}{2}=-2$에서 $a-3=-4$ $\therefore a=-1$

따라서 $x>3$에서 $f(x)=\dfrac{-1-x}{x-1}$이므로 $f(4)=-\dfrac{5}{3}$

정답 ②

1860

2018년 10월 고3 학력평가 나형 11번

정답 ①

STEP Ⓐ 함수 $y=\sqrt{x+3}+a$의 그래프가 직사각형 ABCD와 만나도록 하는 점을 파악하기

함수 $y=\sqrt{x+3}+a$의 그래프가 직사각형 ABCD와 만나기 위해서는

아래 그림과 같이 점 B$(6,1)$ 지날 때 부터 점 D$(1,7)$을 지날 때까지이다.

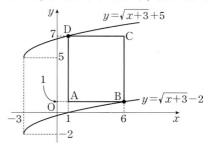

STEP Ⓑ 함수 $y=\sqrt{x+3}+a$의 그래프가 직사각형 ABCD와 만나도록 하는 a의 범위 구하기

(i) 함수 $y=\sqrt{x+3}+a$의 그래프가 점 B$(6,1)$을 지날 때,

$x=6$, $y=1$을 대입하면 $1=\sqrt{6+3}+a$

$a=1-3=-2$ ← $y=\sqrt{x+3}-2$

(ii) 함수 $y=\sqrt{x+3}+a$의 그래프가 점 D(1, 7)을 지날 때,

$x=1$, $y=7$을 대입하면 $7=\sqrt{1+3}+a$

$a=7-2=5$ ← $y=\sqrt{x+3}+5$

(i), (ii)에 의하여 a의 값의 범위는 $-2 \le a \le 5$

따라서 정수 a는 -2, -1, 0, $\cdots$, 5이므로 그 개수는 8

$\{5-(-2)\}+1=8$

내/신/연/계 출제문항 896

그림과 같이 좌표평면에 네 점 A(1, 2), B(3, 1), C(4, 3), D(2, 3)을 꼭짓점으로 하는 사각형 ABCD가 있다. 곡선 $y=\sqrt{x-k}$가 사각형 ABCD와 만나도록 하는 정수 k의 개수를 구하시오.

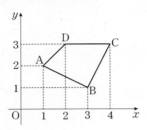

STEP A 곡선이 사각형과 만나도록 하는 점을 파악하기

곡선 $y=\sqrt{x-k}$가 사각형 ABCD와 만나기 위해서는

아래 그림과 같이 점 B(3, 1) 지날 때부터 점 D(2, 3)을 지날 때까지이다.

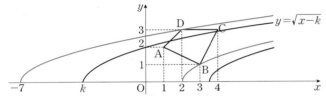

STEP B 곡선이 사각형과 만나도록 하는 k의 범위 구하기

(i) 곡선 $y=\sqrt{x-k}$가 점 B(3, 1)을 지날 때,

$x=3$, $y=1$을 대입하면 $1=\sqrt{3-k}$

$3-k=1$ ∴ $k=2$ ← $y=\sqrt{x-2}$

(ii) 곡선 $y=\sqrt{x-k}$가 점 D(2, 3)을 지날 때,

$x=2$, $y=3$을 대입하면 $3=\sqrt{2-k}$

$2-k=9$ ∴ $k=-7$ ← $y=\sqrt{x+7}$

(i), (ii)에 의하여 k의 값의 범위는 $-7 \le k \le 2$

따라서 정수 a는 -7, -6, -5, $\cdots$, 2이므로 그 개수는 10

$\{2-(-7)\}+1=10$

 정답 10

STEP A 조건을 만족하는 함수 $y=f(x)$의 그래프 그리기

함수 $f(x)$가 일대일대응이 되려면 함수 $y=f(x)$의 그래프는 다음 그림과 같아야 한다.

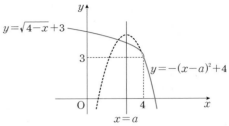

이때 곡선 $y=-(x-a)^2+4$의 대칭축이 $x=a$이므로 $a \le 4$

STEP B $x=4$에서 함숫값이 같음을 이용하여 a의 값 구하기

$x=4$에서 두 함수 $y=\sqrt{4-x}+3$, $y=-(x-a)^2+4$의 함숫값이 같아야 하므로 각각의 함수에 $x=4$를 대입하면

$y=\sqrt{4-4}+3=3$, $y=-(4-a)^2+4$

즉 $3=-(4-a)^2+4$에서 $a^2-8a+15=0$, $(a-3)(a-5)=0$

∴ $a=3$ 또는 $a=5$

따라서 $a \le 4$이므로 $a=3$

내/신/연/계 출제문항 897

정의역과 공역이 실수 전체의 집합인 함수

$$f(x)=\begin{cases} ax+10 & (x<3) \\ a^2-\sqrt{x-3} & (x \ge 3) \end{cases}$$

가 일대일대응이 되도록 하는 상수 a의 값은?

① -4 ② -2 ③ 0

④ 2 ⑤ 4

STEP A 함수 $y=f(x)$의 그래프 그리기

직선 $y=ax+10(x<3)$과 함수 $y=a^2-\sqrt{x-3}(x \ge 3)$의 그래프는 다음 그림과 같다.

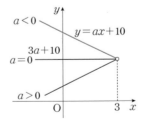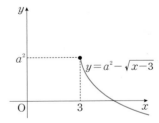

STEP B 함수 $f(x)$가 일대일대응이 되도록 하는 상수 a의 값 구하기

$x \ge 3$일 때, 무리함수 $y=a^2-\sqrt{x-3}$의 그래프는 x의 값이 증가할 때, y의 값은 감소한다.

이때 함수 $y=f(x)$가 일대일대응이 되려면 $x<3$일 때, 직선 $y=ax+10$도 x의 값이 증가할 때, y의 값은 감소하여야 한다.

또한, $x=3$에서 두 함수 $y=ax+10$, $y=a^2-\sqrt{x-3}$의 함숫값이 같아야 하므로 $a<0$이고 $3a+10=a^2$이어야 한다.

$3a+10=a^2$에서 $a^2-3a-10=0$, $(a+2)(a-5)=0$

∴ $a=-2$ 또는 $a=5$

따라서 $a<0$이므로 $a=-2$

 정답 ②

STEP Ⓐ **네 점 A, B, C, D의 좌표를 a에 대한 식으로 나타내기**

양수 a에 대하여 직선 $x=a$와 두 곡선 $y=\sqrt{x}$, $y=\sqrt{3x}$가 만나는

두 점 A, B의 좌표는 각각 $A(a, \sqrt{a})$, $B(a, \sqrt{3a})$

두 함수 $y=\sqrt{x}$, $y=\sqrt{3x}$의 x좌표에 각각 a를 대입하여 y좌표를 구한다.

점 B를 지나고 x축과 평행한 직선 $y=\sqrt{3a}$가 곡선 $y=\sqrt{x}$와 만나는

점 C의 x좌표는 $\sqrt{3a}=\sqrt{x}$, $x=3a$

$\therefore C(3a, \sqrt{3a})$ ◀─ (점 B의 y좌표)=(점 C의 y좌표)

점 C를 지나고 y축과 평행한 직선 $x=3a$가 곡선 $y=\sqrt{3x}$와 만나는

점 D의 y좌표는 $y=\sqrt{3\times 3a}=3\sqrt{a}$

$\therefore D(3a, 3\sqrt{a})$ ◀─ (점 C의 x좌표)=(점 D의 x좌표)

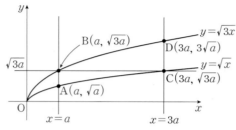

STEP Ⓑ **두 점 A, D를 지나는 직선의 기울기를 이용하여 a의 값 구하기**

두 점 $A(a, \sqrt{a})$, $D(3a, 3\sqrt{a})$를 지나는 직선 AD의 기울기는

두 점 (x_1, y_1), (x_2, y_2)를 지나는 직선의 기울기는 $\frac{y_2-y_1}{x_2-x_1}$

$\dfrac{3\sqrt{a}-\sqrt{a}}{3a-a}=\dfrac{2\sqrt{a}}{2a}=\dfrac{\sqrt{a}}{a}=\dfrac{1}{\sqrt{a}}\ (\because a>0)$

즉 $\dfrac{1}{\sqrt{a}}=\dfrac{1}{4}$이므로 $\sqrt{a}=4$

따라서 $a=16$

그림과 같이 양수 a에 대하여 직선 $x=a$와 두 곡선 $y=\sqrt{x}$, $y=2\sqrt{x}$가 만나는 점을 각각 A, B라 하자. 점 B를 지나고 x축과 평행한 직선이 곡선 $y=\sqrt{x}$와 만나는 점을 C라 하고, 점 C를 지나고 y축과 평행한 직선이 곡선 $y=2\sqrt{x}$와 만나는 점을 D라 하자. 두 점 A, D를 지나는 직선의 기울기가 $\dfrac{1}{3}$일 때, a의 값은?

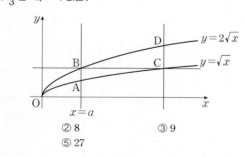

① 4　　　　② 8　　　　③ 9
④ 16　　　　⑤ 27

STEP Ⓐ **네 점 A, B, C, D의 좌표를 a에 대한 식으로 나타내기**

양수 a에 대하여 직선 $x=a$와 두 곡선 $y=\sqrt{x}$, $y=2\sqrt{x}$가 만나는

두 점 A, B의 좌표는 각각 $A(a, \sqrt{a})$, $B(a, 2\sqrt{a})$

두 함수 $y=\sqrt{x}$, $y=2\sqrt{x}$의 x좌표에 각각 a를 대입하여 y좌표를 구한다.

점 B를 지나고 x축과 평행한 직선 $y=2\sqrt{a}$가 곡선 $y=\sqrt{x}$와 만나는

점 C의 x좌표는 $2\sqrt{a}=\sqrt{x}$, $x=4a$

$\therefore C(4a, 2\sqrt{a})$ ◀─ (점 B의 y좌표)=(점 C의 y좌표)

점 C를 지나고 y축과 평행한 직선 $x=4a$가 곡선 $y=2\sqrt{x}$와 만나는

점 D의 y좌표는 $y=2\sqrt{4a}=4\sqrt{a}$

$\therefore D(4a, 4\sqrt{a})$ ◀─ (점 C의 x좌표)=(점 D의 x좌표)

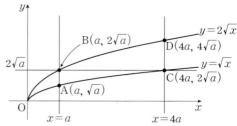

STEP Ⓑ **두 점 A, D를 지나는 직선의 기울기를 이용하여 a의 값 구하기**

두 점 $A(a, \sqrt{a})$, $D(4a, 4\sqrt{a})$를 지나는 직선 AD의 기울기는

두 점 (x_1, y_1), (x_2, y_2)를 지나는 직선의 기울기는 $\frac{y_2-y_1}{x_2-x_1}$

$\dfrac{4\sqrt{a}-\sqrt{a}}{4a-a}=\dfrac{3\sqrt{a}}{3a}=\dfrac{\sqrt{a}}{a}=\dfrac{1}{\sqrt{a}}\ (\because a>0)$

즉 $\dfrac{1}{\sqrt{a}}=\dfrac{1}{3}$이므로 $\sqrt{a}=3$

따라서 $a=9$　　정답 ③

1863　　정답 96

STEP Ⓐ **세 점 A, B, C의 좌표 구하기**

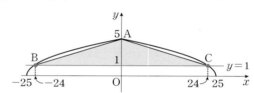

함수 $y=\begin{cases}\sqrt{x+25} & (-25\le x\le 0)\\ \sqrt{-x+25} & (0<x\le 25)\end{cases}$의 그래프는 그림과 같으므로 $A(0, 5)$

함수 $y=\sqrt{x+25}(-25\le x\le 0)$의 그래프와 직선 $y=1$의 교점의 x좌표는

$\sqrt{x+25}=1$에서 $x+25=1$　$\therefore x=-24$

$\therefore B(-24, 1)$

함수 $y=\sqrt{-x+25}(0<x\le 25)$의 그래프와 직선 $y=1$의 교점의 x좌표는

$\sqrt{-x+25}=1$에서 $-x+25=1$　$\therefore x=24$

$\therefore C(24, 1)$

STEP Ⓑ **삼각형 ABC의 넓이 구하기**

따라서 삼각형 ABC의 넓이는 $\dfrac{1}{2}\times\{24-(-24)\}\times(5-1)=\dfrac{1}{2}\times 48\times 4=96$

함수 $y=\begin{cases}\sqrt{x+16} & (-16\le x\le 0)\\ \sqrt{-x+16} & (0<x\le 16)\end{cases}$의 그래프 위의 점 중 y좌표가 최대인 점을 A라 하자. 이 함수의 그래프와 직선 $y=1$의 두 교점을 각각 B, C라 할 때, 삼각형 ABC의 넓이는?

① 30　　　　② 35　　　　③ 40
④ 45　　　　⑤ 50

STEP Ⓐ **세 점 A, B, C의 좌표 구하기**

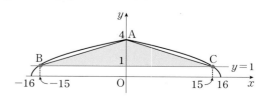

함수 $y = \begin{cases} \sqrt{x+16} & (-16 \le x \le 0) \\ \sqrt{-x+16} & (0 < x \le 16) \end{cases}$ 의 그래프는 그림과 같으므로 A$(0, 4)$

함수 $y = \sqrt{x+16}(-16 \le x \le 0)$의 그래프와 직선 $y=1$의 교점의 x좌표는

$\sqrt{x+16}=1$에서 $x+16=1$ $\therefore x=-15$

$\therefore$ B$(-15, 1)$

함수 $y = \sqrt{-x+16}(0 < x \le 16)$의 그래프와 직선 $y=1$의 교점의 x좌표는

$\sqrt{-x+16}=1$에서 $-x+16=1$ $\therefore x=15$

$\therefore$ C$(15, 1)$

STEP B **삼각형 ABC의 넓이 구하기**

따라서 삼각형 ABC의 넓이는

$\frac{1}{2} \times \{15-(-15)\} \times (4-1) = \frac{1}{2} \times 30 \times 3 = 45$

정답 ④

1864

정답 ④

STEP A **무리함수의 그래프와 곡선이 만나는 점 A의 x좌표가 4임을 이용하여 a의 값 구하기**

무리함수 $y=\sqrt{ax}\ (a>0)$의 그래프를 x축의 방향으로 3만큼 평행이동한 그래프의 식은 $y=\sqrt{a(x-3)}=\sqrt{ax-3a}$

무리함수 $y=\sqrt{ax-3a}$의 그래프와 곡선 $y=\frac{12}{x}\ (x>0)$이 만나는 점 A의 x좌표가 4이므로 $\sqrt{4a-3a}=\frac{12}{4}$, $\sqrt{a}=3$ $\therefore a=9$

STEP B **삼각형 OAB의 넓이 구하기**

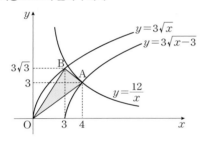

즉 $f(x)=\sqrt{9x}=3\sqrt{x}$이므로 $f(3)=3\sqrt{3}$ $\therefore$ B$(3, 3\sqrt{3})$

점 A$(4, 3)$이므로 $\overline{OA}=\sqrt{4^2+3^2}=5$

직선 OA의 방정식은 $y=\frac{3}{4}x$, 즉 $3x-4y=0$이므로

점 B$(3, 3\sqrt{3})$과 직선 $3x-4y=0$ 사이의 거리는

$\frac{|9-12\sqrt{3}|}{\sqrt{3^2+(-4)^2}}=\frac{12\sqrt{3}-9}{5}$

따라서 삼각형 OAB의 넓이는 $\frac{1}{2} \times 5 \times \frac{12\sqrt{3}-9}{5} = 6\sqrt{3}-\frac{9}{2}$

> **POINT** | 점과 직선 사이의 거리
>
> ① 점 P(x_1, y_1)과 직선 $ax+by+c=0$ 사이의 거리 d는
>
> $d=\frac{|ax_1+by_1+c|}{\sqrt{a^2+b^2}}$
>
> ② 평행한 두 직선 $ax+by+c=0$, $ax+by+c'=0$ 사이의 거리 d는
>
> $d=\frac{|c-c'|}{\sqrt{a^2+b^2}}$

1865

정답 ④

STEP A **직선 OA에 평행하고 $y=\sqrt{x}$에 접하는 접선의 방정식 구하기**

삼각형 OAP의 넓이는 점 P가 함수 $y=\sqrt{2x}$의 그래프의 접선 중 직선 OA와 평행한 접선 위의 접점일 때, 최대이다.

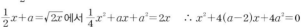

직선 OA의 방정식은 $y=\frac{1}{2}x$이므로

직선 OA와 평행한 접선의 방정식을 $y=\frac{1}{2}x+a$ (a는 상수)라 하면

$\frac{1}{2}x+a=\sqrt{2x}$에서 $\frac{1}{4}x^2+ax+a^2=2x$ $\therefore x^2+4(a-2)x+4a^2=0$

이 이차방정식의 판별식을 D라 하면 $D=0$이어야 하므로

$\frac{D}{4}=\{2(a-2)\}^2-4a^2=0$, $-16a+16=0$ $\therefore a=1$

즉, 접선의 방정식은 $y=\frac{1}{2}x+1$

STEP B **삼각형 OAP의 넓이의 최댓값 구하기**

$\overline{OA}=\sqrt{8^2+4^2}=\sqrt{80}=4\sqrt{5}$이고 평행한 두 직선 $y=\frac{1}{2}x$, $y=\frac{1}{2}x+1$, 즉

$x-2y=0$, $x-2y+2=0$ 사이의 거리는 ← $(0, 0)$에서 $x-2y+2=0$까지의 거리

$\frac{|2|}{\sqrt{1^2+(-2)^2}}=\frac{2}{\sqrt{5}}$

따라서 삼각형 OAP의 넓이의 최댓값은

$\frac{1}{2} \times \overline{OA} \times (높이의\ 최댓값)=\frac{1}{2} \times 4\sqrt{5} \times \frac{2}{\sqrt{5}}=4$

1866

2024년 03월 고2 학력평가 14번

정답 ⑤

STEP A **두 점 B, C의 좌표를 이용하여 삼각형의 넓이 구하기**

점 A의 x좌표가 $x=k$이므로 두 함수에 대입하면

점 B$(k, \sqrt{k})$, 점 C(k, k)

삼각형 OBC에서 밑변의 길이가 $\overline{BC}$, 높이가 $\overline{OA}$이므로 삼각형 OBC의 넓이는

$\frac{1}{2} \times \overline{BC} \times \overline{OA} = \frac{1}{2} \times (k-\sqrt{k}) \times k$ ……… ㉠

삼각형 OAB에서 밑변의 길이가 $\overline{AB}$, 높이가 $\overline{OA}$이므로 삼각형 OAB의 넓이는

$\frac{1}{2} \times \overline{AB} \times \overline{OA} = \frac{1}{2} \times \sqrt{k} \times k$

STEP B **넓이의 비를 이용하여 k의 값을 구하고 삼각형 OBC의 넓이 구하기**

삼각형 OBC의 넓이가 삼각형 OAB의 넓이의 2배이므로

$\frac{1}{2} \times (k-\sqrt{k}) \times k = 2 \times \left(\frac{1}{2} \times \sqrt{k} \times k\right)$

$k-\sqrt{k}=2\sqrt{k}$, $k=3\sqrt{k}$

양변을 제곱하면 $k^2=9k$이고 $k>1$이므로 $k=9$

$k=9$를 ㉠의 식에 대입하면 삼각형 OBC의 넓이는

$\frac{1}{2} \times (9-\sqrt{9}) \times 9 = \frac{1}{2} \times 6 \times 9 = 27$

> **+α** | 밑변의 길이의 비를 이용하여 k의 값을 구할 수 있어!
>
> 삼각형 OBC의 넓이가 삼각형 OAB의 넓이의 2배이다.
> 이때 두 삼각형의 높이는 $\overline{OA}$로 같으므로 삼각형 OBC의 밑변의 길이가 삼각형 OAB의 밑변의 길이의 2배가 되면 된다.
> 즉 $\overline{BC}=2 \times \overline{AB}$
> 이때 $\overline{BC}=k-\sqrt{k}$, $\overline{AB}=\sqrt{k}$이므로 $k-\sqrt{k}=2\sqrt{k}$, $k=3\sqrt{k}$
> 양변을 제곱하면 $k^2=9k$이고 $k>1$이므로 $k=9$

그림과 같이 $a > 1$인 상수 a에 대하여 점 $A(2a, 0)$을 지나고 y축에 평행한 직선이 두 곡선 $y=\sqrt{x}$, $y=\sqrt{ax}$와 만나는 점을 각각 B, C라 하자. 점 C에서 y축에 내린 수선의 발을 H라고 할 때 삼각형 BCH의 넓이는 삼각형 OAB의 넓이의 2배이다. 이때 삼각형 BCH의 넓이는? (단, O는 원점이다.)

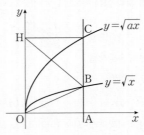

① $30\sqrt{2}$ ② $36\sqrt{2}$ ③ $42\sqrt{2}$
④ $48\sqrt{2}$ ⑤ $54\sqrt{2}$

STEP Ⓐ **두 점 B, C의 좌표를 이용하여 삼각형의 넓이 구하기**

점 A의 x좌표가 $x=2a$이므로 두 함수에 대입하면
점 $B(2a, \sqrt{2a})$, 점 $C(2a, a\sqrt{2})$

삼각형 BCH에서 밑변의 길이가 $\overline{BC}$, 높이가 $\overline{CH}$이고 $\overline{CH}=\overline{OA}$이므로
삼각형 BCH의 넓이는

$\dfrac{1}{2} \times \overline{BC} \times \overline{OA} = \dfrac{1}{2} \times (a\sqrt{2} - \sqrt{2a}) \times 2a$ ······ ㉠

삼각형 OAB에서 밑변의 길이가 $\overline{AB}$, 높이가 $\overline{OA}$이므로
삼각형 OAB의 넓이는

$\dfrac{1}{2} \times \overline{AB} \times \overline{OA} = \dfrac{1}{2} \times \sqrt{2a} \times 2a$

STEP Ⓑ **넓이의 비를 이용하여 a의 값을 구하고 삼각형 OBC의 넓이 구하기**

삼각형 OBC의 넓이가 삼각형 OAB의 넓이의 2배이므로
$\dfrac{1}{2} \times (a\sqrt{2} - \sqrt{2a}) \times 2a = 2 \times \dfrac{1}{2} \times \sqrt{2a} \times 2a$
$a\sqrt{2} - \sqrt{2a} = 2\sqrt{2a}$
이때 양변을 $\sqrt{2}$로 나누어 정리하면 $a - \sqrt{a} = 2\sqrt{a}$, $a = 3\sqrt{a}$
양변을 제곱하면 $a^2 = 9a$이고 $a > 1$이므로 $a = 9$
$a = 9$를 ㉠의 식에 대입하면 삼각형 BCH의 넓이는
$\dfrac{1}{2} \times (9\sqrt{2} - 3\sqrt{2}) \times 18 = \dfrac{1}{2} \times 6\sqrt{2} \times 18 = 54\sqrt{2}$

정답 ⑤

1867   2017년 03월 고2 학력평가 가형 11번   정답 ②

해설강의

STEP Ⓐ **세 점 A, B, C의 좌표 구하기**

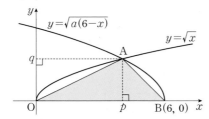

점 A의 좌표를 (p, q) $(p, q$는 양수$)$라 하자.
삼각형 AOB의 넓이가 6이므로
(삼각형 AOB의 넓이)$= \dfrac{1}{2} \times \overline{OB} \times |$점 A의 y좌표$|$
$= \dfrac{1}{2} \times 6 \times q = 6$

즉 $3q = 6$이므로 $q = 2$

이때 점 $A(p, 2)$는 곡선 $y=\sqrt{x}$ 위의 점이므로 $x=p$, $y=2$를 대입하면
$2 = \sqrt{p}$의 양변을 제곱하면 $p = 4$
$\therefore A(4, 2)$

STEP Ⓑ **점 A가 함수 $y=\sqrt{a(6-x)}$의 그래프 위의 점임을 이용하여 a의 값 구하기**

점 $A(4, 2)$는 함수 $y=\sqrt{a(6-x)}$의 그래프 위의 점이므로
$2 = \sqrt{2a}$, $2a = 4$
따라서 $a = 2$

mini해설 | **두 함수의 식을 연립하여 풀이하기**

> 두 함수 $y=\sqrt{a(6-x)}$, $y=\sqrt{x}$의 그래프의 교점 A의 좌표를 구하기 위하여
> 두 식을 연립하면 $\sqrt{a(6-x)} = \sqrt{x}$
> 양변을 제곱하면 $a(6-x) = x$
> $\therefore x = \dfrac{6a}{a+1}$
> 이를 $y=\sqrt{x}$에 대입하면 $y = \sqrt{\dfrac{6a}{a+1}}$
> $\therefore A\left(\dfrac{6a}{a+1}, \sqrt{\dfrac{6a}{a+1}}\right)$
> 삼각형 AOB의 넓이가 6이므로
> (삼각형 AOB의 넓이)$= \dfrac{1}{2} \times \overline{OB} \times |$점 A의 y좌표$|$
> $= \dfrac{1}{2} \times 6 \times \sqrt{\dfrac{6a}{a+1}} = 6$
> 즉 $\sqrt{\dfrac{6a}{a+1}} = 2$에서 양변을 제곱하면 $\dfrac{6a}{a+1} = 4$
> 따라서 $6a = 4a + 4$, $2a = 4$이므로 $a = 2$

함수 $y=\sqrt{a(8-x)}$ $(a > 0)$의 그래프와 $y=\sqrt{x}$의 그래프의 교점 A와 점 $B(8, 0)$에 대하여 삼각형 OAB의 넓이가 8일 때, 상수 a의 값은?
(단, O는 원점이다.)

① 1   ② 2   ③ 3
④ 4   ⑤ 5

STEP Ⓐ **삼각형 AOB의 넓이를 이용하여 점 A의 좌표 구하기**

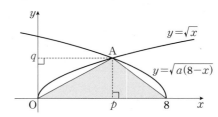

점 A의 좌표를 (p, q) $(p, q$는 양수$)$라 하자.
삼각형 AOB의 넓이가 8이므로
(삼각형 AOB의 넓이)$= \dfrac{1}{2} \times \overline{OB} \times |$점 A의 y좌표$|$
$= \dfrac{1}{2} \times 8 \times q = 8$

즉 $4q = 8$이므로 $q = 2$
이때 점 $A(p, 2)$는 곡선 $y=\sqrt{x}$ 위의 점이므로 $x=p$, $y=2$를 대입하면
$2 = \sqrt{p}$의 양변을 제곱하면 $p = 4$
$\therefore A(4, 2)$

STEP Ⓑ **점 A가 함수 $y=\sqrt{a(8-x)}$의 그래프 위의 점임을 이용하여 a의 값 구하기**

점 $A(4, 2)$는 함수 $y=\sqrt{a(8-x)}$의 그래프 위의 점이므로
$2 = \sqrt{4a}$, $4a = 4$
따라서 $a = 1$

정답 ①

1868

2018년 03월 고2 학력평가 나형 17번
정답 ①

STEP Ⓐ 세 점 A, B, C의 좌표 구하기

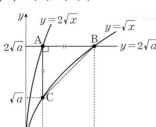

양수 a에 대하여 점 A의 좌표를 $(a, 2\sqrt{a})$라 하자. ◀── 점 A는 제1사분면에 존재

점 A를 지나고 x축과 평행한 직선 $y = 2\sqrt{a}$가 곡선 $y = \sqrt{x}$와 만나는

점 B의 x좌표는 $2\sqrt{a} = \sqrt{x}$, $x = 4a$

∴ B$(4a, 2\sqrt{a})$ ◀── (점 A의 y좌표)=(점 B의 y좌표)

이때 선분 AB의 길이는 $\overline{AB} = 4a - a = 3a$

점 A를 지나고 y축과 평행한 직선 $x = a$가 곡선 $y = \sqrt{x}$와 만나는

점 C의 y좌표는 $y = \sqrt{a}$

∴ C$(a, \sqrt{a})$ ◀── (점 A의 x좌표)=(점 C의 x좌표)

이때 선분 AC의 길이는 $\overline{AC} = 2\sqrt{a} - \sqrt{a} = \sqrt{a}$

STEP Ⓑ 직각이등변삼각형 ACB의 넓이 구하기

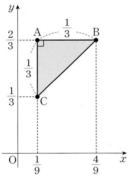

삼각형 ACB가 직각이등변삼각형이므로 $\overline{AB} = \overline{AC}$

즉 $3a = \sqrt{a}$의 양변을 제곱하면

$9a^2 = a$, $9a^2 - a = 0$, $a(9a - 1) = 0$

∴ $a = \dfrac{1}{9}$ $(\because a > 0)$

이때 $\overline{AB} = \overline{AC} = 3 \times \dfrac{1}{9} = \dfrac{1}{3}$

따라서 삼각형 ACB의 넓이는 $\dfrac{1}{2} \times \overline{AB} \times \overline{AC} = \dfrac{1}{2} \times \left(\dfrac{1}{3}\right)^2 = \dfrac{1}{18}$

내신연계 출제문항 902

오른쪽 그림과 같이 함수 $y = 3\sqrt{x}$의 그래프 위의 점 A를 지나고 x축, y축에 각각 평행한 직선이 함수 $y = \sqrt{x}$의 그래프와 만나는 점을 각각 B, C라 하자. 삼각형 ACB가 직각이등변삼각형일 때, 삼각형 ACB의 넓이는? (단, 점 A는 제1사분면에 있다.)

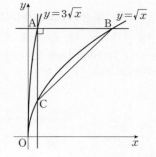

① $\dfrac{1}{12}$ ② $\dfrac{1}{10}$

③ $\dfrac{1}{8}$ ④ $\dfrac{1}{9}$

⑤ $\dfrac{1}{6}$

STEP Ⓐ 세 점 A, B, C의 좌표 구하기

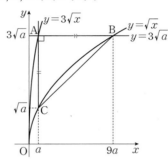

양수 a에 대하여 점 A의 좌표를 $(a, 3\sqrt{a})$라 하자. ◀── 점 A는 제1사분면에 존재

점 A를 지나고 x축과 평행한 직선 $y = 3\sqrt{a}$가 곡선 $y = \sqrt{x}$와 만나는

점 B의 x좌표는 $3\sqrt{a} = \sqrt{x}$, $x = 9a$

∴ B$(9a, 3\sqrt{a})$ ◀── (점 A의 y좌표)=(점 B의 y좌표)

이때 선분 AB의 길이는 $\overline{AB} = 9a - a = 8a$

점 A를 지나고 y축과 평행한 직선 $x = a$가 곡선 $y = \sqrt{x}$와 만나는

점 C의 y좌표는 $y = \sqrt{a}$

∴ C$(a, \sqrt{a})$ ◀── (점 A의 x좌표)=(점 C의 x좌표)

이때 선분 AC의 길이는 $\overline{AC} = 3\sqrt{a} - \sqrt{a} = 2\sqrt{a}$

STEP Ⓑ 직각이등변삼각형 ACB의 넓이 구하기

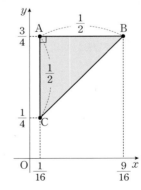

삼각형 ACB가 직각이등변삼각형이므로 $\overline{AB} = \overline{AC}$

즉 $8a = 2\sqrt{a}$의 양변을 제곱하면

$16a^2 = a$, $16a^2 - a = 0$, $a(16a - 1) = 0$

∴ $a = \dfrac{1}{16}$ $(\because a > 0)$

이때 $\overline{AB} = \overline{AC} = 8 \times \dfrac{1}{16} = \dfrac{1}{2}$

삼각형 ACB의 넓이는 $\dfrac{1}{2} \times \overline{AB} \times \overline{AC} = \dfrac{1}{2} \times \left(\dfrac{1}{2}\right)^2 = \dfrac{1}{8}$

정답 ③

1869

정답 8

STEP A   두 함수의 그래프를 그려서 S_1, S_2의 영역 파악하기

곡선 $f(x)=\sqrt{x-4}$는 $y=\sqrt{x}$를 x축 방향으로 4만큼 평행이동한 그래프이고
$y=f(x)$의 그래프와 x축 및 직선 $x=8$로 둘러싸인 부분의 넓이 S_1을
나타내는 그림은 다음과 같다.

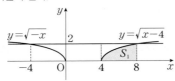

함수 $g(x)=\sqrt{-x}$의 그래프와 y축 및 직선 $y=2$로 둘러싸인 부분의 넓이가
S_2이므로 다음 그림에서 색칠된 두 부분의 넓이는 서로 같다.

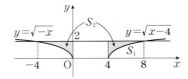

STEP B S_1+S_2의 값 구하기

따라서 구하는 넓이의 합 S_1+S_2는 가로의 길이가 4, 세로의 길이가 2인
직사각형의 넓이와 같으므로 $4\times 2=8$

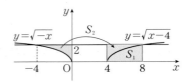

> **+α** | 두 함수의 그래프는 서로 겹쳐질 수 있어!
>
> 두 함수 $y=\sqrt{x-4}$, $y=\sqrt{-x}$의 그래프는 함수 $y=\sqrt{x}$의 그래프를 각각
> x축의 방향으로 4만큼 평행이동, y축에 대하여 대칭이동한 것이므로 서로 겹쳐진다.

1870

정답 ②

STEP A   두 무리함수의 그래프의 개형 파악하기

$f(x)=\sqrt{-x+3}+4=\sqrt{-(x-3)}+4$이고 $g(x)=-\sqrt{x}-1$이므로
함수 $y=f(x)$의 그래프는 함수 $y=g(x)$의 그래프를 원점에 대하여
대칭이동한 후 x축의 방향으로 3만큼, y축의 방향으로 3만큼 평행이동한
것이다.

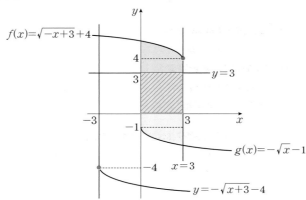

STEP B $A-B$의 값 구하기

따라서 $A-B$는 그림과 같이 x축, y축 및 두 직선 $x=3$, $y=3$으로 둘러싸인
도형의 넓이와 같으므로 $A-B=3\times 3=9$

좌표평면에 두 함수 $f(x)=\sqrt{-x+5}+6$과 $g(x)=-\sqrt{x}-2$의 그래프가
있다. 함수 $y=f(x)$의 그래프와 직선 $x=5$ 및 x축, y축으로 둘러싸인
부분의 넓이를 A, 함수 $y=g(x)$의 그래프와 직선 $x=5$ 및 x축, y축으로
둘러싸인 부분의 넓이를 B라 할 때, $A-B$의 값을 구하시오.

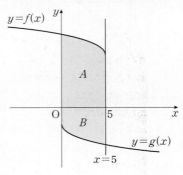

STEP A   두 무리함수의 그래프의 개형 파악하기

$f(x)=\sqrt{-x+5}+6=\sqrt{-(x-5)}+6$이고 $g(x)=-\sqrt{x}-2$이므로
함수 $y=f(x)$의 그래프는 함수 $y=g(x)$의 그래프를 원점에 대하여 대칭이동
한 후 x축의 방향으로 5만큼, y축의 방향으로 4만큼 평행이동한 그래프이다.

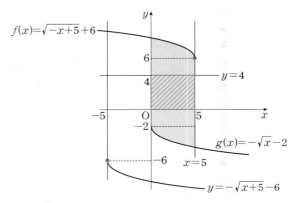

STEP B $A-B$의 값 구하기

따라서 $A-B$는 그림과 같이 x축, y축 및 두 직선 $x=5$, $y=4$로 둘러싸인
도형의 넓이와 같으므로 $A-B=5\times 4=20$

정답 20

1871

정답 ⑤

STEP A   함수 $y=f(x)$의 그래프를 그려서 A의 영역 파악하기

함수 $f(x)=\sqrt{x-4}$의 그래프와 x축, 직선 $x=20$으로 둘러싸인 부분 A는
다음 그림과 같다.

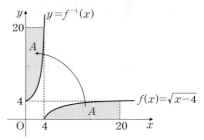

STEP B   두 도형 A, B의 넓이의 합 구하기

$f(x)=\sqrt{x-4}$에서 $f(20)=4$, 즉 $f^{-1}(4)=20$이므로
도형 B는 그림과 같다.

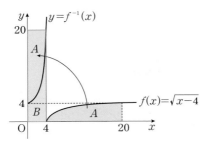

따라서 두 도형 A, B의 넓이의 합은 두 변의 길이가 4, 20인 직사각형의 넓이와 같으므로 $4 \times 20 = 80$

1872

정답 ④

STEP A 네 무리함수의 그래프의 개형 파악하기

함수 $y = \sqrt{x+4} + 2$의 그래프는 함수 $y = \sqrt{x}$의 그래프를 x축의 방향으로 -4만큼, y축의 방향으로 2만큼 평행이동한 것이고

함수 $y = \sqrt{4-x} + 2 = \sqrt{-(x-4)} + 2$의 그래프는 함수 $y = \sqrt{-x}$의 그래프를 x축의 방향으로 4만큼, y축의 방향으로 2만큼 평행이동한 것이다.

이때 점 $(-4, 2)$는 함수 $y = \sqrt{-x}$의 그래프 위의 점이고

점 $(4, 2)$는 함수 $y = \sqrt{x}$의 그래프 위의 점이므로

네 무리함수 $y = \sqrt{x}$, $y = \sqrt{-x}$, $y = \sqrt{x+4} + 2$, $y = \sqrt{4-x} + 2$의 그래프는 다음 그림과 같다.

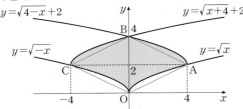

STEP B 마름모 OABC의 넓이 구하기

이때 네 점 $(0, 0)$, $(4, 2)$, $(0, 4)$, $(-4, 2)$를 각각 O, A, B, C라 하면

무리함수 $y = \sqrt{x}$의 그래프와 선분 OA로 둘러싸인 부분의 넓이는

무리함수 $y = \sqrt{x+4} + 2$의 그래프와 선분 BC로 둘러싸인 부분의 넓이와 같다.

또한, 무리함수 $y = \sqrt{-x}$의 그래프와 선분 OC로 둘러싸인 부분의 넓이는

무리함수 $y = \sqrt{4-x} + 2$의 그래프와 선분 AB로 둘러싸인 부분의 넓이와 같다.

즉, 구하는 넓이는 네 점 O, A, B, C를 꼭짓점으로 하는 마름모의 넓이와 같다.

따라서 $\overline{AC} = 8$, $\overline{OB} = 4$이므로 마름모 OABC의 넓이는 $\frac{1}{2} \times 8 \times 4 = 16$

마름모의 두 대각선의 길이가 a, b일 때, 넓이는 $S = \frac{1}{2}ab$

1873

정답 16

STEP A 두 함수와 두 직선의 교점의 좌표 구하기

함수 $y = g(x)$의 그래프는 함수 $y = f(x)$의 그래프를 x축의 방향으로 -4만큼, y축의 방향으로 2만큼 평행이동한 것이다.

직선 $y = -\frac{1}{2}x + 4$와 함수 $y = f(x)$의 그래프의 교점의 x좌표는

$-\frac{1}{2}x + 4 = \sqrt{x-2} - 1$에서 $-x + 10 = 2\sqrt{x-2}$

양변을 제곱하면 $x^2 - 20x + 100 = 4(x-2)$

$x^2 - 24x + 108 = 0$, $(x-6)(x-18) = 0$

$\therefore x = 6 \; (\because y \geq -1)$ ← $x = 18$일 때, $y = -\frac{1}{2} \times 18 + 4 = -5$이므로 $y \leq -1$에 모순

즉 교점의 좌표는 $(6, 1)$

또, 직선 $y = -\frac{1}{2}x + 4$와 함수 $y = g(x)$의 그래프의 교점의 x좌표는

$-\frac{1}{2}x + 4 = \sqrt{x+2} + 1$에서 $-x + 6 = 2\sqrt{x+2}$

양변을 제곱하면 $x^2 - 12x + 36 = 4(x+2)$

$x^2 - 16x + 28 = 0$, $(x-2)(x-14) = 0$

$\therefore x = 2 \; (\because y \geq 1)$ ← $x = 14$일 때, $y = -\frac{1}{2} \times 14 + 4 = -3$이므로 $y \geq 1$에 모순

즉 교점의 좌표는 $(2, 3)$

STEP B 평행사변형 ABCD의 넓이 구하기

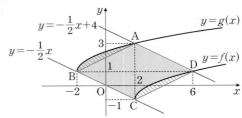

그림에서 빗금 친 두 부분의 넓이는 서로 같다.

따라서 구하는 도형의 넓이는 평행사변형 ABCD의 넓이와 같으므로

$\frac{1}{2} \times 8 \times 2 \times = 16$

삼각형 ABD의 넓이의 2배

내/신/연/계 출제문항 904

다음 그림과 같이 두 함수 $f(x) = -\sqrt{x+1} - 1$, $g(x) = -\sqrt{x-3} + 1$의 그래프와 두 직선 $y = \frac{1}{2}x - \frac{1}{2}$, $y = \frac{1}{2}x - \frac{9}{2}$로 둘러싸인 도형의 넓이를 구하시오.

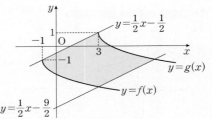

STEP A 두 함수와 두 직선의 교점의 좌표 구하기

함수 $y = g(x)$의 그래프는 함수 $y = f(x)$의 그래프를 x축의 방향으로 4만큼, y축의 방향으로 2만큼 평행이동한 것이다.

직선 $y = \frac{1}{2}x - \frac{9}{2}$와 함수 $y = f(x)$의 그래프의 교점의 x좌표는

$\frac{1}{2}x - \frac{9}{2} = -\sqrt{x+1} - 1$에서 $x - 7 = -2\sqrt{x+1}$

양변을 제곱하면 $x^2 - 14x + 49 = 4(x+1)$

$x^2 - 18x + 45 = 0$, $(x-3)(x-15) = 0$

$\therefore x = 3 \; (\because y \leq -1)$ ← $x = 15$일 때, $y = \frac{15}{2} - \frac{9}{2} = 3$이므로 $y \leq -1$에 모순

즉 교점의 좌표는 $(3, -3)$

또, 직선 $y = \frac{1}{2}x - \frac{9}{2}$와 함수 $y = g(x)$의 그래프의 교점의 x좌표는

$\frac{1}{2}x - \frac{9}{2} = -\sqrt{x-3} + 1$에서 $x - 11 = -2\sqrt{x-3}$

양변을 제곱하면 $x^2 - 22x + 121 = 4(x-3)$

$x^2 - 26x + 133 = 0$, $(x-7)(x-19) = 0$

$\therefore x = 7 \; (\because y \leq 1)$ ← $x = 19$일 때, $y = \frac{19}{2} - \frac{9}{2} = 5$이므로 $y \leq 1$에 모순

즉 교점의 좌표는 $(7, -1)$

STEP B 평행사변형 ABCD의 넓이 구하기

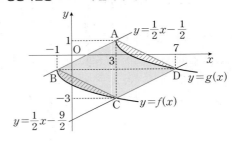

그림에서 빗금 친 두 부분의 넓이는 서로 같다.
따라서 구하는 도형의 넓이는 평행사변형 ABCD의 넓이와 같으므로
$\dfrac{1}{2} \times 8 \times 2 \times 2 = 16$ 삼각형 ABD의 넓이의 2배

정답 16

1874

2009년 03월 고2 학력평가 29번 정답 48

STEP Ⓐ 두 무리함수의 그래프의 개형 파악하기

함수 $y=\sqrt{x+4}-3=\sqrt{x-(-4)}-3$의 그래프는 함수 $y=\sqrt{x}$의 그래프를
x축의 방향으로 -4만큼, y축의 방향으로 -3만큼 평행이동한 것이고

함수 $y=\sqrt{-x+4}+3=\sqrt{-(x-4)}+3$의 그래프는 함수 $y=\sqrt{-x}$의 그래프를
x축의 방향으로 4만큼, y축의 방향으로 3만큼 평행이동한 것이다.

즉 두 함수 $y=f(x)$, $y=g(x)$의 그래프는 다음과 같다.

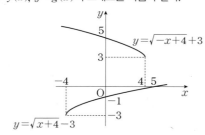

STEP Ⓑ $S_1=S_2$임을 이용하여 넓이 구하기

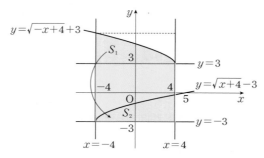

그림과 같이 두 직선 $x=-4$, $y=3$과 곡선 $y=\sqrt{-x+4}+3$으로
둘러싸인 부분의 넓이를 S_1이라 하고 두 직선 $x=4$, $y=-3$과
곡선 $y=\sqrt{x+4}-3$으로 둘러싸인 부분의 넓이를 S_2라 하면 $S_1=S_2$
따라서 구하는 넓이는 가로의 길이가 8, 세로의 길이가 6인 직사각형 넓이와
같으므로 $8 \times 6 = 48$

> **+α** | 두 함수의 그래프는 서로 겹쳐질 수 있어!
>
> 함수 $y=\sqrt{x+4}-3$의 그래프는 함수 $y=\sqrt{x}$의 그래프를 x축 방향으로 -4만큼,
> y축 방향으로 -3만큼 평행이동한 것이고 함수 $y=\sqrt{-x+4}+3$의 그래프는 함수
> $y=\sqrt{x}$의 그래프를 y축에 대하여 대칭이동한 후 x축 방향으로 4만큼, y축 방향으로
> 3만큼 평행이동한 것이므로 두 함수는 서로 겹칠 수 있다.

내/신/연/계/ 출제문항 905

두 함수
$$f(x)=\sqrt{x+3}-2, \; g(x)=\sqrt{-x+3}+5$$
의 그래프와 두 직선 $x=-3$, $x=3$으로 둘러싸인 도형의 넓이를 구하시오.

STEP Ⓐ 두 무리함수의 그래프의 개형 파악하기

함수 $y=\sqrt{x+3}-2$의 그래프는 함수 $y=\sqrt{x}$의 그래프를 x축의 방향으로
-3만큼, y축의 방향으로 -2만큼 평행이동한 것이고

함수 $y=\sqrt{-x+3}+5$의 그래프는 함수 $y=\sqrt{-x}$의 그래프를 x축의 방향으로
3만큼, y축의 방향으로 5만큼 평행이동한 것이다.
즉 함수 $y=f(x)$, $y=g(x)$의 그래프는 다음과 같다.

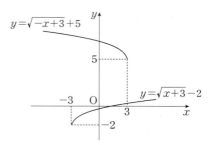

STEP Ⓑ $S_1=S_2$임을 이용하여 넓이 구하기

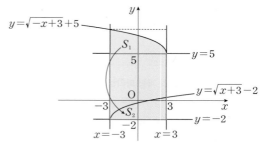

그림과 같이 두 직선 $x=-3$, $y=5$와 곡선 $y=\sqrt{-x+3}+5$로 둘러싸인
부분의 넓이를 S_1이라 하고 두 직선 $x=3$, $y=-2$와 곡선 $y=\sqrt{x+3}-2$로
둘러싸인 부분의 넓이를 S_2라 하면 $S_1=S_2$
따라서 구하는 넓이를 S라 하면 가로의 길이가 6, 세로의 길이가 7인
직사각형의 넓이와 같으므로 $6 \times 7 = 42$

> **+α** | 두 함수의 그래프는 서로 겹쳐질 수 있어!
>
> 함수 $y=\sqrt{x+3}-2$의 그래프는 함수 $y=\sqrt{x}$의 그래프를 x축 방향으로 -3만큼,
> y축 방향으로 -2만큼 평행이동한 것이고 함수 $y=\sqrt{-x+3}+5$의 그래프는 함수
> $y=\sqrt{x}$의 그래프를 y축에 대하여 대칭이동한 후 x축 방향으로 3만큼, y축 방향으로
> 5만큼 평행이동한 것이므로 두 함수는 서로 겹칠 수 있다.

정답 42

1875

2015년 06월 고2 학력평가 나형 26번 정답 10

문 항 분 석

함수 $y=x^2 (x<0)$의 그래프를 y축에 대하여 대칭이동한 후 직선 $y=x$에 대하여
대칭이동한 그래프와 함수 $y=\sqrt{x} (x \geq 0)$의 그래프가 일치하므로 직선 OA와
$y=f(x)$의 그래프로 둘러싸인 부분의 넓이와 직선 OB와 $y=f(x)$의 그래프로 둘러
싸인 부분의 넓이가 같게 되고 함수 $f(x)$와 직선 $x+3y-10=0$으로 둘러싸인 부분
의 넓이는 삼각형 OAB의 넓이와 같아진다.

STEP Ⓐ 두 직선 OA, OB와 $y=f(x)$의 그래프로 둘러싸인 두 부분의 넓이가 서로 같음을 이용하기

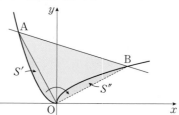

함수 $y=\sqrt{x} \; (x \geq 0)$의 그래프는 함수 $y=x^2 \; (x<0)$의 그래프를
y축에 대하여 대칭이동한 후 직선 $y=x$에 대하여 대칭이동한 것이므로
점 A는 같은 방법의 대칭이동으로 점 B로 이동한다.
이때 직선 OA와 $y=f(x)$의 그래프로 둘러싸인 부분의 넓이를 S'이라 하고
직선 OB와 $y=f(x)$의 그래프로 둘러싸인 부분의 넓이를 S''라 하면 $S'=S''$
즉 구하는 넓이를 S라 하면 S는 삼각형 OAB의 넓이와 같다.

STEP **B** **삼각형 OAB의 넓이 구하기**

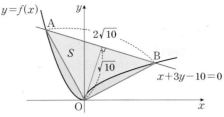

삼각형 OAB에서 밑변을 $\overline{AB}$라 하면

$\overline{AB}=\sqrt{\{4-(-2)\}^2+(2-4)^2}=\sqrt{36+4}=2\sqrt{10}$

높이는 원점과 직선 $x+3y-10=0$ 사이의 거리이므로

$\dfrac{|-10|}{\sqrt{1^2+3^2}}=\dfrac{10}{\sqrt{10}}=\sqrt{10}$

따라서 $S=\dfrac{1}{2}\times\sqrt{10}\times 2\sqrt{10}=10$

---

mini해설 | 사다리꼴 넓이에서 삼각형의 넓이를 빼서 풀이하기

직선 $x+3y-10=0$이 y축과 만나는 점은 $C\left(0,\dfrac{10}{3}\right)$

점 $C\left(0,\dfrac{10}{3}\right)$를 $y=x$에 대하여 대칭이동한 점을 $C'\left(\dfrac{10}{3},0\right)$이라 하고

점 $B(4,2)$에서 x축에 내린 수선의 발을 H라 하자. ← H(4, 0)

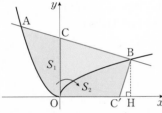

그림과 같이 S'의 영역과 S''의 영역의 넓이는 서로 같기 때문에

S는 사다리꼴 COHB의 넓이에서 삼각형 BC'H의 넓이를 뺀 것과 같다.

(사다리꼴 COHB의 넓이)$=\dfrac{1}{2}\times(\overline{BH}+\overline{OC})\times\overline{OH}=\dfrac{1}{2}\times\left(2+\dfrac{10}{3}\right)\times 4=\dfrac{32}{3}$

(삼각형 BC'H의 넓이)$=\dfrac{1}{2}\times(\overline{OH}-\overline{OC'})\times\overline{BH}=\dfrac{1}{2}\times\left(4-\dfrac{10}{3}\right)\times 2=\dfrac{2}{3}$

따라서 $S=\dfrac{32}{3}-\dfrac{2}{3}=10$

내신연계 출제문항 906

함수 $f(x)=\begin{cases}\sqrt{x}\ (x\geq 0)\\ x^2\ (x<0)\end{cases}$의 그래프와 직선 $x+2y-15=0$이 두 점

$A(-3,9)$, $B(9,3)$에서 만난다. 그림과 같이 주어진 함수 $f(x)$의 그래프와 직선으로 둘러싸인 부분의 넓이를 구하시오. (단, O는 원점이다.)

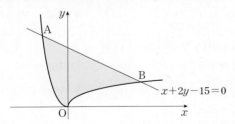

STEP **A** **두 직선 OA, OB와 $y=f(x)$의 그래프로 둘러싸인 두 부분의 넓이가 서로 같음을 이용하기**

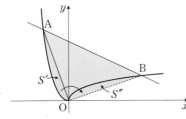

함수 $y=\sqrt{x}$ $(x\geq 0)$의 그래프는 함수 $y=x^2$ $(x<0)$의 그래프를 y축에 대하여 대칭이동한 후 직선 $y=x$에 대하여 대칭이동한 것이므로 점 A는 같은 방법의 대칭이동으로 점 B로 이동한다.

이때 직선 OA와 $y=f(x)$의 그래프로 둘러싸인 부분의 넓이를 S'이라 하고 직선 OB와 $y=f(x)$의 그래프로 둘러싸인 부분의 넓이를 S''라 하면 $S'=S''$

즉 구하는 넓이를 S라 하면 S는 삼각형 OAB의 넓이와 같다.

STEP **B** **삼각형 OAB의 넓이 구하기**

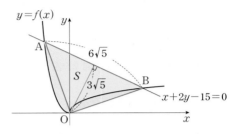

삼각형 OAB에서 밑변을 $\overline{AB}$라 하면

$\overline{AB}=\sqrt{(9+3)^2+(3-9)^2}=\sqrt{144+36}=6\sqrt{5}$

높이는 원점과 직선 $x+2y-15=0$ 사이의 거리이므로

$\dfrac{|0+2\times 0-15|}{\sqrt{1^2+2^2}}=\dfrac{15}{\sqrt{5}}=3\sqrt{5}$

따라서 $S=\dfrac{1}{2}\times 6\sqrt{5}\times 3\sqrt{5}=45$

---

mini해설 | 사다리꼴 넓이에서 삼각형의 넓이를 빼서 풀이하기

직선 $x+2y-15=0$이 y축과 만나는 점은 $C\left(0,\dfrac{15}{2}\right)$

점 C를 $y=x$에 대하여 대칭이동한 점을 $C'\left(\dfrac{15}{2},0\right)$이라 하고

점 $B(9,3)$에서 x축에 내린 수선의 발을 H라 하자. ← H(9, 0)

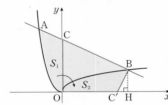

그림과 같이 S'의 영역과 S''의 영역의 넓이는 서로 같기 때문에

S는 사다리꼴 COHB의 넓이에서 삼각형 BC'H의 넓이를 뺀 것과 같다.

(사다리꼴 COHB의 넓이)$=\dfrac{1}{2}\times\left(3+\dfrac{15}{2}\right)\times 9=\dfrac{189}{4}$

(삼각형 BC'H의 넓이)$=\dfrac{1}{2}\times\left(9-\dfrac{15}{2}\right)\times 3=\dfrac{9}{4}$

따라서 $S=\dfrac{189}{4}-\dfrac{9}{4}=45$

1876

정답 해설참조

| 1단계 | 정의역이 $\{x\,|\,x \leq 4\}$, 치역이 $\{y\,|\,y \geq -3\}$이 되도록 하는 상수 a, b의 값을 구한다. | 5점 |

$-2x+a \geq 0$에서 $x \leq \dfrac{a}{2}$이므로 정의역은 $\left\{x\,\middle|\,x \leq \dfrac{a}{2}\right\}$

즉, $\dfrac{a}{2} = 4$이므로 $a = 8$

$\sqrt{-2x+8} \geq 0$에서 $\sqrt{-2x+8}+b \geq b$이므로 치역은 $\{y\,|\,y \geq b\}$

$\therefore b = -3$

| 2단계 | 함수 $g(x)=ax-16$, $h(x)=bx^3$에 대하여 $(h \circ (g \circ h)^{-1} \circ h)(-2)$의 값을 구한다. | 5점 |

$g(x)=8x-16$, $h(x)=-3x^3$이므로

$(h \circ (g \circ h)^{-1} \circ h)(-2) = (h \circ h^{-1} \circ g^{-1} \circ h)(-2)$ ← $h \circ h^{-1}=I$

$= (g^{-1} \circ h)(-2)$

$= g^{-1}(h(-2))$

$= g^{-1}(24)$ ← $h(-2)=-3 \times(-8)=24$

이때 $g^{-1}(24)=k$라 하면 $g(k)=24$이므로

$8k-16=24$, $8k=40$ $\therefore k=5$

따라서 $(h \circ (g \circ h)^{-1} \circ h)(-2)=5$

1877

정답 해설참조

| 1단계 | 함수 $y=\sqrt{3-x}-2$의 역함수를 구한다. | 4점 |

$y=\sqrt{3-x}-2$를 x에 대하여 풀면

$\sqrt{3-x}=y+2$, $3-x=(y+2)^2 \ (y \geq -2)$

$x=-(y+2)^2+3 \ (y \geq -2)$

x와 y를 서로 바꾸면 구하는 역함수는

$y=-(x+2)^2+3=-x^2-4x-1 \ (x \geq -2)$

| 2단계 | 함수의 역함수와 직선 $y=-2x+k$가 두 점에서 만나도록 하는 실수 k의 값의 범위를 구한다. | 6점 |

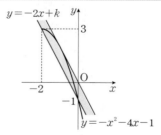

(i) 함수 $y=-x^2-4x-1 \ (x \geq -2)$의 그래프와 직선 $y=-2x+k$가 접할 때, 방정식 $-x^2-4x-1=-2x+k$

즉, $x^2+2x+1+k=0$은 중근을 갖는다.

이차방정식 $x^2+2x+1+k=0$의 판별식을 D라 하면

$\dfrac{D}{4}=1^2-(1+k)=0$ $\therefore k=0$

(ii) 직선 $y=-2x+k$가 함수 $y=-x^2-4x-1 \ (x \geq -2)$의 그래프의 꼭짓점 $(-2, 3)$을 지날 때,

$3=-2 \times (-2)+k$ $\therefore k=-1$

(i), (ii)에서 구하는 k의 값의 범위는 $-1 \leq k < 0$

1878

정답 해설참조

| 1단계 | 유리함수의 그래프는 점근선의 교점에 대칭임을 이용하여 a, b의 값을 구한다. | 3점 |

$y=\dfrac{x+3}{x+1}=\dfrac{x+1+2}{x+1}=\dfrac{2}{x+1}+1$에서 점근선의 방정식은 $x=-1$, $y=1$

이므로 $y=\dfrac{x+3}{x+1}$의 그래프는 두 점근선의 교점 $(-1, 1)$에 대하여 대칭이다.

$\therefore a=-1$, $b=1$

| 2단계 | 유리함수의 그래프는 점근선의 교점을 지나며 기울기가 1 또는 -1인 직선에 대칭임을 이용하여 c의 값을 구한다. | 3점 |

또한, $y=\dfrac{x+3}{x+1}$의 그래프는 점 $(-1, 1)$을 지나고 기울기가 1 또는 -1인 직선에 대하여 대칭이다.

즉, 직선 $y=x+c$는 점 $(-1, 1)$을 지나므로 $1=-1+c$

$\therefore c=2$

| 3단계 | 무리함수 $y=-\sqrt{ax+b}+c$의 정의역과 치역을 구하고 지나지 않는 사분면을 구한다. | 4점 |

$a=-1$, $b=1$, $c=2$에서 $y=-\sqrt{-x+1}+2$이므로

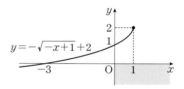

정의역은 $\{x\,|\,x \leq 1\}$, 치역은 $\{y\,|\,y \leq 2\}$이며 그래프는 제 4사분면을 지나지 않는다.

$y=-\sqrt{-x+1}+2$

1879

정답 해설참조

| 1단계 | 유리함수의 그래프의 두 점근선의 교점의 좌표가 $(3, -2)$임을 이용하여 상수 a, b의 값을 구한다. | 4점 |

함수 $y=\dfrac{bx+3}{x-a}$의 그래프의 두 점근선의 교점의 좌표가 $(3, -2)$이므로

이 함수의 그래프의 점근선의 방정식은 $x=3$, $y=-2$이다.

즉, 이 함수의 식을 $y=\dfrac{k}{x-3}-2 \ (k \neq 0)$로 나타낼 수 있다.

$y=\dfrac{k}{x-3}-2=\dfrac{k}{x-3}-\dfrac{2(x-3)}{x-3}=\dfrac{-2x+k+6}{x-3}=\dfrac{bx+3}{x-a}$에서

$a=3$, $b=-2$, $k=-3$

| 2단계 | $2 \leq x \leq 9$에서 함수 $y=\sqrt{ax+b}+c$의 최솟값이 -3이 되도록 하는 상수 c의 값을 구한다. | 3점 |

$2 \leq x \leq 9$에서 함수 $y=\sqrt{3x-2}+c$는

$x=2$일 때 최솟값 $y=\sqrt{6-2}+c=-3$을 가지므로 $c=-5$

| 3단계 | $2 \leq x \leq 9$에서 함수 $y=\sqrt{ax+b}+c$의 최댓값을 구한다. | 3점 |

따라서 $y=\sqrt{3x-2}-5$는 $x=9$일 때 최댓값을 가지므로 구하는 최댓값은

$\sqrt{3 \times 9 -2}-5=5-5=0$

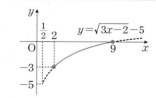

$y=\sqrt{3x-2}-5$

함수 $y=\dfrac{ax-3}{x+b}$ 의 그래프의 두 점근선의 교점의 좌표가 $(-1, 3)$이다.

$1 \le x \le 5$에서 함수 $y=\sqrt{ax+b}+c$의 최댓값이 6일 때, 최솟값을 구하는 과정을 다음 단계로 서술하시오. (단, a, b, c는 상수이고, $a \ne 0$)

[1단계] 유리함수의 그래프의 두 점근선의 교점의 좌표가 $(-1, 3)$임을 이용하여 상수 a, b의 값을 구한다. [4점]

[2단계] $1 \le x \le 5$에서 함수 $y=\sqrt{ax+b}+c$의 최댓값이 6이 되도록 하는 상수 c의 값을 구한다. [3점]

[3단계] $1 \le x \le 5$에서 함수 $y=\sqrt{ax+b}+c$의 최솟값을 구한다. [3점]

| 1단계 | 유리함수의 그래프의 두 점근선의 교점의 좌표가 $(-1, 3)$임을 이용하여 상수 a, b의 값을 구한다. | 4점 |

함수 $y=\dfrac{ax-3}{x+b}$ 의 그래프의 두 점근선의 교점의 좌표가 $(-1, 3)$이므로

이 함수의 그래프의 점근선의 방정식은 $x=-1$, $y=3$이다.

즉, 이 함수의 식을 $y=\dfrac{k}{x+1}+3$ $(k \ne 0)$으로 나타낼 수 있다.

$y=\dfrac{k}{x+1}+3=\dfrac{k}{x+1}+\dfrac{3(x+1)}{x+1}=\dfrac{3x+k+3}{x+1}=\dfrac{ax-3}{x+b}$ 에서

$a=3$, $b=1$, $k=-6$

| 2단계 | $1 \le x \le 5$에서 함수 $y=\sqrt{ax+b}+c$의 최댓값이 6이 되도록 하는 상수 c의 값을 구한다. | 3점 |

$1 \le x \le 5$에서 함수 $y=\sqrt{3x+1}+c$는

$x=5$일 때, 최댓값 $y=\sqrt{15+1}+c=6$을 가지므로

$c=2$

| 3단계 | $1 \le x \le 5$에서 함수 $y=\sqrt{ax+b}+c$의 최솟값을 구한다. | 3점 |

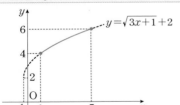

따라서 $y=\sqrt{3x+1}+2$는 $x=1$일 때 최솟값을 가지므로 구하는 최솟값은

$\sqrt{3+1}+2=2+2=4$

정답 해설참조

1880

정답 해설참조

| 1단계 | $n(A \cap B)=2$일 때, 무리함수의 그래프와 직선의 위치 관계를 파악한다. | 2점 |

$n(A \cap B)=2$이므로 함수 $y=\sqrt{-2x+3}=\sqrt{-2\left(x-\dfrac{3}{2}\right)}$의 그래프와

직선 $y=-x+k$는 서로 다른 두 점에서 만난다.

| 2단계 | 직선이 점 $\left(\dfrac{3}{2}, 0\right)$을 지날 때의 k의 값을 구한다. | 3점 |

직선 $y=-x+k$가 점 $\left(\dfrac{3}{2}, 0\right)$을 지날 때, $0=-\dfrac{3}{2}+k$ $\quad \therefore k=\dfrac{3}{2}$

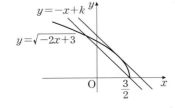

| 3단계 | 직선이 무리함수의 그래프와 접할 때의 k의 값을 구한다. | 3점 |

직선 $y=-x+k$가 함수 $y=\sqrt{-2x+3}$의 그래프와 접할 때,

$\sqrt{-2x+3}=-x+k$에서 양변을 제곱하면

$-2x+3=x^2-2kx+k^2$

$\therefore x^2-2(k-1)x+k^2-3=0$

이 이차방정식의 판별식을 D라 하면 $D=0$이어야 한다.

$\dfrac{D}{4}=(k-1)^2-(k^2-3)=0$

$k^2-2k+1-k^2+3=0$, $-2k+4=0$ $\quad \therefore k=2$

| 4단계 | 실수 k의 값의 범위를 구한다. | 2점 |

따라서 함수 $y=\sqrt{-2x+3}$의 그래프와 직선 $y=-x+k$가

서로 다른 두 점에서 만나야 하므로 k의 값의 범위는 $\dfrac{3}{2} \le k < 2$

1881

정답 해설참조

| 1단계 | 상수 a, b, c의 값을 구한다. | 4점 |

주어진 함수의 그래프는 함수 $y=-\sqrt{ax}$

의 그래프를 x축의 방향으로 4만큼,

y축의 방향으로 2만큼 평행이동한

것이므로

$f(x)=-\sqrt{a(x-4)}+2$

이때 그래프가 점 $(0, -2)$를 지나므로

$-2=-\sqrt{-4a}+2$, $\sqrt{-4a}=4$

$-4a=16$ $\quad \therefore a=-4$

$f(x)=-\sqrt{-4(x-4)}+2$

$\qquad =-\sqrt{-4x+16}+2$

$\therefore a=-4$, $b=16$, $c=2$

| 2단계 | 주어진 함수 $f(x)$의 역함수를 $g(x)$라 할 때, $g(1)$의 값을 구한다. | 3점 |

$f(x)$의 역함수가 $g(x)$이므로 $g(1)=k$로 놓으면 $f(k)=1$

$f(k)=-\sqrt{-4k+16}+2=1$에서 $\sqrt{-4k+16}=1$

$-4k+16=1$ $\quad \therefore k=\dfrac{15}{4}$

즉 $g(1)=\dfrac{15}{4}$

| 3단계 | 함수 $y=f(x)$의 그래프와 그 역함수 $y=g(x)$의 그래프의 교점이 (p, q)일 때, $p+q$의 값을 구한다. | 3점 |

$y=f(x)$의 그래프와 그 역함수 $y=g(x)$의 그래프의 교점은

$y=f(x)$의 그래프와 직선 $y=x$의 교점과 같으므로 $-\sqrt{-4x+16}+2=x$

$-\sqrt{-4x+16}=x-2$

양변을 제곱하면

$-4x+16=x^2-4x+4$, $x^2=12$

$\therefore x=\pm 2\sqrt{3}$

즉 교점의 x좌표는 $p=-2\sqrt{3}$ $(\because p \le 2)$이므로 $q=-2\sqrt{3}$

따라서 $p+q=-4\sqrt{3}$

$y=f(x)$의 정의역은 $x \le 4$
$y=g(x)$의 정의역은 $x \le 2$이므로
교점의 x좌표는 $x \le 2$에 존재

내신연계 출제문항 908

무리함수 $f(x)=\sqrt{ax+b}+c$의 그래프가 다음과 같다.
다음 단계의 물음에 답하고 그 과정을 서술하시오.

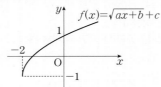

[1단계] 상수 a, b, c의 값을 구한다. [4점]
[2단계] 주어진 함수 $f(x)$의 역함수를 $g(x)$라 할 때, $g(3)$의 값을 구한다.
[3점]
[3단계] 함수 $y=f(x)$의 그래프와 그 역함수 $y=g(x)$의 그래프의 교점이
(p, q)일 때, $p+q$의 값을 구한다. [3점]

> 1단계   상수 a, b, c의 값을 구한다.   4점

주어진 함수의 그래프는 함수 $y=\sqrt{ax}$의 그래프를 x축의 방향으로 -2만큼,
y축의 방향으로 -1만큼 평행이동한 것이므로

$f(x)=\sqrt{a(x+2)}-1$

이때 그래프가 점 $(0, 1)$을 지나므로

$\sqrt{2a}-1=1$, $\sqrt{2a}=2$
$2a=4$ $\therefore a=2$
$f(x)=\sqrt{2(x+2)}-1$
$\quad\quad=\sqrt{2x+4}-1$
$\therefore a=2$, $b=4$, $c=-1$

> 2단계   주어진 함수 $f(x)$의 역함수를 $g(x)$라 할 때, $g(3)$의 값을 구한다.   3점

$f(x)$의 역함수가 $g(x)$이므로 $g(3)=k$로 놓으면 $f(k)=3$

$f(k)=\sqrt{2k+4}-1=3$에서 $\sqrt{2k+4}=4$
$2k+4=16$ $\therefore k=6$
즉 $g(3)=6$

> 3단계   함수 $y=f(x)$의 그래프와 그 역함수 $y=g(x)$의 그래프의 교점이 (p, q)일 때, $p+q$의 값을 구한다.   3점

$y=f(x)$의 그래프와 그 역함수 $y=g(x)$의 그래프의 교점은
$y=f(x)$와 $y=x$의 교점과 같으므로 $\sqrt{2x+4}-1=x$
$\sqrt{2x+4}=x+1$

양변을 제곱하면 $2x+4=x^2+2x+1$, $x^2=3$
$\therefore x=\pm\sqrt{3}$

즉 교점의 x좌표는 $p=\sqrt{3}$ $(\because p\ge1)$이므로 $q=\sqrt{3}$
따라서 $p+q=\sqrt{3}+\sqrt{3}=2\sqrt{3}$ **정답** 해설참조

1882

정답 해설참조

> 1단계   무리함수 $y=\sqrt{2x+8}$의 그래프와 그 역함수 $y=g(x)$의 그래프의 교점의 좌표가 (a, b)일 때, 상수 a, b에 대하여 ab의 값을 구한다.   3점

무리함수 $y=\sqrt{2x+8}$의 그래프와 그 역함수 $y=g(x)$의 그래프의 교점은
함수 $y=\sqrt{2x+8}$의 그래프와 직선 $y=x$의 교점과 같다. ← 증가함수
즉 $\sqrt{2x+8}=x$에서 양변을 제곱하면 $x^2-2x-8=0$
$(x+2)(x-4)=0$ $\therefore x=-2$ 또는 $x=4$
이때 $x\ge0$이므로 $x=4$ ← $y=g(x)$의 정의역이 $\{x|x\ge0\}$
따라서 교점의 좌표는 $(4, 4)$이므로 $ab=16$

> 2단계   무리함수 $f(x)=\sqrt{x+k}$의 역함수를 $g(x)$라고 할 때, $g(2)=3$이다. 이때 $g(3)$의 값을 구한다.   3점

$g(2)=3$에서 $f(3)=2$이므로 $2=\sqrt{3+k}$, $4=3+k$
$\therefore k=1$
$g(3)=a$로 놓으면 $f(a)=3$이므로
$\sqrt{a+1}=3$, $a+1=9$ $\therefore a=8$
따라서 $g(3)=8$

> 3단계   무리함수 $f(x)=\sqrt{ax+b}$와 그 역함수 $y=f^{-1}(x)$의 그래프가 점 $(1, 2)$에서 만날 때, $f(-3)$의 값을 구한다.   4점

함수 $f(x)=\sqrt{ax+b}$의 그래프가 점 $(1, 2)$를 지나므로
$\sqrt{a+b}=2$에서 $a+b=4$ ······ ㉠
또, 역함수의 그래프가 점 $(1, 2)$를 지나므로
함수 $f(x)=\sqrt{ax+b}$의 그래프는 점 $(2, 1)$을 지난다.
즉 $\sqrt{2a+b}=1$에서 $2a+b=1$ ······ ㉡
㉠, ㉡을 연립하여 풀면 $a=-3$, $b=7$
따라서 $f(x)=\sqrt{-3x+7}$이므로 $f(-3)=\sqrt{9+7}=4$

내신연계 출제문항 909

다음은 무리함수와 그 역함수에 관한 문제이다.
다음 단계의 물음에 답하고 그 과정을 서술하시오.

[1단계] 무리함수 $y=\sqrt{2x+6}+1$의 그래프와 그 역함수 $y=g(x)$의
그래프의 교점의 좌표가 (a, b)일 때, 상수 a, b에 대하여
ab의 값을 구한다. [3점]
[2단계] 함수 $f(x)=\sqrt{ax+b}$와 그 역함수 $y=f^{-1}(x)$의 그래프가
점 $(2, 3)$에서 만날 때, $f(3)$의 값을 구한다. [3점]
[3단계] 함수 $f(x)=\sqrt{2x-16}$이 있다. 함수 $g(x)$가 2 이상의 모든 실수
x에 대하여 $f^{-1}(g(x))=4x$를 만족시킬 때, $g(4)$의 값을 구한다.
[4점]

> 1단계   무리함수 $y=\sqrt{2x+6}+1$의 그래프와 그 역함수 $y=g(x)$의 그래프의 교점의 좌표가 (a, b)일 때, 상수 a, b에 대하여 ab의 값을 구한다.   3점

무리함수 $y=\sqrt{2x+6}+1$의 그래프와 그 역함수 $y=g(x)$의 그래프의 교점은
함수 $y=\sqrt{2x+6}+1$의 그래프와 직선 $y=x$의 교점과 같다. ← 증가함수
즉 $\sqrt{2x+6}+1=x$, $\sqrt{2x+6}=x-1$에서 양변을 제곱하면
$2x+6=x^2-2x+1$, $x^2-4x-5=0$
$(x+1)(x-5)=0$ $\therefore x=-1$ 또는 $x=5$
이때 $x\ge1$이므로 $x=5$ ← $y=g(x)$의 정의역이 $\{x|x\ge1\}$
따라서 교점의 좌표는 $(5, 5)$이므로 $ab=25$

> 2단계   무리함수 $f(x)=\sqrt{ax+b}$와 그 역함수 $y=f^{-1}(x)$의 그래프가 점 $(2, 3)$에서 만날 때, $f(3)$의 값을 구한다.   3점

함수 $f(x)=\sqrt{ax+b}$의 그래프가 점 $(2, 3)$을 지나므로
$\sqrt{2a+b}=3$에서 $2a+b=9$ ······ ㉠
또, 역함수의 그래프가 점 $(2, 3)$을 지나므로
함수 $f(x)=\sqrt{ax+b}$의 그래프는 점 $(3, 2)$를 지난다.
즉 $\sqrt{3a+b}=2$에서 $3a+b=4$ ······ ㉡
㉠, ㉡을 연립하여 풀면 $a=-5$, $b=19$
따라서 $f(x)=\sqrt{-5x+19}$이므로 $f(3)=\sqrt{-15+19}=2$

> 3단계   함수 $f(x)=\sqrt{2x-16}$이 있다. 함수 $g(x)$가 2 이상의 모든 실수 x에 대하여 $f^{-1}(g(x))=4x$를 만족시킬 때, $g(4)$의 값을 구한다.   4점

$f^{-1}(g(x))=4x$에서 $g(x)=f(4x)$이므로
$g(4)=f(16)=\sqrt{2\times16-16}=\sqrt{16}=4$ **정답** 해설참조

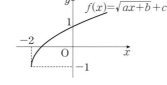

1883

정답 해설참조

1단계 $2 \leq x \leq 8$에서 $f^{-1}(x)$의 범위를 구하여 집합 A를 구한다. **4점**

함수 $f(x)$의 역함수를 구하면 다음과 같다.

$y = \dfrac{1}{2}x^2 + x + \dfrac{1}{2}(x \leq -1)$에서 $2y = (x+1)^2$

$x+1 = -\sqrt{2y}$ $(\because x \leq -1)$, $x = -\sqrt{2y} - 1$

x와 y를 서로 바꾸면 $y = -\sqrt{2x} - 1$

$\therefore f^{-1}(x) = -\sqrt{2x} - 1$

함수 $y = f^{-1}(x)$는 x의 값이 커질 때 y의 값은 작아지므로

$2 \leq x \leq 8$에서 $-5 \leq f^{-1}(x) \leq -3$

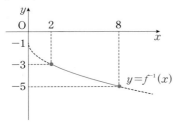

$\therefore A = \{f^{-1}(x) \mid 2 \leq x \leq 8\} = \{y \mid -5 \leq y \leq -3\}$

+α 치환을 이용하여 집합 A를 구할 수도 있어!

$f^{-1}(x) = t$라 하면 $x = f(t)$이므로

$\{f^{-1}(x) \mid 2 \leq x \leq 8\} = \{t \mid 2 \leq f(t) \leq 8\}$이다.

$2 \leq \dfrac{1}{2}t^2 + t + \dfrac{1}{2} \leq 8$에서 $4 \leq t^2 + 2t + 1 \leq 16$

$4 \leq (t+1)^2 \leq 16$, $-4 \leq t+1 \leq -2$ $(\because t \leq -1)$

$\therefore -5 \leq t \leq -3$

$\therefore \{f^{-1}(x) \mid 2 \leq x \leq 8\} = \{f^{-1}(x) \mid -5 \leq f^{-1}(x) \leq -3\}$

2단계 $1 \leq x \leq 3$에서 $g(x)$의 범위를 구하여 집합 B를 구한다. **4점**

한편 $g(x) = \dfrac{a}{x+1} + b$에서

$a < 0$이면 $1 \leq x \leq 3$에서 $g(1) \leq g(x) \leq g(3)$이므로

$\dfrac{a}{2} + b \leq g(x) \leq \dfrac{a}{4} + b$

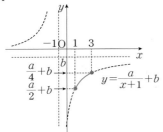

$B = \{g(x) \mid 1 \leq x \leq 3\} = \left\{y \,\middle|\, \dfrac{a}{2} + b \leq y \leq \dfrac{a}{4} + b\right\}$

3단계 두 집합 A, B가 서로 같을 때, 두 상수 a, b에 대하여 $a+b$의 값을 구한다. **2점**

두 집합 A, B가 서로 같을 때, $\dfrac{a}{2} + b = -5$, $\dfrac{a}{4} + b = -3$을 만족시켜야 하므로

두 식을 연립하여 풀면 $a = -8$, $b = -1$

따라서 $a+b = -8 + (-1) = -9$

1884

정답 해설참조

1단계 함수 $f(x)$의 그래프의 개형을 그린다. **3점**

$y = \dfrac{2x+3}{x-2} = \dfrac{2(x-2)+7}{x-2} = \dfrac{7}{x-2} + 2$

이므로 점근선의 방정식은 $x=2$, $y=2$

$y = 2\sqrt{3-x} + a = 2\sqrt{-(x-3)} + a$이므로 이 함수의 그래프는

$y = 2\sqrt{-x}$의 그래프를 x축의 방향으로 3만큼, y축의 방향으로 a만큼 평행이동한 것이다.

이때 조건 (가)에서 함수 f가 일대일함수이고

조건 (나)에서 치역이 $\{y \mid y > 2\}$이므로

$y = f(x)$의 그래프가 아래 그림과 같아야 한다.

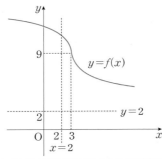

2단계 함수 $f(x)$의 그래프를 이용하여 상수 a의 값을 구한다. **3점**

즉 함수 $y = 2\sqrt{3-x} + a$의 그래프가 점 $(3, 9)$를 지나므로 $a = 9$

3단계 $f(2)f(k) = \dfrac{55}{2}$를 만족하는 상수 k의 값을 구한다. **3점**

$f(x) = \begin{cases} \dfrac{2x+3}{x-2} & (x > 3) \\ 2\sqrt{3-x} + 9 & (x \leq 3) \end{cases}$ 에서 $f(2) = 2\sqrt{3-2} + 9 = 11$이므로

$f(2)f(k) = \dfrac{55}{2}$에서 $11f(k) = \dfrac{55}{2}$ $\therefore f(k) = \dfrac{5}{2}$

한편, $2\sqrt{3-x} + 9 \geq 9$이므로 $k > 3$

즉, $f(k) = \dfrac{2k+3}{k-2} = \dfrac{5}{2}$에서 $5k-10 = 4k+6$ $\therefore k = 16$

4단계 ka의 값을 구한다. **1점**

따라서 $ka = 16 \times 9 = 144$

1885

정답 해설참조

1단계 삼각형 ABP의 넓이의 최댓값이 되는 점 P의 위치를 구한다. **2점**

삼각형 ABP의 넓이는 점 P가 함수 $y = f(x)$의 그래프의 접선 중 직선 AB와 평행한 접선 위의 접점일 때 최대이다.

2단계 직선 AB에 평행하고 곡선 $y = f(x)$에 접하는 접선의 방정식을 구한다. **4점**

두 점 $A(1, 1)$, $B(5, 5)$를 지나는 직선의 기울기는 $\dfrac{5-1}{5-1}$,

즉 1이므로 직선 AB에 평행한 $y = f(x)$의 그래프의 접선의 방정식을

$y = x + k$ (k는 상수)라 하면

$2\sqrt{x-1} + 1 = x + k$에서

$2\sqrt{x-1} = x + k - 1$

양변을 제곱하면

$4(x-1) = x^2 + k^2 + 1 + 2kx - 2k - 2x$

$\therefore x^2 + 2(k-3)x + k^2 - 2k + 5 = 0$

이 이차방정식의 판별식을 D라 하면 $D = 0$이어야 하므로

$\dfrac{D}{4} = (k-3)^2 - (k^2 - 2k + 5) = 0$, $-4k + 4 = 0$ $\therefore k = 1$

즉, 접선의 방정식은 $y = x + 1$

3단계 삼각형 ABP의 넓이의 최댓값을 구한다. **4점**

$\overline{AB} = \sqrt{(5-1)^2 + (5-1)^2} = 4\sqrt{2}$이고

직선 $y = x + 1$ 위의 점 $(0, 1)$과 직선 $y = x$, 즉 $x - y = 0$ 사이의 거리는

$\dfrac{|-1|}{\sqrt{1^2 + (-1)^2}} = \dfrac{1}{\sqrt{2}}$

따라서 삼각형 ABP의 넓이의 최댓값은 $\dfrac{1}{2} \times 4\sqrt{2} \times \dfrac{1}{\sqrt{2}} = 2$

함수 $f(x)=\sqrt{x+2}-2$의 그래프 위의 임의의 점 P가 점 A$(-2, -2)$와
점 B$(-1, -1)$ 사이를 움직일 때, 삼각형 ABP의 넓이의 최댓값을 구하는
과정을 다음 단계로 서술하시오,
[1단계] 삼각형 ABP의 넓이의 최댓값이 되는 점 P의 위치를 구한다. [2점]
[2단계] 직선 AB에 평행하고 곡선 $y=f(x)$에 접하는 접선의 방정식을
구한다. [4점]
[3단계] 삼각형 ABP의 넓이의 최댓값을 구한다. [4점]

| 1단계 | 삼각형 ABP의 넓이의 최댓값이 되는 점 P의 위치를 구한다. | 2점 |

삼각형 ABP의 넓이는 점 P가 함수 $y=f(x)$의 그래프의 접선 중 직선 AB와
평행한 접선 위의 접점일 때 최대이다.

| 2단계 | 직선 AB에 평행하고 곡선 $y=f(x)$에 접하는 접선의 방정식을 구한다. | 4점 |

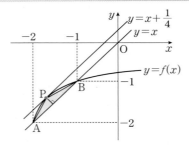

두 점 A$(-2, -2)$, B$(-1, -1)$을 지나는 직선의 기울기는 $\dfrac{-1+2}{-1+2}$,

즉 1이므로 직선 AB에 평행한 $y=f(x)$의 그래프의 접선의 방정식을
$y=x+k$ (k는 상수)라 하면
$\sqrt{x+2}-2=x+k$에서 $\sqrt{x+2}=x+k+2$
양변을 제곱하면
$x+2=x^2+k^2+4+2kx+4k+4x$
$\therefore x^2+(2k+3)x+k^2+4k+2=0$
이 이차방정식의 판별식을 D라 하면 $D=0$이어야 하므로
$D=(2k+3)^2-4(k^2+4k+2)=0$, $-4k+1=0$ $\therefore k=\dfrac{1}{4}$

즉 접선의 방정식은 $y=x+\dfrac{1}{4}$

| 3단계 | 삼각형 ABP의 넓이의 최댓값을 구한다. | 4점 |

$\overline{AB}=\sqrt{(-1+2)^2+(-1+2)^2}=\sqrt{2}$이고
직선 $y=x+\dfrac{1}{4}$ 위의 점 $\left(0, \dfrac{1}{4}\right)$과 직선 $y=x$, 즉 $x-y=0$ 사이의 거리는

$\dfrac{\left|-\dfrac{1}{4}\right|}{\sqrt{1^2+(-1)^2}}=\dfrac{\sqrt{2}}{4}$

따라서 삼각형 ABP의 넓이의 최댓값은 $\dfrac{1}{2}\times\sqrt{2}\times\dfrac{\sqrt{2}}{4}=\dfrac{1}{4}$

정답 해설참조

STEP3 일등급문제

1886
정답 -1

STEP A $-3\le x\le-\dfrac{2}{3}$에서 무리함수의 치역 구하기

$f(x)=\dfrac{-2x+8}{x-3}=\dfrac{-2(x-3)+2}{x-3}=\dfrac{2}{x-3}-2$이므로
$x>3$일 때, x의 값이 커지면 $f(x)$의 값은 작아진다. ······ ㉠
또한 $g(x)=\sqrt{7-3x}+1$이므로
$-3\le x\le-\dfrac{2}{3}$에서 $4\le g(x)\le 5$ ······ ㉡

STEP B 합성함수의 최댓값과 최솟값의 합 구하기

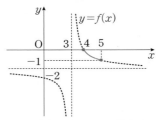

$(f\circ g)(x)=f(g(x))$에서 $g(x)=t$라 하면 ㉡에 의하여 $4\le t\le 5$이고
함수 $f(t)$는 ㉠에 의하여 $t=4$일 때 최댓값 $\dfrac{-8+8}{4-3}=0$,
$t=5$일 때 최솟값 $\dfrac{-10+8}{5-3}=-1$을 갖는다.
따라서 $-3\le x\le-\dfrac{2}{3}$에서 함수 $(f\circ g)(x)$의 최댓값과 최솟값의 합은
$0+(-1)=-1$

두 함수 $f(x)=\dfrac{3x-3}{x-2}$, $g(x)=-\sqrt{5-2x}+6$에 대하여 $-2\le x\le 2$에서
정의된 함수 $(f\circ g)(x)$의 최댓값과 최솟값의 합을 구하시오.

STEP A $-2\le x\le 2$에서 무리함수의 치역 구하기

$f(x)=\dfrac{3x-3}{x-2}=\dfrac{3(x-2)+3}{x-2}=\dfrac{3}{x-2}+3$이므로
$x>2$일 때, x의 값이 커지면 $f(x)$의 값은 작아진다. ······ ㉠
또한 $g(x)=-\sqrt{5-2x}+6$이므로
$-2\le x\le 2$에서 $3\le g(x)\le 5$ ······ ㉡

STEP B 합성함수의 최댓값과 최솟값의 합 구하기

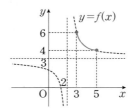

$(f\circ g)(x)=f(g(x))$에서 $g(x)=t$라 하면 ㉡에 의하여 $3\le t\le 5$이고
함수 $f(t)$는 ㉠에 의하여 $t=3$일 때 최댓값 $\dfrac{9-3}{3-2}=6$,
$t=5$일 때 최솟값 $\dfrac{15-3}{5-2}=4$를 갖는다.
따라서 $-2\le x\le 2$에서 함수 $(f\circ g)(x)$의 최댓값과 최솟값의 합은
$6+4=10$

정답 10

1887

정답 -2

STEP A $n(A \cap B) = 2$의 의미 파악하기

$n(A \cap B) = 2$이려면 두 함수 $y = \dfrac{3x-8}{x-2}$, $y = -\sqrt{x+a} - a + 5$의 그래프가
서로 다른 두 점에서 만나야 한다.

STEP B 유리함수와 무리함수의 그래프 파악하기

이때 $y = \dfrac{3x-8}{x-2} = \dfrac{3(x-2)-2}{x-2} = -\dfrac{2}{x-2} + 3$이므로

함수 $y = \dfrac{3x-8}{x-2}$의 그래프는 함수 $y = -\dfrac{2}{x}$의 그래프를 x축의 방향으로
2만큼, y축의 방향으로 3만큼 평행이동한 것이다.

또한, 함수 $y = -\sqrt{x+a} - a + 5$의 그래프는 함수 $y = -\sqrt{x}$의 그래프를
x축의 방향으로 $-a$만큼, y축의 방향으로 $-a+5$만큼 평행이동한 것이다.

STEP C 유리함수와 무리함수의 그래프가 두 점에서 만나기 위한 실수 a의
범위 구하기

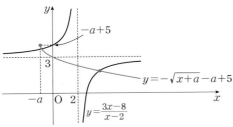

이때 두 함수 $y = \dfrac{3x-8}{x-2}$, $y = -\sqrt{x+a} - a + 5$의 그래프가 두 점에서
만나기 위해서는 $-a < 2$이어야 하고

함수 $y = \dfrac{3x-8}{x-2}$의 $x=-a$에서의 함숫값이 $-a+5$보다 작거나 같아야 한다.

즉 $\dfrac{-3a-8}{-a-2} \le -a+5$에서 $3a+8 \le (-a+5)(a+2)$ $\leftarrow$ $a+2>0$

$3a + 8 \le -a^2 + 3a + 10$, $a^2 \le 2$ $\therefore -\sqrt{2} \le a \le \sqrt{2}$

즉, $n(A \cap B) = 2$를 만족시키는 실수 a의 값의 범위는 $-\sqrt{2} \le a \le \sqrt{2}$

따라서 $p = -\sqrt{2}$, $q = \sqrt{2}$이므로 $pq = -2$

1888

정답 $\dfrac{1}{8}$

STEP A 직선 $y = 2x + a$가 점 $(-3, 0)$을 지날 때 상수 a의 값 구하기

두 무리함수 $y = \sqrt{3-x}$와 $y = \sqrt{3+x}$의 그래프가 그림과 같으므로
직선 $y = 2x + a$가 점 $(-3, 0)$을 지날 때 $n(A \cap B) = 3$이 된다.
이때 a의 값을 구하면 $0 = -6 + a$에서 $a = 6$

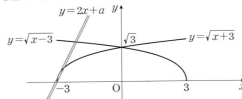

STEP B 직선 $y = 2x + a$가 $y = \sqrt{3+x}$의 그래프에 접할 때 상수 a의 값
구하기

직선 $y = 2x + a$가 $y = \sqrt{3+x}$의 그래프에 접할 때 a의 값을 구하면
$2x + a = \sqrt{3+x}$에서 $4x^2 + 4ax + a^2 = 3 + x$
$4x^2 + (4a-1)x + a^2 - 3 = 0$
이 이차방정식의 판별식을 D라 하면
$D = (4a-1)^2 - 16(a^2 - 3) = 0$, $-8a + 49 = 0$ $\therefore a = \dfrac{49}{8}$

STEP C $\beta - \alpha$의 값 구하기

$n(A \cap B) = 3$이 되도록 하는 a의 값의 범위는 $6 \le a < \dfrac{49}{8}$

따라서 $\alpha = 6$, $\beta = \dfrac{49}{8}$이므로 $\beta - \alpha$의 값은 $\dfrac{49}{8} - 6 = \dfrac{1}{8}$

1889

정답 23

STEP A 두 함수의 그래프와 직선 $y = x-4$, $y = x+2$로 둘러싸인 영역의
내부 또는 그 경계 그리기

함수 $f(x) = \sqrt{3(4-x)}$의 그래프는 함수 $y = \sqrt{-3x}$의 그래프를 x축의 방향
으로 4만큼 평행이동한 것이고, 함수 $g(x) = \sqrt{-3(x-7)} + 3$의 그래프는
함수 $y = \sqrt{-3x}$의 그래프를 x축의 방향으로 7만큼, y축의 방향으로 3만큼
평행이동한 것이므로 두 함수의 그래프와 직선 $y = x-4$, $y = x+2$로 둘러싸
인 영역의 내부 또는 그 경계는 다음 그림과 같다.

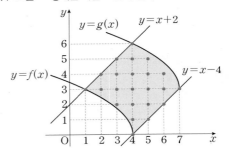

STEP B x좌표와 y좌표가 모두 정수인 점의 개수 구하기

x좌표와 y좌표가 모두 정수인 점의 개수는
$x=1$일 때, 정수 y의 값은 $y=3$ $\Rightarrow$ 1개
$x=2$일 때, 정수 y의 값은 $y=3, 4$ $\Rightarrow$ 2개
$x=3$일 때, 정수 y의 값은 $y=2, 3, 4, 5$ $\Rightarrow$ 4개
$x=4$일 때, 정수 y의 값은 $y=0, 1, 2, 3, 4, 5, 6$ $\Rightarrow$ 7개
$x=5$일 때, 정수 y의 값은 $y=1, 2, 3, 4, 5$ $\Rightarrow$ 5개
$x=6$일 때, 정수 y의 값은 $y=2, 3, 4$ $\Rightarrow$ 3개
$x=7$일 때, 정수 y의 값은 $y=3$ $\Rightarrow$ 1개
따라서 구하는 점의 개수는 $1+2+4+7+5+3+1 = 23$

내/신/연/계 출제문항 912

두 무리함수 $y = \sqrt{x}$, $y = \sqrt{4-x} + 2$의 그래프와 직선 $x=0$으로 둘러싸인
영역의 내부 또는 그 경계에 포함되고 x좌표와 y좌표가 모두 정수인 점의
개수를 구하시오.

STEP A 두 함수의 그래프와 직선 $x=0$으로 둘러싸인 영역의 내부 또는
그 경계 그리기

함수 $y = \sqrt{4-x} + 2 = \sqrt{-(x-4)} + 2$의 그래프는
함수 $y = \sqrt{-x}$의 그래프를 x축의 방향으로 4만큼, y축의 방향으로 2만큼
평행이동한 것이므로 두 함수의 그래프와 직선 $x=0$으로 둘러싸인
영역의 내부 또는 그 경계는 다음 그림과 같다.

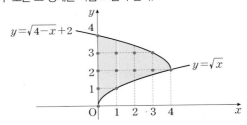

STEP B x좌표와 y좌표가 모두 정수인 점의 개수 구하기

$x=0$일 때, 정수 y의 값은 $0, 1, 2, 3, 4$ $\Rightarrow$ 5개
$x=1$일 때, 정수 y의 값은 $1, 2, 3$ $\Rightarrow$ 3개
$x=2$일 때, 정수 y의 값은 $2, 3$ $\Rightarrow$ 2개
$x=3$일 때, 정수 y의 값은 $2, 3$ $\Rightarrow$ 2개
$x=4$일 때, 정수 y의 값은 2 $\Rightarrow$ 1개
따라서 x좌표와 y좌표가 모두 정수인 점의 개수는 $5+3+2+2+1 = 13$

정답 13

1890

정답 ②

STEP A 곡선 $y=f(x)$가 점 B를 지날 때, 실수 k의 범위 구하기

곡선 $y=\sqrt{x-k}$의 시작점의 x좌표인 k의 값이 증가할 때

곡선 $y=\sqrt{x-k}$가 점 B를 지난 이후에 삼각형 ABC와 만나지 않는다.

곡선 $y=f(x)$는 점 B$(7, 1)$을 지나야 하므로 $x=7$, $y=1$을 대입하면

$1=\sqrt{7-k}$에서 $k=6$

즉 $k>6$이면 곡선 $y=\sqrt{x-k}$와 삼각형 ABC는 만나지 않는다.

$\therefore k \leq 6$ ...... ㉠

STEP B 곡선 $y=f^{-1}(x)$가 점 A를 지날 때, 실수 k의 범위 구하기

또한 곡선 $f(x)=\sqrt{x-k}$의 정의역이 $\{x|x \geq k\}$이고 치역은 $\{y|y \geq 0\}$

$y=\sqrt{x-k}$라 놓고 양변을 제곱하면 $y^2=x-k$

x에 대하여 풀면 $x=y^2+k$

x와 y를 서로 바꾸면 역함수 $y=x^2+k$ ← 역함수는 $y=x$에 대하여 대칭

$\therefore y=x^2+k(x \geq 0)$ ← 역함수의 정의역은 원래 함수의 치역

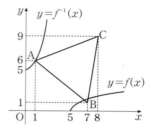

곡선 $y=x^2+k$의 꼭짓점의 y좌표인 k의 값이 증가할 때

곡선 $y=x^2+k$가 점 A를 지난 이후에 삼각형 ABC와 만나지 않는다.

곡선 $y=f^{-1}(x)$는 점 A$(1, 6)$을 지나야 하므로 $x=1$, $y=6$을 대입하면

$6=1^2+k$에서 $k=5$

즉 $k>5$이면 곡선 $y=x^2+k$와 삼각형 ABC는 만나지 않는다.

$\therefore k \leq 5$ ...... ㉡

㉠, ㉡에 의하여 실수 k의 범위는 $k \leq 5$

따라서 두 함수 $y=f(x)$, $y=f^{-1}(x)$의 그래프가 삼각형 ABC와 동시에 만나도록 하는 실수 k의 최댓값은 5

내/신/연/계 출제문항 913

함수 $y=x^2+1(x \geq 0)$의 그래프에 접하는 직선 l_1과 함수 $y=\sqrt{x-1}$의 그래프에 접하는 직선 l_2가 다음 조건을 만족시킨다.

(가) 두 직선 l_1, l_2는 점 $(2, 2)$를 지난다.
(나) 두 직선 l_1, l_2의 기울기는 모두 1보다 크다.

두 직선 l_1, l_2의 기울기의 곱이 $a+b\sqrt{3}$일 때, $a+b$의 값을 구하시오.
(단, a, b는 유리수이다.)

STEP A 이차방정식의 판별식을 이용하여 직선 l_1의 기울기 구하기

두 직선 l_1, l_2의 기울기를 각각 m, k라 하면

조건을 만족시키는 두 직선 l_1, l_2의 방정식은 다음과 같다.

$l_1 : y=m(x-2)+2 \ (m>1)$

$l_2 : y=k(x-2)+2 \ (k>1)$

함수 $y=x^2+1$의 그래프와 직선 l_1이 접하므로 이차방정식

$x^2+1=m(x-2)+2$가 중근을 갖는다.

즉 이차방정식 $x^2-mx+2m-1=0$의 판별식을 D_1이라 하면

$D_1=0$이어야 하므로

$D_1=(-m)^2-4\times(2m-1)=0$, $m^2-8m+4=0$

$m=4\pm\sqrt{4^2-4}=4\pm2\sqrt{3}$

$m>1$이므로 $m=4+2\sqrt{3}$ ...... ㉠

STEP B 두 함수 $y=\sqrt{x-1}$, $y=x^2+1(x \geq 0)$이 역함수 관계임을 이용하여 직선 l_2의 기울기 구하기

한편 직선 $y=(4-2\sqrt{3})(x-2)+2$를 l_3이라 하면

함수 $y=x^2+1(x \geq 0)$의 그래프와 접하고 점 $(2, 2)$를 지나는 직선은 l_1과 l_2뿐이다.

두 함수 $y=\sqrt{x-1}$, $y=x^2+1 \ (x \geq 0)$은 서로 역함수 관계이므로

두 함수의 그래프는 직선 $y=x$에 대하여 대칭이다.

즉 함수 $y=\sqrt{x-1}$의 그래프와 접하고 점 $(2, 2)$를 지나는 직선을

직선 $y=x$에 대하여 대칭이동한 직선은 l_1 또는 l_3이고 그 기울기는 $\frac{1}{k}$이다.

이때 $k>1$에서 $0<\frac{1}{k}<1$이므로 직선 l_2를 직선 $y=x$에 대하여

대칭이동한 직선은 l_3이다.

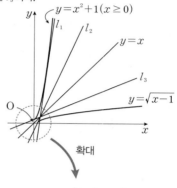

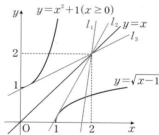

즉 $\frac{1}{k}=4-2\sqrt{3}$이므로

$k=\dfrac{1}{4-2\sqrt{3}}=\dfrac{4+2\sqrt{3}}{4}=\dfrac{2+\sqrt{3}}{2}$ ...... ㉡

STEP C 두 직선 l_1, l_2의 기울기의 곱 구하기

㉠, ㉡에서

$m \times k=(4+2\sqrt{3})\times\dfrac{2+\sqrt{3}}{2}$

$=(2+\sqrt{3})^2=7+4\sqrt{3}$

따라서 $a=7$, $b=4$이므로 $a+b=7+4=11$ 정답 11

1891

정답 ④

STEP A 두 함수 $f(x)$와 $g(x)$ 사이의 관계 구하기

함수 $f(x)=\sqrt{2x+3}$의 정의역이 $\left\{x\big|x \geq -\dfrac{3}{2}\right\}$이고 치역은 $\{y|y \geq 0\}$

$y=\sqrt{2x+3}$로 놓고 양변을 제곱하면 $y^2=2x+3$

x에 대하여 풀면 $x=\dfrac{1}{2}y^2-\dfrac{3}{2}$

x와 y를 서로 바꾸면 역함수 $y=\dfrac{1}{2}x^2-\dfrac{3}{2}$ ← 역함수는 $y=x$에 대하여 대칭

$\therefore g(x)=\dfrac{1}{2}(x^2-3) \ (x \geq 0)$ ← 역함수의 정의역은 원래 함수의 치역

즉 두 함수 $f(x)$와 $g(x)$는 역함수 관계에 있다.

STEP B **두 함수의 그래프와 직선 l을 이용하여 세 점 A, B, C의 좌표 구하기**

함수 $y=f(x)$의 그래프와 그 역함수 $y=g(x)$의 그래프의 교점은 직선 $y=x$ 위에 있다. 즉 두 함수 $y=f(x)$, $y=g(x)$ 의 그래프의 교점은 함수 $y=g(x)$의 그래프와 직선 $y=x$의 교점과 같으므로

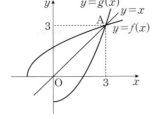

$\frac{1}{2}(x^2-3)=x$에서

$x^2-2x-3=0$, $(x-3)(x+1)=0$

$\therefore x=-1$ 또는 $x=3$

그런데 $x \geq 0$이므로 $x=3$

두 함수 $y=f(x)$, $y=g(x)$의 교점 A의 좌표는 A(3, 3)

기울기가 -1인 직선 l 위의 두 점 B, C는 각각 $y=f(x)$, $y=g(x)$ 위의 점이므로 점 C는 점 B를 직선 $y=x$에 대하여 대칭이동한 점이다.

점 B의 좌표가 B$\left(\frac{1}{2}, 2\right)$이므로 점 C의 표는 C$\left(2, \frac{1}{2}\right)$

이때 선분 BC의 길이는

$\overline{BC}=\sqrt{\left(\frac{1}{2}-2\right)^2+\left(2-\frac{1}{2}\right)^2}=\frac{3\sqrt{2}}{2}$

STEP C **삼각형 ABC의 넓이 구하기**

점 B$\left(\frac{1}{2}, 2\right)$를 지나고 기울기가 -1인 직선 l의 방정식은

$y-2=-\left(x-\frac{1}{2}\right)$, $y=-x+\frac{5}{2}$

$\therefore 2x+2y-5=0$

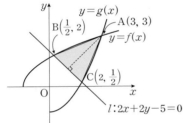

점 A(3, 3)에서 직선 $l : 2x+2y-5=0$에 내린 수선의 발을 H라 하면
선분 AH의 길이는 ◀ 점 (x_1, y_1)과 직선 $ax+by+c=0$ 사이의 거리는 $\frac{|ax_1+by_1+c|}{\sqrt{a^2+b^2}}$

$\overline{AH}=\frac{|2\times 3+2\times 3-5|}{\sqrt{2^2+2^2}}=\frac{7\sqrt{2}}{4}$

따라서 삼각형 ABC의 넓이는 $\frac{1}{2} \times \overline{BC} \times \overline{AH}=\frac{1}{2} \times \frac{3\sqrt{2}}{2} \times \frac{7\sqrt{2}}{4}=\frac{21}{8}$

내/신/연/계/ 출제문항 914

그림과 같이 두 함수

$$f(x)=\sqrt{x+2}, \ g(x)=x^2-2 \ (x \geq 0)$$

에 대하여 함수 $y=f(x)$의 그래프가 y축과 만나는 점을 A, 함수 $y=g(x)$의 그래프가 x축과 만나는 점을 B, 두 함수 $y=f(x)$, $y=g(x)$의 그래프의 교점을 C라 할 때, 삼각형 ABC의 넓이를 구하시오.

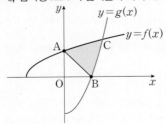

STEP A **두 함수 $f(x)$와 $g(x)$ 사이의 관계 구하기**

함수 $f(x)=\sqrt{x+2}$의 정의역이 $\{x | x \geq -2\}$이고 치역은 $\{y | y \geq 0\}$

$y=\sqrt{x+2}$로 놓고 양변을 제곱하면 $y^2=x+2$

x에 대하여 풀면 $x=y^2-2$

x와 y를 서로 바꾸면 역함수 $y=x^2-2$ ◀ 역함수는 $y=x$에 대하여 대칭

$\therefore g(x)=x^2-2 (x \geq 0)$ ◀ 역함수의 정의역은 원래 함수의 치역

즉 두 함수 $f(x)$와 $g(x)$는 역함수 관계에 있다.

STEP B **두 함수의 그래프와 직선 l을 이용하여 세 점 A, B, C의 좌표 구하기**

함수 $y=f(x)$의 그래프와 그 역함수 $y=g(x)$의 그래프의 교점은 직선 $y=x$ 위에 있다. 즉 두 함수 $y=f(x)$, $y=g(x)$ 의 그래프의 교점은 함수 $y=g(x)$의 그래프와 직선 $y=x$의 교점과 같으므로

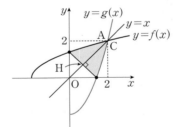

$\sqrt{x+2}=x$에서

$x+2=x^2$, $x^2-x-2=0$

$(x+1)(x-2)=0$

$\therefore x=-1$ 또는 $x=2$

그런데 $x \geq 0$이므로 $x=2$

두 함수 $y=f(x)$, $y=g(x)$의 교점 C의 좌표는 C(2, 2)

기울기가 -1인 직선 l 위의 두 점 A, B는 각각 $y=f(x)$, $y=g(x)$ 위의 점이므로 점 B는 점 A를 직선 $y=x$에 대하여 대칭이동한 점이다.

점 A의 좌표가 A$(0, \sqrt{2})$이므로 점 B의 표는 B$(\sqrt{2}, 0)$

이때 선분 BC의 길이는

$\overline{AB}=\sqrt{(\sqrt{2}-0)^2+(0-\sqrt{2})^2}=2$

STEP C **삼각형 ABC의 넓이 구하기**

점 B$(\sqrt{2}, 0)$을 지나고 기울기가 -1인 직선 l의 방정식은

$y=-(x-\sqrt{2})$, $y=-x+\sqrt{2}$

$\therefore x+y-\sqrt{2}=0$

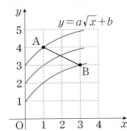

점 C(2, 2)에서 직선 $l : x+y-\sqrt{2}=0$에 내린 수선의 발을 H라 하면
선분 CH의 길이는 ◀ 점 (x_1, y_1)과 직선 $ax+by+c=0$ 사이의 거리는 $\frac{|ax_1+by_1+c|}{\sqrt{a^2+b^2}}$

$\overline{CH}=\frac{|2+2-\sqrt{2}|}{\sqrt{1^2+1^2}}=\frac{4-\sqrt{2}}{\sqrt{2}}=2\sqrt{2}-1$

따라서 삼각형 ABC의 넓이는 $\frac{1}{2} \times \overline{AB} \times \overline{CH}=\frac{1}{2} \times 2 \times (2\sqrt{2}-1)=2\sqrt{2}-1$

정답 $2\sqrt{2}-1$

1892 2018년 03월 고3 학력평가 나형 16번   정답 ②

STEP A **함수 $y=f(x)$의 그래프가 선분 AB와 만나기 위한 조건 구하기**

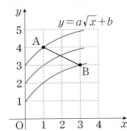

$f(x)=a\sqrt{x}+b$라 하면 함수 $y=f(x)$의 그래프가
선분 AB와 만나기 위해서는
$f(1)\leq 4$이고 $f(3)\geq 3$이어야 하므로 $a+b\leq 4$, $\sqrt{3}a+b\geq 3$

STEP B 자연수 b를 기준으로 순서쌍 (a, b)의 개수 구하기

조건을 만족시키는 자연수 $b=1, 2, 3$

(i) $b=1$인 경우

$\begin{cases} a+1\leq 4 \\ \sqrt{3}a+1\geq 3 \end{cases}$ 이므로 $\dfrac{2\sqrt{3}}{3}\leq a\leq 3$

즉 조건을 만족시키는 자연수 $a=2, 3$이므로 순서쌍은 $(2, 1), (3, 1)$

(ii) $b=2$인 경우

$\begin{cases} a+2\leq 4 \\ \sqrt{3}a+2\geq 3 \end{cases}$ 이므로 $\dfrac{\sqrt{3}}{3}\leq a\leq 2$

즉 조건을 만족시키는 자연수 $a=1, 2$이므로 순서쌍은 $(1, 2), (2, 2)$

(iii) $b=3$인 경우

$\begin{cases} a+3\leq 4 \\ \sqrt{3}a+3\geq 3 \end{cases}$ 이므로 $0\leq a\leq 1$

즉 조건을 만족시키는 자연수 $a=1$이므로 순서쌍은 $(1, 3)$

(i)~(iii)에 의하여 구하는 순서쌍 (a, b)의 개수는 $2+2+1=5$

자연수 b	$\begin{cases} a+b\leq 4 \\ \sqrt{3}a+b\geq 3 \end{cases}$		자연수 a	순서쌍 (a, b)
$b=1$	$\begin{cases} a+1\leq 4 \\ \sqrt{3}a+1\geq 3 \end{cases}$	$\therefore \begin{cases} a\leq 3 \\ \sqrt{3}a\geq 2 \end{cases}$	2, 3	$(2, 1), (3, 1)$
$b=2$	$\begin{cases} a+2\leq 4 \\ \sqrt{3}a+2\geq 3 \end{cases}$	$\therefore \begin{cases} a\leq 2 \\ \sqrt{3}a\geq 1 \end{cases}$	1, 2	$(1, 2), (2, 2)$
$b=3$	$\begin{cases} a+3\leq 4 \\ \sqrt{3}a+3\geq 3 \end{cases}$	$\therefore \begin{cases} a\leq 1 \\ \sqrt{3}a\geq 0 \end{cases}$	1	$(1, 3)$

+α | 자연수 a를 기준으로 순서쌍 (a, b)의 개수를 구할 수 있어!

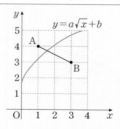

(i) $a=1$인 경우

함수 $f(x)=\sqrt{x}+b$의 그래프가 선분 AB와 만나기 위해서는

$\sqrt{1}+b\leq 4$이고 $\sqrt{3}+b\geq 3$이므로 $3-\sqrt{3}\leq b\leq 3$

이를 만족시키는 자연수 $b=2, 3$이므로 순서쌍은 $(1, 2), (1, 3)$

(ii) $a=2$인 경우

함수 $f(x)=2\sqrt{x}+b$의 그래프가 선분 AB와 만나기 위해서는

$2\sqrt{1}+b\leq 4$이고 $2\sqrt{3}+b\geq 3$이므로 $3-2\sqrt{3}\leq b\leq 2$

이를 만족시키는 자연수 $b=1, 2$이므로 순서쌍은 $(2, 1), (2, 2)$

(iii) $a=3$인 경우

함수 $f(x)=3\sqrt{x}+b$의 그래프가 선분 AB와 만나기 위해서는

$3\sqrt{1}+b\leq 4$이고 $3\sqrt{3}+b\geq 3$이므로 $3-3\sqrt{3}\leq b\leq 1$

이를 만족시키는 자연수 $b=1$이므로 순서쌍은 $(3, 1)$

(iv) $a\geq 4$인 경우

$f(1)=a+b>4$이므로

함수 $f(x)=a\sqrt{x}+b$의 그래프는 선분 AB와 만나지 않는다.

(i)~(iv)에서 조건을 만족시키는 순서쌍 (a, b)의 개수는 $2+2+1=5$

함수 $f(x)=\sqrt{x+a}+b$에 대하여 다음 조건을 만족시키는 두 정수 a, b의 모든 순서쌍 (a, b)의 개수를 구하시오.

> (가) $a\leq 36$
> (나) 함수 $y=f(x)$의 그래프가 제1사분면, 제2사분면, 제3사분면을 모두 지난다.

STEP A 함수 $y=f(x)$의 그래프가 제1, 2, 3사분면을 모두 지나기 위한 조건 구하기

함수 $f(x)=\sqrt{x+a}+b$의 정의역은 $\{x|x\geq -a\}$, 치역은 $\{y|y\geq b\}$이고,

함수 $y=f(x)$의 그래프는 점 $(0, \sqrt{a}+b)$를 지난다.

또한, 조건 (나)에서 함수 $y=f(x)$의 그래프가
제1사분면, 제2사분면, 제3사분면을 모두
지나므로 함수 $y=f(x)$의 그래프의 개형은
오른쪽 그림과 같아야 한다.

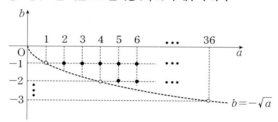

즉, $-a<0$, $b<0$, $\sqrt{a}+b>0$에서

$a>0$, $b<0$, $b>-\sqrt{a}$를 모두 만족시켜야 한다.

STEP B 정수 a를 기준으로 순서쌍 (a, b)의 개수 구하기

조건 (가)에서 $a\leq 36$을 만족시키는 정수 a, b의 순서쌍 (a, b)의 개수는 다음과 같다.

(i) $a=2, 3, 4$일 때,

$b=-1$이므로 순서쌍 (a, b)의 개수는 $3\times 1=3$

(ii) $a=5, 6, 7, 8, 9$일 때,

$b=-1, -2$이므로 순서쌍 (a, b)의 개수는 $5\times 2=10$

(iii) $a=10, 11, 12, \cdots, 16$일 때,

$b=-1, -2, -3$이므로 순서쌍 (a, b)의 개수는 $7\times 3=21$

(iv) $a=17, 18, 19, \cdots, 25$일 때,

$b=-1, -2, -3, -4$이므로 순서쌍 (a, b)의 개수는 $9\times 4=36$

(v) $a=26, 27, 28, \cdots, 36$일 때,

$b=-1, -2, -3, -4, -5$이므로 순서쌍 (a, b)의 개수는 $11\times 5=55$

(i)~(v)에서 구하는 순서쌍 (a, b)의 개수는 $3+10+21+36+55=125$

+α | 자연수 b를 기준으로 순서쌍 (a, b)의 개수를 구할 수 있어!

(i) $b=-1$일 때,

$a=2, 3, 4, \cdots, 36$이므로 순서쌍 (a, b)의 개수는 $36-1^2=35$

(ii) $b=-2$일 때,

$a=5, 6, 7, \cdots, 36$이므로 순서쌍 (a, b)의 개수는 $36-2^2=32$

(iii) $b=-3$일 때,

$a=10, 11, 12, \cdots, 36$이므로 순서쌍 (a, b)의 개수는 $36-3^2=27$

(iv) $b=-4$일 때,

$a=17, 18, 19, \cdots, 36$이므로 순서쌍 (a, b)의 개수는 $36-4^2=20$

(v) $b=-5$일 때,

$a=26, 27, 28, \cdots, 36$이므로 순서쌍 (a, b)의 개수는 $36-5^2=11$

(i)~(v)에서 구하는 순서쌍 (a, b)의 개수는 $35+32+27+20+11=125$

문항분석

함수 $f(x)$의 그래프와 역함수 $f^{-1}(x)$의 그래프를 이용하여 함수 $g(x)$의 그래프의 정의역을 구한다.
$f(x)<f^{-1}(x)$일 때, 자연수 n에 대하여 함수 $y=f(x)$의 그래프와 직선 $y=x-n$이 만나는 서로 다른 점의 개수는 항상 1이므로 $h(n)$의 값은 1, 2, 3이고 $h(1)=h(3)<h(2)$를 만족시키는 $h(1)$, $h(3)$, $h(2)$의 값을 구한다. 또한 $n=3$인 경우 직선 $y=x-n$과 함수 $y=g(x)$, 즉 $y=f^{-1}(x)$의 그래프에 접해야 하므로 판별식을 이용하여 a의 값을 구한다.

STEP A **함수 $f(x)$의 그래프와 역함수 $f^{-1}(x)$의 그래프를 이용하여 함수 $g(x)$의 그래프 그리기**

함수 $f(x)=\sqrt{ax-3}+2=\sqrt{a\left(x-\dfrac{3}{a}\right)}+2\left(a\geq\dfrac{3}{2}\right)$의 그래프는

함수 $y=\sqrt{ax}$의 그래프를 x축의 방향으로 $\dfrac{3}{a}$만큼, y축의 방향으로 2만큼 평행이동한 것이다.

함수 $f(x)=\sqrt{ax-3}+2$의 정의역이 $\{x|x\geq 2\}$이고 치역은 $\{y|y\geq 2\}$이며 $y=\sqrt{ax-3}+2$로 하자.

$y-2=\sqrt{ax-3}$의 양변을 제곱하면 $(y-2)^2=ax-3$

x에 대하여 풀면 $x=\dfrac{1}{a}(y-2)^2+\dfrac{3}{a}$

x와 y를 서로 바꾸면 역함수 $y=\dfrac{1}{a}(x-2)^2+\dfrac{3}{a}$ ← 역함수는 $y=x$에 대하여 대칭

$\therefore f^{-1}(x)=\dfrac{1}{a}(x-2)^2+\dfrac{3}{a}(x\geq 2)$ ← 역함수의 정의역은 원래 함수의 치역

함수 $y=f(x)$의 그래프와 함수 $y=f^{-1}(x)$의 그래프의 개형은 다음과 같다.

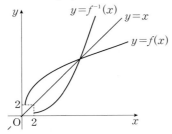

함수 $g(x)=\begin{cases}f(x) & (f(x)<f^{-1}(x)$인 경우$)\\f^{-1}(x) & (f(x)\geq f^{-1}(x)$인 경우$)\end{cases}$
는 $x\geq 2$인 실수 x에 대하여 $f(x)$와 $f^{-1}(x)$ 중 크지 않은 값이므로 함수 $y=g(x)$의 그래프의 개형은 다음과 같다.

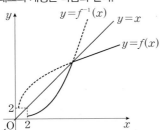

STEP B **$h(1)=h(3)<h(2)$를 만족시키는 경우 구하기**

자연수 n에 대하여 함수 $y=g(x)$의 그래프와 직선 $y=x-n$이 만나는 서로 다른 점의 개수가 $h(n)$이고
$f(x)<f^{-1}(x)$일 때, 자연수 n에 대하여 함수 $y=f(x)$의 그래프와 직선 $y=x-n$이 만나는 서로 다른 점의 개수는 항상 1이므로 $h(n)$의 값은 1, 2, 3
$h(1)=h(3)<h(2)$이므로 $h(1)$의 값에 따라 경우를 나누면 다음과 같다.
(i) $h(1)=1$일 때,

함수 $y=g(x)$의 그래프와 직선 $y=x-1$을 그리면 다음과 같다.
이때 $h(3)=1$, $h(2)=1$이므로 $h(3)<h(2)$를 만족하지 않는다.

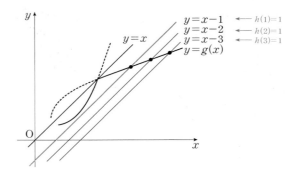

(ii) $h(1)=2$일 때,
① 함수 $y=g(x)$의 그래프와 직선 $y=x-1$에 접하는 경우
다음 그림에서 $h(1)=h(3)$를 만족하지 않는다
$h(3)=2$가 되도록 직선 $y=x-3$을 그을 수 없다.

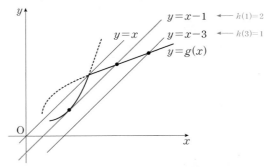

② 함수 $y=g(x)$의 그래프와 직선 $y=x-1$에 접하지 않은 경우
$h(2)>h(1)$이어야 하므로 $h(2)$의 값은 3 이상 이어야 한다.
즉 함수 $y=g(x)$의 그래프와 직선 $y=x-2$가 적어도 서로 다른 세 점에서 만나야 하므로 다음 그림과 같다.

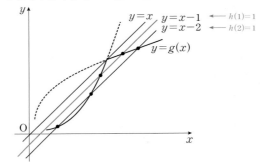

$h(1)=h(3)$에서 $h(3)=2$이므로 함수 $y=g(x)$의 그래프와 직선 $y=x-3$이 서로 다른 세 점에서 만나야 하고
직선 $y=x-3$이 직선 $y=x-2$보다 아랫부분에 있어야 하므로 다음 그림과 같이 직선 $y=x-3$이 함수 $y=g(x)$의 그래프에 접할 때, 조건을 만족한다.

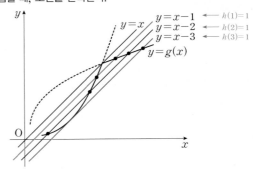

(iii) $h(1)=3$일 때,
$h(1)=h(3)<h(2)$를 만족하려면 $h(2)$의 값이 4 이상이어야 하는데
함수 $y=g(x)$의 그래프와 직선 $y=x-2$는 최대 서로 다른 세 점에서만 만날 수 있으므로 조건을 만족하지 않는다.

(i)~(iii)에서 $h(1)=h(3)=2$, $h(2)=3$이어야 하고
함수 $y=g(x)$의 그래프와 직선 $y=x-3$이 접해야 한다.

STEP C $y=x-3$이 함수 $y=g(x)$의 그래프에 접함을 이용하여 a의 값 구하기

직선 $y=x-3$이 함수 $y=g(x)$, 즉 $y=f^{-1}(x)$의 그래프에 접하므로

두 식을 연립하면 $\dfrac{1}{a}(x-2)^2+\dfrac{3}{a}=x-3$, $(x-2)^2+3=ax-3a$

즉 이차방정식 $x^2-(a+4)x+3a+7=0$이 중근을 가져야 하므로

이 이차방정식을 판별식을 D라 하면 $D=0$이어야 한다.

$D=\{-(a+4)\}^2-4(3a+7)$
$\quad=a^2-4a-12$
$\quad=(a+2)(a-6)=0$
$\therefore a=-2$ 또는 $a=6$

이때 $a\geq\dfrac{3}{2}$이므로 $a=6$

STEP D $p+q$의 값 구하기

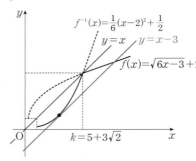

함수 $y=g(x)$의 그래프와 직선 $y=x$의 교점의 x좌표를 k라 하면

곡선 $y=\dfrac{1}{6}(x-2)^2+\dfrac{1}{2}$에 $x=k$를 대입하면

$\dfrac{1}{6}(k-2)^2+\dfrac{1}{2}=k$, $k^2-4k+7=6k$, $k^2-10k+7=0$

$\therefore k=5\pm3\sqrt{2}$

이때 $k>2$이므로 $k=5+3\sqrt{2}$

함수 $g(x)=\begin{cases}\sqrt{6x-3}+2 & (x>5+3\sqrt{2})\\ \dfrac{1}{6}(x-2)^2+\dfrac{1}{2} & (2\leq x\leq 5+3\sqrt{2})\end{cases}$이므로

$g(4)=\dfrac{1}{6}(4-2)^2+\dfrac{1}{2}=\dfrac{7}{6}$

따라서 $p=6$, $q=7$이므로 $p+q=13$

내/신/연/계 출제문항 916

함수 $f(x)=\sqrt{ax-3}+2\left(a\geq\dfrac{3}{2}\right)$에 대하여 $x\geq 2$에서 정의된 함수 $g(x)$를

$$g(x)=\begin{cases}f(x) & (f(x)<f^{-1}(x))\\ f^{-1}(x) & (f(x)\geq f^{-1}(x))\end{cases}$$

라 하자. 자연수 n에 대하여 함수 $y=g(x)$의 그래프와 직선 $y=x-n$이

만나는 서로 다른 점의 개수를 $h(n)$이라 하자.

$h(1)=h(3)<h(2)$일 때, $g(9)$의 값은? (단, a는 상수이다.)

① $\dfrac{26}{3}$ 　　② 9 　　③ $\dfrac{28}{3}$

④ $\dfrac{29}{3}$ 　　⑤ 10

STEP A 함수 $f(x)$의 그래프와 역함수 $f^{-1}(x)$의 그래프를 이용하여 함수 $g(x)$의 그래프 그리기

함수 $f(x)=\sqrt{ax-3}+2=\sqrt{a\left(x-\dfrac{3}{a}\right)}+2\left(a\geq\dfrac{3}{2}\right)$의 그래프는

함수 $y=\sqrt{ax}$의 그래프를 x축의 방향으로 $\dfrac{3}{a}$만큼, y축의 방향으로 2만큼 평행이동한 것이다.

함수 $f(x)=\sqrt{ax-3}+2$의 정의역이 $\{x\,|\,x\geq 2\}$이고 치역은 $\{y\,|\,y\geq 2\}$

$y=\sqrt{ax-3}+2$로 하자.

$y-2=\sqrt{ax-3}$의 양변을 제곱하면 $(y-2)^2=ax-3$

x에 대하여 풀면 $x=\dfrac{1}{a}(y-2)^2+\dfrac{3}{a}$

x와 y를 서로 바꾸면 역함수 $y=\dfrac{1}{a}(x-2)^2+\dfrac{3}{a}$　◀─ 역함수는 $y=x$에 대하여 대칭

$\therefore f^{-1}(x)=\dfrac{1}{a}(x-2)^2+\dfrac{3}{a}\,(x\geq 2)$　◀─ 역함수의 정의역은 원래 함수의 치역

함수 $y=f(x)$의 그래프와 함수 $y=f^{-1}(x)$의 그래프의 개형은 다음과 같다.

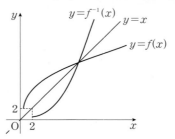

함수 $g(x)=\begin{cases}f(x) & (f(x)<f^{-1}(x)\text{인 경우})\\ f^{-1}(x) & (f(x)\geq f^{-1}(x)\text{인 경우})\end{cases}$

는 $x\geq 2$인 실수 x에 대하여 $f(x)$와 $f^{-1}(x)$ 중 크지 않은 값이므로

함수 $y=g(x)$의 그래프의 개형은 다음과 같다.

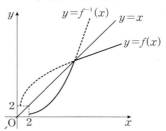

STEP B $h(1)=h(3)<h(2)$를 만족시키는 경우 구하기

자연수 n에 대하여 함수 $y=g(x)$의 그래프와 직선 $y=x-n$이 만나는

서로 다른 점의 개수가 $h(n)$이고

$f(x)<f^{-1}(x)$일 때, 자연수 n에 대하여 함수 $y=f(x)$의 그래프와 직선 $y=x-n$이 만나는 서로 다른 점의 개수는 항상 1이므로 $h(n)$의 값은 1, 2, 3

$h(1)=h(3)<h(2)$이므로 $h(1)$의 값에 따라 경우를 나누면 다음과 같다.

(i) $h(1)=1$일 때,

함수 $y=g(x)$의 그래프와 직선 $y=x-1$을 그리면 다음과 같다.

이때 $h(3)=1$, $h(2)=1$이므로 $h(3)<h(2)$를 만족하지 않는다.

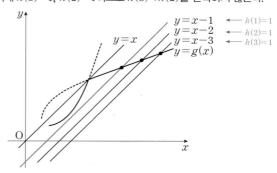

(ii) $h(1)=2$일 때,

① 함수 $y=g(x)$의 그래프와 직선 $y=x-1$에 접하는 경우

다음 그림에서 $h(1)=h(3)$를 만족하지 않는다

$h(3)=2$가 되도록 직선 $y=x-3$을 그을 수 없다.

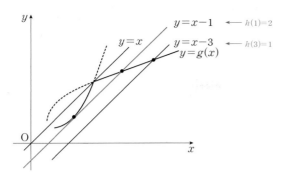

② 함수 $y=g(x)$의 그래프와 직선 $y=x-1$에 접하지 않은 경우

$h(2)>h(1)$이어야 하므로 $h(2)$의 값은 3 이상 이어야 한다.

즉 함수 $y=g(x)$의 그래프와 직선 $y=x-2$가 적어도 서로 다른 세 점에서 만나야 하므로 다음 그림과 같다.

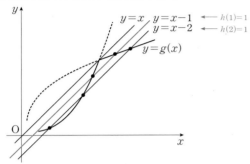

$h(1)=h(3)$에서 $h(3)=2$이므로 함수 $y=g(x)$의 그래프와 직선 $y=x-3$이 서로 다른 세 점에서 만나야 하고 직선 $y=x-3$이 직선 $y=x-2$보다 아랫부분에 있어야 하므로 다음 그림과 같이 직선 $y=x-3$이 함수 $y=g(x)$의 그래프에 접할 때, 조건을 만족한다.

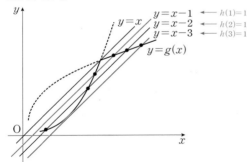

(ⅲ) $h(1)=3$일 때,

$h(1)=h(3)<h(2)$를 만족하려면 $h(2)$의 값이 4 이상이어야 하는데 함수 $y=g(x)$의 그래프와 직선 $y=x-2$는 최대 서로 다른 세 점에서만 만날 수 있으므로 조건을 만족하지 않는다.

(ⅰ)~(ⅲ)에서 $h(1)=h(3)=2$, $h(2)=3$이어야 하고 함수 $y=g(x)$의 그래프와 직선 $y=x-3$이 접해야 한다.

STEP C $y=x-3$이 함수 $y=g(x)$의 그래프에 접함을 이용하여 a의 값 구하기

직선 $y=x-3$이 함수 $y=g(x)$, 즉 $y=f^{-1}(x)$의 그래프에 접하므로 두 식을 연립하면 $\dfrac{1}{a}(x-2)^2+\dfrac{3}{a}=x-3$, $(x-2)^2+3=ax-3a$

즉 이차방정식 $x^2-(a+4)x+3a+7=0$이 중근을 가져야 하므로 이 이차방정식을 판별식을 D라 하면 $D=0$이어야 한다.

$D=\{-(a+4)\}^2-4(3a+7)=0$, $a^2-4a-12=0$

$(a+2)(a-6)=0$ $\therefore a=-2$ 또는 $a=6$

이때 $a\geq\dfrac{3}{2}$이므로 $a=6$

STEP D $g(9)$의 값 구하기

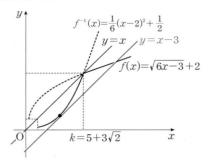

함수 $y=g(x)$의 그래프와 직선 $y=x$의 교점의 x좌표를 k라 하면

곡선 $y=\dfrac{1}{6}(x-2)^2+\dfrac{1}{2}$에 $x=k$를 대입하면

$\dfrac{1}{6}(k-2)^2+\dfrac{1}{2}=k$, $k^2-4k+7=6k$, $k^2-10k+7=0$

$\therefore k=5\pm3\sqrt{2}$

이때 $k>2$이므로 $k=5+3\sqrt{2}$

따라서 함수 $g(x)=\begin{cases}\sqrt{6x-3}+2 & (x>5+3\sqrt{2})\\ \dfrac{1}{6}(x-2)^2+\dfrac{1}{2} & (2\leq x\leq5+3\sqrt{2})\end{cases}$이므로

$g(9)=\dfrac{1}{6}(9-2)^2+\dfrac{1}{2}=\dfrac{26}{3}$

정답 ①

1894 2024년 03월 고2 학력평가 30번   정답 36

문항 분석

$g(x)=\begin{cases}|f(x)|+b & (x\leq a)\\ -f(-x+2a)+|b| & (x>a)\end{cases}$ 에서 b의 값이 $b=0$, $b<0$이면 감소하는 함수 이므로 조건을 만족하지 않고, $b>0$일 때, 조건을 만족하는 그래프의 개형을 그려서 $h(\alpha)h(\beta)=4$일 때 $h(\alpha)=2$, $h(\beta)=2$인 직선 $y=t$와의 교점을 구한다. 즉 조건 (나)에서 $g(x)=\alpha$ 또는 $g(x)=\beta$가 되는 x값이 최솟값이 -30이고 최댓값이 15이므로 $g(-30)=2b$, $g(15)=b$임을 이용하여 상수 a, b의 값을 구한다.

STEP A $b=0$, $b<0$일 때 함수 $g(x)$의 그래프를 그리고 직선 $y=t$와의 교점의 개수 구하기

(ⅰ) $b=0$인 경우

$f(x)=\sqrt{-x+a}$이고 함수 $g(x)$는

$g(x)=\begin{cases}|\sqrt{-x+a}| & (x\leq 0)\\ -\sqrt{x-a} & (x>a)\end{cases}$

이므로 그래프는 다음과 같다.

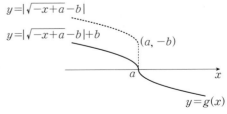

이때 직선 $y=t$와의 교점의 개수는 1이므로 조건 (가)를 만족시키지 않는다.

(ⅱ) $b<0$인 경우

$f(x)=\sqrt{-x+a}-b$이고 함수 $g(x)$는

$g(x)=\begin{cases}|\sqrt{-x+a}-b|+b & (x\leq a)\\ -\sqrt{x-a} & (x>a)\end{cases}$

이때 직선 $y=t$와의 교점의 개수는 1이므로 조건 (가)를 만족시키지 않는다.

STEP B $b>0$일 때 함수 $g(x)$의 그래프를 그리고 직선 $y=t$와의 교점의 개수 구하기

$b>0$일 때 함수 $f(x)=\sqrt{-x+a}-b$의 그래프는 다음과 같다.

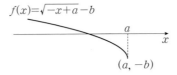

이때 $g(x)$의 식은
$$g(x)=\begin{cases}|\sqrt{-x+a}-b|+b & (x\le a)\\ -\sqrt{x-a}+b+|b| & (x>a)\end{cases}$$

$y=|\sqrt{-x+a}-b|+b$의 그래프는 다음과 같다.

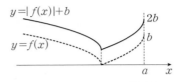

$y=-\sqrt{x-a}+b+|b|$에서 $b>0$이므로 $y=-\sqrt{x-a}+2b$의 그래프는 다음과 같다.

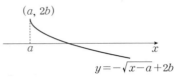

즉 함수 $y=g(x)$의 그래프는 다음과 같고 $y=t$와 교점의 개수를 구할 수 있다.

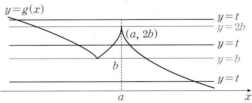

$$h(t)=\begin{cases}1 & (t>2b \ \text{또는} \ t<b)\\ 2 & (t=2b \ \text{또는} \ t=b)\\ 3 & (b<t<2b)\end{cases}$$

STEP C 두 조건 (가), (나)를 이용하여 a, b의 값 구하기

$b>0$일 때 함수 $g(x)$는
$$g(x)=\begin{cases}\sqrt{-x+a} & (x\le a-b^2)\\ -\sqrt{-x+a}+2b & (a-b^2<x\le a)\\ -\sqrt{x-a}+2b & (x>a)\end{cases}$$
$\sqrt{-x+a}-b=0$에서 $\sqrt{-x+a}=b$이고 양변을 제곱하면 $-x+a=b^2$이므로 $x=a-b^2$
$x\le a-b^2$일 때 $g(x)=|\sqrt{-x+a}-b|+b=(\sqrt{-x+a}-b)+b=\sqrt{-x+a}$
$x>a$일 때 $g(x)=|\sqrt{-x+a}-b|+b=-(\sqrt{-x+a}-b)+b=-\sqrt{-x+a}+2b$

조건 (가)에서 직선 $y=t$에 대해서 교점의 개수 $h(t)$는 1, 2, 3이므로
$h(\alpha)h(\beta)=4$일 때 $h(\alpha)=2$, $h(\beta)=2$이어야 한다.
즉, $\alpha=b$이고 $\beta=2b$일 때 조건 (가)를 만족시킨다.
조건 (나)에서 $g(x)=\alpha$ 또는 $g(x)=\beta$가 되는 실수 x의 최솟값이 -30이고 최댓값이 15이므로 그래프는 다음과 같다.

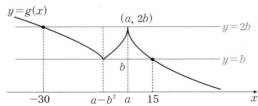

$g(-30)=\sqrt{30+a}=2b$이므로 양변을 제곱하면 $30+a=4b^2$ ······ ㉠
$g(15)=-\sqrt{15-a}+2b=b$이고 $\sqrt{15-a}=b$이므로 양변을 제곱하면
$15-a=b^2$ ······ ㉡
㉠+㉡을 하면 $45=5b^2$이고 $b^2=9$
이때 $b>0$이므로 $b=3$

㉠의 식에 대입하면 $30+a=36$이므로 $a=6$
$\therefore a=6, \ b=3$

STEP D $\{g(150)\}^2$의 값 구하기
$$g(x)=\begin{cases}\sqrt{-x+6} & (x\le -3)\\ -\sqrt{-x+6}+6 & (-3<x\le 6)\\ -\sqrt{x-6}+6 & (x>6)\end{cases}$$
따라서 $g(150)=-\sqrt{150-6}+6=-12+6=-6$이므로 $\{g(150)\}^2=36$

내/신/연/계/ 출제문항 917

함수
$$g(x)=\begin{cases}-(x-a)^2+b & (x\le a)\\ -\sqrt{x-a}+b & (x>a)\end{cases}$$
와 서로 다른 세 실수 α, β, γ가 다음 조건을 만족시킨다.

> (가) 방정식 $\{f(x)-\alpha\}\{f(x)-\beta\}=0$을 만족시키는 실수 x의 값은 α, β, γ뿐이다.
> (나) $f(\alpha)=\alpha$, $f(\beta)=\beta$

$\alpha+\beta+\gamma=15$일 때, $f(\alpha+\beta)$의 값은? (단, a, b는 상수이다.)

① 1   ② 2   ③ 3
④ 4   ⑤ 5

STEP A 조건 (가), (나)에 의하여 방정식의 실근이 α, β, γ뿐임을 확인하기

방정식 $\{f(x)-\alpha\}\{f(x)-\beta\}=0$의 해는
$f(x)=\alpha$ 또는 $f(x)=\beta$이다. ······ ㉠
조건 (나)에서 $f(\alpha)=\alpha$, $f(\beta)=\beta$이고
조건 (가)에서 방정식 ㉠의 실근이 α, β, γ뿐이므로
될 수 있는 경우는 다음 두 가지가 있다.
방정식 $f(x)=\alpha$의 실근이 α, γ, 방정식 $f(x)=\beta$의 실근이 β
방정식 $f(x)=\alpha$의 실근이 α, 방정식 $f(x)=\beta$의 실근이 β, γ

STEP B 오직 한 점에서 만나려면 만나는 점의 좌표가 (a, b)임을 확인하여 조건 (가), (나)를 만족하는 그래프 그리기

방정식 $f(x)=\alpha$의 실근이 α, γ이므로
곡선 $y=f(x)$와 직선 $y=\alpha$는 두 점에서 만나고
두 교점의 x좌표는 각각 α, γ이다.
또한, 방정식 $f(x)=\beta$의 실근이 β뿐이므로 곡선 $y=f(x)$와 직선 $y=\beta$는 오직 한 점에서 만나고 이 점의 x좌표는 β이다.

+α | 곡선 $y=f(x)$가 직선 $y=\beta$에서 오직 한 점에서 만나야 하는 이유!

> 다음 그림과 같이 $f(x)=\beta$에서 두 점에서 만나면
> $f(x)=\beta$는 실근이 β, r, $f(x)=\alpha$는 실근이 α, r
> 이므로 서로 다른 네 실근을 가진다.
> 즉 방정식 $f(x)=\beta$의 실근이 β뿐이다.

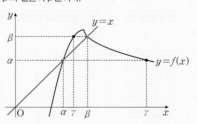

이때 곡선 $y=f(x)$와 x축에 평행한 직선이 오직 한 점에서 만나려면 만나는 점의 좌표가 (a, b)이어야 한다.
그러므로 점 (a, b)는 점 (β, β)와 일치한다.
즉 $a=b=\beta$ ······ ㉢

한편, $f(\alpha)=\alpha$, $f(\beta)=\beta$이므로 곡선 $y=f(x)$와 직선 $y=x$는

_{y와 x의 값이 같으므로 두 점 $f(\alpha)=\alpha$, $f(\beta)=\beta$은 직선 $y=x$ 위에 있다.}

두 점 $(\alpha,\ \alpha)$, $(\beta,\ \beta)$에서 만난다.

그러므로 함수 $y=f(x)$의 그래프는 그림과 같다.

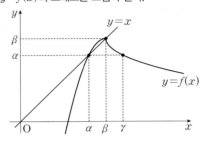

STEP ◉ 두 함수를 연립하여 α, β, γ의 관계식 구하기

$f(x)=x$에서 이차방정식 $-(x-a)^2+b=x$의 두 근이 α, β이다.

㉡에서

$-(x-\beta)^2+\beta=x$, $(x-\beta)^2+(x-\beta)=0$, ← $a=\beta$, $b=\beta$를 대입

$(x-\beta)(x-\beta+1)=0$의 두 근은

$x=\beta-1$ 또는 $x=\beta$

$f(\alpha)=\alpha$이고 $\alpha\neq\beta$이므로 $\alpha=\beta-1$

방정식 $f(x)=\alpha$의 실근이 α, γ에서

$f(\gamma)=\alpha$이고 $\gamma>\beta>\alpha$이므로

$f(x)=-\sqrt{x-a}+b$에서 x에 γ를 대입하면

$-\sqrt{\gamma-a}+b=\alpha$, $-\sqrt{\gamma-\beta}+\beta=\beta-1$, $\sqrt{\gamma-\beta}=1$ ← $\alpha=\beta-1$, $a=\beta$, $b=\beta$

양변을 제곱한 후 β를 이항하면 $\gamma=\beta+1$

STEP ◉ $\alpha+\beta+\gamma=15$를 만족하는 α, β, γ의 값 구하기

이때 $\alpha+\beta+\gamma=15$이므로 $(\beta-1)+\beta+(\beta+1)=15$ $\alpha=\beta-1$, $\gamma=\beta+1$

$3\beta=15$ $\therefore \beta=5$

즉 $\alpha=\beta-1=4$, $\gamma=\beta+1=6$

또한, ㉡에서 $a=b=5$이므로 $f(x)=\begin{cases}-(x-5)^2+5 & (x\leq 5)\\ -\sqrt{x-5}+5 & (x>5)\end{cases}$

따라서 $f(\alpha+\beta)=f(9)=-\sqrt{9-5}+5=3$ ← $f(x)=-\sqrt{x-5}+5$에 $x=9$를 대입

정답 ③

1895 <small>2023년 11월 고1 학력평가 19번</small> 정답 ③

해설강의

STEP ◉ 외접원의 넓이가 $\dfrac{25}{2}\pi$임을 이용하여 점 C의 좌표 구하기

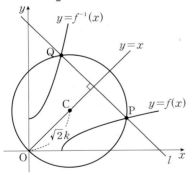

점 P의 y좌표를 a $(a\geq 0)$이라 하면 $\sqrt{x-2}=a$에서 $x=a^2+2$

점 P의 좌표는 $(\boxed{a^2+2},\ a)$이다.

두 곡선 $y=f(x)$와 $y=f^{-1}(x)$는 직선 $y=x$에 대하여 서로 대칭이고

두 직선 l과 $y=x$는 서로 수직이므로

_{수직인 두 직선의 기울기의 곱은 -1}

두 점 P와 Q는 직선 $y=x$에 대하여 서로 대칭이다. ← Q$(a,\ a^2+2)$

_{x좌표와 y좌표를 서로 바꾼다.}

그러므로 삼각형 OPQ의 외접원의 중심을 C라 하면 점 C는 직선 $y=x$ 위에 있다.

점 C의 좌표를 $(k,\ k)$ $(k>0)$이라 하면

삼각형 OPQ의 외접원의 반지름의 길이는 $\overline{\text{CO}}=\sqrt{k^2+k^2}=\sqrt{2}\,k$

삼각형 OPQ의 외접원의 넓이는 $2k^2\pi$

_{반지름이 r일 때 외접원의 넓이는 πr^2}

삼각형 OPQ의 외접원의 넓이가 $\dfrac{25}{2}\pi$일 때,

$2k^2\pi=\dfrac{25}{2}\pi$에서 $k=\dfrac{5}{2}$이므로 점 C의 좌표는 $\left(\boxed{\dfrac{5}{2}},\ \boxed{\dfrac{5}{2}}\right)$

+α | 점 C에서 x축에 수선의 발을 내려 점 C의 좌표를 구할 수 있어!

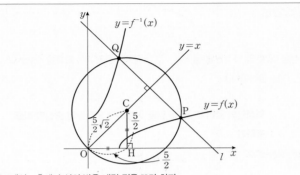

점 C에서 x축에 수선의 발을 내린 점을 H라 하자.

외접원의 넓이가 $\dfrac{25}{2}\pi$이므로 외접원의 반지름의 길이는 $\sqrt{\dfrac{25}{2}}=\dfrac{5\sqrt{2}}{2}$

$\angle$OHC$=90°$이고 선분 OC의 길이는 $\dfrac{5\sqrt{2}}{2}$이므로

삼각형 OHC에서 세 변의 길이의 비는 $1:1:\sqrt{2}$

즉 삼각형 OHC는 직각이등변삼각형이므로 $\overline{\text{OH}}=\overline{\text{CH}}=\dfrac{5}{2}$

점 C의 좌표는 $\left(\dfrac{5}{2},\ \dfrac{5}{2}\right)$

STEP ◉ 두 점 사이의 거리를 이용하여 점 P의 y좌표 구하기

두 점 C$\left(\dfrac{5}{2},\ \dfrac{5}{2}\right)$, P$(a^2+2,\ a)$이므로 두 점 사이의 거리는

$\overline{\text{CP}}=\sqrt{\left\{(a^2+2)-\dfrac{5}{2}\right\}^2+\left(a-\dfrac{5}{2}\right)^2}$

원점에서 점 C$\left(\dfrac{5}{2},\ \dfrac{5}{2}\right)$ 사이의 거리는

$\overline{\text{CO}}=\sqrt{\left(\dfrac{5}{2}\right)^2+\left(\dfrac{5}{2}\right)^2}=\dfrac{5\sqrt{2}}{2}$

$\overline{\text{CP}}=\overline{\text{CO}}$에서 $\overline{\text{CP}}^2=\overline{\text{CO}}^2$이므로

$\left\{(a^2+2)-\dfrac{5}{2}\right\}^2+\left(a-\dfrac{5}{2}\right)^2=\left(\dfrac{5\sqrt{2}}{2}\right)^2$

$a^4-5a-6=0$에서 ← 조립제법 이용

$(a+1)(a-2)(a^2+a+3)=0$

$a\geq 0$이므로 $a=\boxed{2}$

따라서 점 P의 y좌표는 $\boxed{2}$이다.

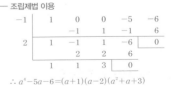

$\therefore a^4-5a-6=(a+1)(a-2)(a^2+a+3)$

STEP ◉ $m+g(n)$의 값 구하기

따라서 $g(a)=a^2+2$, $m=\dfrac{5}{2}$, $n=2$이므로 $m+g(n)=\dfrac{5}{2}+6=\dfrac{17}{2}$

그림과 같이 함수 $f(x)=\sqrt{x-6}$과 그 역함수 $f^{-1}(x)$에 대하여 기울기가 -1인 직선 l이 곡선 $y=f(x)$와 점 P에서 만나고 직선 l이 곡선 $y=f^{-1}(x)$와 점 Q에서 만난다.

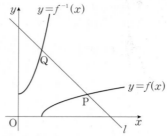

삼각형 OPQ의 외접원의 넓이가 $\dfrac{169}{2}\pi$일 때, 점 P의 y좌표를 구하시오.
(단, O는 원점이다.)

STEP Ⓐ 외접원의 넓이가 $\dfrac{169}{2}\pi$임을 이용하여 외접원의 중심의 좌표 구하기

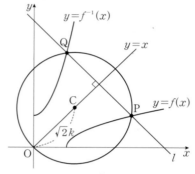

점 P의 y좌표를 $a(a\geq 0)$이라 하면 $\sqrt{x-6}=a$에서 $x=a^2+6$

즉 점 P의 좌표는 $(a^2+6,\ a)$

두 곡선 $y=f(x)$와 $y=f^{-1}(x)$는 직선 $y=x$에 대하여 서로 대칭이고

두 직선 l과 $y=x$는 서로 수직이므로
_{수직인 두 직선의 기울기의 곱은 -1}

두 점 P와 Q는 직선 $y=x$에 대하여 서로 대칭이다. ◀── Q$(a,\ a^2+6)$
_{x좌표와 y좌표를 서로 바꾼다.}

그러므로 삼각형 OPQ의 외접원의 중심을 C라 하면 점 C는 직선 $y=x$ 위에 있다.

점 C의 좌표를 $(k,\ k)(k>0)$이라 하면

삼각형 OPQ의 외접원의 반지름의 길이는 $\overline{CO}=\sqrt{k^2+k^2}=\sqrt{2}k$

삼각형 OPQ의 외접원의 넓이는 $2k^2\pi$
_{반지름이 r일 때 외접원의 넓이는 πr^2}

삼각형 OPQ의 외접원의 넓이가 $\dfrac{169}{2}\pi$일 때,

$2k^2\pi=\dfrac{169}{2}\pi$에서 $k=\dfrac{13}{2}$이므로 점 C의 좌표는 $\left(\dfrac{13}{2},\ \dfrac{13}{2}\right)$

╋α | 점 C에서 x축에 수선의 발을 내려 점 C의 좌표를 구할 수 있어!

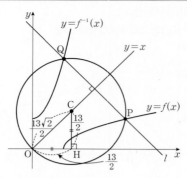

점 C에서 x축에 수선의 발을 내린 점을 H라 하자.

외접원의 넓이가 $\dfrac{169}{2}\pi$이므로 외접원의 반지름의 길이는 $\sqrt{\dfrac{169}{2}}=\dfrac{13\sqrt{2}}{2}$

$\angle OHC=90°$이고 선분 OC의 길이는 $\dfrac{13\sqrt{2}}{2}$이므로 삼각형 OHC에서 세 변의 길이의 비는 $1:1:\sqrt{2}$

즉, 삼각형 OHC는 직각이등변삼각형이므로 $\overline{OH}=\overline{CH}=\dfrac{13}{2}$

점 C의 좌표는 $\left(\dfrac{13}{2},\ \dfrac{13}{2}\right)$

STEP Ⓑ 두 점 사이의 거리를 이용하여 점 P의 y좌표 구하기

두 점 C$\left(\dfrac{13}{2},\ \dfrac{13}{2}\right)$, P$(a^2+6,\ a)$ 사이의 거리는

$$\overline{CP}=\sqrt{\left\{(a^2+6)-\dfrac{13}{2}\right\}^2+\left(a-\dfrac{13}{2}\right)^2}$$

원점에서 점 C$\left(\dfrac{13}{2},\ \dfrac{13}{2}\right)$ 사이의 거리는

$$\overline{CO}=\sqrt{\left(\dfrac{13}{2}\right)^2+\left(\dfrac{13}{2}\right)^2}=\dfrac{13\sqrt{2}}{2}$$

$\overline{CP}=\overline{CO}$에서 $\overline{CP}^2=\overline{CO}^2$이므로

$$\left\{(a^2+6)-\dfrac{13}{2}\right\}^2+\left(a-\dfrac{13}{2}\right)^2=\left(\dfrac{13\sqrt{2}}{2}\right)^2$$

$a^4-13a-42=0$에서 ◀────── 조립제법 이용
$(a+2)(a-3)(a^2+a+7)=0$
$a\geq 0$이므로 $a=3$
따라서 점 P의 y좌표는 3

-2	1	0	0	-13	-42
		-2	4	-8	42
3	1	-2	4	-21	0
		3	3	21	
	1	1	7	0	

$\therefore a^4-13a-42=(a+2)(a-3)(a^2+a+7)$

정답 ▶ 3

MAPL: SYNERGY
2학기 중간고사 모의평가 01

01	③	02	①	03	⑤	04	②	05	①
06	⑤	07	②	08	③	09	①	10	④
11	④	12	②	13	③	14	③	15	③
16	④	17	①	18	⑤	19	④	20	②

주관식 및 서술형					
21	13	22	256	23	2
24	해설참조		25	해설참조	

01
정답 ③

STEP A 삼각형 ABC의 세 변의 길이 구하기

세 점 A$(-2, 1)$, B$(1, 0)$, C$(3, 6)$에 대하여 두 점 사이의 거리에 의하여

$\overline{AB}=\sqrt{\{1-(-2)\}^2+(0-1)^2}=\sqrt{10}$

$\overline{BC}=\sqrt{(3-1)^2+(6-0)^2}=\sqrt{40}=2\sqrt{10}$

$\overline{CA}=\sqrt{(-2-3)^2+(1-6)^2}=\sqrt{50}=5\sqrt{2}$

STEP B 각 변의 길이 사이의 관계를 이용하여 삼각형의 모양 판단하기

따라서 $\overline{AB}^2+\overline{BC}^2=\overline{CA}^2$이므로 삼각형 ABC는 $\angle B=90°$인 직각삼각형이다.

02
정답 ①

STEP A $(A_2 \cup A_3) \cap A_8 = A_k$ 꼴로 나타내기

$(A_2 \cup A_3) \cap A_8 = (A_2 \cap A_8) \cup (A_3 \cap A_8)$
$= A_8 \cup A_{24} = A_8$

STEP B 집합 $(A_2 \cup A_3) \cap A_8$의 원소의 개수 구하기

$A_8=\{8, 16, 24, 32, 40, 48, 56, 64, 72, 80, 88, 96\}$

따라서 100 이하의 자연수 중에서 원소의 개수는 12

03
정답 ⑤

STEP A 두 점 사이의 거리를 이용하여 정수 a의 개수 구하기

두 점 A$(a, 5)$, B$(-4, a-3)$에 대하여

$\overline{AB}=\sqrt{(-4-a)^2+\{(a-3)-5\}^2}=\sqrt{2a^2-8a+80}$

이때 $\overline{AB} \leq 12$에서 $\overline{AB}^2 \leq 144$이므로

$2a^2-8a+80 \leq 144$, $a^2-4a-32 \leq 0$, $(a+4)(a-8) \leq 0$

$\therefore -4 \leq a \leq 8$

따라서 정수 a는 $-4, -3, -2, \cdots, 7, 8$이므로 개수는 13

04
정답 ②

STEP A 평행한 두 직선 사이의 거리는 한 직선 위의 임의의 한 점과 다른 직선 사이의 거리와 같음을 이용하여 a의 값 구하기

평행한 두 직선 $3x-4y-3a=0$, $3x-4y+a+2=0$ 사이의 거리는

직선 $3x-4y-3a=0$ 위의 한 점 $(a, 0)$과 직선 $3x-4y+a+2=0$ 사이의 거리가 4로 같으므로

$\dfrac{|3 \times a-4 \times 0+a+2|}{\sqrt{3^2+(-4)^2}}=\dfrac{|4a+2|}{5}=4$, $|4a+2|=20$, $4a+2=\pm 20$

$\therefore a=-\dfrac{11}{2}$ 또는 $a=\dfrac{9}{2}$

따라서 구하는 a의 값의 합은 $-\dfrac{11}{2}+\dfrac{9}{2}=-1$

> **mini 해설** | 평행한 두 직선 사이의 거리 공식을 이용하여 풀이하기
>
> 평행한 두 직선 $3x-4y-3a=0$, $3x-4y+a+2=0$ 사이의 거리가 4이므로
>
> $\dfrac{|-3a-(a+2)|}{\sqrt{3^2+(-4)^2}}=4$, $|-4a-2|=20$
>
> 양변을 제곱하면 $16a^2+16a+4=400$, $4a^2+4a-99=0$
>
> 따라서 이차방정식 $4a^2+4a-99=0$에서 근과 계수의 관계에 의하여 두 근의 합은 -1

05
정답 ①

STEP A 원의 중심이 x축 위에 있음을 이용하여 원의 방정식 구하기

원의 중심이 x축 위에 있으므로 중심의 좌표를 $(k, 0)$, 반지름의 길이를 r이라 하면 원의 방정식은 $(x-k)^2+y^2=r^2$

STEP B 원이 두 점 $(-1, 1)$, $(0, -2)$를 지남을 이용하여 원의 방정식 구하기

원 $(x-k)^2+y^2=r^2$이 두 점 $(-1, 1)$, $(0, -2)$를 지나므로

$(-1-k)^2+1=r^2$ ...... ㉠

$(0-k)^2+(-2)^2=r^2$ ...... ㉡

㉠, ㉡을 연립하여 풀면 $k=1$, $r^2=5$

$\therefore x^2+y^2-2x-4=0$

따라서 $a=-2$, $b=0$, $c=-4$이므로 $a+b+c=-6$

> **+α** 원의 중심에서 두 점 사이의 거리가 같음을 이용하여 구할 수 있어!
>
> 점 $(k, 0)$과 두 점 $(-1, 1)$, $(0, -2)$ 사이의 거리가 반지름의 길이로 서로 같으므로
>
> $\sqrt{\{k-(-1)\}^2+(0-1)^2}=\sqrt{(k-0)^2+\{0-(-2)\}^2}$
>
> 양변을 제곱하여 정리하면 $k=1$
>
> 이때 원의 중심의 좌표는 $(1, 0)$이므로 원의 반지름의 길이는 두 점 $(1, 0)$, $(0, -2)$ 사이의 거리와 같다.
>
> 즉 $\sqrt{(0-1)^2+(-2-0)^2}=\sqrt{5}$
>
> 이때 $(x-1)^2+y^2=5$이므로 $x^2+y^2-2x-4=0$

06
정답 ⑤

STEP A $n(A \cap B)$의 값 구하기

$n(A \cup B)=n(A)+n(B)-n(A \cap B)$이므로

$n(A \cap B)=n(A)+n(B)-n(A \cup B)$
$=35+32-52=15$

STEP B $n((A-B) \cup (B-A))$의 값 구하기

따라서 $(A-B) \cup (B-A)=(A \cup B)-(A \cap B)$이므로

$n((A-B) \cup (B-A))=n((A \cup B)-(A \cap B))$
$=n(A \cup B)-n(A \cap B)$
$=52-15=37$

07

STEP A 선분 AB를 3 : 2로 내분하는 점의 좌표 구하기

두 점 $A(a, b)$, $B(2, -4)$에 대하여 선분 AB를 3 : 2로 내분하는 점의 좌표는

$\left(\dfrac{3 \times 2 + 2 \times a}{3 + 2}, \dfrac{3 \times (-4) + 2 \times b}{3 + 2}\right)$, 즉 $\left(\dfrac{6 + 2a}{5}, \dfrac{2b - 12}{5}\right)$

이 점이 y축 위에 있으므로 x좌표가 0이어야 한다.

즉 $\dfrac{6 + 2a}{5} = 0$, $2a = -6$ $\therefore a = -3$

STEP B 선분 AB를 1 : 4로 내분하는 점의 좌표 구하기

두 점 $A(-3, b)$, $B(2, -4)$에 대하여 선분 AB를 1 : 4로 내분하는 점의

좌표는 $\left(\dfrac{1 \times 2 + 4 \times (-3)}{1 + 4}, \dfrac{1 \times (-4) + 4 \times b}{1 + 4}\right)$, 즉 $\left(-2, \dfrac{4b - 4}{5}\right)$

이 점이 x축 위에 있으므로 y좌표가 0이어야 한다.

즉 $\dfrac{4b - 4}{5} = 0$, $4b = 4$ $\therefore b = 1$

STEP C $a + b$의 값 구하기

따라서 $a = -3$, $b = 1$이므로 $a + b = -2$

08

STEP A 주어진 방정식을 변형하여 반지름의 길이를 k로 표현하기

방정식 $x^2 + y^2 + 2x + 6y + k = 0$을 변형하면 $(x + 1)^2 + (y + 3)^2 = -k + 10$

즉 반지름의 길이는 $\sqrt{-k + 10}$

+α | 원의 반지름의 길이를 구하는 공식을 이용하여 구할 수 있어!

방정식 $x^2 + y^2 + Ax + By + C = 0$에서 반지름의 길이는 $\dfrac{\sqrt{A^2 + B^2 - 4C}}{2}$

방정식 $x^2 + y^2 + 2x + 6y + k = 0$에서 반지름의 길이는

$\dfrac{\sqrt{2^2 + 6^2 - 4k}}{2} = \dfrac{\sqrt{40 - 4k}}{2} = \dfrac{\sqrt{4(10 - k)}}{2} = \sqrt{-k + 10}$

STEP B 반지름의 길이가 양수임을 이용하여 k의 값 구하기

이 방정식이 원이 되려면 반지름의 길이가 양수이어야 하므로

$\sqrt{-k + 10} > 0$, $-k + 10 > 0$ $\therefore k < 10$

따라서 자연수 k는 1, 2, 3, ⋯, 9이므로 개수는 9

---
mini 해설 | 원의 방정식이 되기 위한 조건을 이용하여 풀이하기

방정식 $x^2 + y^2 + Ax + By + C = 0$이 원이 되기 위해서 $A^2 + B^2 - 4C > 0$이 성립해야 한다. 즉 방정식 $x^2 + y^2 + 2x + 6y + k = 0$에서 $2^2 + 6^2 - 4k > 0$

따라서 $k < 10$이므로 자연수 k의 개수는 9

09

STEP A 선분 AB의 수직이등분선의 방정식 구하기

두 점 $A(-2, 1)$, $B(6, -3)$을 지나는 직선 AB의 기울기는 $\dfrac{-3 - 1}{6 - (-2)} = -\dfrac{1}{2}$

이므로 선분 AB의 수직이등분선의 기울기는 2

두 점 $A(-2, 1)$, $B(6, -3)$에 대하여 선분 AB의 중점의 좌표는

$\left(\dfrac{-2 + 6}{2}, \dfrac{1 + (-3)}{2}\right)$, 즉 $(2, -1)$

점 $(2, -1)$을 지나고 기울기가 2인 선분 AB의 수직이등분선의 방정식은

$y - (-1) = 2(x - 2)$, 즉 $2x - y - 5 = 0$

STEP B 점과 직선 사이의 거리 공식을 이용하여 거리 구하기

따라서 점 $(2, 3)$과 직선 $2x - y - 5 = 0$ 사이의 거리는

$\dfrac{|2 \times 2 - 1 \times 3 - 5|}{\sqrt{2^2 + (-1)^2}} = \dfrac{4}{\sqrt{5}} = \dfrac{4\sqrt{5}}{5}$

10

STEP A 직선의 대칭이동과 평행이동을 이용하여 직선의 방정식 구하기

직선 $3x - y + 1 = 0$을 직선 $y = x$에 대하여 대칭이동하면

$3y - x + 1 = 0$ $\therefore x - 3y - 1 = 0$

직선 $x - 3y - 1 = 0$을 x축의 방향으로 -1만큼, y축의 방향으로 2만큼

평행이동하면 $(x + 1) - 3(y - 2) - 1 = 0$

$\therefore x - 3y + 6 = 0$

STEP B 직선이 원의 중심을 지남을 이용하여 a의 값 구하기

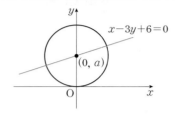

직선 $x - 3y + 6 = 0$이 원 $x^2 + (y - a)^2 = 4$의 넓이를 이등분하려면

원의 중심 $(0, a)$를 지나야 한다.

따라서 $0 - 3a + 6 = 0$이므로 $a = 2$

11

STEP A 선분 AB를 1 : 2로 내분하는 점의 좌표 구하기

두 점 $A(-4, 6)$, $B(2, -3)$에 대하여 선분 AB를 1 : 2로 내분하는

점의 좌표는 $\left(\dfrac{1 \times 2 + 2 \times (-4)}{1 + 2}, \dfrac{1 \times (-3) + 2 \times 6}{1 + 2}\right)$, 즉 $(-2, 3)$

STEP B 한 점과 기울기가 주어진 직선의 방정식 구하기

점 $(-2, 3)$을 지나고 기울기가 $\tan 60° = \sqrt{3}$인 직선의 방정식은

<small>직선이 x축의 양의 방향과 이루는 각의 크기가 θ이면 직선의 기울기는 $\tan \theta$</small>

$y - 3 = \sqrt{3}\{x - (-2)\}$, 즉 $\sqrt{3}x - y + 2\sqrt{3} + 3 = 0$

따라서 $a = \sqrt{3}$, $b = 2\sqrt{3} + 3$이므로 $b - a = \sqrt{3} + 3$

12

STEP A y축에 대하여 대칭이동한 원의 방정식 구하기

원 $x^2 + y^2 + 4x - 8y + 16 = 0$에서 $(x + 2)^2 + (y - 4)^2 = 4$이므로

원의 중심 $(-2, 4)$, 반지름의 길이는 2

이 원을 y축에 대하여 대칭이동하면 원의 중심은 $(2, 4)$, 반지름의 길이는 2

$\therefore (x - 2)^2 + (y - 4)^2 = 4$

+α | 식으로도 구할 수 있어!

원 $x^2 + y^2 + 4x - 8y + 16 = 0$을 y축에 대하여 대칭이동하면 ← x대신에 $-x$대입

$(-x)^2 + y^2 + 4 \times (-x) - 8y + 16 = 0$

즉 $x^2 + y^2 - 4x - 8y + 16 = 0$에서 $(x - 2)^2 + (y - 4)^2 = 4$

STEP B 원의 중심에서 직선까지 거리는 원의 반지름의 길이와 같음을 이용하여 a의 값 구하기

원 $(x - 2)^2 + (y - 4)^2 = 4$가 직선 $y = ax$, 즉 $ax - y = 0$에 접하므로

원의 중심 $(2, 4)$와 직선 $ax - y = 0$ 사이의 거리는 반지름의 길이 2와 같다.

즉 $\dfrac{|2a - 4|}{\sqrt{a^2 + (-1)^2}} = 2$, $|2a - 4| = 2\sqrt{a^2 + 1}$

양변을 제곱하면 $4a^2 - 16a + 16 = 4a^2 + 4$, $4a = 3$

따라서 $a = \dfrac{3}{4}$

이차방정식의 판별식을 이용하여 구할 수 있어!

원 $(x-2)^2+(y-4)^2=4$이 직선 $y=ax$와 접하므로 두 식을 연립하면
이차방정식 $(x-2)^2+(ax-4)^2=4$, 즉 $(a^2+1)x^2-2(4a+2)x+16=0$
이때 원과 직선이 접하므로 이차방정식 $(a^2+1)x^2-2(4a+2)x+16=0$의 판별식을
D라 하면 $D=0$이어야 한다.
$$\frac{D}{4}=\{-(4a+2)\}^2-16(a^2+1)=0, \ 16a-12=0$$
따라서 $a=\dfrac{3}{4}$

13
정답 ③

STEP A 세 점을 지나는 원의 방정식 구하기

원의 중심을 $\mathrm{P}(a, b)$라 하고
세 점 $\mathrm{A}(0, -4)$, $\mathrm{B}(-1, 3)$, $\mathrm{C}(-2, 0)$에 대하여
$$\overline{\mathrm{AP}}=\sqrt{(a-0)^2+\{b-(-4)\}^2}=\sqrt{a^2+b^2+8b+16}$$
$$\overline{\mathrm{BP}}=\sqrt{\{a-(-1)\}^2+(b-3)^2}=\sqrt{a^2+2a+b^2-6b+10}$$
$$\overline{\mathrm{CP}}=\sqrt{\{a-(-2)\}^2+(b-0)^2}=\sqrt{a^2+4a+b^2+4}$$
원의 중심에서 원 위의 점까지 거리는 반지름으로 같으므로 $\overline{\mathrm{AP}}=\overline{\mathrm{BP}}=\overline{\mathrm{CP}}$
$\overline{\mathrm{AP}}=\overline{\mathrm{BP}}$에서 $\overline{\mathrm{AP}}^2=\overline{\mathrm{BP}}^2$
즉 $a^2+b^2+8b+16=a^2+2a+b^2-6b+10$, $-2a+14b=-6$
$\therefore a-7b=3$ ...... ㉠
$\overline{\mathrm{AP}}=\overline{\mathrm{CP}}$에서 $\overline{\mathrm{AP}}^2=\overline{\mathrm{CP}}^2$
즉 $a^2+b^2+8b+16=a^2+4a+b^2+4$, $-4a+8b=-12$
$\therefore a-2b=3$ ...... ㉡
㉠, ㉡을 연립하여 풀면 $a=3$, $b=0$
즉 원의 중심은 $(3, 0)$이므로
반지름의 길이는 $\overline{\mathrm{AP}}=\sqrt{3^2+16}=5$이므로
원의 방정식은 $(x-3)^2+y^2=25$

STEP B [보기]의 참, 거짓 판단하기

ㄱ. 원의 중심의 좌표는 $(3, 0)$이다. [참]

ㄴ. 원의 넓이는 $\pi\times5^2=25\pi$ [참]

ㄷ. 원의 방정식은 $x^2+y^2-6x-16=0$이다. [거짓]

따라서 옳은 것은 ㄱ, ㄴ이다.

14
정답 ③

STEP A 점의 평행이동 이해하기

점 $(-3, 1)$을 점 $(1, a)$로 옮기는 평행이동은 x축의 방향으로 4만큼,
y축의 방향으로 $a-1$만큼 평행이동한 것이다.

STEP B 원 $x^2+y^2+2x-6y+1=0$을 평행이동한 원의 중심의 좌표 구하기

원 $x^2+y^2+2x-6y+1=0$에서 $(x+1)^2+(y-3)^2=9$이므로
원의 중심은 $(-1, 3)$, 반지름의 길이는 3
점 $(-1, 3)$을 x축의 방향으로 4만큼, y축의 방향으로 $a-1$만큼
평행이동하면 $(3, a+2)$
원 $x^2+y^2-bx+6y+c=0$에서 $\left(x-\dfrac{b}{2}\right)^2+(y+3)^2=\dfrac{b^2}{4}+9-c$이므로
원의 중심은 $\left(\dfrac{b}{2}, -3\right)$, 반지름의 길이는 $\sqrt{\dfrac{b^2}{4}+9-c}$
이때 원의 중심 $\left(\dfrac{b}{2}, -3\right)$이 점 $(3, a+2)$과 일치하므로
$\dfrac{b}{2}=3$, $a+2=-3$에서 $b=6$, $a=-5$

STEP C 두 원의 반지름의 길이가 같음을 이용하여 c의 값 구하기

두 원의 반지름의 길이가 같으므로 $3=\sqrt{\dfrac{b^2}{4}+9-c}=\sqrt{18-c}$
양변을 제곱하면 $18-c=9$ $\therefore c=9$
따라서 $a=-5$, $b=6$, $c=9$이므로 $a+b+c=10$

 식으로도 구할 수 있어!

원 $x^2+y^2+2x-6y+1=0$을 x축의 방향으로 4만큼, y축의 방향으로 $a-1$만큼
평행이동하면
$(x-4)^2+\{y-(a-1)\}^2+2(x-4)-6\{y-(a-1)\}+1=0$,
$x^2+y^2-6x-2(a+2)y+(a+2)^2=0$
이때 $x^2+y^2-6x-2(a+2)y+(a+2)^2=0$과 $x^2+y^2-bx+6y+c=0$과
일치하므로 $6=b$, $-2(a+2)=6$, $(a+2)^2=c$
따라서 $a=-5$, $b=6$, $c=9$이므로 $a+b+c=10$

15
정답 ③

STEP A 네 점이 한 직선 위에 있기 위한 a, b의 값 구하기

두 점 $\mathrm{A}(1, 5)$, $\mathrm{B}(a, 1)$를 지나는 직선 AB의 기울기는
$$\frac{1-5}{a-1}=-\frac{4}{a-1}$$
두 점 $\mathrm{B}(a, 1)$, $\mathrm{C}(a+2, -3)$을 지나는 직선 BC의 기울기는
$$\frac{-3-1}{(a+2)-a}=\frac{-4}{2}=-2$$
두 점 $\mathrm{A}(1, 5)$, $\mathrm{D}(b, a+10)$을 지나는 직선 AD의 기울기는
$$\frac{(a+10)-5}{b-1}=\frac{a+5}{b-1}$$
이때 네 점 A, B, C, D가 한 직선 위에 있기 위해서는
세 직선 AB, BC, AD의 기울기가 모두 같아야 한다.
즉 $-\dfrac{4}{a-1}=-2$, $a-1=2$에서 $a=3$
$\dfrac{a+5}{b-1}=\dfrac{8}{b-1}=-2$, $b-1=-4$에서 $b=-3$
따라서 $a+b=3+(-3)=0$

다른풀이 두 점을 지나는 직선 위에 나머지 두 점이 있음을 이용하여 풀이하기

STEP A 두 점 B, C를 지나는 직선의 방정식 구하기

두 점 $\mathrm{B}(a, 1)$, $\mathrm{C}(a+2, -3)$를 지나는 직선의 방정식은
$$y-1=\frac{-3-1}{(a+2)-a}(x-a), \ 즉 \ y=-2x+2a+1 \quad\cdots\cdots ㉠$$
점 $\mathrm{A}(1, 5)$가 직선 $y=-2x+2a+1$ 위의 점이므로
$5=-2+2a+1$, $2a=6$
$\therefore a=3$
이를 ㉠에 대입하면 $y=-2x+7$

STEP B 직선에 점 $\mathrm{D}(b, a+10)$를 대입하여 b의 값 구하기

$a=3$이므로 점 D의 좌표는 $\mathrm{D}(b, 13)$
점 $\mathrm{D}(b, 13)$이 직선 $y=-2x+7$ 위의 점이므로
$13=-2b+7$, $2b=-6$
$\therefore b=-3$
따라서 $a+b=3+(-3)=0$

16

정답 ④

STEP Ⓐ **삼각형의 외심의 성질을 이용하기**

삼각형 ABC의 외심이 변 BC 위에 있으므로 삼각형 ABC는 선분 BC를
빗변으로 하는 직각삼각형이고 선분 BC의 중점이 삼각형 ABC의 외심이다.
즉 세 꼭짓점에 이르는 거리가 같으므로 $\overline{PA}=\overline{PB}=\overline{PC}$

STEP Ⓑ **직각삼각형의 피타고라스 정리를 이용하여 구하기**

직각삼각형 ABC에서
피타고라스 정리에 의하여
$\overline{AB}^2+\overline{AC}^2=\overline{BC}^2$ ······ ㉠
점 P는 선분 BC의 중점이므로
$\overline{BC}=2\overline{PA}$ ······ ㉡
㉡의 양변을 제곱하면 $\overline{BC}^2=4\overline{PA}^2$
이를 ㉠에 대입하면

$$\overline{AB}^2+\overline{AC}^2=4\overline{PA}^2$$
$$=4\times(\sqrt{\{2-(-1)\}^2+(0-2)^2})^2$$
$$=4\times13=52$$

따라서 $\overline{AB}^2+\overline{AC}^2$의 값은 52

17

정답 ①

STEP Ⓐ **직선 $mx-y+3m+2=0$이 항상 지나는 점 구하기**

직선 $mx-y+3m+2=0$에서 m에 대하여 정리하면
$(x+3)m+(2-y)=0$ ······ ㉠
등식 ㉠이 m의 값에 관계없이 항상 성립하므로 m에 대한 항등식이다.
항등식의 성질에 의하여 $x+3=0$, $2-y=0$
$\therefore x=-3$, $y=2$
즉 직선 ㉠은 실수 m의 값에 관계없이 항상 점 A$(-3, 2)$를 지난다.

STEP Ⓑ **점 A를 지나는 직선이 삼각형 ABC의 넓이를 이등분하려면
선분 BC의 중점을 지남을 이용하여 m의 값 구하기**

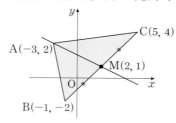

직선 ㉠이 삼각형 ABC의 넓이를 이등분하려면
점 A$(-3, 2)$와 선분 BC의 중점 M을 지나야 한다.
두 점 B$(-1, -2)$, C$(5, 4)$에 대하여 선분 BC의 중점 M의 좌표는
$\left(\dfrac{-1+5}{2}, \dfrac{-2+4}{2}\right)$, 즉 M$(2, 1)$
직선 ㉠이 점 M$(2, 1)$을 지나므로 $5m+1=0$
따라서 $m=-\dfrac{1}{5}$

18

정답 ⑤

STEP Ⓐ **두 원의 교점을 지나는 직선의 방정식 구하기**

원 $x^2+y^2=36$에서 $x^2+y^2-36=0$
즉 두 원의 교점을 지나는 직선 AB의 방정식은
$x^2+y^2-36-(x^2+y^2-4x-2y-16)=0$, $4x+2y-20=0$
$\therefore 2x+y-10=0$ ······ ㉠

STEP Ⓑ **선분 AB의 중점의 좌표 구하기**

선분 AB의 중점은 두 원의 공통인 현과 두 원의 중심을 지나는 직선의 교점이다.

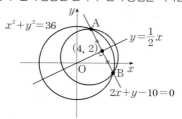

두 원 $x^2+y^2=36$, $(x-2)^2+(y-1)^2=21$의 중심 $(0, 0)$, $(2, 1)$을 지나는

직선의 방정식은 $y=\dfrac{1}{2}x$ ······ ㉡

㉠, ㉡을 연립하여 풀면 $x=4$, $y=2$이므로 선분 AB의 중점의 좌표는 $(4, 2)$
따라서 $a=4$, $b=2$이므로 $a+b=6$

19

정답 ④

STEP Ⓐ **두 직선이 수직일 조건을 만족하는 a, b 사이의 관계식 구하기**

직선 $ax-y+2=0$은 직선 $bx-3y-3=0$과 수직이므로
$a\times b+(-1)\times(-3)=0$ $\therefore ab=-3$ ······ ㉠

STEP Ⓑ **두 직선이 평행할 조건을 만족하는 a, b 사이의 관계식 구하기**

직선 $ax-y+2=0$은 직선 $(b-2)x+y-4=0$과 평행하므로
$\dfrac{a}{b-2}=\dfrac{-1}{1}\neq\dfrac{2}{-4}$ $\therefore a+b=2$ ······ ㉡

STEP Ⓒ **a^3+b^3의 값 구하기**

㉠, ㉡에 의하여 $a^3+b^3=(a+b)^3-3ab(a+b)=2^3-3\times(-3)\times2=26$

20

정답 ②

STEP Ⓐ **점 P의 좌표를 (x, y)라 두고 주어진 조건에 대입하기**

점 P의 좌표를 P(x, y)라 놓고
두 점 A$(-3, 0)$, B$(0, 3)$에 대하여
$\overline{AP}=\sqrt{\{x-(-3)\}^2+(y-0)^2}=\sqrt{x^2+6x+y^2+9}$
$\overline{BP}=\sqrt{(x-0)^2+(y-3)^2}=\sqrt{x^2+y^2-6y+9}$
이때 $\overline{AP}:\overline{BP}=2:1$이므로 $\overline{AP}=2\overline{BP}$
양변을 제곱하면 $\overline{AP}^2=4\overline{BP}^2$
즉 $x^2+6x+y^2+9=4(x^2+y^2-6y+9)$, $x^2+y^2-2x-8y+9=0$
$\therefore (x-1)^2+(y-4)^2=(2\sqrt{2})^2$

STEP Ⓑ **삼각형 ABP의 넓이의 최댓값 구하기**

삼각형 ABP에서 선분 AB를 밑변으로 놓으면
높이가 최대일 때, 넓이도 최대가 된다.
이때 높이가 최대이려면 그림과 같이 원의 반지름의 길이 $2\sqrt{2}$와 같아야 한다.

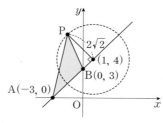

두 점 A$(-3, 0)$, B$(0, 3)$에 대하여 선분 AB의 길이는
$\overline{AB}=\sqrt{\{0-(-3)\}^2+(3-0)^2}=3\sqrt{2}$
따라서 삼각형 ABP의 최댓값은 $\dfrac{1}{2}\times3\sqrt{2}\times2\sqrt{2}=6$

주관식 및 서술형 문제

21
정답 13

STEP Ⓐ 점 A가 선분 OB 위에 있음을 이용하기

세 점 O(0, 0), A(a, b), B(12, 5)라 하면

$\overline{\text{OA}} = \sqrt{a^2+b^2}$

$\overline{\text{AB}} = \sqrt{(a-12)^2+(b-5)^2}$

즉

$\sqrt{a^2+b^2} + \sqrt{(a-12)^2+(b-5)^2} = \overline{\text{OA}} + \overline{\text{AB}}$

이므로 점 A가 선분 OB 위에 있을 때,

$\overline{\text{OA}} + \overline{\text{AB}}$가 최소가 된다.

따라서 $\overline{\text{OA}} + \overline{\text{AB}}$가 최솟값은 선분 OB의 길이이므로 $\overline{\text{OB}} = \sqrt{12^2+5^2} = 13$

22
정답 256

STEP Ⓐ 두 집합 B, C를 원소나열법으로 나타내기

집합 $A = \{x | x$는 20 이하의 자연수$\}$에 대하여

집합 $B = \{x | x$의 양의 약수의 개수는 짝수이고 $x \in A\}$이므로

$B = \{2, 3, 5, 6, 7, 8, 10, 11, 12, 13, 14, 15, 17, 18, 19, 20\}$

또한, 집합 $C = \{x | x$의 양의 약수의 개수는 2이고 $x \in A\}$이므로

$C = \{2, 3, 5, 7, 11, 13, 17, 19\}$ ← 약수의 개수가 2인 수는 소수

STEP Ⓑ 집합 X의 개수 구하기

$C \subset X \subset B$를 만족시키는 집합 X는 집합 B의 부분집합 중 2, 3, 5, 7, 11, 13, 17, 19를 반드시 원소로 갖는 집합이다.

따라서 집합 X의 개수는 $2^{16-8} = 2^8 = 256$

23
정답 2

STEP Ⓐ 세 점이 삼각형을 이루지 않을 조건 구하기

서로 다른 세 점으로 삼각형을 이루지 않도록 하기 위해서는 세 점이 한 직선 위에 존재해야 하므로 직선 AB의 기울기와 직선 AC의 기울기가 같아야 한다.

STEP Ⓑ 세 점이 한 직선 위에 있기 위한 k의 값 구하기

두 점 A(-2, 3), B(-1, $k-1$)을 지나는 직선 AB의 기울기는

$\dfrac{(k-1)-3}{-1-(-2)} = k-4$

두 점 A(-2, 3), C(2, $1-3k$)을 지나는 직선 AC의 기울기는

$\dfrac{(1-3k)-3}{2-(-2)} = \dfrac{-3k-2}{4}$

즉 $k-4 = \dfrac{-3k-2}{4}$, $4k-16 = -3k-2$, $7k = 14$

따라서 $k = 2$

다른풀이 두 점을 지나는 직선 위에 나머지 한 점이 있음을 이용하여 풀이하기

STEP Ⓐ 두 점 A, B를 지나는 직선의 방정식 구하기

두 점 A(-2, 3), B(-1, $k-1$)를 지나는 직선 AB의 방정식은

$y-3 = \dfrac{(k-1)-3}{-1-(-2)}\{x-(-2)\}$, 즉 $y = (k-4)x+2k-5$

STEP Ⓑ 직선에 점 C(2, $1-3k$)를 대입하여 k의 값 구하기

점 C(2, $1-3k$)가 직선 $y = (k-4)x+2k-5$ 위의 점이므로

$1-3k = 2(k-4)+2k-5$, $7k = 14$

따라서 $k = 2$

24
정답 해설참조

1단계 선분 AB를 4 : 3으로 내분하는 점 P의 좌표를 구한다. 1.5점

두 점 A(-2, 1), B(5, 8)에 대하여 선분 AB를 4 : 3으로 내분하는

점 P의 좌표는 $\left(\dfrac{4\times5+3\times(-2)}{4+3}, \dfrac{4\times8+3\times1}{4+3}\right)$, 즉 P(2, 5)

2단계 내분점 공식을 이용하여 점 Q의 좌표를 구한다. 1.5점

점 Q의 좌표를 (a, b)라 하면 선분 AQ를 1 : 3으로 내분하는 점의 좌표는

$\left(\dfrac{1\times a+3\times(-2)}{1+3}, \dfrac{1\times b+3\times1}{1+3}\right)$, 즉 $\left(\dfrac{a-6}{4}, \dfrac{b+3}{4}\right)$

이 점은 B(5, 8)과 일치하므로

$\dfrac{a-6}{4} = 5$, $a-6 = 20$에서 $a = 26$

$\dfrac{b+3}{4} = 8$, $b+3 = 32$에서 $b = 29$

즉 점 Q의 좌표는 Q(26, 29)

3단계 선분 PQ의 중점의 좌표를 구한다. 1점

두 점 P(2, 5), Q(26, 29)에 대하여 선분 PQ의 중점의 좌표는

$\left(\dfrac{2+26}{2}, \dfrac{5+29}{2}\right)$, 즉 (14, 17)

따라서 $\alpha = 14$, $\beta = 17$이므로 $\beta - \alpha = 3$

25
정답 해설참조

1단계 두 점 A, B를 지나는 직선의 방정식을 구한다. 1점

두 점 A(2, 0), B(-1, 3)를 지나는 직선의 방정식은

$y-0 = \dfrac{3-0}{-1-2}(x-2)$, 즉 $x+y-2 = 0$

2단계 원의 중심과 점 P 사이의 최솟값을 구한다. 2점

원 $(x-3)^2+(y-5)^2 = 1$의 중심을 C(3, 5)라 하면

직선 $x+y-2 = 0$ 위의 임의의 점 P에서 원에 그은 접선의 접점이 T이므로 삼각형 PTC는 직각삼각형이 된다.

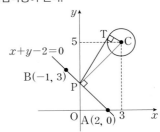

직각삼각형 PTC에서 피타고라스 정리에 의하여

$\overline{\text{PT}} = \sqrt{\overline{\text{PC}}^2 - 1^2}$

이때 선분 PT의 길이가 최소이려면 선분 PC의 길이가 최소이어야 한다.

즉 선분 PC의 최솟값은 점 C(3, 5)에서 직선 $x+y-2 = 0$까지의 거리이다.

즉 $\overline{\text{PC}} = \dfrac{|3+5-2|}{\sqrt{1^2+1^2}} = \dfrac{6}{\sqrt{2}} = 3\sqrt{2}$

3단계 선분 PT의 길이의 최솟값을 구한다. 2점

따라서 $\overline{\text{PT}} = \sqrt{\overline{\text{PC}}^2 - 1^2} = \sqrt{(3\sqrt{2})^2 - 1} = \sqrt{17}$

2학기 중간고사 모의평가 **02**

01	②	02	③	03	④	04	①	05	⑤
06	②	07	①	08	④	09	②	10	①
11	③	12	⑤	13	④	14	②	15	③
16	⑤	17	①	18	③	19	④	20	⑤

주관식 및 서술형

21	31	22	6	23	10
24	해설참조		25		해설참조

01
 정답 ②

STEP Ⓐ 주어진 조건을 만족하는 집합 X 파악하기

$A \cap X = X$에서 $X \subset A$ ...... ㉠
$(A \cap B) \cup X = X$에서 $(A \cap B) \subset X$ ...... ㉡
㉠, ㉡에 의하여 $(A \cap B) \subset X \subset A$
즉 집합 X는 집합 A의 부분집합 중에서 $A \cap B$의 원소를 모두 원소로 갖는 집합이다.

STEP Ⓑ 집합 X의 개수가 8일 때, 자연수 a의 값 구하기

이때 $n(A \cap B) = k$라 하면 집합 X의 개수가 8이므로
$2^{7-k} = 8 = 2^3$, $7-k = 3$, $k = 4$ ∴ $n(A \cap B) = 4$
그런데 a는 자연수이므로 집합 B의 원소는 연속하는 네 자연수이다.
이때 $B = \{4, 5, 6, 7\}$이므로 $a+2 = 4$
따라서 $a = 2$

02
 정답 ③

STEP Ⓐ 삼각형의 무게중심의 성질을 이용하여 m, n의 값 구하기

변 BC의 중점을 M이라고 하면 점 M의
좌표는 M$(-2, -2)$
이때 선분 AM은 삼각형 ABC의 중선이다.
두 점 A$(1, 7)$, M$(-2, -2)$에 대하여
중선 AM을 $2:1$로 내분하는 점이
삼각형 ABC의 무게중심이 된다.

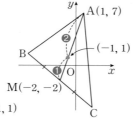

$\left(\dfrac{2 \times (-2) + 1 \times 1}{2+1}, \dfrac{2 \times (-2) + 1 \times 7}{2+1} \right)$, 즉 $(-1, 1)$
따라서 $m = -1$, $n = 1$이므로 $m + n = 0$

mini해설 | 변 BC의 중점의 좌표를 이용하여 풀이하기

두 점 B, C의 좌표를 각각 B(c, d), C(e, f)라 하면
선분 BC의 중점의 좌표가 $(-2, -2)$이므로
$\dfrac{c+e}{2} = -2$에서 $c+e = -4$이고 $\dfrac{d+f}{2} = -2$에서 $d+f = -4$
세 점 A$(1, 7)$, B(c, d), C(e, f)를 꼭짓점으로 하는 삼각형 ABC의 무게중심의
좌표는 $\left(\dfrac{1+c+e}{3}, \dfrac{7+d+f}{3} \right)$, 즉 $(-1, 1)$
따라서 $m = -1$, $n = 1$이므로 $m + n = 0$

03
 정답 ④

STEP Ⓐ 주어진 원의 방정식에서 반지름의 길이 구하기

방정식 $x^2 + y^2 - 8x - 6y + 5k = 0$에서 $(x-4)^2 + (y-3)^2 = 25 - 5k$
즉 반지름의 길이는 $\sqrt{25 - 5k}$

+α | 원의 반지름의 길이를 구하는 공식을 이용하여 구할 수 있어!

방정식 $x^2 + y^2 + Ax + By + C = 0$에서 반지름의 길이는
$\dfrac{\sqrt{A^2 + B^2 - 4C}}{2}$
방정식 $x^2 + y^2 - 8x - 6y + 5k = 0$에서 반지름의 길이는
$\dfrac{\sqrt{(-8)^2 + (-6)^2 - 4 \times 5k}}{2} = \dfrac{\sqrt{100 - 20k}}{2} = \dfrac{\sqrt{4(25 - 5k)}}{2} = \sqrt{25 - 5k}$

STEP Ⓑ 반지름의 길이가 3 이하인 원이 되도록 하는 자연수 k의 값 구하기

반지름의 길이가 3 이하의 원이 되려면 $0 < \sqrt{25 - 5k} \leq 3$
양변을 제곱하면 $0 < 25 - 5k \leq 9$
$25 - 5k > 0$일 때, $k < 5$ ...... ㉠
$25 - 5k \leq 9$일 때, $k \geq \dfrac{16}{5}$ ...... ㉡
㉠, ㉡에 의하여 $\dfrac{16}{5} \leq k < 5$
따라서 자연수 k의 값은 4

04
 정답 ①

STEP Ⓐ 각의 이등분선은 두 직선에 이르는 거리가 같음을 이용하기

두 직선 $3x - 4y + 8 = 0$, $4x + 3y + 7 = 0$이 이루는 각의 이등분선 위의
점을 P(x, y)라고 하면 점 P에서 두 직선에 이루는 거리는 같다.
즉 $\dfrac{|3x - 4y + 8|}{\sqrt{3^2 + (-4)^2}} = \dfrac{|4x + 3y + 7|}{\sqrt{4^2 + 3^2}}$

STEP Ⓑ 이등분하는 두 직선의 방정식이 점 $(a, 1)$을 지남을 이용하여 a의 값 구하기

$|3x - 4y + 8| = |4x + 3y + 7|$, $3x - 4y + 8 = \pm(4x + 3y + 7)$
(i) $3x - 4y + 8 = 4x + 3y + 7$인 경우
각의 이등분선의 방정식은 $x + 7y - 1 = 0$
이 직선이 점 $(a, 1)$을 지나므로 $a + 7 - 1 = 0$ ∴ $a = -6$
(ii) $3x - 4y + 8 = -(4x + 3y + 7)$인 경우
각의 이등분선의 방정식은 $7x - y + 15 = 0$
이 직선이 점 $(a, 1)$을 지나므로 $7a - 1 + 15 = 0$ ∴ $a = -2$
(i), (ii)에서 모든 a의 값의 합은 $-6 + (-2) = -8$

05
 정답 ⑤

STEP Ⓐ 주어진 조건을 만족하는 집합 X의 조건 구하기

전체집합 U의 부분집합 X가 $A \cup X = B \cup X$이므로
$\{2, 3, 5, 7\} \cup X = \{1, 3, 5, 7, 9\} \cup X$를 만족시키려면
집합 X는 두 집합 $\{2, 3, 5, 7\}$, $\{1, 3, 5, 7, 9\}$에서 공통인 원소 3, 5, 7을
제외한 나머지 원소 1, 2, 9를 반드시 원소로 가져야 한다.

STEP Ⓑ 집합 X의 개수 구하기

따라서 집합 X의 개수는 $2^{9-3} = 2^6 = 64$

mini해설 | $(A-B) \subset X$, $(B-A) \subset X$을 이용하여 풀이하기

세 집합 U, A, B를 벤 다이어그램으로 나타내면 오른쪽 그림과 같다.
$A - B = \{2\}$, $B - A = \{1, 9\}$
$A \cup X = B \cup X$를 만족하려면
집합 X는 $A - B$와 $B - A$를 모두 포함해야 한다.
즉 집합 X는 집합 $\{1, 2, 9\}$를 포함하는 전체집합 U의 부분집합이다.
따라서 구하는 집합 X의 개수는 $2^{9-3} = 2^6 = 64$

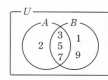

06

정답 ②

STEP ⓐ 삼각형 ABC의 세 변의 길이 구하기

세 점 $A(-3a, 0)$, $B(4, a)$, $C(6, -4)$에 대하여

$\overline{AB}=\sqrt{\{4-(-3a)\}^2+(a-0)^2}=\sqrt{10a^2+24a+16}$

$\overline{BC}=\sqrt{(6-4)^2+(-4-a)^2}=\sqrt{a^2+8a+20}$

$\overline{CA}=\sqrt{\{6-(-3a)\}^2+(-4-0)^2}=\sqrt{9a^2+36a+52}$

STEP ⓑ 삼각형 ABC가 직각이등변삼각형일 때, a의 값 구하기

삼각형 ABC가 $\angle B=90°$인 직각삼각형이므로 $\overline{CA}^2=\overline{AB}^2+\overline{BC}^2$이고
이등변삼각형이므로 $\overline{AB}=\overline{BC}$

(ⅰ) $\overline{CA}^2=\overline{AB}^2+\overline{BC}^2$인 경우

$9a^2+36a+52=(10a^2+24a+16)+(a^2+8a+20)$,

$a^2-2a-8=0$, $(a+2)(a-4)=0$

$\therefore a=-2$ 또는 $a=4$

(ⅱ) $\overline{AB}=\overline{BC}$인 경우

$\overline{AB}^2=\overline{BC}^2$이므로 $10a^2+24a+16=a^2+8a+20$,

$9a^2+16a-4=0$, $(a+2)(9a-2)=0$

$\therefore a=-2$ 또는 $a=\dfrac{2}{9}$

(ⅰ), (ⅱ)에 의하여 삼각형 ABC가 직각이등변삼각형일 때, a의 값은 -2

07

정답 ①

STEP ⓐ 점과 직선 사이의 거리 공식을 이용하여 선분 AH의 길이 구하기

점 $A(4, 1)$에서 직선 $3x-4y+12=0$에 내린 수선의 발이 점 H이므로
점 $A(4, 1)$과 직선 $3x-4y+12=0$ 사이의 거리는 선분 AH의 길이와 같다.

$\overline{AH}=\dfrac{|3\times4-4\times1+12|}{\sqrt{3^2+(-4)^2}}=\dfrac{20}{5}=4$

STEP ⓑ $\overline{AP}=2\overline{AH}$임을 이용하여 삼각형 AHP의 넓이 구하기

직선 $3x-4y+12=0$ 위의 점을
P라 하면 삼각형 AHP는 선분 AP
를 빗변으로 하는 직각삼각형이다.

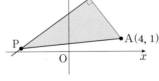

이때 $\overline{AP}=2\overline{AH}=2\times4=8$
직각삼각형 AHP에서
피타고라스 정리에 의하여

$\overline{PH}=\sqrt{\overline{AP}^2-\overline{AH}^2}=\sqrt{8^2-4^2}=4\sqrt{3}$

따라서 삼각형 AHP의 넓이는 $\dfrac{1}{2}\times\overline{AH}\times\overline{PH}=\dfrac{1}{2}\times4\times4\sqrt{3}=8\sqrt{3}$

08

정답 ④

STEP ⓐ 원과 직선의 두 교점을 지나는 원의 넓이가 최소가 되기 위한 조건 구하기

원 $x^2+y^2=16$과 직선 $3x+4y-10=0$의 교점을 A, B라 하면
직선 AB를 지나는 원 중에서 넓이가 최소인 원은 두 교점을 지름의
양 끝점으로 하는 원이다.

STEP ⓑ 원의 중심과 직선 $3x+4y-10=0$ 사이의 거리 구하기

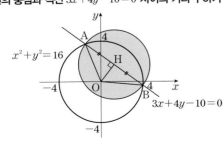

원 $x^2+y^2=16$의 중심 $O(0, 0)$에서 직선 $3x+4y-10=0$에 내린 수선의 발을
H라 하면 점 $O(0, 0)$에서 직선 $3x+4y-10=0$ 사이의 거리는 선분 OH의
길이와 같다.

$\overline{OH}=\dfrac{|-10|}{\sqrt{3^2+4^2}}=\dfrac{10}{5}=2$

STEP ⓒ 원과 직선의 두 교점을 지나는 원 중에서 최소인 원의 넓이 구하기

직각삼각형 OHA에서 피타고라스 정리에 의하여

$\overline{AH}=\sqrt{\overline{OA}^2-\overline{OH}^2}=\sqrt{4^2-2^2}=2\sqrt{3}$

따라서 두 점 A, B를 지나는 원 중에서 넓이가 최소인 것은

선분 AB를 지름으로 하는 원이므로 구하는 원의 넓이는 $\pi\times(2\sqrt{3})^2=12\pi$

09

정답 ②

STEP ⓐ 주어진 집합을 원소나열법으로 나타내기

$U=\{x|x$는 100 이하의 자연수$\}=\{1, 2, 3, \cdots, 100\}$

$A=\{x|x$는 짝수$\}=\{2, 4, 6, \cdots, 100\}$

$B=\left\{x\left|x=\dfrac{50}{n}, n\text{은 자연수}\right.\right\}=\{1, 2, 5, 10, 25, 50\}$ ◀─50의 약수

$C=\left\{x\left|x=\dfrac{100}{n}, n\text{은 자연수}\right.\right\}=\{1, 2, 4, 5, 10, 20, 25, 50, 100\}$ ◀─100의 약수

STEP ⓑ 집합 $(B-A)\cap(C-A)$의 원소의 개수 구하기

$(B-A)\cap(C-A)=(B\cap A^C)\cap(C\cap A^C)$

$\qquad\qquad\qquad\quad=(B\cap C)\cap A^C$

$\qquad\qquad\qquad\quad=(B\cap C)-A$

이때 $B\cap C=\{x|x$는 50과 100의 공약수$\}$

$\qquad\quad=\{x|x$는 50의 약수$\}$

$\qquad\quad=\{1, 2, 5, 10, 25, 50\}$

즉 집합 $(B\cap C)-A$의 원소는 50의 약수 중 짝수를 제외한 것과 같으므로

$(B\cap C)-A=\{1, 5, 25\}$

따라서 집합 $(B-A)\cap(C-A)$의 원소의 개수는 3

10

정답 ①

STEP ⓐ 포물선의 평행이동으로 식 세우기

포물선 $y=x^2-2x-1=(x-1)^2-2$를 x축의 방향으로 a만큼,
y축의 방향으로 b만큼 평행이동하면 $y-b=(x-a-1)^2-2$,

즉 $y=(x-a-1)^2-2+b$

이 포물선이 $y=x^2+1$과 같으므로 $-a-1=0$, $-2+b=1$

$\therefore a=-1$, $b=3$

> **+α** │ 포물선의 꼭짓점의 좌표를 이용하여 구할 수 있어!
>
> 포물선 $y=x^2-2x-1=(x-1)^2-2$이므로 꼭짓점의 좌표는 $(1, -2)$
> 포물선 $y=x^2+1$의 꼭짓점의 좌표는 $(0, 1)$
> 점 $(1, -2)$를 점 $(0, 1)$로 옮기는 평행이동은 x축의 방향으로 -1만큼,
> y축의 방향으로 3만큼 평행이동한 것이다.

STEP ⓑ 평행한 두 직선 사이의 거리 구하기

직선 $l : 4x+3y-8=0$을 x축의 방향으로 -1만큼, y축의 방향으로 3만큼
평행이동하면 $l' : 4(x+1)+3(y-3)-8=0$, 즉 $l' : 4x+3y-13=0$
두 직선 l, l' 사이의 거리는 직선 l 위의 한 점 $(2, 0)$과 직선 l' 사이의
거리와 같다.

따라서 두 직선 l, l' 사이의 거리는 $\dfrac{|4\times2+3\times0-13|}{\sqrt{4^2+3^2}}=\dfrac{5}{5}=1$

직선 $l : 4x+3y-8=0$을 x축의 방향으로 -1만큼, y축의 방향으로 3만큼
평행이동하면 $l' : 4x+3y-13=0$
평행한 두 직선 $l : 4x+3y-8=0$, $l' : 4x+3y-13=0$ 사이의 거리는

$$\frac{|-8-(-13)|}{\sqrt{4^2+3^2}}=\frac{5}{5}=1$$

11

 정답 ③

STEP Ⓐ 두 직사각형의 넓이를 동시에 이등분하는 직선이 두 직사각형의
대각선의 교점을 지남을 이해하기

직사각형의 두 대각선의 교점을 지나는 직선이 두 직사각형의 넓이를 동시에
이등분한다.
제1사분면 위의 직사각형의 두 대각선의 교점은 두 점 $(1, 1)$, $(3, 4)$의
중점이므로 $\left(\dfrac{1+3}{2}, \dfrac{1+4}{2}\right)$, 즉 $\left(2, \dfrac{5}{2}\right)$

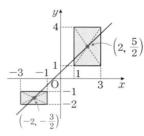

제3사분면 위의 직사각형의 두 대각선의 교점은 두 점 $(-1, -1)$, $(-3, -2)$의
중점이므로 $\left(\dfrac{-1+(-3)}{2}, \dfrac{-1+(-2)}{2}\right)$, 즉 $\left(-2, -\dfrac{3}{2}\right)$

STEP Ⓑ 두 점을 지나는 직선의 방정식 구하기

두 점 $\left(2, \dfrac{5}{2}\right)$, $\left(-2, -\dfrac{3}{2}\right)$을 지나는 직선의 방정식은

$y-\dfrac{5}{2}=\dfrac{-\dfrac{3}{2}-\dfrac{5}{2}}{-2-2}(x-2)$, 즉 $2x-2y+1=0$

따라서 $a=2$, $b=-2$이므로 $a+b=0$

12

 정답 ⑤

STEP Ⓐ 제2사분면에서 x축, y축에 동시에 접하는 원의 방정식 세우기

제2사분면에서 x축, y축에 모두 접하는 원이므로
원의 중심을 $(-r, r)$, 반지름의 길이는 r (단, $r>0$)이라 하면
원의 방정식은 $(x+r)^2+(y-r)^2=r^2$

STEP Ⓑ 원의 중심이 직선 $x-2y+9=0$ 위에 있음을 이용하여 원의 방정
식 구하기

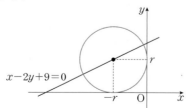

원의 중심 $(-r, r)$이 직선 $x-2y+9=0$ 위에 있으므로
$-r-2r+9=0$, $3r=9$ ∴ $r=3$
즉 구하는 원의 방정식은 $(x+3)^2+(y-3)^2=9$
∴ $x^2+y^2+6x-6y+9=0$
따라서 $a=6$, $b=-6$, $c=9$이므로 $a+b+c=6-6+9=9$

원의 중심이 직선 $x-2y+9=0$ 위에 있고 제2사분면에서 x축과 y축에 동시에
접하는 원의 중심은 직선 $y=-x$ 위에 존재한다.

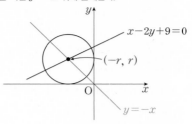

두 직선 $x-2y+9=0$, $y=-x$을 연립하여 풀면 $x=-3$, $y=3$이므로
원의 중심은 $(-3, 3)$
이때 원의 반지름의 길이는 3이므로 원의 방정식은 $(x+3)^2+(y-3)^2=9$
$x^2+y^2+6x-6y+9=0$
따라서 $a=6$, $b=-6$, $c=9$이므로 $a+b+c=9$

13

 정답 ④

STEP Ⓐ 두 직선의 교점과 점 $(4, 5)$를 지나는 직선 l의 방정식 구하기

두 직선 $4x+y-7=0$, $x-3y-5=0$을
연립하여 풀면 $x=2$, $y=-1$
두 점 $(2, -1)$, $(4, 5)$를 지나는
직선 l의 방정식은
$y-5=\dfrac{5-(-1)}{4-2}(x-4)$, 즉 $y=3x-7$

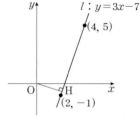

두 직선 $ax+by+c=0$, $a'x+b'y+c'=0$의 교점을 지나는 직선의 방정식은
$(ax+by+c)+k(a'x+b'y+c')=0$ (k는 실수)이다.
두 직선 $4x+y-7=0$, $x-3y-5=0$의 교점을 지나는 직선의 방정식은
$(4x+y-7)+k(x-3y-5)=0$이고 점 $(4, 5)$를 지나므로 대입하면
$(4\times4+5-7)+k(4-3\times5-5)=0$, $14-16k=0$ ∴ $k=\dfrac{7}{8}$

주어진 식에 $k=\dfrac{7}{8}$을 대입하면 $(4x+y-7)+\dfrac{7}{8}(x-3y-5)=0$
$8(4x+y-7)+7(x-3y-5)=0$, $39x-13y-91=0$
∴ $y=3x-7$

STEP Ⓑ 원점에서 직선 l에 내린 수선의 발 좌표 구하기

원점에서 직선 l에 내린 수선의 발은 원점을 지나면서 직선 l에 수직인 직선과
직선 l의 교점이다.

직선 $y=3x-7$의 기울기는 3이므로 이 직선과 수직인 직선의 기울기는 $-\dfrac{1}{3}$

원점 $O(0, 0)$을 지나면서 기울기가 $-\dfrac{1}{3}$인 직선의 방정식은 $y=-\dfrac{1}{3}x$

이때 두 직선 $y=-\dfrac{1}{3}x$, $y=3x-7$의 교점의 좌표는 $x=\dfrac{21}{10}$, $y=-\dfrac{7}{10}$

따라서 $a=\dfrac{21}{10}$, $b=-\dfrac{7}{10}$이므로 $a+b=\dfrac{7}{5}$

14

STEP Ⓐ **원 $x^2+y^2=10$ 위의 점 $(1, 3)$에서의 접선의 방정식 구하기**

원 $x^2+y^2=10$ 위의 점 $(1, 3)$에서의 접선의 방정식은 $x+3y=10$

$\therefore x+3y-10=0$

STEP Ⓑ **원의 중심에서 직선까지의 거리가 반지름의 길이와 같음을 이용하여 실수 a의 값 구하기**

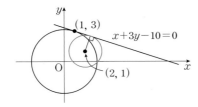

원 $x^2+y^2-4x-2y+a=0$에서 $(x-2)^2+(y-1)^2=5-a$이므로

원의 중심은 $(2, 1)$이고 반지름의 길이는 $\sqrt{5-a}$

원 $(x-2)^2+(y-1)^2=5-a$이 직선 $x+3y-10=0$에 접하므로

원의 중심 $(2, 1)$과 직선 $x+3y-10=0$

사이의 거리는 원의 반지름의 길이 $\sqrt{5-a}$와 같다.

즉 $\dfrac{|2+3\times1-10|}{\sqrt{1^2+3^2}}=\dfrac{5}{\sqrt{10}}=\sqrt{5-a}$, $5=\sqrt{50-10a}$

양변을 제곱하면 $25=50-10a$, $2a=5$

따라서 $a=\dfrac{5}{2}$

+α | 이차방정식의 판별식을 이용하여 구할 수 있어!

원 $(x-2)^2+(y-1)^2=5-a$이 직선 $x+3y-10=0$, 즉 $x=10-3y$와 접하므로

두 식을 연립하면 이차방정식 $(10-3y-2)^2+(y-1)^2=5-a$,

즉 $10y^2-50y+a+60=0$

이때 원과 직선이 접하므로 이차방정식 $10y^2-50y+a+60=0$의 판별식을 D라 하면

$D=0$이어야 한다.

$\dfrac{D}{4}=(-25)^2-10(a+60)=0$, $5(2a-5)=0$

따라서 $a=\dfrac{5}{2}$

15

STEP Ⓐ **주어진 대칭이동으로 P_1, P_2의 좌표 구하기**

직선 $y=x-2$ 위의 점을 $P(a, b)$라 하면 점 P의 좌표는 $P(a, a-2)$ ◀ $b=a-2$

점 $P(a, a-2)$를 x축, y축에 대하여 대칭이동한 점은 각각

$P_1(a, -a+2)$, $P_2(-a, a-2)$

STEP Ⓑ **삼각형 PP_1P_2의 넓이를 이용하여 a, b의 값 구하기**

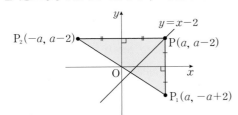

$a>0$, $b>0$이고 삼각형 PP_1P_2의 넓이가 48이므로

(삼각형 PP_1P_2의 넓이)$=\dfrac{1}{2}\times\overline{P_2P}\times\overline{PP_1}=\dfrac{1}{2}\times2a\times2(a-2)=48$

즉 $a(a-2)=24$, $a^2-2a-24=0$, $(a+4)(a-6)=0$

$\therefore a=6$ $(\because a>0)$

즉 점 P의 좌표는 $P(6, 4)$

따라서 $a=6$, $b=4$이므로 $a+b=10$

16

STEP Ⓐ **세 직선이 삼각형을 이루지 않도록 하는 조건 이해하기**

두 직선 $2x-y-3=0$, $x+y-6=0$이 한 점 $(3, 3)$에서 만나므로

세 직선이 모두 평행한 경우는 없다.

즉 주어진 세 직선이 삼각형을 이루지 않으려면

세 직선 중 두 직선이 평행하거나 세 직선이 한 점에서 만나야 한다.

STEP Ⓑ **두 직선이 평행한 경우와 세 직선이 한 점에서 만나는 경우로 나누어 a의 값 구하기**

(ⅰ) 세 직선 중 두 직선이 서로 평행할 때,

직선 $2x-y-3=0$과 직선 $ax-y-1=0$이 평행하므로

$\dfrac{2}{a}=\dfrac{-1}{-1}\neq\dfrac{-3}{-1}$ $\therefore a=2$

직선 $x+y-6=0$과 직선 $ax-y-1=0$이 평행하므로

$\dfrac{1}{a}=\dfrac{1}{-1}\neq\dfrac{-6}{-1}$ $\therefore a=-1$

(ⅱ) 세 직선이 한 점에서 만날 때,

직선 $ax-y-1=0$이 두 직선 $2x-y-3=0$, $x+y-6=0$의 교점

$(3, 3)$을 지나야 한다.

즉 $3a-3-1=0$ $\therefore a=\dfrac{4}{3}$

STEP Ⓒ **a의 값의 합 구하기**

(ⅰ), (ⅱ)에 의하여 구하는 a의 값의 합은 $2+(-1)+\dfrac{4}{3}=\dfrac{7}{3}$

17

STEP Ⓐ **평행사변형의 나머지 한 꼭짓점의 좌표 구하기**

$\overline{OA}$, $\overline{OB}$를 이웃하는 두 변으로 하는 평행사변형의 나머지 한 꼭짓점을 C라고

하면 선분 OC의 중점의 좌표가 $(-3, -3)$이므로 점 C의 좌표는 $C(-6, -6)$

STEP Ⓑ **평행사변형의 두 대각선의 중점이 서로 일치함을 이용하여 a, c 사이의 관계식과 b, d 사이의 관계식 구하기**

두 점 $A(a, b)$, $B(c, d)$에 대하여 선분 AB의 중점 $\left(\dfrac{a+c}{2}, \dfrac{b+d}{2}\right)$

이 점은 $(-3, -3)$과 일치하므로

$\dfrac{a+c}{2}=-3$에서 $a+c=-6$ ┄┄┄ ㉠

$\dfrac{b+d}{2}=-3$에서 $b+d=-6$ ┄┄┄ ㉡

㉠+㉡을 하면 $a+b+c+d=-12$ ┄┄┄ ㉢

STEP Ⓒ **평행사변형의 정의를 이용하여 $c+d$의 값 구하기**

네 점 $O(0, 0)$, $A(a, b)$, $B(c, d)$, $C(-6, -6)$에 대하여

$\overline{BC}=\sqrt{(-6-c)^2+(-6-d)^2}=\sqrt{c^2+12c+d^2+12d+72}$

$\overline{OA}=\sqrt{a^2+b^2}=12$

이때 $\overline{OB}=\sqrt{c^2+d^2}=2\sqrt{6}$에서 $c^2+d^2=24$

또한, 평행사변형 OACB은 두 쌍의 대변의 길이가 같으므로

$\overline{BC}=\overline{OA}$에서 $\overline{BC}^2=\overline{OA}^2$

즉 $c^2+12c+d^2+12d+72=144$, $96+12(c+d)=144$, $12(c+d)=48$

$\therefore c+d=4$ ┄┄┄ ㉣

㉣을 ㉢에 대입하면 $a+b+4=-12$

따라서 $a+b=-16$

+α | $\overline{OA}=12$, $\overline{OB}=2\sqrt{6}$을 이용하여 $a+b$의 값을 구할 수 있어!

$\overline{OA}=\sqrt{a^2+b^2}=12$에서 $a^2+b^2=144$

$\overline{OB}=\sqrt{c^2+d^2}=2\sqrt{6}$에서 $c^2+d^2=24$

㉠, ㉡에서 $c=-6-a$, $d=-6-b$

즉 $(-6-a)^2+(-6-b)^2=24$, $a^2+b^2+12(a+b)+48=0$

$12(a+b)=-(a^2+b^2)-48=-144-48=-192$

따라서 $a+b=-16$

18
정답 ③

STEP A 두 점 사이의 거리 공식을 이용하여 선분 AB의 길이 구하기

두 점 $A(-5, 4)$, $B(5, -6)$에 대하여 선분 AB의 길이는

$$\overline{AB}=\sqrt{\{5-(-5)\}^2+(-6-4)^2}=10\sqrt{2}$$

STEP B 삼각형 ABC의 높이 구하기

두 점 $A(-5, 4)$, $B(5, -6)$를 지나는 직선 AB의 방정식은

$$y-(-6)=\frac{-6-4}{5-(-5)}(x-5), \text{ 즉 } x+y+1=0$$

점 $C(3, 7)$과 직선 $x+y+1=0$ 사이의 거리, 즉 삼각형 ABC의 높이 h는

$$h=\frac{|3+7+1|}{\sqrt{1^2+1^2}}=\frac{11\sqrt{2}}{2}$$

STEP C 삼각형 ABC의 넓이 구하기

따라서 삼각형 ABC의 넓이는 $\frac{1}{2}\times\overline{AB}\times h=\frac{1}{2}\times10\sqrt{2}\times\frac{11\sqrt{2}}{2}=55$

19
정답 ④

STEP A $2\overline{AB}=3\overline{BC}$를 이용하여 점 C의 위치 이해하기

$2\overline{AB}=3\overline{BC}$에서 $\overline{AB}:\overline{BC}=3:2$, 즉 점 C가 직선 AB 위에 있으므로
점 C는 선분 AB를 $1:2$로 내분하는 점이거나 점 B는 선분 AC를 $3:2$로
내분하는 점이다.

STEP B 내분점 공식을 이용하여 각각의 경우에서의 점 C의 좌표 구하기

두 점 $A(-7, 0)$, $B(8, 9)$에 대하여

(i) 점 C가 선분 AB를 $1:2$로 내분하는 점인 경우

$$\left(\frac{1\times8+2\times(-7)}{1+2}, \frac{1\times9+2\times0}{1+2}\right), \text{ 즉 } C(-2, 3)$$

(ii) 점 B가 선분 AC를 $3:2$로 내분하는 점인 경우

점 C의 좌표를 (a, b)라 하면

$$\left(\frac{3\times a+2\times(-7)}{3+2}, \frac{3\times b+2\times0}{3+2}\right), \text{ 즉 } \left(\frac{3a-14}{5}, \frac{3b}{5}\right)$$

이 점은 $B(8, 9)$과 일치하므로

$$\frac{3a-14}{5}=8, 3a-14=40\text{에서 } a=18$$

$$\frac{3b}{5}=9, 3b=45\text{에서 } b=15$$

$$\therefore C(18, 15)$$

(i), (ii)에서 점 C의 좌표는 $(-2, 3)$, $(18, 15)$
따라서 점 C의 y좌표의 합은 $3+15=18$

20
정답 ⑤

STEP A 원 위의 점 P에서 선분 AB의 중점까지 거리의 최솟값 구하기

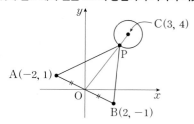

점 $A(-2, 1)$를 원점에 대하여 대칭이동한 점은 $B(2, -1)$이므로
선분 AB의 중점은 원점이다.
원 $x^2+y^2-6x-8y+24=0$에서 $(x-3)^2+(y-4)^2=1$이므로
원의 중심은 $C(3, 4)$이고 반지름의 길이는 1
이때 선분 OC의 길이는 $\overline{OC}=\sqrt{3^2+4^2}=5$
즉 선분 OP의 최솟값은 (선분 OC의 길이)$-$(반지름의 길이)$=5-1=4$

STEP B 중선정리를 이용하여 $\overline{PA}^2+\overline{PB}^2$의 최솟값 구하기

삼각형 PAB에서 중선정리에 의하여
$$\overline{PA}^2+\overline{PB}^2=2(\overline{PO}^2+\overline{AO}^2) \quad \leftarrow \overline{PO}\text{의 길이가 최소일 때 최솟값을 갖는다.}$$
$$\geq 2\{4^2+(\sqrt{(-2)^2+1^2})^2\}=42$$
따라서 $\overline{PA}^2+\overline{PB}^2$의 최솟값은 42

다른풀이 두 점 사이의 거리를 이용하여 풀이하기

STEP A 원 $x^2+y^2-6x-8y+24=0$ 위의 점을 $P(a, b)$로 놓고 주어진 식에 대입하기

원 $x^2+y^2-6x-8y+24=0$ 위의 점 P의 좌표를 $P(a, b)$라 하자.
점 $A(-2, 1)$를 원점에 대하여 대칭이동한 점은 $B(2, -1)$
$$\overline{PA}=\sqrt{\{a-(-2)\}^2+(b-1)^2}=\sqrt{a^2+4a+b^2-2b+5}$$
$$\overline{PB}=\sqrt{(a-2)^2+\{b-(-1)\}^2}=\sqrt{a^2-4a+b^2+2b+5}$$
$$\overline{PA}^2+\overline{PB}^2=(a^2+4a+b^2-2b+5)+(a^2-4a+b^2+2b+5)$$
$$=2a^2+2b^2+10$$

STEP B $\overline{PA}^2+\overline{PB}^2$의 최솟값 구하기

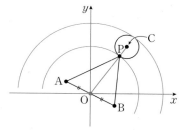

이때 $\overline{PA}^2+\overline{PB}^2=k$라 하면
$2(a^2+b^2+5)=k$이므로 $a^2+b^2=\frac{k-10}{2}$

즉 $a^2+b^2=\frac{k-10}{2}$은 원의 점 $P(a, b)$에서

선분 AB의 중점 $O(0, 0)$까지 거리의 제곱이므로 선분 OP의 길이가 최소일 때,
$\overline{PA}^2+\overline{PB}^2=k$가 최솟값을 가진다.
원 $x^2+y^2-6x-8y+24=0$의 중심 $C(3, 4)$와 원점 $O(0, 0)$ 사이의 거리,
즉 선분 OC의 길이는 $\overline{OC}=\sqrt{3^2+4^2}=5$
원 $x^2+y^2-6x-8y+24=0$의 반지름의 길이는 1이므로 선분 OP의 최솟값은
$5-1=4$

따라서 $\frac{k-10}{2}=4^2$, $k-10=32$이므로 $k=42$

주관식 및 서술형 문제

21
정답 31

STEP A 7의 배수인 자연수의 개수 구하기

7의 배수인 자연수는 $7 \times 1 = 7$, $7 \times 2 = 14$, $\cdots$, $7 \times 14 = 98$의 14개이다.

STEP B 5로 나누었을 때의 나머지가 3인 자연수의 개수 구하기

5로 나누었을 때의 나머지가 3인 자연수는
$5 \times 0 + 3 = 3$, $5 \times 1 + 3 = 8$, $\cdots$, $5 \times 19 + 3 = 98$의 20개이다.

STEP C 7의 배수이거나 5로 나누었을 때의 나머지가 3인 자연수의 개수 구하기

이때 7의 배수이면서 5로 나누었을 때의 나머지가 3인 자연수는 28, 63, 98의 3개이다.
따라서 구하는 자연수의 개수는 $14 + 20 - 3 = 31$

22
정답 6

STEP A 두 직선의 방정식을 연립하여 교점의 좌표 구하기

두 직선 $5x + 2y + 1 = 0$, $2x - y + 4 = 0$을 연립하여 풀면 $x = -1$, $y = 2$이므로 교점의 좌표는 $(-1, 2)$

STEP B 점 $(-1, 2)$를 지나고 직선 $x - 4y + 3 = 0$에 수직인 직선의 방정식 구하기

직선 $x - 4y + 3 = 0$, 즉 $y = \frac{1}{4}x + \frac{3}{4}$의 기울기가 $\frac{1}{4}$
이 직선과 수직인 직선의 기울기는 -4
점 $(-1, 2)$를 지나고 기울기가 -4인 직선의 방정식은
$y - 2 = -4\{x - (-1)\}$, 즉 $4x + y + 2 = 0$
따라서 $a = 4$, $b = 2$이므로 $a + b = 6$

다른풀이 두 직선의 교점을 지나는 직선을 이용하여 풀이하기

STEP A 두 직선의 교점을 지나는 직선의 방정식 구하기

두 직선 $5x + 2y + 1 = 0$, $2x - y + 4 = 0$의 교점을 지나는 직선의 방정식은
$5x + 2y + 1 + k(2x - y + 4) = 0$ (단, k는 실수)
$\therefore (5 + 2k)x + (2 - k)y + 1 + 4k = 0$ ······ ㉠

STEP B 두 직선이 수직일 조건을 이용하여 k의 값 구하기

직선 ㉠이 직선 $x - 4y + 3 = 0$과 수직이므로
$(5 + 2k) \times 1 + (2 - k) \times (-4) = 0$, $6k - 3 = 0$ $\therefore k = \frac{1}{2}$
이를 ㉠에 대입하면 $6x + \frac{3}{2}y + 3 = 0$ $\therefore 4x + y + 2 = 0$
따라서 $a = 4$, $b = 2$이므로 $a + b = 6$

23
정답 10

STEP A 두 조건 (가), (나)를 만족시키는 p, q의 관계식 구하기

두 점 $C(\sqrt{3}, p)$, $D(3\sqrt{3}, q)$를 지나는 직선의 기울기는 $\frac{q - p}{3\sqrt{3} - \sqrt{3}} = \frac{q - p}{2\sqrt{3}}$
조건 (가)에 의하여 $\frac{q - p}{2\sqrt{3}} < 0$이므로 $q - p < 0$
네 점 $A(0, 1)$, $B(0, 5)$, $C(\sqrt{3}, p)$, $D(3\sqrt{3}, q)$에 대하여
$\overline{AB} = 5 - 1 = 4$
$\overline{CD} = \sqrt{(3\sqrt{3} - \sqrt{3})^2 + (q - p)^2} = \sqrt{(q - p)^2 + 12}$
조건 (나)에 의하여 $\overline{AB} = \overline{CD}$에서 $\overline{AB}^2 = \overline{CD}^2$
즉 $4^2 = (q - p)^2 + 12$, $(q - p)^2 = 4$
$\therefore q - p = -2 (\because q - p < 0)$ ······ ㉠

STEP B 조건 (나)를 만족시키는 p, q의 관계식 구하기

두 점 $A(0, 1)$, $D(3\sqrt{3}, q)$를 지나는 직선 AD의 기울기는 $\frac{q - 1}{3\sqrt{3} - 0} = \frac{q - 1}{3\sqrt{3}}$
두 점 $B(0, 5)$, $C(\sqrt{3}, p)$를 지나는 직선 BC의 기울기는 $\frac{p - 5}{\sqrt{3} - 0} = \frac{p - 5}{\sqrt{3}}$
조건 (나)에 의하여 직선 AD의 기울기와 직선 BC의 기울기가 서로 같으므로
$\frac{q - 1}{3\sqrt{3}} = \frac{p - 5}{\sqrt{3}}$, $q - 1 = 3p - 15$
$\therefore q - 3p = -14$ ······ ㉡

STEP C $p + q$의 값 구하기

㉠, ㉡을 연립하면 $p = 6$, $q = 4$
따라서 $p + q = 10$

24
정답 해설참조

1단계 직선 AB에 수직인 직선의 기울기를 구한다. 1점

두 점 $A(7, -6)$, $B(2, 4)$를 지나는 직선 AB의 기울기는 $\frac{4 - (-6)}{2 - 7} = -2$
이 직선과 수직인 직선의 기울기는 $\frac{1}{2}$

2단계 선분 AB를 $2:1$로 내분하는 점 C의 좌표를 구한다. 1점

두 점 $A(7, -6)$, $B(2, 4)$에 대하여 선분 AB를 $2:1$로 내분하는 점 C의 좌표는 $\left(\frac{2 \times 2 + 1 \times 7}{2 + 1}, \frac{2 \times 4 + 1 \times (-6)}{2 + 1}\right)$, 즉 $C\left(\frac{11}{3}, \frac{2}{3}\right)$

3단계 한 점과 기울기가 주어진 직선의 방정식을 구한다. 2점

점 $C\left(\frac{11}{3}, \frac{2}{3}\right)$를 지나고 기울기가 $\frac{1}{2}$인 직선의 방정식은 $y - \frac{2}{3} = \frac{1}{2}\left(x - \frac{11}{3}\right)$, 즉 $3x - 6y - 7 = 0$
따라서 $a = -6$, $b = -7$이므로 $a + b = -13$

25
정답 해설참조

1단계 두 선분 AB, AC의 길이를 구한다. 1점

세 점 $A(3, 2)$, $B(-1, 0)$, $C(11, -2)$에서
$\overline{AB} = \sqrt{(-1 - 3)^2 + (0 - 2)^2} = 2\sqrt{5}$, $\overline{AC} = \sqrt{(11 - 3)^2 + (-2 - 2)^2} = 4\sqrt{5}$

2단계 각의 이등분선의 성질을 이용하여 점 D의 좌표를 구한다. 2점

삼각형 ABC에서 각의 이등분선의 성질에 의하여 $\overline{AB} : \overline{AC} = \overline{BD} : \overline{DC}$이므로
$\overline{BD} : \overline{DC} = 2\sqrt{5} : 4\sqrt{5} = 1 : 2$
즉 두 점 $B(-1, 0)$, $C(11, -2)$에 대하여 선분 BC를 $1:2$로 내분하는 점 D의 좌표는 $\left(\frac{1 \times 11 + 2 \times (-1)}{1 + 2}, \frac{1 \times (-2) + 2 \times 0}{1 + 2}\right)$, 즉 $D\left(3, -\frac{2}{3}\right)$

3단계 두 점 A, D를 지름의 양 끝으로 하는 원의 넓이를 구한다. 2점

두 점 $A(3, 2)$, $D\left(3, -\frac{2}{3}\right)$를 지름의 양 끝점으로 하는 원의 반지름의 길이는
$\frac{1}{2}\overline{AD} = \frac{1}{2} \times \left\{2 - \left(-\frac{2}{3}\right)\right\} = \frac{1}{2} \times \frac{8}{3} = \frac{4}{3}$
따라서 구하는 원의 넓이는 $\pi \times \left(\frac{4}{3}\right)^2 = \frac{16}{9}\pi$

+α 두 직선이 수직일 조건을 이용하여 a, b의 값을 구할 수 있어!

두 점 $A(3, 2)$, $D\left(3, -\frac{2}{3}\right)$를 지름의 양 끝점하는 원의 방정식은
$(x - 3)(x - 3) + (y - 2)\left\{y - \left(-\frac{2}{3}\right)\right\} = 0$, 즉 $(x - 3)^2 + \left(y - \frac{2}{3}\right)^2 = \frac{16}{9}$
따라서 구하는 원의 넓이는 $\frac{16}{9}\pi$

2학기 중간고사 모의평가 03

01	④	02	②	03	③	04	①	05	⑤
06	③	07	⑤	08	①	09	⑤	10	②
11	④	12	②	13	④	14	①	15	③
16	⑤	17	③	18	②	19	①	20	④

주관식 및 서술형					
21	16	22	10	23	3
24	해설참조		25	해설참조	

01

 정답 ④

STEP Ⓐ 삼각형 ABC에서 세 변의 내분점 D, E, F의 좌표 구하기

세 점 $A(6, -1)$, $B(3, -4)$, $C(-3, 2)$에 대하여

선분 AB를 $2:1$로 내분하는 점 D의 좌표는

$\left(\dfrac{2\times 3+1\times 6}{2+1}, \dfrac{2\times(-4)+1\times(-1)}{2+1}\right)$, 즉 $D(4, -3)$

선분 BC를 $2:1$로 내분하는 점 E의 좌표는

$\left(\dfrac{2\times(-3)+1\times 3}{2+1}, \dfrac{2\times 2+1\times(-4)}{2+1}\right)$, 즉 $E(-1, 0)$

선분 CA를 $2:1$로 내분하는 점 F의 좌표는

$\left(\dfrac{2\times 6+1\times(-3)}{2+1}, \dfrac{2\times(-1)+1\times 2}{2+1}\right)$, 즉 $F(3, 0)$

STEP Ⓑ 삼각형 DEF의 무게중심의 좌표 구하기

세 점 $D(4, -3)$, $E(-1, 0)$, $F(3, 0)$을 꼭짓점으로 하는 삼각형 DEF의

무게중심의 좌표는 $\left(\dfrac{4+(-1)+3}{3}, \dfrac{-3+0+0}{3}\right)$, 즉 $(2, -1)$

따라서 $a=2$, $b=-1$이므로 $a+b=1$

> **mini해설 | 두 삼각형의 무게중심이 같음을 이용하여 풀이하기**
>
> 삼각형 ABC의 세 변 AB, BC, CA를 $2:1$로 내분하는 점 D, E, F에 대하여
> 삼각형 DEF의 무게중심은 삼각형 ABC의 무게중심과 일치한다.
> 즉 세 점 $A(6, -1)$, $B(3, -4)$, $C(-3, 2)$를 꼭짓점으로 하는 삼각형 ABC의
> 무게중심의 좌표는 $\left(\dfrac{6+3+(-3)}{3}, \dfrac{-1+(-4)+2}{3}\right)$, 즉 $(2, -1)$
> 따라서 $a=2$, $b=-1$이므로 $a+b=1$

02

 정답 ②

STEP Ⓐ $A\cap B=\varnothing$이 되는 a의 값의 범위 구하기

이때 두 집합 A, B가 서로소, 즉 $A\cap B=\varnothing$이려면 그림과 같아야 한다.

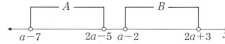

$2a-5\leq a-2$ ∴ $a\leq 3$
따라서 a의 범위는 $0<a\leq 3$이므로 최댓값은 3

03

 정답 ③

STEP Ⓐ 두 직선이 평행할 조건을 이용하여 m의 값 구하기

두 직선 $2x+my-1=0$, $mx+(m+4)y+1=0$이 평행하므로

$\dfrac{2}{m}=\dfrac{m}{m+4}\neq\dfrac{-1}{1}$

(i) $\dfrac{2}{m}=\dfrac{m}{m+4}$일 때,

$2(m+4)=m^2$, $m^2-2m-8=0$, $(m+2)(m-4)=0$

∴ $m=-2$ 또는 $m=4$

(ii) $\dfrac{m}{m+4}\neq\dfrac{-1}{1}$일 때,

$m\neq-(m+4)$, $2m\neq-4$ ∴ $m\neq-2$

(i), (ii)에 의하여 $m=4$

STEP Ⓑ 평행한 두 직선 사이의 거리는 한 직선 위의 임의의 한 점과 다른 직선 사이의 거리와 같음을 이용하기

$m=4$를 두 직선 $2x+my-1=0$, $mx+(m+4)y+1=0$에 각각 대입하면

$2x+4y-1=0$, $4x+8y+1=0$

두 직선 $2x+4y-1=0$, $4x+8y+1=0$ 사이의 거리는 직선 $2x+4y-1=0$

위의 한 점 $\left(0, \dfrac{1}{4}\right)$과 직선 $4x+8y+1=0$ 사이의 거리와 같다.

따라서 구하는 거리는 $\dfrac{\left|4\times 0+8\times\dfrac{1}{4}+1\right|}{\sqrt{4^2+8^2}}=\dfrac{|3|}{4\sqrt{5}}=\dfrac{3\sqrt{5}}{20}$

04

 정답 ①

STEP Ⓐ 선분 AB를 $(3+k):(3-k)$로 내분하는 점 P의 좌표 구하기

두 점 $A(-1, 4)$, $B(6, 0)$에 대하여

선분 AB를 $(3+k):(3-k)$로 내분하는 점 P의 좌표는

$\left(\dfrac{(3+k)\times 6+(3-k)\times(-1)}{(3+k)+(3-k)}, \dfrac{(3+k)\times 0+(3-k)\times 4}{(3+k)+(3-k)}\right)$,

즉 $P\left(\dfrac{7k+15}{6}, \dfrac{12-4k}{6}\right)$

STEP Ⓑ 내분점이 제1사분면 위에 있음을 이용하여 k의 값의 범위 구하기

점 $P\left(\dfrac{7k+15}{6}, \dfrac{12-4k}{6}\right)$가 제1사분면 위의 점이므로

$\dfrac{7k+15}{6}>0$, $\dfrac{12-4k}{6}>0$ ∴ $-\dfrac{15}{7}<k<3$

이때 $(3+k):(3-k)$에서 $3+k>0$, $3-k>0$이므로 $-3<k<3$

즉 k의 값의 범위는 $-\dfrac{15}{7}<k<3$

따라서 구하는 정수 k는 $-2, -1, 0, 1, 2$이므로 그 개수는 5이다.

05

 정답 ⑤

STEP Ⓐ 직선이 좌표평면을 여섯 부분으로 나누는 경우 구하기

세 직선 $x+y-7=0$, $3x-y-5=0$, $ax-y-8=0$이 좌표평면을 6개의 부분으로 나누는 경우는 다음 그림과 같이 세 직선 중 두 직선이 평행할 때와 세 직선이 한 점에서 만나는 2가지 경우가 있다.

STEP Ⓑ 두 직선이 평행한 경우와 세 직선이 한 점에서 만나는 경우로 나누어 a의 값 구하기

(i) 세 직선 중 두 직선이 평행한 경우

직선 $x+y-7=0$과 직선 $ax-y-8=0$이 평행할 때,

$\dfrac{1}{a}=\dfrac{1}{-1}\neq\dfrac{-7}{-8}$ ∴ $a=-1$

직선 $3x-y-5=0$과 직선 $ax-y-8=0$이 평행할 때,

$\dfrac{3}{a}=\dfrac{-1}{-1}\neq\dfrac{-5}{-8}$ ∴ $a=3$

(ⅱ) 세 직선이 한 점에서 만나는 경우

직선 $ax-y-8=0$는 두 직선 $x+y-7=0$, $3x-y-5=0$의 교점을 지난다.

두 직선 $x+y-7=0$과 $3x-y-5=0$을 연립하여 풀면 $x=3$, $y=4$

이때 직선 $ax-y-8=0$이 점 $(3, 4)$를 지나므로 $3a-4-8=0$, $3a=12$

$\therefore a=4$

STEP ⓒ 모든 실수 a의 값의 합 구하기

(ⅰ), (ⅱ)에 의하여 모든 실수 a의 값의 합은 $-1+3+4=6$

06 정답 ③

STEP Ⓐ 두 직선이 수직임을 이용하여 접선의 기울기 구하기

직선 $2x-y+5=0$, 즉 $y=2x+5$의 기울기는 2

원의 접선은 직선 $y=2x+5$과 수직이므로 접선의 기울기는 $-\dfrac{1}{2}$

STEP Ⓑ 원의 중심에서 직선까지의 거리가 반지름과 같음을 이용하여 접선의 방정식 구하기

기울기가 $-\dfrac{1}{2}$인 직선의 방정식을 $y=-\dfrac{1}{2}x+k$, 즉 $x+2y-2k=0$이라 하자.

원 $x^2+y^2=20$의 중심 $O(0, 0)$이고 반지름의 길이는 $2\sqrt{5}$

원 $x^2+y^2=20$이 직선 $x+2y-2k=0$에 접하므로 원의 중심 $O(0, 0)$과

직선 $x+2y-2k=0$ 사이의 거리는 원의 반지름의 길이 $2\sqrt{5}$와 같다.

즉 $\dfrac{|-2k|}{\sqrt{1^2+2^2}}=2\sqrt{5}$, $|-2k|=10$, $|k|=5$ $\therefore k=\pm5$

즉 구하는 접선의 방정식은 $x+2y\pm10=0$

이 직선이 점 $(2, a)$를 지나므로 $2+2a\pm10=0$

$\therefore a=-6$ 또는 $a=4$

따라서 양수 a의 값은 4

+α 접선의 방정식의 공식을 이용하여 구할 수 있어!

원 $x^2+y^2=20$의 반지름의 길이가 $2\sqrt{5}$이고 접선의 기울기가 $-\dfrac{1}{2}$이므로

접선의 방정식은 $y=-\dfrac{1}{2}x\pm2\sqrt{5}\times\sqrt{\left(-\dfrac{1}{2}\right)^2+1}$, 즉 $y=-\dfrac{1}{2}x\pm5$

이 직선이 점 $(2, a)$를 지나므로 $a=-1\pm5$ $\therefore a=-6$ 또는 $a=4$

따라서 양수 a의 값은 4

+α 이차방정식의 판별식을 이용하여 구할 수 있어!

구하는 접선의 방정식을 $y=-\dfrac{1}{2}x+k$라 놓자.

원 $x^2+y^2=20$이 직선 $y=-\dfrac{1}{2}x+k$와 접하므로 두 식을 연립하면

이차방정식 $x^2+\left(-\dfrac{1}{2}x+k\right)^2=20$, 즉 $\dfrac{5}{4}x^2-kx+k^2-20=0$

이때 원과 직선이 접하므로 이차방정식 $\dfrac{5}{4}x^2-kx+k^2-20=0$의 판별식을 D라 하면

$D=0$이어야 한다.

$D=(-k)^2-4\times\dfrac{5}{4}\times(k^2-20)=0$, $k^2=25$ $\therefore k=\pm5$

즉 구하는 접선의 방정식은 $y=-\dfrac{1}{2}x\pm5$이고 이 직선이 점 $(2, a)$를 지나므로

$a=-1\pm5$ $\therefore a=-6$ 또는 $a=4$

따라서 양수 a의 값은 4

07 정답 ⑤

STEP Ⓐ 점 P의 좌표를 $P(a, b)$라 두고 주어진 식에 대입하기

점 P의 좌표를 $P(a, b)$라 하고 세 점 $A(-1, 0)$, $B(0, 2)$, $C(4, -14)$에 대하여

$\overline{AP}=\sqrt{\{a-(-1)\}^2+(b-0)^2}=\sqrt{a^2+2a+b^2+1}$

$\overline{BP}=\sqrt{(a-0)^2+(b-2)^2}=\sqrt{a^2+b^2-4b+4}$

$\overline{CP}=\sqrt{(a-4)^2+\{b-(-14)\}^2}=\sqrt{a^2-8a+b^2+28b+212}$

$\overline{AP}^2+\overline{BP}^2+\overline{CP}^2$

$=(a^2+2a+b^2+1)+(a^2+b^2-4b+4)+(a^2-8a+b^2+28b+212)$

$=3a^2-6a+3b^2+24b+217$

$=3(a^2-2a+1-1)+3(b^2+8b+16-16)+217$

$=3(a-1)^2+3(b+4)^2+166$

STEP Ⓑ $\overline{AP}^2+\overline{BP}^2+\overline{CP}^2$의 최소가 되도록 하는 점 P의 좌표 구하기

$\overline{AP}^2+\overline{BP}^2+\overline{CP}^2$의 최솟값은 $a=1$, $b=-4$일 때, 166을 가진다.

따라서 점 P의 좌표는 $(1, -4)$

mini해설 | 점 P가 삼각형 ABC의 무게중심임을 이용하여 풀이하기

한 직선 위에 있지 않은 세 점 $A(x_1, y_1)$, $B(x_2, y_2)$, $C(x_3, y_3)$에서

한 점 $P(x, y)$에 대하여 $\overline{AP}^2+\overline{BP}^2+\overline{CP}^2$의 최솟값은 점 P가 삼각형 ABC의

무게중심일 때이므로 점 P의 좌표는 $P\left(\dfrac{x_1+x_2+x_3}{3}, \dfrac{y_1+y_2+y_3}{3}\right)$일 때이다.

세 점 $A(-1, 0)$, $B(0, 2)$, $C(4, -14)$에 대하여 $\overline{AP}^2+\overline{BP}^2+\overline{CP}^2$가 최소가 되는

점 P는 $\left(\dfrac{-1+0+4}{3}, \dfrac{0+2+(-14)}{3}\right)$ $\therefore P(1, -4)$

08 정답 ①

STEP Ⓐ 직선 l이 도형 OABCDE의 넓이를 이등분할 때, 직선 l이 선분 CD와 만나는 점의 좌표 구하기

오른쪽 그림과 같이 직선 l과 선분 CD가 만나는 점을 P라 하고 점 P에서 x축, y축에 내린 수선의 발을 각각 Q, R이라 하자.

이때 직사각형 OQPR에서 직선 l이 대각선 OP를 지나므로 두 삼각형 OQP와 OPR의 넓이가 서로 같다.

또한, 직선 l이 도형 OABCDE의 넓이를 이등분하므로 두 사각형 ABCQ와 DERP의 넓이도 서로 같아야 한다.

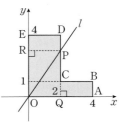

즉 $\overline{DE}\times\overline{ER}=\overline{AB}\times\overline{BC}$, $2\overline{ER}=2$ ← $\overline{DE}=2$, $\overline{AB}=1$, $\overline{BC}=2$

$\therefore \overline{ER}=1$

이때 $\overline{DP}=\overline{ER}=1$이므로 $\overline{PQ}=\overline{DQ}-\overline{DP}=4-1=3$

즉 점 P의 좌표는 $P(2, 3)$

STEP Ⓑ 두 점을 지나는 직선 l의 기울기 구하기

두 점 $O(0, 0)$, $P(2, 3)$을 지나는 직선 l의 기울기는 $\dfrac{3-0}{2-0}=\dfrac{3}{2}$

따라서 $p=2$, $q=3$이므로 $p+q=5$

+α 직선의 방정식을 이용하여 구할 수 있어!

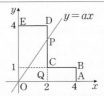

도형의 전체 넓이는 (사각형 OQDE)+(사각형 QABC)$=8+2=10$

이때 원점을 지나는 직선을 $y=ax$(a는 상수)라고 하면

점 P의 좌표는 $P(2, 2a)$

이때 사다리꼴 OPDE의 넓이는 5이어야 한다.

$\overline{OE}=4$, $\overline{DP}=4-2a$, $\overline{DE}=2$이므로 넓이는

$\dfrac{1}{2}\times(\overline{OE}+\overline{DP})\times\overline{DE}=\dfrac{1}{2}(4+4-2a)\times2=8-2a=5$ $\therefore a=\dfrac{3}{2}$

09

STEP Ⓐ 두 원의 교점을 지나는 직선의 방정식 구하기

원 $x^2+y^2=16$에서 $x^2+y^2-16=0$

원 $x^2+(y-3)^2=7$에서 $x^2+y^2-6y+2=0$

두 원의 교점을 지나는 직선은 $(x^2+y^2-16)-(x^2+y^2-6y+2)=0$

$\therefore y=3$

STEP Ⓑ 피타고라스 정리를 이용하여 공통인 현의 길이 구하기

두 원 $x^2+y^2=16$, $x^2+(y-3)^2=7$의 중심을 각각 O, O′라 하고
두 원의 교점을 A, B라 하자.

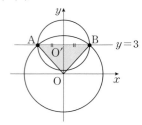

두 선분 OO′과 AB의 교점은 O′이고 점 O′은 직선 $y=3$ 위에 있으므로

$\overline{OO'}=3$

$\overline{OA}=\overline{OB}=4$이고 ← 반지름의 길이

직각삼각형 AOO′에서 피타고라스 정리에 의하여

$\overline{O'A}=\sqrt{\overline{OA}^2-\overline{OO'}^2}$

$=\sqrt{4^2-3^2}=\sqrt{7}$

$\therefore \overline{AB}=2\overline{O'A}=2\sqrt{7}$

STEP Ⓒ 삼각형 OAB의 넓이 구하기

따라서 삼각형 OAB의 넓이는 $\frac{1}{2}\times\overline{AB}\times\overline{OO'}=\frac{1}{2}\times2\sqrt{7}\times3=3\sqrt{7}$

10

STEP Ⓐ 원 위의 점 P와 직선 $2x+y+3=0$까지의 거리의 최댓값과 최솟값 이해하기

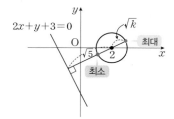

원 $x^2+(y-2)^2=k$의 중심은 $(0, 2)$이고 반지름의 길이는 $\sqrt{k}$

원 위의 점 P에 대하여 직선 $2x+y+3=0$ 사이의 거리는

원의 중심 $(0, 2)$와 직선 $2x+y+3=0$ 사이의 거리에 반지름의 길이를 더한
값을 최댓값으로 갖고 반지름의 길이를 뺀 값을 최솟값으로 갖는다.

STEP Ⓑ $M-m=8$을 이용하여 k의 값 구하기

점 $(0, 2)$와 직선 $2x+y+3=0$ 사이의 거리는

$\dfrac{|2\times0+2+3|}{\sqrt{2^2+1^2}}=\sqrt{5}$

최댓값 $M=\sqrt{5}+\sqrt{k}$, 최솟값 $m=\sqrt{5}-\sqrt{k}$이고 $M-m=8$이므로

$M-m=(\sqrt{5}+\sqrt{k})-(\sqrt{5}-\sqrt{k})=8$, $2\sqrt{k}=8$, $\sqrt{k}=4$

따라서 $k=16$

11

STEP Ⓐ 직선 $(3m+1)x+(4m-1)y+7=0$이 항상 지나는 점 구하기

직선 $(3m+1)x+(4m-1)y+7=0$을 m에 대하여 정리하면

$(3x+4y)m+x-y+7=0$ ⋯⋯ ㉠

등식 ㉠이 m의 값에 관계없이 항상 성립하므로 m에 대한 항등식이다.

항등식의 성질에 의하여 $3x+4y=0$, $x-y+7=0$

위의 두 식을 연립하여 풀면 $x=-4$, $y=3$

즉 직선 ㉠은 실수 m의 값에 관계없이 항상 점 A$(-4, 3)$을 지난다.

STEP Ⓑ 점과 직선 사이의 거리를 이용하여 b의 값 구하기

점 A$(-4, 3)$과 직선 $3x+y+b=0$ 사이의 거리가 $\sqrt{10}$이므로

$\dfrac{|3\times(-4)+3+b|}{\sqrt{3^2+1^2}}=\dfrac{|b-9|}{\sqrt{10}}=\sqrt{10}$, $|b-9|=10$, $b-9=\pm10$

$\therefore b=19$ 또는 $b=-1$

따라서 모든 실수 b의 값의 합은 $19+(-1)=18$

12

STEP Ⓐ 두 삼각형 OPA와 OBP의 넓이의 비를 이용하여 점 P의 좌표 구하기

두 삼각형 OPA와 OBP의 높이가 같으므로

넓이의 비는 밑변의 길이의 비 $\overline{AP}:\overline{BP}$와 같다.

즉 (삼각형 OPA의 넓이) : (삼각형 OBP의 넓이)

$=\overline{AP}:\overline{BP}=1:2$

이때 두 점 A$(0, 3)$, B$(9, 0)$에 대하여 선분 AB를 $1:2$로 내분하는

점 P의 좌표는 $\left(\dfrac{1\times9+2\times0}{1+2}, \dfrac{1\times0+2\times3}{1+2}\right)$, 즉 P$(3, 2)$

STEP Ⓑ 점 P를 직선 $y=ax+1$에 대입하여 a의 값 구하기

점 P$(3, 2)$가 직선 $y=ax+1$ 위의 점이므로 $2=3a+1$, $3a=1$

따라서 $a=\dfrac{1}{3}$

13

STEP Ⓐ $A^c\cup B^c=\{1, 2, 5, 6\}$임을 이용하여 a의 값 구하기

$A^c\cup B^c=(A\cap B)^c=U-(A\cap B)=\{1, 2, 5, 6\}$이므로

$A\cap B=\{3, 4\}$

이때 $A\cap B=\{3, 4\}$에서 $4\in A$이므로

$a^2-3a=4$, $a^2-3a-4=0$, $(a+1)(a-4)=0$

$\therefore a=-1$ 또는 $a=4$

STEP Ⓑ 집합 $A\cup B$의 모든 원소의 합 구하기

(i) $a=-1$일 때,

　　$A=\{1, 3, 4\}$, $B=\{3, 4, 6\}$이므로 $A\cap B=\{3, 4\}$

(ii) $a=4$일 때,

　　$A=\{1, 3, 4\}$, $B=\{4, 11, 28\}$이므로 조건에 맞지 않는다.

(i), (ii)에 의하여 $a=-1$이므로 $A\cup B=\{1, 3, 4, 6\}$

따라서 집합 $A\cup B$의 모든 원소의 합은 $1+3+4+6=14$

14

정답 ①

STEP A 두 직선이 서로 수직임을 이용하여 선분 AB의 길이 구하기

원 $(x+1)^2+(y-1)^2=1$의 중심을 $C(-1, 1)$
이라 하고 두 점 A, B에서 원에 그은 접선의
교점을 P라 하자.
원의 반지름의 길이가 1이고 두 접선이 서로
수직이므로 사각형 PACB는 한 변의 길이가
1인 정사각형이다.
정사각형 PACB의 두 대각선의 길이는
$\overline{AB}=\overline{CP}=\sqrt{2}$

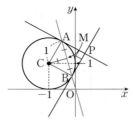

STEP B 점 C와 직선 $y=mx$ 사이의 거리를 이용하여 모든 실수 m의 값의 합 구하기

선분 AB의 중점을 M이라 하면 $\overline{CM}=\dfrac{1}{2}\overline{CP}=\dfrac{\sqrt{2}}{2}$

점 $C(-1, 1)$과 직선 $y=mx$, 즉 $mx-y=0$ 사이의 거리가 선분 CM의

길이와 같으므로 $\dfrac{|m\times(-1)-1\times1|}{\sqrt{m^2+(-1)^2}}=\dfrac{\sqrt{2}}{2}$, $2|-m-1|=\sqrt{2m^2+2}$

양변을 제곱하면 $4m^2+8m+4=2m^2+2$, $m^2+4m+1=0$
따라서 이차방정식 $m^2+4m+1=0$의 근과 계수의 관계에 의하여 모든 실수
m의 값의 합은 -4

15

정답 ③

STEP A 직선 $mx-y-3m+1=0$이 항상 지나는 점 구하기

직선 $mx-y-3m+1=0$을 m에 대하여 정리하면
$(x-3)m+(1-y)=0$ ...... ㉠
등식 ㉠이 m의 값에 관계없이 항상 성립하므로 m에 대한 항등식이다.
항등식의 성질에 의하여 $x-3=0$, $1-y=0$
$\therefore x=3$, $y=1$
즉 직선 ㉠은 실수 m의 값에 관계없이 항상 점 $(3, 1)$을 지난다.

STEP B 두 직선이 제4사분면에서 만나기 위한 조건 구하기

직선 ㉠이 직선 $x+y+5=0$과 제4사분면에서 만나기 위해서는
직선 ㉠의 기울기 m이 점 $(0, -5)$를 지나는 직선의 기울기보다 크고
직선 $x+y+5=0$의 평행한 기울기보다 작아야 한다.

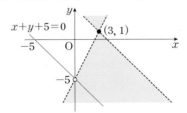

(i) 직선 ㉠이 점 $(0, -5)$를 지날 때,
　　$-3m+6=0$ $\therefore m=2$
(ii) 두 직선이 평행할 때,
　　직선 $x+y+5=0$, 즉 $y=-x-5$의 기울기가 -1이므로
　　이 직선과 평행한 직선의 기울기는 -1
　　$\therefore m=-1$
(i), (ii)에서 구하는 m의 값의 범위는 $m<-1$ 또는 $m>2$
따라서 $a=-1$, $b=2$이므로 $a+b=1$

16

정답 ⑤

STEP A 원 $x^2+y^2=4$ 위의 점에서의 접선의 방정식 구하기

원 $x^2+y^2=4$ 위의 접점의 좌표를 (x_1, y_1)이라 하면
접선의 방정식은 $x_1x+y_1y=4$
이 직선이 점 $A(4, -2)$를 지나므로 $4x_1-2y_1=4$
$\therefore y_1=2x_1-2$ ...... ㉠

STEP B 일차식과 이차식의 연립방정식을 이용하여 x_1, y_1의 값 구하기

점 (x_1, y_1)은 원 $x^2+y^2=4$ 위의 점이므로
$x_1^2+y_1^2=4$ ...... ㉡
㉠을 ㉡에 대입하면 $x_1^2+(2x_1-2)^2=4$, $5x_1^2-8x_1=0$, $x_1(5x_1-8)=0$
$\therefore x_1=0$ 또는 $x_1=\dfrac{8}{5}$

이를 각각 ㉠에 대입하면 $y_1=-2$ 또는 $y_1=\dfrac{6}{5}$

STEP C 삼각형 ABC의 넓이 구하기

두 점 B, C의 좌표를
$B(0, -2)$, $C\left(\dfrac{8}{5}, \dfrac{6}{5}\right)$이라 하자.
따라서 삼각형 ABC의 넓이는
$\dfrac{1}{2}\times(4-0)\times\left\{\dfrac{6}{5}-(-2)\right\}=\dfrac{32}{5}$

다른풀이 극선의 방정식을 구하여 풀이하기

STEP A 직선 BC의 방정식 구하기

점 $A(4, -2)$에서 원 $x^2+y^2=4$에 그은 두 접선의 접점의 좌표를
(x_1, y_1), (x_2, y_2)라고 하면 두 접선의 방정식은
$x_1x+y_1y=4$, $x_2x+y_2y=4$
이때 두 접선이 모두 점 $A(4, -2)$를 지나므로
$4x_1-2y_1=4$, $4x_2-2y_2=4$
이 두 식은 직선 $4x-2y=4$에 두 점 (x_1, y_1), (x_2, y_2)를 대입한 것과 같다.
즉 직선 BC의 방정식은 $2x-y-2=0$

STEP B 삼각형 ABC의 넓이 구하기

원의 중심 $O(0, 0)$에서
직선 $2x-y-2=0$에 내린 수선의 발을
H라 하면 선분 OH의 길이는
점 $O(0, 0)$에서 직선 $2x-y-2=0$
사이의 거리와 같다.

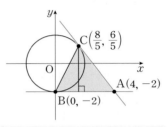

$\overline{OH}=\dfrac{|-2|}{\sqrt{2^2+(-1)^2}}=\dfrac{2}{\sqrt{5}}=\dfrac{2\sqrt{5}}{5}$

또한, $\overline{OB}$, $\overline{OC}$는 원의 반지름이므로
$\overline{OB}=\overline{OC}=2$
직각삼각형 OBH에서 피타고라스 정리에 의하여

$\overline{BH}=\sqrt{\overline{OB}^2-\overline{OH}^2}=\sqrt{2^2-\left(\dfrac{2\sqrt{5}}{5}\right)^2}=\dfrac{4\sqrt{5}}{5}$

$\therefore \overline{BC}=2\overline{BH}=\dfrac{8\sqrt{5}}{5}$

점 $A(4, -2)$에서 직선 $2x-y-2=0$에 내린 수선의 발이 H이므로

$\overline{AH}=\dfrac{|2\times4-1\times(-2)-2|}{\sqrt{2^2+(-1)^2}}=\dfrac{8}{\sqrt{5}}=\dfrac{8\sqrt{5}}{5}$

따라서 삼각형 ABC의 넓이는 $\dfrac{1}{2}\times\overline{BC}\times\overline{AH}=\dfrac{1}{2}\times\dfrac{8\sqrt{5}}{5}\times\dfrac{8\sqrt{5}}{5}=\dfrac{32}{5}$

17

정답 ③

STEP A 점 P가 직선 AB와 직선 $y=x-1$의 교점인 경우임을 이해하기

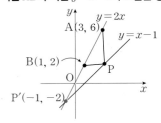

직선 AB와 직선 $y=x-1$의 교점을 P′이라 하고 직선 AB 위의 점에 대하여
(i) 점 P가 점 P′에 위치하지 않을 때,
    삼각형 APB에 대하여 $\overline{PA}<\overline{PB}+\overline{AB}$이므로
    $\overline{PA}-\overline{PB}<\overline{AB}$ …… ㉠
    $\overline{PA}+\overline{AB}>\overline{PB}$이므로 $\overline{PA}-\overline{PB}>-\overline{AB}$ …… ㉡
    ㉠, ㉡에 의하여 $-\overline{AB}<\overline{PA}-\overline{PB}<\overline{AB}$ $\therefore |\overline{PA}-\overline{PB}|<\overline{AB}$
(ii) 점 P가 점 P′에 위치할 때,
    $|\overline{PA}-\overline{PB}|=|\overline{P'A}-\overline{P'B}|=|-\overline{AB}|=|\overline{AB}|$
(i), (ii)에 의하여 $|\overline{PA}-\overline{PB}|\leq\overline{AB}$

STEP B $|\overline{PA}-\overline{PB}|$의 값이 최대가 되는 점 P의 좌표 구하기

점 P가 점 P′에 위치할 때, $|\overline{PA}-\overline{PB}|$는 최댓값 $\overline{AB}$를 갖는다.
두 점 A(3, 6), B(1, 2)을 지나는 직선의 방정식은 $y-6=\dfrac{2-6}{1-3}(x-3)$,
즉 $y=2x$
이때 두 직선 $y=2x$와 $y=x-1$의 교점은 P(−1, −2)
따라서 $a=-1$, $b=-2$이므로 $ab=2$

18

정답 ②

STEP A 주어진 조건을 집합으로 나타내고 원소의 개수 구하기

동아리 전체 학생의 집합을 U, 가수 A의 팬클럽에 가입한 학생의 집합을 A,
가수 B의 팬클럽에 가입한 학생의 집합을 B라 하자.
주어진 조건에 의하여 $n(U)=30$, $n(A)=19$, $n(B)=15$, $n(A^c\cap B^c)=5$

STEP B $n(A\cap B)$의 값 구하기

$n(A^c\cap B^c)=n((A\cup B)^c)=n(U)-n(A\cup B)$이므로 $5=30-n(A\cup B)$
$\therefore n(A\cup B)=25$
또한 $n(A\cup B)=n(A)+n(B)-n(A\cap B)$이므로 $25=19+15-n(A\cap B)$
$\therefore n(A\cap B)=9$

STEP C $n(A-B)$의 값 구하기

따라서 가수 A의 팬클럽에만 가입한 학생 수는
$n(A-B)=n(A)-n(A\cap B)=19-9=10$

19

정답 ①

STEP A 대칭이동을 이용하여 $\overline{AD}+\overline{CD}+\overline{BC}$의 값이 최소가 되는 경우
이해하기

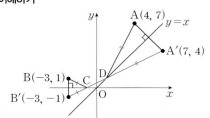

점 A(4, 7)를 직선 $y=x$에 대하여 대칭이동한 점을 A′이라 하면 A′(7, 4)
점 B(−3, 1)를 x축에 대하여 대칭이동한 점을 B′이라 하면 B′(−3, −1)
이때 $\overline{AD}=\overline{A'D}$, $\overline{BC}=\overline{B'C}$이므로
$\overline{AD}+\overline{CD}+\overline{BC}=\overline{A'D}+\overline{DC}+\overline{CB'}$
$\qquad\qquad\qquad\qquad\geq\overline{A'B'}$
즉 $\overline{AD}+\overline{CD}+\overline{BC}$의 값은 두 점 C, D가 두 점 A′, B′을 지나는 직선 위에 있을 때, 최소가 되고 그 값은 선분 A′B′의 길이와 같다.

STEP B $\overline{AD}+\overline{CD}+\overline{BC}$의 최솟값 구하기

두 점 A′(7, 4), B′(−3, −1)에 대하여
$\overline{A'B'}=\sqrt{\{7-(-3)\}^2+\{4-(-1)\}^2}=5\sqrt{5}$
따라서 $\overline{AD}+\overline{CD}+\overline{BC}$의 최솟값은 $5\sqrt{5}$

20

정답 ④

STEP A 주어진 방정식을 변형하여 [보기]의 참, 거짓 판단하기

ㄱ. 원 $x^2+y^2-2x+6y+k^2-k+8=0$에서
  $(x-1)^2+(y+3)^2=-k^2+k+2$
  이 방정식이 원을 나타내려면
  $\sqrt{-k^2+k+2}>0$, $-k^2+k+2>0$, $k^2-k-2<0$, $(k+1)(k-2)<0$
  $\therefore -1<k<2$ [참]
ㄴ. 원 $x^2+y^2+2(m-1)x-2my+3m^2-2=0$에서
  $(x+m-1)^2+(y-m)^2=-m^2-2m+3$
  이 방정식이 나타내는 도형이 원이므로 $\sqrt{-m^2-2m+3}>0$,
  $-m^2-2m+3>0$, $m^2+2m-3<0$, $(m+3)(m-1)<0$
  $\therefore -3<m<1$
  이때 이 원의 반지름의 길이는 $\sqrt{-m^2-2m+3}$이므로
  원의 넓이를 S라 하면
  $S=\pi(\sqrt{-m^2-2m+3})^2=\pi\{-(m+1)^2+4\}$
  즉 $m=-1$일 때, S의 최댓값이 4π이다.
  이때 원의 중심은 $(-m+1, m)$이므로 (2, −1)이다. [거짓]
ㄷ. 구하는 원의 방정식을 $x^2+y^2+Ax+By+C=0$(단, A, B, C는 상수)
  이라 하면 이 원은 세 점 (0, 0), (−6, −2), (−2, 6)을 지나므로
  $C=0$, $40-6A-2B+C=0$, $40-2A+6B+C=0$
  위의 세 식을 연립하여 풀면 $A=8$, $B=-4$, $C=0$
  즉 구하는 원의 방정식은 $x^2+y^2+8x-4y=0$
  이때 점 (−8, k)이 원 위의 점이므로 $64+k^2-64-4k=0$, $k(k-4)=0$
  $\therefore k=4(\because k>0)$ [참]

+α   원의 중심에서 세 점에 이르는 거리가 같음을 이용하여 구할 수 있어!

주어진 세 점을 A(0, 0), B(−6, −2), C(−2, 6)라 하고 원의 중심을
P(a, b)라 하자.
$\overline{PA}=\sqrt{a^2+b^2}$
$\overline{PB}=\sqrt{\{a-(-6)\}^2+\{b-(-2)\}^2}=\sqrt{a^2+12a+b^2+4b+40}$
$\overline{PC}=\sqrt{\{a-(-2)\}^2+(b-6)^2}=\sqrt{a^2+4a+b^2-12b+40}$
이때 원의 중심에서 원 위의 점까지의 거리는 반지름으로 같으므로
$\overline{PA}=\overline{PB}=\overline{PC}$이 성립한다.
$\overline{PA}=\overline{PB}$에서 $\overline{PA}^2=\overline{PB}^2$이므로 $a^2+b^2=a^2+12a+b^2+4b+40$
$\therefore 3a+b=-10$ …… ㉠
$\overline{PA}=\overline{PC}$에서 $\overline{PA}^2=\overline{PC}^2$이므로 $a^2+b^2=a^2+4a+b^2-12b+40$
$\therefore a-3b=-10$ …… ㉡
㉠, ㉡을 연립하여 풀면 $a=-4$, $b=2$
즉 원의 중심은 P(−4, 2)이므로 원의 반지름의 길이는
$\overline{PA}=\sqrt{(-4)^2+2^2}=2\sqrt{5}$
$\therefore (x+4)^2+(y-2)^2=20$

따라서 옳은 것은 ㄱ, ㄷ이다.

주관식 및 서술형 문제

21 정답 16

STEP A 평행이동과 대칭이동을 이용하여 직선 l의 방정식 구하기

직선 $y=-\dfrac{1}{3}x+2$를 x축의 방향으로 a만큼 평행이동한 직선의 방정식은

$y=-\dfrac{1}{3}(x-a)+2$

이 직선을 직선 $y=x$에 대하여 대칭이동한 직선 l의 방정식은

$x=-\dfrac{1}{3}(y-a)+2$

$\therefore 3x+y-a-6=0$

STEP B 원의 중심에서 직선까지의 거리가 반지름의 길이와 같음을 이용하여 a의 값 구하기

원 $(x-3)^2+(y-5)^2=10$에서 중심은 $(3, 5)$, 반지름의 길이는 $\sqrt{10}$

이때 $(x-3)^2+(y-5)^2=10$이 직선 $l : 3x+y-a-6=0$에 접하므로

원의 중심 $(3, 5)$와 직선 $3x+y-a-6=0$ 사이의 거리는

반지름의 길이 $\sqrt{10}$과 같다.

즉 $\dfrac{|3\times3+5-a-6|}{\sqrt{3^2+1^2}}=\dfrac{|8-a|}{\sqrt{10}}=\sqrt{10}$, $|8-a|=10$, $8-a=\pm10$

$\therefore a=-2$ 또는 $a=18$

따라서 모든 상수 a의 값의 합은 $-2+18=16$

+α 판별식을 이용하여 a의 값을 구할 수도 있어!

원 $(x-3)^2+(y-5)^2=10$이 직선 $3x+y-a-6=0$, 즉 $y=-3x+a+6$과
접하므로 두 식을 연립하면 이차방정식 $(x-3)^2+(-3x+a+6-5)^2=10$,
즉 $10x^2-2(6+3a)x+a^2+2a=0$
이때 원과 직선이 접하므로 이차방정식 $10x^2-2(6+3a)x+a^2+2a=0$의 판별식을
D라 하면 $D=0$이어야 한다.
$\dfrac{D}{4}=\{-(6+3a)\}^2-10(a^2+2a)=0$, $a^2-16a-36=0$, $(a+2)(a-18)=0$
$\therefore a=-2$ 또는 $a=18$
따라서 모든 상수 a의 값의 합은 $-2+18=16$
이차방정식 $a^2-16a-36=0$의 근과 계수의 관계에 의하여 두 근의 합은 16

22 정답 10

STEP A 두 선분 AC, BC의 수직이등분선의 방정식 구하기

(i) 선분 AC의 수직이등분선의 방정식

두 점 $A(3, 2)$, $C(-2, 7)$에 대하여

선분 AC의 중점의 좌표는 $\left(\dfrac{3+(-2)}{2}, \dfrac{2+7}{2}\right)$, 즉 $\left(\dfrac{1}{2}, \dfrac{9}{2}\right)$

직선 AC의 기울기는 $\dfrac{7-2}{-2-3}=-1$이므로

이 직선과 수직인 직선의 기울기는 1

이때 점 $\left(\dfrac{1}{2}, \dfrac{9}{2}\right)$를 지나고 기울기가 1인 직선의 방정식은

$y-\dfrac{9}{2}=1\left(x-\dfrac{1}{2}\right)$, 즉 $x-y+4=0$

(ii) 선분 BC의 수직이등분선의 방정식

두 점 $B(7, 10)$, $C(-2, 7)$에 대하여

선분 BC의 중점의 좌표는 $\left(\dfrac{7+(-2)}{2}, \dfrac{10+7}{2}\right)$, 즉 $\left(\dfrac{5}{2}, \dfrac{17}{2}\right)$

직선 BC의 기울기는 $\dfrac{7-10}{-2-7}=\dfrac{1}{3}$이므로

이 직선과 수직인 직선의 기울기는 -3

이때 점 $\left(\dfrac{5}{2}, \dfrac{17}{2}\right)$을 지나고 기울기가 -3인 직선의 방정식은

$y-\dfrac{17}{2}=-3\left(x-\dfrac{5}{2}\right)$, 즉 $3x+y-16=0$

STEP B $a+b$의 값 구하기

(i), (ii)에서 구한 식을 연립하여 풀면 $x=3$, $y=7$

따라서 $a=3$, $b=7$이므로 $a+b=10$

mini 해설 $\overline{AP}=\overline{BP}=\overline{CP}$임을 이용하여 풀이하기

삼각형 ABC의 세 변의 수직이등분선의 교점, 즉 외심을 $P(a, b)$라 하면
$\overline{AP}=\overline{BP}=\overline{CP}$가 성립한다.
네 점 $A(3, 2)$, $B(7, 10)$, $C(-2, 7)$, $P(a, b)$에 대하여
$\overline{AP}=\sqrt{(a-3)^2+(b-2)^2}=\sqrt{a^2-6a+b^2-4b+13}$
$\overline{BP}=\sqrt{(a-7)^2+(b-10)^2}=\sqrt{a^2-14a+b^2-20b+149}$
$\overline{CP}=\sqrt{\{a-(-2)\}^2+(b-7)^2}=\sqrt{a^2+4a+b^2-14b+53}$
(i) $\overline{AP}=\overline{BP}$에서 $\overline{AP}^2=\overline{BP}^2$
　　$a^2-6a+b^2-4b+13=a^2-14a+b^2-20b+149$, $8a+16b=136$
　　$\therefore a+2b=17$
(ii) $\overline{BP}=\overline{CP}$에서 $\overline{BP}^2=\overline{CP}^2$
　　$a^2-14a+b^2-20b+149=a^2+4a+b^2-14b+53$, $18a+6b=96$
　　$\therefore 3a+b=16$
(i), (ii)에서 구한 식을 연립하여 풀면 $a=3$, $b=7$
따라서 $a+b=10$

23 정답 3

STEP A 벤 다이어그램의 각 부분을 문자로 표현하기

$n(A\cap B)=13$, $n(A\cap B\cap C)=9$이므로 다음 그림과 같이 벤 다이어그램에
파란색으로 색칠된 부분의 원소의 개수를 각각 x, y라 하면

$n(C-(A\cup B))=23-(9+x+y)$
$\qquad\qquad\qquad=14-(x+y)$

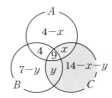

STEP B 각 영역의 값이 0 이상임을 이용하여 x, y의 값의 범위 구하기

$n(C-(A\cup B))$의 값은 $x+y$가 최대일 때, 최소이고
$x+y$가 최소일 때, 최대이다.
이때 각 영역의 값이 0 보다 크거나 같아야 하므로 $4-x\geq0$, $7-y\geq0$
$\therefore x\leq4$, $y\leq7$
즉 $0\leq x\leq4$, $0\leq y\leq7$

+α x, y의 값의 범위를 다음과 같이 구할 수도 있어!

$n(A\cap(B\cup C))\leq n(A)$, $x+4+9\leq17$에서 $x\leq4$ ← $4-x\geq0$ $\therefore x\leq4$
$n(B\cap(A\cup C))\leq n(B)$, $y+4+9\leq20$에서 $y\leq7$ ← $7-y\geq0$ $\therefore y\leq7$
$\therefore 0\leq x\leq4$, $0\leq y\leq7$

STEP C $n(C-(A\cup B))$의 최솟값 구하기

따라서 $x=4$, $y=7$일 때, $x+y=11$로 최대이므로
$n(C-(A\cup B))$의 최솟값은 $14-(x+y)=14-11=3$

24
정답 해설참조

1단계   원 C_2의 방정식을 구한다.   2점

원 $C_1 : (x-6)^2+(y+3)^2=8$의 중심은 $(6, -3)$이고 반지름의 길이가 $2\sqrt{2}$

원 C_1을 $y=x$에 대하여 대칭이동한 원 C_2의 중심은 $(-3, 6)$이고 반지름의
길이가 $2\sqrt{2}$

$\therefore C_2 : (x+3)^2+(y-6)^2=8$

+α | x 대신 y, y 대신 x를 대입하여 구할 수 있어!

> 원 $C_1 : (x-6)^2+(y+3)^2=8$을 $y=x$에 대하여 대칭이동하면
> $(y-6)^2+(x+3)^2=8$, 즉 $C_2 : (x+3)^2+(y-6)^2=8$

2단계   선분 P_1P_2의 길이의 최솟값 m과 최댓값 M을 구한다.   2점

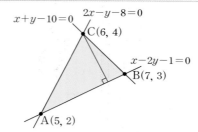

두 원의 중심 $(6, -3)$, $(-3, 6)$ 사이의 거리는

$\sqrt{(-3-6)^2+\{6-(-3)\}^2}=9\sqrt{2}$

선분 P_1P_2의 길이의 최솟값은 $m=9\sqrt{2}-(2\sqrt{2}+2\sqrt{2})=5\sqrt{2}$

선분 P_1P_2의 길이의 최댓값은 $M=9\sqrt{2}+(2\sqrt{2}+2\sqrt{2})=13\sqrt{2}$

따라서 $m+M=5\sqrt{2}+13\sqrt{2}=18\sqrt{2}$

25
정답 해설참조

1단계   세 직선을 연립하여 교점의 좌표를 구한다.   2점

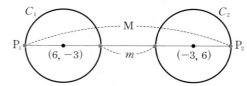

두 직선 $2x-y-8=0$, $x-2y-1=0$을 연립하여 풀면 $x=5$, $y=2$

두 직선 $x-2y-1=0$, $x+y-10=0$을 연립하여 풀면 $x=7$, $y=3$

두 직선 $2x-y-8=0$, $x+y-10=0$을 연립하여 풀면 $x=6$, $y=4$

세 직선의 교점 A, B, C라 하면

A$(5, 2)$, B$(7, 3)$, C$(6, 4)$

2단계   삼각형의 밑변과 높이를 구한다.   2점

두 점 A$(5, 2)$, B$(7, 3)$에 대하여 $\overline{AB}=\sqrt{(7-5)^2+(3-2)^2}=\sqrt{5}$

점 C$(6, 4)$과 직선 $x-2y-1=0$ 사이의 거리, 즉 삼각형 ABC의 높이 h는

$h=\dfrac{|6-2\times4-1|}{\sqrt{1^2+(-2)^2}}=\dfrac{3}{\sqrt{5}}$

3단계   삼각형의 넓이를 구한다.   1점

따라서 삼각형 ABC의 넓이는 $\dfrac{1}{2}\times\overline{AB}\times h=\dfrac{1}{2}\times\sqrt{5}\times\dfrac{3\sqrt{5}}{5}=\dfrac{3}{2}$

2학기 중간고사 모의평가 04

01	④	02	②	03	③	04	⑤	05	④
06	①	07	②	08	②	09	④	10	③
11	①	12	⑤	13	①	14	③	15	④
16	⑤	17	⑤	18	②	19	①	20	③

주관식 및 서술형

21	5	22	25	23	15
24	해설참조		25	해설참조	

01
정답 ④

STEP A 두 직선의 방정식을 연립하여 교점의 좌표 구하기

두 직선 $4x+3y-12=0$, $x+2y-8=0$을 연립하여 풀면 $x=0$, $y=4$이므로
교점의 좌표는 $(0, 4)$

STEP B 점 $(0, 4)$를 지나고 직선 $5x+y+9=0$과 만나지 않는 직선의
방정식 구하기

직선 $5x+y+9=0$, 즉 $y=-5x-9$의 기울기가 -5
이 직선과 만나지 않는 직선의 기울기는 -5
점 $(0, 4)$를 지나고 기울기가 -5인 직선의 방정식은
$y-4=-5(x-0)$, 즉 $5x+y-4=0$
따라서 $a=5$, $b=-4$이므로 $a-b=5-(-4)=9$

다른풀이 두 직선의 교점을 지나는 직선을 이용하여 풀이하기

STEP A 두 직선의 교점을 지나는 직선의 방정식 구하기

두 직선 $4x+3y-12=0$, $x+2y-8=0$의 교점을 지나는 직선의 방정식은
$4x+3y-12+k(x+2y-8)=0$ (단, k는 실수)
$\therefore (4+k)x+(3+2k)y-12-8k=0$ ...... ㉠

STEP B 두 직선이 만나지 않을 조건을 이용하여 k의 값 구하기

직선 ㉠이 직선 $5x+y+9=0$과 평행하므로
$\dfrac{4+k}{5}=\dfrac{3+2k}{1}\neq\dfrac{-12-8k}{9}$
즉 $4+k=15+10k$, $9k=-11$ $\therefore k=-\dfrac{11}{9}$
이를 ㉠에 대입하면 $\dfrac{25}{9}x+\dfrac{5}{9}y-\dfrac{20}{9}=0$ $\therefore 5x+y-4=0$
따라서 $a=5$, $b=-4$이므로 $a-b=5-(-4)=9$

02
정답 ②

STEP A 직각삼각형 C′AM에서 피타고라스 정리 이용하여 선분 C′M의
길이 구하기

두 원 $x^2+y^2-x+2y-k=0$,
$x^2+y^2-4x+6y-5=0$의 중심을
각각 C, C′, 두 원의 교점을
A, B라 하고 두 선분 CC′과 AB의
교점을 M이라 하자.
원 $x^2+y^2-4x+6y-5=0$에서
$(x-2)^2+(y+3)^2=18$이므로
점 C′의 좌표는 C′$(2, -3)$이고
$\overline{\text{C}'\text{A}}=3\sqrt{2}$

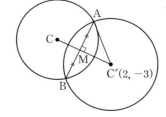

주어진 조건에서 $\overline{\text{AB}}=2\sqrt{2}$이므로 $\overline{\text{AM}}=\dfrac{1}{2}\overline{\text{AB}}=\sqrt{2}$

직각삼각형 C′AM에서 피타고라스 정리에 의하여
$\overline{\text{C}'\text{M}}=\sqrt{\overline{\text{C}'\text{A}}^2-\overline{\text{AM}}^2}=\sqrt{(3\sqrt{2})^2-(\sqrt{2})^2}=4$ ...... ㉠

STEP B 두 원의 교점을 지나는 직선의 방정식과 점과 직선 사이의 거리를
이용하여 상수 k의 값 구하기

두 원의 공통인 현의 방정식은
$x^2+y^2-x+2y-k-(x^2+y^2-4x+6y-5)=0$
$\therefore 3x-4y-k+5=0$
점 C′$(2, -3)$과 직선 $3x-4y-k+5=0$ 사이의 거리는

선분 C′M의 길이와 같으므로
$\overline{\text{C}'\text{M}}=\dfrac{|3\times 2-4\times(-3)-k+5|}{\sqrt{3^2+(-4)^2}}=\dfrac{|23-k|}{5}$ ...... ㉡

㉠, ㉡에 의하여 $\dfrac{|23-k|}{5}=4$, $|23-k|=20$, $23-k=\pm20$
$\therefore k=3$ 또는 $k=43$
따라서 모든 상수 k의 값의 합은 $3+43=46$

+α 원의 중심 $\left(\dfrac{1}{2}, -1\right)$에서 공통현까지 거리를 이용하여 구할 수 있어!

> 두 원의 공통현 방정식이 $3x-4y-k+5=0$이고 $\overline{\text{AM}}=\dfrac{1}{2}\overline{\text{AB}}=\sqrt{2}$
> 원 $x^2+y^2-x+2y-k=0$에서 $\left(x-\dfrac{1}{2}\right)^2+(y+1)^2=k+\dfrac{5}{4}$이므로
> 원의 중심은 C$\left(\dfrac{1}{2}, -1\right)$, 반지름의 길이는 $\overline{\text{CA}}=\sqrt{k+\dfrac{5}{4}}$
> 원의 중심 $\left(\dfrac{1}{2}, -1\right)$에서 직선 $3x-4y-k+5=0$까지의 거리는
>
> 선분 CM의 길이와 같으므로
> $\overline{\text{CM}}=\dfrac{\left|3\times\dfrac{1}{2}-4\times(-1)-k+5\right|}{\sqrt{3^2+(-4)^2}}=\dfrac{\left|\dfrac{21}{2}-k\right|}{5}$
> 직각삼각형 CMA에서 피타고라스 정리에 의하여 $\overline{\text{CA}}^2=\overline{\text{CM}}^2+\overline{\text{AM}}^2$,
> 즉 $\left(\sqrt{k+\dfrac{5}{4}}\right)^2=\left(\dfrac{\left|\dfrac{21}{2}-k\right|}{5}\right)^2+(\sqrt{2})^2$, $k^2-46k+129=0$
> 따라서 이차방정식 $k^2-46k+129=0$의 근과 계수의 관계에 의하여 두 근의 합은 46

03
정답 ③

STEP A 삼각형의 각의 이등분선의 성질을 이용하여 비 구하기

세 점 A$(0, 3)$, B$(-8, -3)$, C$(4, 0)$에 대하여
$\overline{\text{AB}}=\sqrt{(-8-0)^2+(-3-3)^2}=10$
$\overline{\text{AC}}=\sqrt{(4-0)^2+(0-3)^2}=5$
이때 ∠A의 외각의 이등분선이 변 BC의 연장선과 만나는 점이 D이므로
$\overline{\text{AD}}$는 ∠A의 외각의 이등분선이고
$\overline{\text{AB}}:\overline{\text{AC}}=\overline{\text{BD}}:\overline{\text{CD}}=10:5=2:1$이 성립한다.

STEP B 점 C가 선분 BD의 중점임을 이용하여 a, b의 값 구하기

두 점 B$(-8, -3)$, D(a, b)에 대하여 선분 BD의 중점의 좌표는
$\left(\dfrac{-8+a}{2}, \dfrac{-3+b}{2}\right)$
이 점은 C$(4, 0)$과 일치하므로
$\dfrac{-8+a}{2}=4$, $-8+a=8$에서 $a=16$
$\dfrac{-3+b}{2}=0$에서 $b=3$
따라서 $a=16$, $b=3$이므로 $a+b=19$

04

정답 ⑤

STEP A 두 직선의 교점을 지나는 직선의 방정식 구하기

두 직선 $x-2y+3=0$, $x-y+1=0$을 연립하여 풀면 $x=1$, $y=2$이므로 교점의 좌표는 $(1, 2)$

점 $(1, 2)$를 지나고 기울기를 m이라 하면 직선의 방정식은

$y-2=m(x-1)$, 즉 $mx-y-m+2=0$ ······ ㉠

STEP B 점과 직선 사이의 거리를 이용하여 m의 값 구하기

원점 $O(0, 0)$과 직선 $mx-y-m+2=0$ 사이의 거리가 1이므로

$\dfrac{|-m+2|}{\sqrt{m^2+1}}=1$, $|-m+2|=\sqrt{m^2+1}$

양변을 제곱하면 $m^2-4m+4=m^2+1$, $4m=3$ $\therefore m=\dfrac{3}{4}$

STEP C a, b의 값 구하기

$m=\dfrac{3}{4}$을 직선 ㉠에 대입하면 $\dfrac{3}{4}x-y+\dfrac{5}{4}=0$, 즉 $3x-4y+5=0$

따라서 $a=3$, $b=-4$이므로 $a+b=-1$

다른풀이 두 직선의 교점을 지나는 직선을 이용하여 풀이하기

STEP A 두 직선의 교점을 지나는 직선의 방정식 구하기

두 직선 $x-2y+3=0$, $x-y+1=0$의 교점을 지나는 직선의 방정식

$x-2y+3+k(x-y+1)=0$(k는 실수)

$\therefore (k+1)x-(k+2)y+k+3=0$ ······ ㉠

STEP B 점과 직선 사이의 거리를 이용하여 k의 값 구하기

원점 $O(0, 0)$과 직선 ㉠ 사이의 거리가 1이므로

$\dfrac{|k+3|}{\sqrt{(k+1)^2+(k+2)^2}}=1$, $|k+3|=\sqrt{2k^2+6k+5}$

양변을 제곱하면 $k^2+6k+9=2k^2+6k+5$, $k^2=4$

$\therefore k=-2$ 또는 $k=2$ ······ ㉡

STEP C $a+b$의 값 구하기

㉡을 ㉠에 대입하여 정리하면 $-x+1=0$ 또는 $3x-4y+5=0$

이때 a, b는 0이 아니므로 구하는 방정식은 $3x-4y+5=0$

따라서 $a=3$, $b=-4$이므로 $a+b=-1$

05

정답 ④

STEP A 두 접선이 이루는 각을 이등분하는 직선을 나타내기

점 $(4, 0)$에서 원 $(x-1)^2+(y+3)^2=4$에 그은 두 접선이 이루는 각을 이등분하는 직선은 오른쪽 그림과 같이 두 개가 있다. 이때 점 $(4, 0)$과 원의 중심 $(1, -3)$을 지나는 직선을 l, 점 $(4, 0)$을 지나면서 직선 l에 수직인 직선을 m이라고 하자.

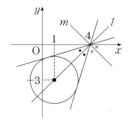

STEP B 두 직선 l, m의 방정식 구하기

두 점 $(1, -3)$, $(4, 0)$을 지나는 직선 l의 방정식은

$y-0=\dfrac{0-(-3)}{4-1}(x-4)$, 즉 $y=x-4$

이때 직선 l의 기울기는 1이므로 이 직선과 수직인 직선 m의 기울기는 -1

점 $(4, 0)$을 지나고 기울기가 -1인 직선 m의 방정식은

$y-0=-(x-4)$, 즉 $y=-x+4$

STEP C $abcd$의 값 구하기

따라서 a, b, c, d의 값이 1, -4, -1, 4이므로 $abcd=16$

06

정답 ①

STEP A 두 집합 A, B의 이차부등식의 해 구하기

$x^2-(a^2-1)x+a(a-1)^2\leq0$에서 $\{x-(a-1)\}\{x-a(a-1)\}\leq0$

즉 $a-1\leq a(a-1)$이므로 $A=\{x|a-1\leq x\leq a(a-1)\}$

$x^2+2(a-3)x+(a-1)(a-5)<0$에서 $\{x+(a-1)\}\{x+(a-5)\}<0$

즉 $-a+1<x<-a+5$이므로 $B=\{x|-a+1<x<-a+5\}$

STEP B $A\cap B=\varnothing$을 만족하는 a의 값의 범위 구하기

$A\cap B=\varnothing$이 되도록 두 집합 A, B를 수직선에 나타내면 다음 그림과 같다.

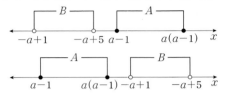

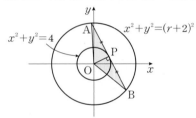

(i) $-a+5\leq a-1$일 때, $2a\geq6$ $\therefore a\geq3$

(ii) $a(a-1)\leq-a+1$일 때, $a^2-a\leq-a+1$, $a^2\leq1$ $\therefore -1\leq a\leq1$

(i), (ii)에 의하여 $a\geq3$ 또는 $-1\leq a\leq1$

따라서 10 이하의 정수는 -1, 0, 1, 3, 4, 5, $\cdots$, 10이므로 그 개수는 11

07

정답 ②

STEP A 삼각형 OAB의 넓이를 이용하여 반지름 r의 값 구하기

점 P가 원 $x^2+y^2=4$ 위의 점이므로 $\overline{OP}=2$

삼각형 OAB의 넓이는 $2\sqrt{21}$이므로 $\dfrac{1}{2}\times\overline{AB}\times\overline{OP}=\dfrac{1}{2}\times\overline{AB}\times2=2\sqrt{21}$

$\therefore \overline{AB}=2\sqrt{21}$

두 점 A, B가 원 $x^2+y^2=(r+2)^2$ 위의 점이므로 $\overline{OA}=\overline{OB}=r+2$이고

$\overline{PA}=\overline{PB}=\dfrac{1}{2}\overline{AB}=\sqrt{21}$이므로 삼각형 OAB는 이등변삼각형이다.

직각삼각형 OPA에서 피타고라스 정리에 의하여

$\overline{OA}=\sqrt{\overline{PA}^2+\overline{OP}^2}=\sqrt{(\sqrt{21})^2+2^2}=5$

즉 $\overline{OA}=r+2=5$이므로 $r=3$

STEP B 원에 접하고 기울기가 2인 접선의 방정식 구하기

원 $x^2+y^2=9$에 접하고 기울기가 2인 직선의 방정식은

$y=2x\pm3\sqrt{2^2+1}$, 즉 $y=2x\pm3\sqrt{5}$

따라서 a, b의 값이 $3\sqrt{5}$, $-3\sqrt{5}$이므로 $ab=-45$

08

정답 ②

STEP A 두 선분 PQ와 PR이 나타내는 위치 이해하기

점 P의 좌표를 $P(x, y)$라 하자.

점 P에서 두 직선 $3x+y-3=0$, $x-3y-3=0$에 내린 수선의 발이 각각 Q, R이므로 점 $P(x, y)$와 두 직선 $3x+y-3=0$, $x-3y-3=0$ 사이의 거리는 각각 선분 PQ와 선분 PR의 길이와 같다.

즉 $\overline{PQ}=\dfrac{|3x+y-3|}{\sqrt{3^2+1^2}}$, $\overline{PR}=\dfrac{|x-3y-3|}{\sqrt{1^2+(-3)^2}}$

STEP **B** **두 선분 PQ와 PR의 길이가 같음을 이용하여 점 P가 나타내는 도형의 방정식 구하기**

주어진 조건에서 선분 PQ와 선분 PR의 길이가 같으므로
$|3x+y-3|=|x-3y-3|$, $3x+y-3=\pm(x-3y-3)$
$\therefore x+2y=0$ 또는 $2x-y-3=0$
따라서 $a=1$, $b=2$, $c=2$, $d=-1$이므로 $a+b+c+d=4$

09
 정답 ④

STEP **A** **마름모의 두 대각선의 중점이 일치함을 이용하여 a, b 사이의 관계식 구하기**

두 점 A$(a, 3)$, C$(7, 3)$에 대하여 선분 AC의 중점의 좌표는
$\left(\dfrac{a+7}{2}, \dfrac{3+3}{2}\right)$, 즉 $\left(\dfrac{a+7}{2}, 3\right)$
두 점 B$(b, 0)$, D$(3, 6)$에 대하여 선분 BD의 중점의 좌표는
$\left(\dfrac{b+3}{2}, \dfrac{0+6}{2}\right)$, 즉 $\left(\dfrac{b+3}{2}, 3\right)$
이때 마름모 ABCD에서 두 대각선의 중점이 일치하므로
$\dfrac{a+7}{2}=\dfrac{b+3}{2}$
$\therefore b=a+4$ ...... ㉠

STEP **B** **마름모의 네 변의 길이가 모두 같음을 이용하여 a, b의 값 구하기**

네 점 A$(a, 3)$, B$(b, 0)$, C$(7, 3)$, D$(3, 6)$에 대하여
$\overline{DA}=\sqrt{(3-a)^2+(6-3)^2}=\sqrt{a^2-6a+18}$
$\overline{DC}=\sqrt{(3-7)^2+(6-3)^2}=5$

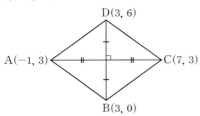

이때 마름모 ABCD는 네 변의 길이가 모두 같으므로
$\overline{DA}=\overline{DC}$에서 $\overline{DA}^2=\overline{DC}^2$
즉 $a^2-6a+18=5^2$, $a^2-6a-7=0$, $(a+1)(a-7)=0$
$\therefore a=-1$ 또는 $a=7$
그런데 $a=7$이면 두 점 A와 C가 일치하여
사각형 ABCD가 만들어지지 않으므로 $a=-1$
이를 ㉠에 대입하면 $b=3$
따라서 $a=-1$, $b=3$이므로 $a+b=2$

10
 정답 ③

STEP **A** **직선 $mx-y-4m+6=0$이 항상 지나는 점 구하기**

직선 $mx-y-4m+6=0$에서 m에 대하여 정리하면
$(x-4)m-(y-6)=0$ ...... ㉠
등식 ㉠이 m의 값에 관계없이 항상 성립하므로 m에 대한 항등식이다.
항등식의 성질에 의하여 $x-4=0$, $y-6=0$
$\therefore x=4$, $y=6$
즉 직선 ㉠은 실수 m의 값에 관계없이 항상 점 $(4, 6)$을 지난다.

STEP **B** **두 직선이 제1사분면에서 만나기 위한 조건 구하기**

직선 ㉠이 직선 $x+y-2=0$과 제1사분면에서 만나기 위해서는
직선 ㉠의 기울기 m이 점 $(0, 2)$를 지나는 직선의 기울기보다 크고
점 $(2, 0)$을 지나는 직선의 기울기보다 작아야 한다.

(i) 직선 ㉠이 점 $(0, 2)$를 지날 때,
$-4m+4=0$, $4m=4$
$\therefore m=1$
(ii) 직선 ㉠이 점 $(2, 0)$을 지날 때,
$-2m+6=0$, $2m=6$
$\therefore m=3$
(i), (ii)에서 구하는 m의 값의 범위는
$1<m<3$
따라서 $\alpha=1$, $\beta=3$이므로 $\alpha+\beta=4$

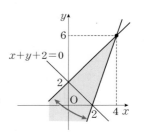

11
 정답 ①

STEP **A** **이차방정식의 근과 계수의 관계를 이용하기**

직선 $y=mx+n$ 위의 두 점 A, B의 x좌표를 각각 α, β라 하면
A$(\alpha, m\alpha+n)$, B$(\beta, m\beta+n)$
이차방정식 $x^2-x-5=mx+n$, 즉 $x^2-(m+1)x-5-n=0$의
두 근이 α, β이므로 근과 계수의 관계에 의하여
$\alpha+\beta=m+1$ ...... ㉠

STEP **B** **선분 AB의 중점의 좌표를 이용하여 m, n의 값 구하기**

두 점 A$(\alpha, m\alpha+n)$, B$(\beta, m\beta+n)$에 대하여 선분 AB의 중점의 좌표는
$\left(\dfrac{\alpha+\beta}{2}, \dfrac{m\alpha+n+m\beta+n}{2}\right)$, 즉 $\left(\dfrac{\alpha+\beta}{2}, \dfrac{m(\alpha+\beta)+2n}{2}\right)$
이 점이 $(1, 5)$와 일치하므로 $\dfrac{\alpha+\beta}{2}=1$, $\dfrac{m(\alpha+\beta)+2n}{2}=5$
$\dfrac{\alpha+\beta}{2}=1$에 ㉠을 대입하면 $\dfrac{m+1}{2}=1$, $m+1=2$ $\therefore m=1$
이를 ㉠에 대입하면 $\alpha+\beta=2$
$\dfrac{m(\alpha+\beta)+2n}{2}=\dfrac{1\times2+2n}{2}=5$, $2+2n=10$ $\therefore n=4$
따라서 $m=1$, $n=4$이므로 $m-n=-3$

12
 정답 ⑤

STEP **A** **원의 방정식을 변형하여 중심의 좌표와 반지름의 길이 구하기**

원 $x^2+y^2-2x+4y-4=0$에서
$(x-1)^2+(y+2)^2=9$이므로
원의 중심을 C$(1, -2)$,
반지름의 길이는 3
점 C$(1, -2)$에서 접점에 내린 수선의
발의 길이는 반지름의 길이와 같으므로
$\overline{AC}=\overline{BC}=3$
이때 두 점 P$(1, 3)$, C$(1, -2)$에 대하여
$\overline{CP}=3-(-2)=5$

STEP **B** **피타고라스 정리를 이용하여 선분 AP의 길이 구하기**

원과 접선의 성질에 의해 원의 중심과 접점을 이은 직선은 접선과
서로 수직이므로 직각삼각형 PAC에서 피타고라스 정리에 의하여
$\overline{AP}=\sqrt{\overline{CP}^2-\overline{AC}^2}=\sqrt{5^2-3^2}=4$

STEP **C** **직각삼각형의 넓이를 이용하여 선분 AB의 길이 구하기**

직각삼각형 PAC에서 두 선분 CP와 AB의 교점을 Q라 하면 $\overline{CP}\perp\overline{AB}$
직각삼각형 PAC의 넓이는 $\dfrac{1}{2}\times\overline{AP}\times\overline{AC}=\dfrac{1}{2}\times\overline{CP}\times\overline{AQ}$이므로
$\dfrac{1}{2}\times4\times3=\dfrac{1}{2}\times5\times\overline{AQ}$ $\therefore \overline{AQ}=\dfrac{12}{5}$
따라서 $\overline{AB}=2\overline{AQ}=\dfrac{24}{5}$

13
정답 ①

STEP A 평행이동을 이용하여 원 C_2의 방정식 구하기

포물선 $y=x^2$에서 꼭짓점의 좌표는 $(0, 0)$

포물선 $y=x^2-2ax+a^2-a$에서 $y=(x-a)^2-a$이므로

꼭짓점의 좌표는 $(a, -a)$

이때 점 $(0, 0)$을 점 $(a, -a)$로 옮기는 평행이동은 x축의 방향으로 a만큼,
y축의 방향으로 $-a$만큼 평행이동한 것이다.

원 C_1 : $(x-1)^2+(y-5)^2=9$에서 중심의 좌표를 O_1이라 하면

$O_1(1, 5)$, 반지름의 길이는 3

점 $O_1(1, 5)$에서 x축의 방향으로 a만큼, y축의 방향으로 $-a$만큼 평행이동하면

$(1+a, 5-a)$

$\therefore C_2 : (x-a-1)^2+(y-5+a)^2=9$

즉 원 C_2의 중심의 좌표를 O_2라 하면 $O_2(a+1, 5-a)$, 반지름의 길이는 3

STEP B 피타고라스 정리를 이용하여 선분 O_1M의 길이 구하기

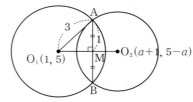

두 선분 O_1O_2와 AB가 만나는 점을 M이라 하고 $\overline{O_1O_2} \perp \overline{AB}$

이때 $\overline{AB}=2$이므로 $\overline{AM}=\overline{BM}=\frac{1}{2}\overline{AB}=1$

선분 O_1A의 길이는 원 C_1의 반지름의 길이와 같으므로 $\overline{O_1A}=3$

직각삼각형 AO_1M에서 피타고라스 정리에 의하여

$\overline{O_1M}=\sqrt{\overline{O_1A}^2-\overline{AM}^2}=\sqrt{3^2-1^2}=2\sqrt{2}$

STEP C 선분 O_1O_2의 길이를 이용하여 a의 값 구하기

$\overline{O_1M}=2\sqrt{2}$이므로 $\overline{O_1O_2}=2\overline{O_1M}=4\sqrt{2}$

두 점 $O_1(1, 5)$, $O_2(a+1, 5-a)$에 대하여

$\overline{O_1O_2}=\sqrt{\{(a+1)-1\}^2+\{(5-a)-5\}^2}=\sqrt{2a^2}$

이때 $\overline{O_1O_2}=\sqrt{2a^2}=4\sqrt{2}$이므로 양변을 제곱하면 $2a^2=32$, $a^2=16$

$\therefore a=4$ 또는 $a=-4$

따라서 양수 a의 값은 4

14
정답 ③

STEP A 주어진 조건을 이용하여 $S(A)+S(B)$의 값 구하기

$S(A\cup B)=S(A)+S(B)-S(A\cap B)$에서 $A\cup B=U$, $A\cap B=\{3, 4\}$이므로

$S(U)=S(A)+S(B)-S(\{3, 4\})$

즉 $45=S(A)+S(B)-7$이므로 $S(A)+S(B)=52$

STEP B $S(A)S(B)$의 최댓값 구하기

이때 $S(A)=x(7\le x\le 45)$라 하면 $S(B)=52-x$이므로

$S(A)S(B)=x(52-x)=-x^2+52x=-(x-26)^2+676$

따라서 $S(A)S(B)$는 $x=26$일 때, 최댓값 676을 갖는다.

다른풀이 산술평균과 기하평균을 이용하여 풀이하기

STEP A 주어진 조건을 이용하여 $S(A)+S(B)$의 값 구하기

$S(A)+S(B)=S(A\cup B)+S(A\cap B)$

$\qquad\qquad\quad=S(U)+S(A\cap B)$

$\qquad\qquad\quad=(1+2+3+\cdots+9)+3+4$

$\qquad\qquad\quad=45+7=52$

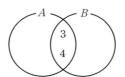

STEP B 산술평균과 기하평균의 관계를 이용하여 $S(A)S(B)$의 최댓값 구하기

이때 $S(A)>0$, $S(B)>0$이므로 산술평균과 기하평균의 관계에 의하여

$\dfrac{S(A)+S(B)}{2}\ge\sqrt{S(A)S(B)}$ (단, 등호는 $S(A)=S(B)$일 때 성립)

$\dfrac{52}{2}\ge\sqrt{S(A)S(B)}$ $\quad\therefore S(A)S(B)\le 26^2=676$

따라서 $S(A)S(B)$의 최댓값은 676

+α $S(A)=S(B)=26$을 만족시키는 두 집합 A, B를 구할 수 있어!

> $S(A)=S(B)$일 때, $S(A)S(B)$는 최댓값 676을 가지므로 $S(A)=S(B)=26$을
> 만족시키는 두 집합 A, B가 존재하는지 반드시 확인해 보아야 한다.
>
> 이 문제에서는 $\begin{cases}A=\{2, 3, 4, 8, 9\}\\B=\{1, 3, 4, 5, 6, 7\}\end{cases}$ 또는 $\begin{cases}A=\{3, 4, 5, 6, 8\}\\B=\{1, 2, 3, 4, 7, 9\}\end{cases}$ 와 같은 경우에
>
> $S(A)=S(B)=26$이 성립한다.

15
정답 ④

STEP A 곡선과 직선 사이의 거리가 최소가 되는 상황 이해하기

곡선 $y=-2x^2+3$ 위의 점과 직선
$y=4x+k$ 사이의 거리가 최소이기
위해서는 기울기가 4인 직선이 곡선에
접할 때, 두 직선 사이의 거리이다.

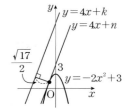

STEP B 기울기가 4이고 곡선 $y=-2x^2+3$에 접하는 직선 구하기

기울기가 4이고 곡선 $y=-2x^2+3$에 접하는 직선의 방정식을
$y=4x+n(n<k)$이라 하자.

두 식 $y=-2x^2+3$, $y=4x+n$을 연립하여 얻은 이차방정식
$-2x^2+3=4x+n$, 즉 $2x^2+4x-3+n=0$이 중근을 가지므로
판별식을 D라 하면 $D=0$이어야 한다.

$\dfrac{D}{4}=2^2-2(-3+n)=0$, $10-2n=0$ $\quad\therefore n=5$

즉 곡선 $y=-2x^2+3$에 접하는 직선의 방정식은 $y=4x+5$

STEP C 평행한 두 직선 사이의 거리는 한 직선 위의 임의의 한 점과 다른 직선 사이의 거리와 같음을 이용하여 k의 값 구하기

평행한 두 직선 $4x-y+5=0$, $4x-y+k=0$ 사이의 거리는

직선 $4x-y+5=0$ 위의 한 점 $(0, 5)$와

직선 $4x-y+k=0$ 사이의 거리 $\dfrac{\sqrt{17}}{2}$과 같으므로

$\dfrac{|4\times 0-1\times 5+k|}{\sqrt{4^2+(-1)^2}}=\dfrac{|k-5|}{\sqrt{17}}=\dfrac{\sqrt{17}}{2}$, $2|k-5|=17$, $k-5=\pm\dfrac{17}{2}$

$\therefore k=-\dfrac{7}{2}$ 또는 $k=\dfrac{27}{2}$

따라서 $k>5$이므로 $k=\dfrac{27}{2}$

+α 평행한 두 직선 사이의 거리 공식을 이용하여 구할 수 있어!

> 평행한 두 직선 $4x-y+5=0$, $4x-y+k=0$ 사이의 거리가 $\dfrac{\sqrt{17}}{2}$ 이므로
>
> $\dfrac{|5-k|}{\sqrt{4^2+(-1)^2}}=\dfrac{|5-k|}{\sqrt{17}}=\dfrac{\sqrt{17}}{2}$, $2|5-k|=17$, $5-k=\pm\dfrac{17}{2}$
>
> 따라서 $k=\dfrac{27}{2}(\because k>5)$

16
정답 ⑤

STEP Ⓐ 삼각형 OAB의 무게중심의 좌표를 이용하여 두 점 A, B의 좌표 구하기

두 점 A, B는 각각 두 직선 $y=\frac{1}{2}x$, $y=3x$ 위의 점이므로

$A\left(a, \frac{1}{2}a\right)$, $B(b, 3b)$라 하자.

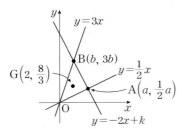

삼각형 OAB의 무게중심의 좌표는

$\left(\dfrac{0+a+b}{3}, \dfrac{0+\frac{1}{2}a+3b}{3}\right)$, 즉 $\left(\dfrac{a+b}{3}, \dfrac{\frac{1}{2}a+3b}{3}\right)$

이 점은 $\left(2, \dfrac{8}{3}\right)$과 일치하므로

$\dfrac{a+b}{3}=2$에서 $a+b=6$ ······ ㉠

$\dfrac{\frac{1}{2}a+3b}{3}=\dfrac{8}{3}$에서 $a+6b=16$ ······ ㉡

㉠, ㉡을 연립하여 풀면 $a=4$, $b=2$

∴ A(4, 2), B(2, 6)

STEP Ⓑ 점 A를 직선 $y=-2x+k$에 대입하여 k의 값 구하기

점 A(4, 2)가 직선 $y=-2x+k$ 위의 점이므로 $2=-2\times4+k$

따라서 $k=10$

---

mini해설 | 두 직선의 교점의 좌표를 구하여 풀이하기

두 직선 $y=\frac{1}{2}x$와 $y=-2x+k$의 교점 A의 좌표를 구하기 위하여

두 식을 연립하면 $\frac{1}{2}x=-2x+k$ ∴ $x=\frac{2}{5}k$

$x=\frac{2}{5}k$를 $y=\frac{1}{2}x$에 대입하면 $y=\frac{1}{5}k$ ∴ $A\left(\frac{2}{5}k, \frac{1}{5}k\right)$

두 직선 $y=3x$와 $y=-2x+k$의 교점 B의 좌표를 구하기 위하여

두 식을 연립하면 $3x=-2x+k$ ∴ $x=\frac{1}{5}k$

$x=\frac{1}{5}k$를 $y=3x$에 대입하면 $y=\frac{3}{5}k$ ∴ $B\left(\frac{1}{5}k, \frac{3}{5}k\right)$

이때 삼각형 OAB의 무게중심의 y좌표가 $\frac{8}{3}$이므로 $\dfrac{0+\frac{1}{5}k+\frac{3}{5}k}{3}=\dfrac{8}{3}$

따라서 $\frac{4}{5}k=8$이므로 $k=10$

17
정답 ⑤

STEP Ⓐ 직선과 x축, y축으로 둘러싸인 삼각형의 넓이 구하기

직선 $x+y-4=0$과 x축, y축과 만나는 점의 좌표가 (4, 0), (0, 4)이므로

직선과 x축, y축으로 둘러싸인 삼각형의 넓이는 $\frac{1}{2}\times4\times4=8$

STEP Ⓑ 직선 $(k-1)x+ky-k+1=0$이 항상 지나는 점 구하기

직선 $(k-1)x+ky-k+1=0$을 k에 대하여 정리하면

$(x+y-1)k-x+1=0$ ······ ㉠

등식 ㉠이 k의 값에 관계없이 항상 성립하므로 k에 대한 항등식이다.

항등식의 성질에 의하여 $x+y-1=0$, $-x+1=0$

위의 두 식을 연립하여 풀면 $x=1$, $y=0$

즉 직선 ㉠은 실수 k의 값에 관계없이 항상 점 A(1, 0)을 지난다.

STEP Ⓒ 직선 $(k-1)x+ky-k+1=0$이 삼각형의 넓이를 이등분함을 이용하여 점 P의 좌표 구하기

점 (0, 4)를 B라 하자.

이때 직선 $(k-1)x+ky-k+1=0$이

삼각형의 넓이를 이등분하므로

삼각형 ABP의 넓이는 $8\times\frac{1}{2}=4$

점 P가 직선 $x+y-4=0$ 위의 점이므로

점 P의 좌표를 P$(4-a, a)$라 하고

(삼각형 ABP의 넓이)

$=\frac{1}{2}\times\overline{AB}\times$(점 P의 y좌표)

$=\frac{1}{2}\times(4-1)\times a=4$

∴ $a=\frac{8}{3}$, 즉 점 P의 좌표는 P$\left(\frac{4}{3}, \frac{8}{3}\right)$

STEP Ⓓ 점 P를 직선 $(k-1)x+ky-k+1=0$에 대입하여 k의 값 구하기

직선 $(k-1)x+ky-k+1=0$이 점 P$\left(\frac{4}{3}, \frac{8}{3}\right)$를 지나므로

$\frac{4}{3}(k-1)+\frac{8}{3}k-k+1=0$, $9k-1=0$

따라서 $k=\frac{1}{9}$

18
정답 ②

STEP Ⓐ 정삼각형 ABC의 넓이가 최대, 최소가 되기 위한 조건 이해하기

원 $x^2+y^2=4$ 위의 점 A와 직선 $y=x-4\sqrt{2}$ 위의 두 점 B, C에 대하여

정삼각형 ABC를 만들 때 점 A에서 직선 $x-y-4\sqrt{2}=0$까지의 거리는

정삼각형 ABC의 높이와 같다.

즉 정삼각형 ABC의 넓이가 최대가 되기 위해서는 높이가 최대일 때이고

넓이가 최소이기 위해서는 높이가 최소일 때이다.

STEP Ⓑ 원의 중심에서 직선까지의 거리의 최댓값과 최솟값을 이용하여 정삼각형 ABC의 넓이의 최댓값과 최솟값 구하기

원 $x^2+y^2=4$의 중심의 좌표는 (0, 0), 반지름의 길이는 2

원점 (0, 0)에서 직선 $x-y-4\sqrt{2}=0$ 사이의 거리는 $\dfrac{|-4\sqrt{2}|}{\sqrt{1^2+(-1)^2}}=4$

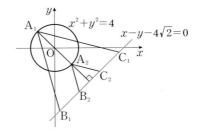

정삼각형 $A_1B_1C_1$의 높이는

(원의 중심에서 직선까지의 거리)+(반지름의 길이)$=4+2=6$

정삼각형 $A_1B_1C_1$의 한 변의 길이는 $4\sqrt{3}$이므로

$M=\frac{\sqrt{3}}{4}\times(4\sqrt{3})^2=\frac{\sqrt{3}}{4}\times48=12\sqrt{3}$

정삼각형 $A_2B_2C_2$의 높이는

(원의 중심에서 직선까지의 거리)-(반지름의 길이)$=4-2=2$

정삼각형 $A_2B_2C_2$의 한 변의 길이는 $\frac{4\sqrt{3}}{3}$이므로

$m=\frac{\sqrt{3}}{4}\times\left(\frac{4\sqrt{3}}{3}\right)^2=\frac{\sqrt{3}}{4}\times\frac{48}{9}=\frac{4\sqrt{3}}{3}$

STEP Ⓒ Mm의 값 구하기

따라서 $M=12\sqrt{3}$, $m=\frac{4\sqrt{3}}{3}$이므로 $Mm=48$

19

STEP Ⓐ 원 C_1을 x축에 대칭이동한 원의 방정식과 원 C_2를 $y=x$에 대하여 대칭이동한 원의 방정식 구하기

원 $C_1 : (x-5)^2+(y-1)^2=1$을 x축에 대하여 대칭이동한 원을 $C_1{'}$이라 하면

$C_1{'} : (x-5)^2+(y+1)^2=1$

점 A를 x축에 대하여 대칭이동한 점을 A$'$이라 하면

점 A$'$은 원 $C_1{'}$ 위의 점이므로 $\overline{AP}=\overline{A'P}$

원 $C_2 : (x-5)^2+(y+3)^2=1$을 직선 $y=x$에 대하여 대칭이동한 원을

$C_2{'}$이라 하면 $C_2{'} : (x+3)^2+(y-5)^2=1$

점 B를 직선 $y=x$에 대하여 대칭이동한 점을 B$'$이라 하면

점 B$'$은 원 $C_2{'}$ 위의 점이므로 $\overline{QB}=\overline{QB'}$

STEP Ⓑ $\overline{AP}+\overline{PQ}+\overline{QB}$의 최솟값 구하기

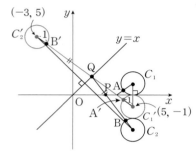

$\overline{AP}+\overline{PQ}+\overline{QB}$의 값은 네 점 A$'$, P, Q, B$'$이 두 원 $C_1{'}$, $C_2{'}$의 중심을 연결한 선분 위에 있을 때 최소이다.

즉 $\overline{AP}+\overline{PQ}+\overline{QB}=\overline{A'P}+\overline{PQ}+\overline{QB'} \geq \overline{A'B'}$

원 $C_1{'}$의 중심의 좌표가 $(5, -1)$이고 원 $C_2{'}$의 중심의 좌표가 $(-3, 5)$이므로

두 점 $(5, -1)$, $(-3, 5)$ 사이의 거리는 $\sqrt{(-3-5)^2+\{5-(-1)\}^2}=10$

또한, 두 원 $C_1{'}$, $C_2{'}$의 반지름의 길이가 1이므로 $\overline{A'B'}$의 최솟값은 두 원의 중심 사이의 거리에서 두 원의 반지름의 길이를 각각 뺀 값이다.

따라서 $\overline{AP}+\overline{PQ}+\overline{QB}$의 최솟값은 $10-1-1=8$

20

STEP Ⓐ 항등식의 성질을 이용하여 참, 거짓 판단하기

ㄱ. 직선 m을 k에 대하여 정리하면 $(2x+1)k+y+2=0$

이 등식이 k의 값에 관계없이 항상 성립하므로 k에 대한 항등식이다.

항등식의 성질에 의하여 $2x+1=0$, $y+2=0$

$\therefore x=-\dfrac{1}{2}$, $y=-2$

즉 직선 m은 실수 k의 값에 관계없이 항상 점 $\left(-\dfrac{1}{2}, -2\right)$를 지난다. [참]

STEP Ⓑ 두 직선의 위치 관계를 이용하여 참, 거짓 판단하기

ㄴ. 두 직선 $2x+(2k+1)y+3=0$, $2kx+y+k+2=0$이 서로 평행하려면

$\dfrac{2}{2k}=\dfrac{2k+1}{1}\neq\dfrac{3}{k+2}$

(i) $\dfrac{2}{2k}=\dfrac{2k+1}{1}$인 경우

$4k^2+2k=2$, $2k^2+k-1=0$, $(k+1)(2k-1)=0$

$\therefore k=-1$ 또는 $k=\dfrac{1}{2}$

(ii) $\dfrac{2k+1}{1}\neq\dfrac{3}{k+2}$인 경우

$2k^2+5k+2\neq3$, $2k^2+5k-1\neq0$ $\therefore k\neq\dfrac{-5\pm\sqrt{33}}{4}$

(i), (ii)에 의하여 $k=-1$ 또는 $k=\dfrac{1}{2}$일 때, 두 직선 l과 m은 서로 평행하다. [거짓]

+α 두 직선의 기울기를 이용하여 진위 판별할 수 있어!

$k=1$을 두 직선 l, m에 대입하면

$l : 2x+3y+3=0$에서 기울기는 $-\dfrac{2}{3}$

$m : 2x+y+3=0$에서 기울기는 -2

즉 $k=1$일 때, 두 직선 l과 m은 기울기가 다르므로 서로 평행하지 않는다. [거짓]

ㄷ. 두 직선 $2x+(2k+1)y+3=0$, $2kx+y+k+2=0$이 서로 수직이려면

$2\times2k+(2k+1)\times1=0$, $6k+1=0$ $\therefore k=-\dfrac{1}{6}$

즉 $k=-\dfrac{1}{6}$일 때, 두 직선 l과 m은 서로 수직이다. [참]

+α 두 직선의 기울기를 이용하여 진위 판별할 수 있어!

$k=-\dfrac{1}{6}$을 두 직선 l, m에 대입하면

$l : 2x+\dfrac{2}{3}y+3=0$에서 기울기는 -3

$m : -\dfrac{1}{3}x+y+\dfrac{11}{6}=0$에서 기울기는 $\dfrac{1}{3}$

즉 두 직선 l과 m은 기울기의 곱이 $-3\times\dfrac{1}{3}=-1$이므로 수직이다. [참]

따라서 옳은 것은 ㄱ, ㄷ이다.

주관식 및 서술형 문제

21 정답 5

STEP Ⓐ 삼각형 OAC의 넓이를 이용하여 점 C의 위치 구하기

(삼각형 OAB의 넓이)$=\frac{1}{2}\times\overline{OA}\times$(점 B의 y좌표)$=\frac{1}{2}\times5\times4=10$

이고 삼각형 OAC의 넓이가 40이므로

(삼각형 OAB의 넓이):(삼각형 OAC의 넓이)$=10:40=1:4$

이때 두 삼각형 OAB와 OAC의 높이가 동일하므로 두 삼각형의 넓이의 비는
두 삼각형의 밑변의 길이의 비와 같다.

$\therefore\ \overline{AB}:\overline{AC}=1:4$

즉 점 B는 선분 AC를 $1:3$으로 내분하는 점이거나
점 A는 선분 BC를 $1:4$로 내분하는 점이다.

STEP Ⓑ 내분점 공식을 이용하여 각각의 경우에서의 점 C의 좌표 구하기

점 C의 좌표를 (a,b)라 하고 두 점 A$(-5,0)$, B$(-1,4)$에 대하여

(i) 점 B가 선분 AC를 $1:3$으로 내분하는 점인 경우

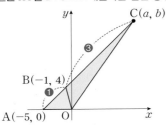

$\left(\dfrac{1\times a+3\times(-5)}{1+3},\ \dfrac{1\times b+3\times0}{1+3}\right)$, 즉 $\left(\dfrac{a-15}{4},\ \dfrac{b}{4}\right)$

이 점이 B$(-1,4)$와 일치하므로

$\dfrac{a-15}{4}=-1$, $a-15=-4$에서 $a=11$

$\dfrac{b}{4}=4$에서 $b=16$

$\therefore\ \text{C}(11,16)$

(ii) 점 A가 선분 BC를 $1:4$로 내분하는 점인 경우

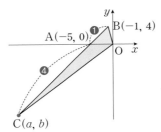

$\left(\dfrac{1\times a+4\times(-1)}{1+4},\ \dfrac{1\times b+4\times4}{1+4}\right)$, 즉 $\left(\dfrac{a-4}{5},\ \dfrac{b+16}{5}\right)$

이 점이 A$(-5,0)$과 일치하므로

$\dfrac{a-4}{5}=-5$, $a-4=-25$에서 $a=-21$

$\dfrac{b+16}{5}=0$에서 $b=-16$

$\therefore\ \text{C}(-21,-16)$

STEP Ⓒ $b-a$의 값 구하기

(i), (ii)에 의하여 점 C의 좌표는 C$(11,16)$ 또는 C$(-21,-16)$
그런데 $a>0$이므로 $a=11$, $b=16$

따라서 $b-a=16-11=5$

---

22 정답 25

STEP Ⓐ 길이의 비를 이용하여 점 P와 점 Q의 자취 방정식 구하기

(i) 점 P가 나타내는 도형의 방정식

두 점 A$(-2,0)$, B$(3,0)$에 대하여 점 P의 좌표를 (x,y)라 하자.

이때 $\overline{AP}:\overline{BP}=3:2$이므로

$2\overline{AP}=3\overline{BP}$에서 $4\overline{AP}^2=9\overline{BP}^2$

즉 $4\{(x+2)^2+y^2\}=9\{(x-3)^2+y^2\}$, $x^2+y^2-14x+13=0$

$\therefore\ (x-7)^2+y^2=36$

점 P가 나타내는 도형은 중심의 좌표가 $(7,0)$이고 반지름의 길이가
6인 원이다.

(ii) 점 Q가 나타내는 도형의 방정식

두 점 A$(-2,0)$, B$(3,0)$에 대하여 점 Q의 좌표를 (x,y)라 하자.

이때 $\overline{AQ}:\overline{BQ}=2:3$이므로

$3\overline{AQ}=2\overline{BQ}$에서 $9\overline{AQ}^2=4\overline{BQ}^2$

즉 $9\{(x+2)^2+y^2\}=4\{(x-3)^2+y^2\}$, $x^2+y^2+12x=0$

$\therefore\ (x+6)^2+y^2=36$

점 Q가 나타내는 도형은 중심의 좌표가 $(-6,0)$이고 반지름의 길이가
6인 원이다.

STEP Ⓑ 선분 CD의 길이의 최댓값 구하기

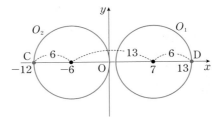

(i), (ii)에서 선분 CD의 길이가 최대가 되려면 그림과 같이 두 점 C, D와
두 원의 중심이 일직선에 위치하고 두 원의 중심이 모두 선분 CD 위에 있어야
한다.

따라서 선분 CD의 길이의 최댓값은 두 원의 중심 사이의 거리와 두 원의 반지
름의 길이의 합과 같으므로 구하는 값은 $\{7-(-6)\}+(6+6)=25$

---

23 정답 15

STEP Ⓐ 두 점 A, B를 지나는 직선에 평행한 접선의 방정식 구하기

원 $x^2+y^2=25$ 위의 점 C에서의 접선이 직선 AB와 평행할 때,
삼각형 ABC의 넓이가 최대이다.

두 점 A$(0,5)$, B$(4,3)$을 지나는 직선 AB의 기울기는 $\dfrac{3-5}{4-0}=-\dfrac{1}{2}$이므로

이 직선과 평행한 직선의 기울기는 $-\dfrac{1}{2}$

이때 원 $x^2+y^2=25$에 접하고 기울기가 $-\dfrac{1}{2}$인 접선의 방정식은

$y=-\dfrac{1}{2}x\pm5\sqrt{\left(-\dfrac{1}{2}\right)^2+1}$, 즉 $x+2y\pm5\sqrt{5}=0$

> **+α** (원의 중심에서 직선 사이의 거리)$=$(원의 반지름의 길이)임을 이용하여
> 구할 수 있어!
>
> 두 점 A$(0,5)$, B$(4,3)$을 지나는 직선 AB의 기울기는 $\dfrac{3-5}{4-0}=-\dfrac{1}{2}$이므로
>
> 이 직선과 평행한 직선의 방정식을 $y=-\dfrac{1}{2}x+k$라 하자.
>
> 원의 중심 $(0,0)$과 직선 $x+2y-2k=0$ 사이의 거리가 반지름의 길이 5와 같으므로
>
> $\dfrac{|-2k|}{\sqrt{1^2+2^2}}=5$ $\therefore\ 2k=\pm5\sqrt{5}$
>
> 이때 접선의 방정식은 $x+2y\pm5\sqrt{5}=0$

선분 AB 위의 점에서 직선 $x+2y+5\sqrt{5}=0$ 사이의 거리를 이용하여 삼각형 ABC의 높이의 최댓값 구하기

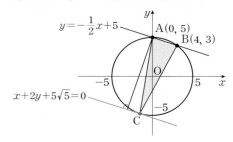

삼각형 ABC의 넓이가 최대가 되기 위해서는 위의 그림과 같이
점 C를 지나는 접선의 방정식은 $x+2y+5\sqrt{5}=0$
삼각형 ABC에서 밑변 AB의 길이가 일정하므로
점 C와 직선 AB 사이의 거리가 최대일 때,
삼각형 ABC의 넓이는 최대가 된다.
점 A(0, 5)와 직선 $x+2y+5\sqrt{5}=0$사이의 거리, 즉 삼각형 ABC의 높이 h는

$$h=\frac{|0+2\times5+5\sqrt{5}|}{\sqrt{1^2+2^2}}=\frac{10+5\sqrt{5}}{\sqrt{5}}=5+2\sqrt{5}$$

두 점 A(0, 5), B(4, 3)에 대하여 $\overline{AB}=\sqrt{(4-0)^2+(3-5)^2}=2\sqrt{5}$

STEP C 삼각형 ABC의 넓이의 최댓값 구하기

삼각형 ABC의 넓이의 최댓값은
$$\frac{1}{2}\times\overline{AB}\times h=\frac{1}{2}\times2\sqrt{5}\times(5+2\sqrt{5})=10+5\sqrt{5}$$
따라서 $a=10$, $b=5$이므로 $a+b=15$

다른풀이 점과 직선 사이의 거리 공식을 이용하여 높이의 최댓값으로 풀이하기

STEP A 삼각형 ABC의 높이가 최대가 되기 위한 조건 구하기

삼각형 ABC에서 밑변의 길이를 선분 AB라 하면
두 점 A(0, 5), B(4, 3)에 대하여
$\overline{AB}=\sqrt{(4-0)^2+(3-5)^2}=2\sqrt{5}$
이때 삼각형의 넓이가 최대가 되기 위해서는 점 C에서
선분 AB에 내린 수선의 발의 길이가 최대이면 된다.
즉 점 C에서 원의 중심을 지나고
선분 AB에 내린 수선의 발이 높이의 최댓값이다.

STEP B 삼각형 ABC의 넓이의 최댓값 구하기

두 점 A(0, 5), B(4, 3)를 지나는 직선 AB의 방정식은
$y-5=\dfrac{3-5}{4-0}(x-0)$, 즉 $x+2y-10=0$
원 $x^2+y^2=25$의 중심 (0, 0)에서 직선 $x+2y-10=0$ 사이의 거리는

$$\frac{|-10|}{\sqrt{1^2+2^2}}=\frac{10}{\sqrt{5}}=2\sqrt{5}$$

이때 삼각형 ABC의 높이의 최댓값은
(원의 중심에서 직선 AB 사이의 거리)+(반지름의 길이)$=2\sqrt{5}+5$
삼각형 ABC의 넓이의 최댓값은 $\dfrac{1}{2}\times2\sqrt{5}\times(2\sqrt{5}+5)=10+5\sqrt{5}$
따라서 $a=10$, $b=5$이므로 $a+b=15$

24

1단계	주어진 조건을 집합으로 나타내고 원소의 개수를 구한다.	1점

고등학교 학생의 집합을 전체집합 U,
성수 카페거리를 방문한 적이 있는 학생의 집합을 A,
홍대 카페거리를 방문한 적이 있는 학생의 집합을 B라 하자.
주어진 조건에 의하여 $n(U)=200$, $n(A)=128$, $n(A^c \cap B^c)=36$

2단계	홍대 카페거리를 방문한 적이 있는 학생 수의 최댓값 M, 최솟값 m의 값을 구한다.	2점

$n(A\cup B)=n(U)-n(A^c \cap B^c)=200-36=164$이고
$n(B-A)=n(A\cup B)-n(A)=164-128=36$
이때 $n(A\cap B)\leq n(A)$에서 $0\leq n(A\cap B)\leq128$이고
$n(B)=n(B-A)+n(A\cap B)=36+n(A\cap B)$이므로
$36\leq36+n(A\cap B)\leq164$
$\therefore 36\leq n(B)\leq164$
이때 $n(B)$의 최댓값 $M=164$, 최솟값 $m=36$

3단계	$M+m$의 값을 구한다.	1점

따라서 $M+m=200$

25

1단계	두 직선 사이의 거리를 이용하여 선분 AB의 길이를 구한다.	2점

선분 AB의 길이는 두 직선
$y=x+5$, $y=x-1$ 사이의 거리와 같다.
즉 직선 $y=x+5$ 위의 점 (0, 5)와
직선 $x-y-1=0$ 사이의 거리는
선분 AB의 길이와 같으므로
$$\overline{AB}=\frac{|0-1\times5-1|}{\sqrt{1^2+(-1)^2}}=\frac{6}{\sqrt{2}}=3\sqrt{2}$$

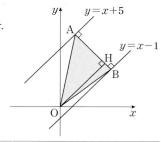

+α 평행한 두 직선 사이의 거리 공식을 이용하여 구할 수 있어!

평행한 두 직선 $x-y+5=0$, $x-y-1=0$ 사이의 거리는
선분 AB의 길이와 같으므로 $\overline{AB}=\dfrac{|5-(-1)|}{\sqrt{1^2+(-1)^2}}=\dfrac{6}{\sqrt{2}}=3\sqrt{2}$

2단계	삼각형 OBA의 넓이를 이용하여 선분 OH의 길이를 구한다.	1점

원점 O(0, 0)에서 선분 AB에 내린 수선의 발을 H라 하자.
삼각형 OBA의 넓이가 6이므로
$\dfrac{1}{2}\times\overline{AB}\times\overline{OH}=6$, $\dfrac{3\sqrt{2}}{2}\times\overline{OH}=6$
$\therefore \overline{OH}=2\sqrt{2}$ ...... ㉠

3단계	직선 AB의 방정식을 구한다.	2점

직선 $y=x+5$의 기울기는 1이므로
이 직선과 수직인 직선 AB의 기울기는 -1
즉 직선 AB의 방정식을 $y=-x+k$로 놓을 수 있다.
이때 원점 O(0, 0)과 직선 $y=-x+k$, 즉 $x+y-k=0$ 사이는
선분 OH의 길이와 같으므로 $\overline{OH}=\dfrac{|-k|}{\sqrt{1^2+1^2}}=\dfrac{|-k|}{\sqrt{2}}$
㉠에 의하여 $\dfrac{|-k|}{\sqrt{2}}=2\sqrt{2}$, $|-k|=4$
그런데 두 점 A, B는 제 1사분면 위의 점이므로 $k>0$ $\therefore k=4$
즉 직선 AB의 방정식은 $x+y-4=0$
따라서 $a=1$, $b=-4$이므로 $a+b=-3$

2학기 기말고사 모의평가 01

MAPL; SYNERGY

01	④	02	⑤	03	①	04	②	05	④
06	③	07	④	08	④	09	⑤	10	④
11	④	12	⑤	13	③	14	③	15	②
16	④	17	③	18	②	19	④	20	①

주관식 및 서술형				
21	8	22	100	23	27
24	해설참조		25	해설참조	

01
정답 ④

STEP A **진리집합을 벤 다이어그램으로 나타내어 옳은 것을 찾기**

두 조건 p, q의 진리집합이 P, Q이므로
명제 $\sim p \longrightarrow q$가 참이면
$P^c \subset Q$이 성립한다.
이를 벤 다이어그램으로 나타내면
오른쪽 그림과 같다.

① $P \not\subset Q$
② $Q^c \not\subset P^c$
③ $P \cap Q^c = Q^c$
　$P^c \subset Q$이므로 $Q^c \subset P$
④ $P^c \cup Q = Q$ [참]
⑤ $P^c - Q = \varnothing$
따라서 옳은 것은 ④이다.

02
정답 ⑤

STEP A **x축에 수직인 직선을 이용하여 함수의 그래프 이해하기**

 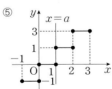

①, ②, ③, ④ 임의의 실수 a에 대하여 직선 $x=a$와 그래프가 오직 한 점에서
　만나므로 함수의 그래프이다.
⑤ 실수 a에 대하여 직선 $x=a$와 그래프가 두 점에서 만나므로
　함수의 그래프가 아니다.
따라서 함수의 그래프가 아닌 것은 ⑤이다.

+α **함수의 그래프를 파악할 수 있어!**

> 함수는 두 집합 X, Y에서 집합 X의 각 원소 a에 대하여 집합 Y의 원소가 하나씩
> 대응한다. 즉 그래프에서 함수를 파악하는 방법은 x축에 수직인 직선을 그어서 교점이
> 1개인지 확인하는 것이다.

03
정답 ①

STEP A **함수식에 점 $(-1, 2)$를 대입하여 a, b의 관계식 구하기**

함수 $y = \dfrac{ax+b}{x-1}$의 그래프가 점 $(-1, 2)$를 지나므로 대입하면
$2 = \dfrac{-a+b}{-2}$이므로 $-a+b = -4$ …… ㉠

STEP B **함수식에 점 $(2, -1)$을 대입하여 a, b의 값 구하기**

함수 $y = \dfrac{ax+b}{x-1}$의 역함수의 그래프가 점 $(-1, 2)$를 지나므로

함수 $y = \dfrac{ax+b}{x-1}$의 그래프는 점 $(2, -1)$을 지난다.
　　　　　　함수 $y = f(x)$의 역함수가 존재할 때, $f(a) = b$이면 $f^{-1}(b) = a$

$2a + b = -1$ …… ㉡
㉠, ㉡을 연립하여 풀면 $a = 1$, $b = -3$
따라서 $a + b = 1 + (-3) = -2$

+α **역함수를 직접 구해서 대입할 수 있어!**

> $y = \dfrac{ax+b}{x-1}$의 역함수는 $y = \dfrac{x+b}{x-a}$이고 점 $(-1, 2)$를 대입하면
> $2 = \dfrac{-1+b}{-1-a}$, $-2-2a = -1+b$ ∴ $2a+b = -1$

04
정답 ②

STEP A **역함수의 성질을 이용하여 $f^{-1}(4)$의 값 구하기**

주어진 그림에서 $f(2) = 3$, $f(5) = 4$이다.
$f^{-1}(4) = a$라 하면 $f(a) = 4$이므로
$f(a) = b$이면 역함수 $f^{-1}(b) = a$
$a = 5$ ∴ $f^{-1}(4) = 5$
따라서 $f(2) + f^{-1}(4) = 3 + 5 = 8$

05
정답 ④

STEP A **주어진 명제가 참이 되도록 하는 k의 값의 범위 구하기**

주어진 명제가 참이 되려면 조건 $2x^2 - 2kx + 3k > 0$의 진리집합이
실수 전체의 집합이어야 하므로 이차방정식 $2x^2 - 2kx + 3k = 0$의 판별식을
D라 하면 $D < 0$
　　　　이차방정식이 실근을 갖지 않는다.
즉 $\dfrac{D}{4} = (-k)^2 - 2 \times 3k < 0$, $k(k-6) < 0$
즉 $0 < k < 6$일 때, 주어진 명제는 참이다.

STEP B **주어진 명제가 거짓이 되도록 하는 자연수 k의 최솟값 구하기**

따라서 주어진 명제가 거짓이 되려면 $k \le 0$ 또는 $k \ge 6$이므로 구하는
　　　　참이 되는 k의 범위의 반대를 구하도록 한다.
자연수 k의 최솟값은 6

+α **명제의 부정을 이용해서 구할 수 있어!**

> 명제 '모든 실수 x에 대하여 $2x^2 - 2kx + 3k > 0$이다.'가 거짓이므로
> '어떤 실수 x에 대하여 $2x^2 - 2kx + 3k \le 0$인 원소 x가 존재하면 된다.
> 즉 이차방정식 $2x^2 - 2kx + 3k = 0$에서 판별식을 D라 하면
> 중근 또는 서로 다른 두 실근을 가져야 하므로 $D \ge 0$
> $\dfrac{D}{4} = k^2 - 6k \ge 0$, $k(k-6) \ge 0$ ∴ $k \ge 6$ 또는 $k \le 0$

06
정답 ③

STEP A 정의역을 이용하여 a의 값 구하기

무리함수 $f(x)=-\sqrt{ax-4}+2$에서 정의역은 근호 안의 식 $ax-4\ge0$이다.

(i) $a>0$일 때,

$ax-4\ge0$에서 $ax\ge4$, $a>0$이므로 양변을 a로 나누어주면 $x\ge\dfrac{4}{a}$

이때 $x\le-2$와 부등호가 맞지 않으므로 조건을 만족시키지 않는다.

(ii) $a<0$일 때,

$ax-4\ge0$에서 $ax\ge4$, $a<0$이므로 양변을 a로 나누어주면 $x\le\dfrac{4}{a}$

이때 $x\le-2$와 일치하므로 $\dfrac{4}{a}=-2$ ∴ $a=-2$

(i), (ii)에 의하여 $a=-2$

STEP B 치역을 이용하여 b의 값 구하기

함수 $f(x)=-\sqrt{-2x-4}+2$이므로 치역은 $\{y|y\le2\}$ ∴ $b=2$

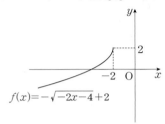

STEP C $f(a-b)$의 값 구하기

따라서 $a=-2$, $b=2$이므로 $\underbrace{f(a-b)=f(-4)=-\sqrt{8-4}+2}_{f(x)=-\sqrt{-2x-4}+2}=-\sqrt{4}+2=0$

07
정답 ④

STEP A 216을 소인수분해하여 조건 (나)를 이용하여 나타내기

조건 (가)에서 p가 소수이면 $f(p)=2p$이므로 216을 소인수분해하여
소수의 형태로 나타내야 한다.
$216=2^3\times3^3$
이때 조건 (나)에 의하여 $f(216)=f(2^3\times3^3)=f(2^3)+f(3^3)$

STEP B 두 조건 (가), (나)를 이용하여 $f(216)$의 값 구하기

(i) $f(2^3)$의 값

$\begin{aligned}f(2^3)&=f(2\times2^2)=f(2)+f(2^2)\\&=f(2)+f(2\times2)\\&=f(2)+\{f(2)+f(2)\}\\&=3f(2)\end{aligned}$

조건 (가)에서 p가 소수일 때 $f(p)=2p$이므로 $f(2)=4$

∴ $f(2^3)=3f(2)=3\times4=12$

(ii) $f(3^3)$의 값

$\begin{aligned}f(3^3)&=f(3\times3^2)=f(3)+f(3^2)\\&=f(3)+f(3\times3)\\&=f(3)+\{f(3)+f(3)\}\\&=3f(3)\end{aligned}$

조건 (가)에서 p가 소수일 때 $f(p)=2p$이므로 $f(3)=6$

∴ $f(3^3)=3f(3)=3\times6=18$

따라서 $f(2^3\times3^3)=f(2^3)+f(3^3)=3f(2)+3f(3)=12+18=30$

08
정답 ④

STEP A 유리함수의 식을 변형하고 점근선의 방정식 구하기

$y=\dfrac{4x+a}{x-1}=\dfrac{4(x-1)+4+a}{x-1}=\dfrac{4+a}{x-1}+4$ ← $4+a$의 부호에 따라서 그래프의 위치가 결정된다.

유리함수 $y=\dfrac{4x+a}{x-1}$의 그래프는 함수 $y=\dfrac{4+a}{x-1}$의 그래프를

x축의 방향으로 1만큼, y축의 방향으로 4만큼 평행이동한 것이다.

이때 점근선의 방정식은 $x=1$, $y=4$

STEP B 그래프가 모든 사분면을 지나도록 하는 k의 범위 구하기

(i) $4+a>0$일 때,

$4+a>0$일 때, 그래프는 다음과 같고 모든 사분면을 지나기 위해서
$x=0$을 대입하면 $y<0$이어야 한다.

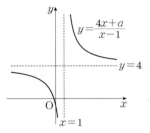

$\dfrac{4\times0+a}{0-1}=-a$이므로 $-a<0$ ∴ $a>0$

즉 $4+a>0$, $a>0$이므로 공통된 범위를 구하면 $a>0$

(ii) $4+a<0$일 때,

$4+a<0$일 때, 그래프는 다음과 같다.

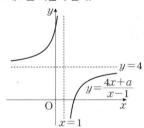

이때 제3사분면은 지날 수 없으므로 모든 사분면을 지날 수 없다.

(i), (ii)에 의하여 $a>0$이고 정수 a의 최솟값은 1

09
정답 ⑤

STEP A 함수 $y=f(x)$의 그래프를 이용하여 a, b, c의 값 구하기

함수 $f(x)=x^2-4x+6$에서 $f(x)=(x-2)^2+2$이므로
꼭짓점의 좌표는 $(2, 2)$이고 그래프는 다음과 같다.

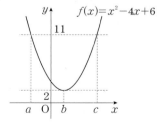

$x^2-4x+6=2$일 때, $x^2-4x+4=0$, $(x-2)^2=0$

∴ $x=2$

$x^2-4x+6=11$에서 $x^2-4x-5=0$, $(x+1)(x-5)=0$

∴ $x=-1$ 또는 $x=5$

따라서 $a=-1$, $b=2$, $c=5$이므로 $a-b+c=-1-2+5=2$

10
정답 ④

STEP B 두 조건의 진리집합 구하기

두 조건 p, q의 진리집합을 각각 P, Q라 하면
$P=\{x\,|\,x\geq a\}$, $Q=\{x\,|\,1\leq x\leq 3$ 또는 $x\geq 7\}$

STEP B $P\subset Q$가 되도록 하는 a의 범위 구하기

명제 $p\longrightarrow q$가 참이므로 $P\subset Q$가 되도록 수직선 위에 나타내면 다음과 같다.

$\therefore a\geq 7$
따라서 a의 최솟값은 7

11
정답 ④

STEP A 조건을 이용하여 $f(2)$, $f(3)$, $f(4)$의 값 구하기

주어진 조건에서 $f(1)=4$이고 함수 f는 일대일대응이다.
또한, 집합 $X=\{1,\ 2,\ 3,\ 4\}$의 원소 x가 짝수일 때 $f(x)=ax^2$(a는 상수)
$x=2$일 때, $f(2)=4a$
$x=4$일 때, $f(4)=16a$
이때 $f(4)=4f(2)$이므로 집합 $Y=\{1,\ 2,\ 4,\ 8\}$에서
　　$f(4)=4$일 때, $f(2)=1$(일대일대응이 아니다.)
　　$f(4)=8$일 때, $f(2)=2$
　　이때 $f(1)=4$이므로 $f(4)=8$일 때, $f(2)=2$
$f(4)=8$이라 하면 $f(2)=2$ $\therefore a=\dfrac{1}{2}$
일대일대응이므로 $f(3)=1$
$\therefore f(1)=4,\ f(2)=2,\ f(3)=1,\ f(4)=8$

STEP B $f(4)+f^{-1}(1)$의 값 구하기

$f^{-1}(1)=k$라 하면 역함수의 성질에 의하여 $f(k)=1$ $\therefore k=3$
　　$f(a)=b$이면 $f^{-1}(b)=a$
따라서 $f(4)+f^{-1}(1)=8+3=11$

12
정답 ⑤

STEP A $f(x)=\dfrac{2x+k}{x+3}$의 그래프를 평행이동한 그래프의 식 구하기

$f(x)=\dfrac{2x+k}{x+3}=\dfrac{2(x+3)-6+k}{x+3}=\dfrac{-6+k}{x+3}+2$
이므로 점근선의 방정식은 $x=-3$, $y=2$
곡선 $y=f(x)$의 그래프를 x축의 방향으로 -1만큼, y축의 방향으로 2만큼
　　x 대신 $x+1$, y 대신 $y-2$를 대입한다.
평행이동한 그래프 식은 $y-2=\dfrac{-6+k}{(x+1)+3}+2$
$\therefore g(x)=\dfrac{-6+k}{x+4}+4$

STEP B $y=g(x)$의 그래프의 점근선의 교점의 좌표 구하기

곡선 $g(x)=\dfrac{-6+k}{x+4}+4$의 점근선의 방정식은 $x=-4$, $y=4$이므로
두 점근선의 교점의 좌표는 $(-4,\ 4)$

STEP C 두 점근선의 교점을 $y=f(x)$에 대입하여 k의 값 구하기

점 $(-4,\ 4)$가 곡선 $f(x)=\dfrac{2x+k}{x+3}$ 위의 점이므로
$f(-4)=\dfrac{2\times(-4)+k}{-4+3}=\dfrac{-8+k}{-1}=4$
따라서 $k=4$

---

mini 해설 | 점근선의 교점을 평행이동하여 풀이하기

$f(x)=\dfrac{2x+k}{x+3}=\dfrac{2(x+3)-6+k}{x+3}=\dfrac{-6+k}{x+3}+2$에서
점근선의 방정식이 $x=-3$, $y=2$이므로 두 점근선의 교점의 좌표는 $(-3,\ 2)$
이때 이 점근선의 교점을 x축의 방향으로 -1만큼, y축의 방향으로 2만큼 평행이동하면
$(-4,\ 4)$이고 이것은 유리함수 $y=g(x)$의 두 점근선의 교점이다.
이때 점 $(-4,\ 4)$는 곡선 $y=f(x)$ 위의 점이므로 $f(-4)=\dfrac{-6+k}{-4+3}+2=4$
따라서 $k=4$

13
정답 ③

STEP B 명제를 이용하여 충분, 필요조건 판별하기

ㄱ. p : $|a|\leq 3$에서 $-3\leq a\leq 3$
　q : $0\leq a\leq 2$
　$\therefore p\Longleftarrow q$이므로 p는 q이기 위한 필요조건이다.

ㄴ. p : $a>1$이고 $b>1$
　q : $a+b>1$
　$\therefore p\Longrightarrow q$이므로 p는 q이기 위한 충분조건이다.

ㄷ. p : $a^2+b^2=0$에서 $a=b=0$
　q : $|a|+|b|=0$에서 $a=b=0$
　$\therefore p\Longleftrightarrow q$이므로 p는 q이기 위한 필요충분조건이다.

ㄹ. p : $|a|+|b|=|a+b|$ 에서 양변을 제곱하면
　$|a|^2+2|a|\,|b|+|b|^2=a^2+2ab+b^2$, $a^2+2|ab|+b^2=a^2+2ab+b^2$
　$|ab|=ab$이므로 $ab\geq 0$
　　$ab\geq 0$이면 ($a\geq 0$ 또는 $b\geq 0$) 또는 ($a\leq 0$ 또는 $b\leq 0$)이다.
　q : $a\geq 0$이고 $b\geq 0$
　$\therefore p\Longleftarrow q$이므로 p는 q이기 위한 필요조건이다.
따라서 p가 q이기 위한 필요조건인 것은 ㄱ, ㄹ이다.

14
정답 ③

STEP A 함수 g를 이용하여 함수 f의 함숫값 구하기

조건 (나)에서 $(g\circ f)(3)=2$, $g(f(3))=2$
이때 조건 (가)에서 $g(4)=2$이므로 $f(3)=4$
또한, 함수 g가 X에서 X로의 일대일대응이므로
$g(3)=4$, $g(4)=2$이므로 $g(1)=1$, $g(2)=3$이거나 $g(1)=3$, $g(2)=1$이다.
(ⅰ) $g(1)=1$, $g(2)=3$일 때, 조건 (나)에서 $(g\circ f)(2)=3$, $g(f(2))=3$
　　이때 $g(2)=3$이므로 $f(2)=2$
　　조건 (가)에서 $f(1)=2$이므로 일대일대응을 만족시키지 않는다.
(ⅱ) $g(1)=3$, $g(2)=1$일 때, 조건 (나)에서 $(g\circ f)(2)=3$, $g(f(2))=3$
　　이때 $g(1)=3$이므로 $f(2)=1$
　　조건 (가)에서 $f(1)=2$이고 $f(2)=1$, $f(3)=4$이므로 $f(4)=3$이면
　　일대일대응을 만족시킨다.
(ⅰ), (ⅱ)에 의하여 $f(1)=2$, $f(2)=1$, $f(3)=4$, $f(4)=3$

STEP B $(g\circ f)(2)+(f\circ g)(2)$의 값 구하기

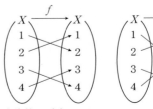

$(g\circ f)(2)=g(f(2))=g(1)=3$
$(f\circ g)(2)=f(g(2))=f(1)=2$
따라서 $(g\circ f)(2)+(f\circ g)(2)=3+2=5$

15
정답 ②

STEP Ⓐ 역함수의 성질을 이용하여 상수 a의 값 구하기

두 함수 $f(x)=\sqrt{2x+1}+a$와 $g(x)$에 대하여 $(f\circ g)(x)=x$이므로
함수 $g(x)$는 $f(x)$의 역함수이다.
이때 $g(2)=4$이므로 역함수의 성질에 의하여 $f(4)=2$
즉 $f(4)=\sqrt{2\times4+1}+a=2$, $\sqrt{9}+a=2$
$\therefore a=-1$

STEP Ⓑ $(g\circ g)(2)$의 값 구하기

$a=-1$이므로 $f(x)=\sqrt{2x+1}-1$이고 함수 $g(x)$는 $f(x)$의 역함수이므로
무리함수의 치역이 $\{y|y\geq-1\}$이므로
역함수의 정의역은 $\{x|x\geq-1\}$
$y=\sqrt{2x+1}-1$에서 $y+1=\sqrt{2x+1}$
양변을 제곱하면 $(y+1)^2=2x+1$, $x=\dfrac{1}{2}(y+1)^2-\dfrac{1}{2}$
x, y의 자리를 바꾸면 $y=\dfrac{1}{2}(x+1)^2-\dfrac{1}{2}$
$\therefore g(x)=\dfrac{1}{2}(x+1)^2-\dfrac{1}{2}$ $(x\geq-1)$
$g(2)=\dfrac{1}{2}(2+1)^2-\dfrac{1}{2}=\dfrac{9}{2}-\dfrac{1}{2}=4$, $g(4)=\dfrac{1}{2}(4+1)^2-\dfrac{1}{2}=\dfrac{25}{2}-\dfrac{1}{2}=12$
따라서 $(g\circ g)(2)=g(g(2))=g(4)=12$

> **+α** 역함수의 성질을 이용하여 구할 수 있어!
>
> $(f\circ g)(x)=x$에서 $g(x)$는 $f(x)$의 역함수이므로 $g(2)=4$에서 $f(4)=2$
> $f(4)=\sqrt{2\times4+1}+a=2$이므로 $a=-1$ $\therefore f(x)=\sqrt{2x+1}-1$
> $(g\circ g)(2)=g(g(2))$
> 이때 $g(2)=4$이므로 $g(g(2))=g(4)$
> $g(4)=k$라 하면 역함수의 성질에 의하여 $f(k)=4$
> $f(k)=\sqrt{2k+1}-1=4$, $\sqrt{2k+1}=5$, $2k+1=25$ $\therefore k=12$
> 따라서 $(g\circ g)(2)=g(g(2))=g(4)=12$

16
정답 ④

STEP Ⓐ 실수 전체의 집합에서 일대일대응임을 이용하여 b의 값 구하기

실수 전체의 집합에서 정의된 함수이고 일대일대응이므로
치역도 실수 전체를 가져야 한다.
이때 $x=0$일 때 각각의 함숫값이 같아야 한다.
즉 $(a+4)\times0+1=(3-a)\times0+b$ $\therefore b=1$

STEP Ⓑ 기울기의 부호가 같음을 이용하여 a의 값의 합 구하기

실수 전체의 집합에서 일대일대응이 되기 위해서 함수 $y=f(x)$는
실수 전체의 집합에서 증가 또는 감소해야 한다.

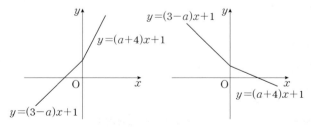

이때 두 직선의 기울기의 부호가 같아야 하므로 $(a+4)(3-a)>0$
$(a+4)(a-3)<0$ $\therefore -4<a<3$
즉 정수 a의 값은 -3, -2, -1, 0, 1, 2이므로 합은 $S=-3$

STEP Ⓒ $b-S$의 값 구하기

따라서 $b=1$, $S=-3$이므로 $b-S=1-(-3)=4$

17
정답 ③

STEP Ⓑ 주어진 그래프를 이용하여 유리함수의 식을 세우기

구하는 유리함수는 점근선의 방정식이 $x=-2$, $y=4$이므로
$y=\dfrac{k}{x+2}+4(k\neq0)$으로 놓을 수 있다.
이때 $y=\dfrac{k}{x+2}+4$의 그래프는 $\left(0,\ \dfrac{1}{2}\right)$을 지나므로 $\dfrac{1}{2}=\dfrac{k}{2}+4$
$\therefore k=-7$
즉 $y=\dfrac{-7}{x+2}+4=\dfrac{4x+1}{x+2}$ 이므로 $a=2$, $b=4$, $c=1$

STEP Ⓑ $y=\sqrt{ax+b}+c$의 그래프 그리기

$y=\sqrt{ax+b}+c=\sqrt{2x+4}+1$
$\qquad\qquad\qquad=\sqrt{2(x+2)}+1$
의 그래프는 $y=\sqrt{2x}$의 그래프를 x축의
방향으로 -2만큼, y축의 방향으로 1만큼
평행이동한 것이므로 오른쪽 그림과 같다.

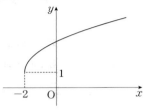

18
정답 ②

STEP Ⓐ 두 함수 $f(x)$, $g(x)$를 이용하여 $y=g(f(x))$ 구하기

$f(x)=|x|=\begin{cases} x & (x\geq0) \\ -x & (x<0) \end{cases}$

$x\geq0$일 때, $g(f(x))=g(x)=-2x+1$
$x<0$일 때, $g(f(x))=g(-x)=2x+1$
즉 $g(f(x))=\begin{cases} -2x+1 & (x\geq0) \\ 2x+1 & (x<0) \end{cases}$
따라서 $y=(g\circ f)(x)$의 그래프는 ②이다.

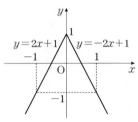

19
정답 ④

STEP Ⓐ 공역이 실수 전체임을 이용하여 a의 값 구하기

함수 $f(x)$의 역함수가 존재하므로 일대일대응이고 공역과 치역이 같다.
이때 공역이 실수 전체의 집합이므로 치역도 실수 전체이다.
즉 $x=3$에서 각각의 함숫값이 같고 연속이어야만 치역이 실수 전체가 된다.
끊어진 부분이 없어야 한다.
$3+2=3^2-6\times3+a$, $5=-9+a$ $\therefore a=14$

STEP Ⓑ 그래프를 이용하여 b의 값 구하기

함수 $f(x)=\begin{cases} x+2 & (x<3) \\ x^2-6x+14 & (x\geq3) \end{cases}$의 그래프는 다음과 같다.

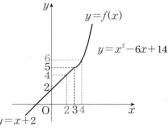

$g(6)=p$ (p는 실수)라 하면 역함수의 성질에 의하여 $f(p)=6$
이때 $y=6$과 대응하는 점은 $y=x^2-6x+14$ 위의 점이므로
$p^2-6p+14=6$, $p^2-6p+8=0$, $(p-2)(p-4)=0$ $\therefore p=2$ 또는 $p=4$
$x\geq3$이어야 하므로 $p=4$ $\therefore g(6)=4$
즉 $(g\circ g)(6)=g(g(6))=g(4)$
또한, $g(4)=q$ (q는 실수)라 하면 역함수의 성질에 의하여 $f(q)=4$

이때 $y=4$와 대응하는 점은 $y=x+2$ 위의 점이므로

$q+2=4$ ∴ $q=2$ ∴ $g(4)=2$

$(g \circ g)(6)=g(g(6))=g(4)=2$이므로 $b=2$

+α | 구간을 나누어 p의 값을 구할 수 있어!

$g(6)=p$라 하면 역함수의 성질에 의하여 $f(p)=6$

(ⅰ) $p \geq 3$일 때,

$f(p)=p^2-6p+14=6$, $p^2-6p+8=0$, $(p-2)(p-4)=0$

즉 $p \geq 3$이므로 $p=4$

(ⅱ) $p < 3$일 때,

$f(p)=p+2=6$ ∴ $p=4$

이때 $p < 3$을 만족시키지 않는다.

(ⅰ), (ⅱ)에 의하여 $p=4$이므로 $g(6)=4$

+α | 구간을 나누어 q의 값을 구할 수 있어!

$g(4)=q$라 하면 역함수의 성질에 의하여 $f(q)=4$

(ⅰ) $q \geq 3$일 때,

$f(q)=q^2-6q+14=4$, $q^2-6q+10=0$

이때 판별식을 D라 하면 $\dfrac{D}{4}=3^2-10 < 0$이므로 실수 p의 값이 존재하지 않는다.

(ⅱ) $q < 3$일 때,

$f(q)=q+2=4$ ∴ $q=2$

(ⅰ), (ⅱ)에 의하여 $q=2$이므로 $g(4)=2$

STEP ⓒ ab의 값 구하기

따라서 $a=14$, $b=2$이므로 $ab=28$

20

정답 ①

STEP Ⓐ $f(f(x))=0$의 근의 개수가 3이 되기 위한 조건 구하기

방정식 $f(x)=0$의 두 근이 $x=-1$ 또는 $x=5$

즉 $f(-1)=0$, $f(5)=0$

이때 방정식 $(f \circ f)(x)=f(f(x))=0$일 때 $f(x)=-1$ 또는 $f(x)=5$

$f(-1)=0$, $f(5)=0$이므로 $f(f(x))=0$일 때,
$f(x)=-1$ 또는 $f(x)=5$이면 된다.

방정식 $(f \circ f)(x)=0$을 만족시키는 서로 다른 실수 x의 개수가 3이므로

$f(x)=5$를 만족시키는 서로 다른 실수 x의 개수가 2이고

$f(x)=-1$을 만족시키는 서로 다른 실수 x의 개수는 1이어야 한다.

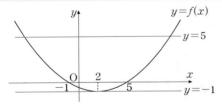

STEP Ⓑ 그래프를 이용하여 이차함수의 식 구하기

이차함수 $y=f(x)$의 그래프가 직선 $x=2$에 대하여 대칭이고

직선 $y=-1$과 접하므로 이 그래프의 꼭짓점의 좌표는 $(2, -1)$

$f(x)=a(x-2)^2-1(a > 0)$이라 하면 $f(-1)=0$이므로 대입하면

$9a-1=0$ ∴ $a=\dfrac{1}{9}$

즉 $f(x)=\dfrac{1}{9}(x-2)^2-1$

STEP ⓒ 방정식 $(f \circ f)(x)=0$을 만족시키는 서로 다른 세 실근의 곱 구하기

$f(x)=-1$일 때, $\dfrac{1}{9}(x-2)^2-1=-1$ ∴ $x=2$

$f(x)=5$일 때, $\dfrac{1}{9}(x-2)^2-1=5$, $(x-2)^2=54$, $x^2-4x-50=0$

이차방정식 $x^2-4x-50=0$에서 근과 계수의 관계에 의하여
두 근의 곱은 -50

따라서 서로 다른 세 실근의 곱은 $2 \times (-50)=-100$

21

정답 8

STEP Ⓐ $0 \leq x \leq a$에서 최댓값을 이용하여 k의 값 구하기

$y=\dfrac{k}{x+1}+3$에서

점근선의 방정식은 $x=-1$, $y=3$이고

그래프는 $k > 0$인 경우는 오른쪽 그림과 같다.

$0 \leq x \leq a$일 때, $x=0$에서 최댓값이

9이므로 $f(0)=k+3=9$

∴ $k=6$ ...... ㉠

STEP Ⓑ $0 \leq x \leq a$에서 최솟값을 이용하여 a의 값 구하기

$x=a$에서 최솟값이 5이므로 $f(a)=\dfrac{k}{a+1}+3=5$

㉠에서 $k=6$이므로 $\dfrac{6}{a+1}+3=5$ ∴ $a=2$

따라서 $k+a=6+2=8$

22

정답 100

STEP Ⓐ $f^n(x)$의 규칙성 추론하기

함수 $f(x)=\begin{cases} x+1 & (0 \leq x < 1) \\ x-1 & (1 \leq x \leq 2) \end{cases}$에서 $x=\dfrac{1}{2}$를 대입하면

$f\left(\dfrac{1}{2}\right)=\dfrac{1}{2}+1=\dfrac{3}{2}$ ← $0 \leq x < 1$일 때, $f(x)=x+1$

$f^2\left(\dfrac{1}{2}\right)=f\left(f\left(\dfrac{1}{2}\right)\right)=f\left(\dfrac{3}{2}\right)=\dfrac{3}{2}-1=\dfrac{1}{2}$ ← $1 \leq x \leq 2$일 때, $f(x)=x-1$

$f^3\left(\dfrac{1}{2}\right)=f\left(f^2\left(\dfrac{1}{2}\right)\right)=f\left(\dfrac{1}{2}\right)=\dfrac{1}{2}+1=\dfrac{3}{2}$

$f^4\left(\dfrac{1}{2}\right)=f\left(f^3\left(\dfrac{1}{2}\right)\right)=f\left(\dfrac{3}{2}\right)=\dfrac{3}{2}-1=\dfrac{1}{2}$

⋮

∴ $f^n\left(\dfrac{1}{2}\right)=\begin{cases} \dfrac{3}{2} & (n \text{은 홀수}) \\ \dfrac{1}{2} & (n \text{은 짝수}) \end{cases}$

STEP Ⓑ 주어진 식의 값 구하기

따라서 $f\left(\dfrac{1}{2}\right)+f^2\left(\dfrac{1}{2}\right)+f^3\left(\dfrac{1}{2}\right)+\cdots+f^{100}\left(\dfrac{1}{2}\right)=\dfrac{3}{2} \times 50+\dfrac{1}{2} \times 50$

$=75+25=100$

STEP Ⓐ **두 함수 $y=f(x)$, $y=g(x)$의 그래프를 그리고 둘러싸인 부분의 넓이 구하는 방법 이해하기**

함수 $y=f(x)$를 $y=x$에 대하여 대칭이동한 그래프가 역함수 $y=g(x)$이다.

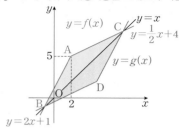

점 $A(2, 5)$이고 함수 $y=f(x)$에서 $y=2x+1$와 $y=x$의 교점을 B라 하면
$2x+1=x$ $\therefore B(-1, -1)$

$y=\frac{1}{2}x+4$와 $y=x$의 교점을 C라 하면 $\frac{1}{2}x+4=x$ $\therefore C(8, 8)$

또한, 점 A를 $y=x$에 대하여 대칭이동한 점을 D라 하면
두 함수 $y=f(x)$, $y=g(x)$로 둘러싸인 부분은 사각형 ABDC의 넓이를 구하면 된다.
이때 삼각형 ABC의 넓이와 삼각형 DCB의 넓이가 같으므로
(사각형 ABDC의 넓이)=(삼각형 ABC의 넓이)×2

STEP Ⓑ **삼각형 ABC의 넓이 구하기**

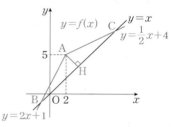

점 $A(2, 5)$에서 직선 $y=x$에 내린 수선의 발을 H라 하면

선분 AH의 길이는

$\overline{AH}=\dfrac{|2-5|}{\sqrt{1^2+(-1)^2}}=\dfrac{3}{\sqrt{2}}$

점 (x_1, y_1)에서 직선 $ax+by+c=0$까지의 거리는 $\frac{|ax_1+by_1+c|}{\sqrt{a^2+b^2}}$

선분 BC의 길이는 $\overline{BC}=\sqrt{\{8-(-1)\}^2+\{8-(-1)\}^2}=9\sqrt{2}$

삼각형 ABC의 넓이는 $\dfrac{1}{2}\times\overline{BC}\times\overline{AH}=\dfrac{1}{2}\times9\sqrt{2}\times\dfrac{3}{\sqrt{2}}=\dfrac{27}{2}$

STEP Ⓒ **두 함수 $y=f(x)$, $y=g(x)$로 둘러싸인 부분의 넓이 구하기**

따라서 (사각형 ABDC의 넓이)$=2\times\dfrac{27}{2}=27$

1단계 처음으로 잘못된 부분을 찾고 그 이유를 서술한다. 1점

잘못된 부분 ㉣

㉠의 등호가 성립할 때는 $2x=3y$이고

㉡의 등호가 성립할 때는 $\dfrac{2}{x}=\dfrac{3}{y}$에서 $3x=2y$이다.

이때 $2x=3y$이면서 $3x=2y$를 동시에 만족시키는 두 양수 x, y는 존재하지 않으므로 ㉣에서 최솟값은 24가 될 수 없다.

2단계 올바른 최솟값과 그 값을 구하는 과정을 서술한다. 2점

올바른 풀이

$(2x+3y)\left(\dfrac{2}{x}+\dfrac{3}{y}\right)=\dfrac{6x}{y}+\dfrac{6y}{x}+13$

$\geq 2\sqrt{\dfrac{6x}{y}\times\dfrac{6y}{x}}+13$

$=12+13=25$

즉 $(2x+y)\left(\dfrac{2}{x}+\dfrac{3}{y}\right)$의 최솟값은 25이다.

3단계 등호가 성립하는 경우도 서술한다. 1점

등호는 $\dfrac{6y}{x}=\dfrac{6x}{y}$, 즉 $x^2=y^2$에서 $x=y$일 때 성립한다. ($\because x>0, y>0$)

1단계 $A\cap B=\varnothing$일 때, 무리함수의 그래프와 직선의 위치 관계를 구한다. 1점

집합 A의 원소는 $y=\sqrt{4x+1}$ 위의 점이고

집합 B의 원소는 $y=x+k$ 위의점이다.

이때 $A\cap B=\varnothing$이므로 함수 $y=\sqrt{4x+1}=\sqrt{4\left(x+\dfrac{1}{4}\right)}$의 그래프와

직선 $y=x+k$는 교점이 존재하지 않으므로 만나지 않는다.

2단계 직선이 무리함수의 그래프와 접할 때의 k의 값을 구한다. 2점

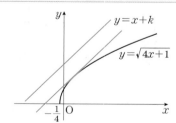

직선 $y=x+k$가 함수 $y=\sqrt{4x+1}$의 그래프와 접할 때,
$\sqrt{4x+1}=x+k$에서 양변을 제곱하면
$4x+1=x^2+2kx+k^2$
$\therefore x^2+2(k-2)x+k^2-1=0$
위의 이차방정식의 판별식을 D라 하면 중근을 가지므로 $D=0$
$\dfrac{D}{4}=(k-2)^2-(k^2-1)=0$, $k^2-4k+4-k^2+1=0$, $-4k+5=0$

$\therefore k=\dfrac{5}{4}$

3단계 k의 값의 범위를 구한다. 2점

따라서 함수 $y=\sqrt{4x+1}$의 그래프와 직선 $y=x+k$가 만나지 않아야 하므로 k의 값의 범위는 $k>\dfrac{5}{4}$

2학기 기말고사 모의평가 **02**

01	③	02	③	03	④	04	①	05	③
06	②	07	③	08	⑤	09	⑤	10	③
11	③	12	②	13	⑤	14	③	15	④
16	⑤	17	②	18	③	19	③	20	②

주관식 및 서술형					
21	4	22	12	23	10
24	해설참조		25	해설참조	

01

 정답 ③

STEP A 역함수의 성질과 합성함수를 이용하여 a, b의 값 구하기

$f^{-1}(2)=1$에서 $f(1)=2$이므로 대입하면
$f(a)=b$이면 역함수 $f^{-1}(b)=a$
$a+b=2$ ...... ㉠
$f(f(1))=f(2)=3$이므로 대입하면
$2a+b=3$ ...... ㉡
㉠, ㉡을 연립하여 풀면 $a=1$, $b=1$
따라서 $a-b=1-1=0$

02

 정답 ③

STEP A 진리집합의 포함 관계를 이용하여 충분, 필요조건 판별하기

(가) $x^2+2x-3=0$에서 $(x+3)(x-1)=0$이므로 $x=-3$ 또는 $x=1$이다.
즉 $x=-3$ 또는 $x=1$은 $x=1$이기 위한 $\boxed{\text{필요조건}}$ 이다.
$\{-3,\ 1\} \supset \{1\}$

(나) $x^3=1$에서 $(x-1)(x^2+x+1)=0$이고 x는 실수이므로 $x=1$이다.
즉 $x=1$는 $x^3=1$이기 위한 $\boxed{\text{필요충분조건}}$ 이다.
$\{1\}=\{1\}$

(다) $x^2+3x-4>0$에서 $(x+4)(x-1)>0$이므로 $x<-4$ 또는 $x>1$이다.
즉 $x>1$은 $x^2+3x-4>0$이기 위한 $\boxed{\text{충분조건}}$ 이다.
$\{x>1\} \subset \{x<-4 \text{ 또는 } x>1\}$

따라서 (가), (나), (다)에 알맞은 내용은 차례대로 필요조건, 필요충분조건, 충분조건이다.

03

 정답 ④

STEP A 집합 X의 원소 x에 대하여 $f(x)$의 값이 Y의 원소가 되도록 하는 a의 값 구하기

$x=-1$일 때, $f(-1)=a-(a-2)+3=5$
$x=0$일 때, $f(0)=3$
$f(1)=a+(a-2)+3=2a+1$
이때 주어진 대응이 함수가 되려면
함수 $f(1)=2a+1$가 3, 5, 7 중 하나이어야 한다.
즉 $2a+1=3$ 또는 $2a+1=5$ 또는 $2a+1=7$
따라서 $a=1$ 또는 $a=2$ 또는 $a=3$이므로 모든 a의 값의 합은 $1+2+3=6$

04

 정답 ①

STEP A $(g \circ f)(3)+(f \circ g)(2)$의 값 구하기

$f(3)=4$이므로
$(g \circ f)(3)=g(f(3))=g(4)=1$
$g(2)=7$이므로
$(f \circ g)(2)=f(g(2))=f(7)=0$
따라서 $(g \circ f)(3)+(f \circ g)(2)=1+0=1$

05

 정답 ③

STEP A 어떤 실수 x에 대하여 주어진 명제가 참이 되도록 하는 조건 구하기

두 조건의 진리집합을 각각 P, Q라 하면
$P=\{x|k-2 \leq x \leq k+1\}$, $Q=\{x|2 \leq x \leq 4\}$
어떤 실수 x에 대하여 주어진 명제가 참이 되려면 진리집합 P에 속하는 원소 중에서 진리집합 Q에 속하는 원소가 적어도 하나 존재해야 한다.
즉 주어진 명제가 참이 되려면 $P \cap Q \neq \varnothing$

STEP B $P \cap Q = \varnothing$이 되는 k의 범위 구하기

(ⅰ) $k+1<2$일 때,

$k+1<2$일 때, $P \cap Q = \varnothing$ $\therefore k<1$

(ⅱ) $k-2>4$일 때,

$k-2>4$일 때, $P \cap Q = \varnothing$ $\therefore k>6$

(ⅰ), (ⅱ)에 의하여 $P \cap Q = \varnothing$가 되는 k의 범위는 $k<1$ 또는 $k>6$

STEP C $P \cap Q \neq \varnothing$가 되는 k의 범위 구하기

$P \cap Q = \varnothing$가 되는 k의 범위는 $k<1$ 또는 $k>6$이므로
$P \cap Q \neq \varnothing$가 되는 k의 범위는 $1 \leq k \leq 6$

따라서 정수 k는 1, 2, 3, 4, 5, 6이므로 개수는 6

+α 교집합이 존재하는 것으로 구할 수 있어!

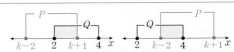

두 집합 P, Q에 대하여 $P \cap Q \neq \varnothing$일 때 수직선에 표현하면 위와 같다.
$2 \leq k+1$일 때, $1 \leq k$
$k-2 \leq 4$일 때, $k \leq 6$
따라서 $1 \leq k \leq 6$

06

STEP A 점근선의 교점의 좌표를 이용하여 a, c의 값 구하기

함수 $y=\dfrac{ax+b}{x+c}$에서 점근선의 방정식은 $x=-c$, $y=a$

이때 점근선의 교점의 좌표가 $(-1, 3)$이므로 점근선의 방정식은
$x=-1$, $y=3$ ∴ $a=3$, $c=1$

STEP B 점 $(2, 4)$를 지남을 이용하여 b의 값 구하기

$a=3$, $c=1$을 대입하면 함수 $y=\dfrac{3x+b}{x+1}$

이때 점 $(2, 4)$를 지나므로 대입하면 $4=\dfrac{6+b}{2+1}$, $12=6+b$ ∴ $b=6$

따라서 $a=3$, $b=6$, $c=1$이므로 $a+b+c=3+6+1=10$

07

STEP A 항등함수가 되기 위한 원소 x의 값 구하기

$f(x)$가 항등함수이면 X의 모든 원소 x에 대하여 $f(x)=x$이어야 한다.
$2x^3-2x^2-3x=x$, $2x^3-2x^2-4x=0$,
$2x(x^2-x-2)=0$, $2x(x-2)(x+1)=0$
∴ $x=-1$ 또는 $x=0$ 또는 $x=2$

STEP B 집합 X의 개수 구하기

이때 집합 X는 $x=-1$ 또는 $x=0$ 또는 $x=2$ 중 적어도 하나의 원소를 가지는 집합이다.
즉 집합 $\{-1, 0, 2\}$의 부분집합 중 공집합을 제외한 부분집합이 X이다.
따라서 집합 X의 개수는 $2^3-1=7$

 원소의 개수가 3이므로 부분집합의 개수는 2^3이고 공집합을 제외하면 된다.

P O I N T | 부분집합의 개수

집합 $A=\{x_1, x_2, x_3, \cdots, x_n\}$에 대하여
(1) 집합 A의 부분집합의 개수는 2^n
(2) 집합 A의 진부분집합의 개수는 2^n-1
(3) 집합 A의 부분집합 중 공집합을 제외한 집합의 개수는 2^n-1
(4) 특정원소 p개를 반드시 포함하는 집합의 개수는 2^{n-p}
(5) 특정원소 q개를 반드시 제외하는 집합의 개수는 2^{n-q}
(6) 특정원소 p개는 포함하고 q개는 제외하는 집합의 개수는 2^{n-p-q}
(7) 특정원소 k개 중 적어도 하나는 포함하는 부분집합의 개수는
  (전체의 부분집합의 개수)−(특정원소 k개를 제외하는 부분집합의 개수)
  즉 2^n-2^{n-k}
부분집합의 개수를 구하는 기본적인 공식을 반드시 암기하도록 한다.

08

STEP A 명제와 집합의 포함 관계 이해하기

세 조건 p, q, r의 진리집합 P, Q, R에 대하여
$p \longrightarrow q$가 참이므로 $P \subset Q$
$r \longrightarrow \sim p$의 역 $\sim p \longrightarrow r$이 참이므로 $P^C \subset R$
  $P^C \subset R$이므로 $R^C \subset P$
즉 $R^C \subset P \subset Q$가 성립한다.

STEP B 집합의 포함 관계를 이용하여 참, 거짓 판단하기

ㄱ. $P^C \subset R$ [거짓]
ㄴ. $P-Q=\varnothing$이므로 $(P-Q) \subset R$ [참] ← $P \subset Q$이므로 $P-Q=\varnothing$
ㄷ. $Q^C \subset R$이므로 $\sim q \longrightarrow r$ [참] ← $R^C \subset P \subset Q$이므로 $Q^C \subset P^C \subset R$
따라서 항상 옳은 것은 ㄴ, ㄷ이다.

09

STEP A 역함수의 성질을 이용하여 $f^{-1}(-3)$의 값 구하기

$f^{-1}(-3)=a$라 하면 $f(a)=-3$
(i) $a \geq 1$이면 $f(a)=-a^2+1=-3$, $a^2=4$ ∴ $a=2 (\because a \geq 1)$
(ii) $a<1$이면 $f(a)=1-a=-3$ ∴ $a=4$
  이때 $a<1$를 만족시키지 않는다.
(i), (ii)에서 $a=2$이므로 $f^{-1}(-3)=2$
따라서 $(g \circ f^{-1})(-3)=g(f^{-1}(-3))=g(2)=2 \times 2-1=3$

+α | 그래프를 이용해서 구할 수 있어!

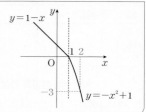

함수 $f(x)=\begin{cases} -x^2+1 & (x \geq 1) \\ 1-x & (x<1) \end{cases}$의
그래프에서 $f^{-1}(-3)=a$라 하면 $f(a)=-3$
이때 $y=-3$과 대응하는 함수는 $y=-x^2+1$
이므로 $-x^2+1=-3$, $x^2-4=0$
$(x-2)(x+2)=0$ ∴ $x=2$ 또는 $x=-2$
이때 $x>1$이므로 $x=2$ ∴ $a=2$

10

STEP A 유리함수를 변형하기 평행이동으로 겹쳐지는 함수 구하기

ㄱ. $y=\dfrac{2x-4}{x-1}=\dfrac{2(x-1)-2}{x-1}=-\dfrac{2}{x-1}+2$이므로 $y=\dfrac{2x-4}{x-1}$의 그래프는
$y=-\dfrac{2}{x}$의 그래프를 x축의 방향으로 1만큼, y축의 방향으로 2만큼
평행이동한 것이다. [참]

ㄴ. $y=\dfrac{x-1}{x+1}=\dfrac{(x+1)-2}{x+1}=-\dfrac{2}{x+1}+1$이므로 $y=\dfrac{x-1}{x+1}$의 그래프는
$y=-\dfrac{2}{x}$의 그래프를 x축의 방향으로 −1만큼, y축의 방향으로 1만큼
평행이동한 것이다. [참]

ㄷ. $y=\dfrac{2x+7}{x+3}=\dfrac{2(x+3)+1}{x+3}=\dfrac{1}{x+3}+2$이므로 $y=\dfrac{2x+7}{x+3}$의 그래프는
$y=\dfrac{1}{x}$의 그래프를 x축의 방향으로 −3만큼, y축의 방향으로 2만큼
평행이동한 것이다. [거짓]

ㄹ. $y=\dfrac{-x-4}{x+2}=\dfrac{-(x+2)-2}{x+2}=-\dfrac{2}{x+2}-1$이므로 $y=\dfrac{-x-4}{x+2}$의
그래프는 $y=-\dfrac{2}{x}$의 그래프를 x축의 방향으로 −2만큼, y축의 방향으로
−1만큼 평행이동한 것이다. [참]

따라서 그래프가 평행이동에 의하여 함수 $y=-\dfrac{2}{x}$의 그래프와 겹쳐지는 것은
ㄱ, ㄴ, ㄹ이다.

P O I N T | 두 유리함수의 그래프가 겹쳐지기 위한 조건

두 유리함수 $y=\dfrac{k_1}{x}$와 $y=\dfrac{k_2}{x-p}+q$의 그래프가 겹쳐지기 위한 조건은
(1) $k_1=k_2$이면 평행이동하여 두 그래프는 겹쳐질 수 있다.
(2) $|k_1|=|k_2|$이면 평행이동 또는 대칭이동으로 겹쳐질 수 있다.
즉 유리함수에서 그래프의 모양은 k_1, k_2의 값이 결정한다.

11

STEP A 두 조건 (가), (나)를 이용하여 $f(3)$, $f(4)$에 대응하는 경우의 수 구하기

조건 (가)에서 함수 f는 일대일함수이다.
조건 (나)에서 $f(3)<f(4)$이므로 대소 관계가 결정이 났으므로
순서가 결정이 났으므로 조합으로 구할 수 있다.

공역 $Y=\{5, 6, 7, 8\}$의 원소 중 2개를 선택하면 $f(3)$, $f(4)$에 대응하는
함숫값이 결정된다.

$\therefore {}_4C_2 = \dfrac{4 \times 3}{2 \times 1} = 6$

$\{f(3)=5,\ f(4)=6\},\ \{f(3)=5,\ f(4)=7\},\ \{f(3)=5,\ f(4)=8\},$
$\{f(3)=6,\ f(4)=7\},\ \{f(3)=6,\ f(4)=8\},\ \{f(3)=7,\ f(4)=8\}$

STEP Ⓑ $f(1)$, $f(2)$에 대응하는 경우의 수 구하기

$f(3)$, $f(4)$에 대응하는 원소를 제외한 공역 Y의 원소 2개를
$f(1)$, $f(2)$에 대응시키면 된다.

이때 함수 f는 일대일 함수이므로 ${}_2P_2 = 2 \times 1 = 2$

STEP Ⓒ 함수 f의 개수 구하기

$f(3)$, $f(4)$를 대응하는 경우의 수는 6

$f(1)$, $f(2)$를 대응하는 경우의 수는 2

따라서 함수 f의 개수는 $6 \times 2 = 12$

12

정답 ②

STEP Ⓐ 합성함수의 규칙성을 이용하여 $f^{2026}(2)$의 값 구하기

$f(2)=1$ ← $x \geq 1$일 때, $f(x)=x-1$

$f^2(2)=f(f(2))=f(1)=0$

$f^3(2)=f(f^2(2))=f(0)=4$ ← $x=0$일 때, $f(0)=4$

$f^4(2)=f(f^3(2))=f(4)=3$

$f^5(2)=f(f^4(2))=f(3)=2$

$f^6(2)=f(f^5(2))=f(2)=1$

⋮

즉 $f^n(2)$의 값은 1, 0, 4, 3, 2의 값이 순서대로 반복된다.

$2026 = 5 \times 405 + 1$이므로 $f^{2026}(2)=f(2)=1$

STEP Ⓑ 합성함수의 규칙성을 이용하여 $f^{2027}(3)$의 값 구하기

$f(3)=2$ ← $x \geq 1$일 때, $f(x)=x-1$

$f^2(3)=f(f(3))=f(2)=1$

$f^3(3)=f(f^2(3))=f(1)=0$ ← $x=0$일 때, $f(0)=4$

$f^4(3)=f(f^3(3))=f(0)=4$

$f^5(3)=f(f^4(3))=f(4)=3$

$f^6(3)=f(f^5(3))=f(3)=2$

⋮

즉 $f^n(3)$은 2, 1, 0, 4, 3의 값이 순서대로 반복된다.

$2027 = 5 \times 405 + 2$이므로 $f^{2027}(3)=f^2(3)=1$

┌ **+α** ┃ 합성함수의 규칙성을 구할 수 있어!

합성 함수	$x=0$	$x=1$	$x=2$	$x=3$	$x=4$
$f(x)$	$f(0)=4$	$f(1)=0$	$f(2)=1$	$f(3)=2$	$f(4)=3$
$f^2(x)$	$f^2(0)$ $=f(4)=3$	$f^2(1)$ $=f(0)=4$	$f^2(2)$ $=f(1)=0$	$f^2(3)$ $=f(2)=1$	$f^2(4)$ $=f(3)=2$
$f^3(x)$	$f^3(0)$ $=f(3)=2$	$f^3(1)$ $=f(4)=3$	$f^3(2)$ $=f(0)=4$	$f^3(3)$ $=f(1)=0$	$f^3(4)$ $=f(2)=1$
$f^4(x)$	$f^4(0)$ $=f(2)=1$	$f^4(1)$ $=f(3)=2$	$f^4(2)$ $=f(4)=3$	$f^4(3)$ $=f(0)=4$	$f^4(4)$ $=f(1)=0$
$f^5(x)$	$f^5(0)$ $=f(1)=0$	$f^5(1)$ $=f(2)=1$	$f^5(2)$ $=f(3)=2$	$f^5(3)$ $=f(4)=3$	$f^5(4)$ $=f(0)=4$
$f^6(x)$	$f^6(0)$ $=f(0)=4$	$f^6(1)$ $=f(1)=0$	$f^6(2)$ $=f(2)=1$	$f^6(3)$ $=f(3)=2$	$f^6(4)$ $=f(4)=3$

STEP Ⓒ $f^{2026}(2)+f^{2027}(3)$의 값 구하기

따라서 $f^{2026}(2)+f^{2027}(3)=1+1=2$

13

정답 ⑤

STEP Ⓐ 무리함수의 정의역과 치역을 이용하여 그래프 그리기

함수 $y=\sqrt{4-4x}+1$에서 정의역은 근호 안의 식 $4-4x \geq 0$이므로
$x \leq 1$, 점 $(1, 1)$을 시작점으로 하고 치역은 $\{y \mid y \geq 1\}$로 그래프는
다음과 같다.

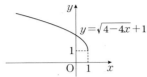

STEP Ⓑ 보기의 참, 거짓 판단하기

① 정의역은 $\{x \mid x \leq 1\}$, 치역은 $\{y \mid y \geq 1\}$이다. [참]

② 함수 $y=2\sqrt{x}$에서 $y=\sqrt{4x}$이고 함수 $y=\sqrt{4x}$를 y축에 대하여
  대칭이동하면 $y=\sqrt{-4x}$, 함수 $y=\sqrt{-4x}$를 x축의 방향으로 1만큼,
  y축의 방향으로 1만큼 평행이동하면 $y-1=\sqrt{-4(x-1)}$
  $\therefore y=\sqrt{4-4x}+1$
  즉 두 함수가 일치하므로 $y=2\sqrt{x}$를 평행이동 또는 대칭이동으로
  겹쳐질 수 있다. [참]

③ 그래프는 제1, 2사분면을 지난다. [참]

④ $x=-3$을 대입하면 $\sqrt{4-4\times(-3)}+1=5$이므로 점 $(-3, 5)$를 지난다. [참]

⑤ $-8 \leq x \leq -3$에서 그래프는 다음과 같고 최댓값은 7, 최솟값은 5 [거짓]

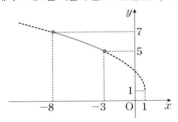

따라서 옳지 않은 것은 ⑤이다.

14

정답 ③

STEP Ⓐ **두 함수 $y=f(x)$, $y=g(x)$의 교점이 $y=f(x)$, $y=x$의 교점과 같음을 이해하기**

함수 $f(x)=a(x+2)^2-2(x \geq -2)$를 $y=x$에 대하여
대칭이동한 함수가 $y=g(x)$이므로 두 함수 $y=f(x)$, $y=g(x)$의 교점은
$y=f(x)$와 $y=x$의 교점과 일치한다. ← $y=f(x)$는 증가함수

STEP Ⓑ **그래프를 이용하여 교점의 x좌표 구하기**

함수 $f(x)=a(x+2)^2-2(x \geq -2)$에서 꼭짓점의 좌표는 $(-2, -2)$
이때 꼭짓점의 좌표는 $y=x$ 위의 점이고 두 점에서 만나므로 그래프는
다음과 같다.

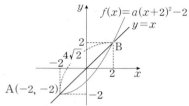

두 교점 A, B에 대해서 $A(-2, -2)$라 하고
점 $B(\beta, \beta)$라 하면 선분 AB의 길이가 $4\sqrt{2}$이므로
$\overline{AB}=\sqrt{(\beta+2)^2+(\beta+2)^2}=4\sqrt{2}$, $2(\beta+2)^2=32$, $(\beta+2)^2=16$
즉 $\beta+2=4$ 또는 $\beta+2=-4$
$\therefore \beta=2$ 또는 $\beta=-6$
이때 $x \geq -2$이므로 $\beta=2$ $\therefore B(2, 2)$

+α | **직선의 기울기를 이용하여 좌표를 구할 수 있어!**

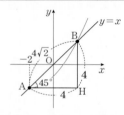

함수 $y=f(x)$와 $y=x$가 만나는 두 교점이 A, B이다.
$A(-2, -2)$를 지나고 x축에 평행한 직선과 점 B를 지나고 y축에 평행한 직선이
만나는 점을 H라 하면 삼각형 AHB는 직각이등변삼각형이다.
기울기가 1이므로 x축과 이루는 각이 45°이다.
즉 점 $A(-2, -2)$를 x축의 방향으로 4만큼, y축의 방향으로 4만큼 평행이동한 것이
점 B이므로 점 B의 좌표는 $B(2, 2)$

STEP Ⓒ **점 B를 이용하여 양수 a의 값 구하기**

점 $B(2, 2)$는 함수 $f(x)=a(x+2)^2-2$ 위의 점이므로 대입하면
$a(2+2)^2-2=2$, $16a=4$
따라서 양수 a의 값은 $\dfrac{1}{4}$

15

정답 ④

STEP Ⓐ **유리함수의 식을 변형하고 점근선의 방정식 구하기**

함수 $y=\dfrac{2x+k-6}{x+1}=\dfrac{2(x+1)+k-8}{x+1}=\dfrac{k-8}{x+1}+2$

$\therefore y=\dfrac{k-8}{x+1}+2$

이때 점근선의 방정식은 $x=-1$, $y=2$

STEP Ⓑ **제 4사분면을 지나도록 하는 자연수 k의 값 구하기**

(i) $k-8>0$일 때,
$k-8>0$일 때, 그래프는 다음과 같다.

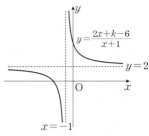

이때 제 4사분면을 지날 수 없으므로 조건을 만족시키지 않는다.
(ii) $k-8<0$
$k-8<0$일 때, 그래프는 다음과 같고 제 4사분면을 지나기 위해서
$x=0$일 때, $y<0$이면 된다.

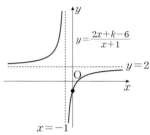

즉 $x=0$을 대입하면 $k-6<0$ $\therefore k<6$
$k-8<0$, $k<6$의 공통된 범위를 구하면 $k<6$
(i), (ii)에 의하여 $k<6$이므로 자연수 k의 값은 1, 2, 3, 4, 5
따라서 자연수 k의 값의 합은 $1+2+3+4+5=15$

16

정답 ⑤

STEP Ⓐ **두 함수가 점 $(-1, -3)$에서 접함을 이용하여 a, b, c의 값 구하기**

두 함수 $y=ax^2+b$, $y=cx-5$가 점 $(-1, -3)$을 지나므로 대입하면
$-3=a+b$ ······㉠
$-3=-c-5$ $\therefore c=-2$
또한, 이차함수 $y=ax^2+b$와 직선 $y=-2x-5$가 $x=-1$에서 접하므로
이차방정식을 구하면 $ax^2+b=-2x-5$
$\therefore ax^2+2x+b+5=0$
이차방정식 $ax^2+2x+b+5=0$이 $x=-1$을 중근으로 가지므로
$a(x+1)^2=0$이고 $ax^2+2x+b+5=0$과 일치한다.
식을 전개하면 $ax^2+2ax+a=0$이므로 $2a=2$, $a=b+5$
$2a=2$ $\therefore a=1$
$a=1$을 ㉠의 식에 대입하면 $b=-4$
$\therefore a=1$, $b=-4$, $c=-2$

STEP Ⓑ **무리함수 $y=b\sqrt{ax+3a}+c$의 그래프 개형 그리기**

$a=1$, $b=-4$, $c=-2$이므로 주어진 무리함수에 대입하면
$y=-4\sqrt{x+3}-2$
정의역은 근호 안의 식 $x+3 \geq 0$이므로 $\{x|x \geq -3\}$
시작점은 $(-3, -2)$이고 치역은 $\{y|y \leq -2\}$
이때 그래프의 개형은 다음과 같다.

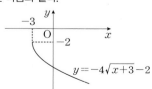

따라서 그래프의 개형으로 옳은 것은 ⑤이다.

17

정답 ②

STEP Ⓐ 명제의 대우를 이용하여 명제가 참임을 증명하기

주어진 명제의 대우는

'두 자연수 a, b에 대하여 ab가 ☐홀수☐ 이면 a^2+b^2이 ☐짝수☐ 이다.'

ab가 ☐홀수☐ 이면 a, b는 모두 ☐홀수☐ 이므로

$a=2m+1$, $b=2n+1$(m, n은 0 또는 자연수)로 놓으면

$a^2+b^2=(2m+1)^2+(2n+1)^2=2(2m^2+2n^2+2m+2n+1)$

$2m^2+2n^2+2m+2n+1$은 자연수이므로 a^2+b^2은 ☐짝수☐ 이다.

따라서 주어진 명제의 대우가 참이므로 주어진 명제도 참이다.

STEP Ⓑ (가), (나)에 알맞은 것 구하기

따라서 (가) : 홀수, (나) : 짝수

18

정답 ③

STEP Ⓐ 두 조건 (가), (나)를 이용하여 $f(3)$의 값 구하기

ㄱ. 조건 (나)에서 $(f \circ f)(3)=3$, $f(f(3))=3$

    _{$f(1)=3$이므로 $f(3)=1$}

이때 조건 (가)에서 $f(1)=3$이므로 $f(3)=1$ [참]

STEP Ⓑ 일대일대응임을 이용하여 $f(9)$의 값 구하기

ㄴ. $f(1)=3$, $f(3)=1$이고 $f(5)=7$일 때,

    $f(7)=5$, $f(9)=9$ 또는 $f(7)=9$, $f(9)=5$

    즉 $f(9)=7$이 되는 경우는 없다. [거짓]

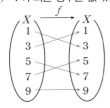 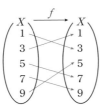

STEP Ⓒ $f(x)=x$가 되는 원소 x의 값이 존재하는지 확인하기

ㄷ. $(f \circ f)(5)=5$, $f(f(5))=5$

    $f(1)=3$, $f(3)=1$이므로 $f(5)$가 될 수 있는 값은

    $f(5)=5$ 또는 $f(5)=7$ 또는 $f(5)=9$

    (i) $f(5)=5$일 때,

        $f(f(5))=f(5)=5$이므로 $f(x)=x$가 되는 원소는 $x=5$

    (ii) $f(5)=7$일 때,

        $f(f(5))=f(7)=5$이므로 $f(9)=9$

        _{$f(1)=3$, $f(3)=1$, $f(5)=7$, $f(7)=5$, $f(9)=9$}

        즉 $f(x)=x$가 되는 원소는 $x=9$

    (iii) $f(5)=9$일 때,

        $f(f(5))=f(9)=5$이므로 $f(7)=7$

        _{$f(1)=3$, $f(3)=1$, $f(5)=9$, $f(7)=7$, $f(9)=5$}

        즉 $f(x)=x$가 되는 원소는 $x=7$

    그러므로 $f(x)=x$가 되는 원소가 항상 존재한다. [참]

따라서 옳은 것은 ㄱ, ㄷ이다.

19

정답 ③

STEP Ⓐ 함수 $y=\sqrt{|x|}-1$의 그래프 그리기

함수 $f(x)=\sqrt{|x|}-1$이라 하면

$$f(x)=\begin{cases} \sqrt{x}-1 & (x \geq 0) \\ \sqrt{-x}-1 & (x<0) \end{cases}$$

함수 $y=f(x)$의 그래프는 다음과 같다.

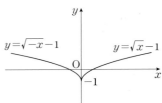

STEP Ⓑ 직선과 곡선이 접할 때, 판별식을 이용하여 m의 값 구하기

$y=mx+m-1=m(x+1)-1$이므로

직선은 항상 점 $(-1, -1)$을 지난다.

$y=mx+m-1$와 $f(x)=\sqrt{x}-1$가 접할 때,

$mx+m-1=\sqrt{x}-1$에서 양변을 제곱하면

$m^2x^2+2m^2x+m^2=x$

즉 $m^2x^2+(2m^2-1)x+m^2=0$이 중근을 가지므로 판별식을 D라 하면

$D=0$

즉 $D=(2m^2-1)^2-4m^4=0$ $\therefore m^2=\dfrac{1}{4}$

$m>0$일 때, $y=\sqrt{x}-1$과 접하므로 $m=\dfrac{1}{2}$ ← 두 점에서 만난다.

STEP Ⓒ 무리함수의 그래프와 직선이 서로 다른 세 점에서 만나도록 하는 m의 값의 범위 구하기

그림에서 무리함수 $y=\sqrt{|x|}-1$의 그래프와 직선 $y=mx+m-1$이

서로 다른 세 점에서 만나도록 하는 m의 범위는 $0<m<\dfrac{1}{2}$

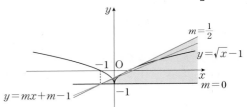

따라서 $\beta=\dfrac{1}{2}$, $\alpha=0$이므로 $\beta-\alpha=\dfrac{1}{2}-0=\dfrac{1}{2}$

20

정답 ②

STEP Ⓐ 두 함수 $y=f(x)$, $y=g(x)$가 서로 다른 두 점에서 만나기 위한 a의 범위 구하기

함수 $y=f(x)$를 $y=x$에 대하여 대칭이동한 함수가 역함수 $y=g(x)$이므로

두 함수 $y=f(x)$와 $y=g(x)$의 교점은 $y=f(x)$와 $y=x$의 교점과 일치한다.

이때 $y=f(x)$와 $y=x$가 서로 다른 두 점에서 만나기 위해서 그래프는

다음과 같다.

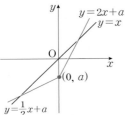

$\therefore a<0$

(i) $a>0$일 때,

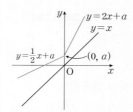

이때 $y=x$와 교점이 존재하지 않으므로 서로 다른 두 교점이 존재한다는 조건을 만족시키지 않는다.

(ii) $a=0$일 때,

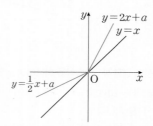

이때 $y=x$와 교점이 $(0, 0)$에서 한 점에서 만나므로 서로 다른 두 교점이 존재한다는 조건을 만족시키지 않는다.

STEP B 두 함수 $y=f(x)$, $y=g(x)$로 둘러싸인 부분의 넓이 구하는 방법 이해하기

함수 $y=f(x)$를 $y=x$에 대하여 대칭이동하고 $y=f(x)$와 $y=g(x)$로 둘러싸인 부분은 다음과 같다.

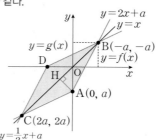

점 $A(0, a)$라 하고 $y=f(x)$의 함수 $y=2x+a$와 $y=x$의 교점을 B라 하면
$2x+a=x$ ∴ $B(-a, -a)$

함수 $y=f(x)$에서 $y=\frac{1}{2}x+a$와 $y=x$의 교점을 C라 하면
$\frac{1}{2}x+a=x$ ∴ $C(2a, 2a)$

또한, 점 A를 직선 $y=x$에 대하여 대칭이동한 점을 D라 하면
두 함수 $y=f(x)$, $y=g(x)$로 둘러싸인 부분의 넓이는 사각형 ABDC와 같고
(사각형 ABDC의 넓이)=(삼각형 ABC의 넓이)×2

STEP C 두 함수 $y=f(x)$, $y=g(x)$로 둘러싸인 부분의 넓이를 이용하여 a의 값 구하기

점 A에서 직선 $y=x$에 내린 수선의 발을 H라 하면
선분 AH의 길이는

$\overline{AH}=\frac{|-a|}{\sqrt{1^2+(-1)^2}}=\frac{-a}{\sqrt{2}}$ ← a는 음수이므로 $|-a|=-a$

점 (x_1, y_1)에서 직선 $ax+by+c=0$까지의 거리는 $\frac{|ax_1+by_1+c|}{\sqrt{a^2+b^2}}$

선분 BC의 길이는 $\overline{BC}=\sqrt{\{2a-(-a)\}^2+\{2a-(-a)\}^2}=\sqrt{18a^2}=-3a\sqrt{2}$

a는 음수이므로 $\sqrt{18a^2}=|a|\sqrt{18}=-a\sqrt{18}=-3a\sqrt{2}$

삼각형 ABC의 넓이는 $\frac{1}{2}\times\overline{BC}\times\overline{AH}=\frac{1}{2}\times(-3a\sqrt{2})\times\left(\frac{-a}{\sqrt{2}}\right)=\frac{3a^2}{2}$

즉 두 함수 $y=f(x)$, $y=g(x)$로 둘러싸인 부분의 넓이는
(삼각형 ABC의 넓이)×2$=\frac{3a^2}{2}\times2=3a^2$이고 넓이가 27이므로

$3a^2=27$ ∴ $a=3$ 또는 $a=-3$
따라서 a는 음수이므로 상수 a의 값은 -3

주관식 및 서술형 문제

21
 정답 4

STEP A $-1\le x\le 1$에서 유리함수의 그래프 그리기

$f(x)=\frac{4x+5}{x+2}=\frac{4(x+2)-3}{x+2}=\frac{-3}{x+2}+4$

이므로
$-1\le x\le 1$에서 $y=f(x)$의 그래프는
오른쪽 그림과 같다.

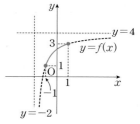

STEP B $M+m$의 값 구하기

$f(x)$의 최댓값 M과 최솟값 m은
$M=f(1)=\frac{4+5}{1+2}=3$, $m=f(-1)=\frac{-4+5}{-1+2}=1$
따라서 $M+m=3+1=4$

22
 정답 12

STEP A $-5\le x\le -2$에서 무리함수의 치역 구하기

$-5\le x\le -2$에서 함수 $g(x)=\sqrt{-x-1}+1$의 그래프는 다음과 같다.

무리함수의 정의역은 $-x-1\ge 0$ ∴ $x\le -1$
시작점은 $(-1, 1)$

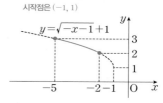

$-5\le x\le -2$에서 $2\le g(x)\le 3$ ……… ㉠

STEP B 합성함수의 최댓값과 최솟값의 합 구하기

$(f\circ g)(x)=f(g(x))$에서 $g(x)=t$라 하면
㉠에 의하여 $2\le t\le 3$
이때 $f(t)=\frac{-2t+10}{t-4}(2\le t\le 3)$의 그래프를 그리면 다음과 같다.

점근선의 방정식은 $t=4$, $y=-2$이고 점 $(5, 0)$을 지나는 그래프이다.

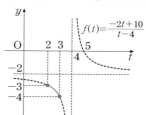

$t=2$일 때 최댓값 $\frac{-4+10}{2-4}=-3$, $t=3$일 때 최솟값 $\frac{-6+10}{3-4}=-4$

따라서 $-5\le x\le -2$에서 함수 $(f\circ g)(x)$의 최댓값과 최솟값의 곱은
$(-3)\times(-4)=12$

23

STEP Ⓐ **주어진 식을 정리하여 산술평균과 기하평균의 식으로 나타내기**

두 실수 x, y에 대하여

$2x^2+y^2-6x+\dfrac{100}{x^2+y^2+1}$에서

$2x^2+y^2-6x=x^2+y^2+1+(x^2-6x-1)$

$\qquad\qquad\quad =x^2+y^2+1+\{(x-3)^2-10\}$

이므로 주어진 식에 대입하면

$2x^2+y^2-6x+\dfrac{100}{x^2+y^2+1}=x^2+y^2+1+\{(x-3)^2-10\}+\dfrac{100}{x^2+y^2+1}$

이때 $x^2+y^2+1>0$, $\dfrac{100}{x^2+y^2+1}>0$이므로 산술평균과 기하평균에 의하여

$x^2+y^2+1+\{(x-3)^2-10\}+\dfrac{100}{x^2+y^2+1}$

$\geq\left\{2\sqrt{(x^2+y^2+1)\times\dfrac{100}{x^2+y^2+1}}\right\}+(x-3)^2-10$

등호는 $x^2+y^2+1=\dfrac{100}{x^2+y^2+1}$일 때, 성립하므로 $x^2+y^2+1=10$ ∴ $x^2+y^2=9$

$\geq20+(x-3)^2-10$

$\geq(x-3)^2+10$

STEP Ⓑ **주어진 식의 최솟값 구하기**

$2x^2+y^2-6x+\dfrac{100}{x^2+y^2+1}\geq(x-3)^2+10$이고

$y=(x-3)^2+10(-3\leq x\leq3)$라 하면 $x=3$일 때, 최솟값 10을 가진다.

$x^2+y^2=9$이므로 x의 범위는 $-3\leq x\leq3$

따라서 $2x^2+y^2-6x+\dfrac{100}{x^2+y^2+1}$의 최솟값은 10

$x=3$, $y=0$일 때, 최솟값을 갖는다.

24

1단계 일대일대응이 되기 위한 조건을 구한다. 2점

함수 $f(x)=ax+b$가 X에서 Y로의
일대일대응이므로 함수 $f(x)$의 공역과
치역이 같아야 한다.
$a>0$이므로 함수 $y=f(x)$의
그래프가 오른쪽 그림과 같아야 한다.

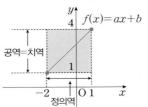

2단계 a, b의 값을 구한다. 1점

$f(-2)=1$, $f(1)=4$이므로
$-2a+b=1$, $a+b=4$
위의 두 식을 연립하여 풀면 $a=1$, $b=3$

3단계 $b-a$의 값을 구한다. 1점

따라서 $b-a=3-1=2$

25

1단계 삼각형 ABP의 넓이가 최대가 되는 점 P의 위치를 구한다. 1점

삼각형 ABP에서 밑변의 길이를 선분 AB라 하고
점 P에서 선분 AB에 내린 수선의 발을 H라 할 때, 삼각형 ABP의 넓이는
$\dfrac{1}{2}\times\overline{AB}\times\overline{PH}$
즉 선분 PH의 길이가 최대일 때 삼각형 ABP의 넓이는 최대가 된다.
이때 점 P에서의 접선이 직선 AB와 평행할 때 $\overline{PH}$의 길이는 최대가 된다.

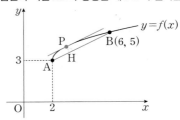

2단계 직선 AB에 평행하고 함수 $y=f(x)$에 접하는 직선의 방정식을 이용하여 점 P의 좌표를 구한다. 2점

직선 AB의 기울기는 $\dfrac{5-3}{6-2}=\dfrac{1}{2}$이므로 직선 AB의 방정식은

$y=\dfrac{1}{2}(x-2)+3$ ∴ $y=\dfrac{1}{2}x+2$

즉 점 P에서 접선의 기울기는 $\dfrac{1}{2}$이므로 접선의 방정식을

$y=\dfrac{1}{2}x+k(k$는 상수)라 할 수 있다.

이때 방정식 $\sqrt{x-2}+3=\dfrac{1}{2}x+k$, $\sqrt{x-2}=\dfrac{1}{2}x+k-3$이고 양변을 제곱하면

$x-2=\left(\dfrac{1}{2}x+k-3\right)^2$, $\dfrac{1}{4}x^2+(k-4)x+k^2-6k+11=0$

즉 이차방정식 $x^2+4(k-4)x+4k^2-24k+44=0$의 판별식을 D라 하면
중근을 가지므로 $D=0$

$\dfrac{D}{4}=\{2(k-4)\}^2-(4k^2-24k+44)=0$, $-8k+20=0$

∴ $k=\dfrac{5}{2}$

$k=\dfrac{5}{2}$를 이차방정식에 대입하면 $x^2-6x+9=0$, $(x-3)^2=0$

즉 $x=3$이므로 $f(3)=\sqrt{3-2}+3=4$

∴ P$(3, 4)$

3단계 삼각형의 넓이가 최대일 때 점 P에서 직선 AB까지의 거리를 구한다. 1점

점 P$(3, 4)$에서 직선 $x-2y+4=0$까지의 거리는

$\dfrac{|3-8+4|}{\sqrt{1^2+(-2)^2}}=\dfrac{1}{\sqrt{5}}$

즉 선분 PH의 길이의 최댓값은 $\dfrac{1}{\sqrt{5}}$

4단계 삼각형 ABP의 넓이의 최댓값을 구한다. 1점

선분 AB의 길이는 $\sqrt{(6-2)^2+(5-3)^2}=\sqrt{20}=2\sqrt{5}$

따라서 삼각형 ABP의 넓이의 최댓값은 $\dfrac{1}{2}\times2\sqrt{5}\times\dfrac{1}{\sqrt{5}}=1$

01	④	02	⑤	03	③	04	②	05	⑤
06	⑤	07	③	08	⑤	09	④	10	④
11	②	12	④	13	⑤	14	①	15	④
16	④	17	④	18	④	19	⑤	20	②

주관식 및 서술형

21	17	22	5	23	1
24	해설참조		25	해설참조	

01

정답 ④

STEP A 진리집합과 명제의 관계 이해하기

① $\sim p$의 진리집합은 P^c이다. [참]
② 명제 $p \longrightarrow q$가 참이면 $P \subset Q$이므로 $Q^c \subset P^c$이다. [참]
③ $P \neq \varnothing$이면 '어떤 x에 대하여 p이다.'는 참이다. [참]
④ $Q \subset P$이면 명제 $q \longrightarrow p$는 참이다. [거짓]
⑤ $P \neq U$이면 '모든 x에 대하여 p이다.'는 거짓이다. [참]
따라서 옳지 않은 것은 ④이다.

02

정답 ⑤

STEP A 합성함수의 정의를 이용하여 $h(2)$의 값 구하기

$(g \circ h)(x) = f(x)$에서 $f(x) = 3x+1$, $g(x) = 2x-3$이므로
$g(h(x)) = 2h(x) - 3 = 3x + 1$
$\therefore h(x) = \dfrac{3}{2}x + 2$
따라서 $h(2) = 5$

> mini해설 | 합성함수의 관계를 이용하여 풀이하기
>
> $(g \circ h)(x) = f(x)$에서 $x=2$를 대입하면 $g(h(2)) = f(2)$
> $f(2) = 3 \times 2 + 1 = 7$이므로 $g(\overline{h(2)}) = 7$
> 이때 $g(x) = 2x-3$에서 $x=5$일 때 $g(\overline{5}) = 7$이므로 $h(2) = 5$

03

정답 ③

STEP A 함수의 정의를 이용하여 a의 값 구하기

f가 함수이기 위해서는 $x=2$에서의 함숫값이 1개로 같아야 하므로
$6-a = -2+1$ $\therefore a=7$
$\therefore f(x) = \begin{cases} 3x-7 & (x \leq 2) \\ -x+1 & (x \geq 2) \end{cases}$

STEP B x의 범위에 따라 함숫값 구하기

$2-\sqrt{5} \leq 2$이므로 $f(2-\sqrt{5}) = 3(2-\sqrt{5}) - 7 = -1 - 3\sqrt{5}$
<small>$f(x) = 3x-7$에 대입한다.</small>
$\sqrt{5} \geq 2$이므로 $f(\sqrt{5}) = -\sqrt{5} + 1$
<small>$f(x) = -x+1$에 대입한다.</small>
즉 $f(2-\sqrt{5}) - f(\sqrt{5}) = (-1-3\sqrt{5}) - (-\sqrt{5}+1) = -2 - 2\sqrt{5}$
따라서 $p=-2$, $q=-2$이므로 $p+q = -4$

04

정답 ②

STEP A 역함수의 성질을 이용하여 식을 정리하기

$(f \circ (g \circ f)^{-1} \circ f)(x) = (f \circ f^{-1} \circ g^{-1} \circ f)(x) = (g^{-1} \circ f)(x)$
<small>$f \circ f^{-1} = I$ (I는 항등함수)</small>

STEP B 역함수의 정의를 이용하여 구하기

$(g^{-1} \circ f)(a) = g^{-1}(f(a)) = 10$이므로 $f(a) = g(10)$
<small>양변에 g를 합성하면 $g \circ g^{-1} \circ f(a) = g(10)$</small>
즉 $2a+1 = 7$, $2a = 6$
따라서 $a = 3$

> $+\alpha$ | 역함수의 성질을 이용하여 구할 수 있어!
>
> $g^{-1}(f(a)) = 10$에서 $g^{-1}(k) = 10$이라 하면 역함수의 성질에 의하여
> $g(10) = k$, $g(10) = 10-3 = 7$이므로 $k=7$
> 즉 $f(a) = 7$, $f(a) = 2a+1 = 7$ $\therefore a=3$

05

정답 ⑤

STEP A 판별식 D을 이용하여 k의 범위 구하기

이차방정식 $x^2 - 2\sqrt{5}x + a = 0$의 판별식을 D라 할 때,
허근을 가지므로 $D < 0$
즉 $\dfrac{D}{4} = 5 - a < 0$ $\therefore a > 5$

STEP B 산술기하평균을 이용하여 최솟값 구하기

$a+5 + \dfrac{16}{a-5} = a-5 + \dfrac{16}{a-5} + 10$
$a > 5$이므로 $a-5 > 0$, $\dfrac{16}{a-5} > 0$이므로
산술평균과 기하평균의 관계에 의하여
$a-5 + \dfrac{16}{a-5} + 10 \geq 2\sqrt{(a-5) \times \dfrac{16}{a-5}} + 10 = 18$
이때 등호는 $a-5 = \dfrac{16}{a-5}$일 때, 성립하므로
$(a-5)^2 = 16$에서 $a = 9$ ($\because a > 5$)
<small>$a-5 = 4$ 또는 $a-5 = -4$ $\therefore a=9$ 또는 $a=1$</small>
$a+5 + \dfrac{16}{a-5}$은 $a=9$일 때, 최솟값은 18을 가지므로 $k=9$, $p=18$
따라서 $k+p = 9+18 = 27$

06

정답 ⑤

STEP A 명제 $\sim p \longrightarrow q$가 거짓임을 보이는 반례를 진리집합으로 나타내기

두 조건 p, q의 진리집합을 각각 P, Q라 하면
$P = \{x \mid x \leq 3 \text{ 또는 } x > 7\}$, $Q = \{x \mid -1 < x \leq k\}$
명제 $\sim p \longrightarrow q$가 거짓임을 보이는 반례는 집합 P^c의 원소 중
<small>P^c의 원소이지만 Q의 원소가 아닌 원소</small>
집합 Q의 원소가 아닌 것이므로 집합 $P^c - Q = P^c \cap Q^c$에 속한다.

> $+\alpha$ | 반례에 대하여 알 수 있어!
>
> 명제 $p \longrightarrow q$가 거짓임을 보일 때는 반례가 하나라도 있음을 보이면 된다.
> 즉 두 조건 p, q의 진리집합을 각각 P, Q라 할 때 집합 P에 속하지만 집합 Q에
> 속하지 않는 원소가 반례라 할 수 있다.
>
>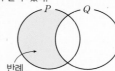
> 반례

STEP B 실수 k의 값의 범위 구하기

$P^C=\{x|3<x\le7\}$, $Q^C=\{x|x\le-1\text{ 또는 }x>k\}$

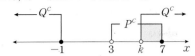

따라서 집합 $P^C\cap Q^C$의 정수인 원소가 7뿐이려면 k의 값의 범위는 $6\le k<7$

07
정답 ③

STEP A 함숫값이 같아지는 정의역의 원소가 될 수 있는 값 구하기

$f(x)=x^3-8x^2+20x-20$, $g(x)=x^2-6x+4$에서 $f=g$가 되기 위해서 정의역 X의 원소 x에 대하여 함숫값이 같으면 된다.

즉 $x^3-8x^2+20x-20=x^2-6x+4$, $x^3-9x^2+26x-24=0$

삼차방정식 $x^3-9x^2+26x-24=(x-2)(x-3)(x-4)=0$

즉 $x=2$ 또는 $x=3$ 또는 $x=4$ ◀── 조립제법을 이용하면

$$\begin{array}{r|rrrr}2&1&-9&26&-24\\&&2&-14&24\\\hline&1&-7&12&0\end{array}$$

$\therefore x^3-9x^2+26x-24=(x-2)(x^2-7x+12)$
$\qquad\qquad\qquad\qquad\quad=(x-2)(x-3)(x-4)$

STEP B 집합 X의 개수 구하기

정의역의 원소가 될 수 있는 값은 $x=2$ 또는 $x=3$ 또는 $x=4$

즉 집합 $\{2, 3, 4\}$의 부분집합 중 공집합을 제외한 집합이 정의역 X이다.

따라서 정의역 X의 개수는 $2^3-1=7$

POINT | 부분집합의 개수

집합 $A=\{x_1, x_2, x_3, \cdots, x_n\}$에 대하여
(1) 집합 A의 부분집합의 개수는 2^n
(2) 집합 A의 진부분집합의 개수는 2^n-1
　집합 A의 부분집합 중 공집합을 제외한 집합의 개수는 2^n-1
(3) 특정원소 p개를 반드시 포함하는 집합의 개수는 2^{n-p}
(4) 특정원소 q개를 반드시 제외하는 집합의 개수는 2^{n-q}
(5) 특정원소 p개는 포함하고 q개는 제외하는 집합의 개수는 2^{n-p-q}
(6) 특정원소 k개 중 적어도 하나는 포함하는 부분집합의 개수는
　(전체의 부분집합의 개수)$-$(특정원소 k개를 제외한 부분집합의 개수)
　즉 2^n-2^{n-k}
부분집합의 개수를 구하는 기본적인 공식을 반드시 암기하도록 한다.

08
정답 ⑤

STEP A 주어진 조건을 이용하여 $g(4)$, $g(1)$의 값 구하기

주어진 그림에서 $f(1)=3$, $f(2)=4$, $f(3)=5$, $f(4)=1$, $f(5)=2$

$f\circ g=g\circ f$에서 $f(g(x))=g(f(x))$ ⋯⋯ ㉠

㉠의 양변에 $x=2$를 대입하면

$f(g(2))=g(f(2))$, $f(3)=g(4)$이므로 $g(4)=5$ ◀── $f(3)=5$
$g(2)=3$, $f(2)=4$를 대입한다.

㉠의 양변에 $x=4$를 대입하면

$f(g(4))=g(f(4))$, $f(5)=g(1)$이므로 $g(1)=2$ ◀── $f(5)=2$
$g(4)=5$, $f(4)=1$을 대입한다.

따라서 $g(4)+g(1)=5+2=7$

09
정답 ④

STEP A 함수식을 $y=\dfrac{k}{x-m}+n$꼴로 변형하여 그래프 파악하기

$y=\dfrac{2x+1}{x+1}=\dfrac{2(x+1)-1}{x+1}=\dfrac{-1}{x+1}+2$

점근선의 방정식은 $x=-1$, $y=2$이고 함수의 그래프는 오른쪽 그림과 같다.

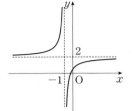

STEP B [보기]의 참, 거짓 판단하기

ㄱ. 이 함수의 그래프는 $y=-\dfrac{1}{x}$의 그래프를 x축의 방향으로 -1만큼, y축의 방향으로 2만큼 평행이동한 것이다. [거짓]

ㄴ. 제1, 2, 3사분면을 지난다. [참]

ㄷ. 이 그래프는 점근선의 교점 $(-1, 2)$를 지나고 기울기가 ±1인 직선에 대칭이므로 $y-2=\pm(x+1)$
　즉 $y=x+3$, $y=-x+1$에 대하여 대칭이다. [참]

따라서 옳은 것은 ㄴ, ㄷ이다.

10
정답 ④

STEP A 명제의 결론을 부정하기

$\sqrt{3}$을 유리수라고 가정하면
'유리수가 아니다.'를 부정하므로 유리수라고 가정한다.

$\sqrt{3}=\dfrac{n}{m}$ (m, n은 서로소인 자연수)

STEP B 유리수의 성질을 이용하여 모순임을 이용하여 증명하기

$\sqrt{3}=\dfrac{n}{m}$의 양변을 제곱하여 정리하면

$\therefore 3m^2=n^2$ ⋯⋯ ㉠

이때 $\boxed{n^2}$은 3의 배수이므로 n도 3의 배수이다.

$n=\boxed{3k}$ (k는 자연수)로 놓고 ㉠에 대입하여 정리하면

$\therefore m^2=\boxed{3k^2}$

이때 m^2은 3의 배수이므로 m도 3의 배수이다.

즉, m, n이 모두 3의 배수가 되어 이는 m, n이 서로소인 자연수라는 가정에 모순이다.

따라서 $\sqrt{3}$이 유리수가 아니다.

STEP C $f(2)+g(2)+h(3)$의 값 구하기

따라서 $f(n)=n^2$, $g(k)=3k$, $h(k)=3k^2$이므로

$f(2)+g(2)+h(3)=4+6+27=37$

POINT | 귀류법을 이용한 증명

명제가 참임을 직접적으로 증명하기 어려울 때 그 명제의 결론을 부정하여 가정이나 이미 알고 있는 정리 등에 모순이 됨을 보여줌으로써 명제가 참임을 증명하는 방법이다.
귀류법의 핵심은 가정을 만족시키면서 결론을 부정하면 가정에 모순이 발생한다는 것이다.

11

STEP Ⓐ x의 값의 범위를 나누어 함수 $f(x)$ 구하기

(i) $x \geq \dfrac{1}{2}$일 때,

$$f(x) = 2x-1+ax+1 = (a+2)x$$

(ii) $x < \dfrac{1}{2}$일 때,

$$f(x) = -(2x-1)+ax+1 = (a-2)x+2$$

(i), (ii)에서 $f(x) = \begin{cases} (a+2)x & \left(x \geq \dfrac{1}{2}\right) \\ (a-2)x+2 & \left(x < \dfrac{1}{2}\right) \end{cases}$

STEP Ⓑ 함수 $f(x)$가 일대일대응이 아닐 조건 구하기

함수 $f(x)$가 역함수가 존재하지 않으므로 일대일대응이 되지 않는다.
즉 두 직선 $y=(a+2)x$, $y=(a-2)x+2$의 기울기의 부호가 서로 다르거나
적어도 하나가 0이어야 하므로 $(a+2)(a-2) \leq 0$

> **+α** | 역함수가 존재하는 조건을 이용해서 구할 수 있어!
>
> 두 직선 $y=(a+2)x$, $y=(a-2)x+2$에서 역함수가 존재하기 위해서는
> 기울기의 부호가 같으면 된다.
> 즉 $(a+2)(a-2) > 0$
> 이때 역함수가 존재하지 않으므로 역함수가 존재하는 조건의 반대를 구하면 되므로
> $(a+2)(a-2) \leq 0$ ∴ $-2 \leq a \leq 2$

STEP Ⓒ 일대일대응이 되지 않도록 하는 정수 a의 개수 구하기

$-2 \leq a \leq 2$이므로 정수 a는 $-2, -1, 0, 1, 2$
따라서 정수 a의 개수는 5

12

STEP Ⓐ 합성함수가 정의될 조건 파악하기

함수 f의 치역을 A라 하면 집합 $A = \{1, a+1, 2a+1\}$이고
함수 g의 정의역은 $Y = \{1, 2, 3, 4\}$이므로 합성함수 $g \circ f$가 정의되기
위해서는 $A \subset Y$이어야 한다.

STEP Ⓑ $a+1$의 값을 기준으로 나누어 조건을 만족하는지 확인하기

(i) $a+1 = 1$일 때,
$a=0$이므로 함수 f의 치역은 $\{1\}$이고
 $a=0$일 때, $f(x)=1$
집합 $Y = \{1, 2, 3, 4\}$의 부분집합이므로 $g \circ f$가 정의된다.

(ii) $a+1 = 2$일 때,
$a=1$이므로 함수 f의 치역은 $\{1, 2, 3\}$이고
$a=1$일 때, $f(x)=x+1$
집합 $Y = \{1, 2, 3, 4\}$의 부분집합이 되므로 $g \circ f$가 정의된다.

(iii) $a+1 = 3$일 때,
$a=2$이므로 함수 f의 치역은 $\{0, 3, 5\}$이고
$a=2$일 때, $f(x)=2x+1$
집합 $Y = \{1, 2, 3, 4\}$의 부분집합이 되지 않으므로 $g \circ f$가
정의되지 않는다.

(iv) $a+1 = 4$일 때,
$a=3$이므로
$a=3$일 때, $f(x)=3x+1$
함수 f의 치역은 $\{1, 4, 7\}$이고
집합 $Y = \{1, 2, 3, 4\}$의 부분집합이 되지 않으므로 $g \circ f$가
정의되지 않는다.

(i)~(iv)에서 $a=0$ 또는 $a=1$이면 합성함수 $g \circ f$가 정의된다.
따라서 주어진 조건을 만족시키는 모든 상수 a의 값의 합은 $0+1=1$

13

STEP Ⓐ $f(x)=0$과 $f(x)=f^{-1}(x)$일 때 실근 구하기

$\{f(x)\}^2 = f(x)f^{-1}(x)$에서
$\{f(x)\}^2 - f(x)f^{-1}(x) = 0$, $f(x)\{f(x)-f^{-1}(x)\} = 0$
∴ $f(x)=0$ 또는 $f(x)=f^{-1}(x)$

(i) $f(x)=0$일 때,
$2x-6=0$, $2x=6$ ∴ $x=3$

(ii) $f(x)=f^{-1}(x)$일 때,
두 함수 $y=f(x)$, $y=f^{-1}(x)$의 그래프의 교점은 $y=f(x)$의 그래프와
직선 $y=x$의 교점과 같으므로   ← $y=f(x)$는 증가함수
$2x-6=x$ ∴ $x=6$

(i), (ii)에서 모든 실수 x의 값의 합은 $3+6=9$

> **mini해설** | 이차방정식의 근과 계수의 관계를 이용하여 풀이하기
>
> $y=2x-6$이라 하면 $2x=y+6$ ∴ $x=\dfrac{1}{2}y+3$
>
> x와 y를 서로 바꾸면 $y=\dfrac{1}{2}x+3$
>
> ∴ $f^{-1}(x) = \dfrac{1}{2}x+3$
>
> $\{f(x)\}^2 = f(x)f^{-1}(x)$에서 $(2x-6)^2 = (2x-6)\left(\dfrac{1}{2}x+3\right)$
>
> $4x^2 - 24x + 36 = x^2 + 3x - 18$
>
> $3x^2 - 27x + 54 = 0$ ∴ $x^2 - 9x + 18 = 0$
> (판별식) > 0이므로 서로 다른 두 실근을 갖는다.
>
> 따라서 이차방정식의 근과 계수의 관계에 의하여 모든 실수 x의 값의 합은 9

14

STEP Ⓐ 두 조건 (가), (나)를 만족하는 유리함수의 식과 그래프 그리기

조건 (가)에서 유리함수 $y=f(x)$가 점 $(3, 2)$에 대하여 대칭이므로
점근선의 방정식이 $x=3$, $y=2$

$$y = \frac{k}{x-3} + 2 \ (k \neq 0)$$로 놓을 수 있다.

조건 (나)에서 함수 $y=f(x)$의 그래프가

점 $\left(0, \dfrac{4}{3}\right)$를 지나므로

$\dfrac{4}{3} = \dfrac{k}{0-3} + 2$ ∴ $k=2$

이때, $-2 \leq x \leq 1$에서 $y = \dfrac{2}{x-3} + 2$의

그래프는 오른쪽 그림과 같다.

STEP Ⓑ 주어진 정의역에서 최댓값 M, 최솟값 m 구하기

$x=-2$일 때 최댓값 $M=\dfrac{8}{5}$, $x=1$일 때 최솟값 $m=1$

따라서 $M-m = \dfrac{8}{5} - 1 = \dfrac{3}{5}$

15

STEP Ⓐ 유리함수의 대칭인 직선의 방정식을 이용하여 a, b, c의 값 구하기

함수 $y = \dfrac{-2x+1}{x-3}$은 직선은 기울기가 1 또는 -1이고
점근선의 교점을 지나는 직선에 대하여 대칭이다.
점근선의 방정식은 $x=3$, $y=-2$이므로 점근선의 교점은 $(3, -2)$
대칭인 직선의 방정식은 기울기가 1일 때, $y=(x-3)-2$ ∴ $y=x-5$
기울기가 -1일 때 $y=-(x-3)-2$ ∴ $y=-x+1$
$y=x+a$는 $y=x-5$와 일치하므로 $a=-5$
$y=bx+c$는 $y=-x+1$과 일치하므로 $b=-1$, $c=1$
∴ $a=-5$, $b=-1$, $c=1$

STEP B 무리함수의 식을 이용하여 보기의 참, 거짓 판단하기

$a=-5$, $b=-1$, $c=1$이므로 무리함수 $y=-b\sqrt{x+a}+c$에 대입하면
$y=\sqrt{x-5}+1$

ㄱ. 정의역은 근호 안의 식 $x-5 \geq 0$이므로 $\{x|x \geq 5\}$, 치역은 $\{y|y \geq 1\}$
   [거짓]

ㄴ. 정의역이 $\{x|x \geq 5\}$, 치역은 $\{y|y \geq 1\}$이므로 그래프는 다음과 같다.

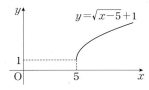

   즉 무리함수 $y=\sqrt{x-5}+1$는 제1사분면을 지난다. [참]

ㄷ. $x=9$를 대입하면 $\sqrt{9-5}+1=\sqrt{4}+1=3$이므로 점 $(9, 3)$을 지난다. [참]

ㄹ. $6 \leq x \leq 21$에서 최솟값은 $x=6$일 때이므로 $\sqrt{6-5}+1=2$
   최댓값은 $x=21$일 때이므로 $\sqrt{21-5}+1=5$
   즉 최솟값과 최댓값의 합은 $2+5=7$이다. [참]

따라서 보기 중 옳은 것은 ㄴ, ㄷ, ㄹ이다.

16 [정답] ④

STEP A 일대일대응이 되도록 치역을 구한 후 그래프 그리기

집합 $\{x|3 \leq x \leq 5\}$에서 정의된 함수 $y=x-3$의 치역은 $\{y|0 \leq y \leq 2\}$
이므로 함수 f가 일대일대응이 되기 위해서는 집합 $\{x|0 \leq x<3\}$에서
정의된 함수 $y=ax^2+b$의 치역이 $\{y|2<y \leq 5\}$이어야 하고
함수 $y=f(x)$의 그래프는 그림과 같아야 한다.
일대일대응의 그래프가 반드시 이어지지 않을 수 있다. 공역과 치역이 같음에 유념하여 그래프를 그린다.

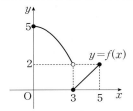

STEP B $f(x)$의 식을 구한 후 $f(2)$의 값 구하기

이차함수 $g(x)=ax^2+b$라 할 때, 위의 그래프에서 $g(0)=5$, $g(3)=2$이다.
$g(x)=ax^2+b$에 $x=0$, $x=3$을 각각 대입하면
$g(0)=5$에서 $b=5$
$g(3)=2$에서 $9a+b=2$이므로 $b=5$를 대입하면
$9a+5=2$, $9a=-3$, $a=-\frac{1}{3}$ ∴ $g(x)=-\frac{1}{3}x^2+5$

$f(x)=\begin{cases} -\dfrac{1}{3}x^2+5 & (0 \leq x<3) \\ x-3 & (3 \leq x \leq 5) \end{cases}$

따라서 $f(2)=-\frac{1}{3} \times 2^2+5=\frac{11}{3}$

+α | $a>0$일 때, 함수 $f(x)$가 일대일대응이 아님을 알 수 있어!

위의 풀이에서 이차함수 $g(x)=ax^2+b$ (단, $a>0$)에 대하여
$g(0)=2$, $g(3)=5$인 경우에는 함수 $y=f(x)$의 그래프가 그림과 같다.

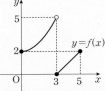

이 경우에는 $f(0)=f(5)=2$이므로 함수 $f(x)$는 일대일대응이 아니다.
또한, 공역의 원소 5가 치역에 속하지 않으므로 함수 $f(x)$는 일대일대응이 아니다.

---

17 [정답] ④

STEP A 코시 − 슈바르츠의 부등식을 이용하여 최댓값 구하기

x, y가 실수이므로 코시 − 슈바르츠의 부등식에 의하여

x, y가 실수일 때, $(a^2+b^2)(x^2+y^2) \geq (ax+by)^2$

$\left\{\left(\dfrac{3}{2}\right)^2+2^2\right\}(4x^2+25y^2) \geq (3x+10y)^2$

$(a^2+b^2)(x^2+y^2) \geq (ax+by)^2$ (단, 등호는 $ay=bx$일 때 성립한다.)

에서 x^2의 자리는 $(2x)^2$가 되고 $3x$의 값을 만들어야 하므로 $a=\dfrac{3}{2}$
y^2의 자리는 $(5y)^2$가 되고 $10y$를 만들어야 하므로 $b=2$
즉 $\left\{\left(\dfrac{3}{2}\right)^2+2^2\right\}(4x^2+25y^2) \geq (3x+10y)^2$
(단, 등호는 $8x=15y$일 때 성립한다.)

$\left(\dfrac{9}{4}+4\right) \times 8 \geq (3x+10y)^2$, $(3x+10y)^2 \leq 50$

∴ $-5\sqrt{2} \leq 3x+10y \leq 5\sqrt{2}$
따라서 $3x+10y$의 최댓값은 $5\sqrt{2}$

18 [정답] ④

STEP A 일대일대응인 함수의 개수 구하기

일대일대응인 함수 f의 개수에서 $f(2)=1$ 또는 $f(3)=4$이면서 일대일대응인
함수의 개수를 빼면 된다.
즉 일대일대응인 함수 f의 개수는 $6!=720$
일대일대응인 함수는 정의역의 원소에 대응하는 공역의 원소가 각각 달라야 하므로
공역의 원소 6개를 일렬로 나열하는 방법의 수와 같다.

STEP B $f(2)=1$ 또는 $f(3)=4$인 일대일대응인 함수의 개수 제외하기

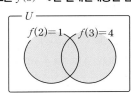

$f(2)=1$ 또는 $f(3)=4$가 되는 경우는
(i) $f(2)=1$이 되는 경우
   $f(2)=1$이므로 $f(1)$, $f(3)$, $f(4)$, $f(5)$, $f(6)$에 대응하는 수를
   배열하면 된다.
   즉 $5!=5 \times 4 \times 3 \times 2 \times 1=120$
(ii) $f(3)=4$인 경우
   $f(3)=4$이므로 $f(1)$, $f(2)$, $f(4)$, $f(5)$, $f(6)$에 대응하는 수를
   배열하면 된다.
   즉 $5!=5 \times 4 \times 3 \times 2 \times 1=120$
(iii) $f(2)=1$ 그리고 $f(3)=4$인 경우
   $f(2)=1$, $f(3)=4$일 때 $f(1)$, $f(4)$, $f(5)$, $f(6)$에 대응하는 수를
   배열하면 된다.
   즉 $4!=4 \times 3 \times 2 \times 1=24$
(i)~(iii)에서 $f(2)=1$ 또는 $f(3)=4$가 되는 경우의 수는
$120+120-24=216$

STEP C 함수 f의 개수 구하기

따라서 $f(2) \neq 1$, $f(3) \neq 4$이고 일대일대응인 함수 f의 개수는
$720-216=504$

STEP A 유리함수의 식을 변형하여 그래프 그리기

$y=\dfrac{3x+5}{x+1}=\dfrac{3(x+1)+2}{x+1}=\dfrac{2}{x+1}+3$

이므로 $1 \le x \le 3$에서

함수 $y=\dfrac{3x+5}{x+1}$ ...... ㉠

의 그래프는 오른쪽 그림과 같다.

이때 직선 $y=ax+3$, $y=bx+3$은

각각 점 $(0, 3)$을 지난다.

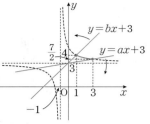

STEP B $1 \le x \le 3$에서 두 그래프가 만나도록 하는 m의 범위 구하기

(i) 직선 $y=bx+3$이 점 $(1, 4)$를 지날 때, $4=b+3$ ∴ $b=1$

　　직선 $y=bx+3$이 곡선 ㉠의 위쪽에 위치하려면 $b \ge 1$

(ii) 직선 $y=ax+3$이 점 $\left(3, \dfrac{7}{2}\right)$을 지날 때, $\dfrac{7}{2}=3a+3$ ∴ $a=\dfrac{1}{6}$

　　즉 직선 $y=ax+3$이 곡선 ㉠의 아래쪽에 위치하려면 $a \le \dfrac{1}{6}$

(i), (ii)에서 a의 최댓값은 $\dfrac{1}{6}$, b의 최솟값은 1이므로

$b-a$의 최솟값은 $1-\dfrac{1}{6}=\dfrac{5}{6}$

---

mini해설 | 원점을 지나는 직선으로 유도하여 풀이하기

$\dfrac{3x+5}{x+1}=\dfrac{3(x+1)+2}{x+1}=\dfrac{2}{x+1}+3$

이므로 주어진 부등식을 정리하면

$ax \le \dfrac{2}{x+1} \le bx$ ...... ㉠

$1 \le x \le 3$에서 $y=\dfrac{2}{x+1}$의 그래프는

오른쪽 그림과 같으므로 부등식 ㉠을

만족시키는 상수 a, b의 값의 범위는 $a \le \dfrac{1}{6}$, $b \ge 1$

따라서 a의 최댓값은 $\dfrac{1}{6}$, b의 최솟값은 1이므로 $b-a$의 최솟값은 $1-\dfrac{1}{6}=\dfrac{5}{6}$

STEP A 두 조건 (가), (나)를 만족하는 함수 $y=f(x)$의 그래프 그리기

조건 (가)에서 함수 f의 치역이

$\{y|y>1\}$이므로

함수 $f(x)$는 1보다 큰 모든 실수를

함숫값으로 가져야 한다.

조건 (나)에서 함수 $f(x)$가

일대일함수이므로

함수 $y=f(x)$의 그래프는 오른쪽과

같이 그릴 수 있다.

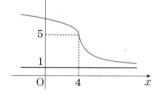

STEP B $x=4$에서 함숫값이 같음을 이용하여 a의 값 구하기

$y=\dfrac{x+1}{x-3}$에 $x=4$를 대입하면 $y=\dfrac{4+1}{4-3}=5$이므로

두 조건 (가), (나)를 만족하기 위해서는 $f(4)=\sqrt{4-4}+a=5$에서 $a=5$

∴ $f(x)=\sqrt{4-x}+5(x \le 4)$

STEP C $f(3)f(k)=24$를 만족하는 상수 k의 값 구하기

$f(3)=\sqrt{4-3}+5=6$이므로 $f(3)f(k)=24$에서 $f(k)=\dfrac{24}{f(3)}=\dfrac{24}{6}=4$

즉 $1<f(k)<5$이므로 $k>4$

따라서 $f(x)=\dfrac{2x+3}{x-2}$에 $x=k$를 대입하면 $f(k)=\dfrac{k+1}{k-3}=4$에서

$k+1=4k-12$이므로 $k=\dfrac{13}{3}$

주관식 및 서술형 문제

21

STEP A 무리함수의 그래프의 개형을 그려 최댓값과 최솟값 구하기

$y=\sqrt{2x-2}-4=\sqrt{2(x-1)}-4$의 그래프는 $y=\sqrt{2x}$의 그래프를 x축의

방향으로 1만큼, y축의 방향으로 -4만큼 평행이동한 것이고 그래프는

다음 그림과 같다.

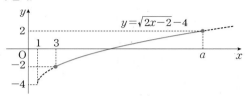

$x=a$에서 최댓값 2를 가지므로 $2=\sqrt{2a-2}-4$, $6=\sqrt{2a-2}$

$2a-2=36$ ∴ $a=19$

$x=3$일 때, 최솟값 m을 가지므로 $m=\sqrt{2 \times 3-2}-4=2-4=-2$

STEP B $a+m$의 값 구하기

따라서 $a+m=19+(-2)=17$

STEP A 함수 f가 일대일대응이므로 $f(2)$, $f(3)$의 값 구하기

함수 f의 역함수가 존재하면 일대일대응이다.

$f(1)=3$이므로

$f(2)=1$, $f(3)=2$ 또는 $f(2)=2$, $f(3)=1$

(i) $f(2)=1$, $f(3)=2$일 때,

　　$f^3(1)=f(f(f(1)))=f(f(3))=f(2)=1$

　　$f^3(2)=f(f(f(2)))=f(f(1))=f(3)=2$

　　$f^3(3)=f(f(f(3)))=f(f(2))=f(1)=3$

　　∴ $f^3=I$

(ii) $f(2)=2$, $f(3)=1$일 때,

　　$f^3(1)=f(f(f(1)))=f(f(3))=f(1)=3$

　　$f^3(1)=3$이므로 $f^3=I$를 만족시키지 않는다.

STEP B 역함수의 성질을 이용하여 $g^{10}(1)+g^{11}(2)$의 값 구하기

(i), (ii)에서 $f(1)=3$, $f(2)=1$, $f(3)=2$이므로

$g(1)=2$, $g(2)=3$, $g(3)=1$, $f^3=I$에서 $g^3=I$

$2025=3 \times 675$, $2030=3 \times 676+2$이므로

$g^{2025}(2)=g^3(2)=2$, $g^{2030}(1)=g^2(1)=g(g(1))=g(2)=3$

따라서 $g^{2025}(2)+g^{2030}(1)=2+3=5$

+α | $g^3=I$인 이유를 알 수 있어!

$f^3=I$에서 $(f \circ f \circ f)(x)=x$이므로 양변에 역함수 g를 합성하면

$(f \circ f)(x)=g(x)$, $f(x)=(g \circ g)(x)$

$x=(g \circ g \circ g)(x)$ ∴ $g^3=I$

23

정답 1

무리함수의 그래프에서 시작점의 위치 파악하기

무리함수 $y=\sqrt{4a-x}+a$ 에서 정의역은 근호 안의 식 $4a-x \geq 0$ 이므로

정의역은 $\{x \,|\, x \leq 4a\}$, 치역은 $\{y \,|\, y \geq a\}$ 이므로

무리함수의 시작점은 $(4a,\ a)$

즉 $(4a,\ a)$는 직선 $y=\dfrac{1}{4}x$ 위의 점이 된다.

유리함수 $y=\dfrac{2x-4}{x}$ 와 직선 $y=\dfrac{1}{4}$ 의 위치 관계 구하기

유리함수 $y=\dfrac{2x-4}{x}$ 의 점근선의 방정식은 $x=0,\ y=2$ 이고

이때 직선 $y=\dfrac{1}{4}x$ 와 교점을 구하면 $\dfrac{2x-4}{x}=\dfrac{1}{4}x$ 이고

양변에 x를 곱하고 식을 정리하면 $2x-4=\dfrac{1}{4}x^2$, $x^2-8x+16=0$

$(x-4)^2=0$ ∴ $x=4$

즉 $(4,\ 1)$에서 유리함수와 직선은 접한다.

무리함수와 유리함수가 서로 다른 두 점에서 만나기 위한 a의 값 구하기

유리함수 $y=\dfrac{2x-4}{x}$ 와 직선 $y=\dfrac{1}{4}x$ 가 $(4,\ 1)$에서 접하므로

무리함수의 시작점이 $(4,\ 1)$일 때 서로 다른 두 점에서 만날 수 있다.

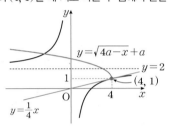

따라서 상수 a의 값은 1

24

정답 해설참조

1단계	함수 $y=f(x)$의 그래프와 그 역함수 $y=g(x)$의 그래프의 관계를 구한다.	1.5점

함수 $f(x)=\dfrac{6}{x-1}+2$의 그래프와 그 역함수 $y=g(x)$의 그래프는 직선

$y=x$에 대하여 대칭이므로 두 함수 $y=f(x)$, $y=g(x)$의 그래프가

만나는 두 점 A, B는 직선 $y=x$ 위에 있다.

2단계	두 함수 $y=f(x)$, $y=g(x)$의 그래프가 만나는 두 점 A, B의 좌표를 구한다.	1.5점

두 점 A, B의 x좌표는 $\dfrac{6}{x-1}+2=x$에서

$\dfrac{6}{x-1}=x-2$, $(x-2)(x-1)=6$

$x^2-3x-4=0$, $(x+1)(x-4)=0$

∴ $x=-1$ 또는 $x=4$

∴ A$(-1,\ -1)$, B$(4,\ 4)$ 또는 A$(4,\ 4)$, B$(-1,\ -1)$

3단계	선분 AB의 길이를 구한다.	1점

∴ $\overline{\text{AB}}=\sqrt{(4+1)^2+(4+1)^2}=5\sqrt{2}$

25

정답 해설참조

1단계	두 조건 p, q, r의 진리집합을 P, Q, R이라 할 때, 진리집합 P, Q, R을 구한다.	1점

세 조건 p, q, r의 진리집합을 각각 P, Q, R이라고 하면

$P=\{x \,|\, -1<x<5$ 또는 $x>7\}$

$Q=\{x \,|\, x>a\}$, $R=\{x \,|\, x>b\}$

2단계	q는 p이기 위한 필요조건이 되려면 $P \subset Q$가 성립함을 이용하여 a의 최댓값을 구한다.	1.5점

q는 p이기 위한 필요조건이 되려면 $P \subset Q$가 성립한다.

다음 그림에서 $a \leq -1$

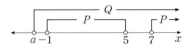

즉 구하는 정수 a의 최댓값은 -1이다.

3단계	r은 p이기 위한 충분조건이 되려면 $R \subset P$가 성립함을 이용하여 b의 최솟값을 구한다.	1.5점

r은 p이기 위한 충분조건이 되려면 $R \subset P$가 성립한다.

다음 그림에서 $b \geq 7$

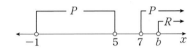

즉 구하는 정수 b의 최솟값은 7이다.

4단계	$b-a$의 최솟값을 구한다.	1점

따라서 $b-a$의 최솟값은 $7-(-1)=8$

01	⑤	02	②	03	②	04	③	05	②
06	②	07	①	08	③	09	③	10	⑤
11	④	12	③	13	③	14	⑤	15	④
16	④	17	②	18	③	19	②	20	④

주관식 및 서술형					
21	6	22	3	23	10
24	해설참조		25	해설참조	

01
 정답 ⑤

STEP A **두 조건 p, q의 진리집합 구하기**

조건 p, q의 진리집합을 각각 P, Q라 하면

$p : 3x^2-2x-1=0$에서 $(3x+1)(x-1)=0$

$\therefore x=-\dfrac{1}{3}$ 또는 $x=1$

즉 조건 p의 진리집합은 $P=\left\{-\dfrac{1}{3},\,1\right\}$

$q : 3x-a=0$에서 $x=\dfrac{a}{3}$이므로 진리집합은 $Q=\left\{\dfrac{a}{3}\right\}$

STEP B **p가 q이기 위한 필요조건이므로 $Q \subset P$임을 이용하기**

이때 p가 q이기 위한 필요조건이므로 $Q \subset P$

(i) $-\dfrac{1}{3}=\dfrac{a}{3}$일 때, $a=-1$

(ii) $1=\dfrac{a}{3}$일 때, $a=3$

(i), (ii)에 의해 모든 상수 a의 값의 합은 $-1+3=2$

02
 정답 ②

STEP A **산술평균과 기하평균의 관계를 이용하여 최솟값 구하기**

$\dfrac{1}{x}+\dfrac{1}{y}=\dfrac{x+y}{xy}=\dfrac{3}{xy}(\because x+y=3)$ ...... ㉠

$xy>0$, $x+y=3$이므로 $x>0$, $y>0$

산술평균과 기하평균의 관계에 의하여

즉 $x+y \geq 2\sqrt{xy}$ (단, 등호는 $x=y$일 때 성립한다.)

양변을 제곱하면 $(x+y)^2 \geq 4xy$

$\dfrac{1}{xy} \geq \dfrac{4}{(x+y)^2}$ ...... ㉡

㉠, ㉡에 의하여 $\dfrac{1}{x}+\dfrac{1}{y}=\dfrac{3}{xy} \geq \dfrac{12}{(x+y)^2}=\dfrac{4}{3}$ ← $x+y=3$

따라서 $\dfrac{1}{x}+\dfrac{1}{y}$의 최솟값은 $\dfrac{4}{3}$

+α **식을 전개하면서 최솟값을 구할 수 있어!**

$x>0$, $y>0$에서 $x+y=3$

$(x+y)\left(\dfrac{1}{x}+\dfrac{1}{y}\right)=\dfrac{y}{x}+\dfrac{x}{y}+2 \geq 2\sqrt{\dfrac{y}{x} \times \dfrac{x}{y}}+2$ (단, 등호는 $x=y$일 때 성립한다.)

$(x+y)\left(\dfrac{1}{x}+\dfrac{1}{y}\right)$의 최솟값은 4

이때 $x+y=3$이므로 양변을 $x+y=3$으로 나누면 $\dfrac{1}{x}+\dfrac{1}{y}$의 최솟값은 $\dfrac{4}{3}$

03
 정답 ②

STEP A **점근선의 방정식으로부터 유리함수의 함수식 구하기**

점근선의 방정식이 $x=2$, $y=3$이므로

$f(x)=\dfrac{k}{x-2}+3=\dfrac{3x-6+k}{x-2}=\dfrac{ax+1}{x+b}$

즉 $a=3$, $b=-2$, $-6+k=1$ $\therefore a=3$, $b=-2$, $k=7$

$\therefore f(x)=\dfrac{3x+1}{x-2}$

따라서 $f(4)=\dfrac{13}{2}$ 이므로 $a+b+f(4)=3+(-2)+\dfrac{13}{2}=\dfrac{15}{2}$

04
 정답 ③

STEP A **합성함수의 결합법칙을 이용하여 a, b의 값 구하기**

$(h \circ (g \circ f))(x)=((h \circ g) \circ f)(x)$

$\qquad\qquad =(h \circ g)(f(x))$

$\qquad\qquad =(h \circ g)(x+a)=3(x+a)-2$

이때, $bx+4=3x+3a-2$이므로 $a=2$, $b=3$ ← x에 대한 항등식

따라서 $a+b=2+3=5$

05
 정답 ②

STEP A **점 $(-2, 1)$을 지남을 이용하여 a, b 사이의 관계식 구하기**

함수 $f(x)=\dfrac{ax+b}{x+3}$의 그래프가 점 $(-2, 1)$을 지나므로

$f(-2)=\dfrac{-2a+b}{-2+3}=1$ $\therefore -2a+b=1$ ...... ㉠

STEP B **$f(x)=f^{-1}(x)$임을 이용하여 a, b의 값 구하기**

$(f \circ f)(x)=x$이므로 $f^{-1}(x)=f(x)$

$f^{-1}(x)=\dfrac{-3x+b}{x-a}$이므로 $f(x)=f^{-1}(x)$에서 $a=-3$

$a=-3$을 ㉠에 대입하면 $6+b=1$, $b=-5$

즉 $a=-3$, $b=-5$이므로 $f(x)=\dfrac{-3x-5}{x+3}$

따라서 $f(2)=\dfrac{-3 \times 2-5}{2+3}=-\dfrac{11}{5}$이고 $f(2)=f^{-1}(2)$이므로

$f^{-1}(2)=-\dfrac{11}{5}$이다.

+α **점근선의 교점을 이용해서 구할 수 있어!**

$(f \circ f)(x)=x$이므로 $y=f(x)$와 그 역함수가 일치한다.
즉 점근선의 교점이 $y=x$ 위의 점이다.
$f(x)=\dfrac{ax+b}{x+3}$에서 점근선의 방정식은 $x=-3$, $y=a$이므로
점근선의 교점은 $(-3, a)$이고 $y=x$에 대입하면 $a=-3$

06
 정답 ②

STEP A **그래프에서 역함수의 함숫값 구하기**

$f^{-1}(b)=p (p$는 상수$)$라 하면

$f(p)=b$ $\therefore p=c$

$g^{-1}(c)=q (q$은 상수$)$이라 하면

$g(q)=c$ $\therefore q=b$

따라서 $g^{-1}(f^{-1}(b))=g^{-1}(c)=b$

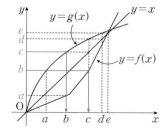

07

정답 ①

STEP Ⓐ **함수와 그 역함수의 교점은 함수와 직선 $y=x$의 교점과 같음을 이해하기**

함수 f가 증가하는 함수이므로 함수 $y=f(x)$의 그래프와
그 역함수 $y=g(x)$의 그래프의 두 교점은 함수 $y=f(x)$의 그래프와
직선 $y=x$의 두 교점과 같다.

STEP Ⓑ **이차함수와 직선을 연립하고 교점의 좌표 구하여 l^2의 값 구하기**

$x^2-6x+12=x$에서 $x^2-7x+12=0$
$(x-3)(x-4)=0$
∴ $x=3$ 또는 $x=4$
이차방정식이 서로 다른 두 실근을
가지므로 방정식으로 풀면 된다.

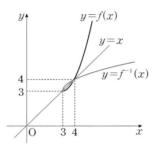

STEP Ⓒ **두 교점 사이의 거리 구하기**

따라서 두 교점의 좌표는 $(3, 3)$, $(4, 4)$이므로 두 교점 사이의 거리는
$\sqrt{(4-3)^2+(4-3)^2}=\sqrt{2}$

08

정답 ③

STEP Ⓐ **주어진 벤 다이어그램을 이용하여 참, 거짓 판단하기**

① $P \not\subset Q$이므로 $p \longrightarrow q$는 거짓이다.
② $R \not\subset Q$이므로 $r \longrightarrow q$는 거짓이다.
③ $P^C \subset Q^C$이므로 $\sim p \longrightarrow \sim q$는 참이다. ◀ $Q \subset P$이므로 $q \longrightarrow p$
④ $P^C \not\subset R^C$이므로 $\sim p \longrightarrow \sim r$는 거짓이다.
⑤ $Q^C \not\subset R^C$이므로 $\sim q \longrightarrow \sim r$는 거짓이다.
따라서 참인 것은 ③이다.

09

정답 ③

STEP Ⓐ **X의 원소 1, 2에 대응하는 Y의 원소를 뽑는 경우의 수 구하기**

$f(3)=5$이고 $x_1<x_2$이면 $f(x_1)<f(x_2)$이므로
Y의 원소 1, 2, 3, 4 중 2개를 뽑아 작은 수부터 차례로
$f(1)$, $f(2)$에 대응시키면 된다.
∴ $_4C_2=\dfrac{4\times 3}{2\times 1}=6$

STEP Ⓑ **X의 원소 4, 5에 대응하는 Y의 원소를 뽑는 경우의 수 구하기**

또, Y의 원소 6, 7, 8, 9, 10 중 2개를 뽑아 작은 수부터 차례로
$f(4)$, $f(5)$에 대응시키면 된다.
∴ $_5C_2=\dfrac{5\times 4}{2\times 1}=10$

STEP Ⓒ **조건을 만족하는 전체 경우의 수 구하기**

따라서 구하는 함수의 개수는 $6\times 10=60$

10

정답 ⑤

STEP Ⓐ **합성함수와 역함수의 정의를 이용하여 $g(3)$, $f(2)$의 값 구하기**

$f(3)=1$, $g(2)=3$이므로 $f^{-1}(1)=3$, $g^{-1}(3)=2$
$(g \circ f^{-1})(1)=1$에서 $g(f^{-1}(1))=1$이므로 $g(3)=1$
$(g \circ f^{-1})^{-1}(3)=2$에서 $(f \circ g^{-1})(3)=f(g^{-1}(3))=f(2)=2$

STEP Ⓑ **두 함수 f, g는 일대일대응임을 이용하여 $f(1)$, $g(1)$ 구하기**

두 함수 f, g의 역함수가 모두 존재하므로 두 함수 f, g는 일대일대응이다.
$f(2)=2$, $f(3)=1$이므로 $f(1)=3$
$g(2)=3$, $g(3)=1$이므로 $g(1)=2$ ◀ $g^{-1}(2)=2$
따라서 $f(1)-g^{-1}(2)=3-1=2$

> **+α** | 두 함수 f, g는 다음 그림과 같이!
>
>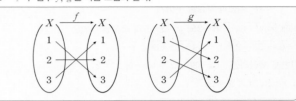

11

정답 ④

STEP Ⓐ **두 조건의 진리집합 구하기**

두 조건의 진리집합을 각각 P, Q라 하면
$P=\{x|k-1 \le x \le k+3\}$, $Q=\{x|0 \le x \le 2\}$

STEP Ⓑ **어떤 실수 x에 대하여 주어진 명제가 참이 되도록 하는 조건 구하기**

조건 p를 만족하는 어떤 실수 x에 대하여 조건 q를 만족하므로
어떤 실수 x에 대하여 주어진 명제가 참이 되려면 진리집합 P에 속하는
원소 중에서 진리집합 Q에 속하는 원소가 적어도 하나 존재해야 한다.
즉 주어진 명제가 참이 되려면 $P \cap Q \ne \varnothing$

STEP Ⓒ **수직선을 이용하여 k의 범위 구하기**

(i) $k-1 \ge 0$인 경우
　　$k-1 \le 2$이어야 하므로 $k \le 3$
　　∴ $1 \le k \le 3$

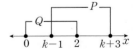

(ii) $k-1 < 0$인 경우
　　$0 \le k+3$이어야 하므로 $k \ge -3$
　　∴ $-3 \le k < 1$

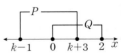

(i), (ii)에 의해 $-3 \le k \le 3$
따라서 주어진 명제를 참이 되게 하는 정수 k는 $-3, -2, -1, 0, 1, 2, 3$이므로
그 개수는 7

> **+α** | $P \cap Q = \varnothing$이 되는 경우로 구할 수 있어!
>
> 조건 p를 만족하는 어떤 실수 x가 q를 만족하므로
> 진리집합 P의 원소에서 적어도 하나가 진리집합 Q에 포함이 되어야 하므로
> $P \cap Q \ne \varnothing$
> 이때 $P \cap Q = \varnothing$이 되는 경우를 구하고 반대가 되는 범위를 구하면 된다.
> (i) $k-1 > 2$일 때, $P \cap Q = \varnothing$이므로 $k > 3$
> (ii) $k+3 < 0$일 때, $P \cap Q = \varnothing$이므로 $k < -3$
> (i), (ii)에 의하여 $P \cap Q = \varnothing$가 되는 k의 범위는 $k < -3$ 또는 $k > 3$
> 따라서 $P \cap Q \ne \varnothing$이 되는 k의 범위는 $-3 \le k \le 3$이므로 정수 k는
> $-3, -2, -1, 0, 1, 2, 3$

12

 정답 ③

STEP A 평행이동한 무리함수의 함수식 구하기

주어진 그래프는 함수 $y=\sqrt{ax}\,(a<0)$의 그래프를 x축의 방향으로 6만큼, y축의 방향으로 -2만큼 평행이동한 것이므로 주어진 그래프의 함수의 식을
$y=\sqrt{a(x-6)}-2\,(a<0)$

STEP B 점 $(0,\,4)$를 지남을 이용하여 $a,\,b,\,c$의 값 구하기

함수 $y=\sqrt{a(x-6)}-2$ 의 그래프가 점 $(0,\,4)$를 지나므로
$4=\sqrt{-6a}-2,\ \sqrt{-6a}=6$
양변을 제곱하면 $-6a=36$ $\quad\therefore a=-6$
주어진 함수의 식은 $y=\sqrt{-6(x-6)}-2=\sqrt{-6x+36}-2$
$\therefore b=36,\ c=-2$

STEP C 직선과 교점을 구하기

이때 $y=\sqrt{-6x+36}-2$와 $y=x-5$의 교점을 구하면
$\sqrt{-6x+36}-2=x-5,\ \sqrt{-6x+36}=x-3$
양변을 제곱하면 $-6x+36=x^2-6x+9,\ x^2=27$
$\therefore x=3\sqrt{3}\,(\because x\geq 3)$
즉 교점은 $(3\sqrt{3},\ 3\sqrt{3}-5)$이므로 $p=3\sqrt{3},\ q=3\sqrt{3}-5$
따라서 $a+b+c+p-q=-6+36-2+3\sqrt{3}-(3\sqrt{3}-5)=33$

13

 정답 ③

STEP A 두 함수와 직선 $y=2$의 교점을 구하고 그래프 그리기

두 함수 $y=\sqrt{2x+4},\ y=\sqrt{2x-4}$의 그래프와 직선 $y=2$는 각각
$y=\sqrt{2x+4}$는 $y=\sqrt{2x}$를 x축의 방향으로 -2만큼 평행이동한 것이고
$y=\sqrt{2x-4}$는 $y=\sqrt{2x}$를 x축의 방향으로 2만큼 평행이동한 것이다.
즉 두 함수의 그래프의 모양은 같다.

$(0,\,2),\ (4,\,2)$에서 만나고 함수 $y=\sqrt{2x-4}$의 그래프는 $y=\sqrt{2x+4}$의 그래프를 x축의 방향으로 4만큼 평행이동한 것이다.
다음 그림에서 색칠한 두 부분의 넓이는 서로 같다.

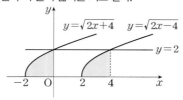

즉 구하는 도형의 넓이는 다음 색칠된 부분의 넓이와 같다.

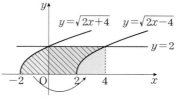

따라서 구하는 넓이는 가로의 길이가 4, 세로의 길이가 2인 직사각형의 넓이와 같으므로 $4\times 2=8$

14

 정답 ⑤

STEP A 이차함수의 식을 작성하고 $f(x)=5$인 방정식의 근 구하기

이차함수 $y=f(x)$의 그래프에서 꼭짓점의 좌표가 $(2,\,9)$이므로
$f(x)=a(x-2)^2+9\,(a<0)$
이때 함수 $y=f(x)$의 그래프가 점 $(-1,\,0)$을 지나므로 대입하면

$a\times(-3)^2+9=0$에서 $9a+9=0$ $\quad\therefore a=-1$
$f(x)=-(x-2)^2+9=-x^2+4x+5$
방정식 $f(x)=5,\ -x^2+4x+5=5,\ x^2-4x=0$
$x(x-4)=0$ $\quad\therefore x=0$ 또는 $x=4$

STEP B 방정식 $(f\circ f)(x)=5$가 되는 모든 실근의 곱 구하기

$(f\circ f)(x)=f(f(x))=5$에서 $f(x)=t\,(t\leq 9)$라 하면
$f(t)=5$에서 t의 근은 $t=0$ 또는 $t=4$
즉 $t=f(x)=0$ 또는 $t=f(x)=4$
(i) $f(x)=0$일 때,
　$-x^2+4x+5=0$이므로 이차방정식의 근과 계수의 관계에 의하여
　판별식을 D_1이라 하면 $\dfrac{D_1}{4}=4+5>0$이므로 서로 다른 두 실근을 갖는다.
　두 근의 곱은 -5
(ii) $f(x)=4$일 때,
　$-x^2+4x+5=4$에서 $x^2-4x+1=0$이므로 이차방정식의 근과 계수의
　판별식을 D_2라 하면 $\dfrac{D_2}{4}=4-1>0$이므로
　서로 다른 두 실근을 갖는다.
　관계에 의하여 두 근의 곱은 1
(i), (ii)에서 모든 실근의 곱은 $-5\times 1=-5$

15

 정답 ④

STEP A $f^n(x)=x$를 만족하는 자연수 n의 값 구하기

$f(1)=3,\ f^2(1)=2,\ f^3(1)=4,\ f^4(1)=1,\ f^5(1)=3,\ f^6(1)=2,\ \cdots$
$f(2)=4,\ f^2(2)=1,\ f^3(2)=3,\ f^4(2)=2,\ f^5(2)=4,\ f^6(2)=1,\ \cdots$
$f(3)=2,\ f^2(3)=4,\ f^3(3)=1,\ f^4(3)=3,\ f^5(3)=2,\ f^6(3)=4,\ \cdots$
$f(4)=1,\ f^2(4)=3,\ f^3(4)=2,\ f^4(4)=4,\ f^5(4)=1,\ f^6(4)=3,\ \cdots$
즉 주어진 함수는 함숫값 4개를 기준으로 같은 값을 가지므로 $f^n=f^{n+4}$

STEP B $f^{101}(a)+f^{103}(b)$의 값이 최대가 되는 $a,\,b$의 값 구하기

$f^{101}(a)+f^{103}(b)=f^{4\times 25+1}(a)+f^{4\times 25+3}(b)=f(a)+f^3(b)$
이 값이 최대가 되려면 $f(a)=f^3(b)=4$이어야 하므로 $a=2,\ b=1$
따라서 $a-b=2-1=1$

16

 정답 ④

STEP A 조건 (나)를 이용하여 $g(1),\ g(4)$의 값 구하기

조건 (나)에서 $(f\circ g)(1)=2,\ f(g(1))=2$
이때 $f(4)=2$이므로 $g(1)=4$
$(g\circ f)(1)=3,\ g(f(1))=3$에서 $f(1)=4$이므로 $g(4)=3$
$\therefore g(1)=4,\ g(4)=3$

STEP B 조건 (다)를 이용하여 $g(2),\ g(3)$의 값 구하기

함수 g는 일대일대응이고 $g(1)=4,\ g(4)=3$이므로
$g(2)=1,\ g(3)=2$ 또는 $g(2)=2,\ g(3)=1$
이때 조건 (다)에 의하여 $g(2)>g(3)$이므로 $g(2)=2,\ g(3)=1$

STEP C $(f\circ g)(2)+(g\circ f)(4)$의 값 구하기

$g(2)=2$이므로 $(f\circ g)(2)=f(g(2))=f(2)=3$
$f(4)=2$이므로 $(g\circ f)(4)=g(f(4))=g(2)=2$
따라서 $(f\circ g)(2)+(g\circ f)(4)=3+2=5$

17

STEP A 두 함수 $f(x)$와 $g(x)$의 위치 관계 파악하기

함수 $f(x)=\dfrac{1}{5}x^2+\dfrac{1}{5}k$에서 정의역은 $\{x\,|\,x\geq0\}$이고

치역은 $\left\{y\,\middle|\,y\geq\dfrac{1}{5}k\right\}$

이때 함수 $f(x)$의 역함수는 x에 대하여 정리하면 $x=\dfrac{1}{5}y^2+\dfrac{1}{5}k$

x와 y를 서로 바꾸면 $y^2=5x-k$

$\therefore y=\sqrt{5x-k}\ \left(x\geq\dfrac{1}{5}k\right)$

즉 함수 $f(x)$와 $g(x)$는 역함수 관계에 있으므로 $y=x$에 대하여 대칭이다.

STEP B 함수 $y=g(x)$, $y=x$의 교점이 음이 아닌 교점을 가지도록 하는 k의 범위 구하기

두 함수 $y=f(x)$, $y=g(x)$의 그래프의 교점은 직선 $y=x$ 위에 있다.

즉 두 함수 $y=f(x)$, $y=g(x)$가 서로 다른 두 점에서 만나기 위해서는

$y=f(x)$와 $y=x$가 서로 다른 두 점에서 만나면 된다.

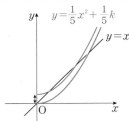

(ⅰ) $(0, 0)$을 지나는 경우

　　$f(x)=\dfrac{1}{5}x^2+\dfrac{1}{5}k$가 원점 $(0, 0)$을 지날 때,

　　서로 다른 두 점에서 만난다.

　　즉 $f(x)=0+\dfrac{1}{5}k=0$　　$\therefore k=0$

(ⅱ) $y=f(x)$와 $y=x$가 접하는 경우

　　$y=f(x)$와 $y=x$가 접하는 경우보다 아래에 있으면 두 점에서 만난다.

　　즉 $\dfrac{1}{5}x^2+\dfrac{1}{5}k=x$, $x^2-5x+k=0$

　　이차방정식 $x^2-5x+k=0$의 판별식을 D라 하면 중근을 가지므로

　　$D=0$

　　$D=25-4k=0$　　$\therefore k=\dfrac{25}{4}$

(ⅰ), (ⅱ)에 의하여 두 함수 $y=f(x)$, $y=g(x)$가 서로 다른 두 점에서

만나기 위해서 k의 범위는 $0\leq k<\dfrac{25}{4}$

따라서 정수 k의 값은 $0, 1, 2, 3, 4, 5, 6$이므로 그 개수는 7

18

STEP A 점근선과 $(-2, 1)$을 지남을 이용하여 a, b, c의 값 구하기

함수 $y=f(x)$의 그래프에서 점근선의 방정식은 $x=1$, $y=2$ ┄┄ ㉠

유리함수 $f(x)=\dfrac{bx+c}{x+a}$에서 점근선의 방정식은 $x=-a$, $y=b$ ┄┄ ㉡

㉠, ㉡의 값이 일치하므로 $a=-1$, $b=2$

즉 $f(x)=\dfrac{2x+c}{x-1}$

이때 점 $(-2, 1)$을 지나므로 대입하면 $f(-2)=\dfrac{-4+c}{-2-1}=1$

$-4+c=-3$　　$\therefore c=1$

$\therefore f(x)=\dfrac{2x+1}{x-1}$

STEP B 두 선분 AP, BP의 길이 구하기

함수 $f(x)=\dfrac{2x+1}{x-1}$에서 $f(x)=\dfrac{2(x-1)+3}{x-1}=\dfrac{3}{x-1}+2$

함수 위의 점 P를 $P\left(p, \dfrac{3}{p-1}+2\right)$라 하면

제 1사분면 위의 점이므로 $p>1$

x축에 내린 수선의 발을 A라 하면 $\overline{AP}=\dfrac{3}{p-1}+2$

y축에 내린 수선의 발을 B라 하면 $\overline{BP}=p$

STEP C 산술평균과 기하평균을 이용하여 최솟값 구하기

$p>1$이므로 $\overline{AP}=\dfrac{3}{p-1}+2$와 $\overline{BP}=p$는 모두 양수이다.

즉 산술평균과 기하평균에 의하여

$$\overline{AP}+\overline{BP}=\left(\dfrac{3}{p-1}+2\right)+p=(p-1)+\left(\dfrac{3}{p-1}\right)+3$$

$$\geq2\sqrt{(p-1)\times\left(\dfrac{3}{p-1}\right)}+3$$

따라서 $\overline{AP}+\overline{BP}$의 최솟값은 $2\sqrt{3}+3$ (단, 등호는 $p=1+\sqrt{3}$일 때 성립한다.)

 등호는 $p-1=\dfrac{3}{p-1}$, $(p-1)^2=3$이므로

　　　$p-1=\sqrt{3}$ 또는 $p-1=-\sqrt{3}$

　　　$\therefore p=1+\sqrt{3}$ 또는 $p=1-\sqrt{3}$

　　　이때 $p>1$이므로 $p=1+\sqrt{3}$

19

STEP A 점 A의 좌표를 임의로 두고 두 점 B, C의 좌표 구하기

점 $A\left(a, \dfrac{1}{a}\right)(a>0)$이라 하면

점 C는 함수 $y=\dfrac{k}{x}$의 그래프 위의 점 중에서 x좌표가 a인 점이므로

$C\left(a, \dfrac{k}{a}\right)$

점 B는 함수 $y=\dfrac{k}{x}$의 그래프 위의 점 중에서 y좌표가 $\dfrac{1}{a}$인 점이므로

$B\left(ak, \dfrac{1}{a}\right)$

$\dfrac{k}{x}=\dfrac{1}{a}$이므로 $x=ak$

STEP B 삼각형 ABC의 넓이를 이용하여 k의 값 구하기

$\overline{AB}=|ka-a|=|a(k-1)|=a(k-1)$

$\overline{AC}=\left|\dfrac{k}{a}-\dfrac{1}{a}\right|=\left|\dfrac{k-1}{a}\right|=\dfrac{k-1}{a}$

$a>0$, $k>1$이므로 $a(k-1)>0$, $\dfrac{k-1}{a}>0$

삼각형 ABC의 넓이는

$\dfrac{1}{2}\times\overline{AB}\times\overline{AC}=\dfrac{1}{2}\times a(k-1)\times\dfrac{k-1}{a}=\dfrac{1}{2}(k-1)^2$

즉 $\dfrac{1}{2}(k-1)^2=8$, $(k-1)^2=16$

$k-1=4$ 또는 $k-1=-4$　　$\therefore k=5$ 또는 $k=-3$

따라서 $k>1$이므로 $k=5$

20

STEP Ⓐ 두 함수 $y=f(x)$, $y=g(x)$의 식 구하기

$y=f(x)$에서

$0 \le x < 2$에서 $f(x)=2x$

$2 \le x < 4$에서 $f(x)=-2x+8$

$4 \le x \le 8$에서 $f(x)=2x-8$

$y=g(x)$에서

$0 \le x < 4$에서 $g(x)=2x$

$4 \le x \le 8$에서 $g(x)=-2x+16$

STEP Ⓑ 합성함수 $y=(g \circ f)(x)$의 식 구하고 그래프 그리기

$y=(g \circ f)(x)=g(f(x))$에서

(i) $0 \le x < 2$에서 $0 \le f(x) < 4$이므로

$0 \le x < 2$에서 $f(x)=2x$이고 $0 \le x < 4$에서 $g(x)=2x$

$g(f(x))=2(2x)=4x$

(ii) $2 \le x < 4$에서 $0 < f(x) \le 4$이므로

$2 \le x < 4$에서 $f(x)=-2x+8$이고 $0 < x \le 4$에서 $g(x)=2x$

$g(f(x))=2(-2x+8)=-4x+16$

(iii) $4 \le x < 6$에서 $0 \le f(x) < 4$이므로

$4 \le x < 6$에서 $f(x)=2x-8$이고 $0 \le x < 4$에서 $g(x)=2x$

$g(f(x))=2(2x-8)=4x-16$

(iv) $6 \le x \le 8$에서 $4 \le f(x) \le 8$이므로

$6 \le x \le 8$에서 $f(x)=2x-8$이고 $4 \le x \le 8$에서 $g(x)=-2x+16$

$g(f(x))=-2(2x-8)+16=-4x+32$

(i)~(iv)에 의하여 함수 $y=g(f(x))$의 그래프는 다음과 같다.

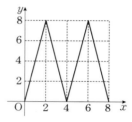

STEP Ⓒ 함수 $y=(g \circ f)(x)$의 그래프와 x축으로 둘러싸인 부분의 넓이 구하기

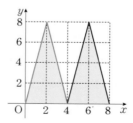

함수 $y=g(f(x))$와 x축으로 둘러싸인 부분의 넓이는 합동인 두 삼각형의 넓이의 합과 같다.

따라서 구하는 넓이는 $\left(\dfrac{1}{2} \times 4 \times 8\right) \times 2 = 32$

주관식 및 서술형 문제

21

STEP Ⓐ $g^{-1}(5)=1$을 이용하여 b의 값 구하기

함수 $g(x)$에 대하여 $g^{-1}(5)=1$이므로 역함수의 성질에 의하여

$g(1)=5$, $g(1)=2+b=5$ ∴ $b=3$

즉 $g(x)=2x+3$

STEP Ⓑ $(f \circ g)^{-1}=f^{-1} \circ g^{-1}$을 이용하여 a의 값 구하기

$(f \circ g)^{-1}=f^{-1} \circ g^{-1}$이 성립하므로 $\underline{((f \circ g)^{-1})^{-1}=(f^{-1} \circ g^{-1})^{-1}}$

역함수의 성질에서 $(f^{-1})^{-1}=f$

∴ $f \circ g = g \circ f$
　　$(f \circ g)^{-1}=g^{-1} \circ f^{-1}$

$(f \circ g)(x)=f(g(x))=a(2x+3)-1=2ax+3a-1$ ┈┈┈ ㉠

$(g \circ f)(x)=g(f(x))=2(ax-1)+3=2ax+1$ ┈┈┈ ㉡

㉠, ㉡의 식이 일치하므로 $3a-1=1$ ∴ $a=\dfrac{2}{3}$ ← x에 대한 항등식

즉 $f(x)=\dfrac{2}{3}x-1$

STEP Ⓒ $ab+f(6)+g(-1)$의 값 구하기

$a=\dfrac{2}{3}$, $b=3$이므로 $ab=\dfrac{2}{3} \times 3 = 2$, $f(6)=\dfrac{2}{3} \times 6 - 1 = 3$

$g(-1)=-2+3=1$

따라서 $ab+f(6)+g(-1)=2+3+1=6$

22

STEP Ⓐ 일대일대응이 되기 위한 대칭축 k의 범위 구하기

$f(x)=x^2+4x-4=(x+2)^2-8$의 $f(x)$의 그래프는 다음과 같다.

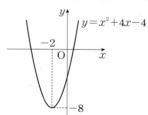

$f(x)$의 최솟값이 -8이므로 치역은 항상 $Y=\{y \mid y \ge -8\}$의 부분집합이다.

함수 f가 일대일함수이려면 이차함수 그래프의

함수 f가 일대일함수이려면 증가 또는 감소함수의 그래프가 되어야 한다.

대칭축 $x=-2$를 기준으로 하여 한쪽 부분만 생각해야한다.

정의역이 $x \ge k$이므로 $k \ge -2$이어야 한다.

즉 k의 최솟값은 $a=-2$

STEP Ⓑ 함수 f가 일대일대응이 되는 k의 값 구하기

$f(x)=x^2+4x-4=(x+2)^2-8$

이 일대일함수가 되기 위한 k의 범위는

$k \ge -2$ ┈┈┈ ㉠

또한, 일대일대응이 되려면 함수 f의 치역이

함수 f가 일대일대응이고 일대일함수이고 공역과 치역이 일치해야 한다.

공역 $\{x \mid x \ge k\}$와 같으려면

$f(k)=k$이어야 한다.

$k^2+4k-4=k$, $k^2+3k-4=0$

$(k+4)(k-1)=0$

∴ $k=-4$ 또는 $k=1$ ┈┈┈ ㉡

㉠, ㉡를 동시에 만족하는 k의 값은 $b=1$

따라서 $a=-2$, $b=1$이므로 $b-a=1-(-2)=3$

23

10

STEP Ⓐ 조건 (가)를 만족하는 함수 $f(x)$의 그래프 그리기

조건 (가)에서 $y-1=\sqrt{9-x^2}$의 양변을 제곱하면 $(y-1)^2=9-x^2$

$\therefore x^2+(y-1)^2=9$

중심이 $(0, 1)$이고 반지름의 길이가 3인 원에서 $y-1\geq0,\ 9-x^2\geq0$이므로

$y\geq1,\ -3\leq x\leq3$

즉 반원의 그래프가 되고 함수 $f(x)$의 그래프는 다음과 같다.

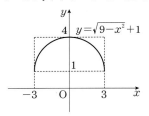

STEP Ⓑ 조건 (나)를 이용하여 $f(x)$의 그래프 그리기

조건 (나)에서 $f(x)$는 주기가 6인 함수이므로 실수 전체에서 함수 $f(x)$의 그래프는 다음 그림과 같다.

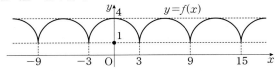

STEP Ⓒ a의 값의 범위에 따른 두 곡선의 교점의 개수 구하기

함수 $y=\dfrac{ax}{x-3}$에서 점근선의 방정식 $x=3,\ y=a(a$는 자연수$)$이고 그래프는 다음과 같다.

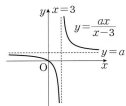

(i) $a>4$일 때,

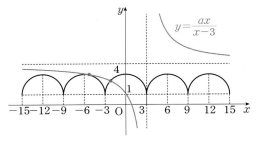

　　$a>4$일 때, 교점의 개수는 유한개이므로 조건을 만족시키지 않는다.

(ii) $1\leq a\leq4$일 때,

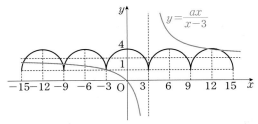

　　이때 그래프는 점근선에 가까워지면서 교점의 개수는 무수히 많다.

(i), (ii)에서 $1\leq a\leq4$이므로 자연수 a의 값은 1, 2, 3, 4

따라서 자연수 a의 값의 합은 $1+2+3+4=10$

24

해설참조

| 1단계 | $n(A\cap B)=2$일 때 무리함수의 그래프와 직선의 위치 관계를 구한다. | 1점 |

집합 $A=\{(x, y)|y=-\sqrt{2x+8}$는 무리함수 $y=-\sqrt{2x+8}$ 위의 점이 원소이고

집합 $B=\{(x, y)|y=-x+k\}$는 직선 $y=-x+k$ 위의 점이 원소이다.

이때 $n(A\cap B)=2$라는 것은 무리함수와 직선 위에 동시에 존재하는 점이므로 무리함수 $y=-\sqrt{2x+8}$과 직선 $y=-x+k$의 서로 다른 교점이 2개있다는 것이다.

| 2단계 | 직선이 점 $(-4, 0)$을 지날 때 k의 값을 구한다. | 1점 |

직선 $y=-x+k$가 점 $(-4, 0)$을 지날 때,

직선 $y=-x+k$에 $x=-4,\ y=0$을 대입하면 $0=4+k$

$\therefore k=-4$　　　　　…… ㉠

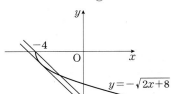

| 3단계 | 직선이 무리함수의 그래프에 접할 때, k의 값을 구한다. | 1점 |

직선 $y=-x+k$가 함수 $y=-\sqrt{2x+8}$의 그래프와 접할 때

$-\sqrt{2x+8}=-x+k$의 양변을 제곱하면 $2x+8=x^2-2kx+k^2$

$\therefore x^2-2(k+1)x+k^2-8=0$

이차방정식 $x^2-2(k+1)x+k^2-8=0$의 판별식을 D라 하면 중근을 가지므로 $D=0$

즉 $\dfrac{D}{4}=(k+1)^2-(k^2-8)=0,\ 2k+9=0$

$\therefore k=-\dfrac{9}{2}$　　　　…… ㉡

| 4단계 | k의 값의 범위를 구한다. | 1점 |

따라서 ㉠, ㉡에서 $-\dfrac{9}{2}<k\leq-4$

1단계 $\overline{PQ}=x$, $\overline{QR}=y$라 하고 닮음을 이용하여 x, y의 관계식을 구한다. 2점

직각삼각형 ABC에서 피타고라스 정리에 의하여

$\overline{AC}^2 = \overline{BC}^2 - \overline{AB}^2 = 100 - 64 = 36$

$\therefore \overline{AC} = 6$

점 A에서 선분 BC에 내린 수선의 발이 선분 PS와 만나는 점을 H_1,

선분 BC와 만나는 점을 H_2라 하면

삼각형 ABC의 넓이에 의하여 $\frac{1}{2} \times \overline{AB} \times \overline{AC} = \frac{1}{2} \times \overline{BC} \times \overline{AH_2}$이므로

$\frac{1}{2} \times 8 \times 6 = \frac{1}{2} \times 10 \times \overline{AH_2}$

$\therefore \overline{AH_2} = \frac{24}{5}$

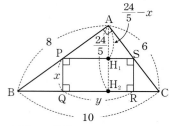

직사각형 PQRS에서 $\overline{PQ}=x$, $\overline{QR}=y$라 하면

$\overline{AH_1} = \frac{24}{5} - x$

이때 삼각형 APS와 삼각형 ABC는 닮음이므로

$\overline{AH_1} : \overline{PS} = \overline{AH_2} : \overline{BC}$,

$\frac{24}{5} - x : y = \frac{24}{5} : 10$, $\frac{24}{5}y = 48 - 10x$

$\therefore 5x + \frac{12}{5}y = 24$ ······ ㉠

2단계 산술평균과 기하평균의 관계를 이용하여 넓이의 최솟값 S의 값을 구하고 그때의 x, y의 관계식을 구한다. 2점

$x > 0$, $y > 0$이고 직사각형 PQRS의 넓이는 xy

이때 $5x + \frac{12}{5}y = 24$에서 산술평균과 기하평균의 관계를 이용하면

$5x + \frac{12}{5}y \geq 2\sqrt{5x \times \frac{12}{5}y}$, $24 \geq 2\sqrt{12xy}$

(단, 등호는 $25x = 12y$일 때 성립한다.)

양변을 제곱하여 정리하면 $xy \leq 12$

즉 직사각형 PQRS의 넓이의 최댓값은 $S = 12$이고

그때의 y의 값은 $y = \frac{25}{12}x$일 때이다.

3단계 직사각형 PQRS의 둘레의 길이를 구한다. 1점

$y = \frac{25}{12}x$일 때, 넓이가 최대이므로 ㉠의 식에 대입하면

$5x + \frac{12}{5} \times \frac{25}{12}x = 24$, $10x = 24$ $\therefore x = \frac{12}{5}$

이를 $y = \frac{25}{12}x$에 대입하면 $y = 5$

따라서 직사각형의 둘레의 길이는 $l = 2(x+y) = 2\left(\frac{12}{5} + 5\right) = \frac{74}{5}$